COGNITIVE NEUROSCIENCE
The Biology of the Mind（Fifth Edition）

认知神经科学

关于心智的生物学

原著第五版

迈克尔·S. 加扎尼加 (Michael S. Gazzaniga)
[美] 理查德·B. 伊夫里 (Richard B. Ivry)　著
乔治·R. 曼根 (George R. Mangun)

周晓林　高定国　等 译

中国轻工业出版社

图书在版编目（CIP）数据

认知神经科学：关于心智的生物学：原著第五版／（美）迈克尔·S. 加扎尼加（Michael S. Gazzaniga），（美）理查德·B. 伊夫里（Richard B. Ivry），（美）乔治·R. 曼根（George R. Mangun）著；周晓林等译. —北京：中国轻工业出版社，2023.12

ISBN 978-7-5184-4043-6

Ⅰ.①认… Ⅱ.①迈… ②理… ③乔… ④周… Ⅲ.①认知心理学 Ⅳ.①B842.1

中国版本图书馆CIP数据核字（2022）第123121号

版权声明

Cognitive Neuroscience: The Biology of the Mind, Fifth Edition
by Michael S. Gazzaniga, Richard B. Ivry, and George R. Mangun
Copyright © 2019, 2014, 2009, 2002, 1998 by Michael S. Gazzaniga, Richard B. Ivry, and George R. Mangun
Simplified Chinese edition copyright © 2023 by China Light Industry Press Ltd. / Beijing Multi-Million New Era Culture and Media Company, Ltd.
This edition published by arrangement with W. W. Norton & Company, Inc.
through Bardon-Chinese Media Agency
ALL RIGHTS RESERVED

保留所有权利。非经中国轻工业出版社"万千心理"书面授权，任何人不得以任何方式（包括但不限于电子、机械、手工或其他尚未被发明或应用的技术手段）复印、拍照、扫描、录音、朗读、存储、发表本书中任何部分或本书全部内容，以及其他附带的所有资料（包括但不限于光盘、音频、视频等）。中国轻工业出版社"万千心理"未授权任何机构提供源自本书内容的电子文件阅览、收听或下载服务。如有此类非法行为，查实必究。

责任编辑：孙蔚雯
策划编辑：孙蔚雯　　　　责任终审：张乃柬
责任校对：刘志颖　　　　责任监印：吴维斌

出版发行：中国轻工业出版社（北京东长安街6号，邮编：100740）
印　　刷：三河市双升印务有限公司
经　　销：各地新华书店
版　　次：2023年12月第1版第1次印刷
开　　本：889×1194　1/16　印张：46.5
字　　数：1000千字
书　　号：ISBN 978-7-5184-4043-6　定价：298.00元
读者热线：010-65181109，65262933
发行电话：010-85119832　传真：010-85113293
网　　址：http://www.chlip.com.cn　http://www.wqedu.com
电子信箱：1012305542@qq.com
如发现图书残缺请与我社联系调换
190199Y2X101ZYW

原著第五版译者序

认知神经科学领域在从20世纪70年代末创立至今的40多年里取得了惊人的发展。如今，我国的认知神经科学也有了相当水平的研究基础。从"八五"国家科技攻关计划开始，认知科学和认知神经科学一直受到我国政府和国家自然科学基金委员会支持，中国科学院和高校系统纷纷成立了相关研究机构。2001年，北京大学成立了跨学科、跨单位的脑与认知科学研究中心；2004年，中国科学院生物物理研究所成立了脑与认知科学国家重点实验室，北京师范大学成立了认知神经科学与学习国家重点实验室；2016年，中山大学成立了社会认知神经科学与精神健康广东省哲学社会科学重点实验室。在2006年由中华人民共和国国务院颁布的《国家中长期科学和技术发展规划纲要（2006—2020年）》中，"脑科学与认知科学"被列为八大科学前沿问题之一。2021年5月28日，习近平总书记在中国科学院第二十次院士大会、中国工程院第十五次院士大会和中国科学技术协会第十次全国代表大会上强调，"要在事关发展全局和国家安全的基础核心领域，瞄准人工智能、量子信息、集成电路、先进制造、生命健康、脑科学、生物育种、空天科技、深地深海等前沿领域，前瞻部署一批战略性、储备性技术研发项目，瞄准未来科技和产业发展的制高点。要优化财政科技投入，重点投向战略性、关键性领域。"为了落实党和国家的有关政策，中国"脑科学与类脑研究"计划也于2021年正式启动。认知神经科学研究在中国心理学界、神经科学界、医学界、计算机科学界以及其他一些领域已成燎原之势。

这本《认知神经科学——关于心智的生物学》（*Cognitive Neuroscience: The Biology of the Mind*）是由认知神经科学的创始人之一，美国加利福尼亚大学圣芭芭拉分校的迈克尔·S. 加扎尼加（Michael S. Gazzaniga），与同样来自美国加利福尼亚大学系统的理查德·B. 伊夫里（Richard B. Ivry）和乔治·R. 曼根（George R. Mangun）共同撰写的一部重要教材。2011年，我们首次翻译并由中国轻工业出版社"万千心理"组织出版了原著第三版。据悉，第三版中文版前后重印10余次共计3万余册，在12年间得到了我国学界的广泛关注和欢迎，有力推动了我国认知神经科学学科发展。从当初只有寥寥无几的教学单位能开设认知神经科学课程，到如今绝大多数心理学机构在本科生或研究生阶段都开设了这门课。可以说，认知神经科学课程的开设情况相比12年前已有长足进步。

认知神经科学领域研究发展迅猛，特别是广泛延展并深入到社会心理学领域，并开始大量研究人格、情绪、决策、自我、道德、审美等问题，这让我们深切地感到第三版《认知神经科学——关于心智的生物学》已经无法满足当前的教学与研究需要，有必要把最新的版本介绍给大家。因此，我们将翻译该书原著第五版的工作提上了日程。

第五版与前四版在内容方面有了较多变化。一方面，相比第三版，第五版把原来的第2章和第3章合并为第2章"神经系统的结构和功能"，去掉了"进化的观点"一章，同时将"注意"和"意识问题"变成了两个独立章节。这样全书变为14章，但篇幅没有减少。另一方面，与认知神经科学进展保持一致的是，"情绪"和"社会认知"这两章的篇幅有了很大扩充。可以说，第五版基本反映了当今认知神经科学的新进展。当然，参考文献也与之前大不相同了。如果说有什么遗憾，那可能与几位作者偏神经科学而不是认知科学的背景有关，从我们的角度看，反映人工智能、机器学习以及计算建模领域的工作进展还不是很充分。

第五版的翻译工作仍在中国轻工业出版社"万千心理"的组织下进行。北京大学心理与认知科学学院和中山大学心理学系的部分师生参与了翻译工作。在原著第五版的中文版中，我们在一些地方加了译者注，以对某些问题或译法做出说明。例如，对于"theory of mind"的翻译，本版调整为"心理推测"，但在译者注中给出了"心理理论"的传统译法；将"diffusion tensor imaging"译为"扩散张量成像"，并在译者注中给出了理由。本书翻译工作的具体分工如下：第 1 章由于宏波翻译，第 2 章由苏彦捷翻译，第 3 章由殷丽君翻译，第 4 章由岳珍珠翻译，第 5 章由方方翻译，第 6 章由周国梅翻译，第 7 章由耿海燕翻译，第 8 章由罗霄骁翻译，第 9 章由杨炯炯翻译，第 10 章由高亦、谭敬斌翻译，第 11 章由周麟茗、高定国翻译，第 12 章由高定国、封润翻译，第 13 章由张超彬、高定国翻译，第 14 章由罗霄骁翻译，术语表由高定国、周麟茗翻译。另外，第 1—2 章、第 5 章、第 7—9 章和第 14 章由周晓林校对，第 3—4 章、第 6 章、第 10—13 章和术语表由高定国校对；在校对过程中，华东师范大学心理与认知科学学院周晓林实验室的几位博士生和硕士生（罗浩诚、刘旭麒、邱诗苇、蒲忆羊、廖芮、朱子归）给予了帮助。全书最后由高定国、周晓林统稿。由于译者水平有限，参与译校的人员较多，因此译文难免有错误、遗漏和不一致之处，请读者见谅并给予我们反馈，我们将在重印时予以改正。我们的电子邮箱分别是：xz104@psy.ecnu.edu.cn（周晓林）和 edsgao@mail.sysu.edu.cn（高定国）。

周晓林　高定国

2023 年 7 月 12 日

原著第三版译者序

人类的科学事业所面临的挑战之一就是认识意识与物质或心灵（智慧）与大脑的关系。从古希腊哲学先贤或更早的时代开始，人类对这一古老问题就有了大量的探讨或臆测；但直到近现代，人们才真正在科学的意义上探索心智与大脑的关系。脑的不同部位损伤导致不同的认知功能缺陷。这一现象在19世纪引起了一些医生和研究者［如保罗·布洛卡（Paul Broca）和卡尔·威尔尼克（Carl Wernicke）］的注意，并在20世纪带来了神经心理学的蓬勃发展。20世纪中叶认知科学的诞生和认知心理学的兴起，使得来自不同学科背景的科学家能够在较为统一（"信息加工"）的理论和概念框架下认识人类的精神活动和行为模式。认知科学以人（和动物）的知觉、注意、记忆、动作、语言、思维、决策、意识、动机、情感过程和结构为主要研究对象，集合了心理学、语言学、人类学、计算机科学、神经科学以及其他基础科学中的一大批佼佼者，实现了科学史上一次大跨度、多学科的交叉和融合。认知科学的进一步发展就是探讨认知概念和过程的物质基础，认知神经科学就产生于这一历史背景之下。

现代认知神经科学仅有30年的历史，但它至少有两个直接的来源：系统神经科学和认知神经心理学。早期的系统神经科学关注脑与行为的关系，在20世纪六七十年代取得了突破性进展，如戴维·胡贝尔（David Hubel）和托尔斯腾·威塞尔（Torsten Wiesel）在猫和猴初级视皮质进行的有关早期感觉加工的开创性研究，后来获得了诺贝尔生理学或医学奖。但这些研究一般是在被麻醉的动物身上做的，并没有与认知概念、认知理论挂钩。直到有了神经心理学，特别是20世纪七八十年代的认知神经心理学，才真正自觉地在信息加工的理论框架下探讨高级认知过程与大脑神经系统的关系。通过这些工作，我们对阅读、物体识别、记忆系统及其神经基础有了比较深刻的了解，认知概念也逐渐被神经科学界接受和采用。

20世纪80年代早期的事件相关电位、20世纪80年代后期的正电子发射断层扫描和20世纪90年代的功能性磁共振成像等技术，给认知神经科学的发展带来了巨大的动力，使得我们在人类历史上第一次能够直接"看到"大脑的认知活动，即大脑在进行各种认知加工时的功能定位和动态过程。后来发展起来的其他认知神经科学技术，如经颅磁刺激和功能性近红外光谱成像，因在神经活动的时间、空间定位能力的不同，以及适用人群、适用范围的不同，进一步补充了认知神经科学的工具库。

30年后的今天，认知神经科学的发展已经远远超越了许多人的想象，国内外有关"花花绿绿的脑激活图到底对神经科学和认知理论有什么贡献"的疑问［如著名心理学家罗伯特·斯滕伯格（Robert Sternberg）就曾忧虑，磁共振成像研究会像互联网公司泡沫和呼啦圈一样昙花一现，流行不了多久］也基本平息。本书作者之一迈克尔·S. 加扎尼加教授在2000年论述道："神经科学需要认知科学，因为缺乏认知背景的分子生物学研究使得时髦的神经科学家对生物学问题的回答就如同肾脏生理学家的回答一样，备受限制……这样的研究使得神经科学不可能攻破心智研究的核心和整体性问题。"虽然神经科学家并不都认同这种观点，而且分子和系统水平上的神经科学研究依然在高速发展，并取得了巨大成就，但越来越多的神经科学家在向认知神经科学靠拢，而传统的认知心理学家和实验心理学家也拿起了认知神经科学的工具，他们不但在行为、认知水平上，也在脑区、神经网络水平上探讨并验证心理和认知的概念与理论；一大批新的研究领域，如神经经济学、神经管理学、神经教育学、神经法学和社会认知神经科学，正在茁壮成长。

事实上，我们认为，当前认知神经科学研究有几个重要的发展趋势，尤其值得我国科学界、教育界重视。

第一是认知神经科学手段与分子生物学、基因组研究的结合。大量的研究表明，个体在认知、情感和社会性上的差异有其生化及基因遗传基础；这些差异会反映在神经活动、认知功能和行为表现上。利用认知神经科学的手段，在个体水平上揭示不同水平活动之间的对应和相互作用关系，会成为认知神经科学的一个发展方向。

第二是认知神经科学研究的对象扩展到了儿童和老年人身上。这方面的发展既面临方法学的挑战，也面临伦理学的挑战；但这样的研究既有广泛的实用价值（如在儿童教育方面），也有重要的理论价值（如在揭示遗传与环境如何交互作用、共同决定大脑的活动模式和心理过程、行为表现方面）。

第三是认知神经科学与传统社会科学的交叉。经济、政治、法律、社会规范的建立和执行是以人的心理与行为为基础的。认知神经科学对规范执行过程中的心理活动及其神经基础的研究将使得我们能够在脑和神经系统的水平上认识人的社会特性及其本质。

第四是计算神经科学的发展。计算模型的建立在认知心理学、系统神经科学和行为神经科学的发展中起了重要作用。

认知神经科学的实证性研究正以指数级扩张，部分是因为认知活动的多因素性和复杂性，部分是因为神经影像学的低统计检验力，这些研究的结果常常不尽相同，甚至相互矛盾。对已有数据进行元分析，根据认知理论和神经活动的相关知识建立计算模型，可以帮助我们在纷繁复杂的海量数据面前不迷失方向，并找到结构–功能以及大脑–心灵的本质关系。当然，在所有这些发展中，我们切不可忘记，认知神经科学姓"认知"，而不姓"神经"；如果姓后者，认知神经科学就不能帮助我们认识意识与物质的关系，也不能让我们从有关脑的海量数据中理出头绪。因此，认知神经科学研究的关键一步是在认知概念和理论的指导之下采用精巧的实验设计和认知任务。

认知神经科学在中国已经有了相当的基础。自"八五"国家科技攻关计划以来，认知科学和认知神经科学得到了我国政府和国家自然科学基金委员会重大研究计划项目的支持，中国科学院和高校系统纷纷成立相关研究机构。2001年，北京大学成立了跨学科、跨单位的"脑与认知科学研究中心"。2004年，中国科学院生物物理研究所成立了"脑与认知科学国家重点实验室"，北京师范大学成立了"认知神经科学与学习国家重点实验室"。在2006年由中华人民共和国国务院颁布的《国家中长期科学和技术发展规划纲要（2006—2020年）》中，"脑科学与认知科学"被列为八大科学前沿问题之一。2008年12月，胡锦涛同志在纪念中国科学技术协会成立50周年大会的讲话中，两次提及认知科学等新兴交叉学科的迅速发展，并指出认知科学与其他学科的交叉融合正在孕育新的重大科学突破。认知神经科学研究在中国的心理学界、神经科学界、医学界、计算机科学界以及其他一些领域已渐成燎原之势。

应该看到，虽然中国的认知神经科学有了长足进步，但我们的总体研究水平还很低，参与这类研究的科研人员还很少。一个制约研究队伍扩大的重要因素是我们的大学很少向本科生、研究生传授有关认知神经科学的知识和技能。以心理学界为例，虽然全国已经从20世纪80年代初只有4个心理学系，发展到如今有200多个心理学教学单位，但因为师资、教材的缘故，开设"认知神经科学"这门课程的单位寥寥无几。我们之所以组织翻译由迈克尔·S. 加扎尼加、理查德·B. 伊夫里和乔治·R. 曼根撰写的《认知神经科学——关于心智的生物学》（原著第三版），根本目的就是要弥补这些不足，使得这门课有条件成为心理学、神经科学、智能科学等专业本科生和研究生的核心课程之一。事实上，中山大学从2004年开始为心理学本科生和研究生开设"认知神经科学"的专业选修课；北京大学除了为心理学本科生和研究生开设此课程，更从2010年开始把"认知神经科学"列为"大类平台课"之一，使来自生命科学学院、医学院、信息科学学院、数学学院、物理学院以及包括社会科学院系在内的其他院系学生有机会系统了解和学习认知神经科学。

本书的三位作者都是认知神经科学界的重要人物，其中加扎尼加教授是认知神经科学的重要创始人之一，他曾经是诺贝尔生理学或医学奖得主罗杰·斯佩里（Roger Sperry）的学生和同事。加扎尼加和曼根除了撰写本教材之外，还与戴维·珀佩尔（David Poeppel）合作主编了一套大型文集《认知神经科学》（The Cognitive Neurosciences），由美国麻省理工学院出版社出版，2009年已经出到了第四版[1]。就本书而

---

[1] 该书现已出版到第六版（POEPPEL D，MANGUN G，GAZZANIGA M. The cognitive neurosciences [M]. 6th ed. Cambridge, Mass.: The MIT Press, 2020.）包括97章。有兴趣的读者可以参阅该书。——译者注

言，现在翻译的第三版与前面两版在内容方面有所变化，如增加了有关社会认知神经科学的内容（第十四章），这部分反映了认知神经科学的发展动态。

本书的翻译工作是在"万千心理"石铁先生的倡导之下进行的。北京大学和中山大学两个心理学系的部分师生参与了翻译工作。具体分工如下：第一章由于宏波、周晓林翻译，第二章由邵枫翻译，第三章由苏彦捷翻译，第四章由曲折、丁玉珑翻译，第五章由方方翻译，第六章由周国梅翻译，第七章由龚兰蕴、周晓林翻译，第八章由杨炯炯翻译，第九章由高定国、陈曦翻译，第十章由蒋明、高定国翻译，第十一章由李薇、高定国翻译，第十二章由耿海燕翻译，第十三章由岳珍珠、周晓林翻译，第十四章由周欣悦、张铁翻译，第十五章由陈晓曦、谢兴华、高定国翻译，术语表由高定国、陈晓曦翻译。全书最后由于宏波、蒋明、高定国、周晓林统校。由于译者水平有限、参与译校的人员较多，因此译文难免有错误、遗漏和不一致之处，请读者见谅，并请给我们反馈，我们将在重印时予以改正。电子邮件请寄给北京大学周晓林博士（xz104@pku.edu.cn）或中山大学高定国博士（edsgao@mail.sysu.edu.cn）。

周晓林、高定国
2010 年 12 月 5 日

认识作者

迈克尔·S. 加扎尼加（Michael S. Gazzaniga） 美国加利福尼亚大学（以下简称加州大学）圣芭芭拉分校赛奇心智研究中心主任。他于1964年获得了美国加州理工学院的博士学位，并在那里与罗杰·斯佩里（Roger Sperry）一同工作，并作为主要负责人开创了人类裂脑研究。他针对人类与非人灵长类动物的行为和认知开展了广泛的研究。他在美国康奈尔大学医学院建立了认知神经科学项目，在美国达特茅斯学院建立了认知神经科学中心，在加州大学戴维斯分校建立了神经科学中心。他是《认知神经科学杂志》（Journal of Cognitive Neuroscience）的创始编辑，也是认知神经科学学会的创始人之一。他管理认知神经科学暑期研讨会达20年之久，并担任《认知神经科学》（The Cognitive Neurosciences）这一重要文献的主编。他在2001—2009年一直是美国生命伦理学总统委员会的成员。他还是美国艺术与科学学院、美国国家医学院和美国国家科学院院士。

理查德·B. 伊夫里（Richard B. Ivry） 美国加州大学伯克利分校的心理学和神经科学教授。他在1986年获得美国俄勒冈大学博士学位，与史蒂文·基尔（Steven Keele）共同进行的一系列研究将认知神经科学的研究方法引入运动控制领域。他的研究项目聚焦于人类的表现，具体研究大脑皮质及皮质下网络是如何选择、启动和控制运动的。在加州大学伯克利分校，他曾担任认知和脑科学研究所主任达10年之久，也是海伦·威尔斯神经科学研究所的创始成员之一。在担任《认知神经科学杂志》副主编13年之后，他目前是《电子生物》（eLife）的一名高级编辑。他的研究成果曾荣获诸多奖项，包括美国国家科学院的特罗兰奖，以及美国心理科学协会的威廉·詹姆斯终身成就奖。

乔治·R. 曼根（George R. Mangun） 美国加州大学戴维斯分校的心理学与神经病学教授。他于1987年获得美国加州大学圣迭戈分校的神经科学博士学位，与史蒂文·A. 希拉德（Steven A. Hillyard）一同从事人类认知电生理学研究。他使用多模态脑成像研究大脑注意机制。他创立并管理着美国杜克大学的认知神经科学中心与加州大学戴维斯分校的心智与脑研究中心，他还在加州大学戴维斯分校担任社会科学系主任。他曾担任《认知脑研究》（Cognitive Brain Research）杂志的编辑，也是认知神经科学学会创始委员会成员之一（与加扎尼加一起），还是《认知神经科学杂志》的副主编。他还是美国心理科学协会和美国科学促进会的会士。

前　言

欢迎翻开《认知神经科学——关于心智的生物学》（原著第五版）！在20世纪70年代末，当认知神经科学首次出现时，这个新兴领域是否会有"立足之地"仍然有待观察。然而在今天，这一问题的答案已经十分清楚：认知神经科学领域已经以惊人的方式蓬勃发展起来了。认知神经科学在所有研究型大学中都有很好的代表性，它为研究员及研究生提供了发展交叉学科研究项目的工具和机会，而这些研究项目正是该领域的支柱。为了提供能够报道最新成果的平台，该领域已经发行了多种期刊，其中一些旨在覆盖整个领域，而另一些则专门服务于特定的研究方法或研究主题。文献数量呈指数型增长。同时，美国认知神经科学学会也在蓬勃发展，刚刚庆祝了它成立的第25个年头。

在为早期版本铺垫基础的过程中，我们所面临的基本挑战是：明确使得认知神经科学区别于生理心理学、神经科学、认知心理学和神经心理学的基本原则。当前，显而易见的是，当研究人员试图理解认知的神经基础时，认知神经科学与上述学科的研究方法互有重叠，又对它们有所综合。此外，认知神经科学越来越多地反映了心—脑科学（mind–brain sciences）之外的学科，例如，系统科学（systems science）和物理学；与此同时，这些学科也越来越多地反映了认知神经科学。更新后的第14章"意识问题"正是反映这种现象的例证。

和本书的前几版一样，我们将继续在心理学理论和与大脑有关的神经心理学及神经科学证据之间寻求平衡，心理学理论关注大脑，而神经心理学及神经科学证据则为这些理论提供了依据。我们充分利用了针对病人案例的研究来阐述必要的知识点和观察报告——这些正是理解认知架构的关键，而不是针对大脑疾病的详细描述。在本书的每一部分，我们都尽可能地收录当前最新的且利用前沿技术得到的证据所支持的信息和理论观点。顺便一提，前沿技术正是认知神经科学领域的推动力量。与纯粹的认知或神经心理学研究方法相比，本书更强调证据的汇总整合，这也是所有科学的一个关键，尤其是在高级心理功能研究方面。为了完成这本书，我们还提供了使用计算技术的研究示例。

教导学生像认知神经科学家一样思考和提问是本书的一个主要目标。作为认知神经科学家，我们使用广泛的技术来研究心智与大脑的关系，例如，脑功能和结构成像、动物神经生理记录、人类脑电图和脑磁图记录、脑刺激方法以及脑损伤综合征分析等。我们会强调这些方法的优点和缺点，来展示如何以互补的方式使用这些技术。

我们希望读者知道：要提出什么样的问题，如何选择工具和设计实验来回答这些问题，如何评价和解释这些实验结果。尽管神经科学已经取得了惊人的进展，大脑却仍然是一个巨大的谜，每一个洞见都会激发新的问题。由于这个原因，本书没有使用声明式的写作风格，反而倾向于展示可以用不止一种方式来解释的结果，以便帮助读者认识到不同的解释是有可能的。

自本书第一版以来，认知神经科学领域在技术层面、方法层面和理论层面的重大发展层出不穷。脑成像研究如雨后春笋般涌现；事实上，每年都有成千上万的功能成像研究发表。应用于无创脑刺激、磁共振波谱、脑皮质电图以及光控基因技术的新技术均已被添加到了认知神经科学家的工具库里。认知神经科学已经与遗传学、比较解剖学、计算科学和机器人技术等领域建立了迷人的联系。分析所有这些研究并决定哪些研究应该被包括在内，始终是我们面临的一项主要挑战。我们坚信，技术是科学进步的基石。因此，我们认为跟踪该领域的前沿趋势至关重要。同时，我们也牢记着，本书是一本面向本科生的教材。

本书的前四版提供了令人信服的证据，证明我们为本科生在学习认知神经科学的"第一课"提供了一本十分有用的教材，也为研究生和研究员提供了一本简明的参考书。全世界已经有500多所学院和大学选择了本教材。此外，许多教师告诉我们，除了本书所采取的交叉学科范式,他们还对本书较强的叙述性风格以及提供了在一个学期中推荐教学的章节数目赞赏有加。

为了紧跟认知神经科学领域的各类发展,每次修订,包括修订这一版,我们都需要做一定的删减与大量的更新。我们认为,在对具体实验结果进行选择性描述的同时,介绍关于这些工具为研究脑功能提供的新方法及相应的新见解至关重要。下表列出了每一章的主要变动。

受到读者反馈的启发,我们还让本书变得更加友

章	原著第五版中的改动
第1章 认知神经科学简史	扩展了对古希腊人完成的理论飞跃的讨论,这一理论飞跃使得科学的努力成为可能。 增加了对一元论与二元论以及心脑问题的讨论。
第2章 神经系统的结构和功能	增加了对特定神经递质的讨论。 增加了对神经回路、神经网络与神经系统的讨论。 从功能亚型的观点扩展了对皮质的讨论。 增加了对贯穿整个生命周期的神经发生的讨论。
第3章 认知神经科学研究方法	更新了对直接和间接刺激方法的讨论,这些方法被用于探测脑功能或者被作为一种康复工具。 扩展了对脑皮质电流描记法的讨论。 增加了对分析功能磁共振成像数据的新方法的讨论,包括连通性测量。 增加了关于磁共振波谱的小节。
第4章 大脑半球特异化	扩展了对评估裂脑病人表现的交叉提示存在的问题的讨论。 增加了对左右半球功能连接的不同模式的讨论。 增加了对半球偏侧化的非典型模式的讨论。 扩展了关于模块化的小节。
第5章 感觉和知觉	增加了关于嗅觉、眼泪和性唤醒的小节。 增加了关于皮质中存在味觉地图这一新概念的综述。 扩展了关于感觉丧失后知觉重组与皮质重组的小节。 增加了关于人工耳蜗的小节。
第6章 物体识别	增加了关于解码梦中感知内容的小节。 增加了对将深度神经网络作为视觉加工分层组织模型的讨论。 增加了关于物体识别的反馈机制的小节。 扩展了关于类别特异性的小节。
第7章 注意	扩展了对神经振荡、神经同步和注意的讨论。 更新了对枕核对于注意调节与控制的贡献的讨论。
第8章 运动	扩展了对卒中康复的讨论。 更新了脑机接口系统的最新研究成果。 更新了对深部脑刺激与帕金森病的讨论。 增加了对皮质和下皮质对于熟练动作的贡献的讨论。
第9章 记忆	增加了关于神经认知障碍的简短小节。 增加了对皮质—基底神经节环路对于程序性记忆的贡献的讨论。 扩展了对启动和遗忘症的讨论。 更新了对额叶皮质活动和记忆形成的讨论。 增加了关于睡觉过程中学习的简短小节。 更新了对记忆存储的细胞机制的意外发现的讨论。
第10章 情绪	增加了关于下丘脑—垂体—肾上腺轴的小节。 增加了对人类情感和非人类动物情感研究者之间存在的理论分歧的讨论。 增加了对导水管周围灰质在情绪中的作用的简要讨论。 更新了对情绪和决策的讨论。

（续表）

章	原著第五版中的改动
第 11 章 语言	增加了关于失语症病人基于连接组的损伤症状映射技术的简要描述。 增加了关于反馈控制和言语生成的小节。 更新了对灵长类语言进化的讨论。 增加了关于大脑如何表征语义信息的研究。
第 12 章 认知控制	增加了关于与神经障碍有关的认知控制问题的小节 扩展了对大脑中决策和奖赏信号的讨论。 增加了关于训练大脑提高认知控制的小节。
第 13 章 社会认知	增加了关于社会认知发展的简短小节。 增加了对社交隔离的简短讨论。 更新了孤独症谱系障碍[①]的小节。 更新了对默认网络和社会认知的讨论。 增加了关于具身化和身体视错觉，以及身体完整性认同障碍的小节。
第 14 章 意识问题	增加了关于唤醒水平的小节。 增加了关于复杂系统的分层架构的小节 增加了对知觉与意识经验内容的讨论。 增加了对物理学中互补原理及其如何应用于心脑问题的讨论。

好，且聚焦要点。为了使本书更容易理解，我们用到的方法包括以下几种。

- 现在，每一章都采用一系列"大问题"作为开头，来框定这一章的关键主题。
- 对介绍性的故事进行修饰，其中很多都以对病人案例的研究作为特色，以吸引学生。
- 在第 4—14 章中的"解剖定位"专栏突出了该章稍后要讨论的大脑解剖结构。
- 对主要小节的标题进行了编号。每节都以一系列的"关键信息"作为结尾。
- 图题变得更加简洁，且更加突出核心教学要点。
- 两种新型的专栏（"来自临床的启示"和"科学热点"）展示了认知神经科学的临床与研究实例。

与过去各版一样的是，本书仍然经过了我们三个人富有激情且不懈的互动交流，及与我们的同事、学生和审稿人进行广泛的讨论，方最终诞生。本书在这些互动交流中的获益难以估量。当然，我们随时准备对本书进行修改和完善。在早期的版本中，我们邀请读者就任何建议或者疑问与我们联系，现在我们仍然真诚地发出这样的邀请。感谢如今这个交流便捷的时代。读者可以通过如下方式联系到我们：gazzaniga@ucsb.edu、mangun@ucdavis.edu 和 ivry@berkeley.edu。

祝阅读愉快！学习愉快！

[①] 也译为自闭症谱系障碍。——译者注

致　　谢

再一次地，我们要衷心地向许多人表示感谢。首先，也是最重要的，我们想要感谢丽贝卡·A.加扎尼加（Rebecca A. Gazzaniga）博士，感谢她对本书第五版全面且精妙的编辑。她精读了每一章，确保故事足够清晰动人。没有她丰富的学识和高超的编辑技巧，我们不可能完成第五版的《认知神经科学》。

本书第五版还受益于众多认知神经科学领域专家的建议。美国宾夕法尼亚大学的卡罗利娜·兰珀特（Karolina Lampert）协助我们研究情绪。美国加州大学洛杉矶分校的卡罗琳·帕金森（Carolyn Parkinson）帮助我们更新了关于社会认知的章节。美国加州大学圣芭芭拉分校的妮基·马林塞克（Nikkie Marinsek）同样帮助我们更新了关于大脑功能偏侧化的部分。美国范德堡大学的杰夫·伍德曼（Geoff Woodman）和美国普林斯顿大学的萨拜因·卡斯特纳（Sabine Kastner）提供了与注意相关的宝贵建议。美国加州大学戴维斯分校的阿恩·埃克斯特龙（Arne Ekstrom）、查兰·兰加纳特（Charan Ranganath）、布赖恩·威尔根（Brian Wilgen）和安德鲁·容利纳斯（Andrew Yonelinas），美国西北大学的肯·帕勒（Ken Paller），美国宾夕法尼亚州立大学的南希·A.丹尼斯（Nancy A. Dennis），美国加州大学圣芭芭拉分校的迈尔克·B.米勒（Michael B. Miller）都向我们提供了大量关于记忆的真知灼见。美国马里兰大学的埃伦·F.刘（Ellen F. Lau）、来自美国塔夫茨大学和美国麻省总医院的吉娜·库珀伯格（Gina Kuperberg）、加州大学伯克利分校的亚历山大·胡特（Alexander Huth）和杰克·加朗（Jack Gallant）、美国加州大学戴维斯分校的戴维·科里纳（David Corina）以及美国威斯康星医学院的杰弗里·宾德（Jeffrey Binder）为我们提供了关于语言和语义表征机制的建议。我们还需要向美国加州大学圣芭芭拉分校的斯科特·格拉夫顿（Scott Grafton）和美国宾夕法尼亚大学的丹妮尔·巴西特（Danielle Bassett）致敬，正是因为他们，认知神经科学研究方法这一章中出现的各种各样的问题才能够得到解答。

美国波士顿大学的戴维·萨默斯（David Somers）以及美国加州大学伯克利分校的杰克·加朗（又是他！）和凯文·韦纳（Kevin Weiner）在感觉和知觉以及物体识别两章中给出了十分有用的建议，并为我们提供了精美的配图。

我们还需要特别感谢塔玛拉·Y.斯瓦伯（Tamara Y. Swaab）博士（美国加州大学戴维斯分校）对本书第五版及之前版本中的语言一章的贡献；特别感谢迈尔克·B.米勒博士（美国加州大学圣芭芭拉分校）对大脑半球功能偏侧化一章的贡献；特别感谢斯蒂芬妮·卡乔波（Stephanie Cacioppo）博士（美国芝加哥大学）对情绪一章的贡献。

对于在之前版本中就已经提供帮助，且依然在本书第五版里发挥积极作用的工作，我们需要再次感谢梅甘·史蒂文（Megan Steven，美国达特茅斯学院）、杰弗里·胡茨勒（Jeffrey Hutsler，美国内华达大学雷诺分校）和利娅·克鲁比策（Leah Krubitzer，美国加州大学戴维斯分校）对进化论的观点；感谢珍妮弗·比尔（Jennifer Beer，美国得克萨斯大学奥斯汀分校）在社会认知方面的见解；感谢利兹·菲尔普斯（Liz Phelps，美国纽约大学）在情绪方面的研究。感谢蒂姆·贾斯特斯（Tim Justus，美国匹泽学院）向我们分享了他的建议和智慧，以及一路以来给予我们的帮助。还要感谢贾森·米切尔（Jason Mitchell）博士（美国哈佛大学）对于社会认知一章的贡献。我们感谢弗兰克·福尼（Frank Forney）为本书前几版提供的绘画作品，也感谢回声医疗传媒（Echo Medical Media）为本书第四版和第五版提供的新绘画作品。我们还要感谢许多同事，他们提供了原始艺术作品或者科研用图。我们还要感谢读者安尼可·卡森（Annik Carson）与梅特·克劳森-布鲁恩（Mette Clausen-Bruun），他们花费了大量时间，为我们指出了上一版中出现的错别字；感谢解剖学家卡洛斯·阿文达尼奥（Carlos Avendaño），他指出了一些解剖学的错误；还要感谢索菲·范罗延（Sophie van Roijen），她提出了一个非常棒的主意：加一个缩写词表。

有几位老师在繁忙的工作中抽出时间来审阅本书先前的版本，并为第五版提出了大量建议。我们衷心感谢以下各位：

马克斯韦尔·贝尔托莱罗（Maxwell Bertolero，美国加州大学伯克利分校）

弗拉维娅·卡尔迪尼（Flavia Cardini，英国安格利亚鲁斯金大学）

乔舒亚·卡尔森（Joshua Carlson，美国北密歇根大学）

蒂姆·柯伦（Tim Curran，美国科罗拉多大学博尔德分校）

马克·德斯波西托（Mark D'Esposito，美国加州大学伯克利分校）

卡琳·H. 詹姆斯（Karin H. James，美国印第安纳大学）

马克·科勒（Mark Kohler，澳大利亚南澳大学）

布鲁诺·伦格（Bruno Laeng，挪威奥斯陆大学）

卡罗利娜·M. 伦珀特（Karolina M. Lempert，美国宾夕法尼亚大学）

卡罗琳·帕金森（美国加州大学洛杉矶分校）

戴维·萨默斯（美国波士顿大学）

张伟伟（美国加州大学河滨分校）

此外，我们还要衷心感谢诸多科学家和朋友。写一本教材需要投入大量时间、智慧和情感！那些给予过本书重要帮助的人如下所示。有些人审阅过我们的词句，评判我们的想法；其他人则允许我们采访他们。在此，谨向所有审阅过本书新旧版本的朋友们表示衷心的感谢。

埃亚勒·阿哈罗尼（Eyal Aharoni，美国佐治亚州立大学）

戴维·G. 阿马拉尔（David G. Amaral，美国加州大学戴维斯分校）

富兰克林·R. 阿姆托尔（Franklin R. Amthor，美国阿拉巴马大学伯明翰分校）

迈克尔·安德森（Michael Anderson，英国剑桥大学）

亚当·阿伦（Adam Aron，美国加州大学圣迭戈分校）

伊格纳西奥·巴迪奥拉（Ignacio Badiola，美国宾夕法尼亚大学）

戴维·巴德尔（David Badre，美国布朗大学）

朱丽安娜·巴尔多（Juliana Baldo，美国弗吉尼亚州马丁尼兹退伍军人医疗中心）

加里·班克（Gary Banker，美国俄勒冈健康与科学大学）

霍勒斯·巴洛（Horace Barlow，英国剑桥大学）

丹妮尔·巴西特（美国宾夕法尼亚大学）

凯瑟琳·贝恩斯（Kathleen Baynes，美国加州大学戴维斯分校）

N. P. 别希捷列娃（N. P. Bechtereva，俄罗斯科学院）

马克·比曼（Mark Beeman，美国西北大学）

珍妮弗·比尔（美国得克萨斯大学奥斯汀分校）

马琳·贝尔曼（Marlene Behrmann，美国卡内基梅隆大学）

马克斯韦尔·贝尔托莱罗（美国加州大学伯克利分校）

杰弗里·宾德（美国威斯康星星医学院）

罗伯特·S. 布卢门菲尔德（Robert S. Blumenfeld，美国加州理工大学波莫纳分校）

伊丽莎白·布兰农（Elizabeth Brannon，美国宾夕法尼亚大学）

雷纳·布赖特林（Rainer Breitling，英国曼彻斯特大学）

西尔维娅·邦奇（Silvia Bunge，美国加州大学伯克利分校）

斯蒂芬妮·卡乔波（美国芝加哥大学）

弗拉维娅·卡尔迪尼（英国安格利亚鲁斯金大学）

乔舒亚·卡尔森，美国北密歇根大学）

瓦莱丽·克拉克（Valerie Clark，美国加州大学戴维斯分校）

克莱·克莱沃思（Clay Clayworth，美国加州大学伯克利分校）

阿舍·科恩（Asher Cohen，以色列希伯来大学）

乔纳森·科恩（Jonathan Cohen，美国普林斯顿大学）

罗尚·科尔斯（Roshan Cools，荷兰拉德堡德奈梅亨大学）

J. M. 科克里（J. M. Coquery，法国里尔科技大学）

迈克尔·乔尔巴利斯（Michael Corballis，新西兰

奥克兰大学）

保罗·乔尔巴利斯（Paul Corballis，新西兰奥克兰大学）

戴维·科里纳（美国加州大学戴维斯分校）

蒂姆·柯伦（美国科罗拉多大学博尔德分校）

克莱顿·柯蒂斯（Clayton Curtis，美国纽约大学）

安德斯·戴尔（Anders Dale，美国加州大学圣迭戈分校）

安东尼奥·达马西奥（Antonio Damasio，美国南加州大学）

汉娜·达马西奥（Hanna Damasio，美国南加州大学）

莉拉·达瓦齐（Lila Davachi，美国纽约大学）

丹尼尔·C. 丹尼特（Daniel C. Dennett，美国塔夫茨大学）

南希·A. 丹尼斯（美国宾夕法尼亚州立大学）

米歇尔·德米盖特（Michel Desmurget，法国认知神经科学中心）

马克·德斯波西托（美国加州大学伯克利分校）

约恩·迪德里克森（Joern Diedrichsen，加拿大韦仕敦大学）

尼娜·德龙克斯（Nina Dronkers，美国加州大学戴维斯分校）

阿恩·埃克斯特龙（美国加州大学戴维斯分校）

保罗·埃林格（Paul Eling，荷兰拉德堡德奈梅亨大学）

罗素·爱泼斯坦（Russell Epstein，美国宾夕法尼亚大学）

玛莎·法拉（Martha Farah，美国宾夕法尼亚大学）

哈伦·菲希滕霍尔茨（Harlan Fichtenholtz，美国基恩州立学院）

彼得·T. 福克斯（Peter T. Fox，美国得克萨斯大学）

卡尔·弗里斯顿（Karl Friston，英国伦敦大学学院）

鲁斯蒂·盖奇（Rusty Gage，美国索尔克研究所）

杰克·加朗（美国加州大学伯克利分校）

维托里奥·加莱塞（Vittorio Gallese，意大利帕尔玛大学）

伊莎贝尔·高蒂尔（Isabel Gauthier，美国范德堡大学）

克里斯蒂安·格拉克（Christian Gerlach，丹麦南丹麦大学）

罗宾·吉布（Robbin Gibb，加拿大莱斯布里奇大学）

盖尔·古德曼（Gail Goodman，美国加州大学戴维斯分校）

伊丽莎白·古尔德（Elizabeth Gould，美国普林斯顿大学）

杰伊·E. 古尔德（Jay E. Gould，美国西佛罗里达大学）

斯科特·格拉夫顿（美国加州大学圣芭芭拉分校）

查利·格罗斯（Charlie Gross，美国普林斯顿大学）

努奇内·哈吉哈尼（Nouchine Hadjikhani，美国麻省总医院）

彼得·哈古尔特（Peter Hagoort，荷兰马克斯·普朗克心理语言学研究所）

托德·汉迪（Todd Handy，加拿大不列颠哥伦比亚大学）

贾斯米特·潘努·海斯（Jasmeet Pannu Hayes，美国波士顿大学）

埃利奥特·黑兹尔坦（Eliot Hazeltine，美国艾奥瓦大学）

汉斯–约亨·海因策（Hans-Jochen Heinze，德国马格德堡大学）

阿图罗·埃尔南德斯（Arturo Hernandez，美国休斯敦大学）

劳拉·希贝尔·阿德里（Laura Hieber Adery，美国范德堡大学）

史蒂文·A. 希利亚德（Steven A. Hillyard，美国加州大学圣迭戈分校）

赫尔曼·欣里希斯（Hermann Hinrichs，德国马格德堡大学）

延斯–马克斯·霍普夫（Jens-Max Hopf，德国马格德堡大学）

约瑟夫·霍普芬格（Joseph Hopfinger，美国北卡罗来纳大学教堂山分校）

理查德·霍华德（Richard Howard，新加坡国立大学）

德鲁·赫德森（Drew Hudson，美国加州大学伯克

利分校）

杰弗里·胡茨勒（美国内华达大学雷诺分校）

亚历山大·胡特（美国得克萨斯大学奥斯汀分校）

石口彰（Akira Ishiguchi，日本御茶水女子大学）

露西·雅各布斯（Lucy Jacobs，美国加州大学伯克利分校）

卡琳·H.詹姆斯（美国印第安纳大学）

阿米什·杰哈（Amishi Jha，美国迈阿密大学）

辛迪·乔丹（Cindy Jordan，美国密歇根州立大学）

蒂姆·贾斯特斯（美国匹泽学院）

南希·坎维舍（Nancy Kanwisher，美国麻省理工学院）

萨拜因·卡斯特纳，美国普林斯顿大学）

拉里·卡茨（Larry Katz，美国哈佛大学）

史蒂文·基尔（Steven Keele，，美国俄勒冈大学）

列昂·阿克尼曼斯（Leon Kenemans，荷兰乌得勒支大学）

史蒂夫·肯纳利（Steve Kennerley，英国伦敦大学学院）

艾伦·金斯顿（Alan Kingstone，加拿大不列颠哥伦比亚大学）

罗伯特·T.奈特（Robert T. Knight，美国加州大学伯克利分校）

马克·科勒（澳大利亚南澳大学）

塔莉娅·康克尔（Talia Konkle，美国哈佛大学）

斯蒂芬·M.科斯林（Stephen M. Kosslyn，美国哈佛大学）

尼尔·克罗利（Neal Kroll，美国加州大学戴维斯分校）

利娅·克鲁比策（美国加州大学戴维斯分校）

吉娜·库珀伯格（美国塔夫茨大学与麻省总医院）

玛尔塔·库陶什（Marta Kutas，美国加州大学圣迭戈分校）

布鲁诺·伦格（挪威奥斯陆大学）

阿耶莱特·兰多（Ayelet Landau，以色列希伯来大学）

埃伦·F.刘（美国马里兰大学）

约瑟夫·E.勒杜（Joseph E. Le Doux，美国纽约大学）

卡罗利娜·M.伦珀特（美国宾夕法尼亚大学）

马特·利伯曼（Matt Lieberman，美国加州大学洛杉矶分校）

史蒂文·J.勒克（Steven J. Luck，美国加州大学戴维斯分校）

珍妮弗·曼格尔斯（Jennifer Mangels，美国巴鲁克学院）

妮基·马林塞克（美国加州大学圣芭芭拉分校）

查德·马索莱克（Chad Marsolek，美国明尼苏达大学）

南希·（Nancy Martin，美国加州大学戴维斯分校）

詹姆斯·L.麦克莱兰（James L. McClelland，美国斯坦福大学）

迈尔克·B.米勒（美国加州大学圣芭芭拉分校）

特雷莎·米切尔（Teresa Mitchell，美国马萨诸塞大学）

瑞安·莫尔黑德（Ryan Morehead，美国哈佛大学）

埃米·尼达姆（Amy Needham，美国范德堡大学）

凯文·奥克斯纳（Kevin Ochsner，美国哥伦比亚大学）

肯·帕勒（美国西北大学）

加利纳·V.帕拉梅（Galina V. Paramei，英国利物浦霍普大学）

卡罗琳·帕金森（美国加州大学洛杉矶分校）

史蒂文·E.彼得森（Steven E. Petersen，美国圣路易斯华盛顿大学）

利兹·菲尔普斯（美国纽约大学）

史蒂文·平克（Steven Pinker，美国哈佛大学）

拉拉·波尔塞（Lara Polse，美国加州大学圣迭戈分校）

迈克尔·波斯纳（Michael I. Posner，美国俄勒冈大学）

戴维·普雷斯蒂（David Presti，美国加州大学伯克利分校）

罗伯特·拉法尔（Robert Rafal，美国特拉华大学）

马库斯·赖希勒（Marcus Raichle，美国华盛顿大学医学院）

查兰·兰加纳特（美国加州大学戴维斯分校）

帕特里夏·罗伊特–洛伦茨（Patricia Reuter-Lorenz，美国密歇根大学）

杰西·里斯曼（Jesse Rissman，美国加州大学洛

杉矶分校）

利娅·勒施（Leah Roesch，美国埃默里大学）

马修·拉什沃思（Matthew Rushworth，英国牛津大学）

金·拉索（Kim Russo，美国加州大学戴维斯分校）

亚历山大·萨克（Alexander Sack，荷兰马斯特里赫特大学）

米科·E. 萨姆斯（Mikko E. Sams，芬兰阿尔托大学）

多纳泰拉·斯卡比尼（Donatella Scabini，美国加州大学伯克利分校）

丹尼尔·沙克特（Daniel Schacter，美国哈佛大学）

阿里尔·舍恩菲尔德（Ariel Schoenfeld，德国马格德堡大学）

迈克尔·肖尔茨（Michael Scholz，德国马格德堡大学）

阿特·志摩村（Art Shimamura，美国加州大学伯克利分校）

迈克尔·西尔弗（Michael Silver，美国加州大学伯克利分校）

迈克尔·（Michael Silverman，加拿大西蒙菲莎大学）

诺姆·索贝尔（Noam Sobel，以色列魏茨曼科学研究所）

戴维·萨默斯（美国波士顿大学）

艾伦·W. 桑（Allen W. Song，美国杜克大学）

拉里·斯夸尔（Larry Squire，美国加州大学圣迭戈分校）

阿利特·斯塔克－因巴尔（Alit Stark-Inbar，美国加州大学伯克利分校）

迈克尔·斯塔克斯（Michael Starks，美国3DTV公司）

梅甘·史蒂文（美国达特茅斯学院）

塔玛拉·Y. 斯瓦伯（美国加州大学戴维斯分校）

托马斯·M. 塔拉瓦奇（Thomas M. Talavage，，美国普渡大学）

田中启治（Keiji Tanaka，日本理化学研究所）

迈克尔·塔尔（Michael Tarr，美国卡内基梅隆大学）

乔丹·泰勒（Jordan Taylor，美国普林斯顿大学）

沙伦·L. 汤普森－席尔（Sharon L. Thompson-Schill，美国宾夕法尼亚大学）

罗杰·图特尔（Roger Tootell，美国麻省总医院）

卡丽·特拉特（Carrie Trutt，美国杜克大学）

恩德尔·塔尔文（Endel Tulving，加拿大贝克莱斯特中心罗特曼研究所）

凯文·韦纳（美国加州大学伯克利分校）

C. 马克·韦辛格（C. Mark Wessinger，美国内华达大学雷诺分校）

梅甘·惠勒（Megan Wheeler，美国埃里克·施密特基金会）

苏珊·维金（Susanne Wiking，挪威特罗姆瑟大学）

凯文·威尔逊（Kevin Wilson，美国盖茨堡学院）

布赖恩·威尔特根（Brian Wiltgen，美国加州大学戴维斯分校

金杰·威瑟斯（Ginger Withers，美国惠特曼学院）

马蒂·G. 沃尔多夫（Marty G. Woldorff，美国杜克大学）

杰夫·伍德曼（美国范德堡大学）

安德鲁·容利纳斯（美国加州大学戴维斯分校）

张伟伟（美国加州大学河滨分校）

我们常常忘记感谢研究工作中的众多被试，他们中的一些人已经慷慨地付出了成百上千小时。没有他们的贡献，认知神经科学领域是无法达到今天这个高度的。

最后，我们要感谢诺顿公司优秀的编辑和制作团队：谢里·斯内夫利（Sheri Snavely）、安德鲁·索贝尔（Andrew Sobel）、卡拉·塔尔梅奇（Carla Talmadge）、本·雷诺兹（Ben Reynolds）、凯特琳·科茨（Kaitlin Coats）、托丽·罗伊特（Tori Reuter）、伊芙·塞努西（Eve Sanoussi）、艾莉森·史密斯（Allison Smith）以及斯蒂芬妮·希伯特（Stephanie Hiebert），正是他们锐利的眼光与智慧的建议帮助我们制作完成了这本激动人心的新版教材。

目　　录

第一部分　背景和方法

第1章　认知神经科学简史 ………… 3
　1.1　历史的视角 ………… 5
　1.2　大脑的故事 ………… 6
　1.3　心理学的故事 ………… 11
　1.4　神经科学的工具 ………… 14
　　　脑电图 ………… 15
　　　测量大脑内的血液流动 ………… 15
　　　计算机轴向断层扫描 ………… 15
　　　正电子发射断层扫描和放射性
　　　　示踪剂 ………… 16
　　　磁共振成像 ………… 17
　　　功能磁共振成像 ………… 17
　1.5　你手中的这本书 ………… 19

第2章　神经系统的结构和功能 ………… 23
　2.1　神经系统的细胞 ………… 24
　　　胶质细胞 ………… 24
　　　神经元 ………… 25
　　　神经元信号发放 ………… 27
　2.2　突触传递 ………… 32
　　　化学传递 ………… 32
　　　电传导 ………… 38
　2.3　神经系统结构概述 ………… 38
　　　自主神经系统 ………… 39
　　　中枢神经系统 ………… 40
　　　血液供应和脑 ………… 41
　2.4　脑部概览 ………… 44
　　　脊髓 ………… 44
　　　脑干：延髓、桥脑、小脑和中脑 ………… 45
　　　间脑：丘脑和下丘脑 ………… 47
　　　端脑：大脑 ………… 48
　2.5　大脑皮质 ………… 51
　　　按表面特征划分皮质 ………… 51
　　　按细胞架构划分皮质 ………… 52
　　　按功能划分皮质 ………… 55
　2.6　将大脑成分连接到系统中 ………… 60
　2.7　神经系统的发育 ………… 61
　　　早期发育概述 ………… 61
　　　婴儿的大脑：准备好摇滚了吗？ ………… 64
　　　一生中新神经元的诞生 ………… 64

第3章　认知神经科学研究方法 ………… 71
　3.1　认知心理学和行为学方法 ………… 72
　　　心理表征 ………… 73
　　　内部转化 ………… 74
　　　信息加工限制 ………… 75
　3.2　研究损伤的大脑 ………… 76
　　　神经功能障碍的原因 ………… 76
　　　研究神经干扰后的脑和行为间的
　　　　关系 ………… 80
　3.3　干扰神经功能的方法 ………… 82
　　　药理学 ………… 82
　　　遗传操控 ………… 83
　　　侵入式刺激方法 ………… 84
　　　非侵入式刺激方法 ………… 87
　3.4　大脑的结构分析 ………… 90
　　　大脑总体解剖结构可视化 ………… 90
　　　大脑结构连通性可视化 ………… 91
　3.5　测量神经活动的方法 ………… 93
　　　动物中的单细胞神经生理学 ………… 93

人类侵入式神经生理学⋯⋯⋯⋯ 94
　　　神经活动的非侵入式电记录⋯⋯⋯ 97
　3.6 功能和结构联姻：神经影像学⋯⋯ 100
　　　正电子发射断层扫描⋯⋯⋯⋯⋯ 100
　　　功能磁共振成像⋯⋯⋯⋯⋯⋯ 103
　　　功能成像技术的局限性⋯⋯⋯⋯ 106

　3.7 连通图谱⋯⋯⋯⋯⋯⋯⋯⋯⋯ 108
　3.8 计算神经科学⋯⋯⋯⋯⋯⋯⋯ 112
　　　计算机模型中的表征⋯⋯⋯⋯⋯ 113
　　　由模型产生的可以验证的预测⋯⋯ 114
　3.9 方法整合⋯⋯⋯⋯⋯⋯⋯⋯⋯ 115

第二部分　核心过程

第4章　大脑半球特异化⋯⋯⋯⋯⋯ 123
　4.1 大脑半球特异化的解剖分析⋯⋯ 124
　　　宏观的解剖结构不对称⋯⋯⋯⋯ 126
　　　微观解剖不对称性⋯⋯⋯⋯⋯⋯ 126
　　　两半球交流解剖学：胼胝体和连合⋯ 128
　　　胼胝体功能⋯⋯⋯⋯⋯⋯⋯⋯ 130
　4.2 割裂脑：皮质间失去联系⋯⋯⋯ 132
　　　人类外科手术⋯⋯⋯⋯⋯⋯⋯ 132
　　　裂脑病人研究中的方法学考虑⋯⋯ 133
　　　割裂脑手术的功能性后果⋯⋯⋯ 134
　4.3 裂脑病人的脑功能特异化证据⋯⋯ 136
　　　语言和言语⋯⋯⋯⋯⋯⋯⋯⋯ 136
　　　视觉空间加工⋯⋯⋯⋯⋯⋯⋯ 138
　　　注意和知觉的交互作用⋯⋯⋯⋯ 141
　　　心理推测⋯⋯⋯⋯⋯⋯⋯⋯⋯ 146
　4.4 解释器⋯⋯⋯⋯⋯⋯⋯⋯⋯⋯ 147
　4.5 来自正常和异常大脑的脑功能
　　　偏侧化证据⋯⋯⋯⋯⋯⋯⋯⋯ 151
　　　关联脑功能及结构连通性⋯⋯⋯ 154
　　　异常半球偏侧化⋯⋯⋯⋯⋯⋯ 154
　4.6 大脑半球特异性的进化基础⋯⋯ 155
　　　非人物种的半球特异性⋯⋯⋯⋯ 155
　　　大脑的模块化架构⋯⋯⋯⋯⋯ 156
　　　半球特异化：功能二分还是风格
　　　差异？⋯⋯⋯⋯⋯⋯⋯⋯⋯⋯ 158
　　　利手和左半球语言优势间存在
　　　关联吗？⋯⋯⋯⋯⋯⋯⋯⋯⋯ 159

第5章　感觉和知觉⋯⋯⋯⋯⋯⋯⋯ 165
　5.1 感官、感觉和知觉⋯⋯⋯⋯⋯⋯ 166
　　　跨感官的共同加工⋯⋯⋯⋯⋯ 166
　　　感受器⋯⋯⋯⋯⋯⋯⋯⋯⋯⋯ 166
　　　连接的相似性⋯⋯⋯⋯⋯⋯⋯ 169
　5.2 嗅觉⋯⋯⋯⋯⋯⋯⋯⋯⋯⋯⋯ 169
　　　嗅觉的神经通路⋯⋯⋯⋯⋯⋯ 169
　　　闻在嗅知觉中的作用⋯⋯⋯⋯⋯ 170
　　　"鼻子都知道"⋯⋯⋯⋯⋯⋯⋯ 171
　5.3 味觉⋯⋯⋯⋯⋯⋯⋯⋯⋯⋯⋯ 172
　　　味觉的神经通路⋯⋯⋯⋯⋯⋯ 172
　　　味觉加工⋯⋯⋯⋯⋯⋯⋯⋯⋯ 174
　　　味觉地图⋯⋯⋯⋯⋯⋯⋯⋯⋯ 174
　5.4 躯体感觉⋯⋯⋯⋯⋯⋯⋯⋯⋯ 175
　　　躯体感觉的神经通路⋯⋯⋯⋯⋯ 176
　　　躯体感觉加工⋯⋯⋯⋯⋯⋯⋯ 178
　　　躯体感觉皮质的可塑性⋯⋯⋯⋯ 179
　5.5 听觉⋯⋯⋯⋯⋯⋯⋯⋯⋯⋯⋯ 179
　　　听觉神经通路⋯⋯⋯⋯⋯⋯⋯ 181
　　　听皮质⋯⋯⋯⋯⋯⋯⋯⋯⋯⋯ 182
　　　听觉的计算目标⋯⋯⋯⋯⋯⋯ 183
　5.6 视觉⋯⋯⋯⋯⋯⋯⋯⋯⋯⋯⋯ 185
　　　视觉的神经通路⋯⋯⋯⋯⋯⋯ 185
　　　视皮质⋯⋯⋯⋯⋯⋯⋯⋯⋯⋯ 188
　5.7 从感觉到知觉⋯⋯⋯⋯⋯⋯⋯ 195
　　　知觉在哪里形成？⋯⋯⋯⋯⋯⋯ 196
　　　视知觉障碍⋯⋯⋯⋯⋯⋯⋯⋯ 198

5.8 跨通道知觉：耳闻如见⋯⋯⋯⋯⋯201
    多通道加工怎样发生？⋯⋯⋯⋯202
    多通道加工在哪里实现？⋯⋯⋯202
    多通道加工中的"错误"：联觉⋯⋯203
5.9 知觉重组⋯⋯⋯⋯⋯⋯⋯⋯⋯⋯205
    感觉系统的发展⋯⋯⋯⋯⋯⋯205
    早期感觉丧失导致的继发性知觉
      重组⋯⋯⋯⋯⋯⋯⋯⋯⋯⋯⋯206
    较短时间跨度的皮质重组⋯⋯⋯208
    皮质重组的机制⋯⋯⋯⋯⋯⋯209
5.10 补偿工程⋯⋯⋯⋯⋯⋯⋯⋯⋯210
    人工耳蜗⋯⋯⋯⋯⋯⋯⋯⋯⋯210
    视网膜植入设备⋯⋯⋯⋯⋯⋯211

第 6 章 物体识别⋯⋯⋯⋯⋯⋯⋯⋯217
6.1 物体识别的计算问题⋯⋯⋯⋯⋯218
6.2 多重视知觉通路⋯⋯⋯⋯⋯⋯⋯220
    "是什么"和"在哪里"通路⋯⋯220
    背侧通路和腹侧通路的表征差异⋯221
    身份知觉和动作知觉⋯⋯⋯⋯222
6.3 观看形状和知觉物体⋯⋯⋯⋯⋯225
    形状编码⋯⋯⋯⋯⋯⋯⋯⋯⋯226
    从形状到物体⋯⋯⋯⋯⋯⋯⋯228
    祖母细胞和集群编码⋯⋯⋯⋯229
    利用神经网络的计算能力⋯⋯⋯231
    物体识别中的自上而下效应⋯⋯233
    读心：解码和编码大脑信号⋯⋯234
6.4 高级视觉区中物体识别的特异性⋯240
    面孔加工有特异性吗？⋯⋯⋯240
    深入了解面孔知觉⋯⋯⋯⋯⋯245
    视觉系统是否包含其他的类别特异
      性系统？⋯⋯⋯⋯⋯⋯⋯⋯⋯247
    验证因果关系⋯⋯⋯⋯⋯⋯⋯247
6.5 物体识别失败⋯⋯⋯⋯⋯⋯⋯⋯250
    视觉失认症亚型⋯⋯⋯⋯⋯⋯250
    类别特异性的组织理论⋯⋯⋯⋯252
    类别特异性的发展起源⋯⋯⋯⋯254
6.6 面孔失认症⋯⋯⋯⋯⋯⋯⋯⋯⋯255
    伴有面孔识别缺陷的发展障碍⋯⋯256

    面孔失认症的加工原理⋯⋯⋯⋯257

第 7 章 注意⋯⋯⋯⋯⋯⋯⋯⋯⋯⋯265
7.1 选择性注意和注意的解剖结构⋯266
7.2 注意的神经心理学⋯⋯⋯⋯⋯⋯267
    忽视⋯⋯⋯⋯⋯⋯⋯⋯⋯⋯⋯268
    忽视和巴林特氏综合征的比较⋯⋯270
7.3 注意模型⋯⋯⋯⋯⋯⋯⋯⋯⋯⋯271
    赫尔姆霍兹和内隐注意⋯⋯⋯⋯272
    鸡尾酒会效应⋯⋯⋯⋯⋯⋯⋯272
    早选择模型和晚选择模型⋯⋯⋯274
    对知觉中注意的作用进行量化⋯⋯274
7.4 注意和知觉选择的神经机制⋯⋯276
    有意视觉空间注意⋯⋯⋯⋯⋯276
    反射性视觉空间注意⋯⋯⋯⋯285
    视觉搜索⋯⋯⋯⋯⋯⋯⋯⋯⋯287
    特征注意⋯⋯⋯⋯⋯⋯⋯⋯⋯289
    物体注意⋯⋯⋯⋯⋯⋯⋯⋯⋯292
7.5 注意控制网络⋯⋯⋯⋯⋯⋯⋯⋯296
    背侧注意网络⋯⋯⋯⋯⋯⋯⋯298
    腹侧注意网络⋯⋯⋯⋯⋯⋯⋯305
    注意控制网络中的皮质下结构⋯⋯306

第 8 章 运动⋯⋯⋯⋯⋯⋯⋯⋯⋯⋯315
8.1 运动结构的解剖和控制⋯⋯⋯⋯316
    肌肉、运动神经元和脊髓⋯⋯⋯317
    皮质下运动结构⋯⋯⋯⋯⋯⋯319
    参与运动控制的皮质区域⋯⋯⋯321
8.2 运动控制中的计算问题⋯⋯⋯⋯325
    中枢模式产生器⋯⋯⋯⋯⋯⋯325
    运动计划的中央表征⋯⋯⋯⋯326
    运动序列的层级式表征⋯⋯⋯⋯327
8.3 运动通路的生理学分析⋯⋯⋯⋯328
    运动的神经编码⋯⋯⋯⋯⋯⋯328
    运动神经表征的不同观点⋯⋯⋯330
8.4 目标选择和动作计划⋯⋯⋯⋯⋯332
    动作目标和运动计划⋯⋯⋯⋯333
    大脑皮质运动区的表征多样性⋯⋯335
8.5 动作和感知的关联⋯⋯⋯⋯⋯⋯337

8.6	运动系统丧失的补偿……340		第10章	情绪……411
	运动皮质损伤后恢复运动……340		10.1	情绪是什么？……412
	脑机接口……341		10.2	情绪加工的神经系统……414
8.7	动作的发起和基底神经节……346			早期概念：边缘系统……416
	作为"门卫"的基底神经节……347			情绪网络的新概念……417
	基底神经节和学习……348		10.3	情绪分类……418
	基底神经节相关的疾病……348			基本情绪……418
	对基底神经节的直接刺激……351			复合情绪……422
8.8	新技能的学习和运用……352			情绪的维度理论……422
	基于学习的皮质控制转换……352		10.4	情绪产生的理论……423
	基于感觉反馈的适应性学习……353			詹姆斯–兰格情绪理论……423
	适应的神经机制……354			坎农–巴德情绪理论……424
	正演模型中基于误差的学习……356			情绪的评估理论……425
	专业技能……358			辛格–沙赫特理论：唤醒的认知解释……425
				勒杜理论：情绪的快慢路径……425
第9章	记忆……365			情绪的进化心理学理论……426
9.1	学习、记忆及其相关解剖结构……366			潘克塞普情绪层级加工理论……426
9.2	记忆障碍：遗忘症……368			安德森和阿道夫斯：情绪作为主要因果状态……426
	脑外科手术和记忆丧失……368			
	神经认知障碍……369		10.5	杏仁核……427
9.3	记忆的机制……369		10.6	情绪对学习的影响……429
	记忆的短期形式……370			内隐情绪学习……429
	记忆的长时形式……374			外显情绪学习……434
9.4	内侧颞叶记忆系统……380		10.7	情绪和其他认知过程的交互作用……438
	来自遗忘症的证据……380			情绪对知觉和注意的影响……438
	来自内侧颞叶损伤动物的证据……384			情绪和决策……440
9.5	脑成像和人类记忆系统……387		10.8	情绪和社会刺激……443
	回忆和再认：两个系统……388			面部表情……443
	长时记忆的存储和提取……393			面孔以外的其他社会性刺激……445
	编码、提取和额叶皮质……396			社会群体评价……446
	记忆提取和顶叶皮质……397		10.9	其他脑区和其他情绪……448
9.6	记忆的巩固……400			岛叶……448
	巩固和海马……400			厌恶……449
	睡眠和记忆巩固……401			快乐……450
	应激和记忆巩固……402			爱……451
9.7	学习和记忆的细胞基础……402		10.10	镇定下来：情绪的认知控制……452
	长时程增强和海马……402			
	长时程增强和记忆表现……405			

第11章 语言 ... 459

- 11.1 语言和语言缺陷解剖学 ... 460
  - 大脑损伤和语言缺陷 ... 462
  - 脑和语言的威尔尼克–利什特海姆模型 ... 464
- 11.2 语言的大脑基础 ... 466
  - 心理词典的组织 ... 466
  - 关于心理词典的理论模型 ... 467
  - 心理词典的神经基础 ... 467
- 11.3 语言理解：早期阶段 ... 471
  - 口语输入：理解语音 ... 471
  - 书面语输入：阅读单词 ... 475
- 11.4 语言理解：后期阶段 ... 478
  - 语境在单词识别中的作用 ... 478
  - 将单词整合进句子 ... 479
  - 语义加工和N400波 ... 480
  - 句法加工和P600波 ... 482
- 11.5 语言理解的神经模型 ... 485
  - 左半球外侧裂语言系统所涉及的神经网络 ... 485
- 11.6 言语产生的神经模型 ... 486
  - 运动控制和语言产生 ... 486
  - 言语产生的心理语言模型 ... 487
  - 语言产生的神经基础 ... 487
- 11.7 语言的进化 ... 488
  - 共享意图 ... 489
  - 姿势和交流 ... 489
  - 左半球优势和偏侧化 ... 490

第三部分 控制过程

第12章 认知控制 ... 497

- 12.1 认知控制背后的解剖结构 ... 498
- 12.2 认知控制缺陷 ... 499
- 12.3 目标导向性行为 ... 501
  - 认知控制需要工作记忆 ... 501
  - 前额叶皮质是工作记忆而不是联系性记忆所必需的 ... 501
  - 工作记忆的生理基础 ... 502
  - 前额叶皮质的组织原则 ... 506
- 12.4 决策 ... 508
  - 它值得吗？价值和决策 ... 509
  - 不止一种决策系统？ ... 513
  - 多巴胺激活和奖赏加工 ... 515
  - 多巴胺活动的其他观点 ... 519
- 12.5 目标规划：计划和选择任务 ... 520
  - 任务相关信息的提取和选择 ... 522
  - 多任务加工 ... 523
  - 基于目标选择的收益和成本 ... 524
- 12.6 基于目标选择的机制 ... 526
  - 前额叶皮质和加工调节 ... 528
  - 动作抑制 ... 529
  - 通过大脑训练提高认知控制 ... 532
- 12.7 保证目标导向性行为成功 ... 534
  - 内侧额叶皮质作为一个监控系统 ... 534
  - 内侧额叶皮质如何监控认知控制网络中的加工？ ... 535

第13章 社会认知 ... 545

- 13.1 社会认知的解剖学基础 ... 546
- 13.2 社会互动和发育 ... 548
- 13.3 获得性和神经发育性障碍中的社会行为缺陷 ... 549
- 13.4 苏格拉底律令：认识你自己 ... 549
  - 自我参照加工 ... 550
  - 自我描述性人格特质 ... 551
  - 自我参照作为大脑功能的一种基线模式 ... 552

　　　　自我知觉作为一个有动机的
　　　　　　过程 …………………………554
　　　　预测我们未来的心理状态………556
　　　　身体所有权和具身化 ……………557
　　13.5 理解他人的心理状态……………562
　　　　心理推测 ………………………562
　　13.6 经验分享理论（模拟理论）的
　　　　　神经机制 ………………………565
　　　　镜像神经元 ……………………566
　　　　共情 ……………………………568
　　13.7 心理状态归因理论（理论的
　　　　　理论）的神经机制 ……………573
　　　　内侧前额叶皮质和右侧颞顶
　　　　　联合区的活动 ………………574
　　　　颞上沟：整合非言语线索和
　　　　　心理状态 ………………………576
　　13.8 孤独症谱系障碍和他人心理状态…578
　　　　孤独症谱系障碍的解剖学和
　　　　　连通性差异 …………………578
　　　　孤独症谱系障碍中的心理推测…579
　　　　孤独症谱系障碍中的默认网络…580
　　　　孤独症谱系障碍中的镜像
　　　　　神经元网络 …………………581
　　13.9 社会知识…………………………585
　　　　社会知识的表征 ………………586
　　　　运用社会知识做决策 …………587
　　　　识别违反社会契约者 …………589
　　　　道德决策 ………………………590

第14章 意识问题……………………………595
　　14.1 心智—大脑问题…………………596
　　14.2 意识的解剖……………………598
　　14.3 唤醒水平和意识………………599

　　　　唤醒度调节 ……………………602
　　14.4 复杂系统的组织架构……………604
　　　　分层架构 ………………………605
　　　　多重可实现性 …………………607
　　14.5 信息获取…………………………607
　　　　无意识加工的程度 ……………612
　　　　意识层到无意识层的加工转换
　　　　　过程 …………………………613
　　14.6 意识体验的内容…………………615
　　　　大脑的解释器和自我统一感……616
　　14.7 心理状态会影响大脑加工过程吗？
　　　　　…………………………………617
　　　　神经元、神经元集群以及意识的
　　　　　内容 …………………………618
　　　　从分层架构的角度解释令人困
　　　　　惑的实验结果 ………………619
　　　　社会层次 ………………………620
　　14.8 动物意识的内容…………………621
　　14.9 主观感受…………………………624
　　　　难以捉摸、不可预知的量子
　　　　　世界 …………………………624
　　　　互补原理 ………………………626
　　　　动物的主观感受 ………………627
　　　　没有大脑皮质的主观感受………629
　　14.10 从裂脑研究窥探意识体验的
　　　　　奥秘 …………………………630
　　　　一个假设：许多泡泡，而非一个
　　　　　网络 …………………………631

参考文献……………………………………635
术语表………………………………………685
版权信息……………………………………705
缩写词表……………………………………715

第一部分

背景和方法

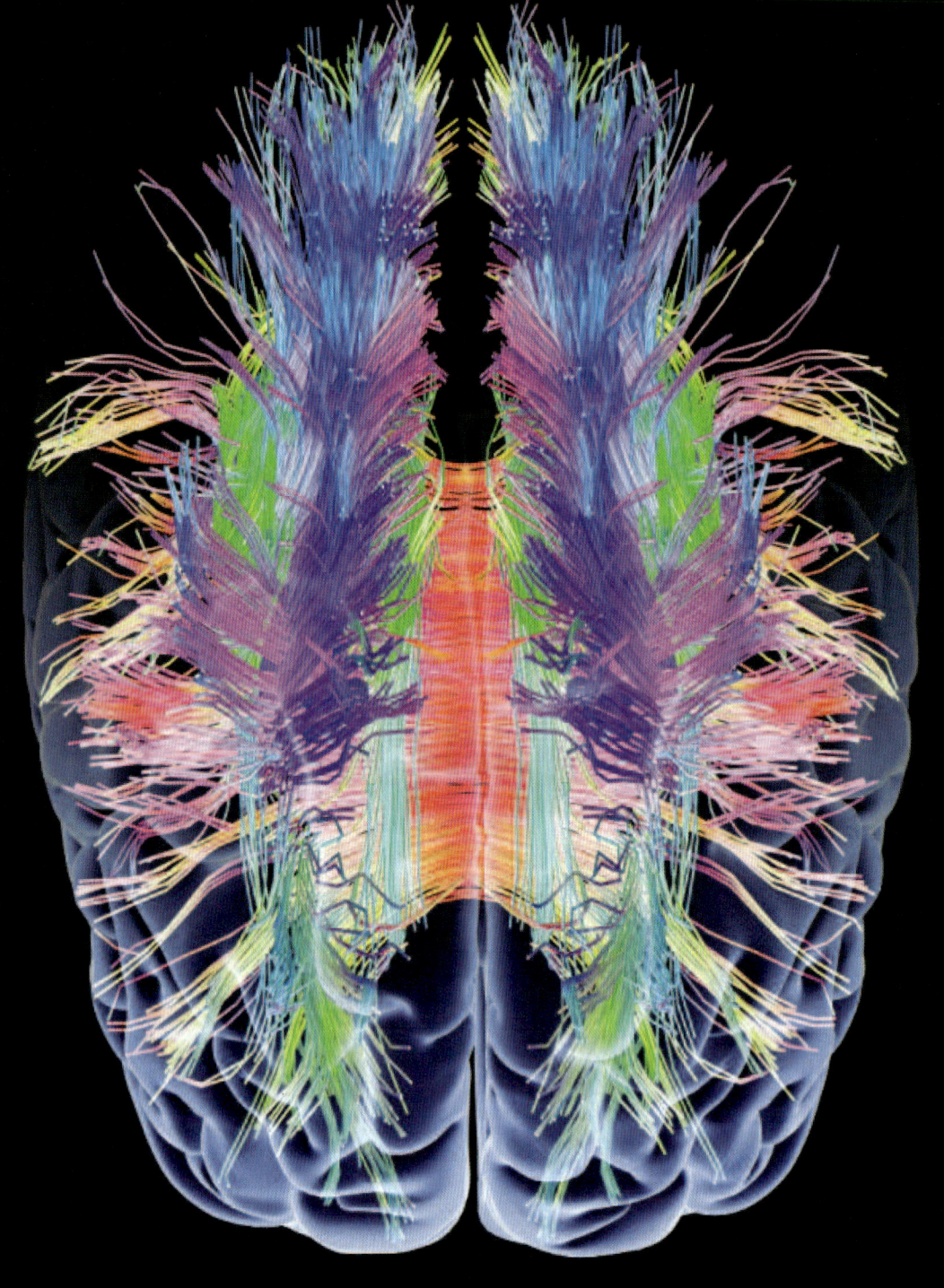

在科学界，科学家常说："这是一个非常好的观点，我的想法错了。"然后，他们真的会去改变自己的想法，于是你再也听不到他们的旧观点了。他们真的会这样做。虽然并非总是如此，因为科学家也是人，改变有时是令人痛苦的，但在科学界，这确实每天都在发生。然而，在政治或宗教领域，我不记得上一次发生这样的事情是什么时候了。

——卡尔·萨根（Carl Sagan, 1987）

第 1 章
认知神经科学简史

1650 年，安妮·格林（Anne Green）走上了英国牛津市法庭的绞刑架。她即将被以莫须有的、谋杀夭折婴儿的罪名处死（事实上，她并未犯下此罪行）。毫无疑问，在临刑前，她感受到了害怕、愤怒和沮丧，许多想法涌入她的大脑。然而，"我即将在临床神经病学和神经解剖学的创立中发挥作用"的想法——虽然从历史的角度看，这个说法是准确的——一定不会出现在她的脑海之中。她向众人宣称自己是无辜的。在赞美诗诵读完毕之后，她就被"吊死"了。她在那里被吊了整整半小时，然后才被放下来，被宣告死亡，并被放入由托马斯·威利斯（Thomas Willis）和威廉·佩蒂（William Petty）医生提供的棺材中。从这以后，她的运气开始好转。威利斯和佩蒂都是医生，他们得到了英国国王查理一世的许可，可以为医学研究而解剖牛津大学 34 千米范围内的任何罪犯的尸体。因此，格林的尸体没有被埋葬，而是被运到他们的办公室。

然而，尸检并没有发生。像是美国小说家埃德加·爱伦·坡（Edgar Allen Poe）曾经描述过的一个场景，棺材里开始发出咕噜咕噜的声音。格林还活着！医生们往她的嘴里倒入烈酒，并用一根羽毛摩擦她的脖子，让她咳嗽。他们又对她的手和脚摩擦了几分钟，放了 140 毫升的血，用松节油擦拭她脖子上的伤口，并照顾了她一晚上。第二天早上，格林觉得自己更有精神了，要了一杯啤酒。5 天后，她能够下地活动并正常进食了（Molnar，2004；Zimmer，2004）。

在历经磨难之后，政府想再次吊死格林。但威利斯和佩蒂为她辩护，坚称她的孩子是死胎，其死亡不是她的过错。他们宣称，神的旨意已经介入，使她奇迹般地逃脱死亡，这足以证明她的清白。他们的辩护取得了成功。格林获得了自由，后来结了婚，又生养了三个孩子。

这段奇迹般的经历在英国广为流传（图 1.1）。托马斯·威利斯（图 1.2）的名声在很大程度上是由安妮·格林及其复活事件所带来的。与名声相伴而来的是他急需的资金，以及可以帮助他出版作品和传播想法的声望，而且他确实有一些好的想法。威利斯成了他那个时代最著名的医生之一：他创造了"神经病学（neurology）"这个术语，他是第一个将特定的脑损伤，即脑结构的变化，与特定的行为缺陷联系起来的解剖学家，他建立了一些有关大脑如何传递信息的理论，他对病人进行终生治疗并在他们死后进行尸体解剖。这使他理解了大脑的变化如何导致了他所观察到的病人生前的行为和疾病。

> **大问题**
> - 为什么说古希腊人对科学的发展很重要？
> - 有哪些历史证据可以证明人类的脑活动可以产生心智？
> - 利用现代的研究方法，我们能对大脑和心智有哪些了解？

图 1.1
对 1650 年安妮·格林奇迹般复活的艺术演绎。

图1.2 托马斯·威利斯（1621—1675），临床神经科学的创始人。

威利斯与朋友和同事克里斯托弗·雷恩（Christopher Wren，设计英国伦敦圣保罗大教堂的建筑师）一起，绘制了近200年来最精确的人脑图（**图1.3**）。他还对许多脑区进行了命名（**表1.1**; Molnar, 2004; Zimmer, 2004）。简而言之，威利斯肇始的一些想法和知识基础经过几百年酝酿，发展成了我们今天的认知神经科学领域。

在本章中，我们将讨论一些对这一领域做出过重要贡献的科学家和医生。你将会发现认知神经科学的起源，以及它是如何发展成今天的样子的：一门旨在了解大脑如何工作，其结构和功能如何影响行为，以及最终如何使我们具有心智能力的学科。

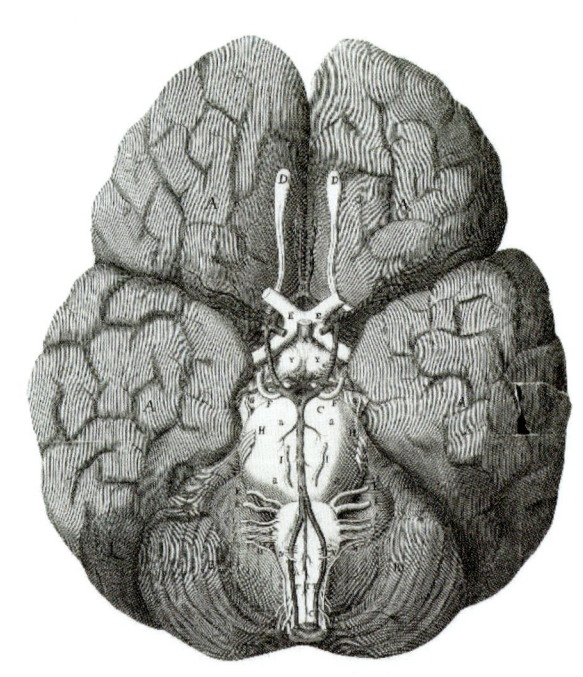

图1.3 克里斯托弗·雷恩绘制的人脑（腹视图）

雷恩为托马斯·威利斯的《大脑和神经解剖学》（*Anatomy of the Brain and Nerves*）一书作画。绘图最中心的一圈深色血管被威利斯的一个学生理查德·洛尔（Richard Lower）命名为威利斯环。

表1.1 托马斯·威利斯首创的一些术语

术语	定义
前连合（anterior commissure）	连接左侧和右侧颞下回及颞中回的轴突纤维
小脑脚（cerebellar peduncles）	连接小脑与脑干的轴突纤维
屏状核（claustrum）	由灰质构成的一层薄鞘，位于外囊和壳核之间
纹状体（corpus striatum）	基底神经节的一部分，由尾状核和豆状核组成
下橄榄核（inferior olives）	脑干的一部分，能调节小脑的加工过程
内囊（internal capsule）	从丘脑向皮质传递信息的白质通路
延髓锥体（medullary pyramids）	延髓的一部分，包含有皮质脊髓纤维
神经病学（neurology）	研究神经系统及其异常的学科
视丘（optic thalamus）	丘脑中与视觉加工相关的部分
副神经（spinal accessory nerve）	第十一对脑神经，连接头和肩
终纹（stria terminalis）	从杏仁核向基底前脑传送信息的白质通路
纹状皮质（striatum）	基底神经节的灰质结构
迷走神经（vagus nerve）	第十对脑神经，具有控制心脏跳动等功能

1.1 历史的视角

认知神经科学这一学科领域是 20 世纪 70 年代末在纽约市一辆出租车后座上被命名的。当时，笔者之一（迈克尔·S. 加扎尼加）正与杰出的认知心理学家乔治·A. 米勒（George A. Miller）一同乘车去阿冈昆酒店参加晚宴。那个晚宴是为来自美国洛克菲勒大学和美国康奈尔大学的一批科学家举办的，他们那时正通力合作，致力于研究大脑如何产生心智——这是一个尚未被命名的新学科。等他们走下出租车，"认知神经科学"这一术语就诞生了。它来自认知（cognition）和神经科学（neuroscience）这两个词："认知"即知觉和认识的过程（那些产生意识、感知和推理的东西），而"神经科学"则是研究神经系统组织和功能的学科。这个术语似乎是对理解"有形大脑的功能如何产生无形心智的思维、想法和信念"问题的完美描述。因此，这个术语得到了科学界的认可。

为了理解大脑功能的奇妙特性，我们要谨记：是大自然母亲通过自然选择的进化过程创造了它。不像计算机，我们的大脑不是由理性的工程师团队设计的，而是通过试错进化而成的，并且它们是由活的细胞而非惰性物质组成的。当我们试图理解大脑的架构和功能时，必须将这两点牢记于心。

地球形成于约 45 亿年前，生命出现于约 38 亿年前，但人脑以其目前形式，仅存在了不过 10 万年，只是沧海一粟。灵长类动物的大脑出现于 3400 万—2300 万年前的渐新世；在 2300 万—700 万年前的中新世进化成逐渐变大的猿类大脑；在 700 万—500 万年前，人类从与黑猩猩的最后一个共同祖先中分化出来。这势不可挡的进化之轮继续滚动，最终形成了如今具备各种惊人技艺的人类大脑。

在本书中，我们将时刻提醒你从进化的角度思考问题：为什么该种行为会被选中？它是如何促进生存和繁衍的？一个采集狩猎者会怎么做？进化的观点往往能帮助我们提出更有依据的问题，并为深入了解"大脑为何会有如今的功能以及如何发展出这些功能"提供切入点。

在历史的大部分阶段，生活更多地被交予生存这一更为实际的问题。然而，让我们得以产生关于人性特征理论的大脑机制在远古人类的头脑中就开始发展了。当人类的文明发展到日常的生存不再占据每分每秒时，我们的祖先就开始花费心思为同胞的动机寻找原因并建立复杂的理论。但在这些早期社会中，人们对于自然界的看法就像他们对于自己的看法一样，具备思想、欲望和情感。

古希腊人突破了这一想法，认为我们与我们所处的世界是分离的，实现了理论上的飞跃。这种分离使得他们能够将自然界设想为一个客体，一个可以被客观地研究或科学地研究的"它"。埃及学家亨利·弗兰克福（Henri Frankfort）称这一飞跃"令人惊叹"："这些人在一个完全未经证实的假设上，以荒谬的勇气行进。他们认为，宇宙是一个可被理解的整体。换句话说，他们假定在我们感知的混乱中存在一个单一的秩序，而且我们能够理解这个秩序。（Frankfort et al., 1997）"前苏格拉底（Socrates）时期的希腊哲学家泰勒斯（Thales）是现代认知神经科学的先驱，他拒绝对现象进行超自然的解释，并宣称每个事件都有其自然原因。但在探索认知的这一问题上，古希腊人面临着一个严重限制：缺少一套系统研究大脑以及大脑产生的思维（心智）的实验方法。

在过去的 2500 年里，基于大脑和意识心智，存在两种在根本上对立的观点。泰勒斯代表了一种观点，认为有血有肉的大脑能够产生思想——这种立场被称为一元论。17 世纪的法国哲学家、数学家和科学家笛卡尔（**图 1.4**），则以另一种观点而闻名。他认为，身体（包括大脑）具有物质的属性，像机器一样运作，而心灵是非物

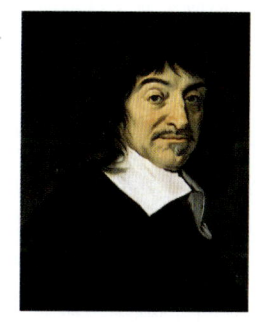

图 1.4
勒内·笛卡尔（René Descartes，1596—1650）。由弗兰斯·哈尔斯（Frans Hals）作画。

质的，因此不遵循自然法则（牛顿物理定律）。即便如此，这两者还是相互作用的：心灵可以影响身体；通过"激情"，身体也可以影响心灵。他不清楚这种相互作用发生的位置，但他认为一定是在一个单一的大脑结构中（不是双侧均存在的结构）。而松果体是他所能找到的符合这种描述的唯一的东西，所以他认定这种身心交互发生在松果体。笛卡尔的立场是，思想来自其他地方，而不是大脑运作的产物，这被称为二元论。

认知神经科学采用泰勒斯的一元论观点，即意识心智是大脑物理活动的产物，且并不会与大脑分离。

我们将看到，这一观点的证据最初来自对大脑损伤病人的研究，随后则来自科学探究。

在19世纪，当科学家开始研究大脑如何完成工作的时候，观察、人为操纵和测量的现代研究传统便成了规范。为了理解生物系统是如何工作的，我们必须进行观察，询问它为什么会出现，形成假设，设计并执行实验来支持或反驳这个假设，最后得出结论。然后，在理想的情况下，不同的研究人员在阅读了我们的研究结果后，重复实验，并得到相同的结果。如果没有得到相同的结果，那么这个主题就需要被重新审视。这种方法被称为"科学方法"，这是令一个课题研究能够稳扎稳打地进行的唯一方法。就认知神经科学而言，可供研究的现象可谓永无止尽。

1.2 大脑的故事

你现在要解决一个问题：已知一大团生物组织可以思考、记忆、注意、解决问题、讲笑话、产生性欲、参加俱乐部、写小说、表现出偏见、感到内疚以及做成千上万其他的事，你要探索它是如何开始工作的。开始前，你可能要放眼全局并问自己几个问题。这一团组织是以一个整体为单位工作的吗？还是充斥着大量独立工作的部分，每一部分实现一项特殊功能，而最终的结果看起来好像它们是作为一个整体工作的呢？毕竟，如果把这团组织比作纽约市，那么从远处看，它的确像一整个单元，但事实上，它是由上百万个独立的加工零件组成的——也就是一个个人。而人又是由更小的、功能更特异化的单元组成的。

这一中心议题推动着很多现代研究：心智是由整个大脑以整体方式工作而产生的，还是由大脑各特异性部分相互独立（至少部分）地工作而产生的？正如我们将看到的，在过去的时间里，主导的观点已经发生了变化，而且这种变化至今还在进行着。托马斯·威利斯以特定脑区损伤（生理）将影响行为（心理）这一观念肇启了认知神经科学，但他的见解从人们的视野中消失了。又过了一个世纪，威利斯的观点才重新出现。这些观点被一位年轻的奥地利医生和神经解剖学家弗朗兹·约瑟夫·高尔（Franz Joseph Gall，图1.5）扩展了。在研究了许多病人之后，高尔开始相信大脑是心灵的器官，先天的能力由大脑皮质的特定区域控制。他认为，大脑是围绕着大约35种或

图1.5
弗朗兹·约瑟夫·高尔（1758—1828），颅相学的创始人之一。

更多的具体功能组织起来的，包括从最基本的认知功能（如语言和颜色知觉等）到一些更为短暂的能力（如情感和道德感等），而每一种功能都由特定的大脑区域支持。这些观点深受欢迎，高尔带着他的理论上路，在欧洲各地进行讲演。

高尔及其弟子约翰·施普尔茨海姆（Johann Spurzheim）假设，如果一个人比其他人更经常地使用某一种能力，他大脑中代表这项能力的部分就会变大（Gall & Spurzheim，1810—1819）。这种大脑的局域生长会导致其上颅骨突起。按照这种逻辑，高尔及其同事相信，细致地分析头颅形状可以深入描述由头颅包裹着的人格。高尔称这种技术为解剖人格学（anatomical personology）。通过触摸颅骨就能了解人的性格的想法被施普尔茨海姆称为**颅相学**，正如你所想象的，它很快就落入了江湖骗子的手中（图1.6）。一些雇主甚至要求求职者在被雇用之前先"检查"一下他们的颅骨。

显然，高尔在政治上并不精明。当被要求"解读"拿破仑（Napoleon Bonaparte）的颅骨时，他并没有将这位未来的皇帝确信自己所拥有的高贵特质与他的颅骨联系起来。后来，当高尔向法国的巴黎科学院提出申请时，拿破仑决定，需要更仔细地审查颅相学，并命令该学院需要取得一些科学证据来证明其有效性。尽管高尔是一名医生和神经解剖学家，但他并不是一名科学家。他观察到了头颅形状与人格的相关关系，却只想证实而不是证伪它们。巴黎科学院要求生理学家马里-让-皮埃尔·弗卢朗（Marie-Jean-Pierre Flourens，图1.7）去寻找是否有任何具体的发现来佐证高尔的这一理论。

弗卢朗开始了工作。他破坏了鸽子和兔子的部分大脑，并观察了发生的情况。他第一个证明了大脑的某些部分确实负责某些功能。例如，当他切除大脑半球时，动物不再有感知、运动和判断的能力。没有小脑，动物的动作变得不协调且无法保持平衡。但是，他找不到任何为高级能力（如记忆或认知能力）负责的区域。他的结论是这些能力应当更分散地分布在整个大脑中。

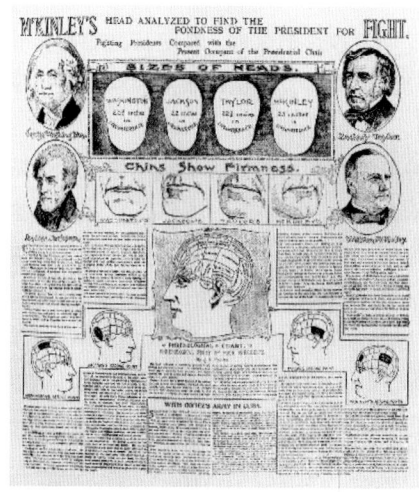 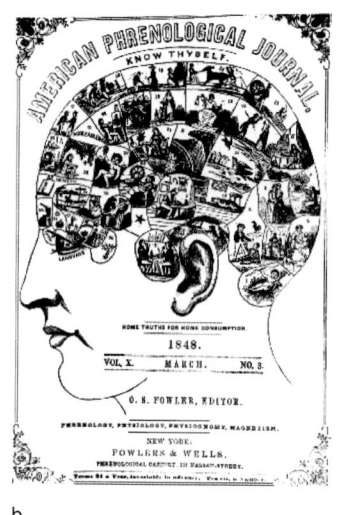 

图 1.6 颅相学走向主流

（a）杰西·A. 福勒（Jessie A. Fowler）对美国总统华盛顿（Washington）、杰克逊（Jackson）、泰勒（Taylor）和麦金利（McKinley）的分析，摘自 1898 年 6 月的《颅相学杂志》（Phrenological Journal）。（b）颅骨上的个人特征的颅相学地图，摘自 1848 年 3 月的《美国颅相学杂志》（American Phrenological Journal）。（c）福勒与威尔斯公司（Fowler & Wells Co.）于 1888 年出版的基于颅相学的婚姻兼容性。

图 1.7

（a）马里-让-皮埃尔·弗卢朗（1794—1867），他支持了后来被称为聚集场理论的思想。（b）弗卢朗描述的被剥夺了大脑半球的鸽子的姿势。

弗卢朗发展了后来被称为**聚集场理论**的观点：大脑作为一个整体参与行为。1824 年，弗卢朗写道："一切的感觉、一切的知觉、一切的意志占据了同一个器官（大脑皮质）。这样，感觉、知觉和意志的官能实际是同一种官能。"被称为"定位主义（localizationism）"的大脑功能定位理论不再受到青睐。

然而，这种状态并没有持续多久。新的证据开始从欧洲各地源源不断地涌现，钟摆慢慢地摆回定位主义的立场上。1836 年，法国蒙彼利埃的一位神经病学家马克·达克斯（Marc Dax）提供了最早的证据之一。他向法国科学院提交了一份关于三个病人的报告，指出他们都有类似的语言障碍，并在尸检时发现了类似的左半球病变。当时，这份来自外省的报告在巴黎受到了冷落，又过了 30 年才有人注意到这份报告里讲述的这个发现，即语言可能被左半球的特定病变干扰。

与此同时，在英国，神经病学家约翰·休林斯·杰克逊（John Hughlings Jackson，**图 1.8**）开始发表他对脑损伤病人行为的观察报告。其著作的一个主要特点是写出了如何用实验检验他的观察的建议。例如，他注意到，在癫痫发作开始时，一些癫痫病人的运动方式很有特点，癫痫发作似乎是在刺激大脑中的一幅与身体相对应的图；也就是说，由脑内神经元的异常放电产生的肌肉抽搐和僵直，按顺序从身体的一个部位传到另

图 1.8

约翰·休林斯·杰克逊（1835—1911），英国神经病学家，他是最早承认定位主义观点的人之一。

一个部位。这一现象促使杰克逊提出了大脑皮质的拓扑地形图（topographic）观点：一幅与身体相对应的图在大脑皮质的特定区域表征，其中一个部分代表脚，另一部分代表小腿，以此类推（见**专栏 1.1**）。正如我们所看到的，这一观点在半个多世纪后被怀尔德·彭菲尔德（Wilder Penfield）验证了。

尽管杰克逊最先观察到右侧大脑损伤比左侧大脑损伤对视觉空间加工影响更大，但他并不认为右侧大脑的特定区域完全负责人类的这项重要认知功能。作为一位敏锐的临床神经病学家，杰克逊注意到病人很少彻底丧失一项功能。比如，因卒中而丧失语言能力的人还能说一些单词。不能用手自主地指向身体某部位的病人，如果那些部位瘙痒难耐，那么他也可以伸手过去搔痒。在这些观察的基础上，杰克逊得出结论认为，大脑的许多区域都参与了一项特定的行为。

在巴黎，著名的受人尊敬的医生保罗·布洛卡（Paul Broca，**图 1.9a**）于 1861 年发表了他对一个绰号为塔恩（Tan）的病人——他的真名是莱沃尔涅（Leborgne）——的尸检报告，也许是历史上最著名的神经病学案例。塔恩患上了失语症，他能理解语言，但"塔恩"是他唯一能说出的词。布洛卡发现，塔恩的大脑左半球下额叶有梅毒病变。这个区域现在被称作布洛卡区。这项发现影响深远。特定脑区的损伤导致了特定语言功能的障碍。很快，布洛卡就有了一系列这样的病人。

而后，这一研究主题由德国神经病学家卡尔·威尔尼克（Carl Wernicke）接手。1876 年，威尔尼克报告了一例卒中个案。不同于布洛卡的病人，威尔尼克的病人可以轻而易举地讲话，但他讲的话没有意义。他也无法理解书面语和口语。这位病人的损伤在左半球更靠后的区域，即颞叶和顶叶的交界处附近。这个区域现在被称为威尔尼克区（**图 1.9b**）。

如今，人们已经清楚了大脑对局域性疾病反应的差别（H. Damasio et al., 2004；R. J. Wise, 2003）。然而，在 100 多年前，布洛卡和威尔尼克的发现是惊天动地的。（请注意，威利斯最初关于特定脑区损伤影响行为的发现基本上已经被人们遗忘了。在整个脑科学的历史上，一个不幸且经常反复的趋势是，人们很容易忽略前人的重要发现。）布洛卡和威尔尼克的发现把人们的注意力再一次吸引到这样一种惊人的观点上：局域脑损伤会引起特定的行为缺陷。

对人类的研究往往为那些研究动物的科学家提出课题。在布洛卡的发现后不久，德国生理学家古斯塔夫·弗里奇（Gustav Fritsch）和爱德华·希奇希

专栏 1.1　来自临床的启示
断断续续的开始

如果你在 1860 年之前不幸得了神经系统疾病，那么医生们还不具备有条理的思维方式对你的病情做出判断。但这种情况即将改变。

1867 年，约翰·休林斯·杰克逊写道："我们可以问癫痫病人的一个最重要的问题是'癫痫是如何开始的？'。"在杰克逊开始颠覆神经病学界之前，人们普遍认为大脑皮质是不能兴奋的，而且实验生理学家已经被皮埃尔·弗卢朗说服，认为皮质是等电位的，没有局部功能。但杰克逊用他从临床上获得的教训武装自己，对这些理论提出了异议。他观察了一些病人的发病过程，发现了一致的模式。"我认为，开始的方式对疾病发作的进展有很大影响。当从面部开始发作时，涉及手臂的抽搐可能会顺着肢体……；当从腿部开始发作时，抽搐会向上进行；当腿部在手臂之后受到影响时，抽搐会顺着腿部进行"（J. H. Jackson, 1868）。

根据这些发现，杰克逊得出了许多结论：大脑皮质是可兴奋的；癫痫发作开始于大脑皮质的一个局部区域，该区域决定了癫痫发作在身体上的表现；大脑皮质的兴奋性会扩散到大脑的邻近区域，由于抽搐从身体的一个部位逐渐发展到紧邻的部位，大脑中与身体部位相对应的区域也必然是彼此相邻的。根据临床观察，杰克逊创建了临床神经生理学的概念框架，并提出了一套系统的方法去诊断神经系统的疾病（York & Steinberg, 2006），这些方法后来得到了实验的支持。在本书中，我们将跟随杰克逊的脚步，了解临床实践中的观察结果。在形成有关大脑功能的假设时，这些观察结果必须被考虑。

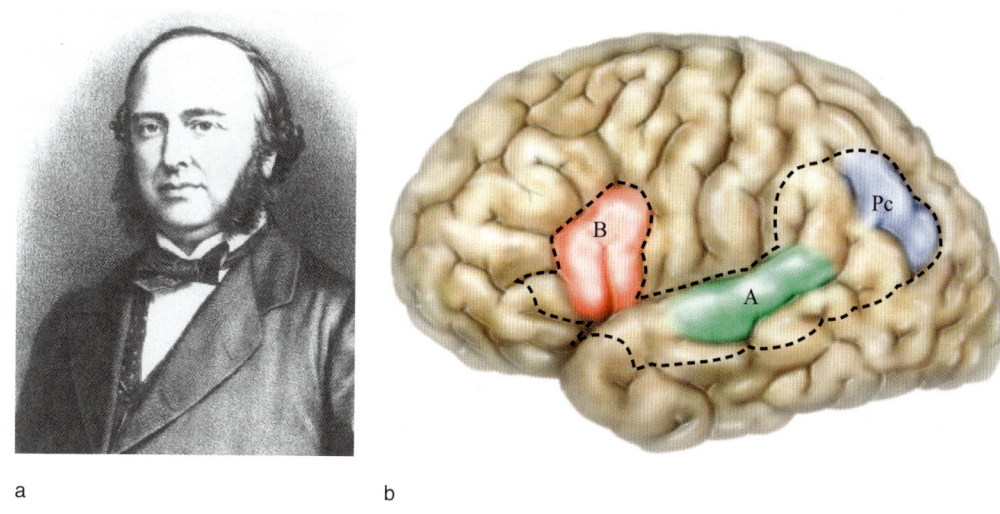

图 1.9

（a）保罗·布洛卡（1824—1880）。（b）语言中心之间的联系，来自卡尔·威尔尼克于 1876 年关于失语症的文章。A = 威尔尼克发现的感觉言语中心；B = 布洛卡发现的言语区；Pc = 威尔尼克发现的语言理解和意义相关的区域。

（Eduard Hitzig）用电刺激狗大脑的不同部位并观察到这种刺激在狗身上产生了特征性动作。这项发现促使神经解剖学家对大脑皮质及其细胞组织进行更深入的研究；他们希望支持自己关于局域脑区重要性的观点。由于这些区域完成了不同功能，因此它们在细胞形态上也应该有所不同。

根据这种逻辑，德国神经解剖学家开始使用显微技术观察不同脑区的细胞类型，以这种方法来分析大脑。他们中最成功的也许是科比尼安·布罗德曼（Korbinian Brodmann）。他分析了皮质的细胞组织并划分了 52 个特征不同的区域（**图 1.10**）。在 1909 年，布罗德曼发布了他的皮质图。

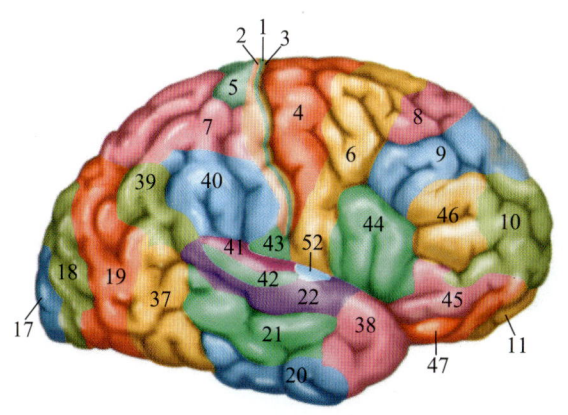

图 1.10 布罗德曼划分的区域

在细胞结构和排列的基础上，对布罗德曼描述的 52 个不同区域进行采样。

布罗德曼采用组织染色法［比如弗朗兹·尼斯尔（Franz Nissl）发明的方法］，这使他可以看清不同脑区的不同细胞类型。探讨不同脑区间细胞如何不同的学科称为**细胞架构学**，或细胞架构（cellular architecture）。很快，许多著名的解剖学家对这一工作做出了贡献，包括奥斯卡·沃格特（Oskar Vogt）、弗拉基米尔·贝茨（Vladimir Betz）、西奥多·迈纳特（Theodor Meynert）、康斯坦丁·冯·伊科诺莫（Constantin von Economo）、格哈特·冯·博宁（Gerhardt von Bonin）和珀西瓦尔·贝利（Percival Bailey）。其中一些人对皮质做了比布罗德曼更细致的划分。这些研究者发现，细胞架构学中描述的不同脑区在很大程度上确实代表了不同的功能。

尽管细胞架构学的研究都是开创性的，但人们对神经系统认识的重大革命是在其他地方发生的。在意大利和西班牙，一场激烈的论战正在两位杰出的神经解剖学家之间进行。奇怪的是，在这场论战中，正是一个人的工作启发了另一个人的洞见。意大利医生卡米洛·高尔基（Camillo Golgi，**图 1.11**）发明了世界历史上最著名的细胞染色法之一：用注入银的方法对神经元进行染色——"暗反应（the black reaction）"，意大利语为"la reazione nera"——用铬酸银浸渍单个神经元。这种染色法可以在整体上使单个神经元具象化。

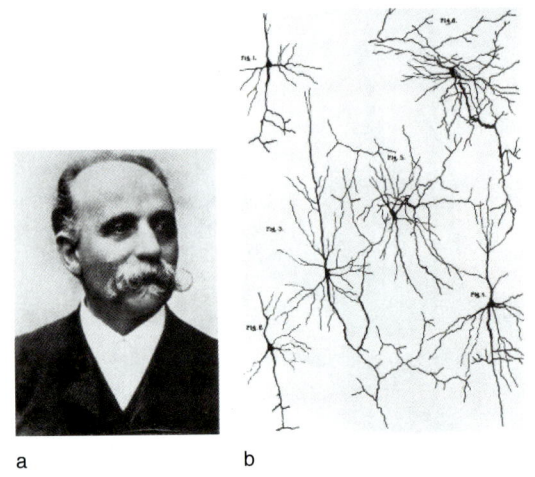

图 1.11
（a）卡米洛·高尔基（1843—1926），1906 年诺贝尔生理学或医学奖得主。（b）高尔基画的狗和猫的不同类型的神经节细胞。

西班牙人圣地亚哥·拉蒙–卡哈尔（Santiago Ramón y Cajal，图 1.12）使用高尔基的染色法发现，神经元是分离的个体，这与高尔基及其他人的观点相反。高尔基认为，整个大脑是一个**合胞体**，是一个共用一个细胞膜的连续组织。拉蒙–卡哈尔被称为现代神经科学之父，他是第一个发现神经元单一性的人，并阐明了后来被称为**神经元学说**的概念，即神经系统是由单个细胞组成的。他还发现，神经元内的电传导是单向的，只能从树突传到轴突（图 1.13）。

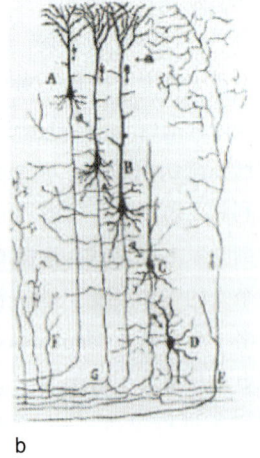

图 1.12
（a）圣地亚哥·拉蒙–卡哈尔（1852—1934），1906 年诺贝尔生理学或医学奖得主。（b）拉蒙–卡哈尔绘制的哺乳动物皮质的传入神经。

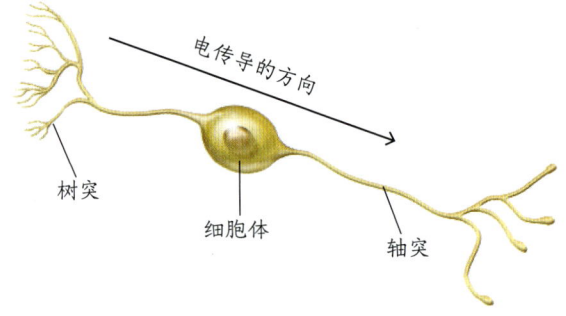

图 1.13
一个视网膜双极细胞，展现了神经元的树突和轴突。

许多真正有天赋的科学家都参与了神经元学说的早期发展（Shepherd，1991）。例如，捷克生理学家扬·埃万杰利斯塔·普肯耶（Jan Evangelista Purkinje，图 1.14）在 1837 年描述了神经系统的第一个神经细胞。德国医生及物理学家赫尔曼·冯·赫尔姆霍兹（Hermann von Helmholtz，图 1.15）发现，细胞中的电流并不是细胞活动的副产品，而是沿着神经细胞的轴突实际携带信息的介质。他也首先提出了无脊椎动物将是研究脊椎动物大脑机制的绝好模型。英国生理学家查尔斯·谢林顿（Charles Sherrington）爵士热衷于研究神经元的行为，并创造了突触（synapse）一词来描述两个神经元之间的连接。在高尔基、拉蒙–卡哈尔和其他杰出科学家的共同努力下，神经元学说诞生了——这一发现的重要性由 1906 年授予高尔基和拉蒙–卡哈尔以及 1932 年授予谢林顿及其同事埃德加·阿德里安（Edgar Adrian）的诺贝尔生理学或医学奖得以彰显。

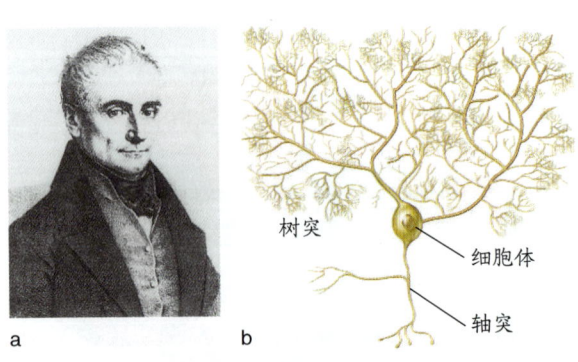

图 1.14
（a）扬·埃万杰利斯塔·普肯耶（1787—1869），他描述了神经系统中的第一个神经细胞。（b）小脑的一个普肯耶细胞。

 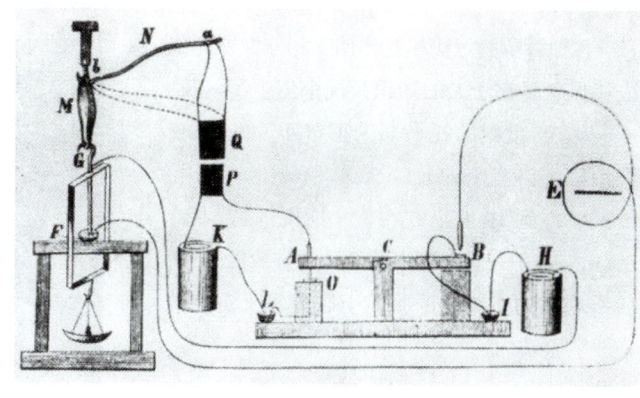

图 1.15

（a）赫尔曼·冯·赫尔姆霍兹（1821—1894）。（b）赫尔姆霍兹用于测量神经元传导速度的仪器。

随着研究在 20 世纪的不断推进，定位主义者对他们的观点进行了一定的折中，因为他们观察到，尽管特定的神经区域负责某项独立的功能，但这些区域组成的网络以及它们之间的相互作用才是产生人类所表现出的整体的综合行为的原因。再一次，脑科学史上忽略前人重要发现的趋势又出现了，这个被忽视的观点其实早在近一个世纪前就被讨论过，法国生物学家克劳德·伯纳德（Claude Bernard）于 1865 年写道：

> 设想解剖身体的所有部分，把它们隔离开来，以便研究它们的结构、形态和连接。这就和生命不同了；在生命中，所有部分同时为一个目的而合作。如果一个器官不能凭借自己生存，人们就常说它在解剖学上的意义不存在，因为边界的划分有时纯粹是任意的。那么活着的、存在的，是整体，如果一个人只研究一个机制的各个部分，他就无法探究所有机制作为一个整体的工作方式。（Bernard，1865 / 1957，引自 Finger，1994，p.57）

因此，科学家们开始相信，对部分（神经元和大脑结构）的认识必须与整体（部分连接到一起时产生的东西：心智）结合起来。接下来，我们将探讨关于心智的研究历史。

1.3 心理学的故事

医生是研究大脑如何工作的早期先驱。1868 年，荷兰眼科医生弗朗西斯科·唐德斯（Franciscus Donders）率先提出了，利用反应时间的差异来推断认知加工差异的方法（Donders，1868 / 1969），这一方法如今也被经常使用。他认为，对光做出反应所需的时间和仅对某种特定颜色的光做出反应所需的时间之间的差异就是识别颜色过程所需的时间。自此，心理学家开始使用这种方法，宣称他们可以通过测量行为来研究心智，实验心理学由此诞生。

在实验心理学诞生之前，对心智的探讨一直是哲学家的工作；他们对于知识的本质以及我们如何认识事物充满好奇。哲学家有两大主要观点：**理性主义**和**经验主义**。理性主义成长于启蒙运动时期，认为所有知识都可以仅通过使用推理来获得：真理是理智的，而不是由感官感知的。通过思考，理性主义者将决定什么是真正的信念，并拒绝那些虽然令人鼓舞却经不起推敲的信念。在知识分子和科学家中，理性主义取代了宗教，成为思考世界的唯一方式。这种观点也以这样或那样的形式得到了勒内·笛卡尔（René Descartes）、巴鲁赫·斯宾诺莎（Baruch Spinoza）和戈特弗里德·莱布尼茨（Gottfried Leibniz）的支持。

尽管理性主义经常被认为等同于逻辑思维，但它们是不同的。理性主义会考察诸如生活的意义这样的论题，而逻辑学则不对此加以考虑。逻辑学只依赖于归纳推理、统计学、概率以及类似的东西。它并不管那些涉及个人心理状态的问题，如幸福、自私以及公益事业。由于每个人对这些论题有不同的看法，因此理性主义的决断比简单的逻辑判断更有争议。

相反，经验主义认为，所有知识来自感觉经验，大脑最初是一块白板。直接的感觉经验产生简单的思想和观念。当各种简单的想法相互作用、相互联结时，复杂的想法和观念就在个人的知识系统中创生了。英国哲学家——从17世纪的托马斯·霍布斯（Thomas Hobbes）到约翰·洛克（John Locke）和戴维·休谟（David Hume），再到19世纪的约翰·斯图亚特·穆勒（John Stuart Mill）——全都强调经验的重要性。这就难怪实验心理学的主要流派脱胎于联想主义观点。联想主义心理学家认为，经验的累积决定了一个人心理发展的进程。

赫尔曼·艾宾浩斯（Hermann Ebbinghaus）是最早信奉**联想主义**的科学家之一。在19世纪后期，他相信像记忆这样的复杂过程可以被测量和分析。他受到了伟大的心理物理学家古斯塔夫·费希纳（Gustav Fechner）和恩斯特·海因里希·韦伯（Ernst Heinrich Weber）的启发；他们正在努力将事物的物理性质，如光和声音，同它们给观察者造成的心理体验联系起来。这些测量是严格且可重复的。艾宾浩斯是认识到人们可以测量诸如记忆这样的更内在过程的第一人（见第9章）。

对联想主义观点的形成产生更大影响的是美国心理学家爱德华·L. 桑代克（Edward L. Thorndike）出版于1911年的经典专著（**图** 1.16）。在这本书中，桑代克描述了他的观察结果，即有奖赏相随的反应会被生物体牢记，作为一种习惯性反应。如果反应之后没有奖赏，这种反应就会消失。这样，奖赏就提供了一种建立更具适应性的反应机制。

图 1.16

爱德华·L. 桑代克（Edward L. Thorndike，1874—1949）。

联想主义成了对行为的心理学解释，这一领域很快被美国行为主义心理学家约翰·B. 华生（John B. Watson）所主导（**图** 1.17）。他提出，只有基于可观察的行为，心理学才是客观的。他拒绝了艾宾浩斯的方法，并宣称应该避免谈论所有无法公开观察的心理过程。这些想法演变成了**行为主义**的方法论立场。

行为主义致力于一个由华生广泛普及的观点，即他可以把一个婴儿塑造成从事任一职业的成年人，从走钢丝的杂技演员到神经外科医生。他认为，学习是最关键的；学习的神经基础每个人都有。出于美式平等意识的吸引，美国心理学界对这种"大脑是一块'白板'且可以通过学习和经验来构建"的想法感到兴奋。尽管白板和行为主义的追随者用意良好，但行为主义—联想主义的偏见已经悄然而至，当时美国所有实力强大的心理学系都是由持有这种观点的人把持的。行为主义一直存在着，尽管由笛卡尔、莱布尼茨、康德（Kant）及其他人首先提出的观点已很成熟：复杂性是内嵌于人类机体的。感觉信息不过是预先存在的

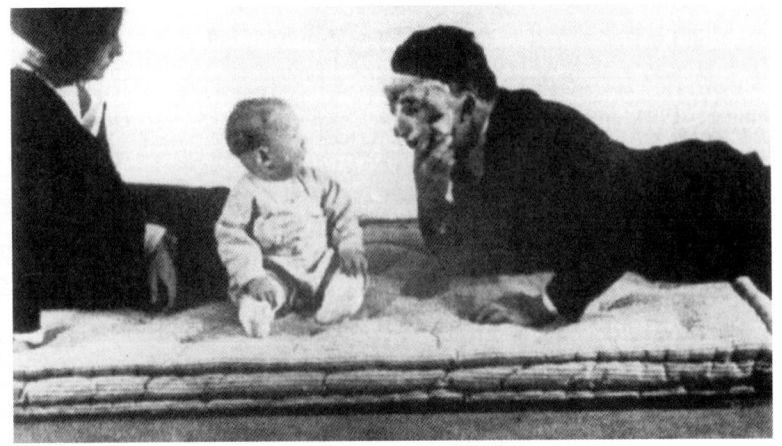

a b

图 1.17

（a）约翰·B. 华生（John B. Watson，1878—1958）。（b）华生和"小阿伯特"，华生的恐惧条件反射实验中的一个研究重点。

心理结构进行操作的数据而已。这种观点尽管已是今日心理学的主导，但在那个黄金时代是被轻视的。

然而，英国和加拿大的心理学家并不认同行为主义的偏见，加拿大蒙特利尔成了一个关注生物学如何塑造认知和行为的新观点的热点地区。1928年，曾在牛津大学跟随谢林顿学习神经病理学的美国人怀尔德·彭菲尔德（图1.18）成了该市的第一位神经外科医生。在与赫伯特·贾斯伯（Herbert Jasper）的合作中，彭菲尔德发明了治疗癫痫的**蒙特利尔程序**：通过手术破坏大脑中产生癫痫发作的神经元。为了确定该销毁哪些细胞，他用电探针刺激大脑的各个部分，并观察病人的表现（病人是清醒的，只是在局部麻醉下躺在手术台上）。通过这些观察，他得以建立大脑中感觉和运动皮质的定位图（Penfield & Jasper，1954）。这证实了半个多世纪前由约翰·休林斯·杰克逊提出的拓扑预测。

彭菲尔德与加拿大新斯科舍省的心理学家唐纳德·O.赫布（Donald O. Hebb，图1.19）一起，研究脑部手术和损伤对大脑功能的影响。赫布确信，大脑的运作解释了行为，生物体的心理和生理是不可分割的。这一观点在过去的几百年里不断出现，只是一次又一次地被掩盖。尽管这在目前已被广泛接受，但当时的赫布被视作独行其是者。

1949年，他出版了一本名为《行为的组织：一种神经心理学理论》（*The Organization of Behavior: A Neuropsychological Theory*）的书，该书震撼了心理学界。他在书中假设，学习是有生物基础的。众所周知的神经科学口号"一起发放的神经元连接在一起"是对他的这种假设的提炼，即神经元可以结合在一起成为单独的加工单元，而这些单元的连接模式构成了不断变化的算法，决定了大脑对刺激的反应。他指出，大脑每时每刻都在活动，而不仅仅是在受到冲动的刺激时，来自外界的输入只能修改正在进行的活动。赫布的理论后来被用于人工神经网络的设计。

赫布的英国研究生布伦达·米尔纳（Brenda Milner，图1.20）继续对彭菲尔德的病人在手术前后进行行为研究。米尔纳对术后病人所抱怨的轻度记忆丧失产生了兴趣，并且是第一个提供解剖学和生理学证据来证明存在着多个记忆系统的人。布伦达·米尔纳是该领域有影响力的众多女性中最早的一位。

行为主义和刺激—反应心理学在美国的主导地位直到20世纪50年代末才真正结束，当时的心理学家开始从认知的角度思考问题，而不局限于行为。乔治·A.米勒（图1.21）曾是一位公认的行为主义者，他在20世纪50年代改变了想法。1951年，他写了一本很具影响力的书，名为《语言与沟通》（*Language and Communication*），并在序言中指出，"偏见是行为主义的"。11年后的1962年，他写了另一本书，名为《心理学，精神生活的科学》（*Psychology, the Science of Mental Life*）——这一书名标志着他彻底否定了心理学只研究行为的观点。

在反思中，米尔纳很清晰地记得他放弃行为主义而转向认知主义的日子是1956年9月11日，在美国麻省理工学院举行的第二届信息理论研讨会期间。那一年对于许多学科来说都是丰收年。在计算机科学领域，艾伦·纽厄尔（Allen Newell）和赫伯特·西蒙

图 1.18

怀尔德·彭菲尔德（1891—1976）。

图 1.19

唐纳德·O.赫布（1904—1985）。

图 1.20

布伦达·米尔纳（1918— ）。

图 1.21

乔治·A.米勒（1920—2012）。

（Herbert Simon）成功地推出了"第一代信息加工语言"，这是一个能够模拟逻辑定理证明的强大程序。计算机界的泰斗约翰·冯·诺伊曼（John von Neumann）在围绕神经组织的西利曼讲座中，探讨了大脑的计算活动类似于大规模并行计算机的可能性。一次著名的人工智能会议在达特茅斯学院举行了，马文·明斯基（Marvin Minsky）和克劳德·香农（Claude Shannon，被誉为信息理论之父）等人都出席了会议。

心理学领域也发生了一些大事。在第二次世界大战期间，为帮助美国国防部探测潜艇而开发的信号探测和计算机技术后来被心理学家詹姆斯·坦纳（James Tanner）和约翰·斯韦茨（John Swets）用于研究感知。1956年，米勒发表了他经典而有趣的论文"神奇数字七，加减二（The Magical Number Seven, Plus-or-Minus Two）"。在其中，他描述了一个实验，揭示了我们能在短期记忆中保存的信息量的极限：大约7个项目。米勒的结论是，大脑是一个信息处理器。他打破了行为主义的束缚，意识到心智的内容是可以被研究的，从而启动了"认知革命"。

同年，米勒还接触到了语言学家诺姆·乔姆斯基（Noam Chomsky）关于句法理论想法的初步版本（图1.22；有关综述，参见 Chomsky，2006）。乔姆斯基在一篇名为"语言描述的三种模式（Three Models for the Description of Language）"的文章中，展现了语音的顺序可预测性如何来自对语法规则而不是概率规则的遵守。例如，尽管孩子们只接触到了一组有限的语序，但他们可以想出过去从未听过的句子和语序。他们并没有利用以前接触过的词序所产生的联想来组合这个新句子。米勒从乔姆斯基那里获得的深层信息是，学习理论，即当时由行为主义学家 B. F. 斯金纳（B. F. Skinner）大力倡导的联想主义，根本无法解释儿童是如何学习语言的。语言的复杂性被植入大脑，它运行的规则和原则超越了所有人和所有语言。这是天生的，也是普遍的。

因此，在1956年9月11日，经过一年的巨大发展和理论转变，米勒意识到，虽然行为主义提供了重要的理论，但它不能解释所有学习。于是，他与乔姆斯基着手通过心理测量的方法来理解乔姆斯基理论的心理学意义，认知心理学领域由此诞生。米勒的最终目标是了解大脑作为一个综合性整体如何运作，即了解大脑的运作机制及其产生的意识心智。很多人追随了他的脚步，几年后，一个新的领域诞生了，这就是认知神经科学。

认知神经科学的一个特点是，它包含许多不同的学科。米勒涉足了语言学和计算机科学领域，并为心理学和神经科学带来了启示。同样，在20世纪70年代，帕特里夏·戈德曼–拉基奇（Patricia Goldman-Rakic，图1.23）组建了一个由从事生物化学、解剖学、电生理学、药理学和行为学研究的人员组成的多学科团队。她对布伦达·米尔纳的记忆系统之一——工作记忆——感到好奇，并选择无视行为主义者关于不能研究前额叶皮质的高级认知功能的说法。最终，她成了首个描述了前额叶皮质回路及其与工作记忆的关系的人（Goldman-Rakic，1987）。

图1.23
帕特里夏·戈德曼–拉基奇（1937—2003）。

图1.22
诺姆·乔姆斯基（1928—）。

后来，戈德曼–拉基奇发现，前额叶皮质的单个细胞是专门用于特定的记忆任务的，比如记住一张脸或一个声音。她还首次针对多巴胺对前额叶皮质的影响进行了研究。她的发现使人们对许多精神疾病的理解发生了阶段性转变——包括精神分裂症，以前人们认为精神分裂症是不良教养的结果。

1.4 神经科学的工具

电脉冲的变化、血流的波动以及在氧气和葡萄糖利用中的转变是大脑运作的驱动力。它们也是在研究心理活动如何得到大脑功能支持的各种方法中需要测量和分析的参数。技术的进步和这些方法的发明为认知神经科学家提供了研究大脑如何使人产生心智的工具。如果没有这些工具，过去 30 年来的发现将不可能存在。本节将描述认知神经科学领域的一些非侵入式技术背后的人物、想法和发明的简要历史。其中的许多方法在第 3 章中还有详细讨论。

脑电图

1875 年，在赫尔曼·冯·赫尔姆霍兹发现信息其实是电脉冲波沿着神经轴突传递的之后不久，英国医生理查德·卡顿（Richard Caton）使用电流计测量了来自活体狗和猿的大脑皮质和颅骨表面的连续自发电活动。一个由荷兰医生威廉·艾因特霍芬（Willem Einthoven）设计的更高级的工具，即"弦式电流计"问世，它能够对电活动进行摄影记录。德国精神病学家汉斯·柏格尔（Hans Berger）利用这种仪器在 1929 年发表了一篇论文，描述了人脑电流的记录情况。他将这种记录类型命名为脑电图。这种使用脑电图进行记录的方法多年来一直是非侵入式大脑研究的唯一技术。

测量大脑内的血液流动

19 世纪的意大利生理学家安杰洛·莫索（Angelo Mosso）对大脑中的血液流动很感兴趣，研究了因神经外科手术而造成颅骨缺损的病人。他记录了这些病人的血液流经大脑皮质时的脉动（图 1.24），并注意到在进行数学计算等心理活动时，大脑的脉动在局部增加。他推断，血流是跟着功能走的。

但是，这些观察结果从人们的视线中消失了。直到 1928 年，作为神经生理学家和医生的约翰·富尔顿

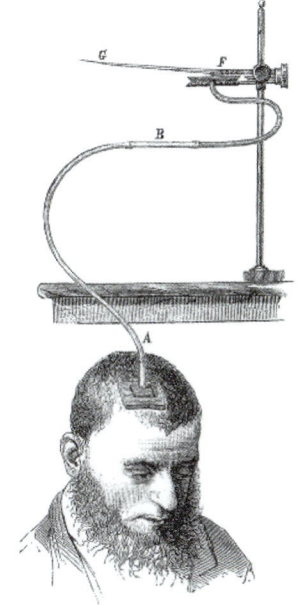

图 1.24
安杰洛·莫索的实验装置用来测量颅骨缺陷部位的大脑脉动。

（John Fulton）提出了病人沃尔特·K.（Walter K.）的病例，评估后认为他患有为位于视皮质上方的血管畸形（图 1.25）。病人提到他在后脑勺听到一种噪声，当他使用眼睛时，这种噪声会增加，但使用其他感官不会。这种声音是一个杂音，即血液在冲过狭窄的通道时发出的声音。富尔顿的结论是，流向视皮质的血液会随着对周围物体的关注而发生变化。

又过了 20 年，宾夕法尼亚大学的年轻医生西摩·凯蒂（Seymour Kety，图 1.26）意识到，如果你能用惰性气体（如一氧化二氮）灌注动脉血，那么气体会在大脑中循环，并独立于大脑的代谢活动而被吸收。它的积累将只取决于可测量的物理参数，如扩散、溶解度和灌注。

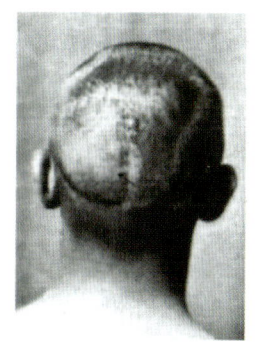 

图 1.25
沃尔特·K. 的头部，显示出枕叶皮质上的颅骨缺陷。

图 1.26
西摩·S. 凯蒂（1915—2000）。

有了这个想法，他开发了一种方法来测量整个人脑的血流和新陈代谢，并在动物身上使用了更为激进的方法（将它们的头截下，然后取出它们的大脑并进行分析），这使得他能够测量大脑特定区域的血流（Landau et al., 1955）。他的动物研究为证明血流与大脑功能直接相关提供了证据。凯蒂的方法和结果被用于开发正电子发射断层扫描（本节稍后会介绍），它使用的是放射性示踪剂而不是惰性气体。

计算机轴向断层扫描

虽然血流是研究大脑功能的人所感兴趣的，但人们对于拥有良好的可以准确定位肿瘤位置的解剖学图像的期望也促进了仪器设备的其他发展。调查人员需要获得人体内部的三维视图。20 世纪 30 年代，意大利放射学家亚历山德罗·巴列沃纳（Alessandro

Vallebona）开发了断层放射学，这是一种拍摄一系列横向切片的技术。在这些初步尝试的基础上，加州大学洛杉矶分校的神经病学家威廉·奥尔登多夫（William Oldendorf，1961）写了一篇文章，首次描述了后来用于计算机断层扫描（computerized tomography，CT）的基本概念，其中一系列横向的X射线可以被重建为三维图像。

奥尔登多夫提出的概念是革命性的，但他找不到任何愿意为他的想法投资的制造商。设备的制造需要洞察力和资金。最后，来自英国利物浦的四个小伙子、百代唱片公司（EMI）和在百代唱片公司中央研究实验室工作的计算机工程师戈弗雷·纽博尔德·豪恩斯菲尔德（Godfrey Newbold Hounsfield）为他提供了资金。百代唱片公司是一家电子公司，也拥有国会唱片公司（Capitol Records）和披头士乐队的录音合同。豪恩斯菲尔德利用数学技术和多个二维X射线来重建三维图像，开发了他的第一个扫描仪。正如故事所言，百代唱片因披头士乐队的成功而资金充裕，支付了这笔费用。豪恩斯菲尔德在1972年进行了第一次计算机轴向断层扫描（computerized axial tomography，CAT）。（请注意，计算机断层扫描和计算机轴向断层扫描是同义术语。）

正电子发射断层扫描和放射性示踪剂

虽然CAT对揭示解剖细节很有帮助，但它对功能的揭示很少。美国华盛顿大学的研究人员将CAT作为开发正电子发射断层扫描（positron emission tomography，PET）的基础，这是一种无创的切片技术，可以提供有关功能的信息。大批研发人员经过多年观察和研究最终造就了今天的PET。

PET的发展与它所采用的放射性同位素或"示踪剂"的发展交织在一起。1934年，法国科学家伊雷娜·约里奥－居里（Irène Joliot-Curie，图1.27）和她的丈夫弗雷德里克·约里奥－居里（Frèdèric Joliot-Curie）发现，一些原本没有放射性的核素在被辐照后会发出穿透性辐射。这一观察使

图1.27
伊雷娜·约里奥－居里（1897—1956）。

欧内斯特·O. 劳伦斯（Ernest O. Lawrence，回旋加速器的发明者）和他在加州大学伯克利分校的同事认识到，回旋加速器可以用来生产放射性物质。如果可以生产放射性氧、氮或碳，那么它们可以被注入血液循环，并成为生物活性分子的一部分。这些分子将集中在一个器官中，在那里，放射性将开始衰变。然后可以随着时间的推移测量示踪剂的浓度，从而推断新陈代谢的情况。

1950年，哈佛大学的戈登·布芬内尔（Gordon Brownell）意识到，正电子衰变（放射性示踪剂）与两个相隔180°的γ粒子的发射有关。这个有用的发现使设计和建造一个带有一对碘化钠探测器的简单正电子扫描仪成为可能。这台机器在几个月内就对病人进行了脑肿瘤扫描（Sweet & Brownell，1953）。1959年，美国宾夕法尼亚大学的放射科住院医生戴维·E. 库尔（David E. Kuhl）和工程师罗伊·爱德华兹（Roy Edwards）将断层扫描与γ射线同位素结合起来，获得了第一幅发射断层图像。

大多数氮、氧、碳和氟的放射性同位素的问题是，它们的半衰期是以分钟计算的。任何要使用它们的人都必须有自己的回旋加速器，并在同位素产生时做好准备。碰巧，华盛顿大学有一台回旋加速器，可以生产放射性^{15}O，还有两位研究人员，米歇尔·特尔－波戈相（Michel Ter-Pogossian）和威廉·鲍尔斯（William Powers），他们对使用这台加速器很感兴趣。他们发现，当被注射进血液时，被^{15}O标记的水可以用来测量大脑中的血流（Ter-Pogossian & Powers，1958）。

米歇尔·特尔－波戈相（图1.28）在20世纪70年代加入了迈克尔·菲尔普斯（Michael Phelps）的团队（图1.29）。迈克尔·菲尔普斯是一名研究生，他以金手套拳击手的身份开始了职业生涯。他们对X射线CT感到兴奋，认为可以调整该技术，从放射物中重建短寿命"生理性"放射性同性素在器官内的分布。他们设计并建造了第一台正电子发射断层扫描仪，并将这种方法命名为正电子发射跨轴断层成像（positron emission transaxial tomography，PETT；Ter-Pogossian et al.，1975），后来被简称为PET。

大脑中另一个重要的代谢分子是葡萄糖。在乔安娜·福勒（Joanna Fowler）和阿尔·沃尔夫（Al Wolf）的指导下，利用美国布鲁克海文国家实验室强大的回

旋加速器，^{18}F 标记的 2-氟脱氧葡萄糖（2-fluorodexy-D-glucose，2FDG）被创造出来（Ido et al., 1978）。^{18}F 的半衰期适用于 PET 成像，并能给出大脑能量代谢的精确值。菲尔普斯和库尔建立了合作关系，首次开展了使用 PET 寻找人类行为的神经相关因素的工作。使用 2FDG，他们建立了一种对葡萄糖的消耗进行成像的方法。菲尔普斯以其敏锐的洞察力发明了块状探测器，这种装置最终将 PET 的空间分辨率从 3 厘米提高到 3 毫米。

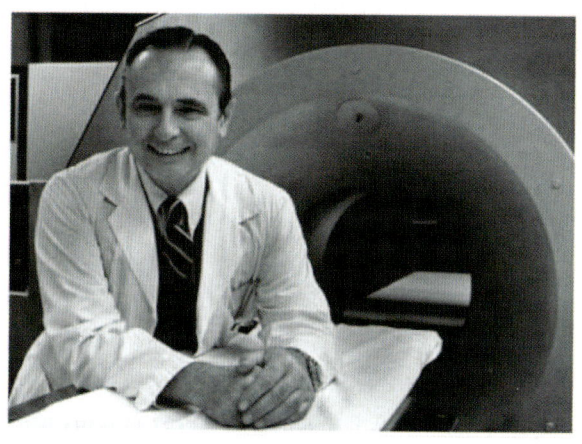

图 1.28
米歇尔·特尔-波戈相（1925—1996）。

图 1.29
迈克尔·E. 菲尔普斯（1939—）。

磁共振成像

磁共振成像（magnetic resonance imaging，MRI）基于磁共振的原理，是由物理学家伊西多·拉比（Isidor Rabi）在 1938 年首次提出并进行测试的。1946 年，哈佛大学的物理学家费利克斯·布洛克（Felix Bloch）和斯坦福大学的爱德华·珀塞尔（Edward Purcell）独立完成的发现将对磁共振的理解扩展到液体和固体。例如，水分子中的质子放在磁场中时就像小条形磁铁一样排成一排。如果这些质子的平衡被无线电频率脉冲干扰，那么在一个接收线圈中会产生一个可测量的电压。该电压随着时间的推移而变化，是质子环境的一个函数。对电压的分析可以产生关于被检查组织的信息。

在 1971 年的休假期间，化学家保罗·劳特博（Paul Lauterbur，图 1.30）在吃快餐汉堡包时产生了一个宏伟的想法。他在手边的一张餐巾纸上潦草地写下了自己的想法，就从这样随意的开始，他开发了理论模型，带来了位于纽约州立大学石溪分校的第一台磁共振成像扫描仪的发明（Lauterbur, 1973）。然而，又过了 20 年，磁共振成像才被用于研究大脑功能。

图 1.30
保罗·劳特博（1929—2007）。

在 20 世纪 90 年代初，美国马萨诸塞州总医院的研究人员证明，将造影剂注入血液后，通过对血流的生理操作进而产生的人脑血容量的变化可以用磁共振成像测量（Belliveau et al., 1990）。这样不仅产出了出色的解剖图像，而且可以与大脑功能相关的生理机能联系起来。劳特博最终因发展了磁共振成像背后的理论而获得了 2003 年诺贝尔生理学或医学奖，尽管他第一次尝试发表这一伟大发现时被《自然》（Nature）杂志拒绝了。他后来调侃说：“可以用被《科学》（Science）或《自然》杂志拒绝的论文来书写过去 50 年的整个科学史"（Wade, 2003）。

功能磁共振成像

当 PET 被引入时，传统的想法是，大脑不同活动部位的血流增加是由大脑对更多氧气的需求驱动的。

氧气输送的增加允许更多的葡萄糖被代谢掉，因此有更多的能量可用于执行任务。虽然这个想法听起来很合理，却很少有数据可以支持它。事实上，如果这样的阐述是真的，那么由功能需求引起的血流量的增加应该与耗氧量的增加相似。这将意味着氧合血红蛋白和脱氧血红蛋白的比例应该保持不变。然而，PET数据并没有支持这一假设（Raichle, 2008）。

相反，华盛顿大学的彼得·福克斯（Peter Fox）和马库斯·赖希勒（Marcus Raichle）发现，尽管功能活动引起了血流量的增加，但耗氧量没有相应地增加（Fox & Raichle, 1986）。此外，所使用的葡萄糖也比用耗氧量预测的多（Fox et al., 1988）。这到底是怎么回事？赖希勒（Raichle, 2008）表示，这十分令人诧异，然而竟是迈克尔·法拉第（Michael Faraday）于1845年在实验室笔记的空白处随意写的一段话提供了解决这一难题的线索（Faraday, 1933）。是莱纳斯·波林（Linus Pauling）和查尔斯·科里尔（Charles Coryell）以某种未知的原因偶然发现了这条线索。

法拉第注意到，干了的血是没有磁性的，他在笔记的空白处写着，他必须尝试液体血。他很困惑，因为血红蛋白含有铁，一种典型的磁性元素。90年后，波林和科里尔（Pauling & Coryell, 1936）在阅读了法拉第的笔记后，也变得好奇起来。他们发现，氧合血红蛋白和脱氧血红蛋白在磁场中的表现的确非常不同。由于血红蛋白分子中的铁暴露在外，所以脱氧血红蛋白具有的磁性较弱。

多年后，基思·图尔伯恩（Keith Thulborn）想起并利用了波林和科里尔描述的这个性质，意识到测量体内的氧合状态是可行的（Thulborn et al., 1982）。美国贝尔电话实验室的小川诚二（Seiji Ogawa, 1990）及其同事试图通过给接受MRI检查的人类被试交替提供100%的氧气和室内空气（含21%的氧气）来控制氧气水平。他们发现，在室内空气中，因为缺氧的血红蛋白提供了对比，静脉系统的结构是可见的。然而，在100%的氧气中，静脉系统完全看不到了（图1.31）。由此可得，图像明暗反差取决于血氧水平。血氧水平依赖（blood oxygen level-dependent, BOLD）的对比诞生了。

这项技术引导了功能磁共振成像（functional magnetic resonance imaging, fMRI）的发展。fMRI不使用电离辐射，它将精美的身体图像和与大脑功能相关的生理机能相结合，并且十分敏感。1992年，肯·邝（Ken Kwong，马萨诸塞州总医院的一名核医学物理学家）及其同事发表了第一个人类fMRI扫描图（图1.32）。具备了如此的优势，MRI和fMRI很快就被研究界采用，引发了脑功能成像的爆炸式发展。

机器只有在你明确它们的作用和局限性时才能发挥作用。赖希勒看到了这些新的扫描方法的潜力，但他也意识到还有一些基本问题需要解决。如果要获得关于大脑功能和解剖学的一般信息，那么在相同的环

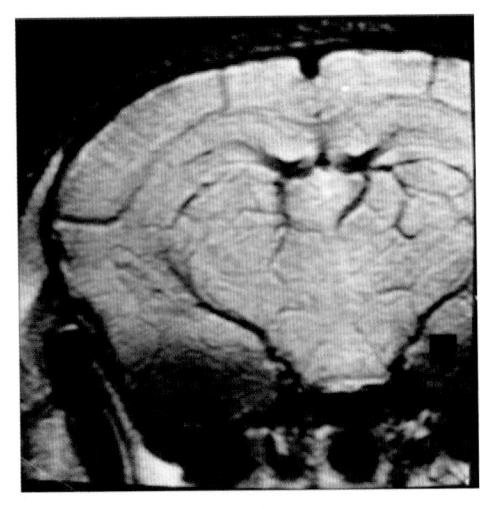
a 空气

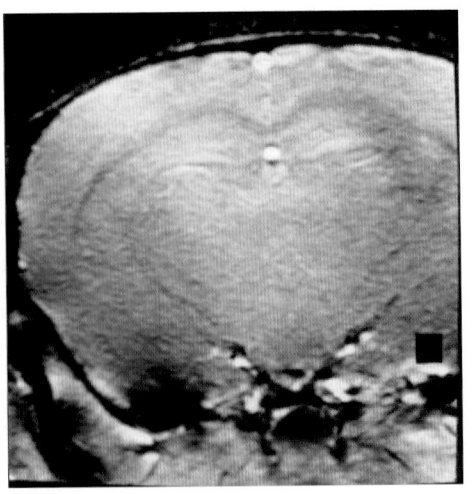
b 氧气

图1.31

小鼠大脑在不同氧气条件下的图像：（a）空气；（b）氧气。

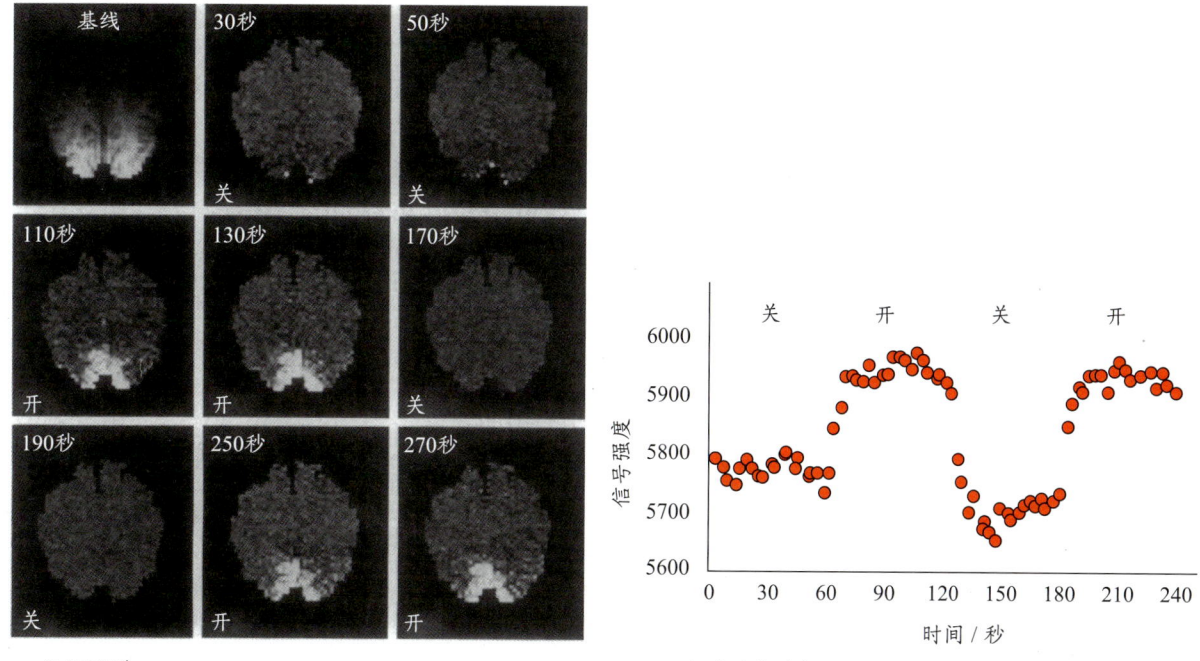

a fMRI图像 b MRI视皮质的反应

图 1.32 第一组在人类身上完成的 fMRI 图像

（a）视皮质 V1 区的激活。（b）MRI 视皮质的反应。当灯光关闭然后打开时，视皮质内一个相关区域的信号强度增加。当灯再次关闭时，信号强度下降，与已知的生理性氧合和 pH 值变化相一致。

境下执行相同任务的不同个体的扫描结果必须具有可比性。然而，要得到可比的结果是很困难的，因为没有两个大脑的大小和形状完全相同。此外，早期的数据结果杂乱无章，每个人的解剖位置各不相同。与赖希勒一起工作的精神病学家埃里克·赖曼（Eric Reiman）建议，平均每个被试的血流量或许可以解决这个问题。这种方法是可行的，随后发表的里程碑式的论文（Fox et al., 1988）提出了第一个用于设计、执行和解释大脑功能图像的综合方法。

当一个人俯卧在扫描仪中时，我们能真正了解到有关人类大脑和行为的什么？华盛顿大学的认知心理学家迈克尔·波斯纳（Michael Posner）、史蒂夫·彼得森（Steve Petersen）和戈登·舒尔曼（Gordon Shulman）开发了包括认知减法（由弗朗西斯科·唐德斯首次提出）在内的创新实验范式，可供 PET 扫描使用。该方法很快也被应用于 fMRI。认知心理学的实验方法与脑成像的结合是人类脑功能图谱的开始。在本书中，我们将从过去 40 年里积累的丰富脑成像数据中提取信息，让大家了解大脑是如何产生心智的。

1.5 你手中的这本书

我们在本书中的目标是向你介绍认知神经科学中的重要问题和相关讨论，并教你如何像认知神经科学家那样思考、提问和处理这些问题。在下一章中，我们将通过展示大脑的细胞机制和神经解剖学概况来介绍大脑的生物学基础。在第 3 章中，我们会讨论可用于观察心—脑关系的方法，并介绍科学家如何解释和质疑这些观察结果。在这个基础上，第 4—11 章开始讨论认知的核心过程：大脑半球特异化、感觉和知觉、物体识别、注意、运动控制、学习和记忆、情绪以及语言，每一个心理过程都用一章来讨论。随后是关于认知控制、社会认知和意识的章节。

每一章都以一个故事开头，说明并介绍该章的主要议题。从第 4 章开始，故事之后会有一个"解剖定位"专栏，强调目前知道的参与这些过程的脑区。接下来，这一章的核心内容是讨论认知过程和对其功能的了解，然后是一个概要总结和给被激发了好奇心的人的进一步阅读建议。

概 要

托马斯·威利斯在17世纪提出了这样一种观点：脑损伤会影响行为，并且大脑皮质可能确实是使我们成为人的物质基础。颅相学家拓展了这种观点，并且发展出了定位主义的观点。后来，布洛卡和威尔尼克所治疗的那类病人支持了特定脑区对人类行为（如语言）有重要作用这一观点。拉蒙-卡哈尔、谢林顿和布罗德曼等人发现的不同脑区的微观架构支持定位主义观点，但这些区域是相互连接的。很快，科学家开始意识到，大脑神经网络的整合才可能产生心智。

在神经科学家探索大脑的同时，心理学家也在研究心智。脱胎于经验主义哲学理论的联想主义心理学认为，任何一个反应如果有奖赏跟随，就会被保持，而这种联想是心智进行学习的基础。联想主义观点流行了很多年，直到乔姆斯基和米勒意识到这种观点不可能解释一切学习和心智活动。

神经科学家和心理学家都得出了这样的结论：大脑作为一个整体一定大于部分之和，大脑一定能产生心智。但它是如何做到的呢？认知神经科学这一术语产生于20世纪70年代，因为那时的神经科学和心理学又一次走到了一起。神经科学需要心理学关于心智的理论，而心理学则准备好对大脑的工作方式进行更深入的了解。二者"喜结良缘"的结果就是认知神经科学。

20世纪后半叶，交叉学科研究蓬勃发展，产生了新的研究方法和新的技术，形成了对大脑结构、代谢和功能进行成像的非侵入式方法。

因此，欢迎进入认知神经科学领域！不管你的背景是怎样的，这里都将有你的一席之地。

关 键 术 语

合胞体（syncytium，p.10）
经验主义（empiricism，p.11）
聚集场理论（aggregate field theory，p.7）
理性主义（rationalism，p.11）
联想主义（associationism，p.12）
颅相学（phrenology，p.6）

蒙特利尔程序（Montreal procedure，p.13）
认知神经科学（cognitive neuroscience，p.5）
神经元学说（neuron doctrine，p.10）
细胞架构学（cytoarchitectonics，p.9）
行为主义（behaviorism，p.12）

思 考 题

1. 我们能够不研究大脑而直接研究心智如何工作吗？
2. 现代的脑成像实验会变成新的颅相学吗？
3. 你认为将来可能怎样研究大脑？
4. 为什么好的想法和理论偶尔会随着时间的推移而丢失？它们又是如何经常被重新发现的？

推 荐 阅 读

Finger, S. (1994). *Origins of neurocience*. New York: Oxford University Press.

Frankfort, H., Frankfort, H. A., Wilson, J. A., & Jacobsen, T. (1977). *The intellectual adventure of ancient man: An essay of speculative thought in the ancient Near East* (first Phoenix ed.). Chicago: University of Chicago Press.

Kass-Simon, G., & Fames, P. (1990). *Women of science: Righting the record*. Bloomington: Indiana University Press.

Lindzey, G. (Ed.). (1936). *History of psychology in autobiography* (Vol. 3). Worcester, MA: Clark University Press.

Miller, G. (2003). The cognitive revolution: A historical perspective. *Trends in Cognitive Sciences*, 7, 141–144.

Raichle, M. E. (1998). Behind the scenes of functional brain imaging: A historical and physiological perspective. *Proceedings of the National Academy of Sciences, USA, 95,* 765–772.

Shepherd, G. M. (1991). *Foundations of the neuron doctrine.* New York: Oxford University Press.

Zimmer, C. (2004). *Soul made flesh: The discovery of the brain—and how it changed the world.* New York: Free Press.

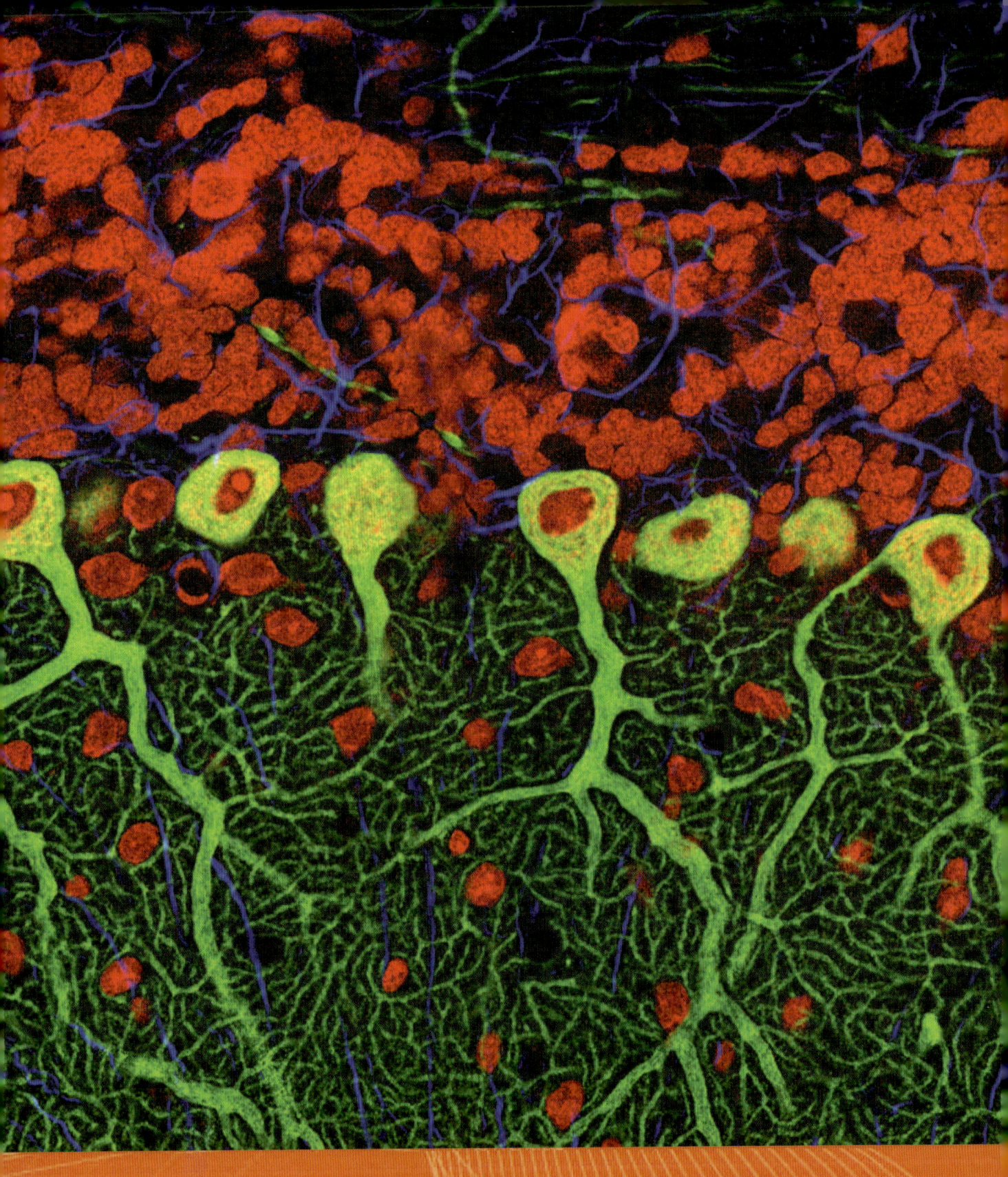

你动摇了我的神经,让我的大脑崩溃。
——杰里·李·刘易斯(Jerry Lee Lewis)

第 2 章
神经系统的结构和功能

1963 年的一天，神经科学家乔斯·德尔加多（Jose Delgado）冷冷地站在西班牙科尔多瓦的斗牛场上，面对着一头冲锋的公牛。然而，他并没有穿戴上西班牙斗牛士的裤子、夹克和剑。相反，他穿着宽松长裤和毛线套衫就踏入了斗牛场。为了表演效果，他身披斗牛士斗篷；与此同时，他手里还拿着一个小小的电子设备，打算试试该设备是否有效。

公牛转身冲了过来，但德尔加多站在原地，手指放在按钮上，纹丝不动。接着，他按下按钮。那头公牛在科学家面前几英尺①远的地方停了下来（**图 2.1**）。此刻平静温和的公牛站在那里静静地望着德尔加多，而德尔加多也微笑着回望它。给德尔加多信心完成此事的是这头公牛拥有的不同寻常的特征：它的尾状核中有一个通过手术植入的电刺激装置。德尔加多手中的设备便是用来激活电刺激装置的无线发射机；通过刺激这头公牛的尾状核，德尔加多成功地阻断了它的攻击。

图 2.1　乔斯·德尔加多用一个遥控器拦住了一头冲锋的公牛

① 1 英尺 = 30.48 厘米。——译者注

是什么促使德尔加多进行了这个不寻常的科学实验？数年前，有种前额叶切除手术曾受到越来越多人的欢迎。该手术为了治疗精神障碍而选择破坏病人的大脑组织（及其相应的功能）。德尔加多对此感到骇然，打算找到更为保守的方法来治疗这些精神疾病，即使用电刺激。利用他对神经元的电学特性、神经解剖和大脑功能的了解，德尔加多设计了有史以来的第一个遥控的神经植入物。虽然该技术在当时饱受争议，但无可争议的是，这些技术是现在常见的颅内设备的先驱；现在在这些设备通过刺激大脑来治疗帕金森病、慢性疼痛、神经肌肉功能障碍和其他疾病。

德尔加多知道，神经系统使用电化学信号进行交流。他也清楚，在大脑内部，神经元及其长距离投射（轴突），会形成繁复的连接模式。在某个位置产生的电信号可以传到另一个位置，从而触发肌肉收缩，或者诱发或终止某种行为。这种知识是所有神经信号理论的基础。

作为认知神经病学家，我们的目标是弄清楚人类大脑中 890 亿个神经元的功能，以及它们的集体行动如何使我们能够行走、交谈和想象难以想象的事情。我们可以从几个水平的分析中了解大脑这个生物系统：从原子、分子和细胞水平，到环路、网络、系统和认知水平，最后到最高水平——涉及人与人之间的交流，包括我们的家庭、社会和文化生活。

> **大问题**
> - 大脑的基本组成部分是什么？
> - 信息是如何在大脑中编码和传递的？
> - 大脑的组织原则是什么？
> - 大脑的结构所支持的功能和行为，能告诉我们什么？

由于所有关于如何使大脑运转的理论最终必须与神经系统的实际细节以及能做什么和不能做什么相结合，所以我们需要了解神经元的基本知识。我们必须了解神经元在个体水平上的结构和功能，以及串在一起构成大脑和整个神经系统的环路、网络及系统时的结构与功能。因此，对我们来说，了解神经元的基本生理学和神经系统的解剖学是很重要的。在这一章中，我们回顾了支持认知的大脑结构原理。在接下来的一章中，我们将探讨特定的大脑环路、网络和系统之内以及它们彼此之间活动的结果（如知觉、认知、情感和行动）。

2.1 神经系统的细胞

神经系统主要由两类细胞组成：神经元和胶质细胞。**神经元**是在神经系统内传递信息的基本信号单位。正如圣地亚哥·拉蒙-卡哈尔等人所推断的，神经元接收信息，按照一些相对简单的规则做出决定，然后通过活动水平的变化，将信号传递给其他神经元或肌肉。神经元在神经系统内的形状、位置和相互连接等方面都有所不同（图2.2），这些变化与它们的功能密切相关。**胶质细胞**在神经系统中有着不同的作用，为神经元提供结构支撑和电绝缘，调节神经元的活动。这里先快速浏览一下胶质细胞，之后再把注意转到神经元上。

胶质细胞

在大脑中，神经胶质细胞与神经元在数量上大致相同。中枢神经系统主要有三种类型的胶质细胞：星形胶质细胞、小胶质细胞和少突胶质细胞（图2.3）。星形胶质细胞是大胶质细胞，呈圆形或放射对称状；它们围绕着神经元，并与大脑的血管系统紧密相连。星形胶质细胞与血管接触的特殊部位称为终足，这使得星形胶质细胞能够穿过血管壁运送离子。

星形胶质细胞在中枢神经系统的组织和血液之间建立了一种屏障，称为**血—脑屏障**。血—脑屏障限制了血液中微小物体（比如大多数细菌）和大的亲水分子的扩散，使它们不能进入神经组织，但它允许小的疏水分子（如氧、二氧化碳和激素）的扩散。许多药物和某些神经活性物质在血液中并不能穿过血—脑屏

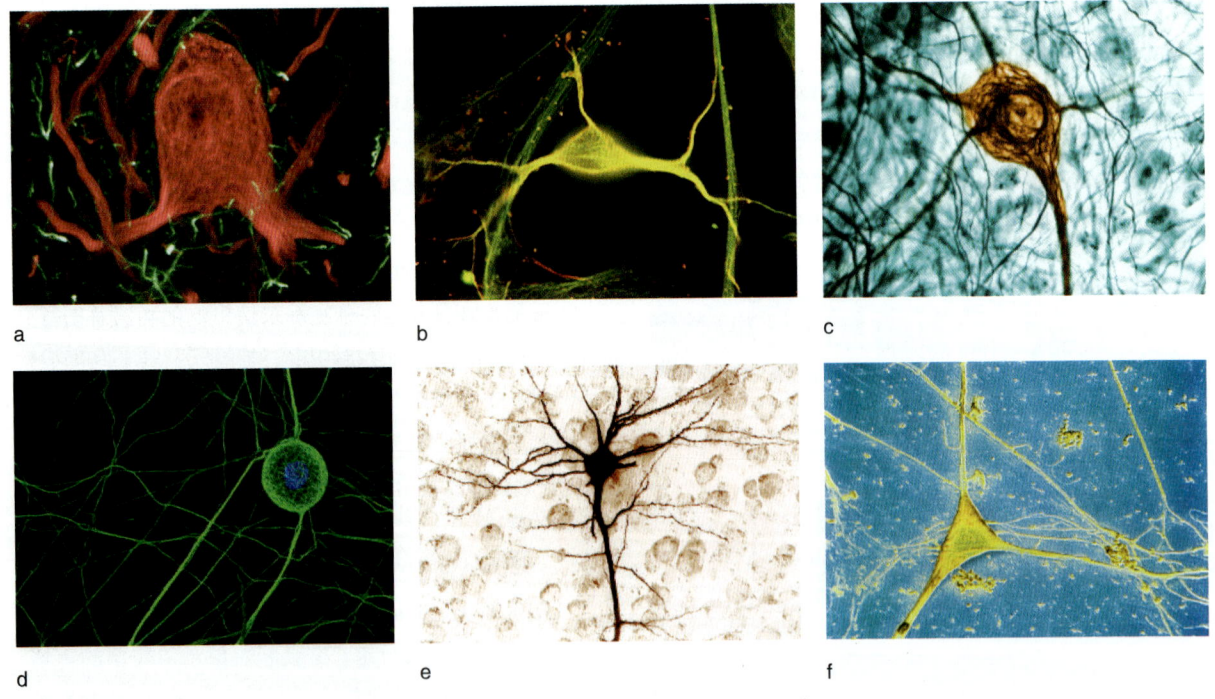

图2.2 哺乳动物神经元的解剖多样性
（a）来自大脑前庭区域的神经元（红色）。胶质细胞是一种薄而轻的结构（共焦显微图）。（b）海马神经元（黄色；荧光显微图）。（c）小鼠脊髓背根节神经元（棕色）（透射电子显微图）。（d）胚胎大鼠背根神经节细胞培养中的神经元（荧光显微图）。（e）大脑中的锥体神经元。（f）人脑皮质多极神经元胞体（扫描电镜显微图）。

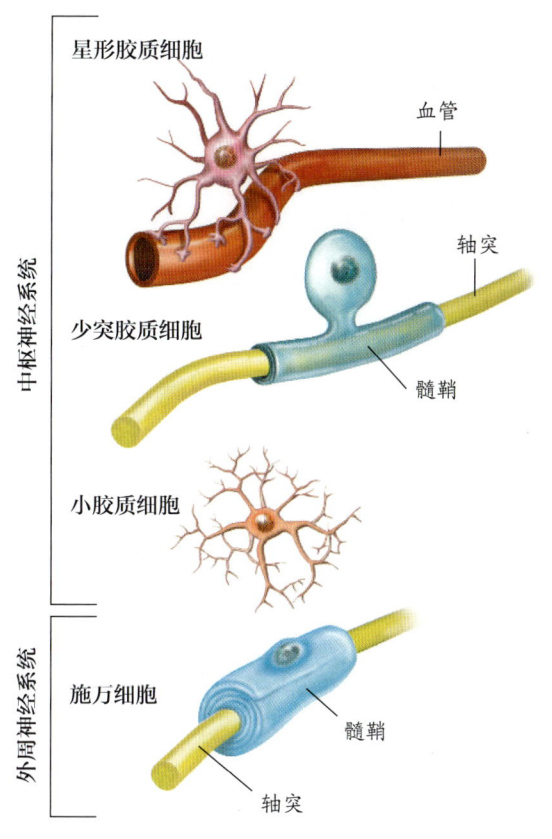

图 2.3　哺乳动物中枢神经系统和外周神经系统中各种类型的胶质细胞

星形胶质细胞的终足附着在血管上。少突胶质细胞和施万细胞在神经元轴突周围形成髓鞘（少突胶质细胞在中枢神经系统中起作用，施万细胞在外周神经系统中起作用）。小胶质细胞处理受损细胞。

障，如多巴胺和去甲肾上腺素。因此，它在保护中枢神经系统免受化学物质和病原体等血液传播物质的侵害方面起着至关重要的作用。

过去十多年收集的证据表明，星形胶质细胞对于大脑功能也有十分重要的作用。体外研究表明，它们对神经递质以及其他影响神经元活动、调节突触强度的神经活性物质做出反应，也会释放这些物质。体内研究发现，当星形胶质细胞的活性被阻断时，神经元的活性会增加，这支持了神经元活性受星形胶质细胞活性调节的观点（Schummers et al., 2008）。据推测，星形胶质细胞对神经递质的再摄取有直接或间接的调节作用。

神经胶质细胞也在神经系统中形成了一种叫作**髓鞘**的脂质。在中枢神经系统中，少突胶质细胞形成髓鞘；在外周神经系统中，由施万细胞执行这一任务

（图 2.3）。这两种胶质细胞类型都是在发育和成熟过程中以同心方式将其细胞膜包裹在轴突周围，从而形成髓鞘。胶质细胞这一部分的细胞质被挤压出来，留下胶质细胞的脂质双层覆盖在膜上。髓鞘是一种很好的电绝缘体，能够防止电流通过细胞膜时造成损失，这增加了信息沿着神经元传播的速度和距离。

小胶质细胞体积小，形状不规则，是负责吞噬和清除受损细胞的吞噬细胞。与中枢神经系统中的许多细胞不同，小胶质细胞即使在成年期也能增殖（其他胶质细胞也是如此）。

神经元

在几乎所有真核细胞中发现的标准细胞成分也存在于神经元（以及胶质细胞）中。细胞膜包裹着细胞体（在神经元中，有时被称为**胞体**；希腊语译为"身体"），它包含维持神经元、线粒体、高尔基体和其他常见细胞器的代谢机制（图 2.4）。这些结构悬浮在细胞质中，含盐的细胞内液体由离子（带正电荷或负电荷的分子或原子）——主要是钾离子（K^+）、钠离子（Na^+）、氯离子（Cl^-）和钙离子（Ca^{2+}）——以及蛋白质等分子组成。神经元本身就像任何其他细胞一样，处在含盐的细胞外液体中，这种液体是由相同类型离子组成的混合物。

此外，神经元还具有独特的细胞学特征和生理特性，使它们能够快速传递和加工信息。神经元独有的两个主要细胞成分是树突和轴突。**树突**是神经元的分支延伸，接收其他神经元的输入。它们有许多不同且复杂的形式，取决于神经元的类型和位置。有些树突表现为类似老橡树的分支和末梢广泛的树枝样分布，如小脑普肯耶细胞复杂的树突结构（图 2.5）；也可能相当简单，如脊髓运动神经元的树突（图 2.6）。大多数树突有被称为**棘**的特异化突起，即树突表面的细颈连有小的球状突起，在那里，树突接收其他神经元的输入（图 2.7）。

细胞体的另一类突起是从胞体延伸出来的**轴突**。该结构代表神经元的输出端。电信号沿着轴突的长度传到轴突末端，即轴突终末，神经元在那里将信号传给其他神经元或靶细胞。传递发生在**突触**上，这是一种两个神经元密切接触的特殊结构，以便化学信号或电信号从一个细胞传递到另一个细胞。一些轴突分支形成了能将信号传递给多个细胞的**轴突侧支**（图 2.8）。

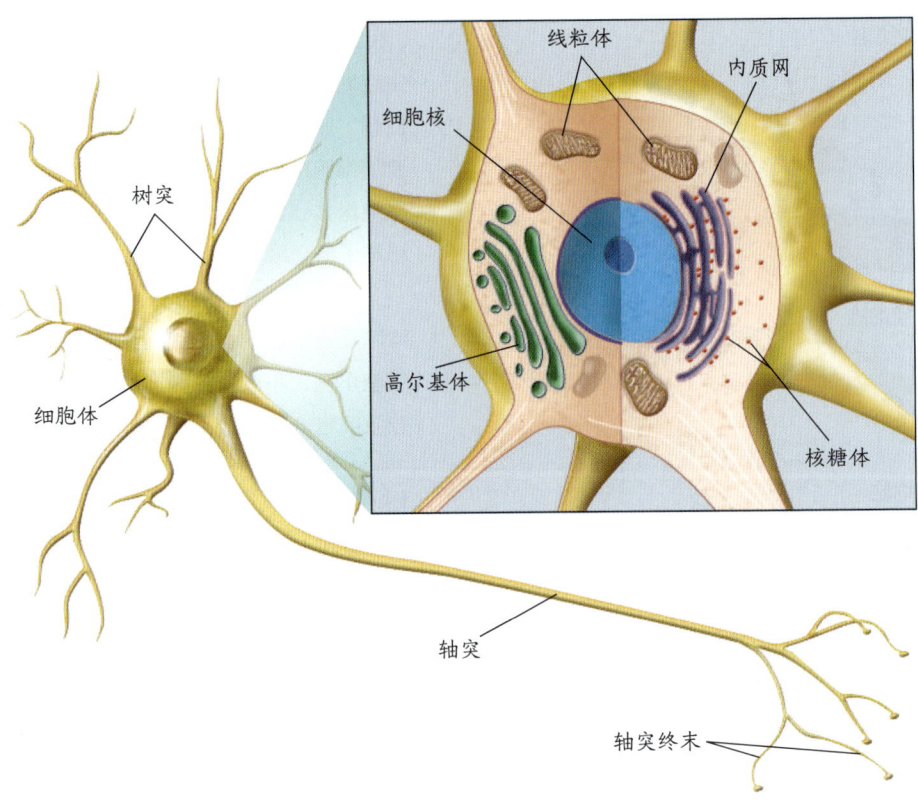

图2.4 哺乳动物神经元示意图

一个神经元主要由三个部分组成：细胞体、树突和轴突。细胞体包含生产蛋白质和其他大分子的细胞装置。与其他细胞一样，神经元包含细胞核、内质网、核糖体、线粒体、高尔基体和其他细胞器（见局部放大图）。树突和轴突是细胞膜的延伸，含着与细胞体内细胞质相连的细胞质。

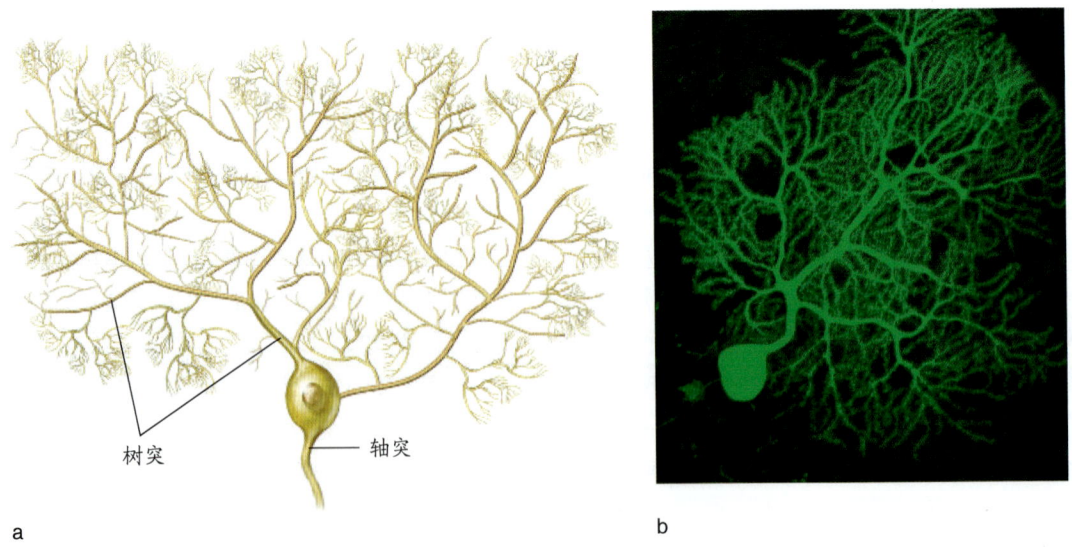

a   b

图2.5 小脑普肯耶细胞的胞体和树突

普肯耶细胞排列在小脑内。每个细胞的树突呈逐级分支，一级大于一级，最终形成一个庞大的树突"树"。（a）小脑截面上的普肯耶细胞图。（b）小鼠小脑普肯耶细胞的共焦显微图。用荧光法对细胞进行可视化。

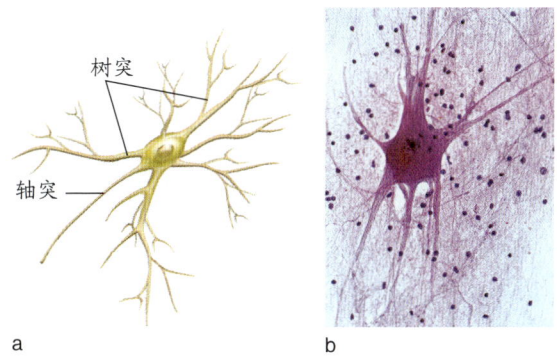
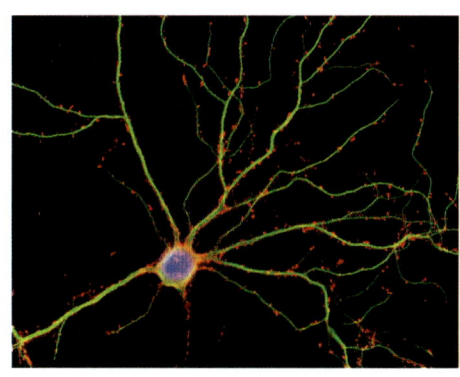

图 2.6　脊髓运动神经元
（a）位于脊髓前角的神经元将其轴突送出腹根，在肌肉纤维上形成突触。（b）对脊髓运动神经元进行甲酚紫染色。

图 2.7　培养的大鼠海马神经元上的树突棘
被三重染色的神经元上的细胞体（蓝色）、树突（绿色）和树突棘（红色）。

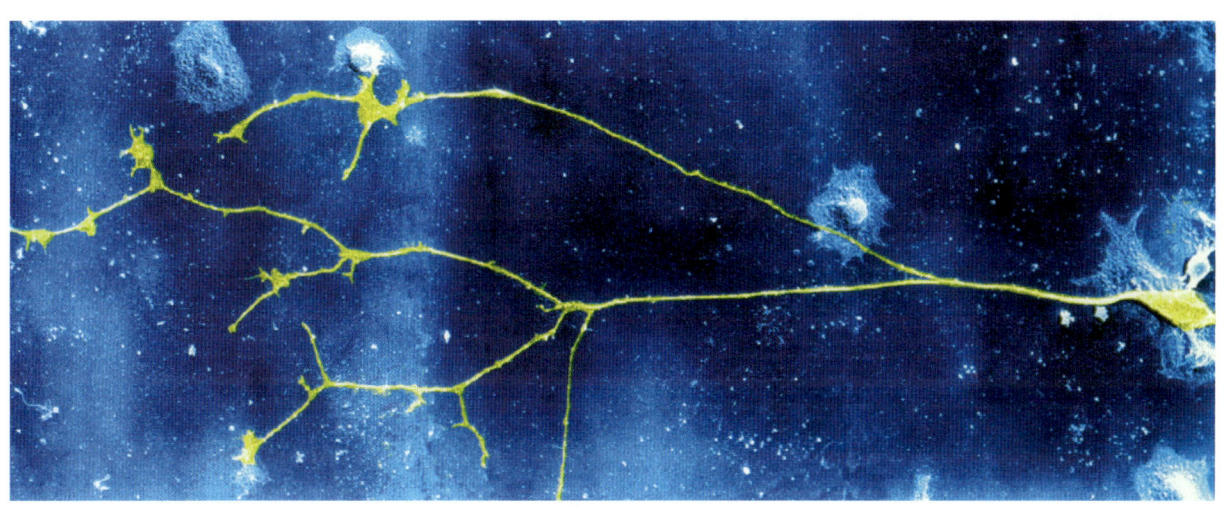

图 2.8　轴突的不同形式
图中的黄色部分为一个神经元（最右侧）和它的轴突侧支（左半部分）。细胞体（最右侧）产生了一个轴突，其侧支形成的脉络使该神经元可以与大量不同的神经元进行联系。

许多轴突包裹在髓鞘层中。沿着轴突的长度，髓鞘中有均匀间隔的间隙；这些间隙通常被称为郎飞氏节（见图 2.12）。稍后，当我们观察信号如何沿着轴突传导时，将探讨髓鞘和郎飞氏节在加速信号传递中的作用。

神经元信号发放

神经元接收、评估和传递信息。这些过程被称为神经元信号发放。神经元的输入突触所接收的信息会通过细胞体，然后通过轴突，到达轴突末端的输出突触。在这些突触传出处，信息通过突触从一个神经元传递到下一个神经元；或传递到非神经元细胞，如肌肉或腺体中的细胞；或传递到其他靶细胞，如血管。

在神经元内，信息通过神经元内电流流动所引起的神经元电位变化，从输入突触传递到输出突触，并穿过神经元的细胞膜。神经元之间的信息传递通常由神经递质（信号分子）介导，这些突触被称为化学突触。然而，在电突触中，神经元之间的信号通过跨突触电流传递。信息传递与特定的突触有关，神经元分为突触前的和突触后的。大多数神经元既是突触前的又是突触后的：当轴突的输出突触连接到其他神经元或靶细胞时，它们就是**突触前**的；当其他神经元连接到它们的树突或接收神经元的其他地方的输入突触时，它们就是**突触后**的。

膜电位

信号传递过程有几个阶段。让我们回到德尔加多的公牛的例子。它的神经元加工信息的方式和我们的神经元一样。公牛正低着头嗅泥土，突然，德尔加多进入斗牛场时产生的声波沿着它的耳道，撞上了它的鼓膜。由此产生的对听觉感受器细胞（听觉毛细胞）的刺激生成了神经元信号，这些信号通过听觉通路传到大脑。在这条向上的听觉通路的每一个阶段，神经元都会收到树突上的输入，这些树突通常会产生信号，这些信号会被传递给通路中的下一个神经元。

神经元是如何产生这些信号的？这些信号是什么？要回答这些问题，我们必须了解有关神经元的几件事。第一，需要能量来产生信号。第二，这种能量是以跨膜的电位形式存在的。这种电位被定义为跨神经元膜的电压之差，或者简单地说，就是神经元内和神经元外的电压之差。第三，这两种电压取决于 K^+、Na^+ 和 Cl^- 的浓度，以及细胞内外的带电蛋白质分子。第四，当一个神经元处于静息状态而不是主动发放信号时，神经元的内部比外部有更多的负电荷。在静息状态下，神经元膜上的电压差通常为 –70 毫伏，这被称为静息电位或**静息膜电位**。这种电位差意味着神经元使用一种电池；就像电池一样，它所储存的能量可以用来做发放信号的工作（图 2.9）。

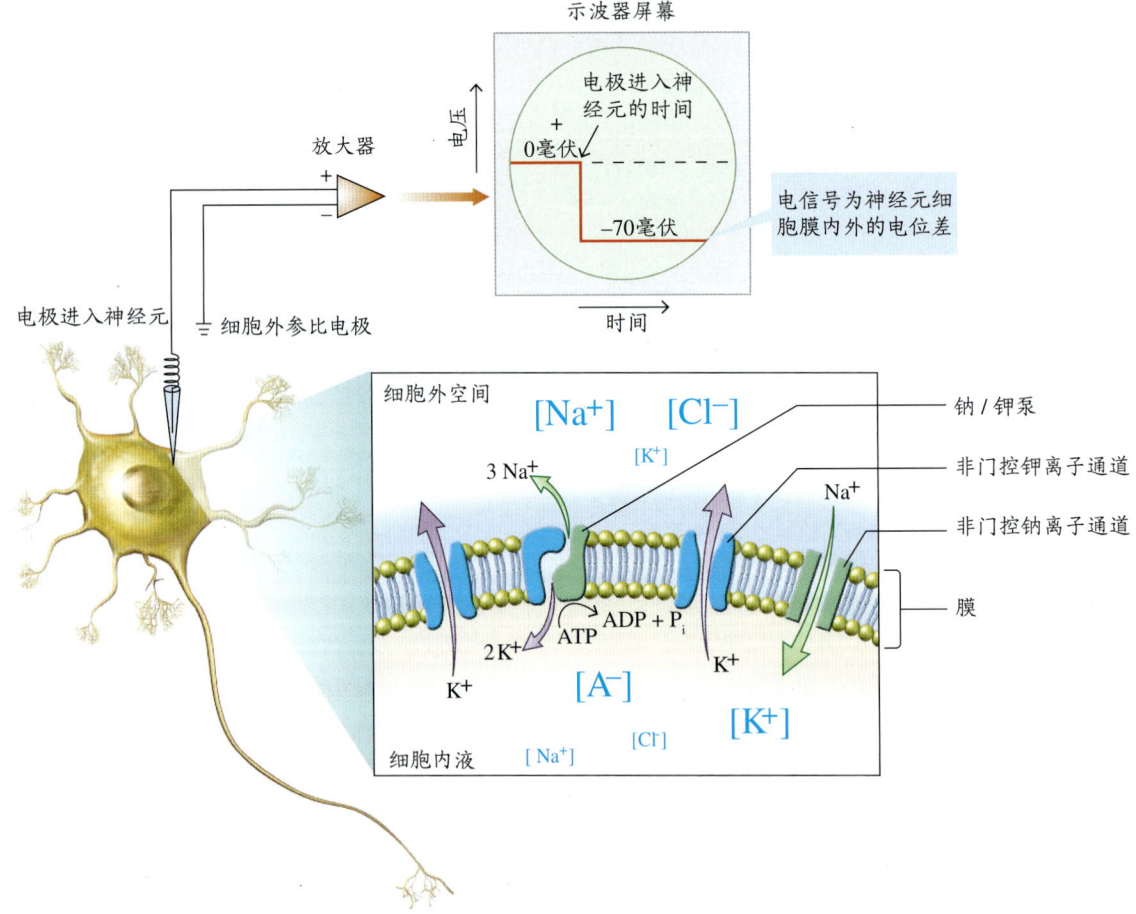

图 2.9　一段神经元膜上的离子通道及静息膜电位的测定
理想化的神经元（左）显示出电极穿透神经元的细胞内记录。电极测量神经元内外电压之间的差异，这种差异被放大并显示在示波器屏幕上（顶部）。示波器屏幕显示电压随时间的变化。在电极进入神经元之前，电极与细胞外参比电极之间的电压差为零，但当电极被推入神经元时，其差值为 –70 毫伏，即静息膜电位。静息膜电位来自 Na^+、K^+、Cl^- 以及带电荷的蛋白质分子（A^-）在神经元细胞膜上的不对称分布。ATP= 三磷酸腺苷，ADP= 二磷酸腺苷。

神经元是如何产生和维持这种静息电位的，以及它是如何用于发放信号的？要回答这些涉及功能的问题，我们首先需要检查神经元中参与发放信号的结构。神经细胞膜的主体是一层双层的脂类分子，它将细胞质与细胞外环境分开。因为细胞膜是由脂质组成的，所以它不会溶解在神经元内外的水环境中，而且它阻止了水溶性物质在内外之间的流动。它阻止离子、蛋白质和其他水溶性分子穿过它。要理解神经元信号，我们必须把注意集中在离子上。很重要的一点在于：脂质膜的存在使得细胞内外离子和电荷分离，让神经元之间的交流成为可能。

然而，神经元膜不仅仅是一个脂质双分子层。细胞膜上布满了跨膜蛋白，其中一些蛋白作为离子穿过细胞膜的通道（图 2.9，见局部放大图）。这些蛋白质主要有两种类型：离子通道和离子泵。**离子通道**是一种中间有孔的蛋白质，它们允许某些离子沿着电化学和浓度梯度向下流动。**离子泵**利用能量，根据离子浓度梯度（从低浓度区域到高浓度区域）在膜上主动运输离子。

离子通道。 离子通道形成的跨膜通道是由这些蛋白质的三维结构形成的。这些亲水性通道选择性地允许一种类型的离子通过膜。在神经元中发现的那些离子通道对 Na^+、K^+、Ca^{2+} 和 Cl^- 具有选择性（**图 2.9**，见局部放大图）。特定离子通过相应的特定离子通道穿过膜的程度称为**通透性**。离子通道的这种特性使膜具有选择通透性（选择通透性实际上是体内所有细胞的一种特性；作为细胞内稳态的一部分，它能够维持内部化学稳定性）。与 Na^+（或其他离子）相比，神经元膜对 K^+ 更具通透性——这是一种有助于形成静息膜电位的特性。膜对 K^+ 的通透性较大，因为 K^+ 选择性通道比任何其他类型的离子通道都多。

与身体中的大多数细胞不同，神经元是可兴奋的，这意味着膜通透性可以改变（因为膜上有离子）。这种蛋白质被称为门控离子通道。它们的开启或关闭是对附近跨膜电压变化或对化学或物理刺激的响应。与之相反，另一种离子通道并不受前述各种因素的调控，因此总是允许相关离子通过，被称为非门控离子通道。

离子泵。 在正常情况下，细胞外 Na^+ 和 Cl^- 浓度较高，细胞内 K^+ 浓度较高。为什么 K^+ 离子在细胞内外浓度相等时才会沿着浓度梯度从神经元流出？对于其他离子，我们也可问同样的问题。

为了对抗这种趋于平衡的动力，神经元使用一种被称为离子泵的活性运输蛋白。特别是，神经元使用一个钠/钾泵，将 Na^+ 从细胞中泵出，K^+ 进入细胞（图 2.9，见局部放大图）。由于这一过程使离子浓度梯度上升，所以需要能量。每个泵都是一种水解三磷酸腺苷（adenosine triphosphate，ATP）作为能量的酶。每一个被水解的三磷酸腺苷分子产生的能量可以将三个 Na^+ 移出细胞，将两个 K^+ 移入细胞（**图 2.10**）。

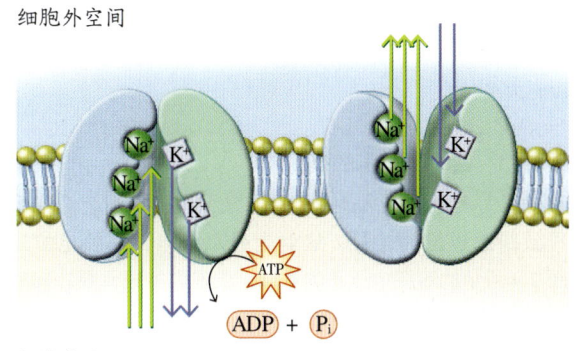

图 2.10　离子泵跨膜运输离子

钠/钾泵通过保持细胞内高 K^+ 浓度和细胞外高 Na^+ 浓度来维持细胞的静息电位。三磷酸腺苷为此离子泵提供能量。

浓度梯度由于离子分布不均匀而产生作用力。Na^+ 浓度梯度的作用是将 Na^+ 从高浓度区推到低浓度区（从外到内），而 K^+ 浓度梯度也是将 K^+ 从高浓度区推到低浓度区（从内到外），这正是泵的作用所在。当细胞内外都有正负电荷的离子时，为什么神经元内部和外部的电压不同？

由于膜对 K^+ 的通透性大于对 Na^+ 的通透性，膜的内外电压是不同的。K^+ 浓度梯度促使某些 K^+ 离开细胞，使神经元的内部比外部稍微负一些。因为每个 K^+ 穿过细胞膜来到细胞外，都会带走一个单位的正电荷，因此这种浓度差异就产生了另一种名为**电梯度**的力。以上两种浓度梯度（电荷浓度和离子浓度）对 K^+ 的影响是相互对立的（**图 2.11**）。

当负电荷沿着细胞膜内部积聚（沿着细胞外侧形成一个等效的正电荷）时，细胞外带正电荷的 K^+ 会因电吸引而从它扩散时所经过的离子通道回到神经元。

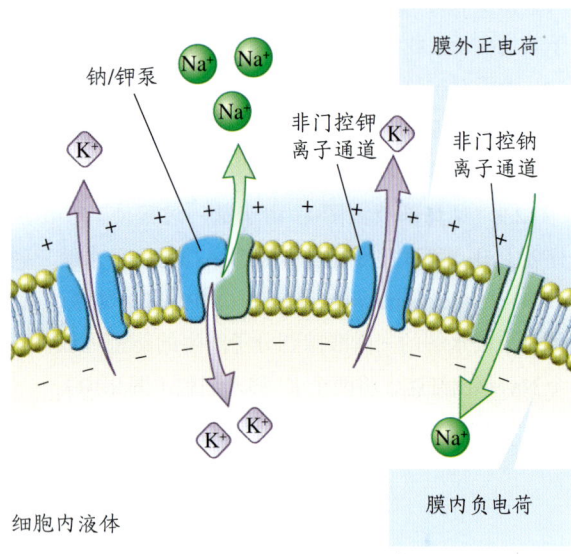

图 2.11 膜的选择通透性

膜对某些离子的选择通透性和主动泵出形成的浓度梯度导致跨膜电位的差异，这就是静息膜电位。膜电位是图 2.9 所示的跨膜电压差的基础，表现为神经元膜外侧的正电荷和膜内侧的负电荷。

最终，通过钾离子通道而把 K^+ 推出去的浓度梯度所产生的力就等于把 K^+ 推进来的电荷梯度所产生的力。当这种情况发生时，相反的力被认为达到了电化学平衡。因此，跨膜产生的电荷差是静息膜电位，即相差 −70 毫伏。在神经元内外的离子浓度已知的前提下，任何细胞的静息膜电位的值都可以根据电化学的知识而计算出来。

动作电位

我们现在了解了神经元用来传递信号的能量基础。接下来，我们想知道如何利用这种能量在神经元内部传递信息，形成树突，从其他神经元处接收输入，再到轴突末端向链中的下一个神经元发出信号。当神经元树突上的突触接收了信号（如神经递质与受体结合）时，该过程使得树突中离子通道开放，从而引起离子流动。对于兴奋性突触输入，兴奋性突触后电位（excitatory postsynaptic potentials，EPSPs）发生在树突上，离子会流经胞体的大部分区域。如果这些电流强度可以到达远距离的轴突末端，那么神经元信号传递的过程就完成了。然而，在大多数情况下，树突到轴突末端的距离太长，以至兴奋性突触后电位不能产生任何影响。这是为什么？

兴奋性突触后电位产生的小电流是被动地通过树突、细胞体和轴突的细胞质传导的。被动的电流传导被称为**电紧张性传导**或衰减传导：叫它"衰减"，是因为它随着与原点（在本例中就是树突上的突触）之间距离的增加而减少。被动电流在神经元内流动的最大距离只有 1 毫米左右。在大多数神经元中，1 毫米太短以致不能有效地传导电信号，尽管有时在像视网膜这样的结构中，1 毫米足以通过衰减传导来实现神经元与神经元之间的通信。然而，在大多数情况下，信号强度随着衰减传导降低，意味着在一个神经元中，从树突到轴突末端的远距离通信将会失败（例如，你的脚趾离脊髓大约 1 米，离大脑近 2 米，所以控制它们将成为麻烦）。神经元如何解决衰减传导和远距离传导信号的问题呢？

神经元进化出了一种聪明的机制来再生和传递树突突触接收的信号，即**动作电位**。它的工作原理就像 19 世纪消防队里的消防员。离子通道的开放和关闭引起神经元膜上的一小块区域快速去极化和复极化，这个过程便叫作动作电位。动作电位由轴突输出。

不同于兴奋性突触后电位和衰减传递的离子电流，动作电位在 1 毫米后就不会再衰减了。动作电位使信号在不损失强度的情况下传播数米，因为它们在轴突的每一片膜上不断地再生信号。这就是虽然长颈鹿和蓝鲸的神经元轴突末端离其树突非常远，但依然可以拥有神经元的原因之一。

由于神经元细胞膜上**电压门控离子通道**的存在，动作电位能够自我再生（图 2.12a，见局部放大图）。最密集的离子通道出现在轴丘的**峰电位启动区**；**轴丘**是神经元胞体上产生其轴突的特异化区域。如其名称所示，峰电位启动区启动动作电位。[术语 Spike（峰电位）可作为一个动作电位的缩写，因为它代表膜电位的快速变化和去极化的峰值，当它在示波器或计算机屏幕上显示为一个记录时，看起来像一个尖峰。] 轴突上也发现了离子通道。在有髓轴突中，沿着轴突分布的电压门控离子通道仅出现在**郎飞氏节**处。郎飞氏节是轴突上有规律的间隔，是髓鞘化过程中形成的间隙（图 2.12a）。这些节点以首次描述这些节点的法国组织学家和解剖学家路易 – 安东尼·郎飞（Louis-Antoine Ranvier）的名字命名。

峰电位启动区是如何启动动作电位的呢？多个远

端树突上兴奋性突触后电位产生的被动电流在轴丘处叠加。这种电流流经峰电位启动区的神经细胞膜，使膜去极化。如果去极化足够强，意味着膜从静息电位 –70 毫伏变化到约 –55 毫伏，则触发动作电位。我们把这个**去极化**的膜电位值作为启动动作电位的**阈限**。图 2.12b 说明了理想化的动作电位。图中编号的圆圈与下一段中编号的事件相对应。由于电压门控离子通道的打开和关闭，每个事件都会改变小部分膜对 Na^+ 和 K^+ 的通透性。

当达到阈限时（图 2.12b，事件 1），电压门控钠离子通道开放，Na^+ 迅速流入神经元。这种正离子的流入进一步使神经元去极化，打开额外的电压门控钠离子通道；因此，神经元变得更去极化（事件 2），通过引起更多的钠离子通道开放而继续循环。这个过程被称为霍奇金—赫胥黎循环（Hodgkin–Huxley cycle）。这个快速的、自我强化的周期只持续了大约 1 毫秒，就产生了很大的去极化，这是动作电位的第一部分。接下来，电压门控的钾离子通道打开，使 K^+ 沿着浓度梯度从神经元流出。正离子的向外流动开始使膜电位向静息电位方向移动（事件 3）。钾离子通道的开放时间超过钠离子通道的关闭时间，促使动作电位进入第二个阶段，即复极化阶段。这种复极化使膜电位向 K^+ 的平衡电位方向移动，这一平衡电位甚至比静息电位更负。**平衡电位**是指不存在特定离子的净通量的膜电位。因此，膜暂时**超极化**：在 –80 毫伏左右，膜电位比静息膜电位和触发动作电位所需的阈限低（事件 4）。超极化使钾离子通道关闭，膜电位逐渐恢复到静息状态（事件 5）。

在这种短暂的超极化状态下，电压门控钠离子通道不能开放，也不能产生其他动作电位。这就是所谓的绝对不应期。随后是相对不应期，在此期间神经元可以产生动作电位，但只有大于正常的去极化电流。整个**不应期**只持续几毫秒并伴随两种结果。一种是神经元产生动作电位的速度限制在每秒 200 个动作电位。另一种是来自动作电位的被动电流不能重新打开产生它的离子门控通道。然而，被动电流确实沿着轴突向下流动，具有足够的强度使膜进一步去极化，此时离子通道还没有处于不应期，打开了膜下一部分的电压门控通道。结果是动作电位只沿轴突一个方向向下传——从轴丘向轴突末端传。

这是一个关于自我再生的动作电位的故事，当它沿着一个轴突传导时，有时会在这个过程中传若干米。但远行并不是故事的结局。如果一个人想要奔跑，或者一头公牛想要冲锋，或者一个非常大的动物（比如

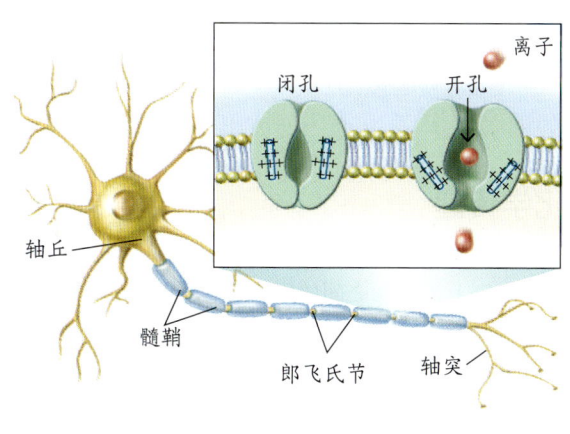

a

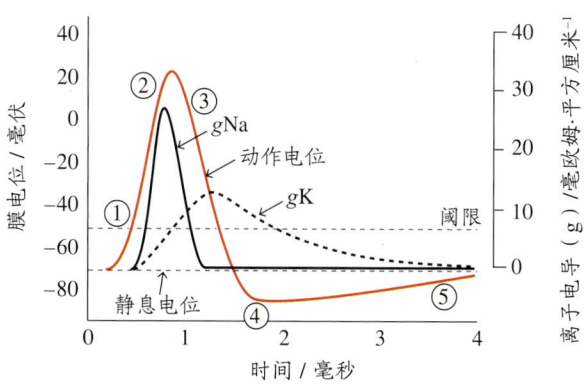

b

图 2.12 神经元的动作电位，电压门控通道，通道导电率的变化

（a）有髓轴突和轴突终末的理想化神经元。位于轴突峰电位启动区和郎飞氏节的电压门控离子通道迅速开放和关闭，改变它对特定离子的电导（比如，Na^+），改变膜电位，产生动作电位。（b）动作电位过程中膜电压变化的相对时程，以及膜对 Na^+ 和 K^+ 的电导变化（gNa 和 gK）。动作电位的初始去极化阶段（红线）是由 Na^+ 电导增加（黑线）介导的，动作电位的后期复极、下降阶段是由钾离子通道开放时 K^+ 电导（虚线）的增加介导的。当 K^+ 电流复极化发生时，钠离子通道在动作电位的最后一段被关闭。当膜电位低于静息膜电位时，动作电位低于静息膜电位。

蓝鲸）只想在合理的时间内做出反应，那么动作电位也必须迅速传递。动作电位的加速传递是在有髓轴突上完成的。髓鞘内厚厚的脂鞘（图 2.12a）包围着有髓轴突的膜，使轴突对电压损失具有超强的抵抗力。高电阻促使由动作电位产生的被动电流被分流到轴突的更深处。其结果是动作电位不需要经常产生，可以沿着轴突以更远的间隔分布。

事实上，有髓轴突的动作电位只需要发生在髓鞘化中断的郎飞氏节上。因此，动作电位以极快的速度从郎飞氏节的一个节点跳到下一个节点。我们称之为**跳跃式传导**。当髓鞘受损或丢失时，髓鞘对于有效的神经传导的重要性是值得注意的，多发性硬化就是这样。

关于动作电位还有一个趣闻：因为它们的振幅总是相同的，所以被认为是一种全或无的现象。由于一个动作电位和其他动作电位具有相同的振幅，所以动作电位的强度与启动它的刺激的强度没有任何联系。刺激的强度（如感觉信号）是通过动作电位的放电频率来传达的，即更强烈的刺激会引起更高的动作电位放电率。

神经振荡

到目前为止，我们描述了一种理想化的状况：一个神经元处于静息状态，等待着刺激输入；这个输入使它在轴丘上经历了兴奋性突触后电位和动作电位，这些动作电位沿着轴突向下传输信号。但大多数神经元实际上是以连续的基线速率放电的。不同类型的神经元有不同的基线速率，它们可能是神经元本身固有特性的结果，也可能取决于小神经回路或大神经网络的活动。对于理解放置在完整大脑或头皮表面的电极所接收的一些信号来说，这些神经元振荡是非常重要的。像兴奋性突触后电位这样的突触后电位可以从神经元群中记录下来，成了除动作电位之外的另一种测量神经元活动的方法。在第 3 章中，我们将讲述这些突触后电位（非动作电位）如何成为电信号的源头。这些电信号可以通过脑电图在人类和动物的皮质表面或头皮上记录下来。

关键信息

- 神经胶质细胞在神经元轴突周围形成髓鞘。髓鞘能使动作电位沿着轴突快速传递，并延长传递的距离。
- 神经元与其他神经元和细胞进行通信的特殊结构称为突触，化学信号和电信号可以在神经元之间传递。
- 神经元膜上的电梯度是由离子的不对称分布引起的。膜上的电位差是静息电位的基础，也就是静息时神经元膜上的电压差（不是在动作电位的任何阶段）。
- 由跨膜蛋白形成的离子通道可以是被动的（总是开放的），也可以是门控的（只有在电、化学或物理刺激存在时才能打开）。
- 突触输入诱发突触后电位，电流在突触后神经元中流动。
- 突触后电流可使轴丘去极化，产生动作电位。
- 动作电位是全或无的现象：只要达到阈限，动作电位的幅度就不取决于去极化的大小。
- 郎飞氏节是位于电压门控的钠离子通道和钾离子通道的髓鞘之间的间隙，可产生动作电位。
- 突触后电位可引起动作电位，但也可通过位于一定距离的电极（如头皮）测量大量神经元的动作电位，如记录脑电图中的振荡信号。

2.2 突触传递

神经元与其他神经元、肌肉或腺体在突触进行通信，将信号从一个神经元的轴突终末传递到另一个神经元称为突触传递。有两种主要的突触类型：化学突触和电突触，每一种都使用迥然的机制来进行突触传递。

化学传递

大多数神经元通过将化学神经递质释放到**突触间隙**（突触上神经元之间的间隙），来向细胞发送信号。一般的机制是：轴突终末动作电位的到来导致膜去极化，使得电压门控钙离子通道开放。这些通道的开放会触发含有神经递质的**小泡**与突触处的膜融合，并将递质释放到突触间隙。不同的神经元产生和释放不同的神经递质，有些可能一次释放一种以上的神经递质，这就是所谓的协同传递。传递物质通过缝隙扩散，到达突触后膜，与嵌在其中的特定受体结合（图 2.13）。

突触后受体有两种类型：配体门控离子通道，神经递质与其配体结合可直接打开离子门控通道；G 蛋白偶联受体（G protein–coupled receptors，GPCRs），

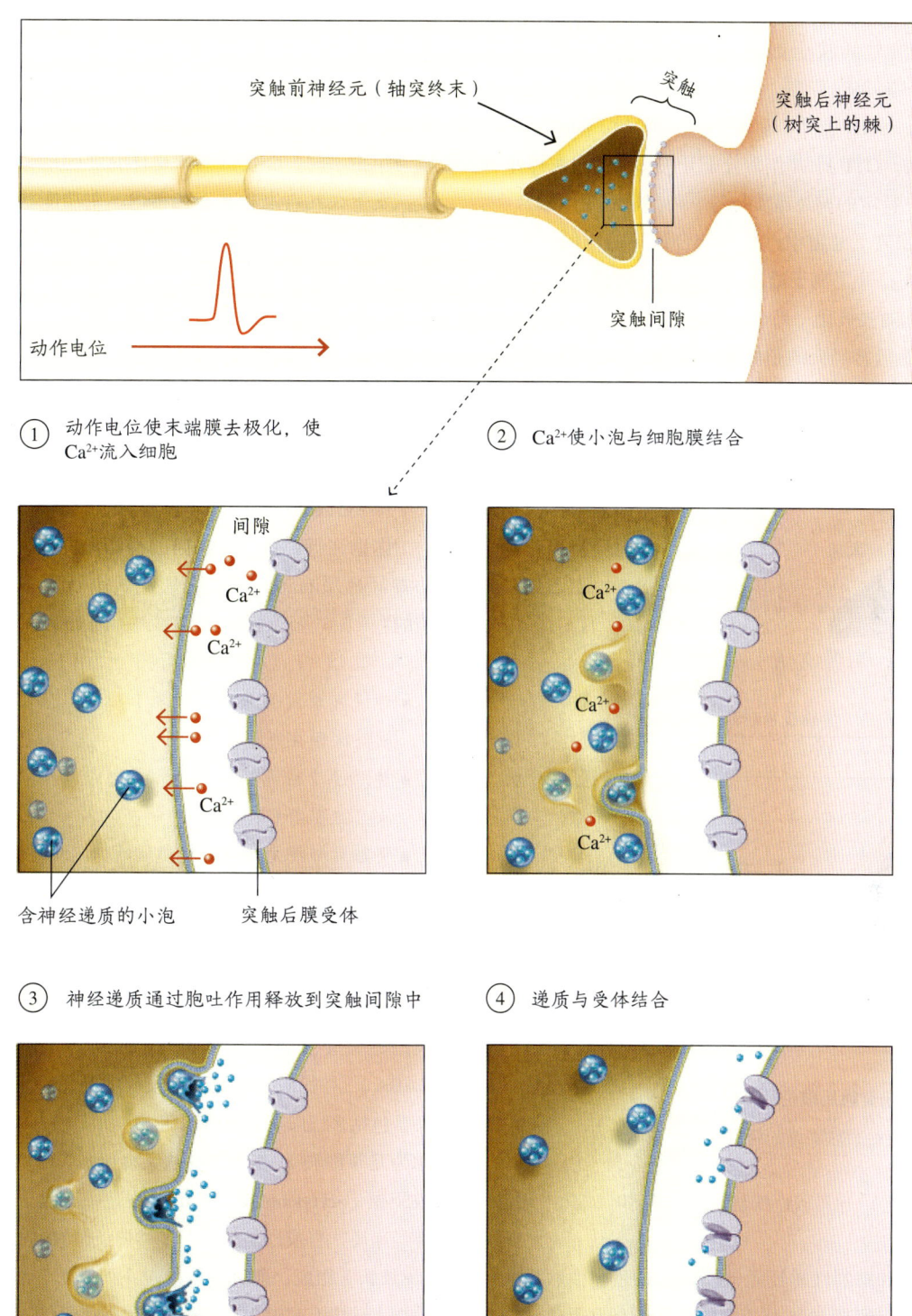

图 2.13　神经递质在突触处释放，进入突触间隙

突触由突触前膜和突触后膜紧密结合的各种特殊结构组成。当动作电位涌入轴突终末时，引起电压门控钙离子通道开放，触发小泡与突触前膜结合。神经递质通过胞吐作用释放到突触间隙，并弥散在突触间隙中。神经递质与突触后膜上受体分子的结合完成了传递过程。

其中生化信号间接引起离子通道的开关；G蛋白是结合鸟嘌呤核苷酸[鸟嘌呤二磷酸（guanosine diphosphate，GDP）和鸟嘌呤三磷酸（guanosine triphosphate，GTP）]并作为分子开关在细胞内发挥作用的蛋白。特定的神经递质与每一种突触后受体结合。在配体门控离子通道中，受体结合诱导结构的改变。形状的改变打开了离子通道，导致离子的涌入，引起突触后细胞的去极化（兴奋）或超极化（抑制）（见图2.14）。突触后神经元的超极化产生抑制性突触后电位（inhibitory postsynaptic potential，IPSP）。

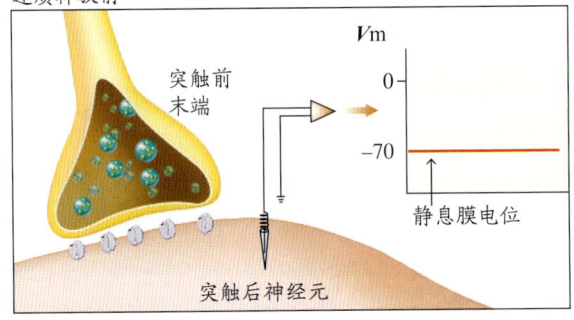

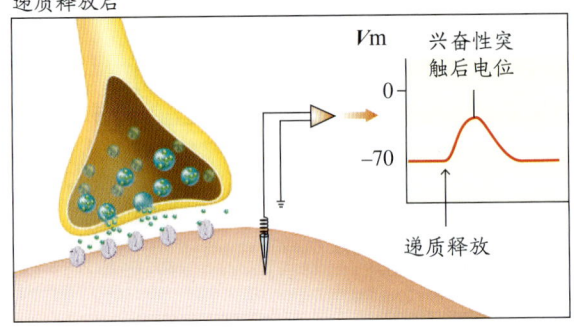

图 2.14 引起突触后电位的神经递质

神经递质与突触后膜受体的结合改变了膜电位（membrane voltage，Vm）。如图所示，这些突触后电位既可以是兴奋性的（去极化），也可以是抑制性的（超极化）。

兴奋性和抑制性神经元也能通过G蛋白偶联受体调节功能。有超过1000种不同的G蛋白偶联受体，让我们了解系统的复杂性。特定的G蛋白偶联受体的存在取决于神经元和它所在的位置。每种类型的G蛋白偶联受体都被一种特定的信号分子激活，它可能是一种神经递质、神经肽（一种由神经元或胶质细胞分泌的小蛋白样分子）或神经甾体，以及其他可能的信号。

当信号分子与其G蛋白偶联受体特异性结合时，构象的变化激活细胞内的G蛋白，进而激活或调节特定的目标蛋白（一种特别的酶），它产生了一种称为第二信使的可扩散分子。第二信使反过来触发一系列生化反应。当直接门控通道介导快速信号传递（以毫秒为单位）时，G蛋白偶联受体介导的信号传递得更慢，发生在几百毫秒甚至几秒内，对功能状态产生更持久的调节变化。例如，神经递质肾上腺素与特定的G蛋白偶联受体结合。一旦结合，一个G蛋白被激活，就会去寻找蛋白质腺苷酸环化酶并激活它。激活的腺苷酸环化酶将三磷酸腺苷转化为环磷酸腺苷（cyclic adenosine monophosphate，cAMP），环磷酸腺苷是突触后神经元信息的第二信使。

神经递质

你也许听说过一些经典的**神经递质**，但已经确认的神经递质有100多种。是什么使分子成为神经递质的？

- 神经递质由突触前神经元合成并定位于此，在释放前储存在突触前末端。
- 神经递质由突触前神经元在动作电位去极化时释放（主要由Ca^{2+}介导）。
- 突触后神经元含有神经递质的特定受体。
- 当人工作用于突触后细胞时，它会产生与刺激突触前神经元相同的反应。

神经递质的生化分类。 第一类神经递质是氨基酸：天门冬氨酸、γ-氨基丁酸（gamma-aminobutyric acid，GABA）、谷氨酸和甘氨酸。第二类神经递质称为生物胺，包括多巴胺、去甲肾上腺素、肾上腺素（这三种被称为儿茶酚胺），以及5-羟色胺和组胺。第三类是乙酰胆碱（acetylcholine，Ach），这是一种被广泛研究的神经递质，自成一类。第四大类神经递质由稍大的分子（神经肽）组成，而神经肽由一系列氨基酸组成。哺乳动物大脑中有超过100种神经肽，被分为五组。

1. 速激肽（一种脑肠肽，是由胃肠道的内分泌细胞和肠神经元以及中枢神经系统的神经元分泌的肽）。这类物质包括P物质，它影响血管收缩，是一种参与疼痛的脊髓神经递质。
2. 神经垂体激素。催产素和加压素在这一组中。前者与乳腺功能有关，因它在伴侣和母性行为中的作用而被称为"爱情激素";后者是一种抗利尿激素。

3. **下丘脑释放激素**。这类激素包括:促肾上腺皮质激素释放激素,参与应激反应;生长激素抑制素,是生长激素的抑制剂;促性腺激素释放激素,涉及身体生殖过程的发育、生长和功能。

4. **阿片肽**。这一类别的命名是因为它与阿片类药物相似,这些肽与阿片受体结合。它包括内啡肽和脑啡肽。

5. **其他神经肽**。这一类包括不完全属于另一类的肽,如胰岛素、分泌素(如胰高血糖素)和胃泌素。

有些神经元只产生一种神经递质,另一些神经元则产生多种神经递质。产生特定神经递质的神经元有时形成了不同的系统,如胆碱能系统、去甲肾上腺素能系统、多巴胺能系统和5-羟色胺能系统。当神经递质系统被激活时,大脑的大片区域会受到影响(**图 2.15**)。取决于刺激条件,能够产生多种神经递质的神经元可以单独释放一种递质,也可以同时释放多种递质。例如,动作电位刺激的速率可以诱导特定神经递质的释放。

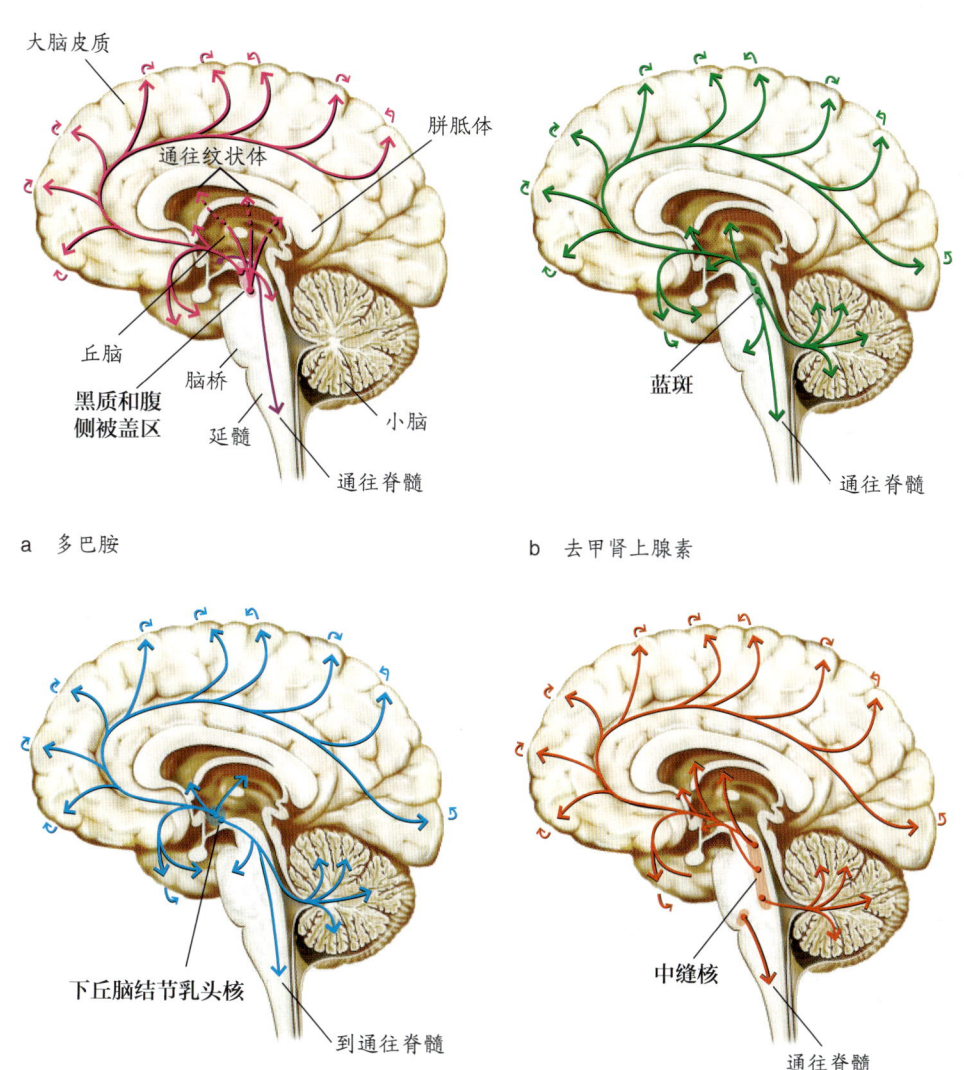

图 2.15 人脑中生物胺类神经递质系统的主要投射通路

图中显示的是神经递质的多巴胺(a)、去甲肾上腺素(b)、组胺(c)和5-羟色胺(d)能系统的投射路径。图中视角为人脑的正中矢状面,显示了右半球的内侧;额极位于左侧。在每张图片中,生物胺的主要来源用粗体字表示。

神经递质的功能分类。 正如前面提到的，神经递质对突触后神经元的作用是由突触后受体的特性决定的，而不是由递质本身决定的。一种特定的神经递质可能有不止一种类型的突触后受体，它与之结合引起不同的反应。因此，相同的神经递质从同一突触前神经元释放到两个不同的突触后细胞上，可能导致一个神经元放电增加，另一个神经元放电减少，这取决于该递质所结合的受体。

这种效应还取决于递质的浓度，受体的类型、数量和密度，是否、何时和哪些共同神经递质也被释放，以及神经元的远程连接。例如，如果释放不同的共同神经递质——一种结合到具有快速信号的直接门控受体，另一种结合到具有较慢信号的G蛋白偶联受体——它们可能产生相反的作用，而且它们整体的结合效果可能产生许多可能的结果，甚至是互补的效果。然而，神经递质不仅可以从生物化学上进行分类，还可以根据它们在突触后神经元中诱导的典型效应进行分类。

通常具有兴奋作用的神经递质包括乙酰胆碱、儿茶酚胺、谷氨酸、组胺、5-羟色胺和一些神经肽。典型的抑制性神经递质包括γ-氨基丁酸、甘氨酸和一些神经肽。有些神经递质直接刺激或抑制突触后神经元，但另一些神经递质仅与其他因素协同作用。这些神经递质有时被称为条件性神经递质，因为它们的作用取决于突触间隙中的另一种递质或神经环路中的活动。这些类型的机制允许神经系统通过调节神经传递来实现对信息加工的复杂调节。

几种常见的神经递质及其功能。 兴奋和抑制之间的平衡作用主要是谷氨酸和γ-氨基丁酸。谷氨酸是由皮质的锥体细胞（最常见的皮质神经元）释放的。因此，谷氨酸是最常见的神经递质，在大脑和脊髓的大多数快速兴奋性突触中都有发现。几种不同类型的受体结合谷氨酸，其中一些在与学习和记忆有关的可修改突触（可改变强度的突触）中被发现。过量的谷氨酸（兴奋）可能有毒并导致细胞死亡，并与卒中、癫痫和神经退行性疾病（如阿尔茨海默病和帕金森病）有关。

γ-氨基丁酸是第二大神经递质，由谷氨酸合成。它存在于大脑的大多数快速抑制性突触中。与谷氨酸一样，γ-氨基丁酸受体不止一种，但最常见的一种是打开Cl-通道，让带负电荷的离子流入细胞，使膜电位负移（超极化），并在本质上通过使神经元不兴奋来抑制神经元。γ-氨基丁酸在信息加工中的作用是多样而复杂的，目前正在积极研究中。

在过去的几年里，研究发现，一些被认为只释放谷氨酸、乙酰胆碱、多巴胺或组胺的神经元也可以释放γ-氨基丁酸（Tritsch et al., 2016）。例如，尽管谷氨酸和γ-氨基丁酸具有相反的功能，但最近的研究表明，它们从单独的中枢神经系统轴突（腹侧被盖区和脚内核）中共同释放出来。γ-氨基丁酸系统的缺陷可能是局部的，也可能影响整个中枢神经系统。γ-氨基丁酸水平降低（抑制减少）可导致痫性发作，以及情绪反应增加、心率加快、血压升高、食物和水的摄入量增加、出汗、胰岛素分泌、胃酸分泌和结肠动力增加。过多的γ-氨基丁酸会导致昏迷。

乙酰胆碱存在于神经元和肌肉（神经肌肉接头）之间的突触中，它在那里具有兴奋作用并激活肌肉。在大脑中，乙酰胆碱起着神经递质和神经调节剂的作用，支持认知功能。它与两种主要的烟碱受体和毒蕈碱受体结合，具有不同的性质和作用机制。烟碱乙酰胆碱受体分为肌型和神经型，后者位于交感神经系统和副交感神经系统的自主神经节（本章稍后讨论）。尼古丁也与这些受体结合，模仿乙酰胆碱的作用（因此得名）。毒蕈碱乙酰胆碱受体既存在于中枢神经系统，也存在于心脏、肺、上消化道和汗腺。乙酰胆碱受体有的具有抑制作用，有的具有兴奋作用。在中枢神经系统中，药物尼古丁与烟碱型乙酰胆碱受体结合，以增加觉醒，维持注意力，增强学习和记忆，并增加快速眼动睡眠。

许多植物和动物可产生毒素和毒物来影响乙酰胆碱水平。例如，肉毒杆菌毒素能抑制神经肌肉连接处乙酰胆碱的释放，从而导致弛缓性瘫痪。由于这种特性，保妥适（Botox）是一种含有极少量肉毒杆菌毒素的商业产品，用于放松以过度活动为特征的多种肌肉疾病，如卒中后痉挛。它也被用于美容，因为在皮下肌肉注射小剂量就能减少眼周等部位皮肤的皱纹。植物毒素箭毒具有不同的作用机制。它与烟碱乙酰胆碱受体结合也可降低乙酰胆碱水平，引起肌无力。在足够的剂量下，会引起膈肌的弛缓性瘫痪，甚至会导致死亡。一些毒素和毒物可抑制乙酰胆碱酯酶（enzyme acetylcholinesterase，AChE）的作用，导致乙酰胆碱酯酶在神经肌肉连接处过量，引起肌肉持续激活，造成僵硬性瘫痪。在这种情况下，死亡可能是由于呼吸所需的肌肉过度活动和僵硬所致。

产生多巴胺的主要部位是肾上腺和一些小的脑区。多巴胺能神经支配的脑区包括纹状体、黑质和下丘脑。到目前为止，已经发现了五种不同类型的多巴胺受体（还提示了另外两种），从 D_1 到 D_5，它们都是 G 蛋白偶联受体，通过第二信使机制对突触后神经元发挥作用。有几条多巴胺能通路，每一条都来自产生多巴胺的小的脑区，并且都涉及特定的功能，包括认知和运动控制、动机、觉醒、强化和奖励等。帕金森病、精神分裂症、注意缺陷/多动障碍和成瘾都与多巴胺系统的缺陷有关。

大脑中的 5-羟色胺主要由脑干中缝核的神经元释放。中缝核神经元的轴突延伸到中枢神经系统的大部分区域，形成神经递质系统。5-羟色胺受体（配体门控离子通道和 G 蛋白偶联受体）都存在于神经元和其他介导兴奋性和抑制性神经传递的细胞的膜上。5-羟色胺能通路参与情绪、体温、食欲、行为、肌肉收缩、睡眠、心血管和内分泌系统的调节。5-羟色胺对学习和记忆也有影响。用于治疗临床抑郁症的选择性 5-羟色胺受体抑制剂（selective serotonin reuptake inhibitors，SSRIs）等药物作用于中缝核及其在大脑中的目标脑区。

去甲肾上腺素也称为降肾上腺素，是对交感神经系统十分重要的神经递质。它由胞体位于蓝斑内的神经元产生和使用；而蓝斑是大脑中对压力有生理反应的区域，位于脑干的脑桥结构中。这些神经元广泛地投射到大脑皮质、小脑和脊髓。在睡眠期间，蓝斑的活动很低；清醒时处于基线水平；当出现吸引注意的刺激时，活动会增强；当感觉到潜在的危险时，会被强烈激活。

在大脑之外，去甲肾上腺素由肾上腺释放。去甲肾上腺素有两种受体：α 受体（α_1 和 α_2）和 β 受体（β_1、β_2 和 β_3），两者都是 G 蛋白偶联受体。α_2 受体具有抑制作用，而 α_1 和 β 具有兴奋作用。去甲肾上腺素可以调解战斗或逃跑的反应。它的一般作用是使身体和器官为行动做好准备。它可以增加觉醒、警觉性和警惕性，集中注意，促进记忆的形成。伴随着这些效应而来的是心率加快，血压升高，流向骨骼肌的血液流量增加，同时流向胃肠系统的血流量减少。它还能增加作为能量储存的葡萄糖的可用性。

神经甾体是大脑中合成的甾体。在近 40 年，研究人员才发现了大脑能够合成甾体的证据。有许多不同的神经甾体，有些是抑制性的，有些是兴奋性的，它们可以调节各种神经递质与直接和间接门控受体的结合，也可以直接激活 G 蛋白偶联受体（详见 Do Rego et al., 2009）。神经甾体参与控制各种神经生物学过程，包括认知、压力、焦虑、抑郁、攻击性、体温、血压、运动、摄食行为和性行为。

例如，雌二醇是一种由胆固醇衍生的激素（与其他甾体激素一样），主要在女性的卵巢和男性的睾丸中产生。然而，大脑也有将胆固醇转化为甾体所必需的分子和酶，如雌二醇（以及黄体酮和睾酮），它对每一种神经甾体和外周产生的甾体激素都有特定的受体。雌二醇是一种神经保护因子，最近的发现表明，神经雌激素受体可协调多种信号机制，保护大脑免受神经退行性疾病、情感障碍和认知衰退的影响（详见 Arevalo et al., 2015）。

释放后神经递质的失活。 当神经递质释放到突触间隙并与突触后膜受体结合后，必须清除剩余的递质以防止进一步的兴奋性或抑制性信号转导。这种去除可以通过主动地将物质重新吸收回突触前轴突终末，通过酶分解突触间隙中的递质，或者仅仅将神经递质扩散到远离突触或作用位点的区域（例如，作用于远离突触末端靶细胞的激素）。

通过再摄取机制从突触间隙中清除的神经递质包括生物胺（多巴胺、去甲肾上腺素、组胺和 5-羟色胺）。这种再摄取机制是由活性转运蛋白介导的，它是一种跨膜蛋白，将神经递质泵回突触前膜。

乙酰胆碱这种神经递质的消除是通过一种在突触间隙发挥作用的酶来完成的。位于突触间隙的乙酰胆碱酯酶作用于突触后膜后，可分解乙酰胆碱。事实上，特殊的乙酰胆碱酯酶染色（与乙酰胆碱酯酶结合的化学物质）可以用来在肌肉细胞上标记乙酰胆碱酯酶，从而揭示受运动神经元所支配的肌肉的位置。

为了监测突触间隙内神经递质的水平，突触前神经元有自身受体。这些自身受体位于突触前末端，与释放的神经递质结合，使突触前神经元能够调节神经递质的合成和释放。

电传导

有些神经元通过电突触进行交流,这与化学突触有很大的不同。在电突触中,神经元之间没有突触间隙。相反,神经细胞膜的接触发生在称为间隙连接的特殊结构中,两个神经元的细胞质在本质上是连续的。这些间隙通道形成连接两个神经元细胞质的孔隙(**图2.16**)。因此,这两个神经元是等电位的(也就是说,它们有相同的电位),即一个神经元上电的变化会立即反映在另一个神经元上。然而,根据电紧张性传导的原理,当其中一个去极化(或超极化)时,神经元之间的被动电流减少,因此突触后神经元中的电流比突触前神经元中的小。在大多数情况下,交流是双向的;然而,所谓的整流突触限制了一个方向的电流流动,这在化学突触中是典型的。

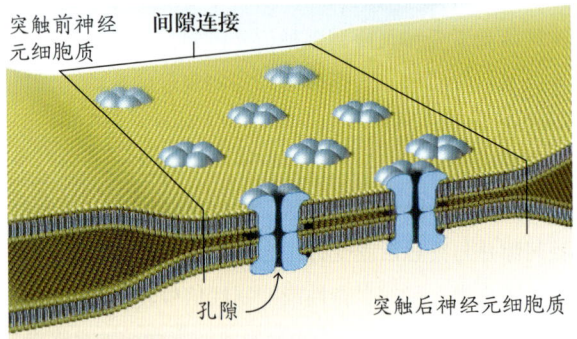

图2.16 两个神经元之间的电突触

电突触是由间隙连接形成的,在那里,突触前和突触后神经元中的多个跨膜蛋白连接起来,形成连接两个神经元细胞质的通路。

当信息必须迅速传递时,例如在某些无脊椎动物的逃跑反射中,电突触是有用的。带有这些突触的神经元群可以迅速激活肌肉,使动物免受伤害。例如,众所周知的小龙虾尾部翻转反射涉及强大的整流电突触。当一组神经元需要同步运作时,电突触也是有用的,就像某些下丘脑神经元。电突触也有一些局限性:与化学突触相比,它们的可塑性要小得多,而且它们不能放大信号(而触发化学突触的动作电位可能导致神经递质的大量释放,从而放大信号)。

关键信息

- 突触是一个神经元将信息传递给另一个神经元或特定的非神经元细胞的位置。它们存在于树突和轴突末端,但也存在于神经元胞体上。
- 化学传递会导致突触前神经元释放神经递质,并在突触后神经元上结合这些神经递质,进而产生兴奋性或抑制性突触后电位,这取决于突触后受体的特性。
- 神经递质必须在结合后从受体上移除。这种去除可以通过三种方式来完成:主动重新摄取回突触前末端,酶分解突触间隙中的递质,或将神经递质扩散到远离突触的区域。
- 电突触不同于化学突触,因为它们通过间隙连接中的特定通道将电流直接从一个神经元(突触前)传递到另一个神经元(突触后),从而将一个细胞的细胞质直接连接到另一个细胞。

2.3 神经系统结构概述

到目前为止,我们一次只谈论一个或两个神经元。这种方法在理解神经元如何传递信息方面是有用的,但它只是神经系统和大脑功能的一部分。神经通信依赖神经系统的连接模式,即信息从一个地方传到另一个地方的神经"高速公路"。确定神经系统的连接模式是一个复杂的工作,因为大多数神经元并不是像串行电路一样简单地连在一起的。相反,神经元广泛地连接在串行和并行电路中。

单个皮质神经元很可能由大量神经元支配(接收大量神经元的输入):一个典型的皮质神经元有1000~5000个突触,而小脑中的普肯耶神经元可能有多达200 000个突触。这些输入神经元的轴突起源于广泛分布的区域。因此,在神经系统中有巨大的收敛,但也有发散,其中单个神经元可以投射到不同区域的多个目标神经元。

局部相互连接的神经元形成了一个被称为**微环路**的东西。它们加工特定种类的信息,能够完成复杂的任务,如加工感觉信息、产生运动以及中介学习和记忆。例如,眼睛通过视网膜的微环路加工来自相邻感光细胞的信息以编码空间信息。这种编码允许较少的视网膜神经节细胞把编码的信息传到视神经。

尽管大多数轴突是来自相邻皮质细胞的短投射，但也有一些很长，起源于大脑的一个区域，并在一定距离外投射到另一个区域。例如，视网膜的神经节细胞通过视神经投射到丘脑外侧膝状体核，外侧膝状体神经元通过视放射投射到初级视皮质。来自皮质神经元的轴突可能从皮质鞘下进入白质，进而到达远距离的目标，即穿过长的纤维束，然后进入皮质的另一个区域、皮质下核或脊髓层，到达另一个神经元的突触。

这些不同大脑区域之间的远距离连接形成了更复杂的**神经网络**，这些神经网络是由多个嵌入式微环路组成的宏环路。神经网络支持更复杂的分析，集成了来自多个微环路的信息加工。两个皮质区域之间的连接称为皮质连接，按照惯例，术语的第一部分标识来源，第二部分标识目标。起源于皮质下结构（如丘脑）的输入被称为丘脑皮质连接；相反的是皮质丘脑或更一般的皮质纤维投射（从更多的中央结构，如皮质，向外延伸到外周神经系统的投射）。

最终，神经网络被组织成神经系统。例如，视网膜、丘脑外侧膝状体和视皮质的微环路被组织起来，形成像丘脑皮质网络这样的神经网络。这一进展最终使得视觉系统成为一个整体的组织，它有许多皮质区域和皮质下成分。（我们将在第5章中详细讨论视觉系统的组织。）在下一节中，我们将对大脑进行简短的解剖学考察。在第4—14章的开头部分，都有一节内容重点介绍了与该章讨论的认知功能最相关的解剖结构。在这里和接下来的章节中介绍的解剖结构将帮助你了解大脑的哪些结构与它的功能相关。

神经系统的两个主要部分是：**中枢神经系统**，由大脑和脊髓组成；**外周神经系统**，由中枢神经系统以外的神经（轴突和胶质细胞束）和神经节（神经细胞体）组成（图2.17）。中枢神经系统可以被认为是神经系统的指挥和控制中心。外周神经系统代表了一个传递感觉信息的信使网络，并将运动指令从中枢神经系统传送到肌肉。这些活动是通过两个子系统完成的：控制身体随意肌的躯体运动系统和控制自动化内脏功能的自主运动系统。在我们把注意集中在中枢神经系统上之前，先谈一谈自主神经系统。

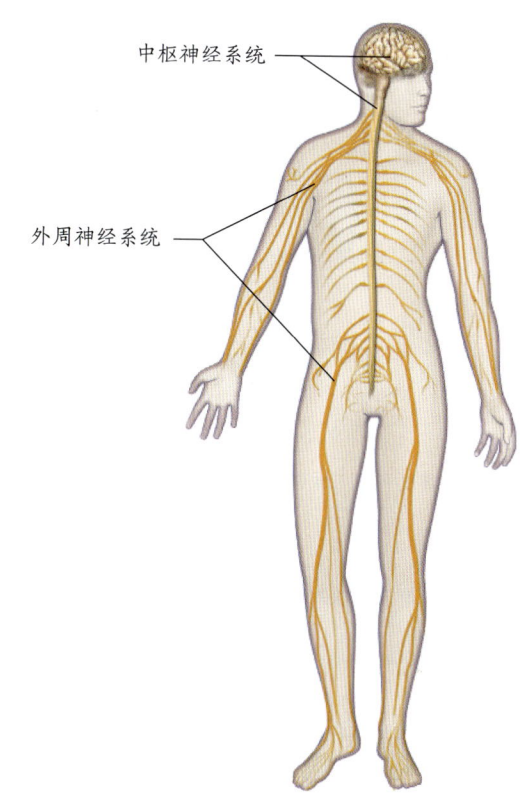

图2.17 人体的外周神经系统和中枢神经系统
神经系统一般分为两个主要部分。中枢神经系统包括大脑和脊髓。外周神经系统位于中枢神经系统之外，包括感觉神经、运动神经和相关神经细胞的神经节（神经元细胞体群）。

自主神经系统

自主神经系统（也称为自主运动系统或内脏运动系统）参与控制平滑肌、心脏和各种腺体的非自主活动。它也有两个分支：交感和副交感分支（图2.18）。一般来说，交感系统使用神经递质去甲肾上腺素，而副交感系统使用乙酰胆碱作为其递质。这两个系统通常相互拮抗。例如，交感神经系统的激活提高心率，将血液从消化道转移到躯体肌肉组织，并通过刺激肾上腺释放肾上腺素，为身体的行动（战斗或逃跑）做好准备。相反，副交感神经系统的激活减慢了心率，刺激了消化，通常帮助身体维持与自身（休息和消化）密切相关的功能。

在自主神经系统中，大量的专业化知识超出了本章的范围。尽管如此，理解自主神经系统参与了各种反射和无意识行为（大多低于意识水平）对于解释本书后面介绍的信息是有用的。在关于情绪的第10章

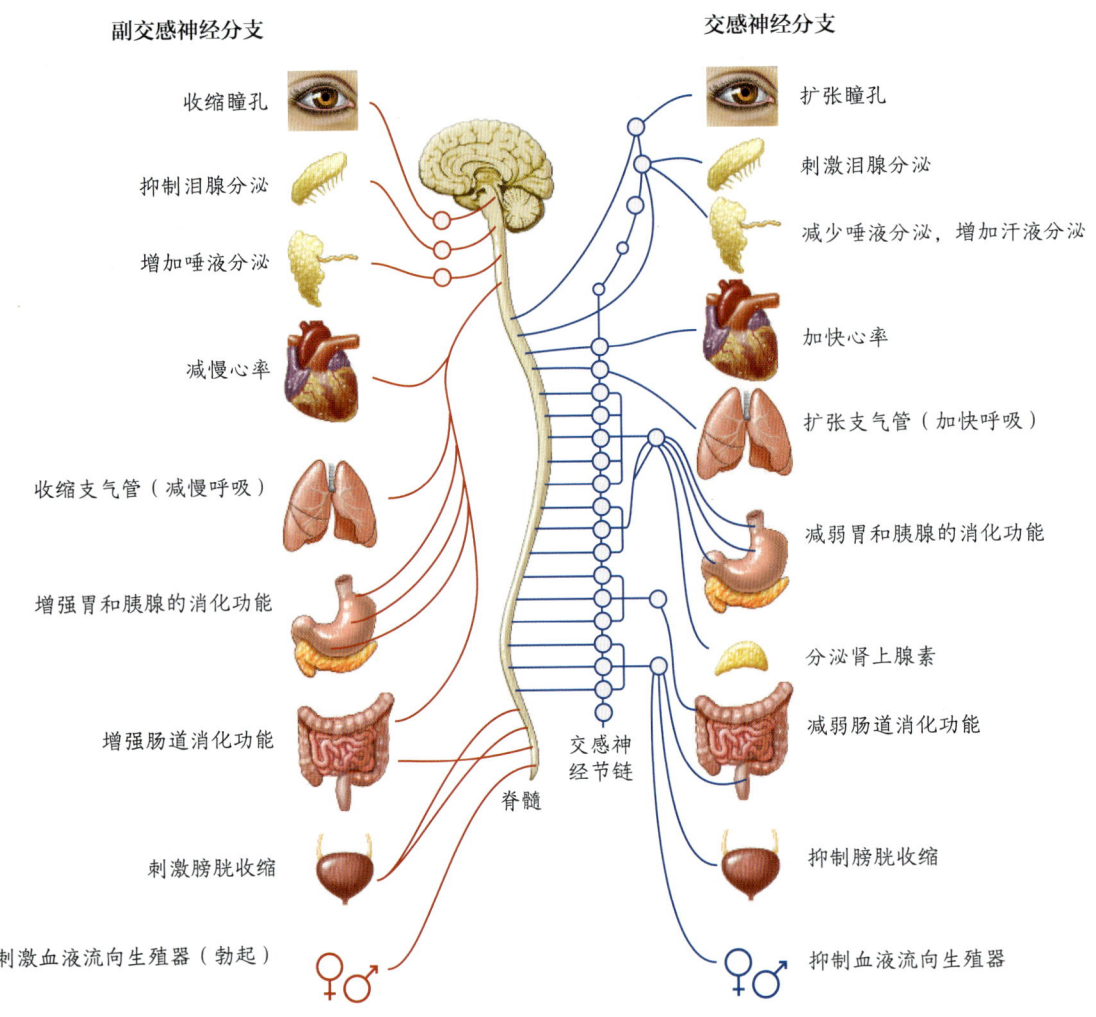

图 2.18 自主神经系统的组织

中,我们将讨论自主神经系统的唤醒以及许多心理生理学指标的变化如何与自主神经系统中情绪相关的变化相契合。例如,皮肤导电率的变化与汗腺的活动有关,而汗腺受自主神经系统的控制。

在本章的其余部分,我们把重点放在中枢神经系统上,为贯穿本书其余部分的认知研究奠定基础。当我们谈到大脑解剖时,我们将使用标准术语在三维空间中定位大脑的各个部分(见**专栏 2.1**)。

中枢神经系统

中枢神经系统由大脑和脊髓组成,各自都有三层保护膜,即脑脊膜。外膜是厚的硬脑膜,中间是蛛网膜,内部最脆弱的是软脑膜,它牢牢地附着在大脑的表面。在蛛网膜和软脑膜之间是蛛网膜下腔,其中充满了脑脊液(cerebrospinal fluid, CSF),还有脑室、脑池、脑沟和脊髓中央管,同样充满了脑脊液。大脑实际上漂浮在脑脊液中,这抵消了若任它直接落在颅骨基座上则一有刮擦就会出现的挤压和损伤。脑脊液还可以减少很快加速或减速时对大脑和脊髓的冲击,例如,当我们跌倒、乘坐过山车或头部受到撞击时所受到的冲击。

在大脑中有四个相互连接的腔室,称为**脑室**(图 2.19)。最大的是大脑中的两个侧脑室,它们连接在大脑中线靠尾侧的第三脑室和小脑下方脑干的第四脑室。脑室的壁包含一个由专门的细胞和毛细血管组成的系统,即脉络丛,它从血浆中生产脑脊液。脑脊液通过脑室循环到脑或椎管周围的蛛网膜下腔。它在大脑中被蛛网膜绒毛(矢状窦静脉系统的突出物)重新吸收。

在中枢神经系统中,神经元以不同的方式聚集在一起(图 2.20)。两个最常见的组织集群是神经**核**和**层**。神经核是从数百到数百万个功能相似的输入和输

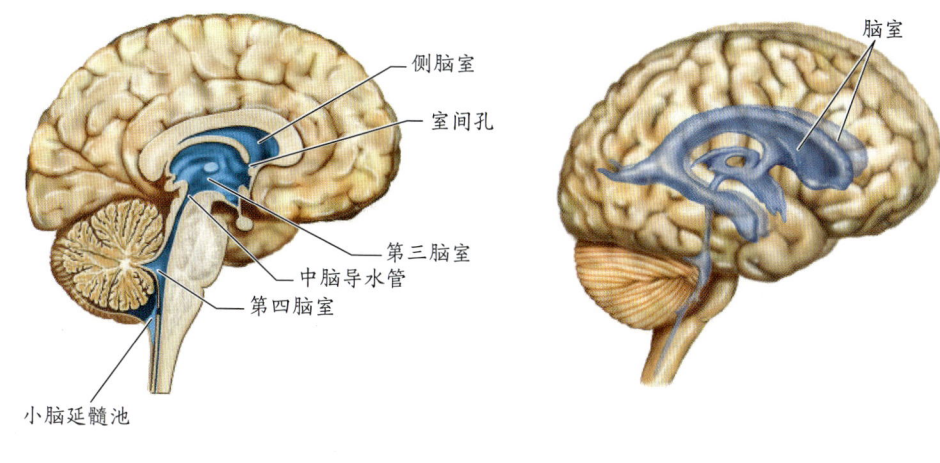

图 2.19　人脑中的脑室
（a）正中矢状面，展示了左半球内侧。（b）透明的脑，三维视图下的脑室系统。

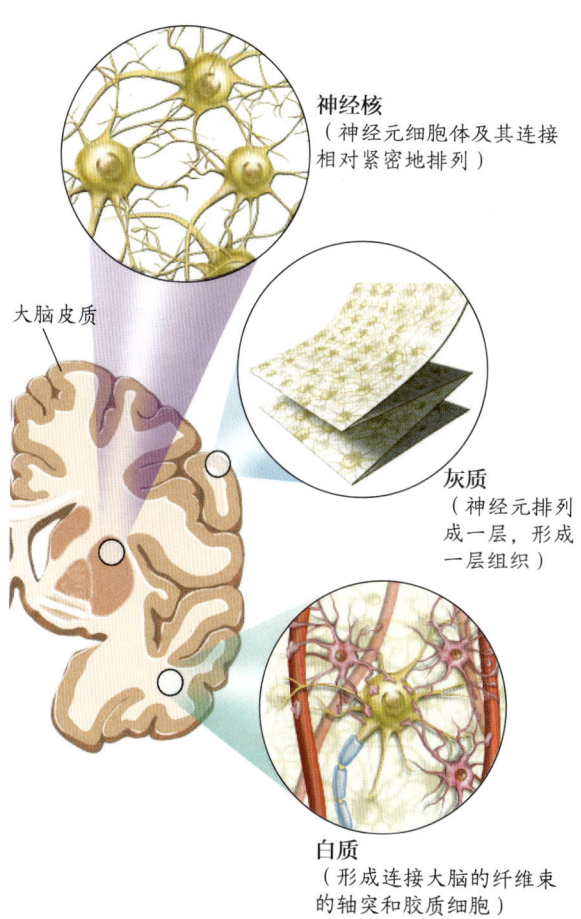

图 2.20　中枢神经系统中神经元的组织
在中枢神经系统中，神经元可以被组织成神经核（见图顶部——不要与每个神经元内部的细胞核混淆），它们最常见于皮质下和脊髓结构，以及称为层（见图中间）的片状结构，最常见于皮质。胶质细胞的胞体位于白质（见图底部，如少突胶质细胞）和皮质。

出神经元的细胞体及其连接相对紧凑地聚集在一起所形成的。神经核存在于整个大脑和脊髓中。

另一方面，**大脑皮质**有数十亿个神经元。它们排列成薄片，由几层神经元组成，像手帕一样折叠在大脑半球的表面上。当我们观察大脑切片时，可以看到大脑皮质是一层薄薄的灰色层，内部是白色的白质。**小脑**是另一个高度分层的脑结构，包含数十亿个神经元，也有灰色和白色区域。这些层中的**灰质**由神经元细胞体组成，**白质**则由轴突和胶质细胞组成。

就像外周神经系统中的神经一样，形成白质的轴突在**神经束**中聚集在一起，从大脑半球的一个皮质区域连接到另一个皮质区域（联合纤维束），或者从大脑皮质连接到更深的皮质下结构和脊髓（投射纤维束）。最后，轴突可以从一个大脑半球投射到另一个大脑半球，形成**连合**。最大的半球间的投射是半球之间的主要连合——**胼胝体**。

血液供应和脑

脑需要从血液中提取能量和氧气。大约 20% 的血液从心脏流入脑。血液的持续流动是必要的，因为脑没有办法储存葡萄糖，也没有办法在没有氧气的情况下提取能量。如果流向脑的充氧血液中断了几分钟，就可能导致意识不清甚至死亡。

有两组动脉为大脑输送血液：椎动脉为大脑的尾侧部分提供血液，颈内动脉为更宽广的脑区提供血液

专栏 2.1　认知神经科学家的工具箱
探索脑

对于解剖学家来说，头部仅仅是身体的一个附属物，所以用来描述头部和大脑方向的术语是与身体相关的。由于四条腿行走的动物的头部和身体的排列方式与直立的人类不同，所以人们可能产生混淆。首先让我们来描绘一只狗的身体，这是一只向左看的澳大利亚牧羊犬（图 2.21a）。前端是喙侧。另一端是尾侧。沿着狗的背部是背侧面，就像背鳍在鲨鱼的背部。沿狗的底部表面是腹侧面。

我们可以用同样的坐标来描述狗的神经系统（图 2.21b）。大脑朝向前的部分是喙侧（朝向额叶）；后部是尾侧（朝向枕叶）。沿着狗的头顶部是背侧，而大脑的底面是腹侧。

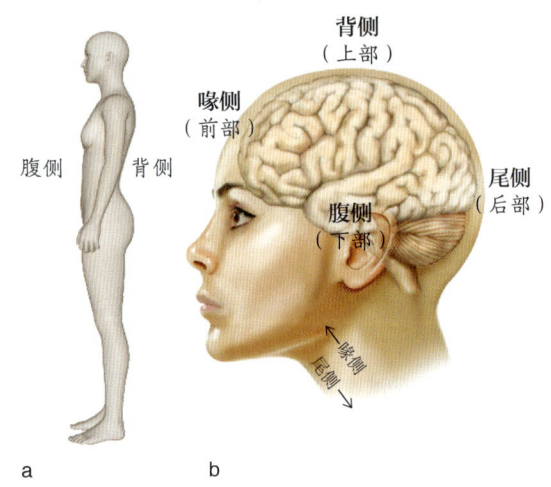

图 2.22　人脑导航

在这本书中，有关大脑切片的图片通常只会呈现三种平面之一（图 2.23）。如果我们把脑沿着从鼻子到尾巴的方向切开，会得到一个矢状面。当我们直接从中间切开脑时，得到的就是正中矢状面或内侧截面。如果我们切掉侧面，我们得到一个侧矢状面。如果我们垂直于正中矢状面将大脑的前部与后部切开，就得到了冠状面。当我们在一个分离背侧和腹侧的平面上切开时，就得到了一个轴向面、横截面或水平面。

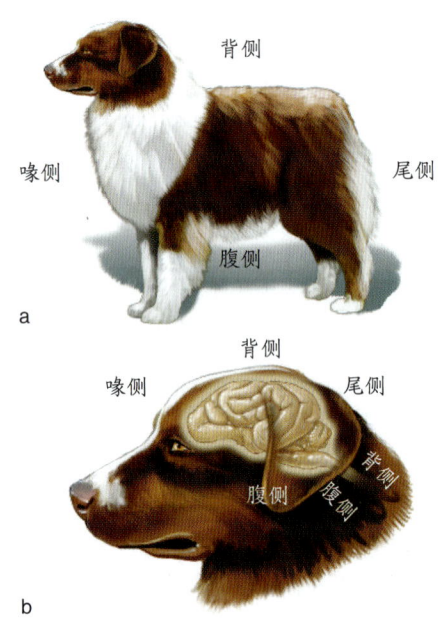

图 2.21　狗的大脑与身体的关系

人类是不典型的动物，因为我们直立行走，所以我们的头向前倾，以便与地面平行。因此，人体和大脑的背侧呈直角（图 2.22）。在人类中，我们也用"上"来指大脑的背侧，用"下"来指大脑的腹侧。同样，术语"前"和"后"分别用来指大脑的前部（喙侧）和后部（尾侧）。当我们考虑脊髓时，坐标系与体轴对齐。因此，在脊髓前部的意思是"大脑前端"，就像在狗身上一样。

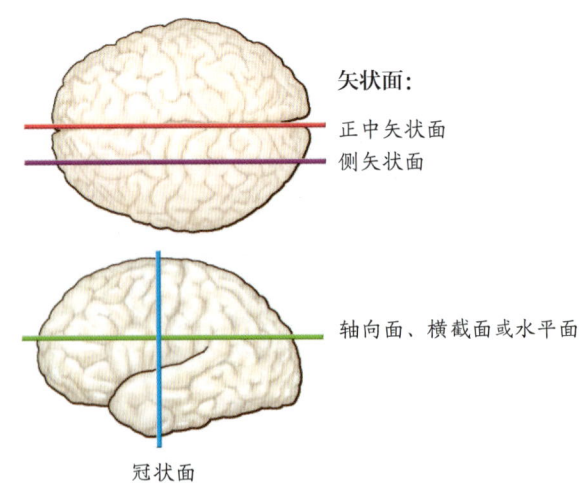

图 2.23　脑的三种正交平面

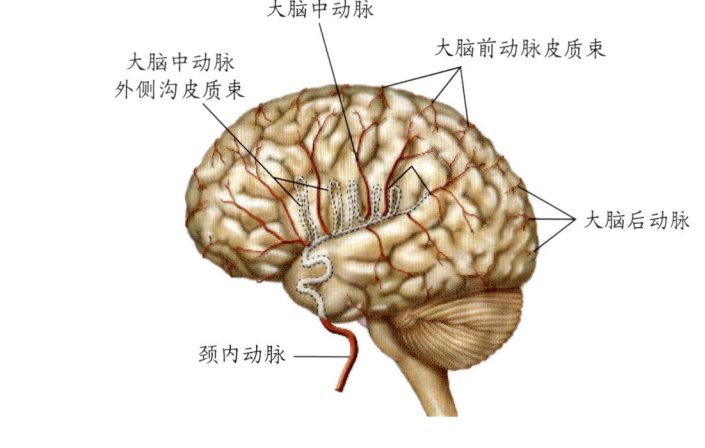

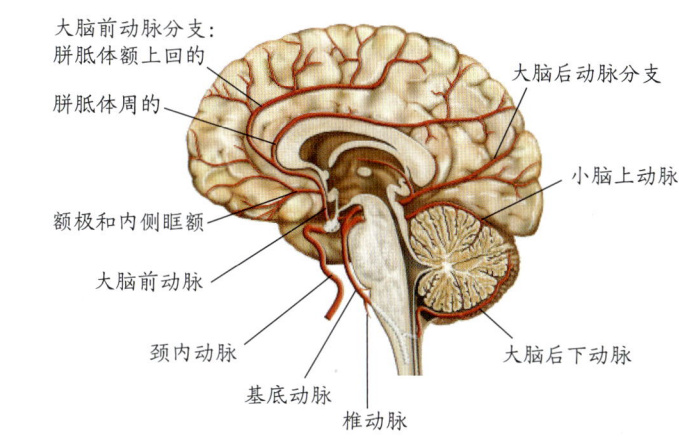

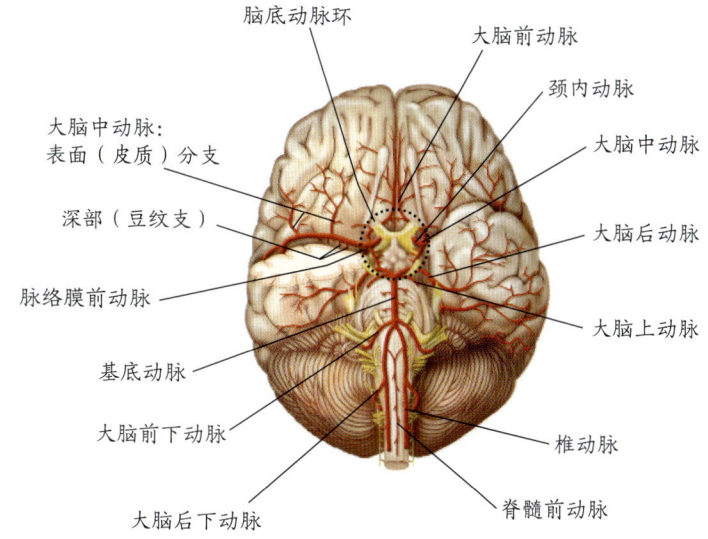

图 2.24 血液供应和大脑

（a）大脑皮质外侧的血液供应。（b）正中矢状面显示大脑前动脉的分支，这些分支从脑底动脉环（威利斯环）的前侧延伸，大脑后动脉的一部分从脑底动脉环的后侧延伸。（c）大脑腹侧视图，显示脑底动脉环，即环绕大脑底部的动脉。脑底动脉环由左右颈内动脉供应动脉血，这些动脉延伸了左右颈总动脉和左右椎动脉形成的基底动脉，后者是锁骨下动脉的分支。

（图2.24）。虽然大动脉有时会合在一起，然后又分开，但在喙侧和尾侧动脉供应之间，或在大脑喙侧部分的左右两侧之间，很少有血液混合。作为一种安全措施，在阻塞或缺血发作时，循环系统可以改变血液的路线，以减少血液供应中断的可能性；然而，在实践中，这种血液供应的改变是相对较差的。

大脑中的血液流动与局部神经元的代谢需求紧密相连。因此，神经元活动的增加导致局部脑血流量的增加。增加血流的主要目的不是增加氧和葡萄糖向活动组织的输送，而是加速清除神经元活动所产生的代谢副产品。然而，改变血液流动的精确机制仍然是一个热议的话题。这些局部的血流变化使得局部脑血流可以作为局部神经元活动变化的一种测量手段，成为某些类型功能性神经成像的基础，如正电子发射断层扫描和功能磁共振成像。

关键信息

- 中枢神经系统由大脑和脊髓组成。外周神经系统由中枢神经系统以外的所有神经和神经元组成。
- 自主神经系统参与控制平滑肌、心脏和各种腺体的活动。当它的交感分支被激活时，它会加快心率，让血液从消化道流向躯体肌肉组织，并通过刺激肾上腺来为战斗或逃跑的反应做好准备。它的副交感神经分支负责降低心率和刺激消化。
- 大脑皮质是位于每个大脑半球表面的一层连续的神经元。
- 皮质神经元和皮质下神经节的轴突构成共同走行的白质纤维束，连接大脑和脊髓不同部位的神经元。成束的轴突从一个大脑半球交叉到另一个大脑半球，这就是所谓的连合。胼胝体是连接大脑两半球的最大连合。

2.4 脑部概览

当我们看到一个脑时，大脑皮质的外层是最突出的。然而，大脑皮质只是蛋糕上的糖霜，从进化论和胚胎学的角度说，它是最后发展起来的一件东西。在脑的底部深处，是在大多数脊椎动物中都已发现的结构，这些结构在数亿年前就已经进化了。这些脑区控制着我们最基本的生存功能，如呼吸、心率和体温。相比之下，只在哺乳动物中发现的前额叶皮质是脑在进化上最年轻的部分。前额叶皮质的损伤可能不会立即致命，但它可能会影响我们做出决定和控制社会行为的能力。在从脊髓开始这段旅程中，我们会找到一条通向大脑皮质的路。

脊髓

脊髓从分布于身体外周的感受器接收感觉信息，将它传递到大脑，并将传出的运动信号从大脑传递到肌肉。此外，脊髓的每个水平（节段）都有单突触反射通路，这些反射通路只涉及脊髓本身的突触，不涉及大脑中的突触。举个例子，医生在你的髌腱上拍了一下，膝部向脊髓发出感觉信号，通过中间神经元直接刺激运动神经元激发动作电位，从而引起肌肉收缩和短暂的膝跳。这是单突触反射弧的一个例子（图2.25）。然而，大多数神经环路通过一个以上的突触来加工信息。

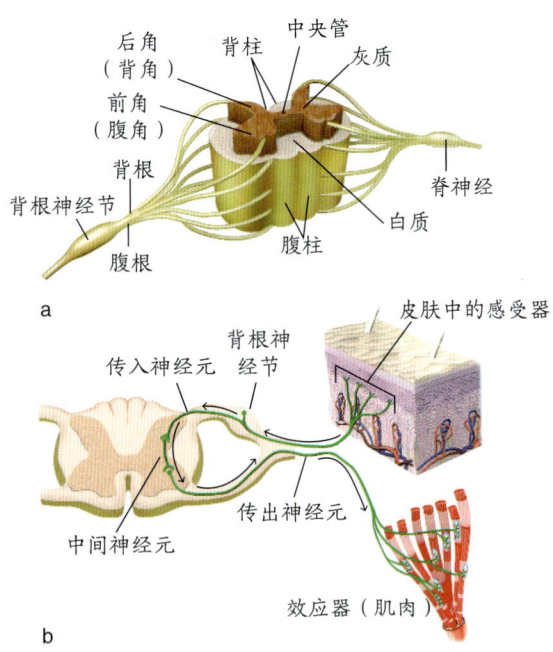

图 2.25 脊髓和反射弧的解剖

脊髓的三维截面显示脊髓（a）中央蝶形的灰质（包含神经元胞体）和周围的白质轴突（把信息从大脑脊髓传递到周围的神经元，再把脊髓从周围感受器接收的信息传到大脑）。外周感觉输入的胞体位于背根神经节，其轴突通过背根投射到中枢神经系统。脊髓的前角容纳运动神经元，这些运动神经元将轴突伸出前根，支配周围肌肉。中间神经元直接连接传入感觉神经和传出运动神经，形成介导脊髓反射（如膝反射）的神经环路（b）。

脊髓从大约第一个脊椎的脑干一直延伸到马尾的末端。它被包裹在多骨的脊柱中［脊柱是一堆单独的骨头——椎骨——从颅骨底部延伸到尾椎（尾骨）的融合椎骨］。脊柱分为颈椎、胸椎、腰椎、骶骨和尾骨。脊柱也被分成 31 段（不包括尾部，因为我们不再有尾巴了）。每一段都有左右两侧的脊神经，它通过称为椎间孔的开口进入和离开脊柱。每条脊神经都有感觉轴突和运动轴突：传入神经元通过背根将感觉输入脊髓，传出神经元携带运动输出通过腹根离开脊髓。

如图 2.25 中的脊髓截面所示，周围区域由白质束组成。位于中央的灰质由神经元细胞体组成，像一只蝴蝶，有两个不同的部分或称为"角"：后角和前角。前角含有投射到肌肉的大型运动神经元。后角包含感觉神经元和中间神经元。中间神经元投射到脊髓的相同（同侧）和相对（对侧）的运动神经元，以帮助协调肢体运动。它们还在同侧感觉神经和运动神经之间形成局部环路，介导脊髓反射。中央管周围有灰质，中央管是脑室的解剖延伸，含有脑脊液。

脑干：延髓、桥脑、小脑和中脑

我们通常认为**脑干**有三个主要部分：（1）延髓，（2）脑桥和小脑，（3）中脑。这三个部分构成了介于脊髓和间脑之间的中枢神经系统。脑干包含运动和感觉核群，广泛地调节神经递质系统的核团，以及传递上行感觉信息和下行运动信号的白质束。虽然与大块的前脑相比小了一点（图 2.26），但脑干扮演着重要角色：脑干损伤之所以威胁生命，在很大程度上是因为脑干的核团控制呼吸和整体的意识状态，如睡眠和觉醒。

延髓、脑桥和小脑构成后脑，我们接下来看一下。

延髓

脑干最尾侧的部分是**延髓**，延髓与脊髓相连（图 2.27）。延髓是生命所必需的。它是 12 对脑神经中许多脑神经的细胞体之所在，发出面部、颈部、腹部、喉咙（包括味觉）的感觉和运动神经，以及支配心脏的运动核团。延髓控制着重要的功能，如呼吸、心率和唤醒。

所有从脊髓进入的躯体感觉信息都通过两个双侧核团穿过延髓，即薄束核和楔束核。这些投射系统在通往躯体感觉皮质的过程中，继续通过脑干到达丘脑的突触。延髓的另一个有趣的特征是皮质脊髓运动轴

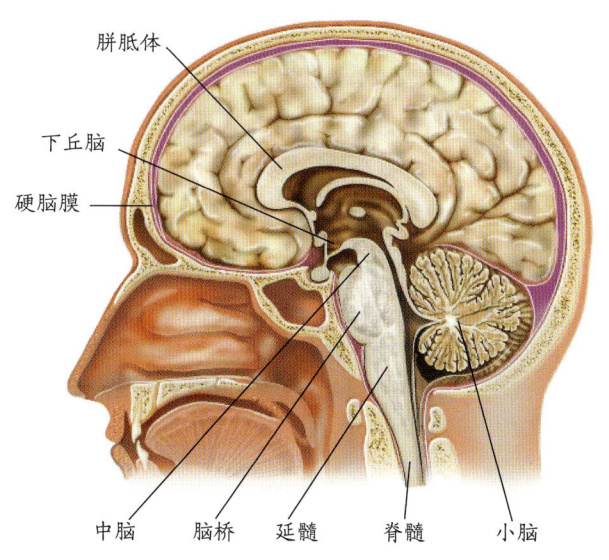
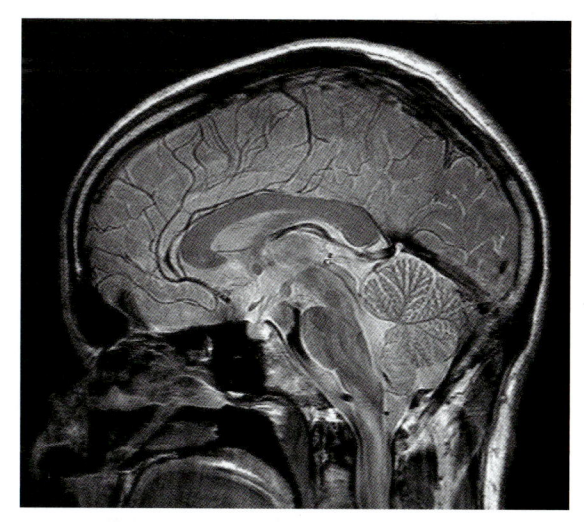

图 2.26 大脑的大体解剖，显示脑干部位

（a）头部正中矢状面，显示脑干、小脑和脊髓。（b）使用 4T[①] 扫描仪获得的高分辨率结构磁共振成像，显示部位与（a）一致。

---

① T 是磁通密度单位特斯拉的符号。——译者注

突紧密地包裹在一个金字塔形的纤维束中（称为锥体束），在这里形成了锥体交叉。因此，起源于右半球的运动神经元交叉控制身体左侧的肌肉，反之亦然。

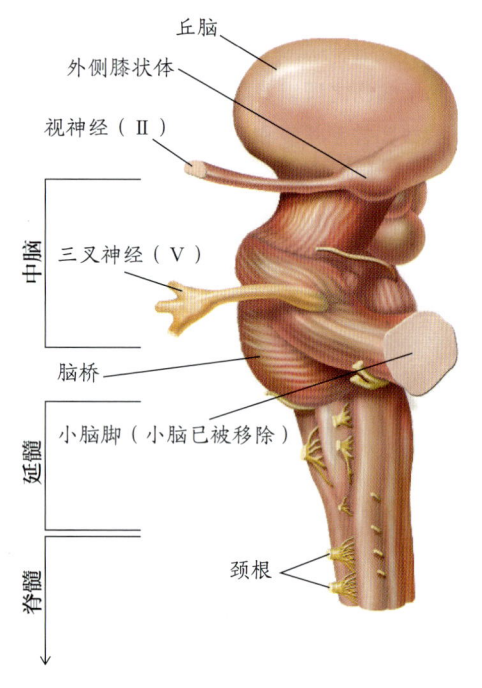

图 2.27　脑干的侧面观，显示丘脑、中脑、脑桥、延髓和脊髓

在脑干的左侧截面上，顶部在大脑的前部，而脊髓是朝向底部的。在这张图中，小脑被移除了。

从功能上讲，延髓是身体和大脑之间感觉和运动信息的中继站；它是身体大多数运动纤维的十字路口；它控制着几种自主功能，包括决定呼吸、心率、血压、消化和呕吐反应的基本反射。

脑桥

脑桥之所以被这样命名，是因为它是大脑和小脑之间的主要连接。脑桥位于延髓的前部，由间或有核团分布的大量纤维束组成（图 2.27）。脑桥上有许多脑神经突触，包括面部和嘴部的感觉核团和运动核团，以及控制一些眼外肌的视觉运动核团。因此，脑桥对于眼睛以及面孔和嘴的运动来说是至关重要的。此外，一些听觉信息是通过另一个在脑桥上的结构——上橄榄核——来传递的。

脑干的这一层包含很大比例的网状结构；后者是一组贯穿整个脑干且连通的核团，调节唤醒和疼痛，并具有各种其他功能，包括控制心血管等。网状结构有三列细胞核：中缝核，合成大脑的5-羟色胺；小细胞网状核团，调节呼气；巨细胞核团，帮助调节心血管功能。有趣的是，脑桥也负责产生快速眼动睡眠。

小脑

小脑（字面意思是"小的大脑"或"小的脑部"）附着在脑干的脑桥处。考虑到它的大小，令人惊讶的是，小脑是大多数脑神经元之家，据估计，在我们拥有的890亿个神经元中，小脑占690亿个神经元。从视觉上看，小脑表面似乎覆盖着稀疏、平行的凹槽，但实际上，它是一层连续的紧密折叠的神经组织（就像手风琴一样）。它形成了第四脑室的顶部，并位于小脑脚，这是小脑中大量的输入和输出纤维束（图 2.27）。小脑有几个粗大的亚区，包括小脑皮质、4对深层核团和内部白质（图 2.28）。这样看来，小脑跟前脑的大脑半球是相似的。

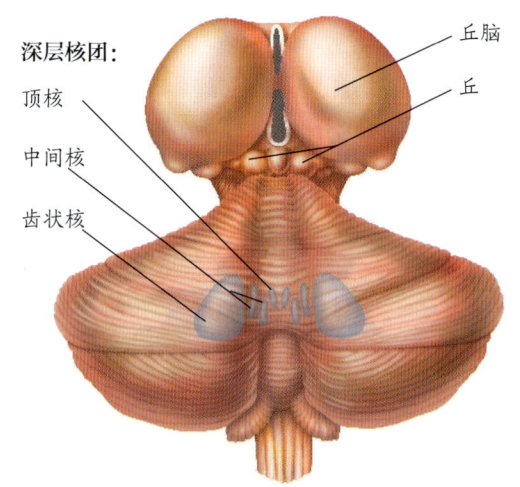

图 2.28　小脑的大体解剖

在这个视图中，顶部朝向大脑的前部，而脊髓朝向底部（未显示）。小脑的背侧视角可见透视性投射下的深层核团——顶核、齿状核和中间核（由两个融合的核组成，即栓状核和球状核）。

大多数到达小脑的纤维投射到小脑皮质，传递描述身体的位置的运动输出和感觉输入信息。参与平衡的前庭投射的输入以及听觉和视觉的输入，也从脑干投射到小脑。小脑的输出来自深层核团。上行输出通过丘脑，然后到达运动皮质和运动前皮质。其他输出投射到脑干的核团，在那里并入脊髓的下行投射。

小脑对于保持姿势、行走和协调运动是至关重要的。它并不直接控制运动；相反，它将关于身体的信息，例如大小和速度，与运动指令结合在一起。然后，它修改运动输出，以实现平稳、协调的运动。小脑是马友友可以拉大提琴，而美国哈林花式篮球队（Harlem Globetrotters）可以花哨地扣篮的原因。如果小脑受到损伤，你的动作将会变得不协调且步履蹒跚，你也许不能保持平衡。在第8章中，我们将更深入地讨论小脑在运动控制中的作用。在20世纪90年代，人们发现小脑参与的不仅仅是运动功能。它涉及认知加工的各个方面，包括语言、注意、学习和心理表象。

中脑

中脑位于桥脑的上方，只能从内侧观看到。它围绕着连接第三和第四脑室的大脑导水管。它的背侧部分由顶盖组成，其腹侧部分是被盖。在被盖内紧挨着大脑导水管的灰质薄层是中脑导水管周围灰质，整合来袭的威胁性刺激和塑造行为的输出信息。中脑导水管周围灰质在从脊髓上行到丘脑的过程中接收疼痛纤维，是调节下行疼痛信号的关键。除了多种其他作用外，它还参与对焦虑和恐惧的加工，对自主调节和防御反应至关重要。

大的纤维束通过中脑的腹侧区域，从前脑到脊髓、小脑和脑干的其他部分。中脑还含一些脑神经节和另外两个重要的结构：上丘和下丘（图2.29）。上丘在感知周围物体并使我们的目光直接指向它们的方面起作用，使它们进入更清晰的视野。下丘用于定位和定向听觉刺激。另一个结构红核参与某些方面的运动协调。它可以帮助宝宝爬行，或者在你走路的时候协调手臂的摆动。中脑的大部分被中脑网状结构占据，中脑网状结构是桥脑和延髓网状结构的喙侧延续，其中含有神经递质，如去甲肾上腺素和5-羟色胺，我们在前面已经接触过这些神经递质了。

间脑：丘脑和下丘脑

离开脑干后，我们到达由丘脑和下丘脑组成的间脑。这些皮质下结构由一组核团组成，这些核团与大脑中广泛的区域相互连接。

丘脑

丘脑几乎位于大脑的正中心，位于脑干顶部（前端；图2.27），是间脑结构中较大的一部分。丘脑被分成两个部分——一个在右半球，一个在左半球——横跨第三脑室。在大多数人中，这两个部分是通过一座名为中间块（图2.29）的灰质桥连接在一起的。丘脑上方是穹隆和胼胝体，旁边是内囊，包括大脑皮质、延髓和脊髓之间的上行和下行轴突。

丘脑被称为"进入皮质的通道"，因为除了一些嗅觉输入外，所有的感觉通道都在丘脑形成了突触中继，然后才到达主要的皮质感觉接收区（图2.30）。丘

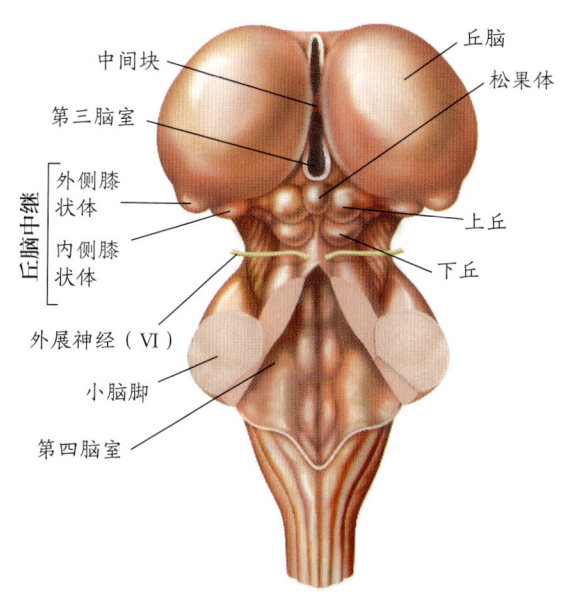

图2.29　中脑的解剖图
大脑皮质和小脑被切除后的脑干背侧。

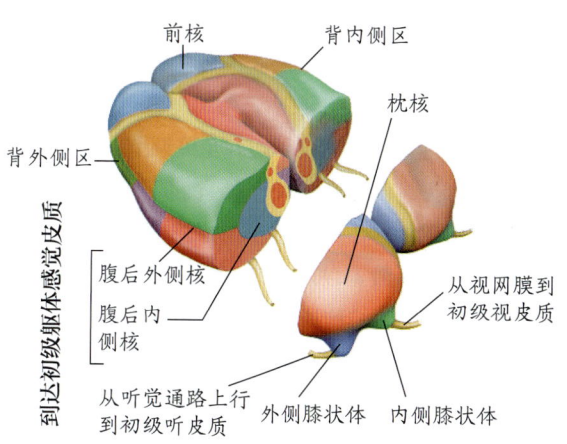

图2.30　丘脑的输入和输出以及主要分支
丘脑的不同亚区服务于不同的感觉系统，并参与不同的皮质—皮质下环路。丘脑的后部（右下）在截面上被切除，并与丘脑的其他部分分开，以揭示丘脑核团的内部组织（左侧）。

脑还接收来自基底节、小脑、新皮质和内侧颞叶的输入，并将投射发送回这些结构，以创建涉及许多不同功能的环路。因此，丘脑作为一个名副其实的中央站点，被认为是一个中继中心。在那里，来自神经系统某部分的神经元与到达另一个区域的神经元之间形成了突触。

丘脑可以分成几组核团，作为传入感觉信息的特定中继站。外侧膝状体接收来自视网膜神经节细胞的信息，并向初级视皮质发送轴突。类似地，内侧膝状体通过上行听觉通路中的其他脑干神经核从内耳接收信息，并将轴突延伸至初级听皮质。躯体感觉信息通过丘脑腹后侧核（内侧和外侧）投射到初级躯体感觉皮质。丘脑的感觉中继核不仅将轴突投射到皮质，而且从它们接触的同一皮质区域接收大量的下行投射。位于丘脑后部的是枕核，它参与注意和涉及多个皮质区域的综合功能。

下丘脑

神经系统和内分泌系统之间的主要联系是**下丘脑**，它是产生和控制激素的主要场所。下丘脑定位方便，位于第三脑室的底部（**图 2.26a**）。大脑腹侧的两个肿块，即乳头体，属于下丘脑中含有的小核团和纤维束（**图 2.31**）。下丘脑接收来自边缘系统结构和其他脑区的输入。它的工作之一是通过中脑网状结构、杏仁核和视网膜的输入控制昼夜节律（明—暗周期）。下丘脑主要投射到前额叶皮质、杏仁核、脊髓和垂体。垂体附着在下丘脑的底部。

下丘脑控制维持身体正常状态（内稳态）所必需的功能：基础温度和代谢率、葡萄糖和电解质水平、激素状态、性周期、昼夜周期和免疫调节。它发出信号，驱动行为，以缓解诸如干渴、饥饿和疲劳等感觉。它通过**垂体**控制内分泌系统完成大部分工作。

下丘脑产生激素以及调节大脑其他部位激素产生的因素。例如，下丘脑神经元将轴突投射到正中隆起，正中隆起是与垂体相邻的区域，它向垂体前叶的循环系统释放调节性激素。这些反过来触发（或抑制）垂体前叶释放的各种激素进入血液，例如生长激素、促甲状腺激素、促肾上腺皮质激素和促性腺激素。

位于前内侧区的下丘脑神经元，包括视上核和室旁核，向垂体后叶发出轴突投射。在那里，它们刺激腺体释放血管加压素和催产素到血液中，以调节水在

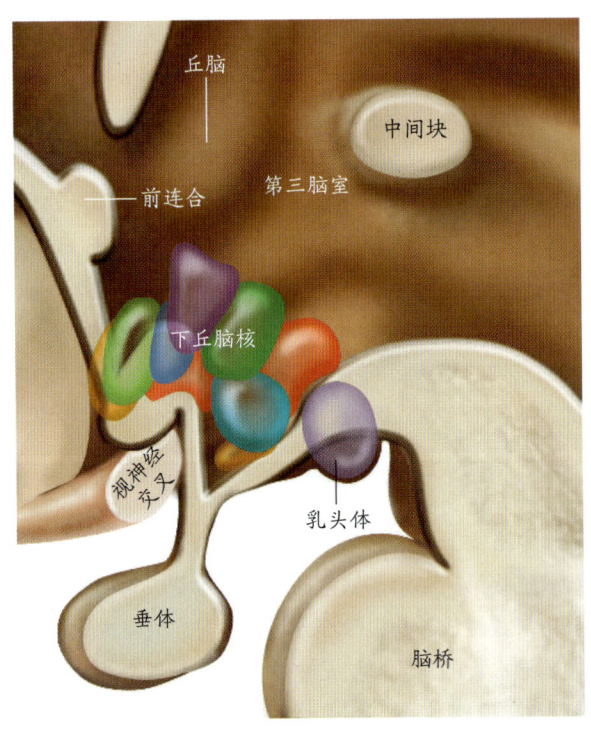

图 2.31　下丘脑的正中矢状面
图中显示了各种核群。下丘脑是第三脑室的底部，顾名思义，位于丘脑下方。图的左边是前侧。

肾脏中的滞留、乳汁量和子宫收缩力以及其他功能。血液中循环的肽类激素也可以作用于远处的部位，并影响一系列行为，从战斗或逃跑的反应到母性联结。下丘脑本身可以受到血液中循环的激素刺激，这些激素是在身体的其他区域产生的。

端脑：大脑

端脑在进化上比间脑早，也更早发展为大脑，其中包括大部分边缘系统的结构、基底神经节、嗅球，以及覆盖所有这些结构的大脑皮质，我们将在第 2.5 节中详细探讨这一点。现在先来更仔细地研究前两个区域。

边缘系统

在 17 世纪，托马斯·威利斯观察到，脑干似乎有一个围绕它的皮质边界。他把它命名为"大脑边缘（cerebri limbus；拉丁语，limbus 的意思是'边界'）"。经典的边缘叶（**图 2.32**）由扣带回（大脑皮质的一条带，在胼胝体上方向前后方向延伸，横跨额叶和顶叶）、下丘脑、丘脑前核和海马组成。**海马**位于颞叶腹

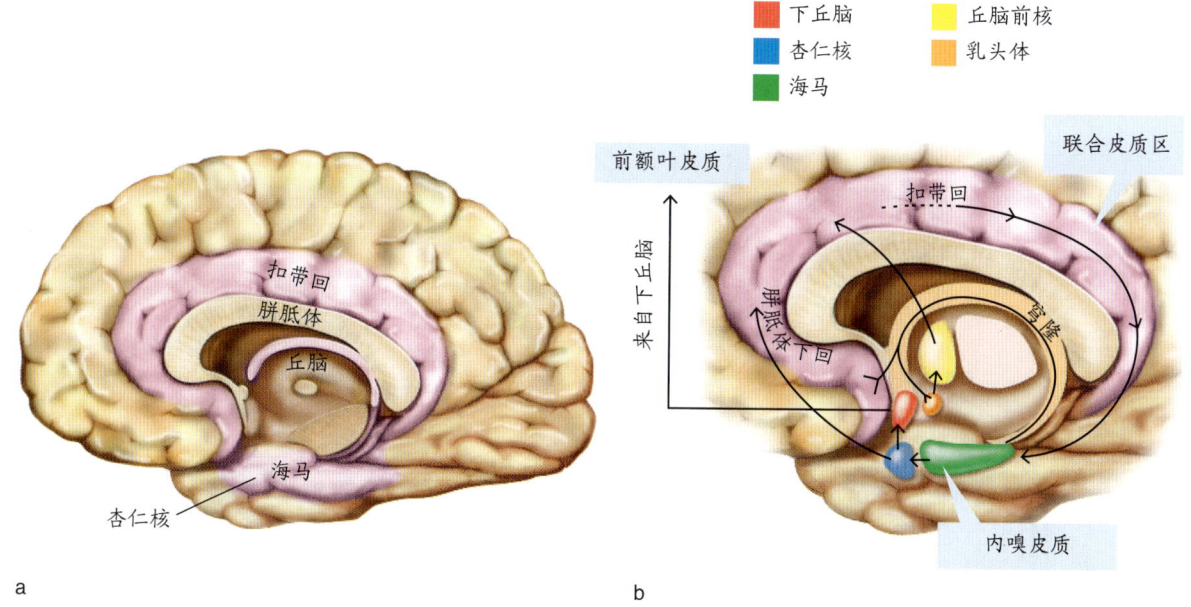

图 2.32 边缘系统

（a）边缘系统的解剖图。（b）边缘系统的主要连接，在右半球的内侧观中显示。基底神经节和丘脑背内侧核在此图中均未显示。这里显示的细节比需要你记住的多，但此图提供了一个参照，在后面的章节中将非常有用。

内侧区域。

20 世纪 30 年代，詹姆斯·帕佩兹（James Papez）首次提出了这样一种设想，即这些结构被组织成一个情绪性行为系统，从而促使帕佩兹环路作为术语而被广泛应用。1952 年，保罗·麦克莱恩（Paul MacLean）建议将**杏仁核**（一组位于海马前的神经元）以及眶额皮质和基底节的部分区域包括在内，并将它命名为**边缘系统**（图 2.32）。有时，丘脑背内侧核也包括在内。正如我们在本章后面所描述的那样，一些表述对边缘结构和边缘旁系结构进行了区分（见图 2.39）。

边缘系统中包含的结构与许多不同的环路紧密相连，它们共同的特点是在皮质中最具可塑性。它们还分享了被神经心理学家梅舒拉姆（Mesulam, 2000）归纳为五类的行为特异化：将最近的事件和经验涉及的零碎信息组合在一起，作为记忆的基础；将情绪和动机状态（如干渴、饥饿和性欲）集中于非个人事件和精神内容上；将自主、激素和免疫状态与心理活动联系起来；协调亲和行为；感知味觉、嗅觉和疼痛。第 10 章对边缘系统进行了更详细的描述。

基底神经节

基底神经节是一组核团，位于大脑两侧脑室前下方，靠近丘脑（图 2.33）。这些皮质下核团——尾状核、壳核、苍白球、丘脑下核和黑质——是广泛联系的。尾状核和壳核一起称为纹状体。基底神经节接收来自感觉区和运动区的输入，纹状体接收来自丘脑的广泛的反馈投射。

关于这些深层核团如何起作用，我们目前仍未有全面的理解。它们参与了各种重要的脑功能，包括动作选择、动作控制、运动准备、计时、疲劳和任务切换（Cameron et al., 2009）。值得注意的是，基底神经节有许多多巴胺受体。多巴胺信号似乎代表了预估未来奖励和实际奖励之间的误差（Schultz et al., 1997），在动机和学习中起着至关重要的作用。基底神经节在基于奖赏的学习和目标导向性行为中也起着重要的作用。总结基底神经节的功能，它结合了有机体的感觉和运动背景与奖励信息，并将这些综合信息传递给运动皮质和前额叶皮质，以做出决定（Chakravarthy et al., 2009）。

关键信息

- 许多神经化学系统存在于脑干核团中，广泛投射到大脑皮质、边缘系统、丘脑和下丘脑。
- 小脑将有关身体和运动指令的信息整合在一起，并通过改变运动输出来实现平稳、协调的运动。

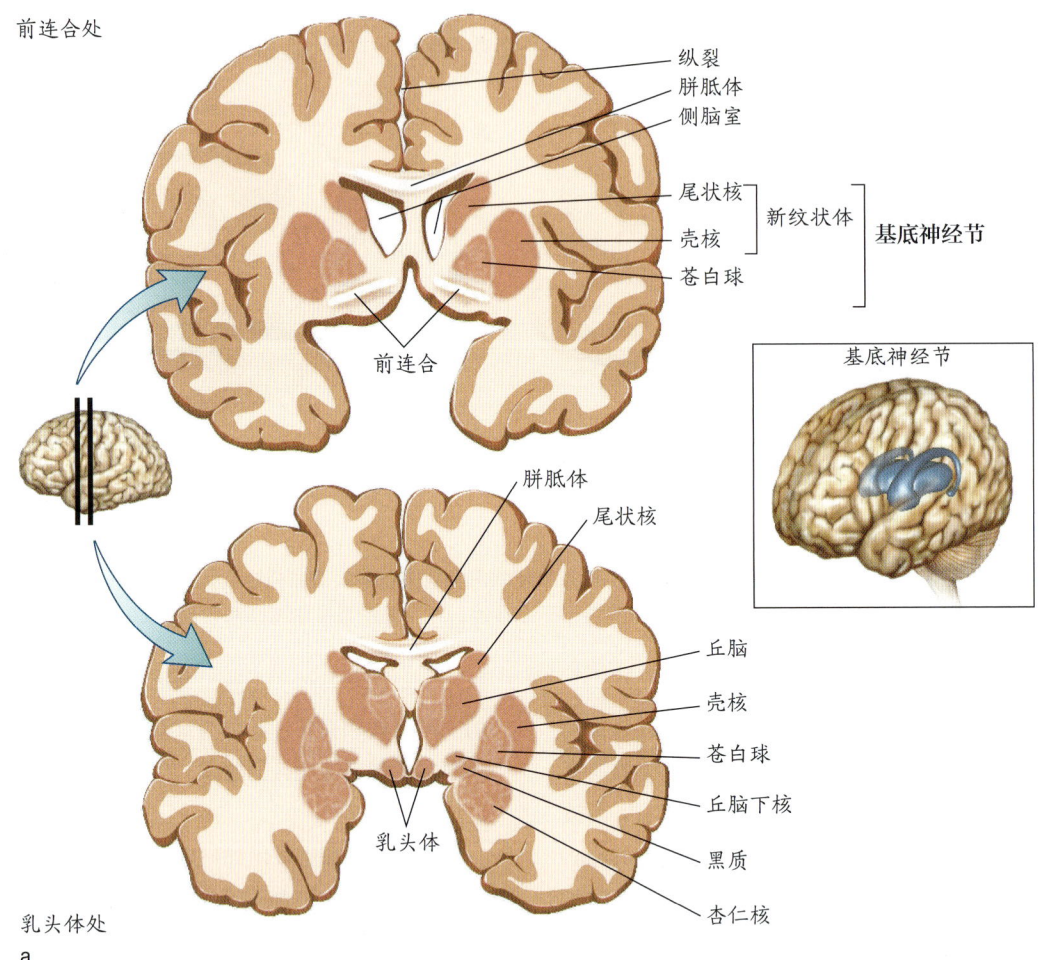

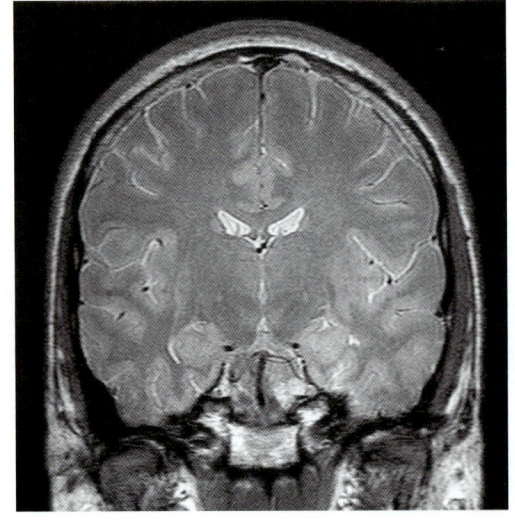

图 2.33 显示大脑中基底神经节的冠状面和透视图

（a）大脑的前后两处的截面（如图所示），呈现了基底神经节。见局部放大图：在可透视的大脑图中，基底神经节呈蓝色。（b）相应的高分辨率结构磁共振成像（4T 扫描仪）在与（a）中所示靠后那一处冠状面大致相同的位置。该图还呈现了在（a）图中没有呈现的脑干、颅骨和头皮。

- 丘脑是几乎所有感官信息的中继站。
- 下丘脑是重要的自主神经系统和内分泌系统。它控制着维持内稳态所必需的功能。它也参与了对垂体的控制。
- 边缘系统包括皮质下结构和皮质结构，这些结构相互连接并在情绪中发挥作用。
- 基底神经节参与了各种重要的脑功能，包括动作选择、动作控制、基于奖赏的学习、运动准备、计时和任务切换等。

2.5 大脑皮质

大脑最大的荣耀是它最外层的组织——大脑皮质。如前所述，它是由一大片（大部分）层状神经元组成的，两个对称半球的表面皱褶就像蛋糕上的糖霜。大脑皮质位于我们已经讨论过的深层结构（包括边缘系统和基底神经节的部分）的顶部，围绕着间脑结构。"皮质"一词的意思是"树皮"，就像树皮一样，在高等哺乳动物和人类中，包含许多内折或卷曲（**图 2.34**）。皮质的折叠形成了**沟**（裂）和**回**（表面可见的折叠组织的冠面）。

人类大脑皮质的折叠起着两个重要的作用。首先，它们使更多的皮质表面被填充到颅骨中。例如，如果把人类的大脑皮质弄平，使它与大鼠的脑一样平展，那么人类需要有非常大的头部。人类大脑皮质的总表面积为 2200～2400 平方厘米，但由于大范围折叠，这其中约 2/3 的区域陷在沟的深处。

其次，有一个高度折叠的皮质可以使位于皮质薄片上的神经元在一定距离上形成更紧密的三维关系；例如，与平展的脑回相比，每个回上相对的皮质的线性距离更近。由于形成长距离皮质连接的轴突通过白质在皮质下运行，而不是沿着皮质表面的折痕到达远距离的皮质区域，因此它们可以直接投射到通过折叠而靠得更近的神经元。

皮质的厚度在 1.5～4.5 毫米，大多数区域约为 3 毫米厚。它包含神经元的细胞体、树突和一些轴突。此外，大脑皮质还包括从其他脑区（如皮质下的丘脑）投射到大脑皮质的神经元的轴突和轴突终末。皮质也含有血管。

因为大脑皮质有如此高密度的细胞体，所以它看起来是灰色的。相比之下，皮质下区域主要由连接大脑皮质和大脑其他位置神经元的轴突组成，由于它们有脂质髓鞘，所以这些皮质下区域看起来有点苍白，甚至是白色的（**图 2.35a**）。如前所述，这就是解剖学家创造了灰质和白质这两个术语的原因，分别指细胞体和轴突所在的区域。然而，折叠的皮质上没有明确的解剖学边界。因此，可以根据其表面特征、微观架构或功能特征进行分区。下面将探讨这三个分区方案。

按表面特征划分皮质

大脑皮质可根据大脑皮质表面的大体解剖特征来

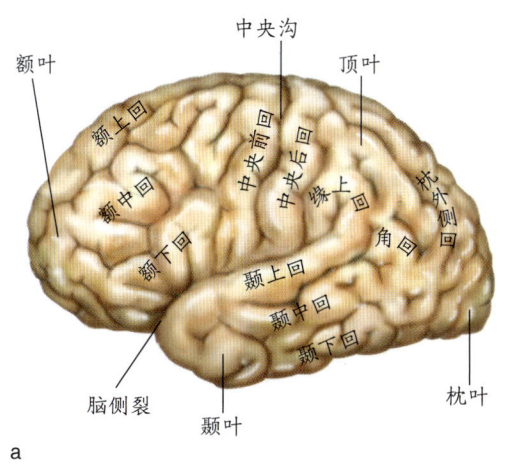
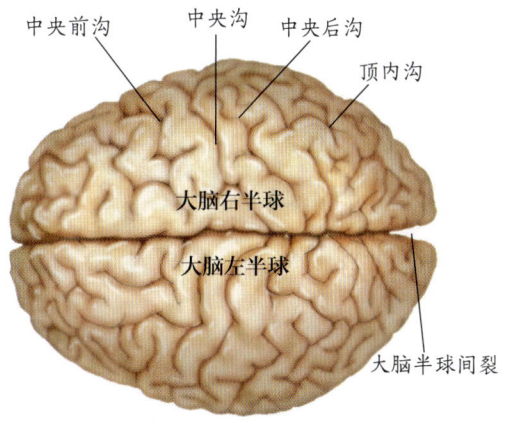

a
b

图 2.34 大脑皮质

左半球的外侧观（a）和人脑的俯视图（b）。皮质的主要特征包括四个皮质叶和不同的关键回。回是由脑沟分隔的，是在神经系统发育过程中发生的大脑皮质折叠的结果。

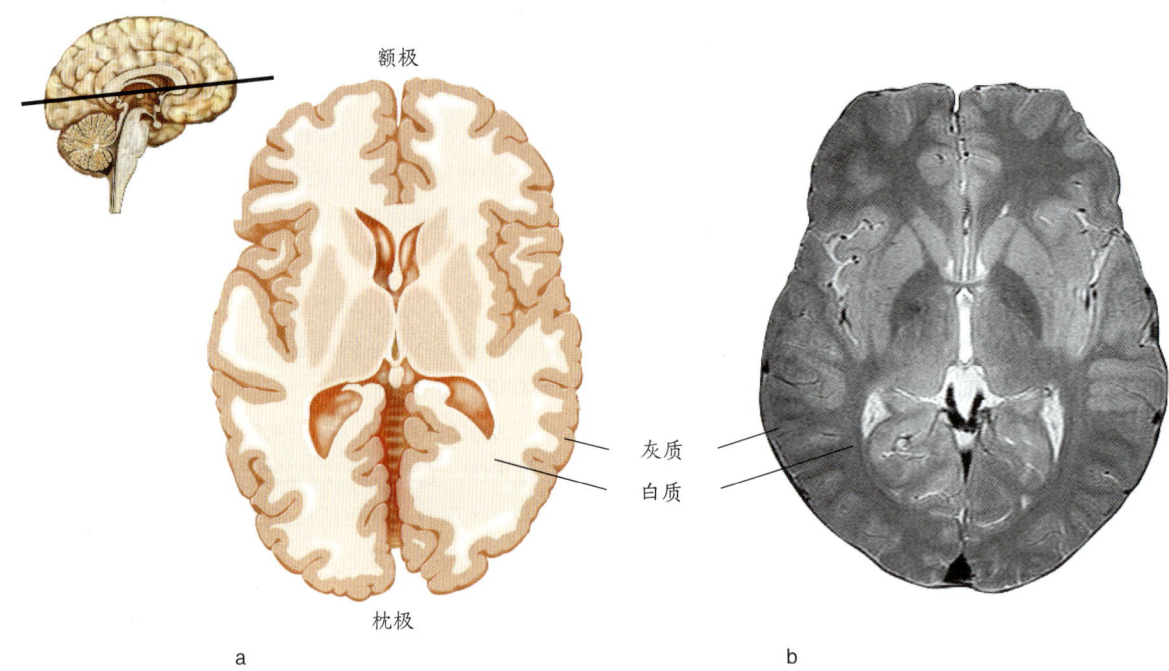

图 2.35　大脑皮质和白质纤维束

（a）大脑两半球截面所在的位置显示在左上方。白质主要由有髓轴突组成，灰质主要由神经元细胞体组成。这张图显示，大脑半球表面的灰质形成一个连续的薄层，并被多次折叠。（b）高分辨率结构磁共振成像显示了人类脑中相近位置的截面。这张 T2 加权像是 4T 扫描仪的成像。值得注意的是，T2 加权像的成像技术使白质看起来比灰质还暗。

划分。每个大脑半球的皮质有四个主要的部分，或称叶，从外侧看得最清楚（图 2.36）。**额叶**、**顶叶**、**颞叶**和**枕叶**以它们上覆的颅骨命名；例如，颞叶位于颞骨下方。

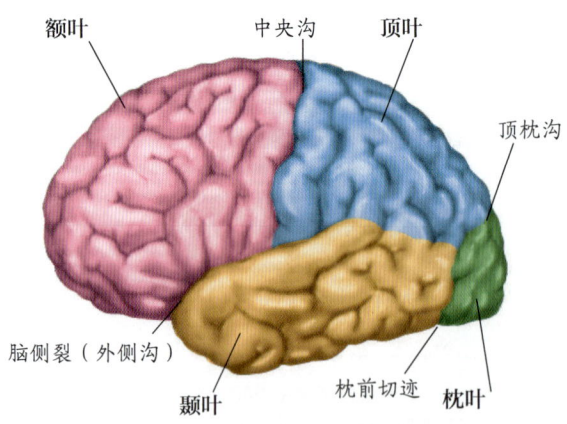

图 2.36　大脑皮质的四个叶

左半球的外侧观显示了大脑的四个叶，以及分隔它们的一些主要地标。

叶通常可以通过突出的解剖标志（如明显的沟）区分。**中央沟**将额叶和顶叶分开，**脑侧裂**（**外侧裂**）将颞叶与额叶和顶叶分开。枕叶与顶叶和颞叶的分界是由大脑背侧的顶枕沟和腹外侧的枕前切迹来划分的。左右大脑半球由从前脑的喙侧到尾侧的大脑半球间裂（也称纵裂；图 2.34b）分隔。

从外侧看不到大脑的其他部分，并不是所有的部分都刚好包含在四个叶中。例如，位于颞叶和额叶之间的**脑岛**，顾名思义，是一个隐藏在外侧沟深处的折叠皮质岛，大到足以被认为是另一个叶，它被分为较大的前脑岛和较小的后脑岛。

大脑半球通过穿过胼胝体的皮质神经元轴突（前文提到，胼胝体是神经系统中最大的白质连合）和两束较小的轴突束（前连合和后连合）相互连接。正如我们将在第 4 章中讨论的，胼胝体可以在两个半球之间实现有价值的整合功能。

按细胞架构划分皮质

细胞架构学利用细胞的微观解剖和它们的组

织——大脑的微观神经架构——来细分皮质。在组织学分析中，一些不同的组织区域表现出相似的细胞架构，提示它们可能是功能相同的区域。划分大脑不同区域的组织学分析始于20世纪初的科比尼安·布罗德曼。他识别了大脑皮质的大约52个区域。根据细胞形态和组织结构的不同，对这些区域进行了分类和编码（图2.37）。

其他解剖学家进一步将大脑皮质细分为近200个细胞架构学上定义的区域。对大脑皮质进行细胞结构和功能描述的结合可能是将大脑皮质划分为有意义单位的最有效方法。在接下来的章节中，我们使用布罗德曼的编号系统和解剖名称来描述大脑皮质。

布罗德曼体系往往显得不成系统。实际上，编号更多地与布罗德曼采样区域的顺序有关，而不是与区域之间任何有意义的关系有关。尽管如此，在某些区域，编号系统大致对应执行类似功能的区域之间的关系，例如，视觉与布罗德曼第17区、第18区和第19区相关联。然而，大脑皮质（神经系统）的命名不完全标准化。因此，谈起一个区域时所使用的名称，我们可能用它的布罗德曼分区名称、细胞架构学名称、大体解剖学名称或功能名称。

举个例子，让我们考虑一下大脑皮质中接收来自丘脑的视觉输入的第一个区域：视觉的初级感觉皮质。它的布罗德曼分区名称是第17区（或者布罗德曼第17区，即BA17区）；它的细胞架构学名称是纹状皮质［由于在这个皮质的截面上可以看到髓鞘的条纹，称为詹纳里纹（stria of Gennari）］；它的大体解剖学名称是距状裂皮质（人类距状裂周围的皮质）；它的功能名称是初级视皮质，也被命名为V1区［意为"视觉区域1（visual area 1）"］，这是通过对猴子视觉系统的研究发现的。

我们之所以选择初级视皮质为例，是因为所有这些名称指的都是相同的皮质区域。不幸的是，对于大脑皮质的大部分区域来说，情况并非如此；也就是说，不同的术语通常并不指向具有一对一映射关系的完全相同的区域。例如，视觉系统的BA18区并不完全等

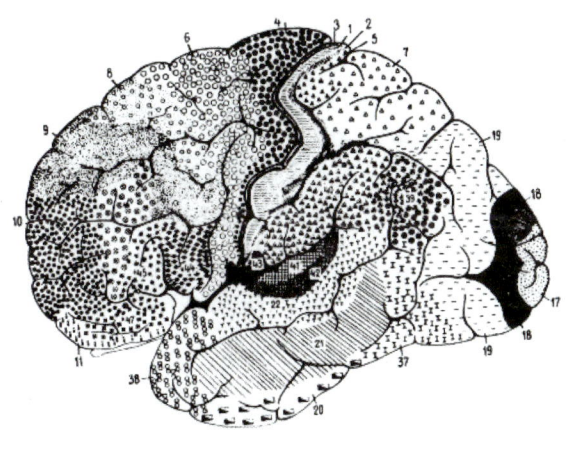

a

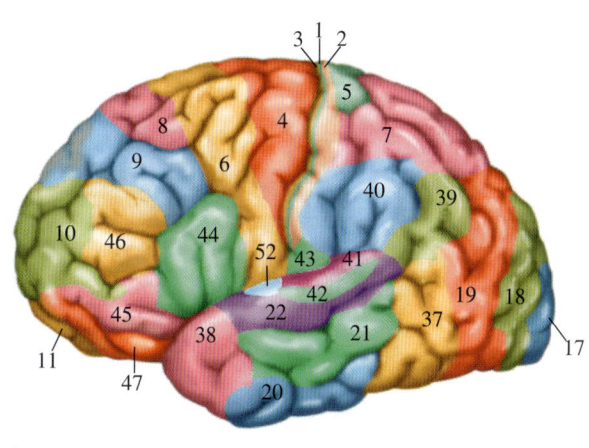

b

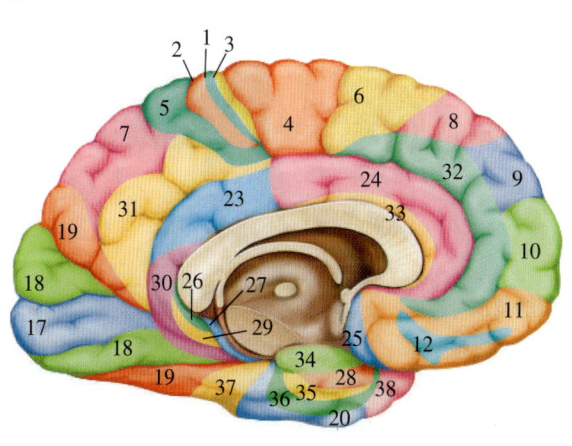

c

图2.37 大脑皮质的细胞架构学分区

（a）最初的细胞架构学图来自布罗德曼的工作，大约在20世纪初。通过细胞微观解剖的组织学检查，对大脑皮质的不同区域进行了划分。布罗德曼将大脑皮质划分为大约52个区域。（b）左半球外侧观，显示布罗德曼分区的颜色编码。多年来，结构图已被修改，标准版本不再包括某些区域。（c）左半球内侧观，显示布罗德曼分区。大部分区域在两半球上大致对称。

同于 V2 区。

使用布罗德曼的地图和命名法有其局限性。如果你用现代成像工具研究某一特定的大脑，你并不清楚它的细胞学解剖是否与布罗德曼所使用的大脑一致，即布罗德曼用来研究并制定大脑地形图的那个大脑。因此，你使用的是大脑的地形图（例如，中央沟前5毫米）而不是它的微观解剖结构来进行比较的。此方法可能导致所得出的结论并不准确，因为个体间在微观解剖上的差异，只有通过解剖和组织学研究才能知道。这就是说，成像技术的进步为研究活体人体的微观解剖结构提供了更高的分辨率。将来能把这件事推进到什么程度，也取决于你们。

使用不同的微观解剖学标准也可以根据各皮质层的一般模式对大脑皮质进行细分（图 2.38a 和图 2.38b）。大脑皮质的 90% 是由**新皮质**组成的，这些大脑皮质包含 6 层，或者经过一个包含 6 个皮质层的发育阶段。新皮质包括初级感觉皮质、运动皮质和联合皮质（不明显的初级感觉或运动区域）。中皮质是指所谓的边缘旁区域，包括扣带回、海马旁回、岛叶皮质、内嗅皮质和眶额皮质。这些大脑皮质由 3~6 层构成，介于新皮质和异型皮质（古皮质）之间，是它们之间的过渡层。进化上最古老的异型皮质通常只有 1~4 层神经元，包括海马复合体（有时被称为原皮质）和初级嗅皮质（有时被称为旧皮质）。

新皮质的皮质层从 I 层到 VI 层编号，其中 I 层是

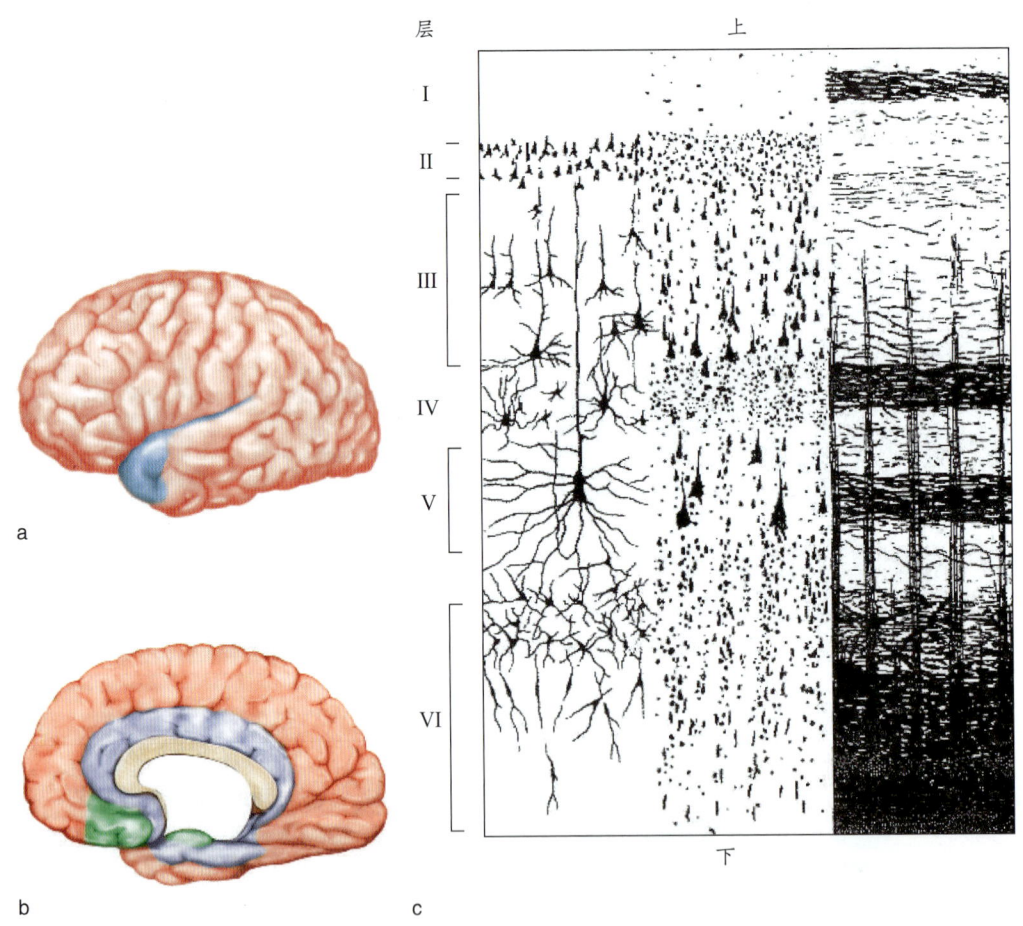

图 2.38　大脑皮质，用彩色显示皮质层的差异，具体说明不同类型的皮质

（a）左半球外侧。（b）右半球内侧。新皮质显示为红色，中皮质显示为蓝色，异型皮质显示为绿色。（c）理想的新皮质截面，呈现了用三种不同类型的染色技术所呈现的各种细胞类型和图案。左侧采用了高尔基染色法：只有很少的神经元被染色，但每个神经元完全清晰可见。中间主要是通过尼斯尔染色法染色的细胞体。右边是通过维格特染色法染色的纤维束，这种方法能够选择性地染色髓鞘。

最浅的层。每一层中的神经元是非常相似的，但不同层的神经元之间是不同的。例如，新皮质的Ⅳ层充满星状神经元，而Ⅴ层主要由锥体神经元组成（图2.38c）。较深的层（Ⅴ层和Ⅵ层）在妊娠期间较早成熟，并主要投射到皮质以外的目标。皮质的Ⅳ层是典型的输入层，接收来自丘脑的信息，以及来自其他更远的皮质的信息。另一方面，Ⅴ层通常被认为是一个输出层，它将信息从皮质发送回丘脑，从而促进反馈。表层最后成熟，主要投射到皮质内。已有研究表明，大脑皮质的表层及其所形成的联系参与了更高的认知功能。

任意一层中的神经元与其上下层中的其他神经元交织在一起，形成垂直于片层的神经元柱。这些柱被称为微柱。这些微柱不仅仅是解剖学意义上的精密细节。柱中的神经元与其上下各层的神经元进行突触接触，形成一个基本环路，并作为一个整体发挥功能。神经元柱是大脑皮质的基本加工单元，一束束微柱组装在一起称为皮质柱，在大脑皮质形成功能单位。

按功能划分皮质

大脑皮质的叶在神经加工过程中起着多种功能作用。有时我们很幸运，可以将大脑皮质的大体解剖学分区与相当特定的功能联系起来，比如初级运动皮质所在的中央前回，或者梭状回的面孔识别区。然而，更典型的是，认知脑系统是由网络组成的，这些网络的组成部分位于大脑皮质的不同叶。此外，大脑中的大多数功能——无论是感觉、运动还是认知——都依赖皮质和皮质下成分。尽管如此，大脑皮质一般还是被细分为5个主要的功能亚型：初级感觉区、初级运动区、单通道联合区、多通道联合区以及边缘旁和边缘区（图2.39；详见Mesulam，2000）。

初级视觉、听觉、躯体感觉以及运动区在细胞结构和功能上高度分化。但大脑皮质的更大一部分在传统上被称为负责整合加工的联合区。它们可能是单通道区域（这意味着它们加工一种类型的信息，例如，运动信息或视觉信息），也可能是多通道区域（集成了一种以上类型的信息）。本节的其余部分将为大脑皮质功能解剖学的初学者提供指南。对大脑详细的功能解剖将在接下来的12章中揭示。我们将从初级运动区和初级感觉区以及它们的单通道联合区开始。

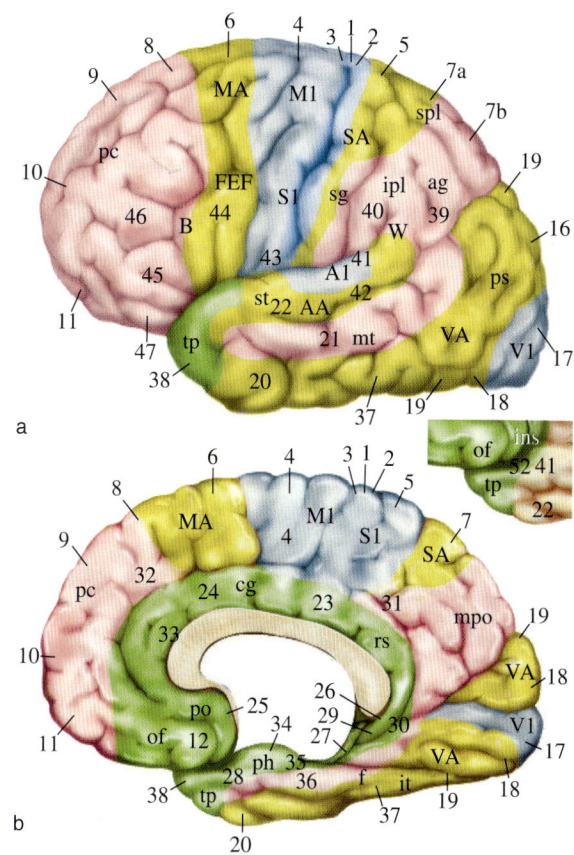

■ 初级感觉区（S1区、V1区、A1区）和初级运动区（M1区）

■ 单通道联合区：
AA=听觉联合区；f=梭状回；FEF=额叶视区；it=颞下回；MA=运动联合皮质；ps=纹周皮质；SA=躯体感觉联合皮质；sg=缘上回；spl=顶上小叶；st=颞上回；VA=视觉联合皮质

■ 多通道联合区：
ag=角回；B=布洛卡区；ipl=顶下小叶；mpo=内侧顶枕；mt=颞中回；pc=前额叶皮质；W=威尔尼克区

■ 边缘旁区：
cg=扣带皮质；ins=脑岛；of=眶额区；ph=海马旁区；po=副嗅区；rs=压后皮质；tp=颞极皮质

图2.39 脑功能区与布罗德曼图的关系
单通道联合区加工一种类型的信息。多通道联合区集成了多种类型的信息。图中并未呈现中间的边缘结构，如杏仁核。（a）左半球外侧观。（b）右半球的正中矢状面观。中间的小图显示了在其他视图中看不到的脑岛。

额叶：运动皮质

额叶有两个主要的功能分区：前额叶皮质（本节稍后会讨论的一个高级联合区）和运动皮质（图2.40）。运动皮质位于中央沟的前面，从沟的深处开始向前延伸。初级运动皮质与BA4区相对应。它包括中央沟的前侧和大部分中央前回。它通过丘脑和运动前区接收来自小脑和基底神经节的输入。它主要负责产生控制运动的神经信号。初级运动皮质的输出层包含大脑皮质中最大的神经元——被称为贝茨细胞（Betz's cells）的锥体神经元。它们在细胞体的直径达到 60～80 微米，其中一些将几十厘米长的轴突送入脊髓。

顶叶：躯体感觉区

我们对外部世界的了解是通过感觉获得的。顶叶通过皮肤上的感受器接收有关触摸、疼痛、温度和肢体本体感觉（肢体位置）的感觉信息，这些细胞将它们转化为神经元脉冲，然后传导到脊髓，再传导到丘脑的躯体感觉中继（图 2.41）。从丘脑输入初级躯体感觉皮质（S1 区），即尾侧到中央沟的一部分顶叶。下一站是次级躯体感觉皮质（S2 区），它是一个单通道联合区，继续加工感觉信息，位于 S1 区的腹侧；S2 区接收来自 S1 区的大部分输入。这些皮质区域统称为躯体感觉皮质。

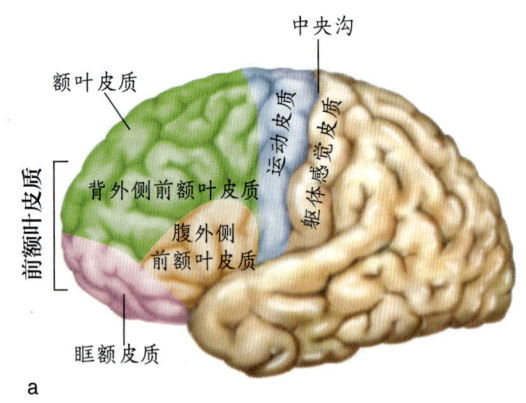

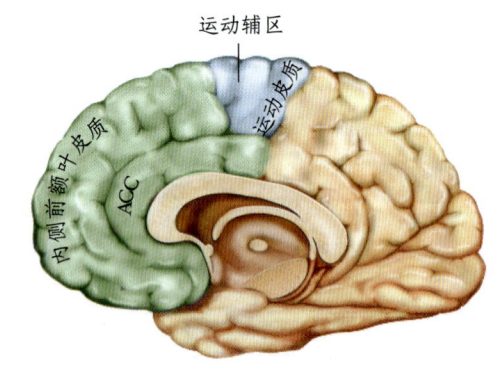

图 2.40　额叶的皮质划分

（a）额叶包含运动区和高级联合区。例如，前额叶皮质参与执行功能、记忆、决策和其他过程。（b）大脑正中矢状面显示内侧前额叶皮质区，包括前扣带皮质（anterior cingulate cortex，ACC）。运动辅区也是可见的。

初级运动皮质的前部是位于 BA6 区内的两个运动联合区：位于大脑半球外侧的运动前皮质有助于运动控制；运动辅皮质位于运动前区域的背侧，延伸到大脑的内侧表面，参与运动的规划和排序。刺激后一个区域产生的运动模式比刺激初级运动皮质的结果复杂得多。运动联合区调节运动的启动、抑制、规划和感觉引导，包含运动神经元，其轴突延伸到脊髓运动神经元的突触上。

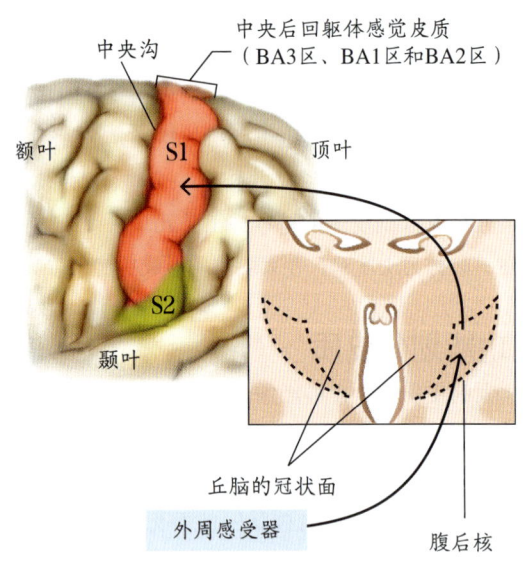

图 2.41　位于中央后回的感觉皮质

来自外周感受器的输入通过丘脑投射（在截面上显示）到初级躯体感觉皮质（S1 区）。同时还呈现了次级躯体感觉皮质（S2 区）。

随着感觉信息从 S1 区到相邻的单通道区域，再到多通道区域，加工变得越来越复杂。位于顶叶不同位置的病变会导致与感觉和空间位置有关的各种奇怪缺陷：患有这种病变的人可能认为他们的身体部位不是自己的，或者部分空间对他们来说是不存在的；他们可能只从某些视角识别对象，或者根本无法定位空间中的对象。刺激顶叶的某些区域会使人有"出体"体验（Blanke et al., 2002；见第 13 章）。

感觉和运动系统的地形图。　加工身体特定部位的感觉和运动控制信息的特定躯体感觉区域及运动皮质区域已经被绘制出来了。人体的空间关系在覆盖于这些皮质的神经表现地形图上得到了很好的呈现（见**专栏2.2**）。例如，在躯体感觉皮质内，对中指触摸做出反应的神经元也在对无名指触摸做出反应的神经元旁边。同样，整个手部区域与下臂区域相邻，而后者又与上臂区域相邻，依此类推。然而，也有不连续的地方。例如，生殖器区域就在脚部区域之下。

这种将身体的特定部位映射到躯体感觉皮质特定区域的方法被称为**体感皮质定位**，在皮质区域形成了体感皮质定位图。然而，这些地形图并不是一成不变的，也不一定有明确的边界。例如，当一个身体部位

专栏 2.2　来自临床的启示
皮质地形图

根据痫性发作时全身肌肉痉挛的模式，约翰·休林斯·杰克逊（我们在前一章中见过他）推断大脑半球皮质包含着一种有序的、地图样的身体表征。60年后，加拿大蒙特利尔神经研究所（Montreal Neurological Institute）的神经外科医生怀尔德·彭菲尔德和生理学家/神经病学家赫伯特·贾斯珀（Jasper & Penfield, 1954）直接刺激接受脑部手术的病人的大脑皮质，为杰克逊的推断找到了证据。因为中枢神经系统中没有疼痛感受器，所以可以在进行脑部手术时，让病人醒着并且口头描述他们的主观经验。彭菲尔德和贾斯珀在移除受损脑组织的同时，系统地研究了施加到皮质表面的小电流的影响。

他们发现，在躯体感觉和运动过程中，皮质区域和身体表面之间存在地形对应关系。这一对应关系在**图 2.42**中用覆盖在运动皮质和躯体感觉皮质冠状面上的身体部位图表示。由此得到的身体在大脑皮质表面对应区域的地图有时被称为侏儒图，这是因为它是身体在特定的皮质区域组织性的呈现。

请注意，身体区域的实际大小与其皮质表征之间存在间接关系：具有行为相关传感器或需要进行精细运动的身体部位在感觉和运动地图上有更大的专门皮质空间。例如，在运动侏儒图中，如果假设表征成比例，则激活手指、嘴巴和舌肌的实际区域比预期大得多，表明在我们操纵物体或说话时，大脑皮质的大片区域参与了精细协调。其他动物也有按地形顺序排列的感觉和运动表征。例如，大鼠有很大的皮质区域专门加工胡须感觉。

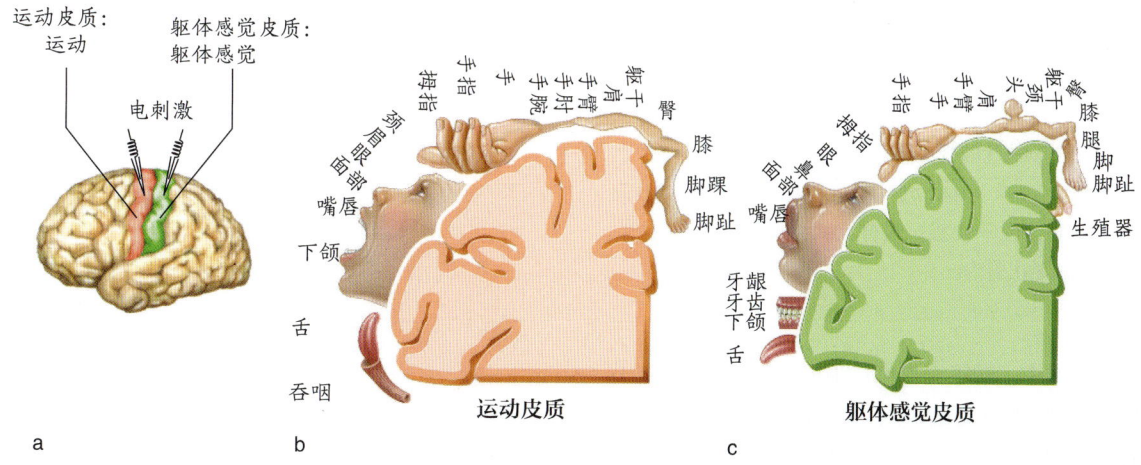

图 2.42　躯体感觉和运动过程中皮质和体表的地形对应关系
这两个冠状面显示了运动皮质（b）和躯体感觉皮质（c），与整个大脑外侧观（a）中突出的彩色区域相对应。仅呈现了左半球，且冠状面是从后部视角呈现的。

丧失活动能力且长时间不使用时，该部分的皮质代表区可能会缩小；也可能随着集中使用而增加。肢体的丧失可导致在失去肢体的表征附近的身体部位皮质表征增加。地形图是神经系统的一个共同特征（见第5章）。

枕叶：视觉加工区

枕叶的作用在于加工视觉信息。来自外部世界的视觉信息由视网膜中的多层细胞加工，通过视神经传递到丘脑外侧膝状体核，并从那里传递到V1区，通常称为视网膜外侧膝状体通路或初级视觉通路（图2.43）。初级视皮质是大脑皮质开始加工视觉信息的地方。正如前面提到的，这个区域也被称为纹状皮质、V1区或BA17区。

时在猴子身上被称为纹前皮质，以表明它在解剖上位于纹状皮质的前面）。纹外皮质包括BA18区、BA19区等区域。

视网膜还通过二次投射系统向其他皮质下区域发送投射。中脑上丘是次级通路的主要靶点，参与眼球运动（简称眼动）等视觉运动功能。在第7章中，我们将回顾皮质和皮质下投射通路在视觉注意中的作用。

颞叶：听觉加工区

耳蜗（内耳的听觉感觉器官）的神经投射通过皮质下的中继到达丘脑的内侧膝状体核，然后到达初级听皮质。初级听皮质位于颞叶的颞上回，并延伸到外侧沟，其中颞横回构成一个被称为赫氏回（Heschl's gyrus, HG）的区域，该区域大致对应于埋在里面的布罗德曼第41区（图2.44a）。在此之前，听皮质被细分为初级听皮质、次级听皮质和其他相关区域。这些

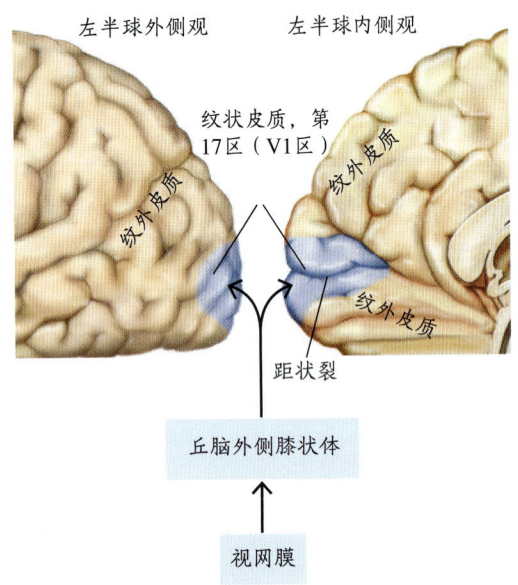

图2.43 位于枕叶的视皮质

布罗德曼第17区（BA17区），又称初级视皮质、V1区和纹状皮质，位于枕极，延伸到大脑半球的内侧表面，大部分埋在距状裂内。

在人类中，初级视皮质位于大脑半球的内侧，仅略微延伸到大脑半球后极点。因此，在两个半球之间，大部分初级视皮质实际上在视图上是不可见的。该区域的皮质有6层，并开始对视觉特征（如亮度、空间频率、方向和运动特征）进行编码，我们将在第5章和第6章中详细讨论这些特征。围绕在纹状皮质周围的是一个大的视觉单通道联合区，称为纹外皮质（有

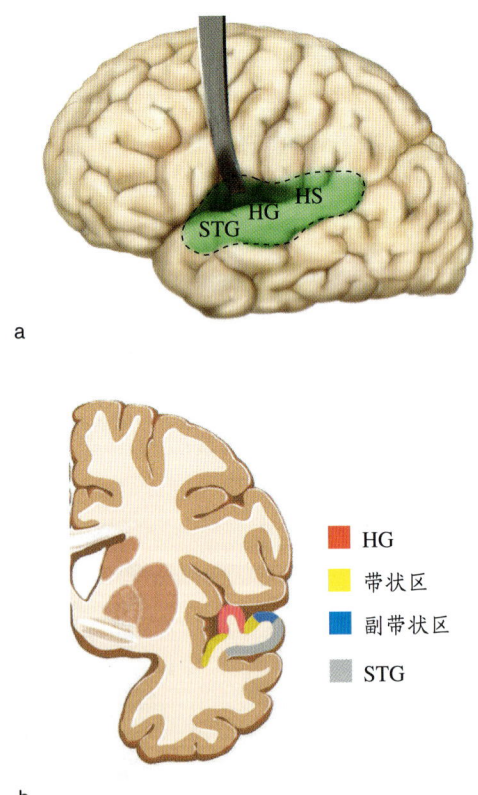

图2.44 听皮质

（a）初级听皮质位于颞叶外侧沟内的颞横回（赫氏回，HG）内，位于颞叶的布罗德曼第41区。初级听皮质和周围的联合听觉区域包含听觉刺激的表征。HS=赫氏沟（Heschl's sulcus）；STG=颞上回（superior temporal gyrus）。（b）冠状面显示外侧沟内的赫氏回。

区域现在分别称为核心区（BA41区）、带状区（BA42区）和副带状区（图2.44b）。副带状区围绕着听皮质，帮助感知听觉输入；当这一区域受到刺激时，人类就会产生声音的感觉。

听皮质存在着音调拓扑结构，这意味着神经元的物理布局是建立在声音频率的基础上的。听皮质中对低频反应最好的神经元在一端，对高频反应最好的神经元在另一端。在不同的个体中，宏观解剖、微观解剖和拓扑模式有很大的不同。当声音定位看起来在脑干进行加工的时候，听皮质可能是执行更复杂的功能（如声音识别）所必需的。它在听觉中的作用仍不清楚，还在研究探索中。

联合皮质

如果有人让你生气，你会有打那个人一拳的下意识反应吗？正如前面提到的，膝跳反射是一种单突触、刺激—反应反射弧的结果，独立于皮质加工的环路（图2.25）。然而，在行为反应发生之前，我们的大多数神经元都会贯通一系列皮质突触。这些突触在联合皮质区域提供一体化和模块化的加工，这些加工的结果是，我们的认知——包括记忆、注意、计划等——以及我们的行为可能会，也可能不会表现为给对方一拳。

如前所述，大脑皮质中的很大一部分既不是初级感觉皮质，也不是初级运动皮质，而是传统上所谓的**联合皮质**。每个主要感觉区域都与其自身的单通道联合区相联系，该区域仅接收和加工来自感官的信息。例如，虽然初级视皮质是正常视力所必需的，但它和纹外皮质都不是唯一的视觉加工位置。在顶叶和颞叶的视觉关联皮质区域加工来自初级视皮质的关于颜色、简单边界和轮廓的信息，以便将这些特征识别为人脸。此外，当我们调用视觉记忆时，即使在没有视觉刺激的情况下，视觉联合皮质也可以在心理表象中被激活。

单通道区域之间没有连接，保证了感觉经验的可靠性，并延迟了来自其他感官的交叉污染（Mesulam, 2000）。虽然单通道区域可以编码和存储感知信息，以及识别感官特征是否相同（比如，比较两张脸），但如果没有其他模式的信息，它们就没有能力将这种感知与其他体验联系起来。因此，在单通道区域内，这张脸仍然是普遍的；它不能被识别为一个特定的人，并且没有附加任何名称。完成这些任务需要更多的输入，因此加工过程将在多通道联合皮质完成。

多通道联合皮质包含可被多个感觉模态激活的细胞。它接收和整合来自许多皮质区域的输入。例如，特定刺激的不同性质的输入（例如，声音的音调、响度和音色）与其他感觉输入（例如，视觉、记忆、注意和情感等）相结合，以产生我们对世界的体验。多通道区也负责所有的高级人类能力，如语言、抽象思维和设计一辆玛莎拉蒂超级跑车。

再访额叶：前额叶皮质

额叶较前部的**前额叶皮质**是最后发育的区域，也是大脑在进化上最年轻的区域。与其他灵长类动物相比，它在人脑中的比例更大。其主要区域为背外侧前额叶皮质、腹外侧前额叶皮质、眶额皮质（图2.40a）和内侧前额叶皮质区，包括前扣带皮质（图2.40b）。

前额叶皮质参与计划、组织、控制和执行行为等更复杂的任务，即需要随着时间的推移整合信息。由于额叶很容易完成这些任务，所以常被认为是认知控制中心，通常被称为执行功能。有额叶病变的人往往很难达到目标。他们可能知道实现这一目标所需的步骤，但不知道如何将它们结合在一起。与额叶病变相关的另一个问题是缺乏启动、调节或停止行为的动机。额叶也参与社会功能，因此不适当的社会行为常伴随额叶病变。

边缘旁区域

边缘旁区域围绕大脑半球的底部和内侧形成一条带，而不是位于单个叶中。它们可以细分为嗅觉中心和海马中心结构。前者包括颞极、岛叶和眶额皮质后部，后者包括海马旁皮质、压后皮质、扣带回和胼胝体下区。边缘旁区域位于边缘区域和皮质之间，它们是将内脏和情绪的状态与认知连接起来的主要参与者。这些区域的信息加工提供了有关刺激与行为相关性的关键信息，而不仅仅是由感觉区域提供的物理特征。这一信息会影响到我们在之前对边缘系统的讨论中回顾的行为的各个方面。

边缘区域

边缘系统大部分为皮质下结构，皮质边缘区位于大脑半球腹侧和内侧，包括杏仁核、梨状皮质、隔区、无名质区和海马结构。这些区域与下丘脑的相互联系最多。和边缘旁区域一样，边缘区域的结构因其在处理情绪、唤醒、动机和记忆方面的作用而成为行为的主要贡献者。

关键信息

- 回是皮质表面的突出区域，沟或裂是皮质的内折区域。大脑的主要沟将大脑分为额叶、顶叶、颞叶和枕叶。
- 布罗德曼根据组成脑区的细胞的基本结构和组织，将大脑划分为不同的功能区。
- 大脑皮质还可分为功能区域，包括初级运动区、初级感觉区、单通道联合区、多通道联合区，以及边缘旁区和边缘区。
- 在感觉皮质和运动皮质中，脑区地形图都是根据身体解剖结构相应的皮质表征情况来制作的。
- 多通道联合皮质是位于感觉特异性皮质区域和运动皮质区域之外的皮质区域，它们接收和整合来自多种感觉通道的输入。

2.6 将大脑成分连接到系统中

系统科学家会告诉你，为了了解复杂的系统，包括大脑如何加工信息，我们需要掌握其组织架构。要做到这一点，我们需要记住，大脑及其架构是进化的产物。在整个20世纪，"大的大脑理论"认为，人类之所以更聪明，是因为我们拥有相对体型大小来说比例更大的大脑。2009年，苏珊娜·埃尔库拉诺－乌泽尔（Suzana Herculano-Houzel）及其同事完善了这一理论，他们使用了一种新的技术来更精确地计算神经元数量（Azevedo et al., 2009；Herculano-Houzel, 2009）。他们发现，包括人类在内的所有灵长类动物的神经元数量与大脑大小之比大致相同。

我们与其他灵长类动物相比的优势在于，我们的大脑在绝对体积和重量上都更大；因此，我们有更多的神经元。灵长类动物相对于其他哺乳动物，如大鼠、鲸类动物和大象的优势在于，灵长类动物的大脑更经济地利用了空间：灵长类动物的单位体积大脑中有比其他哺乳动物更多的神经元。啮齿类动物的单位体重脑容量可能更大，大象和鲸类动物的大脑总体可能更大，但灵长类动物的大脑在每立方厘米内有更多的神经元。尽管我们并不清楚鲸类动物和大象确切的神经元数量，但有证据表明，正如埃尔库拉诺－乌泽尔（Herculano-Houzel）所说的那样，人类大脑中的神经元总数比其他物种多，这表明神经元的绝对数量可能有助于人类能力的增强。

除了神经元数量外，大脑结构的其他方面也可能影响认知能力。例如，密度较大的神经元连接性可能会影响计算能力。虽然人们可能预期更多的神经元将伴随着每个神经元有更多的连接，但这不是事实。试想一下，如果人类的大脑是完全连接的——也就是说，如果每个神经元都连接到其他神经元——我们的大脑直径须达20千米（D. D. Clark & Sokoloff, 1999），并且需要大量能量，以致我们所有的时间（甚至还不够）都要花在吃东西上。由于轴突穿越大脑的距离如此之远，其加工速度将极其缓慢，导致人的身体非常不协调，反应也相当迟钝。

相反，当大脑体积增大时，某些规律控制着连接性（Striedter, 2005）。随着大脑体积的增大，远距离连接减少。一个普通神经元连接的神经元数量实际上并不会随着大脑体积的增加而变化。通过保持绝对的连接性，而不是成比例的连接性，体积较大的大脑减弱了其神经元之间的相互连接性。没有必要因此而担心，因为进化想出了两个聪明的解决方案。

- **最小化连接长度**。短连接使加工保持局部化，从而降低了连接成本。也就是说，较短的轴突占用较少的空间；构建、维护和传输所需的能量较少；在较短的距离内，信号传递得更快。从进化的角度来看，这个组织为局部网络的划分和特异化奠定了基础，形成了多个独立加工单元的集群，称为模块。
- **在距离远的地点之间保留少量非常长的连接**。灵长类动物的大脑，特别是人类的大脑，已经发展出了所谓的"小世界"架构，这种组织结构是包括人类社会关系在内的许多复杂系统所共有的。它将许多短的、快速的局部连接与几个远程连接结合在一起，以传达局部加工的结果。它还具有连接任意两个加工单元的步骤较少的优点。这种设计既能实现高度的局部效率，又能与整个网络进行快速通信。

整体情况是，随着神经元数量的增加，连接模式发生变化，导致了解剖学和功能的变化。我们将在第 4 章中更详细地探讨模块化大脑和小世界架构。

正如在初级感觉区及其邻近的联合区看到的，加工的局部化区域是内部高度连接的，以计算特定的功能。然而，为了协调复杂的行为，通信在更远的区域之间延伸，形成了一个更大规模的神经网络。例如，布洛卡区和威尔尼克区——各自为语言执行不同的专门功能——必须相互交流，才能产生和理解语言。这两个区域通过一束神经纤维束（弓状束）紧密相连。大规模通信网络的成本可以通过减少专门从事不相关认知功能的模块之间的连接来抵消。例如，当你处于飞行模式时，你的腿不需要快速地直接连接到布洛卡区和威尔尼克区，但确实需要连接到运动皮质。

结构连接性网络已经通过各种方式得到了确定。解剖学家早在 16 世纪就开始解剖人类尸体的大脑，并梳理出连接大脑各区域的白质纤维束。此外，对动物的研究有助于确定主要大脑系统的投射通路。在动物中，研究人员注入了染料，这些染料可以被神经元吸收并通过轴突的细胞质运输到细胞体或轴突终末，从而显示其结构投射到的大脑区域或它接收投射的脑区。等待一定的时间后，研究人员解剖了动物的大脑，以找到染料最终到达的位置。

通过数以百计的这样的研究，大脑区域之间的连接被绘制和编目。在过去的 20 年里，研究人员开发了非侵入式技术，如扩散型磁共振成像与计算机算法相结合来追踪白质束。我们将在下一章讨论这些方法，这使我们能够开始定位人类和动物大脑神经系统中遥远区域之间的结构连接和功能关系。

除左半球语言网络外，其他大型神经网络还包括右半球空间注意网络，该网络连接后顶叶皮质、额叶眼区和扣带回；面孔/物体网络连接外侧颞叶和颞极；认知控制网络连接外侧前额叶皮质、眶额叶皮质和后顶叶皮质；默认网络连接后扣带皮质、内侧前额叶皮质、角回以及它们的子网络。这些功能网络目前正在通过功能磁共振成像来识别，我们也将在下一章中详细讨论这一点。

关键信息

- 虽然人类的大脑比黑猩猩的大脑大 3 倍，但每个神经元的连接的绝对数量是相同的。
- 当灵长类动物的大脑体积增大时，它们的整体连接模式就会发生变化，从而导致解剖和功能上的变化。
- 具有小世界架构的网络既可实现局部高效加工，又可与远程环路进行快速通信。

2.7 神经系统的发育

到目前为止，我们一直在讨论发育成熟的成人大脑的神经解剖学。在人类和其他许多物种中，胎儿的大脑发育良好且显示出皮质层、神经元连接和髓鞘形成；简而言之，尽管还没有完全发育，胎儿的大脑已经非常复杂。本节介绍发育，特别是大脑皮质的发育。

早期发育概述

卵子受精后的一系列事件导致了多细胞胚泡的形成，并已经开始特异化。胚泡由三个主要的细胞系组成，数天后形成三层：外胚层（外层）将形成神经系统和外层皮肤、眼睛的晶状体、内耳和毛发；中胚层（中层）将形成骨骼系统和随意肌；内胚层（内层）将形成肠道和消化器官。形成神经系统的早期过程称为神经胚形成（图 2.45）。在此阶段，背面的外胚层细胞形成神经板。

随着神经系统的不断发育，位于神经板外侧边缘的细胞向上推进。（想象一下，把一块长方形面团的长边连接，形成一根管子。）这种运动使神经板更多的中央细胞内陷，或向内倾斜，形成神经沟。随着凹槽的加深，细胞在神经皱襞的边缘被推上来。区域最终会合并融合，形成沿着胚胎向前和向后运行的神经管。然后，相邻的非神经外胚层重新结合，将神经管封闭在围绕胚胎的外胚层内。

在神经管的两端都有开口（前和后的神经孔），在妊娠的第 23—26 天闭合。当前神经孔闭合时，这个空洞就形成了原始的大脑，由三个空间或脑室组成。如果神经孔不能正确闭合，可能导致神经管缺陷，如无脑畸形（大脑和颅骨的主要部分缺失）或脊柱裂（部分椎骨不完全成形）。从这个阶段开始，大脑的大体特征是由神经管前部的生长和弯曲形成的（图 2.46）。结果是大脑皮质包围了皮质下结构和脑干结构。大脑结构的最终三维关系是大脑皮质不断扩大和折叠的产物。神经管的

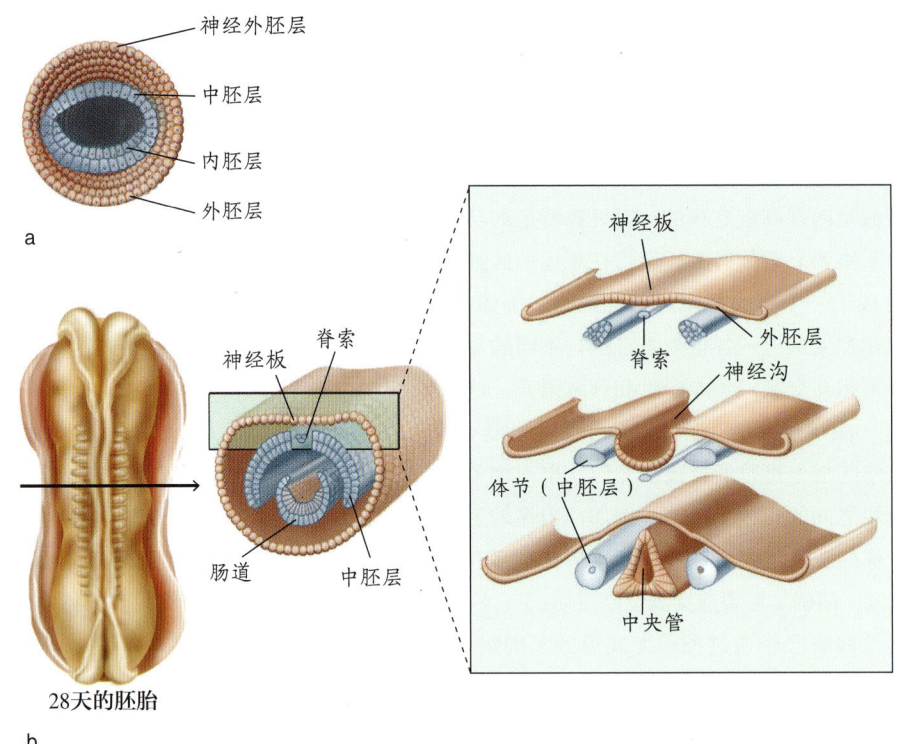

图 2.45 脊椎动物神经系统的发育

在生命的前 21 天，不同的发育阶段胚泡和胚胎的截面。在胚胎发生的早期，多细胞胚泡包含了形成各种身体组织的细胞。不同细胞系的迁移和分化导致原始神经系统在神经沟周围形成，并在神经沟融合后，在胚胎背面形成神经管（未显示）。大脑位于胚胎的前端，在脊髓水平上更多的后部截面中没有显示。

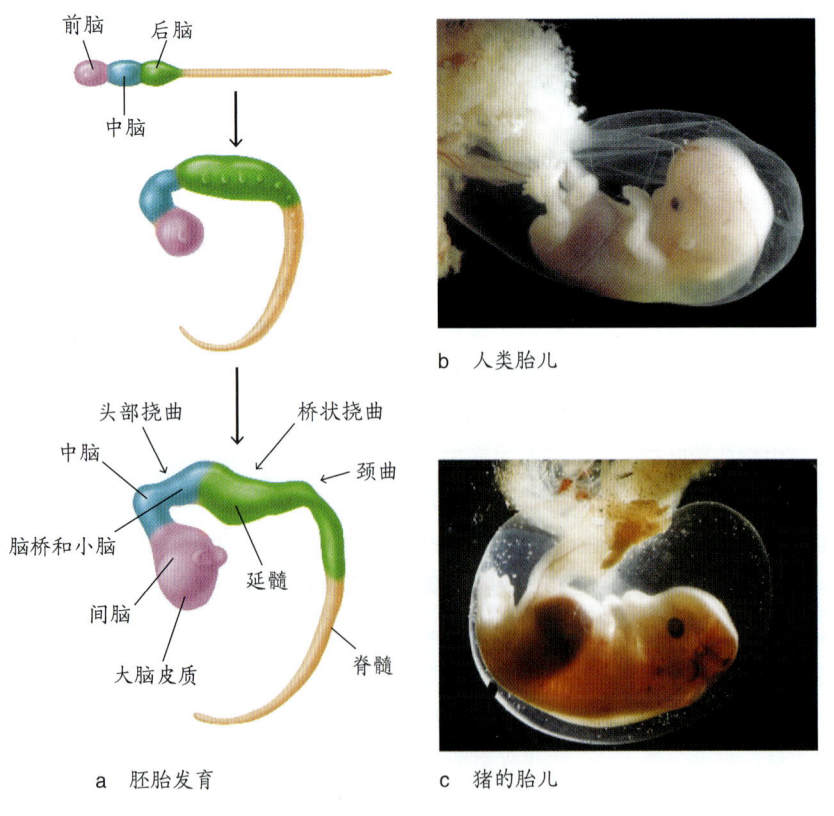

图 2.46 哺乳动物胚胎发育的早期阶段

（a）胚胎发育。胚胎在发育过程中经历了一系列折叠或弯曲。神经系统大体结构的这些改变引起了在人类颅骨中成人大脑和脑干的紧凑组织，大脑皮质覆盖在间脑和中脑之上。哺乳动物发育时，胎儿的大体特征有很大的相似之处，人类胎儿（b）和猪胎儿（c）之间的比较体现了这一点。

后部分化成脊髓的一系列重复片段。

在灵长类动物中,几乎所有的神经元都是在妊娠中期产生的。出生时,成人的大体锥形和神经细胞解剖特征就已显现,很少有神经元是在出生后生成的(但请参见本节结尾处"一生中新神经元的诞生"部分的阐述)。虽然轴索髓鞘在出生后的一段时期内会继续生长(例如,在人的额叶中一直持续到成年),但新生儿就已经有了一个发育良好的皮质,其中包括成人特有的皮质层和区域。例如,通过对出生时BA17区(初级视皮质)的神经元结构的分析,可以将它与运动皮质区分开。

皮质细胞的神经增殖和迁移

形成大脑的神经元起源于位于发育中大脑脑室附近增殖区的一层前体细胞。皮质神经元起源于脑室下区(subventricular zone, SZ),而构成大脑其他部分的神经元起源于脑室区(ventricular zone, VZ)的前体细胞。图2.47显示了在怀孕的不同时期,大脑皮质和前体细胞层的截面。这个形成大脑皮质的细胞将是这次讨论的焦点。前体细胞是未分化的细胞,所有的皮质细胞(包括神经元亚型和胶质细胞)都是通过细胞分裂和分化而产生的。在妊娠的5—6周,脑室下区的细胞以对称的方式分裂。其结果是前体细胞的数量呈指数增长。

在6周结束时,当有大量的前体细胞时,不对称分裂开始。每次细胞分裂后,其中一个细胞就会变成迁移细胞,成为另一层的某一部分;另一个细胞则留在室管膜下区,继续在这里做不对称分裂。在妊娠后期,迁移细胞的比例增加,直到有一层由迁移细胞构成的皮质形成。这层皮质有一个基本的上皮质层,它成为脑室的细胞衬里,被称为室管膜细胞层。

迁移细胞从脑室下区向外移动,沿着被称为放射状胶质细胞的特殊细胞移动,这些细胞从脑室下区延伸到发育中的皮质表面。放射状胶质细胞的工作并不是随着发育而结束的。这些细胞在成人大脑中转化为星形胶质细胞,帮助形成血—脑屏障的一部分。

当第一个迁移的神经元接近正在发育的皮质表面——被称为皮质板——时,它们就会在表面附近停下来。随后迁移的神经元越过第一个神经元的终止点,最后到达更浅的位置——靠近皮质外表面的位置。因此,人们说大脑皮质是从内向外构建的,因为第一个迁移的神经元位于最深的皮质层,而最后迁移的神经

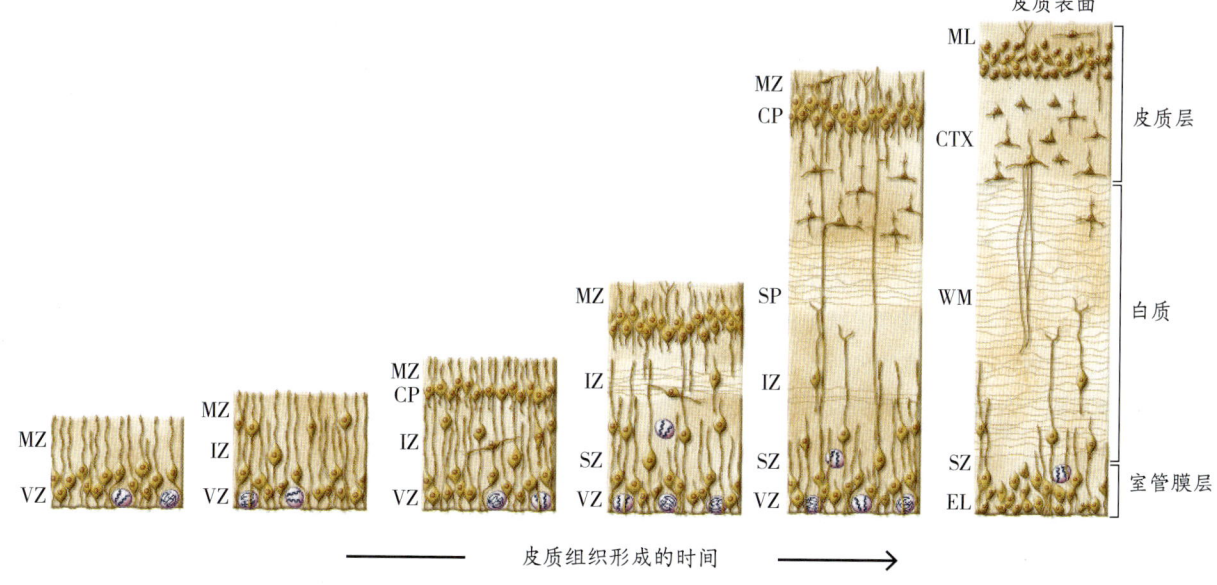

图2.47 大脑皮质的组织发生

在组织发生过程中,从早期(左)到晚期(右)发育中的大脑皮质的截面。哺乳动物的皮质是随着脑室区(VZ)细胞的分裂而由内向外发育的,其中一些细胞迁移到皮质的适当层。放射状胶质细胞形成了一条高速公路,沿着这条高速公路,迁移的细胞沿着通向皮质的道路行进。CP=皮质板(cortical plate);CTX=皮质(cortex);EL=室管膜层(ependymal layer);IZ=中间区(intermediate zone);ML=分子层(molecular layer);MZ=边缘区(marginal zone);SP=板下区(subplate);SZ=脑室下区;WM=白质(white matter)。

元向皮质表面的方向移动得最远。

神经元确定与分化

大脑皮质以层流的方式由许多不同类型的神经元组织而成。例如，第四层包含大型锥体细胞，第三层主要由星状细胞构成，以此类推。你可能想知道，这些几乎相同的前体细胞是如何在成人的皮质中变成各种各样的神经元和胶质细胞的。是什么决定了迁移细胞注定要成为何种类型的神经元？

答案在于神经发生的时间。对发育中细胞的实验操纵表明，分化的细胞类型并不是固定在每个发育中的神经元的基本代码中的。通过暴露在高能 X 射线下，在实验中迁移受阻的神经元最终形成的细胞类型和连接模式与在同一妊娠阶段产生的神经元原应形成的细胞类型和连接模式一致。即使受损的神经元可能仍停留在脑室区域，但只要它们正常地迁移到皮质，它们所表现出的与其他神经元的相互连接也将是正常的。

皮质神经发生的时间线因皮质细胞结构区域的不同而不同，但由内向外模式在所有皮质区域都是相同的。由于皮质神经发生的时间线决定了皮质分层的最终模式，所以任何影响皮质神经元发生的因素都会导致皮质结构不良。胎儿酒精综合征就是一个很好的例子，说明了人类神经元迁移受到破坏的结果。在母亲长期酗酒的情况下，神经元的迁移受到严重干扰，并引起大脑皮质紊乱，导致一系列认知、情感和身体障碍。

婴儿的大脑：准备好摇滚了吗？

一系列行为变化发生在生命的最初几个月和几年中。有哪些相伴随的神经生物学变化使这些发育成为可能？即使我们假设神经元继续增殖，我们知道，在人类出生时，大脑中有相当多的神经元，这些神经元被组织起来形成一个正常的人类神经系统，但不是所有细节都完整。那么哪些细节是不完整的？关于大脑成熟的时间进程，我们又知道些什么呢？

尽管从出生到成年，脑的大小几乎是原来的 4 倍，但这种变化并不是由神经元数量的增加导致的。大量的生长来自**突触生成**（突触的形成）和树突的生长。大脑中的突触在出生前很久——人类是在孕 27 周之前——就开始形成，但直到出生后，即生命的头 15 个月，它们才达到高峰。突触生成在较深的皮质层发生较早，在较浅的皮质层发生较晚，遵循前面所描述的神经发生的模式。

大约在突触生成的同时，大脑中的神经元正在增加其树突分支的大小，延伸它们的轴突，并形成髓鞘。突触生成后是**突触消除**（有时被称为修剪），持续十多年。突触消除是神经系统微调神经元连接性的一种手段，它可能消除多余的、未使用的或不能保持功能的神经元之间的相互连接。

用进废退！你是一个由突触的生长和消除塑造的人，而突触的生长和消除又是由你所接触的世界和你的经历决定的。突触消除的一个具体例子来自初级视皮质（BA17 区）：在突触消失后，BA17 区内的两只眼睛的皮质输入几乎完全分离。从每只眼睛传递信息的轴突终末形成一系列等间距的补丁（称为眼优势柱），每条路径主要从一只眼睛接收输入。

关于人类突触生成和突触消除过程的一个中心假设是，在不同的皮质区域，这些事件的时间进程有差异。这些数据表明，在人类中，感觉皮质（和运动皮质）的突触生成和突触消除时间峰值早于关联皮质的突触生成和突触消除的时间峰值。相比之下，在其他灵长类动物的脑发育中，突触的发生和修剪在不同的皮质区域似乎是以相同的速率发生的。然而，在这些物种间的变异被完全接受之前，必须解决方法学带来的差异。尽管如此，有令人信服的证据表明，人类大脑的不同区域在不同的时间达到成熟。

出生后脑体积的增加也是髓鞘形成和胶质细胞增殖的结果。大脑皮质的白质体积随年龄线性增加（Giedd et al., 1999）。相反，灰质体积的增加是非线性的，表现为青春期前的增加，然后是青春期后的减少。另外，不同脑区灰质增减的时间进程也不尽相同。一般来说，这些数据支持这样一种观点，即在所有皮质区域间，人类大脑皮质在出生后发育变化的时间进程可能并不一致（也见 Shaw et al., 2006）。

一生中新神经元的诞生

曾经在神经科学领域占据主导地位的一个原则是，成年人类大脑不会产生新的神经元。尽管早在拉蒙-卡哈尔的时代，在组织学研究中就有不同的关于大脑神经发生的说法，但这一观点还是被接受的。然而，在过去的几十年里，使用一系列现代神经解剖学技术的研究挑战了这一观念。

成年哺乳动物的神经发生现已在两个脑区得到了

很好的证实,这两个脑区便是海马和嗅球。海马的神经发生尤其值得注意,因为它在学习和记忆中起着关键作用。研究表明,在啮齿类动物中,在被称为齿状回的海马区域,干细胞在成年时可制造新的神经元,这些神经元可以迁移到海马中已经有类似神经元在发挥作用的区域。重要的是要知道,这些新的神经元可以形成树突,沿着海马这一区域神经元预期的路径发出轴突,它们还可以表现出正常突触活动的迹象。这些发现特别令人感兴趣,因为新神经元的数量与学习或丰富的经验(更多的社会接触或物理环境中的挑战)呈正相关,与压力(例如,生活在过度拥挤的环境中)呈负相关。此外,新生神经元的数量与海马依赖性记忆有关(Shors,2004)。

其他研究人员发现,这些新的神经元可被整合到神经元的功能网络中,并以与发育过程中产生的神经元相同的方式参与行为和认知功能(Ramirez-Amaya et al., 2006)。未来的工作将需要确定哺乳动物成年期的神经发生在其大脑中是更广泛发生的,还是局限于嗅球和海马。

成年人类的大脑呢?神经发生也发生在成人身上吗?在一系列引人入胜的研究中,来自美国加利福尼亚州和瑞典的科学家(Eriksson et al., 1998)在一组晚期癌症病人身上探讨了这个问题。作为与治疗相关的诊断程序的一部分,病人被给予 BrdU(一种合成的胸腺嘧啶核苷),作为识别神经发生的标记物。目的是评估当前癌症病人肿瘤增殖的程度;正在分裂的肿瘤细胞也会占用 BrdU,这个标记可用来量化疾病的进展。

在这些病人的神经发生过程中进行有丝分裂的神经元也摄取 BrdU,这可以在他们死亡后的大脑组织学检查中观察到。死后的组织被免疫组化染色以确定神经元特异性的细胞表面标记。科学家在尾状核的脑室下区和海马齿状回的颗粒细胞层(granule cell layer,GCL)发现了 BrdU 标记的细胞(图 2.48)。通过染色组织来鉴定神经元标记物,研究人员发现 BrdU 标记的细胞是神经元(图 2.49)。这些发现表明,在成人

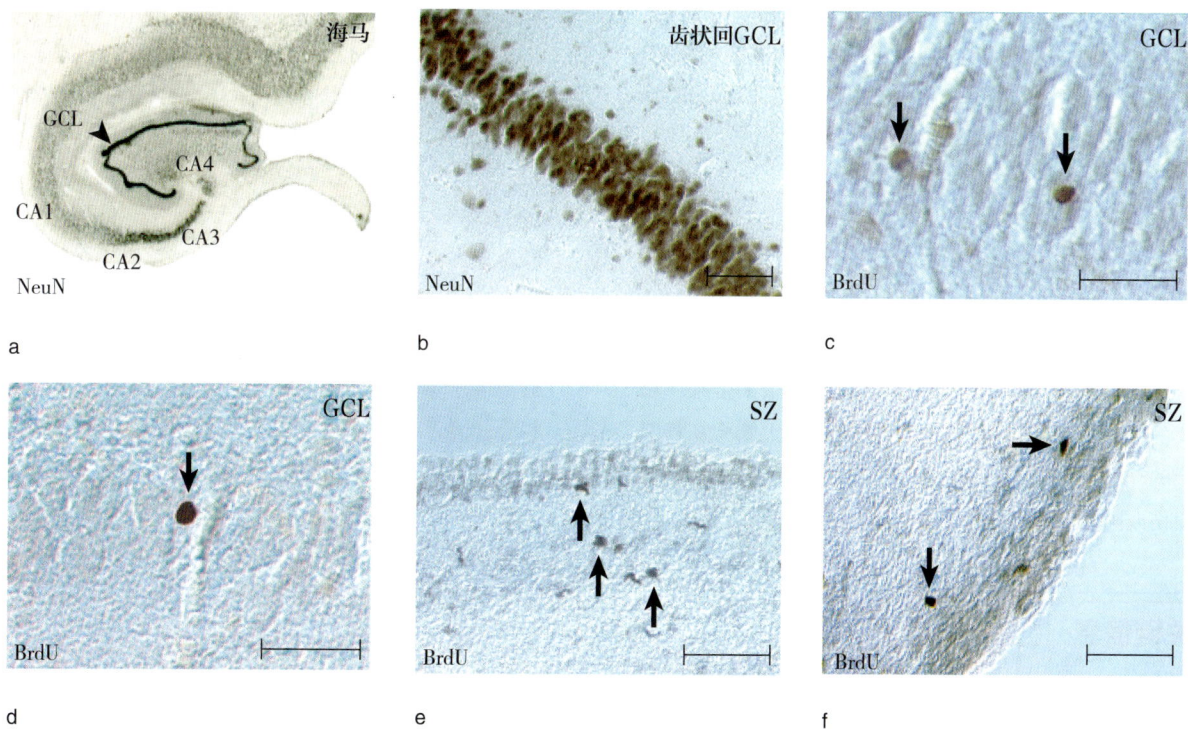

图 2.48 成人脑组织中的新生神经元

(a)成人的海马,对神经元标记物(NeuN)进行染色。(b)在尼斯尔染色切片上观察齿状回颗粒细胞层(GCL)。(c)齿状回颗粒细胞层中 BrdU 标记的核(箭头)。(d)齿状回颗粒细胞层的 BrdU 标记细胞(箭头)。(e)人类尾状核脑室下区(SZ)室管膜衬里附近的 BrdU 染色细胞(箭头)。这些神经元有拉长的细胞核,类似于在大鼠脑室下区发现的典型迁移细胞。(f)BrdU 染色的细胞(箭头),在人类尾状核的脑室下区内有圆形到拉长的细胞核。图上比例尺长度相当于脑内 50 微米。CA= 阿蒙氏角(Cornu Ammonis)。

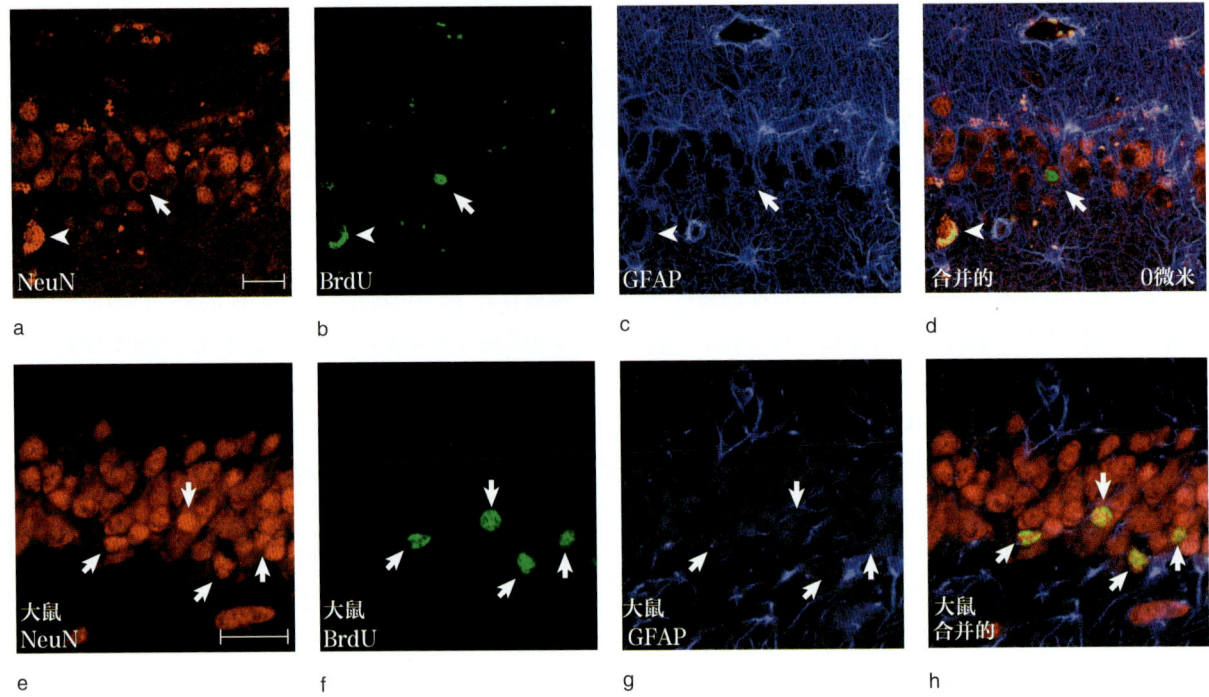

图 2.49　与成年大鼠（e—h）相比，成年人类（a—d）齿状回中新神经元的诞生

新的神经元同时标记不同的染色。(a) 一个神经元被神经元标记物 NeuN 标记。(b) 用 BrdU 标记同一个神经元，表示它是新生的（全箭头）。（请注意，a—d 中的半箭头指的是由于非特异性染色而发出红色或绿色荧光的神经元，即这些神经元不是新生神经元。）(c) 同一个细胞不被胶质纤维酸性蛋白（glial fibrillary acidic protein, GFAP）染色，说明它不是星形胶质细胞。这三个染色切片被合并在一起，这表明 BrdU 标记的细胞可以特异地共同表达 NeuN 而不表达 GFAP。e—h 显示了大鼠齿状回 BrdU 标记神经元的相似性。注意：上下两组图像的比例尺长度都相当于 25 微米，所以 e—h 的放大倍数大于 a—d 的放大倍数。

大脑中产生了新的神经元，而且我们的大脑在整个生命过程中都在更新自己，尽管这在以前被认为是不可能的。

这些令人兴奋的结果给神经科学的未来带来了极大的希望。目前，科学家正在研究成人大脑中新神经元的功能，并确定这种神经元生长是否有助于改善脑损伤或阿尔茨海默病等疾病的影响。

关键信息

- 神经元的增殖是发育中的胚胎和胎儿细胞分裂的过程。它负责用神经元填充神经系统。
- 神经元和胶质细胞是由前体细胞形成的。有丝分裂后，这些细胞沿着放射状胶质细胞迁移到发育中的皮质。所形成的细胞类型（如星状细胞或锥体细胞）似乎基于细胞出生的时间（起源）而不基于开始迁移的时间。
- 突触生成是新突触的诞生；神经发生是新神经元的诞生。
- 大多数神经病学家曾经坚信成人大脑不会产生新的神经元。我们现在知道情况不是这样的；在我们一生中，某些大脑区域都有新的神经元产生。

概　要

在大脑和神经系统的其他部位，神经细胞（神经元）提供信息加工的机制。神经元接收并加工感觉输入，计划和组织运动行为，并使人类思考。在静止状态下，神经元膜的特性允许在细胞内和细胞外液体中的某些物质（主要是离子）比其他物质更容易通过。此外，主动转运过程将离子泵入细胞膜，以分离不同种类的离子，从而为神经元内外的电位差异奠定基础。这些电位差异是一种能量形式，可以用来产生电流。通过动作电位，这些电流可以沿着轴突向下传递，远离神经元的胞体。当动作电位到达轴突末端时，它会促使特定区域（突触）的化学物质释放，神经元在该区域接触另一个神经元、肌肉或腺体。

这些化学物质（神经递质）通过神经元之间的突触间隙中扩散，接触下一个（突触后）神经元中受体分子。这种信号的化学传递导致突触后神经元产生电流，并通过构成神经环路的神经元系统继续传递信号。离子通道是神经元膜电位的特殊介质。它们是很大的跨膜蛋白，可以在膜上产生孔隙。跨膜蛋白也在突触后神经元上形成受体。这些是与神经递质结合的受体，导致膜电位的变化。神经递质有多种形式。小分子递质包括氨基酸、生物胺和乙酰胆碱等物质；大分子递质是神经肽。

神经微环路被组织起来，在不同加工水平的神经元之间形成高度特异的相互连接，以支持特定的神经功能。脑区之间也相互连接，形成更高层次的网络和系统，这些网络和系统涉及复杂的行为，如运动控制、视觉感知以及包括记忆、语言和注意在内的认知过程。神经系统的功能可能定位在包含几个或多个分支的离散区域内，可以从解剖学（微观解剖或大体解剖）或功能上确定，但通常会通过这两种方法的结合来确定。神经发育从胎儿发育的早期阶段开始，一直持续到出生和青春期。新的研究还表明，新的神经元和新的突触在整个生命过程中都可产生，至少在一定程度上允许皮质具有可塑性。就进化而言，构成脑干结构的脑的最古老的部分控制着我们最基本的生存功能，如呼吸、心率和体温，以及我们的生存动力，如干渴、饥饿和性欲。进化得越晚的喙侧结构，它控制的行为就越复杂。最接近喙侧的是最为年轻的结构——前额叶皮质，目前只在哺乳动物中发现了其存在。

关 键 术 语

白质（white matter，p.41）
胞体（soma，p.25）
边缘系统（limbic system，p.49）
不应期（refractory period，p.31）
层（layer，p.40）
超极化（hyperpolarization，p.31）
垂体（pituitary gland，p.48）
大脑皮质（cerebral cortex，p.41）
电紧张性传导（electrotonic conduction，p.30）
电梯度（electrical gradient，p.29）
电压门控离子通道（voltage-gated ion channel，p.30）
顶叶（parietal lobe，p.52）
动作电位（action potential，p.30）
额叶（frontal lobe，p.52）
峰电位启动区（spike-triggering zone，p.30）
沟（sulcus，p.51）
海马（hippocampus，p.48）

核（nucleus，p.40）
灰质（gray matter，p.41）
回（gyrus，p.51）
基底神经节（basal ganglia，p.49）
棘（spine，p.25）
胶质细胞（glial cell，p.24）
静息膜电位（resting membrane potential，p.28）
郎飞氏节（node of Ranvier，p.30）
离子泵（ion pump，p.29）
离子通道（ion channel，p.29）
连合（commissure，p.41）
联合皮质（association cortex，p.59）
脑侧裂／外侧裂［Sylvian（lateral）fissure，p.52］
脑岛（insula，p.52）
脑干（brainstem，p.45）
脑桥（pons，p.46）
脑室（ventricle，p.40）

颞叶（temporal lobe, p.52）
胼胝体（corpus callosum, p.41）
平衡电位（equilibrium potential, p.31）
前额叶皮质（prefrontal cortex, p.59）
丘脑（thalamus, p.47）
去极化（depolarization, p.31）
神经递质（neurotransmitter, p.34）
神经束（tract, p.41）
神经网络（neural network, p.39）
神经元（neuron, p.24）
树突（dendrites, p.25）
髓鞘（myelin, p.25）
体感皮质定位（somatotopy, p.57）
跳跃式传导（saltatory conduction, p.32）
通透性（permeability, p.29）
突触（synapse, p.25）
突触后（postsynaptic, p.28）
突触间隙（synaptic cleft, p.32）
突触前（presynaptic, p.28）
突触生成（synaptogenesis, p.64）
突触消除（synapse elimination, p.64）
外周神经系统（peripheral nervous system, PNS, p.39）
微环路（microcircuit, p.38）
细胞架构学（cytoarchitectonics, p.52）
下丘脑（hypothalamus, p.48）
小脑（cerebellum, p.41）
小泡（vesicle, p.32）
新皮质（neocortex, p.54）
杏仁核（amygdala, p.49）
血—脑屏障（blood–brain barrier, BBB, p.24）
延髓（medulla, p.45）
阈限（threshold, p.31）
枕叶（occipital lobe, p.52）
中脑（midbrain, p.47）
中枢神经系统（central nervous system, CNS, p.39）
中央沟（central sulcus, p.52）
轴丘（axon hillock, p.30）
轴突（axon, p.25）
轴突侧支（axon collaterals, p.25）
自主神经系统（autonomic nervous system, p.39）

思考题

1. 如果动作电位是全或无的，神经系统如何编码感觉刺激强度的差异？
2. 离子通道的什么特性决定了它们只选择性针对某种离子，如 K^+ 或 Na^+？是通道的大小、其他因素，还是共同作用的结果？
3. 既然突触电流产生的电位是递减的，那么位于神经元远端树突的传入如何影响细胞的放电？
4. 如果神经递质系统的再摄取或降解机制受损，那么突触后神经元的活动将出现怎样的结果？
5. 什么是胶质细胞？它们执行什么功能？
6. 在进化过程中，大脑皮质哪个区域的大小在物种间增加得最多？这个大脑区域在人类中执行的是什么功能，而在动物中缺失或减少的功能是什么？
7. 脑的大小、神经元数量和连通性等因素如何影响人类的认知能力？
8. 什么脑区与新神经元的产生有关，以及它们起到了什么作用？

推荐阅读

Aimone, J. B., Deng, W., & Gage, F. H. (2010). Adult neurogenesis: Integrating theories and separating function. *Trends in Cognitive Sciences*, 14(7), 325–337.[Epub, May 12]

Bullock, T. H., Bennett, M. V., Johnston, D., Josephson, R., Marder, E., & Fields, R.D. (2005). The neuron doctrine, redux. *Science*, 310, 791. doi:10.1126/science.1114394

Hausser, M. (2000). The Hodgkin–Huxley theory of the action potential. *Nature Reviews Neuroscience*, 3, 1165.

Mesulam, M.-M. (2000). Behavioral neuroanatomy: Large-scale networks, association cortex, frontal syndromes, the limbic system, and hemispheric specializaiton. In M.-M Mesulam (Ed), *Principles of behavioral and cognitive neurology* (pp. 1–34). New York: Oxford University Press.

Shepherd, G. M. (1988). *Neurobiology* (2nd ed.). New York: Oxford University Press.

Shors, T. J. (2004). Memory traces of trace memories: Neurogenesis, synaptogenesis and awareness. *Trends in Neuroscience, 27,* 250–256.

Sterling, P., & Laughlin, S. (2015). *Principles of neural design.* Cambridge, MA: MIT Press.

Striedter, G. (2005). *Principle of brain evolution* (pp. 217–253). Sunderland, MA: Sinauer.

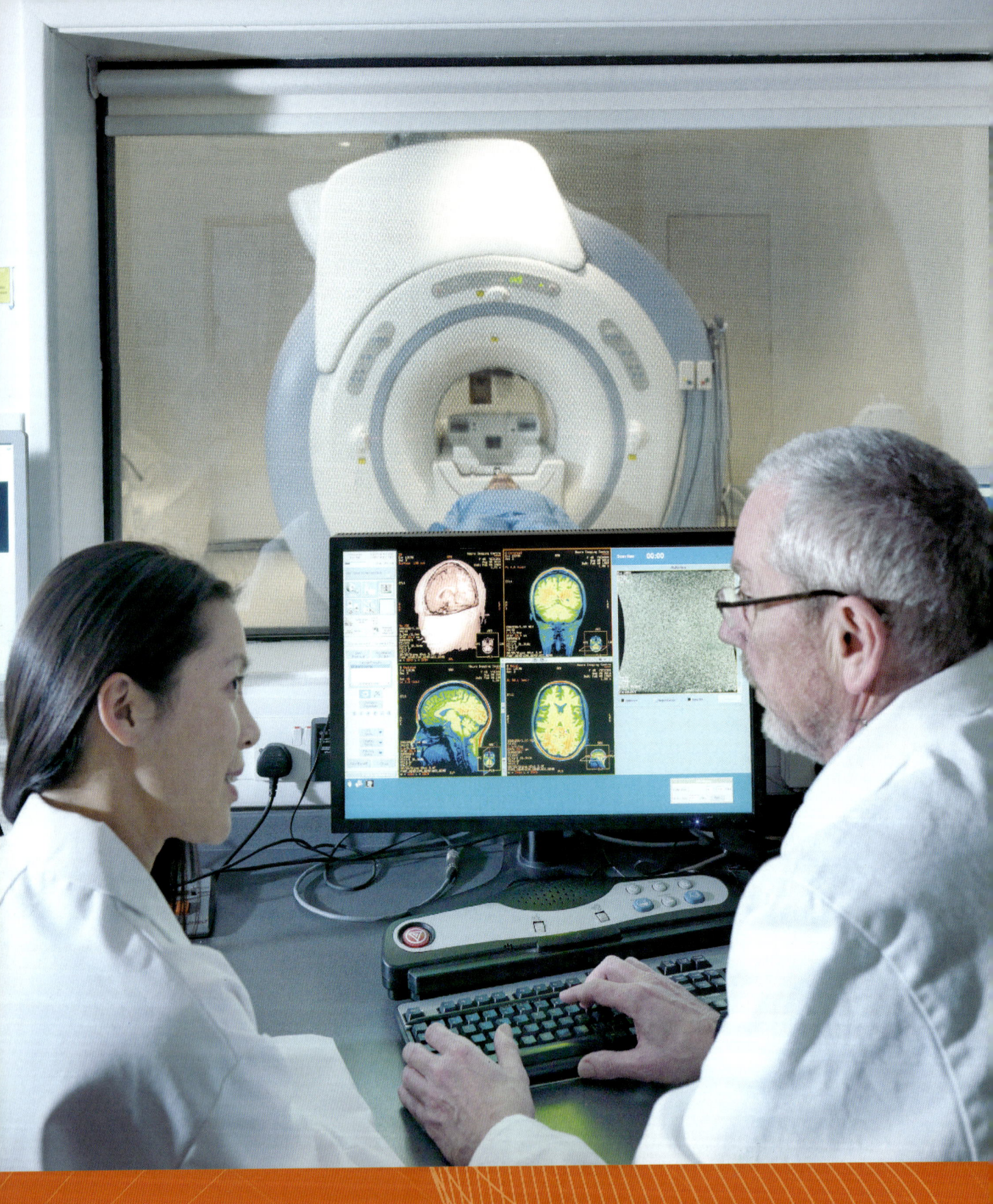

这虽然是疯话，但有章法在内。
——威廉·莎士比亚（William Shakespeare）

第 3 章
认知神经科学研究方法

2010 年,《自然》杂志把光控基因技术（optogenetics）①评为"年度方法"，而作为这一方法的重要组成部分，盐生盐杆菌（Halobacterium halobium）以及莱茵衣藻（Chlamydomonas reinhardtii）也备受关注。这些微生物因它们对多种神经和精神疾病——比如，焦虑症、抑郁症及帕金森病——的治疗潜力而被科学家所推崇。一种在温暖的咸水中游荡的细菌和一种通常被称为池塘浮渣的藻类是如何摇身一变具有了如此高的价值的？

故事始于 20 世纪 70 年代初。两位好奇的生物化学家 Dieter Oesterhelt 和 Walther Stoeckenius（1971）想要了解为什么当盐杆菌脱离了盐化环境时会分解成许多片段，其中一个片段还会呈现一种与众不同的紫色调。他们发现这种紫色是视黄醛（retinal；维生素 A 的一种形式）与由一组"视蛋白基因"产生的一种蛋白质交互作用引起的。这种交互作用产生了一种光敏蛋白，他们称之为细菌视紫红质（bacteriorhodopsin）。

这种独特的配对方式让研究者感到惊讶。在此之前，大家仅在哺乳动物的眼睛里观察到了视黄醛和视蛋白的组合形式，而这一组合是视觉的化学基础。然而在盐杆菌中，细菌视紫红质起离子泵的作用，在帮助离子穿过细胞膜时，将光能转化为代谢能。在接下来的 25 年中，该蛋白质家族的其他成员陆续被鉴定出来，其中包括绿藻莱茵衣藻（green alga C. reinhardtii）中的光敏通道蛋白（channelrhodopsin; G. Nagel et al., 2002）。

在发现了细菌视紫红质 30 年后，格罗·米森伯克（Gero Miesenböck）了解到微生物视紫红质的光敏特性可以实现神经生物学家长久以来的一个梦想。脱氧核糖核酸（deoxyribonucleic acid, DNA）结构的共同发现者之一弗朗西斯·克里克（Francis Crick）在其职业生涯后期就将注意转移到了大脑上，而且他最希望发展出一种高时间精度且能特异性地开关神经元的方法。这个方法可以让研究者直接探究神经元如何在功能上相互关联以及如何控制行为。克里克提议，由于光可以由定时脉冲准确传递，或许可以通过某种方式将它作为一个开关（Crick, 1999）。为此，米森伯克将细菌视紫红质的基因插入神经元。当基因表达为光敏蛋白时，靶细胞就会对光有响应（Zemelman et al., 2002）。如果将这个细胞暴露在光中，它就会放电！

米森伯克最初确定的化合物后来被证明是有局限性的，但几年后，美国斯坦福大学的两名研究生卡尔·戴塞罗思（Karl Deisseroth）和埃德·博伊登（Ed Boyden）关注了一种不同的蛋白质，即光敏通道蛋白-2（channelrhodopsin-2，ChR-2）。他们使用米森伯克的技术，将 ChR-2 基因插入神经元。待 ChR-2 基因进入神经元并且蛋白质被建构出来，戴塞罗思和博伊登就进行了一项关键测试：他们将一束光投射到细

> **大问题**
>
> - 为什么认知神经科学是交叉学科？
> - 不同的认知神经科学研究方法在空间和时间分辨率上有何不同？
> - 这些方法间的差异如何影响所得出的结论？
> - 哪些方法在进行推论时依赖相关模式，哪些方法能通过变量操控验证因果假设？

---

① optogenetics 也被译为"光遗传学"或"光遗传"，但根据这个技术的原理，综合其他译法，我们认为"光控基因技术"比较贴合原意。——译者注

胞上，这时，靶细胞马上就开始响应了。通过光脉冲照射，研究者能够精确控制神经元的活动。每个光脉冲能都刺激一个动作电位的产生，当脉冲停止时，神经元活动就停止了（Boyden et al., 2005）。这样，弗朗西斯·克里克就有了他想要的那个开关。

光控基因技术的故事向我们展示了发现一种基本科学方法的关键流程。从对一个现象的观察开始，科学家会设定一个解释性假设。当然，提出假设并不是科学家唯一的职责；想要解释现象背后的原因似乎是人类思维的一个基本特征。但科学家并没有止步于假设，而是使用假设来产生预测，并设计实验来验证预测，结果产生了新的现象从而使得循环得以继续。这种基本方法——观察、假设、预测并进行实验验证——正是本章讨论的所有方法的核心。

科学家希望大家清楚科学方法会带来一种有趣的不对称性。实验结果可以反驳一个假设，提供证据说明一个主流观念需要进行修正：正如诺贝尔物理学奖获得者理查德·费曼（Richard Feynman）曾打趣的，"例外证明了规则是错误的"（Feynman, 1998）。可是，这些结果并不能证明一个假设是正确的；它们只能提供证据证明某个假设可能为真，因为你总能想到其他替代假设。通过这种观察、形成假设和进行实验的过程，科学方法让我们对世界的认识得以进步。

认知神经科学之所以能作为一门独立学科出现，一部分是新方法的出现所带来的。在本章中，我们将讨论一系列方法，介绍每种方法的工作原理，以及我们利用这些方法可获得的信息类型及其局限性。同样重要的是，我们要牢记认知神经科学的交叉学科性质，并了解科学家如何巧妙整合不同领域的范式和方法。为了突出认知神经科学的这一基本特征，在本章的最后，我们将用这种整合的例子进行总结。

3.1 认知心理学和行为学方法

认知心理学是将心理活动作为信息加工问题来研究的一门学科。认知心理学家希望确定可观察行为的内部加工过程——信息的获取、存储和使用。认知心理学的一个基本假设是我们不直接知觉世界并在世界

中行动。相反，我们的知觉、想法以及行动都取决于感觉器官所获信息的内部转化或计算。我们理解信息，将它识别为曾经历过的事件，进而选择适当反应的能力，这些都取决于认知过程间复杂的互动机制。

认知心理学家设计实验，调整进入大脑的内容，然后观察会出现什么，以此来检验关于心理运算的假设。更简单地说，我们将信息输入大脑，一些不为我们观察的事件在大脑里发生了。然后，某种行为就出现了。认知心理学家就像是侦探，试图弄清楚这些不为我们所观察的事件究竟是什么。

例如，请看下文。你会看到什么呢？

ocacdrngi ot a sehrerearc ta macbriegd ineyurvtis, ti edost'n rttaem ni awth rreod eht clteser ni a rwdo rea, eht ylon pirmtoatn gihtn si atth het rifts nda sad ttelre eb ta het ghitr clepa. eht srte anc eb a oclta sesm clan ouy anc itlls arde ti owtuthi moprbel. ihst si cebusea eth nuamh nidm sedo otn arde yrvee telrte yb stifle, tub eht rdow sa a lohew.

觉得有些云里雾里，对吧？好，现在再请看下文。

Aoccdrnig to a rseheearcr at Cmabrigde Uinervtisy, it deosn't mttaer in waht oredr the ltteers in a wrod are, the olny iprmoatnt tihng is taht the frist and lsat ltteer be at the rghit pclae. The rset can be a total mses and you can sitll raed it wouthit porbelm. Tihs is bcuseae the huamn mnid deos not raed ervey lteter by istlef, but the wrod as a wlohe.[①]

奇怪的是，阅读第二段文字对于我们来说就很容易。只要每个单词的第一个和最后一个字母仍处在正确位置，我们就可以相对准确地推断这个单词的意思，尤其是当周围语境能帮助我们产生预期时。像这样的简单演示可以帮助我们识别心理表征的内容，从而帮助我们研究大脑如何操控信息。总之，认知范式有两个关键概念。

---

① 这段英文的意思是：一位剑桥大学的研究者发现，单词首位字母的位置正确是唯一重要的，其他字母的顺序对否都没有关系，就算完全乱套了，也不妨碍你看懂单词。因为人不是逐个字母读单词的，而是把单词作为一个整体来识别的。——译者注

1. 信息加工取决于心理表征。
2. 这些心理表征经历了内部转化。

心理表征

我们通常理所当然地认为信息加工依赖心理表征。让我们考虑"球"这个概念。你现在正想着一个图像、一段语言描述还是一个数学公式?每种情况都可以表示"环形"或"球形"概念,但究竟用哪种表征方式,取决于我们的视觉系统、听觉系统、对曲面空间组织的理解能力、对语言的理解能力,或者对几何和代数关系的理解能力。情境有助于指定哪种表征形式最有用。例如,如果我们要表示球从山上滚下,除非你正在参加物理期末考试(在这种情况下,使用公式可能更好),否则图像表征可能比代数公式有用得多。

美国俄勒冈大学的迈克尔·波斯纳(Posner,1986)设计的一个字母匹配任务表明,就算是对简单的刺激,大脑也会产生多种表征(图 3.1)。在每个试次中,被试会看到同时呈现的两个字母。被试的任务是评估两个字母都是元音、都是辅音,还是一个元音和一个辅音。如果字母属于同一类别,被试就按下一个按钮;如果属于不同类别,就按下另一个按钮。

该实验的一个版本包括五种条件。在物理特征一致的条件下,两个字母是相同的。在语音一致的条件下,两个字母一致,但一个字母是大写,另一个字母是小写。另外,还有两个相同类别条件:在其中一个类别中,两个字母都是元音;在另一个类别中,两个字母都是辅音。最后,在不同类别条件下,两个字母来自不同类别,可以有着相同或者不同的大小。

请注意,对前四个条件(物理特征一致、语音一致和两个相同类别的条件),被试都需要反应为"相同":在这些类型的试次中,正确的反应是两个字母来自同一类别。尽管如此,如图 3.1b 所示,被试在不同条件下的反应时却显著不同。被试在物理特征一致条件下反应得最快,其次是语音一致条件,反应最慢的是同一类别条件,特别是当两个字母都是辅音时。

波斯纳的实验结果提示,我们对刺激存在多重表征。我们可以根据刺激的物理特征建立一种表征。在这个实验中,这种表征是由屏幕上呈现的形状产生的视觉表征。第二种表征对应字母同一性。该表征反映了许多刺激对应同一字母的事实。例如,我们可以识别 A、α 和 a 代表相同的字母。第三种抽象水平表征了字母所属的类别。在这个水平上,字母 A 和 E 激活了我们对"元音"类别的内部表征。波斯纳主张,不同的反应时反映了完成字母匹配任务所需的加工水平。通过这个逻辑,我们可以推断物理表征会先被激活,然后激活语音表征,最后才轮到类别表征。

如图 3.1 所示的实验涉及操控一个变量并观察它

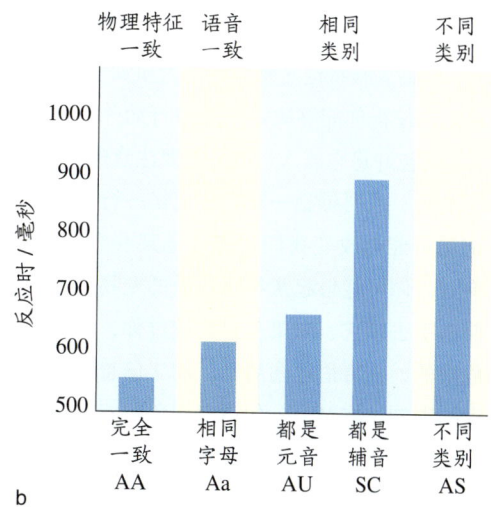

图 3.1 字母匹配任务

(a)被试需要按两个按钮中的一个来指出这些字母是否属于同一类别。(b)两个字母之间的关系见横轴,它是自变量,是实验者操控的变量。反应时见纵轴,它是因变量,是实验者测量的变量。

对另一个变量的影响。被操控的变量是**自变量**。这就是你（研究者）所控制的。在这个例子中，两个字母之间的关系是自变量，它定义了实验的条件（完全一致、同一字母和两个元音等）。**因变量**是你要评估的变量——在这个例子中，就是被试的反应时。在描述实验结果时（图 3.1b），你会在横轴上呈现自变量，在纵轴上呈现因变量。实验可以涉及多个自变量和因变量。

正如你可能亲身经历过的，实验所产生的问题通常与答案一样多。为什么比起判断两个字母是不是元音的任务，被试需要更长的时间来判断两个字母是不是辅音？对于用口头表达的字母，这种优势是否同样存在？如果其中一个字母用看的方式，而另一个字母用听的方式，又会怎么样？我们可以引入新的自变量来解决这些问题。例如，我们可以比较视觉和听觉刺激，来看看物理特征一致优势是否也适用于听觉。认知心理学家会设法解决类似的问题，然后设计通过可观察行为推断心理机制的方法。

内部转化

认知心理学的第二个关键概念是我们的心理表征经历了内部转化。当我们考虑感觉信号如何与记忆中所存储的信息进行关联时，这会变得很明显。例如，一股大蒜味会把你的记忆带回祖母家或者意大利巴勒莫的后巷里。在这个例子中，你的大脑以某种方式对嗅觉进行了转化，使它唤起某段记忆。

采取行动通常要求我们将知觉表征转化为行动表征以实现目标。例如，你在晚餐时看到并闻到桌上摆着的蒜香面包。你的大脑将这些感觉转化为知觉表征，并通过加工它们，使得你能够决定一连串行动并将它们实现——拿起面包并将它放入口中。但要注意的是，信息加工不仅仅是一系列感觉—知觉—记忆—行动的串行过程。记忆可能会改变我们如何知觉某些东西。当看到一只狗时，你可能想起童年时心爱的宠物，觉得它可爱并伸出手去摸它。如果一只狗咬过你，你可能觉得它是危险的，并害怕地往后退。加工信息的方式也受到注意的限制。您对上一句话有印象吗？或者所有那些关于大蒜的话题将你的注意转移到晚餐计划上了吗？认知心理学就是研究我们是如何操控表征的。

描绘转化操作

假设你去到超市，却发现自己忘记带购物清单了。你记得要买咖啡和牛奶，这是你去超市的主要原因，但还有什么呢？当你走在超市的过道上，看着货物架时，你希望有什么可以提醒你。花生酱是不是吃完了？鸡蛋还剩下多少呢？

正如我们刚刚学到的，认知心理学的基本目标是识别执行诸如此类的任务所需的不同心理运算或转化。记忆提取任务就动用了许多认知功能。

索尔·斯滕伯格（Saul Sternberg, 1975）引入了一个与这位茫然的购物者所面临的问题有些相似的实验任务。然而，在斯滕伯格的任务中，人要做的并不是回忆那些存储在记忆中的项目，而是把感觉信息与记忆中活跃的表征进行比较。在每个试次中，被试看到并要记住一组字母（图 3.2a）。要进行记忆的集合包含 1 个、2 个或 4 个字母。随后，他会看到一个字母，并判断这个字母是否在记忆集中。如果目标是记忆集的一部分，那么他要按下一个按钮（"是"反应）；如果目标不是记忆集的一部分，他就要按下另一个按钮（"否"反应）。跟之前一样，反应时是主要因变量。

斯滕伯格假设，要完成这项任务，被试需经过四步主要的心理操作。

1. **编码**。被试必须识别可见的目标。
2. **比较**。被试必须对目标的心理表征与记忆中那些项目的表征进行比较。
3. **决策**。被试必须决定目标是否与其中一个记忆项目匹配。
4. **反应**。被试必须对在步骤 3 中所做出的决定做出适当的反应。

通过假设一系列心理操作，我们可以设计实验来探索被试如何实现这些操作。

对于斯滕伯格来说，一个基本的问题是如何描绘再认记忆的效率。假设我们的大脑主动表征记忆集里面的所有项目，那么再认过程可能通过两种方式中的一种来进行：一个高效系统可能同时将目标的表征与记忆集中的所有项目进行比较。又或者，这种再认过程可能在任一时间点只加工有限信息。例如，该系统可能需要将目标与记忆集中的每个项目逐个进行比较。

斯滕伯格意识到，反应时数据可以用来区分这两种可能性。如果比较过程可以同时作用于所有项目——并行过程——那么反应时应该与记忆集的项目

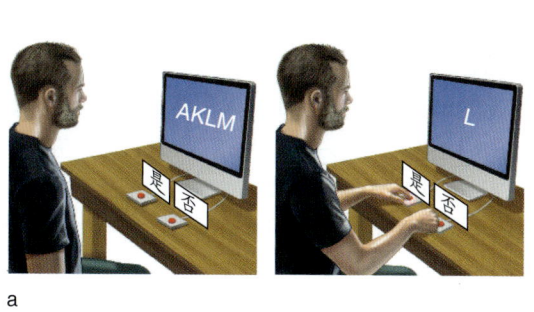
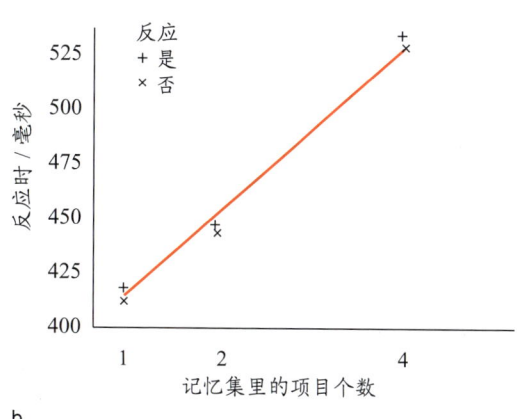

图 3.2 记忆比较任务

（a）实验者向被试展示一组 1 个、2 个或 4 个字母，并要求被试记住它们。一段延迟后，屏幕上会出现一个探测字母。被试要指出该字母在不在记忆集中。（b）反应时随着集合大小的增大而增加，表明目标字母与记忆集进行的是序列比较而不是并行比较。

数量无关。但是，如果比较过程按照顺序或序列方式进行，那么随着记忆集的变大，反应时应该会变长，因为比起小记忆集，将某个项目与一个大记忆集进行比较需要更多时间。斯滕伯格的研究结果有力地支持了序列假设。事实上，反应时以恒定或线性方式随着集合大小的增加而增加，而且"是"和"否"试次的函数关系基本相同（图 3.2b）。

尽管记忆比较似乎是一个序列过程，但大脑中的大部分认知活动都是并行运行的。并行加工的一个经典例子就是词优效应（Reicher，1969）。在该实验中，被试短暂地观看一个刺激，然后判断他们看到的是两个目标字母（如 A 或 E）中的哪一个。刺激是一组字母。这组字母可以是一个单词、无意义字符串或除了目标字母都是 X 的字符串（图 3.3）。因为关注点是语境能否影响被试的表现，所以刺激呈现时间很短，这样一来就会发生错误。

这些刺激里含有字母 A 或 E 吗？		
条件	刺激	准确率
单词	RACK	90%
无意义字符串	KARC	80%
含多个 X 的字符串	XAXX	80%

图 3.3 词优效应

当目标元音字母嵌入一个单词时，被试能更准确地识别目标。该结果提示，字母和单词水平的表征是并行激活的。

词优效应指，在刺激是一个单词时，被试对目标字母的识别最准确的现象。正如之前所见，这一发现提示，我们在识别单词之前不需要识别这个单词包含的所有字母。相反，当阅读一个单词列表时，我们并行激活了对应单个字母和整个单词的表征。因为两种表征都可以提供关于目标字母是否出现的信息，所以并行加工有助于我们的表现。

信息加工限制

在图 3.2 中的实验里，被试无法同时比较目标项目和记忆集中的所有项目。也就是说，他们的加工能力是受到限制的。每当我们发现限制时，就要面对一个重要的问题：这种限制是特异于要研究的系统（在这个例子中则为记忆），还是一种更为普遍的加工限制。人在任意时间点只能进行一定量的内部加工，但我们也会遇到一些特异于任务的限制。与特定任务相关的特定心理操作集定义了加工限制。例如，尽管探测项目与记忆集的比较（斯滕伯格列出的步骤 2）可能需要序列操作，但是编码任务（斯滕伯格列出的步骤 1）可能是并行发生的，因此不管探测项目是单独呈现还是跟一组竞争刺激一起呈现，都不重要。

探索任务表现的局限性是认知心理学家关注的焦点之一。我们这里介绍由 J.R. 斯特鲁普（J. R. Stroop，当时还是一位满怀抱负的博士生）在 20 世纪 30 年代初设计的一个简单的颜色命名任务（1935；有关综述见 MacLeod，1991）。它已成为认知心理学中最为广泛使用的任务之一。我们在后面还会提到它。斯特鲁普任务是向被试呈现一系列词，然后要求他们尽可能快地命名每个词的字色。如图3.4所示，当词与字色匹配时，这个任务会变得容易很多。

字色与词义一致	只有颜色没有词	字色与词义不一致
红色	XXXXX	绿色
绿色	XXXXX	蓝色
红色	XXXXX	红色
蓝色	XXXXX	蓝色
蓝色	XXXXX	绿色
绿色	XXXXX	红色
蓝色	XXXXX	绿色
红色	XXXXX	蓝色

图 3.4　斯特鲁普任务

当你看每一列刺激时，尝试尽可能快地命名每一个词的字色，并为自己计时。假设你没有眯起眼睛使得那些词变得模糊不清，那么你在看第一列和第二列时应该感觉很容易，但是在看第三列时就觉得变困难了。

斯特鲁普效应有力地证明了心理表征的多样性。该任务中的刺激似乎激活了至少两种可分离的表征。第一种表征对应每种刺激的颜色；正是这种表征使得被试能够完成任务。第二种表征对应与每个词相关的颜色概念。当字色和词不匹配时，被试命名颜色的速度会变得更慢，表明即便第二种表征与任务无关，也被激活了。实际上，基于词义的激活而非基于字色表征的激活似乎才是自动的。

即使经过数以千计的练习试次，斯特鲁普效应依旧存在，因为娴熟的阅读者在分析字母串以获取符号意义上经过多年练习。尽管如此，我们可以通过按键而不是口头回答来减少词义带来的干扰。因此，基于词义的表征与语音反应系统密切关联，而对手动反应影响甚微。

关键信息

■ 认知心理学关注大脑如何表征和操控物体或者想法。

■ 认知心理学的基本目标包括确定执行认知任务所需的心理操作，并探索任务表现的局限性。

3.2　研究损伤的大脑

在上一节中，我们给出了一些行为学方法的例子。认知心理学家使用这些方法来建构心理如何表征和加工信息的模型。这些工作大都基于对心理学家最喜欢的实验室对象——大学生——所进行的研究。认知心理学家认为，认知的基本原理可以从这一有限的群体中发现，但也承认研究其他人群的重要性。发展性研究有助于了解认知能力如何形成，而对老年群体的研究有助于理解随着年龄的增长而发生的认知变化。其他重要研究展现了如性别和社会经济地位等变量如何影响认知。

认知神经科学的一种核心研究方法针对一个独特的群体——脑损伤病人。从临床角度看，这种方法非常重要：为了设计和评估康复计划，临床神经心理学家会采用多种测试方法来评估每个病人的问题和能力。关于神经障碍病人的研究也有一段很长的研究历程。的确，正如在第1章中看到的，我们对大脑如何产生思维的认识是通过观察由脑损伤带来的变化而实现的。在本书中，我们将会看到许多例子。这些例子说明了如何通过对异常大脑的研究得出关于正常脑功能的推论。我们首先从对脑功能障碍的主要自然成因开始介绍。

神经功能障碍的原因

大自然已设法保证大脑维持健康状况。从结构上，就如"榆木脑袋"和"硬着头皮"之类的词语所蕴含的意思那样，颅骨是一个厚实的保护箱。动脉的分布范围广泛，能确保充足的血液供应。即便如此，大脑还是会遭受许多疾病的侵扰，因此对于减少慢性衰弱或死亡的可能性而言，对各种大脑疾病进行快速治疗显得至关重要。在这里，我们会讨论一些常见的脑疾病。

脑血管疾病

与所有其他组织一样，神经元需要持续的氧和葡萄糖供应。这些物质对于细胞产生能量、发放动作电位以及产生使神经元相互沟通的神经递质都极其重要。然而，大脑能耗很高，它消耗了我们所吸氧气的20%。考虑到大脑仅占人体重量的2%，这个消耗还是很惊人的。更重要的是，持续供氧是至关重要的——缺氧仅需 10 分钟就会导致神经元死亡。

当大脑的血流突然中断时，会发生**脑血管意外**或脑卒中。卒中的最常见原因是异物阻塞了血液的正常流通。随着年龄增长，动脉粥样硬化（脂肪组织堆积）会在动脉中发生。如果脂肪组织破裂变成血栓，则血栓会随着血流到处游走。进入颅内的血栓很容易穿过大的颈动脉或椎动脉。但是，动脉尽头的直径会变小，并分成毛细血管。最终，血栓会被卡住，阻塞血液流动并使所有下游组织失去氧和葡萄糖。在短时间内，下游组织将无法正常运作。如果血流持续供应不足，则会导致梗死（细小局部组织坏死；**图 3.5a**）。

其他类型的脑血管疾病可导致局部缺血（血液供应不足）。如休克或大量出血导致的血压突然下降可能会阻止血液进入大脑。血压突然升高会导致动脉瘤（血管出现薄弱点或扩张），从而导致血管破裂和出血（**图 3.5b**）。

不同人之间的血管系统其实相当一致。因此，特定动脉卒中通常会导致较为一致的解剖结构损伤。例如，大脑后动脉阻塞总是导致视知觉障碍。血管破裂的位置以及程度将会影响脑卒中所带来的短期和长期后果。一个人可能在几分钟内失去意识并死亡。在这种情况下，梗死通常位于脑干附近。当梗死位于皮质时，初期症状可能会很突出，如突然丧失说话和理解能力，也可能会比较轻微，如轻微头痛或手不灵活。

初始症状的严重程度可以预测慢性问题，尤其是在如运动功能等领域。在其他领域（如语言），急性症状可能会在几天内消失。

肿瘤

肿瘤或赘生物是生长异常并且没有生理功能的大块组织。脑肿瘤较为常见，大多数起源于神经胶质细胞和其他辅助的白质组织。肿瘤也可以从灰质或神经元中开始滋长，但是这种情况并不常见，尤其是在成人中。如果肿瘤在切除后不再复发，并且倾向于留在原本生长的区域（即便它们会变得很大），就是良性的。恶性肿瘤（癌症）通常分布在几个不同的区域，切除后很可能复发。对于脑瘤，首先要关注其生长位置，而不是它到底是良性的还是恶性的。当肿瘤威胁到关键神经结构时，最让人担忧。

退行性和传染性疾病

很多神经病是由进行性疾病引起的。**表 3.1** 列出了一些著名的退行性和传染性疾病。这里重点介绍**退行性疾病**的病因和临床诊断。后面的章节将探讨与其中一些退行性疾病相关的认知问题。退行性疾病与遗传畸变和环境因素有关。遗传退行性疾病最好的例子是亨廷顿病。其他一些退行性疾病（如帕金森病和阿尔茨海默病）的遗传性较弱。研究者认为，环境因素

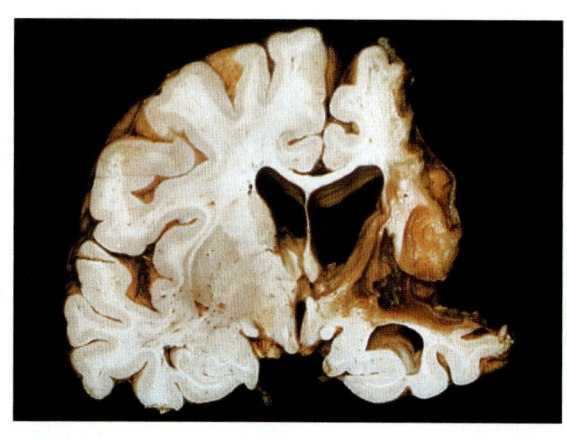
a
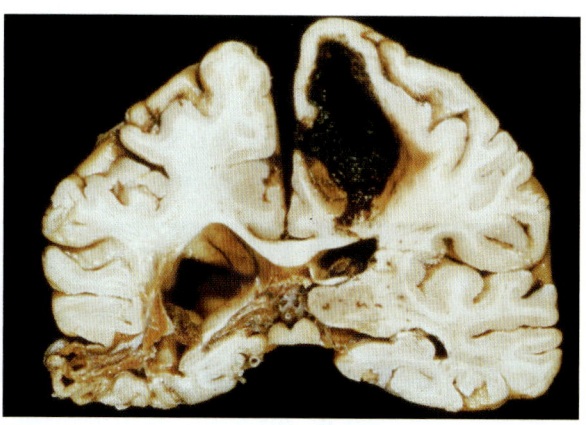
b

图 3.5 脑血管疾病

（a）当流向大脑的血液中断时，脑卒中就会发生。图中大脑来自一位大脑动脉闭塞的病人。这个病人从脑卒中幸存了下来。病人死亡后，尸检分析表明，几乎所有由该动脉供血的组织都已经死亡并被吸收了。（b）这张大脑冠状截面图来自一位脑出血后死亡的病人。脑出血破坏了左半球背内侧区域。我们可从右侧颞叶看到病人去世的 2 年前发生的脑血管意外。

表 3.1 著名的中枢神经系统退行性和传染性疾病

疾病	类型	常见病理
阿尔茨海默病	退行性	边缘和颞顶皮质缠结和斑块
帕金森病	退行性	多巴胺能神经元丧失
亨廷顿病	退行性	基底神经节的尾状核和壳核中的中间神经元萎缩
匹克病	退行性	额叶和颞叶萎缩
进行性核上性麻痹	退行性	脑干（包括上丘和下丘）萎缩
多发性硬化	可能有传染性	脱髓鞘，尤其是脑室附近的纤维
艾滋病性神经认知障碍	病毒感染	弥漫性白质损伤
单纯疱疹	病毒感染	颞叶和边缘区神经元损坏
柯萨科夫综合征	营养缺乏	间脑和颞叶神经元损坏

也对亨廷顿病很重要，可能会与遗传易感性交互作用而致病。

现今，退行性疾病的诊断通常通过磁共振成像来确认。我们可以看到亨廷顿病或帕金森病的主要病理特征是基底神经节病变，而基底神经节是在运动通路中占主导地位的皮质下结构（参见第 8 章）。相反，阿尔茨海默病的病理改变主要是大脑皮质明显萎缩（**图 3.6**）。

病毒也会引起进行性神经病。导致获得性免疫缺陷综合征（acquired immunodeficiency syndrome，AIDS）的人类免疫缺陷病毒（human immunodeficiency virus，HIV）倾向于停留在在大脑皮质下区域，通过破坏轴突纤维导致白质弥漫性病变，从而导致神经认知障碍。另一方面，单纯疱疹病毒如果转移到大脑，则会破坏皮质和边缘结构中的神经元。来自流行病学的研究让部分研究者也相信，病毒传染与多发性硬化相关（尽管这种联系的证据是间接的）。例如，多发性硬化在温带气候中的发病率最高。直到有来自其他地区的游客之前，一些偏僻的热带岛屿从未有过任何居民患上多发性硬化。

外伤性脑损伤

在需要病人到神经科病房接受治疗的脑疾病中，**外伤性脑损伤**是最常见的。美国每年约有 250 万成人发生外伤性脑损伤，约有 50 万儿童涉及外伤性脑损伤事件（Centers for Disease Control and Prevention, 2014）。头部受伤的常见原因是交通事故、跌倒、身体接触性运动、子弹或弹片伤以及爆炸。尽管损伤可能出现于被打击的部位，但由于大脑在颅内移动或与颅骨反向移动时会产生反作用力，因此损伤也可能发生

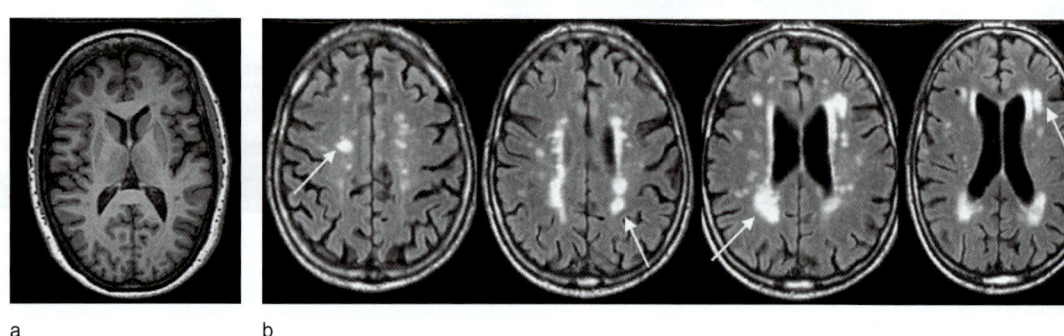

图 3.6 大脑退行性疾病

（a）一名 60 岁男性的正常大脑。（b）一名 79 岁阿尔茨海默病男性病人的大脑的 4 个轴向面切片。箭头指示了白质病灶的所在。

在离打击部位较远的区域。颅骨的内表面在眼窝上方会呈现明显的锯齿状；如图3.7所示，这种粗糙的表面在头部受到撞击时会在眶额区域导致大面积脑组织撕裂。此外，即使神经元胞体在创伤中幸存下来，撞击所产生的加速力也会引起树突的大范围撕裂。

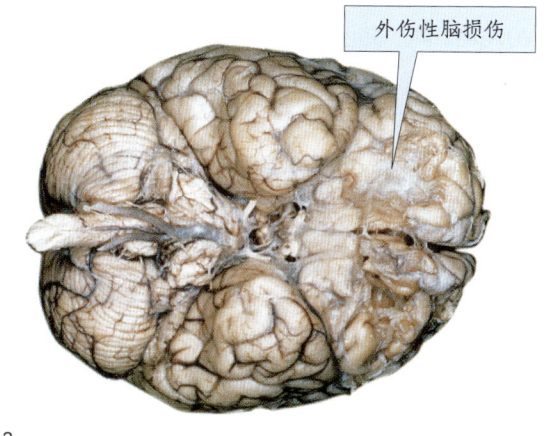

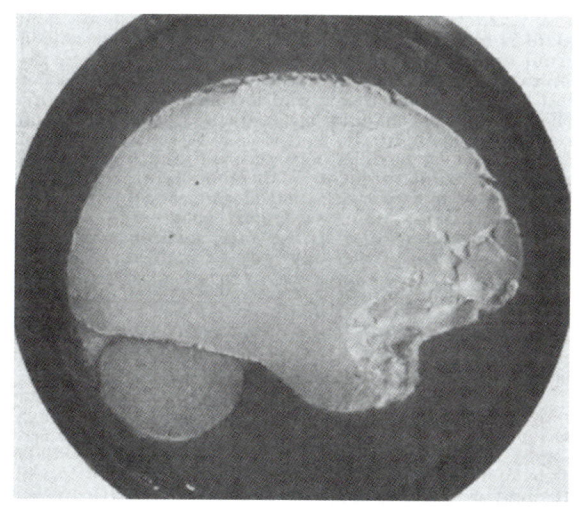

图3.7 外伤性脑损伤

一名24年前遭受过严重头部损伤的54岁男性死者的大脑腹侧视图。脑组织损伤在眶额区非常明显，并与损伤后的智力下降有关。（b）英国牛津大学的A. 霍尔本（A. Holbourn）明确了眶额区易受外伤影响。他在1943年用明胶填充颅骨，然后猛力旋转颅骨。尽管大部分大脑组织保持了其光滑的外观，但眶额区已被损坏了。

外伤性脑损伤引起的一个后果是损伤处周围水肿（肿胀）。颅内有限的空间导致颅内压升高，进而降低脑灌注压和血流量，从而导致局部缺血，并在某些情况下甚至导致继发性损伤。持续的症状和近期数据表明，即使是轻度外伤性脑损伤或"脑震荡"也可导致慢性神经退行性后遗症。例如，研究者使用扩散张量成像（本章稍后会讨论）在专业拳手的白质纤维束发现了持续损伤（Chappell et al., 2006；图3.8）。类似地，橄榄球和足球运动员反复脑震荡可能导致神经连通性改变，从而导致慢性认知问题（Shi et al., 2009）。

在这些创伤和后续异常发生的过程中，轴突特别容易被大脑承受的机械力影响，而且扩散性轴索损伤（diffuse axonal injury，DAI）在外伤性脑损伤中很常见。随损伤而发生的白质缠绕、扭曲或变形会破坏轴突的细胞骨架，进而损坏轴突的运输功能。研究者开始认为，扩散性轴索损伤只限于中度和重度外伤性脑损伤。但是，最近的证据表明，即使没有局灶性损伤和后续水肿，扩散性轴索损伤也可能是轻度外伤性脑损伤的主要病理现象。临床医生已开始使用各种蛋白质及其片段的血清升高作为生物标记物来检测脑震荡中轴索损伤的严重程度，并预测谁将会出现持续性神经认知功能障碍（见V. E. Johnson et al., 2016）。

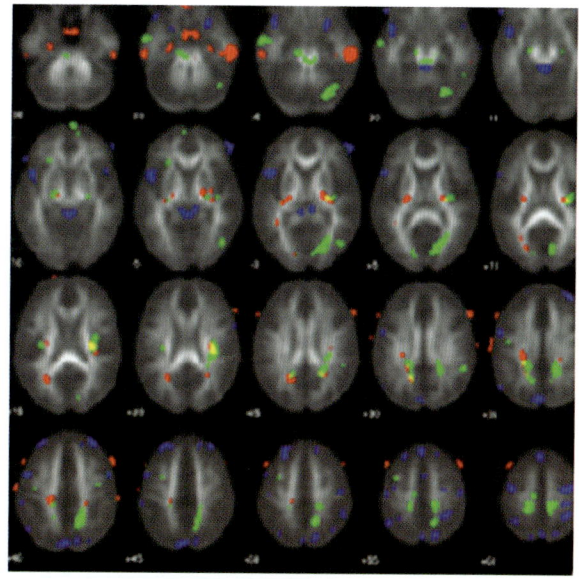

图3.8 运动相关的外伤性脑损伤

彩色区域显示，专业拳手大脑白质纤维束异常。

癫痫

癫痫是一种以大脑中过度和异常活动模式为特征的疾病。主要症状是痫性发作，即一种一过性意识丧失状态。其他紊乱症状的程度各不相同。一些癫痫病人会剧烈摇晃并失去平衡。至于另一些病人，可能只有最体贴的朋友和家人才能察觉他们的痫性发作。我们通过脑电图可确认痫性发作的大脑活动情况。在痫性发作期间，脑电的大幅振荡是病人脑电图的一个明显特征（图3.9）。

痫性发作的频率变化很大。受癫痫影响最严重的病人每天发作数百次，每次发作可以扰乱正常功能几分钟。其他癫痫病人仅偶有痫性发作，但可能使病人丧失能力长达数小时。然而，仅是痫性发作并不意味着一个人患有癫痫。尽管总人口的0.5%患有癫痫，但约有5%的人在一生中的某个时刻会出现痫性发作，通常由创伤、暴露于有毒化学物质或高烧等急性事件引起。

研究神经干扰后的脑和行为间的关系

研究脑损伤被试的逻辑是直截了当的。如果一个神经结构对某项任务有所贡献，那么由于外科手术或自然原因造成该结构功能失调应该会损害该任务的表现。损伤研究为研究大脑与行为之间的关系提供了重要见解。观察脑损伤所造成的影响促成了一些基本概念的发展，如左半球在语言加工中的主导作用以及视觉功能对后部皮质区的依赖性。

在过去，关于人类大脑损伤程度和位置的有限信息阻碍了对神经功能障碍者的研究。但是，随着神经成像方法（如计算机断层扫描和磁共振成像）出现，我们已可以在活体内精确定位脑损伤。此外，认知心理学还提供了对行为缺陷进行复杂和高级分析的工具。早期工作主要关注复杂的任务，如语言、视觉、执行控制和动作计划。从那以后，认知革命改变了这个领域。我们知道这些复杂的任务需要整合涉及大脑不同区域的子操作过程。通过研究脑损伤病人，研究者能够将这些操作与特定的大脑结构联系起来，并推断正常完成认知任务的子操作过程。

在脑损伤研究中，研究者假设脑损伤是消除性的，即脑损伤会干扰或消除受影响结构的加工能力。试想以下例子：假设大脑区域X的损坏导致个体在任务A上的表现下降。其中一个结论是完成任务A所需的加工需要区域X参与。例如，如果任务A是阅读，那么我们可以得出这样的结论：区域X对于阅读来说至关重要。然而，从认知心理学的角度看，我们知道诸如阅读这样复杂的任务需要许多子操作：我们必须知觉字体，字母和字符串必须激活它们对应的意义表征，并且句法操作必须将一个个单词连贯地组织在一起。如果仅仅测试阅读能力，则当X区域出现损伤时，我们就不知道哪个或哪些子操作受到了损害（见**专栏3.1**）。

认知神经心理学家想要做的是设计任务来检验关于脑与心理功能之间关系的特定假设。如果阅读问题源于一般的知觉问题，那么我们应该能在一系列视知觉测试中看到类似的缺陷。如果问题反映的是语义知识的缺失，那么这种缺陷应仅限于需要某种形式的物体确认或识别任务。

将神经结构与特定加工操作相关联需要引入适当的控制条件。最基本的控制是将一个或一组病人与健康被试的表现进行比较。我们可以将病人较差的表现作为证据说明受影响的大脑区域参与了这项任务。因此，如果一组额叶损伤的病人在阅读任务中显示出障碍，那么我们可认为大脑的这一区域对于阅读至关重要。

然而，需要注意的是，脑损伤能影响很多认知能

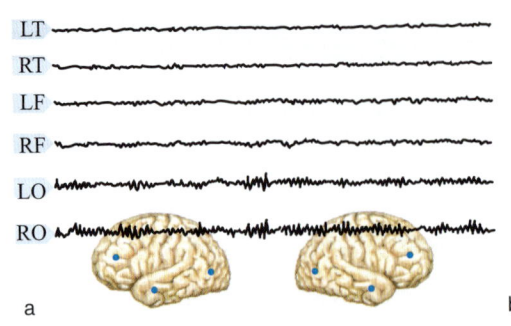
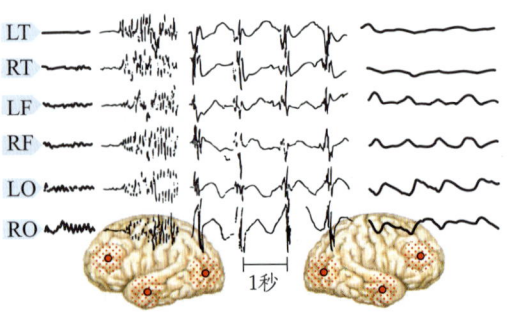

图3.9　正常（a）和癫痫（b）大脑的电活动

这里显示的是源自左侧（L）和右侧（R）颞叶（T）、额叶（F）和枕叶（O）处六个电极的脑电图。（a）正常的大脑活动状态。（b）痫性发作期间的大脑活动状态。

专栏 3.1 认知神经科学家的工具箱
单分离和双分离

当大脑区域 X 损伤损害了病人执行任务 A 而不是任务 B 的能力时，我们可以说脑区 X 和任务 A 是关联的，和任务 B 是分离的。我们称这种现象为**单分离**。例如，左半球布洛卡区损伤会损害一个人流利口语的表达能力，但不会影响其口语理解力。

从这个观察中，我们可以推断任务 A 和 B 使用不同的大脑区域。但是，仅凭一个单分离就下结论可能过早了。我们还可以做出其他的推断。也许这两个任务都需要区域 X，但是任务 B 不像任务 A，不需要那么多区域 X 的资源；或者损坏区域 X 对任务 A 的影响超过对任务 B 的影响。又或者，这两个任务都需要区域 Y，但是任务 A 既需要区域 X 也需要 Y。单分离存在一些不可避免的问题。我们可以假设两个任务对两个大脑区域之间的差异同样敏感，但在通常情况下不会如此。某一项任务可能需求更高，需要更多的专注力或更细致的运动技能，或者需要从一个公共的加工区域那里获取更多资源。

双分离避免了这些问题。当区域 X 损伤会损害执行任务 A 而不是任务 B 的能力，并且区域 Y 的损伤会损害任务 B 而不是任务 A 的能力时，就出现了双分离。这两个区域有着互补的作用。因此，修改一下布洛卡区的例子，我们可以通过添加另一条信息将它变为双分离：对威尔尼克区的损伤会损害理解能力，但不会影响其流畅地说话的能力。

双分离能确认两个认知功能是否彼此独立，而这是单分离所无法做到的。双分离也可以通过比较组间差别来实现，其中组 1 在任务 X（但不是任务 Y）上的能力受损，而组 2 在任务 Y（但不是任务 X）上的能力受损。研究者可以比较两组人的表现，或者更常见的是比较病人组与控制组的表现，控制组在任一项任务上均未表现出能力下降现象。在双分离的情况下，就不再有理由认为表现差异仅源于对两项任务敏感性的不同了。双分离提供了最强的神经心理学证据，表明一个病人或者一组病人在某个特定的认知操作中存在选择性缺陷。

力。除了阅读困难之外，额叶损伤的病人还可能在其他任务（如问题解决、记忆或动作计划）上表现得不好。认知神经科学家所面临的挑战在于确定观察到的行为问题是源于损害了特定的心理操作，还是仅为更大范围损害的一个次级后果。例如，许多病人在经历了卒中等神经系统疾病后会感到抑郁，而抑郁会影响个体在多种任务上的表现。

用于治疗神经系统疾病的外科干预为我们提供了一个独特的机会来研究大脑与行为之间的联系。其中一个最好的例子是通过外科手术控制顽固性癫痫的研究。外科医生记录组织切除的程度，使研究者能够研究病变部位与认知缺陷之间的关系。然而，在将认知缺陷归因于手术所导致的损伤时，我们必须谨慎。由于痫性发作会扩散到癫痫病灶以外的组织，因此结构完整的组织也可能因癫痫的慢性影响而功能失调。

过去，认知神经科学的一个重要范式是对胼胝体切断病人进行研究。在这些病人中，两个半球之间的连接是断开的。该手术称为胼胝体切断手术，或非正式地说，裂脑手术。虽然这种手术一直不太常见，并且因为现在开发了其他替代性手术而变得更少见了，但是对这一小群裂脑病人的大量研究为我们提供了洞悉两个半球在多种认知任务中所扮演的角色的机会。我们将在第 4 章更详细地讨论这些研究。

脑损伤方法在对实验室动物的研究中也有悠久传统。这一传统在很大程度上是因为实验者可以控制损伤位置和程度造成的。多年来，外科手术和化学损伤技术已经得到完善，可以为我们提供更高的精度。例如，1-甲基-4-苯基-1，2，3，6-四氢吡啶（1-methyl-4-phenyl-1,2,3,6-tetrahydropyridine，MPTP）是一种神经化学剂，可破坏黑质中的多巴胺能细胞，从而制造一个帕金森病动物模型（参见第 8 章）。其他一些化学物质具有可逆性，使研究者能够短暂地破坏神经功能。在药物效果逐渐耗尽之后，脑功能也会逐渐恢复。

针对动物的可逆性损伤或控制性损伤吸引人的地方在于每只动物都可以作为自己的控制条件。你可以比较它在"损伤"和"非损伤"期间的表现。在讨论药理学方法时，我们将进一步讨论这类研究工作。然而，需要注意的是，将动物用作研究人类大脑功能的模型是有局限性的。虽然人类和许多动物具有相似的大脑结构和功能，但仍存在一些显著差异。

在对人类和动物的研究中，损伤方法都有局限性。对那些由于卒中或肿瘤而引起的自发损伤，病人之间存在相当大的变异性。此外，通过观测其他部分的运作情况来分析缺失部分的功能并不总是容易的。你不一定非得是汽车修理工，也能理解切断火花塞电线或汽油管会导致汽车停止行驶。然而，这并不意味着火花塞电线和汽油管具有相同的功能。相反，去掉这些部件中的任何一个都会产生相似的功能性后果。

类似地，一种损伤可能会改变与其损伤部位相连神经区域的功能。这要么是因为损伤剥夺了这些相连区域的正常神经输入，要么是因为突触连接失败而导致无法输出。我们稍后将在本章讨论运用功能磁共振成像数据建构大脑连通图谱的新方法。这些方法有助于确定损伤大脑特定部位后发生变化的程度。

损伤也可能导致代偿过程的发展。例如，当手术损伤剥夺了猴子一只手臂的感觉反馈时，猴子就不再使用那只手臂了。然而，如果它们随后又失去了另一只手臂的感觉反馈，那么这些动物反而会开始使用两只手臂（Taub & Berman，1968）。猴子喜欢使用感觉正常的那侧肢体，但第二次手术表明，它们确实可以使用受损的肢体。

关键信息

- 研究者研究神经系统疾病或脑损伤病人来检查结构与功能之间的关系。双分离比起单分离能更好地证明对特定大脑区域的损害可能导致某种特定认知功能的选择性缺陷。
- 外伤性脑损伤是脑部损伤的最常见原因。即使是轻度损伤，也可能导致慢性神经退行性后果。
- 在某种特定的认知过程中出现障碍并不意味着大脑损伤的部分负责"执行"该认知加工。脑损伤会干扰完整大脑结构中的加工，或大范围地干扰大脑网络。

3.3 干扰神经功能的方法

通过对神经病病人的仔细观察，我们可以获得许多知识，但是正如本书所述，这些方法在本质上都是相关性的。这一问题促使研究者开发了一些一过性干扰大脑功能的方法。

药理学

神经元突触中神经递质的释放以及由此产生的反应对于一个神经元和另一个神经元之间的信息传递至关重要。尽管受到血—脑屏障的保护，但大脑并不是一个与外界隔绝的空间。许多药物，即精神活性药物（如咖啡因、酒精和可卡因，以及用于治疗抑郁症和焦虑症的药物），都可能干扰这些交互作用，从而导致认知功能发生改变。**药理学研究**可能涉及激动剂（与神经递质具有类似结构并模仿其功能）或拮抗剂（与受体结合并阻断或抑制递质传递）的使用问题。

鉴于美国文化中毒品流行的现实，研究药物对人类影响的研究者可对一些"天然"群体开展研究。例如，第12章会讨论关于长期的可卡因滥用与认知损害的关系的研究。研究者还会在可控条件下给被试施加药物，以监测该药物对认知功能的影响。例如，神经递质多巴胺就是追求奖赏行为的一个关键成分。

一项研究考查了在涉及可能的金钱奖励或损失时，多巴胺对决策的影响。其中一组被试使用了药物氟哌啶醇（haloperidol），一种多巴胺受体拮抗剂。另一组被试用了受体激动剂左旋多巴（L-dopa），一种多巴胺代谢前体（多巴胺本身无法穿过血—脑屏障，但左旋多巴可以，并且穿过后会转化为多巴胺）。每组被试通过几个试次来完成一个学习任务。在每个试次中，被试都在计算机屏幕上看到两个符号。每个符号都与一个特定的未知概率相关，可能是获利或没有获利，有损失或无损失，或者无获利或有损失。例如，一个波形曲线图案表示有80%的概率赢得1英镑以及有20%的概率一无所获；但是一个8字形图案表示有80%的概率失去1英镑，而有20%的概率不会产生损失；还有一个圆形箭头图案表示不输不赢。被试必须在每一试次中选择其中一种符号，目标是最大程度地提高自己的收益（Pessiglione et al.，2006；图3.10）。在收益实验中，左旋多巴处理组比氟哌啶醇处理组赢了更多的钱，而在损失实验中，两

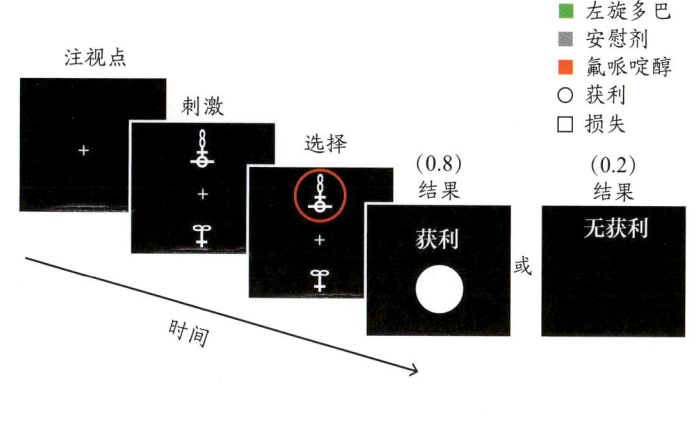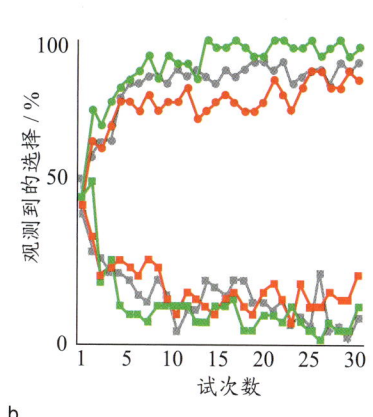

图 3.10 奖赏学习的药理学操控

（a）被试从呈现于上方或下方的两个抽象视觉刺激中选择一个并且观察结果。红色圆圈标示的图形为个体选定的刺激，表示有 80% 的概率赢得 1 英镑，有 20% 的概率不赢得任何奖励。概率随着刺激的不同而不同。（b）学习函数显示了选择与收益相关的刺激（圆圈）或避免选择与损失相关刺激（方形）的概率随着试次的改变而改变。与安慰剂组被试（灰色）相比，多巴胺激动剂左旋多巴组被试（绿色）在选择与收益相关的刺激方面学得更快。氟哌啶醇组被试（红色）在学习选择奖赏刺激时的速度更慢。这些药物不影响被试学会避免与损失相关刺激的速度。

组没有差异。这些结果与多巴胺对奖励驱动型学习具有特异性作用的假设一致。

注射药物到血液中的研究方法所面临的一个主要缺点是缺乏特异性。由于整个身体和大脑都充斥着药物，因此我们并不知道实际上有多少药物抵达了感兴趣的大脑部位。此外，药物对人体其他部位的潜在影响和稀释效应会给数据分析带来混淆。在一些动物研究中，把要研究的药物直接注射到特定的大脑区域有助于避免这个问题。例如，朱迪丝·施韦姆（Judith Schweimer）研究了一个人决定该付出多少努力来获得奖励的大脑机制（Schweimer & Hauber, 2006）。例如，你是选择躺在沙发上看最喜欢的电视节目，还是盛装打扮去参加聚会并结识新朋友呢？

初期工作表明：（1）多巴胺耗竭的大鼠不愿做出高收益但费力气的反应（Schweimer et al., 2005）；（2）前扣带皮质是前额叶皮质的一部分，对于评估某个行动的成本与收益非常重要（Rushworth et al., 2004）。前扣带皮质中有两种类型的多巴胺受体，分别称为 D_1 和 D_2。施韦姆想知道是其中的哪一种参与了评估。在一组大鼠中，她向前扣带皮质注射了一种阻断 D_1 受体的药物，而给另一组注射了 D_2 拮抗剂。D_1 受体被阻断的那组大鼠行为懒散，但是 D_2 受体被阻断的大鼠愿意为追求高回报而付出努力。这种双分离的结果表明，对于基于努力的决策，多巴胺进入前扣带皮质中的 D_1 受体至关重要。

遗传操控

在 21 世纪初，我们见证了一项重大的科学挑战的完成——绘制人类基因图谱。如今，科学家已经掌握了人类染色体中基因序列的完整记录，但是我们才刚刚开始了解这些基因如何编码神经系统的结构和功能。从本质上讲，我们现在有了一张包含许多宝藏的地图：是什么导致人变老？为什么有些人在识别人脸时会很困难？什么决定了胚胎组织是会变成皮肤细胞还是会变成大脑细胞？解密这张地图是一项艰巨的任务，我们将要花费大量时间进行深入研究。

遗传疾病在生活的各个方面都有所体现，其中就包括脑功能。如前所述，亨廷顿病等疾病显然是可遗传的。通过分析个体的遗传密码，科学家可以预测携带亨廷顿病基因者的后代是否会患这种使人逐渐衰弱的疾病。此外，科学家希望通过鉴定这种疾病的遗传基因，设计通过编辑异常基因或阻止它表达来改变异常基因的技术。

科学家已经以类似的方式通过遗传研究来了解了正常和异常脑功能的其他方面。行为遗传学家早就知道认知功能的许多方面都是可遗传的。例如，根据空间学习表现来对大鼠进行选择性育种。这样能使研究者培育出"迷宫聪慧型"和"迷宫迟钝型"品系大鼠。迷宫聪慧型大鼠更有可能繁殖具有类似能力的后代，即使这些后代由"迷宫迟钝型"大鼠养大。

我们也能从各种人类行为（包括空间推理、阅读速度，甚至是看电视的喜好）中观察到这种相关性（Plomin et al., 1990）。然而，我们也不应该从这些发现中得出我们的智力或行为由遗传决定的结论。如果在贫瘠的环境中饲养，那么迷宫聪慧型大鼠在迷宫中的表现会非常差。实际情况表明，环境与遗传之间存在复杂的相互作用（见**专栏** 3.2）。

为了通过研究许多基因的功能来探索这种复杂交互作用中的遗传成分，研究者集中研究了两个能迅速繁殖的物种：果蝇和小鼠。一种关键的方法是使用基因敲除技术培育转基因动物。敲除这个术语意指科学家操纵一个特定的基因（或基因组）使它不能表达。然后，他们就可以通过研究基因敲除物种来探索这种敲除所带来的后果。例如，摇晃（weaver）小鼠是一个基因敲除品系，其小脑中一种突出的细胞类型——普肯耶细胞——无法发育。就像它们的名字所暗示的，这些小鼠存在协调障碍。

研究者可使用基因敲除技术产生一些更具体的品系，使得这些品系在特定大脑区域缺乏单一类型的突触后受体，但同时保证其他类型受体完整。美国麻省理工学院的利根川进（Susumu Tonegawa）[①]及其同事开发了一种小鼠品系。在该品系中，海马一个亚区的细胞中没有 N-甲基-$_D$-天冬氨酸（N-methyl-$_D$-aspartate，NMDA）受体细胞（M. A. Wilson & Tonegawa, 1997；另见第 9 章）。缺少这些受体的小鼠在各种记忆任务中的学习能力低下。这一技术为研究记忆的分子基础提供了一种新颖的方法（**图** 3.12）。从某种意义上说，这种方法也是一种微观层面上的损伤方法。

神经遗传学研究不限于逐个确定每个基因的作用。复杂的大脑功能和行为源于许多基因与环境之间的交互作用。日益成熟的遗传工具将使科学家处于更有利位置，可以发现多基因对大脑功能和行为的影响。

侵入式刺激方法

考虑到神经外科手术有一定风险，研究者仅将侵入式方法用于动物研究以及需要外科干预的神经病病人。直接的神经刺激需要将电极放置在大脑表面或大脑之中。与所有刺激方法一样，测试过程是可逆的：可在刺激开启或关闭的情况下进行检测。这种被试内比较为研究大脑与行为之间的联系提供了独特的机会。

在人类中，直接刺激大脑皮质的方法主要用于外科治疗神经系统疾病。在进行任何切割之前，外科医生会刺激皮质的某些部位以确定损伤或发作灶周围组织的功能，以免损坏或切掉重要部位。直接刺激的最好例子是通过外科手术控制顽固性癫痫的研究。

深部脑刺激

另一种侵入式方法是**深部脑刺激**。在这种方法中，外科医生会在特定脑区长时间植入电极，以调节神经元活动。该方法最常见的应用是治疗帕金森病。帕金森病是由基底神经节功能障碍引起的一种运动障碍。该疾病的标准治疗方法是药物治疗，但药物的功效会随时间而发生改变，并可能产生会让人衰弱的副作用。在这种情况下，神经外科医生可以在大脑皮质下，通常是在基底神经节的丘脑下核植入电极（这就是术语"深部脑刺激"的由来；**图** 3.13），然后电极向该区域提供连续的电刺激。

尽管对深部脑刺激确切的治疗机制仍存争议，就算疾病本身并未停止恶化，但它可使病人的运动功能得到显著且持续的改善（Hamani et al., 2006；Krack et al., 1998）。深部脑刺激在帕金森病上所取得的成功促使研究者探索深部脑刺激对各种皮质和皮质下区域进行刺激从而治疗更为广泛的神经和精神疾病（包括昏迷、创伤后应激障碍和强迫症）的功效。

---

① 日本生物学家，因发现抗体多样性的遗传学原理而获 1987 年诺贝尔生理学或医学奖。——译者注

专栏 3.2　来自临床的启示
大脑的大小→PTSD，还是 PTSD→大脑的大小？

与无创伤后应激障碍者（posttraumatic stress disorder, PTSD）相比，经历过创伤事件且随后患有慢性 PTSD 的患者的海马更小（Bremner et al., 1997; M. B. Stein et al., 1997）。我们还从动物研究中获悉，长时间承受压力以及由此导致的糖皮质激素增加，会导致海马萎缩（Sapolsky et al., 1990）。我们能否推断出这么一连串事件的关系：创伤性事件→急性应激→PTSD（慢性应激）→海马体积变小？

考查因果关系在任何科学观测中都是重要的。在基础统计学课上，我们了解到从相关关系推断因果关系时应当特别谨慎，但这种诱惑还是很强烈的。当我们比较先天和后天对大脑和行为的贡献时，或者当我们对某个特定结果更偏好时，可能更想从相关关系中推断出因果关系。

同样重要的是，这种对因果关系也是可以反过来的。在上述例子中，可能是基因变异而导致海马更小的个体更容易受到压力的影响，因此罹患 PTSD 的风险也更高，即海马体积变小→创伤事件→急性应激→PTSD。那么什么样的研究设计可以区分这两种假设呢？一种假设强调环境因素（例如，PTSD 通过慢性压力而导致海马体积变小），另一种假设强调遗传因素（例如，海马小的个体更容易发展出 PTSD）？

行为遗传学家探索此类问题时最喜欢用的方法就是同卵双生子研究。Mark Gilbertson 及其同事（2002）在美国新罕布什尔州曼彻斯特退伍军人医疗中心研究了 40 对同卵双生子。在每对双生子中，其中一个在越南战争中经历了严重创伤，另一个则没有。因此，每个高压力被试都有一个非常匹配的对照者——一个同卵双生兄弟。

尽管所有军人被试在越南战争期间都经历了严重创伤（该研究的纳入标准之一），但并非所有个体都患有 PTSD。因此，实验者可以在具有相似环境经历的一组人中查看与 PTSD 发作相关的各种因素。与以前的研究一致，结构磁共振成像显示，PTSD 病人的海马比无 PTSD 且无血缘关系者的海马小——但是他们的双胞胎兄弟也是如此，即使他们没有 PTSD 并且没有报告在他们一生中经历过不寻常的创伤，也是如此。此外，在 PTSD 病人（**图 3.11a**）和相匹配的双胞胎对照者（**图 3.11b**）中，PTSD 的严重程度与海马大小呈负相关。因此，研究者得出结论，小体积的海马是发展出 PTSD 的危险因素，而且仅有 PTSD 并不会导致海马缩小。

这项研究是我们需要谨慎做出因果推论的一个实例：实验者在根据相关数据进行因果推论时必须小心。它也给我们示范了科学家如何研究基因和环境之间的交互作用对行为和大脑结构产生的影响。

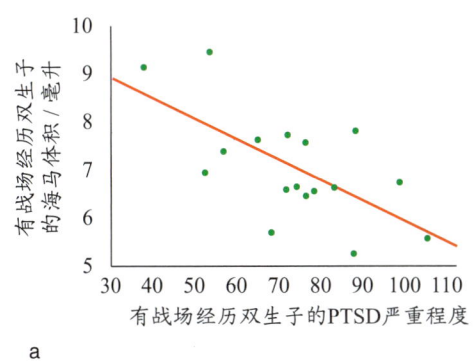
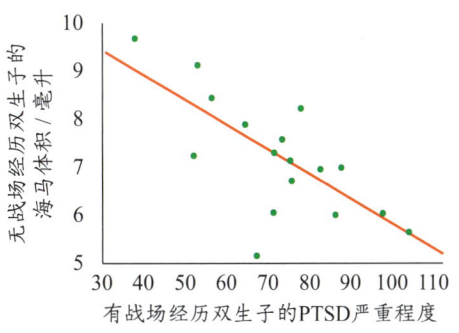

图 3.11　探索 PTSD 与海马大小之间的关系
散点图显示了 PTSD 战争退伍军人的症状严重程度与海马体积之间的关系（a），以及与他们从未经历战争的同卵双生子兄弟的海马体积之间的关系（b）。症状严重程度是他们在临床用创伤后应激障碍诊断量表（Clinician-Administered PTSD Scale，CAPS）上的总得分。

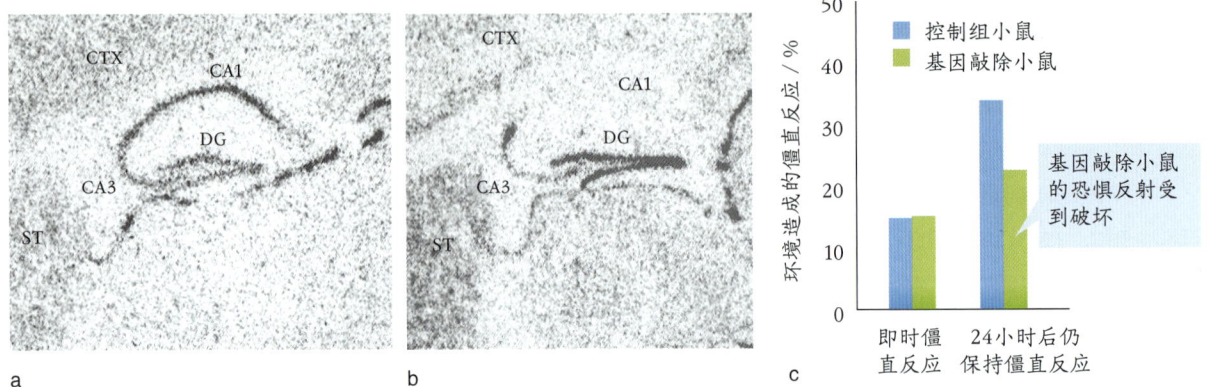

图 3.12　基因敲除小鼠的恐惧反射

（a 和 b）这些海马切片显示在转基因小鼠中缺少一个特定的受体。CTX= 皮质（cortex）；DG= 齿状回（dentate gyrus）；ST= 纹状体（striatum）。含有与该受体相关基因的细胞被染成黑色，但这些细胞在基因敲除小鼠的切片的 CA1 区并不存在（b）。（c）基因敲除小鼠的恐惧反射受到破坏。受到电击后，小鼠会僵直不动。当正常小鼠在 24 小时后被放置于相同环境中时，它们僵直反应的比例会大大提高，从而显示出强大的学习能力。在基因敲除小鼠中，这种提高会减少。

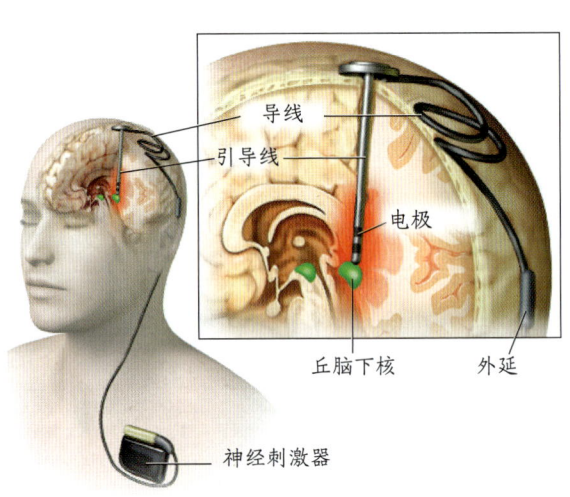

图 3.13　深部脑刺激治疗帕金森病

电池供电的神经刺激器通过手术植入胸部皮肤下方。它通过沿颈部皮下组织延伸到颅骨的电线发送电脉冲，颅骨上钻有一个小孔。导线穿过该孔连接位于脑底神经节的丘脑下核的电极。电脉冲会干扰目标部位的神经元活动。

光控基因技术

如本章开头所描述的一样，**光控基因技术**提供了一种可靠的开关，可以通过病毒转导激活神经元。在这里，研究者将特定的 DNA 片段附着在一个中性病毒上，并允许该病毒感染携带该 DNA 的目标细胞。

这些细胞从 DNA 指令中建构蛋白质。例如，利用 ChR-2 基因，细胞将建构光敏离子通道。注入这种定制病毒的位置是非常明确的，仅限于大脑的一小部分或某些类型的神经元或受体。

在一项初步研究中，科学家将 ChR-2 基因插入小鼠大脑的一部分。该部分含有控制其腮须的运动神经元。一旦建立了光敏离子通道并将一根细小光纤插入同一区域，神经元就准备就绪了：当发出蓝光时，动物会活动其腮须（Aravanis et al., 2007）。值得注意的是，受感染的神经元继续执行其正常功能。例如，如果动物在探索环境时活动其腮须，神经元也会放电。这种自然放电需要改变细胞膜的电压（参见第 2 章）。利用光控基因技术，离子通道会根据特定波长的光而打开和关闭。

光控基因技术的用途广泛，尤其是研究者发现了许多新的视蛋白，包括对可见光的不同颜色和红外光响应的视蛋白。红外光是有优势的，因为它能穿透组织，因此不需要植入光纤来传递光脉冲。研究者可以使用光控基因技术打开和关闭大脑许多部位的细胞，进而操纵行为。该方法还有双重优势，即对神经元（或受体）的特异性高并且具有高时间分辨率。

光控基因技术也有可能成为临床医生调节神经元活动的干预手段。这里介绍一项光控基因技术减轻小鼠焦虑感的研究（Tye et al., 2011）。在小鼠的扁桃体中产生了光敏感的神经元后（参见第 10 章），一束闪光就足以激发小鼠离开它们待着的笼边并大胆走到笼子中央（图 3.14）。

尽管光控基因技术目前还没有应用到人类身上，但研究者正在使用这种方法针对帕金森病小鼠模型探索治疗方法。初期工作提示，最有效的治疗方法可能不是刺激特定细胞，而是刺激改变了不同类型细胞之间交互作用的方式（Kravitz et al., 2010）。这一发现强化了关于神经系统的许多疾病都会扰乱信息流的观点。

非侵入式刺激方法

研究者通过在头皮上施加电场或磁场等方法使得皮质表面产生电场变化，从而非侵入式地调节神经功能。这些非侵入式方法已被广泛运用于改变正常大脑的神经功能，并且作为治疗工具日益普及。

经颅磁刺激

经颅磁刺激（transcranial magnetic stimulation，TMS）非侵入式地对人脑产生相对集中的刺激。TMS 设备由包裹在绝缘护套中并紧密连接到强力电容器的密绕线圈组成（图 3.15a）。触发电容器会通过线圈发送一个大电流，进而像所有电流一样产生磁场。磁场

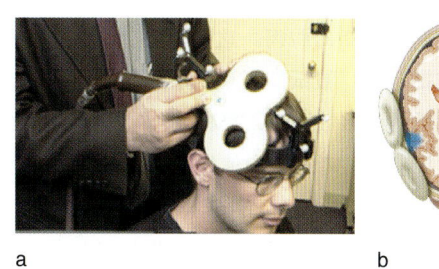

图 3.15　经颅磁刺激
（a）TMS 线圈由实验者拿着并对准被试头部。（b）TMS 脉冲直接改变大约 1 立方厘米的球形区域的神经活动（此处以蓝色表示）。

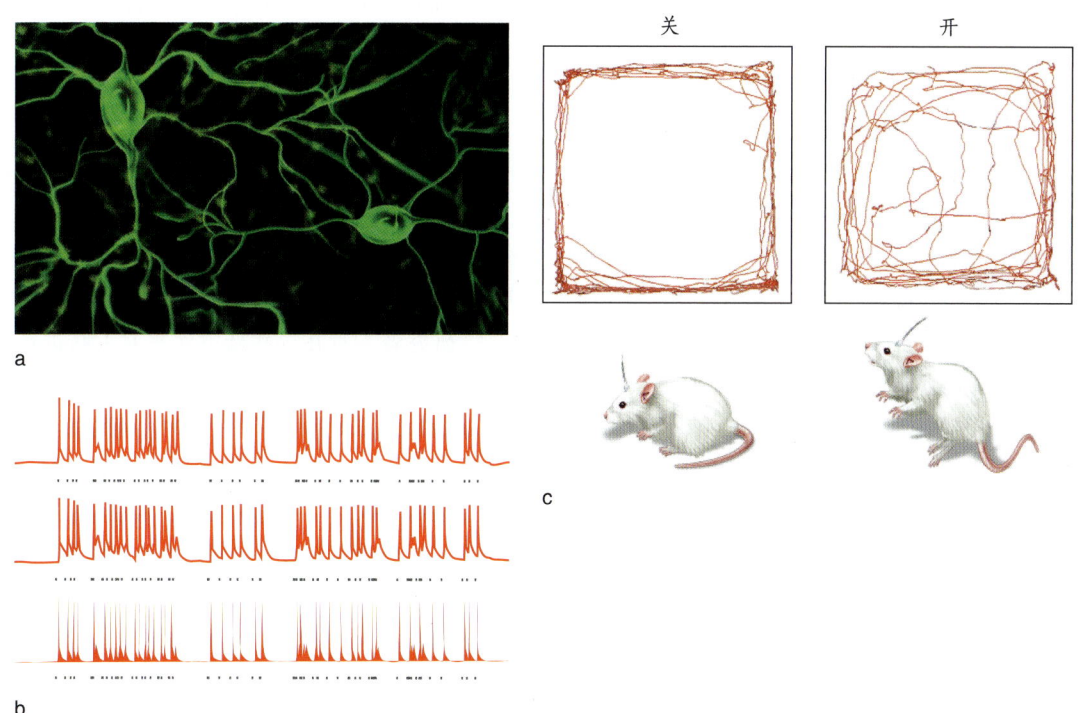

图 3.14　光控基因技术控制神经元活动
（a）经过基因修饰的海马神经元可表达形成光学门控离子通道的 ChR-2。（b）暴露于蓝光时，三个神经元的活动。每个神经元下方的灰色小虚线表示何时打开光线（所有三个神经元都受到相同的刺激）。细胞的放电模式与光紧密耦合，表明实验者可以控制细胞的活动。（c）对杏仁核一个亚区的细胞进行光控基因刺激导致行为发生了改变。当放置在开放矩形场地中时，小鼠通常停留在靠近笼壁的地方（左）。随着杏仁核激活，小鼠变得不那么恐惧，并且冒险进入场地开阔部分（右）。

透过头皮和颅骨各层，到达线圈下方的皮质表面，并改变神经元的电活动。在适度的刺激下，神经元会短暂放电。导致神经元放电的确切机制尚不清楚。也许是电流导致了细胞体产生动作电位，又或者电流直接刺激了轴突。

神经激活的区域取决于TMS线圈的形状和位置。例如，当线圈位于运动皮质的手部区域上方时，刺激就会激活手腕和手指的肌肉。这种感觉会很奇特：手看着手是在抽动的，被试却意识到动作不是自发的！但是对于皮质的大多数区域，TMS脉冲不会直接产生可观察的效果。实验者通常会使用控制条件，与TMS刺激期间的表现进行比较。

实验者开发了多种范式或方法来操控刺激。研究者可以在各种强度、多个定时序列（单次、重复或连续）和不同频率下使用TMS脉冲。研究者可以"实时"（在被试进行任务时）或"离线"（采用TMS刺激效果的持续时间能超过刺激本身持续时间的那些范式）操作。研究者发现，离线范式特别诱人，因为被试的任务表现仅受刺激所造成的神经后果影响，而不受操作步骤本身所带来的不适或其他感觉影响。

根据范式的不同，刺激作用可能会抑制或增强神经活动。例如，在重复性TMS（repetitive TMS，rTMS）中，研究者在数分钟的时间内触发TMS脉冲。在10～15分钟内以较低频率（1周/秒或1赫）触发时，此操作会降低皮质兴奋性。在较高频率（如10赫）下，兴奋性会增加。另一个离线范式，即连续θ脉冲刺激（continuous theta burst stimulation，cTBS）会使用持续40秒（600个脉冲）的超高频刺激。有趣的是，这种短暂刺激会在45～60分钟内降低目标皮质区域的活动。

由于TMS具有制造"虚拟损伤"的能力，因此它已成为认知神经科学的一个重要研究工具（Pascual-Leone et al., 1999）。通过刺激大脑，实验者可以扰乱皮质选定区域的正常活动。与损伤研究背后的逻辑相似，研究者利用施加刺激后的行为后果来探明受损组织的正常功能。该方法之所以吸引人，是因为正确实施该技术是安全且非侵入式的，只会对神经活动产生相对短暂的改变，并且可以在同一个体中对施加刺激和没有施加刺激的条件进行比较。对脑部损伤病人则无法进行这种比较。

在采用虚拟损伤方法时，被试通常不知道刺激的影响。例如，对视皮质的刺激（图3.16）会干扰一个人识别字母的能力（Corthout et al., 1999）。视觉神经元同步放电会干扰其正常运作。为了描述加工的时间进程，实验者可以控制TMS脉冲开始和刺激开始的时间（如字母的呈现）。在字母识别任务中，只有在提示字母后的70～130毫秒内施加刺激，被试才会犯错。如果在此间隔之前使用TMS，神经元就会有时间进行恢复；如果在此间隔之后给予TMS，则视觉神经元已经对刺激做出了反应。

与所有方法一样，TMS也有其局限性。由于现有可供使用的线圈一次激活区域的半径约为1厘米，因此TMS只能激活相对浅表的区域（图3.15b）。目前正在开发通过组合多个线圈来刺激更深部位的新技术。此外，虽然TMS在线圈正下方才会产生最大刺激效果，但是对相连皮质区域也会有间接影响。这一问题进一步限制了它的空间分辨率。

与许多研究工具一样，最初来自临床医学的需求推动了TMS的发展。因为施加刺激后大约20毫秒，我们就可以检测到外周的肌肉活动，所以直接刺激运动皮质提供了一种相对简单的方法来评估运动神经通路的完整性。rTMS也已开始用于治疗那些对药物或心理治疗不敏感的单相抑郁症病人。临床医生也正在考虑将它用于治疗其他多种疾病，包括幻觉、毒品依赖、一些神经系统疾病（如帕金森病）和口吃。康复研究也在测试rTMS对运动或语言功能障碍病人的效果（Rossi et al., 2009）。

研究者一直在寻找新方法来对大脑进行非侵入式刺激。**经颅直流电刺激**（transcranial direct current stimulation，tDCS）也是一种对大脑的刺激手段。它通过放置在头皮上的电极向大脑提供恒定的低电流。在过去的2000年中，这种方法的精髓早就以某些形式出现了。早期的希腊人和罗马人使用电鳐（一种能放高压电的海鱼，可提供8～220伏直流电）来使病人昏迷或麻木，以减轻分娩和偏头痛所带来的痛苦。如今的电刺激使用的电流小得多（1～4毫伏），当打开或关闭电源时，感觉就像是轻微刺痛或发痒。

在tDCS中，电流在头皮上的两个电极（阳极和阴极）之间传递。生理学研究表明，阳极下的神经元会去极化；也就是说，它们会达到接近阈限的兴奋状态，使得它们在受到刺激或动作发生时更可能引发动作电位（参见第2章）。阴极下方的神经元会超极化：

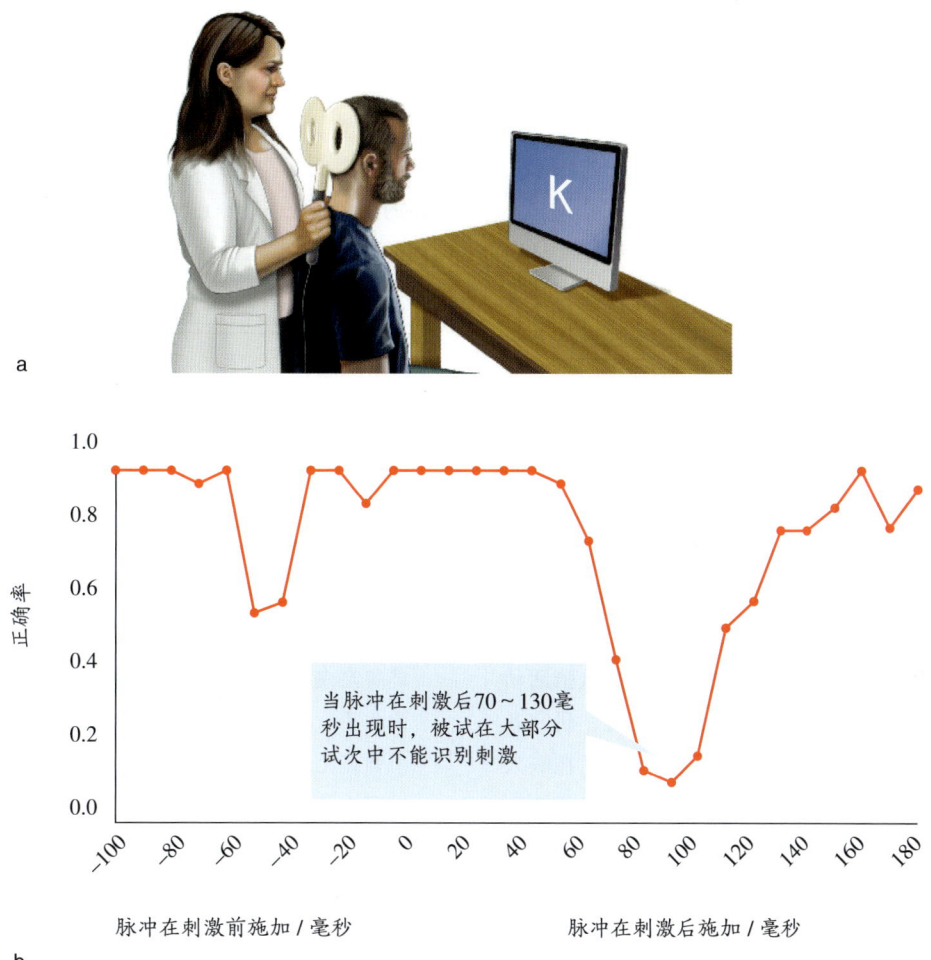

图3.16　对枕叶施加经颅磁刺激

（a）线圈的中心放置于枕叶上方以干扰视觉加工。被试的任务是命名在屏幕上短暂呈现的字母。在某些试次中，一个TMS脉冲会要么在字母呈现之前、要么在字母出现之后，施加到被试头上。（b）自变量是TMS脉冲和字母呈现之间的时间。当脉冲在字母呈现后70～130毫秒施加时，由于视皮质的神经活动受到干扰，因此视知觉会明显受到干扰。如果脉冲在字母之前出现，则被试的表现也会有所下降。这很可能是TMS的脉冲声导致被试眨眼而造成的一个伪迹。

离兴奋阈限越来越远，从而更不可能发放电位。因此，tDCS的一个优点是它可以根据电流极性来选择性地激发或抑制目标神经区域。此外，兴奋性变化可持续最长达1小时左右。但是，与TMS脉冲会直接影响局部皮质区域相比，tDCS只能在大得多的范围内改变神经活动，因此后者的空间分辨率差。

tDCS能影响人们在多种感觉、运动和认知任务中的表现，有时效应甚至能延续一个实验。可能是因为阳极tDCS下的神经元处于更兴奋状态，因此阳极tDCS通常可以提高表现。类似于TMS，阴极刺激可能会妨碍表现，但研究发现，阴极刺激的效应通常更

不一致。tDCS可让各种神经疾病（如卒中或慢性疼痛）病人受益。尽管即时生理效应是短效的，即刺激后能持续约1小时，但反复使用tDCS可以将功效持续时间从几分钟延长到几周（Boggio et al., 2007）。

经颅交流电刺激

经颅交流电刺激（transcranial alternating current stimulation，tACS）是一种更新的技术，其中电流是振荡的，而不像tDCS一样保持恒定。实验者通过控制tACS的振荡频率来调节脑功能。因为以往研究表明，不同频率的大脑振荡与不同的认知功能有关

（Basar et al., 2001; Engel et al., 2001），所以这个新增的控制维度尤其有吸引力。借助 tACS，实验者可以在特定频率下诱发振荡，从而提供了难得的机会来建立特定频率范围的脑部振荡与认知过程之间的因果关系（C. S. Herrmann et al., 2013）。

与 TMS 一样，tACS 诱导效应的方向和持续时间会随着刺激的频率、强度和阶段变化而变化。同时使用多个刺激器使实验者操纵两个不同大脑区域活动的同步程度，以增强区域之间的联系。例如，研究者发现与刺激器之间异相的情况相比，在额叶和顶叶上方的电极应用 6 赫同相 tACS 可以改善工作记忆任务的表现（Polania et al., 2012）。

非侵入式大脑刺激技术的局限性和新方向

TMS、tDCS 和 tACS 是能一过性地干扰人脑活动的安全方法。这些方法的一个诱人的特点是，研究者可以设计实验来检验特定的功能假设。与通常在病人组和匹配的控制组之间进行比较的神经心理学研究不同，由于 TMS、tDCS 和 tACS 的效应是一过性的，因此研究者可以把被试设计为一个控制条件。

在局限性上，tDCS、tACS 和 TMS 的空间分辨率都较差（TMS 的表现稍好一些），从而限制了对心理与大脑之间关系做出强有力推论的能力。此外，尽管这些技术有巨大的前景，但迄今为止所发现的结果并不一致。这种不一致正是需要深入研究的方面。许多变量（如颅骨厚度和各脑膜层厚度）会影响施加在头皮上的刺激作用于皮质的电场强度。由于个体生理和神经化学的独特性，他们对电刺激的敏感性也可能有所不同。我们需要更好地了解解剖结构和神经化学的差异如何引起对脑刺激的敏感性和反应性差异。

经颅静磁刺激和经颅聚焦超声

经颅静磁刺激（transcranial static magnetic stimulation, tSMS）使用强磁体来产生磁场。该磁场与 TMS 一样会扰乱电活动，从而暂时改变皮质功能。该技术不贵并且不需要专业训练的操作者。它也不会产生其他刺激技术带来的某些副作用，如 tDCS 引起的瘙痒或刺痛，或 TMS 偶尔引起的头痛。确实，被试是无法区分真刺激和假刺激的。

经颅聚焦超声（transcranial focused ultrasound, tFUS）是另一种新兴方法，有望改善空间分辨率，并能靶向定位更深入的结构。它会产生低强度且低频的超声信号。该信号增加了电压门控的钠离子通道和钙离子通道的活性，因此能触发动作电位。针对这种方法的早期研究表明，tFUS 可以产生局限在 5 毫米范围内的聚焦效果。

关键信息

- 药物、基因操控以及磁或电刺激能干扰大脑功能。在大多数情况下，这些方法允许研究者对同一个被试的"开启"和"关闭"状态进行研究，从而可以对行为表现进行被试内比较。
- 基因操控在使用动物模型进行的神经科学研究中发挥了重要作用。基因敲除技术使科学家能够探索缺乏特定基因表达所带来的后果，以确定它在行为中的作用。光控基因技术为实验者提供了控制靶细胞中神经元活性的能力。
- 非侵入式刺激方法可以改变健康和神经系统损伤者的神经活动。通过改变刺激序列，我们可以增强或抑制目标区域的神经活动。

3.4 大脑的结构分析

现在，我们讨论用于分析脑结构的方法。结构分析方法利用不同组织具有的不同物理特性来完成有关分析。例如，在 X 射线中最引人注目的是骨头呈现出显眼的白色，而周围结构根据强度不同会从黑到白逐步变化。生物材料的密度不同，而对 X 射线辐射的吸收与组织密度相关。在本节中，我们会介绍利用这些特性来对大脑的不同结构特性进行成像的方法。

大脑总体解剖结构可视化

计算机断层扫描（CT 或 CAT）是第一种对活体人脑进行观察的方法。从概念上讲，这种方法是 X 射线的一种延伸。X 射线是 20 世纪初开发的一种成像技术。传统的 X 射线将三维物体压缩为二维，而在 CT 扫描中，计算机会根据一系列薄层扫描的二维图像建构三维透视图。该方法于 20 世纪 70 年代商业化，并且在认知神经科学的早期是一种非常重要的工具。它

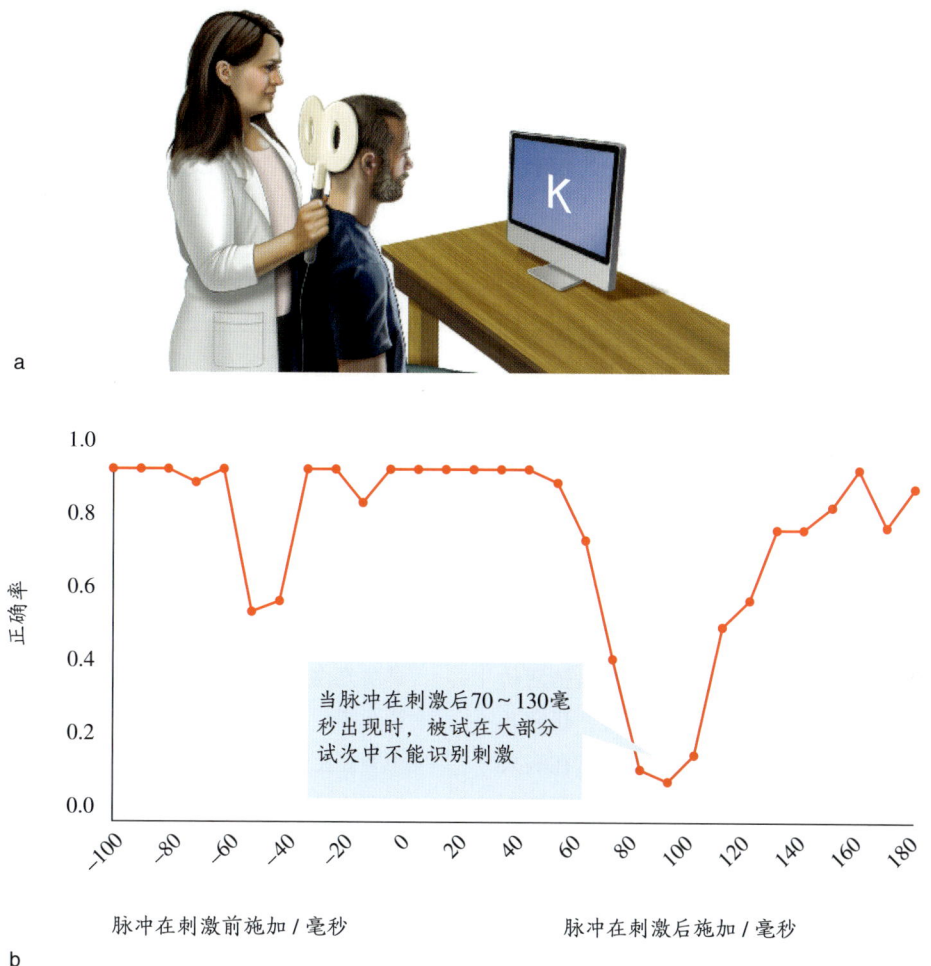

图 3.16　对枕叶施加经颅磁刺激

（a）线圈的中心放置于枕叶上方以干扰视觉加工。被试的任务是命名在屏幕上短暂呈现的字母。在某些试次中，一个 TMS 脉冲会要么在字母呈现之前、要么在字母出现之后，施加到被试头上。（b）自变量是 TMS 脉冲和字母呈现之间的时间。当脉冲在字母呈现后 70～130 毫秒施加时，由于视皮质的神经活动受到干扰，因此视知觉会明显受到干扰。如果脉冲在字母之前出现，则被试的表现也会有所下降。这很可能是 TMS 的脉冲声导致被试眨眼而造成的一个伪迹。

离兴奋阈限越来越远，从而更不可能发放电位。因此，tDCS 的一个优点是它可以根据电流极性来选择性地激发或抑制目标神经区域。此外，兴奋性变化可持续最长达 1 小时左右。但是，与 TMS 脉冲会直接影响局部皮质区域相比，tDCS 只能在大得多的范围内改变神经活动，因此后者的空间分辨率差。

tDCS 能影响人们在多种感觉、运动和认知任务中的表现，有时效应甚至能延续一个实验。可能是因为阳极 tDCS 下的神经元处于更兴奋状态，因此阳极 tDCS 通常可以提高表现。类似于 TMS，阴极刺激可能会妨碍表现，但研究发现，阴极刺激的效应通常更

不一致。tDCS 可让各种神经疾病（如卒中或慢性疼痛）病人受益。尽管即时生理效应是短效的，即刺激后能持续约 1 小时，但反复使用 tDCS 可以将功效持续时间从几分钟延长到几周（Boggio et al., 2007）。

经颅交流电刺激

经颅交流电刺激（transcranial alternating current stimulation，tACS）是一种更新的技术，其中电流是振荡的，而不像 tDCS 一样保持恒定。实验者通过控制 tACS 的振荡频率来调节脑功能。因为以往研究表明，不同频率的大脑振荡与不同的认知功能有关

（Basar et al., 2001; Engel et al., 2001），所以这个新增的控制维度尤其有吸引力。借助 tACS，实验者可以在特定频率下诱发振荡，从而提供了难得的机会来建立特定频率范围的脑部振荡与认知过程之间的因果关系（C. S. Herrmann et al., 2013）。

与 TMS 一样，tACS 诱导效应的方向和持续时间会随着刺激的频率、强度和阶段变化而变化。同时使用多个刺激器使实验者操纵两个不同大脑区域活动的同步程度，以增强区域之间的联系。例如，研究者发现与刺激器之间异相的情况相比，在额叶和顶叶上方的电极应用 6 赫同相 tACS 可以改善工作记忆任务的表现（Polania et al., 2012）。

非侵入式大脑刺激技术的局限性和新方向

TMS、tDCS 和 tACS 是能一过性地干扰人脑活动的安全方法。这些方法的一个诱人的特点是，研究者可以设计实验来检验特定的功能假设。与通常在病人组和匹配的控制组之间进行比较的神经心理学研究不同，由于 TMS、tDCS 和 tACS 的效应是一过性的，因此研究者可以把被试设计为一个控制条件。

在局限性上，tDCS、tACS 和 TMS 的空间分辨率都较差（TMS 的表现稍好一些），从而限制了对心理与大脑之间关系做出强有力推论的能力。此外，尽管这些技术有巨大的前景，但迄今为止所发现的结果并不一致。这种不一致正是需要深入研究的方面。许多变量（如颅骨厚度和各脑膜层厚度）会影响施加在头皮上的刺激作用于皮质的电场强度。由于个体生理和神经化学的独特性，他们对电刺激的敏感性也可能有所不同。我们需要更好地了解解剖结构和神经化学的差异如何引起对脑刺激的敏感性和反应性差异。

经颅静磁刺激和经颅聚焦超声

经颅静磁刺激（transcranial static magnetic stimulation，tSMS）使用强磁体来产生磁场。该磁场与 TMS 一样会扰乱电活动，从而暂时改变皮质功能。该技术不贵并且不需要专业训练的操作者。它也不会产生其他刺激技术带来的某些副作用，如 tDCS 引起的瘙痒或刺痛，或 TMS 偶尔引起的头痛。确实，被试是无法区分真刺激和假刺激的。

经颅聚焦超声（transcranial focused ultrasound，tFUS）是另一种新兴方法，有望改善空间分辨率，并能靶向定位更深入的结构。它会产生低强度且低频的超声信号。该信号增加了电压门控的钠离子通道和钙离子通道的活性，因此能触发动作电位。针对这种方法的早期研究表明，tFUS 可以产生局限在 5 毫米范围内的聚焦效果。

关键信息

- 药物、基因操控以及磁或电刺激能干扰大脑功能。在大多数情况下，这些方法允许研究者对同一个被试的"开启"和"关闭"状态进行研究，从而可以对行为表现进行被试内比较。
- 基因操控在使用动物模型进行的神经科学研究中发挥了重要作用。基因敲除技术使科学家能够探索缺乏特定基因表达所带来的后果，以确定它在行为中的作用。光控基因技术为实验者提供了控制靶细胞中神经元活性的能力。
- 非侵入式刺激方法可以改变健康和神经系统损伤者的神经活动。通过改变刺激序列，我们可以增强或抑制目标区域的神经活动。

3.4 大脑的结构分析

现在，我们讨论用于分析脑结构的方法。结构分析方法利用不同组织具有的不同物理特性来完成有关分析。例如，在 X 射线中最引人注目的是骨头呈现出显眼的白色，而周围结构根据强度不同会从黑到白逐步变化。生物材料的密度不同，而对 X 射线辐射的吸收与组织密度相关。在本节中，我们会介绍利用这些特性来对大脑的不同结构特性进行成像的方法。

大脑总体解剖结构可视化

计算机断层扫描（CT 或 CAT）是第一种对活体人脑进行观察的方法。从概念上讲，这种方法是 X 射线的一种延伸。X 射线是 20 世纪初开发的一种成像技术。传统的 X 射线将三维物体压缩为二维，而在 CT 扫描中，计算机会根据一系列薄层扫描的二维图像建构三维透视图。该方法于 20 世纪 70 年代商业化，并且在认知神经科学的早期是一种非常重要的工具。它使研究者能够相当精确地查明发生神经损伤后的病理位置，并描述损伤与行为之间的关系。

尽管CT扫描在临床上仍然是极为重要的医学手段，但**磁共振成像**（MRI）因可以提供更高分辨率的图像而成为全脑成像的首选方法。MRI利用构成有机组织原子的磁性来进行图像分析。氢是一种在大脑乃至所有有机组织中普遍存在的原子。氢原子中的质子不断运动，绕其主轴旋转。这种运动会产生一个微小磁场。在正常状态下，组织中的质子是随机定向的，不受地球弱磁场的影响。MRI系统会在扫描仪环境中产生一个强大磁场。在医院扫描仪中，磁场强度以特斯拉为单位测量，磁场的范围通常为0.5～3特，其强度比地磁的0.00005特强得多。

当一个人处于MRI扫描仪中时，此人质子中的很大一部分朝向会与机器的强磁场方向平行（图3.17a）。随后，射频波会穿过这些磁化区域。当这些质子吸收这些射频波中的能量时，它们的朝向会被重置到一个可预测的方向。关闭射频信号会导致所吸收能量的释放，并且质子会回跳到磁场方向。这些同步的回跳会产生能量信号，被试头部周围的探测器会探测到这些能量信号。通过系统地测量整个头部三维空间内的信号，MRI系统可以基于质子和其他磁性物质在组织中的分布来建构图像。水在整个大脑中的分布在很大程度上决定了氢质子的分布，使得MRI能够清楚地区分大脑灰质、白质和脑室。

MRI扫描（图3.17b）提供的大脑图像比CT扫描（图3.17c）的图像清晰得多。清晰度提高的原因是质子密度在灰质中比在白质中大得多。借助MRI，我们很容易看到大脑皮质的单个沟和回。正中矢状面图显示了大小引人瞩目的胼胝体。标准MRI扫描可以分辨比1毫米小得多的结构，从而使我们清晰地看到小的皮质下结构，如乳头体或上丘。

使用功能更强大的扫描仪甚至可以实现更好的空间分辨率。有些研究中心现在已使用7.0T MRI（图3.17d）。巴黎市郊NeuroSpin中心价值2.7亿美元的11.75T扫描仪——采用高场磁共振与对照孔技术的神经疾病成像（Imaging of Neuro Disease Using High Field MR and Contrastophores，INUMAC）——几乎已经准备就绪，至少可用于科学研究了。它的磁体重132吨！该系统分辨率为0.1毫米，能将皮质层可视化。

大脑结构连通性可视化

传统MRI的一种变式是**扩散张量成像**[①]（DTI）。该方法用于研究形成大脑白质轴突束的解剖结构，可提供有关区域之间解剖连通性的信息。DTI充分利用了所有活体组织都包含连续随机运动的水分子（也称扩散运动或布朗运动）的现象。DTI用MRI扫描仪采集。扫描仪会测量这些水分子的密度和运动状态，并根据水的扩散特性来确定水在大脑中的运动边界（Behrens et al., 2003）。

水的自由扩散是各向同性的；也就是说，它在各个方向上会均等扩散。在一种各向异性（物质的化学、物理性质随方向变化而变化）的材料中，水分子不会在所有方向上以相同的速度扩散。在大脑中，由于髓鞘可产生几乎纯的脂质（脂肪）边界，因此轴突的各向异性最大。该边界在白质中比在灰质或脑脊液中更大程度地限制了水分子的定向流动。具体而言，水更可能沿平行于轴突的方向流动。

通过将两个大脉冲引入磁场，MRI信号对水的扩散变得敏感。第一个脉冲确定水携带质子的初始位置。在一个短暂延时后再引入第二个脉冲，从而提供第二张图像。在理论上，每个质子在这段延迟内都已移动，DTI序列会估计这些质子的扩散情况。要在复杂的三维材料（如大脑）中执行此操作，需要计算扩散张量，即用于估计材料中每个点扩散情况的一组数字。数学序列将创建沿着流动方向变化的各种三维模型（DaSilva et al., 2003）。由于轴突限制了水的流动，因此生成的图像显示了主要的白质束（图3.18）。

关键信息

- CT（或CAT）和MRI可提供大脑的三维图像。
- MRI的空间分辨率优于CT。
- DTI通过MRI扫描仪完成，可测量大脑的白质通路，并提供有关区域之间结构连通性的信息。

[①] 关于diffusion tensor imaging，有翻译为"弥散张量成像"的。但考虑到物理学上另有弥散（dispersion）的概念，故把diffusion翻译为"扩散"，并就此咨询了有关专家，所以本书使用了"扩散张量成像"的译法。——译者注

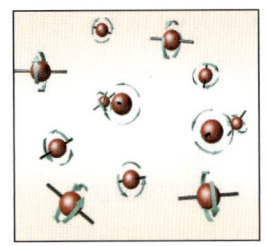
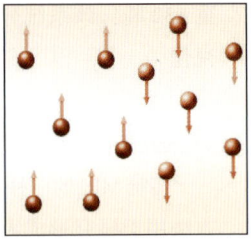
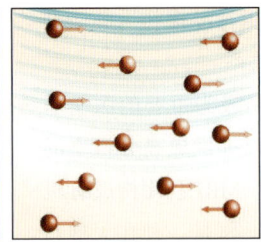
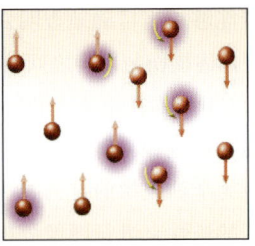

在正常状态下，旋转质子的朝向是随机分布的。

暴露在MRI扫描仪磁场中的质子朝向会与磁场方向对齐。

当施加射频脉冲时，质子的轴以可预测的方式移动，而且质子处于高能量状态。

当脉冲关闭时，质子再旋转回磁场方向时会释放能量。

a

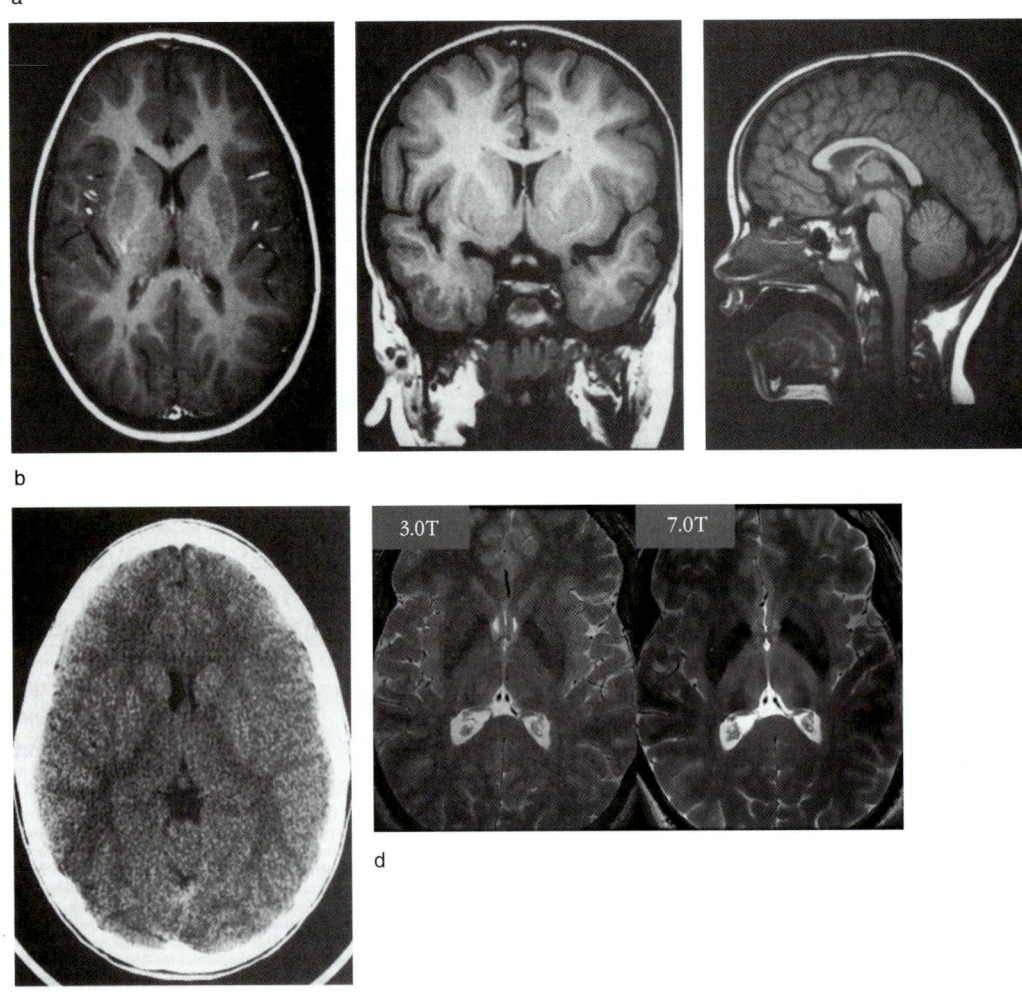

图 3.17 磁共振成像

磁共振成像利用了许多有机元素（如氢）具有磁性的事实。（a）这些氢原子核（质子）在正常状态下的朝向是随机的。当施加一个外部磁场时，质子将其自旋轴沿磁场方向对齐。在质子吸收一些射频能量时，射频脉冲会改变质子的自旋。当射频脉冲关闭时，质子会释放自己的射频能量，而释放的能量会被 MRI 机器检测到。白质和灰质的氢原子密度不同，因此机器很容易把这些区域可视化。（b）横截面、冠状面和矢状面的磁共振图像。（c）将这幅 CT 图像与图 b 左边横截面图片进行比较，我们可发现 MRI 提供了更高的分辨率。这两幅图显示了大致相同的大脑位置。（d）3.0T 和 7.0T 的 MRI 图像之间的分辨率和清晰度存在差异。

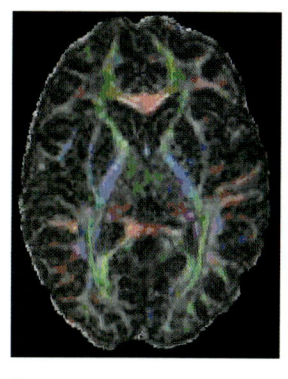
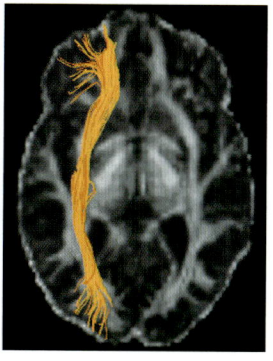

图 3.18 扩散张量成像

（a）人脑的轴向面切片显示了白质的方向性和连通性。不同颜色对应每个区域中白质束的主要方向。（b）DTI 数据可用于追踪大脑中的白质连接。此处显示是额枕下纤维束。顾名思义，它把视皮质连接至额叶。

3.5 测量神经活动的方法

神经系统内沟通的基础是神经元的活动。这一重要的事实激励神经科学家开发了许多测量这些生理事件的方法。一些方法是分离单个神经元的活动，另一些方法则测量了多组神经元的活动，来研究它们发放电位的方式如何相互影响。我们首先简要讨论一下用于测量神经元活动的侵入式方法，然后会介绍用于研究神经活动的正蓬勃发展的非侵入式方法。

动物中的单细胞神经生理学

单细胞记录方法也许是神经科学史上最重要的技术进步。通过测量活体动物体内单个神经元所产生的动作电位，研究者可以开始揭示大脑如何响应感觉信息，产生运动，以及随学习而发生变化。

为了进行单细胞记录，神经生理学家通过外科手术在颅骨中的开口处将一块很薄的电极插入皮质或更深层的大脑结构。当电极靠近神经细胞膜时，电活动的变化就可以被测量到（参见第2章）。尽管确保电极记录单个细胞活动的最可靠方法是在细胞内记录，但这种技术很困难，并且穿透细胞膜经常会损坏细胞。因此，研究者通常会将电极放在神经元外进行单细胞记录。但是，这样不能保证电极尖端的电位变化反映的是单个神经元的活动。更有可能的情况是，该尖端记录的是一小簇神经元的活动。计算机算法可以从这种汇合的活动中把单个神经元的贡献区分出来。

神经生理学家对导致神经元突触活动改变的原因感兴趣。为了确定单个神经元的响应特性，要把它们的活动与给定的刺激模式（输入）或行为（输出）关联起来。单细胞记录实验的主要目标是确定哪些实验操作会让离体细胞的反应率产生一致变化。例如，当动物移动臂膀时，这个细胞是否会提高放电率？如果是这样，这种变化是否特异于某个特定方向的运动？针对该动作的放电率是否取决于动作的结果（如伸手抓一口食物或伸手挠痒痒）？同样有趣的是，是什么导致这个细胞降低其响应频率的？

由于即使在没有刺激或运动的情况下，神经元也会不断放电，因此研究者在活动的背景下测量了这些变化，并且这种基线活动在一个大脑区域和另一个大脑区域之间差异很大。例如，基底神经节内的某些细胞具有每秒超过100个峰电位的自发放电率，而另一个基底神经节区域内的细胞具有每秒仅1个峰电位的基线放电率。这些自发放电水平会发生波动，进一步混淆了对实验测量结果的分析。

神经科学家已经在多种非人物种大脑的大部分区域进行了单细胞记录。对于感觉神经元，研究者可通过改变呈现给动物的刺激类型来操纵输入。对于运动神经元，研究者可能会在动物执行任务或四处走动时记录输出数据。随着研究者探查更高级大脑中枢来研究与目标、情绪和奖赏有关细胞活动的变化，神经生理学取得了一些重大进展。

研究者经常对感兴趣的目标区域的一簇神经元进行单细胞记录。例如，为了研究视觉功能，研究者将电极插入皮质区域，而该区域包含对视觉刺激有反应的细胞（图3.19a）。由于单个神经元的活动变化很大，因此重要的是记录在特定刺激多次呈现的试次中的活动（图3.19b）。图中的数据用光栅图呈现，其中每一行代表一个试次，用点来标记动作电位。为了让我们直观感受神经元在整个试次中的平均反应，研究者对数据进行了加总，并用外周刺激直方图呈现这些结果。直方图使科学家可以对与外部刺激或事件相关的神经元峰电位放电率和时间进行可视化。

单个细胞并不是对所有视觉刺激均反应的。一些刺激参数（如刺激形状、颜色及是否运动）可能与细胞放电率的变化有关（参见第5章）。其中一个重要因素是刺激的位置。如图3.19a所示，所有对视觉敏感的细胞仅在有限空间区域内对刺激做出反应。该空间区域就是这个细胞的**感受野**。该图显示了一个神经元，它对可见光区域右上方的刺激产生响应。对于其他神经元，刺激可能必须位于右下角。

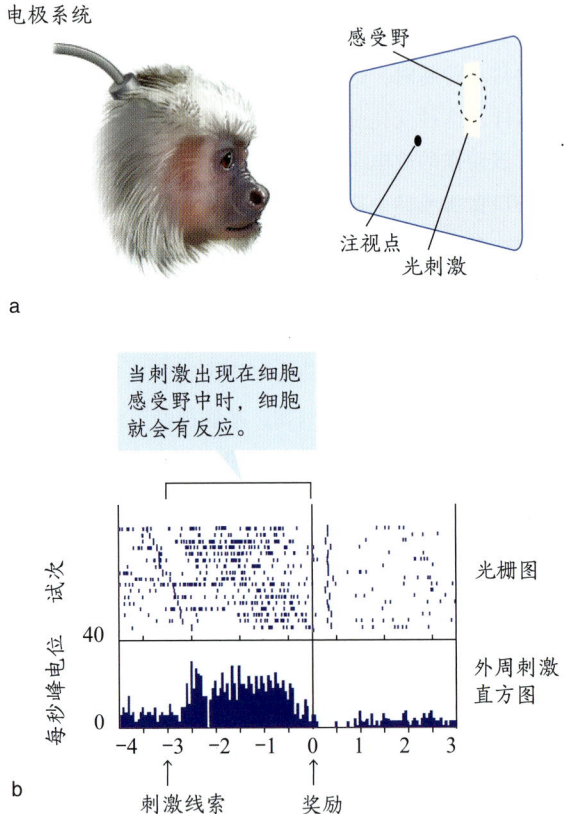

图 3.19 电生理方法用于识别视皮质中细胞的反应特征
（a）一个电极接触视皮质中的一个神经元。当猴子盯住注视点，同时刺激呈现在其视野的多个位置上时，实验者观测单个细胞的活动。黄色区域是会激活一个特定细胞的空间区域。这个区域就是该细胞的感受野。（b）光栅图显示，动作电位随时间变化而变化。光栅图的每一行代表一个试次，且动作电位被标记为点。在本例中，一个试次就是光在细胞的感受野中出现这段时间。该图包含了试次开始之前的数据，提供了神经元基线放电率的图像。之后，它显示了刺激的出现以及动物做出反应时放电率的变化。为了直观地看到神经元在整个试次中的平均反应，数据被加总并在下方以外周刺激直方图的形式呈现。

相邻细胞的感受野至少有部分重叠。当你遍历视觉响应细胞的区域时，你会发现这些细胞的感受野特性与外部世界之间存在有序的关系。神经元以连续方式在整个大脑皮质表面表征外部空间：相邻细胞具有相邻感受野。这样，细胞就形成了地形图表征，即外部维度（如空间位置）与该维度的神经表征之间的有序映射。在视觉中，我们将这种地形图表征称为**视网膜皮质映射图**。视网膜皮质映射图中的细胞活动与刺激位置相关（图 3.20）。

随着单细胞方法的出现，神经科学家希望最终能解开大脑功能的奥秘。他们需要的是找出不同细胞的贡献。然而他们很快就了解到，多神经元聚集而成的行为可能不仅仅是其各个部分的总和。研究者意识到，通过识别多组神经元放电模式的相关性，而不是识别每个神经元的响应特性，可以更好地理解一个区域的功能。这种观点激发了单细胞生理学家开发新技术，使他们能够同时记录多个神经元，即**多细胞记录**。

使用这种方法的一项开创性研究揭示了大鼠海马表征空间信息的过程（M. A. Wilson & McNaughton，1994）。通过观察同时记录的约 150 个细胞的活动模式，研究者展示了大鼠如何编码一个空间以及编码它穿越该空间的自身体验。如今，常用方法是同时记录 400 多个细胞（Lebedev & Nicolelis，2006）。正如第 8 章将介绍的，研究者使用大脑运动区域的多细胞记录，使动物只需通过想象运动就可以控制人造肢体。这种巨大的医学进步可能会改变我们给截瘫病人设计康复计划的方式。例如，当人思考其想执行的动作时，我们可以进行多细胞记录，并用计算机分析该信息，进而控制机器人或人造肢体。

人类侵入式神经生理学

如前所述，外科医生可能会在手术前插入颅内电极以定位异常之处。对于癫痫，外科医生通常将电极放置在内侧颞叶（medial temporal lobe，MTL）中，这是最常见的全身性痫性发作灶。许多放置了植入电极的病人志愿参加与他们的手术无关的研究。他们参与实验工作以便研究者在人类身上获得神经生理学记录。

伊扎克·弗里德（Itzhak Fried）及其同事发现，人类内侧颞叶神经元可以选择性地对特定的熟悉图像进行响应。例如，当一名病人看到女演员詹妮弗·安妮斯顿（Jennifer Aniston）的不同图像时，左后海马区的一个神经元被激活了，而其他知名人士或地方的图像未引起这种反应（Quiroga et al.，2005）。当此人看到哈莉·贝瑞（Halle Berry）的图像或读到打印出来的该女演员的姓名时，另一个神经元活动增强了（图

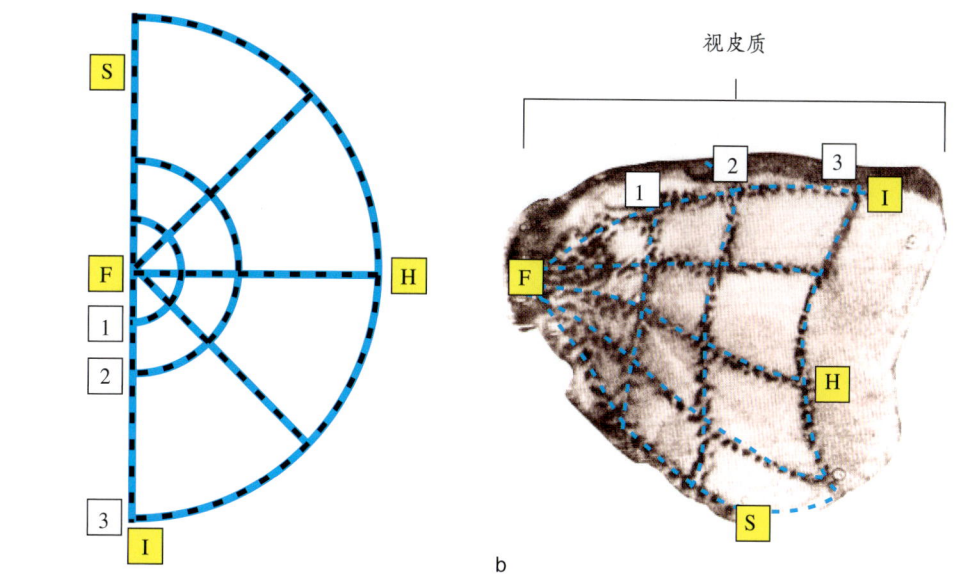

图 3.20　视皮质地形图
在视皮质中，细胞的感受野定义了视网膜皮质映射图。（a）在猴子观察刺激时，它被注射了放射性物质。（b）视皮质中具有代谢活性的细胞吸收该物质，从而揭示了视网膜皮质映射图是如何在整个纹状皮质中建构的。

3.21）。这种神经元可能与我们认为的一种概念表征相对应，而与特定的感觉形式（如视觉）无关。与这种想法一致的是，当那个人想象詹妮弗·安妮斯顿或哈莉·贝瑞，或者想到这些女演员演出的电影时，类似的细胞也会被激活（Cerf et al., 2010）。

用于研究人脑的另一种侵入式神经生理学方法是**脑皮质电图**（electrocorticography，ECoG）。在使用这个方法时，要将一个网格或一条电极直接放置在硬脑膜外或硬脑膜下的大脑表面，并持续一段时间记录多群神经元的活动。医生通常会在外科手术开始前插入 ECoG 电极（图 3.22a）。电极放置了 1 周后，手术团队就能够通过电极监控大脑活动来识别异常大脑活动（如痫性发作）的位置和频率了。外科医生可能会放置一片电极来覆盖一大片皮质，或者可能会插入多条电

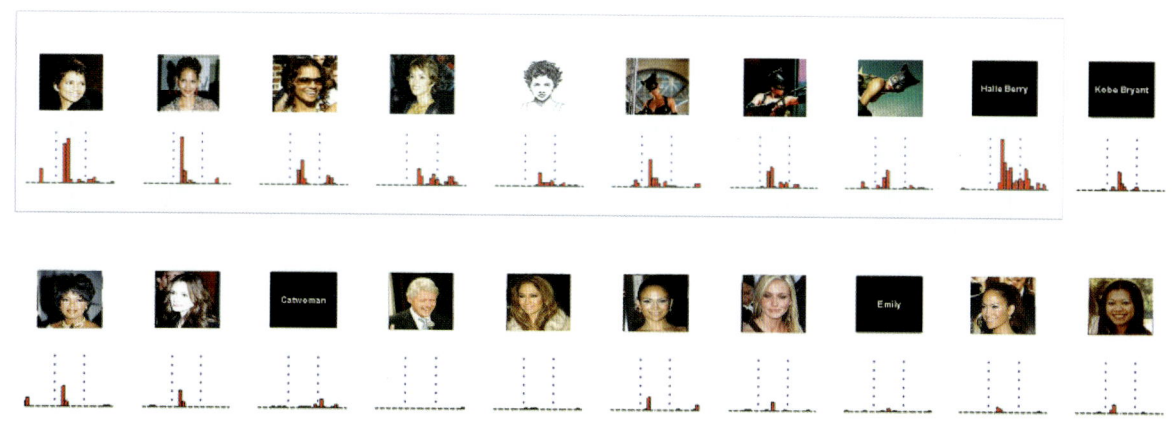

图 3.21　哈莉·贝瑞神经元？
这些记录来自癫痫病人海马中的单个神经元。直方图显示了对每张图片进行反应的细胞活动，虚线表示刺激呈现的时间窗。这个细胞对哈莉·贝瑞的刺激表现出突出活动，其中包括该女演员的照片、她所扮演的猫女角色的照片、甚至是她的名字。

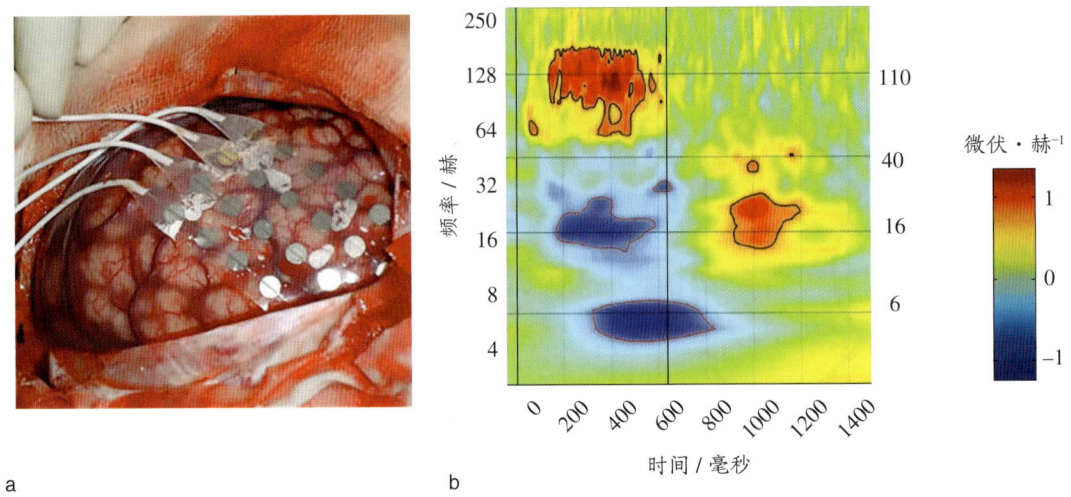

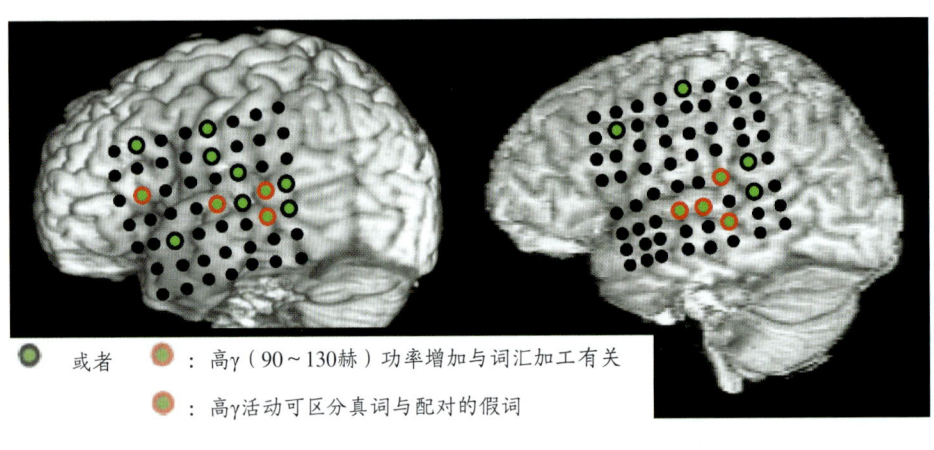

图 3.22 四位被试的电极放入位置与结构 MRI 匹配，以及来自一个电极的 ECoG 反应

（a）ECoG 植入。（b）事件相关时频图。动词在时间为 0 时出现。动词开始（0 毫秒）和停止（637 毫秒）的时间用黑色竖线标记。颜色表示刺激出现前后不同时间点特定频率的功率（如图右边的竖条所示，其中蓝色表示活动最低，红色表示最高）。请注意初期出现一个强的高 γ（110 赫）功率增强（红色）和 β（-16 赫）功率下降（蓝色），随后是一个非常晚出现的 β 增强。（c）这些结构 MRI 图像显示了 4 名病人的电极网格位置。在动词出现后，高 γ "功率"或活动增强电极显示为绿色。当比较动词条件和与其声音匹配的假词条件时，研究者也观察到了高 γ 活动（电极用红色圆圈表示）。与动词加工相关的区域分布在颞上皮质和额叶。

极来从皮质多个部分获取记录。

接下来，医生会拿掉电极并进行手术。研究者可以用电极刺激大脑来定位和绘制皮质和皮质下区域的神经功能，如运动或语言功能。将癫性发作数据与手术将会影响到的结构知识相结合，可以帮助外科医生做出风险—收益分析。

由于电极植入会放置 1 周的时间，因此研究者有时间让被试完成一些实验任务。与单细胞神经生理学中的电极有所不同，ECoG 电极非常大，这意味着该方法总是基于对神经元群体的活动测量。然而，ECoG 的空间和时间分辨率还是极好的，因为电极是直接放在大脑上的，衰减或失真降到了最小。换句话说，ECoG 的清晰度是电极放在头皮上时无法达到的（参见下一节关于脑电图的讨论）。

来自电极的信号随着时间变化的记录就是 ECoG（图 3.22b）。这种记录用频率和幅度（通常称为功率）随时间的变化来描述生理信号。一种常见的做法是将频率（或频谱空间）划分为多个频段：δ（1～4赫）、θ（4～8赫）、α（7.5～12.5赫）、β（13～30赫）、γ（30～70赫）和高γ（>70赫；图3.24）。需要注意的是，即使我们按照频带描述了这些信号，也不能假设单个神经元会在这些频率上振荡。从电极输出的是一个复合信号。与任何复合信号一样，我们用时频分析来描述它，但不能说这些频带表示的是振荡性神经元放电。

然而，ECoG网格的位置往往决定了ECoG研究中的实验问题。例如，罗伯特·奈特（Robert Knight）及其同事（Canolty et al., 2007）研究了左半球颞叶和额叶区域均放置了ECoG网格的病人（图3.22c）。他们监控这些人加工单词时的电流反应。通过检查几个频带上的信号变化，研究者可以描绘不同神经区域在刺激呈现后的100毫秒内的连续反应。ECoG信号的高频成分（高γ范围）在颞叶皮质上有所增加。随后，他们观察到额叶皮质的活动发生了变化。

通过比较单词刺激和无意义音节刺激的不同试次，研究者可以确定区分言语和非言语的时程及神经区域。植入多个网格后，研究者便有机会同时比较大脑不同部位（如额叶和顶叶区域）的ECoG活动了。

神经活动的非侵入式电记录

现在，我们转向探讨非侵入式测量神经活动电信号的方法。与侵入式方法相比，非侵入式方法更常见，风险以及成本更低，并且几乎没有副作用。健康的个体可以参与非侵入式实验。

脑电图

一个神经元产生的电位是很小的。放在头皮上的电极不可能从中检测到信号。当神经元群体都活跃时，它们会产生大得多的复合电信号。尽管我们可以通过ECoG电极非常精确地测量这些群体信号，但也可以通过使用放置于头皮上的电极，即**脑电图**（electroencephalography，EEG），以非侵入方式进行测量。这些表面电极（通常有20～256个）被置入一个弹性帽中（图3.23），记录来自皮质（和皮质下）的信号。

由于大脑、颅骨和头皮组织会被动传导由突触活动产生的电流，因此我们可以记录头皮处的电位。但是，信号的强度会受到组织的导电特性影响，并且随着从产生神经信号的位置到记录电极之间距离的增加而变弱。

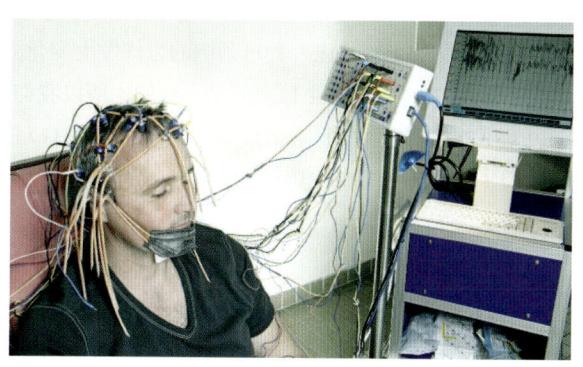

图3.23　参加脑电图研究的被试

因此，EEG信号的分辨率远小于ECoG。当然，EEG最大的优点是不需要进行脑部手术，使它成为一个能获得高时间分辨率生理信号且非常流行的工具。

多年的研究表明，这些频段的功率是大脑（和人）状态的极佳指标。例如，α功率增强与注意状态下降有关；θ功率增强与从事有认知需求的任务有关。因为我们已经了解到可预测的EEG信号与不同的行为状态相关，所以EEG具有许多重要的临床应用。例如，在深度睡眠中，EEG的特征是缓慢的高振幅振荡。这大概是由于大批神经元活动状态的节律变化所致（图3.24）。在睡眠的其他阶段以及处于各种清醒状态下，

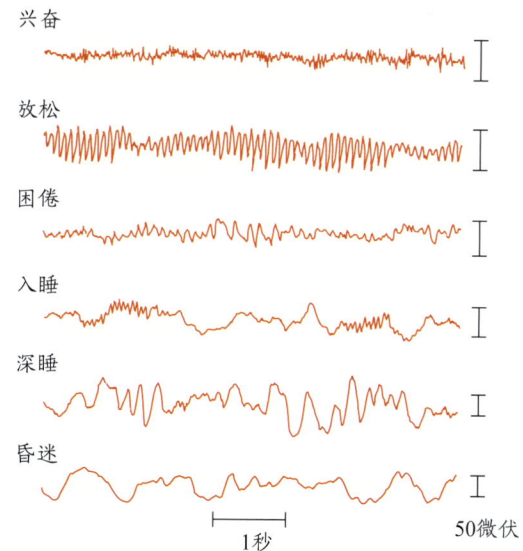

图3.24　各种意识状态下的脑电图

从头皮记录到的电位呈现为波形，其中横轴为时间，纵轴为电压。波形随着时间在正电压和负电压之间振荡变化。非常缓慢的振荡在深度睡眠或δ波中占主导地位。处于清醒状态下，当人放松时（α波），振荡发生得更快；而当人兴奋时，振荡反映了许多脑电波成分的组合。

模式都会变化,但总是以一种可预测的方式发生变化。因为正常的 EEG 模式在个体之间是一致的,所以我们可以从 EEG 记录中检测脑功能异常。例如,EEG 可为癫痫(图 3.9b)和睡眠障碍的评估和治疗提供有价值的信息。

事件相关电位

用 EEG 系统收集的数据还可用于研究特定任务如何调节大脑活动。此方法需要从整体 EEG 信号中提取由外部事件(如刺激或运动出现)引起的反应。为此,我们将与该事件相关的一系列试次的 EEG 叠加,然后取均值。这种叠加消除了与感兴趣事件无关的脑电活动的影响。诱发反应或**事件相关电位**(event-related potential,ERP)是一种由刺激或运动触发的蕴含在连续 EEG 中的微小信号。通过对这些电信号进行平均,研究者可以提取该信号。该信号反映了与引起这个信号的感觉、运动或认知事件相关的神经活动,因此得名事件相关电位(图 3.25)。

ERP 图显示的是时间锁定在特定事件上的平均脑电波。我们根据其极性(N 代表负,P 代表正)和刺激开始后脑电波出现的时间来命名波形成分。因此,N100 表示在刺激出现后约 100 毫秒出现的一个负波。但是,学术界对于 ERP 成分的命名并不统一。一些研究者用 ERP 成分的出现顺序来标记成分。因此,N1 可指代第一个负波(如图 3.26 中所示)。在查看 ERP 的极性时也要小心,因为有些研究者把坐标系上方标记为负值,而另一些研究者把下方标记为负值。

ERP 的许多成分都与特定的心理过程相关联。在最初的 50~100 毫秒内,所观察到的成分与感觉加工紧密相关,使它成为临床医生评估感觉通路完整性的重要工具。注意状态可以调节在刺激呈现 100 毫秒后出现的 ERP。两个早期成分 N100 和 P100 都与选择性注意有关。即使是与任务无关的意外刺激(如在人们观看无声电影时,在同时为其呈现的一系列 C 调中出现一个 G 调),也会诱发一个叫 N200 的 ERP,即所谓的失匹配负波。当要求被试注意某个特定刺激(如 C 调音符而不是 G 调音符)时,目标刺激出现(尤其当目标刺激相对罕见时)会在被试的 EEG 中诱发一个 P300。

ERP 也为临床医生提供了一个重要工具。例如,视觉诱发电位可用于诊断多发性硬化(一种导致脱髓鞘的疾病)。当视神经发生脱髓鞘时,电信号的传播速

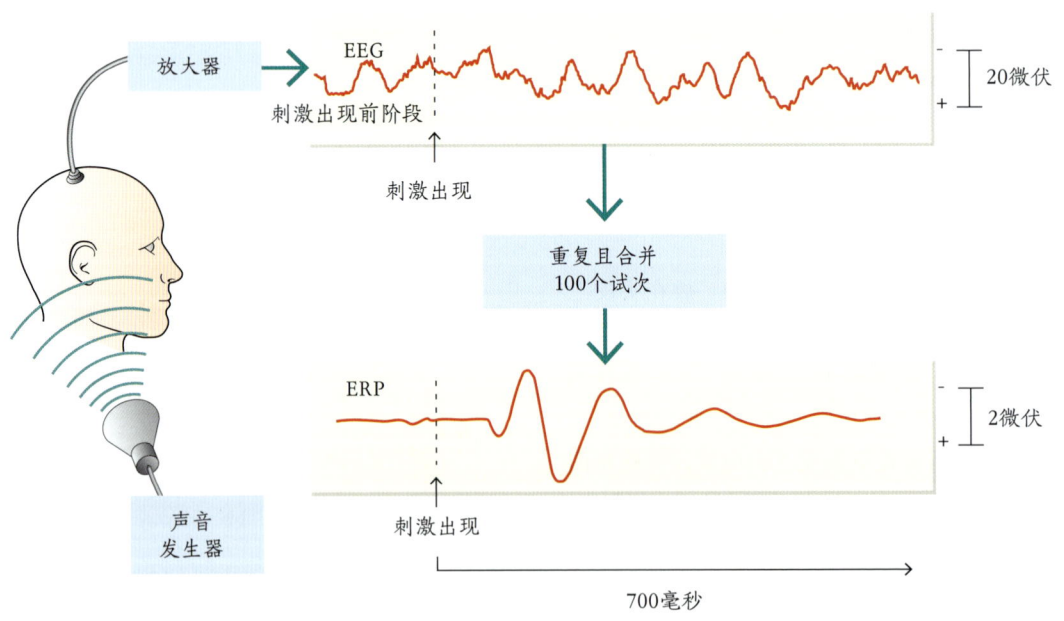

图 3.25 记录一个 ERP
只有将一系列试次中的 EEG 轨迹平均后,才能观察到对特定事件的相对较小的电流反应。脑电图的大幅度背景振荡导致我们不可能通过一个试次来检测感觉刺激所诱发的反应。但是,对数十或数百个试次进行平均会消除背景 EEG,从而留下 ERP 信号。横轴表示时间,纵轴表示电压。请注意 EEG 和 ERP 波形在比例上的不同。

度不会那么快，从而延迟了视觉诱发反应的早期峰值。相似地，在听觉系统中，由于听觉诱发电位（auditory evoked potential，AEP）中的特征波峰和波谷是由上行听觉系统的特定解剖区域的神经活动引起的，因此临床医生可以通过听觉诱发电位来定位那些挤压或损坏听觉加工区的肿瘤。这些最早期的听觉诱发电位波形表明，听觉神经活动发生在声音出现的几毫秒之内。在声音刺激发出后 20 ~ 30 毫秒内的一系列听觉诱发电位波形表明，从脑干、中脑、丘脑，最后到皮质的神经元依次发放电位（图 3.26）。

需要注意的是，我们使用的是间接方法来进行这些定位；也就是说，电记录来自头皮表面。对于与感觉信号沿感觉通道传递相关的早期成分，我们通过其他使用直接记录技术的研究发现以及神经信号传递所需的时间，推断神经活动源。如果研究者要观察的是由皮质结构产生的诱发反应，那么这种方法就不可行。

听皮质将其信息传递到许多皮质区域，而这些区域都对所测得的诱发反应做出贡献，使得对这些成分的定位变得非常困难。

因此，ERP 最适合解决有关认知的时间进程问题，而不是定位产生 ERP 的大脑结构。正如将在第 7 章中看到的，诱发反应能告诉我们注意会在何时影响一个刺激的加工，也能提供有关一个人何时决定进行反应或何时发现错误的生理学指标。

脑磁图

与脑电图有关的技术是**脑磁图**（magnetoencephalography，MEG），一种测量由大脑电活动所产生的磁场的技术。物理学的一个基本定律是，电流产生的环形磁场垂直于电流方向（图 3.27a）。穿过一个神经元的电流也会产生一个圆形磁场。因此，MEG 设备可测量平行于颅骨表面的电活动。

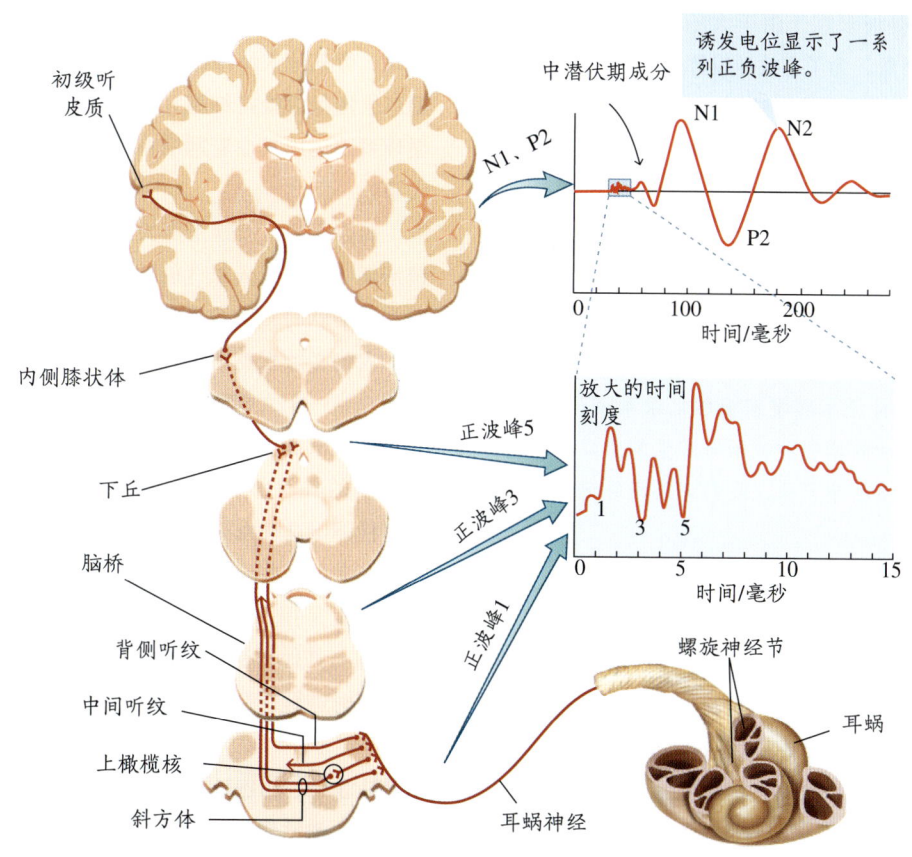

图 3.26 测量听觉诱发电位

诱发电位在可预测的时间点上显示了一系列正（P）和负（N）波峰。此处标记的成分反映了它们的出现顺序，N1 表示第一个负波峰。在此听觉诱发电位中，早期的波峰是不变的，并且已发现与特定大脑结构中的神经活动相关。后期的波峰取决于任务。对于其来源的定位已成为许多研究和争论的主题。

这种信号主要来自位于皮质沟且与头皮表面平行的尖端树突。因此，MEG 记录了主要来源于脑沟内的神经元活动（图 3.27b），EEG 则会同时记录来自沟和回的电压变化。MEG 传感器排列在头盔中，传感器的输出与记录磁场变化的超导量子干涉器（superconducting quantum interference device，SQUID）相连（图 3.27c）。

与 EEG 一样，我们在一系列试次中记录并平均了 MEG 轨迹，以获得与事件相关的信号，称为事件相关磁场（event-related field，ERF）。事件相关磁场具有与事件相关电位（ERP）相同的时间分辨率，但是优点是我们可以更准确地估计信号来源。ERF 根据产生它们的传感器位置来建构脑磁地形图（图 3.27d），而且这种脑磁地形图用于估计 MEG 信号的来源（图 3.27e）。与 EEG 检测到的电信号不同，MEG 信号在穿过大脑、颅骨和头皮时对磁场只造成轻微扭曲。因此，与 EEG 信号相比，定位 MEG 信号源容易得多。

MEG 的主要局限在于由于大脑产生的磁场非常弱，因此系统昂贵。为了有效地发挥作用，安装 MEG 设备的房间需要与所有外部磁场（包括地磁）保持磁屏蔽。此外，为了检测大脑的弱磁场，在装有液氦的大圆筒中，超导量子干涉器的传感器必须保持低于 4 开的温度（图 3.27f）。

的磁检测器可测量神经元电活动产生的小磁场。我们可以用类似于 ERP 的事件相关方式使用 MEG，它们都有类似的时间分辨率。MEG 之所以具有出色的空间分辨率，是因为大脑或颅骨等有机组织导致的磁信号失真极小。

3.6 功能和结构联姻：神经影像学

影像学技术为认知神经科学带来了最激动人心的进步，使研究者能够确定人们在知觉、思考、感受和行动时，大脑特定区域的生理变化（Raichle，1994）。在这些神经成像技术中，最突出的是**正电子发射断层扫描（PET）**和**功能磁共振成像（fMRI）**。这些方法使研究者能够确定在某些特定任务中被激活的大脑区域，从而验证功能解剖学假设。

与 EEG 和 MEG 不同，PET 和 fMRI 不能直接测量神经活动。相反，它们测量与神经活动相关的代谢变化。像其他人体细胞一样，神经元也需要氧和葡萄糖产生能量以维持细胞完整性并执行特定功能。人体循环系统运用其血管网络将必需的氧和葡萄糖分配到大脑。

如前所述，大脑是需要代谢的器官。中枢神经系统消耗了我们吸入氧气的约 20%。然而，在大脑最活跃和不活跃时，供给大脑的血液量只有很少变化。因此，大脑必须根据需要调节血液流向不同区域的量或速度。当一个大脑区域处于活跃状态时，增加流向该区域的血液能为它提供更多氧和葡萄糖，而这是以牺牲大脑的其他部分血液供应为代价的。PET 和 fMRI 可以检测出这种血流变化，称为**血液动力学反应**。

在考虑这些记录神经活动的方法时，请记住它们在本质上是相关性的。为了进行因果推断，我们需要将它们与其他方法结合起来使用。这部分内容将在本章结束时进行讨论。

正电子发射断层扫描

PET 激活研究使用放射性标记化合物，测量与心理活动相关的脑血流量的局部变化（图 3.28）。放射科医生将放射性物质或示踪剂注入血流，然后血流会根据代谢需要让这些物质分布在整个大脑中。更活跃的神经区域有更高的代谢需求，因此会接收更多示踪剂。

关键信息

- 单细胞记录使神经生理学家能够记录单个神经元，并将神经元活动的增强和减弱与感觉刺激或行为关联起来。通过多细胞记录，我们可以同时记录许多神经元的活动。
- ECoG 和 EEG 是两种测量大脑电活动的技术。在 ECoG 中，电极直接放置于大脑上；在 EEG 中，电极放置在头皮上。这些方法可以测量电活动的内在变化，以及由特定事件（如刺激或运动）触发的变化。尽管 ECoG 信号分辨率远高于 EEG，但它只能在接受神经外科手术的人身上使用。
- ERP 是将时间锁定在特定事件（如刺激呈现或反应开始）的电活动变化。为了检测由刺激触发的神经活动相对较小的变化，EEG 信号要在多个试次中进行平均。
- MEG 测量大脑产生的磁信号。沿着头皮放置的灵敏

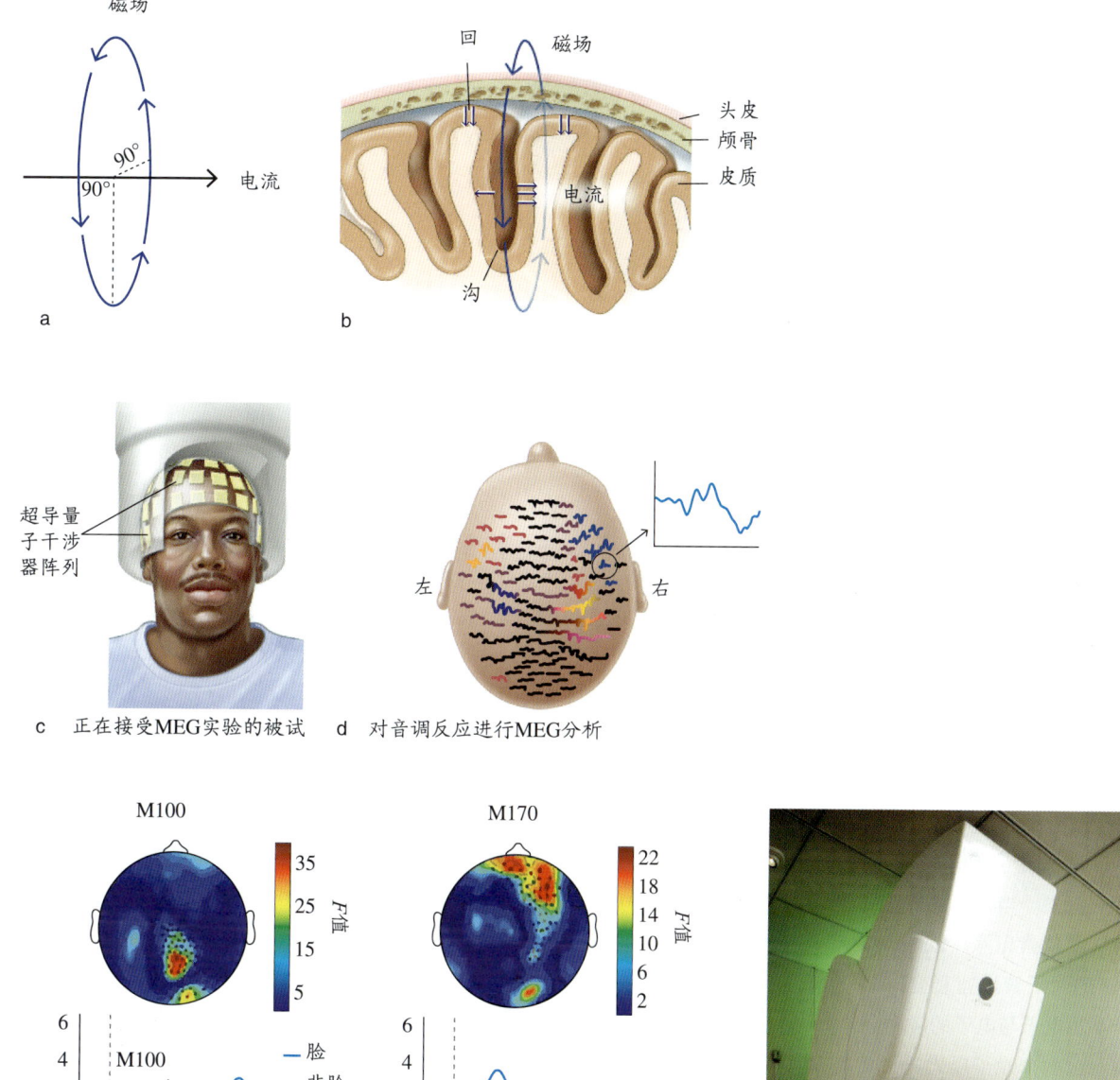

图 3.27 脑磁图可作为一种非侵入式术前定位手段

（a）电流产生垂直于该电流方向的磁场。（b）由尖端树突中细胞内电流所产生的磁场。平行于头皮表面的那些电流最容易测量到，并且通常位于脑沟内。（c）MEG 传感器头盔。（d）根据传感器在头盔上的位置而建构所有传感器对应大脑位置的 ERF 图（ERF 由反复对手指的触觉刺激所产生）。（e）人在看面孔或凌乱图像时的 ERF 时程（下方）和皮质分布（上方）。面孔会在 100 毫秒时于皮质后部产生一个 ERF 正偏移，而在 170 毫秒时于额叶皮质产生一个大的负偏移。（f）MEG 系统。

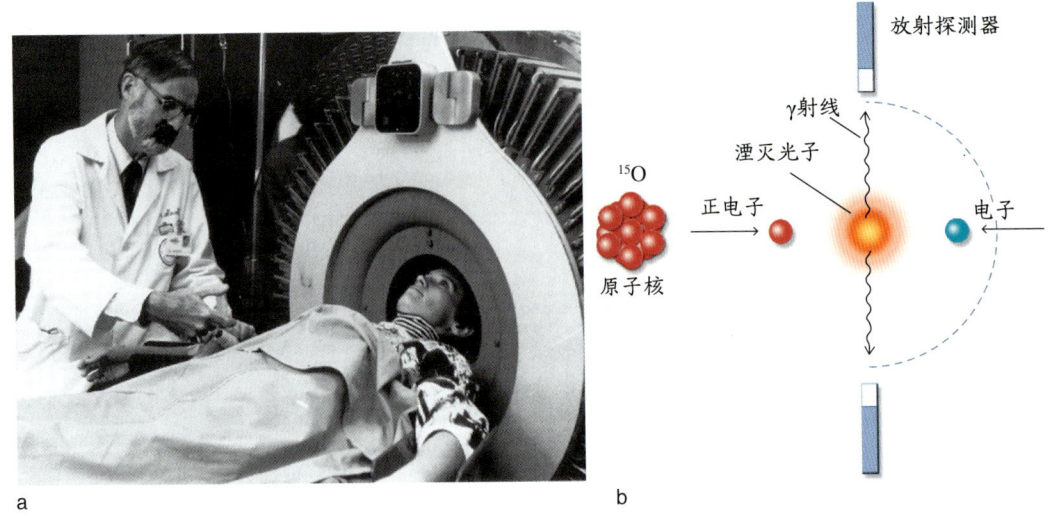

图 3.28　正电子发射断层扫描

（a）PET 可以测量人脑的代谢活性。（b）在 PET 最常见的形式中，放射性氧——^{15}O——所标记的水会被注射进被试体内。当正电子从这种不稳定的放射性同位素中逃逸时，它们会与电子发生碰撞。这种碰撞的副产品是产生两个沿相反方向移动的 γ 射线或光子。PET 扫描仪测量这些光子并算出其来源。大脑最活跃区域会增加对氧的需求；因此，活跃区域将具有更强的 PET 信号。

PET 扫描仪可以监察示踪剂发出的辐射。

PET 研究常用的一种示踪放射性同位素是氧 –15（^{15}O）。这是一种不稳定的半衰期为 122 秒的氧放射性同位素。当被试完成认知任务时，研究者将这种放射性同位素以水（$H_2^{15}O$）的形式注入这个人的血液。^{15}O 的原子核迅速衰变，即每个原子核发射一个正电子。正电子与电子的碰撞会产生两个光子或两条 γ 射线。这两个光子以光速沿相反方向移动，不受阻碍地穿过脑组织、颅骨和头皮。PET 扫描仪在本质上是 γ 射线探测器，可以确定发生碰撞的位置。

尽管身体的所有区域都会消耗一些放射性氧，但 PET 的基本假设是，那些神经活动增强的大脑区域需要更多血流。因此，PET 激活研究测量的是相对活动，而非绝对的代谢活动。在一个典型的 PET 实验中，研究者至少两次施加示踪剂，即在控制条件下以及一个或多个实验条件下施加。PET 的结果通常被报告为控制条件和实验条件之间**局部脑血流量**（regional cerebral blood flow，rCBF）的变化。

PET 扫描仪能够解析 5～10 立方毫米区域或**体素**的代谢活性（可将体素视为一个微小的立方体，是像素的三维类似物。尽管该体积内仅包含数千个神经元，但是对于识别活动增强的皮质和皮质下区域已经足够了。它甚至可以展示一个给定皮质区域内的功能变化。

当研究者认识到 PET 扫描仪可以测量任何放射性物质时，他们就试图开发可以用作特定神经系统疾病和病理学生物标记物的特殊分子。在过去，因为只有对脑组织进行尸检分析才能确诊阿尔茨海默病的 β- 淀粉样斑块和神经元纤维缠结是否存在，因此对该病的诊断依赖临床（并且经常被误诊）。关于阿尔茨海默病的一个主流但也遭到了反对的假说是，淀粉样蛋白（一种普遍存在于组织中的蛋白质）的产生出现了问题，并导致了典型的斑块（Drachman，2014；Freiherr et al.，2013）。

美国匹兹堡大学的切斯特·马西斯（Chester Mathis）和威廉·克伦克（William Klunk）希望诊断和监测阿尔茨海默病病人，因此他们着手寻找一种能特异性地标记 β- 淀粉样蛋白的放射性化合物。在测试了数百种化合物后，他们确定了一种蛋白质特异性的 ^{11}C 标记染色剂（半衰期为 20 分钟）可被用作 PET 示踪剂，他们称之为匹兹堡化合物 B（Pittsburgh Compound B，PiB）（Klunk et al.，2004）。PiB 能与

β-淀粉样蛋白结合（图3.29），为医生提供了活体检测该生物标记物的方法。

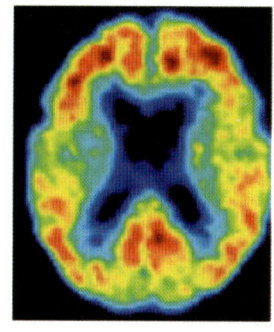 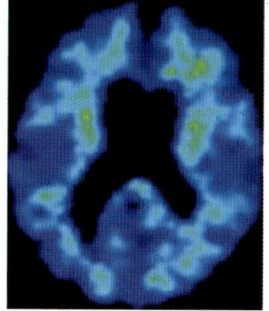

a　阿尔茨海默病组　　　b　控制组

图 3.29　使用 PiB 查找阿尔茨海默病的迹象
PiB 是与 β-淀粉样蛋白结合的一种 PET 染色剂。该染色剂被注射到一位患中度阿尔茨海默病的男性病人和另一个年龄相仿但认知功能正常的女性的血液中。（a）如左图中的红色、橙色和黄色所示，阿尔茨海默病病人在额叶、后扣带皮质、顶叶和颞叶显示出了明显的 PiB 结合特征。（b）控制组被试的大脑并没有显示出 PiB 结合迹象。

PET 扫描现在可以测量 β-淀粉样蛋白斑块，从而为临床医生增加了一个诊断阿尔茨海默病的新工具。此外，医生可以筛查无症状病人和出现早期认知障碍的病人，以预测他们患阿尔茨海默病的可能性。能明确诊断这种疾病无疑可以改善对病人的治疗并降低误诊风险。它还使科学家可以开发新的实验药物。这些药物旨在破坏斑块的病理性发展，或者治疗阿尔茨海默病的症状。

功能磁共振成像

与 PET 一样，fMRI 充分利用了大脑活跃部位血流增加的事实。扫描流程基本上与传统 MRI 的流程相同。射频波使氢原子中的质子振荡，检测器测量当质子返回 MRI 扫描仪的磁场方向时所发出的局部能量场。然而，在 fMRI 中，血红蛋白的脱氧形态（脱氧血红蛋白）的磁性才是成像的关键。脱氧血红蛋白是顺磁性的（在磁场中呈现弱磁性），而氧合血红蛋白不是。fMRI 检测器可以测量氧合血红蛋白与脱氧血红蛋白之比。该值被称为**血氧水平依赖**（BOLD）效应。

鉴于与神经功能相关的大量代谢成本，从直觉上看，人们可能期望脱氧血红蛋白在活跃的脑组织周围的占比更大。然而，fMRI 结果通常显示，氧合血红蛋白对脱氧血红蛋白的比率会增加。之所以发生这种变化，是因为随着大脑区域变得活跃，流向该区域的血液量也增加了。神经组织无法吸收所有多余的氧。fMRI 可测量该过程的时间进程。尽管神经事件是在以毫秒为单位的时间尺度上发生的，但血流的变化慢得多。在图3.30中，请注意在呈现刺激（在本例中为视觉刺激）之后的几秒内，我们可观察到 BOLD 反应的增加，在 6～10 秒后达到峰值。因此，在 fMRI 中，我们可以通过测量血液中氧浓度的变化来间接地测量神经元活动。

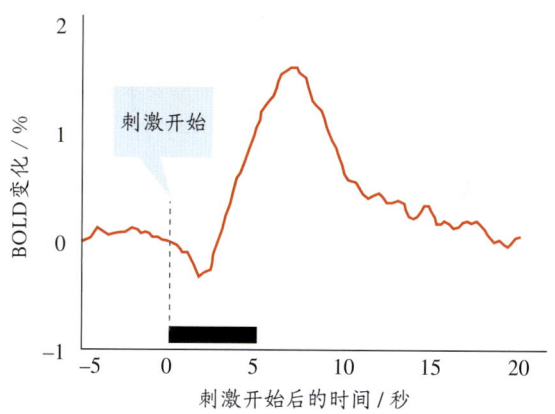

图 3.30　使用 4.7T 扫描仪从猫的视皮质观察到的 fMRI 信号
黑条表示视觉刺激的持续时间。最初，BOLD 信号出现下降，反映了活跃细胞中氧的消耗。随着时间的流逝，BOLD 信号增强，反映了对激活区域的血液动态反应的增加。这种强度的扫描仪现在正用于人类被试。

fMRI 相比 PET 有些优势。MRI 扫描仪便宜得多且易于维护，且 fMRI 不使用放射性示踪剂，因此不会引起由这些材料所带来的额外成本、麻烦和危险。由于 fMRI 不需要注射放射性示踪剂，因此研究者可以在一个采集回合或在多个采集回合中重复测试同一个人。于是，我们就有可能对来自单个被试的数据进行完整的统计分析。此外，从 fMRI 数据中获得的图像比用 PET 获得的图像具有更好的空间分辨率。基于这些原因，fMRI 给认知神经科学带来了革命性的变化。如今，这种扫描仪在研究型大学中很常见，而使用这种方法的文章也充斥着神经科学期刊。

区组设计与事件相关设计

fMRI 和 PET 的时间分辨率不同，使得研究设计也有所不同。PET 成像需要有足够的时间来检测足够的辐射，以建构质量过关的图像。被试必须连续进行一项给定的实验任务至少 40 秒，并且要对此间隔内的代谢活动进行平均。由于这一时间要求，研究者必须对 PET 实验进行区组设计。

在**区组设计**中（图 3.31），研究者整合了在一个"区组"内所记录的神经活动。在此期间，被试进行了多个相同类型的试次。例如，在 40 秒的一些区组中，被试可能会看到一些静态点，而在其他 40 秒的区组中，这些点以随机的方式移动。比较可以在两个刺激条件之间进行，也可以在这些条件与没有视觉刺激的控制条件之间进行。这种延长时间的要求会损害将激活模式与特定认知过程关联起来的特异性。

fMRI 研究既可以使用区组设计（在这种设计中，实验者比较在实验扫描阶段和控制扫描阶段的神经活动），也可以使用**事件相关设计**（图 3.32）。就像在 ERP 研究中一样，事件相关一词是指在整个实验试次中，BOLD 反应都与特定事件（如刺激出现或运动开始）相关。尽管我们可能很难在大脑血液动力学反应的背景波动中检测到任何单个事件的代谢变化，但我们可以通过对这些重复的事件加以平均来获取清晰的信号。由于血液动力学反应的时间进程延长，后续试次的 BOLD 反应将会与前面的有所重叠（图 3.32）。但是，我们可以使用复杂的统计方法来确定每个事件对所测得 BOLD 反应的贡献。

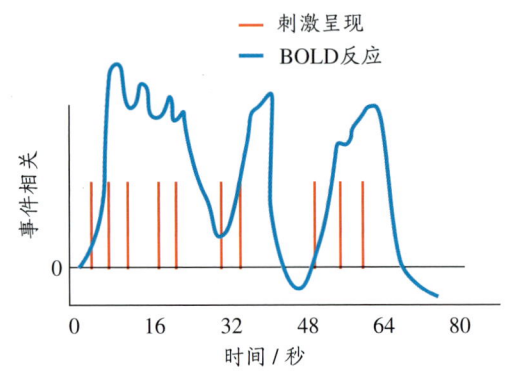

图 3.32　事件相关设计

在区组设计中，给定条件的刺激集为区组，而且要对整个区组的活动进行平均。与区组设计不同的是，事件相关设计将不同条件的刺激随机化，并且可以从信号中提取出与特定刺激或反应匹配的 BOLD 反应。所测得的 BOLD 反应会包含许多不同试次的贡献。我们随后可以使用统计方法提取与每个事件相关的贡献。

事件相关 fMRI 研究通过随机呈现实验和对照试次而改善了实验设计。这种方法有助于确保被试在两

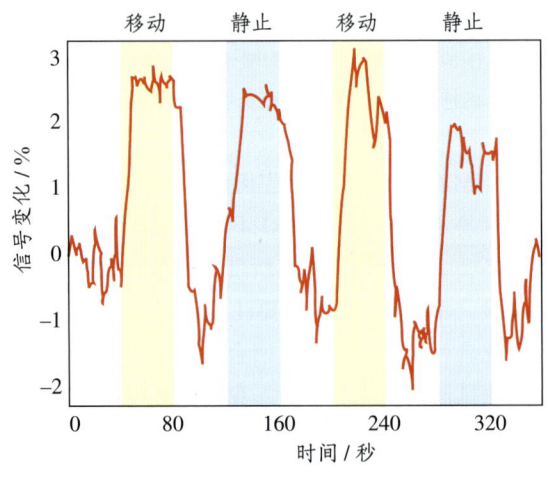

a　初级视皮质

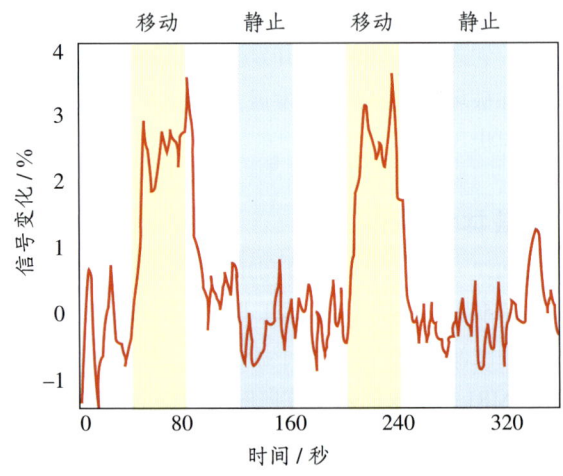

b　MT 区

图 3.31　区组设计

fMRI 测量氧合作用的时间波动性有着良好的空间分辨率。在这个实验中，被试观看在黑色背景上随机出现的白点。白点将保持静止或沿辐射轴移动。40 秒的刺激间隔（彩色背景处）与 40 秒的空屏间隔（白色背景处）交替出现。（a）对初级视皮质（V1 区）的测量显示，与空屏间隔相比，刺激间隔期活动一致增加。（b）在 MT 区（一个与运动知觉相关的视觉区域，参见第 5 章），仅在点移动时，才能观察到信号增加。

种类型的试次中都处于相似的注意状态，因此所观察到的差异更可能由假设的加工需求而不是更普遍的因素（如总体唤醒度）引起的。尽管区组设计能够更好地检测一些微弱的效应，但研究者在事件相关设计中可以使用的实验设置范围更广。实际上，对于有些问题，研究者只能使用事件相关 fMRI 来进行研究。

事件相关 fMRI 的一个强大功能是，实验者可以选择以不同的方式组合扫描后的数据。例如，让我们考虑一下遗忘的问题。大多数人都有过这样令人沮丧的经历。我们在聚会上遇到某人，然而在 2 分钟后，就不记得此人的名字了。发生这种情况是因为在开始介绍时我们就没有仔细听，所以信息从未真正进入记忆吗？还是信息确实进入了我们的记忆，但是分心了 2 分钟之后，我们就失去了访问信息的能力？前者是记忆编码出现了问题，后者则反映了记忆提取的问题。从过去 100 年间发表在认知心理学期刊上的数千篇有关该主题的论文来看，这两种可能性很难区分。

安东尼·瓦格纳（Anthony Wagner）及其同事使用事件相关 fMRI 重新审视了记忆编码与提取的问题（A. D. Wagner et al., 1998）。他们对被试进行了 fMRI 扫描。被试正学习一份单词列表。这份单词列表每 2 秒出现 1 个单词。扫描结束后约 20 分钟，他们让被试进行了再认记忆测试。被试平均正确识别了在扫描过程中所学的 88% 的单词。

然后，研究者根据被试是记得还是忘了一个单词来分离试次。如果记忆失败是由于提取困难引起的，那么这两类试次在 fMRI 反应中应该没有差异，因为研究者仅在被试阅读单词时才进行了扫描。但是，如果记忆失败是编码不佳所致，那么研究者预期，在呈现记住的单词和遗忘的单词时，fMRI 模式会有所不同。

结果显然支持编码失败假设（图 3.33）。在呈现记住了的单词时，前额叶皮质和海马区域记录到的 BOLD 信号更强。（正如我们将在第 9 章看到的，大脑的这两个区域在记忆形成中起着至关重要的作用。）对于这样的研究，区组设计便是一个糟糕的选择，因为用这种方法，每个扫描阶段所有事件的信号都会被平均。

fMRI 研究中产生的大量数据促使研究者开发了更复杂的分析工具。这些工具超越了通过比较实验条件和控制条件来看活动模式是否包含有关认知状态的信息这种简单的分析。其中一种方法是**多体素模式分析**。这是一种模式分类算法。研究者在其中识别特定事件、

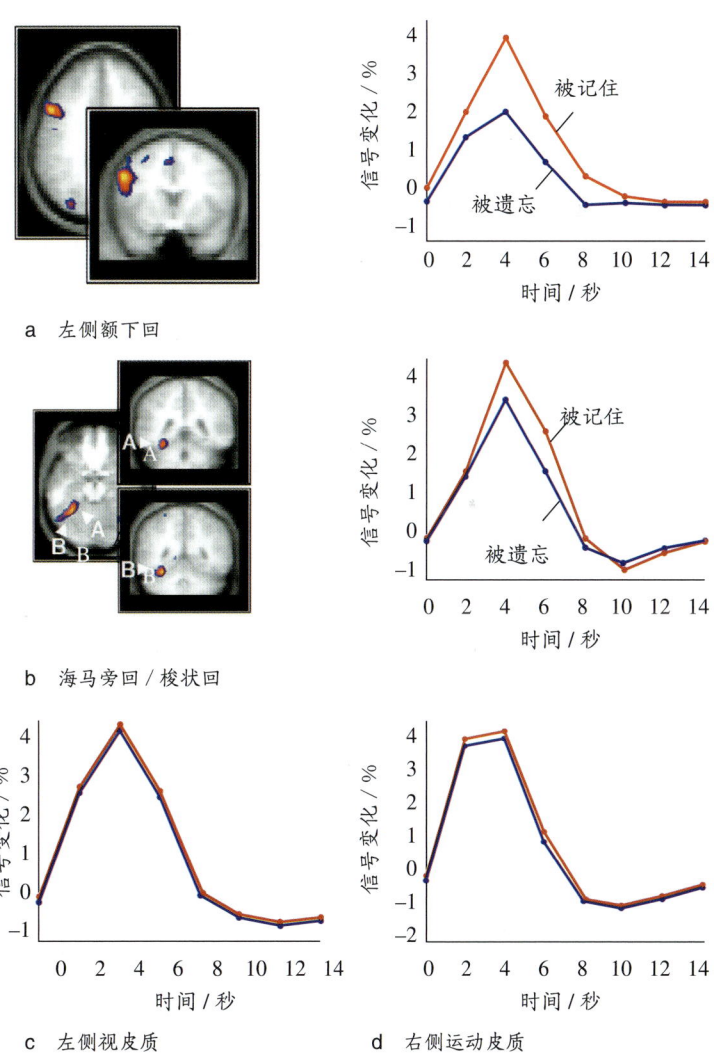

图 3.33　事件相关 fMRI 研究显示记忆失败是编码问题

与被遗忘的单词相比，随后被记住的单词在编码过程中左侧额下回（a）和左侧海马旁回（b）都产生了更大的激活。（A= 海马旁回；B= 梭状回。）呈现了被记住或被遗忘的单词之后，左侧视皮质（c）和右侧运动皮质（d）的活动是相同的。这些结果表明，记忆效应特定于额叶和海马区域。

任务和刺激的神经活动分布模式。这些激活模式不仅可以提供有关大脑区域功能角色的信息，还可以提供关于它们内部和外部网络功能的信息（参见第3.7节）。

阿丽尔·坦比尼（Arielle Tambini）和莉拉·达瓦齐（Lila Davachi）使用多体素模式分析来探究在习得某些东西之后，巩固过程是否继续发生在海马之中（2013）。她们首先在编码过程中识别了海马体素的BOLD模式。接下来，她们想知道这些相同的模式在被试没有接受刺激的休息期间是否仍然存在。为了测试记忆内容是否具有特殊性，她们要求被试执行两种不同的编码任务：一种是检查面孔照片，另一种是检查物体照片。

多体素模式分析显示，休息期间的激活模式与在编码期间所观察到的激活模式相似。但是，面孔和物体照片的模式不同。因此，研究者可以从大脑活动中预测被试在休息期间正在"想"哪种刺激。更令人印象深刻的是，在后续的记忆测试中，被试记住的部分在编码期间显示出了最强的活动模式，并在编码后的休息期还持续活跃。

磁共振波谱

我们也可以使用MRI设备来测量脑组织的其他特性。**磁共振波谱**（magnetic resonance spectroscopy，MRS）是一种获取活体组织化合物信息的方法（与从标准结构MRI获得的解剖信息相反）。我们之所以能这样做，是因为分子具有独特的质子组合，而这些质子在磁场中的表现不同。根据MRS数据，研究者可以估算一个大脑区域中不同神经化学物质的浓度，或多个区域中同一种神经递质的浓度。他们还可以探究这些浓度在一个人执行任务期间或之后会如何变化。这个逻辑类似于使用fMRI来测量任务相关BOLD反应的变化。由于神经递质的信号非常弱，因此MRS扫描需要使用大体素，而且对每一个体素的扫描时间约为10分钟。

神经递质 γ-氨基丁酸已成为许多MRS研究的焦点。它受到如此重视的一个原因是方法学上的：γ-氨基丁酸的特性在MRS中很稳定。另一个原因是功能上的：γ-氨基丁酸是大脑皮质中最普遍的抑制性神经递质，与许多精神疾病有关。例如，一种假设认为，兴奋性和抑制性递质传递之间的失衡是孤独症（或自闭症）在神经生物学上的主要特征。动物研究提示，这种失衡是 γ-氨基丁酸递质通路中断的结果。

为了探究这一假设，卡罗琳·罗伯逊（Caroline Robertson）及其同事（2016）设计了一个视知觉双眼竞争任务。当把一幅图像呈现给一只眼睛并把另一幅图像呈现给另一只眼睛时，就会出现**双眼竞争**现象。我们最初知觉一幅图像，几秒后，我们的知觉会切换到另一幅图像，然后它们来回切换。每只眼睛的神经输入似乎在争夺优势地位，理论上会导致视皮质的兴奋过程和抑制过程之间产生竞争。罗伯逊证明，孤独症病人在这项任务上的表现与控制组被试不同。孤独症病人在两个图像之间的切换速度较慢，并且混合知觉的时间更长。

为了检查这种行为差异与神经化学之间的相关性，研究者通过MRS测量 γ-氨基丁酸和一种兴奋性神经递质谷氨酸的浓度，来关注枕叶的一个体素（图3.34）。在控制组被试中，视皮质中 γ-氨基丁酸浓度与切换率相关。即使孤独症病人的平均 γ-氨基丁酸浓度与控制组相同，γ-氨基丁酸浓度与切换率之间也不存在相关。研究者没有发现谷氨酸在组间存在差异。这些发现提示，神经递质与孤独症的某些行为特征之间可能存在联系。有趣的是，孤独症病人可能并不是神经递质数量有什么异常，而是在该神经递质的使用方式（如受体敏感度）或它如何与其他递质发生交互作用上存在差异。

功能成像技术的局限性

了解如PET和fMRI等成像技术的局限性很重要。第一，与单细胞记录或ERP相比，PET和fMRI的时间分辨率低。PET会受到放射性试剂衰减率的限制（以分钟为单位），而fMRI取决于BOLD反应的血流动力变化（以秒为单位）。要全面了解认知的生理学和解剖结构，通常需要将ERP结果和fMRI结果整合起来。

第二，为了将功能和结构关联起来，我们必须把功能成像方法（如fMRI或PET）所获得的数据映射到相应的结构MRI扫描上。结构扫描可以是一个切片，可以是整个皮质表面经计算机处理的三维图像，也可以是充气延展开来的皮质表面，以更好地反映皮质空间区域之间的距离。这些方法之所以起作用，是因为一般而言，大脑都具有相同的组成部分。然而，就像指纹一样，没有两个大脑是相同的。它们的整体大小、沟回大小和位置、单个区域大小、形状以及连通性都会有所不同。这种差异性成了功能成像数据跨个体比较的一个障碍。

一个解决方案是用数学方法将个体大脑图像在一个共同空间内对齐。这种对齐的前提是假设大脑半球深处的点与穿过前连合以及后连合处的水平面存在可预测的关系，而前后连合，即两个大的白质束，将两个大脑半球连接起来。1988年，塔莱拉什（Jean Talairach）和皮埃尔·图尔纳（Pierre Tournoux）发表了一个标准化的、三维的和比例化的网格系统，以确定和测量存在着变异的大脑组成部分。他们将一名60岁已故法国妇女的大脑分为数千个体素（其尺寸在毫米范围内）。他们为每个体素在 x 轴（左或右）、y 轴（前或后）和 z 轴（上或下）上相对于前连合位置制定了一个三维的塔莱拉什坐标。通过使用这些标准化的解剖坐标，研究者可以进行结构MRI扫描，并将其结果转换到标准塔莱拉什空间中。这便成了一种整合个体间信息的方法。但是这种方法的局限性在于，要使得大脑匹配标准坐标，我们必须让图像变形来匹配标准模板。

功能成像的信号也存在很大的变异性。为了改善信号，研究者会使用数据平均的步骤，对相邻体素的BOLD信号进行平滑。这种方法的逻辑是：在相邻体素中，激活应该相似，至少某些变异应该是由噪声造成的。然而，这也很可能出现不连续的情况，因为对于某个体素而言，相邻体素可能来自一个脑沟的另一侧皮质区域。因此，这些平滑技术存在一定代价，尤其当我们分析有着不同解剖结构的不同个体的数据时。

当我们解释PET或fMRI研究的数据时，会出现第三个困难。一项影像研究的数据是很庞大的，随之而来会出现有挑战性的统计问题。选择适当的显著性阈值也很重要。如果阈值太高，你可能会错过那些本来应该显著的区域；如果太低，风险

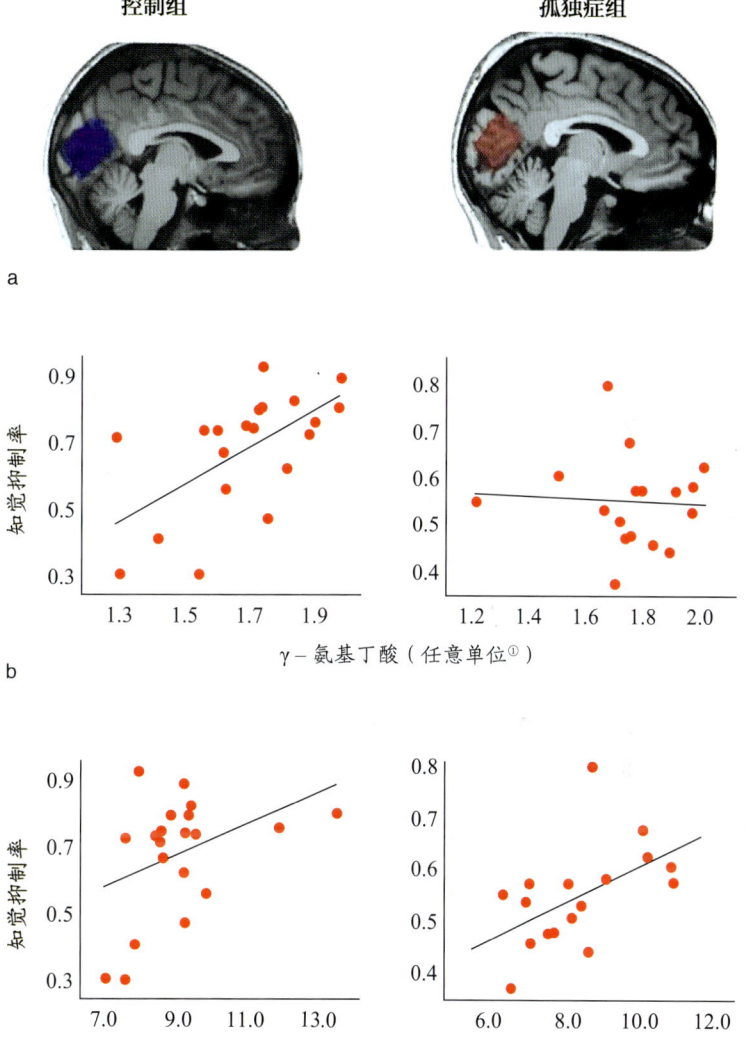

图 3.34　根据 MRS 数据计算的线光谱

（a）在一个双眼竞争研究中，MRS数据是从一个以视皮质为中心的体素中获取的。分析集中在γ-氨基丁酸和谷氨酸这两种神经递质上。在控制组被试中，γ-氨基丁酸（b）和谷氨酸（c）的水平有力预测了双眼竞争中知觉抑制强度（每个试次中用于观看主导知觉对象时间的比例）。但是在孤独症病人中，这种关系仅在谷氨酸中存在。知觉和γ-氨基丁酸水平之间相关性的缺失可能与该组中较低的切换率有关。

---

① 任意单位（arbitrary units）指无量纲，表示相对强度，其绝对强度没有意义。——译者注

是囊括了一些随机激活。功能成像研究经常使用名为"校正"的显著性水平，意味着考虑到分析中涉及的多重比较问题，统计标准已做过调整。

第四，即使采用恰当的统计步骤，不同实验条件之间的比较也可能产生许多差异。考虑到我们对脑功能分布性质的了解，这并不让人感到意外。例如，要求某人生成与名词相关的动词（实验任务）可能比仅说名词（控制任务）需要更多的认知操作。因此，很难从神经影像数据中推断出每个区域在功能上所做出的贡献。我们要记住的是，相关关系并不表示因果关系。另外，主要驱动 BOLD 信号的是神经输入而不是输出（Logothetis et al., 2001）；因此，显示激活增强的区域可能离那些提供了关键运算的大脑区域尚远。

关键信息

- PET 通过监察正在衰变的放射性示踪剂的分布来测量大脑的代谢活动。在认知研究中，由于活跃神经区域的氧分布会增加，因此 ^{15}O 可成为一种常用的示踪剂。研究者可以设计示踪剂来定位特定类型的组织。PiB 示踪剂就可被用于与 β-淀粉样蛋白结合，从而为阿尔茨海默病的活体检测提供了重要的生物标记物。
- 在 fMRI 中，MRI 扫描仪可被设置为测量血氧含量变化（血液动力学反应）。我们假设，这些变化与神经活动的局部变化相关。
- 在 MRS 中，MRI 扫描仪可定位特定代谢物，从而成为一种测量神经递质浓度的工具。

- 与测量电信号的方法相比，PET 和 fMRI 的时间分辨率较差，通常在几秒甚至几分钟内才能平均代谢信号。尽管如此，我们还是可以同时使用这些方法获取具有合理空间分辨率的整个大脑图像。

3.7 连通图谱

功能成像方法为认知神经科学家提供了一种功能强大的定位工具。通过仔细选择实验条件和控制条件，研究者可以研究几乎所有认知任务所涉及的神经区域。让我们考虑一下像面部知觉这样基础的认知加工。第 6 章将详细介绍下文所涉及的任务。我们不仅可以研究面部知觉中所激活的大脑区域，还可以做更细微的区分，找出大脑的哪些部位会在我们看名人、爱人或其他族群个体的面孔时变得活跃。这些研究的结果勾起了公众的想象力，几乎每周都会有报纸发表文章表示："科学家发现了与浪漫爱情有关的大脑区域！"

在这种过度简化中，我们会错过一些信息。我们要认识到大脑区域不是孤立工作的，而是作为一个非常复杂又相互连接的网络的一部分。要了解大脑如何支持任何一个认知过程，我们需要一些工具来揭示这些连接模式。过去 10 年，研究者在开发此类工具上花了大力气，并且已经开发了不同方法去描述**连通图谱**，有时也称为**连接组**。这些图谱旨在对大脑内部结构或功能连接进行可视化描述。

研究者可以根据结构或功能成像数据建构一个大脑网络。建构过程需要四个步骤，如图 3.35 所示。

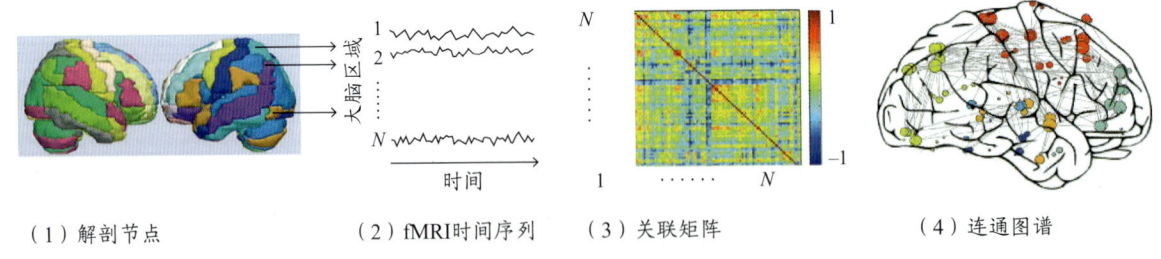

（1）解剖节点　　（2）fMRI时间序列　　（3）关联矩阵　　（4）连通图谱

图 3.35　建构一个人的脑网络

研究者可以使用结构或功能成像数据建构一个大脑网络。（1）来自解剖 MRI 或 fMRI 等成像方法的数据被分为很多节点。对于 EEG 和 MEG，传感器可以充当节点。（2）测量所有可能节点配对之间的相关性，并且（3）生成一个关联矩阵来可视化节点之间的成对相关性。这些相关性可用来制作一个连通图谱或连接组（4）。这里显示的连通图谱是从一个不同的 fMRI 数据集中建构而来的，不同于用来建构步骤 3 的关联图谱的数据集。具有显著功能相关性（连通性）的节点对之间的连接被呈现。每个节点的大小表示连接数。彩色突出了图谱中的功能网络，每种颜色表示节点所在的叶。

1. 定义网络节点。来自结构成像方法（如解剖 MRI 或 fMRI）的数据被分成多个节点，并把这些节点呈现在一张分割图上（可视化）。对于 EEG 和 MEG，传感器可以充当节点。
2. 使用感兴趣的因变量（如 DTI 扩散性的指标——各向异性分数或 fMRI 的 BOLD 反应）来测量所有可能成对节点之间的相关性。
3. 通过汇集节点之间的所有成对相关生成一个关联矩阵。
4. 将相关性呈现在连通图谱中（可视化）。创建这些图的一种方法是将大脑各区域看成一个网络的**节点**，并把连接定义为它们之间的**边**。节点和边的几何关系定义了整个网络并可对大脑组织进行可视化描述。

我们可以建构不同规模的连通图谱。在微观尺度上，节点可以是单个神经元。例如，研究者图示了一种线虫（秀丽隐杆线虫）的整个神经细胞连接网络。线虫极为有限的神经系统使他们能够建构一个连通图谱，其中每个节点都是一个神经元，并确定了所有的连接。在人脑的尺度上，节点和边通常代表解剖或功能上所定义的单位。例如，节点可能是一簇体素，边可能表征了有着相关激活模式的节点。通过这种方式，研究者可以把充当着枢纽的节点（与许多相邻节点共享多个边的节点）以及充当连接点的节点（会为更远体素簇提供关联的节点）区分开。连通图谱还可以给出边的相对强度或权重。

由于神经科学家几乎可以使用任意一种神经成像方法所获的数据来建构连通图谱，因此这类图谱提供了一种有价值的方式，让研究者可以比较使用不同方法的实验结果（Bullmore & Bassett, 2011）。例如，将基于解剖测量（如 DTI）的连接组与基于功能测量（如 fMRI）的连接组进行比较。连接组还给研究者提供了对神经网络组织特性进行可视化的方法。例如，三项研究使用极为不同数据集生成的图解模型均显示，一般智力与大脑网络效率的连通性测量之间存在相似的关联性（Bassett et al., 2009; Y. Li et al., 2009; van den Heuvel et al., 2009）。

fMRI 数据对于建构连通图谱特别有用，因为 fMRI 可以在一个相对长的时间内高效地从整个大脑收集数据。一种检查功能连通性的简单方法是考查任意两个体素或体素簇之间的时间相关性。我们可以对一对体素的 BOLD 时间序列做相关，从而定义这两个区域之间的"连通"程度：高相关（正相关或负相关）意味着高连通性。发现激活的分布模式有多种方法。例如，我们可以查看整个皮质，并为每个区域定义显示了最高连通性的部分。或者，我们可以使用特定体素作为种子点来进行更有针对性的感兴趣区域（region of interest, ROI）分析。这种方法是将这个种子点的 BOLD 反应与所有其他体素的 BOLD 反应进行比较。

你可能会想到，连通性分析很快就变成了一个庞大的计算和统计问题。考虑到全脑 fMRI 扫描包含超过 200 000 体素，一个仅包含成对比较的完整连通图谱在每个时间点上就要做 400 亿个相关。为了使情况更容易处理，考虑到相邻体素的活动通常是高度相关的，一个合理的操作是使用平滑技术来将多个更大的体素合成一个更小的集合。

在过去 10 年中，认知神经科学最突飞猛进的一个领域便是采用静息态 fMRI（resting-state fMRI, rs-fMRI）分析功能连通性。顾名思义，该方法的 fMRI 数据是在被试处于静息状态时采集的。在采集时，实验者会给被试指示："眼睛要睁大，放松。"你可能想到了，每个人之间的连通图谱会有很大差异。"放松"会导致个体之间存在非常不同的认知状态：一个人可能想晚餐菜单，另一个人可能正回忆最近的夏威夷之旅，而第三个人可能想知道躺在这狭窄并发出奇怪声响的管道里怎么才能放松！然而，数百项研究表明，仅需扫描 6 分钟的静息态数据就可以生成高度可靠的连通图谱，从而揭示所谓的人脑内在连通性。

在一项大规模研究中，研究者从 1000 个被试中收集了静息态 fMRI 数据（Yeo et al., 2011）。根据用于定义某一独特网络的标准，他们发现从总共 1175 个体素的活动模式中可以抓取 7~17 个网络（图 3.36）。这种模式是高度可靠的：当把 1000 个被试分成两组，每组 500 个大脑，或者使用更小的样本量时，都会出现相同模式。虽然一个网络的强度取决于任务本身，但是这些网络在使用实验任务（活动态扫描）的研究中也会显示出来。例如，在需要自我反省的任务中，内侧网络最为活跃，而在需要主动监视环境的任务中，额顶叶网络最为活跃。

相关证据表明，大脑网络在个体间是一致的。在个体内又会怎样呢？我们在一次测量中观察到的相关

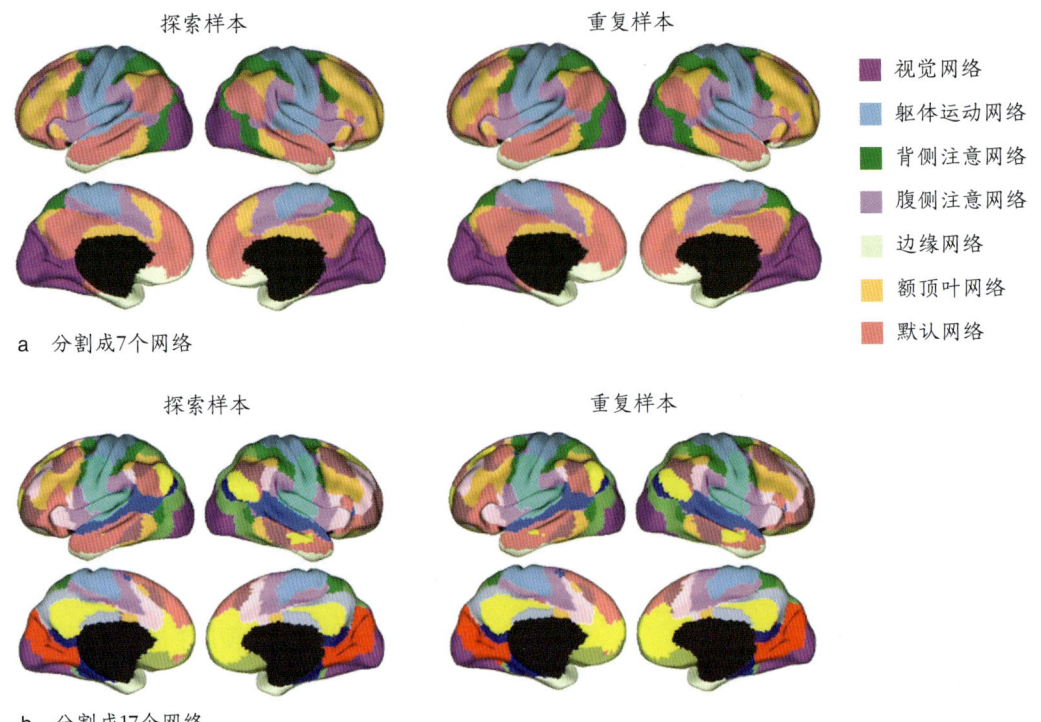

图 3.36 皮质分割网络

（a）这 7 个主要网络是从 500 个探索组被试的数据中确定的。这些网络的功能名称（参见图例）常见于神经影像学，但并不意味着与它们所指代的功能完全对应。在静息态中，"默认"["心理游移（mind wandering）"]网络的 BOLD 信号尤为突出；而在被试完成任务时，BOLD 会降低。基于对一个重复样本的 500 次扫描，这 7 个相同网络的扫描演示了该测量的一致性程度。（b）另一种分割结果显示了根据 500 个探索组被试数据建构的 17 个网络。右图是 17 个网络重复样本。

模式会与在另一次测量中观察到的模式对应吗？如果可以，我们能否运用此信息来预测个人之间的差异？美国耶鲁大学的埃米莉·芬恩（Emily Finn）及其同事（2015）在两个不同日期从 126 个人中获得了静息态和活动态（从工作记忆、运动、语言和情绪任务中）扫描数据，并针对每个个体为每个条件创建了连接组。

为了知道个体是否具有独特的连接组，这些研究者将一种条件（如第 1 天的静息态）下的连通模式与另一种条件（如第 2 天的静息态）下所有 126 次扫描进行比较。通过求每对连接组的相关，她们可以确定哪些是最佳匹配。让人感到惊奇的是，对于静息态 1，该算法在 126 次检验中找到了 117 个匹配（同一个人的静息态 2）。当使用静息态连接组预测其他条件（如第 2 天完成工作记忆任务时的扫描）的连通图谱时，虽然并没有之前的结果那么令人印象深刻，但匹配准确率也远高于随机水平。因此，这么看来，我们每个人都有非常不同的连通模式或作者所说的"连接组指纹（connectome fingerprint）"[或者应该叫脑纹（brainprint）]。

这些研究者想进一步了解连通模式是否可以预测认知能力。这次，她们关注问题解决能力，即流体智力。她们采用了留一法（leave-one-out procedure）。在建立模型时，她们会先跳过一个被试的数据，然后将该被试的数据与已完成的模型进行比较。她们从 125 个人的数据中找出每条边（256×256 个体素之间的连接）与流体智力的相关程度。利用这些数据，她们建立了一个智力与连通性的相关模型，称为一个连通图。然后，她们将第 126 个人的连通模式输入模型，从而生成对此人智力的预测值。她们会在 126 个人的每个人身上重复这个步骤。一个人的连通图如**图 3.37** 所示。研究者能够使用全脑连接组或仅用额顶叶网络的连接对一般智力做出良好预测。当使用新被试样本的静息态 fMRI 数据进行检验时，该模型也成功了。

活动如何随着学习而变化也相当关注。无论是在短期（几分钟）还是在较长的时间段（几年）内，对网络进行分析都可以用来探究连通模式如何随着学习而变化。研究者采用的一种方法是动态网络分析（dynamic network analysis）。研究者采用这种方法揭示了人们在学习新技能时网络如何重新配置，并发现了学习能力的个体差异（Basset et al.，2015）。她们在被试学习一个动作任务的过程中发现了大脑区域之间功能连通性的变化，并揭示了这些变化与人们掌握技能的速度之间的关系。

在实验的第一天，被试进行了两次扫描：静息态扫描和训练前活动态扫描。在活动态扫描中，被试练习了6个10元素按键序列。在接下来的6周中，被试需要每周5天在家中自己的计算机上练习这些序列，但是具体序列的练习量会有所不同。在这30轮练习中，在每一轮的练习中有两组序列只练习一次，有两组重复练习10次，还有两组要练习75次。被试在2周（训练初期）、4周（训练中期）和6周（训练后期；图3.38）后需要分别接受静息态和活动态扫描。正如所预期的，经过6周训练，被试完成这些序列的速度更快，他们最常练习的那些序列更是如此。

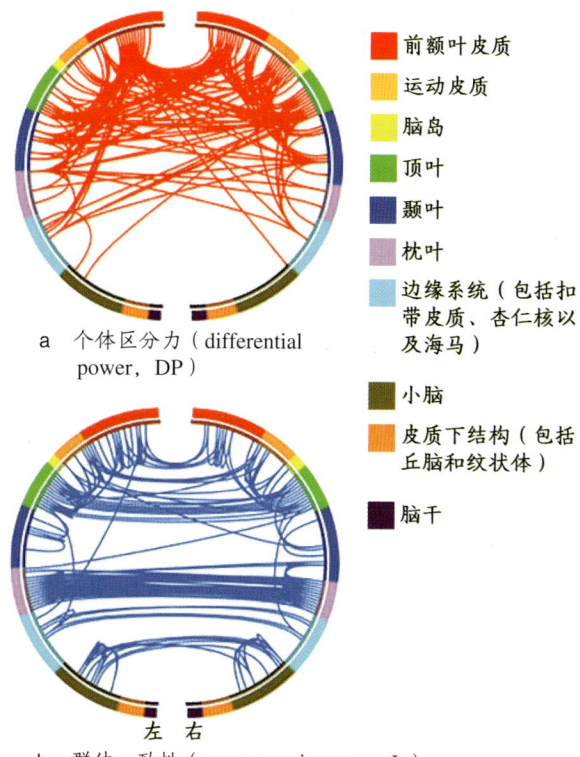

图3.37　建构个体大脑连通图的两种方式

每个环都基于268个解剖节点而建构。这些节点已分为10个区域，不同颜色表示不同叶及皮质下结构。环是对称的，其中左半球居左，右半球居右。那些线表示边，即连接。（a）连通强度由跨不同实验条件的BOLD反应的一致性定义。高DP连接（边）在各个条件下在同一个体内趋向于具有相似的值，但是不管在哪种条件下，各个个体之间的值有所不同。这些连接主要出现在额叶、颞叶和顶叶。（b）连通强度由两个节点之间BOLD反应的一致性来定义。这些边在一个被试内以及跨组之间是高度一致的。多数边位于运动和初级视觉网络内。

沿着同样的思路，越来越多的证据表明，源自静息态fMRI的连通数据可以预测某些行为异常。例如，精神分裂症、孤独症谱系障碍、慢性抑郁和注意缺陷/多动障碍等精神疾病与静息态fMRI连通性异常有关（Fornito & Bullmore，2010）。在描述功能性连接的出现、时间安排和发展以及寻找可能预测发育障碍的早期生物标记物的研究中（Thomason et al.，2013），研究者采集了子宫内胎儿大脑的静息态fMRI。令人惊讶的是，研究者在胎儿第25周就能测量到清晰的连通模式。因此，将来的工作可以探究这些模式如何受到诸如感染、压力、饮酒或吸毒等孕期事件的影响。

学术界对使用连通性分析来预测学习并检查大脑

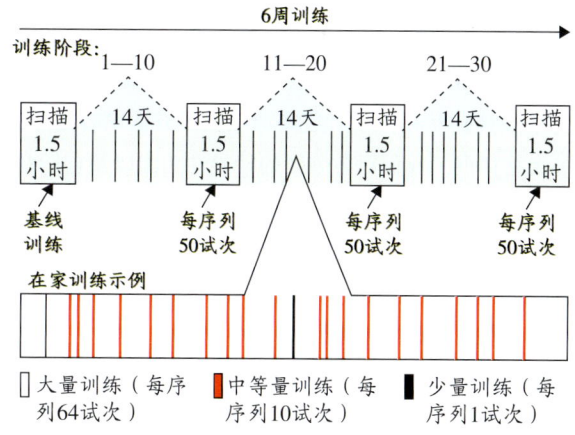

图3.38　测量学习的训练计划表

被试在训练前接受一次静息态扫描和一次活动态扫描，然后在接下来的6周中，每隔2周接受1次前述扫描。

为了发现功能连通性的变化，这些研究者将200 000个像素分解为120个感兴趣区域。来自活动态扫描的数据显示，在4次扫描中，运动和视觉区域的活动都较高。考虑到任务的特点，这一结果并不令人惊讶。然而，这两个区域之间的活动在练习后变得更不相关。一种解释是，练习后，完成序列动作越来越不依赖视觉输入。这种减少在不同个体间也有所不同。某些个体比其他个体发展出了更多的动作自主性。

然而，自主性提高并不能预测个体在学习速度上的差异。相反，能预测学习速度的指标是额叶和前扣带皮质之间的连通性变化：学得更快与这两个区域之间的相关性下降得更快有关。也就是说，认知控制系统脱离得最早的被试学得最快（参见第 12 章）。这些区域提供的认知帮助能促进早期学习，但是一旦表现变得更加自动化，这些区域之间的交流就不再是必不可少的了，甚至可能会减慢学习速度。

在一个运用这些数据的后续研究中，这些研究者想知道他们是否可以根据静息态 fMRI 数据预测学习速度的个体差异（Mattar et al., 2018）。他们假设，如同在静息态时运动和视觉系统之间更少有联系，如果被试的运动系统更加灵活和"准备好"自主完成任务，他们将更快地学会这个动作任务。的确，在静息态中，早期视觉区和运动前区之间联系较弱的被试学得更快。他们认为，更少的此类连接使运动系统在动作选择中有把从刺激驱动解放出来从而转移到内部驱动机制的倾向。

连通性研究使得认知神经科学家能够创造性地利用 fMRI 研究产生的大量数据集。对于那些关注确定特定区域活动模式的脑成像研究而言，网络分析提供的结果具有互补作用。这些功能成像方法结合起来，极大地拓展了我们对各脑区的特异性功能以及它们在网络中如何运作来支持认知等问题的理解。

关键信息

- 连通图谱抓取不同大脑区域之间活动的相关模式。研究者根据静息态（不执行任何任务）和活动态（执行任务）fMRI 数据来建构这些图谱。
- 静息态 fMRI 数据显示，大脑皮质中存在一些相对小规模的内部网络。当对个体之间和个体之内进行评估时，这些网络都是非常可靠的。
- 连通图谱提供了研究个体或群组之间差异的新方法。例如，我们可以探究与智力或技能学习中个体差异的神经相关物，或探究精神病病人与健康个体之间的差异。

3.8 计算神经科学

创建计算机模型模拟所假定的大脑过程的研究方法可与本章所讨论的其他方法互补。**模拟**是一种模仿，一种在替代媒介中行为的再现。模拟认知过程通常被称为人工智能（artificial intelligence，AI）——人工从某种意义上说是因为它们是人工产物或人类的创造，而智能则是由计算机来执行复杂功能。计算神经科学家设计模拟仿真来模仿行为和支持该行为的认知过程。通过观察行为，研究者可以评估它与由真实心理所产生行为之间的匹配程度。

然而，要能使计算机成功，建模者必须指定计算机如何表征和处理其程序中的信息。为此，建模者必须提出有关机器所需"心理"操作的具体假设。因此，计算机模拟为检验认知理论提供了一个有用的工具。不同模型的成功和失败能让我们观察一个理论的优缺点。

计算机模型之所以有用，是因为我们可以对它进行详细分析。这并不意味着一个计算机的操作总是完全可预测的，也不意味着程序员可以事先知道模拟结果。计算机模拟可以包含随机事件，或者变得非常复杂，以致对结果无法进行任何分析性预测。但是，我们必须在有实际含义的层次上理解计算机如何处理信息。计算机模拟对于认知神经科学家来说特别有帮助，能确认大脑必须解决了才得以产生连贯行为的问题。

布赖腾贝格（Braitenberg，1984）给出了有关建模如何让我们了解信息加工的一个简洁示例。想象一下，观察图 3.39 中所示的两个"怪物"：它们在一个由单一热源（如太阳）组成的极简世界中移动。从外观上看，这些怪物都是相同的：它们都有两个传感器和四个轮子。尽管它们有这种相似性，但它们的行为截然不同：一个怪物远离太阳，另一个总是追逐太阳。为什么会有这种不同呢？作为无法获知这些怪物内部运作知识的局外人，我们可能会猜想它们有着不同的经历，因此相同的输入会激活不同的表征。也许一个在小时候被晒伤过，所以害怕太阳，而另一个可能喜欢温暖。

然而，从内部观察这些怪物则揭示它们的行为差异取决于它们的连接方式。不交叉的连接使左侧的怪物远离太阳，而交叉连接迫使右侧怪物朝向太阳。因此，这两种怪物的行为差异是由于感官信息映射到运动过程的方式略有不同所引起的。

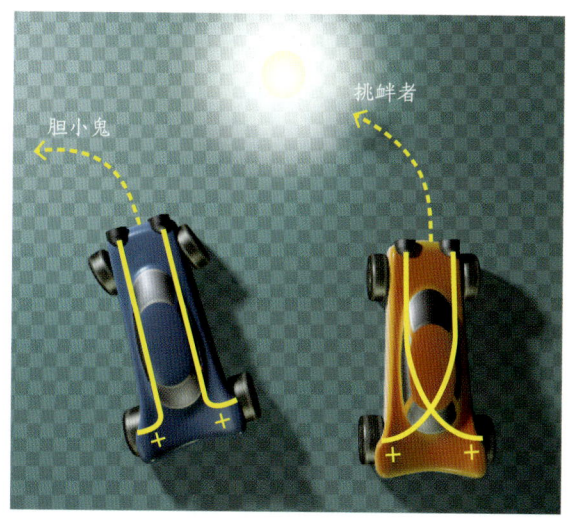

图 3.39　因电路不同而导致行为差异

两辆极简单的汽车：每辆汽车都配有两个传感器，用于发动后轮上的电动机。与"太阳"最接近的传感器相连的车轮将比另一个车轮转得快，从而导致车辆转弯。只需简单地将接线方案从不交叉（左）更改为交叉（右），就可以从根本上改变车辆的行为。"胆小鬼"汽车将始终避开太阳，而"挑衅者"汽车将不懈地追逐太阳。

这些怪物的动作是极其简单和僵化的。充其量，它们仅能提供无脊椎动物如何响应光敏传感器而移动的最粗糙模型。布赖腾贝格示例的重点不在于为行为建模；相反，它表示单个计算操作——从交叉布线到不交叉布线——如何导致行为发生重大改变。在解释这种行为差异时，我们可能会假设大量的内部操作和表征。但是，当从内部观察布赖滕贝格的模型时，我们会发现这两个模型在加工信息的方式上没有差异，而只在连接方式上有差异。

计算机模型中的表征

不同的计算机模型的表征差异很大。正如我们可能预期的，符号模型包括一些表征符号实体的单元。一个用于物体识别的模型可能具有表征视觉特征（如角或三维形状）的单元。在认知神经科学中占主导地位的另一种架构是**神经网络**。在神经网络中，信息加工在单元上是分布式的，而单元的输入和输出代表特定特征。例如，它们可以表明一个刺激是否包含一个视觉特征（如一条垂直线或水平线）。

模型可以是解决复杂问题的强大工具。模拟涵盖了整个认知过程，包括知觉、记忆、语言和运动控制。神经网络最吸引人的方面之一，就是该架构至少在表面上类似于神经系统。与神经结构依赖许多神经元活动的方式类似，这些模型也是由许多单元来加工信息的。相对于系统的总输出，任何单个单元的贡献可能都很小，但是所有单元的合计行动会产生复杂行为。另外，计算是并行发生的，网络中单元的激活水平可按相对连续和同时的方式进行更新。

神经网络的新近工作引发了人工智能的新革命。推动力来自杰弗里·辛顿（Geoffrey Hinton）及其同事对深度学习（deep learning）模型（一种多层网络）的开发（参见第 14 章）。多层结构所涌现的表征多样性和复杂性使这些网络能够识别复杂模式（如语音或面孔）。深度学习模型的原理已打破了人工智能近来的障碍：计算机现已被证明在国际象棋、围棋和扑克之类的棋牌游戏中几乎无敌，还能够驾驶汽车（就是无人驾驶汽车）。实际上，这些网络表明，如果暴露于大量不同的输入，分布在许多小加工元素上的学习算法比输入—输出关系硬连接的系统能更高效地学会最佳解决方案。

计算模型在试图提供的解释级别上可以有很大差异。一些模型在系统水平上模拟行为，试图显示一个互连的加工单元网络如何产生认知操作（如运动知觉或熟练动作）。在其他的例子中，模拟则在细胞甚至分子水平上进行。例如，有关神经递质摄取量随着树突几何形状变化而变化的研究就可以使用神经网络模型（Volfovsky et al., 1999）。所要研究的问题决定了要纳入模型的细节量。没有模拟会使很多问题难以评估。一方面，这是因为现行的实验方法存在不足；另一方面，也因为从数学上说，加工成分的许多交互作用导致运算太复杂。

神经网络模型的一个吸引人的方面（特别是对于那些对认知神经科学感兴趣的人来说）是，通过"损伤"技术，研究者可以展示模型的表现如何随着部分的变化而发生变化。严格的串行计算机模型会在环路断开时就瓦解，但神经网络模型与此不同，它能做到平稳降级：模型在删除某些单元后或许还可以继续正常运行，因为每个单元在加工中只占很小一部分。因此，人工损伤是一种有趣的测试模型有效性的方法。你会从建构一个模型开始，看看它是否可以充分地模拟正常行为。然后，你再"损伤"一些单元，来看模型表现出的故障是否在与神经病病人中观察到的行为缺陷类似。

由模型产生的可以验证的预测

计算机建模的贡献通常不仅仅在于评估模型是否成功地模仿了认知过程，模型也可以产生新预测，而我们可以通过真实的大脑进行验证。匈牙利科学院的绍博尔奇·卡利（Szabolcs Kali）和英国伦敦大学学院的彼得·达扬（Peter Dayan）的工作就是关于计算机模型预测力的一个例子（Kali & Dayan, 2004）。他们设计了计算机模型来探究人们在针对特定事件的记忆（情景记忆；参见第9章）中如何存储和提取信息的问题。

来自神经科学的观察结果表明，情景记忆形成的关键取决于海马和颞叶内侧几个相邻区域的工作，而这种记忆的存储会涉及新皮质。卡利和达扬使用计算机模型探讨了一个特定问题：如何访问保存在新皮质连接不断变化的系统中的记忆信息（参见第5章有关皮质可塑性的讨论）？随着时间的推移，对记忆的保持是否需要重新激活海马—新皮质连接；或者不管随时间怎么波动和变化，新皮质表征是否能保持稳定？

卡利和达扬根据有关海马与新皮质之间连通模式的解剖知识建立了模型的架构（图3.40），并用一组独特的情景记忆模式对它进行了训练。例如，一种激活方式可能对应于你第一次去太平洋的经历，而另一种激活方式则与你首次听有关斯特鲁普效应的讲座有关。一旦模型在仅提供部分信息即可正确回忆出完整情节，也就是学会了记忆集合后，卡利和达扬便在记忆巩固任务中对它进行测试：如果皮质单元继续遵循最初的学习规则，那么在海马与皮质断开连接之后，旧的记忆还能否保留？实际上，这是在测试海马损伤是否会破坏长时情景记忆。

结果表明，海马与皮质断开连接后，情景记忆严重受损。因此，该模型预测海马再激活对于保持甚至是巩固良好的情景记忆是必要的。在模型中，这种维护的过程需要一种机制，即使新皮质产生了与日常学习相关的细微变化，海马和新皮质的表征也必须保持联系。

研究者发起这个建模项目的原因是，对海马损伤的病人的研究未能明确回答这种结构在记忆巩固中到底起了什么作用。基于神经解剖学和神经生理学的已

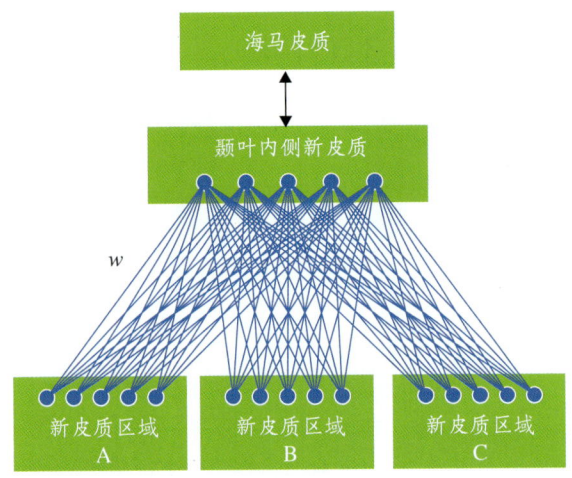

图3.40　情景记忆的计算模型

在新皮质区域A、B和C中的"神经元"（●）以双向方式连接到颞叶内侧新皮质中的"神经元"，内侧新皮质本身也双向连接到海马。区域A、B和C表示经过高度加工的输入（视觉、听觉或触觉输入）。随着模型学习的深入，它从输入（或激活模式）的统计信息中提取类别、趋势和相关性，并将它转换为与连接强度相对应的权重（w）。在学习之前，权重可能相等或设置为随机值。通过学习，权重会被调整，以反映加工单元之间的相关性。

知原理，该模型可以检验与一种记忆类型（情景记忆）有关的特定假设，并可以为未来的研究提供方向。这里的目的并不是要创建完美的记忆巩固模型，而是要探究人类的记忆到底如何运作。

计算机模拟的贡献在认知神经科学中持续增长。该领域的一个趋势是建模受到神经科学的更多约束。研究者将用体现大脑生物物理特性的元素代替一般加工单元。通过一种互惠方式，计算机模拟提供了一种有用的方法来发展理论，从而可能进一步帮助研究者设计实验和解释结果。

关键信息

- 我们可以使用计算机模型来模拟神经网络，以提出有关认知过程的问题，并产生可以在未来的研究中进行验证的预测。
- 我们可用"损伤"模型来测试所导致的表现变化是否类似于在神经病病人中观察到的行为缺陷。因此，"损伤"提供了一种工具，用于评估模型是否准确模拟了特定的认知过程或领域。更重要的是，这也澄清了模型的可信度。

3.9 方法整合

正如在前几章中所看到的，认知神经科学是一个交叉学科领域。它借鉴了认知心理学、神经病学、神经科学和计算机科学的思想和方法。光控基因技术就是一个典型例子。它展示了如何由不同学科的范式和方法融合成一种令认知神经科学家惊艳的新方法，甚至可能在不久的将来对于临床医生来说也是如此。认知神经科学的强大力量在于，它将各种方法都整合在了一起。

在本书中，整合方法的许多示例都将非常显而易见。例如，其他方法常会引导对神经影像研究结果的解释。灵长类动物的单细胞记录研究可以指引我们确定针对人的 fMRI 研究中的感兴趣区域。我们可以使用影像学研究，通过观察一个大脑部位损伤的病人的表现来区分与特定大脑区域相关的操作成分。

我们还可以使用影像学研究来形成可用其他方法进行检验的假设。这种方法的一个引人注目的例子是关于人们如何通过触摸识别物体的研究。关于此问题的 fMRI 研究显示了出人意料的结果：即使被试闭上双眼，触觉物体识别也会引起视皮质的显著激活（Deibert et al., 1999；图 3.41a）。视皮质激活的一种可能原因是被试通过触摸识别了物体，然后生成了这些物体的视觉表象。又或者，被试可能在触觉探索期间建构了视觉表象，然后使用这些表象来识别物体。

一项使用 TMS（Zangaladze et al., 1999）的后续研究检验了这两个相互对立的假设。TMS 作用于视皮质会损害触觉物体识别的能力，但是仅当 TMS 脉冲在手触摸到物体后 180 毫秒才会发生；较早或较晚的刺激均无效果（图 3.41b）。这些结果表明，在触觉过程中生成的视觉表征对于用触摸识别物体形状是至关重要的。这些研究表明，fMRI 和 TMS 进行怎样的组合才能使研究者检验神经功能的因果关系，并对加工的时间进程做出推断。从各种方法中获得越来越多的证据使我们可以得出最强而有力的结论。

在解密人类基因组取得的进展的基础上，认知神经科学家在工作中经常采用遗传方法，将这些数据与成像和行为方法相结合。这种方法被广泛用于已知具有遗传基础的精神疾病（如精神分裂症）。美国国家卫生研究院（National Institutes of Health，NIH）的丹尼尔·温伯格（Daniel Weinberger）及其同事提出，抗精神病药物治疗精神分裂症的功效会随一种特定基因的表达［遗传多态性（polymorphism）］而发生变化（Bertolino et al., 2004；Weickert et al., 2004）。具体

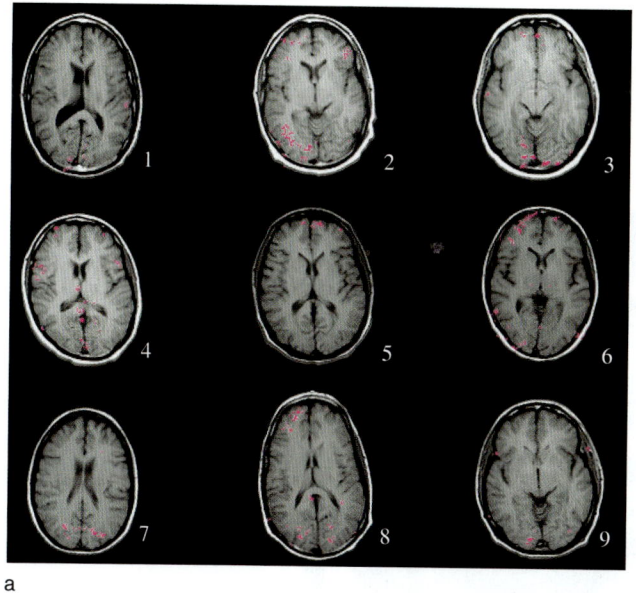
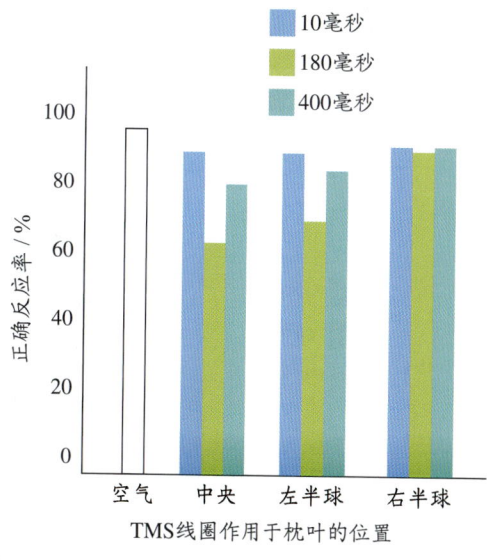

图 3.41 结合使用 fMRI 和 TMS 证明视皮质在触觉知觉中的作用

（a）fMRI 揭示了 9 名被试在闭眼的触觉探索过程中的激活区域。所有被试均显示在纹状皮质和纹外皮质上有激活。
（b）靠振动右食指判断触觉刺激朝向的准确性。在刺激呈现后 180 毫秒施加脉冲会干扰被试的表现，但仅当线圈位于左侧枕叶上方或枕叶左右两侧之间的中线位置时才会影响表现。

而言,那些在前额叶皮质中有一个与多巴胺释放相关的基因变异病人在服用抗精神病药后,在需要工作记忆的任务上表现更好,并且显示出相关联的前额叶皮质活动。相反,那些具有另一种基因变异的精神分裂症病人对药物没有反应。

应用这些临床研究的逻辑,我们可以探究在正常人群中的遗传差异如何与脑功能和行为上的个体差异相关。人脑中常见的多态性与编码单胺氧化酶A(monoamine oxidase A,MAOA)的基因有关。温伯格团队使用大量的健康个体样本,发现低表达变异与暴力行为倾向增加以及这些被试在观看情绪刺激时杏仁核的过度活跃有关(Meyer-Lindenberg et al.,2006)。

类似地,多巴胺相关基因(*COMT* 和 *DRD4*)的变异也与风险评估和冲突解决方案的差异有关:一个人会坚持探索吗?在面对多种选择时,个体能多好地做出有关决定?表现型与前扣带皮质的激活程度相关,而前扣带皮质区域与冲突相关,该区域跟人们在做出这样的选择时会产生的冲突有关(图 3.42;有关综述参见 Frank & Fossella,2011)。

复杂的 fMRI 分析工具开发为了解脑损伤后会发生的变化提供了新的可能性。美国华盛顿大学医学院的乔舒亚·西格尔(Joshua Siegel)及其同事(2016)探究了他们如何更好地预测脑卒中后观察到的行为变化:通过病变位置(行为神经病学的经典方法)还是通过功能连通性的变化?从 132 名各个区域有病变的脑卒中病人样本中,他们获得了解剖 MRI 扫描数据来测量病变的形态;用静息态 fMRI 扫描来测量其静息态功能连通性;通过六个方面(注意、视觉记忆、言语记忆、语言、运动功能和视觉功能)的行为指标,评估神经系统损伤。

他们使用留一法发现,病变位置是预测运动和视觉功能的最佳指标,而连通性对于记忆功能是更好的预测指标(图 3.43)。通过两种方法中的任一种,研究者对注意和语言功能的预测同样好。记忆可能是一个比运动控制或视知觉更为分散的过程,因此连通模式可能比某些特定区域的完整性更重要。其他研究已表明,具有完整信息枢纽的病人在认知康复计划中获益最大。

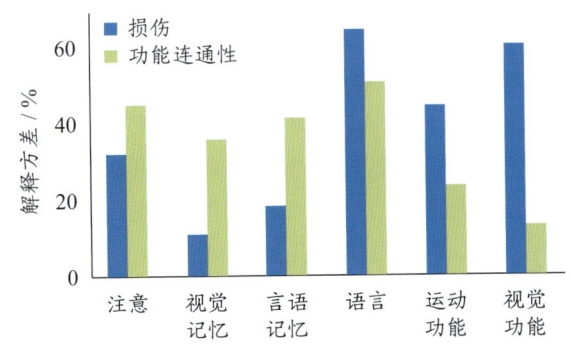

图 3.43 损伤缺陷和功能连通缺陷模型的准确性因领域而异

条形图显示了六个行为领域中解释的方差百分比。在运动和视觉中,病变位置是更好的缺陷预测指标,而功能连通性在记忆中才是更好的预测指标。

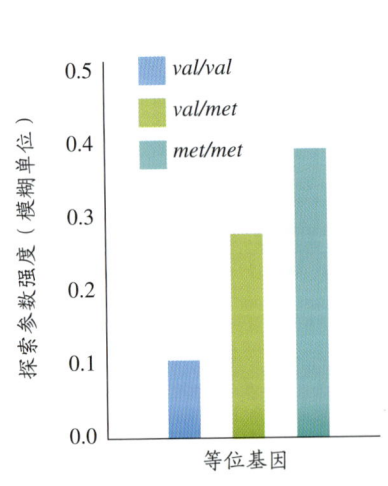

a *COMT* 基因——剂量效应

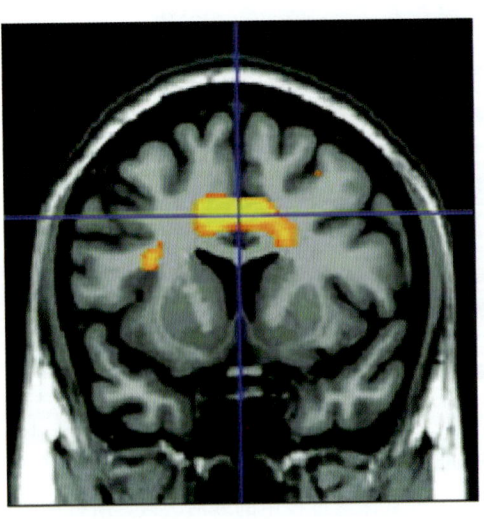

b 与 *DRD4* 等位基因相关的激活差异

图 3.42 遗传对决策的影响

(a)通过 *COMT* 基因的遗传分析将被试分为三组:*val/val*、*val/met* 和 *met/met*。被试完成一项决策任务,并用一个模型来估计他们探索新颖但不确定选择的可能性。与具有 *val/val* 等位基因者相比,具有 *met/met* 等位基因者更有可能去探索。(b)*DRD4* 基因的等位基因差异影响前扣带皮质与冲突相关的活动水平(用橙黄色突出显示)。

我们还可以使用 TMS 一过性地干扰大脑活动，并在健康个体中探索这些问题。卡泰丽娜·格拉顿（Caterina Gratton）及其同事（2013）测量了 θ 脉冲 rTMS 作用前后的静息态功能连通性。在一轮实验中，研究者将 TMS 应用到了左外侧前额叶皮质。这是一个额顶叶注意网络（frontoparietal attention network，FPAN）的关键节点。在另一轮中，她们在左侧初级躯体感觉皮质（S1 区）上应用了 TMS。该区域不属于额顶叶注意网络。如图 3.44 所示，TMS 增强了大脑连通性：震一下，就打起精神来了！而且，当刺激到额顶叶网络（frontoparietal network，FPN）网络时，连通性的增强还变大了许多。要注意的是，这项研究还指出，将 TMS 应用于指定位置可以引起大脑发生广泛的变化。在研究像大脑这样复杂的器官时，保持整体观总是很重要的。

关键信息

- 通过整合了多种方法的实验，我们可以发现有关认知行为的结构和功能的基础。
- 结合多种方法可以推动从对相关性的观察发展到验证因果关系的实验方法。

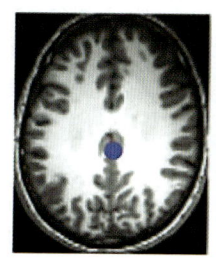
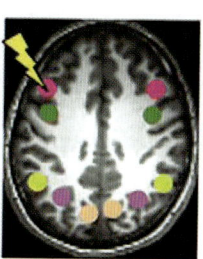
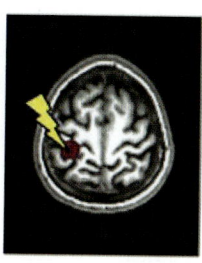

额顶叶网络
- 顶内沟（intraparietal sulcus，IPS）
- 额叶皮质（frontal cortex，frontcx）
- 楔前叶（precuneus，precun）
- 顶内小叶（intraparietal lobule[①]，IPL）
- 背外侧前额叶皮质
- 中扣带皮质[②]（midcingulate，midcing）
- 躯体感觉皮质（S1 区，控制区域）
- TMS 施加位置

a

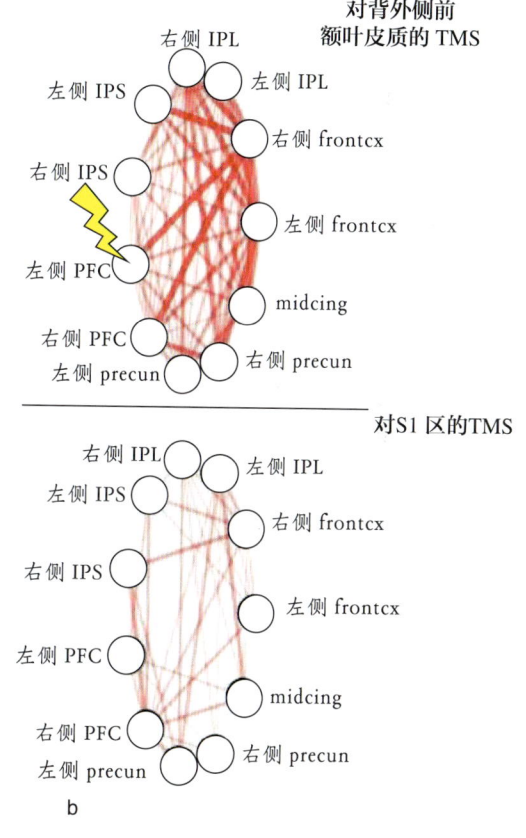

b

图 3.44 TMS 使左侧背外侧前额叶皮质和躯体感觉皮质的连通性发生改变

（a）认知控制网络和 TMS 施加刺激位置。TMS 施加在左侧背外侧前额叶皮质（额顶叶网络中的一个区域）和作为控制位置的左侧躯体感觉皮质（S1 区），并在 TMS 施加前后都进行了连通性测量。闪电表示 TMS 施加的目标位置。（b）在 TMS 施加于左侧背外侧前额叶皮质和左侧 S1 区之后，连通性发生的变化。红线表示在 TMS 施加之后连通性增加，更粗更深颜色的线表示变化幅度更大。在 TMS 之后，整个大脑的连通性普遍提高，当刺激控制网络的位置（背外侧前额叶皮质）时，与刺激 S1 区相比，其增长大得多。

---

① 此处疑似应是顶下小叶（inferior parietal lobule，IPL）。——译者注
② B. A. Vogt，P. R. Hof，L. J. Vogt：*Cingulate Gyrus.The Human Nervous System*. 2nd Edition. Academic Press，2004：915–949.——译者注

概 要

在本章中，有两个目标指引我们对认知神经科学方法做出概述。第一个目标是了解各种方法如何组合在一起，形成认知神经科学这样一个交叉学科领域（图 3.45）。神经科学、认知心理学和神经病学的从业人员在运用的工具以及通常试图回答的问题上会有所不同。神经科医生可能会要求对老年拳击手进行 CT 扫描，以确定病人的错乱状态是不是额叶萎缩所致。神经科学家可能希望从病人的血液样本中发现能指向递质系统减少的代谢标记。认知心理学家可以设计一个反应时实验来测试决策的子操作是否被选择性地损害了。认知神经科学致力于利用每种方法提供多种见解，并结合运用这些方法来回答这些问题。

本章的第二个目标是介绍我们在接下来的章节中会接触到的，重点关注诸如知觉、语言和记忆等领域的研究方法。每章都会以使用了认知神经科学各种方法的研究作为基础，来展示如何利用这些工具来理解大脑和行为。通过对使用不同方法所获结果进行整合，研究者通常能提供最为完整的理论。单一方法一般无法让我们完整地理解复杂的认知过程。

我们已经综述了许多方法，但是这些综述并不完整。每年都有研究大脑和行为关系的新方法问世。技术变革也是我们理解人类思想的驱动力。我们当前的成像工具正在不断完善。每年都会有更灵敏的设备可被用于测量大脑的电生理信号或神经活动的代谢相关性。用于分析这些数据的数学工具也越来越复杂。

在本章的开头，我们指出技术发展常助长科学的范式变化。科学领域（如认知神经科学）的成熟以一种共生方式，为新方法的发展提供了巨大动力。有多少可用的工具通常会限制我们回答神经科学家所提问题的能力，但是这些问题又促进了新研究工具的发展。如果认为当前的方法将成为本领域的现状，就太天真了。我们可以预见新技术的发展。这将是一个研究大脑和行为的激动人心的时刻。

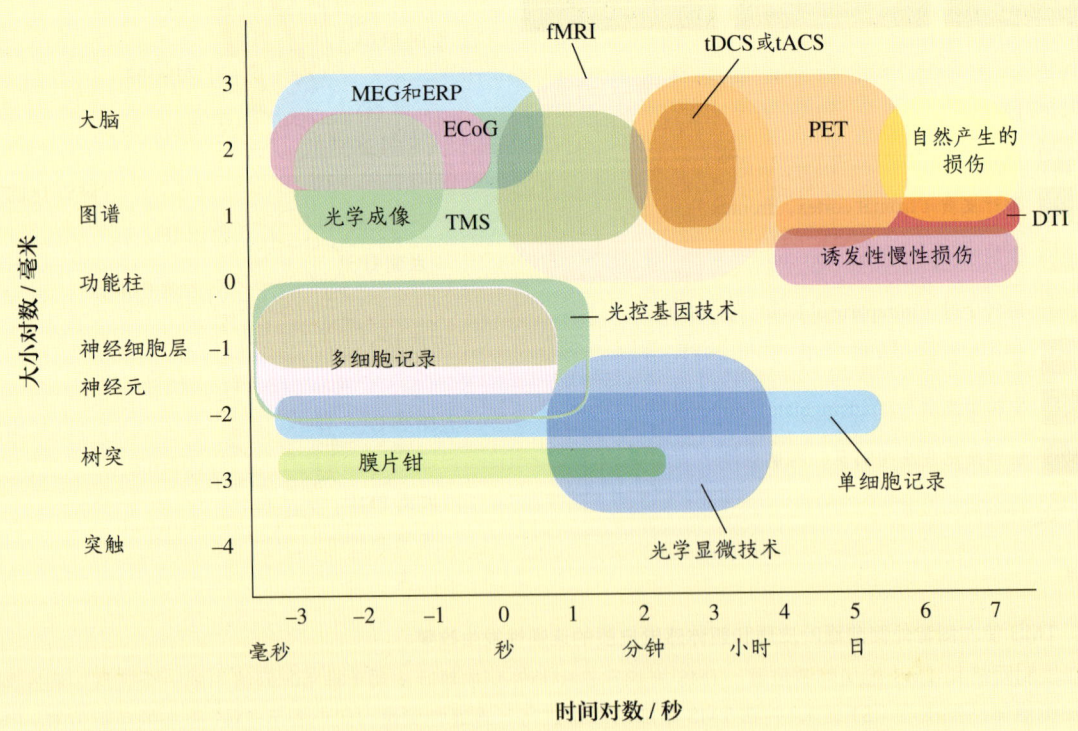

图 3.45　认知神经科学使用的主要方法的时空分辨率
时间敏感性见横轴，它是指获得特定测量值的时间范围。它的范围从单细胞活动的毫秒级到长达多年对卒中病人行为变化进行观察。空间敏感性见纵轴，它是指这些方法的定位能力。例如，我们可以使用膜片钳检测分离的树突区域膜电位的实时变化，从而提供出色的时间分辨率和空间分辨率。相反，自然发生的病变会损害皮质的大片区域且可以通过 MRI 检测到。

关 键 术 语

磁共振波谱（magnetic resonance spectroscopy，MRS，p.106）
磁共振成像（magnetic resonance imaging，MRI，p.91）
单分离（single dissociation，p.81）
单细胞记录（single-cell recording，p.93）
多体素模式分析（multivoxel pattern analysis，MVPA，p.105）
多细胞记录（multiunit recording，p.94）
感受野（receptive field，p.94）
功能磁共振成像（functional magnetic resonance imaging，fMRI，p.100）
光控基因技术（optogenetics，p.86）
计算机断层扫描（computerized tomography，CT 或 CAT，p.90）
经颅磁刺激（transcranial magnetic stimulation，TMS，p.87）
经颅交流电刺激（transcranial alternating current stimulation，tACS，p.89）
经颅静磁刺激（transcranial static magnetic stimulation，tSMS，p.90）
经颅聚焦超声（transcranial focused ultrasound，tFUS，p.90）
经颅直流电刺激（transcranial direct current stimulation，tDCS，p.88）
局部脑血流量（regional cerebral blood flow，rCBF，p.102）
扩散张量成像（diffusion tensor imaging，DTI，p.91）

连通图谱（连接组）[connectivity map（connectome），p.108]
模拟（simulation，p.112）
脑磁图（magnetoencephalography，MEG，p.99）
脑电图（electroencephalography，EEG，p.97）
脑皮质电图（electrocorticography，ECoG，p.95）
脑血管意外（cerebral vascular accident，p.77）
区组设计（block design，p.104）
认知心理学（cognitive psychology，p.72）
深部脑刺激（deep brain stimulation，DBS，p.84）
神经网络（neural network，p.113）
事件相关电位（event-related potential，ERP，p.98）
事件相关设计（event-related design，p.104）
视网膜皮质映射图（retinotopic map，p.94）
双分离（double dissociation，p.81）
双眼竞争（binocular rivalry，p.106）
体素（voxel，p.102）
退行性疾病（degenerative disorder，p.77）
外伤性脑损伤（traumatic brain injury，TBI，p.78）
血氧水平依赖（blood oxygen level–dependent，BOLD，p.103）
血液动力学反应（hemodynamic response，p.100）
药理学研究（pharmacological study，p.82）
因变量（dependent variable，p.74）
正电子发射断层扫描（positron emission tomography，PET，p.100）
自变量（independent variable，p.74）

思 考 题

1. 在很大程度上，所有科学领域的进展都取决于新技术和新方法的发展。有什么技术和方法学发展推动了认知神经科学领域的发展？

2. 认知神经科学是一个交叉学科领域，整合了神经解剖学、神经生理学、神经病学和认知心理学的各个方面。每个学科的核心特征使得该学科对认知神经科学做出贡献。您如何看待这些特征？在解决与大脑和心理有关的问题时，每门学科的局限性是什么？

3. 近年来，fMRI 席卷了认知神经科学领域。首次报道使用这种方法的研究是在 20 世纪 90 年代初。现在，每个月都会有数百篇这类论文发表。请至少提供三个原因说明这种方法为何会如此流行。讨论与该方法相关的一些技术和推论的局限性（推论，意味着该方法在可以回答的各种问题上的局限性）。最后，假如你有兴趣确定喜欢恐怖电影者与不喜欢恐怖电影者之间的神经差异，提出一个你想要实施的 fMRI 实验。要确保清楚地说明实验的不同条件。

4. 研究表明，在空间推理任务上表现不佳者的顶叶体积会减小。讨论为什么在假设小体积顶叶会导致推理能力差时，需要谨慎。为了提供更强的因果关系检验，请概述一个涉及训练计划的实验，描述你的实验条件、实验操作、结果测量和预测。

5. 考虑一下你如何使用多学科技术来研究诸如颜色知觉的问题。预测一下关于这个主题你想要问的问题，并概述认知心理学家、神经生理学家和神经病学家可能考虑到的研究类型。

推荐阅读

Frank, M. J., & Fossella, J. A. (2011). Neurogenetics and pharmacology of learning, motivation and cognition. *Neuropsychopharmacology, 36,* 133–152.

Hillyard, S. A. (1993). Electrical and magnetic brain recordings: Contributions to cognitive neuroscience. *Current Opinion in Neurobiology, 3,* 710–717.

Huang, Y. Z., Lu, M. K., Antal, A., Classen, J., Nitsche, M., Ziemann, U., et al. (2017). Plasticity induced by noninvasive transcranial brain stimulation: A position paper. *Clinical Neurophysiology, 128,* 2318–2329.

Lopes da Silva, F. (2013). EEG and MEG: Relevance to neuroscience. *Neuron, 80,* 1112–1128.

Mori, S. (2007). *Introduction to diffusion tensor imaging.* New York: Elsevier.

Poldrack, R. A., Mumford, J. A., and Nichols, T. E. (2011). *Handbook of functional MRI data analysis.* Cambridge: Cambridge University Press.

Rapp, B. (2001). *The handbook of cognitive neuropsychology: What deficits reveal about the human mind.* Philadelphia: Psychology Press.

第二部分

核心过程

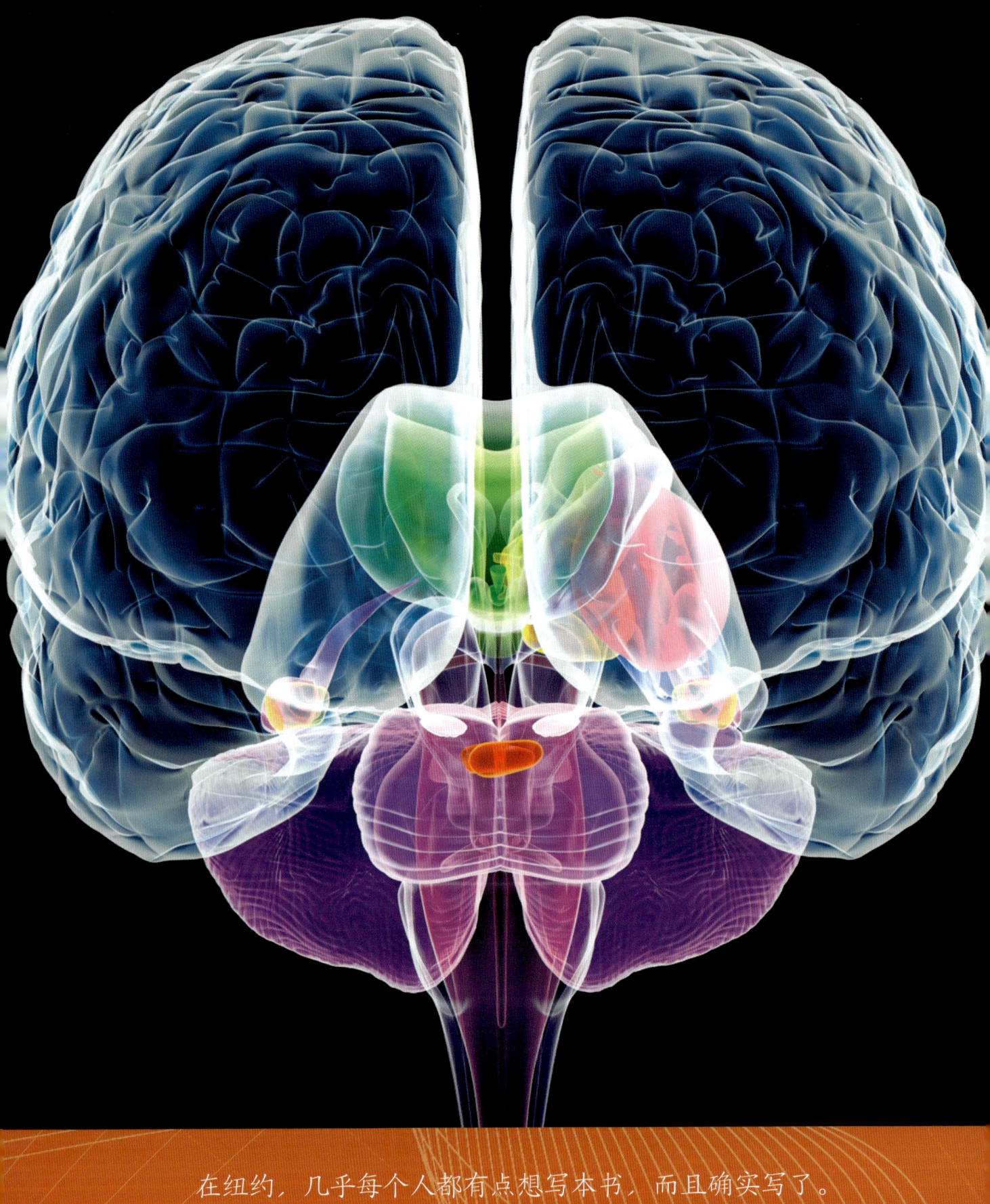

在纽约，几乎每个人都有点想写本书，而且确实写了。
——格芬乔·马克思（Groucho Marx）

第 4 章
大脑半球特异化

那是 1961 年，在过去 10 年里，W. J.（一位富有魅力的退伍军人）每周都要忍受两次痫性大发作。尽管他平时看起来非常正常，但每次痫性发作都严重扰乱了他的生活，并且需要一整天时间来恢复正常。他愿意尝试任何有可能改善这种处境的方法。

神经外科住院医师约瑟夫·博根（Joseph Bogen）在仔细分析有关医学文献之后，提出了一种当时罕见的手术治疗办法：切断胼胝体（连接大脑左右半球的神经束）。在此 20 年前，美国纽约州罗切斯特市有一群病人接受了这种手术。当时，没有人报告它存在不良副作用，并且所有病人的痫性发作都有改善（Akelaitis，1941）。

令人欣慰的是，病人们手术前后接受的心理学测试表明，他们的大脑功能和行为表现没有任何差异。但是，有一个问题挥之不去：针对猫、猴子和黑猩猩的研究表明，胼胝体切断手术会导致它们的大脑功能发生戏剧性变化。尽管如此，W. J. 还是选择了冒险做手术。手术非常成功：W. J. 也声称没有出现异常的副作用；他的性情、才智和讨人喜欢的性格都没有改变；他的痫性发作也完全治愈了。总之，W. J. 感觉比前些年好多了（Gazzaniga et al.，1962）。

人类似乎并没有像其他动物一样，因为切断了大脑两个半球之间的连接而受到任何影响。这种情况令人费解。为了解开这个疑团，W. J. 非常绅士地在手术前后都接受了数小时的检查。根据"大脑左半球只加工来自右视野的信息（反之亦然）"这一事实，本书作者之一（加扎尼加）设计了一种可以与大脑左右两半球分别进行交流的方法，而这种方法在之前的病人身上没有用过。

因为大脑语言中枢定位于左半球，所以 W. J. 应该能够命名呈现在右视野的物体。研究者在 W. J. 的右视野快速呈现一张勺子的照片。与预期相同，当问他是否看到了什么东西时，他会回答"勺子"。因为在罗切斯特市的病人中没有发现异常，所以胼胝体被认为在人类大脑半球间的信息整合中并不必要。如果真的是这样，那么 W. J. 也应该能说出在左视野呈现并且在大脑右半球加工的物体。

现在是进行关键测试的时候了。研究者在 W. J. 左视野快速呈现一张照片，然后问他："你看到了什么？"他坚定地回答："没有，我什么也没看到。"

W. J. 对于自己的回答如此自信，他的左视野似乎确实什么都没有。但他真的看不到吗？为了验证这一点，研究者让 W. J. 用左手（右半球控制左手）操作摩斯密码键来对刺激进行反应，而不经过口头报告。当有一束光在他的左视野（也就是右半球）快速出现时，他能用左手做按键反应，但是他仍然说（他的左半球负责说话）什么也没看到。

随后的测验得到了更引人注目的发现：W. J. 的右半球可以进行一些左半球无法完成的事情，反之亦然。例如，在手术之前，W. J. 一直能够用右手（由左半球控制）写下听到的句子，并执行各类命令（如握拳）。然而在手术后，他却无法控制右手用 4 个红色和白色

> **大问题**
>
> - 大脑两半球的解剖结构差异能解释它们的功能差异吗？
> - 为什么即使裂脑病人的大脑两半球在手术后不再互相沟通，他们通常也能感到统一且没有其他异样呢？
> - 每个大脑半球有各自的自我意识吗？
> - 大脑的哪个半球决定在何时完成什么事情？

解剖定位

大脑半球

大脑半球既明显区分又彼此连接。内侧视图（右图）展示了连合，即连接大脑两半球的大白质纤维束。

积木拼出一个简单的图案，而他的左手（由右半球控制）则在这种类型的测试中表现优异。当 W. J. 的右手试图排列积木时，他的左手不停地干扰右手的工作。W. J. 不得不坐在他的左手上，这样右手至少可以尝试着完成任务！

接下来，允许两只手一起排列积木。这一实验导致研究者认为："左脑"可以拥有自己的世界观、欲望和愿望，而"右脑"可以拥有另外一套观念。一旦右脑通过操纵 W. J. 的左手去正确地排列积木，左脑就会破坏这项工作。两只手在相互竞争！可见，大脑半球的特异化是不一样的，而正是这种半球的不同特异化造成了两半球不同的行为。这些研究结果引发了各种各样的问题，并催生了人类裂脑研究。

本章会探究左右半球加工之间的差异。通过裂脑病人和单侧局部脑损伤病人的研究数据，我们强调了偏侧化过程在认知中的决定性作用。这些研究以及近来关于偏侧化和特异化的计算模型研究，已经使得这个领域超越了大众媒体的简单化解释——"左脑"是分析性的，"右脑"是创造性的（**图 4.1**）。我们还将探究导致特异化环路的神经架构类型，以及人类进化出功能偏侧化的可能原因。让我们看看两半球的结构和功能以及它们之间的联系。

4.1 大脑半球特异化的解剖分析

几个世纪以来，单侧脑损伤所引起的效应揭示了两个半球的主要功能差异。其中最戏剧性且被研究得最多的是左半球脑损伤对于语言功能的影响（见**专栏** 4.1）。PET 和 fMRI 神经成像研究已经进一步证实：左半球具有语言加工优势（Binder & Price，2001）。

在过去的 60 年里，对因治疗需要切断大脑半球连接的病人所进行的研究也产生了显著的效果。其中最令人震惊的是，在一个大脑中存在具有两个独立意识的半球！关于这一发现的分歧，我们将在第 14 章进行讨论。本章将重点讨论目前已知的两个半球加工信息的差异。首先，我们需要掌握两个半球之间的宏观和微观差异，了解连接两个半球的纤维束的解剖学知识，以及这些解剖学上的差异如何导致两个半球之间的功能差异。

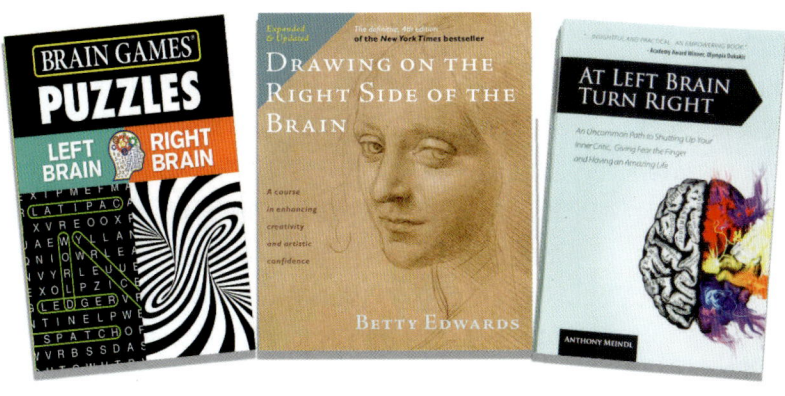

图 4.1①

这些书籍延续了一个常见而天真的过于简化的观点,即"左脑"是逻辑性和分析的,而"右脑"是创造性和直觉的。

专栏 4.1 认知神经科学家的工具箱
瓦达试验

20 世纪 50 年代末,**瓦达试验**证实了左半球在语言功能中的主导作用。这个程序由尤恩·A. 瓦达(Juhn A. Wada)和西奥多·拉斯穆森(Theodore Rasmussen)共同开发,常用于确认哪个半球拥有大脑的言语中心。它通常在治疗神经障碍(如癫痫或脑肿瘤)的非急性手术前使用。

在瓦达试验中,研究者注射异戊巴比妥(amobarbital,一种催眠镇静剂)到病人的颈动脉,对同侧半球(与注射位置同侧的大脑半球)形成快速且短暂的麻醉。然后,病人需要接受一系列与语言和记忆相关的测试(图 4.2)。瓦达试验一致地表明,语言具有强烈的左侧化偏向——在大多数病人中,当注射位置在左侧时,他们的说话能力会中断几分钟。

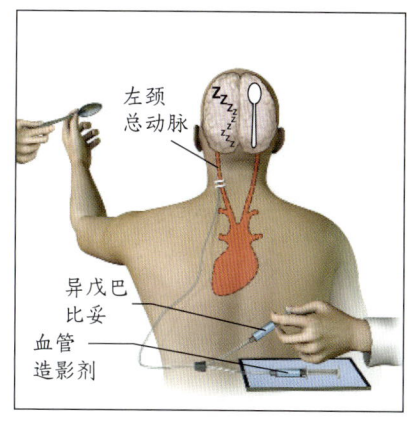
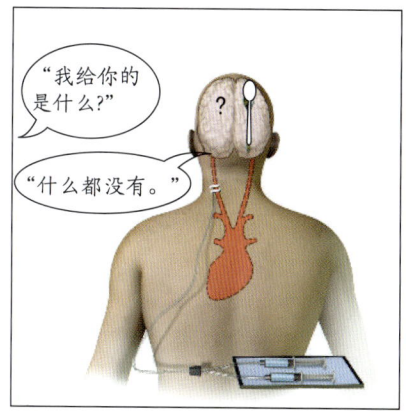
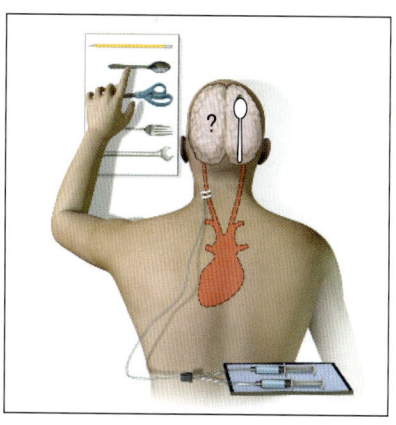

a b c

图 4.2 异戊巴比妥测试中使用的方法

(a)在进行血管造影术之后,异戊巴比妥被注射入被试的左半球,以麻醉语言和言语系统。一个勺子被放在被试的左手上,右半球会注意到勺子。(b)当左半球恢复意识时,询问被试刚才他左手拿的是什么。他回答:"什么都没有。"(c)当研究者将钉有许多物品的木板展示给被试看,被试可以很容易地指向正确的物体,因为在执行样本匹配任务时,右半球是直接指挥左手的。

---

① 图中三本书的中文书名分别是:(左)《脑力游戏:左脑和右脑》;(中)《用右脑绘画》;(右)《关闭左脑,转向右脑》。——译者注

宏观的解剖结构不对称

主要的叶（枕叶、顶叶、颞叶和额叶；见图 2.36）至少在表面上看来是对称的。人类大脑皮质每个半球的大小和表面积大致相同。可是，两个半球（的结构）是偏移的。右脑的突出在前面，左脑的突出在后面。右侧是前方的额叶区域较饱满（实际体积比较大），左侧则是靠后的枕叶区域较大，经常将右半球推离中心，使得两个半球之间的纵裂向右弯曲（图 4.3）。

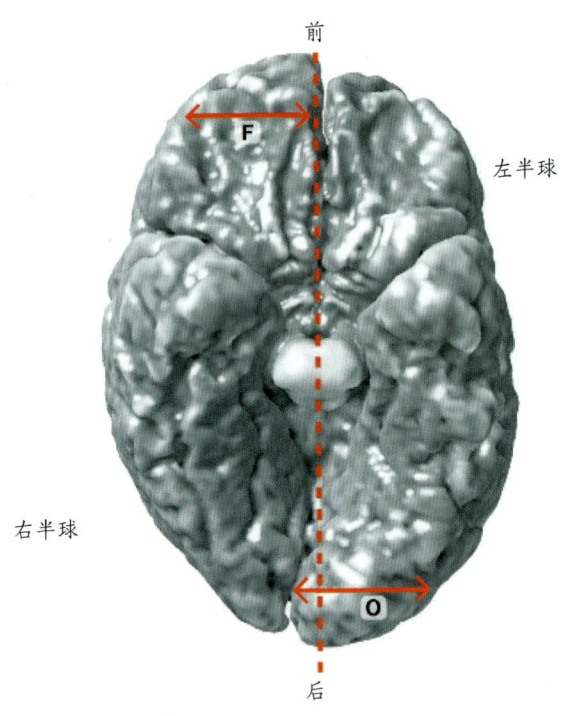

图 4.3 两个大脑半球之间的解剖不对称性

大脑的下面观。（注意，左半球在图中位于右侧）。在这个计算机生成的重建过程中，解剖学上的不对称被夸大了。F= 额叶（frontal lobe）；O= 枕叶（occipital lobe）。

19 世纪的解剖学家发现，**脑侧裂**（也称外侧裂）——定义颞叶上边界的一条大沟——在右半球有更明显的向上卷曲，而该区域在左半球显得相对平坦。两个半球在外侧裂形态上的差异与后来发现的深埋于外侧裂的邻近皮质区域的大小差异有直接关系。

在 20 世纪 60 年代的美国哈佛大学医学院，诺曼·格施温德（Norman Geschwind）检查了 100 名右利手者尸体的大脑解剖结构（Geschwind & Levitsky, 1968）。将这些大脑的外侧裂切开后，格施温德测量了颞叶的表面积并发现**颞平面**在左半球的表面积更大。颞平面是位于威尔尼克区（参与对书面语和口语的理解）中心的皮质区域——65% 的人脑都有这种分布模式。在剩下的人脑中，有 11% 是右半球的表面积更大，还有 24% 没有表现出这种不对称分布。颞叶这一区域的不对称性可能扩展到与这些区域相连的皮质下结构。例如，丘脑的一部分（外侧后核）也有左侧偏大的趋势。

颞叶的不对称性似乎是正常偏侧化大脑的特征，因此有研究者探索了发展性语言障碍病人是否缺乏这一非对称性。有趣的是，MRI 研究揭示在阅读障碍儿童中，颞平面几乎是对称的——他们的语言障碍可能源自左半球特异化的缺失。

最近一项研究检测了尚未学会阅读的儿童的颞平面表面积。没有阅读障碍家族史的儿童的颞平面表面呈现常见的左侧不对称，而有阅读障碍家族史的儿童的颞平面表面更为对称。这一发现表明，在阅读障碍病人中观察到的非典型的语言区域结构在他们学习阅读前已经形成（Vanderauwera et al., 2016）。

此外，一项研究考察了阅读障碍儿童的白质束，发现阅读障碍儿童的一些白质通路具有更大的右侧不对称性（也就是说，通常偏向左侧的白质束在这些儿童身上表现为更对称，并且通常对称的白质束在这些儿童身上更偏向右侧），而且这些向右侧偏移的偏侧化程度可以预测儿童的阅读缺陷（Zhao et al., 2016）。

颞平面的不对称性是仅有的少数与明确的**功能不对称性**相关的解剖指标之一。据推测，语言理解这种复杂功能需要更多的皮质面积。然而，无论是对这种不对称的效度还是解释力，依然存在一些值得思考的问题。首先，虽然只有 65% 的右利手者的左半球颞平面更大，但是功能性测试显示，96% 的右利手者表现出了左半球语言加工优势。其次，有种观点认为，颞平面的显著不对称是由识别该区域的技术和标准造成的。如果应用三维成像技术——该技术考虑到外侧裂的曲率特征会影响不对称性——两个半球不对称性的影响就显得微不足道了。无论这种观点是否正确，左半球语言加工优势的解剖学基础可能并没有完全反映在总体形态上。我们还需要分析皮质内各个位置间的神经环路。

微观解剖不对称性

通过研究半球特异化的细胞基础，我们旨在理解两半球神经环路的差异是否决定了各种任务（如语言任务）的功能不对称性。局部神经网络特异性的组织特征（如突触连接的数量）可能引起了不同皮质区域上的独特功能。另外，体积更大的大脑区域可能包含了更多微柱体以及它们之间的连接（Casanova & Tillquist, 2008；见第 2 章，"按细胞架构划分皮质"标题下的内容）。一种有前景的方法是在功能不对称的大脑半球的**等位区域**（在两半球间相互对应的位置）内探索皮质环路中的特异化，那么有什么区域会比语言区更适合进行研究呢？

研究者在与语言相关的前部皮质（布洛卡区）和后部皮质（威尔尼克区）发现了大脑两半球之间皮质微环路上的具体差异。我们将对这些区域的功能讨论留在第 11 章；在这里，我们只关心它们的结构性差异。

正如在第 2 章所了解到的（见"2.5 大脑皮质"部分），大脑皮质布满了一列列紧密排列的细胞柱，其中的每个细胞柱都包含一个神经元环路，这些环路在整个皮质表面不断被重复。根据对视皮质的研究，研究者发现位于一个皮质柱的细胞会一起行动去编码视觉世界中相对细微的特征。某一细胞柱与相邻或较远细胞柱连接，构成一个整体，进而加工更复杂的特征。

在与语言相关的区域中，研究者已经确定了两半球间几种微观水平的不对称性。一些不对称性发生在单个神经元水平上，这些神经元组成了单个皮质柱。例如，左右半球的神经元有不同的树突分枝阶数分布，这个"阶数"指分枝的开叉的代数：一阶分枝由胞体射出，二阶分枝从一阶分枝射出，以此类推。人类左半球的神经元比右半球等位区域的神经元有更多高阶的树突分枝，而右半球的神经元有更多低阶树突分枝（Scheibel et al., 1985）。如果将树突分枝比作树的分枝，那么左半球的神经元更像榆树，榆树只有少量的大枝干，却有丰富的高阶分枝，而右半球的神经元更像松树，松树有很多一阶和二阶树枝，但高阶分枝非常少。

其他不对称性发生在相邻皮质柱之间的关系上：例如，在左半球的威尔尼克区内，可能是为了适应柱之间神经纤维的额外连接，柱与柱之间相互排列比右半球的距离大一些。还有一些则发生在相互距离更远的皮质柱之间所构成的整体水平上（Hutsler & Galuske, 2003）。左侧初级听皮质的皮质柱内的单个细胞有较长的树突分布，可能是为了适应与更远皮质

柱之间的联系。但是在左半球的次级听皮质中，尽管皮质柱之间同样比右半球相同区域的皮质柱离得远，却没有发现其中神经元的树突更长。相对右半球的细胞，这些皮质柱上的细胞与相邻细胞联系得更少。

在前部和后部的语言皮质上，研究者同样发现了其他结构差异。如**图 4.4** 所示，其间的不对称性包含了两半球间细胞大小的差异。这可能暗示在左半球语言相关区域具有更大的长距离的连通性。使用能够在失活组织内扩散的染色剂对后部语言相关脑区内的神经元连接进行追踪，研究者直接证实了两半球在连通性上的不对称性。通过这些染色剂，每个半球的这些区域都显示了连接成片分布的特点，但是在左半球内，这些区域较右半球相同区域的分布显得更分散（Galuske et al., 2000）。

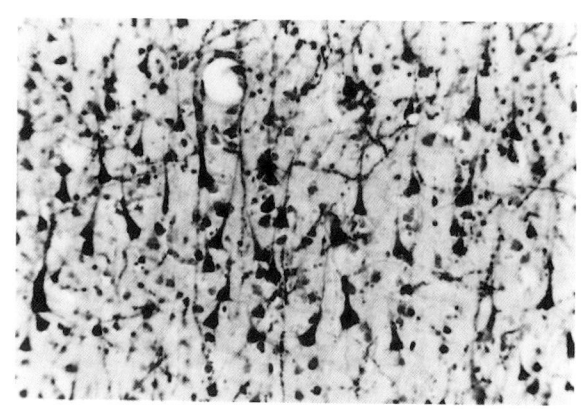

a 右半球

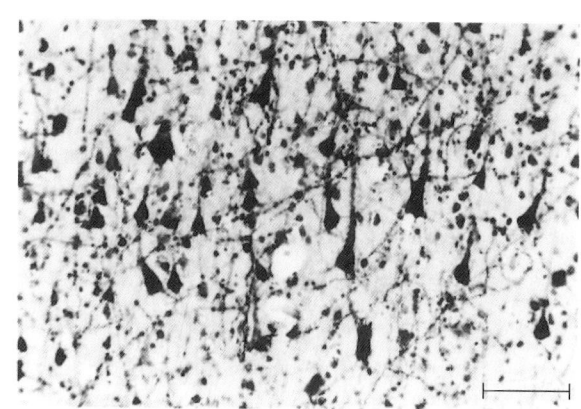

b 左半球

图 4.4 第三层锥体细胞的不对称性

直接用肉眼可以发现，第三层椎体细胞（经尼斯尔染色）中最大的细胞亚群在大小上的差异不易察觉：右半球（a）的差异比左半球（b）的差异小。图上比例尺长度相当于脑内的 50 微米。

在皮质环路中，各种不对称性究竟有何功能性意义呢？同时，在语言优势半球中，这些变化又是如何特异地改变信息加工过程的呢？对于这些发现的多数解释都集中在相邻神经元和相邻皮质柱的相互关系上，强调皮质柱之间的空间排列以及树突大小之间的差异可能导致左半球的细胞连接了更少的神经元。这种结构特异性可以引起更加精细和更少冗余的连通性模式，进而使局部加工信息流之间具有更强的独立性。此外，因为更大空间分布可能暗示更精细的连接，所以该模式的进一步细化可能导致左半球内区域之间的空间距离更大。

对语言相关皮质在解剖学和生理学上的完整理解有助于探索语言分析和生成的皮质机制。这些将会在第 11 章进行讨论。皮质区域都有基本的组织结构，因此在划分某些功能所在的皮质区域时，依据外形和变异，我们将对所有区域共有的神经结构以及某一区域特有的、用于执行特定认知功能的结构进行区分。

这些问题之所以重要，不仅是因为它们有助于我们更好地理解像语言一样的物种特异性适应机能，同时也能帮助我们理解进化如何在皮质的组织结构框架下建构功能特异性。这些问题也能为发展性问题（如失读症和孤独症）提供启发。例如，孤独症病人的微柱体更小，数量更多。如果这些解剖学变化发生在大脑发育早期，那么它们将导致皮质间连接和信息加工的变化（Casanova et al.，2002，2006）。

两半球交流解剖学：胼胝体和连合

左右大脑半球由大脑中最大的白质结构（**胼胝体**）和两个小得多的纤维束（前、后**连合**）连接。胼胝体由 2.5 亿轴突纤维组成。这些纤维从大脑的一侧交叉至另一侧，促进了半球间的交流。胼胝体位于皮质下，沿着纵裂分布。胼胝体在宏观水平被分为：前部，称作膝部；中部，称作干部；后部，称作**压部**（图 4.5）。

胼胝体中的神经纤维大小不一：较小的纤维（约 0.4 微米）位于前部，渐渐过渡到越发靠近后部的大纤维（5 微米；Aboitiz et al.，1992）。每个半球中前额叶和颞顶叶的视觉区由小口径、慢传导的纤维连接，而大纤维连接感觉运动皮质（Lamantia & Rakic，1990）。和许多大脑部位一样，胼胝体中的纤维束维持一种地

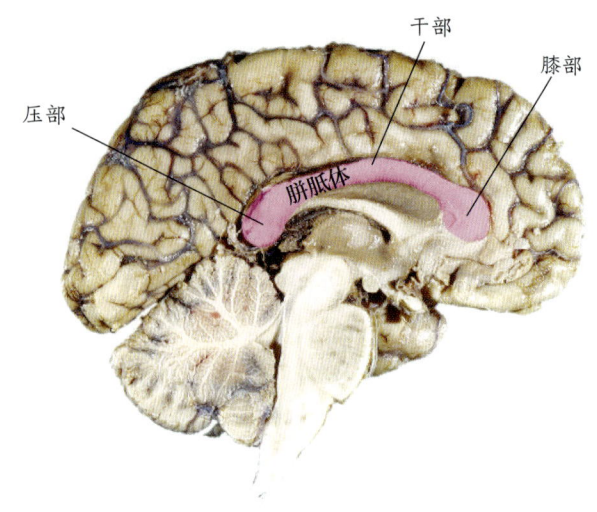

图 4.5　胼胝体

已失活大脑左半球矢状面。胼胝体是位于大脑皮质褶层之下的密集纤维束。胼胝体可被分为三部分：膝部（前部）、干部（中部）和压部（后部）。

形图式组织形式[①]（Zarei et al.，2006）。

通过使用扩散张量成像（见第 3 章）的 MRI 技术，研究者能够追踪从一个半球经过胼胝体到另一个半球的白质纤维束。结果表明，胼胝体可被划分为负责**等位连接**（一侧大脑半球的某一区域经胼胝体与另一侧大脑半球相对应的区域之间的连接）和**异位连接**（一侧大脑区域经胼胝体与另一侧不对应区域之间的连接）的垂直分段（Hofer & Frahm，2006）。

正如**图 4.6** 所示，胼胝体包含了投射到前额叶、运动前区、初级运动区、初级感觉区、顶叶、枕叶和颞叶区域的纤维。几乎所有在顶叶、枕叶和颞叶皮质加工的视觉信息都由胼胝体的后三分之一部分传递到对侧半球，而在运动前区和运动辅区加工的信息由胼胝体的中间三分之一部分传到对侧。

许多胼胝体投射连接了等位区域（图 4.7）。例如，左半球前额叶皮质区域可以投射到右半球前额叶皮质的等位区域。尽管联合皮质的大多数区域保持这一模式，但在初级皮质上不常见。两侧初级视皮质的胼胝体投射只连接最偏离中心的空间区域，并且在初级运动皮质和躯体感觉皮质中，等位胼胝体投射是很少的（Innocenti et al.，1995）。

胼胝体纤维还连接**异位区域**，即两个半球不同位

[①]　地形图式组织（topographic organization）是指在身体某个区域的感受器分布与大脑感觉皮质中表征同一功能的神经元分布之间，存在一种有序的空间关系，类似于地形图的结构。——译者注

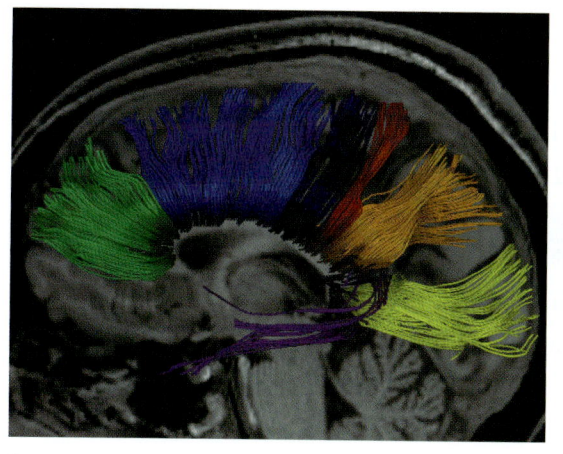
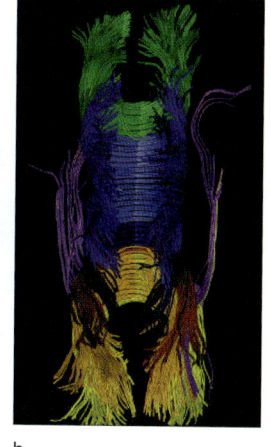

图 4.6 置于解剖参照图像上的经胼胝体纤维束的三维重构

投射到前额叶皮质（绿色）、运动前区和运动辅区（浅蓝色）、初级运动皮质（深蓝色）、初级躯体感觉皮质（红色）、顶叶（橙色）、枕叶（黄色）和颞叶（紫色）的胼胝体的纤维束。（a）矢状面图。（b）顶视图。（c）斜视图。

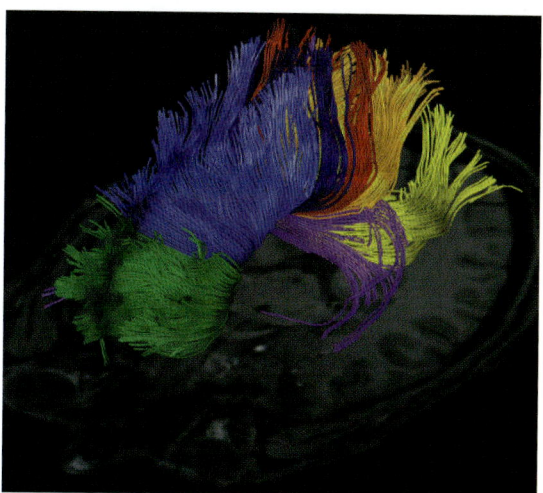

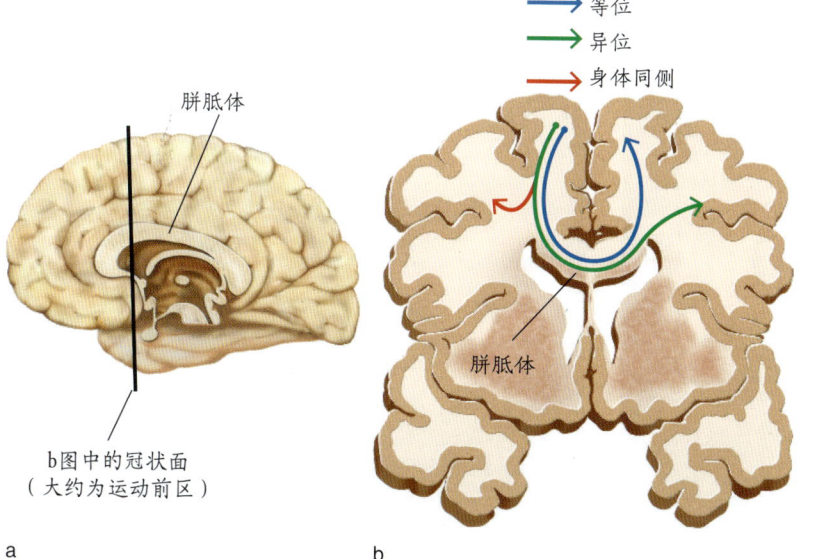

图 4.7 追踪大脑皮质间和皮质内的连接

（a）大脑右半球的正中矢状面，其中已标明胼胝体。（b）大致通过运动前区的冠状面的尾部表面。等位胼胝体纤维（蓝色）通过胼胝体连接大脑两半球相应的部分。异位连接（绿色）连接了大脑两半球间不对应的区域。在灵长类动物中，两种对侧连接（蓝色与绿色）与同侧连接（红色）都始于并终止于新皮质的同一层。

置的区域。这些投射一般会模仿存在于同一半球内的神经投射。例如，前额叶皮质对同一半球内的运动前区有神经投射，也可能向对侧半球相同运动前区有神经投射。然而，异位投射往往没有同侧投射那么广泛。

前连合是一个小得多的连接两个半球的纤维束。它的大小是胼胝体大小的1/10，在胼胝体前部的下面，并且主要连接颞叶的某些区域，包括两个杏仁核（图4.8a）。前连合也包含了来自嗅神经束的交叉纤维，并且是传导疼痛的新脊髓丘脑束的一部分。**后连合**比前连合还要小，并且它也包括一些半球间的纤维。后连合在位于第三脑室结合点的大脑导水管之上（图4.8b）。后连合包含了服务于瞳孔对光反射的纤维。

胼胝体功能

从功能上讲，胼胝体是大脑两半球相互交流信息的主要途径。研究者对信息交流的内容和途径很感兴趣。目前已经提出了胼胝体连接的几个功能。例如，一些研究者指出，在视觉联合皮质中感受野可以跨越两个视野。胼胝体之间的交流可以使来自两侧视野的信息激活这些细胞。事实上，当一个物体通过这些感受野时，胼胝体连接能使大脑皮质神经元的振荡活动同步化（图4.9）。依据这种观点，胼胝体连接能够通过汇合不同的输入信息促进信息加工。

另一些研究者认为，胼胝体的功能主要是抑制性的。如果胼胝体纤维是抑制性的，那么这些纤维就为每个半球竞争当前加工的控制权提供了一个途径。例如，多个动作都可能为执行同一目的而被激活；之后的加工则是在这些候选动作中挑一个（见第8章）。胼胝体内的抑制性连接可能有助于完成这一选择过程。

对于发育中的年幼动物，包括人类在内，胼胝体投射更加分散，在大脑皮质表面分布也更均匀。然而，成年个体胼胝体的连接是发育中个体的缩小版本。例如，猫和猴在发育过程中丧失了大约70%的胼胝体轴突。在这些短暂的投射中，有一部分处于初级感觉皮质的各部分之间，并且在成年后不再由胼胝体连接。然而这种轴突丧失并没有造成两半球皮质细胞消亡。

两个半球内轴突消失并不等于细胞消亡。这是因为一个细胞体可以发送超过一条轴突末梢：一条传向

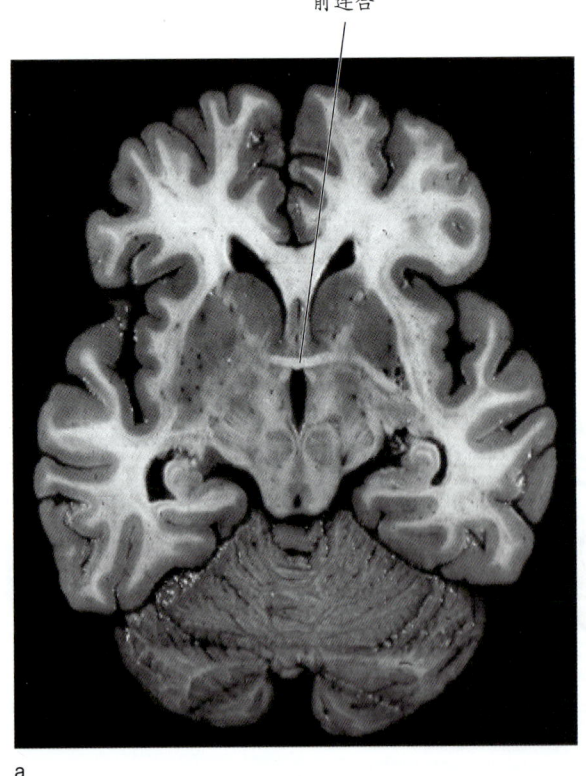
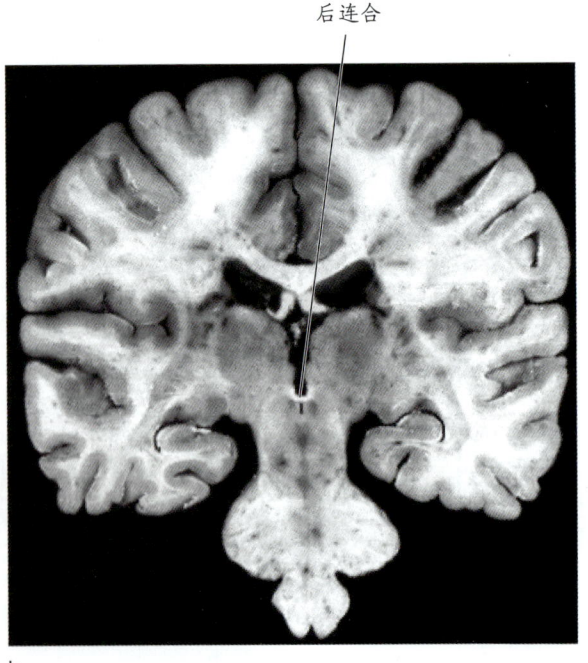

图4.8 连合
（a）在前连合处的斜切（大约与水平面呈45°）横截面。（b）在后连合处的冠状面。

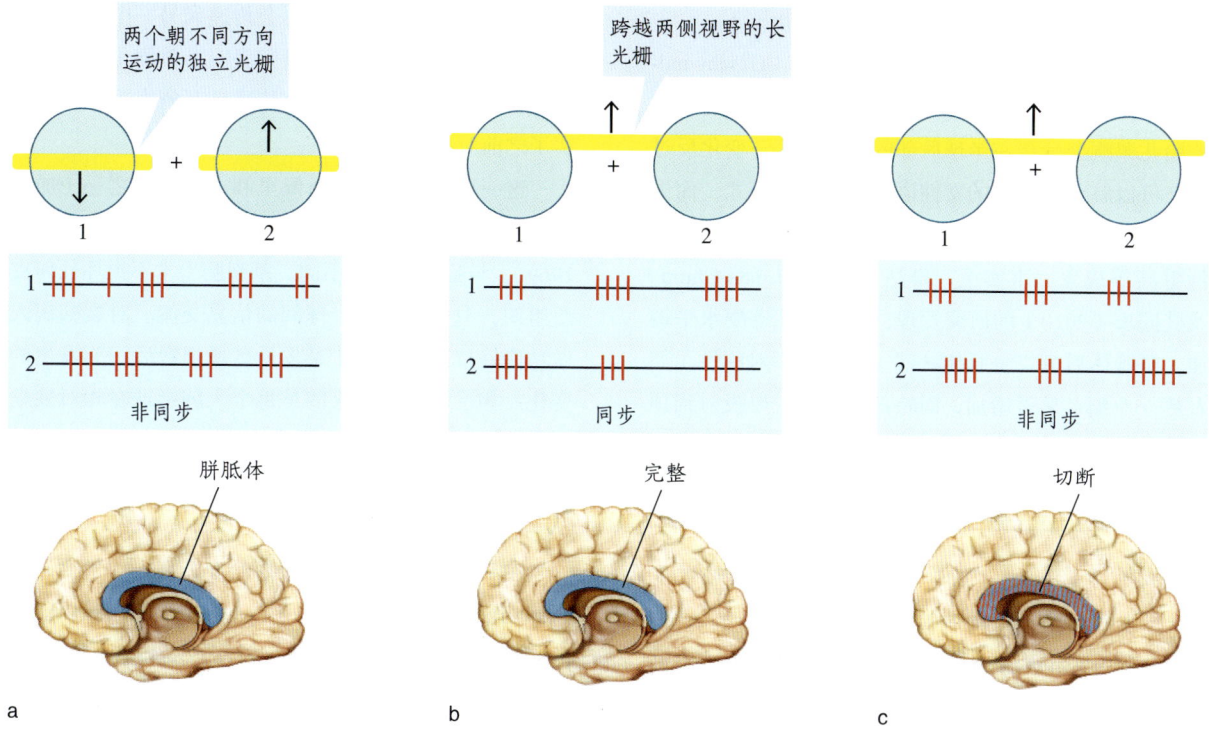

图 4.9　皮质神经元的同步化

（a）当注视点任意一侧的感受野（1和2）分别被朝不同方向（如箭头所示）运动的两个光栅激活时，两个细胞的放电率不相关。（b）对胼胝体完整的动物来说，若有同一个物体（如跨越两侧视野的长光栅）刺激了两个独立的感受野，具有空间分离的感受野的细胞放电率会同步化。（c）在胼胝体被切断的动物身上，我们很少能观察到这种同步化。

同侧半球的皮质区域，另一条传向对侧半球。因此，当一条胼胝体轴突消失时，只要这个细胞体的另一条连向同侧半球的次级并行轴突保持完整，这个细胞体就不会死亡，就像修剪桃树树枝的分叉可以使主干苗壮成长一样。轴突连接精细化是胼胝体发育的标志，就像半球内分工精细化也是大脑发育的标志。

关于大脑两半球，研究者研究了胼胝体解剖差异对功能的影响。通常，研究者会测量一些总体特征，如截面面积或胼胝体形状。测量差异往往与以下因素相关：性别、利手、心理发育迟滞、孤独症和精神分裂症。然而，对这些结果的解释往往由于方法上的差异和矛盾的结果而变得很复杂。测量胼胝体截面面积的逻辑是，面积大小与其组织结构有关系。胼胝体的大小可能与轴突数量及直径有关，可能与有髓鞘轴突所占比例及髓鞘厚度有关，也可能与血管大小或细胞膜外空间的容积等非神经结构有关，从而导致功能差异。

胼胝体大小的不同也可能是由于大脑大小的不同引起的。例如，男性胼胝体通常比女性大，但是男性大脑通常也更大。考虑到脑容量，胼胝体大小的性别差异是否存在尚不清楚。一些研究者发现，相对于大脑大小，女性胼胝体的某些部分实际上比男性更大（Ardekani et al., 2013）；但其他研究发现，胼胝体大小并没有性别差异。最近的一项研究试图确定胼胝体大小是受性别影响，还是仅仅受大脑总容量影响：研究被试是大脑相对较大的女性和大脑相对较小的男性。当将男性和女性大脑的脑容量匹配后，发现胼胝体的大小没有显著差异（Luders et al., 2014）。

然而，胼胝体的形状可能存在性别差异。对胼胝体旁矢状面大小和不对称性的研究发现，与女性相比，男性胼胝体偏向右侧的不对称性更明显（Luders et al., 2006）。也就是说，男性胼胝体的一大部分向右侧凸出，胼胝体的主要部分所在的半球边缘侧面可能是重要影响因素。因此，像胼胝体这样的性别二态型组织（男性胼胝体更偏向右侧）可能不仅包括胼胝体，还包括左右半球发育的不对称性——这从旁矢状胼胝体纤维的分布就能看出来（Chura et al.，2010）。

这一观点与格施温德－加拉布尔达（Geschwind-Galaburda）的发展理论相一致。该理论认为，高水平的胎儿睾酮会减缓左半球后部的发育。这一变化反过来又可以解释观察到的女性语言加速发展模式，而男性在视觉空间任务中表现得更好，以及男性左利手比例更高等现象。事实上，琳达·胡拉（Linda Chura）及其同事（2010）的研究发现，随着胎儿睾酮水平增加，胼胝体后侧（胼胝体峡部）向右的不对称性（如右侧＞左侧）显著增加，而峡部的神经主要投射到顶叶和颞上皮质。

球学会的上述视觉分辨力不会传递到另一个半球。对猴和黑猩猩进行的进一步研究表明，单侧化到一个半球的视觉和触觉信息也不会传递到对侧半球，从而证实了之前对猫的研究结果。

这一重要的研究为斯佩里和本书作者之一（加扎尼加）针对人类的比较研究提供了基础（Sperry et al.，1969）。与脑损伤实验不同，割裂脑手术不损坏任何皮质组织，只会消除两半球间的信息交流。对裂脑病人做功能性推论不是基于某皮质区域损毁后行为发生的变化。相反，我们观察的是每个大脑半球在相对独立的情况下如何工作。

关键信息

- 颞平面包括威尔尼克区并且与语言加工有关。两侧颞平面不对称是少数几个解剖学指标与功能不对称性相关的实例之一。
- 在语言相关区，研究者发现了大脑半球之间的微观不对称性，包括树突分支的不同分布、相邻神经元柱之间的不同距离、细胞大小差异以及连通性不同。
- 两半球皮质通过脑中最大的纤维系统——胼胝体——连接起来。两条较小的纤维束——前连合和后连合——也连接着两个半球。
- 胼胝体既有等位连接，也有异位连接。等位纤维连接两半球的对应区域（如右侧 V1 区连接左侧 V1 区），而异位纤维连接不同区域（如右侧 V1 区连接左侧 V2 区）。

4.2 割裂脑：皮质间失去联系

胼胝体是大脑两半球交流信息的主要途径，因此当我们切断胼胝体纤维时，我们可以了解很多信息。美国加州理工学院的罗纳德·迈尔斯（Ronald Myers）和罗杰·斯佩里（Roger Sperry）在先驱性的动物研究中成功地使用了这种方法。他们设计了一系列动物实验来评估胼胝体是否对统一的皮质功能至关重要。首先，他们在两扇门上随机摆放刺激（"加号"或"圆圈"），并训练猫去挑选"加号"而非"圆圈"。如果选择正确，猫会获得食物作为奖励。迈尔斯和斯佩里惊讶地发现，当胼胝体和前连合被切断后，一侧大脑半

人类外科手术

在其他治疗手段（如药物治疗）都失败了后，胼胝体切断手术（或割裂脑手术）被用于治疗难以医治的癫痫。这一手术于1940年首次由美国纽约州罗切斯特市的一位外科医生威廉·范瓦根恩（William van Wagenen）完成。范瓦根恩的一个病人有严重的癫痫发作病史，但在胼胝体出现肿瘤后好转（Van Wagenen & Herren，1940）。癫痫发作是大脑异常放电并迅速发展到全脑的结果，因此，这名病人病情的改善使范瓦根恩认为，切断病人胼胝体可能会阻止导致癫痫发作的电脉冲在两个半球之间传递。这一导致癫痫发作的电脉冲被阻止后，全面发作的癫痫就不会再发作了。

这一想法是激进的，尤其是在人们对大脑功能了解甚少的情况下。手术本身也很辛苦，特别是在没有当今的显微手术技术的情况下，因为只有一层薄薄的细胞壁将脑室和胼胝体分开。然而，当时可供选择的治疗方法有限，而范瓦根恩的那些绝望的病人强烈要求医生采取措施。这个手术也引发了一个巨大的隐忧：手术有怎样的副作用——是有两个思想为控制一个身体而斗争的分裂人格吗？

令大家欣慰的是，手术非常成功。值得注意的是，这些病人看起来完全正常，病人自身感觉也完全正常。癫痫发作通常会立即平息，就连那些手术前每天发作15次以上的病人也好了。80%的病人的癫痫活动减少了60%～70%，有些病人完全没有癫痫发作了（Akelaitis，1941）。每个人都很高兴，但也很困惑。其中20例手术没有任何明显的心理副作用：心理、性格、智力、感觉信息加工或运动协调性都没有改变。对这些病人进行测试的心理学家安德鲁·阿克列提斯

（Andrew Akelaitis）总结如下：

> 这些病人中的一些能够进行非常复杂的双侧同步活动，如在术后进行钢琴演奏、通过触觉系统打字以及跳舞。这些现象表明，病人正在利用胼胝体以外的连合通路。（Akelaitis，1943，p.259）

裂脑病人研究中的方法学考虑

在过去50年里，检查每个半球知觉及认知功能的主要方法没有发生明显变化。研究者通常使用视觉刺激，不仅是因为这一感觉通道具有优势地位，更是因为比起其他通道（如听觉和嗅觉），视觉系统具有更严格的偏侧化特征。

与一个半球单独交流的能力建立在视神经的解剖学基础上。请你直视位于正前方的物体。来自视野右侧的信息投射到双眼视网膜左侧，来自左侧的信息投射到双眼视网膜右侧。当来自双眼视野中的信息沿着视神经传递时，它们保持分离。在视交叉处，视神经分为两半，从视网膜内侧部分传递视觉信息的纤维交叉并投射到对侧半球的视皮质，而从视网膜外侧部分传递视觉信息的纤维继续上行到同侧半球的视皮质（图4.10）。

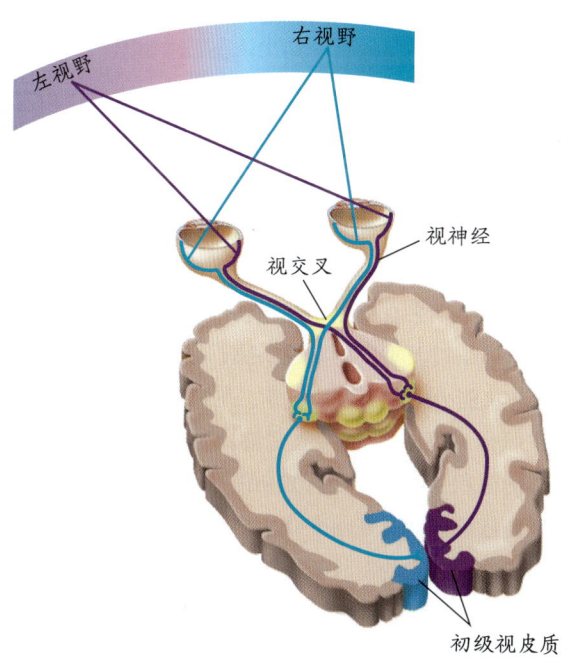

图4.10 视神经及其通向初级视皮质的通路

因此，所有来自左视野的信息最终都传递到右半球，所有来自右视野的信息最终都传递到左半球。如果大脑皮质两部分之间的所有通信都被切断，那么呈现在右视野的信息只会在左半球进行加工，而呈现在左视野的信息只会在右半球进行加工，左右半球之间则不能相互交流。

在对裂脑病人的测试中，实验者通过在一侧或另一侧视野快速呈现刺激，限制视觉刺激仅呈现在一个半球内（图4.11），病人则注视正前方空间中的注视点。为了防止病人眼动使得信息进入另一个半球，刺激呈现时间必须非常短暂。一次眼动需要大概200毫秒，因此如果一次刺激呈现的时间短于200毫秒，研究者就可以确信刺激在皮质上的投射是偏侧化的。更新的图像稳定工具可以随着被试的眼动来移动图像，这样可以使刺激呈现的时间更长，形式更自然。这种技术为从神经科学和心理学的角度研究半球间失连接开拓了新途径。

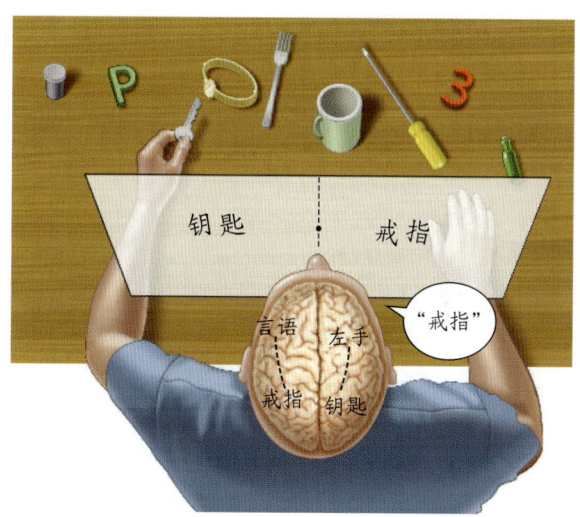

图4.11 视觉刺激局限于一侧半球

通过负责言语的半球，裂脑病人只报告闪现在屏幕右侧的物体，而否认看见出现在左视野的物体，或认不出握在左手中的物体。不过，病人虽然在言语上否认看到了任何东西，但病人的左手可以准确地拿起呈现在左视野的物体。

对于评估裂脑病人的表现，学术界提出了很多方法学问题。第一，我们需要注意到这些病人在进行胼胝体切断手术前，其神经系统就是不正常的。他们都是慢性癫痫病人，多次发作的癫痫可能会造成神经损伤。因此，我们自然会问，他们是否在手术后表现出了正常的大脑半球功能。这个问题没有简单的答案。一些病人在神经心理评估中出现了不正常表现，有的人甚至出现了严重智力损害。但是，有些病人的认知缺陷是微不足道的，因此他们被研究者进行了细致的研究。

第二，跨皮质连接是否被完全切断也应当被重点考虑，或者说是否有一些完整的神经纤维残留。对于在加利福尼亚最早完成的那些手术，查询手术记录是了解切割是否完全的唯一方法。但近年来，磁共振成像（图4.12）、扩散张量成像以及电信号定位技术已经为手术切开程度提供了更精确的测量方法。事实上，当在病人身上发现一些完整的纤维时，必须重新解释一些旧研究数据。针对胼胝体切断的准确报告对了解大脑连合的组织特点非常重要。

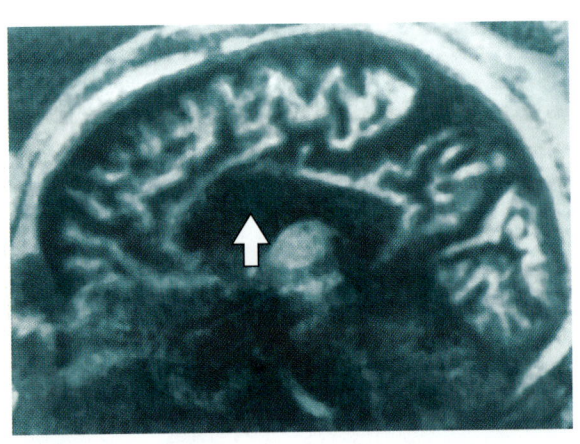

图4.12　完整的胼胝体切断手术

这幅磁共振成像图显示了胼胝体被完全切断后的大脑矢状面。箭头指出了切断区域。

第三，实验必须精心设计，以消除交叉提示的可能性。交叉提示指的是一个大脑半球启动的行为可以被另一个大脑半球在外部检测到，相当于给了它一个关于测试答案的提示。根据设计的不同，消除交叉提示非常具有挑战性，甚至是不可能的（S. E. Seymour et al., 1994）。为了避免交叉提示，了解胼胝体切断后大脑半球之间继续共享什么信息是很重要的。

我们稍后将在本章介绍更多相关内容。这里需要注意的是，虽然右半球控制着身体的左半部分，而左半球控制着身体的右半部分，但两个半球都可以引导身体同侧的近端肌肉，如上臂、手和腿的粗大运动，而不能引导远端肌肉（离身体中心最远的肌肉），包括按动蜂鸣器或指向等执行精细运动的肌肉（Gazzaniga et al., 1962；Volpe et al., 1982）。因此，左半球控制着右手的精细运动，但也可以让左臂的近端肌肉进行更一般性的运动，这恰恰可能给右半球提供了关于正确答案的线索。

交叉提示行为有时很容易观察到，例如，一只手轻推另一只手；也可能非常不明显，例如，由一个半球引起的眼动或面部肌肉收缩（因为一些面部肌肉组织是双侧半球共同支配的）可以提示另一个半球找到答案。细微的反应时差异表明，交叉提示已经发生。交叉提示对病人来说不是有意的，它是一种为了完成实验任务而做出的无意识尝试。

割裂脑手术的功能性后果

正如本章开头介绍的那样，对裂脑病人W. J.的一系列测试结果与先前所做的胼胝体切断后的效果检查相反。例如，阿克列提斯（Akelaitis, 1941）发现，胼胝体切断后并没有显著的神经病学或心理学后果。然而，通过对W. J.和其他病人的仔细检查的确发现，呈现在一个半球上的视觉信息无法被另一个半球提取。

这一原则同样适用于触觉。病人可以命名和描述放在右手上的物体，但物体放在左手上则不行。感觉信息被限制在一个半球内，因此这些信息并不能准确地指导同侧手的运动。例如，当将一幅用一只手做出"OK"手势的图片呈现到左半球时，病人可以用由左半球控制的右手做出相应的手势，然而病人没法使用一般由右半球控制的左手做出相应的手势。

从认知的角度看，这些最初的研究确认了一些长期存在的关于两个大脑半球特性的神经病学知识，而这些知识早期来自单侧半球损伤的病人：左半球主导语言、口语以及重要的问题解决，它的言语智力以及问题解决能力（包括数学任务、几何问题和假设建立）在胼胝体切断后仍旧保留完整。完全割裂脑或切断50%的面积并不会改变认知功能——裂脑病人也没有发现自己的能力有任何变化。右半球缺乏进行认知任务的能力，但它的专长是视觉空间任务，如绘制立方体或其他三维图形。

裂脑病人并不能命名和描述呈现在右半球的视觉或触觉刺激，因为感觉信息并不能传递到主导言语能力的左半球。但这不意味着关于刺激的知识没有存储在右半球中。非言语反应技术用于证明右半球的能力，例如，左手可以指出被命名的物体，或者可以演示呈现在左视野（信息传递到右半球）的物体的功能。

关于胼胝体功能特异性的割裂脑证据

当胼胝体被完全切断后，两半球之间很少或不再发生知觉和认知上的交互作用。然而，一些割裂脑手术是分阶段的，在第一次进行手术时只会切断前半部分或后半部分胼胝体。只有在癫痫仍旧持续的情况下才会进行第二次手术来切断剩余的神经纤维。

这种两阶段手术能让我们了解胼胝体前半区域和后半区域在两个半球之间传递信息的独特作用。例如，当连接两侧枕叶的胼胝体压部——胼胝体后部——残留下来时，视觉信息可以在两个半球之间正常传递（图4.13）。在这一例子中，呈现在视野任何区域的图案、色彩以及语言信息都可以和呈现在大脑另一侧的信息匹配。尽管如此，病人依旧没有对触碰到物体的触觉信息表现出任何半球间的信息传递。触觉信息被证明只由位于胼胝体压部前面区域（仍属于胼胝体后半部）中的纤维传递。

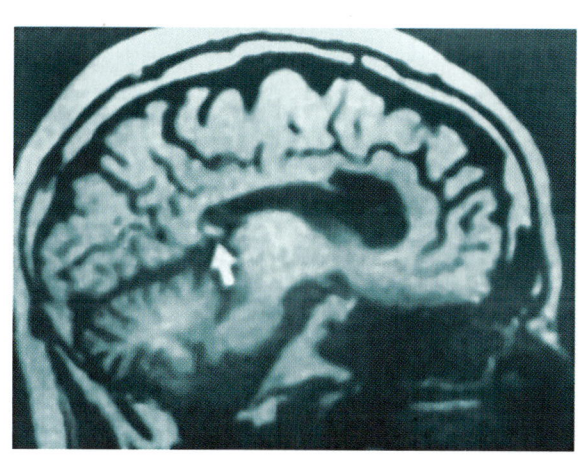

图4.13　一个不完整的胼胝体

MRI扫描显示，胼胝体压部（箭头所指处）在对该病人进行的割裂脑手术中残留下来。因此，视觉信息依旧可以在两半球间传递。

当胼胝体的后半部分被切断时，视觉、触觉和听觉信息传递会被严重损坏，但留下来的完整胼胝体前半部分仍旧能够传递高阶信息。例如，病人J. W. 做完手术后，马上对其进行了测试。在第一个测试中，分别给两个半球闪现一幅简单的图画，正如预期的那样，左半球能命名图片而右半球不能。问题是，这些信息能否通过胼胝体前部传递，从而引起某种类型的信息交叉整合。为了验证这一点，研究者给两个大脑半球闪现不同的刺激。例如，给左半球呈现的是单词"太阳"，而给右半球呈现的是交通信号灯的黑白素描图。然后，研究者会问J. W.："你看到了什么？"然后便有了如下对话（Gazzaniga，2015，p.242）。

加扎尼加：你看到了什么？

J. W.：右边有"太阳"这个词，并且左边有某个东西的图片。我不知道那是什么，我说不出来。我很想，但是做不到，我不知道那是什么。

加扎尼加：它与什么有关？

J. W.：我也没办法告诉你。右边有"太阳"这个词，左边有某个东西的图片……我想不起它是什么，我能用我的眼睛看到，但是我说不出来。

加扎尼加：它和飞机有关吗？

J. W.：没有。

加扎尼加：它和车有关吗？

J. W.：有（点头）。我想是的……它是一个工具或是什么……我知道它是什么，但我说不出来。这太糟糕了。

加扎尼加：……它有颜色吗？

J. W.：是的，红，黄……交通信号灯？

加扎尼加：你答对了。

手术后2个月，J. W. 一直都在和自己玩这种"20个问题"的游戏。这次，他把单词"骑士"呈现给右半球。他与自己有这样一段对话，"我脑海中有一个画面，但我说不出来。两个斗士在圆形竞技场中。古代的人，穿着制服，戴着头盔……骑在马上……试图把对方打下马……骑士？"（Sidtis et al., 1981）。他的右半球看到的单词（但左半球没看到）在右半球引起了高阶联系。进一步测试发现，即使不接触关于刺激的感觉信息本身，左半球也能接收关于刺激的高阶线索（图4.14）。总的来说，胼胝体的前半部分能传递刺激的语义信息而非刺激本身（Sidtis et al., 1981）。病人前半部分胼胝体被切断后，就失去了这项能力。

偶尔，在手术中，由于医生的疏忽，胼胝体并没有被完全切断。而这种情况大多在手术结束的很多年

| 右半球刺激 | 左半球语词反应 |

正常脑

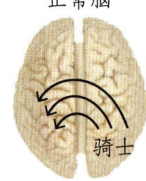

骑士 •

"骑士"

胼胝体部分切断

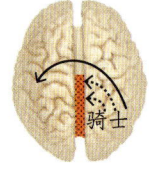

骑士 •

"我脑海中有一个画面,但我说不出来。两个斗士在圆形竞技场中。古代的人,穿着制服,戴着头盔……骑在马上……试图把对方打下马……骑士?"

胼胝体完全切断

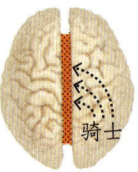

骑士 •

"我什么也没看见"

图 4.14　胼胝体切断的位置决定两个半球之间传递的信息

在手术的各个阶段,裂脑病人 J. W. 对左视野物体命名能力的示意图。

后才被发现。这时候,有比较新的扫描技术,能够发现残留的纤维。因为这些胼胝体连接的存在,之前的发现经常需要被重新评估以及加以解释。

关键信息

- 视神经独特的解剖结构让视觉信息能够单独呈现给裂脑病人的其中一个或另一个大脑半球。
- 评估裂脑病人时存在一些方法上的问题,包括如何辨别先前存在的神经病学损伤,如何准确地评估切开程度,以及如何设计更为精密的实验来减少两个半球之间线索传递的可能性。
- 胼胝体压部是胼胝体最靠后的部分。人类后半部分胼胝体被切断后,视觉、触觉以及听觉信息传递都会受到严重破坏。
- 胼胝体前部参与传递高阶语义信息。

4.3　裂脑病人的脑功能特异化证据

正如我们在第 1 章学到的,**大脑特异化**的历史——大脑的不同区域有特定的功能——开始于 19 世纪早期的研究者弗朗兹·约瑟夫·高尔。尽管这一概念总是在引起一段时间的关注后又沉寂,它仍旧是不能被忽视的,因为有很多临床发现,尤其是卒中病人,都为此提供了确切的证据。在过去的 50 年里,关于裂脑病人的研究表明,一些大脑加工过程是偏侧化的。

在这一部分,我们会回顾一些对裂脑病人、单侧脑损伤病人和正常人的研究。我们最先检测的是左半球的语言和言语能力。这也是最为主要的偏侧化功能。我们也探究了视觉空间加工、注意和知觉以及信息加工的偏侧化,以及我们是如何解释周围世界的。

语言和言语

当试图理解语言的神经基础时,我们最好对语法和词汇功能进行区分。语法—词汇这一划分不同于更传统的句法—语义划分。传统划分被用于理解脑损伤对于语言加工的不同影响(见第 11 章)。**语法**是人类为了促进交流而用于排列词汇顺序的规则系统。例如,在英语中,一个句子的典型顺序是主语(名词)—动作(动词)—物体(名词)。而词汇是词语与特定意义相联系的心理词典。"狗"这个词与一只狗联系在一起。根据所使用的语言的不同,它还可能写作"Hund"(德语)、"kutya"(匈牙利语)或"cane"(意大利语)。

语法—词汇这一划分需要考虑其他因素,如记忆。这主要是因为单词串可以被熟记为惯用语。例如,"How are you?(你好吗?;英语)"或"Comment allez-vous?(你身体怎么样?;法语)"这样的短语应该算一个词条。尽管心理词典不可能涵盖人类产生的无穷无尽的独特词组和句子——就如你现在读的教材内容——但我们确实可以记住很多较短的短语。我们表达这些单词串时,它们并不会反映句法和语义系统间的相互影响;这些单词串实质上更像心理词典中的一个词条。

当你学一门新语言时,语法—词汇这一划分更为明显。当你说一个惯用语时,你会将它作为一个组合说出来,而不会纠结于语法。因此,大脑中应该存在一些区域完全负责语法加工,而词汇加工所在的位置难以确定,因为词汇反映的是学习到的信息,是大脑一般记忆系统和知识系统的一部分。语法系统则应当是离散的，因而可以被定位，而心理词典应该是分布式的，更难被完全拆分。

语言和言语加工很少由两个半球共同承担，一般只与一侧半球有关。左半球一般负责理解语言的各个方面，但是右半球也存在语言能力，尽管这不常见。事实上，在仔细检查了数十位裂脑病人后，只有6位病人显示出右半球还残留语言功能。而且，即使在这6名病人中，右半球的语言功能也受到了严重限制，仅限于词汇理解方面。

有趣的是，这些特殊病人的左右半球中心理词典的容量基本是相等的，但它们的组织方式大不相同。例如，两半球都表现出了一种被称为词优效应（见第3章）的现象。正常的英语阅读者能在英语真词条件下（如belt）更好地识别字母（如L），而在假词（如kelt）或无意义字母串（如ktle）条件下，对相同字母的识别成绩更差。由于假词和非词不是心理词典中的词条，出现在这些字母串中的字母不会得到对词汇额外加工而产生的促进效应。这样一来，就出现了词优效应。

尽管右半球承担语言功能的病人展现了一个视觉化的心理词典，但两个半球可能会通过不同的方式进入这个心理词典。研究者通过字母启动任务评估了这种可能性。被试仅被要求指出一个快速闪现的大写字母是H还是T。在每个试验序列中，在大写字母之前都会先呈现一个小写字母h或t。当在H之前呈现的是h而非t时，健康被试的反应会加快，或者说被启动了。

前后匹配试验序列（h—H）与前后不匹配试验序列（t—H）之间反应时的差异就是字母启动效应量。裂脑病人J.W.在这一任务中表现出了偏侧化特征。实验者在被试的左或右视野中先呈现启动刺激100毫秒。400毫秒之后，在左或右视野中会呈现目标刺激。如**图4.15**所示，呈现在左视野的试验序列没有出现启动效应，而呈现在右视野的试验序列明显存在这一效应。右半球没有启动效应暗示个体存在字母识别障碍，它无法进行平行加工。J.W.还表现出了其他一些右半球功能障碍。例如，他不能判断哪个词是更上位的概念（如家具和椅子相比），或哪些词在意义上相反（如爱与恨）。

总之，大脑中应该存在两个心理词典，左右半球各有一个。右半球的心理词典似乎采取与左半球不同的组织方式，而且从这些心理词典中提取信息的方式也是不同的。这些观察结果与心理词典反映学习过程

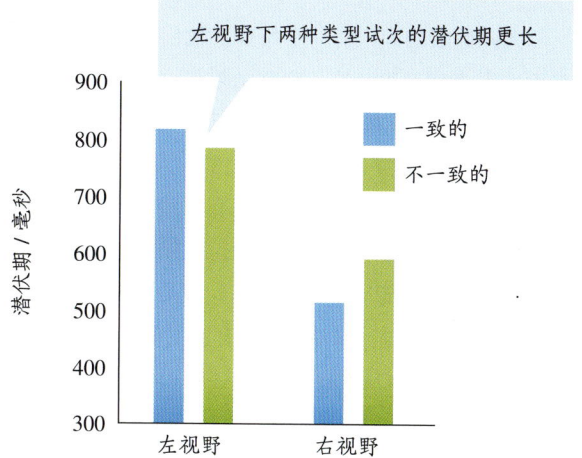

图4.15 裂脑病人左视野的字母启动效应
图中所示的是在右视野和左视野呈现一致和不一致字母时的反应时。无论是哪种刺激，被试对左视野（右半球）中的刺激的反应时都更长。

并广泛分布于大脑皮质上的观点相一致。尽管长期以来都认为一般人的心理词典位于左半球，但是近来的功能成像证据显示，右半球在语言加工中具有广泛作用，虽然具体的作用还需进一步研究（Price，2012；Vigneau et al.，2011）。

一些理论家认为，左半球的语言能力能促进执行更高级的认知功能，如推理或解决数学问题。裂脑病人右半球有丰富的心理词典，却不能提高右半球完成那些任务的能力（Gazzaniga & Smylie，1984）。

相反，生成句法仅由一个半球负责。生成句法是指在遵守语法规则的前提下，我们能对单词进行组合，产生无数种意思。尽管有些病人的右半球明显具有一个心理词典，但它在关于语言的其他方面的表现并不一致，如理解动词、复数、所有格以及主动态—被动态的区分。那些病人的右半球通常不能根据词序来消除歧义，如他们无法区分"狗追猫"和"猫追狗"的差别。

然而，当在句子结尾处出现语义冲突词时，右半球可以指出这种错误。例如，"The dog chases cat the（狗追猫着）"会被标记为错误。另外，具有语言能力的右半球也能进行语法判断。由于某些特殊原因，虽然他们不能通过句法来消除歧义，但是他们可以判别某一种表述方式是否符合语法规则。这一惊人的发现提示，言语模式可能是通过机械记忆习得的。然而，识别符合语法规则的表达方式，并不意味着神经系统可以利用这些信息理解单词序列。

大多数裂脑病人有一个特征：他们的言语由左半球而非右半球产生。这一观察结果与一些异戊巴比妥研究（见 Wada & Rasmussen，1960）和功能成像研究的结果一致，证明了左半球在大多数人（96%）的言语产生中起主导作用。然而，仍有一些案例显示，裂脑病人两侧半球都可以产生言语。虽然在胼胝体切断手术后，言语功能局限于左半球，但是对于少数病人而言，右半球经过一段时间会具有产生单字句的能力。

这一有趣的发展过程引发了这样一个问题：究竟是信息通过某种途径进入了主导言语输出的大脑半球，还是右半球本身发展出了产生言语的能力。大量的测试表明，后一种假说应当是正确的。例如，无论刺激呈现在左视野（如勺子）还是右视野（奶牛），被试都可以对之命名，但是被试无法判断分别出现在两个视野的物体是否相同。或者当注视点位于 father 一词的 t 和 h 之间时，病人会根据控制言语生成的大脑半球说出"fat"或者"her"。这些发现说明，病人的大脑可能表现出了惊人的可塑性，甚至在胼胝体手术后 10 年之久都可能出现。事实上，在一个案例中，病人的右半球从手术后没有言语生成功能到"开口说话"大约花了 13 年时间。

最后，需要注意的是，虽然大多数人的语言能力是左半球偏侧化的，但语言中相关情绪内容的加工是右半球偏侧化的。众所周知，左半球某些区域损伤的病人在语言理解上存在困难。但是，言语可以不通过词汇的意义和结构传递情绪信息。如果我们用带有某种情绪（如愤怒、恐惧、引诱或者惊讶）的语调说同一句话，比如"约翰，到这里来"，那么这句话可以有不同的解释。

这种言语中的非言语情绪成分被称为情绪韵律。研究者发现，一个左半球损伤的病人具有单词理解障碍，但对情绪韵律的解释没有缺陷（A. M. Barrett et al., 1999）。同时，几名右侧颞顶叶损伤的病人表现出了完美的语义理解能力。但是当情绪韵律对词组有影响时，他们对词组的解释存在困难（Heilman et al., 1975）。在理解意义的过程中，语言和情绪韵律的双分离提示，右半球有理解言语的情绪表达的专长。

视觉空间加工

早期对病人 W. J. 的测试明确了大脑两半球具有不同的视觉空间能力。如**图 4.16** 所示，在诸如木块图任务（韦氏成人智力量表的一个分量表）的神经心理学测试中，被分离的右半球经常有更出色的表现。在将红白积木排列成所给的图形这样的简单任务中，裂脑病人左半球表现得非常糟糕而右半球却能够胜任。然而，针对这些任务的两半球不对称性已被证明是不稳定的。有些病人两只手在这些任务上的表现都很差，而另一些病人的左半球也能熟练地完成任务。

a　　　　　　　　　　　b

图 4.16　木块图测验
要求被试用积木拼出白色卡片上的红色图案。（a）用右手（左半球控制），被试无法复制出图案。（b）用左手（右半球控制），被试能正确地完成任务。

进一步的研究证实，这个任务中的一个成分而非全部表现出了偏侧化。另外的测试发现，在木块图任务中表现出了右半球加工优势的病人在这个任务的知觉加工上并没有表现出右半球优势（与预期相反）。如果对一幅木块图任务的图形加工是偏侧化的，那么每个半球可能很容易在一系列图片中找出匹配的那张图片。同时，由于每只手都足够灵巧，所以完成任务的关键一定在于将感觉信息映射到有能力的运动系统中。

右半球尤其擅长有效地检测正立的面孔以及区分相似的面孔（Gazzaniga & Smylie, 1983）。左半球不擅长区分相似的面孔，但当面孔特征的差异可以用词语标记时（如金发和浅黑色头发，大鼻子和小鼻子），左半球可以区分不相似的面孔。一般在再认熟悉面孔的任务中，右半球表现得优于左半球（**图 4.17**; Turk et al., 2002）。

那么对于我们最熟悉的自己的面孔，大脑的识别能力如何呢？在一个研究中，研究者用软件将裂脑病人 J. W. 的面孔融合了 10% 的熟人迈克的面孔（**图**

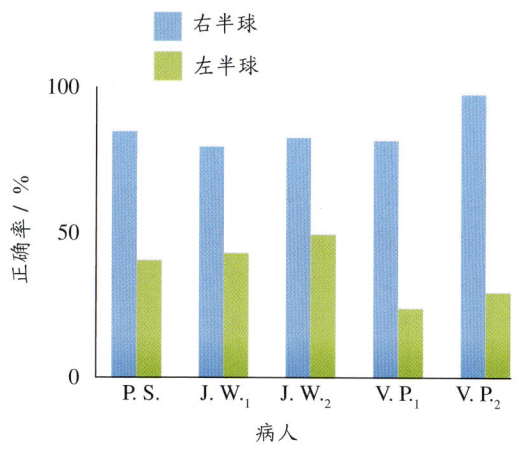

图 4.17　右半球更擅长识别熟悉的面孔

来自三名裂脑病人的数据表明，在识别熟悉面孔的任务中，右半球比左半球更准确。

4.18a）。这张脸被随机快速呈现到 J. W. 分离的两个半球中。当其中一个半球看到脸时，在一种条件下，J. W. 会被问："那是你吗？"在另一种条件下，会被问："那是迈克吗？"结果呈现了一种双分离现象（图 4.18b）：左半球倾向于将它识别为自己的脸，而右半球倾向于将它识别为熟人的脸（Turk et al., 2002）。

两个半球都能自发地产生面部表情，但只有左半球才能主动产生表情。事实上，大脑似乎存在两套神经系统来控制面部表情（图 4.19；Gazzaniga & Smylie, 1990）。左半球可以直接通过第七对颅神经向对侧面神经核传递信息，而该神经则支配右侧面部肌肉。同时，左半球会通过胼胝体将命令传递给右半球。右半球会将信息向下传至左侧面神经核，而该核团支

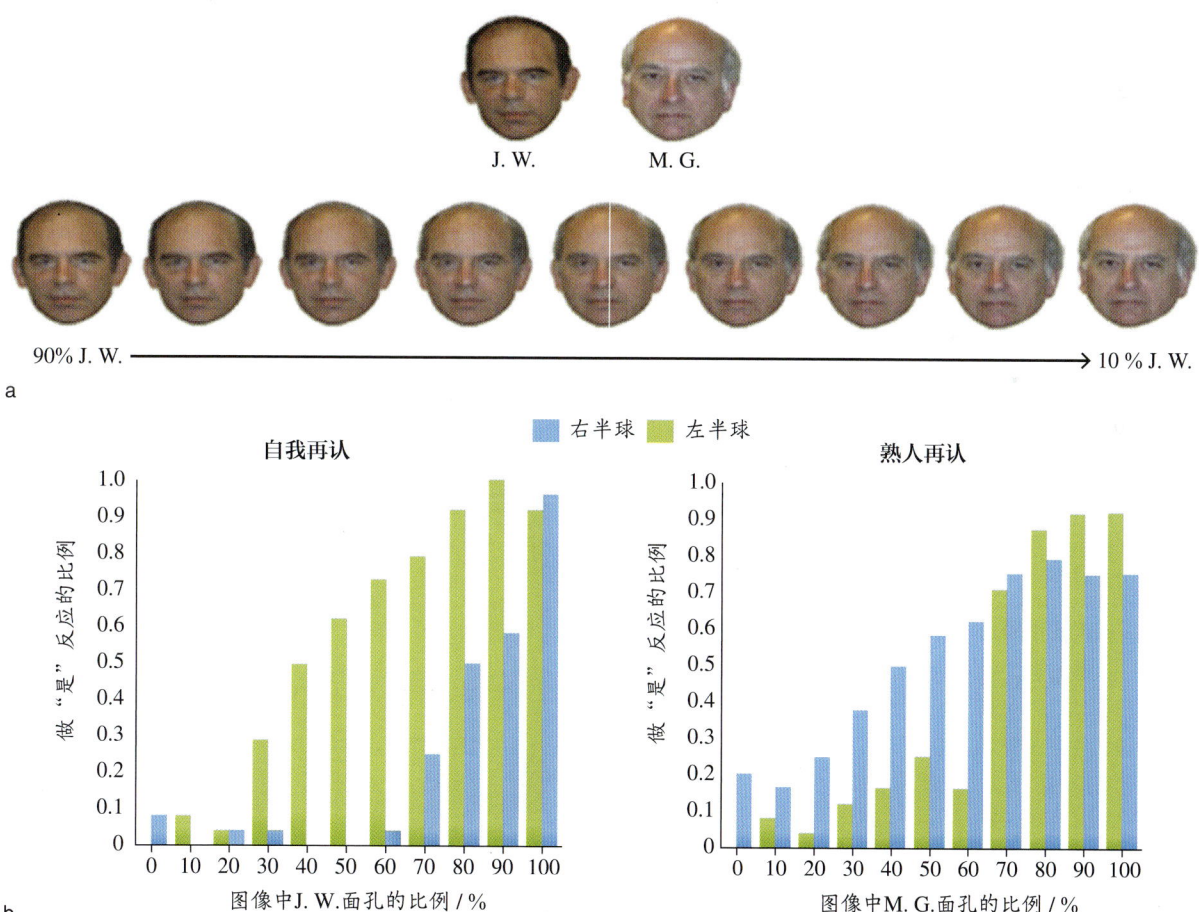

图 4.18　这张图片是迈克还是我？

（a）最左侧图片融合了 10% 的 M. G.（迈克）面孔和 90% 的 J. W. 面孔。在接下来的图片中，J. W. 面孔的比例以 10% 为单位逐渐下降，直到最右侧图片的 90% 是 M. G. 面孔，10% 是 J. W. 面孔。J. W. 和 M. G. 两人的原始照片呈现在最上方，而随机呈现给被试任一半球的是经过融合的 9 张面孔图片。（b）左半球能更好地识别自己的脸，右半球能更好地识别熟人的脸。回答"是"的比例（见纵轴）随着个体面孔在图片中所占比例以及图片呈现给哪个半球而变化。

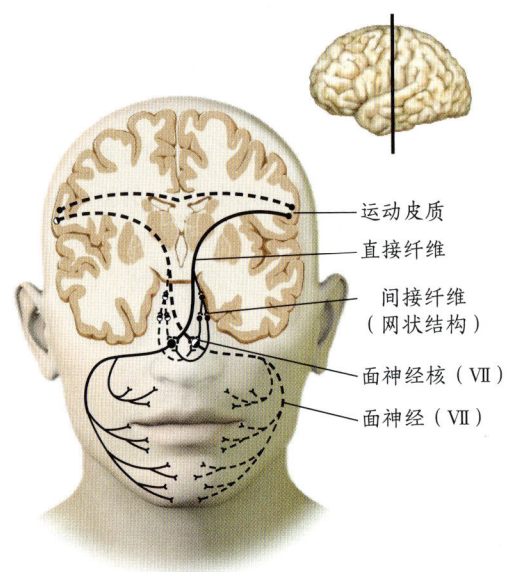

a 主动的

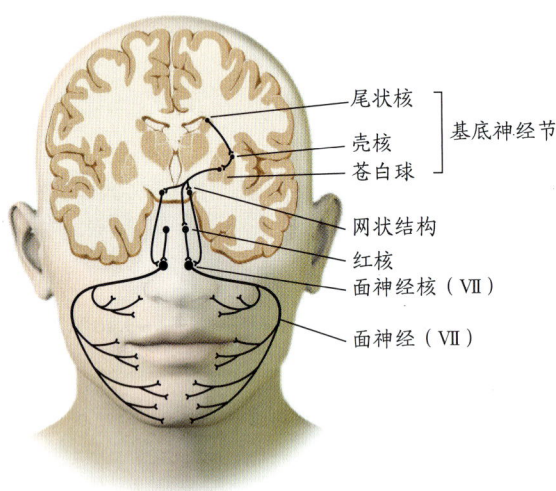

b 自发的

图4.19 控制主动和自发面部表情的神经通路不同
（a）对于人类而言，能表达意图的主动面部表情拥有独立的皮质网络。（b）自发表情的神经机制涉及更古老的大脑环路，并且人类和黑猩猩似乎利用了相同的神经系统。右上角插图：下方面孔图所示截面位置。

配左侧面部肌肉。

这一过程使人们可以做出对称的面部反应（如微笑和皱眉）。然而，在裂脑病人中，当左半球收到微笑命令时，右脸的下部先反应；180毫秒后，左脸才有反应。为何左脸也会有反应呢？很大可能是信号会通过第二条连接着左右两侧面神经核的同侧通路传递，然后面神经核能将信号传递到左边的面部肌肉。

不同于只能由左半球激发的主动表情，自发表情可以被大脑任一半球控制。不论哪个半球激发自发反应，激活脑干神经核团的通路都会通过另一条不经大脑皮质的通路传递信息。每个半球传出的信号都会穿过中脑，直接到达脑干神经核团，再传递到面部肌肉。

临床神经病学家知道如何区分这两条控制面部肌肉的通路。例如，右半球（参与自发表情）损伤的病人在被要求微笑时，左侧脸部不能活动。但是该病人在自发地微笑时，左边脸部可以轻易地活动。这是由于那些通路没有受到右半球损伤影响。相反，帕金森病病人的中脑核团不再发挥作用，不能产生自发的面部表情，但是支持主动表情的神经通路仍旧能够运作。在被要求微笑时，这些病人的假笑会消失（**图4.20**）。

自发的　　　　　　主动的

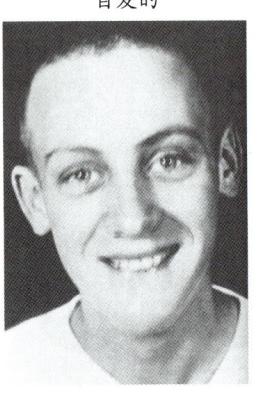 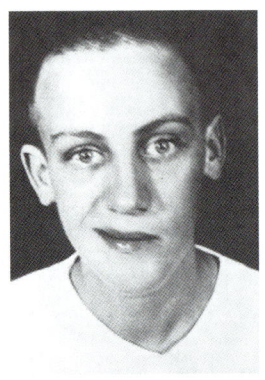

a

自发的　　　　　　主动的

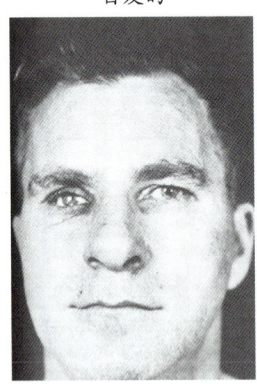 

b

图4.20 两类病人的面部表情
（a）该病人大脑右半球损伤，损伤没有干扰自发面部表情（左侧），但是干扰了主动面部表情（右侧）。（b）帕金森病病人拥有典型的伪装面孔，即假笑（左侧）。因为帕金森病损害了部分控制自发面部表情的大脑区域，但其他通路是完整的，所以当要求这类病人微笑时（右侧），他们会露出高兴的表情。

注意和知觉的交互作用

研究者对裂脑病人的注意和知觉能力进行了广泛探索。当大脑两半球的连接被切断时，知觉信息便无法在两大脑半球之间共享了。但是，支持注意的认知过程之间的确存在交互作用。某些类型的注意在皮质下水平产生整合，而其他类型的注意则在单独的大脑半球中独立发挥作用。

我们在前面提到过，裂脑病人无法将两个视野的视觉信息整合。当视觉信息投射到与对侧失去联系的左半球或右半球时，没有接收到刺激的那一侧大脑半球无法利用相关信息进行知觉分析。这一结果对呈现给单侧手的某些类型的躯体感觉信息同样适用。尽管接触身体的任何部位都会被两半球共同感知，但是对于模式化的躯体感觉信息是偏侧化的。因此，当左手持有某一物体时，裂脑病人无法通过右手找出与之相同的物体。

一些研究者认为，高阶知觉信息是通过皮质下结构整合的，但其他研究者没有重复这些结果。例如，裂脑病人有时会根据投射到两半球的单词组合信息画出一幅画。当"十"在一侧半球闪现，而"钟表"在另一侧半球闪现时，病人会画一幅10点的钟表图片。这一结果乍一看似乎意味着高级信息可以通过皮质下结构在两个大脑半球间传递，但仍旧存在一些疑问。视觉反馈增加了整合的可能性，而且在约25%的左手绘画中，只有呈现在右半球的词语被画了出来。如果信息是通过皮质下通路整合的，那么这些现象应该都不会出现。

我们来考虑一下外部线索。要注意的是每侧半球能控制身体同侧的近端手臂肌肉。所以，研究者设计了第二个实验来考查高阶信息通过皮质下还是外周通路进行传递和整合（图4.21；Kingstone & Gazzaniga, 1995）。

研究者在实验中给裂脑病人呈现一些概念模糊的单词对，如"hot dog（热狗）"，但两个单词分别呈现于左右半球。病人在最初的60个试次中只用左手画，而在接下来的60个试次中则用右手画。病人不能用任何一只手画出新显物体（emergent object，如法兰克福香肠）。如果单词对是复合词，则病人总是根据字面意思作画（如把热狗画成一条因炎热而喘息的狗）。另外，正如在之前的实验中发现的，除了呈现在右半球的单词信息之外，左手有时会画出呈现在左半球的单

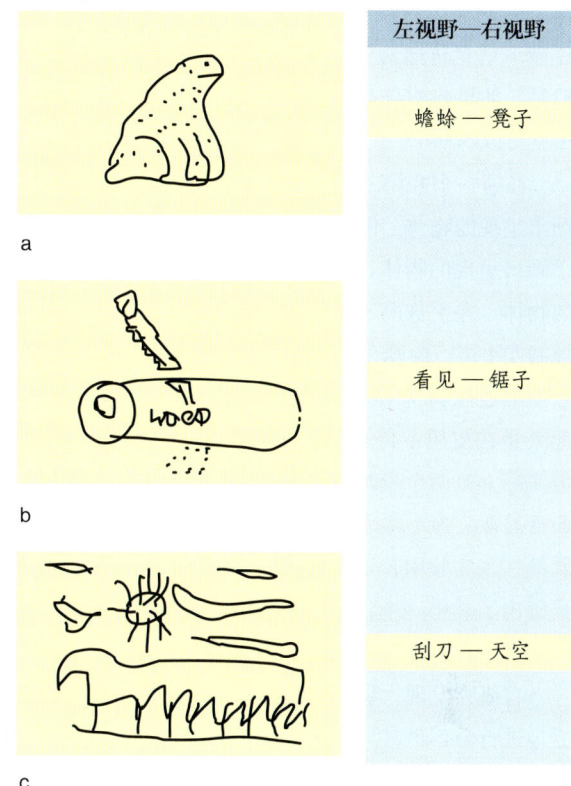

图 4.21　裂脑病人 J. W. 根据呈现在他左右视野的刺激用左手画的画

（a）根据呈现于左视野的单词"蟾蜍"画的画（与绘画手同侧）。（b）根据呈现于右视野的单词"锯子"画的画（与绘画手异侧）。（c）根据"刮刀"和"天空"这两个单词的组合画的画（同侧＋对侧）。

词信息，但是未发现相反的情况：除了呈现在左半球的单词信息，右手从未画出呈现在右半球的单词信息。这个结果提示，在这种任务中，左半球主导了右半球，而且经常取代右半球对左手的控制。

在第三个实验中，两个单词都分别快速呈现于两个半球，以此来验证两个半球是否都能整合信息并且画出新显物体。当两个单词都快速呈现于左半球时，病人画出了新显物体，但是当两个单词快速呈现于右半球时，病人通常画出的是单个单词的字面含义。这些结果提示，在第二个实验中，当只向左半球呈现一个单词时，左半球没有产生新显图画，但在第三个实验中，当呈现两个单词时，左半球产生了新显图画，因此两半球之间没有传递高阶信息。

奇怪的是，在第二个实验中，当一个单词呈现在病人右半球时（另一个单词呈现在左半球），左手画出

两个单词含义的频率高于两个单词均呈现在右半球。皮质下信息传递假设既不能预测也不能解释该结果。但是，如果我们接受信息在外周整合的假设，这个结果就可以解释了。

在第一个和第二个实验中，右半球可以控制左手画出呈现的物体，同时占主导地位的左半球也能用左手画出呈现的物体。因此，病人画出了两个字面含义的物体。左手被两半球交替操纵：首先，右半球通过控制左手进行绘画，然后，由于左半球不能控制左手，它就通过控制左手臂来粗略地进行绘画。尽管信息看起来是在皮质下传递的，因为只有一只手进行绘画，但实际上是两个半球交替地对同一只手进行控制。表面看起来，信息通过皮质下传递，但实际上并非如此。在第三个实验中，当两个单词呈现在右半球时，被试只画出了其中一个，这样的结果也表明，对于认知任务而言，右半球的整合能力是有限的。

有研究发现，裂脑病人的每侧半球似乎都可以独立地进行物体识别。但在其他研究中，一些证据提示，关于空间位置的粗略信息可以在半球间相互整合。在一组实验中，病人注视分别呈现于左右视野的两个四方格的视线中心位置（Holtzman，1984）。

在某个试次中，四方格上的一个位置会闪亮500毫秒。因此，信息投射到左半球还是右半球取决于哪一侧网格闪亮，如图 4.22a 中左视野四方格中左上角位置闪亮。信息会投射到被试右半球。1秒后，一个纯音响起，同时要求被试将视线转移到包含闪亮刺激视野内的那个光点上。结果和预期一致。由左视野向右半球传递的信息引导视线投射到了之前闪亮刺激的位置。

在第二个条件中，实验者要求被试将视线投射到与闪亮刺激相反视野四方格的对应位置上（图 4.22b）。要完成这个目标意味着刺激的位置信息能从右视野进入左半球，同时引导被试视线移动到由右半球控制的左视野相应位置。裂脑被试能够轻易地完成这一任务。所以某些类型的空间信息可以在两个半球之间传递和整合，能够使注意被转移到任一视野。当四方格在测试视野内随机出现时，这种整合能力仍然是完好的。

这些结果引发了一个问题：注意过程与因受到皮质间失去联系而影响的那些空间信息相关吗？令人惊讶的是（见第7章），裂脑病人能够使用任意半球将注意指向左视野或右视野中的位置。这一结论是根据改进的空间线索任务得出的。在这个任务中，目标刺激可能出现在屏幕上若干位置中的任意一处，被试在探测到该目标时要尽快做出反应。目标刺激出现之前会先呈现一个线索。这个线索可能指向目标刺激出现的位置（有效线索）或者指向别的位置（无效线索）。当呈现有效线索时，被试的反应更快，表明空间注意被指向了线索引导的位置。对于裂脑病人而言，无论主要刺激呈现在大脑的哪一侧半球，他们都能像正常的被试那样，优先加工注意引导指向特定位置的线索（Holtzman et al.，1981）。这些结果提示，大脑两半球依赖同一个定向系统，以保证注意在一个时间点上只存在一个焦点。

空间注意可以轻易指向任一视野的现象带来了一个问题：裂脑病人每个独立的认知系统是否可以根据要求独立且同时地引导注意指向其视野中的某一部分。这些病人是否可以令右半球将注意导向左视野的一个位置，同时令左半球将注意导向右视野的一个位置？正常的被试无法这样分离注意，但割裂脑手术或许可以令两半球摆脱这种限制。事实证明，答案是否定的。两半球失去联系后，整合的空间注意系统仍然是完好的（Reuter-Lorenz & Fendrich，1990）。因此，与神经系统完整的观察者一样，裂脑病人的注意系统是单焦的。他们和普通个体一样，都不能对发生在不同空间位置的事件同时做好准备。

切断大脑半球间的联系对知觉和认知产生了一些戏剧性的效果。研究者最初认为，两个大脑半球具有

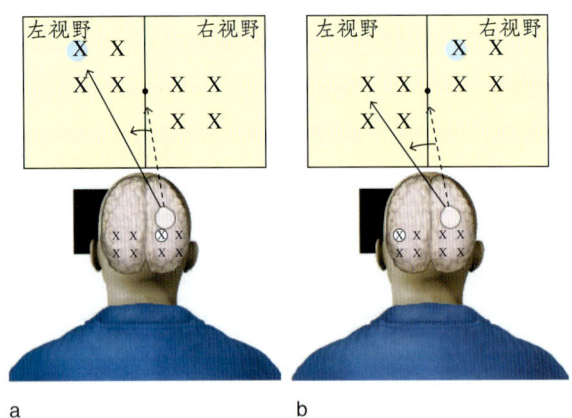

图 4.22　空间信息的交叉整合

（a）在视野内的实验试次中，视线移到被探测刺激包围的刺激上。（b）在跨视野的实验试次中，视线移到位于对侧视野对应的刺激上。

各自的注意资源（Kinsbourne，1982）。如果这是正确的，那么不论某个大脑半球的认知加工有多么困难，它对另一侧半球认知能力的影响应当微不足道。在左半球解决微分方程时，右半球可以做周末计划。另一种观点认为，大脑只有有限的资源去执行这些过程：如果大部分资源被用在解决数学问题上，则可以用在计划周末活动上的资源就会变少。很多研究都对该现象进行了探究，所有研究结果都支持后一种观点：我们的中枢资源是有限的。

注意资源共享

我们应该把注意资源有限性这一概念和感觉系统的其他特征所产生的加工有限性区分开。尽管大脑对某个任务所付出的资源总量是恒定的，但分配这些资源的方法在不同的任务间变化。例如，搜索一个复杂物体的时间（如在一些灰色圆形和黑色方块中搜索一个黑色圆形），反应时会随呈现刺激数量的增加而增加。每增加两个刺激，普通控制组被试需要增加70毫秒的目标搜索时间，而每增加一对刺激则需要再增加70毫秒。对裂脑病人而言，当视野中线两侧都有同样多的刺激呈现时（每侧视野包含一半物体，如双侧阵列），那么相对于刺激只呈现在一侧视野而言，因刺激增加而延长的反应时减少了约一半（图4.23；Luck et al., 1989）。

大脑两半球能够独立完成这项任务，且只用全脑完成任务时间的一半。认知资源的分配提升了行为表现；半球分割看起来能够将整个知觉系统分割为两个较为简单的知觉系统。因为两个半球之间不存在联系，因此不会彼此"干扰"。当每个半球只知觉一半问题时，普通大脑所面对的大的知觉问题就会被分割成一半大脑可以解决的小问题。看起来，病人总的信息加工能力似乎有所提升，使其表现优于普通被试。如果资源是恒定的，那么这怎么可能呢？这个疑问促使我们考虑，在知觉—动作任务中，认知资源是如何使用的。

看起来是每侧大脑半球采用不同的策略来考查其视野范围内的信息。左半球在解决问题时采用了一个有用的认知策略，然而右半球没有这样的认知技能。这一现象在另一个实验中得以验证。例如，任务要求被试在等量的黑色方块和灰色圆环中搜索一个黑色圆环（图4.24）。在试次之间会随机插入一些"指导"试

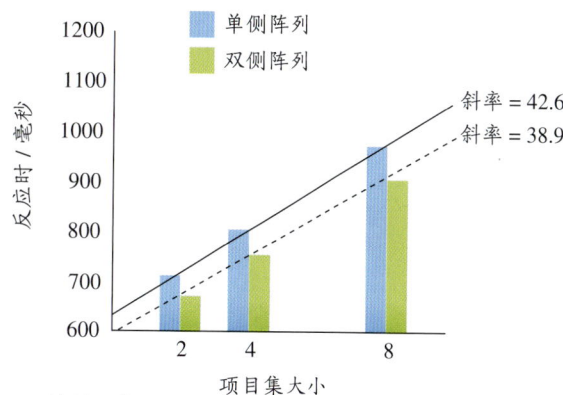

a 控制组病人

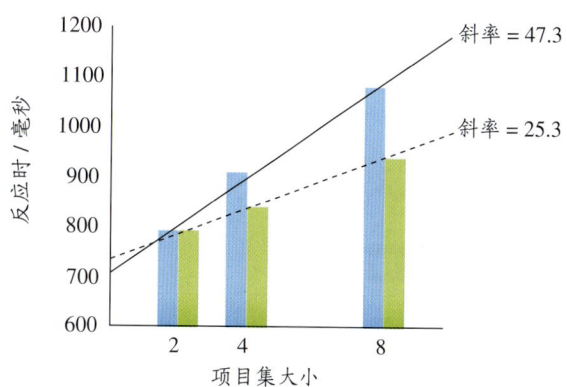

b 裂脑病人

图4.23 在裂脑病人中，认知资源的分配提升了视觉搜索的任务表现

随着搜索阵列中刺激个数的增加，控制组病人反应时增加速度保持恒定（a）。但是对裂脑病人而言（b），双侧阵列搜索反应时的增加速度只是单侧阵列搜索反应时增加速度的一半。

次，给病人提供如下线索：黑色方块的数量少于灰色圆环的数量，比例约为2∶5。一个认知的或"聪明的"策略是使用这些线索，即关注颜色（黑色相对于灰色）而不是形状（圆环相对于方块），以更快地完成任务。

在三个裂脑病人中，有两个病人的优势半球，即左半球，利用了这个线索，使得指导试次中的反应时更短，但是他们的右半球没有利用该线索（Kingstone et al., 1995）。在控制组中，70%的被试在指导试次中利用了"聪明"策略，反应时间更快。这个结果表明，并非所有被试都会利用指导线索进行搜索，但是当他们利用时，发挥作用的是左半球。这个明显的不一致现象为多个注意机制在不同的视觉搜索加工阶段发挥作用提供了证据。从视觉搜索加工的早期到晚期阶段，某些注意机制有可能在失去联系的半球间共享，而其

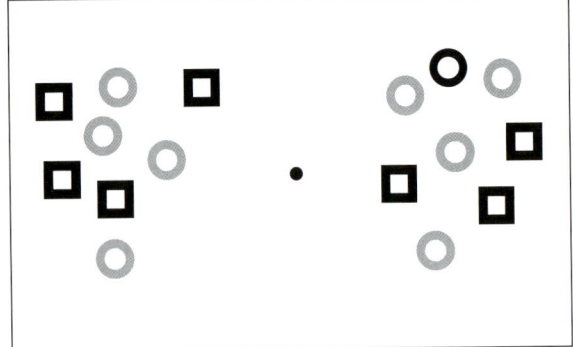

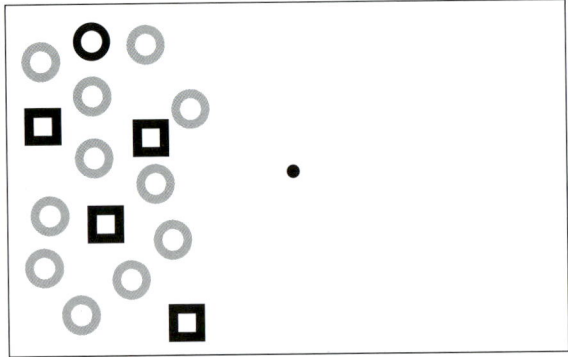

图 4.24　搜索阵列

（a）双侧标准搜索阵列和（b）指导搜索黑色圆环目标的单侧阵列；此处给出线索是：黑色方块的数量少于灰色圆环的数量，比例约 2∶5。一个更快地完成任务的"聪明"办法是利用这些线索并集中观察黑色图形。在三个裂脑病人中，有两个病人的左半球在指导试次中使用了该线索，使得搜索时间缩短，但是右半球并没有使用该线索。

余注意机制有可能是独立的。因此，每侧半球都可以使用空闲的资源，但那是在不同的加工阶段。

而且，使用"聪明策略"并不意味着左半球总是在朝向注意中占优势。这样的优劣取决于任务。例如，右半球在加工直立面孔时占优势，会自动将注意导向面孔朝向的位置。但是左半球没有相同的注视朝向反应（Kingstone et al., 2000）。

当考虑到神经资源和它们的有限性时，人们经常考虑完成主动加工的机制。例如，当揉肚子、拍头和解一道微积分难题同时进行，会发生什么呢？然而，搜索一个视觉场景常常需要自动的并且内置于视觉系统的过程参与。事实上，半球之间在控制反射性注意过程和有意注意过程的交互作用上是相当不同的。反射性自动朝向注意在两个半球间看起来是独立的，因为右半球可以自动将注意导向目光注视方向。然而，主动朝向注意完全是另外一回事。主动朝向注意好像是在半球之间竞争的，并且左半球占据主导地位（Kingstone et al., 1995）。这些系统表现的不同是割裂脑对认知过程有不同影响造成的。

整体和局部加工

图 4.25 是什么呢？一幢房子，对吧？现在，让我们更全面地描述一下它。你可能注意到它的建筑风格，而且可能指出前门的细节、房子正面的双吊钩窗户以及木瓦屋顶。你对这张图片的描述将是层级性的。这幢房子可以在多个层面上进行区分：它的形状和属性表明它是一幢房子。但是，它同样是一幢特别的房子，有着特别的门、窗户和建造材料。这是一种层级性描述，因为精细（局部）水平的描述嵌于更高级（整体）水平之内。房子的形状源自其各部分的组织——第 6 章将阐述这一观点。

图 4.25　局部和整体表征

我们在多个维度上表征信息。在最整体的维度上，这幅画是一幢房子。在局部维度上，我们同样可以识别并关注房子的各组成部分。

以色列海法大学的戴维·纳冯（David Navon, 1977）设计了一个经典任务来研究**层级结构**。他创造了一种可以在两个水平上进行识别的刺激，如图 4.26 所示。在每个水平上，刺激都包含一个可识别的字母。关键的特征是，根据整体形状定义的字母由许多更小的字母（局部形状）构成。如在图 4.26a 中整体的 H 由局部的 F 组成。

```
F F    L L    H   H
F F    L L    H   H
F F F  L L L  H H H
F F    L L    H   H
F F    L L    H   H
 a      b       c

H H H H     T T T T
  H            T
H H H H     T T T T
  H            T
  H            T
    d           e
```

图 4.26　用来研究层级表征的局部和整体刺激

每个刺激由一系列相同字母组成，并且整体排列构成了一个更大的字母。被试的任务就是报告刺激中是否包含 H 或 L。当刺激集在两个水平上包含相互竞争的目标时（b），实验者要求被试只对局部目标或整体目标做反应。（e）中没有任何目标出现。

纳冯感兴趣的是我们如何知觉层级刺激。最初，他发现知觉系统首先提取整体形状信息。识别整体字母所需时间不受识别局部构成元素的影响。但是，当被试识别局部元素时，如果整体形状和局部元素不一致，被试的反应时就会延长。随后的一系列研究验证了这些结论。整体优先性取决于物体的大小和局部元素的数量。一种可能是，局部和整体信息由不同的加工系统表征。

林恩·罗伯逊（Lynn Robertson）及其同事在单侧脑损伤的病人中发现了支持该假设的证据（L. C. Robertson et al., 1988）。对这类病人测试的常用方法是将右半球损伤的病人的表现和相应的左半球损伤的病人的表现进行比较。该方法的优点是不需要将刺激呈现于单侧半球；由于是单侧损伤的病人，因此假定会出现偏侧化效应。例如，如果左半球损伤损害了阅读任务，则这种缺陷是由左半球的阅读加工特异性引起的。

为了更好地解释这种类型的研究，有必要使用双分离技术（见第 3 章）来确定不同半球的相似损伤是否会导致相似缺陷。例如，研究一致表明，左半球损伤可以导致言语功能（如讲话和阅读）缺陷，而右半球相应区域损伤的病人没有出现这种缺陷。相似地，右半球损伤可以破坏空间定向能力（如对视觉呈现项目进行精确定位的能力），而左半球相应位置损伤没有导致这种空间缺陷。

罗伯逊将局部和整体刺激呈现于左半球或右半球损伤病人的视野中央（关键的偏侧化因素是损伤位于左半球还是右半球）。左半球损伤的病人对局部目标进行识别时的速度更慢，而右半球损伤的病人识别整体目标时的速度更慢，表明左半球更擅长表征局部信息，而右半球更擅长表征整体信息。

在另一个研究中，研究者给近期经历了左半球或右半球卒中的病人呈现层级刺激，并要求他们根据记忆将它复制出来（Delis et al., 1986）。左半球损伤的病人能准确地描绘刺激的轮廓，但是没有画出任何局部元素。与此相反，右半球损伤的病人只描绘了局部元素（图 4.27）。值得注意的是，这一结果模式在语言

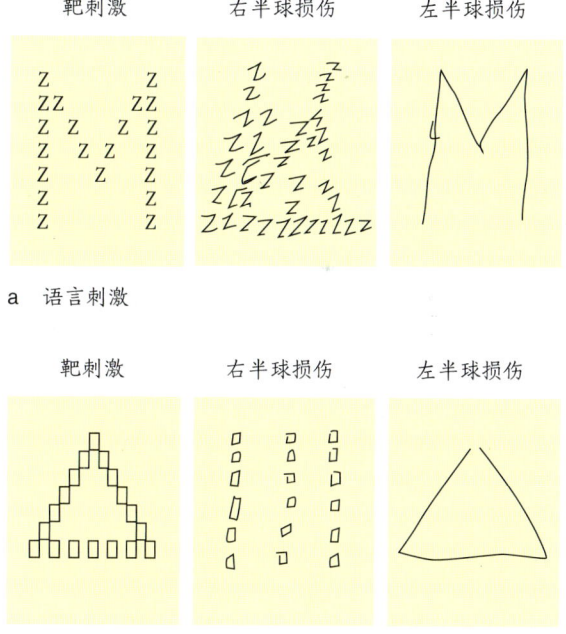

图 4.27　大脑损伤导致层级加工损伤的极端例子

两个病人需要画出左侧所示的两个图案。右半球损伤的病人相当准确地画出了局部元素：a 图中的 Z 或 b 图中的方形；但是不能将这些元素排列成正确的整体图案。左半球损伤的病人可以画出整体形状：a 图中的 M 或者 b 图中的三角形；但是无法画出局部元素。需要注意的是，两名病人在语言刺激（a）和非语言刺激（b）条件下表现出了一致性，提示这是一种与刺激类型无关的表征缺陷。

刺激和非语言刺激中都保持一致；因此，这种表征缺陷并不受特定刺激的限制。同样需要注意的是，由于大脑的可塑性，这种明显的差异可能会消失，并且在卒中发生后的几个月内就观察不到了。

请注意，两个半球都能提取每个水平的表征，但是它们的局部和整体表征的效率存在差异。右半球更擅长加工大局信息，而左半球更擅长加工细节信息。因此，左半球损伤的病人虽然能够分析层级刺激的局部结构，但他们只能依赖完整的右半球，而右半球在提取局部信息时效率很低。来自裂脑病人对局部和整体刺激加工的研究进一步支持了该观点（L. C. Robertson et al.，1993）。在这里，不论刺激呈现在哪侧视野，病人通常可以在两个水平上识别目标刺激。但是，同健康被试和单侧脑损伤的病人一样，当刺激呈现在右视野（左半球）时，裂脑病人识别局部目标更快；当刺激呈现在左视野（右半球）时，裂脑病人识别整体刺激速度更快。

心理推测

心理推测[①]指我们理解他人的想法、信念和欲望的能力。就脑功能偏侧化来看，心理推测是一个有趣的问题。你可能预期心理推测也是半球特异化的。鉴于心理推测也依赖推理，因此它可能和语言一样会是左半球偏侧化的。但是，多数关于心理推测的研究提示，如果心理推测真的存在大脑半球偏侧化，那么它的偏侧化会出现于右半球。

许多神经成像研究表明，两半球都存在一个完成心理推测任务的大脑区域网络，包括内侧前额叶皮质、颞上沟后部、楔前叶以及杏仁核—颞极皮质（图4.28）。但是，丽贝卡·萨克斯（Rebecca Saxe）及其同事（2009）在几个fMRI研究中使用一种错误信念任务（见第13章）证明，心理推测的重要成分——对他人的信念的归因——由右半球颞顶联合区负责加工。

对你而言，这个结果可能看起来只是有趣，但是对裂脑病人的研究者而言，这个结果是令人震惊的。想一下，如果对他人信念的信息由右半球加工，而裂脑病人的相关信息又不能传递到左半球的言语表达区域，那么你会不会预期这些病人在社会和道德推断中将受到干扰呢？但是，他们并没有，裂脑病人的表现

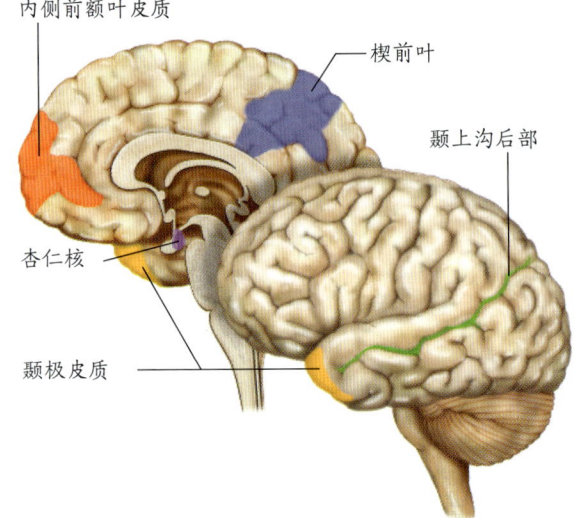

图4.28 心理推测任务激活了双侧半球的大脑区域网络

该网络包括内侧前额叶皮质、颞上沟后部、楔前叶（位于在顶叶内侧纵裂）以及杏仁核—颞极皮质。对信念的归因由右半球颞顶联合区负责加工。

和其他人相同。这些发现是否也提示推测他人信念的递归特性由右半球加工？

美国加州大学的迈克尔·米勒（Michael Miller）及其同事的一项裂脑病人研究可能为这些问题提供了一些答案（M. B. Miller et al.，2010）。米勒团队对3个胼胝体被完全切断的病人和3个胼胝体被部分切断的病人进行了道德推理任务测试（与萨克斯及其同事发现的引起右半球激活的任务相同）。完成该任务取决于把信念归因于他人的能力。

在这个任务中，被试要听一个人的行为及其信念相悖的情景信息。例如，格蕾丝在一个化工厂工作。她正在为朋友煮咖啡。她在朋友的咖啡里加了一勺她认为是糖的白色粉末。但是，那些白色粉末其实是被贴错了标签的剧毒药物。她的朋友喝了咖啡后就中毒身亡了。在听完这个故事后，被试要回答这样一个问题：格蕾丝给她朋友喝这种咖啡在道德上是可以接受的吗？胼胝体连接完整的被试通常会回答在道德上是可以接受的，因为他们认为格蕾丝相信那些白色粉末是糖，而且无伤人意图。也就是说，他们意识到格蕾丝的信念是错的。

如果信念归因的机制偏侧化于右半球，那么裂脑

[①] 英文是theory of mind，也译为"心理理论"，但一般人感觉比较难以理解。事实上，theory有假设和推测之意，根据概念提出者的意思，我们认为翻译为"心理推测"更贴近原意，也比较容易理解。——译者注

病人掌管言语的左半球会与此无关。因此，裂脑病人会基于行为的结果（朋友死亡）而不是基于人物的信念做出判断。4岁以下的儿童通常会做出这种判断（因为他们没有发展出完善的心理推测能力）。确实，米勒及其同事发现，所有裂脑病人都认为格蕾丝的行为在道德上是不可接受的。

但这个有趣的结果不能解决如下问题：如果裂脑病人的左半球不参与心理推测，那么为什么在这些病人中，很少有人表现得像不能理解他人想法和信念的孤独症病人呢？一些科学家认为，在右半球观测到的特定机制可能用来快速而自动地进行信念归因；而如果有足够时间，左半球中较慢的、更深思熟虑的推理机制也可以发挥同样的功能。

实际上，米勒及其同事发现，在道德推理研究中，病人在听到自己说完最初的判断后，通常会感到不舒服。他们可能会通过一种特殊的方式对判断产生自发的合理化。例如，在另一个情境中，一个女服务员故意给她以为是芝麻过敏体质的人加了芝麻。但是，那个人并没有受到伤害，因为他对芝麻并不过敏。裂脑病人认为，女服务员的行为在道德上是可以接受的。而在之后，他会对其判断进行合理化，说："芝麻只是很小的东西，不会伤害到任何人。"根据自动与深思熟虑反应假设，病人必须根据自己理性上和意识中的社会赞许行为来调整自己最初的反应，因为最初的反应没有考虑女服务员信念状态的信息。

但是，也可以有另一种解释。当左半球给出口头回答时，右半球和实验人员一样是第一次听到这种回答。右半球对于判断的情绪反应可能和实验人员体验到的相同：错愕。两个半球都体验到了产生于皮质下的情绪。这时，左半球体会到了一种未预料到的负性情绪反应。那么，这些情绪有什么作用呢？左半球不得不对此做出解释。接下来，我们就要讨论左半球的解释器机制。

关键信息

- 右半球在检测正立面孔、区分相似面孔和识别熟悉面孔上表现出了特异性。而左半球更加擅长识别个体自己的面孔。
- 只有左半球能够诱发自发的面部表情，但是两半球都能诱发不随意表情。
- 一些类型的注意在皮质下整合，而其他类型的注意能够在单独的大脑半球内独立发挥作用。裂脑病人能够通过任一半球将注意引导至左视野或右视野的相应位置。
- 对于认知任务而言，右半球的整合能力是有限的。
- 功能磁共振成像研究表明，心理推测的重要成分——对于他人的信念的归因——由右半球颞顶联合区负责加工。

4.4 解释器

人类智能的一个标志在于我们拥有一种对外部世界进行因果解释的能力。我们每时每刻都在进行这样的解释活动，这通常在不需要意识参与（自动加工）的情况下进行。假设你要在阳光明媚的下午看一场电影。在进入电影院之前，你注意到街道和停车场的路面是干的，只有几片云飘在空中。电影结束后，你走出电影院，突然发现天空是灰色的，地面也变得很湿。这时，你头脑中冒出的第一个想法是什么？你可能会认为在你看电影的时候下雨了。即使你没有亲眼看到下雨，也没有人告诉你外面下过雨，基于潮湿的地面和灰色的天空这些事实，你也能做出这样的因果推论。这种进行推断的能力是智力的重要组成部分。它使得我们在日常生活中可以对事件和行为形成假设和预测，让我们对外界状况建构连续的合乎情理的描述，并且可以让我们推测他人行为背后的原因。

胼胝体切断后，裂脑病人的言语智力和问题解决能力保持相对完整。虽然可能在包括自由回忆的方面存在轻微缺陷，但智力的大部分都保持不变。然而，所谓智力完整，仅针对具有言语优势的左半球来说是正确的。事实上，右半球表现出了严重的智力和问题解决能力的缺陷。右半球这种能力的缺乏主要是因果推论和解释能力特异于左半球造成的。所以，其实不是右脑失去了这种能力，而是它从来就没有这种能力。本书作者（加扎尼加）将这种独特的左脑特异化功能称为**解释器**。

多年来，很多经典实验都揭示了解释器的存在。一个典型的可观察现象就是当某一左半球未知但来源于右半球的动机驱使人们去做一件事情时，负责言语的左半球会合理化该行为。例如，当给裂脑病人P.

S. 只有右半球能接收到的站立命令时，P. S. 会站起来。当实验人员问 P. S. 为什么站起来时，P. S. 负责言语的左半球会立刻给出一个合理化的解释：我感觉要拿一瓶可乐。如果他的胼胝体保持完整，那么 P. S. 应该回答说他站起来是因为他被要求这么做。在对裂脑病人进行的测验中，一个稳定的发现就是左半球从来不会承认对右半球行为的忽略，它总是会为行为编造一个合理的故事。

解释器以多种方式显示着自己的存在。正如之前提到的，它有时会解释右半球发出的行动，有时会解释右半球产生的情绪体验。情绪状态似乎可以在两半球之间通过皮质下结构进行传递。因此，即使引起该情绪状态的所有知觉和经验依然是分离的，切断胼胝体也不会阻碍右半球的情绪状态传递到左半球。

本书作者加扎尼加报告了一例个案。他向病人的右半球呈现一些负性唤醒刺激。病人否认她看到了任何东西，但与此同时能够看出她的困扰。她的左半球可以感觉到对情绪刺激的自动反应，但不知道这种情绪反应是由什么引起的。当问她有什么问题时，她左半球的反应是实验者让她生气。在这个案例中，左半球感受到了情绪的意义，却不能解释其原因，所以解释器就利用已知的信息建构了一个推测。

也许目前最值得注意的一个关于解释器理论的证据来自加扎尼加和约瑟夫·勒杜（Joseph LeDoux）的一个实验。他们在实验中采用了一个同时概念任务（Gazzaniga & LeDoux，1978）。实验者向一个裂脑病人同时呈现两张图片，一张图片只投射到左半球，一张图片只投射到右半球。然后，被试的任务是从其面前（全视野呈现）的一系列图片中选择和刚才呈现在左半球或右半球的图片关联的图片（图 4.29）。

以下是这个测验的一个例子。研究者向左半球呈现一张鸡爪的图片，向右半球呈现一张雪景的图片。在一系列呈现在被试面前的图片中，正确的反应应该是小鸡对鸡爪，铲子对雪景。病人 P. S. 的反应是用左手选择铲子，用右手选择小鸡。当问及为什么这样选择时，他（左半球）回复："这很简单，鸡爪和小鸡配对，并且你需要铲子去清理鸡棚。"

请注意，左半球没有任何有关雪景以及为什么被试会选择铲子的知识，看到了左手反应的左半球就会依据已知的信息对反应进行解释。现有的知识是有小鸡，并且他的左手指向了铲子，但是并没有关于雪景

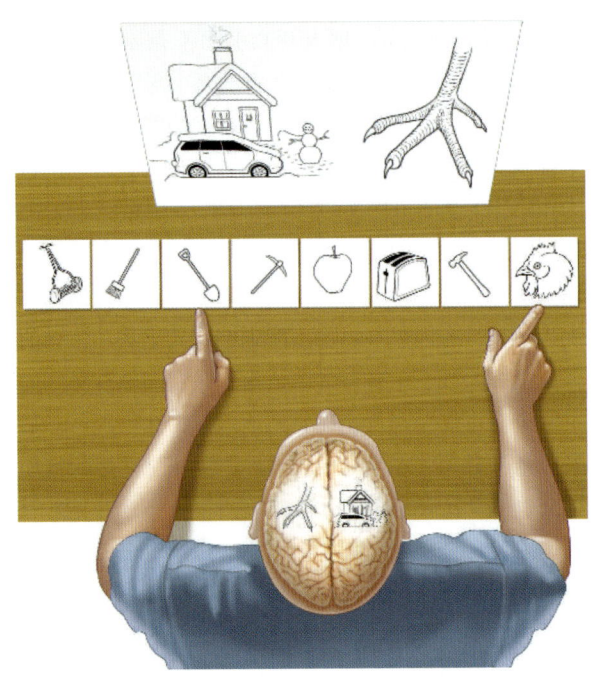

图 4.29　解释器如何发挥作用

裂脑病人 P. S. 的左半球看到了一个鸡爪，右半球看到了一片雪景。当要求 P. S. 指出一个和他刚刚看到过的图片相关联的图片时，他的右手（由左半球支配）指向了小鸡，左手指向了铲子。当要他回答为什么指向这些东西时，他回答："噢，这很简单，鸡爪和小鸡配对，并且你需要铲子去清理鸡棚。"

的线索。这时，脑子里蹦出来的第一个合理解释是什么呢？哦，鸡棚里满是鸡粪，需要清理干净。

解释器可以影响多种认知加工过程。例如，它可能是记忆歪曲的重要原因之一。伊丽莎白·菲尔普斯（Elizabeth Phelps）和加扎尼加要求裂脑病人查看一些描绘日常生活的图片。例如，一个男人起床然后开始一天的工作（Phelps & Gazzaniga，1992）。在随后的再认任务中，被试会看到一系列混合图片。这些图片包括之前学习过的图片、和故事线无关的新图片，以及和故事线紧密相关的新图片（图 4.30）。

左半球错误地再认了和故事相关的新图片，但右半球几乎不会犯这样的错误。大脑两半球都能很好地再认先前学习过的图片，并且拒绝不相关的新图片，但是右半球在排除相关的新图片时更准确。由于新相关图片和已经创设的一般图式（整体故事的主旨）相符合，并且由于左半球有一种推测事件一定已经发生的倾向，因此左半球会错误地再认新的相关图片。

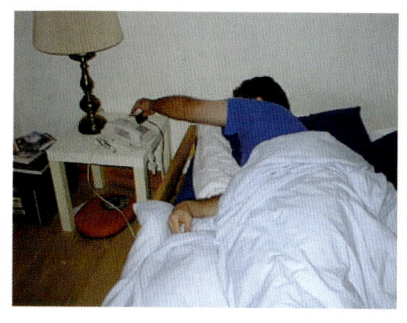

a 图片中的故事

b 干扰图片（与故事无关）　　c 干扰图片（与故事有关）

图 4.30　左半球在解释和推理上的优越性影响记忆成绩

让裂脑病人观看一系列图片（a），其中一组图片描述了一个男人早上起床，然后准备去工作的故事。随后分别测试左右半球的再认成绩。在这个测试中，被试会看一系列图片，包括原始图片和干扰图片。有些干扰图片和故事无关（b），有些则和故事有关，但是之前没有出现过（c）。

左半球同样倾向于比右半球做更多的语义推论。在一项研究中，实验者向裂脑病人左视野或右视野快速呈现词对，并且要求他们推测这些词对的关系（Gazzaniga & Smylie, 1984）。例如，在一个试次中，单词"锅"和"水"快速呈现于左半球（**图 4.31**）。接着，实验者给被试呈现 4 张图片。这些图片包括：锅里煎炸的食物、一个正在钓鱼的人、锅里沸腾的水以及一个正在洗澡的人。然后，要求被试指出和之前见过的词对组合匹配的图片。单词"人"和"鱼"可以结合在一起组成一个钓鱼的人，"锅"和"水"可以结合起来形成沸腾的水。

研究者在分别向病人的大脑两半球呈现这些刺激后，发现在两个接受测试的裂脑病人中，左半球都表现得比右半球好。病人 J. W. 的左半球正确回答了 16 个问题中的 15 个问题，然而右半球只正确回答了 16 个中的 7 个问题。与之相似，病人 V. P. 的左半球正确回答了全部 16 个问题，而右半球只正确回答了 16 个问题中的 9 个问题。

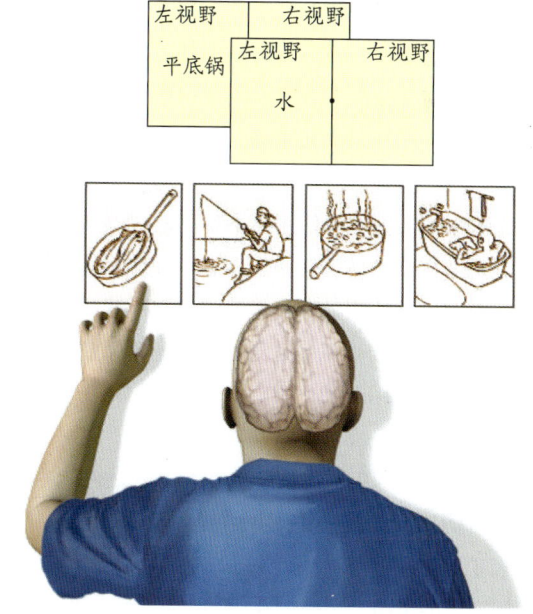

图 4.31　右半球不能推理因果关系

右半球的推理能力相当有限。在这个测试中，两个单词以序列方式呈现，要求右半球（左手）指出最能描述这两个词有因果关系的图片。左半球可以轻松地完成这类任务，右半球却无法完成该任务。

在这个任务中,左半球的优势并不是记忆力更好或者词汇量大。后续测试证实了左半球和右半球在记忆词对和解释推理性概念(如钓鱼和沸水)时平分秋色。相反,这一实验说明,左半球在推测语义关系和因果时更有优势。

美国达特茅斯学院的乔治·沃尔福德(George Wolford)及其同事通过使用概率猜测范式同样证实了这一现象(Wolford et al., 2000)。被试需要完成一个简单的任务,即猜测两个事件中的哪一个会在接下来发生。每个事件发生的概率是不同的(如红色刺激有75%的概率出现,绿色刺激有25%的概率出现),但是事件出现顺序实际是完全随机的。

被试完成这一任务时有两种可能的反应策略:匹配和最大化。以红—绿刺激为例,频率匹配是指在75%的情况下猜测红色刺激出现,而在25%的情况下猜测绿色刺激出现。由于出现的顺序是随机的,因此这样的策略会导致更高的错误率。第二种策略——最大化——指的是简单地每次都猜测是红色,这样的策略保证了75%的正确率,因为红色刺激的出现概率为75%。例如,大鼠和金鱼这样的动物往往使用最大化策略,人类则使用匹配策略。结果就是动物在这样的任务中表现得比人好。人类对这样一种次优策略的使用主要是由于我们倾向于在序列事件中尝试发现特定的模式。即使在被告知序列事件随机呈现的情况下,这种倾向性依然存在。在美国拉斯维加斯的赌场里,庄家总是使用最大化策略,赌客却不会,结果可想而知。

沃尔福德及其同事使用概率猜测范式测试了裂脑病人的每个大脑半球。他们发现左半球使用频率匹配策略,而右半球使用最大化策略。当左半球或右半球一侧损伤的病人接受概率猜测范式检测时,左半球损伤会导致被试使用最大化策略,而右半球损伤会导致被试使用次优的频率匹配策略。综合来看,这些发现提示,由于右半球以一种最简单的方式解决这一问题,并且没有尝试形成关于此任务的复杂假设,因此右半球的表现胜过左半球。另一方面,左半球采用了从混乱中找规律的策略。

左半球即使在根本无规律可循的情况下也会坚持建构事件发生原因的假设。虽然这样一种试图发现因果关系的倾向性有许多潜在益处,但是当事件不存在简明因果关系时,就会导致欠优选择。我们的一些决策中出现的常见错误就和我们倾向于寻找和假定因果关系相关,即使在证据不充分和随机的情况下也如此。你可能认为因为你穿了那双旧红袜子,就能在比赛中接住触地传球,但事实不是这样的。旧红袜子并不是幸运袜。这样一种寻找因果解释的过程主要是由于左脑活动导致的,并且它是解释器的主要标志。

推理时的系统性改变同样会出现在单侧脑损伤的病人中,具体取决于损伤部位是左半球还是右半球。一般而言,相对于右侧前额叶皮质损伤的病人,左侧前额叶皮质损伤的病人在对实际存在关联的事物进行关系推断时表现得更差。但是两类病人在拒绝不相关事物时的能力差不多(Ferstl et al., 2002;Goel et al., 2007)。这一结果提示,相对于右侧前额叶皮质,左侧前额叶皮质更擅长发现关系以及做出推论。

在某些情况下,物体间的关系是不确定的。例如,如果你被告知金比威廉年长,而且金比史蒂芬年长,那么你在逻辑上不能推测出史蒂芬比威廉年长。当事物的关系不能通过逻辑推出时,右侧额叶损伤的病人依然倾向于进行推测,所以会比左侧额叶损伤的病人表现出更多的错误(Goel et al., 2007)。这些结果和我们之前讨论过的关于裂脑病人的研究结果一致。左半球擅长推论,但是在右半球没有对此进行检查的情况下,左半球容易出现过度推论,从而可能出错。

值得注意的是,右半球并非完全没有因果推理能力。马特·罗泽(Matt Roser)及其同事(2005)发现,尽管信息呈现在投射到左半球的右视野时,被试对因果推论的判断是最佳的,但是当信息呈现在左视野时,被试对因果知觉的判断更好。在一项实验中,罗泽让裂脑病人和控制组被试观看一段录像,在其中,需要单独或同时按两个开关。当按下开关A时,灯会打开;当按下开关B时,灯不会亮;当两个开关同时按下时,灯也会打开。当问及是什么引起了灯亮时,只有左半球可以做出关键在于开关A的推论。

在另一项测验中,罗泽让同一批被试观看录像中两个小球的相互影响。其中一种情况是第一个小球撞击第二个小球,而后第二个小球移动;第二种情况是第一个小球撞击第二个小球,但在第二个小球移动前有一段时间上的延迟;第三种情况是,第一个小球靠近第二个小球,但在空间上存在一定间隔,而后第二个小球移动。被试需要回答是不是第一个小球导致了第二个小球的移动。在这个例子中,右半球可以觉察撞击的因果本质。这些结果提示，右半球更适合发现一个物体在时间和空间上对另一个物体的影响——这是因果知觉中的一步关键运算。

为了将环境中的各物体知觉为一个整体，视觉系统经常需要用轮廓和边界提供的不完整信息进行推论。保罗·乔尔巴利斯（Paul Corballis）及其同事（1999）使用包含错觉轮廓的刺激，揭示了在对物体进行知觉加工方面，右半球比左半球好。左半球和右半球都可以将图4.32a中上图的轮廓知觉为肥大的，并且将下图的轮廓知觉为瘦小的。但是只有右半球可以在变形补全的图形（图4.32b）中知觉到相同形状。乔尔巴利斯将右半球的这种能力称为"右半球解释器"。

左半球的这种独特的特异化功能——解释器——让我们的大脑可以为内部和外部的事件寻找解释，以产生合适的行为。对解释器而言，事实是有帮助的，但绝非必要。它必须解释任何当前的信息，并且不得不及时处理；第一个出现的合理解释将会被采纳。

当寻求因果关系时，解释器会试着从每天不断涌入的大量无序信息中找出秩序。它会利用一切可得信息，包括来自大脑以及来自外界环境的信息，然后将它们编成一个合理的故事。如果大脑的某些部分运转失灵从而传送了奇怪的信息，解释器就会想出一个奇怪的故事来解释这些信息（见**专栏4.2**）。解释器是一种强有力的机制，因此研究者很有兴趣了解大脑在解释我们的行为（比如接住触地传球）、情绪状态和心境时，究竟有多常给出虚假因果关系。

关键信息

- 左半球似乎有一种特异化的进行因果推论和形成假设的能力。这种能力被称为解释器。它试图对内外事件进行解释，以产生适当的反应。
- 当预测两个事件中哪一个将会发生时，左半球使用频率匹配策略，而右脑使用最大化策略。
- 不要在拉斯维加斯和一只大鼠赌博。
- 虽然左半球有做因果推断的能力，但是右半球在因果知觉判断（觉察到一个物体在时间和空间上影响另一个物体的能力）上的表现更好。
- 右半球根据有关轮廓和边界的不完全知觉信息推测出一个关于环境的一体图案的能力，被称为"右半球解释器"。

4.5 来自正常和异常大脑的脑功能偏侧化证据

研究者设计了精巧的实验来考查大脑完整的个体的两半球信息加工上的差异。在视觉加工中，比较左右半球信息加工差异可通过向被试的左视野或右视野分别呈现不同刺激而实现。尽管这种方法可以保证视觉系统在加工信息时首先将信息投射到对侧半球，但是跨皮质的信息传递可以迅速发生。即便如此，基于刺激单侧视野的实验仍然观察到了一致的半球差异。例如，相比于向左视野呈现的刺激，被试更容易判断快速呈现在右视野的字符串是否为一个真词。这样的研究结果促使我们做出假设：半球间的信息传输能力是有限的。换言之，在传递过程中，信息质量可能出现下降。因此，我们可以得出结论，外周视觉输入所

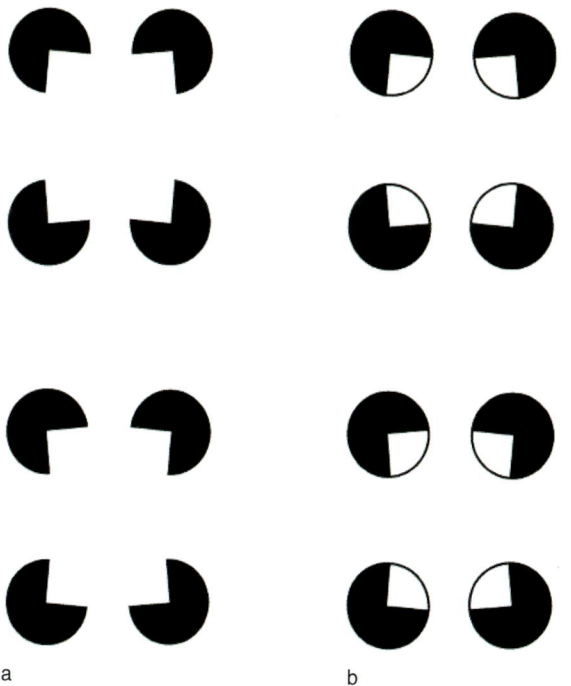

图4.32　右脑在某些事情的加工上比左脑好

大脑两半球都可以判断上图左栏（a）中的错觉形状是"肥大"还是"瘦小"；但如果加上轮廓线（b），就只有右半球仍然可以区分了。右半球可以在只看到部分时进行整体知觉，这被称为变形补全。

专栏 4.2 来自临床的启示
缅因信念

二重性记忆错误是一种罕见但已得到证实的综合征。病人有一种妄想信念：同一地点会被复制，同时存在两个不同的空间位置，或者这一地点被移到另外一个不同的空间位置。这种综合征通常和获得性脑损伤（如卒中、脑出血或肿瘤）有关。本书作者之一（加扎尼加）在他位于纽约医院的办公室问诊了患有此症的一位女性。她很聪明，等待就医时还在平静地阅读《纽约时报》（*New York Times*）。这次问诊如下（Gazzaniga，2011）。

加扎尼加：你现在在哪里呢？

病人：我在缅因州的弗里波特市，但我知道你不相信。波斯纳医生今早来看我时告诉我，我在索兰·凯特林纪念医院，住院医生来查房时也是这样说的。好吧，这没问题。但是，我知道我就在缅因州弗里波特市主街上我自己家里！

加扎尼加：好的。如果你在弗里波特市的家里，这门外怎么会有几部电梯呢？

病人：医生，你知道我安装这些电梯花了多少钱吗？

这个病人的左半球解释器试图合理化她所知道的、感受到的和做过的事情。由于脑损伤，她负责表征位置的脑区输送了关于目前位置的错误信息。解释器只会利用它所接收的信息。在本例中，它接收了奇怪的信息。而解释器的功能是使得接收的信息合理化，它必须对奇怪的信息输入做出解释。它还必须及时解决问题并且合理化其他正在进来的信息——对解释器而言，这些信息是不言而喻的，结果会怎样呢？必然有很多富有想象的故事。

引起的行为表现是由对侧半球主导的。

相似地，听觉也可以将输入限制到单侧半球。与视觉研究一样，听觉实验中的刺激可以通过单声道呈现，即仅向特定耳朵呈现刺激。但是，由于听觉通路并不像视觉通路那样存在严格的偏侧化（见第 5 章中的图 5.18），因此，分离输入信息的另一种方法是使用**图 4.33** 所示的**双耳分听任务**。在此任务中，两种相互竞争的消息同时出现，并且分别呈现给一侧耳朵，被试尝试报告这两种消息。当信息从另一只耳朵的对侧通路传来时，一般认为同侧投射来的信息会受到抑制。

在典型的双耳分听任务中，被试听到了一系列以分听方式呈现的单词。当要求重复尽可能多的单词时，被试更多报告了呈现给右耳的单词，这种效应被称为**右耳优势效应**。该结果也支持语言加工中左半球占主导地位的观点。

单侧呈现刺激能证明视觉和听觉表现的不对称性，这令心理学家十分振奋。我们终于可以通过简单的方法来研究神经性健康被试的大脑偏侧化现象了（见 Kimura，1973）。因此，当你了解到研究者已经使用了几乎所有可以想象的刺激操控对健康被试进行了数以千次的偏侧化研究时，就不会觉得那么惊讶了。

但是，需要注意的是，这类偏侧化研究也有其局限性（Efron，1990）。

- 这些研究的效应量较小且不一致，原因可能是健康人的两个半球是通过完整的胼胝体连接在一起的。而胼胝体使两半球之间能非常快速地完成信息传递。
- 在审稿过程中，作者和期刊编辑偏向于发表那些发现了显著差异的研究，而不发表未发现差异的研究。例如，在人脸图片记忆任务中，报告存在大脑偏侧化的实验结果要比那些报告左右视野反应相似的结果更令科学界兴奋。
- 有关解释也存在问题。从被试在一侧呈现刺激的

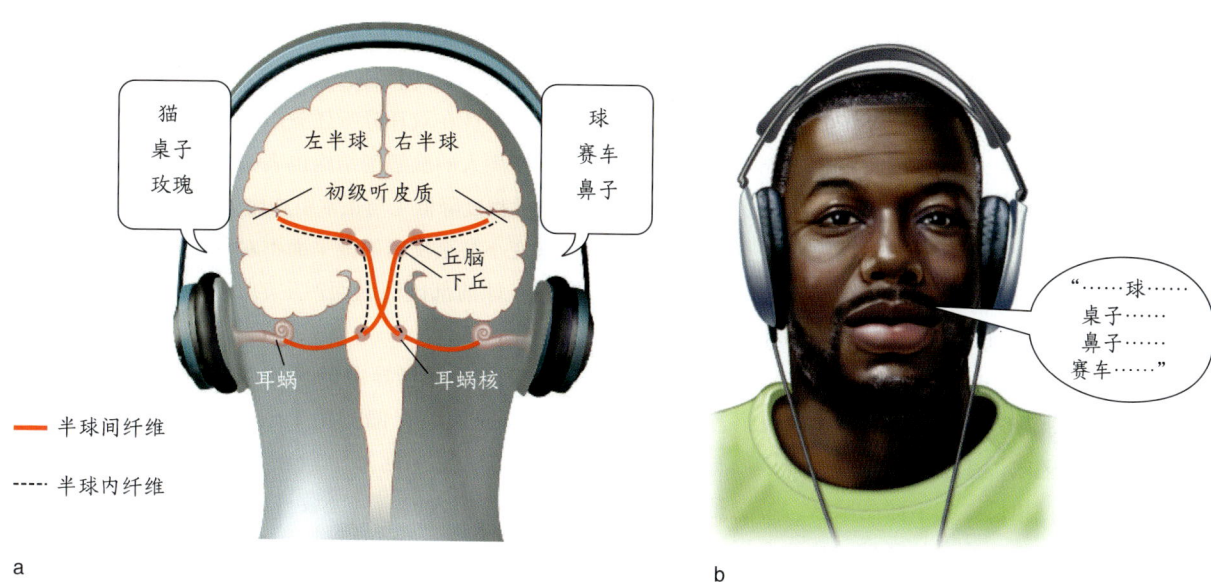

图 4.33 双耳分听任务

双耳分听任务用于比较听知觉的半球特异化。(a) 向左耳和右耳分别呈现相互竞争的信息。听觉信息是双侧投射的。虽然耳蜗核的上行纤维大部分投射到对侧丘脑,但也有一些纤维沿同侧上行。实验者要求被试报告听到的刺激 (b),或判断探测刺激是否为双耳信息的一部分。该任务关注被试报告的信息是来自右耳还是左耳,并且假设主要的加工发生在对侧半球。对于语言刺激,被试在报告呈现给右耳的信息时更加准确。

任务中的表现不对称中,我们可以得出什么结论呢?在前面的例子中,右视野及右耳加工优势被认为是信息更容易进入左侧半球的语言加工系统引起的。但是,另一种可能是,人们只是更擅长确认右视野或右耳中的信息。

要排除右视野或右耳更擅长确认信息这种可能性,研究者必须发现那些左耳或左视野有优势的任务。例如,科学家发现,在双耳分听任务中,人们更擅长识别呈现于左耳的旋律。事实上,被试双耳分听两个旋律时会发生双分离现象(Bartholomeus,1974)。我们发现,人们对歌词的加工具有右耳优势,而对旋律的加工则具有左耳优势(图 4.34)。

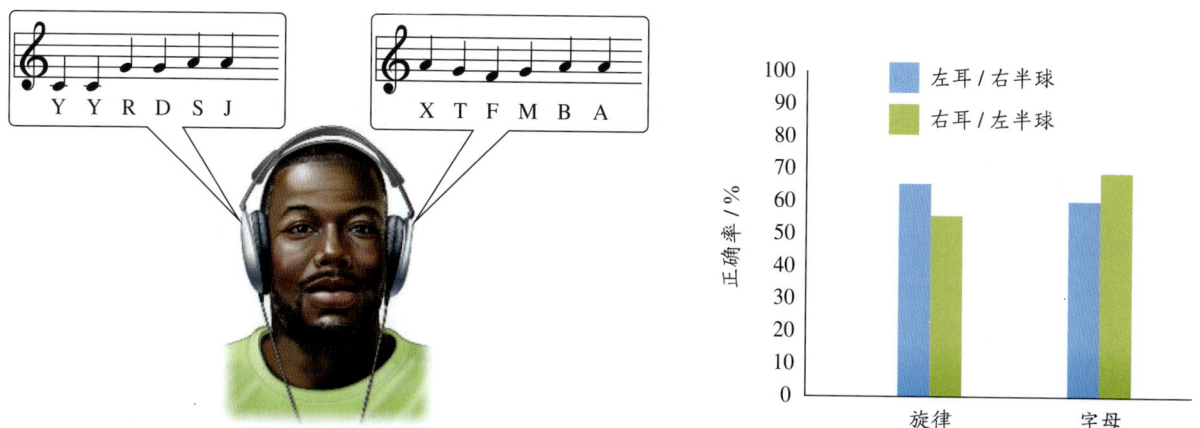

图 4.34 不是所有任务都表现出了右耳优势效应

被试听到一条双耳分听信息,其中每只耳朵都会听到以一段旋律唱出的字母串。当进行再认记忆测试时,被试对右耳听到的字母刺激的反应更准确。相反,对于旋律任务,研究者发现了左耳优势效应。

关联脑功能及结构连通性

研究者还可以使用 fMRI 技术探索健康个体的半球差异。在一项研究中，戈茨（Gotts）及其同事（2013）使用 fMRI 技术研究了脑功能连通性的半球差异。脑功能连通性是指具有相似的神经活动，而且在很大概率上具有相似功能的脑区间的神经连接。在测量同一半球内以及两个半球之间大脑区域的功能连通性时，他们发现左半球和右半球具有不同的功能连通模式。

位于左半球的脑区，尤其是那些涉及语言和精细运动控制的区域，往往与左半球其他区域有更广泛的相互连接。相反，右半球的脑区，特别是那些涉及视觉空间加工和注意的区域，往往会同时与左侧及右侧皮质区域相互连接。此外，这些偏侧化模式与认知表现有关。左半球的独立程度（表现为左半球具有更多半球内连接）与被试在语言任务上的表现呈正相关，而右半球整合程度（表现为右半球具有更多半球间连接）与被试在视觉空间任务上的表现呈正相关。

研究者还可以使用扩散张量成像技术来估计两个半球的解剖连通性。蒂埃博·德斯科特（Thiebaut de Schotten）及其同事（2011）使用扩散张量成像技术测量了被试顶叶和额叶皮质之间白质纤维束的大小，发现右半球的白质纤维束大于左半球。他们还发现被试右半球的白质纤维束相对于左半球的大小可以预测被试在不同注意任务上的表现。

在第一个任务中，被试需要检测呈现在其左视野或右视野的目标。有更大右倾白质不对称性的被试可以更快地检测到左视野目标。在第二项任务中，被试需指出一条水平线段的中点位置。这一任务通常用于检查忽视一侧空间的卒中病人。左侧忽视病人指出的中点偏向右，因为他们忽略了线段的左侧部分，反之亦然。有趣的是，研究者发现，有更大右倾白质不对称性的被试所指出的中点更偏向线段左侧。这些结果提示，该白质纤维束的右偏侧化与朝向空间左侧的注意偏向相关，导致了健康被试对于空间右侧的"伪忽视"效应。

异常半球偏侧化

最新的证据提示，某些脑部疾病可能与异常半球偏侧化有关。例如，精神分裂症病人的两半球功能不对称程度就可能比控制组低（见综述 Oertel-Knöchel & Linden, 2011）。精神分裂症病人更可能是左利手或双利手，并且在双耳分听任务中，右耳优势下降。精神分裂症病人的脑解剖结构也表明，其左右两侧解剖不对称性程度降低（与正常组相比）。精神分裂症病人表现出变小甚至反转的颞平面不对称，并且左半球后部和右半球前部因凸起而产生的沿大脑中线的"翘起"也消失了。

孤独症也与异常的两半球不对称有关。孤独症病人的大脑在偏侧化上似乎有向右侧偏移的现象。例如，语言区域一般在正常人中是左偏的，但是孤独症病人的语言区域显得更对称（Eyler et al., 2012）。在一项研究中，研究者发现，孤独症儿童的许多功能性大脑网络（包括视觉、听觉、运动控制、执行功能、语言和注意网络）的不对称性都有右倾趋势。也就是说，对孤独症儿童而言，在正常人中偏侧化偏向左侧的网络，在孤独症儿童中表现出双侧分布的特征；而那些在正常儿童中双侧分布的网络，在孤独症儿童中通常偏侧化偏向右侧半球（Cardinale et al., 2013）。

也有证据表明，孤独症病人的脑结构及功能连通性发生了变化。神经结构正常者的右半球倾向于有更多远距离、全局性的连接，而左半球有更多近距离、局部性的连接，但是这种不对称性在孤独症病人中有所减少（Carper et al., 2016）。此外，孤独症病人的胼胝体比正常人的小（T. W. Frazier et al., 2012; Prigge et al., 2013），而那些生来就没有胼胝体的个体也比一般人更有可能表现出孤独症特质（Lau et al., 2013; Paul et al., 2014）。这些观察结果支持关于孤独症的失连理论（disconnection theory）。该理论认为，孤独症的出现与大脑的远距离连接缺陷有关，而这种缺陷导致脑网络全局加工过少，局部加工过多。

必须注意的是，目前尚不清楚从这些疾病中观察到的异常的大脑不对称性是原因还是结果。也就是说，我们不知道是异常大脑不对称性导致了这些疾病的症状，还是这些疾病造成的皮质功能紊乱或其他促使其症状出现的因素导致了异常的不对称性。

与异常的半球连通性更直接相关的另一种疾病是胼胝体发育不全（agenesis of the corpus callosum, ACC）。胼胝体发育不全是一种先天性疾病。病人的胼胝体部分或完全没有形成，从而形成"天然裂脑"。胼胝体发育不全的儿童的认知表现变异性很大。在一般情况下，这些孩子的智商低于平均水平，但大多还处于正常范围内，有些甚至高于平均水平。与健康儿童相比，胼胝体发育不全的儿童往往具有较差的视觉运动能力、受损的视觉和空间加工能力、更慢的加工速度以及受损的语言能力和持续注意力。

关键信息

- 健康个体在完成双耳分听任务时会表现出右耳优势，但是在听歌时，右耳在歌词加工中占优势，而左耳在旋律上占优势。
- 左半球倾向于具有更多半球内功能连接，并且几乎只与左半球的其他区域交互连接。右半球的半球内和跨半球连接更加平衡，并且倾向于与左半球及右半球的皮质区域都有连接。
- 某些脑部疾病，如精神分裂症和孤独症，表现出具有异常模式的半球偏侧化。

4.6 大脑半球特异性的进化基础

到目前为止，我们在本章已经回顾了人类半球特异化的一般原则。人类当然具有进化上的祖先，因此我们也期望在其他物种中找到功能偏侧化的例子。事实上，确实如此。本节从考察其他动物的偏侧化现象开始，然后讨论允许功能偏侧化存在的脑组织基础。接下来，我们讨论每个半球是否已经偏侧化到可以真正说它们具有自己的加工风格了。最后，我们转向讨论右利手优势现象与左半球语言偏侧化之间是否存在因果关系。

非人物种的半球特异性

因为语言在半球偏侧化中具有核心地位，所以以往的偏侧化研究主要集中在人类被试上。但是，由于半球特异性是以进化压力为基础的（如统一的行为、快速交流以及降低跨半球信息加工成本），因此这些方面对于其他物种也具有潜在的进化价值。我们逐步了解到半球特异化并不是人类独有的特征

（Bradshaw & Rogers，1993），它出现于所有脊椎动物中（Vallortigara et al.，2011）。也有证据表明，在无脊椎动物中也存在左右不对称性（见综述 Frasnelli et al.，2012）。例如，果蝇、章鱼、蜜蜂、蜘蛛、螃蟹和蜗牛都表现出了一些不对称的行为模式，其中包括不对称的嗅觉、对于优先使用肢体的偏好以及记忆存储和转向偏好。

鸟类几乎所有的视神经纤维都在视交叉处交叉，以确保来自每只眼睛的视觉输入仅投射到对侧半球。鸟类没有不交叉视神经纤维的可能原因是：鸟类的眼睛分布在身体两侧，导致它们的左右视野几乎没有重叠（图4.35）。此外，鸟类没有胼胝体，因此左右半球视觉系统之间的交流是受到限制的，并且可能导致脑功能不对称。

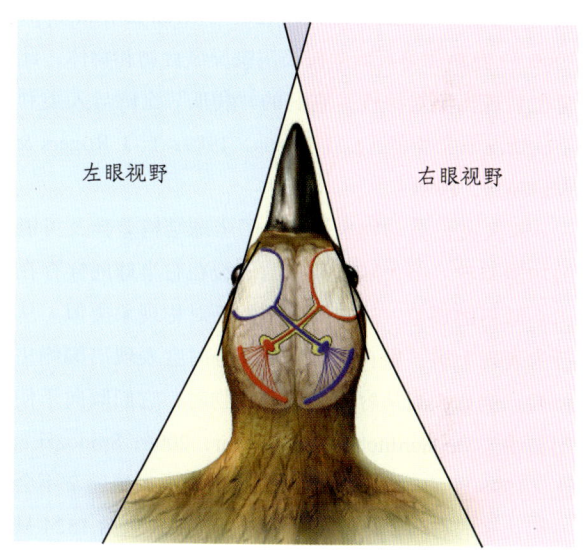

图4.35　鸟类的视觉通路是完全交叉的

这种组织结构意味着每只眼睛看到的空间区域是几乎没有重叠的，因此对左半球的视觉输入独立于对右半球的视觉输入。这种解剖学上的分离被认为有利于出现半球不对称性。

我们已经知道了鸟类的几种脑功能不对称性。相比于呈现到左眼和右半球的刺激，鸡和鸽子更擅长对呈现到右眼和左半球的刺激进行分类。你可能想知道"鸡对刺激进行分类"到底意味着什么。其中一种分类是：能吃，还是不能吃？当刺激呈现到鸡的右眼时，鸡能更好地把食物与非食物区分开，而当训练鸡对刺激物的特有属性（如颜色、大小和形状）做出反应时，或训练鸡学习食物的精确位置时，右半球（左眼）表

现得更好。

几乎所有鸟类都有沟通系统：它们会通过呱呱、啾啾和唧唧等不同叫声达到吓跑敌人、标记领地以及吸引伴侣的目的。在许多物种中，鸟鸣产生的机制取决于左半球的结构。美国洛克菲勒大学的费尔南多·诺特博姆（Fernando Nottebohm）发现，切断金丝雀左半球支配舌的舌下神经，可以严重干扰鸟鸣的产生（Nottebohm，1980）。相反，切断右半球舌下神经几乎没有影响。虽然在其他鸟类中也能发现类似现象，但在某些鸟类中任何一个半球损伤都能干扰鸟鸣的产生。

就像人类有**利手**（生活中惯用左手或右手）一样，狗和猫也有所谓的"利爪"，但是雄性和雌性的狗和猫会表现出相反的偏好：雄性偏爱左爪，而雌性偏爱右爪（Quaranta et al.，2004；Well & Millsopp，2009）。鹦鹉和美冠鹦鹉擅长用脚操纵食物和物体，此时也表现出不对称性。它们的"利爪"比例与人类利手的情况非常相似（L. J. Harris，1989；L. J. Rogers & Workman，1993）。

非人灵长类动物也显示出了半球结构差异及可能的功能差异。旧大陆猴和猿的侧裂在右半球同样存在向上倾斜的现象。这与人脑中的不对称现象类似。从行为表现上讲，猴在执行复杂任务时会表现出偏侧化行为。例如，当从容器中取出食物时，它们倾向于使用右手（Meguerditchian & Vauclair，2006；Spinozzi et al.，1998）。直到最近，学术界仍认为类人猿通常不会有那么多的右利手，但是采用较大样本（包括1524只类人猿）的元分析发现，当完成更精细行为（如投掷和从管子中拉出食物）时，黑猩猩的右利手与左利手的比例为3∶1（Hopkins，2006）。

黑猩猩的利手和大脑不对称性之间看起来存在联系。惯用右手的黑猩猩在皮质褶皱上有左偏倾向，而这种现象在非右利手动物中不存在（Hopkins, Cantalupe et al.，2007）。右利手的黑猩猩在左侧初级运动皮质的Ⅱ/Ⅲ层细胞显示了较高的神经元密度（Sherwood et al.，2007）。类人猿和狒狒在进行手势交流时，似乎也会更多地使用右手和右臂（Hopkins，2006；Meguerditchian et al.，2010，2011）。我们将在第11章进一步讨论交流中的利手问题，因为该现象提示，手势交流可能是语言的先驱。

知觉研究也为非人灵长类动物的脑功能不对称性研究提供了启发。像人类一样，恒河猴对形状进行触觉辨别时，左手的表现更好。更令人印象深刻的是，裂脑猴和裂脑人完成视知觉任务时表现出了相似的半球间交互作用模式。例如，在一个面部识别任务中，猴子像人一样表现出了右半球优势；在线段朝向任务中，猴子与人都表现出了左半球优势。

然而，猴子的视觉系统会通过整个前连合传递视觉信息，但人类不会使用前连合传递视觉信息。此外，日本猕猴左半球损伤会损害它理解同种个体的发声的能力。但是，与某些失语症病人的表现不同，日本猕猴的这种缺陷是轻微且一过性的。有证据表明，与人类不同，裂脑猴大脑左半球在空间判断方面表现得更好。这一结果支持了人类左半球语言能力的进化导致某些视觉空间能力丧失的观点，因而受到关注。

总而言之，与人类相同，非人物种也表现出了两半球的功能差异。但是，问题仍然没有完全解决。例如，我们应该如何解释这些发现呢？鸟和人的大脑左半球（鸟鸣和人类语言均是左半球偏侧化的）是否具有共同的进化祖先呢？如果有共同的进化祖先，这种适应就有悠久历史，因为人和鸟类的共同祖先可以追溯到恐龙时代。但是，在许多物种中出现的半球偏侧化可能反映了大脑的一般设计原理。

大脑的模块化架构

概括地说，半球特异化一定受到了胼胝体进化的影响和约束。我们可以预测，新的皮质区域出现必然需要更多跨胼胝体连接。然而，现有证据提示，缺乏跨胼胝体连接反而促进了偏侧化。由此导致的左右半球隔离促进了等位区域功能的分化，从而导致了大脑特异化。

理解为什么左右半球缺乏连接可能导致了大脑特异化的第一步是，了解大脑的组织原则。在第2章，我们简单介绍了为适应人类大脑体积增大的进化需要而采用的一些"布线规则"（wiring laws；Striedter，2005）。在我们看到，随着大脑体积变大，连通比例下降，引起了大脑内部结构改变，并导致整体连通性下降。

进化而来的布线规划要求人脑在局部信息传输上具有高效率，同时又具有快速的整体信息交流能力。这被称为"小世界"架构（small world architecture，

图 4.36；Watts & Strogatz, 1998）。这种架构确保了仅需几步即可连接随机选择的任意两个成分。在这种网络结构中，成分之间有许多短连接，而"集线器"之间是数量有限的长连接，这些长连接充当了远距离节点间连通的捷径。基于这种布线原则的网络具有高信号传输效率和低能量损耗的特点，并且整个系统对单个成分或连接失败具有高容错性。灰质网络已被证明是具有"小世界"属性的拓扑结构，并且具有相对低的布线（连接）成本（Bassett et al., 2010）。

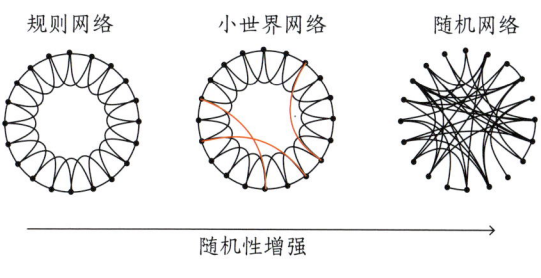

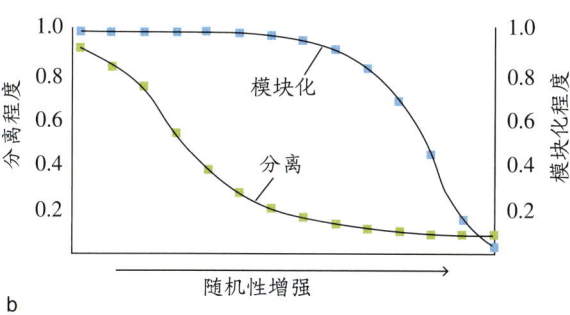

图 4.36 小世界架构

（a）大型、稀疏的互相连通的网络可以通过多种方式连接。在规则网络（左）里，每个节点仅与其相邻节点有规则地互连。在小世界网络（中）里，所有节点既规则地与其相邻节点互连，又在远距离节点之间存在捷径（以红色显示）。右边的网络是随机互连的。（b）一个规则但稀疏互连的网络高度模块化，且分离程度也高。这种高度分离使它需要更多"线路"和更长时间才能在远距离节点之间传递信息。一个随机网络具有短连接距离（分离程度低），但没有模块化功能。小世界架构则既高度模块化，又具有短连接距离。引自 Striedter（2005）。

多重研究表明，人脑由功能脑区互相连接而成的若干**模块**构成（Meunier et al., 2010）。"模块"是指彼此独立的、局域化的、特异化的网络（或环路），可

以执行独特的功能并且可以通过适应或进化应对外部环境的需求。大脑模块由许多元素（神经元）组成，模块内部神经元间的连接要比与其他模块神经元之间的连接紧密。模块化的一般概念是，我们可以根据系统的功能对它进行分类（Bassett & Gazzaniga, 2011），而模块化大脑的最有力证据总是来自神经病学和神经心理学的临床病人。大脑特定区域遭受损伤的病人有某些特定的认知能力会受到损害甚至丧失。这是因为负责这些功能的神经元网络再也无法正常地工作，而其他功能则保持完整。

相对于全脑联合工作的大脑而言，模块化大脑具有许多优势，其中之一是它更加经济。尽管大脑消耗了 20% 的人体能量，但鉴于其模块化的结构，还是相当高效的。模块化大脑之所以可以节省能量，是因为在模块化的大脑内，神经元间神经冲动的传递距离更短。而且，局部神经束比较纤细，降低了电阻，从而缩短了传导时间，并降低了能量消耗。节能的另一个原因是在模块化的大脑中，只需要特定模块或网络中的脑区处于活动状态，即可执行特定的信息加工。因为多个模块可以并行工作，所以模块化的大脑在功能上也更有效率。局部网络可以特异化，从而最大化了在特定加工中的表现。模块化大脑也使获得新技能更加容易。研究者发现，在学习运动技能的过程中，学习者的脑网络架构也发生了变化（Bassett et al., 2015）。

模块化既减少了网络的相互依赖性，又提高了网络响应应激源的稳健性。如果一个系统不易受外部扰动，我们就认为该系统稳健，但如果一个系统易受外部扰动，则该系统脆弱。模块化系统之所以脆弱性较低，是因为破坏一个局部网络甚至多个局部网络不会损毁整个系统。而且，模块化系统会促进行为适应性（Kirschner & Gerhart, 1998），因为每个网络的功能都可以在不影响整个系统其余部分的情况下同时运作和改变。这种适应变化的能力使模块化网络能够在面对环境挑战（进化）时不断优化其功能。随扰动而不断优化的系统被称为抗脆弱性系统（Taleb, 2014）。

通过减少对变化的约束，模块化原则形成了结构基础，在变化丰富的环境中，子系统可以在此基础上不断进化和适应（G. P. Wagner et al., 2007）。这可能是模块化的最重要优势。由于有机体每次只需要针对

单个特定模块进行更改或复制，因此系统作为一个整体不会出现冒险丢失其他已经高度适应化的模块的情况，并且系统正常起作用的部分也不会受到未来进化的威胁。

这种对变化条件的稳健性（甚至是抗脆弱性）是赋予任何一个以竞争性选择来进化的系统的重要优势。人脑不是唯一的模块化脑。从蠕虫到苍蝇再到猫，在整个动物界都可以找到模块化的脑。大脑也不是唯一模块化的人体系统。基因调控网络、蛋白质—蛋白质相互作用网络和代谢网络也都是模块化的（Sporns & Betzel，2016）。在人体系统之外，就连人类社交网络也是模块化的。

如果模块化系统如此普遍，那么它们是如何进化出来的呢？尽管存在多种假设，但研究表明，模块化很可能是由多种因素在不同程度影响下形成的，并且依赖具体的情境（G. P. Wagner et al.，2007）。由于在真实生物系统中观察模块进化是不可行的，因此基于进化动力学的计算机仿真实验是常见的研究工具。模块化神经环路如何在大脑中进化的问题吸引了计算机科学家霍德·利普森（Hod Lipson）及其同事进行研究。

他们的第一个想法是，模块化可能是在不断变化的环境中自发出现的。其背后的理论基础是模块化系统可以更好地适应环境，从而在这种环境下更好地生存。然而，不断变化的环境并不足以导致模块化（Lipson et al.，2002）。几年后，他们决定检验斯特里特（Striedter）的"布线法则"假说：当选择以最大化性能和最小化布线成本为标准时，模块化便作为副产品进化出来了（Clune et al.，2013）。

他们在变化和不变化环境中分别进行了25 000代进化模拟实验。他们在第一个仿真实验中编入了直接选择压力来最大化性能。然后对于第二个仿真实验，他们把进化目的调整成了最大程度地提高性能和降低连接成本。任何类型的网络连接成本都包括制造、构建和维护连接的成本，沿线路传输能量的成本，以及信号延迟带来的成本。连接越短，数量越少，网络构建的成本就越低并且最终得以保持（Ahn et al.，2006；B. L. Chen et al.，2006；Cherniak et al.，2004）。短距离连接还意味着更快的网络传输速度，而这在充满捕食者的竞争环境中是生存的绝对优势。

在第一个模拟中，性能是唯一的标准，没有出现模块化。但是在第二个模拟中，当增加了布线成本最小化原则后，模块化在变化和不变化的环境中都很快出现了。与最大化性能的网络相比，具有最大化性能和最小化连接成本的网络不仅成本更低，而且性能更好，进化速度也大大缩短了。这些模拟实验有力地提示了当存在性能和成本双向选择压力时，网络将具有更高的模块化程度和更快的进化速度。

考虑到模块化是子系统可以进一步适应和发展的结构基础，所以半球特异化提示这种模块化组织中的大脑不对称也一定具有适应性价值。因此，不应轻易提出皮质不对称性，研究者必须确保它们是真实的。例如，在20世纪90年代早期的神经影像学研究曾提出了一种流行的大脑记忆组织模型：情节记忆的编码主要在左半球完成，情节记忆的提取主要在右半球完成［该模型称为半球编码/提取不对称模型（hemispheric coding / retrieval asymmetry，HERA）］。

但是，当直接用裂脑病人测试该模型时，发现每个半球在编码和提取上都具有相同的表现（M. B. Miller et al.，2002）。这项研究表明，记忆编码中明显的不对称性并不是记忆系统的不对称性，而应该是由实验中用来编码的刺激材料本身引起的。语言材料优先在被试左半球进行加工，而面孔材料优先在右半球加工。这种模式在某种程度上让人联想到鸡和鸽子在物体辨别中的偏侧化现象。

半球特异化：功能二分还是风格差异？

研究偏侧化的研究者一直在努力寻找合适的方法来描述两个半球功能的不对称性（M. Allen，1983；Bradshaw & Nettleton，1981；Bryden，1982）。早期的研究思路主要集中在刺激物属性和所采用的任务上，最近的研究思路则是寻找加工风格的差异。后一研究思路认为，两半球以互补的方式加工信息，通过不同的加工方式来加工信息，从而对任务负荷进行分解。从这个角度看，左半球被认为是分析和序列性的，而右半球被认为是整体和平行性的。

半球特异化的出现，可能是由于某些任务受益于某种加工方式。例如，语言被看作序列性的：我们听到的口语是一种连续信息流，需要对组成部分进行快速解析。相反，空间表征不仅要求感知组成部分，而且要将它们视为一个连贯的整体。右半球在全局信息加工方面更有效的发现支持了这一设想。

尽管这种分析—整体二分法具有直观的吸引力，但是我们很难确定特定认知任务是否会从分析或整体加工中受益。在许多情况下，理论上的解释会沦为对结果的循环描述。例如，辅音知觉表现出右耳优势，但是元音知觉没有出现这种不对称性；辅音需要左半球进行序列的、分析性加工，而元音知觉需要更整体的加工。在这里，我们根据理论框架重新定义了加工元音和辅音的必要条件，而不是使用数据来建立和修正该理论的框架。

对于语言—空间和分析—整体假设，我们都假设单一的、基础性的二分法能够定义两个半球之间的功能差异。"二分"的吸引力之一是简约：半球特异化的最简单解释是依赖单一差异。然而，当前的二分法都有其局限性。

我们可以合理地假设，两半球功能的简单二分是没有根据的。研究者已经在许多任务（如语言、运动控制、注意和物体识别）中观察到了半球不对称。特异化可能取决于特定的任务类型，而且这种任务特异化是更早期半球分化的结果。运动控制中的半球特异化（例如，为什么人们会是右利手或左利手的）与表征语言或视觉空间信息的半球差异之间不需要存在因果关系。也许，跨任务的半球特异性的共性是进化：随着两个半球的分离，它们共同促成了异构系统的进化。

与半球功能冗余相比，信息在加工、表征和使用方式上的不对称可能是更有效和灵活的设计。随着对皮质容量需求的增长，也许自然选择的力量改变了一侧半球，但没有改变另一侧半球，同时保留了维持生命的皮质下的冗余设计，从而在受到伤害时能更加稳健。因为胼胝体可以在半球之间交换信息，所以突变可能发生在一侧皮质，而使对侧半球保持完好，从而可以继续为整个认知系统提供先前的皮质功能。简而言之，不对称性允许皮质在不增加成本的基础上进行扩展。皮质容量可以通过减少冗余加以扩展，以及扩展新的皮质区域。

拉尔夫·加卢斯克（Ralf Galuske）及其同事的杰出工作支持了这一想法。他们的研究表明，左侧和右侧布罗德曼第 22 区神经元的组织方式的差异与人类言语相关的听觉信号加工有关（Galuske et al., 2000; Gazzaniga, 2000）。左侧特异于单词检测和生成；右侧特异于旋律、音调和音强，而这些是从鸟鸣到猴叫的所有听觉交流的声音属性。

不对称加工的思想也强调了现代半球特异性概念化中的一个要点，即两个半球可以通过协作来共同执行任务，只不过它们在任务中的贡献可能相差很大。无须假设有某个总监一样的角色来决定任务需要哪个半球主导。虽然语言加工主要在左半球完成，但是右半球也可能有贡献。当然，右半球所形成的表征类型可能并不是高效的或适合某些任务的。此外，左半球在视觉空间任务上并不是完全听从右半球的，而是以不同的方式加工信息。

看到大脑以这样的方式组织，我们开始了解到，我们从半球特异化的临床测验中掌握的很多内容并没有告诉我们多少关于每个半球的计算特点，而是更多地描述了测验自身的特点。这一点在裂脑研究中也很明显。除了言语产生特异于左半球的例外，两个半球在其他认知领域都有一定的加工能力。

利手和左半球语言优势间存在关联吗？

对于我们谈到的所有这些偏侧化，您的左半球毫无疑问正在寻找右利手优势与左半球语言特异化之间的因果关系。我们也是。许多研究者试图通过指出左半球在语言加工中的主导作用与利手存在强相关，从而指出两者之间的因果关系。约 96% 右利手者的言语优势半球是左半球。然而，大多数左利手者（60%）的言语优势半球也是左半球（Risse et al., 1997）。考虑到左利手者仅占总人口的 7%~8%，因此有约 93% 的人，无论其哪只手是利手，言语优势半球都是左半球。

一些理论家认为，对于一个单一动作中心的需要是关键。虽然平行加工知觉信息有诸多好处的（因为输入可能是不对称的），但是我们对这些刺激的反应必然包含了一个统一输出。设想，如果你的左半球可以选择一种行动方案，而你的右半球选择了另一种，那么当一个半球命令你的一半身体坐下，而另一半球命令另一半身体不采取任何行动时，会发生什么呢？我们的大脑有两个半球，但我们只有一个身体。通过将行动计划定位于单个半球，大脑就可以实现统一。

根据一种假说，左半球专长于序列动作的计划和产生。言语当然属于这样一种动作。我们产生言语的能力是许多进化而来的变化（包括声道形状和发音器官的变化）的结果。这些适应性变化使我们可以进行交流，并且能以非常快的速度交流（请回忆一下拍卖师的表现）。最快语速的官方纪录是每分钟说出637个单词，这是在20世纪80年代后期的英国电视节目《喋喋不休》（Motormouth）中创下的。这种能力要求对声带、下颌、舌和其他发音器官的序列动作进行精确控制。

左半球还与跟言语无关的序列动作有关。例如，左半球病变更可能导致失用症。这是一种动作计划缺陷。病人表现为肌肉能正常工作，也理解并且希望执行某项动作，但是它仍然丧失了产生连贯动作的能力（参见第8章）。此外，无论是产生言语还是非言语的面部表情，口部动作都是由左半球主导的。

有证据提示，面部表情在面部右侧更明显，并且右侧面部肌肉的激活速度比左侧相应的肌肉快。延时摄影显示，笑容首先出现在右脸。因此，左半球特异化于序列动作的控制，而且这种特异化可能是语言和运动功能半球不对称的基础。

有理论家提出，言语中枢使用的循环加工能力也适用于左半球的其他功能，包括对右手的控制。由于双足行走，我们的双手得以解放并可独立运作。这种能力和四足动物不同，它们的前后肢主要用于运动。在这种情况下，对称性对于动物沿线性轨迹运动至关重要。如果身体一侧肢体长于或强于另一侧肢体，则动物会绕圈运动。但是，由于我们的祖先采取直立姿势，因此他们不再需要用双手实现对称的运动。

交流系统的生成和循环特性也可以应用于手对物体的操控方式，而这些特性的偏侧化也应该是偏好右手的。在工具使用中，我们对于一只手的偏好胜过另一只手的现象尤其明显。尽管非人灵长类动物和鸟类可以制造原始工具，来获取远处的食物或用硬壳包裹的食物，但是人类会大量生产制造工具：我们设计工具来解决急迫的问题，我们还可以重组零件以创造新工具。轮子是交通设备的有效组件，也可用于从流动的河水中获取能量，或者以压缩并易于访问的格式记录信息。于是，在我们使用工具时，用手习惯最为明显。例如，右利手者用每只手挡住扔向他们的球的能力仅略有不同。但是当要求他们接球或扔球时，惯用手（利手）具有明显优势。

情况也可能出现反转：左半球的语言优势地位可能是已有的运动控制特异化的结果。不对称地使用双手来执行复杂动作，包括与工具使用相关的动作，可能促进了语言发展。通过对语言的比较研究，我们相信大多数句型都是在传达动作；婴儿在开始使用形容词（如"饿"）之前会先说诸如"来"或"吃"之类的祈使词。如果右手常被用于执行此类动作，则左脑可能面临选择性进化压力，从而更擅长形成这些动作的符号表征。

但是请记住，这种相关并不意味着因果。产生语言和运动表现的半球特异化机制也有可能不存在关联（并且你的左半球正不得不克服把相关看作因果的想法）。运动和语言优势这两种不对称性之间的相关并不完美。不仅在右利手者中存在少数人具有右半球语言优势或双侧语言优势，在左利手者中也至少有一半人表现出了左半球的语言优势地位。

这些差异可能说明利手至少部分受环境因素的影响。可能因文化偏见或父母压力，儿童被鼓励用一只手而非另一只手。抑或，利手和语言优势可能是由遗传因素导致的。一个模型提出，一个基因有两个等位基因：D（源于拉丁语dexter，指右侧）等位基因编码了右利手，而C等位基因则使右利手的出现降为随机水平。在该模型中，100%的DD纯合子是右利手，75%的杂合子（CD）是右利手，50%的CC纯合子是右利手（McManus，1999）。

玛丽安·安尼特（Marian Annett）提出了另一个模型，认为利手的基因编码存在于一个基因表达谱上，而等位基因控制大脑的偏侧化而非利手（Annett，2002）。在她的模型中，右利手意味着左半球优势。她提出的两个等位基因分别是"右移"等位基因（RS^+）和没有特定方向性移位的双向型等位基因（RS^-）。纯合子$RS^{+/+}$个体将是纯右利手；杂合子$RS^{+/-}$个体偏向右利手；而纯合子$RS^{-/-}$个体位于从右利手到左利手的随机分布上，其中有些会变为双利手。尽管基因可能在利手或其他不对称性中起作用，但尚未确定编码利手的基因。

关键信息

- "小世界"架构既具有高局部信息加工效率,又具有快捷的全局沟通能力。
- 模块是特异化的且常常是局域化的负责特定功能的神经元网络。模块化系统具有适应性。
- 模块化神经网络是在最大化效率与最小化网络构建成本的双重选择压力下进化出来的。
- 关于大脑半球不对称性的假设强调了功能上的不对称或加工风格的不对称(相同的刺激在不同的半球中是怎样被加工的)。
- 即使两半球的贡献可能不同,它们也可以通过相互协作来完成任务。

概 要

对偏侧化的研究为我们理解人脑的组织提供了很多启发。外科手术分离了大脑两半球，为我们研究知觉和认知过程是如何在大脑皮质内分布和协作的创造了一个难得的机会。例如，在胼胝体被切断后，视觉信息被完全限制在单侧半球中。触觉信息也表现出了偏侧化，但是注意机制并没有因为两个半球的分离而分开。综合来看，当前的证据表明，左右侧皮质分离产生了两个独立的感觉信息加工系统。这两个系统在执行知觉任务时需要共同的注意资源系统。

裂脑研究还揭示了人类认知能力背后心理过程的复杂性。每个半球都发展了自己的一套专门能力，表明两个半球并不以相同的方式表征信息。在绝大多数人中，左半球明显在语言和言语方面占主导地位，拥有解释人类行为、心境和情绪反应的功能，并在构建所知觉的事件和情感之间关系的推测上承担着独特的功能。另一方面，右半球在诸如面孔识别和注意监控之类的任务中具有优势，并且在理解他人的意图方面具有令人惊讶的能力。在面对复杂任务时，两个半球都可能参与其中，但是每个半球都在以其特有的风格对任务做出贡献。

采用偏侧刺激对局部脑损伤的病人和正常被试进行测试的互补研究不仅强调了认知和知觉任务存在偏侧化，而且强调了偏侧化的重要性。最近的研究将偏侧化研究转向了关于半球特异性的计算视角，力图阐明诸多偏侧化知觉现象的机制。这些理论上的进步使该领域脱离了对认知风格的流行解释，并使研究者转而聚焦于理解两个半球皮质区域在计算上的差异和特异性。

关 键 术 语

层级结构（hierarchical structure，p.144）
大脑特异化（cerebral specialization，p.136）
等位连接（homotopic connections，p.128）
等位区域（homotopic areas，p.127）
功能不对称性（functional asymmetry，p.126）
后连合（posterior commissure，p.130）
解释器（interpreter，p.147）
利手（handedness，p.156）
连合（commissures，p.128）
模块（modules，p.157）
脑侧裂/外侧裂（Sylvian fissure，p.126）
颞平面（planum temporale，p.126）
胼胝体（corpus callosum，p.128）
前连合（anterior commissure，p.130）
双耳分听任务（dichotic listening task，p.152）
瓦达试验（Wada test，p.125）
压部（splenium，p.128）
异位连接（heterotopic connections，p.128）
异位区域（heterotopic areas，p.128）

思 考 题

1. 我们从50多年来的裂脑研究中学到了什么？还有哪些尚待解答的问题？
2. 对脑损伤病人进行测量的优势是什么？这种研究方法有什么缺点吗？如果有，都有哪些缺点？这些研究面临哪些伦理问题？
3. 为什么双分离对大脑特异性具有诊断性意义？如果结论是基于单分离的，那么将存在什么隐患？
4. 为什么人类大脑会进化出两半球间表征不对称的认知系统？不对称加工的优势是什么？可能有哪些劣势？

推 荐 阅 读

Brown, H., & Kosslyn, S. (1993). Cerebral lateralization. *Current Opinion in Neurobiology, 3*, 183–186.

Gazzaniga, M. S. (2000). Cerebral specialization and interhemispheric communication: Does the corpus callosum enable the human condition? *Brain, 123*, 1293–1326.

Gazzaniga, M. S. (2005). Forty-five years of split-brain research and still going strong. *Nature Reviews Neuroscience, 6*, 653–659.

Gazzaniga, M. S. (2015). *Tales from both sides of the brain.* New York: Harper Collins.

Hellige, J. B. (1993). *Hemispheric asymmetry: What's right and what's left.* Cambridge, MA: Harvard University Press.

Hutsler, J., & Galuske, R. A. (2003). Hemispheric asymmetries in cerebral cortical networks. *Trends in Neuroscience, 26*, 429–435.

Vallortigara, G., Chiandetti, C., & Sovrano, V. A. (2011). Brain asymmetry (animal). *Wiley Interdisciplinary Reviews: Cognitive Science, 2*(2), 146–157.

莫奈只不过是一只眼睛,但是上帝啊,那是一只多么了不起的眼睛!

——塞尚(Cézanne)

第 5 章
感觉和知觉

美国各地医院的神经内科通常每周举行一次例会。神经内科医师、内科医师和住院医师聚集在一起，讨论科室里治疗过的最令人困惑、最罕见的病例。1987 年的一个早上，美国俄勒冈州波特兰市一家医院的神经内科主任介绍了这样一个病例。他对病人的病因并无困惑。很明显，病人 P. T. 罹患脑血管意外，也就是通常所说的卒中。事实上，他一共遭遇过两次卒中。第一次发生在 6 年前，属于左脑卒中，之后病人近乎完全康复。但是，P. T. 最近发生了第二次卒中，CT 扫描显示，此次损伤发生在大脑右半球。这与病人最早出现的左侧肢体无力的症状相符。

P. T. 病例的罕见之处在于他在第二次卒中之后的 4 个月间持续出现的一系列感觉症状。P. T. 经营着一个小型的家庭农场，当他在病后试图重新开始日常工作时，他发现自己时常无法认出原本熟悉的地点和物体。例如，在加长篱笆墙时，他可能会眺望远处的山峦，并突然感觉眼前的风景十分陌生。他也很难分清每头奶牛之间的区别，这带来了一些问题，比如他竟然会给公牛挤奶！

这些状况尽管恼人，但还算不上最严重的问题。最为麻烦的是，他不再认识周围的人，甚至包括他的妻子。他能看见她，也能准确地描述她的举动，然而一旦问起她的身份，他就一头雾水。妻子对他来说竟是完全无法辨认的！P. T. 知道她的躯干、腿、胳膊和头共同组成了一个人，但他看不出这些身体部位属于某一个特定的人。不仅是妻子，他对其他家庭成员以及来自家乡小镇的朋友都有同样的问题。要知道，他已经在这个小镇生活了 66 年。

P. T. 的病情有一个突出的特点，即仅在视觉通道存在无法识别物体和人的缺陷。一旦妻子开口说话，他就能够认出她了。他自己也声称，一听到妻子的声音，对她的视知觉就会立刻"各归其位"。他眼前的形状会立刻化为妻子的形象。类似地，他也能通过触摸、闻气味或是尝味道的方式来识别某一物体。

今天你能够坐在这里阅读这本书，归根结底是因为你的祖先在他们所在的环境中生存下来并繁衍了后代。而他们之所以能成功，部分原因是他们能够感觉并知觉到威胁生存的危险，并对之做出反应。这听上去似乎理所当然，但需要着重指出的是，绝大多数感觉和行为反应不会抵达意识层面，而那些能被意识察觉的感觉也不是刺激的精准复制。我们在体验视幻觉时会对后者有更明显的体会。

在本章的开头，我们将首先对感觉和知觉进行总览，随后分别介绍各种感觉系统的解剖学构造及功能机制。接下来，我们将探讨感觉系统输出的信息如何被整合在一起，并形成对世界的连贯表征。在本章的末尾，我们将讨论一些非典型例子，比如存在特定感觉系统功能丧失（如失明）或感觉融合异常（如联觉）的人所体验的感觉。我们会发现，人对世界的感知在很大程度上受限于个人的经验。

> **大问题**
>
> - 我们的感觉器官如何将外周光线、声音、气味、味道和触碰所承载的信息转换为神经信号？
> - 这些感觉信号如何引发我们丰富的知觉体验？
> - 感觉皮质的神经可塑性如何产生？

5.1 感官、感觉和知觉

知觉（perception）始于环境中的刺激，如声音、光线或触摸等作用于耳朵、眼睛或皮肤等感官。感官将输入信息转换成神经活动，然后进入脑进行加工。感觉（sensation）是神经系统的初始活动，即环境信息被转换成神经活动的模式。对原始刺激进行加工后的心理表征，不论是否真实地反映了刺激，叫作知觉表征（percept）。因此，知觉是一种对知觉表征进行建构的过程。

我们的感官（senses）是把环境输入传送给神经系统的生理装置。因此，视觉感官使我们能够获取视网膜上的光波，将它们转换为电信号，并传导它们进行进一步加工。虽然我们倾向于把我们的生存主要归功于视觉感官，但它并不是单独运作的。例如，"后脑勺没长眼睛"意味着我们看不到身后偷偷摸摸的熊。提醒我们的是枝叶发出的沙沙声或折断声。再如，我们在黑暗中也看不太清楚，经常撞到脚趾；牛奶看起来没什么问题，但我们一闻就知道该把它倒掉了。

在正常人的知觉中，各种感官的相互作用是十分重要的。在繁忙的高速公路上，安全有效的驾驶需要成功地整合视觉、触觉、听觉，甚至嗅觉（如手刹一直没放下时，产生的焦糊味就是一种警告）。享受一顿美餐也涉及感官之间的交互。闻不到香味，我们就无法很好地享受美食。触觉让我们能欣赏美食的质地：鲜奶油的柔滑或者苹果的脆爽。连视觉线索也会增强我们的味觉体验：一盘鲜绿色的西兰花要比一团松软的灰色菜茎诱人。

跨感官的共同加工

在单独介绍每个感官之前，让我们先来看看感觉系统共有的解剖和加工特点。每个系统都始于一些用于接收、过滤和放大环境信息的解剖结构。例如，外耳、耳道和内耳用于接收和放大声音。在视觉方面，眼动控制着我们看东西的位置，瞳孔大小的调节可以过滤光线，角膜和晶状体用于集中光线，就像照相机的镜头一样。

每个系统都有专门的感受器细胞，它们将环境中的刺激，如声波、光波或化学物质，转化为神经信号。然后，这些信号通过特定的感觉神经通路进行传导：嗅神经传导嗅觉信号，视神经传导视觉信号，耳蜗神经传导听觉信号，面神经和舌咽神经传导味觉信号，三叉神经传导面部感觉，身体其他部分的感觉则通过在脊髓背根形成突触的感觉神经传导。

这些神经以单突触或双突触的形式终止于丘脑的不同区域。从丘脑开始，这些通路中的神经连接首先到达皮质的初级感觉区域，然后到达次级感觉区域（参见"解剖定位"专栏）。嗅神经有点特殊。在颅神经中，它是最短的，并且具有不同的传导路线。它终止于嗅球，接着轴突直接从那里延伸到初级和次级嗅皮质而不经过脑干或丘脑。

感受器

不同感官的感受器细胞具有一些普遍的特征。感受器细胞对刺激的反应范围有限，因此，它们传递信息的能力只有一定的精确度。感受器细胞只有在刺激超过最小强度水平时才会被激活。它们也不是固定不变的，而是随着环境的变化而变化的。

范围

每个感觉通道对一定范围的刺激起反应。虽然大多数人的印象是人类的色觉是无限的，但事实上，很多"颜色"或有部分电磁波谱是不可见的（图5.1）。我们的视力被限制在波谱的一段区域内，即波长在400～700纳米的部分。单个感受器细胞只对这个范围的一部分光起反应。

可见范围对不同的物种来说是不一样的。例如，鸟类和昆虫具有对较短波长敏感的感受器，因此能够看到紫外线（见图5.1b的右图）。实际上，有些鸟类表现出了性二色性（雄性和雌性具有不同的自然色彩），但人类看不出这种差别。听觉也有相似的范围差异。当我们吹响狗哨［这是查尔斯·达尔文（Charles Darwin）的表弟弗朗西斯·高尔顿（Francis Galton）发明的］时，我们就会想起这一点：我们能够立即吸引狗的注意，但自己听不到高音调声。狗能听到高达60千赫的声波频率，而人类只能听到20千赫以下的声音。虽然狗的夜视能力比我们好，但我们能看到更多的颜色。我们的感受器细胞可能是受限的，但我们能对各种刺激强度做反应。

解剖定位

感官解剖

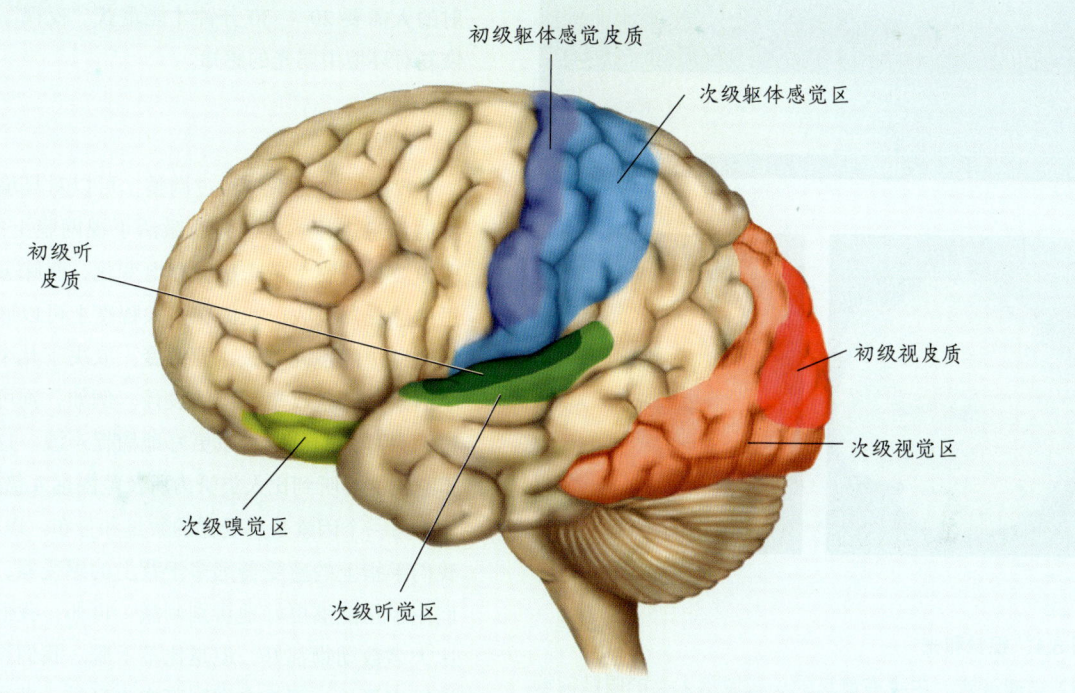

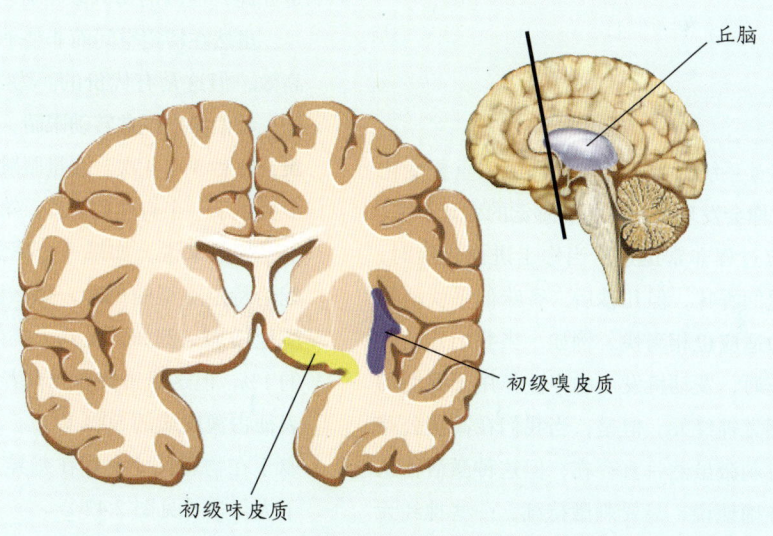

味觉、触觉、嗅觉、听觉和视觉的感觉输入进入脑的特定区域进行初始加工。

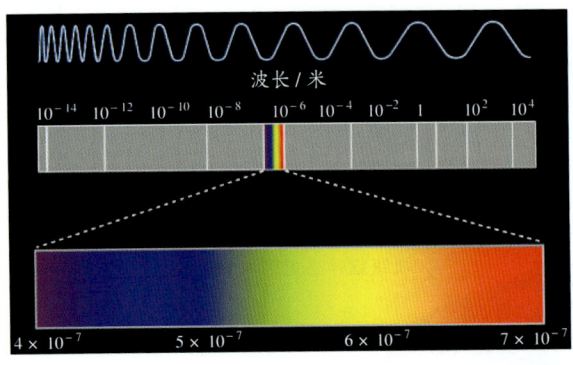

图 5.1　视觉和光

（a）电磁波谱。中央有颜色的小区域指人类的眼睛能够看见的波谱部分。（b）电磁波谱的可见区因物种而异。人类（左）和蜜蜂（右）看到的夜来香。蜜蜂能感知波谱的紫外线部分。

适应

适应是指感觉系统对当前环境和环境中重要变化敏感性的调整。你会发现知觉主要与感觉的变化有关。嗅觉系统的适应过程非常迅速：当你走进面包店时，你能闻到烤面包的香味，但几秒后，香味似乎就消失了。听觉系统的适应也相当快。例如，当我们开始转动钥匙启动汽车时，发动机发出的声波作用于我们的耳朵，激活了感觉神经元。但是，当我们在高速公路上开车时，声音刺激虽然一直存在，但这种激活很快就停止了。更准确地说，只要刺激持续，一些神经元就会持续放电，但它们放电的速度会减慢。刺激持续的时间越长，动作电位发放的频率越低：当发动机发出的噪声成为背景时，我们就已经"适应"它了。

在环境中的光线强度发生变化时，视觉系统也会发生适应。我们经常在光线强度不同的区域之间来回移动——例如，当我们从阴凉处走到明亮的阳光下时，

我们的眼睛需要一定的时间来适应周围的光线环境，尤其是从亮光下进入一片黑暗时。当你第一次和经验丰富的露营者一起去露营时，也许他们告诉你的第一件事就是不要用手电筒照别人的眼睛。眼睛被强光照射的人需要 20 ~ 30 分钟才能重获"夜视"能力，即恢复对环境中弱光的感知。

敏度

我们的感觉系统经过调整，可以对环境中不同来源的信息进行响应。光线激活了视网膜上的感受器，压力波在鼓膜上带来机械和电变化，气味分子被鼻子里的感受器吸收。我们在多大程度上可以区分一种感觉通道中的不同刺激，即**敏度**，取决于几个因素。一个因素是刺激收集系统的设计。例如，狗可以独立调整两只耳朵的位置，以更好地捕捉声波。这种设计使得它们能够听到比人类听力所及范围远 4 倍的声音。

另一个因素是感受器的数量和分布。以触觉为例，我们手指上的感受器远多于背上的感受器；因此，我们用手指能够更好地辨别刺激。再如，我们的视敏度比大多数动物都好，但是比不上鹰。我们视野中央的视敏度最好，因为在视网膜中央区域，即中央凹，充满了感光细胞。离中央凹越远，感光细胞越少。鹰也是如此，但鹰的每只眼中有两个中央凹。

虽然在特定空间而非整个视野内有高视敏度可能更高效，但这是有代价的。为了关注视觉场景的不同部分，我们必须经常转动眼睛。这些快速的眼动被称为**眼跳**，每秒 3 ~ 4 次。测量眼跳很容易，这为研究注意现象提供了一个有趣的窗口。第 7 章将对此进行讨论。

一般来说，如果一个感觉系统将更多的感受器分配给特定类型的信息，那么该信息的皮质表征也会相应地增加。例如，虽然人类的中央凹只占视网膜面积的 1%，但这里密集地分布着感光细胞，中央凹信息的表征占视皮质的 50% 以上。同样地，尽管我们的手和躯干在物理尺寸上存在差异，但是手的皮质表征比躯干大得多（见图 2.42）。

然而，令人疑惑的是许多生物在没有皮质的情况下也具有敏锐的知觉。那么，我们的皮质是如何加工这些感觉信息的呢？人类和哺乳动物普遍具有较强的感觉能力，这些可能并不是为了获得更好的感觉本身而进化的；相反，它们极大地增大了记忆容量，并增强了从感觉信息到行动和注意系统的连接通路，使得

它们能够利用这些信息来实现灵活的行为。

感觉刺激共有的命运不确定性

感受器将被感知的物理刺激转化为神经活动，然后通过脑的皮质下和皮质区域进行加工。有时，刺激可以产生主观的感觉觉知。当这种情况发生时，刺激并不是决定这种体验的唯一因素；加工的每个水平——包括注意、记忆和情绪系统——都有贡献。然而，即使所有这些活动都在进行，大多数感觉刺激也从未达到意识层面。毫无疑问，如果你现在立刻闭上眼睛，你将无法描述你面前的一切，即使它们都记录在你的视网膜上。你可以试一试。闭上眼睛想一想：我的桌子上或窗外有什么？

连接的相似性

人们通常认为感觉加工具有单向性，即信息总是从感官传向脑。然而，神经活动实际上是双向的：在感觉通路的各个水平中，神经连接都是双向的。这一特征在皮质下和皮质交界处尤为明显。视觉、听觉、躯体感觉和味觉信号在投射到皮质特定区域之前都在丘脑内形成了突触连接。

我们不清楚丘脑内到底发生了什么，但它似乎不仅仅是一个中转站。丘脑核团不仅投射到皮质，而且不同的丘脑核团之间互有连接，这就为**多感觉整合**提供了机会。这是本章稍后要讨论的话题。丘脑还接收来自初级感觉皮质和其他皮质区域（如额叶）的下行连接或反馈连接。这些连接似乎为皮质在某种程度上控制来自感觉系统的信息流提供了一种方法。

现在，我们已经大致了解了各种感觉系统的解剖结构和它们加工感觉刺激的相似之处，下面让我们仔细看看各个感觉系统。我们将从被研究得最少的感官——嗅觉——开始，逐渐到被研究得最广的感官——视觉。

关键信息

- 感官是一种将环境和身体信息转化为神经信号的生理系统。因此，它们使神经系统能够加工关于世界的信息，并对这些信息做出反应。
- 每种感觉都有特定的感受器，它们能够被特定类型的刺激激活。这些感受器的输出最终汇集到了专门的感觉神经或轴突束中，它们再将信息传递给中枢神经系统。
- 感觉系统对环境的变化特别敏感。

5.2 嗅觉

视觉、听觉、味觉和触觉是我们最关注的感觉。然而，更加原始的嗅觉在很多方面对我们的生存尤为重要。例如，对陆生哺乳动物来说，嗅觉至关重要，动物能通过嗅觉辨别食物是否有营养、是否安全。嗅觉也许已经进化成了一种评价食物是否可食用的机制，但如今它还起着其他重要的作用，例如，探测诸如火灾和空气中的毒素等危险。

在社交中，嗅觉扮演着重要的角色：当生物分泌出的信息素被同物种的其他个体通过嗅觉系统接收后，引发了相应的社会性反应。一些昆虫、爬行动物和哺乳动物都充分利用了信息素，而人类的社交同样体现了信息素的作用。例如，在一个月经周期中，女性产生的气味是会变化的；再如，我们对刚刚长跑后的人所产生的强烈气味都很熟悉。这些生理反应都可能是由信息素引起的（Wallrabenstein et al., 2015）。在讨论嗅觉功能前，让我们先回顾一下大脑中对气味做出反应的神经通路。

嗅觉的神经通路

气味分子或所谓**着嗅剂**转换为神经信号到达嗅皮质，所引发的感官体验即为"气味"。着嗅剂可以通过几种不同的途径进入鼻腔，既可以在正常呼吸或者主动去闻的过程中流入鼻腔，也可以被动地流入鼻子，因为鼻腔中的气压一般都比外界环境低，产生了压力梯度。此外，着嗅剂也可以经由口腔传到鼻腔内（比如，在摄取食物的过程中）。

人类借助位于鼻腔顶部黏膜中的气味感受器（嗅上皮）来区分着嗅剂，从而产生了闻到气味的感觉。那么这些气味感受器的激活是如何产生能够带来特定气味感受的信号的？这一机制尚不明确。一种较为常见的假设是，当着嗅剂附着于气味感受器时，所引发的整体激活模式引发了不同的气味体验。人们的气味感受有成千上万种，但气味感受器的种类只有1000多种。尽管单个着嗅剂可以与多于一种的感受器相结合，但大多数感受器仅对有限数量的着嗅剂起反应。

另一种假设是气味识别通过着嗅剂分子群体的分子振动来完成（Franco et al., 2011; Turin, 1996）。这一模型预期，共振谱较为接近的着嗅剂会引发类似的嗅觉反应，这也解释了为何分子类似、但共振谱不同的着嗅剂会有不同的气味。例如，醇类和硫醇拥有几乎相同的分子结构，但醇类（例如乙醇）具有芳香气味，而硫醇闻起来像臭鸡蛋。

图5.2详细绘制了嗅觉通路。嗅觉感受器被称为**双极神经元**，因为树突和轴突从其细胞体的相反侧延伸出来。当着嗅剂触发其中一个感受器时（无论是通过所激活的模式还是振动），信号就被输送到嗅球的神经元，即**嗅小体**。大量的会聚和发散发生在嗅球。一个双极神经元可以激活超过8000个嗅小体，而每个嗅小体反过来又可以接收来自多达750个感受器的输入。来自嗅小体的轴突从外侧离开嗅球，形成了嗅神经，然后连接到**初级嗅皮质**或梨状皮质（pyriform cortex），位于额叶和颞叶皮质在腹侧的联合处。

到达大脑的嗅觉通路有两点独特之处。首先，嗅神经束的大多数纤维连接到同侧皮质（与神经束位于同一侧的皮质），只有一小部分神经束交叉并连接到对侧半球。其次，与其他感觉神经不同，嗅神经不经过丘脑而直接到达初级嗅皮质。初级嗅皮质投射到位于眶额皮质的次级嗅觉区，同时与丘脑、下丘脑、海马和杏仁核相连接。通过这种大范围连接，嗅觉信号能够影响自主行为、注意、记忆和情绪，这与我们在生活中的体验是一致的。

闻在嗅知觉中的作用

历史上，嗅觉长期受到认知神经科学家的忽视，这在一定程度上反映了我们对嗅觉重要性认识的不足。我们将利用嗅觉的权利拱手相让给了猎犬及其同类，自身却少有深入地探索和开发。另外，只有克服了一些棘手的技术问题之后才可以运用fMRI等工具来研究人类的嗅觉系统。遇到的第一个问题是以可控制的方式将气味传送给被试（图5.3a）。当被试位于fMRI的磁场里时，必须建造一个非磁性系统，使得带有气味的空气被引导到被试的鼻孔处。第二个问题是很难确定一种气味何时停止作用。携带气味的化学物质可以在空气中滞留很长时间。第三个问题是，尽管一些气味可以主导我们的感官，但大部分十分轻微，需要通过主动地闻的动作才可以探测和分辨。虽然想要忽略一个声音几乎是不可能的，我们却可以在嗅觉体验的强度上施加相当的控制。

来自以色列魏茨曼研究所（Weizmann Institute）的诺姆·索贝尔（Noam Sobel）已经找到了克服这些问题的方法，他所做的神经成像研究揭示了气味和嗅闻之间的紧密联系（Mainland & Sobel, 2006; Sobel et al., 1998）。被试在被扫描的同时暴露于不混有气味的干净空气中或者两种化学物质——香兰素和癸酸——之一中。香兰素闻起来像香草；癸酸闻起来像蜡笔。无气味和有气味的条件每40秒交替一次。在整个扫描期间，指导语——"嗅闻一下并做反应，是否有气味？"——每8秒呈现一次。通过这种方式，研究者希望找到大脑中与嗅闻相关的活动区域和与气味

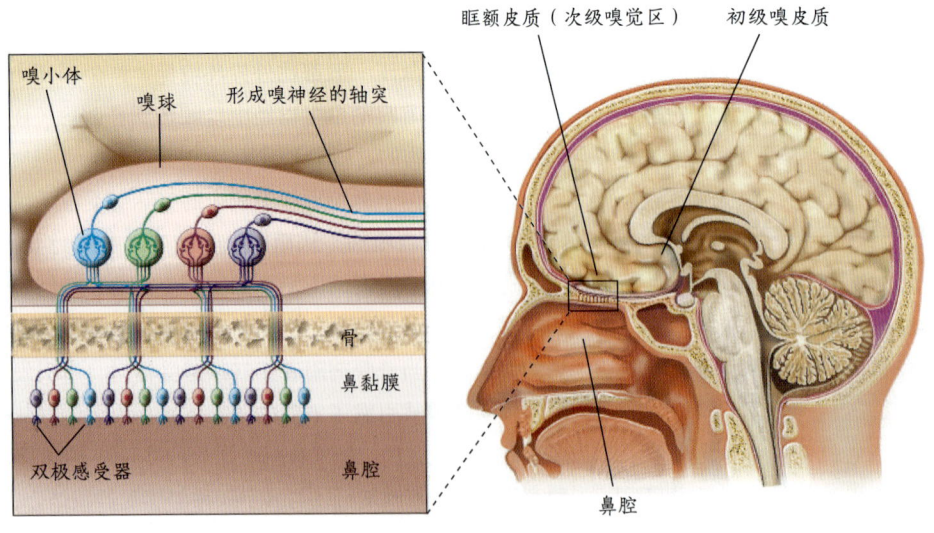

图5.2 嗅觉

嗅觉感受器位于鼻腔内，在那里直接与着嗅剂相互作用。感受器随后发送信息到嗅球内的嗅小体，其轴突形成了嗅神经并将信息中继转给初级嗅皮质。眶额皮质被认为是一个次级嗅觉加工区域。

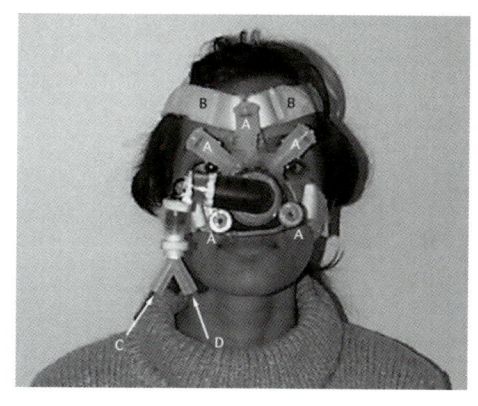
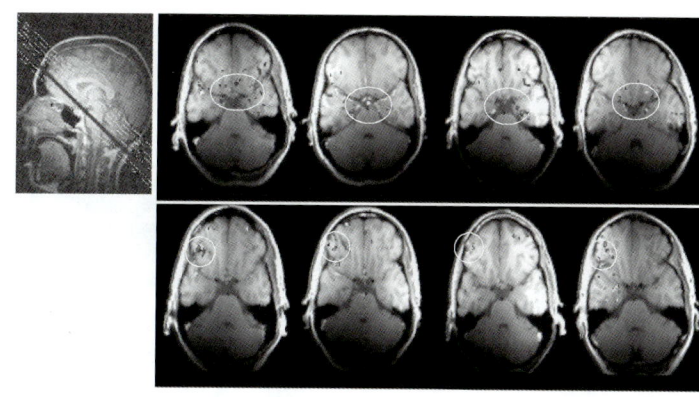

图 5.3 嗅闻和嗅觉

（a）这个特殊装置用来在 fMRI 扫描时输送控制好的气味。（b，上图）在吸气闻的过程中激活的区域。圈住的区域包括初级嗅皮质和眶额皮质的后内侧区域。（b，下图）在吸气闻的过程中，一种气味出现相比于它不出现时激活得更多的区域。

相关的活动区域（图 5.3b）。

令人惊讶的是，同样的气味无法在初级嗅皮质产生稳定的激活。然而，气味的出现在眶额皮质外侧部分产生了稳定的 fMRI 信号增强现象，这个区域通常被认为是次级嗅皮质。初级嗅皮质的活动与主动嗅闻的频率紧密相连。不管是否有气味出现，每当被试用力吸气去闻时，初级嗅皮质的 fMRI 信号就会增强。这些结果似乎很令人困惑，表明初级嗅皮质也许更像是嗅觉运动系统的一部分。

进一步研究找到了初级嗅皮质激活缺失的原因。对大鼠初级嗅皮质的神经生理研究表明，这些神经元很容易产生适应。也许正是由于 fMRI 测到的血液动力反应出现了类似的适应，才导致了初级嗅皮质缺乏与气味相关的反应。为了检测这个想法，索贝尔的研究小组假设，在气味出现后，fMRI 信号会先急速上升再缓慢下降——这是一个利用单细胞电生理结果解释成像数据的好例子。采用这种方法分析后，初级嗅皮质的血液动力反应就不仅仅与嗅闻相关了，也与气味相关。这些结果可能意味着初级嗅皮质负责探测外界气味的变化，而次级嗅皮质对分辨这个气味本身起着重要作用。每一次嗅闻代表对于嗅觉环境的一次主动取样，因此初级嗅皮质在判断是否有新气味出现时扮演着重要角色。

"鼻子都知道"

许多物种都有通过流泪来润滑眼睛或排出眼中异物的能力。但是对人类而言，流泪还可以作为一种情绪性表达方式——哭泣。从进化的角度出发，达尔文指出，哭泣、脸红等表达自身的行为起初由于能够影响其他人的行为而被保留下来，最终泛化成一种情绪的表达。显而易见，哭泣能够引发移情反应，但是这借助的是什么刺激呢？仅仅是沮丧情态的画面，还是其他更原始的感觉信号呢？

索贝尔及其同事对人类的情绪性哭泣中是否包含特定的化学信号进行了探索（Gelstein et al., 2011）。为了对这一假设进行研究，他们安排女性志愿者观看使人感到悲伤的电影短片，并收集她们哭泣时流下的眼泪，而后请男性被试通过嗅闻来分辨这些眼泪和没有气味的盐溶液（图 5.4a）。结果显示，男性被试无法通过嗅闻来分辨，说明这些"情绪性"眼泪不具有可分辨的气味。

但这两种液体对该男性被试的行为和大脑活动产生了不同的影响。首先，在行为实验中，要求男性被试对不同女性面孔图片的性吸引力进行评分。有趣的是，24 名男性被试中的 17 名在嗅闻过眼泪后，对这些图片给出了比嗅闻过盐溶液后更低的性吸引力分数。其次，在 fMRI 实验中，男性被试一边闻眼泪或盐溶液，一边观看了短片，同时记录其皮质活动。结果显示，若被试嗅闻了眼泪，情绪唤起性短片将在与性唤起相关的两个脑区（下丘脑和梭状回）引发更低的 BOLD 信号（图 5.4b）。

这些研究者认为，眼泪能够通过降低性唤起水平、

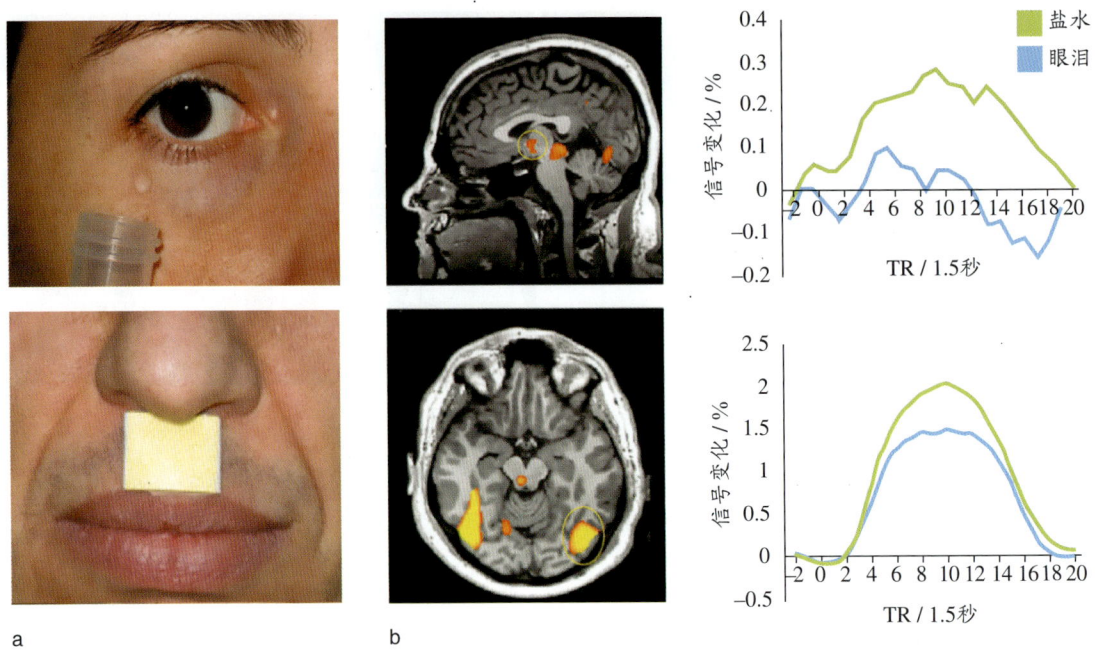

图 5.4　情绪引发的眼泪所含有的化学信号影响性反应

（a，上图）研究者收集了志愿者在观看悲伤的短片时流下的眼泪。（a，下图）被试在任务中嗅闻眼泪或盐溶液（控制组），发现被试无法有意识地通过气味区分这两种液体。（b）与性唤起相联系的典型的 BOLD 信号，涉及的区域主要包括下丘脑（在矢状面图中已圈出）、左侧梭状回（在水平面图中已圈出，请注意水平面图是左右颠倒的）。在观赏情绪唤起度较高的短片时，在嗅闻眼泪的条件下，被试的这些区域表现出了更低的 BOLD 信号响应。右图绘制了 16 名男性被试在这些区域的平均神经活动。图中的 TR 是 fMRI 研究中的常用参数，代表了重复时间（repetition time），即每次信号取样的间隔时间。在这一研究中，TR 设置为 1500 毫秒，所以横坐标的"0"代表了短片开始的时刻，横坐标上每个单位长度代表了 1.5 秒。

生理唤起水平、睾酮浓度和大脑活动强度来调节与他人的社交和性互动。尽管这些结果可能打开了装了诸多问题的"潘多拉魔盒"，但至少说明了嗅觉在化学信号与感觉的关系中扮演了更重要的角色，而不仅仅是探测和识别气味。

关键信息

- 嗅觉信号的转换在着嗅剂分子附着于嗅上皮的气味感受器时开始，而后，该信号通过嗅神经被送至嗅球，并投影到初级嗅皮质。这些信号也被次级嗅觉加工区域——眶额皮质——所中继。
- 初级嗅皮质对探测外界气味的变化很重要，而次级嗅皮质对识别气味起重要作用。

5.3　味觉

在生活中，我们尝到的味道在很大程度上依赖闻到的气味。确实，这两种感官经常被组合到一起，因为它们都来自化学刺激（着嗅剂或着味剂）。又因为这两种感觉都通过分辨不同的化学物质来解释环境，所以它们都被认为是**化学感觉**。

味觉的神经通路

味觉从舌开始。在舌表面的各个特定位置散布着不同类型的乳突，也就是你能感受到的小突起。乳突有多种功能，一些与味道有关，一些与感觉有关，还有一些与舌脂酶（一种辅助分解脂肪的酶）有关。然而，舌前部的乳突只包含很少的味蕾，舌后部附近的乳突则包含成千上万的味蕾（**图 5.5a**）。味蕾在面颊区域和口腔上壁也有分布。味孔是指从舌表面连接至味蕾的导管。每个味蕾都包含许多味觉感受器细胞（**图 5.5b**）。

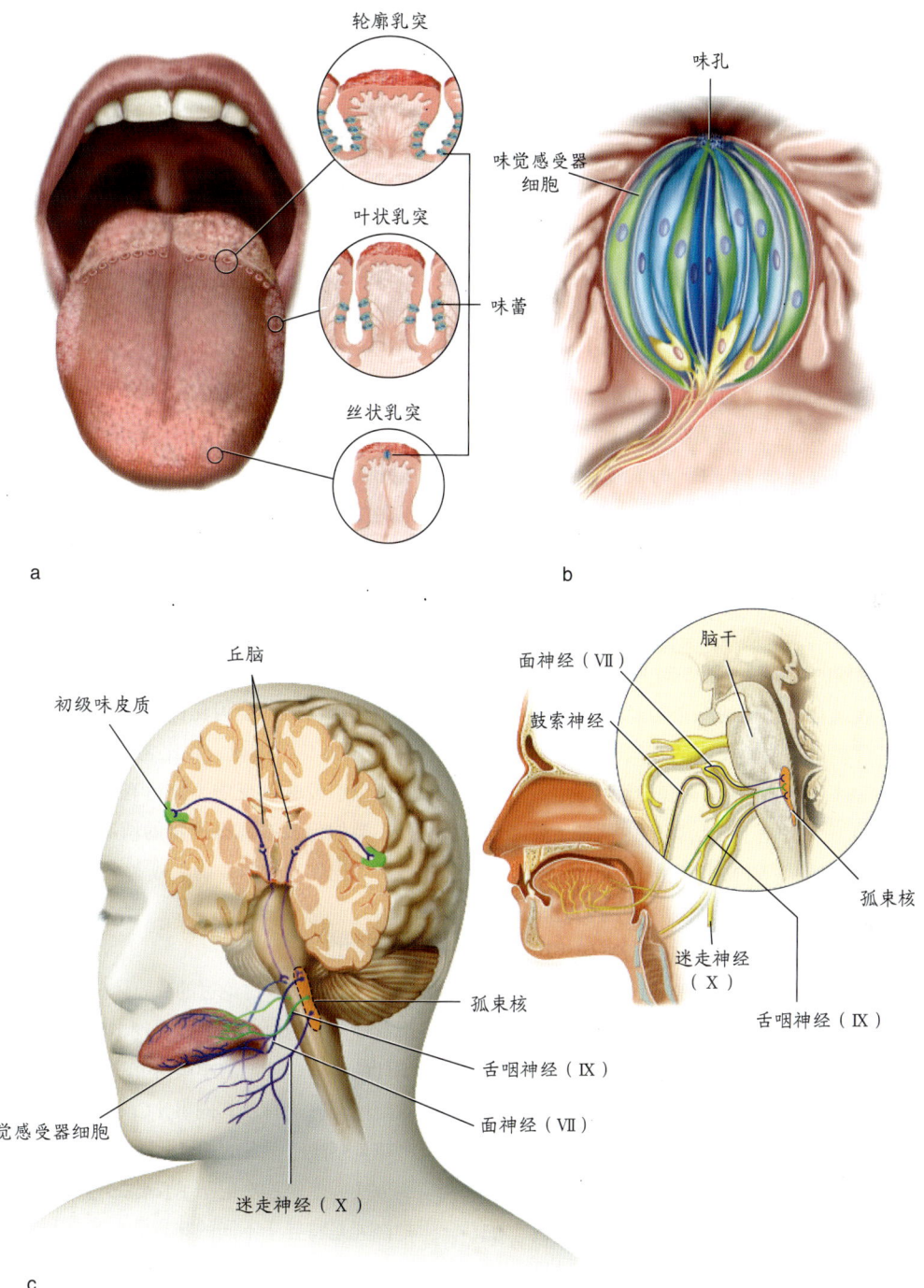

图 5.5　味觉传导通路

（a）舌上分布的三种乳突。味蕾就在乳突上。轮廓乳突可以包含数千个味蕾，叶状乳突包含数百个，而丝状乳突只含有极少量的味蕾。（b）舌表面的味孔连接味蕾，味蕾含有味觉感受器细胞。（c）味觉细胞轴突组成的鼓索神经与面神经一起进入颅骨，穿过中耳到达脑干处的孤束核，与来自胃肠道的感觉神经由迷走神经传导类似。味觉通路投射到丘脑腹后内侧核，而后相关信息被传导至位于脑岛的味皮质。

人类的基本味觉共有 5 种：咸、酸、苦、甜和鲜。鲜就是当你吃牛排或其他富含蛋白质的食物时所尝到的味道。每个味觉细胞仅会对其中的一种味道起反应。与过去的认识不同的是，舌上并没有对应着不同味道的"味觉地图"，所有这五种味道的感受细胞在舌上交叉分布。

当一个食物分子，或**着味剂**，刺激味觉细胞中的感受器并使感受器去极化，味觉系统的感觉转换就开始了。每一种基本的味觉都有不同的化学信号转换形式。例如，在咸味的信号转换中，盐分子（NaCl）解离为 Na^+ 和 Cl^-，Na^+ 被味觉感受器吸收，从而使该细胞去极化。其他信号的转换通路（比如甜的碳水化合物着味剂）更加复杂，它与感受器结合，并不直接引起去极化，而是诱发化学"信使"的大量释放，最终导致细胞去极化。

味蕾中的味觉感受器将信号传递至双极细胞。双极细胞的轴突组成了鼓索神经，并与其他纤维束共同组成了第七对脑神经——面神经。面神经投射到位于脑干中孤束核喙侧的味觉核（图 5.5c）。同时，孤束核的尾侧区域接收来自胃肠道的感觉神经信号。在这一层次的信息整合提供了快速反应的基础，例如，当你尝出食物不能吃时，会迅速闭口避免继续吞食。

味觉系统的下一站位于丘脑腹后内侧核（ventral posterior medial nucleus，VPM），它与位于脑岛和脑盖（位于额叶和颞叶交叉处的两个结构）中的**初级味皮质**形成突触连接（图 5.5c）。初级味皮质与眶额皮质的次级加工区域相连，为味觉和嗅觉的整合提供了解剖学基础。尽管只有五种基本味觉，但是我们能够体验的味道范围远远复杂得多。这一能力源于在眶额皮质等区域所完成的信息整合。

舌不仅会"尝"，部分乳突还包含疼痛感受器。这些疼痛感受器可以被各种刺激物激活，例如辣椒素（在辣椒中）、二氧化碳（在碳酸饮料中）和醋酸（在食醋中）等物质。这些感受器的输出信号通过另一条通路传导，与第五对脑神经（三叉神经）相连。这一神经不仅传递疼痛信息，同时包含了信号来源的位置和温度。如果你尝试过吃辣椒，将很容易体验到这些刺激引发的反射反应：分泌唾液、流泪、血管舒张（脸红）、鼻腔分泌增加、支气管痉挛（咳嗽）、呼吸减慢等。这些反应都有共同的目的：稀释刺激物，尽快将它从身体里排出！

味觉加工

人与人之间的味知觉差异很大，因为个体之间的乳突和味蕾的数量和种类有很大区别。例如，味蕾数量特别多的人是味觉超敏感者。他们对味道有更强烈的反应，尤其是对苦味，因而他们往往会远离味苦的食物，包括咖啡、啤酒、葡萄柚和芝麻菜等。对于舌上的刺痛感，味觉超敏感者同样会感受到更大的痛苦。我们可以在餐桌上找到味觉极端相反的两派人：这边的人在浇辣番茄酱或大喝葡萄柚果汁，那边的人则被前者的行为吓得不轻。有趣的是，女性往往会比男性拥有更多的味蕾（Bartoshuk et al.，1994）。

基本的味觉给大脑提供了关于吃下去的食物种类的信息，而它们最重要的任务是引发合适的行为反应：接受或拒绝。鲜味的感觉告诉身体富含蛋白质的食物正在被消化；甜味表明在摄入碳水化合物，而咸味提供了关于矿物质或电解质和水的之间平衡情况的重要信息。苦和酸的味道似乎进化为一种警告信号。很多有毒的植物尝起来苦，更加强烈的苦味甚至可以导致呕吐。其他支持苦味是一种警告信号的证据有，我们探测苦味物质的能力比探测其他味道（如咸味）的能力好 1000 倍。因此，相比之下，非常微量的苦着味剂就可以引发味觉反应，使得有毒的苦味物质很快被避开。类似但没有那么严重的情况是，酸味表明食物腐败了（比如发酸的牛奶）或者水果没有成熟。

味觉地图

正如第 2 章讨论过的，躯体感觉、听觉和视觉皮质都有地形图的对应关系，表现出对身体或环境的空间组织性的表征。近期的小鼠研究表明，味皮质可能包含味觉地图。陈晓科及其同事（Chen et al.，2011）测量了各种味觉刺激所引发的神经活动（图 5.6a）。通过胞外记录的方法，他们首次记录了丘脑的神经元活动，并发现该神经元是特异于不同的味道的，具有与甜、苦、酸、咸和鲜的严格对应关系（图 5.6b）。研究者向丘脑中特异于味觉的区域注入了顺行示踪剂，以此观察这些神经元如何向脑岛中的味皮质投射信号（图 5.6c），发现基于基本味觉类型的聚类模式在皮质中同样存在。针对苦、甜、鲜和咸都发现了对应的皮质区域，但是没有发现特异于酸的区域。这说明酸味刺激可能是通过多种通路来传递信号的（例如，借助痛觉通路），而不限于一个区域。

基于上述观察，研究者在一项后续实验中使用光

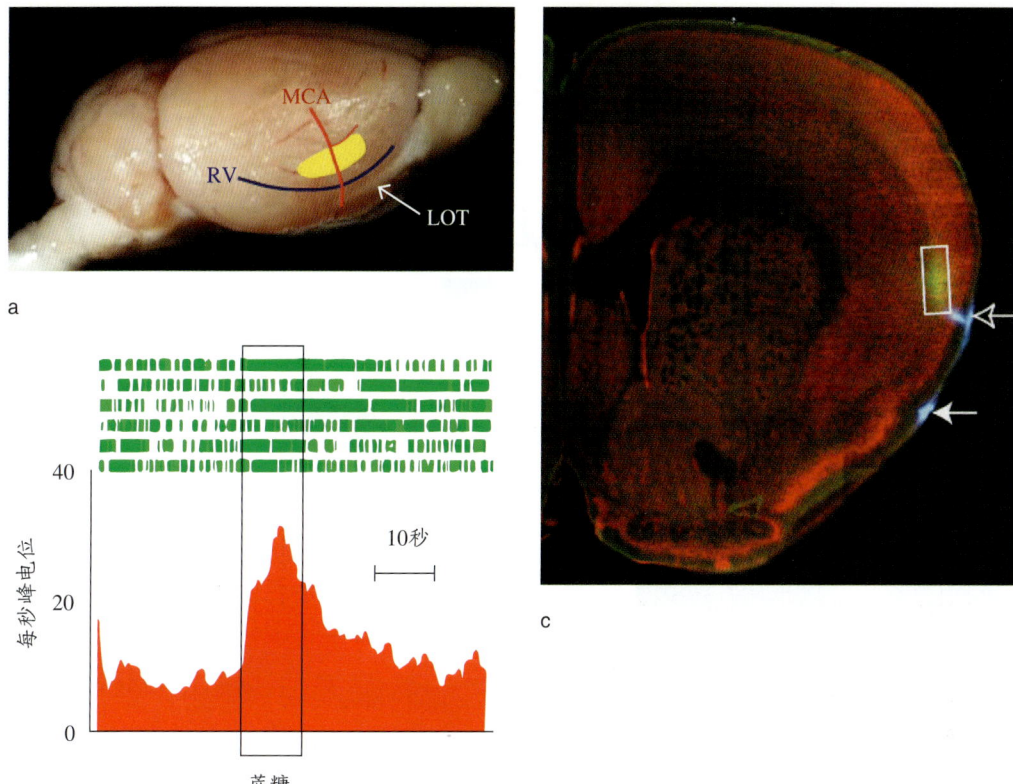

图 5.6　小鼠脑岛的味皮质成像

（a）小鼠脑。黄色区域是味皮质，以其周围的两根血管——大脑中动脉（middle cerebral artery，MCA）和鼻腔静脉（rhinal vein，RV）——作为解剖标识。白色结构为外侧嗅束（lateral olfactory tract，LOT）。（b）给予蔗糖刺激后，对甜味敏感的丘脑味觉神经元进行胞外记录。方框画出了给糖的时间。（c）向被识别出的味觉神经元注入顺行示踪剂。白色方框标记了在丘脑处对味皮质进行注射的位点。为了精准定位，在 RV 和 MCA 的交叉处（白色实心箭头）和交叉处上方 1 毫米处（白色空心箭头）都进行了注射染色。

遗传方法直接激活小鼠味皮质的甜或苦对应区域，来观察直接激活皮质是否可以引发相应的行为（Peng et al., 2015；图 5.7）。在一个条件下（图 5.7b），将小鼠放置于两臂迷宫的左侧（室一），并刺激其甜味对应脑区，而后释放小鼠任它在两个室中自由行动。结果显示，经历刺激后的小鼠表现出对室一的偏好。在另一个条件下，小鼠经历了完全相同的程序，仅将激活区域变为苦味对应区域，小鼠此时更偏好留在右侧（室二）。因此，该实验一方面证实了基于味觉地图进行选择性激活的可行性；另一方面表明即使没有实际的味觉刺激，小鼠依然具有对甜味的偏爱。

关键信息

- 因为味觉和嗅觉反应都是从接触环境中的分子（化学物质）开始的，所以它们均属于化学感觉。
- 五种基本的味觉是酸、甜、苦、咸和鲜。舌上的感受器选择性地对这些基本味道进行反应，而且在丘脑的味觉敏感区域，神经元同样特异性地被这些味道激活。
- 近期在小鼠初级味皮质发现的味觉地图表现出不同区域对不同的基本味道响应的特点。而通过将这些基本味道整合，形成了对更复杂的味道的知觉。这一过程可能是在眶额皮质的次级味皮质实现的。

5.4　躯体感觉

躯体知觉是对所有影响身体的机械性刺激的知觉。它可以解释表明我们的四肢和头部位置的信号，以及

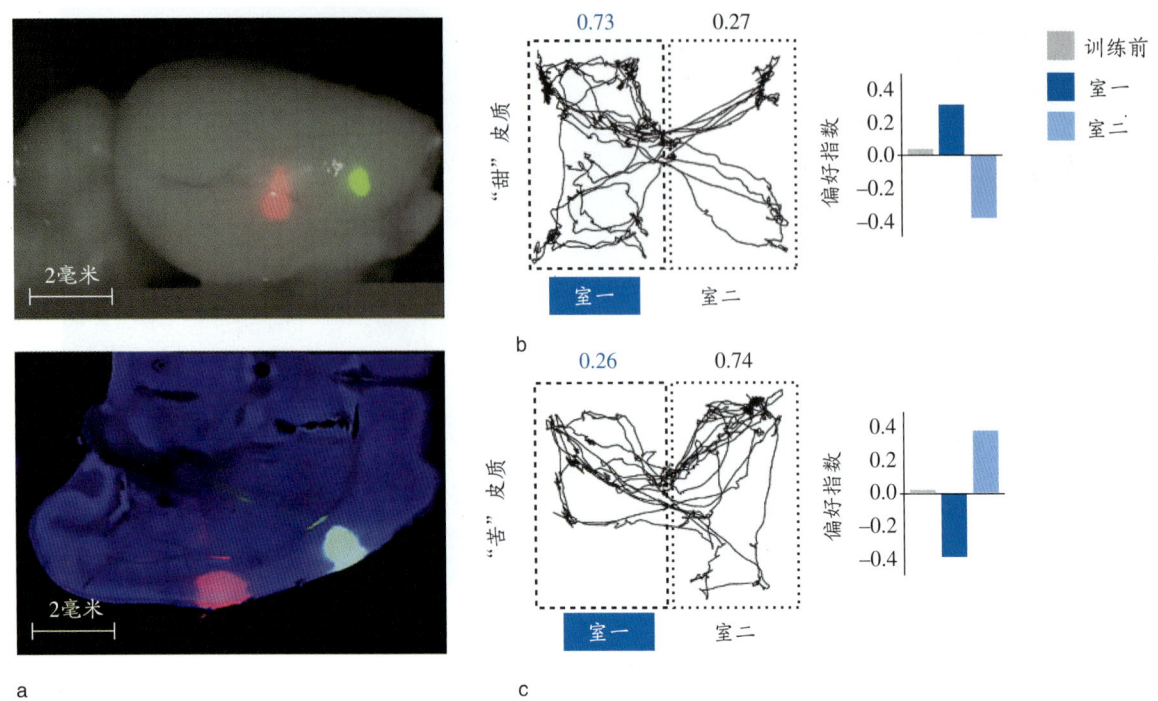

图 5.7　将味觉与行为联系起来

（a）小鼠脑中的甜味皮质区域（绿色）和苦味皮质区域（红色）。（b）当小鼠在室一时，对甜味区域进行光控基因刺激。左侧图为小鼠在 5 分钟的随意运动阶段所处的位置，上方的数字代表在各个室的时间比例。在右侧的条形图中，纵坐标为正代表了对室一的偏好，纵坐标为负代表了对室二的偏好。（c）在这一条件下，当小鼠在室一时，对苦味区域进行光控基因刺激。此时，小鼠表现出了与刺激甜味区域完全相反的活动模式。

我们对于温度、压力、触摸和疼痛的感觉。也许，相比于其他的感觉系统，躯体感觉系统在更大程度上具有特异化感受器的复杂阵列，以及到达中枢神经系统很多区域的大范围投射。

躯体感觉的神经通路

躯体感觉的感受器位于皮肤下的肌肉与骨骼的连接处（图 5.8）。皮肤中一些专门的感受器编码触觉，包括迈斯纳小体、梅克尔小体、环层小体和鲁菲尼小体。这些感受器的差异在于它们的适应速度，以及它们对各种触摸（如深部压力或振动）的敏感性。

疼痛被**疼痛感受器**编码。疼痛感受器是皮肤中分化程度最低的感受器。疼痛感受器分为三种类型：对热或冷反应的热感受器、对强烈机械性刺激反应的机械感受器，以及对各种有害刺激（包括热、机械性损伤和化学物质）反应的多模态感受器。疼痛体验通常是由化学物质引起的，比如身体在受伤后释放的组胺。疼痛感受器位于皮肤、皮肤下、肌肉和关节处。

传入性疼痛神经元有些有髓鞘，有些无髓鞘。有髓鞘纤维快速传递关于疼痛的信息。这些细胞的激活通常产生了立刻的行动。比如，当你碰到一个发烫的火炉时，有髓鞘疼痛感受器可以触发一个使你快速抬手的反应，甚至可能在你意识到温度以前。无髓鞘纤维则负责紧跟最初灼伤后的持续时间较长的更钝一些的疼痛，并提醒你注意按照受到损伤的皮肤。

一种特异化的神经细胞提供了关于身体位置的信息，即所谓的**本体感觉**。本体感觉使得感觉和运动系统表征关于肌肉和四肢状态的信息。本体感觉线索，比如在一块肌肉被伸展时会发出信号，可以用来监测这个运动是来自外力作用，还是来自我们自己的动作（见第 8 章）。

躯体觉感受器的细胞体位于背根神经节（或等效的脑神经节）。躯体觉感受器通过背根进入脊髓（图 5.9）。一部分背根与脊髓运动神经元形成突触，进而形成反射弧。另一部分背根与另一类神经元形成突触，这些神经元将轴突向上发送到脊髓的背侧柱，到达延

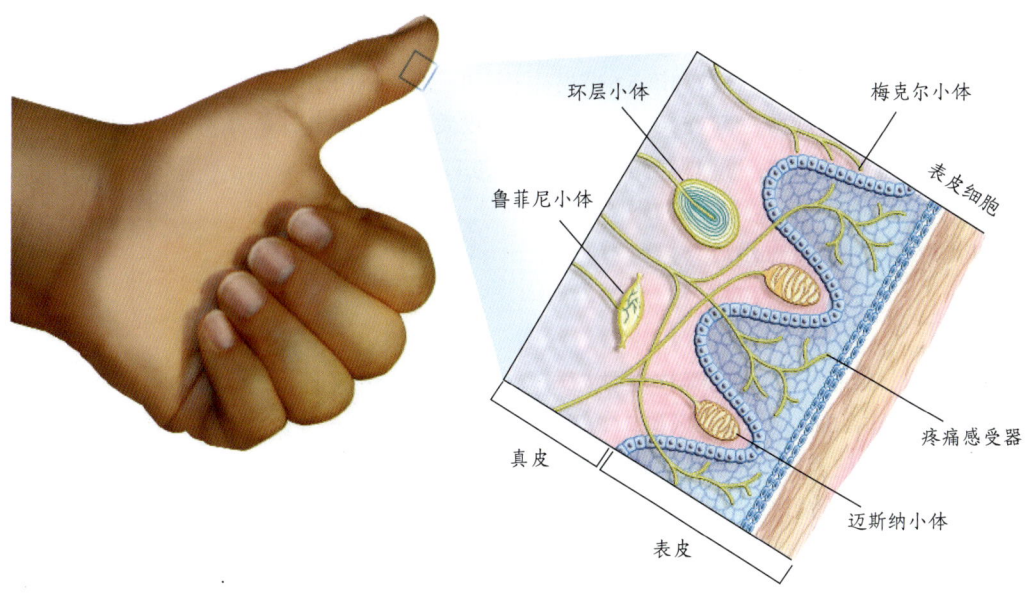

图 5.8　位于皮肤下方的躯体觉感受器

梅克尔小体探测一般接触；迈斯纳小体探测轻微接触；环层小体探测深层压力；鲁菲尼小体探测温度。疼痛感受器（或游离神经末梢）探测疼痛。

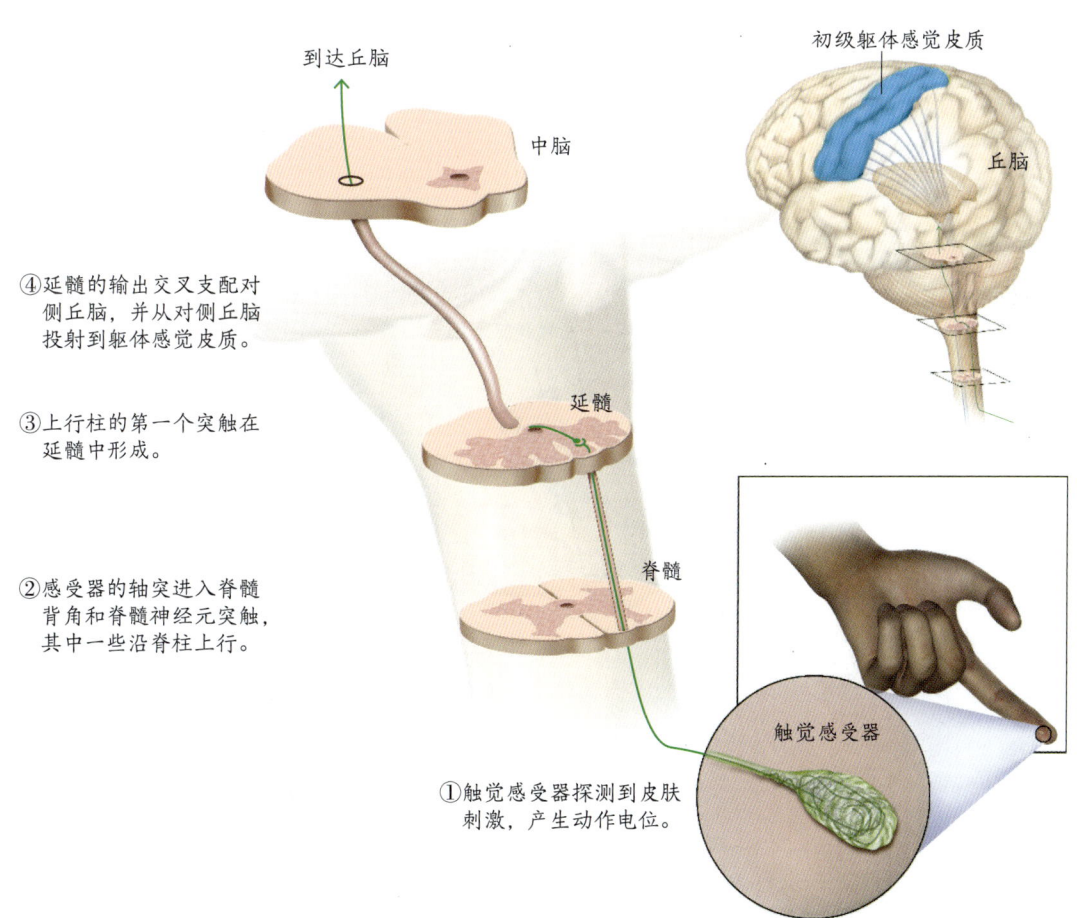

图 5.9　从皮肤到皮质，躯体感觉系统的主要通路

髓。从这里，信息在丘脑腹后核交叉，然后传递到大脑皮质。就像视觉和听觉（将在第 5.5 节和第 5.6 节提到），到达脑的主要外周投射均经过了交叉；也就是说，身体一侧的信息主要在相反一侧，即对侧的脑半球，得到表征。除了皮质投射，本体感觉和躯体感觉信息被投射到很多皮质下结构，如小脑。

躯体感觉加工

最初的皮质接收区域是所谓的**初级躯体感觉皮质**或 S1 区（图 5.10a），包括 BA1 区、BA2 区和 BA3 区。S1 区具有身体的躯体定位表征，即躯体感觉侏儒图（图 5.10b）。正如前面对敏度的讨论所指出的，躯体感觉侏儒图的皮质表征相对大小对应着身体那一部分躯体感觉信息的相对重要性。考虑到我们需用手指十分精确地操纵物体和探测物体表面，皮质中对手的表征占据更大一部分面积是必要的。当眼睛被蒙住时，我们仍很容易确认手上放着的物体，但如果物体滚过后背，辨认起来就很难了。

躯体定位图在不同物种之间表现出了很大差异。对每个物种来说，在通过触摸感觉外部世界的过程中，最重要的身体部位都具有最大面积的皮质表征。比如，蜘蛛猴使用尾巴探索物体（比如可食用的食物）或攀住树枝，所以皮质中的很大一部分负责表征尾巴。再如，大鼠使用胡须来探索外界，于是大鼠躯体感觉皮质的绝大部分都负责表征从胡须得到的信息（图 5.11）。

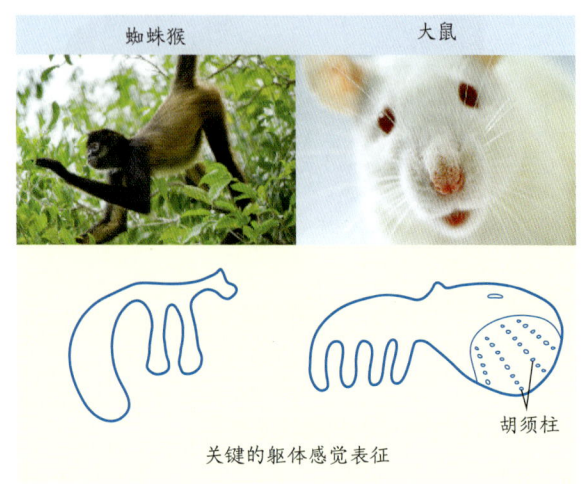

图 5.11 躯体感觉皮质的不同组织形式反映了不同物种的行为差异

蜘蛛猴表征尾巴的皮质区域较大，因为这种动物使用这个结构来探测环境和支撑身体；大鼠用胡须探测外界，成群的神经元就形成了大鼠躯体感觉皮质的胡须柱。

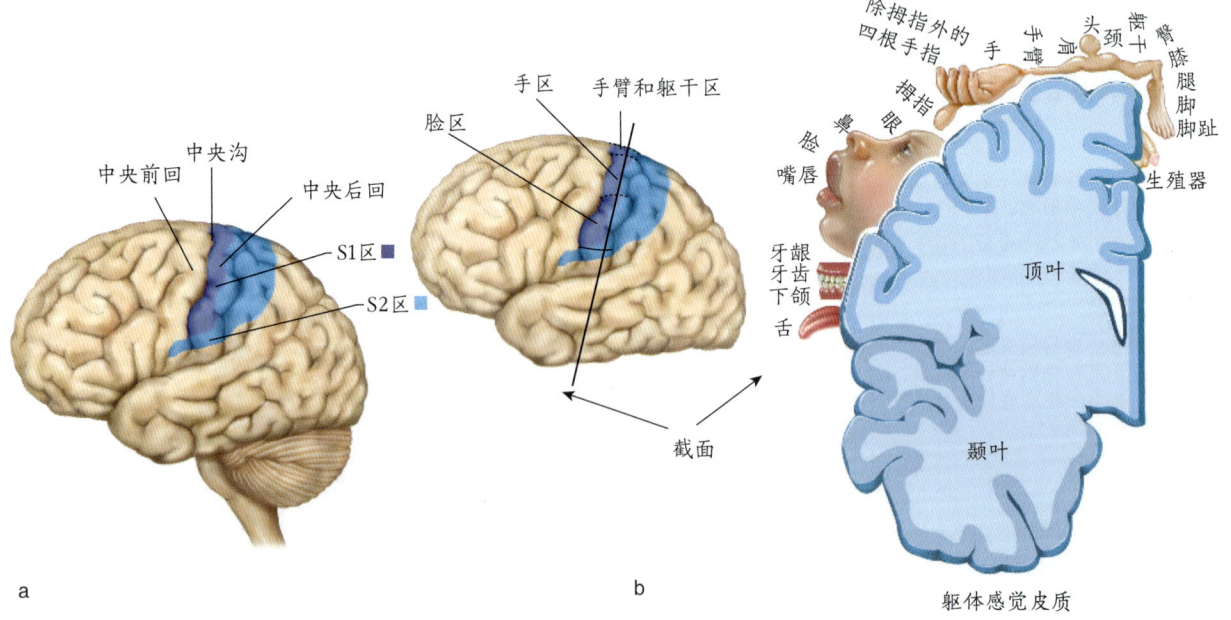

图 5.10

（a）初级躯体感觉皮质（S1 区）位于中央后回，顶叶的最前部。次级躯体感觉皮质（S2 区）位于 S1 区的腹侧。（b）躯体感觉侏儒图，外侧和更详细的冠状面。注意具有较大皮质表征的身体部位对触觉最敏感。

次级躯体感觉皮质（S2区）建立了更加复杂的表征。比如，通过触觉，S2区神经元可以编码关于物体纹理和大小的信息。有趣的是，由于投射穿过胼胝体，每个半球的S2区可以同时接收来自身体左侧和右侧的信息。这样，当我们用双手操纵一个物体时，关于躯体感觉信息的整合表征就在S2区得以建立。

躯体感觉皮质的可塑性

　　看着躯体定位图，你可能想知道，这张图在多大程度上是固定不变的。如果你常年在邮局从事整理邮件的工作，你负责区分数字的视皮质部分会发生变化吗？或者，如果你是一位专业的小提琴家，你的运动皮质会比一个从来没有摸过弓的人大吗？我们将在本章稍后的部分（第5.9节）更广泛地讨论皮质重组。这里主要考虑正常范围的经验变化，即训练和练习，是否会导致成人脑的组织变化。

　　德国康斯坦茨大学的托马斯·埃尔贝特（Thomas Elbert）及其同事采用MEG技术考察了小提琴家手部的体感表征（Elbert et al., 1995）。他们发现，音乐家大脑右半球（控制按弦的左手）的反应比非音乐家的反应大（**图5.12**）。而且，大脑反应的增强与他们开始音乐训练的年龄相关：这一效应在那些年轻时就开始训练的音乐家身上表现得尤为明显。这些发现表明，小提琴家的脑用了更大的皮质区域来表征左手手指的感觉，这可能是由于他们的左手经验发生了变化。

　　因为可塑性在脑中广泛存在，所以那些由于大脑皮质受损导致肢体功能障碍的卒中病人就有可能从结构上重建大脑皮质，恢复功能。目前正在积极探讨如何促进这一进程，我们将在第5.9节进一步讨论这一问题。（躯体感觉可塑性的其他应用见**专栏5.1**。）

关键信息

- 躯体感觉包括对触摸、疼痛、温度和本体感觉敏感的感受器。
- 初级躯体感觉皮质（S1区）具有表征身体的侏儒图，更敏感的身体部位拥有相对更大的皮质区域。
- 躯体感觉表征具有可塑性，表现为面积和结构随个体经验而改变。

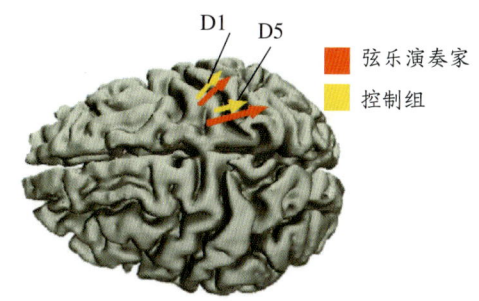

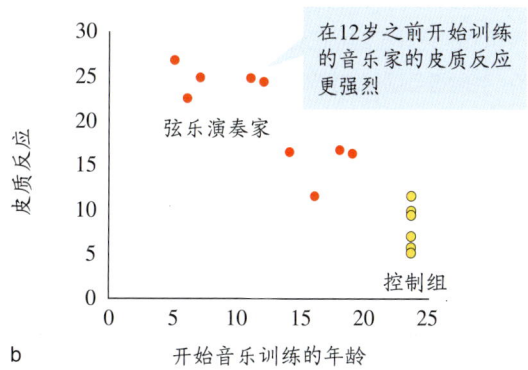

图5.12　演奏弦管乐器的音乐家的手指的皮质表征的改变

（a）控制组（黄色）和音乐家（红色）在拇指（Digit 1, D1）和小指（Digit 5, D5）受到刺激后的MEG活动源。每个箭头的长度表示活动区域的范围。（b）皮质反应的大小，作为音乐家开始训练的年龄的函数画在图中。那些在12岁之前开始训练的人反应得更强烈；控制组结果显示在图的右下角。

5.5　听觉

　　请想象这样一个场景：在深夜的户外，你正走向你的车，突然听到一阵沙沙的响声。你的耳朵（和心脏）顿时全速运转，试图确定那到底是什么东西（也许更恐怖的一种情况为：是什么人）在发出声音，以及这声音到底从何而来。是风吹动了树枝，还是有人在后面跟踪？听声音的感觉——或者说听觉——在我们的日常生活中扮演着重要角色。声音对生存来说必不可少，我们希望通过声音来躲开可能的袭击或避免受伤；同时，听觉也是交流的基础。大脑如何加工声波？或者更具体一点：神经系统如何识别并定位声源？

专栏 5.1　来自临床的启示
隐形的手

V. Q. 是一个聪明的 17 岁少年，他的左胳膊在手肘往上 6.35 厘米的地方被截肢了。4 周后，V. S. 拉马钱德兰（V. S. Ramachandran）取出一根棉签来测试 V. Q. 的感觉。拉马钱德兰用棉签触碰 V. Q. 身上的不同部位，V. Q. 在始终闭着眼的同时汇报自己的感觉。当触碰到 V. Q. 的左侧脸颊时，V. Q. 表示同时在其左脸和已经不存在的左手拇指上感觉到了刺痒；当触碰到脸部的另外一个位置时，刺痒感又出现在了已经不存在的左手食指。拉马钱德兰由此绘制了每根手指对应在脸上的"感受野"（图 5.13）。第二处手指感受野地图出现在截肢处以上的左侧上臂。和脸一样，刺激上臂的特定位置能够同时引起上臂和幻肢的感觉。刺激 V. Q. 身体的其他部位都能被准确定位。几周后的重复测试表明，新的手指地图没有变（Ramachandran et al., 1992）。

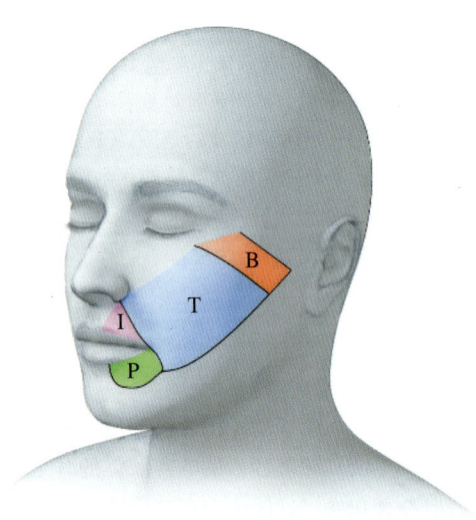

图 5.13　刺激脸部后，在被截肢的手部感受到的幻觉
实验者用一根棉签轻轻擦拭病人脸部不同位置。字母表示病人感觉到的患肢部位：B= 拇指指肚（ball of the thumb）；I= 食指（index finger）；P= 小指（pinky finger）；T= 拇指（thumb）。

在 V. Q. 接受检查的年代，一种被广泛接受的观点是，成年哺乳动物的大脑是相对恒定的，但拉马钱德兰已经准备好对此提出质疑。让我们回顾图 5.10b 中的躯体感觉侏儒图。手指和手旁边的区域表征的是什么部位？由于脸区和手臂区紧邻手区，所以拉马钱德兰推测，V. Q. 的皮质发生了功能重组。已经不在的断肢却能产生感觉，这便是著名的幻肢感觉现象。原本负责表征断肢的皮质被表征其他部位的皮质侵占，触摸这些部位便会引发患肢感觉。

生物工程师在为 V. Q. 这样的截肢病人设计义肢时，通常会着重关注义肢的运动性能，好让病人能依靠假腿四处行走，或是使用抓握装置来拿取物体。但很少有人关注义肢的感觉功能。我们能否利用对皮质功能重组和神经可塑性的了解来制造一种新的义肢，让使用者感觉义肢真的是身体的一部分，而不仅仅是一台设备？

这里有一个重要的信息，即我们很容易将一个无生命的物体误认作自己身体的一部分。例如，在"橡胶手幻觉"现象中，实验者在一个符合生物学原理的位置放置一个橡胶假手，被试能够看到假手，真正的手则被遮挡在视线外（在网络上可搜索到相关视频）。用刷子轻扫被试的手，同时让被试观看以同样方式被刷的假手，几分钟后，一个神奇的变化出现了：被试开始"觉得"橡胶手就是自己的手。如果遮上被试的眼睛，并让她指出自己的手，被试会指向橡胶手而不是真手。更戏剧性的是，如果实验者突然拿出锤子砸橡胶手，被试很有可能会叫出声。

瑞典斯德哥尔摩的研究者好奇能否绕开外周刺激，通过直接激活 S1 区的方式诱发类似的拥有感（K. L. Collins et al., 2007）。他们在两名正在进行癫痫手术术前脑皮质电图（ECoG）监控的病人身上开展了一项橡胶手幻觉的变体实验：他们没有用刷子刷病人的手，而是在病人观看橡胶手被刷的同时对 S1 区的手区施加电刺激。的确，当电刺激与橡胶手上的刷子运动同步时，病人的确能够体验到拥有感幻觉。不同步的电刺激则不会引起类似的感觉。

这些发现表明，大脑能够对视觉输入和躯体感觉皮质的直接刺激进行整合，并产生跨感觉通道的假肢拥有感幻觉。更进一步，这项研究从概念上推动了义肢的发展，有望在将来让 V. Q.（以及和他有同样情况的人）用上如同身体一部分的义肢。

听觉神经通路

外周听觉系统由外耳、中耳和内耳组成,这些复杂的结构提供了将声音(声压的变化)转换为神经信号的机制(图 5.14)。声波抵达外耳后进入耳道。耳道将声波放大,就像在隧道里按车喇叭的效果一样。声波传到耳道末端后撞击鼓膜——又称耳鼓——并使之振动。这些微小的振动穿过充满空气的中耳并摇动三块分别名为锤骨、砧骨和镫骨的小骨头,后者随之振动第二块膜——卵圆窗。

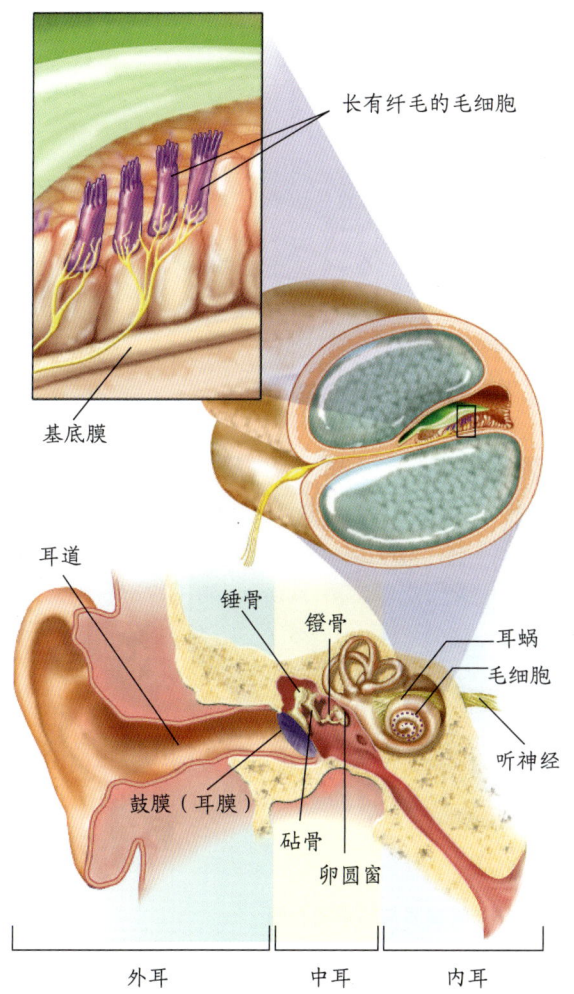

图 5.14 外周听觉系统
耳蜗是内耳的关键结构,其中的毛细胞是声音的初级感受器。

卵圆窗就像一扇门,通往充满液体的耳蜗。耳蜗是位于内耳的一个重要听觉结构。其内壁被称为基底膜,上面分布着细小的毛细胞。毛细胞是听觉系统的感受器。毛细胞上长有名为纤毛的细丝,平时漂浮在内耳液中。卵圆窗的振动会让液体产生小波推动基底膜,从而使纤毛弯曲。

毛细胞在基底膜上的位置决定了它的频率调谐特性,也就是能引发毛细胞响应的声音频率。这是因为从卵圆窗到耳蜗顶部基底膜的厚度各不相同,厚度决定了膜的硬度,从而影响了基底膜对液体波动的响应模式。卵圆窗附近的基底膜厚且硬,长在这里的毛细胞可以响应波中的高频振动。而在另外一头,也就是耳蜗顶端,基底膜更薄、硬度更低,长在这里的毛细胞只对低频振动有反应。声音感受器的空间排布被称为频率拓扑结构,耳蜗管各处的毛细胞共同构成了**频率拓扑图**。因此,在听觉加工的这一早期阶段,神经系统就已经能够对声源信息进行分辨了。

毛细胞是一种机械性刺激感受器。毛细胞随基底膜的运动出现弯曲后,细胞上的机械门控离子通道打开,使得携带正电荷的 K^+ 和 Ca^{2+} 进入细胞。当细胞去极化程度达到阈限时,便会向连接毛细胞和传入神经纤维的突触释放神经递质。通过这种方式,毛细胞弯曲这一机械事件就转化成一个神经信号。毛细胞损伤或功能丧失是导致耳聋的首要原因。

音乐和语音等自然声音往往由复杂的频率组成。因此,一个自然声音会激活大范围的毛细胞。我们能听见的声音频率最高可达 20 000 赫,但听觉系统最敏感的频率范围为 1000 ~ 4000 赫,这一频段承载了大部分对人类交流来说非常重要的信息,比如语音以及婴儿饥饿时的哭声。其他物种对完全不同的频段敏感。大象能听到非常低频的声音,这使得它们能够进行远距离交流(因为低频的声音受距离的影响较小);小鼠交流的声音频率则远高过人类的听力范围。这些物种特异性很可能反映了由动物发声能力产生的进化压力。通过进化,我们的发声器官发出的声音频率恰好落在我们反应最敏感的频率范围内。

中枢听觉系统在毛细胞和皮质之间存在若干个突触连接(图 5.15)。**耳蜗神经**又名听神经,投射至位于延髓的**耳蜗核**。由耳蜗核发出的轴突延伸至脑桥,并分叉进入左侧和右侧**橄榄核**,这里是听觉通路中第一个同时接收双耳信息的核团。耳蜗核和橄榄核的轴突投射至位于中脑的**下丘**。在这一阶段，听觉信号能够影响运动脑区；例如，上下丘的运动神经元能够指挥头部转向声源方向。听觉信息离开中脑后，上行抵达位于丘脑的内侧膝状体（medial geniculate nucleus, MGN），后者再投射至位于颞叶上部的**初级听皮质**（A1 区）。

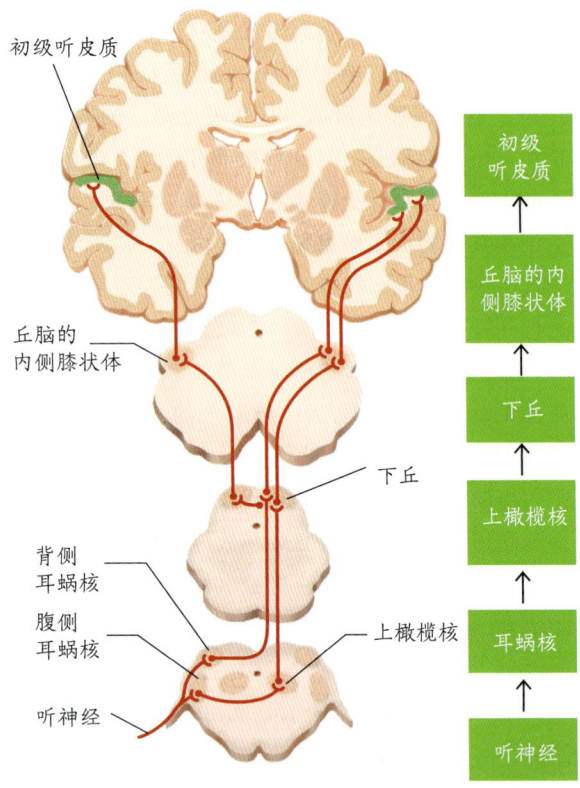

图 5.15　中枢听觉系统
听神经的输出投射至位于脑干的耳蜗核。上行神经纤维经过下丘和内侧膝状体的突触连接后抵达听皮质。

听皮质

听觉通路中通往皮质的各级神经元均拥有频率调谐特性，并一直保持着频率拓扑结构。A1 区的喙侧倾向于对低频声音进行反应；A1 区尾侧的神经元则对高频声音的反应更强。高场强 7T fMRI 提供的高分辨率图像精确描绘了人类的频率拓扑图结构，在 A1 区和次级听皮质都非常明显（图 5.16）。

如图 5.17 所示，听觉细胞的调谐曲线可以很宽。因此，单个细胞无法提供准确的频率信息，只能对之进行粗略编码；考虑到动物能够分辨微小的

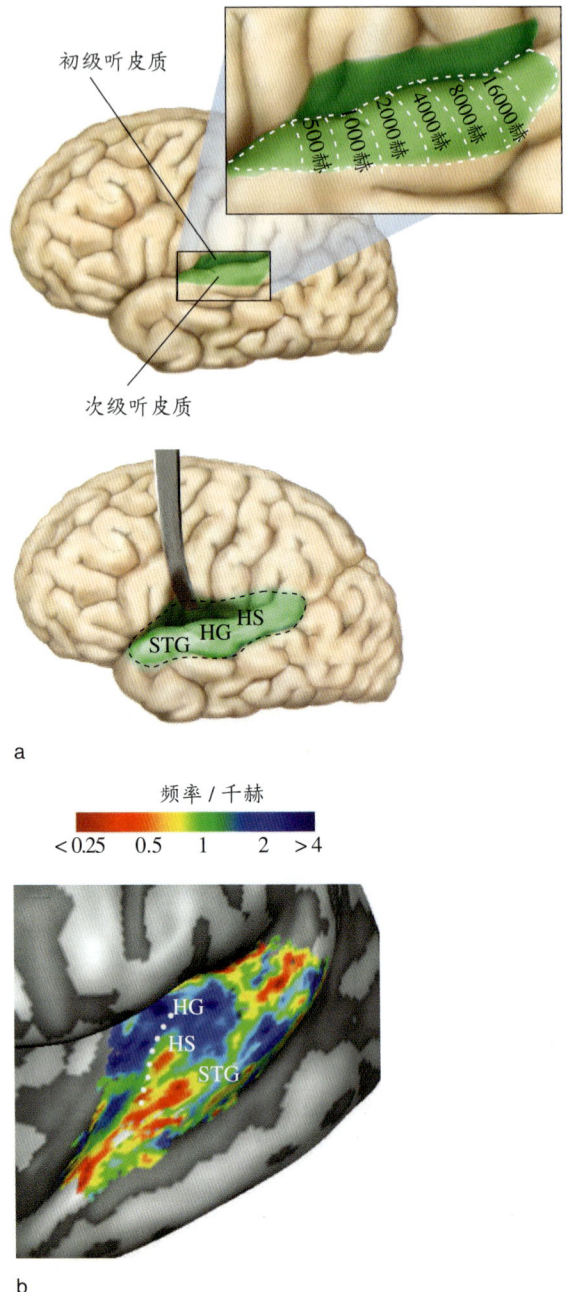

图 5.16　听皮质与频率拓扑图
（a）初级听皮质位于双侧半球的颞叶上部，其中绝大部分隐藏在外侧沟内的颞横回并延伸至颞上回（superior temporal gyrus, STG）。颞横回又称赫氏回（Herschl's gyrus, HG）。HS= 赫氏沟（Heschl's sulcus）。（b）左半球的频率拓扑图。颜色代表了皮质最敏感的频率，从低频（红色）到高频（蓝色）。白色虚线标示了赫氏回的位置。

声音频率差异，这一发现显得很令人费解。有趣的是，在听觉通路中，神经元越高级，调谐曲线越窄。猫耳蜗核中对 5000 赫纯音反应最强的神经元可能对

2000～10 000赫的纯音均有反应。但是，在猫的听皮质中，类似神经元能响应的频率范围明显更窄。

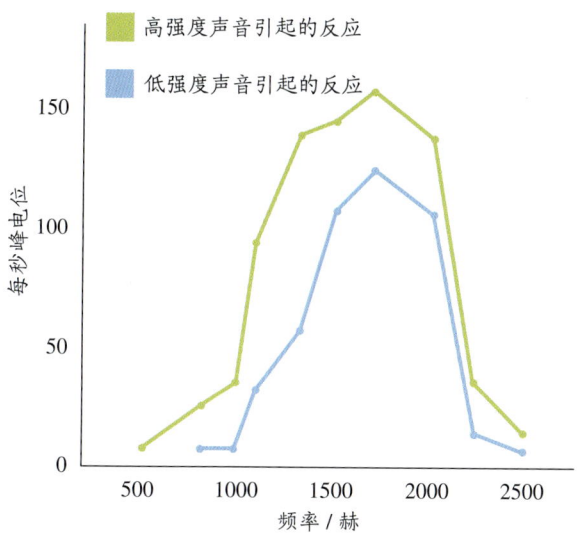

图5.17　松鼠猴听神经细胞的频率感受野
该细胞对1600赫声音的反应最强，当声音刺激频率更低或更高时，神经元发放率迅速下降。该细胞同时对声强变化敏感，表现为对强度大的声音反应更强。其他听神经细胞可能会偏好不同的频率。

同样的规律在人类中也存在。在一项研究中，研究者在癫痫病人的听皮质植入电极用于检测癫痫活动（Bitterman et al., 2008）。单个神经元的调谐特性非常精确，比如，对1010赫纯音反应强烈的神经元对差别仅有20赫的另一个声音毫无反应，甚至出现了活动抑制。在感知包括语音在内的声音时，这种高分辨率对声音的精确辨认非常重要。事实上，在所有物种当中，比人类听觉的调谐曲线还窄的就只有蝙蝠了。

从宏观的角度来看，A1区具有频率拓扑结构，但近期利用高分辨率成像手段的研究在小鼠中发现，在更微观的水平上，A1区的拓扑结构可能相当混乱。在该水平上，相邻神经元的频率调谐特性差异巨大。因此，皮质可能有大尺度的频率拓扑结构，但在局部水平上具有相当可观的异质性（Bandyopadhyay et al., 2010; Rothschild et al., 2010）。这种混合的构造可能反映了自然声音包含多个频率信息的事实；局部拓扑结构的产生或与听觉经验有关。类似地，频率拓扑图的测量通常采取的是向被试呈现纯音（单一频率的声音）的方法，但当声音刺激包含复杂特征时，fMRI研究观察到的大多数听觉体素的BOLD反应完全不同（Moerel et al., 2013）。因此，对某一特定频率的神经反应会随声音呈现的情景变化而发生改变。

听觉的计算目标

听觉的计算目标是确定声音的内容（"是什么"）和位置（"在哪里"）。脑在接收声音信号（声波）后，必须利用频率、音色等听觉线索将它转换为知觉表征，从而进一步与来自其他系统的信息（如记忆和语言）进行整合。例如，物体拥有独特的谐振特性，或称音色，这为它提供了标志性特征。当听到敲门声时，我们能够轻松地判断门板是空心的还是实心的。类似地，我们能够区分班卓琴和吉他的声音。同时，即便两种乐器发出的声音不一样，我们依旧能够将二者弹出的"G"调判断为同一种音符。这是因为这些音的基频一致。同理，我们能够通过改变声道的谐振特性来发出不同的语音，也能在发声过程中通过运动嘴唇、舌和下颌来改变声音流的频率组成。对听者而言，频率变化对词语或音乐的辨认非常重要。

听知觉不仅需要辨别声音刺激的内容。听觉的第二个重要功能是在空间中定位声音。试想一下通过回声定位来捕食的蝙蝠。蝙蝠发出的高频声音在环境中反射形成回声。通过这些回声，蝙蝠的脑能构建出周围环境和其中物体的听觉图景——最好是一只美味的蛾子。但是，仅仅知道对方是蛾子（"是什么"）尚不足以保证捕食的成功。蝙蝠还必须确定蛾子的准确位置（"在哪里"）。听觉神经科学领域的一些非常精巧的研究工作便着眼于这个"在哪里"的问题。在解决"在哪里"的问题的过程中，听觉系统依赖双耳信息的整合。

为了建立听知觉的动物模型，神经科学家们选择具有发达听觉的动物。其中最受青睐的物种当属夜行生物仓鸮。仓鸮拥有出色的夜视力（夜间的视觉能力），使得它们能够搜寻猎物。但是它们也必须拥有精密的听力来定位食物，因为视觉信息在夜晚是不可靠的。月亮和星星提供的微光会随月相变化和云层遮挡而发生改变。而声音，比如穿行于田野的田鼠发出的嗒嗒声，就成了更为可靠的刺激。的确，仓鸮在漆黑的实验室里能够轻而易举地找到猎物。

仓鸮依靠两种线索来定位声音：声音抵达两只耳朵的时间，即**双耳时间差**，以及声音抵达双耳时的强度差别。两种线索都是由于到达两只耳朵的声音不同而产生的。除非声源方位直接平行于头部朝向，否则声音一定会先抵达一只耳朵，后抵达另一只耳朵。而且，由于声波的强度随时间衰减，到达双耳的声音信号强度也会出现差异。这种时间和强度的差别非常小。例如，如果声音刺激位于偏离视线45°角处，双耳时间差大约为1/10 000秒。

声波衰减导致的强度差别甚至更小。但是，猫头鹰的解剖结构具有独特的不对称性：它的左耳高于眼睛并指向下方，而右耳低于眼睛并指向上方（图5.18），这种不对称性放大了双耳信号间的微小差别。由于不对称，来自下方的声音在左耳中比在右耳中更响。人类并没有这种不对称性，但是人类拥有被称为耳廓的复杂外耳结构，同样能够放大声音信号在双耳间的强度差异。

双耳时间差和双耳强度差为声音定位提供了相互独立的线索。计算时间差的一种机制涉及同步探测器（M. Konishi，1993）。此类神经元只有在同时接收到双耳信息时才能被激活（图5.19）。用计算机科学的术语来说，这些神经元相当于"AND"运算符。单耳输入

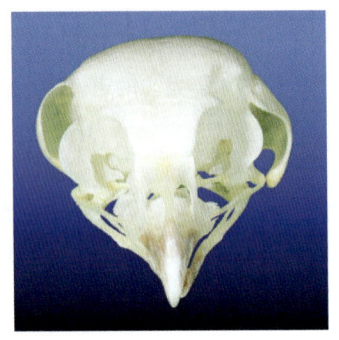

a b

图5.18 猫头鹰的耳朵

（a）我们在很多种类的猫头鹰头上看到的两簇东西只是羽毛而不是耳朵，比如本图中的美洲雕鸮。（b）猫头鹰的耳朵藏在羽毛下面，位置并不对称。

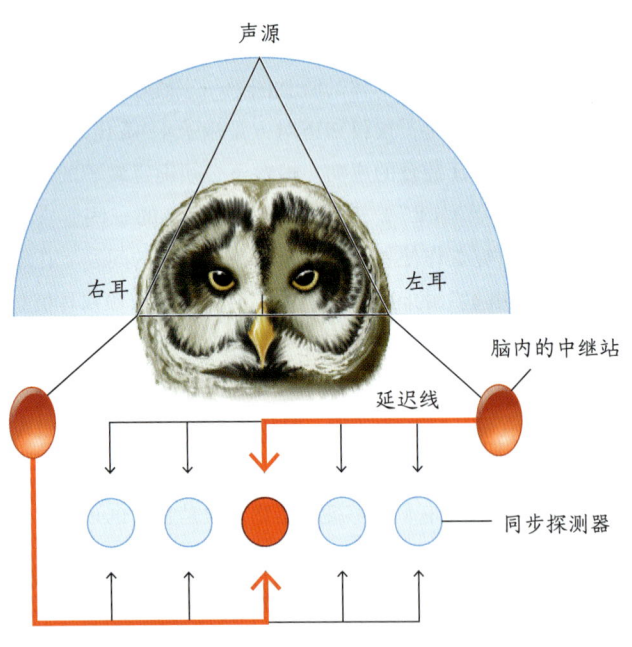
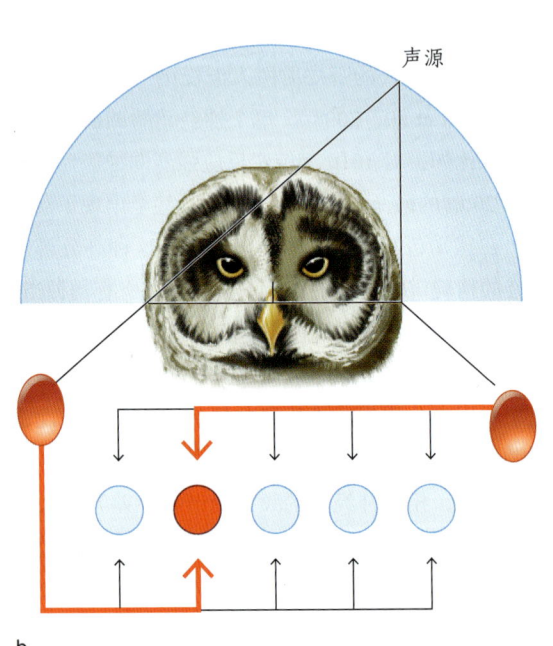

a b

图5.19 声音刺激抵达双耳时微小的时间差异能够用来确定声音的水平方位

（a）当声源位于猫头鹰的正前方时，声音刺激会在同一时间抵达双耳。神经发放活动顺着延迟线传输，来自双耳的同步活动最终激活位于中间的同步探测器。（b）当声源位于猫头鹰左侧时，声音会率先抵达左耳。此时，偏右侧的同步探测器会收到来自双耳的同步活动。

或不同步的双耳输入都不足以激活神经元；仅当来自双耳的输入同时抵达时，这些神经元才会放电。被激活的同步探测器的位置能够表征声源的水平方位。双耳强度的变化提供了更多关于声源位置的信息。此时，声音刺激对神经元发放率的影响成了关键的输入信息：输入信号越强，神经元放电就越强。神经元能够对双耳传入信号强度进行加和，从而确定声源在垂直方向上的位置。

在小西（Konishi）的模型中，对仓鸮来说，声音定位问题在脑干水平就得到了解决。有趣的是，人类无脑儿（由于遗传或发育问题导致大脑皮质缺失）或积水性无脑畸形病人（由于胎儿时期的损伤或疾病导致只有极少的大脑皮质）的听力在很大程度上得以保留，至少他们能够判断声音是否相同或完成声音定位（Merker，2007）。

当然，听觉功能不仅仅是确定声音的方位。皮质加工对一些复杂功能的实现非常重要，比如，对声音内容的识别，或将声音信息转化为行为反应。猫头鹰可不想攻击所有能听见的声源，它必须确定声音是否的确来自潜在的猎物。因此，猫头鹰必须详细分析声音的频率，从而判断声音到底是由一只小鼠还是一匹小鹿的活动产生的。

关键信息

- 声波向神经信号的转换过程开始于鼓膜。声波扰动毛细胞。耳蜗将这种机械性输入转化为神经信号输出。听觉信息随后被传往脑干中的下丘和耳蜗核，接着投射至丘脑的内侧膝状体，然后被传至初级听皮质。
- 在听觉通路中，皮质之下的各级神经元一直保留着频率拓扑特性，但由于自然声音的频率组成非常复杂，这种拓扑结构随后也复杂化了。
- 听觉需要解决一系列计算问题来确定声音的方位和身份。

5.6 视觉

现在，让我们更细致地分析被最广泛研究的感觉——视觉。人类和其他昼行性动物一样，都十分依赖视觉。尽管其他感觉，例如听觉和触觉，也很重要，但是视觉主导着我们的知觉，甚至可能影响了我们的思维方式。我们的很多语言，包括用比喻来描述抽象概念，也和视觉有关。例如，英语用"我看见了（I see）"来表示明白了，或者用"你的假设很朦胧（Your hypothesis is murky）"来表示感到困惑。

视觉的神经通路

视觉和听觉对知觉来自远距离的信息十分重要，即所谓的"遥感（remote sensing）"或"外感受性知觉（exteroceptive perception）"——我们不需要直接与刺激接触就可以加工它。而与之相反，触觉则必须与刺激接触才能产生。遥感的优势是很明显的。当生物体在一定距离之外就能察觉到捕食者时，自然可以更好地躲避捕食者。无论你的神经系统对疼痛的反应有多快，当鲨鱼的利齿刺穿你的皮肤时，再逃跑已经太晚了。

感光细胞

视觉信息包含在物体反射的光线之中。为了知觉到物体，我们需要有对反射光线起反应的感觉探测器。当光线穿过眼睛的晶状体时，图像会被翻转，然后聚焦并投射到眼球的后表面（**图 5.20**），即视网膜。视网膜只有 0.5 毫米厚，但是密集排列着数层神经元。视网膜最里面的一层由数百万**感光细胞**组成，感光细胞中含有对光敏感的蛋白质分子，即感光色素。当感光色素暴露在光线中时，会变得不稳定并发生分解。与大多数神经元不同，视网膜上的感光细胞不能产生动作电位。相反，感光色素的分解改变了感光细胞的膜电位，这一过程触发了下游神经元的动作电位。这样，感光细胞就将外界的光刺激转换为大脑可以理解的内部神经信号了。

感光细胞包括视杆细胞和视锥细胞。**视杆细胞**上的感光色素——视紫红质在低强度的光线中会变得不稳定，因此视杆细胞在光能很少的晚上最有用。虽然视杆细胞也对明亮的光线起反应，但是感光色素会迅速分解，使得视杆细胞在感光色素重新补充之前都不能发挥作用。由于补充视杆细胞中的感光色素需要时间，因此它们在白天几乎没什么用。

视锥细胞上含有另一种感光色素——光视蛋白。视锥细胞的活动需要更强烈的光线，但它们的感光色

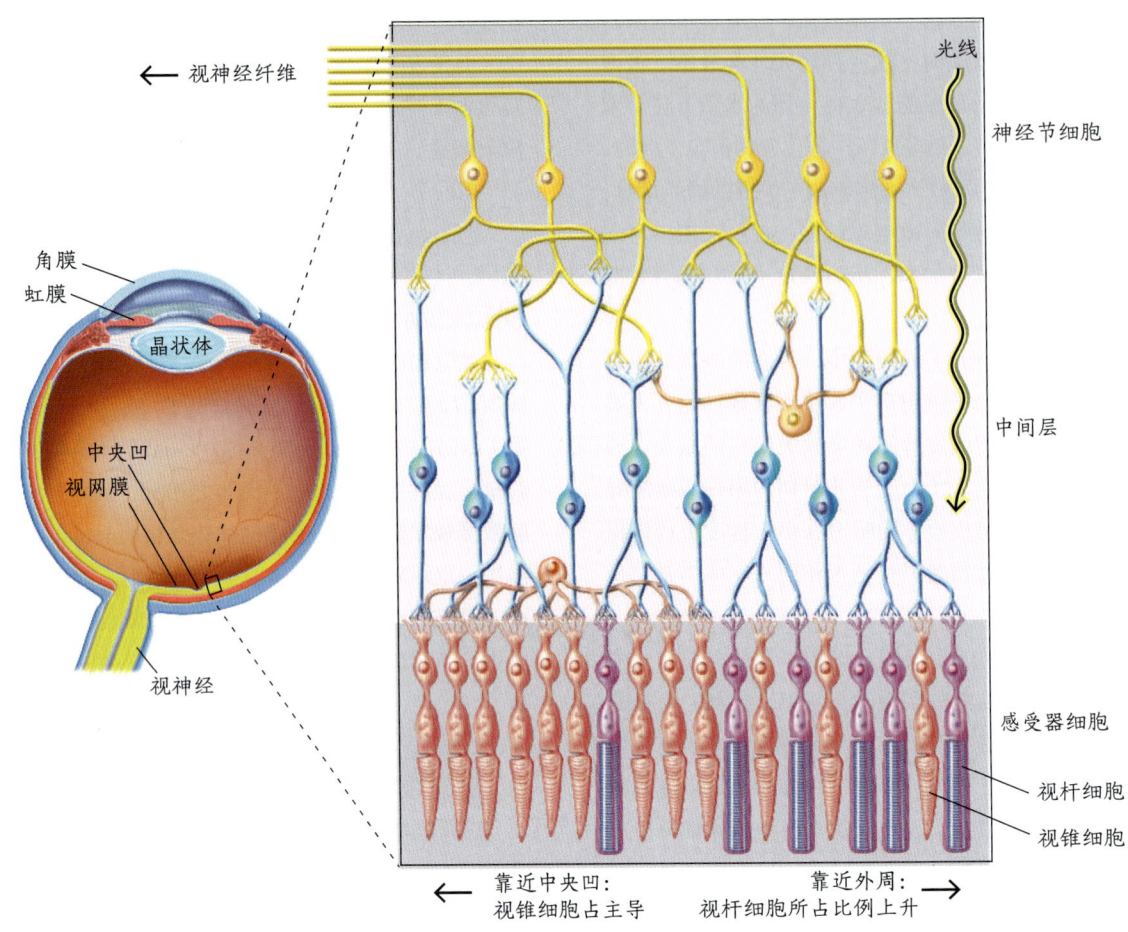

图 5.20 眼睛和视网膜的解剖结构

光线从角膜进入,激活位于视网膜后表面的感光细胞。感光细胞有两种:视杆细胞和视锥细胞。感光细胞的输出在视网膜的中间层进行加工,然后通过视神经(神经节细胞的轴突)传入中枢神经系统。

素能够快速再生。因此,视锥细胞在日间视觉中的活动最强。根据对不同可见光波长的敏感性,视锥细胞可分为以下三种:(a)对短波——可见光谱的"蓝色"部分——起反应的视锥细胞;(b)对中波——可见光谱的"绿色"部分——起反应的视锥细胞;(c)对长波——可见光谱的"红色"部分——起反应的视锥细胞(图 5.21)。这三种不同的视锥细胞的反应是我们产生颜色视觉的基础。

视杆细胞和视锥细胞在视网膜上并不是均匀分布的。视锥细胞在视网膜的中央最为集中,这一区域被称为**中央凹**(图 5.20)。而在视网膜较外周的区域几乎没有视锥细胞分布。与之相对,视杆细胞在整个视网膜上都有分布。用一个方法很容易演示视杆细胞和视锥细胞在视网膜上的分布差异:让你的一位朋友将一

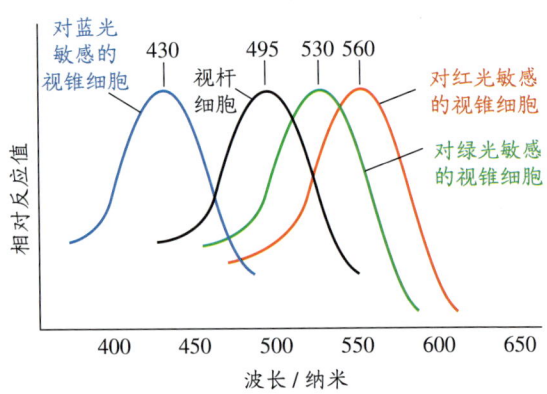

图 5.21 视杆细胞和三种视锥细胞的光敏感度函数

短波(蓝光)视锥细胞对波长在 430 纳米的光反应最强。中波和长波视锥细胞的感受性峰值移动到了更长的波长。白光(如日光)可以激活三种感受器,因为它包含了所有波长。

个带颜色的标志物缓慢地从你头部的一侧移到视野中央。你会注意到，在你识别出它的颜色之前就可以很清楚地看见这个标志物及其形状，原因就是视锥细胞在视网膜外周区域分布稀疏。

从视网膜到中枢神经系统

视杆细胞和视锥细胞与双极细胞相连，而双极细胞通过突触与视网膜的输出层——**神经节细胞**——相连。神经节细胞的轴突形成一束神经，即视神经，将视觉信息传递到中枢神经系统。在信息传至视神经之前，在视网膜上就已经发生了对视觉信息的加工——将视觉信息进行精编汇聚。事实上，人类虽然有大约2.6亿感光细胞，却只有200万神经节细胞来负责从视网膜传出信息。通过汇集传出信号，视杆细胞能在光线很弱的情况下激活一个神经节细胞。对于视锥细胞，一个神经节细胞仅受几个视锥细胞支配。这些视锥细胞提供了在一个很小的空间范围内非常精细的信息，最终形成了一个更为清晰的图像。和听觉系统一样，这一信息的压缩表明，较高层级的视觉中心是高效的处理器，能获取这些信息并重构视觉世界的细节。

图 5.22 示意了视觉信息是如何从眼睛传递到中枢神经系统的。由于视网膜的弯曲，左视野的物体会刺激左眼视网膜的鼻侧和右眼视网膜的颞侧。同样地，右视野的物体会刺激右眼视网膜的鼻侧和左眼视网膜的颞侧。正如我们在第4章所看到的，在进入大脑之前，每条视神经分成两部分：颞侧（外侧）的分支继续沿着同侧传递，而鼻侧（内侧）的分支交叉投射到对侧，进行交叉的地方被称为视交叉。由眼睛的光学结构可知，鼻侧纤维的交叉使得来自一侧外部空间的视觉信息会被投射到对侧的大脑结构中。换言之，右侧视野的信息在双眼视网膜的左侧进行加工，进而投射到左半球。左侧视野反之亦然。

根据每一条视神经终止于皮质下结构的位置，视神经可以分为不同的通路。图5.22 主要关注占视神经轴突90%以上的视网膜—膝状体通路，即从视网膜到丘脑的**外侧膝状体**（lateral geniculate nucleus，LGN）的投射。外侧膝状体由六层组成，其中靠底部的两层接收一种叫作M细胞的神经节细胞的输出信号，而另一种神经节细胞——P细胞——将输出信号投射至外侧膝状体靠顶部的四层。剩下10%的视神经纤维则传到了其他皮质下结构，包括丘脑的枕核以及中脑的**上丘**。尽管这些神经核团只接收了10%的视神经纤维，但是这些通路仍然非常重要。事实上，人类的视神经十分丰富，10%的视神经就已经多于整个听觉通路的神经纤维。上丘和枕核在视觉注意中起重要作用（见第7章）。

最后投射到视皮质的是膝状体—皮质通路。外侧膝状体中的这束轴突延伸到了皮质，并且几乎全部中止于枕叶的**初级视皮质**（V1区）。因此，到达皮质的视觉信息至少被四类不同的神经元加工过：感光细胞、

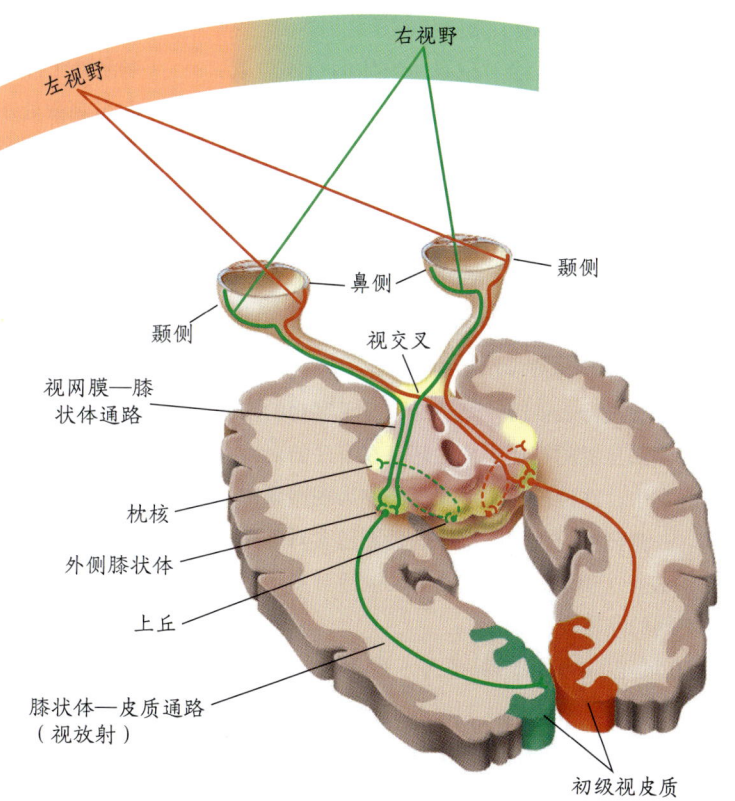

图 5.22 视觉系统的初级投射通路

颞侧的视神经纤维进行同侧投射，而鼻侧的视神经纤维在视交叉处交换。通过这种方式，在外侧膝状体形成突触之后（膝状体—皮质通路），每个视野的输入被投射到对侧半球的初级视皮质。一小部分视神经纤维会中止于上丘和枕核。

双极细胞、神经节细胞和外侧膝状体细胞。视觉信息在经过皮质的高级视觉区时将被进一步加工。

疾病和意外可能会将眼睛的感光细胞损坏，但是视觉通路仍完好无损。以前，在这种情况下，人会失明。然而，正如我们将在第 5.10 节看到的，近年来，随着微电子学的发展，面对这种情形时，人们的处境将会有所改善。

视皮质

正如听觉系统决定了声音"是什么"以及"在哪里"，视觉系统也会识别物体的内容和位置。我们将先了解视觉神经元的特征，进而了解视皮质的解剖和功能组织。

视觉神经元

由于眼睛的光学特性，外界物体反射的光线会有序地投射到眼睛中。位于一个人注视点右侧的物体，它反射的光线将会激活这个人右眼视网膜的内（鼻）侧和左眼视网膜的外（颞）侧。

视觉系统的神经元会"记录"物体的空间位置，仅当刺激出现在特定的空间区域——神经元的**感受野**——时，神经元才会对刺激进行反应。例如，在左侧视皮质有某个对棒状的光刺激进行加工的神经元，但是仅当刺激出现在特定的空间区域（右上视野，见图 3.19）时，该神经元才会真的进行反应。

此外，如同躯体感觉系统和听觉系统，视觉神经元，例如外侧膝状体或 V1 区的神经元，在对外部世界的空间位置进行表征时，其感受野对于客观的空间位置和对空间位置的神经表征之间存在有序的对应关系。在视觉中，这种拓扑地形表征被称为**视网膜皮质映射图**。一张完整的视网膜皮质映射图包含对整个对侧视野的表征（例如，左半球 V1 区包括对右半侧外部视觉空间的完整表征）。

在 20 世纪 50 年代，斯蒂芬·库夫勒（Stephen Kuffler）进行了具有开创性的神经生理学实验，他的研究漂亮地描述了猫的视网膜上神经节细胞感受野的组织形式。随后，他的研究被戴维·胡贝尔（David Hubel）和托尔斯腾·威塞尔（Torsten Wiesel）进一步拓展，两人着手描述视觉系统加工中的计算原则（1977）。虽然他们在确定单个皮质细胞上几乎没有困难，但是在经过多次尝试后，初级视皮质的细胞始终没有对库夫勒的研究中用来确定神经节细胞感受野的黑色圆点或白色圆点刺激做出反应。

胡贝尔和威塞尔的突破性进展在某种程度上称得上意外。他们通过在玻片上标记黑点来构成暗刺激。虽然这些黑点仍然不能诱发 V1 区细胞的反应，但是胡贝尔和威塞尔注意到，当玻片边缘通过细胞感受野所对应的空间位置时，细胞的活动会突然增强。最终，他们发现 V1 区神经元具有较强的特异性：主要对边缘，特别是具有特定朝向的边缘起反应。

经过多次实验，胡贝尔和威塞尔推理出从外侧膝状体的输入信号到 V1 区神经元发挥着"兴奋—抑制"边缘探测器功能的过程。外侧膝状体神经元的感受野为圆形，当刺激覆盖了细胞感受野的兴奋性区域而非抑制性区域时，细胞的反应会很强烈（图 5.23a）。这些圆形的感受野结合在一起形成了 V1 区神经元具有一定方向的感受野（图 5.23b）。这样，细胞激活的信号不仅表明了刺激所处的位置（在神经元的感受野内），还表明了刺激边缘的朝向。例如，图 5.23b 中的神经元对处于兴奋性区域的竖直刺激反应最强烈；当刺激处于神经元抑制性区域时，神经元的反应被抑制；而当刺激处于不同的朝向时，神经元的反应不发生变化。这些观测阐释了知觉的一个基本原理：神经系统对变化最感兴趣。我们识别一头大象时不是通过同质的灰色皮肤来辨别的，而是通过其形状的灰色边缘和背景之间的对比来辨别的。

通过改变边缘的朝向并将记录电极沿着皮质表面移动，胡贝尔和威塞尔观测到 V1 区神经元可以表征物理世界的一些重要特征（图 5.24）。对某个空间位置起反应的神经元会聚集在一起。在这些神经元聚集的区域内，神经元的朝向调谐会发生连续的变化。同时，细胞还对输入的来源具有特异性：有的神经元只对来自右眼的输入起反应，而另一些神经元只对来自左眼的输入起反应，这些神经元形成了眼优势柱。颜色的特异性也可以在皮质的某些特定区域发现。空间位置、朝向、输入来源和颜色等不同的特征形成了构建知觉的基本模块。

视觉区

图 5.25 是猕猴大脑主要的视觉区的示意图。随着信息在视觉系统中不断传输，能让神经元的反应最强的刺激也变得越来越复杂：视网膜和外侧膝状体的细

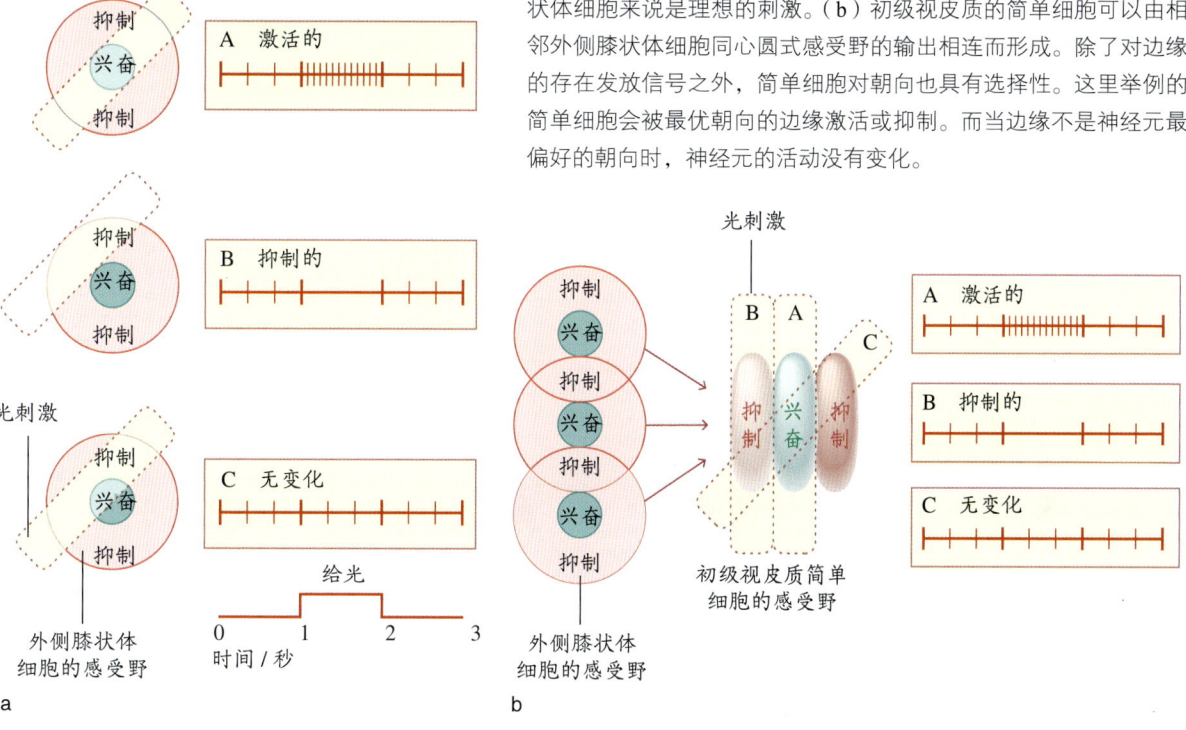

图 5.23 外侧膝状体细胞的特征性反应

（a）外侧膝状体细胞有中心兴奋–周围抑制或者中心抑制–周围兴奋类型的同心圆式感受野。这里显示的中心兴奋–周围抑制细胞在光线位于中心区域时，发放频率加快（A）；在光线位于外周时，受到抑制（B）。同时位于中心和外周的刺激几乎不引发活动的变化（C）。因此，明度信号的改变——比如刺激的边缘——对于外侧膝状体细胞来说是理想的刺激。（b）初级视皮质的简单细胞可以由相邻外侧膝状体细胞同心圆式感受野的输出相连而形成。除了对边缘的存在发放信号之外，简单细胞对朝向也具有选择性。这里举例的简单细胞会被最优朝向的边缘激活或抑制。而当边缘不是神经元最偏好的朝向时，神经元的活动没有变化。

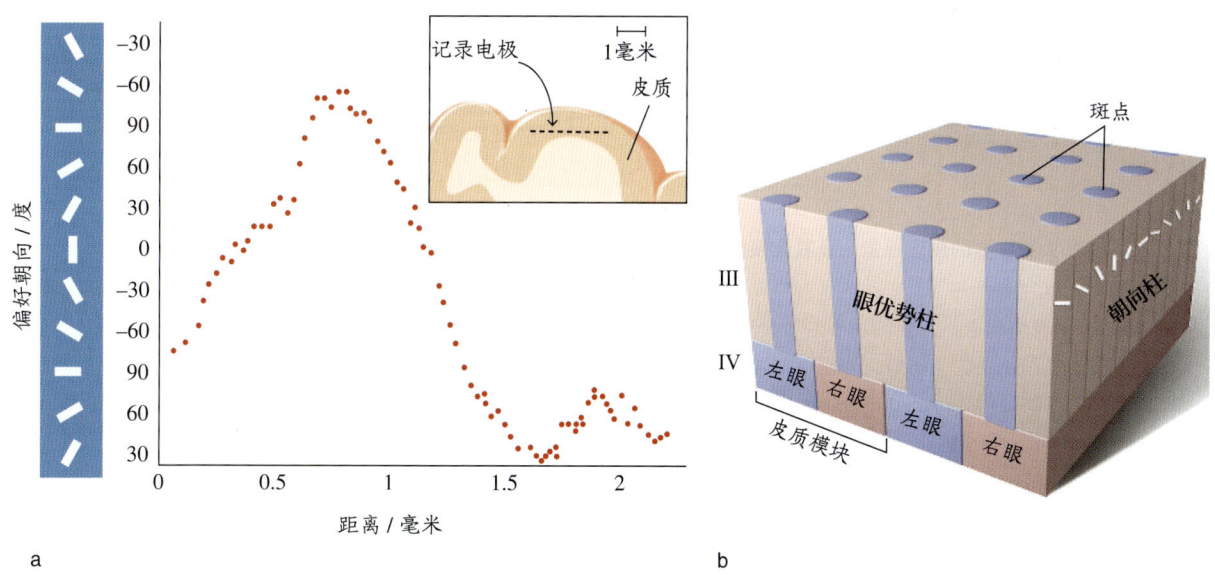

图 5.24 初级视皮质中的特征表征

（a）当记录电极沿着皮质移动时，细胞的最优朝向产生连续变化。将最优朝向作为电极位置的函数可以画出此图。（b）朝向柱和眼优势柱交叉，形成了一个皮质模块。在一个模块内，细胞都有相似的感受野（位置敏感性），但在输入来源（左眼或右眼）和朝向、颜色、大小的感受性上有变化。

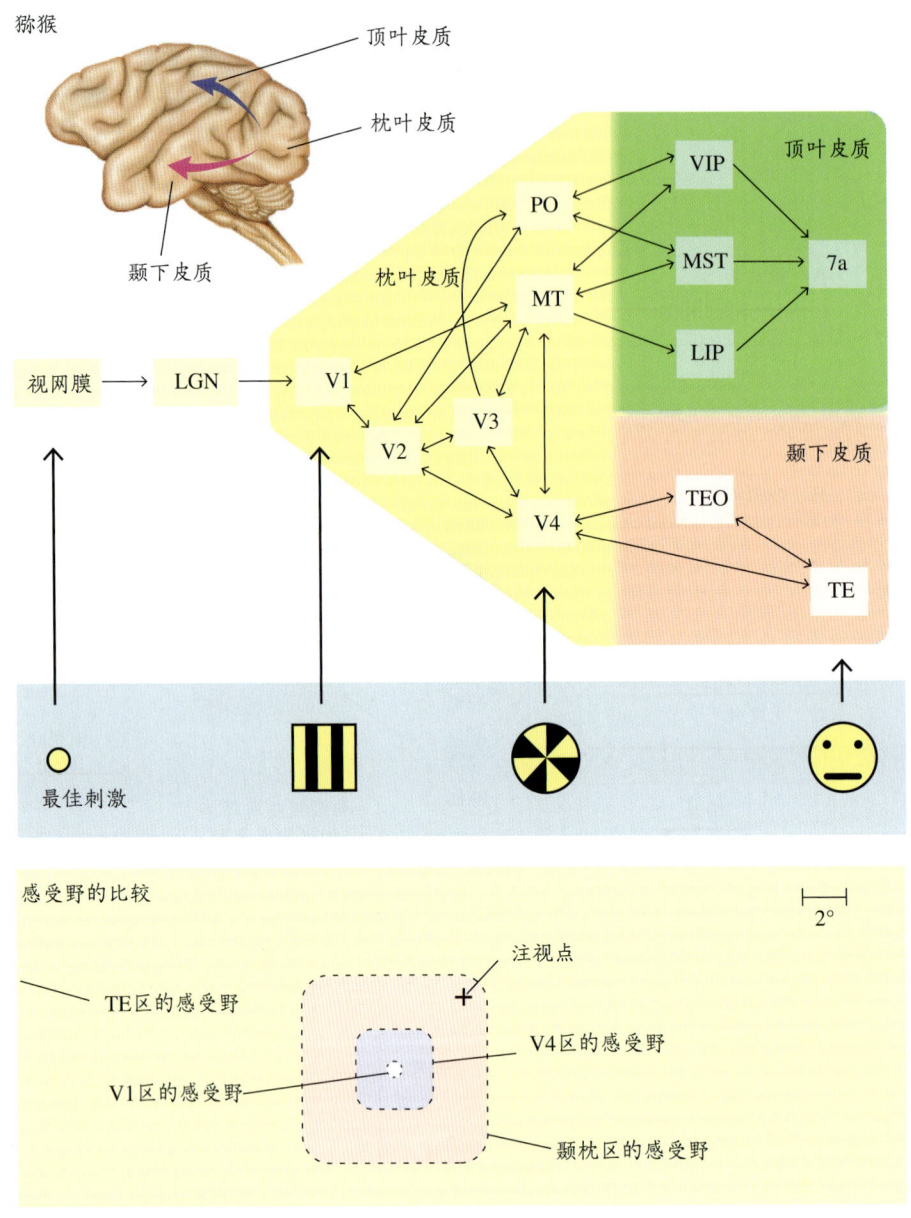

图 5.25 猕猴大脑主要的皮质视觉区及其连接模式

尽管所有皮质加工都始于 V1 区，但是存在两条主要的加工通路：一条是背侧通路（绿色），另一条是腹侧通路（粉色；见第 6 章）。沿着腹侧通路，使细胞产生最大激活的刺激变得越来越复杂。这些皮质视觉区的命名是对这些区域生理功能（例如 V1 区）和解剖结构［例如，外侧顶内区（lateral intraparietal area，LIP）］的综合考量。PO= 顶枕区（parieto-occipital area）；MT= 内侧颞叶（medial temporal）；VIP= 腹侧顶内区（ventral intraparietal area）；MST= 内侧颞叶上部（medial superior temporal）；7a=BA7a 区；TEO= 颞枕区（temporo-occipital area）；TE= 颞区（temporal area）。

胞对小亮点的反应最强烈，而 V1 区的细胞却对边界最敏感。沿着视觉系统进一步向上（例如，在 V4 区和 TE 区），最佳刺激变得非常复杂（例如，形状甚至面孔）（见第 6 章）。相应地，这些细胞的感受野也变得越来越大。外侧膝状体细胞只会对落在非常有限的一定区域内（不到 1° 视角）的刺激进行反应。V1 区的细胞感受野稍大，可以达到 2° 视角，而随着视觉系统的加工过程，神经元的感受野不断扩大：颞叶皮质中细胞的感受野甚至可以包括整个半侧视野。

尽管人类的大脑体积更大也更加复杂，包括猕猴没有的一些新的皮质视觉区，例如外侧枕叶 1 区（LO1 区）和外侧枕叶 2 区（LO2 区），但是在人类视皮质也发现了和猕猴皮质视觉区相似的组织原则。有趣的是，甚至在没有视觉能力的人中，也可以发现早期视觉区的组织原则。静息态 fMRI 的数据结果显示，早年失明和患有无眼症（一种眼球未能正常发育的病症）的病人，其 V1 区、V2 区和 V3 区等皮质视觉区的连接模式与健康被试几乎完全相同（Bock et al., 2015）。

怎样确定像图 5.25 所示的不同的视觉区呢？在有些情况下，神经解剖上的差异可以帮助我们界定这些分区的界限。例如，布罗德曼的细胞架构学方法可以清晰地界定初级视皮质和次级视皮质（见第 2 章）。但是，图 5.25 中不同的分区是通过生理学方法界定的。生理学方法的一个基本标准就是每个视觉区都保持一张完整的视网膜皮质映射图。解剖上临近的视觉区采用拓扑地形图的翻转来界定边界。

为了理解上述过程，可以做一个类比：想象在一个服装店中，裤子和衬衫都被放在同一层中。在一类服装里，每件衣服都是根据尺码摆放的。假设裤子是从 S（small，小）尺码到 XL（extra large，超大）尺码摆放的，我们当然也可以对衬衫重复这个过程。但是如果我们把衬衫的摆放顺序倒过来，即从 XL 尺码到 S 尺码摆放，那么穿 XL 尺码的顾客就会发现适合他的尺码的裤子和衬衫是相邻的。而穿 S 尺码的顾客就需要从摆放裤子的一头走到摆放衬衫的另一头，才能找到适合他的尺码的服装。但是如果衬衫后面还有夹克，我们就可以再次翻转夹克的摆放顺序，让 S 尺码的衬衫和 S 尺码的夹克相邻。

视皮质就采用了上述组织形式。图 5.26 显示的是视皮质的截面，每个视觉区都有自己的视网膜皮质映射图。当视网膜皮质映射图发生类似上例中的翻转时，就可以界定相邻视觉区之间的边界。在视觉信息从一个视觉区投射到另一个视觉区时，至少在早期视觉区（加工基本视觉信息），空间信息通过这些视网膜皮质映射图得以保留。在猴子的皮质上已经发现了 30 多个不同的**皮质视觉区**，而有证据显示，人类的皮质视觉区的数量比猴子还多。

根据猴子单细胞研究中的惯例，皮质视觉区用递增的数字命名，包括最后部的初级视皮质（V1 区）以及比较靠前的次级视觉区（V2 区、V3/VP 区、V4 区）。尽管我们采用 V1 区、V2 区、V3 区和 V4 区这样的命名方式，但是这其中的数字并不表示从一个区

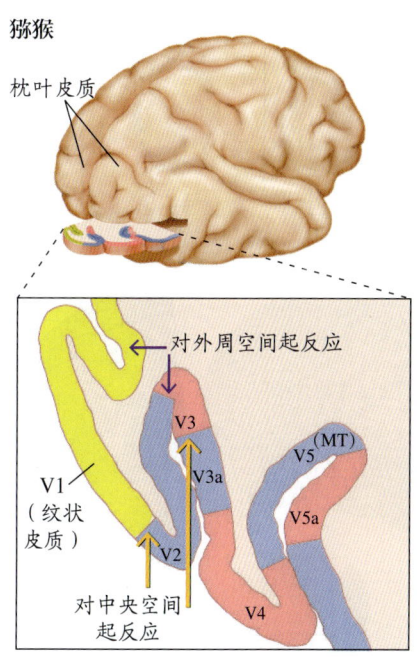

图 5.26 沿着皮质表面的不同视觉区

每个视觉区都包含对于对侧空间的视网膜皮质映射图，视网膜皮质映射图表征的翻转可以界定相邻两个视觉区之间的边界。例如，从外周空间到中央空间在皮质上表征的方向会在两个视觉区的边界处发生翻转。沿着如图所示的连续皮质带，可以定义 7 个不同的视觉区。然而加工并不是以一定顺序从一个区域到另一个区域的。比如，V2 区的轴突可以投射到 V3 区、V4 区和 V5/MT 区。

域到另一个区域的突触连接顺序。事实上，从一开始，V3 区就被分为两个相互独立的视觉区：V3 区和 VP（ventral posterior）区。连接这些**纹外视觉区**的线表示了视觉区中广泛存在的汇聚和发散。另外，很多区域之间的连接是相互的，这些区域也频繁地接收来自它们所投射区域的输入。

研究视觉的科学家开发了精细的 fMRI 技术来研究人类视皮质的组织形式。这些研究一般会采用让一个视觉刺激在视野中系统地移动的方法。例如，一个扇形的棋盘格图案在视野中央缓慢地旋转（图 5.27a）。在这种情况下，表征视野上部象限区域的 BOLD 反应会与表征下部象限区域的 BOLD 反应在时间上有所不同。而且，事实上，我们可以通过这种方法连续地追踪整个视野的表征。为了比较对中央凹刺激和对外周刺激反应的皮质区域，研究者可以使用一个扩张和收缩的圆环刺激。通过组合这些不同的视觉刺激，研究者可以很好地测量外部世界在皮质上的表征。

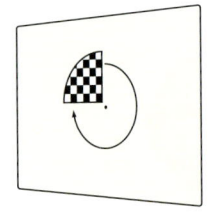
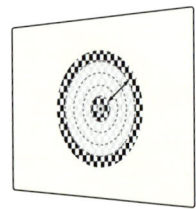
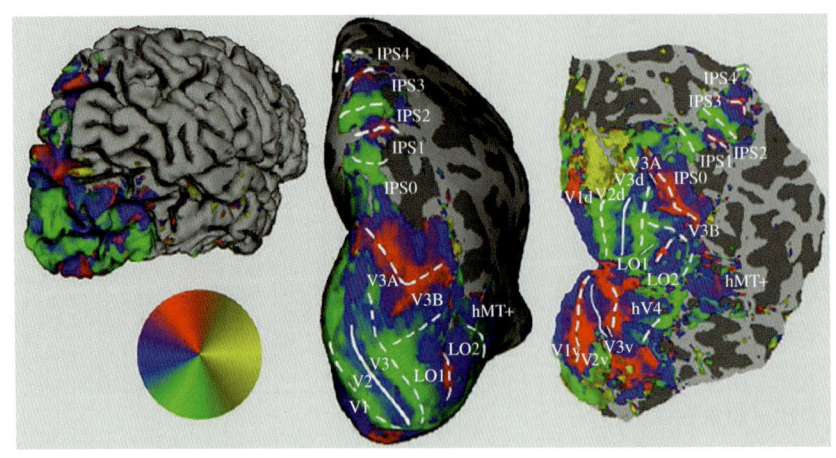
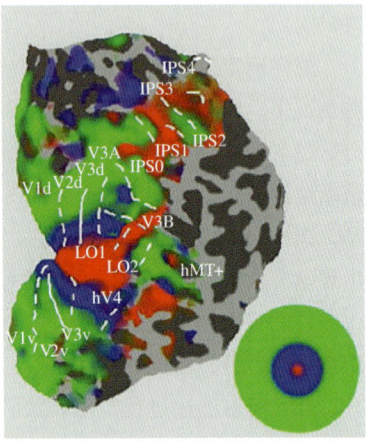

图 5.27 通过 fMRI 定位视野

（a）fMRI 扫描被试在观看旋转的扇形刺激时的大脑活动。扇形刺激会从一个视觉象限转到下一个，连续测量视皮质的 BOLD 信号反应，从而绘制激活区域是怎样相应地变化的。（b）通过 fMRI 界定的人类大脑视网膜皮质映射图。图中显示的大脑右半球对不同角位置的视觉刺激的表征；不同颜色代表刺激的不同位置。左：三维 MRI 重建图；中：吹胀的大脑图；右：铺平图。沿着顶内沟（IPS）可以看到五张半视野的地形图。（c）将同样的数据绘制在铺平图上，不同的颜色表示从中央凹到外周的不同位置。（b）和（c）中视皮质区的边界通过视网膜皮质映射图的翻转来界定。图片由戴维·萨默斯（David Somers）提供。

因为人类视皮质具有卷曲的特性，所以如果我们把这个实验的数据画在大脑的解剖图上，结果是难以辨认的。为了避免这一问题，人们构造了一种铺平的表征图。首先进行高分辨率的结构 MRI 扫描，然后计算机通过追踪灰质将折叠的皮质表面转变成一个二维图。接下来将从 fMRI 研究中得到的激活信号画到这张铺平的表面上，用颜色来表示相似时间内被激活的区域。

研究者使用这一程序描绘出了人类视觉系统中精细的组织。图 5.27b 和图 5.27c 显示的是大脑激活图的三维图和铺平图。在铺平图中，可以看到初级视皮质（V1 区）沿距裂状分布。就像在非人类哺乳动物的神经生理学研究中发现的那样，物理世界是倒置表征的。除了视皮质的最前方，当刺激在视野下部象限时，距状裂上部的区域激活，反之亦然。另外，这种激活模式会在视皮质重复出现，表明视皮质存在许多独立的拓扑地形图。采用不同的视觉刺激可以看到这些视觉区是如何表征离心率——距离注视点的距离——这一信息的。正如图 5.27c 所示，用红色标注的中央凹的皮质表征非常大。由于编码这部分空间信息的皮质占据了不成比例的视皮质，所以中央凹的视敏度好得多。

7T fMRI 系统能够精细地勾画一个视觉区内的神经元的组织原则（Yacoub et al., 2008）。在 V1 区内，7T 磁场可以揭示与视网膜皮质映射图类似的眼优势柱——对来自右眼或左眼的信号输入有偏好（图 5.28）。同时，用这样的技术可以看到不同体素朝向调谐的变化。这样的特异性是十分惊人的，因为每个体素内的激活反映了上百万个神经元的贡献。朝向调谐并不意味着所有的神经元都有相似的朝向偏好，而是意味着在不同体素之间的不同朝向选择性神经元比例

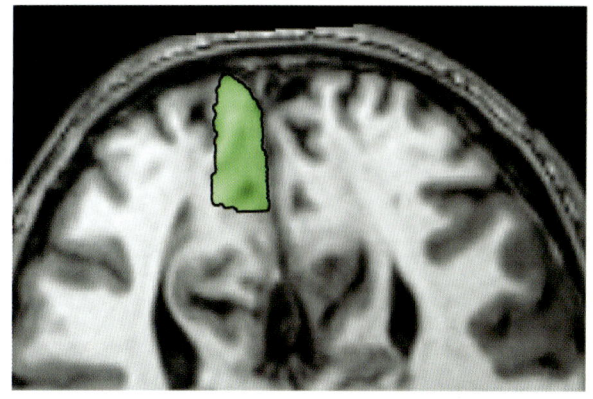
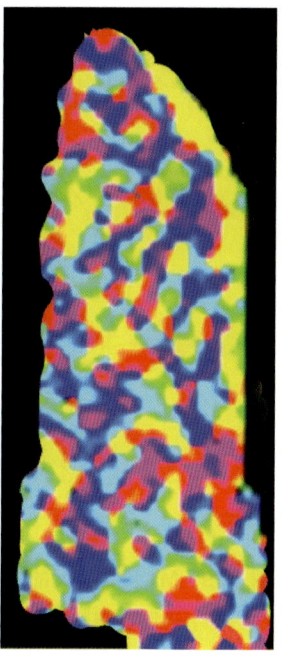

图 5.28　高场分辨率下的人类视皮质
（a）通过 7T fMRI 扫描仪定位了位于初级视皮质的感兴趣区域（ROI）。（b）在此分辨率下，可以画出眼优势柱。在这里，将刺激呈现给右眼时激活的区域用红色标注，将刺激呈现给左眼时激活的区域用蓝色标注。（c）感兴趣区域内的朝向图。颜色表示对于不同角度的棒状物的偏好。

的相对变化：有的体素内偏好垂直朝向的神经元比较多，而有的体素内偏好水平朝向的神经元比较多。

皮质视觉区的功能组织

灵长类的大脑中为什么包含如此多的视觉区呢？一个可能是视觉加工是分层的。每一个区域都对在较早区域生成的表征做进一步的精细加工，并且通过特殊的方式表征刺激。正如我们已经看到的，初级视皮质中的一些细胞负责计算边界。次级视觉区中的其他细胞则使用信息来表征拐角和边缘终端。接下来，更高级的视觉神经元整合信息以表征形状。这种愈发精细的加工最终形成了对刺激的表征，该表征可能与记忆中的信息匹配（或不匹配）。这种想法十分有趣，但是存在一个问题。正如图 5.25 所示，视觉区并不存在简单的等级，而是广泛地汇聚与发散从而形成了多重通路。

另一个假设以将视知觉看成一个分析过程的想法为基础。尽管每个视觉区都提供了一张外部空间的地图，但是这些地图表征了不同类型的信息。例如，某些区域的神经元对颜色变化具有高敏感性（例如 V4 区）。而在另外一些区域，神经元可能是对运动而不是对颜色敏感（例如 MT 区）。

根据这一假设，某一区域的神经元不仅仅编码了物体在视觉空间中的位置，而且提供了物体属性的信息。从这个角度看，视知觉采用的是分而治之的策略。每一个视觉区都提供有限的分析，而不是物体的所有属性在所有视觉区都被表征。视觉加工是分布式的和特异化的。当信号沿着视觉系统向前传递时，我们可以看到不同的区域都对 V1 区的原始信息进行加工，并且开始将不同维度的信息整合，以形成可辨认的知觉对象。

视觉区的特异化功能

来自生理学的广泛证据都支持了特异化假设。猕猴是生理学研究中常用到的一种实验动物。研究者考察了猕猴 MT 区（有时也被称为 V5 区）的细胞，该区因位于猕猴的颞中回而得名。单细胞记录显示，这一区域的神经元对刺激的颜色没有表现出特异性。例如，它们对白色背景上的绿色或者红色的圆的反应相似。

相反，正如图 5.29 所示，MT 区神经元对运动和运动方向十分敏感（Maunsell & Van Essen, 1983）。让一个长方形棒状刺激以各种方向通过 MT 区细胞的感受野，当刺激朝左下方运动时，该神经元的反应最强烈（图 5.29a）。相反，当刺激朝右上方运动时，该神经元保持静息状态。另外，细胞在棒状物快速运动

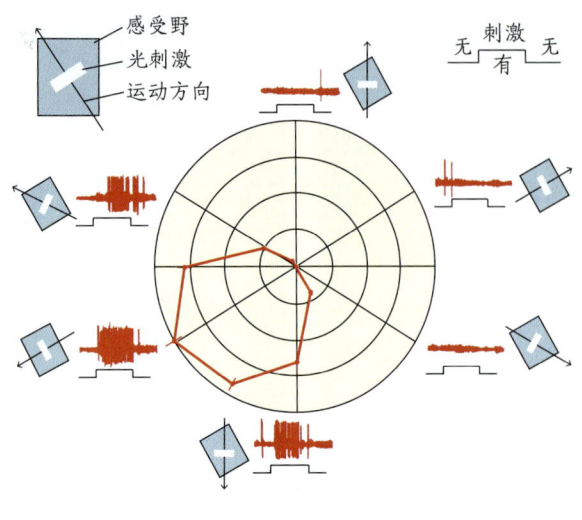
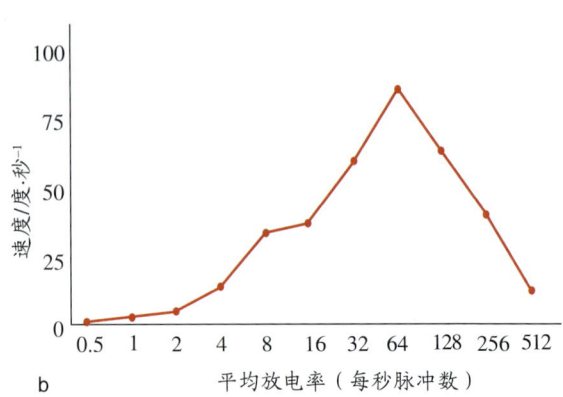

图 5.29　MT 区神经元的方向和速率调谐

（a）一个矩形在细胞的感受野中朝各个方向运动。刺激图片旁的红色轨迹表示细胞对这些刺激的反应。极坐标图里画出了放电率，每一点的角方向表示刺激的运动方向，而与中心的距离表示放电率，定义为最大放电率百分比。把每一点连起来形成的多边形表示该细胞对朝左下运动的刺激有最大反应，而对相反方向的运动反应最小。（b）该图示意了 MT 区的一个神经元的速率调谐。在所有条件下，刺激都是朝最优方向运动的。这个细胞在刺激以每秒 64° 运动的时候反应得最强烈。

时反应最强烈（图 5.29b）。棒状物在同一方向上的低速运动不能使细胞产生高于基线的响应频率。这样，猕猴 MT 区神经元的活动就和刺激的三个属性有关：第一，仅当刺激位于其感受野时，细胞才会活动；第二，当刺激朝某个特定方向运动时，细胞的反应最强；第三，细胞的活动水平受到运动速度的调节，不同的 MT 区神经元对不同的运动速度反应。

神经成像技术使得研究者可以在人类大脑中发现类似的特异化功能。在一项开创性研究中，来自伦敦大学学院的泽米尔·泽基（Semir Zeki）及其来自伦敦哈默史密斯医院的同事使用 PET 考察了被试加工颜色或运动信息的时候，不同视觉区的激活（Barbur et al., 1993）。他们使用减法逻辑：将控制条件中的激活从实验条件中的激活扣除。在颜色实验中（图 5.30a），被试被动地观看一些彩色或者无色的矩形拼贴图案。在运动实验中（图 5.30b），被试观看一些运动或静止的黑白方块。

这些研究的结果提供了清晰的证据证明这两个任务激活了不同的脑区。将观看无色拼贴图案的激活减去之后，研究者发现，当被试看彩色的拼贴图案时，

图 5.30　在 PET 实验中使用的刺激，用于确定参与颜色和运动知觉的区域

（a）在颜色实验中，刺激由灰色的（控制条件）或各种颜色的（实验条件）方块组合而成。（b）在运动实验中，黑色或白色的区域以随机模式呈现，要么是静止的（控制条件），要么是运动的（实验条件）。

还有几个残余的激活点。这些激活点位于双侧枕叶的最前部和下部（图 5.31a）。尽管 PET 的空间分辨率较为粗糙，但是可以确认这些区域在纹状皮质（V1 区）和纹前皮质（V2 区）之前，泽基及其同事将之命名为人类的 V4 区。

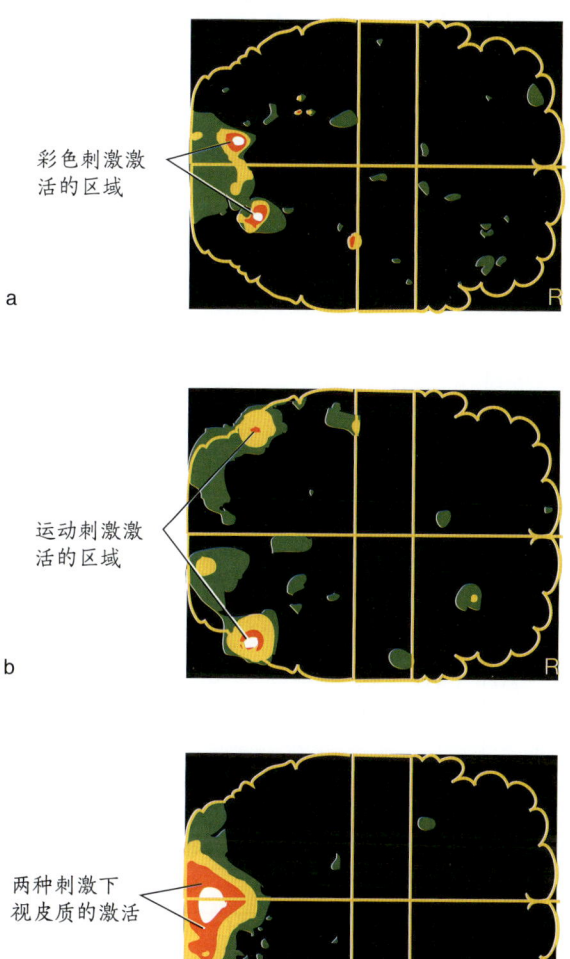

图 5.31　在图 5.30 所示的实验中，将实验条件的激活区域减去控制条件的激活区域后，剩下的激活区域

（a）在颜色条件中，显著的激活区域位于内侧，对应人类的 V4 区。（b）在运动条件中，激活区域更靠外侧，对应人类的 MT 区（也被称为 V5 区）。沿腹背轴看，激活区域也有所不同：MT 区比 V4 区更靠上。（c）与没有视觉刺激的控制条件相比，两种刺激都在初级视皮质产生了显著的激活。

相反，在运动实验中进行适当的相减之后，残余的激活点位于双侧的颞叶、顶叶和枕叶皮质联合区（图 5.31b）。这些区域比颜色区更靠上侧和外侧，被称为 V5 区。注意，研究者经常称 V5 区为人类的 MT 区，尽管这个区域在人类大脑里并不位于颞叶。当然，我们不能通过 PET 数据确定这些激活区域真的只是由一个视觉区组成的。

通过对比图 5.26 和图 5.31，可以发现颜色区和运动区的相对位置在物种间有明显的差异。例如，人类 MT 区处于大脑的侧表面，而猴子的 MT 区在更内侧的位置。这种差异可能是由于人类的大脑表面区域更大，而这种脑容积的膨胀需要在进化进程上对连续皮质进行更多的折叠。

关键信息

- 光线激活位于视网膜上的感光细胞（视杆细胞和视锥细胞）。
- 神经节细胞的轴突形成了视神经，靠内侧的一半视神经在视交叉处进行交叉，投射到对侧半球。视神经的轴突在外侧膝状体处形成突触，并且从外侧膝状体开始形成投射到 V1 区的视放射。
- 视觉神经元只对呈现在特定空间区域的刺激起反应，这个特性被称为细胞的感受野。
- 视觉神经元会在客观的空间位置和对空间位置的神经表征之间形成有序的对应关系。在视觉中，这种拓扑表征被称为视网膜皮质映射图。
- 视皮质由很多不同的区域组成，每个区域都有不同的视网膜皮质映射图。每个视觉区都有功能上的差异，这反映在每一区域内的细胞都进行着不同种类的计算上。例如，V4 区的细胞对颜色信息敏感，而 V5 区的细胞对运动信息敏感。
- 人类有一些独特的视觉区，这些区域并不对应于我们灵长类近亲大脑中的任何区域。

5.7　从感觉到知觉

在第 6 章，我们将探讨感觉体验转化为知觉的过程，即人类如何利用感觉系统输出的信息来辨认物体和场景。本节以视觉为例，通过介绍一些考察早期感觉皮质激活影响知觉体验的实验，来简单地讨论感觉与知觉之间的关系。例如，早期视皮质的活动是否足以产生知觉？或是视觉信息必须经过高级视觉区的加工才能让我们察觉到刺激的存在？

根据前面的内容，我们已经知道，早期感觉皮质能够表征刺激的部分基本特征，并且通常存在某种形式的拓扑结构。听皮质的细胞对特定范围的频率具有偏好；视皮质的细胞能够表征诸如朝向、颜色和运动方向等属性。初级运动区表征的信息在进入次级运动区后被进一步细化和整合。一个重要的问题是：感觉刺激到底是在哪一个加工阶段被转化为知觉，成为能够被我们体验到的现象的？

知觉在哪里形成？

研究这个问题的一种方法便是使用一些特殊的刺激来"欺骗"我们的感觉加工系统，使我们产生一些与真实环境刺激不符的知觉——换句话说，就是让我们产生错觉。通过 fMRI 技术追踪此类刺激的加工过程，我们或能确定刺激加工到底从哪一步开始脱离正轨。例如，当一个彩色圆盘在红色和绿色间切换且每秒切换一次时，我们可以毫不费力地看出颜色的变化。但是，当色彩变化改为每秒 25 次时（变化频率为 25 赫），我们将知觉到一个融合的颜色，从而看到一个持续不变的、发黄的白色圆盘（红光和绿光的加和效果）。这个现象被称为闪光融合。我们的知觉到底从视觉系统的哪一个阶段开始出现"故障"，以至再也无法跟上刺激的闪动？这个故障是发生在皮质下核团中的早期加工，还是在某个视皮质中进行的晚期加工？

何生及其同事在使用闪光刺激对被试进行测试的同时，观察视皮质的活动变化（Jiang et al., 2007）。图 5.32 对比了 fMRI 在三种刺激条件下的 V1 区、V4 区和 VO 区记录到的 BOLD 反应。这三种条件分别为 5 赫全对比度闪动刺激条件（被试知觉到两种颜色）、30 赫全对比度闪动刺激条件（被试知觉到融合颜色），以及一个使用 5 赫阈下对比度刺激（知觉上与 30 赫闪动刺激相同）的控制条件。

皮质下结构和包括 V1 区及 V4 区在内的低级皮质加工区域能够区分 5 赫闪动刺激、30 赫闪动刺激以及 5 赫非闪动控制刺激。相反，与 V4 区相邻的 VO 区的 BOLD 反应无法区分高频闪动刺激和静止的控制刺激（图 5.32）。由此我们可以得出结论，这种"感觉看到一个静止发黄物体"的错觉是在更高级的视觉区域（被称作 VO 区或 V8 区）形成的，说明在视觉加工过

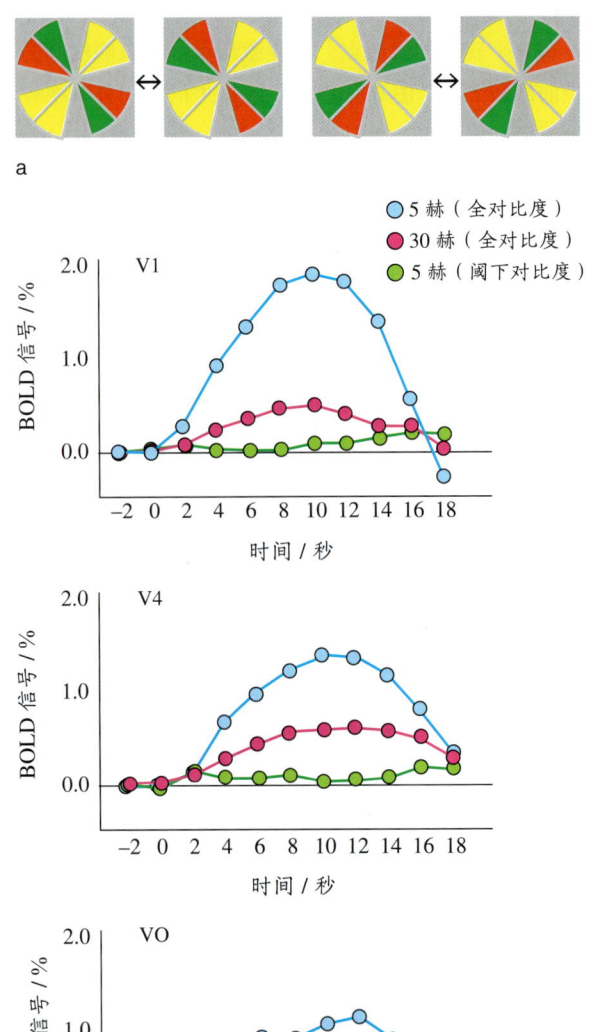

图 5.32　知觉神经相关物的脑成像研究

（a）在研究极限时间分辨率时使用的闪烁轮盘刺激。左右两个刺激颜色切换频率或对比度不同。（b）三个视觉区域——V1 区、V4 区和 VO 区——对闪烁刺激的 BOLD 反应。VO 区的激活模式符合被试的知觉体验，因为刺激颜色的变化在 30 赫高频闪烁或阈下对比度条件下是不可见的。相反，V1 区和 V4 区的反应在阈上对比度条件下与实际物理刺激是相对应的。

程的早期阶段，视觉信息能够被准确探测，但是至少对颜色特征来说，有意识的知觉与高级皮质的活动关系更为紧密。

另外一项相关研究同样使用 fMRI 手段来探测无意识"知觉"的神经印迹（Haynes & Rees, 2005）。研究者向被试呈现两种条件的刺激：一种刺激呈现时间为 1/20 秒，另一种刺激呈现时间为 1/30 秒，但前后各有一个由交叉阴影线构成的掩蔽刺激。被试的任务是判断刺激的朝向。在第一种条件下，人们的行为反应正确率很高；在第二种条件下，行为成绩跌至了随机猜测水平。但是，利用一种精妙的模式识别算法对第二种条件的 fMRI 结果进行分析，研究者发现，V1 区的活动能够区分两种刺激条件，V2 区和 V3 区的活动则无法区分。

上述例子表明，我们的初级感觉区域能够提供对物理刺激的精确表征，而我们的知觉体验更多地依赖次级和联合感觉区域的活动。值得注意的是，两个例子得出该结论的证据均为在实验中观察到的一个现象，即在知觉体验消失的条件下，次级区域的活动也变得无法探查。

我们也可以从相反的角度考虑这个问题，看看到底有哪些脑区的活动模式的确与错觉相关。盯住图 5.33 所示的恩格玛图案。几秒后，你应该会感觉蓝色圆环内部开始出现闪烁的运动纹样，这种错觉产生的原因是圆环与黑白射线方向交叉。PET 和 fMRI 研究发现，观看与恩格玛图案类似的图片的确能够强烈激活对运动敏感的 V5 区。这种激活是具有选择性的：运动错觉不会增强 V1 区的活动。

要想证明知觉与次级皮质关系更紧密，一种更为有力的论证方式即为找到证据表明这些区域的活动足以产生知觉，甚至能够从中预测知觉体验的内容。迈克尔·沙德伦（Michael Shadlen）及其同事（Ditterich et al., 2003）利用一种逆向工程技术来控制感觉皮质的激活模式，并对这一假设进行了检验。他们训练猴子观看屏幕上的移动光点，并用眼睛的运动来报告它们知觉到的点阵运动方向（图 5.34a）。为了加大任务难度，只有一小部分点被设计为向同一方向运动，其余点的运动方向随机。

研究者记录了一个 MT 区细胞的活动。在确定该细胞的运动方向选择性后，他们在呈现视觉刺激的同时利用一根电极向这个 MT 区细胞施加电流刺激。这一操作使得猴子有更大的概率报告点阵运动方向为该细胞偏好的方向（图 5.34b）。值得注意的是，电流刺激可能会激活多个神经元（至少此研究所使用的电刺激方法的确存在这一问题）。但是，动物知觉发生改变的结果表明，相邻神经元或拥有类似的方向选择性，这一点与 MT 区存在对运动方向的拓扑式表征的观察相符。

在选用猴子为研究对象时，我们只能通过它们的行为来推测知觉；也无法肯定地认为这些知觉感受与意识体验相关。极少数的研究对手术过程中的人类被试开展了类似的电刺激实验。在其中一项研究当中（Murphy et al., 2008），电极被放置在视皮质的腹侧区域，并覆盖了至少两块参与色彩加工的脑区，即位于枕叶舌回后部（V4 区），以及位于颞叶内侧梭状回前部（V4a 区）。

当被用作记录设备时，在两处脑区的电极均记录到了对彩色刺激具有选择性的活动。例如，其中一根电极对某种颜色反应强于对另一种颜色的反应。当把电极用作刺激设备时，更有趣的结果出现了。在前部色彩区，电刺激会导致病人汇报看见一团彩色的、模糊的图像。视幻觉的颜色与电刺激区域偏好的颜色类似。因此，在这一高级视觉区中，视觉刺激引起的颜色知觉与电刺激引起的知觉密切相符。

图 5.33　恩格玛图案：一种视错觉

在观看恩格玛图案时，我们能知觉到运动错觉。观看这种图案会引发 MT 区的活动。

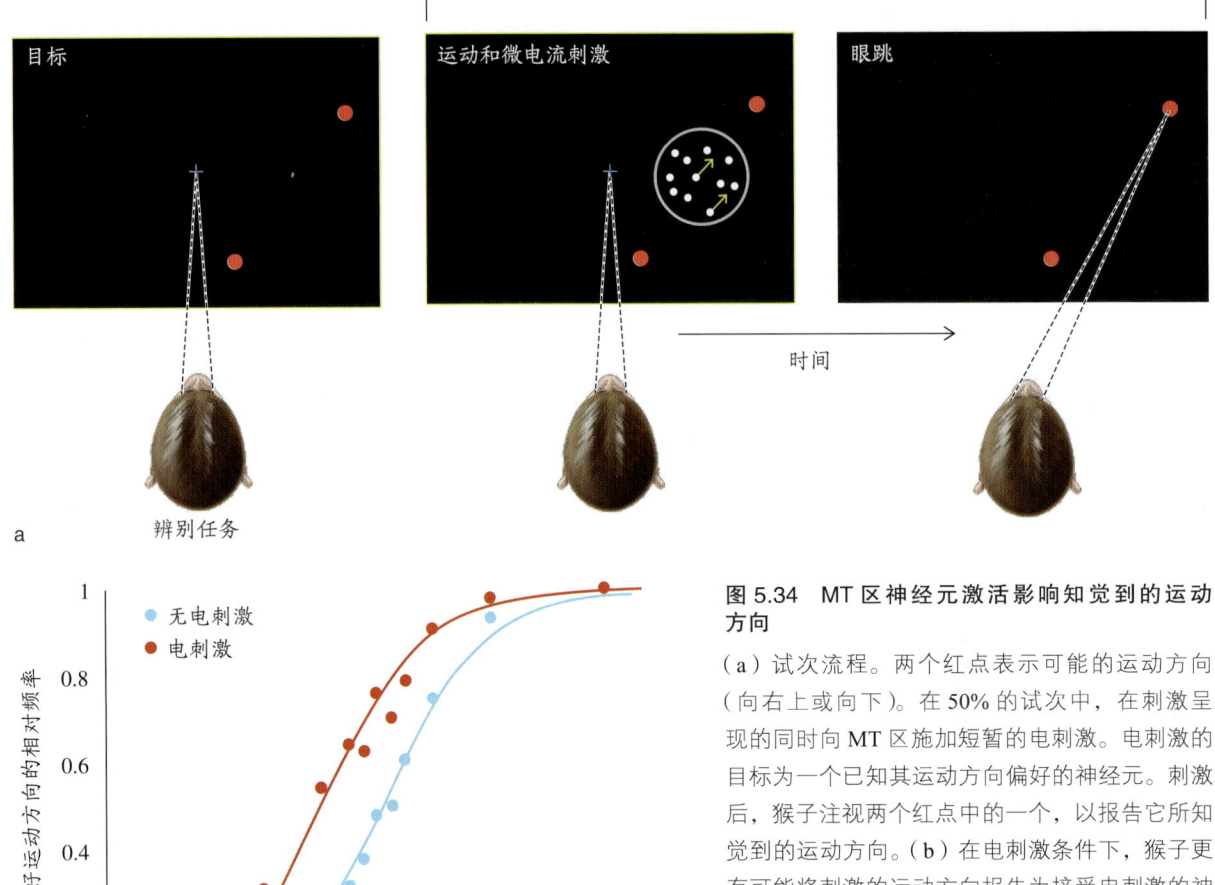

图 5.34　MT 区神经元激活影响知觉到的运动方向

（a）试次流程。两个红点表示可能的运动方向（向右上或向下）。在 50% 的试次中，在刺激呈现的同时向 MT 区施加短暂的电刺激。电刺激的目标为一个已知其运动方向偏好的神经元。刺激后，猴子注视两个红点中的一个，以报告它所知觉到的运动方向。（b）在电刺激条件下，猴子更有可能将刺激的运动方向报告为接受电刺激的神经元偏好的方向。x 轴代表运动刺激的强度，即运动方向一致的点所占的比例。0 表示随机运动，负值代表运动方向与神经元偏好的方向相反，正值表示与神经元偏好的方向一致。

视知觉障碍

在神经成像技术出现之前，我们对人脑加工过程的了解在很大程度上来源于在脑损伤病人身上开展的研究，其中就包括一些有知觉障碍的病人。1888 年，路易·韦雷（Louis Verrey；cited in Zeki，1993a）描述了这样一名病人，她在一次卒中后丧失了感知右侧视野颜色的能力。韦雷报告，这名病人只在右侧视野的部分区域存在视觉敏锐度下降的问题，但她的整个右侧视野都有颜色缺陷。病人去世后，韦雷对她进行了解剖并得出了人类大脑存在"颜色感觉加工中枢"的结论（Zeki，1993a）。我们可以推测，这位病人眼中的世界或许就如图 5.35 展示的那样：一半空间充满丰富的色彩，另一半则如同黑白电影。

图 5.35　全色盲病人眼中的世界没有色彩

因为颜色的差异通常伴随着亮度的差异，场景中的不同物体或许是可辨认的，看上去由不同深浅的灰色组成。本图展示了在半视野全色盲病人眼中的世界可能呈现的模样。大多数病人残存部分颜色知觉，但不能分辨微小的颜色变化。

颜色知觉障碍：全色盲

当我们说起某个人是色盲时，通常指的是这个人遗传了一种基因，导致光感系统异常。二色觉者，也就是只拥有两种感光色素的人，可以被分为两类：如果他们缺失的是对中长波敏感的感光色素，就属于红绿色盲；如果缺失的是对短波敏感的感光色素，则属于蓝黄色盲。异常三色觉者的情况相反，他们拥有全部三种感光色素，但其中一种存在感光异常。这些遗传病在男性中出现的比例更高，达 8%。在女性中，病人比例不到 1%。

由于中枢神经系统异常而出现的颜色知觉障碍罕见得多。这种障碍被称作**全色盲**。英国伦敦的国立神经科与神经外科医院的 J. C. 梅多斯（J. C. Meadows）对一名全色盲病人的描述如下：

"所有东西看上去都是黑色的或灰色的（如同图 5.35 的左侧）。他无法区分英国邮票的面值，因为这些邮票的图案类似，仅颜色不同。他是一名优秀的园丁，但经常把活的藤蔓剪掉，把死的留下。他也很难认出自己盘中的一些食物——如果根据颜色来辨别，其实是非常明显的。"（Meadows，1974，p.629）

造成全色盲的脑损伤的面积通常很大，但病灶往往包含了 V4 区和 V4 区前部的区域。存在这些病症的病人能够看见并识别物体，因为颜色并不是形状知觉的必要线索。事实上，颜色知觉是一种微妙的能力，一个典型例子即为在电影《绿野仙踪》（*The Wizard of Oz*）中，多萝西降落在奥兹王国后，画面从黑白变为彩色，但有一些观众并没有意识到这一变化。不过，人一旦永远丧失了颜色知觉，觉察这一微妙变化的能力就被严重损伤了。

尽管全色盲病人的视觉识别能力基本正常，但他们可能会出现形状知觉方面的困难，因为对色彩敏感的神经元往往表现出了对其他特征的选择性，例如朝向。在一项个案研究当中，一名病人的右侧半球颞枕交界区域在一次卒中后出现了损伤。损伤区域的中央位于 V4 区及视皮质的前部区域（图 5.36a；Gallant et al.，2000）。

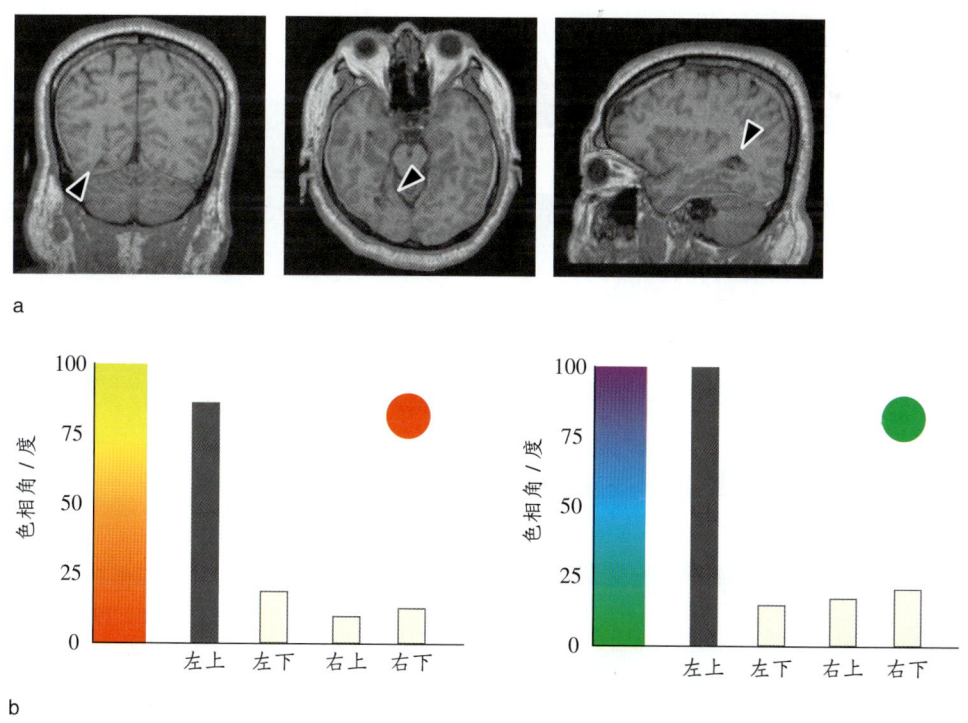

图 5.36 单侧 V4 区损伤病人的颜色知觉

（a）MRI 扫描显示了一块小面积损伤（箭头指示处）覆盖了右半球 V4 区。（b）视野四象限中的颜色知觉阈限。当测试色块出现在左上视野时，病人的色相匹配任务表现出了严重受损。纵轴代表出现在四个象限的、需要与中央视野的目标刺激进行颜色比较的测试颜色。左图结果对应的目标刺激为红色，右图结果对应的目标刺激为绿色。色相角（hue angle）是目标刺激的实际颜色与第一个被认为是不同色相的测试颜色在色轮上的角度差。

为了研究这名病人的全色盲症状，研究者进行了一项色相匹配实验。首先在病人的中央视野呈现一个彩色的示侧刺激，随后在四个象限中的一个呈现测试刺激。病人的任务为判断两个刺激的颜色是否相同。无论示侧刺激的色相如何，病人的色相匹配任务成绩均在测试刺激出现在左上视野时出现严重下降（图5.36b）。和过往全色盲病例的报道一致，知觉障碍只出现在受损半球的对侧视野。

随后，研究者开始测试病人的形状知觉。病人是否会在同一个象限出现类似的功能障碍？如果是这样，什么样的形状知觉任务能够检测出这种障碍？为了回答这些问题，研究者进行了一系列研究。实验刺激如图5.37所示。在基本的对比度、朝向和运动方向辨别任务中（图5.37a—图5.37c），病人在四个象限中的表现类似，成绩与控制组被试相当。但是，在测试高阶形状知觉能力时（图5.37d和图5.37e），他表现出了功能障碍，并且同样局限于左上象限。在这些任务当中，对形状的获取需整合那些负责探查简单特征（如线条朝向）的神经元输出信息。例如，半圆边界线的朝向（图5.37d）是由条纹的长度和终点共同定义的。

将V4区描述为"颜色"区过于笼统。这一区域是次级视觉区的一部分，参与形状知觉。颜色能够为物体的形状提供重要线索。在利用颜色信息作为线索来定义视觉环境中各物体边界的加工过程中，V4区的作用非常关键。

再谈病人P. T.。 让我们回到本章开头提到的病人P. T.的案例上。他很难认出熟悉的地点和物体。进一步检查发现，他的知觉障碍具有一些神奇的特点。他被要求观看如图5.38所示的两幅画作，并对之进行描述。在看莫奈（Monet）的作品时，他看上去一脸困惑，声称自己无法看到清晰的图形，只有一堆颜色和形状的抽象组合，和他在家体验过的异常知觉类似。但是，在观看毕加索（Picasso）的画作时，他轻松地认出画的是一个女人或年轻女孩。

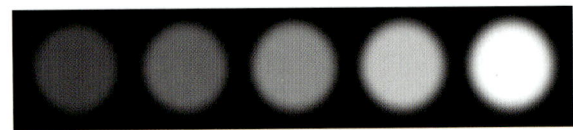

a 亮度

b 朝向

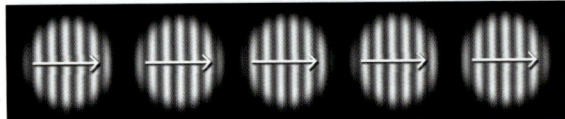

c 运动方向

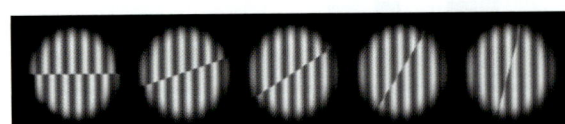

d 错觉轮廓

e 复杂形状

图5.37 形状知觉测试

测试图5.36所示的V4区损伤病人的形状知觉所使用的刺激。在基本的（a）亮度、（b）朝向和（c）运动方向测试中，病人在四个视野象限上的知觉阈限类似。（d）错觉轮廓和（e）复杂形状的知觉阈限在左上视野明显升高。

a　　　　　　　　　　　　b

图5.38 两张人像画

（a）19世纪60年代法国印象派画家克劳德·莫奈所作的《草坪上的午餐》的局部图。（b）1937年立体主义时期的巴勃罗·毕加索所作的《哭泣的女人》。© 2008 Estate of Pablo Picasso/Artists Right Society（ARS），New York.

这一分离现象是引人注目的，因为大多数人会毫不犹豫地认为莫奈的画与现实世界更接近。莫奈描绘了对比度和颜色的渐变；毕加索则使用强烈的明暗对比和鲜明的色彩，将作品的不同部分处理为彼此独立的单元。P. T. 的神经科医生认为，P. T. 的问题属于颜色知觉缺陷，而色彩的运用方式正是两张画作的基本差异。在莫奈的作品中，颜色上的渐变定义了人物的面孔边界，使之与背后的风景区分开。颜色知觉缺陷为病人识别面孔和风景时的困难提供了一个简单的理由：如果一个人不能辨别颜色上的细微差别，那么俄勒冈农场外绵延的绿色山丘在他眼里可能就会模糊成一团均匀的色块。类似地，每一张面孔也由自己独特的色彩组成。

运动知觉障碍：运动盲

1983 年，来自德国慕尼黑的马克斯·普朗克研究所的研究者报告了一个令人惊奇的案例（Zihl et al., 1983），病人名为 M. P.，表现出了选择性运动知觉丧失，又称**运动盲**。M. P. 的知觉类似于将世界看成一系列快照。她看不到物体在空间中的连续运动，而是看到物体先出现在一个位置，后出现在另一个位置。在倒茶时，她会看见液体在空中停滞，却看不到茶水逐渐盛满的过程，于是在发现茶水溢出来的时候大吃一惊。运动知觉的丧失使得 M. P. 在过马路时犹豫不决。如她所说："当我刚看到一辆车时，它好像还在很远的地方。然后当我想穿过马路的时候，汽车突然就离我很近了。（Zihl et al., 1983, p.315）"

CT 扫描表明，M. P. 的双侧颞顶皮质存在大面积损伤，包括颞中回的后部和外侧部分。这些损伤大致包含参与运动知觉的脑区。此外，损伤靠近人类 V4 区的上侧和外侧，其中包括 V5 区，即人类皮质中与 MT 区对应的区域。单侧 V5 区损伤引起的运动知觉缺陷症状更加轻微（Plant et al., 1993）。顾名思义，运动是一种动态的知觉，通常需要一段时间才能表现出来。随着观察时间的增加，来自受损半球早期视觉区的信号就有机会抵达未损伤半球的次级视觉区。

尽管如此，在人类单侧半球 V5 区上进行经颅磁刺激（TMS，见第 3 章）依旧能引发短暂的运动知觉障碍。在这样的一个实验中，被试被要求判断一个刺激是向上还是向下运动（Stevens et al., 2009）。为了增加任务难度，刺激点阵中只有一部分点是向目标方向运动；其余点的运动方向随机。此外，刺激前后还各有一个完全由随机运动点组成的"掩蔽"刺激。这样一来，刺激的运动方向仅在一个很短的时间窗内（100 毫秒）是可见的。TMS 施加于 V5 区或作为控制条件的运动皮质。只有施加在 V5 区的刺激会引发短暂的运动盲，从而降低任务成绩。

关键信息

- 和初级视皮质的活动相比，我们的知觉更多地与高级视皮质的活动有关。
- 人类 V4 区内部及其附近的损伤会引起全色盲，即无法知觉颜色，并且在形状知觉上出现障碍。颜色属性能够辅助形状知觉。
- 运动盲指的是运动信息加工能力的丧失。如果左半球和右半球的 V5 区均受到损伤，这种障碍会表现得非常严重。和许多神经疾病症状一样，单侧损伤引起的症状会轻微很多。

5.8 跨通道知觉：耳闻如见

每一种感觉都为我们提供了关于我们生活的世界的独特信息。颜色是一种视觉体验，音调是独特的听觉。即使每种感觉提供的信息是截然不同的，但是不同感觉所共同形成的对周围世界的体验是统一的。我们可以独立地研究感觉系统的某个通道，可是知觉本身的的确确是综合性的过程，它意味着感觉系统利用所有可用的信息并将它们整合为和谐统一的表征。而这种一致性，可能需要知觉系统对实际的感觉输入展开一定程度的调整。

这种调整有一个颇具说服力的演示：语言知觉。大部分人认为语言是一种内在的听觉加工：我们解读语音的声音信号，识别其中的音素，再将它们整合成词汇、短语和句子（详见第 11 章）。然而，我们听到的声音可以受到视觉线索的影响。在一种竞争性的错觉——麦格克效应（McGurk effect）中，这一点得到了充分的体现。麦格克效应是指受所看到的说话者唇部运动的误导，人们以为自己听到的语句可能与实际的声音信号不符的现象。举例而言，当人们看到视频中说话者的唇形是 /ba/，而实际上的声音信号是 /fa/ 时，人们对该发音的知觉明显受到了视频信息的误导。

这种错觉源于在每日生活中能体会到的、不同感觉之间的紧密关联。一般来说，说话者的唇形和我们听到的声音是一致的，而在该错觉中，二者被分离。

同时，这也让我们发现，在大脑中，不同感觉系统的信号得到了整合。

多通道加工怎样发生？

不同感觉系统的信息是怎样在大脑中进行整合的？一种过去的观点是，以其中的某些感觉通道作为主导（尤其是视觉可能主导其他所有的感觉）。另一种观点则认为，在诸多感觉通道针对同一个外界属性（例如，声音的源头位置、接触的位置等）进行描述时，大脑选择了其中最可靠的信号，并给予它更大的权重。在这一观点下，视觉的统领作用和主导地位源于生活中大量的视觉信息，且大脑认为视觉信号最为可靠，并因此而最为"倚重"视觉。

在麦格克效应的例子中，视觉信息被认为更可靠，因为发出 /b/ 需要闭合嘴唇，而发出 /f/ 只需保持嘴唇分离。这种调节权重的观点使感觉系统更灵活，随着情境的变化，感觉系统可以随时做出相应的调整。当于黄昏在树林中行走时，外界光线昏暗，因而我们更依赖躯体感觉信息和听觉信息。当感觉到自己踩到树根，或是听到踩碎枯枝的细碎声时，可能意味着自己偏离了林中道路。

当探究不同的感觉信号如何融合时，问题自然出现了：不同感觉通道的信息在脑中什么区域得到整合？整合是在加工的早期还是晚期？又是借助怎样的通路实现整合的呢？

多通道加工在哪里实现？

正如第 2 章所讨论过的，包含对多种感觉响应的神经元的脑区被称为多感觉或多通道的。多感觉整合（N. P. Holmes & Spence, 2005）发生于许多不同的脑区，皮质和皮质下区域均有参与。接下来是一些针对这一问题的研究。

神经生理学方法是动物研究的利器：将电极插入脑中目标区域，向动物呈现一系列刺激，并观察记录该区域是否被激活，如何被激活。举例而言，研究者可以调整刺激的位置、颜色和运动方式来进行相应的视觉研究。而针对多通道加工的研究可以向动物呈现不同感觉通道的刺激，观察神经元是否对不止一种感觉通道的刺激响应，以及这种响应与不同通道刺激之间的关联。

上丘是多通道研究的一个热点区域，它是与眼动相关的一个皮质下组织，位于中脑。它包含了在视觉域、听觉域和触觉域的有规则的环境拓扑图。上丘的很多细胞都可以被不止一种感觉模态的信号激活，从而表现出多感觉的特性。这些神经元将来自不同感觉通道的信息进行整合。实际上，当输入信号来自不同的通道时，这些神经元表现出了比单通道信息所引发的更强的响应（B. E. Stein et al., 2004）。

这一增强反应在单通道刺激不能独自产生反应时最有效。通过这种方法，微弱的、甚至阈限下的单通道信号的结合都可以被探测到，并且使得动物对刺激进行定向。在大脑加工过程中，一致的多通道信息往往被认为比单通道信息更加可靠。草丛中传来沙沙声，可能是因为有蛇经过，也可能是因为风的吹拂。但是如果你还瞥见了动物的运动，那你一定会迅速看向草丛，来确定是否有蛇。

整合效应需要不同通道的刺激在时间和空间上具有一致性。举个例子，如果一道闪光（视觉刺激）和两次"哔"声（听觉刺激）的出现时间和空间位置均同步，那么相应的多感觉响应会增强。事实上，被试可能会将它知觉为看到了两次闪光（Shams, 2000）。在这一听觉主导的错觉中，听觉刺激影响了被试对视觉刺激的判断。这两次声音刺激营造出了"两次事件"的情境，因而大脑将这一特征应用于视觉刺激，从而确保知觉的一致性。而若听觉刺激和视觉刺激来源的空间位置不同，或者在时间上不同步，丘脑神经元的反应会比两种刺激单独呈现时更低。这一效应再次验证了大脑依据信号的可靠性赋予它不同权重的工作特点。在真实的环境中，经验告诉我们，听到的声音和看到的场景往往是同步的，就像我们知道闪电过后必有雷声。

在很多皮质区域都可以观察到多感觉刺激引发的活动。颞上沟具有来自许多感觉区域的神经纤维连接，同时也将信号传输到感觉区域。神经生理学研究发现，猴子颞上沟位置的神经元对视觉、听觉和躯体感觉通道的刺激都有响应（K. Hikosaka et al., 1988）。研究者也使用功能磁共振成像来定位多感觉皮质区域，例如，当人们进行唇读时（实际上，在生活对话中，每个人都会无意识地使用这一技巧），左半球的颞上沟神经元受到激活。有趣的是，当看到的唇部运动和听到的声音不一致时，颞上沟神经元不会出现类似的反应（Calvert et al., 1997）。

其他具有类似的信息整合效应的区域包括顶叶、额叶和海马（图 5.39）。在研究中，我们甚至可以看到以前被认为通道特异的区域也能表现出一定的多通道响应。例如，当视觉刺激与一个对应的触觉刺激发生在邻近的空间位置时，ERP 波形中的早期视觉成分得到了增强（Kenner et al., 2001）。

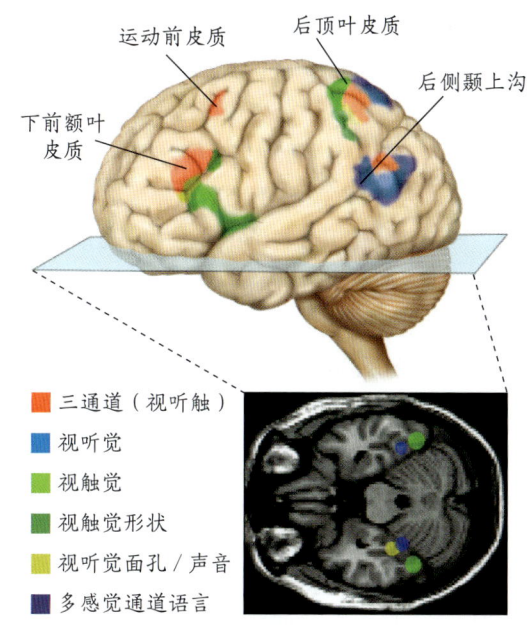

图 5.39　大脑皮质中的多感觉区域
左半球的标注区域为单通道刺激和多感觉通道刺激引发不同 BOLD 信号强度的区域，右半球的活动模式与左半球类似。

瑞士日内瓦大学的温琴佐·罗梅伊（Vincenzo Romei）及其同事（2007）曾经针对初级感觉区域是否可以相互作用从而实现多感觉融合进行过探索。在他们的一项研究中，要求被试在发现刺激后迅速按键报告，所使用的刺激包括视觉刺激、听觉刺激或是同时呈现这两种刺激。在刺激出现后立刻对被试的视皮质施加 TMS 脉冲，以干扰视觉加工。和期望的一样，对于视觉刺激，施加了 TMS 的试次比未施加时的反应慢。但有趣的是，对视皮质施加 TMS 干扰反而加快了它对听觉刺激的反应速度（图 5.40）。

为什么干扰视皮质能够增强对听觉刺激的知觉能力？一种可能的解释是，这两种感觉通道具有一定的竞争关系，因此，实验者施加的 TMS 为听皮质"扫除了竞争者"。同时，也有可能是 TMS 所激活的视皮质

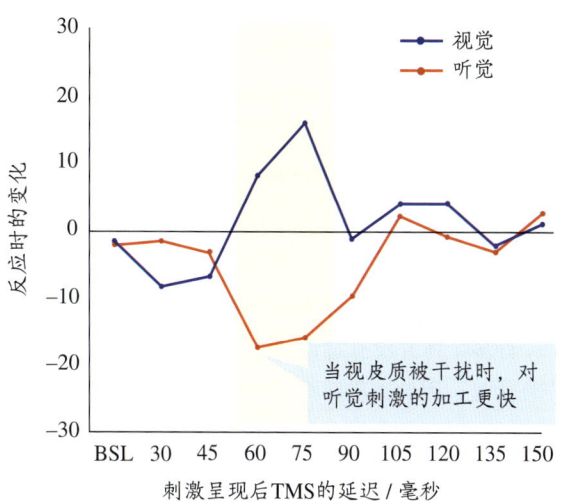

图 5.40　视觉和听觉信息的交互
当视皮质被干扰时，对听觉刺激的反应时缩短。在该实验中，被试发现刺激后要尽快做出反应，同时在刺激呈现后的随机延迟时间（横轴）进行单脉冲 TMS 刺激。纵轴绘制了不同条件下的反应时变化。在阴影区域中，对视觉刺激的反应更慢（纵坐标为正），这可能是由于 TMS 干扰了视觉信息的加工。有趣的是，对同时呈现的听觉刺激的加工变快了（纵坐标为负）。BSL=TMS 前的基线（baseline before TMS）。

神经元借助多感觉加工通路，向听皮质传输了神经信号，并导致听皮质活动增强、加工速度更快。

罗梅伊想到了一种聪明的方法来检测这两种假设的正误。他试图通过相反的操作，观察听觉刺激是否能够增强视知觉。当向被试的视皮质施加 TMS 时，会引发光幻视，即看到实际上不存在的闪光。罗梅伊首次对每个被试测量足以引发光幻视的 TMS 使用的磁场强度，而后在该强度基础上稍作降低。他发现，尽管此时进行 TMS 刺激不会引发光幻视，但是同时呈现听觉刺激后，被试报告了光幻视的出现。这说明了视觉和听觉通道可以相互增强，即符合上述第二种假设。

多通道加工中的"错误"：联觉

J. W. 和大多数人体验到的世界不一样。他可以"尝"到词语。例如，单词"精确的（exactly）"，尝起来就像酸奶；单词"接受（accept）"，尝起来就像鸡蛋。多数谈话"尝起来"不错，但是当他招待顾客时，只要一个名叫德雷克（Derek）的常客出现，他就会感到寒毛直竖。因为对 J. W. 来说，单词德雷克是耳垢的味道。

这一感觉被混合的现象——或者叫**联觉**——的英文"synesthesia"来自希腊单词 syn-（"联合"或"一起"）以及 aesthesis（"感觉"）。联觉的特征是由感觉通道之间（或之内）一个特殊的联合来刻画的。尝到词语是联觉的一个极端罕见的形式。更普遍的联觉是人们将单词或音乐听作有颜色的，或将非彩色字母（如书中或报纸上的）看作有颜色的。

许多个体并没有意识到他们的多感觉知觉有什么奇怪之处，因此，我们不清楚有联觉感知的人在人群中的比例：估计的比例低至 1/2000，高至 1/200。联觉倾向于在家族中重复出现，表明至少有一些形式的联觉是有基因基础的（Baron-Cohen et al., 1996; Smilek et al., 2005）。

颜色–字形联觉，即黑色或白色的字母或数字被知觉为多种颜色，是联觉中研究得最充分的形式。一个联觉者可能报告"看到"字母 A 是红色的，字母 B 是蓝色的，依次类推到整个字符的集合，如**图** 5.41 所示的例子。颜色的出现是许多种联觉的一个特征。在有色听觉中，颜色会在发出语言或音符般的声音时被体验到。颜色触觉和颜色嗅觉也有报告。包含其他感觉的联觉体验不是很普遍。例如，J. W. 体验到词语的味道；其他还有一些罕见的案例，如触摸一个物体会诱发特定的味觉。

图 5.41 颜色 – 字形联觉
一个联觉者对颜色 – 字母和颜色 – 数字联结的艺术表现。

联结对每一个联觉者都是特异的。一个人可能将 B 看成红色的，另一个人则将它看成绿色的。虽然联觉的联结在个体间并不一致，但是对一个个体来说是跨时间一致的。病人在实验室中第一次测验时报告了字母 B 的颜色，在数月后的测试中，仍然会有相同的知觉。

既然联觉是这样一种个人的体验，研究者必须使用聪明的方法来验证或探索这一独特的现象。研究颜色–字形联觉的一种方法就是设计联觉版的斯特鲁普任务变式。就像第 3 章谈到的，斯特鲁普任务要求被试对书面单词进行颜色命名。例如，如果单词绿是用红色墨水写的，要求被试报告"红色"。

在用于颜色–字形联觉者的联觉版斯特鲁普任务中，刺激是字母，关键的操纵是字母的颜色是否和个体报告的联觉颜色相一致。在图 5.41 的例子中，当字母 A 呈红色时，物理颜色和联觉颜色就是一致的。然而，如果 A 呈绿色，则物理颜色和联觉颜色是不一致的。当特定字母的物理颜色和联觉颜色匹配时，联觉者会快速命名字母的颜色（Mattingley et al., 2001）。当然，没有联觉的人不会表现出这种效应。对于他们来说，任何颜色–字母配对都是可以接受的。

一般认为，联觉源于不同区域异常地相互激活的过程。然而，其作用机制尚在讨论中：既有可能由联觉者独有的感觉区域额外的结构性连接引发，亦可能是联觉者的功能性差异（例如，对于正常功能连接的抑制较弱）引发了超敏的活动。基于后者，研究者对"联觉源于超敏的感觉系统"的观点进行了假设检验：增强的知觉活动是否为联觉的核心特质（Banissy et al., 2009）？换言之，颜色–字形联觉者是否具有超过他人的色彩知觉？

研究者比较了 4 组被试的触觉和色彩敏感度：颜色联觉者、触觉联觉者、同时拥有触觉联觉和颜色联觉的人和从未体验过联觉的控制组。研究者发现，经历过联觉的人的感觉能力得到了增强，即颜色–字形联觉者对不同颜色的辨别能力强于控制组（即使不是以字母的形式呈现），触觉联觉者对触觉刺激的辨别能力也更强。

脑成像研究指出，联觉的多重感觉体验产生于并且表现在视觉通路的多个阶段。杰弗里·格雷（Jeffrey Gray）对一组颜色–听觉联觉者进行了 fMRI 研究（Nunn et al., 2002）。当听到单词时，这些个体报告看见了特定的颜色；当听见音调时，他们没有视觉体验。与控制组被试相比，这些联觉者表现出了 V4 区激活增强，与我们在其他的颜色错觉研究中看到的相似；活动的增强还出现在颞上沟——一个与多通道知觉整合有关的脑区。

然而，还有一个谜题。对实际的颜色（如蓝墨水写下的字迹）和联觉引发的颜色（如一行黑色的、会引发联觉者"蓝色"的知觉的字迹）所引发的联觉者的神经活动模式仅有很少的共同点。与其他人相比，会引发联觉的非彩色刺激可在联觉者身上引发视皮质更大范围的激活。

让-米歇尔·于佩（Jean-Michel Hupé）及其同事（2011）进行了一项更细致的 fMRI 研究，他们首先使用彩色刺激定位了被试个体的感兴趣区域。但是当通过联觉感受颜色时，位于 V4 区的这些感兴趣区域并没有表现出激活的增强，整个 V4 区域也都没有表现出活动增强的趋势。研究者同时也观察了联觉者和控制组的结构性差异，发现两组被试在视皮质的颜色知觉区域的灰质和白质的体积类似，但是在与颜色知觉无关的后皮质区域，联觉者的白质体积更大。这些结果说明，将各种视觉维度混合的联觉现象可能是分布式加工的，而非在某一位置集中加工的。

其他研究者寻找联觉者的解剖学特点。通过扩散张量成像，荷兰阿姆斯特丹大学的罗姆克·鲁乌（Romke Rouw）和史蒂文·斯科尔特（Steven Scholte）发现，颜色-字形联觉者在右侧颞下皮质、左侧顶叶皮质和双侧额叶皮质（**图 5.42** 中的红色区域）都表现出了更强的各向异性扩散，这意味着该处拥有更多的白质束（2007）。进而，研究者发现，颞下皮质的连接数量在不同的联觉者亚种之间存在个体差异。与通过心理表征感受到颜色的联觉者（称为"联想者"）相比，能够实际看到外界颜色的被试（称为"投射者"）

在颞下皮质拥有更多的纤维连接。通过上述研究，我们可以意识到，在联觉发生的神经基础这一领域，尚无一致的有力解释。

关键信息

- 脑中的一些区域加工来自不止一个感觉通道的信息，而后将这些多通道感觉信息整合，来增加知觉敏感度和准确性。这些区域包括上丘和颞上沟等。
- 联觉者会体验到感觉的混杂，例如，颜色-声音联觉、颜色-字形联觉或颜色-味道联觉等。
- 功能成像研究发现，联觉与异常的皮质激活模式有关；结构性成像研究发现，联觉与异常的神经纤维连接模式有关。

5.9 知觉重组

1949 年，唐纳德·赫布反驳了脑在早期形成之后不可改变的假设。他提出了一个理论框架，用于解释功能重组——也就是神经科学家所说的**皮质可塑性**——是如何通过神经元连接的重塑在脑中实现的。从那时起，越来越多的人开始寻找并观察大脑活动中的可塑性。例如，加州大学旧金山分校的迈克尔·默策尼西（Michael Merzenich; Merzenich & Jenkins, 1995; Merzenich et al., 1988）和美国范德堡大学的乔恩·卡斯（Jon Kaas, 1995）发现，经验能够改变成年猴子的皮质中的感觉和运动地图的大小和形状。

在研究者切断（传入神经阻滞的）从猴子手指到脊髓的神经纤维后，皮质的相关部位不再会对那根手指的触摸起反应。然而，这片原本表征那根手指的皮质区域很快又活跃起来了：它开始对施加在与被截手指相邻的手指上的刺激进行反应。周围的皮质区域填充了这块"沉默"的区域并接管了它。研究者发现，当某特定手指长期接受大量感觉刺激时，也会出现类似的变化：它对应的皮质地图面积增加了一点。这种功能的可塑性表明，成人的皮质仍然会发生显著变化。在本节中，我们来看看知觉组织中可能发生的变化。

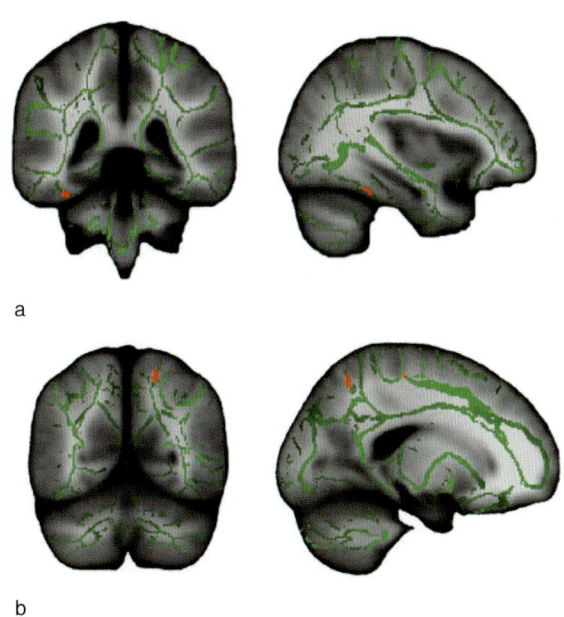

图 5.42 联觉者更强的白质连接
绿色区域是对所有被试使用扩散张量成像发现的白质纤维束，在右侧颞下皮质（a）和左侧顶叶皮质（b）的标识区域，联觉者比控制组拥有更强的各向异性扩散。

感觉系统的发展

就像胎儿的脑是按时间来发育的一样，感觉系统也是如此。初级感觉区在生命早期的特定时期表现出经验诱发的可塑性，这一时期被称为关键期。在此期间，脑需要接收外部输入以建立对周围环境的最佳神经表征。例如，在出生时，视觉系统需要来自环境的输入来恰当地形成丘脑与初级视皮质第4层的连接。

胡贝尔和威塞尔（Hubel & Wiesel，1970，1977）首次在猫和猴子身上证明了这一点。他们在小猫出生后的最初几周（或猴子出生后的最初几个月）缝合它的一只眼睛，发现猫和猴子没能在相应的初级视皮质中发育出正常的眼优势柱。相反，初级视皮质第4层的输入仅限于能看得到的眼睛，并且这只眼睛的皮质表征占据了缝合眼的大部分皮质。这种变化是永久性的。几周后，当缝合线被取下后，皮质没有发生变化，也没有新的通路产生，这些动物的那只眼睛终生失明了。然而，在研究者将成年动物的一只眼睛缝合更长时间后，当缝合线被取下时，这种效应却很微弱。

人类婴儿也证明了视觉刺激输入关键期的重要性。例如，由于白内障而导致一只眼的视觉输入受限或没有视觉输入的婴儿，必须在出生后的最初几周内摘除白内障，才能使这只眼睛获得视力。如果在关键期后摘除白内障，这个婴儿的那只眼睛将不能恢复视力。然而对于成人，晚年形成的白内障可以存在多年，但摘除后仍能重见光明。也可以想想出生时斜视（眼错位）的婴儿：如果在关键期内未加以治疗，这种情况将导致视皮质的异常发育和一只眼睛的功能性失明。最近的研究发现，细胞机制可以触发、调节、减缓和重新打开关键期（Werker & Hensch，2015）。

神经环路的成熟和经验在言语知觉中也很重要。起初，听皮质的发育依赖基因控制的内在因素，但皮质连接的改善依赖对听觉刺激的反馈，即接触口头语言的输入。刺激或剥夺听觉能显著地影响皮质基础结构的发育和相关的行为能力。先天失聪的婴儿有很高的风险导致永久性语言障碍，但如果在足够早的年龄植入助听器或人工耳蜗，则可以使很多人发展出接近正常听力者的口语知觉和表达能力。

早期感觉丧失导致的继发性知觉重组

当脑不接收来自某一感觉系统的信息输入时，会发生什么？脑的连接是固定的吗？如果是，这将导致大脑皮质的大片区域保持无功能的状态。反之，脑可以重组吗？如果可以，这种重组是否以一种系统化的方式发生？

大约3%的美国人受到失明或视力严重受损的影响。有些人出生就没有视力——称为先天性失明。先天性失明一般都是由先天缺陷造成的，如无眼、小眼、眼缺损（眼球部分结构——如视网膜——上有个洞）、白内障、视网膜失养症、婴幼儿型青光眼或角膜混浊。此外，失明也可由一些围生期的疾病引起，例如，由产道病毒或细菌感染（疱疹、淋病或衣原体感染）引起的眼部感染，或出生时缺氧引起的皮质缺陷。

退行性疾病，如黄斑变性、糖尿病视网膜病变和白内障，也会导致一些人在人生的某个阶段失去视力。这些情况绝大多数都是眼睛自身有问题，即外周感官有问题。为了探索感觉系统的可塑性，以及它是如何随着感觉丧失发生的时间而变化的，大量实验已经对高度视力受损者以及非人类物种进行了研究。

早期PET研究的结果显示，先天性失明个体的视皮质具有显著的功能重组（Sadato et al.，1996）。一项PET研究的结果显示了显著的功能重组或者神经科学家所谓的皮质可塑性（Sadato et al.，1996）。这一研究的被试包括正常视觉的人以及天生失明的盲人。被试在两种实验条件下被扫描。一种条件是要求被试在一个布满小点的粗糙表面来回移动手指。第二种条件是让他们做触觉分辨任务，例如，判断这个表面上的两条凹槽是否一样。在每个任务中，视皮质的血流与扫描时被试保持手静止的静息条件相比较。

令人惊奇的是，视皮质活动变化的方向在这两组被试间是相反的。对于视力正常的被试来说，在触觉分辨任务中，初级视皮质的激活显著下降。在给正常被试的视觉任务中，也在听觉或躯体感觉皮质上发现了相似的下降。因此，当注意指向某一个通道时，其他感觉系统的激活（用血流量来测量）下降了。相反，盲人被试初级视皮质的激活增强，但仅限于他们主动使用触觉信息时。有意思的是，另一组在童年早期（5岁以前）失明的被试在进行触觉分辨任务时也表现出了相同的视皮质的参与。后续的工作探索了相同的问题，但是使用了一个对盲人来说很有实用价值的任务：阅读盲文（Sadato et al.，1998）。结果发现，在盲文阅读时，盲人被试的初级和次级视皮质的激活增强了。

盲人的"视皮质"不仅参与对躯体感觉刺激的加工。玛丽娜·别德（Marina Bedny）及其同事（2015）使用fMRI检查了盲人被试和蒙上眼睛的视力正常被试对一系列声音刺激的血液动力学反应。结果发现，对于视力正常被试，这些听觉刺激导致了 BOLD 反应的减弱——这种效应表现在不同的次级视皮质上（图5.43）。相反，盲人被试的 BOLD 反应则倾向于增强。有趣的是，这种增强仅限于外侧和内侧枕叶区。并且，BOLD 反应的强度随刺激类型而变化，即在盲人被试听故事时最强，听音乐时最弱。进一步的分析表明，对口语的 BOLD 反应与被试使用盲文的能力没有关系。

随后，这个实验室提出了一个更微妙的问题：盲人的视皮质对听觉刺激的反应是否与视力正常人的视皮质对视觉刺激的反应方式有相似性（Bedny et al., 2010）？他们着眼于内侧颞叶区的 MT/MST 区，对于视力正常人来说，这一脑区对视觉运动高度敏感。结果发现，盲人被试的这一脑区对动态听觉刺激（听觉运动，如脚步声）有很强的反应。在视力正常的人中无法观察到这种结果：当听觉刺激呈现，BOLD 反应保持平稳，甚至下降。

然而，后续工作使用了更复杂的 fMRI 分析，卢卡斯·斯特尔纳德（Lukas Strnad）及其同事（2013）发现，即使对视力正常的个体，MT/MST 区也参与对动态听觉刺激的加工。这些研究者采用了多体素模式分析，即根据不同体素激活模式来分类刺激的一种方法。

与之前的研究一致，只有盲人被试的 MT/MST 区对听觉运动表现出总体的 BOLD 反应增强。有趣的新发现是，通过多体素模式分析，盲人和视力正常个体的 MT/MST 区（而非早期的视皮质）都表现出关于不同听觉运动条件的信息。这些结果表明，MT/MST 区的神经元可能以某种特定的方式使它们对动态信息敏感，不论这些信息是通过视觉还是其他感觉通道传递的。

皮质重组似乎是一种普遍现象。聋人的颞横回也参与对触觉和视觉刺激的加工（Karns et al., 2012）。对这些皮质表征的大尺度改变的一种解释叫作跨模态可塑性。当一个感觉系统缺失时，来自另一个感觉系统的输入可能会扩大它们的皮质活动。不同感觉皮质间的连接模式可能促进了这种重组——这种假设也能够解释为什么某个脑区，如 MT/MST 区，对听觉运动信息敏感，连视力正常的人也如此。

聋人具有增强的视知觉，这与跨模态可塑性增强了完整感觉系统的皮质表征的观点一致。这种效应在一项研究中表现得很明显。在这项研究中，被试（聋人手语者，聋人非手语者，听力正常手语者）首先必须在视野中央进行有难度的辨认任务，然后从干扰物中探测一个外周目标。结果发现，失聪的成人在这项任务上的成绩显著好于视力正常的成人（Dye,

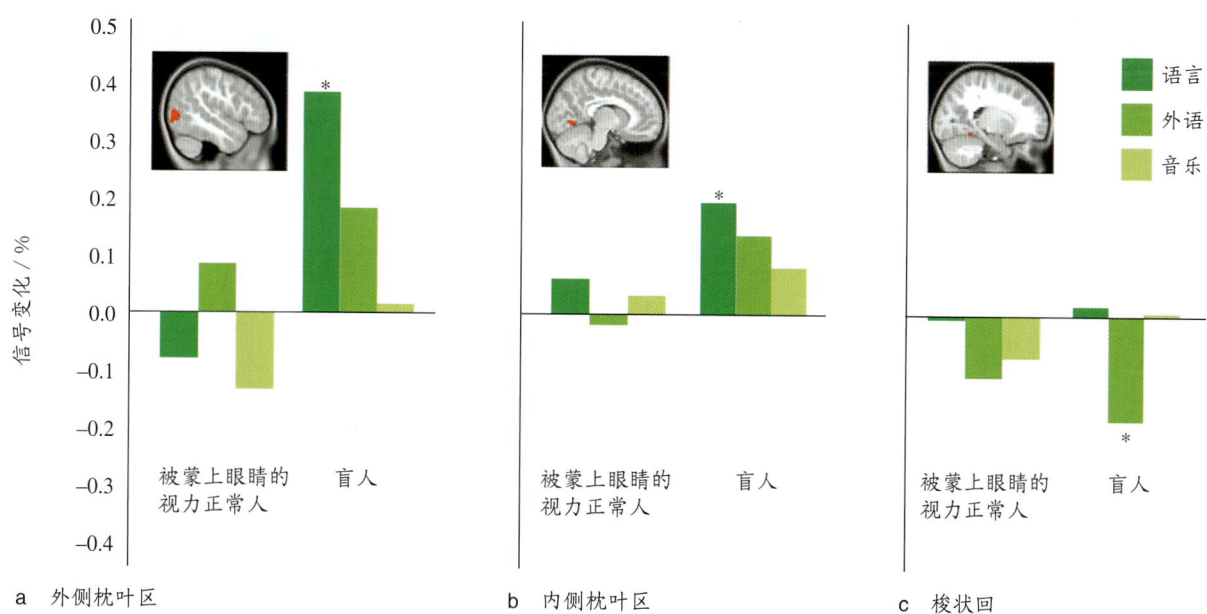

图 5.43　左侧枕叶区对语言和非语言声音的 BOLD 反应

相比被蒙上眼睛的视力正常人，盲人的次级视觉区——外侧枕叶区（a）和内侧枕叶区（b）——对英语故事、外语故事和音乐的 BOLD 反应更强，尽管对音乐来说，这种效应表现得较弱。腹侧梭状回（c）则没有这种差异。星号表示某一特定条件与静息条件显著不同。

Hauser, et al., 2009)。聋人在探测视觉运动时也有类似的视敏度提高 (Shiell et al., 2014)。这种行为上的优势与右颞平面(典型的听觉感知相关区域)的体积增加有关 (Shiell et al., 2016)。

另一种可能是,感觉缺失时所观察到的广泛可塑性并不意味着与原感觉系统相关的脑区被另一感觉系统接管。相反,一个脑区参与的加工似乎是多模态的:在先天性失明者中,"视觉区"参与触觉和听觉任务;在聋人中,"听觉区"参与触觉和视觉任务。别德(Bedny, 2017)提出了一个有意思的假设。这一假设认为,在失去本身输入后的脑区内的重组最好被理解为脑区的扩张——这一脑区通常与更复杂的加工相关,而非与任何特定的感觉系统相关。

较短时间跨度的皮质重组

大量关于皮质重组的研究都集中在那些完全缺失某一感觉系统(通常为听觉或视觉)的个体身上。在这些人群中,重组的程度与年龄有关。例如,天生没有视觉的个体的 MT/MST 区对听觉运动的 BOLD 反应比那些在儿童期失明的个体强得多。这些研究对理解感觉障碍病人的感知具有重要意义。这里的一个局限性(至少在理解重组的机制和限制上)是这些工作为横断研究:就缺失感觉的年龄或时间而言,这些研究比较了不同时间点的不同群体。

另一种方法是采用实验操作在有限的时间内阻断或改变感觉信息。哈佛大学医学院的阿尔瓦罗·帕斯夸尔–莱昂内(Alvaro Pascual-Leone)及其同事 (Merabet et al., 2008) 研究了视力正常的志愿者被剥夺视觉 1 周后的皮质可塑性。研究中的所有被试都接受了为期 5 天的盲文强化训练(图 5.44)。实验组被试整周都被蒙住眼睛;控制组被试完成同样的训练,但不被蒙住眼睛。

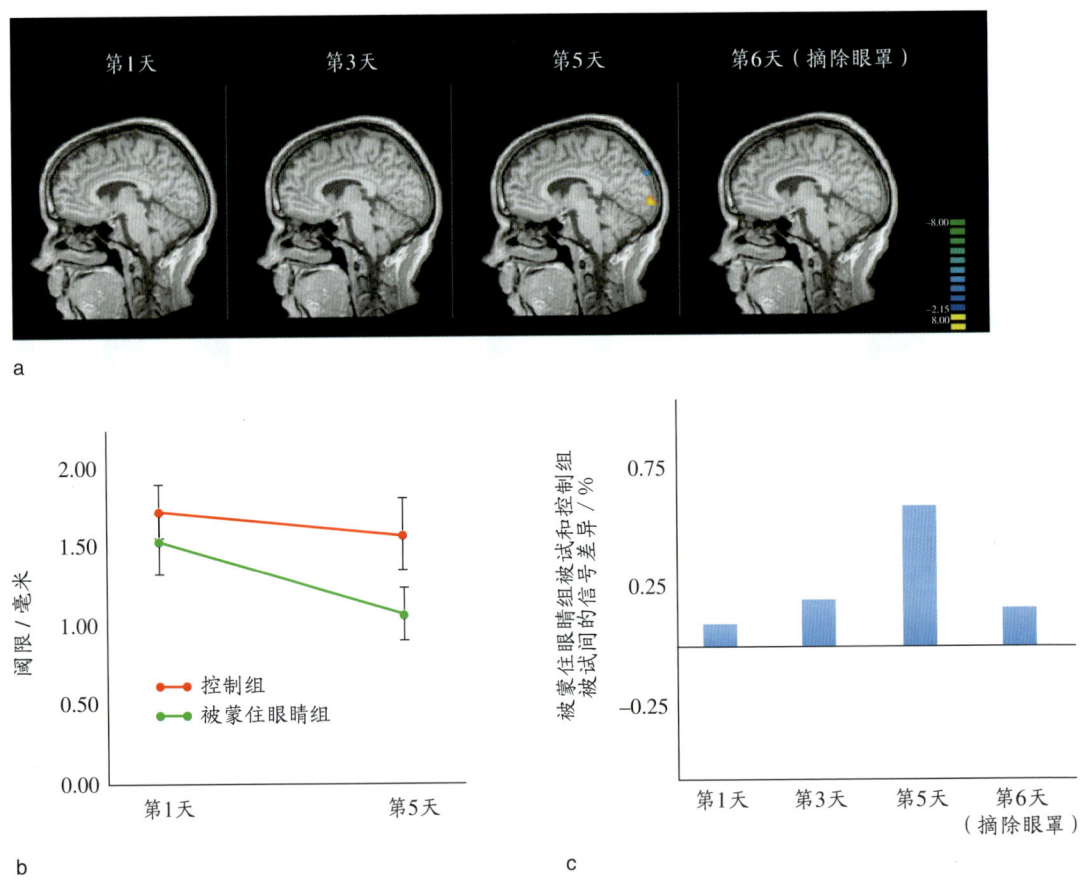

图 5.44 对视力正常个体的长期视觉剥夺导致的知觉和神经变化

(a)触觉探索过程中的 fMRI 激活。到第 5 天,相比控制组,被蒙住眼睛组的枕叶皮质表现出了更强的激活。这种效应在摘除眼罩后消失。(b)经过 1 天或 5 天的训练,触敏度的成绩。较低的值对应较好的知觉敏度。(c)被蒙住眼睛组被试和控制组被试在数天间的枕叶激活差异。

在训练结束时，被蒙住眼睛的被试在阅读盲文方面表现得更好，他们的感官优势在其他触觉辨别任务中也很明显。此外，在训练结束时，被蒙住眼睛的被试的视皮质对触觉刺激有 BOLD 反应；当 rTMS 作用于视皮质时，盲文阅读受到干扰。有趣的是，这些效应的持续时间相对较短：仅在摘除眼罩后的一天，视皮质对触觉刺激的激活就消失了（图 5.44a 和图 5.44c）。

在更短的时间范围，另一组研究者通过将被试优势手的食指和中指（手指 2 和手指 3）黏在一起的手法，探讨了改变躯体感觉加工在行为层面和神经层面的影响（Kolasinski et al., 2016）。结果发现，仅仅在 24 小时之后，手指的皮质表征就已发生改变。最显著的变化是无名指的皮质表征位置远离了中指（图 5.45）。

在发生这些神经变化的同时，被试的触敏度也发生了变化。被试对呈现在中指和无名指上的触觉刺激的顺序判断也变得更准确了，这与手指黏合使这两根手指的皮质表征距离变得更远的观点一致。另一方面，被试更难以判断呈现在无名指和小指上的触觉刺激的顺序了。这些研究表明，可塑性的变化发生在相对较短的时间内。

皮质重组的机制

在细胞水平上，可塑性的生理机制已在非人类的动物模型上进行了研究。研究结果表明，在不同的时间尺度上存在一系列连锁效应。在短时程上，迅速的变化可能反映了皮质已有的微弱连接，其直接的效应可能是解除抑制的结果（抑制作用通常会抑制邻近区域的输入）。

运动皮质的重组依赖 γ-氨基丁酸的水平，它是主要的抑制性神经递质（Ziemann et al., 2001）。当 γ-氨基丁酸的水平高时，单个皮质神经元的激活就相对稳定。如果 γ-氨基丁酸的水平较低，神经元会对更大范围的刺激做出反应。例如，当 γ-氨基丁酸被阻断时，一个对一根手指的触摸起反应的神经元将会对其他手指的触摸也起反应。有趣的是，对手部进行短暂的传入神经阻滞（通过阻断血液流向手部）会导致脑中 γ-氨基丁酸水平的降低。这些数据表明，短时程的可塑性可以通过解除对远端突触输入（丘脑或皮质内）的紧张性抑制来调节。

皮质图谱在一段时间内的改变可能涉及现有神经

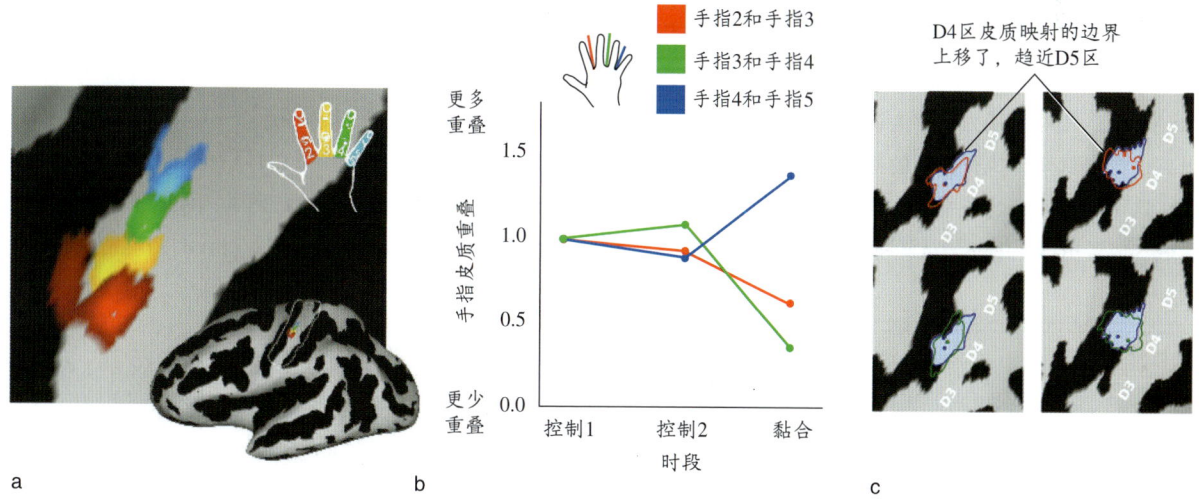

图 5.45　人类 S1 区的快速发生的经验依赖的重映射

（a）高分辨率的 7T fMRI 显示的躯体感觉皮质的手指表征。手指的颜色对应手指映射表征的颜色。S1 区四个手指的映射在全脑中的显示（右下角）。大图为 S1 区的放大视图，它很好地显示了手指映射的清晰组织结构。（b）对皮质重叠如何随黏合移位的总结。研究者将初始时段（控制 1）的所有值标准化到 1。然后他们检测在控制 2（无黏合）和黏合之后皮质映射的改变。黏合后，手指 3 和手指 4（D3 区和 D4 区）的皮质重叠显著减少，D4 区和 D5 区的皮质重叠显著增加。也就是说，D4 区的皮质映射远离 D3 区，趋近于 D5 区。（c）两个被试的 D4 区皮质表征的位移模式。轮廓线显示了 D4 区的表征范围，其中深蓝色线表示手指黏合后扫出的边界；红色线和绿色线表示在两个分离的控制时段扫描的边界。

环路的效能改变。失去正常的感觉输入后（如通过截肢或外周神经切除），原本对那些输入做出反应的皮质神经元可能进入"去神经增敏状态"，即增强对任何尚存的微弱兴奋性输入的反应强度。皮质的重新映射很可能取决于对这种突触效能的调节。

神经递质去甲肾上腺素、多巴胺和乙酰胆碱能增强运动皮质的突触强度；在通过药物阻断这些神经递质受体的条件下，突触强度降低（Meintzschel & Ziemann, 2005）。这些变化类似于海马中长时程增强和抑制的形式。海马被认为是空间记忆和情景记忆形成的基础，我们将在第9章讨论。最后，动物身上的一些证据表明，皮质内轴突连接的增长，甚至新轴突的萌发，都可能导致皮质可塑性非常缓慢的变化。

在功能层面，有一种理论认为，皮质区域在感觉剥夺后仍遵循基本原则。例如，研究发现，在盲文阅读时，先天性失明的人的视皮质会被激活，表明这一区域仍然执行着基本的感觉功能，比如精细的触觉辨别。然而，最近的研究发现，这些个体的"视皮质"可能参与复杂的认知加工，如语言（Bedny et al., 2011）或算术（Kanjlia et al., 2016），提出了另一种观点。

认为皮质组织具有认知多能性且能够承担广泛的认知功能可能更为合理（Bedny, 2017）。发育过程中受连接和经验制约的输入决定了皮质组织的特异化。有趣的是，静息态fMRI研究（如Sabbah et al., 2016）已经表明，相对于视力正常人，盲人的视觉区与参与语言、数字认知和执行控制的额顶皮质有着更强的连接。这可能是由于当正常的输入缺失时，这些"感觉区域"成了更广泛的一般认知功能网络的一部分。

关键信息

- 在缺失特定感觉系统的个体中，与这一特定感觉系统关联的脑区将会重组。例如，在盲人中，通常参与视觉加工的脑区会对听觉和触觉刺激起反应。
- 这些神经变化常常与行为变化有关。例如，聋人在探测外周视觉刺激时比听力正常人表现出了更高的敏感性。
- 皮质重组可以反映跨区域可塑性，即一种加工信息以保留感觉输入的重组，或将感觉剥夺后的脑区重新纳入，进行更为综合加工的重组。
- 多种机制被认为有助于皮质可塑性，包括感觉输入、神经递质、环路抑制模式和皮质分层的结构与连接的改变。

5.10 补偿工程

自从乔斯·德尔加多通过神经刺激的方式阻止了一头公牛开始（见第2章），神经科学家就被工程学手段可以调节神经活动以代偿丧失的神经功能这个想法深深地吸引了。在后面的章节中，我们将会看到一系列在神经义肢技术方面的最新进展，采用侵入和非侵入式工具，利用并控制神经活动。在这里，我们将介绍两种被开发并用于促进感觉加工的程序。在已知感觉过程涉及将外界信号转换成神经活动的基础上，神经科学家和工程师们合作开发了用于在先天的感受器丧失时行使这种功能的装置。

人工耳蜗

人工耳蜗旨在帮助患有严重听力问题且传统助听器不起作用的人。年老或频繁地暴露在高声噪声中会造成耳蜗中毛细胞的损伤或丧失，而这往往是造成永久性听力损伤的原因。助听器通过放大声波信号并增加到达耳部的感觉传感器的刺激强度来促进听力。这样的促进作用只有在一定数量的毛细胞仍然能正常工作时才有效。与之相反，人工耳蜗可绕过这些损伤的传感器，直接刺激听觉神经。

耳蜗系统以通常佩戴在耳后的外部处理器开始。这个处理器包含一个小的麦克风，可以将声波转换为电信号（图5.46）。基于多年对声音的物理特性和耳蜗的生理机能的研究，通过复杂的算法，这些信号被转换为复杂的声音数字表征。定制的软件可以将无关的声音过滤掉，或者调整声音使它与听者的个人偏好匹配。接下来，数字表征作为无线电波通过皮肤传输到内部处理器。在内部处理器中，数字表征被再度转换为电子信号输出，并激活22个电极，每个电极都对不同的声音频率起反应。这些电极通过电刺激的方式激活耳蜗神经。这种人工的激活模式在某种程度上肯定没有自然声音丰富，但是基于大脑的可塑性，佩戴人工耳蜗的人在听力上会有极大的提升。声音或许没有我们习惯的那样丰富，但是至少可以进行正常的对话沟通。

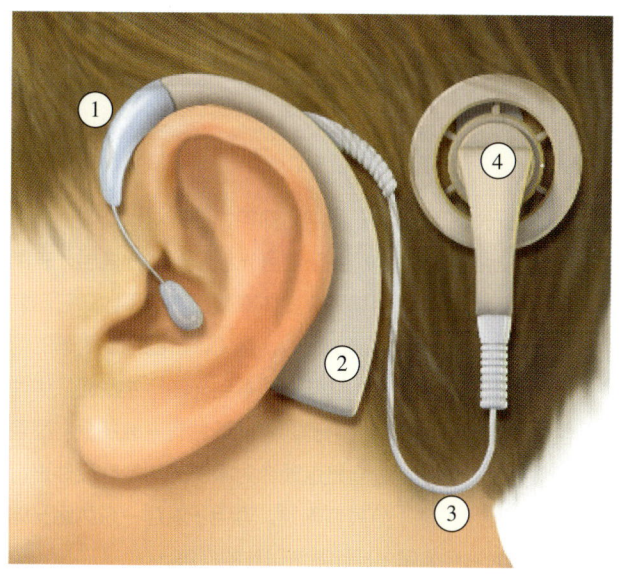
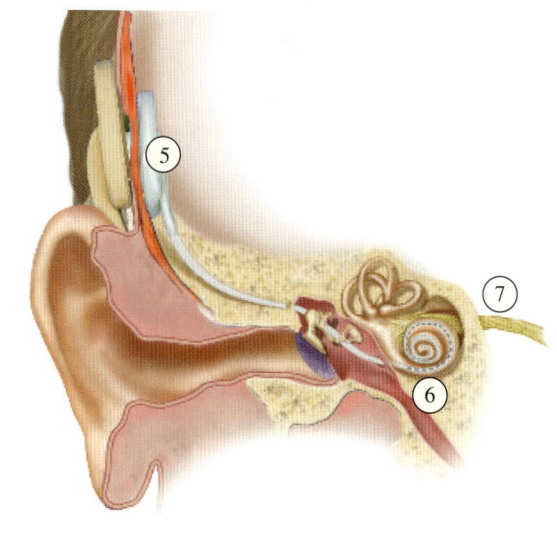

图 5.46　人工耳蜗

佩戴在耳后的小麦克风（①）捕捉声音并将它转换为电子信号。外部处理器（②）将信号转为复杂的数字表征，通过导线（③）传输到外部发射器（④），外部发射器将声音的数字表征转为无线电波并传输到内部处理器（⑤）。在内部处理器中，数字表征被再度转换为电子信号并通过导线（⑥）到达耳蜗。在耳蜗有 22 根电极，电极刺激听觉神经（⑦）。

2012 年美国食品和药物管理局批准给年龄在 12 个月以上的病人植入人工耳蜗，自那以后，已经有约 58 000 个成人和 38 000 个儿童完成了人工耳蜗的植入。现今，美国正在决定能否将这项技术用于治疗由于中耳结构畸形、产前感染（通常是巨细胞病毒）或与遗传相关的耳蜗毛细胞缺失导致天生听力完全或严重丧失的儿童。澳大利亚在数年前就已允许为不满 12 个月的婴儿植入人工耳蜗。

有一篇综述比较了 403 个从 6 个月到 6 岁的有先天双侧重度至极度听力损伤并接受了人工耳蜗植入的儿童在言语感知、语言和言语产生方面的表现。结果发现，那些在 1 岁之前接受人工耳蜗植入的儿童有更好的沟通能力。并且在这些儿童中，很大一部分人能在后来达到正常水平的语言能力（Dettman et al., 2016）。

视网膜植入设备

视网膜植入设备旨在帮助由于退行性疾病致盲的病人，这类疾病往往影响感光细胞，进而导致视觉逐渐丧失。即使是重度视力损伤，视网膜中的许多细胞仍然未受损伤。认识到这一点之后，研究者开发了两种基本的视网膜植入设备：利用残余感光细胞的视网膜下植入设备（subretinal implant），以及绕过感光细胞直接刺激视网膜神经节细胞的视网膜前植入设备（epiretinal implant）。（另一种方法见专栏 5.2。）现今，两种方式都最多能对视觉功能产生适度改进。

我们将着重介绍视网膜前植入设备，因为它已经被 FDA 批准进行临床应用。植入设备通过眼镜上的外置摄影机驱动，位于视网膜最上端神经层之上（图 5.47）的摄像机的输出被数字化为电脉冲，无线传输到植入装置上。电脉冲会激活一部分微电极，每个微电极覆盖相当于成百上千个感光细胞所占据的区域。电极的输出直接刺激视网膜上的神经节细胞，导致电信号沿着视神经传输（见图 5.20）。通过这种方式，电极可以模拟光影图案激活视网膜不同区域的效果。

和人类视网膜相比，摄像机相对粗糙的分辨率限制了视网膜前植入设备对视觉的恢复作用。迄今为止，这套系统可以重建光敏感度和较低的视敏度（20/1262）。通过练习，使用者能够识别日常物体、检测运动、重获移动能力——对于已经失明多年的人来说，这是向好的方向迈出的第一步。

专栏 5.2　科学热点
没有那么盲的小鼠

一种完全不同的视网膜植入设备采用光控基因技术,目前正在用啮齿类动物模型进行开发。通过光控基因学方法,细胞可以表达光敏感受器。在通常情况下,这些细胞都在大脑当中,因此需要植入发光装置。然而,同样的想法也可用于修饰视网膜细胞,并以环境中的自然光作为光源。

这种方法已经在小鼠当中进行了测试,其中包括了两种基因改造的方式(Gaub et al., 2015)。第一种改造使得小鼠视网膜感光细胞退化,类似于色素性视网膜炎的效果。第二种改造运用光控基因学方法,使得小鼠在双极细胞中表达出光敏感受器。在正常动物中,这些双极细胞不直接对光进行反应,而是整合来自感光细胞的输出信号,并刺激神经节细胞。而当基因突变体暴露在光线下时,它们会表现出典型的正常小鼠的行为,例如,试图跑到更暗的地方——这被认为是表明它们能够看到光的行为反应。生理学记录证明了神经节细胞确实对光线具有高敏感度。尽管仍然处在发展初期,但是这项针对眼睛的功能性硬件进行改造的技术仍然十分具有前景,可用于治疗一系列因光信号转化为神经信号出现问题所导致的疾病。

关键信息

- 视力损伤和听力损伤的一个常见原因是感受器——视网膜中的感光细胞和耳蜗中的毛细胞——的损伤。
- 人工耳蜗绕过将声音转化为电信号的过程,直接产生电信号刺激听觉神经。人工耳蜗的好处在于经过一定时间就可以达到最佳的状态,因为大脑可以通过学习来解读这种经过加工的听觉输入。
- 针对感光细胞的损伤开发了一系列人工系统的方法。这些方法包括充当感光细胞假体的植入装置以及使得其他神经元具有光敏感特性的光控基因技术。

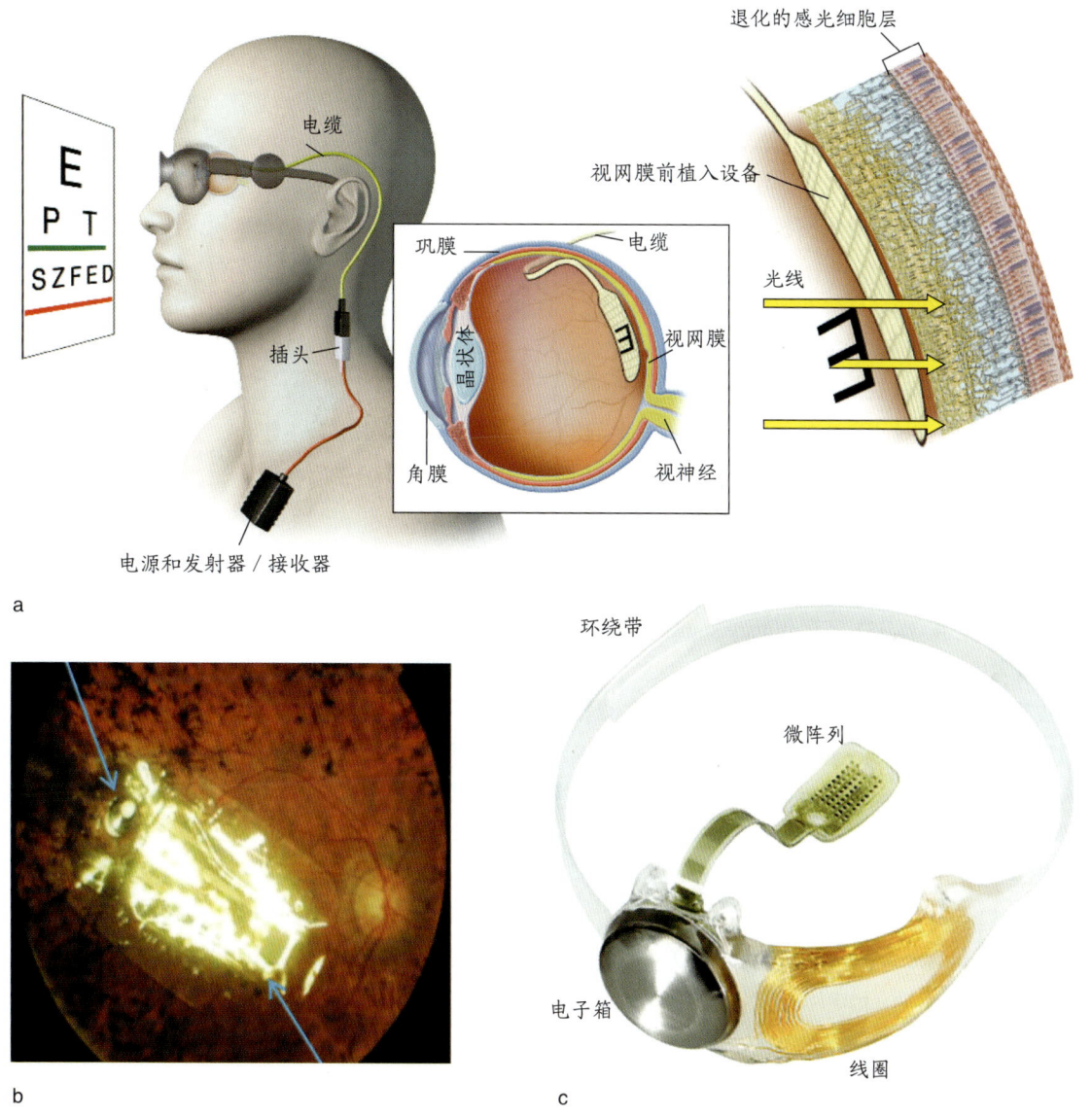

图 5.47 视网膜前植入设备系统

（a）视网膜前植入设备的示意图。（b）将阿尔戈斯二号（Argos Ⅱ）视网膜假体植入黄斑区视网膜前。右边的圆形淡白色区域为盲点。（c）植入部分包括电极微阵列、环绕眼眶的环绕带、电子箱和内部（接收器）线圈。

概 要

我们的感官将环境和身体的信息转化为神经信号，大脑通过这些神经信号产生知觉，使得我们建立了对整个世界的表征。五种基本的感觉系统包括听觉、嗅觉、味觉、躯体感觉以及视觉。每种感觉都有独特的感受器，可以被特定的刺激类型激活。味觉和嗅觉被称为化学感觉，因为它们的最初响应是对环境中的分子（化学物质）进行反应。躯体感觉系统通过机械感受器探测触觉、肌肉长度和关节位置的变化，并通过疼痛感受器对温度和有害刺激进行反应。耳蜗中的毛细胞是听觉系统中的机械性感受器。在视觉系统中，视网膜中的感光细胞（视杆细胞和视锥细胞）中包含对光敏感的色素。

每种感觉都进化出了特异化机制，用于解决计算问题以促进我们知觉世界以及识别对生存至关重要的信息。味觉使我们能够识别食物的味道，或者使我们对可能致病的食物谨慎小心。躯体感觉使我们识别可能有危险的物体（例如，火焰的高温）或有害的运动。听觉和视觉可以使我们识别远距离的物体，极大地增强了知觉经验的广度。

味觉、躯体感觉、听觉和视皮质都包含拓扑地形图——对环境或躯体的某些性质在空间上有组织的表征。在味觉系统中被称为味觉地图，在躯体感觉系统中被称为躯体定位图，在听觉系统中被称为频率拓扑图，而在视觉系统中被称为视网膜皮质映射图。在躯体定位图上有最大皮质表征的身体部分是对物种来说最重要的身体部分。在每种感觉系统内，都有一定程度的特异化和精细化。例如，即使缺失颜色知觉或运动知觉的能力，我们仍然能够识别物体的形状。

这五种感觉并不是孤立工作的，而是一致行动以构建对世界丰富的解释。正是这一整合成了许多人类认知的基础，并且使我们在一个多感觉的世界中生存并兴旺发展。

关 键 术 语

本体感觉（proprioception，p.176）
初级躯体感觉皮质/S1区（primary somatosensory cortex/S1，p.178）
初级视皮质/V1区（primary visual cortex/V1，p.187）
初级听皮质/A1区（primary auditory cortex/A1，p.182）
初级味皮质（primary gustatory cortex，p.174）
初级嗅皮质（primary olfactory cortex，p.170）
次级躯体感觉皮质/S2区（secondary somatosensory cortex/S2，p.179）
多感觉整合（multisensory integration，p.169）
耳蜗核（cochlear nuclei，p.181）
耳蜗神经（cochlear nerve，p.181）
感光细胞（photoreceptors，p.185）
感受野（receptive field，p.188）
橄榄核（olivary nucleus，p.181）
化学感觉（chemical senses，p.172）
联觉（synesthesia，p.204）
敏度（acuity，p.168）
皮质可塑性（cortical plasticity，p.205）
皮质视觉区（cortical visual areas，p.191）
频率拓扑图（tonotopic map，p.181）

全色盲（achromatopsia，p.199）
上丘（superior colliculus，p.187）
神经节细胞（ganglion cells，p.187）
视杆细胞（rods，p.185）
视网膜（retina，p.185）
视网膜皮质映射图（retinotopic map，p.188）
视锥细胞（cones，p.185）
适应（adaptation，p.168）
双耳时间差（interaural time，p.183）
疼痛感受器（nociceptors，p.176）
外侧膝状体（lateral geniculate nucleus，LGN，p.187）
纹外视觉区（extrastriate visual areas，p.191）
下丘（inferior colliculus，p.182）
嗅小体（glomeruli，p.170）
眼跳（saccades，p.168）
运动盲（akinetopsia，p.201）
中央凹（fovea，p.186）
着味剂（tastant，p.174）
着嗅剂（odorant，p.169）
MT区（area MT，p.193）
V4区（area V4，p.195）

思考题

1. 比较对比视觉系统和听觉系统的功能组织。每个系统必须解决的计算问题是什么？神经系统是如何实现这些解决方案的？
2. 一个人带着困惑来到医院，他看起来有一些视知觉方面的损伤。作为参与诊断的神经病学家，你怀疑这人曾经患有卒中。你怎样检查病人来确定损伤发生在视觉通路的哪个水平？着重阐述你将采用的行为检测方法，但请大胆地预测将在 MRI 扫描中看到的结果。
3. 定义感受野和视觉区的生理学概念。一个细胞的感受野是怎样确定的？单细胞记录和 fMRI 的方法是如何界定视觉区之间的边界的？
4. 本章主要关注了显著的视觉属性，例如颜色、形状和运动。当环顾周围环境时，你认为对一个训练有素的视觉生物来说，这些属性是否反映了最重要的视觉线索？适应性的视觉系统还可以利用哪些其他来源的信息？
5. 多感觉加工的异常现象是怎样帮助我们理解不同感觉通道的信息是如何以及为什么整合在一起的？与之类似，基于大脑的可塑性，单独谈论"视觉系统"或"听觉系统"有没有意义？

推荐阅读

Bedny, M. (2017). Evidence from blindness for a cognitively pluripotent cortex. *Trends in Cognitive Sciences*, *21*(9), 637–648.

Driver, J., & Noesselt, T. (2008). Multisensory interplay reveals crossmodal influences on "sensory-specific" brain regions, neural responses, and judgments. *Neuron*, *57*, 11–23.

Grill-Spector, K., & Malach, R. (2004). The human visual cortex. *Annual Review of Neuroscience*, *27*, 649–677.

Palmer, S. E. (1999). *Vision science: Photons to phenomenalogy*. Cambridge, MA: MIT Press.

Ward, J. (2013). Synesthesia. *Annual Review of Psychology*, *64*, 49–75.

Yeshurun, Y., & Sobel, N. (2010). An odor is not worth a thousand words: From multidimensional odors to unidimensional odor objects. *Annual Review of Psychology*, *61*, 219–241.

我从来不会忘记一张脸,但我要对你破例。
——格劳乔·马克思(Groucho Marx)

第 6 章
物体识别

G. S. 在他三十几岁时就因脑卒中差点死了。尽管 G. S. 最终恢复了大部分认知功能，但他一直抱怨一个严重的问题——无法识别物体。

他的感觉功能完整，语言功能正常，协调能力也没有问题。最惊人的是，他的视敏度也没有缺失。他能轻松地判断两条线段哪条更长，以及描述物体的颜色和大致形状。然而，当给他呈现一些家居物品（如蜡烛或沙拉碗）时，即使他能描述蜡烛是瘦长的，沙拉碗呈圆弧形和棕色，他也说不出它们的名称。

G. S. 的障碍也不是无法提取物体的语言名称。当让他说出与莴苣、西红柿和黄瓜混在一起的一个圆形木制品的名称时，他会说："沙拉碗。"他能够运用其他感觉（如触觉或嗅觉）识别物体。例如，在看过一根蜡烛后，他只能报告这是一个"长物体"。但在触摸它时，他称之为"蜡笔"；嗅过之后，他将它纠正为"蜡烛"。因此，他的障碍是通道特异性的，局限于视觉系统。

G. S. 更难识别照片中的物体。当给他呈现一张组合锁的照片并让他说出其名称时，他起初无法做出反应，只是带着困惑的表情看着这张照片。被催促之后，他注意到了圆形的形状。有意思的是，看照片时，他在不停地转动手指，做打开组合锁的动作手势。当问他在干什么时，他说这是紧张时的一个习惯。当实验者提供更多细节或鼓励他猜测时，G. S. 说，照片中的是一部电话（他指的是那时常用的轮转拨号电话）。即使告诉他这不是一部电话的照片，他仍坚称照片中的是电话。最后，实验者问他照片中的物体是电话、锁，还是时钟，他才确信这不是电话，并回答"时钟"。接着，看了一眼自己的手指之后，他得意地宣告："那是锁，一把组合锁。"

是 G. S. 的动作告诉了他这些。即使他的眼睛和视神经功能正常，他也无法识别正在看的物体。也就是说，感觉信息很正常地进入了他的视觉系统，让视野内物体的成分信息得到加工。他能区分并识别颜色、线条和形状。他知道物体的名称和功能，所以他的记忆是完好的。另外，在看锁的照片时，G. S. 并不是随机地认为照片中的是电话。他已经知觉到了围绕锁的数字标记，而这是轮转拨号电话的一个特征。

G. S. 的手指转动表明，比起错误地报告是电话所呈现的，他知道更多的关于图中物体的信息。最终，他的手部动作给了他答案——G. S. 让他的手指说了话。尽管 G. S. 的视觉系统知觉到了部分特征，并且理解了他所看到的物体的功能，但是他无法把所有信息整合在一起来识别物体。G. S. 患了一种视觉失认症。

在上一章中我们看到，来自外部世界的物体和场景中的视觉信号是如何作为线条、形状和颜色被加以分析的。本章会探讨大脑如何把这些低层级的输入整合成高层级的连贯知觉对象。我们会看到，知觉也涉及记忆：要认出母亲的照片，需要在当前知觉对象和以前看过的母亲的图像所形成的内部表征之间有一个对应。

我们一开始将讨论物体识别系统必须解决的一些计算问题，以及它们如何与参与物体识别的皮质关联。

> **大问题**
>
> - 什么样的加工过程使我们能够识别一个物体？
> - 物体信息是如何在大脑中组织的？
> - 大脑识别所有类型的物体都采用了相同的过程吗？识别面孔是否有什么特别之处？

接着，我们将探讨神经活动如何编码知觉信息。在这里，我们会转向一些令人振奋的文献，研究者在其中把物体识别的理论应用于实践，试图仅仅通过神经活动的模式预测一个人正在看什么——21世纪版的读心术。有了这些基础在手，我们将深入探究类别特异性识别问题的迷人世界，以及它们在物体识别模型中的应用。最后讨论某种类型的失认症病人的障碍给知觉带来了哪些启示来结束本章。

6.1 物体识别的计算问题

当考虑物体识别时，要记住四个重要概念。

1. **精准地使用术语**。在基础层面上，G. S. 的个案促使我们在使用诸如"知觉（perceive）"或"识别（recognize）"之类的术语时要准确。G. S. 能看到图片，但无法知觉或识别它们。像这样的区分构成了认知神经科学的核心问题，强调了语言在平时描述思维时的局限性。本章进行了这样的区分，而且在第7章和第9章讲到注意和记忆的问题时，也进行了这样的区分。

2. **物体知觉是统一的**。尽管感觉系统采用了分而治之的策略（如第5章所示），但我们对于物体的知觉是统一的。像颜色和运动这样的特征是在不同的神经通路上加工。然而，知觉不仅仅是简单地知觉物体特征。例如，当我们凝视旧金山的北海岸线（图6.1）时，看到的并不只是漂浮在形状各异的大海上的彩色团团。相反，我们知觉到的是湾区深蓝色的海水、金门大桥的高塔以及城市的银色摩天大楼。

3. **知觉能力是十分灵活的、稳健的**。不管我们是用双眼看还是用左眼或右眼看，城市街景并无二致。在旧金山的小山坡上改变观察位置，我们可能会看到金门公园的全貌，或者被某栋建筑遮挡了大部分的公园一隅。尽管感觉输入有了变化，但我们知道自己在看同一座城市。的确，即使我们倒立着看，视网膜成像也倒立了，知觉也保持着稳定。

4. **知觉产物与记忆密切交织**。物体识别不仅仅是把特征组合成一个连贯的整体，这个整体还会引发记忆。已经花了好几小时流连在旧金山湾区坡道上的我们，能识别出图6.1中的照片是在旧金山市北面的马林岬拍摄的。即使你从未去过旧金山，在看这些照片时，知觉和记忆也有相互影响。的确，记忆提取的一部分用于识别某些东西属于某种类别。来自澳大利亚的旅游者第一次看到旧金山时，可能会唤起与悉尼的对比；对于首次到访旧金山的来自堪萨斯州的观光者来说，景象太不同寻常了，她甚至认为这里不同于她看过的任何地方。

a

b

图 6.1　世界在我们眼中的样子取决于观看时所处的位置
这两张照片拍摄了同一处风景，不过是从两个位置在两种条件下拍摄的。每个取景位置展现了新视角下的风景，包括从其他观察位置看被遮挡的物体。颜色也随着时间和天气状况发生了变化。尽管风景具有这样的可变性，但我们能轻松地识别两张照片上的都是以远处的旧金山为背景的金门大桥。

物体恒常性指我们在各种情境中识别物体的能力。图6.2a给出了四幅关于汽车的图。它们进入我们眼睛的感觉信息只有很少的共同之处。然而，我们能毫不迟疑地把每幅图中的物体识别为汽车，并可辨认出四辆车属于同一型号。一个物体所产生的视觉信息是三个因素的函数：观察位置、照明及环境。

图 6.2　物体恒常性

（a）同一辆车的四幅图在视网膜上的成像十分不同。（b）感觉输入的其他变异来源包括阴影和遮挡（一个物体在另一个的前面）。尽管有这种感觉变异，但我们能迅速识别物体，并能判断这些图上的是相同物体还是不同物体。

1. **观察位置**。感觉信息高度依赖你的视角。视角不仅随着你观察物体的角度变化，物体自己的运动也能改变它相对于你的角度。当你的狗打滚时，或当你让它抓一个东西时，你对这个物体（狗）的认识并没有变化，尽管进入你视网膜的视觉信息以及那些信息在大脑中的投射都发生了根本变化。

   人类的知觉系统善于区分视角引起的变化和物体自身的内在变化。许多视错觉运用了这种能力，利用了大脑能够使用经验对视觉场景做出假设的特点。例如，艾姆斯房间错觉就是我们在对大小的知觉中发生了奇怪的变形而引起的（**图 6.3**）。因为我们假设房间是一个长方体，天花板是平的，所以我们的知觉认为到后面那堵墙的距离和到天花板的高度是恒定的。即使被告知后面那堵墙和天花板是倾斜的，呈一个梯形，这个错觉仍然存在。

2. **照明**。虽然一个物体的可见部位可能由于光和影的投射而有差异（**图 6.2b**），但是识别并不怎么受光照变化的影响。阳光下的狗和阴影中的狗都是那只狗。

3. **环境**。单独出现的物体很少见。人们看到的物体呈现于各种背景下，被其他物体环绕。然而，即使狗被行人、树和消防栓遮挡了一部分，我们也能毫不费力地把狗从拥挤的城市街道上的其他物体中分离出来。我们的知觉系统能迅速把场景分解成各个部分。

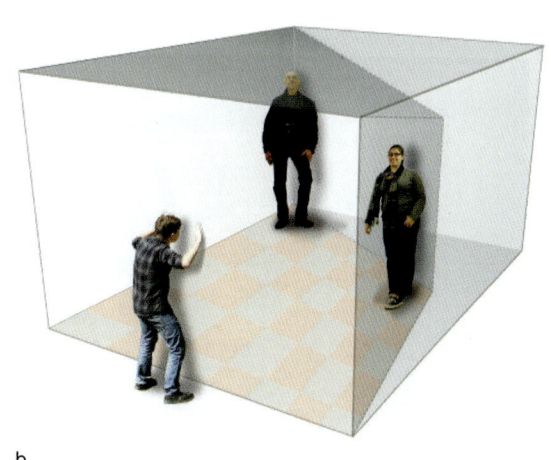

图 6.3　艾姆斯房间

（a）在看艾姆斯房间里的人时，我们的视觉系统假定：这些墙是平行的，地板是平的，地板上的"方块"确实是方的。设定了这些视角假设后，我们就产生了是这些人的大小不一样的错觉。（b）艾姆斯房间的结构。

物体识别必须适应这三种变异性来源。但系统也必须认识到，知觉到的变化可能反映了物体的实际变化。物体识别必须兼具一般性（以支持物体恒常性）以及特殊性（以找出同一类别中的不同成员间的细微差异）。

关键信息

- 感觉、知觉和识别是不同的现象。
- 物体恒常性是在各种情境下识别物理特征有变的物体的能力。

6.2 多重视知觉通路

从视网膜到皮质之间的最初几个突触之间的视觉信息通路可以清楚地分为几条加工通路。大部分信息进入了初级视皮质，也就是位于枕叶的V1区或纹状皮质（第5章；见图5.23和图5.26）。

V1区的输出主要包括两个纤维束。这两个纤维束把视觉信息传送到了参与视觉性物体识别的顶叶和颞叶皮质（见第221页的**"解剖定位"**专栏）。如**图6.4**所示，上纵束沿着一条更靠近背侧的通路，起始于纹状皮质和其他视觉区域，大多数到达后侧顶叶区域。下纵束沿着腹侧通路从枕叶纹状皮质到达颞叶。这两条通路分别叫作**背侧（枕顶）通路**和**腹侧（枕颞）通路**。

从视皮质到大脑两个不同区域传递信息的纤维在解剖上的分离引发了一些问题。腹侧通路和背侧通路有什么不同的加工特点？它们对于视觉输入的表征有何不同？这两条通路如何交互作用以支持物体知觉？

"是什么"和"在哪里"通路

为了回答前面的第一个问题，美国国家卫生研究院的莱斯莉·昂格莱德（Leslie Ungerleider）和莫蒂梅尔·米什金（Mortimer Mishkin）提出，这两条通路上的加工分别用来提取不同类型的信息（1982）。他们假设，腹侧通路专司物体知觉和识别——判断我们在看什么；背侧通路专司空间知觉——判断一个物体在哪里——分析场景中不同物体的空间结构。"是什么"和"在哪里"是视知觉需要回答的两个基本问题。为了对物体做出适当的反应，我们必须：（1）识别我们在看什么；（2）知道它在哪里。

对腹侧和背侧通路的"是什么—在哪里"做区分的最初数据源自对猴的脑损伤研究。双侧颞叶损伤使得腹侧通路受阻的动物对于区分不同形状——对于"是什么"的辨别——有很大困难（Pohl, 1973）。例如，在学习当一个物体（如圆柱体）与另外一个物体（如立方体）配对呈现时才会得到食物奖赏的过程中，它们会犯许多错误。然而，同样的动物在判断一个物体和其他物体的位置关系时没有困难，因为第二种能力依赖对"在哪里"的计算。反之，对于顶叶损伤使得背侧通路受阻的动物来说也是如此。这些动物在判

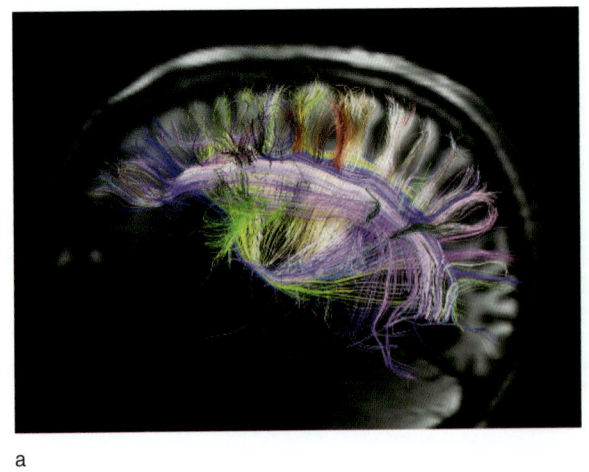
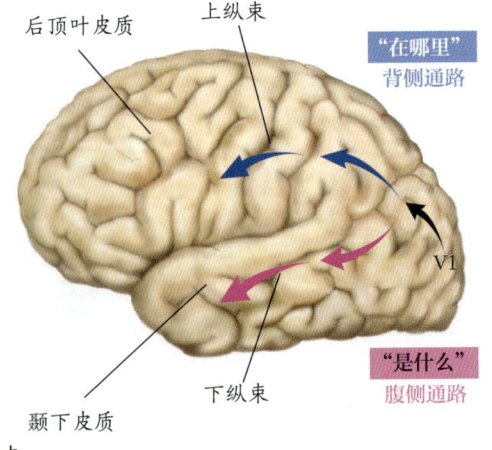

图6.4 物体识别的主要通路
（a）纵向纤维束，图中的紫色部分。（b）腹侧"是什么"通路终止于颞下皮质，背侧"在哪里"通路终止于后顶叶。

解剖定位

物体识别的解剖

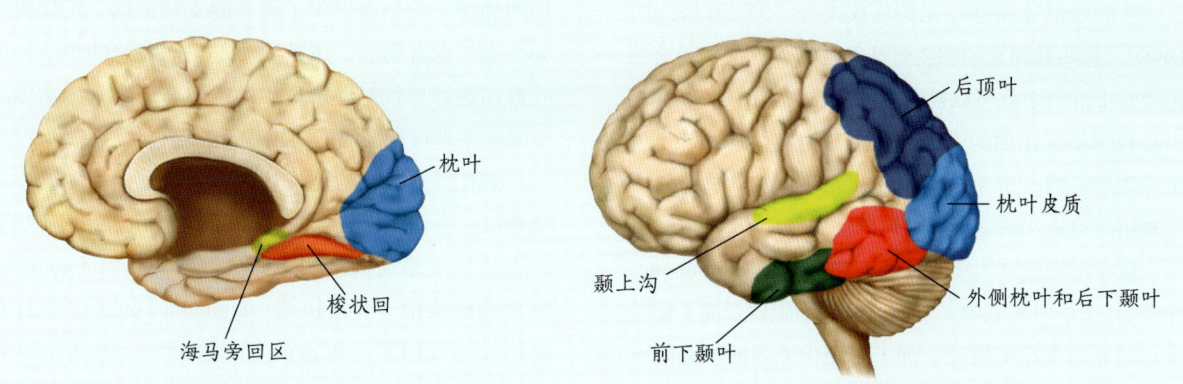

用于识别不同类型物体的大脑区域是有特异性的。海马和后顶叶皮质加工有关位置和场景的信息，多个区域参与了面孔识别，包括梭状回和颞上沟，然而，识别其他身体部分的区域则是外侧枕叶和后下颞叶。

断一个物体相对于其他物体的位置（"在哪里"）时有困难，但是在区分两个相似物体（"是什么"）时没有问题。

更多的近期证据表明，"是什么"和"在哪里"通路的分离并不局限于视觉系统。对各种物种（包括人类）的研究指出，听觉加工区域也可能分为类似的背侧和腹侧通路。初级听皮质的前部属于腹侧通路，特异于听觉模式加工（该声音是什么？）；后部组成了背侧通路的一部分，特异于识别声音的空间位置（它来自哪里？）（图 6.5）。

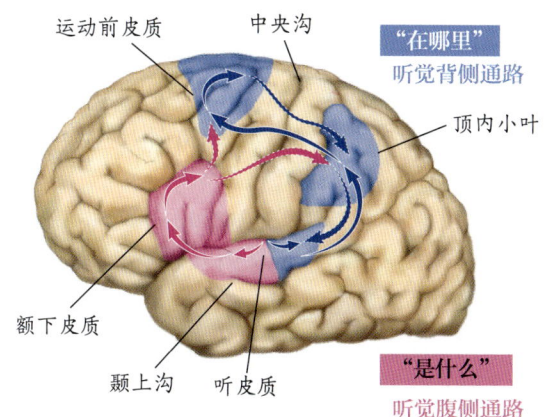

图 6.5 听觉通路中假设的背侧通路和腹侧通路
背侧通路（蓝色）的神经元可能优先分析空间和动作，腹侧通路（粉色）的神经元可能优先参与听觉性物体加工。注意，听皮质前部是腹侧通路的一部分，听皮质后部是背侧通路的一部分。

一个特别聪明的实验让猫识别一个听觉刺激在哪里和是什么，从而验证了这种功能特异性（Lomber & Malhotra，2008）。他们训练猫完成两个任务：一个任务是要求动物定位声音，另一个任务需要辨别不同的声音模式。研究者接着把细管放置在听觉区域前部；通过这些管子传送冷液，使得底层的神经组织降温。这个过程暂时抑制了目标组织，创造了一个暂时损伤区（类似于对人类实施 TMS 的研究逻辑）。降温造成了模式辨别任务而不是定位任务的选择性障碍。在该研究的第二阶段，这些管子被重新放置在听觉区域后部。被试这次是在定位任务上而不是模式辨别任务上有障碍——在同一只动物身上完成了简洁的双分离。

背侧通路和腹侧通路的表征差异

颞叶和顶叶的神经元都具有较大的感受野，然而每个叶的神经元的生理特性十分不同。顶叶的背侧通路神经元能以相似的方式对许多不同的刺激进行反应（Robinson et al., 1978）。例如，当刺激是一个局限于小空间区域的光点或一个占据了半个视野的大部分区域的大物体时，在一只完全清醒的猴子身上记录的一个顶叶神经元可能会被激活。

尽管其中 40% 的神经元有靠近中心视觉区的感受野（中央凹），但其他细胞有不包括中央凹的感受野。这些离心的细胞非常适合检测一个刺激的出现和位置，特别是刚刚进入视野的刺激。回想一下，第 5 章讲皮质下视觉加工时提到过上丘有类似的作用，上丘也在视觉注意中扮演重要的角色。

颞叶腹侧通路神经元的反应十分不同（Ito et al., 1995）。这些神经元的感受野总是包围着中央凹。这些神经元中的大多数可以被落入左或右视野的刺激激活。中心视觉不成比例的表征看上去对物体识别系统来说十分理想。我们通常会直接注视希望识别的物体，因此利用了中央凹视觉更大的精确性。

颞叶视觉区域的细胞有多种选择模式（Desimone, 1991）。在早期加工中，后侧区域的细胞偏好加工像线条这样相对简单的特征。加工通路中更远的细胞则偏好加工像人类身体器官、苹果或蛇这样的十分复杂的特征。图 6.6 显示了对位于颞下皮质的一个细胞的记录结果（Desimone et al., 1984）。这个细胞对人手部的反应最强。图中前五个图显示了该细胞对各个视角的手的反应。不论手的朝向如何，细胞活动都强，仅当手变小时稍有下降。第六个手套图显示对没有手指的同样轮廓的反应下降。

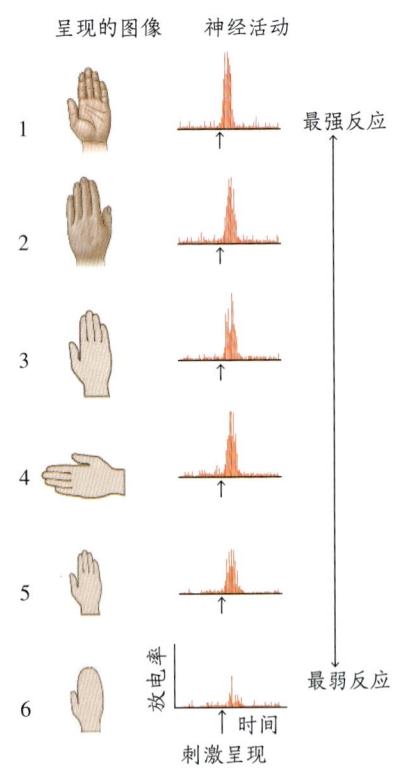

图 6.6 对颞下皮质的一个神经元的单细胞记录

颞下皮质的神经元很少对如线条或光点这样的简单刺激做反应，多是对手这样的更复杂的物体做反应。该细胞对没有手指的第六个图的反应微弱。

身份知觉和动作知觉

针对有关病人的研究为"是什么"和"在哪里"这两种加工的分离提供了更多的支持证据。正如我们会在第 7 章看到的，顶叶皮质是空间注意的中心。顶叶损伤能够导致对外部世界的空间布局和其中物体的空间关系进行表征的能力出现严重障碍。

更有启迪意义的是**失认症**病人表现出的功能性分离现象。失认症指的是一种即使感官和记忆没有缺陷，仍无法加工感觉信息的障碍。术语失认症（agnosia）源自西格蒙德·弗洛伊德（Sigmund Freud），取自希腊语 a-（"没有"）和 gnosis（"知识"）。失认意味着体验到一种对于物体、任务、形状、声音或气味的认识或识别的失败。当该障碍局限于视觉通道时，如 G. S.，就被称为**视觉失认症**。视觉失认症指的是即使分析诸如形状、颜色和运动等基本特征的加工相对完好，识别物体仍有障碍。

与此类似，人们还有听觉失认症，可以表现为尽管听力正常但无法识别音乐（见**专栏** 6.1），或者局限于嗅觉或躯体感觉的失认症。失认症通常是通道特异性的；如果问题是多通道的，就难以判断它属于知觉问题还是更有可能属于记忆问题。

加拿大西安大略大学的梅尔·古德尔（Mel Goodale）和戴维·米尔纳（David Milner）描述了一名 34 岁女性病人 D. F. 有趣的行为模式（1992）。她由于丙烷加热器漏气而一氧化碳中毒，导致了严重的视觉失认症。在命名家居物品时，她会犯把杯子命名为"烟灰缸"或把叉子命名为"刀子"之类的错误。她通常会给所呈现的物体一个粗略的描述。例如，一把螺丝刀是"长的、黑的、细的"。她的图片识别被破坏得更严重。当给她呈现一些普通物体的图片时，D. F. 一个也认不出来。

D. F. 的障碍不能归因于忘名症——一种物体命名障碍，因为不论何时把一个物体放在她手里，她都能识别出来。感觉测试进一步显示，D. F. 的失认症也不是因为视敏度缺陷导致的——她能探测到呈现于黑色背景上的灰色小目标。尽管她分辨色相之间些微差异的能力不正常，但她能正确地识别主要的颜色。

与我们所讨论的关联最密切的是，D. F. 在评估知觉三维物体朝向能力的两个任务上的表现有差异。在这些任务中，实验者让 D. F. 看一个中间切有凹槽的圆木。转动圆木头可以改变槽的朝向。在外显匹配任务

专栏 6.1　来自临床的启示
音乐死去的那天

除视知觉以外的其他感觉通道也对物体识别有所贡献。特别的气味使我们能识别百里香和罗勒。运用触觉，我们能区分廉价的涤纶和优质的丝绸。我们依赖自然的（婴儿的哭声）或人造的（警报声）声音为动作提供线索。无数研究已经证实，其他感觉通道也存在物体识别障碍。

与视觉失认症一样，一个病人需满足两个标准才能被称为失认。首先，物体识别障碍不能是知觉加工问题引起的。例如，要诊断为听觉失认症，病人在音调检测中的成绩必须在正常范围内；也就是说，病人能够检测到的音调和响度必须落入正常范围。其次，识别物体的障碍必须局限于单一通道。例如，无法识别如流水声或飞机引擎声之类的环境音的病人必须能识别瀑布或飞机的图片。

一个 35 岁的护士 C. N. 被诊断患有左侧大脑中动脉瘤，需要做手术（Peretz et al., 1994）。术后，C. N. 立即抱怨说她的音乐知觉被扰乱了。经一系列测试，她被诊断为失乐症（amusia）或音乐能力损伤。例如，她无法识别她所收藏的唱片中的旋律，也回忆不出 140 首流行曲目的名字（包括加拿大国歌）。

C. N. 的障碍不能归因于长时记忆问题。她还无法判断两段旋律的异同。她的障碍对听知觉有选择性，因为她能够出色地识别由视觉呈现的歌词是否属于同一首歌曲。与此类似，如果给她一个音乐片段的名称，如《四季》（The Four Seasons），C. N. 可以回答出作曲家是维瓦尔第（Vivaldi），甚至能回忆起她是在什么时候第一次听到这个片段的。

与 C. N. 的失乐症一样有趣的是，她没有其他听觉识别障碍。C. N. 能理解他人的话语，也能说话，能识别如动物的叫声、交通噪声和人类声音之类的环境音。甚至在音乐领域，C. N. 在音乐理解方面并不存在普遍性障碍，她能检测到音调。当让她判断几个两音调序列是否有同样的节奏时，她和健康被试表现得一样好。然而，当她必须判断这两个序列是否有相同的旋律时，她的成绩降到了接近随机水平。正因为有这种分离现象，所以她虽然无法识别歌曲，但仍能享受跳舞。

研究者还报告了其他领域特异性听觉失认症。许多病人识别环境音的能力受到破坏，而像失乐症一样，这种障碍与语言理解无关。相反，纯词聋病人即使表现出了对其他类型声音的正常听觉能力并且有正常的阅读能力，也无法识别口语。这种类别的特异性提示，听觉性物体识别包含几个不同的加工系统。这些加工操作是否要根据内容（如言语与非言语输入）或计算（如单词和旋律可能根据进行部分 – 整体分析的需要而变化）来定义，尚待进一步研究。

中，实验者给 D. F. 一张卡片，让她调整手的角度以使卡片和凹槽的朝向匹配。D. F. 做得很差。当凹槽水平时，她会把卡片竖起来（图 6.7a）。然而，当明确要求她把卡片插入凹槽时，她能很快伸出手并插入卡片（图 6.7b）。她在这个视觉运动任务上的表现不依赖卡片与凹槽接触时的触觉反馈；她在碰到木头之前已经调整了手的角度。

人们会根据朝向信息是支持识别还是支持动作，以十分不同的方式运用朝向信息。考虑到这一点，D. F. 的表现就可以理解了。外显匹配任务显示，D. F. 无法识别三维物体的朝向；这个障碍表明，她有严重的失认症。然而当让 D. F. 插入卡片（完成动作任务）时，她的表现清楚地显示她已对凹槽朝向进行了加工。形状和朝向信息没有参与物体识别的加工过程，但它们参与了视觉动作任务。

"是什么"系统是识别物体的核心。如果物体是熟悉的，我们可以这样识别它；如果它是新异的，我们可能会把知觉对象与记忆里贮存的类似形状物体的表征相比较。"在哪里"系统看来不仅是判断不同物体位置的核心，也在指引与这些物体的交互作用中起着关键作用。

D. F. 的表现为通向动作系统的信息如何与通向知识和意识的信息相分离提供了另一个实例。实际上，古德尔和米尔纳主张，二分应该是"是什么"和"如何"之间的二分，以强调背侧视觉系统给运动系统提供了强有力的输入，来计算如何产生一个动作。思考

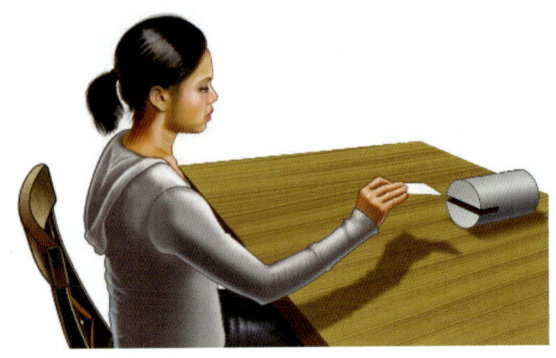

a　外显匹配任务　　　　　　　　　　　　　　　　　　b　动作任务

图 6.7　与意识有关知觉和与动作有关知觉之间的分离
（a）在外显匹配任务中，病人要匹配卡片和凹槽的朝向，她表现得不佳。（b）在动作任务中，病人要把卡片插入凹槽，她毫不犹豫地做出了正确的动作。

一下，当你拿一杯水来喝时，发生了什么。视觉系统考虑到了杯子相对于你的眼睛、头和桌子的位置，以及水杯直接移动到你嘴边的路线。

古德尔、米尔纳及其同事后来对 D. F. 做了许多研究，以探讨识别视觉和动作视觉之间分离现象的神经基础（Goodale & Milner, 2004）。结构 MRI 扫描显示，一氧化碳中毒已经导致她大脑双侧萎缩，特别是在腹侧通路，包括**外侧枕叶皮质**（T. W. James et al., 2003；图 6.8）。在进行物体识别任务时，健康个体的这些区域有一致性激活。相反，当给这些个体呈现同样的物体但要求个体抓住它们时，激活区域转移到了下顶叶更前面的区域——在 D. F. 完成这个任务时，也可观察到这样的模式（Culham et al., 2003）。

其他个案研究也展示了类似的结果。病人 J. S. 抱怨说看不到物体，不能看电视，或者不能阅读。只有预先确切地知道衣服在哪里，他才能自己穿衣服。而且，尽管他能通过熟人的声音识别他们，但他无法通过其面孔识别他们。然而，奇怪的是，他能毫无困难地在家附近的街区走动。即使他无法识别物体，但他能轻而易举地抓握这些呈现在不同位置的物体（Karnath et al., 2009）。

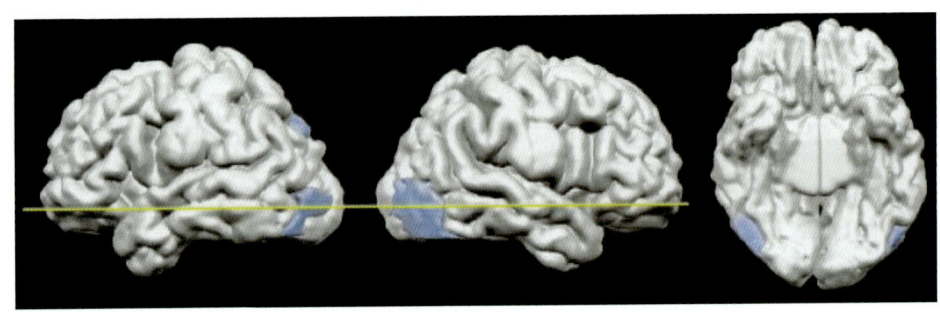

a　被试 D. F. 的脑损伤

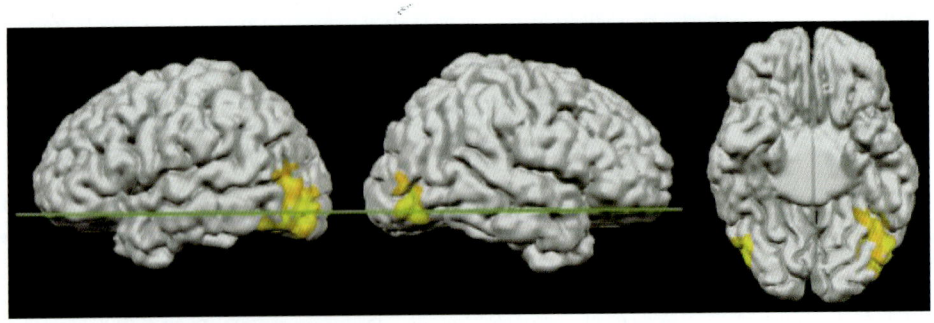

b　神经完好的被试的外侧枕叶的位置

图 6.8　腹侧通路损伤与健康被试的外侧枕叶预期位置比较
（a）D. F. 脑损伤的重构图。左半球和右半球外侧图，以及从下往上看的大脑底部图（在该图中看不到顶叶损伤）。（b）高光区显示的是神经健康的被试在识别物体时的外侧枕叶的激活。

研究者给 J. S. 做了类似于 D. F. 的测试。当呈现一个物体时，J. S. 在描述它的大小上表现得很差，但他能根据物体的大小来很快地调整抓握姿势，并且把它拿起来。或者，如果给 J. S. 呈现两个扁平的不规则的形状，J. S. 要说出它们是相同的还是不同的就十分具有挑战性，然而他能毫不费力地调整手的动作来拿起每个物体。正如 D. F.，尽管 J. S. 的动作显示他"知觉"到了关于物体形状和朝向的细节，但他也表现出了物体识别与知觉能力的充分分离。对 J. S. 大脑的 MRI 扫描显示，大脑损伤位于腹侧枕颞皮质的内侧。

像 D. F. 和 S. B. 这样的病人为我们提供了单分离的实例。他们显示出了运用视觉识别物体时的选择性（和严重）障碍，而用视觉完成动作的能力保持完好。我们在临床文献中也能发现相反的分离现象：**视觉性共济失调**病人能够识别物体，但无法运用视觉信息引导其动作。例如，当一个视觉性共济失调病人抓物体时，她不直接移向该物体，而是像一个人在黑暗中找电灯开关一样摸索。D. F. 在抓取物体时能毫无困难地避开障碍物，而视觉性共济失调病人在抓取物体时不会考虑障碍物（Schindler et al., 2004）。

他们的眼动表现出了类似的空间知识缺失现象；眼跳可能会有定向不当，并且不能把物体聚焦于中央凹。当用测试 D. F. 的凹槽任务（见图 6.7）测试这些病人时，即使他们在把物体插入凹槽时无法使用凹槽朝向信息，但仍能报告视觉呈现的凹槽朝向。与我们根据背侧—腹侧二分论而形成的预期一致，视觉性共济失调与顶叶皮质损伤有关。

尽管这些案例戏剧性地演示了"是什么"和"在哪里"的加工分离，但是不要忘了，这些证据来自对罕见障碍病人的研究。去看看类似的原则在健康的大脑中是否仍然适用也很重要。利奥尔·舒缪洛夫（Lior Shmuelof）和埃胡德·佐哈利（Ehud Zohary）设计了一个研究来比较正常被试背侧和腹侧通路的激活模式（2006）。被试观看正由一只手操作的各种物体的视频片段。物体呈现于左或右视野，而手从对侧视野靠近物体。背侧顶叶区激活由手的位置驱动。例如，当看到一只右手在左视野抓握物体时，左侧顶叶区的激活更强烈。相反，腹侧枕颞皮质激活与物体的位置有关。在第二个实验中，实验者要求被试识别物体或判断有多少根手指在抓物体。再一次，腹侧激活在物体识别任务中更强烈，但背侧激活在手指判断任务中更强烈。

总之，"是什么—在哪里"或者"是什么—如何"二分论为高级视觉加工的两个计算目标提供了一个功能性解释。这个区分最好被看成探索式的而不是绝对的。背侧通路和腹侧通路不是彼此孤立的，而是有大量交流的。顶叶（"在哪里"通路终点）中的加工服务于许多目的。这里强调的是它对动作的指引；在第 7 章中，我们将看到顶叶对于选择性注意（增强某些位置而不是其他位置的加工的现象）也起关键作用。而且，空间信息对于解决"是什么"问题也有帮助。例如，深度线索有助于把复杂场景分割成各个组成物体。

本章其余内容将关注物体识别——特别是视觉系统在知觉和识别世界时运用背侧通路和腹侧通路进行加工的策略分类。

关键信息

- 腹侧通路，或者枕颞通路，专门用于物体知觉和识别，常被称为"是什么"通路，专注于识别视觉。
- 背侧通路，或者枕顶通路，专门用于空间知觉，常指"在哪里"（或"如何"）通路，专注于动作视觉。
- 顶叶神经元有非选择性的大感受野，包括了表征中央凹和外周信息的细胞。颞叶神经元有大感受野，但十分具有选择性，总是表征中央凹的信息。
- 腹侧通路选择性损伤的病人可能在有意识识别物体时出现严重问题，然而他们能使用视觉信息引导协调性动作。由此，我们可以看到，视觉信息可服务于各种目的。
- 视觉性共济失调病人能识别物体，但是不能使用视觉信息引导动作。视觉性共济失调与顶叶损伤有关。

6.3 观看形状和知觉物体

尽管颜色、质地和运动等线索肯定也对正常知觉有贡献，但是物体知觉主要依赖对一个视觉刺激的形状分析。例如，当人们看浪花拍打海岸时，视敏度不足以看清沙粒，并且海水基本上是无定形的（没有任何可定义的形状）。然而，沙子表面的质地、水的边缘以及它们在颜色上的差异能够使我们把沙子和海水区分开。当然，水的流动也是重要的。

即使没有像质地和颜色这样的表面特征，或者这些特征被不适当地运用，识别也几乎不受影响：即使图 6.9 中的大象、苹果和人像分别是以蓝绿相间的几何形状、玛瑙条纹和大理石雕塑的形式呈现的，我们也能识别它们。从这里可以看出，在忽略颜色、质地或运动线索的情况下，物体识别源于一种把对二维形状（shape）和三维形状（form）的分析与物体进行匹配的知觉能力。形状是如何被内在表征的？是什么使我们识别一个三角形和一个正方形之间的差别，或一只黑猩猩和一个人之间的差别？

形状编码

第 5 章曾提到，识别可能涉及层级表征的观点，即加工每向上推进一个阶段，就会增加一些复杂性。线条这样的简单特征可以组合成边、角和交叉线。随着加工继续向上一层级推进，这些边、角和交叉线被组合成部分，部分再组合成物体。人们之所以能识别一个五边形，是因为它包含了五条相等长度的线段，而这些线段连接起来形成了五个角，建构了一个闭合区域（图 6.10）。这五条相等长度的线段也可以构成其他物体，如一个棱锥。然而，这个棱锥只有四个交叉点，而不是五个。这些线条建构了一个更复杂的形状，即一个三维形状。在层级的最低水平，五边形和棱锥可能激活了相似的表征。然而，在加工层级的更高水平上，这些特征的组合产生了不同的表征。

五条线：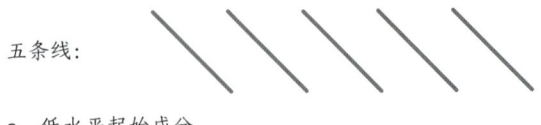

a 低水平起始成分

五边形：  棱锥：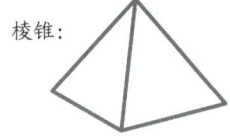

b 高水平知觉

图 6.10 基本元素以及它们能形成的不同物体
同样的基本元素（五条线）根据不同的排列方式可能形成不同的物体（如五边形或棱锥）。尽管低水平成分（a）是相同的，高水平知觉（b）却是不同的。

考查我们如何编码形状的办法之一是，在形成一个可识别形状的轮廓和仅仅是一团乱涂的线的轮廓时，比较相对应的大脑激活区域。当观看一个熟悉形状时，大脑的激活模式会发生怎样的变化呢？该问题强调的是知觉过程涉及感觉和记忆之间的联结这样一种观点（回忆一下物体识别的四个重要概念）。

研究者通过一个 PET 研究探索了这个问题（Kanwisher et al., 1997）。该研究区分了人们在观看熟悉形状、新异形状或者打乱这些形状后形成的随机线条（凌乱刺激）时的特定心理操作。加工这三种刺激均涉及视知觉的早期阶段，或所谓的特征提取（图 6.11a）。为了找出参与物体知觉的大脑区域，在假设

图 6.9 分析二维形状和三维形状
不论这些物体多么不同寻常，大多数人识别它们都毫无问题。我们可能从未见过蓝绿色的大象或有玛瑙条纹的苹果，但我们的物体识别系统能够区分用以识别这些物体为大象和苹果的基本特征。

凌乱刺激本身并不能形成一个物体的前提下，研究者要比较对新异物体和凌乱刺激的反应，同时也要比较对熟悉物体和凌乱刺激的反应。当观看新异或熟悉的物体时，我们最能发现记忆提取的贡献。

与观看没有可识别形状的凌乱线条图相比，观看新异的和熟悉的刺激都导致了外侧枕叶（图6.11b）双侧区域脑血流量的增加。该研究之后的许多其他研究同样显示外侧枕叶是形状和物体识别的关键区域。有趣的是，研究者没有在后侧皮质区域发现加工新异和熟悉刺激的差异。至少在这些区域内，识别熟悉刺激和识别不熟悉刺激的负担是一样的。

当我们看到一个物体如一只狗时，不管它是一只真狗、一幅狗的图画、一尊狗的雕塑还是一个由闪光组成的狗的轮廓，我们都把它识别为狗。这种对定义某个物体的特定视觉线索的不敏感性叫作线索不变性。

研究显示，对于外侧枕叶来说，形状似乎是一个刺激最凸显的特征。在一项fMRI研究中，被试观看一个由亮度线索形成的形状或一个由运动线索形成的形状。不管该形状是由黑色背景上的光亮来定义的，还是由连贯运动和随机运动的点来定义的，与有相似感觉特征的控制刺激相比，外侧枕叶的反应都是相似的（Grill-Spector et al.，2001；图6.12）。这样，外侧枕叶可以支持对大象形状的知觉（即使大象是蓝绿色的），或是对苹果形状的知觉（即使该苹果是玛瑙材质且有条纹的）。

外侧枕叶对于形状知觉的功能特异性甚至在6个月大的婴儿身上就可以看到（Emberson et al.，2017）。你可以想象，让婴儿在fMRI扫描仪中安静地坐着将是一项多么大的挑战。一种替代的研究方法是使用**功能性近红外光谱成像**（functional near-infrared spectroscopy，fNIRS）。它采用了一个轻巧的系统，看起来类似于脑电帽，可以舒适地戴在婴儿头上。该系统包括一个红外光发射源，而红外光能穿透头皮和颅骨。含氧血流和脱氧血流对光的吸收率是不同的。因此，和fMRI一样，fNIRS系统中的感受器可测量血液动力学活动。对于像靠近颅骨如外侧枕叶这样的目标皮质组织来说，该系统能发挥最佳效果。

根据各种脑成像研究的结果，研究者发现，当刺激重复出现时，第二次BOLD反应会比第一次低。这个**重复抑制效应**被认为反映了增强的神经效率：如果某个反应模式最近被激活过，那么对该刺激的神经反应会更有效，并且可能更快。

研究者不仅需要考虑测量婴儿被试的脑成像方法，也需要设计适合不同年龄被试的任务。为了研究形状知觉，研究者设计了两种视觉刺激：一种刺激的形状和颜色变化而质地保持不变，另外一种刺激的质地和

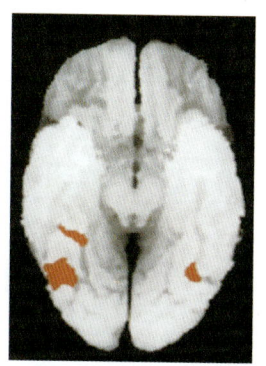

a   b

图6.11 物体识别的成分分析

（a）三种条件的刺激和每个条件所要求的心理运算。加工一个即使没有名称的新异物体也被认为涉及知觉加工的一些过程。（b）观看熟悉和新异物体要比观看没有可识别物体形状的凌乱刺激引起了更大的枕颞皮质激活（水平面图）。

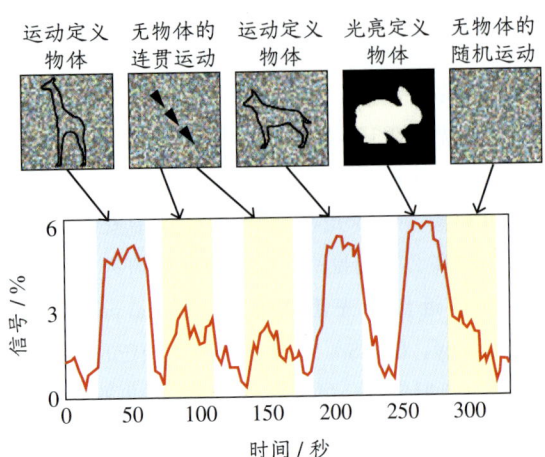

图 6.12　即使物体的边界并没有在物理上呈现出来，外侧枕叶仍然对形状产生了 BOLD 信号

在一项采用区组设计的 fMRI 研究中，观察者被动地观看四种刺激。有两种没有物体的控制刺激：一是所有点的随机运动，二是所有点的连贯运动。另外两种刺激都是物体：一是由光亮定义的物体，是黑色背景上的剪影；二是由运动定义的物体，是在随机方向运动的黑色背景上连贯运动的点。在最后这种刺激中，物体形状见于两种运动相遇时的边界，产生了物体的轮廓线。在光亮定义物体条件和运动定义物体条件下，外侧枕叶的 BOLD 反应增强了。

颜色变化而形状保持不变（Emberson et al., 2017）。这样，两种刺激中的颜色都是相关特征，而形状和质地只在相应条件下才是相关特征。

研究者利用重复抑制效应研究当某些特征重复时 fNIRS 的反应是如何变化的（图 6.13a）。当形状重复时，外侧枕叶的血液动力学反应比形状不同时降低了。相反，质地重复或变化这两种条件间的血液动力学反应没有差异（图 6.13b）。这些发现支持了婴儿的外侧枕叶对形状敏感而不对其他视觉特征敏感的观点。

从形状到物体

图 6.14 显示的是什么？如果你像大多数人一样，那么你最初会看到一个花瓶。继续看，花瓶变成了面对面的两个人的侧影，接着又变回了花瓶，如此反复。这是一个多稳态知觉的例子。多稳态知觉是如何在大脑中实现的呢？在从一种知觉到另一种知觉的转换点上，刺激信息并没有变化，而对图片线索的解释发生了变化。当注视白色区域时，你看到了花瓶。当你转换注意到黑色区域时，你看到了侧影。我们在这里遇到了一个鸡和蛋的问题。是个体特征的表征先发生变化从而引起了知觉变化，还是知觉变化导致了对特征的重新解读？

为了探索这些问题，德国马克斯·普朗克研究所的戴维·沙因贝格（David Sheinberg）和尼科斯·洛戈塞蒂斯（Nikos Logothetis）转向另外一种形式的多稳态知觉：双眼竞争（Sheinberg & Logothetis, 1997）。我们双眼的精确聚焦能力（可能受验光师协助）使我们忘掉了双眼提供的是关于世界的两张不同的快照。这两张快照仅略有差异，但这些差异提供了重要的深度知觉线索。研究者制作了特殊的眼镜，给每只眼睛呈现截然不同的图像，以非常快的速度交替阻断对两只眼睛的刺激输入（先是一只眼睛，再是另一只）。人们戴上这些眼镜时，不会在同一位置看到两个物体。就拿花瓶 - 面孔侧影两可图来说，尽管在转换时偶尔有一个模糊阶段无法清楚地知觉任何一个物体，但是在某个时间点上，被试只能看到一个物体。

研究者给猴子戴上这种眼镜，给它们的两只眼睛

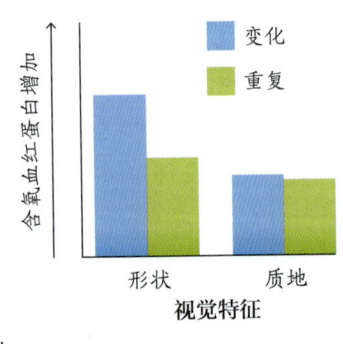

图 6.13　6 个月大的婴儿的外侧枕叶对于形状识别的特异性

（a）刺激样例。在一个区组的试次中，一个维度（形状或质地）变化，另外一个保持不变。（b）与形状变化而质地重复相比，当一个形状被重复 8 次时，外侧枕叶的血液动力学反应降低了。该重复抑制效应表明，外侧枕叶对形状敏感。

分别或同时呈现截然不同的刺激，并训练它们按两根杠杆中的一根以表示知觉到了哪个物体。为了确保猴子不是随机反应的，研究者引入了非竞争试次，其中只呈现一个物体，接着对视皮质各个区域进行单细胞记录。在每个区域，他们测试了两个物体，其中仅有一个可以激活该细胞，这样该细胞的活动就能与动物的知觉经验关联起来了。

研究者发现，早期视觉加工区的活动与该刺激紧密关联，而更高级的区域（颞下皮质）与知觉关联。在V1区，少于20%的细胞的反应随着动物知觉到了有效或无效刺激而来回波动。在V4区，这个比例增加到了超过33%。相反，更高级的颞叶视觉区的所有细胞活动都与动物的知觉紧密相关。在那里，细胞仅当有效刺激（猴子面孔）被知觉到时才做出反应（图6.14b）。

在竞争条件下，当动物按压杠杆，即知觉到了无效刺激（放射状图）时，细胞基本不活跃。在V4区和颞叶，细胞激活先于动物的反应，显示知觉已发生变化。因此，即使刺激并未改变，在从对无效刺激的知觉到对有效刺激的知觉发生转换之前，细胞活动就增强了。

这些结果提示，在皮质加工的早期阶段，腹侧通路存在两个可能的知觉对象间的竞争。V1区和V4区的细胞激活可以被看作形成了一些知觉假设。一个集群细胞的不同激活模式反映了不同假设的强度。这些细胞间的交互作用确保了在信息到达颞下皮质时，这些假设中的一个已经融合成一个稳定的知觉对象。大脑反映的是真实世界的特点，因此不会愚蠢地认为两个物体存在于同一时间和同一地点。

祖母细胞和集群编码

我们如何识别特定的物体呢？例如，什么使得我们能够区分一只郊狼和一只狗、一个水蜜桃和一个油桃，或者一株猴面小龙兰和一张猴脸呢（图6.15）？大脑中存在仅对特定整合知觉对象进行反应的个体细胞吗？还是说物体知觉依赖一簇细胞或一整个集群的细胞放电呢？后一种情况意味着，当你看到一个水蜜

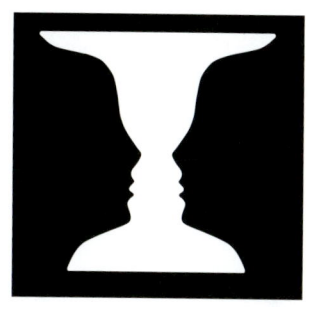

a

b

图6.14 现在你看到它了，现在你又看不到它了：多稳态知觉

（a）你一直注视着这幅图，尽管刺激始终是一样的，但你的知觉变化了。（b）当放射状图或猴面孔单独呈现时（没有在图中显示），颞叶皮质细胞对猴面孔有强烈反应，但对放射状图没有反应。在竞争条件下，两个刺激同时呈现，一个呈现给左眼，另一个呈现给右眼。下方横条表示通过按压杠杆显示出猴的知觉状态——按左侧杠杆是放射状图，按右侧杠杆是面孔。在竞争刺激呈现之后大约1秒，动物知觉到了放射状图，在此期间，细胞不放电。大约7秒后，细胞活动大幅增强，相应地，猴子表示它的知觉不久之后变化到了猴面孔。2秒后，知觉对象重新跳回放射状图，细胞活动再次减弱。

图6.15 猴面小龙兰
这种兰花看上去像极了一张猴脸。

桃时，针对水蜜桃不同特征的一组神经元可能被激活了，当然它们中的一些在你看到油桃时也可被激活。

颞下皮质细胞对复杂刺激（如物体、场所、身体部位或面孔，图6.6）做选择性反应，这一发现支持物体知觉的层级理论。这些理论认为，初级视皮质细胞对如线条朝向和颜色这样的初级特征进行编码。这些细胞输出的信号整合成了对如拐角或交叉等高阶特征敏感的探测器——这与胡贝尔和威塞尔的发现一致（见第5章）。这种加工还会继续，因为在下一个阶段总会编码更复杂的组合（图6.16）。能够识别复杂物体的这类神经元叫作**认识单元**，意指该细胞放电标志着一个已知的刺激（如一个物体、一个场所或过去遇到过的一只动物）出现了。

我们很容易得出结论，即图6.6所记录的细胞电活动表明，一只不受视角影响的手出现了。颞下皮质的其他细胞更倾向于对如锯齿状轮廓或毛茸质地这样的复杂刺激进行反应。后者可能对猴子有用，有助于识别某物体有皮毛覆盖的表面，因而该物体可能是猴群中另一只猴的后背。

更有趣的是，颞下回和颞上沟底部的细胞选择性地被面孔激活。研究者以调侃的方式创造了一个名词——祖母细胞，以表示大脑中可能有一个认识单元仅在祖母出现时才兴奋的观点。其他认识单元可能专场于识别一辆蓝色的大众牌汽车或金门大桥之类的物体。

美国加州大学洛杉矶分校的伊扎克·弗里德及其同事对人类被试进行单细胞记录而探索这个问题（Quiroga et al., 2005）。这些被试都患有癫痫。在准备

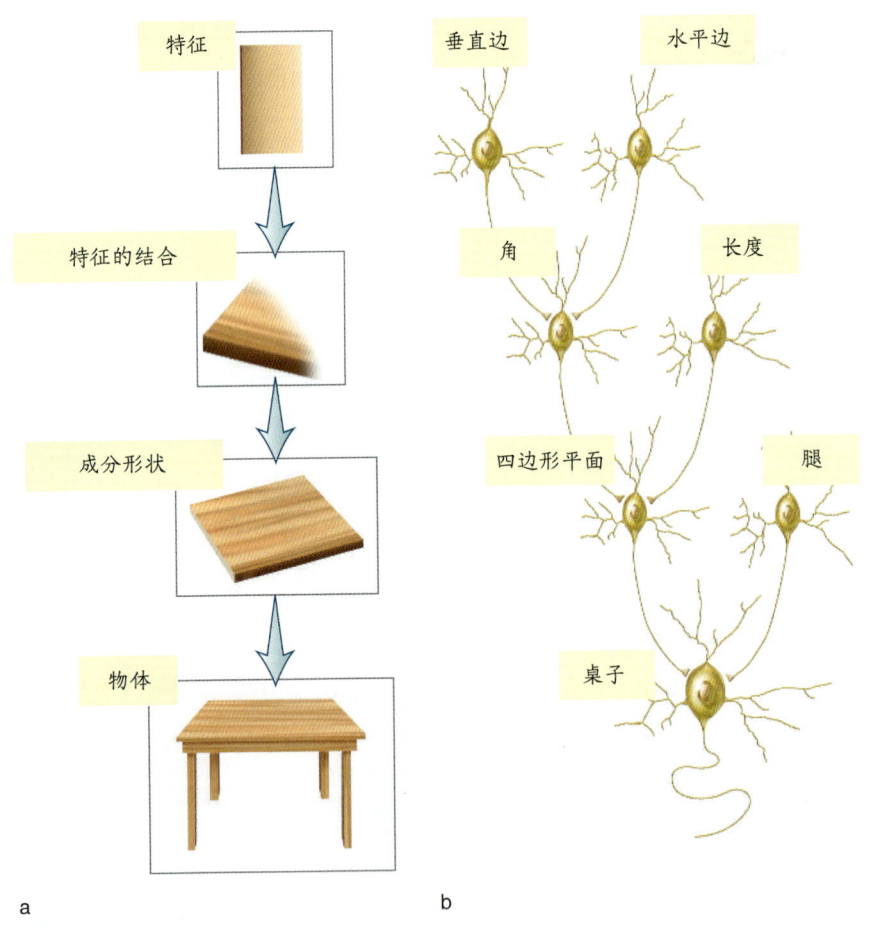

图6.16　层级编码理论

初级特征被整合而形成可被认识单元识别的物体。层级结构的第一层是边探测器，与第5章提到的简单细胞的工作方式类似。这些特征单元整合形成角探测器，然后整合形成对如表面这样更复杂刺激进行反应的细胞。（a）假设的层级编码计算阶段。（b）在（a）中所示计算阶段的神经元工作示意图。

手术以减轻症状的过程中，电极被植入他们颞叶。研究者给他们呈现多种图片，包括动物、物体、地标和人的图片。总的来说，研究者发现，难以让这些细胞做出反应。即使根据对该人的视觉史的采访，给每个被试都单独定制了刺激，这些颞叶细胞还是常处于不活跃状态。

然而，也有例外。最值得注意的是，这些例外揭示了一种非同寻常的刺激特异性。请回顾图 3.21。该图显示了对于女演员哈莉·贝瑞的照片选择性地做出反应的一个颞叶神经元的电活动变化。在这些照片中，贝瑞女士有时戴着太阳镜，有时留着夸张的发型，有时甚至穿着猫女的服装——在所有情况下，这个特别的神经元都被激活了。其他女演员或名人都不能激活该神经元。

尽管我们很容易认为这样的细胞就是认识单元，但记住这些实验的局限也很重要。首先，除了无限数量的可能刺激外，这些记录仅是在小部分神经元上完成的。这个细胞可能被更多种刺激激活，而许多其他神经元也可能以类似的方式进行反应。其次，这些结果也显示，这些类认识单元并不真的是"知觉的"。当呈现单词"哈莉·贝瑞"时，这个细胞也被激活了。至少从祖母细胞最初的含义来说，这一观察摆脱了它是不是一个祖母细胞的争论。这个细胞更可能表征的是"哈莉·贝瑞"这个概念，或者甚至是哈莉·贝瑞这个名字，一个可能让人回想起任何与这个女演员有关的刺激的名字。

祖母细胞假说的一个替代方案是，物体识别是各种复杂特征探测器（**图 6.17**）激活的结果。这样，当更高阶的神经元被激活时，才能识别祖母；一些神经元对她的面孔轮廓进行反应，其他神经元对她头发的颜色进行反应，还有一些神经元对她脸上的特征进行反应。根据这个集群假说，识别并非源于单个单元，而是源于许多单元的集体激活。集群理论可以解释为什么我们会混淆两个在视觉上相似的物体（如老虎和狮子）：因为这两个物体激活了许多相同的神经元。失去一些单元可能降低我们识别物体的能力，但余下的单元可能也足够了。集群理论也能解释我们识别新异物体的能力。这样的物体与我们熟悉的事物有相似性，因此激活表征相似特征的单元使我们产生了对新异物体的知觉。

颞叶神经元的单细胞研究结果支持物体识别的集群理论。虽然一些细胞对于复杂物体的选择性十分突出，但这些选择性几乎总是相对的，而不是绝对的。颞下皮质细胞偏好某种刺激而不是其他刺激，但它们也能被视觉上相似的刺激激活。如图 6.6 中所示的细胞，当一个手套形状的刺激呈现时，它的活动增强了。没有哪个细胞只对某个人的手有反应；对手有选择性反应的细胞对任何手都有同等的反应。与此形成对比的是，我们的知觉能力显示，我们能做出更细微的辨别。

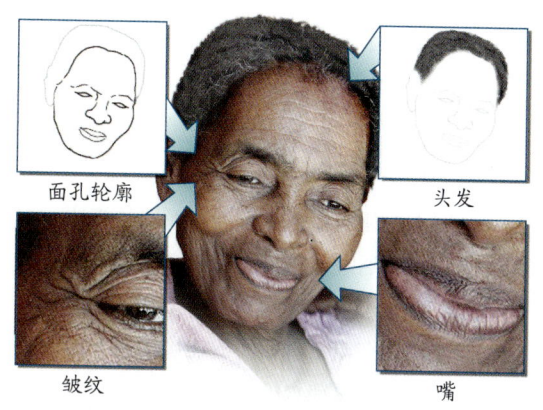

图 6.17 集群编码假说
物体是由一群定义性特征的同时激活来定义的。这里"祖母"因她的皱纹、面孔轮廓、头发颜色等特征共同出现而得到识别。

利用神经网络的计算能力

知觉系统是如何组织起来以理解不断轰炸我们感觉器官的复杂信息的呢？一个意见是，具有广泛连通性并受一些简单学习原则约束的分层架构是学习丰富环境结构的最佳选择。尽管这一假设在理论层面上引发了长期争论，但是近期在人工智能领域的一些进展使研究者能够通过将从深度学习网络中获得的模拟结果与神经生理学实验数据进行比较而检验这一理论。

在这些网络的输入层，表征可能在某种程度上类似于环境中的信息，例如，视觉识别网络可能具有与图像中的像素相对应的输入层。在输出层，表征可能对应一个决策，例如，图像中是否有面孔？如果有，是谁的面孔？中间层（或称隐藏层）需要额外的加工步骤，其中的信息根据不同的加工规则重新组合和重新加权（**图 6.18**）。

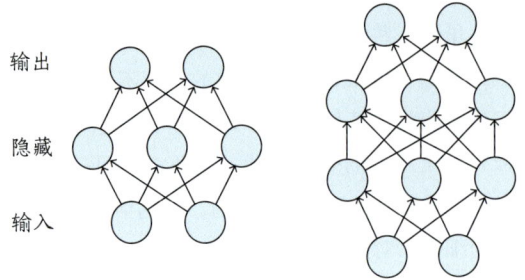

a 浅前馈（1个隐藏层） b 深前馈（多于1个隐藏层）

图 6.18 分层前馈网络
（a）浅前馈网络要么没有隐藏层，要么有一个隐藏层，（b）深前馈网络有超过 1 个隐藏层。多层网络技术是机器学习和神经科学的重大突破，使系统能够解决复杂的问题。

这一网络如何运行取决于训练系统的算法。在某些情况下，可以通过将网络输出与正确答案进行比较而发现一些错误信号，然后使用此信息来修正连接，例如，通过弱化在出错时活跃的连接来修正结果。在其他情况下，系统可能根据简单的网络属性（如激活水平）来制定训练规则（如使活跃的连接更强大）。

从深度学习网络研究中得出的关键信息是，这些系统在提取统计规律或创建能够解决复杂问题的表征方面非常有效（图 6.19）。深度学习网络在围棋和得州扑克等游戏中的表现已经超越了人类，而且它们正在掌握某些最复杂的人类知觉能力，如判断是否熟悉一张脸。

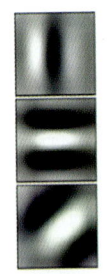 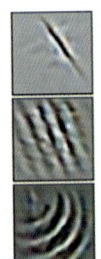   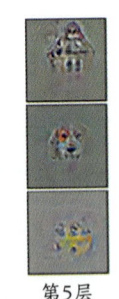

第1层　　第2层　　第3层　　第4层　　第5层

图 6.19 从一个深层网络的不同层提取的表征
早期层（此处为第 1 层和第 2 层）对应于早期视觉区（V1 区至 V4 区）所识别的特征。晚期层（此处为第 3—5 层）对应于腹侧通路的细胞所看到的信息。当训练网络识别物体时，这些表征会自然形成。

为了探索我们的视觉系统是不是以类似的方式进行组织的，吉姆·迪卡洛（Jim DiCarlo）及其在麻省理工学院的同事（Yamins et al., 2014）构建了一个分层模型。该模型具有腹侧通路的分层架构，以解决一个基本知觉问题，即确定一个视觉刺激的类别。为了训练该网络，他们给该模型呈现了 5760 张图片，包括来自八个类别的物体（动物、船只、汽车、椅子、面孔、水果、飞机和桌子）。这种训练类似于婴儿持续不断地接触不同的视觉场景。

然后，每个图像都要通过一个四层网络传播。在该网络中，每个阶段的加工都结合了从神经生理学和计算研究中得出的计算原理。在 V1 区的阶段，激活反映了对一小组像素的亮度信息的整合。较高阶段把较低阶段的输出与最后阶段——预测模型对物体类别的成员资格的判断——的输出相结合。模型根据预测与真实答案的匹配程度，对每一层内和层之间的连接进行改进；例如，如果预测错误，那么对应的活跃连接会被削弱。

迪卡洛和他的团队发表了对该模型的两个测试结果。首先，他们考查了模型中不同层的输出与腹侧通路不同水平神经元的活动的匹配程度。他们给猴子展示了相同的图片并记录了 V4 区和颞下皮质的细胞反应。有趣的是，他们发现来自深层网络第三层的输出与 V4 区的激活模式显著相关，而来自第四层的输出与颞下皮质的激活模式相关。尽管该模型过度简化了实际的神经元活动复杂的相互作用，但人工和生物系统之间存在很强的对应关系，支持了生物大脑有一个层级架构的观点。我们将在第 14 章更详细地讨论这一理论。

其次，研究者观察了该模型在难度递增的三个分类任务上的表现（图 6.20a）。在最简单的测试中，物体的大小相似，并且以相似的朝向在相似的背景中呈现。在两个更难的测试中，物体在姿势、位置、大小和背景上变化更大。研究者比较了该模型识别物体类别的能力与人类完成相同任务的表现，以及根据 V4 区或颞下神经元活动做的预测。如图 6.20c 所示，模型、颞下神经元和人类观察者的分类正确率相似。此外，正如我们根据已知预测的，在简单任务中的分类，V4 区神经元的活动预测得相当好，但它在两个更难的任务中的成绩急剧下降。

V4 区的预测成绩比颞下区差。一个原因是只有后者才能实现物体恒常性，而且不依赖实际刺激就能确

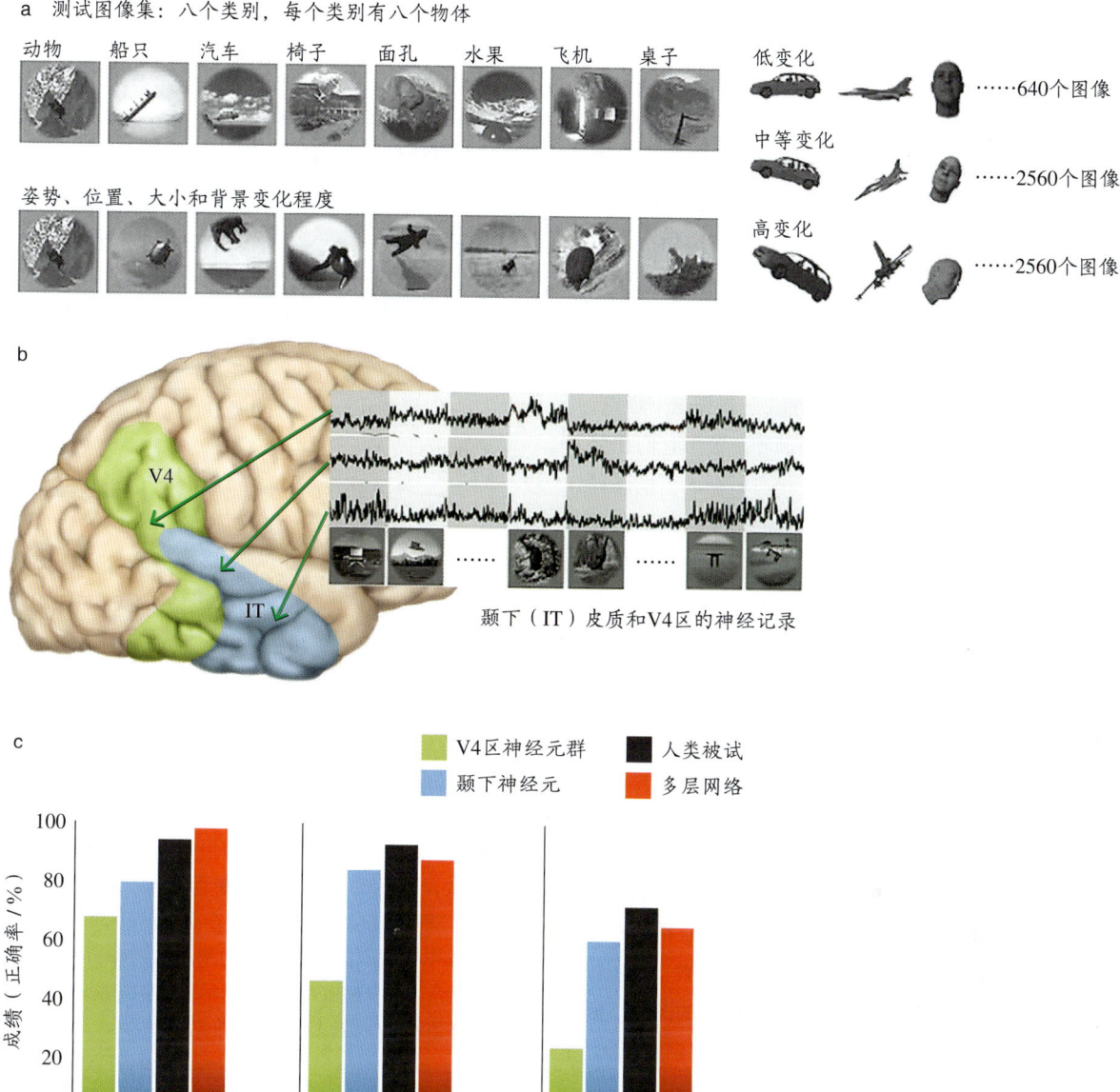

图 6.20　物体分类测试成绩

（a）测试图像是在三个视角水平上的八个物体类别。（b）长期植入的微电极阵列记录了 V4 区和颞下皮质中神经元对约 6000 张图像的反应。（c）对于同一套图像，V4 区（绿色条形）、颞下皮质（蓝色条形）和多层网络模型（红色条形）的神经元的反应；这些反应也被用于训练分类器，从中评估其各自的总体正确率。（纵轴表示八种分类的正确率，因此随机水平是 12.5%。）人类被试（黑色条形）的反应是通过心理物理学实验收集的。

定类别的成员资格。人类非常擅长保持物体恒常性。顾名思义，这也是一种分类形式。一个具有相当简单的加工规则的简单多层模型就几乎表现得与人类观察者一样好了。我们可以想象，随着更复杂且更好的学习算法被开发出来，这些复杂网络可能会很快超过人类在复杂场景中快速扫描的能力。像机场安检人员通过 X 光扫描来检查旅客行李这样的工作，很可能被人工智能取代。

物体识别中的自上而下效应

至此，我们从自下而上的视角重点介绍了视觉系统加工，展示了多层系统如何将特征组合成更复杂的表征。这一模型似乎能很好地模拟沿腹侧通路的信息流。然而，我们也应该认识到，信息加工并不只是单向的、自下而上的。例如，在感恩节晚餐中，你妹妹可能会要求你把土豆递给她。你的视觉系统不会仔细地检查桌子上的每盘食物，以确定它是否包含所需物品。视觉系统可以轻松地排除不太可能的选项，如一盘火鸡，并聚焦于与土豆的颜色或坚实度类似的那盘食物。

其中一个版本的自上而下效应模型强调，来自额叶皮质的输入会影响腹侧通路的加工。根据这一理论，来自早期视觉区的输入被传输到额叶。鉴于它们在层级结构中的低层级，这些表征是相当粗糙的，也许只是一个场景中物体的模糊分布图——甚至在这里，物体各部分之间也可能没有明确分开。额叶使用此早期场景分析以及关于当前情境的知识产生对该场景是什么的预测。然后，这些自上而下的预测会与沿颞叶皮质腹侧通路的自下而上分析进行比较，通过缩小可能的范围来更快地识别物体（图6.21）。

为了测试这个模型，摩西·巴尔（Moshe Bar）及其同事让被试在进行MEG扫描时完成视觉识别任务。MEG具有精细的时间分辨率和合理的空间分辨率。他们的兴趣在于比较额叶区域和颞叶皮质中与识别有关的区域激活的时间进程。他们给被试快速呈现了一些熟悉物体的图片，同时在两边呈现掩蔽刺激。同一张图片可以呈现几次，并随机穿插其他物体的图片。因此，如果被试在早期的快速呈现中没有识别该物体，他们还有几次机会来识别。

研究者比较了物体被识别试次和没有被识别试次的MEG反应。他们发现，当物体被识别（与没被识别相比）时，额叶的激活比物体识别所涉及颞叶皮质区域的激活早了50毫秒（图6.22）。

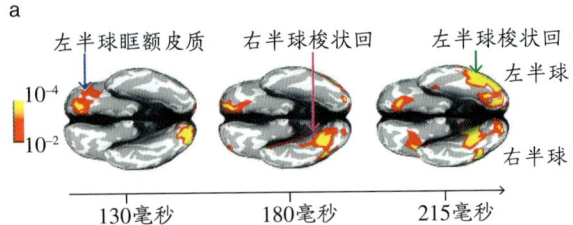

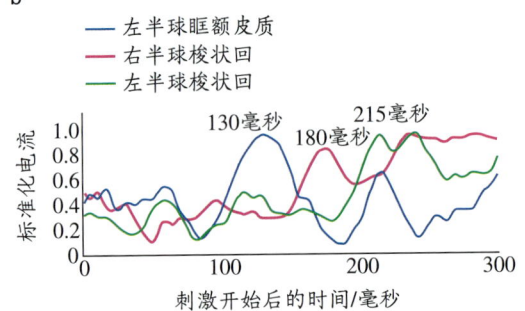

图6.22　额叶协助物体识别

（a）从刺激开始，在不同延迟时间段所估计的皮质激活。在刺激开始后的130毫秒，激活差异（识别与未识别）在左半球眶额皮质达到峰值，在此之前的50毫秒，在颞叶皮质中与识别有关的区域的激活达到峰值。黄色表示最大激活。（b）MEG变化（显示对物体的反应）。纵轴上的电流值和统计值以无单位的绝对值表示。

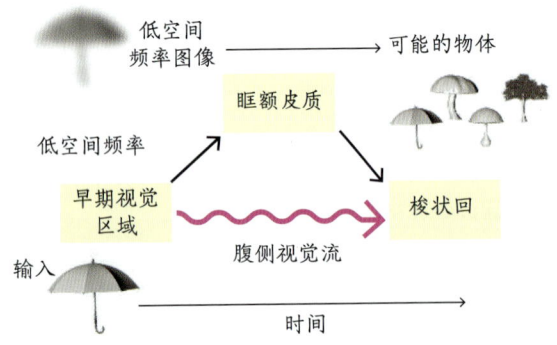

图6.21　一个自上而下的促进视觉识别的模型

在此模型中，眶额皮质通过不完全分析视觉输入来预测物体，并将它发送到腹侧通路加工区，以促进物体识别。

读心：解码和编码大脑信号

我们已经了解了研究者通过操纵输入并测量反应来研究视皮质特异化的各种方法。这些探索使研究者认识到，至少在原则上，从反方向分析这个系统是可能的（图6.23）。也就是说，我们应该能够通过观察某人的大脑活动来推断这个人正在看什么（或者在测量延迟的情况下，推断这个人最近看过什么）。这就是我们通常说的读心。这个想法被称为"解码"：大脑活动提供了编码信息，而挑战在于破译这些信息并推断它们代表的是什么。

要解决解码的计算挑战，面临两个关键问题。第一个问题是解码心理状态的能力受限于我们关于大脑如何编码信息的模型，也就是说，信息是如何在大脑

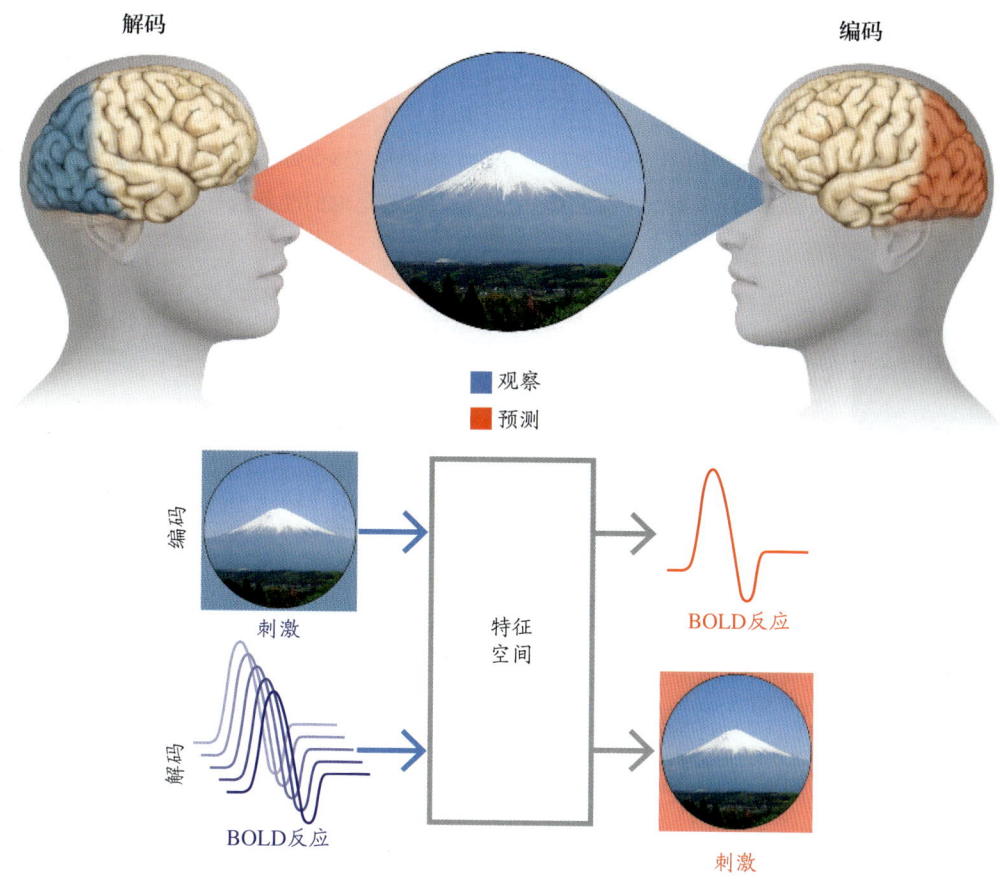

图 6.23　编码和解码神经活动

编码是指刺激特征如何在神经活动中表征。图像由感觉系统加工，研究者想要预测它产生的 BOLD 活动。解码（或读心）指观察特定大脑状态时预测所看到的刺激是什么。在 fMRI 解码中，BOLD 信号用于预测被试正在观察的刺激。成功的编码和解码需要准确地假设信息是如何在大脑中表征的（特征空间）。

的不同细胞或区域中表征的。提出不同皮质区域表征不同类型信息的良好假设，有助于我们在建构大脑解码器时得出推论。举一个极端的例子。如果我们不知道枕叶对视觉输入有反应，那么我们很难通过观察枕叶的活动来推断这个人正在做什么。类似地，有一个关于不同区域分别表征什么的好模型（如 V5 区的高水平活动与运动知觉有关），可以有力地制约我们对这个人正在看什么的预测。

第二个问题是技术性的——解码能力受到测量系统分辨率的限制。EEG 具有出色的时间分辨率，但空间分辨率较差。这既是因为电信号分散，也是因为我们的传感器数量有限。fMRI 的空间分辨率更好，但时间分辨率相当粗糙。如果一个人必须保持同样的思维，如 10 秒或 20 秒，我们才能很好地读取她的想法，读心工具就不是那么有用了。知觉是一个快速而流畅的过程。一个好的读心系统应该能够以类似的速度运行。

我们该如何构建 fMRI 体素水平或 EEG 电极水平的复杂编码模型呢？一种方法是先从有根据的猜测开始。例如，在视觉系统中，我们可以首先确定早期视觉加工区的体素。这些体素具有单个神经元的类似敏感属性，如对边缘、朝向和大小反应。请记住，每个体素包含数十万（也可能是数百万）个神经元，并且一个体素内的神经元具有不同的敏感属性（例如，关于线条朝向，有些神经元对水平和垂直线条敏感，有些神经元对其他角度的线条敏感）。幸运的是，都具有相同的敏感属性并非必要。必要的是，体素在这些维度上的整合反应显示出了可检测到的差异。也就是说，一个体素中可能含有更多的对水平线敏感的神经元，而另一个体素则有更多的对垂直线敏感的神经元。

加州大学伯克利分校的杰克·加朗（Jack Gallant）

及其同事着手建立了一个基于这些想法的编码模型（Kay et al., 2008）。由于认识到确定个体体素具有挑战性，因此他们没有采用测试 15 ~ 20 个新被试且每个被试测试 1 小时的标准实验程序。他们让两个高动机者（该论文的两位作者）在 MRI 扫描仪里躺了几小时，反复观看 1750 张自然图像。为了进一步提高空间分辨率，他们仅在 V1 区、V2 区和 V3 区记录了 BOLD 反应。通过这个大型数据集，研究者构建了每个体素的"感受野"（图 6.24）。

然后，他们准备进行关键测试。研究者给被试呈

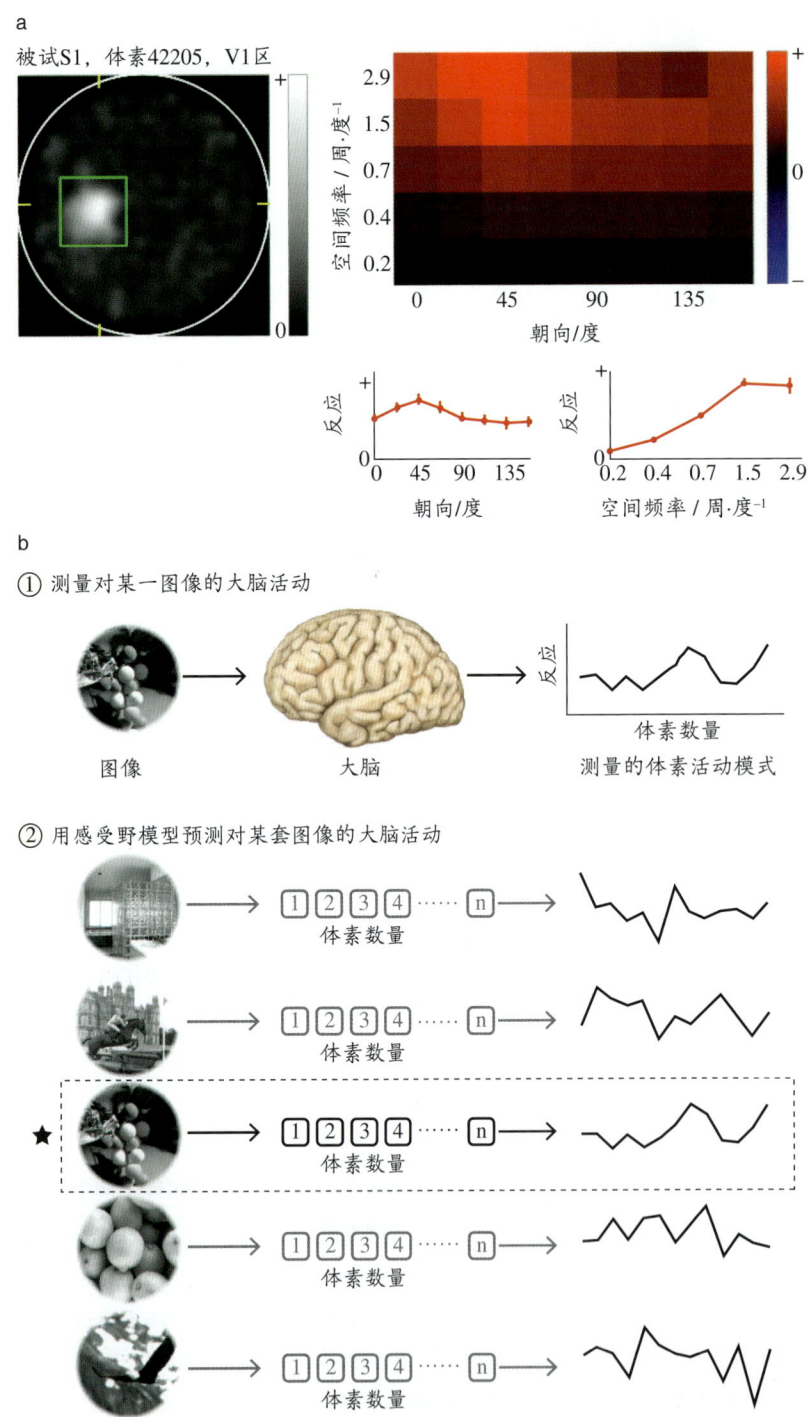

图 6.24　使用编码模型解码对自然图像的大脑活动

（a）人类 V1 区体素的感受野编码模型。记录了对数千张图像的 BOLD 反应后，V1 区中每个体素的感受野可以由三个维度表示：位置、朝向和大小。请注意，每个体素反映数百万神经元的活动。但总体上，每个体素对这些维度仍有不同的敏感度。右侧的热图显示了一个体素对不同大小（从技术上说，空间频率）和朝向的刺激的相对反应强度。生成的调谐函数显示在热图下方。然后，每个体素重复此过程以创建完整的编码模型。（b）通过解码 fMRI 对视觉图像的活动来读心。步骤 1：给被试呈现一幅图，并测量针对每个体素的 BOLD 反应。步骤 2：为图像集中的每个图像计算跨体素集的预测 BOLD 反应。步骤 3：将在步骤 1 中观察到的 BOLD 反应与所有预测的 BOLD 反应进行比较，并识别最佳匹配的图像。如果该匹配图像与所呈现的刺激相同，则编码器在该试次中是成功的（如图所示）。

现 120 幅新图像，而这些图像尚未用于构建编码模型。研究者对于每个体素对 120 张图像中的每一张的 BOLD 反应进行了测量。然后，解码器根据这些血液动力学信号重建图像。为了测试解码预测的准确性，研究者将预测图像与实际图像进行了比较。他们还通过确定预测图像与所有 120 幅新图像的最佳匹配图像来量化结果。

结果令人惊讶（图 6.25）。对于其中一位被试来说，解码模型在选取精确匹配的刺激时的准确率达 92%。对另外一位被试来说，解码器可与 72% 的刺激正确匹配。如果解码器随机进行选择，预计只有 8% 的刺激可完全匹配。正如加朗研究团队所说，这个实验类似于魔术师每次玩一个纸牌把戏："你从纸牌堆里挑出一张牌（或图片），然后给我看你对那张牌或图的 BOLD 反应，我能说出你在看什么牌或图。"这里没有魔术之手——只有干净的 fMRI 数据。

编码模型相当有限，仅限于对相对简单的视觉特征表征有效。更优的编码方案应根据我们对信息如何在高阶视觉区表征的知识来设计，而这些区域对更复杂的属性（如场所和面孔）也敏感。这样的编码模型可以基于刺激的物理属性之外的东西。它还可以包含语义属性，如"刺激中是否有水果？"或者"有人出现吗？"。

为了构建一个更综合的模型，加朗实验室整合了两个表征方案。对于像 V1 区这样的早期视觉区，他们使用基于感受野属性的模型（如图 6.24a 所示）。对于更高级的视觉区，每个体素都根据语义属性来建模。在这里，BOLD 反应表示的是不同的特征有没有出现（图 6.26）。通过这种方式，研究者试图开发一个通用模型，而这个模型可以使用无数组刺激予以测试（类似于我们的视觉系统所面临的情况）。

为了开发这个模型，他们从网络上随机选取了 600 万张自然图像。此混合解码器可以准确地找出合适的匹配图像（图 6.27）。它还证明了仅使用物理属性或仅使用语义属性的模型具有局限性（Huth et al., 2016）。例如，当仅采用物理特征模型时，它通过来自早期视觉区的信息可以做出很好预测，但通过来自高级视觉区的信息做出的预测较差。另一方面，当单独使用语义模型时，它与高阶信息的配合良好，但与早期视觉区的信息配合得就不是那么好了。当把两个模型组合在一起时，虽然重建图像（图 6.27b）并不完全准确，但它们揭示了图像的本质，并且比单独使用任何一个模型都准确。

该研究的下一步是为该编码模型添加动作信息。毕竟，世界和我们的视觉经验充满了移动的东西。由于动作速度快，fMRI 速度慢，因此研究者必须给他们的编码模型增加运动特征。运动功能对大脑的许多区域都相当重要。被试回到 MRI 扫描仪中，并观看电影片段（Nishimoto et al., 2011）。

所收集的大量数据用于构建一个精细的编码模型。然后，研究者开始进行解码测试。被试观看一些新电影，而解码器会做出连续预测。尽管仅仅根据滞后的 fMRI 数据就能看到实际上快节奏的电影和预测的电影之间的匹配令人难以置信，但是考虑两者之间明显的不匹配也是很有价值的。这些不匹配（反馈）有助于指导研究者构建下一代编码—解码模型。

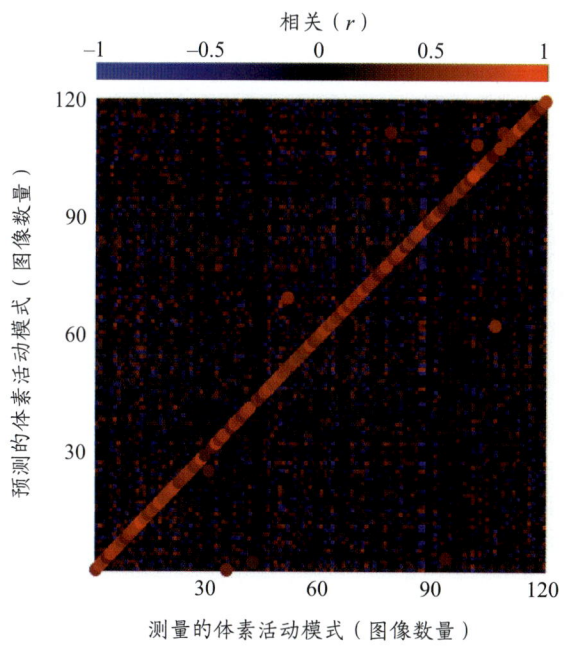

图 6.25 大脑解码器的准确性

不仅能选择最佳匹配，我们还可以计算每个图像测得的 BOLD 反应和预测的 BOLD 反应之间的相关系数。对于 120 张图像，最佳预测几乎总是与实际刺激匹配的，如沿对角线的明亮颜色所示。

尽管这项初步研究给人留下了深刻印象，但我们仍应怀疑它是不是真正的读心。因为连续呈现了一组静态图像，所以刺激条件仍然是高度人为的。此外，

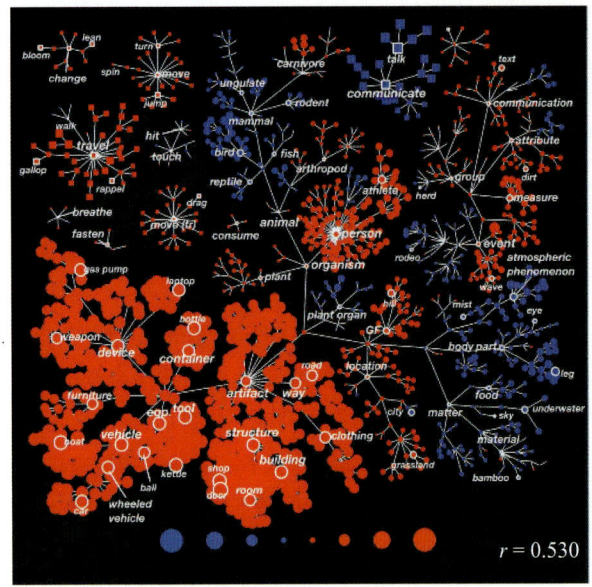 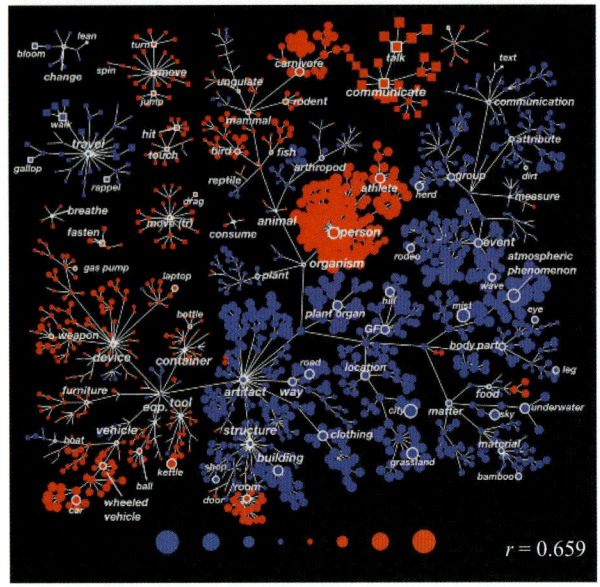

a 体素AV-8592（左侧海马旁回）　　　　　　　b 体素AV-19987（右侧楔前叶）

图6.26 两个体素的语义表征

高阶视觉区的体素编码模型包含语义属性，而不是使用大小和朝向这样的基本特征。颜色表示每个特征对BOLD反应的贡献：红色表示该特征引起的BOLD反应大于平均值；蓝色表示该特征引起的BOLD反应低于平均值。每个圆的大小表示该效应的强度。当场景包含工具和容器等人造物时，海马旁回体素（a）的激活最强；当场景包含可交流的食肉动物时，楔前叶体素（b）的激活最强。

a 原始图像

 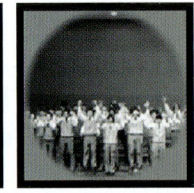 

b 重建图像

图6.27 使用混合编码模型的视觉图像

（a）呈现给模型的有代表性的自然图像（来自一个几乎无限的集合）。（b）基于跨多个视觉区的多体素反应混合模型重建的图像。该模型是通过测量对一组有限刺激的BOLD反应而开发的。

解码研究的目标之一是探讨在缺乏实际感觉输入的情况下，是否可用这些方法破译心理活动。这是读心的终极挑战。这似乎是可能的，因为不管人们是知觉还是想象某个物体，fMRI的激活模式都是相似的（如Reddy et al., 2010）。当然，在前一个条件下的激活程度更强。然而，"相似"是一个相对浅显的标准，根据观察到了相似的整体激活模式而定义。一个更具挑战性的问题是，确定想象过程中的激活模式是否足够预测特定的知觉。

在一个表象研究中，研究者首先根据仅限于早期视觉区活动的表征，创建出编码模型，其中体素对诸如视网膜位置、空间频率和朝向等特征敏感（Naselaris et al., 2015）。为了生成这一模型，研究者获得了被试被动观看1536件艺术作品时的BOLD反应。然后，研究者让被试观看或想象五幅画作中的一幅。不出所料，该模型的fMRI数据十分准确地识别了这个人正在观看五幅画中的哪一幅。但是，它在解码表象上的表现也远高于随机水平。也就是说，即使没有任何感觉输入，模型也可以预测被试在想什么！

这种工作为解开心理的一大谜团，即梦的本质，开启了很多可能性。描述梦的内容是很难的，我们都经历过，尤其因为我们必须经历意识状态的剧变（醒来）才能做出这些报告。但是，一个好的解码器可以避免这个问题。

作为朝这个方向迈出的第一步，堀川友慈（Tomoyasu Horikawa）及其同事（2013）基于被试清醒时所观看图像的 BOLD 反应建立了一个解码器。然后，当被试打盹时，他们同时收集了 EEG 和 fMRI 数据。EEG 数据用于指明被试处于早期睡眠阶段 1 还是睡眠阶段 2。在这些时间点，被试被唤醒，并报告他们当前的梦（图 6.28a）。入睡一开始就被唤醒的梦与在 REM 睡眠阶段被唤醒的梦在频率、长度和内容等方面有相同的特点（Oudiette et al., 2012）。研究者选择让被试报告睡眠开始阶段的梦，因为这一阶段使研究者能够在反复唤醒被试的情况下收集尽可能多的观察结果。然后，将梦与被试被唤醒前通过 BOLD 活动形成的预测进行比较。如果只考虑一组有限的选项（物体、场景和人物），就可以说解码模型在识别梦的内容上非常成功（图 6.28b）。

虽然读心会引起某些棘手的伦理问题（见**专栏 6.2**），但它也具有重要的临床应用价值。例如，正如我们将在第 14 章探讨的，读心有可能为患有严重神经系统疾病且无法说话的人提供一种新的沟通方法。我们将在第 8 章看到，对于瘫痪或失去肢体的人来说，解码器可以通过所谓的脑机接口来控制机器。

关键信息

- 人们把一个物体视为一个统一的整体，而不是颜色、形状和纹理等特征的捆绑组合。
- 外侧枕叶对于识别物体的形状至关重要。
- 祖母细胞一词是为了传达一种观念，即识别是神经元对特定刺激的精确反应。相反，集群理论假设，识别是许多神经元集体激活的结果。
- 人工智能的最新进展表明，具有大规模连通性的多层神经网络可能是从环境中提取规律的理想选择，而提取规律是识别和分类的关键计算过程。
- 物体识别，特别是对模糊刺激的识别，似乎可以由一些自上而下的过程来增强。这些过程包括额叶皮质对视觉输入进行快速但粗糙的分析。
- 编码模型用于预测对刺激的生理反应，如 BOLD 反应。解码模型以相反的方式工作，通过如一组体素上的 BOLD 活动这样的生理反应来预测刺激内容（或心理状态）。

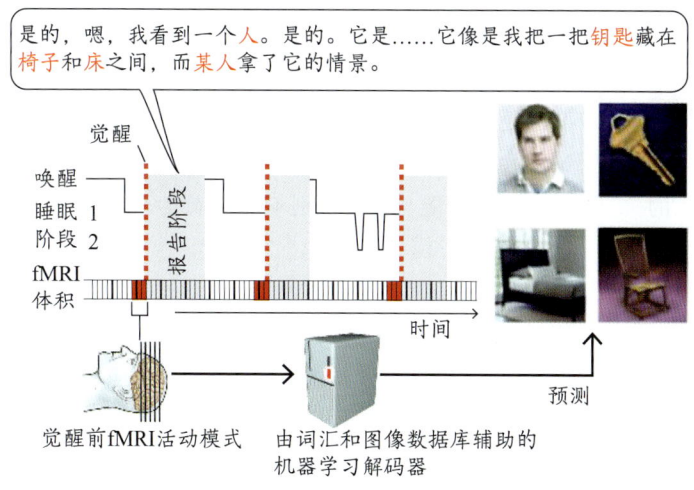
a

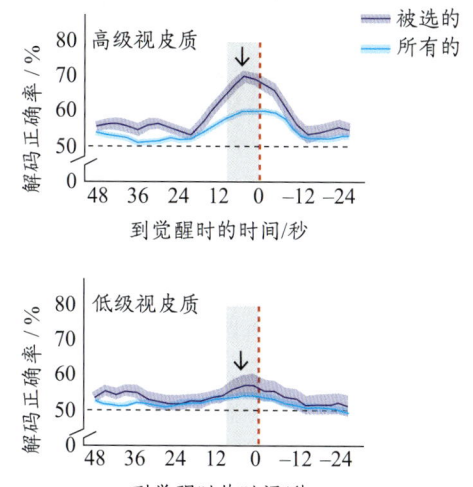
b

图 6.28 梦的解码

（a）实验设置。研究者在被试睡觉时获取了他们的 fMRI 和 EEG 数据。被试在睡眠阶段 1 或睡眠阶段 2（红色虚线）被唤醒，并立即报告他们在觉醒前经历的视觉活动。在觉醒前获取的 fMRI 数据被用作主解码分析的输入刺激。描述视觉物体或场景的单词（红色字母）被提取出来。然后，通过 fMRI 对自然图像的反应训练出来的机器学习解码器被用来预测梦的视觉内容。（b）解码梦的内容的正确率（相对于觉醒时刻，灰色区域突出显示的是睡眠的最后 9 秒的内容）。高级视皮质包括外侧枕叶皮质以及梭状回面孔区和海马旁回位置区（我们将在下一节讨论这两个区域）；低级视皮质包括 VI 区、V2 区和 V3 区。"所有的"表示包括所有数据的测试集的解码成绩，而"被选的"表示仅限于最常报告的项目。

> **专栏 6.2　科学热点**
> **读心的狂野未来**

读心术为测试知觉理论提供了一个强大的工具。研究者探讨了诸如 BOLD 反应等信号是否可预测一个人正在看什么，甚至想什么。正在进行的研究还表明，神经成像方法可用于开发更抽象的思维功能图谱。我们已经知道了参与社会判断、审议道德困境或宗教经历的大脑网络。其他工作试图描述非典型人群的大脑活动，如精神病病人对暴力电影的反应。这些领域的工作促进了关于道德推理、判断、欺骗和情绪的脑图谱的研究发展。

我们可以设想，通过复杂的模型，这些图谱上的活动模式可能会揭示一个人的偏好、态度或思想。有这些目标的读心听起来像阴谋论电影中的情节——当然，这些想法如果变成现实，会带来大量伦理问题。这些考虑的核心是，在什么样的情境下可以通过检验一个人大脑对各种刺激的反应来准确确定其想法。

需要什么标准才能确定读心的信号是可靠的（Illes & Racine，2005）？当然，我们不想用许多科学研究中使用的 $p=0.05$ 的传统标准；例如，如果我们使用读心术来判定心理病理倾向，我们就无法接受每 20 个病例中就有 1 例误诊。此外，我们必须记住，读心在本质上是相关性的。

然而，假设这种判定是可以做出的，而且是准确的，那么问题仍然存在，因为人们认为自己的想法是私密的。如果有可能在未经人们同意或违背他们意愿的情况下解码其思想，那么我们需要考虑什么呢？是否应该有把人的私密想法公之于众的情况呢？例如，一个人的想法是否应该在法庭上被采纳，就像 DNA 证据现在可以被采纳一样？陪审团是否应该了解猥亵儿童者、谋杀案嫌疑人或恐怖分子——甚至证人——的想法，以确定他们是在说真话还是可能发生记忆错误？面试官是否应该有机会了解涉及儿童、警察或其他安保工作的职位申请人的想法？还有谁可以接触这些信息呢？

6.4　高级视觉区中物体识别的特异性

当我们遇见某人时，我们首先看到的是这个人的面孔。没有任何文化中的人会通过看拇指、膝盖或其他身体部分来识别彼此。关注面孔的趋势具有进化意义。面孔特征可以告诉我们这个人的年龄、健康状况和性别，而表情给我们提供了有关其情绪状态的外在线索，帮助我们区分愉快和不愉快、友好和敌意以及同意和不同意。

另一个人的面孔，特别是眼睛，能够提供重要线索，告诉我们在他的环境中什么是重要的。当一个人说话时，看着她的嘴唇能帮助我们更好地理解其真正的意思。将这些观察与面孔识别障碍病人的神经心理学报告相结合，研究者能研究面孔知觉的神经机制。

面孔加工有特异性吗？

假设我们拥有一个通用系统来识别所有类型的视觉输入，那么面孔一定会成为需要解决的一类重要问题。这看起来挺合乎情理的。然而，证据显示，情况并非如此。多个研究指出，面孔知觉所采用的加工机制可能与物体识别不同，依赖一个专门的脑区网络。

为了考查面孔识别是否和其他形式的物体知觉采用了不同的加工系统，我们应该考虑是否有一个特殊的脑区或一组特异化的细胞对面孔进行反应，从而把对其他类型刺激进行反应的脑区分离出来。如果是这样，我们应该考查这些系统在功能上和运作模式上是不是独立的。该问题的逻辑在本质上与双分离（见第 3 章）是相同的。最后，我们应该考查这两个系统是否采用了不同的方式来加工信息。让我们看看目前有哪些证据可以回答这些问题。

对面孔和非面孔物体的识别采用了不同的生理机制吗？尽管临床证据显示，有人会选择性地表现出面孔知觉问题，但在特异化的面孔知觉机制方面更有说服力的证据来自对非人灵长类动物的神经生理学研究。

在一个研究中，拜利斯（Baylis）等人（1985）记录了给猴子呈现像图6.29a中的刺激时，其颞上沟神经元的反应。

其中5个刺激（A—E）是面孔：4个是其他猴子的，1个是人类（实验者之一）的。其他5个刺激（F—J）的复杂性各异，但包含了面孔的最突出特征。例如，光栅（G）反映了面孔的对称性，圆形（I）与眼睛类似。图6.29b 显示，两个细胞对于五个面孔刺激具有选择性反应。对于非面孔刺激，这些细胞没有改变其放电率，对于其中两个刺激，细胞1的反应实际上降到了基线水平以下。

随后的一个研究通过把两种神经生理学技术结合的新颖方法，巧妙地揭示了这种特异性的程度。研究者把猴子放置在fMRI扫描器中，给它们呈现面孔或物体图片。正如所预期的，颞上沟扇形区显示出了对面孔刺激的更大的激活（Tsao et al., 2006；图6.30a）。

研究者继续记录单个神经元，并根据影像结果把电极放置到一个面孔敏感亚区中。在那个亚区中，97%的神经元显示出了对面孔的强烈偏好，对任何包含面孔的刺激都会做出强烈反应，而对其他各种刺激（如身体部位、食物或物体）做出最微弱的反应（图6.30b 和图6.30c）。恒河猴的这些区域显示出了特异于面孔加工的功能，有高度集中的面孔选择性细胞，被称为面孔组块。这些数据提供了视觉系统中存在刺激特异性区域的证据。

fMRI也被用于研究人类大脑的面孔知觉问题。

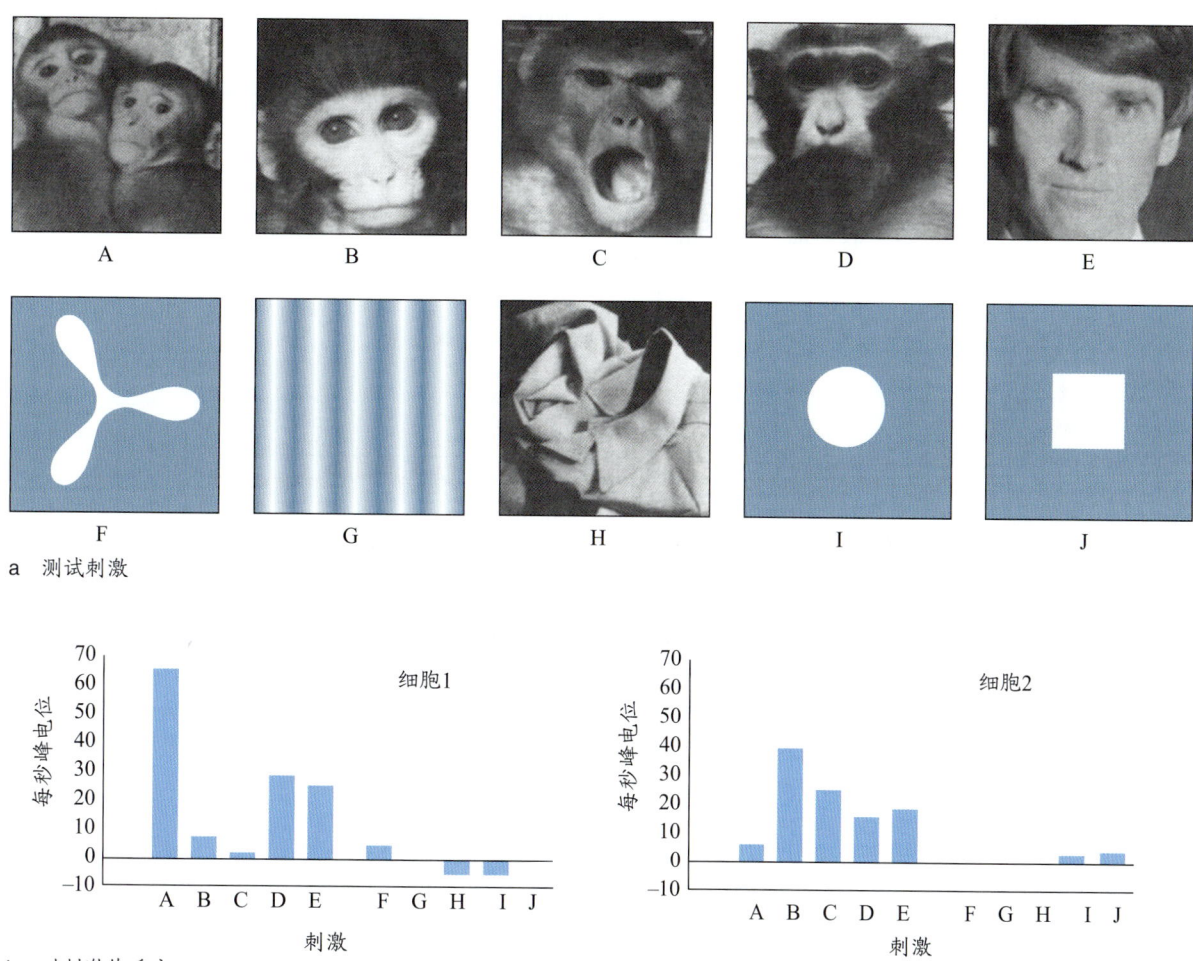

图6.29 恒河猴颞上沟中识别面孔的细胞

（a）中的10个刺激（A—J）引发了（b）中显示的两个细胞的反应。这两个细胞都对许多面孔刺激反应活跃。当动物看物体时，这些细胞活动没有变化，或者在某些情况下，这些细胞相对于基线来说实际上被抑制了。放电率数据表示与没有呈现刺激时的细胞基线活动相比的变化。

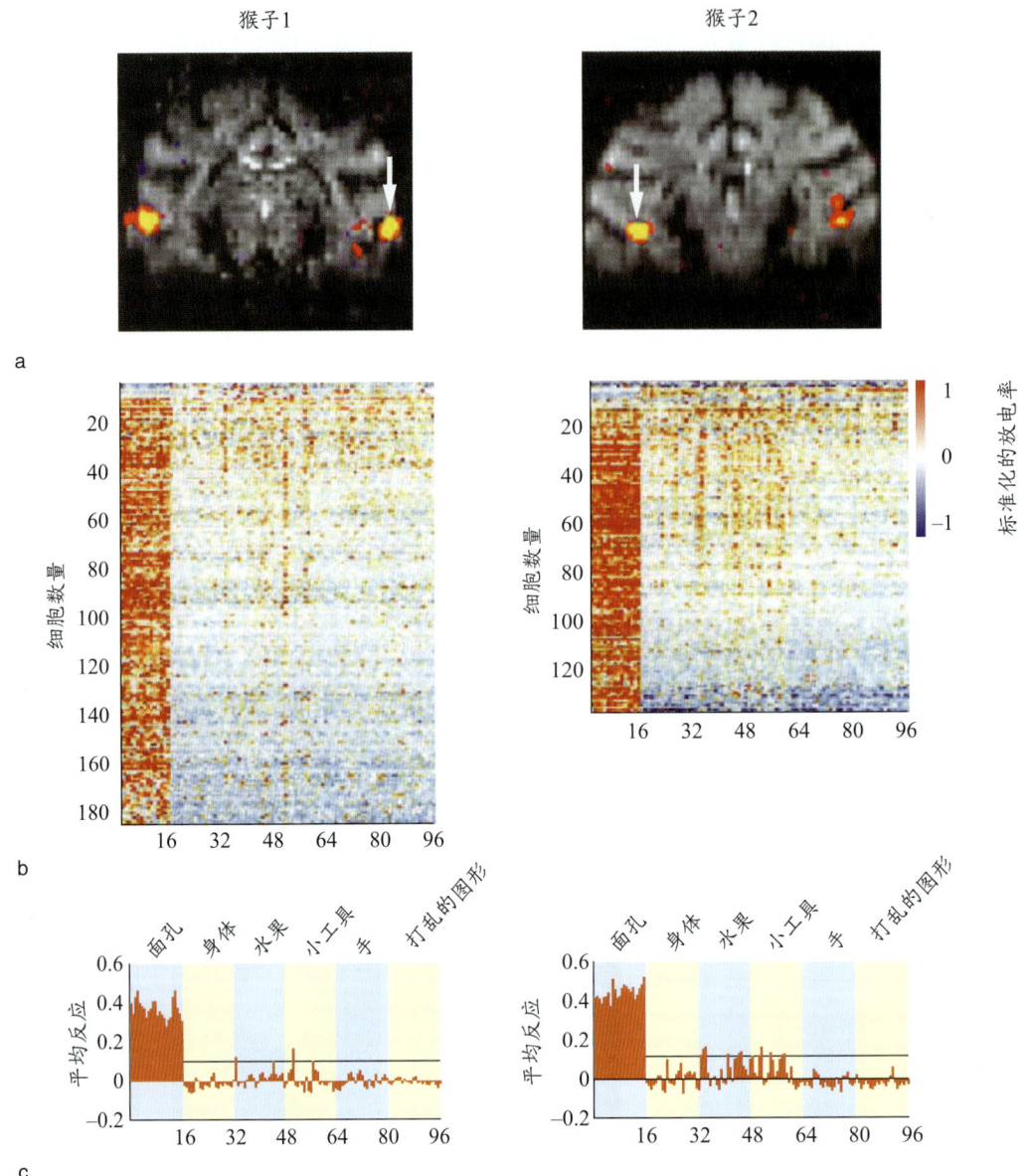

图 6.30 对面孔反应的颞上沟

（a）两只恒河猴进行面孔知觉时的 fMRI 激活。白色箭头显示的是随后神经生理学的记录点（猴子 1 的左侧颞上沟，猴子 2 的右侧颞上沟）。（b）在猴子 1（182 个细胞）和猴子 2（138 个细胞）的颞上沟记录每个细胞对视觉刺激（面孔、身体、水果、小工具、手或打乱的图形）的反应。在这些图中，每一横行对应一个不同的细胞，每一纵列对应一个不同的图像，且按类别分组。（c）所有细胞对每种图像类别的平均反应大小。这些细胞对面孔刺激具有高度选择性。

正如刚才介绍的猴子研究，通过区组或事件相关设计，我们能够比较被试观看不同类别刺激的反应。这些研究一致地显示了一个大脑区域网络对面孔刺激的 BOLD 反应最强烈。其中最突出的是梭状回的颞叶腹侧（图 6.31）。研究者把这个区域叫作**梭状回面孔区**。这个术语整合了解剖位置和功能信息。

梭状回面孔区并不是人类显示出对面孔比对其他视觉刺激有更强的 BOLD 反应的唯一区域。与灵长类研究一致，在颞叶的其他部分，包括颞上沟，研究者也确定有面孔特异性区域。而且，fMRI 研究显示，不同面孔敏感区特异于加工面孔中的某种类型信息。

例如，更腹侧的面孔通路对于面孔结构的静态不变特征（如眼间距）敏感，这些信息对面孔识别很重要。相反，右侧颞上沟的面孔选择性区域对于

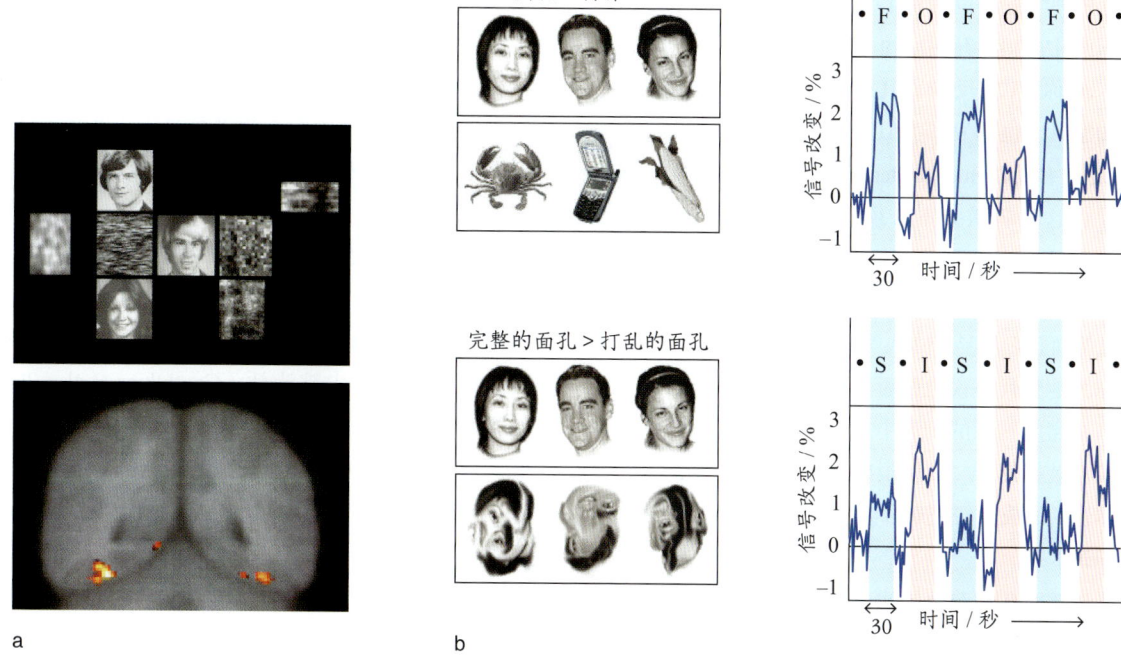

图 6.31　分离面孔知觉时的神经区域

（a）与仅观看随机图案相比，当被试观看面孔和随机图案时，fMRI 显示梭状回双侧激活。注：根据神经影像学传统，右半球位于图左侧。（b）在另一个 fMRI 研究中，被试观看各组刺激交替变化。在一个扫描序列中（上图），刺激在面孔（F）和物体（O）间变化；在另一个扫描序列中（下图），它们在完整（I）和打乱（S）的面孔间变化。右侧上下两图显示了扫描各种刺激序列时梭状回面孔区 BOLD 信号的变化。在每一区组中，刺激来自不同类别，这些刺激由短间隔的注视点分隔开。面孔（与物体相比）或完整面孔（与打乱的面孔相比）呈现时，区组中 BOLD 信号更强烈。

运动信息（如注视朝向、表情、嘴的动作）进行反应（Pitcher et al., 2011）。即使面孔呈现得很快，人们无法在意识层面知觉到它们，也能观察到这个区别（Jiang & He, 2006）。BOLD 反应也显示，梭状回面孔区活动的增强与面孔是否显示出了强烈的表情无关，然而只有对有情绪的面孔才能观察到颞上沟的反应。

最近，一种比恒河猴的进化早 1 万年、比人类的进化早 3500 万年的猴子——狨猴——被列入具有面孔识别能力的灵长类动物名单（C. C. Hung et al., 2015）。狨猴大脑的大小是恒河猴大脑的 1/12，是人脑的 1/180。即便如此，狨猴的脑中也有一个面孔识别网络，非常类似于在恒河猴和人类中观察到的面孔组块（图 6.32），其同源性似乎也在功能水平上得到了保持。例如，狨猴更背侧面孔区的神经活动受到与面孔有关的自然运动（如口腔或眼睛运动）的调节，而更腹侧面孔区对面孔的静态特征敏感（Weiner & Grill-Spector, 2015）。

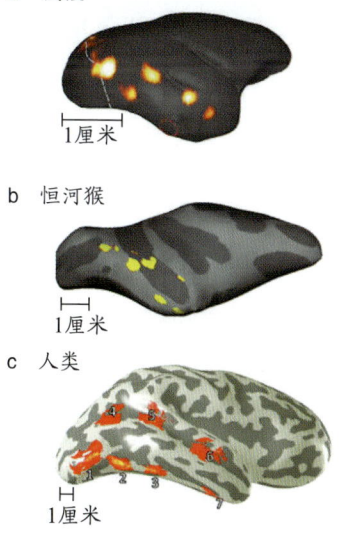

图 6.32　面孔加工网络的演变

狨猴（a）、恒河猴（b）和人类（c）的皮质表面。从黄色到红色区域表示每个物种的同源面孔选择区域。1= 枕下回；2= 梭状回后部；3= 梭状回中部；4= 颞上沟后部；5= 颞上沟中部；6= 颞上沟前部；7= 颞前沟。

电生理学方法也揭示了人类面孔知觉的神经反应特征。面孔在刺激开始后约170毫秒会诱发一个大的负波，或称N170反应。其他类别的物体（如汽车、鸟类和家具）也诱发了类似的负反应，但人脸诱发的反应大得多（Carmel & Bentin，2002；图6.33）。有趣的是，这种刺激并不必须是真实人脸的图片。即使观看猿的脸以及简略的面孔线条示意图（Sagiv & Bentin，2001），也会引起N170反应。

虽然面孔刺激易于在人类梭状回面孔区产生激活，但考虑其他替代假说也很重要。一个观点是，当人们不得不在高度熟悉的刺激中进行精细知觉辨别时，这个区域就被征用了。该假说的拥护者指出，比较面孔和物体识别的成像研究通常涉及一个重要的混淆变量：专业知识水平。

请看对面孔和花朵的比较。虽然神经健康的人都是识别面孔的专家，但当他们识别花朵时，情况并非如此。除非你是一位植物学家或酷爱花草的园丁，否则你不太可能是识别花朵的专家。此外，面孔和花朵的社会相关性也不同：面孔知觉对于我们的社会互动至关重要。无论我们是否试图记住某人的脸，都很容易编码那些区分面孔的特征。但是，对其他类别的物体来说，情况可能并非如此。我们绝大多数人都能认出一张美丽的照片中有一朵美丽的花，也许还会注意到那是一朵玫瑰花。但除非你是一个玫瑰爱好者，否则你不太可能识别或编码达泽勒玫瑰和加里波第玫瑰之间的差异，你也无法识别你曾见过的那朵玫瑰。

为了解决这一困惑，研究者利用成像研究确定梭状回面孔区能否在可辨别特定类别物体（如汽车或鸟类）的专家群体中被激活（Gauthier et al.，2000）。结果喜忧参半。梭状回皮质的激活不限于梭状回面孔区。事实上，当人们对所观察的物体有一些专业知识时，该区域的激活更强了。例如，汽车爱好者对汽车比对鸟类的反应强烈。

此外，如果训练被试区分新异物体间的细微差异，其梭状回的反应会随专业知识的发展而增强（Gauthier et al.，1999）。然而，专家对物体的分类激活了更广泛的腹侧枕颞皮质区域，远远超出了梭状回面孔区（Grill-Spector et al.，2004；Rhodes et al.，2004）。看

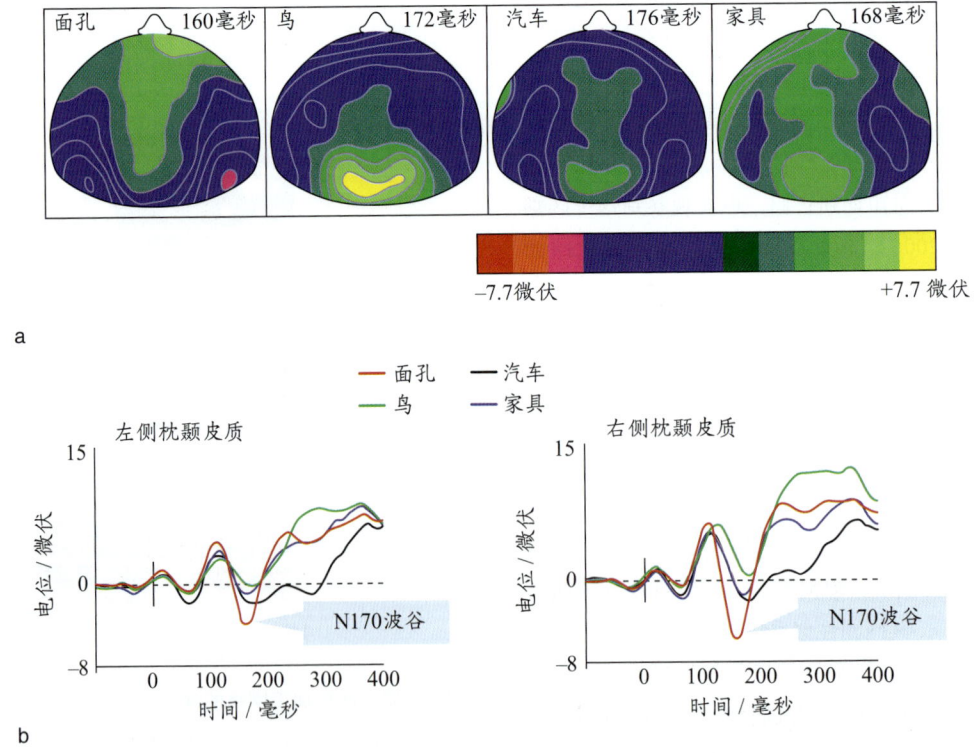

图6.33 对面孔的电生理反应：N170反应

（a）被试观看面孔、鸟、汽车和家具的图片，并需要在看到汽车的图片时，按下按钮。（b）位于枕颞皮质的电极所记录的ERP。请注意，大约170毫秒脑波的负向偏转程度对于面孔刺激比对其他刺激大得多。

来,即使考虑专业水平的影响,梭状回面孔区等更具体的区域仍然存在对面孔刺激的强烈偏向。

深入了解面孔知觉

在一项具有里程碑意义的研究中,加州理工学院的常乐(Le Chang)和曹颖(Doris Tsao)声称,他们破解了面孔感知的奥秘,至少在神经元如何表征信息方面(这些信息表征支持着我们辨别面孔和识别个体的惊人能力),取得了进展(Chang & Tsao,2017)。为此,他们随机选取了一组 200 张面孔。他们假设,这一随机选择过程可确保一个能描述任何面孔的表征空间。(值得注意的是,他们用的是人类的面孔,而不是猴子的面孔。)

通过标记每个面孔的 58 个关键点(图 6.34a),他们可以使用算法来生成一个数据集的平均面孔。他们还能够确定每张面孔与平均面孔以及其他面孔的差别。研究者用统计方法分析了这个复杂的多维空间,以了解某些维度是否最能体现面孔的异同。他们发现了两个突出的维度:形状变化(图 6.34b)和外观变化(图 6.34c)。研究者确定了 25 个描述形状维度变化的参数(如宽度、高度和圆度),以及另外 25 个描述外观维度变化的参数(如睁眼程度和发型)。通过这些工具,200 张面孔中的每张面孔都能在这个 50 维的空间中被分配到唯一的位置。

然后,研究者转向神经生理学,探究这些计算出来的维度是否具有生物学意义。首先,研究者使用 fMRI 确定恒河猴颞下皮质的面孔敏感区域。其次,他们使用单细胞记录法来描述颞下皮质外侧和前部面孔区神经元的调谐特性。果然,这些细胞对面孔刺激的反应非常强烈,许多细胞对其他类别刺激的反应甚微。

结果表明,形状和外观维度在描述细胞的调谐特性时至关重要,而且这两个区域具有不同的特异性。颞下皮质外侧区细胞的活动水平会随形状的函数变化而产生很大变化;相反,前部面孔区细胞的活动水平会随外观的变化而产生很大变化(图 6.34d)。更引人注目的是,当呈现在无关维度上明显不同的两个面孔时,这些细胞的活动水平变化不大。例如,即使两个面孔的发型明显不同,对形状进行反应的细胞对于有相似形状的面孔的放电率也是类似的。

实际上,这些研究者已经创建了针对面孔知觉的编码模型,即一个在单细胞水平上工作的编码模型。

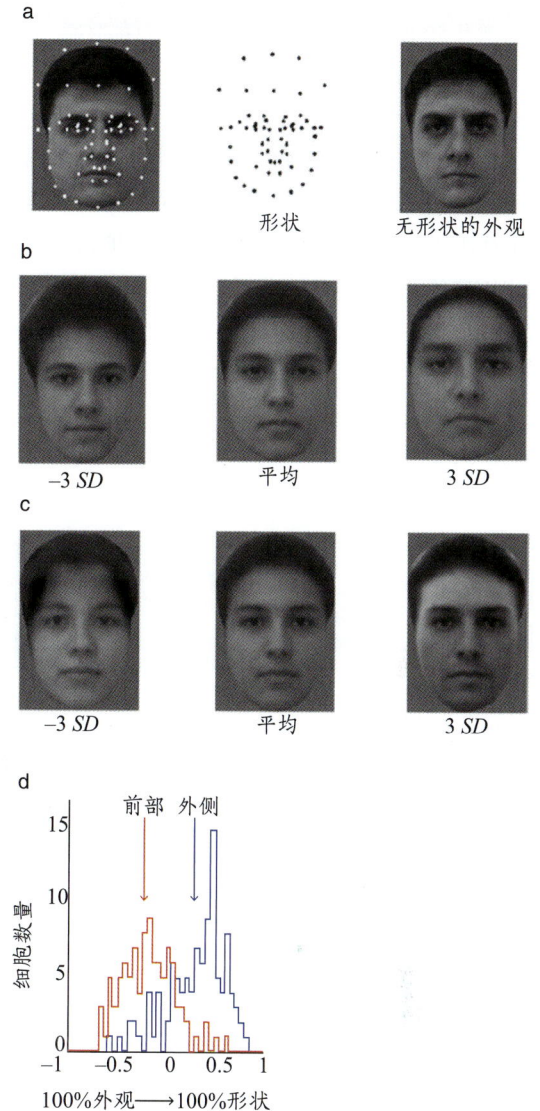

图 6.34 发现面孔特征编码

(a)在 200 张面孔图像上标的点(左)。点的位置携带了每个面孔图像的形状信息(中)。这些标记被平滑变形,以匹配 200 个面孔的平均标记位置,生成一个针对每个面孔的不具有形状信息但具有外观信息的图像(右)。(b)在形状维度上从 −3 个标准差(standard deviations,SD)到 +3 个标准差变化的面孔,各特征维度保持不变。(c)在各特征维度上变化的面孔,形状保持不变。(d)在每个被测区域对形状或外观特征反应的细胞数。颞下皮质外侧面孔区细胞(蓝色)主要对形状反应,而前部面孔区细胞(红色)对外观反应。红色和蓝色箭头表示总体均值。

如第 6.3 节所述,检验编码模型的一种方法是,用该模型的神经输出预测特定知觉的准确度——在本例中,指的是该模型解码面孔信息的准确度。此外,鉴于这种模型有 50 维空间而且空间中的每个点都对应一个独特的面孔，因此研究者可以采用该解码器测试几乎无限组面孔。

在用 2000 个面孔训练了一个模型后，研究者通过 40 张新面孔来测试它的解码能力（图 6.35）。该模型能够使用两个面孔区的神经预测，在约 50% 的试次中指出正确的面孔。与生理分析显示的类似，如果模型仅使用形状信息，则颞下皮质外侧神经元的正确率很高。如果模型仅使用外观信息，则前部面孔区神经元的正确率很高。其他分析表明，即使刺激在观察位置或朝向上有所不同，解码正确率也很高，从而实现了一种物体恒常性。

这一开创性工作为将来的研究提出了许多有趣的问题。首先，这种方法是否适用于更普遍的物体识别，或者形状和外观对面孔知觉特别重要吗？其次，对于所有面孔的激活广泛分布于面孔敏感细胞中，因此与祖母细胞模型相比，它更符合集群编码模型。这是否排除了祖母细胞模型呢？或者，祖母细胞模型在加工通路的更进一步阶段仍然有用，或许要等到我们必须给它起个名字的时候？

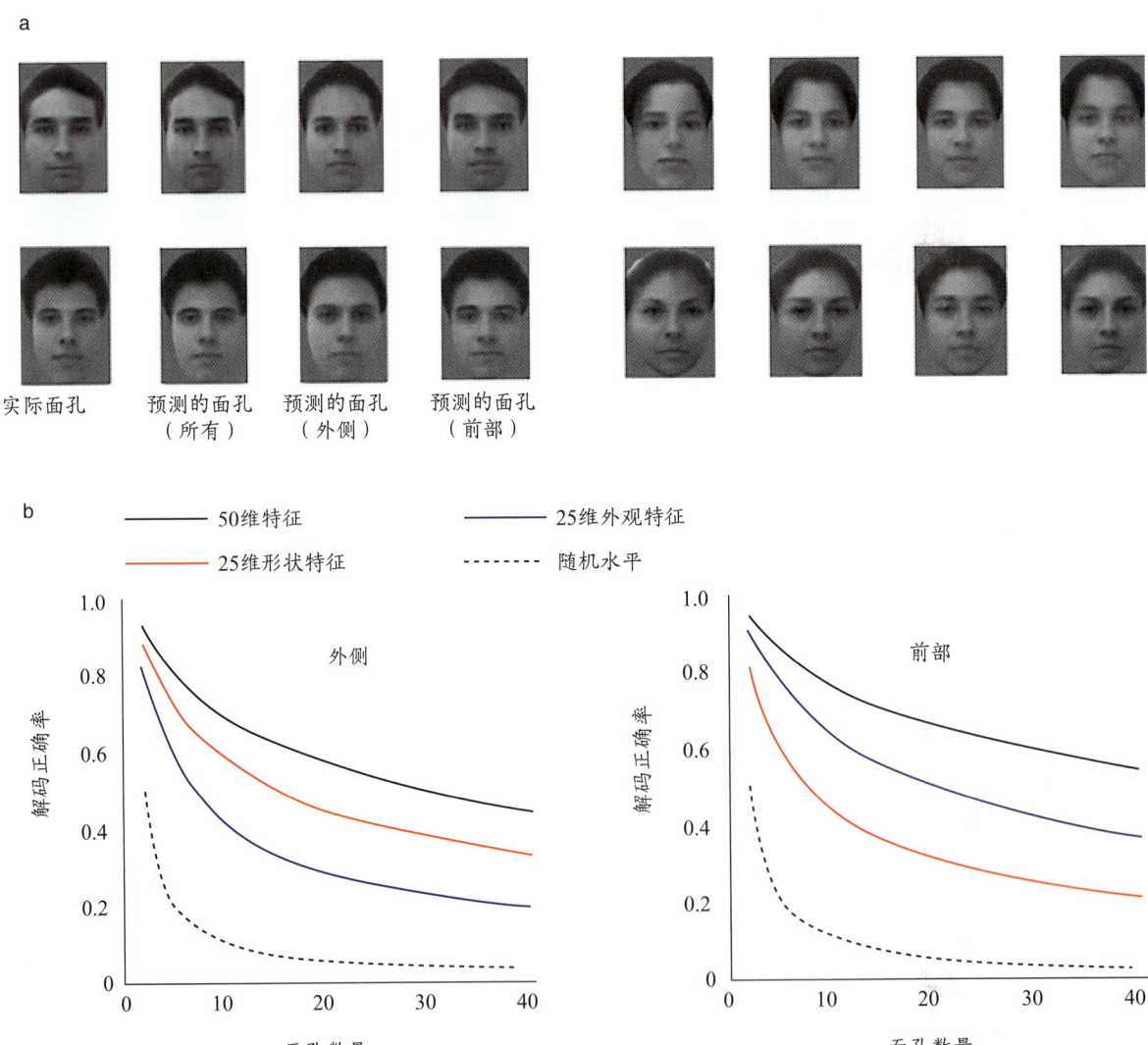

图 6.35 从神经元输出解码面孔

（a）从 200 个细胞的输出中重建的面孔图像。为了进行比较，首先显示实际面孔，然后是从两个位置的组合数据预测的面孔，以及仅从外侧数据预测的面孔和仅从前部数据预测的面孔。（b）使用外侧面孔区（左）中的细胞或前部面孔区中的细胞（右）解码器的正确率。在每个区域内，相对于随机水平（点线），解码器基于与形状特征（红线）、外观特征（蓝线）或两者（黑线）有关的活动。在外侧面孔区中，基于形状的解码更准确；在前部面孔区中，基于外观的解码更准确。

视觉系统是否包含其他的类别特异性系统？

猕猴有一个类似于人类的面孔识别网络。这一发现将这种网络的进化起源至少推回到了新大陆和旧大陆灵长类动物的共同祖先时期，即大约5000万年前。一种假设是，进化压力导致了一种特异化的面孔知觉系统出现。如果是这样，那么一个自然的问题是，对于其他具有重要生物学意义的刺激类别，动物是否进化出了其他专门系统。

在研究梭状回面孔区时，罗素·爱泼斯坦（Russell Epstein）和南希·坎维舍（Nancy Kanwisher）使用了一大套非面孔的控制刺激（Epstein & Kanwisher，1998）。在分析结果时，他们偶然发现：当控制刺激包含像风景这样的场景图片时，腹侧通路的一个区域，即海马旁回，一直处于激活状态。该区域不是由面孔刺激或单个物体的图片激活的。随后的实验证实了这一模式，使得这一区域被命名为**海马旁回位置区**。当人们对空间属性或关系做出判断时（如这是一幅室外还是室内场景的图像？这个房子在山脚下吗？），该区域的 BOLD 反应尤其明显。

关于为什么大脑有专门区域识别面孔或位置，或区分可自行移动的生物和不能自行移动的生物，以及生物和非生物，但又不专门针对其他类别，我们可以从进化的角度给出合理的解释。能够区分一种苹果和另一种苹果的人不太可能有很强的适应优势（尽管能知觉颜色差异进而判断某种水果是否成熟也很重要）。然而，能记住在哪里可以找到成熟水果的祖先，与其健忘的同伴相比，有相当大的优势。临床证据也支持有专门识别位置的大脑区域的观点。例如，海马旁回有损伤的病人在新环境中会迷失方向（Aguirre & D'Esposito，1999；Habib & Sirigu，1987）。

其他研究表明，视皮质可能包含一个识别身体各部分的特别重要的区域（Downing et al.，2001；图6.36）。此区域位于枕叶和颞叶皮质交界处，被称为**纹外躯体区**。另一个区域与梭状回面孔区毗邻和部分重叠，表现出对身体部位的类似偏好，被称为**梭状回躯体区**（Schwarzlose et al.，2005）。

验证因果关系

无论是针对猴的单细胞生理学记录，还是针对人的 fMRI 和 EEG 记录，本质上都只能发现相关性。验

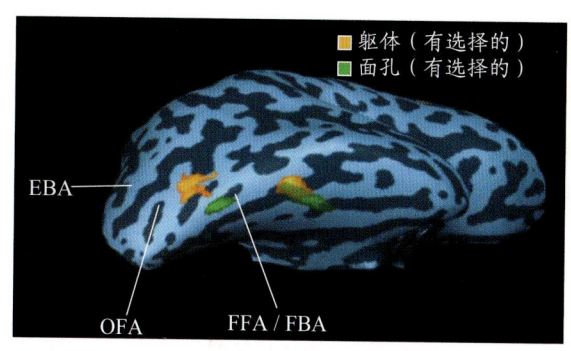

图6.36 纹外躯体区和梭状回躯体区的位置

在某个体的"膨胀大脑"的右半球皮质表面，标示了纹外躯体区（extrastriate body area，EBA）、梭状回躯体区（fusiform body area，FBA）和面孔敏感区。这些区域有选择地对躯体或面孔进行反应，而对工具不进行反应。请注意，大脑有两个区域可对面孔进行反应：枕叶面孔区（occipital face area，OFA）和梭状回面孔区（fusiform face area，FFA）/梭状回躯体区。

证因果关系通常需要系统受到某种扰动。例如，卒中可被视为对正常大脑功能的意外扰动。更精细的研究方法涉及一过性扰动。例如，当对猴子进行神经生理学实验时，实验者可以通过记录来确定面孔特异反应区，然后使用相同的电极刺激大脑（这种刺激一般会激活多个神经元）。

伊朗德黑兰沙希德·贝赫什提大学的侯赛因·埃斯克基（Hossein Esteky）及其同事利用微刺激验证了颞下皮质对面孔知觉的因果贡献（Afraz et al.，2006）。研究者让猴子看一些模糊的图像，并要求它们判断图像包括一朵花还是一副面孔。当颞下皮质受到电刺激时，猴子表现出报告看到面孔的偏向。当微刺激目标在颞下皮质的附近区域时，猴子没有观察到这种效应。

尽管这些结果提示，微刺激颞下皮质可促进面孔敏感细胞的活动，导致面孔偏向效应，但我们也可预期随机激活这些细胞会损害识别特定面孔的能力。最近的一项研究（Moeller et al.，2017）就证明了这一点。研究者给猴子先后呈现两张面孔，并要求它们转动眼睛来指明这些面孔相同还是不同。在没有电刺激的情况下，猴子擅长判断两张面孔相同（91%正确），而当面孔不同时，这些猴子的表现高于随机水平（67%正确）。

然而，当微刺激颞下皮质内的面孔组块时，猴子的行为发生了戏剧性变化。在图6.37a中，我们可以看到被电刺激的面孔组块区域之一（该区域之前已被证明包

含与面孔朝向无关的个体身份表征）。在进行电刺激时，动物几乎总是判断这些面孔对不同（在相同面孔试次中的正确率为14%，在不同面孔试次中的正确率为95%；图6.37b）。这就好像电刺激扭曲了面孔表征。

电刺激方法也用于神经手术过程，研究者可把电极植入病人大脑以确定癫痫的源头。斯坦福大学的约瑟夫·帕尔维基（Josef Parvizi）及其同事（2012）在这样一个病人的梭状回附近植入了一些电极。当施以电刺激时，病人报告："你刚刚变成了别人。你的脸变形了。"他接着说："你几乎看起来像我以前见过的一个人，但是一个不同的人。那是在一次旅行中……几乎是你的脸形，你的五官，是下垂的。"

奇怪的是，当这些面孔错觉出现时，病人并没有看面孔（Schalk et al., 2017）。一个病人在梭状回接受电刺激的同时观看一个盒子的图片，并报告："看第一眼时……我看到一只眼睛、一只眼睛和一个嘴巴"（图6.38）。当通过在视皮质的另一部分的电极传输电刺激时，这种错觉并没有出现。

上述研究采用的是单分离方法：面孔知觉在面孔敏感区受到电刺激后发生改变，但并不会在其他区域受到电刺激后发生改变。如第3章所述，双分离能提供更有力的证据。

布拉德·迪谢娜（Brad Duchaine）及其同事使用TMS做了这种验证。他们干扰了已被证明具有类别特异性的三个区域的活动（Pitcher et al., 2009）。被试进行了一系列辨别任务，涉及对面孔、身体和物体的判断。在分开的试次区组中，TMS线圈被分别放置在右侧枕叶面孔区、右侧纹外躯体区和右外侧枕叶区（图6.39a）。（没有涉及梭状回面孔区，因为TMS信号接触不到它。）

结果显示了一个完美的三分离现象（图6.39b—d）。当把TMS应用于右侧枕叶面孔区时，被试在辨别面孔时出现了问题，但对物体或躯体的辨别能力没有问题。当把它应用于右侧纹外躯体区时，被试对躯体的辨别能力受损，但对面孔或物体的辨别能力不受影响。最后，你可能已经猜到了，当把TMS应用于右外侧枕叶区时，被试难以挑出物体，但对面孔或躯体的辨别不受影响（Pitcher et al., 2009）。最后的这个结果特别有趣，因为对面孔和身体的知觉并没有受到干扰。涉及与类别无关的物体的识别加工区一定是从右外侧枕叶区开始的。在第6.5节探索了物体识别障碍后，我们会在第6.6节再讨论面孔识别受损的话题。

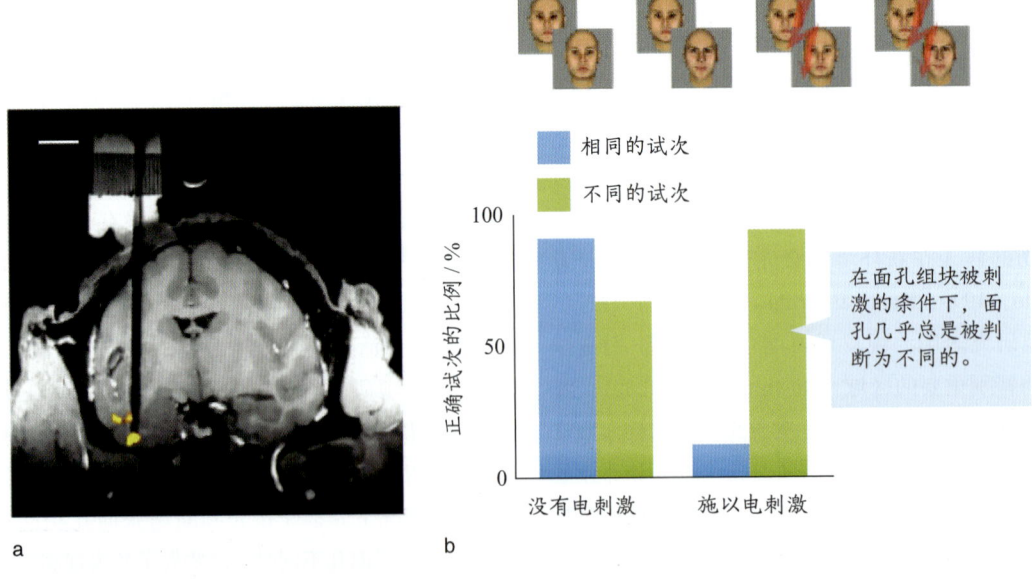

图6.37 通过微刺激干扰颞下皮质面孔组块的功能

（a）MRI冠状面，显示一只猴子受到电刺激的面孔组块区（黄色）。刺激电极是左侧的黑色条状物。此面孔组块是最前面的面孔组块，显示出对面孔（与物体相比）的显著激活。（b）线索1和线索2是相同面孔（蓝色）或不同面孔（绿色）试次的结果，并根据没有电刺激（左）或施以电刺激（右）进行了分组。当面孔组块被刺激时，猴子在相同面孔试次中的成绩下降，在不同面孔试次中的成绩提高。

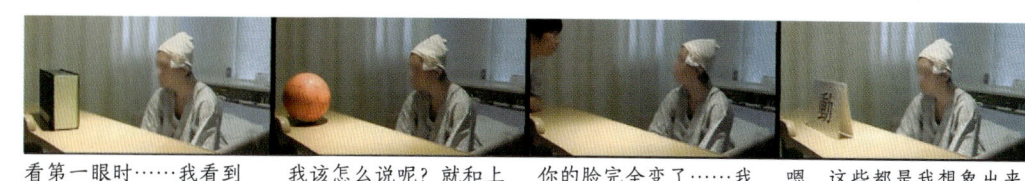

a	电刺激梭状回面孔区	看第一眼时……我看到一只眼睛、一只眼睛和一个嘴巴。	我该怎么说呢?就和上一个一样,我看到一只眼睛、一只眼睛和一个嘴巴,侧着的。	你的脸完全变了……我不知道发生了什么。你的眼睛变了。	嗯,这些都是我想象出来的吗?你能再让我做一次吗?……好吧,就像我想的那样,我看到了一张脸。
b	电刺激颜色区	这个盒子的左边看上去像一道彩虹。	如果我盯着这个球看,彩虹就在那儿,比以前更宽,闪烁着。	如果我看这张脸,这边看上去有一道彩虹,发着光。	一样的,这半边五颜六色的。

图 6.38 病人在接受对梭状回面孔区和颜色区的电刺激期间对各种物体的描述

实验者给病人看一个盒子、一个球、一张实验者的面孔和一个汉字,并对梭状回面孔区施以电刺激,病人都报告看到了一张面孔的错觉(a),但当电刺激颜色区(V4 区;参见第 5 章)时,他报告看到了多种颜色(b)。

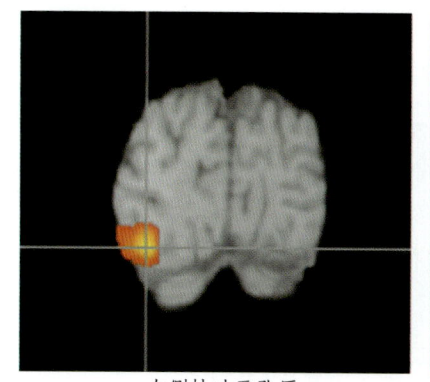
右侧枕叶面孔区

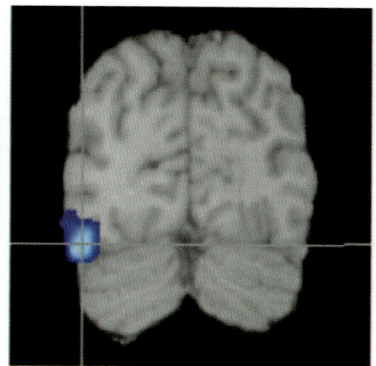
右外侧枕叶区

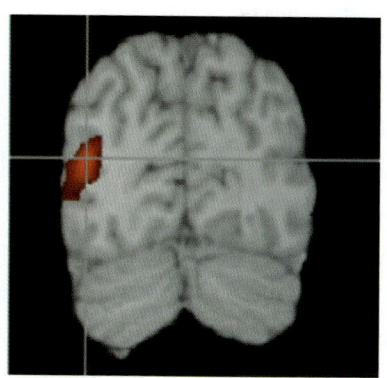
右侧纹外躯体区

a

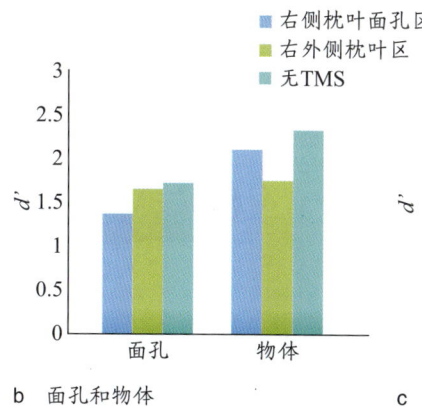

b 面孔和物体

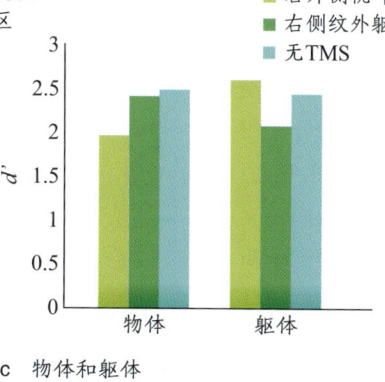

c 物体和躯体

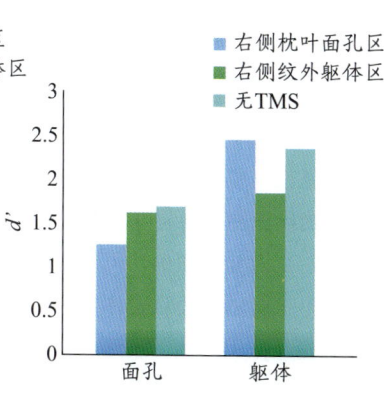

d 面孔和躯体

图 6.39 面孔、躯体和物体的三分离现象

(a)根据以往的 fMRI 研究确定的 TMS 目标部位:右半球对面孔、物体和身体敏感的区域(分别为右侧枕叶面孔区、右外侧枕叶区和右侧纹外躯体区)。(b—d)纵坐标(因变量)是被试的表现,以 d' 表示(d' 是知觉能力值,高数值表示更好的表现)。横坐标是刺激类别。每个图都包括被试在 TMS 的两个刺激位点以及一个控制条件中(无 TMS)的表现。每个图中的因变量是(b)面孔成绩受到作用于右侧枕叶面孔区的 TMS 干扰,(c)物体知觉受到作用于右外侧枕叶区的 TMS 干扰,(d)身体知觉受到作用于右侧纹外躯体区的 TMS 干扰。

关键信息

- 猴子大脑一些区域的神经元表现出对面孔刺激的选择性反应。
- 研究者在人类的 fMRI 研究中观察到了类似的面孔特异性,包括颞叶右侧梭状回的一个区域,即梭状回面孔区对面孔刺激敏感。
- 正如梭状回面孔区专门用于加工面孔,海马旁回位置区专门加工有关空间关系的信息或根据空间属性对物体进行分类(如室内与室外场景),以及纹外躯体区和梭状回躯体区已被确定为在观看躯体部位时更活跃。

6.5 物体识别失败

视觉失认症病人为我们了解物体识别的加工过程提供了一个窗口。通过分析视觉失认症亚型及其有关缺陷,我们可以推断涉及物体识别的加工过程。这些推断可以帮助认知神经科学家开发关于这些加工过程的具体模型。虽然术语视觉失认症(像许多神经心理学名词一样)已被用于指称与不同神经缺陷相关的若干不同障碍,但视觉失认症病人普遍难以识别视觉所呈现的或需要使用基于视觉表征的物体。关键词是视觉;这些病人的缺损仅限于视觉领域。通过其他感觉通道(如触觉或听觉)进行的物体识别通常功能良好。

视觉失认症亚型

目前的文献大致区分了视觉失认症的三个主要亚型:统觉性、整合性和联合性失认症。这种划分大致反映了物体识别的问题可以出现在不同的加工水平上。但请记住,对亚型的确认可能比较混乱,因为病理改变往往是广泛的,而且物体识别这样的复杂加工也涉及许多相互作用的加工过程。诊断类别可用于临床目的,但当用这些神经障碍建立大脑功能模型时,一般效用有限。对此有所了解后,就让我们依次看看这些形式的失认症。

统觉性视觉失认症

在**统觉性视觉失认症**病人中,识别的问题在于无法发展一种连贯的知觉:基本组件就在那里,但不能把它们组装起来。这有点像去乐高主题公园,没有看到房子、汽车和怪物,只看到成堆的乐高积木。这类病人的基本视觉功能,如敏锐度、颜色视觉和亮度辨别都完好。当形状呈现的角度能够凸显最重要的特征时,他们可以正常地完成形状辨别任务。当要求病人根据有限的刺激信息来识别物体时,如用线条图或从不常见的角度呈现物体,他们的物体识别问题就变得尤为明显。

神经心理学家伊丽莎白·沃林顿(Elizabeth Warrington)开发的不寻常视角物体测试(The Unusual Views Object Test)是检验此类损伤的一种方法。测试者给被试呈现一个物体来自两个不同视角的照片(图 6.40a)。一张照片中的物体以一个标准的或典型的视角呈现(如从正面看的一只猫);另外一张

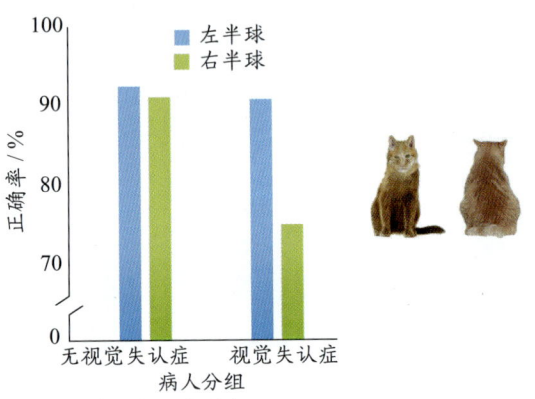

a 不寻常视角物体测试

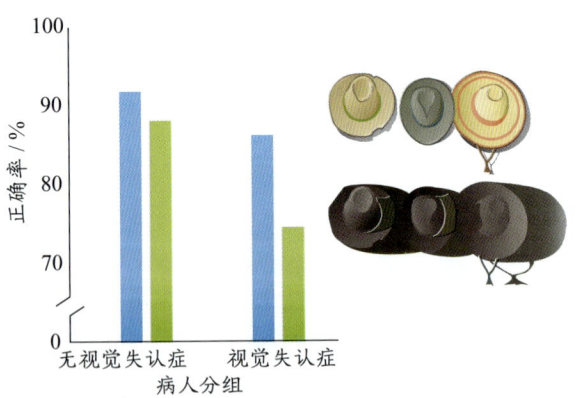

b 阴影测试

图 6.40 用于确定统觉性视觉失认症的测试

(a)在不寻常视角物体测试中,被试必须判断从不同视角看的两幅图是不是同一物体。(b)在阴影测试中,被试必须识别在正常照明中或阴影中的物体。在这两项测试中,右半球后部损伤的病人表现得比前部损伤的病人(没有失认症)或左半球损伤的失认症病人都差。

照片以一个不寻常的或非典型的视角呈现（如一幅后视图，猫的脸和爪子没有出现）。统觉性视觉失认症病人，特别是右半球损伤的病人，可以命名典型视角下的物体，但很难识别不寻常视角下的物体。此外，这些病人无法报告两个视角显示的是同一个物体。

根据前面所讨论的物体恒常性现象，这种障碍是可以理解的。我们的知觉系统很容易从无数的知觉物中提取关键特征，进而识别物体。某些优势特征比其他特征好，但大脑克服了感觉输入中的变异性，以识别它们的相似性和差异性。但是，统觉性视觉失认症病人获得物体恒常性的能力受到了损害。虽然这些病人可以识别物体，但当感觉输入有限时（如图 6.40b 显示的阴影）或不包含最显著的特征时（如非典型视角），他们识别物体的能力就下降了。

整合性视觉失认症

整合性视觉失认症是统觉性视觉失认症的一种亚型。整合性视觉失认症病人能够知觉到物体的各部分，但无法将它们整合成一个连贯的整体。在乐高主题公园中，他们可以看到墙壁和门窗，但看不到房子。在一项个案研究中，当研究者要求病人识别彼此重叠的多个物体时，他的物体识别问题变得明显（G.W. Humphreys & Riddoch, 1987; G. W. Humphreys et al., 1994）。

他要么对所看到的无所适从，要么会逐步建立一个知觉。病人并不能一眼就知觉到物体，而是依靠识别突显的特征或部分来知觉物体。例如，为了识别一只狗，他会知觉每条腿以及身体和头部的特有形状，然后使用这些部分表征来识别整个物体。当物体重叠时，这种策略会遇到问题，因为观察者不仅必须认出各个部件，而且必须正确地识别这些是哪些物体的部件。

这种障碍的另一个有说服力的例子来自另一位整合性失认症病人所作的画。病人 C. K. 是一个年轻人，在一次车祸中头部受伤（Behrmann et al., 1994）。研究者给 C. K. 看一幅以某种空间组织形式排列的两个菱形和一个圆组成的图片（图 6.41a），然后要求他临摹这幅图。看一下图 6.41b 中的画。还不错吧？

但请看看上面的数字。这些数字显示的是 C. K. 在绘制线段以形成整体图画时的顺序。从上面菱形的左侧开始后，C. K. 开始绘制圆的左上弧，然后分叉到

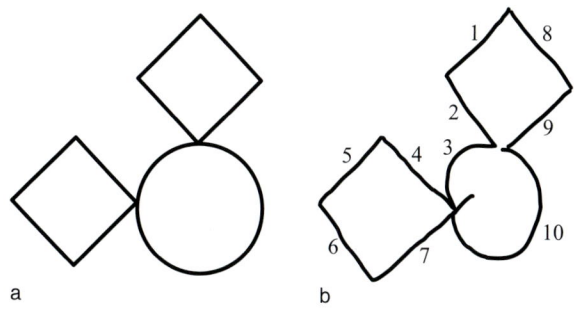

图 6.41　整合性视觉失认症病人无法整体地看到物体
病人 C.K. 临摹（a）中的图。他的总体表现（b）相当不错；两个菱形和一个圆形很好辨认。然而，正如上面的数字所显示的，他是以非典型的顺序画出这些线段的。

下面绘制下面的菱形，然后重新回去完成上面的菱形和剩余的圆形。对于 C. K. 来说，每个交点定义了不同部件的线段。由于未能将这些部件与可识别的整体联系起来，因此他表现出了整合性视觉失认症的典型特征。

物体识别通常要求将部分整合成整个物体。本章开头描述的病人 G. S. 表现出了整合性视觉失认症的一些特征。他坚信，组合锁是一部电话，因为数字排成了一个圆形，在他那个时代，这是标准的转盘电话的显著特征。他无法将此部件与组合锁的其他成分整合起来。在物体识别中，整体确实大于其各部分之和。

联合性视觉失认症

在**联合性视觉失认症**中，知觉是在没有识别的情况下发生的。海因里希·利绍尔（Heinrich Lissauer）在 1890 年首次描述联合性视觉失认症是不能将知觉物与其语义信息（如名称、属性和功能）联系起来。联合性视觉失认症病人可以用其视觉系统知觉物体，但无法理解它们或不能赋予它们意义。在乐高主题公园，病人或许能知觉到一所房子，并能够画出那所房子的图，但仍然无法判断这是一所房子或描述一座房子是做什么用的。

联合性视觉失认症很少以纯粹的形式存在；病人经常在完成基本知觉能力测试时表现异常。这可能是因为他们的病变并不是高度局域性的。例如，病人 G. S. 的问题似乎既包括整合性失认又包括联合性失认。尽管他难以识别视觉呈现的物体，但他表现出的其他方面，特别是转动手指，表明他保留了有关这个物体的知识，但通达的信息不足以使他说出物体的名称。

通常，在联合性失认症中，知觉缺陷与物体识别的问题并不成正比。例如，病人 F. R. A. 一天早上醒来后开始读报纸，才发现自己读不了报纸了（McCarthy & Warrington，1986）。对他随后的测试揭示了一种更广泛和更复杂的失认症形式。F. R. A. 可以临摹几何图形，并在听到物体名字时指认物体。值得注意的是，他可以将复杂的图画分割成部分（图 6.42），而这是统觉性和整合性视觉失认症病人觉得极具挑战性的任务。

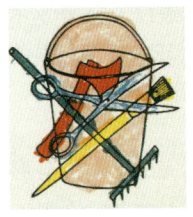  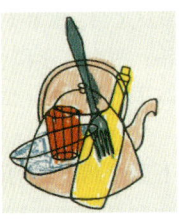

图 6.42　联合性视觉失认症病人 F. R. A. 所作的图画
尽管他无法命名用视觉呈现的物体，但 F. R. A. 可以成功地对这些复杂图画的各成分进行着色。他显然成功地分割了刺激，但仍无法识别物体。

虽然 F. R. A 在分割任务上的良好表现证明了他具有知觉物体的能力，但他说不出刚刚填过色的物体的名称。当给他呈现普通物体的线条图时，他不仅难以命名这些物体，在被要求描述其功能时也支支吾吾。类似地，当给他呈现看上去相同大小的动物图片，如小鼠和狗，并要求他指出哪一只动物的体形更大，他的表现勉强高于随机水平。尽管如此，他对大小属性的了解还是完好无损的。如果让他说出这两只动物的名称，F. R. A. 可以完成。因此，他的识别问题是无法从视觉通道获取这种知识。联合性视觉失认症这一术语用来描述那些具有正常视觉表征，但不能使用这些信息识别物体的病人。

虽然不寻常视角物体测试要求被试根据知觉质量对物体的信息进行分类，但功能匹配测试（Matching-by-Function Test）测量的是概念性知识。在此测试中，测试者给被试呈现三张图片，并要求他们指出两张在功能上相似的图片。在图 6.43a 中，即使合上的伞在外形上更类似"手杖"，正确的反应还是将合上的伞与打开的伞匹配。在图 6.43b 中，导演椅应该与沙滩椅匹配，而不是与看起来更相似的轮椅匹配。

功能匹配测试要求被试了解物体的用途，而不管其外观如何。在此测试上表现出障碍是联合性视觉失认症的标志之一。这些病人无法在两种视觉知觉物之间建立功能连接；他们缺乏将图 6.43a 中打开的伞与合上的伞之间的功能性关联结合起来所需的概念表征。

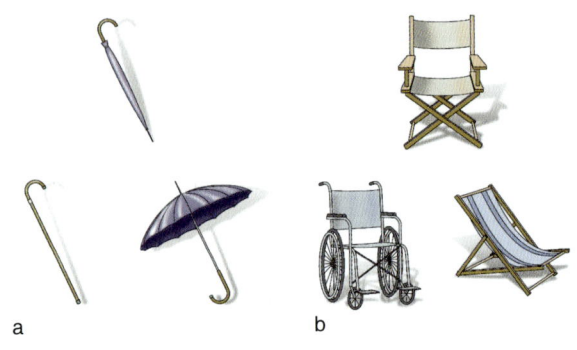

图 6.43　功能匹配测试
在每种情况下，测试者让被试观看一张印有三个物体的图片，并让他们选择功能最相似的两个物体。

类别特异性的组织理论

知觉表征是如何被用于识别物体，并将该信息与概念信息联系起来的。对这些问题的进一步探索来自看上去很奇怪的失认症病例。这些病人表现出了对于特定类别物体的选择性物体识别障碍。

来看一个单纯疱疹病毒性脑炎病人的案例。他的病使他表现出了多种障碍，包括严重的遗忘症和找词困难。尽管他在统觉性失认症测试中表现正常，但他有严重的联合性失认症。最值得注意的是，他对生物的识别比对非生物的识别糟糕得多。在给他呈现如剪刀、钟表和椅子这样的普通物体图片时，他的正确识别率约为 90%。然而，如果给他看一张老虎或蓝色松鸦的图片，他就不知所措了。他只能正确识别 6% 的生物图片。

其他失认症病人报告了类似的对于生物和非生物的分离现象（Mahon & Caramazza，2009；图 6.44）。更令人费解的是一些更特异的失认症案例，如对水果和蔬菜有选择性失认症的病人。这些案例表明，视觉失认症比所报告的多。

如何解释这种令人困惑的障碍呢？如果联合性失认症代表缺乏有关视觉属性的知识，那么我们可以假定类别特异障碍来自这个知识系统的选择性缺失或者与这个知识系统的失联。我们之所以能认出鸟、狗和恐龙是动物，是因为它们拥有共同的特征。同样，剪

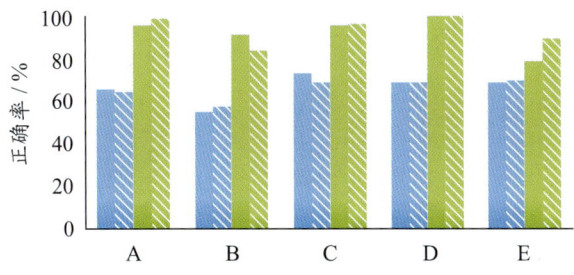

病人表现出对于有生命之物的类别特异的损伤

图 6.44　类别特异的损伤

5 名病人（A—E）对生物比对非生物表现出了更多失认现象。他们完成了两类任务。实心的条形是视觉任务的结果。在该任务中，他们必须识别一个物体或进行某种视觉分类。斜纹条形是有关物体知识问题的结果（如狗是家养动物吗？在厨房里可能找到盘子吗？）。当物体是生物时，病人的表现明显变差。

刀、锯和小刀也共有一些特征。一些可能是关于物理外观的（如它们都有拉长的形状），而另一些可能是功能性的（如它们都用于切割）。

导致人类视觉失认症的脑创伤并不会彻底摧毁与语义知识的连接。即使是受到最严重影响的病人，也能识别一些物体。因为对脑的破坏并不是全部破坏，局部损伤破坏的可能只是加工相似类型信息的组织。类别特异性障碍支持这种组织形式。

J. B. R. 的损伤看上去影响到了与加工生物信息有关的区域。如果该解释有效，我们应该能发现对非生物的识别严重受损的病人。然而，表现出这一模式的失认症病人十分罕见（Capitani et al., 2003）。这种差异可能有解剖学上的原因。例如，大脑中主要加工或存储生物信息的区域可能更容易受伤或卒中。或者，分离现象可能是由于我们知觉生物和非生物的方式有所不同。

一种假说是，许多非生物会激活生物无法引发的表征（A. R. Damasio，1990）。特别需要指出的是，许多物体的一个特征是它们能够被操作。这样一来，它们就与动觉和肌肉运动表征关联起来了。在看一个非生物时，我们能够激活一种它感受起来怎样的感觉或者一种操作它需要哪些动作的感觉（图 6.45）。但是，对生物并没有相应的表征。尽管我们可能对于猫的毛皮摸起来如何有一种动觉，但很少有人触摸或驾驭过大象。我们当然也没有像猫一样猛扑的感觉或像鸟一样飞行的感觉。

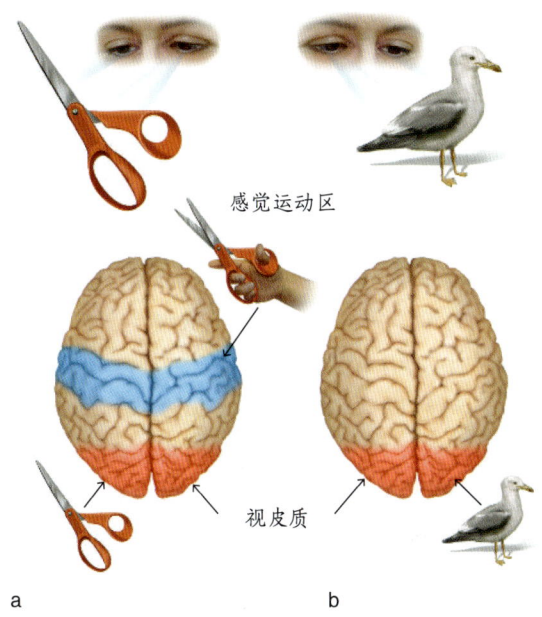

图 6.45　感知运动区协助物体识别

（a）我们对于许多非生物（特别是工具）的视觉知识可通过我们与这些物体互动而产生的动觉编码（kinesthetic code）补充。当给患特异性物体识别障碍的病人呈现一把剪刀的图片时，视觉编码可能不足以让病人识别物体。然而，当图片获得了动觉编码启动的补充时，如把剪刀拿在手里，打开剪刀好似要剪什么东西时，该病人就能命名这个物体。（b）对于大多数生物来说，动觉编码是不太可能存在的。

根据该假说，工具或椅子这样的非生物之所以更容易识别，是因为它们激活了额外形式的表征。尽管脑损伤能够导致对所有类别刺激的一个共同的加工障碍，但这些额外的表征可能足以识别非生物。病人 G. S. 的行为表现支持了该假说。我们曾介绍，当给 G. S. 呈现一把组合锁的图片时，他的第一反应是把它叫作电话。然而，当他口头说"电话"时，他两只手的动作好似正在开一把组合锁。确实，在他看到他的手并且意识到它们在试着告诉他什么之后，他便能命名物体了。

针对健康被试的神经成像研究也支持这一假说。当人们观看非生物（如工具）图片时，左半球腹侧运动前区（与动作计划有关的区域）被激活了。此外，当刺激是可以被抓住和被操作的自然物体（如岩石）的图片时，该区域也被激活了（Gerlach et al., 2002; Kellenbach et al., 2003）。这些结果表明，大脑的这个区域会优先对动作知识或我们如何与物体互动的知识进行反应。

失认症病人选择性地不能识别生物（相对于非生物）的观点是一种关于概念性知识的感觉/功能假说（Warrington & Shallice, 1984）。其核心假设是，概念知识主要围绕感觉属性（如形状、运动和颜色）以及与物体有关运动属性的表征而进行组织，而且这些表征由通道特异性的神经子系统决定。因此，锤子的概念借鉴了与其特定形状有关的视觉表征，以及与我们使用锤子时的动作有关的运动表征。

另一种假说是领域特异性假说（Caramazza & Shelton, 1998），它提出了不同的观点：概念性知识主要由具有生存和繁衍意义的类别组织起来。这些类别包括诸如可自行移动的生命物、不可自行移动的生命物（如像植物这样不能自行移动的食物源）、同种生物和工具等。根据这个假说，特异化的神经系统之所以得到进化，是因为通过它们对特定类别的物体进行更有效的加工可以提高生存能力。根据知识的类型或感觉来源，每个领域都会出现功能和神经系统的特异化。

支持领域特异性假说的证据来自一些系统性地操控不同概念类别的神经成像研究。这些研究揭示，枕颞皮质腹侧区域的一些亚区似乎参与了对生命物体与无生命物体的区分。当被试看到动物的图片或被口头提问以考查他们的动物知识时，外侧梭状回是活跃的。当刺激类别是工具时，研究者观察到了类似的激活模式，但激活转移到了内侧梭状回（图 6.46）。

这些发现为知觉和概念加工之间存在重叠以及不同大脑区域负责类别特异性加工的观点提供了支持。后续多个研究也发现，类别相关区域的大脑结构不会因人而异〔见 A. Martin（2007）的综述〕。

领域特异性假说的提倡者也注意到，我们对非生物（如工具）功能的了解与我们对操作这些物体所需的动作知识是可以分离的〔见 Mahon & Caramazza（2009）〕。例如，一个失认症病人即便可以表现出对某个物体的功能效用有充分的了解，他仍然在匹配物体和操作它们所需动作的图片时有障碍（Buxbaum et al., 2000）。因此，即使被试观看工具时的大脑感觉

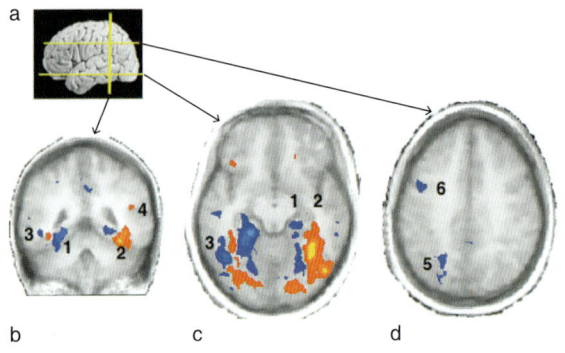

图 6.46　神经系统加工中与类别有关的差异

（a）外侧视角。黄线和箭头表示相应的冠状面（b）、腹侧水平面（c）和背侧水平面（d）。当被试命名动物图片时，激活区域以橙色标示，位于腹外侧梭状回（2）和腹侧颞上沟（4）。当被试命名工具图片时，激活区域以蓝色标示，位于腹内侧梭状回（1）和腹侧颞中回（3），以及背侧左顶内沟（5）和左半球腹侧运动前区（6）。请注意，即使在腹侧区域，激活区也是按类别进行分割的。

运动区域会被激活，这种激活也可能更多地与操作工具的动作本身有关，而不是与物体的功能知识有关（Jeannerod & Jacob, 2005）。

类别特异性的发展起源

在视觉系统组织中，类别特异性是源自我们的视觉经验，还是大脑本来就以一种类别特异性的方式进行组织呢？布赖恩·马洪（Brian Mahon）及其同事（2009）通过考查先天性失明的成人（他们显然没有视觉经验）是否会在"视觉区"表现出类别化的大脑结构来探讨这个问题。研究者没有让被试看面孔，而是关注生物和非生物这一更为普遍的类别区分。对于有视力的个体，非生物在腹侧通路内侧区域（中部梭状回、舌回、海马旁皮质）产生了更强的激活，而生物则在更外侧的区域〔外侧梭状回和颞下回；见 A. Martin（2007）〕产生更强的激活。

以前的研究表明，盲人的这些区域的激活与语言加工有关（如 Amedi et al., 2004）。了解这一点后，马洪考查了当盲人被试思考非生物和动物时，内侧—外侧腹侧通路的区分是否仍然明显。实验者要求盲人和有视力的被试都对动物和非生物的大小做出判断。在每个试次中，被试先听到三种类别——动物（生物）、可操作的工具和不可操作的物体（如篱笆或房子）——中的一个词，再听到同一概念类别中的五个

其他词。例如，如果原来的词是"松鼠"，那么它后面跟着的就是"小猪""兔子""臭鼬""猫"和"麋鹿"。被试的任务是指出其中是否有任何物体具有完全不同的大小。该任务的要点是确保被试考虑了每一个刺激。

结果显示，在听觉任务中，有视力和无视力的群体表现出了类别偏好的大脑区域是相同的（图6.47）。而且，当有视力的被试用图片而不是文字完成这个任务时，这些区域对动物或非生物表现出了类似的反应

差异。因此，视觉经验对于在腹侧通路发展类别特异性功能并不是必要的。动物和非生物之间的区别一定反映了比视觉经验所能提供的更根本的东西。作者认为，腹侧通路的类别特异性区域是较大神经环路的一部分，它们天生就准备加工不同类别物体的信息。

关键信息

- 失认症病人无法识别常见物体。这种障碍是通道特异性的。视觉失认症病人能在他们触、嗅、品尝或听物体时识别物体，但当他们看一个物体时，就无法识别它了。
- 统觉性视觉失认症是一种知觉障碍，导致不能识别物体。
- 整合性视觉失认症是因为无法将物体的部分整合成一个连贯的整体而导致无法识别物体的障碍。
- 联合性视觉失认症是不能通过视觉输入来获得概念性知识。
- 视觉失认症可以是类别特异性的。类别特异性障碍是一种物体识别障碍，仅限于特定类别的物体。
- 关于物体的知识在大脑中如何组织？这个问题尚存争论。一种理论认为，它是由特征和运动属性组织起来的，另一种理论则提出了具有生存和繁衍意义的特定领域。

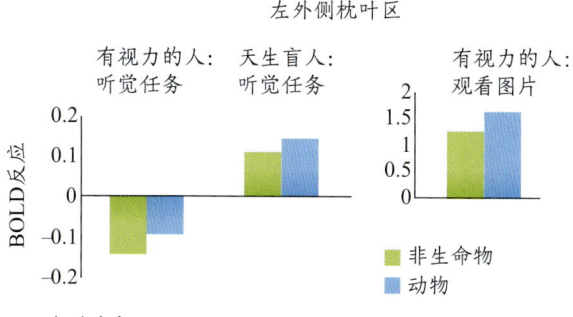

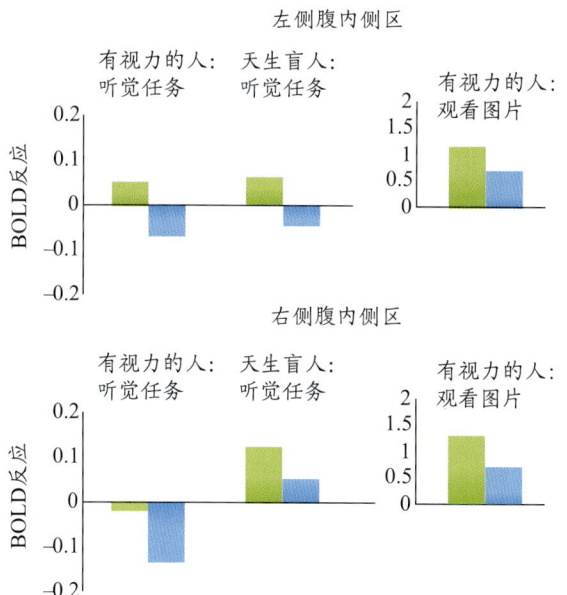

图6.47 对有视力的个体所定义的三个感兴趣区域的BOLD反应

有视力的被试看动物或非生物照片，或听命名动物或非生物的单词。天生盲人听这些词，（a）盲人在左外侧枕叶区的感兴趣区域对动物比对非生物的反应更强。这与有视力个体看图片时的反应相似。（b）两组被试的腹内侧的感兴趣区域都表现出了对非生物的偏好。请注意，当有视力被试听单词时，所有三个感兴趣区域都被激活了。

6.6 面孔失认症

面孔失认症是用来描述面孔识别障碍的术语。鉴于面孔识别的重要性，面孔失认症是物体识别障碍中最引人关注和最烦人的障碍之一。与其他视觉失认症一样，面孔失认症特异于视觉通道。像第5章一开始描述的P. T.一样，面孔失认症病人能通过听声音来识别人。

为了让你感觉面孔失认症多么离奇，这里会介绍一个被广泛引用的病例。他是一位双侧枕叶损伤的病人，不仅不认识亲朋好友，甚至无法识别一个更熟悉的人——他自己（Pallis, 1955）。正如他所报告的，"在俱乐部，我看到一个陌生人盯着我看，所以我问招待员那是谁。你可能会笑我。我是在看镜中的自己（Farah, 2004, p.93）"。这个障碍令人震惊，因为该病

人的记忆力非常好，能够毫不迟疑地认出常见物体，并且能命名和识别线条图——而这些都是经常难住失认症病人的测试。

面孔失认症常见于腹侧通路损伤的病人，特别是与面孔知觉有关的枕叶区域和梭状回面孔区损伤的病人。在许多案例中，由于不幸发生两次卒中影响了后脑动脉供血区域，损伤也是双侧的。另一个可能导致双侧损伤的原因是脑炎或一氧化碳中毒。面孔失认症也可能在发生单侧损伤后出现；在这些案例中，损伤通常在右半球。

伴有面孔识别缺陷的发展障碍

上述所有案例均属于获得性面孔失认症，即神经性病变导致识别面孔的能力突然丧失。然而，由于人在面孔识别能力上表现出了巨大的个体差异，因此研究者假设一些个体可能患有先天性面孔失认症（congenital prosopagnosia, CP）。这是一种终生的面孔识别障碍，而且不能归因于已知的神经系统疾病。

当然，对于任何能力或加工过程来说，个体差异都可能存在。根据定义，肯定有一些个体的分数在尾侧。这就提出了一个问题，即先天性面孔失认症病人是有某种面孔特异性异常，还是仅仅构成了分布的尾侧。虽然这个问题很难回答，但许多先天性面孔失认症病人没有一般性识别问题。例如，他们只是在辨别面孔或识别名人面孔时可能出现问题，而对其他物体类别的知觉显然很正常。

令人惊讶的是，先天性面孔失认症估计会影响美国大约 2% 的人口（Kennerknecht et al., 2006）。在先天性面孔失认症的一些病例中，研究者已经发现了家族基因。同卵双胞胎（有相同的 DNA）在面孔知觉能力上比异卵双胞胎（平均来说，有 50% 的 DNA 相同）更相似。此外，这种能力与一般智力或注意力指标无关（Zhu et al., 2009）。遗传分析提示，先天性面孔失认症可能涉及常染色体显性遗传的基因突变。一种假设是，在发育关键期，该基因被异常表达了，导致腹侧视觉通路白质束发育中断。

一些神经成像研究表明，尽管先天性面孔失认症个体有缺陷，但在完成面孔识别任务时表现出了梭状回面孔区的正常激活。在其中一项研究中，研究者在与面孔特征相关的右侧前颞叶区观察到了最小激活（Avidan et al., 2014；图 6.48）。而且，扩散张量成像分析显示，该区域与面孔加工网络的其余部分的连通性降低了。这些结果表明，至少对上述被试群体来说，先天性面孔失认症是由梭状回面孔区与其他面孔加工区域之间的信号传输受损引起的。

另一个研究也发现，先天性面孔失认症病人的梭状回面孔区整体激活正常。研究者使用多体素模式分析，根据刺激在体素上的激活模式对刺激进行分类。对于控制组被试，右侧梭状回面孔区的多体素模式分析显示了明显高于随机水平的解码能力。研究者设计了两个任务，其中一个任务涉及判断面孔组成部分出现与否或面孔组成部分的类型，另一个任务涉及根据刺激是完整的面孔还是打乱的面孔来进行解码。相比之下，先天性面孔失认症被试只对面孔组成部分的解码是成功的；这些个体的梭状回面孔区的激活模式无法区分完整的面孔和打乱的面孔（图 6.49）。这些结果表明，面孔知觉，或至少在梭状回面孔区内的面孔分析，可能取决于面孔特征的构形，而不是对特定面孔组成部分的识别。

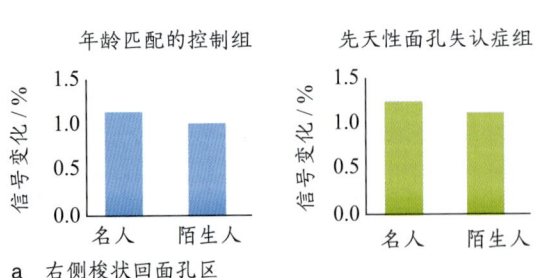

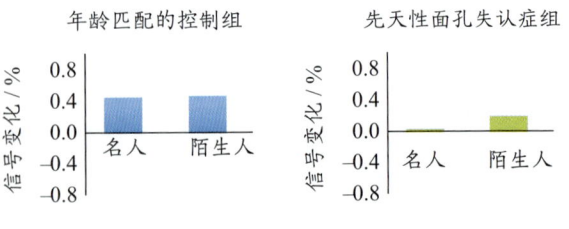

图 6.48 比较先天性面孔失认症组与年龄匹配控制组的激活情况

（a）在控制组和先天性面孔失认症组中，右侧梭状回面孔区的激活情况非常相似。（b）与在梭状回面孔区中的强激活不同，先天性面孔失认症组右侧前颞叶的激活非常弱，在 7 个患先天性面孔失认症的个体中，只有 3 个显示此区域有一些激活。

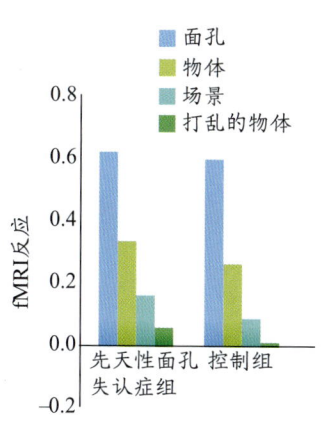
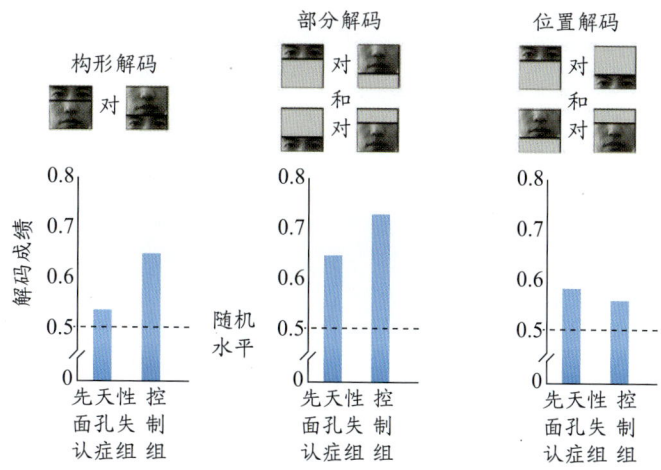

a 先天性面孔失认症组和控制组的右侧梭状回面孔区被正常激活

b 先天性面孔失认症组受损的整体加工与右侧梭状回面孔区的激活降低有关

图 6.49　fMRI 多体素模式分析显示的解码性能揭示了加工差异

（a）当观察面孔或物体时，fMRI 结果显示了先天性面孔失认症病人右侧梭状回面孔区的正常激活。（b）在多体素模式分析中，控制组能够以优于随机水平的成绩解码正常的面孔和打乱的面孔（构形）、面孔组成部分或面孔组成部分的空间位置。相比之下，先天性面孔失认症病人在面孔组成部分（构形）上的解码成绩处于随机水平。

另一种神经发育障碍——孤独症谱系障碍——也一直与异常的面孔识别相联系。对这一问题的研究为试图了解神经性和心理性障碍是"鸡生蛋，还是蛋生鸡"的问题提供了一个很好的例子。在一个极端，有理论家认为脸盲是孤独症谱系障碍的核心问题：这些人之所以在社会交往中有困难，就是因为他们无法识别面孔或面部表情。另一个极端是，也有人认为，这些人之所以在面孔知觉方面表现不佳，是因为他们不注意面孔。事实上，他们甚至因为对社会交往缺乏兴趣而回避面孔。

研究者从 fMRI 文献中观察到，患孤独症谱系障碍的病人在梭状回面孔区和其他面孔加工区域表现出了低活性（Corbett et al., 2009；K. Humphreys et al., 2008；图 6.50a）。功能连通性研究发现，梭状回面孔区与其他核心的和扩展的面孔加工区之间的连通性降低（Lynn et al., 2018）。从解剖学上讲，对孤独症谱系障碍病人大脑的解剖显示，与典型的发育情况相比，他们梭状回皮质的神经元数量少，神经元密度低（图 6.50b）。然而，研究者在初级视皮质或把大脑皮质作为一个整体看时，并没有发现这些差异（van Kooten et al., 2008）。虽然这种微观分析只是在为数不多的大脑上完成的，但这些结果提出了关于孤独症面孔知觉异常的细胞基础问题。

同样，在使用这些数据描述因果关系时，我们必须小心谨慎。面孔知觉差是因为梭状回皮质中细胞较少或活动模式异常吗？还是因为不看人脸导致细胞较少和活动减少？虽然研究者一直在研究孤独症谱系障碍的神经性缺陷，但这似乎不同于与先天性面孔失认症相关的疾病。先天性面孔失认症病人倾向于长时间看人脸，也许是为了理解其混乱的知觉，而患孤独症谱系障碍的病人比匹配的控制组花更少的时间看人脸（如 Klin et al., 2002）。与倒立的人脸相比，当人脸正立呈现时，孤独症谱系障碍病人的得分情况也好得多（Scherf et al., 2008）。

与关于孤独症谱系障碍的很多研究一样，即使对于像"这些个体是否在面孔知觉上有问题"这样的具体问题，研究者仍然难以找到一个简单的答案。一个有趣的观点是，患孤独症谱系障碍的病人受损的不是面孔知觉本身，而是面孔记忆。例如，与控制组相比，两个面孔呈现之间的几秒延迟会不成比例地损害患孤独症谱系障碍的个体在面孔匹配或识别任务中的表现（Weigelt et al., 2012），而且此记忆损伤是面孔特异性的（Weigelt et al., 2013）。

面孔失认症的加工原理

多个案例研究描述了一些病人对于面孔知觉有选择性障碍，但识别其他物体的问题不大。当然也有相反的情况：病人有严重的物体识别问题，但没

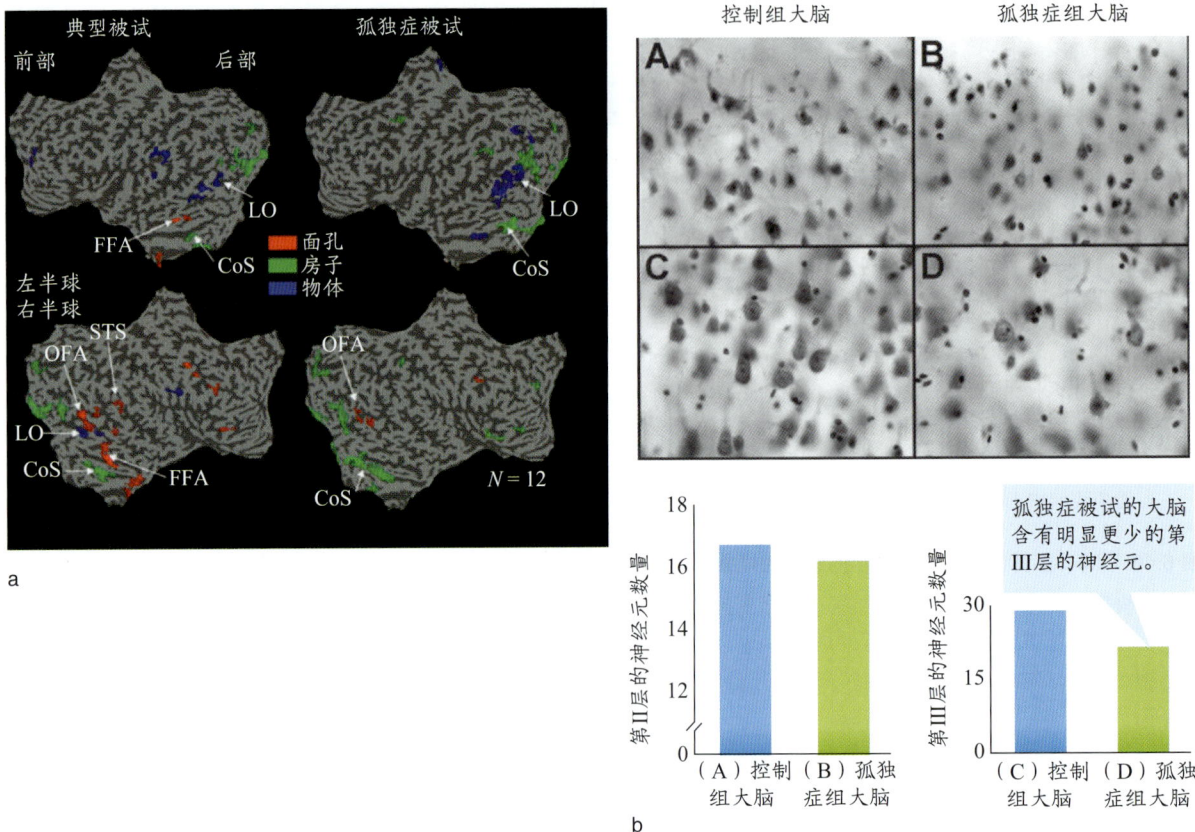

图 6.50　孤独症功能和结构的神经相关性

（a）拉平的皮质图显示了典型发育的个体（左）和孤独症病人（右）对面孔、房子和物体做出反应时的区域激活情况。孤独症病人在对面孔刺激反应最活跃区域的激活明显减少。CoS= 侧副沟（collateral sulcus）；FFA= 梭状回面孔区（fusiform face area）；LO= 外侧枕叶区（lateral occipital area）。（b）200 毫米厚显微图，显示了在皮质层Ⅱ（A、B）和皮质层Ⅲ（C、D）的梭状回被标记的神经元。样本 A 和 C 是控制组被试的大脑；样本 B 和 D 是孤独症病人的大脑。在孤独症组的样本（D）中，第Ⅲ层的神经元数量减少。STS= 颞上沟，OFA= 枕叶面孔区。

有面孔失认症的证据。对第 6.5 节中描述的整合性失认症病人 C. K. 的研究工作提供了一个特别引人注目的示例。

请看图 6.51。它是由略显古怪的 16 世纪的意大利画家朱塞佩·阿钦博尔多（Guiseppe Arcimboldo）完成的一幅静物画。当给 C. K. 看这张照片时，他被难住了。他说颜色和形状混杂在了一起，因此无法识别蔬菜或碗。但是，当这幅画被颠倒过来时，C. K. 能够立即产生面孔知觉。与面孔失认症病人相比，像 C. K. 这样的个体提供了双分离证据来支持以下假设：大脑有功能不同的系统用于面孔和物体识别。

有趣的是，没有面孔失认症的其他失认症病人也倾向于伴有获得性**失读症**（一种阅读障碍）。这对我们理解面孔识别和非面孔物体识别的机制有什么启示呢？首先，在解剖学上，对健康个体的 fMRI 扫描显示，单词知觉与面孔知觉所表现出的大脑激活模式截然不同。字母串不会激活右侧梭状回的梭状回面孔区；相反，以背侧区域为中心（图 6.52；见第 11 章）以及在被称为视觉词形区的左侧梭状回，激活最突出，而且这与单词出现在左视野还是右视野无关（L. Cohen et al., 2000）。此外，当字母组成熟悉的单词时，激活强度也会增加（L. Cohen et al., 2002）。其次，在获得性失读症中观察到的错误类型通常反映了视觉混淆。ball（球）这个词可能被误读为 doll（玩具娃娃），stalk（茎）这个词可能被误读为 talks（谈话）。

图 6.51　这是什么画？

阿钦博尔多的静物画。正立看时，这难住了 C. K.，但倒转的动作使他立即将之识别为一种不同的图案。要想知道 C. K. 看到了什么，在把书倒转过来的同时，你的眼睛要盯着中间的芜菁看。

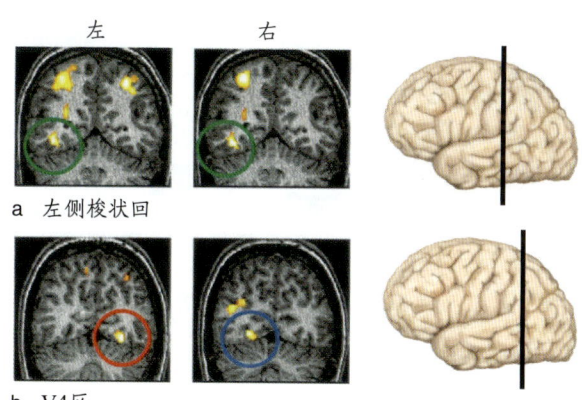

a　左侧梭状回

b　V4 区

图 6.52　与静息态相比，在阅读过程中，左半球视觉词形区被激活了

在分开的试次区组中，单词在左视野（a）或右视野（b）中呈现。与在哪一侧呈现刺激无关，单词在左侧梭状回（a 中的绿色圆圈区域）产生的 BOLD 反应增加，而该区域被称为视觉词形区。相反，V4 区中的激活（b 中的蓝色和红色圆圈区域）始终在刺激呈现一侧的对侧。大脑外侧视图上的黑线表示左侧显示的冠状面图的前后位置。V4 区比视觉词形区更靠后。

对物体和词的识别可能需要将刺激分解为各个部分（如将单词分解成字母），而面孔知觉似乎采用了一种独特的方式：它是通过**整体加工**来完成的。我们通过整个面孔的构形将各部分合在一起，来识别个体——不是通过个体独特的鼻子、眼睛或下颌结构来识别他的。根据这种假设，如果面孔失认症病人在面孔这一类刺激中表现出选择性识别障碍，那是因为他们无法形成面孔知觉所需的整体表征。

对健康人的研究使我们更加相信，面孔知觉所要求的表征不仅仅是单个面部特征的堆砌。研究者让被试识别对面孔和房子的素描（Tanaka & Farah, 1993）。每个刺激都由有限的部分构成。对面孔来说，这些部分是眼睛、鼻子和嘴巴；而对房子来说，这些部分是门、客厅窗户和卧室窗户。在学习阶段，被试看到一个名字外加一张面孔或一座房子（图 6.53a，上图）。对于面孔，他们要把名字和面孔对上，如"拉里长着圆眼睛、大鼻子和厚嘴唇"。对于房子，他们要记住住这座房子的人是谁，如"拉里住在一个有拱门、红砖烟囱和楼上卧室有窗户的房子里"。

在学习阶段之后，被试接受了再认记忆测试（图 6.53a，下图）。该实验最重要的操控就是探测项是单独呈现的，还是嵌在整个物体中呈现的。例如，当问被试这个鼻子是不是拉里的鼻子时，鼻子要么是单独呈现的，要么是在有拉里的眼睛和嘴巴的图像中呈现的。正如预测的，被试对房子的知觉并不取决于测试项是单独呈现的还是在整个物体中呈现的，但面孔知觉受这些条件的影响（图 6.53b）。当把某个特征与该人面孔的其他部分一起呈现给被试时，被试认出这个面孔特征的成绩就好得多。

面孔一般是整体加工的。这一观点可以解释一个发生于倒立面孔识别中的有趣现象。请看图 6.54 中的照片。她们是谁呢？她们是不是同一个人？现在把书倒过来。有些令人震惊吗？其中一幅图被"撒切尔化"了，之所以这样说，是因为它最初是在英国前首相撒切尔夫人的一张照片上做了修改（P. Thompson, 1980）。对于这张面孔，我们没有注意到眼睛和嘴巴的右侧朝上了。我们倾向于认为两个面孔是相同的，主要是因为两个刺激的整体构形如此相似。恒河猴对两张倒置面孔表现出了与人类相同的反应：直到图像正立呈现，它们才注意到了特征的变化（Adachi et al., 2009）。

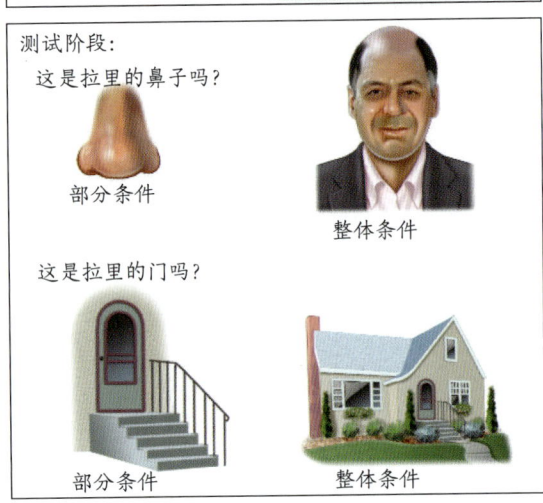
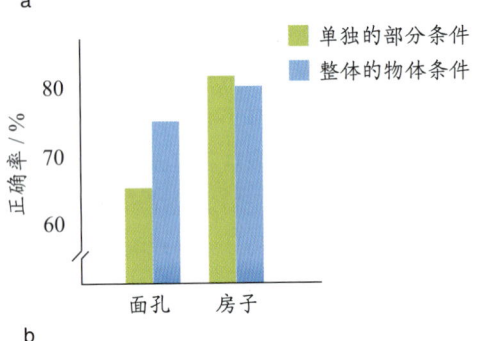

图 6.54 这两张照片一样吗？

这两张照片有什么异样之处吗？当面孔倒立时，识别起来可能相当困难。更令人惊奇的是，我们甚至觉察不到左侧照片中眼睛和嘴巴的倒立导致了严重扭曲——这在面孔正立时显而易见。这个人是撒切尔夫人。

部分分析和整体系统的相对贡献取决于任务（图 6.55）。面孔知觉处于一个极端。在这里，关键信息需要一个整体表征来记录各重要部分间的整体结构。对这些刺激来说，辨别其中的一部分并不重要。想象一下，注意到一个偶遇的熟人刮过胡子有多难。面孔识别需要我们对部分组成的一个熟悉布局进行知觉。对部分进行分析得到的表征是不够的。从这个意义上来说，面孔是特殊的。

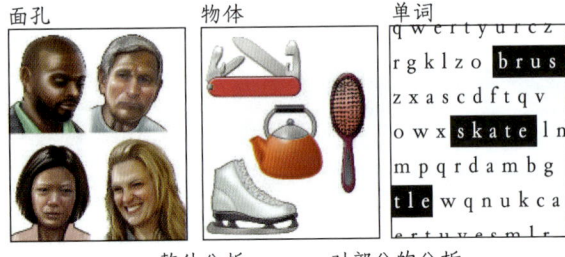

图 6.55 识别可以基于两种形式的分析：整体分析和部分分析

这两个分析系统的贡献随刺激类型的变化而变化。对部分进行分析对于阅读来说至关重要，也是识别物体的核心；而面孔识别的独特性在于，它依赖整体分析。当然，整体分析对于物体识别也有贡献。

图 6.53 单个面孔特征很难被识别

（a）在学习阶段（上图），被试学习了与一组面孔和房子相对应的名称。在识别测试（下图）期间，给被试呈现一张面孔、一个房子或者面孔或房子的单个特征。研究者问他们该特征是否属于某个人或物。（b）当呈现整个面孔时，被试更善于识别面孔的一部分。在这两种情况下，对房子特征的识别都是一样的。

单词代表的是另一个特殊的类别，位于另一个极端。阅读单词时，我们需要将字母串成功地分解成各组成部分。注意如单词长度或笔迹风格这样的整体特征对于识别单词没什么帮助。我们必须辨认出单个字母才能区分单词。

就识别来说，物体介于单词和面孔这两个极端之间。数字键盘和听筒这样的定义性特征可以帮我们识别电话，但若知觉到了这个熟悉物体的整体形状，识别物体也是可能的。如果分析性系统和整体性系统中有一个受到损伤，通过另一个完好的系统来识别物体仍是可能的，但识别效果可能没那么理想。因此物体失认症会伴随失读症或面孔失认症发生。但我们预期不会发现面孔知觉和阅读受损而物体知觉保持完好的案例。确实，对失认症的全面综述并没有发现关于病人患有面孔失认症和失读症，但物体知觉正常的任何可靠的案例报告（Farah，2004）。

在正常的知觉中，整体分析系统和基于部分的分析系统都在运行，以产生快速、可靠的识别。尽管这两个系统的效率会因不同类别的刺激而异，但它们汇聚在一个共同的知觉对象上。面孔知觉主要基于对刺激的整体分析。尽管如此，我们常常通过一个人独特的鼻子或眼睛认出这个人。同样，凭借专业知识，我们可以用整体的方式识别单词，而很少有证据表明，我们对单词的每一部分都进行了详细分析。

关键信息

- 面孔失认症是不能识别面孔的障碍。这种障碍不能归因于智力衰退。
- 获得性面孔失认症是由神经系统事件（如卒中或炎症）引起的。先天性面孔失认症是一种发育障碍。患先天性面孔失认症的病人终生都有面孔识别困难。
- 整体加工是一种强调物体整体形状的知觉分析形式。这种加工模式对于面孔知觉来说尤其重要；我们是通过整体构形，而不是个别特征本身，来识别面孔的。
- 基于部分的分析加工是知觉分析的一种形式，强调物体的各个构成成分。这种加工模式对于阅读来说非常重要，此时我们会将整体形状分解成其组成部分。

概 要

本章概述了涉及视知觉和物体识别的高级视觉加工。像大多数哺乳动物一样，人类是视觉生物：绝大多数人依赖眼睛辨别我们看到的是什么，往哪里看，进而引导我们行动。这些过程是双向的。要完成诸如抓住一个被抛过来的物体的技巧性动作，我们必须确认物体的大小、形状和空间运动轨迹。这样，我们才能预先准备好该把手放到哪里。

物体识别的途径是多样的，涉及很多水平的表征。它起始于视网膜提供的二维信息。我们的视觉系统必须通过提取区分一个形状和另一种形状的关键信息来克服感觉输入中固有的变异性。为了对物体知觉有用，当前加工的内容必须与我们存储的有关物体的知识相联系。我们看到的不会是一组毫无意义的二维和三维形状的排列。相反，视知觉是认识世界并与之互动的有效途径（例如，决定走哪条路线来穿过杂乱的房间，或选哪种工具来提高我们的行动效率）。

此外，我们最基本的知觉目标之一是辨认本族群成员，而视觉是实现此目标的主要途径。进化论认为，面孔知觉的重要性导致我们进化出了另外一种表征形式，即快速分析刺激的整体构形而不是它的组成部分。另一方面，人类可能已进化出了多种表征形式。面孔知觉可能相对独特，高度依赖整体形式的表征。

我们关于物体信息如何编码的知识导致了惊人的技术发展，使得科学家能够通过观察生理信号，如 BOLD 反应，来推测心理内容。这种形式的读心或解码使得我们有可能对看到或想象的物体（如面孔和位置）的一般类别形成推理。它也可被用于对特定图像进行合理估计。大脑解码可以为人类的交流提供新渠道。

关 键 术 语

背侧（枕顶）通路［dorsal（occipitoparietal）stream, p.220］

重复抑制效应［repetition suppression（RS）effect, p.227］

腹侧（枕颞）通路［ventral（occipitotemporal）stream, p.220］

功能性近红外光谱成像（functional near-infrared spectroscopy, fNIRS, p.227）

海马旁回位置区（parahippocampal place area, PPA, p.247）

联合性视觉失认症（associative visual agnosia, p.251）

面孔失认症（prosopagnosia, p.255）

认识单元（gnostic unit, p.230）

失读症（alexia, p.258）

失认症（agnosia, p.222）

视觉失认症（visual agnosia, p.222）

视觉性共济失调（optic ataxia, p.225）

梭状回面孔区（fusiform face area, FFA, p.242）

梭状回躯体区（fusiform body area, FBA, p.247）

统觉性视觉失认症（apperceptive visual agnosia, p.250）

外侧枕叶皮质（lateral occipital cortex, LOC, p.224）

纹外躯体区（extrastriate body area, EBA, p.247）

物体恒常性（object constancy, p.218）

整合性视觉失认症（integrative visual agnosia, p.251）

整体加工（holistic processing, p.259）

思 考 题

1. 背侧视觉通路和腹侧视觉通路的加工有什么差异？在什么情况下这些差异有用？在什么情况下，对这两条视觉通路进行功能区分具有误导性？

2. S. 女士最近脑部受了伤。她声称，脑部受伤导致她"看"东西变得困难了。负责治疗的神经病学专家对她做了患失认症的初步诊断，但并没做任何具体的解释。为了确定她知觉缺陷的特点，医生请来了一位认知神经科学方面的专家。你认为，可以用哪些行为和神经影像测试来进一步分析她的病情并做出更具体的诊断？什么样的结果将具体支持哪些可能的诊断？请注意，做一些测试来确定 S. 女士的障碍是否反映了视知觉或记忆方面更一般性的问题也很重要。

3. 为什么脑部损伤会导致不成比例的生物识别障碍这一令人困惑的症状，请回顾有关该问题的不同假说。什么样的证据支持某假说而不是其他假说？

4. 作为某辩论队的成员，你分到的任务是认为大脑已进化出了知觉面孔的专门系统这一假说。你会采用什么论据呢？如果把你换成反方，你要声称，面孔知觉过程只不过是一个善于精细辨别的、高度经验化系统的操作过程。你又会采用什么论据？

5. 对于读心来说，由于病人不必躺在扫描器中来进行有关工作，因此 EEG 是对 fMRI 的一个优选的替代技术。请描述用 EEG 来读心可能出现什么样的问题，并请提出可能的解决办法。

推荐阅读

Farah, M. J. (2004). *Visual agnosia* (2nd ed.). Cambridge, MA: MIT Press.

Goodale, M. A., & Milner, A. D. (2004). *Sight unseen: An exploration of conscious and unconscious vision*. Oxford: Oxford University Press.

Kornblith, S., & Tsao, D. Y. (2017). How thoughts arise from sights: Inferotemporal and prefrontal contributions to vision. *Current Opinion in Neurobiology, 46*, 208–218.

Mahon, B. Z., & Caramazza, A. (2011). What drives the organization of object knowledge in the brain? *Trends in Cognitive Sciences, 15*, 97–103.

Martin, A. (2007). The representation of object concepts in the brain. *Annual Review of Psychology, 58*, 25–45.

Naselaris, T., Kay, K. N., Nishimoto, S., & Gallant, J. L. (2011). Encoding and decoding in fMRI. *NeuroImage, 56*(2), 400–410.

Peterson, M. A., & Rhodes, G. (Eds.). (2006). *Perception of faces, objects, and scenes: Analytic and holistic processes*. Oxford: Oxford University Press.

没有人在吃意大利面时是孤独的,因为吃面时一心无法二用。

——克里斯托弗·莫利(Christopher Morley)

第 7 章
注　　意

一个在几周前患了严重卒中的病人正和他的妻子一起与神经科医生进行交流。一开始，这场卒中似乎让这个病人完全失明了，但他妻子发现，他有时仍然能看见东西，这使得他们期望这个病人的视力能够有所改善。神经病学家很快发现，尽管这个病人遭遇了严重的视觉问题，但他并没有完全失明。医生从口袋里拿出了一把梳子，放到这个病人面前，问他，"你看到了什么？"（**图 7.1a**）。

"嗯，我不确定。"病人回答，"但是……哦……这是一把梳子，一把袖珍梳子。"

"很好。"医生说。然后医生掏出了一把勺子，并问了同样的问题（**图 7.1b**）。

过了一会儿，病人回答道："我看到了一把勺子。"

医生点了点头，然后把梳子和勺子放在了一起。"你现在看到了什么？"她问道。

他犹豫地回答："我猜……我看到了勺子。"

"好的……"医生说，然后把梳子拿在勺子后面，让它们有重叠，但又可以被同时看到，并问："你现在看到了什么？"（**图 7.1c**）。奇怪的是，病人只看到了梳子。"那么勺子呢？"她问道。

"没有，没有勺子。"他说，但随之改口道："是

> **大问题**
>
> - 注意会影响知觉吗？
> - 我们有意识的视觉体验在多大程度上捕捉了我们所感知到的东西？
> - 控制注意涉及哪些神经机制？

a

b

c

图 7.1　对一位从皮质卒中中康复的病人进行的检查

（a）医生举起一把袖珍梳子，并问病人看到了什么。病人报告看到了梳子。（b）医生接着举起一把勺子问病人看到了什么。病人报告看到了一把勺子。（c）但当医生一只手同时举起一把勺子和一把梳子时，病人报告一次只能看到一件物体。这位病人患有巴林特氏综合征。

的，它在那儿，现在我能看到勺子了。"

"还看到别的了吗？"

病人摇了摇头，回答道："没有。"

医生将勺子和梳子放在病人面前用力抖动，她坚持地问："你看不到别的了吗？什么也没有了？"

病人专心注视着前方，最后说："是的……哦，我现在看到了……我看到了一些数字。"

"什么？"医生困惑地问，"一些数字？"

"是的。"他眯着眼努力凝视前方，头部微动，最终说："我看见了数字。"这时，医生注意到病人的视线指向远处的一点，而非自己手上所举的物体。医生扭过头，她看到身后的墙上挂着一个大挂钟！

尽管医生同时用一只手向病人展示了两样东西，并使这两样物品在良好的光照条件下有所重叠，但病人一次只能看到一件物品。他报告的物品甚至和医生展示的两件物品本身都不相同，而是一件处于他注视方向上的其他物品——一个大挂钟。病人虽然能"看见了"医生展现的每一个物体，但无法同时识别它们，并且无法描述它们的相对位置以及它们相对于自己的位置。根据这些症状，神经科医生判断这个病人患有巴林特氏综合征（Bálint's syndrome）——一种由于双侧后顶叶和枕叶皮质受损而导致的疾病。这一疾病往往会导致视觉注意和觉知障碍。病人在每一时刻只能知觉到可供知觉的物体中的一个或一小部分，并且会对物体进行错误的空间定位。

我们在日常生活中的体验是：在某个时刻，我们只能觉知到感觉系统可以捕获的海量信息中的一小部分内容，而巴林特氏综合征是这种体验的一种极端病理性例子。通过对注意缺陷病人的研究，我们可以更好地了解到大脑是如何完成注意过程的。研究注意的核心问题是大脑如何在选择一部分信息的同时舍弃另一部分信息。

罗伯特·路易斯·史蒂文森（Robert Louis Stevenson）写道："世界上有无穷无尽的事物，我相信我们都应该像国王一样高兴。"尽管那些事物可能会使我们开心，但是它们的绝对数量给知觉系统带来了一个问题——信息超载。经验告诉我们，在任何时刻，环境中的信息都超过了我们可以加工和理解的极限。因此，神经系统必须对我们要加工哪些内容做出决定。我们的生存可能依赖哪些刺激被选择以及对这些刺激的加工优先级。这一章会先介绍什么是注意以及所涉及的解剖结构。之后会介绍脑损伤是如何改变人类的注意的，以及这对大脑中注意的组织方式的启示。接着会讨论注意对感觉和知觉的影响。最后会讨论注意控制的脑网络。

7.1 选择性注意和注意的解剖结构

在19世纪末，伟大的美国心理学家威廉·詹姆斯（William James）（图7.2）进行了敏锐的观察：

> 每个人都知道注意是什么。它是心理获取信息的过程。它是以一种清晰而生动的形式从同时呈现的几个物体或想法中选择一个对象的过程。意识的集中和专注是注意的核心。这意味着舍掉某些东西以便更有效地加工另外一些，是一种真实的且与迷惑、茫然和分心状态相对立的状态。

图 7.2
威廉·詹姆斯（1842—1910）

詹姆斯富有洞察力地捕捉到了注意现象的关键特征，至今，对这些特征的研究仍未停止。"它是心理获取信息的过程"说明了我们可以选择注意的焦点；换言之，它是一种随意的过程。他提到的"从同时呈现的几个物体或想法中选择一个对象"说明了我们无法同时注意很多事物，因此注意具有选择性。詹姆斯通过"这意味着舍掉某些东西以便更有效地加工另外一些"的表述说明了注意容量的有限性。

尽管詹姆斯已经如此清晰明确地描述了他的观点，但在他生活的年代，人们对注意的行为、计算以及神经的机制知之甚少。在这之后，关于注意的知识呈现爆发式增长，研究者也发现了不同水平和类型的注意行为。首先，让我们区分选择性注意和唤醒。**唤醒**指的是一种有机体的整体的生理和心理状态，它存在于很广泛的范围中：从深度睡眠到高度警觉（例如，在极度恐惧的状态下）。第14章会对这一问题进行讨论。

与之形成对比的是，**选择性注意**并不是一种全脑状态。相反，在任意水平的唤醒状态下，选择性注意可将注意分配在相关的输入、想法以及动作上，与此同时忽略不相关或者令人分心的内容。选择性注意是一种将某些事物放在高优先级并分配注意的过程上。什么决定了优先性呢？答案是许多因素。比如，在多数情况下，最优策略是将注意放在与当前行为或目标相关的刺激上。例如，为了通过这门课程，我们必须将注意放在这一章上，而不是社交媒体上。

这是一种目标驱动的控制（也被称作自上而下的控制），被个体目前的行为目标激活，并且由个体的生活经验和进化适应决定事物之间的优先等级。除此之外，如果你听到一声巨响，尽管你努力想把注意放在这本书上，但是你会反射地伸出脑袋查看发生了什么。这是一种良性的生存行为，因为巨响往往预示着危险。你的反应是由刺激引起的，因而被称为刺激驱动的控制（也被称作自下而上的控制）。这种反应往往很少依赖当前行为的目标。

决定我们注意什么和注意哪里的机制被称作注意控制机制，它包含了广泛分布却高度特异化的皮质和皮质下结构之间的交互，从而使我们可以选择性地加工信息（见"解剖定位"专栏）。一些皮质在注意中起着重要作用：额上回、后顶叶皮质和颞上皮质后部的部分区域，以及前扣带皮质等更靠近大脑内侧的结构。中脑中的上丘和位于中脑和皮质之间的丘脑枕核对注意控制也有重要影响。

意（伴随眼动的注意）和内隐注意（不伴随眼睛、头部或身体朝向变化的注意偏转）。最后，注意会对感觉系统产生影响，因此很多关于注意的研究把研究重点放在了注意对感觉信号加工的影响上。

注意控制机制对信息加工的特定阶段产生影响，即对信息的输入（或输出）具有选择性，因此被称作选择性注意（为了方便，在叙述过程中，我们往往用"注意"这一术语来代表选择性注意的概念）。注意影响我们如何对感觉输入进行编码，如何将信息储存到记忆中，如何对信息进行语义加工并依此在这个充满挑战的世界中生存。这一章将重点关注选择性注意的机制及其在知觉（perception）和觉知（awareness）中的作用。

关键信息

- 选择性注意是个体觉知一个刺激、想法或动作，同时忽略其他不相关的刺激、想法或动作的能力。
- 唤醒是一种整体的脑部的生理和心理的状态，而选择性注意则是在任意水平（高级或低级）选择我们注意什么或忽视什么的机制。
- 注意控制的神经网络包括一些皮质和皮质下结构。
- 注意影响我们如何对感觉输入进行加工，如何将信息储存在记忆中，如何进行语义加工，并依此做出行动。

7.2 注意的神经心理学

神经心理学家关于注意的神经机制的大部分知识来自对大脑受损而导致注意行为受损病人的检测。许多病症都会导致注意受损，但只有很少的病症为哪些大脑系统受到影响提供了线索。虽然最被人熟知的注意障碍——注意缺陷/多动障碍（Attention Deficit Hyperactivity Disorder，ADHD）——包含各种各样的基因和环境风险因素，但其最主要的特征是神经加工受到干扰，这可能是整个注意网络的白质发生了解剖变异造成的。结构性脑成像研究的结果发现，ADHD病人的大脑白质体积萎缩，这种萎缩在前额叶中特别明显（见Bush，2010）。在大脑注意网络中，受到ADHD影响的部分尚未完全确定。

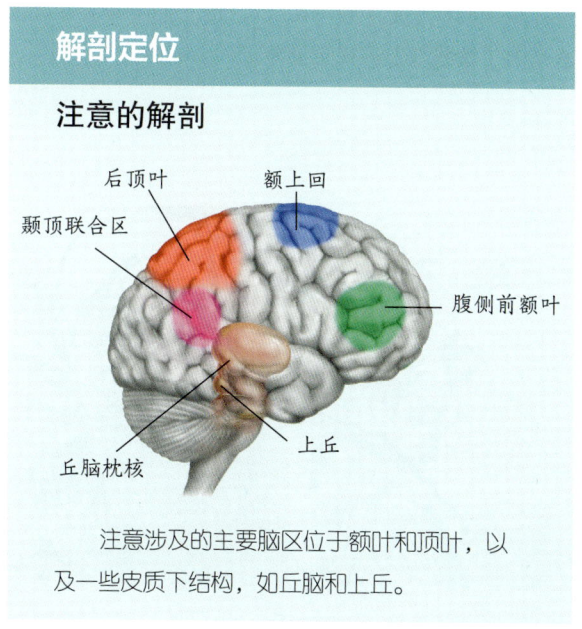

解剖定位

注意的解剖

注意涉及的主要脑区位于额叶和顶叶，以及一些皮质下结构，如丘脑和上丘。

我们知道，这些脑区的受损会影响我们的外显注

与此相对的是，通过对一些典型的综合征，例如单侧空间忽视（下文详述）和巴林特氏综合征的研究，神经科学家获得了更多关于注意控制机制和支持注意的潜在神经解剖学系统的信息。因为这些损伤往往是由于大脑局部受损导致的（比如卒中），所以可以通过对尸体进行解剖或者对活人进行脑成像来定位这些脑区。接下来就看看这些脑损伤是如何让我们理解这些机制的。

忽视

患有忽视的病人可能有如下表现：当你在她的右侧时，更容易注意到你；只梳右边的头发；只吃盘子右边的食物；只读书籍的右半部分。更重要的是，她可能会拒绝承认自己有任何问题。根据损伤部位和程度的不同，她可能会呈现以上全部或者部分症状。

单侧空间忽视，或者简称忽视，是一种十分常见的病症。当个体一个大脑半球中的注意网络出现损伤时，就会呈现这样的症状，一种典型的成因便是卒中。当右半球受损时，个体更容易出现严重而持久的症状。正如上文描述的病人，在右半球受损之后，她对在左侧视野呈现的事物表现出了忽视。病人表现得仿佛左侧空间和位于左侧空间的物体都不存在。并且，病人只能有限地意识到自身的损伤或者根本意识不到问题。

已故德国艺术家安东·雷德沙伊特（Anton Räderscheidt）在67岁时罹患右脑卒中，导致了他对于左侧视野的忽视。在他罹患卒中之后不久所绘的一幅自画像中（图7.3a），左侧的画布几乎都是空白的，并且他左半部分的脸也没有被画出来。在之后的几个月中，雷德沙伊特逐渐开始使用画布上更多的部分，并且在自己的肖像画中画出了更完整的脸（图7.3b和图7.3c），直到最后他能够使用绝大部分画布并且能够画出左右对称的脸，尽管画中仍然体现了一定的不对称性（图7.3d）。

尽管患有忽视的病人具有正常的视觉，但是他们在受损大脑半球的对侧表现出了注意和行动上的缺陷。眼动数据为这一现象提供了相关证据（图7.4）：右半球受损的病人在静息态和双侧视觉搜索的过程中表现了忽视左视野的特征（图7.4a），这一现象可以与那些虽然遭受卒中却没有表现出忽视症状的病人进行比对（图7.4b）。眼动结果表明，有这些忽视症状的病人的眼动主要集中在右侧视野，而没有视觉忽视的人在左侧和右侧的注视点的数量基本相同（Corbetta & Shulman，2011）。

忽视的神经心理学检查

神经心理学检查被运用到了忽视的诊断中。在线段取消任务中，病人被要求观察一张绘有许多水平线段的纸，要求他们从中间将这些线段截断。患有左侧视野忽视的病人会倾向于在线段中点的右侧将线段截断。与此同时，他们也可能完全忽视位于纸张左侧的线段（图7.5）。这一实验的结果说明，忽视既发生在物体表征的水平上（每一条线），也发生在视觉空间的水平上（整张纸上的视觉景象）。

a　　　　　　　　　　b　　　　　　　　　　c　　　　　　　　　　d

图7.3　从卒中里康复

由安东·雷德沙伊特所绘制的自画像，画于遭受卒中困扰之后的不同阶段，卒中导致了他对对侧空间的忽视。

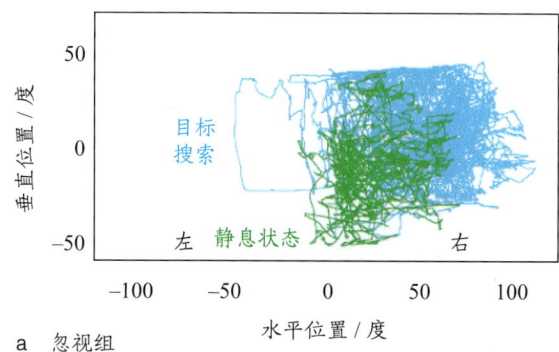

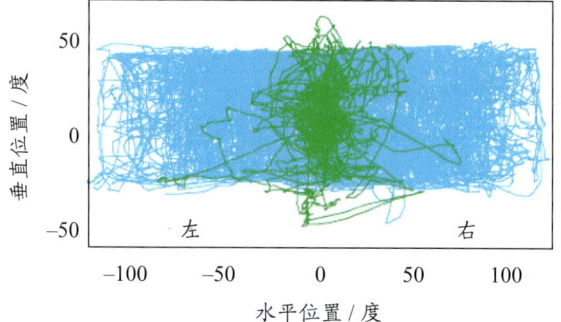

图 7.4　忽视病人的注视偏好

（a）在字母搜索任务（蓝色轨迹）中和静息状态（绿色轨迹）下，忽视病人表现出对同侧刺激的注视偏差。（b）没有忽视的病人没有表现出偏差。

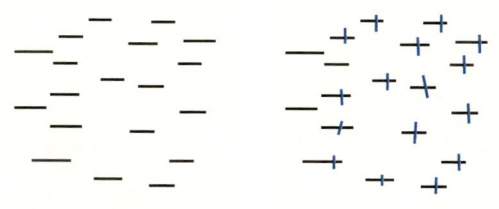

测试用纸（画有横线）　　病人完成的分半任务（竖线）

图 7.5　患有忽视的病人在线段取消任务中出现偏差

给忽视病人一张画有很多水平线的纸，并让他在自由观察的条件下用竖线将每一条线从正中间截断。对每一张纸和每一条线，病人倾向于在中点右侧进行截断（对于右半球受损的病人而言），这是由于他们忽视了对侧空间和单个物体的对侧。

一个相关的研究是复制物体或者场景。图 7.6 展现了一个右半球卒中的病人被要求在纸上重现一个时钟的例子。与艺术家雷德沙伊特类似，这位病人无法完整地展现物体并且倾向于忽视左侧视野。尽管这样的病人知道时钟是圆的，包含数字 1—12，但他们依旧无法正确地复制图片。除此之外，他们也无法从记忆中提取图片的内容。

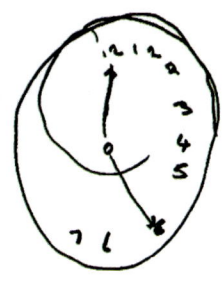

图 7.6　右半球卒中导致忽视的病人所画的图

可以注意到，只有右侧的表盘画有对应的数字，仿佛左侧视觉空间完全不存在。

忽视也可能影响个体的想象和记忆。在意大利米兰，爱德华多·比夏克（Eduardo Bisiach）和克劳迪奥·卢扎蒂（Claudio Luzzati）对右半球受损而导致忽视的病人进行了研究（1978）。他们要求参与实验的病人想象自己站在米兰大教堂的台阶上，然后描述在记忆中这个位置看到的广场。令人惊奇的是，病人忽视了广场中在其受损脑区对侧的视野中的景物，和他们真的站在广场上看这些景物时的情况一样。除此之外，如果要求他们想象自己站在广场的对面，正面面向大教堂，他们报告出了在之前的描述中被忽视的部分，而忽视了在之前可以正确描述的部分（**图 7.7**）。

因此，忽视同时存在于对物体进行记忆和对外界物体进行感知的过程中。比夏克和卢扎蒂研究的重点在于病人产生的忽视现象不能归因于记忆的失败，更像是注意在提取的过程中产生了偏差。

对消

视野检查的结果表明，忽视病人对于左侧视野并不是完全失明的——他们能够在刺激被独立呈现且很明显的情况下探测到相应的刺激。例如，当一个简单的闪光或神经病学家扭动的手指出现在不同的空间位置时，病人能够看清楚每一个单独呈现的刺激（**图 7.8a 和图 7.8b**）。这一结果告诉我们，病人的初级视皮质并没有损伤。但当同时向病人呈现位于不同视野的两个刺激时，病人的忽视现象就变得明显了。在这种情况下，病人无法接收来自损伤脑区对侧视野的刺激，也无法对它做出相应的反应（**图 7.8c**）。这一结果被称作**对消**，这是由于损伤脑区同侧视野呈现的竞

图 7.7　由忽视病人想象自己在一个意大利广场上的两个视角下进行视觉回忆的内容
视觉记忆中被忽视的区域（灰色阴影）位于个体受损脑区的对侧，研究使用的场景是米兰著名的大教堂广场。

争刺激阻止了病人对损伤脑区对侧视野中的刺激的探测。

这种偏差可以通过将病人的注意引导到被忽视物体的位置上来克服。这也是为什么这种现象被称作一种偏差而不是对侧视野注意能力的缺失。一个病人的反馈可以帮助我们理解这种现象带给他的主观感受。"对我来说，用'忽视'这个词来描述它是不准确的。我认为'集中'是一个比'忽视'更合适的词语。这是绝对的专注。如果我走在路上，然后有东西挡着我的路了，即使我将注意集中在自己的事情上，我依然能看到这个东西并避开它。但那些小的干扰是我无法觉知到的。（Haligan & Marshall，1998）"

忽视和巴林特氏综合征的比较

让我们比较一下患有视觉忽视的病人和在本章开头提到的患有巴林特氏综合征的病人的受损模式。与视觉忽视病人相比，患有巴林特氏综合征的病人主要体现了以下三种损伤。

a

b

c

图 7.8　对忽视和对消的检查
神经病学家向一个由于卒中而导致右半球受损的病人呈现位于左侧视野的视觉刺激（伸出的手指）（a），然后在其右侧视野呈现视觉刺激（伸出的手指）（b）。病人能够在一次呈现一个刺激的情况下，对刺激进行相应的探测，并通过用手指示来对刺激做出正确的反应，这反映病人能够看清所有刺激，也表明病人并没有严重的视野缺陷。但当刺激同时呈现在病人的左侧和右侧视野时（c），对消现象就出现了：病人只能报告右侧视野中的刺激。

- **图像组合缺失**是指无法将视野中的各种刺激整合成一个完整的图案，例如，病人只能看到梳子或者勺子，但无法同时看到这两件物体（图 7.1）。
- **眼部失用症**是指通过眼动（眼跳）扫描视野范围的能力受到损伤，导致个体无法随意地进行眼动：当医生将勺子和梳子重叠在一起时（图 7.1c），患有巴林特氏综合征的病人本应能够同时注视这两件物品，实际却不能。
- **视觉共济失调**是一种无法通过视觉对手的动作进行调控的缺陷：如果医生要求巴林特氏综合征病人伸出手来抓住梳子，在病人的手伸向梳子的过程中会出现困难。

忽视和巴林特氏综合征体现的知觉损伤截然不同，这是由于受损的脑区存在差异。忽视是由于单侧顶叶、后颞叶和前额叶区域受损而导致的，它也可能由皮质下区域损伤引起，例如，基底神经节、丘脑和中脑。与之相比，巴林特氏综合征则主要受到了双侧枕顶区域损伤的影响。忽视展现了皮质和皮质下神经网络（尤其是右半球神经网络）受损而导致的空间注意障碍。巴林特氏综合征则体现了双侧后顶叶和枕叶区域受损而导致的无法同时感知空间中的多个物体的缺陷，而这一能力对生成场景格外重要。

通过对忽视病人的研究，我们理解了包括基于空间坐标系的注意偏差在内的相关症状，这种坐标系可能是以病人为中心的（自我中心参照系），也可能是以空间中的物体为中心的（他人空间参照系）。这一发现告诉我们，注意既可以是在空间内定向的，也可以是在物体内定向的。这两种忽视很可能由不同的机制引起。事实上，基于物体的注意的大脑机制甚至可以在没有空间偏差的情况下受到影响。这一现象在患有巴林特氏综合征的病人中也适用：他们虽然拥有相对正常的视觉，但不能同时关注多于一个物体，即使这些物体在空间上重叠，也无法做到。

忽视病人身上所发生的对消现象揭示了感觉输入是具有竞争性的，因为当两个刺激同时呈现来竞争个体的注意时，在损伤同侧视野呈现的刺激赢得了竞争并获得了个体的注意。对消同时也说明了在脑损伤发生之后，病人的注意力下降：当两个互相竞争的刺激同时呈现时，忽视病人只能注意到其中一个刺激。

对脑损伤及其造成的注意问题的这些观察为我们思考以下问题提供了背景。

- 注意是如何影响知觉的？
- 注意是在感知系统中的哪一部分对知觉产生影响的？
- 注意是由怎样的神经机制控制的？

为了回答这些问题，接下来将关注注意的认知和神经机制。

关键信息

- 单侧空间忽视可能源于右侧顶叶皮质、颞叶皮质和前额叶皮质的损伤。一些皮质下结构也对它产生了影响。这类损伤导致对左侧场景和物体的注意以及加工能力的减退，这种减退不仅体现在外部空间之中，也体现在内部记忆之中。
- 忽视并不是感觉缺失的结果，因为视觉空间测试表明，这些病人具有完整的视觉。在正确的情况下，他们可以轻松地看到有时被忽略的物体。
- 忽视的一个重要特征是对消。对消是指当一个在损伤同侧的刺激和一个在损伤对侧的刺激同时呈现时，病人无法成功地知觉在损伤对侧的刺激，也无法对损伤对侧的刺激做出相应的反应。
- 患有巴林特氏综合征的病人体现了以下三种主要特征：将视觉空间知觉为一个整体时存在一定的困难，无法自主控制眼动，抓取物体时存在一定的困难。

7.3 注意模型

注意可以分为两种不同的类型：有意注意和反射性注意。**有意注意**，又被称作**内源性注意**，是一种可以主动注意某物的能力，例如，注意这本书。它是一个自上而下的、目标驱动的过程，即我们的目标、期望和奖赏引导我们的注意。**反射性注意**又被称作**外源性注意**，是一种自下而上的、刺激驱动的过程，往往是一些感觉事件——也许是一声巨响、蚊子的叮咬、大蒜的味道、一道闪光或一个动作——捕获了我们的注意。

这两种不同类型的注意可以被当作两种相对的系

统：一种使得我们有能力将注意放在能够实现的短期目标上，另一种则由我们周围的世界驱动。这样一种双注意系统间的平衡被认为是有用的。它使我们既不会过度地将注意集中在美丽的鲜花上而忽略了身后偷偷接近的老虎，也不会让我们在拥挤的马路上驾车时被广告牌上的灯光和声音分散了注意。在本章稍后面的内容中，我们会发现这两种注意具有不同的性质，并且在神经机制层面也存在些许差异。

注意指向既可以是外显的，也可以是内隐的。我们都知道什么是**外显注意**：当你转过头面向刺激时，无论是为了看得更清楚，还是为了听清细微的声音，你都在表现出外显注意。然而，你可以装作在读这本书，却把注意放在后桌两位同学的悄悄话上。这一行为就是**内隐注意**。许多研究将重点放在理解内隐注意的机制上，因为这些机制必然涉及内在神经加工的变化，而不仅仅是为了让感觉器官更好地接收刺激。

赫尔姆霍兹和内隐注意

1894 年，赫尔曼·冯·赫尔姆霍兹（Hermann Von Helmholz）探究了对于短暂呈现的刺激的视觉加工过程。他设置了一个屏幕，在屏幕上绘出了一些与屏幕中心距离不同的字母（**图** 7.9）。他将屏幕挂在实验室的一端，并熄灭实验室所有的灯创设一个完全的暗室。然后他用电火花来短暂地照亮屏幕。像在科学研究中经常发生的，他意外地发现了一个有趣的现象。

赫尔姆霍兹注意到，当屏幕过大时，他必须转动眼球才能观察整个屏幕。然而，即使将自己的视线固定在屏幕的中央，他仍然可以利用内隐注意来进一步决定将注意放在什么位置。正如前文提到的，所谓内隐，即注意指向的位置可以与注视的位置不同。通过内隐地转移注意，赫尔姆霍兹观察到，在短暂照明条件下，即使眼睛总是注视着屏幕中央，自己对注意焦点内的字母的知觉也好于对注意焦点外的字母的知觉。

你可以利用图 7.9 试试看。将课本拿到面前约 30 厘米的位置，注视赫尔姆霍兹的字母方阵中间的加号。然后在不将视线从加号上移开的前提下，大声地按顺时针的方向读出离加号最近的字母。这样一来，你便在内隐地注意加号周围的字母。正如赫尔姆霍兹在他的《论生理光学》（*Treatis e on Physiological Optics*）中所写的：

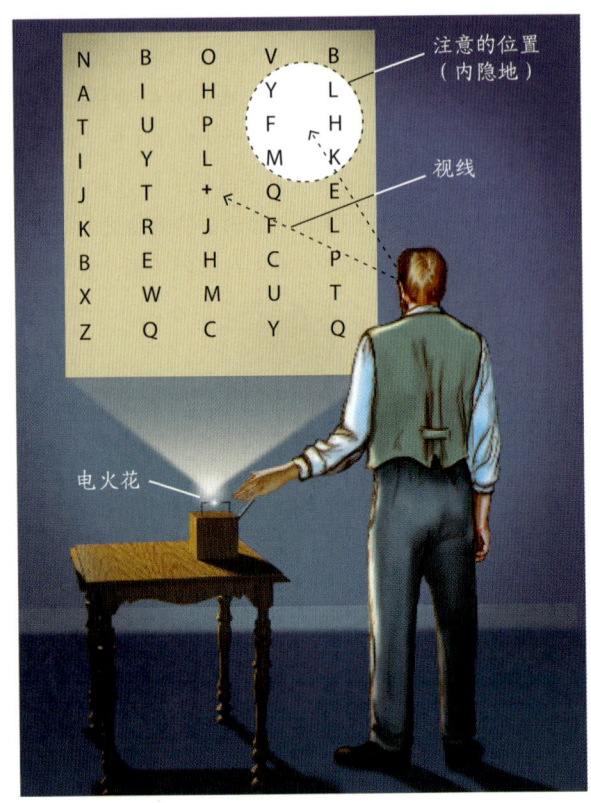

图 7.9 赫尔姆霍兹的视觉注意实验

赫尔姆霍兹研究视觉注意的实验装置。赫尔姆霍兹观察到，在保持眼睛注视着屏幕中央的情况下，当屏幕被短暂照亮时，自己可以内隐地注意屏幕上的任何位置，并知觉这一区域中的字母，而难以知觉其他位置上的字母。

"在我看来，这些实验证明，利用一种自发的意图，即使不产生眼动和眼球调节上的变化，人们仍然可以将注意集中在来自外周神经系统的一个特定部分的感觉上，并同时将来自其他部分的注意排除在外。"（Helmholz，1909–1911/1968）

在 20 世纪中叶，实验心理学家开始发展量化注意在知觉和认知中的影响的方法。这些实验数据（像赫尔姆霍兹这样的观察）以及生活中的经验（例如，在鸡尾酒会中的经验），为建立大脑中注意系统的工作模型提供了基础。

鸡尾酒会效应

想象你正在"超级碗"的派对上和自己的朋友聊天。如何在嘈杂的电视直播声和对话声中把注意集中在和朋友的对话上？英国心理学家 E. C. 彻里（E. C. Cherry，1953）在参加鸡尾酒会时对同样的问题产生了好奇。他对鸡尾酒效应的好奇和后续研究帮助我们建立了注意研究的现代纪元。

听觉选择性注意可以使你参与到对话中而忽略在生意繁忙的餐馆或热闹的派对上的其他声音。通过选择性注意，你可以接收自己感兴趣的信号而忽略其他的声音。然而，假设和你交谈的人是一个十分无聊的人，那么你可以使用内隐注意关注在你身后进行着的对话，与此同时假装自己仍然参与到了现在的这场对话之中（图 7.10）。

彻里通过在实验室设计一个类似鸡尾酒会的研究方法对人们的这一能力进行了探究。正如第 4 章所述，这是第一个运用双耳分听范式进行实验的研究。他通过用耳机向正常被试的双耳输入互相竞争的语音刺激（双耳分听）来研究这个效应。接下来，他要求被试注意并同步地逐字复述一只耳朵听到的内容，同时忽略另一只耳朵的刺激输入。彻里发现，在这种条件下，被试在大部分时候无法报告非注意耳中的任何细节线索（图 7.11）。事实上，他们所能报告的关于非注意耳的信息只有听到了男性的声音还是女性的声音。注意——在这个例子中是有意注意——影响了所加工的内容。

图 7.11　双耳分听实验设置

给被试的两只耳朵分别呈现不同的听觉信息（故事），被试要追随（立即重复）一只耳朵里的听觉刺激（例如，追随左耳听到的故事而忽略右耳的听觉输入）。

这一结果让彻里和其他研究者提出，将注意集中在一只耳朵上，会导致其输入被加工得更好，而对于非注意耳的输入加工可能会有损失或质量下降。可在以下情境中感受这一效应：一个人在听讲座时坐在你的身旁，悄悄地和你说着八卦，过了一会儿，你意识到尽管你的另一只耳朵可以清晰地听到讲座的内容，但你已经错过了演讲者刚才说的话。正如威廉·詹姆斯提到的，信息加工过程中存在**瓶颈**。所谓瓶颈是指在信息加工的某些阶段，只有一部分信息能够得到进一步加工。这一现象似乎会在知觉分析容量有限的阶段发生。在声音信息从传到你的鼓膜到你意识到别人所说的内容之间，存在很多加工阶段。在哪一阶段存在瓶颈，从而使我们更注意其中一部分信息呢？

这一问题引出了过去 60 年中在心理学界最常被辩论的话题之一：选择性注意发生是在早期的知觉加工中，还是出现在晚期——在感觉信息加工已经完成的阶段呢？我们的大脑能忠实地反映所有感觉输入的信息，并呈现客观世界的投射吗？还是诸如注意的过程会影响我们对外部世界的加工呢？对于外部世界的知觉是否会受到当前的目标或内在知识的影响呢？思考图 7.12 中的例子。你看到了什么图案？

第一次看这幅图片时，你可能并没有看到达尔马提犬，你无法轻易地知觉到它。然而，当给你指出图片中的狗以后，之后在任何时候再看到这幅图时，你都能够知觉到它。你大脑发生了一些变化，不仅仅是建立了这张图画了一只狗的知识那么简单。这只狗闯入了你的视野，就算你忘记自己之前看过这张图，也

图 7.10　嘈杂环境中的听觉选择性注意

鸡尾酒会效应（Cherry，1953）阐释了人们是如何在嘈杂的鸡尾酒会中将注意放在其中的一个对话上，以及如何内隐地转移注意去听一个比自己正在进行的这个对话更有意思的对话，就像中间偏右的那个人一样。

图 7.12　你看到了什么图案？

会如此。这是你存储的知识影响了你的知觉的例子之一。这或许并不是非此即彼的，它更可能是注意在感觉转化为觉知的诸多步骤中发挥作用的产物。

早选择模型和晚选择模型

英国剑桥大学的心理学家唐纳德·布罗德本特（Donald Broadbent，1958）将这一想法拓展为信息加工系统（在刺激输入或动作执行过程中，大脑神经加工过程的总和）的概念；他认为，这一系统具有瓶颈效应（图 7.13）。在这一模型中，大量有可能进入更高的加工层次的感觉输入在早期被一种类似于门控的机制所选择，只有最重要或被注意的事件才能够通过。**早选择**理论认为，在被选择进入更高加工层次或作为无关信息被拒绝之前，刺激不需要经过完全的知觉分析。

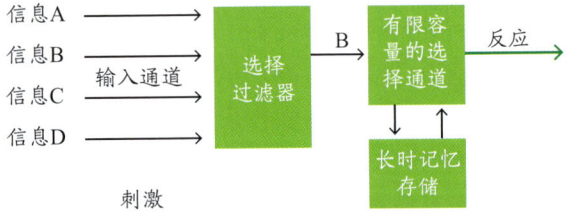

图 7.13　布罗德本特的选择性注意模型

在这一模型中，一个门控机制决定着哪些有限的信息得到了进一步分析。这里展示的这个门控机制采用了较高层级的执行过程，自上而下地控制早期知觉过程的形式。加工能力有限的阶段需要这种门控机制。

与之相比，**晚选择**模型假设，知觉系统首先会平等地对所有输入信息进行加工，之后选择是否让信息进入觉知。被存储到记忆系统中以及进行相应反应的过程发生在更高级的信息加工阶段。图 7.14 阐述了早选择模型和晚选择模型的区别。

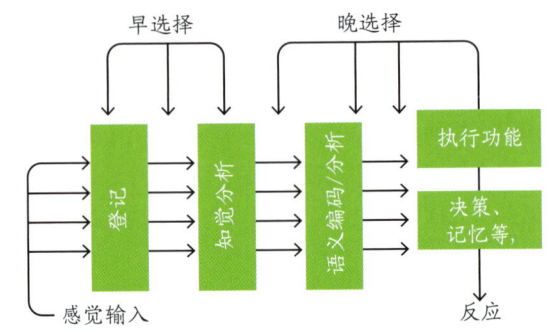

图 7.14　信息加工的早选择模型和晚选择模型

注意的早选择机制会影响在知觉分析完成前对感觉输入的加工。相反，注意的晚选择机制在完成了对感觉输入的知觉分析之后才发生，即在信息已经被用语义或类别特征（例如"椅子"）进行了重新编码之后。

原始的全或无的早选择模型很快遇到了一些问题。彻里等人的研究中发现，在鸡尾酒会实验中，非追随耳中一些显著的信息可以捕获人们的注意，例如，当周围的对话中出现自己的名字或一些很有趣的事情时。显然，认为被忽略的信息完全无法引起人们觉知的简单门控模型无法解释这一实验发现。

安妮·特雷斯曼（Anne Treisman，1969）提出，非注意通道的信息可能并不是彻底被阻挡在更高水平的加工之外了，仅仅是被减少或者削弱了——布罗德本特也同意这一点。因此，研究者对晚选择模型和早选择模型进行了修改，承认非注意通道中的信息也有达到较高加工水平的可能，但信号强度会大大减弱。为了对这些相互矛盾的模型进行验证，研究者用了一些更为精细的方法对注意效应进行了量化研究。我们将在下文进行叙述。

对知觉中注意的作用进行量化

一种测量信息加工过程当中的注意效应的方式就是检测被试在不同的注意条件下如何对目标刺激进行反应。一种很流行的实验方法是，在呈现与注意相关的目标刺激之前，要用线索将被试的注意指引到一个特定的位置或目标特征上。在这些线索化任务中，研究者通过线索中的信息来操纵被试的注意焦点。

在使用线索任务对空间有意注意进行研究的实验中，俄勒冈大学的迈克尔·波斯纳及其同事在计算机屏幕上向被试呈现了一个可以将其注意指引到特定位置的线索（图 7.15）。接下来，一个目标刺激快速地出现在屏幕上，他们可能出现在线索提示过的位置，也可能出现在别的位置。被试可能会被要求在看到刺激出现时，尽可能快地按键做出反应，也可能被要求回答一个关于该刺激的问题，例如，"刺激是红色的还是蓝色的？"。这一实验设计确保了研究者既可以研究被试进行反应的速度（反应时），又可以研究被试反应的准确性（正确率或错误率）。

对该机制的陈述）。

当一个线索正确地预测了随后的目标所在的位置时，我们称之为有效线索（图 7.15a）。如果线索与目标之间的联系很强，即在通常情况下线索都能够预测目标的位置（例如，在 90% 的试次中），那么被试将学会用线索预测接下来的目标的位置。然而，目标有时被呈现在没有被线索指向的位置上，这时，这种误导被试的试次就被称作无效试次（图 7.15b）。最后，研究者可能会添加一些不能提示随后的目标可能出现的位置的线索，这种情况被称作中性试次（图 7.15c）。

在对有意注意的线索化范式的研究中，注意线索呈现与随后目标呈现之间的时间差可以很短，例如几百毫秒，也可以持续到 1 秒或更长。当被试被要求不能将视线移到线索指示的空间，而要持续注视中央注视点时（内隐注意），被试在线索能够正确预测目标位置的试次中的反应时短于出现中性线索时的反应时（图 7.16）。这种更快的反应说明了注意的增益。相反，当刺激出现在与预期不同的位置时，被试的反应时会变得更长（反应更慢），说明了注意的损耗。如果要求被试对刺激的某一特征进行分辨，那么注意的增益和损耗可以用正确率而不是反应时来衡量。

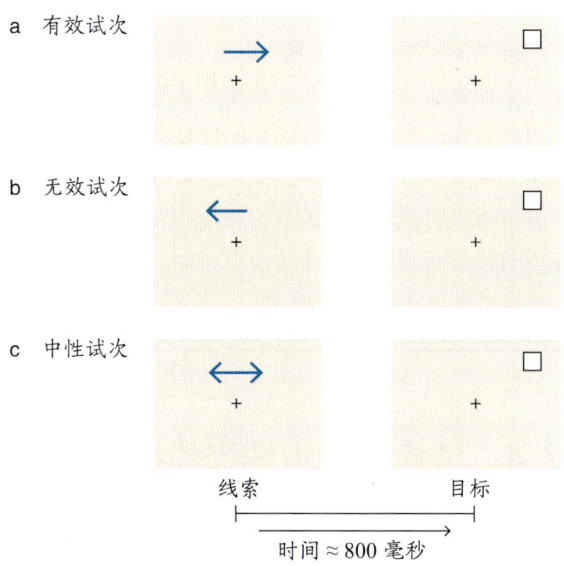

图 7.15 由迈克尔·波斯纳及其同事的工作而变得广为人知的空间线索化范式

一名被试坐在计算机屏幕前，盯住中央的十字，并被告知不要让视线从十字上偏离。一个箭头状的线索出现，指向被试应该内隐注意的半侧视野。紧随线索的目标刺激可能出现在被正确提示的（a）或错误提示的（b）位置上。在另一些试次（c）中，线索（如双向箭头）代表的含义是目标出现在左侧和右侧的概率一样大。

在这些实验的一个版本中，被试被告知，尽管线索大概率预测了刺激接下来会在哪个位置出现，但他们还是要对所有刺激进行反应，无论刺激出现在哪里。因此，线索预测了大部分刺激出现的位置（一个试次包含一个线索及紧接着线索出现的一个刺激，并伴随被试相应的反应）。这种线索被称为**内源性线索**，因为这种线索是有意的，注意的定向受到被试目标（这里指依照指导语完成任务）和线索含义的驱动。与之相对，外源性线索由于其物理特征而自动地捕获注意（例如，闪光；详见第 7.4 节中"反射性视觉空间注意"

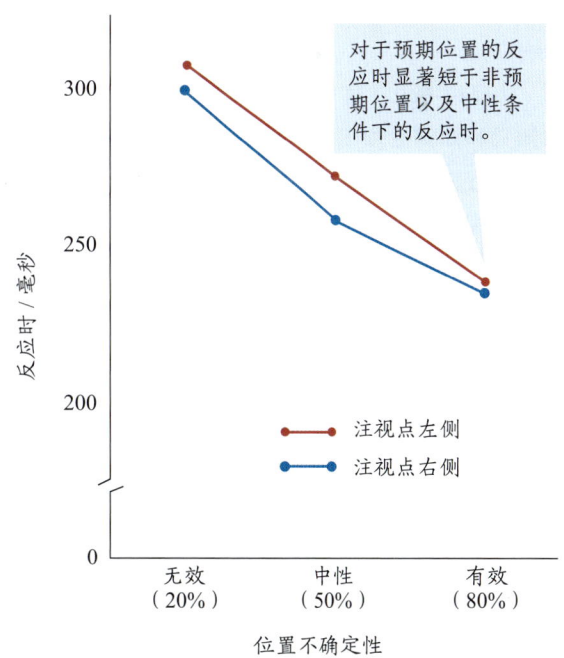

图 7.16 行为测量对空间注意的量化研究

波斯纳及其同事在如图 7.15 的研究中所得的结果，包括刺激出现在预期位置（有效）、非预期位置（无效）和中性位置时的反应时。

这些增益和损耗要归因于内隐注意对信息加工效率的影响。根据大多数理论，一个具有高预测性的线索会诱发内在地引导被试的内隐注意，注意以一种聚光灯的方式对被线索提示的位置进行反应。聚光灯是对大脑如何注意空间位置的一种隐喻。因为被试通常被要求注视一个与线索提示位置不同的地方，所以内隐注意一定在其中起到了作用。

波斯纳及其同事（Posner et al., 1980）提出，注意的聚光灯效应通过影响感知觉过程进而对反应时产生了影响，即出现在注意位置的刺激相较于未被注意位置的刺激，在知觉层面上被加工得更快。这种对注意刺激的加强是一种早选择的类型。它与被试对空间位置的内隐注意可以引起知觉加工改变的假设相一致。

现在，你可能会想，"等一下，对注意位置的刺激加工更快并不能说明这个刺激在感觉层面被更有效率地加工了。"确实，对反应时的测量，或者更宽泛地说，行为测量，只能为大脑中神经活动的过程提供间接证据。反应时的不同，唯一能说明的是在感觉加工之后的反应已经完成，例如，在运动系统中进行的相关活动。所以，当我们的测量工具是动作的速度和准确性时，如何确定神经系统的活动确实受到了注意的影响？

从理论上说，这一问题可以通过直接测量不同的知觉和知觉后加工阶段来解决，而不是尝试测量他们的行为反应。为了确认注意的变化是否真的影响了大脑中的知觉加工阶段，研究者将非侵入式信号记录的方法和认知心理学家所使用的实验方法（例如，线索化范式）进行了结合。这种结合的方法第一次为注意中的早选择学说提供了确定性的生理学证据。这些研究利用 ERP 对注意参与的感觉加工过程进行了测量。

例如，被注意的声音所引起的听皮质神经信号在声音呈现之后的 50 毫秒有显著的增强（Hillyard et al., 1973）。在视觉通道中，被注意到的输入信号也类似地在刺激呈现 80 毫秒之后，在纹外视皮质发生了增强（非注意的信号受到了抑制）。早期出现的神经信号说明，在刺激完全被加工之前，注意选择已经在感觉加工的早期阶段发生了。在下一节，我们将进一步探讨注意在视觉加工过程中的作用。

关键信息

- 注意包含自上而下（有意的）、由目标驱动的过程，和自下而上（反射性的）、由刺激驱动的过程，并且可以发生在内隐和外显的条件下。
- 根据早选择模型，在对刺激完成完全的知觉分析之前，便发生了是继续加工还是被视为无关刺激而遭拒绝的选择过程。这一模型由布罗德本特提出。
- 晚选择模型假设，被注意的或被忽视的输入被知觉系统同等地进行了加工，而选择只有在进行到语义编码和分析的阶段才会发生。
- 我们的知觉系统包含了容量有限的阶段，即在一定的时间内，知觉系统的这些阶段只能加工有限的信息，导致了加工瓶颈的形成。注意的限制使得只有最相关的信息能得到加工，从而防止过载。
- 空间注意总被隐喻为注意的聚光灯，它可以受个体的愿望或刺激的显著性驱动。

7.4 注意和知觉选择的神经机制

虽然本章中提到的大部分研究集中在视觉领域，但这并不意味着注意只发生在视觉现象中。选择性注意发生在所有感觉通道中。尽管如此，本章主要以视觉领域为模型系统。

在本节中，我们将探索目标驱动的注意和刺激驱动的注意是如何影响对外部刺激的感觉加工的。我们将使用来自人类研究和动物研究的例子来讨论注意是在何时（时间特征）和何地（功能解剖）对输入的刺激产生影响的，这些研究既包含皮质机制，也包含皮质下机制。最后，我们将讨论当在一个复杂的场景中寻找某物或某人时，比如在繁忙的机场候机楼里寻找一个朋友，对简单刺激特征（例如，颜色和位置）和高级特征（例如，物体）的注意选择的神经机制。

有意视觉空间注意

视觉空间注意包括根据空间位置选择相应的刺激。这可以是主动的，例如，你正在注意这一页书；也可以是反射性的，例如，教室门的开合吸引了你的注意。视觉空间注意的影响在皮质和皮质下均有体现。

皮质注意效应

研究者通过把线索化范式和 ERP 技术相结合的方法，对视觉空间注意的神经机制进行了研究。在一项典型的实验中，被试被要求内隐地注意出现在某一位置的刺激（例如，右侧视野），同时忽略呈现在另一侧的刺激（例如，左侧视野）。在实验过程中，研究者用 ERP 技术对被试的大脑信号进行记录（图 7.17a）。ERP 记录由某一刺激、某一神经事件或某一动作引起的大脑信号，这一信号可以通过对持续的 EEG 信号的叠加平均得到。

由单侧视野中一个刺激诱发的 ERP 信号表现为在刺激呈现之后的几百毫秒内的一系列正性和负性波幅，无论刺激是被注意的还是被忽略的。这些大脑的反应由刺激的物理特征引起并反映了皮质对刺激进行加工的过程。第一个大型的 ERP 波形是一个正性成分，在刺激呈现后的 60—70 毫秒呈现，并于 100 毫秒左右在刺激呈现的视野对侧枕叶区达到峰值。它常常被称作 P1（P 代表正的波幅，1 代表它是第一个大型波形；图 7.17b）。紧接着出现的是一个峰值在 180 毫秒左右的负性波形（N1），再接下来出现的是一系列正性或负性的成分（P2、N2 等）。

早期研究发现，注意对这些感觉诱发 ERP 的波幅起到了调控作用，这种调控最早发生在 P1（Van Voorhis & Hillyard，1977）。相较于刺激呈现在被试未注意的位置上（图 7.17b，蓝色虚线）时，当视觉刺激呈现在相同的位置上但被试注意到了这个刺激时，P1 的振幅更大（图 7.17b，红色实线）。在听觉和触觉中，关于这一现象的相关研究结果也是一致的，即当被试注意刺激时，听觉和触觉的 ERP 振幅更大。

这些选择性视觉空间注意的现象最早是在视知觉加工的哪一阶段发生的（见图 5.26）？它们又说明了什么问题？我们需要许多证据才能回答这一问题，包括由注意导致的振幅差异的时间进程。从对人类病人进行的颅内电位记录的研究中，我们得知，在 V1 区中最早接收到输入信号的时间长于 35 毫秒，而早期视皮质做出反应的时间与 P1 的时间类似（60—100 毫秒）。

总的来说，这些证据说明了 P1 是一种视皮质中的神经活动所引发的 ERP。因此，它对于空间注意的敏感性支持了早选择的注意模型。我们从第 3 章中得知，ERP 代表了数以千计的神经元电活动的结果（突触后电位），而非单个神经元的电位发放。这些叠加的电活动通过颅骨在人的头皮上生成了可被记录到的电位发放。但是注意的相关效应是否可以被单个神经元的记

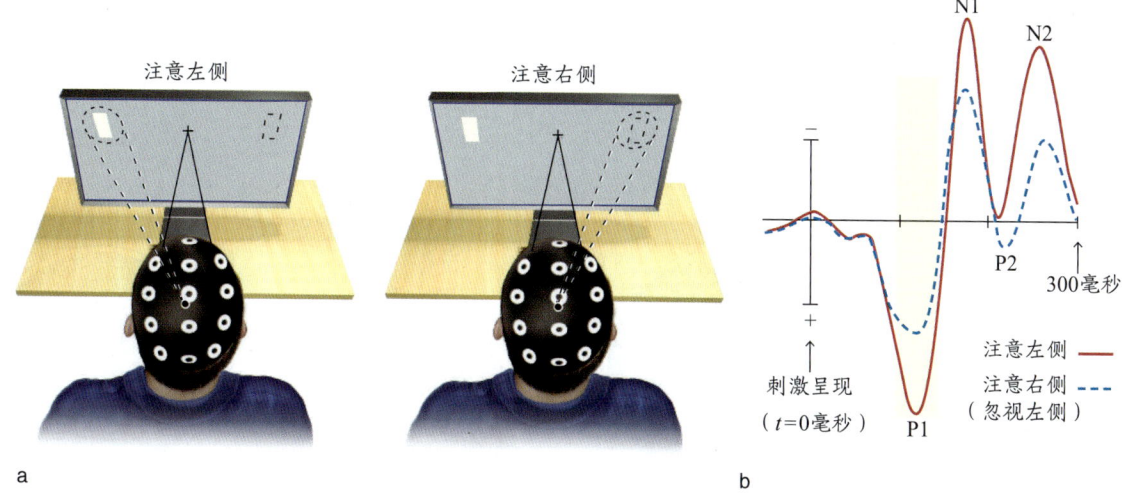

图 7.17　用于研究持续的空间选择性注意的生理效应的刺激呈现

（a）被试将视线集中在视野中央的十字注视点上，而刺激（在这里是白色矩形）以随机顺序在左侧和右侧视野闪现。当线索在左侧时，被试被要求内隐地注意左侧的刺激，以探测偶尔出现的目标，并忽视在右侧视野出现的刺激；当线索在右侧时，被试被要求内隐地注意右侧视野而忽视左侧。将被试在注意和忽视条件下对刺激的反应进行比较。（b）右侧枕叶区电极记录到了对左侧刺激进行反应时的感觉 ERP。需要说明的是正的波幅被画在坐标轴的下方。与非注意的刺激（蓝色虚线）相比，被注意的刺激（红色实线）诱发了波幅更大的 ERP。ERP 上的黄色阴影区域显示了 P1 所在时间窗口内注意与非注意事件对应的波幅差异。

录探知呢?

杰夫·莫兰（Jeff Moran）和罗伯特·德西蒙（Robert Desimone）揭示了这个问题的答案（Moran & Desimone，1985）。他们研究了注意是怎样对猴子视皮质中神经元的神经发放产生影响的。研究者训练猴子注视显示器的中央，并内隐地注意视野中某个位置呈现的刺激，然后完成一个与该刺激相关的任务并忽略其他无关刺激的影响。使用单细胞电记录的实验技术，他们首先记录了视皮质V4区中单个神经元的神经电发放，以便确定是视野中的哪一区域向它传递了信息（也就是它们的感受野在哪里，详见第5章），以及哪些特定的刺激特征使得这些神经元发放最强烈。

例如，该研究团队发现，V4区中的神经元对某一种特定颜色或朝向的刺激（例如，红色水平的线段）的反应强于对其他颜色或朝向的刺激（例如，绿色垂直的线段）。紧接着，他们持续在相近的空间中向这些神经元呈现其偏好（红色、水平）和不偏好（绿色、垂直）的刺激，于是这两个刺激都可以处在神经元的感受野当中了。

单个神经元的反应在两种条件下被记录并进行比较：猴子在注意空间中的某一特定位置的注意偏好刺激（红色、水平的线段）的条件，以及它转而注意相距不远的非偏好刺激（绿色、垂直的线段）的条件。因为这两种刺激（注意的与忽略的）被放在了不同的空间位置，因而这一任务可以被当作一种空间注意任务。那么注意效应是怎样影响神经元的发放的呢？

当红色刺激被注意时，相较于红色刺激被忽视而绿色刺激被注意的情况，会引发偏好红色的V4区神经元更强的反应（每秒有更多的动作电位发放）。因此，选择性注意影响了V4区神经元的发放率（图7.18）。如同人类ERP的结果，单个视觉神经元的电发放同样受到空间注意的调控。

目前已有数个研究重复了莫兰和德西蒙在V4区观察到的这一结果，并将它扩展到了其他视觉区域，包括颞下皮质腹侧通路的后期阶段。除此之外，对猴子背侧视觉区域的研究也发现了注意在猴子的运动加工区（MT区和MST区）也起到了重要作用。研究者还对注意是否会对更早期的视觉过程——例如，初级

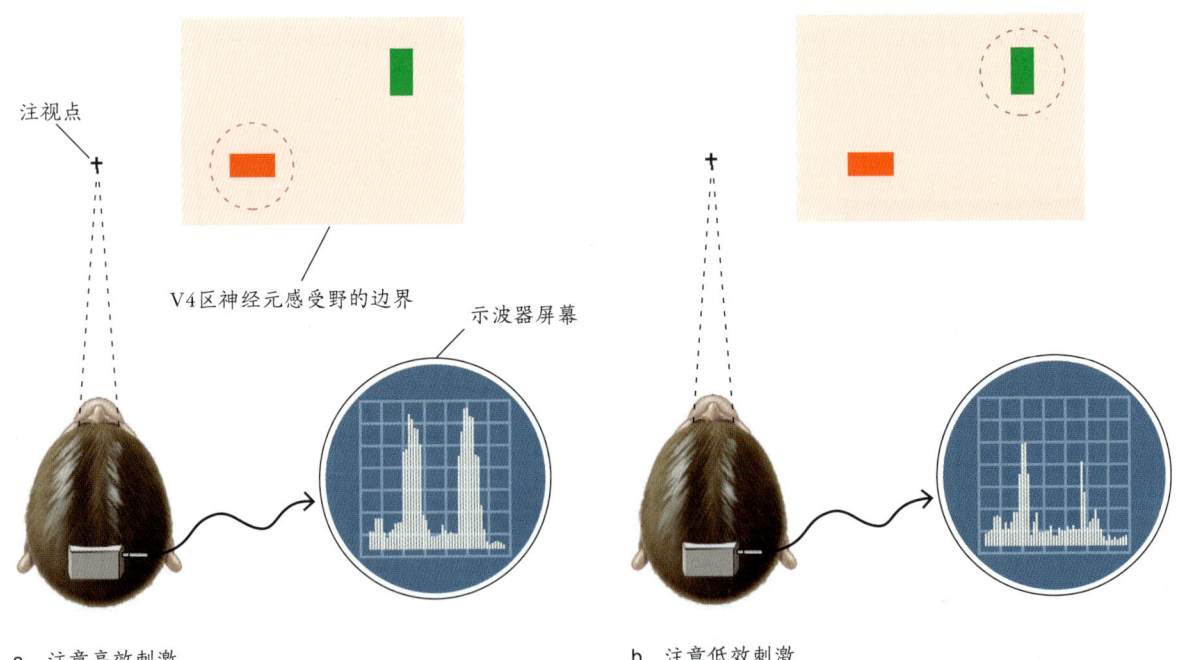

a 注意高效刺激   b 注意低效刺激

图7.18 空间注意对V4区神经元的调控

图中用虚线圈出的区域代表了在每个试次中被注意的部分。对于这个神经元，红色线段是一种高效的感觉刺激，而绿色线段是一种低效的感觉刺激。神经元发放的频率展示在猴子头部的右侧。每幅图中的第一个峰电位都是对线索的反应，第二个是对目标的反应。（a）当动物注意到红色线段时，V4区神经元具有更强烈的反应。（b）当动物注意的是绿色线段时，生成的则是一个较弱的反应。

视皮质（V1区）中的加工——产生影响进行了研究。

哈佛大学医学院的卡丽·麦克亚当斯（Carrie McAdams）和克莱·里德（Clay Reid）通过实验探究了V1区中的哪一个层级的加工受到注意的调控（2005）。在第5章和第6章中，我们了解到，在一个视皮质中会发生许多阶段的神经加工过程，其中V1区中的不同神经元具有不同的感受野特性。有一些被称作简单细胞，另一些被称作复杂细胞，等等。简单细胞体现了对方向的调整，并且对于对比度的变化做出反应（例如，物体的边界）。简单细胞在V1区的神经元加工层次中处于相对较早的位置且会较早活跃起来——因而，如果注意对简单细胞产生了影响，就能说明空间注意在多早时以及通过何种机制在V1区中产生影响。

麦克亚当斯和里德训练猴子注视中心点并内隐地注意一个黑白相间的噪声背景中带有颜色的像素点，这个像素点可能出现在图形中的任何位置（图7.19a）。猴子做出反应的方式是通过眼动迅速地将视线从注视点移到（一次眼跳）带有颜色的像素点上。被注意的位置可能在被记录的V1区神经元的感受野之内，也可能在V1区神经元的感受野之外。因此，研究者可以判断注意条件下和忽略条件下神经元反应的差异（在不同的区组中）。

与此同时，他们也用闪烁噪声图形构建了时空感受野地图（图7.19b），其中显示了感受野的初级和次级子区域被光线激活和抑制的情况。通过这种方法，研究者得以了解所记录的细胞是否为简单细胞，同时也可以了解神经元放电模式和感受野组织情况是否受注意影响。他们发现，空间注意强化了简单细胞的反应，但没有影响感受野的空间/时间组织方式（图7.19c）。

所以，从猴子单细胞记录研究的结果中，我们可以清晰地发现，注意对视觉加工过程的各个阶段（从V1区皮质到颞下皮质）均有影响。在人类中进行的神经成像的结果与在猴子中得到的实验结果一致，而且此类研究有一个优点，就是可以同时在不同的视觉区域观察注意调控的作用。在人类中进行的成像研究也可以与之前提到的ERP结果进行比较。

在一项早期研究中，汉斯-约亨·海因策（Hans-Jochen Heinze）及其同事（1997）将ERP和PET的功

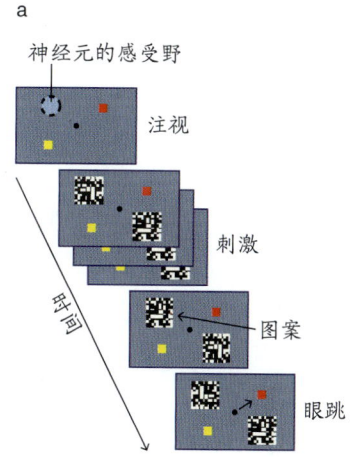

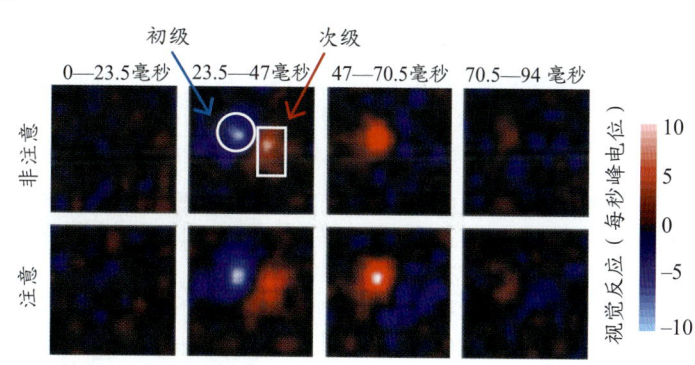

图7.19　V1区简单细胞中的注意效应

（a）刺激序列以一个注视点和两个带有颜色的作为眼跳目标的区域开始。之后，两个黑白相间的闪烁图开始呈现，一个在神经元感受野之内，另一个在与感受野相反的位置。在刺激呈现前，猴子会知道接下来应当注意哪一个图。通过训练，猴子可以内隐地注意指定的图，以得知接下来转去注视哪个像素块（颜色与图匹配的）可以得到奖励。（b）非注意（关注对侧视野中的图，上行）和注意（下行）神经元的时空感受野。这八个面板都对应相同的空间位置，即神经元感受野中黑白刺激的位置，感受野中初级和次级的区域在这里均被标出。兴奋（红色）与抑制（蓝色）的区域在感受野中可以明显地看出（颜色越亮，代表感受野的响应越强），最大的效应出现在刺激呈现后的23.5—70毫秒（中间两组图）。需要注意的是，注意时比不注意时的反应强一些。（c）对这一差异进行了概括。

能成像技术相结合。他们证明了视觉空间注意可以改变视觉区域的血流量，并且这一血液动力学的结果与之前在 ERP 中观察到的 P1 成分是相关的。这一发现说明，P1 以及作用于 P1 的注意效应（见图 7.17）发生在早期纹外皮质。在后续的研究过程中，fMRI 的应用使得对人类被试的空间注意的研究变得更为细致。

例如，约瑟夫·霍普芬格（Joseph Hopfinger）及其同事（2000）利用改良后的空间线索范式以及时间相关 fMRI 对注意进行了研究。在每一个试次中，屏幕上会出现一个箭头，提示被试在本试次中应当注意哪一个方向。8 秒之后，屏幕的两侧均会呈现一个目标刺激（闪烁的黑白棋盘格），呈现时长为 500 毫秒。被试的任务是，当有一些格子是灰色且灰色格子只出现在线索提示区域时，进行按键。

箭头和刺激呈现之间 8 秒的间隔允许研究者对与注意指向线索相关的血液动力学的轻微变化进行研究，并且与目标呈现阶段由目标探测和反应造成的血液动力学效应进行分离。图 7.20 中的结果来自一位被试在实验过程中的视皮质的冠状面成像图，显示了对某一侧空间的注意会激活对侧视皮质中的多个区域。

麻省总医院的罗格·图特尔（Roger Tootell）、安德斯·戴尔（Anders Dale）及其同事（Tootell et al., 1998）使用 fMRI 构造了视网膜拓扑定位图，用来探究在人类视皮质中发生的注意相关的激活与多个视皮质区域间的联系。为了区分和定位不同的视觉区域，他们对早期视皮质进行高分辨率成像，同时使用了一种特殊的注意任务（图 7.21a），要求被试选择性地注意一个视野象限而忽略其他视野象限；在不同的条件下要求被试注意不同的象限，同时对被试进行 fMRI 扫描。

因此，研究者可以将不同区域对目标刺激的反应进行绘制（图 7.21b），并且可以将对这些感觉反应的注意调控作用映射到视皮质的平面计算机地图上，从而将注意的效应和不同的视皮质区域联系起来（图 7.21c 和图 7.21d）。他们发现，对目标位置的空间注意会增强编码相应位置的视皮质的活动，但不会增强其他被忽略位置所对应皮质的活动。这项工作提供了在持续空间注意过程中的一个高分辨率的视皮质的功能解剖学视图。

我们现在理解了视觉空间注意会对从 V1 区到颞下皮质内多个阶段的视觉刺激加工产生影响。注意在这些不同的阶段起到的作用是一样的吗？还是说，注意在不同的视觉加工阶段中会有不同的表现呢？

让我们考虑一些模型和证据，以便回答这个问题。其中一个著名的模型是由罗伯特·德西蒙和约翰·邓肯（John Duncan）提出的选择性注意的有偏竞争模型。这个模型可能有助于解决两个问题（Desimone & Duncan, 1995）。首先，为什么当多个竞争刺激落入

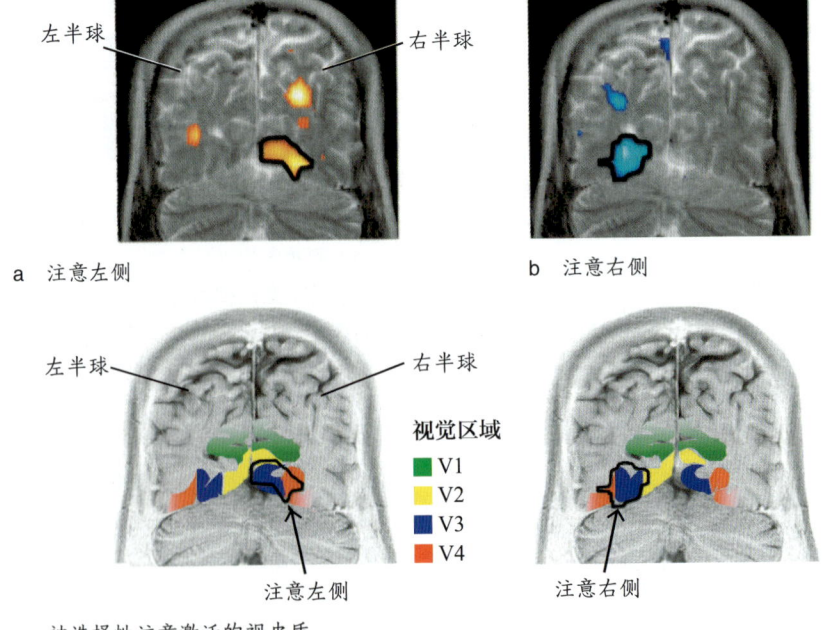

图 7.20 选择性注意激活视皮质中的特定区域

单个被试的激活数据被叠加在通过 MRI 获得的视皮质的冠状面视图上。数据结果的对比显示，（a）当注意在左侧视野时，哪里会产生比注意右侧视野更高强度的激活（略红到黄色所示）；反过来，（b）当注意在右侧视野时，哪里会产生比注意左侧视野更高强度的激活（偏蓝色所示）。像之前的研究证明的一样，空间注意效应体现为被注意的视野对侧半球上的视皮质的激活增强。（c）被注意激活的脑区（以黑色轮廓表示）跨多个早期视觉区（以彩色区域表示）。

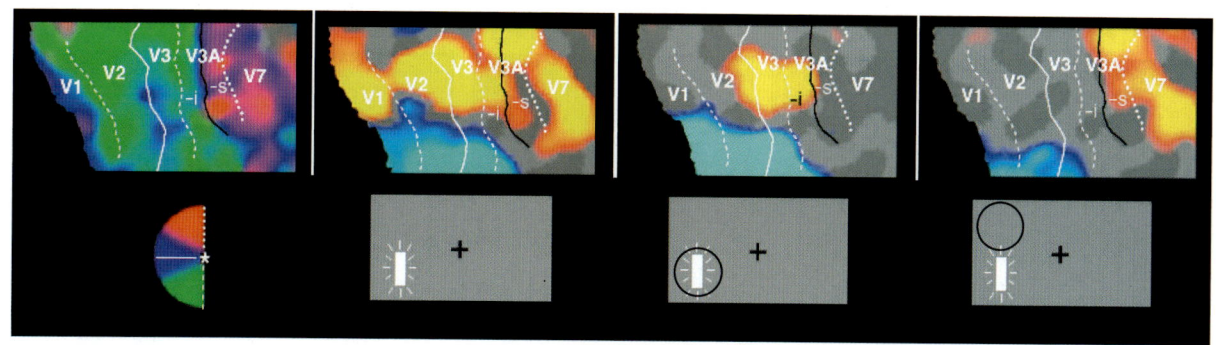

a 视网膜拓扑定位图　　b 控制条件（没有注意任务）　　c 注意左下方的目标　　d 注意左上方的目标

图 7.21　空间注意对多个视觉纹外皮质区域产生调控

通过对一名被试左下象限进行视网膜拓扑定位所得到的结果，图中呈现的是平展开的右背侧（距状裂以上的部分）视皮质（上方图片）。曲线表示在极坐标系中不同视觉区域的边界，虚线代表极角的垂直子午线，实线代表极角的水平子午线。V3A 区存在对背侧视皮质中两个象限的表征，分为上（用 s 标注）和下（用 i 标注）两个部分。V3A 区中的黑线代表这两个部分间的水平子午线。(a)一个极角视网膜拓扑定位图（上方），用来确定不同的视觉区域。图中的颜色与左视野的极角图（下方）中的颜色相对应。(b—d) 红色到黄色之间的颜色代表活动相对增强，而蓝色到白色代表活动相对减弱。中央凹和中央凹周边的部分由于与刺激区域相隔较远，所以表现出活动的减弱。(b) 与注意无关的感觉反应。在控制实验中，被试仅仅对闪烁的线条刺激进行观察，并不涉及注意。从 V1 区到 V7 区所有的视觉区域都依据一种空间上的特定方式被感觉刺激激活。(c) 对左下方刺激的注意激活了 V2 区、V3 区和 V3A 区（红色到黄色）。这一注意的区别是通过比较注意左下方时和注意其他象限时的差异得出的。圆圈代表了注意被指向的区域。(d) 忽略左下方的刺激（注意左上方的刺激）使得与注意相关的激活不再出现。需要指出的是，在 V3 区的一部分以及与之相邻的 V7 区，存在与上视野相一致的注意相关的活动增强。V1 区也有一些较小的与注意相关的活动增强，但它们没有在 c 和 d 中呈现出来。

同一个神经元的感受野之中时，注意的效应更大，也就是前文提到的莫兰和德西蒙的实验结果？其次，不同层级的神经细胞的感受野的属性是会变化的，注意是如何在不同的视觉层级中进行调控的？

在有偏竞争模型中，在同一视觉场景中，当不同的刺激落入同一神经元的感受野时，两个刺激所产生的信号如同两只咆哮的恶犬在互相竞争，控制着神经元的发放。该模型认为，注意可以通过更偏好某一个刺激来解决这种竞争。考虑到随着视觉水平由低级到高级，神经细胞感受野的范围也会变得越来越大，就更有可能发生不同刺激间的竞争。因此，在越高级的系统之中，越需要注意参与竞争的调控。

萨拜因·卡斯特纳（Sabine Kastner）及其同事（1998）利用 fMRI 技术对人类被试中空间注意的有偏竞争模型进行了检验（图 7.22）。他们首先研究了在空间注意缺失的情况下，同时呈现的临近刺激是否会互相干扰。答案是肯定的。他们发现，当同时呈现两个临近的刺激时，这两个刺激会互相干扰，并且它们所引起的神经活动弱于将两个刺激单独序列呈现时所引起的神经活动（图 7.22d）。但是当有空间注意参与并指向其中的一个刺激时，互相竞争的两个刺激之间就不会再互相干扰（图 7.22e）。相较于 V1 区，这一效应在 V4 区更显著，暗示了注意在 V4 区中可有更多的参与。当注意集中在一个刺激上时，它会减弱竞争刺激带来的影响。回到我们的类比中，相当于其中一只咆哮的恶犬（竞争刺激）被戴上了嘴套。

对于一个给定的刺激，空间注意对于 V1 区和 V4 区的调控方式存在差异，为什么呢？这可能是由于不同区域的感受野的大小存在差异。因此，尽管小的刺激能够落在 V1 区神经元的感受野之中，大的刺激却不能；但是这些大的刺激能够被 V4 区神经元较大的感受野容纳。除此之外，相同的刺激由于观察者与刺激之间的距离不同，占据的空间大小也可能发生变化。例如，当你在很远的地方看图 7.23a 中的花时（图 7.23b），它在视觉系统中所占据的空间会更小（比较你在黄色圆圈内所看到的东西，这代表了 V4 区神经元的感受野）。不过，所有刺激都可以落到更高级视觉系统神经元的感受野之中（比较在蓝色圆圈内所能看

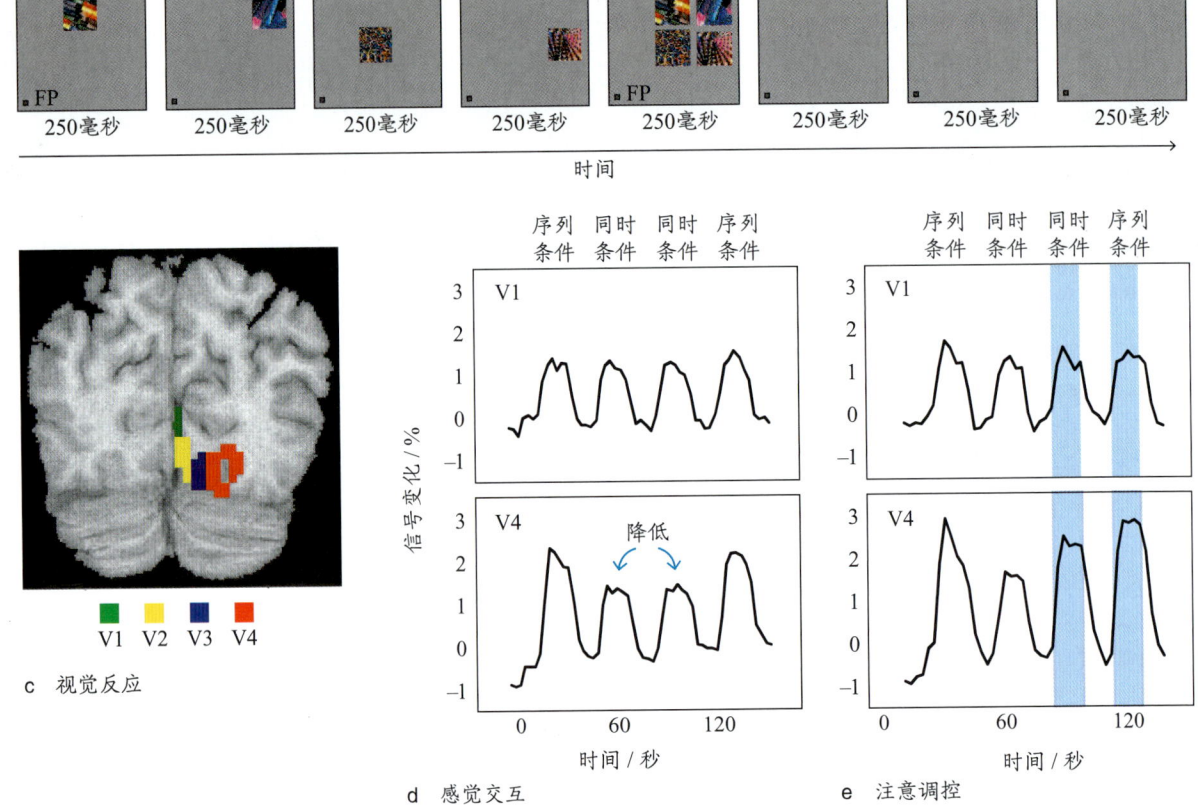

图 7.22 检验注意的有偏竞争模型

在两种不同类型的实验中,竞争刺激要么按序列呈现(a),要么同时呈现(b)。在第一种类型的实验中,刺激在空间注意缺失的情况下呈现;在第二种情况下,刺激在空间注意存在的情况下呈现。被试要将注意集中在离注视点(fixation point,FP)最近的刺激上,而此时其他的刺激被视作干扰物。(c)一名被试的冠状面 MRI 成像图(左半球在右侧),其中绘制了不同层级的视觉区域的感觉反应。(d)缺乏注意条件的实验结果。在 V1 区和 V4 区中,随着时间的推移,信号改变的百分比为一个关于刺激呈现是序列呈现还是同时呈现的函数。序列呈现的刺激引起的神经激活强度比同时呈现引起的强度强,这在 V4 区尤为明显。(e)存在注意条件的实验结果。本实验包括未注意(没有阴影的部分)和有注意引导到目标刺激(蓝色阴影的部分)的两种条件。特别是在 V4 区中,相较于无注意引导的条件,当有注意引导时,序列呈现和同时呈现的振幅更相似。

到的东西,代表了颞下神经元的感受野)。

与有偏竞争模型相一致,对于花的空间尺度较小(也就是 V4 区,图 7.23b)的视觉层级,注意可以选择其中一朵花而忽略其他花;但当花的空间尺度较大时,由于感受野中只有一朵花,注意在其中的作用就十分有限了(图 7.23a);在这种情况下,注意仅仅能在高级视皮质中发挥作用(也就是在 V4 区之上)。这一现象暗示了注意在视觉不同阶段中起的作用取决于被注意和被忽视的刺激的大小。事实是这样的吗?针对这一问题,你将如何设计研究来解决?

马克斯·霍普夫(Max Hopf)、史蒂文·勒克(Steven Luck)及其同事(2006)把 ERP、MEG 和 fMRI 技术结合了起来。他们所用的简单刺激如**图 7.24**所示。在每一个试次中,刺激阵列包含四组,每组中有四个矩形,出现在每一个视野象限之中(图 7.24a)。为了创造一个小空间尺度的目标,其中一个矩形向上或向下移动(图 7.24b);为了创造一个大空间尺度的目标,一组四个矩形同时向上或向下移动(图 7.24c)。被试在实验开始之前被要求注意一种颜色的刺激阵列(红色或绿色),并通过按键判断矩形向上还是向下移动,判断与移动矩形的数量无关。因此,这个任务要求被试探测有移位的矩形,并将注意放在适当的尺度

图 7.23 物体间的竞争依据它们的范围而发生变化

同样的刺激由于与观察者和刺激间距离的不同而占据不同大小的视觉空间。（a）当站在很近的距离内（具有较大的空间尺度）进行观察时，一朵花可能会占据 V4 区神经元感受野的全部，而颞下神经元感受野中则包含很多朵花。（b）从更远的距离看（具有较小的空间尺度），许多花同时呈现在较小的 V4 区神经元感受野和较大的颞下神经元感受野。

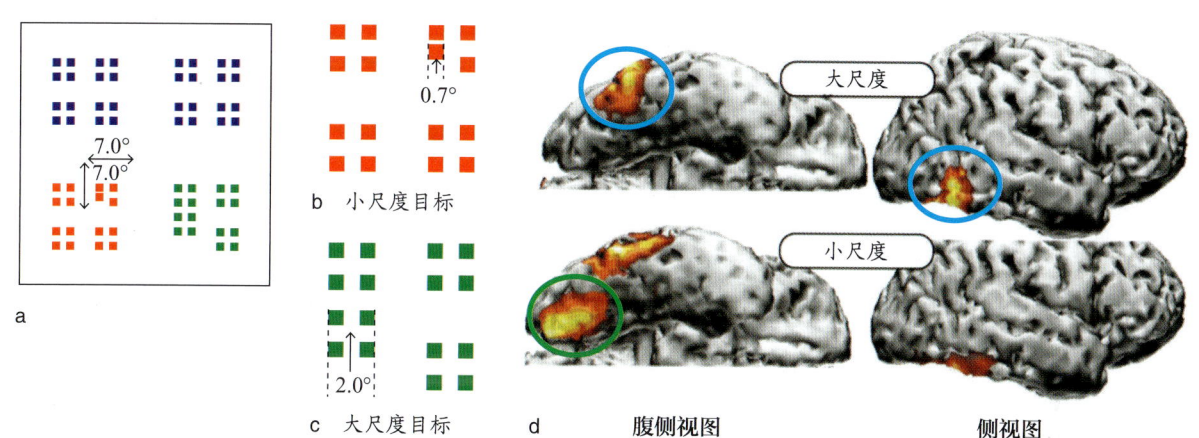

图 7.24 关于不同刺激空间尺度下注意效应的研究

（a）空间尺度实验中刺激阵列的样例。一个 16 个矩形的矩阵被分别放在四个视野象限中。两个蓝色阵列代表分心物。（b）通过上下移动一个小矩形的位置来制造小尺度目标。（c）通过上下移动包含四个矩形的阵列的位置来制造大尺度目标。（d）通过 MEG 得到一位被试在刺激呈现之后的 250—300 毫秒的 N2pc 效应（一种反映了集中注意的 ERP）。大尺度刺激（上图）和小尺度刺激（下图）的结果通过右半球的腹侧视图（左图）和左侧视图（右图）呈现。对于小尺度的刺激而言，大脑的活动更加靠后，反映了来自视觉系统早期加工阶段的神经反应。蓝色区域是外侧枕叶皮质，绿色区域是腹侧纹外皮质。

上，以便探测到矩形移动的细节。

这一研究说明了相比于注意参与大尺度刺激加工的阶段（外侧枕叶皮质，图 7.24d），在加工小尺度刺激时，在视觉系统更早的加工水平上就有注意的参与了（在 V4 区之中）。所以，尽管注意在视觉加工的各个阶段都有参与，但它也会根据视觉任务空间尺度的差异最优化它的行动。有人可能会进一步拓展这一话题，猜想对任务相关刺激的某一方面特征（位置、颜色、运动、三维形状或特性等）的注意是否也基于对与这些刺激属性的加工对应的脑区的调控。本章后面的部分在谈到特征和对物体的注意时，会重新讨论这一观点。

皮质下注意效应

注意的选择和调控是否可以发生在视觉加工通路的更早阶段，例如在丘脑或者视网膜中？与耳蜗不同，人类的视网膜中并不包含可以使注意参与调控的下行的神经投射。但是有大量的神经投射从视皮质（第 Ⅵ

层神经元）返回到丘脑之中。这些投射突触位于膝状旁核中，是环绕外侧膝状体（图7.25）的**丘脑网状核**的组成部分。

这些神经元彼此之间保留了复杂的联系，并且从原则上讲，可以调控由丘脑传向皮质的相关信息。这样的现象已经被证实存在于猫的跨感觉通道加工（视觉—听觉）的注意调控中（Yingling & Skinner, 1976）。还有一个以选择视野位置为当前感知注意焦点的模型与丘脑网状核密切相关。这一模型由诺贝尔奖得主弗朗西斯·克里克（Crick, 1992）提出。有什么证据支持这一机制呢？

对猴子的研究发现，注意调控外侧膝状体神经元的活性。这为注意影响外侧膝状体的活动提供了初步线索（Vanduffel et al., 2000）。接下来，萨拜因·卡斯特纳及其同事进行了高分辨率fMRI研究，测量了人类的外侧膝状体是否也具有类似现象（综述见 Kanster et al., 2006）。研究者向被试展示了双侧的闪烁棋盘刺激（图7.26a），同时激活了外侧膝状体和多个视皮质区域（图7.26b）。被试根据线索对左侧或右侧的刺激进行注意。

结果表明，在刺激对侧的外侧膝状体和视皮质在注意条件下（图7.26c，图中红线）比在非注意条件下

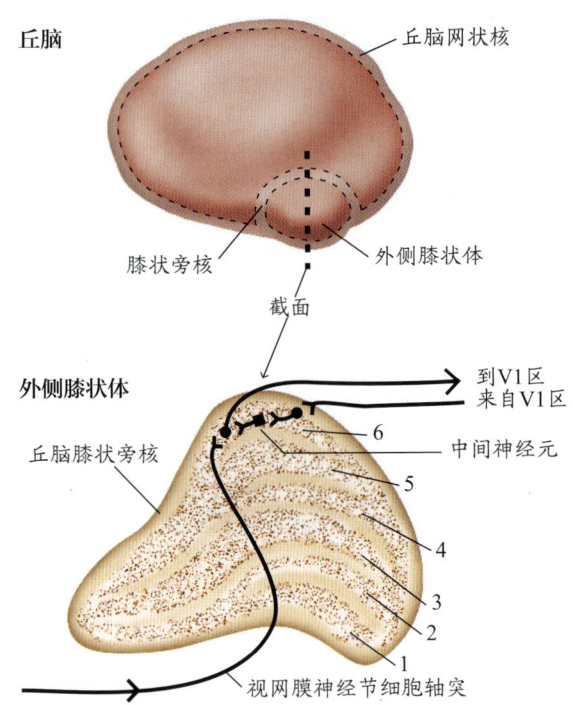

图 7.25 丘脑及其膝状旁核以及丘脑与视皮质之间的神经投射

（黑线）的激活幅度更大。因此，高度集中的注意可以影响丘脑中的活动。但由于 fMRI 信号不提供时间信息，所以很难推测这种效应代表了什么。它们代表了

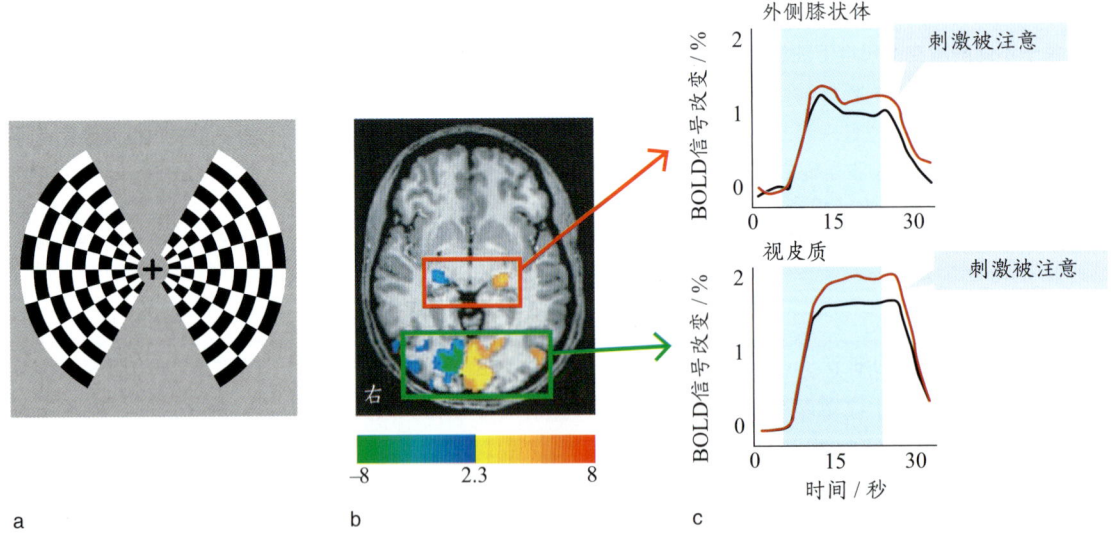

图 7.26 关于外侧膝状体上空间注意效应的 fMRI 研究

在刺激呈现之前，注视点处出现一个箭头线索来提示被试注意哪一侧视野。紧接着，一个棋盘格刺激（a）在双侧呈现 18 秒（对应 c 中用蓝色阴影标注的区域）。被试的任务是探测在被要求注意的视野中，棋盘格子随机发生的亮度变化。（b）fMRI 的激活（BOLD 反应增强）出现在外侧膝状体（红色方框中）及多个视皮质区域（绿色方框中）。（c）在被注意视野对侧的大脑区域发现了激活增强。这一效应在外侧膝状体（上）和多个视皮质（下）中均有发现。

从外侧膝状体传向视皮质过程中的注意门控机制吗？还是代表由视皮质传入的反馈信号呢？

美国国家眼科研究所（National Eye Institute）的克丽·麦卡洛南（Kerry McAlonan）及其同事（2008）研究了被训练内隐注意位于某一位置的刺激而忽略其他刺激的猴子的外侧膝状体传递神经元（relay neurons）和环绕外侧膝状体的丘脑网状核神经元。当猴子的注意被引导到外侧膝状体神经元感受野的范围内时，神经元的发放率提高了（图 7.27a）。但除此之外，环绕的丘脑网状核神经元的发放频率降低了（丘脑网状核并不是传递神经元，而是接收视皮质信息传入的中间神经元，图 7.27b）。为什么会这样呢？我们从其他研究中可以得知，从丘脑网状核神经元到外侧膝状体神经元会通过突触传递抑制性信号。

我们现在可以解释整个环路了。注意可以通过对丘脑网状核的调控激活或抑制外侧膝状体向视皮质的信号传递过程。无论是由皮质向下反馈的信息还是皮质下的信息输入，均会进入丘脑网状核神经元。这些进入丘脑网状核的信号可以激活丘脑网状核神经元，进而抑制从外侧膝状体到视皮质的信号传递；而感觉输入也可以抑制丘脑网状核中的神经元，从而增强从外侧膝状体到视皮质的信号传递。后一种机制与在编码被注意位置的刺激时从外侧膝状体到 V1 区的神经反应增强相一致。

反射性视觉空间注意

虽然我们可以自主地注意阅读这本书或者记住早餐吃了什么，但是在日常环境中，有很多事物会自动吸引我们的注意。这就是反射性注意，由在某些方面具有显著性的刺激引起。刺激越显著，我们的注意就越容易被捕获：想一下我们是如何对从角落里快速冲过的什么东西（呀！老鼠！）或餐馆玻璃破碎的声音做出反应的。我们会将头转向那个声音或者场景，然后在一两秒后又转回来，除非这个刺激与我们的行为相关，我们才会决定动用有意注意进行进一步的关注。我们可能来不及阻止转头的反射，因为反射性注意会导致对感觉刺激的明显定向（头和视线向发生事件的方向转过去）。但即使没有外显的转向，内隐注意也可以被感觉事件吸引。因而，我们想问，反射性注意和有意注意是否具有同样的加工机制？

为了解决这一问题，研究者使用了一种不同的线索化范式（图 7.15），对这一现象进行了实验研究（例如，Jonides，1981）。这些研究检验了与任务不相关的刺激，例如闪光，怎样影响随后在同一位置或不同位置出现的与任务相关的刺激的反应速度。这种方法被称为**外源性线索化范式**或**反射性线索化范式**，因为在这种范式中，注意被外在刺激的低水平特征控制，而不是被内源性地有意控制。尽管闪光线索与刺激在之后出现的位置无关，但被试在对出现在闪光位置的目标刺激的反应更快，虽然这个效应仅仅局限于闪光线索之后很短的一段时间里（通常在 50—200 毫秒）。这类效应趋向于表现出空间特异性，即只会影响到对被提示位置及其周围区域的加工，所以可以用之前提到的聚光灯隐喻来表述。然而，在这个例子中，聚光灯被反射性地吸引到一个位置，而且有效期非常短。

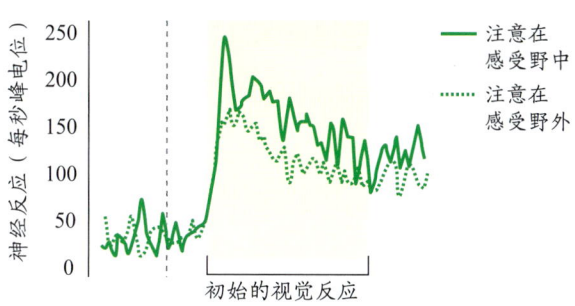

a 小细胞性外侧膝状体神经元的反应

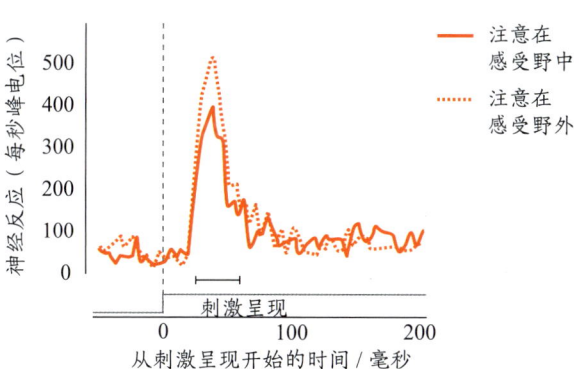

b 丘脑网状核神经元的反应

图 7.27 空间注意对丘脑中神经元发放频率的调控

实线代表当一个光栅在外侧膝状体的感受野内闪烁并且注意正集中在刺激上时，神经元反应（每秒峰电位）的幅度。虚线同样代表一个光栅在外侧膝状体感受野内闪烁时的神经元反应，但是注意在感受野之外。垂直虚线代表刺激呈现。（a）小细胞性外侧膝状体神经元的反应，它们是一种投射到 V1 区的丘脑传递神经元。（b）丘脑网状核神经元的反应，它们并不是从视网膜投射到皮质的传递神经元，而是接收皮质信号的神经元，并且可以通过中间神经元抑制外侧膝状体的活动。

有趣的是，当与任务无关的提示性闪光和目标刺激的时间间隔变为 300 毫秒以上时，这种反应时的效应就会反转：被试对被提示位置上的刺激的反应会变得比较慢。这种反应变慢的现象被称作抑制性后效，或者更常见的叫法是**返回抑制**，即将注意返回到之前的注意位置的尝试被抑制。

考虑一下这种系统优势。如果环境中的感觉事件导致的反射性注意持续数秒甚至更长时间，人们会经常被这些分心物干扰而无法将注意集中在目标上。我们的祖先可能永远也无法进入生产的年代，我们也就无法读到这本书了。在提防狮子和寻找食物的过程中，他们也许会被小鸟的一首歌所吸引，然后……错过狮子！或者，永远也找不到食物！在今天的社会中，可以想象一下司机经常被路边的状况吸引，并且让注意长时间地停留在这些事情上。

自动定向系统可防止我们对一个反射性刺激的注意时间超过几百毫秒。反射性注意捕获会逐渐被削弱，而注意被重新吸引到这个位置上的可能性也会相应地轻微降低。然而，如果这个事件是重要的，我们会迅速调动有意注意机制，以便将注意维持更长时间，由此克服返回抑制的影响。因此，神经系统进化出了巧妙而且互补的机制来控制注意，让我们能够应对混乱而迅速变化的感觉世界。

对于内源性和外源性线索所导致的注意转移增强了对注意刺激的加工而削弱了对非注意刺激的加工。在反射性注意中，这种线索效应是迅速而短暂的，而且对线索周围出现的刺激的加工也提高了。但对于有意注意而言，这种效应更慢也更持久。这些不同是否说明了两者之间存在不同的机制呢？

我们已经知道，有意地将注意集中在视觉线索的位置上可以增强对出现在那个位置上的刺激的反应。如果注意是被反射性机制自动吸引到某个位置的，是否还会产生同样的效应？约瑟夫·霍普芬格及其同事（Hopfinger et al., 1998, 2001）对这个问题给出了肯定的回答。他们使用如之前叙述的反射性线索将注意集中在一个位置的实验任务，记录被试的 ERP（图 7.28a）。他们发现，相较于线索和目标出现在不同位置的条件，在呈现线索之后又在相同位置快速呈现目标的条件会引起更强的枕叶 P1。然而随着两者之间的时间间隔增长，这种效应

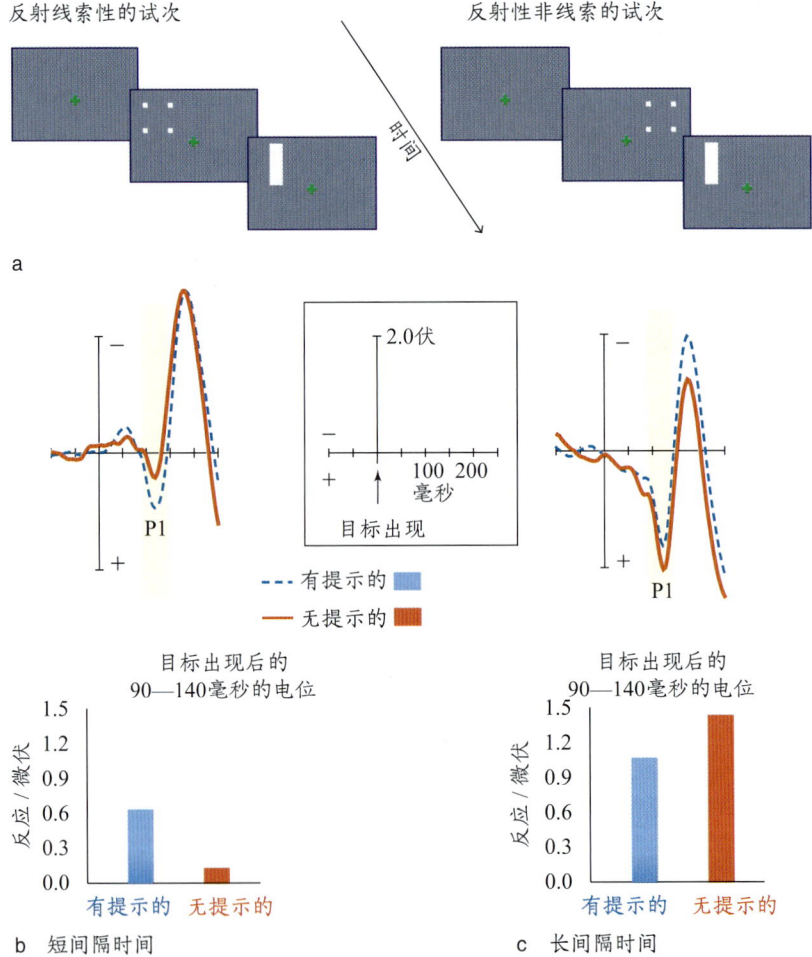

图 7.28　被试完成反射性线索任务时的 ERP 波形

（a）当注意被某个视觉刺激（四个点）的突然呈现吸引到一个位置时，对这个位置上间隔较短时间出现的目标（竖直矩形）的反应会受到促进，如同正文描述的那样。（b）测量目标刺激引发的 ERP 可以发现，在短线索－目标间隔时间条件下，纹外皮质受到有意注意影响的脑电反应（P1 波形，见黄色阴影的时间段）也会在反射性注意的条件下增强。这种反射性注意的注意效应的时间进程与有意注意不同，但与反射性线索任务中的反应时结果是相似的。（c）在几百毫秒之后，增强的反应变成了对 P1 的相对抑制。

逐渐减弱，甚至发生了反转，就像反应时的结果那样（图 7.28b）。

这些数据表明，反射性的（刺激驱动）和有意的（目标驱动）空间注意转移会对早期视觉加工施加相似的生理调控。这两种针对感觉分析的注意调控很可能由不同的神经网络实现，反映着不同形式的注意所引发的不同的注意控制方式。

视觉搜索

在日常生活的知觉过程中，有意注意（由我们的目标驱动）和反射性注意（由世界中的刺激驱动）呈现出了一种互相推拉的加工方式，相互竞争地控制着我们的注意。例如，我们经常在复杂的场景中寻找一个特定的目标。也许是在下课时的高峰期人流中寻找一个正在走出大楼的朋友，或者是在一个繁忙机场的行李提取传送带上寻找自己的手提箱。如果手提箱是红色的，而且覆盖着印花贴纸，那么这种搜索是很简单的。但如果这个手提箱是中等尺寸的带轮的黑色箱子，这个任务可能会相当有挑战性。

在你寻找朋友或手提箱时，你不会一直将视线转回你已经找过的位置。相反，你在这种情况下是具有偏向的，会不断地关注新位置上的新事物。上一次你站在行李提取传送带旁边时，你可能没有在想注意在视觉搜索的过程中起到了怎样的作用。那么有意注意和反射性注意机制与**视觉搜索**又有什么关系呢？

伟大的实验心理学家安妮·特雷斯曼及其同事对视觉（注意）搜索的机制感兴趣。在一组实验中，他们观察到，如果目标可以由单一的特征确定（例如，在一堆黑色手提箱中的红色手提箱，或者实验室计算机屏幕上一堆绿色的 X 和 O 中的一个红色的 O），那么在分心物中寻找这个目标所需的时间比较短，并且这与刺激矩阵中分心物的数量无关。

我们可以将呈现的分心物的个数作为自变量，将被试的反应时作为因变量来作图（搜索函数），如图 7.29 所示。当刺激可以由单一特征区别时，例如，图 7.29a 中红色的 O，它的搜索函数更趋向于水平（图 7.29c，蓝线）。这一现象被称作凸显，因为红色的 O 确实可以在一堆绿色的字母中由于它的颜色而凸显。

然而，如果目标与分心物共享某些特征，以致无法仅仅通过单一特征而将它与分心刺激区分开（例如，在绿色的 O 和 X 以及红色的 X 之中的红色的 O，如

a　凸显搜索　　　　b　联合搜索

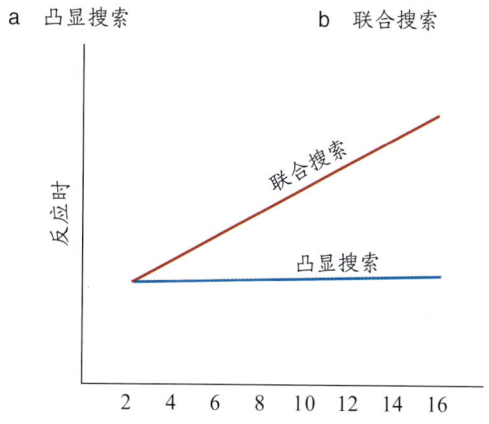

c

图 7.29　在分心物中搜索目标

（a）有凸显目标（红色的 O）的搜索序列。当分心刺激中的目标刺激可以用一个简单特征识别时，这个刺激就被称作能凸显的。此时，观察者并不需要搜索整个序列，就能找到目标刺激。（b）一个搜索阵列，其中的目标刺激（红色的 O）由与分心物共享单独特征的联合（在这里包括字母和颜色）来定义。（c）理想的反应时随刺激集大小（一个搜索序列中项目的多少）变化的示意图。两条线分别表示，当目标为凸显刺激与联合刺激时，视觉搜索的结果。与联合刺激不同，在凸显刺激的搜索中，一个项目可以凭借单一特征与分心刺激区别开，此时被试的反应时并不随刺激集大小的变化而变化。

图 7.29b 所示，或者红色行李箱被放在黑色行李箱以及与之形状不同的红色或黑色的背包当中），那么判断视觉呈现中是否存在目标所需的时间就会随分心物数量的增加而增长。因此所得的搜索函数会是倾斜的（图 7.29c，红线）。这样的搜索方式被称作联合搜索，因为目标是由两个或更多特征的联合定义的（如红色和字母 O，或行李箱的颜色和形状）。

为了解释为什么联合搜索需要更长的时间，特雷斯曼和热拉德（Treisman & Gelade, 1980）假设，尽管初级的刺激特征，例如，颜色、运动、形状和空间

频率，可以在没有注意参与的情况下进行加工，并且可以在多种特定的特征地图中（位于特定的视皮质中）进行平行加工，但是还需要其他过程的参与来将不同特征进行联合。研究者认为，空间位置是其中的关键，因此空间注意如同"胶水"将这些特征黏合在了一起。

根据他们的阐述，空间注意必须引导人们关注与任务相关的刺激，以便将各种特征整合为可感知的物体，并且空间注意需要在刺激序列中按顺序进行加工。这一条件对将不同特征地图中的信息（在这个例子中是颜色和字母内容，旅行箱的形状和颜色）连接起来而言十分重要，并且推动了进一步的分析和识别。这一概念被称作**注意的特征整合理论**。理解这一理论背后的神经机制一直是认知神经科学领域非常重要的问题。

如果特雷斯曼是正确的，那么我们可能需要假设特雷斯曼的"胶水"和波斯纳的"聚光灯"是一样的。史蒂文·勒克及其同事（Luck et al., 1993）利用 ERP 对这一观点进行了检验。他们认为，如果波斯纳的注意聚光灯在特征整合中起到胶水的作用，那么在对联合目标的视觉搜索中，应当可以用 ERP 观察到聚光灯效应，就如同之前对有意注意和反射性空间注意的研究（见图 7.17）。他们给被试呈现了一个包含正立和倒立的蓝色、绿色和红色的 t 形图案（以下简称 t）刺激阵列。在每一个试次中，被试需要探测具有特定颜色的 t（蓝色或者绿色，在每一个区组的试次前分配，图 7.30a）。

为了探究空间注意是否被选择性地分配到阵列中的不同位置，研究者采用了 ERP 探针实验技术的方法：在刺激阵列呈现短暂的时间之后，一个与目标或分心物没有共同特征的探针刺激出现在目标刺激（例如，绿色的 t）的位置或出现在另一侧的一个分心刺激（例如，蓝色的 t）的位置。引起 ERP 的探针刺激本身是一个白色的矩形，出现在蓝色的 t 或绿色的 t 的周围，但从不出现在红色的 t 周围。因而对探针的 ERP 反应可以用来探究视觉联合搜索中是否也存在线索化

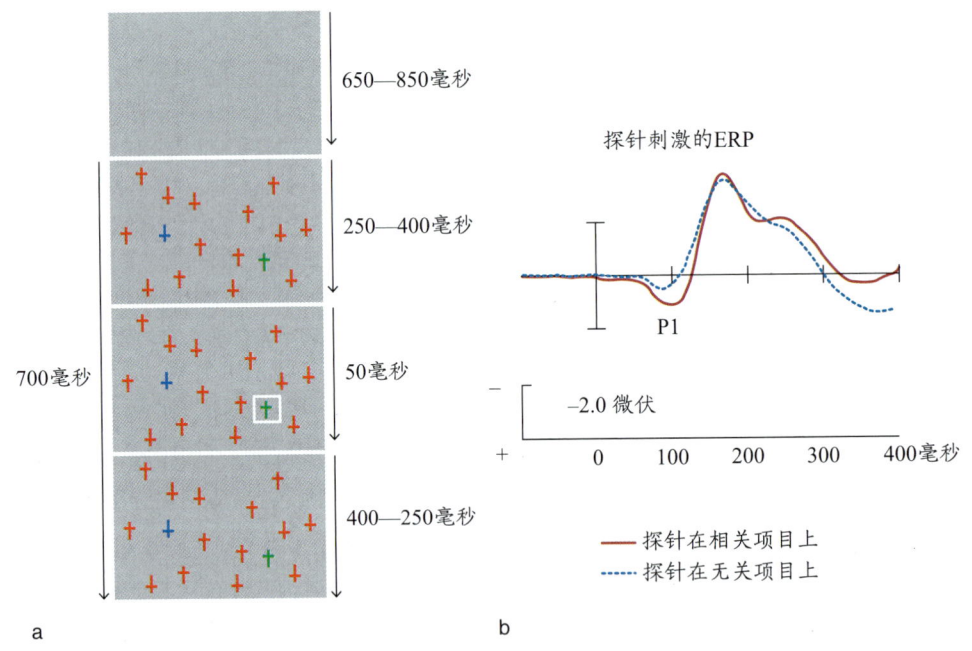

图 7.30　包含探针刺激的视觉搜索试次

（a）实验要求被试根据每一组实验前的指导语寻找蓝色或绿色的 t，并且通过按键判断目标是正立的还是倒立的。红色的 t 一直是分心物。一个与任务无关的白色矩形闪烁 50 毫秒，出现在蓝色或绿色的 t 所在的位置上，而蓝色或绿色的 t 有时是目标刺激，有时是无关刺激。通过这种方法，探针的 ERP 的幅度可以被当作在刺激呈现后，被试定位到目标上并进行判断时，位置和空间注意强度的指标。白色探针要么在刺激呈现 250 毫秒后出现，要么在刺激呈现 400 毫秒后出现。刺激序列在屏幕上呈现 700 毫秒。（b）相比于出现在无关目标的位置（例如，绿色的 t），无关的白色探针出现在相关目标的位置（例如，蓝色的 t）时，会引发更强的 P1 成分。这一发现支持空间注意的焦点被指向视觉搜索的目标。注意聚焦产生的早期视皮质中对感觉诱发活动的振幅调控与在空间线索化范式中观察到的现象是一致的。

范式中的经典空间注意效应。这项研究发现，这一效应确实存在。

当探针出现在联合搜索的目标刺激的位置时，引起的早期视觉反应（P1成分）比探针出现在分心物的位置时强。这项研究说明，联合搜索对P1波形的影响与线索化空间范式产生的影响类似（比较图7.30b和图7.17b），支持有一种聚光灯式的空间注意参与了视觉搜索任务的假设，并且揭示了这一效应背后的神经机制：对早期视皮质加工过程的调控。

特征注意

我们自身的经验告诉我们，不论是有意的还是反射性的，选择性地注意特定的空间位置会导致我们探测和报告感觉世界中刺激的能力发生改变。而对刺激的探测能力的提升得益于视皮质中神经活动的变化。然而还有一个疑问存在，即在定位到目标刺激之前，空间注意是在物体之间自由地移动还是按照视觉信息序列的引导顺序移动？就像罗伯特·路易斯·史蒂文森说的那样，这个世界充满了令人感兴趣的物体；当然，有些物体可能比其他的有趣。举个例子，当你的眼睛扫过纪念碑谷广阔的区域（图7.31），你的注意往往会被孤峰和台地吸引，相比之下，遍地的灌木丛显得没那么吸引人，这是为什么呢？

图7.31　美国亚利桑那州北部的纪念碑谷

这幅图中有什么吸引了你的注意？哪些突出的物体跃入了你的眼帘？

就像第5章和第6章讨论的那样，物体往往通过其基本特征的集合而得到定义。是不是对于一个特定的刺激特征（例如，运动、颜色或形状）或对一组物体属性（例如，一张面孔相比于一栋房子）的选择性注意影响了信息加工呢？举个例子，如果提示我们即将呈现的是一个运动刺激，那么相比于一个预期外的静止刺激，我们是否会对一个符合预期的运动刺激有更好的辨别能力呢？如果你的朋友告诉你她将去机场接你，并会一直驱车围着航站楼转圈直到你发现她，那么如果她将车停在了路边，你会需要花费更多的时间才能发现她吗？当然，我们也希望知道特征注意和空间注意是如何相互影响的，因为现实世界总是充斥着各种各样的特征，物体也总是处在特定的空间位置。

马丽莎·卡拉斯科（Marissa Carrasco）及其在美国纽约大学的同事完成了一系列实验，试图回答这些问题。她们利用中心线索范式，以探测准确率为因变量来对比空间注意和特征注意（Liu et al., 2007）。在一个条件下（空间注意条件），研究者使用箭头线索指示注意应该指向的位置，而在另一个条件下（特征注意条件），箭头用来指示将要出现的目标的运动方向（图7.32a）。

他们发现，线索提供的先验知识在空间注意任务中带来了典型的中心线索效应：相比于提示线索不能指向任何位置（一个双向箭头）的情况，被试在被提示的位置上能够更准确地探测到目标（运动点速度的变化）的出现（图7.32b，红线部分）。相应地，在特征注意条件中，不论目标出现在左侧还是右侧视野，对目标运动方向的提示同样能够提高探测的准确率（图7.32b，蓝线部分）。因此，提前提供指向刺激的某个视觉特征（在这里是运动方向）的注意线索能够提高任务表现。这类发现告诉我们，注意既可以指向某个空间位置，又可以指向目标刺激的某个非空间特征。

现在，让我们总结一下关于特征和物体的选择性注意的神经基础的研究，并与空间注意的神经机制做对比。在20世纪80年代早期，托马斯·蒙特（Thomas Munte），一位在美国圣迭戈工作的德国神经病学家，与Steven Hillyard一起设计了一种巧妙的实验范式来探究空间和特征注意的神经机制（Hillyard & Munte, 1984）。

运用ERP技术，他们可以将大脑中与选择性地注意刺激颜色相关的神经信号和与注意刺激位置相关的神经信号分离。他们的实验并不给予被试不同的特征线索，而是给被试在一个区组内按照随机顺序呈现若干红色或蓝色的垂直矩形。这些矩形有的高，有的矮，可能

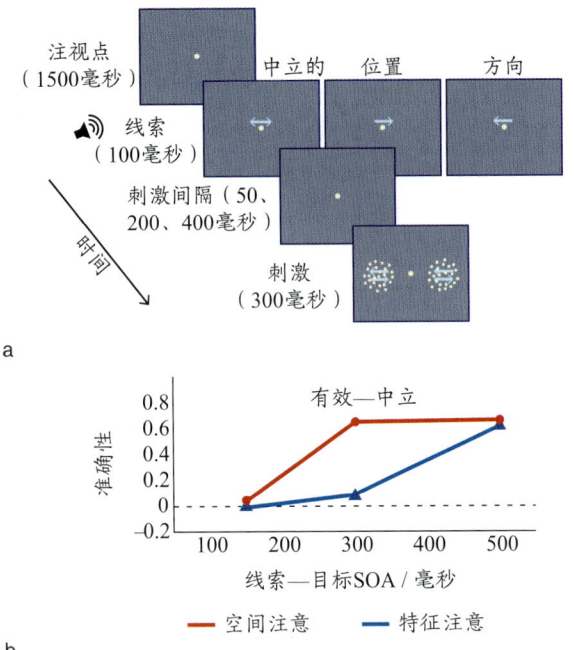

图7.32 预先提供的特征线索提升了注意表现

（a）每个试次都由一个提示音开始，随后会出现三种线索中的一种。在不同的实验条件下，线索指向随后目标出现的位置或其运动方向。双向箭头表示这个试次中目标的位置或运动方向为左或右的可能性相等。（b）对运动点的探测正确率的差异（有效线索与中性线索相比）随线索–目标的刺激呈现间隔（stimulus onset asynchrony, SOA）变化的趋势，包含空间注意和特征注意的结果。（SOA指的是两个刺激起始的呈现时间的差值。）可以看到在两种条件下，选择性注意的效应都在随时间逐渐积累，即SOA越长，效应越大。在这项研究中，空间注意的效应增长得更快。

呈现在左侧视野，也可能呈现在右侧视野。每一个区组的实验试次大概持续1分钟。被试的任务是注视着屏幕中央的注视点，注意探测在特定位置出现的特定颜色。例如，被试可能会被告知，"在下面的1分钟内，你需要注意在右侧视野出现的红色的、矮的矩形，并在它出现时按键。"因此，被试需要忽略在注意位置出现的另一种颜色的刺激，同时忽略在非注意位置出现的这两种颜色的刺激。这样就存在四种注意的条件，研究者便可以比较四种条件下的ERP与其他条件的差异。

通过如此巧妙的设计，不同条件间的比较可以揭示空间注意和特征注意各自独立的加工过程。例如，对于呈现在左侧视野的红色刺激，空间注意（注意左边还是右边）产生的影响可以与特征注意（注意红色

还是蓝色）产生的影响实验性地分离开。不考虑刺激的颜色和要求被试注意的颜色特征，当刺激呈现于右侧视野，而要求被试内隐地注意右侧视野或左侧视野时，ERP的结果再现了图7.17体现出的经典的空间注意效应。在刺激呈现于右侧视野，要求被试注意右侧视野并且刺激的颜色也与给予被试的要求相匹配的情况下，以及在要求被试注意右侧视野但刺激颜色与要求不匹配的情况下，空间注意和特征注意（在这里是将颜色作为特征）所引起的ERP的模式差异很大。对于同样的刺激，当我们用受到注意条件的ERP波形减去被忽略条件的ERP波形（图7.33a和图7.33b），这种差异就更加显而易见了。在特征注意的比较（图7.33b）中，并没有发现代表着空间注意的早期的P1成分（图7.33a），这表明，差异波中注意的效应有更长的潜伏期。除此之外，还有一个有趣的结果，即在非注意的位置上，注意颜色特征的效应几乎消失了（图7.33b）。总之，这个研究告诉我们，不论是空间注意还是特征注意，都会对视觉刺激的选择性加工过程产生影响，而两者的神经机制并不相同。

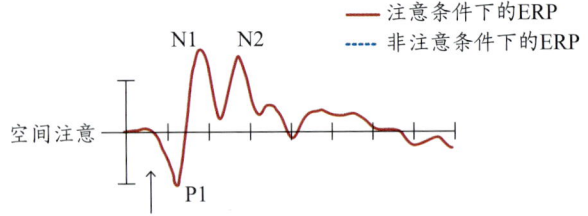

a 注意减非注意的ERP的差异波

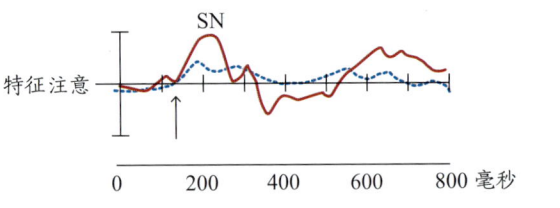

b

图7.33 分离的空间注意的ERP与特征注意的ERP

（a）受注意的空间位置与非注意的空间位置的ERP的差异波。（b）在受注意的空间位置上（实线）或非注意的空间位置上（虚线），受注意的颜色特征与非注意的颜色特征的ERP的差异波。a和b中的箭头指出了注意效应开始显现的位置，这在特征注意中（b）出现得更迟一些。纵坐标原点向下是正电位。

那么，大脑中的哪些区域负责特征注意的加工呢？这可能要视情况而定。毛里齐奥·科尔贝塔（Maurizio Corbetta）及其在华盛顿大学的同事探究了在分配性注意和选择性注意下，特征辨别涉及的神经机制（Corbetta et al., 1991）。在这个具有开创性的选择性注意的神经成像研究中，实验者采用 PET 技术考察人们在选择性注意某个单一特征（例如，颜色、形状或运动）或者同时注意三种特征时，纹外皮质及其他脑区发生的变化。

被试在 PET 设备中接受扫描，在扫描过程中，研究者向他们呈现成对的包含一系列刺激元素的视觉图形。在每个试次中，第一个图形是参考刺激，比如一个红色的正方形，第二个图形是探测刺激，也许是一个绿色的圆。在选择性注意的条件下，被试的任务是比较成对的两个刺激，并判断相比于参考刺激，探测刺激是否在某个预先设定的刺激维度（颜色、形状或运动）上发生了改变。在分配性注意条件中，被试的任务是判断探测刺激相比于参考刺激是否在这三个刺激维度的任意某个上发生了变化。

这种实验设计让研究者可以对比被试在选择性地注意某个特定的刺激维度（如只注意颜色）时的神经活动和将注意分配到所有刺激维度时的神经活动。正如大多数人所料，对于辨别刺激中出现的微小变化，被试在只注意一个特征的情况下（选择性注意）的敏感性高于注意全部特征的情况（分配性注意）。

相比于分配性注意，指向不同特征的选择性注意在纹外皮质激活了不同的且基本不相重叠的脑区（图 7.34）。专门加工颜色、形状或运动的纹外皮质区域的活动只有在视觉注意指向与它对应的维度时，才受到调控。这些结果为如下观点提供了额外的支持：选择性注意在特征分析完成之前，便在通道特异的皮质区域内影响对输入的知觉加工。

随后的研究利用 fMRI 技术找到了人类视皮质中专门负责加工刺激的运动或颜色等特征维度的脑区。这些结果与之前在猴子的视皮质中发现的结果是一致的。就像科尔贝塔及其同事发现的那样，视觉的选择性注意能够调控这些特异性的特征分析区域。

那么，各种各样的注意效应是在加工过程中的什么时间发生的呢？为了回答这个问题，一项结合了 MEG 和 fMRI 的研究同时提供了时间和空间的信息（Schoenfeld et al., 2007）。在实验中，被试要选择性地注意随后出现的刺激在颜色或运动维度上的变化

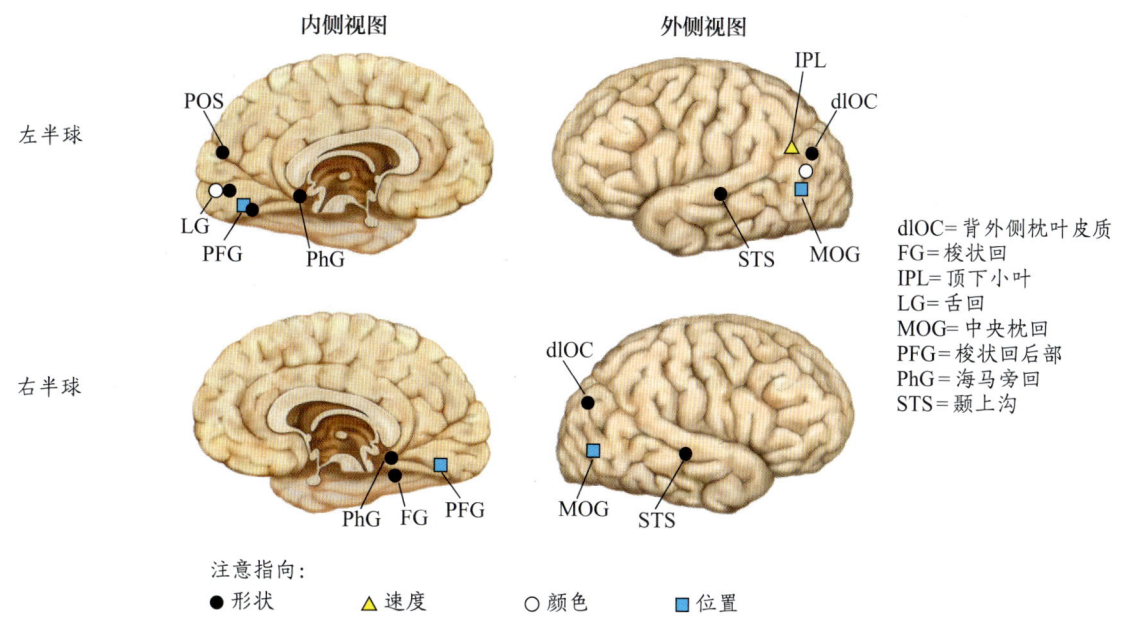

图 7.34 对早期使用 PET 技术考察注意的神经成像的研究的总结

其中包括科尔贝塔（Corbetta, 1991）、海因策（Heinze, 1994）、曼根（Mangun, 1997）及其各自的同事的研究。这些研究发现，专门负责加工颜色、形状或运动（见科尔贝塔的研究）的纹外皮质区域在视觉注意指向上述特征维度中的某一个时（特征选择性注意），选择性地受到调控。通过先前的介绍，我们已经知道空间注意会影响多个视皮质区域（图 7.21）以及皮质下结构（图 7.26 和图 7.27）的加工过程。

(图 7.35a)。运动变化的试次和颜色变化的试次按随机顺序呈现，通过这样的设计，可以得到注意在指向运动或颜色上的任一变化时引起的脑活动。

利用 fMRI 技术，研究者可以定位对指向运动或颜色的选择性注意敏感的脑区，他们发现，(与预期一致) 对运动特征的注意会调控视皮质运动加工区域 MT/V5 区 (位于背侧通路；图 7.35b) 的神经活动；相应地，对颜色特征的注意则会调控腹侧视皮质区域 V4v 区 (位于梭状回后部；图 7.35c 和图 7.35d) 的神经活动。更重要的结果是，相应的 MEG 记录显示，这些区域中与注意相关的神经活动在刺激中的特征发生变化后的 100 毫秒甚至更早便出现了，这个时间点远远早于在之前的研究中报告的结果。

因此，基于特征的选择性注意在刺激呈现后经过很短的潜伏期便已对视皮质加工过程的较早阶段产生了作用。当然，空间注意所引起的影响更早。相比之下，在特征注意产生影响之前有一个更长的潜伏期 (刺激呈现后 100 毫秒，而不是 70 毫秒)，在空间上也发生在视觉层级性加工的较晚区域 (纹外皮质，而不是纹状皮质或皮质下的丘脑视觉中继)。但是，这种差异并不意味着空间注意总是优先控制着我们的注意，因为当个体事先不知道哪里会出现刺激却对刺激的特征有一个明确的预期时，在视觉搜索的过程中，特征注意可能优先起作用，随后才会触发空间注意对特定位置的注意。

物体注意

到目前为止，我们已经介绍了视皮质中基于空间和基于特征的注意效应，让我们转向另一个问题，注意能够作用在刺激表征的更高水平，比如物体水平

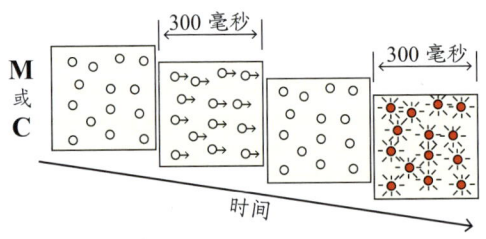

a

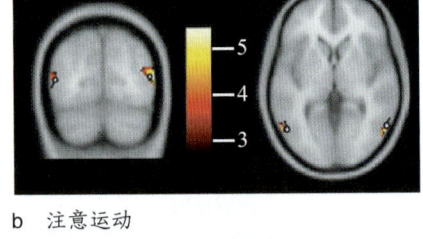

b 注意运动

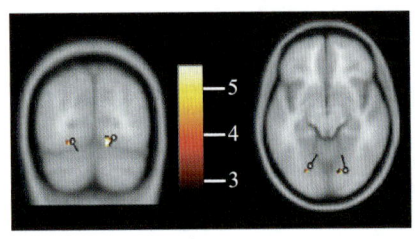

c 注意颜色

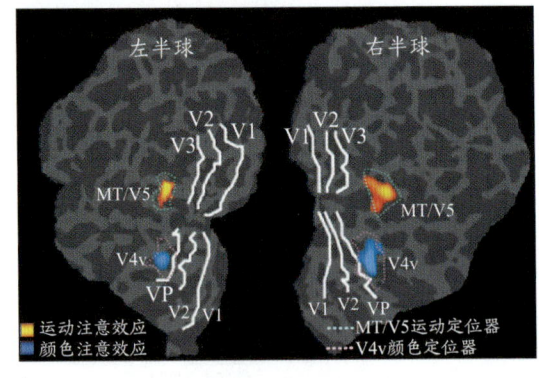

d

图 7.35 特征特异性视皮质中的受注意调控的神经活动

(a) 在每组刺激呈现前，先呈现一个字母线索 (M 或 C)，分别用来提示被试在该组刺激中需要注意运动 (快或慢) 还是颜色 (红或黄) 特征，而被试需要对该特征的相应变化进行按键反应。随后会呈现圆点刺激，它们可能会突然运动或改变颜色。通过这种方法，研究者就可以比较在注意运动和注意颜色的条件下，运动 (或颜色) 变化所引发的反应。(b) 当注意的是运动特征时，外侧枕颞区 (人类的 MT/V5 区) 的活动受到调控。(c) 当注意的是颜色特征时，腹侧 V4 区 (V4v 区；位于梭状回后部) 的活动受到调控。这种关系在 fMRI 中的 BOLD 反应 (b 和 c 中红色和黄色的区域) 和在另一个实验阶段中测得的 MEG 的结果 (b 和 c 中箭头指向的圆圈区域，与 BOLD 信号得到的结果相重叠的区域) 上都有体现。MEG 技术提供的高时间分辨率的测量结果表明，在呈现运动或颜色的刺激序列后，注意所产生的效应存在 100 毫秒左右的潜伏期。(d) 来自其中一个被试的皮质表征展开图证实，纹外区域与运动注意效应和颜色注意效应有关。

吗？当我们要在人群中寻找一个朋友时，我们并不会仅仅搜索自己所认为的朋友可能会在的地方，尤其是当我们并没有约定一个确定的会面地点时。我们也不会仅仅通过头发的颜色来寻找朋友（除非是一种非常醒目的颜色，比如荧光粉）。相反，我们寻找的是能够指向这个人的特征组合。因为没有更好的词来形容，我们姑且称之为物体特性（object properties）——一组基本的刺激特征，这些特征以一种特定的方式组合，来构成一个可识别的物体或人。而行为研究已经提供了证据来证明存在这种基于物体的注意机制。

约翰·邓肯（Duncan，1984）通过一项开创性的研究比较了指向位置的注意（空间注意）和指向物体的注意（基于物体的注意）。在维持空间距离恒定的情况下，他发现，可以对同一物体同时进行两种知觉判断，并且不会降低判断的正确率，但如果这两个知觉判断是同时对两个不同的物体进行的，正确率就会受到影响。举个例子，对于一只狗的体型很大且呈棕色的加工可以在一瞬间完成，而如果有两只狗，对其中一只体型很大而另一只呈棕色的加工则需要花费更多时间。

这种对同时注意两个物体的加工过程的限制暗示我们，除了基于空间的注意系统外，还存在一个基于物体的注意系统。和这种观点相一致，与注意一个物体相比，注意两个物体时，注意空间线索所导致的反应时损耗（反应变慢）的效应强于带来的增益（反应变快）（Egly et al., 1994）。这个结果暗示，在一个物体内部，注意扩散会受到促进，或者在物体间转移注意，会产生额外的代价，或者这两者都是存在的。

诺格·米勒（Notger Mueller）和安德亚烈·克莱因施密特（Andreas Kleinschmidt）设计了一个fMRI实验来探究空间注意中到底存在何种物体效应（2003）。他们想知道对一个物体的注意会不会对早期视觉加工区域中的加工过程产生影响；如果真的存在影响，具体是怎样的影响？他们在每个试次中给被试提供线索，让被试预期目标刺激会出现在视野中的某个位置（例如，左上象限），然后在大多数试次中将刺激呈现在被提示的位置上（有效试次），而在一小部分试次中将刺激呈现在未被提示的位置上（无效试次）。借鉴埃格利（Egly）及其同事（1994）的实验设计，米勒和克莱因施密特将物体包含在屏幕当中，因此没被正确提示的目标刺激既可能出现在线索指向的物体当中（但是在物体中的不同位置），也可能出现在线索指向的物体之外。图7.36a阐明了他们的设计。

他们所用的物体是扳手状的图形，这些图形可以在屏幕上呈现为水平或竖直朝向。举个例子来说，当线索指向左上象限的位置，并且如果扳手是水平放置的，那么右上象限的位置虽然不是线索指向的位置，但它与线索指向的位置处于同一物体内，而如果扳手是竖直放置的，那么右上象限的位置就既不是线索指向的位置也不与线索指向的位置处于同一物体内。

米勒和克莱因施密特重复了埃格利及其同事获得的反应时效应（图7.36b）。更重要的是，他们发现，对于未出现在提示位置的目标刺激，相较于出现在与提示位置不同的物体上时，当它出现在与提示位置同属同一物体的位置上时，能够引起视皮质的V1区到V4区更强的神经活动（图7.36c和图7.36d）。

这样的结果证明，物体的出现会影响空间注意在空间中的分配方式：大体上，注意会在物体上扩散，因此会使同一物体内未被提示的位置出现一定的神经激活。而空间注意效应依然可以被观察到的原因是，在物体内部，被提示的位置会比未被提示的位置产生更高水平的神经激活。因此可以说，物体的表征可以调控空间注意。但是指向物体的注意能否独立于空间注意而产生作用呢？

凯瑟琳·奥克雷文（Kathleen O'Craven）、保罗·唐宁（Paul Downing）和南希·坎维舍（Nancy Kanwisher）试图采用一个巧妙的fMRI研究来回答这个问题（1999）。他们的实验设计基于以下事实：面孔图片相比于其他物体对梭状回面孔区（见第6章）有更强的激活；而海马旁回后部则对地貌、风景和房子等建筑物的图片有更强的激活，这一区域也被称为海马旁回位置区。因此，研究者认为，对面孔或房子的选择性注意会有区别地调控梭状回面孔区和海马旁回位置区的活动，具体为对面孔的注意会激活梭状回面孔区而不是海马旁回位置区的活动；对房子的注意正相反。除此之外，对运动的注意会影响运动知觉的皮质区域（MT/MST区；又被称为MT/V5区，或者MT+区），但对梭状回面孔区和海马旁回位置区没有影响。

奥克雷文等人在面孔—房子—运动的选择性注意范式的基础上运用fMRI技术来验证这样的假设。这个范式将半透明的面孔图片和房子图片叠加到一起

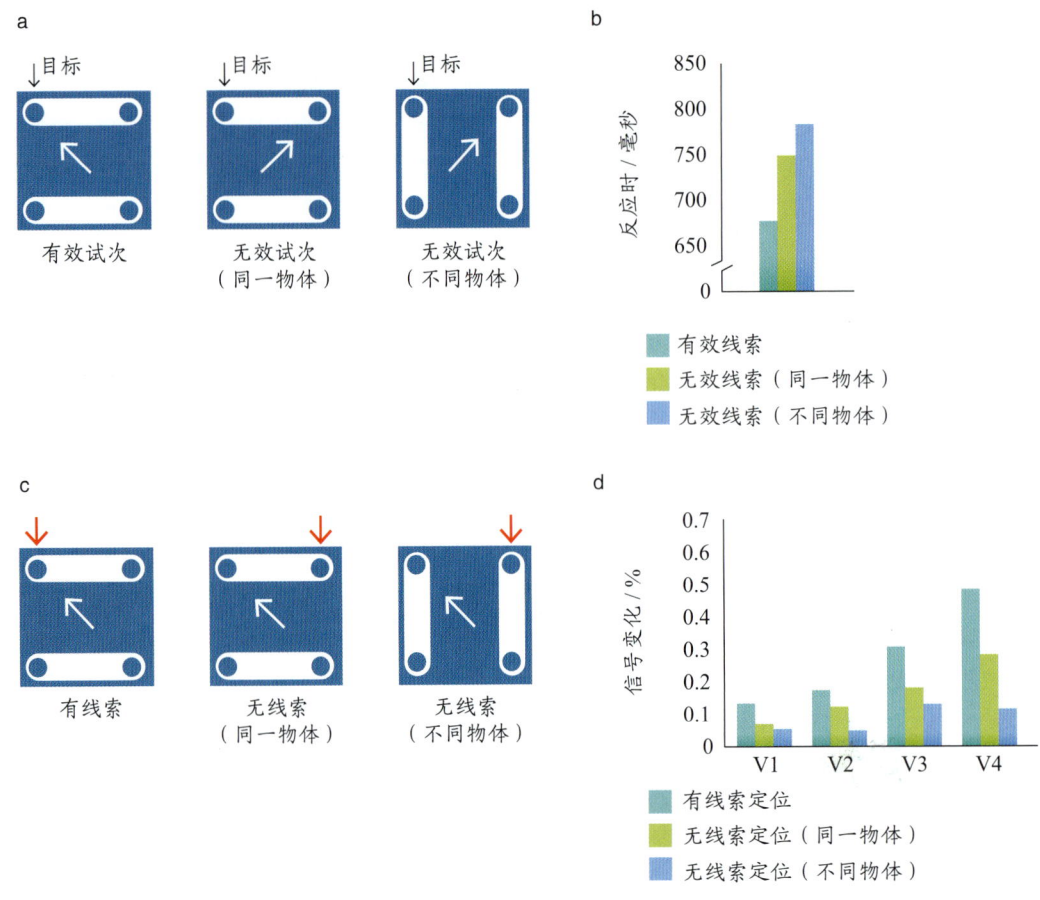

图 7.36 物体表征可以调控空间注意

（a）扳手状的物体被持续呈现在屏幕上，朝向为水平（左图和中图）或竖直（右图）。在每个试次中，一个呈现在中央的线索（白色箭头）指向随后的目标刺激最可能出现的位置，被试的任务是在目标刺激出现后迅速做出反应，而不论这个目标刺激是出现在线索指向的位置（较大概率）还是其他位置（较小概率）。（b）当线索有效地预测了目标刺激的位置时，被试的反应时最短；当线索无效并且线索指向的位置与目标刺激不在同一物体上时，反应时最长；当线索无效但线索指向的位置与目标刺激在同一物体上时，反应速度居中。（c）在 fMRI 的实验阶段，被提示的位置总是左上象限，在大多数试次中，目标刺激也确实出现在这里（左图）。而没有被提示的位置（例如，右上象限）可能与被提示的位置处在同一物体上（中图），也可能处在不同物体上（右图）。视皮质中的感兴趣区域对应着每幅图上方的红色箭头所指的位置，感兴趣区域中的血液动力学反应会被抽取出来做进一步分析。（d）在视皮质区域的 V1 区到 V4 区，感兴趣区域的血液动力学反应（信号变化的百分比）呈现在条形图中。对于每个区域，最大反应都出现在被提示的位置，而在未被提示的位置仅有较小的反应（空间注意的主效应）。重要的是，当未被提示的位置与线索指向的位置处在同一物体内时，fMRI 记录到的激活更大，这证明了物体注意的效应。

（图 7.37a），以静止或运动的形式呈现给被试，而对被试的要求分为三种情况：注意面孔、注意房子或注意运动特征。第一个实验采用了区组设计，在不同的区组中，被试分别要选择性地注意面孔、房子或运动方向，其任务是在一组序列刺激中出现两个相同的被要求注意的物体时做出反应（比如两张相同的面孔、两座相同的房子或两个相同的运动方向）。图 7.37b 向我们展示了大脑活动的结果。

同预期一样，实验结果发现，梭状回面孔区在注意面孔的条件下有最强的激活，海马旁回位置区在注意房子的条件下有最强的激活，而 MT/MST 区在注意运动方向的条件下有最强的激活。这样的结果支持了如下观点：注意可以对物体的表征产生高度的选择性，并且这种效应独立于空间注意；换句话说，因为面孔和房子在空间上是重叠在一起的，所以不可能简单地通过空间注意来注意其中一个物体而忽视另一个。

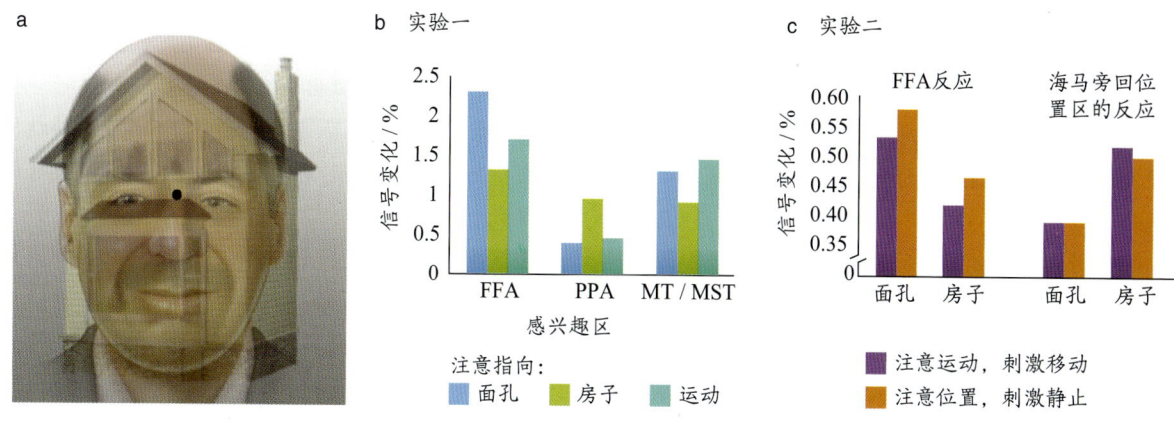

图 7.37　注意调控大脑中的物体表征

（a）一个房子与面孔相叠加的图片的例子（面孔和房子可能是运动的）：这样的刺激使得被试不能通过空间性的机制实现注意。（b）当被试只注意面孔、房子或运动特征时，与这些对象相对应的脑区的激活程度最大。（c）当被试注意的是运动特征而运动的刺激是一张面孔（任务无关的属性），或者说被试注意的是静止刺激的位置而静止刺激是面孔时，在梭状回面孔区得到的 fMRI 的信号显著大于刺激是房子（同样是任务无关的）的情况（最左边的条形）。但当被试注意运动特征而运动的刺激是房子，或者注意位置而静止刺激是房子时，在海马旁回位置区得到的 fMRI 信号显著大于无关属性是面孔的情况（最右边的条形）。也就是说，即使被试不需要注意是房子还是面孔，对于受到注意的物体的这种无关属性（例如，面孔）的反应仍然大于未受到注意的物体的无关属性（例如，房子）。

在第二个实验中，研究者想要知道被注意物体的与任务无关的属性是否会伴随它与任务相关的属性一起被选择，而这是物体注意理论的核心要求。这次，他们使用了事件相关设计，随机地向被试呈现各种属性相互混合的试次，这些试次可能是运动的面孔与静止的房子相叠加，也可能是运动的房子与静止的面孔相叠加。被试的任务可能有两种，一种是要求被试选择性地注意运动方向（而不管运动的是面孔还是房子），并在两个连续的运动刺激的运动方向相同时做出反应；另一种是要求被试注意静止图片的位置（不管静止的是面孔还是房子），并在两个连续的静止刺激的位置相同时做出反应。

如图 7.37c 所示，虽然与任务相关的属性只有运动和位置，而面孔和房子的区别是与之独立的任务无关的属性，但是与受到注意的刺激是房子的情况相比，在受到注意（注意运动或位置）的刺激同时是面孔的情况下，梭状回面孔区区产生了更大的激活。与之相对的，当注意的刺激是房子而非面孔时，在海马旁回位置区有更大的激活。

这些结果向我们展示了注意是怎么在物体表征上起作用的，而且物体作为多属性组合，还有一些有趣的特性。比如，当物体受到注意时，它所具有的所有属性的加工都会受到促进，而对物体某一属性的注意也会促进物体特异性区域（例如，梭状回面孔区）中对物体表征的加工。还有重要的一点是，即使没有空间注意的参与，物体表征也会作为知觉分析中的某一水平而受到自上而下的注意控制的影响。

峰电位、同步性与注意

现在我们知道，当我们注意一个刺激时，视觉系统中编码这个刺激的神经元的突触后电位及放电率会增大。但是这种选择性的加工过程，即注意信息可以通过适当的通路影响随后的加工的过程，是如何实现的呢？虽然我们仍然不确定其确切加工机制是什么，但研究者也提出了许多假设，并对其中的一些有趣的模型进行了检验。其中一个模型认为，对于一个受到注意的刺激，在不同的视觉分析阶段（比如 V1 区和 V4 区）中编码它所在感受野位置的神经元的活动的同步性会得到提高。

孔拉多·博斯曼（Conrado Bosman）、帕斯卡尔·弗列斯（Pascal Fries）及其同事通过在猴子身上使用 250 多个电极的皮质表面电极阵列来检验这个模型。他们在猴子的视野中呈现两个变化光栅，训练猴子盯着中心的十字并内隐地注意其中一个光栅，探测光栅形状发生的微小变化。根据视网膜区域定位的组织结构以及 V1 区细胞只有很小的感受野（大概 1°

视角）的性质，呈现的刺激会被分为数个角度，分别激活 V1 区中不同的神经群。但像 V4 区这样的高层级的视觉区域，其中的细胞拥有大得多的感受野（视角为几度），同样的刺激只会激活同一个 V4 区细胞（图 7.38a）。

研究者假设，如果空间注意能够通过一种具有空间特异性的方式改变从早期视觉加工水平（V1 区）到较晚的视觉加工水平（V4 区）间的信息流动，那么这种作用可能会促进早期与后期视觉加工水平的局部场电位（local field potentials，LFPs）的选择性同步（图 7.38b）。而这恰恰是他们观察到的。他们测量了 60～80 赫的 γ 频段的皮质表面局部场电位信号，发现通过空间注意，V1 区中编码受到注意的刺激位置的区域（例如，图 7.38 中的 V1a 区）的细胞与 V4 区中编码刺激位置的细胞的活动的相干性增强了。

因此，如果猴子注意的位置是 V1a 区，那么 V1a 区与 V4 区的 γ 频段的局部场电位的同步性将增强（图 7.38c，红线）。与此同时，V1 区中编码其他被忽视位置的区域（例如，图 7.38 中的 V1b 区）与 V4 区的同步性一直保持在较低水平（图 7.38c，蓝线）。有趣的是，当要求动物将注意转换到另一个刺激的位置（图 7.38 中的 V1b 区）时，V1 区中编码新位置的区域与 V4 区的相干性将提高，而原来位置与 V4 区的相干性降低（图 7.38b，蓝线相比于红线）。

这些研究暗示，注意通过改变不同脑区间节律的同步模式来改变神经元之间有效的连接，而不同脑区之间的信息交流可以通过它们之间振荡模式的耦合来完成。博斯曼及其同事认为，注意信号从 V1 区传递到 V4 区，通过引发 V4 区在 γ 频段神经节律的同步性来实现这种信息交流。

关键信息

- 空间注意影响视觉输入的加工：被注意的刺激相比于被忽视的刺激能够产生更强的神经激活，而这个过程发生在多个视皮质区域中。
- 反射性注意是自动化的，它在刺激具有某些显著的特点时被激活。反射性注意也会引起早期知觉过程的变化，尽管只持续很短的时间。
- 反射性注意的一个特征是返回抑制，指随着时间的延长，之前受到反射性注意的位置反而会受到抑制，具体表现为对该位置出现的刺激的反应变慢。
- 对颜色、形状或运动特征的知觉加工具有特异性的纹外皮质区域会受到对这些刺激特征的视觉注意的调控。
- 选择性注意可以作用于空间位置、物体的特征或整个物体。
- 注意可以增强视觉加工区域间的神经振荡的相干性。

7.5 注意控制网络

到现在为止，我们已经讨论了注意对知觉过程产生的影响；换句话说，我们一直关注的是注意所影响的内容，但这仅仅是故事的一部分。在这一章的剩余部分，我们希望探讨一下注意是如何被控制的，这将帮助我们理解前面提到的那些病人的神经损伤是如何影响注意的。

现在我们知道，注意既可以是目标导向的（自上而下的），也可以是刺激导向的（自下而上的）。比如现在，你就正在使用自上而下的、目标导向的注意来专注于这本书。但这其中的工作机制是怎样的呢？根据数十年来的一般模型，从注意控制系统（同时与目的的输入、在经验中获得信息以及奖赏机制等协作）中产生的神经投射作用于感觉特异性皮质区域中的神经元，从而改变它们的兴奋性。因此，当某种刺激被给予更高的优先性时，感觉区域对它的反应可能会增强；反之，当刺激与当前的目的无关时，反应就会减弱。我们通过观察行为和神经活动中的变化来发现注意的这些影响。

已经有许多一致的证据表明，选择性注意可以通过一个控制网络来影响视皮质（或者其他感觉系统）的皮质兴奋性，这个控制系统至少包括后顶叶、颞上皮质后部背外侧和上侧的前额叶皮质以及额中皮质（比如前扣带皮质），可能还包括丘脑枕核（图 7.39）。更普遍来说，注意控制系统参与调控个体的想法和行为，当然也包括感觉加工。

对单侧忽视或巴林特氏综合征病人的研究为我们提供了一些关于注意控制的线索。本章之前提到，部分顶叶和枕叶的双侧损伤会导致巴林特氏综合征；而单侧损伤，尤其是右半球顶叶、颞叶和额叶的损

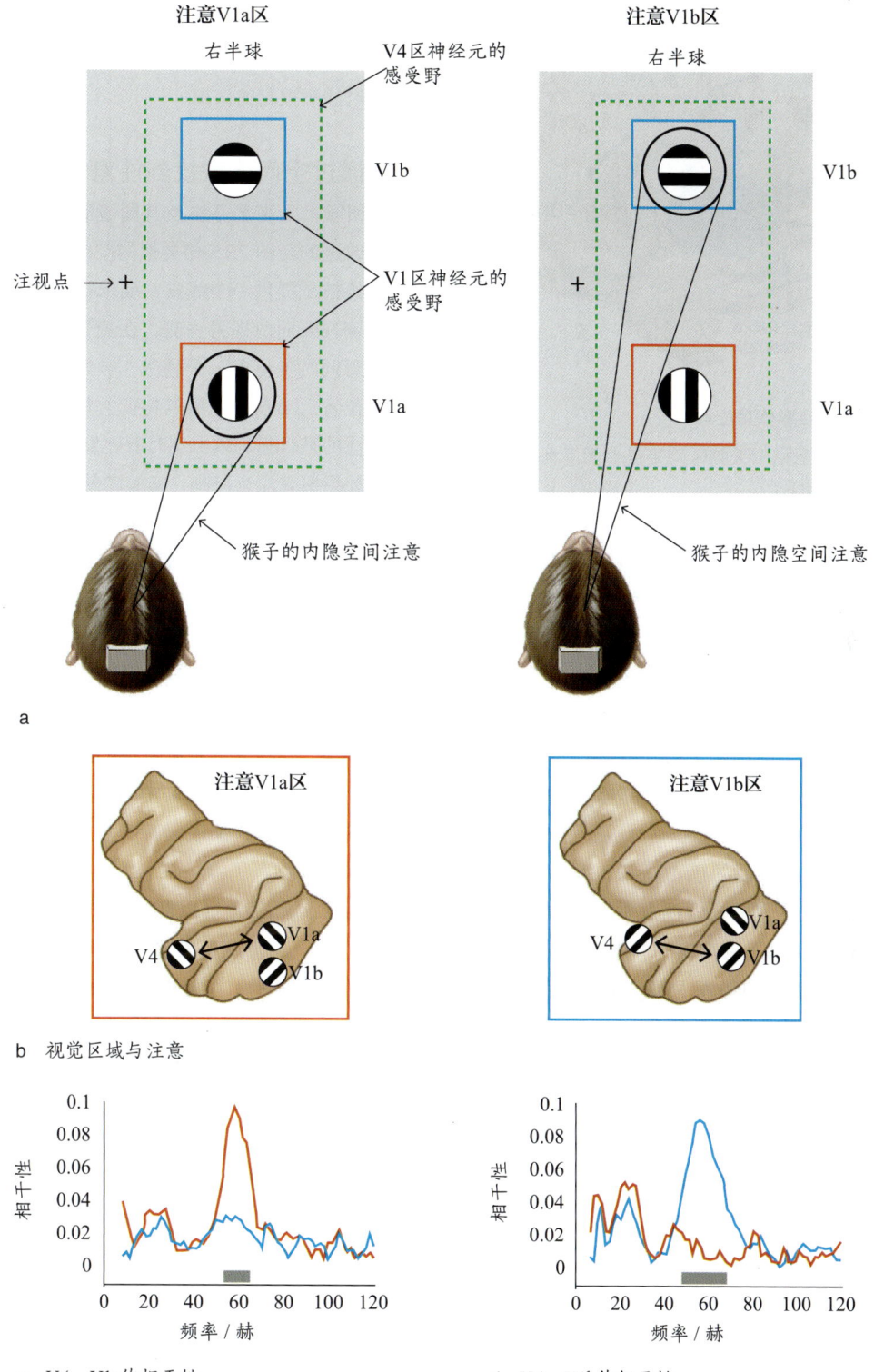

图 7.38 注意过程中视皮质神经活动的相干性

（a）光栅刺激呈现在同一个 V4 区细胞的感受野（绿色虚线边框所围的区域）内，但分别呈现在不同的 V1 区的感受野（红色或蓝色边框所围的区域）内。（b）恒河猴左侧视皮质的图解，V1a 区和 V1b 区是 a 中两个刺激在 V1 区中的映射，同时也呈现了这些刺激是怎么在更高级的视觉区域 V4 区中表征的。图中的箭头指出假设的注意过程中的相干性。（c、d）展示 V1 区和 V4 区之间神经活动的相干性，这种相干性取决于哪个刺激受到了注意（阅读正文来了解更多细节）。

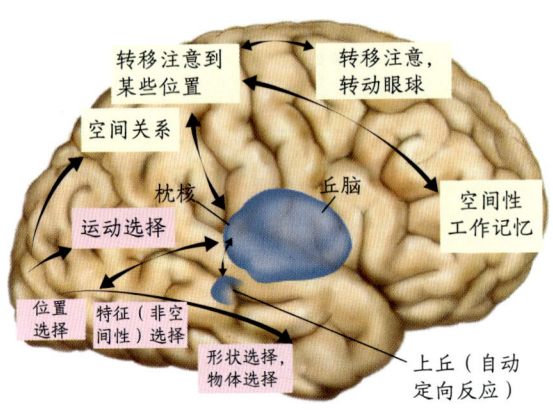

图 7.39 注意的源头和作用位点

执行控制系统的模型和相关脑区网络自上而下地控制视皮质的加工过程的图示。

伤,与忽视相关。除此之外,忽视也有可能是上丘或部分丘脑等皮质下结构的损伤导致的。包括梅舒拉姆(Mesulam,1981)在内的一些神经病学家认为,造成忽视障碍的原因是大脑中注意网络的损伤而非某个特定脑区(比如顶叶)的损伤。那么到底是哪些结构组成了所谓的大脑注意控制网络呢?注意的操控是单一网络完成的,还是有多重网络的参与?

目前,关于注意控制的模型认为,有两个相互分离的皮质系统支持着选择性注意中不同的注意过程:其中一个是背侧的注意网络,主要负责基于空间位置、特征或物体特性的随意注意;另一个是腹侧的注意网络,与新异的、显著的刺激有关(Corbetta & Shulman, 2002)。看起来,这两种注意系统相互作用,协作产生正常的注意行为,但是这种相互作用在忽视病人身上遭到了破坏。以上模型基于对健康人群及脑损伤病人的行为研究,以及神经成像和电生理的实验结果。

背侧注意网络

约瑟夫·霍普芬格及其同事(Hopfinger et al., 2000)和毛里齐奥·科尔贝塔及其同事(Corbetta, 2000)利用事件相关 fMRI 对注意控制机制进行了研究。在前面提到了一些霍普芬格的实验发现,这些研究主要探讨了在视皮质中,空间注意是如何参与选择性加工过程的。现在来回顾一下这些研究,看看在这些实验者看来,与注意控制相关的脑区有哪些。随后,我们将讨论科尔贝塔及其同事的工作,来进一步补充我们对注意控制的认识。

通过空间注意找到注意控制的来源

回顾一下霍普芬格及其同事的实验,他们使用了一个改进的与图 7.15 相类似的空间线索范式。在实验中,给被试提供一个线索,要求被试在某些试次中注意一侧视野而忽视另一侧,在短暂的延迟之后,在两侧视野同时各呈现一个刺激,被试需要辨别在先前提示的位置上出现的刺激的特征并做出反应。早先,我们关注的是目标刺激出现时所引发的大脑的神经活动,但是如果探究注意控制,实验者就会关注更早的阶段,即从线索呈现到刺激呈现之间的大脑的活动。而在这段时间内的神经活动可被认为与目标导向的注意控制有关。

研究人员发现了什么呢?他们发现,当被试注意并对刺激做反应时,包括额叶和顶叶在内的神经网络的活动增强了。现在,这些区域一起被我们称作**背侧注意网络**。对线索的视觉特征的感觉加工在视皮质中完成,并不包含这一网络中的脑区。现在,我们知道背侧的额顶神经网络正是目标导向的注意控制中的注意信号的来源。

为什么研究者可以断定这些脑区参与了注意控制呢?第一,研究者发现,这些脑区只有在被试被要求(线索提示)注意左视野或右视野时才会激活;第二,呈现目标刺激后,神经活动会呈现另一种模式;第三,如果只是要求被试被动地观看呈现的线索,而不要求注意线索提示的位置或做反应,那么虽然视皮质仍然会加工被动观看的线索的视觉特征,但是在之前的条件中观察到的额顶叶区域的激活将不复存在。

参与背侧注意网络的关键皮质区域包括额叶眼区(frontal eye field,FEFs;位于双侧半球的中央前回与额上沟的联合区)和额叶中的附属视区(supplementary eye field,SEF)、顶内沟、顶上小叶、后顶叶中的楔前叶以及相关脑区(**图 7.40**)。通过像霍普芬格所做的实验,我们知道了背侧注意网络会在随意注意过程中激活,但是这个网络是如何调控感觉加工的呢?

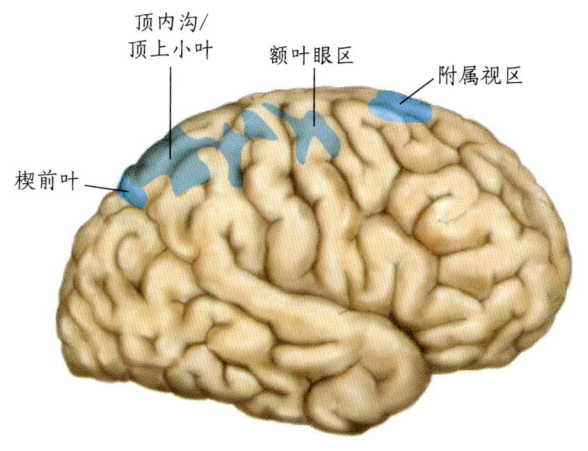

图 7.40 参与注意控制的皮质区域

在注意控制过程中，皮质激活的图示。蓝色表示背侧注意网络包含的脑区，包括顶内沟、顶上小叶、楔前叶、额叶眼区和附属视区。

将空间注意的控制网络与注意变化联系起来

首先，让我们看看那些证明背侧注意网络的活动确实与感觉加工中发生的注意相关变化有关的证据。在霍普芬格的研究中，在线索呈现和刺激呈现之间，不仅在背侧注意网络观察到了激活，在稍后要加工传入目标的视皮质也观察到了激活（图 7.41）。

这些在视皮质中的激活具有空间特异性，即取决于空间注意在视野中的位置。那么是什么在刺激呈现前就引起了视皮质的选择性激活呢？我们认为，这些激活反映了感觉皮质对即将在视野中的特定位置出现的信息的一种注意的"启动"。就像先前详细介绍的人类或猴子的实验（例如图 7.17、图 7.18 和图 7.20），这种启动能够提高对呈现在受注意位置的目标刺激的神经反应。

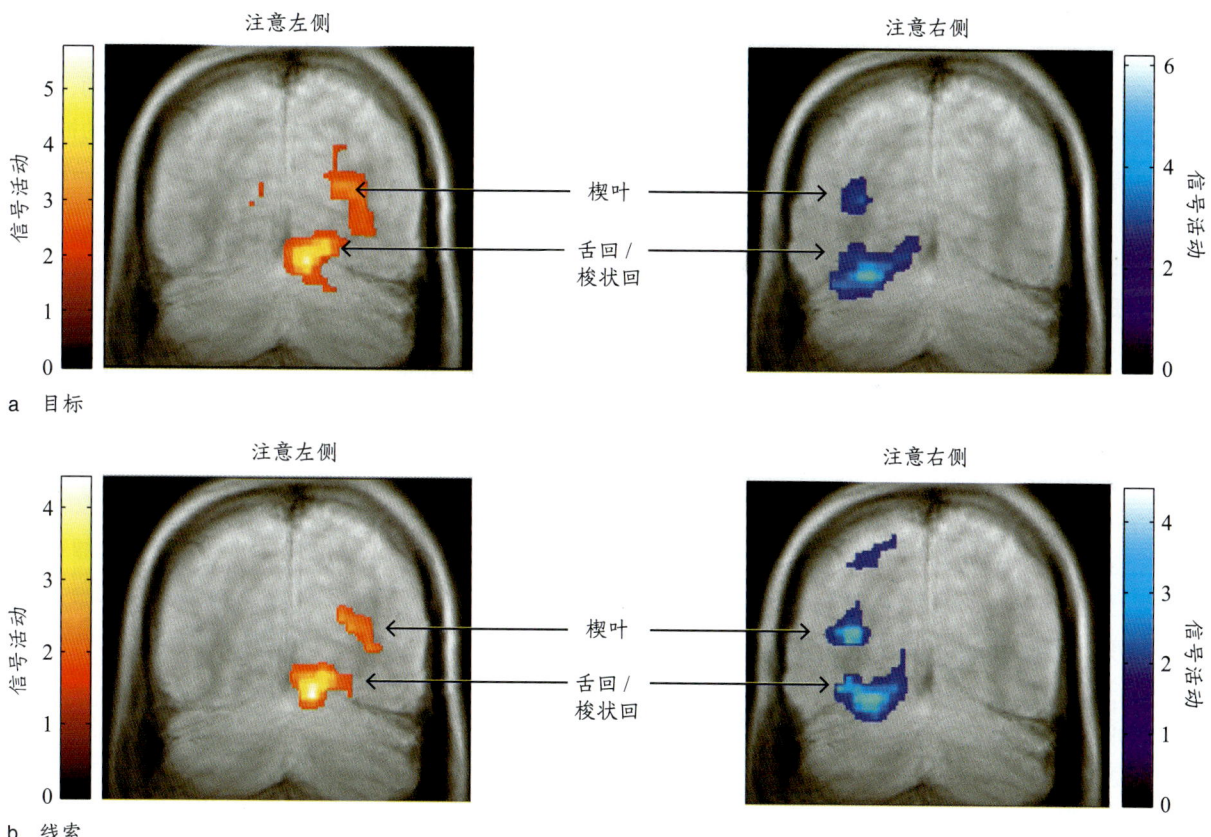

图 7.41 空间注意对视皮质的启动效应

（a）与图 7.20a 中展示的视皮质的激活区域（注意相对于未注意）相同，不过，这里是 6 个被试的平均结果（来自 Hopfinger et al., 2000）。（b）我们可以看到这些区域在线索呈现之后和目标出现之前的活动也得到了增强，说明在这些区域存在准备性的启动效应。而这些活动增强的区域精确地与 a 图展示的后面将要接收目标刺激的区域重合，只是效应相对小一点。

通过 fMRI 实验得到的视皮质的启动效应，与之前在猴子身上于相似的条件下做出的神经生理学研究结果（Luck et al., 1997）类似。这种启动效应可能的实现方式是背侧注意网络中的神经元直接或间接地将信号传递到视皮质，从而产生这些视觉神经元在视觉加工过程中的选择性变化（比如，可能是对不同空间位置的信息输入的偏好）。那么有没有数据来支持视皮质中的这种偏好效应呢？

额叶与注意控制

前额叶皮质损伤的病人为我们提供了间接的证据。神经病学家罗伯特·T. 奈特（Robert T. Knight）及其同事（Barceló et al., 2000）发现，在因卒中导致额叶皮质损伤的病人中，通过 ERP 在其视皮质中记录到的视觉诱发响应"降低"了。这暗示额叶（作用来源）或许能够调控视皮质（作用位点）的活动。

更多的直接证据来自以猴子为被试的颅内实验。就像之前提到的，额顶注意系统的一个关键结构是额叶眼区，位于前额叶的背外侧后部、额中回与中央前回的交叉区域周围的双边（图 7.40）。额叶眼区的功能是协调眼的运动和注视点的移动，这些对于定向和注意是十分重要的。刺激额叶眼区的神经细胞可以产生与其皮质结构相映射的眼跳活动。

斯坦福大学的蒂林·穆尔（Tirin Moore）及其同事（Moore & Fallah, 2001）的研究结果指出，眼动的规划与视觉空间注意的导向在神经机制上可能是相互重叠的。为了证明这种重叠是否存在，他们考察通过电极刺激大脑中的动眼神经来改变眼动信号是否能够影响空间注意。他们在猴子身上使用颅内电极刺激和信号记录技术，用很小的电流刺激额叶视区的神经元，这种很弱的电流不会引起眼跳，但可能足以引起眼动过程中目标选择的偏差。

这样的刺激会对注意产生影响吗？是的！在猴子完成空间注意任务的过程中，对额叶眼区的微弱刺激可以提高猴子在注意任务中的表现，而且这种效应是空间特异性的。猴子只会对那些呈现在特定位置的目标刺激的注意有所提高，而这里的特定位置是指当将刺激额叶眼区的电流增大到足够引起眼跳时，这个眼跳所指向的位置。

根据这样的发现，研究者提出假设：如果对于额叶眼区施加微刺激既能够引起对眼跳的准备，又能够提高注意成绩，那么它也很有可能产生一个与空间注意效应相一致的对视皮质的调控（Moore & Armstrong, 2003）。为了验证这种假设，研究者在额叶眼区放置了一个可以产生微弱电刺激的电极。这一次，他们同时记录了 V4 区中神经元的电信号，而记录的这些 V4 区神经元的感受野与电刺激可能引发的眼跳所指向的位置相一致（图 7.42a）。

首先，他们在一个 V4 区神经元的感受野内呈现一个刺激，这个刺激可能是这个神经元偏好的，也可能是它不偏好的，而不被偏好的刺激所引起的神经元的反应总是偏弱。在视觉刺激呈现之后的 200—500 毫

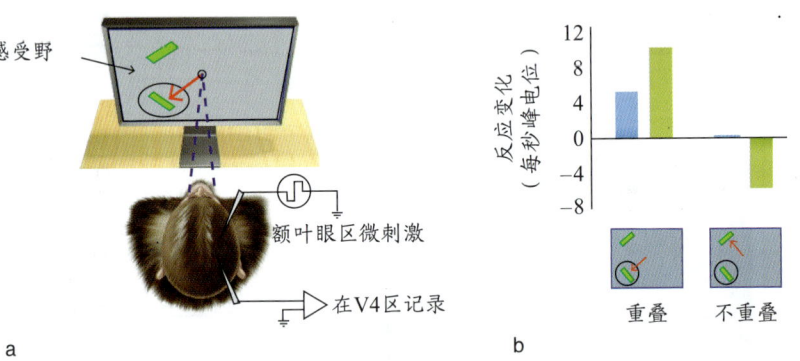

图 7.42　对额叶眼区的刺激参与视皮质中的注意控制

（a）实验设计：刺激呈现，神经元的刺激与信号记录。在任务中，猴子盯着屏幕中央的注视点，刺激呈现在 V4 区中被记录的神经元的感受野中（计算机屏幕中的圆圈区域）或感受野之外。受到阈下刺激的额叶眼区中的神经元可能是它导致的眼跳的向量指向前述感受野的神经元，也可能是指向其他位置的神经元。（b）在重叠条件下，当 V4 区中受记录细胞的感受野与额叶眼区中受刺激细胞眼跳向量指向的位置相重叠时，记录到的 V4 区细胞的活动高于不重叠的条件。这种差异在刺激能够引起 V4 区细胞更强的反应（受偏好的刺激）时，变得更大。可见，对额叶眼区的刺激能够模仿视觉注意对 V4 区神经活动的作用。

秒，在额叶眼区的相应位点施加一个电刺激，设置这样的延迟是为了确保刺激额叶眼区所产生的对V4区活动的影响由视觉刺激诱发，而不是单纯地刺激额叶眼区而直接导致的。

刺激额叶眼区可能产生以下三种结果：增强V4区的活动、干扰V4区的活动或没有影响。具体是如何进行的呢？当猴子盯着屏幕中央的注视点时，对额叶眼区的微弱刺激能够提高V4区的刺激诱发活动（即每秒放电次数的提高），而呈现的是受偏好的刺激时的提高程度高于呈现不受偏好的刺激时的提高程度（**图 7.42b**）。如果视觉刺激没有激活V4区神经元，那么对额叶眼区的刺激不会影响V4区细胞的活动。这一结果与猴子注意或忽略刺激时在V4区观察到的结果（图7.18）相似。因此，额叶眼区看起来是通过调节V4区的活动来参与目标导向注意控制的。

在猴子身上对额叶眼区的微刺激调控了视觉区域后部的神经反应，这一事实证明，来自额叶的目标导向的信号能够调控神经活动。但是这些信号有什么性质呢？它们是任务特异性的吗？比如，如果任务是识别一张面孔，那么这个目标导向的信号会仅仅激活梭状回面孔区，还是会更广泛地传输，激活诸如运动区域等其他脑区？森岛阳介（Yosuke Morishima）及其同事致力于回答这些问题。

在他们设计的注意任务中，在每一个试次中给予被试一个线索，随后完成一个运动方向或面孔性别的视觉辨别任务。线索与目标刺激之间的时间间隔有两种条件：150毫秒的短间隔与1500毫秒的长间隔。刺激是一个向右或向左运动的垂直光栅，上面叠加着一张男性或女性面孔的图片。在一半试次中，在线索呈现134毫秒后使用TMS刺激额叶视区。

森岛及其同事使用的TMS的刺激水平不足以影响任务的表现，施加刺激的目的并不是改变额叶眼区中与注意相关的加工过程，而是仅仅想诱发一个从额叶眼区传到与之联系的视皮质的信号。这种使用TMS诱发的改变可以通过对相关皮质活动产生的ERP记录实现，这些皮质包括视皮质、运动加工区域（MT/V5区）以及面孔加工区域（梭状回面孔区）。

实验结果发现，当线索提示被试辨别运动方向时，TMS引起了MT/V5区活动的增强，而当线索提示被试辨别面孔性别时，同样的TMS引发了梭状回面孔区活动的增强（**图 7.43**）。因此，额叶眼区发出的神经冲动确实编码了需要完成的任务的信息，这说明背侧系统参与生成目标导向的兼任务特异性的注意控制信号。

这项研究巧妙地说明了额叶眼区作为背侧注意网络的组成部分存在对视皮质的影响。这种目标导向的影响是任务特异性的，即特定状态的注意（比如，注

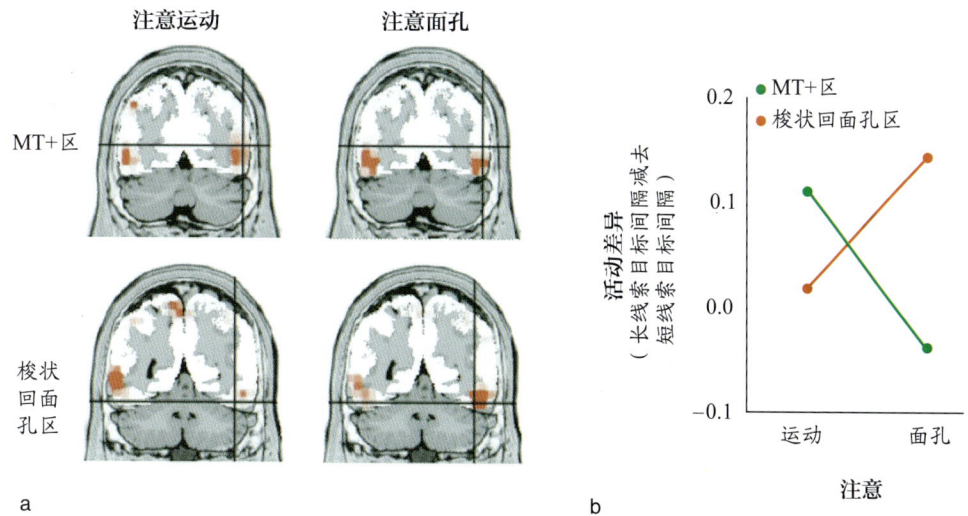

图 7.43　额叶眼区发出的神经冲动编码了需要完成的任务的信息

（a）大脑的冠状面向我们展示当被试注意运动（左）和注意面孔（右）时，对额叶眼区进行TMS产生了大脑后部的编码运动的区域（MT+区；上方的十字交叉处）和编码面孔的区域（梭状回面孔区；下方的十字交叉处）的激活。当注意运动时，MT+区表现出最大的激活；当注意面孔时，梭状回面孔区表现出了最大的激活。（b）用图表示注意运动或面孔时MT+区和梭状回面孔区被诱发的活动的差异。

意面孔或注意运动）能够提高额叶眼区与特定视觉区的功能连接。前面介绍了博斯曼和弗列斯的工作，以及这一工作如何揭示了视觉层级中不同水平的神经元（V1 区和 V4 区）通过振荡信号的神经同步性相互作用的机制。现在，我们可以提出一些问题，这种视皮质的区域间同步性是仅仅取决于其内在特性呢，还是会受到自上而下的控制信号影响？进一步说，振荡的同步性也是支撑额叶与视皮质间相互作用的重要因素吗？下面，让我们看一些实验证据。

乔治娅·格雷戈里乌（Georgia Gregoriou）、罗伯特·德西蒙及其同事（Gregoriou et al., 2009）想探究额叶眼区是不是空间注意过程中在 V4 区发生神经同步性增强效应的源头。他们在两只猴子完成内隐注意任务的过程中同时记录额叶眼区和 V4 区的峰电位和局部场电位。研究者发现，当猴子注意的刺激落在同时是额叶眼区和 V4 区的感受野的位置时，两个脑区间的振荡耦合会增强，尤其是在 γ 频段。而记录到的信号的时间信息表明，这种耦合是由额叶眼区发起的。研究者推测，γ 频段的耦合或许能够优化从一个视皮质区域到另一个的峰电位对突触后的影响，最终的结果是使得视皮质中的信息交流在注意的影响下得到提高。

来自同一个实验室的另一个研究想要探究注意不能在空间上分离的物体特征时的神经活动（Baldauf & Desimone, 2014）。在这个实验中，研究者使用的是和图 7.37a 一样的面孔─房子叠加刺激。两种刺激交替呈现，被试被提示去注意面孔或者房子，并且探测一个意外目标的出现。使用 MEG 和 fMRI 技术，研究者发现了前额叶皮质中一个特定的脑区在基于特征的注意的自上而下的控制中起着重要作用，这个脑区就是下额叶联合区（inferior frontal junction, IFJ）。与预期相一致，注意面孔会提高梭状回面孔区的知觉响应，注意房子则提高海马旁回位置区的知觉响应。

更令我们感兴趣的是，当注意面孔或房子时，在梭状回面孔区或海马旁回位置区的知觉响应增强的同时，还会产生与下额叶联合区之间的 γ 频段的同步性，而下额叶联合区似乎是这种同步性的驱动者。研究者发现，在这两个实验中发现的神经机制具有惊人的相似之处：看起来，在两者中，前额叶皮质都是自上而下的偏好信号的来源，其中额叶眼区提供了空间注意的信号，下额叶联合区提供了物体特征注意的信

号。（对额叶进行周期性刺激能否增强我们的注意，帮助我们全神贯注呢？见**专栏 7.1**）

顶叶与注意控制

位于后顶叶的顶内沟和顶上小叶是背侧注意网络中另两个重要的皮质区域（图 7.40）。顶叶与皮质下区域（例如，枕核）、额叶以及视觉通路的其他部分都有大量的神经连接。其中包含对空间的多种表征形式。那么顶叶在注意中的作用是什么呢？

许多在猴子身上进行的生理学研究发现，注意的切换与顶叶神经元活动的变化有关。每当注意指向一个刺激，灵长类动物在以这个刺激为眼跳或眼球移动的目标时（Mountcastle, 1976），以及在暗中辨别刺激特征时（Wurtz et al., 1982），其顶叶神经元的放电率都会增加。如果猴子仅仅是被动地等待试次序列中下一个试次的呈现，顶叶神经元通常不会对感受野中出现的视觉刺激表现出增强的反应（图 7.45）。

大多数以单细胞记录和功能成像方式进行的注意研究都将焦点放在顶内区，特别是猴子的顶内沟和其中叫作外侧顶内区的亚区（图 7.46）。这一区域既参与了扫视眼动，又参与了视觉空间注意。为了研究外侧顶内区神经元在视觉空间注意中的作用，詹姆斯·比斯利（James Bisley）和迈克尔·戈德堡（Michael Goldberg）在猴子完成辨别任务的同时，在其颅内记录了外侧顶内区神经元的信号（2006）。这一任务要求猴子探测所注意区域中一个刺激的属性，从而确定是否要有意识地执行一次指向注意位置的眼跳，而在实验动物内隐地注意线索提示的位置的同时，在其他地方偶尔会出现一些分心刺激。研究者比较了在存在分心物与不存在分心物的两种条件下，外侧顶内区的神经活动，并将这些结果与猴子的行为成绩（也就是它的对比度探测阈限；图 7.47）相对照。

结果发现，当需要辨别的目标特征出现在外侧顶内区神经活动较强的位置时，猴子的行为成绩最好。也就是说，如果被注意位置的神经活动最强，那么对于呈现在此注意位置的目标的行为成绩较好。但是如果有分心物出现，导致外侧顶内区中其他区域（与分心物相对应的区域）的活动水平暂时高过被注意位置，那么此时对于呈现在这个位置（在正常情况下未被注意的位置）的目标的辨别成绩更好。

专栏 7.1　科学热点
思考帽？

你早早地来到图书馆，发现一张空桌子，然后坐下来开始写论文。当图书馆里的人渐多时，在你身旁路过或坐到你身旁的同学便会干扰到你。为了继续写论文，你不得不克服各种各样的容易干扰到你的刺激。越来越多的证据表明，注意控制障碍和注意的失效往往源于额叶的功能失调。事实上，额中回（middle frontal gyrus，MFG）的活动能够预测注意被干扰刺激吸引的可能性。这个区域越活跃，注意越不容易受到干扰（Leber，2010）。如果有一顶"思考帽"，戴上就可以增强这个区域的活动，从而更好地集中注意力，听起来是不是很棒！

乔舒亚·科斯曼（Joshua Cosman）、普里亚卡·阿特雷亚（Priyaka Atreya）和杰夫·伍德曼（Geoff Woodman）认为，或许能够通过一种廉价的、便携的、神奇的工具提高人们的注意力，这种工具便是经颅直流电刺激（tDCS；见第3章），即用一个微小的电流穿过头皮和颅骨刺激大脑，大概相当于使用简单的电池和黏在头皮上的电极组合而成的自装式设备（Cosman et al., 2015）。就像电影《星球大战：最后的绝地武士》（*Star Wars: The Last Jedi*）中的场景一样，他们要求志愿者戴上一个在额叶位置放置了电极的设备，然后在不同的条件下通过刺激志愿者的大脑来抑制或激活额中回的神经活动（相对于虚假条件：没有任何刺激的控制条件）（图 7.44a）。刺激过后，被试需要完成三个区组的注意捕捉任务（图 7.44b）。

经过这样的操作之后，一些神奇的现象发生了：对额中回神经元的激活降低了实验中无关刺激对被试的干扰（被试对目标刺激的反应时更短）。而这种效应仅仅持续15分钟，即只在任务的第一个区组发现了这种效应，并且在设置的电流方向是激活额中回神经元时才有效果（图 7.44c）。但是，这种效应确实是存在的！虽然这种技术现在听起来如同科幻小说，但在未来的某一天，它或许能以一种可穿戴配件的形式实现，周期性地刺激我们来提高注意力。"思考帽"或许很快就会成真！

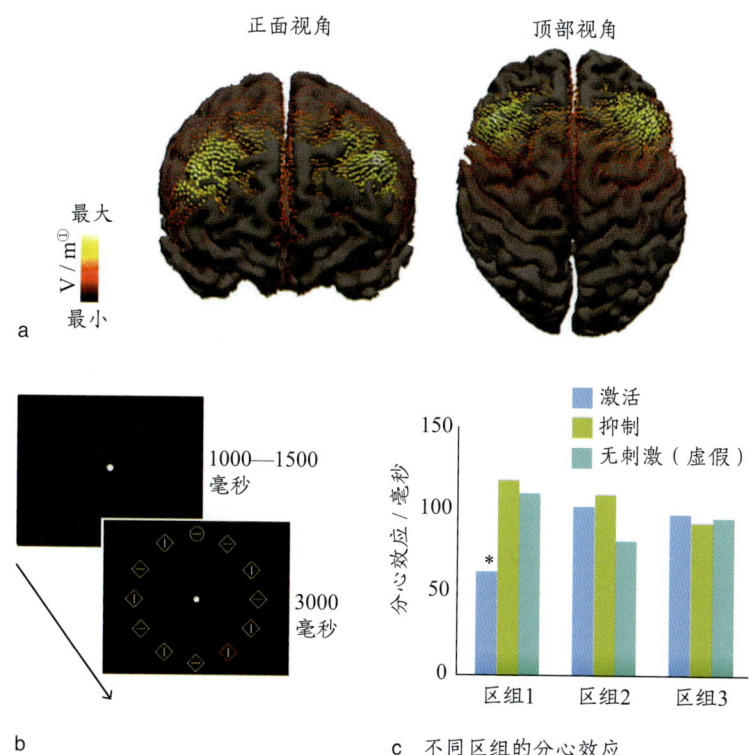

图 7.44　对大脑施加微小的电流刺激可以减少视觉中的注意分散

（a）激活刺激中估计的大脑中的电流分布。（b）志愿者的任务是在一系列物体中搜索形状不同的成员，并报告这一成员内部线条的方向。这些物体都是灰色的，在一般的试次中，其中一个物体作为分心物可能随机呈现红色、绿色、蓝色或黄色。（c）激活、抑制和虚假条件下的分心效应用存在分心物的反应时减不存在分心物的反应时（变慢的程度）来表示。激活刺激对注意的促进效应表现为分心物导致的反应时减慢效应的减小（最左边带星号的条形），意味着被试在分心物出现时的反应不像原来那么慢了。而这种促进效应只出现在第一个区组的任务中，即电刺激后的15分钟之内。

---
① 电场强度单位伏每米的符号，它与国际单位制中电场强度单位牛每库（N/C）的关系是：1V/m=1N/C。——译者注

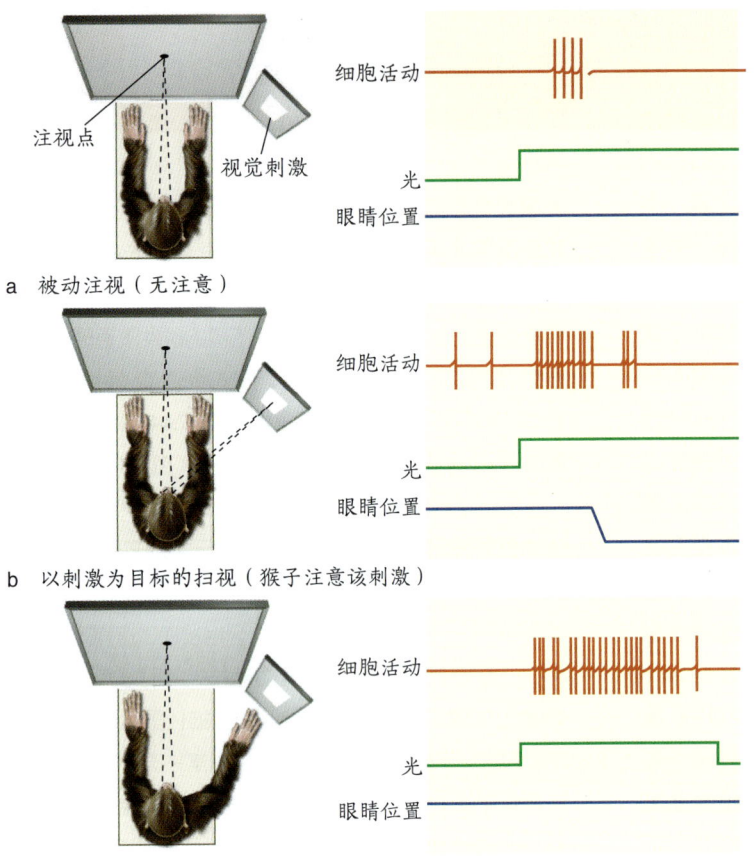

a 被动注视(无注意)

b 以刺激为目标的扫视(猴子注意该刺激)

c 伸手够目标(猴子注意该刺激)

图7.45 顶叶在视觉注意中的特性
(a)猴子被动注视,同时在外侧视野中出现一个刺激,从而在神经元中产生一定的动作电位(右)。(b)猴子此时要在目标出现时完成一个指向目标的扫视动作,这一扫视提高了神经元放电率。(c)当实验动物直视前方,同时被要求用手指向目标时,呈现的目标就被内隐地注意了,从而引起了神经元放电率的增加。因此,这个神经元是有空间选择性的——这是内隐注意存在的标志。

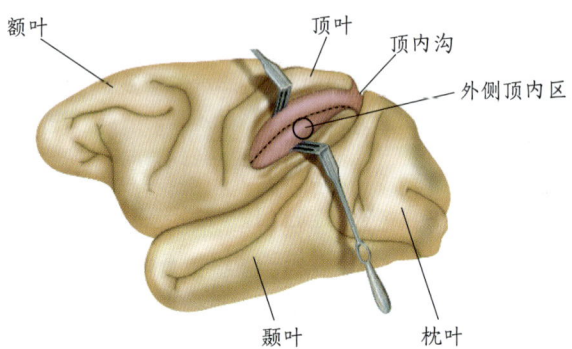

图7.46 参与视觉空间注意的顶内区
恒河猴大脑的左侧视图。图中顶叶中的顶内沟展开,显示了沟内的深层结构。其中包括了几个独立的区域,其一就是外侧顶内区。外侧顶内区中的神经元从额叶视区和上丘接收信息并向它们传递信息。人类大脑的功能成像数据显示,与猴子外侧顶内区有对等功能的人类脑区也在顶内沟中,但靠近其内侧区域。

例如,图7.47是其中一只猴子的实验结果。分心物出现后,对于在分心物位置出现的探针的辨别成绩较好(图7.47a,红线在蓝线下的部分),但是在分心物出现后的400毫秒左右(黄色阴影部分),两条线发生了交叉,可以看到在之后的部分,作为眼跳目标位置的成绩更好(蓝线变到了红线下面)。这些数据告诉我们,分心物会短暂地将注意捕获到其所在位置(图7.28),但注意随后会重新回到作为眼跳目标的位置。

这段时期的神经活动是什么样的?在图7.47b中,红线表示分心刺激诱发的神经反应,蓝线表示在受注意位置出现的眼跳目标引起的反应。当对分心物的神经反应大于对眼跳目标的反应时,猴子对分心物所在位置出现的探针的行为成绩(图7.47a)更好。但是在分心物出现后400毫秒左右,对分心物的神经反应变得低于对眼跳目标的反应,此时猴子再次变得对受注意位置出现的探针刺激的行为成绩更好。

因此,通过观察外侧顶内区的活动模式,研究者可以预测猴子的行为表现。由此推断,研究者还能够推断动物的视觉注意在某一瞬间处于什么位置。比斯列和戈德堡(Bisley & Goldberg, 2006)认为,这些

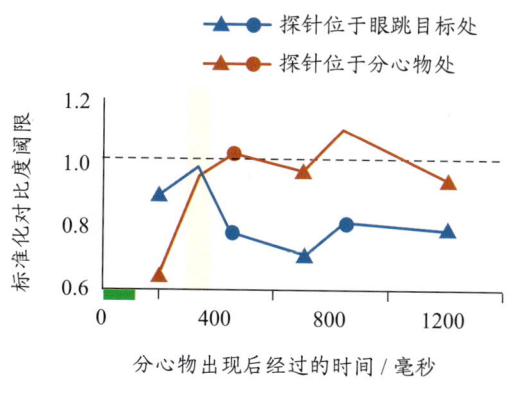
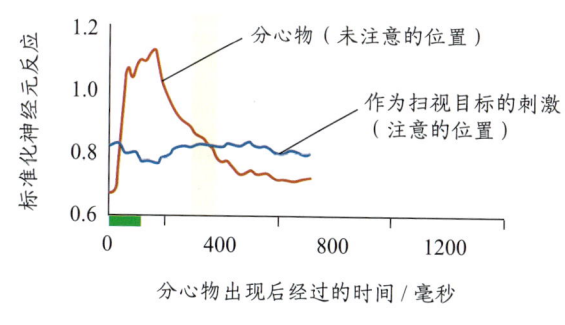

图 7.47　猴子顶叶皮质在视觉空间注意中的行为与神经水平上的注意效应

（a）一只猴子的行为表现。纵轴更低的值代表更好的行为表现，因为这说明猴子可以在更低的刺激对比度下完成对探针方向的探测。红线：探针出现在未被注意的位置，也是分心物曾经出现的位置。蓝线：探针出现在受注意的位置（也就是眼跳目标的位置）。（b）同一只猴子的神经反应。

结果证明，外侧顶内区可以提供一个关于显著性或优先级分布的地图。

一个显著性地图可以与关于刺激的不同特征（颜色、方向和运动等）的地图相结合，形成一个整合后的地图，来表示一个刺激与其所在环境相比显著的程度（Koch & Ullman，1985）。这一地图可以为眼动系统所用，当一个眼跳行为适当时（目标刺激非常显著），便会做出指向目标的眼跳；同时，视觉系统也可以利用这一地图来决定要注意的位置。因此，外侧顶内区作为顶叶皮质区域以及背侧注意系统的一部分，似乎专注于物体的位置以及物体的显著性。现在，将我们的注意转向腹侧注意网络。

腹侧注意网络

到目前为止，我们已经知道，背侧注意网络参与和当前行为的目标相关的物体的注意过程。但不能忽视的是，我们有时也会被与当前目标无关的刺激吸引。当你集中精神阅读和理解本章内容时，如果火灾警报器被触发了，你的注意当然会被警报声吸引。根据科尔贝塔及其同事的研究，这种对显著的、预期之外的或者新异的刺激做出反应的神经基础是**腹侧注意网络**。当背侧注意系统帮助你将注意维持在这本书上时，腹侧注意系统也在时刻保持警戒，并在任何感觉通道中检测到显著刺激的时候接管注意的控制权。

科尔贝塔以在忽视病人身上发现的现象为出发点：当线索提示了与忽视病人的大脑损伤（右半球）相对的视野（左视野）中的位置时，病人能够探测到在其中出现的视觉刺激，而如果病人的注意集中在另一侧视野（右视野），那么他们对于在损伤脑区的对侧视野中出现的刺激的反应会变慢，甚至无法探测到刺激。病人的结构成像显示，在后部皮质，这种病变集中在颞顶联合区（temporoparietal junction，TPJ），这一区域位于下顶叶与上颞叶后部的交界处；在前部皮质，病变通常位于额下回和额中回上与背侧注意网络较近的腹侧区域（图 7.48a）。这些结果提示，位于右半球的更靠近腹侧的区域可能组成一个对于将注意转向预期之外的刺激有关键作用的网络。

为了验证这个模型，科尔贝塔及其同事（Corbetta et al.，2000）做了一个以健康人类为被试的 fMRI 实验。他们使用的是先前所介绍的空间线索范式（图 7.15）。在这一范式中，线索指向的位置是刺激最容易出现的位置，当然偶尔也可能是错误的，这时就要求被试将他们的注意重新定向，来加工出现在预期之外位置的刺激。结果发现，出现在预期之外位置的刺激激活了颞顶联合区；而事实上，颞顶联合区对于出现在左视野或右视野的新异刺激的反应是一样的。而对于更背侧的顶内沟，在刺激呈现之前，对被提示位置的持续注意才能够引起激活。这些结果告诉我们，顶叶的不同区域以及相关皮质区域分别参与调控不同的注意特性。

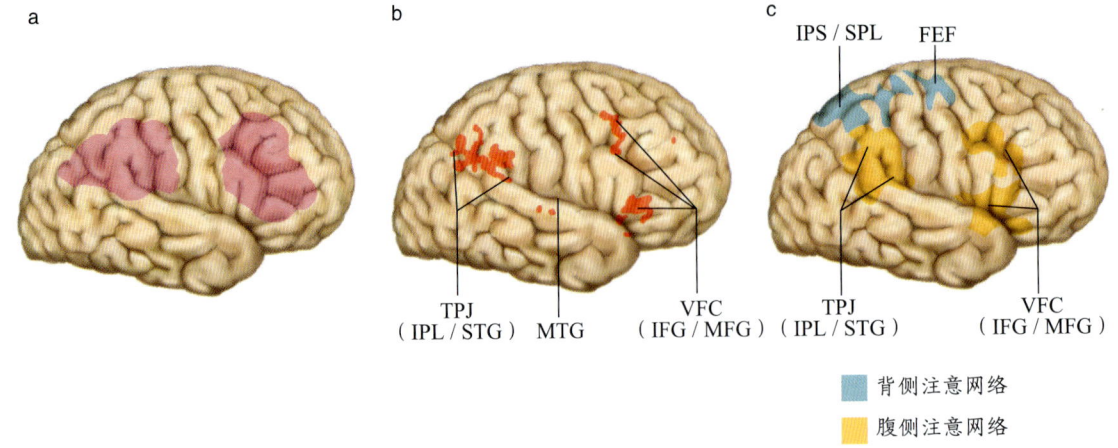

图 7.48　参与新异刺激探测和注意重定向的大脑区域
（a）从神经病学和神经心理学研究中得知，这些脑区的损伤会引起忽视。（b）这一右半球视图展示了在一个线索无效（线索没有正确地预测目标出现的位置）的试次中激活的脑区，包括颞顶联合区（TPJ）、颞中回（middle temporal gyrus, MTG）和腹侧额叶皮质（ventral frontal cortex, VFC）。（c）同时展示两个注意网络（依据 fMRI 研究的结果）。蓝色区域是背侧注意网络；黄色是右侧的腹侧注意网络。FEF= 额叶眼区（frontal eye field），IFG= 额下回（inferior frontal gyrus），IPL= 顶下小叶（inferior parietal lobule），IPS= 顶内沟（intraparietal sulcus），MFG= 额中回（middle frontal gyrus），SPL= 顶上小叶（superior parietal lobule），STG= 颞上回（superior temporal gyrus）。

该研究组所做的其他成像研究确定了我们现在所说的腹侧注意网络。这一网络明显偏向右半球，包括颞顶联合区和腹侧额叶的额中回和额下回（图 7.48b）。有的研究者喜欢将腹侧注意系统的活动比作电路断路器，能够打断目标导向的背侧网络所建立的注意集中。

当然，背侧与腹侧注意网络之间也存在相互作用（图 7.48c）。科尔贝塔及其同事提出，背侧注意网络以及其顶叶中的显著性地图为颞顶联合区提供了刺激的行为意义上的信息，例如视觉显著性。总之，背侧与腹侧注意网络相互协作来确保注意总是以行为意义上的信息为依据。其中，背侧注意网络将注意指向有意义的位置与可能出现的目标，而背侧注意网络在显著的、预期之外的或新异的刺激出现时发出信号，使我们能够将注意重新定向。

注意控制网络中的皮质下结构

我们对于注意控制的皮质机制的讨论在很大程度上受到了脑损伤病人（比如忽视病人）的启发。众所周知，除了皮质结构的损伤，皮质下结构的损伤也会导致注意机能的损害（Rafal & Posner, 1987）与临床上的忽视（Karnath et al., 2004）。有哪些皮质下结构在注意控制与感觉皮质的选择性上起到了重要作用呢？它们又如何参与形成我们的注意能力呢？

上丘

上丘是由许多层神经元组成的中脑结构，接收视网膜和其他感觉系统以及基底神经节和大脑皮质的直接输入。就第 2 章所介绍的，在中脑的每一侧都有一个上丘，每个上丘主要接收来自对侧空间的输入。上丘向丘脑和运动系统投射多个输出信号来控制眼动以改变外显注意的焦点。因为外显注意和内隐注意一定是相关的，所以长期以来，许多研究者都致力于探究上丘在内隐注意中的作用。

在 20 世纪 70 年代早期，罗伯特·武尔茨（Robert Wurtz）及其同事发现在上丘中有一些视觉响应神经元，这些细胞的激活取决于猴子对刺激的反应。仅当猴子既要注意刺激出现的位置又要准备做出指向目标的眼动时，这些神经元才会表现出发放率的增加。这样的发现提示我们，上丘的神经元没有参与自发的视觉选择注意本身，而是仅仅成了眼动系统的一部分，参与了指向某一位置的外显眼动的准备过程，但没有参与视觉注意的内隐机制。事实上，上丘中的部分神经元确实是这样的，但不是所有的神经元都是这样的。

德西蒙及其同事（Desimone et al., 1990）在猴子

完成目标辨别任务的过程中使用神经元减活化的方法研究了上丘在注意中的作用。他们向目标刺激出现位置的感受野所对应的上丘中的局部区域注射一种 γ - 氨基丁酸的激动剂，它可以抑制神经的发放。他们发现，对上丘的局部区域的减活化降低了猴子分辨指定目标的成绩，但这种成绩的下降只在视野中还存在一个分心刺激的时候才会出现。这一结果模式不由地让我们思索，上丘可能不仅参与对外显眼动的准备，也的确参与了内隐的注意（在存在注意分散的情况下）。

威廉·纽瑟姆（William Newsome）及其同事（Müller et al., 2005）做了一个更为直接的实验，他们使用的方法是电极微刺激。他们训练猴子在大量闪烁的光点中探测并指出一小块光点的运动方向。随后，研究者将电极插入猴子的上丘，局部性地刺激其中的神经元。如果他们给予一个较大的电流刺激，超过了引发外显的眼动的阈限，那么研究者就可以观察眼动的位置（使用眼动追踪技术），从而判断受刺激的神经细胞所编码的视觉空间区域。（每一个上丘都包含一个反映对侧视野的地形图。）如果给予一个较小的、阈限下的刺激，那么这些神经元会得到激活但不会诱发眼动。

研究者推测，如果阈限下刺激能够模仿内隐注意对神经元的作用，那么他们应该可以观察到猴子在这些神经元编码的位置上对运动目标的辨别成绩应该优于其他位置（或者说优于不施加刺激的情况）。而这也正是他们所观察到的：当刺激与运动目标所在的视野位置相对应的上丘中的区域时，猴子辨别运动方向（左还是右）的成绩得到了提高。似乎电刺激引起了空间注意向特定空间位置的转移。

塔加斯和德西蒙（Gattas & Desimone, 2014）使用一个不同的任务重复了这样的实验结果，并且发现上丘的表层在其中起着更为关键的作用（深层更多地参与眼跳运动）。除此之外还发现，当训练猴子注意一个刺激而忽略视野中其他位置出现的分心物时，刺激上丘中与本应忽略的分心物的位置所对应的神经元会引起注意向分心物的转移。

在人类实验中，功能成像发现，上丘在空间注意的过程中得到激活。例如，有研究者发现，当被试将内隐的空间注意指向引导注意的线索时，上丘以及背侧注意网络的结构得到了激活（Xuan et al., 2016）。对上丘损伤病人的实验研究也表明，上丘与内隐注意机制存在因果关系。

病人因为上丘退化所引发的疾病称作进行性核上性麻痹（progressive supranuclear palsy, PSP）。在线索注意范式中，病人表现出将注意转移到线索上的困难，并对线索提示的目标的反应变慢（尤其是在竖直方向上的；Rafal et al., 1988）。这样的行为模式不同于那些由于皮质损伤而导致忽视的病人；对于后者，他们在线索注意任务中表现出的主要缺陷是，当线索指向其他位置时，他们对出现的、未被提示的刺激的反应变慢（与右半球腹侧注意系统受损一致）。

最后，上丘看起来也参与视觉搜索中的抑制加工。这种联系在一位仅仅损伤了一个上丘的病人身上得到了证实（Sapir et al., 1999）。对输入到该病人损伤丘脑的信号的返回抑制效应降低了。然而，尽管上丘参与返回抑制的形成，但它的激活似乎依赖与发生返回抑制的位点同侧的大脑半球的额叶眼区和顶叶皮质（背侧网络的一部分）的输入（Ro et al., 2003）。总的来看，对动物和人类的实验结果都证明上丘参与大脑中的注意控制机制。

丘脑枕核

从上丘传出的信号可到达很多地方，其中一个就是枕核下部。位于丘脑后部区域的**枕核**（图 7.49）由若干结构分明的亚核组成，每一个亚核都与皮质区域有着特殊的输入和输出联系。例如，顶叶皮质与背内侧枕核有直接的联系，但与腹外侧枕核（ventrolateral pulvinar, VLP）没有。同样地，腹侧通路的视觉区域 V1 区、V2 区、V4 区和颞下回依地形规则将信号投射到腹外侧枕核，腹外侧枕核也同样投射信号到这些视觉区域，从而形成枕核—皮质环路。这些亚核中的每一个都执行着不同的功能（Petersen et al., 1985），但有些还不够清楚。

枕核中包含一些视觉响应神经元，具有颜色、运动和方向的选择性，但并不认为它是视觉层级中视网膜—膝状体—纹状皮质通路的一部分。这是因为，相比于如同继电器般连接视网膜和初级视皮质的丘脑外侧膝状体核，枕核并不接收视网膜的直接输入。但是，上丘接收视网膜的输入，枕核再接收来自上丘的视觉输入，随后同样是这些枕核的神经元再将信号直接投射到特定的皮质区域，比如运动区域 MT 区。当刺激是眼动的目标或没有眼动但刺激受到注意时，枕核的

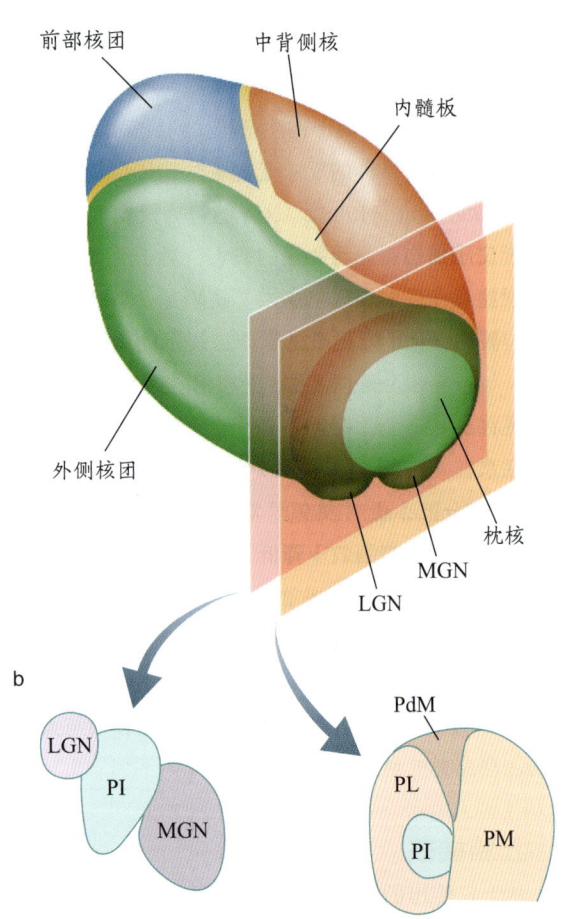

图 7.49 丘脑及其中枕核的解剖学图示

(a) 这幅图是整个左丘脑，其中标示出了主要神经核团的划分，以及视觉外侧膝状体（LGN）和听觉内侧膝状体（MGN）与枕核之间的关系。(b) 这些枕核前部的截面图中画出了外侧膝状体和内侧膝状体，在更靠后的一些层中还有枕核外侧（PL）、背内侧（PdM）、内部（PM）及下侧（PI）的亚结构。

活动会增强。因此，这一结构可能既参与了随意注意，又参与了反射性注意。

为了回答枕核是否以及是如何在注意控制中发挥作用的，史蒂夫·彼得森、戴维·李·鲁宾逊（David Lee Robinson）及其同事研究了背内侧枕核的细胞，这些细胞与顶叶皮质存在着联系（Petersen et al., 1987, 1992）。蝇蕈醇是一种 γ-氨基丁酸激动剂，可以暂时抑制神经活动，研究者将蝇蕈醇注射到猴子的枕核来探究枕核的失活对动物注意力的影响（图 7.50）。结果发现，注射之后，猴子的感觉加工没有受到影响，但在将注意内隐地转向位于对侧视野中相应位置的刺激时会存在困难，同时也难以忽略分心物的信息。当在视野中呈现分心物时，猴子对颜色或形状的辨别出现了困难。

这些注意功能的损伤与顶叶减活化后所观察到的现象相似。彼得森及其同事还发现，当注射 γ-氨基丁酸拮抗剂荷包牡丹碱时，猴子更容易地将它们的注意内隐地转移到对侧视野的目标上。可见，背内侧枕核的细胞在内隐空间注意与刺激的筛选中起重要作用，这大概是通过它与顶叶中属于背侧注意控制网络的部分区域的相互作用来实现的。

在一般情况下，这些发现也与在背侧枕核受损的病人身上发现的现象一致，他们在将注意指向被提示位置上存在困难。相比于正常的被试，对于在损伤对侧的视野中呈现的目标，不论是有效线索条件下的目标还是无效线索条件下的目标，病人的反应时都更长。这种结果与那些顶叶下侧和颞顶联合区损伤的病人的表现形成了对照，后者主要的障碍是对于在对侧视野中出现的无效线索条件下的目标的反应时大大延长，而在线索有效条件下的反应时没有显著延长（图 7.51）。

枕核的其他位置也参与视皮质的注意调控。尤里·扎尔曼（Yuri Saalmann）、萨拜因·卡斯特纳及其同事（Saalmann et al., 2012）就对腹外侧枕核以及它参与的高级视皮质 V4 区与颞枕区（temporo-occipital area, TEO；腹侧视觉通路中位于 V4 区之前的高级视觉区域）之间的前馈和反馈连接环路十分感兴趣（图 7.52）。

正因为腹外侧枕核具有与腹侧视觉通路的双向连接，研究者推测，腹外侧枕核可能参与了选择性注意过程中视皮质的同步化加工。他们在猴子身上进行了实验，并首次运用扩散张量成像的方法辨别枕核中与 V4 区和颞枕区有结构上的相互联系的脑区。然后，他们在猴子完成一个线索空间注意任务的过程中同时记录了这三个结构的单细胞电位和局部场电位。研究者发现，编码被线索提示位置的腹外侧枕核神经元在从线索呈现到目标呈现的区间以及目标出现后，都表现出了更高的放电率。他们还发现，在注意集中时，枕核神经元之间的同步性得到了提高。

研究者想要知道枕核的这种活动是否影响了视皮质中对被注意信息和被忽略信息的加工。为了回答这个问题，他们认为，因为枕核有与 V4 区和颞枕区的

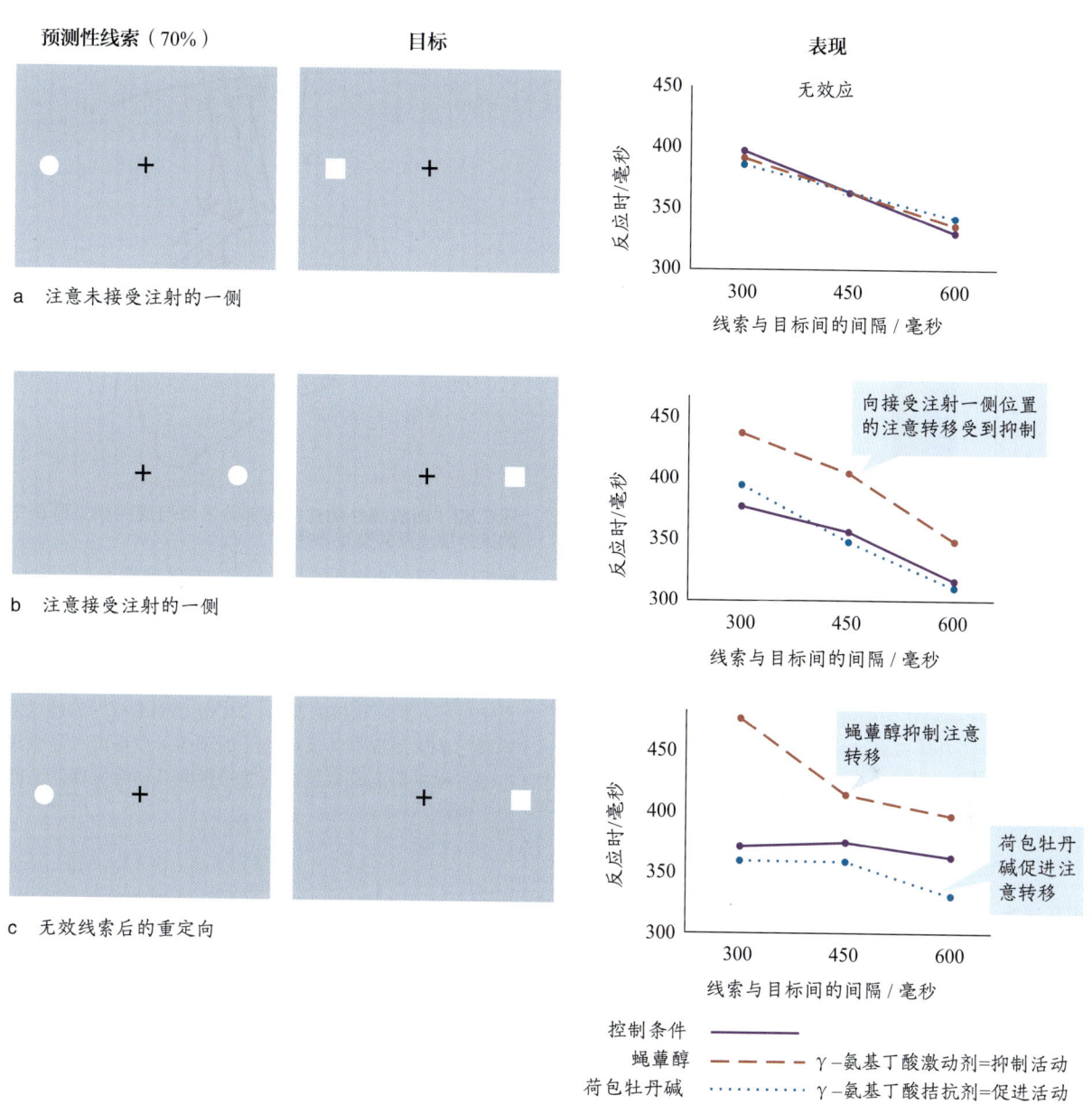

图 7.50 枕核的左侧背内侧区域被注射 γ- 氨基丁酸激动剂与拮抗剂后的行为效应

试次的类型——外周预测线索（左列）与目标（中列）——对应右侧呈现的数据。测量指标是在不同线索 – 目标呈现的时间间隔（毫秒）的条件下探测目标的反应时。(a) 当猴子需要将注意转向未接受注射的一侧枕核对应的视野时，成绩不受到药物影响。(b) 当猴子需要将注意转向接受注射的一侧枕核对应的视野时，蝇蕈醇导致的减活化使得猴子的反应时变长。(c) 荷包牡丹碱对神经元的易化作用使得当猴子因为刺激的无效性而需要将注意重新定向到接受注射一侧枕核对应的视野时，反应时变短。

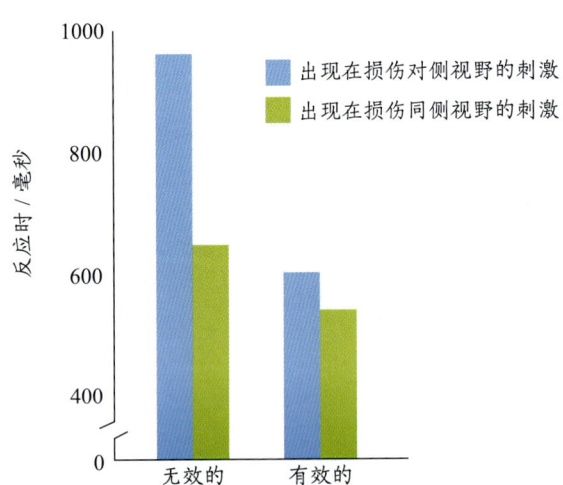

图 7.51 顶叶皮质单侧损伤的病人类似对消的反应时模式

病人对于损伤对侧视野中出现的有效线索条件下的目标的反应时是相对正常的：虽然相比于健康被试，反应时较长；但相比于损伤同侧视野出现的有效线索，反应并没有慢多少。但是当被试被提示去注意损伤同侧视野（比如右侧视野相对于右侧顶叶），而目标出现在对侧视野时（无效线索的试次），他们的反应显著地慢了下来。

相互连接，所以可以通过记录这些区域的局部场电位来寻找注意影响从 V4 区到颞枕区的同步性的证据。结果发现同步性在 α 频段（8—15 赫）和 30—60 赫的 γ 频段得到了增强（图 7.53）。进一步的分析提供了更加引人注目的证据：枕核根据空间注意的方向调控皮质区域间的同步性。

周晖晖（Huihui Zhou）、罗伯特·谢弗（Robert Schafer）和罗伯特·德西蒙（Zhou, Schafer, & Desimone, 2016）通过使用蝇蕈醇可逆性地减活腹外侧枕核，来直接检验腹外侧枕核对皮质活动的影响。然后他们在猴子完成空间注意任务时记录与受影响的视野或未受影响的视野所对应的 V4 区和颞下神经元在减活前或减活后的神经活动，以检验腹外侧枕核的

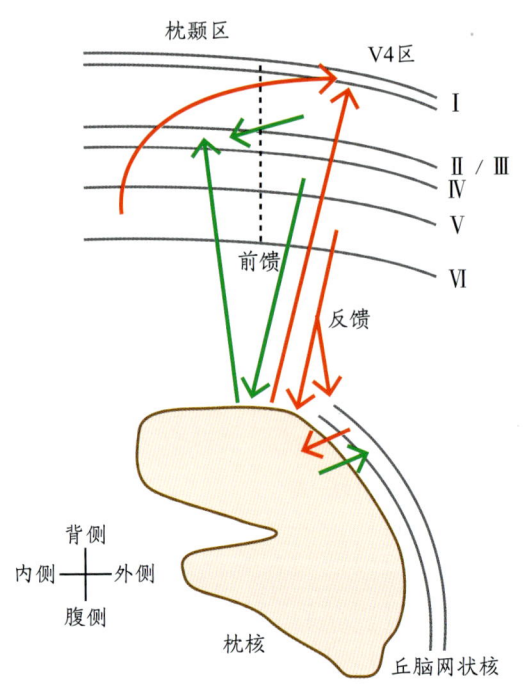

图 7.52 图解腹外侧枕核的部分区域与腹侧视觉通路中的纹外视皮质的交互作用

数字 Ⅰ—Ⅵ 代表皮质的不同层次。前馈连接（绿色箭头）包括直接的皮质与皮质间的连接、皮质到枕核的连接，以及枕核到皮质的连接。反馈连接（红色箭头）包括皮质与皮质间的连接、枕核到皮质的连接，以及皮质深层到枕核和丘脑网状核的连接。从 V4 区到颞枕区的感觉信号既可能受到皮质间反馈信号的调控，也可能在注意集中的过程中因为来自枕核的信号影响了神经振荡活动而受到调控。

作用。他们发现，对于没有受到蝇蕈醇影响的位点，猴子的任务表现没有什么变化。但是在受到枕核减活影响的空间区域，猴子的行为表现明显受损。研究者还发现，枕核的失活降低了注意带来的神经同步化效应。这样的发现为我们之前的观点提供了额外的证据，即枕核通过协调腹侧视觉通路中相互连接的脑区间的同步性活动而在注意控制中起关键作用。

根据我们了解的背侧注意网络（额叶和顶叶皮质）在自上而下的注意控制中的作用，这些有关枕核的研究提示，额叶与顶叶皮质是通过与枕核的相互作用来实现在感觉加工中的控制的。然而，皮质自上而下的注意控制与枕核之间的交互作用的更精确的神经机制仍不明确。

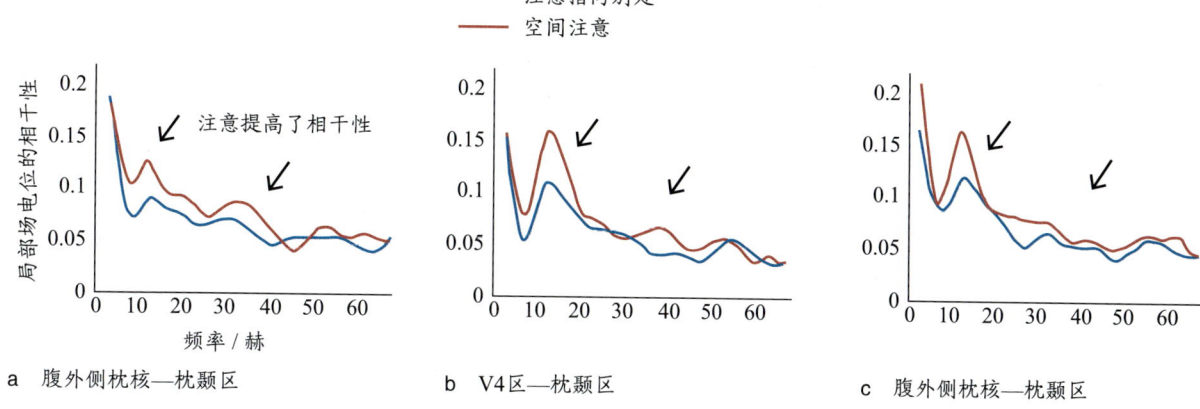

图 7.53　注意过程中信号的同步性

在猴子身上记录的局部场电位的相干性，红线代表注意位于与这些神经元的感受野相一致的位置，蓝线代表注意在感受野之外。这些图表示在腹外侧枕核与颞枕区之间（a）、V4 区与颞枕区之间（b）以及腹外侧枕核与 V4 区之间（c），注意对相干性的影响。对于相互连接的区域之间（视皮质与枕核），空间注意引起低频的 α 段（8—15 赫）与高频的 γ 段（30—60 赫）的相干性的提高。进一步的分析表明，枕核是控制影响的源头，使得腹侧视觉通路中与注意相关的神经同步性增加。

关键信息

- 目前的证据支持有两种不同的额顶皮质系统在注意定向的过程中负责不同的注意控制职能：背侧注意网络主要负责注意定向，而腹侧注意网络主要负责非空间注意和警觉。这两个系统相互影响并协作产生正常的注意行为。
- 背侧额顶注意网络是双边的，包括额上皮质、顶下皮质（位于后顶叶）、颞上皮质，以及部分后扣带皮质和脑岛。
- 腹侧网络具有明显的偏侧化，主要位于右半球，包括颞顶联合区的后顶叶皮质，以及由额下回和额中回组成的腹侧额叶。
- 除此之外，还有包括上丘和丘脑枕核的皮质下网络。

概 要

在这一章中，我们关注的是注意机制中的一些重要方面，我们检验了目标导向的、自上而下的注意控制系统，以及它是如何影响我们的知觉加工过程的。我们还探究了注意是如何被感觉世界中的事件所捕获的。我们发现，参与注意控制的是成分布式但高度特异化的大脑系统。通过结合注意理论、实验和认知心理学的发现，以及在健康被试或脑损伤病人身上使用的神经生理学方法，我们对于这些系统的作用及局限性的认识也越来越明晰了。

负责注意控制的系统包括部分顶叶、颞叶、额叶和皮质下结构；这些组成注意控制的源头。我们将视觉加工作为注意影响的例子，发现视觉区的神经元在分析和编码知觉信息的时候，注意控制系统能够调控这些神经元的活动，这种调控还受到了它们之间的关联性影响。这些受注意影响的区域是选择性注意作用的位点。

我们不再纠结于选择性注意的机制是一个早选过程还是晚选择过程，因为现在我们知道注意可以对多个加工阶段起作用，甚至包括感觉通路中皮质下的阶段。令人感兴趣的事实是，无论是在它们发生的时候还是后来被我们回忆时，那些冲击我们感受器的物理刺激可能不会进入我们的意识。刺激显著性与目标导向的注意的相互作用决定了哪些输入会到达意识层面，哪些不会。

多种多样的注意现象需要许多大脑运算和大脑机制的支撑。当这些支撑遭受疾病或伤害时，后果对于个体来说可能是毁灭性的。认知神经科学正在大力挖掘这些现象的生理和计算基础，既是为了对健康大脑的功能有一个更完整的认识，也希望阐明如何改善各种形式的注意缺陷。

关 键 术 语

背侧注意网络（dorsal attention network，p.298）
单侧空间忽视（unilateral spatial neglect，p.268）
对消（extinction，p.269）
反射性线索（reflexive cuing，p.285）
反射性注意（reflexive attention，p.271）
返回抑制 [inhibition of return（IOR），p.286]
腹侧注意网络（ventral attention network，p.305）
忽视（neglect，p.268）
唤醒（arousal，p.266）
内隐注意（covert attention，p.272）
内源性线索（endogenous cuing，p.275）
内源性注意（endogenous attention，p.271）
瓶颈（bottlenecks，p.273）

丘脑网状核 [thalamic reticular nucleus（TRN），p.284]
上丘（superior colliculus，p.306）
视觉搜索（visual search，p.287）
外显注意（overt attention，p.272）
外源性线索（exogenous cuing，p.285）
外源性注意（exogenous attention，p.271.）
晚选择（late selection，p.274）
选择性注意（selective attention，p.266）
有意注意（voluntary attention，p.271）
早选择（early selection，p.274）
枕核（pulvinar，p.307）
注意的特征整合理论（feature integration theory of attention，p.288）

思 考 题

1. 我们能够知觉到所有刺激视网膜的东西吗？那些刺激了我们感受器却没有被知觉到的刺激到哪里去了？
2. 当我们主动地集中注意时所涉及的脑机制与注意被一个感觉事件（如亮光一闪）捕获时涉及的脑机制一样吗？
3. 脑损伤所导致的忽视是知觉的缺陷、注意的缺陷，还是觉知的缺陷？
4. 对比视皮质与顶叶中单个神经元是如何受注意影响的。这些差异可以对应到注意控制与注意选择的区别上吗？
5. 什么样的大脑网络支撑着对注意焦点的自上而下的控制？这些自上而下的影响可能如何在注意的参与下改变相互连接的感觉皮质区域加工信息的方式？

推荐阅读

Briggs, F., Mangun, G. R., & Usrey, W. M. (2013). Attention enhances synaptic efficacy and the signal-to-noise ratio in neural circuits. *Nature, 499*(7459), 476–480. doi:10.1038/nature12276

Corbetta, M., & Shulman, G. L. (2011). Spatial neglect and attention networks. *Annual Review of Neuroscience, 34*, 569–599.

Hillis, A. E. (2006). Neurobiology of unilateral spatial neglect. *Neuroscientist, 12*, 153–163.

Luck, S. J., Woodman, G. F., & Vogel, E. K. (2000). Event-related potential studies of attention. *Trends in Cognitive Sciences, 4*(11), 432–440.

Mangun, G. R. (2012). *The neuroscience of attention: Attentional control and selection.*

Moore, T. (2006). The neurobiology of visual attention: Finding sources. *Current Opinion in Neurobiology, 16*, 1–7.

Posner, M. (2011). *Attention in a social world.* New York: Oxford University Press.

Posner, M. (2012). *Cognitive neuroscience of attention* (2nd ed.). New York: Guilford Press.

Rees, G., Kreiman, G., & Koch, C. (2002). Neural correlates of consciousness in humans. *Nature Reviews Neuroscience, 5*, 495–501.

Wolfe, J. M. & Horowitz, T. S. (2004). What attributes guide the deployment of visual attention and how do they do it? *Nature Reviews Neuroscience, 5*, 495–501.

一生之计在于行动,而非空想。
——查尔斯·谢林顿(Charles Sherrington)

第 8 章
运　　动

1982年7月，在美国加利福尼亚州圣何塞医院急诊室里，医生们感到非常困惑。4名26—42岁的来自不同医院的病人都表现出了相同的症状：虽然他们意识清醒，但都基本上不能活动。他们无法说话、没有面部表情并且手臂极度僵硬，就好像被美杜莎之眼石化了似的。这些症状似乎指向一种未知的疾病，而且这种疾病发作得很迅速。医生们知道必须尽快采取行动；但没有明确的诊断就不能开具处方。

病人的朋友和家人提供了一条重要线索：他们都是海洛因吸食者。然而，他们的症状与大剂量吸食海洛因无关。海洛因是一种强力的中枢神经系统抑制剂，通常会导致肌肉松弛，而不是肌肉僵硬。没有人见过海洛因过量会产生这些影响，这些症状也不像是其他常见毒品引起的。此外，病人的吸毒同伙证实，这种海洛因会在注射部位引起意料之外的灼烧感，引发视力模糊，口腔中有金属味，最令人不安的是，还会立即引发四肢抽搐。

斯坦福大学的神经科学家威廉·兰斯顿（William Langston, 1984）感到震惊，因为这些病人的症状与晚期帕金森病病人的症状非常相似。帕金森病的症状主要表现为肌肉僵硬、姿势紊乱和运动障碍（不能产生自主动作）（图8.1a）。实际上，这些病人的症状完全符合帕金森病，只是他们的年龄更小，并且症状发作更快。帕金森病的发作是渐进的，45岁以下的人很少表现出临床症状。然而，这些海洛因吸食者在几天之内就出现了晚期帕金森病的症状。兰斯顿怀疑，这些病人注射了一种新的合成毒品，这种毒品被当作海洛因贩卖，会诱发帕金森病的急性发作。

这个诊断是正确的。帕金森病由大脑黑质区域的细胞死亡引起。这些细胞是神经递质多巴胺的主要来源。兰斯顿在CT和MRI扫描中没有发现任何结构损伤，但随后的PET研究证实了病人的多巴胺代谢能力低下。兰斯顿采用了帕金森病的一般性治疗手段，服用左旋多巴（一种人工合成的类多巴胺药物，对于补偿内源性多巴胺缺失非常有效）。病人的症状立即得到了缓解：他们的肌肉松弛下来，可以进行有限的活动。然而，这一事件最终给他们留下了永久的脑损伤和帕金森病的症状（图8.1b）。

这一事件对病人而言无疑是悲惨的，但它也引领了一项重大的科学进展。"受污染的海洛因"是一种未知的物质，与真正的海洛因几乎没有相似之处，在结构上与杜冷丁相似（杜冷丁是一种能引起吸食海洛因感觉的合成类阿片物质）。根据其化学结构，这种物质被命名为MPTP。[①]

实验室研究表明，MPTP会选择性地毒杀多巴胺能细胞，这引领了基底神经节医学研究和帕金森病治疗的巨大飞跃。在发现这种毒品之前，在非人类物种中很难诱发帕金森病。其他灵长类动物不会自然地发展出帕金森病，这可能是因为它们的预期寿命比人类

> **大问题**
>
> - 我们如何选择、计划和执行动作？
> - 在感觉运动网络中，是什么（皮质或皮质下的）计算机制在支持协调性动作的产生？
> - 基于对动作神经表征的理解，如何才能帮助那些无法自如地控制身体的人？
> - 自身产生动作的能力与理解他人动作意图的能力有什么关联？

---
① 英文全称是 1-methyl-4-phenyl-1,2,3,6-tetrahydropyridine，中文全称是 1-甲基-4-苯基-1，2，3，6-四氢吡啶。——译者注

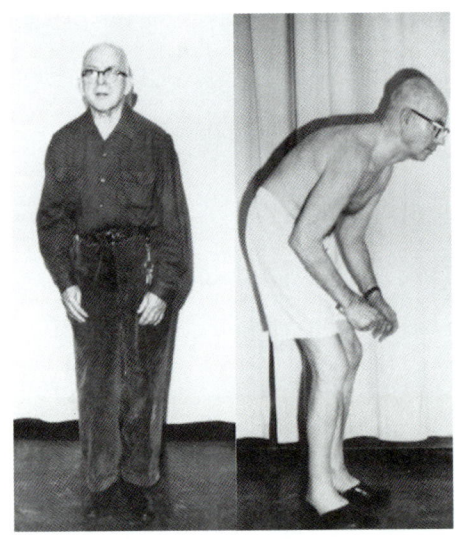

图8.1 帕金森病影响了身体姿态，同时也影响自主动作的产生和动作灵活性

（a）这位男士患帕金森病多年，已经不能保持直立的身体姿态了。（b）这些人在摄入MPTP毒品之后，在20—30岁就表现出了帕金森病的症状。他们缺失了面部表情（包括眨眼），这让帕金森病的病人看上去好像被冻住了一样。

短，而且黑质在脑干中的位置刁钻，很难用传统方法造成损伤。通过让动物摄入MPTP，研究人员可以破坏黑质，创造出帕金森病的动物模型。在过去30年里，这些发现有效地推动了帕金森病的新治疗方案的发展。

帕金森病只是影响我们协调运动能力的众多神经系统疾病之一。不同于感知或注意等内部过程，运动系统的输出可以从我们的动作中直接观察到，这使得神经病学家更容易对运动障碍进行鉴别诊断。例如，帕金森病的症状明显不同于运动皮质卒中或小脑退化相关的症状。这些多样化的运动系统损伤也提示，动作控制涉及大脑皮质和皮质下结构的分布式脑网络。

本章首先从运动系统的解剖结构开始，概述运动系统的组织。然后从认知神经科学的角度展现运动系统的全景图，重点关注运动系统面临的计算问题：运动神经元编码了什么？运动目标如何表征？如何计划和选择动作？这一章有很多关于运动障碍的讨论，这可以帮助我们了解大脑特定区域的功能及其功能异常的后果；其中还会概述针对这些疾病的新治疗方法。最后将介绍运动的学习和专长。

8.1 运动结构的解剖和控制

为了理解运动控制，我们需要关注大脑皮质背侧大部分的组织和功能，包括皮质下的大部分区域。一个自称为"运动沙文主义者"的人——丹尼尔·沃珀特（Daniel Wolpert）声称：我们拥有大脑的唯一原因就是为了运动。可以肯定的是，额叶相关区域应该包括在"动作的解剖结构"中（见第12章中关于前额叶皮质与复杂动作的讨论）。

与知觉类似，我们可以通过一个层级组织来描述运动系统（S. H. Scott, 2004）。该层级的最底层以脊髓为中心（图8.2）。来自脊髓的轴突提供了神经系统和肌肉之间的接触点，在这里，来自身体的传入感觉信号传递给脊髓中的上行神经元，来自下行脊髓运动神经元的传出运动信号传递到肌肉。我们在下文中会看到，这个脊髓环路能够产生简单的反射性运动。

层级结构的顶端是将抽象意图和目标转化为实际动作模式的皮质区域。这些区域内的加工过程对动作计划（符合个人当前目标、感知输入和过去经验的动作计划）至关重要。初级运动皮质和脑干结构处于脊髓和相关脑区之间，在小脑和基底神经节的辅助下，初级运动皮质和脑干将上述动作模式转换为对肌肉的指令。

正是由于这一层级性结构的存在，运动系统中不同层级的损伤对运动产生的影响也有所不同。本节将结合解剖学讨论特定区域的病变所引起的运动缺陷。我们将从解剖层级的底部开始，一直到顶部。

解剖定位

动作的解剖结构

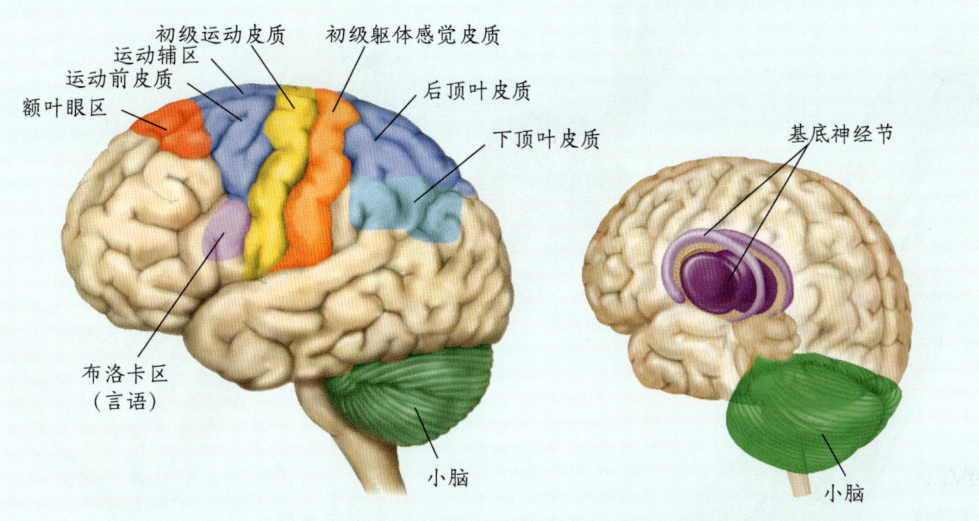

很多皮质区域参与动作的计划、控制和执行。此外,运动系统的两个主要皮质下结构是小脑和基底神经节。

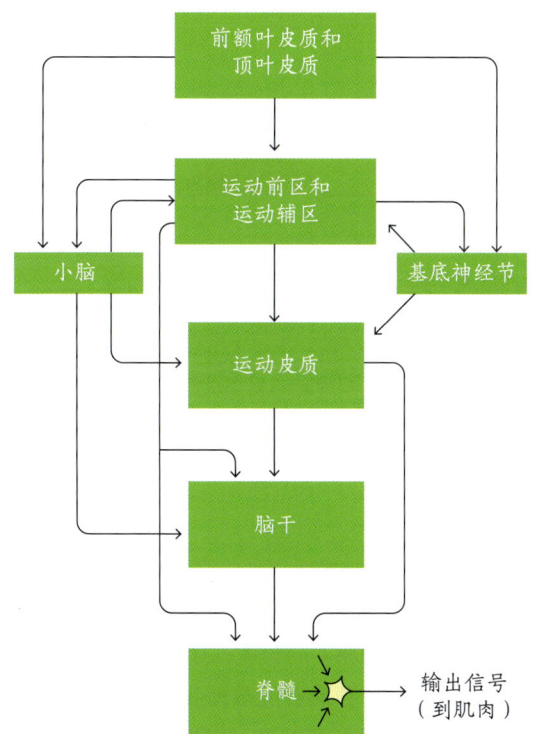

图 8.2　运动通路概览
所有手臂和腿部的神经连接都源于脊髓。脊髓信号受到脑干和各皮质区域输入的影响,而脑干和各皮质区域的活动又受到小脑和基底神经节的调节。因此,"控制"在控制层级结构的各个层级之中无处不在。来自肌肉的感觉信号会被传回脑干、小脑和大脑皮质(未显示在图中)。

肌肉、运动神经元和脊髓

动作(action)或身体运动(motor movement)通过刺激效应器的骨骼肌纤维而产生。**效应器**指的是能够运动的一部分身体结构。我们可使用远离身体中心的远端效应器——例如,手臂、手掌和腿部——来完成大多数动作。我们同样可以通过更接近中心的效应器——例如,腰部、颈部和头部——来产生动作。下颌、舌头和声道是产生语言的基本效应器;眼睛是视觉效应器。

所有形式的动作都来自肌肉状态的改变,肌肉控制着一个或一组效应器。肌肉由弹性纤维组成,这种组织可以改变长度和张力。如**图 8.3** 所示,这些纤维附着在关节处的骨骼上,通常以一对拮抗肌的形式出现,使效应器能够弯曲或伸展。例如,二头肌和三头肌形成一对拮抗肌,以调节前臂的姿势。收缩二头肌会引起肘部弯曲。如果二头肌放松,或三头肌收缩,则引起前臂伸展。

肌肉由运动神经元激活,运动神经元是运动系统的最终神经元件。**α 运动神经元**支配肌肉纤维并产生纤维收缩。**γ 运动神经元**是本体感受系统的一部分,对感知和调节肌纤维长度至关重要。运动神经元起源于脊髓,穿过脊神经腹根,止于肌纤维。与其他神经

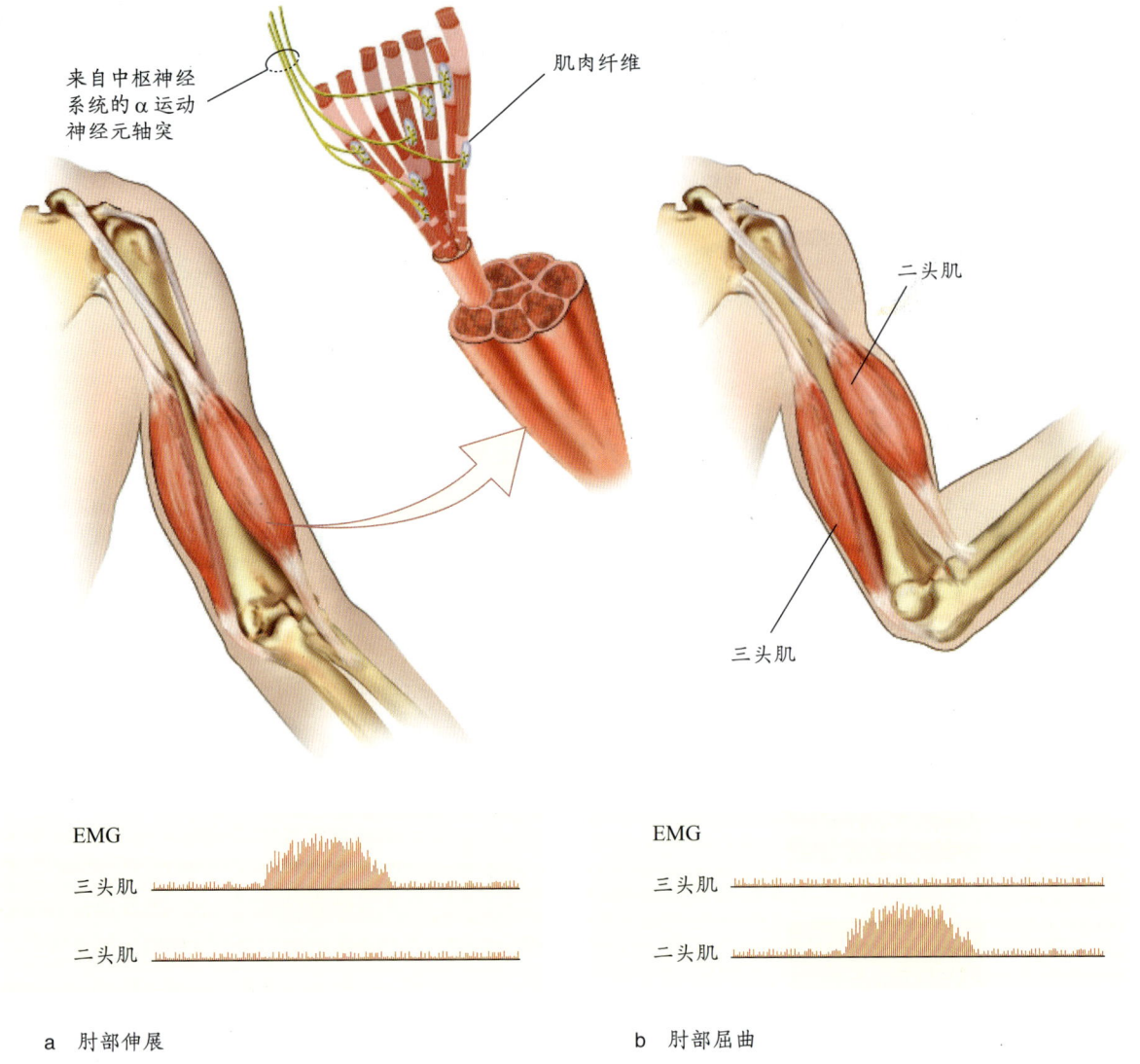

图 8.3 肌肉被 α 运动神经元激活

将电极放置在包裹肌肉的皮肤上记录肌电图（electromyogram，EMG），以测量 α 运动神经元放电产生的电活动。α 运动神经元的输入引起肌肉纤维收缩。一对拮抗肌横跨许多关节。三头肌的激活引起肘部伸展（a）；二头肌的激活引起肘部屈曲（b）。

元一样，运动神经元的动作电位会释放神经递质；对于 α 运动神经元而言，这种递质是乙酰胆碱。然而，神经递质的释放不会影响下游神经元，而是使肌肉纤维收缩。动作电位的数量和频率以及肌肉中肌纤维的数量决定了肌肉能够产生的力。因此，α 运动神经元提供了一种物理基础，它能够将神经信号转化为机械动作，改变肌肉长度和张力。

α 运动神经元有很多输入源，它接收肌肉中的肌梭感受器的外周输入，该感受器能够提供肌肉拉伸程度的信息。肌梭轴突形成一条传入神经，进入脊髓背根，并在**脊髓中间神经元**上形成突触，投射到 α 运动神经元。如果产生意外拉伸，则会激活 α 运动神经元，使肌肉恢复到原本的长度；这种反应被称为牵张反射（**图 8.4**）。这种反射能帮助我们维持姿势稳定，不需要来自皮质的信号帮助。它们还具有保护功能；例如，反射可以在意识到疼痛之前收缩肌肉以避免疼痛刺激。

来自皮肤、肌肉和关节的传入感觉神经以及起源于若干皮质下和运动皮质结构的下行运动纤维（上运动神经元）支配着脊髓中间神经元。因此，传递给肌肉的信

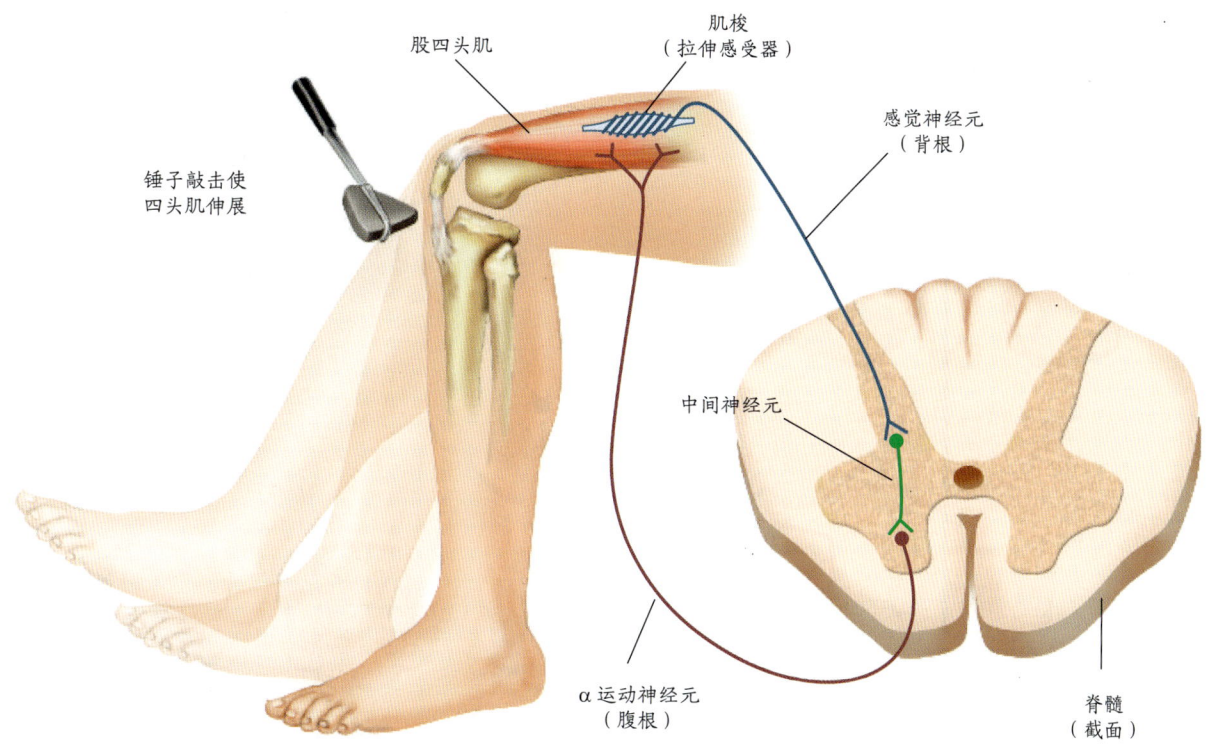

图 8.4 牵张反射

当医生轻敲你的膝盖时,四头肌被拉伸,这种拉伸会引发肌梭中感受器的放电。感觉信号通过脊髓背根传递,并通过中间神经元激活 α 运动神经元,以收缩四头肌。通过这种方式,牵张反射有助于在遭受意外扰动后保持肢体的稳定性。

号涉及感觉反馈与更高中枢运动指令之间的持续整合,这种整合对于姿势稳定性和自主运动都至关重要。

下行信号可以是兴奋性的,也可以是抑制性的。例如,激活二头肌的下行指令会引发肘部屈曲。这种屈曲又导致三头肌伸展。如果没有额外干预,牵张反射将引起三头肌兴奋,并将肢体恢复到原始位置。因此,为了产生运动(如展示你的二头肌有多发达),传递到主动肌的兴奋信号同时会伴随着传递到拮抗肌的抑制信号,这种抑制信号通过中间神经元传递。通过这种方式就能克服牵张反射(帮助我们应对外界意外扰动的机制),使自主运动成为可能。

皮质下运动结构

沿层级结构向上走,我们会遇到运动系统在脑干中的诸多神经结构。12 对脑神经起源于脑干,是一些基本反射的基础,例如,呼吸、进食、眼球运动和面部表情。脑干内的许多核团直接投射到脊髓,包括前庭核团、网状结构核团和**黑质**(与帕金森病相关的重要结构)。这些运动通路统称为**锥体外束**,这意味着它们不是锥体束的一部分(其名称中的"外"意为"外部"或"在……之外"),即轴突直接从椎体到达脊柱节段(图 8.5)。锥体外束间接控制脊髓活动,调节姿势、肌肉张力和运动速度;它们接收来自皮质下和皮质结构的信号输入。

图 8.6 展示了在运动控制中起关键作用的两个皮质下结构:小脑和基底神经节。**小脑**具有复杂的密实结构,包含超过 75% 的人类中枢神经系统神经元。输入小脑的信号主要投射到小脑皮质,输出的信号来自小脑深处核团,通过丘脑投射到脑干核团和大脑皮质。小脑损伤(卒中、肿瘤或退化进程)会导致一种称为**共济失调**的综合征。共济失调病人难以维持身体平衡,难以产生协调运动。

另一个主要的皮质下运动结构是**基底神经节**,由五个核团组成:尾状核和壳核(统称为纹状体)、苍白球、丘脑下核和黑质(图 8.6)。基底神经节的组织结构与小脑有一些相似之处:接收输入信号的主要是形成纹状体

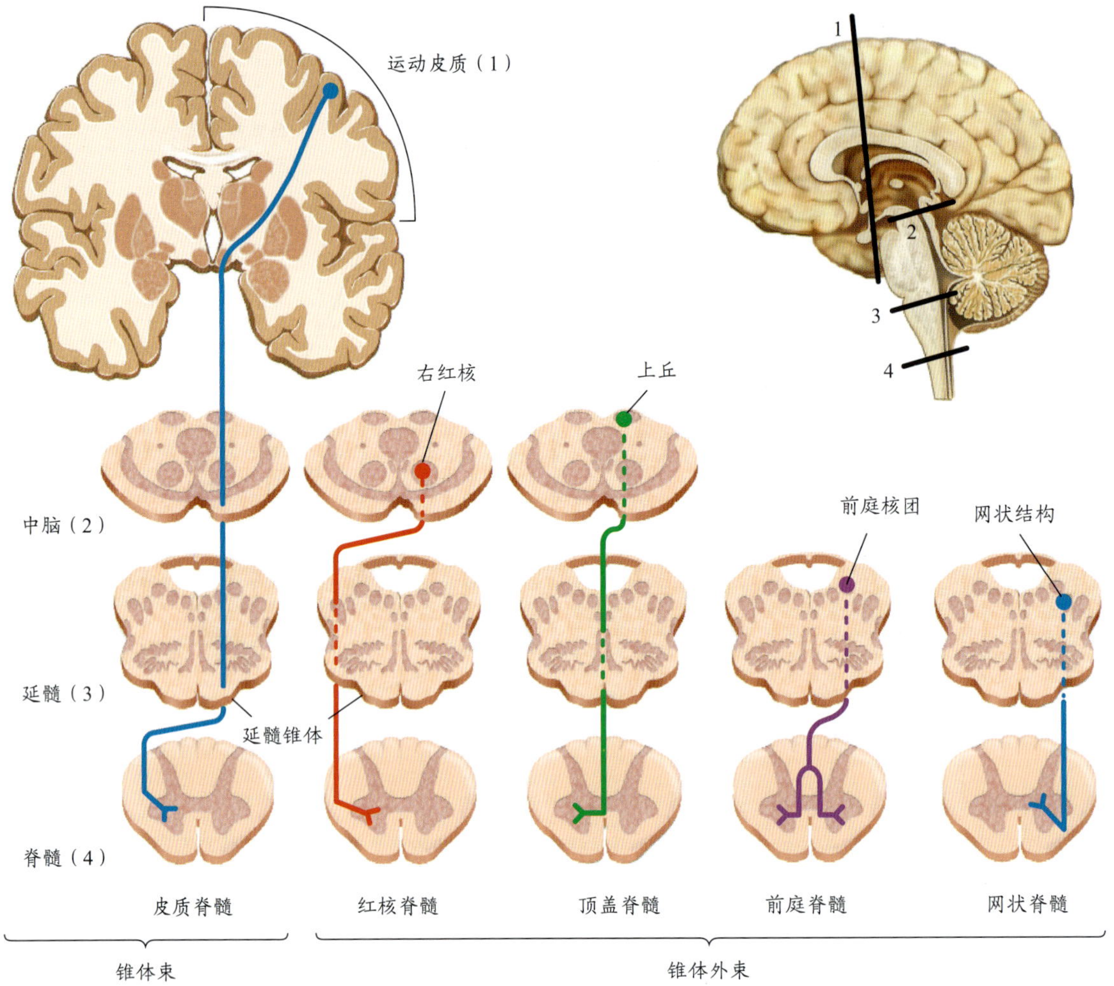

图 8.5　大脑通过锥体束和锥体外束支配脊髓

锥体束（皮质脊髓束）起源于皮质，终止于脊髓。这些纤维几乎都在延髓锥体处交叉至对侧。锥体外束起源于不同的皮质下核团，终止于脊髓的对侧和同侧区域。

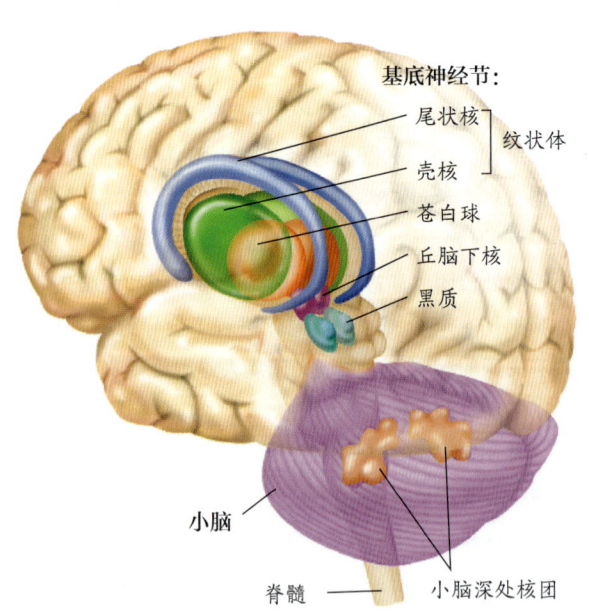

图 8.6　基底神经节和小脑是运动通路中的两个重要皮质下结构

基底神经节包括尾状核、壳核和苍白球，这三个核团环绕丘脑。然而，在功能上，丘脑下核和黑质也被认为是基底神经节的一部分。小脑位于大脑皮质后部下方。小脑的所有输出信号源于小脑深处核团。

的两个核团，输出信号几乎完全依赖苍白球内部通路和部分黑质。其余部分（其余的黑质、丘脑下核和苍白球外部）调节基底神经节内的活动。苍白球的输出轴突终止于丘脑，进而投射到大脑皮质的运动区和额区。接下来将学习到：基底神经节的所有输入和输出在运动控制中起关键作用，尤其是动作的选择和产生。

参与运动控制的皮质区域

我们将使用术语"运动区"来指代参与自主运动功能的皮质区域，包括动作的计划、控制和执行。运动区包括初级运动皮质、运动前皮质和运动辅区（见本章开头的"**解剖定位**"专栏），感觉区包括躯体感觉皮质。为了产生动作，顶叶和前额叶皮质也很重要，后者对于更复杂的目标导向性行为尤为重要。

运动皮质以直接或间接的方式调节脊髓神经元的活动。**皮质脊髓束**由轴突组成，这些轴突来自皮质并直接投射到脊髓（图8.5）。皮质脊髓束常被称为锥体束（pyramidal tract），因为大量轴突穿过延髓，形似锥体。皮质脊髓束轴突终止于脊髓中间神经元，或直接（以单突触的形式）终止于α运动神经元。这些是大脑中最长的神经元；有些轴突延伸能超过1米。大多数皮质脊髓纤维源于初级运动皮质，但也有一些源于运动前皮质、运动辅区，甚至是躯体感觉皮质。

与感觉系统一样，一侧大脑半球主要控制身体另一侧的运动。约80%的皮质脊髓束轴突在延髓和脊髓的交界处交叉（延髓锥体的最尾侧，这个运动束沿着延髓传输，包括皮质延髓束和皮质脊髓束）；另外10%在它们离开脊髓时才交叉。大多数锥体外束纤维也交叉；不过，小脑是一个例外，它不具有这种交叉排列。

初级运动皮质

初级运动皮质［也被命名为M1区，意为运动区域1（motor area 1）］，或BA4区（**图8.7**），位于额叶最后部，横跨中央沟前壁，延伸到中央前回。M1区接收来自运动控制相关皮质的几乎所有信号，包括顶叶、运动前区、运动辅区、额叶皮质以及皮质下结构（如基底神经节和小脑）。反过来，初级运动皮质的输出信号对皮质脊髓束的贡献最大。

M1区包括两个解剖区域：在进化上较早出现的喙侧区和较晚出现的尾侧区（Rathelot & Strick，2009）。喙侧部分在许多物种之间似乎是同源的，但尾侧部

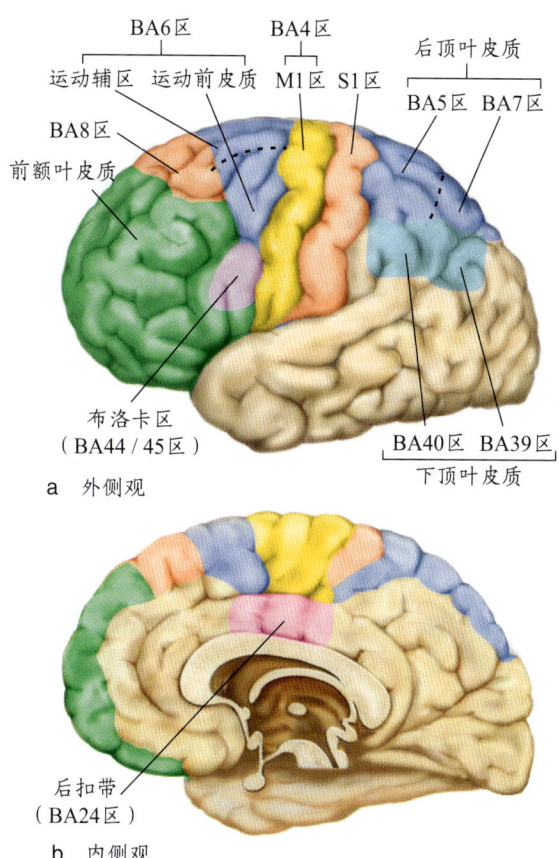

图8.7 大脑皮质中的运动区

BA4区是初级运动皮质（M1区）。BA6区包括内侧表面的运动辅区和外侧表面的运动前皮质。BA8区包括额叶眼区。下额叶区（BA44/45区）与言语活动有关。顶叶皮质区域与协调运动的计划和控制相关，包括初级躯体感觉区（S1区）和次级躯体感觉区，以及顶叶后部和下部区域。

分可能只存在于人类及他们的一部分灵长类近亲中（Lemon & Griffiths，2005）。起源于M1区喙侧的皮质脊髓神经元终止于脊髓中间神经元。而起源于M1区尾侧的皮质脊髓神经元可能终止于中间神经元或直接刺激α运动神经元。后者被称为**皮质运动神经元**，包括上肢肌肉的重要投射，用以支持手指和手掌的灵活控制（Baker et al.，2015；**图8.8**），例如操纵工具的能力（Quallo et al.，2012）。因此，通过排除"中间人"（脊髓中间神经元），这个较新的进化实现了对效应器的直接皮质控制，后者对适应环境的自主运动而言至关重要。

与躯体感觉皮质类似，M1区也包含与躯体相关的表征：皮质的不同区域代表不同的身体部位。例如，

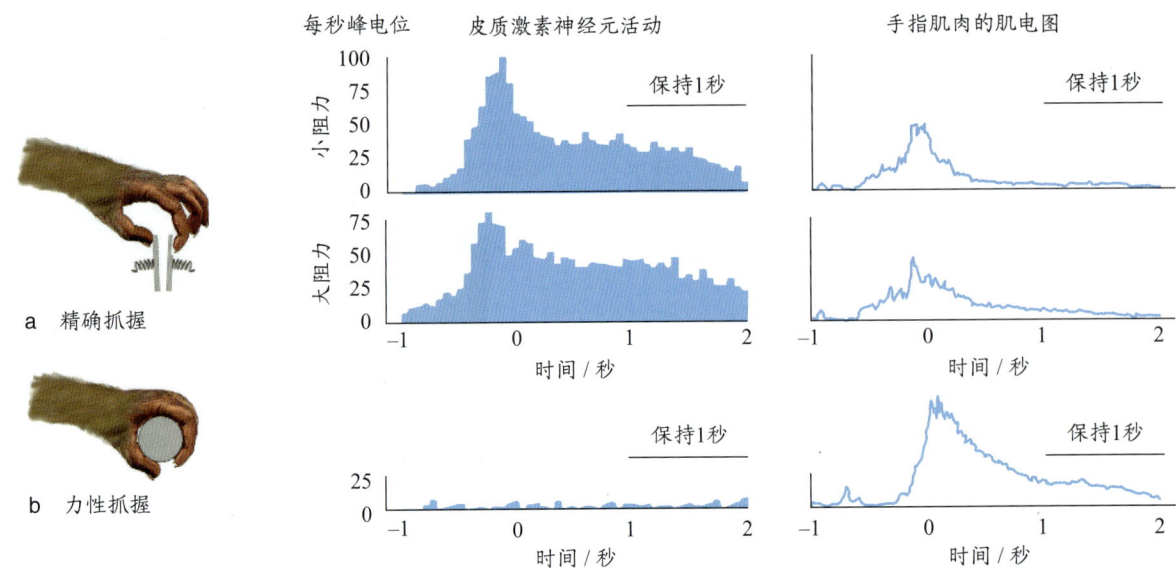

图 8.8　皮质运动神经元的活跃度在用精准抓握时比力性抓握时更高

这是对一个来自猴子初级运动皮质的皮质运动神经元的活动记录,该神经元投射到手指肌肉。在小阻力和大阻力下的精准抓握动作(a)和力性抓握动作(b)的皮质运动神经元周期直方图表明,皮质运动神经元在精确抓握任务中的放电更强烈。而手指肌肉的肌电图显示,力性抓握时的肌肉活动更强。虽然肌肉在这两项任务中都是活跃的,但在力性抓握过程中的激活主要来自非皮质运动神经元的皮质脊髓神经元和锥体外束神经元,这表明皮质运动神经元专门负责精细运动控制。

对中央前回内侧壁的直接电刺激会引起脚的运动;对中央前回腹外侧部位施加相同的刺激可能会引起舌头运动。使用 TMS 将刺激线圈放在运动皮质上,就可以在无创的情况下重复上述发现——将线圈放在离头皮中线几厘米的地方会引起上臂的运动。随着线圈的横向移动,类似的运动会转移到手腕,进而转移到手掌。

鉴于 TMS 相对粗糙的空间分辨率(头皮表面约 1 厘米),它诱发的运动不限于单条肌肉。然而,即使采用更精确的刺激方法,M1 区的躯体相关组织似乎也不像在躯体感觉皮质中那么清晰。这就好像 M1 区中针对特定效应器(如手臂)的映射是被切碎后扔回皮质组成的马赛克拼图。此外,针对每个效应器的表征并不对应实际大小,而是对应该效应器对运动的重要性以及操纵该效应器所需的控制级别。因此,尽管手指的实际大小很小,但它在运动皮质上的映射占据了很大部分,这反映了它在实现手部灵巧运动中的重要性。

fMRI 的高空间分辨率可以生动地展示运动皮质和邻近运动区上与躯体相关的映射。对这些映射的研究表明,尽管存在一些个体差异,但有一些共通的原则制约了运动皮质的组织。纳维德·埃贾兹(Naveed Ejaz)及其同事(2015)从不同的角度探究了运动皮质中的手指表征,发现两个手指在皮质上表征之间的距离与这两个手指一起使用的频率密切相关(图 8.9)。例如,无名指和小指在功能上非常接近(当我们抓住一个物体时,这两个手指倾向于一起活动)。相比之下,拇指相对靠近食指(我们可以用这两根手指做出"捏"的动作),但它与其他手指的距离比较远。手指在皮质上表征的确切解剖位置对每个人而言可能是独特的,但整体功能组织在个体之间是相似的。

初级运动皮质在运动控制方面之所以如此重要,是因为该区域(或皮质脊髓束)的损伤会给个体的运动控制能力带来毁灭性打击。初级运动皮质的损伤通常会导致**偏瘫**,即身体一侧失去自主运动能力。偏瘫最常见的原因是大脑中动脉出血,病人无法控制受到影响的肢体(这或许是卒中最明显的症状)。问题不在于意志或意识;偏瘫病人即使竭尽全力,也无法移动肢体。偏瘫通常影响最远端的效应器,如手指或手掌,这可能是因为皮质运动神经元的缺失。

卒中后导致偏瘫,反射会消失。不过,反射在几周内就会恢复,并且经常过度活跃,甚至引起痉挛(抵抗性拉伸)。这些变化源于控制的转移。自主动作需要反射抑制机制的参与。如果没有这种抑制机制,

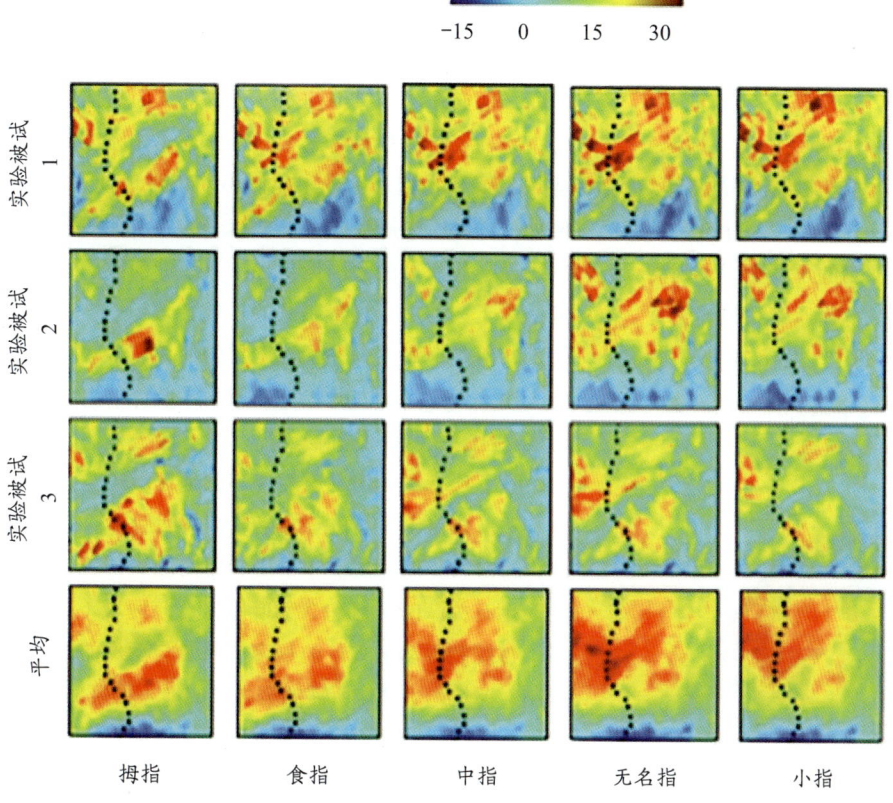

图 8.9 运动皮质上手指表征的组织

3T fMRI 显示的左手单指按压时,右侧 M1 区的激活模式。颜色表示激活程度,从激活最低(蓝色)到激活最高(红色)。前三行分别代表单个的实验被试,第四行组平均值来自 6 名个体。尽管个体之间存在较大差异,但群体平均表现出一定的规律性。图中虚线表示中央沟底部。

牵张反射就会抵消由自主意志活动引起的肌肉长度变化。如果大脑皮质的影响被消除,原始的反射机制就接管了控制权。不幸的是,从偏瘫中恢复正常的可能性微乎其微。在病人的运动皮质受损后,对相应肢体的控制能力很难恢复。本章稍后将讨论对于卒中相关运动损失补偿的最新研究。

次级运动区

次级运动区属于 BA6 区,位于初级运动皮质之前(图 8.7)。在次级运动区内有多个躯体相关映射(Dum & Strick,2002)——不过,与 M1 区类似,这些映射没有那么清晰,可能没有包含全身的表征。BA6 区的外侧和内侧分别称为**运动前皮质**(premotor cortex,PMC)和**运动辅区**(supplementry motor area,SMA)。在运动前皮质内,生理学家区分了腹侧运动前皮质(ventral premotor cortex,vPMC)和背侧运动前皮质(dorsal premotor cortex,dPMC)。

次级运动区涉及动作的计划和控制,不过它不能单独完成这一任务。运动前皮质与顶叶有很强的交互连接。正如我们在第 6 章所见,顶叶皮质是空间表征的关键区域。而且这种表征不局限于外部环境;躯体感觉皮质提供了自身身体及其在空间中位置的表征。这些信息对个体的高效移动能力至关重要。想想打网球之类的运动技巧。你需要有效地追踪一个移动中的物体,调整你的身体位置,才能在适当的时机和位置挥动球拍,将球打给对方。如果你是高手,你还能密切注意对手,并尝试将球打到对方够不到的位置。

神经生理学家已经沿着猴子的顶内沟确定了与眼睛运动、手臂运动和手掌运动相关的区域(Andersen & Buneo,2002)。在人类影像学研究中也已发现同源区域,即顶叶皮质内运动区可划分为不同功能的小区块(就像是镶嵌上去的功能区)。当然,一个熟练的动作(如打网球)需要所有这些功能区对应的效应器之间协调活动。顶叶皮质为感官引导的动作提供了解剖学基础,如拿一杯咖啡或接球(见第 6 章)。

相比之下,运动辅区与内侧额叶皮质有更强的联系,内侧额叶皮质是与"偏好"和"目标"相关的区域（我们将在第 12 章中学习）。例如，基于运动辅区与额叶的相互连接，运动辅区可能有助于决定选择哪个目标（如咖啡或苏打水），或帮助我们计划一系列已经习得的动作（如弹钢琴）。

在第 6 章中，我们还学习了两种视觉加工通路：背侧通路——它穿过顶叶皮质，专门加工"在哪里"或"怎么做"信息；腹侧通路——加工"是什么"信息。有学者提出，如果从运动控制的角度考虑，则需要进一步细分背侧通路：背侧—背侧通路和腹侧—背侧通路（Binkofski & Buxbaum, 2013；图 8.10）。

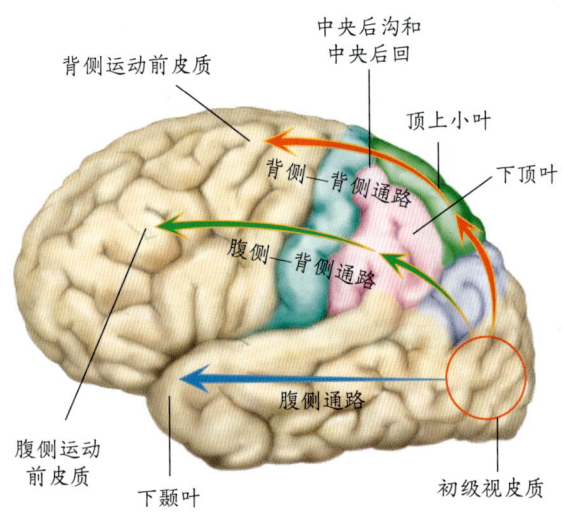

图 8.10　学者提出的背侧—背侧通路和腹侧—背侧通路，以及经典的腹侧通路
背侧—背侧通路损伤的病人表现出视觉性共济失调，而腹侧—背侧通路损伤的病人表现出失用症。

背侧—背侧通路穿过上顶叶，投射到背侧运动前皮质。这条通路对于生活中的一个重要动作——"够到"——而言至关重要。背侧—背侧通路损伤的病人表现出**视觉性共济失调**：他们无法准确地够到物体，尤其是在外周视野的物体。有趣的是，病人能够识别这些物体，但他们难以表征该物体在空间中的位置，更准确的说法是，他们难以表征物体相对于自身身体的位置。

腹侧—背侧通路穿过下顶叶，投射到腹侧运动前皮质。这条通路与"及物性姿势"（涉及操纵物体的姿势）和"不及物性姿势"（涉及表达意图的姿势，如挥手告别）有关。该通路的损伤会导致**失用症**——失去实践运动能力或之前已经很熟练的动作技能——这种病症会影响进行运动计划的能力、影响先前具备的"如何运用给定物体达成目标动作"的知识。

失用症在一定程度上是由其排除标准来定义的。失用症病人的肌肉力量和张力均正常，他们可以做出简单的动作，如打开和握紧拳头或单独移动每个手指。然而，他们无法连贯地使用一个物件。而且他们很难将一系列姿势连接成有意义的动作，比如无法灵活地运用手臂和手腕来敬礼。他们不能正常地使用工具。例如，如果给失用症病人一把梳子并要求他演示梳子的用途，病人可能会用梳子轻拍自己的前额。这个姿势演示了一些关于这个工具的一般性知识——它用于头部；但是，病人失去了该工具的使用方式表征。虽然失用症常见大脑左侧损伤，但病人肢体的姿势问题可能在任意一侧都很明显。

除了顶叶，大脑皮质的许多其他区域也与运动功能有关。布洛卡区（位于左半球额下回后部；Hillis et al., 2004）和岛叶皮质（布洛卡区内侧）与言语运动的产生有关。BA8 区包含额叶眼区，该区域（正如其名）与控制眼动相关。前扣带皮质参与动作的选择和控制、评估产生动作所需的努力或成本（见第 12 章）。

总之，运动皮质可以通过皮质脊髓束直接进入脊髓机制。运动也可以受许多其他连接影响。第一，初级运动皮质和运动前皮质通过皮质—皮质连接接收来自皮质多个区域的输入。第二，一些皮质轴突终止于脑干核团，从而对锥体外束施加皮质影响。第三，大脑皮质向基底神经节和小脑发送大量投射。第四，皮质延髓束由皮质纤维组成，它终止于脑神经。

关键信息

- α 运动神经元提供了神经系统和肌肉系统之间的转换点，源于脊髓，止于肌纤维。α 运动神经元的动作电位会导致肌肉纤维收缩。
- 皮质脊髓束或锥体束由下行纤维组成，下行纤维起源于皮质，并以单突触的形式投射到脊髓。锥体外束是从皮质下结构投射到脊髓的神经通路。
- 小脑和基底神经节是参与运动控制的两个重要的皮质下结构。
- 初级运动皮质（M1 区或 BA4 区）横跨中央沟前壁和中央前回。它是大部分皮质脊髓束的源头。M1 区或皮质脊髓束的损伤会导致偏瘫，即丧失自主运动的能力。效应器的功能缺陷发生在损伤对侧。
- 次级运动皮质位于 BA6 区。其外侧面为运动前皮质；

其内侧面为运动辅区。
- 失用症病人难以产生协调的、目标导向的运动，即使病人具有正常的力量和对单个效应器的控制能力。

8.2 运动控制中的计算问题

我们已经对运动系统进行了概览：肌肉是怎么活动的，如何受脊髓、皮质下结构和皮质的影响。尽管我们已经认识了主要的解剖结构，但只涉及它们的功能。现在，让我们转而关注一些核心计算问题，这是探究大脑如何编码和产生动作信号并建立相关理论时必须解决的问题。

中枢模式产生器

如前所述，脊髓能够产生运动。牵张反射提供了一个简洁的机制来维持机体平衡，甚至不需要更高级的加工过程的参与。

19世纪末，英国神经病学家、诺贝尔奖得主查尔斯·谢林顿开发了一种手术，他切断猫的脊髓，使脊髓中间神经元与皮质和皮质下结构失去联系（Sherrington, 1947）。这项手术使得谢林顿能够观察到动物在没有高级系统下行指令的情况下，是否可以产生各种运动。与预期一致，牵张反射仍然可见，并且由于来自大脑的抑制作用被移除，这些反射的作用扩大了。

更令人惊讶的是，谢林顿观察到这些动物的后肢可以交替地运动。在适当的刺激下，动物的一条腿先弯曲后伸展，另一条腿先伸展后弯曲。换句话说，即使没有大脑的信号输入，动物也能做出类似于行走的动作。虽然脊髓损伤的病人也具有这种基本的活动能力，但如果没有皮质和皮质下的控制信号，它们就无法保持身体姿势。

谢林顿的一个学生托马斯·格雷厄姆·布朗（Thomas Graham Brown）进一步揭示，这种运动甚至不需要任何感觉信号的反馈。布朗将脊髓切开，进一步将脊髓中的背根纤维也切断，移除了来自效应器的所有反馈信息。即使是在这种极端条件下，小猫也能够在跑步机上做出有节奏的行走动作（图8.11）。因此，脊髓的神经元在没有任何下行命令和反馈信号时也能产生完整的动作序列。

这些神经元被称为**中枢模式产生器**。他们为运动的分层控制提供了一个强大的机制。例如，想一想神经系统如何引发行走的动作。大脑不需要指定肌肉活动的具体模式，只需激活脊髓中合适的模式产生器，由模式产生器依次对肌肉发出指令。系统确实是层级式的，因为最高级的结构只需考虑如何发出完成一个

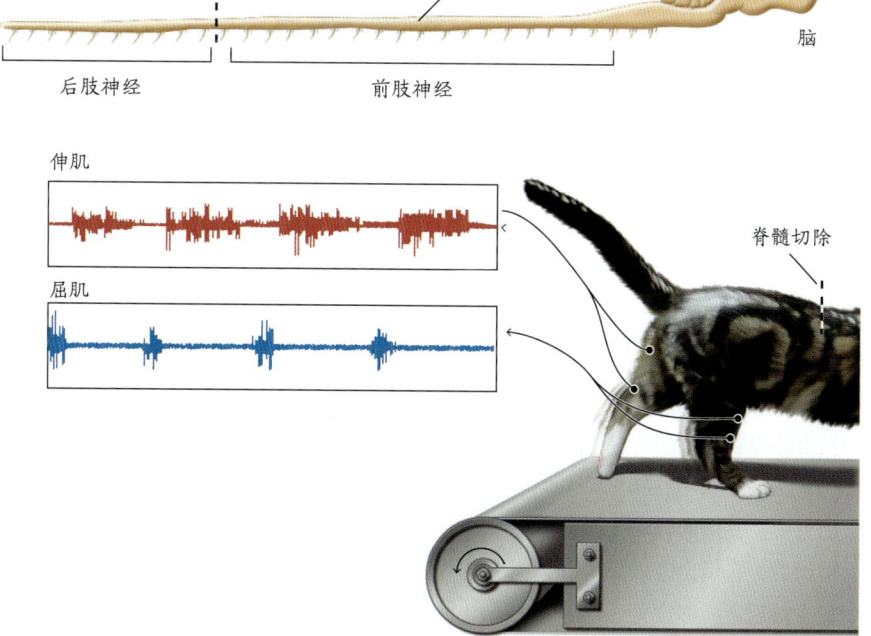

图8.11 脊髓切除后仍可活动

在布朗用猫做的经典实验中，猫的脊髓被切断，这样通向后腿的神经就与大脑分离了。当猫被放在运行的跑步机上时，它们能够用后腿做出有节奏的刻板运动。因为所有来自大脑的输入都被移除了，所以运动指令一定是从脊髓下部发出的。

动作的指令，而低级的结构将指令转化为特定的神经肌肉模式，以产生所需的运动。

在进化过程中之所以会发展出中枢模式产生器，可能是为了快速触发对生存至关重要的动作，如移动。其他动作则可能是通过这种机制的细化演变而来的。例如，当我们伸手拿物体时，低等级的机制能够自动进行必要的姿势调整，防止由于重心变化而摔倒。

运动计划的中央表征

如果皮质神经元没有编码具体的运动模式指令，那么它们在做什么？为了回答这个问题，我们必须考虑运动是如何被大脑表征的（Keele，1986）。想象这样一个场景：你正忙着在计算机前打字，这时，你决定停下来喝一口咖啡。为了实现这个目标，你必须将你的手从键盘移到咖啡杯上。这个动作在大脑中如何编码？

至少可以通过两种方式表征。一种是比较手和杯子的位置，计划运动轨迹，即手从键盘到杯子的运动路线。另一种是，你的行动计划可能不是如何到达目标位置，只是简单地指明了杯子的位置（在桌子上）和肢体位于那一位置时的运动指令（手臂以75°伸展）。当然，两种表征形式——基于轨迹的和基于位置的——都可能存在于皮质和皮质下的运动区域。

在一项试图理解运动神经编码的早期研究中，麻省理工学院的埃米利奥·比齐（Emilio Bizzi）及其同事（1984）进行了一项实验，以测试轨迹和/或位置是否能被编码。在这些实验中，通过外科手术剥夺猴子四肢的所有躯体感觉信号或传入信号。这些传入神经阻滞的猴子在一个简单的指向实验中接受训练。在每个试次中，一盏灯会出现在几个位置之一，在灯光关闭后，猴子需要旋转它的肘部，将手臂指向目标位置，即原先灯出现的位置。

这个实验的关键处理是，在一些试次中，当动作开始时，施加一个相反的扭力，它使得肢体能在短时间内保持在起始位置。由于房间里是黑的，传入神经阻滞的动物并不知道自己的动作被相反的作用力抵消了。关键的问题是：当扭力被移除后，动作将终止于何处？

如果动物依靠的是习得"肌肉发力能将肢体移动特定距离"，那么施加一个相反的作用力应该会导致它的肢体运动轨迹没有达到目标。然而，如果动物发出的运动指令是指向目标位置，那么当外力撤销后，它仍会完成这一目标。如**图 8.12**所示，结果明显支持后者，即位置

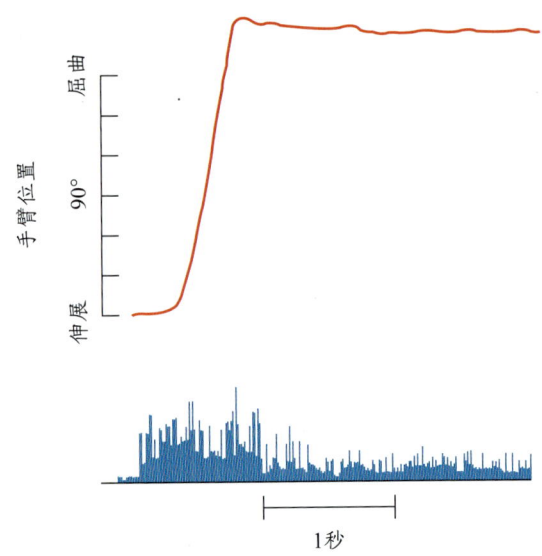

a　控制条件

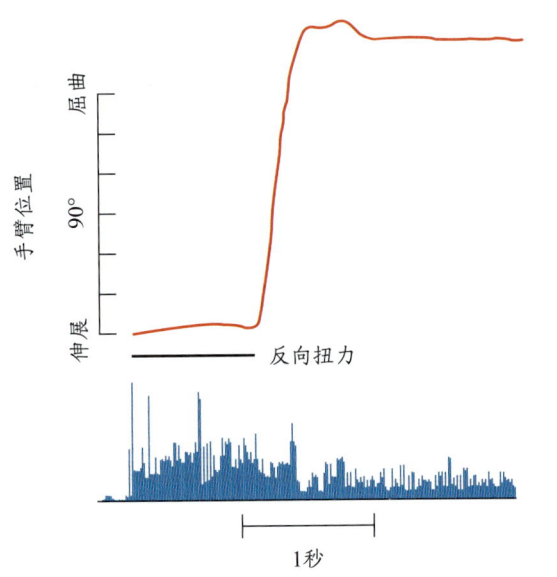

b　反向扭力

图 8.12　终点控制

训练传入神经阻滞的猴子在黑暗中把胳膊移到目标位置，即原先亮灯的位置。顶部的轨迹（红色）显示了手臂从初始位置移动到目标位置的过程中的实时位置。底部的图案（蓝色）显示了二头肌的肌电活动。（a）在控制条件下，动物能够准确地做出指向动作，尽管没有任何反馈来源。（b）在实验条件下，在动作开始时施加了一个相反的力，阻止手臂移动（表示为手臂位置轨迹下的横线）。一旦这种力量被撤除，手臂就会迅速移动到正确的目标位置。由于动物感觉不到相反的作用力，所以它一定产生了与目标位置相对应的运动指令。

表征假设。当施加扭力时,肢体位于起始位置;一旦扭力消除,肢体就会迅速移动到正确的位置。这个实验提供了生动的证据,表明中枢的表征可能基于位置编码。

尽管这个实验为基于位置的计划指令提供了令人印象深刻的证据,但这并不意味着位置是唯一被编码的信息,它仅是其中之一。我们知道,执行动作的形式也可以被控制。例如,在拿咖啡杯时,你可以选择简单地伸出手臂。或者,你可以旋转身体,减少手臂需要移动的距离。如果咖啡杯被放在一本书后面,你可以轻易地调整活动范围来避免咖啡洒出。的确,对于许多任务而言(例如,逃避捕食者或者参加一个探戈比赛),运动的轨迹和类型与最终目标同样重要。因此,尽管**终点控制**解释了运动控制的基本能力,但距离和轨迹规划在控制任务中展示出了额外的灵活性。

运动序列的层级式表征

我们还必须考虑到,人类的大多数行动都比简单地移动到空间中的某一位置复杂。更常见的是,一个动作包含了一系列简单动作。发网球时,我们必须用一只手抛球,用另一只手挥动球拍,在球刚好过顶点时击中它。弹钢琴时,我们必须以一定的力量和节奏按顺序敲击琴键。这些动作由相互独立的动作简单连接而成,还是由控制了整个序列的层级式表征结构指导?答案是后者。层级式表征结构将动作成分组织为整体的组块。研究者最早提出"组块"的概念是在有关记忆容量的研究中,但它也与动作的表征相关。

加州大学洛杉矶分校的唐纳德·麦凯(Donald Mackay)在1987年提出了一个行为模型,阐述了如何通过层级概念理解人类的熟练化动作。层级结构的顶端是概念层级(**图 8.13**),对应于行动目标的表征。在这个例子中,男人的意图(目标)是接受女人跳舞的邀请。在下一层级,这个目标需要被转译到效应器系统。男人可以做出一个肢体动作或者用言语回应。每一个选项都包含更多的选项。他可以点点头,伸出手,或者如果他口才好,他可以从大量可能的回答中选择一句,"我正希望你问呢",或者"你要小心一点,我总是笨手笨脚的"。更低的层级将这些动作计划转化为肌肉运动的模式。例如,言语反应需要言语发音器官的活动,而伸出手需要手臂和手指的运动。

把运动系统视为一个分层结构,使我们认识到运动控制是一个分布式过程。正如在一家大型公司中,

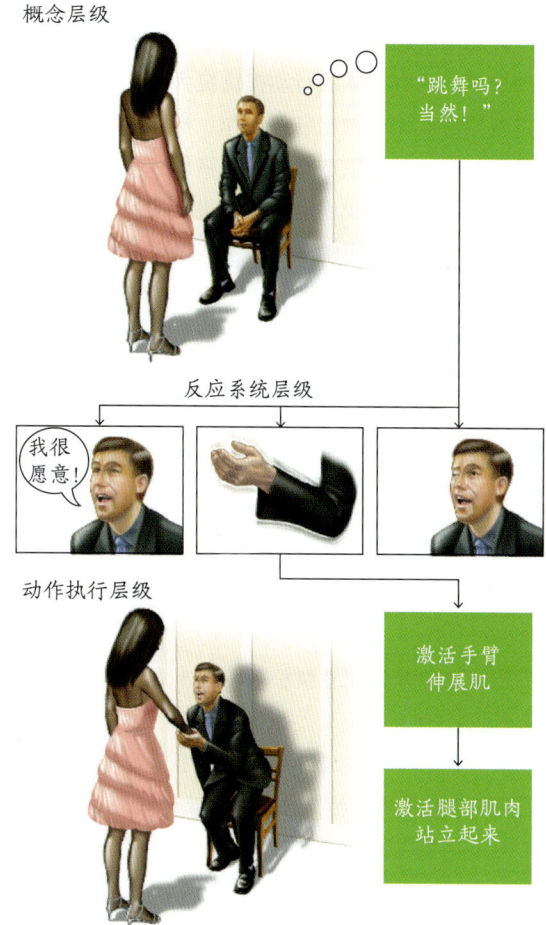

图 8.13 动作的分层控制
运动计划和学习可以发生在多个层级上。最底层是实现一个特定动作的具体指令。最高层是动作目的的抽象表征。通常多个动作可以实现同样的目的。

首席执行官坐在组织层级的顶端,不关心运输部门正在发生的事情一样,运动层级的最高级别也可能不关心运动的细节。

层级组织也可以从系统发育的角度来看待。与人类不同,许多没有大脑皮质的动物也能够做出复杂的动作:苍蝇能够以近乎完美的精度降落,青蛙能够在准确的时机甩动舌头捕捉晚餐。

我们可以把皮质看作叠加在一个更基本的控制系统上的神经结构。具有原始运动结构生物体的运动主要基于简单的反射动作。用水冲击海蛞蝓的腹腔会自动引发一种撤退反应。然而,进化程度更高的运动系统有额外的控制层级,可以塑造和控制这些反射,例如,脑干细胞核可以抑制脊髓神经元,因此肌肉长度的变化不会自动触发牵张反射。

类似地，皮质可以提供额外的手段来调节较低的运动层级，为有机体的行动提供更大的灵活性。我们可以根据感觉信号做出各种动作。当球嗖嗖地飞向网球运动员时，他可以选择打正手横传、吊球或高球防守。皮质机制也使我们能够产生很少依赖外部线索的动作。我们可以大声唱歌、挥手或做手势。皮质脊髓束是最新的进化适应之一，只出现在哺乳动物身上，它反映了更大的灵活性。它为大脑半球激活古老的运动结构提供了一条新的途径。

中的细胞活动。在神经外科手术中或用 TMS 对初级运动皮质进行刺激，可以使特定关节产生不连续的运动，这对于描绘运动皮质的解剖特征很有帮助。然而，这种方法不能洞察单个神经元的活动，也不能用来研究细胞在自主运动中于何时以及如何起作用。为了解决这些问题，我们必须记录单个细胞的活动，并探究这些细胞活动编码了哪些运动参数。例如，细胞活动是否与肌肉活动参数（如力的大小）或更抽象的要素（如动作方向或预定终点位置）有关？

在一个经典的系列实验中，阿波斯托洛斯·乔葛坡罗斯（Apostolos Georgopoulos）及其同事（1995）通过记录恒河猴不同运动脑区的细胞来研究这个问题。图 8.14 展示的是用该装置训练猴子完成"离开中心"任务。动物将杠杆移动到桌子的中心，以开始一个试

关键信息

- 脊髓内的神经元可以在没有任何外部反馈信号的情况下产生整个动作序列。这些神经环路被称为中枢模式产生器。
- 下行运动信号调节脊髓机制，产生自主运动。
- 运动系统是按层级组织的。皮质下和皮质区域表征了不同抽象层次的运动目标。

8.3 运动通路的生理学分析

到目前为止，在本章中，我们已经强调了关于运动的两个关键点：第一，和所有复杂领域一样，运动控制依赖众多分布式解剖结构。第二，这些分布式结构以层级化的方式运作。我们已经看到，层级式组织的概念也适用于行为层次的分析。最高的计划层级可以描述为动作如何实现目标；较低的运动层级则致力于将目标转化为动作。现在，我们转而关注如何将结构与行为联系起来：运动系统的不同组成部分的功能是什么？在本节中，我们将深入了解运动控制的神经生理学，以更好地理解大脑如何产生动作。

运动的神经编码

长期以来，神经生理学家一直困扰于如何最好地描述中枢神经系统运动结构

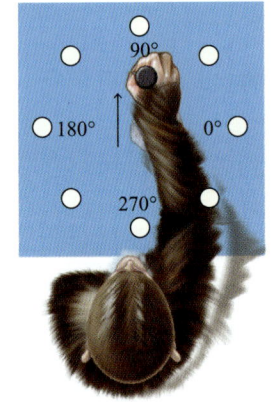
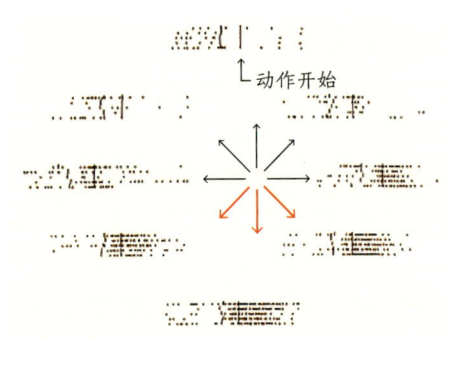

a

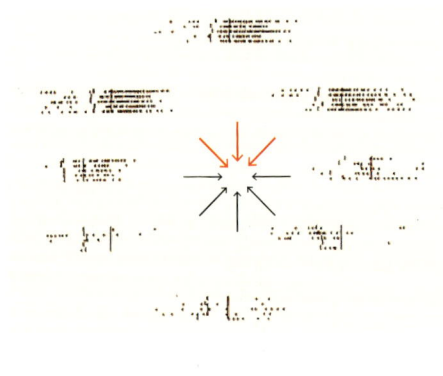

b

图 8.14 运动皮质活动与运动方向相关

（a）训练动物将控制杆从中心位置移动到周围八个位置之一。运动皮质神经元的活动标示在每个目标位置的旁边。每行代表一个动作，点对应动作电位。数据通过动作起点（垂直线）对齐。（b）这一组动作起始于八个外周位置，并且都在中心位置终止。神经元活动标示在每个起点位置旁边。无论起始位置和终点位置在哪里，向下方运动时，神经元最活跃。

次。在短暂保持一段时间后，周围八个目标位置上的一盏灯亮起，动物将杠杆移动到这个位置以获得食物奖励。这个运动类似于伸展动作，通常需要旋转两个关节：肩关节和肘关节。

这些研究结果令人信服地证明了初级运动皮质细胞的活动与运动方向的相关性远远大于与目标位置的相关性。图 8.14a 表示了当手臂从中心位置开始向放射状的八个方向运动时，一个神经元的活动。当运动朝向动物自己时，该细胞的活动最强（红色箭头）。图 8.14b 显示了当手臂从放射状的八个位置开始运动到中心位置时，同一细胞的活动。在这种情况下，当动作始于最远的位置，且同样朝向动物自己时，细胞最活跃。

运动皮质的许多细胞表现出这种定向调谐，即所谓的**优势方向**。这种调谐是相对广泛的。例如图 8.14 所示的细胞，当在八个方向中的四个方向上有一个出现运动时，其活动都显著增加。定向调谐不仅在初级运动皮质中能被观察到，在运动前区和顶叶皮质区以及小脑和基底神经节的细胞中，也发现了类似的调谐特性。

如果只观察单个细胞的活动，实验者将很难预测正在进行的运动的方向。然而，我们可以假设运动信号分布在许多细胞中，每个细胞都有其独特的优势方向。为了提供更全面的描述，乔葛坡罗斯及其同事引入了**场向量**的概念（图 8.15）。

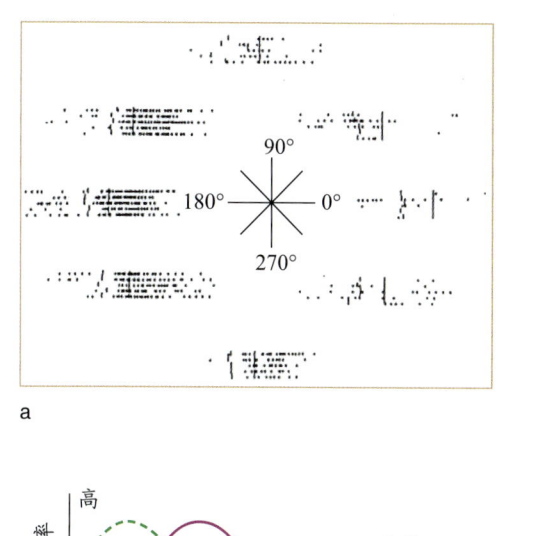

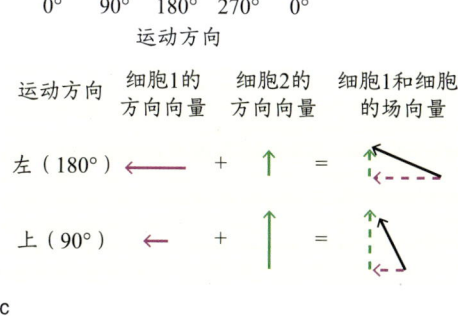

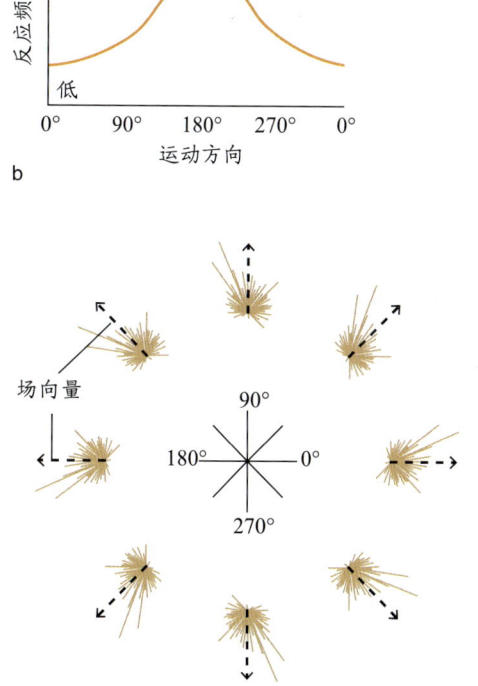

图 8.15 场向量提供了运动的皮质表征

对八个动作分别测量运动皮质中的单个神经元活动（a），并绘制调谐曲线（b）。这个神经元的优势方向是 180°，即向左运动。（c）每个神经元对特定运动的贡献可以绘制一个向量。向量的方向总是指向神经元的优势方向，其长度对应于它对目标方向的放电频率。场向量（虚线）是所有单个向量之和。（d）对于每个方向，实的棕色线为 241 个运动皮质神经元的单个向量；黑色虚线是整个神经元集合计算出的场向量。虽然许多神经元在每个动作中都是激活的，但其整体激活与实际动作紧密对应。

原理很简单：每个神经元都可以对整体活动水平有一定贡献。运动方向与细胞优势方向的匹配程度与细胞贡献多少相对应：如果匹配度高，细胞活动就强烈；如果匹配度较低，细胞活动就弱，甚至被抑制。因此，每个神经元的活动都可以被描述为一个向量，指向细胞的优势方向，强度等于其放电频率。场向量是所有单个向量的总和。

场向量是运动神经生理学的一种有力工具。由于神经元数量较少（例如，30～50个），场向量提供了一个很好的预测运动方向的方式。场向量并不局限于简单的二维运动，它对描述三维空间的运动也是有效的。

生理学方法在本质上是相关的，记住这一点很重要。定向调谐在大脑运动区很普遍，但这并不意味着方向是大脑中的关键变量。请注意，图8.14所示的实验包含一个严重的混淆。我们可以用运动方向来描述数据和解释结果，即当运动朝向动物自己时，细胞是活跃的。要朝某个方向活动，动物会激活二头肌，使肘部发生弯曲。依据这些数据，我们并不知道当肘部弯曲时，细胞是否编码了方向、二头肌的激活水平或其他与这些变量相关的参数。

随后的实验解决了这个问题。结果是复杂的——当大脑成为研究的焦点时，这种情况经常发生。在任何给定的脑区内，都会发现一种混合的表征形式。某些细胞的活动与外部运动方向最相关，而其他细胞的活动与肌肉激活模式更相关（Kakei et al., 1999）。

运动神经表征的不同观点

场向量是动态的，可以随时间不断改变。事实上，在确定了一组神经元的优势方向之后，我们甚至可以在动物开始动作之前，通过这组神经元的激活来计算场向量。为了做到这一点，并提供一种方法来分离与计划和运动相关的激活，实验者经常设置一个延迟阶段。首先给动物一个提示，指示即将进行的动作的方向，然后要求它等待"开始"的信号出现，再完成动作（图8.16）。

这一过程表明，在动作产生之前，场向量在即将到来的运动方向上发生了变化，这表明至少有一些细胞参与了运动的计划，而不是简单地在运动开始后才被激活。在这个例子中，在运动开始之前300毫秒的场向量状态足以预测即将到来的动作方向。

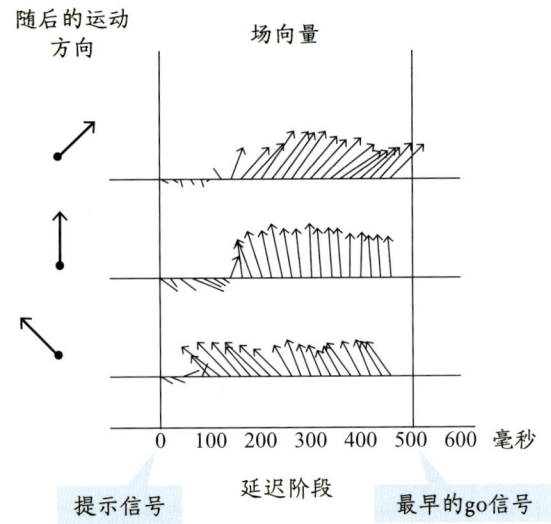

图8.16 场向量的方向预测了即将发出的动作方向

在线索提示阶段，八个目标中的一个灯亮，指示随后的动作方向。在go信号发出之前（在本例中是等待500毫秒），动物不能动。每20毫秒计算一次场向量。场向量指向计划的动作方向，而此时看不到肌肉的肌电活动。

对你来说，这个结果可能听起来没什么大不了的，但它让从事运动研究的人陷入了疯狂——尽管距离乔葛坡罗斯对场向量进行初步研究已经过去了10年。在事后看来，你知道原因吗？提示一下：可考虑这一发现能如何帮助脊髓损伤的人。我们可以构建一个解码器，将来自大脑运动区域的神经信号转换为控制信号，以指导假肢设备，这就是脑机接口系统。我们将在第8.6节探讨这个想法。

即使定向调谐和场向量已经成为运动神经生理学的基础概念，但同样重要的是，还有许多细胞并没有显示出强烈的定向调谐。更令人费解的是，调谐可能是不一致的：在运动开始之前，细胞表现出的调谐性可能在实际运动过程中发生变化（图8.17）。更重要的是，许多在延迟阶段表现出激活增加的细胞在运动开始之前的激活会短暂地减弱，或者在运动准备和执行期间表现出不同的放电模式。这些发现与"计划阶段只是运动阶段细胞活动的较弱版本或低于阈限的版本"这一假设不符。

在这些意外发现中，调谐属性会随着动作的进程发生变化，我们该如何理解这些发现呢？马克·丘奇兰德（Mark Churchland）及其同事（2012）提出，我们需要从一个完全不同的角度来看待运动神经生理学。我们不应将神经元视为静态表征装置（例如，具

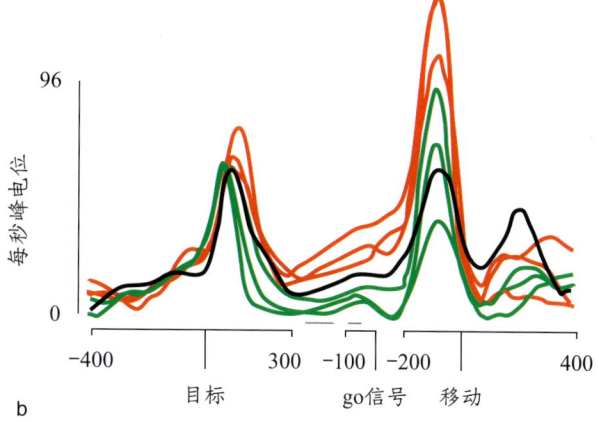
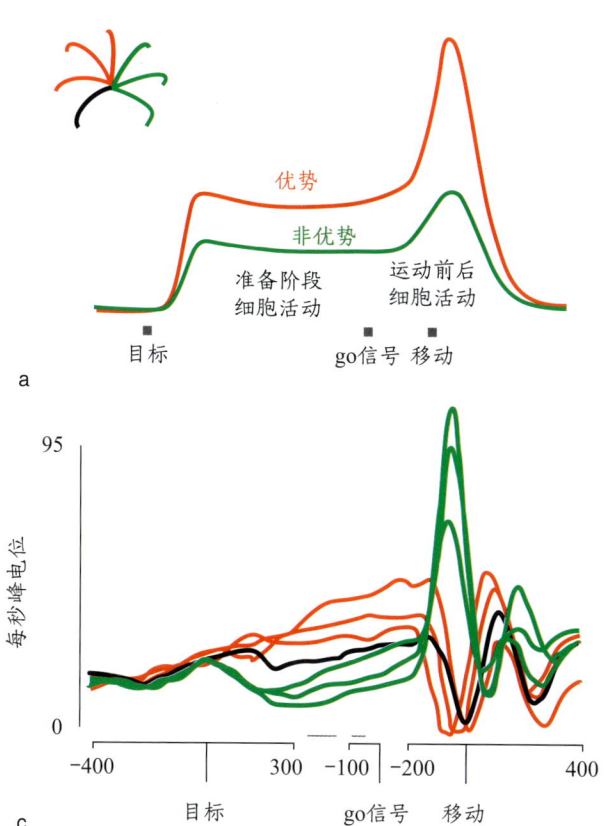

图8.17 与运动计划相关的细胞激活和与运动执行相关的细胞激活并不总是相互关联的

（a）如果运动执行期间的神经激活是运动计划期间激活的放大版本，则预期结果应该如图所示。与计划向右移动（绿色）相比，当计划向左上角区域移动（红色）时，该神经元应该更加活跃。在计划过程中观察到的这种差异在发出go信号后（动物执行动作时）也应该持续存在。（b）运动皮质中的一种神经元表现出了与上述理想神经元相似的放电模式。（c）运动皮质中的另一种神经元，在运动计划阶段与运动执行阶段表现出了不同的优势方向（大约在运动开始时呈红—绿反转）。

有固定的调谐方向），而应关注神经元的动态特性，认识到运动是神经元从一种状态转变到另一种状态时产生的。

根据这种观点，我们可能会看到神经元身兼数职，根据具体的时间和情境编码不同的特征。从行为到神经活动需要的不是简单的映射。事实上，考虑到"使用肢体与众多物体或环境进行交互"这一复杂的生物力学挑战，我们可能会认为神经系统已经进化到可以编码多个变量了，如力、速度和情景。这种多维信息对于实验者来说可能更难解码，但它很可能是一个重要的适应结果，赋予了运动系统最大的灵活性。

根据这一推理，丘奇兰德及其同事比较了基于经典场向量模型的神经解码器与基于动态模型的神经解码器的性能。使用传统的方法定义神经元的定向调谐，就是通过简单的线性求和来创建场向量。与之相对，动态模型在多维空间中定义了神经元的活动轨迹。基于"将虚拟肢体移动到不同目标位置"这一任务，比较两种模型预测的移动轨迹，以评估这两种模型的表现。两种模型都能够让计算机光标朝目标方向移动，但动态模型为动物的实际运动提供了更好的预测（**图8.18**）。

尽管科学家将大脑的一部分称为运动皮质，将另一部分称为感觉皮质，但我们知道，这些区域是紧密交织在一起的。人们能够在产生动作时预测其感觉后果：我们能够预测将承受的重量，所以在举起满杯的咖啡时会使出较大的力量。同样，我们也会使用感觉信息来调整动作。如果杯子是空的，我们就会迅速减小力量，以避免杯子向上移动得过快。生理学家观察到了这种相互依存关系，并且认识到运动皮质不仅仅是"运动的"，感觉皮质也不仅仅是"感觉的"。例如，在大鼠身上，控制胡须运动的神经元主要位于躯体感觉区。

在猴子身上，感觉输入能迅速重塑运动激活（Hatsopoulos & Suminski, 2011）。事实上，一些证据表明，某些运动皮质神经元的定向调谐更多的是"感觉"调谐。思考一下由两种不同的感觉事件引起的肩部移动：一种是肘部被轻推引起的，另一种是肩膀被轻推引起的。每次轻推后仅仅过了50毫秒（在感觉皮

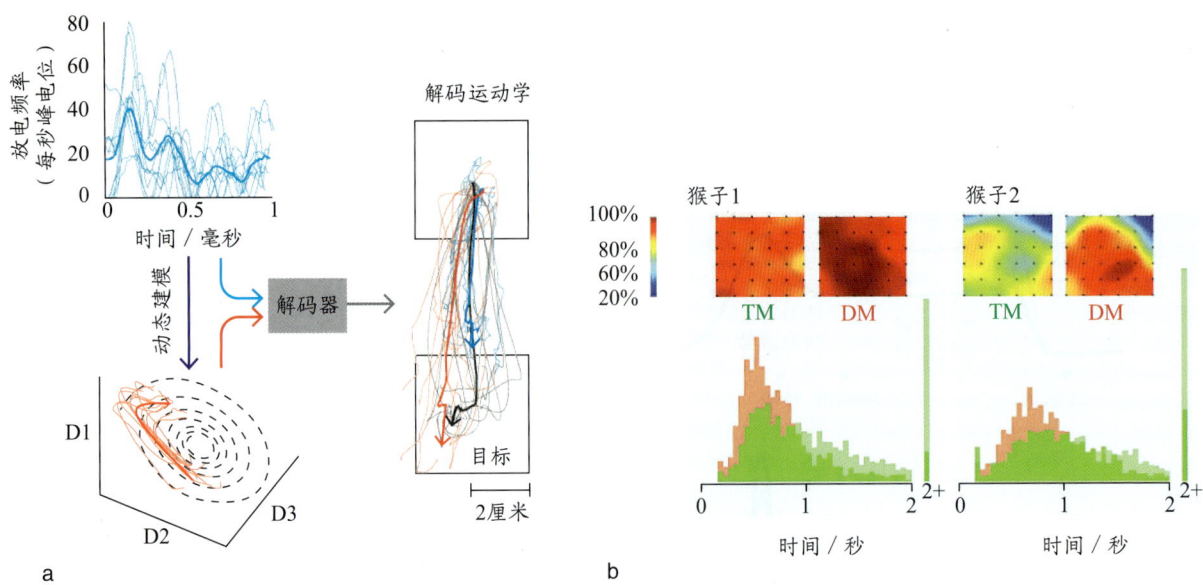

图 8.18 使用相同的数据来比较传统解码方法和动态解码方法

（a）将神经活动转化为控制信号的解码算法。左上角的浅蓝色线表示，当一只猴子打算到达下一个目标时，单个神经元的放电（有多个试次）；平均放电频率用粗线表示。当同样的数据被绘制在多维空间上（左下方的橙色线）时，数据变异性就低得多。这两种解码方法的输出如右图所示。虽然这两种方法的结果都能与手臂轨迹较好地匹配，但动态模型在生成完整的运动（用灰色表示）上做得更好。D1、D2 和 D3 描述神经活动的抽象维度。（b）以两只猴子达到分布在二维空间中的目标位置为例，比较两个解码器的效果。热点图显示了传统线性解码器（traditional method，TM）和动态解码器（dynamic method，DM）的精度（以百分比表示）与目标 x—y 位置的函数关系。这两种解码器对猴子 1 的数据（左）比猴子 2 的数据（右）更准确，但 DM 解码器对这两只动物的分析结果都更优越。下方的频率直方图展示了两种解码器完成"到达目标位置"的分析所需的时长分布（绿色为 TM；红色为 DM）。

质的感觉信号加工完毕并发送到运动系统之前），M1 区的神经元就已经对这两种轻推表现出了不同的反应。感觉信息似乎是在 M1 区直接加工的，这导致了基于反馈的动作输出快速调整（Pruszynski, Kurtzer, Nashed, et al., 2011; Pruszynski, Kurtzer, & Scott, 2011）。

综上所述，神经生理学证据指向了一幅比分层控制模型的预期更为微妙的画面。这幅画面揭示了一个能够表征多种特征的大脑运动区交互网络，而不仅仅是将不同的神经区域与特定加工层级联系起来（一种从抽象表征到具体表征的模式）——在下一节中，我们会将注意力转向动作计划，这种复杂性会变得更加明显。

关键信息

- 皮质和皮质下运动区的神经元表现出定向调谐，在这种调谐下，细胞对特定的一组方向上的运动产生了最强的放电频率。
- 场向量是一种基于多个神经元活动组合的表征。即使向量的输入来自相对较少的神经元，场向量也能很好地匹配行为。
- 即使是在动作开始之前，场向量也是预测即将发生的动作方向的可靠信号。这一发现表明，一些细胞同时参与动作计划和执行。
- 神经元具有动态特性，依据时间和情境来编码不同的特征。从行为到神经活动所需的不是简单的映射。
- M1 区神经元表现出的异质性反应同时包括运动和感觉信息。

8.4 目标选择和动作计划

我们现在已经理解了运动表征是层级式的，包含了动作目标以及为了达成这些动作目标必须产生的激活模式。运动皮质可能运用当前情境中的多种途径

（例如，感觉信息和反馈信息）来达成这些目标。在这一节中，我们将会探讨人们如何选择目标并计划身体运动来达成目标。

再试着想一想这个情境：你正在计算机上撰写论文，桌上有一杯冒着热气的咖啡。你正面临一个所有动物在其所处环境中都无法回避的问题（不过你可能还没有意识到）：决定做什么和怎么做。你应该继续打字，还是喝一口咖啡呢？如果你选择了咖啡，就必须先达成一些中间的目标——例如，伸手去够杯子，用手抓杯子，把杯子移向你的嘴巴——来完成喝一大口咖啡这个主要目标。每一步都需要一组动作姿势，但是在每种情况下执行对应姿势的方法是多样的。例如，杯子离你的左手更近，但你更习惯用右手。这时，你该用哪只手呢？最终做出的决策一定是多层次的。我们必须选择一个目标，选择实现目标的一个选项，并选择如何执行每一个中间步骤。

动作目标和运动计划

加拿大蒙特利尔大学的保罗·西塞克（Paul Cisek, 2007）提供了一种假设，以解释我们如何设置目标和计划动作。这个假设合并了许多接下来将要讨论的想法和发现，为动作选择提供了一个总体框架。西塞克的可供性竞争假设基于进化论的视角，认为大脑的功能架构进化是为了调节我们与外部世界的实时交互。可供性是由环境定义的可能采取的动作（J. J. Gibson, 1979）。

在进化过程中，我们的祖先被自身的内在需求（例如，饥饿、口渴）驱动，与不断变化且充满敌意的外界环境交互，而在这个环境中，有各种各样的动作机会和动作要求。为了生存和繁衍，早期的人类不得不随时准备好，预测下一个捕食者，正确地自我定位以捕捉猎物，以及收获成熟的果实。许多交互过程的时限很短，无法仔细评估目标、考虑选项并计划之后的运动——这被称为序列加工。

一个更好的生存策略是发展多个并行的计划。可供性竞争假设认为，动作选择（做什么）和动作细化（怎么做）的过程在一个交互的神经网络中同时发生，并且不断演变。即使是在只执行一个动作的情况下，我们也已经开始为下一个动作做准备了。感觉运动反馈环路从外界环境中源源不断地获取感觉信息，大脑利用这些信息来不断细化、更新可能采取的动作以及

如何实施这些动作——这是可供性部分。另外，我们会依据内在状态、长期目标、预期奖赏和预期代价来评估不同动作的效用——这是竞争部分。在某些时候，一个动作选项优于其他竞争的动作选项，此时，这个动作就会被选择并执行。

这个选择的过程包含了运动通路的很多部分，其中，与额顶环路的交互起到了重要作用（图8.19）。可供性竞争假设提示，动作决策过程在运动控制相关的神经系统中进行，而不是由某种独立的中央控制中心执行。有什么证据可以支持这个观点吗？让我们从"一个动作有多个目标且每个目标都与达成这个目标的动作计划相关联"这一点入手。

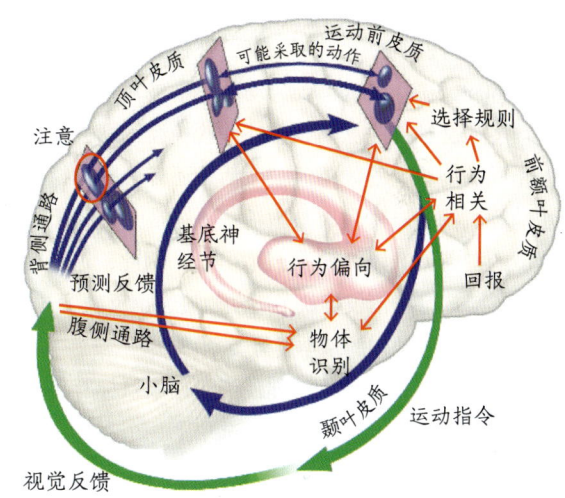

图8.19 可供性竞争假设，以视觉引导的运动为例

这张结构图展示了"在陈列的多个物体中选择并拿取其中一个"的加工过程和神经通路。从视觉皮质到背侧通路的多条通路对应于拿取不同物体的动作计划。蓝色箭头和环路的相对粗细表示每个竞争的动作计划强度。动作选择受到很多因素影响（红色箭头）。运动（绿色箭头）结果引发该动作的视觉反馈，在新的情境中开启新一轮的竞争。

西塞克基于猴子的运动前皮质中的单细胞记录证据来建立模型（Cisek & Kalaska, 2005）。在他研究的每个试次中，研究者会向猴子展示两个目标物体，猴子都可以用它的右手够到。在一段延迟后，会出现一个提示目标位置的线索。在这段延迟时间里（即使猴子尚未接收到动作线索），两个目标对应的运动神经信号都会通过测量运动前皮质的神经元活动来记录。这些信号可以被认为是潜在的动作计划。

伴随着线索的出现，决策范围被缩小。与目标运动相关的神经活动增强，与其他运动相关的神经活动被抑制。因此，在线索出现后，最初的双重表征合并为一个单一的运动（图 8.20）。在这个任务的变式中，只呈现一个目标。即使是在这种条件下，研究者依然可以观察到前侧顶内区的多个潜在动作同时表征。在这里，多表征提示了够到目标的不同路径（Baumann et al., 2009）。

运动前皮质中的其他神经元以更抽象的形式表征动作目标。例如，有一些神经元在猴子抓取物体时就会放电，即使抓取物体的过程中使用了不同的效应器——可以是右手、左手、嘴或者双手加嘴。意大利帕尔马大学的贾科莫·里佐拉蒂（Giacomo Rizzolatti）认为，这些神经元形成了运动行为的基本元素（Rizzolatti et al., 2000）。当动物用手够到物体时，一些神经元会被优先激活，另外一些神经元则会在动物以相同的姿势拿着物体时被激活，还有一些神经元会在动物试图撕扯物体时被激活——这是一种源于野生环境的行为（例如，猴子扯断树叶）。因此，这个区域的细胞活动可能不仅反映了运动轨迹，也反映了"够、拿、撕"这些动作的基本姿势类别。

在图 8.20 的示例中，即使为了达成目标有多个动作计划被激活，我们最终也只选中了一个目标。但当两个同时的动作目标出现时，情况就变得不一样了。如果你想在轻轻拍头的同时揉揉自己的肚子会怎么样呢？我们都知道这是一个困难的任务。这两个动作是相互竞争的，并且会互相干扰。我们最终可能会"揉头"而不是"拍头"；或者"拍肚子"而不是"揉肚子"。我们很难让一只手进行一个动作，而让另一只手同时进行另一个不同动作。根据选择假设，这种双手冲突反映了两个不同运动计划的竞争。

尽管这些动作是通过两只不同的手进行的，但在两个大脑半球之间似乎会产生干扰。一项关于胼胝体切除病人的实验证实了这个假设（Franz et al., 1996）。除了揉肚子和拍头，这项实验还包含了双手同时作画任务。实验刺激为一对方向不同的 U 形图案（图 8.21）——一个呈现在左视野，一个呈现在右视野——被试的任务是同时画出这两个图案，左视野的图案用左手画，右视野的图案用右手画。

关键在于比较两个 U 形开口端和两只手的方向相同或不同这两个条件。你可以自己尝试一下，就会发现相比于图 8.21 中上面一排的形状，画出图 8.21 中下面一排的形状更加困难。但是裂脑病人在这两种条件下的表现没有差异，可以又快又准确地完成两种动作。实际上，他们甚至可以一手画方一手画圆——这是胼胝体完整的人觉得难以置信的困难任务。这些结果表

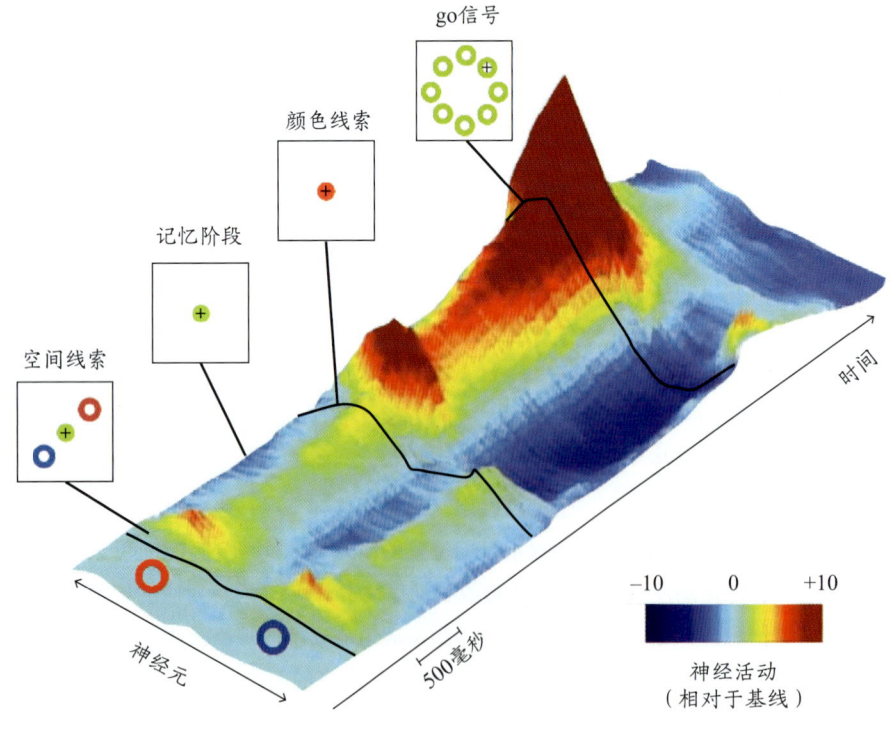

图 8.20 背侧运动前皮质中神经元集群活动的三维表征

神经元的偏好方向从图的左下角开始延伸表示，时间则从右下角开始延伸表示。当两个目标的空间线索出现时，不同神经元的放电频率都会升高。当提示动作目标的颜色线索出现时，对应方向的神经元放电频率升高，而其他方向的神经元放电频率降低。go 信号提示猴子开始做动作的时间。

a 胼胝体完好　　b 胼胝体切除

图 8.21　胼胝体切除后的双手运动

在观看中央注视点时呈现两个图案，要求实验被试用左手画出左边的图案，同时用右手画出右边的图案。（a）普通被试能画出轴线相同的图案，但是当两个 U 形的朝向互为 90° 时，任务变得非常困难。（b）一个裂脑病人在两种条件下都表现良好。

明，在运动计划的某些阶段存在两个大脑半球之间的干扰，这最可能发生在抽象动作目标正在转译成运动计划的时候。

大脑皮质运动区的表征多样性

正如前文所述，BA6 区包括了大脑外侧的运动前皮质和大脑中部的运动辅区。外侧运动前皮质和顶叶皮质有更强的连接，这与"外侧运动前皮质在感官导向的动作中起重要作用"这一假设一致。运动辅区与内侧前额叶皮质有很强的连接，它可能对基于内在目标和个体经验的动作选择和计划有更大的影响（见第12章）。

运动辅区在更复杂的动作中也可能有重要作用——例如包含序列动作的运动以及需要两个肢体相互协作的运动。与图 8.21 描述的绘画任务（两只手有不同的目标）有所不同，大多数双手技巧要求两只手精密配合。两只手可能以相似的方式工作（例如，推重物或划船）；也可能扮演不同但互补的角色（例如，开一个罐子或系鞋带）。

在猴子和人类中，运动辅区的损伤会导致需要综合运用双手的任务表现受损，而个体用单手完成的姿势不会受到影响（Wiesendanger et al., 1996）。如果要求病人模拟用一只手打开抽屉并用另一只手从中拿出一个物体，那么两只手可能都会做出打开抽屉的动作。这种缺陷符合抽象目标竞争加工的观点。在这个过程中，抽象目标（从抽屉中拿出一个物体）被激活，并且通过竞争确定了如何将所需的运动分配给每只手。而如果运动辅区受损，尽管个体仍然可以表征总的动作目标，但是动作的分配过程会被扰乱，导致动作执行失败。

运动辅区的损伤也会导致异己手综合征——一种肢体做了一个看似有意义的动作，但个体否认自己做了这个动作的病症。例如，个体可能会伸手拿取一个物体，但她接下来对这个物体在自己手里表现得非常惊讶。在更多怪异的案例中，两只手可能互相冲突对抗——这是一种在胼胝体病变或切除后特别普遍的病症。一位病人这样描述：在她穿好衣服后，左手就立即试图解开衬衫。当实验者要求她拿出她最喜欢的一本书时，她的左手伸了出来并抓住了最近的一本书，但在这之后，她又立刻惊呼："哦，不是这本！"这些行为进一步证明了运动计划是一个竞争过程，这一过程不仅包括动作的潜在目标之间的竞争（例如，咖啡杯或计算机键盘），还包括不同肢体之间的竞争。

正如我们所预期的，考虑到顶叶皮质在空间表征中的作用，与动作计划相关的脑活动在顶叶非常明显。当给猴子呈现一个空间目标时，后顶叶皮质（posterior parietal cortex，PPC）内至少两个区域的神经元开始放电：外侧顶内区（lateral intraparietal area，LIP）和内侧顶内区（medial intraparietal area，MIP；Calton et al., 2002；Cui & Andersen，2007）。当活动手臂来指向目标时，内侧顶内区的神经活动会变得比外侧顶内区强。但如果只是看着目标，外侧顶内区中的神经活动会变得比内侧顶内区强。

除了说明后顶叶皮质中效应器的特异性，这些发现还强调了（用手）够和眼动的运动计划是同时准备的，这与可供性竞争假设一致。在fMRI的帮助下，顶叶中的效应器的特异性也在人类个体中被发现了——顶内沟的不同区域会对应眼睛和手臂的运动而被激活（Tosoni et al., 2008）。

总的来说，这些结果帮助我们揭示了动作选择和运动计划如何在额顶通路中发展。整体来看，后顶叶皮质和运动前区有非常多的相似之处。例如，这两个区域的神经元都表现出了定向调谐，而且源于任一区域的场向量均与实际行为高度匹配。

然而，这些区域也有一些有趣的不同。其中一个不同点是运动的参考系。还是以咖啡杯为例，需要注意的是，伸手这个动作需要从以视觉为中心的坐标转变为以手为中心的坐标。眼睛可以为我们提供物体在空间上的位置信息。但是为了用手够到这个物体，我们需要确定物体相对于手（而不是相对于眼睛）的位置。而想要感知手的位置，我们不必看到手，有躯体感觉信息就够了。

你可以自己试着够一个物体来验证上述内容，手的初始位置可以是可见的，也可以是被遮挡的。但无论是哪种方式，你的正确率同样高。生理学研究表明，顶叶皮质内的表征主要是以眼睛为中心的参考系，而运动前区的表征主要是以手为中心（Batista et al., 1999）。因此，额顶加工过程涉及参考系的转换。

另一个顶叶与运动前区之间的有趣的不同点来自一项富有创意的研究，该研究试图探讨意图在哪里形成，以及我们如何意识到它（Desmurget et al., 2009）。这个研究在神经外科手术中对大脑进行直接刺激。当刺激后顶叶皮质时，病人报告了想要运动的意图或渴求，例如，"我有一种想舔嘴唇的冲动"。实际上，如果增加刺激强度，这种意图就会转变为自己"已经完成这个动作"的感知。

然而这种感受是幻觉，病人没有做出任何实际可见的运动，对肌肉活动进行的精细记录也没有发现激活。与此相对，刺激背侧运动前皮质诱发了复杂的联合运动，例如，手臂的旋转或手腕的弯曲，但病人没有对这些动作产生有意识的知觉，也没有感受到动作意图。研究者认为，后顶叶皮质与运动意图的关联更强（例如，运动目标），而运动前皮质与运动执行的关联更强。我们做动作时所意识到的信号不是来自动作本身，而是在实际动作产生之前，来自与动作相关的先验意图或预期。

加州大学圣芭芭拉分校的安东尼娅·汉密尔顿（Antonia Hamilton）和斯科特·格拉夫顿（Scott Grafton）的一项fMRI研究进一步支持了这一观点（Hamilton & Grafton, 2007）。他们想知道顶叶区域的运动表征是与动作的具体细节相符，还是与更宏观的、与动作目标和结果相关的意图相符。这项研究采用了经典的重复抑制效应（见第6章）。

重复抑制最早是在视知觉研究中提出的：当一个刺激重复出现，刺激第二次呈现所对应的BOLD信号比刺激第一次呈现时低。在将这个fMRI方法应用于动作感知时，研究者探讨了重复抑制效应是与动作目标相关，还是与特定的运动相关，又或是与这些因素的结合相关（图8.22）。为了回答这个问题，研究者给实验被试呈现了不同的动作视频。这些视频展示了一个可以通过前后滑动盖子来打开的盒子。研究者成对地呈现视频片段，在一对视频中会播放两种不同的动作（一个向前滑盖子，另一个向后滑盖子），达成了相同目标（如关上盖子）；或者播放相同的动作，但达成了不同的目标——打开盒子或关上盒子。

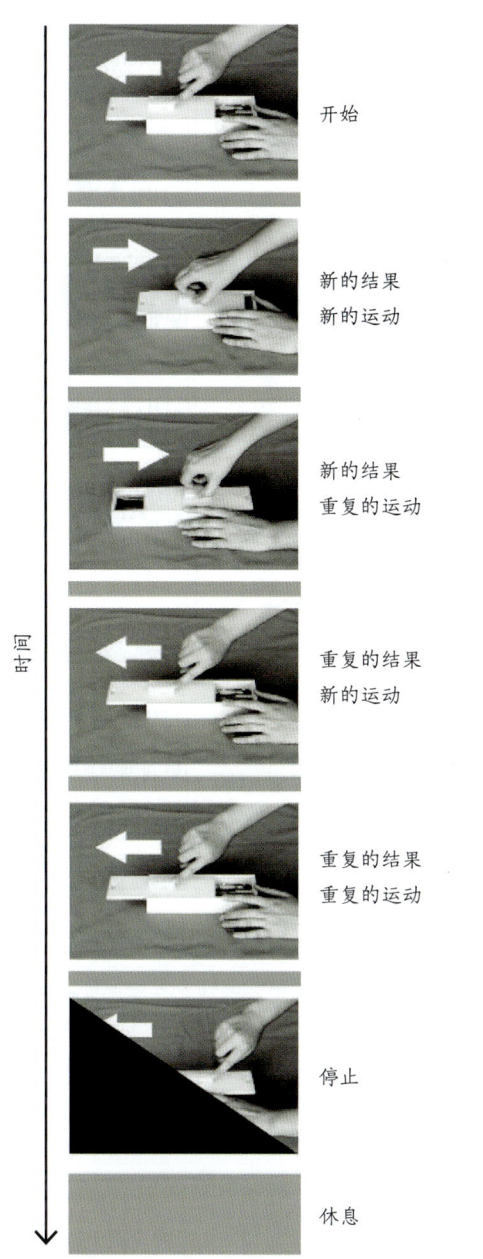

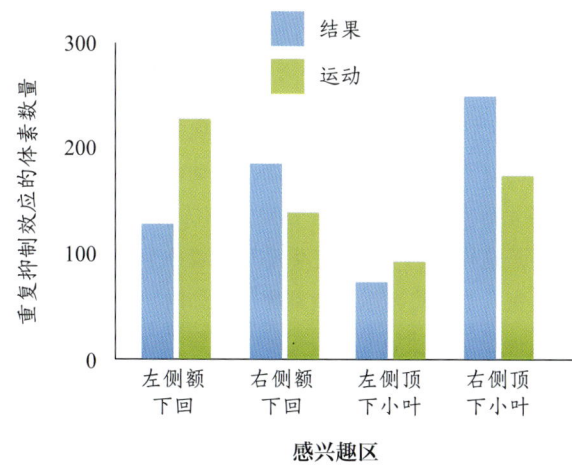

图 8.23　不同脑区表现出重复结果和运动的重复抑制效应

在左右两个半球的额下回和顶下小叶表现出重复抑制效应的体素。当运动重复时，重复抑制在左侧额下回中最强；而当结果被重复时，重复抑制在右侧顶下小叶中最强。

图 8.22　一系列诱发重复抑制的刺激

实验被试观看一系列用手打开或关上盒子的视频片段。在这个例子中，最初的视频展示了手向前移动以打开盒子。在接下来的视频中（相对于先前的视频），结果可能是重复的或新的，运动（运动的方向）也可能是重复的或新的。重复抑制效应通过比较连续的视频对应的 BOLD 信号来衡量。

研究的结果显示右侧顶下皮质中的重复抑制效应与动作目标相关，而左侧额叶皮质中的重复抑制效应则与运动相关（图 8.23），这巧妙地展示了顶叶皮质中基于目标的加工，以及额叶皮质中基于运动的加工。

关键信息

- 可供性竞争假设认为，动作选择（做什么）和动作细化（怎么做）的加工过程是在交互的神经网络中同时发生的，这个神经网络会不断将动作计划演变为动作执行，同时也会在竞争过程中产生动作选择。
- 外侧运动前皮质是刺激导向运动神经网络的一部分，而更内侧的运动辅区对基于内在目标和个体经验的运动非常重要，包括需要双手配合的熟练动作。
- 顶叶运动区也会表现出"地形"性质：顶内皮质不同区域与手、手臂以及眼睛的运动相关。
- 顶叶的运动表征更加目标导向，而运动前区—运动区的表征与运动本身更相关。
- 对动作的有意识觉察似乎与动作意图的神经加工有关，而不是与动作本身有关。

8.5　动作和感知的关联

在大脑中，想要定义感知在哪里结束，而动作从哪里开始，恐怕是一个不可能的任务。感知系统进化为对动作系统的支持；类似的，动作是在对感觉结果的预期中产生的。对于一只野外的猴子来说，看到树上成熟的香蕉会激活它获取食物所需的动作系统，而朝向食物的运动则会激活它与期待美味佳肴相关的感知系统。

里佐拉蒂的研究小组进行了一项关于猴子运动前皮质的研究，记录了参与控制手部动作和嘴部动作的神经元活动，这是他关于运动意图的研究的一部分。故事是这样的，一个研究生手里拿着一个冰激凌走进实验室。当他将冰激凌放到嘴边去舔时，会观察到猴子的神经元活动增强（但实际上，猴子自己并没有做出任何动作），这种神经元活动的增强在猴子抓取某个物件并将它放向自己的嘴边时也能观测到。事实上，猴子似乎被分心了，它的注意力转移到了舔冰激凌的人身上。

正如在科学中经常发生的那样，这一偶然的发现成了一系列工作的起点，这些工作为感知、动作和认知之间的联系提供了一些令人信服的证据。例如，里佐拉蒂及其同事让猴子看不同的物体。在一些试次中，猴子会做出一个动作，例如，伸手够或抓取物体（如一粒花生）。在另一些试次中，猴子观察实验者做类似的动作（Pellegrino et al., 1992）。虽然一些运动前皮质的神经元只在产生动作的试次中被激活了，但还有一些神经元会在动作被感知时被激活。同样的神经元在猴子观察动作时以及它自己做出这一动作时都会产生放电活动（图 8.24a—c），即感知和动作是相互关联的。在动作感知时激活的神经元被称为**镜像神经元**（Gallese et al., 1996）。

你可能会认为镜像神经元的活动反映了对相似动作视觉属性的感知——无论是你的手还是别人的手，朝花生移动的手看起来都是一样的。然而，进一步的实验排除了这个假设。首先，在猴子自己掰开花生时被激活的同一个镜像神经元在猴子只听到花生碎裂的声音时也会被激活（图 8.24d）。其次，镜像神经元也会在猴子看到某个人在屏幕后面伸手拿花生（看不到抓握花生）时被激活。事实上，屏幕后都不需要有花生，只要猴子认为那里藏着一粒坚果，镜像神经元就会被激活（Umilta et al., 2001）。因此，镜像神经元的激活与目标导向的动作（拿花生）相关，而与如何接收此信息无关——无论是通过猴子自己的动作、看其他人的动作、"听到"其他人的动作，还是仅看他人动作的一部分但相信该动作正在发生，均能激活镜像神经元。

顶叶和颞叶的神经元在动作产生和理解过程中也

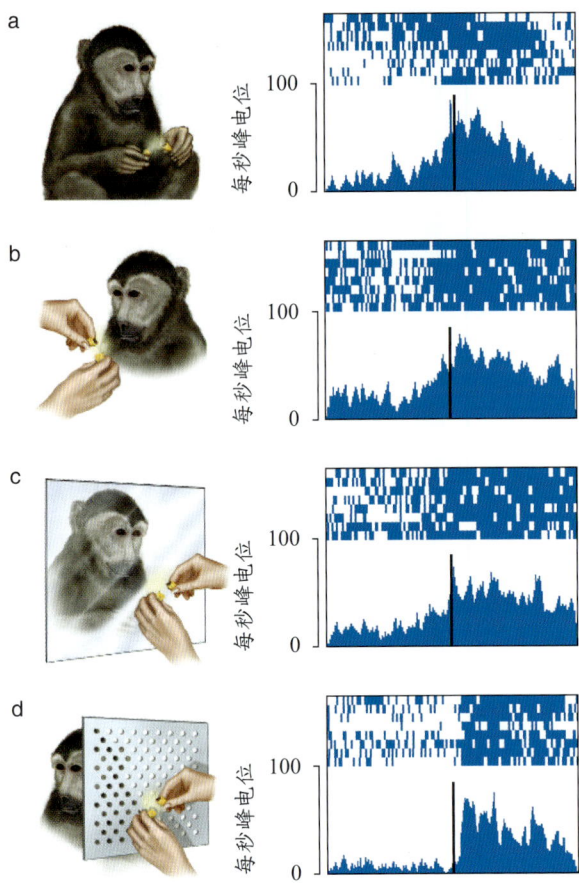

图 8.24　镜像神经元的确认

猴子腹侧运动前皮质单个神经元在实施或感知不同动作时的反应。加粗的黑线标记了每个条件下显著放电的起始时间：（a）猴子自己掰开花生并看到和听到花生壳碎裂；（b）猴子看到他人掰开花生并看到和听到花生壳碎裂；（c）猴子看到他人掰开花生，但听不到花生壳碎裂；（d）猴子听到但看不到他人掰开花生。注意，在只有听到（d）的情况下，神经元所有的活动是在听到声音之后才开始的（因为猴子看不到人掰开花生的动作）。该神经元被认为是镜像神经元，因为它不仅会对猴子自己的动作产生反应，也会因猴子看到或听到相应动作而产生反应。

表现出了上述神经活动模式，这提示镜像神经元是广泛分布的，不只局限于连接知觉和动作的单一区域。正如本章和第 6 章讨论的，当人们判断物体功能和使用物体时，会激活包括顶叶和运动前皮质在内的背侧通路。有趣的是，激活模式的范围和强度反映了个体自身特定的运动技能：相比于不熟悉的舞蹈动作，当专业的舞者观看熟悉的舞蹈动作时，镜像神经元的激活更强（图 8.25）。

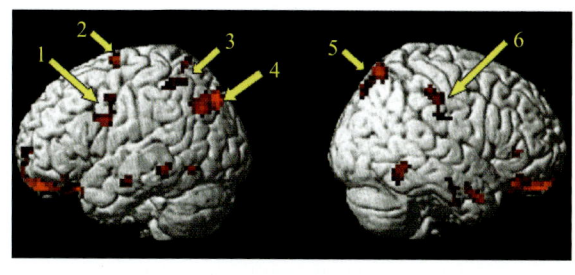

图 8.25 镜像神经元的激活受到专业程度的影响

当专业的舞者观看一段熟悉的舞蹈（相对于一段不熟悉的舞蹈）时，在运动前皮质（1、2）、顶内沟（3、6）、后侧颞上沟（4）以及上顶叶（5）会发现 BOLD 信号的增强。这些区域组成了动作观察神经网络，并且包括了一些个体自身参与运动时会激活的脑区，这可能构成了人类的镜像神经元网络。

关于镜像神经元的研究工作——或者更恰当的说法是**镜像神经元网络**——已经揭示了知觉和动作的密切联系，提示我们理解他人动作的能力依赖我们自己做出动作时所涉及的神经结构。在理解动作时，运动系统的参与主要体现在初级运动皮质。例如，运动皮质神经元的兴奋性在人们观察另一个人的动作时受到调节，这种调节显示出高度的效应器特异性：当人们观察一个单手做手势的视频片段时，如果视频中的手与观察者的手是同一只，相比于视频中的手是另一只，TMS 引起的手部肌肉运动诱发电位（motor evoked potentials，MEPs）更大。类似的效应在相对抽象地呈现动作时也会产生，如听到拍手的声音。

运动皮质兴奋性的改变也反映了被试的专业性。

一项关于动作理解的研究比较了三组人：高水平篮球运动员、专业体育记者（他们每周观看篮球赛 7~8 小时）和一点也不懂篮球的人作为控制组（Aglioti et al.，2008）。研究者给被试呈现短视频片段，这些视频片段可能是一个人准备投篮，也可能是一个人准备踢足球（图 8.26）。

篮球运动员和专业记者都在观看投篮时表现出了手臂肌肉相关运动皮质兴奋性的增强，而在观看踢足球时，这些肌肉的兴奋性降低了。相较而言，新手只表现出了微弱的、非特异性的效应：在篮球和足球视频条件下，手臂运动诱发电位均增强了。更有趣的是，只有专业的运动员在观看罚球成功和不成功的视频片段时（成功与否尚未揭晓）就已经表现出了不同的运动诱发电位反应。这些结果表明，在有运动专长的情况下，运动系统能够敏感地区分在动作观察中看到的好的或差的运动表现（运动表现的好坏是一种动作理解的形式）。结果也表明，经历过良好运动训练的运动系统在本质上是预测性的，这使它能够预测他人在其专业领域的动作。

教练员和运动心理学家意识到了动作观察和动作产生之间的密切关系。滑雪者在准备曲道场地时，会在脑海中想象自己从一个门滑到另一个门的动作。这个过程可以帮助运动员增强对动作关联的感知。例如，在一项神经成像研究中，被试学习将新的三维物体与其声音相关联，学习方式可能是自己操纵物体，也可能是观看实验者操纵物体。自己主动操纵的结果众所周知：学习效果更好。更有趣的是，相比于观看被动学习过的物体，当被试观看自己已经主动学习过的物

a 静止

b 投篮

c 踢足球

图 8.26 在观察动作时，职业运动员的运动皮质的兴奋性增加

呈现给高水平篮球运动员、专业篮球记者、篮球新手实验被试的照片例子，在呈现的同时，记录被试前臂肌肉运动诱发电位。相比于静止条件（a），篮球运动员和专业记者在观看运动员投篮时（b），手臂肌肉的运动诱发电位增强，在观看踢足球时（c）则没有该效应。新手在所有条件下的激活都较弱。

体时，感觉运动区会有更强的激活（Butler & James，2013），并且运动系统和视觉系统之间的连接也增强了。

观察动作的运动区激活对理解动作来说是否关键？对运动皮质兴奋性的调节是否提示了要理解他人的动作，需要在运动皮质中有所表征？或者这些激活模式是不是某种启动效应，反映了在呈现一个熟悉刺激时微弱且自动化的动作计划？这些都是很难以回答的问题（见Hickok，2009）。无论如何，想要阐明感知和动作相关神经系统之间的重叠程度，fMRI 和 TMS 研究就非常重要。这些研究提醒我们，虽然将大脑划分为感知区和运动区可能有助于教学（比如，在教科书中区分不同章节），但大脑的实际情况可能与这些划分并不相符。

关键信息

- 镜像神经元对一个动作做出反应时，这个动作既可以是由动物本身产生的，也可以是观察另一个个体产生的相似的动作。
- 人类的感觉运动镜像神经网络延伸到了额顶皮质，在观察动作时，该镜像网络的激活会扩展到运动皮质。
- 镜像神经元网络可能是理解和预期他人动作关键。

8.6 运动系统丧失的补偿

如第 8.1 节所述，初级运动皮质或脊髓运动神经元的损伤会导致偏瘫，或称为轻偏瘫，即单侧肢体无力。这种病变会严重影响病人一侧肢体的功能；而且不幸的是，这些病人很少能重新获得对肢体的控制。在本节中，我们将从运动系统的基础研究中得到启发，转化出新的干预措施，使患有严重运动障碍的人能够再次与外界环境进行交互。

运动皮质损伤后恢复运动

医生和病人面临着两个关键问题，即病人恢复运动的潜力是什么？以及恢复运动的最佳策略是什么？在最近的研究中，一个专家小组总结了可以预测卒中后康复的生物标志物（L. A. Boyd et al., 2017）。虽然整体上有些悲观，但有证据显示应该评估两项指标：用扩散张量成像测量皮质脊髓束的完整性，以及上肢的运动诱发电位对 TMS 的响应。当病人从关键的初始卒中后时期（急性卒中后阶段）恢复进行评估时，这些指标看起来特别有希望——不仅优于损伤位置相关指标，甚至优于损伤和未损伤肢体之间的行为的不对称性指标。

传统上，恢复人体运动功能的主要治疗方法是物理治疗，这是一种对损伤的肢体进行训练的干预治疗。不幸的是，物理治疗往往只能达成少量的恢复。在直觉上，我们可能会认为治疗越多越好，但最近的一项研究挑战了这一观点（Lang et al., 2016）。85 名卒中后上肢瘫痪的病人被分成 4 组。其中一组接受标准的物理治疗并进行了个性化训练，治疗一直持续到没有进一步改善为止。其他小组参加了一项紧凑的 8 周训练方案，并进行了一系列肢体训练，总共完成了 3200 次、6400 次或 9600 次重复任务。令人沮丧的是，研究人员只看到了病人运动功能的少量改善，并没有真正的证据表明运动恢复程度与训练量有关。完成 6400 次重复练习的小组甚至没有可测量的任何改善。

另一种行为疗法基于这样一种观点，即大脑可能倾向于选择短期解决方案而不是长期解决方案。例如，右臂偏瘫的病人感到右腿瘙痒，他很可能会用左臂越过身体抓挠右腿，而不是用他虚弱的右臂。事实上，这种情况可能会不断加剧两侧肢体功能的差异。为了避免这种情况的发生，康复专家使用了约束诱导运动疗法（constraint-induced movement therapy，CIMT），即限制病人使用健康的肢体。例如，病人可能会在健康的手上戴一个厚手套，如果需要抓什么东西，这会迫使他们使用损伤的手。高强度的约束诱导运动疗法可以改善上肢的力量和功能，甚至在 2 年后也测量到改善的迹象（S. L. Wolfet et al., 2008）。

目前，科学家正在寻找对特定神经机制更有针对性的行为干预新方案。其中一种思路就是寻找能够直接促进大脑受损部位神经恢复的方式。为了推进这一想法，研究人员诱导小鼠的运动皮质发生卒中，以造成小鼠运动功能丧失。（运动皮质切片的膜片钳记录显示，与控制组比，被诱导卒中小鼠的梗死周围的运动皮质强直性抑制增加。）与在人类病患中观察到的运动补偿过程相似，小鼠会利用健康的肢体进行适应。然而，如果病变周围的组织（发生脑梗死处周围的皮质）没有损伤，则小鼠运动功能会表现出一定程度的恢复。此外，用 TMS 刺激梗死周围的皮质可加速运动恢复

（综述见 Carmichael，2006）。

为什么卒中后的恢复缓慢而有限？加州大学洛杉矶分校的托马斯·卡米歇尔（Thomas Carmichael）在啮齿动物模型中仔细研究了这个问题（Clarkson et al.，2010）。他的工作表明，卒中后，梗死周围区域的 γ-氨基丁酸增加。这种抑制性神经递质会降低感觉输入的功效，进而导致神经元活动减退。

这些观察结果促使卡米歇尔及其同事使用药物干预来降低 γ-氨基丁酸水平。这些药物干预在小鼠卒中恢复模型中表现出稳定的收益（图 8.27），接下来就是人体的临床实验。在此期间，科学家们正在使用其他方法来促进人类的神经可塑性，例如，在受损皮质上重复使用 TMS（Kleim et al.，2006）。

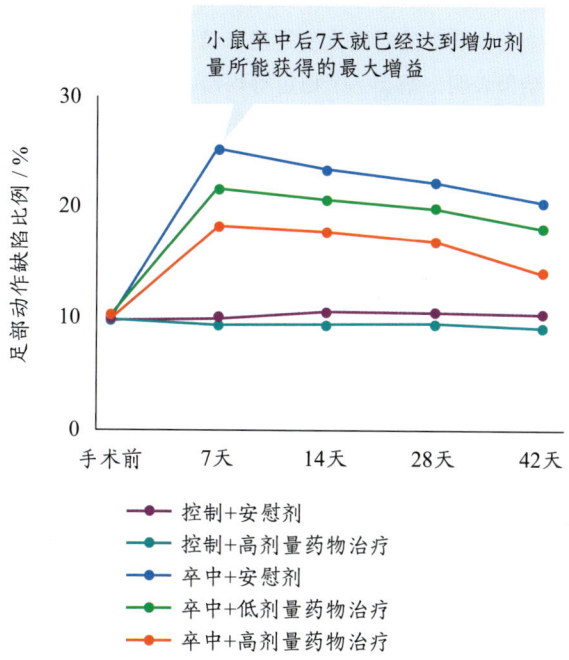

图 8.27 治疗皮质卒中的小鼠

使用降低 γ-氨基丁酸功效的药物来降低强直抑制后的行为恢复。纵轴为前肢足部缺陷，作为行为指标；横轴为自卒中以来的时间。治疗在卒中后 3 天开始。

脑机接口

神经元信号可以绕过肌肉相关的中间阶段，直接通过大脑控制运动吗？例如，若你在运动皮质中计划发起一个动作（例如，叠衣服），然后以某种方式将这些运动皮质神经元连接到计算机上，将计划好的动作发送给机器人，那么机器人会叠衣服吗？这种情况可能听起来很不可思议，但它正在发生。这些系统称为**脑机接口**，能够使用算法（见第 6 章）通过神经信号来控制**假肢设备**。脑机接口可以改善一些病人（例如，脊髓损伤、截肢或其他影响身体运动能力的疾病）的生活，这种系统具有令人难以置信的潜力。

脑机接口系统的早期工作

美国纽约州立大学的约翰·蔡平（John Chapin）让具有强烈动机的动物（口渴的大鼠）进行简单的运动任务，首次证明了脑机接口的可行性（Chapin et al.，1999）。他先训练大鼠按下操纵杆，使它旋转。操纵杆连接到计算机，由计算机测量操纵杆上的压力，并用这一信号调整机械臂的位置。机械臂的一端有一个水瓶；如果机械臂的位置合适，大鼠就能喝到水瓶里的水。因此，大鼠可以通过学习来改变按下操纵杆的压力，控制机械臂，以获取水（图 8.28）。

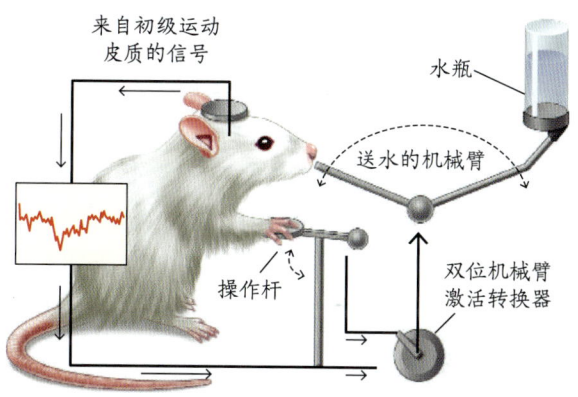

图 8.28 训练大鼠使用杠杆来控制机械手臂传送水滴

当动物按下操纵杆时，对大鼠初级运动皮质中的神经元进行记录。构建一个场向量，表示动物施加的力。然后激活一个转换器，基于场向量来调整机械臂的位置。大鼠很快就能学会不需要按下操纵杆就能取水。

蔡平在大鼠进行任务期间记录其运动皮质的神经元，测量每个神经元的活动与大鼠调整和移动操纵杆的力量输出之间的相关性。一旦大鼠的行为稳定下来，蔡平就可以构建一个在线的场向量，该向量匹配的是动物的力量输出而不是其运动方向。仅仅需要约 30 个神经元，场向量和行为之间的匹配度就非常好了。

有趣的事还在后面。蔡平将操纵杆的输入与计算机的连接断开，并使用实时变化的场向量输出作为计算机的输入，来控制杠杆臂的位置。大鼠继续按下操纵杆，但操纵杆已经不能控制机械臂了；机械臂现在由大鼠的大脑活动控制。如果场向量的活动水平很高，机械臂会向一个方向旋转；如果场向量的活动水平低，它会向另一个方向旋转，合适的场向量水平甚至可以让机械臂完全停下来。令人惊讶的是，仅需要 25 个神经元生成的场向量，就足以让大鼠成功控制机械臂饮水。

不仅如此，这个实验还有其他令人印象深刻的结果。蔡平当然不可能告诉大鼠"对机械臂的控制已经从手臂转换到了大脑"，大鼠也没有意识到切换了脑机接口控制，它会继续不断按压操纵杆。然而，随着时间的推移，大鼠会逐渐意识到它的手臂运动和机械臂之间没有关联。令人惊讶的是，它们的大脑可以继续产生皮质信号以控制机械臂，但它们停止了肢体动作。大鼠已经学会了放轻松，只要简单地想一想按压操纵杆，就可以解决口渴的问题。

在过去的一段时期，脑机接口系统的研究飞速发展。脑机接口系统通常需要三个要素：记录神经活动的方法、具备解码算法的计算机和假肢效应器。在最初的灵长类动物研究中，人们训练猴子来控制计算机光标在二维空间中的位置。随着更加复杂的算法出现，这些动物可以控制多关节机械臂，在三维空间中控制假肢来抓取食物并送到嘴里（Velliste et al., 2008）。

当前的脑机接口系统不仅可以利用初级运动皮质的输出信号，还可以利用运动前区、运动辅区和顶叶皮质神经元的信号（Carmena et al., 2003）。控制算法也变得更加先进，开始采用机器学习的思想。研究人员现在使用的算法已经不局限于序列加工（在产生自主动作的阶段，神经元定向调谐是固定的），而是在动物学习控制脑机接口设备时，通过实时视觉反馈更新调谐（D. M. Taylor et al., 2002）。

保持脑机接口系统稳定

脑机接口研究人员所面临的一个主要挑战是如何建立一个可稳定使用多年的控制系统。在一个经典实验中，动物通过执行动作来开始每日的实验，研究人员由此就能构建每一个神经元的调谐概况模型。这个过程更像是每天在做重新校准。一旦建立了神经元的调谐模型，就可以操作脑机接口系统。然而，如果把脑机接口作为临床治疗手段，这种方式并不实用。首先，长时间记录一组固定的神经元非常困难。其次，如果想把脑机接口应用到瘫痪或失去肢体的病人身上，就无法基于真实的运动来构建该病人的神经元调谐模型。

为了解决这个问题，研究人员探讨了神经表征的稳定性和灵活性。加州大学伯克利分校的卡姆纳什·甘古利（Kamnesh Ganguly）和何塞·卡梅纳（Jose Carmena）在一只猴子的运动皮质中植入了一个由 128 个微电极组成的网格，这个设备能够连续记录神经元的日常活动（Ganguly & Carmena, 2009）。虽然某些神经元的信号每天都在变化，但是仍然有大量神经元信号在很多天里保持稳定（图 8.29a）。

基于这些稳定神经元组的输出，脑机接口系统经过 3 周时间成功地执行了"中心向外任务"。动物完成目标的正确率接近 100%，随着研究的进行，动物完成每个动作所需的时间也变得越来越短（图 8.29b）。这一结果表明，基于一个稳定解码器，运动皮质神经元将可以使用非常稳定的激活模式来进行假肢控制。

更令人震惊的是下一个实验。在让这些训练有素的动物继续进行任务之前，研究人员随机打乱了解码器。例如，如果一个神经元的实际优势方向为 90°，那么该神经元的输出信号在经过算法更改后，就会变成优势方向为 130°。当然，这种新的"稳定"解码器对脑机接口性能造成了严重破坏。猴子认为的"向上移动"会引起光标向侧面移动。然而，经过几天的练习，猴子就能够适应新的解码器，再次达到近乎完美的性能（图 8.29c）。

基于视觉反馈，猴子可以学会使用与手臂运动无关的解码器；实际上，只要算法保持稳定，猴子甚至可以重塑解码器。令人印象深刻的是，当恢复原始解码器时，动物会再次迅速适应新的算法。有趣的是，在这个自适应系统中，神经元的调谐函数会从一个情景转变到另一个情景，甚至偏离它们原本的形状（图 8.29d）。这样看来，长期的神经假肢控制可能会建立一个非常稳定的皮质映射，该皮质映射可以随时激活，并且对再次建立新的皮质映射有一定的排斥。

这些结果为脑机接口研究的临床治疗应用提供了广阔的前景，表明单个神经元的活动形式具有高度的灵活性，以适应当前的环境。这种神经元的灵活性对于确保脑机接口系统稳定至关重要，对于使用单个脑机接口系统来控制多个设备（例如，计算机光标或餐具）也同样重要。我们可以合理地假设，同一组神经

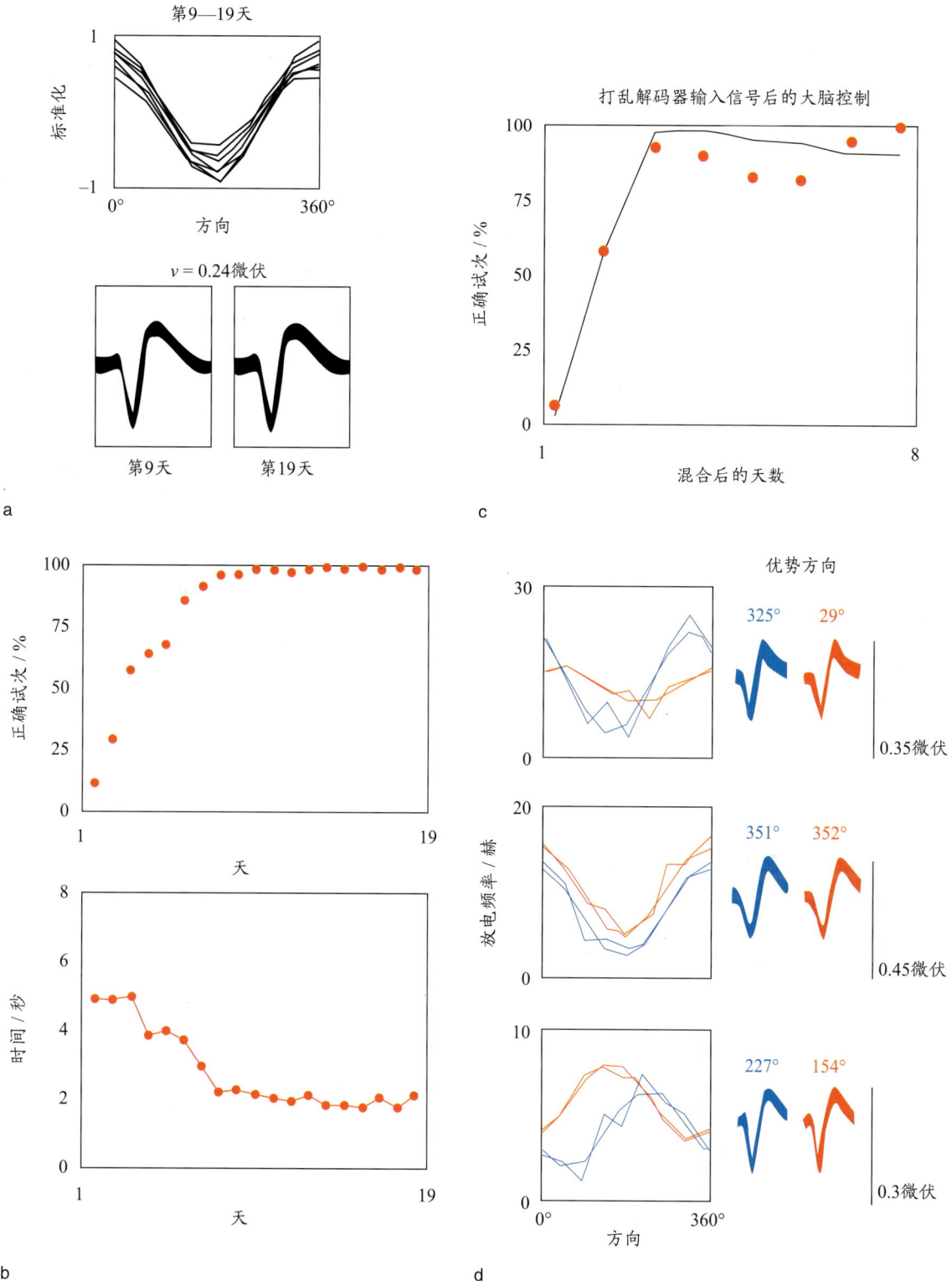

图 8.29 脑机接口控制期间神经活动表现的稳定性和灵活性

（a）记录一组运动皮质神经元连续 19 天的神经活动，两个神经元的定向调谐在第 9 天到第 19 天中表现出了显著的稳定性。（b）使用基于神经元组的固定解码器，猴子在"中心向外任务"中成功地习得基于脑机接口的控制来移动光标。在几天之内，准确度就变得接近完美，并且每次实验所需要的时间显著减少。（c）打乱解码器输入信号后的表现。脑机接口算法的输入在第 20 天中被随机打乱，动物未能完成任何目标。然而，随着这个解码器的继续使用，动物很快能够熟练地完成目标。（d）在原始解码器（蓝色）或打乱输入后的解码器（红色）中，三个神经元的调谐函数。在这两种情况下，一些神经元的调谐函数发生了巨大变化。通过练习，动物可以使用任何一个解码器来成功地控制光标。

元完全可以应对不同脑机接口情景下的挑战，包括控制简单的无重量虚拟对象（例如，鼠标在计算机屏幕上的位置），以及控制具有重量的复杂的移动部件（例如，假肢或机器人）。

将脑机接口研究引入临床

能够从脑机接口系统受益的病人数量巨大，将脑机接口理念引入临床实践十分急迫。仅在美国，就有超过 550 万人因受伤或疾病而罹患某种形式的瘫痪，另外有 170 万人失去肢体。这种巨大的需求促使一些科学家转向人体临床实验。

约翰·多诺格（John Donoghue）及其在布朗大学的同事首次进行了这样的实验，他们与一名病人 M. N. 合作，该病人在脊髓被刺伤后四肢瘫痪。研究人员在病人的运动皮质中植入了一系列微芯片（Hochberg et al., 2006）。尽管 M. N. 已经 3 年没有活动了，但他的运动皮质神经元仍非常活跃。此外，当 M. N. 想象不同类型的运动时，神经元的放电水平会有所变化。当他想象由肩部参与的动作时，会激活某些神经元；而当他想象把手张开时，则会激活另一些神经元。研究人员还能要求 M. N. 想象在一系列方向上的运动，以确定每个神经元的定向调谐概况。

根据这些信息，研究人员创建了场向量，并将它作为脑机接口设备的控制信号。基于不到 100 个神经元的活动，M. N. 就能够成功地在屏幕上移动鼠标（**图 8.30**）。他移动鼠标的反应相对较慢，光标的路径有些不稳定。尽管如此，M. N. 已经可以控制鼠标发电子邮件，用计算机绘画程序画画，以及玩简单的电脑游戏了［例如《乓》（*Pong*）①］。当脑机接口与机械装置连接时，M. N. 可以控制机械手的张开和闭合，这是执行复杂任务的第一步。另一位病人在经过几个月的训练之后，也学会了使用脑机接口系统来控制机械臂和抓取物体（Hochberg et al., 2012）。

相较于使用机械臂，其他研究人员的目标是基于来自皮质的神经信号刺激外周肌肉和神经，绕过受损的脊髓，重新控制肢体运动（Ajiboye et al., 2017；**图 8.31a**）。这样的系统在一名因高位脊髓损伤而四肢瘫痪了 8 年的病人身上成功了。研究员把两个记录电极阵列植入病人运动皮质的手部区域，每个电极阵列都

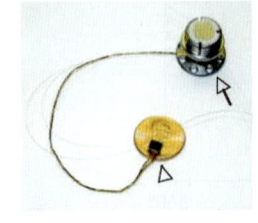
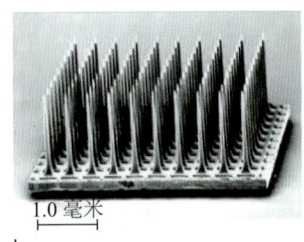
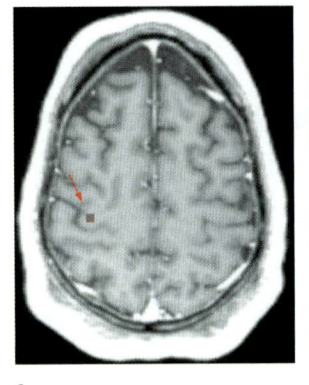

图 8.30　M. N. 使用的脑机接口系统

（a）植入的电极装置与 1 美分硬币的对比。（b）神经信号记录电极阵列（该图像是放大版）。（c）电极阵列植入中央前回的位置。（d）植入了电极装置的实验被试 M. N.。他正在使用神经活动控制计算机屏幕上的鼠标。

有 96 个通道。皮质信号的输出连接到一个外部设备，该设备能为 36 个刺激电极提供输入，这些电极穿透皮肤，终止于上臂和下臂肌肉，能让手指、拇指、手腕、肘部和肩部做出动作（**图 8.31b**）。将来，这些系统还会变为无线的，不再需要外部连接。

到目前为止，我们主要关注的是使用侵入式方法的脑机接口系统——通过神经外科手术在皮质中植入记录设备。这些方法的优点是可以获得高保真的神经信号，然而这些方法不仅会涉及外科手术的相关风险，而且需要重复手术（因为收集信号的设备会随着时间的推移而失效）。另一种可能的方式是使用非侵入式方法——记录头皮的神经信号。

为此，明尼苏达大学的研究人员致力于开发基于 EEG 的脑机接口系统。这项工作的挑战是从相对粗糙的 EEG 信号中创建解码算法，以准确地控制接口设备。在对健康大学生的初步测试中，实验被试非常成功地完成了一项抓取任务（先在二维平面中移动机械

---

① 1972 年起源于美国的一款的模拟打乒乓球的街机游戏。——译者注

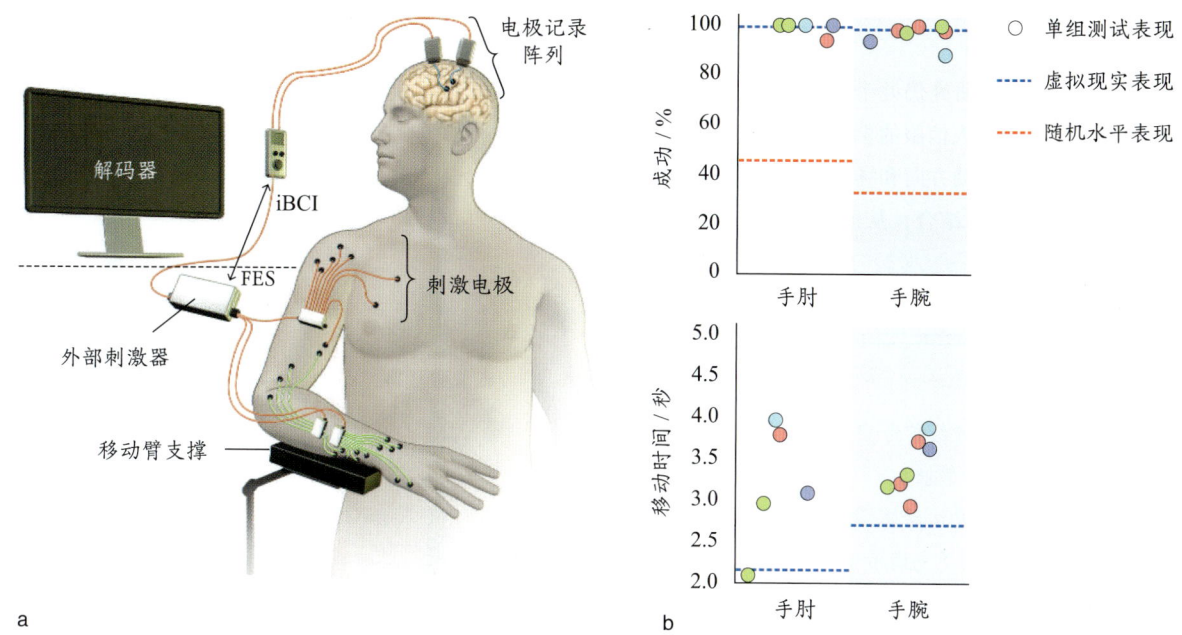

图 8.31　功能性电刺激和皮质内脑机接口系统

（a）来自大脑的神经信号用于驱动功能性电刺激器（functional electrical stimulator，FES），它会激活手臂（三头肌和二头肌）和腕部肌肉。iBCI= 皮质内脑机接口（intracortical brain–computer interface）。（b）该图展示了病人基于大脑解码器移动虚拟手臂（蓝色虚线）和移动他自己的手臂（彩色圆圈）时与随机水平（红色虚线）相比的表现。不同颜色的圆圈表示不同日期的实验。上图展示了成功率，下图展示了运动时间。无论是手臂还是手腕运动都表现良好。

臂悬停在物体上方，然后在三维空间上引导机械臂向下抓取物体）。这种水平的控制仅仅需要几次培训课程就能实现，并在几个月内都得以保持（Meng et al.，2016）。

脑机接口环路的闭合

大多数的脑机接口系统受到的最主要限制是它们以"开环"的模式运行——它们为假肢装备提供运动指令，但是没有利用感觉反馈。在一般的肢体使用中，感觉运动系统会不断接收到感官反馈：例如，在抓住物体时，肢体的皮肤和本体感受器会提供有关物体压力、质量和摩擦的详细信息。相比之下，脑机接口系统通常只利用了缺乏细节的视觉反馈信息，例如，在抓取意外滑落的物体时调整抓力。一个神经假肢系统要想具备人类运动系统的灵活性和多功能性，就应该广泛利用感官信号。

美国芝加哥大学的格雷格·塔博特（Gregg Tabot）及其同事（2013）尝试将躯体感觉皮质引入脑机接口的世界中——这无疑是一项艰难的挑战。首先有必要证明的是，对躯体感觉皮质的直接电刺激可以提供有意义的信息。通过训练猴子区分施加在皮肤不同位置的压力后，研究人员确定了在任务期间激活的躯体感觉皮质区域。然后，他们将刺激电极放置在这些区域，以比较动物对真实刺激（施加在皮肤上的振动刺激）和虚拟刺激（直接皮质刺激）的辨别能力。结果是虚拟刺激的表现几乎与真实刺激一样好。据推测，这些信息可以加入脑机接口闭环系统，这能更好地模拟我们在真实情景中将许多感官源的信息结合在一起的实际情况，以实现用手操纵工具时更加精细的控制。

闭合脑机接口环路仍有重大挑战。在为截肢病人或脊髓损伤病人设计脑机接口时，我们无法预先确定刺激模式应该是什么样。不过，一旦电极放置到位，我们就可以通过每个电极传递脉冲并记录病人的主观报告，以此来系统地绘制阵列对应的体表组织。此外，正如我们在开环脑机接口系统和人工耳蜗（见第5章）中看到的那样，大脑在学习任意输入模式上表现出了巨大的可塑性。因此，依据简单的对应性（例如，肢体位置）或许就足以激活躯体感觉皮质，依据神经活动的自然动态变化或许就能找出这些信号的

关于脑机接口的研究仍处于起步阶段，不过，这些工作提供了一个令人信服的事例，即神经科学的基础发现（比如，对运动方向和场向量表征的编码）能够与生物工程原理相结合，从而开发出重要的临床疗法。

关键信息

- 脑机接口系统利用神经信号直接控制机器设备，例如，计算机光标或者假肢。
- 脑机接口系统为重度运动障碍病人（例如，脊髓损伤病人）的康复提供了充满希望的途径。
- 在早期的脑机接口系统中，解码器是依据动物产生运动时的神经活动信号构建的，然后再使用这些解码器的输出来驱动假肢设备。
- 最近的研究表明，大脑的可塑性使它能够自发地学习适应神经活动来控制任意解码器，这便不需要训练阶段来构建解码器。这一洞见有助于将脑机接口系统应用到失去四肢活动能力的病人群体中。
- 当前的脑机接口研究使用了大量的技术和神经信号，其中一些涉及侵入式程序，另一些则使用非侵入式程序。

8.7 动作的发起和基底神经节

当多个动作计划在大脑皮质中相互竞争时，我们如何决定要执行哪个动作呢？我们不能在用右手打字的同时也用右手拿一杯咖啡。虽然动作计划可以很好地得到并行加工，但在某个时刻，系统只能执行一个特定的动作。

基底神经节在运动起始的过程中起关键作用。为了理解这一点，需要先了解皮质下结构神经解剖学环路，如图 8.32 所示。基底神经节的传入纤维终止于纹状体，纹状体在灵长类中由两个神经核团组成：尾状核和壳核。基底神经节有两个输出核团：苍白球内段（internal segment of the globus pallidus，GP_i）和黑质网状部（pars reticularis of the substantia nigra，SN_r）。它们虽然接收相同的输入，但输出是不同的。黑质网状部的轴突主要投射到并终止于上丘，为眼动的起始提

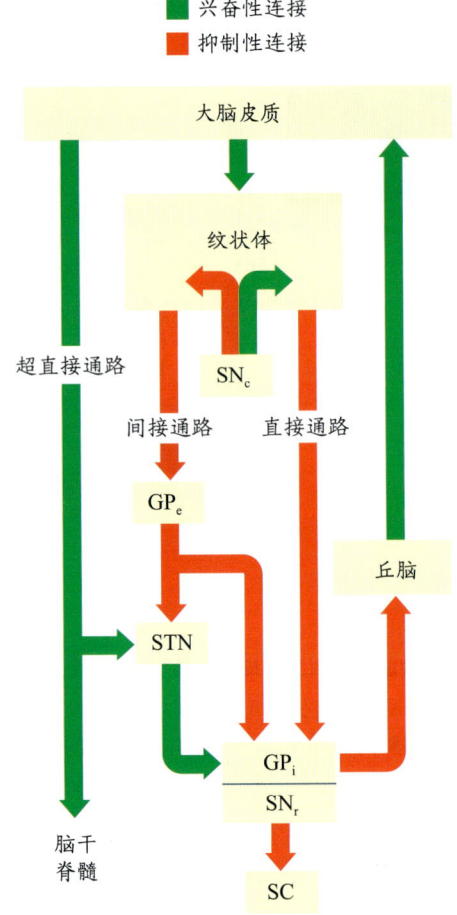

图 8.32 基底神经节中的直接通路和间接通路

绿色箭头表示兴奋性投射，红色箭头表示抑制性投射。来自皮质的输入主要投射到纹状体。从这里开始，加工过程沿着两条通路进行。直接通路（中右）通向输出核团：苍白球内段（GP_i）和黑质网状部（SN_r）。黑质网状部的轴突主要投射到并终止于上丘（SC），为发起眼动提供重要信号。间接通路（中左）包括一条通过苍白球外段（GP_e）和丘脑下核（STN）而到达输出核团的环路。到达丘脑的输出投射继续由丘脑传到皮质，多终止于靠近传入纤维源头的区域。黑质致密部（SN_c）的多巴胺能投射可以通过 D_1 受体来激活直接通路，通过 D_2 受体来抑制间接通路，以实现对纹状体活动的调节。基底神经节的输出也会抑制其他皮质下结构，如上丘。

供重要信号。另一方面，苍白球内段的轴突终止于丘脑核，之后主要投射到运动皮质、运动辅区和前额叶皮质等大脑皮质区域。

基底神经节内的加工过程沿着两条神经通路进行，这两条通路起源于纹状体 γ-氨基丁酸能投射神经元（DeLong，1990）。直接通路涉及从纹状体投射到苍白

球内段和黑质网状部的迅速的、直接的、抑制性神经连接。间接通路则采用了更加迟缓、迂回的路线通往苍白球内段和黑质网状部。纹状体轴突抑制苍白球外段（external segment of the globus pallidus，GP_e），进而抑制丘脑下核和苍白球内段，基底神经节通过苍白球内段和黑质网状部的输出也是抑制性的。事实上，这些核团具备较高的基线放电频率，以通过它们对丘脑和上丘的抑制性投射来产生运动系统的紧张性抑制。

最后一个值得注意的内部通路是从黑质致密部（pars compacta of the substantia nigra，SN_c）到纹状体的投射，称为多巴胺通路。有趣的是，这一通路对直接和间接通路的影响是相反的，尽管在这两个通路中的神经递质（多巴胺）相同。黑质通过作用于一种多巴胺受体（D_1）激活直接通路，并通过作用于另一种多巴胺受体（D_2）抑制间接通路。

作为"门卫"的基底神经节

当皮质纤维激活纹状体时发生了什么？了解这一点，我们就能够更好地理解基底神经节的功能。当直接通路被激活时，抑制性信号会发送至基底神经节输出核团（苍白球内段和黑质网状部）的目标神经元，从而抑制传向丘脑的抑制性信号。这种双重抑制的综合效果便是丘脑的去抑制化，即皮质的兴奋性增强。这样一来，如果这个去抑制化是沿着终止于初级运动皮质的环路发生的，直接通路的激活就将促进运动。

与此相对，沿着间接通路的纹状体激活将导致苍白球内段和黑质网状部的抑制增强，从而降低了皮质的兴奋。通过苍白球外段的纹状体抑制以减少向输出核团的抑制性输入，或者减少对丘脑下核的抑制，都可以实现同样的结果。

尽管这幅图景可能看起来很复杂，这些兴奋和抑制信号的阵列令人困惑，但最终的结果是，当直接和间接通路被来自皮质的输入激活时，它产生的效果是相反的。这种令人困惑的机制非常重要，它似乎能帮助运动系统保持稳定（例如，姿势），以及在情况变化（例如，移动）时迅速做出改变。例如，如果间接通路的加工较慢，基底神经节就可以充当皮质活动的"门卫"。来自直接通路的抑制减小，将促使运动发生，随后来自间接通路的抑制增加，从而使系统适应新的状态。多巴胺通路的黑质纹状体纤维在增强了直接通路作用的同时，降低了间接通路的作用。

从这个角度看，可以说基底神经节在动作的发起中起着关键作用（图8.33）。正如我们在第8.4节讨论的，皮质运动区域的加工可被看作一个竞争过程，其中，各个备选动作为最终的运动器官控制权而竞争。基底神经节的存在有助于解决这样的竞争冲突。强抑制性基线活动使运动系统时刻准备着，这样就可以在不发起动作的前提下，激活可能发起的动作的皮质表征。当特定的运动计划得到增强，相应神经元的抑制信号就会减弱，这个运动表征就冲出重围，赢得了竞争。

有趣的是，计算分析表明，基底神经节直接通路

图8.33　基底神经节参与运动起始的计算模型
基底神经节的抑制性输出使潜在的反应保持在抑制状态，直到其中一个选项的激活达到某个阈值，便发起了运动。根据这个模型，基底神经节不需要评估可能的选项，只需要监测它们的激活水平，"选择"就会发生。

的生理机能使它能完美地作为一个"赢家通吃"的系统来运行——从多个备选动作中提取一个动作计划。格雷格·伯恩斯（Greg Berns）和特里·谢诺沃斯基（Terry Sejnowski）考察了基底神经节中所有成对突触连接的功能性结果（可能是兴奋性的，也可能是抑制性的）（Berns & Sejnowski, 1996）。根据他们的分析，要想从背景中突出某个选定的模式，具备两个连续的抑制性连接是最有效的方式。在该通路中，被解除抑制的信号就能从"安静"的背景中凸显出来。相反，如果只有一对兴奋性连接，选定的模式就不得不增大其信号才能从"吵闹"的背景中凸显出来。类似的，兴奋性突触和抑制性突触不论以哪种顺序连接都不能有效地使选中的模式与背景区分开。

伯恩斯和谢诺沃斯基还指出，直接通路的双抑制对于基底神经节来说是相对独特的结构。这一机制对于在竞争系统中选择反应特别有益。例如，想象你站在沙滩上，在海洋地平线处寻找你朋友的皮艇。如果海洋里满是各种各样的帆船，你的任务就很有挑战性。但如果你看的时候海面上刚好是空的，那么当皮艇进入你的视野时，你就很容易发现它。同样，当背景活动被抑制时，来自纹状体的新输入模式也会更加明显。

基底神经节和学习

动作会产生相应的结果。这些结果将影响一个行为重复发生的可能性，即所谓强化偶然性（reinforcement contingency）。若结果是奖赏性的，将来出现类似情境时，就很有可能引起该行为的重复，就像是狗通过学会"坐下"这个动作来获得零食。奖赏，甚至是对奖赏的期待，都能够触发多巴胺神经元的激活（见第12章）。虽然多巴胺与运动的产生相关（接下来我们就会学到），但它在强化行为和学习中也扮演了十分重要的角色（Olds & Milner, 1954；这是在第12章中会详细描述的主题）。

多巴胺在运动选择和奖赏学习中的双重作用是适应性的。系统倾向于学习能够产生奖赏结果的动作。以网球训练为例，如果在纹状体中释放多巴胺来强化训练正手斜线击球，之后做出类似动作的可能性就增加。在门控模型中，多巴胺可能降低了在熟悉的（例如，有奖赏的）情境下触发动作所需的阈值。

从生理学角度而言，科学家们已经探索了多巴胺如何在基底神经节中调控输入—输出通道，使得该系统能够在一系列可能的反应中倾向于产生某个特定的反应。直接通路中的 D_1 受体是兴奋性的，产生兴奋性突触后电位；间接通路中的 D_2 受体是抑制性的，产生抑制性突触后电位。最终结果是，多巴胺的释放促进了直接通路中表征的选中的行为，并通过间接通路阻止未选中的行为。这种双重效应使得奖赏性的输入模式在未来重新激活时，更有可能激活同样的行为反应。事实上，皮质纹状体突触的可塑性会受到多巴胺的强烈调节（Reynolds & Wickens, 2000）。回到那个网球的例子上——下一次当网球从同一个方向飞来时，你的手臂就会回到先前成功击球的模式上。

因此，通过使行为产生偏向以及使动物更可能发起强化后的动作，多巴胺神经元便能够促进强化学习。对于产生灵活的、适应性的动作以及将行为模式组合成新的序列而言，根据可能的结果改变反应的能力至关重要。

基底神经节相关的疾病

从图8.32中的基底神经节环路可以清楚地看到，基底神经节任何部位的损伤都可能干扰运动；然而，问题出现的形式根据病变的位置不同而有很大的区别。例如，**亨廷顿病**是一种遗传性神经退行性疾病（见第3章）。携带亨廷顿基因的病人会在四五十岁时出现症状，发病十分迅速，通常会在发病后的12年内死亡。发病的开端很微妙，通常先是心态上逐渐变化，病人变得易怒、健忘，且对日常活动失去兴趣。在一年内，其运动异常就会变得很明显：笨拙、平衡出现问题、坐立不安。非自主的扭动或抽动（舞蹈病）逐渐支配正常的运动功能。病人可能呈现扭曲的姿势，并且手臂、腿、躯干和头部可能不断地活动。

为了理解亨廷顿病中的过度运动或**运动亢进**，我们可以先了解病状如何影响基底神经节的信息传递。纹状体的改变主要发生在形成间接通路的抑制性神经元。如**图8.34a**所示，这些变化会导致对基底神经节输出核团的抑制增强。没有了基底神经节对运动系统的抑制检查，就会导致运动亢进。在疾病后期，大脑的许多区域都会受到影响。但基底神经节的萎缩最为突出，其中纹状体的细胞死亡率最终高达90%。

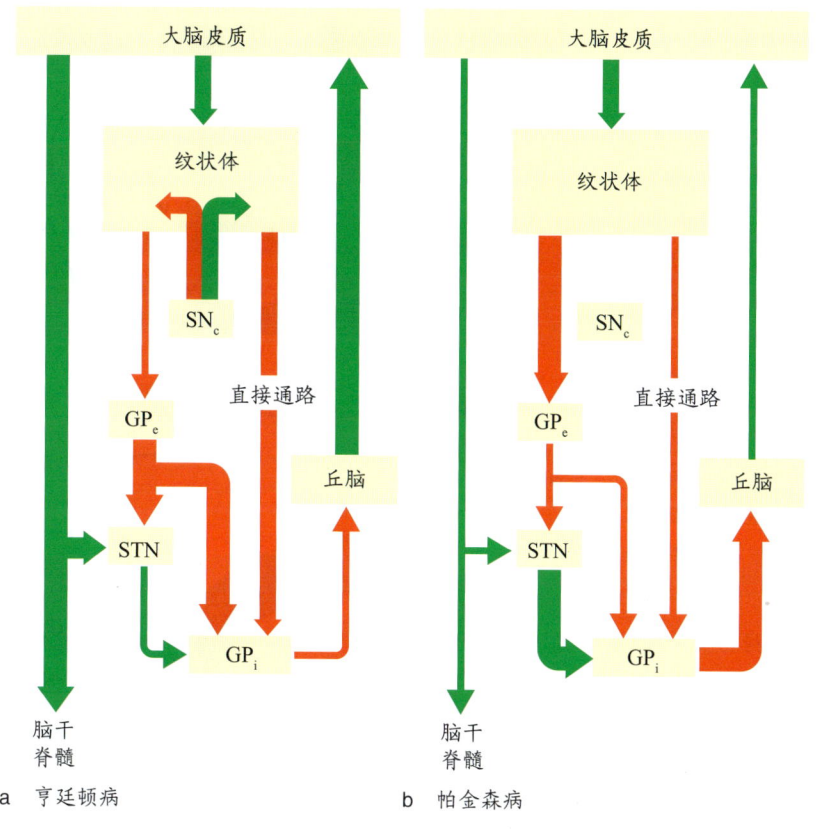

图 8.34 亨廷顿病和帕金森病不同的神经化学变化

与图 8.32 类似，绿色箭头表示兴奋性投射，红色箭头表示抑制性投射。（a）对于亨廷顿病，在间接通路中，从纹状体到苍白球外段（GP_e）的抑制性投射减弱。其后果是苍白球内段（GP_i）的抑制性输出减弱，从而导致皮质兴奋性增加，运动增加。（b）帕金森病主要减弱直接通路的抑制性活动，导致从苍白球内段到丘脑的抑制增加，因而皮质活动和运动减弱。SNc=黑质致密部，STN=丘脑下核。

帕金森病是影响基底神经节的最常见、最广为人知的疾病，其原因是黑质致密部中产生多巴胺的神经元缺失（图 8.35）。和大多数脑组织一样，这些神经元会随着年龄的增长而萎缩。当这些神经元大量丢失时，帕金森病的症状就会显现。与基底神经节相关的帕金森病的运动症状包括姿势障碍和移动障碍，被称为**运动功能减退**和**运动迟缓**。运动功能减退是指发起自主运动的能力下降；运动迟缓是指运动速度变慢。最严重的症状是**失动症**，即缺乏自主运动能力。

帕金森病病人经常表现得像是无法改变自己的姿势。这个问题在病人试图发起一个新的动作时尤为显著，我们可能会联想到一个门控系统被卡住或堵塞了。许多病人发明了一些小窍门来帮助他们克服运动障碍。例如，一个病人挂着拐杖走路，不是因为他需要它保持平衡，而是因为它为病人提供了一个视觉目标以帮助他开始运动。当他想走路时，他把拐杖放在右脚前并踢它，这促使病人克服了惯性并跨出第一

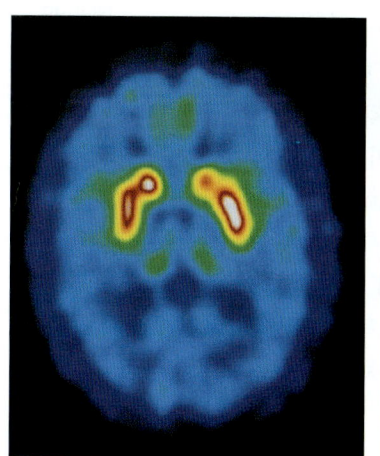

a 正常个体

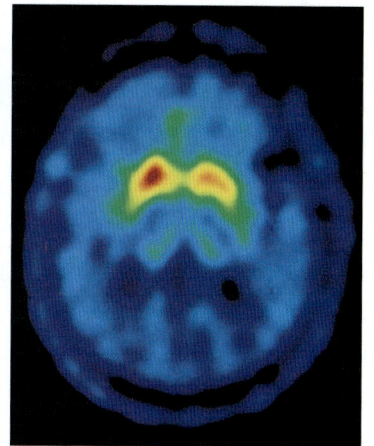

b 患帕金森病的病人

图 8.35 用 PET 放射性示踪剂标记特定神经递质的分布

正常个体和患帕金森病的病人都被注射了一种放射性示踪剂——氟多巴（可见黄色、橙色和红色）。这种物质可见于纹状体，反映了黑质对该结构的多巴胺能投射。比较正常个体（a）和病人（b）对示踪剂吸收的扫描结果。

步。运动一旦开始，其幅度会变小，速度也会变慢。由于肌肉收缩的幅度和速度降低，病人只能以小碎步的形式走路。

图 8.34b 展示了帕金森病降低抑制活性的主要过程。当没有兴奋性黑质致密部输入纹状体时，直接通路的抑制输出减少，这反过来增加了从纹状体苍白球内段到丘脑的抑制性输出。同时，黑质致密部的输入减少抑制了间接通路。因为苍白球外段产生了较少的苍白球内段抑制，或者丘脑下核增加了苍白球内段的兴奋，最终的生理效应是对丘脑的抑制增加。总的结果是由于过度的丘脑抑制而减少了皮质的兴奋。皮质可能会继续进行动作计划，但如果基底神经节无法正常运作，快速启动运动的能力会受到损害。即使开始运动，也往往是缓慢的。

左旋多巴，作为一种多巴胺的合成前身物质，其发现是 20 世纪 50 年代神经病学的重大突破之一。左旋多巴可以穿过血—脑屏障，代谢生成多巴胺。这为内源性生成多巴胺功能丧失的病人提供了一种替代疗法。这种疗法对帕金森病病人有巨大益处，直到今天仍在使用。几乎所有被诊断患帕金森病的病人都会接受某种形式的左旋多巴治疗，这是一种简单的药物治疗方案，可以显著地改善病人的运动问题。

然而，随着时间的推移，产生多巴胺的细胞继续死亡（因为左旋多巴并不能阻止它们的死亡），而且纹状体神经元对左旋多巴变得敏感，所需的药物剂量往往会增加。这种逐渐的转变导致了更多症状的出现，其中一些可能反映了基底神经节运动通路的变化——特别是药物诱发的运动亢进。大脑中其他具备相对完整的多巴胺受体的脑区也会受到左旋多巴的影响，这也会引起其他症状。事实上，因为左旋多巴对整个大脑有系统性的作用，这些脑区受到了药物过量的影响。左旋多巴治疗使得大脑额叶中含有多巴胺受体的区域被过度激活，这与一些认知障碍有关（综述见 Cools，2006）。

除了左旋多巴治疗对认知的间接影响外，基底神经节的变化似乎对认知有更为直接的影响。要理解这一点，就需要注意基底神经节不仅包含运动系统的加工环路，还包含其他皮质区域的加工环路，如顶叶、额叶和边缘系统（图 8.36）。也就是说，这些区域将加工信息投射到基底神经节，在直接通路或间接通路中加工，之后又输出传送回大脑皮质。

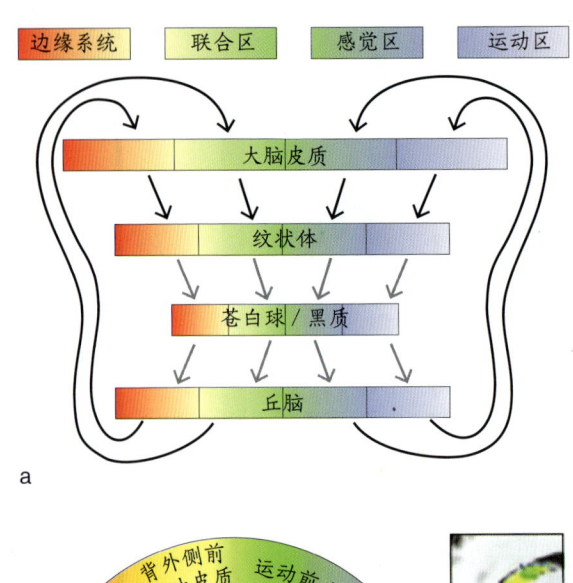

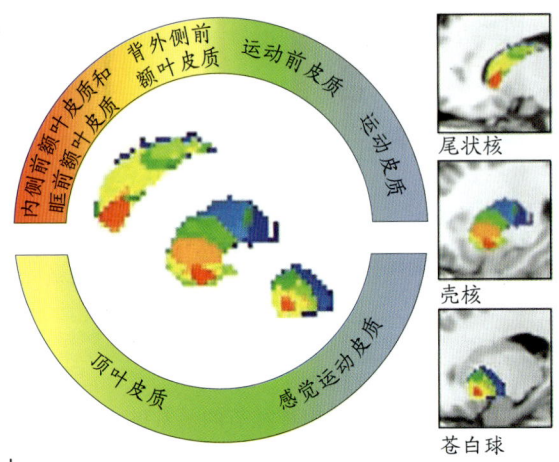

图 8.36　皮质与基底神经节的连接

（a）皮质的不同区域以连接环路的形式投射到基底神经节的不同区域，这些连接环路在大多数情况下是独立的。信息通过不同的通道传入或传出到边缘系统（红色）、联合区（黄绿色）、感觉区（绿蓝色）和运动区（蓝白色），这些区域在基底神经节（主要是构成纹状体的尾状核和壳核）和皮质均有对应。黑色箭头代表谷氨酸投射，灰色箭头代表 γ-氨基丁酸投射。纹状体的腹侧部分是苍白球。（b）扩散张量成像数据显示，不同皮质区域投射到基底神经节的输入区域时从喙侧到尾侧呈的梯度变化，如图中央所示（喙侧在左，尾侧在右），尾状核和壳核占大部分。在右图中，被分割的基底神经节核团被叠加到了结构成像上。

这种结构使研究人员开始思考，基底神经节中发生的加工过程可能不局限于运动控制范围。特别是，就像基底神经节的运动环路能够让系统从一种运动状态转换到另一种运动状态一样，类似的机制可能与我们在不同精神状态之间的转换有关。实际上，帕金森病病人也会表现出精神状态转换困难，这类似于他们在发起运动时（改变运动状态）遇到的困难。

对基底神经节的直接刺激

由于药物治疗的局限性，临床医生希望找到治疗帕金森病的替代疗法或补充疗法。例如，神经外科医生设计了一些干预措施，试图恢复基底神经节和皮质之间抑制和兴奋环路的平衡。当疾病削弱了纹状体抑制性信号时，可以通过苍白球切开术（一种破坏苍白球里小部分脑细胞的手术）降低苍白球的过度活跃。这种方法对许多病人都是有效的。然而，苍白球相当大，想定位手术的最佳位置很有挑战性。更重要的是，手术过程有很大风险（De Bie et al., 2002）。

在第3章中，我们介绍了一种替代性手术方式，即**深部脑刺激**，它对那些标准药物治疗不再有效的帕金森病病人而言有巨大的影响（见图3.13）。深部脑刺激需要将电极植入目标神经区域；对于帕金森病，这个区域通常是丘脑下核（对于有些病人而言，也可能植入苍白球或丘脑）。然后通过电极施加高频率电流。这种刺激会改变目标区域和整个环路的激活。

深部脑刺激疗法的效果令人惊叹。当刺激器关闭时，病人可能会待在原地，只有非常努力才能开始移动——即便开始移动，也只能拖着脚、步伐很小地走路。而一旦打开设备，病人在10分钟后就可以在走廊里健步如飞。你可以在网上找到许多受益于深部脑刺激疗法的视频例子，比如，关于深部脑刺激流程的概况及其在一位病人身上展现的初步益处，或是深部脑刺激给一名在左旋多巴治疗过程中出现严重颤抖的病人带来的巨大改善。

事实证明，深部脑刺激非常受欢迎：在投入使用的第一个10年中，超过75 000名病人接受了这种手术，而且这种手术的普及程度正在升高。深部脑刺激作为帕金森病治疗方法的成功使人们对使用类似的侵入式方法治疗其他神经和精神疾病的兴趣大增。定位于其他脑区的深部脑刺激正用于治疗肌张力障碍（非自主肌肉痉挛和四肢扭曲）或强迫症病人。治疗慢性头痛、阿尔茨海默病（Lyons, 2011）甚至昏迷的临床实验也在进行中。

为什么深部脑刺激总体上是有效的（特别是在帕金森病的治疗中），目前这仍然是一个谜（Gradinaru et al., 2009）。事实上，最常见的深部脑刺激形式（将电极植入丘脑下核）在理论上似乎应该产生反效果——丘脑下核输出的增强应该增强苍白球内段输出，从而导致对皮质的抑制增强以及帕金森病症状的恶化。

深部脑刺激这种人工刺激明显以某种方式改变了神经元活动，才获得了临床效益。目前尚不清楚究竟是神经环路的什么因素引发了治疗效果。一种假设是，深部脑刺激的周期性输出以某种方式使得基底神经节与皮质进行信息交流的振荡活动正常化了。在休息的时候，正常个体的感觉运动皮质脑电图记录呈现出显著的β振荡（15～30赫）。当运动开始时，该信号便减弱了。帕金森病病人表现出过度的β振荡，这种信号的强度与他们运动迟缓的严重程度相关。安德烈娅·库恩（Andrea Kuhn）及其同事（2008）发现，丘脑下核的深部脑刺激能抑制β振荡活动（图8.37a）。此外，病人的活动量增加也与这种抑制程度相关。

因此，深部脑刺激治疗的可能机制之一是它会破坏β振荡的过度活动，从而改善运动。这种破坏可能发生在基底神经节输出信号回到皮质时的改变。另一种解释也来自动物模型实验：高频刺激丘脑下核可能直接影响运动皮质神经元的活动（Q. Li et al., 2012）。这是怎么发生的？如图8.32所示，从运动皮质到丘脑下核存在一个直接投射，被称为**超直接通路**。当诸如深部脑刺激的刺激作用于大鼠的丘脑下核时，运动皮质神经元表现出逆向激活中的潜伏期变化——逆向激活即由膜电位变化引起的沿轴突逆向传输的动作电位（图8.37b）。

β振荡强度与运动之间的联系让研究人员进一步探究：人们是否可以通过神经反馈训练学会控制这种脑电信号。在一项初步测试中，3名帕金森病病人接受深部脑刺激手术，并在其感觉运动皮质表面放置了条状电极。这些电极可以高保真地监测大脑皮质的β活动，通过计算机屏幕上光标的位置来显示活动的水平。然后，训练这些病人改变光标的位置——实际上，就是寻找某种"思考方式"，使他们能实时地控制β振荡的强度。在仅仅几小时的训练后，病人便成功完成了此任务（Khanna et al., 2016），这种闭环系统为提高神经系统疾病的治疗效果提供了另一种方式。

帕金森病在大部分人群中普遍存在，针对这一疾病发展出了一系列神经化学变化研究以及优秀的动物模型，对帕金森病的治疗已成为疾病干预措施创新的典范，这些干预措施包括药物干预、干细胞移植（未

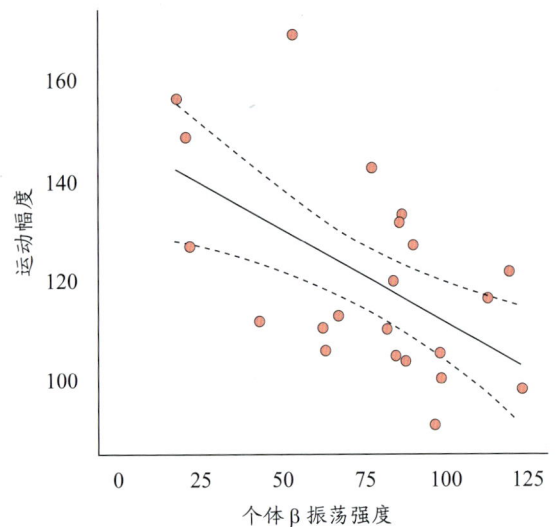

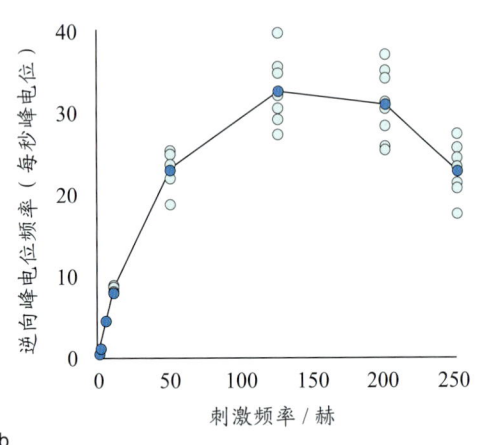

图 8.37　探究帕金森病的病因

（a）在健康人类中，基底神经节 β 振荡的增强与运动呈负相关。（b）在有帕金森病损伤的大鼠中，随着深部脑刺激刺激频率的增加，运动皮质神经元的放电频率增加，至少能达到 125 赫的刺激频率。这些变化是由于深部脑刺激信号的影响沿轴突向上传播（逆向）。浅蓝色的圆圈代表单只大鼠的个体数据，深蓝色的圆圈代表多只大鼠的平均数据。

在本章中讨论）和神经外科手术。也许在未来的某个时候，我们将可以完全摒弃深部脑刺激，为帕金森病病人提供一种通过调节 β 振荡等异常生理信号的方法来缓解症状的治疗手段。

关键信息

- 基底神经节是由皮质下核团形成的内部环路，而该内部环路又与大脑皮质形成一个加工环路。
- 基底神经节的输出信号是抑制性的。因此，在僵直状态下，基底神经节会抑制皮质活动。当这种抑制被移除时，运动就产生了。
- 多巴胺在黑质致密部产生，这是一个位于脑干、被投射到纹状体的核团。多巴胺调节了纹状体中突触的有效性，使某种形式的运动学习成为可能，这种运动学习可以促进获得奖赏的行为动作重复出现。
- 帕金森病是由黑质中产生多巴胺的细胞萎缩引起的。这种疾病的特征是失动症（无法产生自主运动）、运动功能减退（肌肉运动减少）和运动迟缓（动作变慢）。
- 对帕金森病的治疗激发了神经病学的重大创新。20 世纪 50 年代关于左旋多巴研究的发展帮助研究者基于特定递质系统来治疗神经和精神障碍。最近，侵入式治疗方法的成功（如苍白球切开术和深部脑刺激术），激励着神经外科医生考虑对其他疾病也采取类似的干预措施。

8.8　新技能的学习和运用

迪克·福斯伯里（Dick Fosbury）是体育界的革命性人物。他在高中时期就是一名优秀的跳高运动员，尽管他的优秀还并不足以让他获得奖学金，但他仍然梦想着上大学读工程学专业。直到有一天，他突然有了一个想法。就在不久前，他的学校用软泡沫塑胶替换了跳高坑里的木片着陆垫。福斯伯里意识到，他不再需要用脚着陆了，这样可以避免受伤。于是，他不再使用"剪式"跳跃法，而是转动身体向后跃过横杆，将双脚抬向天空，最后用背部着地。凭借着这种观念上的突破，福斯伯里勇创新高，最终在 1968 年墨西哥城奥运会夺得金牌。后来，全世界的跳高运动员都采用了"福斯伯里式跳高"——背越式跳高。而福斯伯里自然拿到了奖学金，并最终成了一名工程师。

基于学习的皮质控制转换

人们经常把运动学习归类于低层级的动作序列表征。我们常用"肌肉记忆"一词来描述我们的肌肉习得了一种看似自动化的反应方式，例如，骑在自行车上保持平衡，手指在键盘上不停地敲击打字。事实上，我们无法用言语描述自己究竟是如何执行这些技能的，而这一事实强化了"运动学习是非认知技能"的观点。奥运会体操运动员彼得·维德马（Peter Vidmar）的发言也曾表达这种观点，他说："当我接近器械时……我唯一能想到的就是……第一个花式动作……然后，我的身体就接管了一切，所有动作都变成自动执行的了"（Schmidt，1987，p. 85）。

然而，更深入的研究发现，运动学习的某些方面独立于执行动作的肌肉系统。仅凭你自己就可以证明这种独立性：你可以拿一张纸，签上自己的名字；完成之后，再用你的非优势手重复这个过程；然后，用牙齿叼住笔，再次重复这个过程；如果你具有非凡的冒险精神，你也可以脱掉鞋袜，用脚趾夹住笔，重复这个过程。

尽管这些非典型的作品并不像你的标准签名那样平滑流畅，但这个证明过程引人注目的点在于，所有作品的高度相似性。图 8.38 就展示了这样一个证明过程的结果。这种高水平的动作表征独立于任何特定的肌肉群。这些最终作品的差异表明，在将抽象表征转化为具体动作这一方面，一些肌肉群仅仅是更有经验而已。

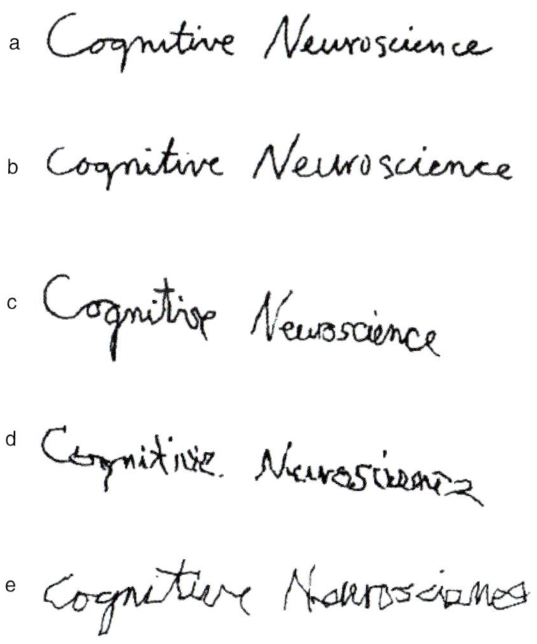

当人们学习一个新动作时，最初的学习效应似乎会处在一个较为抽象的水平。举个例子，福斯伯里的学习就开始于抽象领域，那时的他仅有简单的灵感：新的跳高垫材料使一种不同的着陆姿势成为可能。正是基于这一点，他才能采用一种全新的跳高方式。正如福斯伯里所言，"我改进了一种原本已经过时的姿势，使它变得更现代化、更有效率"（Zarkos，2004）。毫无疑问，这些认知能力不仅适用于学习运动技能，更适用于任何类型的学习。举个例子，这些认知能力同样有助于造就一名伟大的爵士乐即兴演奏家。一名爵士乐即兴演奏家的优秀不仅仅是因为她手指的技术动作专长（尽管这很重要），更是因为她能够看到一段即兴演奏的可能性、一种新曲调模式的可能性。

一旦福斯伯里决定做点什么，他就必须学习如何才能做到这件事。学习一项技能需要练习，而想要精通任何一件事情都需要大量练习。我们的运动系统具备一些基本的运动模式，由皮质下环路控制。学习一项新技能涉及将这些基本模式作为基础、用一种新颖的方式将一系列姿势连贯起来，或者可能涉及一段更精妙的整合过程，一遍又一遍地重复一组习得的序列，从而得到一种极其精确的协调模式。渐渐地，运动系统习得了用类似自动化方式执行运动，而几乎不需要有意识的思考。

习得如何使用最佳的方式完成动作（也就是成为一名专家），会让我们达到不同的技能水平。成为一名专家就能够对运动系统进行微调，以使自己用最高效、最熟练的方式完成动作。而这一结果同样需要其他认知能力的帮助，如坚持、专注以及自我控制等。运动技能还涉及知觉技能的磨炼。勒布朗·詹姆斯（LeBron James）在篮球上的成功不仅是因为他有非凡的运动能力，还因为他有迅速识别对手和队友所处位置的能力。他的模式识别能力使他能够迅速做出判断：自己究竟是应该带球上篮，还是应该停下来传球给某个处在空当位置的队友。

基于感觉反馈的适应性学习

想象一下，你登上了一艘在海浪中摇摆的小船。起初你显得很笨拙，不愿意放开船缘；但你很快就适应了，你学会了如何在小船摇摆前进时保持平衡。接

图 8.38　运动表征与特定的效应器系统没有关联
"Cognitive Neuroscience（认知神经科学）"这一词组的五种笔迹是由同一个人分别用右手（优势手）(a)、右腕(b)、左手(c)、嘴(d)和右脚(e)运笔书写而成的。尽管使用身体的这五个不同部位进行书写的经验存在着巨大差异，但这些作品仍然表现出了一定程度的相似性。

下来，你甚至想冒险用几步穿过甲板。在海上待几小时之后，你就是一名根本不需要考虑小船颠簸摇摆的老水手了。然而，当你回到海岸上时，你会惊奇地发现自己最开始走的几步路又变得歪歪斜斜了。你需要一两分钟才能适应平稳的码头，摈弃刚刚摇摇晃晃的步态。

在这个例子中，你那双适应了颠簸的腿正是**感觉运动适应**的一种形式。研究者设计了各种各样的新奇环境来挑战运动系统，并探索这种运动学习所需的神经机制。在最早也是最激进的测试中，加州大学伯克利分校心理学系的创始人乔治·斯特拉顿（George Stratton, 1896）进行了一项研究。他设计了一套可以反转视觉输入的眼镜。在第一次戴上自己设计的新型眼镜时，斯特拉顿处于一种不知所措的状态，他甚至不敢迈出一步，生怕自己跌倒。想要移动到正确的位置也变得十分困难，他想伸手去拿玻璃杯，却观察到自己的手臂向错误的方向移动。但随着时间的推移，斯特拉顿的运动系统逐渐适应了（就像脑机接口研究中的猴子在解码算法随机打乱后表现的那样）。到了第4天，他就几乎可以用正常的速度行走了，而且动作十分协调。随着时间的推移，旁人渐渐难以觉察斯特拉顿的世界其实是颠倒的。他的感觉运动系统已经适应了新的环境。

更现代的感觉运动适应研究使用了扭曲程度更低的环境。在其中一些研究中，当个体执行"中心向外"任务时，会进行视觉运动旋转，使四肢的视觉反馈偏移45°，从而导致视觉信息与本体感觉信息（四肢的位置感觉）的不匹配（图8.39）。另一些研究会施加一个力场，当个体试图直接到达目标时，该力场会使四肢偏移到一边。无论是哪类研究情景，运动系统都能够根据这些干扰相应地调整自己，以达到令人惊奇的适应状态。在大约100次动作之内，人们就能够完成对自己行为的调整了，直奔目标而去。

尽管实验被试能够意识到环境会因为干扰的引入而发生改变，但他们的感觉运动系统能够在被试尚未意识到的时候迅速适应，改变运动方式。正如你从船上回到码头一样，当个体因为干扰的去除而需要重新适应时，这种"自动化"改变就显而易见了，这被称为去适应。我们无法简单地切换回正常状态，而是必须重新学习如何在没有视觉扭曲或没有力场的情况下控制四肢。

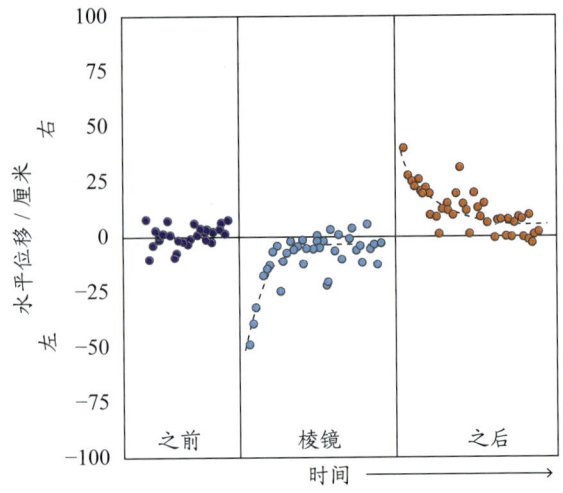

图 8.39　棱镜适应

在实验中，实验被试要尝试投球击中视觉目标物。在基线条件下（"前测"），被试实际投掷到的位置集中在目标周围。在他们戴上棱镜眼镜之后，投掷偏向了左侧。在大概20次投掷之后，被试逐渐适应了眼镜，并再次将球成功地掷到了目标附近。而在摘下眼镜后（"后测"），被试的投掷又严重偏向了对侧（右侧）。这种后效最终会随着被试的"去适应"而消失。

适应的神经机制

认知神经科学家已经使用了各种技术来探索**感觉运动学习**的神经系统。影像学研究表明，随着干扰的引入（如上文讨论过的视觉旋转等），众多皮质区域的活动都有大幅增强，其中包括前额叶皮质、运动前皮质、运动皮质，以及顶叶和颞叶，甚至是视皮质（Seidler, 2006）。在小脑和基底神经节等皮质下结构也观察到了激活增强。随着适应性练习的增加，这些区域的激活水平逐渐降低，最终恢复到干扰出现前的状态。

想要准确地解释这些激活模式非常困难——它们是否反映了新的运动模式的形成和存储？或者，这些激活是否标志着加入干扰时存在其他过程的参与？举个例子，视觉运动的旋转违背了视觉预期：你原本预期光标会向上移动，它却移向了不同的方向。这时的激活可能是预期误差的结果，也可能是因为适应这种视觉反馈进行调整所需要的注意资源增加。又比如，运动皮质上BOLD反应的改变可能是适应的结果，也可能是因为当反馈提示发生误差时，人们对动作的纠正。最后，其他激活可能是因为个体意识到了环境被扭曲。

检验这些假设的一种方法是，使用基于fMRI数据的解码方法探索大脑皮质表征是否随着学习而变化。与在单细胞记录研究中观察到的现象相似，大脑皮质中与运动相关区域的体素表现出了定向调谐。但这并不意味着某个体素中所有神经元的调谐都一样；相反，这意味着存在足够的变异来检测这一神经元集群中的差异，而这些差异与体素的BOLD反应有关。鉴于这一特性，研究者就可以探讨调谐特性如何随着适应而变化。举个例子，起初调谐为向右移动的体素是会保持当前调谐，还是会适应性地调谐为沿对角线方向移动。

这类实验的结果展示了不同皮质间有趣的差异。视皮质的调谐始终与刺激位置保持一致，这些体素维持着视网膜定位映射。运动皮质中的定向调谐则始终与运动方向保持一致。也就是说，即使当前要求个体沿某条对角线移动，一个在向右运动时激活程度最高的体素仍然保持着这种对向右运动的偏好。

与之相反，在适应过程中，后顶叶皮质的体素发生了调谐改变。事实上，在学习的早期阶段，解码器会失效。然而，在适应之后，激活模式又重新可以被解码了，但定向调谐已经发生了改变（Haar et al., 2015；图8.40）。这个发现提示，后顶叶皮质的神经元习得了新的感觉运动映射，保留了视觉输入与所需运动输出之间的新联系。这种可塑性假设同样可以解释为什么解码器会在学习期间失效：顶叶神经元正处在转变状态中。

研究者同样开展了神经心理学与脑刺激研究，以期进一步了解大脑各区域在运动学习中的功能与贡献。例如，对于因退行性过程或卒中导致小脑损伤的病人而言，学习如何在新环境中移动是非常困难的（T. A. Martin et al., 1996；图8.41）。类似的问题在前额叶或顶叶损伤的病人身上同样可见。因此，运动学习能力可能需要诸多神经区域的共同参与——即使解码结果提示顶叶的调谐变化占主导。

为了阐明小脑和大脑M1区对运动学习的贡献，约瑟夫·加利亚（Joseph Galea）及其同事（2011）在视觉运动适应任务中分别针对初级运动皮质和小脑使用经颅直流电刺激（tDCS）。正如第3章所述，这一技术可通过阳极刺激增强相应区域的皮质兴奋性。基于"更兴奋的神经元更有利于学习"（更具"可塑性"）

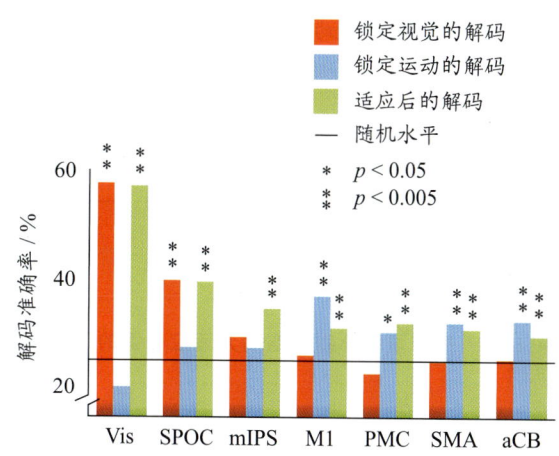

图8.40 实验被试的解码准确率

红色条形与蓝色条形分别代表了适应期的锁定视觉的解码与锁定运动的解码，绿色条形代表了适应后的解码。对大多数相关脑区而言，处于适应阶段时，无论是基于目标空间位置（红色）的解码准确率，还是基于运动（蓝色）的解码准确率，这二者中至少有一种会与适应后的解码准确率保持相近。唯一例外的是在适应期间无论是基于视觉信号还是基于运动信号的解码准确率均处于随机水平的顶内沟。Vis= 早期视皮质（early visual cortex）；SPOC= 上顶枕叶皮质（superior parieto-occipital cortex）；mIPS= 内侧顶内沟（medial intraparietal sulcus）；M1= 初级运动皮质；PMC= 运动前皮质；SMA= 运动辅区；aCB= 前小脑（anterior cerebellum）。

这一假设，研究者提出了两种假设。假设一：如果某个脑区与利用错误信息来调整感觉运动系统有关，那么通过学习来补偿视觉运动干扰的速度应该更快。假设二：如果某个脑区与保留新行为有关，那么学习的效应应该会持续更长时间（即使在移除干扰后）。为了探究这项研究中的保留效应，实验设计移除了反馈，实验者测量了被试能够正常地伸手移动所需的时间。

结果表明，小脑与运动皮质之间有明显的功能分离（图8.42）。针对小脑的tDCS激发了更高的学习效率。小脑接受tDCS的被试能够比M1区接受刺激或小脑接受假刺激（刺激源仅被短暂开启了几秒钟）的控制组被试更快地学习补偿感觉运动干扰。然而，当干扰被去除时，学习效应衰退（或被内隐地"遗忘"）的速率与控制组相同。而M1区接受tDCS的被试则观察到了相反的模式——这些被试的学习效率与控制组相同，但他们学习效应的保留时间更长。

总而言之，上述研究结果表明，小脑对学习新的

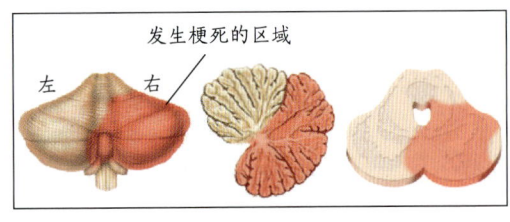

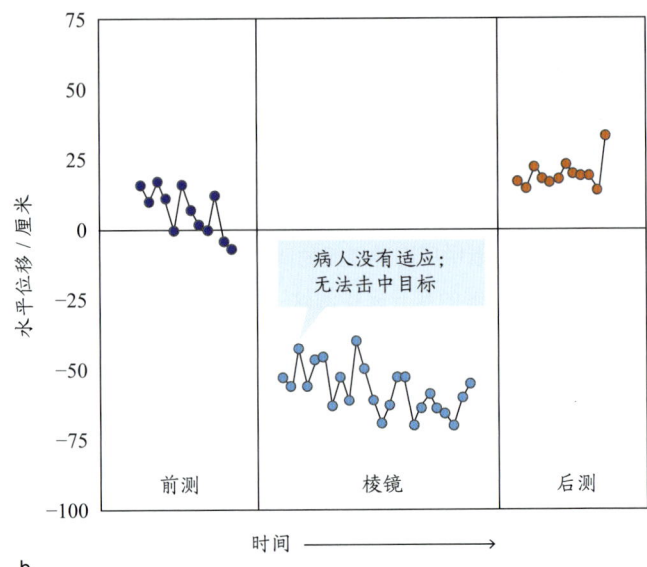

图 8.41 有严重的小脑损伤病人适应棱镜的能力受损

（a）标红区域显示了小脑下部的损伤部分。损伤大多集中于小脑右侧（尽管损伤区域延伸过了中线）。（b）病人戴上棱镜时没有产生适应。病人在适应前后的投球均表现出轻微地向右偏移。

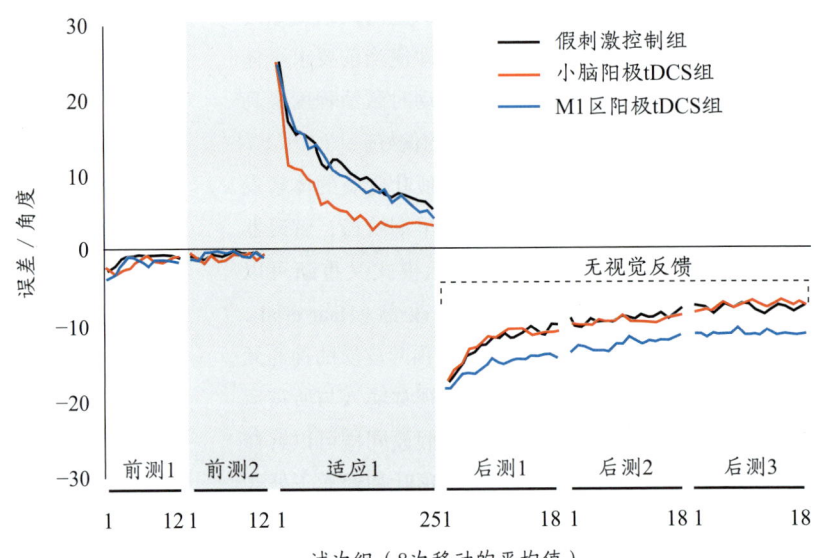

图 8.42 小脑和运动皮质经 tDCS 处理后在感觉运动适应方面的双重分离

在基线阶段（前测 2）和适应阶段（视觉反馈被旋转）持续施加阳极 tDCS。相比于控制组与 M1 区组，当 tDCS 施加在小脑上时，学习更快（尽管全部三组最终都会达到类似的适应水平）。去除旋转后，当 tDCS 施加在 M1 区时，学习后效保持的时间更长，表明在这一条件下有更强的巩固。

映射至关重要，而 M1 区对于巩固新的映射（长时程保留）十分重要。而且，通过将这一发现与关于适应的 fMRI 研究联系起来，我们发现，顶叶皮质对于新的感觉运动映射的存储有十分重要的意义。

正演模型中基于误差的学习

大脑使用大量信号进行学习。本章在前面讨论过多巴胺是如何作为一种奖赏信号工作的：多巴胺强化了纹状体中的输入—输出关系，从而表现出个体对某一种运动模式的偏好胜过对其他运动模式（也可参考第 12 章有关决策的内容）。奖赏和错误都能够帮助我们学习。一次错误地投掷飞镖的经历就能够提供关于如何调整投掷角度的信息。一个降半调的音符就能够告诉钢琴家：她弹错了琴键。

基于错误的学习对于协调运动的发展至关重要。重要的是，错误不仅可以告诉我们某个动作执行得不当，更提供了有关如何调整该动作的关键信息。飞镖落在了目标的右侧；钢琴的声调比预期的低。这些例子提示，大脑以一种预测的模式运作：你的运动系统一边持续地发出运动指令，一边对这些运动的预期感觉结果进行同步预测。当实际的反馈未能匹配这些预测时，就出现了**感觉预期误差**。大脑就会利用这些信息调整正在进行的运动，同时进行学习。

预测至关重要，因为大脑发送给肌肉的运动指令以及四肢返回的感觉信号都需要时间进行往返传输。在皮质中生成一条运动指令，或是动作产生的感觉结果返回大脑皮质，均需要 50～150 毫秒。这种延迟已经很长了，因此，仅仅依靠身体的反馈来控制我们的运动几乎是不可能的。而为了弥补这种延迟，我们就有了一个生成**正演模型**的系统：一种对动作的感官结果的预期。

小脑是正演模型神经网络的关键部分（Wolpert, Miall, et al., 1998）。小脑接收从大脑皮质传向肌肉的运动信号副本——这些信息被用于生成感觉预测。同时，它还接收来自躯体感觉系统各类感受器的大量输入。小脑通过比较这些信息源，确保运动以一种协调的方式持续产生。它还可以利用这些信息的不匹配性来帮助感觉运动学习。

举个例子，当我们戴上棱镜眼镜时，视觉信息会被偏移到一边。如果我们试图触碰一个目标物，在大脑指示手移动到的位置和运动结果带给我们的视觉（和触觉）反馈之间，会出现不匹配。而如果有足够的时间，我们就能够利用这一误差，更正运动，从而成功地触碰目标。不仅如此，误差更正还有助于我们在未来做出更适合当前新环境的预测。再次思考在前一节中讨论过的 tDCS 结果——刺激小脑引发了更高的学习效率，这也许是因为误差信号被放大了。运动学习的想象研究也支持了类似的结论。一般来说，小脑的激活程度会随着练习次数的增加而逐渐下降，这一发现可能是因为：随着技能水平的提高，误差逐渐减少。

正演模型以及感觉预测的概念还让我们对一个由来已久的问题有了更深刻的理解——为什么挠自己的痒那么难。当你试图轻划前臂来挠自己时，正演模型会生成来自皮肤的感觉输入预期（**图 8.43**）。因为这个预期，实际到来的感觉信息不会让人那么意外：你精确地预期到了它会在什么时候、在哪里发生。大脑是热衷于检测变化的，因此对于与预期一致的感觉输入只会产生微弱的反应。然而，即使你意识到某个人要来挠你的痒，但如果这种预期未能联系到某条运动指令，就依然是十分粗糙的。你知道这种感觉即将到来，但你无法预期准确的时间和位置，所以大脑会在信息到达时，产生更强烈的反应。

预期是大脑所有区域都有的一种特征（它们都进行某种模式的匹配）。那么是什么让小脑的预测独一无二呢？一种假设是，小脑生成的预期在时间维度上十分精确。我们需要知道的不仅仅是未来会发生什么，还需要准确预测它何时到来。事实上，小脑在技巧性运动生成中的重要性反映了感觉运动系统需要复杂的协调来整合感觉信息和运动指令。虽然研究小脑中发生的复杂过程非常困难，但是最近已有一项有望破解这一过程的新技术被开发出来了（详见**专栏 8.1**）。

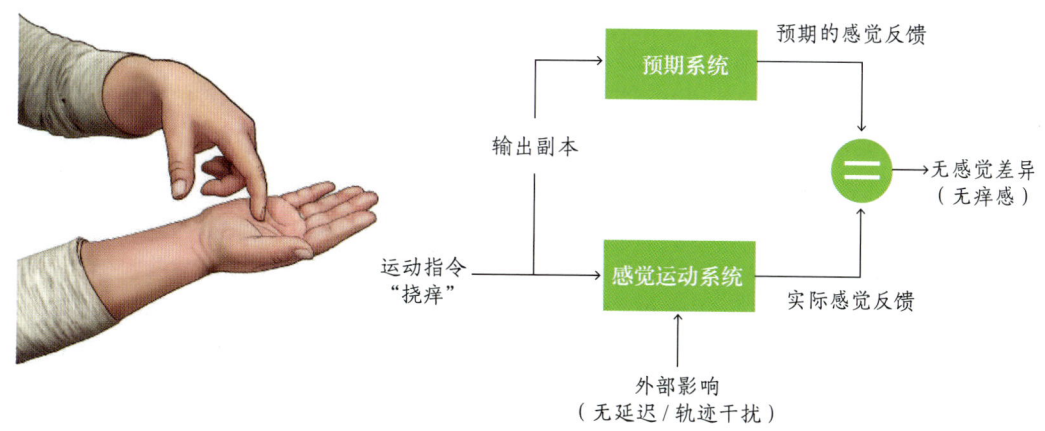

图 8.43 预期感觉反馈的正演模型

由于神经和肌肉活动的加工延迟，大脑需要对未来的感觉信号做出预测。运动指令的副本被用于生成预期反馈，预期反馈会与实际反馈进行比较。如果发生不匹配或感觉预期误差，这些信息就会用于纠正运动输出以及学习。这里的预期与反馈一致，因此不存在感觉差异。而如果存在感觉差异，就会产生"痒"的感觉。

专栏 8.1　科学热点
初探小脑

小脑中紧密排布的 600 亿个颗粒细胞占脑神经元总数的 75% 以上。然而，直到最近，我们对于这些神经元的理解还局限于理论模型，这是因为颗粒细胞的体积极小，直径仅为 6 微米，这让神经生理学家至今无法记录颗粒细胞的活动。

为了克服这种局限性，斯坦福大学的研究者（M. J. Wager et al., 2017）设计出了新的研究方法：利用双光子钙成像技术（two-photon calcium imaging）来研究小鼠的颗粒细胞。钙成像充分利用了一种神经机制，即在活细胞中，去极化涉及 Ca^{2+} 电压门控通道的激活以及由此引发的 Ca^{2+} 大量涌入。研究者创造了一种特殊的转基因小鼠系，它们的颗粒细胞转染了编码荧光蛋白的基因。这些蛋白质会与 Ca^{2+} 结合，使它们也发出了荧光。这时就可以使用功能强大的双光子显微镜对荧光的变化进行观察与测量了。

随后，这个研究团队利用这种方法研究了当小鼠为得到糖水而按压杠杆时，其小脑颗粒细胞层的活动。由于这些细胞在数天内都可以被追踪到，研究者可以在动物掌握这项任务的过程中以及在每次按压杠杆后开始期待奖赏时，监测它们的活动。与感觉运动控制的经典模型相同，许多小脑神经元会在按压杠杆期间调整自己的活动，而钙信号的大小甚至表现出了与运动速度的高度相关性。

更令人惊奇的是，存在一批很小比例的颗粒细胞，它们的活动表现出了与试次结果的相关性。一些细胞在得到糖水奖赏后立即表现出了一种突发性活动，另一些细胞则在预期奖赏未出现时才变得活跃，而这些效应只有在练习后才变得明显。这些细胞在预期被违背时的活动支持了"小脑具有预测能力"的观点。这些颗粒细胞的活动违背了正演模型——奖赏预期在动作之后才产生。

掌握了测量颗粒细胞活动的工具，我们就获得了进一步了解小脑的新机遇。事实上，小脑强大的算力，加上解剖学研究结果，显示小脑与大多数大脑皮质都有广泛的连接，这些发现引发了全新的假设，即预期加工不局限于感觉运动控制皮质，皮质下结构也非常重要。

专业技能

掌握一项运动技能需要大量的练习（图 8.44）。一个音乐会的小提琴手、一个奥运会体操运动员或是一个职业台球运动员需要经过多年的练习，才能够达到如此顶级的水平。而为了保持在自己领域中的领先地位，这些专家不得不继续磨炼技能，一遍又一遍地演奏曲目，以使动作模式能够自动执行。

在关于运动技能的文献中长期存在一个争论，它围绕着以下问题：学习是否需要从皮质控制到皮质下控制这样一种转换，或者反过来——从皮质下转换到皮质。我们的一般认知是：皮质下结构支配运动表现，如基底神经节等结构对习惯性行为至关重要；例如，对于台球运动员而言，开局击球技术已成为某种习惯。我们会感叹专家如此多才多艺，能够调整动作以适应当前环境，但我们的关注点这时已经转移到大脑皮质——它究竟是如何提高我们做出精细判别和记住过去经验的能力的。

近来，有研究者（Kawai et al., 2015）重新审视了这个问题，她们关心的是：运动皮质损伤如何影响学习新的运动序列以及执行已经习得的运动序列的能力。为了进行这方面实验研究，研究者发明了一项对于大鼠而言十分具有挑战性的任务，这项任务违背了大鼠行为的两个特性。首先，大鼠不喜欢等待奖赏：如果它们期待奖赏，就想要立刻得到它。其次，大鼠不喜欢伸爪去拿物体——作为四足动物，它们通常用自己的双前肢来移动或抓着食物。在这项实验中，口渴的大鼠不得不学习伸爪去按压操纵杆，并且在下一次按压之前等待 700 毫秒来获得水（图 8.45a）。

对于大鼠而言，这种等待才是最困难的部分。也许你会预测，只要有足够的练习，它们就可以很轻易地学会在操纵杆旁稍等，直到 700 毫秒过去。但是，对于这些冲动的小家伙们，更常见的消磨时间的做法是用手臂跳持续 700 毫秒的"舞蹈"。每只大鼠习得的

图 8.44 人类表现出了非凡的发展运动技能的能力

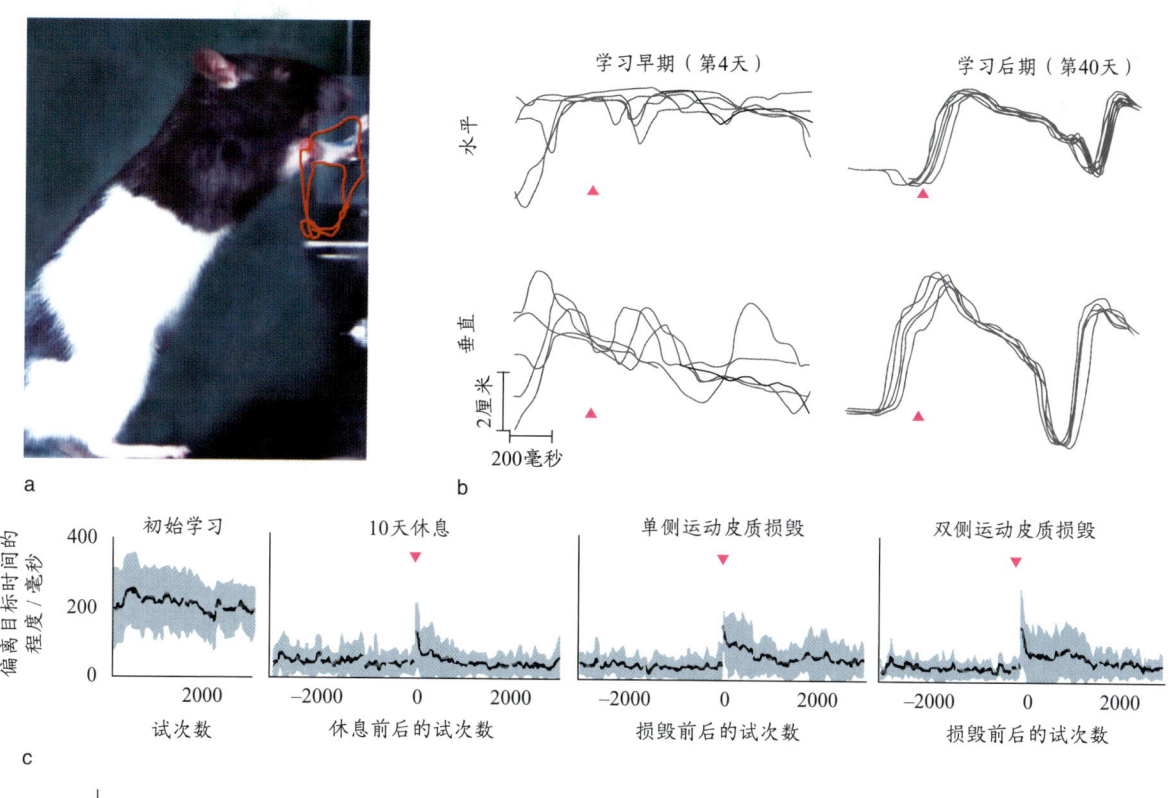

图 8.45 大鼠学习产生运动序列

（a）训练大鼠完成两次间隔 700 毫秒的操纵杆按压动作。红线表示大鼠前爪的运动。（b）在两次按压之间的延迟阶段，前爪的运动轨迹。在学习的后期，动物生成了十分刻板的运动序列，与任务要求的延迟时间相对应。（c）纵轴表示距离 700 毫秒目标间隔的平均时间误差。在学习早期，大鼠大约每 200 毫秒就会过早地按压操纵杆，但它们最终习得了在正确的时机按压杠杆。即使在双侧运动皮质被损毁后，大鼠在执行这项已过度学习的行为时，几乎没有表现出任何遭受损伤的迹象。（d）当运动皮质的损伤发生在训练之前时，大鼠无法习得这一任务，即使是在长时间的训练后，它们依然会过早地按压操纵杆。

这种独特模式都是特异性的，而一旦习得，大鼠就会以非常刻板的方式来进行独特的"舞蹈"（图 8.45b）。

一旦大鼠习得这些"舞蹈"，研究者就会损毁它们的初级运动皮质。令人惊奇的是，即使损毁双侧运动皮质，习得的技能也几乎没有受到影响（图 8.45c）。因此，一旦大鼠习得了一种运动序列，运动皮质对于这项运动的精确执行而言就不再必要。相对而言，如果损毁发生在训练之前，大鼠便无法习得这种具有高时间精度的运动序列，这表明运动皮质对于学习抑制反应冲动是必要的（图 8.45d）。需要注意的是，这些大鼠仍然会按压杠杆，而且实际上会按得比正常情况快，因此这不是一个有关运动执行的问题。

这提示，至少对于大鼠而言，皮质结构支持新的运动技能学习，而皮质下结构能够保证在执行已经习得的技能期间，即使没有皮质输入，运动依然能协调地完成。不过，这项工作对理解人类运动控制有多大启发依然有待考察；至少就某些方面而言，人类的表现完全不同。例如，双侧运动皮质的损伤会导致所有受影响的肢体运动能力严重缺失。而且，正如前文提到的，专家的表现不仅仅是机械重复固定的运动模式，更需要具备灵活性来随时调整运动模式。

类似的现象激发了大量的文献来探讨专家与非专家之间的区别。查尔斯·达尔文的表弟、才华横溢的弗朗西斯·高尔顿认为，要想在一个领域中出类拔萃，天赋、热情与努力缺一不可。专家的大脑在结构和功能上是否与常人存在差异？这些差异是先天的，是大量练习的结果，还是先天和后天的某种结合？

神经解剖学家已经确定，一些技能表现确实与大脑结构差异有关。扩散加权磁共振成像（diffusion-weighted MRI）的研究证据表明，在左、右运动辅区之间，胼胝体特定区域的连通性存在个体差异。个体的双手协调程度与这两个区域之间的连通性存在正相关（Johansen-Berg et al., 2007；图 8.46）。这当然是一个有趣的发现，但它无法告知我们这两者是否存在因果关系。个体会因为更强的连通性变得更协调吗？还是这种连通性的差异是因为个体从事了更多的需要双手协作的活动（也许这些活动对个体而言是一种奖励）。

为了得到因果关系，研究者关注在大量练习后大脑中发生的变化。杂耍（连续向空中抛接多个物体）是一项需要双手协调的技能，手和球的移动共同

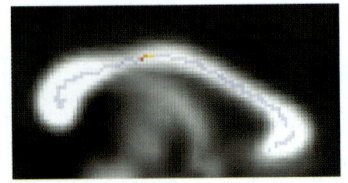

a

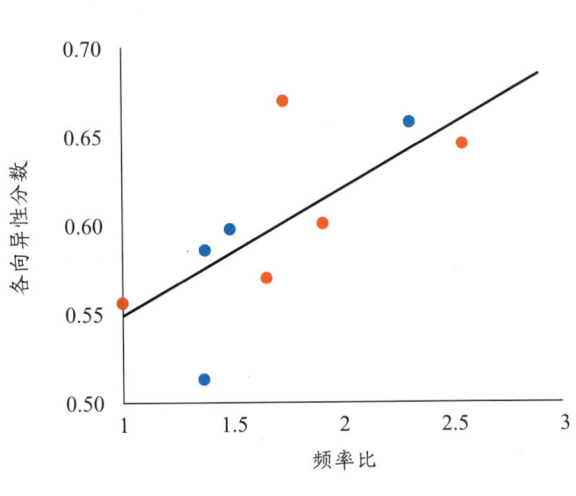

b

图 8.46 运动技能与大脑解剖结构的联系

被试完成一项双手协调性任务，使用两根手指交替敲击。敲击频率不同，在高频率下，被试很难维持这种动作模式。胼胝体体素的各向异性分数（fractional anisotropy, FA）（a）与双手协调性正相关（频率比越高，代表动作表现越好）。各向异性分数描述了扩散过程的各向异性程度（见第 3 章），是一个标量，取值范围为从 0（无限制扩散）到 1（定向扩散，沿轴突方向）。（b）红色圆点代表女性被试；蓝色圆点代表男性被试。

创造出了复杂的空间运动模式，想要完成杂耍，还需要整合这些运动模式的能力。对于新手而言，杂耍似乎是不可能完成的，但只要有适量的日常练习，大多数人都能够在几个月后做得相当熟练。这种水平的练习能够使 V5 区、顶内沟、颞叶与顶叶（与运动加工和运动计划、运动控制相关的区域）的灰质显著增加，而且仅仅需要一个样本，就能测量出这种变化（Draganski et al., 2004）。当杂耍演员停止练习时，这些区域的灰质体积就会缩小（尽管仍然保持在基线水平之上）。这些发现表明，练习能够轻易地塑造大脑的宏观结构。

也许，父母和老师经常会提醒我们：熟能生巧。但是，我们也很难反驳"其他因素在专业技能表现上也起决定性作用"这一观点。一些个体似乎就是更擅

长某些技能。有些因素是遗传的，有些则是基因与环境相互作用的结果。例如，对于特定的运动技能，解剖学差异就十分重要。如果你的身高只有1.65米，就不太可能成为职业篮球运动员。而如果你的身高有1.96米，想成为奥运会赛艇舵手就不太现实。

遗传多态性与生理学差异有关，这会影响耗氧量、摄氧量、心输出量、肌肉类型及肌力等。举个例子，美国密苏里州林登伍德大学的学生唐纳德·托马斯（Donald Thomas）的第一次跳高成绩为2.01米，第二次跳高成绩为2.03米（D. Epstein，2013）。2 天后，他就凭借自己生平第五次跳高的成绩获得了全美跳高锦标赛的参赛资格，而仅仅在1年后，他就在日本大阪举行的世界锦标赛上夺得了冠军，尽管他评论说这项运动"有点无聊"（图8.47）。托马斯的优势是他有一根超长的跟腱，它就像一根弹簧；跟腱越长越硬，它能储存的能量就越多。

图8.47　唐纳德·托马斯在2007年的世界锦标赛上以2.35米的成绩获得跳高冠军

我们很容易就能想到基因会影响肌肉量与身高，但经常忽略人们在动机方面也表现出了极大的个体差异：一些人比其他人更愿意投入数小时的练习。尽管高尔顿将动机定义为"热情"，但一个更现代的概念是：动机是我们对行动结果及效用的重视程度（Niv，2007）。换句话说，它值得付出努力吗？相比不得不花费的成本，我们对目标及其预期回报的估价是多少？价值是十分主观的，也存在很多变量，第12章会详细讨论这个问题。

一项关于音乐表演者的有趣研究发现，与那些非一流但技能娴熟的表演者相比，大多数一流的表演者更倾向于认为练习不那么令人愉快（Ericsson et al.，1993）。从这项研究中得出的一个推断是，掌握专业技能不仅需要大量练习，更需要足够努力的练习。在这种练习中，表演者会持续推动自己去探索新的方法，或者无休止地重复一套特定的技巧，这不是为了愉悦，而是为了提高。

很明显，专家、业余爱好者与新手有着不同的大脑。研究者发现，辨别一个身体活动领域专家的大脑结构差异，比辨别理论物理领域专家的大脑结构差异更容易，这或许是因为我们很清楚在哪里可以观察到与体力活动相关的大脑结构差异。我们可以观察右侧运动皮质的手部区域，来找到小提琴手（重视左手指法技巧的乐器）与其他音乐家（演奏不那么重视左手指法技巧的乐器）之间的大脑结构差异。即便如此，我们也应该谨慎做出"这些差异是专业技能的核心"这一推论。在运动技能、数学和艺术等领域的一流专家身上总可以找到许多共同点。如何解释这些共性的神经相关性，仍然有待探究。

关键信息

- 感觉运动学习是通过练习提高运动行为的表现。
- 感觉运动适应需要调整感觉与运动之间的关联。学习新的视觉运动关联涉及大脑皮质及皮质下区域的广泛网络，在其中建立新的映射，并最终引发后顶叶皮质的改变。
- 小脑对基于误差的学习至关重要。误差来自对预期的与实际观察到的感觉信息之间的比较，误差会导致正演模型改变，该模型可以生成对运动的感觉预期表征。
- 运动技能的习得涉及新运动模式的形成，这会引起大脑结构与连通性的改变。

概　要

我们的大脑如何产生动作？认知神经科学对回答这一问题发挥了重大影响。自主动作的选择、计划和执行涉及大脑皮质及皮质下区域的分布式网络活动。这些结构需要一定程度的层级组织，以将抽象的动作目标转化为特定的肌肉活动模式。这个过程本身也涉及大量不同层次表征之间的交互，以使我们能灵活地运用肢体。

与我们在感知和物体识别的相关章节学到的类似，运动通路中的神经元表征了外界环境的特定属性。这些编码似乎非常不同：运动皮质神经元的活动与特定的肌肉密切相关，而运动计划相关区域的神经元活动与运动方向等属性更相关。最近的研究表明，神经表征有更抽象的层次，这些神经元的调谐特性是动态变化的——可能依据时间和情景的不同而编码不同的特征。因此，从神经活动到行为并不是一个简单的映射关系。

运动通路中神经元集群的激活可以被解码，以此预测正在进行的动作。这一发现推动了脑机接口系统的发展，在该系统中，神经活动可被应用于控制假肢设备，如计算机光标或人工肢体。这些工作具有巨大潜力，可以帮助因神经疾病或损伤而失去四肢控制能力的病人提高生活质量。目前，脑机接口系统正在开发中，通过有创或无创方法记录神经活动。

与感知和注意等其他加工领域一样，运动系统中的不同区域显示了一定程度的特异性。联合皮质区（如后顶叶皮质）可提供目标导向动作所必需的空间表征。次级运动区域与动作选择有关，例如，运动前皮质和运动辅区，前者由环境信息引导，后者更多地由内部目标和个人经验驱动（包括先前已经习得的熟练动作）。运动皮质通过锥体束输出信号，下行投射到脊髓，为激活肌肉提供关键信号。

皮质下结构的许多部分对运动控制也必不可少。许多皮质下核团为脊髓提供了第二个直接输入来源：锥体外束，其信息对于维持姿势稳定以及支持自主动作至关重要。两个重要的皮质下结构——基底神经节和小脑——是运动系统的关键组成部分，如果这些结构发生退行性病变，就会导致严重的运动障碍。基底神经节在运动发起中有关键作用，小脑则基于误差对系统进行微调，以预测运动的感觉结果。

关　键　术　语

场向量（population vector，p.329）
超直接通路（hyperdirect pathway，p.351）
初级运动皮质（primary motor cortex，M1，p.321）
感觉预期误差（sensory prediction errors，p.356）
感觉运动适应（sensorimotor adaptation，p.354）
感觉运动学习（sensorimotor learning，p.354）
共济失调（ataxia，p.319）
黑质（substantia nigra，p.319）
亨廷顿病（Huntington's disease，p.348）
基底神经节（basal ganglia，p.319）
脊髓中间神经元（spinal interneurons，p.318）
假肢设备（prosthetic devices，p.341）
镜像神经元（mirror neurons，MNs，p.338）
镜像神经元网络（mirror neuron network，p.339）
脑机接口（brain-machine interfaces，BMIs，p.341）
帕金森病（Parkinson's disease，p.349）
皮质脊髓束（corticospinal tract，CST，p.321）
皮质运动神经元（corticomotoneurons，CM neurons，p.321）
偏瘫（hemiplegia，p.322）
深部脑刺激（deep brain stimulation，DBS，p.351）
失动症（akinesia，p.349）
失用症（apraxia，p.324）
视觉性共济失调（optic ataxia，p.324）
小脑（cerebellum，p.319）
效应器（effector，p.317）
优势方向（preferred direction，p.329）
运动迟缓（bradykinesia，p.349）
运动辅区（supplementary motor area，SMA，p.323）
运动功能减退（hypokinesia，p.349）
运动亢进（hyperkinesia，p.348）
运动前皮质（premotor cortex，p.323）
正演模型（forward model，p.357）
中枢模式产生器（central pattern generators，p.325）

终点控制（endpoint control，p.327）
锥体外束（extrapyramidal tracts，p.319）

α 运动神经元（alpha motor neurons，p.317）

思 考 题

1. 从功能角度和神经解剖学／神经生理学角度来看，运动控制是层级化组织的。概述这一层级结构，可从运动行为最基本或最原始的方面开始，逐步到最高水平或最复杂的方面。
2. 锥体束和锥体外束运动通路之间的区别是什么？如果锥体束受损，你预期会发生哪种类型的运动障碍？锥体外束受损有什么不同？
3. 解释场向量的概念。如何使用它来控制假肢？
4. 为什么帕金森病病人表现出行动困难？依据基底神经节的生理特性进行解释。多巴胺替代疗法或脑深部刺激如何改善病人的症状？
5. 当我们第一次学习类似滑雪这样的技能时，听从教练循序渐进的指导往往很有帮助。经过练习之后，动作就会变得毫不费力。当你从新手变成专家时，你预期在心理上和神经上会发生什么变化？

推 荐 阅 读

Chaudhary, U., Birbaumer, N., & Ramos-Murguialday, A. (2016). Brain-computer interfaces for communication and rehabilitation. *Nature Reviews Neurology, 12*(9), 513–525.

Cisek, P., & Kalaska, J. F. (2010). Neural mechanisms for interacting with a world full of action choices. *Annual Review of Neuroscience, 33*, 269–298.

Rizzolatti, G., Fogassi, L., & Gallese, V. (2000). Cortical mechanisms subserving object grasping and action recognition: A new view on the cortical motor functions. In M. S. Gazzaniga (Ed.), *The new cognitive neurosciences* (2nd ed., pp. 539-552).

Cambridge, MA: MIT Press.

Shadmehr, R., Smith, M. A., & Krakauer, J. W. (2010). Error correction, sensory prediction, and adaptation in motor control. *Annual Review of Neuroscience, 33,* 89–108.

Shadmehr, R., & Wise, S. P. (2005). *The computational neurobiology of reaching and pointing.* Cambridge, MA: MIT Press.

Yarrow, K., Brown, P., & Krakauer, J. W. (2009). Inside the brain of an elite athlete: The neural processes that support high achievement in sports. *Nature Reviews Neuroscience, 10,* 585–596.

年轻的时候,我记得所有事,不管它发没发生过。
——马克·吐温(Mark Twain)

第 9 章
记　　忆

自童年时期起，H. M. 就患上了一种日渐加重的、难以用药物控制的癫痫。到了 1953 年，27 岁的 H. M. 每天都会经历数百次小型痫性发作，每隔几天就会有一次剧烈发作，这让他无法继续工作。

那时候，神经病学家认识到许多痫性发作起源于大脑颞叶内侧，电冲动会从那里扩散至整个大脑，导致剧烈的痫性发作，甚至令人失去意识。与此同时，人们愈加清楚，使用手术切除最先发生癫痫的脑区（"癫痫灶"）可以用来治疗癫痫病人。威廉·贝歇尔·斯科维尔（William Beecher Scoville）是美国康涅狄格州哈特福特医院的一名神经外科医生，他为 H. M. 提供了一种实验性手术疗法：将其双内侧颞叶切除。当时的 H. M. 同第 4 章中的 W. J. 一样，十分绝望，他同意进行手术。他的颞叶，包括杏仁核、内嗅皮质和海马都在手术中被切除了。

尽管手术成功治疗了他的癫痫，但 H. M. 的医生、家人和朋友很快发现，他又遇到了新的问题。H. M. 出现了严重的遗忘症——但不是我们经常在电视节目或电影中看到的那种丧失所有个人记忆的遗忘症。他知道自己是谁，记得之前的个人经历，记得他在学校学到的知识，记得语言，记得如何做事，记得社会事件，记得谁是谁——他记得直到手术的一两年前的几乎所有事情。而对于手术前那一两年内发生的事件，他一无所知。更麻烦的是，每当护士离开房间没多久再回来时，他便已无法记得自己曾见过她或与她交谈过。他可以短暂地与人对话或记住一串数字，但无法在 1 小时后重复它们。因此，尽管 H. M. 的短时记忆是完好的，但他无法形成新的长时记忆。

在此之前，从未有过哪位医生将一个病人的双侧颞叶全部切除，因此没有人知道这会导致严重的遗忘症。从此以后，外科医生都会极力避免将双内侧颞叶全部切除；如果病人的某侧内侧颞叶因先前的损伤或疾病而受损，医生也会尽量避免切除另一侧的内侧颞叶。这种改进后的手术被称作"单侧颞叶切除术"（图 9.1），在今天依然被用于治疗某些癫痫病人且能够取得不错的成效。

尽管我们关于世界的一些知识是基本固定的，但其中有很多来源于我们的经历以及我们从经历中记住的或学到的东西。为了使这些过去的经历发挥

> **大问题**
>
> - 遗忘症病人忘记的是什么，任何遗忘症的症状都是一样的吗？
> - 关于个人经历的记忆与关于怎样完成知觉任务的程序性记忆的加工方式相同吗？
> - 哪些脑区系统被证明对于长时记忆的形成是关键？
> - 记忆在大脑中存储在哪里，通过何种细胞和分子机制存储？

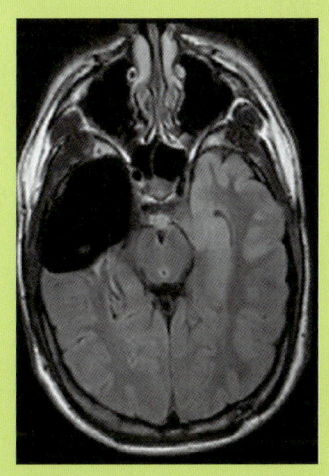

图 9.1　颞叶前部切除术
切除右侧杏仁核、海马和颞叶前部后的 MRI 轴向面影像。

作用，一些特定类型的信息必须被存储在记忆中：什么时间，什么地点，发生了什么，与哪些人或物有关，以及这段经历或积极或消极的结果。在将来遇到相同或相似的情境时，这些事实会指导我们的行动（Nadel & Hardt, 2011）。记忆这种认知能力通过存储相关的信息让我们能够规避在过去被认为是危险的情境，趋近在过去被认为是有益的情境，为我们提供了一种生存优势。

在 20 世纪中叶，研究者在脑结构和细胞水平上对记忆进行研究。在脑结构水平上，通过对脑损伤病人（尤其是 H. M.）的功能损伤研究，特定的脑区被仔细考察。研究结果发现，没有内侧颞叶，新的记忆将无法形成，对一些已存储的记忆的提取也会严重受损。在这些发现的基础上，研究者可以为不同种类的学习过程描绘出不同的记忆系统，并把它们定位到不同的脑区。在细胞水平上，唐纳德·赫布提出的理论认为，突触连接具有可塑性，会依赖活动而变化。突触连接的可塑性变化被认为是信息编码的机制，尽管目前尚不清楚编码机制本身。

在本章，我们将探究认知神经科学在学习和记忆方面的发现。在介绍记忆的相关过程及其分类后，我们将了解与记忆加工有关的脑区，描述从遗忘症病人研究中得到的发现。随后，我们将讨论目前有关记忆系统种类及其工作方式的理论。在本章最后，我们会探讨被认为参与了记忆形成的细胞机制。

9.1 学习、记忆及其相关解剖结构

尽管大脑中存储着大量信息，我们仍在不断地获取新信息。**学习**是获取新信息的过程，学习的结果就是**记忆**。也就是说，记忆在某些信息被学习时产生，这种学习可能发生在刺激的单次呈现中，也可能发生在信息、经历或动作的重复中。

有些记忆仅能保留短暂的时间，有些记忆会持续一生。你可能不记得上周四的晚餐吃了什么，但对二年级时那个画着老虎图案的生日蛋糕却依然记忆犹新。不仅如此，你可能还记得很多来为你庆祝生日的客人。加拿大多伦多大学的恩德尔·塔尔文（Endel Tulving）将记忆的这种特点称为"心理时间旅行"（M. A. Wheeler et al., 1997）。他认为，对先前发生的事件的回忆是此刻对于过去经历过的情境的再次体验。

研究者认为，人和动物都具有由不同系统支持的不同种类的记忆。当前的记忆模型区分出了非常短暂的感觉记忆，持续时间由几毫秒到几秒；短时记忆和工作记忆，持续几秒至几分钟；以及可持续数十年的长时记忆。

研究者还对存储信息的内容进行了区分。长时记忆一般被分为陈述性记忆和非陈述性记忆。前者是有意识的记忆，包括我们学习到的事实（语义记忆）和我们经历的事件（情景记忆）；后者是无法被口头报告的无意识记忆，通常经过某些程序的执行得以表现（程序性记忆）。

尽管所有形式的记忆都涉及神经系统中分子和环路上的变化，而这些变化的实质与定位仍是当前研究的重要问题。**表** 9.1 展示了不同种类记忆的概况，我们会在本章深入讨论。

研究者将学习和记忆划分为三个主要的加工阶段。

1. **编码**是指对输入的信息和经历的加工，产生记忆痕迹。传统观点认为，编码会改变突触强度以及神经元连接的数量。（然而，近几年的研究挑战了"突触强度是编码过程的机制"这一传统观点。）

    编码包含两个阶段，第一阶段是**获取**。感觉系统持续受到大量刺激冲击，其中大多数刺激只

表 9.1 记忆的类型

记忆的类型	记忆的特征			
	时程	容量	有无意识	丧失机制
感觉记忆	几毫秒至几秒	大	无	主要为衰退
短时记忆和工作记忆	几秒至几分钟	有限（7±2 个项目）	有	干扰和衰退
长时非陈述性记忆	几分钟至几年	大	无	主要为干扰
长时陈述性记忆	几分钟至几年	大	有	主要为干扰

产生非常短暂的感觉反应，尚未到达短时记忆便迅速消失（大约在呈现刺激后的1000毫秒）。然而在这个阶段，刺激仍然可以被加工；这种状态被称为感觉缓冲器。在这些刺激中，只有其中一部分被保留下来，并被短时记忆获取。

并不是所有的记忆痕迹都可以进入第二步的**巩固**阶段。在这个阶段，大脑中的变化使记忆随着时间稳定下来，形成长时记忆。巩固可持续数天、数月，甚至数年，同时使得记忆表征随着时间的推移而增强。关于记忆巩固过程的理论有很多，我们将在第9.6节进行讨论。

2. **存储**是记忆痕迹的保留。它是获取和巩固的结果，代表了信息的长久记录。
3. **提取**是对于存储的记忆痕迹的访问，提取能够帮助我们进行决策和改变行为。我们可以有意识地提取存储在记忆中的某部分信息而不是全部信息。

大脑具有通过经验来改变的能力，也就是说，具有学习的能力。在神经元水平上，这意味着突触连接上的变化，我们将在第9.7节讨论。这也意味着学习在大脑的许多区域均可发生。学习可以由多种方式完成，不同的脑区可能专属于不同种类的学习方式。例如，在第8章我们讨论了基底神经节在强化学习中的作用，以及小脑在基于预测错误信号的尝试—错误学习中的作用。杏仁核与恐惧学习有关，我们将在第10章对此进行更多介绍。

本章的"解剖定位"专栏展示了被称为内侧颞叶记忆系统的成分，这一系统在H. M.的手术后被提出。它由**海马**以及与海马相互连接的多个结构组成，海马是颞叶内侧一个形似动物海马的内褶部分，而这些与海马相互连接的结构包括颞叶中分布于海马周围的内嗅皮质、鼻周皮质与海马旁皮质，以及包括乳头体和丘脑前核群在内的皮质下结构。

海马与广泛的皮质区域都有双向连接。通过内嗅皮质以及海马伞和穹窿到皮质下结构的输出投射通路，海马与皮质有着广泛的双向连接，皮质下结构又投射到前额叶皮质。顶叶和颞叶的一些其他区域（图中未展示）也与记忆有关。同样位于颞叶的杏仁核结构，主要与情绪加工有关，被认为会影响对恐惧的学习和记忆过程，但通常认为，它与记忆无关。

解剖定位

记忆的解剖

内侧颞叶记忆系统的成分。其他脑区，例如前额叶皮质，与记忆的存储和提取有关。

关键信息

- 学习是获取新信息的过程，其结果就是记忆。
- 记忆可以是短时的，也可以是长时的。长时记忆可以是陈述性的，包括关于事实的有意识记忆（语义记忆）和关于过去经历的有意识记忆（情景记忆）。长时记忆也可以是关于如何做某事的非陈述性记忆，例如刷牙或滑冰。
- 学习和记忆包含三个主要阶段：编码（获取和巩固）、存储和提取。
- 内侧颞叶记忆系统由颞叶中的海马及其周围的内嗅皮质、鼻周皮质和海马旁皮质组成。

9.2 记忆障碍：遗忘症

我们对于记忆的理解在很大程度上依赖对记忆损伤个体的研究。记忆障碍和丧失统称**遗忘症**。由手术、疾病、生理或心理创伤等造成的脑损伤均可导致遗忘症。遗忘症是一种影响所有感觉通路的记忆损伤。典型的遗忘症病人会表现出特定类型记忆或记忆加工方面的障碍。每种功能上的障碍对应着不同脑区的损伤。例如，左半球受损可造成言语记忆的选择性损伤，而右半球受损可造成非言语记忆的损伤。

对在脑损伤或其他生理创伤之后发生的事件的记忆丧失被称为**顺行性遗忘症**。这会导致病人无法学习新事物。对在脑损伤或生理创伤之前事件和知识的记忆丧失被称为**逆行性遗忘症**。有时，逆行性遗忘症是**短暂性遗忘症**，仅影响损伤前的数分钟或数小时。然而，在严重的病例中，它影响的范围较大，有时涵盖过去几乎所有的生命历程。逆行性遗忘症对最近发生的事件影响最大，这种效应被称为**时间梯度**或**里博定律**，最初由19世纪法国心理学家泰奥迪勒–阿尔芒·里博（Théodule-Armand Ribot）提出。遗忘症对短时记忆、工作记忆和长时记忆有不同的影响。

脑外科手术和记忆丧失

因为手术之后可以知道脑损伤的程度和位置，关于人类记忆组织的大量信息最初来自因手术治疗而意外患上遗忘症的病人。让我们回到 H. M. 的故事。1954年，在 H. M. 的双内侧颞叶被切除后，神经外科医生斯科维尔发现，他患有"非常严重的近期记忆丧失，严重到病人无法记住自己房间的位置、近期接触过的人的名字，甚至无法记住去卫生间的路"（Scoville, 1954）。

为了对 H. M 和其他内侧颞叶切除病人的损伤有更深入的了解，斯科维尔与神经心理学家布伦达·米尔纳（见第1章）进行了合作。通过神经心理学测查，米尔纳发现，病人记忆损伤的程度取决于内侧颞叶切除的多少；内侧颞叶被切除的部分越靠近后部，遗忘症就越严重（Scoville & Milner, 1957）。然而，值得注意的是，只有切除双侧海马才会导致严重的遗忘症。相比之下，一位病人被切除了整个右内侧颞叶（海马和海马回），斯科维尔和米尔纳发现，这个病人并未有任何记忆障碍（尽管现在更敏感的测试会揭示病人仍然存在某种程度上的记忆障碍）。

2008年，在 H. M. 于82岁去世的时候，他的真名亨利·莫拉森（Henry Molaison）被公布出来。他是所有遗忘症病人中最受人关注且最著名的一个。在这些年里，他慷慨地允许上百个研究者测查自己。由于一些原因——其中包括尽管有记忆损伤，但他并未表现出其他认知功能障碍——他的案例始终在记忆研究史上占据着突出位置。另外，因为他的记忆丧失是手术的结果，其受损脑区的确切位置被认为是已知的（Milner et al., 1968; Scoville & Milner, 1957）——尽管随后会讲到，这并不完全正确。

手术之后，H. M. 知道关于自己生平的一些细节，并且保留着直到手术的2年前在生活中学到的有关这个世界的其他知识。手术前2年以来发生的事情，他什么都记不得。他还表现出了对于手术前10年左右的个人事件（情景记忆）的选择性记忆丧失。H. M. 具有正常的短时记忆（感觉记忆和工作记忆）以及程序性记忆（例如，如何骑自行车、系鞋带和玩游戏）。

像许多遗忘症病人一样，H. M. 具有正常的数字广度能力（一个人可以在短期内记住多少数字），可以较好地将数字序列保存在工作记忆中。然而，与正常被试不同的是，他在被要求形成新的长时记忆的数字广度测验中表现较差。看起来是信息由短时记忆到长时记忆的转化受到了破坏：他不能形成新的长时记忆（顺行性遗忘症）。然而，令人惊讶的是，H. M. 仍然可以学习一些新的事物：涉及运动技能、知觉技能的任务，或能够随时间推移逐渐变得简单的程序，尽管他不记得曾经练习过这些新技能或学过它们。这就是记忆在曾经学习过如何做某事的经历（一种陈述性记忆）和实际学习到的信息（非陈述性记忆）之间存在的一种分离。

H. M. 改变了科学家对于记忆过程的理解。之前的人们认为，记忆无法从知觉功能和智力功能中分离出来，但记忆受损的 H. M. 的这些功能都是完好的，这说明记忆与这些过程并不相同。研究者还认识到，内侧颞叶对于长时记忆的形成是必要的，而对于短时记忆的形成和提取，以及长时非陈述性记忆的形成，例如程序或运动技能的学习，则不是必要的。

针对 H. M. 和其他遗忘症病人的研究发现，他们也可以学习除程序、运动或知觉技能之外的某些形式的新信息。有人还可以通过大量的学习学会新的概念以及关于这个世界的知识（语义记忆）。然而，即使这样，他们仍然无法记住这段学习过知识或进行过观察的经历。因此，越来越多的证据证明，关于事件、事实和程序的长时记忆可以有一定的相互分离，它们对脑损伤的敏感程度不同体现了这一点。

神经认知障碍

记忆丧失也可能由导致神经认知障碍的疾病引起。**神经认知障碍**是描述不同领域的认知功能（包括记忆）丧失的涵盖性术语，这种丧失超出正常老化的限度。尽管导致神经认知障碍的神经退行性变化分布广泛，但仍然有某些种类的神经认知障碍仅在特定脑区发生，这也有助于我们对于记忆的理解。

绝大多数的神经认知障碍都是不可逆的，神经认知障碍由神经退行性疾病或血管疾病单独造成，或由两者共同造成。导致神经认知障碍的神经退行性疾病往往与容易在大脑中聚集的特定蛋白质的病理性折叠有关。神经退行性疾病可以根据异常蛋白质集群中数量占优的蛋白质种类进行分类（Llorens et al., 2016）。在与这些蛋白质相关的神经退行性疾病中，最普遍的一种是阿尔茨海默病，根据世界卫生组织的统计，它占神经认知障碍病例的 60% ~ 70%。

阿尔茨海默病的特征是聚集的 β-淀粉样蛋白在细胞外沉积，以及神经元纤维缠结在细胞内积聚，前者对于突触形成和神经元的可塑性都具有消极影响，后者是与过磷酸化 tau 蛋白有关的微管聚集。内侧颞叶是阿尔茨海默病首先影响的结构，随后病症将延伸到外侧颞叶、顶叶及额叶的皮质区。该疾病的发展进程并不完全一致，病人会表现出什么症状取决于哪部分组织受影响。目前，关于阿尔茨海默病的致病机制，比较主流的解释包括：大脑中的细胞对于胰岛素的响应降低，这一现象在阿尔茨海默病的症状发作前就已出现（Talbot et al., 2012），且被认为是促进或引发阿尔茨海默病的关键生理病理学活动。

血管性神经认知障碍是第二常见的神经认知障碍类型，占神经认知障碍病例的 15%（O'Brien & Thomas, 2015）。它由神经组织的氧化作用降低以及细胞坏死导致，可由缺血性或出血性梗死、与糖尿病有关的大脑小动脉血管破裂、β-淀粉样斑块在血管壁沉积造成的脑动脉破裂（这种沉积会破坏和削弱血管壁）引起。血管性神经认知障碍会影响很多脑区，造成多种不同的症状，且可以与阿尔茨海默病并发。事实上，50% 的神经认知障碍具有混合病因（Rahimi & Kovacs, 2014）。

相比之下，较少出现的是额颞叶神经认知障碍，这是一类异质的神经退行性疾病，其特征是不同的蛋白质在额叶和颞叶积聚，而不是在顶叶和枕叶积聚，最终导致语言和行为的改变，这可能与阿尔茨海默病存在重叠。

关键信息

- 顺行性（向未来进行的）遗忘症是丧失形成新记忆的能力，如 H. M. 的案例。
- 逆行性（像过去进行的）遗忘症是丧失对于过去发生的事件的记忆。
- 逆行性遗忘症往往对最近发生的事件影响最大——这种效应被称为时间梯度或里博定律。
- 最常见的由神经退行性疾病导致的神经认知障碍是阿尔茨海默病。

9.3 记忆的机制

尽管针对记忆障碍病人的研究揭示了关于人类记忆的诸多重要方面，关于记忆的模型仍在继续发展，不同的模型强调了学习和记忆组织的不同因素。大量模型关注了记忆持续的时间，保留信息的种类，记忆是有意识的还是无意识的，以及获取记忆所需要的时间。在这一节，我们将讨论研究者提出的不同记忆形式，图9.2对这些记忆形式及其相关脑区进行了总结。我们将阐述一些支持这种理论性区分的证据。

记忆的短期形式

正如之前提到的，短期的记忆可持续数毫秒、数秒或数分钟，包括感觉信息在感觉结构中的短暂保持（感觉记忆），关于自身和这个世界的信息的短时存储（短时记忆），以及用于支持其他认知功能的记忆，如心算两个数的加法（工作记忆）。

感觉记忆

想象你正在观看国际足联世界杯决赛，在比赛最后的关键时刻，比分仍然持平。这时候，你的母亲走进房间对你说话，但是你并没有注意。突然间，你察觉到她提高了音量，随即听到一句"我的话你一个字都没听进去！"。聪明的你当然不会承认，而是及时回忆起她刚刚说的话，回答道："你说邻居家的山羊又跑到咱们家院子里来了，让我把它赶出去。"

当你问及这一现象时，几乎所有人都明白你的意思。那些听觉语言信息就好像在你大脑内持续回响的回声，即使在你并未真正注意它们时也存在。只要你努力且足够迅速地提取它，就会发现它仍然在那里，然后你就能大声地重复出来，以安抚质问你的人。我们称这种记忆为**感觉记忆**。在听觉层面，我们称之为声像记忆。在视觉层面，我们称之为图像记忆。

人类声像记忆痕迹的存留可以被多种方式测量，其中包括生理记录。一种被称作失匹配负波（mismatch negativity，MMN）的ERP，或与它相对应的磁场成分——失匹配场（mismatch field，MMF），被证明可以为声像记忆的持续提供较多信息。失匹配负波和失匹配场的大脑反应是由一个少见的异常刺激的出现引发的，例如，一个高频音调在一系列相同的低频音调中出现。

这些不匹配反应被解释为：代表将近期听觉体验保存在声像记忆中的感觉记忆过程，这一过程可用于和新的输入相比较；当输入与当前感觉记忆不同时（例如，少见的异常刺激出现），失匹配负波和失匹配场就产生了。因为感觉记忆由它较短的持续时间定义，

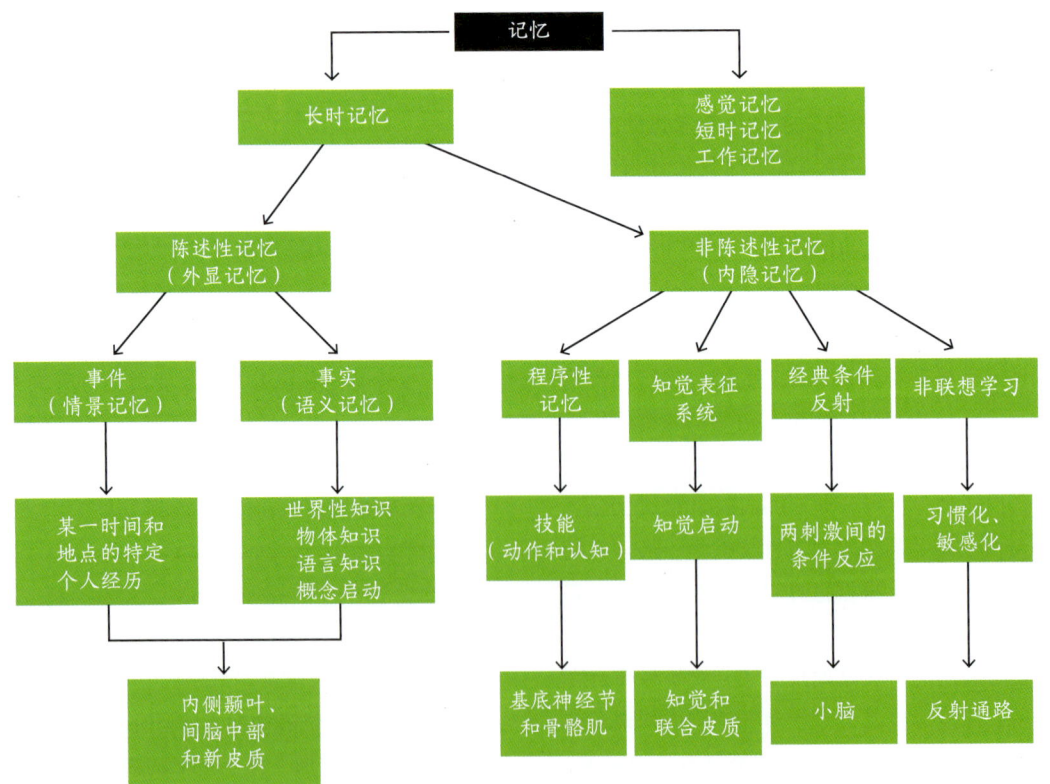

图9.2　人类记忆的假设结构
图中指出了被认为支持这些不同种类记忆的脑区。

标准音与异常音之间不同的时间间隔所引发的大脑反应的幅度就可以用来标识声像记忆痕迹的保持时间。

米科·萨姆斯（Mikko Sams）、丽塔·哈里（Ritta Hari）及其在芬兰赫尔辛基科技大学的同事（1993）准确地实现了这一测量方式。他们调节标准音和异常音调之间的刺激间隔，发现当刺激间隔为9~10秒时，异常音调仍然会引发失匹配场（图9.3）。10秒之后，失匹配场的波幅降低至临界点，此时无法再准确地将失匹配场从对标准音的反应中分离。由于失匹配场产生于听皮质，这些生理学研究也提供了有关感觉记忆存储位置的信息：它们以短时神经痕迹的形式存储于感觉皮质。

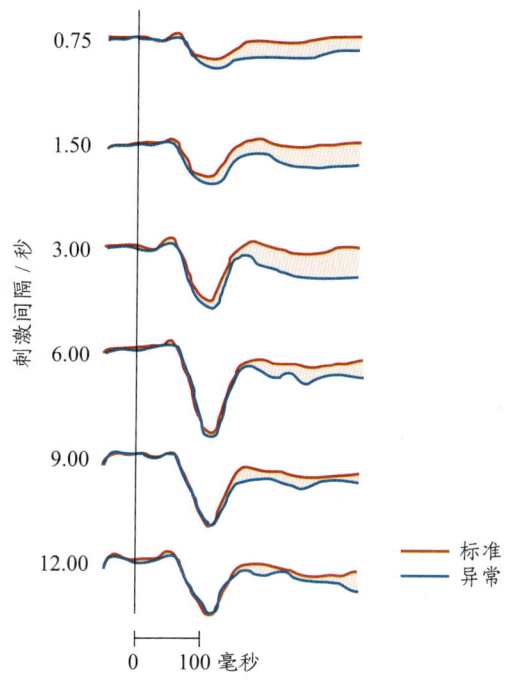

图 9.3　失匹配场反应
由异常音调引发的被称为失匹配场的脑磁反应（蓝线）和由标准音调引发的脑磁反应（红线）的对比。失匹配场的振幅（蓝线与红线间的阴影部分）随着标准音调和异常音调之间的时间间隔逐步增至12秒而逐步降低。这一结果可以作为听觉感觉（声像）记忆中自动加工过程的持续时间约为10秒的证据。

与声像记忆相比，图像记忆的神经痕迹无法持续那么久。大部分对图像记忆的研究表明，视觉刺激的神经痕迹只能保持300~500毫秒。但是，声像记忆和图像记忆都有较大的容量：基本上，这些形式的记忆可以保持大量的信息，但仅能持续短暂的时间。

短时记忆

和感觉记忆相比，**短时记忆**拥有更长的持续时间——几秒至几分钟，和更为有限的容量。人们依据短时记忆的早期数据，提出了一些有影响力的学习记忆模型。这些模型提出，学习和记忆中存在几个独立的信息加工阶段。

模态模型（modal model）由理查德·阿特金森（Richard Atkinson）和理查德·希夫林（Richard Shiffrin）（1968）提出，他们认为信息首先被存储在感觉记忆中（图9.4）。之后被注意选择的项目将进入短时记忆。项目进入短时记忆后，如果被复述，就可以进入长时记忆。模态模型指出，信息在每一个阶段都可能丢失，其原因可能是衰退（信息随时间的推移逐渐减弱并最终消失）、干扰（新信息取代旧信息），或者两者的共同作用。这个模型正式提出了"记忆存在不同阶段，且不同阶段存在不同特征"这一观点。而且，这个模型有一个明确的序列结构：信息从感觉记忆进入短时记忆，然后才能进入长时记忆。

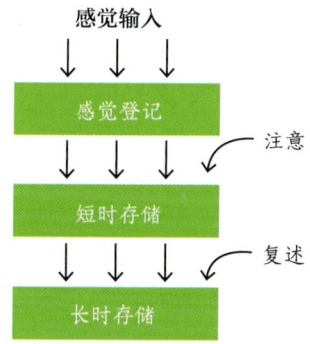

图 9.4　阿特金森和希夫林的记忆的模态模型
感觉信息进入信息加工系统后，首先进行感觉登记。接下来，通过注意过程，被选择的项目移入短时存储。最后，通过复述，项目可以从短时存储转入长时存储。

在接下来的几十年里，人们从心理学或神经科学的角度对这个记忆模型进行了激烈的争论，大量数据被呈现出来，用于支持、挑战或扩展这个模型。一个关键问题是，记忆是否一定需要在短时记忆中编码之后，才可以被存储到长时记忆中。我们可以换一个角度看这个问题：用于保持短时记忆信息的大脑系统是否和存储长时记忆的大脑系统相同。阿特金森和希夫林也曾仔细考虑过这些问题，并写道：

我们对于短时存储与长时存储的描述并不要求这两种存储必须位于大脑的不同部分或者必须涉及不同的生理结构。可以认为短时存储仅仅是长时存储的部分区域的暂时性激活。（Atkinson & Shiffrin，1971，p.89）

对脑损伤病人的研究可用于检验这种记忆的层次结构模态模型。用于评估短时记忆的一个典型的测验是数字广度测验，它要求被试阅读和记忆一串数字，并在几秒之后进行复述。数字列表可以包含 2 ~ 5 个或者更多数字。一个人最多能够回忆并报告的数字个数就是这个人的数字广度能力。

1969 年，伦敦大学学院的神经心理学家伊丽莎白·沃林顿和蒂姆·沙利斯（Tim Shallice）报道了一名左外侧裂皮质（大脑侧裂周围区域）受损的病人 K. F.。K. F. 的数字广度能力低于正常人（大约 2 个项目，正常人为 5 ~ 9 个项目）。令人惊奇的是，在一个联想学习的长时记忆测验中，词语成对出现，K. F. 却保留了形成某种新的长时记忆的能力，这种记忆能够持续的时间远远超过几秒。因此在这位病人身上似乎表现出了一种令人关注的短时记忆与长时记忆之间的分离。

对此发现的一种解释是，短时记忆对于长时记忆的形成可能并非必要。如果这种解释是正确的，这将会对记忆模型有重要的启示。这个结论与模态模型中认为的信息流动方式形成了对立，后者强调串行加工。上述观点存在的一个问题是 K. F. 进行的两个测试是不同的（数字广度和词语联想），所以难以准确判断这种分离是因为记忆过程的不同，还是因为测验任务的性质不同。

一个类似的病例来自德国比勒费尔德大学的汉斯·马尔科维奇（Hans Markowitsch）及其同事的研究。病人 E. E. 的左侧角回中间长了一个肿瘤，影响了其下顶叶皮质和后上颞叶皮质（图 9.5）。E. E. 的受影响区域与病人 K. F. 相似，但稍有不同。

在手术切除肿瘤后，与 K. F. 相似，E. E. 表现出低于一般水平的短时记忆能力，但是保留了长时记忆的能力。E. E. 的言语生成和理解能力，以及阅读理解能力都正常，但是他对于抽象言语材料的短时记忆较差；他在数字转换加工方面（将数字从数值形式转换为言语形式，或反方向转换）也存在缺陷，即使他能够正常地进行运算。然而在测试短时视觉空间记忆，以及长时言语记忆和长时非言语记忆时，E. E. 都表现正常。

这些病人所表现的行为模式都显示出了一种短时记忆能力上的缺陷，以及长时记忆能力的保留。这种模式显示，短时记忆并非像模态模型阐述的那样，是长时记忆的必经门户。感觉记忆中登记的信息有可能直接被编码进长时记忆。而类似 H. M. 的病人与此相反，他们保留了短时记忆，但是丧失了形成新的长时记忆的能力。总而言之，特别是联系到记忆过程及其神经解剖基础，这两种不同模式的记忆损伤呈现了信息在短时保持和长时保持之间存在的明显的双分离现象。

如第 3 章所述，在识别和区分两种心理过程时，双分离现象是所能获得的最强效应模式。但这些令人关注的病例是否真的反映了一种真实的双分离现象，研究者仍存在争议。有些人认为，从这些病例中获得的证据无法支持短时记忆与长时记忆之间存在一种明确的双分离现象，因为短时记忆测验测试的是一些过度学习材料的保持，例如数字或单词。这些材料可能

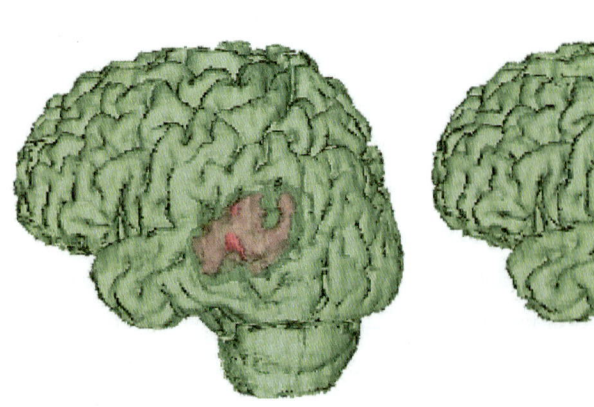
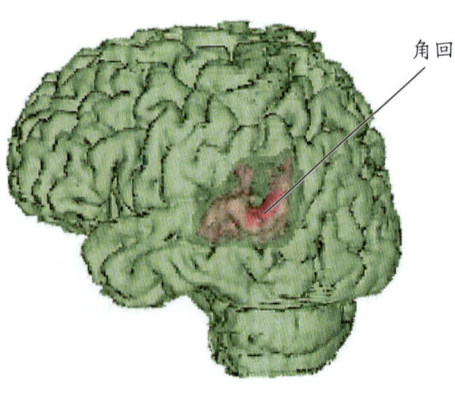

a 手术前   b 手术后

图 9.5 MRI 扫描重构提供了病人 E. E. 左半球的三维图像

E. E. 存在选择性短时记忆障碍。（a）手术前的重构扫描；（b）手术后的重构扫描。肿瘤区域用阴影表示。根据肿瘤具有代谢旺盛的特点，内科医生采用带有放射性示踪剂甲硫氨酸的 PET 来鉴别肿瘤（红）。

对于研究短时记忆没那么有效。事实上，当使用新异材料测试短时记忆的保持时，内侧颞叶损伤的病人有时会表现出能力缺陷。

工作记忆

工作记忆概念的提出是为了扩展短时记忆的概念，并精细化地阐述信息在被保存的几秒到几分钟内的心理过程。**工作记忆**代表一种容量有限的存储，它可以在短时间内保存信息（保持），也可以对这些信息执行心理操作（操作）。例如，我们可以记忆（保持）一串数字，也可以通过工作记忆在头脑中将它们相加（操作）。

工作记忆的内容可以来自感觉输入（如模态模型所阐述的），比如有人要求你计算 55 乘以 3；也可以从长时记忆中提取，比如在买地毯时，你会回忆自己起居室的尺寸并把它们相乘来计算面积。在每种情况下，工作记忆都包含了可被使用和加工的信息，不仅仅是通过复述而保持下来的信息。

英国约克大学的心理学家阿兰·巴德利（Alan Baddeley）和格雷厄姆·希契（Graham Hitch）指出，单一的短时记忆并不足以解释在短时间内对信息的保持和加工（Baddeley & Hitch，1974）。他们提出了一个具有三成分的工作记忆系统，包含一个中央执行系统，来管理和协调短时记忆存储的另外两个子系统（语音环路和视觉空间模板）以及它们与长时记忆的交互（图 9.6）。

语音环路是工作记忆中用于听觉信息编码的一种假设机制，因此它具有通道特异性。有关通道特异性的证据最初来自一项要求被试回忆辅音字母串的研究，字母以视觉形式呈现。而错误回忆呈现出的规律显示，在短时间内，被试并非是以视觉形式编码这些字母的，而是明显采用了听觉编码方式。因为在回忆阶段，相比将原本呈现的字母与一个形状相似的字母混淆（例如，Q 和 G），他们更有可能将呈现的字母与一个发音相似的字母混淆（例如，T 和 G），这是证明听觉编码参与了复述过程的第一个有力证据。同样为此提供佐证的是，当要求被试立即回忆一系列词时，他们对发音相似的词的回忆成绩比发音不相似的词差，即使后者是语义相关的词。这个发现说明，在工作记忆中，信息编码方式是听觉编码，而不是语义编码，因为发音相似的词互相干扰，而语义关联的词则不会。

图 9.6　巴德利和希契提出的工作记忆模型的精简表示

这一工作记忆系统由三部分组成，一个中央执行系统控制另外两个子系统：语音环路和视觉空间模板。语音环路负责在工作记忆中以语音（声学）形式编码信息；视觉空间模板负责在工作记忆中以视觉形式编码信息。单向箭头表示语音环路可以通过复述来保持信息活跃性。双向箭头表示，在视觉空间模板中，信息可以被输入、操作和读取。

语音环路可能包含两部分：一个是对声音输入的短时听觉存储；另一个是语音成分，它通过默声复述以视觉形式呈现项目，以保持短时间内对项目的记忆。

视觉空间模板是一种允许信息以纯视觉或者视觉空间的编码方式储存的短时记忆存储，它平行于语音环路。支持该系统的证据来自一项研究，在其中，被试按照指示，通过言语策略（如机械复述）或基于图像记忆的视觉空间策略来记忆一个词语序列。控制组仅需要记忆词语序列。结果显示，当被试使用视觉空间策略时，表现得更好。而当要求被试在记忆保持的间隔里同时完成用尖笔追踪移动刺激物的任务时，言语策略的效果更好。与此相反，如果要求被试在记忆保持的间隔里重复无意义的音节，他们在言语记忆任务（而不是非言语记忆任务）中的成绩将下降，据推测，这是因为语音环路出现了混乱。单一的记忆系统并不能解释这样的分离现象。

短时记忆能力（如在数字广度测验中记忆项目）出现障碍，与工作记忆系统的子系统损伤有关。每一个系统可由于不同的脑损伤而被选择性破坏。左侧缘上回（BA40 区）损伤的病人会出现语音工作记忆的障碍：他们不能在工作记忆中保留词语串。语音环路的复述过程包含左侧运动前区（BA44 区）的活动。因此，包含了左侧额叶和下顶叶的大脑左半球网络参与了语音工作记忆（图 9.7）。这些与听觉—言语材料（数字、字母和词）有关的工作记忆缺陷与言语感知及产生方面的障碍无关。

记忆任务），并询问被试当前呈现的标记位置或者字母是否在之前的位置序列或字母串中出现过。在言语工作记忆任务中，他们在左侧的下外侧额叶皮质发现了激活现象（血流量增加并伴随着神经活动增加），但是在空间工作记忆任务中，激活现象主要出现在右半球（额下回、后顶叶和枕叶的纹外皮质；图 9.8）。

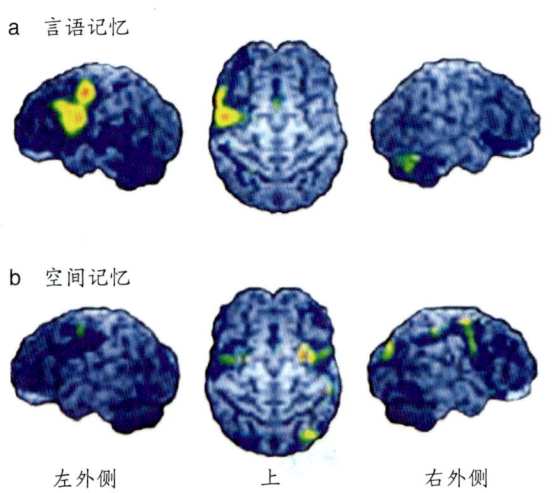

图 9.8 在采用 PET 测量的工作记忆任务中，局部脑血流变化

在健康群体中分别进行言语（a）和空间（b）工作记忆任务的测试。言语任务主要激活了左半球，而空间任务主要激活了右半球。

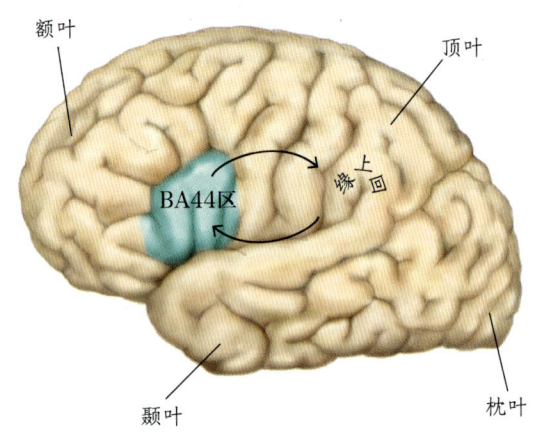

图 9.7 语音工作记忆环路

左半球外侧图显示了 BA44 区与缘上回（BA40 区）之间存在一个与语音工作记忆有关的信息环路。

任何一侧顶枕区的损伤都会引起视觉空间短时记忆障碍，而大脑右半球损伤会造成更为严重的障碍。右侧顶枕区损伤的病人在完成非言语视觉空间工作记忆任务时存在困难，如记忆并重复另一个人触摸方块的序列顺序。举个例子，如果一个研究者以某一顺序触摸桌上的方块，并要求病人重复，而且逐渐增加触摸方块的个数，那么顶枕叶损伤病人的作业成绩会低于正常水平，即使他们的视力是正常的。类似的大脑半脑球损伤可以导致对以视觉形式呈现的语言材料的短时记忆损伤。

早期的神经影像学研究为这一区别提供了支持。美国哥伦比亚大学的爱德华·史密斯（Edward Smith）及其同事（1996）利用 PET 成像技术证明，健康被试在执行空间工作记忆任务和执行言语工作记忆任务时，分别激活了大脑的不同区域。他们通过计算机屏幕向被试呈现一组标记的位置或者一串字母，并要求他们在 3 秒内记住这些位置或者字母。接下来，给他们呈现一个位置标记（空间位置任务）或一个字母（言语

几年之后，史密斯及其同事对 60 个 PET 和 fMRI 研究进行了元分析（Wager & Smith，2003）。他们的元分析证实了包含言语刺激的工作记忆任务会激活左侧的腹外侧前额叶皮质，来自空间工作记忆的证据显示激活不限于右半球，而是在双侧半球。至少在一些研究中，左半球在空间工作记忆中的激活可能反映了存在对于非言语刺激的言语编码。例如，当要求记住一系列刺激的位置时，我们可能会想到"左上方"或"右下方"等。我们会在第 12 章进一步讨论工作记忆。

记忆的长时形式

被储存相当长时间（数天、数月或数年）的信息称为**长时记忆**。考虑到遗忘症病人可能仅保留了一种长时记忆而丧失了另一种，为了描述这一事实，理论学家们通常把长时记忆分为两个主要部分，这一关键的区分即是陈述性记忆和非陈述性记忆。

陈述性记忆

陈述性记忆被定义为对于个人或一般的事件或事实的记忆，我们可以有意识地读取这些记忆，并进行口头报告。这种形式的记忆有时也被称为外显记忆。因为 H. M. 形成新的陈述性记忆的能力受损，我们认识到，这种能力依赖内侧颞叶。

在 20 世纪 70 年代，恩德尔·塔尔文提出，陈述性记忆可以进一步分为情景记忆和语义记忆。**情景记忆**由有关个体经历过的事件的记忆组成，包括事件的内容、地点和人物。情景记忆不同于个人知识（图 9.9）。例如，你知道自己出生于哪天之类的个人知识，但你并不记得这段经历。情景记忆与自传体记忆也不相同。自传体记忆是情景记忆和个人知识的混合。情景记忆总是包括自己作为某些行为的发出者或接受者。例如，在圣诞节那天（时间），你从崭新的红色自行车上摔下来（事件内容），手肘在柏油路上（地点）蹭破了皮，你的母亲（人物）跑过来安慰你，关于这些的记忆就是一段情景记忆。

图 9.9 塔尔文和他的猫

依据塔尔文的观点，虽然像猫这样的动物有很多关于事物的知识，但它们没有情景记忆。塔尔文认为，它们并不像我们一样记得过往的经历；它们只是知道这些经历。

情景记忆是对于单个情景的内容、地点、时间和人物进行快速联想学习的结果。这些情景被联系并整合在一起，且可以作为一段独立的个人回忆从记忆中提取出来。最近，有证据发现，不是所有关于经历的记忆都是有意识的。我们会在第 9.5 节有关关系记忆的部分讨论这项研究。

相比之下，**语义记忆**在本质上是有关事实的客观知识，但并不包括学习这些知识时的具体情境。例如，你也许知道艾奥瓦州是美国主要的玉米种植基地，但你大概不记得自己是在什么时候或者在哪里学到的这个事实性知识的。一个事实可以在单个情节中就被记住，但也可能需要多次呈现。语义记忆反映了知道某些事实或概念，例如，如何认表，谁是滚石乐队的主音吉他手，或者利马位于哪里。这些世界性知识与我们对日常生活中事件的回忆有着本质的不同。

在个体发展的过程中，情景记忆和语义记忆是在不同年龄阶段出现的。2 岁的幼儿已经可以回忆他们在 13 个月大时见到的事物了（Bauer & Wewerka, 1995）。但直到 18 个月大时，幼儿似乎才会把自己看成记忆的一部分，且这种能力往往要到 3—4 岁时才能比较稳定地表现出来（Perner & Ruffman, 1995; M.A.Wheeler et al., 1997）。

数十年前，在塔尔文介绍区分情景记忆和语义记忆的观点时，主流思想认为，只存在单一的记忆系统。但塔尔文的系统阐述以及损伤研究的结果显示，也许只有不同的大脑系统才能够支持这两种不同的陈述性长时记忆。本章稍后将回到这个问题上。

非陈述性记忆

顾名思义，**非陈述性记忆**无法被口头表达出来，但可以通过行为表现出来。它又被称为内隐记忆，因为这是我们无法意识到的知识。有几种记忆属于这个范畴：启动、由条件反射引起的简单习得行为、习惯化、敏感化，以及学习动作或认知技能等的程序性记忆。

当不需要有意地回忆，过去的经历就能促进任务表现时，非陈述性记忆就出现了。H. M. 的非陈述性记忆并没有损伤，因为它不依赖内侧颞叶，而是与基底神经节、小脑、杏仁核和新皮质等其他脑结构有关。

程序性记忆。 程序性记忆是非陈述性记忆的一种，它包括各种运动技能（例如，骑自行车、打字或游泳）和认知技能（例如，阅读）的学习。它依赖广泛的重复性经验。形成习惯的能力以及学习程序步骤和机械性动作的能力均依赖程序性记忆。对于遗忘症病人的研究揭示了对于生活事件的长时记忆（如在圣诞树下看到你的第一辆自行车）和关于程序性技能的长时记忆（如骑自行车）之间的根本区别。

一种有关程序性学习的测验是序列反应时任务。在一个实验设置中，被试坐在操纵台前把一只手的手指放在四个按钮上，并在四盏灯中的一盏亮起时，按下与之相对应的按钮（图 9.10a）。灯可以按照不同的顺序亮起：可能完全随机，也可能按照伪随机顺序，即灯亮的顺序在被试看来好像是随机的，但实际是以一种复杂的序列方式重复亮起的。

随着时间的推移，相对于完全随机的序列，健康的被试对伪随机序列的反应时间逐渐缩短（图 9.10b）。这种作业成绩的提高说明了他们对于序列的习得。然而当被询问时，被试报告这些序列是完全随机的。他们似乎并不知道序列规律的存在，然而他们习得了这种规律。这种表现是典型的程序性学习，即对于学到的内容不需要外显的知识。这类证据证明陈述性知识和程序性知识之间存在的差异，因为被试在没有获得陈述性知识的情况下，获得了程序性知识。

上述结果说明，健康被试在未获得外显知识的情况下仍可习得内隐知识，但一些研究者对此观点提出了挑战。例如，有时，当研究人员询问健康被试有关序列的问题时，发现有些被试其实可以清楚地描述学习的材料。也许，否认外显知识存在的被试只是对这类知识没有信心。考虑到这种可能性，如果无法找到在技能获得过程中能够证明外显知识存在的证据，我们如何确定它是不存在的呢？也许只是被试没有表现出来而已。

一种证据来自对类似 H. M. 这样的顺行性遗忘症病人的程序性学习研究。这类病人无法形成新的陈述性记忆（至少是情景记忆）。当把如图 9.10a 中所示的任务呈现给遗忘症病人时，重度顺行性遗忘症（丧失情景学习能力）病人几天内在伪随机序列上的成绩，相比于完全随机序列，得到了提高，具体表现为反应时随时间的推移而缩短（如图 9.10b）。即使他们表示自己以前从来没有完成过该任务，这些遗忘症病人仍学会了该程序。因此，程序性学习可以独立于情景记忆的脑系统进行。有哪些脑系统支持程序性记忆呢？大量证据显示，皮质—基底神经节环路对于这种学习十分关键（例如，Packard & Knowlton，2002；Yin & Knowlton，2006）。例如，泰拉·巴恩斯（Terra Barnes）及其同事推断，如果上述观点正确，那么随着习惯和程序的习得，行为上的变化应该伴随着基底神经节中神经元活动的变化。而且当一个习惯先消退，之后再习得时，这种活动也应该发生变化。

为了检验这个假设，研究者（Barnes et al., 2005）

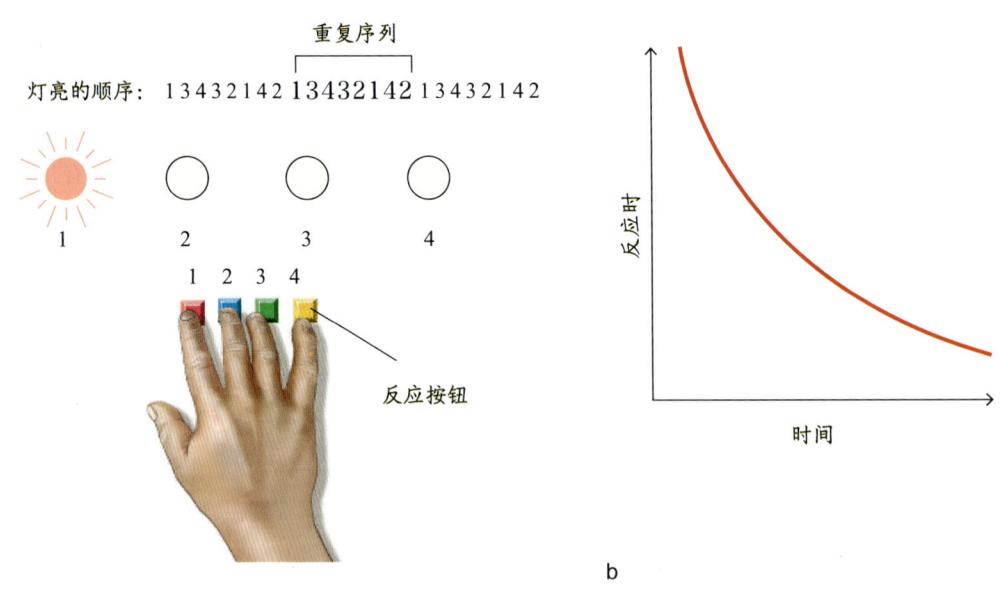

图 9.10 系列反应时任务中的序列程序性学习

（a）被试要用手指按下亮起的灯所对应的按钮，亮灯的复杂顺序序列是重复的，但是对于被试而言，重复性并不明显。（b）随着时间的推移，相对于一个完全随机的序列，被试对重复序列的反应时变得越来越短，虽然他们并没有注意到任何序列的存在。

记录了在一个 T 迷宫的条件学习任务中，大鼠与感觉运动相关的纹状体神经元在行为的习得、消退和再习得过程中活动的变化。在习得阶段，大鼠学习了两种听觉线索。每种音调表示奖励会在 T 迷宫的左侧还是右侧出现。一旦大鼠在某一组试次中的选择正确率达到 72.5% 及以上，它们就可以结束习得阶段，进入"过度"训练阶段，继续参与训练。

在过度训练阶段之后，大鼠进入消退阶段，此时要么不提供奖励，要么随机放置奖励。在随后的再习得阶段，相关设置恢复到了训练阶段。研究者发现，神经元活动的峰值分布、反应模式以及任务选择性均随着程序性行为习得、消退、再习得的变化而动态变化。在训练早期（习得阶段）的整个过程中，所有的任务响应神经元都保持兴奋，即使是那些在任务后期不再发生反应的神经元，在早期习得阶段也都有激活。

这些结果显示，在训练的早期阶段，所有任务事件都是显著的，此时发生着神经元水平上的探索。但发展到过度训练阶段后，在学习过程的开始和结束阶段，任务响应神经元的放电增强，而非任务响应神经元的活动逐渐消失，这说明在学习程序开始和结束时，出现了"专家神经元"的急剧反应。消退阶段表现出了相反的模式，而再习得阶段再次出现了与习得阶段相同的模式。

更多的证据来自对基底神经节紊乱或皮质下结构输入紊乱的病人的研究。他们在大量程序性学习任务中都表现得较差。正如我们在第 8 章学到的，这类病人包括帕金森病病人和亨廷顿病病人，前者是由于黑质细胞的死亡破坏了基底神经节的多巴胺能神经纤维输入，后者的特征是基底神经节中的神经元发生退化。

这些病人虽然本身不是遗忘症病人，但大量诸如运动技能学习等类型的测验评估发现，他们存在获取和保持运动技能方面的能力损伤。例如，亨廷顿病病人难以完成第 8 章提到的棱镜适应任务，这个任务通过佩戴棱镜来改变视觉世界。健康控制组和阿尔茨海默病病人最初都会出现很多错误，但通过练习，他们会减少犯错并逐渐适应，然而亨廷顿病病人并不能出现这种适应。他们较差的适应能力说明，基于知觉输入的动作行为依赖基底神经节（尤其是新纹状体），而不是在因阿尔茨海默病受影响的皮质区和内侧颞叶区（Paulsen et al., 1993）。

启动。 启动是另一种形式的非陈述性记忆。**启动**是指因受先前刺激的影响，导致对当前刺激的反应或识别能力发生变化。举个例子，如果你事先看过一张自行车的图片，再从一个奇怪的角度看一个自行车车把的图片，你会更快地辨别出这个车把是自行车的一部分。但如果你事先没有见过自行车的图片，要认出这是一个车把将困难得多。启动可以是知觉的、概念的或语义的。

多个研究支持知觉启动和陈述性记忆由不同系统介导的理论。知觉启动在**知觉表征系统**（perceptual representation system, PRS）中起作用（Schacter, 1990）。在知觉表征系统中，物体和词语的结构和形式可以因先前的经验而启动。这种效应可以持续数小时至数月，这取决于刺激本身的性质。

例如，可以给被试呈现一系列词语，接下来可以使用残词补笔任务来测试他们关于这些词语的记忆。在这个任务中，被试在后期测试阶段只能看到单词中的一些字母，例如，thoughts 变成"t_ou_h_s"。这些残词可以来自新词（在最初的词表中没有出现）或者旧词（在最初的词表中出现过）。被试的任务是补全这些残词。对于那些最初呈现过的单词，被试在补全残词时有更高的正确率和更快的速度，这表现出了启动效应。重要的是被试的表现会因为之前见过这些词而提高，尽管他们没有被告知，甚至没有意识到这些词在之前的词表中出现过。

残词补笔的启动效应存在学习阶段和测试阶段的通道特异性。换个说法，如果词表以听觉形式呈现而残词补笔以视觉形式进行（或者相反），启动效应就会减弱。这暗示启动反映了知觉表征系统可以分别支持结构化词语表征、视觉词语表征和听觉词语表征。最后，知觉启动在非语词材料中也可出现，如图片、形状和面孔等。

在呈现一个刺激之后，最多间隔多长时间还会存在启动效应？答案似乎取决于刺激本身。在一些早期研究中，词语启动效应在 2 小时之内消失（例如，Graf et al., 1984），但也有研究发现，词语启动效应可持续几天至一周或者数周（Gabrieli et al., 1995; McAndrews et al., 1987; Squire et al., 1987）。当使用图片作为刺激时，可以得到持续更久的启动效应，它可以稳定地存在 48 周（Cave, 1997）。

这种启动效应在诸如 H. M. 等遗忘症病人身上也

被发现了,尽管他不记得自己见过这个词表或者做过残词补笔测验。这个现象告诉我们,知觉表征系统不依赖内侧颞叶。进一步的证据来自对11名已知或疑似海马损伤的遗忘症病人的研究,该研究通过图片-姓名范式检验启动效应(Cave & Squire, 1992)。

在这个任务中,研究者会记录被试命名图片的时间,观察被试命名之前见过的图片(狗、烤箱等)比命名从未见过的图片快多少。结果显示,遗忘症病人命名之前见过的图片的速度快于命名从未见过的图片,他们的得分也与健康的被试相近。并且,启动效应在一周后仍会出现。接下来,要使用图片再认任务测试被试的外显记忆。在该测验中,一半是之前出现过的图片,另一半是新的图片。每一次呈现一张图片,被试仅需要报告自己之前是否见过这张图片。在再认测验中,遗忘症病人的得分显著低于健康被试,表现出了记忆损伤——这成了证明外显记忆和内隐记忆分离的证据。但这仅仅是一个单分离现象。是否存在脑损伤仅影响知觉表征系统而长时记忆保持完好的情况呢?

斯坦福大学的约翰·加布里埃利(John Gabrieli)及其同事(1995)测试了一名右侧枕叶受损的被试M. S.。M. S.幼年时患有难以治愈的癫痫,他在14岁时接受了手术治疗。手术几乎切除了他右侧枕叶的BA17区、BA18区和BA19区,这导致他左侧视野缺损(图9.11a)。

M. S.的智力和记忆力均在平均水平之上。研究者分别对他进行了关于外显记忆(再认和线索回忆)和内隐记忆(知觉启动)的测试,并将其结果分别与健康被试和失去情景记忆的顺行性遗忘症病人(类似于H. M.)进行比较。测量对象不同的测验至少间隔2周。在最初的学习阶段,快速向被试呈现一系列词,并要求他们大声朗读(知觉辨认测验),以证明被试可以感知到这些单词。

在内隐记忆任务中,每次快速呈现一个新词或在知觉辨认测验中见过的旧词(16.7毫秒),紧接着呈现一个掩蔽刺激。被试需要对单词进行辨认,如果被试无法辨认,这个单词的呈现时间会持续增加,直到被试可以辨认。如果被试辨认旧词所需要的时间比新词少,将成为内隐知觉启动的证据。在2周之后进行的再认测验中,在呈现的词语中有一半是被试在知觉辨认测验中读到的词语,另一半是新词。被试需要判断自己之前是否见过这些词,并回答"是"或"否"。和图片启动实验一样,遗忘症病人没有表现出内隐知觉启动障碍,而是像预期的那样,表现出了外显词语再认障碍。相比之下,M. S.出现了相反的模式:内隐知觉启动受损(图9.11b)而外显再认的表现正常(图9.11c)。这些结果表明,即使在外显记忆完好的情况下,知觉启动也可能受损,从而完成了对陈述性记忆系统和非陈述性记忆系统的双分离。解剖资料也表明,知觉启动依赖知觉系统,因为正是M. S.视皮质的损伤,才导致其知觉启动存在障碍。

启动也发生在概念特征(不同于知觉特征)上,

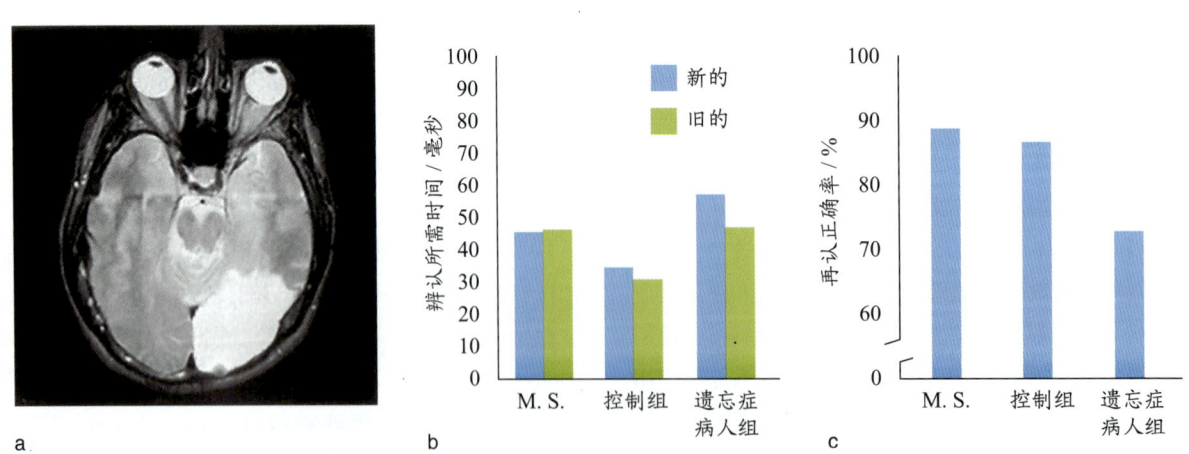

图9.11 陈述性记忆和非陈述性记忆在病人M. S.身上的双分离现象

(a)M. S.右侧枕叶切除区域的轴向面MRI影像。(b)在内隐记忆测验中,被试辨认单词所需要的平均时间。"旧词"是指之前呈现过的单词。M. S.并没有表现出启动效应,而健康控制组和遗忘症病人组均表现出了对新词和旧词的反应时差异。(c)外显再认测验的正确率。不同于顺行性遗忘症病人,M. S.并没有表现出外显记忆的损伤。

尽管这种启动的持续时间较短。当一个概念在之前出现过时，被试可以更快地回答有关这个概念的常识性问题。举个例子，如果我们一直在讨论意大利面及其各种形状，随后你被要求说出一个意大利食品的名字，你很有可能脱口而出意大利面，而不是披萨或者帕尔马干酪小牛肉。

概念启动与陈述性记忆的区别在于它是无意识的，且不会受到内侧颞叶损伤的影响，但它会受到外侧颞叶及前额叶区域损伤的影响。最初之所以怀疑这些区域会影响概念启动，是因为晚期阿尔茨海默病病人没有表现出知觉启动损伤，却表现出概念启动损伤。在阿尔茨海默病早期，内侧颞叶病理表现明显，但是随着病情发展，病变从内侧颞叶扩展到外侧颞叶、顶叶以及额叶皮质（综述可见 Fleischman & Gabrieli，1998），在这个过程中，概念启动可能受到了破坏。fMRI 研究为左侧额下回前部在概念启动中的作用提供了更多证据（例如，A. D. Wangner et al., 2000）。

还有一种启动形式是**语义启动**，这里的启动刺激和目标刺激是同一语义范畴的不同词语。例如，启动刺激可以是单词"狗"，目标单词则是"骨头"。典型的语义启动效应是在辨别或分类任务中，被试对目标刺激的反应有更短的反应时或更高的正确率。语义启动的持续时间很短，仅有数秒。关于它如何工作的理论解释则基于语义记忆在联想网络中组织的假设。然而，一项对于 26 个研究的元分析（Lucas，2000）发现了语义启动的有力证据，但未发现单纯基于联想的启动效应的证据。关于语义启动和概念启动是否存在本质差异，目前尚有争议。例如，启动单词"狗"可以启动目标单词"狼"，它们同时也存在着相同的概念成分。

大脑编码含有相同概念成分的单词（如"狗"和"狼"）之间关系的方式，是否不同于编码在特定情境下同时出现的不同单词（如"狗"和"骨头"）之间关系的方式呢？丽贝卡·杰克逊（Rebecca Jackson）及其同事（2015）在一项 fMRI 研究中比较了这两种语义关系，发现它们同等地激活了核心语义网络（前颞叶、颞上沟和腹侧前额叶皮质）。

经典条件反射和非联想学习。 另外两种非陈述性记忆类型是经典条件反射（一种联想学习）和非联想学习。**经典条件反射**有时又称巴甫洛夫条件反射。

在经典条件反射中，条件刺激（conditioned stimulus，CS；对于有机体而言原本是中性的刺激）伴随无条件刺激（unconditioned stimulus，US；可以引发有机体天生建立的反应的刺激）出现，并与之相联系，导致条件刺激可以像与它联结的无条件刺激一样引发类似的反应。条件刺激引发的反应被称为条件反应（conditioned response，CR），而无条件刺激引发的反应被称为无条件反应（unconditioned response，UR）。

俄国生理学家伊万·巴甫洛夫（Ivan Pavlov）利用他的狗证明了这种学习方式的存在，并因此获得了诺贝尔奖。在实验中，巴甫洛夫建立了狗的条件反射，使它们在听到他给它们喂食前摇铃的声音时就开始流口水（图 9.12）。在建立条件反射之前，铃声与食物并不存在关联，因此不会引起唾液分泌。当在铃声和食物之间建立了条件反射之后，即使在食物（US）不出现时，铃声（CS）也会引起唾液分泌。我们会在第 10 章和第 12 章进一步讨论条件反射。

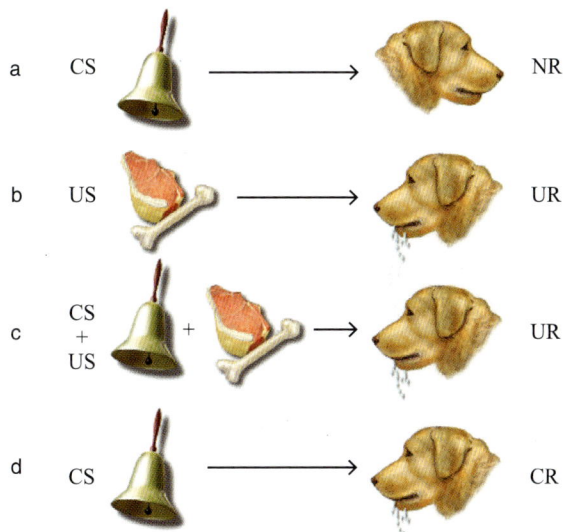

图 9.12 经典（巴甫洛夫）条件反射

（a）当呈现类似铃声这样的对于动物来说没有任何意义的刺激（CS）时，不会出现反应（no response，NR）。（b）与之相反，像食物这样有意义的刺激的出现会引发无条件反应（UR）。（c）当铃声始终与食物相伴出现时，动物习得了这种联系。（d）随后，单独的条件刺激（CS）也可以引起动物的反应，这一反应被称为条件反应（CR）。

经典条件反射有两种形式：延迟性条件反射和痕迹性条件反射。在延迟性条件反射中，无条件刺激在条件刺激保持呈现的过程中出现；在痕迹性条件反射中，无条件刺激和条件刺激的呈现存在时间间隔，这时，记忆痕迹对于条件刺激和无条件刺激之间联系的建立就十分必要了。针对正常人和海马损伤的遗忘症病人的研究发现，海马损伤不会破坏延迟性条件反射，但会破坏痕迹性条件反射（R. E. Clark & Squire, 1998）。因此，一些联想学习依赖海马而其他学习形式并不依赖它。

顾名思义，**非联想学习**不是通过两个刺激间的联系来引起行为变化的。非联想学习由简单的学习形式组成，例如习惯化，即由于相同刺激的重复出现而降低对刺激的反应。例如，你第一次使用电动牙刷时，整个口腔都在疼痛，但用过几次之后就不再有反应了。

另一种非联想学习是敏感化，即由于刺激的重复出现而对刺激的反应提高了。一个经典的例子是摩擦你的胳膊。一开始，它只会产生一种温暖的感觉，但如果继续摩擦，胳膊便会产生疼痛感。这是一种具有适应性的反应，警告你停止摩擦，否则会造成损伤。非联想学习与初级感觉通路以及感觉运动通路（反射通路）有关。我们不在本章对经典条件反射、非联想学习或非联想记忆进行进一步的讨论。接下来，让我们把焦点移向陈述性记忆（情景记忆和语义记忆）与非陈述性记忆（程序性记忆和认知表征系统）的神经基础。

关键信息

- 记忆可以根据持续时间划分为感觉记忆（最多可持续数秒）、短时记忆（持续数秒至数分钟）与长时记忆（持续数天至数年）。
- 工作记忆拓展了短时记忆的概念：它包含了可被使用和加工的信息，而不仅仅是依靠复述保持下来的信息。
- 长时记忆根据内容可以划分为陈述性记忆和非陈述性记忆。陈述性记忆是我们可以有意识地加工的知识，包括个人的和世界的知识。非陈述性记忆是我们不能有意识地加工的知识，例如运动或认知技能，以及其他源于条件反射、习惯化或敏感化的行为。
- 陈述性记忆可以进一步划分为情景记忆和语义记忆。情景记忆是我们对于过去经历的事件及其发生情境的有意识记忆。语义记忆是我们记住的世界性知识，尽管我们无法回想起学习这些知识时的具体场景。
- 程序性记忆是关于动作和认知技能学习的一种非陈述性记忆。非陈述性记忆的其他形式包括知觉启动、条件反射和非联想学习。

9.4 内侧颞叶记忆系统

陈述性记忆（包括情景记忆和语义记忆）的形成依赖内侧颞叶，这个区域包括了杏仁核、海马及其周围的海马旁皮质、内嗅皮质与鼻周皮质。接下来，让我们一起来探究这个区域究竟是如何作用于工作记忆的。首先，我们要讨论来自记忆损伤病人的证据，随后是动物损伤研究。

来自遗忘症的证据

我们已经知道，记忆的机制可以划分为编码（获取和巩固）、储存与提取。首先，让我们来看一下类似 H. M. 这样的遗忘症病人所丧失的功能，然后思考是什么神经机制和脑结构让我们能够获取新的长时记忆呢？

H. M. 最初的手术原始报告显示，他的双侧海马全部被切除了（图 9.13）。数十年后，美国麻省理工学院的苏珊·科金（Suzanne Corkin）和传记作家菲利普·希尔茨（Philip Hilts, 1995）通过调查发现，在 H. M. 的手术中使用的止血夹不是铁磁体——这意味着 H. M. 可以进行 MRI 扫描。于是，在他手术 40 年后的 1997 年，人们使用了现代神经影像技术研究了 H. M. 的手术损伤（图 9.14）。

加州大学戴维斯分校的神经解剖学家戴维·阿马拉尔（David Amaral）对科金及其同事所收集的数据进行了分析（Corkin et al., 1997）。这些分析显示，H. M. 所受的损伤比最初报告的小（图 9.15）。和斯科维尔的报告相反，H. M. 的海马后侧大约一半的部分被完整地保留下来了，只有 5 厘米（而不是 8 厘米）的内侧颞叶被切除。因此他后侧的海马旁回大多被保留下来了，而他的前侧海马旁回、鼻周皮质和内嗅皮质被切除了。也许是因为失去了早在 1953 年的手术中被移除的海马旁皮质的信息输入，H. M. 剩余的海马结构已经萎缩了。因此，尽管我们关于 H. M. 的脑损伤的认识一开始就有错误，但是可能没有任何具有功能性的海马组织被保留下来。H. M. 的损伤样例无法帮助我们区分海马和海马旁皮质在记忆中的作用。

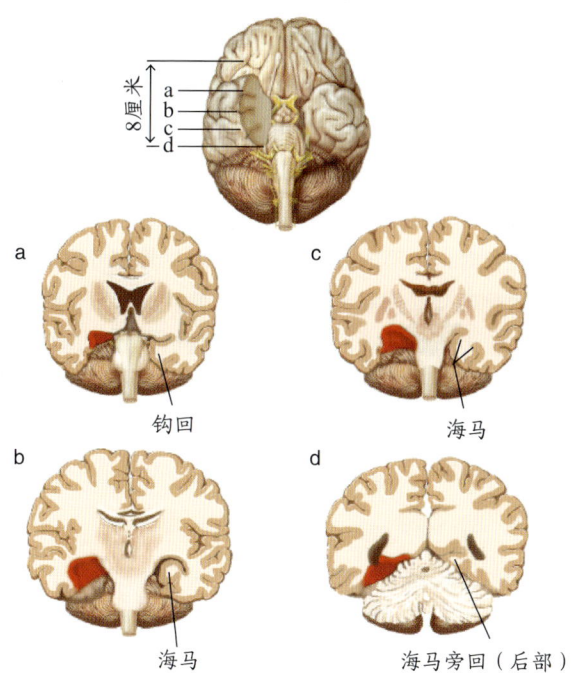

图 9.13 被认为在手术中切除的 H. M. 的内侧颞叶区域

根据医生的报告，H. M. 被切除的脑区用红色区域表示。（注意，这里只展示了左侧被切除区域，以便在同一截面下，对比被切除的脑区和右侧完好的脑区。H. M. 实际被切除的是双侧的脑区。）最上面是脑的腹侧视图，展示了双侧半球的情况。腹侧视图中由前至后的 4 个水平（a—d）分别对应下面的 a 图至 d 图的 4 个冠状面。

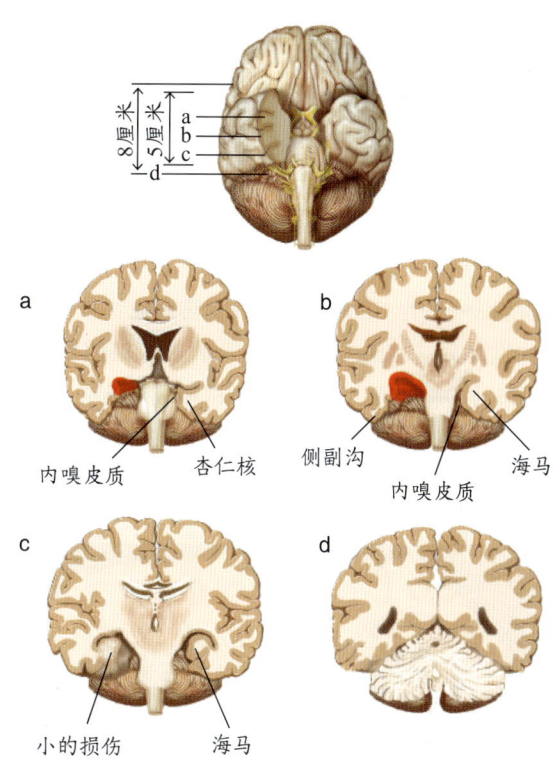

图 9.15 H. M. 实际被切除的内侧颞叶区域

戴维·阿马拉尔及其同事的现代重构显示，H. M. 的海马后部没有被手术切除。但是，这些组织显示出萎缩的迹象，并且可能已经无法正常工作了。红色区域表示被切除的部分。和图 9.13 相对比。

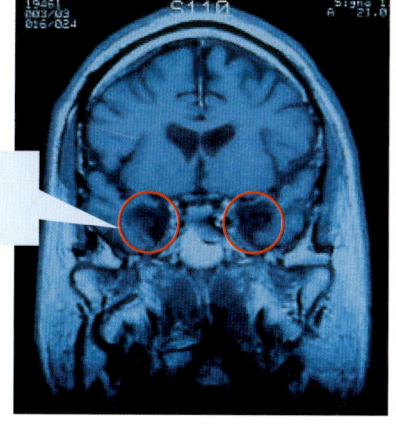

a 前部

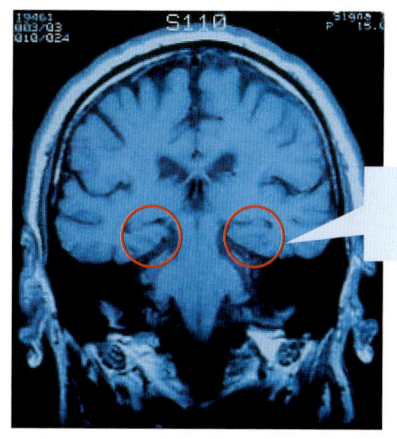

b 后部

图 9.14 H. M. 大脑的冠状 MRI 影像

（a）前部断层中的红圈显示双侧海马被切除。（b）然而，更靠后的断层显示了两半球内的海马（用红色圈出）都是完好的！这一发现与认为 H. M. 没有海马——基于外科医生的报告且被科学界坚持了 40 年的观点——明显是对立的。

另一个值得注意的病人是R.B.，1978年，他因为在心脏搭桥手术中的缺血性事故（脑供血不足）丧失了记忆。斯图尔特·佐拉-摩根（Stuart Zola-Morgan）及其同事（1986）仔细研究了R.B.记忆力的变故。R.B.患上了类似于H.M.的严重的顺行性遗忘症：他无法形成长时记忆。他同样患有倒退至一两年前的逆行性遗忘症——比H.M.的逆行性遗忘症症状稍轻。R.B.去世之后，对他的脑进行解剖发现，他的损伤仅限于海马的一处特定区域。尽管粗略的检查显示他的海马是完整的（图9.16a），但组织学分析表明，在R.B.每一侧的海马中，都存在一处仅限于CA1区锥体细胞的损伤。可将R.B.的海马（图9.16c）与普通人去世后的海马（图9.16b）进行比较。

在病人R.B.脑中发现的海马特定区域损伤支持了海马对于新长时记忆的形成尤为关键这一论断。R.B.这一案例同样说明，需要区分长时记忆存储区域与海马在长时记忆形成过程中的作用。尽管逆行性遗忘症与内侧颞叶损伤有关，但它是短暂性的，不会影响距遗忘症发生数年前的长时记忆。随后，几位具有相似损伤情况的病人被挑选出来并参与了研究，他们表现出了高度相似的记忆损伤模式。这证明记忆一定存储于其他脑区。

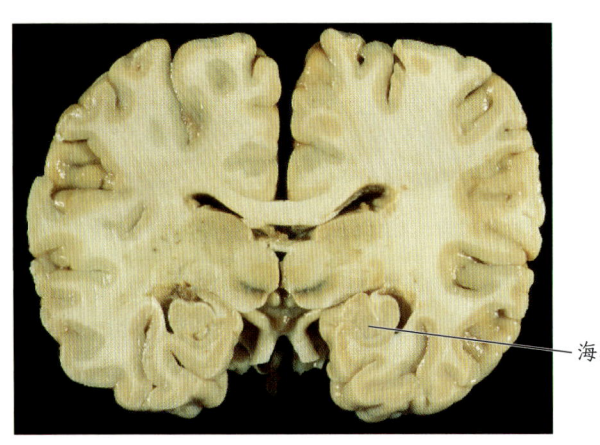

a

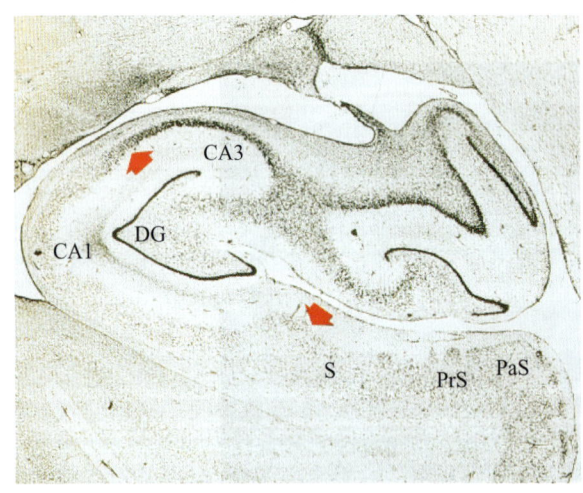

b 非遗忘症被试

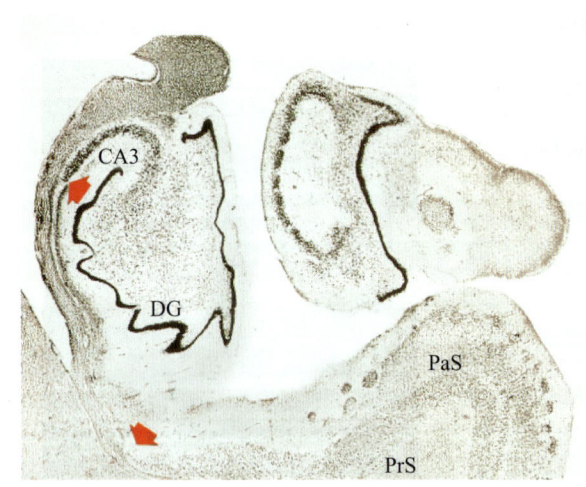

c R.B.案例

图9.16 对比R.B.的大脑和非遗忘症被试的大脑

（a）这张图是R.B.死后的大脑。对比图9.15中H.M.的MRI图所呈现的状况（海马前部与中部的缺失），在粗略检查时，R.B.的内侧颞叶好像是完好的。（b）来自非遗忘症被试的大脑组织部分显示了一个完好的CA1区（标记为"CA1"，两箭头之间的区域）。（c）对R.B.的颞叶进行精密的组织学检查发现，海马CA1区细胞缺失（见两箭头之间的区域）。细胞缺失是术后缺血导致的。CA1区中的细胞对短暂性缺血（暂时性脑供血不足）十分敏感。DG=齿状回（dentate gyrus），PaS=旁海马下托（parasubiculum），PrS=前海马下托（presubiculum），S=海马下托（subiculum）。

关于海马在长时记忆获得中的作用，更多的证据来自**短暂性全面遗忘症**（transient global amnesia，TGA）病人。这种并发症存在多种诱因，但最常见的诱因是50岁以上男性的强体力活动，以及50岁以上女性的情绪压力。这两种情况均会导致脑部血流的混乱（尤其是极为重要的椎基底动脉系统，它负责为内侧颞叶和间脑供血），进而导致短暂性缺血，随后恢复正常。

目前，高分辨率成像结果显示，短暂性全面遗忘症的损伤位于海马的CA1区内，该区域内的神经元产生对代谢性应激的选择性敏感（见Bartsch & Deuschl，2010）。这种脑部血流的混乱会造成突发的短暂性顺行性遗忘症与持续数周、数月有时甚至数年的逆行性遗忘症。在一个典型的病例中，病人身处医院，却不确定自己在哪里，自己为什么在这里，或者自己是怎么来到这里的。病人知道自己的名字、生日、职业，也可能知道自己的住址，但如果他最近搬过家，他会报告自己的旧住址。

这类病人在大多数神经心理学测验中的表现都在正常范围内，除了那些需要记忆能力的测验以外。他有正常的短时记忆，因此可以复述呈现给他的词表。但当要求被试记忆词表且不允许复述时，他会在几分钟内忘记词表。他确实意识到自己应该知道这些问题的答案。病人会表现出时间感的丧失，所以当被问及"你在医院待了多久"时，他的回答总是错误的。在诱发遗忘的事件过去一段时间后，远期的记忆逐渐恢复，顺行性记忆障碍也逐渐消失。在24—48小时内，病人可以基本恢复正常，尽管仍可能会有轻微损伤持续数天或数周。

你可能已经注意到，短暂性全面遗忘症病人与类似H. M.这样的内侧颞叶永久损伤病人的症状十分相似。到目前为止，我们还不知道短暂性全面遗忘症病人是否有正常的内隐学习或内隐记忆，部分原因是这类损伤持续时间较短，不足以供研究者充分测量其程序性学习等能力。关于这个问题的答案会加深我们对于记忆的理解，以及对于遗忘症——我们每个人之后都有可能经历的病症——的理解。

关于海马在长时记忆形成中的作用的进一步证据来自阿尔茨海默病病人，这些病人的海马退行性变化比正常老化的群体快。淀粉样蛋白斑块作为阿尔茨海默病的标志性特征，在内侧颞叶区域聚集（**图9.17**）。使用MRI测量脑体积的结果显示，海马的大小会随着阿尔茨海默病的病程发展而发生变化，那些患病前海马较厚的病人会更晚出现神经认知障碍的症状，且神经认知障碍程度较轻（Jack et al.，2002；Jobst et al.，1994）。莫里斯·莫斯科维奇（Morris Moscovitch）及其在罗特曼研究所和多伦多大学的同事证明了阿尔茨海默病病人内侧颞叶萎缩的程度与其在情景记忆中的损伤程度密切相关（Gilboa et al.，2005）。

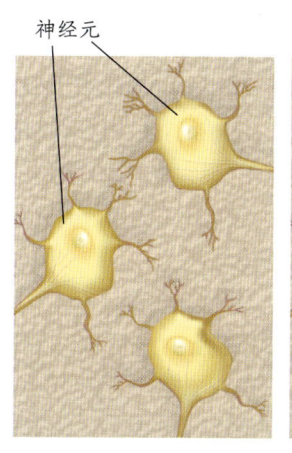 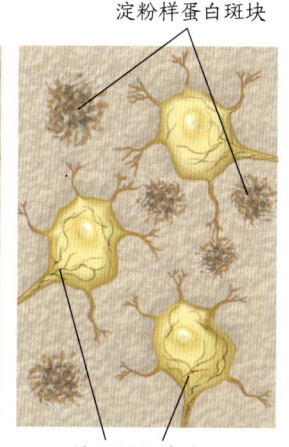

a 健康被试的皮质　　b 阿尔茨海默病病人的皮质

图9.17 对比阿尔茨海默病病人和健康被试的皮质
（a）健康被试的皮质神经元。（b）阿尔茨海默病病人的部分皮质，神经元间存在淀粉样蛋白斑块，神经元内存在神经元纤维缠结。

未延伸至海马的前侧颞叶外侧皮质的损伤，例如由额颞叶退化和单纯性疱疹脑炎造成的损伤，会导致严重的语义记忆的逆行性遗忘，但不会影响情景记忆。这种记忆障碍可能会影响病人对数十年前的记忆，甚至影响病人对整个生命历程的记忆。在严重的病例中，鼻周皮质也会出现萎缩（Davies et al.，2004）。

一些前颞叶损伤进而导致重度逆行性遗忘症的病人仍然可以形成新的长时情景记忆，这种情况被称为孤立性逆行遗忘症。例如，患语义性神经认知障碍的病人会逐步丧失之前建立的语义知识（非情境特异性的事实、单词和客体知识），然而他们的情景记忆是完好的，并且仍然可以学习新的情景信息（Hodges et al.，1992）。

如果前颞叶对于获得新的情景信息而言并不是必需的，那么它们究竟发挥着什么作用呢？一种可能性是，它们是长时语义记忆存储的地方；另一种观点是，它们对于长期储存的信息的提取十分重要。

来自内侧颞叶损伤动物的证据

从无脊椎动物到非人类的灵长类动物，所有有关海马及其周围皮质损伤的动物研究在加深理解关于内侧颞叶对记忆的贡献层面，均是无价之宝。有关这个领域的全面回顾已大大超出本书的范围，但是一些最重要的发现对于了解记忆机制是必要的。

记忆研究中的一个关键问题就是，相比于内侧颞叶中的周围结构，海马本身究竟在多大程度上导致了像 H. M. 这样的病人的记忆障碍。例如，杏仁核是否影响遗忘症病人的记忆障碍？从遗忘症病人身上搜集的数据显示，虽然杏仁核对情绪和情绪记忆起作用（正如我们将在第 10 章学到的），但它并不是大脑情景记忆系统的一部分。另一个问题是，不同的内侧颞叶损伤会损害哪些类型的学习和记忆？

对非人灵长类动物的研究

为了测定杏仁核对记忆形成是否必要，研究者对猴子的内侧颞叶和杏仁核进行了手术损伤。在美国国立精神健康研究所（National Institute of Mental Health, NIMH）的莫蒂梅尔·米什金（Mortimer Mishkin）在猴子身上进行了经典研究，要么切除了海马，要么切除了杏仁核，要么两者均被手术切除（Mishkin, 1978）。米什金发现，对猴子造成的记忆损伤程度因被损伤部位的不同而不同。

脑损伤的猴子需要完成由米什金首创的著名的延迟不匹配任务。猴子被放置于一个前方有伸缩门的盒子内。当门关上的时候，猴子看不到外面，此时将食物放置于一个物体下面（图 9.18a）。门打开后，允许猴子拿起物体得到食物（图 9.18b）。之后，门再次关上，同样的物体与一个新的物体被分别放置在刚才的位置上（图 9.18c）。现在，新的物体盖住食物，经过一段可以调整的延迟时间，门再次打开，这次猴子必须拿起新的物体才能获取食物，如果猴子拿起旧的物体，会发现那里没有食物奖励（图 9.18d）。通过训练，猴子学会了拿起新的或者不匹配的物体；这样，可以通过观察猴子的表现来测量学习和记忆。

米什金在早期的研究中发现，仅当同时损伤猴子的海马和杏仁核时，才会造成记忆障碍。这项发现导向了杏仁核是记忆的关键结构的（不正确的）观点。然而，这个观点并不适用于像 R. B.（之前描述过的）这样的遗忘症病人，他患有的顺行性遗忘症仅是由于

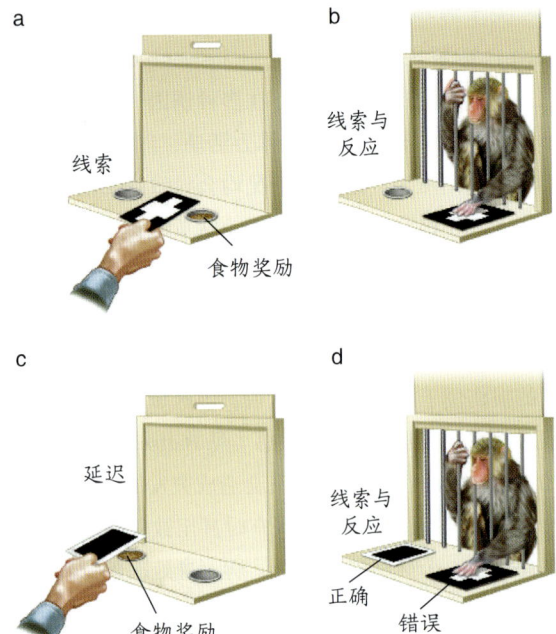

图 9.18 延迟非匹配任务

（a）在正确的反应选项下放置了食物奖励。（b）图中的猴子做出了正确的反应，它会获得一个奖励。（c）门被关上，奖励被放置在第二个反应选项下。（d）接下来给猴子呈现两个选项，它必须选择正确的反应选项（与最初的示例不匹配的那一个）才可以得到奖励。此图中的猴子做出了错误的选择。

海马 CA1 区神经元损伤导致的，而他的杏仁核完好无损。斯图尔特·佐拉-摩根及其同事（Zola-Morgan et al., 1993）针对这一难题展开了研究。他们区分了猴子大脑中的杏仁核和海马，以及这两个结构周围的皮质（BA28 区和 BA34 区；图 9.19），并且进行了针对杏仁核、内嗅皮质或海马旁回与鼻周皮质（BA35 区和 BA36 区）周围新皮质的更精细的损伤。他们希望扩展米什金的工作。由于实施手术的方式，米什金的研究总是包含了对杏仁核或海马周围新皮质的损伤。

结果表明，仅当海马和杏仁核周围的皮质区域也受到损伤时，才会造成猴子最严重的记忆障碍。当海马和杏仁核受损，而周围的皮质保持完好时，杏仁核受损并不影响猴子的记忆能力。因此，杏仁核不可能是长时记忆获得系统的一部分。在接下来的研究中，佐拉-摩根及其同事选择性地造成鼻周皮质、内嗅皮质和海马旁回区域的损伤。这些选择性损伤均影响了猴子在延迟非匹配任务中的成绩（图 9.20）。随后的研究显示，仅仅是海马旁皮质和鼻周皮质的损伤，同样

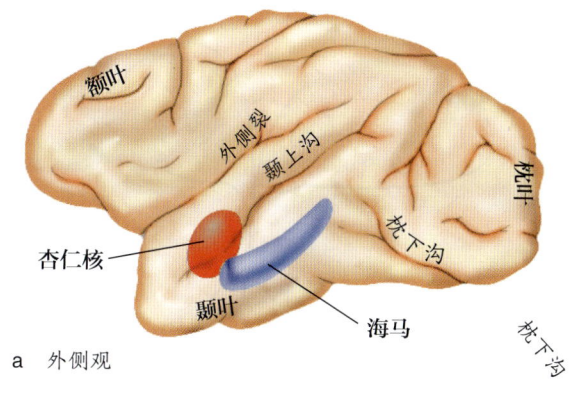

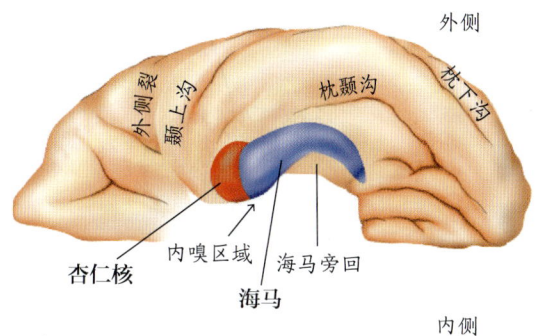

图 9.19 猴子内侧颞叶的粗略解剖图
(a) 左半球外侧的透视图展示了颞叶内的杏仁核（红色）和海马（蓝色）。(b) 同一半球的腹侧图展示了杏仁核和海马，并且展示了海马旁回和内嗅区域的位置（由 BA28 区以及位于海马旁回最前部的 BA34 区共同组成）。

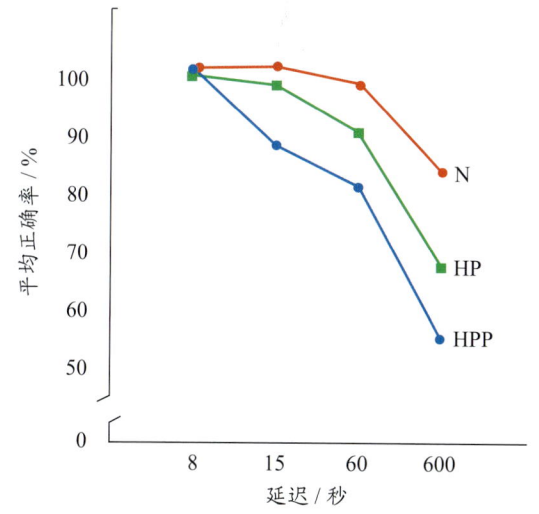

图 9.20 选择性损伤海马周围区域导致记忆力下降
随延迟间隔变化，正常猴子（N）在延迟非匹配任务（见图 9.18）中的表现；海马及海马旁皮质损伤的猴子（HP）的表现；海马、海马旁皮质和鼻周皮质损伤的猴子（HPP）的表现。

会造成严重的记忆障碍。

如何将这些研究结果与 R.B. 的重度顺行性遗忘症联系起来呢？R.B. 的损伤仅限于海马而不包括周围的海马旁皮质和鼻周皮质。我们可以这样回答，如果周围这些重要的连接被破坏了，海马是无法正常起作用的。同时，我们现在知道了这些区域自身也参与了诸多加工过程，因此仅仅是海马损伤并不会像同时牵涉周围皮质的损伤那样导致如此严重的遗忘症。

对啮齿类动物的研究

动物研究者解决的另一个关键问题是海马损伤会使哪种学习和记忆过程受损。啮齿类动物具有和灵长类动物相似的海马记忆系统（图 9.21）。早期关于大鼠的研究显示，尽管海马损伤没有干扰刺激—反应学习，但海马受损的大鼠的确表现出了较多令人困惑的异常行为。这些观察提示我们，海马与一种特定的记忆——依赖场景的记忆——的存储和提取有关（Hirsh，1974）。

例如，当电极植入大鼠的海马时，特定的细胞——后来被命名为位置细胞，仅在大鼠位于特定位置且面朝特定方向时才会放电（O'Keefe & Dostrovsky，1971）。在动物移动到另一个不同的环境中时，一个特定的位置细胞可能会停止放电，但随后会在新的区域继续表现出位置特异性放电。随着动物在空间中移动，海马中特定的 CA1 区和 CA3 区神经元活动表现出与特定位置的相关。

这项研究说明，海马表征空间环境（O'Keefe & Dostrovsky，1978），即场景记忆中的地点。不久就有研究发现，海马参与空间导航学习。随后，研究发现，当新生大鼠在鼠窝中第一次开始活动时，位置细胞、头部朝向细胞和网格细胞的初级形式就已经激活了，这证明这三种空间的神经表征在外显经验出现之前就已经存在了。这个发现有力地证明了海马中表征位置的认知地图是与生俱来的（Wills et al.，2010）。

大鼠的空间导航学习通常使用莫里斯水迷宫任务（Morris water maze task）来测量，这是一个盛满不透明液体的圆形水槽（R. G. Morris，1981）。液体上方是一些不同的可识别的视觉线索，如门或窗等，液体表面下方的某处是一个看不见的平台。大鼠在不

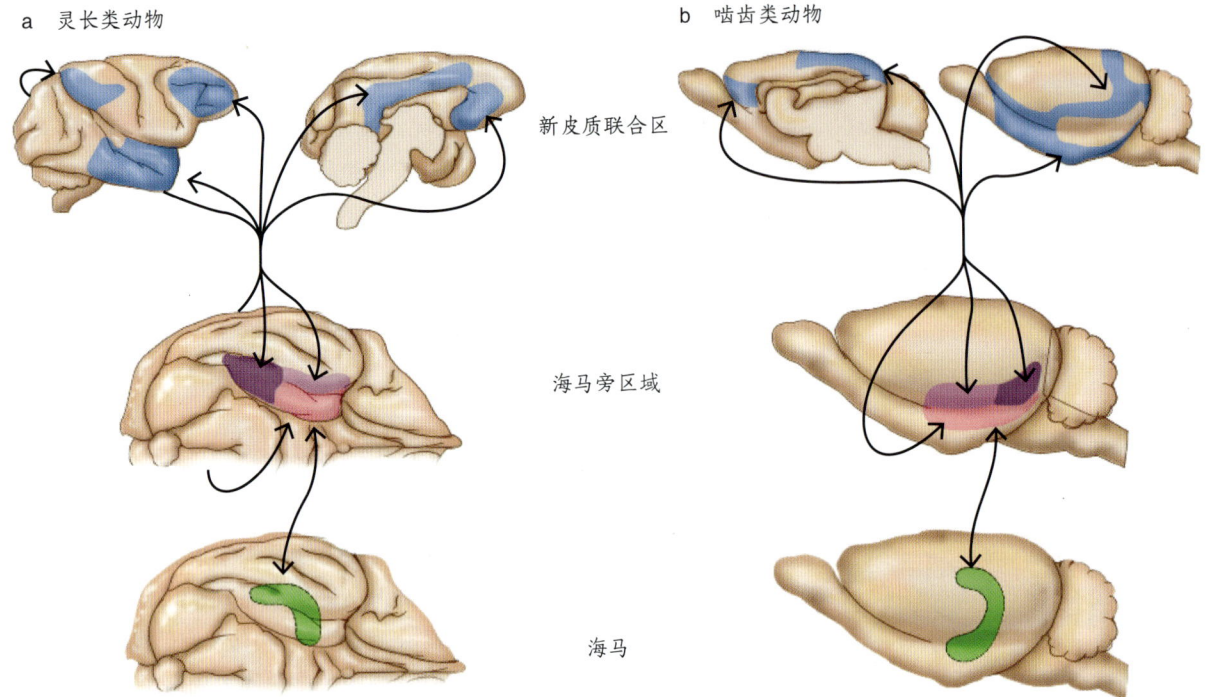

图9.21 猴子和大鼠的海马记忆系统解剖图

大部分皮质区域都会向海马发送信息。不同的新皮质区（蓝色）投射至一个或多个海马旁区域的子区域。这些子区域是鼻周皮质（浅紫色）、海马旁皮质（深紫色）和内嗅皮质（粉红色）。这些区域相互连接，并且投射到不同的海马区域（绿色），包括齿状回、海马的CA3区和CA1区，以及海马下托。因此，各类皮质的输入集于海马旁区域。并且，海马旁区域会将这些信息从皮质传至海马。经过海马的加工后，信息又可以通过海马旁区域反馈至发放原始输入的皮质区域。

同的试次中从不同的位置被放入水槽，随着时间的推移，它们到达平台所用的时间会逐渐变短，这显示它们可以联系水面上视觉线索的位置，从而学习平台的位置。

当海马损伤的大鼠被从不同位置放入水中时，它们无法将视觉线索与平台的位置联系起来，在每个试次中都只能依靠毫无头绪的游动来寻找平台的位置（Schenk & Morris，1985）。然而，如果在每个试次中都是从同一位置被放入水槽的，它们就可以习得平台的位置所在（Eichenbaum et al.，1990）。因此，海马损伤的大鼠可以习得重复练习的任务（刺激—反应任务），却不能将空间信息与不同的环境信息联系起来。

场景不只包括空间信息。研究发现，大鼠的一些海马神经元可以对特定的气味或者气味与位置特定组合放电（Wood et al.，1999）；一些海马神经元能够对视觉刺激、听觉刺激或者二者的组合放电（Sakurai，1996）；还有一些海马神经元会对诸如行为等其他非空间特征放电（见 Eichenbaum et al.，1999）。这些发现提示我们，海马的功能可能是将不同的场景信息联系在一起，形成复杂的场景记忆。

尽管最初对于动物（Squire，1992）和人类的研究都显示海马并不参与较久远的长时记忆的提取，且只在新的场景记忆的形成和提取中起暂时性作用，但之后的研究得出了不同的结论。例如，在空间导航任务中，近期和远期记忆在海马损伤后均有同等程度的损伤（S. J. Martin et al.，2005）。

在大鼠中，对线索记忆的提取通常采用场景恐惧学习（contextual fear learning）的范式进行研究。在这个范式中，大鼠被置于一个具有特定视觉特征的小房间中，并被施予足部电击。当被再次置于具有相同视觉特征的小房间时，大鼠将表现出多种条件反射式反应，如僵住不动等。恐惧条件的保持通过大鼠表现出的僵住不动的程度来评估。在一项研究中，在经历了一次电击事件后，对一些大鼠进行假手术（控制组），其他大鼠则在 1 周后、2 个月后或 6 个月后被损毁部分或全部的海马。在从遭受电击到接受手术的这段时间里，没有大鼠返回最初遭电击的房间。

手术 2 周后，测量所有大鼠的恐惧保持。控制组在被放回最初的房间时会表现出僵住不动的恐惧反应，随着时间间隔增加，恐惧反应减少。至于海马完全损伤的大鼠，无论时间间隔的长短，均没有表现出僵住不动的恐惧反应。海马部分损伤的大鼠表现出了一定程度的恐惧，但比控制组的恐惧程度轻，尤其是在长时间间隔后。这种关于场景性恐惧的逆行性遗忘症的严重程度与海马的损伤程度有关，但即使是十分久远的场景记忆，也存在逆行性遗忘（Lehmann et al., 2007）。

有趣的是，一项早期的大鼠研究发现，如果恐惧记忆在形成 45 天后重激活（此时记忆的表达不再需要海马），随后损伤海马，此时将大鼠再次置于电击房间时，它们将不再表现出恐惧反应（Debiec et al., 2002）。不依赖海马的记忆的提取和重激活似乎会使这段记忆再次变得依赖海马，且容易受到海马损伤的影响。这些研究提示我们，海马在长时场景（和情景）记忆提取中的作用比早期根据研究 H. M. 的成果所形成的假设更为广泛。

然而，还有另一个变量需要考虑：记忆的细节及其正确率。例如，小鼠最初可以分辨遭电击的房间和与之略有差异的房间：它们只在最初遭电击的那个房间表现出僵住不动的行为反应。然而，随着时间的推移，它们再也无法区分这些房间，进而会把恐惧泛化到相似的房间（Wiltgen & Silva, 2007）。因此，随着时间的推移，场景记忆会失去某些细节，变得一般化，从而提高动物的适应能力，使动物在新异但相似的场景中也可以激活恐惧记忆。

有观点认为，记忆的质量可能是决定提取是否需要海马的关键因素。根据这一观点，海马在细节性线索记忆的提取中发挥着重要作用，但当记忆细节丢失，记忆已经变得一般化之后，海马在记忆的提取中就不是必要的了。因此，如果测验条件促进细节记忆的保持，如在水迷宫的空间导航中需要提取平台的确切位置，那么无论是短时记忆还是长时记忆的提取，都需要海马的参与。如果测验条件使得记忆随时间变得一般化，如恐惧性条件反射，那么这些条件会使海马在

记忆提取中的作用随着时间的推移而下降，就像在威尔特根（Wiltgen）和席尔瓦（Silva）的实验中看到的那样。在下一节，我们会看到这些发现在人类研究中是如何得到印证的。

关键信息

- 海马在长时记忆的形成中发挥着重要作用，海马周围的皮质对于海马的记忆功能保持正常十分重要。
- 来自脑损伤病人和动物研究的证据显示，程序性记忆、知觉启动、条件反射和非联想学习等在一定程度上独立于内侧颞叶记忆系统。
- 当大鼠位于空间内特定位置或朝向特定方向时，海马中被激活的神经元被称为位置细胞，位置细胞为海马拥有编码场景信息的细胞提供了证据。
- 海马外侧的颞叶损伤会导致语义记忆丧失，即使形成新的情景记忆的能力保持完好。

9.5 脑成像和人类记忆系统

1998 年，有两篇发表在《科学》杂志上的研究（Brewer et al., 1998；A. D. Wagner et al., 1998）使用了新的分析技术——事件相关 fMRI 与相继记忆范式，这个范式向被试呈现项目并要求被试记忆。这种方法让研究者能够区分仅由单个事件诱发的激活状态，从而直接比较成功地记住的项目（击中）与忘记的项目（漏报）诱发的激活状态差异。

例如，在第 3.6 节讨论过的瓦格纳的研究中，在 fMRI 扫描的过程中，向被试呈现一个单词，为了促进编码，他们需要判断这个单词是抽象的还是具体的。随后呈现一系列单词（其中一些来自编码任务，另一些是新出现的），要求被试判断之前是否学习过（再认测试），同时进行对回答的自信度评价。通过这种方式，研究者能够确定哪个单词是被试后来记住的。这种事件相关设计使得研究者能够发现在编码记住的单词（击中）时与在编码忘记的单词（漏报；图 9.22）时，激活程度不同的脑区。

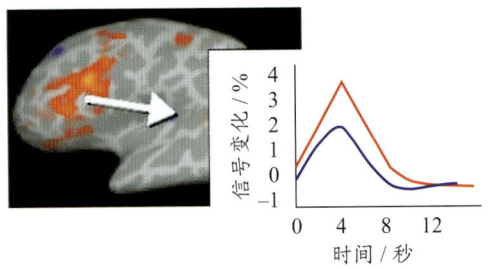

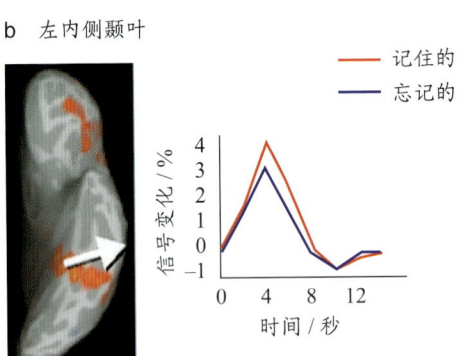

图9.22 相继记忆范式

根据被试是否记住了视觉刺激,对相应的神经元反应进行分析,来揭示记忆编码过程中的激活情况。曲线图显示,左侧的前额叶皮质(a)和颞叶皮质(b)对被记住的刺激(红色)比对被忘记的刺激(蓝色)有更剧烈的反应。

回忆和再认:两个系统

继瓦格纳和布鲁尔(Brewer)发表研究成果后的第二年,约翰·阿格勒顿(John Aggleton)和马尔科姆·布朗(Malcolm Brown)提出,仅辨认项目是否熟悉(再认)的编码过程与正确辨认项目是否曾经见过(回忆)的编码过程依赖不同的内侧颞叶区域(Aggleton & Brown, 1999)。许多行为研究支持这种观点,即陈述性记忆包括两种不同的过程:评估项目的熟悉程度与回忆见到项目时的场景。其中的关键是海马——海马是否会在编码新信息时被激活,是否会在提取信息时被激活,或者在这两个过程中都被激活?此外,海马在回忆和评估熟悉程度这两个过程中都参与了吗?

随后的一项研究揭示,海马会在信息被正确回忆时被激活(Eldridge et al., 2000)。在这个任务中,被试需要记住一组单词序列,在20分钟后的记忆提取任务中,向被试呈现由学过的单词(旧的)和没学过的单词(新的)组成的新序列,要求被试一个一个地判断他们是否见过这些单词。如果被试回答"见过",则还需要判断该词的确是被回忆起来的(对该词有包含空间和时间场景的情景记忆)还是仅仅觉得熟悉。

这项研究的转变在于神经影像学数据是在记忆提取阶段采集的。使用fMRI测量得到的大脑反应可根据被试的反应进行分类,即被试真正回忆出来的反应、仅具有熟悉感的反应、确定是新词的反应和错误判断的反应。结果清楚地显示:在提取阶段,海马仅对能正确回忆的单词进行了选择性激活(图9.23),因此显示这是一段情景记忆。对于不包含对过去事件觉知的记忆,即被试仅对该单词具有熟悉感并通过熟悉感进行再认,将不会激活海马。这个发现强烈地暗示海马

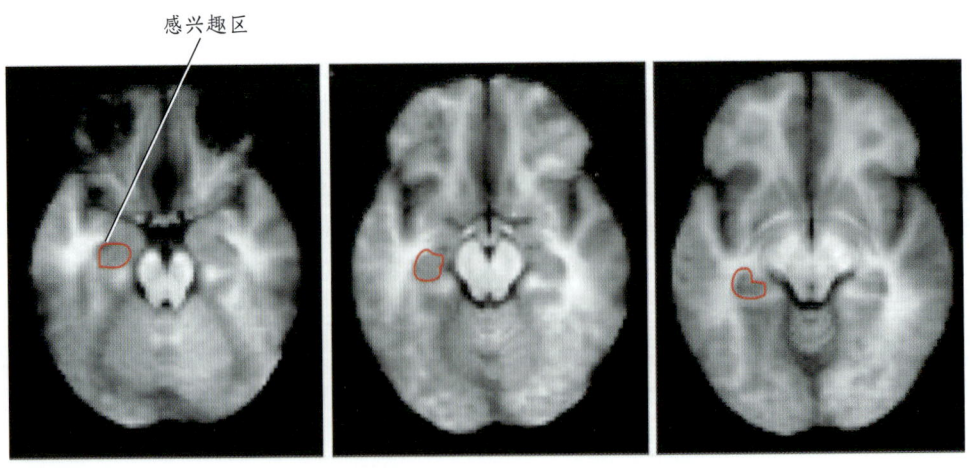

图9.23 海马中的提取

海马下部(左)、中部(中)和上部(右)的水平面。左侧海马中用红色圈出的区域为基于解剖学标志的感兴趣区。

参与情景记忆的编码和提取，但与仅基于熟悉感的记忆无关。

这些数据提出一个问题：哪些脑区分别与情景记忆和非情景记忆（基于熟悉感的）的编码及提取有关。为了解决这个问题，查兰·兰加纳特（Charan Ranganath）及其同事（2004）设计了一个结合事件相关 fMRI 和相继记忆范式的实验（图 9.24）。

他们在屏幕上以大约每 2 秒一个词的频率向健康

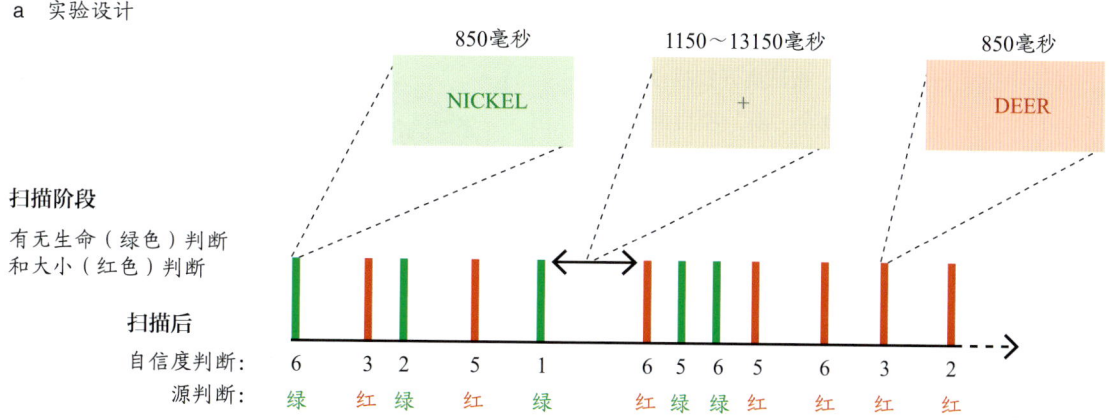

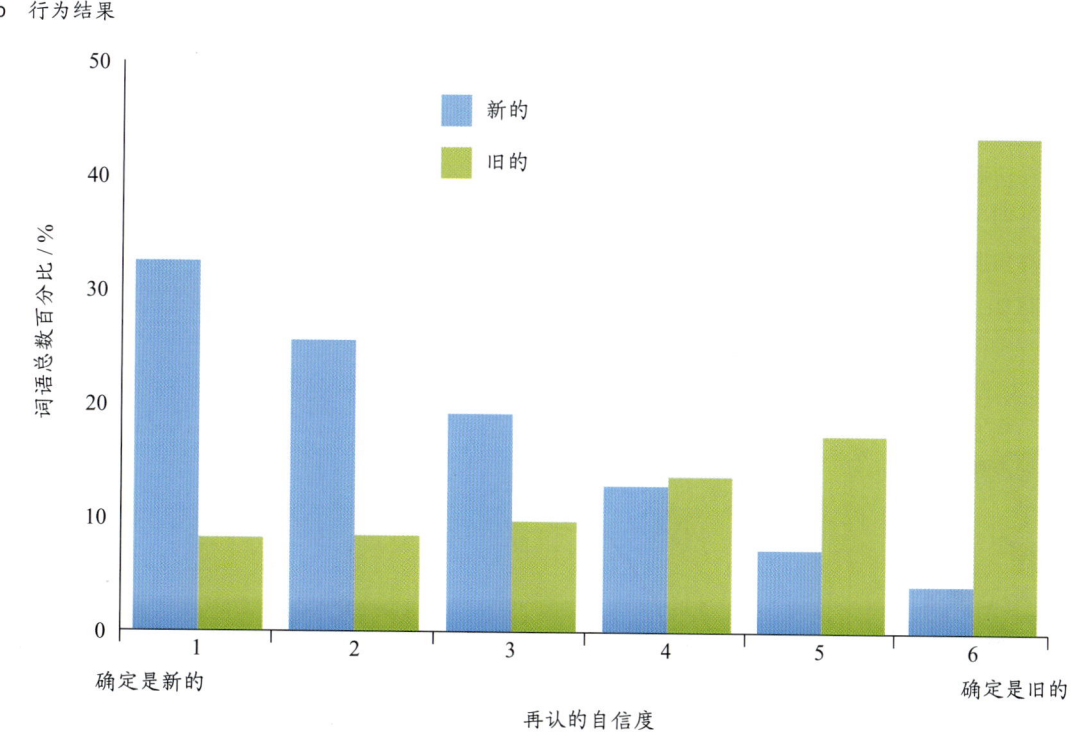

图 9.24　对海马在信息编码中作用的检验

（a）一个扫描序列中的事件顺序。编码时，被试注视一系列词语并根据词语显示的颜色，对每一个词进行生命性判断（有生命或非生命）或者大小判断（大或小）［例如，绿色字代表大小判断，因此对于绿色单词 NICKEL（五分硬币），正确的反应应该是"小"］。接下来，在扫描后的提取测试中，再次向被试呈现一系列项目，其中包括旧项目和从未见过的新项目，被试需要根据呈现项目做两个决策：首先，要求被试说明他们能否再认此项目和他们对于再认项目的自信度（例如，在 1—6 的量表上，从确定是新的到确定是旧的）；其次，他们必须对每个词做一个源记忆判断——该词之前是红色的还是绿色的？（b）在每一个自信度水平下，学习过的（"旧的"）和未学过的（"新的"）项目的平均比例。未展示关于源记忆判断（红或绿）的统计结果。

被试呈现一系列词语。这些词语（共计 360 个）使用红色或绿色的字色，包含了大和小的、有生命和无生命的项目。根据字色的不同，被试被要求根据每个项目做出有无生命判断或大小判断，这样的设置会提高被试编码和记住单词的可能性。在被试观察单词并做出判断（实验的编码阶段）的同时，被试的大脑也在 fMRI 扫描仪中接受扫描。随后，被试离开扫描仪，研究者将 360 个"旧"项目与 360 个"新"项目混合并呈现给被试，来测试被试在编码阶段对于这些单词的记忆。

在再认测验后，研究者测试被试对单词的熟悉感：被试要在量表上为每个项目（字色均为黑色）评分，使用 1—6 的评分等级来表示他们对于过去见过这个单词有多高的自信（自信度评价）。为了测试其源记忆（过去见到该单词时的情境），他们还需要回答这个项目在当初呈现时的字色是红色还是绿色（情景记忆测验）。研究者对项目是否被正确回忆及其来源是否被正确识别进行分析。

那些被正确回忆的词语在编码的过程中激活了海马和海马旁回后部，以及部分额叶皮质（图 9.25）。这些发现与在动物和遗忘症病人身上取得的研究结果十分吻合，证明了海马对形成新的长时记忆十分重要。因此，由海马损伤造成的问题首先是失去恰当地编码新信息的能力。

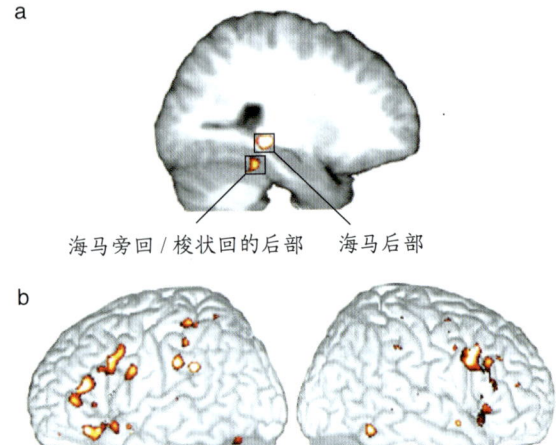

图 9.25 正确回忆引起内侧颞叶和额叶皮质的激活

相继记忆效应：编码时的激活与后期测试时对词语更好的回忆有关，即源记忆颜色判断（见图 9.24）正确的单词。（a）右内侧颞叶的矢状面。内侧颞叶中表现出相继回忆效应的两个区域是海马后部和海马旁皮质后部。（b）左右半球的表面效果图显示，后期正确回忆的项目在编码阶段还激活了其他皮质区域。

那么仅让人感到熟悉的单词呢？图 9.26 显示了根据自信度评价对神经影像学数据进行分析的结果。左侧的前部海马旁回内侧——一个与鼻周皮质相连的区域，在基于熟悉感的再认中被激活，而海马本身没有被激活。

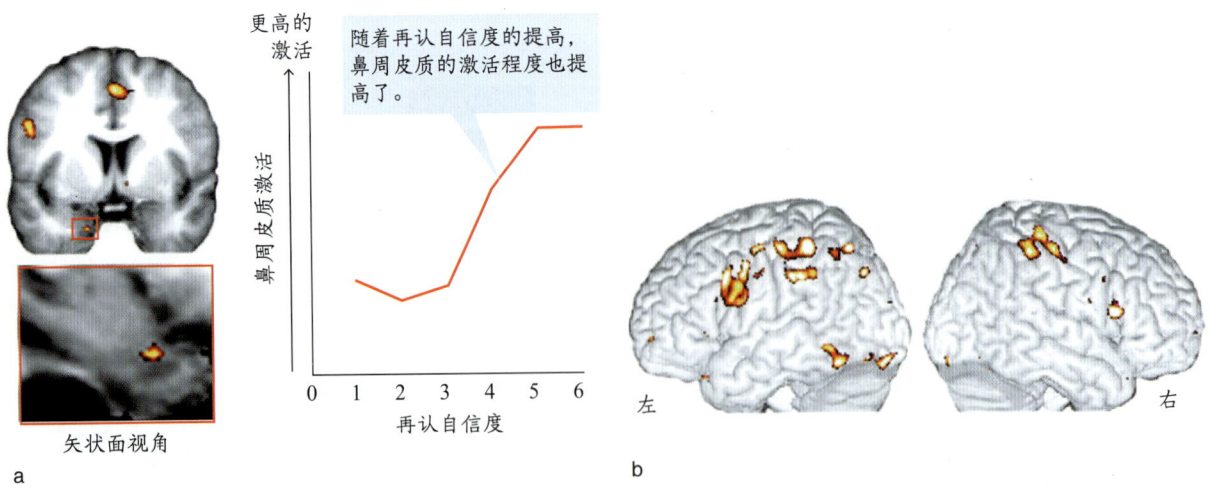

图 9.26 基于熟悉感的再认记忆

编码时的脑激活与再认旧项目的自信度存在相关关系。（a）大脑沿内侧颞叶前部水平上的冠状面。与自信度评价相关的 fMRI 激活（冠状面下的红框中为矢状面视角）。曲线图显示随着再认自信度的提高，鼻周皮质和内嗅皮质的激活水平提高。（b）左右半球的成像显示另外的皮质区域激活。

这两项研究的结果揭示了内侧颞叶中编码不同形式记忆的双分离现象：一个包括鼻周皮质的内侧颞叶系统支持基于熟悉感的再认记忆，另一个包含海马和后侧海马旁皮质的系统支持基于源记忆（情景）信息的回忆记忆。

情景记忆与海马

情景记忆的编码过程涉及将一个事件与它发生的时间和地点联系在一起。当回忆起你参加的第一场摇滚演唱会时，你也许会回忆起你是在什么时间和什么地点看演唱会的。就像前文提到的有关啮齿类动物的研究，早期理论认为，海马的基本作用是构建与保持空间地图。支持该理论的主要证据是在海马中发现的"位置细胞"。然而，也许你还能回忆起是谁与你一同参加了音乐会。情景记忆不仅包括时间地点。此外，你关于第一次演唱会的记忆会与其他摇滚演唱会、发生在同一地点的其他事件以及和相同的朋友去的其他地方都不同。认知地图无法解释我们的大脑究竟如何在情景记忆中完成了编码这些场景的壮举。

大脑究竟是如何将所有信息捆绑在一起的呢？这一问题被称为联结问题（binding problem），是理解情景记忆的核心问题。解剖学提供了一些线索：来自皮质各处的各类信息聚集在海马周围的内侧颞叶区，但并不是所有种类的信息都会通过相同的结构。关于项目本身特征的信息（这个项目是什么）从单通道感觉皮质区出发到达鼻周皮质（海马旁区域的前部）；而来自多通道皮质区的有关项目地点的信息则到达海马旁皮质更偏后的部分（图 9.27）。

这两种信息都被投射到内嗅皮质，但直到它们进入海马才汇聚（Eichenbaum et al., 2007）。项目-场景联结模型（binding-of-items-and-contexts，BIC）认为，鼻周皮质表征特定的项目信息（如"谁"或"什么"），海马旁皮质表征项目发生的情境信息（如时间和地点），而海马内的加工将对项目的表征与其场景表征联结在一起（Diana et al., 2007; Ranganath, 2010）。因此，海马可以将个体经历的关于某件事的各种各样的信息联系起来。这种形式的记忆被称为关系记忆，我们将进一步对此进行讨论。因此，在这个模型中，鼻周皮质足以辨认某事物是否熟悉，但要记忆与它相关的全部情景与任何事，仍然需要海马将这些

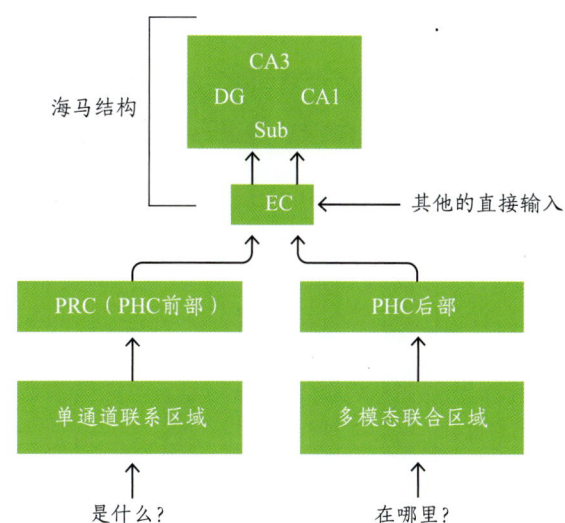

图 9.27 新皮质和海马系统之间的信息流动
CA= 海马阿蒙角神经区（CA1 区、CA3 区），DG= 齿状回，EC= 内嗅皮质（entorhinal cortex），PHC= 海马旁皮质（parahippocampal cortex），PRC= 鼻周皮质（perirhinal cortex），Sub= 海马下托（subiculum）。

信息全部打包。

在回忆与长时记忆提取的熟悉感成分中也有类似的区分。牛津大学的达妮埃拉·蒙塔尔迪（Daniela Montaldi）及其同事（2006）的研究很好地做到了这一点。在编码阶段，他们向被试展示了一些关于场景的图片。2天后，他们将新旧场景混合在一起对被试进行了再认测验，与此同时使用 fMRI 扫描监视他们的脑活动。研究者要求被试对这些场景图片进行等级评定，分为新的、弱熟悉度的、中熟悉度的、强熟悉度的以及能够回忆的。他们的结果显示出了与兰加纳特针对编码阶段的研究结果相同的激活模式。海马仅会被被试能够回忆出之前见过的场景图片激活。内侧颞叶区域（如位于海马外部的鼻周皮质）的激活与对场景图片的熟悉感强度存在相关关系，而与是否能够回忆无关（图 9.28）。

总之，来自多项研究的证据都证明内侧颞叶支持不同形式的记忆，且这些不同形式的记忆（回忆或熟悉感）由内侧颞叶不同的子区域负责支持。海马参与情景记忆（回忆）的编码和提取，而海马外部的区域，尤其是鼻周皮质，支持基于熟悉感的再认。这些发现也提示我们，在区分不同的记忆系统时，记忆表征的本质也需要被考虑在内（Nadel & Hardt, 2011）。

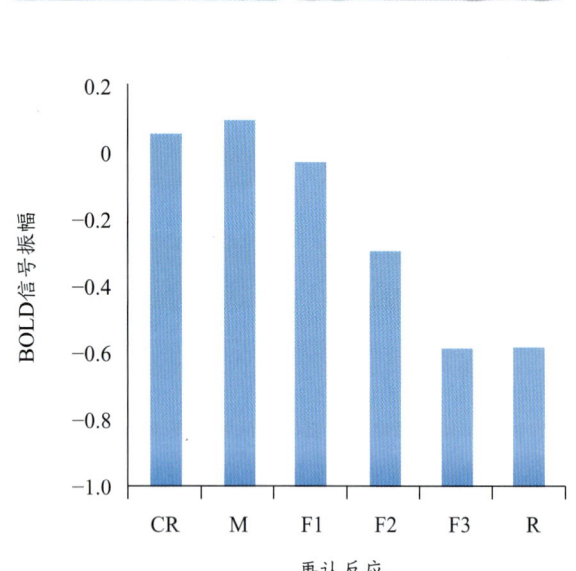
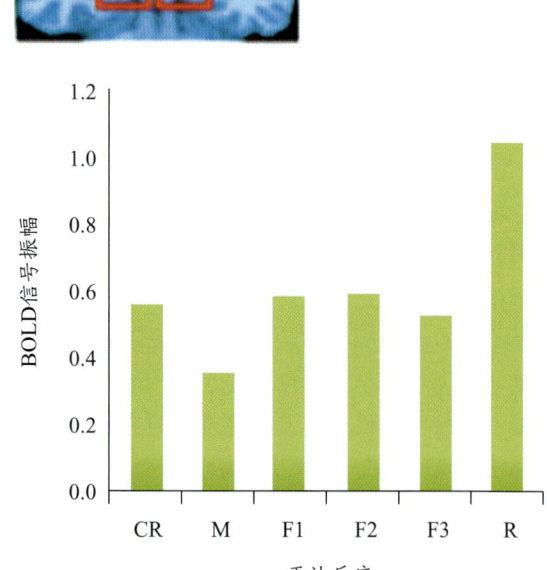

图 9.28 提取时的回忆和熟悉感

被试学习了场景，并在进行再认测验的过程中接受 fMRI 扫描。上图为大脑沿海马的冠状面。（a）随着自信度提高，双侧海马旁回的前部区域的激活水平降低。（b）与之相反，与未回忆出的项目相比，只有能够回忆的项目可提高双侧海马的激活水平。CR= 正确拒绝（correct rejection，正确被确认为新项目的项目），M= 漏报（miss；一个曾经见过的项目，被试却报告从未见过），F1= 弱熟悉度，F2= 中熟悉度，F3= 强熟悉度，R= 回忆。

关系记忆与海马

关于一段经历的组成元素（时间、地点和人物等）之间关系的记忆被称为**关系记忆**。关系记忆让我们记住面孔对应的名字、物体或人物的位置，或者事件发生的顺序（Konkel & Cohen, 2009）。而且，我们可以回忆出之前碰到某人或某事时的相关情境，并清楚这些与这次见到时的情境不同。例如，如果你住在洛杉矶，你看见汤姆·汉克斯（Tom Hanks）开着一辆保时捷牌跑车经过，你会知道自己之前见过他——不是在跑车里，而是在一部电影里。

在一项研究中，美国伊利诺伊大学的尼尔·科恩（Neal Cohen）及其同事（J. D. Ryan et al., 2000）通过测量眼动来探究关系记忆。他们让被试观察复杂的场景图片，其中的物体与空间关系均由实验操纵。研究者发现，健康被试对空间关系的变化十分敏感，甚至在他们还没有意识到空间关系变化的时候，就可以通过他们眼动模式的改变来证实（图 9.29）。相比之下，海马损伤的遗忘症病人对这种变化并不敏感。因此，研究者提出，内侧颞叶遗忘症的基本损伤是由于海马中对于关系记忆的加工受损。

关系记忆理论认为，海马支持所有种类的关系记忆。科恩及其同事预测，海马损伤的遗忘症病人的所有种类的关系记忆都会受损（Konkel et al., 2008）。他们评估了三种不同的关系任务的记忆表现：空间、联想和顺序。他们还比较了健康被试、海马损伤的遗忘症病人以及有更广泛的内侧颞叶损伤的其他病人在单个项目的回忆上的表现。

仅海马损伤的病人在所有关系记忆任务中都表现出了能力缺陷，但在单个项目的回忆任务中未表现出能力缺陷。更广泛的内侧颞叶受损的病人在关系记忆任务及单项目回忆任务中都表现出了能力缺陷。多项神经影像学研究显示，当评估项目间的关系时，海马的激活增强；当一个项目被单独编码时，没有观察到海马的激活，而是在其他内侧颞叶区域，特别是鼻周皮质中观察到了激活（Davachi & Wagner, 2002; Davachi et al., 2003）。

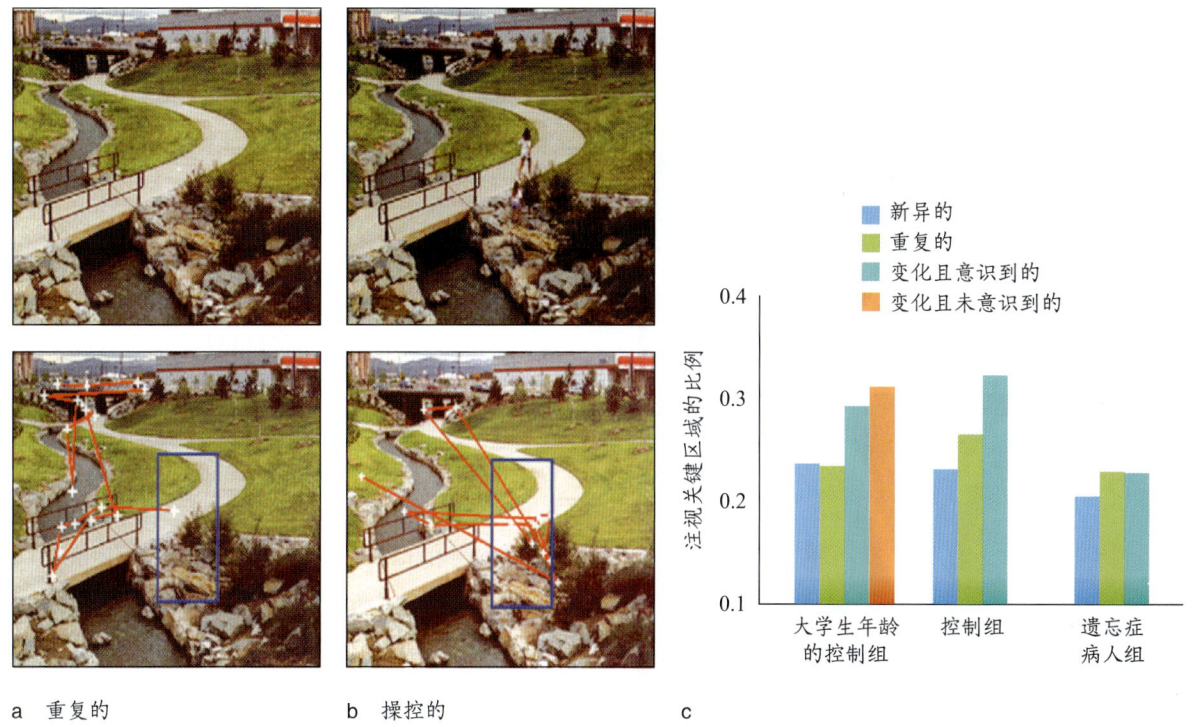

a 重复的　　　　　　　　b 操控的　　　　　　　　c

图 9.29　用于测试关系记忆的场景，其中的关系信息有变化

当健康被试分别在两个时间点观看重复或变化的场景图片时，记录他的眼动（红线）和注视（白色十字），这两项指标均在同一张场景图片上（a 和 b 中）显示。会发生变化的关键区域用蓝色方框标出。（a）当关键区域没有变化的时候，它并不会吸引眼睛的注视。（b）当场景变化时，所有被试都有大量的注视集中于出现人像的关键区域。其中，有的被试意识到了变化，有的被试并没有意识到。（c）对注视 a 和 b 中关键区域的比例进行量化，被试包括健康的年轻控制组，年龄、教育程度和智力匹配的控制组和 6 个遗忘症病人。当场景变化时，两个控制组都表现出了对关键区域更多的注视，而遗忘症病人并没有表现出这种关系记忆的效应。

长时记忆的存储和提取

关于"是什么"和"在哪里"的信息存储在大脑中的什么位置呢？前一部分提到的从新皮质到海马的"是什么"和"在哪里"的信息投射与从海马输出的信息流相匹配，这些输出流从海马出发，到达内嗅皮质，随后到达鼻周皮质和海马旁皮质，最终返回最初向新皮质提供输入的新皮质区域。你可能已经猜到了这种反馈系统在记忆存储和提取中的作用，关于记忆提取阶段的一些神经影像学研究成果也许会支持你的猜想。

美国华盛顿大学圣路易斯分校的马克·惠勒（Mark Wheeler）及其同事（M. E. Wheeler et al., 2000）研究了与提取不同种类信息相关的脑区。他们要求被试在为期 2 天的编码阶段学习一系列声音（听觉刺激）或图片（视觉刺激）。每个声音或图片都会配上一段描述该项目的文字标签（例如，一段铃声紧随着单词"铃"出现）。第 3 天，需要被试完成知觉测验和记忆测验，并同时对被试进行 fMRI 扫描。在知觉测验中，呈现刺激（标签加上声音或图片）并确定参与对这些项目的知觉加工的脑区。在记忆提取测验中，仅呈现单词标签，被试需要判断该项目是否与一段声音或一张图片相联系，并通过按键做出反应。

惠勒及其同事发现，在提取图片的过程中，知觉图片时被激活过的新皮质区域又重新被激活了。类似的，在提取声音时，知觉声音时被激活的新皮质的不同区域也被再次激活了。在每一个项目的记忆提取阶段，新皮质上被激活的通道特异性区域都是在没有记忆任务时，仅由知觉信息的呈现激活的区域的子集（图 9.30）。被激活的感觉特异性新皮质并不是低级感觉皮质，而是视觉和听觉的联合皮质，它们处于一个输入信号已经很好地被知觉加工的阶段（例如，身份被编码时）。

这一发现提示我们，那些与长时记忆中存储项目

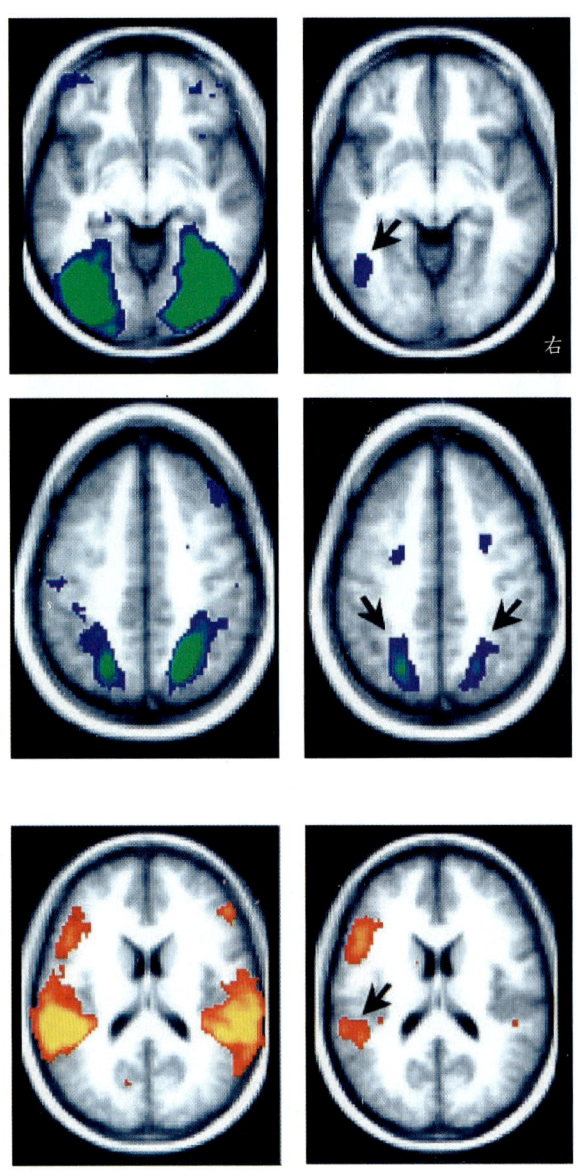

a 知觉　　　　　b 提取

图9.30　在长时记忆提取中，通道特异性皮质的重激活
（a）在看到图片（上两幅图）和听到声音（最下方图）时被激活的区域。（b）从记忆中提取图片（上两幅图）或声音（最下方图）时被激活的区域。箭头指示的位置是记忆阶段和感知阶段激活重叠的区域。右脑在每幅图的右侧。

有关的特定关系信息可能在记忆提取阶段通过新皮质的重激活进行编码，这些新皮质正是在最初始的编码阶段为海马提供输入的皮质。在接下来的工作中，惠勒及其同事（M. E. Wheeler et al., 2006）发现，颞下皮质的视觉加工区参与了视觉信息提取的准备阶段，而背侧顶叶和上枕叶的活动则与和项目相关的记忆搜索过程有关。这些发现有助于细化不同脑区的重激活在长时记忆提取过程中的作用。

提取错误：错误记忆和内侧颞叶

当记忆储存失败时，我们通常会忘记过去发生的事件。但有时，更意外的事情发生了：我们会记住那些从来没有发生过的事件。遗忘作为研究课题已经超过一个世纪了，然而，记忆研究者之前一直没有找到一个在实验室中研究错误记忆的好办法，直到华盛顿大学圣路易斯分校的亨利·勒迪格（Henry Roediger）和凯瑟琳·麦克德莫特（Kathleen McDermott）在1995年重新发现了一种旧的技术。

在这一技术中，实验者向被试呈现一系列单词［例如，thread（线）、pin（别针）、eye（眼睛）、sewing（缝纫）、sharp（锋利）、point（尖尖的）、haystack（干草堆）、pain（疼痛）、injection（注射）等］，这些词都与一个没有出现过的词密切相关［在这个例子中，这个从未出现的单词是needle（缝衣针）；你需要回去再查一遍词表吗？］。当随后要求被试回忆或者再认词表中的单词时，他们表现出了一种错误地记忆这个从未呈现过的相关单词的强烈倾向。这种错误记忆不仅表现在与语义相关的单词上，也表现在与学习项目有相同概念或知觉特征的项目上。这并不令人惊讶，因为在这些特征的加工过程中起主导作用的左半球会错误地再认与故事要点有关的新图片（见图4.30），而右半球很少犯这种错误。

这种记忆错觉如此强大，以至被试经常报告对于一个从未出现的关键项目有着生动的记忆。例如，在另一项研究中，研究者将被试童年时期的图片编辑到一张乘坐热气球的图片中（图9.31）。尽管没有被试真的乘坐过热气球，但当要求被试描述自己的这段飞行经历时，50%的被试构建了错误的童年记忆（K. A. Wade et al., 2002）。在事后的说明阶段，当被试被告知这张图片是伪造的时，其中一个人说："这真是令人惊奇，因为我真的说服自己相信它了！……我现在仍然感觉我当时就在那里；我有点觉得自己见过它，不那么肯定，但确实觉得见过。天哪，真奇妙！"

这些记忆的生动性使正确记忆和错误记忆的认知和神经基础变得难以区分。但是，当仔细询问被试有关正确项目和错误项目的有意识的经历时，他们常会根据感觉细节（Mather et al., 1997; K.A. Norman

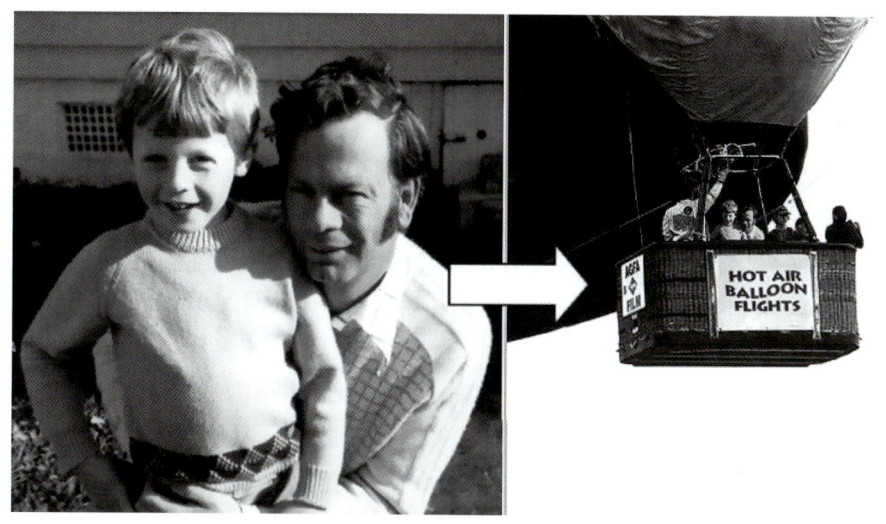

图 9.31 制作一个错误记忆

用被试童年的一张真实照片制作一张乘坐热气球的伪造图片。

& Schacter, 1997) 对正确项目做出比错误项目高的评估。这种差异通常反映在，相比于错误记忆，正确记忆能够在内侧颞叶和感觉加工区域引起更高的神经激活水平 (Dennis et al., 2012; Slotnick & Schacter, 2004)。

是什么让个体选择相信自己的错觉回忆呢？最近，一项关于大脑研究的元分析试图回答这个问题 (Kurkela & Dennis, 2016)。通过分析错误记忆的诸多案例，研究者发现，这些错误记忆实际上激活了正确记忆所激活的记忆提取网络。但是，正确记忆和错误记忆在记忆提取网络的各个部分的激活程度不同。

正确记忆与内侧颞叶和感觉区更强的激活有关（图 9.32a），这些区域会在正确项目第一次呈现时就被激活。与此相反，错误记忆与记忆提取网络中的额叶和顶叶部分更强的激活有关（图 9.32b）。一种理解这种脑区激活差异的方式是，正确记忆的项目是真正被看到过的，所以会激活感觉区和内侧颞叶；而错误记忆无法激活感觉区域，反而是与自上而下的认知控制相关的区域有着更强的激活。

植入错误记忆如此容易，这提示我们，情景记忆在本质上是具有可塑性的。一些研究者认为，我们的记忆系统并没有完美地保存我们过去的经历，而是将多种来源的记忆信息灵活地重组在一起——这是一种有助于解决当前问题和预期未来问题的能力（M. K.

a 正确 > 错误

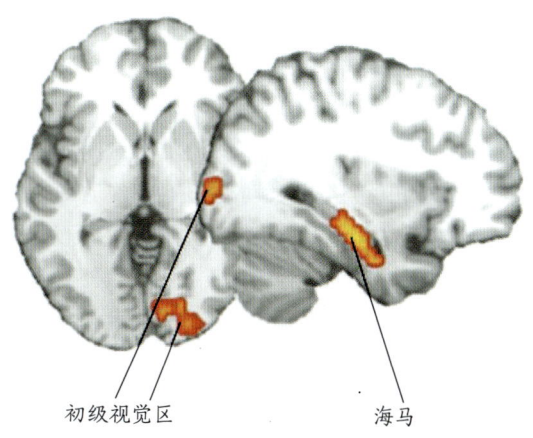

初级视觉区　　海马

b 错误 > 正确

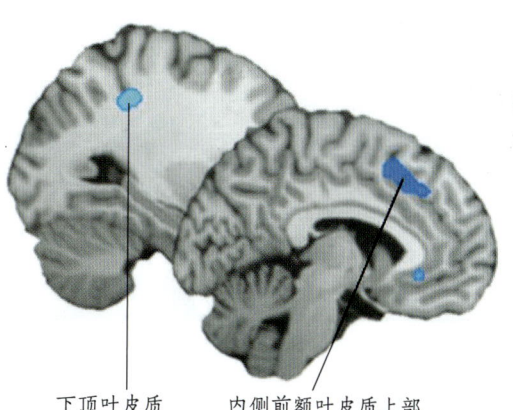

下顶叶皮质　　内侧前额叶皮质上部

图 9.32 大脑中的正确记忆和错误记忆

（a）在正确记忆中比在错误记忆中激活程度更强的脑区（初级视觉区和海马）。（b）在错误记忆中激活程度更强的脑区（内侧前额叶上部和下顶叶）。

Johnson & Sherman, 1990; Schacter et al, 2012), 这也让我们能够对从未发生的事件产生丰富的自传体记忆 (Bernstein & Loftus, 2009)。

编码、提取和额叶皮质

早期对遗忘症病人的神经影像学研究一致发现, 额叶参与了短时记忆过程和长时记忆过程, 但关于它的作用仍存在争议。1996 年, 一项针对早期神经影像学文献进行的元分析 (Nyberg et al., 1996) 发现, 左侧额叶皮质通常会参与情景信息的编码, 而右侧颞叶通常在情景记忆提取时被激活。

基于这些研究的一种主流的记忆加工理论是半球编码/提取不对称模型, 或 HERA 模型 (Tulving et al., 1994)。该理论认为, 情景编码由左半球主导, 而情景提取由右半球主导。但这个理论忽视了裂脑病人并不是遗忘症病人这一事实 (M. B. Miller et al., 1997)。

其他人, 包括达特茅斯学院的威廉·凯利 (William Kelley) 及其同事则认为, 长时记忆提取过程中额叶的偏侧优势与被加工材料的特性更相关, 而不是与编码和提取之间的差异更相关 (Kelley et al., 1998)。如图 9.33 所示, 语义编码和提取涉及左侧额叶的活动, 包括布洛卡区 (BA44 区, 延伸至 BA46 区) 和腹外侧区 (BA44 区和 BA45 区)。无论被提取的记忆是物体还是词语, 这一针对语义信息的左半球偏侧优势都存在。这些发现提示, 左侧额叶更多地参与语言表征的编码过程, 而右侧额叶更多地参与对物体和空间记忆信息的加工。

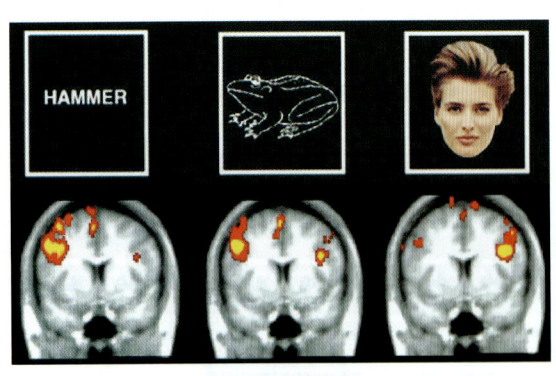

图 9.33　记忆编码时, 额叶皮质对于特定材料的激活

(a) 编码词语时, 激活左侧额叶皮质。(b) 编码可命名的物体时, 激活双侧额叶皮质。(c) 编码面孔时, 主要激活右侧额叶皮质。

2011 年, 韩国大邱大学的金 (Hongkeun Kim) 对 74 项 fMRI 研究进行了元分析, 这些研究要么涉及相继记忆 (subsequent memory, SM), 要么涉及相继遗忘 (subsequent forgetting, SF), 或者两者均涉及。这一分析的主要发现是, 相继记忆效应大多与五个神经区域有关: 左侧下额叶皮质 (inferior frontal cortex, IFC)、双侧梭状回皮质、双侧海马结构、双侧运动前皮质和双侧后顶叶皮质。尽管这些研究均使用视觉"事件": 一些使用单词, 其他使用图片作为材料; 一些使用单个项目的记忆任务, 另一些使用联想记忆任务。

单词和图片以及特定项目和关联项目会分别优先激活不同的脑区。例如, 左侧下额叶皮质对于言语材料的编码比对图片材料的编码表现出更强的相继记忆效应, 而在梭状回皮质和双侧海马区则刚好相反。事实上, 左侧海马区对关联图片的编码比对单张图片的编码表现出更强的相继记忆效应。有趣的是, 相继遗忘效应大多与默认网络区域的激活有关, 这个区域在心不在焉的时候激活 (就像我们会在第 13 章中见到的)。金认为, 这些区域在编码过程中激活, 可能会将神经资源从支持有效记忆的过程中移开, 最终导致相继遗忘。

下额叶皮质对于情景记忆的形成是必要的吗? 伊塔马尔·卡恩 (Itamar Kahn) 及其同事 (2005) 的研究第一个证明了暂时中断额下回部分区域的神经活动会影响情景记忆的形成。他们使用单脉冲经颅磁刺激 (single-pulse transcranial magnetic stimulation, spTMS), 作用于位于额下回的双侧腹外侧前额叶皮质 (ventrolateral prefrontal cortex, vlPFC) 后部, 该区域在过去的音节任务中被证明与情景记忆编码有关。当被试判断呈现的音节有多少是熟悉的单词和不熟悉的单词 (类似英文但无意义) 时, 在刺激呈现后的不同时间点对其腹外侧前额叶皮质后部施加 spTMS。随后, 测量被试对这些单词的记忆情况。研究者发现, 在编码熟悉单词的过程中, 干扰左侧腹外侧前额叶皮质后部的活动会损伤其相继记忆。与此相反, 干扰右侧腹外侧前额叶皮质后部的活动会促进对熟悉单词的相继记忆, 提高被试对音节判断的正确率。

这些发现说明, 至少对于词语材料而言, 左侧腹外侧前额叶皮质后部的加工过程对于情景记忆的有效编码是必要的, 而干扰右侧腹外侧前额叶皮质后部的活动会促进对词语的编码。由于右侧腹外侧前额叶皮质后部与视觉空间注意有关，研究者认为，干扰它的加工过程会促使大脑转而依赖更有效的言语学习机制。

由于时间分辨率较低，fMRI 研究无法确定记忆编码时的激活序列，而 EEG 可以完成这一任务。目前，相继记忆分析与颅内 EEG 记录或颅外 EEG 记录共同使用。例如，约翰·伯克（John Burke）及其同事（2014）记录了 98 个手术病人的颅内脑电活动。他们发现，一段记忆的成功编码会引起两处不同时空上的激活：早期激活包括腹侧视觉通路和内侧颞叶，之后的激活包括左侧额下回、左侧后顶叶以及左侧的腹外侧颞叶。研究者推断，这种激活模式可能反映了高层次的视觉加工，然后是注意与语义信息自上而下的调节。通过观察 EEG 中脑电活动的转变，研究者得以预测成功记忆的形成。

记忆提取和顶叶皮质

fMRI 的出现不仅激发了研究者对于额叶的兴趣，而且激发了他们对于顶叶的兴趣。在许多研究中都稳定地观察到了涵盖额叶和顶叶的大范围区域的成功提取效应（successful retrieval effect，SRE），即成功提取旧项目与成功拒绝新项目存在不同的激活模式（见 A. D. Wagner et al., 2005）。这些区域在提取过程中的功能性意义已经经历了广泛的研究和争论。

顶叶因它在注意中的作用为人所熟知，但因为顶叶损伤通常不会与记忆丧失联系在一起，它在记忆中的作用之前一直未被考虑过，直到 20 世纪 90 年代开展了神经影像学研究。然而有一个值得注意的例外，即压后皮质（retrosplenial cortex，RSC）的损伤会同时造成逆行性遗忘症和顺行性遗忘症。这个区域位于顶叶内侧，也是阿尔茨海默病初期，即轻度认知障碍时期，最先发生病理性变化的脑区（Pengas et al., 2010）。

针对健康被试的事件相关 fMRI 研究发现，当被试正确辨认之前出现的项目时比正确拒绝新项目时，在压后皮质有更强的激活。但顶叶的其他区域也被激活了，包括顶下小叶和顶上小叶，以及从楔前叶到后扣带皮质（posterior cingulate cortex，PCC）的内侧结构。

顶叶的解剖连接提示了它在记忆中的作用。外侧顶叶、压后皮质和后扣带皮质均与内侧颞叶存在直接和间接的连接。尤其是压后皮质与海马旁皮质存在广泛的相互连接，且压后皮质和海马旁皮质均与海马后侧、海马下托、乳头体、丘脑前部以及默认网络的类似区域相连。同时，鼻周皮质表现出了完全不同的连接模式——它不与海马后部相连接，而是与海马前部、杏仁核、腹侧颞极皮质（ventral temporopolar cortex，vTPC）以及眶额皮质外侧连接（Suzuki & Amaral, 1994）。

在过去的 10 年，我们见证了功能性神经影像学研究的激增，它揭示了成功的记忆提取，特别是场景信息的提取，与后顶叶皮质外侧（包括压后皮质）的激活有关。然而在编码阶段，除了使用与自我相关的方式编码项目（Leshikar & Duarte, 2012）以及有可能引起自我参照加工（V. C. Martin et al., 2011）或情绪加工（Ritchey, LaBar, et al., 2011）的时候，这些区域均表现出了低于基线水平的激活（Daselaar et al., 2009）。这种对于自我参照项目的编码偏好显示，压后皮质更多地由内部资源调节：当被试在有意识的休息中思考与自我相关的过去和未来时，这些顶叶区域被激活了（见第 13 章）。

许多神经影像学研究认为，相比于忘记项目，记住项目时表现出的激活与记忆内容有关，并提出了一些假设。工作记忆保持假设（A. D. Wagner et al., 2005）认为，顶叶的激活与信息在工作记忆中的保持有关。多通道整合假设（Shimamura, 2011；Vilberg & Rugg, 2008）认为，顶叶的激活反映了多种信息的整合。

基于顶叶的解剖以及之前讨论过的、与海马有关的项目-场景联结模型，查兰·兰加纳特和莫琳·里奇（Maureen Ritchey）提出了一个记忆模型（Ranganath & Ritchey, 2012），其中包括两个支持不同形式的记忆引导行为的系统——前颞叶（anterior temporal，AT）系统和后内侧（posterior medial，PM）系统。前颞叶系统包括鼻周皮质及其上述连接，后内侧系统包括核心成分海马旁皮质和压后皮质，以及乳头体、丘脑前核、海马下托和默认网络（图 9.34）。

在他们的模型中（图 9.35），前颞叶系统的鼻周皮质支持对项目的记忆，并参与基于熟悉感的再认、关联物体特征以及进行精细的知觉或语义分辨等过程。兰加纳特和里奇认为，前颞叶系统的全部认知任务

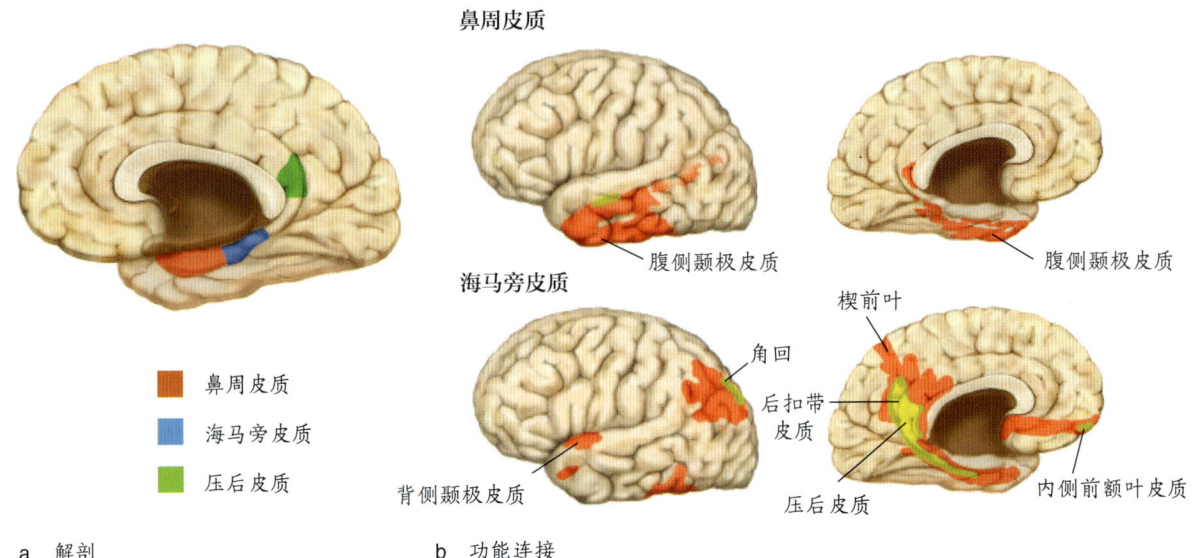

图 9.34 鼻周皮质、海马旁皮质和压后皮质的解剖

（a）展示了鼻周皮质、海马旁皮质和压后皮质。（b）鼻周皮质（上）和海马旁皮质（下）的功能连接，展示了静息态扫描中与鼻周皮质和海马旁皮质显著相关的区域。静息态 fMRI 扫描评估了被试不进行任务操作时全脑范围内 BOLD 信号的自发性共变，以此作为共变的脑区之间存在内部功能连接的证据。结果显示，鼻周皮质与高层次高级视皮质所在的腹侧颞极皮质存在功能连接。而海马旁皮质与背侧颞极皮质、压后皮质、后扣带皮质、楔前叶、内侧前额叶皮质及角回存在功能连接。

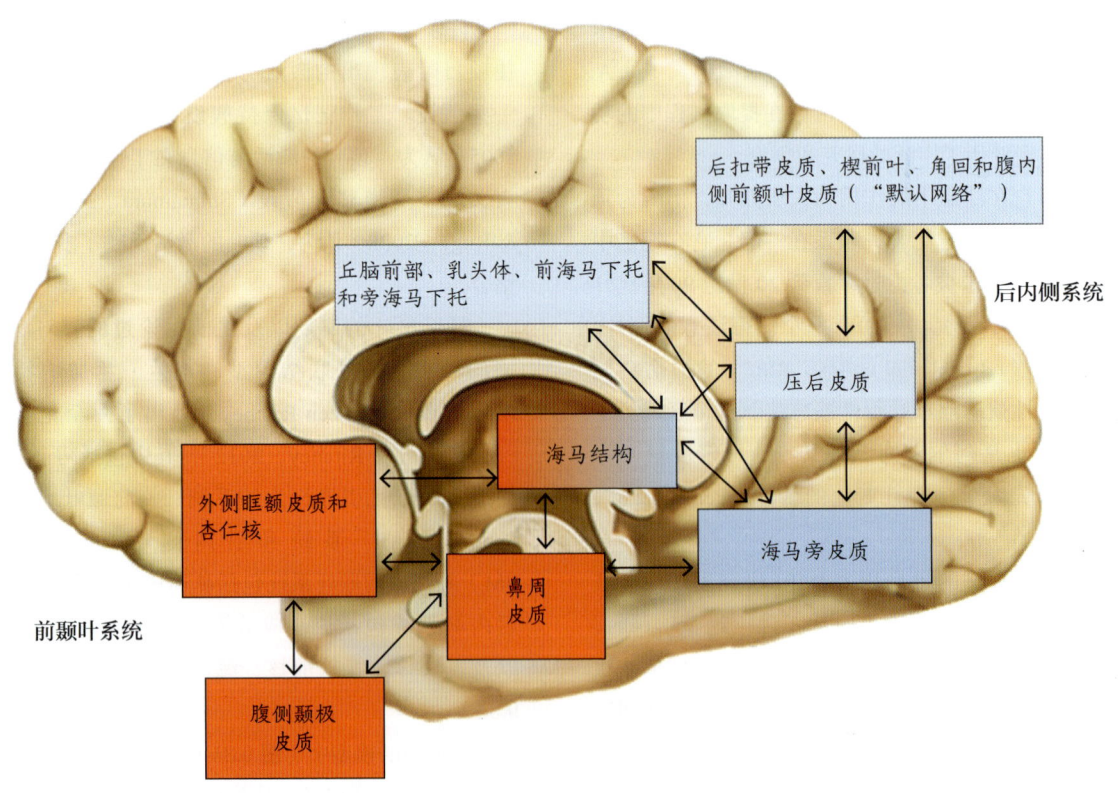

图 9.35 有关记忆指导下行为的两个皮质系统模型

前颞叶系统（AT）的成分用红色表示。后内侧系统（PM）的成分用蓝色表示。箭头表示脑区间较强的解剖连接。

（与杏仁核、腹侧颞极皮质和外侧眶额皮质相互作用）可能就是评估实体的意义。后内侧系统中的海马旁皮质和压后皮质支持基于回忆的记忆，如对于场景、空间布局和情境的记忆。研究者还提出，这些结构可能与后内侧系统中的其他结构一起构建了关于实体、动作及结果之间关系的心理表征。

支持这个理论的一些证据来自患神经疾病的病人。回忆一下，海马损伤和阿尔茨海默病病人的情景记忆损伤与压后皮质、后扣带皮质、楔前叶和角回遭受的严重破坏有关，这些区域均是后内侧系统的成分。相较而言，语义神经认知障碍病人——其症状特征表现为有关物体的知识的丧失——则是在颞叶前部存在广泛损伤。

再认无疑需要提取记忆内容，而一些非记忆过程也需要成功的记忆提取（见 M. B. Miller & Dobbins, 2014）。罗伯托·卡韦萨（Roberto Cabeza）及其同事（2008）提出，在再认和视觉空间注意的过程中，顶叶的激活存在功能的平行性。他们提出的"从注意到记忆（attention-to-memory）"模型假设，顶上小叶的背侧区域对自上而下地检索特定的情景记忆至关重要，而顶下小叶的腹侧区域对检索到的重要内容捕捉注意十分关键。

另一个假设认为，在记忆提取中同样存在与决策有关的认知控制过程。例如，为了探究再认判断中顶叶反应的功能性意义，伊恩·多宾斯（Ian Dobbins）及其同事在被试进行音节判定任务和随后的再认任务中被试进行 fMRI 扫描。多宾斯实验的一个创新之处是在每个再认试次之前，向被试提供"即将出现的很可能是新/旧项目"的线索（有时是错的）（Jaeger et al., 2013; O'Connor et al., 2010）。

研究者发现，在"很可能是新项目"的实验条件下，一个与正确提取效应有关的脑区网络在当测试项为旧时，比当测试项为新时，表现出更高的激活水平（当击中多于正确拒绝时；图 9.36）。他们还发现，另一个脑区网络在"很可能是旧项目"的条件下，在当测试项为新时，比当测试项为旧时，表现出更高的激活水平（正确拒绝时的激活水平高于击中时的激活水平）。在他们的理论框架中，当违背预期的事件发生时，是反应性认知控制过程导致了与成功提取效应相关的激活。

迈克尔·米勒和伊恩·多宾斯（Miller & Dobbins, 2014）研究了再认决策过程中的一个特定方面：决

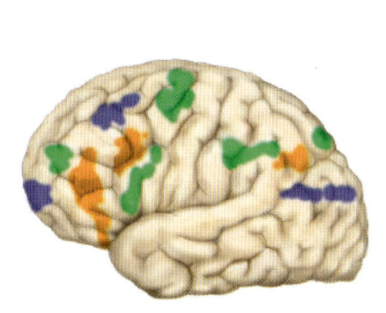

a 记忆定向模式

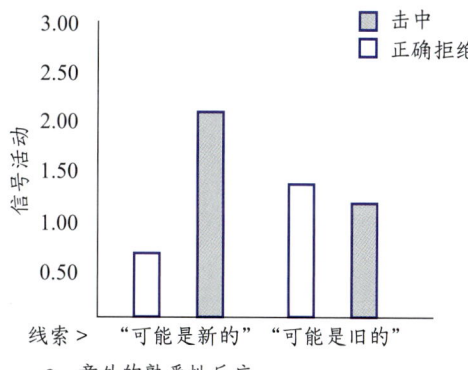

c 意外的熟悉性反应

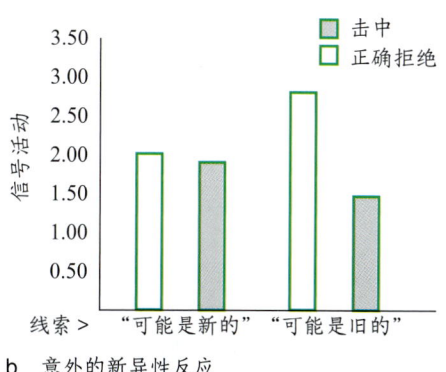

b 意外的新异性反应

d 意外的记忆反应

图 9.36 左外侧顶叶分离出的三种反应模式

（a）标注脑区激活的颜色与 b—d 中对应条形图的颜色一致，用于区别在不同线索与项目种类条件下的不同反应模式。（b）左前侧顶内沟和中央后回（绿色）区域表现出了对预料之外事件的新异性反应模式。（c）角回前部区域的后侧（蓝色）表现出了对预料之外事件的熟悉性反应模式。（d）顶内沟中部区域（橙色）表现出对预料之外事件的一般记忆反应模式。

策标准。为了检验决策标准是否影响了成功提取效应，他们操纵了进行单词和面孔再认判断时使用的标准。在每次再认判断之前，被试被告知该项目有较高（70%，宽松标准）或较低可能性（30%，保守标准）是之前见到过的。

研究者发现，在被试使用保守标准的条件下出现了成功提取效应激活，而在被试使用宽松标准的条件下没有出现成功提取效应激活。他们还发现，一些被试在被告知可能性后仍未改变自己的决策标准：有些人继续使用宽松标准，而其他人继续使用保守标准。研究者推断，成功提取效应活动可以只用被试在进行再认测试时的决策保守性上的个体差异来解释。仅改变决策标准似乎就可以激活和消除这些区域上的成功提取效应活动。研究者猜想，成功提取效应活动代表了在再认测试中与对熟悉的项目进行谨慎反应有关的前瞻性认知控制过程（Aminoff et al.，2015）。

关键信息

- 功能性 fMRI 研究的证据显示，海马与能够回忆到的情景记忆的编码和提取过程有关；而海马外部的区域，特别是鼻周皮质，支持基于熟悉感的再认过程。
- 不同种类的信息可能在部分不同或完全不同的记忆系统中保存。
- 海马旁皮质和压后皮质有着相似的解剖和功能连接模式，且这些模式完全不同于鼻周皮质。位于顶叶的压后皮质对记忆也起着重要作用。
- 下额叶皮质和顶叶都与记忆提取有关，但它们的具体作用尚未明确。

9.6 记忆的巩固

巩固是随时间的推移将最初获得的记忆稳定下来的过程。这个概念最初由公元 1 世纪的罗马修辞学教师昆体良（Marcus Fabius Quintilians）提出，他说，

> 这是一个奇怪的事实，为什么间隔一个晚上会增加记忆的强度，它的原因还不清楚……不管是什么原因，在当下无法回忆的事情，在第二天变得容易了。时间本身尽管一般被当作遗忘的原因之一，实际上也

起着增强记忆的作用。（转引自 Walker，2009）

巩固过程既存在于细胞水平，也存在于系统水平。我们会在第 9.7 节讨论细胞巩固（也被称为突触巩固）。本节将讨论系统巩固的两种主要理论，它们的区别在于海马的作用。

巩固和海马

之前讨论过的里博定律认为，逆行性遗忘症对时间越临近的事件的影响越明显，尽管在一些严重的病例中，遗忘症可以影响病人过去几乎全部的生命历程。里博描述了一个具有时间梯度的系统巩固理论。支持这种理论的证据来自接受电休克治疗（electroconvulsive therapy，ECT）的精神障碍病人。

在电休克治疗中，电流通过放置在头皮上的电极流经大脑——这是一种治疗重度抑郁等精神障碍的有效方法。这种方法会引起逆行性遗忘症，且在治疗前新近学习的事物更有可能受到影响（图 9.37）。类似的现象也在由头部严重创伤导致的闭合性脑损伤中有所表现。逆行性遗忘更可能影响新近事件，甚至当遗忘症随时间而逐渐消退时，最新近的事件被影响的时间仍然最长，而且有时是永久的。被遗忘的项目好像就是那些经历了初始巩固过程却未完成周期更长的永久巩固过程的项目，那些经历了永久巩固阶段的项目更可能被记住。

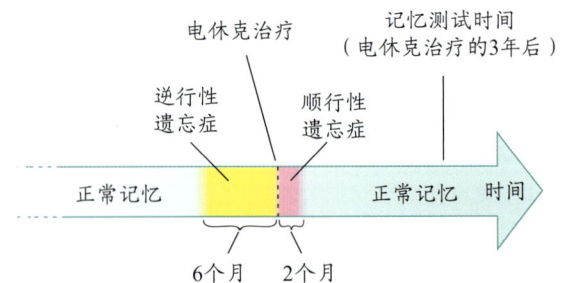

图 9.37　电休克治疗对记忆表现的影响

在电休克治疗之后，病人表现出了具有时间梯度的逆行性记忆丧失，这显示在最初学习后的较长一段时间中，记忆发生了变化。一些材料被遗忘，剩下的材料变得更加抗干扰。

正如我们在 H. M. 的案例中学到的，内侧颞叶，

特别是海马，对于情景记忆和语义记忆信息的早期巩固和存储是必要的。然而，目前关于更缓慢的永久巩固过程的机制尚存在更多争议。这方面存在两种主要的理论。拉里·斯夸尔（Larry Squire）及其同事提出的标准巩固理论认为，新皮质在被完全巩固的长时记忆存储中起着重要作用，而海马仅发挥暂时性作用。

依据这种观点，为形成一段记忆，一个事件分散在皮质各处的表征在内侧颞叶聚集，再由海马将它们绑定在一起。随后，经过海马和新皮质的一些交互作用，提取绑定信息的能力由海马缓慢转移到新皮质。当记忆反复的重激活在多种表征之间建立起皮质内的直接连接之后，才发生巩固过程，这样就不再需要海马作为中间人来绑定各种表征了。

这个过程在个体清醒或睡眠时都可发生，最终使得记忆不再依赖海马。标准巩固理论认为，情景记忆和语义记忆都包含这一过程。这一理论尽管可以解释为什么逆行性遗忘症会具有时间梯度（一些记忆在损伤发生之前没有完成巩固过程），但是无法解释为什么一些海马损伤的遗忘症病人有较好的长时记忆，而另一些病人有严重的长时记忆障碍。

另一个理论是多重痕迹理论，由林恩·纳德尔（Lynn Nadel）和莫里斯·莫斯科维奇（Nadel & Moscovitch，1997）提出。该理论认为，语义信息的长时存储仅依赖新皮质；而情景记忆，无论是否完成巩固，在提取时均继续依赖海马。在这种规则下，在每一次提取情景记忆的时候，都会在海马中生成一段新的、由各种属性组合而成的记忆痕迹：记忆被提取的次数越多，生成的记忆痕迹越多。越被经常提取的久远事件具有越多的海马痕迹，更多的海马痕迹让它们更能抵抗部分海马损伤造成的影响。这些痕迹并不完全相似，它们可能在属性上存在差异。慢慢地，这些痕迹的公共元素被提取出来成为"要点"信息，进而作为语义记忆存储在新皮质的其他区域。

多重痕迹理论认为，情景记忆会随时间减弱，并被缓慢转换成为语义记忆。它预测部分海马损伤会部分影响情景记忆，海马的完全损伤则会完全破坏情景记忆。这两种模型都有一些支持证据，都有各自的拥护者和批评者。

睡眠和记忆巩固

有证据显示，睡眠对学习后的记忆巩固起关键作用。使用大鼠来研究睡眠和记忆的关系的研究者采用多电极方法记录大鼠海马中位置细胞的活动，这些位置细胞在动物位于环境中的特定位置时会因地标线索而放电（见第9.4节）。他们发现，在空间行为任务的学习阶段共同放电的位置细胞，相比于在任务学习之前，更可能在任务学习之后的睡眠中共同放电，这显示神经元可能在睡眠中"重放"了学习过的任务（M. A. Wilson & McNaughton，1994）。

更多类似性质的研究显示，在非快速眼动（non-rapid eye movement，NREM）睡眠阶段（在第14章讨论），海马细胞不仅趋向于重放学习过程中空间分布的激活顺序，还会按照学习过程中神经元激活的时间顺序重放。这些研究显示，海马通过"重放"在清醒地学习时神经元首次放电的时空模式来帮助巩固记忆。重放活动同样发生在前额叶皮质和腹侧纹状体，这可能反映了新的记忆在皮质中的整合（Pennartz et al.，2004；Peyrache et al.，2009）。然而，这一类型的重放并不限于睡眠。

福斯特和威尔逊（Foster & Wilson，2006）发现，海马中的顺序重放同样发生在大鼠清醒时，就是在大鼠刚刚完成一个空间模式活动（例如，在迷宫中行走）后。有趣的是，觉醒时期的重放存在不寻常的性质，即以与原始经验相反的时间顺序重放。一种假设是这种神经活动的觉醒重放代表了学习和记忆的基本机制。

因此，重放存在两种机制：（a）觉醒时神经活动的反向重放；（b）按照与过去经历相同的时间顺序进行的睡眠型重放。与睡眠时的前向重放有关的显然与记忆巩固有关。而觉醒反向重放一定做了些不同的事。福斯特和威尔逊指出，这反映了一种允许近期经历的事件与它们的"记忆痕迹"进行比较，并且可能潜在地加强学习的机制。

睡觉的时候可能学习吗？美国西北大学的约翰·多鲁伊（John Rudoy）、肯·帕勒（Ken Paller）及其同事（2009）探究了在睡眠时播放与清醒时的学习情境相关的声音，是否可以促进学习和记忆的巩固。首先，他们在计算机屏幕的不同位置向被试呈现50张物体的图片，每张图片匹配一个相关的声音（如猫的图片和猫的叫声）。之后，在测试阶段给被试播放声音，让他们指出与该声音相联系的图片位于屏幕中的哪个位置。接着让被试小睡一会儿，在睡眠过程中记录他们的EEG和ERP指标。当EEG显示被试处于慢波睡眠状态时，给他们播放声音，其中一半是之前听过的，另一半是没有听过的。醒来之后，再次测试他们对于50张学过的图片位置的回忆。

研究者发现，即使被试不记得听到过声音，相比于匹配声音没有在睡眠时播放的图片，他们表现出了对在睡眠时呈现了匹配声音的图片位置的潜在学习。进一步研究发现，睡眠时的听觉线索会激活海马神经元，促进动作任务技能和外显知识的学习，并促进情绪记忆的巩固（Schreiner & Rasch，2017）。这些依赖海马的效应在海马硬化的病人中没有出现（Fuentemilla et al.，2013）。

这是否意味着你可以在睡眠状态下学习汉语、法语或荷兰语？瑞士科学家托马斯·施赖纳（Thomas Schreiner）和比约恩·拉施（Björn Rasch）认为是的（2014）。他们让以德语为母语的被试学习德语-荷兰语词对，结果发现，相比于在重新播放词对时保持清醒的被试，在重新播放词对时处于非快速眼动睡眠的被试能够更好地学习这些词对。研究发现，这种睡眠过程中的学习效应与睡眠时因重放词对而产生的θ波（5~7赫的振荡）的强大作用有关。研究者认为，在重放词对后观察到的慢波脑电信号反映了与巩固有关的过程，这些信号是脑区间协作以巩固记忆的标志。

应激和记忆巩固

身体上和心理上的应激会触发肾上腺素和皮质醇的释放。在严重情况下，皮质醇和肾上腺素会共同强化在应激的这段时间内获得的信息的初始编码和巩固。（我们会在第10章讨论这种皮质醇水平急剧上升并强化了情绪记忆巩固的效应。）然而，慢性的高强度应激对记忆和其他认知功能是有害的。大脑中能够被皮质醇激活的受体被称作糖皮质激素受体，研究发现，它们在海马中有较高的集中水平（特别是在齿状回和CA1区；见图9.16b）。

海马中的CA1区是从海马到新皮质连接的起点，它对于情景记忆的巩固十分重要。这个环路的功能会被高水平的皮质醇破坏，这可能是因为造成了长时程增强损伤（见第9.7节）而产生的间接影响。情景记忆可以被高水平的皮质醇破坏（Kirschbaum et al.，1996）：一剂10毫克的皮质醇就会对言语情景记忆造成有害的影响。在过去的20年里，越来越多的证据显示，应激对记忆提取的效应远不止最初认为的那样，它可以影响多种记忆系统，包括基于纹状体的刺激—反应系统和基于前额叶皮质的记忆消除系统（O. T. Wolf，2017）。

临床证据显示，所有由慢性高水平皮质醇引起的紊乱——包括库欣综合征、严重抑郁症和用糖皮质激素强的松治疗的哮喘——都表现出记忆功能的损伤（Payne & Nadel，2004）。另外，美国麦吉尔大学的索尼娅·卢彼恩（Sonia Lupien）及其同事（2005）发现，与年龄相仿但皮质醇水平正常且没有慢性压力的老人相比，有慢性压力和皮质醇水平持续偏高的老人的海马体积减少了14%。这些个体同样表现出了显著的情景记忆障碍。这些结果说明，皮质醇对海马有一种长期的负面影响。

关键信息

- 两个关于长时记忆巩固的主要理论是标准巩固理论和多重痕迹理论。
- 睡眠支持记忆巩固，可能发生在海马神经元重放学习过程的放电模式的时候。
- 当高水平的皮质醇影响海马的功能时，应激会对记忆巩固造成影响。

9.7 学习和记忆的细胞基础

长久以来，研究者认为，突触及其动态连接很有可能是记忆机制的结构基础。大部分记忆的细胞基础模型认为，记忆是神经网络中神经元间的突触相互作用强度变化的结果。突触强度的变化是如何被改变从而促成学习和记忆的呢？

1949年，神经网络学说之父唐纳德·赫布提出，共同激活的细胞之间突触连接的变化依赖突触的活动。这个理论称为赫布定律，通常被概括为"共同放电的细胞连接在一起"。赫布认为，学习的机制是，当一个弱刺激输入和一个强刺激输入同时作用于细胞时，突触连接就会增强。这一学习理论被称为**赫布学习**。

长时程增强和海马

由于海马结构对于记忆的作用，长期以来，人们都假设海马中的神经元必定是可塑的——可以改变它们突触间的相互作用。虽然现在已经很明确地知道，记忆并不存储在海马中，但这一事实并不会让我们将要考察的海马模型失去价值，因为相同的细胞机制可以在不同的皮质和皮质下区域运作。

首先，让我们构建从海马下托延伸到CA1区细胞的三条主要的兴奋性神经通路：穿质通路（perforant pathway）、苔藓纤维（mossy fibers）与谢氏侧支（Schaffer collaterals）（图9.38）。新皮质联合区域通过海马旁皮质或者鼻周皮质投射至内嗅皮质。神经元携带着兴奋性输入再从内嗅皮质通过穿质通路到达齿状回的颗粒细胞突触。颗粒细胞具有容易识别的无髓鞘轴突，被称为苔藓纤维，它将齿状回的颗粒细胞连接至海马CA3区的锥体细胞的树突棘，CA3区的锥体细胞通过被称为谢氏侧支的轴索侧支连接至CA1区的锥体细胞。这一海马系统被用于研究细胞水平的学习机制——细胞可塑性。

蒂莫西·布利斯（Timothy Bliss）和泰耶·洛莫（Terje Lømo）针对兔子进行的生理学研究为赫布定律提供了证据（1973）。他们发现，刺激兔子穿质通路的轴突将导致兴奋性突触后电位的幅值发生长时程增加。也就是说，刺激会增强穿质通路的突触强度，从而导致当稍后轴突再次被刺激时，齿状回颗粒细胞会产生更强烈的突触后反应。这一现象被称作**长时程增强**（long-term potentiation，LTP）（增强是指加强或使之易化），这个发现证实了赫布定律。

一种记录长时程增强的方法是将刺激电极放置在穿质通路，并将记录电极放置在齿状回的颗粒细胞中（图9.39）。首先呈现一个单脉冲，并且测量相应的兴奋性突触后电位。第一次记录的大小是在引发长时程增强之前的连接强度。接下来给予穿质通路连续的脉冲刺激；早期研究使用大概100次·秒$^{-1}$的频率，近期研究则使用低至5次·秒$^{-1}$的频率。在引发长时程增强之后，再次发送单脉冲，并测量突触后细胞的兴奋性突触后电位值。在诱发长时程增强后，兴奋性突触后电位值提高，表明更强的突触效应（见图9.39，红色曲线）。一个令人欣喜的发现是，当脉冲缓慢呈现时（低频脉冲），相反的效应——长时程抑制（long-term depression，LTD）现象——将出现（见图9.39，蓝色曲线）。

在海马中的苔藓纤维和谢氏侧支这两条兴奋性投射通路中，同样发现了长时程增强。这种变化在分离出来的海马组织切片中可维持数小时，在活着的动物体内可维持数周。长时程增强也可以在其他脑区发生，包括杏仁核、基底神经节、小脑和新皮质区域，这些区域均与学习有关。

赫布学习

布利斯和洛莫通过操控海马CA1区神经元的长时

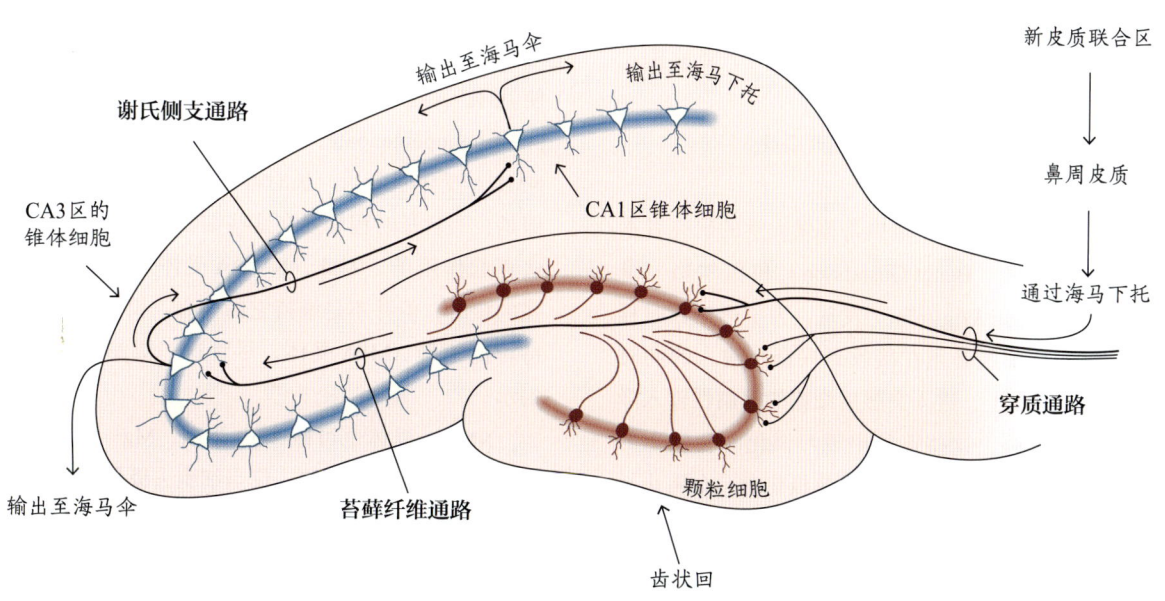

图 9.38 大鼠的海马突触组织

大鼠的主要投射通路与人类类似。

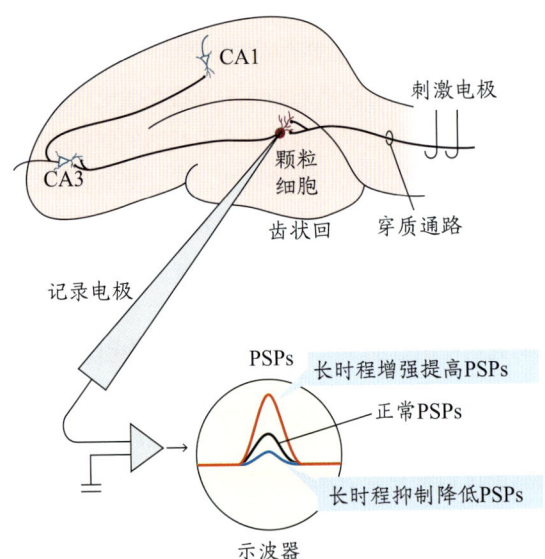

图 9.39　研究穿质通路中长时程增强的刺激与记录装置
示波器中诱发长时程增强前后的反应模式（以毫伏为单位）用红色曲线表示。长时程抑制中的反应模式用蓝色曲线表示。PSPs= 突触后电位（postsynaptic potentials）。

程增强发现，如果两个弱输入（W1区和W2区）和一个强输入（S1区）同时作用于一个细胞，且当W1区和S1区一起活动时，弱输入W1区将被增强。随后，如果W2区和S1区一同活动，W1区将不会受由W2区和S1区诱发的长时程增强影响。这些发现显示了以下三个关于CA1区突触中长时程增强的特点。

1. 协同性。同一时间必须有超过一个输入活动。
2. 联合性。当与更强的输入共同出现时，弱的输入将被易化。
3. 特异性。只有被刺激的突触出现易化。

为了解释这些原则，瑞典哥德堡大学的研究者本特·古斯塔夫松（Bengt Gustafsson）和霍尔格·维格斯特伦（Holger Wigström）发现，为了产生长时程增强，突触后细胞必须在接收到兴奋性输入的同时被去极化；事实上，进入突触后细胞的抑制性输入降低了长时程增强，这些正是出现习惯化时会发生的（1998）。而且，当突触后细胞被超极化时，会阻止长时程增强。

相反，当突触后抑制被阻止时，就促进了长时程增强。如果一个正常来说强度不足以诱发长时程增强的输入，与去极化电流一同到达突触后细胞，同样可以诱发长时程增强。因此，通过关联性长时程增强，较弱的通路被增强且与其他特定的通路联系起来。这一过程支持赫布提出的学习方式。通过突触连接的增强和减弱形成的连接模式一般被认作编码信息的方式。

目前仍不清楚这种编码是什么。尽管在神经元水平上取得了一些研究进展，但亚细胞水平上的机制问题更加复杂。考虑一下，每个神经元都有上千个突触，每个突触都可以通过多种机制（包括神经递质释放的数量）而发生变化；活跃受体的数量会发生变化，其性能也会发生变化；也会有新的突触形成。这些机制中的任何一个是否作用于记忆过程目前都是未知的。

从20世纪60年代起，众所周知，长时记忆的形成需要新基因的表达。如果在小鼠完成一个阶段的训练后马上被给予蛋白质合成抑制剂（抑制新基因的表达），它们会遗忘通过训练得到的经验。然而近期的研究显示，这段记忆仍在它们的脑中！这个发现所牵涉的东西撼动了当前有关学习的细胞基础的理论根基（见**专栏** 9.1）。

NMDA 受体

长时程增强的分子机制是很迷人的，它依赖海马中主要的兴奋性递质——谷氨酸神经递质。谷氨酸可与两种谷氨酸受体结合。一般的突触传递受 α-氨基-3-羟基-5-甲基-4-异噁唑丙酸（α-amino-3-hydroxyl-5-methyl-4-isoxazole propionate, AMPA）受体调控，而长时程增强最初受到位于突触后神经元的树突棘上的 NMDA 受体调控（**图** 9.40）。当使用化学物质 2-氨基-5-膦酰戊酸（2-amino-5-phosphonopentanoate, AP5）将 CA1 区神经元中的 NMDA 受体阻断后，长时程增强的诱发也被阻止了。但是，一旦长时程增强在这些细胞中建立，AP5 就无法再起作用了。因此，NMDA 受体是产生长时程增强的核心，但并不是维持它的核心。长时程增强的维持可能依赖 AMPA 受体，尽管这一机制尚未被完全揭示。

NMDA 受体也可被 Mg^{2+} 阻断，Mg^{2+} 可以阻止其他离子进入突触后细胞。仅当细胞去极化后，Mg^{2+} 才会从 NMDA 受体中被释放出来。因此，这个离子通道只有在满足以下两个条件时才会打开：（a）谷氨酸神经递质与受体结合，（b）膜去极化。也就是说，NMDA 受体是依赖神经递质和电压的（也称被门控

专栏 9.1　科学热点
我知道你在那里!

20世纪早期，德国的一位进化生物学家理查德·西蒙（Richard Semon）就提出了"痕迹"这个术语来表示由一段经历引起的神经系统持久的改变。记忆痕迹是存储在大脑中的学习过的信息——回忆信息时必须重新激活的一系列神经组织。

近来的研究者已经能够分离出记忆痕迹——海马中的方位细胞。托马斯·里安（Tomás Ryan）及其同事（2015）比较了小鼠在学习对一个刺激的反应时，其海马中痕迹细胞和非痕迹细胞的生理特性。他们发现，在巩固记忆的痕迹细胞中，出现了突触强度和树突棘密度的增加。随后，他们使用了一项新技术来干扰记忆的巩固：在一个训练阶段后马上给予小鼠蛋白质合成抑制剂，这一实验操作导致了小鼠对这次训练的遗忘。在细胞水平上，研究者发现，这种诱发遗忘的操作同样抑制了痕迹细胞中突触强度和树突棘密度的增加。

接下来，为检验是否如许多研究显示的那样，巩固失败导致了遗忘，他们使用光控基因技术激活了两组训练过的小鼠体内标记的CA3区记忆痕迹细胞：一组被引发了对于训练的遗忘，另一组没有。此时，出人意料的事情发生了：使用光控基因技术直接激活记忆痕迹细胞引发了这两组小鼠相同的行为表现，两组都表现出了接受训练后的反应！即使当它们的痕迹细胞没有表现出突触强度的增强时，遗忘组小鼠依然可以完成训练过的任务。在突触强度增加消失的情况下，记忆没有消失！

这个发现证明了突触强度似乎对记忆提取是必要的。也就是说，不管记忆是如何存储的，如果无法对突触进行操作，信息也不能从细胞中提取出来（Queenan et al., 2017）。然而，令人震惊的是，一直以来被认为是记忆存储机制最有力的竞争者——突触强度——也不得不被否决了（T. J. Ryan et al., 2015）。所以，如果不是依靠突触的变化，记忆究竟是如何存储的呢？研究还在继续！

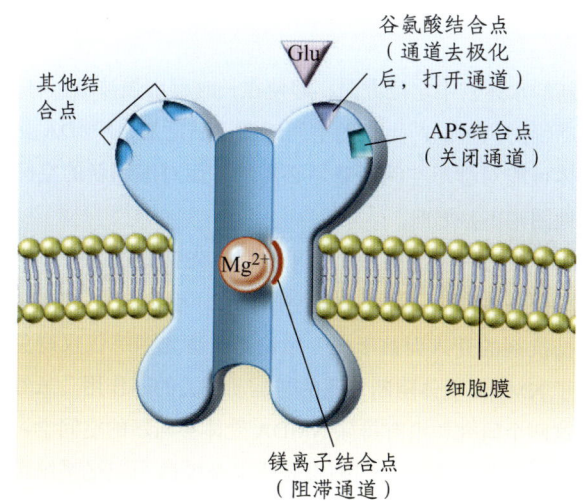

图 9.40　NMDA 受体
如这一简略的截面示意图所示，NMDA 受体一般是被 Mg^{2+} 阻滞的。当谷氨酸与谷氨酸结合位点结合后，构成通道的蛋白质移位，随即受体去阻滞（通道开放）。Glu=谷氨酸。

的；图 9.41）。

开放的离子通道允许 Ca^{2+} 进入突触后细胞。通过 NMDA 受体使 Ca^{2+} 流入对于长时程增强的形成起到了决定性作用。Ca^{2+} 作为在细胞内传递信号的使者，会改变能够影响突触强度的酶的活动。尽管对长时程增强的生理学机制和生物化学机制的了解进展迅速，但对长时程增强中的突触增强的分子机制仍然存在广泛争议。

在诱发长时程增强后能够增强突触强度的这种突触变化很有可能包含突触前和突触后机制。一个假设是，长时程增强提高了突触后 AMPA 谷氨酸受体的敏感度，并且使突触前产生更多的谷氨酸。或者是树突棘物理特性的变化使得它向树突传递兴奋性突触后电位更高效了。最后，通过从突触后细胞到突触前细胞的信息，突触前神经递质的释放效率提高了。

长时程增强和记忆表现

随着确定了一种解释突触强度长时程可塑性变化

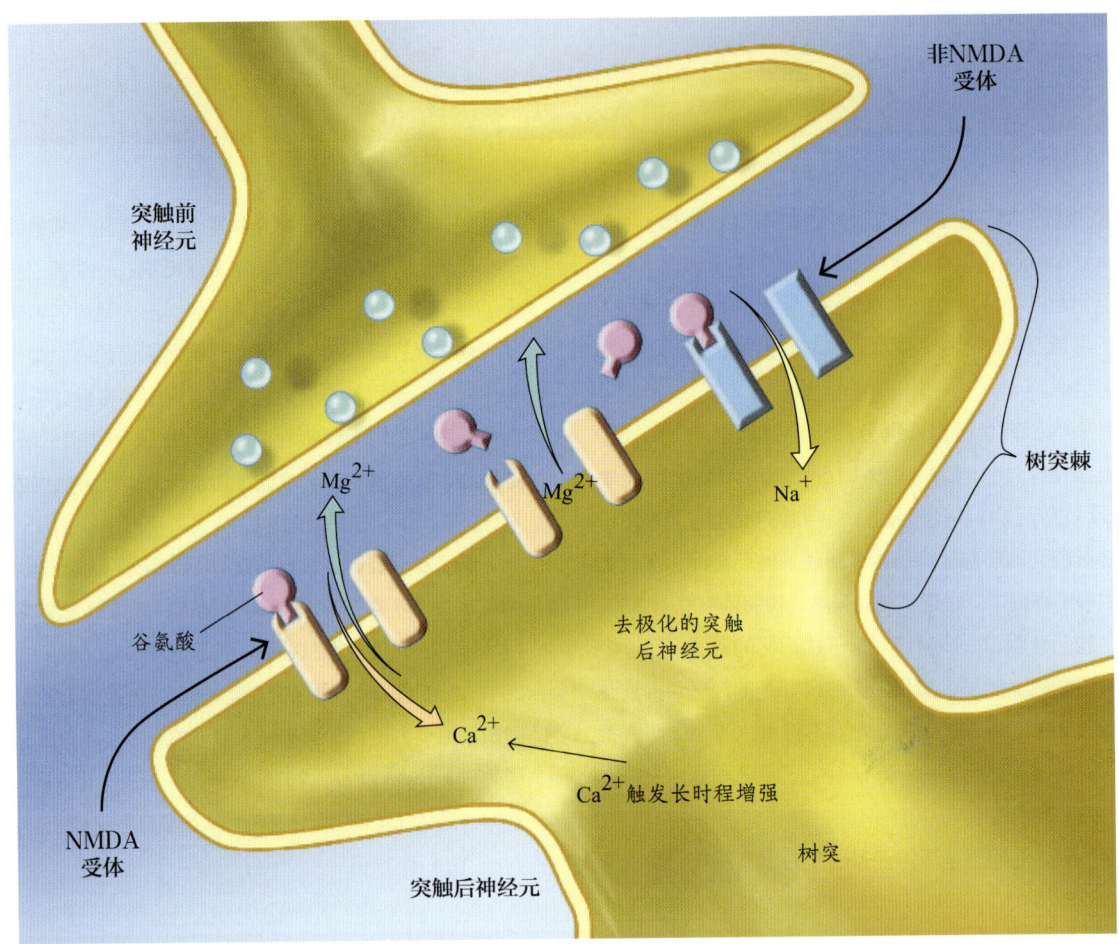

图 9.41　Mg^{2+} 和 Ca^{2+} 在 NMDA 受体中的作用
详情请参看正文。

的细胞机制可能性，应该可以通过消除长时程增强造成学习和记忆障碍。当化学阻断健康小鼠海马中的长时程增强后，它们正常的位置学习能力受损；因此，阻止长时程增强会影响正常的空间记忆。用类似的方式，通过基因操控阻断长时程增强的一系列分子机制，同样可以损伤空间学习。这些实验为阻断 NMDA 受体会阻止长时程增强进而妨碍空间学习提供了强有力证据。

海马 CA1 区的 NMDA 受体对于大多数形式的突触可塑性都是必要的，空间学习和场景学习也都需要它们的激活。然而，一旦学习发生，新记忆的形成就不再需要它们的激活。这一令人震惊的发现来自两项经典的水迷宫研究（Bannerman et al., 1995；Saucier & Cain, 1995）。两项实验均发现，如果啮齿类动物事先在一个水迷宫中被训练过如何定位方向，药物性的 NMDA 受体阻断剂就不能阻止它们学习如何在另一个新的水迷宫中定位方向；即使在长时程增强被阻止时，动物们仍可以产生新的空间地图。结论是，NMDA 受体可能对学习空间策略是必需的，而对编码新的空间地图则不是如此。

在另一项实验中，如果小鼠事先接受过某个非空间任务的训练，那么它的空间记忆不会因某种 NMDA 拮抗剂的介入而被干扰。结论是，事先训练仅仅避免了 NMDA 受体阻断导致的与运动相关的副作用。虽然这两个研究并没有排除 NMDA 受体参与新的空间学习的可能性，但是它们确实表明了至少两个记忆系统可能使用了 NMDA 受体。这些系统参与了水迷宫任务，但有可能由于事先训练被巩固。

长时程增强在细胞和行为水平上对于记忆的作用仍在被逐渐揭开。长时程增强的维持位于突触前还是突触后，以及长时程增强对于空间记忆是不是必需的，仍是存在许多争议的课题。德国海德堡的马克斯·普朗克研究所的丹尼尔·萨马尼略（Daniel Zamanillo）及其同事（1999）使用基因敲除技术研究了不能在海马 CA3 区和 CA1 区之间的突触神经元中产生长时程增强的小鼠。然而，这些小鼠就像正常小鼠一样轻易地学会了空间任务。

戴维·班纳曼（David Bannerman）及其同事（2012）发现，在海马 CA1 区和齿状回颗粒细胞中缺少 NMDA 受体功能的转基因小鼠无法在这两个区域的神经元中产生长时程增强。这些小鼠在水迷宫学习和记忆任务中的表现与正常小鼠相同。但是这些小鼠在放射臂迷宫（放射臂迷宫有一个像车轮中心的圆形场地，然后从这个场地向外发射出六条形状相同的侧臂）中表现出了记忆损伤。

类似于水迷宫，放射臂迷宫所在的更大环境中有物理标识物。食物奖励被放置在其中三个廊道的末端。在这种迷宫里，NMDA 受体敲除小鼠在分辨有食物的廊道中的行为表现几乎没有提高。与之相比，控制组小鼠可以学会选择正确的廊道且很少出错。为什么会出现这种在学习成功性上的差异？研究者认为，问题出在模棱两可的位置线索选择上——是选择六个完全相同的廊道，还是选择更遥远但更有预测性的线索。

为了检验这个观点，他们使用添加了模棱两可的局部线索的改进后的水迷宫。在平台上放置一个小的局部线索，另一个相同的假线索被放置在水槽的另一端。小鼠在迷宫的不同位置被放入水中。尽管控制组和转基因小鼠都能找到平台，但是当它们从靠近假线索的位置被放入水中时，基因敲除小鼠更可能游向假线索。控制组小鼠（使用它们的空间记忆）没有受到假线索的影响，仍然游向平台。因此，缺少 NMDA 受体功能的小鼠似乎可以形成空间记忆，但它们在面对模糊局部线索时无法使用这些空间记忆。这提示我们，NMDA 受体的功能可能比之前认为的更加微妙复杂（Mayford，2012）。英国爱丁堡大学的马丁内·米戈（Martine Migaud）及其同事（1998）研究了有着增强的长时程增强的小鼠，并发现它们存在严重的空间学习障碍。

尽管关于记忆的细胞和神经基础仍有很多有待研究，但是目前已有的两点共识是：(a) 长时程增强确实存在于细胞水平；(b) NMDA 受体在大脑许多通路的长时程增强诱导中都发挥着重要作用。因为长时程增强同样出现在海马系统以外的脑区，所以长时程增强构成突触网络中长时程改变的基础的可能性仍然很高。

关键信息

- 在赫布学习中，如果突触后神经元激活时突触被激活，该突触将被增强。长时程增强是一个突触的长时程增强。
- NMDA 受体在长时程增强的产生中，而不是长时程增强的保持中起着关键作用。

概　要

获得新信息的能力被定义为学习；能够随时间的推移而保持它的能力被定义为记忆。认知理论和神经科学方面的证据认为，存在多个认知和神经系统共同支持记忆。这些系统支持记忆的不同方面，而且可以轻易地识别它们之间的本质区别。感觉登记、感知表征、短时记忆和工作记忆、程序性记忆、语义记忆以及情景记忆代表了学习和记忆的系统或子系统。支持不同记忆过程的脑结构有所不同，这取决于所保持的信息类型，以及这些信息是如何被编码和提取的。

记忆依赖的生物结构包含：（a）内侧颞叶，它负责形成和巩固新的情景记忆，也许还包括语义记忆，并且参与整合不同种类信息之间关系的海马就位于内侧颞叶（图9.2）；（b）顶叶皮质，与情景记忆或场景记忆的编码和提取有关；（c）前额叶皮质，参与信息的编码和提取，可能与被加工材料的性质有关；（d）颞叶皮质，存储情景知识和语义知识；（e）有关知觉启动效应的感觉联合皮质。其他皮质和皮质下结构参与技能和习惯的学习，尤其是那些需要内隐运动学习的。

并不是所有的脑区都有相同的存储信息的潜力，虽然广泛的脑区在学习和记忆中协同合作，但是单个结构分别组成了支持和启动特定记忆过程的系统。在细胞水平上，尽管内侧颞叶、新皮质、小脑和其他区域的神经网络神经元间的突触强度变化在传统上被认为是最有可能的学习和记忆存储机制，然而近期的证据显示，突触强度可能作用于记忆提取，而记忆存储与其他机制有关。我们正在一点一点地加深对于脑中支持突触可塑性进而支持学习和记忆的分子机制的理解。

关键术语

编码（encoding, p.366）
长时程增强（long-term potentiation, LTP, p.403）
长时记忆（long-term memory, p.374）
陈述性记忆（declarative memory, p.375）
程序性记忆（procedural memory, p.375）
存储（storage, p.367）
短时记忆（short-term memory, p.371）
短暂性全面遗忘症（transient global amnesia, TGA, p.383）
短暂性遗忘症（temporally limited amnesia, p.368）
非陈述性记忆（nondeclarative memory, p.375）
非联想学习（nonassociative learning, p.380）
感觉记忆（sensory memory, p.370）
工作记忆（working memory, p.373）
巩固（consolidation, p.367）
关系记忆（relational memory, p.392）
海马（hippocampus, p.367）

赫布学习（Hebbian learning, p.402）
获取（acquisition, p.366）
记忆（memory, p.366）
经典条件反射（classical conditioning, p.379）
里博定律（Ribot's law, p.368）
逆行性遗忘症（retrograde amnesia, p.368）
启动（priming, p.377）
情景记忆（episodic memory, p.375）
神经认知障碍（dementia, p.369）
时间梯度（temporal gradient, p.368）
顺行性遗忘症（anterograde amnesia, p.368）
提取（retrieval, p.367）
学习（learning, p.366）
遗忘症（amnesia, p.368）
语义记忆（semantic memory, p.375）
知觉表征系统（perceptual representation system, PRS, p.377）

思考题

1. 比较和对比基于时程的不同形式的记忆。一些记忆持续几秒，而另一些记忆能够保持一辈子，这些事实是否暗示着不同的神经系统参与不同形式的记忆？

2. H. M. 和其他有着内侧颞叶损伤的病人产生了遗忘症。他们会产生哪些形式的遗忘症？例如，是不是像好莱坞电影中经常出现的那种遗忘症？这些遗忘症病人可以保留什么信息，他们能学习什么信息，这些问题的答案又能够告诉我们哪些关于"记忆如何在大脑中编码"的信息？

3. 你会骑自行车吗？你还记得学习骑自行车的过程吗？你可以向其他人描述骑自行车的要诀吗？你是否认为，如果你把一份详细的说明交给一个从未骑过自行车的人，他在仔细阅读你的说明后，就可以跳上自行车快乐地向着夕阳的方向骑行呢？如果不可以，为什么不可以？

4. 描述一下内侧颞叶的不同分区，以及它们是如何促进长时记忆的。请考虑编码和提取。

5. 联系长时程增强模型和连接网络的权重变化。认知神经科学的研究发现，在记忆的联结主义模型上所设的限制是什么？

推荐阅读

Aggleton, J. P., & Brown, M. W. (2006). Interleaving brain systems for episodic and recognition memory. *Trends in Cognitive Sciences*, 10, 455–463.

Collingridge, G. L., & Bliss, T. V. P. (1995). Memories of NMDA receptors and LTP. *Trends in Neurosciences*, 18, 54–56.

Corkin, S. (2002). What's new with the amnesic patient H.M.? *Nature Reviews Neuroscience*, 3, 153–160.

Eichenbaum, H., Yonelinas, A.P., & Ranganath, C. (2007). The medial temporal lobe and recognition memory. *Annual Review of Neuroscience*, 30, 123–152.

McClelland, J. L. (2000). Connectionist models of memory. In E. Tulving and F. I. M. Craik (Eds.), *The Oxford handbook of memory* (pp.583–596). New York: Oxford University Press.

Moser, E. I., Moser, M.B., & Mcnaughton, B. L. (2017). Spatial representation in the hippocampal formation: A history. *Nature Neuroscience*, 20, 1448–1464.

Nadel, L., & Hardt, O. (2011). Update on memory systems and processes. *Neuropsychopharmacology*, 36, 251–273.

Queenan, B. N., Ryan, T. J., Gazzaniga, M. S., Gallistel, C. R. (2017), On the research of time past: The hunt for the substrate of memory. *Annals of the New York Academy of Sciences*, 1396(1), 108–125.

Ranganath, C., & BLUMENFELD, R. S. (2005). Doubts about double dissociations between short- and long-term memory. *Trends in Cognitive Sciences*, 9, 374–380.

Ranganath, C., & Ritchey, M. (2012). Two cortical systems for memory-guided behaviour. *Nature Reviews Neuroscience*, 13, 713–726.

Ryan, T., Roy, D., Pignatelli, M., Arons, A., & Tonegawa, S. (2015). Engram cells retain memory under retrograde amnesia. *Science*, 348(6238), 1007–1013.

Schreiner, T., & Rasch, B. (2017). The beneficial role of memory reactivation for language learning during sleep: A review. *Brain and Language*, 167, 94–105.

Squire, L. (2006). Lost forever or temporarily misplaced? The long debate about the nature of memory impairment. *Learning and Memory*, 13, 522–529.

Squire, L. (2008). The legacy of H.M. *Neuron*, 61, 6–9.

凡是真诚的情绪,都是不由自主的。

——马克·吐温(Mark Twain)

当你与人打交道时,请记住你不是在与逻辑生物打交道,而是在与情感生物打交道。

——戴尔·卡内基(Dale Carnegie)

第 10 章

情　　绪

S. M. 女士在 42 岁时已经不记得 10 岁后有真正感受到恐惧的经历了。这并不是因为她从那时起没遇到过令人恐惧的状况。相反，她经历过很多不幸。她曾被人用刀和枪指着，也曾被一个比她身材大一倍的女人骚扰，甚至曾在一次家庭暴力中险些丧命，还有其他许多可怕的遭遇。

S. M. 患有一种罕见的常染色体隐性遗传病——类脂质蛋白沉积症［又称乌尔巴赫－维特病（Urbach-Wiethe disease）］。这种病会导致杏仁核退化，通常在 10 岁左右发病。因为 S. M. 之前并没有意识到自己对任何事物都感受不到恐惧，所以直到 20 岁出现痫性发作后，她才知道自己出了问题。CT 扫描和 MRI 显示，她有高度特异性的大脑病变：两侧杏仁核都严重萎缩，但周围的白质几乎没有损伤。

针对 S. M. 的标准神经心理检查表明，其智力、知觉和运动能力均正常，但在情绪加工测试中发现了一些奇怪的情况：当要求她判断一系列照片中面孔所表达的情绪时，她准确地识别了悲伤、愤怒、厌恶、高兴和惊讶，但有一种表情会让她感到迷惑。尽管她知道这类面孔表达了一种情绪，而且她能够识别相应的面部特征，但她无法识别这种情绪，即恐惧。她还有一个相关的缺陷：当要求她画出不同情绪特征的图时，她能够描绘多种情绪对应的图，但她无法描绘恐惧。在催促她尝试后，她最终画出了一张小孩在爬行的图片，但说不出原因（图 10.1）。

S. M. 能加工恐惧概念。她能够描述可能引发恐惧的场景，能够恰当地描述恐惧，并且从声音中毫无困难地找出恐惧音调。她甚至说自己"讨厌"蛇和蜘蛛，而且会避开它们。然而，与她的说法相反的是，当被带到一家稀有宠物店时，她不由自主地走到了蛇那里，随手拿起一条蛇，揉了揉它的鳞片，摸了摸它的舌头，说道："这太酷了！"她之所以体验不到恐惧，是因为她缺乏恐惧经历吗？不。据她回忆，当她还是一个孩子时（在她发病之前），她曾被一只狂吠的杜宾犬逼到了墙角，她哭喊着妈妈，具有所有本能的恐惧反应。这也是为什么当要求她描绘恐惧时，她画出了一个小孩。

尽管她了解恐惧的概念，而且她的特殊状况从 1990 年起就被广泛研究，但她仍然对自己的缺陷没有清晰的了解，也不知道自己仍陷于危险处境。因为她无法体验恐惧，所以她似乎也无法避开危险的情境。那么，杏仁核在恐惧情绪中发挥了什么作用呢？它在其他情绪中也起作用吗？

在这一章的开头，我们会先定义情绪，然后讨论调节情绪加工的大脑区域。我们将介绍一些情绪理论，并讨论某些情绪是否具有普遍性，是否有特定的大脑环路，以及情绪是如何产生的。大量关于情绪的研究都集中在杏仁核的活动上，因此我们会对这部分进行详细介绍。我们还会讲解情绪如何影响知觉、注意、学习、记忆和决策的认知过程，进而影响行为。最后，我们会简要介绍与恐惧以外的其他情绪相关的脑区，并考虑认知过程是否会对我们的情绪加工进行调节。

> **大问题**
>
> - 情绪是什么？
> - 情绪在行为中起什么作用？
> - 情绪是怎样产生的？
> - 情绪加工是局部的，还是全面的，抑或两者的结合？
> - 情绪对知觉、注意、学习、记忆和决策的认知过程以及我们的行为有什么影响？这些认知过程对我们的情绪又有什么影响？

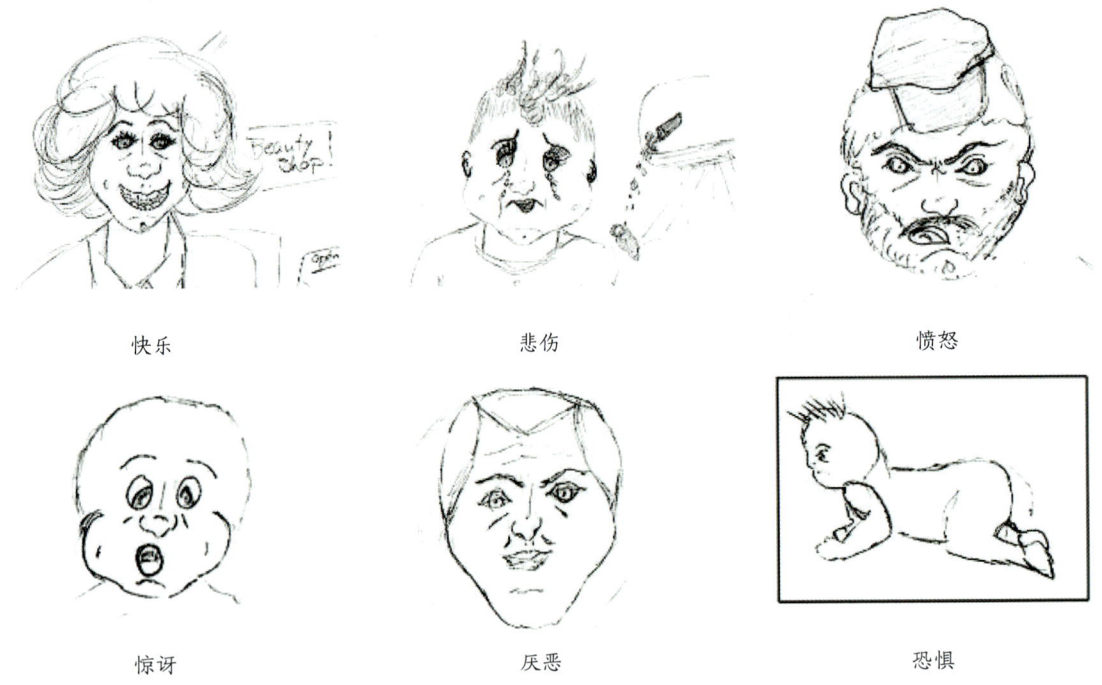

图 10.1　S. M. 理解恐惧的缺陷也体现在绘画任务上

S. M. 被要求画出表示基本情绪的面孔。当要求她画一个感到恐惧的人时,她犹豫了一下,然后画了一个婴儿。然而,她对这幅表示"恐惧"的图画并不满意。

10.1　情绪是什么?

几千年来,人们一直在努力定义情绪。虽然普通人可以很容易地识别某种情绪,而且在过去 40 年里,情绪也一直是研究热点,但是学术界对其定义仍未有共识。已故哲学家罗伯特·所罗门(Robert Solomon, 2008)在《情绪手册》(第三版; *Handbook of emotions*, 3rd Ed.)中用了整整一章来讨论为什么情绪如此难以定义。

情绪作为一种心理状态,一些独特的性质是必须被了解的。情绪是具身的。也就是说,你能感觉到它们;它们是独特而可识别的,不同的情绪与特定的面部表情、行为模式和唤醒水平有关;它们会被具有情绪性的突显刺激(往往与人们的生命健康高度相关)诱发,而且它们可以在没有任何预兆的情况下被触发。与其他状态相比,情绪更不容易受我们意图的影响,但它们几乎对认知的其他方面都有影响(Dolan, 2002)。

根据进化原则,我们可给出一个笼统模糊的情绪定义:情绪是一种神经过程,进化到以如今这种方式来引导行为,从而提高我们的生存和繁衍能力。例如,它们提高了我们从环境和过去经历中学习的能力。虽然这一定义有助于我们理解情绪的作用,但并不能告诉我们情绪究竟是什么。

你会如何定义情绪呢?也许你会这样说:"情绪是你在……时的**感受**。"在这种情况下,我们就面临一个问题。许多研究者认为,感受是情绪的主观体验,而不是情绪本身。这两个事件是可分离的,而且它们使用着不同的神经系统。另一个问题是,研究者对情绪的组成还未达成共识。他们也在争论情绪是一种由所有成分和相关行为构成的整体,还是一种让其他成分出现的状态。最后,研究者还在争论特定的情绪是否有特定的神经环路,认知在多大程度上参与其中。所有这些都清楚地表明,对情绪的研究仍是一项混乱且有争议的工作,也为众多研究者提供了工作保障。

心理学家卡罗利·伊泽德(Carroll Izard)认为,研究者给"情绪"一词赋予不同的含义导致了我们常说的一句话:"有多少个情绪心理学家,就有多少个情绪理论。"因此,他决定寻找一个对情绪定义的共识(Izard, 2010)。在咨询了 35 位与情绪有关学科的杰出科学家后,尽管还无法给出一个确切的定义,但至少他提出了一个包含"情绪"多方面的描述。

情绪由神经环路（至少是部分专用的）、反应系统以及一种能激发和组织认知与行为的感受状态/过程组成。情绪也给体验它的人提供了信息，可能包括前期的认知评估和持续的认知加工（包括对其感受状态、表情或社会交流信号的解读，并可能激励趋近性或回避性行为，对反应进行控制/调节）。情绪在本质上是社会性或关系性的。（Izard，2010）

目前，大多数模型都假设各种**情绪**是对外部刺激和/或内部心理表征的一种具有效价（积极或消极）的反应，并假设这些情绪：

- 涉及跨多个反应系统（如体验、行为、外周和生理系统）的变化；
- 与心境（mood）不同，情绪通常有明确的目标或触发刺激；
- 可以是对具有内在情感属性刺激的无须学习的反应（如你第一次吃糖后的微笑），也可以是对已获得情绪价值的刺激的学习性反应（如当你看到以前咬过你的狗时，你会恐惧）；
- 可以涉及多种类型的评估过程，来评价刺激对当前目标的重要性；
- 依赖不同的神经系统（Oschner & Gross，2005）。

大多数研究非人动物情绪的研究者并不完全同意这种模式。例如，加州理工学院的戴维·安德森（David Anderson）和拉尔夫·阿道夫斯（Ralph Adolphs）提出了一个相反的模型（2014），给我们提供了一些完全不同的思路。虽然他们也认可情绪会涉及高度协调的行为、身体和大脑影响，但他们并不同意这些不同的影响是情绪状态的一部分。他们把这些影响视为情绪状态的结果或后果。他们提出：

- 一种"情绪"构成了一种内在的、中枢性（如在中枢神经系统中那样）的状态；
- 这种状态是由特定刺激（来自生物体的外在或内在刺激）触发的；
- 这种状态是由特定神经环路的活动来编码的；
- 从因果意义上说，这些特定环路的激活产生了外部可观察到的行为，并分别（但同时）产生了相关的认知、躯体和生理反应（**图 10.2**）。

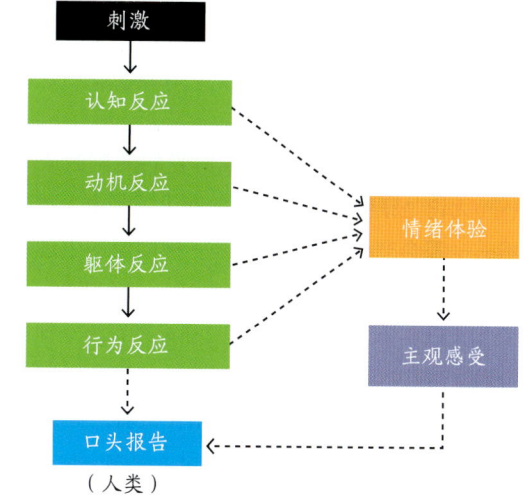

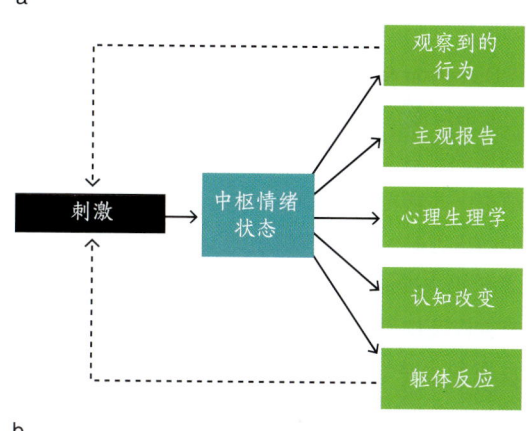

图 10.2　安德森和阿道夫斯的情绪因果模型
（a）传统的情绪观指出，情绪需要多个彼此协调的成分。
（b）安德森和阿道夫斯提出，一个中枢情绪状态会引起多个并行反应。

正如你可能已经意识到的，研究者不仅对情绪没有统一的定义，而且对情绪的很多方面都没有达成共识。尽管如此，大多数心理学家都认为，情绪（至少）包含以下三个成分：

1. 一个对刺激的生理反应；
2. 一个行为反应；
3. 一种感受。

情绪要适应迅速变化的环境，就需要持续时间短。如果意外地陷入危险境地，我们就需要迅速从惊讶转向恐惧。情绪属于**情感**的范畴。情感不仅包括持续时间短、离散的情绪，还包括更弥散、更持续的状态，如慢性压力和心境（Scherer，2005）。这两者近年来受到越来越多的关注，所以我们将在这里花一点时间来定义它们。

当我们遇到以某种方式威胁我们的刺激或事件时——无论是狂吠的狗、公开的演讲还是患上重病的亲戚——都会产生**压力**[①]。这是一种固定的生理和神经激素变化模式（Ulrich-Lai & Herman，2009）。这些变化会破坏体内平衡，导致交感神经系统立即激活"战或逃"反应，但也会激活下丘脑—垂体—肾上腺（hypothalamic-pituitary-adrenal，HPA）轴，释放皮质醇等压力激素。皮质醇对身体有很多影响，包括提高血糖水平和减少炎症反应，用来适应性地应对紧急事件。这些反应可以使一个状态持续数分钟，甚至几小时（Dickerson & Kenny，2004）。

如果应激系统处于良好状态，那么皮质醇会向下丘脑反馈抑制信号，关闭 HPA 反应，标志着紧急事件结束，并恢复体内平衡。然而，当个体面临频繁或长期的压力时，另一种情况就出现了。虽然急性压力反应是适应性的，但慢性压力可能导致 HPA 轴功能的改变以及皮质醇和其他压力激素的持续释放。长期高皮质醇水平会导致内科疾病，如胰岛素抵抗、体重增加、免疫力下降和高血压，以及情绪和焦虑障碍（McEwen，1998，2003；见**专栏 10.1**）。近期的大量研究都集中在压力如何影响记忆和决策等认知功能上。

心境是一种持续的、弥散的情感状态，其主要特征是在没有明确对象或触发因素时，一些持续的主观感受占据主导地位。虽然心境的强度通常是低水平的，但它们可能持续数小时或数天，并能影响一个人的体验和行为。与压力不同，心境并没有一个定义明确的神经激素或生理基础，而且我们对不同心境的神经关联仍然知之甚少。我们可以在实验室中让被试观看电影片段，如电影《天涯赤子心》（*The Champ*）中的一个场景（Lerner et al.，2004），或者让他们写一些个人事件（DeSteno et al.，2014），以诱发被试的心境。

关键信息

- 学术界对"情绪"一词尚无统一的定义。
- 三个被普遍认可的情绪成分是对刺激的生理反应、行为反应和感受。
- 急性压力反应是适应性的，但慢性压力可导致内科疾病、情绪障碍和焦虑障碍等问题。
- 心境是弥散的、持久的情绪状态，没有一个明确的对象或触发因素。

10.2 情绪加工的神经系统

由于人们对于情绪是什么没有一个共识，因此要确定涉及情绪加工的神经系统也是困难的。还有一些其他问题也增加了这种难度，例如：各种情绪研究方法所带来的技术问题；关于情绪的主观感受，是可以在动物身上进行研究，还是只能在能够报告情绪感受的人类身上进行研究，也引发了争议（LeDoux，2012）；以及对研究结果的各种不同的解释。越来越多的影像学研究发现，情绪加工（至少在人类身上）会与许多其他心理功能交织。因此，我们的情绪会涉及神经系统的许多部分，包括皮质下和皮质结构，而根据不同的情绪定义，更会涉及不同的神经系统。

当情绪由外部事件或刺激（例如，一个哭泣的婴儿）触发时，我们的感觉系统会发挥作用；当情绪由像情节记忆（如回忆你的初吻）这样的内部刺激触发时，我们的记忆系统也参与其中。另外，情绪的生理成分所引发的生理感受（如人们会因恐惧而感到脊背发凉和口干舌燥）涉及自主神经系统的活动。

回顾第 2 章，自主神经系统及其所有的皮质下环路是由交感和副交感神经系统组成的（见图 2.18）。它的运动和感觉神经元延伸到心脏、肺、肠、膀胱和性器官。这两个系统协同工作以实现体内平衡。一般而言，交感神经系统会促进"战或逃"反应（通过运动系统），副交感神经系统会促进"休息和消化"反应。

自主神经系统由下丘脑调节，而下丘脑通过 HPA 轴控制多种激素的释放。HPA 轴由下丘脑的室旁核（paraventricular nucleus，PVN）、垂体前叶和位于肾脏上方的肾上腺皮质组成。例如，室旁核含有制造促肾上腺皮质激素释放因子（corticotropin-releasing factor，

[①] 根据不同中文语境，"stress"有时也可以译为"应激"。在心理学中，与情绪相关时，"压力"和"应激"通常可以互用。为便于一般读者理解，本书较多使用"压力"。——译者注

专栏 10.1　科学热点
科技压力

艾琳娜是一名大学二年级的学生。她对自己的课程感到不堪重负，并经常担心如果成绩不达标，她会失去奖学金或无法进入研究生院深造。她的高中成绩很好，但自从进入大学，她发现很难管理自己的学习时间和社交生活。她总是感到紧张，难以入睡，在课堂上和自习时都很难集中注意力。这让她更加感到焦虑。她偶尔还会心跳加速，手心冒汗。

艾琳娜患有广泛性焦虑障碍。这是焦虑症的一种，其他焦虑症还包括恐惧症、创伤后应激障碍、惊恐障碍和强迫症。焦虑障碍的认知性驱动因素是注意系统过度关注威胁性刺激（Mineka et al., 2003），情绪性驱动因素则是恐惧或悲伤。每年有 20% 的美国人患有某种形式的焦虑症（Kessler et al., 2005），而大学生报告的年发病率（incidence）更高。2013 年，美国大学健康协会（American College Health Association）对来自 153 个不同校区的近 10 万名大学生的健康状况进行了调查。结果发现，在前一年的某个时候，84.3% 的大学生感觉自己被所有要做的事情压垮了，51.3% 的人感到极度焦虑。2016 年，研究者在一个较小的样本中也获得了类似的数据。

为什么大学生的焦虑症发生率在增加呢？有关的理论解释有很多。有些研究者将问题的矛头指向那些过分关注孩子学业和生活问题的父母（哪怕这些父母的出发点是好的）。一项研究发现，这些父母的孩子在上大学时更可能接受焦虑和抑郁治疗（LeMoyne & Buchanan, 2011）。研究者推测，因为这些学生从来没有独自解决过问题，因此他们在大学里也无法独自解决问题。当遇到困难时，如遇到有问题的室友，或需要分轻重缓急处理很多事情时，他们就会变得焦虑。

研究者发现，花更多时间进行更少的结构化活动的儿童比花更多时间进行结构化活动的儿童发展出了更好的执行功能（Barker et al., 2014）。执行功能（见第 12 章）是支持目标导向性行为的认知控制过程。目标导向性行为包括注意、规划和决策，记忆中信息的保持和操作，抑制不想要的想法、感觉和行为，以及在不同任务间的灵活转换。

另一些研究者想知道，焦虑增加在多大程度上归咎于电子设备使用的增加。在 1980 年以后出生的人中，如果不能每 15 分钟查看一次手机信息，那么近一半的人会感到中到高度焦虑（L. D. Rosen et al., 2013）。如果重度手机使用者的手机被没收，或者仅仅是被放置在视线之外，那么他们在 10 分钟内会表现出可测量到的焦虑，而且焦虑水平会随着时间的推移或者阻止他们接听电话而上升（Cheever et al., 2014）。澳大利亚的一项研究也发现，在计算机实验室学习的学生平均只花 2.3 分钟在一个学习任务上便会切换到其他任务，通常是查看电子邮件、浏览社交媒体或发短信（Judd, 2014）。

有研究发现（详见第 12 章），经常在电子媒体间进行任务切换的人更容易受到干扰刺激的影响（Cain & Mitroff, 2011; Moisala et al., 2016; Ophir et al., 2009），报告在日常生活中出现频繁的走神和注意失败（Ralph et al., 2014），而且在工作记忆和长时记忆中也出现了对信息编码和提取下降的现象（Uncapher et al., 2016）。芬兰赫尔辛基大学的研究者发现，在呈现了干扰刺激的条件下，频繁地在不同的电子媒体间进行任务切换的人在认知任务上的表现比一般人差；同时 MRI 扫描也发现，他们右侧前额叶区域的活动增加了。这部分脑区参与注意和抑制性控制，提示存在干扰时，频繁在电子媒体间进行任务切换的人需要更多意志力或自上而下的注意控制来执行任务（Moisala et al., 2016）。

目前，我们还不清楚其中的因果关系：是频繁的多任务行为导致认知控制力下降，还是认知控制力下降者更容易沉溺于频繁的电子媒体多任务活动。亚当·格萨里（Adam Gazzaley）和拉里·罗森（Larry Rosen）提出，通信技术让我们具备随时社交的能力，从而促使我们期待更多的社会互动，导致当通过社交网络的交流减少或中断时，焦虑感增加（错失恐惧或"社交控"）（2016）。当考虑到注意分散、学习时间减少、工作记忆和长时记忆效率降低对学习的影响时，同学们对成绩下降有恐惧也是可以理解的。由于恐惧是焦虑的情绪性驱动因素，因此我们可以认为是电子技术的进步引发了更多的焦虑，也可以认为是技术加剧了像艾琳娜这样的大学生的社交与学习焦虑。

CRF）的神经元。轴突从室旁核向下延伸至垂体前叶。如果压力源激活了室旁核，则促肾上腺皮质激素释放因子就会被释放出来，就像多米诺骨牌效应一样，导致垂体释放促肾上腺皮质激素（adrenocorticotropic hormone，ACTH）到血液中，血液将促肾上腺皮质激素带到肾上腺（以及身体的其他部位）。在肾上腺，促肾上腺皮质激素触发肾上腺皮质释放压力激素，如皮质醇。通过对室旁核的负反馈机制，升高的皮质醇水平抑制了促肾上腺皮质激素释放因子的释放，从而关闭了反应。

唤醒是许多情绪理论的重要组成部分。唤醒系统由网状激活系统调节。网状激活系统由一系列从脑干经过喙侧板内核和丘脑核连接皮质的神经元组成。目前提到的所有神经系统在触发情绪或产生生理和行为反应方面都很重要。但我们能否更具体地了解情绪是在大脑的哪个部位产生的呢？下面接着讨论这个问题。

早期概念：边缘系统

情绪与认知是相互独立的，情绪性行为背后存在一个大脑结构网络。这些已经不是新观点了。正如第 2 章提到的，早在 1937 年，詹姆斯·帕佩兹就提出了一个脑和情绪的环路理论，认为情绪反应涉及由下丘脑、丘脑前部、扣带回和海马组成的大脑网络。

内科医生和神经科学家保罗·麦克莱恩（MacLean，1949，1952）提出，人的大脑有三个区域在进化过程中循序渐进地发展。他的研究表明，在大脑的解剖学、组织形态学、结构和功能上都能看到进化的印迹。从远古时代保留下来的神经系统位于大脑内侧和尾侧，而新进化出的神经系统位于大脑外侧和喙侧。他坚信，在人类身上保留下来的神经系统，也在其他哺乳动物身上保留了下来。它们是相似的，并且负责基本的社会情绪。

麦克莱恩用"边缘系统"这个术语描述加工情绪的复杂神经环路。边缘系统大致围绕胼胝体边缘（参见本章的"**解剖定位**"专栏，也见图 2.32）。除了帕佩兹环路，麦克莱恩也扩展了情绪网络，将他所称的内脏脑（visceral brain）囊括进来，包括大部分内侧表面皮质、一些皮质下核团、部分基底神经节、杏仁核和眶额皮质。

麦克莱恩将边缘系统确定为"情绪脑"的工作影响深远。时至今日，在情绪的神经基础研究中，我们仍常看到关于边缘系统或边缘结构的文献，而且他

解剖定位

情绪的解剖

由保罗·麦克莱恩提出的边缘系统的主要结构如上图所示，包括复杂的神经环路。麦克莱恩认为，这些环路参与情绪加工。

的工作继续影响着试图理解情绪进化本质的研究者（Panksepp，2002）。然而，麦克莱恩描述的边缘系统结构存在一些错误（Brodal，1982；Kotter & Meyer，1992；LeDoux，1991；Swanson，1983）。

我们现在知道，许多与下丘脑相连的脑干核团并不是边缘系统的一部分，而一些参与自主反应的脑干核团也没有被纳入麦克莱恩的模型中。与此同时，一些经典的边缘系统区域已经被证实对一些非情绪性加工有更为重要的作用。尽管海马对情绪学习也很重要，但它对记忆应该更为重要。根据对情绪概念的不同理解，对某些研究者来说，麦克莱恩的边缘系统概念往往是描述性和历史性的，而不是功能性的；对另一些研究者来说，这是他们研究范式的基础。

早期研究者在确定情绪的神经环路时，将情绪看作一个单独的概念，可以定位到某个或某些特定的环路（如边缘系统）。把情绪脑与大脑其他部分分开来看会产生一种局部主义的情绪观。局部主义的研究者认为，所有属于同一情绪范畴的心理状态（如恐惧）都是由特定神经环路的活动产生的。这些环路一旦被激活，就会产生在进化上获得成功的相应行为。这是一种遗传性状，并显示出与其他哺乳动物的同源性（Panksepp，1998）。

情绪网络的新概念

在过去的几十年里，对情绪的科学研究更多地集中在人类特定的情绪上，而且变得更加精细和复杂。通过测量大脑对情绪刺激的反应，研究者发现了一个复杂的相互联系的网络，以分析情绪刺激。这个网络包括丘脑、躯体感觉皮质、高级感觉皮质、杏仁核、岛叶皮质（也称为脑岛）、腹侧纹状体和内侧前额叶皮质（包括眶额皮质和前扣带皮质）。

研究情绪的学者承认，情绪是一个多面性概念，可能包含从基本情绪到复合情绪的一系列概念。事实上，S. M. 在双侧杏仁核损伤后只是不能识别恐惧情绪的现象支持了不存在单一情绪环路的观点（Adolphs et al., 1994, 1995; Tranel & Hyman, 1990；图 10.3）。当前的情绪研究关注的是特定类型的情绪任务和识别特定情绪行为的神经系统。根据情绪任务或情境的不同，我们可以预期有不同的神经系统参与其中。

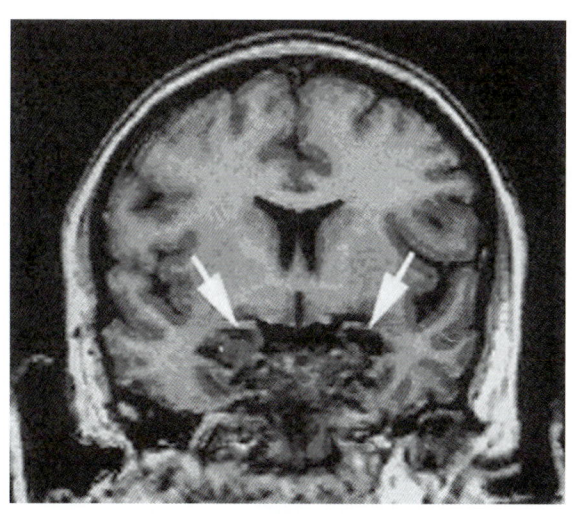

图 10.3　病人 S. M. 的双侧杏仁核损伤

白色箭头指出了杏仁核在大脑左右半球的位置。病人 S. M. 的杏仁核严重萎缩，脑组织已被脑脊液（黑色）代替。

认知神经科学中一个颇有前途的研究方向是使用机器学习方法识别不同情绪的模式和神经"特征"。例如，利用 fMRI 数据，多体素模式分析能计算多个体素之间的联系（与单独考虑每个体素的常用方法不同）。有研究者最近使用多体素模式分析确定了在观看令人不快的图片时产生的一种负性情绪的神经信号。这些神经信号跨越多个大脑网络，而不局限于像杏仁核这样的传统情绪相关脑区（L. J. Chang et al., 2015）。这样的信号特征有一天可能会用来预测个体内和个体间的情绪体验，并可能有助于我们理解离散情绪的特性（Kragel et al., 2016）。除了这些机器学习方法，由成千上万个情绪神经影像学研究数据组成的大型数据库（如 NeuroVault；Gorgolewski et al., 2015）可以揭示情绪研究中最一致的激活区域，并有助于解决关于情绪局部主义观的争论。

另一种工具是使用高功率 7T fMRI 扫描仪。它可以揭示以前的神经影像技术无法可靠地解决的一些细节问题。例如，许多动物研究发现，中脑导水管周围灰质（periaqueductal gray，PAG）在协调情绪反应方面起关键作用。人类身上的中脑导水管周围灰质不仅与其他哺乳动物有相同的架构，而且大多数脊椎动物也有相同的架构，表明这种在进化过程中保留下来的灰质具有重要的情绪功能。然而，它是一个微小的管状结构（外径为 6 毫米，内径为 2～3 毫米，高度为 10 毫米），环绕在中脑深处的脑导水管周围。这对研究者来说是在活人身上无法研究的区域。

由于中脑导水管周围灰质太小，因此研究者过去无法可靠地对它进行定位。然而，在2013年，研究者通过高功率7T fMRI确定了中脑导水管周围灰质中情绪刺激所激活的精准部位。事实上，我们可以看到中脑导水管周围灰质的一些亚区出现了离散的激活（Satpute et al., 2013；图10.4）。皮质下中脑导水管周围灰质现在也被认为是人类情绪加工的中枢。

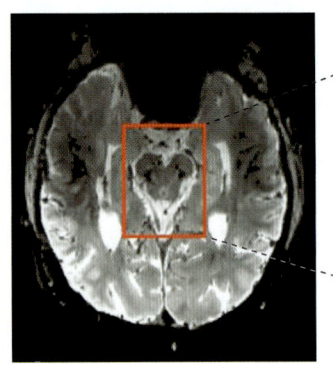
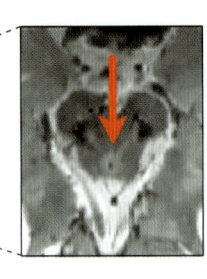

图10.4　7T fMRI扫描横截面显示出中脑导水管周围灰质　在放大后的高分辨率图像中，箭头指向的是中脑导水管周围灰质。

最后，探索其他动物情绪的研究者使用光控基因技术来控制神经环路，以确定由这些环路激活所导致的特定行为（Johansen et al., 2012；Lin et al., 2011）。

关键信息

- 帕佩兹环路是指詹姆斯·帕佩兹认为与情感有关的脑区，包括下丘脑、丘脑前部、扣带回和海马。边缘系统由这些结构以及杏仁核、眶额皮质和部分基底神经节组成。
- 情绪的局部主义观认为，属于同一情绪类别的心理状态是由特定的神经环路产生的。当特定的神经环路被激活时，会产生特定的行为。
- 研究者不再认为只有一种情绪神经环路。相反，根据情绪任务或情境的不同，我们可以预期有不同的神经系统参与其中。
- 基于机器学习的神经影像方法显示特定情绪状态激活了多个大脑网络。

10.3　情绪分类

情绪研究的一个核心问题是，情绪是像达尔文所认为的，是特异性的、具有生物学基础的，且与特定大脑机制紧密相连，还是像威廉·詹姆斯所认为的，是由更基本、更普遍因素组合而成的心理状态。詹姆斯认为，情绪不是基本的，也不是由特定神经结构产生的，而是在进化中磨炼出来的一系列心理成分的融合体。正如我们很快就会看到的，关于这个问题的辩论仍在进行。

本节将会讨论情绪的基本分类和维度分类。恐惧、悲伤、焦虑、得意、失望、愤怒、羞愧、厌恶、快乐、愉悦、兴奋和着迷是我们用来描述情绪生活的一些术语。不幸的是，我们丰富的情绪词语难以转化为可以在实验室研究的具体状态和变量。为了使情绪的定义具有一定的规律性和统一性，研究者主要关注三类情绪类别。

1. **基本情绪**是情绪的一个闭集，每一种情绪都有其独特的特征，由进化而来，并可通过面部表情反映出来。
2. **复合情绪**是基本情绪的组合，可以认为是逐步发展出来的、持续的感受，其中一些可通过社会学习或文化传承。
3. **情绪的维度理论**认为一系列情绪可能对事件或刺激的反应基本相同，但在一个或多个维度（如效价，从愉快到不愉快，从积极到消极；唤醒度，从非常强烈到非常轻微）上有不同的表现。

基本情绪

虽然我们可能会用高兴（delightful）、喜悦（joyful）和喜出望外（gleeful）来描述我们的感受，但是大多数人都会觉得这些词代表了略微不同的快乐（happy）。关于基本情绪的一个中心假设是，情绪是一种本能。如果呈现一个适当的刺激，那么它每次都会以相同的方式触发一个经进化而成的大脑机制。因此，我们经常把基本情绪描述为与生俱来的，在人类和许多动物中的表现都是相似的。这样一来，基本情绪是独立于我们对它们的知觉而存在的实体。根据这种观点，每种情绪会在感觉、知觉、运动和生理功能上产生可预测和可测量的变化,从而为我们提供了基本情绪存在的证据。

非人动物的基本情绪

亚克·潘克塞普(Jaak Panksepp)将情感定义为对价值编码的古老的大脑加工过程。也就是说,情感是大脑用来快速判断什么会提高或降低生存机会的启发式(Panksepp & Biven, 2012)。他通过实验试图研究大多数认知神经科学研究者选择回避的问题,即动物的情感。他不同意那些认为我们只能从口头报告中获得主观感受的观点。相反,他相信,如果间接接触,那些个体的感受就会有可客观测量的状态。

潘克塞普通过一项学习任务发现,在他测试的所有动物物种中,针对特定皮质下大脑结构内特定位置的电刺激会产生非常特有的情绪行为模式。通过客观地监测动物的反应是不是接近性或回避性的,他可以判断动物产生的情绪状态是奖励性的还是是惩罚性的(Panksepp & Biven, 2012)。潘克塞普通过一个翻转开关选择性地激活暴怒、恐惧、分离痛苦和一般化的寻求行为。他发现,如果一个电极刺激到了适当的神经解剖部位,那么这个刺激就能在不同动物物种身上唤起实际上相同的情绪反应倾向。

他提出了七个初级情绪系统(primary-process emotional system),或**核心情绪系统**,由所有高等动物共有的古老皮质下神经环路(不受认知束缚)产生。这些神经环路产生情绪性行为,并引起支持这些行为的特定自主性变化。他把每个系统用大写字母表示,以表明不同的情绪在哺乳动物大脑中存在着真实的、独特的神经网络,并增加了一套精心设计的术语,称这些情绪系统为寻求 / 欲望系统(SEEKING / desire system)、暴怒 / 愤怒系统(RAGE / anger system)、恐惧 / 焦虑系统(FEAR / anxiety system)、欲望 / 性系统(LUST / sex system)、关怀 / 母性养育系统(CARE / maternal nurturance system)、悲伤 / 分离痛苦系统(GRIEF / separation distress system)和玩耍 / 亲身社交系统(PLAY / physical social engagement system)。他认为,人类拥有相同的一组核心情绪系统。

之前已经介绍过安德森和阿道夫斯对情绪的定义了。他们并不担心动物无法主观报告情绪。其中一个原因是,他们一开始就不太相信人类对自己感受的主观报告。另一个原因是,他们的研究提示,一种中枢情绪状态是产生感受及所观察行为、心理生理反应、认知变化和躯体反应的原因。对他们来说,无法评估动物的感受并不重要,因为他们可以客观地测量这些效应(D. J. Anderson & Adolphs, 2014)。

面部表情与人类的基本情绪

达尔文在《人与动物的情绪表达》(The expression of the emotions in man and animals; Darwin, 1872)一书中指出,人类的情绪表达与低等动物相似(图10.5)。在过去150年中,许多人类情绪研究者认为,**面部表情**是由情绪刺激引发的可预测的变化之一。因此,人们普通认为对面部表情的研究为这些基本情绪打开了一扇非同寻常的窗户。这种观点的基本假设是:面部表情是与个体内心感受相对应的、可观察的和自动化的外在表现。这些通过面部表情对人类情绪的研究得出了一系列基本情绪,与潘克塞普的情绪系统有些相似,但得到了更广泛的认可。

最早的面部表情研究是由19世纪的法国神经

a

b

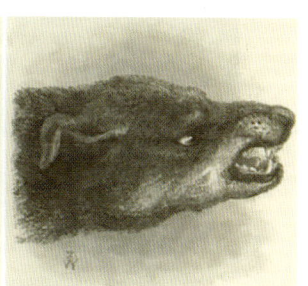
c

图10.5 达尔文给出的情绪表达的例子
(a)人类表现出的恐惧。(b)黑猩猩的失望。(c)猫和狗表现出的敌意。

病学家纪尧姆－邦雅曼－阿芒·迪歇恩·德布洛涅（Guillaume-Benjamin-Amand Duchenne de Boulogne）①开展的。他的一个老年男性病人几乎完全面麻木。迪歇恩发明了一种技术，通过电刺激这位病人的面部肌肉，可以系统性地触发肌肉收缩。他将他的结果用当时新发明的照相机记录了下来（图 10.6），并在《人类面部表情机制》（*The Mechanism of Human Facial Expression*，1862）一书中报告了他的发现。

迪歇恩相信面部表情揭示了背后的情绪。他的研究影响了达尔文在人类情绪行为的进化基础上的工作。达尔文曾向熟悉不同文化背景的人询问这些文化群体成员的日常情绪生活。从这些讨论中，达尔文断定，人类已经进化出了一套有限的基本情绪状态，而且每种状态在适应意义和生理表达上都是独一无二的。他关于人类拥有一套数量有限的普遍的基本情绪的观点受到后来的威廉·詹姆斯反对。

直到 20 世纪 60 年代，保罗·埃克曼在为他的理论寻求证据支持时，关于面部表情的研究才重新开始。保罗·埃克曼也反对达尔文的观点，并假设：（a）情绪只在从愉快到不愉快的尺度上变化；（b）面部表情和它所代表的意义之间的关系是社会习得的；（c）特定的面部表情会因不同文化而有不同的意义。他着手研究世界各地的文化，并发现了与他的所有假设完全相反的事实，即人类用来表达情绪的面部表情在不同的文化之间并没有太大差异。无论人们来自纽约布朗克斯区、北京还是巴布亚新几内亚，我们用来表示快乐、悲伤、恐惧、厌恶、愤怒或惊讶的面部表情几乎都是一样的（Ekman & Friesen，1971；图 10.7）。从这项研究中，埃克曼等人认为，愤怒、恐惧、悲伤、厌恶、快乐和惊讶是人类的六种基本面部表情，而且每种表情代表一种基本的情绪状态（表 10.1）。从那时起，其他一些情绪也被添加到了基本情绪的候选库中。

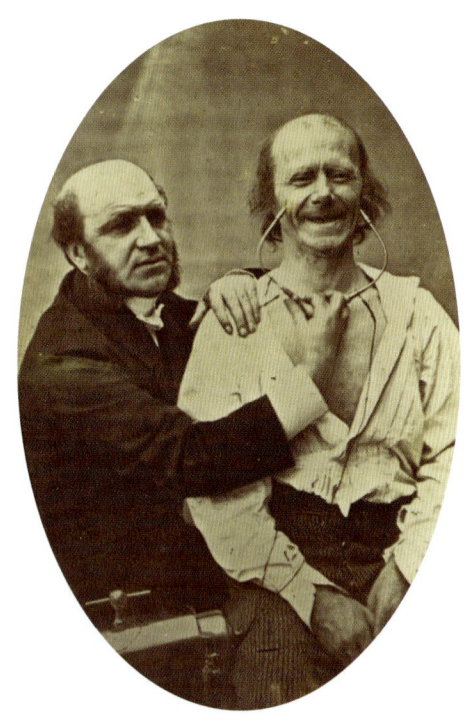

图 10.6　迪歇恩让一位面麻木的病人产生肌肉收缩

图 10.7　普遍的情绪表达

在所有文化中，这些面部表情的含义都是相似的。你能将愤怒、厌恶、快乐和悲伤的情绪状态与图中的面孔一一匹配吗？

---

① 心理学家保罗·埃克曼（Paul Ekman）为表示对迪歇恩的敬意，把人的真笑命名为迪歇恩式微笑。——译者注

表 10.1 埃克曼提出的成熟完善的基本情绪以及有可能也是基本情绪的备选情绪

成熟完善的基本情绪	备选的基本情绪
愤怒	轻蔑
恐惧	羞愧
悲伤	内疚
厌恶	尴尬
快乐	敬畏
惊讶	逗乐
	兴奋
	成就感
	安慰
	满意
	感官愉悦
	享受

来源：Ekman，1999.

杰茜卡·特雷西（Jessica Tracy）和戴维·松本（David Matsumoto）发现，自豪和羞愧也可属于基本情绪（2008）。她们观察了参加 2004 年奥运会和残奥会的来自 37 个国家的选手在柔道比赛中获胜或失败时的自豪表情或羞愧表情。部分参赛选手为先天性失明者。她们假设，在先天性失明选手中，针对他们行为反应的肢体语言不是从文化中习得的。

所有选手在获胜时都表现出了典型的自豪表情（图 10.8）。尽管来自高度个人主义文化的选手对失败的反应不那么明显，但来自大多数文化的选手在失败时都表现出了与羞愧相关的行为。这一发现提示，与自豪和羞愧感相关的行为是与生俱来的。然而，文化"规则"和发展性因素也会塑造一个人的自豪和羞愧体验。

尽管对于任何一份单一的情绪清单是否足以囊括人类所有的情绪体验仍有相当多的争论，但绝大多数科学家都同意所有的基本情绪都需具有以下三个主要特征：它们是与生俱来的、普遍的和短暂的。表 10.2 给出了一组标准。像埃克曼这样的情绪研究者相信，这些标准对所有基本情绪都是适用的。

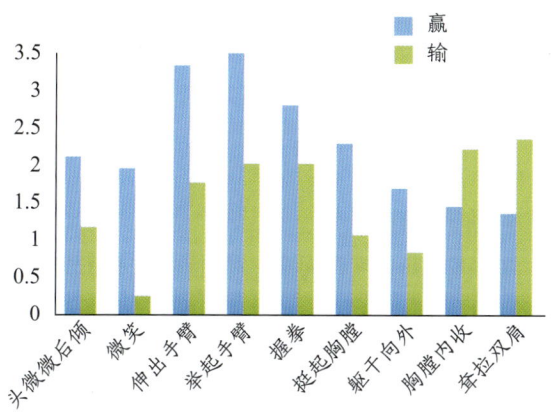

a 视力正常运动员

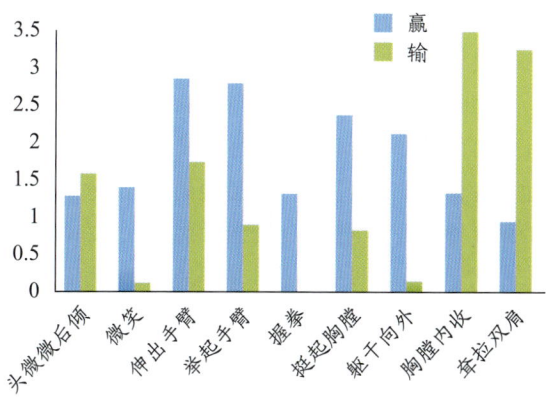

b 先天性失明运动员

图 10.8 来自 37 个国家的运动员表现出自发的自豪和羞愧表情

（a）视力正常运动员和（b）先天性失明运动员在输与赢两种状态下的自发的非言语行为的平均水平。

表 10.2　埃克曼的基本情绪标准

- 具区分性的通用信号
- 其他灵长类动物也同样具有
- 具区分性的生理学特征
- 具区分性的通用先行激发事件
- 迅速出现
- 持续时间短
- 自动评估
- 径自发生

来源：Ekman, 1994.

注：埃克曼（Ekman, 1999）增加了三个附加标准：（a）具区分性的早发育（相比其他情绪出现得更早）；（b）具区分性的想法、记忆和表象；（c）具区分性的主观体验。

一些基本情绪，如恐惧和愤怒，也已经在非人的哺乳动物中得到证实。正如前文提到的，大脑有特异化的皮质下环路加工这些情绪。对人类每种情绪的特异性生理反应的探索一直是曲折而缺乏成果的。虽然埃克曼发现人类对愤怒、恐惧和厌恶具有特异性的生理反应（参见 Ekman, 1992），但后来的元分析没有发现这一点（J. T. Cacioppo et al., 2000; Kreibig, 2010）。虽然情绪和自主神经系统产生的生理反应之间存在明确的关系，但生理反应模式似乎并不总是具有足够的特异性以区分人类的不同情绪和对应的生理反应。情绪可能是一种从离散到更广义的连续分布状态。

复合情绪

即使接受基本情绪这一分类，我们仍然需要确定哪些情绪是基本的，哪些是复杂的（Ekman, 1992; Ortigue, Bianchi-Demicheli et al., 2010）。一些常见情绪，如嫉妒和父爱或母爱，并不在埃克曼的列表中（见表 10.1; Ortigue & Bianchi-Demicheli, 2011; Ortigue, Bianchi-Demicheli, et al., 2010）。埃克曼并没有将这些强烈的感受从他的情绪列表中排除，但他称它们为"复合情绪"，而且通过从几个月到一生的持续时间这一水平将它们与基本情绪区分开（Darwin et al., 1998）。

嫉妒是最有趣的复合情绪之一（Ortigue & Bianchi-Demicheli, 2011）。一篇关于脑梗死或外伤性脑损伤后出现妄想性嫉妒病人的临床综述发现，大脑中有一个广泛的区域网络参与嫉妒情绪加工。这个网络包括与社会认知、心理推测（见第 13 章）以及对他人行为解读（见第 8 章）有关的高阶皮质区域（Ortigue & Bianchi Demicheli, 2011）。显然，嫉妒是一种复合情绪。

同样，爱情也比研究者最初认为的复杂得多（Ortigue & Bianchi-Demicheli et al., 2010）。（我们真的想知道有谁曾认为爱情并不复杂！）埃克曼将爱与基本情绪区分开，因为爱并没有一个全人类普遍的面部表情（见表 10.1; Sabini & Silver, 2005）。虽然我们可以观察到爱的行为，如接吻和牵手（Bianchi-Demicheli et al., 2006; Ortigue, Patel, et al., 2010），但它们并不是爱本身，而且因可以假装，导致它们也不是可靠的指标（Ortigue & Bianchi-Demicheli, 2008; Ortigue, Patel , et al., 2010）。虽然爱本身可能是不可观察的，但它的神经环路已经被定位于大脑皮质下的奖赏、动机和情绪系统以及涉及复杂认知功能和社会认知的高阶大脑皮质网络中。这就更加支持了爱是一种复杂的、目标导向的情绪，而不是一种基本情绪的观点（Bianchi-Demicheli et al., 2006; Ortigue, Bianchi-Demicheli, et al., 2010）。

情绪的维度理论

埃克曼相信，他的实验数据证明基本情绪是存在的。然而，另一些研究者把情绪看作对各种事件在一个连续体而不是离散状态上的反应。也就是说，这些研究者假设，对情绪的更好的理解来自研究个体的唤醒或愉快程度，或者对一个人接近或撤离一个情绪刺激所产生感受的动机水平。

效价和唤醒

绝大多数研究者都同意，对刺激和事件的情绪反应可以由两个因素定义：效价（愉悦—不愉悦，或积极—消极）和唤醒（内部情绪反应的强度，即高—低; Osgood et al., 1957; Russell, 1979）。例如，我们大多数人都同意，处于快乐之中是一种愉悦感受（积极效价），而处于愤怒之中是一种不愉悦感受（消极效价）。如果在人行道上捡到一枚 25 分的硬币，我们会感到高兴，但也并不会那么激动（不会高度唤醒）。然而，如果中了 1000 万美元的彩票，那么我们会极度高兴（狂喜），同时也处于很高的唤醒水平。虽然我们在这两种情况下都经历了一些愉悦的事情，但这种感受的强度肯定是不同的。通过这种追踪效价和唤醒的维度范式，研究者可以更具体地评估由刺激引起的情绪反应。这些研究者不再关注特定情绪的神经基础，而是关注这些特定情绪的维度（效价和唤醒）的神经基础。

然而，一个人可以同时体验两种效价相反的情绪

（Larsen & McGraw, 2014; Larsen et al., 2001）。在坐过山车时，我们可能既害怕又开心；在毕业前夕，我们会发现自己处在一种甘苦相随的情境中，一方面为即将毕业而高兴，另一方面为好朋友们即将分离而悲伤。在这些情况下，混合的感受提示积极和消极情感具有不同的神经机制，并且得到了有关神经化学证据的支持。积极激活状态与多巴胺的增加相关，而消极激活状态与去甲肾上腺素增加相关（Watson et al., 1999）。对立情绪的同时存在不只是有点奇怪，它也反驳了情绪要么以积极感受为主，要么以消极感受为主的观点。

接近或逃避

第二种划分情绪维度的方法是用根据情绪引发的行动和目标来划分。美国威斯康星大学麦迪逊分校的理查德·戴维森（Richard Davidson）及其同事（1990）建议，不同的情绪反应或状态可以促使我们接近或逃避某种场景。有些刺激，如天敌或危险的情况，可能是威胁；另一些刺激（如食物或潜在伴侣）可能提供改善生活的机会。例如，快乐这样的积极情绪可能促使我们接近或融入诱发这种情绪的情境，而恐惧和厌恶这样的消极情绪可能促使我们逃避诱发这些情绪的情境。

然而，动机不仅仅涉及效价的问题。愤怒（一种消极情绪）也可以激发接近行为。有时，激励性刺激既能让人接近，也能让人逃避：当室外温度约43℃时，在没有空调的澳大利亚内陆旅行了几小时后，你终于抵达了目的地，即凯瑟琳河边的露营地。你看到一个悬在水面上的秋千，就朝它小跑过去，准备跳进河里泡一泡。当走近时，你看到了一个典型的澳大利亚式提醒："小心鳄鱼。"嗯……你很想跳进去，但……

将情绪分为基本的、复杂的或多维度的，可以作为我们对情绪进行科学研究的一个框架。然而，要开展这些研究，重要的是明确情绪在每个研究中是如何定义的，以便我们在研究情绪时尽可能归纳出一个有意义的共识。接下来，我们将探讨一些关于情绪产生的理论。

关键信息

- 情绪可分类为基本情绪、复合情绪或者根据维度分类。
- 根据埃克曼的研究，人类的六种面部表情代表了六种基本情绪状态，即愤怒、恐惧、厌恶、快乐、悲伤和惊讶。
- 复合情绪是由大脑中一个涉及广泛的区域网络产生的。例如，嫉妒情绪涉及与社会认知、心理推测和解释他人行为有关的高级皮质区域。
- 维度范式不是描述情绪的离散状态，而是将情绪描述为在一个连续体上的反应变化。

10.4 情绪产生的理论

正如我们在本章早前提到的，大多数情绪研究者都同意，个体对情绪刺激的反应是具有适应性的，而且这个反应情绪包含三个成分。每一个关于**情绪产生**的理论都试图解释：

- 生理反应（如心跳加速）
- 行为反应（如战或逃反应）
- 主观感受（如"我感到很害怕！"）

这些理论没有达成共识的是情绪背后的机制，以及由什么原因导致了什么结果。争论的焦点在于：这三个成分产生的时间，以及情绪反应和主观感受的产生过程是否需要认知参与；或者换一种说法，一个情绪刺激是否可以直接引发一个快速且自动的情绪加工过程，从而产生特定的情绪反应和主观感受。在接下来的讨论中，我们会简单地介绍其中一些理论。

詹姆斯 - 兰格情绪理论

威廉·詹姆斯反对基本情绪的观点并提出，对一个情绪诱发刺激所产生的身体反应会引起自发的躯体内脏的反馈，而情绪是对这种反馈的知觉结果。他认为，感觉器官会将有关刺激的信息传递到大脑皮质，然后皮质将这些信息传递到肌肉和内脏。肌肉和内脏再将信息传回大脑皮质（反馈）。这时，原本已被简单知觉的刺激才会被情绪性地感受到。詹姆斯以一个人看到熊时产生的恐惧为例进行了说明。

我们在思考这些标准情绪时会很自然地认为，对某一事物的心理知觉激发了被称为情绪的心理情感，而这种心理状态会带来身体上的变化。相反，我的观点是，身体的变化直接追随在对令人兴奋事件的知觉之后，而我们对这些身体变化的感受就是情绪。常识告诉我们：我们遇到一只熊，我们感到害怕，于是我们逃跑。我对这种常识说法提出异议，事件发生的顺序不正确。一种心理状态不是由另一种心理状态立即引起的，身体表现必须首先介入二者之间。在这个情况下，一个可能更合理的说法是，因为颤抖，所以我们感到害怕；而不是因为感到害怕，所以我们颤抖。如果没有知觉后引发的身体状态，那么知觉将是纯粹的认知形式，苍白无趣，缺乏情绪上的温暖。我们可能会看到熊，并判断最好逃跑，但我们实际上并不感到害怕。（W. James，1884，p.189）

因此，根据詹姆斯的观点，你不是因为感到害怕而逃跑的；而是先逃跑，然后感到害怕，因为当你逃跑时，你开始意识到自己身体的生理变化，然后你从认知上解读了自己的生理反应，并得出结论：你感受到的是恐惧。根据这个理论，你的情绪反应取决于如何解读生理反应。与詹姆斯同时代的丹麦医生卡尔·兰格（Carl Lange）也提出过类似的观点，因此该理论被称为詹姆斯-兰格理论。

詹姆斯和兰格提出了这样的理论：

詹姆斯和兰格看到了那只熊。
↓
意识层面知觉到了这个刺激。
↓
生理反应：释放肾上腺素，引起心脏和呼吸频率增加，出汗，并为战斗或逃跑做好准备。
↓
行为反应：逃跑。
↓
认知：他们自发且无意识地解释自己的生理反应："我的心跳很快，而且我在逃跑；我一定是觉得害怕了"。
↓
主观情绪感受："我害怕！"

从而，詹姆斯和兰格相信，如果人们没有身体反应和身体给大脑皮质的信息反馈，那么人们是无法感受到情绪的。然后，如果没有生理上的感觉，人们就不会有情绪上的体验。虽然这是一个得到公认的理论，但问题很快就出现了。

坎农 – 巴德情绪理论

詹姆斯的理论引起了很大的轰动。几年后，两位哈佛大学的实验生理学家沃尔特·坎农（Walter Cannon；他第一个描述了战或逃反应）和菲利普·巴德（Philip Bard）提出了反对意见。例如，他们相信生理反应不够明显，以致无法区分恐惧、愤怒和性吸引力。

坎农和巴德检验了詹姆斯和兰格的预测，即如果生理感觉没有反馈到大脑皮质，个体就不会有情绪体验。当他们将猫的大脑皮质从下丘脑和丘脑上方与脑干分离后，他们发现了与预测相反的结果：当一只狗出现时，猫仍然会有情绪反应。它会咆哮，露出牙齿，毛发竖立。猫有情绪反应，但没有认知，也没有任何生理信号反馈到大脑皮质。从那以后，有研究在其他动物身上也重复得到了同样的结果（Panksepp et al.，1994）。

这些研究者提出，我们同时经历了情绪和生理反应：丘脑加工情绪刺激，并将这些信息同时传递到新皮质和下丘脑，而下丘脑引起外周神经反应。他们认为，新皮质产生了情绪感受，外周神经系统产生了情绪反应：一个不会引起另一个。回到在森林中看到熊的场景，坎农–巴德理论认为：

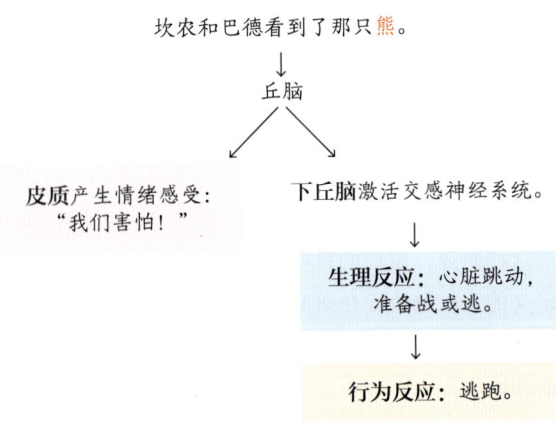

坎农–巴德理论至今仍然重要，因为它将并行加

工模型引入了情绪研究，并表明对情绪刺激的反应可以在没有皮质（至少对非人动物）的情况下发生。

情绪的评估理论

评估理论是一组理论，认为情绪加工取决于刺激性质及对其解释之间的交互作用。各评估理论之间的差别在于评估的内容和标准不同。由于评估是一个主观的步骤，因此它可解释人们对情绪刺激反应的差异性。

理查德·拉扎勒斯（Richard Lazarus）提出了评估理论的一个版本，即情绪是对一个人在遇到某个事件时权衡他所受到伤害与所得到益处的比例后的一种反应。在这个评估过程中，我们每个人都会综合考虑个人和环境因素，来决定这个刺激对人类福祉的意义。因此，情绪产生的原因既是刺激本身，也是刺激所代表的意义。在这个理论中，认知评估先于情绪反应或感受完成，而且这一评估过程可能是自动化的和无意识的。

拉扎勒斯看到了那只熊。
↓
认知层面（快速风险—利益评估）："一个危险的野生动物正向我扑过来，它呲着牙齿。危险性高，并且没有可预见的收益。"
↓
"我处于危险之中！"
↓
情绪感受："我害怕！"
↓
行为反应：逃跑。

辛格－沙赫特理论：唤醒的认知解释

杰尔姆·辛格（Jerome Singer）和斯坦利·沙赫特（Stanley Schachter）同意詹姆斯和兰格关于情绪是对身体反应的知觉这一观点，但他们也认同坎农和巴德的观点，即存在太多的情绪，以致不可能每一种情绪都有一个具体、独特且自主的模式。在一个非常著名的实验中，辛格和沙赫特给两组被试注射肾上腺素（Schachter & Singer, 1962）。控制组被告知他们将经历与肾上腺素相关的症状，如心跳加速。另一组被告知注射了维生素，不会有任何副作用。然后，每个被试都被安排与一个假被试在一起，而这个假被试会表现出高兴或生气。

当之后询问被试在实验期间的感受以及原因时，那些知道自己注射了肾上腺素的被试会将他们的生理反应归因于药物，而那些不知情的被试会将他们的生理表现归因于环境（快乐或愤怒的假被试），并相应地解释了自己的情绪。辛格和沙赫特根据这些发现提出了一个融合了上述三种理论的理论，即辛格－沙赫特理论。根据这一理论，在情绪被识别之前，先是情绪唤醒，随后进行推理来评估一个刺激。

辛格和沙赫特看到了那只熊。
↓
生理反应（唤醒）：心跳加速，已经准备好逃跑。
↓
行为反应：逃跑。
↓
认知：发生了什么？他们想："我看到了一只熊，我心跳开始加速并且口干舌燥。我一定是害怕了！"
↓
情绪感受："我害怕！"

在完成肾上腺素实验的那个时代，人们假设注射的药物会产生等效的与心理环境无关的自主性状态。然而，我们现在已经知道，药物的自主性和认知效应取决于环境，从而表明我们从这个实验结果中做的推断也是有限的。

勒杜理论：情绪的快慢路径

纽约大学的约瑟夫·勒杜提出，人类有两套并行运作的情绪系统。一套是负责我们情绪反应的神经系统。这个神经系统是进化的产物且绕开了大脑皮质，能产生快速反应，从而增加我们生存和繁衍的机会。另一套情绪系统（包括认知加工）运行速度慢但更准确，并产生有意识的情绪感受。勒杜认为，有意识的感受不是天生的，而是通过经验习得的，与情绪反应无关。

为了更容易区分这两种路径，并强调察觉和应对外界威胁的机制与产生有意识恐惧感受的机制不一样，勒杜提出，像恐惧和焦虑这样的心理状态术语应该只用于描述对恐惧和焦虑的主观感受。察觉和应对威胁的大脑环路应称为防御环路，应对威胁的行为应称为防御行为（LeDoux, 2014）。

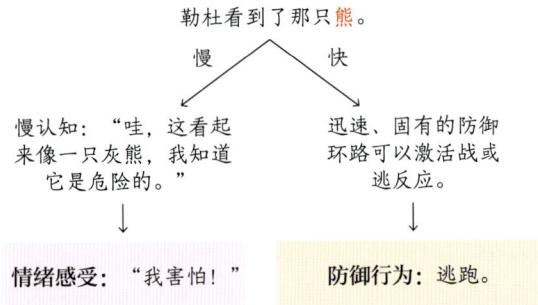

情绪的进化心理学理论

进化心理学家莱达·科斯米德斯（Leda Cosmides）和约翰·图比（John Tooby）提出，情绪是一系列认知过程的指挥，而认知过程需要协调才能产生成功的行为（2000）。他们认为，情绪是指导认知子过程及其交互作用的中心角色。

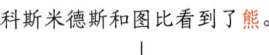
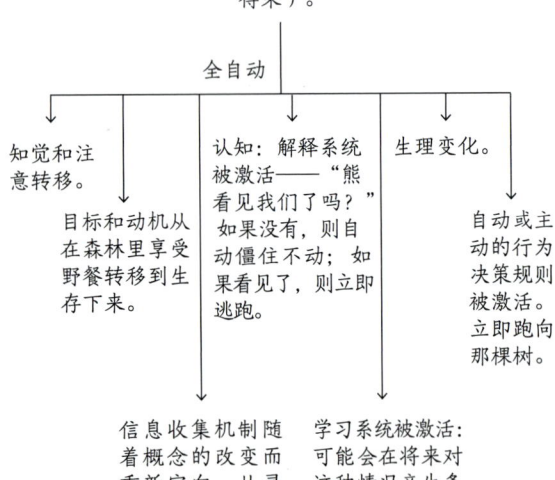

从这个角度来看，情绪不能被简化为它对生理、行为倾向、认知评价或感受状态的影响，因为情绪涉及对所有这些方面发布协调和进化指示。情绪还涉及对分布于整个人类心理和身体架构中的其他机制发布指示。

潘克塞普情绪层级加工理论

亚克·潘克塞普假设，情绪受一个层级加工控制系统支配。他认为，情绪加工有三种方式，而具体使用哪一种取决于情绪种类。最基础的方式是初级加工或核心情绪。这些核心情绪提供了最强烈的情绪感受，直接来自大脑皮质下古老的神经网络。该理论认为，认知不会参与这些情绪加工过程。

在这些核心情绪之上，次级情绪加工（情绪学习）产生于条件反射，第三级情绪加工在认知参与下进行精细加工。它们都是新皮质与边缘和边缘旁结构交互作用的结果（Panksepp，2005；Panksepp & Biven，2012；Panksepp & Watt，2011）。潘克塞普把恐惧归类到初级情绪加工中：当看到熊时，他不需要花时间想这只熊会怎么样，而是直接逃跑。

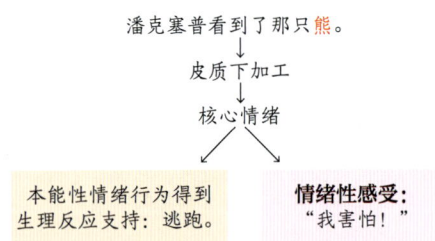

安德森和阿道夫斯：情绪作为主要因果状态

之前已经介绍过戴维·安德森和拉尔夫·阿道夫斯对情绪的定义了。他们认为，情绪刺激激活了中枢神经系统的状态，而中枢神经系统反过来同时激活了多个系统，产生不同的反应：各种感受、一种行为、一种心理生理反应和一些认知变化。

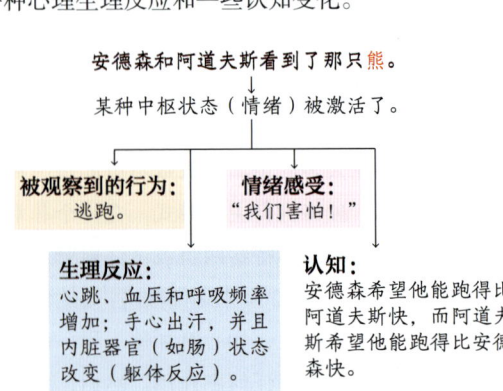

关键信息

- 情绪由三种心理成分组成，即生理反应、行为反应和主观感受。包括人类在内的许多动物都进化出了这三种心理成分，能够对重要的刺激产生反应，从而提高生存机会。不过，学术界对这些成分的产生时间和其后机制仍有争议。
- 研究者对于认知是否部分参与以及何时参与情绪产生或加工过程尚未达成共识。
- 研究者对情绪的产生意见不一致，目前存在多种理论。

10.5 杏仁核

约瑟夫·勒杜是认知神经科学领域最早研究情绪的学者之一。他一开始研究了杏仁核在恐惧条件反射中的作用，并发现杏仁核在所有情绪（不限于恐惧）加工中都起着重要作用。因为研究者最初关注的是杏仁核，所以我们对它在情绪中的作用比对其他大脑区域的作用了解得多。

杏仁核是一对形似杏仁的小神经结构，位于颞叶内侧，并与海马前部相邻（见本章的"解剖定位"专栏和**图 10.9a**）。在灵长类动物中，每个杏仁核都是一个令人好奇且非常复杂的结构，包括 13 个核团，组合为 3 个主要的杏仁核群。

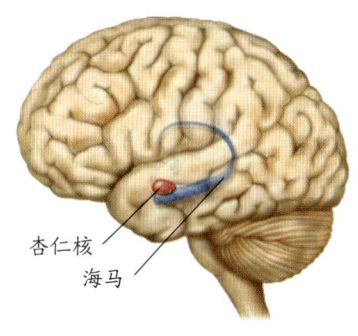

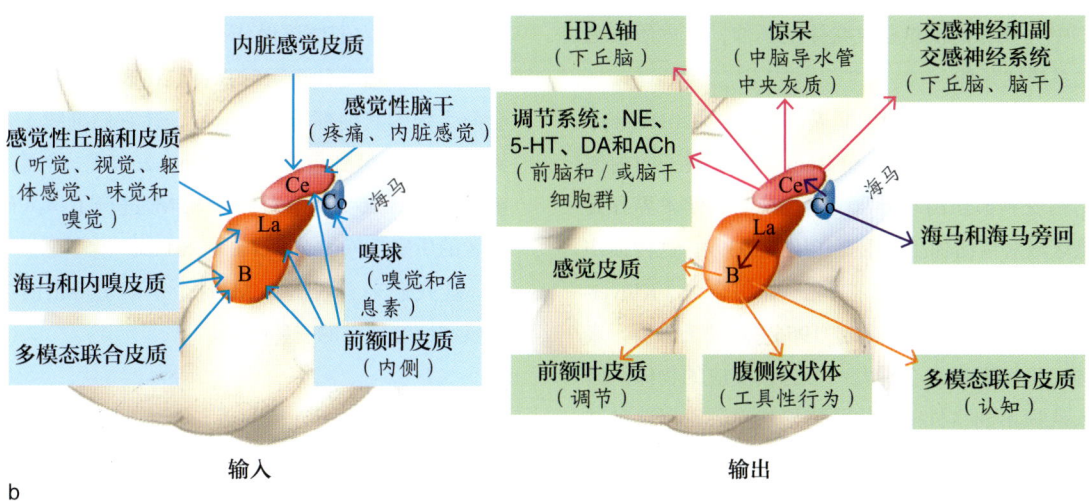

图 10.9 杏仁核的位置和环路

此处显示的是左半球杏仁核在大脑外侧的相对位置。它位于内侧颞叶深处并与海马的前部相邻。（有关杏仁核的矢状面，请参见本章的"解剖定位"专栏。）（b）杏仁核中外侧核、基底核、中央核和皮质核的输入（左图）和输出（右图）。请注意，外侧核是接收感觉输入的主要部位，而中央核被认为是表达先天情绪反应和与它们相关生理反应的主要输出区域。基底核的输出连接与参与工具性行为控制的纹状体区域相连。由皮质核加工的嗅觉和信息素信息输出可能会调节情绪唤醒状态下的记忆形成。La= 外侧核（lateral nuclei），B= 基底核（basal nuclei），Ce= 中央核（centromedial nuclei），Co= 皮质核（cortical nuclei），NE= 去甲肾上腺素，5-HT=5–羟色胺/血清素，DA= 多巴胺，ACh= 乙酰胆碱。

1. 最大的区域是基底外侧核群，包括**图 10.9b** 所示的外侧核和基底核，以及图中未显示的副基底核。外侧核接收感觉输入。从外侧核到基底核的连接以及从基底核到腹侧纹状体的连接，控制机体在面临威胁时的行为表现（如逃跑或回避；LeDoux & Gorman，2001；Ramirez et al.，2015）。
2. 由内侧核和中央核组成的中央内侧核群接收由基底核加工的信息，并形成一个反应。它与控制先天性（或防御性）情绪行为及其相关生理（自主和内分泌）反应的脑干区域相连。图 10.9b 显示了外侧核、基底核和中央核的一些输入和输出。
3. 最小的核群是皮质核，也被称为"杏仁核的嗅觉区"，因为它主要接收来自嗅球和嗅皮质的输入。它输出加工后的信息到内侧核，也直接输出加工后的信息到海马和海马旁回，而且它可能在涉及嗅觉的情绪唤醒时调节记忆的形成（Kemppainen et al.，2002）。

对于"杏仁核"作为一个单独实体的概念，学术界一直存在争议。一些神经生物学家认为，杏仁核既不是一个结构单位，也不是一个功能单位，而是来自其他区域的一束神经核延伸体（Swanson & Petrovich，1998）。例如，外侧核和基底核可以被认为是新皮质的延伸，中央核和内侧核是纹状体的延伸，而皮质核则是嗅觉系统的延伸。

在芝加哥大学海因里希·克吕弗（Heinrich Klüver）和保罗·布西（Paul Bucy）记录猴子的内侧颞叶结构受到损伤出现异常情绪反应后，学术界开始认为该区域对情绪加工起重要作用（1939）。这种损伤的一个显著特征〔后来被称为克–布综合征（Klüver-Bucy syndrome）；Weiskrantz，1956〕是缺乏恐惧，表现为倾向于接近通常会引发一个恐惧反应的物体。因为病人认识不到事件或物体的情绪意义，所以这种缺陷也被称为心理盲（psychic blindness）。

在 20 世纪 50 年代，杏仁核被确定为与恐惧相关缺陷有关的主要神经结构。那些杏仁核被选择性破坏的猴子表现得像患了克–布综合征一样：它们粗心大意，过度的信任感，毫不畏惧地接近新奇或可怕的物体，还会接近可能的天敌，如蛇和陌生人——不止一次，即使经历同类遭遇，它们也会一次又一次地接近这些危险。一朝被蛇咬，十年怕井绳。虽然杏仁核受损者并没有表现出克–布综合征的所有典型症状，但他们确实表现出了恐惧加工缺陷，如本章开始提到的 S. M.（Adolphs et al.，1994，1995；Tranel & Hyman，1990）。她表现得缺乏谨慎和不信任感，也没有学会规避别人认为恐惧的经历（Feinstein et al.，2011）。

研究杏仁核在恐惧加工过程中的作用时，研究者意识到，由于杏仁核与许多其他大脑区域有着广泛的联系，因此它可能对所有情绪加工都重要。事实上，杏仁核是前脑中连接最多的结构。杏仁核的广泛连接提示，在对情绪刺激做出反应的学习、记忆和注意过程中，杏仁核起着至关重要的作用。杏仁核含有谷氨酸、多巴胺、去甲肾上腺素、血清素和乙酰胆碱等神经递质的受体。它还含有糖皮质激素和雌激素的受体，以及内啡肽、催产素、血管加压素、促肾上腺皮质激素释放因子和神经肽 Y 等肽类受体。

关于杏仁核的作用存在多种观点。有一种假设认为，杏仁核是一个保护装置，用于察觉和规避危险（Amaral，2002）。另一种更普遍的观点认为，杏仁核参与了判断刺激是什么以及如何应对刺激的过程（Pessoa，2011）。无论是哪种观点，它都与注意、知觉、价值表达和决策有关。在这个背景下，克里丝滕·林德奎斯特（Kristen Lindquist）及其同事（2012）提出，当大脑的其他部分无法轻易判断"这种感觉是什么""针对它们应该做什么"或者"在特定环境下这些感觉的价值是什么"时，杏仁核表现活跃。杏仁核会向大脑的其他部分发出信号，让它们继续工作，直到这些问题得到解决（Whalen，2007）。然而，林德奎斯特的观点受到了对病人 S. M. 进行了深入研究的学者的质疑（Feinstein et al.，2011）。

让我们来看看从 S. M. 这个个案中得出的关于杏仁核和情绪加工的一些推论。

1. 杏仁核在识别恐惧的面部表情中起着至关重要的作用。
2. S. M. 无法体验到恐惧情绪。
3. 除恐惧外，S. M. 似乎没有任何其他情绪缺陷。
4. S. M. 不能感受恐惧似乎是她无法规避危险处境的原因。也就是说，她似乎不能从过去可怕的经历中吸取教训。

即使没有杏仁核，S. M. 也能正确地理解情绪刺激的意义，但她在各种情境下对恐惧情绪的诱发和体验存在特异性缺陷。曾对 S. M. 进行研究的学者认为，当外界环境出现威胁刺激时，杏仁核是触发恐惧状态的一个关键脑区。他们假设，杏仁核提供了感觉皮质和联合皮质之间的连接，以及脑干和下丘脑环路之间的连接，前者是表征外部恐惧刺激所需要的，后者是协调恐惧反应动作所必需的。稍后，我们将在本章看到，杏仁核外侧损伤会阻止恐惧条件反射。缺少杏仁核，恐惧的进化价值就丧失了。

在本章接下来的大部分内容中，我们将探讨杏仁核如何参与了情绪和认知过程（如学习、注意和知觉）。有研究者将杏仁核视为警惕的看守者，会时刻留意那些可能触发反应的刺激（A. K. Anderson & Phelps，2001；Whalen，1998）。这种说法也许是对的，但它究竟是在警惕什么呢？研究者仍未找到这个问题的答案。显然，杏仁核仍然是一个未解之谜。虽然我们还不能解决这一争论，但当我们了解杏仁核在情绪加工中的作用时，我们将会对情绪在各认知领域中的作用有一个大致的了解。

关键信息

- 杏仁核是前脑中连接最多的结构。
- 杏仁核含有多种神经递质和激素的受体。
- 杏仁核的作用仍然是一个谜，但它可能用来探测危险。

10.6　情绪对学习的影响

尽管进化赋予了我们一定程度的先天恐惧感，但我们并不是生来就知道有一大堆需要避免的事情的。这些需要学习才知道。人类很擅长学习恐惧：我们甚至不需要经历那些事情就会感到害怕。事实上，我们可能过于擅长学习恐惧了。与其他动物不同，我们会害怕在自己的脑海想象出来的东西，包括那些根本不存在的东西，如鬼魂、吸血鬼和床下的怪物。

在前几章中，我们并没有探讨情绪如何影响认知过程，但个人经验告诉我们，情绪确实有影响。例如，如果我们感到悲伤，就难以做出决定、思考未来，或进行任何身体活动；如果我们感到焦虑，可能会听到家里的各种声音，而平时是注意不到这些的。在接下来的两节中，我们将从情绪如何影响学习开始（这是研究得最广泛的领域），探讨情绪如何调节认知功能。在阅读下面的内容前，请先回想一下 S. M. 无法学会规避危险情境的个案。

内隐情绪学习

20 世纪初的一天，瑞士神经病学家和心理学家爱德华·克拉帕雷德（Édouard Claparède）问候他的一个病人并介绍了自己。接着，这个病人也做了自我介绍，并和他握手。这听起来只是一个普通的故事，但可能会让你震惊的是，克拉帕雷德在过去 5 年里的每一天都对这个病人做同样的事，但病人从来没有记住他。她患有科尔萨科夫综合征（Korsakoff syndrome），表现为陈述性长时记忆丧失。某一天，克拉帕雷德把一根针藏在他的手掌里，当他与这位病人握手时，针扎痛了他的病人。第二天，她再次忘记了他，但当克拉帕雷德伸出手想握手问候她时，她第一次出现了犹豫。克拉帕雷德首先证明了内隐学习和外显学习，这两种不同的学习形式显然与两条不同的神经通路相关（Kihlstrom，1995）。

正如克拉帕雷德首先注意到的，内隐学习是巴甫洛夫式学习的一种类型。在这种学习形式中，一个中性刺激（握手）与一个厌恶事件（针刺）匹配时，会使中性刺激变得让人厌恶。这是**恐惧条件反射**的一个经典例子，也是研究杏仁核在情绪学习中作用的一个主要范式。恐惧条件反射是一种经典条件反射，其中的无条件刺激是令人厌恶的。使用恐惧条件反射范式研究情绪学习的一个优势是可以进行跨物种研究，从果蝇到人类均有相似的反应方式。

图 10.10 示范了恐惧条件反射的一个实验室版本，其中，灯光是条件刺激。在这个例子中，我们要让大鼠建立这个中性刺激与一个厌恶刺激的条件反射。然而，在训练之前（图 10.10a），灯光只是一个中性刺激，不会引起大鼠的反应。在预训练阶段，大鼠会对那些天生厌恶的无条件刺激产生正常的惊跳反应——如足下电击或一声巨响就会唤起大鼠天生的恐惧反应。在训练阶段（图 10.10b），我们将灯光和足下电击进行匹配，即在灯光熄灭的那一刻立即发放电击。大鼠对电击有一种天生的恐惧反应（通常是受惊或跳跃），称为无条件反应。我们把这个阶段称为习得阶段。在灯

只给光（条件刺激）：
无反应

a 训练前

只电击脚（无条件刺激₁）：
正常惊吓（无条件反应）

只给巨响（无条件刺激₂）：
正常惊吓（无条件反应）

光和电击结合：
正常惊吓（无条件反应）

b 训练中

只给光：
正常惊吓（条件反应）

c 训练后

光和声音结合，但无电击：
增强的惊吓（增强的条件反应）

图 10.10 恐惧条件反射

（a）训练前，三种不同刺激，即灯光刺激（条件刺激）、足下电击（无条件刺激₁）和巨响（无条件刺激₂）单独呈现，并且足下电击和巨响都会引起大鼠产生正常的恐惧反应。（b）在训练过程中，将灯光刺激（条件刺激）和足下电击（无条件刺激₁）配对同时呈现，以引起大鼠正常的恐惧反应（无条件反应）。（c）在训练后的测试中，不仅单独给出灯光刺激会引起大鼠的恐惧反应（条件反应），由于大鼠被发出的噪声惊吓到了，并将灯光刺激（条件刺激）与令它受惊的足下电击（无条件刺激）产生的恐惧相关联，所以当灯光刺激和一声巨响一起出现而没有足下电击时，也会引起大鼠的恐惧反应（增强的条件反应）。

光（条件刺激）和电击（无条件刺激）的匹配出现几次后，大鼠学习到灯光可以预测电击。很快，大鼠对单独出现的灯光也产生了恐惧反应（图10.10c）。这种预期性的恐惧反应就是条件反应。

我们可以通过增加另一个恐惧刺激或提前使大鼠处于焦虑状态，来增强条件反应。例如，如果大鼠在看到灯光（条件刺激）的同时听到一声巨响（另一个无条件刺激），将引发一个更强烈的惊吓反应，即增强的条件反应。如果灯光（条件刺激）单独出现，不伴随电击，那么在经过多次之后，大鼠就不再把条件刺激和条件反应联系在一起了，再出现条件刺激时，条件反应也不再发生了。这种现象称为**消退**。重要的是，消退现象代表了对条件刺激的新学习，即抑制了对原来记忆的表达。然而，由于它不是覆盖了原来的记忆，因此在一段时间后，在一个不同的情境中，即当情境更新或再次暴露于无条件刺激之中（重新介入）时，恐惧反应会再次出现，即自发恢复。目前有研究者正在研究能更持久地调节不想要的防御反应的技术（Dunsmoor, Niv, et al., 2015）。

在这种恐惧学习范式中，无论使用的刺激是什么，引发的反应是什么，有一个发现在大鼠身上始终一致（稍后会看到在人类身上也适用）：杏仁核损伤会削弱恐惧条件反射。而且，杏仁核损伤会阻碍与厌恶性无条件刺激相关联的中性条件刺激对于条件反应的习得和表达。

高、低两条通路

利用恐惧条件反射范式，约瑟夫·勒杜（LeDoux, 1996）、美国埃默里大学的迈克·戴维斯（Mike Davis, 1992），以及美国佛蒙特大学的布鲁斯·卡普（Bruce Kapp）及其同事（1984）揭示了从刺激知觉到情绪反应的恐惧学习过程的神经通路。如

图 10.11 所示，杏仁核的外侧核负责整合来自大脑多个区域的信息，从而形成恐惧条件反射中的刺激—反应联系。

单细胞记录研究的结果显示，背外侧杏仁核上部细胞具有快速变化的能力，将条件刺激与无条件刺激匹配。在经过几个试次后，这些细胞会重置，回到它们的起始状态；然而，到那时，背外侧杏仁核下部的细胞已经发生了变化从而维持了这种不利的联系。这可能就是为什么看起来已经消除的恐惧会在压力下恢复，因为背外侧区域下部的细胞保留了记忆（LeDoux，2007）。接着，外侧核将信息投射到杏仁核的中央核，而中央核会分析一个刺激并将它置于适当的情境之中。如果中央核决定这个刺激具有威胁性或潜在危险，它就会引发一个情绪反应。

这个恐惧条件反射环路的重要特征之一是，有关恐惧诱发刺激的信息通过两条独立但同时的通路到达杏仁核（图 10.12；LeDoux，1996）。一条直接从丘脑到达杏仁核，而不被认知或意识控制所过滤。通过这条通路传输的信号绕过了大脑皮质，因此这条通路有时会被称为"低通路"。尽管信息很粗略，但这些信号能迅速到达杏仁核（在一只大鼠中只需 15 毫秒）。与此同时，关于刺激的感觉信息通过皮质通路投射到杏仁核。这条通路有时也被称为"高通路"。高通路慢得多，在一只大鼠身上要花 300 毫秒，但对一个刺激的认知分析更全面。在这个通路中，感觉信息先被投射到丘脑，然后丘脑将信息发送到感觉皮质，来进行更精细的分析。最后，感觉皮质将分析结果投射到杏仁核。

低通路让杏仁核能迅速接收来自丘脑的粗略信号，以表明刺激是否与条件刺激大致相似；如果相似，杏仁核可以立即做出反应。尽管使用两条通路向杏仁核发送信息似乎有些多余，但当需要对威胁性刺激做出

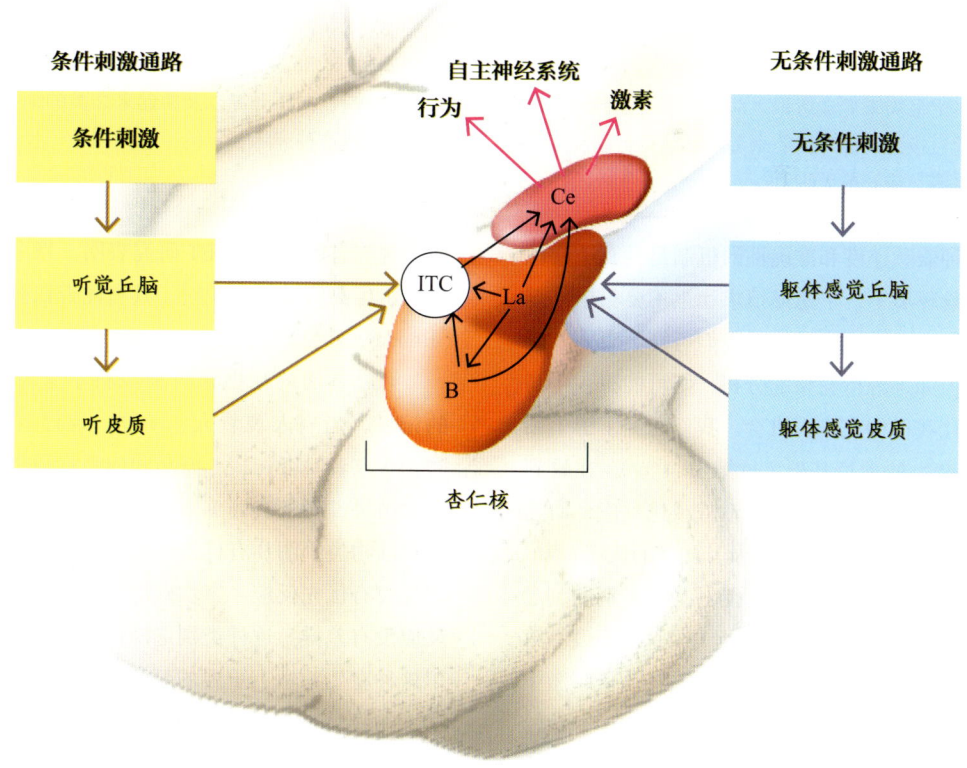

图 10.11 杏仁核通路和恐惧条件反射
来自条件刺激和无条件刺激的感觉信息通过感觉皮质输入和丘脑输入到外侧核，从而进入杏仁核。这些信息在外侧核汇聚并引发突触可塑性，所以在经过条件处理后，条件刺激信息便会像无条件刺激信息一样流经外侧核和杏仁核内的连接至中央核。闰细胞（intercalated cell，ITC）将外侧核（La）和基底核（B）与中央内侧复合体（centro-medial complex，Ce）中的中央核相连。

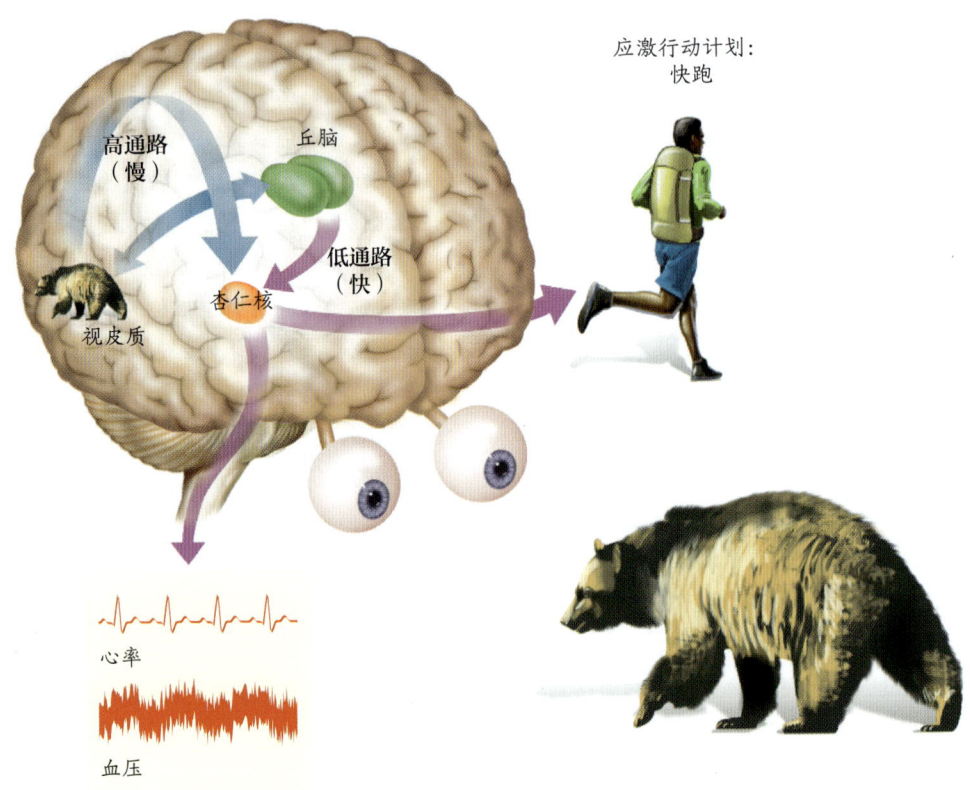

图 10.12　杏仁核通过两条通路接收感觉输入

当一个远足者碰巧遇到一只熊时，感觉输入会通过皮质"高通路"和皮质下"低通路"投射到杏仁核，来激活情感记忆。然而，在这些记忆尚未变成意识之前，它们就会自动引发变化，如心率加快、血压升高以及跳起来之类的惊吓反应。这些记忆还可以通过投射到额叶皮质来影响后续的行动反应。这个远足者会使用这种充满情感的信息做出下一步行动：转身并逃跑，缓慢撤退，或对熊大吼？

反应时，这种兼顾速度和准确性的机制是具有适应性的。在高风险环境下，宁愿谨慎求稳也不要犯错甚至更具有适应性。通过快速反应，我们可能会犯一些低风险错误。但如果等待完整的分析，则可能犯一个高风险错误，让我们彻底丧失机会。我们已经了解了勒杜关于情绪产生的理论基础（见第 10.4 节）。在看到熊之后，人的快速低通路就会启动战或逃反应，而通过皮质的慢速高通路会提供对熊及其弱点的认识。

从进化的角度看，杏仁核可能对某些类别的刺激（如动物）特别敏感。有两方面证据支持这一假设。第一方面的证据与生物运动有关。视觉系统会从刺激中提取细微的运动信息，并将此刺激归类为有生命的（能运动是生命体的特征）或无生命的。这种识别生物运动的能力是与生俱来的。新生儿在出生后的最初几天内就会注意到生物运动（Simion et al., 2008），其他哺乳动物也是如此（Blake, 1993）。这种对生物运动的优先注意是具有适应性的，警示我们其他生命物

的出现。有趣的是，PET 研究表明，当个体知觉到一个展示生物运动的刺激时，其右侧杏仁核就会被激活（Bonda et al., 1996）。

第二方面的证据来自神经科学家对单细胞进行的记录。当病人观看人、动物、地标或物体的图像时，研究者对杏仁核、海马和内嗅皮质进行单细胞记录。结果发现，右侧（不是左侧）杏仁核的一些神经元对动物类别图片有优先反应，而对其他刺激类别的图片没有优先反应。杏仁核对危险动物和可爱动物的反应没有差异。这种类别选择性为大脑中存在一个加工这种在生物学上重要的刺激类别（包括捕食者或猎物）的领域特异性机制提供了证据（Mormann et al., 2011）。

杏仁核在内隐学习中的作用

在通过恐惧条件反射学习对产生厌恶事件的刺激做出反应的过程中，杏仁核的作用被认为是内隐

的。使用内隐这个术语是因为学习效应是通过行为反应（如增强的惊吓）或生理反应（如自主神经系统的唤醒）间接地表达出来的。在研究非人动物时，我们只能通过间接或内隐的表达方式对条件反应进行评估：当灯光亮起时，大鼠会惊跳。

然而，对人来说，我们还可以让被试报告他们是否知道条件刺激代表了一个潜在的厌恶性后果（无条件刺激），从而直接评估他们的反应。杏仁核损伤的病人无法展示间接的条件反应，例如，不会回避与克拉帕雷德握手。但是，当要求他们外显地或有意识地报告恐惧条件反射的各个参数时，这些病人并没有表现出任何缺陷。他们可能会回应："哦，握手。当然可以，感觉会有点痛。"因此，我们知道他们了解这个刺激与一个厌恶事件有关。杏仁核损伤似乎对后面这种能力没什么影响（A. K. Anderson & Phelps, 2001; Bechara et al., 1995; LaBar et al., 1995; Phelps et al., 1998）。

一个针对类似 S. M. 的病人 S. P. 的恐惧条件反射的研究很好地说明了这个概念。S. P. 也有双侧杏仁核损伤（图 10.13）。为了减轻癫痫症状，她在 48 岁时做了脑叶切除手术，切除了右侧杏仁核。当时的 MRI 显示，她的左侧杏仁核已经受损，很可能是由内侧颞叶硬化症造成的。这种综合征会导致大脑内侧颞叶区域的神经损伤（A. K. Anderson & Phelps, 2001; Phelps et al., 1998）。和 S. M. 一样，S. P. 无法识别他人的恐惧表情（Adolphs et al., 1999）。

实验者给 S. P. 看一张蓝色方块的图片（条件刺激），呈现时间为 10 秒。在习得阶段，当蓝色方块（条件刺激）呈现 10 秒结束时，实验者给 S. P. 的手腕施加轻微的电击（无条件刺激）。实验者测量了 S. P. 的皮电反应（图 10.14）。结果与预期的一致：她对电击产生了正常的恐惧反应（无条件反应），但是仅当蓝色方块（条件刺激）出现时，并没有恐惧反应，即使在她反复学习后也是如此。对蓝色方块没有皮电反应说明她并没有习得条件反应。这也表明杏仁核对生理反应的产生（皮电活动）并不是必要的，但对感官刺激与情绪的耦合是必要的（Bechara et al., 1995）。

在实验结束后，研究者向 S. P. 展示了她自己的数据和一名对照被试的数据（如图 10.14 所示）。当她被问到有何感想时，她惊讶地发现，当蓝色方块（条件刺激）出现时，她的皮电反应（条件反应）竟然没有

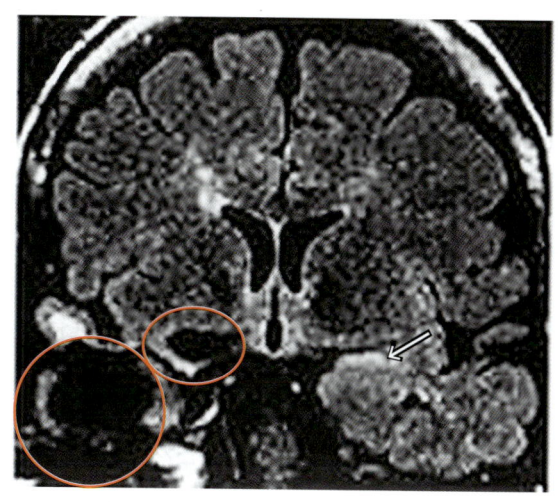

图 10.13　病人 S. P. 的双侧杏仁核损伤

在一个减轻癫痫发作的外科手术中，右侧杏仁核和包括海马（圆圈区域）在内的一大块右侧颞叶被切除了。左侧杏仁核的病变在白色环状区域（箭头所指处）清晰可见，表明这个区域的细胞已被神经疾病破坏了。

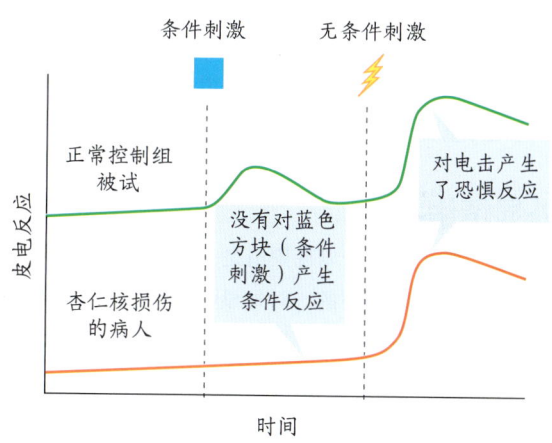

图 10.14　S. P. 没有对条件刺激产生皮电反应

与正常控制组被试不同，S. P.（红线）在训练后对蓝色方块（条件刺激）没有反应，但对电击（无条件刺激）有反应。

变化。她报告，在最开始的习得训练中，她就意识到了在蓝色方块出现后，手腕就会被电击。她不明白她的皮电反应为何无法反映她意识中知道的事情。

在其他杏仁核损伤的病人中，研究者也观察到了对恐惧条件反射事件的完好外显知识与丧失的条件反应之间出现的分离现象（Bechara et al., 1995; LaBar et al., 1995）。这些发现提示，如果皮质与杏仁核以及杏仁核与中脑连接中断，那么尽管对即将到来的电击

有清醒认识，大脑皮质仍然无法产生与恐惧相关的正常生理变化。虽然 S. P. 预期会受到电击，但没有这些生理变化，她就感觉不到恐惧。这一结果对认为需要认知参与的情绪产生理论提出了严峻挑战。

我们在第 9 章中也曾提到，外显或陈述性记忆依赖颞叶内侧的另一个结构——海马。海马损伤会损害针对某一事件的外显记忆。当研究者训练双侧海马损伤但杏仁核完整的病人形成恐惧条件反射时，病人展现了与 S. P. 相反的表现。这些病人对于蓝色方块（条件刺激）产生了正常的皮电反应，表明他们习得了条件反应。但是，当问他们在条件反射的过程中发生了什么时，他们报告不出蓝色方块的出现是与电击相联系的，或是根本不记得蓝色方块曾经出现过——就像克拉帕雷德的病人一样。他们在没有意识性记忆的情况下产生了生理反应。

这种杏仁核损伤病人和海马损伤病人的双分离现象证明，杏仁核对情绪学习的内隐表达是必要的，但是对于情绪学习和记忆的其他方面不是。海马对习得一个刺激的情绪特性的外显知识或陈述性知识是必需的，而杏仁核对于一个内隐的恐惧条件反射的习得和表达尤为重要。

外显情绪学习

上面描述的双分离现象清楚地表明，杏仁核在内隐情绪学习中是必要的，对外显情绪学习则不是必要的。那么，杏仁核在外显学习和记忆中也有作用吗？

设想一个场景，莉兹走在她家附近的街道上，看到邻居的狗在人行道上。即使她自己养狗，而且蛮喜欢狗的，但她还是害怕邻居的这条狗。当她遇到这条狗时，会紧张和害怕，所以她决定绕到另一侧人行道上。为什么莉兹喜欢狗却唯独害怕这条狗呢？可能有多种原因。例如，这条狗咬过她一次。这样的话，她对这条狗的恐惧反应是通过恐惧条件反射获得的。这条狗（条件刺激）与被狗咬（无条件刺激）匹配，导致疼痛和恐惧（无条件反应），于是她习得了对这条狗的恐惧反应（条件反应）。

然而，莉兹也可能因为其他原因而害怕这条狗。也许，她从邻居那里听说这条狗很凶，可能会咬人。在这种情况下，她没有任何与这只狗相联系的厌恶性经历。但是，她外显地学习到了这条狗的厌恶性特征。她学习和记忆这种信息的能力依赖她的海马记忆系统。

当只是从邻居那里听到这个信息时，她可能并没有经历恐惧反应，但是当她真正遇到这条狗时，产生了恐惧反应。因此，她的恐惧反应并不是基于真实的经历，而是一个预期的、基于对这条狗的潜在厌恶性特征的外显知识。外显学习（因被告知的一些信息而学会了害怕一个刺激）在人类的情绪学习中很常见。

杏仁核对外显学习的影响

在指导式恐惧习得过程中，杏仁核对恐惧反应的间接性表达是否有影响？根据对病人 S. M. 的了解，你觉得会是怎么样的呢？纽约大学的伊丽莎白·菲尔普斯及其同事（Funayama et al., 2001; Phelps et al., 2001）使用指导式恐惧范式解答了这个问题。他们告知被试，一个蓝色方块可能会伴随电击，但实际上没有一个被试被电击，即没有直接的强化。他们发现，杏仁核损伤的病人可以学习到并外显地报告蓝色方块会与手腕电击伴随出现，然而当他们看到蓝色方块出现时，并没有表现出惊吓反应。换言之，他们有意识地知道自己会受到电击，但没有情绪反应。相反，正常控制组被试在蓝色方块出现时会表现出与杏仁核激活相联系的皮肤电导升高（图 10.15a）。因此，尽管外显地学习蓝色方块的情绪属性依赖海马记忆系统，但在表达对蓝色方块的恐惧时，杏仁核起着重要作用（图 10.15b）。

杏仁核损伤病人对于情绪场景的反应也会出现类似的恐惧反应缺陷（Angrilli et al., 1996; Funayama et al., 2001）。重要的是，这些研究没有使用直接强化（如电击）。越来越多的研究提示，当研究者将指令和强化分离时（如在上述研究中），相对于外显指令，杏仁核会优先适应随时间变化的强化改变（Atlas et al., 2016; Tabbert et al., 2006）。换句话说，如果莉兹多次经过邻居的狗，都只看到它在摇尾巴，她可能就不再害怕它了。

尽管情绪学习的动物模型强调杏仁核在恐惧条件反射以及对在对条件性恐惧反应的间接性表达中起重要作用，但人类的情绪学习复杂得多。我们可以通过很多方法（包括指导、观察和经验）把外界刺激与潜在厌恶性后果相联系。不论我们以什么方法（外显和陈述性的或内隐的，或两者兼有）学习到刺激的厌恶或威胁属性，杏仁核在间接表达对那些刺激的恐惧反应中都可以发挥作用。

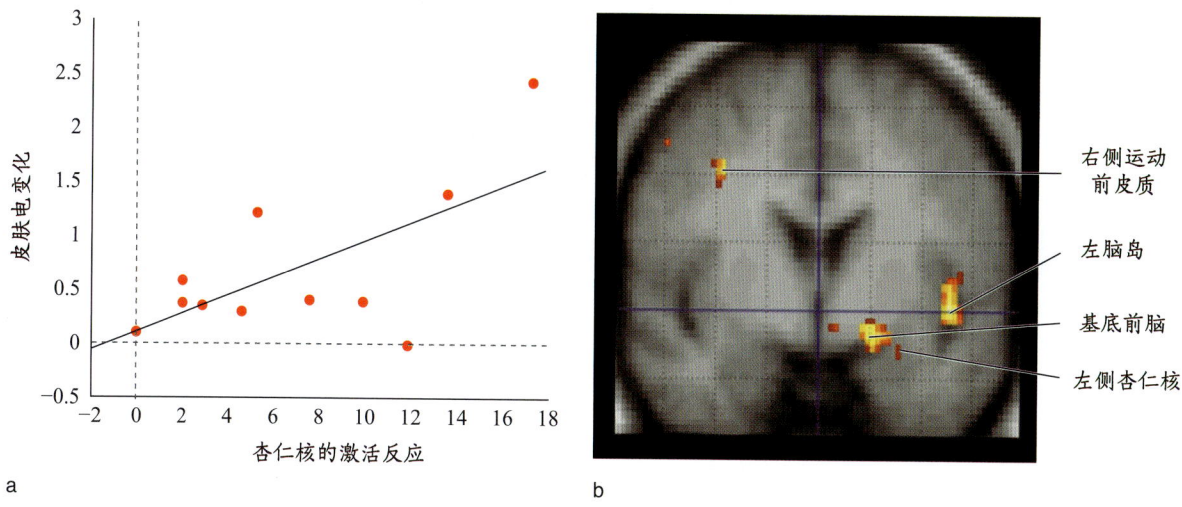

图 10.15　对指导式恐惧的反应

（a）在依据指导式恐惧范式完成一个实验任务时，被试表现出了和对蓝色方块的恐惧一样的唤醒反应（通过皮肤电反应来衡量），而蓝色方块被告知可能与电击相关联。皮肤电反应的强度（表示唤醒水平）与杏仁核的激活之间存在相关性。（b）12 位被试的平均 BOLD 信号。与安全方块出现相比，蓝色方块出现导致左背侧杏仁核的显著激活区域延伸至基底前脑、左侧脑岛和右侧运动前区。

杏仁核、唤醒和记忆的调节

指导式恐惧研究表明，当一个人被告知某个刺激危险时，对于刺激情绪属性的记忆（基于海马）可以影响杏仁核的活动，并由此调节一些间接的情绪反应。但是反过来的情况会发生吗？杏仁核能否调节海马的活动？换句话说，杏仁核会影响你对情绪事件的学习和记忆吗？

我们在日常生活中要回忆的事情有很多，如把钥匙放在哪里了，或者昨晚对朋友说了什么。但当回顾人生时，我们不会记得这些琐碎的小事。我们记得的是初吻、打开大学录取通知书或是听说一场可怕的事故。那些能长期保持的记忆都是情绪性的（不仅仅是恐惧的）或者重要的（也就是高唤醒的）事件。这些记忆似乎有一种别的记忆所缺少的持久生动性。

一种带有情感色彩的持久记忆被称为"闪光灯"记忆（R. Brown & Kulik, 1977; Hirst & Phelps, 2016）。闪光灯记忆是当某一著名公共事件发生时，你对所处情景的自传体记忆（例如，当你看到或听说柏林墙被推倒或 2001 年 9 月 11 日的恐怖袭击时，你在哪里，你在做什么）。另一方面，事件记忆是对公共事件本身的记忆。例如，在"9·11"事件的例子中，人们拥有了对获悉事件时所处位置的闪光灯记忆，以及对当时有 4 架飞机参与恐怖袭击的事件记忆。研究表明，这些闪光灯记忆的细节实际上被以正常的速度遗忘了。但是，不像对普通自传体记忆的信心会随着时间的推移而下降，对闪光灯记忆来说，即使在多年以后，你仍然保持着高水平的信心（Hirst et al., 2015）。

加州大学欧文分校的詹姆斯·麦高（James McGaugh）及其同事（Ferry & McGaugh, 2000; McGaugh et al., 1992, 1996）研究了情绪记忆的持久性是否与情绪唤醒时杏仁核对记忆巩固过程的作用有关。唤醒反应可以影响陈述性或外显记忆的存储能力。例如，研究者经常使用莫里斯水迷宫任务（见第 9 章）测试大鼠的空间能力和记忆力。麦高发现，在正常情况下，杏仁核损伤并不会降低大鼠学习任务的能力。然而，如果一只杏仁核正常的大鼠在训练后立刻被唤醒（如施加一个物理压力刺激或注射令它产生唤醒反应的药物），大鼠就会表现出对这个任务的记忆力提高。也就是说，唤醒增强了记忆。杏仁核损伤所阻碍的是唤醒状态促进的记忆提升，而不是记忆获取本身（McGaugh et al., 1996）。在学习之后立刻使用药物暂时损伤杏仁核，也会消除所有唤醒提升记忆的效应（Teather et al., 1998）。

这项研究工作可从两个重要的方面帮助我们理解杏仁核在唤醒时的陈述性记忆增强效应中的作用机制。其一，杏仁核起的是调节作用。在这些研究中使用的任务依赖海马参与学习。换句话说，对这种基于海马的任务学习，杏仁核并非必要；但对基于唤醒的记忆调节，杏仁核是必要的。

其二，基于唤醒的记忆调节可以发生在任务的早期编码之后，也就是发生在记忆的保持阶段。所有这些研究都表明，杏仁核是通过增强保持力来调节海马或陈述性记忆的，而不是通过改变对刺激的早期编码来实现这些的。因为这种效应发生在记忆保持阶段，所以研究者认为，杏仁核增强了海马的记忆巩固能力。

正如在第9章中提到的，在早期编码之后，对记忆的巩固一直在发生，使记忆或多或少变得稳定。因此，当有一个唤醒反应时，杏仁核会通过增强记忆巩固来改变海马的加工过程。麦高及其同事（1996）发现，杏仁核的基底外侧核对这种效应起重要作用。其他证据也表明，从早期编码阶段开始（不仅是巩固阶段），杏仁核就与海马直接相互作用。这反过来也对长时记忆巩固起了积极促进作用（Dolcos et al., 2004）。因此，杏仁核可以在多个阶段调节基于海马的陈述性记忆，从而产生增强记忆保持的净效应。

研究者也证明，杏仁核对提升人的情绪性陈述性记忆起同样的作用。多年来的各种研究表明，轻度唤醒反应可以增强对情绪事件的陈述性记忆（如参见 Christianson，1992），但这种效应在双侧杏仁核损伤病人中没有出现（Cahill et al., 1995）。有趣的是，对单侧杏仁核损伤病人的研究发现，右侧杏仁核对于提取负性且高唤醒的自传体情绪记忆是最重要的（Buchanan et al., 2006）。此外，fMRI研究表明，在知觉情绪刺激时，杏仁核的活动与针对这些刺激的记忆增强相关：杏仁核越活跃，记忆越牢固（Cahill et al., 1996; Hamann et al., 1999）。在回忆与当前行为相关的情绪信息时，杏仁核和海马之间的连接也出现了双向增强现象（A. P. R. Smith et al., 2006）。这些研究表明，在被唤醒时，人的杏仁核对陈述性记忆增强发挥着积极作用。

记忆增强的机制似乎与杏仁核对遗忘速度的调节作用有关。换句话说，唤醒可能会改变我们遗忘的速度。这与杏仁核通过增强海马的存储或巩固能力从而对记忆产生后编码效应的理论是一致的。尽管人们立即回忆唤醒性和非唤醒性事件的能力可能是差不多的，但是对于唤醒性事件的遗忘速度更慢（Kleinsmith & Kaplan，1963）。健康控制组被试对于唤醒性事件的遗忘比对非唤醒性事件的遗忘更少，而杏仁核损伤病人对于这两种事件的遗忘率是一样的（LaBar & Phelps，1998）。动物模型实验和人类实验都得出了一个结论：杏仁核调节海马对于唤醒性事件的记忆巩固。

然而，情绪对人类陈述性记忆的影响并不完全由这种机制决定。情绪事件比日常生活事件更为独特和不寻常，形成了一个特殊事件的类别。这些以及其他一些因素都可能不通过杏仁核增强对情绪事件的陈述性或外显性记忆（Phelps et al., 1998）。

由于对情绪事件的记忆通常与对未来行为的指导有关，因此我们有动机回忆它们。然而，我们常常会回想起在某个情绪事件发生之前的一些无关紧要的事情。例如，即使求婚完全是意料之外的惊喜，一个女人仍可能记得她的伴侣在向她求婚那天的早些时候对她说了什么。这一发现表明，记忆巩固过程不仅会出现在情绪事件本身，也会出现在与情绪事件相关的弱记忆中。一项关于记忆巩固的神经生物学研究提出了一种"突触标记-捕获"机制。通过这种机制，最初较弱且不稳定的新记忆会为了后续的稳定化而被标记出来（Frey & Morris，1997）。研究者提出，这一机制可用来解释在大鼠身上的发现：原本会被遗忘的微弱行为训练在一次新的行为经历后会在记忆中保留下来（Moncada & Viola，2007）。

研究者也在人类身上发现了这种"行为标记"。约瑟夫·邓斯穆尔（Joseph Dunsmoor）及其同事（Dunsmoor, Murty et al., 2015）向人们展示了两种明显不同类别的图片：动物和工具。在预处理阶段之后的条件反射阶段，他们将其中一个类别的部分图片与电击配对（图10.16）。经过一段时间的巩固后，被试不仅对于在条件反射阶段与电击配对的图片的记忆有提升，对于仅在预处理阶段呈现而与电击未配对的同一类图片的记忆也有提升。因此，不重要的信息（这里指的是与电击无关的图片）可以被追溯为与某个事件相关。然后，如果相关的信息与后续情绪反应匹配，就会被选择性地记住。这种行为标记现象也在奖励学习研究领域得到证实（Patil et al., 2017）。

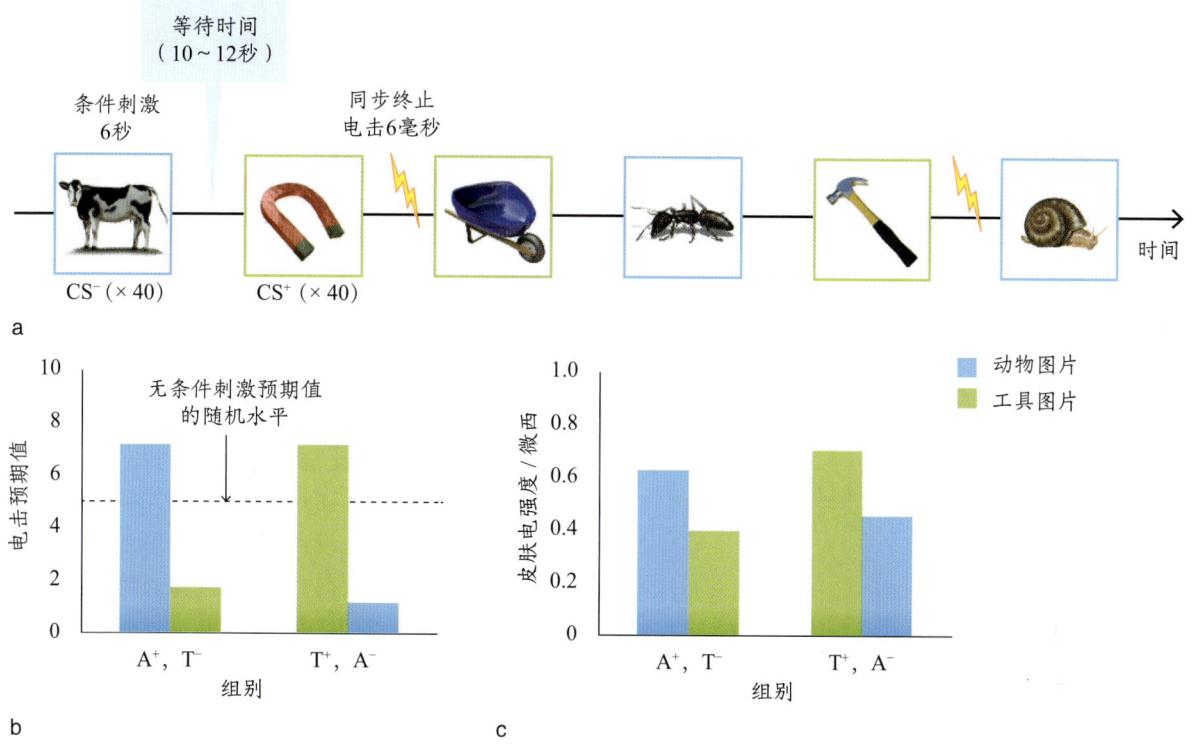

图 10.16　证明记忆标记的恐惧条件反射任务

（a）两类图片（工具和动物）示例，其中一半的工具图片伴随着电击。（b）预期值表明，被试将条件刺激（A^+ 和后来的 T^+）与无条件刺激（电击）联系在了一起。（c）与"安全类别"图片（A^- 和 T^-）相比，"电击类别"图片（A^+ 和 T^+）的皮肤电反应更大。这四个场景的编号如下：A^+ = 可预测电击的动物图片；T^+ = 可预测电击的工具图片；A^- = 安全的动物图片；T^- = 安全的工具图片。

压力与记忆

急性压力可能有助于记忆。美国杜克大学的凯文·拉巴尔（Kevin LaBar）及其同事（Zorawski et al., 2006）发现，在习得恐惧条件反射的过程中，内源性压力激素（皮质醇）的释放量准确预测了被试在 1 天后对恐惧记忆的保留程度。然而，斯坦福大学的罗伯特·萨波尔斯基（Robert Sapolsky）及其同事（1992）发现，极度唤醒和长期慢性压力实际上会损害海马记忆系统的能力。这种记忆损害是因过量的压力激素（如糖皮质激素）对海马造成了影响而引起的。

在慢性或过度压力导致海马记忆系统损伤的过程中，杏仁核的确切作用尚不完全清楚。此外，压力对海马记忆的影响取决于环境（Joels et al., 2006）和其他因素，如压力源的时间安排（例如，在经受压力之后和记忆测试之前，经过了多长时间），表明压力和记忆之间的关系是复杂的（Gagnon & Wagner, 2016；Schwabe & Wolf, 2014；图 10.17）。还有很多其他的问题也亟待解决，如因压力导致的记忆提取障碍是暂时性的还是永久性的。

杏仁核与海马记忆系统以及外显记忆之间的交互作用既特殊又复杂。杏仁核能够调节对唤醒性事件的存储，从而保证它不会随时间而被遗忘。而且，幸运的是，我们可以在没有亲身经历厌恶性后果的情况下，外显地学习到环境中的刺激与潜在的厌恶性后果之间的联系（听妈妈的话！）。这种外显的、基于海马的、对于事件情绪属性的记忆可以影响杏仁核活动以及某些间接的恐惧反应。杏仁核与海马的交互作用有助于确保我们长时间地记住那些重要的、充满情绪性的信息或事件。这也最终保证了我们的身体对威胁性事件的反应是适当的且具有适应性的。

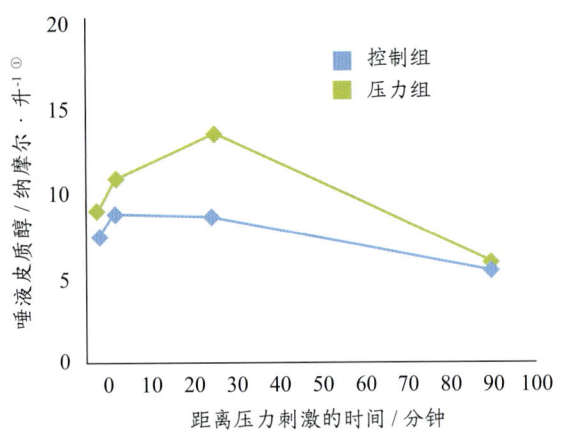

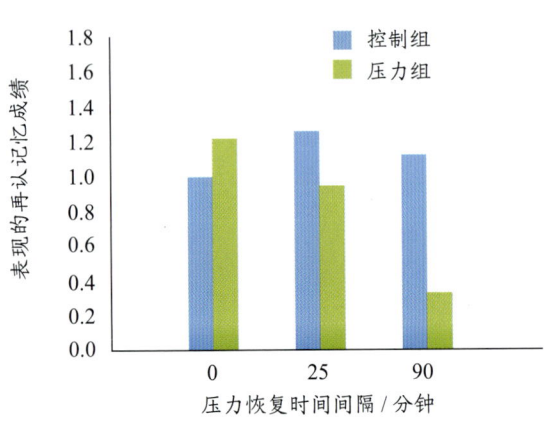

图 10.17 再认记忆水平和急性压力[①]

（a）一组被试承受压力，控制组则没有。与非压力组相比，压力组的皮质醇水平上升得更高，并且持续上升时间更长。（b）压力事件并没有立刻影响记忆力，影响是随着时间的流逝和皮质醇水平的升高而发生的。

关键信息

- 情绪学习可以是内隐的，也可以是外显的。杏仁核对于内隐的而非外显的情绪学习是必要的。
- 如果皮质与杏仁核以及杏仁核与中脑连接中断，则对即将发生的电击的清醒认识无法导致与恐惧相关的正常生理变化。
- 信息可以通过两条不同通路到达杏仁核："低通路"直接从丘脑到达杏仁核；"高通路"经过皮质到达杏仁核。
- 海马对于记忆的获得是必需的，而如果记忆的获得

过程伴随着唤醒，那么记忆的强度和持续时间会受到杏仁核活动的调节。

10.7 情绪和其他认知过程的交互作用

尽管很多研究都聚焦于情绪对学习和记忆的影响，但情绪对其他认知过程的影响也逐渐被揭示。在本节，我们将探讨情绪如何影响知觉、注意和决策。

情绪对知觉和注意的影响

大家应该有过这样的经历：在和人聊天时，如果你突然听到背后有人说到你的名字，那么你会立刻转身看是谁说的。我们对情绪性明显的刺激会表现出更强的意识和更多的注意。为了研究这种现象，注意研究者经常使用注意瞬脱范式。在这种范式中，一系列刺激会非常迅速地连续出现，以致很难识别单个刺激。然而，当告知被试可以忽略大部分刺激，如忽略所有用绿色呈现的单词，只关注少数用蓝色呈现的目标词时，他们就能够识别目标。不过，这种识别能力会受到目标（蓝色）刺激间隔时间的影响。如果第二个目标刺激紧接在第一个目标刺激之后，在一段被称为早期滞后的时间内，被试往往注意不到第二个目标刺激。这种注意的缺失反映了注意在时间维度上的局限，称为**注意瞬脱**。

然而，如果第二个词是有显著情绪意义的词，人们就容易注意到它（A. K. Anderson，2005）。一个有显著情绪意义的单词是独特的、能唤醒情绪的，具有积极或消极效价。在这个实验中，单词的唤醒水平（被试对刺激的反应程度）会克服瞬脱效应，而单词的效价或辨别性并没有这种影响。研究表明，当左侧杏仁核损伤时，病人注意不到第二个目标，即使它是一个唤醒水平很高的词（A. K. Anderson & Phelps，2001）。可见，在注意资源有限的情况下，高唤醒刺激更容易进入意识。这个现象再次表明，杏仁核在其中依然起着关键作用，可以增强我们对情绪性刺激的注意。

杏仁核和感觉皮质加工区之间存在相互联系，杏仁核甚至在意识产生之前就接收了情绪输入。研

[①] 在本书英文版中，该纵坐标的原文"contextual freexing（%）"疑似有误，核查原始文献后发现，该纵坐标与原始文献中的纵坐标 [salivary cortisol（nmol/l）] 不同，故此处按照原始文献进行了修改。——译者注

究表明，在杏仁核对恐惧刺激的反应过程中，注意和意识几乎没有影响（A. K. Anderson et al., 2003; Vuilleumier et al., 2001）。这与过去的研究发现一致，即刺激的情绪属性是自动加工的（Zajonc, 1984）。因此，在野外徒步时，尽管你可能专心想着即将到来的午餐，但你仍然会被草丛里突然的动静吓到。这就是一种由情绪性刺激引起的、迅速且自动化的注意转变。

研究者为这种注意转变提出了一种机制：在针对一个刺激的知觉加工早期，杏仁核收到关于刺激情绪意义的信息，并将它投射到感觉皮质区域，来调节注意和知觉加工（A. K. Anderson & Phelps, 2001; Vuilleumier et al., 2004）。针对这种观点的证据最初来自面对新异情绪刺激时的视皮质激活增强的现象（Kosslyn et al., 1996），以及面对这些相同刺激时，视皮质激活与杏仁核激活之间存在相关的脑成像研究结果（J. S. Morris et al., 1998）。当情绪刺激在阈下呈现时，相对于有意识加工，这些区域之间的相关更显著。这一结果与该通路对"前注意"加工来说重要的观点也是一致的（L. M. Williams et al., 2006）。

杏仁核加工的刺激并不仅有恐惧刺激。一项包括385个脑成像研究的元分析发现，消极刺激，尤其是恐惧和厌恶性刺激，倾向于被优先加工；而积极刺激也可能激活杏仁核（Costafreda et al., 2008；图10.18）。这项研究发现，对外源刺激的加工优先于内源刺激。

一些研究证据提示，杏仁核会加工一个刺激的新异性特征，而且不受其他情绪属性（如效价和唤醒）影响。一项fMRI研究考查了一些情绪性图片的效价、唤醒度和新异性，发现在面对新异刺激时，相对于熟悉刺激，杏仁核有更高的峰值反应，激活时间也更长，而且这种效应与图片的效价和唤醒度无关（Weierich et al., 2010）。研究者还观察到，当被试观看新异的情绪性刺激时，他们的早期视觉区——V1区和V2区——的活动会增强。这种激活与在后期视觉区出现的针对效价和唤醒度的激活不同。

此外，fMRI研究还表明，在面对恐惧面孔（相对于中性面孔）时，杏仁核损伤病人的视皮质没有显著激活，而控制组和海马损伤病人的视皮质却有显著激活（Vuilleumier et al., 2004）。综上所述，这些发现提示，杏仁核在情绪刺激与视皮质加工的短暂变化之间起主要的中介作用。

显然，杏仁核会为初级感觉皮质提供反馈，从而

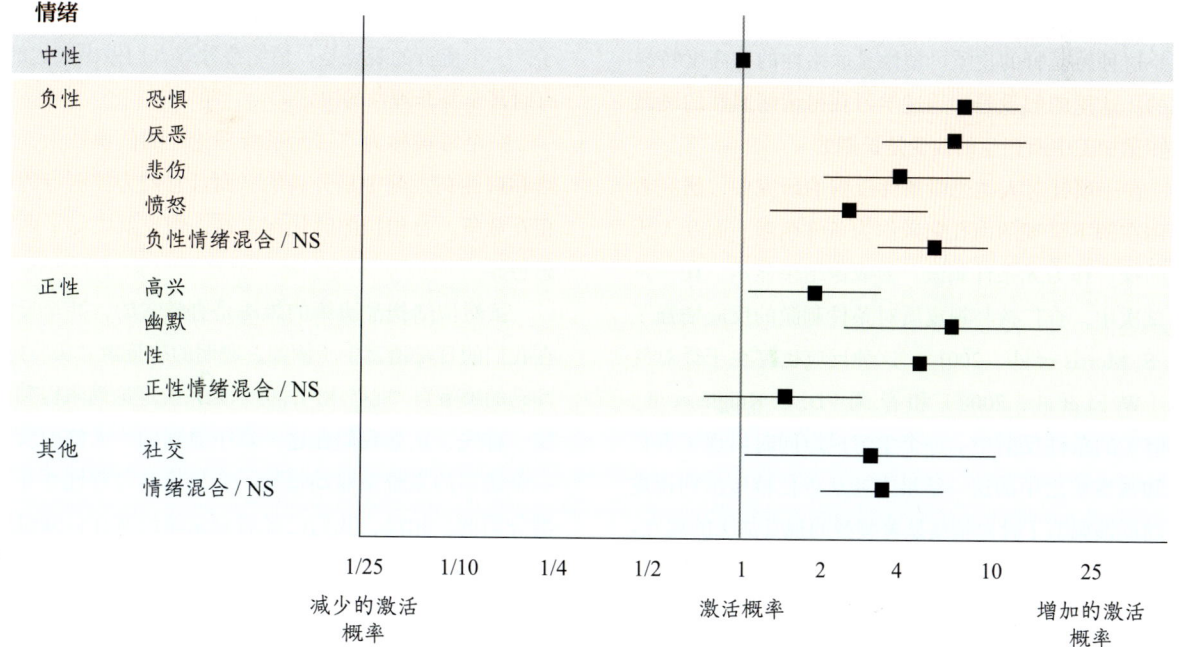

图 10.18　杏仁核被不同类型的情绪激活的概率
一项使用元回归技术进行元分析的研究结果，其中考虑了每个实验中多个实验因素对检测杏仁核激活的概率的影响。NS=未指定（nonspecified）。

影响知觉加工，因此它在将未被注意的情绪性刺激带入有意识性察觉的过程中起关键作用。菲尔普斯及其同事（Phelps et al., 2006）证明了此作用。她们研究了恐惧面孔线索对于对比敏感度的影响。针对对比敏感度的加工是视觉加工的一部分，发生在加工早期的初级视皮质之中，并且能通过内隐注意得到增强。她们发现，当面孔线索引导内隐注意时，对比敏感度增强了。这是一个意料之中的结果。

有趣的是，无论内隐注意是否被引向面孔，一个恐惧面孔都会增强对比敏感度，即充满情绪的刺激在没有注意帮助的情况下增强了知觉。他们还发现，如果恐惧面孔确实引导了注意，那么对比敏感度的增强甚至超过恐惧面孔和内隐注意各自对对比敏感度的影响。因此，充满情绪的刺激会得到更多注意，并且会被优先进行知觉加工。

在上述研究中，所呈现的刺激具有内在的情绪意义（如恐惧面孔），但是中性刺激在经过恐惧条件反射获得情绪意义后也可以引起感觉加工的变化。在一系列针对大鼠的恐惧条件反射研究中（Weinberger, 1995），听皮质不仅对条件刺激特别敏感，对与条件刺激在知觉上相似的刺激也敏感（Weinberger, 2004, 2007）。经典条件反射和恐惧条件反射（Bakin et al., 1996）将皮质神经元的调谐频率转变为条件刺激的频率。这种感受野的皮质可塑性是联络性的和高度特异性的。这里的假设是，通过学习获得情绪属性的刺激在知觉加工中所产生的改变是长期的。

在一项针对人类恐惧条件反射的研究中，研究者采用在阈下呈现的面孔刺激作为条件刺激，而令人厌恶的噪声作为无条件刺激。脑成像结果显示，在一系列试次中，杏仁核与视皮质对条件刺激的反应增强了（J. S. Morris et al., 2001）。这种反应也存在于针对气味（W. Li et al., 2008）和音调（D. C. Knight et al., 2005）的条件反射中。一个学习反应同时出现于杏仁核和视皮质之中的这一结果支持从杏仁核传出到视皮质的反馈调节了针对情绪显著刺激的视觉加工的观点。恐惧调节反射调节杏仁核的活动，调节编码条件刺激的感觉特性的皮质活动，以及调节二者之间的连接。

那么条件刺激的概念信息又是怎样被加工的呢？即使这些图像（如面孔、动物和工具）在知觉上不相似，一些视皮质对特定类别的图像还是有选择性的。对特定类别图像的习得性恐惧反映在杏仁核以及对该类别有选择性的皮质区域的活动之中（Dunsmoor et al., 2014）。因此，情绪学习可以调节物体概念的类别表征，从而导致对一系列相关刺激的恐惧表达。例如，由一只狗带来的可怕经历可能导致对所有狗的普遍恐惧。情绪学习是会带来感觉皮质的持久改变，还是暂时变化，仍是一个存在争议的问题。

情绪和决策

假设你要做一个重大决定，但结果不确定。比如，你在考虑是否做一个选择性膝盖外科手术（非急诊手术）。你不进行手术也能生活；可以到处走动，去冲浪也没问题。唯一的问题是你不能做你最喜欢的运动——滑雪。你希望做了手术以后可以再次滑雪。然而，这个计划也有一个问题：如果手术的效果并不好，那该怎么办？你甚至可能过得比现在还糟糕（你的一个朋友曾遇到过这种情况），然后你就会后悔做了这个手术。当你经历这个决策过程时，你会做什么决定，你的大脑里究竟会发生些什么呢？

许多决策模型是根据数学和经济学原理建构的，我们将在第12章和第13章讨论更多关于决策的内容。这些模型建立在成本-效益分析的逻辑之上，但往往无法准确地描述人的实际行为。通过观察这些模型，我们可以清楚地看到在决策过程中有一个因素被忽视了。一个流行的观点是，情绪会导致人们做出次优的、有时甚至是非理性的决定。

一个常被称为"二元系统理论"的假说认为，情绪和理性在大脑中是分离的，而且它们为控制行为而相互竞争。自柏拉图时代起，这一假说就主导了西方思想界。

虽然情绪扰乱决策的想法是直觉式的，甚至反映在我们的日常语言中（例如，聪明的决策由"头"定，冲动的决策自"心"出），但二元系统理论尚未得到证实。首先，正如我们在这一章中看到的，大脑中没有一个统一的系统来驱动情绪，所以情绪与理性并非泾渭分明的。相反，我们已经看到情绪经常在认知过程（如记忆和注意）中起调节作用。其次，有些最具适应性的决定是由情绪反应驱动的。

20世纪90年代初，美国艾奥瓦大学的安东尼奥·达马西奥（Antonio Damasio）及其同事在研究一名眶额皮质损伤的病人E. V. R.时惊讶地发现，在面对社会推理任务时，他可以找到问题的多种解决办法，但他无法根据办法的有效性来确定应该先试哪些方法。在现实生活中，他也确实对自己的职业和社交生活做了不少糟糕的决定（Saver & Damasio，1991）。

在一组有类似损伤的病人中，研究者发现，他们难以预测自己行为的后果，也没能从自己的错误中吸取教训（Bechara et al.，1994）。由于眶额皮质与岛叶皮质、扣带皮质、杏仁核和下丘脑存在广泛联系，而所有这些区域都与情绪加工有关，因此当时的学术界认为眶额皮质也负责情绪功能。因为情绪被认为会干扰决策过程，所以眶额皮质损伤居然也损害决策能力的结果令人感到意外。基于当时的研究，个体的决策能力应该在这种脑损伤后得到提升才对。达马西奥猜想，眶额皮质损伤会不会妨碍决策实际上是因为我们需要情绪来优化决策。在当时，这是一个令人震惊的想法。

为了验证这个想法，达马西奥及其同事设计了艾奥瓦博弈任务。在这个任务中，被试需要从四堆牌中根据他们的选择不断抽牌，同时测量被试的皮电反应。牌上显示的是获得或损失的金额。被试并不知道，其中两堆牌有净收益，虽然牌堆里的牌收益很小，但损失更小；而另外两堆牌有净损失，虽然牌的收益很大，但损失更大。这些牌是按照特定的顺序排列的，目的是让被试一开始就对风险更大的牌（早期高收益）产生偏好，而当亏损开始累积时，又必须克服这种偏好。被试在玩这个游戏时必须搞清楚：他们可以通过选择牌收益小的牌堆来获得最多的钱。

健康的成人和眶额皮质以外脑区损伤的病人能够以收益最大化的方式选牌。与此相反，眶额皮质损伤的病人并不能选择会带来净收益的牌堆。这些结果促使达马西奥提出了躯体标记假说。根据这一假说，以生理唤醒形式表征的情绪信息是指导决策所需要的。当面临需要做决定的情况时，我们可能会对周围的情况做出情绪化反应。这种情绪化反应在我们的身体中表现为**躯体标记**——生理唤醒的变化。

从理论上说，眶额皮质会帮助我们学会将一个复杂的情况与通常伴随特定情况出现的躯体变化联系起来。然后，眶额皮质和其他脑区会考虑过去引发相似躯体变化的情况。一旦识别出类似的情况，眶额皮质就可以利用当时的经验来快速评估对当前情况可能做出的不同的行为反应，以及它们获得收益的可能性。

此后，一些研究者对躯体标记假说与上述实验结果的具体解释提出了质疑（Maia & McClelland，2004）。尽管如此，达马西奥的研究仍是最早将情绪反应和大脑系统与决策模式联系起来的研究之一。它还强调，情绪反应有助于优化决策。

根据我们现有的理解（Lerner et al.，2015；Phelps et al.，2014），情绪影响决策的主要方式有两种。

1. **伴随的情感状态**。当前与决策看似无关的情绪状态，不经意地影响了决策。
2. **必需的情绪**。由选择引发的情绪被纳入决策之中。这个过程可能包括你在做出决定后所预期的情绪，而人类在预测方面是出了名的糟糕（Gilbert，2006）。

伴随的情感状态

你当前的情绪能影响你的决策。例如，假设你正在快速翻阅一篇教授刚回给你的学期论文，而这篇论文是你花了整个周末才完成的。当你把论文翻过来看成绩时，一个朋友走到你的面前，想让你负责为你们的足球俱乐部筹集资金。这时，在论文上看到的成绩会让你产生一种情绪（如兴奋、沮丧、满意或愤怒），而这种情绪可能会影响你给朋友的回应。

那么，让情绪这样影响决策有什么作用呢？埃伦·彼得斯（Ellen Peters）及其同事（2006）认为，我们对一个刺激的感受以及那些与刺激无关的感受（如心境状态）在决策过程中可发挥四种功能。

1. 它们可以作为信息。
2. 它们可以作为不同输入和选择之间的"通用货币"（如，一本书可能会让你感觉稍微有点兴奋，而游泳池则会让你感觉非常兴奋）。
3. 它们可以将注意力集中在新的信息上，而这些信息可以指导决策。
4. 它们可以促使人们做出决定，进而做出接近或回避性行为。

关于心境影响决策的一个具体假说是评价倾向框架（appraisal tendency framework，ATF；Lerner & Keltner，2000）。评价倾向框架假设，特定的情感状态会导致特定的认知和动机属性，从而导致特定的行为倾向（Frijda，1986）。这些倾向取决于心境的唤醒水平和效价，但同一效价的不同心境所引起的行为倾向也可能不同。

例如，珍妮弗·勒纳（Jennifer Lerner）及其同事（2004）分别诱发了一种悲伤、厌恶或中性的心境，并探究了这些心境对禀赋效应（endowment effect）的影响。禀赋效应指的是一个人拥有某个物品时愿意卖出的价格高于未拥有时愿意买入的价格。她们发现，悲伤心境会逆转禀赋效应（导致愿意买入价格高于卖出价格），而厌恶心境则导致买入和卖出价格都下降（图10.19）。这些研究者认为，悲伤是当前情况不利的一种迹象，从而增加改变现状的价值。然而，厌恶与一种远离或驱逐令人厌恶物品的倾向有关，从而倾向于减少所有物品的价值。

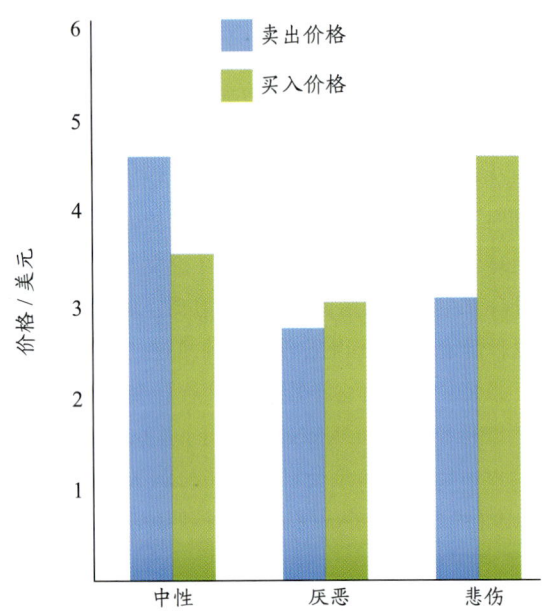

图10.19　情绪对买卖价格的影响
具有相同效价的不同情绪能对经济决策产生相反影响。卖出价格：一个人愿意接受多少钱来卖掉一个物品。买入价格：一个人愿意为该商品支付多少钱。

另一种可能影响决策的伴随情感状态是压力。与压力对记忆的影响类似，压力对决策的影响各不相同。然而，一个普遍的看法是，急性压力会导致增加对默认反应或习惯性反应的依赖（Lempert & Phelps，2016）。急性压力会干扰前额叶皮质的功能，而该脑区对于行为的灵活性控制是必需的（Arnsten，2009），但是急性压力会提高依赖纹状体的那些任务的表现（Packard & Goodman，2012）。一般认为，前额叶皮质在目标导向性决策中起作用，而纹状体通常与基于习惯的选择相关（Balleine & O'Doherty，2010）。

为了探究在压力条件下前额叶皮质调节与纹状体调节的决策选择之间的权衡，迪亚斯-费雷拉（Dias-Ferreira）及其同事（2009）研究了压力如何影响啮齿类动物在一个贬值任务中的后期表现。贬值任务可以通过改变奖励值来评估某种选择是习惯性的，还是目标导向性的。如果减少奖励值会改变行为，那么这个选择就是目标导向的。如果奖励的贬值不会改变行为，那么这种行为就是习惯性的。

在训练大鼠学会按下控制杆以获得食物奖励后，这些大鼠会被喂饱，从而实现对奖励的贬值。在喂饱以后，没有受到压力的大鼠会降低按压控制杆的频率，反映了奖励值在变小。与此相反，在喂饱以后，处于压力条件下的大鼠并没有改变它们的行为，而是会继续进食，与习惯性的行为反应一致。施瓦贝（Schwabe）和沃尔夫（Wolf）在人类身上使用了类似的贬值范式，也发现急性压力会导致从目标导向性选择到习惯性选择的转变（2009）。这也解释了为什么在压力大时，我们会重拾一些坏习惯（如吃垃圾食品或吸烟）。

必需的情绪

因为情绪反应会调节一系列认知功能，所以我们在做决定时也会考虑潜在结果导致的情绪反应。深受情绪影响的一种决策类型是可能带来金钱损失的风险决策。人们倾向于厌恶损失，这意味着我们在权衡选择时，损失的影响会比收益大。

索科尔-赫斯纳（Sokol-Hessner）及其同事（2009）通过一个赌博任务发现，被试在响应损失时会出现相对于响应收益时更高的皮电水平。杏仁核更强的BOLD信号也与损失厌恶相关（Sokol-Hessner et al.，2012）。与脑成像结果一致的是，杏仁核损伤的病人在总体上表现出了损失厌恶减少的现象（De Martino et al.，2010）。使用β-肾上腺素能受体阻滞剂（普萘洛尔）也可以减少损失厌恶（Sokol-Hessner, Lackovic et al.，2015），而这种药物之前已经被证明可以减少杏仁核对记忆的调节（Phelps，2006）。这一系列研究强有力地证明了杏仁核在调节损失厌恶中起关键作用。这一发现与杏仁核在威胁检测中的作用是一致的，因为可能的金钱损失会被视为一种威胁，促使人们回避这种选择。

情绪会影响我们的选择，但选择也会影响我们的情绪。首先，相比于别人为我们选择的结果，我们更喜欢自己选择的结果。在一项研究中，被试在一半试次中有机会按下自己选择的按钮，以获得奖励；而在另一半试次中，在奖励出现之前，被试会被告知按下哪个按钮。尽管按下哪个按钮对研究赢得奖励的结果并没有影响，但人们会报告更喜欢自己做选择的试次，而且针对这些试次，纹状体奖赏信号也会增强（Leotti & Delgado, 2011）。

此外，某些特定的情绪（如后悔和失望）是由选择引发的。后悔是这样一种感受，即当你将自己实际做出的选择与当初没有选择但结果可能更好的选择进行比较时所产生的感受。你能感觉到后悔是因为你可以做反事实思考。你可以说："如果我之前做的是这个选择而不是那个选择，结果可能会更好。"我们并不喜欢后悔，因此我们会从经验中学习，设法做出让我们最不后悔的选择。相比之下，失望情绪与一种意外的消极结果有关。这种消极结果的出现并非我们的责任，也不受我们控制。例如，"我赢得了年度优秀教师奖，但因为我是最后一个被聘用的，所以我是第一个被解雇的。"

在一项有趣的研究中（Kishida et al., 2016），帕金森病病人在接受一个深部大脑刺激器的植入手术时，同意在他们的腹侧纹状体中放置一个额外的研究专用探测器，并在手术期间进行一项简单的赌博游戏。当被试在下注后经历赢钱或输钱时，探测器测量了腹侧纹状体的多巴胺释放水平。先前的动物模型研究已经预测，腹侧纹状体负责编码奖赏预测误差（reward prediction error, RPE）。研究者意外地发现，多巴胺亚秒级的波动似乎是在对奖赏预测误差与反事实预测误差的整合进行编码（也就是说，所经历的结果究竟可能有多好或多坏）。

这些研究者认为，多巴胺反应也能捕捉一个人在做出一次决策后的感受（感觉良好时，多巴胺增加；感觉不好时，多巴胺减少）。例如，一个人应该会对自己选择带来的高于预期的结果感到满意，但如果另一选择的结果可能更好，那么这两种情况结合会导致多巴胺减少。在这种情况下，与错过机会带来的后悔感受一样，他应该会感觉不好。

关键信息

- 新异刺激可以激活杏仁核，而且不受刺激的效价和唤醒度影响。
- 杏仁核调节视皮质加工中的瞬态变化，即可以在没有注意帮助的情况下增强对情绪刺激的知觉。
- 当前的情绪状态和由选择诱发的情绪都会影响一个人的决策。
- 急性压力会干扰前额叶皮质的活动（前额叶皮质对行为的灵活性控制是必需的），并会增强纹状体的活动（纹状体通常与基于习惯的选择相关）。

10.8 情绪和社会刺激

在本节中，我们将讨论杏仁核参与涉及社会互动的加工。我们会在第 13 章继续讨论社会认知的主题，关注人类和其他动物如何加工和编码社会信息，如何存储和提取这些信息，并将它们应用于社会情境。

面部表情

研究表明，识别一个人的脸和识别那张脸上的表情是分离的。病人 S. M. 在识别面孔方面没有任何困难，但她无法识别恐惧表情（Adolphs et al., 1994）。杏仁核有损伤的病人在识别非情绪性面部特征时没有问题。此外，他们能够识别面部表情之间的相似性，尽管他们未能正确地说出这些表情是什么。而且，这种缺陷似乎仅局限于面部表情识别。他们中的一些人能够产生所有面部表情，并能运用它们进行交流（A. K. Anderson & Phelps, 2000）。大脑似乎存在不同的神经机制和区域作用于特定的面部表情，但并不是为了加工特定的面部表情本身，而是为了加工不同的情绪。

针对正常被试与焦虑症病人进行的脑成像实验发现，相比于中性表情面孔，在面对短暂呈现的恐惧面孔时，杏仁核的激活会增强（Breiter et al., 1996; Cahill et al., 1996; Irwin et al., 1996; J. S. Morris et al., 1998）。尽管杏仁核在面对其他表情（如快乐或愤怒）时也会被激活，但对恐惧表情的激活更大。

在杏仁核对恐惧面部表情的反应中，有一点很有意思，即在被试没有察觉到自己看到了恐惧表情时，杏仁核也会做出反应。当恐惧表情在阈下呈现且随后被中性表情遮蔽时，杏仁核会像被试察觉到自己看到这些面孔时一样出现强烈激活（Whalen et al.，1998）。有意识的认知并没有参与到杏仁核的反应之中。

杏仁核在外显地评价恐惧表情上的关键作用还延伸到了对面孔的其他社会性判断上。例如，从一张面孔照片中判断这个人是否值得信任或平易近人（Adolphs et al.，2000；Said et al.，2010）。这一研究发现支持了杏仁核是一个危险探测器的观点，也与杏仁核损伤的病人的行为一致。这些病人会对正常被试认为不值得信任的面孔给予更值得信任、更平易近人的评价（Adolphs et al.，1998）。

经过对 S. M. 近十年的测验，拉尔夫·阿道夫斯及其同事发现了她无法识别恐惧面孔的原因之一（Adolphs et al.，2005；Kennedy & Adolphs，2010）。他们通过计算机软件只把恐惧或快乐面孔的一部分呈现给被试，从而确定被试需要依靠面孔的哪些区域来区分两种表情。结果发现，控制组被试始终依靠图片的眼睛来判断表情。与此相反，S. M. 并没有从眼睛中获取信息。随后，他们利用眼动追踪技术发现，不管是什么表情的面孔，S. M. 都没有看过眼睛（图10.20a）。问题是，如果 S. M. 没有自动地通过眼睛获取任何面孔信息，那么为什么恐惧是她唯一无法识别的情绪呢？

绝大多数表情都可以使用眼睛以外的其他线索来进行识别。例如，快乐表情肯定包含微笑，而厌恶通常包含某种撇嘴。然而，恐惧表情的识别特征是白眼球（巩膜）面积增大（图10.21）。让正常被试在没有任何其他面孔信息的情况下观看恐惧面孔（相对于快乐面孔）的巩膜就足以引起更强的杏仁核活动（Whalen et al.，2004）。

在另一项研究中，研究者通过遮掩快乐或悲伤的表情来发现对这些情绪进行自动地内隐分析的相关大脑区域（Killgore & Yurgelun-Todd，2004）。他们发现，杏仁核活动与对快乐面孔的分析有关，而与对悲

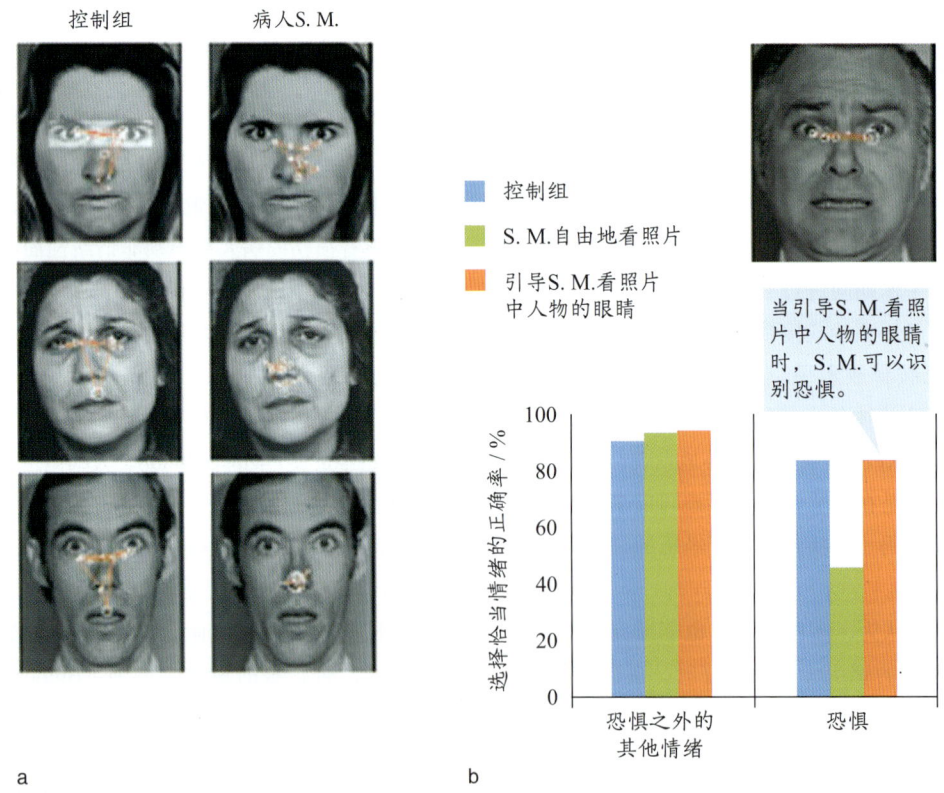

图 10.20　杏仁核被损坏后，面孔知觉时的异常眼动模式

（a）与控制组的被试所测得的眼动不同，S. M. 不看他人面孔的眼睛部位（红线表示眼睛的移动轨迹，白圈表示注视点）。（b）然而，如果明确要求注视眼睛，S. M. 能够像健康的控制组被试一样识别恐惧的表情。跟踪 S. M. 眼睛运动的右上角照片显示，按照指引进行操作，她可以看着眼睛。

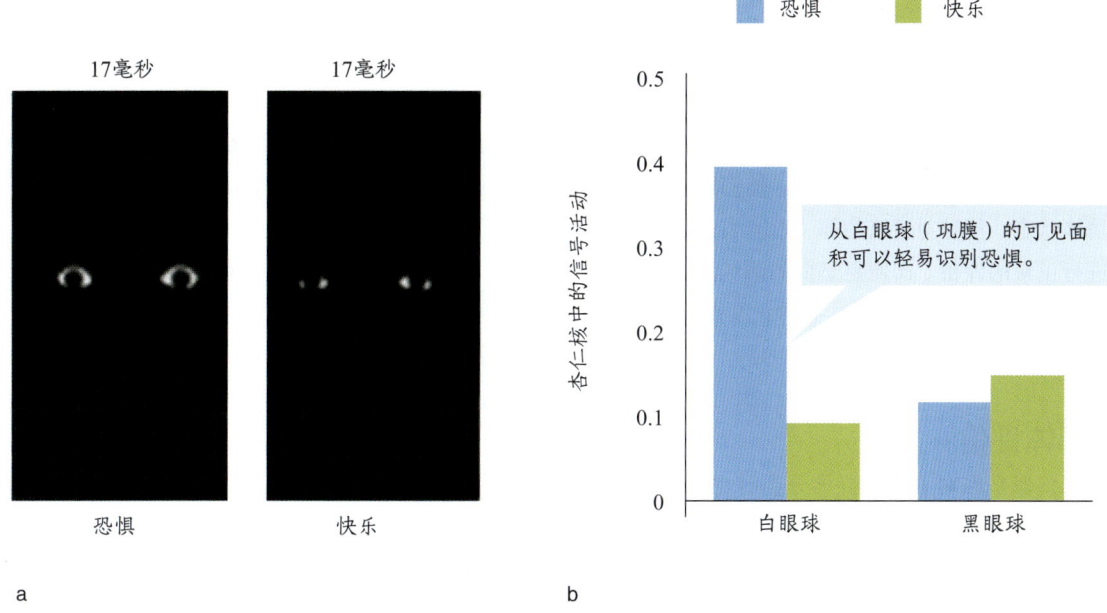

图 10.21　仅是白眼球的大小就足以引起杏仁核对恐惧表情的特异反应

（a）在恐惧表情中，白眼球面积比在高兴表情中大。（b）注视白眼球和黑眼球时，左侧杏仁核腹侧的激活表明，只需恐惧时的白眼球就会引起高于基线水平的反应。黑眼球是一种控制刺激，其形状与 a 图中的刺激相同，只是黑白颠倒过来，因此在白色屏幕上，白眼球实际上是黑色的。

伤面孔的分析无关。尽管微笑是快乐表情的一部分，但是微笑是可以伪装的。迪歇恩首先发现，一个真正的快乐表情（后被称为迪歇恩式微笑）会出现眼轮匝肌的收缩，而这是大多数人无法主动控制的（Ekman，2003）。这种收缩会导致眼眶边缘起皱，脸颊向上拉起，眉毛外侧下移。看到做着快乐表情的面孔时，杏仁核激活可能是由于我们的注意被吸引到眼睛上，并开始对该快乐面孔的眼部特征（眼轮匝肌收缩）进行识别。

令人惊讶的是，阿道夫斯及其同事仅通过一个简单的指导语——"注意看眼睛"——就可以有效地引导 S. M. 克服她的缺陷。在给予指导语后，她就能毫不费力地识别恐惧面孔了（图 10.20b）。然而，只有在被提醒时，她才会注意看眼睛。由此看来，杏仁核似乎是一个自下而上的系统的组成部分。这一系统会在遇到任何面部表情时，自动将视觉注意引向眼睛。在杏仁核损伤的情况下，对眼睛的注视便处于自上而下的控制之中。对眼睛的注视异常也是一些精神疾病和社交障碍（如孤独症谱系障碍）的主要特征，而在这些疾病中，杏仁核可能出现功能障碍。

注视眼睛对识别面部表情很重要。阿道夫斯及其同事的这一发现以及他们通过引导来促进对眼睛的注视的实验操作，可能为这类人群提供有希望的干预措施（Gamer & Buchel, 2009; Kennedy & Adolphs, 2010）。随后，加州大学圣迭戈分校的研究者在确定了恐惧及其他基本情绪对应面部表情的所有独特生理特征（如眉毛角度、瞳孔扩张等）以后，进一步扩展了上述发现。他们开发了一种"爱因斯坦"机器人，可以识别并模仿他人的面部表情。

面孔以外的其他社会性刺激

你可能听说过下述研究。研究者向被试展示了一段各种几何图形在一个盒子里运动的视频。被试将这些图形的运动描述为处于一个复杂的社会情境中，各个图形似乎是有生命的，具有不同的性格和动机。换句话说，被试将这些图形拟人化了（Heider & Simmel, 1944）。但是，杏仁核损伤或孤独症病人并不会出现这种情况。他们仅将这些图形描述为单纯的几何图形，对运动的描述也没有社会化或情绪化倾向（Heberlein & Adolphs, 2004）。因此，杏仁核似乎在对各种刺激，甚至是无生命物体的情绪性和社会性的知觉和解释上发挥着重要作用。它可能影响着我们拟人化刺激的能力。

然而，杏仁核似乎并不是对所有类型的社会交流都不可或缺。与眶额皮质损伤病人的表现不同（将在第 13 章讨论），杏仁核损伤病人，如 S. M.，对社会性刺激的反应能力并没有明显下降。他们能够正确地阐释情绪状态，能够对情绪韵律（指能表达情绪的声音）进行正常的评价。即便是恐惧的语气声调，他们也能正确识别（Adolphs et al., 1999; A. K. Anderson & Phelps, 1998; S. K. Scott et al., 1997）。

社会群体评价

杏仁核似乎在对人进行群体分类时也会被激活。尽管这种内隐行为有时是有益的（例如，在区分自己人和外人时，或在判断一个人是否可信时），但它也可能导致诸如种族刻板印象等负性行为。目前，研究者已经从行为实验和功能成像两个方面对种族刻板印象进行了大量研究。

对于种族偏见，行为研究已经不再局限于简单的外显测量，如自我报告，而更多地采用内隐测验来测量偏好某一群体的间接行为反应。一个常用的测量内隐偏见的方法是内隐联想测验（Implicit Association Test, IAT）。内隐联想测验由格林沃尔德（Greenwald）及其同事（1998）开发，测量的是社会群体（非裔人对欧裔人，老年人对年轻人，等等）与正性或负性评价自动联系的程度。被试需要对来自不同群体的面孔进行分类，同时还要把一些词语归类到好或坏。例如，在一组试次中，被试需要用到同一只手对"好"这个词和非裔人面孔进行反应，而用另外一只手对"坏"这个词和欧裔人面孔进行反应；在另一组试次中，调换词语和面孔的配对方式。通过计算非裔人 – 正性词 / 欧裔人 – 负性词试次与非裔人 – 负性词 / 欧裔人 – 正性词试次之间的反应时差异，来测量被试对种族的偏见。

为了研究这种种族偏见的神经基础，伊丽莎白·菲尔普斯及其同事（Phelps et al., 2000）使用 fMRI 检测了欧裔被试在看到非裔人或欧裔人面孔时杏仁核的活动。她们发现，当美国欧裔人看到不熟悉的非裔人面孔时，杏仁核会被激活，但看到熟悉的非裔人面孔（如迈克尔·乔丹、威尔·史密斯和马丁·路德·金）时不会被激活。更重要的是，杏仁核激活的程度与内隐联想测验这种间接测量的种族偏见有显著相关。在内隐联想测验中表现出较高种族偏见的人，看到非裔人面孔时的杏仁核有更强的激活。这些研究者得出结论，欧裔被试在看到非裔人或欧裔人面孔时的行为反应和杏仁核活动反映的是他们经过经验修正的对社会群体的文化评价。不过，实际情况是这样的吗？

尽管杏仁核在这些任务中几乎都会被激活，但它对于这样的评价是必要的吗？菲尔普斯及其同事（Phelps et al., 2003）比较了双侧杏仁核损伤病人 S. P. 和健康被试在外显和内隐两类种族偏见任务上的表现。他们发现，在两类任务上，两者都没有显著差异，说明杏仁核在对种族的间接评价上作用并不大。相反，它真正起作用的地方可能是在辨别面孔属于"同族"还是"异族"的知觉加工上。

在这些发现的基础上，威廉·坎宁安（William Cunningham）及其同事（2004）给欧裔被试短暂或长时呈现非裔与欧裔男性面孔，并使用 fMRI 比较了欧裔被试大脑各区域的激活情况。根据实验结果，他们提出，社会评价过程有两个不同的系统（**图 10.22**）。在短暂呈现条件下，需要被快速且自动化地完成评价，这时，杏仁核会被激活，而且对非裔人面孔的激活程度强于对欧裔人面孔的激活。而在长时呈现条件下，可发生受调控的加工，这时，杏仁核的激活程度在两种面孔间的差异不显著，但右半球腹外侧前额叶皮质对非裔人面孔的激活显著强于对欧裔人面孔的激活。坎宁安等人认为，对社会群体的自动加工和受调控的加工具有不同的神经基础，而且受调控加工可能会调节自动加工——勒杜的低通路加工会被高通路加工修正。

我们从这些数据中得出关于种族刻板印象的明确结论时需要谨慎。大脑中的某些加工机制的确可能使人们依据种族来对他人进行分类，但人们在实际生活中是否真的会这样呢？这种观点在进化心理学家眼里是没有道理的，因为他们认为，我们的祖先并没有极远距离地迁移，所以他们极少遇到其他种族的人。所以，人类进化出一套神经机制来对种族进行分类是没有意义的。对人类来说，能够识别他人是否属于自己的社会或家庭（从而判断他们是否可信），或能够识别他人是男性还是女性，才是有进化意义的。

在这种进化观点的指导下，罗伯特·库尔茨班

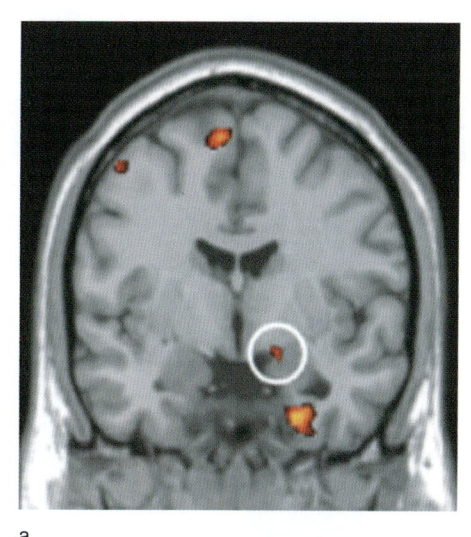
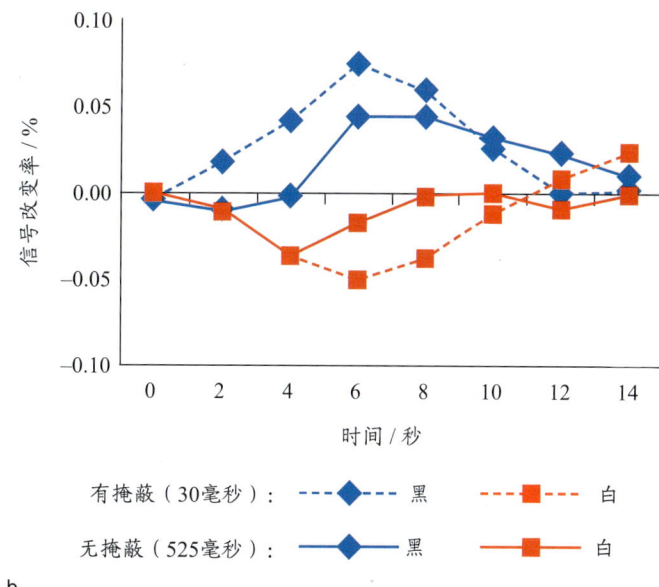

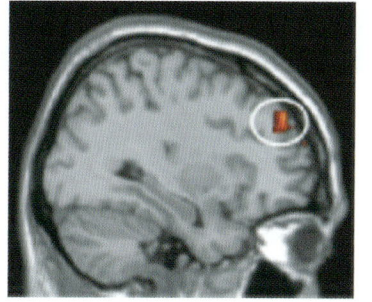
c 背外侧前额叶皮质

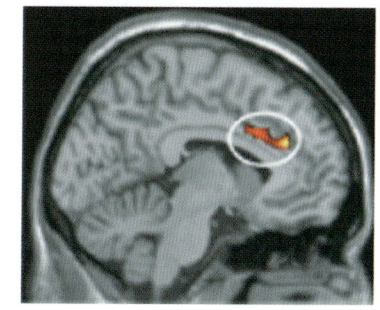
d 前扣带皮质

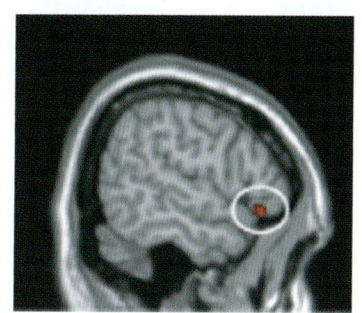
e 腹外侧前额叶皮质

图 10.22　针对非裔人和欧裔人面孔在有/无掩蔽两种条件下的不同神经反应

非裔人和欧裔人面孔被呈现 30 毫秒（有掩蔽），或被呈现 525 毫秒（无掩蔽）。(a) 当呈现 30 毫秒时，右侧杏仁核对非裔人面孔的激活大。(b) 当呈现 525 毫秒时，杏仁核的激活模式是相似的，但效应有所减弱。同样在较长的刺激过程中，在背外侧前额叶皮质（c）、前扣带皮质（d）以及腹外侧前额叶皮质（e）上，都是对非裔人面孔的激活更大（与欧裔人面孔相比）。杏仁核在 525 毫秒时激活变弱，有可能是由一个或多个上述区域的激活造成的。

（Robert Kurzban）及其同事（2001）发现，当存在比种族更强的分类线索时（如己方群体都穿着绿色衬衣，而对方群体穿着红色衬衣），基于种族进行分类的倾向就消失了。他们还发现，在进行群体分类时，性别线索总是比种族线索强。数据提示，我们的大脑会评估联盟和性别的这些类别，但不会评估种族。

另一项研究可能有助于解释这一现象。研究者呈现了一系列以平均脸为原点，沿两个维度变化的一系列面孔，并比较杏仁核对这些面孔的反应（图 10.23）。在其中一个维度（信任度）上，这些面孔的社会属性会变化，而另一个维度是社会中性的。

结果发现，大部分后部面孔加工网络和杏仁核对这两个维度的反应是相似的，而且随着呈现面孔与平均脸在某一维度上的差异越来越大，它们的反应也更强烈。这表明，激活这些脑区的可能是所呈现面孔与平均脸的差异程度（Said et al., 2010）。如果你是一个亚洲人，那么你脑海中的平均脸通常就是一个亚洲面孔。因此，你的杏仁核会被任何非亚洲面孔激活。这种激活反应并不能判断某人是不是一个种族主义者。这种分类策略可能会导致种族主义，但并不一定如此。

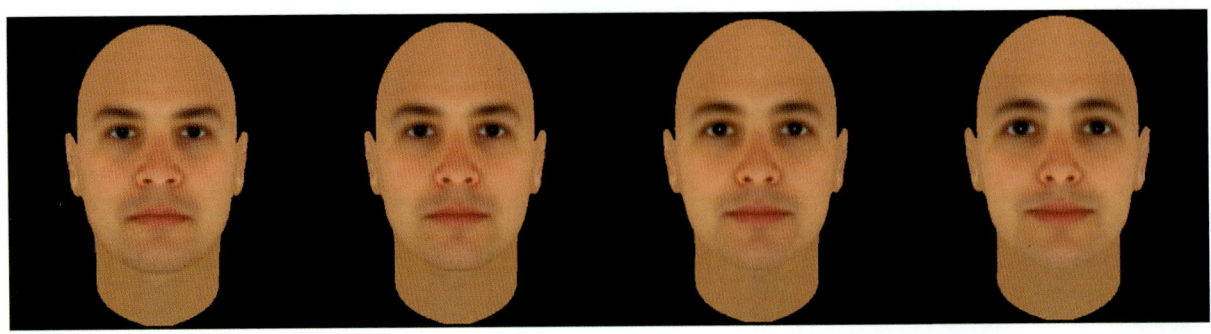

a

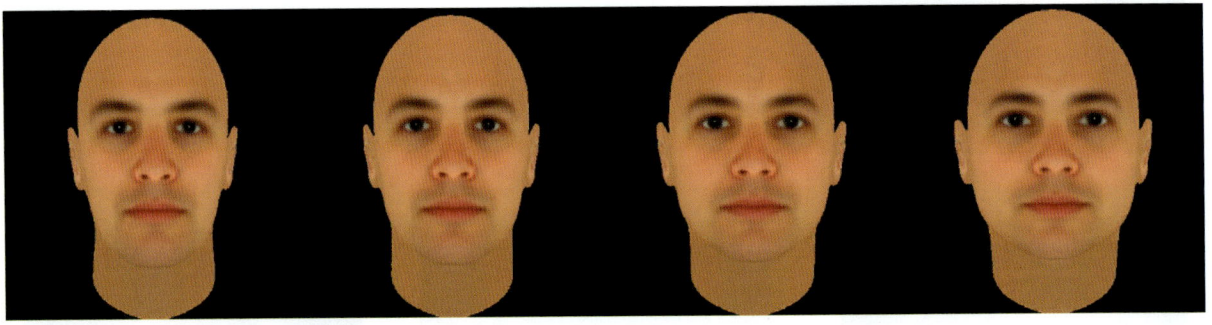

b

图 10.23 在 fMRI 实验中，用来比较杏仁核激活程度的刺激物（面孔）

（a）这些面孔沿着效价维度（信任度）变化，从左到右依次距离平均脸 –3、–1、1 和 3 个标准差。对信任度的判断与效价高度相关。（b）在控制条件下使用了这些具有社会中性的面孔。这些面孔的形状与平均脸相差（从左到右）–5、–1.67、1.67 和 5 个标准差。杏仁核对那些形状远离平均脸的面孔的反应更强。

关键信息

- 杏仁核严重损伤的病人无法识别恐惧或不可信任的面孔。
- 杏仁核似乎是一个自下而上系统的一部分。这一系统在遇到任何面部表情时，会自动引导视觉注意眼睛。
- 当我们注视一副面孔时，该面孔与平均脸的差异越大，杏仁核的激活也会越大。

10.9 其他脑区和其他情绪

我们已经看到，杏仁核参与了从恐惧条件反射到社会反应等各种情绪任务。但是，杏仁核并不是情绪加工必需的唯一脑区。接下来，我们将介绍其他与情绪相关的区域。

岛叶

岛叶（或脑岛），处于外侧裂之中，被额叶与颞叶夹在中间（图 10.24）。脑岛与多个情绪相关脑区（如杏仁核、内侧前额叶皮质和前扣带回）有着广泛的相互连接（Augustine, 1996；Craig, 2009）。它还与额叶、顶叶和颞叶皮质中的注意、记忆和认知加工区相互连接（Augustine, 1996）。

对身体内部状态的知觉——这个功能被称为**内感**——和脑岛活动之间存在显著相关（Critchley, 2009；Pollatos et al., 2007）。各种可以激活前脑岛的内感刺激包括口渴、感官接触、瘙痒、膀胱和肠道扩张、运动以及心跳。脑岛的连接和激活情况提示，它整合了所有内脏和躯体输入信息，形成了一种关于身体状态的表征（见第 13 章；Craig, 2009；Saper, 2002）。有趣的是，右侧脑岛更大的人能更好地察觉自己的心跳（Critchley et al., 2004），还能更好地觉知自己的情绪（L. F. Barrett et al., 2004），更容易做出基于情绪反应的决策（如做出避免潜在损失的选择；Sokol-Hessner，Hartley et al.，2015）。

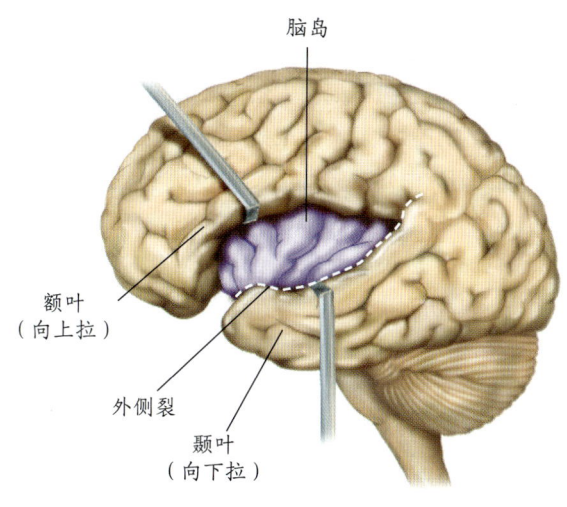

图 10.24　脑岛

一些情绪模型推测，直接察觉身体状态是体验情绪的必要条件。我们应该注意到，体验一种情绪和意识到自己正在体验这种情绪之间存在差异。研究表明，前脑岛在后一过程中起关键作用，但有研究者认为，前扣带回和前额叶皮质也参与其中（Gu et al.，2013）。fMRI 研究结果表明，前脑岛和前扣带回在被试体验情绪感受（包括母爱、爱情、愤怒、恐惧、悲伤、快乐、厌恶和信任）时，共同出现了激活，而后脑岛会被性欲所激活（S. Cacioppo et al.，2012）。

由身体器官产生的躯体感觉（如腹部绞痛）和与情绪状态相关的感觉似乎都会激活脑岛，提示脑岛可能是整合认知信息和情绪信息的枢纽。脑岛与杏仁核以及大脑皮质网络的连接也能表明脑岛作为"身体信息中心"的作用（Craig，2009；Critchley，2009）。

有研究发现，脑岛活动与评价性加工有关。例如，当人们在做风险规避的决策时，决策风险越大，脑岛的激活程度越高（Xue et al.，2010）。脑岛的激活也与对他人积极情绪的知觉有关（Jabbi et al.，2007）。加里·贝恩特松（Gary Berntson）及其同事（2011）通过检测被试对图片刺激的效价和唤醒度的评分，研究了脑岛在评价加工中的作用。他们比较了三组被试的行为表现：一组是脑岛损伤病人，一组是损伤控制组，还有一组杏仁核损伤病人。所有病人都需要观看一系列图片（从非常不愉快到非常愉快），并需要对呈现的每张图片的情绪效价（积极/消极）以及感受到的情绪唤醒水平进行评分。

与控制组相比，脑岛损伤病人报告了更低的情绪效价评分，而且对两种情绪效价刺激都报告了更低的情绪唤醒水平。而杏仁核损伤病人对消极效价刺激报告了更低的唤醒水平，但他们对刺激效价的评分与控制组相同。这些发现与一项较早的研究结果一致（Berntson et al.，2007）。该研究发现，杏仁核损伤病人在面对积极刺激时，会表现出正常的唤醒变化梯度，但面对消极刺激时，会完全缺乏唤醒变化梯度。

杏仁核损伤病人无法加工刺激的敌视性特征的缺陷并不能解释这些研究结果，因为他们可以准确地对刺激的积极和消极特征进行识别和分类。总的来看，研究结果表明，脑岛可能在整合情感和认知加工过程中发挥了广泛的作用，而杏仁核可能在情绪唤醒方面，特别针对负性刺激，更为选择性地发挥作用（Berntson et al.，2011）。

厌恶

厌恶是一种直接与脑岛相关的情绪。考虑到脑岛是重要的身体状态知觉器，因此这一发现并不令人惊讶。许多认知神经科学家基于脑成像研究得出结论，前脑岛对厌恶情绪的检测和体验都至关重要（Phillips et al.，1997，1998）。这个结论与对一位脑岛损伤病人的研究相一致。这位病人在各个感觉通道上都无法识别厌恶情绪（Calder et al.，2000）。

一些研究者从其他研究（如 Wicker et al.，2003）中获得证据和数据来支持前脑岛是加工厌恶情绪关键区域的观点。凯瑟琳·维塔尔（Katherine Vytal）和斯特芬·哈曼（Stephan Hamann）开展的一项运用 fMRI 的元分析发现，厌恶情绪总会激活额下回和前脑岛，而这些区域也能将厌恶与其他情绪状态可靠地区分开（2010）。事实上，在他们的分析中，研究人员还发现了愤怒、恐惧、悲伤和快乐存在于某些局部脑区的证据。

相反，克里丝滕·林德奎斯特及其同事（Lindquist et al.，2012）在另一个运用 fMRI 的元分析中使用了不同的分析方法，没有发现厌恶情绪特异性地激活脑岛的一致结论。她们发现，尽管前脑岛在厌恶情绪下更活跃，但在许多涉及身体状态觉知的其他任务（如胃胀、肢体运动和性高潮）中，也能观察到前脑岛的激活。他们还发现，与其他情绪相比，愤怒时，左侧前脑岛更有可能被激活。

林德奎斯特及其同事认为，前脑岛在觉察核心情绪上发挥着关键但更具普遍性的作用。然而，这种解释是有问题的。一位被疱疹性脑炎完全破坏了双侧脑岛的病人仍然具有情绪感受（A. R. Damasio et al., 2012）。研究了该病人的研究者得出结论，脑岛有助于在复杂的认知过程中利用感受性体验，但并不参与这些感受的产生（A. R. Damasio & Damasio, 2016）。也就是说，脑岛使不同的认知和运动相关皮质得以与皮质下感觉系统进行交流。

当需要制作情绪大脑关系图谱时，fMRI 的作用是有限的。它的时空分辨率使得单体素分析不太可能找到情绪特异性激活。更新的基于多体素模式分析的机器学习技术更适合完成这项任务。与林德奎斯特的元分析不同，一项用多体素模式分析研究情绪如何体现大脑分布式活动模式的综述发现，情绪的大脑表征更像是一个个离散的状态类别，而非在效价维度上连续变化的状态（Kragel & LaBar, 2016）。

快乐

在过去几年里，数量不大但在不断增加的研究报告了快乐的神经基础。由于我们难以确定什么会让我们快乐，因此研究快乐情绪是一项具有挑战性的工作。研究者尝试过不同的方法，来诱导人们产生快乐的情绪，如让被试看笑脸或搞笑视频，但是这些方法在不同的研究中并不总是可靠、有效和具有可比性的。由于这些困难，只有少数神经影像研究关注了快乐（Habel et al., 2005）。其中一组研究者就对比了被试看到微笑和悲伤面孔时的大脑活动（Lane et al., 1997）。

在另一项 fMRI 研究中，26 名健康男性被试在扫描过程中经历了悲伤和快乐的情绪诱导，还完成了一项作为实验控制的认知任务（Habel et al., 2005）。研究者发现，悲伤和快乐情绪所产生的激活会从杏仁核—海马区延伸到海马旁回、前额叶皮质、颞叶皮质、前扣带回和楔前叶。快乐情绪会在背外侧前额叶皮质、扣带回、颞下回和小脑诱发更强的激活（图 10.25）。

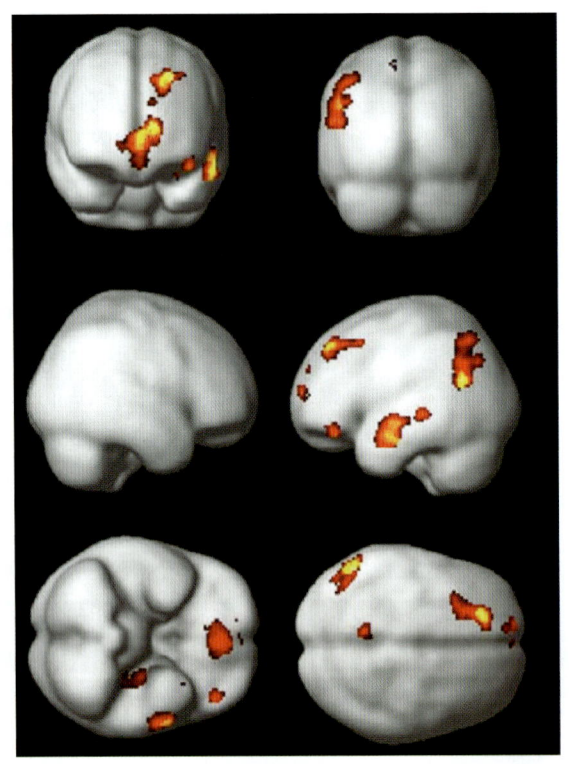 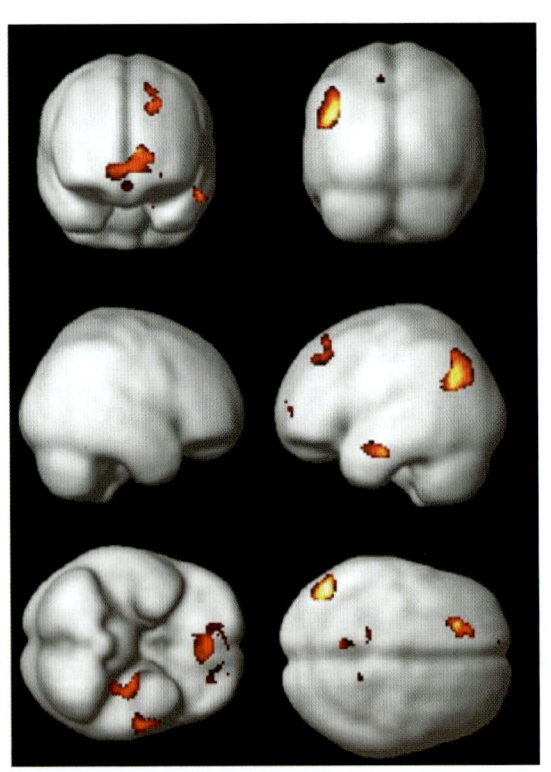

a 悲伤减认知　　　　　　　　　　　　b 快乐减认知

图 10.25　悲伤和快乐情绪激活了相同及不同的大脑区域

悲伤和快乐的情绪产生了类似的激活，同时也有差异。（a）在诱发了悲伤情绪的条件下，左颞横回和双侧腹外侧前额叶皮质以及左侧前扣带皮质和颞上回都有更大的激活。（b）快乐的情绪会在右背外侧前额叶皮质、左内侧扣带回和后扣带回以及右侧颞下回诱发较高的激活。因此，消极情绪和积极情绪在一个共同的网络内，各自有独特的激活区域。

目前，对快乐的研究仍极具挑战性。例如，快乐不一定是悲伤的反面。而且，快乐并不是看到笑脸就能自动诱发的。

弗洛伊德认为，快乐（happiness）等同于愉悦（pleasure）。但其他人认为，快乐还需要在认知层面、美学层面或道德层面的成就。心理学家米哈伊·契克森米哈伊（Mihaly Csikszentmihalyi）认为，当人们完全沉浸在一项与他们的能力密切匹配且具有挑战性的任务中时，他们会感到真正的快乐（Csikszentmihalyi, 1990）。他通过一个实验得出了这个结论。在实验中，被试需要随身携带一个每天随机响几次的传呼机。当传呼机信号响起时，他们要从口袋里掏出笔记本，写下他们正在做的事情，以及对这件事情的享受程度。契克森米哈伊发现，存在两种类型的快乐：一种是肉体上的愉悦，比如吃东西和性爱；另一种是更加令人快乐的全身心投入状态，他称之为"**心流**"。

契克森米哈伊描述"心流"是一种有着最佳体验的过程。当你全神贯注于正在做的事情而忘记其他一切事物时，心流就会出现。它存在于各种情况之中，可能是在浪尖上滑行，或在推导一个定理，也可能是在舞池中跳舞。当你面对一个刚好能应对的挑战时，它完全吸引了你的注意，它能够给你即时的反馈，让你知道自己走在正确的轨道上，正在一步一步完成挑战。当挑战难度和技巧要求都较高时，你不仅会享受那段时间，而且能拓展能力。在这个过程中，你可能会学到新技能，提高个人的自尊和综合素质（Csikszentmihalyi & LeFevre, 1989）。心流的概念及其意义表明，与愉悦、奖赏和动机有关的神经环路是快乐情绪（在大脑中的表征）所必不可少的。

爱

与快乐研究不同，关于爱的实验不能将面部表情作为刺激材料或感兴趣的变量。事实上，正如前面提到的，爱并不能通过任何特定的面部表情表现出来。研究爱的科学家一般会使用能唤起情绪的刺激，如所爱之人的名字，而不会使用面部表情。这类研究通常会使用标准的自我报告问卷（如激情之爱量表）来评估被试对他们所爱之人的主观感觉（Hatfield & Rapson, 1987）。

斯蒂芬妮·卡乔波（Stephanie Cacioppo）[原姓奥蒂格（Ortigue）]及其同事（Ortigue, Bianchi-Demicheli et al., 2010）综述了关于爱的 fMRI 研究，以确定被试在看到与爱相关的刺激时，无论感受到的是母爱、爱情还是无条件的爱（图 10.26），都会激活的大脑网络。总的来说，爱激发了一个分布于皮质下和皮质的奖赏、动机、情绪和认知系统。这个系统包括了许多富含多巴胺的脑区，如脑岛、尾状核、壳核、腹侧被盖区、前扣带回、双侧海马后回、左侧额下回、左侧颞中回和顶叶。这一发现支持了爱比基本情绪复杂的假设。关于爱的 fMRI 研究都没有报告过杏仁核出现激活，而杏仁核的激活被认为与性欲有关（Cacioppo et al., 2012）。

有趣的是，不同类型的爱会激活不同的特异性大脑网络。例如，爱情是由一个特定的大脑网络来调节

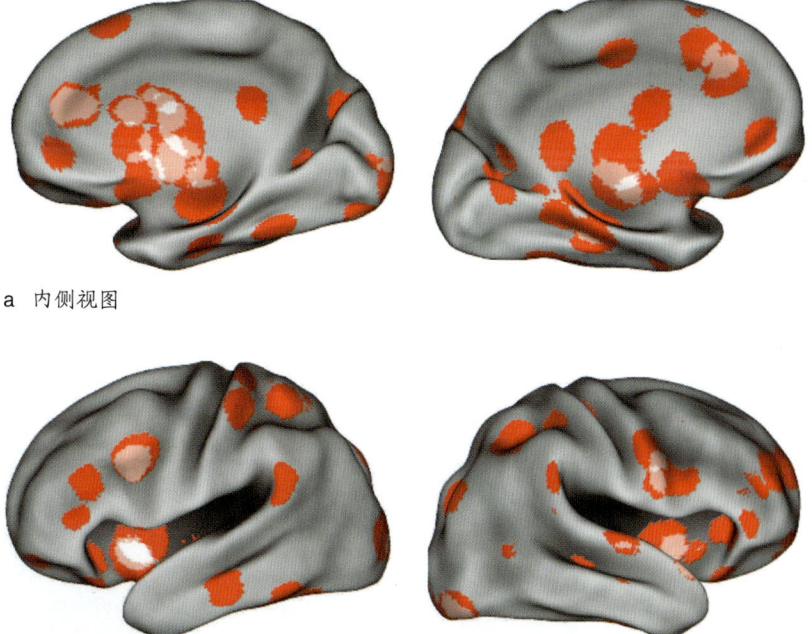

a 内侧视图

b 外侧视图

图 10.26 爱激活了大脑中的多个区域

关于爱的 fMRI 研究的元分析图（包括激情之爱、母爱和无条件的爱）。激活结果叠加在一个人类平均表面皮质模型的（a）左右内侧视图和（b）外侧视图上。

的。这个网络既分布于皮质下区域，也分布于维持认知功能（如自我表征、注意和社会认知）的高级脑区（图 10.27）。此外，研究还发现，特定脑区的激活会与恋爱时间长度相关，如右侧脑岛、右侧前扣带回、双侧后扣带回、左侧额下回、左腹侧壳核/苍白球、左侧颞中回和右侧顶叶（A. Aron et al., 2005）。

母爱的神经环路与前面提到的爱情所激活的大脑皮质和皮质下结构有重叠，但有一处脑区的激活与爱情不同，即皮质下的中脑导水管周围灰质。在现有的关于爱的研究中，该脑区的激活主要是在母爱中观察到的，提示中脑导水管周围灰质的激活可能与母爱有关。这个结论是有道理的，因为中脑导水管周围灰质与情绪系统直接连接，并含有高密度的血管加压素受体，而这些受体对于母亲与孩子之间的联系很重要（Ortigue, Bianchi-Demicheli et al., 2010）。爱是一件很复杂的事情，而且它似乎会激活大部分脑区——但你不需要做 fMRI 研究也能明白它有多复杂。

关键信息

- 对身体内部状态的知觉称为内感。脑岛的连接和激活情况表明，它整合了内脏和躯体的信息输入，形成了对身体状态的表征。
- 对于"不同脑区或神经环路负责加工不同的情绪"这一理论，由于研究者采用了不同的分析方式，因此现有的神经影像研究既被解读为支持该理论，也被解读为反对该理论。
- 脑岛似乎在整合皮质下的情绪加工和认知加工中起着广泛作用。
- 母爱、爱情和无条件的爱会激活不同的大脑网络。

10.10 镇定下来：情绪的认知控制

一个足球前锋如果因对方球员绊倒他但未被判点球而和裁判大吵大闹，可能会被认为是输不起。不过，到底发生了什么呢？实际上是这名球员想突破对方拦截受挫而无法控制住自己的消极情绪。与此相反，如果一个妻子在她丈夫将要去执行危险的任务时，想着"我希望他会记住我的微笑，不要记住我的眼泪"，那么她就会有意识地控制住自己悲伤的情绪，微笑着为她丈夫送行。

情绪调节是指通过一定策略来影响我们的情绪类型、何时出现情绪以及如何表达和体验情绪的一系列过程。回想一下之前的内容，大脑系统会根据我们的目标和需求来评价刺激的重要性，进而影响我们的情绪。整个评估过程包括注意、评价和反应过程。调节情绪的策略可以通过不同的方式影响其中的任一过程。因此，如图 10.28 所示，可以从情绪产生过程中的多个方面干预情绪调节，有些可以在情绪产生的早期进行干预，有些可以在情绪产生以后进行干预。其中有些过程是有意识和可控的，如妻子送行时的强颜欢笑，有些过程是无意识和自动的（Gross, 1998a）。

通常来说，研究人员可以通过改变输入（情绪刺激）或输出（情绪反应）来探究我们是如何调节情绪的。改变输入的方式，包括完全回避刺激、改变对它的注意（如分心）或者通过**重评**来改变刺激的情绪影响。改变输出包括增强、减少、延长或缩短情绪的体验、表达或生理反应（Gross, 1998b）。

我们知道，人们的情绪反应和控制情绪反应的能力都是可变的。这种变化有时是由于有意识控制情绪的能力增强，有时是由于无意识控制情绪的能力增强。研究者已经发现，无论是在静息态还是在情绪刺激下，

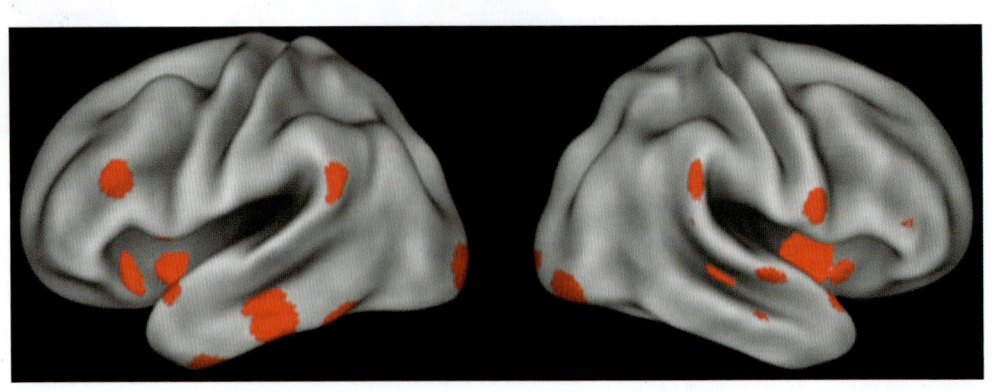

图 10.27 爱情的大脑网络

这是叠加在人类平均表面皮质模型的外侧视图上的关于爱情的皮质网络。这些大脑区域可以调节情绪、动机、奖励、社会认知、注意和自我表征。

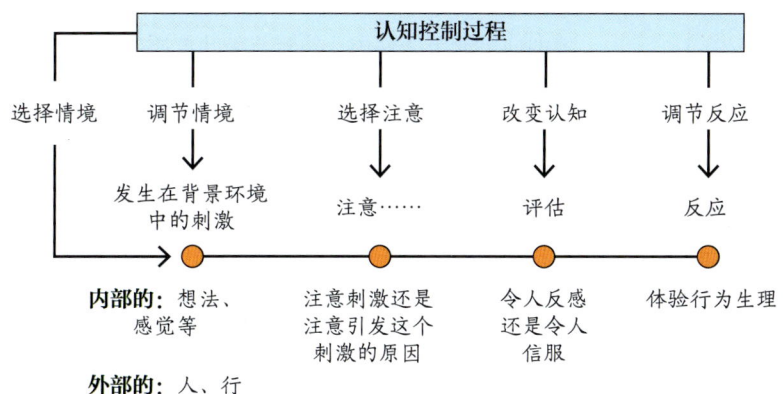

图 10.28　凯文·奥克斯纳（Kevin Ochsner）的情绪产生和情绪控制模型

从认知控制过程指向下方的箭头表示不同的情绪调节策略的效果，以及它们在影响哪个情绪产生阶段。

前额叶皮质和情绪评价系统的神经活动都与情绪调节能力、性别、性格和负性情感相关。

在当今世界，尤其是在社会生活中，控制情绪的能力非常重要。我们非常善于控制自己的情绪，因此我们会更容易注意到情绪失控的人：大声呵斥收银员的顾客、在婚礼上哈哈大笑的人或者悲伤到崩溃的朋友。事实上，情绪调节的失败被认为是各种情绪障碍和焦虑障碍背后的原因。

在过去 20 年里，对情绪调节的研究大多集中在如何与何时进行控制上。1998 年，斯坦福大学的詹姆斯·格罗斯（James Gross）提出了如图 10.29 所示的模型，以解释心理学和人体健康研究者关于情绪调节研究中存在的分歧。心理学研究表明，控制和调节自己的情绪会更健康，而关于人体健康的研究认为，长期压抑情绪，如愤怒，会导致高血压和其他身体疾病。

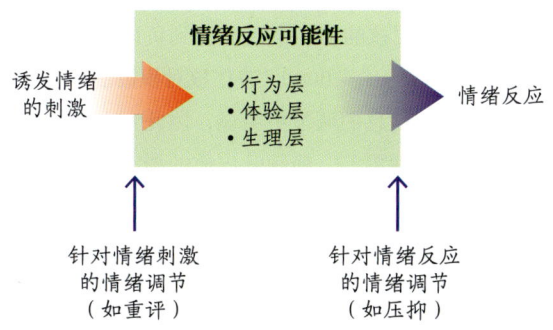

图 10.29　詹姆斯·格罗斯的情绪调节模型

詹姆斯·格罗斯提出了一种模型，可以通过操纵系统的输入（针对情绪刺激的情绪调节）或系统的输出（针对情绪反应的情绪调节）来调节情绪。

格罗斯假设，在情绪产生的不同阶段"关闭"情绪会产生不同的结果，因此可以解释不同的结论。

为了检验他的假设，格罗斯对比了两种情绪调节策略，重评（针对情绪刺激的情绪调节）和情绪压抑（针对情绪反应的情绪调节）。重评是一种认知-语言策略，通过非情绪性词语重新解读一个充满情绪的刺激。例如，一个女人正在擦拭眼泪，可能是因为她很难过，但在重评时，她会将这解读为可能只是眼睛里进东西了，想要清洗一下。而压抑，是在情绪已经激发的情况下，去抑制情绪表达行为的一种策略（如在沮丧时的强颜欢笑）。

在实验中，Gross 给被试设置了三种观看条件，在每种条件下都会呈现一段诱发厌恶的影片。在重评的条件下，他要求被试采用一种超然和非情绪化的态度观看；在压抑条件下，要求被试表现得让旁观者看不出他们的厌恶；在第三种条件下，要求被试只是简单地看影片。他把被试观看影片的过程录了下来，同时监测了他们的生理反应。结束以后，被试完成了一份情绪评分表。

虽然重评和压抑都减少了情绪表达行为，但实际上只有重评减少了厌恶体验。另一方面，压抑增加了交感神经的激活，使被试的唤醒度更高，并且这种激活会在影片结束后持续一段时间（Gross, 1998b）。接下来的情绪调节研究进一步提供了 fMRI 数据，支持了格罗斯关于重评和压抑这两种情绪调节策略存在不同起效时机的假设（Goldin et al., 2008）。

这种行为要如何应用于现实中呢？假设你回到家，发现你的朋友来你家了，还帮你打扫了屋子。你会开始想，"她怎么会这样呢？她应该先问我一下！"你觉得自己快要气疯了。你现在有三种选择：其一，你可以沉浸在愤怒之中；其二，虚伪地装出一副若无其事的样子来压抑自己的怒火；其三，你可以对现在的情况进行重评。

选择第三种时，你可以想，"嗯，我讨厌搞卫生。而现在，我一根手指都不用动，整个房间就变得这么干净了，这太好了"。你会开始感觉心情不错，脸上出现一些笑容。你仅仅做了一点认知重评，就降低了自己的生理唤醒。这种方法对你的总体健康更好。

有意识地重评会减少情绪体验。这一发现支持了情绪在某种程度上受有意识的认知控制的观点。在最初探究情绪认知控制的fMRI研究中，凯文·奥克斯纳及其同事（Ochsner et al., 2002）发现，使用重评以减少负性情绪会增加前额叶皮质的活动（与认知控制有关，详见第12章）并减少杏仁核的活动，提示前额叶皮质可以调节杏仁核等皮质下结构的情绪活动。积极的重评会在心理上使一个糟糕的情况变好，但是消极的重评会在心理上使一个糟糕的情况变得更糟（或者使一个好的情况变糟）。

这两种不同的调节策略会使用相同的神经系统吗？奥克斯纳及其同事（Ochsner et al., 2004）假设，影响重评的认知控制脑区（前额叶皮质）会调节参与评价刺激情绪属性的脑区（杏仁核）。因此，向上调节的认知重评（加强这种情绪）应该与更高的杏仁核激活水平相关，而向下调节的认知重评（减弱这种情绪）会与更低的杏仁核激活水平相关。他们进行了一项认知重评的fMRI研究，观察如何使一个糟糕的情况变好（减弱负性情绪），以及如何使糟糕的情况变得更糟（加强负性情绪）。

在这个研究中，被试会看一系列消极图片。他们会被分成两组：关注自我组与关注情境组。在关注自我组中，被试需要想象自己或所爱之人在消极场景中（加强负性情绪），或以超然的方式观看图片（减弱负性情绪），或作为控制条件，只是简单地看图片。而在关注情境组中，被试被告知需要通过想象该情境正在变得更糟糕来加强负性情绪，或通过想象该情境正在变得更好来减弱负性情绪，或只是简单地看图片。然后，每个被试需要报告重评的效果和需要付出的努力程度。所有被试都报告他们成功加强或减弱了自己的负性情绪，但都表示向下调节（减弱）负性情绪需要付出更多努力。

这些研究者发现，无论负性情绪是加强还是减弱，涉及工作记忆和认知控制（见第12章）的左外侧前额叶皮质与涉及实时监测行为表现的背侧前扣带回都出现了激活，提示这些脑区参与评估和"决定"认知策略（图10.30）。他们还观察到了在不同的情况下会被特异性激活的前额叶皮质区域。背内侧前额叶皮质与自我监测和自我评估有关（见第13章）：它在关注自我的两种重评条件中都出现了激活，而在关注外部情境的向下调节条件中，外侧前额叶皮质出现了激活。在向上调节的条件中，左侧喙内侧前额叶皮质和后扣带皮质（涉及情绪知识的提取）出现了激活，而向下调节激活了与行为抑制相关的另一个脑区——右外侧前额叶皮质和眶额皮质。由此看来，不同的认知重评目标和策略会激活一些相同的前额叶皮质区域，也会激活一些不同的区域。

那么杏仁核呢？杏仁核的激活增加或减少取决于调节目标：当想要增加负性情绪时，杏仁核的激活会增加；而想减少负性情绪时，杏仁核激活会减少。前额叶皮质活动对杏仁核的这一显然的调节作用提示，如果当前加工目标与刺激评估的性质一致（在此例子中，加工目标为使消极刺激更加消极），那么不论情绪的实际效价是积极的还是消极的，杏仁核的激活都会增加。

通过重评进行的认知控制是否会如我们所假设的那样，依赖前额叶皮质（与认知控制加工有关）和皮质下网络（与产生情绪反应有关）之间的相互作用？在这一观点提出以后的十多年间，已经有超过50项脑成像研究支持这一假设（Buhle et al., 2014; Ochsner et al., 2012）。

尽管早期研究表明，杏仁核仅参与消极信息的自动加工，但奥克斯纳的研究和近期研究表明，事实并非如此。在加工不同刺激的相关意义时，杏仁核似乎会根据个人当前的目标和动机的不同而发挥不同的作用（Cunningham et al., 2005, 2008），这种特质被称为**情感灵活性**。例如，如果你抱着不想输钱的想法去美国拉斯维加斯的赌场，那么你的杏仁核会在输钱时出现更强的激活；但如果抱着赢钱的想法，那么你的杏仁核会在赢钱时出现更强的激活。

然而，杏仁核的加工似乎会受到负面偏见的影响（Cunningham et al., 2008）。杏仁核对积极信息的调节作用比对消极信息的调节更明显，因此它在加工消极信息时的灵活性更差。前额叶皮质的调节不能完全消除消极刺激的影响，但——对于我们的生存和钱包来说——这是一件好事。

情绪调节研究目前正处于发展阶段。尽管我们还有很多问题有待解决，但功能成像技术与行为研究的结合已经取得了丰富成果。到目前为止，很多研究都集中在我们已经讨论过的两种调节策略上：重评和压抑。然而，还需要解决的问题包括注意资源的调集分

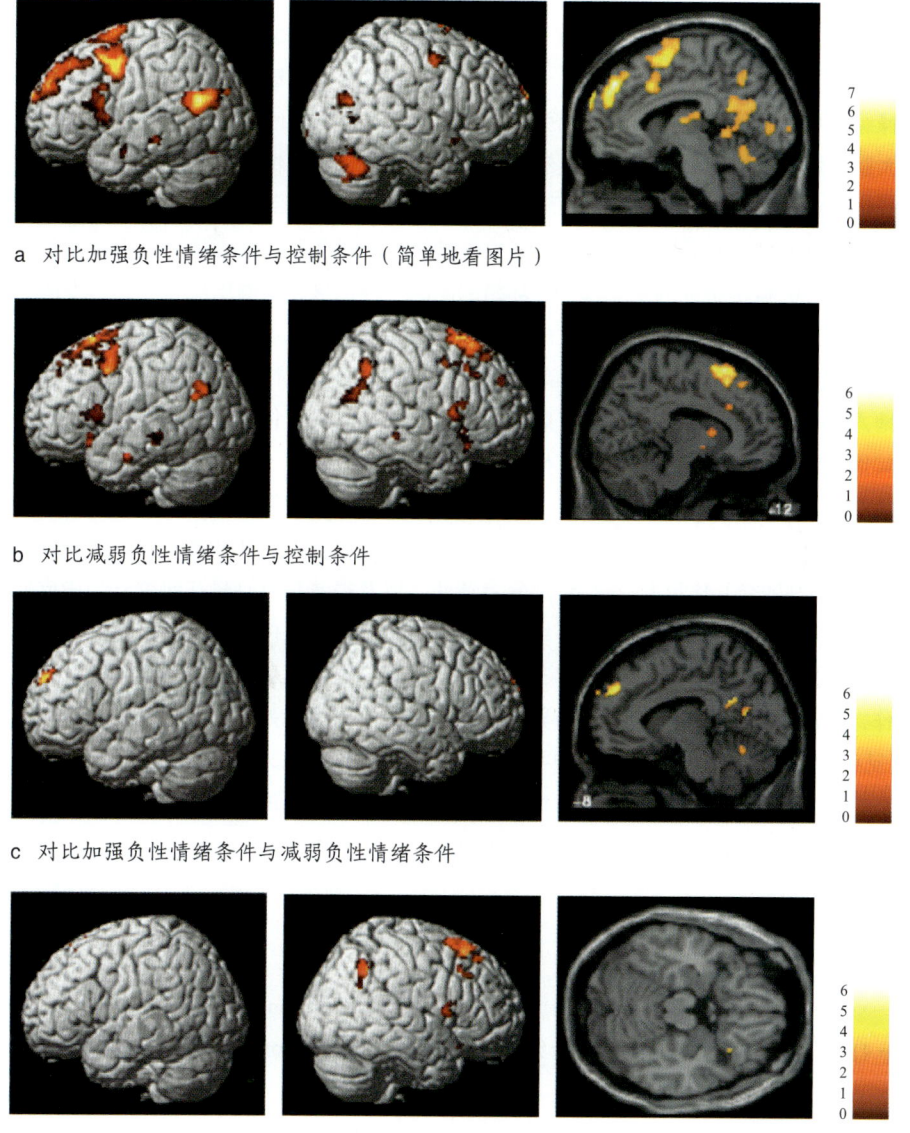

a 对比加强负性情绪条件与控制条件（简单地看图片）

b 对比减弱负性情绪条件与控制条件

c 对比加强负性情绪条件与减弱负性情绪条件

d 对比减弱负性情绪条件与加强负性情绪条件

图 10.30　当加强或减弱负性情绪时，脑部特定区域会激活

图中最左边的图片和中间的图片分别对应着左侧和右侧的脑外侧视图。（a）当加强负性情绪时，激活通常在背外侧前额叶皮质和前扣带皮质的左侧。最右的图片是左侧的脑内侧视图。（b）当情绪降低时，部分相同的左半球区域也是活跃的，但激活往往偏向双侧或右侧。最右的图片是右侧的脑内侧视图。（c）当加强负性情绪时，脑部特定区域激活：左侧喙内侧前额叶皮质和后扣带回，在左半球内侧视图中最容易看到。（d）当减弱情绪时，脑部特定区域激活：中间图片中显示的右侧前额叶皮质，以及最右图片中显示的右侧眶额皮质均有激活。

配（如忽略刺激或分散注意），其他形式的情绪调节策略，如情境选择（回避或寻求特定类型的刺激）以及情境修正等。

研究还需要探究人们会在何时与如何做出调节自己情绪的决定，以及他们如何选择调节策略（Etkin et al., 2015）。毕竟，人们对不同情境的情绪反应和调节情绪的能力存在巨大的个体差异。更好地理解情绪调节将有助于对情绪调节损伤个体进行临床干预，其中就涉及许多精神疾病，包括抑郁症、边缘型人格障碍、社交焦虑障碍和物质滥用障碍等（Denny et al., 2009）。

关键信息

- 情绪调节是复杂的，涉及许多加工过程。
- 情绪调节依赖额叶皮质结构与皮质下脑区之间的交互作用。
- 不同的情绪调节策略会有不同的生理效应。

概　　要

科学家在研究情绪时，面临诸多挑战，因为情绪是一种难以定义也难以科学地操纵和研究的状态。其中一个挑战是建立一个合适的大脑区域来开展针对情绪的认知神经科学研究。早期的研究和理论倾向于把情绪看作与认知分离的现象，暗示可以分别单独研究和理解这二者。然而，随着对情绪的神经科学研究的推进，我们现在已经清楚，情绪和认知是相互影响的。

针对情绪的认知神经科学研究需要从大脑的某个地方开始，而杏仁核就是那个地方。尽管我们对杏仁核的了解尚不完整，但是相比其他脑区，我们还是更了解杏仁核对情绪加工的贡献。在人和其他物种中，杏仁核在内隐情绪学习（如通过恐惧条件反射演示的）以及在外显情绪学习和记忆（通过与海马的交互作用）中，都起关键作用。杏仁核也涉及与决策、注意、知觉和社会互动有关的加工。近期的研究主要关注杏仁核怎样与其他大脑区域协同工作，以产生正常情绪反应。例如，习得一个恐惧条件反射需要杏仁核参与，但一个条件反射的正常消退涉及杏仁核与前额叶皮质的交互作用（Morgan & LeDoux，1999）。

其他一些神经结构也已被证明与不同的情绪加工相关。例如，角回与情爱相关，而脑岛与厌恶相关。虽然研究者成功地将不同的情绪与不同的大脑结构进行了关联，但是情绪研究已经从确定单一神经结构上，转到了发现神经环路以及针对特定情绪是否存在特定神经环路的问题。杏仁核、眶额皮质和脑岛对不同形式的情绪加工是重要的，但已经明确的是，要了解大脑怎样产生正常和具有适应性的情绪反应，我们需要了解这些区域之间，以及它们与大脑其他区域之间是怎样交互作用的。

亚克·潘克塞普认为，除非研究者考虑情绪是怎样在大脑进化过程中出现的，并在基本的情绪基础上形成复合情绪，以及搞清楚自己是在研究一个由皮质下结构产生的基本情绪还是由大脑皮质产生的次级或第三级情绪，否则这些研究者之间关于情绪加工存在特异性神经环路的不同意见是不会统一的。为了使认知神经科学帮助情绪障碍病人，潘克塞普提出，对焦虑情绪的进化起源有更清晰的了解有助于开发更成功的治疗手段。

关键术语

重评（reappraisal，p.452）
复合情绪（complex emotions，p.418）
感受（feeling，p.412）
核心情绪系统（core emotional system，p.419）
基本情绪（basic emotion，p.418）
恐惧条件反射（fear conditioning，p.429）
面部表情（facial expression，p.419）
脑岛（insula，p.448）
内感（interoception，p.448）
情感（affect，p.413）
情感灵活性（affective flexibility，p.454）
情绪（emotions，p.413）

情绪产生（emotion generation，p.423）
情绪的维度理论（dimensional theories of emotion，p.418）
情绪调节（emotion regulation，p.452）
躯体标记（somatic marker，p.441）
消退（extinction，p.430）
心境（mood，p.414）
心流（flow，p.451）
杏仁核（amygdala，p.427）
压力/应激（stress，p.414）
压抑（suppression，p.453）
注意瞬脱（attentional blink，p.438）

思考题

1. 请简述边缘系统假说以及它在情绪的认知神经科学中发挥的历史作用。请解释这个假说的哪些方面受到了质疑，哪些目前仍然被接受。
2. 请描述情绪的三个成分，以及它们怎样适用于不同的情绪产生理论。
3. 请解释杏仁核在恐惧条件反射中的作用。涵盖基于非人动物模型所发现的情绪学习的神经通路，并解释为什么杏仁核在情绪学习中的作用被认为是内隐的。
4. 保罗·埃克曼提出的基本情绪是什么？它们与面部表情之间的关系是怎样的？
5. 请介绍情绪对另一种认知过程的影响。

推荐阅读

Adolphs, R., Gosselin, F., Buchanan, T. W., Tranel, D., Schyns, P., & Damasio, A. R. (2005). A mechanism for impaired fear recognition after amygdala damage. *Nature, 433*, 68–72.

Anderson, D. J., & Adolphs, R. (2014). A framework for studying emotions across species. *Cell, 157*(1), 187–200.

Damasio, A. R. (1994). *Descartes' error: Emotion, reason, and the human brain.* New York: Putnam.

LeDoux, J. E. (2012). Rethinking the emotional brain. *Neuron, 73*(4), 653–676.

Ochsner, K. N., Silvers, J. A., & Buhle, J. T.(2012). Functional imaging studies of emotion regulation: A synthetic review and evolving model of the cognitive control of emotion. *Annals of the New York Academy of Sciences, 1251*, E1–E24.

Ortigue, S., Bianchi-Demicheli, F., Patel, N., Frum, C., & Lewis, J.(2010). Neuroimaging of love: fMRI metaanalysis evidence toward new perspectives in sexual medicine. *Journal of Sexual Medicine, 7*(11), 3541–3552.

Panksepp, J., & Biven, L.(2012). *The archaeology of mind: Neuroevolutionary origins of human emotions.* New York: Norton.

Rolls, E. T.(1999). *The brain and emotion.* Oxford: Oxford University Press.

Sapolsky, R. M.(1992). *Stress, the aging brain, and the mechanisms of neuron death.* Cambridge, MA: MIT Press.

Sapolsky, R. M.(2004). *Why zebra don't get ulcers: The acclaimed guide to stress, stress-related diseases, and coping.* New York: Holt Paperbacks.

Vuilleumier, P., & Driver, J.(2007). Modulation of visual processing by attention and emotion: Windows on causal interactions between human brain regions. *Philosophical Transactions of the Royal Society of London. Series B, Biological Sciences, 362*(1481), 837–855.

Whalen, P. J. (1998). Fear, vigilance, and ambiguity: Initial neuroimaging studies of the human amygdala. *Current Directions in Psychological Science, 7*, 177–188.

我个人认为,我们之所以学会了语言,是因为在内心深处需要抱怨。

——简·瓦格纳(Jane Wagner)

第 11 章
语　　言

H. W. 是一名参加过第二次世界大战的老兵，他 60 岁时突然出现了大面积左半球卒中。他之前身体健壮，且经营着价值数百万美元的生意。在不完全康复后，他仍有轻微的右侧偏瘫（肌无力）和轻微的面孔识别障碍。然而，他的认知能力受到的影响较小。在一项视觉空间推理测试中，他的得分比 90% 的健康同龄人还高。但是，当决定重新掌舵公司时，他因为语言方面出现了问题而需要求助其他人。他能理解口语和书面语，自己说话也基本没问题，但他只能说出大多数物体的名称，甚至对过去所熟悉的一些物体也是如此。

H. W. 患有严重的忘名症。这是一种无法用词语来命名物体的障碍。测试结果表明，H. W. 能更好地提取形容词，动词次之，而提取名词的能力最差。在一项需要对 60 个常见物体进行命名的测试中，H. W. 只能说出一个物体：房子。他在单词复述测试、单词和短语口头阅读以及数字产生方面都有缺陷。然而，他可以结合兜圈子、用手指、用动作表演以及写出所想单词的首字母等方法来弥补缺陷。因此，他也能够进行复杂的对话。例如，在回答关于他在哪里长大的问题时，H. W. 与研究者玛格丽特·芬内尔（Margaret Funnell）进行了以下交流。

H. W.：在，呃……离开这里，从这里往下走（手朝下指）是下一个具有法律意义的地方。

M. F.：往下？马萨诸塞。

H. W.：再下一个（手势再次向下）。

M. F.：康涅狄格。

H. W.：是的。我就住在那里。那时，离我最近的人住这么远（举起 5 根手指）。

M. F.：5 英里①？

H. W.：是的。每个人都外出工作，而我也，我在一所全日制学校上学。如果本该送你上学的人没带你去学校，你就这样去学校（用他的手臂演示步行动作）。

M. F.：步行。

H. W.：从那里一直走到你上学的地方，的地方，实际上是，呃，呃（小声数着）是 12。

M. F.：12 英里？

H. W.：是的。那几年你是这样去学校的（做走路状）。当天气暖和的时候，我发现了一个旧的这个（用他的胳膊演示骑自行车）。

M. F.：自行车。

H. W.：嗯，我，我把它修好了。这样它就可以用了。我会在天气暖和时骑它。当天气冷时，你就这样（做走路状）。

（Funnell et al., 1996, p.180）

尽管 H. W. 不能用名词来描述他童年的各个方面，但他确实使用了恰当的语法结构，并且能够用动作表

> **大问题**
> - 大脑如何从语言中获取意义？
> - 理解口头语言的过程是否与理解书面语言的过程不同？
> - 大脑如何通过口语、手势语和书面语来与他人交流？
> - 支持语言理解的大脑结构和神经网络是什么？
> - 人类语言的进化起源是什么？

---

① 1 英里 =1.6093 千米。——译者注

演来描绘他所想的词。同时，他敏锐地意识到了自己的缺陷。

H. W. 的缺陷与他对物体本身的知识无关。他知道一个物体是什么以及有什么用途，但他根本无法命名这个物体。当他看到想要表达的单词时，他也知道并且能够认出这个单词。为了证明这一点，研究者会给他描述一些东西，然后问他有多确信自己能够从一份10个单词的列表中选出正确的单词。例如，当问他是否知道用于测量距离的汽车仪表盘时，他说他能100%地准确认出这个词，而事实上，他的准确率确实超过了90%。

我们从 H. W. 的例子了解到，提取关于物体的知识并不等同于提取其语言标签（物体名称）。你自己可能也经历过这样的事。有时候，当你试图说出别人的名字时，就是没办法做到。但是当其他人试图帮助你，并给你提供一堆名字时，你肯定知道哪些是不正确的。这种经历被称为舌尖现象。H. W. 的问题提醒我们，沟通虽然看似简单，但其神经基础十分复杂。

在这一章中，我们将讨论大脑如何从听觉和视觉语言输入中获取意义，以及大脑如何反过来产生口语和书面语，从而将意义传达给他人。我们将先简单讲一点解剖学知识，然后介绍语言缺陷病人的类型，以及根据这些早期发现而发展出的一个经典的语言模型。接下来，借助于更新的心理语言学和认知神经科学方法，我们将回顾语言理解和产生方面的进展，并考查一些正在替代经典语言模型的神经解剖学模型。最后，我们将讨论语言这种神奇的人类心智能力是如何在灵长类动物进化过程中产生的。

11.1 语言和语言缺陷解剖学

在人类拥有的所有高级功能中，语言可能是最特异化、最精致的，甚至可能是最能清楚地区分我们与其他物种的功能的。虽然有些动物也有精巧复杂的交流系统，但即便是我们的灵长类近亲，在语言方面也远远不如我们。因为人类的语言在动物身上并没有同源的东西，所以我们对语言神经基础的了解不如对感觉、记忆和运动控制的神经基础的了解全面。要说明的是，之所以缺少这些知识，并不是因为缺乏兴趣或研究。实际上，从购物清单、珍贵记忆到科学创新和文化传承，语言都是我们传递海量信息的工具。因此，语言对人类社会性的显著重要性使它成为研究的热点。我们将从语言的解剖学基础开始。

语言输入可以是听觉的，也可以是视觉的，因此

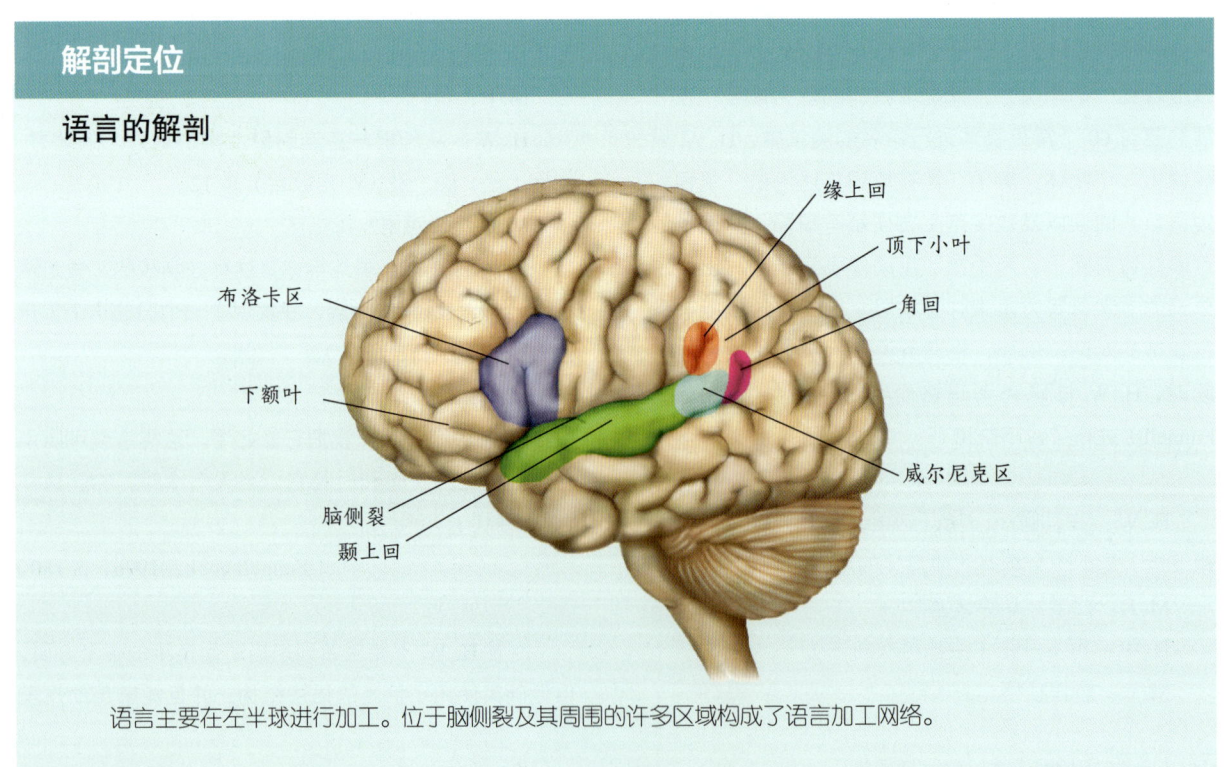

解剖定位

语言的解剖

语言主要在左半球进行加工。位于脑侧裂及其周围的许多区域构成了语言加工网络。

这些感觉和知觉系统都参与语言理解。语言产生涉及运动和时间两个方面。因此，我们在第 8 章讨论的所有涉及运动和时间的皮质结构（运动前皮质、运动皮质和运动辅区）和皮质下结构（丘脑、基底神经节和小脑）都对我们的交流能力起重要作用（Kotz & Schwartze，2010）。

关于裂脑病人和单侧局部脑损伤病人的研究告诉我们，大量的语言加工集中在左半球**脑侧裂**（也称外侧裂）周围的大脑区域。左半球语言区包括颞上回后部的威尔尼克区、前颞叶和外侧颞叶的部分皮质、顶下小叶（包括缘上回和角回）、下额叶皮质（包括布洛卡区）以及脑岛（参见前面的"**解剖定位**"专栏）。总的来说，这些脑区以及它们之间通过白质束形成的连接构成了环左外侧裂语言网络（left perisylvian

专栏 11.1　认知神经科学家的工具箱
人脑刺激图谱

一个年轻癫痫病人侧卧着，身上盖着干净的浅绿色被子，头部没有完全盖住，把脸露了出来。他的颅骨被切开，大脑左半球暴露在外。令人惊讶的是，他清醒着，并在和外科医生交谈。这是一个常规的外科程序，即在他接受癫痫组织切除手术前，医生需要使用直接皮质电刺激来标记大脑的语言区域。

因为癫痫灶位于主导语言的左半球，所以标记清楚大脑的语言加工区域，以使这些关键区域不被切除，是非常重要的。外科医生使用电极刺激大脑皮质的不同区域，同时要求病人说出照片中的物体。一旦某一脑区在受刺激时引起命名错误，外科医生就会把这个与语言有关的区域记录下来（图 11.1）。

华盛顿大学医学院的乔治·奥杰曼（George Ojemann）及其同事（1989）对 117 名病人的左半球进行了皮质刺激，定位了语言区域。他们发现，大脑中对语言各特征的表征位于一些 1～2 平方厘米的离散的马赛克状区域。这些马赛克状区域通常包括额叶皮质和颞叶后部皮质的一些区域。但在一些病人中，只在额叶或颞叶后部皮质之一中观察到了对语言的表征。一些病人在这些经典脑区被刺激时会出现命名错误，而另一些病人无该症状。

也许，最令人感兴趣的一个事实是，针对病人的解剖定位存在很大的个体差异。这意味着仅根据标准解剖图谱，无法可靠地定位语言脑区。这些发现使得在切除大脑皮质语言区的肿瘤或癫痫灶之前，用皮质—刺激映射图定位语言区成了一种常规外科程序。除了病人受益之外，这些手术也让研究者了解了关于人类语言系统组织的知识。

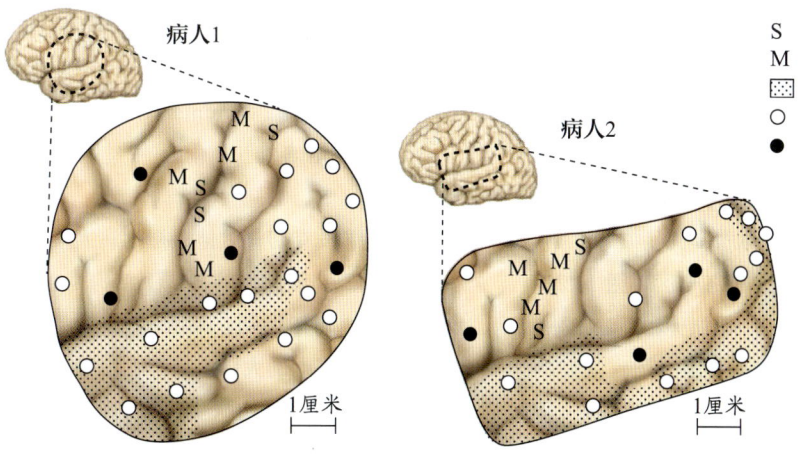

图 11.1　采用皮质刺激定位技术所研究的两名病人的大脑区域
刺激病人大脑中黑点指示的区域会诱发语言错误。随后，这些与语言有关的区域被标记出来。白点指示的区域不会引起语言错误。阴影表示随后的手术切除的区域。

language network）。也就是说，该网络位于大脑外侧裂周围（Hagoort，2013）。

左半球可能负责大部分语言加工，但右半球也确实起一定作用。右侧颞上沟在加工语言节奏（韵律）方面起作用；右侧前额叶皮质、颞中回和后扣带皮质则在句子具有比喻意义时被激活。

大脑损伤和语言缺陷

在神经影像技术出现之前，我们对语言加工神经基础的认识大多来自对引发各类失语症的脑损伤病人的研究。**失语症**是一个广义术语，指病人即使发音机制完整，但由于神经损伤，他们仍然表现出语言理解和产生方面的一系列缺陷。失语症也可能因发音肌肉群失去控制引起的**构音障碍**或发音动作计划缺陷造成的发音**失用症**而出现发音问题。

失语症在脑损伤后极为常见：H. W. 表现为**忘名症**（一种以不能命名物体为特征的失语症）。大约40%的卒中（通常位于左半球）会导致某种失语症（尽管可能是一过性的）。在许多病人中，失语症状持续存在，导致他们在口语和书面语理解与产生上长期存在问题。发展性构音障碍可能是基因突变导致的（见**专栏11.2**）。

布洛卡失语症

布洛卡失语症，也被称为前部失语症、非流畅性失语症或表达性失语症，是一种最古老的、或许也是被研究得最多的失语症。19世纪时，法国巴黎的医生保罗·布洛卡首次清楚地描述了这一疾病。他对病人路易·维克多·莱沃尔涅（Louis Victor Leborgne）进行了尸检。该病人在死前的几年里只会说"tan"。布洛卡观察到这个病人的左侧额下回后部存在损伤。该部分由三角部和岛盖部组成，也称布罗德曼第44区和第45区（见第2章），现被称为**布洛卡区**（图11.2）。当布洛卡第一次描述这种疾病时，他把该病症与这一大脑皮质损伤联系起来。在研究了许多有语言问题的病人之后，他还得出结论：产生口语的大脑区域位于左半球。

在布洛卡失语症的最严重形式中，研究者经常观察到诸如布洛卡的原病人那样单一的说话方式。然而，这种现象变异性很大，可能包括难以理解的喃喃自语、一串单音节或单词、简单的短语、缺少虚词或语法标记的句子，以及完整成语，如张冠李戴等现象。有时，他们正常唱歌的能力是不受影响的，受损的可能只是背诵短语和文章或计数的能力。布洛卡失语症病人的口语常常是电报式的（只包含实词，没有只有语法意义的虚词，如介词和冠词），以不均匀的爆破声发音，而且很费力（图11.3a）。病人在找到合适的单词或单词组合与随后说出声来之间常常顾此失彼。这种疾病常伴有言语失用症（图11.3b）。布洛卡失语症病人能意识到自己的错误，并且会因这些挫折而沮丧。

布洛卡认为，这些失语症病人仅在口语产生方面存在障碍的观点是不正确的。他们也可能存在句法理解障碍。**句法**是约束一个句子中单词组合和排列方式的规则。对**语法缺失性失语症**病人来说，通常只能产生和理解最基本、最熟悉的语法形式。请看下面的句子："男孩打了女孩"和"男孩被女孩打了"。由于第一句话可以从词序上进行理解，因此布洛卡失语症病人对这类句子的理解相当好。但是，第二句话的句法更复杂，在这类情况下，失语症病人可能会误解谁对谁做了什么（图11.3c）。

布洛卡区对失语症病人的言语障碍起主要作用的观点自布洛卡以来就一直面临着质疑。例如，加州大学戴维斯分校的失语症学家尼娜·德龙克斯（Nina Dronkers, 1996）报告了22例经神经影像诊断的布洛卡区病变病人，但其中只有10名病人表现出布洛卡失语症的临床综合征。现在，人们认识到，布洛卡区由多个子区域组成，提示它所涉及的功能比以前设想的多（Amunts et al., 2010）。其中一些子区域涉及语言加工，而另一些区域可能不参与这个过程。

布洛卡没有切过他最初的病人莱沃尔涅的大脑，因此无法确定该病人的皮质下结构是否受损，但今天的成像技术可以做到。莱沃尔涅的大脑至今还被保存在巴黎（布洛卡的大脑也保存在巴黎）。使用高分辨率MRI扫描发现，他的病变扩展到布洛卡区表层皮质以下的区域，包括脑岛和部分基底神经节（Dronkers et al., 2007）。这一发现提示，莱沃尔涅和其他布洛卡失语症病人的言语产生障碍可能不仅仅是由布洛卡区受损引起的。

专栏 11.2　来自临床的启示
语言的遗传基础

1990年，英国学者发表了一份关于KE家族的报告。跨越三代，KE家族的一半成员患有严重的发音和语言障碍（Hurst et al., 1990）。他们无法协调口语，即表现出发展性动作协调障碍，并患有多重语言障碍，包括语法、词形和口头复述障碍。

研究者通过结构和功能成像来寻找这些缺陷的神经基础。他们在几个运动相关区域发现了双侧异常。例如，受影响的家族成员的尾状核体积减少了25%。研究者还发现，他们的其他运动区——包括额下回（布洛卡区）、中央前回、额极和小脑——的灰质显著低于正常水平。同时，他们还在颞上回（威尔尼克区）、角回和壳核发现了灰质高于正常水平的现象。采用无声动词生成、有声动词生成和单词复述任务的fMRI研究表明，受影响的家族成员在一些通常不承担语言功能的大脑后部和双侧区域出现激活（参见Vargha-Khadem et al., 2005）。

通过观察KE家族的家谱图，研究者发现，这种疾病是以一种简单的方式遗传的——由一个单一常染色体显性基因缺陷造成（Hurst et al., 1990），这意味着这种基因突变者有50%的概率将它传给后代。牛津大学的威康信托人类遗传学中心（Wellcome Centre for Human Genetics）开始寻找这种基因。研究者在KE家族受影响的成员中发现了FOXP2基因序列中存在一个碱基对突变，即腺嘌呤代替鸟嘌呤（Lai et al., 2001）。

这种突变导致FOXP2蛋白质中的组氨酸被精氨酸取代。FOX基因族很庞大，而这个精氨酸在该族所有基因中都是恒定存在的，表明它具有关键功能。一点小小的改变怎么能造成如此大的损害呢？这是因为FOX基因对作为转录因子的蛋白质进行编码，而转录因子起着打开或关闭基因表达的作用。FOX基因突变可能导致不同表现型，包括癌症、青光眼，或者正如我们在这里看到的——语言障碍。

如果FOXP2基因在语言发展中如此重要，那么它是人类独有的吗？这个问题很复杂，因为谈论基因和谈论基因表达实际上并不是一回事。FOXP2基因广泛存在于远缘脊椎动物中（Scharff & Petri, 2011）。研究者在感觉运动整合和运动技能学习相关脑环路（大脑皮质、基底神经节和小脑；参加Fisher, 2017, 综述）的发育和作用中发现了这一神经表达模式，提示该基因的作用是古老的。

由FOXP2基因编码的蛋白质在人类和鸟类之间有5种氨基酸不同，在人类和小鼠之间有3种氨基酸不同，而在人类和黑猩猩或大猩猩之间只有2种氨基酸不同。针对尼安德特人的DNA（Krause et al., 2007）和丹尼索瓦人的DNA（Reich et al., 2010）的基因测序显示，这些古人类与我们拥有相同的FOXP2基因。这些研究者还发现，基因改变取决于普通现代人的单倍型（在染色体上相邻并一起传递的DNA序列）。之前的研究表明，这需要经历一个选择性清除过程。选择性清除意味着，这个基因具有强选择性，它产生的某特征给其所有者带来了明显的竞争优势。谁拥有这个基因，谁就拥有更多后代，于是它成了显性基因。

虽然有研究估计选择性清除发生在近20万年内（Enad et al., 2002; Zhang et al., 2002）或55 000年内（Coop et al., 2008），但是共同的FOXP2基因这一证据支持选择性清除发生于现代人和尼安德特人的共同祖先之前的观点，也就是30万~40万年前。然而，进一步研究发现，这个基因中不编码蛋白质的部分确实揭示了一些人类特有的可能改变该基因调控方式的变化（Maricic et al., 2012）。

研究者检验了FOXP2基因的进化改变可能与口语和语言能力出现有关的假设。当加入关键氨基酸序列以改造小鼠的基因后，小鼠的基底神经节环路显示了更高水平的突触可塑性（参见Enard, 2011综述），提示这些氨基酸变化可能通过改变皮质基底神经节环路促进人类口语和语言进化。相反，对小鼠进行与KE家族相同的FOXP2基因突变后，它们的纹状体和小脑环路表现出较低的突触可塑性，并且在物种典型的运动技能学习中表现出明显缺陷（Groszer et al., 2008）。

人类语言起源是取决于古人类分支的分叉后发生的单一DNA突变，还是在进化过程中随多种基因变化而出现的语言能力，这仍然是一个未解之谜。由于我们目前能够对活人和考古样本中古人类的基因组进行排序，因此我们能对语言进化起源的不同假设进行实证评估（Fisher, 2017）。敬请继续关注！

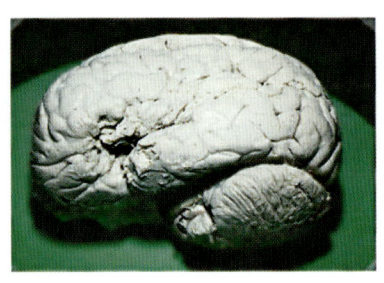

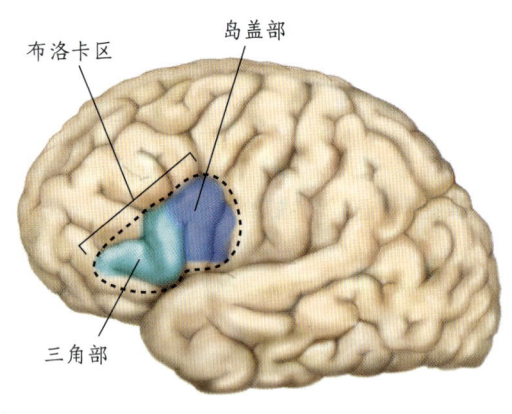

图 11.2　布洛卡区

（a）保存在巴黎一家博物馆的路易·莱沃尔涅（Louis Leborgne）的大脑。（b）图中虚线部分标识了大脑左半球布洛卡区。

图 11.3　布洛卡失语症的口语问题

布洛卡失语症病人在说话、试图理解或复述医生的话时可能出现多种问题。（a）该病人的口语输出缓慢吃力，并缺少虚词，类似于电报。（b）布洛卡失语症病人也可能由于发音器官（如舌肌）的调节缺陷而出现口语发音问题。（c）最后，这些病人有时难以理解倒装句，对这种句子的全面理解需要对主要角色（如谁打了谁）进行正确的句法分配。

威尔尼克失语症

威尔尼克失语症，也称为后部失语症或接收性失语症，最早由德国医生卡尔·威尔尼克发现。这是一种主要与语言理解有关的障碍：病人对口语或书面语理解困难，有时甚至完全不能理解语言。虽然他们的口语流畅且带有正常韵律和语法，但他们所说的内容往往很荒谬。

在对有这种语言理解障碍的病人进行尸检时，威尔尼克发现，他们的颞上回后部存在损伤。该区域后来被称为**威尔尼克区**（图 11.4）。与布洛卡失语症和布洛卡区的关系一样，威尔尼克失语症病人的脑损伤与语言缺陷之间的关系并不总是一致的。一些避开威尔尼克区的损伤也会导致语言理解障碍。

更近的一些研究表明，只有在威尔尼克区和颞叶后部周围皮质都损伤，或连接颞叶与其他脑区的对应白质损伤时，病人才会出现严重且持久的威尔尼克失语症。因此，虽然颞叶后部区域对正常语言理解是必须的，且威尔尼克区处于该区域的中心，但是局限于威尔尼克区的损伤只会造成一过性威尔尼克失语症。看来，威尔尼克区损伤并不一定引起这一综合征。相反，周围组织的肿胀或损伤会导致更严重的问题。当受损皮质周围的肿胀恢复时，语言理解能力可能会得到改善。

脑和语言的威尔尼克－利什特海姆模型

威尔尼克提出了一个关于已知语言区之间的连接模型。他和其他人发现了一个大神经纤维束，即**弓状束**（图 11.4）连接布洛卡区和威尔尼克区。威尔尼克

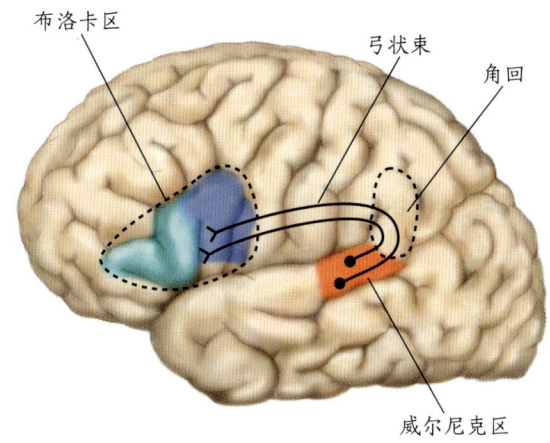

图 11.4　典型的左半球语言区和背侧连接侧视图
威尔尼克区以红色阴影显示。弓状束是连接威尔尼克区和布洛卡区的轴突束。

预测，损伤该纤维束将切断布洛卡区和威尔尼克区的联系，进而导致另一种失语症，他称之为**传导性失语症**。传导性失语症病人确实存在。他们能理解听到或看到的单词，也能听出自己的口语错误，但他们无法改正这些错误。他们在自发言语以及复述上也存在问题，有时使用的单词也不正确。

与威尔尼克同时代的德国医生路德维希·利什特海姆（Ludwig Lichtheim）通过引入除了布洛卡区和威尔尼克区以外的第三个区域完善了威尔尼克模型。利什特海姆提出，这个假想的大脑区域存储了关于单词的概念信息（而不是存储单词本身）。据他所言，当一个单词从单词存储器中被提取出来时，就被发送到概念区，该区域提供与该单词相关的所有信息。

虽然利什特海姆的想法与我们现在所知的神经解剖学证据不相符，但他建构了威尔尼克－利什特海姆模型（图 11.5）。这个经典模型提出，从声音输入到运动输出的语言加工涉及不同关键脑区（布洛卡区、威尔尼克区和利什特海姆的假设概念区）的相互连接，并且该网络中不同部分的损伤将导致各种被观察到和假设的失语症。

威尔尼克－利什特海姆模型可以解释多种形式的失语症，但它不能解释另一些失语症，并且与我们将在本章提及的关于人类语言系统的最新知识不相符。尽管该模型过于简单，但它强调了语言理解和产生的网络架构，而这已被证明是革命性的和有先见之明的。该模型影响了一个世纪，并在 20 世纪 60 年代被伟大

的美国神经病学家诺曼·格施温德重新重视。他的研究涉及患有各种失语症的神经功能缺陷病人，其结果符合威尔尼克－利什特海姆模型的预测（Geschwind, 1970）。

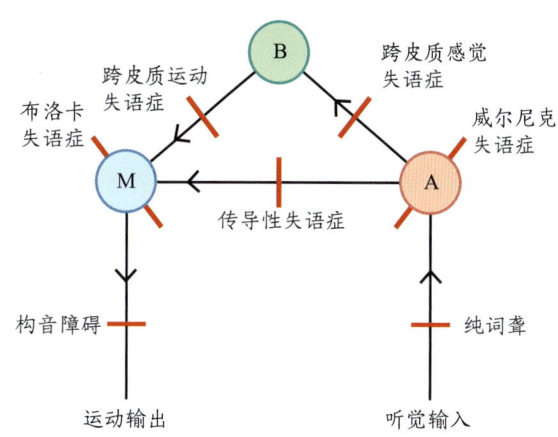

图 11.5　语言和失语症的威尔尼克－利什特海姆经典模型
存储有关单词声音的永久信息区（威尔尼克区）用 A（Auditory——听觉）表示。语音规划和编码区（布洛卡区）用 M（Motor——运动）表示。概念信息存储在 B 区（德语中"概念"一词为 Begriff）。箭头表示信息流向。模型预测这三个主要区域损伤、区域之间连接损伤以及这些区域的输入和输出损伤可导致不同的失语症状。可能的损伤位置由红色线段标识。

关键信息

- 涉及额叶、顶叶和颞叶的一个左半球网络对语言产生和理解至关重要。白质纤维束是这个左半球网络的关键结构。
- 右半球也在语言加工方面，特别是语言韵律加工方面，发挥作用。
- 语言障碍，通常称为失语症，包括神经损伤引起的与语言理解和表达相关的缺陷。
- 布洛卡失语症病人在产生口语、句法和语法方面存在问题，但他们能较好地理解口语和书面语。所以，导致布洛卡失语症的神经损伤可能不局限于之前认为的左侧额下回的布洛卡区。
- 威尔尼克失语症病人表现出严重语言理解障碍，却能说出相对流畅而通常又无意义的口语。最初，研究者认为威尔尼克失语症仅与威尔尼克区（颞上回

后部）损伤有关，但是当前学术界认为它也与该脑区以外区域的损伤有关。
- 弓状束是连接布洛卡区和威尔尼克区的大神经纤维束。该神经纤维损伤会导致传导性失语症。

11.2 语言的大脑基础

人类语言是大脑的机能，因此被认为是一种自然语言。语言可以说，可以用手势表达，也可以写。任何自然语言都有词法、语法和句法规则；它以符号传递具体和抽象的信息。语言可以传递关于过去、现在和未来的信息，使我们能够在同伴之间传递信息，并从不在场或已过世的人那里获得信息。因此，我们可以学习前人的经验（如果我们愿意）。那么，大脑是如何从口语、手势语和书面语中获取意义的呢？大脑又是如何产生口语、手势语和书面语来向他人传达意义的呢？

为了回答这些问题，本章讨论语言的几个关键特征。首先是存储：大脑必须存储词的表征及其相关的概念。口语中的词有两个属性：词意和**音形**（基于声音形式）。书面语有**词形**（基于视觉形式）。词的表征的核心概念之一是**心理词典**——关于词的信息的心理存储，包括语义信息（词义）、句法信息（词如何组合成句子）和词形信息（拼写和发音模式）。大多数理论都同意心理词典在语言中起核心作用。但是，一些模型包含一种兼顾语言理解和语言产生的单一心理词典，而另一些模型则区分了输入性和输出性心理词典。

让我们先从语言理解的角度来探讨心理词典（当然这些概念同样适用于语言产生）。一旦我们从声音、印刷或手写字以及手势中对词进行知觉分析，就涉及心理词典的三个基本功能。

1. **词汇提取**，指知觉分析会激活心理词典中对该词的词形表征（包括其语义和句法属性）这一阶段。
2. **词汇选择**，指选择与输入信息匹配得最好的词语表征这一阶段。
3. **词汇整合**，指将词整合进完整的句子、段落或更大语境中，以便理解整个信息的阶段，也是最后一个阶段。

语法和句法是词在特定语言中的组织规则，以产生特定意义。我们将通过探讨心理词典是如何组织的以及在大脑中是如何表征的来讨论这些功能。

心理词典的组织

一个说英语的正常成人掌握大约 50 000 个单词，且可以每秒轻易识别和产生约 3 个单词。考虑到这种速度和数据库的规模，心理词典必须是以一种高效率的方式组织起来的。例如，它可以按字母顺序排列。在这种情况下，查找字母表中间的单词（如以 K、L、O 或 U 开头的单词）可能比查找以 A 或 Z 开头的单词花更长时间。然而，研究者认为，心理词典的其他特征能帮助我们迅速地从口语或书面语输入转到单词表征。相关心理语言学证据支持以下四个组织原则。

1. 语言中最小的意义表征单位被称为**词素**；它也是心理词典中最小的表征单位。例如，请看单词 frost（结冰）、defrost（解冻）和 defroster（除冰器）。这些词的词根 frost 是一个词素；defrost 的前缀 "de" 改变了 frost 这个词的意思，也是一个词素；最终，加上后缀 er 的 defroster 包括三个词素。
2. 高使用频率词比低使用频率词的提取速度更快；例如，提取 people（人们）比提取 fledgling（幼鸟）容易。
3. 心理词典的组织原则是，邻近词只在一个字母或音素上不同（如 bat、cat、hat 和 sat）。**音素**是对意义产生影响的最小声音单位。音素或字母有重叠的单词在心理词典中会聚集在一起。当输入信息激活某个单词的表征时，其他邻近词起初也会被激活，所以从候选词中挑选正确的词需要花费时间。
4. 单词表征依据单词之间的语义关系在心理词典中进行组织。这种组织形式的证据来自采用词汇决策任务的语义启动研究。在一个语义启动研究中，研究者首先给被试呈现词对。词对中的第一个词是**启动词**，第二个词是**目标词**。目标词可以是真词（如 truck）、非词（如 rtukc）或假词（遵循语言发音规则，但不是真正的单词，如 trulk）。如果目标词是一个真词，那么它在意义上与启动词既可以是相关的，也可以是无关的。

在该任务中，被试必须又快又准地判断（一般为按键判断）目标词是否为真词（词汇决策）。如果一个真词和启动词在语义上相关（如启动词是车，目标词是卡车）而非不相关（如启动词是阳光，目标词是卡车），则被试对目标词的判断更快且更准确。这种促进反应模式表明，词义相关词在心理词典或大脑中被组织在一起。

关于心理词典的理论模型

多个联结主义模型可用于解释语义启动对词的识别的影响。A. M. 科林斯（A. M. Collins）和 E. F. 洛夫特斯（E. F. Loftus）提出了一个颇具影响的模型（1975）。在该模型中，词义在一个语义网络中得以表征，每个词是一个概念节点并且彼此相连。图 11.6 是语义网络的一个示例。模型中联结的强度和节点之间的距离由词之间的语义或相关关系决定。例如，表征小汽车一词的节点和表征单词卡车的节点接近且有较强联结。该模型的主要假设是，大脑激活会从一个概念节点传播到另一个概念节点，并且较近节点会比较远节点更多地受到这一激活的影响。

此外，研究者还提出了许多其他关于概念性知识如何表征的联结主义模型。一些研究者提出，在语言中同时出现的词（如农舍和奶酪）会彼此启动，另一些研究者则认为概念是通过语义特征或语义属性表征的。例如，"狗"具有若干语义特征，如"有生命的""有四条腿"和"会叫"。根据这一假设，这些特征在概念网络中被表征出来。

这些模型面临一个激活问题：有多少特征需要被存储或激活，以便识别一条狗呢？例如，我们可以识别巴辛吉犬是一条狗，即使它没有吠叫；也可以识别一条我们没有看见但在吠叫的狗。此外，正如我们对某些词的识别和产生所反映的，有些词比其他一些词更具语义上的"原型"特征。例如，当要求我们说出一些鸟的名字时，我们可能会首先说出知更鸟，而根据个人经验，鸵鸟这个词可能就根本不会出现。

总之，词义是如何表征的仍然是一个需要深入研究的问题。然而，不管怎样，每个人都同意：词义的心理存储对正常语言理解和产生至关重要。来自脑损伤病人和功能性脑成像的研究证据揭示了心理词典和概念性知识的可能组织方式（见**专栏 11.3**）。

心理词典的神经基础

通过观察语言障碍病人的缺陷模式，我们可以推断心理词典的功能组织。请看威尔尼克失语症病人在生成口语时出现的错误，这也被称为**语义错乱**。例如，当他们想表达"牛"时，他们可能会用"马"这个词。深层阅读障碍病人在阅读中也会犯类似的错误：他们可能把"牛"读成"马"。

进行性语义神经认知障碍病人的概念系统初期出现损害，但其他心理和语言能力不受影响。例如，这些病人仍然能够理解并生成有句法的句子结构。这种损害与颞叶（主要是大脑左侧）的进行性损伤有关。但是，对于听觉和口语加工非常重要的颞叶上部区域依然完整（我们将在第 11.3 节讨论这些区域）。

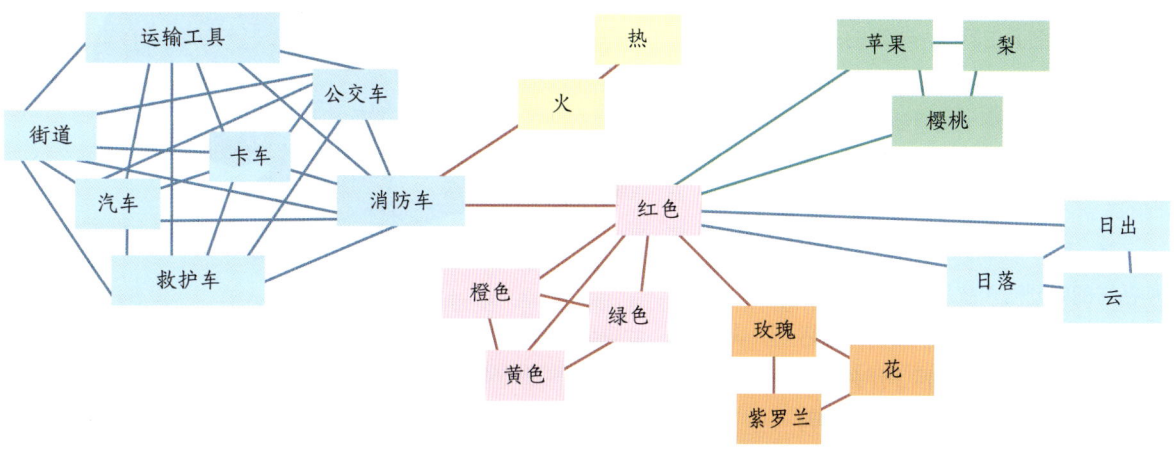

图 11.6　语义网络

在网络中，具有强联系或者语义相关的单词（如小汽车和卡车）比没有这种关系的词（如小汽车和云）更加接近。在图中，语义相关的单词用相同颜色表示，有关联的单词（如消防车和火）相邻且彼此连接。

专栏 11.3 科学热点
大脑的语义图谱

心理词典的存储，包括单词的意义（语义）、用法（句法）和形式（拼写和发音模式），是如何在大脑中组织的？各种线索为这一问题提供了可能的答案。杰克·加朗（Jack Gallant）、亚历山大·胡特（Alexander Huth）及其在加州大学伯克利分校的同事（Huth et al., 2016）通过改进编码 – 解码技术（见第 6 章）来研究大脑如何表征语义信息。他们测量了学生志愿者听 2 小时故事时的大脑活动。

为了探究被试的大脑活动如何与故事中发生的事情关联，研究者首先通过为音频故事创建一个转录脚本进行编码。然后，把转录脚本中的音素和单词在时间上与录音进行同步。研究者确定了故事中每个词的语义特征，并计算了它们与英语中的 985 个常用词的自然共现性。例如，来自同一语义域的单词，如"月"和"周"，倾向于具有相似共现值（相关性为 0.74），而来自不同语义域的单词，如"月"和"高"，不具有相似共现值（相关性为 0.22）。被试在听故事时，研究者分析了这 985 个语义特征是如何影响全脑 fMRI 数据中每个体素的活动的。

通过这种方法，研究者生成了一个基于每个体素的模型，描述故事中出现的单词如何影响 BOLD 信号；研究者根据这些信息构建了一个叫作编码模型的语义图谱。该图谱由听同一故事的一组被试的数据编译而成。为了验证这个编码模型是否可以预测大脑活动，研究者用这个模型预测了一个学生听一个新故事时的大脑活动。

这是一种数据驱动的方法：大脑被各种各样的单词输入激活，然后有各种各样的方法用来理解由此产生的大脑活动集群。这种先进技术揭示了什么呢？图 11.7a 显示了区分主要维度的颜色编码图，如区分知觉和物理类别（触觉，以绿色、绿松石蓝、蓝色和棕色表示）与人类相关类别（社交、情感和暴力，分别以红色、紫色和粉红色表示）；以及以卡通形式展现在大脑表面的单词（图 11.7b）。如需查看有关语义图的交互式版本，请参见相关网站。

这项研究有几个有趣的发现。首先，在这些图谱中，语义信息表征并不局限于左外侧裂及周围皮质，甚至不完全局限于大脑左半球，而是在两个大脑半球都能观察到。这个发现与来自局灶性脑损伤病人的证据（语义表征偏向于左半球）并不相同。本研究的发现在个体间表现得非常一致，提示解剖学上的神经连接或皮质结构约束了这些高水平语义表征的组织。本项工作最令人兴奋的一点是，如果这些图谱是基于各种各样的信息而绘制的，那么将来就有可能将大脑活动解码成意义信息，或者如我们在第 6 章讨论的那样，能够读心。

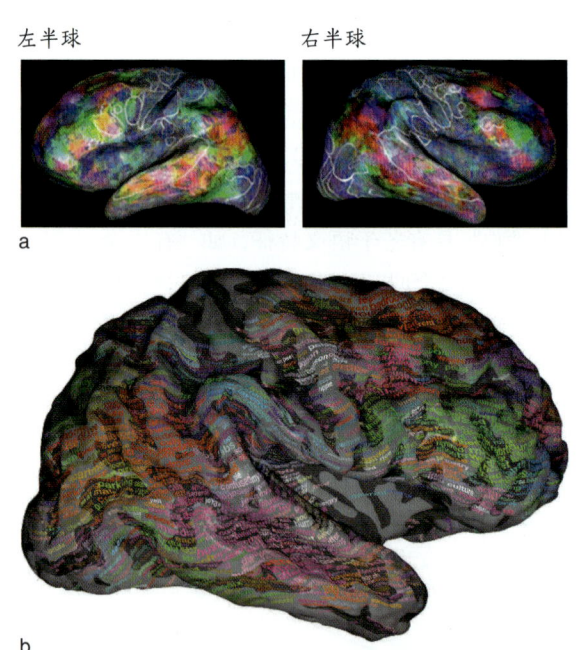

图 11.7　一组被试的语义图谱

（a）在左右两半球均观察到了语义信息表征。12 种颜色代表不同的词类。这些模式似乎在个体之间是相对一致的。（b）以卡通图显示的大脑表面基于类别的颜色代码词。

语义神经认知障碍病人在对物体做语义分类时存在困难。此外，当要求他们对某一图片进行命名时，他们常常只能说出其类别；当观看一匹马的图片时，他们会说"动物"；对知更鸟图片则说"鸟"。由于相关语义相互替代、混淆或集中在一起，因此通过多重神经病学证据可以为语义网络提供证据支持。这就像我们可从相互连接且确定语义的节点系统的功能退化预测语义神经认知障碍一样。

从20世纪70年代到80年代初，伊丽莎白·沃林顿及其同事对大脑中概念性知识的组织进行了开创性研究。这起源于她对单侧大脑病变病人的知觉缺陷研究。其中一些研究是针对现在被称为语义性神经认知障碍的病人进行的。我们在第6章中详细讨论了这些研究，所以在此只做一个总结。

我们在第6章讨论了类别特异性失认症，以及这类疾病如何反映了语义记忆（概念性）知识的组织。沃林顿及其同事发现，语义记忆障碍是语义分类出现了问题。他们认为，病人的问题反映的是人会根据语义网络中存储单词的不同信息类型进行反应：生物类别（水果、食物和动物）更依赖物理属性或视觉特征（如苹果是什么颜色的？），而人造物通过其功能特性来识别（如怎样使用锤子？）

自沃林顿的发现以来，研究者报告了许多类别特异性缺陷病人，并且发现损伤部位和语义缺陷类型之间似乎有一种惊人的对应关系。对生物识别表现出缺陷的病人在颞叶下部和内侧有损伤，且这些损伤通常位于前部。前颞下皮质与大脑中对视觉物体知觉至关重要的区域相邻，内侧颞叶包含从联合皮质到海马的重要中继投射。正如你在第9章看到的，海马对长时记忆的信息编码具有重要作用。此外，颞下皮质是视觉中关于物体"是什么"的信息或物体识别通路的终点。

我们之所以对病人在人造物识别上表现出更大缺陷的大脑定位知识了解较少，就是因为我们很少发现并研究这些病人。但是，左侧额叶和顶叶区域似乎与这种语义缺陷有关。这些区域与大脑中对感知运动功能非常重要的区域接近或重叠，因此它们很可能参与一些涉及人造物体的动作表征（如工具使用）。

沃林顿关于生物类别和人造物类别的分类受到了阿方索·卡拉马扎（Alfonso Caramazza）和其他一些学者的挑战（如Caramazza & Shelton，1998）。他们认为，沃林顿在对病人的研究中并不总是使用了控制良好的语言材料。例如，当比较生物与人造物时，一些研究没有控制刺激材料，以确保每个类别的测试物体在视觉复杂度、物体间视觉相似性、使用频率和熟悉度等方面进行匹配。如果这些变量在类别之间有很大差异，就不能得出强结论说语义网络对这些物体的表征有差异。

卡拉马扎提出了另一种理论，即语义网络根据有生命和无生命的概念类别组织起来。他认为，在沃林顿和其他研究中观察到的脑损伤病人的选择性缺陷，真实地反映了"与进化适应的领域特异性知识系统，而这些知识系统由不同的神经机制提供服务"（Caramazza & Shelton，1998，p.1）。

在20世纪90年代，对神经系统无损伤被试的影像学研究进一步探讨了语义表征的组织。亚力克斯·马丁（Alex Martin）及其同事（1996）在美国国立精神健康研究所使用PET和fMRI开展了有关研究。他们的研究揭示了脑损伤病人身上有趣的分离现象在神经正常的大脑中是如何表现的。当被试读动物的名字、回答有关动物的问题时，或对动物图片进行命名时，梭状回（位于大脑腹侧）外侧和颞上沟被激活。而且，被试在命名动物时也激活了与早期视觉加工相关的大脑区域，即左内侧枕叶。

但是，对工具的识别和命名涉及梭状回更内侧部分、左侧颞中回和左侧运动前区的激活。左侧运动前区在想象手部运动时也会被激活。这些发现支持如下观点：大脑中对生物与人造工具的概念性表征依赖不同的神经通路，它们分别加工知觉性或功能性信息。

关于概念性信息表征的其他研究表明，大脑中存在一个将颞叶下部的梭状回后部连接到左侧前颞叶的神经网络。洛兰·泰勒（Lorraine Tyler）及其在剑桥大学的同事（2011）使用fMRI、EEG和MEG技术在前额叶损伤病人和正常个体中研究了他们对生物和非生物概念的表征和加工。在这些研究中，被试通常需要对生物（如老虎）和非生物（如刀）的图片进行命名。此外，对这些物体命名的层次是不同的：被试需要在具体层次（如老虎或刀）或一般层次（如生物或非生物）对图片进行命名。

泰勒及其同事认为，与在一般层次进行命名相比，在具体层次进行命名需要提取和整合更详细的语义信息。例如，在一般层次命名图片只需要激活特征的一个子集（例如，命名动物只需要激活："有腿""有毛""有眼"等），而在具体层次进行命名需要提取和整合更多、更精确的特征，包括大小和形状。例如，要将老虎与家猫、黑豹或斑马区分开，还必须提取和整合"很大""有条纹""有爪"等特征。

有趣的是，如图 11.8 所示，非生物（如刀）可由少数特征表示，而生物（如虎）则需由许多特征才能表示。因此，选择区分生物（如老虎和斑马）的特征可能比选择区分非生物（如勺子和刀子）的特征更困难。该模型提示，类别特异性缺陷病人表现出的在命名生物和非生物之间的差异也可能是由分类特征的复杂性造成的。

泰勒及其同事进一步观察到，前颞叶病变病人不能可靠地在具体层次命名生物（如虎或斑马），表明他们对更详细的语义信息的提取和整合受到了损害。对未损伤被试的 fMRI 研究表明，与在一般层次进行命名相比，在具体层次进行命名时，前颞叶有更大的激活（图 11.9）。

最后，MEG 和 EEG 研究揭示了概念性知识激活时间点的有趣细节。在图像呈现后的第一个 100 毫秒内，视皮质中发生知觉特征的激活；在 150 毫秒和 250 毫秒之间，更细节的语义表征激活发生在颞叶皮质的后部和前部；并且从大约 300 毫秒开始，被试能够命名图片中特定的物体，而这需要提取和整合该对象特有的详细语义信息。

关键信息

- 心理词典是对单词信息（包括语义信息、句法信息和词形细节）的心理存储。
- 词素是语言中最小的意义单位。音素是对意义产生影响的最小声音单位。
- 句法是将特定语言中的单词组织成语法允许的句子的方式。
- 语法是一套结构性规则，它约束特定自然语言中的

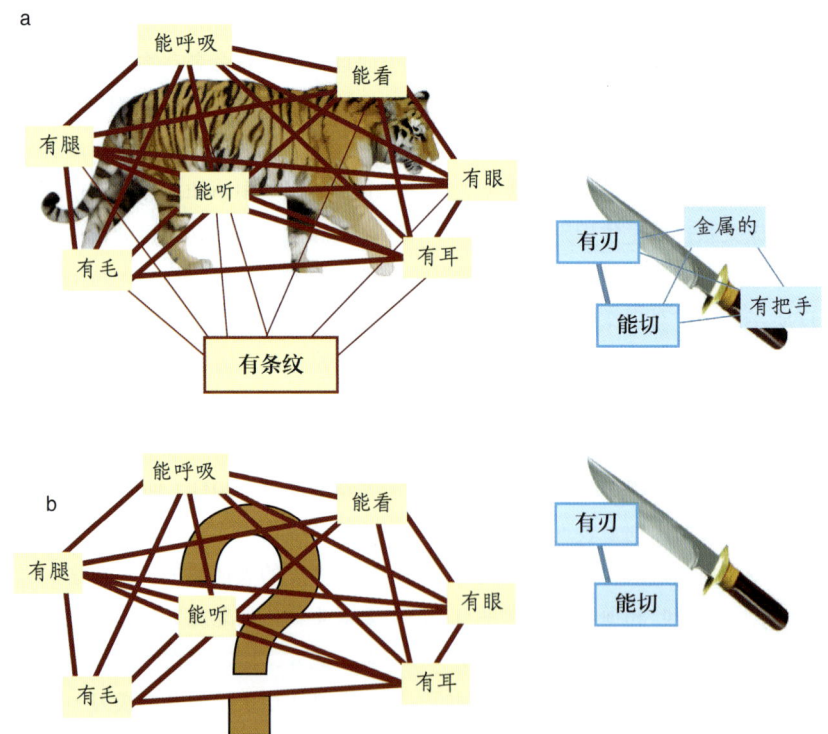

图 11.8 老虎和刀的假设概念结构

（a）一种模型提示，生物由许多区别不明显的特征表示，非生物可由少数明显的特征表示。在这个假设的概念结构中，直线的粗细与特征的强度相关，而矩形边框的粗细与特征的独特性相关。虽然老虎有许多特征，但它与其他生物相区别的特征较少，而刀与其他可能物体相比有更明显的特征。（b）与比识别非生物（右）的区分性特征相比，脑损伤导致的失语症病人更难以识别生物（左）的区分性特征。

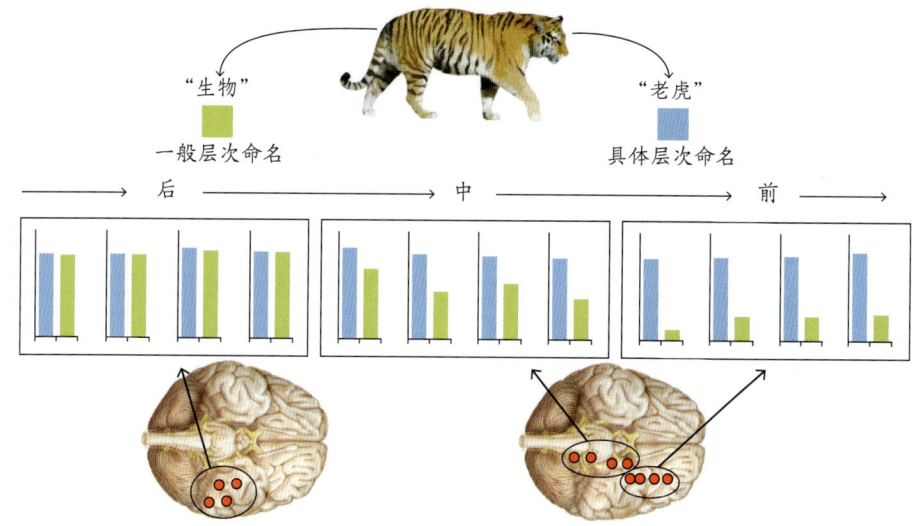

图 11.9　前颞叶参与生物命名

在不太复杂的层次上识别老虎（生物）时，会激活位于枕颞后部（绿色条形）。在具体层次上命名同一刺激物则与枕颞后部和前内侧颞叶的激活有关（蓝色条形）。

单词、短语和句子。
- 神经损伤病人可能将一个物体以它所在的类别命名或用与其语义相关的词命名（如把马命名为"动物"）。这支持了以下观点，即意义相关单词以语义网络形式在心理词典中组织起来。
- 语义的类别信息在左侧颞叶表征，从后端到前端，大脑逐步从加工一般信息过渡到加工具体信息。

11.3　语言理解：早期阶段

理解口语和书面语涉及部分相同的大脑神经过程，但是对这两者的分析在某些方面也存在明显差异。当试图理解口语时（图 11.10），听者必须解码声音输入。这种声学分析的结果被转化成语音代码，因为如前节所述，这就是单词的听觉词形表征在心理词典中的存储方式。然后，从心理词典中提取与听觉输入相匹配的表征（词汇提取），并从中选择最佳匹配（词汇选择）。所选择的单词包含与该单词一起存储在心理词典中的语法和语义信息。这些信息有助于明确这个单词在特定语言中怎么用。最后，单词的意义（存储的语义信息）激活概念性信息。

阅读单词的过程和听觉理解的过程至少共享了语言分析的最后两个步骤（词元和意义激活）。如图 11.10 所示，由于感觉输入通道不同，阅读理解在早期加工步骤上有所不同。既然知觉输入不同，那么阅读理解中的早期阶段究竟是什么呢？第一个分析步骤要求读者从视觉输入中识别词形单元（在语言中用于表示声音或单词的书面符号）。然后，这些单元可以直接映射到心理词典中的词形单元；或者正如听觉理解描述的，转换成语音单元以激活心理词典中单词的语音形式。

在本节中，我们将深入研究理解口语和书面语输入的早期过程。本书从听觉加工开始，然后转到阅读理解中所涉及的不同过程，即语言的视觉输入。

口语输入：理解语音

口语输入的信号与书面语（或手语）输入有很大不同。对于一个读者来说，显而易见，只有纸上的字是重要的物理信号。然而，一个听者会听到环境中的各种声音，他必须识别并区分相关的语音信号与其他"噪声"。

如前所述，口语的基本成分是音素。它们是能对意义产生影响的最小声音单位；例如，在单词 cap 和 tap 中，唯一的区别是第一个音素（/ k / 或 / t /）。英语使用大约 40 个音素（根据方言的不同，这个数字略有

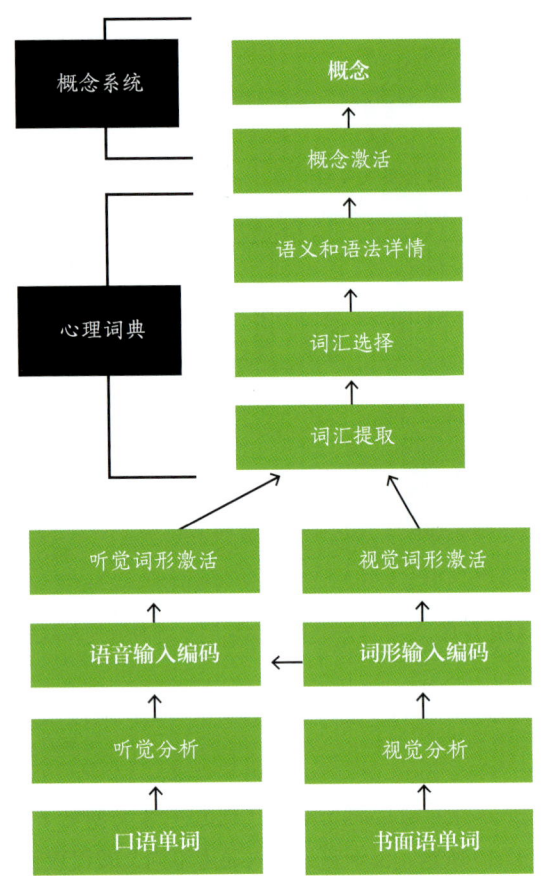

图 11.10　口语和书面语理解中各成分的示意图

输入有听觉（口语；左）或视觉（书面语；右）形式。值得注意的是，本图中的信息是自下而上流动的，从较基础的知觉识别到较高级的单词和意义激活。语言理解的交互模型可以预测自上而下的影响。例如，在词形水平的激活会影响早期的知觉加工。我们可以通过把图中的单向箭头变成双向箭头来将这类反馈展示在图中。

不同）；其他语言可能使用更多或更少的音素。说不同语言的人对音素的知觉是不同的。例如，在英语中，字母 L 和 R 的发音是两个不同的音素（单词 late 和 rate 表示不同的含义，我们很容易听出这种不同）。但在日语中，成年母语者无法区分 L 和 R，因此二者只由一个音素表示。

有趣的是，婴儿在出生后的第一年具有辨别所有可能音素的能力。华盛顿大学的帕特里夏·库尔（Patricia Kuhl）及其同事发现，起初，婴儿可以区分呈现给他们的任何音素；但在生命的第一年，他们的知觉敏感性逐渐趋向于每天听到的语言的音素（Kuhl et al.，1992）。例如，日本婴儿本可以区分 L 和 R 这两个声音，但是该能力随着时间的推移而丧失了。另一方面，美国婴儿并没有丧失这种能力，但他们的确丧失了分辨英语以外音素的能力。

婴儿在 6—12 个月大时发出的咕噜声和哭闹声越来越接近他们最常听到的音素。在婴儿 1 岁时，他们就不再产生（或知觉）非母语音素。学习另一种语言通常意味着遇到在母语中从未出现过的音素，如荷兰语的喉音或西班牙语的卷舌 R 音。这种非母语声音非常难以学习，尤其是随着我们的成长，母语音素变得自动化时，丢掉我们的母语口音就变得很具挑战性或者根本不可能。也许这就是马克·吐温的问题，他打趣道："在巴黎，当我们用法语和他们交谈时，他们只是傻盯着我们看！我们从来没有成功地让这些白痴理解他们自己的语言"〔选自《傻子出国记》（*The Innocents Abroad*）〕。

音素是口语的基本单位，且我们都是母语音素专家。只认识到这两点并不能消除听者面临的所有挑战。听者的大脑必须解决额外的困难，包括语音信号的可变性（如男性和女性说话者就不一样），以及音素通常不以分离的信息组块形式出现。与书面语的情况不同，听觉语音信号不是清晰地分段呈现的，对一个单词的起点和终点的辨别存在困难。

我们通常会以每秒 15 个音素的速度说话。每分钟说约 180 个单词。令人费解的是，我们说出这些音素时没有间隙或中断；也就是说，单词之间没有停顿。因此，口语的输入信号与书面语有很大不同。在书面语中，字母和音素被整齐地分割成词块；而口语中的两个或多个词可以混在一起，且常有连读和略读。我们如何把听觉声音区分为单个单词的问题被称为切分问题。图 11.11 展示了句子"What do you mean?（你是什么意思？）"的语音信号。

考虑到语音的变异性和切分问题，我们如何识别口语输入呢？幸运的是，其他线索能帮助我们将语音流切分成有意义的片段。一个重要的线索是韵律信息。这是听者从节奏和音调中获得的。语音节奏来自单词内的变化和单词之间的停顿。韵律在所有口语中都是显而易见的，但当说话者提出问题或强调某事时，会更清楚地体现韵律。当提问时，说话人在问题的末尾会提高音调；当强调某一部分时，说话人会增加声音响度，并在句子的关键部分后加上停顿。

安妮·卡特勒（Anne Cutler）及其同事在荷兰的马克斯·普朗克心理语言学研究所（M. D. Tyler &

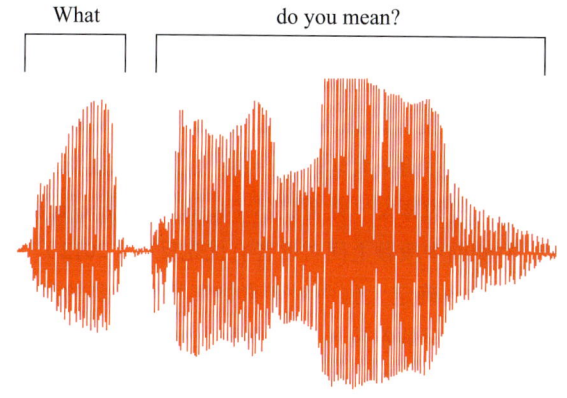

图11.11 问句"What do you mean?"的语音波形

需要注意的是,单词群"do you mean"并没有在物理信号上分开。尽管物理信号为口语的起点和终点提供的线索很少,但语言系统还是能够将它们解析成单独的单词以便理解。在图中,横轴是时间,纵轴是语音信号的强度。

Cutler,2009)进行的研究揭示了其他可以分割连续语音流的线索。她们发现,英语听者用带有腔调或重音(强音节)的音节建立单词边界。例如,像lettuce(生菜)这样的单词,重音在第一个音节上,通常被听作一个单词而不是两个单词("let us")。相反,像invests这样的单词,重音放在最后一个音节上,通常听上去像两个单词("in vests")而不是一个单词。

口语加工的神经基础

现在,我们来谈谈理解语音信号的过程在大脑的哪些区域进行,哪些神经环路和系统支持该加工。我们从动物研究、脑损伤病人研究以及神经成像研究(EEG和MEG)中得知,颞叶上部对声音知觉很重要。

人们在20世纪初就已经很清楚,一些双侧上颞叶病变病人可以比较正常地加工其他声音,但他们在识别口语时表现出了特异性困难。由于他们在语言加工的其他方面毫无困难,所以他们的问题似乎主要是听觉或语音缺陷,而这种综合征被称为纯词聋。根据近期研究提供的证据,我们能够更好地确定大脑在哪里首次将语音和非语音分开进行加工。

当一个语音信号传入耳朵时,它首先被大脑中用于加工一般声音而不是专门加工语音的神经通路所加工。颞横回位于大脑两半球的颞上平面,处于颞上回上部和内侧,包括初级听皮质(首先加工听觉输入的皮质区域,见第2章)。环绕颞横回并延伸至颞上沟的区域是听觉联合皮质。

对人类的脑成像和生理记录研究表明,语音和非语音(如声调)都会激活两个半球的颞横回(见图5.17),但每个半球的颞上沟激活与听觉信号是否为语音有关。图11.12总结了这一观点,即我们大脑中存在一个对语言敏感的分层结构(Peelie et al.,2010; Poeppel et al.,2012)。

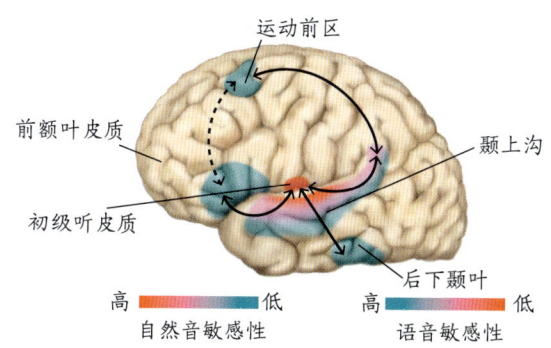

图11.12 分层加工是人类听皮质系统组织的关键

多条平行加工通路从初级听皮质向外延伸至运动皮质、运动前区和前额叶皮质区。听觉敏感性在初级听皮质(颞横回;红色部分)最高,并被所有类型的听觉输入激活。随着从初级听皮质向前、向下和向后移动,大脑对自然音的敏感度降低,而语音的可得性增加。颞上沟的前部和后部越来越具有语言特异性。左后颞下皮质参与语义表征的提取和整合。额叶皮质也有助于语言理解。

离颞横回越远,大脑对非语音变化的敏感度就越低,而对语音的敏感度越高。虽然更偏左侧化,但两个半球颞上沟后部似乎都与语音信息加工尤为相关。然而,许多研究清楚地表明,语音知觉网络远不止颞上沟区域。

如前所述,威尔尼克发现,包括颞上回(威尔尼克区)在内的左侧颞顶区病变病人在理解口语和书面语方面有困难。研究者根据这一观察提出了一种已有百年之久的观点:该区域对单词理解至关重要。然而,即使在威尔尼克最初的观察中,病变也并不局限于颞上回。我们现在可以得出结论,颞上回可能不是唯一用于单词理解的地方。

威斯康星医学院的杰弗里·宾德(Jeffrey Binder)及其同事所完成的fMRI研究(2000)加强了我们对语音知觉的理解。在他们的研究中,被试需要听不同类型的声音,包括语音和非语音。这些声音有几种类型:白噪声、变频音调、倒装词、假词(由一个真词的相同字母组成且能够发音的字母串，如从 desk 造出 sked）以及真词。

这些研究者发现，不同的刺激都一致地在左半球出现最强激活。宾德及其同事（Binder et al., 2000）根据自己以及他人的证据提出了一个单词识别的层次模型（图 11.13）。首先，听觉信息流从颞横回的听皮质到达颞上回。如前所述，在大脑的这些部位，语音和非语音没有区别。两者的区别最初出现在颞上沟中部相邻区域，但是该区域仍然没有加工语义信息。最后，对单词比对非单词激活更强的区域包括颞中回、颞下回、角回和颞极。

神经生理学研究（如使用 EEG 或 MEG 的研究）表明，识别语音是单词还是假词发生在最初的 50~80 毫秒内（MacGregor et al., 2012）。这种加工偏侧化于左半球，在那里，语音的不同特征被分析（模式识别）。自颞上沟后，信息进入单词识别的最后加工阶段。先在颞中回和颞下回进行加工，最终进入角回（位于颞叶后部，见第 2 章）和颞极前部（图 11.12）。

在宾德的研究之后的 10 年里，研究者试图通过多种研究来定位言语识别过程。在分析 100 项 fMRI 研究后，美国乔治城大学医学中心的伊恩·德威特（Iain DeWitt）和约瑟夫·劳舍克尔（Josef Rauschecker）证实，左侧前中段颞上回对语音有优先反应（2012）。研究者还试图确定大脑中对音素加工特别重要的区域。美国布朗大学的希拉·布卢姆斯坦（Sheila Blumstein）实验室最近完成的 fMRI 研究提示，在言语知觉和产生过程中涉及语音加工的网络包括左侧颞上回后部（激活）、缘上回（选择）、额下回（语音计划）和中央前回（产生发音的动作计划；Peramunage et al., 2011）。

这些关于大脑激活的研究表明，左侧颞叶的广泛区域对听觉言语知觉至关重要。由于针对健康个体的 fMRI 研究是相关研究，并不能证明因果机制，因此将这些信息与其他数据联系起来很重要。对于言语知觉，

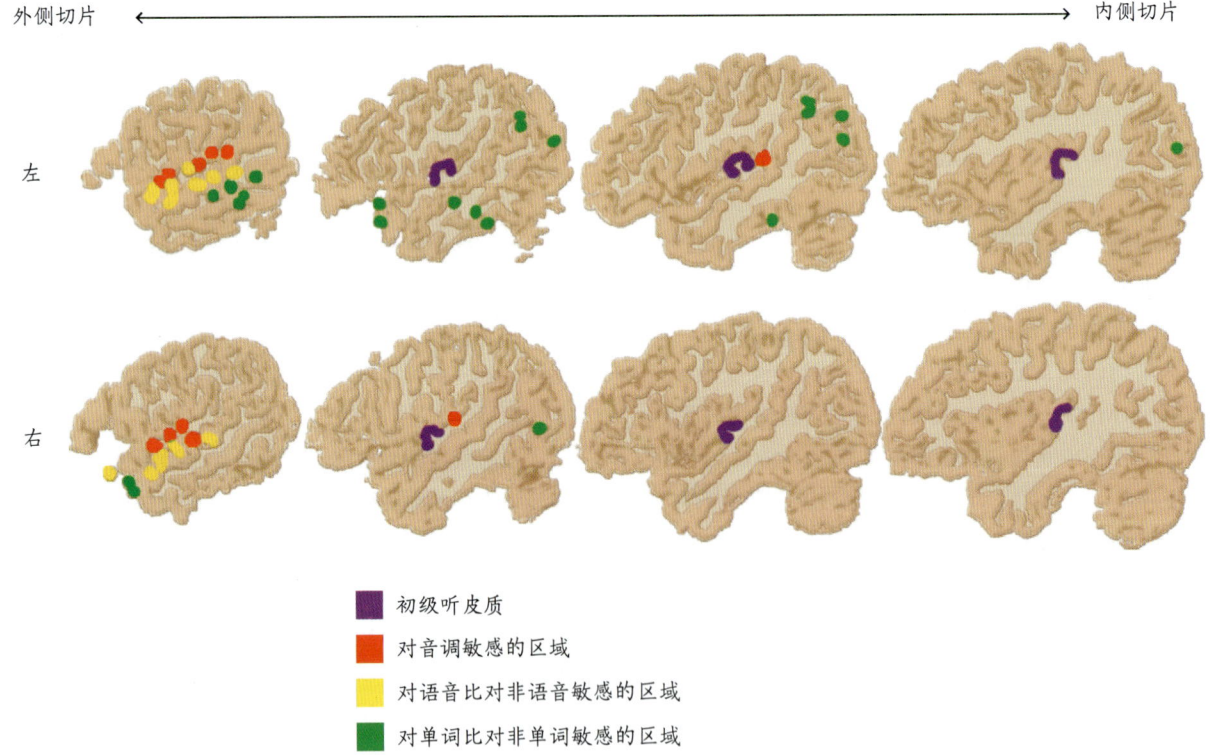

图 11.13　语音的层级加工涉及的区域

矢状面展示包含初级听皮质的颞横回（紫色）。与随机噪声相比，颞上回背侧（红色）的区域更容易被变频音调激活。黄色区域聚集在颞上沟，特异于语音；它们对语音（单词、伪词或倒装词）的激活高于对非语音的激活。绿色区域包括颞中回、颞下回、角回和颞极，与伪词或非词相比，绿色区域在真实词出现时更活跃。值得关注的是，这些与"词"有关的区域都主要偏侧化于左半球。

脑损伤方法可以提供关键的因果信息。也就是说，如果大脑某区域对于特定的语言加工是至关重要的，那么该区域的损伤应该会导致病人出现某些语言缺陷。

采用这种方法，美国南卡罗来纳大学的神经病学家和认知神经病学家莱昂纳多·博尼利亚（Leonardo Bonilha）领导的一个小组研究了大量左半球卒中导致各种失语症缺陷的病人（Bonilha et al., 2017）。然后，研究者使用基于连接组的损伤症状映射技术（connectome-based lesion-symptom mapping, CLSM; Gleichgerrcht et al., 2017），将病人的失语症缺陷与MRI图谱关联起来。基于连接组的损伤症状映射技术建立了标准脑图谱中脑区连接强度与病人行为缺陷之间的统计关系。该方法不仅可用于评估大脑灰质损伤，而且可用于评估白质损伤对行为缺陷的作用。图 11.14 显示了病人组大脑损伤范围的重叠情况，以及支持口语理解的网络。

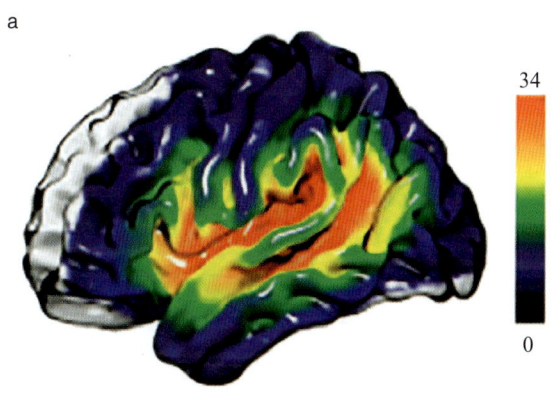

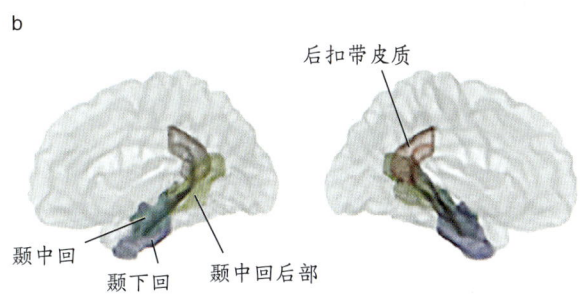

图 11.14　口语理解的神经网络

（a）34 例脑卒中病人左半球病灶重叠图。整个病人组病变重叠最多的区域用黄红渐变色表示。（b）左半球中参与口语理解最多的区域（左：外侧视图；右：内侧视图）。该网络集中于颞中回后部，颞中回、颞下回和后扣带皮质在这里相互连接。颞下回也与后扣带皮质直接相连。

书面语输入：阅读单词

阅读是对书面语言的知觉和理解。对于书面语的输入，读者必须识别其视觉模式。我们的大脑非常擅长模式识别，但阅读是人类相当晚才出现的一项能力（在约 5500 年前）。虽然口语理解的发展不需刻意训练，但是阅读理解需要指导。具体来说，学习阅读需要将规约视觉符号与有意义的单词建立联系。这些视觉符号在不同的文字系统中各不相同。书面文字可以用三种不同的符号系统来表示：字母系统、音节系统和表意系统。例如，许多西方语言使用字母系统，日文使用音节系统，而中文使用表意系统。

无论使用何种文字系统，读者都必须能够分析符号的基本特征或形状。以字母系统为例，这个过程包括对水平线、垂直线、闭合曲线、开放曲线、交叉点和其他基本形状进行视觉分析。

奥利弗·塞尔弗里奇（Oliver Selfridge, 1959）发表了一篇对新兴的人工智能科学（机器学习）具有划时代贡献的论文。他提出了一个符合生物学原则的四阶段视觉刺激加工模型。每个阶段都有特定成分表示信息加工的子阶段，这些成分结合在一起，将让机械或生物视觉系统能识别模式。他称这些成分为小鬼（demon），并把该模型称为鬼域模型（pandemonium model）。小鬼在生物模型中对应特定的神经元或神经元环路。

塞尔弗里奇的小鬼是并行工作的。它们对发生的事件进行记录，集体识别这些事件中蕴含的模式，并根据这些模式触发后续事件。在这个模型中，感觉输入被图像鬼（image demon）暂时存储为图像记忆。然后，一系列特征鬼（feature demon；每一个特征鬼都对某一特征敏感）开始解码感觉输入图像表征中的曲线、水平线等特征（图 11.15）。

在下一步中，每个字母都由一个认知鬼（cognitive demon）来表征，其激活水平取决于先前特征鬼解码出的特征有多少与认知鬼自己表征的字母相匹配。最后，决策鬼（decision demon）选出与感觉输入最匹配的表征。因为鬼域模型仅由刺激驱动加工组成（自下而上加工），不允许反馈性加工（自上而下加工；如第 3 章的词优效应），所以一直受到批评。该模型无法解释为什么对单词中字母的加工比对无意义音节中字母或单个字母的加工要好。

1981 年，詹姆斯·麦克莱兰（James McClelland）

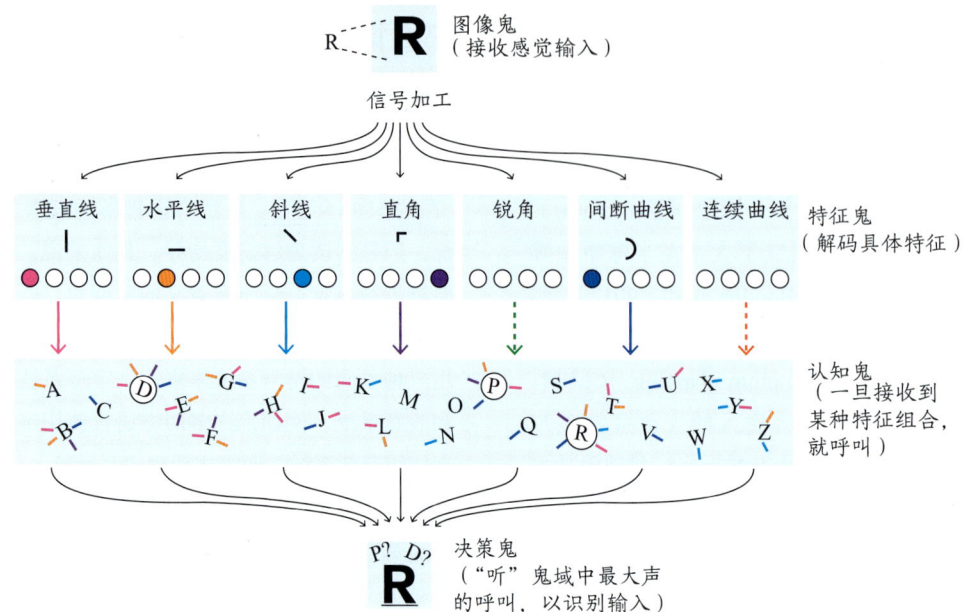

图 11.15 塞尔弗里奇关于字母识别的鬼域模型

对于书面输入来说,读者必须以感觉输入分析为起点进行模式识别(如字母 R)。感觉输入首先被图像鬼暂时存储在图像记忆中,然后由一些特征鬼对图像表征进行解码。具有这些特征的字母表征激活认知鬼,最后由决策鬼选择与输入最匹配的表征。在本例中,字母 D、P 和 R 与输入的字母 R 共享许多特征,但决策鬼在候选字母中选择最佳匹配的结果只能是字母 R。

和戴维·鲁迈哈特(David Rumelhart)提出了一个影响深远的针对视觉字母识别的计算模型。该模型假设了三个层次的表征:字母特征、字母和单词。其中一个重要特点是,它允许自上而下的信息(来自更高认知层次的信息,如单词层)影响发生在较低表征层次(字母层和特征层)的更早期加工。

该模型与塞尔弗里奇的模型形成鲜明对比。在塞尔弗里奇的模型中,信息流是严格地自下而上的(从图像鬼,到特征鬼,再到认知鬼,最后到决策鬼)。这两个模型之间的另一个重要区别是,在麦克莱兰和鲁迈哈特的模型中,多个加工过程能够并行发生,以便同时加工多个字母。然而,在塞尔弗里奇的模型中,每次只能以系列方式加工一个字母。如图 11.16 所示,麦克莱兰和鲁迈哈特的模型允许各层之间存在兴奋性和抑制性联系。

一个模型的实证效度可以通过现实生活中的行为现象或与生理数据的对照来检验。麦克莱兰和鲁迈哈特的联结主义模型在模拟词优效应方面做得很好。这一结果表明,单词可能不是在逐个字母的基础上被知觉的。词优效应可以用麦克莱兰和鲁迈哈特的模型来

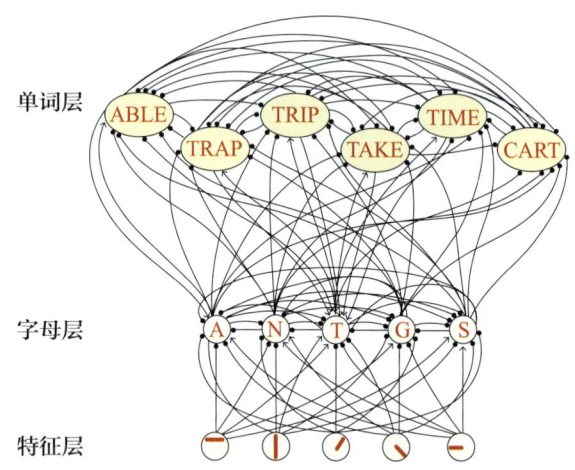

图 11.16 关于字母识别的联结主义网络(片段)

三层的各节点分别表征字母特征、字母和单词。每一层中的节点可以通过兴奋性(箭头)或抑制性(直线)连接影响其他层中节点的激活状态。

解释,因为该模型提出,单词的自上而下信息可以促进或抑制字母的激活,从而帮助识别字母。

我们从第 5 章和第 6 章了解到,单细胞记录技术增进了我们关于视觉特征分析的基础知识,以及大脑

如何分析边界、曲线等。然而，仍然存在尚未解决的问题，因为我们并没有真正在神经元水平上理解字母和单词识别，况且关于猴的研究也不太可能促进我们对人类关于字母和单词识别的理解。近年出现的 PET 和 fMRI 技术开始揭示字母在人脑中的加工区域。

书面单词加工的神经基础

词形单元的识别可能发生在左半球枕颞区。100多年来，已知该区域损伤可引起纯**失读症**，即病人不能阅读单词，而语言的其他方面正常。在早期的 PET 成像研究中，史蒂夫·彼得森及其同事（Petersen et al., 1990）对比了单词和非单词，并发现了枕叶皮质中偏向单词串的区域。他们将这些区域命名为视觉词形区（visual word form area，VWFA）。

在随后的研究中，耶鲁大学的格雷戈里·麦卡锡（Gregory McCarthy）及其同事（Puce et al., 1996）使用 fMRI 技术对正常被试进行了研究。他们对比了大脑对字母与对面孔和纹理图的激活水平，并发现枕颞皮质的一些区域对不可发音的字母串有优先激活（**图 11.17**）。有趣的是，这一发现证实了他们自己早期研究的结果（Nobre et al., 1994）。在那个研究中，他们对因顽固性癫痫而即将进行手术的病人进行了颅内电记录。这些研究者发现，当对视觉呈现的字母串做反应时，在大约 200 毫秒时，枕颞区会出现一个巨大的负电位。这一区域对其他视觉刺激（如面孔）并不敏感，更重要的是，它对词汇的语义特征也不敏感。

关于单词阅读的标准模型假设，视觉信息最初由刺激呈现视野对侧的枕颞区加工，然后被传送到左半球的视觉词形区。如果最初的视觉加工发生在右半球，则信息通过胼胝体后部传送到左半球的视觉词形区。

法国科学家洛朗·柯恩（Laurent Cohen）、斯坦尼斯拉斯·德阿纳（Stanislas Dehaene）及其同事（2000）在一项 ERP 和 fMRI 的联合研究中调查了这些加工过程在空间和时间上的组织方式。该研究既包括健康个体，也包括胼胝体后部梗死病人。当被试注视中央的十字时，一个单词或一个非词快速呈现于他们的左或右视野。非词是不符合法语正字法原则的辅音字符串，无法发音。当一个单词快速呈现在屏幕上时，被试要大声地读出该词，而当一个非词闪现时，他们要想到 rien（在法语中是"没有"的意思）。

fMRI 结果显示，书面输入视野对侧的枕颞皮质

a

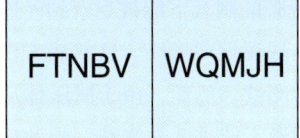

b

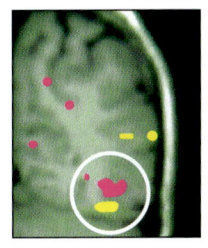

c

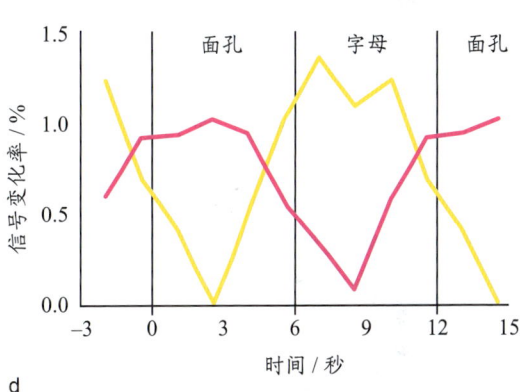

d

图 11.17 枕颞皮质中优先被字母激活的区域

刺激物是面孔（a）或字母串（b）。（c）左半球枕前皮质的冠状切片。面孔激活梭状回外侧的一个区域（黄色标记）；字母串激活枕颞沟的一个区域（粉红色）。（d）fMRI 激活对应的时间进程（黄线和粉线分别是对面孔激活和对字母串激活的脑区活动强度均值）。

被激活。ERP 结果显示，对两组被试来说，最初的视觉加工发生在刺激呈现约 150 毫秒后的对侧枕叶皮质。再 30 毫秒后，无论书面输入来自左视野还是右视野，研究者在健康个体中都观察到了左侧偏侧化的 ERP 信号。这一观察结果与 fMRI 研究一致，即位于左侧枕颞沟（V4 区前部和外侧）的一部分视觉词形区激活，而该区域损伤则引起纯失读症（L. Cohen et al., 2000）。这种激活仅在前词汇形式（在词形与意义关

联之前；Dehaene et al., 2002) 被观察到，且不因刺激的位置（右或左视野）和单词刺激的大小写而变化（Dehaene & Cohen, 2001）。这些发现与之前介绍的诺布雷（Nobre）的颅内记录结果一致。

在胼胝体后部病变的病人中，视觉词形区的激活和相关 ERP 信号仅在右视野的刺激下能被观察到。这些刺激可以直接进入左半球视觉词形区。这些病人仅使用右视野也能完成正常阅读。然而，由于胼胝体后部被切断，导致左视野刺激不能进入左半球，因此病人表现出左侧失读症，即左视野单词阅读能力下降。

研究者在不同语言中都重复了阅读导致视觉词形区激活的结果。例如，研究者对日语假名（音节）和汉字（表意）就获得了类似结果（Bolger et al., 2005）。这种神经病学和神经影像学复合证据为我们了解人脑如何解决字母识别的问题提供了线索。

研究者通过探究视觉词形区与左外侧裂周围语言网络的联系，推进了有关研究（Bouhali et al., 2014）。他们使用扩散张量成像技术确定视觉词形区和颞叶皮质之间的联系，以及与视觉词形区外侧相邻的梭状回面孔区和颞叶皮质之间的联系。图 11.18 显示了视觉词形区和梭状回面孔区的连通性差异。视觉词形区与环外侧裂语言区（包括布洛卡区和岛叶、颞叶皮质上部和外侧、顶叶皮质后下部）的连接较强，与右侧颞叶的连接最弱。然而，梭状回面孔区与内侧枕叶和内侧颞叶皮质（包括海马和海马旁回）以及后枕叶区域的连接更强。

关键信息

- 声音理解涉及颞上皮质。该区域损伤者可能会发展成纯词聋。
- 区分语音和非语音的加工发生在初级听皮质周围的颞上沟。区分单词和非词的加工涉及颞中回、颞下回、角回和颞极，最快在单词出现后 50 ~ 80 毫秒就发生。
- 加工书面文字涉及左半球枕颞皮质的一个区域。该区域损伤会导致纯失读症。即使病人的其他语言功能正常，他也无法阅读单词。
- 来自左视野的书面信息首先通过视觉输入到达对侧的右半球枕叶皮质，然后通过胼胝体发送到左半球的视觉词形区。
- 视觉词形区与环左外侧裂语言系统（包括额叶下部、颞叶和下顶叶皮质区域）紧密相连。

11.4 语言理解：后期阶段

我们现在需要指出理解听觉词汇和视觉词汇共享的加工过程。一旦语音或视觉表征被识别为一个词，为了理解其含义，我们必须提取该词的语义和句法信息。词通常不是被单独加工的，而是放在由其他词（句子、故事等）构成的语境中被加工的。我们必须将所识别词的句法和语义特性整合进全部话语的表征中，才能理解处于特定语境中的词。

语境在单词识别中的作用

在语言理解过程中，语言情境和非

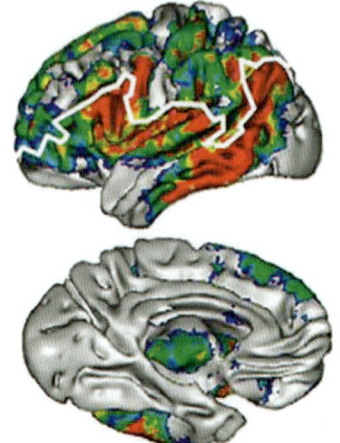
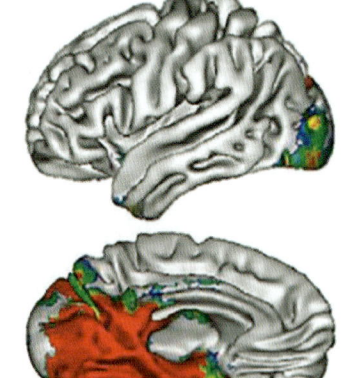

图 11.18 视觉词形区和梭状回面孔区与语言皮质的连接

上行是左半球外侧视图，下行是左半球内侧视图。研究者采用扩散张量成像技术确定从视觉词形区和梭状回面孔区到其他大脑区域的白质纤维束投射。（a）视觉词形区与左侧环外侧裂语言系统有更强的连接。（b）梭状回面孔区与内侧颞叶和枕叶有更强的连接。图中红色区域表示视觉词形区和梭状回面孔区与其他皮质的最大选择性投射；绿色和蓝色区表示更少的选择性投射。上行图中的白线标出了与视觉词形区连接不强（上方）和连接强（下方）的区域。

语言情境（如在图片中看到的信息）在什么时候会影响单词的加工呢？当词义在语境中的可预测性高时，是否可能在听到或看到单词之前就提取词义？更具体地说，语境对词汇加工的影响是发生在词汇提取和词汇选择完成之前还是之后？

请看下面这句话。最后一个词是个多义词："The tall man planted a tree on the bank（那个高个子男人栽了一棵树在bank）"。Bank可以同时指"银行"和"河边"。把最后一个词bank的词义整合进这个句子的语境里，使我们能够将bank理解为"河边"，而不是"银行"。这个例子中涉及的问题是，句子语境在什么时候影响了对bank的多个词义的激活？无论句子的语境如何，bank适用于情境的词义（在本例中为"河边"）和不适用于情境的词义（在本例中为"银行"）是都会被短暂激活，还是句子的语境会迅速把激活限制在它适用的意义上？

从这个例子中，我们可以看到存在两种类型的表征在单词加工中起作用，即低级表征，从感觉输入中构建（此例中是单词bank本身）；高级表征，从单词所在语境中构建（此例中是单词bank所在的句子）。语境表征是决定一个单词的词义或语法形式的关键。然而，如果没有感觉分析也无法进行任何表征。这两种信息必须在某个点上相互作用，而这些相互作用的点在不同的模型中有差异。

研究者提出了三类模型来解释词汇理解。

1. **模块化模型**（也称为自主模型）宣称，正常的语言理解是独立地在各模块中进行的。因此，高水平表征不能影响低水平表征，信息流是严格地自下而上或由数据驱动的。
2. **交互作用模型**认为，所有类型的信息都能参与词汇识别。在这些模型中，通过改变心理词典中词形表征的激活状态，语境甚至可以在感官信息输入之前就对词汇识别产生影响。麦克莱兰及其同事（McClelland et al., 1989）就提出了这样一种模型。
3. **混合模型**介于极端的模块化模型和交互作用模型之间。该模型认为，词汇提取是自主且不受高级信息影响的，而词汇选择会受到感觉输入和高水平语境信息影响。在这类模型中，只有在该语境中可能发生的词才会被激活，从而减少了可选词的数量。

皮耶尼亚·茨维瑟勒德（Pienie Zwitserlood, 1989）使用词汇决策任务进行了一项精巧的研究，探讨了单词加工中的模块化与交互作用问题。她要求被试听一些短文，如"With dampened spirits the men stood around the grave. They mourned the loss of their captain（带着一些沮丧，这些男人围在坟墓边。他们为船长的逝世而默哀）"。在被试听"captain"一词的不同时刻（例如，当仅听到/k/，或仅听到/ka/，或仅听到/kap/时），呈现一种视觉目标刺激。这种目标刺激可能与句子中的captain（船长）一词有关，也可能与其听觉竞争词有关，如capital（资本）。在本例中，目标词可以是像ship（船，语义相关）或money（钱，语义无关）之类的词。在其他情况下则呈现一个假词。被试的任务是判断目标刺激是不是一个真词（词汇决策任务）。

这项研究的结果表明，在人们悼念船长这个故事的语境中，即使只是听到了captain这个词的一部分（在完整的单词被说出之前），人们也能更快地判断ship（相比money）是一个真词。显然，词汇选择过程受语境的影响，被试甚至可以在完整的单词captain出现之前就从文本中获得这种语境信息。

这一发现与语境影响词汇选择的观点相一致。我们不确定哪种类型的模型与单词理解最拟合，但越来越多的证据（如茨维瑟勒德等人的研究）表明，词汇选择过程至少是受更高水平的上下文信息影响的。威廉·马斯兰-威尔逊（William Marslen-Wilson）及其同事（Zhuang et al., 2011）用fMRI技术完成了一项单词识别研究，结果显示词汇提取和词汇选择过程涉及的网络包括颞中回、颞上回以及腹侧额下回和双背外侧额下回。结果表明，颞中回和颞上回在语音转化为词义的过程中起着重要作用。他们还发现，在词汇选择过程中，额叶皮质区域是重要的，当需要从许多备选词（词汇竞争）中选择确切的单词时，背侧额下回表现出了更多激活。

将单词整合进句子

识别单个单词并不足够进行语言理解。为了理解说话者和写作者所传达的信息，我们还必须将单词的句法和语义整合进句子、对话或书面信息的表征中。让我们再看一下"The tall man planted a tree on the bank"这句话。为什么我们把"bank"理解成"河边"，而不是"银行"呢？这是因为句子的其他部分建构了一个语境，而该语境只与单词的某一个含义相匹配。在我们接收语言信息的输入时，这个整合过程必须快速、实时地执行。当我们在句子中遇到一个像 bank 这样的词时，我们通常不会意识到这个词有另一种含义，因为这个词的恰当含义已经迅速地被整合进句子中了。

由于某些单词在同一词形下有多个含义，如 bank，所以高水平语义加工对于确定句子中单词的正确含义非常重要。然而，正如 "The little old lady bites the gigantic dog（那位小个子老妇人咬那条大狗）" 这句话所表明的那样，仅依靠单词的语义并不足以理解信息。只有进行句法分析才能揭示句子的结构：主语是谁、主题或动作是什么？宾语是谁？

这句话的句法要求我们想象一个令人难以置信的情境：一位老妇人在咬狗而不是被狗咬。句法分析甚至能在没有实际意义的情况下进行。在各种各样的研究中，相较于语法错误的情况，被试在语法正确的句子中能更快地检测到目标单词，即使这个句子是没有意义的。著名的语言学家诺姆·乔姆斯基（Noam Chomsky）给出的一个例子很好地说明了这一点："Colorless green ideas sleep furiously（无色的绿主意愤怒地睡了）" 比 "Furiously sleep ideas green colorless（愤怒地睡主意绿无色）" 更容易加工。原因是第一句话虽然毫无意义，但仍然具有完整的句法结构，而第二句话既缺乏意义又缺乏结构。

我们是如何加工句子结构的呢？我们知道听或读句子时，词形会被激活，进而心理词典中的语法和语义信息也被激活。然而，与单词的表征和句法属性在心理词典中的存储方式不同，大脑中并不存储对整个句子的表征。对于大脑来说，储存大量可以直接使用的句子是不可行的。不同于直接存储句子，大脑实际上是在进行**句法分析**。在该过程中，大脑必须给句子中的单词指定一个句法结构。因此，句法分析是一个构建的过程，它既不依赖也不能依赖对句子表征的提取。为了研究句子加工中语义和句法分析的神经基础，研究者使用了认知神经科学工具，如电生理方法。我们将在下一节简要地回顾这些内容。

语义加工和 N400 波

"After pulling the fragrant loaf from the oven, he cut a slice and spread the warm bread with socks.（在把那条香喷喷的面包从烤箱中取出来后，他切了一片，并在热面包上涂上袜子。）" 什么？虽然你可能没有意识到，但刚才你的大脑已经产生了一个剧烈的 N400 反应。加州大学圣迭戈分校的玛尔塔·库陶什（Marta Kutas）和史蒂文·希利亚德（Steven Hillyard）首次描述了 N400 反应（1980）。这是一个与语言加工相关的 ERP 成分。N400 表明，它是脑电波的负性峰值，通常在刺激开始后约 400 毫秒时达到最大幅度。这种脑电波对语义特别敏感。通过比较在三种情况下对句子最后一个单词的加工，库陶什和希利亚德发现了 N400。

1. 最后一个单词与前面语境相符的正常句，如 "it was his first day at work（这是他上班的第一天）"。
2. 最后一个单词与前面语境不相符的异常句。如 "He spread the warm bread with socks（他在面包上涂袜子）"。
3. 最后一个单词与前面语境一致，但是在物理属性上有差异，如 "She put on her high-heeled SHOES（她穿上了她的高跟鞋）"。其中 "shoes" 这个单词的所有字母都大写。

这些句子中的单词逐个呈现在在计算机屏幕上。被试需要仔细地阅读句子，并被告知在实验的最后需回答相关问题。EEG 为每种条件下所有句子的平均值，而 ERP 结果是阅读每类句子中最后一个单词的平均值。

当句尾是异常词时，N400 的振幅比阅读正常词时大（图 11.19）。这种振幅差异被称为 N400 效应。与之相对，语义与句子一致但存在物理属性差异的单词（如所有字母都大写）会诱发一个正电位，而不是 N400。随后的实验表明，非语义性冲突（如语法违反）不会引发 N400。因此，N400 效应是特异于语义分析的。

N400 反应对语言理解的敏感性不仅仅体现在单个句子上。在一系列研究中，约斯·范贝尔库姆（Jos van Berkum）及其同事（van Berkum et al., 1999; Snijders et al., 2008）发现，如果单词与整个故事的含义不一致也会引发 N400 反应。在这些研究中，被试听或读短篇故事。在这些故事的最后一句话中，可能包括与故事含义不符的单词。例如，在一个关于素食主义者的故事中，最后一句话可能是 "他去了一家餐馆，吃了一

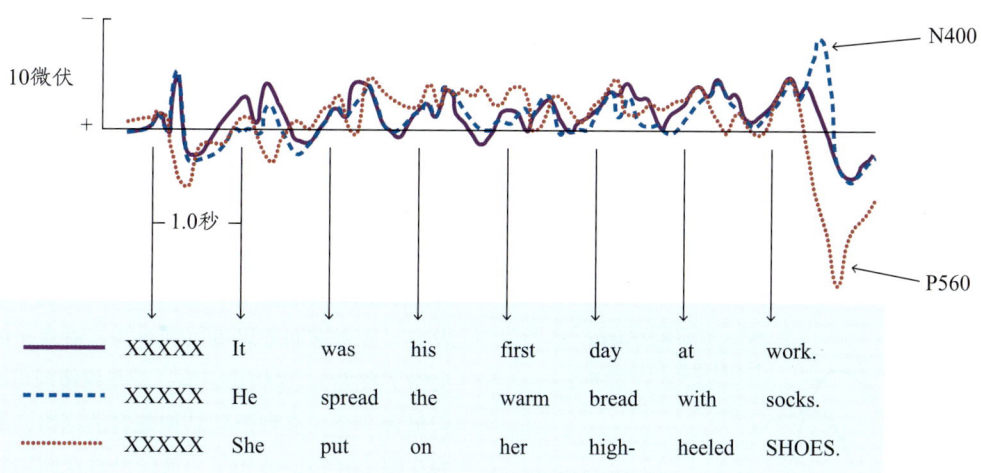

图 11.19 反映语义的 ERP

ERP 波形区分了句末的正常词（第一个句子中的 work）和与前面上下文语义不符的异常词（第二个句子中的 socks）。这些异常的词引发了 N400 反应。符合上下文但全部大写的单词（第三个句子中的 SHOES）会引起一个正波（P560）而不是 N400，这表明 N400 的产生并不是简单因在句子末尾的惊讶所造成的。

块做得很好的牛排"。虽然当单独阅读这个句子时，"牛排"这个词没有什么问题。但是在整个故事中，该词与语境不相符。研究者发现，在故事中读到这样一句与语境不符的话时，被试表现出了 N400 反应。

N400 反应显示了 ERP 记录的广泛头皮电位分布。然而，正如我们在第 3 章了解到的，ERP 方法不是一种成像工具，而是一种有关大脑加工的高时间分辨率方法。为了解 N400 的神经基础，研究者转向用功能性脑成像和 MEG 对健康的志愿者进行研究，以及用电极记录和刺激方法对病人进行研究。

塔玛拉·斯瓦伯（Tamara Swaab）、科林·布朗（Colin Brown）和彼得·哈古尔特（Peter Hagoort）记录了左半球卒中导致重度失语症病人（低理解能力者）或轻度失语症病人（高理解能力者）对句子中异常词的 N400 反应（1997）。研究者将有关结果与控制组（右半球卒中病人和健康年龄匹配组）进行了比较，并发现非失语症脑损伤病人（右半球损伤控制组）和轻度理解障碍失语症病人（高理解能力者）的 N400 效应与神经功能正常的被试相似（图 11.20）。

在中度到重度理解障碍失语症病人（低理解能力者）中，N400 效应减弱且延迟，表明导致失语症的左半球脑损伤与 N400 振幅密切相关。病人的损伤主要涉及颞叶，与他们的理解障碍表现一致。这项研究表明，在那些理解能力极差以致无法理解任务指导语的病人中，ERP 也能测量语言加工过程。

在颅内记录的类 N400 状 ERP 也表明颞叶可能是产生这种反应的神经部位。例如，安娜·诺布雷（Anna Nobre）及其同事（1994）记录了癫痫病人颞叶皮质表面电极的 ERP。当视觉呈现的句子中出现异常词时，腹侧前颞叶表现出了大的负极化反应。这些颅内 ERP 在时间进程上与在头皮记录的 N400 相似，并且是由相同类型的任务引发的。

通过 MEG 技术从健康被试中采集的神经磁信号也支持从对病人的研究中发现的 N400 很可能由左颞叶产生的证据。采用 MEG 的相关研究（Helenius et al., 1998; Simos et al., 1997）已经定位了类 N400 磁反应来自左颞叶及其周围区域。

最后，fMRI 研究也指出，左侧颞叶皮质是类 N400 活动的来源（如 Kuperberg, Holcomb et al., 2003）。然而，fMRI 依赖对血氧含量变化的测量，而且与 EEG / ERP（颅内和头皮记录）和 MEG 不同，它不能直接检测神经信号。由于神经元活动引起的血流动力学变化时间范围是在秒而不是毫秒幅度内的，因此 fMRI 信号不太容易与 ERP 和 MEG 直接关联。所以 fMRI 活动提供了令人满意的成像和脑活动定位数据，但这些信号可能包括了不同时间进程的活动。考虑到 N400 对语义加工极其敏感，且它仅能在几百毫秒内被观察到，所以采用 fMRI 确认 N400 之类的信号尤为困难。

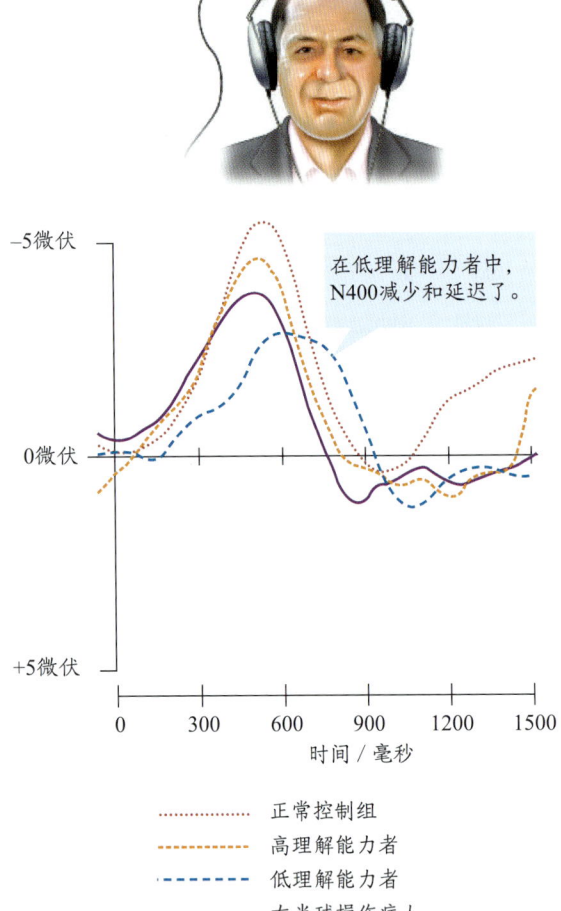

图 11.20　对不同的句末异常词的 N400 反应

这些记录来自位于顶叶头皮中线的一个单电极，参与者包括老年健康控制组被试、理解能力得分高的失语症病人、理解能力得分低的失语症病人以及大脑右半球损伤病人（控制组病人）。与其他组相比，低理解能力者的脑电波有明显的时间延迟和幅度减弱。健康控制组、高理解能力者和右半球损伤病人的脑电波在振幅和潜伏期上没有差别。这种模式意味着理解能力低的失语症病人在语言加工上存在延迟。

句法加工和 P600 波

P600 反应，也被称为句法正漂移（syntactic positive shift，SPS），由华盛顿大学的李·奥斯特胡特（Lee Osterhout）和美国塔夫茨大学的菲尔·霍尔库姆（Phil Holcomb）（1992）以及荷兰学者彼得·哈古尔特、科林·布朗及同事（Hagoort et al.，1993）首先发现。奥斯特胡特和霍尔库姆观察到，当与预期句法结构不一致的单词出现后约 600 毫秒，会出现一个 P600 反应。一些作者喜欢使用的一类新闻标题会引起该现象：DRUNK GETS NINE NONTHS IN VIOLIN CASE（标题原意：醉汉因小提琴的案子而获刑 9 个月；但对该句的另一种理解可以是，醉汉在小提琴盒子里住了 9 个月），或者 ENRAGED COW INJURES FARMER WITH AX（标题原意：被激怒的奶牛伤了拿着斧头的农夫；或者字面意思可以理解为：被激怒的奶牛用斧头伤了农夫）。这些句子乍一看是模棱两可的，因为它们包含一个与多种语句结构兼容的词组，所以也被称为花园小径短语或句子（就像沿着花园小径行走时常有多种选择）。

哈古尔特、布朗及同事将每个句子的单词在屏幕上逐个呈现，并要求被试默读。然后比较大脑对正常句和句法违反句的反应。如**图 11.21** 所示，发生句法违反时会产生一个大的正漂移，并且该效应在异常单词出现后大约 600 毫秒（例子中的 throw）时出现。在阅读或听句子时，一些其他的句法违反行为也会造成 P600 反应。与 N400 一样，研究者在几种不同的语言中都发现了 P600 反应。

古娜·库珀伯格（Gina Kuperberg）及其同事（Kuperberg，2007；Kuperberg，Sitnikova et al.，2003）证明，P600 反应可以在没有任何句法违反的情况下由语义违反激发。例如，一个句子的主语和动词之间存在语义违反，但句法正确，如 "The eggs would eat toast with jam at breakfast（这些鸡蛋在早餐中吃涂了酱的烤面包）" 在句法上是正确且清楚的，但它涉及语义违反（鸡蛋不会吃东西）。尽管 "鸡蛋" 和 "吃" 常常发生在同一个场景中，它们在语义上是相互关联的。但此类句子也能引发 P600 反应，因为对句子结构（如主谓宾语）的句法分析受到单词间强语义关系的挑战。

其他类型的脑波也能检测句法加工。认知神经科学家托马斯·明特（Thomas Münte）及其同事（1993）、安吉拉·弗里德里齐（Angela Friederici）及其同事（1993）描述了大脑左侧额叶区域的负波。这种脑电波被标记为左前负波（left anterior negativity，LAN），当单词与句子需要的词类不符时（如在 "the red eats" 中，需要名词而不是动词）或者违反了形态句法特征时（如 "he mow"），会观察到这种波形。左前负波的延迟与 N400 差不多，但在头皮上的电压分布不同，如**图 11.22** 所示。

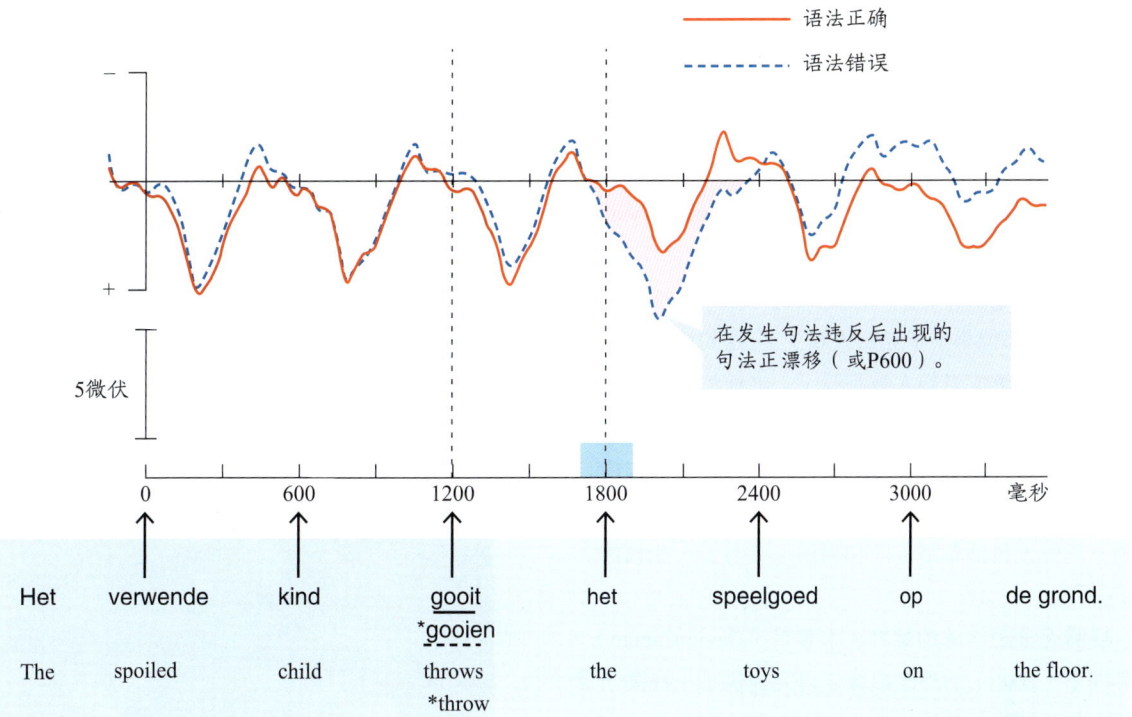

图 11.21　反映语法的 ERP

在中线顶部头皮位置记录的 ERP。这些 ERP 是对句子中句法错误（虚线）和句法正确（实线）的词的反应。在异常句中，发生句法违反后约 600 毫秒，ERP 波形出现正漂移（阴影部分）。因此，它被称为句法正漂移或 P600。

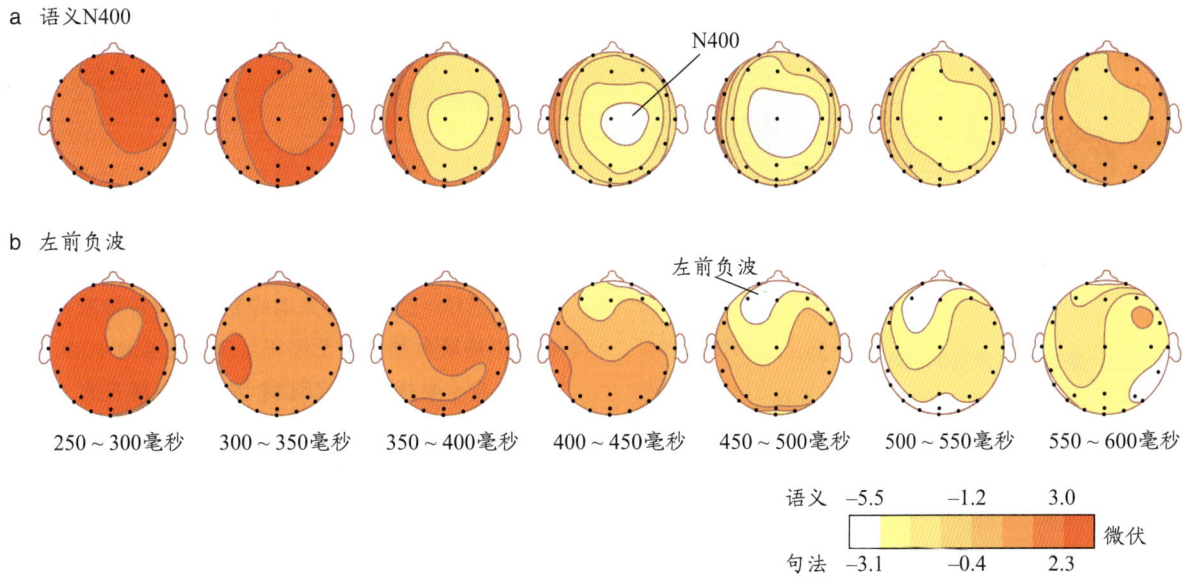

图 11.22　与语义和句法加工相关的 ERP

在特定时间周期内，在头皮不同位置记录的电压被绘成脑电地形图。这些地形图显示了（a）语义违反产生的 N400 地形图（见图 11.19 的等效波形）和（b）句法违反产生的左前负波的地形图。这些地形图的阅读方式与山脉的海拔图类似，只是这里的地形显示的是电压的"高峰"和"低谷"。N400 和左前负波有不同的脑电地形图，这暗示着它们是由大脑中不同的神经结构产生的。

我们对涉及句法加工的大脑环路了解多少呢？一些脑损伤病人在造句和理解复杂句子方面表现出了严重缺陷。这些缺陷在语法缺失性失语症病人中很明显。病人通常只会造有两三个单词的句子，而且在这些句子里几乎全是实词而没有任何功能词（如 and、then、the 和 a 等）。他们也很难理解复杂的句法结构。所以，当听到"The gigantic dog was bitten by the little old lady（那只大狗被那位小个子老妇人咬了）"这句话时，他们很可能会理解成老妇人被狗咬了。之前的观点一般都认为把句法结构分配到句子中的问题与左半球包括布洛卡区在内的大脑病变有关。但是，并非所有失语症病人的布洛卡区都有病变。相反，现有证据表明，左侧下额叶（包括布洛卡区和周围）参与了一些句法加工。

哈佛大学医学院的戴维·卡普兰（David Caplan）及其同事（2000）的神经影像学研究提供了一些关于大脑中句法加工的其他线索。在这些通过 PET 技术完成的研究中，被试需阅读有不同句法复杂度的句子。卡普兰等人发现，对于更复杂的句法结构，左下额叶皮质的激活会增强（图 11.23）。

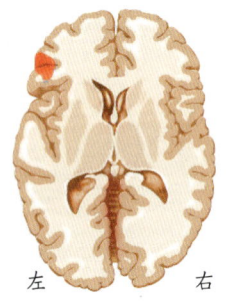
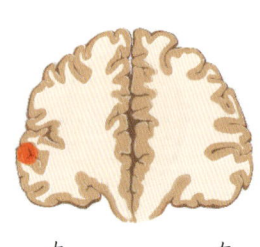

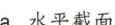

图 11.23 复杂句法激活的额叶皮质

与简单句法结构相比，当被试加工复杂句法结构时，左下侧前额叶皮质（红色标记）的血流增加。这些血流变化用 PET 成像测量。

在其他研究中，操纵句子复杂度不只激活左下额叶皮质。例如，马塞尔·贾斯特（Marcel Just）及其同事（1996）就报告了布洛卡区和威尔尼克区以及右半球同源区域的激活。一项 PET 研究发现，BA22 区（图 11.24a）附近的颞上回前部是句法加工的另一可能区域。加州大学戴维斯分校的尼娜·德龙克斯及其同事（Dronkers et al., 1994）也指出，该区域与失语症病人的句法加工缺陷有关（图 11.24b）。因此，一个更现代的观点出现了：句法加工发生在一个由左侧下额叶和上颞叶区域组成的网络中。

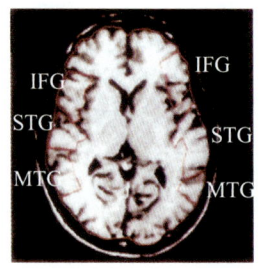
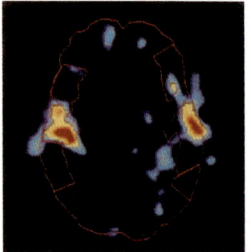

a

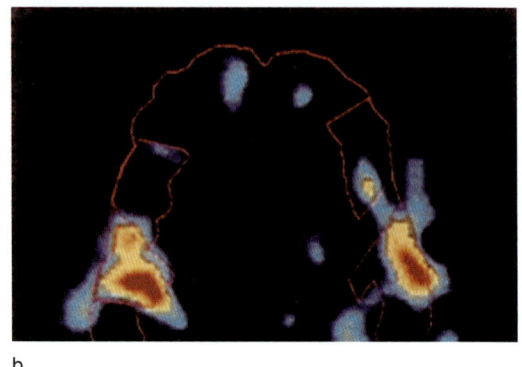

b

图 11.24 句法加工在大脑中的定位

（a）与句法加工相关的颞上回（STG）前部的 PET 激活。IFG= 额下回；MTG= 颞中回。（b）导致句法加工缺陷的前颞上皮质损伤区域汇总。

关键信息

- 词汇选择会受到句子语境的影响。
- 词汇提取和选择涉及的神经网络包括颞中回、颞上回以及左半球腹侧额下回和双背外侧额下回。
- 左侧颞中回和颞上回对语音转换成词义非常重要。
- 句法分析是大脑给句子中的单词分配句法结构的过程。
- 在 ERP 方法中，N400 是一种与语义加工相关的负波，P600 或句法正漂移是由句法或语义违反诱发的大的正波。
- 句法加工发生在由左侧下额叶和上颞叶区域构成的神经网络中。

11.5 语言理解的神经模型

研究者提出了许多不同于保罗·布洛卡、卡尔·威尔尼克和其他人所发展的语言经典模型的新神经模型。在这些新模型中，经典语言区的功能不局限于语言，它们在语言加工中也不再局限于经典模型中提出的那些功能。此外，大脑中的其他区域也是语言加工环路的一部分。

彼得·哈古尔特（Hagoort，2005）提出了一种语言的神经模型，把大脑的其他工作和语言分析结合起来。他的模型将语言加工分为三个功能性成分：记忆、整合和控制，并确定了三个成分的脑机制（图 11.25）。

1. **记忆**。习得并编码存储在皮质记忆结构中的语言知识。在这种情况下，记忆特指与语言相关的信息。关于语言成分的知识（如语音、形态和句法单元）是特定于语言领域的，其编码方式与其他视觉特征和物体信息不同。
2. **整合**。将提取到单词的语音、语义和句法信息整合进一个句子的整体表征中。在语言理解中，对语音、语义和句法信息的整合过程可以并行加工（同时进行），并且这些不同类型的信息之间可以相互作用。
3. **控制**。将语言与社会互动和联合行动相联系（例如，在双语转换或在对话中轮流说话）。

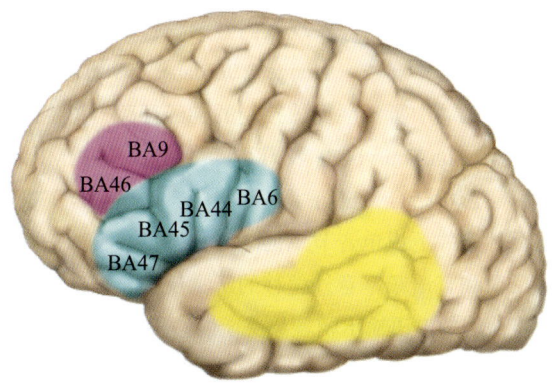

图 11.25　彼得·哈古尔特提出的记忆—整合—控制模型
该模型的三个成分分别用不同颜色标记在左半球上。记忆成分在左侧颞叶（黄色），整合成分在左侧额下回（蓝色），控制成分在外侧和内侧额叶皮质（紫色）。

如图 11.25 所示，颞叶对于单词表征的存储和提取尤其重要（哈古尔特模型的记忆成分）。词汇的语音和音位特征存储在颞上回（包括威尔尼克区）中后部，并延伸至颞上沟，语义信息则分布于左侧颞中回和颞下回的不同区域。

整合语音、语义和句法信息的过程涉及额叶的许多区域，包括左侧额下回（其中包含布洛卡区）。现在看来，三种整合过程似乎都需要左侧额下回参与：语义整合在 BA47 区和 BA45 区，句法整合在 BA45 区和 BA44 区，语音整合在 BA44 区以及 BA6 区的部分区域。

当人们进行实际交流时（例如，当他们在交谈中必须轮流说和听时），模型中的控制成分就显得尤其重要。关于语言理解中认知控制的研究并不是很多，但在其他任务中参与认知控制的脑区，如前扣带皮质和背外侧前额叶皮质（BA46 区 / BA9 区）也在语言理解的认知控制中发挥作用。

左半球外侧裂语言系统所涉及的神经网络

我们回顾了许多关于大脑左半球不同区域参与各种语言功能的研究。这些大脑区域是如何组织起来在大脑中构成语言网络的？针对左半球功能和结构连通性的研究明确了一些神经通路。这些通路将颞叶中表征词汇和意义的区域与额叶中的整合区关联起来。

安吉拉·弗里德里齐（Friederici，2012a）阐述了一个关于口语句子理解的网络模型。该模型区分了四条通路（图 11.26）。两条腹侧通路把颞叶后部与颞叶前部和额叶岛盖连接起来，包括钩束和最外囊纤维。这些通路对理解词汇来说非常重要。两条背侧通路把颞叶后部和额叶连接起来，包括弓状束和部分上纵束。其中一条背侧通路与运动前区相连，参与发音准备；另一条背侧通路连接布洛卡区（特别是 BA44 区）和颞上回、颞上沟，并对于句法加工的各个方面都很重要。

关键信息

- **语言理解模型**：整合来自语言的输入或从语言表征中提取的信息，以创建新的和更复杂的语言结构和含义。
- 左半球白质束连接额叶下部、顶叶下部和颞叶皮质，成为语言加工的特异性神经环路。

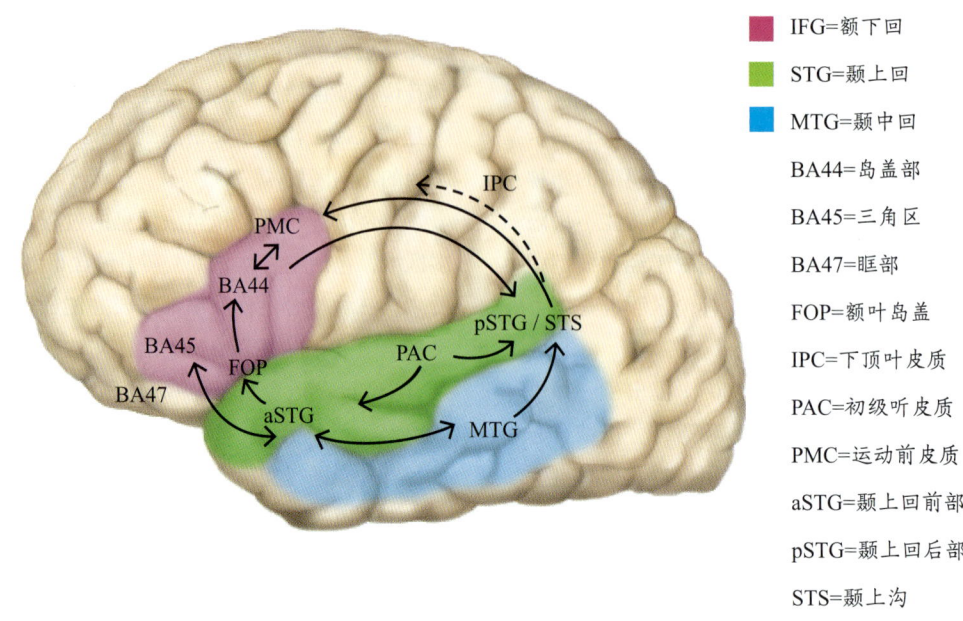

图 11.26　安吉拉·弗里德里齐提出的语言皮质回路，由两条腹侧通路和两条背侧通路组成

实线表示语言相关区域之间信息流动的直接路径和方向。虚线表示颞上回后部／颞上沟与颞中回之间通过下顶叶皮质存在间接联系。腹侧通路对理解单词非常重要。连接运动前皮质的背侧通路，参与发音准备。另一个背侧通路连接布洛卡区（特别是 BA44 区）和颞上回、颞上沟，参与句法加工。

11.6　言语产生的神经模型

到目前为止，我们主要关注语言理解；现在，我们把注意力转向语言产生。我们将从语言理解和产生之间看似微不足道又相当重要的区别开始。语言理解始于口语或书面语输入。这些输入必须转化为一个概念；而语言产生则始于一个概念，我们必须为这个概念找到合适的词。

在传统上，研究者从两个不同的分析层次来研究言语产生。运动控制学家对运动力学、运动轨迹和口面部肌肉反馈控制感兴趣，倾向于关注更低水平的发音控制过程，而心理语言学家在更抽象的音素、词素和短语水平上进行研究。直到最近，这两种方法才开始整合形成一个基于神经解剖学的具有分层状态反馈控制的言语产生模型（Hickok，2012）。

运动控制和语言产生

在第 8 章，我们了解到运动控制涉及内部前馈模型创建（该过程使运动环路能够预测一个动作的位置和轨迹以及它的感觉后果）和感觉反馈（测量一个动作的实际感觉后果）。由于动作指令的效果可以在感觉反馈之前被临时评估和调整，因此内部前馈模型提供对动作的即时控制。同时，感觉反馈具有三种功能：它使运动环路能学习到运动指令和感觉结果之间的关系；如果预测状态和实际状态之间出现持续不匹配，它能更新内部模型；并且能检测和校正突发偏差。

反馈控制在言语产生领域得到了广泛研究。研究者改变感觉反馈，并发现人们会调整自己的言语以纠正感觉反馈"错误"（Houde & Jordan，1998）。为了确定言语运动中听觉性反馈控制的神经环路，贾森·图维尔（Jason Tourville）及其同事（2008）将 fMRI 与计算建模相结合，进行了一项实验。他们测量了被试在两种条件下说单音节单词时的神经反应，即正常听觉反馈和言语频率意外偏移的听觉反馈。被试的任务是将他们的口语输出朝着与反馈偏移相反的方向偏移。声学测量显示，这种对偏移的补偿行为出现在听觉反馈开始大约 135 毫秒时。

在反馈偏移过程中，双侧颞上皮质活动增强，显示预期和实际听觉信号之间的神经编码不匹配。右侧前额叶和运动皮质活动也有所增加。计算模型用于评估从正常反馈到偏移反馈过程中神经连接的变化。结果表明，在偏移言语反馈过程中，双侧听皮质对右侧额叶影响增大。这种影响表明，对言语的听觉反馈控制是通过听觉错误细胞（位于颞上皮质后部）对运动矫正细胞（位于右侧额叶皮质）的投射来实现的。

在第6章中我们了解到，视觉研究的相关证据表明，视觉运动通路的反馈控制是分层组织的。据此，我们提出言语产生的反馈控制同样是分层组织的。由于这种分层组织形式与言语产生的分层语言模型在某些方面重叠，因此我们将在下文予以介绍。

言语产生的心理语言模型

来自荷兰马克斯·普朗克心理语言学研究所的威廉·勒韦（Willem Levelt, 1989）提出了一个有影响力的语言产生模型（图11.27）。言语产生的第一步是准备信息。勒韦认为，信息准备有两个关键的方面：宏观计划，即说话人决定想表达"什么"；微观计划，即打算"如何"表达。

沟通的目的（"什么"）由目标和子目标表征，以最适合沟通计划的顺序表达。微观计划涉及表达信息所采用的视角。如果描述一个房子和公园相邻的场景，我们必须决定是说"公园在房子旁边"，还是说"房子在公园旁边"。微观计划决定了单词的选择和单词所扮演的语法角色（如主语和宾语）。

计划的输出是一个概念性信息。它包含语音生成器所需要的输入信息。语音生成器是一个假设性加工成分，负责将信息以语法和语音正确的形式呈现出来。在句法编码过程中，信息的句法表征得到计算，这些句法表征包括诸如"是什么的主语""是什么的宾语""语法正确的词序如何"等信息。最低水平的句法元素被称为词元（lemma），它指定了一个词的句法特性（例如，该词是名词还是动词，及所包含的词性信息和其他句法特征）、语义特征以及适用的概念条件。心理词典中的这类信息被组织在一个网络中。该网络中的词元通过词意相互连接。

勒韦的模型预测，当有人看到一群山羊的照片并被要求说出照片的主题时，会出现如下情况。首先，表征山羊的概念被激活，但与山羊的含义相关的概念也被激活，如绵羊、奶酪和农场。这些概念反过来又激活心理词典中的表征，从词元级别的"节点"开始提取句法信息，如词类（在我们的例子中，山羊是名词，而不是动词）。此时，当单词的句法属性与图片适配时，就进行词汇选择。然后，选定的单词［在我们的例子中，是山羊（goat）这个名词］激活单词形式。

然后是对单词形式进行形态编码，此时给山羊添加复数词素"s"。修改后的单词形式包含语音信息和韵律信息（metrical information），即单词中音节的数量和重音信息（在我们的例子中，goat由一个重音音节组成）。语音编码过程保证了语音信息映射到韵律信息上。

与勒韦模型的模块化观点不同，诸如伊利诺伊大学的格雷·德尔（Gary Dell, 1986）提出的交互模型认为，语音激活在单词的语义和句法信息被激活后的很短时间内就开始了。与模块化模型不同，交互模型允许语音激活对单词的语义和句法属性进行反馈，从而增强某些句法和语义信息的激活。

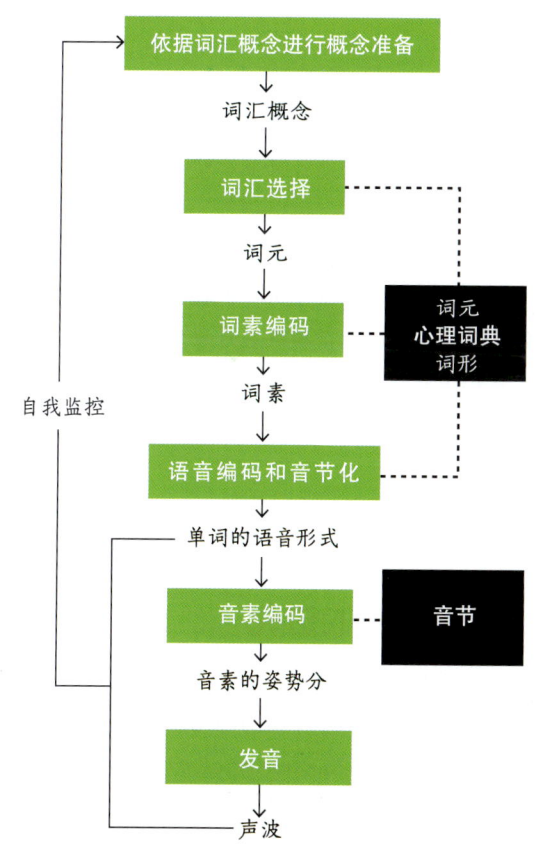

图 11.27 威廉·勒韦的言语产生理论示意图

言语产生中的加工成分如图所示。词的产生经历了概念准备、词汇选择、词素和语音编码、音素编码和发音。说话者利用自己的理解系统来监控自己所讲的话。

语言产生的神经基础

内德·沙欣（Ned Sahin）及其同事（2009）获得

了一个的宝贵机会来阐明如下问题，即不同形式的语言信息是如何在言语产生过程中结合起来的。他们在对三名癫痫病人进行术前筛查时记录了植入布洛卡区及其周围多个电极的局部场电位。为了研究大脑中的单词产生，病人需完成一项任务。该任务的三个条件区分了语言的词汇、语法和语音过程。

大多数布洛卡区电极产生的强烈反应与不同的语言加工阶段相关。第一个由皮质电极记录的脑波发生在约 200 毫秒，并反映了词汇识别过程。第二个脑波发生在约 320 毫秒，并受到屈折需求调控而不受语音加工调控。第三个波出现在大约 450 毫秒，反映了语音编码过程。在命名任务中，口语通常出现在 600 毫秒。

沙欣及其同事还观察到，运动神经元指令在说话前 50～100 毫秒出现，紧接在语音脑电波出现之后。这些明显的加工阶段不仅在时间上分开，而且虽然都位于布洛卡区，但在空间上也分开了几毫米（低于标准的 fMRI 或 MEG 分辨率）。这些发现为言语产生的系列加工观点提供了初步支持。屈折加工在单词被识别后才开始，而语音加工在屈折音素被选择之后才开始。该结果也支持了布洛卡区具有不同的神经环路分别加工词汇、语法和语音信息的观点。

针对图片命名和单词生成的脑成像研究发现，左半球颞下区和左侧额叶岛盖（布洛卡区）被激活。额叶岛盖激活可能与言语产生中的语音编码有关。说出单词可能涉及布洛卡区后部区域（BA44 区），但研究也显示了运动皮质、运动辅区和脑岛的双侧激活。PET 和 fMRI 研究表明，言语的运动特点涉及运动辅区、中央前回盖部、额下回后部（布洛卡区）、脑岛、初级感觉运动皮质涉及口部的区域、基底神经节、丘脑和小脑（参见 Ackermann & Riecker，2010 综述）。现有证据清楚地表明，对大多数人来说，主要是位于左半球的广泛大脑区域网络参与言语产生。

加州大学欧文分校的格雷戈里·希科克（Gregory Hickok）提出了分层状态反馈控制（hierarchical state feedback control，HSFC）模型，将运动控制和心理语言学的现有知识进行了整合（2012）。与心理语言学模型一样，分层状态反馈控制模型的输入从激活概念表征开始，而概念表征反过来又激活相应的词汇表征。

此时，感觉系统和运动系统的并行加工开始了。两个系统相互联系且与分层控制的两个水平关联。较

高水平在音节层次上编码言语信息（声道的开闭循环）。该水平包含一个感觉运动环路，涉及听皮质中的感觉目标，以及在 BA44 区（布洛卡区）、BA6 区和感觉运动整合区中完成的运动编码。感觉运动整合区位于后外侧裂的左颞平面（见第 4 章），与感觉运动整合有关。较低水平在发音特征（大致对应音素）上编码言语信息。该水平编码的感觉运动环路包括主要在躯体感觉皮质编码的感觉目标，以及在初级运动皮质编码的运动程序和调节二者的小脑环路。尽管希科克知道这个模型过于简单化，但他认为整合运动控制和心理语言学将产生可验证的假设，并进一步加深我们对言语产生的理解。

关键信息

- 言语产生包括对口面部肌肉的使用。这些肌肉由内部前馈模型和感觉反馈过程控制。
- 关于语言产生的模型必须解释以下过程：选择句子所包含的信息；从心理词典中提取词汇；使用单词的语义和句法属性来计划句子和进行句法编码；使用词形和语音属性进行音节和韵律编码；为每个音节准备发音姿势。
- 在关于语言产生的勒韦模型中，每个阶段都是序列发生的，其输出被用于下一阶段的输入。该模型避免反馈、循环、并行和级联过程。该模型的早期阶段与 ERP 记录结果非常吻合。
- 希科克的言语产生模型涉及并行加工和两个水平的分层控制过程。

11.7 语言的进化

年幼的孩子在接触语言时很容易而且很快就学会了语言。基于这种现象，达尔文在其著作《人类的由来及其性选择》（*The descent of man, and selection in relation to sex*）中提出，人类对语言具有先天机制。尽管有许多理论，但语言的进化起源仍然未知。事实上，乔姆斯基（Chomsky，1975）认为，语言与其他动物使用的交流系统如此不同，以致无法用自然选择来解释。然而，史蒂文·平克（Steven Pinker）和保罗·布卢姆（Paul Bloom）在一篇文章中提出，只有

自然选择才能产生复杂的语言结构（1990）。有多种观点解释语言何时出现：是存在一个语言性认知机制，还是语言亦为一种合作性社会行为；在语言出现前需要解决哪些关键的进化问题（Sterelny, 2012）。

共享意图

沟通是指通过言语、信号、书面符号或行为来传递信息的过程。人类语言的功能是通过改变他人所知、所想、所信或所欲来影响他人的行为（Grice, 1957），而且我们倾向于认为交流是有意图的。然而，当我们探索语言的起源时，不能假定交流以有意图形式涌现。动物的交流被更广义地定义为一种动物有意或无意影响另一种动物当前或未来行为的过程。

罗伯特·赛法特（Robert Seyfarth）和多萝西·切尼（Dorothy Cheney）对肯尼亚的青腹绿猴进行了著名的动物交流系列研究（Seyfarth et al., 1980）。针对蛇、豹和捕食性鸟类，这些猴子可发出不同的警报叫声。猴子听到蛇警报就会站起来往下看；听到豹警报，就跑到树上；听到鸟警报，就从树枝跑到树干。以前，人们认为动物的叫声完全是情绪化的，情绪可能是这些警报叫声的起源。然而，这些猴子并不总是发出警报。当只有一只青腹绿猴时，它很少发出警报，且当它和亲属在一起时比和非亲属在一起时更有可能发出叫声。这些叫声不是自动的情绪反应。

如果叫声要提供信息，那么它必须是特异性的（同一种叫声不能用于几个不同的目的）和可以提供信息的（它必须只在某些情况发生时才被使用；Seyfarth & Cheney, 2003b）。因此，尽管尖叫可能是一种情绪反应，但如果它是特异性的，它就可以传达情绪以外的信息（Premack, 1972）。大自然选择了用叫声影响听众行为的呼叫者，以及通过声音获得信息的听众（Seyfarth & Cheney, 2003a）。这两者最初并不需要通过意图联系起来。事实上，这些青腹绿猴似乎并不会猜测他人意图（Seyfarth & Cheney, 1986）。大多数动物研究提示，尽管动物的叫声可能导致其他动物行为改变，但其后果是无意图的（Seyfarth & Cheney, 2003b）。

此后，研究者在许多其他猴子种群和非灵长类种群中都发现了警报叫声。例如，研究者在猫鼬（Manser et al., 2001）和山雀（Templeton et al., 2005）等动物中观察到了该现象。西非的狄安娜长尾猴能理解居住在该地区的另一个物种坎氏长尾猴的叫声（Zuberbühler, 2001）。它们还明白，如果警报叫声之前有"轰隆"声，那么危险就没那么紧迫。

坎氏长尾猴的叫声具有基本语法，有时称为原始语法（protosyntax; Ouattara et al., 2009）。成年雄性有6种响亮的叫声，可以高度情境特异性地形成不同组合。但是，正如在其他研究中得出的结论，尚不清楚这些组合呼叫是否用于有意交流。猴子的交流技巧令人印象深刻，比以前想象的复杂得多，但显而易见，这种交流与人类语言还有很大不同。

姿势和交流

人类语言进化的线索并不只能从发声上寻找。新西兰心理学家迈克尔·乔尔巴利斯（Michael Corballis）认为，人类语言始于姿势。他提出，生成语言可能源自能人（Homo habilis）的手势语系统，再转变为现代智人（H. sapiens sapiens）以发声为主的语言系统（Corballis 1991, 2009）。在这里，你可能会问，非人灵长类动物是否会使用手势进行交流？

德国马克斯·普朗克进化人类学研究所的迈克尔·托马塞洛（Michael Tomasello）指出，在灵长类动物，尤其是类人猿中，手势比发声重要，并且发声和手势的交流功能并不相同（Tomasello, 2007）。一般来说，类人猿的叫声往往是非自发的信号，与特定的情绪状态相关，对特定的刺激产生反应，并向周围群体广泛传播，因此叫声不够灵活。

相比之下，手势是灵活的；用于非紧急情境，以开启与特定个体玩耍和梳理毛发等事件，而且有些手势是由大猩猩（Pika et al., 2003）、黑猩猩（Liebal et al., 2004）和倭黑猩猩（Pika et al., 2005）通过社会交往习得的。托马塞洛强调，与声音交流不同，进行手势交流时需要知道对方的注意状态。如果没有人注意你，那么做个手势是没有用的。他得出结论，灵长类手势更像人类语言，而不是更像灵长类的叫声或人类手势交流（Tomasello & Call, 2018）。因此，他认为，要研究人类语言的起源，可以考察类人猿的手势交流。

猴和类人猿对发声的皮质控制很弱，但对手和手指的皮质控制很好（Ploog, 2002）。从这些发现和我们对灵长类解剖学的了解来看，尝试教非人灵长类动物说话会失败并不奇怪，教它们手势交流则更为成功。

例如，黑猩猩瓦苏（Washoe）学会了一种手语，知道大约 350 个手语信号（Gardner & Gardner，1969）。

倭黑猩猩坎济（Kanzi）已经学会在键盘上指出抽象的视觉符号或词符，并使用这些信息进行交流（Savage-Rumbaugh & Lewin，1994，图 11.28）。苏·萨维奇－朗博（Sue Savage-Rumbaugh）及其同事多年来对坎济的研究也表明，它拥有一种原始语法。例如，依靠语序，它能理解"让狗咬蛇"和"让蛇咬狗"的区别，并用动物玩偶来展示自己的理解。

贾科莫·里佐拉蒂和迈克尔·阿尔比布（Michael Arbib）的研究也建议语言从手势和面部运动的组合中产生，推测镜像神经元是语言进化的关键所在（Rizzolatti & Arbib，1998）。镜像神经元首先在猴子的 F5 区被发现。该区位于腹侧运动前区喙侧（见第 8 章）。F5 区背侧部分与手的运动有关，腹侧部分与嘴和喉咙的运动有关。F5 区与人类 BA44 区的同源区相邻，属于布洛卡区的一部分（Petrides et al.，2005）。在猴子中，这个区域参与口面部肌肉组织（包括参与交流的肌肉）的高级控制。因此，镜像神经元可以帮助我们理解语言的进化。

最初，这种手和嘴的紧密联系可能与饮食有关，但后来可能扩展到手势和声音语言的关联。有证据支持这项说法。猕猴中 F5 区外侧部分的神经元可通过条件性发声激活。也就是说，猴子的自发性叫声其实是被训练出来的（Coude et al.，2011）。

我们知道，在人类和类人猿中，左半球控制身体右侧运动。黑猩猩在与其他黑猩猩和人类的手势交流中都优先使用右手（Megureditchian et al.，2010），但在做出非交流性手势时没有这种右手优势。这种行为也见于圈养狒狒（Megureditchian & Vauclair，2006；Megureditchian et al.，2010），提示语言的出现及其经典的语言左半球偏侧化可能源自狒狒、黑猩猩和人类共同祖先中的左偏手势交流系统。

手势可能是在人类语言能力的进化过程中产生的。这一观点很有趣，但并没有被普遍接受，而且支持这一观点的许多证据都受到了质疑。人类学家和手势科学家亚当·肯登（Adam Kendon）认为，灵长类动物的口头和手势交流技能可能是并行进化的（Kendon，2017）。此外，人类和非人灵长类动物的左外侧裂区在涉及左半球偏侧化、颞叶中语言信息表征以及颞叶与左外侧裂网络连接增强的区域区别最大。

左半球优势和偏侧化

人类语言显然是由左半球主导的一种能力。但是人类的左半球到底有什么不同，这种偏侧化在进化过程中是如何产生的？研究者发现了一些线索。我们可能要问的第一个问题是，在非人灵长类动物中，交流是否由左半球主导。

一项针对黑猩猩的 PET 成像研究发现，如果黑猩猩在乞讨食物时做出一个交流手势或发出一种非典型的奇特声音，它与人脑布洛卡区同源的左侧额下回会被激活（Taglialatela et al.，2008）。什么是非典型声音

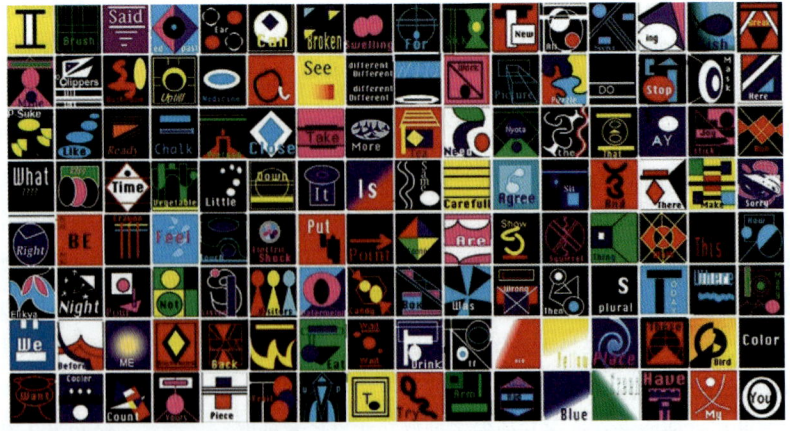

图 11.28 苏·萨维奇－朗博和倭黑猩猩坎济，以及后者学会使用的词符

坎济能够将 378 个词符与它们所代表的对象、地点和口语词相匹配。它能够把这些词符组成原始语法，可以轻松地使用键盘来索取它想要的东西。它可以泛化一个特定的词符。例如，它用"面包"一词来表示所有主食，包括玉米饼。这表明坎济能够以抽象的方式理解符号。

呢？这种声音最初由马歇尔（Marshall）等人在1991年加以描述。非典型声音只是由一些圈养的黑猩猩产生的。研究者识别了表示三种事件或物体的声音：树莓、咕哝声和亲吻。这些声音可以通过社会性学习获得，且有选择性地产生以引起他人注意（Hopkins & Taglialatela et al., 2007）。

黑猩猩可能也具有左半球交流优势。在人类中，言语的左偏化实际上是可以观察到的：说话时嘴的右侧先张开且张得更大。相比之下，嘴的左侧则在情绪表达中反应更快。研究者在两个大型圈养黑猩猩群体中也发现了同样的现象：在产生习得的用于引发他人注意的声音时，左半球占优势；在产生物种典型声音时，右半球占优势（Losin et al., 2008; Wallez & Vauclair, 2011）。这些研究都提示，左半球对手势（F5区）和发声的自主控制可能已经进化成一个综合系统。但实际的故事更复杂。

功能性和结构性脑成像技术的出现，不仅使对人类大脑组织的研究发生了革命性变化，也使对动物大脑组织的研究发生了革命性变化。这些方法使得人们能够进行比较结构和功能神经解剖学研究，进而揭示了一个关于灵长类动物左半球外侧裂语言系统进化的非凡故事。在人类中，左外侧裂语言皮质包括下额叶、下顶叶和颞叶的关键脑区之间的广泛连接所形成的区域。

正如威尔尼克在他的关于威尔尼克区和布洛卡区之间联系的假设中提出的，白质通路连接着系统的关键节点。不过，今天我们知道，语言系统的网络连接比威尔尼克想象的丰富得多。这种复杂的连接系统是否存在于我们的祖先中（也许当时服务于另一个功能，后来又服务于人类语言）？对非人灵长类动物近亲的研究告诉了我们一个有趣的故事。

在埃默里大学耶克斯灵长类动物中心和牛津大学，詹姆斯·里林（James Rilling）及其同事在人类、黑猩猩和猕猴身上使用了现代扩散张量成像和MRI技术（Rilling et al., 2008）。他们发现了一条关于左偏侧化语言系统进化的惊人线索。如我们所见，人类有主要的背侧和腹侧投射通路将颞叶与顶叶和下额叶皮质连接起来。大纤维束具有丰富的微观结构。这些子投射以某种方式连接脑区，有助于我们理解人类语言的复杂性以及对该系统的损伤会怎样导致各种语言障碍（Fridriksson et al., 2018）。

然而，在黑猩猩和猕猴中，下额叶、顶叶和颞叶之间的投射大大减少，外侧颞叶和下额叶投射与人类存在显著差异。事实上，我们现在知道人类颞叶区域涉及丰富的词汇、意义和概念表征。该区域主要对应于猕猴的高水平纹外视皮质区。这些发现支持如下观点：在人类的进化过程中，皮质连接和皮质本身都可能发生了巨大变化，这些变化支持了丰富而复杂的语言产生。

关键信息

- 非人灵长类动物的叫声可以承载意义并显示出基本语法。然而，一般来说，动物的叫声往往是不灵活的，与特定的情绪状态有关，并与特定刺激相联系。
- 一些研究者认为，人类的言语和语言是由手势或者手势和面部动作的结合演变而来的。
- 我们所知最显著的大脑进化涉及左侧颞叶皮质的大小和功能，以及关键是该皮质如何与下额叶和顶叶皮质相连接。

概 要

语言在心理功能中是独特的，因为只有人类才拥有真正的语言系统。早在一个多世纪之前，我们就已经知道，左半球外侧裂周围优势区域参与语言理解和产生。然而，经典模型不足以解释语言加工，也不能完全解释语言障碍。新理论模型在神经损伤（得益于结构成像技术的进步）、功能神经成像、人类电生理学和计算模型等研究的支持下，对旧模型进行了重大改进。

研究者发现了一个左外侧裂语言系统，在下额叶皮质（包括布洛卡区）、下顶叶皮质和颞叶的广泛区域（包括威尔尼克区）之间具有复杂的白质纤维连接。在灵长类动物的进化过程中，构成人类左外侧裂语言系统的左半球神经连接大小和复杂性发生了巨大变化。而对猕猴和黑猩猩来说，这些在人类中精密连接的通路和大脑区域大大减少或消失。人脑右半球也具有重要的语言能力，但对病人（包括裂脑病人）的研究表明，这些能力是有限的。人类的语言系统是复杂的，关于大脑的生物机制如何使丰富的发音和理解成为我们日常生活的重要部分，还需要进一步研究。

关键术语

布洛卡区（Broca's area，p.462）
布洛卡失语症（Broca's aphasia，p.462）
传导性失语症（conduction aphasia，p.465）
词汇提取（lexical access，p.466）
词汇选择（lexical selection，p.466）
词汇整合（lexical integration，p.466）
词素（morpheme，p.466）
词形（orthographic form，p.466）
弓状束（arcuate fasciculus，p.464）
构音障碍（dysarthria，p.462）
句法（syntax，p.462）
句法分析（syntactic parsing，p.480）
脑侧裂（Sylvian fissure，p.461）

失读症（alexia，p.477）
失用症（apraxia，p.462）
失语症（aphasia，p.462）
忘名症（anomia，p.462）
威尔尼克区（Wernicke's area，p.464）
威尔尼克失语症（Wernicke's aphasia，p.464）
心理词典（mental lexicon，p.466）
音素（phoneme，p.466）
音形（phonological form，p.466）
语法缺失性失语症（agrammatic aphasia，p.462）
语义错乱（semantic paraphasia，p.467）
N400 反应（N400 response，p.480）
P600 反应（P600 response，p.482）

思考题

1. 心理词典在大脑中是如何组织的？我们能够期望在大脑皮质的一个特定区域找到它吗？如果可以，那么在哪里？有什么证据支持这种观点？
2. 口头和书面语言的理解在输入加工的哪一步是相同的？在哪里又是不同的？对这条规则有例外吗？
3. 请描述在从知觉分析到理解的过程中，听觉语言信号在大脑中的加工通路。
4. 关于右半球在语言加工中的作用有哪些证据？如果右半球在语言中起作用，那么这个作用可能是什么？
5. 关于外部世界的知识能否影响你加工和理解单词的方式？
6. 请描述左外侧裂语言系统的解剖结构和神经通路，以及它在灵长类动物进化过程中的变化。

推荐阅读

Fridriksson, J., den Ouden, D. B., Hillis, A. E., Hickok, G, Rorden, C., Basilakos, A., et al. (2018). Anatomy of aphasia revisited. *Brain*, *141*(3), 848–862.

Friederici, A. D. (2012). The cortical language

circuit: From auditory perception to sentence comprehension. *Trends in Cognitive Science, 16*(5), 262–268.

Hagoort , P. (2013). MUC (Memory, Unification, Control) and beyond. *Frontiers in Psychology, 4*, 416.

Kaan, E., & Swaab, T. (2002). The brain circuitry of syntactic comprehension. *Trends in Cognitive Sciences, 6*, 350–356.

Lau, E., Phillips, C., & Poeppel, D. (2008). A cortical network for semantics: (De) constructing the N400. *Nature Reviews Neuroscience, 9* (12) , 920–933.

Levelt, W. J. M. (2001). Spoken word production: A theory of lexical access. *Proceedings of the National Academy of Sciences, USA, 98*, 13464–13471.

Poeppel, D., Emmorey, K., Hickok, G., Pylkkänen, L. (2012) . Towards a new neurobiology of language. *Journal of Neuroscience, 32*(41), 14125–14131.

Price, C. J. (2012). A review and synthesis of the first 20 years of PET and fMRI studies of heard speech, spoken language and reading. *NeuroImage, 62*, 816–847.

Rilling, J. K. (2014). Comparative primate neurobiology and the evolution of brain language systems. *Current Opinion in Neurobiology, 28*, 10–14.

第三部分

控制过程

如果一切似乎都在掌控之中,说明你还不够快。
——马里奥·安德烈蒂(Mario Andretti)

第 12 章
认 知 控 制

一位经验丰富的神经科医生对他的一位新病人 W. R. 所描述的主要症状"我失去了自我"感到有些惊讶（R. T. Knight & Grabowecky，1995）。

作为一个有抱负的孩子，W. R. 从小立志成为一名律师。为了实现这一目标，他以优异的成绩完成了本科学习，并参加了法律预科学习。然后，他以第一志愿被录取到法学院，并且以良好（甚至接近优秀）的成绩毕业。但是，他的生活突然脱轨了：他不再渴望在顶级的律师事务所工作。4 年过去了，他还没有从事与法律相关的工作，甚至没有参加律师资格考试，而是在一家网球俱乐部当教练。

陪同 W. R. 来看病的是他哥哥。他讲述，他们发现弟弟的行为有些奇怪，但也并非总是如此。一开始，他们以为他可能正经历一种早期反物质主义式的中年危机。大家认为他也许能从其业余爱好——打网球——中找到满足感，或许他最终还会从事法律工作。但事实并非如此：W. R. 越来越混日子，甚至对网球也失去了兴趣。他漫不经心的态度让对手都很沮丧，不是忘记比分，就是忘记该谁发球。他在经济上无法自立，越来越频繁地向哥哥借钱周转。

很明显，W. R. 是一个智商很高的人，他也意识到了自己有些不对劲。尽管他一再表示希望振作起来，但就是无法采取必要的步骤去找一份工作或者找一个住所。他很少考虑未来和成功，甚至是自己的幸福。他哥哥注意到 W. R. 的另一个根本变化：他已经多年没有约会了，似乎对追求浪漫爱情也失去了兴趣。W. R. 很不好意思地承认了这一点。

如果这就是他全部的问题，那么神经科医生可能认为针对"失去自我"的问题，找精神科医生进行治疗更合适。但是 W. R. 在法学院的最后 1 年时，曾痫性发作。当时，他接受了全面的神经病学检查，但没有找到病因。考虑到他在病发前一晚为了熬夜备考喝了大量咖啡，那次痫性发作被视为一个孤立事件。再审视他在过去 4 年的表现，这位神经科医生认为，应该重新考虑他痫性发作的原因。

CT 扫描证实了这位医生最担心的情况：W. R. 的脑中长了一个特别大的星形细胞瘤。它沿着胼胝体纤维穿过并广泛侵入左外侧前额叶皮质和右侧额叶大部分区域。这个肿瘤很有可能引起了最初的痫性发作，并且在过去的 4 年里慢慢扩散。针对这种情况，W. R. 的预后应该很差，预期寿命只有 1 年。

W. R. 的哥哥很受打击，但 W. R. 依然表现得很淡定和超然。虽然他知道肿瘤是使他的生活产生一系列变化的罪魁祸首，但他没有生气或沮丧，甚至显得漠不关心。他理解病情的严重性，但这一消息和最近生活中的许多事情一样，并没有引起他多少关心，也不会让他采取行动来解决问题。W. R. 的自我诊断似乎正中要害：他失去了自我，同时也失去了掌控自己生活的能力。

在这一章中，我们将关注会产生人类特有行为的非常关键的认知控制过程。无论是去上法学院、打网球，还是审视自己或所爱之人的行为，都涉及认知控

大问题

- 生物体能够计划和执行复杂行为的计算条件是什么？
- 支持工作记忆的神经机制是什么？以及我们如何选择任务相关信息？
- 大脑如何表征与不同感觉事件和经历相关的价值？当面临多种选择时，如何利用这些信息做出决定？
- 我们如何监控当前的表现以确保完成复杂的行为？

制问题。认知控制过程使我们能够凌驾于无意识的思想和行为之上，避开习惯性反应。这些过程还赋予我们认知灵活性，让我们以新颖而富有创造性的方式思考和行动。

为了讨论这些功能，让我们先回顾一下额叶的解剖结构和当这个脑区损坏时所能观察到的行为问题。然后，我们重点关注目标导向性行为和决策。这两个复杂的过程都依赖认知控制机制的正常运行。决定目标只是第一步。计划如何实现目标并坚持执行计划都涉及不同的认知控制过程，我们将在本章的最后几节对此予以讨论。

12.1 认知控制背后的解剖结构

认知控制，有时也称为执行功能，是一组能让我们利用知觉、知识和目标从多种可能性中选择行动和想法的心理过程。总的来说，由此产生的这类行为可被描述为**目标导向性行为**。这通常需要协调一组复杂的行动，而且需要耗费一段较长的时间。实现目标导向性行为会面临很多挑战，而认知控制是完成这些挑战的必要手段。

我们必须依据个人经验来做出适合于当前环境的行动计划。这些行动必须是灵活且适应性强的，从而适应无法预见的变化和事件。我们必须监控自己的行为，以坚持目标并实现目标。为了做到这一点，我们可能需要抑制习惯性反应。例如，你在上班途中想绕路去买一个甜甜圈，但这可能让你迟到。认知控制机制可以抑制你吃甜食的冲动。

和其他复杂过程一样，认知控制也涉及不同脑区功能的整合过程。本章会重点介绍额叶。我们在第8章中已经了解到，额叶后部是初级运动皮质（参见本章的"解剖定位"专栏）。运动皮质的前方和腹侧是次级运动区，由外侧运动前区和运动辅区组成。额叶余下部分称为**前额叶皮质**（prefrontal cortex，PFC）。在本章将介绍前额叶皮质的四个区域：**外侧前额叶皮质**（lateral prefrontal cortex，LPFC）、**额极**（frontal pole，FP）、**眶额皮质**（orbitofrontal cortex，OFC，有时称为腹内侧区）和**内侧额叶皮质**（medial frontal cortex，MFC）。

本章会重点讨论两个前额叶控制系统。第一个控制系统包括外侧前额叶皮质、眶额皮质和额极，支持

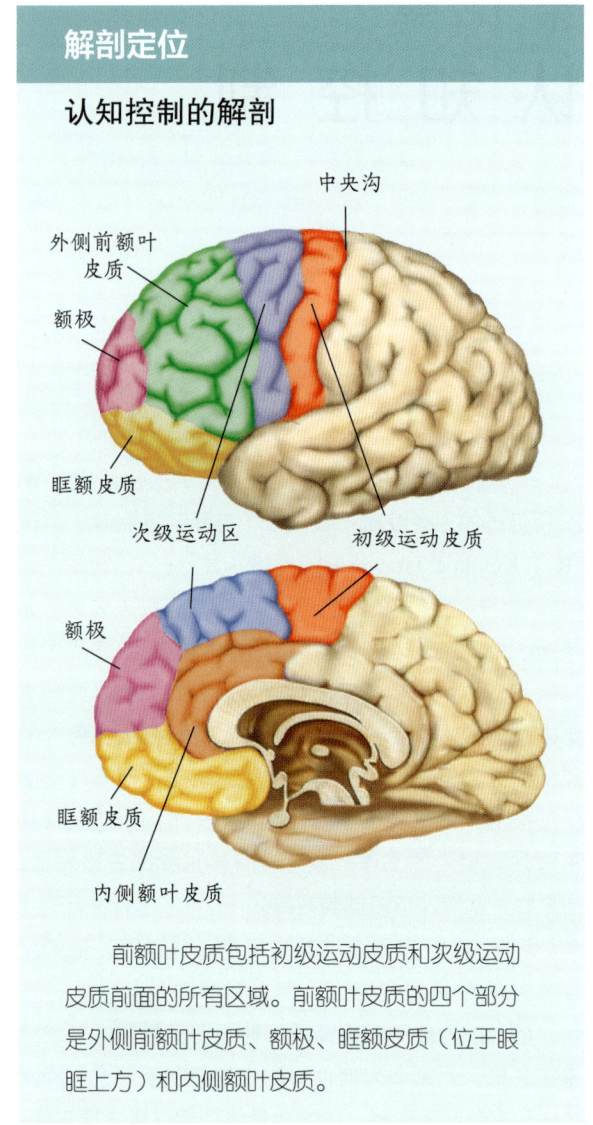

解剖定位

认知控制的解剖

前额叶皮质包括初级运动皮质和次级运动皮质前面的所有区域。前额叶皮质的四个部分是外侧前额叶皮质、额极、眶额皮质（位于眼眶上方）和内侧额叶皮质。

目标导向性行为。这个控制系统与大脑皮质的许多后部区域协同工作，构成一个工作记忆系统，负责收集和选择与任务有关的信息。这个系统参与计划，模拟结果，以及启动、抑制和转换行为。

第二个控制系统包括内侧额叶皮质，在指导和监控行为中起关键作用。它与前额叶皮质的其他区域协同工作，通过监控当前活动来调节认知控制水平，以使行为符合当前目标的要求。

所有哺乳动物都有额叶皮质。从进化的角度看，灵长类动物大脑的这一部分比其他动物大得多（图12.1）。有趣的是，与其他灵长类动物相比，人类大脑中前额叶皮质的白质（轴突束）比灰质（细胞体；Schoenemann et al.，2005）扩展得更明显。这一发现

提示，人类独有的认知能力可能是由大脑的连接方式带来的，而不是由神经元数量增加带来的。

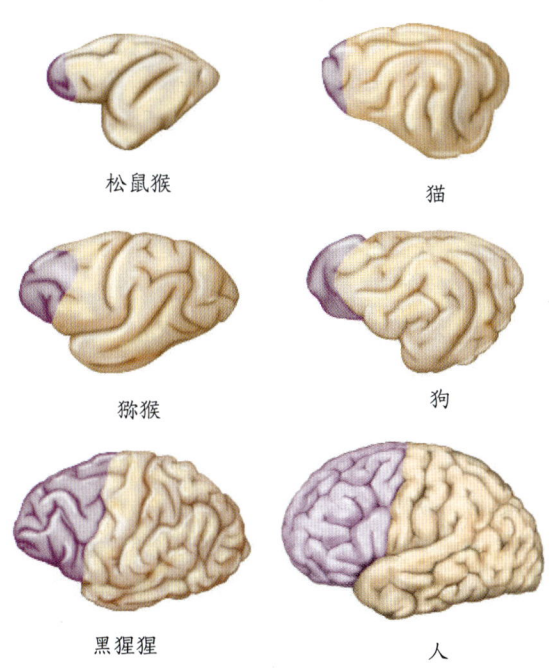

图 12.1 不同物种前额叶皮质的比较
紫色区域表示 6 种哺乳动物的前额叶皮质。尽管图中大脑不是完全按比例绘制的，但我们可以清楚地看出，前额叶皮质在黑猩猩和人类的整个大脑中所占的比例比其他动物大得多。

由于大脑机能发展与系统发育倾向（进化过程）一致，因此额叶扩张与复杂认知能力密切相关，而且这种复杂认知能力在人类中尤为明显。更进一步，正如研究者常说的，"个体发育重构了系统发育过程。"与其他脑区相比，从神经密度模式和白质纤维束的发育来看，前额叶发育和成熟得晚。相应地，从发展的角度看，认知控制过程出现得也较晚。婴儿和青少年"以我为出发点"的行为模式可以证明这一点。

前额叶皮质可协调中枢神经系统广泛区域的神经活动。它包含一个巨大的网络，连接大脑的运动、知觉和边缘系统（Goldman-Rakic，1995；Passingham，1993）。广泛且双向的神经元投射将前额叶皮质与几乎所有顶叶和颞叶皮质以及枕叶皮质的纹前区域连接起来。前额叶皮质还从丘脑接收海量信息，而后者中转了来自基底神经节、小脑和各脑干核团的信息。事实上，几乎所有皮质和皮质下区域都通过直接神经元投射或通过少数突触间接地影响了前额叶皮质。前额叶皮质与对侧大脑皮质也有很多神经元投射（通过胼胝体投射到对应的前额叶皮质），以及投射到双侧运动前区和皮质下区域。

关键信息

- 认知控制是指计划、控制和调节信息加工的心理能力。
- 认知控制使我们具备完成目标导向性行为所要求的灵活性。
- 前额叶皮质包括四个主要部分：外侧前额叶皮质、额极、眶额皮质和内侧额叶皮质。哺乳动物尤其是灵长类动物大脑的这些区域非常突出。

12.2 认知控制缺陷

额叶损伤的病人，如那位"任性"的律师 W. R.，会表现得很矛盾。从他们的日常行为中通常难以发现神经性障碍：知觉能力没有明显缺陷，可以执行动作，而且语言流畅连贯。他们在有关智力和知识的传统神经心理学测试中表现得也正常，在智商测验中的得分通常也在正常范围内。他们对以前学过的知识记得很牢，而且在大多数长时记忆测验中表现良好。但通过更灵敏和更特异性的测试，我们可以清楚地看到，额叶损伤会破坏正常的认知和记忆的多个方面，并产生一系列问题。

即使告知这些病人其反应是错误的，他们还会坚持其错误；这种行为被称为**持续症**。他们可能会表现得冷漠，容易分心或冲动。他们可能无法做出决定，无法计划行动，无法理解行为的后果，无法组织和分离记忆中事件发生的时间，无法回忆起记忆的来源，也无法遵守规则。他们可能会无视社会习俗（见第 13 章）。具有讽刺意味的是，额叶损伤病人可以意识到他们的社会状况日益恶化，也能提出解决问题的主意，并且能够告诉你每种主意的利弊。但他们很难将这些主意按优先顺序组织成一个计划并努力付诸实施。同样，虽然他们不是遗忘症病人，也能记得有关规则，但他们无法遵循这些规则。

伦敦大学学院的蒂姆·沙利斯（Shallice & Burgess，1991）为了证明在现实中看似细微的认知缺陷是如何像滚雪球一样变成严重问题的，带了三个额叶损伤病人到一个购物中心，并给每个人都分配了一张简短的购物清单。没有一个病人能够完成任务。一位病人买肥皂失败了，因为没找到最喜欢的品牌；另一个在购物中心徘徊，找不到指定区域才有的商品；还有一个病人成功地找到了一份报纸，却被卖家追赶，因为没有付钱。

对前额叶皮质损伤动物的研究显示，这些动物的行为与那些无法完成计划且社交不正常的病人相似。单侧前额叶皮质损伤通常会导致相对轻微的障碍，但当前额叶皮质损伤扩展到双侧时，我们可以观察到非常明显的功能障碍。下面介绍一下20世纪初意大利精神病学医生莱昂纳多·比安基（Leonardo Bianchi，1922）的临床观察：

> 原来在窗台上跳来跳去向同伴大声呼唤的猴子，在做完手术后虽然还会跳上窗台，但是不再呼唤同伴了。看到窗台会引起它的跳跃反射，但是缺少了目的，因为这不再能成为意识的焦点……另一只猴子在看到门把手时会抓住它，但它的心理过程会停留在门把手的鲜艳色彩上。这只动物没有转动门把手将门打开……显然，它们缺乏对一系列动作予以协调而下定决心完成一个目标的某些东西。

和W.R.一样，这些猴子缺乏目标导向性行为。事实上，这些猴子的行为是刺激驱动的。一只猴子看到窗台会跳上去，而另一只猴子会抓住门把手，但也仅此而已。它们的行为似乎不再有目的。看到门不再是提示它们有食物或者可以找到同伴的线索。

法国巴黎比提耶－萨尔贝提耶尔医院的弗朗索瓦·莱尔米特（Francois Lhermitte）报告了额叶损伤病人表现出刺激驱动行为的一个经典个案（Lhermitte，1983；Lhermitte et al.，1986）。莱尔米特邀请一位病人到他的办公室。他在门口放了一把锤子、一枚钉子和一幅画。病人一进房间看到这些东西，就不由自主地用锤子和钉子把画挂在了墙上。在一个更极端的例子中，莱尔米特把一根皮下注射器放在他的桌子上，脱掉裤子，背对着他的病人。尽管大多数人在这种情况下会考虑道德问题，但病人直接拿起针，在医生的屁股上打了一针！

莱尔米特创造了**使用性行为**这个术语来描述这种极端依赖原型反应来指导行为的障碍。额叶损伤病人对锤子或针等物品的典型用途是有记忆的，在看到针时，就会做出相应的反应。他们无法抑制自己的反应，也无法灵活地改变反应以适应其所处环境。他们的认知控制机制不正常。

认知控制缺陷也被认为是许多精神疾病的特征。这些疾病包括抑郁症、精神分裂症、强迫症、注意缺陷/多动障碍（De Zeeuw & Durston，2017）以及反社会型人格障碍和精神病态（Zeier et al.，2012）。即使在没有达到临床疾病标准的个体中，当经历压力、悲伤、孤独或健康状况不佳时，人的认知控制能力也会出现损害（见 Diamond & Ling，2016）。

药物（通常指毒品）或酒精成瘾的一个标志就是失去控制感。一个药物成瘾模型提示，前额叶皮质功能损坏是成瘾者不能抑制破坏性行为和恰当地评估行为线索意义的基础（Goldstein & Volkow，2011）。爱尔兰都柏林圣三一大学的休·加拉瓦纳（Hugh Garavan）及其同事进行了一系列研究，目的是了解可卡因使用者在认知控制方面的变化是否会在实验室中表现出来（Kaufman et al.，2003）。在一项任务中，被试观看了一连串在两个字母之间交替变化的刺激物，并对呈现的字母迅速按下对应按键。然而，在一些罕见的试次中，同一个字母会重复出现多次。对于这些"不反应"试次，被试需要抑制其反应。

与控制组相比，可卡因长期使用者（在测试前18小时内停止使用可卡因）更有可能对"不反应"试次做出反应。这一结果被解释为这些人存在普遍的反应抑制问题。可卡因使用者在产生这些错误反应时，内侧额叶皮质的激活更低。正如本章稍后将谈到的，这种模式提示，他们难以监控自己的表现。因此，即使吸毒者没有受到可卡因的影响，也没有做出与毒瘾有关的选择，认知控制的变化依然存在。

关键信息

- 额叶损伤病人难以执行计划，可能表现出刺激驱动行为。
- 许多精神病病人都存在认知控制缺陷，压力或孤独等情境性因素也会影响心理健康。

12.3 目标导向性行为

我们的行动不是漫无目的的，也不是完全自动化的，即不是听任当前事件和刺激摆布的。我们决定行动是因为想要实现一个目标或满足个人需要。

研究者区分了两种基本类型的行动。**目标导向性行动**是根据个体对预期回报或价值的评估以及对行动与回报之间存在的因果联系的认识（一种行动—结果关系）而做出的行为。我们的大多数行动都属于这种类型。我们一上车就打开收音机，以便在开车回家的路上收听新闻。我们把钱投入饮料机去买最喜欢喝的饮料。我们不愿意在考试前一晚去看电影，因为这样就可以有更多时间学习了，并希望努力学习之后能取得理想的成绩。

与目标导向性行为相反的是习惯性行动。**习惯**被定义为一种不再受奖赏控制而是受刺激驱动的行动；我们可以认为它是自动化的。一个形成习惯性行动的通勤者可能会不假思索地打开汽车收音机。她的行动仅仅由环境引发。这种行为的习惯性比较明显：通勤者即使知道收音机坏了，还是会打开收音机。习惯驱动行动之所以发生，是因为某些刺激会触发对某种已充分学习的联系的自动提取。这些联系可能是有用的，使我们能够迅速做出反应，如在红灯时迅速停车（S. A. Bunge, 2004）；也可能会发展成持续的坏习惯，如每次走过厨房时都要吃点东西，或者在焦虑时点支烟。习惯性反应使成瘾难以戒除。

目标导向性行动和习惯之间的区别是分等级的。当前的环境很可能决定我们的行动选择，甚至可能触发类似习惯的反应，但我们也可以灵活对待。自动售卖机里的汽水很诱人，但我们想保持健康，就绕过去了，或者只买瓶矿泉水。在这些情况下，认知控制开始发挥作用。当然，如果购买水的次数够多，那么买水也可以成为新的习惯。

认知控制为目标影响行为提供了途径。目标导向性行动需要我们能够保持目标，关注与实现目标相关的信息，忽略或抑制无关信息，监控目标的进展，并以协调的方式灵活地从一个子目标转向另一个子目标。

认知控制需要工作记忆

正如我们从第 9 章了解到的，工作记忆是一种短时记忆，是对任务相关信息的短暂表征。帕特里夏·戈德曼－拉基奇（Patricia Goldman-Rakic, 1992, 1996）称之为"心理黑板"。这些信息可能来自遥远的过去，也可能与当前环境中或最近经历过的事情密切相关。"工作记忆"这个术语指的是对这些信息的临时保存。它提供了一个接口，将知觉、长时记忆和行动联系起来，从而实现目标导向性行为和决策。

当行为不完全由刺激驱动时，工作记忆是至关重要的。眼前的事物肯定会影响我们的行为，但我们不是自动化装置。我们常常等客人都就座了才开始用餐。这种能力表明，除了对当前支配我们的知觉路径的刺激物（如香喷喷的食物和谈话）做出反应，我们还可以表征不太明显的信息（在本例中是社会规则）。我们可以通过选择对某些刺激物（如对话）做出反应而忽略其他刺激物（食物）来注意我们的餐桌礼仪。这个过程需要把当前的知觉信息与存储的记忆结合起来。

前额叶皮质是工作记忆而不是联系性记忆所必需的

前额叶皮质是当前知觉信息和储存知识之间的交互作用的重要场所，因而是工作记忆系统的一个主要组成部分。它在工作记忆中的重要性可从前额叶损伤动物执行**延迟反应任务**的研究中得到证实。

在空间工作记忆测试中（图 12.2a），一只猴子被放在两个食物槽附近。在每个试次开始时，猴子都会观察到实验者将一块食物放进其中一个槽里。然后，实验者把两个槽都盖上，拉下帘子，不让猴子接近任何一个槽。过了一段时间，将帘子拉开，猴子被允许从两个槽中任选一个来获取食物。这似乎是一个简单的任务，但它需要一个关键的认知能力：在延迟期间，动物必须继续记住看不见的食物的位置（工作记忆）。前额叶损伤的猴子在这项任务中表现得差。

这些动物之所以无法完成任务，是因为它们在形成物体联系方面存在一般性缺陷，还是因为它们的工作记忆缺失？为了回答这个问题，第二个任务通过将食物与一个独特的视觉线索配对来测试联系性记忆。食物槽有一个正号，而空槽有一个负号（图 12.2b）。在这种情况下，研究者可能会在延迟期间移动食物的

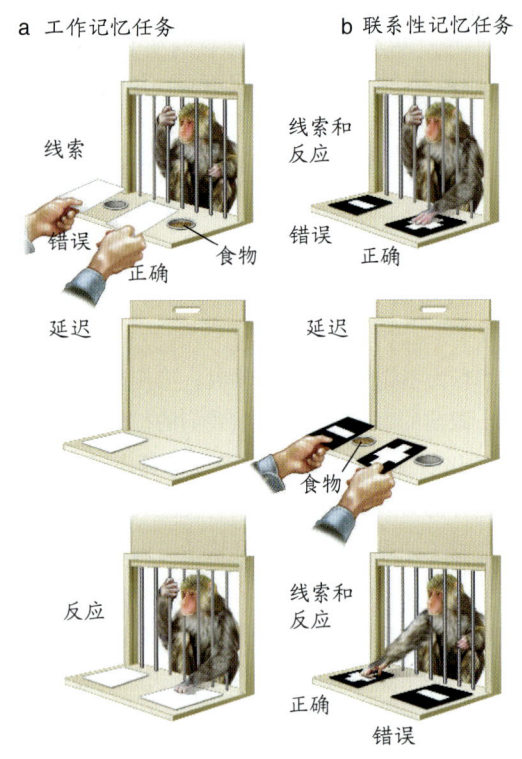

图 12.2　工作记忆和联系性记忆

两个延迟反应任务。（a）在工作记忆任务中，猴子观察到一个装有食物的槽。食物的位置是随机确定的。在一段延迟后，动物要取回食物。（b）在联系性记忆任务中，食物奖赏总是隐藏在同一视觉线索下，两种线索的位置是随机确定的。在第一项任务中，工作记忆是必需的，因为当动物做出反应时，没有外部线索表明食物的位置。第二项任务需要长时记忆，因为动物必须记住与奖赏相关的视觉线索。

位置，但覆盖食物的视觉线索也随着食物一起移动。在这项任务中，前额叶损伤不会影响表现。

这两项任务阐明了工作记忆的概念（Goldman-Rakic，1992）。在工作记忆任务中，动物必须在延迟期间记住当前食物的位置，这是它做不到的。相反，在成功的联系性学习条件下，视觉线索只需要重新激活与奖赏相关的长时联系线索（正号或负号），食物的位置不需要保存在工作记忆中。这两种视觉线索的重现可以触发联系，并指导动物的表现。

另一个关于前额叶皮质对工作记忆重要性的间接证据来自发育研究。美国宾夕法尼亚大学的阿黛尔·戴蒙德（Adele Diamond，1990）指出，概念性智力的一个常用指标，即皮亚杰物体恒常性测验（Piaget's Object Permanence Test），在逻辑上与延迟反应任务相似。在这项任务中，孩子观察到实验者将奖赏隐藏在两个位置之一。延迟几秒后，鼓励孩子寻找奖赏。

不到1岁的孩子无法完成这个任务。在这个年龄，额叶还在发育之中。戴蒙德认为，在物体恒常性测验等任务中取得成功的能力与大脑额叶的发育是平行的。在这种发育发生之前，孩子表现得好像"看不见，就想不到"一样。当额叶成熟时，孩子可以被物体的表象引导，而不再需要它们实际存在。

许多物种似乎都有一定程度的识别物体恒常性的能力。如果一个物种不明白捕食者躲在某个灌木丛后消失时并不是真的离开了，这个物种就活不了多久。从进化的角度看，不同物种之间在工作记忆的容量、信息在工作记忆中可保持的时间长短以及保持注意的能力上，可能存在显著差异。

工作记忆的生理基础

工作记忆系统需要一种机制来访问存储信息并保持这些信息处于活动状态。前额叶皮质可以同时执行这两种任务。在延迟反应研究中，猴子前额叶皮质的神经元在整个延迟期持续激活（Fuster & Alexander，1971；图12.3）。对于某些细胞，激活在延迟开始后才开始，并可保持最多1分钟。这些细胞提供了一种神经基础，以在触发刺激不再可见后仍保持活跃。

前额叶皮质细胞可能只提供了一种支持其他皮质区域表达的通用信号。或者，它们可以编码特定的刺激特征。为了区分这些可能性，厄尔·米勒（Earl Miller）及其同事（Rao et al.，1997）关注了外侧前额叶皮质。他们训练猴子进行一项工作记忆任务。这项任务需要连续编码两个刺激属性：身份和位置。每个试次中时间的序列如图12.4a所示。样本刺激呈现后，动物需要在1秒的延迟时间内记住这个物体的身份，在此期间，屏幕是空白的。然后，屏幕会显示两个物体，其中一个与示例匹配。匹配刺激的位置表示接下来反应的目标位置。但是反应要暂时抑制，到第二个延迟结束才做出反应。

在外侧前额叶皮质中，细胞可被分为"是什么""在哪里"和"是什么—在哪里"细胞。例如，"是什么"细胞负责对特定物体做反应，而且这种反应在

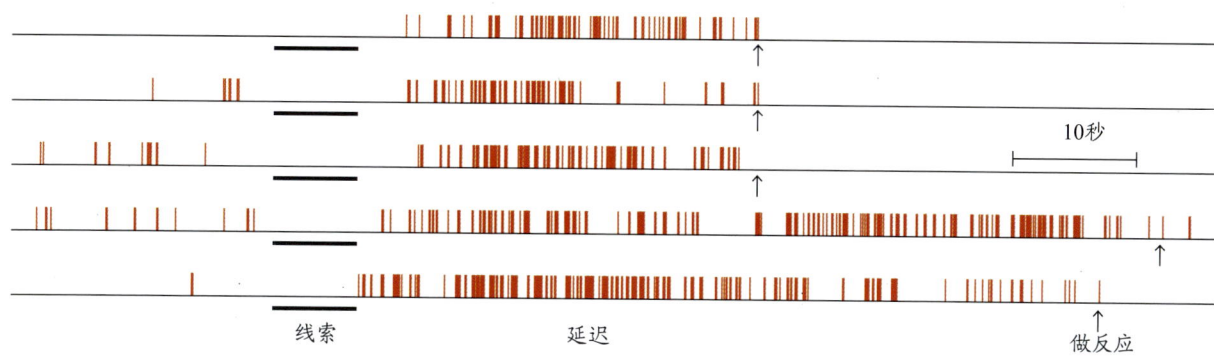

图 12.3　在延迟反应任务中，前额叶神经元表现出持续激活

每一行代表一个试次。在线索呈现期间，一个线索被打开，提示接下来反应的位置。这只猴子经训练学会了在此期间不反应，直到做反应的信号（箭头）出现时才做出反应。每个垂直刻度代表一个动作电位。这个细胞在线索期间没有反应。相反，当线索被关闭时，它的活动会继续增加，并且持续到反应发生。

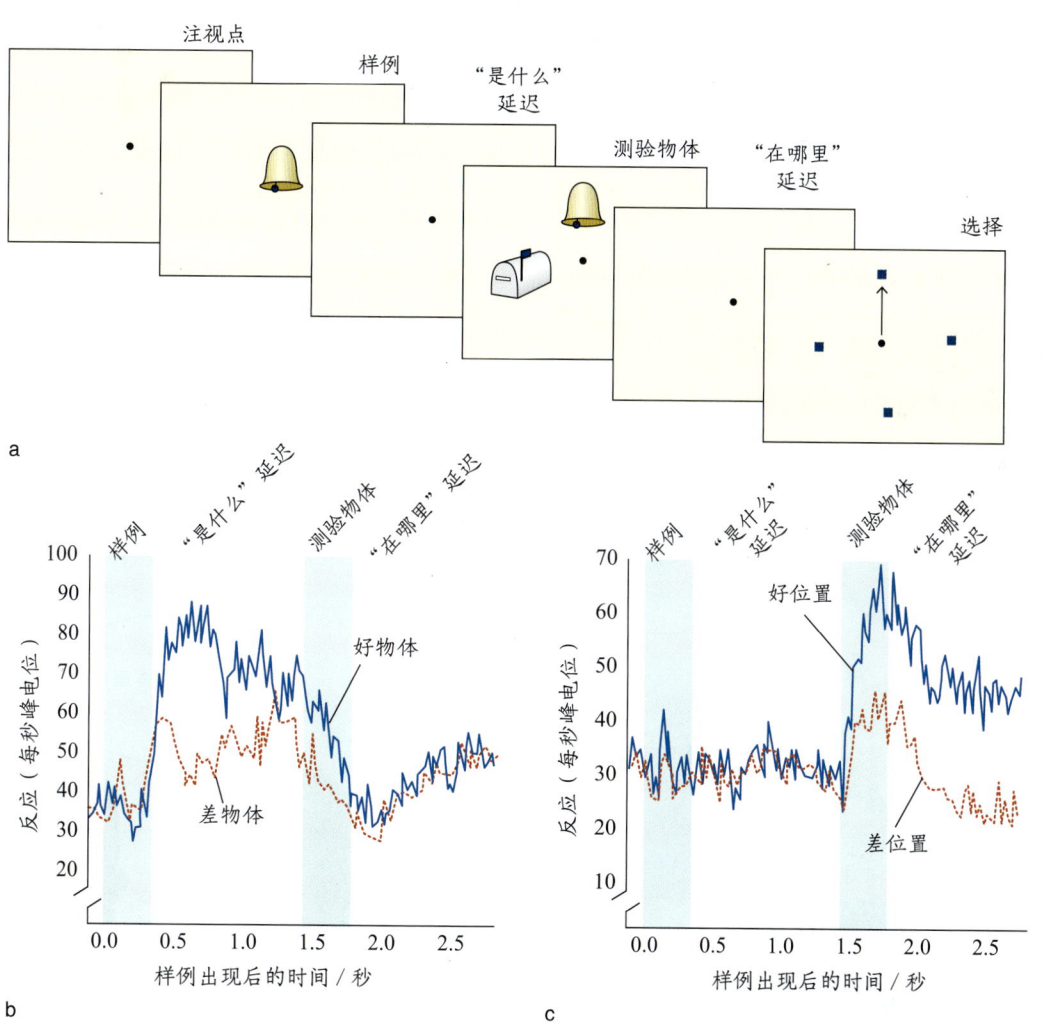

图 12.4　猕猴外侧前额叶皮质中的单个神经元编码"是什么"和"在哪里"信息

（a）单个试次的事件顺序，详见正文。（b）一个神经元在"是什么"延迟期间对某一物体偏好的放电分布图。一旦提示反应位置，神经元的活动就会减少。（c）一个神经元于"在哪里"延迟期间对一个位置偏好的放电分布图。在"是什么"延迟期间，这种神经元没有被激活。

整个延迟阶段都持续出现（图12.4b）。"在哪里"细胞表现出对特定位置的选择性（图12.4c）。此外，约有一半的细胞为"是什么—在哪里"细胞，负责对"是什么"和"在哪里"信息的特定组合做出反应。当目标是偏好刺激时，在第一个延迟期间，这种类型的细胞会表现出放电率增加；如果反应被指向一个特定位置，那么同一个细胞在第二个延迟期间会继续放电。

这些结果表明，外侧前额叶皮质中的细胞会根据刺激属性表现出特异于任务的选择性。而且，这些外侧前额叶皮质细胞只在猴子将这些信息用于未来行动时，才保持活跃。也就是说，外侧前额叶皮质细胞的活动依赖任务。如果动物只能被动地观察刺激，那么这些细胞在刺激出现后的反应很小，而且会在延迟期间完全消失。此外，这些细胞的反应是可变的。如果任务条件发生变化，那么同样的细胞会对一组新的刺激产生反应（Freedman et al., 2001）。

这些细胞的反应无法告诉我们这种延长的活动究竟意味着什么。它可能是长时表征，存储在外侧前额叶皮质中，而这种活动反映了在延迟期间需要这些表征保持活跃。然而，额叶损伤病人在长时记忆上没有缺陷。另一种假设是，外侧前额叶皮质激活反映的是任务目标的表征。这样一来，这种激活就成了与其他神经区域的任务相关长时表征之间交互作用的基础（图12.5）。

这一目标表征假设与前额叶皮质和颞顶叶皮质的后感觉区存在广泛连接的事实是一致的。根据这一观点，我们可以将工作记忆定义为前额叶对任务目标的表征与大脑其他区域所保持的目标相关知觉知识和长时记忆之间的交互作用。前额叶皮质和大脑其他区域之间的这种持续交互作用促进了目标导向性行为。

这一假设得到了许多功能成像研究的支持。在一项具有代表性的研究中，研究者使用了延迟反应任务的一个变式（图12.6a）。在每个试次中，实验者在编码阶段连续呈现4个刺激，每个刺激持续1秒。刺激要么是完整的面孔，要么是打乱的面孔。实验者要求被试只记住完整的面孔。实验者通过改变在编码阶段呈现的完整面孔数量来控制对工作记忆的加工需求。在8秒延迟之后，实验者呈现一个探测刺激，即一副面孔，被试的任务是判断这个探测刺激是否曾在编码阶段出现过。

双外侧前额叶皮质的BOLD反应在编码阶段开始增加，并且即使屏幕是空白的，这种反应在整个延迟期都保持不变（图12.6b）。这种外侧前额叶反应对工作记忆的需求很敏感。当被试必须记住3～4副完整的面孔时，在延迟阶段的持续反应比在只需要记住1～2副完整面孔的条件下大。

通过使用面孔，实验者还可以比较外侧前额叶皮质中的激活与在梭状回面孔区观察到的激活（梭状

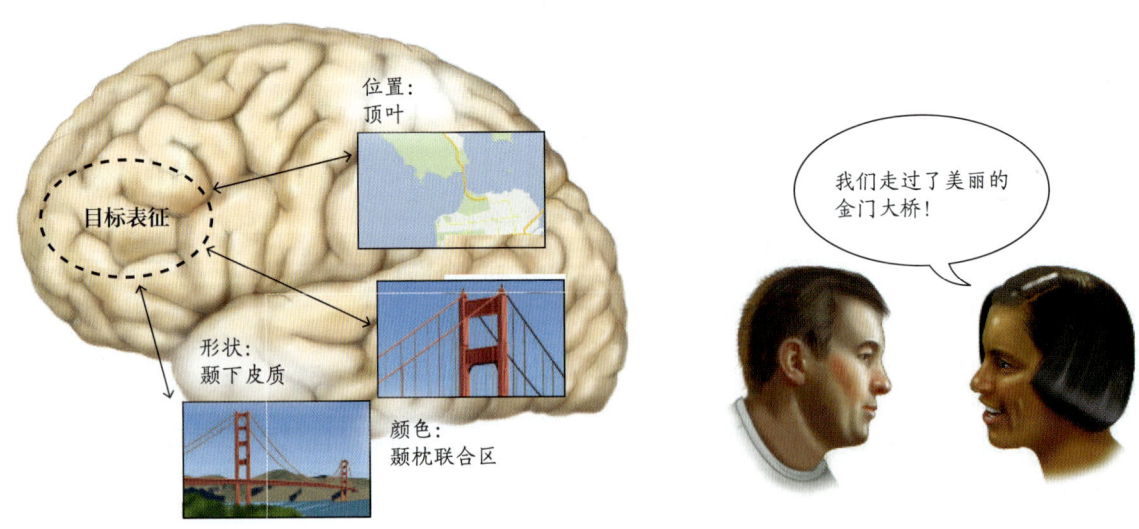

图12.5 工作记忆是目标表征与长时记忆的激活和保持之间交互作用的结果

在这个例子中，这位女士的目标是把最近的旧金山之旅中的一些亮点告诉朋友。她关于金门大桥的知识需要激活一个分布式大脑皮质网络，而这个网络是长时记忆表征的基础。

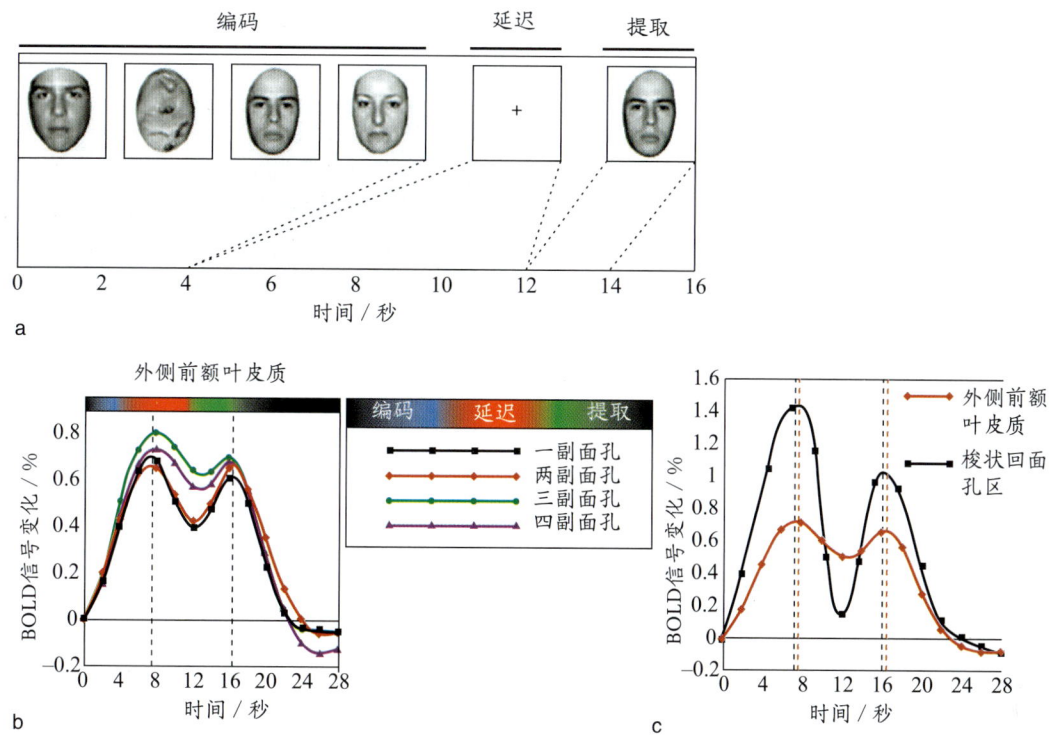

图12.6 工作记忆的fMRI研究

（a）在一个延迟反应任务中，实验者在编码阶段呈现一组完整的面孔和一组打乱的面孔。经过一段延迟期，屏幕上会出现一个探测刺激，被试要判断该面孔是否属于记忆集。（b）外侧前额叶皮质的BOLD反应在编码阶段上升，并在延迟期保持高水平。这种效应的大小与工作记忆中必须保留的面孔数量有关。虚线表示编码和提取过程中的血液动力学反应峰值。（c）外侧前额叶皮质和梭状回面孔区的BOLD反应在编码和提取期间上升。黑色和红色虚线表示梭状回面孔区和外侧前额叶皮质的激活峰值。在编码过程中，梭状回面孔区峰值更早出现；在提取过程中，外侧前额叶皮质峰值更早出现。

回面孔区是第6章讨论过的一个颞叶下部区域）。这两个区域的BOLD反应如**图12.6c**所示，其中的数据是不同记忆负载上的综合结果。当刺激出现时，无论是在编码阶段还是在记忆探测阶段，梭状回面孔区的BOLD反应都比外侧前额叶皮质强得多。如前所述，在延迟阶段，外侧前额叶皮质的反应保持在高水平。

值得注意的是，虽然梭状回面孔区在延迟期间的BOLD反应显著下降了，但其反应并没有下降到基线水平，提示梭状回面孔区在延迟期间被激活了。事实上，颞叶下部皮质的其他知觉区（图中未显示）的BOLD反应低于基线水平，即出现了反弹效应。因此，尽管梭状回面孔区的持续反应很小，但与非面孔刺激相比，其反应仍然高得多。

外侧前额叶皮质和梭状回面孔区激活达到峰值的时间也很有趣。在编码阶段，梭状回面孔区的峰值反应比前额叶皮质早出现。相反，在记忆提取过程中，前额叶皮质的峰值反应稍早出现。虽然我们不能根据这个研究做因果推论，但结果与图12.5所示模型的基本原则是一致的。外侧前额叶皮质对工作记忆至关重要，因为它维持了对任务目标（记住面孔）的表征，并与颞叶下部皮质协同工作，在整个延迟期间维持与实现目标相关的信息。

根据定义，工作记忆是一个动态过程。它必须获取与任务相关的信息，而且加工这些信息通常很重要。在工作记忆的信息操控研究中，研究者最常采用倒数n项任务（n-back task；**图12.7**）。在这个任务中，延迟由连续的刺激流组成。当被试检测到重复的刺激时，需按下按钮。在最简单的情况下（$n=1$），当连续两个试次出现相同的刺激时，被试就需做出反应。在更复杂的情况下，n可以等于2或更大。

对于倒数n项任务，仅仅保持对最近呈现的物体的表征是不够的；工作记忆缓冲区必须不断更新，以

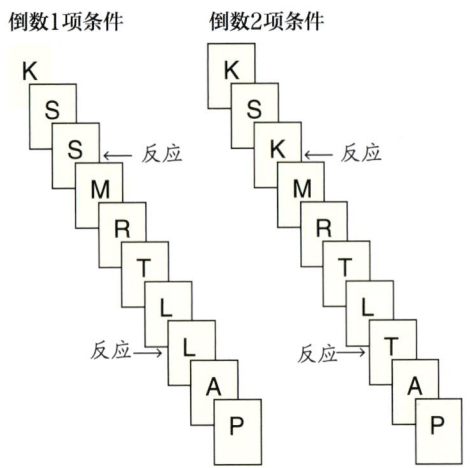

图 12.7　倒数 n 项任务

在倒数 n 项任务中，只有当刺激与 n 个试次前显示的刺激匹配时，被试才需要反应。在这个任务中，因为在每个试次中，目标都会被更新，因此被试必须不断加工工作记忆的内容。

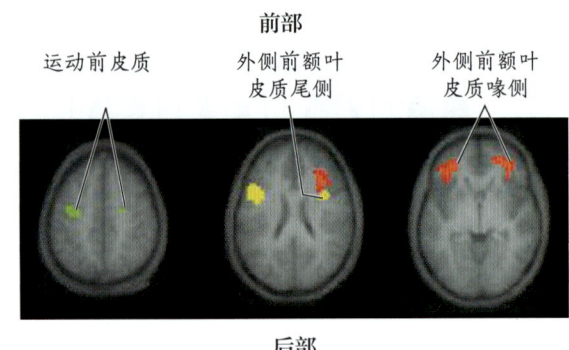

图 12.8　前额叶皮质的层次结构

在一项 fMRI 研究中，前额叶激活始于更后部的运动前区，随着实验任务越来越复杂，它会向前移动。运动前区的激活（如绿色所示）与必须维持的刺激—反应映射数量有关。外侧前额叶皮质尾侧激活（如黄色所示）与完成任务的环境要求相关。例如，一个任务是，如果字母为绿色则做出反应；如果为白色，则不做出反应。外侧前额叶皮质喙侧激活（如红色所示）与从一个试次到下一个试次的指导语变化有关。例如，一个试次中的任务规则在下一个试次中可能完全反过来。

跟踪当前刺激与什么相关。像倒数 n 项这样的任务需要在工作记忆中保持和加工信息。当倒数 n 项任务难度增加时，外侧前额叶皮质的激活也随之增加，与该区域对信息加工至关重要的观点一致。

前额叶皮质的组织原则

前额叶皮质在大脑中占了很大一块区域。虽然大部分后部皮质可以根据感觉功能的特异化来组织（如听觉和视觉区），但事实证明，理解前额叶皮质的功能组织更有挑战性。一种假设是，整个前额叶皮质的前后梯度遵循一种不那么严格的层次结构原则：对于最简单的工作记忆任务，活动可能局限于更后的前额叶区域，甚至次级运动区。

例如，如果任务是要求被试在看到花时按一个键，看到汽车时按另一个键，那么这些相对简单的刺激—反应规则可以由腹侧前额叶皮质和外侧运动前区来完成。然而，如果刺激—反应规则不是由物体本身定义的，而是由物体周围的颜色定义的，那么更多的额叶前部区域就会参与进来（S. A. Bunge，2004）。当这些事件的关联性因从一组试次到下一组试次的规则改变而变得更复杂时，激活就会进一步向前延伸至额极（图 12.8）。这些复杂的实验证明了目标导向性行为是如何整合多条信息的。

为便于理解，我们可以把前额叶皮质的功能看成沿着三个不同的轴来组织的（参见 O'Reilly，2010）。

1. 根据信息保持和操控来组织的腹—背梯度，以及以一种在更后部皮质所观察到的基本组织原则（如"是什么"和"在哪里"的腹背侧视觉通路）的方式来组织。

2. 根据抽象性来组织的前—后梯度，其中更抽象的表征涉及额叶的更前部区域（如额极），更不抽象表征涉及更后部区域。在最极端情况下，我们可以认为额叶最后面的部分，即初级运动皮质，是抽象意图转化为具体动作的部位。

3. 与工作记忆受环境信息（更外侧）或与个人历史和情绪状态（更内侧）相关信息影响程度相关的外侧—内侧梯度。根据这一观点，前额叶皮质的外侧区域整合了与当前目标导向性行为相关的外部信息，更内侧区域则允许与动机和潜在奖赏相关的信息影响目标导向性行为。

例如，假设今天是今年夏天中最热的一天，而你站在一个湖边。你想，"如果可以来杯冷饮，那真是太棒了"。这个想法一开始是一个抽象的愿望，后来变成了一个具体的想法，因为你还想起了今年夏天喝过的雪山乐啤露。这种转化需要激活从前额叶皮质最前面到中间区域的部分，因为眶额皮质帮助你回忆起了以前喝雪山乐啤露时的强愉悦感。

当你开始制订行动计划时，更后部区域变得活跃。你开始专注于雪山乐啤露，于是这个目标就成了工作记忆的中心，并因此涉及外侧前额叶皮质。你开始想到艾德熊（A&W）餐厅的这些饮料有多么好喝，而这需要在前额叶皮质的更腹侧区与艾德熊餐厅的乐啤露相关的长时记忆之间的建立联系。你也需要背侧区域参与。这一区域对形成开车前往艾德熊餐厅的行动计划至关重要。这是一个复杂的计划，其他物种基本都无法完成。然而，幸运的是，你的前额叶皮质网络现在运行良好，动机强烈，有能力建立完成目标所需的行动计划。总之，回报就在前方。

网络分析也用来描述大脑连通性的组织原则。杰西卡·科恩（Jessica Cohen）和马克·德斯波西托（Mark D'Esposito）建构的连通图谱显示了大脑皮质网络在休息、简单运动任务（手指敲击）和倒数 n 项任务中的工作状态（J. R. Cohen & D'Esposito, 2016）。图 12.9a 显示了三种情况下的 9 个解剖网络的组织结构（请见第 3 章，网络数量随选择它们的标准而变化）。

针对这三种任务，虽然大脑存在一个稳定的整体网络结构，但彼此之间还是存在一些系统性差异。尤其是在完成倒数 n 项任务期间，背外侧前额叶皮质网络扩展，显示前额叶皮质与顶叶区域和腹侧视觉通路区域存在显著连接。在倒数 n 项任务期间，认知控制网络不仅变得更加广泛，网络之间的连接强度也增强了，更多体素被归类为连接中枢点（图 12.9b）。倒数 n 项任务中的工作记忆包括保持目标、专注于任务（注意），并持续追踪视觉刺激。手指敲击任务显示了另一个非常不同的模式：在这里，一个网络内部的连接增强了（区域中枢点）。因此，在动作任务中，不同网络的分割度增加了；相反，对认知要求更高的倒数 n 项任务则需要跨网络整合。

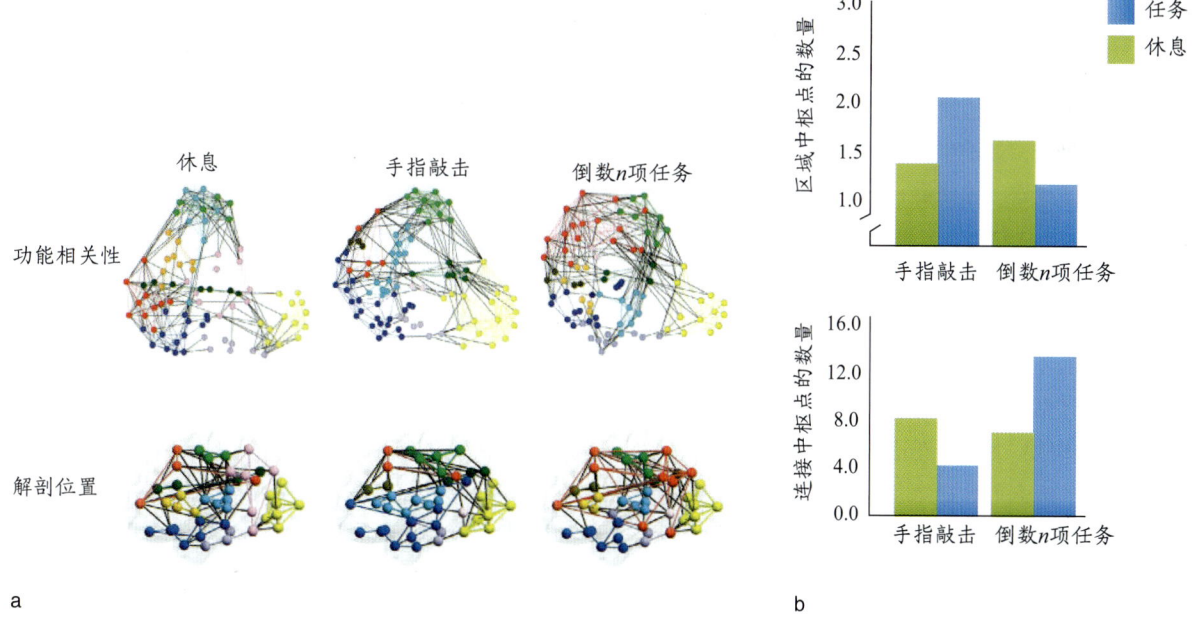

图 12.9　不同任务状态下的功能连通性变化

（a）每一种颜色代表一个大脑区域网络。在休息（左）、手指敲击（中）或倒数 n 项任务（右）期间，区域内节点间的 BOLD 反应是相关的。黑线表示网络边缘。第一行表示功能空间中的各节点，节点之间的距离表示网络之间的相似性。相同节点被重新绘制到下面一行，描述每个节点的解剖位置。认知控制网络（红色）跨越前额叶、顶叶和颞叶皮质，而且在倒数 n 项任务中更为明显。（b）显示了每个任务相对于与它们相关的休息条件的网络内连接（区域中枢点；上图）和网络间连接（连接中枢点；下图）。手指敲击与区域中枢点增加相关，而倒数 n 项任务与连接中枢点增加相关。

关键信息

- 工作记忆可以被定义为由一个任务目标与实现目标相关的知觉知识和长时记忆相结合而成的一种信息。这种形式的动态记忆是前额叶皮质和大脑其他部分交互作用的结果。
- 在延迟反应任务中，猴子的前额叶皮质神经元在整个延迟期间都表现出持续激活。这些细胞的激活是在触发刺激消失后保持一个表征活跃的神经基础。
- 研究者提出了各种框架来解释前额叶皮质的功能特异化。三个梯度框架用来理解前额叶皮质的加工差异。这三个梯度分别是腹—背梯度、前—后梯度和外侧—内侧梯度。

12.4 决策

回到那个炎热的夏日，你想着，"嗯，得找找那种雪山乐啤露，我想喝。"这种目标导向性行为始于一个追求目标的决定。我们可以认为大脑是一种决策装置。在大脑里，知觉和记忆系统逐步发育，以支持我们完成有关行动的决策。从早晨一睁眼，大脑就开始做决定：现在起床还是再睡会儿？今天穿短裤还是牛仔裤？我今天要逃课去准备考试吗？虽然人类倾向于关注复杂的决定，如谁将在下次选举中获胜，但所有动物都需要做决定。即使是一条蚯蚓，也要决定什么时候离开这一小块草地，去更绿的牧场。

理性的观察者（如经济学家和数学家）在考虑人类行为时往往会感到困惑。在他们看来，我们的行为常常显得前后不一致或不理性，而不是基于对环境和选项的合理评估。例如，为什么那些关注健康食品的人会吃甜甜圈呢？为什么花这么多钱交了学费的人会逃课呢？为什么人们在愿意花大把的钱为自己买低风险的保险（如买火险——发生火灾的可能性极小，购买者也许永远都用不到）的同时，又做出高风险行为（如开车时发短信）？

神经经济学已经成为一个交叉学科的研究领域，其目标是解释决策背后的神经机制。经济学家希望了解我们是如何以及为什么做出这样或那样的选择的。他们的许多想法既可以用行为研究来验证，也可以像所有认知神经科学领域一样，用细胞活动、神经成像或脑损伤研究的数据来验证。这项工作同样可以帮助我们了解大脑的功能组织。

有关我们决策过程的理论要么是规范性的，要么是描述性的。**规范性决策理论**定义了人们应该如何做出最佳选择的决策。然而，这些理论往往不能预测人们的实际选择。**描述性决策理论**试图描述人们实际上在做什么，而不是他们应该做什么。

我们不一致的或次优的选择对进化心理学家来说没什么神秘之处。我们的大脑已经被进化塑造成了模块化的大脑，在一个与我们现在的世界有很大不同的环境里优化生存与繁衍。在那个世界里，你永远不会错过甜甜圈这种既甜又富含脂肪的食物，或者仅仅为了燃烧掉宝贵的脂肪而进行锻炼；保持能量是一个更强大的因素。我们现在的大脑反映了在没有足够食物的世界中生存所必需的机制。

许多这样的机制就像所有的大脑功能一样，都在我们的意识之下运行。我们意识不到，且经常遵循一些简单而有效的、由进化塑造的规则（启发式），从而做出决定。这些决定的结果可能看起来不理性，至少在当前高度机械化的现实世界中是这样的。但从进化的角度来看，它们似乎更理性。

与这一观点一致的是，有证据表明，我们做出决定的方式是多样的。正如前面提到的，决策可以是目标导向的，也可以是习惯性的。区别在于，目标导向性决策基于对预期回报的评估；而习惯，顾名思义，就是不再受回报控制的行动——我们之所以执行这些行动，只是因为环境触发了行动。一种与此相似的决策分类是将它分为**行动—结果决策**和**刺激—反应决策**。在行动—结果决策中，决策涉及对预期结果的某种形式的评估（不一定有意识）。在我们重复这个行动之后，如果结果是一致的，那么这个过程就会成为习惯；也就是说，它变成了刺激—反应决策。

我们也可以根据无模型或基于模型对决策进行分类。基于模型的意思是，行动者拥有关于世界某个方面的内部表征，并使用这个模型来评估不同的行动。例如，一张认知地图是关于世界空间布局的模型。如果你在去艾德熊餐厅的路上发现道路堵塞，那么你可以选择另一条道路。无模型意味着你只有一个输入—输出映射，类似于刺激—反应决策。在这里，你知道，若想到艾德熊餐厅，你只需要找到市中心的那座高楼，因为艾德熊餐厅就在它旁边。

涉及他人的决策被称为社会决策。与他人打交道往往会使事情变得更复杂——我们将在第13章和第14章回到这个主题。

它值得吗？价值和决策

决策经济学模型的一个基本思想是：在我们做决定前，首先计算每个选择的价值，然后以某种方式比较不同的价值（Padoa-Schioppa，2011）。在这个框架下的决策是做出价值最大化的选择。例如，我们希望获得尽可能高的回报或报酬（图12.10）。然而，仅仅考虑可能的奖赏是不够的，还必须考虑获得奖赏的可能性，以及获得奖赏所需的成本。尽管许多彩票玩家梦想着赢得百万美元大奖，但有些人知道自己中小奖的概率高得多，因此可能会放弃获得巨额奖金的机会，去买一张最高收益为100美元的彩票。

价值的组成部分

为了弄清楚决策过程涉及的神经过程，我们需要了解大脑是如何计算价值和评估奖赏的。有些奖赏，如食物、水或性，是**初级强化物**：它们对生存健康有直接的好处。它们的价值，或者说我们对这些强化物的反应，在某种程度上是固定在我们的遗传密码里的。但是奖赏价值也是灵活的，由经验决定。如果你真的饿了，那么一件恶心的东西——如一只死老鼠——就会突然有强化作用了。**次级强化物**，如金钱和地位，是本身没有内在价值的奖赏，但通过与其他形式的强化相联系而成为奖赏。

奖赏的价值不是一个简单的计算结果。价值有不同的组成部分，包括外在和内在价值。这些组成部分被整合在一起形成一个整体的主观价值。考虑一下这个场景：你正在湖边钓鱼，考虑是否要绕过湖到另一边的一个偏僻的深水区。你是待在原地还是收拾行装？确定这些选择的价值需要考虑几个因素，所有这些因素都有助于计算**价值**。

- **回报**。选择会提供什么样的回报？回报有多大？在当前的位置，你可能会钓到一条小鲑鱼，或一条鲤鱼。在另一个地方，你已经钓到大嘴鲈鱼了。
- **概率**。你获得回报的可能性有多大？你可能记得，在当前的位置几乎总有些捕获，而你在那个隐秘的深水区却常常空手而归。
- **努力或成本**。如果你原地不动，则可以马上开始钓鱼。走到湖另一边的深水区要花1小时，路上还要上山下山。一种被广泛研究的成本形式是时

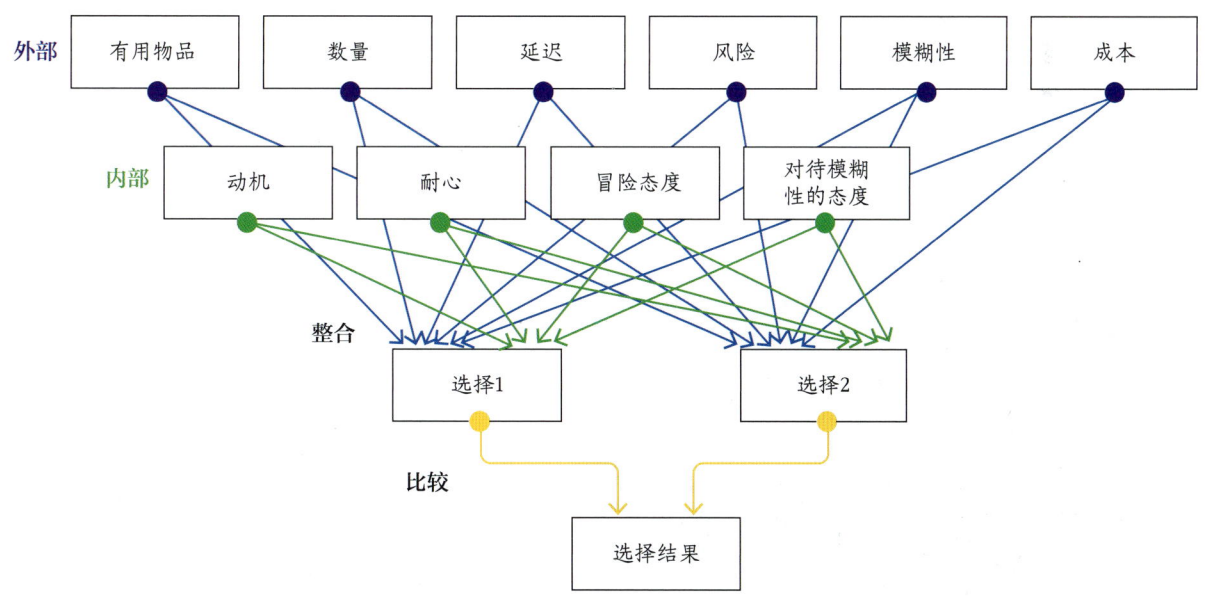

图12.10 决策需要对多个因素的整合和评估
在本例中，实验者要求被试在两个选项之间进行选择，其中每个选项都有一个推断价值。这些价值是由多个信息源的加权而综合决定的。有些来源于行动者外部——例如，我会获得（有用物品）吗？将获得多少奖赏（数量）？我会立即（延迟）获得奖赏吗？以及我如何确定获得奖赏（确定风险）？其他因素是行动者的内在因素——例如，我是否感到有动力（动机）？我是否愿意等待回报（耐心）？冒险是否值得（冒险态度）？

间折现。你愿意为了奖赏等待多久？你可能不会在现在的位置钓到大鱼，但如果你待在原地，你最快在60分钟内就能早早地收工回家。

- **情境**。这一因素包括外部因素，如一天中的时间，也包括内部因素，如你饿了或累了，或期待着与朋友下午一起出去逛一下。环境还包括新奇——你可能重视冒险，可能会在绕到湖的另一边的路上找到一个更好的钓鱼点，或者你可能会比较谨慎，希望与一个钓鱼老手一起去。
- **偏好**。你可能只因其中一个钓鱼地点比较漂亮或者有美好记忆而留在那里。

正如你所看到的，主观价值是由许多因素决定的，而且这些因素会因不同的人、不同的时间而发生很大变化。考虑到这些差异，人们在决策行为上高度不一致也就不足为奇了。对于别人看似不理性的某一决定，如果仔细考虑这个人对当前选择的最新价值计算，这个决定可能就是理性的了。

价值表征

价值在大脑中如何表征呢？乔恩·沃利斯（Jon Wallis）及其同事（Kennerley et al.，2009）研究了猴子大脑额叶中的价值表征，目标区域是与决策和目标导向性行为相关的区域。当猴子执行决策任务时，研究者使用多个电极记录三个区域的细胞：前扣带皮质、外侧前额叶皮质和眶额皮质。除了比较不同位置的细胞活动，研究者还考虑了成本、概率和收益。关键的问题是不同区域是否对特定的方面具有选择性。例如，眶额皮质会选择收益，外侧前额叶皮质会选择概率，而前扣带皮质会选择成本吗？或者，是否存在一个独立于变量的编码总"价值"的区域？

正如在神经生理学研究中经常观察到的那样，结果非常微妙。这三个区域都包括了对特定方面有选择性反应的细胞和对多个方面有反应的细胞。许多细胞，尤其是前扣带皮质细胞，对这三个方面都有反应（图12.11）。这样的模式表明，这些细胞代表了整体的价值衡量。相反，外侧前额叶皮质细胞通常只编码一个决策变量，一般是概率。这种模式可能反映了这一区域在工作记忆中的作用，因为概率判断需要综合所有行动的结果。相比之下，眶额皮质神经元倾向于收益，反映了与每个刺激项目相关的奖赏数量。

研究者采用fMRI技术对人类被试进行了类似的研究。这里的重点是不同的特征如何优先激活了不同的神经区域。例如，在一项研究中，眶额皮质激活与收益的变化密切相关，而基底神经节纹状体的激活与努力相关（Croxson et al.，2009）。在另一项研究中，

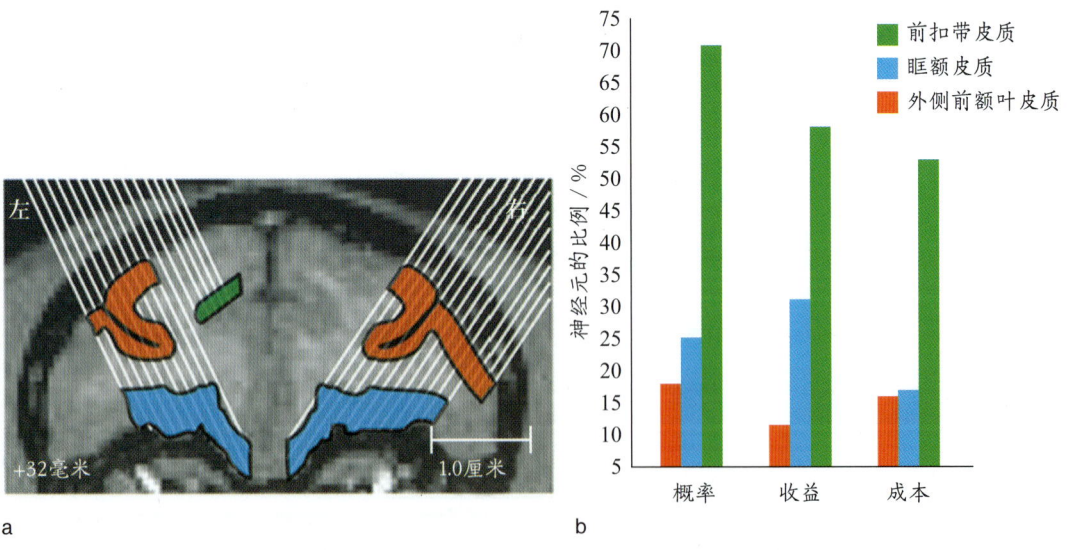

图12.11　前额叶皮质中关于价值的细胞表征

（a）多个电极同时对外侧前额叶皮质（红色）、眶额皮质（蓝色）或前扣带皮质（绿色）的细胞予以记录。（b）尽管不同区域之间与任务相关的神经元的数量不同，但每个区域在三个维度上均表现出了细胞相关性。不同区域的偏好不同，外侧前额叶皮质对概率偏好高于收益，眶额皮质偏好收益高于概率。

外侧前额叶皮质的激活与收益的概率相关，而行动时间与回报之间的延迟与内侧前额叶皮质和外侧顶叶的激活相关（J. Peters & Buchel，2009）。

行为经济学有一个经典发现——**时间折现**，是指我们为了获得奖赏而被迫等待时，发现奖赏的价值会减少。例如，如果有选择，大多数人宁愿立即得到 10 美元的奖赏，而不是等待 1 个月得到 12 美元（即使第二个选择意味着年利率为 240%）。但是，如果让人在现在的 10 美元和 1 个月后的 50 美元之间做出选择，几乎所有人都愿意等待。对于给定的延迟，存在某种交叉奖赏水平，也就是即时奖赏的主观价值与将来获得的更大金额的主观价值相同。那个数值对你来说是多少呢？

考虑到眶额皮质与价值表征之间的关系，意大利博洛尼亚大学的研究者让该脑区损伤病人完成了时间折现任务（Sellitto et al., 2010）。在食物和金钱奖赏方面，与眶额皮质以外脑区病变病人或健康控制组被试相比，眶额皮质损伤病人均表现出异常的时间折现（图 12.12）。从图 12.12c 中可以推断，如果金钱奖赏

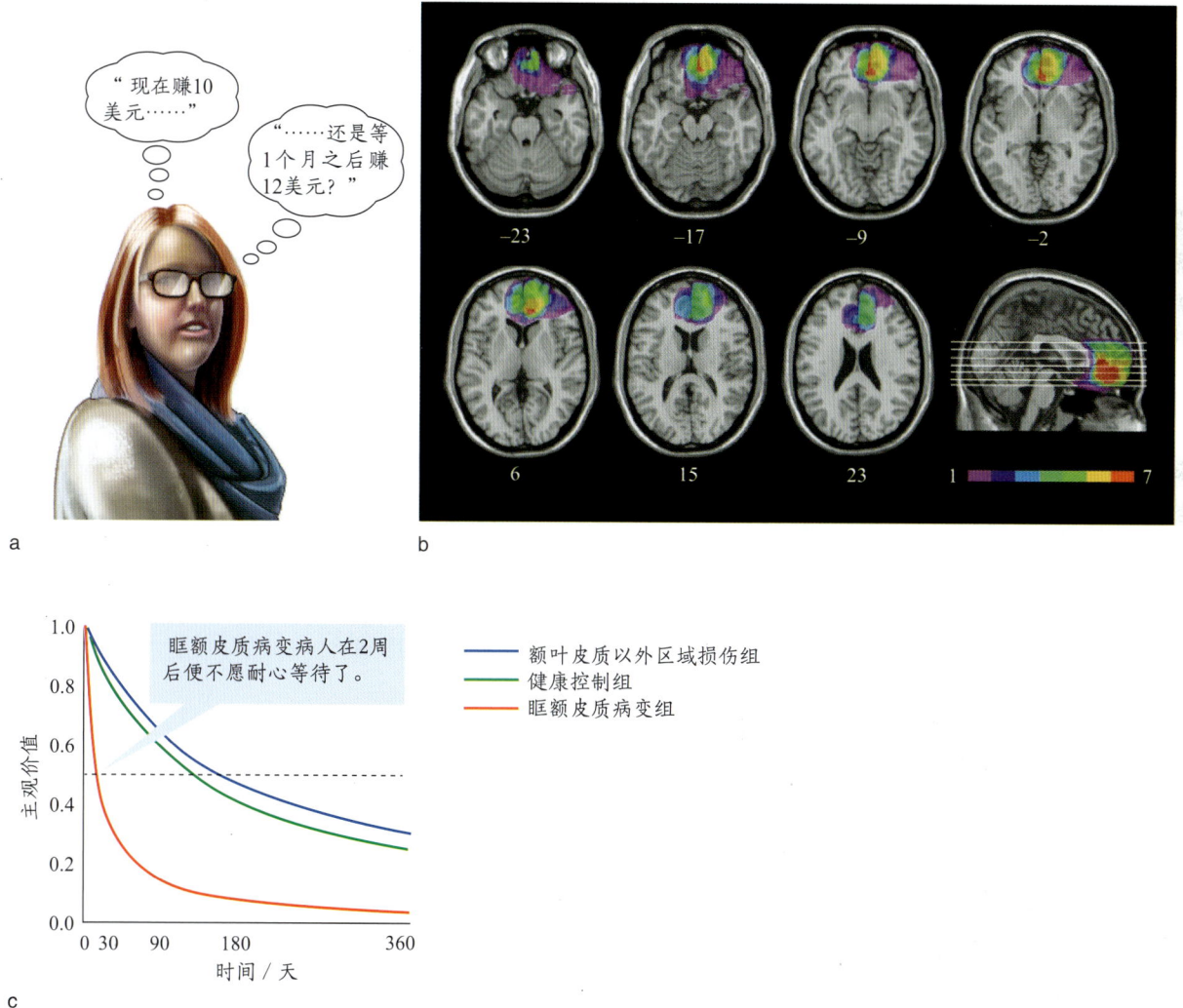

图 12.12　相对于延迟奖赏，眶额皮质损伤病人更喜欢即时奖赏

（a）被试必须在中等价值的即时奖赏和等待一个指定的延迟周期以获得更大奖赏之间进行选择。（b）7 个被试的眶额皮质病变的平均位置被投射到 7 个不同的水平面。颜色条表示影响每个大脑区域的病变数量。矢状面（右下）的白色水平线表示水平切片的水平，其中 23 为最背侧水平。（c）时间折现功能。这条曲线反映了相对于即时奖赏，延迟奖赏的折现程度。虚线表示延迟选择的价值打了 5 折。例如，健康控制组（绿色）和额叶皮质以外区域损伤病人（蓝色）愿意等待 4～6 个月获得 100 美元，而不是立即获得 50 美元。眶额皮质病变病人（红色）只愿意等待大约 2 周以获得更大的回报。当奖赏是食物或博物馆参观券时，研究者也观察到了类似的行为模式。

翻倍了（也就是 100 美元，而不是 50 美元），则控制组被试愿意等待 4 ~ 6 个月，而眶额皮质损伤病人甚至连平均 3 周都不愿意等待。冲动行为的增加可能是时间折现能力低下造成的；尽管更理性的选择是为了等待更大的回报，但即时结果是可以预见的。

时间对于做决定的重要性随处可见。一个行动可能会产生正面的即时效益，也会产生长期的负面后果。例如，当节食者可以选择一种味美但不健康的食物（如甜甜圈）和一种健康但可能不那么味美的食物（原味酸奶）时，会发生什么呢？有趣的是，无论食物是否健康，眶额皮质的激活程度都与口味偏好相关（图 12.13）。

相反，外侧前额叶皮质与控制程度相关（Hare et al., 2009）：与选择味美但不健康的食物者相比，拒绝这样的食物的被试的外侧前额叶皮质区域的激活更强。而且，在那些被认为更善于自我控制的被试身上，这种差异更大。这可能是因为眶额皮质最初是用来预测刺激的短期价值的。在漫长的进化过程中，像外侧前额叶皮质这样的结构开始调节更原始或更初级的价值信号，使人类可以将长期考虑融入价值表征。这些发现还提示，成功的自我控制和失败的自我控制之间的根本区别可能在于外侧前额叶皮质能够在多大程度上调节在眶额皮质中编码的价值信号。

总之，神经生理学和神经影像学研究表明，眶额

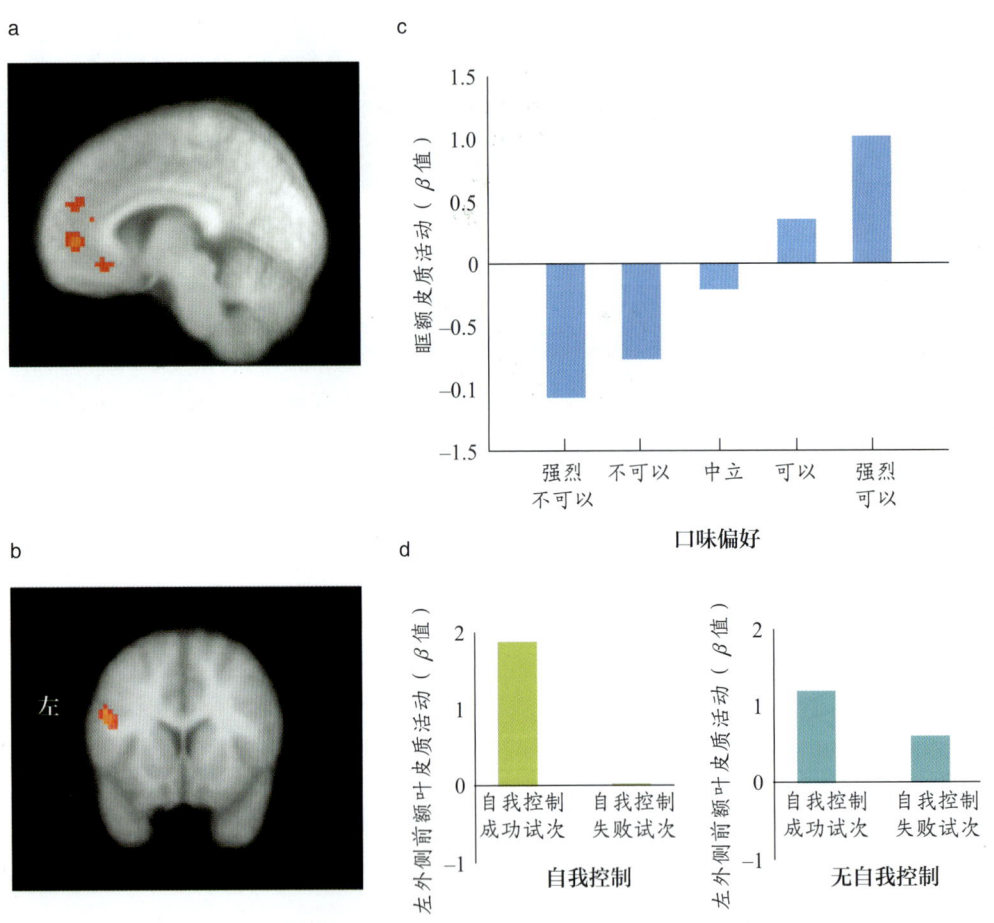

图 12.13　眶额皮质和外侧前额叶皮质在食物选择任务中的分离现象

（a）眶额皮质的一些区域的 BOLD 反应和食物偏好之间表现出正相关。这个信号提供了一个关于价值的表征。（b）外侧前额叶皮质的一些区域的 BOLD 反应与自我控制相关。与没有表现出自我控制的试次相比，被试表现出自我控制的那些试次（没有选择评价高但营养价值低的食物）信号更强。根据调查数据，这种差异在自控力好的被试中尤为明显。（c）眶额皮质的激活随偏好增加而增加。（d）在自我控制组被试（左）中，成功自我控制试次的左外侧前额叶皮质比无自我控制组（右）表现出了更强的激活。两组被试在自我控制成功的任务中比在自我控制失败的任务中表现出了更大的外侧前额叶皮质的激活。

皮质在价值表征中起着关键作用。前额叶皮质的更外侧区域对这些表征形式或与之相关行动的某种调节控制很重要。我们可以发现神经生理学和神经成像结果之间存在一个区别：前者强调价值表征的一个分布式模式，而后者强调决策网络各部分的特异化。然而，这种区别很可能是由于两种方法的灵敏度不同造成的。神经生理学的精细空间分辨率使我们能够了解单个细胞是否对特定方面比较敏感。相反，fMRI 研究通常提供的是一个相对的答案，使我们能够了解一个区域对一个方面的变化是否比另一个方面的变化更敏感。

不止一种决策系统？

实验室是一个人工环境。许多用于研究决策的实验范式都涉及这样的情况：被试可以获得关于潜在回报和成本的一些信息来做不同的选择，他们能够计算和比较价值。在自然环境中，特别是在我们的祖先所处的环境中，这种情况是极少的。更常见的情况是，我们必须在一个已知价值的选项和一个或多个未知价值的选项之间进行选择（Rushworth et al., 2012）。

一个典型的例子就是觅食：动物必须决定到哪里找食物和水，而这些珍贵的物品往往只会在有限的地点和很短的时间内出现。觅食会带来一些需要做出决定的问题——例如，我是继续在这里吃东西、打猎、钓鱼，还是去（可能有，也可能没有）更绿的牧场、更茂密的灌木丛或有更多鱼的深水区？换句话说，我是继续开发手头的资源，还是开始探索，希望找到一个资源更丰富的环境？为了做出决定，动物必须计算当前选择的价值、整个环境的丰富程度以及探索的成本。

蠕虫、蜜蜂、黄蜂、蜘蛛、鱼、鸟、海豹、猴子和人类的觅食行为都遵循一个基本原则，即经济学家所说的"边际价值定理"（Charnov, 1974）。蚂蚁会等到它的摄取率低于整个环境的平均摄取率后才去探索其他觅食地。这时，动物开始探索了。许多物种的这种行为是一致的，因此科学家推测这种倾向可能深深地编码在我们的基因中。事实上，生物学家已经确定了一组特定的基因，这组基因会影响蠕虫决定何时开始寻找"更绿的草地"（Bendesky et al., 2011）。

本杰明·海登（Benjamin Hayden, 2011）及其同事研究了可能与觅食类决策相关的神经元机制。他们假设，这类决策需要一个决策变量，一个指定离开当前位置的变量，即使替代方案的结果相对未知。当这个变量达到阈限时，就会产生一个信号，表明是时候寻找更绿的草地了。许多因素会影响达到这个阈限的时间：当前的预期收益、前往新觅食地的预期收益和成本，以及在下一个地方获得奖赏的不确定性。例如，在钓鱼的例子中，如果需要 2 小时而不是 1 小时才能绕湖到达更好的钓鱼点，你可能就不太愿意动了。

海登等人记录了猴子前扣带皮质（内侧前额叶皮质的一部分）的细胞。他们之所以选择这个脑区，是因为它与行动的监测和结果有关（我们将在本章后面讨论）。在虚拟觅食任务中，动物要从两个目标中选择一个。一种刺激（刺激 1）在短暂延迟后会得到奖赏，但奖赏的数量会随着连续尝试而减少（相当于待在一个地点不动，而食物供应会随着动物的食用减少）。另一种刺激（刺激 2）允许动物改变可能的结果。它们在尝试中没有得到任何奖赏，但是在一段可变的时间之后（探索的成本），选择再次出现，刺激 1 的奖赏会被重置为原始值（一个更绿的地方）。

与边际价值定理的预测一致，随着等待时间增加或奖赏数量减少，动物选择刺激 1 的可能性降低。另外，前扣带皮质的细胞激活高度预测了动物通过选择刺激 1 来维持"觅食"的时间。最有趣的是，这些细胞还显示出阈限的性质：当放电率大于每秒 20 个振荡时，动物离开了原地点（图 12.14）。

前扣带皮质在觅食类决策中起关键作用的假设在人类 fMRI 研究中得到了验证（Kolling et al., 2012）。人们在虚拟现实实验中选择去哪里时，无论被试做出何种选择，前扣带皮质中的 BOLD 反应都与探索值（explore）呈正相关，与利用值（exploit）呈负相关。在这种情况下，前额叶皮质腹内侧区不会发出总价值信号。如果实验者修改任务，让被试参与一个比较决策，则眶额皮质中的激活会反映所选项的价值。综上所述，这些研究提示，前扣带皮质信号通过促进一种特定行为来施加一种控制：探索环境，寻找比当前行动更好的选择（Rushworth et al., 2012）。

很明显，人们更愿意在两个高价值的奖赏之间做出选择，而不是在两个低价值的奖赏之间做出选择。例如，你一定愿意在两个好的工作机会中选择，而不愿在两个差的工作机会中选择。但如果你要在一个高价值回报和一个低价值回报之间做出选择，又会怎样呢？从逻辑上讲，相比在两个高价值回报之间做出选

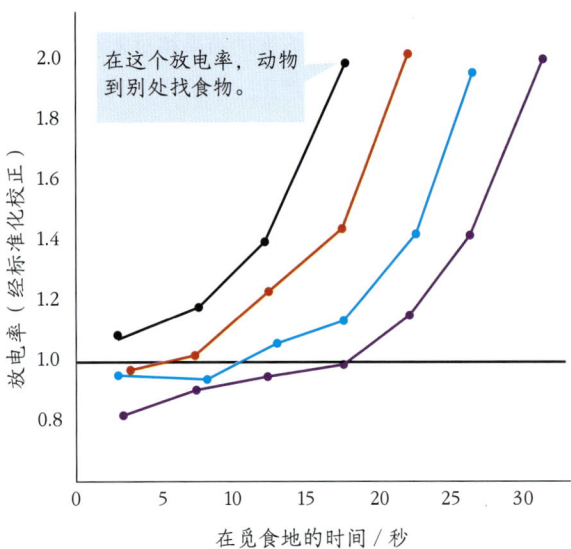

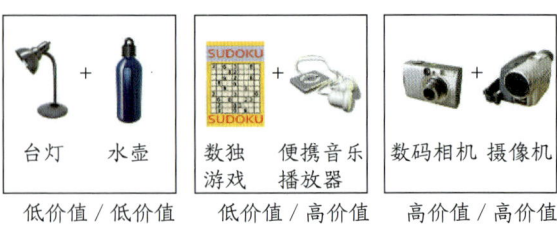

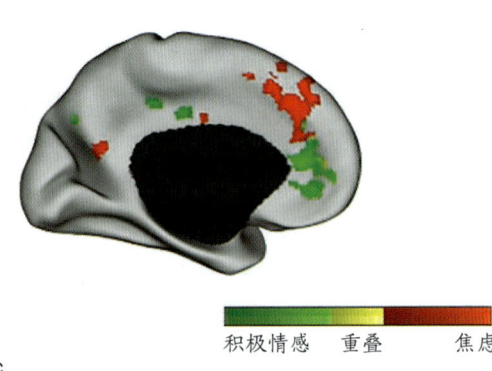

图 12.14　前扣带皮质中神经元活动与猴子在连续觅食任务中决定更换新"觅食地"的决策相关

根据动物在一个觅食地内停留的时间（从最短到最长：黑色、红色、蓝色、紫色）对数据进行排序。对于每一种持续时间，当前扣带皮质神经元的放电率是正常活动水平的 2 倍时，动物就会切换到一个新的觅食地。

择，这个选择应该更容易，也就是更不存在偏好——放弃了一个选择，去考虑一个期望的结果，以避免一个不期望的结果。然而，"偏好"是基于多种因素的。虽然我们喜欢面对"双赢"的选择，但必须在两者之间做出选择同样会令人产生焦虑。当选择只有一个好的选择和一个坏的选择时，这种焦虑就不存在了。

哈佛大学的研究者探索了与同时感觉良好和焦虑这两种矛盾体验相关的大脑系统。在 fMRI 实验中，被试分别在两个低价值产品、一个低价值和一个高价值产品以及两个高价值产品之间选择出有机会中奖的产品（在实验结束时进行抽奖）。实验者还要求被试对每个选择的积极程度和焦虑程度进行评分（Shenhav & Buckner，2014；图 12.15a）。

正如所预测的，双赢选择（高价值/高价值）产生了最积极的感受，但也与最高的焦虑水平相关（图12.15b）。你有很好的选择，但你很矛盾：哪个更好？相反，低价值/低价值选择在两个量表中的排名都很低。面对糟糕的选择，你并不真的在乎选择了哪一个：没有冲突，就没有焦虑。低价值/高价值选择带来了高水平的积极情绪和低水平的焦虑。你感觉很好，没有冲突：选择就像扣篮，很痛快。

fMRI 数据显示了两个可分离的神经环路，它们与

图 12.15　压力下决策的神经基础

（a）在每个试次中，被试在两个物品中指出他们的首选，其中每个物品的价值或高或低。选择的物品以抽签方式进行，随机选择其中一个作为参与实验的奖赏。（b）三种情况下的满意（积极情感，上图）和焦虑（下图）评分。（c）BOLD 反应与更高积极情感（绿色）或更高焦虑（红色）相关的大脑区域。积极情感对眶额皮质的影响最大；焦虑在前扣带皮质最明显，其中前扣带皮质是内侧额叶皮质的一部分。

影响决策的不同变量相关（图 12.15c）。眶额皮质追踪了被试对这些选择的积极程度。这与该脑区对预测预期收益或回报方面很重要的假设是一致的。相反，前扣带皮质的 BOLD 反应与焦虑相关，在困难的双赢（高价值/高价值）选择中的激活水平最高。与我们在觅食的讨论中所看到的类似，当一种选择与另一种选择发生冲突时，前扣带皮质的激活具有预测性——我们将在本章稍后的部分回到这一假设。

多巴胺激活和奖赏加工

我们已经看到，奖赏，尤其是与食物和性等初级强化相关的奖赏，是所有动物行为的基础。这些信号的加工可能涉及系统发育上较古老的神经结构。事实上，越来越多的证据表明，许多皮质下区域（包括基底神经节、下丘脑、杏仁核和外侧缰核）表征奖赏信息（综述见 O. Hikosaka et al., 2008）。许多关于奖赏的研究都集中在神经递质**多巴胺**（dopamine，DA）上。但我们应该注意，强化可能涉及许多递质的交互作用。例如，有证据表明，血清素就对奖赏价值的时间折现有重要作用（S. C. Tanaka et al., 2007）。

多巴胺能（多巴胺激活）细胞遍布中脑。这类细胞可以将轴突投射到许多皮质和皮质下区域。多巴胺能神经元的两个主要位点是两个脑干核团，即黑质致密部和腹侧被盖区（ventral tegmental area，VTA）。如第 8 章所述，黑质中的多巴胺能神经元投射到背侧纹状体（基底神经节的主要输入核）。这些神经元的丧失与帕金森病病人的运动启动障碍有关。腹侧被盖区内的多巴胺能神经元通过两种通路进行投射：一条是中脑边缘通路（mesolimbic pathway），到达对情绪加工很重要的结构；另一条是中脑皮质通路（mesocortical pathway），到达新皮质，尤其是额叶内侧部分。

多巴胺和奖赏之间的联系始于詹姆斯·奥尔兹（James Olds）和彼得·米尔纳（Peter Milner）在 20 世纪 50 年代早期的一项经典研究（Olds, 1958; Olds & Milner, 1954）。他们将电极植入大鼠的大脑，然后让大鼠有机会控制电极。当大鼠推动一根杠杆时，电极就会被激活。一些大鼠很少按压杠杆，一些大鼠则疯狂地按压控制杆。不同之处在于电极的位置。无法停止自我刺激的大鼠是由于电极激活了多巴胺能通路。

最初，神经科学家认为，多巴胺是奖赏的神经基础，但这一假设使我们的研究变得过于简单。当研究者认识到，多巴胺能神经元的激活与奖赏本身的大小无关，而与奖赏的期望关系更密切时，奖赏假设就面临一个关键挑战（Schultz, 1998）。具体来说，对于给定数量的奖赏，当奖赏出乎意料时，多巴胺能神经元的激活会明显更高。这一观察结果使我们对多巴胺在强化和决策过程中的作用有了新认识。

多巴胺和预测误差

我们从经验中知道一件物品的价值是可以改变的。你最喜欢的钓鱼地点可能不再是鱼的最爱。在几次不成功的尝试之后，你更新了赋予钓鱼地点的价值（现在那个钓鱼地点也不是你最喜欢的了），然后你去寻找新的地点。我们如何学习和更新与不同刺激和行动相关的价值呢？更新过程很关键，因为环境可能会改变，而且我们自己的喜好也会随着时间而改变。想想那个雪山乐啤露。如果你刚吃了两个甜筒冰激凌，那么你还会如此渴望喝一杯雪山乐啤露吗？

沃尔弗拉姆·舒尔茨（Wolfram Schultz, 1998）及其同事用一个简单的巴甫洛夫条件反射任务对猴子进行了一系列实验（见第 9 章）。这些动物按照下面的方法被训练：在作为条件刺激的光刺激之后几秒，再给予一个无条件刺激——一口果汁。为了研究多巴胺的作用，舒尔茨记录了腹侧被盖区中的多巴胺能细胞。正如预期的那样，当训练过程结束时，这些细胞在出现无条件刺激后表现出大量激活（图 12.16a）。这样的反应可以被看作奖赏。然而，当条件刺激—无条件刺激事件被反复呈现时，我们发现了两件有趣的事情。第一，多巴胺对果汁（无条件刺激）的反应会随着时间的推移而减少。第二，当光（条件刺激）出现时，细胞开始发射信号。也就是说，多巴胺反应逐渐从针对无条件刺激转变为针对条件刺激（图 12.16b）。

关于猴子对无条件刺激反应减少的强化理论解释可以强调奖赏的价值会随着时间的推移（动物的饥饿感逐渐下降）而下降。然而，这一假设仍不能解释为什么条件刺激会触发多巴胺反应。这种反应似乎提示条件刺激现在已经变得有价值了。

舒尔茨提出了一个新的假设来解释多巴胺在奖赏学习中的作用。他不同意将多巴胺能神经元活动的峰电位作为奖赏出现的标志，而应将它视为**奖赏预测误差**。奖赏预测误差是代表所获奖赏和预期奖赏之间差异的信号。首先，考虑多巴胺能神经元激活减少对果

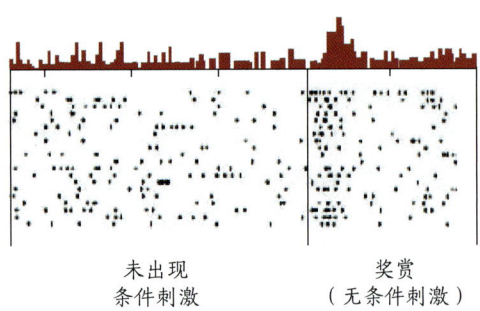

a 没有预期；给予奖赏

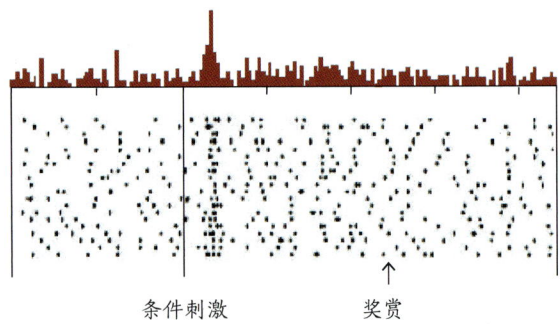

b 预期奖赏；给予奖赏

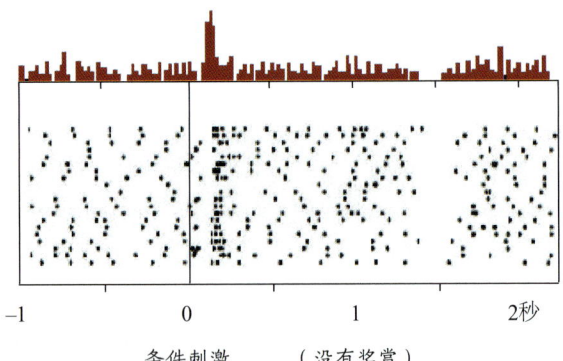

c 预期奖赏；没有给予奖赏

图 12.16 多巴胺能神经元对预测误差做出反应

这些光栅图显示了一个中脑多巴胺能神经元在单个试次中的峰值，试次的数据之和见于每组顶部的条形图。（a）在没有条件刺激时，当给出乎意料的奖赏（一滴果汁）时，多巴胺能神经元显示了骤增的活动。（b）当条件刺激反复搭配奖赏时，多巴胺能神经元表现出一种时域偏移。当条件刺激出现时，多巴胺能神经元就会激活，因为这是一种意料之外的积极事件。（c）在未给出预期奖赏的实验中，神经元在条件刺激之后会出现一个正的预测误差（如 b），而在预期奖赏前后又会出现一个负的预测误差。

汁反应的情况。在第一个试次中，动物没有学习到光的出现总是跟着果汁。因此，动物没有预期在光出现后得到奖赏，但确实给予奖赏了。这个事件导致一个为正的奖赏预测误差，即所获奖赏大于预期奖赏：多巴胺释放。随着光—果汁的重复出现，动物开始期待出现光后的奖赏，随着预期情况和实际获得情况变得更加相似，奖赏预测误差正的程度减小，多巴胺能反应减弱。

其次，再考虑多巴胺能神经元激活增加对光反应的情况。在各试次之间，当动物坐在实验装置里时，它们没有预期得到奖赏，也没有将光与奖赏联系起来。当灯光闪烁时，动物没有任何预期（它只是在闲逛），因此没有奖赏预测误差。它们的预期低，奖赏与果汁（而不是光）相关联（图 12.16a）。但是，当动物在闪光后获得奖赏时，它开始将光和果汁联系起来，光开始产生一个正的奖赏预测误差（图 12.16b）。这种正的奖赏预测误差表现为对光的多巴胺能反应。

要计算奖赏预测误差，神经元必须有两个输入：一个表示预测的奖赏，一个表示实际的奖赏。内田（Naoshige Uchida）的实验室一直在研究这个问题：多巴胺能神经元是否真的进行奖赏预测误差的计算，或者这些信息是否由其上游计算，然后传递给多巴胺能神经元。

在一系列巧妙的实验中，研究者提供了支持前一种假设的证据。他们的第一步是确定多巴胺能神经元是否接收了实际奖赏的输入。为了回答这个问题，他们将特殊的回溯性示踪剂注入腹侧被盖区。这些示踪剂被多巴胺能神经元上的轴突摄取。这个过程使研究者能够识别多巴胺能神经元的所有输入信号。通过细胞记录和光控基因技术的结合（见第 3 章），他们描述了大范围皮质下区域（如下丘脑）的输入信号（Tian & Uchida, 2015）。其中一些输入信号具有奖赏信号的特征：活动水平与奖赏数量成比例。

随后，研究者检查了奖赏预测的神经元机制，重点关注了邻近的 γ-氨基丁酸能神经元对多巴胺能神经元的输入（Eshel et al., 2015）。他们在小鼠体内做了一种光控基因标记，因而能够特异性地控制这些 γ-氨基丁酸能神经元的活动，并同时对多巴胺能神经元进行记录。然后，他们对小鼠进行一项任务训练。在这项任务中，两种气味分别代表不同的奖赏概率：气味 A 有 10% 的概率获得奖赏，气味 B 有 90% 的概率获得奖赏。

首先，让我们考虑在没有光控基因刺激时，γ-氨基丁酸能神经元和多巴胺能神经元的反应。在实际奖赏时，多巴胺能神经元对气味 A 的反应比对气味 B 的反应强得多；因为奖赏预期与气味 A 没有关系，所以有更大的正的奖赏预测误差。对最初出现的气味 A 的多巴胺反应减少与气味开始时抑制性 γ-氨基丁酸中间神经元的放电率增加相关，而且这一效应一直持续到得到奖赏时。

现在考虑一下实验中气味 B 出现，同时通过光控基因关闭 γ-氨基丁酸能神经元活动，这时会发生的情况。一旦光打开，γ-氨基丁酸能神经元的放电率就会下降，证明操控是成功的。更有趣的是，去除多巴胺能神经元的这种抑制性输入，可增加多巴胺能神经元的反应。相反，当 γ-氨基丁酸能神经元受到抑制时，多巴胺对气味 A 的反应受影响最小。

这些结果表明，γ-氨基丁酸能神经元为多巴胺能神经元提供了奖赏期望信号。结合多巴胺能神经元接收实际奖赏输入信号的证据，我们可以看到多巴胺能神经元是计算奖赏预测误差的理想之地。

预测误差模型已被证明是描述多巴胺与强化、学习之间关系的重要构想。我们已经描述了所获奖赏大于预期奖赏，导致奖赏预测误差为正的情况。我们也可以考虑奖赏预测误差为负的情况，即所获奖赏低于预期奖赏。这种情况发生在实验过程中，当实验者在呈现条件刺激（光）之后扣留奖赏（果汁，回到图 12.16 的例子）时，多巴胺能神经元的反应会在果汁差不多要出现时下降（图 12.16c）。

出现这种奖赏预测误差为负的情况是因为动物期望果汁，但并未获得果汁。如果反复扣留动物的果汁，那么它们对光导致的多巴胺能反应的增加幅度和对扣留果汁导致的多巴胺能反应的减少幅度都会减小。这种情况符合消退现象，即之前与刺激相关的反应不再产生。当试次足够多时，多巴胺能神经元的基线放电率不再变化。光不再起强化作用（因此对光的正的奖赏预测误差消失了），而没有果汁也不再违反预期（因此预期果汁出现时，负的奖赏预测误差也消失了）。

在这个例子里我们发现，多巴胺能反应随着学习而变化。事实上，科学家已经确认，预测误差信号本身可以作为教学信号而促进强化学习。正如前面所讨论的，决策模型假设世界（或内部状态）中的事件都具有相应的价值。果汁是一种珍贵的物品，特别是对于口渴的猴子来说，随着时间的推移，光也成为一种有价值的刺激，标志着即将到来的奖赏。奖赏预测误差信号可用于更新价值的表征。在计算时，这个过程可以表述为，提取当前价值的表征，并把它乘以奖赏预测误差的某个加权因子（收益；Dayan & Niv，2008）。如果奖赏预测误差为正，则净价值增加；如果奖赏预测误差为负，则净价值减少。

这个精练而简单的模型不仅预测了价值是如何更新的，还解释了从一个试次到下一个试次学习到的价值变化。在训练初期，光的价值很低，在给予果汁之后发生的奖赏预测误差为正将导致与光相关的价值增加。但是通过重复试次，奖赏预测误差值减小了，因此随后的光的价值变化也增加得更慢。

在这个过程中，学习最初是快速的，然后随着时间的推移增量减小。这是几乎所有学习的特征。尽管这种效应可能是多种原因导致的（如练习的益处随着时间的推移而减少），但令人印象深刻的是，它能被一个简单的模型预测。在这个模型中，价值表征由预测奖赏和所获奖赏之差这样一个简单的机制更新。

奖赏与惩罚

并不是所有的选择都是有奖赏的。请考虑一下你的猎犬在试图把一只豪猪推出一根朽木后的反应。让我们来讨论预测误差。正强化物和负强化物由相同还是不同的系统加工呢？虽然看起来有点像，但惩罚并不等于扣留奖赏。尽管一个预期奖赏没有出现可以用一个负预测误差表示，但惩罚包括某种令人厌恶的体验，如电击或鼻子上扎满豪猪刺。厌恶事件与奖赏事件完全不同，前者是不愉快的，并激励人们在未来避免这类事件。

然而，强化和惩罚具有一个重要的相似性：都是动机性很强的。它们都是需要吸引我们的注意并调动控制过程来影响行为的事件。多巴胺在厌恶事件中的作用一直难以确定。一些研究显示，多巴胺活动增强；另一些研究发现，多巴胺活动减弱；也有一些研究同时发现了这两种情况。那么这些发现是否可以统一起来呢？

缰核（habenula）是位于背侧丘脑内的一个结构。由于它接收来自前脑边缘区的输入，并向黑质致密部的多巴胺能神经元发出抑制性投射，因此它具备表征情绪和动机性事件的良好条件。有研究者（Matsumoto & Hikosaka，2007）记录了当猴子对注视点左侧或右侧的目标刺激做跳跃式眼动时，外侧缰核的神经元和黑质致密部的多巴胺能神经元的活动。针对一个目标的一次眼跳与果汁奖赏关联，而对另一个目标的一次眼跳则没有强化物。

缰核神经元在眼跳朝向无奖赏侧时被激活，而在眼跳朝向奖赏侧时被抑制。多巴胺能神经元表现出了相反的特征：它们被预测的目标奖赏激活，而被预测没有奖赏的目标抑制。即使施加微弱的电刺激，缰核也能引起多巴胺能神经元的强烈抑制，多巴胺能神经元的奖赏活动可能受外侧缰核传入信号的调节。

在某种意义上，价值总是相对的。如果给我们50%的机会赢得100美元或10美元，那么当只获得10美元时，我们会很失望。如果游戏规则变了，我们将赢10美元或1美元，那么当获得10美元时，我们会很激动。缰核神经元表现出了一个类似的情境依赖性。如果一个动作导致得到果汁而另一个动作导致什么也没有，那么当动作导致什么也没有时，缰核是活跃的。如果一个动作导致什么也没有，而另一个动作导致对眼睛吹气（很不舒服），那么缰核只有在动物因眼睛被吹气而做出反应时才是活跃的。

这种情境依赖性也出现在多巴胺反应中。在我们假设的游戏中，第一次游戏期望的报酬是55美元（100美元和10美元的平均值），而第二次游戏的期望报酬只有5.5美元。获得10美元的结果导致在一种情况中的奖赏预测误差为正，在另一种情况中的奖赏预测误差为负。因此，在我们如何应对奖赏和惩罚之间，存在许多计算相似性，而且这一发现可能反映了缰核和多巴胺系统之间的交互作用。

一般来说，fMRI研究缺乏空间分辨率来测量一些小的脑干区域（如腹侧被盖区和外侧缰核）的活动。但是，研究者仍然可以提出不同神经区域在表征积极和消极结果中的相似性之类的问题。本·西摩（Ben Seymour）及其同事（2007）将不同的线索与可能的财务结果进行了配对。这些线索分别提示赢钱与不赢不输、输钱与不赢不输以及赢钱与输钱（图12.17a）。在这个实验中，被试不需要做出选择；他们只是简单地观察选择，而由计算机决定结果。赢钱和输钱的正和负的奖赏预测误差均与腹侧纹状体的活动相关，但是两种情况所激活的腹侧纹状体的具体区域有所不同。赢钱在更靠前的区域被编码，而输钱在更靠后的区域被编码（图12.17b）。脑岛中的一个区域也会对预测误差做出反应，但只在选择导致损失时出现。

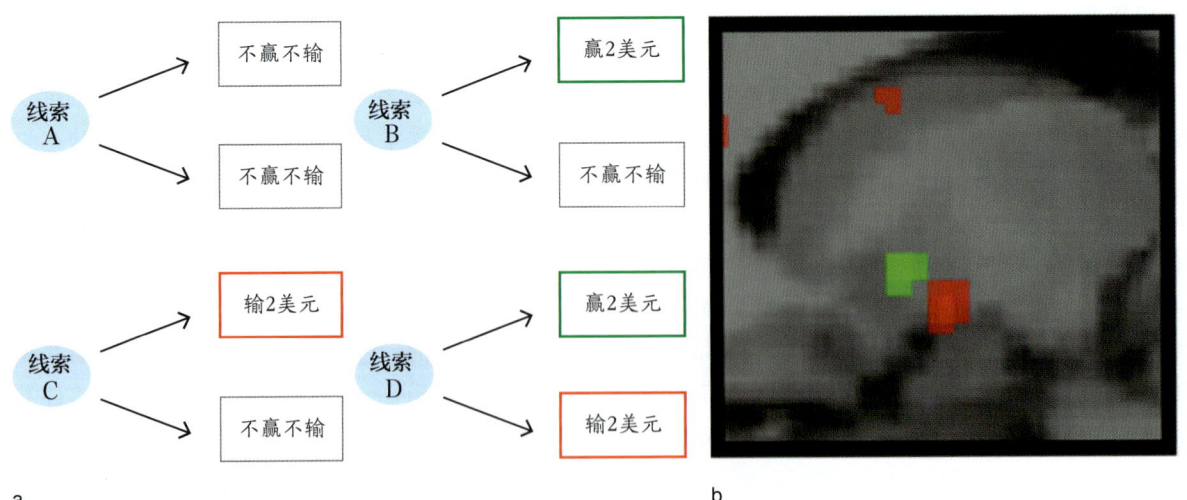

图 12.17　fMRI 表明腹侧纹状体中收益和损失的编码
（a）被试每次接受 A、B、C、D 四种线索中的一种。随着时间的推移，他们知道每种线索与两种可能结果之一相关（或者，对于线索 A，会出现相同的中性结果）。（b）预测误差可靠地预测了腹侧纹状体的 BOLD 反应，正的奖赏预测误差反应的中心（绿色）略微在负的奖赏预测误差反应的中心（红色）之前。

多巴胺活动的其他观点

奖赏预测误差假设精巧地描述了多巴胺能细胞在强化和学习中的作用，但关于多巴胺能细胞的活动仍然存在其他可行的假设。肯特·贝里奇（Kent Berridge，2007）认为，多巴胺释放是学习的结果，而不是学习的原因。他指出了多巴胺作为学习信号的几个问题：一是遗传上不能合成多巴胺的小鼠仍然可以学习（Cannon & Bseikri，2004；Cannon & Palmiter，2003）；二是与多巴胺水平正常的小鼠相比，多巴胺水平高的遗传突变小鼠的学习速度并不快，也没有更长时间地维持习惯。

鉴于这些困惑，贝里奇认为，多巴胺能神经元不会通过编码奖赏预测误差引起学习，而是对预测和学习的结果信息进行编码（预测和学习在大脑的其他地方完成），然后针对这些信息做后续加工。他提出，多巴胺的活动是一个刺激或事件突显的标志。

贝里奇将奖赏分为三个可分离的部分：想要、学习和喜欢。他认为，多巴胺只调节"想要"这个成分。多巴胺活动表明有值得关注的目标。当目标与奖赏联系在一起时，多巴胺活动反映了该目标有多值得拥有。想要和喜欢之间的区别似乎是细微的，但是当我们考虑像吸毒成瘾这样的事情时，它们就有很大差异。

在一项实验中，可卡因吸食者服用了一种降低多巴胺水平的药物（Leyton et al.，2005）。在低多巴胺水平，被试对表明可以获得可卡因的线索的评价是更不满意。但是，他们对可卡因的欣快感和自我给药的速度未受影响。也就是说，在多巴胺减少时，即使被试并不特别想要可卡因，他们仍然以同样的程度喜欢它（强化作用不变）。

我们可以合理推测多巴胺具有多种功能。事实上，神经生理学家（Matsumoto & Hikosaka，2009）从脑干的多巴胺能神经元中记录到了两类反应。一部分多巴胺能神经元根据效价进行反应。面对可预测奖赏的刺激，这些细胞的放电率增加了，而厌恶性刺激则降低了它们的放电率（图 12.18a）。然而，更多的多巴胺能神经元因突显性而兴奋。不管是奖赏还是惩罚（特别是结果不可预测时），任何强化都会增加细胞放电率（图 12.18b）。

第一类反应与神经元编码预测误差的预期内容相似；第二类反应与神经元发出需要关注的预期相似。

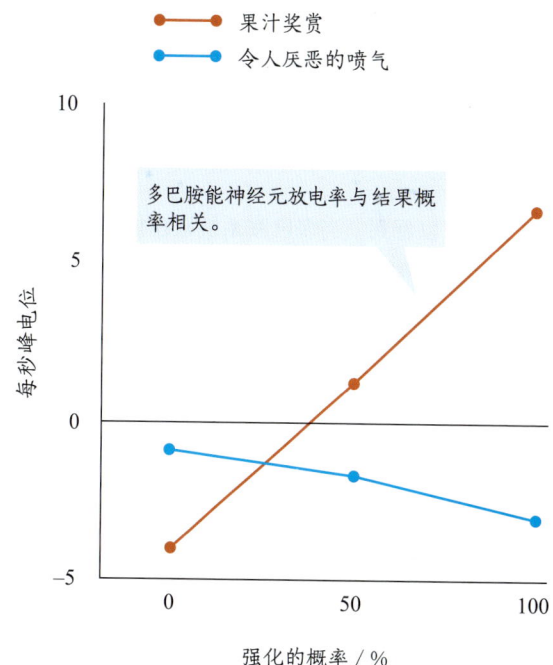

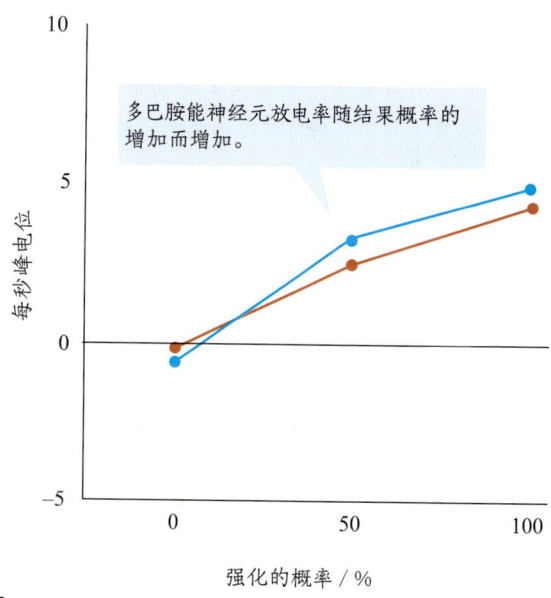

图 12.18　两类多巴胺能神经元

（a）编码效价的多巴胺能神经元的反应曲线。这些神经元的放电率随着积极结果概率的增加而增加，随着消极结果概率的增加而减少。（b）编码突显性的多巴胺能神经元的反应曲线。这些神经元随着强化概率的增加而增加它们的放电率来表明刺激是重要的（或可预测的），与强化是正性的还是负性的无关。

有趣的是，效价神经元位于黑质和腹侧被盖区的更腹内侧。这些区域有神经纤维投射到腹侧纹状体，是眶额皮质网络的一部分。相反，由突显性所激发的神经元位于黑质的更背侧。这一区域有向背侧纹状体的神经纤维投射，是与动作控制和朝向功能相关皮质区域网络的一部分。

我们可以看到，当多巴胺系统出现损伤，或者皮质中的下游结构受到损害时，一系列控制问题将反映在与动机、学习、奖赏评估和情绪相关的行为改变上。这些观察使我们再次考虑额叶控制系统在决策和目标导向性行为中的作用。

关键信息

- 一项决定涉及在若干备选方案中选择一种。它通常涉及对与每个备选方案相关的预期结果（奖赏）进行评估。
- 一个选择的主观价值由多个变量组成，包括回报金额、情境、概率、努力/成本、时间折现、新颖性和偏好。
- 针对猴子的单细胞记录和人类的功能磁共振成像fMRI 研究表明，包括眶额皮质在内的额叶区域与价值表征有关。
- 奖赏预测误差是预期奖赏与实际所获奖赏之间的差异。奖赏预测误差被用作一种学习信号，来更新当期望和奖赏效价变化时的价值信息。一些多巴胺能神经元的活动提供了关于预测误差的神经元信息。
- 多巴胺能神经元也对其他可能影响目标导向性行为和决策的变量进行编码（如提示环境中一个信息的突显性）。

12.5 目标规划：计划和选择任务

人一旦选择了一个目标，就会想办法完成。我们通常会制订一个计划，以便组织和优先考虑行动。前额叶损伤的病人（如 W. R.）往往在规划和对行动排序的能力上表现差。成功地制订和执行行动计划有三个基本组成部分（Duncan, 1995）。

1. 明确目标并制订子目标。例如，在准备考试时，一个有责任心的学生会制订一个行动计划，如图 12.19 所示。这项计划可以被表征为分层级的子目标，每个子目标都需要采取行动来实现：必须完成阅读，复习课堂笔记，并整合材料以确定主题和内容。
2. 在选择目标和子目标时，能预见到结果。例如，这个学生是在考试的前一周里每天留出 1 小时学习，还是选择在考试前一晚集中补习，在哪种情况下，知识记得更牢呢？
3. 确定实现子目标的条件。例如，这个学生必须找到学习的地方，而且咖啡供应必须充足。

不难看出，这些组成部分并不是完全孤立的。例如，购买咖啡可以是一种行动，同时也是一个目标。

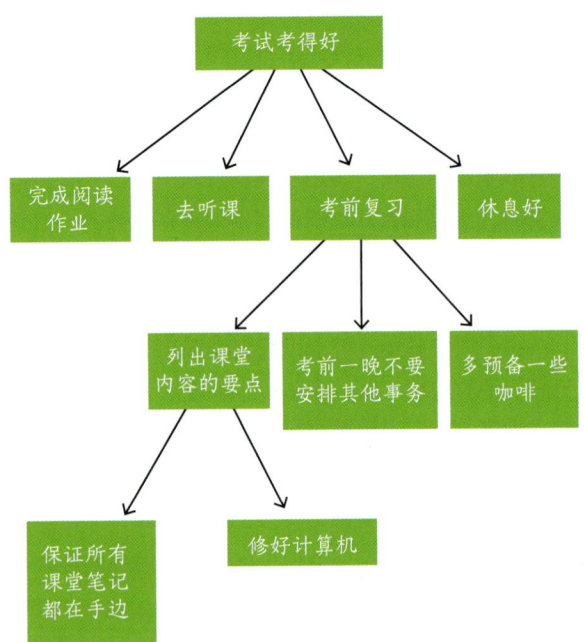

图 12.19　行动层级
要想成功地实现一个复杂的目标，如在考试中取得好成绩，需要在行为的多个层级上进行规划和组织。

当一项行动计划被看作一种层级表征时，我们很容易看出目标失败可以有多少种方式。在图 12.19 所示的例子中，如果阅读任务没有完成，那么学生可能缺乏考试所需的知识。如果一个朋友在考试前的那个周末突然来访，关键的学习时间可能就难以保证。前额叶损伤的病人之所以无法有效地完成目标导向性行为，可能有许多潜在的原因。问题可能出现在因为没能有效地过滤掉无关信息来让注意集中在奖赏上，也可能是实现特定的目标或子目标时，在确定信息的优先次序上有困难。

正如前面讨论的，沿着前额叶皮质前—后梯度的加工差异可以根据行动目标的抽象层次来描述。在一项fMRI研究中，被试完成了一系列复杂性逐渐增加的嵌套任务（Badre & D'Esposito, 2007）。最简单的任务是操控反应竞争性：对于一系列相继出现的彩色方块，需要改变手指数量来做出反应；反应基于方块的颜色，可能有一个、两个或四个不同的反应（A级）。特征任务增加了另一层的复杂性，反应要对应方块的纹理，而颜色表示哪个反应与哪个纹理相关联（B级）。

第三项和第四项任务更加复杂。第三项任务要求被试使用颜色来确定方块的相关维度，以判断两个刺激是否匹配。例如，红色表示判断形状，蓝色表示判断大小（C级）。第四项任务与第三项任务相似，只是颜色和维度之间的映射关系会在各区组之间变化（D级）。

与层级梯度假设一致，随着任务变得复杂，前额叶皮质更前端区域被激活（图12.20）。对于前两项简单的任务，额叶激活局限在运动前区：反应仅基于颜色（A级），或根据颜色提示来评估单一刺激（B级）。在后两项任务中，当被试需要使用颜色来选择合适的维度以比较两个刺激时，激活中心转移到前额叶皮质更靠前的区域（C级）；而如果颜色与维度映射关系在区组间有变化（D级），则激活中心会延伸到额极。

我们可以假设，不同的激活模式显示前额叶皮质的不同亚区对应于不同的事情（如反应选择或规则说明），而不是反映了不同层级。然而，层级的一个关键理念是，加工缺陷是不对称的。在较低层级操作失败的人在执行更具挑战性的任务时也会失败。相反，在较高级别任务上失败的人仍可能完成较低级别的任务。研究者在前额叶皮质损伤病人中观察到了这种现象（Badre et al., 2009）。在第一项和第二项任务中，病变局限于最前侧区域的病人的表现与控制组相似，而后侧（位于运动前区）损伤病人则在所有任务中的表现都出现了下降。

这种层级评估巧妙地证明了额叶的重要性，发现了穿透性头部损伤病人面临的现实问题（Goel et al., 1997）。例如，实验者要求病人帮助一对贫困夫妇做家庭预算。病人知道最重要的是找到可以节省费用的地方。他们能够察觉预算的需要，但他们的解决办法并不总是合理的。一名病人关注于家庭的房租。他注意到，每年10 800美元的租金是家庭预算中最大的支出，因此提出取消这一费用。当实验者指出这个家庭需要一个住处时，病人很快回答："是的。我知道有一个地方卖帐篷很便宜，可以买一顶。"

通过关注房租成本，病人在做出决定时也表现得不灵活。分配给租金的额度是一个特别突出的信息。病人在编制预算计划时，认为在这里可以找到潜在的省钱方法。从严格的金钱角度看，这个决定是有道理的，但从实践层面说，这种选择是不恰当的。

要对长期财务目标等复杂问题做出正确的决定，必须着眼于全局。为了完成这类活动，我们必须监测和评估不同的子目标。认知控制的一个基本特征是能将我们的注意力从一个子目标转移到另一个子目标。复杂的行动要求我们保持当前的目标，关注与实现该目标相关的信息，忽略不相关的信息，并在适当时以协调的方式从一个子目标转移到另一个子目标。

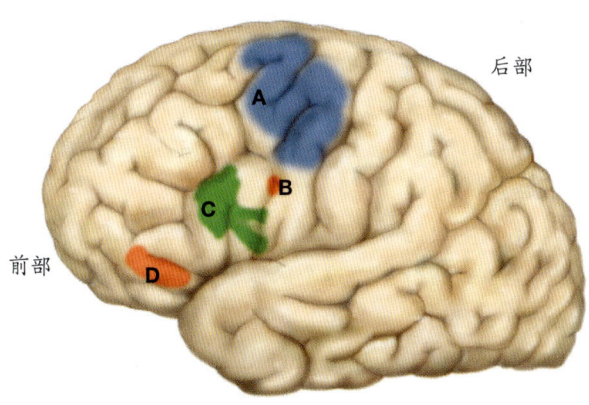

图12.20 从后向前穿过额叶皮质，目标表征变得更加抽象

大脑额叶各区域表明，BOLD反应的变化是任务复杂性[从最容易（A级）到最复杂（D级）的四种任务]的函数。

任务相关信息的提取和选择

目标导向性行为需要选择任务相关信息并过滤任务无关信息。选择是指将注意集中在知觉特征或记忆信息上的能力。这种选择过程是与外侧前额叶皮质相关任务的基本特征，也突出了前额叶皮质在工作记忆和注意力中的作用。

假设你正告诉朋友自己近期去旧金山旅行时走过金门大桥的经历（图12.21）。对话将激活你长时记忆中关于桥梁的位置、形状和颜色的语义信息，以及与旅行相关的情景信息。这些表征构成了工作记忆的内容。如果朋友问你桥的颜色，你必须能够从工作记忆内容中选择该信息。

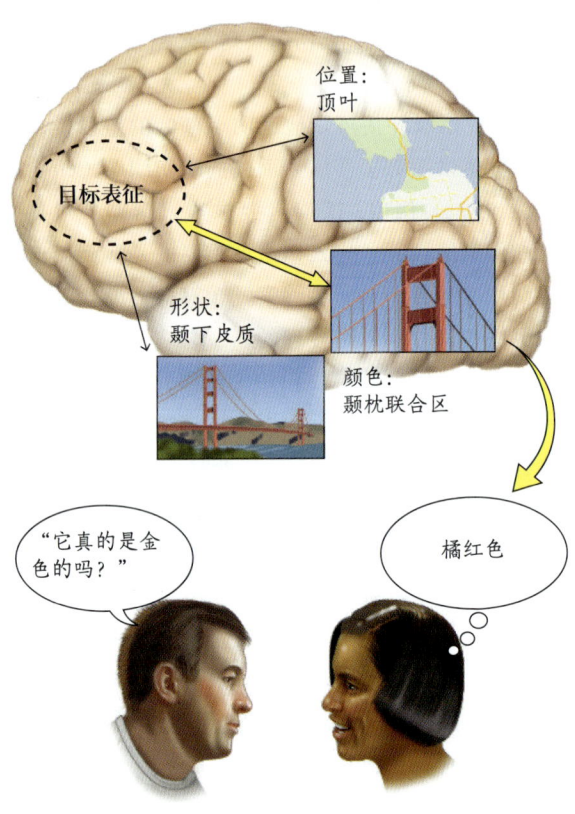

图12.21 前额叶皮质在任务相关信息的提取和保持中起过滤作用

当被问及金门大桥的颜色（任务目标）时，关于桥梁颜色的记忆连接被放大，而关于桥梁位置和形状的记忆连接被抑制。

这个例子表明，工作记忆不仅仅是被动地保持。它还包括注意成分，被试的目标会修改不同来源信息的突显性。为了抓住这个设想，前额叶皮质被概念化为一个**动态过滤**机制（Shimamura，2000）。前额叶皮质和后部皮质之间的相互神经投射为实现目标（在前额叶皮质中表征）提供了一种方式，来保持存储于后部皮质中的与任务相关的长时记忆信息。随着目标的转移，从回忆在桥上走过的情景到记住桥的颜色，过滤过程将突显连接转移到与颜色相关的表征上。

在沙伦·汤普森–席尔（Sharon Thompson-Schill）等人（1997，1998）进行的一系列巧妙的实验中，前额叶对选择的作用是显而易见的。在早期关于语言的PET研究中，当呈现一个名词，并且要求被试产生一个语义关联词时，实验者观察到左半球的额下回激活显著增加。汤普森–席尔假设，这种前额叶激活反映了对瞬时表征（目标项目的关联语义信息）的过滤，因为这些信息也会从长时记忆中被提取出来。

为了验证这一假设，研究者进行了fMRI研究，他们在动词生成任务中改变了对过滤过程的要求。在低过滤条件下，每个名词与单一动词相关联。例如，在问与剪刀有关的动作名称时，几乎每个人都会回答"剪"，不需要过滤掉其他竞争反应。在高过滤条件下，每个名词都有很多可能的联系词。例如，对于"绳索"这个词，许多反应都是合理的，如"系""套"和"卷"，需要使用过滤机制来选择答案。

需要注意的是，在两种条件中，任务对语义记忆的要求是相似的。被试必须理解目标名词的意义，并提取与该名词相关的语义信息。如果某脑区参与目标相关信息的提取，那么在高过滤条件下的激活应该更强。这种模式见于左侧额下回（图12.22）。

动词生成任务也引起了左侧颞叶BOLD反应增加。第9章曾介绍，这个区域被认为是加工语义记忆的重要部分。事实上，一个后续的研究结果也支持这一假设（Thompson-Schill et al.，1999）。被试练习两种生成任务：一种是命名与名词相关的动作，另一种是命名与名词相关的颜色。初期扫描结果显示，在生成任务中，前额叶和颞叶皮质激活的结果得到了重复，表明同一额叶下部区域参与两种语义联结任务。

然而，特别有趣的是后期扫描的结果。实验者再

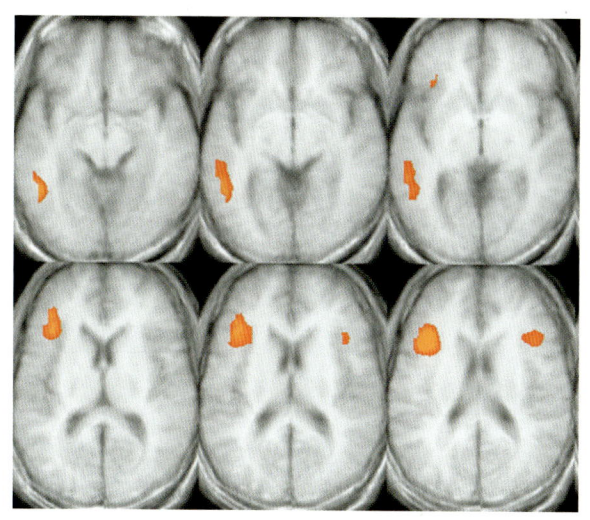

图 12.22　下额叶皮质参与记忆提取和反应选择
这些扫描图是穿过下额叶皮质的一系列轴向切片。在高过滤动词生成任务中，红色区域显示出了更强的激活。

次向被试呈现这个名词表。在一种条件下，被试完成与第一阶段扫描同样的生成任务；在另一种条件下，他们需要完成另外一种生成任务。这种操作得到了前额叶皮质和颞叶皮质的 BOLD 反应的分离现象。在生成任务的要求发生变化时，扫描结果表明，前额叶的激活增加。在这种条件下，选择和过滤的要求可能都高。

这些实验者在颞叶中观察到另外一种激活模式。在两种生成任务条件下的第二阶段扫描中，颞叶的激活都下降了。研究者在许多研究启动效应的脑成像研究中都观察到了这种刺激重复增加导致激活降低的现象（见第 9 章）。这种即使在生成规则改变时仍能观察到激活降低的现象支持如下观点：语义属性无论是否与任务相关，在名词呈现后都会被自动激活。前额叶皮质作为一个动态过滤器帮助提取和选择与当前任务要求相关的信息。

动态过滤丧失是前额叶损伤的一个基本特征。这些病人的基本认知能力一般不受影响，智力几乎没有变化，他们也可以在许多心理功能测试中表现正常。然而，在多种信息争夺注意的环境中，这些病人处于一种特别脆弱的状况：他们难以维持对某一目标的专注。

多任务加工

在读这一章时，你会不会偶尔把注意转移到读电子邮件、发短信、上网、听音乐或者扫一眼视频游戏上？一般来说，我们称此为多任务加工。但是，我们真的是同时完成两个分别与不同目标相关的活动的吗？还是需要在两个任务之间快速切换？

在实验室中，研究多任务加工的最常用方法是将两项任务结合起来。例如，视觉—手动任务（如按两个按钮之一来指示刺激位置）和听觉—发声任务（如听到两个无意义声音并说"Tay"或"Koo"来分别做出回应）。实验者分别对每个任务单独进行测试，并将被试在这些单任务块上的表现与两个任务同时呈现时（双任务条件）的表现进行比较。正如所预测的，被试最初在双任务条件下表现得更差。但经过 5 天的训练，他们就可以同时完成两项任务了，几乎没有受到干扰（Hazeltine et al., 2002; Schumacher et al., 2001）。可见，通过练习，人们可以很好地完成多任务加工。那么我们是如何实现这一点的呢？

如前所述，关于如何成为熟练的多任务加工者有两个假设。一种是我们学会了把这两个任务分开，对它们并行加工。另一种是我们熟悉了从一种任务到另一种任务的转换。有研究者（Dux et al., 2009）进行了一项创新性的 fMRI 研究，在 2 周内对被试反复地进行扫描，同时进行视觉—手动和听觉—发声任务。正如所预期的，通过训练，被试的反应变得更快，达到了与单任务条件相似的反应时水平，准确率也没有降低。

与此同时，随着扫描的进行，前额叶皮质下方和外侧的 BOLD 反应逐渐变弱。但连通数据显示，该脑区与听皮质和视皮质都保持着很强的联系，而且该脑区和运动皮质中与手动反应相关的两个脑区以及与发声反应相关脑区的联系都增加了（图 12.23）。随着训练的进行，被试额叶反应的峰值出现得更早，持续时间也更短，表明被试的转换效率更高了。

这项研究提示，多任务加工这个词可能是一个错误的提法：我们真正做的是在任务之间的交替切换，而通过练习，我们对任务的切换可以相当流利（或者我们是这样告诉自己的）。

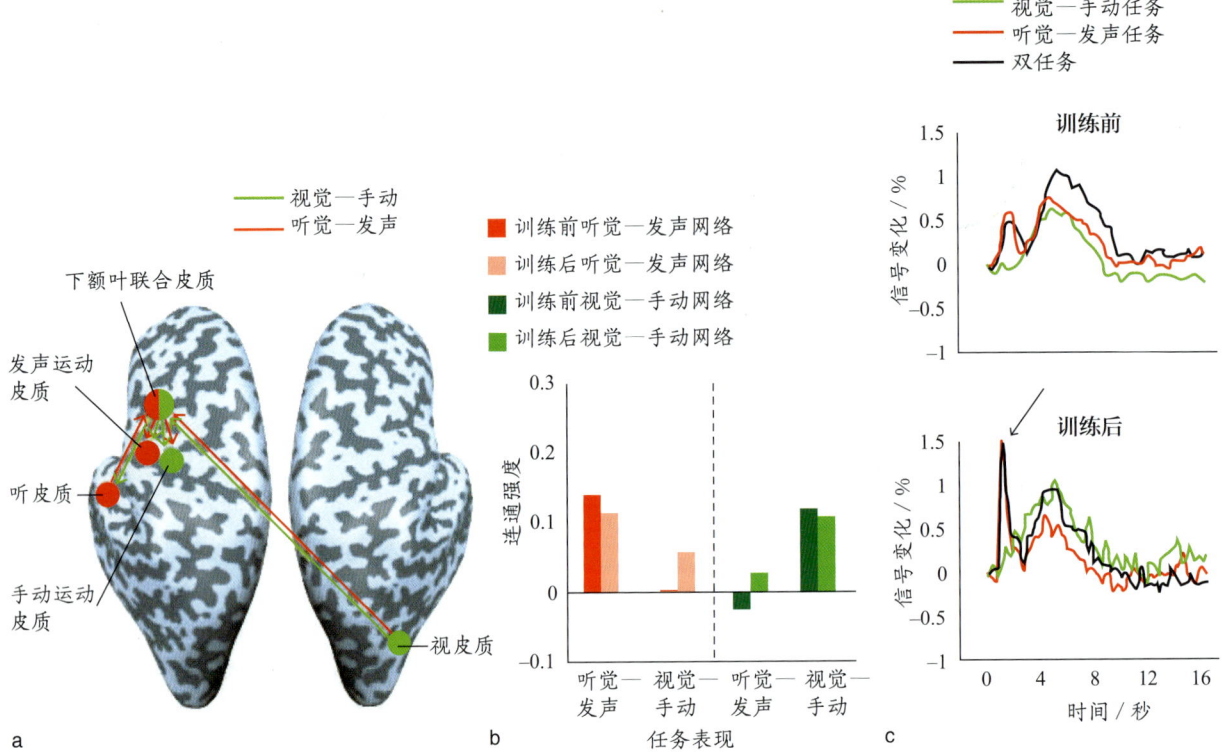

图 12.23 控制网络与多任务练习的功能连通性
（a）进行视觉—手动任务（绿色）或听觉—发声任务（红色）时的前额叶皮质与知觉—运动区之间的功能连通图。（b）多任务训练 2 周前后的功能连通性强度。即使被试变得非常擅长同时执行这两个任务，每种任务仍然表现出强功能连通性，而且几乎没有变化。（c）在双任务条件下（箭头），训练后，前额叶皮质的活动强度仍然很高，并且较早转移到潜伏期，提示有一个持续的认知控制过程。

基于目标选择的收益和成本

研究者给了你一支蜡烛、一盒火柴和一些图钉。你的任务是把蜡烛固定在墙上并点燃它。你要怎么做呢？

也许你很快就解决了这个问题：只是拿起一个图钉，穿过蜡烛钉在墙上，然后点燃蜡烛。别这么快！我们还没告诉你蜡烛的直径比图钉的长度大很多呢。再试一次。

你被难住了吗？别气馁！自从 1945 年雷内·东克尔（Rainer Dunker）在他的问题解决论文中提出这个问题（引自 Wickelgren, 1974），很多学生都被这个问题难住了。给你一个提示吧：假设只有一根火柴，它就放在火柴盒外的桌子上。现在，你可以再试一次。

当问题以这种形式呈现时，很多人都会体验一个恍然大悟的瞬间（一种啊哈体验）。他们突然意识到火柴盒可以有别的用途。除了为火柴提供容器外，它还可以作为一个天然的烛台。用图钉将盒子钉在墙上，点燃蜡烛在盒子上滴上蜡油，然后将蜡烛放在蜡油上。当蜡油冷却时，蜡烛就会稳固地立住了。

这类问题很有挑战性，因为刺激促使我们提取了之前已经获得的知识。在制订一个行动计划时，经验使我们把物体的可能用途想得很狭隘。我们会很快想起火柴盒的通常用途为"点亮火柴"，点蜡烛后，就去想图钉如何能够用于固定蜡烛。通过把火柴盒倒空，我们可能会意识到新的可能性；但即使在这种条件下，许多人还是意识不到火柴盒的新用途，因为刺激和某种行动之间的联系太强了。

请尽量弱化已有刺激间的联系来解下面的问题：下面是一个错误的罗马数字数学公式，用火柴表示（把每一条直线想象成一根火柴）。

问题 1：Ⅵ＝Ⅶ＋Ⅰ

要求只移动一根火柴使它变成一个正确的式子。这不是很难。可以将其中一根火柴从Ⅶ移动到Ⅵ，就能得出一个正确的结论：Ⅶ = Ⅵ + Ⅰ。

现在尝试一个更困难的问题。

问题2：Ⅳ = Ⅲ − Ⅰ

这时，你可以将一根火柴从等号处移动到减号处，将方程式转换为正确的Ⅳ − Ⅲ = Ⅰ。最后，请做一个最困难的题目：

问题3：Ⅵ = Ⅵ + Ⅵ

从方程式右侧的Ⅵ中挪掉一根火柴到左侧没有用。把某一个Ⅵ变成Ⅳ也不对。正确答案是需要对一个运算符进行不寻常的变换，变成我们很少遇到的算式：Ⅵ = Ⅵ = Ⅵ。

考虑到额叶在对任务相关信息的选择中起关键作用，意大利米兰大学的卡洛·雷韦尔贝里（Carlo Reverberi）及其同事（2005）做出了一个不寻常的预测：与健康控制组被试相比，外侧前额叶皮质损伤的病人能在问题3上做得更好。他们推断，受损的选择过程将使病人更容易考虑非典型的行动。事实上，有关发现与他们的预测相符（图 12.24）。

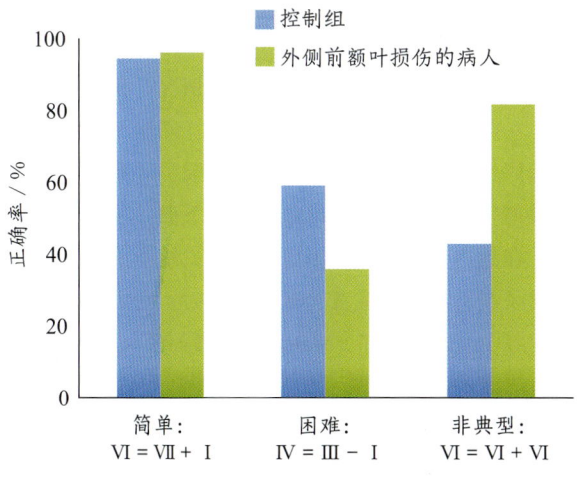

图 12.24　外侧前额叶损伤的病人在问题解决任务（需要不寻常的解决方法）中表现得比健康控制组好

对于简单和困难条件，解决方案需要将一根火柴从方程式的一边挪到另一边，或转换一个数字或运算符。对于非典型情况，解决方法是转动火柴创建一个三等式。

考虑到在解决问题2的方程式问题（需要标准的运算子转换，如用一根火柴的移动交换等号和减号）时，外侧前额叶损伤病人的成绩比控制组差，这些病人在问题3上的好成绩就非常令人惊讶了。随着可移动火柴次数的增加，病人的成绩也会变差。这一结果支持外侧前额叶皮质在反应空间变小时尤其重要的观点。但是对于像问题3这样的方程式来说，先前建构的联系是没有帮助的，前额叶皮质的选择过程导致控制集中在运算符的数量或简单变化上，并保持方程式的基本形式。这些控制导致人们无法考虑创建一系列等式。

考虑到神经心理学研究中很少有病人组表现优于控制组的情况，这些结果尤其引人注目。通过深入考虑一个前额叶功能理论的意义，研究者能够认识到在大多数情境下具有功能性优势的过程，即快速选择与任务相关的反应，在某些情况下可能不是最佳的。

其中一种情况就发生在我们年轻的时候。这也促使进化理论家重新审视一个问题：为什么额叶发育成熟得更晚？传统观点认为，额叶的延迟成熟是个体发育遵循种系发育的一个例子：在进化中出现得更晚意味着在个体中更晚发育。儿童的额叶发育较晚是因为额叶扩张是一个相对较晚适应的结果。这种观点让人们关注没有成熟的额叶的代价。儿童难以进行延迟满足、保持专注以及抑制行为。

但我们也可以问，"延迟成熟"是否有优势？一种假设认为，不成熟的额叶可能使人们的思维更加开放，因为他们对环境线索或既定的价值表征没有形成强烈的反应联结。这样的特性对学习是有好处的：儿童不以可预测的方式对环境做出反应，而是乐于接受新关系。琳达·威尔布赖希特（Linda Wilbrecht）及其同事利用小鼠来验证这一想法（C. Johnson & Wilbrecht, 2011）。她们训练幼年小鼠和成年小鼠辨别四种气味，学习其中一种气味与奖赏相关。在多个试次后，气味—奖赏配对发生了改变。幼年小鼠比成年小鼠学得快。这一结果让我们联想到之前介绍的额叶损伤病人对于新问题有更强的解决能力的发现。

关键信息

- 一个行动计划的成功执行包括三个部分：（1）确定目标和制订子目标，（2）在选择目标时预测后果，

（3）确定实现目标需要什么。
- 目标导向性行为要求提取和选择与任务相关的信息。前额叶皮质可以被概念化为一个动态过滤机制。通过这个机制，任务相关信息被激活并保持在工作记忆中。
- 当我们需要同时保持多个目标时（特别是当这些目标不相关时），认知控制也是必不可少的。通过练习，大脑开发出新的连通模式，使人们能够在不同的目标之间高效地切换。
- 前额叶皮质通过对任务相关信息的选择来帮助动作选择更有效率。在需考虑新的行动方式的特定情况下，这种利用经验来指导行动选择的优势也可能变成一种劣势。

12.6 基于目标选择的机制

动态过滤至少以两种方式影响信息加工的内容。一是突出关注的信息。例如，当我们关注一个位置时，我们在该位置检测一个刺激的敏感度会增强。二是通过排除来自其他位置的信息而选择性地注意。类似地，当多个信息源来自同一位置时，我们可能选择性地增强任务相关信息（斯特鲁普测试中的颜色）或抑制无关信息（斯特鲁普测试中的单词）。

在行为任务中，我们往往难以区分控制的促进和抑制模式。而且，正如在预算危机中所看到的，各种假设并不是相互排斥的。如果我们有固定的资源，那么将资源分配到一个事物上，就会限制其他事物的资源可用性；因此，基于目标控制的形式可能会随着任务需求的变化而变化。

额叶功能障碍导致**抑制性控制**丧失的证据来自电生理研究。罗伯特·奈特及同事记录了局灶性神经系统障碍病人的诱发电位（综述参见 R. T. Knight & Grabowecky, 1995）。在最简单的实验中，实验者向被试呈现音调，而被试不需要做出任何反应。与预期一致，与控制组相比，颞顶皮质损伤病人的诱发反应减弱 [**图 12.25a**（中图）]。这种差异在刺激开始后约 30 毫秒时（刺激到达初级听皮质的时间）变得明显。这种衰减被认为反映了产生诱发信号区域的脑组织丧失。

图 12.25a 的下图显示了一个更有趣的现象：额叶损伤病人的诱发反应增强了。这种增强在皮质下水平的诱发反应中没有被观察到。该效应并没有反映感觉反应性的普遍增加，而是仅限于皮质。

当要求被试注意一只耳朵的听觉信号而忽略另一只耳朵听到的类似声音，而且当注意耳的听觉信号在不同区组之间变化时，被试无法抑制无关信息的情况会更明显（**图 12.25b**）。这种实验设计使研究者能够评估在不同的注意设置下对相同刺激的诱发反应（如当注意或忽略左耳刺激时对左耳声音的反应）。

在健康被试中，这些反应在大约 100 毫秒时分离；对注意信号的诱发反应变得更大。这种差异在前额叶损伤病人中没有出现。特别是对损伤的对侧耳（如右侧前额叶皮质损伤病人的左耳）的刺激，非注意刺激产生了更强的反应。这一结果支持额叶通过抑制非注意的信息来调节知觉信号的突显性的假设。

在刚刚介绍的研究中，我们可以看到抑制加工旨在使无关知觉信息的影响最小化。同样的机制也可适用于需要在内部保持信息的记忆任务。请看猴子执行空间延迟反应任务的例子（见图 12.2）。在猴子看到目标被放置在某个食物槽中后，在延迟期间，一个隔板被放了下来。但是，猴子的思想并不会停滞。它看见并听到食物被遮盖，在延迟期间会环顾四周，也许还会想到饿。这些插入事件可能会分散猴子的注意，并导致它忘记食物的位置。

我们都经历过类似记忆失败的情况。我们放下钥匙，一会儿就忘记钥匙放在哪里了。问题不是我们没有编码钥匙的位置，而是有些东西吸引了我们的注意力并产生了分心。这一现象得到了下面一项研究的支持。在延迟反应期间，当房间变暗或给予前额叶损伤的灵长类动物减少注意分散的药物时，它们在延迟反应任务中表现得更好（Malmo, 1942）。

前面的讨论强调了如何通过抑制与任务无关的信息来实现基于目标的控制。马克·德斯波西托及其同事（Druzgal & D'Esposito, 2003）使用 fMRI 进一步探索了前额叶皮质和后部皮质之间的交互作用。在一系列实验中，他们充分利用了颞叶下部区域优先被面孔和位置刺激激活的这一事实。这些区域分别是梭状回面孔区和海马旁回位置区（参见第 6 章）。

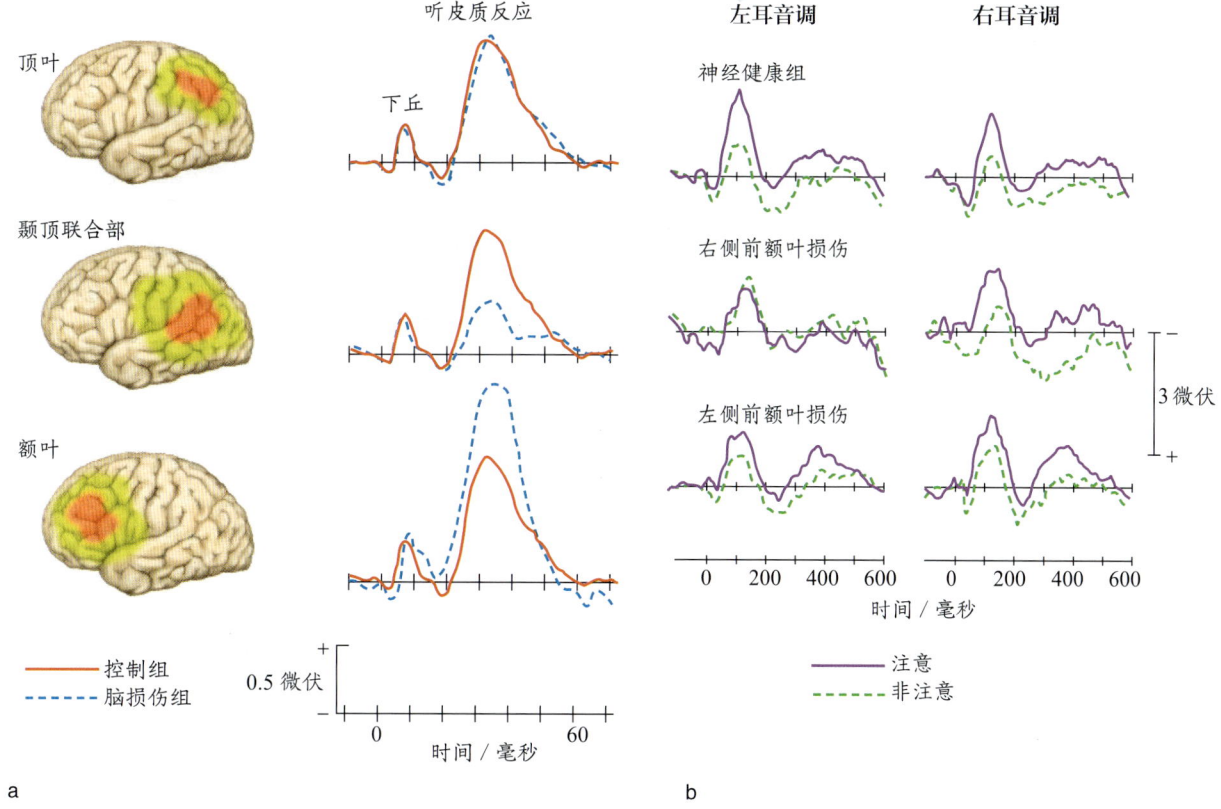

图 12.25　诱发电位显示了外侧前额叶皮质损伤病人的过滤缺陷

（a）三组神经病病人对咔哒声的诱发反应。被试无须对咔哒声做出反应。请注意，在这些 ERP 中，正电压位于横轴上方。第一个正波峰出现在大约 8 毫秒时，反映了下丘的神经活动。第二个正波峰出现在大约 30 毫秒时（P30），反映了初级听皮质的神经反应。顶叶损伤病人的两种反应均正常（上图）。颞顶叶损伤病人的第二波峰降低（中图），反映了初级听皮质神经元丧失。额叶损伤病人的听皮质反应增大（下图），提示从额叶到颞叶的抑制丧失。为了更好地比较，每个图中都重复给出了控制组被试的诱发反应。（b）注意和非注意听觉信号的差异波。实验者要求被试监测左耳或右耳的音调。对非注意音调的诱发反应被从对注意音调的诱发反应中减掉了。在健康个体中，注意的影响大约出现在 100 毫秒，以一个更大的负波（N100）为标志。右侧前额叶损伤病人对呈现于左耳（脑损伤的对侧）的音调没有注意效应，但对损伤同侧的音调表现出了正常的注意效应。左侧前额叶损伤病人对来自对侧和同侧音调的注意效应均降低。

这些研究者想知道，当要求被试记住面孔或地点以供后续记忆测验时，这些脑区的激活是否会受到调节（图 12.26a）。在每个试次开始时，研究者会给出线索以提示当前任务。然后，呈现一组四幅图片，其中包括两副面孔和两个场景。正如预期，随后的记忆测试证明，被试选择性地注意到了相关维度。

更有趣的是，他们发现梭状回面孔区和海马旁回位置区的激活受到指导语（注意）的调节（图 12.26b），表现出了增强或抑制效应。与被动观看条件（控制组）相比，当要求被试记住人脸时，右半球梭状回面孔区的反应更大；而当要求记住场景时，该区域反应更小。他们在海马旁回位置区中观察到了模式相反的效应，而且对两个半球均是如此。这项研究揭示，由指导语所定义的任务目标可以通过放大任务相关信息或抑制任务无关信息来调节知觉加工。

在一个有趣的扩展实验中，研究者重复了这个实验，但这次被试是年龄更大的神经健康个体（Gazzaley，Cooney，Rissman et al.，2005）。与大学本科生被试的反应不同，年龄更大的被试仅表现出了增强效应；当将结果与被动观察条件进行比较时，他们没有表现出在梭状回面孔区或海马旁回位置区的抑制效应（图 12.26c）。

这些发现因两个原因而变得备受关注：第一，它们提示，增强（放大）和压抑（抑制）涉及不同的神

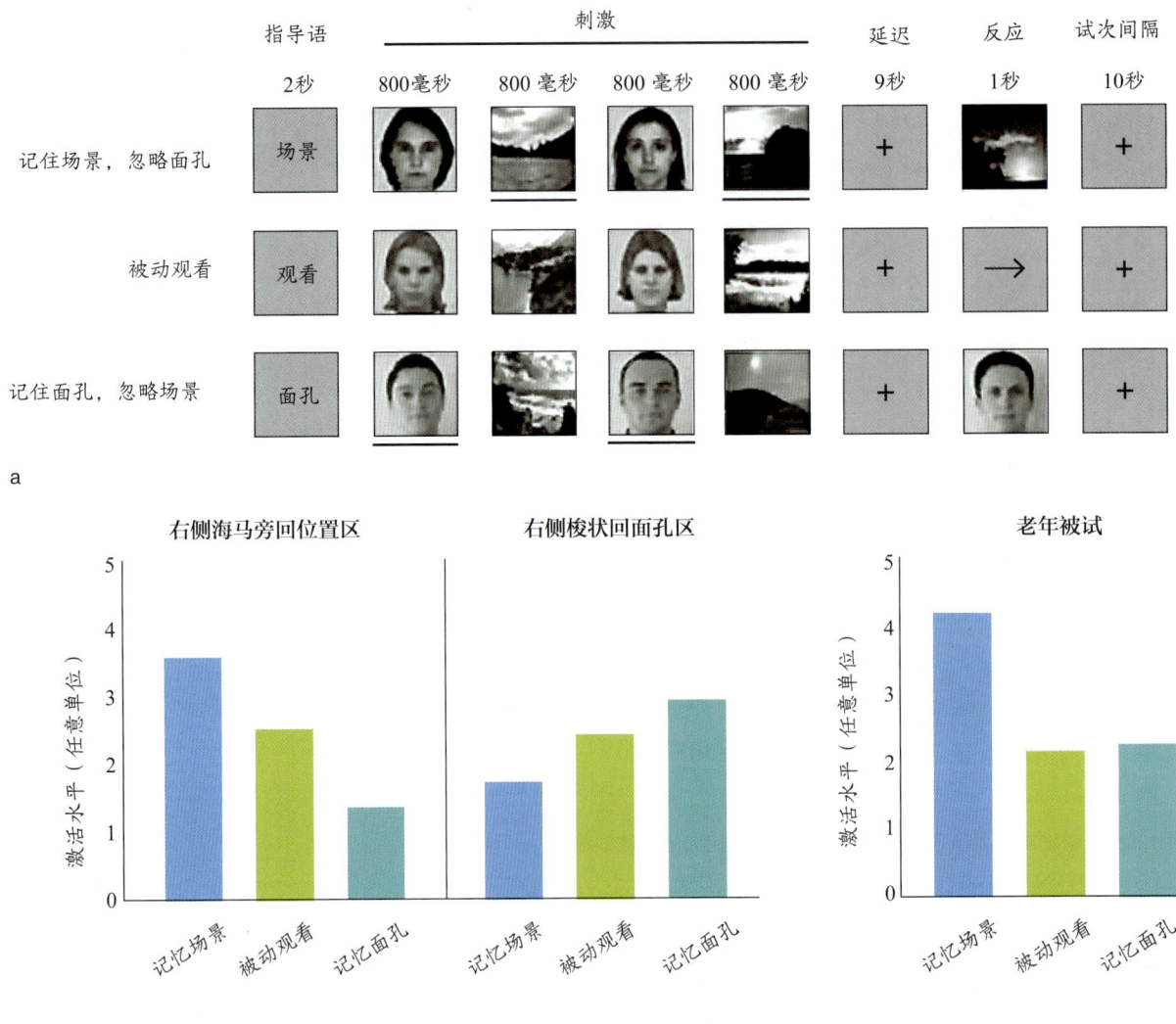

图 12.26 对后部皮质的调节是任务目标的函数
（a）在延迟反应任务中，被试必须记住面孔或场景。（b）与被动观看的控制条件相比，当被试注意场景时，海马旁回位置区的激活更大；当被试注意面孔时，该区激活减少。研究者在梭状回面孔区观察到了相反的效应。（c）老年被试的海马旁回位置区的感兴趣区在注意场景时也表现出了 BOLD 反应增加。然而，在注意面孔条件下，该反应未被抑制，提示抑制能力表现出了一种选择性的与年龄相关的下降趋势。

经机制，而且抑制对老化的影响更敏感；第二，考虑到老化被认为更影响前额叶功能，因此基于目标的抑制性控制也许比基于放大任务相关信息的注意机制更依赖前额叶皮质。

前额叶皮质和加工调节

上面介绍的研究表明，指导语所定义的任务目标可以通过放大任务相关信息或抑制任务无关信息来调节知觉加工。然而，相关数据没有揭示这种调节是不是前额叶激活的结果。为了研究这个问题，研究者将 TMS 应用于前额叶皮质，以探究这种干扰如何影响后部知觉区的加工。在一项研究中，研究者将 rTMS 应用于额叶下部皮质，同时要求被试注意一个视觉刺激的颜色或运动属性（Zanto et al., 2011）。在接受 rTMS 处理后，被试不仅表现得更差，而且注意与忽视刺激条件之间的 P100 差异也减小了。这是因为接受 rTMS 后，忽视刺激条件下的 P100 更大。

在另一项研究（Higo et al., 2011）中，被试的前额叶皮质接受低频 rTMS 或假性刺激。然后，被试在接受 fMRI 扫描的同时要执行一项关注地点、面孔或身体部分的任务。根据对刺激的注意程度，rTMS 减弱了类别特异性反应对后部皮质的调节。而且，相关结果表明，额叶 rTMS 的作用主要干扰了被试忽略无关刺激的能力，但对他们处理任务相关刺激的能力影响很小。这种分离现象与上文对老年被试的研究结果类似（图 12.26c）。

在一项相关研究中，伊娃·费雷多伊斯（Eva Feredoes）和乔恩·德赖弗（Jon Driver）通过一个工作记忆任务结合了事件相关 TMS 和 fMRI 技术来考查关注背侧前额叶皮质的功能（Feredoes et al., 2011）。与刺激额叶下部皮质的结果不同，当注意干扰项出现时，针对背侧前额叶皮质的 TMS 导致任务相关区域的 BOLD 反应增加（当对面孔做出反应时，梭状回面孔区的反应增加）。

接下来，我们将对这些不同的结果进行综合讨论。针对前额叶皮质的 TMS 导致了后部皮质加工的改变，而这一结果支持前额叶皮质中基于目标的表征用来调节对知觉信息的选择性过滤这一基本理论。实验结果还表明，额叶下部皮质对抑制与任务无关的信息起重要作用，而背侧额叶皮质对增强与任务相关的信息起重要作用。

然而，这一假设存在一个问题：它要求假设，在这些研究中，当 TMS 应用于额叶下部皮质时，干扰了加工过程；而应用于背侧额叶皮质时，增强了加工过程。尽管这种效应是可能的，特别是由于在不同的研究中，TMS 的施加方案并不完全相同，但是也有可能是 TMS 干扰了前额叶皮质的一部分，进而引起了前额叶皮质的其他区域的改变，或者针对背侧前额叶皮质的 TMS 具有促进前额叶皮质下部区域加工的副作用。

如果这个假设是正确的，那么在费雷多伊斯的研究中观察到的任务相关增强效应是与其他研究结果相似的。也就是说，经额叶下部皮质的 TMS 直接干扰了基于目标的选择，而针对背侧额叶皮质的 TMS 通过增加对额叶下部皮质的依赖而对基于目标的选择产生了间接促进作用。即从神经机制上来说，竞争过程贯穿于我们的额叶梯度区（如背—腹梯度）。目前，我们只能根据这些假设进行推测。

动作抑制

抑制性控制可以有多种形式。我们已经了解到，抑制失败会导致更大的注意涣散度，而这是前额叶功能障碍的一个标志。在另一种情况下，抑制对认知控制是有帮助的：当我们即将采取行动时，某些事情会使我们改变主意。例如，你准备挥棒击打一个棒球，但发现球的飞行弧线偏离你的击打范围。你突然发现你的既定反应是不合适的。用棒球术语来说，你可能会迅速决定"放弃击球"从而终止击打动作。如果你已经做出击打动作，则你可能迅速停下来，希望在球棒越过本垒之前"紧急收棒"。

实际上，这种抑制——取消或迅速终止一项行动计划——对从不玩棒球的人来说也很普遍。在聚会上，正当我们准备好了跳出来发表一番吸引人的评论时，却发现那个大嗓门的家伙（显然不是很擅长抑制）总在夸夸其谈。于是，我们只好礼貌地收回自己的话，等待下一个机会。

这种形式的抑制可以看作动作选择的反面。但是它们的神经机制是否相同？也就是说，为了抑制一个动作，我们是不是通过产生大脑激活的某种负像来撤销这个动作的？即使我们能够做到这一点，也不足以抑制不想要的动作。将执行一个计划好的动作命令发送至运动系统后，仅停止计划不足以停止一个已经启动的动作。

这种形式的抑制性控制通过停止信号任务（stop signal task）得到了广泛研究。在这个实验的标准范式中，被试需要完成一个二选一的反应时任务。例如，如果箭头指向左侧，则按一个按钮；如果指向右侧，则按另一个按钮。但这个任务的转折在于，在某些试次中，会弹出一个停止信号，表明你不应做反应。

这个停止信号可能是颜色变化或是一个声音。实验者通过调整刺激与停止信号之间的时间间隔而创建一种情境，使被试有时能够成功地中止已计划好的反应，有时又来不及停止反应。三种条件的结果包括：没有停止信号的试次（执行试次）、被试能够成功地停止反应的试次（成功停止试次）和被试没有成功地停止反应的试次（失败停止试次；图 12.27a）。

亚当·阿伦（Adam Aron）采用一种将多种方法相结合的范式建构了这种认知控制形式背后的神经网络（A. R. Aron & Poldrack, 2006）。额叶损伤病人要中止一个计划好的反应的速度很慢。这种功能障碍似乎是右侧额下回损伤特有的，因为它并不见于左侧额叶损伤或右侧前额叶皮质更背侧损伤病人之中。

从年轻成人中获得的 fMRI 数据也支持右侧前额叶皮质与这种形式的抑制性控制存在关联。图 12.27b（上图）显示了三种试次类型的 BOLD 反应。成功停止试次和失败停止试次均在右侧额下回产生了一个强反应。相反，这一区域在执行试次中没有反应。BOLD 信号在两种停止类型的试次中非常相似的结果提示，即使中止反应的控制信号仅在一些试次中有效，这两种情况也都发生了一个抑制加工。

为什么成功和失败地停止试次能使下额叶皮质产生相似的激活呢？运动皮质的 BOLD 反应给出了答案（图 12.27b，下图）。我们看到，这里在执行试次和失败停止试次中都有强激活。但是，当刺激刚出现时（时间 =0），失败停止试次中运动皮质的激活就已经处于高水平。请注意，被试在这些实验中都被要求尽可能快地反应，因此面临很大压力。这种刺激前的激活很可能反映了一种高预期状态。即使右侧前额叶皮质发出停止指令，运动皮质的初始激活水平已经导致了一个快速反应，使被试无法中止该动作。对于一个焦躁的最初被弧线球戏弄的棒球运动员，这会导致三振出局。

右侧额下回的激活模式也出现在基底神经节的丘脑下核（subthalamic nucleus，STN）中。正如第 8 章所述，基底神经节与反应启动有关。在这一皮质下系统内，丘脑下核向苍白球提供一个强烈的兴奋性信号，帮助皮质保持抑制状态。有关停止信号的研究提示了在认知控制情境下，这种抑制是如何进行的。右侧前额叶皮质的激活产生了一个中止反应的命令，而该命令通过丘脑下核参与执行。

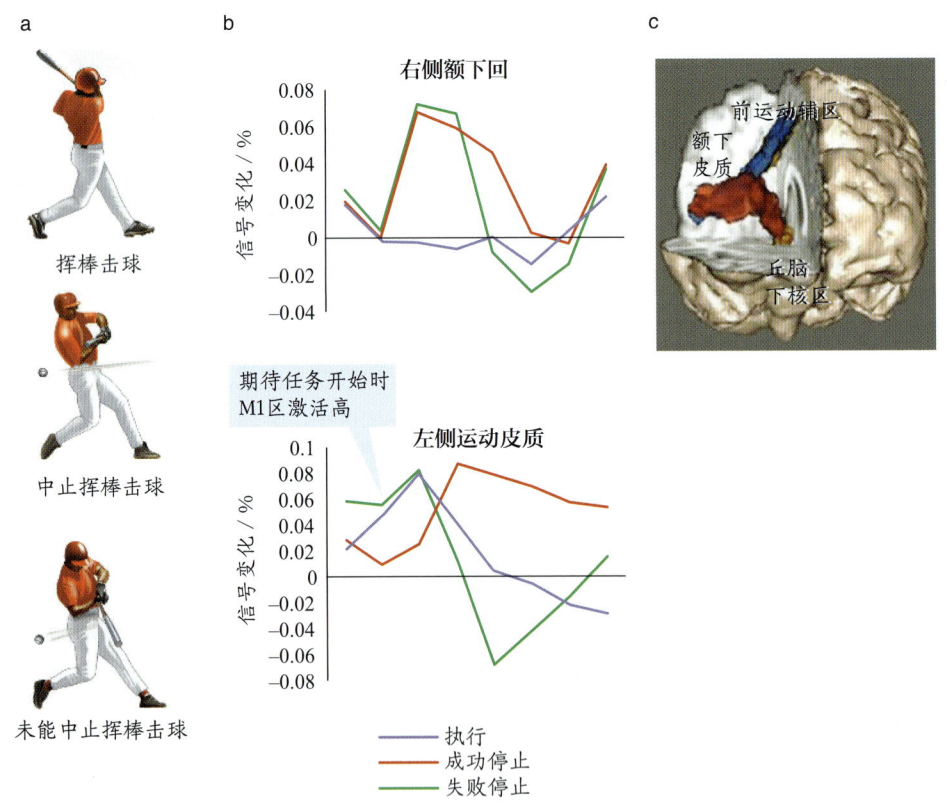

图 12.27 右侧前额下回在抑制性控制中的作用
（a）一个成功的动作有时需要一种中止已计划的反应的能力。（b）在执行所需反应（执行）、成功地中止已计划的反应（成功停止）或错误地执行本应中止的计划反应（失败停止）的试次中，运动皮质（M1 区）和右侧额下回的 BOLD 反应。无论被试是否能够成功地中止一个反应，额下回对所有停止试次均有反应。在失败停止试次中，M1 区在每个试次开始阶段的激活处于高水平，可能反映了运动系统的一种高预期状态。（c）扩散张量成像显示了连接额下回与前运动辅区和基底神经节的丘脑下核的解剖网络。

这一假设促使阿伦及其同事预测右侧前额叶皮质和丘脑下核之间存在解剖上的联系（A. R. Aron et al.，2007）。他们通过扩散张量成像证实了这一预测（图12.27c）。受行为和fMRI研究的结果启发，他们做了一个巧妙的设计，并发现了一条从未在文献中报告过的解剖通路。这条解剖通路包括前运动辅区（内侧额叶皮质的一部分）。正如我们即将看到的，在功能成像研究中，当反应冲突发生时（在停止信号任务中明显发生了的某种加工），这个区域被激活了。

通过对丘脑下核施加深部脑刺激可以促进帕金森病病人启动运动的能力（见第8章）。布朗大学的迈克尔·弗兰克（Michael Frank）及其同事（Frank et al., 2007）认为，这种治疗是有代价的，因为刺激破坏了抑制性控制系统，所以这些病人可能会变得过于冲动。为了证明这一点，他们比较了控制组被试和植入深部脑刺激的帕金森病病人。被试最初用数量不多的刺激对进行训练。在每一组刺激对中，有一个刺激具有一个特定的概率来赢得奖赏。如图12.28所示，符号A在80%的时间内与奖赏相关，符号B在20%的时间内与奖赏相关。因此，一些刺激具有高概率，而另一些具有低概率。

在测验试次中，实验者引入了刺激的新组合。其中一些新刺激对几乎不引起冲突，因为其中一个刺激更容易获得奖赏（例如，一个刺激对包括一个有80%胜算概率的刺激和一个有30%胜算概率的刺激）。然而，两个刺激都有高奖赏概率（70%和60%）或两者都有低奖赏概率（30%和20%）的刺激对会导致高冲突。

正如所预期的，控制组被试在低冲突试次中反应得更快。在停止深部脑刺激的情况下，即使帕金森病病人的反应更慢，他们仍然表现出了相同的反应模式。当施加深部脑刺激时，这些病人的反应更快，但他们对冲突不再敏感：他们对高冲突试次的反应更快（特别是当他们做出错误的选择时）。因此，尽管深部脑刺激有助于缓解帕金森病的运动症状，但其代价是增加冲动。

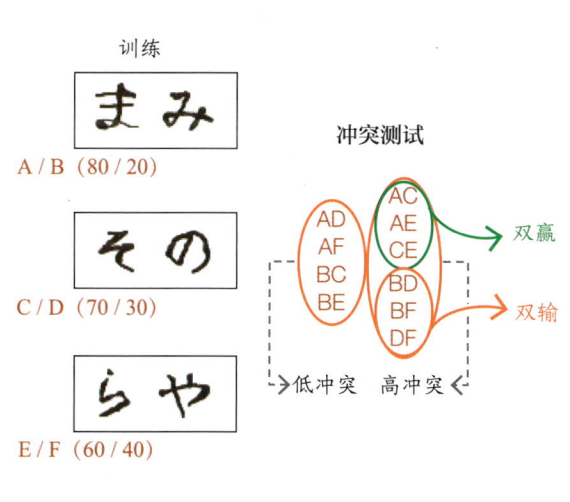
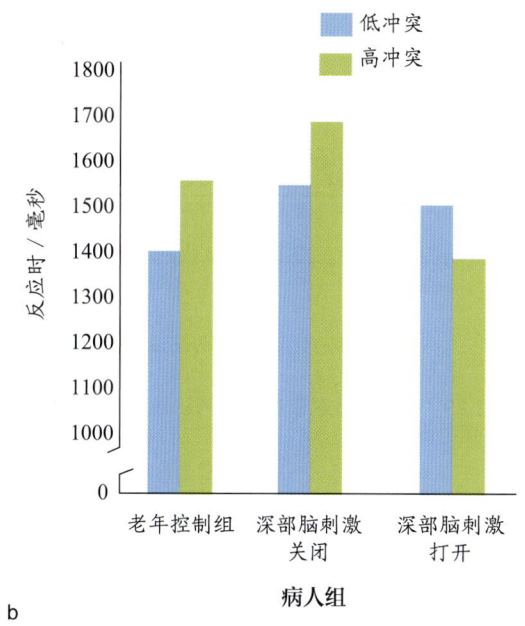

a   b

图12.28　经深部脑刺激后，帕金森病病人丧失了抑制性控制

（a）被试在每个试次中从两个符号里选择一个，并在做出反应后会得到反馈。每个符号都有特定的奖赏概率（例如，符号A有80%的奖赏概率，符号B只有20%的奖赏概率）。训练时，被试只接受三对刺激（A和B、C和D、E和F），而在泛化测试期间，被试要接受未经训练的刺激对。这些刺激可分为低冲突对和高冲突对。低冲突对指其中一个刺激获得奖赏的机会大于50%而另一刺激获得奖赏的机会小于50%的试次；高冲突对指两种刺激都有大于50%的机会获得奖赏（双赢）或都有小于50%的机会获得奖赏（双输）的试次。（b）老年控制组以及深部脑刺激关闭和打开时，帕金森病病人的反应时。深部脑刺激不仅缩短了反应时，而且使病人对冲突水平不敏感。

通过大脑训练提高认知控制

老年人看到你玩动作电子游戏而不是做历史作业时会担心吗？如果答案是会担心，或许他们不应该这样做。越来越多的证据提示，玩动作视频游戏可改善某些认知功能，尤其是那些涉及认知控制和注意力的任务，如视觉搜索、倒数 n 项任务和反应抑制（Dye, Green et al., 2009）。图 12.29 汇总了大量研究结果，比较了视频游戏玩家和非视频游戏玩家之间的反应时。来自不同任务的数据点落在一条线上的结果提示，一个共同的基础性改变提高了视频游戏玩家在所有任务和条件下的能力。

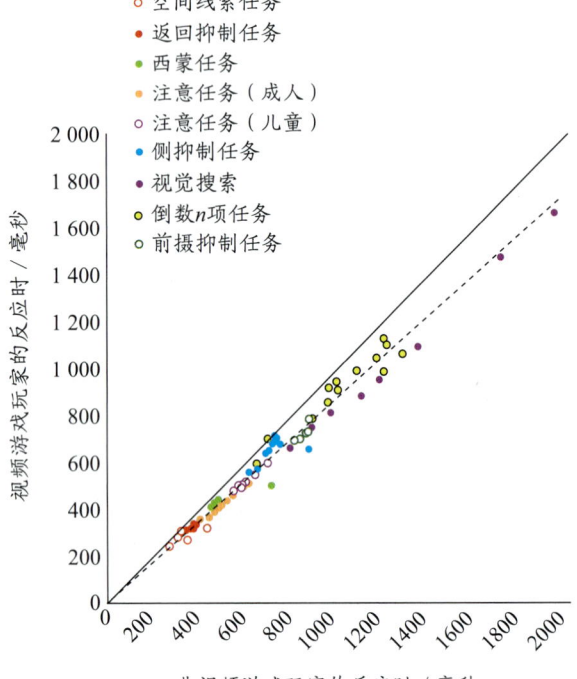

图 12.29 视频游戏玩家在一系列认知任务上的速度快于非视频游戏玩家

这一元分析显示了 89 个不同的实验条件的数据（来自许多研究），其中所有条件均包括对专家（视频游戏玩家）和非专家（非视频游戏玩家）进行比较的反应时数据。黑色实线表明，组间反应时无差异。几乎所有数据都低于此线，表明视频游戏玩家在所有任务上都更快。

当然，我们在用相关性数据推论因果关系时必须小心谨慎，也许是因为反应快的人更喜欢玩电子游戏呢？在一些训练研究中，被试被随机分配玩一个动作视频游戏或一个控制条件游戏［如《与朋友猜词》（*Words With Friends*）这样的静态视频游戏］。结果显示，动作视频游戏训练会导致操作成绩提高。一种假设认为，训练使视觉信息加工更快，而另一种假设认为，是因为注意控制得到了改善。

任何训练项目的关键问题都是在有限情境下（如单个视频游戏）练习的成果能否推广到新的任务和情境（尤其是在实验室之外）中。玩《侠盗猎车手》（*Grand Theft Auto*）能否让人更好地记住日常购物单或在截止日期前完成工作？目前，我们尚缺乏对这些实际问题的纵向追踪数据（Simons et al., 2016），但有迹象表明了这种可能性（参见**专栏 12.1**）。

相反，研究者更关注主动（如动作类）视频游戏训练影响认知控制的具体成分。一项研究表明，在需要从一项任务切换到另一项任务的双任务条件下，视频游戏玩家比非视频游戏玩家快；但测试单一任务时，两组间没有差异（Strobach et al., 2012；**图 12.31a**）。研究者随后将非视频游戏玩家被试分为三组：第一组进行 15 小时的主动视频游戏［《荣誉勋章》（*Medal of Honor*）］训练，第二组进行 15 小时的被动视频游戏［《俄罗斯方块》（*Tetris*）］训练，第三组不做任何训练。只有那些玩了主动视频游戏的受训者在泛化测试（应用到其他类似的任务）中的操作成绩有所提高，而且这些提高也仅在任务切换试次中表现明显（**图 12.31b**）。

关键信息

- 目标导向性行为涉及放大任务相关信息和抑制任务无关信息的过程。考虑到变老可选择性地影响抑制与任务无关信息的能力，扩大和抑制可能涉及不同的机制。
- 前额叶皮质受损的病人丧失抑制性控制能力。例如，他们无法抑制与任务无关的信息。
- 前额叶和大脑后部皮质之间的网络为目标表征和知觉信息之间的交互作用提供了神经基础。
- 动作抑制是认知控制的另一种形式。右侧额下回和丘脑下核对这种形式的控制起重要作用。
- 主动电子游戏被认为可以提高某些认知功能（如任务切换）。这可能是因为游戏需要协调多个子目标。

专栏 12.1　科学热点
爷爷奶奶应该开始玩游戏吗？

我们在前面看到，随着年龄的增长，人们过滤掉与任务无关信息的能力会下降。亚当·格萨里和他的实验室已经着手探索视频游戏训练是否可以改善老年人的多任务加工能力。首先，他们使用定制的电子游戏《神经赛车手》（NeuroRacer）来评估 20—79 岁被试的多任务加工能力（Anguera et al., 2013）。被试的任务是用操纵杆让汽车在一条蜿蜒的道路上高速行驶。偶尔，汽车会经过一个路标，如果路标上有一个绿色圆圈，被试就必须按下按钮。成绩会随年龄的增长而下降。

在接下来的一项训练研究中，老年被试（60—85 岁）被分配到三种不同的情境中：没有训练、只接受单一任务的训练（单独驾驶或只检测路标上的绿色圆圈）和多任务训练。培训时间限制为每天 1 小时，每周 3 天，持续 1 个月。虽然在训练结束时，单任务和多任务训练组在《神经赛车手》上的成绩均有改善，但 6 个月后再测试时，只有多任务组保留了该技能。因此，多任务训练带来了更稳定的成绩提高。

一个大问题是这种多任务训练成绩的提高可否推广到其他任务上。为了评估这一点，被试还在训练前后接受了一系列工作记忆和注意力任务测试。只有多任务训练组被试在这些任务中表现出了显著提高，而且被试玩《神经赛车手》时的成绩提高与在其他工作记忆和注意力测试中的提高程度之间存在强相关。

工作记忆和注意力任务都受益于训练的事实提示，多任务训练可能增强了一种共同的神经机制。为了探究这个问题，这些研究者使用 EEG 来发现与认知控制相关的特殊标记物。他们发现，额叶的 θ 活动（4～7 赫）这种脑电波随着被试从事一项任务而变得更强。训练后，多任务训练组的额叶 θ 功率的幅度有所增加，并且额叶和大脑后部 θ 功率之间存在关联（功能连接的测量指标；图 12.30）。这种变化的大小预测了被试在《神经赛车手》和注意力任务中的长期成绩提高。

诸如此类的研究导致了许多科技公司的出现。他们开发了增强认知能力的视频游戏。这些低成本的工具在临床上有很大的应用价值，为脑卒中恢复或延缓神经认知障碍的发生提供了新的干预手段。人们也期待未来的技术能否提升心理能力以弥补学校教育的不足，或者克服优质的教育资源有限的问题，或者产生新一代的爱因斯坦——当然这些努力也会引发伦理思考。

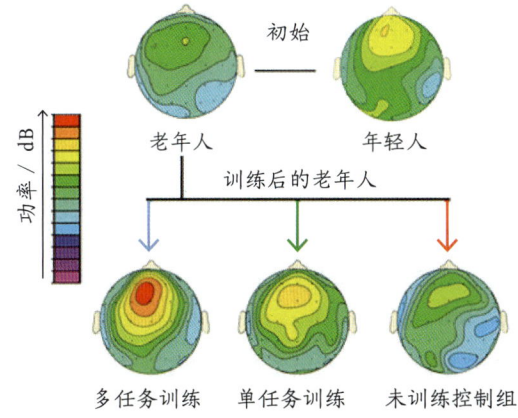

图 12.30　认知控制训练

在玩电子游戏时的内侧额叶 θ 功率（振幅）。在进行电子游戏训练前，与年轻被试相比，老年被试的这一信号低得多。在训练（多任务）后，老年被试显示出了强得多的 θ 活动。

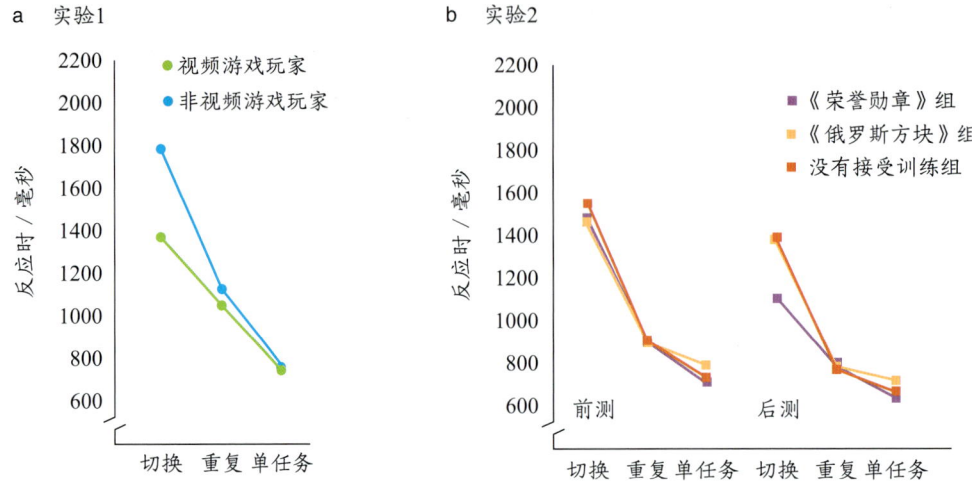

图 12.31 视频游戏经验的益处仅见于需要认知控制的试次
（a）有经验的视频游戏玩家和非视频游戏玩家执行两项任务：一项需要判断一个音调的音高，另一项需要判断一个视觉刺激的大小。任务为交替任务（双任务）或单独测试任务（单任务）。双任务分为任务变更（切换）或保持不变（重复）两种试次。被试在双任务（尤其是切换任务）试次的反应更慢。这种切换代价在视频游戏玩家中降低了。然而，视频游戏玩家和非视频游戏玩家在重复双任务和单一任务试次上仅表现出了微小差异。（b）相比训练玩非动作视频游戏（如《俄罗斯方块》）或不玩视频游戏，训练非视频游戏玩家玩动作视频游戏（如《荣誉勋章》）能让他们在切换任务试次中的表现有很大提高。

12.7 保证目标导向性行为成功

蒂姆·沙利斯和唐纳德·诺曼（Donald Norman）提出了认知控制的心理学模型，概述了各种加工条件，其中一个动作的选择可能需要一个高水平控制系统的运作。他们称之为监督性注意系统（supervisory attentional system，SAS）。这些条件包括以下任一情况。

- 制订计划或决策是必须的。
- 反应是新的或未进行学习的。
- 所要求的反应与一个强大的习惯性反应竞争。
- 纠错或排除故障是必须的。
- 情境是困难或危险的。

到目前为止，我们都没有详细分析后四种情况共同需要的一种认知控制能力。对于一个执行目标导向性行为（特别是包含子目标时）的人来说，能够实时监控进展特别重要。如果这是一种得到充分学习的过程，那么应该有一种方法来提示与事件预期过程的偏差。

内侧额叶皮质作为一个监控系统

人们可能期望有一个**监控系统**就像一个监督者，能监控活动的总体流程，并在出现问题时随时介入。但对于一个神经监控系统来说，这个类比存在一个问题：它仿佛一个小矮人。监督者必须具有整个过程的知识，并了解各部分如何一起工作。但是，关于认知控制的任何生理模型的目标是相反的：在神经元水平上的各种简单运作是如何导致了像监控这样的认知控制运作的呢？

在过去 30 年，人们对作为监控系统关键组成部分的内侧额叶皮质，特别是**前扣带皮质**的兴趣急剧增加。事实上，关于内侧额叶皮质的故事是认知神经科学历史上的奇妙篇章。扣带皮质埋藏于额叶深处，以原始的细胞结构为特征。它在历史上曾被认为是边缘系统的组成部分，有助于在痛苦或遭到威胁的情况下调节觉醒和自主反应。大多数皮质区域的功能是通过与神经障碍相关的行为问题发现的；动物实验与为数不多的相关人类临床报告都表明，扣带皮质损伤与无动性缄默（akinetic mutism）有关。无动性缄默是一种以最少的身体运动，即运动不能症（akinesia）为特征的疾病，包括无口语，即缄默症（mutism）。这些结果与将扣带皮质视为一个唤醒系统组成部分的观点相吻合。然而，在早期的神经影像学研究中，当人们观察到前扣带皮质的意外激活时，它在认知控制中可能发挥更中心作用的观点就开始受到重视。

随后的研究表明，当一项任务变得困难时（在这种情景中，对监控的需求可能会很高），内侧额叶皮质始终处于激活状态。一项元分析列出了 38 项 fMRI 研究所发现的激活中心，而这个中心就涉及监控需求很高时的情况。激活聚集在前扣带区域（BA24 区和 BA32 区），但也扩展到了 BA8 区和 BA6 区；因此，我们将这整个区域称为内侧额叶皮质。

内侧额叶皮质如何监控认知控制网络中的加工？

与大部分额叶皮质一样，内侧额叶皮质与大脑的大部分区域存在广泛连接。例如，扩散张量成像研究表明，仅前扣带皮质就有至少 11 个亚区（图 12.32）。这些亚区由白质与其他脑区的不同连接模式来区分并定义。例如，有一个亚区与眶额皮质存在强连接，另一个亚区与腹侧纹状体存在强连接，还有一个亚区与运动前区存在强连接。这种解剖结构与之前的假设一致，即内侧额叶皮质是影响决策、目标导向性行为和运动控制的关键区域。对该区域功能的认识引发了学界一直很活跃的争论。我们将先回顾一些假设，以解释内侧额叶皮质在认知控制中的功能。

注意层级假设

一个早期的假设认为，内侧额叶皮质应被视为一个注意层级的一部分。根据这种观点，内侧额叶皮质在该层级结构中占据上层位置，对各注意系统的协调活动发挥关键作用（图 12.33）。在一项关于视觉注意的 PET 研究中，被试要么需要选择性地注意单个视觉维度（颜色、运动和形状），要么同时监控所有三个维度的变化。在后一种情况下，注意资源必须在各维度之间进行分配（Corbetta et al., 1991）。

与被动观察刺激的控制条件相比，选择性注意条件与视觉联络区中特征特异性区域的活动增强相关。例如，注意运动与外侧纹前皮质的血流增加相关，而注意颜色则刺激更内侧区域的血流。然而，在分散注意任务中，最强的激活区域是前扣带皮质。这些发现提示，选择性注意会导致专门加工某些特征的区域发

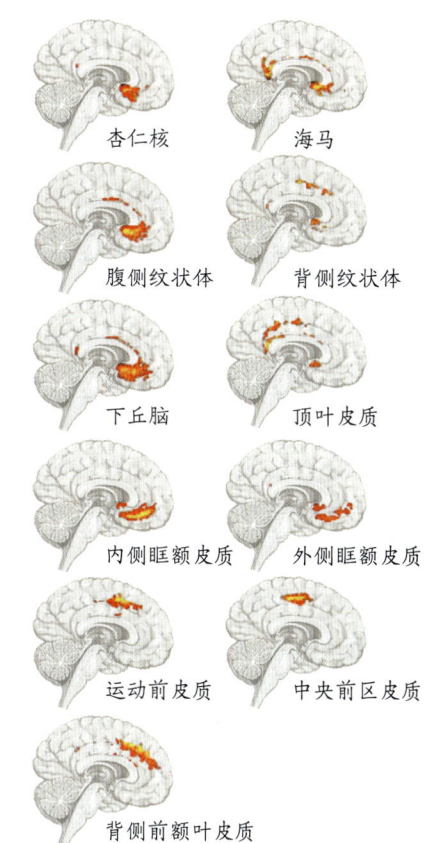

图 12.32　扩散张量成像可以识别扣带皮质和其他脑区之间的解剖连接

扣带皮质的 11 个子区域中的每个子区域（此处分别突出显示）均与单独的特定脑区具有显著的连通性。

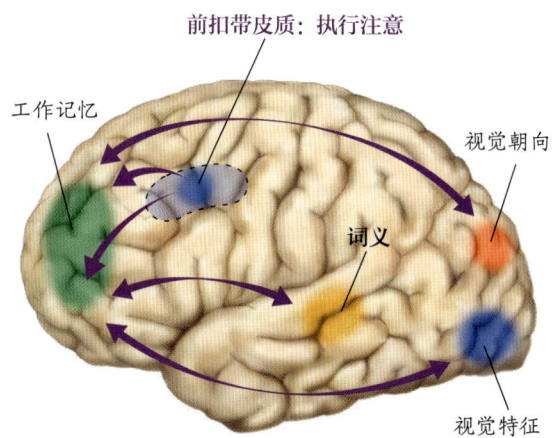

图 12.33　前扣带皮质被假设为一个执行注意系统

考虑到当前任务的要求，该系统可确保其他脑区的加工尽可能高效。与前额叶皮质的交互作用可能会选择工作记忆缓冲区，与后部皮质的交互作用可以放大知觉模块针对他人的活动。与后部皮质的交互作用可能是直接的，这些交互作用也可能受到与前额叶皮质连接的中介作用。

生局部变化。相反，注意分散条件需要一个更高级别的注意系统，后者可以同时监控各专门模块中的信息。

内侧额叶皮质的激活随注意需求的下降而变化，进一步证实了该区域和注意之间的关联。如果一个动词生成任务（图 12.22）在连续区组间重复进行，则主要激活会从扣带皮质和前额区转移到颞叶的脑岛皮质（Raichle et al., 1994）。这种转移表明，任务已发生改变。在初始试次中，被试必须根据语义相关性选择一个选项。例如，如果目标名词是"苹果"，可能的反应则是"吃""掷""果皮"或"杂耍"，而被试要从这四个选项中选择一个答案。然而，在后续试次中，由于语义关联词几乎总是相同的，因此该任务的要求从"语义生成"转换为"记忆提取"。例如，在第一个试次中报告了"果皮"的被试在后续试次中都会做出相同选择。

在第一个试次中，前扣带皮质的激活可能与一个监督性注意系统的两个功能有关：针对新颖条件和更困难任务做出反应。因为在生成条件下，反应不明确，所以它比重复条件困难。但在后续试次中，生成任务变得更加容易（从反应时的显著减少可以看出），并且这些刺激也不再是新的。同时，扣带的激活增强现象消失，反映出对监督性注意系统需求的减少。这种转换支持刺激失去了新颖性的观点，而不是练习导致了内侧额叶皮质激活的普遍降低，因为研究发现，当采用一个新的名词表时，扣带就会被重新激活。

注意层级模型的一个问题是：它是描述性的，而不是机制性的。该模型确认，当任务的注意需求很高时，内侧额叶皮质会被激活，但是没有指明这种激活是怎样发生的，也没有指明内侧额叶皮质所支持的表征类别。我们可以假设，表征包括当前目标以及实现该目标所需的所有子操作。然而，这种表征非常复杂。而且，即使这些信息都在内侧额叶皮质中得以表征，我们仍然无法解释内侧额叶皮质如何使用这些信息来实现认知控制。从某种意义上说，注意层级模型使人联想到了小矮人问题：为了解释控制方式，我们假设存在一种控制器（却不描述该控制器是怎样被控制的）。

错误检测假设

对注意层级假设的质疑促使研究者建构其他模型来探讨内侧额叶皮质如何参与行为监控。这种模型的最初设想来自内侧额叶皮质参与错误检测的证据。诱发电位研究表明，内侧额叶皮质会发出与错误出现相关的电生理信号。当人们做出错误反应时，一个大的诱发反应在动作刚被启动后会遍布前额叶皮质（图12.34）。当时间锁定在一个反应时，这个信号被称为**错误相关负波**（error-related negativity，ERN）；而当时间锁定在一个反馈时，它被称为**反馈相关负波**（feedback-related negativity，FRN）。研究者发现，它起源于前扣带皮质（Dehaene et al., 1994）。或许，监控系统会检测出何时发生了错误，并将此信息用于增强认知控制。

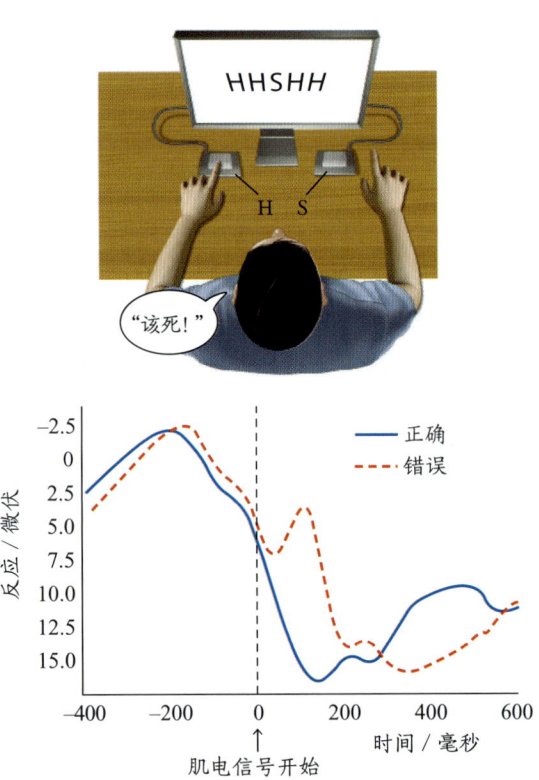

图 12.34　在二选一字母辨别任务中出现选择错误会触发一个来自内侧额叶皮质的错误检测信号

当强调速度并且目标被两边无关刺激干扰时，被试会犯错误。在外周的动作活动开始后，针对错误反应试次与正确反应试次的诱发电位不同。错误检测信号在位于前额叶皮质上方的中央电极上最大，并且被认为起源于前扣带皮质。横轴上的 0 表示肌电活动开始。实际动作在 50～100 毫秒后被观察到。

这一假设为内侧和外侧前额叶皮质的同时激活提供了新的观点，抓住了一个注意系统应该具有的诸多功能优势。通常，我们对任务不上心时就会出错。假设你被要求执行图 12.34 所示的任务 1 小时，而刺激每 6 秒才出现一次。在这种无聊的操作下，你会开始走神。你可能会考虑今晚要做什么，而这个新目标开始占用你的工作记忆，取代实验目标要求的对中间而不是两边的某个字母做出反应。糟糕！你突然发现自己按错了键。这时，一些生理反应（如错误相关负波）就会重新激活工作记忆中的实验目标。

一组研究者（Eichele et al., 2008）使用 fMRI 来看可否预测人们什么时候可能犯错。他们检查了连续试次中的事件相关反应，想知道在错误发生之前，信号是如何变化的。他们发现，有两个变化值得特别注意。第一，在一个错误发生之前，在横跨内侧额叶皮质和右侧下额叶皮质的一个网络中，神经活动持续下降——在发生错误前最长 30 秒就可以检测到这种下降趋势（图 12.35）。

第二，在一个差不多的时段内，楔前叶和压后皮质的活动增加。这两个区域是默认网络的关键部分，被认为与自我参照加工相关（例如，当你开始考虑手头工作以外的其他事情时；参见第 13 章）。从而，我们可以看到神经活动从监控系统转移到了心理游移系统，并保持这种游移状态直到发生一个错误。

错误相关负波和反馈相关负波是一个监控系统中特别显著的信号。然而，内侧额叶皮质的参与不仅限于发生错误的情况。在许多很少发生错误的任务中，内侧额叶皮质的激活也显著。斯特鲁普任务就是这样的例子。当单词和颜色不一致时，人们完成该任务所遇到的困难通常会反映在反应时上，而很少反映在准确性上。也就是说，人们会花更长的时间，但不犯错误。然而，与单词和颜色一致相比，在不一致试次中，内侧额叶皮质的激活高得多（Bush et al., 2000）。类似地，与仅重复单词者相比，当要求人们生成单词的语义关联词时，即使很少发生错误，内侧额叶皮质的激活程度也更高。

此外，最近的研究提示，反馈相关负波可能不是错误本身的一个电生理指标，而是在结果意外时出现的。妮古拉·费迪南德（Nicola Ferdinand）及其同事（2012）设计了一个实验，以测试反馈相关负波是受事件的效价（消极、积极或中性结果）调节，还是受惊讶值（意料或意外结果）调节。为此，他们在被试完成一个时间估计任务时记录了 EEG 指标。在这个任务中，被试必须在一个刺激出现 2.5 秒后按下一个按钮。

每一试次会产生以下三种反馈类型之一：如果按动偏离 2.5 秒太多（太早或太晚）则为消极反馈；如

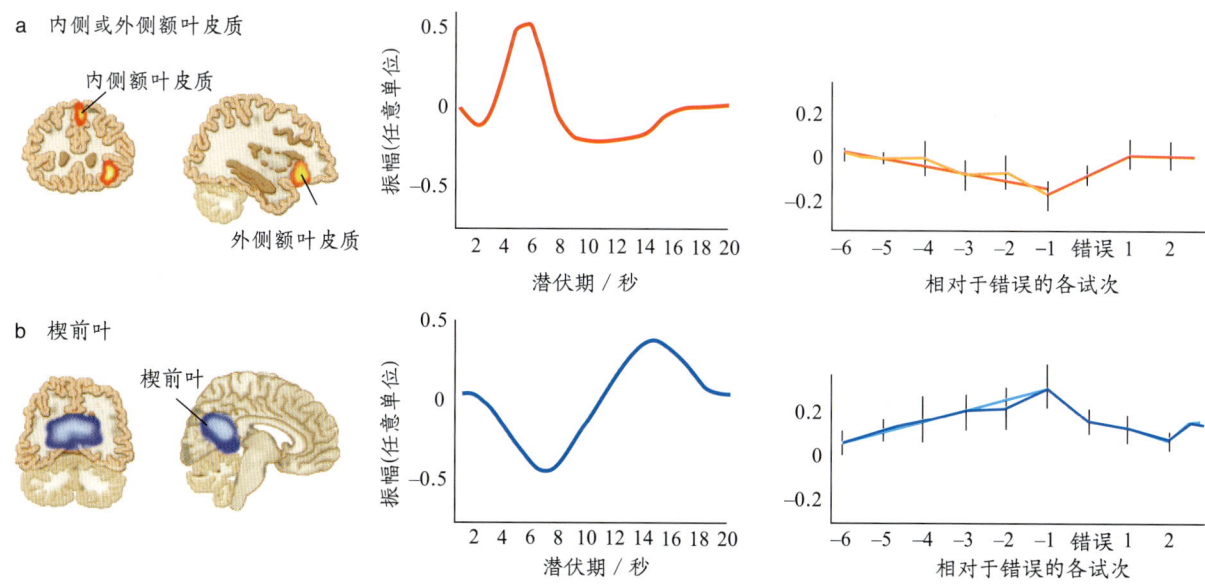

图 12.35 监控网络和默认网络之间的活动平衡与错误发生概率相关

（a）内侧额叶皮质和外侧额叶皮质在刺激出现后表现出 BOLD 反应增强。（b）在刺激出现后，楔前叶（默认网络的一部分）的 BOLD 反应下降。a 和 b 中最右边的图表示各试次之间的相对反应。内侧额叶皮质在发生错误之前的激活相对较低，而楔前叶的激活较高。请注意，发生错误后，这两个区域的相对激活急剧变化。

果接近 2.5 秒，则为积极反馈；如果按动时间接近目标时间，但不在一个积极反馈的范围内，则为中性反馈。重要的是，研究者对反馈标准进行了调整，以使 60% 的试次获得中性反馈，而其余试次是一半积极反馈和一半消极反馈。通过这种方式，被试发展出一个对中性反馈的期望，而每个高效价结果（消极或积极反馈）都是意外的。研究者发现，被试在消极和积极反馈试次中显示出了相似的反馈相关负波（图 12.36）。

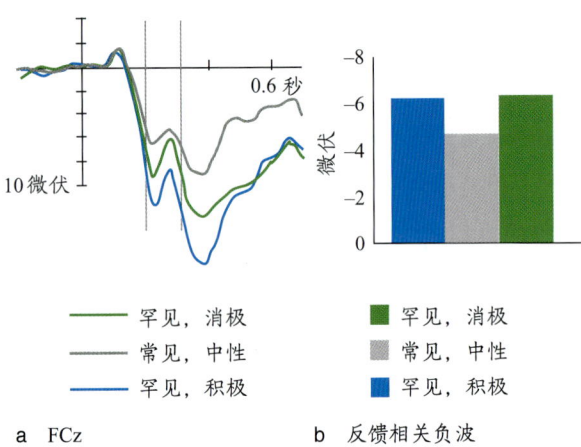

图 12.36　三种类型的反馈所引起的 ERP
（a）在频繁（中性）反馈和两种不频繁反馈（消极、积极）之后，研究者从一处内侧额叶电极（FCz）记录的 ERP。（b）与意料之中的反馈相比，意外的消极和积极反馈都在额叶中部位置产生了更大的负反馈相关负波 ERP。

这项研究暗示，反馈相关负波并非提示错误，而是提示意外反馈。结合内侧额叶皮质在许多不发生错误时处于激活状态的结果，我们可以认为，错误检测假设不太可能对内侧额叶皮质的功能给出一个总体计算解释。错误相关负波常常与错误关联，反映了人们过分自信：作为"典型"被试的大学生，我们预期会给出正确答案。当发现出错时，我们在大多数情况下会感到惊讶。

反应冲突假设

乔纳森·科恩（Jonathan Cohen）及其同事假设，内侧额叶皮质的一个关键功能是评估**反应冲突**（J. D. Cohen et al., 2000）。这个假设旨在为该区域的监控作用提供一个架构性解释，以便把注意层级和错误检测这些早期模型也包括进来。困难和新颖情境应该会引起高反应冲突。在语义生成任务中，在可供选择的反应之间就存在冲突。从定义来看，错误也就是一些存在冲突的情境。在斯特鲁普任务中也包含冲突，因为所要求的反应与一个更习惯的反应发生冲突了。

在科恩看来，冲突监控是分配注意资源的一种高效率方法。当监控系统检测到高冲突时，大脑就有一种提高注意警觉性的需要。前扣带皮质的激活增加可被用于调节其他皮质区域的活动。

研究者采用事件相关 fMRI 来检验错误检测假设和反应冲突假设。其中一项研究使用了侧抑制任务（flanker task）。这个任务有点类似于图 12.34 所显示的任务，只是字母被一排五个箭头代替（Botvinick et al., 1999）。被试对中央箭头的指向做出反应。如果箭头指向右侧，则按下右侧按钮；如果指向左侧，则按下左侧按钮。在一致试次中，两侧箭头指向相同的方向；在不一致试次中，两侧箭头指向相反的方向。结果显示，在不一致试次中，内侧额叶皮质的神经活动比在一致试次中高。重要的是，被试即使反应正确，这种活动增加现象仍然出现了。这些结果提示，是监控的需要，而不是错误的出现，使内侧额叶皮质参与进来。

后续研究试图阐明一个冲突监控过程是怎样成为一个认知控制网络的一部分的。我们在这里介绍斯特鲁普任务的一种变式。在这个变式中，每个试次开始时都会给出一个线索，表明被试应该朗读单词还是命名颜色（图 12.37a）。一段延迟后，线索将被一个斯特鲁普刺激代替。通过一个线索和刺激之间的长延迟，研究者可以分别检查与目标选择有关的神经反应和与反应冲突有关的神经反应。此外，实验者还可以通过线索来操纵两个因素：目标难度（一般认为朗读单词比命名颜色更容易）以及颜色—单词一致性。

结果显示，这两个因素之间具有显著的神经关联（图 12.37b）。外侧前额叶皮质激活与针对目标选择的难度明显呈正相关。当任务变得更困难时，该区域的 BOLD 反应甚至在实际刺激出现之前就增加了。相反，前扣带皮质的激活对反应冲突程度敏感，即当单词和刺激颜色不一致时，激活更高。

该项研究的结果图与有关错误相关负波—反馈相关负波文献中的结果图相似。外侧前额叶皮质表征任务目标，而内侧额叶皮质则监控该目标是否实现。但是，它与错误检测模型的一个区别在于，这个内侧的监控过程不仅发生在出现错误时，只要有冲突，监控

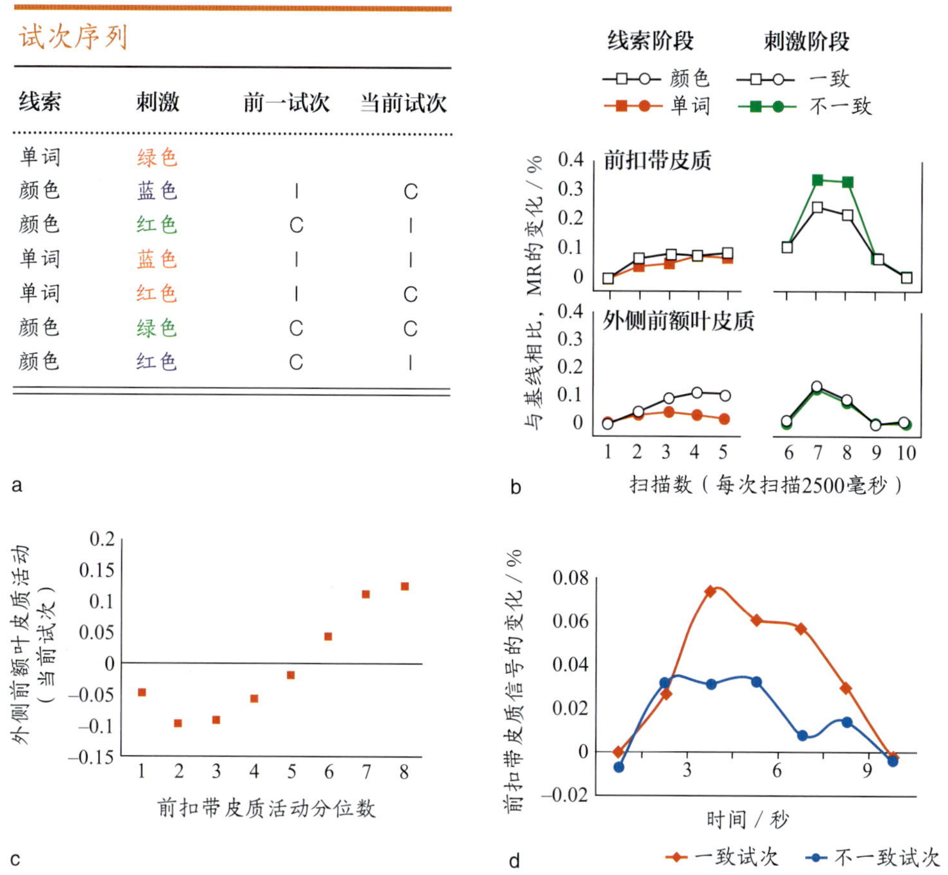

图 12.37　内侧和外侧额叶皮质之间的交互作用促进目标导向性行为

（a）被试完成一系列斯特鲁普任务，对线索所要求的单词或颜色做出反应。C =一致条件；I= 不一致条件。（b）fMRI 显示，外侧前额叶皮质和前扣带皮质之间出现了双分离现象。在线索阶段，外侧前额叶皮质激活在线索提示任务难（颜色）或易（单词）上出现了差异。前扣带皮质激活在刺激阶段根据反应冲突与否而发生变化（不一致大于一致）。（c）在连续两个试次中，前扣带皮质和外侧前额叶皮质的激活之间的相关性。在前扣带皮质监控系统检测到一个冲突后，任务目标的外侧前额叶皮质表征得到增强。（d）与前一试次为一致试次相比，前一试次为不一致试次会在当前不一致试次中引发一个更低的前扣带皮质信号。出现这种信号降低被认为是因外侧前额叶皮质中的目标表征更强，所以冲突降低。

就会发生。在面对新颖情境或特别高要求的任务时，我们可预期内侧额叶皮质的激活更高。

需要指出的是，先前的研究仅显示了外侧和内侧额叶的单独作用。一项后续事件相关 fMRI 研究直接证明了这两个区域协同作用以实现认知控制。在前一个试次中，外侧前额叶皮质的激活与前扣带皮质的激活高度相关（图 12.37c）。因此，在一个不一致的斯特鲁普试次中，一个高反应冲突信号导致了外侧前额叶皮质更强的反应。根据错误检测模型，内侧的监控功能可被用于调节目标在工作记忆中的激活水平。那些困难试次有助于提醒被试坚持完成任务。

我们可以假设内侧额叶活动调节了前额叶皮质的过滤加工，从而确保那些无关的单词名称被忽略。有趣的是，当不一致试次的前一个试次也不一致时，前扣带皮质的激活更低（图 12.37d）。假设不一致试次会导致工作记忆中的任务目标被更强地激活，结果是，对下一试次中无关信息的过滤更好，从而减小了在那个试次中产生的冲突的程度。

反应冲突假设的核心是，一个冲突信号的出现可能会影响后续表现。例如，被试在一个反应时任务上出错后，会在下一个任务上放慢速度，即出现了错误后放缓现象（post-error slowing，PES）。如前所述，错误提供了一个信号，表明我们需要更加警惕（如使用更多的认知控制），并且可能更加谨慎。

在决策模型中，更谨慎被认为与决策阈限的改变相对应；在选择一个反应前，系统需要从环境中抽取更多信息，而信息越多，反应应该越准确。然而，有关错误后放缓现象的研究表明，反应时的增加很少伴随准确性提高。这与决策阈限假设的预测相反。因此，准确性没有变化表明，可能需要一个更复杂的假设来解释错误后放缓现象。

为了解决这个问题，布雷登·珀塞尔（Braden Purcell）和鲁兹贝·基亚尼（Roozbeh Kiani）考查了导致错误后放缓现象的神经元变化（2016）。他们训练猴子做一个眼跳，以指示一簇运动点的主导运动方向（图12.38a）。与人类相似，猴子在出错后的那些试次中显示出了错误后放缓现象，准确性也保持不变。为了确定这种作用的神经元相关性，他们对外侧顶内区皮质中的神经元进行单细胞记录（该区表征与眼跳相关的决策信号）。

结果表明，有两个因素与错误后放缓现象相关：一是决策阈限提高；二是比较意外地发现，发生一个错误后，对感觉信息的敏感性降低了（图12.38b）。这些研究者认为，这种敏感性降低可能是因错误由一个干扰信号而引起。例如，动物可能仍对在上一试次中错过奖赏而感到沮丧，没有为下一个刺激做好准备。作者提出，升高的反应阈限可能是一种适应性过程，以弥补这种感觉敏感性下降带来的后果。这些发现反映了一个监控系统如何在神经元水平上对加工过程做即时调整，以支持目标导向性行为。

对前扣带皮质的功能仍不完全清楚

反应冲突假设仍在发展中，并且有关文献也提出了一些亟须解决的问题。前扣带皮质激活与被试对可能错误的预期（而不是冲突程度）密切相关（J. W. Brown & Braver, 2005）。这一发现提示，内侧额叶皮质的作用可能不只是简单监控当前环境带来的冲突程度变化，它还可能会预料冲突出现的概率。在后一种情况下，它可能会起到预测风险和避免错误的作用。

另一个问题与我们先前对决策的讨论有关，我们

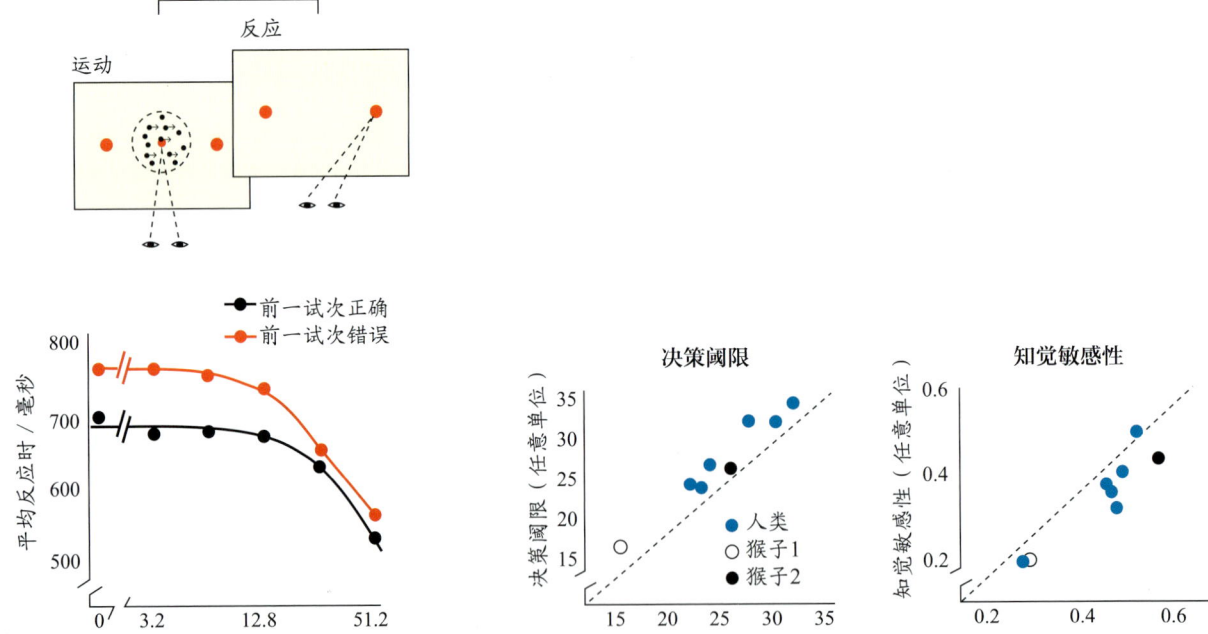

图 12.38　与错误后放缓现象相关的神经机制

（a）让猴子观看一簇移动的点，并移动其眼睛以表示这些点的最大连贯运动方向。反应时随这些点的运动连贯性的增加而减少，但在前一个试次中反应错误后，在当前试次中总会放缓速度。（b）通过一个计算模型，研究者估计了两个参数：一个代表决策阈限（左），另一个代表后一次错误相对于后一次正确的知觉敏感性（右）。在错误之后，两者都发生了改变，其中阈限变得更高（落在均等线以上），敏感性更低了（落在均等线以下）。更低敏感性是一个令人惊讶的结果。与预期相反，犯错似乎会导致知觉系统敏感性的短暂下降。

注意到前扣带皮质与评估做出一个行为选择所需要的努力有关，从而帮助进行成本—收益分析。这一假设对在困难任务中观察到的内侧额叶皮质广泛激活现象予以了重新解释。杰克·格林班德（Jack Grinband）及其同事（2008）观察到，在这些情况下，反应时往往更长。他们认为，这里的激活可能仅仅反映了用于任务的时间量（也是努力程度的一个指标）。

为了验证这一想法，他们让被试以不同的时长观看一幅交替闪烁的棋盘图。被试的任务只是简单地在棋盘图消失时按下一个按钮。在这一任务中，刺激是明确的，只有一个反应并不需要决策。因此，任务没有错误，也没有任何冲突。即便如此，内侧额叶皮质的激活也受到了任务持续时间的调节，与从被试完成斯特鲁普任务时所观察到的结果相似。当然，我们难以从一个零结果做出推断（这两个任务中的激活相似），但是这些结果给为什么内侧额叶皮质的激活与任务难度相关提供了另一种解释。

关于内侧额叶损伤病人的研究结果更令人困惑。这些病人在各种需要进行认知控制的任务上几乎没有缺陷。这就是为什么直到fMRI出现才能确定扣带皮质在认知控制中起作用。例如，这些病人在斯特鲁普任务中对一个错误产生的影响与控制组被试一样敏感（Fellows & Farah, 2005）。

实际上，病人的数据无法证实从"内侧额叶功能如何促进认知控制"的模型所做的行为预测。尽管这些病人的认知表现似乎相对正常，但他们也表现出了一个明显的认知缺陷：当因运动或数学问题而受到身体或心理挑战时，他们没有表现出正常应该有的唤醒变化（Critchley et al., 2003）。这一发现指向了关于内侧额叶皮质功能的一些经典观点。特别是，在对当前情境做出反应时，该区域如何在调节自主性活动中发挥监管作用（regulatory role），从而在认知和唤醒之间提供了一个接口。这种调节将是一种间接控制形式，与脑干的监管机制相关，而不是通过与前额叶皮质的认知表征直接交互作用。

研究者倾向于认同，只要一项任务需要认知控制，内侧额叶皮质就会参与其中，并且其激活始终与基于动机和基于奖赏的决策相关联。这种相关性导致乔纳森·科恩更新了关于冲突监控的观点（Shenhav et al., 2016），并提出了一个新模型，其中，内侧额叶皮质在很大程度上是一个元认知变量，即估计在给定情况下需要多少认知控制，以及投入这个控制可获得的收益。

通过这个控制的期望价值（expected value of control，EVC）模型，内侧额叶皮质不仅监控当前选择过程，还提供了一个信号用于决定怎样分配控制过程。当任务之间存在竞争时（通常是这种情况），此信号可用于决定该任务是否"值"这么多认知控制（一种注意分配形式）。该模型可能对内侧额叶皮质的功能给出一个全面的解释，从而为注意层级假设提供一个计算化解释。该模型的缺点是，没有了错误检测模型和反应冲突模型的简洁性。

重要的是，错误检测假设和反应冲突假设以及控制的期望价值模型提出了一种无须通过类似于小矮人的机制进行精确控制的方法。究竟是简单的神经机制还是复杂的神经网络能够评估多重反应同时活跃的程度还有待观察，而未来的实验将决定这些想法是否具有持久的价值。但是，他们给出了一个令人鼓舞的实例，说明随着许多认知神经科学工具的出现，我们也可以对最高级的认知能力进行严格的实验研究。

关键信息

- 内侧额叶皮质，包括前扣带皮质，被认为是一个监控系统的关键部分，用于识别需要认知控制的情况。
- 错误相关负波或反馈相关负波的信号是事件相关电位。它们在意外反馈时会出现，并由内侧额叶皮质产生。
- 当反应冲突高时，内侧额叶皮质被激活。通过与前额叶皮质外侧区域的交互作用，监控系统可以监管认知控制水平。

概　要

　　前额叶皮质在认知控制功能中起关键作用，而认知控制功能对于目标导向性行为和决策至关重要。认知控制系统使我们能够灵活地采取行动，而不只是由自动化行为驱动。前额叶皮质包含一个紧密连接的网络，将大脑的运动、知觉和边缘区域连接起来，在协调中枢神经系统各区域的加工中处于极好的位置。

　　目标导向性行为和决策涉及计划、评估选项以及计算奖赏和后果的价值。这些行为要求我们表征环境中并不总是立即出现的信息。工作记忆对于执行此功能至关重要。它允许当前目标与从个人经验中积累的知觉信息和知识交互作用。我们不仅需要表征目标，这些表征也必须能够长时间保持。工作记忆必须是动态的。它要求提取、放大和操纵对当前任务有用的表征，并具有忽视潜在干扰的能力。同时，我们还必须保持灵活性。如果目标改变了，或者情势要求采取另一种行动方案，那么我们必须能够从一个计划转向另一个计划。这些操作需要一个可以监控当前行为的系统，并在失败或存在潜在冲突时发出信号。

　　本章强调了两个功能系统：（a）外侧前额叶皮质、眶额皮质和额极支持目标导向性行为，提供了一个工作记忆系统，来收集和选择存储在皮质更后部区域与任务相关的信息；（b）内侧额叶皮质被认为与其他前额叶皮质协同工作，监控当前活动，从而调节认知控制的程度。

　　正如我们在本章和第 8 章所指出的，对动作的控制具有层级性。正如运动系统中的控制分布在许多功能系统中一样，前额叶的功能也有类似的组织。前额叶皮质通过这种方式分配控制，使得对一个全能控制器，即一个小矮人的需求最小化了。

关 键 术 语

持续症（perseveration，p.499）
初级强化物（primary reinforcers，p.509）
次级强化物（secondary reinforcers，p.509）
刺激—反应决策（stimulus–response decisions，p.508）
错误相关负波（error-related negativity，ERN，p.536）
动态过滤（dynamic filtering，p.522）
多巴胺（dopamine，DA，p.515）
额极（frontal pole，FP，p.498）
反馈相关负波（feedback-related negativity，FRN，p.536）
反应冲突（response conflict，p.538）
规范性决策理论（normative decision theories，p.508）
价值（value，p.509）
监控（monitoring，p.534）
奖赏预测误差（reward prediction error，RPE，p.515）
眶额皮质（orbitofrontal cortex，OFC，p.498）

描述性决策理论（descriptive decision theories，p.508）
目标导向性行动（goal-oriented actions，p.501）
目标导向性行为（goal-oriented behavior，p.498）
内侧额叶皮质（medial frontal cortex，MFC，p.498）
前额叶皮质（prefrontal cortex，PFC，p.498）
前扣带皮质（anterior cingulate cortex，ACC，p.534）
认知控制（cognitive control，p.498）
时间折现（temporal discounting，p.511）
使用性行为（utilization behavior，p.500）
外侧前额叶皮质（lateral prefrontal cortex，LPFC，p.498）
习惯（habit，p.501）
行动—结果决策（action–outcome decisions，p.508）
延迟反应任务（delayed-response tasks，p.501）
抑制性控制（inhibitory control，p.526）

思 考 题

1. 请描述你日常活动中的三个例子，证明行动如何涉及习惯性行为和目标导向性行为之间的相互作用。
2. 有关额叶皮质根据三个梯度（腹—背、前—后和外侧—内侧）的功能分工假设是什么？
3. 人类认知的基本特征是我们在行为上表现出了极大的灵活性。灵活性意味着选择，而选择需要决策。请描述决策中涉及的一些神经系统。
4. 请回顾和对比前额叶皮质和内侧额叶皮质参与监控和控制过程的一些方式。
5. 监督注意系统的概念在某些研究者看来并不适合，因为它看起来像是一个小矮人概念。这样的一个系统是不是认知控制网络的必要部分？请解释你的回答。

推荐阅读

Badre, D., & D'Esposito, M. (2009). Is the rostro-caudal axis of the frontal lobe hierarchical? *Nature Reviews Neuroscience, 10*, 659–669.

Botvinick, M. M., & Cohen, J. D. (2014). The computational and neural basis of cognitive control: Charted territory and new frontiers. *Cognitive Science, 38*, 1249–1285.

Braver, T. (2012). " The variable nature of cognitive control: A dual mechanisms framework. *Trends in Cognitive Science, 16*(2), 106–113.

Fuster, J. M. (1989). *The prefrontal cortex: Anatomy, physiology, and neuropsychology of the frontal lobe* (2nd ed.). New York: Raven.

Lee , D., Seo, H., & Jung, M. W. (2012). Neural basis of reinforcement learning and decision making. *Annual Review of Neuroscience, 35*, 287–308.

Miller, E. K., & Cohen, J. D. (2001). An integrative theory of prefrontal cortex function. *Annual Review of Neuroscience, 24*, 167–202.

不论年龄、性别、宗教、经济状况或种族背景如何,能够团结全人类的一件事是:在内心深处,我们所有人都认为自己是驾驶水平在一般水准以上的司机。

——戴夫·巴里(Dave Barry)

第 13 章
社会认知

当发生高速或硬物撞击时，颅骨只能有限地保护大脑。不幸的是，当 M. R. 骑摩托车高速撞上一个硬物时，一系列灾难降临到了他身上。车祸造成了一种撞击-对冲性外伤（coup-contrecoup injury）：巨大的冲击力导致他的脑组织弹向头盖骨后部，然后反弹到眼球周围的锯齿形脊，后者像刀子一样划破了他的脑组织。这一撞伤导致 M. R. 位于眼眶后面的眶额皮质遭受了大面积损伤。

尽管遭受了大面积脑损伤，但 M. R. 在记忆、运动和语言技能等标准神经心理测试中表现良好。然而，如果和他随便聊聊，你会立刻注意到一些不对劲的地方。例如，他可能会用一个过于亲近的拥抱向你这个陌生人表达问候，可能坐得离你太近，或者盯着你太久，同时与你讨论一些非常私人的话题，没完没了地描述他最近修剪的盆景，即便你对这一话题明显表现出了厌烦。M. R. 表现出的不恰当社交行为是眶额皮质损伤病人的常见症状（Beer et al., 2003）。

并非仅有驾驶高速行驶的汽车或摩托车才可能造成眶额皮质损伤。神经科学专业的学生应该很熟悉，最著名的眶额皮质损伤个案是 1848 年美国佛蒙特州铁路建设队工头菲尼亚斯·盖奇（Phineas Gage）的病例。盖奇在设置用于炸开岩石的爆炸控制装置时，用一根钢钎把一些暴露在外的火药压实，不慎产生了火花，最终点燃了炸药。由此引发的爆炸使一根 90 多厘米长的钢钎像火箭一样迅速穿透了盖奇的颅骨。钢钎从他的左眼下方穿入并从头顶穿出，在眶额皮质上造成了一个大洞（图 13.1）。令人惊讶的是，盖奇在整个事故中始终保持着清醒和警觉。

几个月后，盖奇身上的伤口愈合了，但他的人格和行为彻底改变了。他曾是一位受人尊敬的公民和模范工人，深受人们喜爱。但在受伤后，他的朋友们说他"不再是盖奇了"（MacMillan, 2000, p.13）。盖奇的医生描述受伤后的他"粗鲁无礼，沉溺于最粗俗的语言（这在以前不是他的习惯），很少对同伴表示尊重，当规定或建议与其愿望相冲突时，他十分不耐烦"（MacMillan, 1986）。随后，盖奇被铁路公司解雇了。他在受伤后的大部分时间里都是作为一名公共马车车夫来谋生的。尽管他的人生在受伤前充满希望，但在受伤后，他再也没有担任过如铁路工头般有声望的职位。伤后的第 12 年，他开始出现癫痫，最终在 1860 年的一次长时间癫痫发作中去世。

M. R. 和盖奇的额叶都受到了损伤，导致他们的社会行为发生了改变。这提示大脑额叶与社会认知有关。社会认

大问题

- 在大脑中，"我"位于何处？
- 我们是不是以同样的方式来加工关于自我和他人的信息的？
- 社会信息加工对于每个人都是一样的，还是受个体和文化差异影响？
- 情绪在多大程度上参与了社会认知？

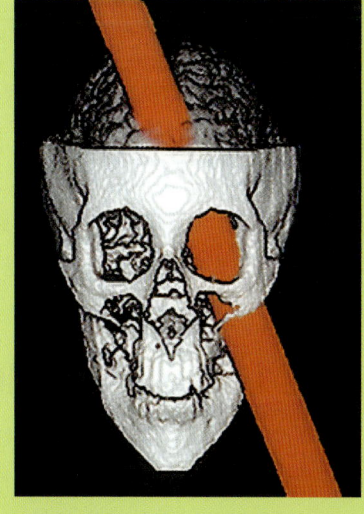

图 13.1 菲尼亚斯·盖奇脑损伤的计算机重建

钢钎从盖奇的左眼下方穿入了大脑，然后从头顶穿出。它破坏了盖奇的前额叶皮质内侧的大部分区域。

知神经科学旨在帮助我们理解大脑如何支持社会行为背后的认知加工过程。社会认知神经科学不同于认知神经科学，因为前者强调我们的思维或行为可能会因社会环境的变化而不同（Ochsner，2007b）。例如，当我们遇到一个陌生人时，神经系统可以帮助我们分辨敌友，分辨可信和不可信，而这对生存和繁衍成功来说至关重要（J. T. Cacioppo et al.，2011）。在与家人、朋友、不是那么友好的熟人、恋人、同事甚至陌生人的互动中，我们形成了自我意识，也形成了对他人的印象。

很显然，对于一次社会互动而言，至少需要两个人才能跳起探戈。而要把探戈跳好，就必须了解我们的搭档。在这一章中，我们将讨论有关自我、他人以及社会知识的神经表征研究，并聚焦腹内侧前额叶皮质。在认识了前额叶皮质区域之间的紧密联系后，我们就可以开始了解心理是如何从人类大脑的架构中涌现的。

我们将从一些涉及自我／他人信息加工的解剖结构开始。随后，我们将探讨社会互动如何影响神经发育，并讨论与眶额皮质损伤和发育障碍相关的社会缺陷。在那之后，我们便转向你，也就是你的自我意识、你如何认识自己以及你如何认识他人。我们想探讨了解自我和了解他人的加工过程是否相似，以及它们是否涉及相同的神经基础。

然而，了解自己和他人还只是成功驾驭社交世界的一部分。我们想知道，大脑在学习社会规则并运用它们指导我们的行为和决策中，能做什么及怎样做。请注意，社会性反应，包括产生面部表情、评估社会群体、分类联盟以及形成刻板印象——这些都被认为是社会认知神经科学的主题——尽管在第 10 章中已有涉及，但第 10 章关注的是情绪。

13.1 社会认知的解剖学基础

到目前为止，本书关注的是与人相对无关的目标：命名单词、注意颜色和记忆位置。但人类是群体动物。我们的大多数行为都是社会性的。这种强烈的社会性似乎源于区分人类与其他动物的独特社会认知能力。

例如，当埃斯特·赫尔曼（Esther Herrmann）及其同事（2007）比较 2.5 岁的儿童与我们最亲近的灵长类亲属（如黑猩猩）在各种认知测试中的表现时，发现黑猩猩和人类幼儿在进行与物理世界有关的任务时表现得大致相当（例如，追踪物体、记忆和推理奖赏物的位置，理解一串事件的因果关系，理解工具的功能，以及进行定量推理）。然而，当完成涉及社会认知能力的任务时，人类幼儿的表现远优于任何非人灵长类动物（例如，通过追踪他人的视线来监控他人的注意焦点；理解不可观察的因果关系，如他人的心理状态）。与其他动物的大脑相比，我们人类的大脑有一些不同之处，而这些不同之处使我们能够如此社会化。

让我们从社会二人组的"自我"部分开始。虽然每个人都有关于自己的信息，包括我们的个人特质、信念、欲望、过去、空间位置以及"身体是我们自己的"这样的知识，但我们无法指着大脑的某一块区域说："这是加工自我以及所有与自我有关的信息的地方。"回顾第 4 章就知道，切断胼胝体将导致两个有意识的大脑半球出现独立的、不同的皮质加工，即一个身体中出现了两个自我。

进一步说，自我似乎是一个混合品。它由独立的加工过程组成，充满了源自大脑和身体内外的独立内容。失去一个加工过程，你就失去了一部分旧的自我，从而具有一个新的自我。这个新的自我就像盖奇一样，可能是很不相同的（下一章将讨论自我的另一个方面，即成为自己的主观体验）。当步入社交世界并将自我与他人混合时，我们就激活了"社会脑"。社会脑似乎由相互连接的系统组成，其中一些可能专门负责社会互动。

前额叶皮质是本章关注的重点。前额叶皮质是额叶的前部区域（参见本章的**"解剖定位"专栏**），是进化对大脑的最新贡献。前额叶皮质的外侧分为背外侧前额叶皮质和腹外侧前额叶皮质。我们所关心的内侧区域是**眶额皮质**和腹内侧前额叶皮质（ventromedial prefrontal cortex，vmPFC）。自我参照加工所涉及的区域是背外侧前额叶皮质、腹内侧前额叶皮质、后扣带皮质以及内侧和外侧顶叶皮质。

主观感受也有助于我们形成自我意识，并且会受到第 10 章所概述的所有大脑区域的调节，包括眶额皮质、前扣带皮质和脑岛，以及自主神经系统、下丘脑—垂体—肾上腺（HPA）轴以及调节身体状态、情绪和反应性的内分泌系统。由于记忆也是自我参照加工的一部分，因此其中也涉及颞叶。

当试图了解其他个体时，我们会激活各种大脑网络。根据任务的不同,激活的区域可能包括:杏仁核及其与颞上沟、内侧前额叶皮质和眶额皮质之间的双向连接,以及杏仁核与前扣带皮质、梭状回面孔区、镜像神经元相关区域、脑岛、颞极、颞顶联合区和内侧顶叶皮质之间的双向连接。

关键信息

- 大脑中并没有一个单一的区域来负责"自我"加工。
- 前额叶皮质对成功的社会行为至关重要。

解剖定位

社会认知的解剖

前扣带皮质
后扣带皮质
内侧顶叶皮质
腹内侧前额叶皮质

腹内侧前额叶皮质

背外侧前额叶皮质
顶叶皮质
颞顶联合区
颞上沟
眶额皮质
腹外侧前额叶皮质

13.2 社会互动和发育

前额叶皮质是认知控制、冲动控制以及决策的基石，在儿童期和青春期持续发育。前额叶皮质的成熟伴随着社会行为的发展变化。例如，以丰富的社交游戏为标志的同辈互动不断增加（Blakemore, 2008；Crone & Dahl, 2012；Spear, 2000）。发育中的大脑比发育完全的大脑更容易受到不良事件的负面影响，但也更容易从积极的事件中受益。在儿童期和青春期经受忽视或虐待等不良行为，会增加日后患精神疾病的风险，如抑郁、焦虑、精神分裂症或药物滥用（A. R. Burke et al., 2017）。

由于大鼠是高度社会化的动物，具有与人类相似的神经和行为发育过程，因此研究者经常使用大鼠来研究不良的社会经验对神经发育的影响。研究者发现，在相当于人类儿童期和青春期的时段内，对大鼠进行社交隔离（剥夺它们的社交联系，但允许它们与其他大鼠进行视觉、听觉和嗅觉上的接触）会极大地阻碍它们的社会功能发展。研究者在大鼠身上发现了前额叶皮质的功能改变、突触可塑性被破坏、前额叶皮质中多巴胺减少以及血清素升高等现象。此外，这些大鼠还出现了社会行为缺陷，如攻击性、焦虑和恐惧提高（Lukkes et al., 2009），且一直持续到成年期（Fone & Porkess, 2008）。即使让这些大鼠重新社会化，它们的社会功能也会继续下降。

然而，不仅仅是社交隔离会造成以上影响。即使是由一只不爱玩耍或玩耍模式反常的大鼠抚养，幼鼠也会表现出社会功能缺陷和神经元改变（Schneider et al., 2016），这提示不仅社交接触重要，玩耍也重要。一些研究者选取了一批处于社交游戏行为高峰期的大鼠（出生后 21—42 天；Baarendse et al., 2013），先让它们在这段时间进行社交隔离，随后又让它们重新社会化。

待这些大鼠成年后，研究者测试了它们在各种条件下的冲动性和决策能力，并将它与年轻时参与社交游戏的大鼠进行比较。在全新的、具有挑战性的情境中，被隔离的成年大鼠表现出了受损的决策能力以及更多的冲动行为。此外，从它们的前额叶皮质锥体神经元中提取的全细胞记录显示，与年轻时参与社交游戏的大鼠相比，被隔离的大鼠对多巴胺的敏感度更低。另有研究者在社交情境中饲养的大鼠身上发现了经修剪的树突分支，以及内侧前额叶皮质神经元密度减少的现象（Bell et al., 2010；Himmler et al., 2013）。

另一项研究比较了青春期前大鼠和成年雄性大鼠在急性应激、重复应激和全新应激三种条件下的皮质酮反应。下丘脑室旁核（可激活 HPA 应激反应；参见第 10 章）会因这些应激而出现激活，但是与成年雄性大鼠相比，青春期前大鼠该区域的激活更强烈、更持久（Lui et al., 2012）。这种差异并不是由于细胞密度或数量的差异引起的（Romeo et al., 2007）。这似乎提示，生命早期经历应激会导致 HPA 激活得更强烈、更持久，进而导致皮质醇水平持续升高（Lui et al., 2012）。

儿童和成人即使在客观上并不是一个人待着的，主观上还是可能有一种社交隔离感，也就是一种孤独感。经常出现隔离感的人有更高的发病率和死亡率，伴随血管阻力增加，血压升高，代谢综合征增加，HPA 活性增强，晨间皮质醇水平升高；以及支离破碎的睡眠，久坐不动的生活方式，抗炎基因表达不足而炎症基因的表达过度，免疫力下降，以及冲动控制能力减弱。即使研究者排除了其中婚姻状况、抑郁、社群大小和社交活动的影响，经常知觉到隔离感也仍然能够预测认知能力的下降、终生智力的变化、抑郁症状的恶化以及阿尔茨海默病风险的提高（J. T. Cacioppo & Cacioppo, 2014）。

在儿童期和青春期，中枢神经系统似乎更容易受到社会压力的影响，导致糖皮质激素浓度升高，进而影响大脑的发育。即便仅仅是有社会隔离感而实际并未被隔离，也会导致大脑的认知能力降低，整体发病率和死亡率提高。

关键信息

- 前额叶皮质的发育贯穿整个青春期。
- 在儿童期和青春期，社交隔离和社交游戏的缺乏会对神经元发育产生负面影响，导致社会行为缺陷，并持续到成年期。
- 儿童期的社会压力会影响大脑神经元的发育。
- 成年期的社会压力会导致神经退化。

13.3 获得性和神经发育性障碍中的社会行为缺陷

社会行为缺陷可以由额叶皮质的获得性损伤或神经发育性障碍引起。研究者在这些个体中发现的功能性缺陷为我们研究社会行为的神经基础提供了线索。

社会功能改变在眶额皮质获得性损伤病人中很常见。这些损伤包括创伤、肿瘤、卒中或手术，以及神经退行性疾病，如帕金森病、亨廷顿病和阿尔茨海默病。这类研究的主要发现是病人出现情绪加工缺陷，比如情感反应迟钝，对情绪图片和情绪记忆的自主反应受损（A. R. Damasio，1990），以及后悔情绪减少。眶额皮质损伤病人也可能表现出影响社会行为的认知控制缺陷：他们可能缺乏约束，难以容忍挫折并且容易愤怒，表现出更多的攻击性、不成熟以及目标导向的行为障碍。他们也缺乏觉知这些改变和不当的社会行为的能力（Barrash et al., 2000）。

一些神经发育性障碍与社会行为缺陷（如反社会型人格障碍、精神分裂症和孤独症谱系障碍）有关。反社会型人格障碍者能够意识到社会规范（掌控社会情境的角色、规则、期望和目标），但不能遵守这些规范。这些人可能看起来很友好，但行为很虚伪，对他人的福祉漠不关心。他们能够理解其他人也有欲望、信念、目标和意图等心理状态，但他们缺乏共情。他们可能难以控制冲动，表现出鲁莽和攻击性行为。他们也很难提前做好计划，反映出认知控制存在问题。

精神分裂症和孤独症都是异质性疾病，具有多种症状，包括社会知觉（从面孔表情、眼神和身体运动中知觉社会线索）、社会知识（意识到社会规范）和心理推测（理解他人心理状态的能力；参见第13.5节和第4章）的缺陷。这些缺陷会导致病人难以解读他人的语言和动作，进而无法理解他人的意图、知识和信念。

孤独症病人有三个共同的症状：社会技能缺陷、沟通障碍，以及受限且重复的行为、兴趣或活动模式。他们往往很少对其他人表现出兴趣，但喜欢沉浸于某个物体或重复的行为，如摇晃身体或扭动手指。如果熟悉的模式被扰乱（如以不同的方式摆放他们的餐桌，或者给他们指派一名新校车司机），他们可能会感到很不安。

剑桥大学的西蒙·巴伦-科恩（Simon Baron-Cohen）及其同事（1985）认为，由于心理推测存在缺陷，因此患孤独症谱系障碍的病人不会将注意力放在他人身上。巴伦-科恩称之为"心盲（mindblindness）"（Baron-Cohen, 1995）。这使得患孤独症谱系障碍的病人的社会互动变得困难。关于患孤独症谱系障碍的病人的研究还发现，在需要使用面孔知觉进行社会判断的各种任务上，他们也存在一定缺陷（如 Baron-Cohen, 1995; Klin et al., 1999; Weeks & Hobson, 1987）。本章稍后会再讨论孤独症。

关键信息

- 额叶神经发育性障碍和眶额皮质获得性损伤病人会表现出社会认知缺陷。
- 患孤独症谱系障碍的病人和精神分裂症病人可能因理解他人心理状态能力的不足而表现出社会缺陷。
- 反社会型人格障碍者的一些社会缺陷与认知控制缺陷和缺乏共情能力有关。

13.4 苏格拉底律令：认识你自己

苏格拉底强调"认识你自己"的重要性。我们要如何做到这一点呢？我们是通过收集关于自我信息的自我知觉过程来发展自我知识（关于特性、欲望和思想的信息）的。因为自我既是知觉者又是被知觉者，所以自我知觉是一个独特的社会认知过程。了解自己既涉及物理层面的你（那是我的手臂吗？），也涉及无法观察的本质：特质、记忆和经验等（我是一个忠诚的人吗？是谁教会了我游泳？我在哪里游过泳？）。

此外，我们必须将自我与他人区分开：我们的自我意识部分依赖我们看待关于自我的知识以及关于他人的特征、欲望和思想等知识之间的差异。例如，你可能是比较小众的人，喜欢养蛇当宠物，但你也很清楚大多数人都喜欢养狗当宠物。你的个人偏好有助于定义你与其他人相比的独特之处。**社会认知神经科学**的大问题聚焦于神经和心理机制如何支持对自我和他人信息的加工，这些机制相同还是不同，大脑如何区分自我和他人，以及社会情境如何影响这些加工过程。

本节，我们将探讨人们如何表征和收集关于自己的信息，以及大脑能告诉我们哪些关于自我知觉的特点。

自我参照加工

你出生在哪里？拿破仑又出生在哪里？我们对某些信息的记忆会比其他信息好。你基本上知道自己出生在哪里，但如果问起拿破仑，你恐怕就不一定知道了。根据弗格斯·克雷克（Fergus Craik）和罗伯特·洛克哈特（Robert Lockhart）的记忆加工水平模型，加工深度在很大程度上影响了信息存储（1972）。他们发现，相较于对信息进行表层加工，对加工信息赋予意义则能够记忆得更好。例如，相较于思考单词的字体形式，被试在思考单词的词义时更容易记住单词。

其他研究小组也发现，当人们加工与自己相关的信息时，他们会记住更多的信息（Markus，1977；T. B. Rogers et al.，1977）。例如，如果人们必须判断"快乐"这个形容词所描述的与自身相符的程度，那么和判断它与美国总统相符的程度相比（图 13.2），人们更容易记住它。人们更善于记忆与自我相关的信息。这种效应被称为**自我参照效应**。因此，如果你去过科西嘉岛，并且参观过拿破仑在阿雅克肖的出生地，又或者你就出生在那里，你就更有可能记住拿破仑的出生地。

为什么与自我有关的信息能够被记忆得更好呢？研究者提出了两种假设。一种假设认为，自我是一种独特的认知结构，具有独特的记忆符号或组织元素来促进加工，而这与其他所有认知结构所促进的加工是不同的（T. B. Rogers et al.，1977）。另一种假设打破了关于自我特殊的说法，认为我们只是对自己有更多的了解，而这有助于我们对与自我有关的信息进行更详尽的编码（Klein & Kihlstrom，1986）。

从后一种观点来看，更深层次的加工可能是因为被试将不同的形容词与他们储存的关于自我的丰富信息联系起来。相比之下，他们对于"快乐"一词有几个音节的表面判断可能只存在于关于这个词的单一维度上。虽然已有大量行为研究来验证这些假设，但只有几项影像学研究揭示了支持自我参照效应的神经系统。

如果自我是一种以信息加工为特征的特殊认知结构，那么自我参照效应应该激活不同的神经区域。威廉·凯利（William Kelley）及其在达特茅斯学院的同事（2002）开展了一项早期的 fMRI 研究来验证这一假设。被试要在三个实验条件中判断描述人格的形容词：与自我的关系（"这个特质与你相符吗？"）、与他人的关系（"这个特质与乔治·布什总统相符吗？"），或与印刷格式的关系（"这个单词是用大写字母表示的吗？"）。正如大量自我参照效应的研究所发现的，被试最有可能记住自我条件组的单词，也最不可能记住印刷格式组的单词。

那么，当被试在自我条件下做判断时，是否存在独特的大脑活动呢？与其他两种条件相比，内侧前额叶皮质在自我状态下被激活（图 13.3）。随后的研究发现，内侧前额叶皮质的激活水平可以预测被试在额外的记忆测试中会记住哪些内容（Macrae et al.，2004）。

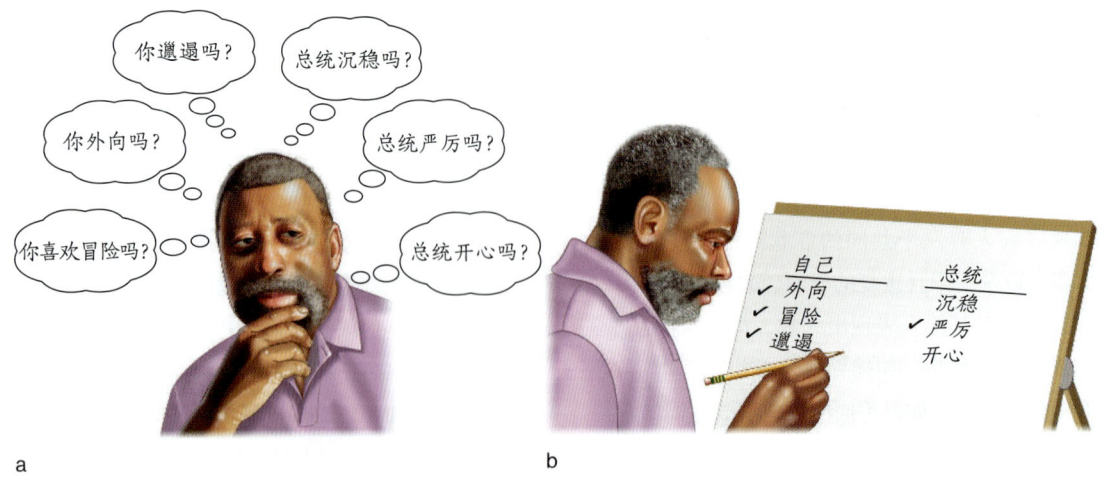

图 13.2　一个典型的自我参照加工实验
（a）被试需要回答一系列关于自己以及他人的人格特质的问题。（b）随后询问他们能记住哪些特质词。

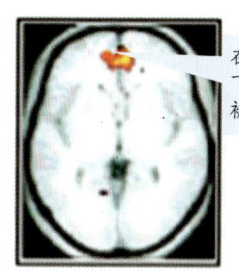

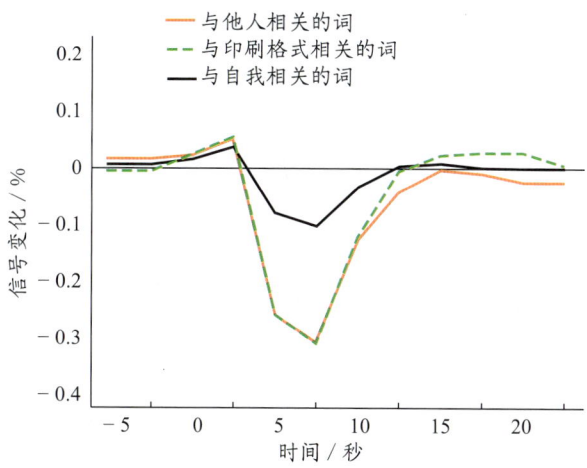

图 13.3　内侧前额叶皮质的活动随着自我参照加工而增强

和加工与另一个人（"他人"）相关或与印刷格式相关的词相比，与自我参照加工相关的词引发了内侧前额叶皮质更强的活动。

内侧前额叶皮质和自我参照之间的关系也适用于被试必须从他人的角度审视自己的情况。当要求人们判断另一个人是否会使用特定的形容词来描述他们时，一个与上述结果接近的内侧前额叶皮质区域也被激活了（Ochsner et al., 2005）。

虽然这些研究大部分是通过 fMRI 完成的，但 ERP 研究也提供了会聚性结果。自我参照加工在 ERP 中产生了正向位移，它出现的中线位置与内侧前额叶皮质的位置一致（Magno & Allan, 2007）。这些研究提示，与加工陌生人的信息相比，对自我信息的加工与内侧前额叶皮质功能的联系更为紧密。

自我描述性人格特质

除了对判断与自我有关的特质具有强记忆之外，我们还有一种独特的方式来判断这种特质是不是自我描述性的。例如，当你试图描述自己时（我小气吗？），你使用的信息来源与试图描述别人时（安东尼小气吗？）不同。也就是说，我们不仅对判断与自我有关的特质具有强记忆，而且有一种独特的方式来判断这些特质是不是自我描述性的。具体而言，当我们判断一个形容词是不是自我描述性的时，我们仅仅依赖各种自我知觉，即对各种人格特质的概括，而不是考虑我们生活中的各种事件。另一方面，当对他人做出判断时，我们通常关注特定的例子。在这些例子中，这个人可能表现出了与这个形容词相关的行为。

斯坦利·克莱因（Stanley Klein）及其在加州大学圣巴巴拉分校的同事（1992）在探究自我描述性判断是否依赖对特定自传体情节的回忆时发现了有趣的结果。他们是如何设计实验的？首先，他们将被试随机分为三组。

- 在**自我判断**条件下，计算机屏幕上闪现"描述（describe）"一词，随后出现一个人格特质形容词。被试需要判断这个形容词是不是自我描述性的（例如，"你是慷慨的吗？"）。
- 在**自传体**条件下，计算机屏幕上闪现"回忆（remember）"一词，随后出现一个人格特质形容词。被试需要回忆他们生活中的一个特定事件，以符合这个形容词所表示的人格特质（例如，"请举一个你很固执的例子"）。
- 在**定义**条件下，计算机屏幕上闪现"定义（define）"一词，随后出现一个人格特质形容词。被试需要对它进行定义（例如，"懒惰是什么意思？"）。

2 周后，进行实验的第二阶段。被试要完成同样的任务，但其中一半的形容词是他们在前一阶段看到过的，另一半则是他们之前没有看到过的。

如果自我描述依赖搜索针对实例的情景记忆，那么当被问到最近考虑过的与自我相关的人格特质形容词时，由于被试最近检索了情景记忆库以做出自我描述性判断，他们应该可以更快地做出回答。结果如何呢？他们发现，当判断一种人格特质是否属于自我描述性时，先前用这种人格特质完成自传体任务在提升回忆上并不比先前对这种人格特质给出定义更有效。类似地，在自传体任务中，一个先前被判断为自我描述性的形容词在提升回忆上，并不比先前给这种人格特质下定义的方法有效。这些发现提示，我们对自我描述的判断与对过去特定行为的回忆无关。

如果这个结论是正确的，那么即使我们被剥夺了自传体记忆，也应该能够保持自我意识。对重度遗忘症病人的个案研究（Klein et al., 2002; Tulving, 1993）支持了这一结论。请看下面两个病例，其中一例为逆行性遗忘症，另一例为顺行性遗忘症（见第9章）：D. B. 的记忆问题是一次心脏病发作后出现一过性大脑缺氧造成的；K. C. 的脑部则在一次摩托车事故中发生了持久损伤，导致了遗忘症。这两名病人尽管对生活中发生的事情存在记忆困难，但他们都能准确地描述自己的人格。例如，D. B. 和 K. C. 对自己的人格判断与家庭成员提供的判断一致。

然而，他们的行为可能只是反映了更一般性的社会知识记忆，而不是一种特质性的自我知识记忆。虽然患科尔萨科夫综合征的病人表现出了严重的记忆障碍，但在他们身上可以看到一般社会知识记忆现象。例如，在一项研究中，让患科尔萨科夫综合征的病人看两张男性的照片，并就每张照片告诉他们一个关于这位男性的生平故事。其中一个故事描述一位男性是一个"好人"；另一个故事描述另一位男性是一个"坏人"。大约20天后，大多数病人更喜欢那个被描述为好人的照片，但他们不记得关于这个男性的任何自传体信息了（M. K. Johnson et al., 1985）。

克莱因及其同事决定进一步探究这一问题。他们让病人 D. B. 用同样的测试来评估他女儿的人格特质。他和女儿的反应具有很大差异，而控制组病人和他们孩子的反应则没有很大差异。虽然 D. B. 无法准确地提取关于他女儿的特质性信息，但他能毫不费力地回忆起关于自己的信息（Klein et al., 2002）。这一结果为以下观点提供了进一步的支持证据：基于特质的自我语义知识与一般性语义知识存在不同的存储机制。他们还指出，至少有一些加工自我参照信息的神经系统与加工他人信息的神经系统是不同的。

基于特质的自我语义知识明显不受某些神经损伤影响（Klein & Lax, 2010）。在这方面，它与其他类型的语义知识甚至是其他类型的关于自我的语义知识都是不同的。例如，你可能不记得自己的生日，或者无法在镜子里认出自己，但是你仍然知道你是一个固执的人。这种稳健性提示，基于特质的自我语义知识是一种特殊类型的自我知识。这种特殊的自我知识与其他关于自我的知识相互独立，提示自我并非单一的统一实体。

这些发现提示：自我并非集中于一个独特的认知结构，而是分布在多个系统之中。事实上，研究者已经确定了几种不同的自我知识系统，而且它们可以在功能上相互独立地运作。例如，一个系统记录你自己生活中的情景记忆（我在美国南达科他州的徒步旅行很愉快），一个系统记录你生活中的各种语义知识（我是半个挪威人），一个系统记录你的控制感（我举起了我的手臂），一个系统识别出现在不同镜子、照片中的你（你看了一下你的脚，说："没错，这是我"）。除此之外，还有许多系统调节其他类型的自我知识。

这些不同的自我知识系统至少在解剖学上是部分独立的。例如，米歇尔·德米盖特（Michel Desmurget）及其同事（2009）对处于清醒状态的、正在进行脑外科手术病人的后顶叶皮质施加电刺激，能够人为地让病人产生他们移动了或说话了的感觉（实际上他们并没有移动或说话）。因此，后顶叶皮质的活动似乎在产生个人控制感上发挥了因果作用，而个人控制感正是自我知识的核心系统之一。

另一方面，内侧颞叶损伤（如病人 H. M. 接受的左、右内侧颞叶切除手术，参见第9章）会严重损害形成和获取情景记忆的能力，但不影响其他的自我知识系统（如个人控制感）。因此，侵入式方法和损伤研究证实，自我知识似乎既具有基本的分布式特性，又依赖多个不同的大脑系统。尽管这些系统在日常生活中有众多交互作用，但通过使用精心设计的心理学和神经科学研究范式，研究者可以使它们分离。

自我参照作为大脑功能的一种基线模式

正如在之前的许多章节中看到的，在 fMRI 研究中，被试都要完成一项任务。通常，他们在不同的任务之间会要求休息。试想一下，你躺在一块"磁铁"里不做任何事，只是休息。此时，你的大脑会像关闭一块电视屏幕一样关闭吗？事实上，并不会。你会开始思考周末、暑假、朋友或者将要撰写的论文，等等。通常，这些都是关于你自己的事情，或者在一定程度上与你有关的某件事或某个人。

对大脑进行研究能够让我们明白为什么自我参照加工如此普遍吗？一些研究提示，与自我参照加工相关的内侧前额叶皮质具有独特的生理特性，即使在我们没有主动思考自己的时候，也可以进行自我参照加工；也就是说，这是我们大脑的默认加工模式。

研究者逐渐认识到，尽管躺在MRI机器内的被试应该处于静息状态，但某些大脑区域的活动明显增加了。事实上，这些活动与其他区域进行心理任务（如解决数学问题）时所检测到的活动一样强烈。很显然，大脑在静息状态中并没有"关机"。当问被试在"休息期间"想了些什么时，他们的回答一般都与自我参照加工有关（Gusnard & Raichle, 2001; Gusnard et al., 2001）。

显然，即使你在安静地休息，血液也会继续在你的大脑中循环，因为大脑需要氧。事实上，包括内侧前额叶皮质在内的大脑网络在"静息"时的代谢率更高。这些循环和代谢需求是高成本的，因为它们需要从其他器官带走血液和氧。那么，为什么大脑在不进行特定认知任务时，还会消耗这么多的能量呢？

赖希勒和古斯纳德（Gusnard）及其同事认为，从认知加工的角度讲，当我们处于静息状态时，大脑会继续活动，但会转到一种默认功能模式中，并进行一系列心理加工（Gusnard & Raichle, 2001）。研究者将支持这些加工的大脑区域命名为**默认网络**（Raichle et al., 2001）。默认网络包括内侧前额叶皮质（由背内侧前额叶皮质和腹内侧前额叶皮质组成）、楔前叶、后扣带皮质、压后皮质、颞顶联合区、内侧颞叶和顶下小叶（图13.4）。研究者假设，内侧前额叶皮质中较高的代谢率反映了自我参照加工的情况（例如，思考我们接下来准备做什么，或者评估我们当前所处的境况）。因此，他们认为，默认网络活跃是为了确保我们总是对身边发生的事情有所关注。这也被称为哨兵假设。

当一项任务把我们的注意从外部刺激上引开，并转向内部时，我们就会进行自我反思，并且评估基于社会和情绪内容的决策效果。这时，我们的默认网络是最活跃的。由于默认网络连接到了内侧颞叶的记忆系统，因此当默认网络激活时，我们经常会回忆过去。然而，默认网络没有连接到初级感觉或运动区，因此当进行主动任务时，它会处于去激活状态（图13.5）。

因此，当你想摆脱让自己困扰的反刍性思维时，可以主动做一些事情，如阅读、弹吉他或者对你的车做一下四轮换位。伟大的南极探险家欧内斯特·沙克尔顿（Ernest Shackleton）爵士本能地知道这一点。在《南方》（*South*）一书中，他描述了1915年他和船员在船被击沉后受困于南极海岸附近浮冰上的苦难经历。他写道：

> 随后，我找来一个曾表示想躺下等死的人做厨师。让通道里的火持续燃烧是一项既困难又费力的任务，这使他把心思从寻死上转移开了。事实上，过了一会儿，我发现他非常关心一双袜子是否晾干了的问题，而这双袜子本来就不太干净，并且挂得离我们晚上喝牛奶的地方很近。干活使他的思维回到了日常生活的琐事之中。（Shackleton, 1919 / 2004, p.136）

然而，有趣的是，在主动进行自我参照判断任务时，内侧前额叶皮质的去激活程度低于进行其他类型的任务时的激活程度。在做白日梦时，我们通常会想到自己。这就提示，因为内侧前额叶皮质已经惯性地进行了自我参照思维，即便是在静息或基线条件下也是如此，所以当我们进行自我参照任务时，内侧前

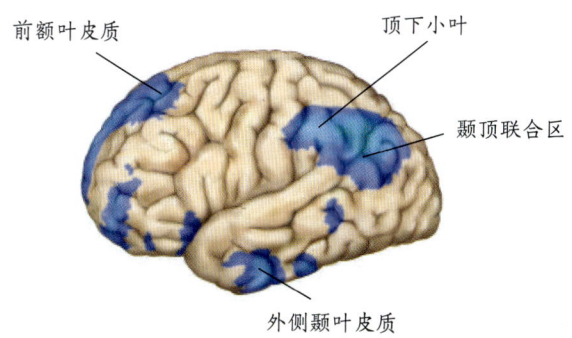 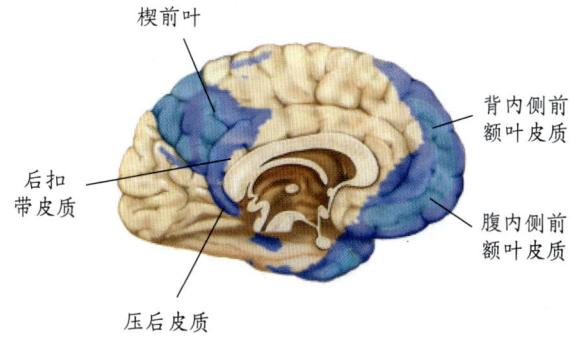

图13.4　默认网络
9项PET研究的综合数据展现了被试在被动任务中大脑最活跃的区域（蓝色）。两张图分别为左半球外侧（左）和内侧（右）表面。内侧颞叶未在图中显示出来（见第9章的"解剖定位"专栏）。

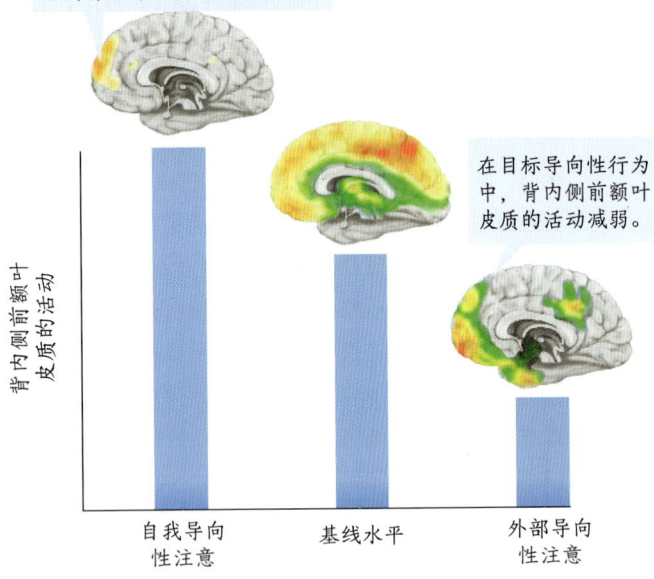

图 13.5　内部导向性注意与背内侧前额叶皮质的活动增强有关

涉及自我参照的心理活动或自我导向性注意时，背内侧前额叶皮质的活动增加；而涉及外部导向性注意时，背内侧前额叶皮质的活动减弱。这一发现与在完成目标导向性行为时自我导向性注意减少的行为结果一致。同时，这一结果也表明，在基线水平时，一定程度的自我参照加工需要该区域参与的观点得到了功能成像数据的支持。

额叶皮质的激活并不会有显著变化。例如，在图 13.2 所示的自我参照研究中，总统条件和印刷格式条件引导认知资源远离自我参照思维，而内侧前额叶皮质在这些条件下相较于基线条件表现出了更强的去激活。

然而，自从默认网络首次被发现以来，多项研究发现，不同的任务激活了一组与默认网络极其相似的区域。这些任务包括自传体记忆任务、想象未来自我任务、多地点导航任务以及道德困境任务（例如，判断将一个人从沉船上推下去以救另外五个人的行为在道德上是否可以接受）。此外，当我们思考他人的信念和意图，即他人的心理状态时，大脑的类似区域也会被激活。因此，默认网络似乎不仅仅是在进行自我参照加工。你能找出贯穿这些任务的共同线索或共同认知过程吗？

尽管这些任务在内容和目标上有所不同，但它们都要求被试想象自己身处某种情境，而不是他们现实所处的情境——也就是说，被试采用了一种不同的、反事实的视角（Buckner & Carroll, 2007; J. P. Mitchell, 2009）。例如，想象一下，如果在暴风雨中没有穿雨衣就去参加一个重要的面试，你有什么感受？或者，如果你赢得了去塞舌尔的旅行机会，你又会做何感想？这些场景都要求你专注于当前环境之外的东西。而通过这样的认知过程，我们可以推断他人的心理状态。例如，试想你的朋友在玫瑰杯美式足球赛时接住一个看似不可能的触地传球后的感受。正如

这种观点所建议的，我们对他人心理的理解以及我们对自身活动状态的推测所涉及的加工过程是重叠的。

近来的证据支持默认网络在理解他人的心理方面发挥关键作用的观点，并且提示在静息状态下，默认网络的高水平活动可能为我们高效地进行社会认知做好了准备。加州大学洛杉矶分校的罗伯特·斯蓬特（Robert Spunt）及其同事使用 fMRI 测量了在三个不同的认知任务前的短暂静息期间（20 秒），被试的默认网络区域的活动。被试需要评估一个句子是否符合照片中人物的心理状态，评估一句话是否符合某个人的外表描述，或是解决一个数学问题（Spunt et al., 2015）。

令人惊讶的是，这些研究者发现，在 20 秒的静息时间内，默认网络中的活动增强可以预测被试进行心理匹配任务的难度和效率。但是，在进行外表描述的匹配任务或数学任务之前，默认网络中的活动增强与任务表现没有关系。这些研究者认为，进化已经磨炼了我们的神经加工过程，当眼前没有迫在眉睫的任务时，我们的大脑会让我们为理解他人的想法做好准备——这通常是费劲的事。如果以后有人告诉你要享受当下而不要做白日梦，你可以这么回答他："朋友，我这是在准备读心呢。"

自我知觉作为一个有动机的过程

尽管我们有最丰富的数据来判断自己，但这个过

程往往是不准确的。大量的行为研究提示，人们往往具有不切实际的积极自我知觉（S. E. Taylor & Brown，1988）。70%的高中生认为自己的领导能力高于平均水平，而93%的大学教授认为自己的工作能力高于平均水平（Gilovich，1991）。超过50%的人认为他们在智力、外表吸引力和其他积极方面的表现都高于平均水平。这种乐观的看法还延伸到了对我们日常生活的期望中。人们倾向于认为自己比其他人有更大的经历积极的未来事件（如中彩票）的可能性，；并且比其他人有更小的经历消极的未来事件（如离婚）的可能性。

大脑是如何使我们保持对自己的积极错觉的呢？研究提示，前扣带皮质最靠近腹侧的部分负责将注意集中在有关自我的积极信息上。达特茅斯学院的约瑟夫·莫兰（Joseph Moran）及其同事于2006年做了一项fMRI研究。他们要求被试做出一系列自我描述性判断，与被试在自我参照研究中做的一样。正如研究者的预期，被试倾向于选择更多的积极形容词以及更少的消极形容词作为描述自我的形容词。与消极形容词相比，腹侧前扣带皮质活动的差异与判断积极形容词（特别是那些描述自我的形容词）有关（图13.6）。

另一项fMRI研究发现，与消极事件相比，当被试想象未来经历积极事件时，前扣带皮质的一个类似区域会被激活（Sharot et al.，2007）。这些研究提示，前扣带皮质对于区分积极或消极自我相关信息非常重要。如果人们将信息知觉为积极的，就可能更关注积极的一面。

虽然自我知觉有时会偏向积极，但一般而言，自我知觉并不是妄想，也并不完全脱离现实。准确的自我知觉对于适当的社会行为至关重要。例如，人们必须对自己的行为有一定的洞察力，以确保自己遵守社会规则和规范，避免社交错误。眶额皮质受损的病人（如本章开篇故事中的M. R.）往往会有不切实际的积极自我评价以及不恰当的社交行为。

珍妮弗·比尔（Jennifer Beer）想知道，病人出现不当行为是因为他们对自己的行为缺乏洞察力，还是因为他们不了解社会规范。为此，她让健康的控制组

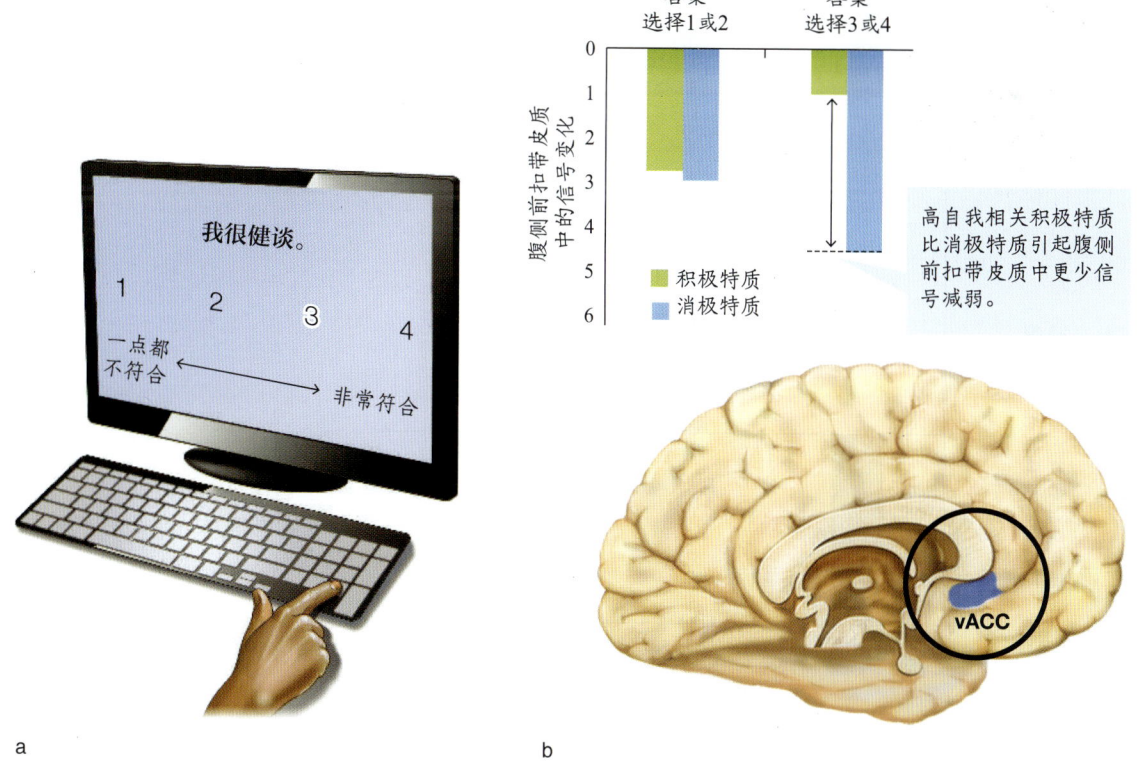

图13.6　与判断积极自我信息相关的神经活动
（a）被试对不同人格特质与自身相符的程度进行评分。（b）与消极人格特质相比，被试在评价积极人格特质时，前扣带皮质去激活较少。vACC= 腹侧前扣带皮质（ventral anterior cingulate cortex）。

被试、眶额皮质受损的病人以及外侧前额叶皮质受损的病人与一个陌生人进行结构化的社交活动，并录制了视频（Beer et al., 2006）。在互动过程中，陌生人通过提出一系列问题与被试交谈。与其他两组不同的是，眶额皮质受损的病人倾向于引出不恰当的谈话话题。

访谈结束后，被试需要评估自己刚刚做出的回答是否得体。眶额皮质受损的病人认为，他们在社交任务中表现得很好。然而，当他们观看采访录像时，这些病人会因自己的社交错误而感到尴尬（图13.7）。这项研究提示，眶额皮质对于自发的、准确的自我知觉很重要。此外，眶额皮质受损的病人并不是没有意识到社会规范，而是缺乏对自己行为的洞察力。

预测我们未来的心理状态

在预测未来的心理状态时，我们是从实际经验进行推断的，还是从一套规则中推导出一个结果的？如果要求我们从火星空间站和极地冰盖下的潜艇中选择一个地方，并一个人去待上1年，我们的心理状态会如何呢？因为需要在两个没有经历过的场景中做出选择，所以过往的记忆无济于事，而进行决策的通用规则也并不适用。

当被试必须在新的情境中预测自己的心理状态

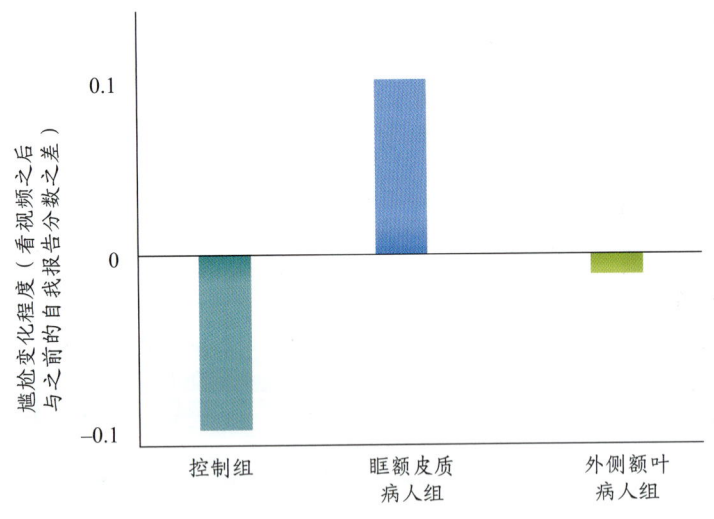

图13.7　针对眶额皮质损伤病人的自我洞察研究

（a）被试首先进行一项社交技能任务：与不太熟悉的实验助理进行对话。（b）在完成任务后，被试需要报告他们的社交得体性和情绪状态，再观看他们进行任务时的录像。（c）与其他脑损伤病人或健康控制组相比，眶额皮质损伤的病人在观看了录像中自己的社交错误后变得更尴尬。

时，fMRI 显示内侧前额叶皮质的腹侧区（腹侧区涉及模拟他人的心理，以及模拟其他时间和地点）一直处于激活状态。研究还发现，随着时间的推移，人们对新情境的偏好是稳定的：在 9 个月后第二次询问被试时，他们也会做出同样的选择。结合这两个发现，贾森·米切尔（Jason Mitchell）推测，当我们做出这类预测时，首先会模拟经历（就像模拟另一个人的经历一样），然后从这些模拟中推算出我们的偏好（J. P. Mitchell, 2009）。

对腹内侧前额叶皮质受损病人的研究支持了腹内侧前额叶皮质有助于预测个人喜好的观点。在一项研究中（Fellows & Farah, 2007），研究者对三组病人进行了检查：主要涉及额叶眶额前部和／或腹侧部分损伤的病人、背外侧前额叶皮质损伤的病人和健康控制组。研究者询问被试更喜欢哪两位演员、食物或颜色。例如，"你更喜欢本·阿弗莱克（Ben Affleck）还是马修·布罗德里克（Matthew Broderick）？"当控制组或背外侧前额叶皮质损伤的病人选择本而不是马修，并且认为马修优于汤姆·克鲁兹（Tom Cruise）时，他们的偏好会保持稳定。此外，他们还会表明自己更喜欢本而不是汤姆。但腹内侧前额叶皮质损伤的病人不是如此，他们的偏好是不一致的：他们可能会选择本而不选马修，选择马修而不选汤姆，但最后又会选择汤姆而不选本。

如果让你选择今天获得 20 美元，或下周获得 23 美元，你会选哪个？奇怪的是，大多数人会选择 20 美元。一般而言，人们倾向于做出短期决策，即使他们可以预见后果并且明白做出不同的选择会更好。为什么会这样？与预测未来事件相比，与内省性自我参照相关的大脑区域（如腹内侧前额叶皮质）在判断一个人当下有多喜欢某件事时更加活跃（J. P. Mitchell et al., 2011）。

此外，腹内侧前额叶皮质的激活幅度能预示短视。通过观察腹内侧前额叶皮质活性降低的幅度，研究者可以预测几周后被试做出短视的货币决策的程度。在预测未来事件时，腹内侧前额叶皮质越活跃，做出的短视决策越少。如果你恰巧是少数的可以延迟满足的人，那么在思考未来时，你的腹内侧前额叶皮质很可能比大多数人表现得更好。综合此前的研究发现，腹内侧前额叶皮质有助于从第一人称视角模拟未来事件。米切尔认为，个人的短视决策可能导致无法充分想象未来自我的主观经验。

身体所有权和具身化

你所知道的关于世界的所有信息，都是通过安装在一个移动目标（你的身体）上的感觉器官接收的。你对这一切不抱一丝的怀疑：这个身体是你的身体（身体所有权）、身体的所有部位都属于你，并且你和你的身体处在同一时间和空间。大多数人都对身体所有权理所当然，它包括身体的所有部位，以及"自我"和身体之间的空间统一性，也称作**具身化**。然而，这些确定性来自整合感觉和运动信息的复杂而具体的大脑机制。

大脑中与这一加工过程有关的一个区域是位于枕颞外侧皮质的纹外躯体区。它选择性地对身体和身体部位以及想象和执行身体运动做出反应（Astafiev et al., 2004; Downing et al., 2001）。在此，我们将关注另一个相关的皮质区域：颞顶联合区。颞顶联合区参与自我加工以及整合多种感觉器官的身体相关信息，对具身化的感觉起关键作用。

瑞士神经病学家、神经科学家奥拉夫·布兰克（Olaf Blanke）及其同事于 2002 年偶然发现了一些很吸引人的现象。在一次定位癫痫病灶的手术过程中，他们轻微地刺激了病人右侧角回的一个特定区域（**图 13.8**），该区域位于颞顶联合区附近。这一刺激在病

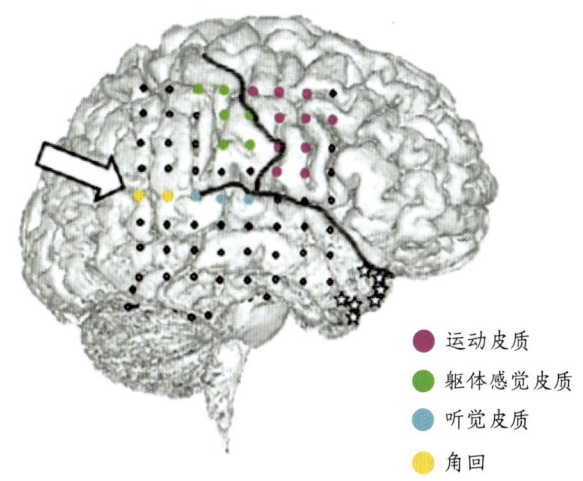

图 13.8 角回的位置

右半球 MRI 三维表面重建图。彩色斑点标记了电极的位置，而对这些位置的局部电刺激会诱发行为反应。刺激（箭头）在角回引发了一种出体经验。右下角星形标记了位于内侧颞叶的癫痫灶的位置。

人身上引起了前庭反应：病人报告"正陷进床里"或"正从高处往下坠落"。增加电流的振幅还使病人产生了"出体经验（out-of-body experience，OBE）"，即病人报告："我能从上方看见自己躺在床上，但只能看到我的腿和下半部分躯干。"

当一个人似乎醒着，但从他身体外部的某个位置看见自己的身体及其所处世界时，就发生了一次出体经验或非具身现象（Blanke et al., 2005）。在出体经验过程中，你经历着与正常自我的三重偏差：你感觉你不在自己的身体里——不正常的自我与身体的空间统一感；你感觉你好像居住在另一个身体里，通常悬停在物理身体的上方——不正常的自我定位；你可以从那里看见自己的身体以及对世界的看法——不正常的以自我为中心的视觉空间视角（Blanke et al., 2005）。

在布兰克得到这一观察结果的几年前，研究者进行了一项fMRI研究，在其中，被试改变了以自我为中心的视角。被试需要以图片中人物的角度对情境做出判断。也就是说，他们必须想象一个不同于自己的视角。这一研究提示，上述加工过程发生在颞顶联合区附近，但仅当被试转变了自我中心的视角时才会被激活。当被试尝试不同的想象任务，即物体的心理旋转时，颞顶联合区并未被激活。研究者假设：想象的自我中心视角转换与基于物体的空间转换之间存在分离（Zacks et al., 1999），前者涉及颞顶联合区，而后者不涉及。

布兰克团队在一项研究中继续了他们的观察（Blanke et al., 2005），并试图回答这样一个问题：当被试想象自己进行着出体经验时，自发的出体经验是否依赖相同或相似的机制，因为两者都涉及颞顶联合区周围的区域。在这项研究中，健康被试需要想象自己正在经历出体经验，并同时记录EEG信号。结果发现，颞顶联合区的ERP反应更强。

随后，研究者使用TMS确定颞顶联合区的激活是否需要转换身体位置和视觉视角，或者它是不是转换任何事物的通用机制。当把TMS应用于颞顶联合区时，它中断了对身体位置转换的想象，而没有中断对其他物体转换的想象。在研究中，最后一名被试是一名癫痫病人，其颅内记录显示颞顶联合区产生了自发的出体经验。当她主动想象一个出体经验以模仿她在自发的出体经验中的感觉时，癫痫灶表现出了部分激活。这些结果使研究者意识到，颞顶联合区是一个关键结构，能够调节自我与身体空间的统一性

以及正常自我的意识经验。如果颞顶联合区中的加工出现混乱就会引发错误，让大脑错误地解读我们所处的位置。

出体经验是三种身体视错觉之一，又称为**自视现象**（autoscopic phenomenon，AP），它能够影响整个身体［与影响部分身体的错觉（如幻肢）不同］。自视（autoscopy）是一种从个人身体之外来知觉周围环境的体验，其语义出自希腊语的"自我"和"观察者"这两个单词。第二种自视现象类型是自检幻觉（autoscopic hallucination）。在这种情况下，人们并不觉得自己已经离开了身体，但他们在个人空间之外看到了双重的自己。第三种自视现象类型是离体自窥症（heautoscopy），是指在个人空间之外看到了双重的自己，但不确定自己是否感觉脱离了身体（Blanke et al., 2004）。

不同的自视现象与颞顶皮质不同区域的损伤有关。神经解剖学研究提示，出体经验是由右侧颞顶皮质损伤引起的，自检幻觉往往是由右侧顶枕皮质或右侧颞枕皮质的损伤引起的，而离体自窥症是由左侧颞顶皮质损伤引起的（Blanke & Metzinger，2009；图13.9）。

布兰克认为，自视现象是由两种分裂造成的：一种是在个人空间内，另一种是在个人空间和外部空间之间。第一种分裂是由于相互冲突的感觉输入造成的，即两个或多个触觉、本体感觉、动觉和视觉信息源无法匹配。例如，想象你看着自己触摸身体的某个部位，但你实际上感觉的触摸时间比你所预期的时间晚一点。当视觉信息和前庭信息相冲突时（例如，当你的前庭系统感觉你在向一个方向移动），但你的视觉信息并不与之相对应时，第二种分裂就会发生。

颞顶联合区中的异常加工会引发涉及全身的自视现象，大脑其他区域的异常加工则会引发一组仅涉及部分身体的异常。部分清单见**表13.1**，其中一种疾病是**他人肢体综合征**（McGeoch et al., 2011），也被称为身体完整性认同障碍（body integrity identity disorder，BIID）。在这种罕见的疾病中，身体健全者会诉说他们一直都有截断一条或几条肢体的渴望，因为他们觉得这些肢体不属于自己的身体。他们认为，只有去除这些不属于自己的肢体，才会让自己"更完整"（见**专栏13.1**；Blanke et al., 2009）。

许多患有他人肢体综合征的病人试图截肢，却找不到一个愿意帮助他们的外科医生。虽然他人肢体综合征最初被认为是一种精神疾病，但有观察者指出，

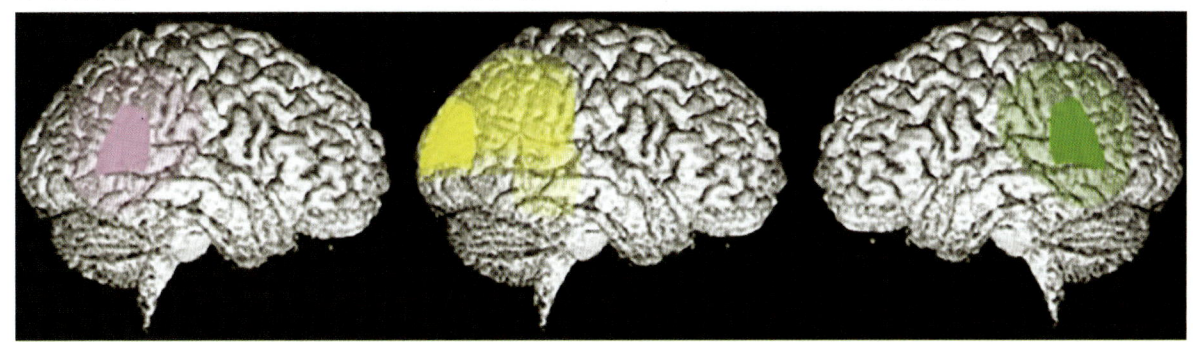

图 13.9　三种自视现象的脑损伤位置

（a）紫色表示基于 12 名病人数据的与出体经验相关的损伤区域，主要位于右侧颞顶皮质。尽管在右半球或左半球损伤后，每种自视现象的个案病例都有不同的报告，但涉及的半球损伤还是以这一区域为主。（b）黄色表示基于 7 名病人数据的与自检幻觉相关的损伤中心，位于右侧顶枕皮质或右侧颞枕皮质。（c）绿色表示基于 10 名病人数据的与离体自窥症相关的损伤位置，位于左侧颞顶皮质。

表 13.1　身体异常体验的部分清单

障碍名称	症状描述
外肢综合征	有问题的肢体表现出了自己的意志的感受。
躯体失认症	身体（或只有一侧身体，或一个肢体）似乎不存在或被截除的感受。
说示不能	一种感受到疼痛但并不令人不快的状态。
奇异知觉	一个幽灵般的同伴在跟踪你的一举一动的感受。
半边忽视	否认或忽视身体一侧。
肌麻痹	憎恨身体或肢体，这些部分是虐待和自我毁灭行为的目标。
身体妄想症	身体或身体的一部分属于另一个人的感受。或者相反，当一只手出现在另一个人相反的半空间时，把这只手误认为自己的手。
他人肢体综合征	一个或多个肢体不属于自己的身体并终身渴望截肢的感受。

让病人不满的肢体通常是左腿（类似于偏瘫最常出现在左侧；见第 7 章），并且受此影响的大多是男性（90% 的患这种综合征的病人是男性）。这些观察结果启发了一些研究者调查这样的问题是神经性的还是心理性的。事实上，大量精神病学检查提示，这些病人没有任何精神障碍（First，2005）。

V. S. 马拉钱德兰（发现了幻肢；参见第 5 章）及其同事发现了他人肢体综合征具有神经病学基础的实证证据（Brang et al.，2008）。他们记录了 4 名他人肢体综合征病人在理想的截肢线以下和以上的位置对触觉刺激的 MEG 信号（McGeoch et al.，2011）。与触摸可接受的身体部位以及与控制组被试相比，在触摸他们不满意的肢体时，一个特定的大脑区域，即右侧顶上小叶没有被激活（图 13.10）。

顶上小叶是躯体感觉、视觉和前庭信号汇集的地方，对感觉运动整合非常关键（Wolpert，Goodbody，et al.，1998）。在这些病人中，右侧顶上小叶激活缺失提示，这部分肢体没有被整合到他们的身体意象中。这样的结果看似奇怪，因为在这种情况下，病人可以感觉到这部分肢体，但觉得这部分肢体不属于他们。因为不属于他们，感觉很陌生，所以他们也不想要这部分肢体。

这些发现得到了瑞士苏黎世大学研究者的支持。他们进行了一项结构成像研究，其中包含 10 名男性病人（每个人都强烈希望截断一条或两条腿）。每名病人都与精心匹配的控制组进行了比较（Hilti et al.，2013）。在病人组中，研究者发现了与马拉钱德兰团队的发现完全相同的皮质区域的神经结构异常：右侧前脑岛皮质表面积减少（Brang et al.，2008）以及顶上小叶皮质厚度减少（McGeoch et al.，2011）。此外，参与左腿表征的右侧初级躯体感觉皮质表面积减少，右侧次级躯体感觉皮质表面积也减少（图 13.11）。

接下来，利用扩散张量成像结合纤维束成像（一种三维建模方法）以及静息态 fMRI，研究团队构建了全脑结构和功能连接组。在病人组中（与控制组相比），右半球的一处亚网络表现出了结构和功能连通性

专栏 13.1　来自临床的启示
想要摆脱的肢体

从4岁起，帕特里克（Patrick）就不再感觉他的左腿属于他。在医生以及其他人眼中，这条腿是完全正常的。但对帕特里克来说，这是一个异物，并且越来越麻烦，因此他想要截掉它。

在20世纪60年代，帕特里克还是一个青年。他生活在美国的一个农村小镇上。帕特里克开始对截肢者着迷，并在图书馆里寻找截肢者的照片。当发现图书馆藏书中的大部分截肢者照片都被人剪下偷走时，他意识到自己并不是唯一一个如此痴迷截肢的人。但他无法从任何一本书中学到需要的东西，因为直到1977年才出版了第一本描述渴望成为截肢者的现代案例的书。1977年，这种对截肢的迷恋还被定义为一种异常的性欲。

帕特里克40年来一直保守着他想要摆脱自己的左腿的秘密。直到20世纪90年代初，他通过当地一家报纸的分类广告遇见了另一名想截肢的人。这使得他结识了更多的人，包括一些自己做了截肢手术的人。到现在为止，帕特里克还几乎不顾一切地想要摆脱他的左腿。一位自己动手给自己截肢的人向他建议，如果他真有此意，他应该先加以练习——帕特里克确实那么做了，他切掉了自己的一根手指的第一个关节。

10年后，50多岁的帕特里克仍然拖着他不想要的"多余的"左腿。帕特里克在网上遇到了一位患有身体完整性认同障碍的心理学家，并且参与了一场地下运动，以寻求一种激进的身体完整性认同障碍治疗方法：自愿截肢。然而，不管在什么地方，这都是违法的。这位心理学家是一位外科医生的联络人，而这位外科医生可以进行秘密的、非法的自愿截肢手术。在会见并对帕特里克实施检查后，这位心理学家为他与这位外科医生取得了联系。帕特里克跨越了半个地球做了手术。当帕特里克从麻醉中醒来时，低头一看，他不敢相信那条腿终于消失了。帕特里克后来评论道："我欣喜若狂，哪怕给我世界上所有的钱，我也不想要回我的腿。（Ananthaswamy，2015）"尽管帕特里克从未接受正式的诊断，但他几乎一生都在遭受他人肢体综合征这种神经疾病的折磨。

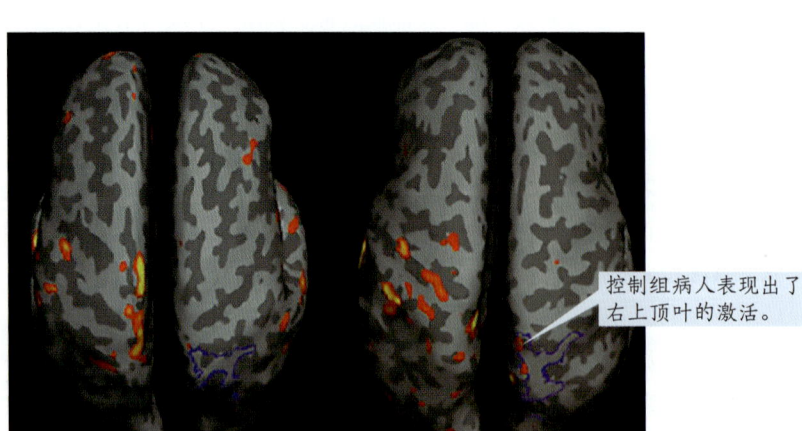

a　他人肢体综合征病人组　　b　控制组

图 13.10　在 MEG 中，他人肢体综合征病人和控制组被试对触觉刺激的大脑激活。左图为病人组，右图为控制组

对（a）一名他人肢体综合征病人（该病人希望从右腿中部进行截肢）和（b）一名控制组被试的右脚施加刺激。MEG 反应标示于每个病人左右半球的膨胀表面。与他人肢体综合征病人的另一条健康腿和控制组的腿相比，病人希望截肢的腿在用蓝色标出的右侧顶上小叶处的激活明显减少。与另一条腿和控制组的腿相比，患有异种畸形的参与者希望截肢的腿的激活明显减少。注释指出了控制组的右侧顶上小叶激活，而顶上小叶对于感觉运动的整合非常关键。此外，a 图中缺乏激活提示了这部分肢体没有被整合到他人肢体综合征病人的身体意象中。

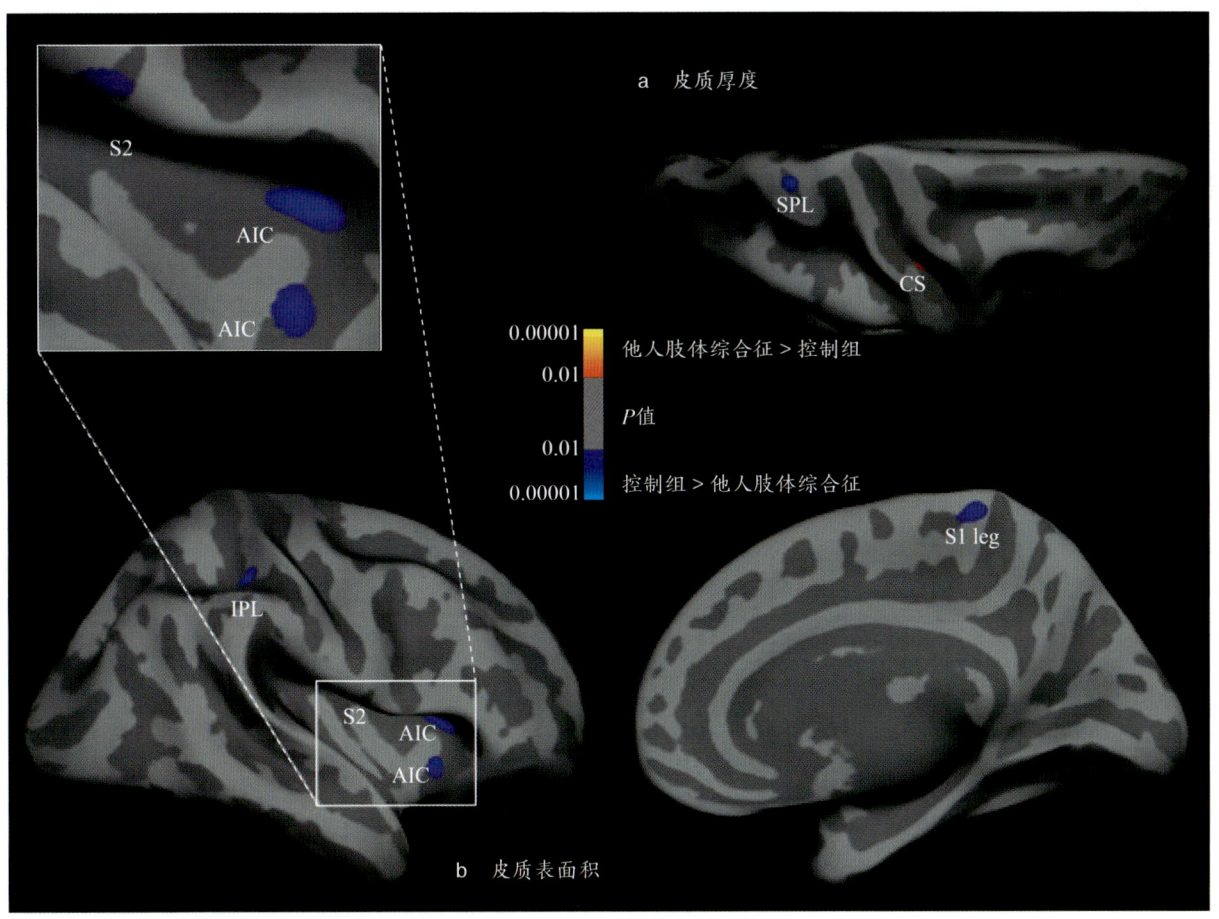

图 13.11　他人肢体综合征病人的右半球神经架构改变

这些图像是基于 26 名被试（其中 13 名为他人肢体综合征病人，13 名为控制组）的右半球平均表面模型做出的。（a）与控制组相比，他人肢体综合征病人的顶上小叶（SPL）的皮质厚度减少（蓝色），中央沟（central sulcus，CS）的皮质厚度增加（红色）。（b）他人肢体综合征病人的前脑岛皮质（anterior insular cortex，AIC）、初级躯体感觉皮质的腿部表征区（S1 leg）、次级躯体感觉皮质（S2）和顶下小叶（IPL）的皮质表面积减少。（c）左上角放大的插图显示了 S2 集群的整个范围。

增强，而这部分主要属于感觉运动系统（包括顶上小叶、初级和次级躯体感觉皮质、运动前区、基底神经节、丘脑以及脑岛）。所有这些区域都与构建和维持连贯的身体意象有关。

尽管异常连接可能源于儿童期早期神经元修剪失败或是对局部神经损伤的反应，但研究者此前发现，将病人的右臂固定仅 2 周，就能够使病人感觉运动皮质的厚度发生变化（Langer et al., 2012）。这提示我们对数据和因果关系方向的解释应保持谨慎：如果仅 2 周的固定就导致了感觉运动系统的快速重组，那么持续多年的注意以及对身体部位的持续排斥能够导致相对有限的神经结构改变就不足为奇（Hilti et al., 2013）。这方面的研究仍在继续。

身体所有权和具身化的感觉并非微不足道。相反，它们是成功地与环境和他人互动所必需的。进一步研究那些经受具身化和身体所有权障碍的个体，能够进一步揭示这些复杂的神经加工过程，而这构成了最基本的自我感觉。

关键信息

- 默认网络在我们进行依赖社会和情感信息的自我反思和判断评估时非常活跃。
- 内侧前额叶皮质与高级记忆有关，负责加工与自我有关的信息。这种能力被称为自我参照效应。
- 在缺乏特定的自传体记忆的情况下，保持自我意识是可能的，因为有一个独特的神经系统支持通常用来进行自我描述性判断的人格特征总结。
- 前扣带皮质对选择性注意自我的积极信息很重要，但眶额皮质确保了积极偏颇的自我观点不致太不切实际。
- 腹内侧前额叶皮质是预测我们心理状态的关键：当我们思考未来时，它越活跃，我们的决定就越不短视。
- 具身化是一种被定位在自己身体中的感觉，颞顶联合区是调节自我与身体空间统一感的关键结构。

13.5　理解他人的心理状态

虽然我们可能会花很多时间思考自己，但我们也渴望与他人互动。正如支持自我知觉和意识的大脑机制是人类认知的重要特征一样，支持我们与他人进行交往和合作的大脑机制也是如此。在进行复杂的社会互动时，了解他人的心理状态并准确地预测其行为至关重要。这些认知技能对于创造复杂技术、文化机构和符号系统的合作必不可少。这些理解他人心理状态的独特技能可能是由社会合作需要所驱动（Moll & Tomasello，2007）。

与我们的自我知觉（拥有丰富的自传体记忆、潜在的心理状态和内部生理信号）不同，我们对他人的知觉是在无法直接获得他们的心理和生理状态的情况下形成的。我们的社会认知基于外部的所见或所闻：面部表情、身体运动、服饰、行动和语言。通过这些线索，我们可以推断他人的想法以及心中的感受。我们的推论可能并非总是正确的，但我们很擅长做出这样的推论。

我们实际表现得如何呢？威廉·伊克斯（William Ickes）对这一特点进行了研究，并发现人们与知觉自己一样十分擅长知觉他人的心理状态。进化的压力将我们的准确性校准到了一个足够高的水平，使我们能够很好地与他人打交道，但还不足以使我们同等地对待他人的利益与自己的利益以使我们的基因未来处于危险之中。**共情准确性**指的是知觉者正确地推断目标人物的想法和感受的能力。完全陌生者的共情准确性约为20%，而亲密朋友的共情准确性约为30%，但即使是配偶之间的共情准确率也只有30%～35%。因此，不要总是期望你的配偶理解你的想法和愿望（参见 Zaki & Ochsner，2011）。

为了推断他人的想法，知觉者必须将可观察到的事物（他人的行为、面部表情等）转化为对不可观察事物的推断，即他们的心理状态。有两种主流的理论可以解释我们是如何完成这一过程的，而最受推崇的方法是将两者结合起来。第一个理论为**心理状态归因理论**（Zaki & Ochsner，2011），最初叫**理论的理论**（theory theory；Gopnik & Wellman，1992）。心理状态归因理论认为，我们会习得一种常识性的、与科学理论相近的"大众心理学"，并以此推测他人的想法（更诗意地说，就是"读心"）。因此，我们通过对他人的过去、现状、家庭、文化、眼睛注视方向以及身体语言等信息，推断出他人的心理状态。

毫无疑问，我们可以通过心理状态归因理论所假设的认知过程来解释他人的行为，但在大多数情况下，我们没有这样做。在社交场合，我们对他人的理解是直接的、自动化的。当一个孩子的冰激凌从蛋筒上滑落到地上时，我们不需要借助大众心理学就能推测孩子的想法。当我们在争论不同形式的理论的理论时，有人提出了一个替代理论：**模拟理论**。经过一些修正，它进一步演变为**经验分享理论**（Zaki & Ochsner，2011）。

经验分享理论认为，我们不需要对他人的心理有一个详尽的理论从而推断他们的想法或预测他们的行为。我们仅仅是观察他人的行为并加以模仿，然后结合自己的心理状态就能够预测他人的心理状态。我们非常擅长模仿，甚至可以在看不见对方的情况下进行模仿——仅仅根据他人所处的情境，我们也可以想象自己处于同样的情境下，从而推断他人的内心想法、意图和感受。

正如对复杂加工的假设进行评估时经常出现的情况一样，有证据提示，经验分享理论和心理状态归因理论在共同发挥作用，而且它们都与各自的大脑区域网络和发展时间有关。在我们更详细地探讨这两个理论之前，让我们更仔细地介绍一下心理推测。

心理推测

将心理状态归因于自己和他人身上的能力（不论所涉及的过程）被称为**心理推测**（theory of mind，ToM）。这是由宾夕法尼亚大学的戴维·普雷马克

（David Premack）和盖伊·伍德拉夫（Guy Woodruff）创造的一个术语（1978）。在对黑猩猩进行了几年的研究之后，他们开始思考是什么导致了不同物种之间的认知差异。他们认为，黑猩猩或许能够推断出其他黑猩猩的心理状态——这一想法启发了大量的研究以寻找支持它的证据。

尽管关于非人类物种社会认知能力的争论仍在继续（Call & Tomasello, 2008; E. Herrmann et al., 2007），但普雷马克和伍德拉夫的研究激发了人们对人类心理推测研究的浓厚兴趣。他们推测，人类最常将目的或意图归因于他人，其次是信念和想法。例如，当你看到一名女性一边翻找钱包一边朝汽车走去时，你很可能想到她的意图——找她的车钥匙，而不是思考她翻找钱包时在想什么。心理推测，也称心智化（mentalizing），在发展心理学领域和认知神经科学研究中都得到了充分关注。

发展里程碑

心理学家安德鲁·梅尔佐夫（Andrew Meltzoff）指出，对于一个无助的新生儿来说，与他人取得联系是生死攸关的大事。一个婴儿能做什么来与他人取得联系呢？从一开始，婴儿就喜欢看人的面孔，而不是其他物体。当一张面孔进入婴儿的视野时，她不会像铅块一样躺在那里毫无反应。相反，她会通过**模仿行为**进行社会互动。如果你伸出舌，婴儿也会伸出舌。

梅尔佐夫发现，从产后42分钟到72小时，新生儿都会准确地模仿面部表情（Meltzoff & Moore, 1983）。他认为，这种天生的自动模仿他人的能力是基础，是心理推测（Meltzoff, 2002）和社会认知发展的第一步。事实上，自动模仿及其实现方式已经为经验分享（模仿）理论的神经机制提供了第一个线索。

ERP研究发现，即使是4个月大的婴儿，在枕叶也表现出了早期的诱发γ活动，而在进行直接的眼神接触时，右侧前额叶皮质会出现晚期γ活动激增现象。这些发现提示，婴儿能够快速地加工面部信息，并使用与成人相似的神经结构（Grossmann et al., 2007）。成年后，我们继续关注环境中的社会信息。大量的研究提示，人们在清醒时，平均有80%的时间在与他人共处，而其中80%～90%的谈话是在谈论自己，或是在八卦他人（Emler, 1994）。

许多关于心理推测的行为研究都探讨了这种能力在人的一生中是如何发展的。例如，研究者设计了许多任务来理解心理推测是如何运作的。曾经有好几年的时间，萨莉—安妮**错误信念任务**都是判断心理推测是否存在的基本测试。在这个任务的一个版本中，被试观看一系列描述萨莉和安妮这两个人物所在场景的图片（图 13.12）。一开始，萨莉把一个玻璃球放进篮子里，然后离开了房间。萨莉走后，安妮把玻璃球转移到一个抽屉里。然后萨莉回到了房间。这里的关键问题是，萨莉会去哪里找玻璃球？

图 13.12 用以测量心理推测的萨莉—安妮错误信念任务
这个任务适用于儿童，以确定他们能否理解萨莉对玻璃球所在位置的思考。因为萨莉没有看到安妮把玻璃球从篮子移到抽屉里，所以萨莉应该去篮子里找玻璃球。

为了正确地回答问题，被试必须忽略他们自己关于玻璃球位置的信息，并从萨莉的角度回答问题。萨莉没有意识到安妮的捉弄行为，所以她预期玻璃球仍然在篮子里。有些被试没有意识到萨莉无法分享他们所知道的信息，因此预测她会从抽屉里找。为了解决萨莉—安妮的任务，被试必须理解萨莉和安妮可能对世界有不同的看法。换句话说，他们必须理解人们有不同的视角。

孩子们要到4岁左右才能通过这项测试。然而，研究者最终意识到，这个任务对年幼的孩子来说太难了，而且它不仅是一个错误信念任务，后期发展的认知控制能力（如抑制能力和问题解决能力）也可能混淆了实验结果。此外，心理推测可能在4岁之前就已经出现，甚至可能是天生就有的。对研究设计进行优化后，研究者发现，4岁以下的婴儿也表现出了这种能力。

当一个成人寻找一个物体但不知道它在哪里时，知道物体位置的12个月大的婴儿会指出它在哪里。然而，当成人知道位置时，婴儿不会指向它（Liszkowski et al., 2008）。这不仅表明婴儿能够理解成人的目标和意图，而且表明他们享有**联合注意**。也就是说，这两个人对同一事物的关注是相同的。对于15个月大的婴儿而言，当有人在一个容器中寻找当他不在时被放进容器的玩具时，婴儿会表现出"惊讶"表情（Onishi & Baillargeon, 2005）。这提示，婴儿理解那个人应该有一个错误信念，而那个人却避开了错误，因此他们感到惊讶。

一旦孩子到了三四岁，他们就会意识到，他自身的视角给了他们一个看待世界的独特视角。这个视角不同于他人的视角。贾米莱·扎基（Jamil Zaki）和凯文·奥克斯纳（Kevin Ochsner）认为，此时此刻，心理状态归因理论所假设的那些认知过程开始发挥作用了（2011）。5—6岁时，孩子们能意识到两个人可能对世界的状态有不同的看法。6—7岁时，孩子们就能理解，单词的字面意思有时只能传达说话者的部分意图，或者实际意图可能与所说的字面意思有很大差异。这时，他们已经能够讲出笑话了。9—11岁时，孩子们能够同时表征多于一个人的心理状态，并且能辨别出一个人何时伤害了另一个人的感情。这时，他们已经准备好了成为青少年。

匈牙利的发展心理学家阿格尼斯·科瓦奇（Agnes Kovacs）、艾尔诺·泰格拉斯（Erno Teglas）和安斯加尔·恩德雷斯（Ansgar Endress）在2010年设计了一项新任务，并提出了一个激进的假设，一举推翻了此前的研究结论。戴维·普雷马克指出，"他们的想法构成了心理推测至少10年来第一个重大新奇之处"。这些研究者提出，心理推测是天生的和自动化的。他们认为，如果是这样，那么计算他人的心理状态应该是自发的，并且单是他人的存在就应该自动地触发对其信念的计算，即使在执行与这些信念无关的任务时也是如此。他们设计了一个视觉检测任务来验证这一设想。

科瓦奇及其同事的研究对象都是成人。被试观看几个动画电影片段：一名行动者（agent）将一个球放在一张桌子上，球后面是一块不透明的屏幕。然后，球滚到屏幕后面。接下来可能发生四种情况之一。

1. 当行动者看着时，球留在屏幕后面。在行动者离开后，球保持不变。
2. 当行动者看着时，球从屏幕后面滚了出来。在行动者离开后，球保持不变。
3. 当行动者看着时，球留在屏幕后面。但在行动者离开后，球滚了出来。
4. 当行动者看着时，球从屏幕后面滚了出来。但在行动者离开后，球回到原位。

在前两种情况下，返回现场的行动者对球的位置有着正确信念。在后两种情况下，行动者对球的位置有着错误信念。

电影结束时，屏幕被移开，球要么在那里，要么不在那里（与电影放映的内容无关）。被试的任务是，一旦发现球则立刻按下一个键。研究者记录了他们的按键时间，也就是反应时。注意，行动者的信念与任务无关。然而，研究者预测被试在按键时会自发地考虑行动者的信念。因此，与基线条件（被试和行动者都不认为球在屏幕后面而球却在）相比，当被试和行动者都认为球在屏幕后面，并且球确实是在屏幕后面时（条件1），反应时更短。基线条件的反应时应该是最长的。

事实上，当被试和行动者都认为球在那里，并且球确实在那里时，被试的反应时比基线条件快。当仅有被试相信球在那里时，反应时也更快（条件4）。当被试不相信它在那里，但行动者相信它在那里时，你认为会发生什么呢（条件3）？这时的反应时也比基线条件快。综上，行动者的信念虽然与被试的信念不一致，但与被试自己的信念一样，也会影响被试的反应时（图13.13）。

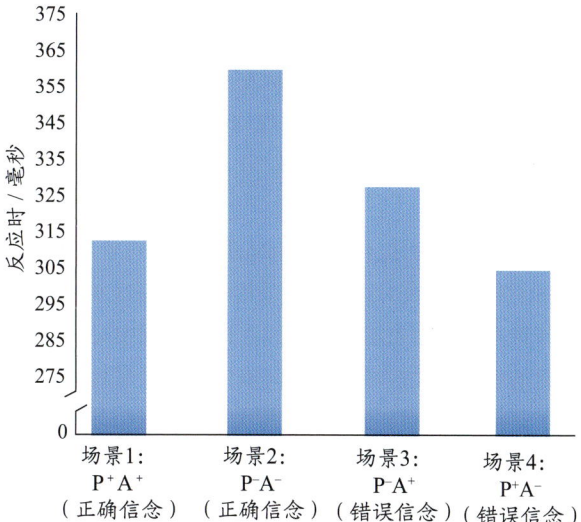

图13.13 错误信念任务
即使行动者的信念是无关的，被试的反应时仍然受到行动者信念的影响。P=被试；A=行动者；+表示相信球在那里；−表示相信球不在那里。

因此，成人似乎会自动地追随他人的信念——但这种行为是后天习得的还是天生的呢？婴儿也会这样做吗？实验针对7个月大的婴儿进行了重新设计。这次使用的是一项预期违反任务，也得到了同样的结果。这提示，心理推测是与生俱来的，单是另一个人的存在就会自动触发对他人信念的计算。此外，研究者还提出，计算他人信念的机制可能是人类特有的核心能力，即"社会意识"的一部分，而这种社会意识对人类社会的进化至关重要。在接下来的两节中，我们将探讨这些机制。

关键信息

- 心理推测是把心理状态归因于自己和他人的能力。
- 心理推测对社会发展和人际交往具有重要意义。它是合作、共情和准确预测他人行为的能力的基础。
- 心理推测似乎是天生的和自动化的。
- 关于如何理解他人的思想和意图，研究者提出了两种理论：经验分享理论（模拟理论）和心理状态归因理论（理论的理论）。

13.6 经验分享理论（模拟理论）的神经机制

经验分享理论（模拟理论）认为，我们推断他人想法的能力在某些方面基于模仿——无意识模仿——他人行为（如面部表情和眼睛注视）的能力。正如前文所述，我们的模仿能力是与生俱来的。如果你皱起鼻子，则新生婴儿也会模仿你皱起他的鼻子。一些研究者认为，正是这种能力让我们改变了视角、设身处地地为他人着想，用我们自己的心理去模拟他人的心理（P. L. Harris, 1992；图13.14）。

图13.14 经验分享理论
经验分享理论认为，人们根据自己的生活经验，利用自己的期望来推断他人的行为。右边的女人想象自己处于朋友的情境中，并从她在同样情境下的感受来推断朋友的心理状态。

让我们回顾一下。在默认网络中，内侧前额叶皮质的激活同时与自我和他人的知觉有关。经验分享理论认为，内侧前额叶皮质同时参与了两种类型的知觉，因为对自我的知觉有时也会用于对他人的知觉。例如，在一项fMRI研究中，研究者假设，当一个人想到自己和一个与自己相似的人时，一个相似的区域就会被激活；但如果想的是与自己不相似的人时，就不存在这种激活（J. P. Mitchell et al., 2006）。

研究者让被试阅读关于两个人的描述：一个人与他们持有相似的政治观点，另一个人持有相反的政治观点。接下来，研究者测量了被试在不同条件下的大脑活动：被试首先回答一些涉及个人偏好的问题，然后推测另外两人（与被试观点相似和观点相反的人）的偏好。研究发现，当被试知觉自己或与自己相似者的偏好时，内侧前额叶皮质腹侧亚区活性显著增强；而当被试知觉与他们不同者的偏好时，一个更靠背侧的区域被显著激活。内侧前额叶皮质的这些激活模式被认为是一个证据，提示被试可能已经推断出他们自己的偏好可以预测与他们相似者的偏好，但无法预测与他们不同者的偏好。

另有研究提示，腹侧和背侧前额叶区域的激活模式各不相同：这不取决于相似性本身，而是取决于两个人之间基于熟悉、亲密、情感重要性、热心、能力和知识等特征的关联程度。例如，凯文·奥克斯纳和珍妮弗·比尔认为，内侧前额叶皮质的一个类似区域同时在自我知觉和对当前恋人的知觉中被激活（Ochsner et al., 2005）。这种效应并非源于自身和恋人之间的相似性。研究者认为，这种激活可能代表了我们存储的关于自己和恋人的信息在复杂性或情绪属性上的共同性。

这类研究提示，当有一个共同的心理过程作为思维过程的基础时，内侧前额叶皮质对于思考自我和他人很重要。有时候，我们可能会把自己当作一种理解他人的方式。尽管我们并不十分了解对方，但对方似乎在某种程度上与我们有联系。当一名冲浪者看见一名穿着潜水服的人胳膊下夹着一块冲浪板在观察波浪状况时，他的内侧前额叶皮质更有可能被激活；而当他看见一名穿着意大利西服、一边吸雪茄一边凝视海浪的人时，该脑区就不会激活。有时，这些过程可能存在关联，因为我们存储了非常丰富的关于自己以及关于我们亲近之人的信息。

镜像神经元

许多研究者认为，镜像神经元（见第8章）是共享表征的神经基础。镜像神经元在一个人观察另一个人的动作时，以及在一个人自己执行动作时，都会被激活。研究者认为，通过这种共同激活，观察者的动作得以被理解。利用神经成像技术，研究者已经确定了解剖学上相互连接的皮质区域网络。这些皮质区域在一个人执行某个动作时，以及在观察另一个人执行相同的动作时都是活跃的。

大量的神经影像学研究报告了在动作观察和动作执行过程中激活的、与人类镜像神经元网络预期一致的大脑区域，并在最近的元分析中进行了总结（Caspers et al., 2010；Molenberghs et al., 2012）。这些区域包括顶下小叶喙侧（rostral inferior parietal lobule；rIPL）、背侧运动前皮质、内侧额叶皮质、腹外侧前额叶皮质以及前扣带回（参见 Bonini, 2017）。

每个区域都有解剖学上的通路。这些通路传递着关于他人行为的视觉信息（主要在颞上沟中加工）。一些研究者提出，镜像神经元网络在动作理解中是有因果关系的，动作产生和动作理解有重叠机制（如 Gallese et al., 2004；Gazzola & Keysets, 2009）。然而，来自成像技术的这些发现均只能表示相关关系，而且这些说法仍然存在争议（Lamm & Majdandzic, 2015）。

约翰·迈克尔（John Michael）及其同事（2014）探讨了离线 TMS 对运动前皮质的影响，而这些区域在动作观察期间会被激活。他们在连续疗程中对运动前皮质的手部相关区域以及在间隔的疗程中对其唇部进行了连续 θ 脉冲刺激。被试每次要完成三个任务。这些任务旨在探索动作理解的三个不同的组成部分：运动（简单任务）、近端目标（中间任务）和远端目标（复杂任务；图 13.15）。

他们发现了一个双分离现象。将连续 θ 脉冲刺激应用于运动前区的手部运动区后，被试对手部运动的识别力下降，而对唇部运动的识别力没有下降。在唇部运动区给予连续 θ 脉冲刺激后，对唇部运动的识别力下降，而对手部运动的识别力没有下降。这些发现在一定程度上支持运动前区的躯体区在动作理解中起因果作用，并且支持动作理解和动作表现的机制存在重叠这一观点。

我们在第 8 章已经提到，当我们知觉他人的行为或者在周围有足够的情境线索的情况下预测他人的行为时，镜像神经元就会被激活。我们能否在社会互动中预测他人的行为与我们是否进行适当的反应准备有关：我们应该主动地与新认识的人握手，还是笑一下即可？

吕卡·博尼尼（Luca Bonini）及其同事（2014）通过对猴子的单细胞记录发现，当另一个猴子的活动发生在猴子的远体空间（extrapersonal space）而非近体空间（peripersonal space）时，猴子的镜像神经元会被更早地激活。事实上，一些镜像神经元会根据所观察行为的发生位置，在预测性放电模式与反应性放电模式之间不断切换。博尼尼根据这一发现提出，在我们对社交场景做反应准备时，行为预测可能会根据情境的不同而起不同的作用（Bonini, 2017）。

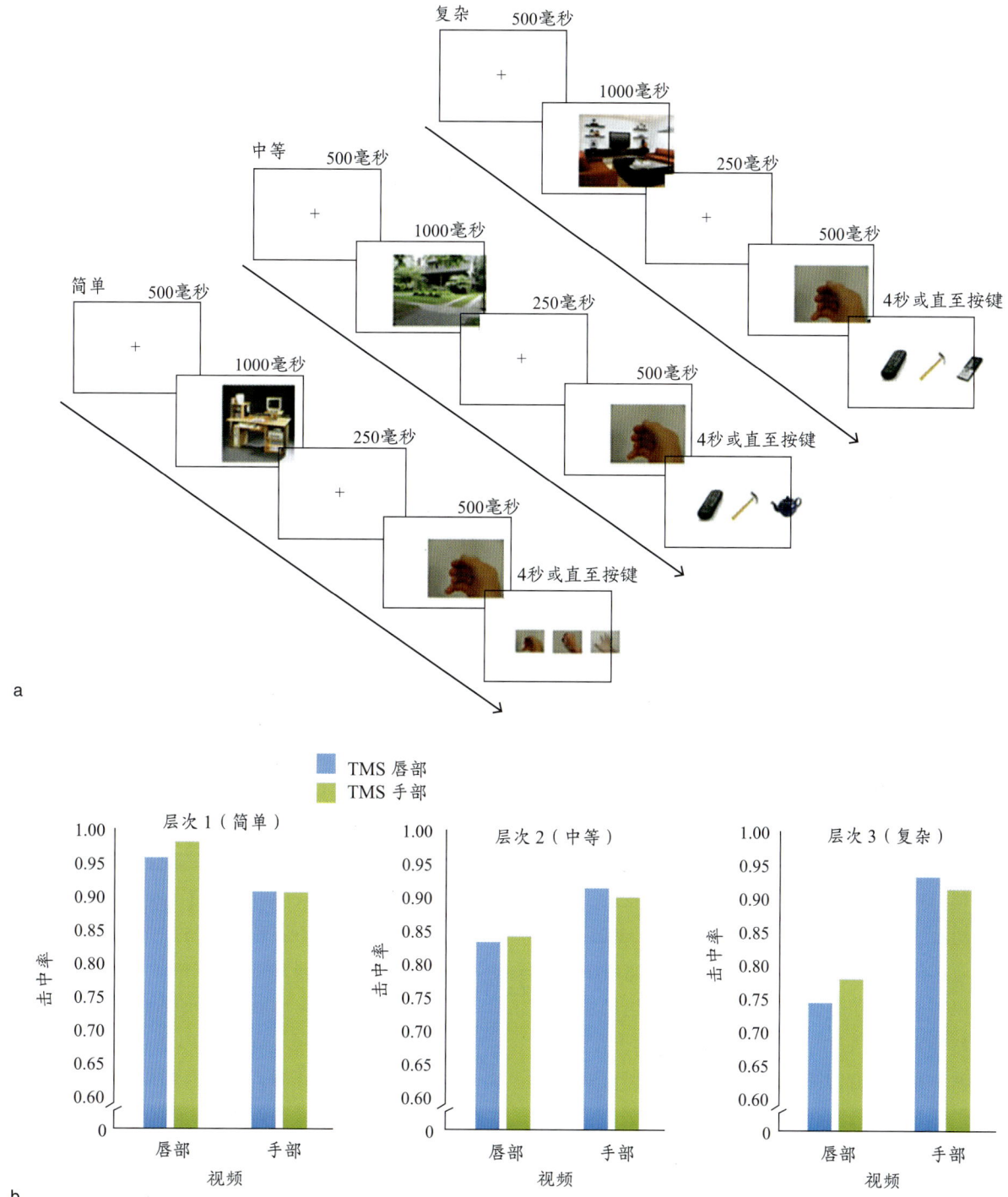

图 13.15 在运动前区侏儒图中唇部和手部区域进行连续 θ 脉冲刺激的结果

（a）测试三层运动理解序列的试次实例。在每个试次中，实验者首先展示一张描述一个动作情境的图像，然后播放一段模仿该动作的短视频，接着在屏幕上给出三种可能的回答，而被试必须从中做出选择。在最简单的任务中，被试必须选择视频中出现过的图像。在中等难度的任务中，被试必须选择最能匹配在视频中所见的动作的图像。在最复杂的任务中，被试必须选择同时与动作和情境匹配的图像。虽然其中有两个图像与动作匹配，但只有一个图像同时匹配动作和情境。（b）随着任务复杂性的增加，击中率降低。视频的类型有一定的影响：唇部动作的频率低于手部动作。视频类型和任务复杂性之间也存在交互作用：随着任务变得更加复杂，唇部动作的击中率比手部动作的击中率下降了更多。

共情

共情，即我们理解和回应他人独特情绪体验的能力（Decety & Jackson，2004），体现了自我知觉和他人知觉之间的紧密联系。尽管共情过程的细节仍具争议，但人们普遍认为，共情的第一步是站在他人的角度看问题。

共情的知觉—行动模型假设，在知觉他人情绪状态时，观察者也会激活相同的情绪状态，从而触发躯体和自主神经反应。因此，观察者通过体验这一情绪状态，也能理解情绪。鉴于镜像神经元在模拟和动作识别中的作用，有人提出，镜像神经元可能调节了一种关键的生理机制，使我们能够在体内表征他人的内部状态。这种机制有时被称为具身模拟（embodied simulation）。为了实现这一过程，情绪加工的神经结构之间需要建立某种联系。这种联系的证据是在灵长类动物的大脑中发现的，其中镜像神经元网络和边缘系统在解剖学上由脑岛连接。这提示共情能力可能需要一个大规模的神经网络支持。

对于人类而言，厌恶是一种能够通过实验反复诱发的情绪。它被用于探究识别他人情绪的神经机制。例如，一系列实验发现，体验厌恶和知觉厌恶表情可以激活前脑岛的相似区域。事实上，当观察厌恶表情时，脑岛的激活程度会随被观察对象的厌恶表情强度的增加而增加（Phillips et al., 1997；图13.16）。随后有fMRI研究发现，人们吸入产生厌恶感的气味会激活与他们观察到厌恶表情时相同的前脑岛皮质，并以较小的水平激活前扣带皮质（Wicker et al., 2003）。

与这些fMRI研究的发现一致，一项使用深部电极的研究也发现了类似的结果。这些深部电极是在对几位颞叶癫痫病人进行术前评估时植入的。当这些病人观看一系列带有情绪的面部表情时，腹侧前脑岛皮质神经元只有在看到厌恶表情时才会被激活（Krolak-Salmon et al., 2003）。对脑岛的这一区域进行电刺激也会引起恶心（Penfield & Faulk, 1955）和内脏运动（Calder et al., 2000），二者都与有意识的主观感觉状态有关。

最后，一个案例研究也支持上述结论：一个前脑岛受损病人在面对令人厌恶的场景时失去了从面部表情、非言语的情绪声音以及情绪韵律中识别厌恶情绪的能力。与控制组相比，他在诱发厌恶的情景中感觉不到厌恶（Calder et al., 2000）。总之，这些研究提示，脑岛对于体验厌恶以及知觉他人的厌恶非常重要。一些研究者认为，镜像神经元可能是我们识别这种情绪的关键（Bastiaansen et al., 2009）。

疼痛虽然不完全是一种情绪，却是一种可以被反复激活的强烈感觉状态。在塔尼亚·辛格（Tania Singer）及其在伦敦大学学院的同事进行的一项疼痛研究中，fMRI提示，当一个人经历自身的身体疼痛以及知觉他人的身体疼痛时，脑岛和前扣带皮质都会被激活（Singer et al., 2004）。

研究者测试了两种情况下的大脑活动。一种是被试通过手上的电极接受疼痛刺激，而另一种是被试通过观看计算机信号以知晓在同一个房间的恋人接受了同样疼痛的手部刺激（图13.17）。自身对疼痛的体验以及知觉到恋人对疼痛的体验都激活了前脑岛以及相邻的额叶盖部和前扣带皮质。此外，对于在一份测量共情程度的问卷中得到高分的被试，当知觉到伴侣的疼痛时，其脑岛和前扣带皮质的激活程度最高。这些发现已经被许多其他研究通过不同的范式得以重复（参见Singer & Lamm, 2009）。这种重叠是否意味着这种共享反应具有疼痛特异性？研究者对此尚存争议。

如前所述，当我们看见厌恶的东西或者看见他人经受疼痛时，由前脑岛和前扣带皮质中部（mid-anterior cingulate cortex，mACC）组成的网络就会被激活。有趣的是，这些脑区在目睹不公平的交易或不道德的行为（违反社会规范）时也会被激活。许多人对前脑岛—前扣带皮质中部（AI–mACC）的网络支持针对厌恶、疼痛和不公平的加工这一观点提出了质疑，认为这些刺激的共同属性是不愉快。

辛格及其同事（Corradi-Dell'Acqua et al., 2016）继续研究了这一问题。由于fMRI的空间分辨率有限，因此她们使用多体素模式分析来比较志愿者的大脑激活模式。这些志愿者要么经受疼痛或不疼痛的电刺激，要么品尝恶心或不恶心的味觉刺激，要么看着一位友好的实验助理经受这些刺激。最后，志愿者与陌生人进行最后通牒游戏（参见第13.9节），而陌生人曾向志愿者或实验助理提出不公平或中等公平的经济分配提议。

正如在这些争论中常出现的情况，研究者在前脑岛—前扣带皮质中部发现了针对领域一般性编码和领域特异性编码的证据。左侧前脑岛—前扣带皮质中部的激活模式具有通道独立性，而且疼痛、厌恶和不公

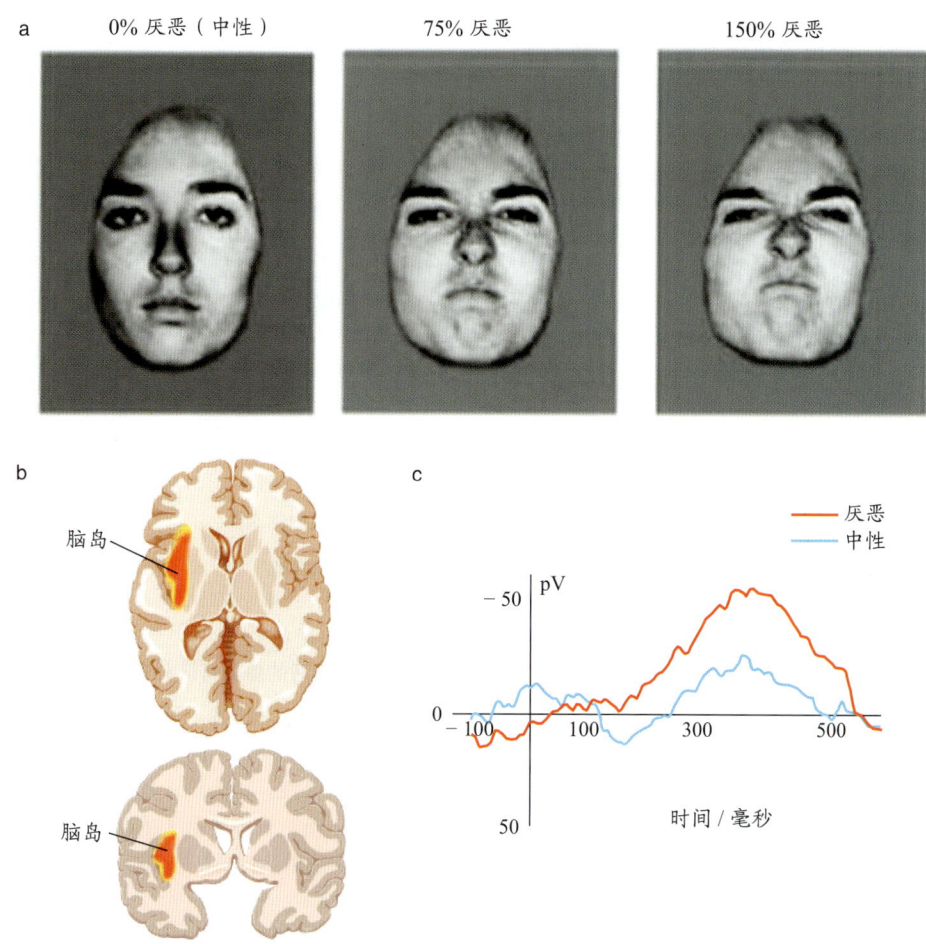

图 13.16　探索对厌恶做出反应的大脑区域

（a）通过计算机变形方法产生的一系列厌恶面孔。100%（未在图中显示）对应于实际厌恶照片，75% 对应于厌恶照片（中度厌恶），150% 对应于厌恶照片（极度厌恶）。（b、c）当厌恶表情增加时，脑岛的 BOLD 反应也随之增加。$pV = 10^{-12}$ 伏。

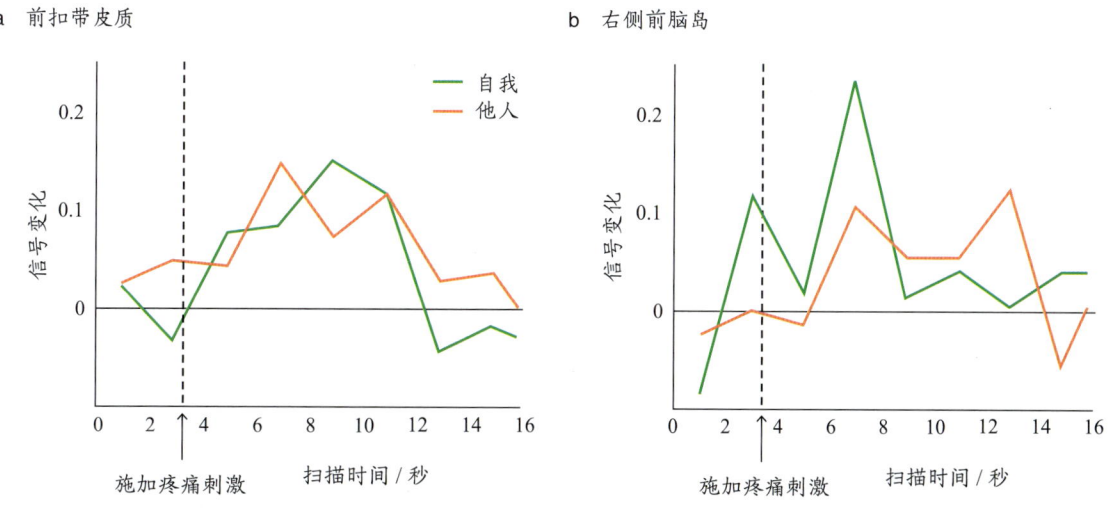

图 13.17　对疼痛的共情研究

当一个疼痛刺激作用于被试（自身）或被试的恋人（他人）时，fMRI 显示了共同的网络激活。图中显示了前扣带皮质（a）和右侧前脑岛（b）的峰值激活与疼痛相关的时间进程。纵轴表示估计的疼痛知觉的程度。

平是跨通道共享的。被试经历厌恶刺激或观察其他人经历厌恶刺激也会共享激活模式。同时，右侧前脑岛—前扣带皮质中部的激活模式是通道依赖性的，并且在针对疼痛、厌恶、不公平以及观看他人拥有同样的体验时具有通道特异性。

我们如何知晓他人的感受？

如果我们经历某件事或者观察某人经历同样的事都激活了相同大脑区域，那么我们怎么能知道其他人有什么感受呢？答案是，我们不知道。但是，我们可以从刚刚讨论的结果中看到，右侧前脑岛—前扣带皮质中部可能在区分自我和他人方面发挥作用：在右侧前脑岛—前扣带皮质中部，共情经历所诱发的活动与第一人称的厌恶状态所诱发的活动不同。此外，虽然在我们对他人产生共情时，在左侧前脑岛—前扣带皮质中部编码的针对厌恶体验的神经反应会被重新激活，但通道特异性疼痛或味觉信息似乎并不是共享信息的一部分。因此，即便我们在看到别人接受厌恶刺激时可能会感到不愉快，但我们并没有真正体验到他们的感受。

瑞安·默里（Ryan Murray）及其同事（2012）对23项fMRI和2项PET研究进行了元分析，对比自我相关加工与对亲近的他人的加工和对公众人物的加工。元分析的目的是确定自我特异性大脑激活，以及确定能区分对亲近他人的评价和对与我们没有联系者的评价的相关激活。他们发现，当一个人评估和加工关于自己和亲近者的信息而非公众人物的信息时，前脑岛就会被激活。这一发现使研究者认为，当我们评价自己和亲近者时，我们共享了一种有意识的心理表征。这种表征是内在的、发自肺腑的，并且在生理上是可感受的，这被称为具身意识（embodied awareness）。

然而，负责自我特异性加工的腹侧和背侧前扣带皮质在评估亲近者和公众人物时并不活跃（图13.18）。在目标导向性活动中，背侧前扣带皮质不仅参与分类、分配和调节注意，而且会对自我相关刺激做出反应，并在自我反思和行动监控中表现活跃（Schmitz & Johnson，2007）。

研究者还在内侧前额叶皮质内发现了对自我、亲近的他人和公众人物的激活差异。对自我的激活主要集中在右侧腹内侧前额叶皮质，而对亲近的他人的激活主要集中在左侧腹内侧前额叶皮质，其中包括一些

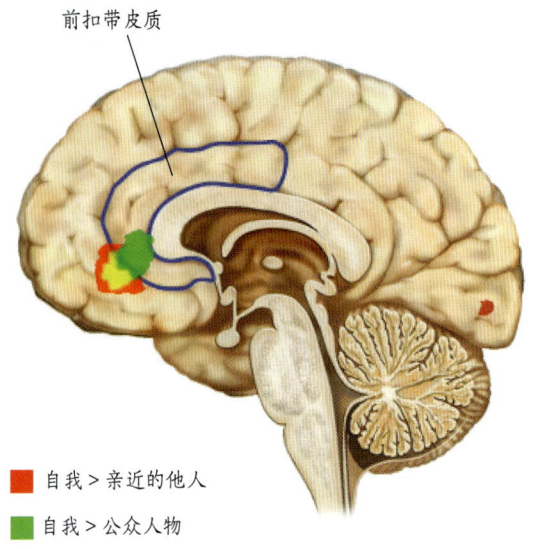

■ 自我 > 亲近的他人
■ 自我 > 公众人物
■ 联合

图13.18　激活的差异可区分自我和他人

与监控自我和亲近的他人所激活的脑区相比，完成与公众人物相关的任务时，背侧的激活更多，并且与前二者的激活显著分离。对公众人物的大脑激活主要出现在左侧额上回，而对亲近的他人的激活集中在左侧前额叶皮质，对自我的激活主要在右侧腹内侧前额叶皮质。

共同激活（这些共同激活根据不同相关水平而引发不同程度的腹内侧前额叶皮质的激活）。针对公众人物的激活与上述两个区域明显分离，所激活的是位于左侧额上回的背内侧前额叶皮质。因此，大脑不同区域的激活似乎可以区分对不同人的不同感受。

共情反应调节

在认识到自己和他人的区别之后，我们在某种程度上需要监控自己的反应。例如，医生需要了解病人何时感到疼痛，但病人希望医生减轻疼痛，而不是与他们分享这种疼痛。让·德赛蒂（Jean Decety）及其同事（2011）提出了一个共情模型：首先是自动的知觉—行动耦合和情绪分享，然后是自我与他人分离，最后是其他过程［包括影响共情体验的程度以及利他行为的出现概率（如知觉者的动机、意图和情绪自我调节）的过程］。

德赛蒂及其同事在中国台湾地区进行了一项富有创意的实验，为目标导向性调节增添了一例证据。他们假设，由于针灸师的工作要求他们从针灸治疗的疼痛中脱离出来，转而关注对病人的长期利益，因此他

们不会激活通常与身体疼痛感觉相关的区域（Cheng et al., 2007）。

为了验证这一假设，研究者对比了专业的针灸师和普通人在观看有关身体部位接受非疼痛刺激（用棉签接触）或疼痛刺激（用针刺）的视频时的大脑活动。与此前的研究一致，该研究发现在普通人中，与疼痛相关的区域，包括脑岛、前扣带皮质和躯体感觉皮质，都被激活了。与之相比，针灸师的这些区域并没有明显的激活，但与他人的心理状态归因相关区域（如内侧前额叶皮质和右侧颞顶联合区）、支持自我调节的区域（背外侧前额叶皮质和内侧前额叶皮质）以及支持注意力的区域（中央前回、顶上小叶和颞顶联合区）却被激活了。这些发现提示，镜像神经元网络的激活可以通过一个目标导向性加工来调节，从而增强反应的灵活性。

研究者继续使用 ERP（Decety et al., 2010）对这些针灸师进行了研究，来确定调节信息加工的区域。在疼痛和无痛状态之间，控制组被试的额叶有一个早期 N100 分化，在中央顶叶有一个大约在 300—800 毫秒的晚期正电位。研究者没有在针灸师身上检测到这两种效应。在刺激驱动的对他人疼痛的知觉过程中，这些针灸师似乎很早就进行了情绪调节。

塔尼亚·辛格研究了社会关系中的公平是否也会影响共情。也就是说，如果你觉得某人不公平，你会不会对他不那么同情呢？例如，当你看到一个陌生人摔倒时，你会和看到一个抢走你钱包的人摔倒时有同样的感觉吗？在辛格的研究中（Singer et al., 2006），男性和女性被试与两名实验助理玩纸牌游戏（涉及现金），其中一名助理作弊了，另一名助理没有作弊。随后，辛格使用 fMRI 来测量被试观看实验助理经历疼痛时的大脑活动。尽管在观看没有作弊的实验助理经受疼痛时，男女被试都有与共情有关的大脑区域（额叶—脑岛皮质和前扣带皮质）的激活，但男性被试在看到作弊的实验助理遭受疼痛时没有共情引发的激活，而女性的共情反应只显示出少量减少。

相反，男性与奖赏相关的腹侧纹状体和伏隔核活动增强。也就是说，男性实际上喜欢看到欺骗者经受疼痛。正如实验后的问卷调查所提示的，奖赏区的激活程度与表达复仇的愿望存在相关。辛格认为，这种奖赏区激活可能是某些理论的神经基础。这些理论认为，人们（至少是男性）在公平的情况下会积极评价

他人的收益，而在不公平的情况下会消极地评价他人的收益。这意味着人们喜欢与公平者合作，并会惩罚不公平者。然而，不要执着于将公平作为惩罚的动机。我们稍后再讨论这一问题。

如果是体育比赛，情况又会怎样呢？米娜·齐卡拉（Mina Cikara）想知道，在个人层面所观察到的共情调节是否适用于群体层面（Cikara et al., 2011）。例如，在观看你最喜欢的球队和竞争对手的比赛时，如果你看到对手失败了，你有什么感觉？而如果对手得分了，又会怎么样？

齐卡拉招募了相互对立的棒球队（波士顿红袜队和纽约洋基队）的狂热球迷。被试在进行 fMRI 扫描的同时观看红袜队或洋基队比赛的模拟图片。在一些比赛中，被试会看到所支持的球队获胜，而在另一些比赛中则是对手获胜。被试还观看了一些对照场景。在这些场景中，一名来自中立球队的球员要么对阵红袜队，要么对阵洋基队，要么对阵另一支中立球队。播放每张图片后，被试对观看该图片时所体验到的愤怒、痛苦或快乐感受进行评分（图 13.19）。2 周后，被试填写了一份调查问卷，评估他们有多大的可能性会去质问、侮辱、投掷食物、威胁、推搡或攻击对立球队的球迷（洋基球迷或红袜球迷）或中立队的球迷。

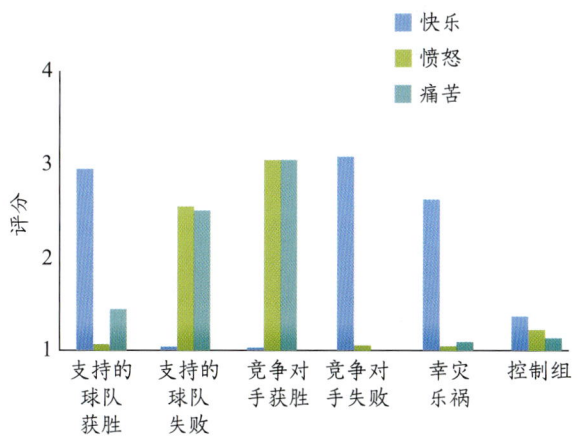

图 13.19　共情受到群体身份的调节

这些条形图表示快乐、愤怒和痛苦的平均评分，以及支持队伍或竞争对手获胜或失败的情况。

结果显示，观看主观上积极的比赛（对手输球时）增加了腹侧纹状体的反应，而所支持球队输球和对手球队赢球激活了前扣带皮质和脑岛（图 13.20），并与疼痛评分相关（图 13.21）。

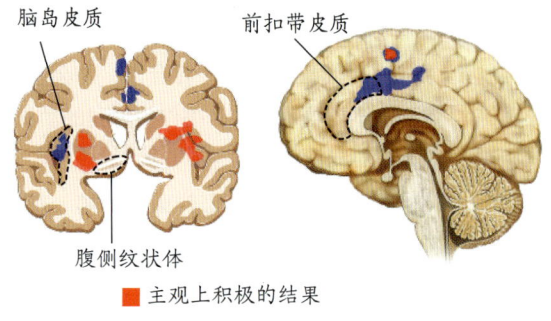

图 13.20 观察主观上积极的结果激活了腹侧系统

主观上积极的结果指所支持的球队赢得了比赛，或者竞争对手输给了所支持的球队。在本例中，腹侧纹状体、左侧额中回、额上回、左侧脑岛、双侧尾状核和运动辅区均受到激活。主观上消极的结果相反，激活了前扣带皮质、运动辅区和右侧脑岛。

值得注意的是，观看一场模拟的动画棒球比赛会让铁杆的棒球迷产生疼痛反应，就像（在之前的研究中）观看一个亲近者经受疼痛一样！正如前面辛格的研究所论述的，腹侧纹状体的奖励效应与对手球队球迷自我报告的攻击可能性相关。因此，对竞争对手的不幸所产生的神经反应与快乐有关（幸灾乐祸），而这也与支持伤害这些群体相关。

令人惊讶的是，耶鲁大学的卡伦·温（Karen Wynn）及其同事进行的一系列研究提示，人们倾向于偏爱与自己相似的人，能够忍受甚至享受与自己相异者所经受的虐待，而且这种倾向在生命的早期就出现了。温及其团队采用了多种研究范式。在这些范式中，还未习得语言的婴儿首先被要求在两种零食（如雀巢脆谷乐与格雷厄姆饼干）之间做出选择。随后，

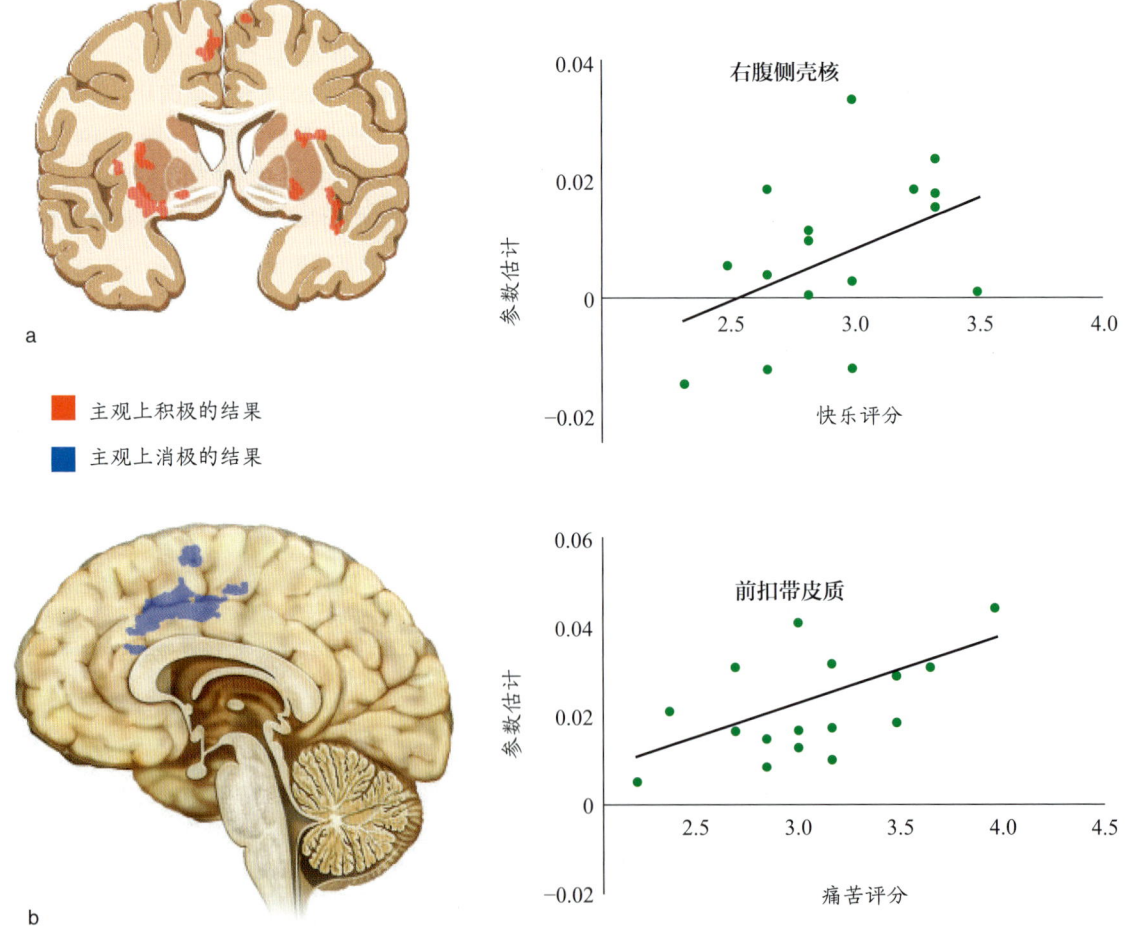

图 13.21 大脑活动与快乐和痛苦评分相关

（a）在积极结果比赛中，只有右腹侧壳核（腹侧纹状体）的激活与快乐评分相关。在右侧散点图中，被试在观看积极结果比赛时自我报告的快乐评分与右腹侧壳核的激活相对应。（b）只有前扣带皮质的激活与被试的疼痛评分相关。在右侧散点图中，对主观上消极比赛的自我报告的疼痛与前扣带皮质的激活相对应。

婴儿看见两个与自己相异的玩偶走近盛着每种食物的碗，发出进食的声音，并表达一种否定的反应（"呃，恶心！我不喜欢！"）或一种肯定的反应（"嗯，好吃，我喜欢！"）。

在其中一项研究中，研究者让婴儿在两个玩偶之间进行选择：一个玩偶表现出与婴儿相似的食物偏好，另一个玩偶则表现出与自己不同的偏好。几乎所有婴儿都选择了与自己的偏好相似的玩偶玩耍（Mahajan & Wynn, 2012）。这提示，甚至在我们过第一个生日之前（1 岁之前），我们就已经更喜欢与自己相似的人了，即使这种相似是微不足道的（如支持红袜队而不是洋基队）。

在随后的一项研究中，温及其团队为这一范式增加了一个步骤：在表明自己的食物偏好并观察了两个兔子玩偶（一个与自己相似，一个与自己相异）表达的食物偏好之后，婴儿们又观看了第二组简短的玩偶戏，主演是与他们偏好相似或偏好不同的兔子玩偶。每一次表演都是从一个兔子玩偶（偏好相似或偏好相异的玩偶，视实验条件而定）跳起来接球，然后球不小心掉了开始的。接下来，在交替的事件中，要么出现一个小狗玩偶作为"帮助者"，将球归还给掉了球的玩偶；要么出现一个小狗玩偶作为"破坏者"，将球带走并逃跑。在这之后，婴儿需要选择与两个小狗玩偶中的任何一个玩。

正如你所预料的，婴儿更喜欢帮助过而不是伤害过与自己相似的兔子玩偶的小狗玩偶。然而，在与婴儿的偏好相异的兔子玩偶条件下，实验结果特别值得注意：9 个月大的婴儿强烈偏好伤害（与自己相异的）兔子玩偶的小狗玩偶，而不是帮助（与自己相异的）兔子玩偶的小狗玩偶（Hamlin et al., 2013）。

尽管出于实际的考虑，很难对人类婴儿进行基于任务的 fMRI 研究（Deen et al., 2017），但这里描述的社会偏好系统模式提示，婴儿与成人一样，在观察与自己不同的他人或外群体成员所经受的不幸时，可能会引发与奖赏相关的反应（如腹侧纹状体激活）。从很小的时候起，人类的大脑就根植了两类种子：对内群体成员抱有偏好，以及对外群体成员幸灾乐祸。

关键信息

- 共情是我们理解和回应他人独特的情感体验的能力。

共情的知觉—行动模型假设，知觉另一个人的情绪状态会自动地激活观察者相同的心理状态，触发躯体和自主神经反应。
- 镜像神经元为进行心智化提供了神经基础。正如运动控制研究者强调镜像神经元在理解他人的行为中的作用一样，社会认知神经病学家也认为，镜像神经元对于理解他人的意图和情绪至关重要。
- 左侧前脑岛—前扣带皮质中部具有通道独立性的活动模式；右侧前脑岛—前扣带皮质中部具有通道依赖性的活动模式，并适用于疼痛、厌恶和不公平的情况，以及针对谁（自己或他人）正在知觉这种体验。
- 1 岁以前的婴儿对与自己相似者表现出了社会性偏好。

13.7 心理状态归因理论（理论的理论）的神经机制

有时，人们的内部心理状态与可观察的外部线索并不一致。试想一个你约会某人的情景。她拒绝了你，并且微笑着告诉你，她已经有约了。现在你该怎么办呢？你要怎么知道她是真的别有安排，还是不想和你约会？她的微笑是在表明她真的很想和你出去，但是去不了吗？如果是这样，你就可以大胆地向她提出第二次邀请。还是说，她只是出于礼貌致以微笑，而如果你追问下去，她就会生气？日常生活中充满了人们隐藏真实的想法和感受的例子。在某些极端的情况下，在识别外部行为和内部意图之间不一致的能力有助于我们识别哪些人是不值得我们信任的。

一个人究竟是如何从可观察的线索推断不可观察的心理状态的，研究者发现很难设计实验任务来确认哪些大脑区域参与其中了。许多研究借鉴了儿童推断他人想法的实验范式。这些范式通常要求被试基于一段文字描述或图片来推断他人的信念、知识、意图和情绪。

被试在推断他人的想法和信念时，参与其中的大脑区域通常包括：内侧前额叶皮质、颞顶联合区、颞上沟和颞极。让我们看看这些区域在执行这些任务时都在做些什么。

内侧前额叶皮质和右侧颞顶联合区的活动

一项研究比较了在形成对另一个人的印象或完成排序任务的情况下，被试有怎样的大脑活动（J. P. Mitchell et al., 2004）。给被试观看一些人的照片，同时附上对这些人的性格描述。例如，"在派对上，他第一个在桌上跳舞。（图13.22a）"被试根据提示对照片中人物的性格做出推断（印象形成任务），或记忆特定陈述与特定面孔之间的顺序关系（排序任务）。两种情况都要求被试对他人进行思考，但只有印象形成任务要求被试思考这些人的内部状态。印象形成任务对内侧前额叶皮质的影响远大于排序任务（图13.22b）。

这项研究的结果提示，内侧前额叶皮质的激活在形成对他人内部状态的印象方面起重要作用，但在对他人其他类型信息的思考方面不起作用。因此，研究者认为，社会认知依赖一套独特的心理过程。随后的研究提示，内侧前额叶皮质与印象形成之间的关系只存在于有生命的生物中，当个体对无生命的物体形成印象时则不存在这种关系（J. P. Mitchell et al., 2005）。总之，这些研究提示，内侧前额叶皮质对于推断其他生命（包括动物）的无形的心理状态很重要。如前所述，有证据提示，内侧前额叶皮质支持了人们改变视角的能力。

另一个与推断他人心理状态相关的大脑区域是右侧颞顶联合区（right-hemisphere temporoparietal junction, rTPJ）。麻省理工学院的丽贝卡·萨克斯进行了一系列研究来检查这个区域的特异性（Saxe & Powell, 2006；Saxe & Wexler, 2005；Saxe et al., 2009）。首先，她通过运用在面部知觉fMRI研究中开发的一个程序来定位颞顶联合区。我们在第6章介绍了研究者通过一个定位任务在个体层面确定了梭状回面孔区的反应特征。例如，被试可以看面孔或位置，而这两种条件之间的差异被用于确定该被试的梭状回面孔区位置。在确定梭状回面孔区之后，研究者可以进行进一步操作，以了解梭状回面孔区的活动如何随着其他实验操控的变化而变化（参见第12章）。

"在派对上，他第一个在桌上跳舞。"

"他拒绝将多余的毛毯借给其他露营者。"

a

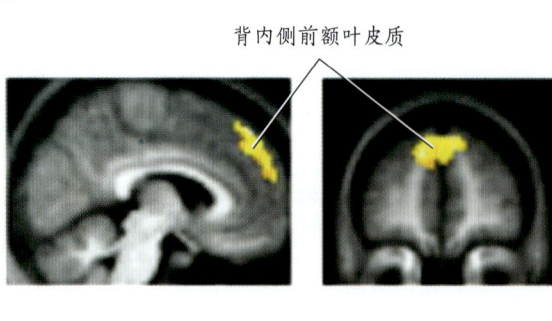

背内侧前额叶皮质

b

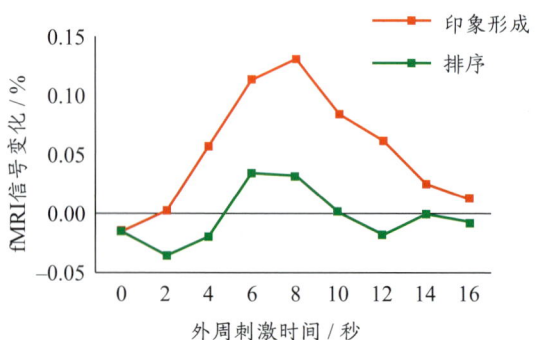

图13.22 一项关于人格推断的研究

（a）实验者向被试呈现一系列图片。这些图片将面孔与有关人格的描述配对，并要求被试对此人的人格做出推断或注意陈述出现的顺序。（b）与记忆描述顺序相比，内侧前额叶皮质的活动与形成人格印象有关。

萨克斯开发了一个类似的方法来确定右侧颞顶联合区的哪一区域参与了心理推测推断（Saxe & Powell, 2006）。她的定位任务基于萨莉—安妮错误信念任务（图13.12），即呈现一系列错误信念故事，以及与他人心理状态无关但涉及错误信念的对照场景。对比这些条件，右侧颞顶联合区的一个区域在心理推测条件中总是更活跃。对于每个被试，研究者定义了右侧颞顶联合区中激活的确切位置，随后检查这一区域的活动是否与其他测量知觉的任务相关（图13.23）。

右侧颞顶联合区的活动与推理他人的心理状态有关，但它对任何涉及他人的社会性信息都没有反应。在一项研究中，研究者向被试展示了关于一个人的三种信息：社会背景、心理状态和生活事件。例如，被试可能会了解一个虚构的人物"丽莎"。丽莎和父母住在纽约（社会背景），但是她想搬到自己的公寓住（心理状态），并且她发现想要搬入的公寓有空房（生活事件）。这项研究发现，与社会背景或生活事件信息相比，当被试面对有关心理状态的信息时，右侧颞顶联合区显著激活了（Saxe & Wexler, 2005）。

正如你在前几章中了解的，神经科学家更喜欢用网络模型来研究大脑区域和心理功能之间的关系，而不是严格的局部模型。一个单一的大脑区域不太可能支持像思考他人的心理状态那样复杂的心理过程。虽然右侧颞顶联合区在理论上专门用于推理他人的心理状态，但我们在本章中了解到，内侧前额叶皮质也参与了这一过程。右侧颞顶联合区和内侧前额叶皮质在推理他人的心理状态方面如何发挥不同的作用呢？

目前，人们提出了两种不同的假设。第一个假设是右侧颞顶联合区专门用于推理他人的心理状态，内侧前额叶皮质则支持对他人进行更广泛的推理，包括但不限于他们的心理状态。第二个假设是内侧前额叶皮质支持有关社会任务的推理，而右侧颞顶联合区对把注意重新导引到社会性任务和非社会性任务上很重要。

让我们看看第一个假设的证据。研究者记录了被试在加工一个人的身体外形（阿尔福莱多是一个体格魁梧的人）、内部生理状态（希拉饿了，她没吃早餐）或心理状态（尼基知道他的妹妹会生气，因为她的航班延误了10小时）时的大脑活动。这一研究发现，内侧前额叶皮质与加工身体外形和内部生理状态的信息有关。与之相比，右侧颞顶联合区则在获取有关心理状态的信息时被选择性地激活了（图13.23c；Saxe & Powell, 2006）。

第二个假设的证据呢？我们在第7章介绍了迈克

a　错误信念故事示例

约翰告诉埃米莉，他有一辆保时捷轿车，但实际上，他只有一辆福特轿车。埃米莉对汽车毫无了解，因此她选择相信约翰。

当埃米莉看见约翰的轿车时，她会认为那是一辆：
____保时捷
____福特

错误照片故事示例

有一张照片拍摄的是一个苹果挂在树枝上。冲洗这张胶卷用了半小时。与此同时，一股强风将苹果吹落在地。

在洗好的照片中，苹果位于：
____地面上
____树枝上

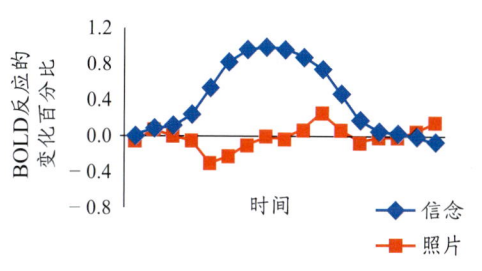

b　定位任务

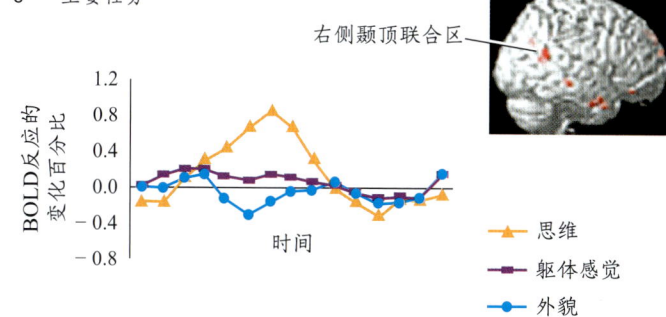

c　主要任务

图 13.23　心理推测和右侧颞顶联合区的定位程序
（a）被试完成的错误信念任务要么涉及对他人的错误信念（如示例故事所示），要么涉及与他人心理状态无关的错误照片（如悬挂在树枝上的苹果照片）。（b）研究者发现，与错误照片相比，对他人的错误信念更强烈地激活了大脑中的一个特定区域。（c）随后，研究者检查这一区域是否参与了与各种印象（包括关于思维、躯体感觉或外貌）的形成有关的不同活动。

尔·波斯纳及其同事（Posner et al., 1980）设计并得到广泛应用的注意提示范式。在这个范式中，被试观看呈现的线索，而这些线索提供了有效或无效的信息，告诉他们如何引导注意力以成功地识别目标物体（参见图7.15）。许多研究发现，右侧颞顶联合区的激活与心理状态有关。这些研究使用了错误信念任务，要求被试从注意无效的信息转移到回答有关某个人的心理状态的问题。

回顾一下萨莉—安妮错误信念任务。我们知道，对于被试而言，对玻璃球所处位置的最新表征是在抽屉里，因为安妮把它放在那里了。因此，他们必须将注意力转移到其他信息上，才能正确地回答萨莉认为玻璃球在篮子里的问题。虽然这项任务是专门针对心理状态的，而非身体外形或社会相关性信息，但它的独特之处在于要求被试转移注意力。

随后的一项研究发现，采用萨克斯及其同事的错误信念定位任务以及将注意从提示无效信息的非社会性线索转移开的注意提示任务，显著激活了相同的右侧颞顶联合区区域（J. P. Mitchell, 2008）。这一发现提示，右侧颞顶联合区的同一区域支持对社会性和非社会性刺激的注意控制。事实果真如此吗？萨克斯及其同事进行了二次确认，使用具有更高分辨率的实验手段。她们发现，右侧颞顶联合区实际上有两个不同的区域：一组神经元参与心智化，另一组参与注意的重新定向（Scholz et al., 2009）。

目前，关于右侧颞顶联合区和内侧前额叶皮质在他人知觉中的不同作用究竟是怎样的，尚无定论。但对这个问题的研究仍在继续，并有望加深我们对"如何理解他人心理"这一艰巨任务的理解。

颞上沟：整合非言语线索和心理状态

前文所述研究首先提供了有关某人心理状态的信息，然后考查了用于推理心理状态和推理其他类型信息的不同大脑系统。然而，在现实中，我们并不知道别人在想什么，也不能指望别人确切地告诉我们他们在想什么。事实上，当人们试图向你隐藏其心理状态时，注意非言语线索而不是语言线索可能是你最好的策略。这之所以是一个好策略，是因为具有语言理解缺陷的病人相较于没有语言缺陷的病人（右半球病变的病人或控制组被试）更善于发现有人在撒谎（Etcoff et al., 2000）。

身体语言、姿势、面部表情和眼神注视等非言语线索在人的知觉中起着重要作用。你已经学习了面部知觉的神经科学，了解梭状回面孔区（第6章）和杏仁核在通过面孔做出社会判断中的作用（第10章）。研究还发现，对眼睛注视方向的注意是关于另一个人注意状态的重要的非言语信息。

在婴儿生命的第一年，他们发展了联合注意，即监控他人注意的能力。儿童最典型的监控他人注意的方式之一就是注意他人眼睛注视的方向。人类是唯一能跟随眼睛注视的方向而非头部方向的灵长类动物。人类之所以能够分辨眼睛注视的地方，是因为我们具有巨大的巩膜，即眼白。这是其他灵长类动物不具备的解剖学特征（Kobayashi & Kohshima, 2001）。

迈克尔·托马塞洛及其同事（Tomasello et al., 2007）认为，眼睛在人类进化中开启了一种新的社会功能：支持合作（互惠）的社会互动。当人们说的话与他们的心理状态不匹配时，眼睛的注视也能够帮助我们进行理解。例如，当潜在的约会对象拒绝你的邀请时，她是在拒绝你的同时与你进行眼神交流，还是在回避你的目光？什么样的神经系统能够支持我们关注他人的目光注视，并利用这些信息来推断他们的心理状态？

探究这一问题的最早研究之一是对猴子进行的单细胞记录研究。英国苏格兰的圣安德鲁斯大学的戴维·佩雷特（David Perrett）及其同事（1985）发现，颞上沟的细胞有助于识别头部位置和注视方向。令人惊讶的是，一些细胞对头部位置有反应，另一些细胞对注视方向有反应。虽然头部位置和眼睛注视方向通常是一致的，但区分头部位置和眼睛注视方向的能力为利用这些线索推断心理状态打开了大门。那些将目光转向同一方向的人，他们的思维方式可能与那些保持头部朝前，但将目光指向不同方向的人截然不同。

越来越多的证据提示，颞上沟对于解读眼睛注视与心理状态的关系很重要。有关证据来自人类神经影像学的研究。杜克大学的凯文·佩尔弗里（Kevin Pelphrey）及其同事（2003）研究了颞上沟的活动是否与另一个人的眼睛注视变化所显示的心理状态有关。被试观看一名女性动画人物。她将注意力转向或远离棋盘，棋盘在她的左右视野出现并闪烁（**图**

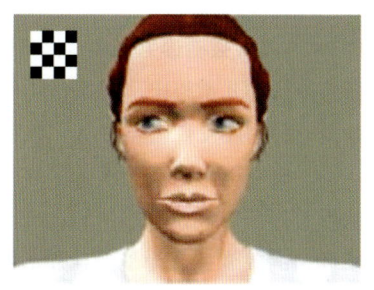

a 一致

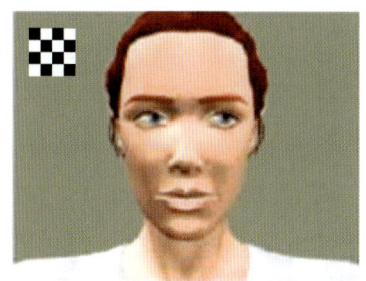

b 不一致

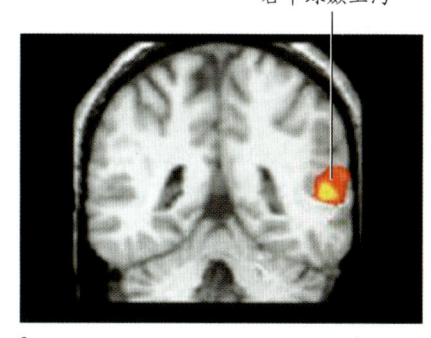

c

图 13.24　从眼睛注视方向解读意图

被试观看一个虚拟现实人物。她的眼睛注视着一个闪烁的棋盘，即行为一致（a）；或看向与棋盘相反方向，即行为不一致（b）。（c）颞上沟追踪的是眼睛注视变化背后的意图，而不是简单的眼睛注视变化。

13.24）。这个人物会随机通过 1 秒或 3 秒来转移她的视线。

如果颞上沟仅仅参与追踪眼睛注视的变化，那么它会被激活到与眼睛注视变化相同的程度。然而，如果颞上沟参与了眼睛注视变化与心理状态的整合，那么颞上沟的激活应该与角色将注意力引导到哪里有关。因为眼睛注视转向棋盘以及眼睛注视从棋盘上移开，提示的是两种不同的心理状态。

与后一种预测一致，颞上沟后部区域的活动与眼睛注视方向的变化有关（Pelphrey et al., 2003）。与注视棋盘相比，注视转移到空白区域会延长颞上沟的激活时间。也就是说，注视环境是有影响的。研究者推测，当这个动画人物出乎意料地没有看到目标时，观察者会感到困惑，不得不重新调整他们的预期。这一过程需要更长的时间，因此颞上沟的活动也延长了。

研究者意外地发现，颞上沟的活动也与凝视时间有关。如果注视转移发生在棋盘出现后的 1 秒，则可以观察到情境效应。但如果注视转移出现在 3 秒之后，则不会看到该效应。他们提出，若棋盘呈现和注视转移之间的间隔时间太长，注视转移就会更加模糊。观察者不一定会把它与棋盘的呈现联系起来，因此当注视方向改变时，也不会违反任何预期。

在一项相关的研究中，当通过虚拟现实建构的角色与被试进行眼神交流时，与虚拟现实角色将目光从被试身上移开时相比，颞上沟中的一个相似的区域被更强烈地激活（Pelphrey et al., 2004）。因此，颞上沟似乎提示了另一个人的注意焦点，同时也提供了重要的社会性信息：这个人可能试图把我们的注意力从一个新物体上转移开，或者可能希望参与社会互动。有趣的是，这些研究还揭示，在某一视觉加工区的神经活动对所观察行为的情境很敏感。

关键信息

- 当我们通过自己来理解他人或者当我们用一种与存储自我相关信息一样复杂的方式来表征他人的信息时，内侧前额叶皮质参与了对他人的知觉。
- 右侧颞顶联合区对于推断他人的心理状态很重要。
- 人类是唯一可以追随眼睛注视方向而不只是头部运动方向的灵长类动物。
- 在颞上沟发生的加工对于从眼睛注视方向推断心理状态非常重要。

13.8 孤独症谱系障碍和他人心理状态

孤独症谱系障碍（autism spectrum disorder，ASD）是指一组神经发育障碍，包括孤独症、阿斯伯格综合征、儿童崩解症以及未分类的广泛性发育障碍。这些疾病在生物学层面和行为层面上的病因和症状都是异质性的，其中任何一种疾病均有从轻微到严重的临床表现。曼纽尔·卡萨诺瓦（Manuel Casanova）在儿科神经病理学方面做了大量工作。他假设，遗传易感性结合神经发育的关键期暴露于外源性风险这两个因素可以解释孤独症谱系障碍的异质性（Casanova, 2007, 2014）。他认为，孤独症谱系障碍的病理学基础是干细胞异常增殖，随后是神经元异常迁移，进而引发了一连串后续事件，导致患孤独症谱系障碍的病人出现各种异常迹象和症状（Casanova, 2014; 参见 Packer, 2016）。

针对孤独症谱系障碍的研究提供了一个重要的视角，让我们了解了心理状态归因和模仿能力在我们的世界中的重要作用。如果这些缺陷是孤独症谱系障碍的核心特征，那么我们应该看到孤独症病人与控制组相比，在他人知觉和社会认知所涉及的神经区域和神经连通性方面的差异。事实确实如此吗？

孤独症谱系障碍的解剖学和连通性差异

孤独症谱系障碍与在许多神经发育过程中出现的解剖结构的差异有关。这些变化包括皮质小柱结构改变，单个皮质单元突触棘改变，以及皮质亚板改变。皮质亚板是一个与皮质正常发育有关的区域，之后还与调节各区域间的联系有关（Hutsler & Casanova, 2016）。神经元水平上的这些变化影响着随后的皮质环路的组织和连通性。

解剖学上的变化伴随着连通性的变化，其特征是额叶内超连通性和远程连通性减少，以及与其他皮质区域交互作用减少（Courchesne & Pierce, 2005）。这种连通性差异很早就出现了。贾森·沃尔夫（Jason Wolff）及其同事（2012）利用扩散张量成像技术确定了92名高孤独症谱系障碍风险婴儿（其兄弟姐妹至少有一人确诊为孤独症谱系障碍）的大脑结构连通性，并分别在他们6个月和2岁时进行了检查。在2岁时，其中28名儿童被确诊为孤独症谱系障碍。与未患孤独症谱系障碍的儿童相比，在6个月大时，这28名儿童大脑皮质的白质发育已经出现了紊乱。

一些研究也报告了白质的区域性结构异常，以及大脑发育过程中高阶联络区域的部分连接阻断。这些皮质环路的改变被认为是孤独症谱系障碍中行为表型的基础，并导致了皮质功能的改变（参见 Belmonte et al., 2004; Frith, 2004; 以及 Hutsler & Casanova, 2016）。

高阶联络区域之间的连接阻断意味着大脑半球间连通性出现差异。中国台湾地区的研究者发现了这一结论的证据（Lo et al., 2011）。通过扩散张量成像，他们发现与正常控制组相比，孤独症青少年存在左侧不对称性缺失以及大脑半球间连接减少。这提示孤独症谱系障碍的某些认知和行为缺陷可能是胼胝体远程连通性改变的结果，而胼胝体涉及社会认知和语言加工。这似乎也意味着，这种非典型的偏侧化在幼儿中已经存在。近年来，一项使用 MRI 和扩散张量成像的幼儿研究发现，偏侧化程度的降低与孤独症谱系障碍的严重程度增加相关（Conti et al., 2016）。

这些发现并不令人惊讶，因为与正常控制组相比，已经出现孤独症谱系障碍的个体的胼胝体前部（Hardan et al., 2000）、压部和膝部（Vidal et al., 2006）大小有所减小。此外，患孤独症谱系障碍的个体的胼胝体还存在髓鞘发育异常（髓鞘在神经元长距离快速沟通中是必需的，Gozzi et al., 2012）。回顾第4章，我们会发现胼胝体从前往后按地形图式组织。胼胝体前部的改变可能表明，患孤独症谱系障碍的病人额叶的两半球间联络受到了损坏（Courchesne et al., 2004; Hutsler & Avino, 2015），进而导致工作记忆、认知控制以及心理推测缺陷，并且无法抑制不恰当的反应。最后，胼胝体后部的连通性减弱可能影响对人脸的加工。

最近的一项针对成年男性孤独症谱系障碍的大型研究证实，持续到成年的白质差异出现在前额叶的主要联合区和连合束（图13.25），而特定网络中的白质差异与特定的童年行为相关（Catani et al., 2016）。例如，对于语言和社会功能很重要的左侧弓状束的连通性异常与儿童时期的刻板言语和延宕仿说（重复别人的话语）有关。该研究还证实，大脑左半球白质差异更显著。

孤独症谱系障碍也与许多区域的功能异常有关。这些区域通常负责对人的知觉，包括内侧前额叶皮质、杏仁核、梭状回面孔区（见第6章）、颞上沟、前脑岛和颞顶联合区。很显然，没有一个单独的大脑区域，甚至没有一个单独的系统，对孤独症病人的行为负责。尽管不同的大脑区域使我们能够理解他人的想法以及可见的线索，但孤独症谱系障碍中连通性的变化以及由此产生的行为变化提示，它们是作为一个网络在发挥作用的。

孤独症谱系障碍中的心理推测

对于患孤独症谱系障碍的儿童来说，完成错误信念任务尤其具有挑战性。即使他们已经过了大多数孩子都能解决这些问题的年龄，患孤独症谱系障碍的儿童在进行这些任务时，仍然相信其中的角色可以知道故事中的所有信息。在萨莉－安妮错误信念任务中（图13.12），尽管他们知道萨莉最初把玻璃球放进篮子里了，但他们的行为就好像萨莉知道安妮把玻璃球转移到了抽屉里一样。因此，他们报告萨莉将在抽屉里寻找玻璃球。

迈克尔·隆巴尔多（Michael Lombardo）及其同事（2011）设计了一个实验来探索孤独症谱系障碍中负责表征心理状态信息的特定神经系统障碍。他们对比了患孤独症谱系障碍的个体和控制组在心智化任务或关于自己/他人的物理特征判断任务中的大脑激活情况。在这些任务中，右侧颞顶联合区是患孤独症谱系障碍的个体中唯一在心智化任务上表现出异常反应的区域：在正常个体中，右侧颞顶联合区会选择性地对心智化任务激活更多，而对物

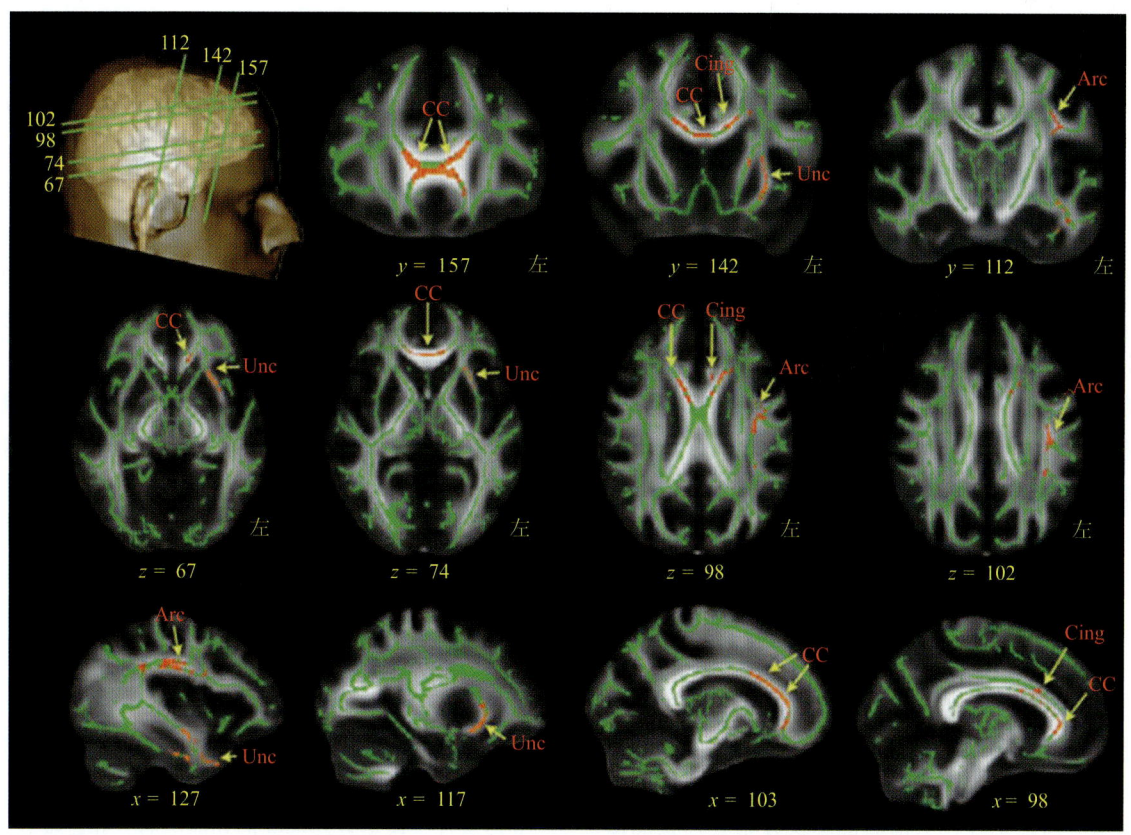

图13.25 各向异性分数揭示了患孤独症谱系障碍的病人和神经典型的控制组之间的白质连通性的差异

研究者根据扩散张量MRI数据、纤维束示踪成像和基于纤维束示踪空间统计分析（一种自动化的、独立于操作者的、全脑逐像素白质完整性分析技术）的数据，比较了61名患孤独症谱系障碍的成年男性与61名神经典型控制组被试的白质网络。与控制组相比，孤独症谱系障碍组在左侧弓状束（Arc）、外囊、前后扣带（Cing）、胼胝体前部（CC）和钩束（Unc）的各向异性分数（一个体素中各向异性的相对程度）明显降低。与控制组相比，孤独症谱系障碍组的各向异性分数没有增加。左上图头部有编号的绿线表示相同编号扫描的位置。红色区域表示孤独症谱系障碍组各向异性分数降低。

理特征判断任务反应更少（不论是自我还是他人条件）。但在患孤独症谱系障碍的个体中，右侧颞顶联合区的反应较弱，并且完全不存在任务特异性。这种选择性缺乏与社交障碍程度相关：右侧颞顶联合区的反应选择性越低，个体在表征他人心理状态方面的障碍就越大。

几项神经影像学研究表明，进行心智化任务时，患孤独症谱系障碍的个体的颞上沟表现出了更少的激活（颞上沟对于解读眼睛的注视与心理状态之间的关系来说很重要；参见 Frith，2003）。相反，他们的颞上沟在更普遍的任务条件下表现出了激活。例如，在图 13.24 所示的棋盘任务中，任何眼睛注视的变化都会引发颞上沟激活的增加，并非仅在眼睛注视意料之外的位置时才有激活。

错误信念任务通常会给被试提供关于他人心理状态的信息。但是，如前所述，在现实生活中，我们经常根据非言语线索，如面部表情和眼睛注视方向，来推断这些心理状态。虽然已有研究提示，患孤独症谱系障碍的个体倾向于注视嘴巴而不是眼睛，但近来两个眼动研究的综述并不支持这一发现（Falck-Ytter & von Hofsten，2011；Guillon et al.，2014）。相反，昆廷·吉隆（Quintin Guillon）及其同事发现，当社交活动的内容增加时，人们对社会性刺激（如面孔和注视方向）的注意就会减少。例如，当讲话是专门指向一个患孤独症谱系障碍的儿童的，或者社交环境中的人数增加时，这个儿童就不太可能注意到社会信号刺激了。这一发现提示，患孤独症谱系障碍的个体对面孔的注意并非泛化的，具体表现还取决于情境（Chawarska et al.，2012）。

事实上，功能成像表明，患孤独症谱系障碍的个体针对面孔的早期视觉加工是正常的（Hadjikhani et al.，2004），提示他们的视觉能力差异是自上而下的加工出现差异引起的。有趣的是，在患孤独症谱系障碍的个体中，梭状回面孔区和枕叶面孔区的高级加工并不像正常个体那样在加工人脸时表现出右侧不对称现象。患孤独症谱系障碍的个体在观察动物的面孔（Whyte et al.，2016）和机器人的面孔（Jung et al.，2016）时，确实表现出了典型的单侧化反应。这意味着，患孤独症谱系障碍的个体并非对所有面孔刺激的加工都存在异常，只有特定的大脑半球连接可能受到了影响。

针对眼睛注视的研究主要集中在对另一个人所注视的物体的注意上。这种反应用来衡量人们是否能够理解，与没有被注视的物体相比，在另一个被注视方向上的物体具有更多的社会价值。已有研究表明，与控制组相比，患孤独症谱系障碍的个体需要更长的时间来追随他人的目光，花更少的时间观察他人所注视的物体，说明他们不能自动地理解注视方向的指示性意义（Guillon et al.，2014）。综上所述，这些研究提示，在患孤独症谱系障碍的个体的大脑中，与他人知觉和心理推测相关的神经区域具有和正常个体不同的激活模式。

孤独症谱系障碍中的默认网络

有研究者认为，由于默认网络参与了社交、情绪和内省加工，因此默认网络的功能障碍可能是造成这些加工出现问题的根源（Kennedy & Courchesne，2008b）。事实上，一些研究已经发现患孤独症谱系障碍的个体默认网络功能异常。当健康被试启动非自我参照思维时（默认网络关闭），他们的内侧前额叶皮质就会停止活动。然而，当患孤独症谱系障碍的个体从静息状态切换到任务状态时，内侧前额叶皮质的活动并没有变化（Kennedy et al.，2006；图 13.26）。这是因为默认网络总是保持打开（常开）或保持关闭（常关）吗？一系列 PET 研究支持了默认网络常关的结论。

有趣的是，在大脑的静息状态，患孤独症谱系障碍的个体报告的想法与正常个体报告的想法非常不同。所有患孤独症谱系障碍的个体都存在报告困难，因为他们从来没有好好思考过他们的内在体验。2/3 的患孤独症谱系障碍的个体报告，他们只看了身体的图像，但没有内在语言、感受或知觉。而剩下的患孤独症谱系障碍的个体似乎没有任何内在思维，仅仅描述了他当前的行为（Hurlburt et al.，1994）。这些功能活动的差异是否出于患孤独症谱系障碍的个体在静息态时的认知加工差异？也就是说，这些差异是否依赖任务？又或者这一区域存在普遍的功能障碍，并且独立于任务？丹尼尔·肯尼迪（Daniel Kennedy）及其同事推测，患孤独症谱系障碍的个体的这种静息态活动的缺乏可能与他们内在思维的差异直接相关（Kennedy & Courchesne，2008b）。

为了验证这一想法，研究者进行了一项 fMRI

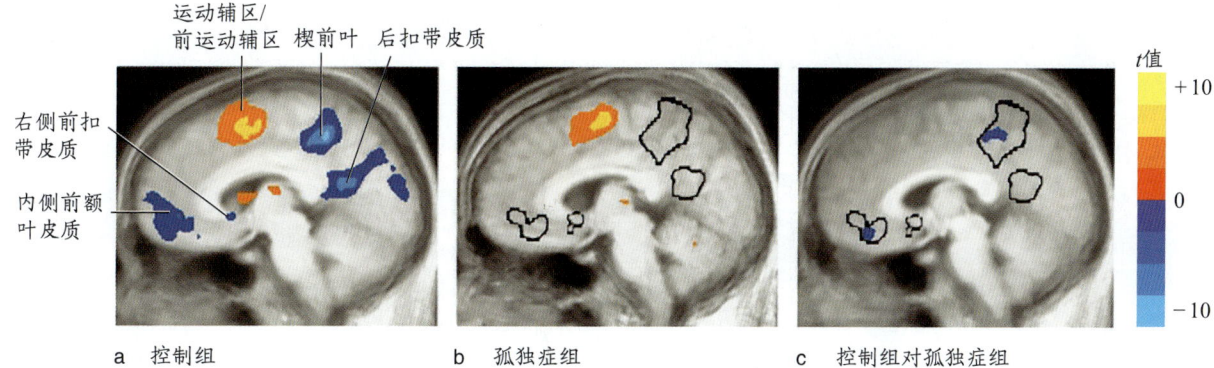

图 13.26 针对控制组与孤独症病人组的全脑功能活动分析。右边彩色条表示激活（t 值为正）和去激活（t 值为负）（a）在一项数字任务中，控制组的内侧前额叶皮质和右侧前扣带皮质以及后扣带皮质和楔前叶出现大面积去激活。（b）然而，孤独症病人没有去激活现象。黑色轮廓对应于控制组的去激活区域。这些区域在静息条件下是处于激活状态的。（c）控制组和孤独症病人组之间的直接组间比较显示，在内侧前额叶皮质和右侧前扣带皮质以及在楔前叶，都存在显著的组间去激活差异。控制组右侧颞上沟和双侧角回也处于去激活状态，而孤独症组则没有，但是这些区域在直接的组间比较中并无显著差异。

研究，让正常的被试和患孤独症谱系障碍的被试阅读关于自己或关于某个亲近者（如他们的母亲）的特定陈述，并判断这些陈述是真是假（Kennedy & Courchesne, 2008a）。自我/他人陈述描绘了一种人格特质（内部条件）或者一种可观察的外部行为或特征（外部条件）。这两种判断条件都与基线任务（解决数学难题）进行比较。最后，进行静息态扫描。

研究者发现，在前两种判断条件以及静息态条件下，孤独症谱系障碍组的腹内侧前额叶皮质和腹侧前扣带皮质的活动都减少了，提示这些区域的功能障碍与任务无关。然而，背内侧前额叶皮质、压后皮质以及后扣带皮质的活动具有任务特异性：患孤独症谱系障碍的个体在内部条件下活动减少，但在外部条件下活动相同或略有增加，这提示他们存在特异性的与推理判断有关的缺陷，与外部观察无关。然而，研究者也发现了功能相似性：在判断自我/他人时，除了腹内侧前额叶皮质和腹侧前扣带皮质，默认网络其余区域的激活在两组之间没有差异，提示出现了任务特异性的功能障碍（Kennedy & Courchesne, 2008a；图 13.27）。

这些发现提示，患孤独症谱系障碍的个体的社会缺陷部分是由于他们的大脑并没有经常为社会思维做好准备，而社会思维是一种典型的认知加工。部分研究支持了这一观点。在一项 fMRI 研究中，当明确要求患孤独症谱系障碍的儿童进行一项社会性任务时（如"注意那些面孔"），他们在内侧前额叶皮质和额下回表现出了与未给明确指示的正常儿童相同的激活。然而，当给予患孤独症谱系障碍的儿童模糊的指示（如"请注意"）时，这些区域则没有被激活（Wang et al., 2007）。患孤独症谱系障碍的儿童在收到明确指示时可以进行社会性加工，但他们无法本能地做到这一点。这可能是因为他们没有通过社交的视角看待大多数事件的持续冲动（Kennedy & Courchesne, 2008a）。

许多患孤独症谱系障碍的病人在视觉空间或其他非社交领域表现出了超乎常人的技能，如非凡的音乐或绘画天赋、非凡的解谜能力或执行复杂数学或历法心算的能力。虽然只有约 10% 患孤独症谱系障碍的病人表现出达到学者水平的这种技能，但大多数人至少有一种非社交能力得到了增强（Happe, 1999；Mottron & Belleville, 1993；Rimland & Fein, 1988）。这可能是因为他们的大脑能从持续的社会认知加工中解放出来，从而更多地参与非社会性加工。

孤独症谱系障碍中的镜像神经元网络

你可能好奇，有没有人提出过可能是镜像神经元网络的缺陷导致了患孤独症谱系障碍的个体在模仿上表现出的困难？例如，患孤独症谱系障碍的个体不会像发育正常的儿童那样表现出"打哈欠传染"现象

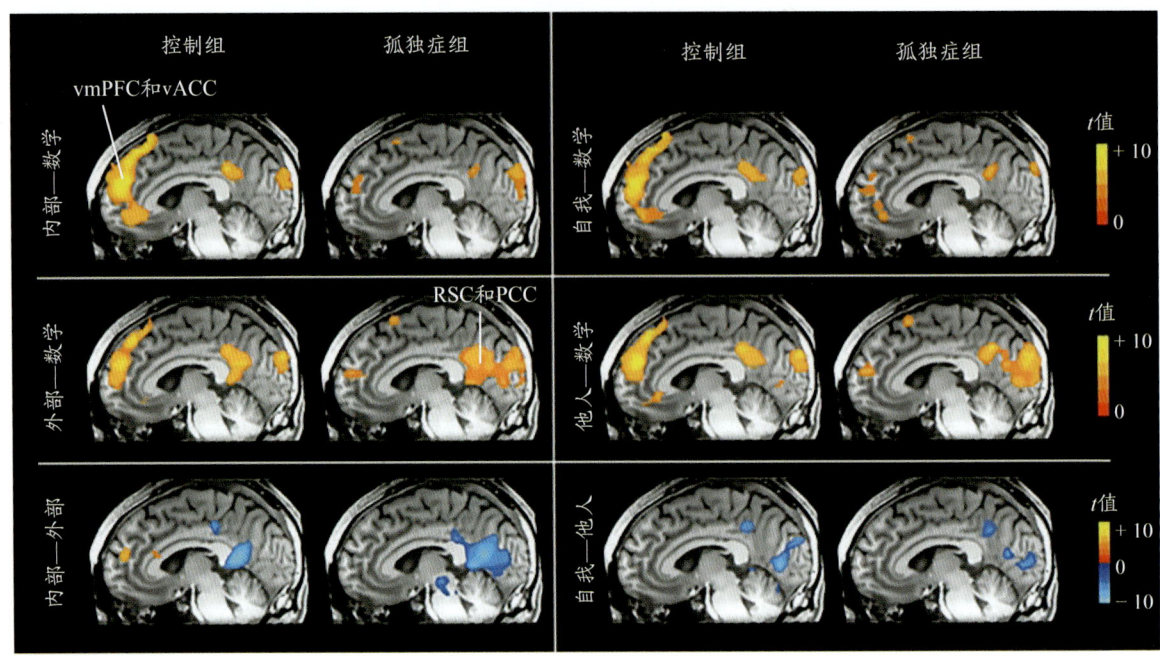

a 内部/外部条件   b 自我/他人条件

图 13.27　控制组和孤独症组的功能活动

前两行图显示了与数学判断相比，在进行内部/外部（a）和自我/他人（b）判断时，更活跃的大脑区域。在所有情况下，患孤独症谱系障碍的病人的腹内侧前额叶皮质和腹侧前扣带皮质的活动都有所减少，提示这些区域的功能障碍与任务无关。另外，两组被试在进行内部/外部判断和自我/他人判断时，都激活了大致相似的区域。请注意，在最下面一行图片中，背内侧前额叶皮质、压后皮质和后扣带皮质的活动是任务特异性的。在两组被试中，压后皮质和后扣带皮质的特异性区域对于外部判断和他人判断（相对于内部判断和自我判断）更为活跃（蓝色）。研究者认为，这种差异可能表明，心理表象加工与这些不同类型的判断之间的关联具有程度差异。VmPFC= 腹内侧前额叶皮质，vACC= 腹侧前扣带皮质，RSC= 压后皮质，PCC= 后扣带皮质。

（Senju et al.，2007）。尽管他们可以主动地模仿照片上的面孔，但他们不会表现出自动模仿（McIntosh et al.，2006）。对于患孤独症谱系障碍的个体，有些类型的模仿比较困难，如模仿没有意义的或新奇的动作（参见 Williams et al.，2004），有些模仿则比较简单，如模仿目标清晰的动作或熟悉的人（Oberman et al.，2008）。有时候，患孤独症谱系障碍的儿童似乎能够理解所观察的动作的目的（这是镜像神经元的一种功能），有时候则不理解。这一行为提示，有一些因素在模仿中发挥了作用。如果镜像神经元网络也涉及其中，那么我们还未完全清楚它的作用。

意大利帕尔马大学的路易吉·卡塔内奥（Luigi Cattaneo）认为，患孤独症谱系障碍的病人的镜像神经元网络的主要缺陷在于不知道怎样将最初的动作连接成动作链，而不在于镜像神经元对他人行为的反应。也就是说，镜像神经元能够根据最初的动作触发特定的动作链（伸手、抓取、放进嘴里），因此对最初的动作（如伸手拿食物）做出反应。所以，动作观察者在动作发生之前就为它制作了内部复制，即能够理解动作主体的意图。

卡塔内奥怀疑患孤独症谱系障碍的病人的这一镜像神经元网络出了问题。为了验证这一假设，他设计了一个巧妙的实验，使用肌电图记录涉及张嘴的下颌舌骨肌的活动（Cattaneo et al.，2007）。在一种条件下，研究者要求患孤独症谱系障碍的儿童和正常儿童伸手去拿一块食物，抓住它，然后吃掉它；或是去拿一张纸，抓住它，然后把它放在一个容器里。在另一种条件下，被试观察一位实验者执行了这些任务（图 13.28）。

每一项任务都被细分为三个运动阶段：伸手、抓取以及将物体放进嘴里或容器里。卡塔内奥认为，如果一个动作链被最初的伸手动作激活，那么当一个人

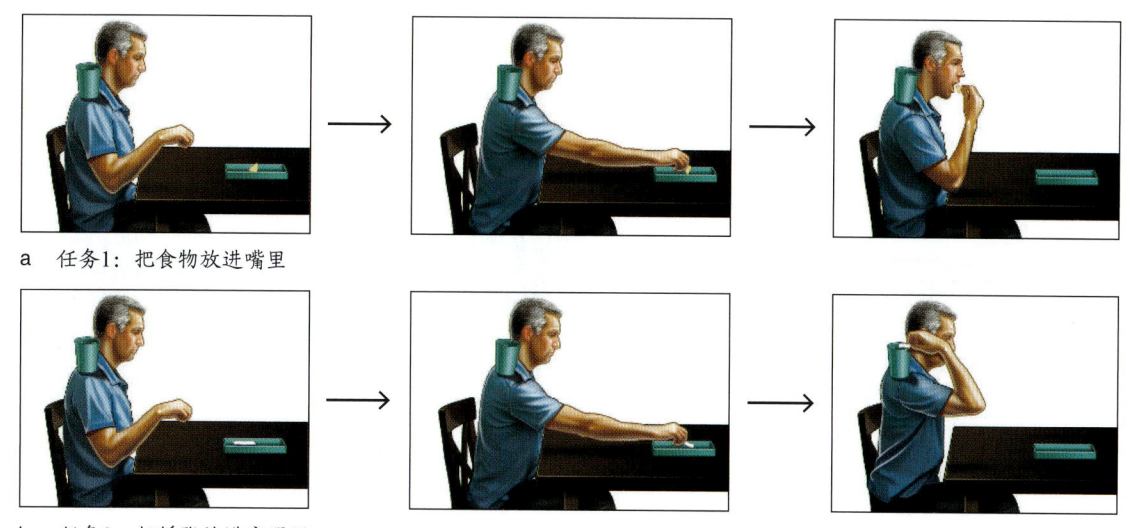

图 13.28　调查对运动意图的理解

在一个任务中，被试或实验者伸手去拿一块食物，抓住它，然后把它放进嘴里。（b）在第二个任务中，被试或实验者伸手去拿一张纸，抓住它，然后把它放进肩上的一个容器里。

开始向食物伸手时，口腔肌肉就会被激活；如果不是如此，那么口腔肌肉仅在食物接近嘴巴时才会被激活。

对于正常发育的儿童而言，不论是自己进行抓取食物吃的任务（图13.29a）还是观察实验者进行抓取食物吃的任务（图13.29c），他们的下颌舌骨肌在伸手和抓取阶段的早期就已经被激活了。肌肉的这种早期激活提示，正常儿童早已在动作开始之初便能够理解动作的最终目标了。

不过，患孤独症谱系障碍的儿童不一样。他们的下颌舌骨肌仅在最后一个运动阶段被激活，即收回手的动作（图13.29b）；在观察实验者进行任务时，则没有下颌舌骨肌的激活（图13.29d）。这一证据提示，患孤独症谱系障碍的儿童没有将运动动作整合到一个动作链中，因此他们无法充分地理解他人的意图。

意图可以被分解为一个人"做什么"以及"为什么做"。卡塔内奥等人指出，有两种方法可以理解动作。一种方法是通过直接匹配机制，即镜像神经元。然而，物体本身所提供的语义线索也有助于理解"是什么"。只要知道一个物体是什么，就能提示接下来的动作要做什么。因此，即使一个人的镜像神经元网络受损，他仍然可以通过外部的线索预测动作的目标"是什么"。换句话说，对"是什么"的加工有时候并不依赖人的心理状态，因为只要能够识别物体是什么，就已经有充足的信息来预测接下来要做什么了。

对于"为什么"呢？尤其是当它与物体无关时，又是如何进行加工的？例如，当患孤独症谱系障碍的儿童的父母伸出双臂拥抱他们的孩子时，孩子并没有伸出双臂作为回应。为了分析这种行为，索尼娅·博里亚（Sonia Boria）及其在意大利帕尔马大学的同事（2009）研究了患孤独症谱系障碍的儿童是否理解一个动作"是什么"以及"为什么"。

他们进行了两个实验。在第一个实验中，患孤独症谱系障碍的儿童和正常儿童观看了描述手与物体交互的图片（图13.30a）。在一半的"为什么"试次中，所展示的手部抓取动作与物体的功能相对应（"为什么使用"试次）；在另一半试次中，抓取动作与通常用来移动该物体的抓取位置相对应（"为什么放置"试次）。随后，被试需要回答这个人做的是什么以及为什么这么做。这两组儿童都能准确地报告动作是什么或动作的目的（如她正在拿东西）。然而，患孤独症谱系障碍的儿童在"为什么"任务中犯了几个错误，且所有错误都发生在"为什么放置"试次中。

在第二个实验中，被试观看与物体用途相匹配的手部抓取物体的图片（图13.30b）。这个物体被放置在一个情境中，提示它将被使用（与抓取一致）或被放置在一个容器中（与抓取不一致）。在这样的条件下，两组孩子的表现相同，都正确地报告了行动者的意图。

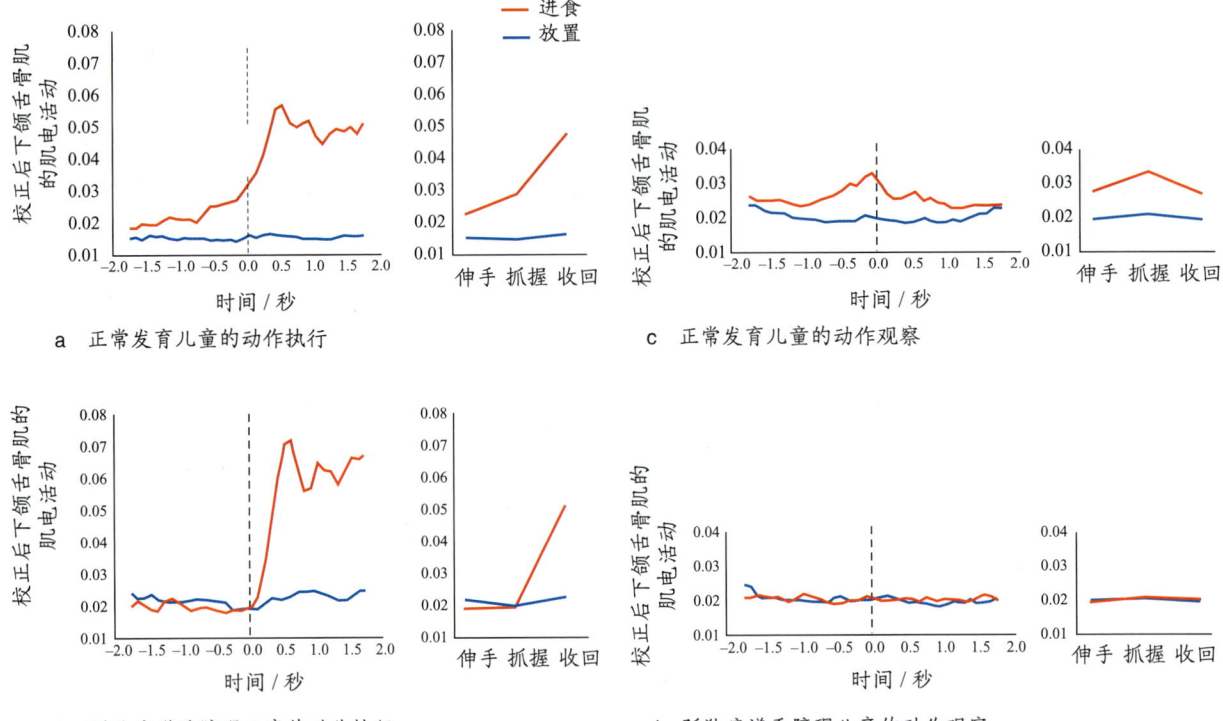

图 13.29　下颌舌骨肌活动的时间进程

伸手动作开始于 0 秒。(a) 在正常发育儿童中，下颌舌骨肌的肌肉活动因动作的不同而不同。在执行"将食物放进嘴里"这一动作（红色）的过程中，肌电活动显示，在手真正抓住食物的几百毫秒之前，下颌舌骨肌的肌肉活动就得到增强了。当仅仅执行一个放置动作（蓝色）而不涉及进食时，肌肉处于不活动状态。(b) 在孤独症儿童中，在伸手或抓握过程中，下颌舌骨肌没有得到激活。(c) 对于正常发育儿童而言，在只观察他人完成进食任务（红色）和放置任务（蓝色）时，也会有类似的结果。(d) 然而，对于孤独症儿童而言，观察他人用一只手抓起食物并放到嘴里不会引起下颌舌骨肌反应。

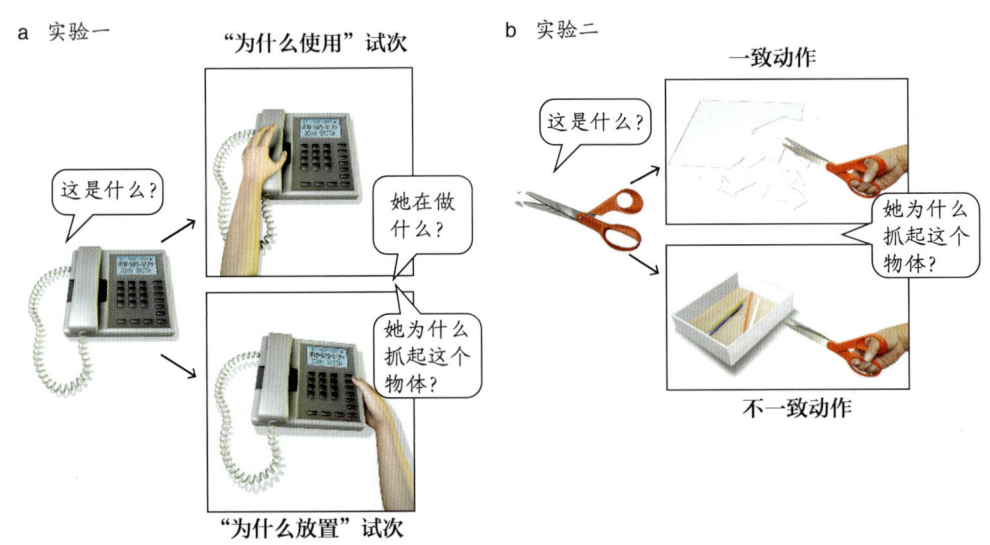

图 13.30　由运动和物体线索推测动作及其原因

(a) 在实验一中，被试看到与物体功能（"为什么使用"试次）相一致或与通常用于移动物体位置（"为什么放置"试次）相一致的手部抓取动作。(b) 在实验二中，手部抓取动作始终与物体功能一致，但只有一种情况与被试推测要进行的切割动作一致。孤独症儿童通过物体线索推测意图。

研究者得出的结论是，我们可以通过两种不同的方法来理解他人的意图：一种方法是从手与物体的交互中获得运动信息，另一种方法是从物体的标准用法或使用情境中获得语义信息。患孤独症谱系障碍的儿童在第二种理解上没有缺陷，但是当完全依靠运动线索时，他们就很难理解他人的意图了。换句话说，他们是通过外部线索而不是内部线索来理解意图的。这一结论支持孤独症谱系障碍涉及镜像神经元网络缺陷的观点。

这一证据也提示，镜像神经元网络是高度相互连通的。这些研究和其他许多研究都提示，在孤独症谱系障碍中出现的模仿缺陷和其他一些认知差异可能是由于镜像神经元网络中的连通性不足以及可替代性沟通环路的参与造成的（Kana et al.，2011）。

研究患孤独症谱系障碍的病人可以促进对他人思想、目标、意图、欲望和信念等复杂过程的理解。患孤独症谱系障碍的个体在理解他人方面的困难反映在大脑的发育和功能异常上，而这些异常影响了对他人知觉和自我参照加工都至关重要的所有主要神经区域。

关键信息

- 患有孤独症的 6 个月大的婴儿和成人显示了白质连接模式的变化。一些研究者认为，这些连接模式的变化是孤独症相关行为变化的根源。
- 患孤独症谱系障碍的个体的心理推测能力没有得到适当的发展。
- 患孤独症谱系障碍的个体的默认网络在静息状态和任务状态之间不存在激活差异。
- 患孤独症谱系障碍的个体的多个大脑系统表现出了与正常人不同的功能。在镜像神经元网络中观察到的一个缺陷，导致他们无法将动作连接成动作链，进而导致他们无法理解动作的意图。

13.9 社会知识

1985 年，西蒙·耶茨（Simon Yates）和乔·辛普森（Joe Simpson）是第一批登顶修拉格兰德山（Siula Grande）的登山者。修拉格兰德山是秘鲁安第斯山脉的一座偏远山峰。在著作《触及巅峰》（Touching the Void）中，辛普森解释，他们的攀登是在没有支援或后援的情况下进行的。人们对这些登山者所取得的成就和所面临的道德困境同样记忆犹新。在刚开始下山不久，乔就摔了一跤，把腿也摔断了。后来他告诉一位采访者（Lloyd Pierce，1997），西蒙本可以对他说，

"我先离开一会儿，去找些人帮忙。"这实际上就是"你自己搞定"的委婉说法。相反，西蒙冒着生命危险，用一根绳子把我从几百米高的山上吊下来，试图救我的命。这是一次令人难以置信的登山壮举。我们以这种方式下降了大约 900 米。

这两个人想出了一个方案。在这个方案中，西蒙用他的登山斧支撑自己，然后用一根 300 米长的绳子把乔放下去。在绳子降到不能再降时（常常是西蒙都看不到乔了），乔用他的登山斧把自己撑在山上，然后用力拉绳子提醒西蒙。随后，西蒙便会想办法下来找到乔。他们不断重复这一过程。当天晚些时候，一场暴风雪袭来，冰雪覆盖了山区，导致气温进一步下降。就在他们再来一下就能抵达避风休息地时，灾难再次降临。

在黑暗中，西蒙不小心把乔下降到了原本是悬冰的地方。西蒙突然感到乔的全部重量在拽着他。他才知道乔原来挂在了空中。不幸的是，乔的手冻伤了，他无法打好爬回绳子的结。他们维持这样的姿势大约 1 小时。乔想要大声呼喊西蒙，但暴风雪将他的声音完全盖住了。乔说，

我把他也拖入了困境。为了不让自己摔下悬崖，西蒙唯一能做的就是割断绳子——放弃我，否则我们两人都会被拖死。很显然，他知道这么做会杀了我，但他别无选择。

西蒙的手也冻得十分麻木，他再也没有力气抓紧绳子了，他无法将乔拉回来。西蒙回忆道，

我被逐步拉向悬崖边缘。割断绳子是我唯一的选择，但是很显然，这很可能会将乔置于死地。我没有多少时间去细想了。这件事必须迅速果断地执行，否则我还会拖死自己。

西蒙割断了绳子。

在登山界，最大的禁忌就是割断你与同伴之间的绳子。讽刺的是，西蒙违反登山界道德准则的决定竟然把他们两个都救了。然而，这一行为引发了其他人的谴责。西蒙说，

> 那些认为我的行为不可接受的人有时会来辱骂我。两名登山者之间的绳子是信任的象征，而割断绳子被视为一种自私的行为。但重要的是，乔并没有这样想。当乔爬回宿营地时，他做的第一件事就是感谢我想方设法地将他运送下来。

虽然乔写道，西蒙做了他自己在同样的情况下也会做的事情，但是西蒙遭到了许多登山团体的排斥。

尽管耶茨和辛普森的故事是一个极端例子，但这说明了一个现实，即社会行为是由多种影响因素共同塑造的。为了成功地融入我们的社会，我们不仅要理解那些适用于得体行为的规则，还要做出符合这些规则的选择。在这一节中，我们将讨论有关社会知识及其在决策中的应用问题。我们要如何知道这些知识的哪些方面适用于哪种特定情况呢？如果我们自己的利益与社会规范冲突，采取进一步行动可能就会很困难。关于这一心理加工过程，负责做出这类决策的大脑系统能告诉我们什么呢？

社会知识的表征

社会行为最复杂的方面之一在于缺乏直截了当的规则。同样的行为在一种情况下是适当的，但在另一种情况下可能就不适当了。例如，握手的礼仪在每个国家都不同。在澳大利亚，握手要坚定而迅速，并且不要用双手。在土耳其，握手要轻而持续较久。在泰国，永远不要握手，但可以考虑拥抱。

在美国，用拥抱向亲密的朋友表达问候是适当的，但对于陌生人则不适当。但是，你应该拥抱一个你认识却与你不亲密的人吗？什么时候用拥抱的方式打招呼才合适？社会认知神经科学家刚开始关注帮助我们做出这些决定的神经系统。目前的发现提示，在考虑针对特定情况的恰当规则时，眶额皮质发挥了重要作用。

当眶额皮质损伤的病人需要利用社会知识来理解社会交往时，他们表现得困难重重。瓦莱丽·斯通（Valerie Stone）及其同事设计了一个精巧的任务来测量上述运用社会知识的能力。他们向被试展示了一系列场景，其中一个角色因不小心说了不礼貌的话而违反了社交规则。一个场景是关于珍妮特和安妮的故事。安妮从珍妮特那里收到了一个花瓶作为结婚礼物。1 年后，安妮忘记了花瓶是珍妮特送的。珍妮特在安妮家时，不小心打碎了花瓶，安妮却告诉珍妮特不必担心，因为她本来就不喜欢这个结婚礼物。

为了测量社会推理能力，研究者要求被试判断在这一场景中是否有人犯了社交错误。如果是，那么原因是什么？斯通及其同事对眶额皮质损伤的病人、外侧前额叶皮质损伤的病人和健康控制组进行了这项测试（Stone et al., 1998）。与其他所有被试相比，眶额皮质损伤的病人在测试中表现不佳。这就提示，眶额皮质损伤的病人将社会知识应用于不同场景的能力受到了破坏。

眶额皮质损伤的病人知道，像珍妮特这样的角色会因为打碎花瓶而感到难过，但是他们不明白安妮不喜欢花瓶的言论实际上是为了安慰珍妮特。相反，他们常常认为安妮有意地伤害了珍妮特的感情。眶额皮质损伤病人在对社交错误进行推理时，不太能够考虑情境因素。随后的研究提示，只有眶额皮质额极的损伤才会导致这样的缺陷（Roca et al., 2010，2011）。这些结果提示，眶额皮质特定区域的损伤破坏了人们利用社会知识来推断社会交往的能力。

在前面，我们看到虽然眶额皮质损伤的病人知道某些话题是不礼貌的，但是他们仍然在讨论这些话题，并且没有意识到他们违反了任何社会规则。这种意识的缺乏在生活中会成为一个问题，因为它使眶额皮质损伤的病人很难感到尴尬，从而促使他们在未来表现出与众不同的行为。

在另一项研究中，眶额皮质损伤的病人和健康控制组参与了一项看起来是在捉弄人的任务。该任务要求被试为一名陌生的实验者编造绰号（Beer et al., 2003）。健康控制组被试使用了讨人喜欢的绰号，随后还是不得不取笑他们不太熟悉的人而道歉。眶额皮质受损的病人则与之相反，他们以熟人之间相互开玩笑的哼唱风格起了一些贬损绰号。眶额皮质损伤的病人并没有因为他们的不当调侃而感到尴尬。相反，他们对自己的社交行为感到特别自豪。

由于眶额皮质损伤病人无法意识到社交错误，因

此他们从不会产生情绪反馈，当然也就很难根据实际需求改变未来的行为。一般而言，当我们做了一些让我们感到尴尬的事情时，我们会不喜欢这种感觉并强烈希望避免这类事情再次发生。然而，当我们做了一些让自己感到自豪的事情时，我们可能会重复这一行为以保持良好的感觉。这些现象提示，即使眶额皮质损伤病人理解社会规则，他们也无法将这些知识应用到自己的社会交往中（图13.31）。

眶额皮质长期损伤且行为不当的成年病人可以完整地保持关于什么是恰当的（社会规则）之类的社会知识，但他们似乎很难学习新的社会知识。对儿童期眶额皮质长期损伤个案的研究支持这一观点。这些病人也表现出了不适当的社会行为，但与成年后遭受这种损伤的病人不一样，他们无法理解社会规则。他们在眶额皮质损伤前没有学会规则，在损伤后也无法学习规则了（S. W. Anderson et al., 1999）。这一发现提示，眶额皮质对于学习社会知识并将它们运用于特定的社会交往活动具有重要作用。

运用社会知识做决策

前述研究提示，眶额皮质对于学习社会知识以及在相关情境下使用社会知识都很重要。即使我们知道特定的社会情境的规则，我们仍然必须决定如何行动才能确保遵守规则。例如，假设你到一个陌生人的家里参加一个晚宴。你应该知道作为一个有礼貌的客人应该遵守的某些规则，但它们是否适用于某一特定行为情境则要视情况而定。例如，你应该表明你是素食者吗？答案取决于具体情境。我们该如何决定自己的社会行为？哪些大脑机制支持基于社会知识的决策呢？

众所周知，腹内侧前额叶皮质受损的病人在社会决策方面表现得不佳（腹内侧前额叶皮质包括内侧眶额皮质）。早期的研究通过让腹内侧前额叶皮质受损的病人参加赌博任务来确定和理解参与社会决策的大脑区域的功能。当结果不确定时，这些病人很难做出决定。然而，莱斯莉·费洛斯（Lesley Fellows）和玛莎·法拉（Martha Farah）想知道，这种困难是特异于涉及不确定性的决策，还是反映了在评估各选项的相对价值时的普遍困难（2007）。在实验中（在第13.4

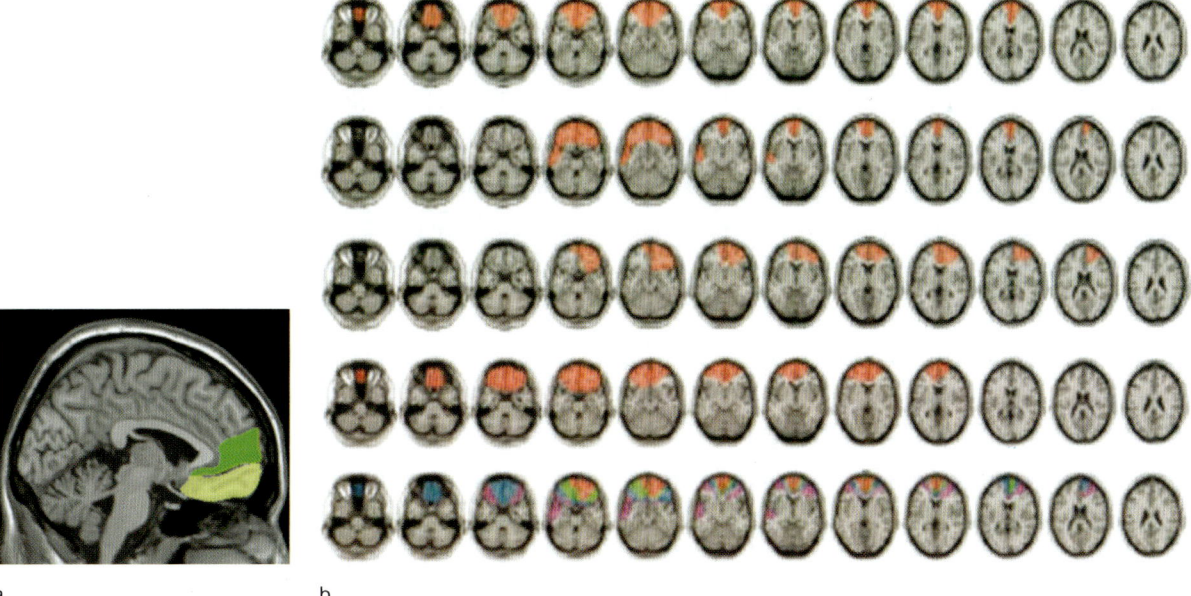

图13.31　重建社交不当行为的病人的眶额皮质损伤

眶额皮质损伤病人可能在特定的时刻对其行为缺乏了解，却能对他们的人格特质做出准确的总结。（a）眶额皮质（黄色）位于与人格特质总结加工相关的内侧前额叶皮质（绿色）的下方。（b）典型的眶额皮质损伤（红色）。前四行图中的每一行代表一个病人的大脑截面，从左至右依次是从下往上地显示的截面，最上面的截面位于最右侧。第五行是所有病人结果的合成图，表明了损伤部位的重叠程度。红色表示有75%～100%的重叠；绿色表示有50%～75%的重叠；蓝色表示有25%～50%的重叠；粉色表示有0%～25%的重叠。

节讨论过），被试需要在颜色之间、演员之间或食物之间进行简单的偏好判断。他们发现，即使结果没有不确定性，腹内侧前额叶皮质损伤也会影响基于价值的决策。

在第 10 章，我们了解到眶额皮质损伤的病人无法对动态的奖惩模式（艾奥瓦博弈任务）做出反应。也就是说，他们知道一个刺激是有奖赏价值的（它有价值），但即使它转而具有惩罚价值（价值变化），他们仍然选择了它。因此，眶额皮质损伤的病人无法进行**反向学习**，即他们无法从负面经验中学习。

要从经验中学习，我们必须能够改变由于意外的消极反馈而引发的行为。因此，在社交场合，有时候拥抱某人是合适的，你也会得到一个拥抱——积极反馈，提示你的行为是好的；然而，有时候拥抱是不合适的，对方会僵硬地站在你的怀抱里。如果你的行为出乎意料地受到冷遇，那么你会感到尴尬，并且会被消极反馈引导，从而去改变你的行为。

我们已经了解到腹内侧前额叶皮质参与了对刺激价值的编码。但是，你会觉得奇怪的是，腹内侧前额叶皮质损伤的病人最初可以选择性地了解一个刺激的价值，但在刺激价值反转时又无法做到。杰弗里·舍恩鲍姆（Geoffrey Schoenbaum）及其同事在大鼠身上发现，虽然眶额皮质在反向学习中可能至关重要，但它的重要性并不是因为它灵活地表征了积极价值和消极价值。他们发现，反向学习越好，眶额皮质价值编码的灵活性越低。在他们看来，眶额皮质并不编码刺激的价值，而是在价值不符合预期时，向杏仁核发出信号（Schoenbaum et al., 2007）。

根据这一观点，伊丽莎白·惠勒和莱斯莉·费洛斯（Wheeler & Fellows, 2008）研究了对刺激价值预期给以反馈（积极或消极）是否会通过不同的神经机制影响行为。被试分为三组：腹内侧额叶损伤病人（ventromedial frontal lobe, vmFL; 研究者称该区域包括内侧眶额皮质和邻近的腹内侧前额叶皮质）、健康控制组以及背外侧额叶皮质（dorsolateral frontal cortex, dlFC）损伤病人。研究者要求被试在接受 fMRI 扫描的同时，进行一项伴随积极反馈和消极反馈的概率性学习任务。他们发现，腹内侧额叶损伤会选择性地干扰从消极反馈中学习经验的能力，但不会干扰从积极反馈中进行的学习。控制组和背外侧额叶皮质损伤组的表现相同，他们都能够从积极反馈和消极反馈中学习。这些发现提示了两种不同的神经机制。

惠勒及其同事认为，这个实验的结果与许多文献一致。这些文献提示了腹内侧额叶在反向学习、行为消退、恐惧条件反射、后悔和嫉妒方面的作用。但是，这些发现很难与费洛斯和法拉之前的研究相一致。他们的研究提示（神经经济学的发现也是如此），腹内侧额叶负责加工相对的奖赏价值和偏好。也许，就像这些研究者提出的一样，腹内侧额叶表征了预期的（相对的）奖赏价值，但它本身并不用以指导决策，而是作为进行比较的标准。

当结果是消极的，并且出乎意料地违背预期时，腹内侧额叶能够引发回避学习。杰弗里·舍恩鲍姆及其同事（Schoenbaum et al., 2007）认为，这个过程可能是间接发生的，即通过向杏仁核及其他区域发出信号，形成新的联系性表征，从而灵活地改变他们的行为。这一提议意味着，在腹内侧额叶损伤的病人中，它没有提供标准，没有比较结果，没有产生消极反馈，也就不可能发生反向学习。因此，一次糟糕的社交经历在他们身上不会产生效果。然而，积极反馈系统完好无缺。因此，这些病人仍然可以通过积极反馈进行学习。

我们能将这一发现应用于社会判断吗？例如，当你希望得到一个拥抱却没有得到时，你的眶额皮质激活了吗？宾夕法尼亚州立大学的研究者探讨了腹内侧前额叶皮质在社会决策过程中对消极价值反馈做出解读的作用（Grossman et al., 2010）。他们将健康控制组与因额颞叶变性（frontotemporal lobar degeneration, FTLD; 一种神经退行性疾病）导致腹内侧前额叶皮质病变的病人进行比较。这些病人会发表不恰当的社会评论，做出不被社会接受的行为，并且常常对这些行为的影响缺乏认识，即使这些行为会引发社会后果（有时是法律后果）也不顾。

被试首先判断 20 种在社交场合的行为（如在电影院插队）或轻微违法行为（如在凌晨 2 点闯红灯）的社会接受度（评分为 1—5 分）。随后，这些情景被赋予了消极偏差（例如，凌晨 2 点闯红灯，但正好交警就在路口）或积极偏差（例如，凌晨 2 点运送一名患病儿童赶赴急诊室时闯红灯）。这时，被试需要根据两个随机给出的指令进行判断："每个人都应该一直如此吗？（基于规则条件）"或"在通常情况下，这么做可以接受吗？（基于相似性条件）"。这种操纵的目的在于，发现可能由于对法律和社会规则不敏感而造成的差异。结果提示，在额颞叶变性病人的表现中没有发现任何差异。

尽管额颞叶变性病人和健康的成人都认为积极偏差情景可以接受，但他们对消极偏差情景的评价不同。额颞叶变性病人（对比健康的成人）认为消极情景更容易接受。当健康的成人判断这些消极社会情景时，他们的腹内侧前额叶皮质（对应额颞叶变性病人的大脑皮质萎缩区域）明显比判断积极社会情景时活跃（图 13.32）。这些研究支持腹内侧前额叶皮质在评价社会决策的消极影响方面起着关键作用的观点。

如前所述，将社会知识应用于社会环境中的决策时，眶额皮质起着重要作用。这一区域可能通过评估社会决策的消极后果来支持反向学习，从而帮助我们选择正确的行为。正如本章开篇故事中的病人 M. R. 的案例所示，眶额皮质有助于识别什么时候适合拥抱，什么时候不适合拥抱。

识别违反社会契约者

试想一个条件逻辑问题：一张桌子上有 4 张卡片。每张卡片的一面有一个字母，另一面有一个数字。现在你看到的是：R、Q、4 和 9。你需翻看哪些卡片，判断以下规则是否错误：如果一张卡片的一面是 R，那么另一面就是 4？你要怎么做？

接下来试试不同的情况，它涉及一个社会契约问题：有 4 张卡片，代表了坐在一张桌子旁的人。每张卡片的一面显示此人的年龄，另一面显示此人正在饮用的某种液体。现在你看到的是：16、21、苏打水和啤酒。你需翻看哪些卡片来判断是否有人在违反规则：年龄不满 21 岁，就不能喝酒。

以上两种问题，哪种对你来说更容易呢？进化心理学家莱达·科斯米德斯发现，人们对逻辑问题的理解比较困难。只有 5% ~ 30% 的人能正确地回答（答案是 R 和 9；大多数人只说 R）。然而，当涉及识别违反社会契约的问题时，情况就不同了：65% ~ 80% 的人会回答正确（答案是 16 和啤酒）。这一结果适用于来自斯坦福大学、法国以及厄瓜多尔亚马孙地区的人，并且不仅适用于成人，也适用于 3 岁的儿童。研究者在世界各地各个年龄段的人身上都发现，抓住社交场合的作弊者很简单，但在应对同样形式的逻辑问题（如果 P，那么 Q）时则很困难（Cosmides & Tooby，2004）。

科斯米德斯和约翰·图比提出，在人类的大脑中，有一种特异性的自适应算法（且是天生的而非后天习得的）：当违反社会契约可能表明某人意图欺骗时，这个自适应算法会被自动激活。他们发现，在偶然违反社会交换规则、作弊难度太大或者作弊者不会从作弊中获利的情况下，该算法不会被激活（Cosmides et al.，2010）。

延斯·范利尔（Jens Van Lier）及其同事（2013）探讨了这一设想，并证实这些表现与认知能力或年龄无关。他们还发现，认知负荷的增加对社会契约表现没有影响，而非社会契约表现则取决于可用的认知能力。这些发现提示，大脑具有一些特异化的认知过程，用于检测社会契约情境中的作弊者，而检测作弊者并不是一种领域普遍性学习能力。

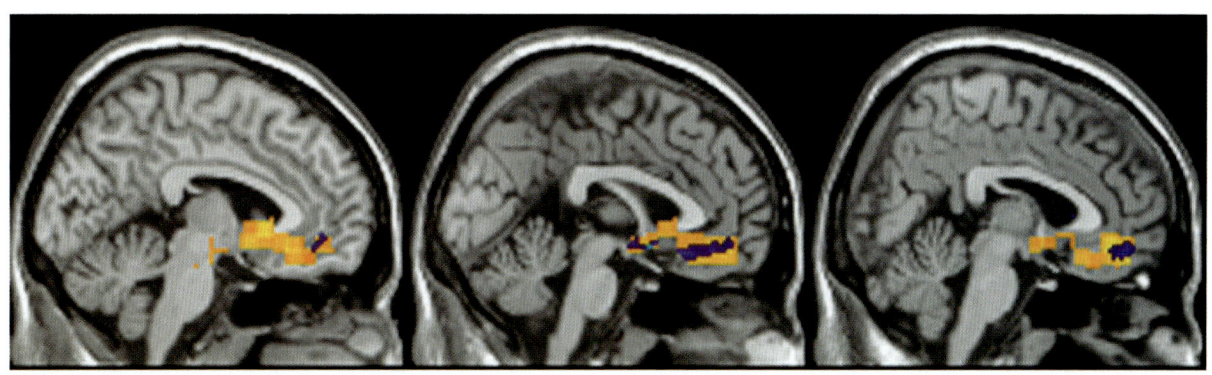

图 13.32　腹内侧前额叶皮质在社会决策中的作用
伴有社交障碍的额颞叶变性组的皮质萎缩（蓝色）与健康成人控制组进行消极社交情境判断的 fMRI 激活脑区（橙色）存在一定重叠。

对病人 R. M. 的研究提供了进一步的神经解剖学证据。他有广泛的双侧大脑损伤，影响了他的眶额皮质、颞极和杏仁核。科斯米德斯及其同事比较了他在两种情况下的表现：（a）社会契约问题，"如果你接受了福利，那么你必须满足要求"，例如，"如果你借了我的车，那么你必须给油箱加满油"；（b）谨慎规则，"如果你从事危险活动，那么你必须采取预防措施"，例如，"如果你荡秋千，那么你必须使用安全网"。在谨慎任务中，R. M. 和控制组被试以及另外两个有相似但不重叠的脑损伤的病人一样，但他比他们在社会契约推理上差31%。R. M. 在推理表现上的分离现象提供了进一步的证据，提示关于社会交换的推理是人类社会智力的一个特异且独立的组成部分（Stone et al., 2002）。

一旦发现违反社会契约者，接下来会发生什么呢？仅当作弊者（也称为搭便车者）被识别、惩罚或排斥时，社会交换才能发展。如果作弊没有惩罚，那么这些只有获利而没有贡献的人最终将取代其他人。如果一个群体中多数是作弊者，那么互惠交换将难以维系。

经济游戏经常用来研究社会决策，如决定如何进行惩罚。例如，在最后通牒游戏中，一号玩家必须与二号玩家分一笔钱。一号玩家向二号玩家提供部分金额，二号玩家必须接受或拒绝该提议。提议可能是公平的（如每人所得非常接近50%）或不公平的（如一号玩家为80%，二号玩家为20%）。但是，如果二号玩家拒绝了这个提议，那么两个玩家都得不到钱。

在一项使用最后通牒游戏进行的研究中，研究者发现，对不公平提议的思考与背外侧前额叶皮质和脑岛的活动有关（Sanfey et al., 2003）。正如我们所看到的，脑岛的活动通常联系着诸如厌恶、愤怒、痛苦和悲伤等负面情绪。这提示，在最后通牒游戏中，被试在考虑不公平的报价时经历了这些情绪。此外，在考虑不公平的提议时，脑岛的活动增加预示着提议可能被拒绝。

从理性经济视角来看，被试不应让消极的情绪反应引导他们拒绝不公平的提议，因为提议即使是不公平的，仍然会得到一些钱，而不是一点也没有。然而，从更广泛的角度来看，消极的情绪反应导致被试拒绝不公平提议，避免了损害他们声誉的可能性。如果你不断接受比你应得的少的东西，你的行为就会广为人知，从而使你失去社会地位。失去社会地位还会带来其他后果，包括对经济、身体和心理健康的负面影响。例如，失去社会地位的男性患抑郁症的可能性是其他男性的4倍（Tiffin et al., 2005）。

然而，如果你拒绝了对方的邀请并因此遭受了小小损失，你便可以惩罚另一方违反了社会契约。在多回合的经济游戏中，通过拒绝不公平的提议来惩罚对手的玩家获得了信任和尊重，被认为是以群体为中心的利他主义者（Barclay, 2006）。这种社会地位的提高所带来的好处可以抵消作为惩罚者付出的代价。那么，惩罚者是无私的吗？

回想一下塔尼亚·辛格的研究（见第3.6节）。该研究发现，人们喜欢惩罚作弊者，并认为惩罚是由公平所驱使的。马克斯·克拉斯诺（Max Krasnow）及其同事（2016）的一项研究质疑惩罚的动机出于公平。

如果稍微调整最后通牒游戏，让二号玩家必须接受一号玩家提供的任何条件，该游戏就变为"独裁者游戏"，被试的行为也会发生变化。一号玩家变得不那么慷慨了，不再分享一半的资金。此外，如果玩家的身份被遮盖（进行匿名游戏），一号玩家分享的资金会更少。例如，在仅进行一次的匿名游戏中，一号玩家可能根本不给二号玩家提供任何钱。进一步调整游戏，你可以添加惩罚者作为第三方。惩罚者可以花钱减少独裁者的收入。研究者发现，在他们修改过的多回合独裁者游戏中，惩罚者的行为将基于独裁者给予他们的待遇而有所不同。当惩罚者不知道独裁者会如何对待他们时，他们推断独裁者对他人的不公预示着惩罚者也将对自己不公，而这一推断预示着独裁者将受到惩罚。然而，如果他们自己受到独裁者的优待，即使知道别人遭受不公，也会对独裁者进行较少的惩罚。通过这些发现，研究者得出结论，惩罚并不是出于不公平。人类的惩罚心理是为维护个人利益而进化的。

道德决策

我们会如何解决像西蒙·耶茨在攀登修拉格兰德山时所面临的道德困境呢？西蒙的问题是哲学中经典的电车困境任务的一个现实版。在这个思想实验中，电车失控了。作为这一事件的目击者，你可以看到，如果不采取任何措施，有五个人可能会被杀害，因为他们正处在高速行驶的电车轨道上。

你将看到两种场景。在第一个场景中（图 13.33a），你可以按下一个开关，让电车改道。然而，这种选择会导致一个在备用轨道的建筑工人死亡。那么，你按不按开关？在第二个场景中（图 13.33b），你站在横跨电车轨道的人行天桥上，旁边站着一个陌生人。这时，你看到失控的电车正朝轨道上的五个人疾驰而去。此时，唯一能让电车停下来的办法是把你身旁的人从天桥上推下轨道，阻挡电车。那么，你会为了救另外五个人而把陌生人推下天桥吗？

大多数人都同意，按下开关是可以接受的，但是把人从天桥上推下去不行。在这两种情况下，一个人的生命都是为了拯救另外五个人而牺牲的，那么为什么一种选择可以接受，而另一种选择不被接受呢？

西蒙在修拉格兰德山上遇到的困境与电车困境有两方面相似。我们已经知道，西蒙并没有离开乔，他愿意冒着生命危险去救乔。当他们的生命受到更直接的威胁时，西蒙割断了绳子，目的是至少挽救一个人的生命，而不是双双赴死。西蒙是用情绪还是逻辑来解决道德困境的呢？不管西蒙怎么做，乔都要掉下去：要么割断绳子，直接掉下悬崖；要么因过度疲劳，再也抓不住，而掉下悬崖。设身处地为西蒙想想。如果是你，你会怎么做？

美国普林斯顿大学的乔舒亚·格林（Joshua Greene）及其同事（2004）认为，在电车困境中，我们在拉开关和推陌生人的情况下之所以做出了不同的选择，是因为造成个体死亡的参与程度不同，在情感决策上也会有所不同。如果你拉下开关，仍然可以与建筑工人的死亡保持一定距离。但当你亲手把陌生人推下天桥时，你会觉得自己更直接地导致了他人的死亡。

格林及其同事进行了一系列 fMRI 研究，对比了涉及高或低水平个人参与度的道德困境（Greene et al., 2001，2004）。正如所预测的，个人困境和非个人困境与不同的激活模式有关。在所有研究中，非个人的决策与右侧前额叶和双侧顶叶以及与工作记忆相关的区域更大的激活都有关（见第 9 章）。相反，当被试选择需要更多个人努力的选项时，内侧额叶皮质、后扣带回和杏仁核等区域出现了显著激活（与情绪和社会认知过程相关）。总之，这些研究提示，我们在道德决策上的差异，取决于我们在多大程度上允许情绪影响这一过程：决定什么才是在道德上可以接受的事情。

关键信息

- 关于眶额皮质在社会决策中作用的模型提出，这一区域可以帮助人们确定哪些社会规则适合特定情景，从而让人们灵活地改变自己的行为。
- 腹内侧额叶损伤影响了从消极反馈（而不是从积极反馈）中学习的能力。
- 眶额皮质对于学习社会知识和在相关情况下运用这些知识都很重要。
- 人类似乎天生就有发现违反社会契约者的能力。

图 13.33　电车困境

你愿意牺牲一个人的生命来拯救五个人的生命吗？如果拯救这五个人的生命意味着你必须（a）按下一个开关把电车引向一个人，或者（b）把一个人从天桥上推下以阻挡电车，你的决定会有所不同吗？相关研究提示，在这两种情况下，强烈情绪的反应会让你做出不同的决定。

概　要

在菲尼亚斯·盖奇和 M. R. 之间相隔的 100 多年中，研究者对大脑功能与社会认知之间的关系了解甚少。然而，随着新的研究工具和新的理论出现，社会认知神经科学领域已经有了蓬勃发展。尽管还有很长的路要走，但是关于大脑如何支持我们认识自己、认识他人以及对社会世界做出决策，许多令人兴奋的洞见已经产生了。

我们从行为研究中得知，自我知觉在很多方面都是独一无二的，甚至在神经层面也是如此。我们存储了极其详细的关于自己的信息，而内侧前额叶皮质支持了我们在编码这些信息时的深层加工。这一区域基础代谢的增加可能提示我们需要长期进行自我参照思维，而许多其他加工则代表了我们的认知资源从自我参照思维中暂时转移。虽然眶额皮质会帮助我们思考周围信息，以便保持相对准确的自我感觉，但是前扣带皮质可能会通过标记关于自我的积极信息以使我们过于乐观地看待自己。

在试图了解他人时，我们面临着一项艰巨的任务，即试图对他们的心理状态进行分析，而这恰恰是我们无法直接接触到的。这一过程在很大程度上依赖我们通过面部表情和眼睛注视方向等非言语线索来收集有关心理状态的信息。随后，我们必须表征这个抽象的信息，用它来形成一个印象，并推测这个人可能在想什么。大脑中有许多结构在支持我们推断他人想法的能力：内侧前额叶皮质、右侧颞顶联合区、颞上沟、梭状回面孔区和杏仁核。孤独症谱系障碍是一种以他人知觉和社会行为缺陷为特征的发育障碍。孤独症谱系障碍中的上述区域的广泛损伤强化了这样一种理论，即这些区域共同支持了心理推测能力。

尽管我们经常将自我认知和对他人的认知进行对比，但过程并不总是完全不同的。这两种知觉之间的内在联系可以用它们的神经共性来说明。当我们利用自我知觉的特性来理解他人时，内侧前额叶皮质可能同时支持对自我和对他人的知觉。此外，镜像神经元网络似乎支持我们与他人共情的能力。

除了了解我们自己和他人之外，我们还需要了解社会交往的规则，以及如何做出决定来满足支配特定社会交往的众多规则。社会决策过程涉及一个庞大的神经结构网络，包括眶额皮质、背外侧前额叶皮质、杏仁核、前扣带皮质、内侧前额叶皮质、尾状核和脑岛。

一些相同的大脑区域在社会认知的三个主要过程中被激活，即自我知觉、他人知觉和社会知识。将这些区域描述为"社会脑"，可能再恰当不过了。然而，需要注意的是，即便所有的大脑功能不仅仅起着社会作用，它们也几乎都适应了社会功能。虽然社会交往可能会影响我们选择运动方式或注意方向，但运动和视觉也有助于寻找食物，或者作用于其他非社会功能。然而，像孤独症谱系障碍这样的疾病提示，大脑某些区域的功能异常对社会功能的影响最大。

关 键 术 语

错误信念任务（false-belief task，p.563）
反向学习（reversal learning，p.588）
共情（empathy，p.568）
共情准确性（empathic accuracy，p.562）
孤独症谱系障碍（autism spectrum disorder，ASD，p.578）
经验分享理论（experience sharing theory，p.562）
具身化（embodiment，p.557）
眶额皮质（orbitofrontal cortex，OFC，p.546）
理论的理论（theory theory，p.562）
联合注意（joint attention，p.564）

模仿行为（imitative behavior，p.563）
模拟理论（simulation theory，p.562）
默认网络（default network，p.553）
前额叶皮质（prefrontal cortex，PFC，p.546）
社会认知神经科学（social cognitive neuroscience，p.549）
他人肢体综合征（xenomelia，p.558）
心理推测（theory of mind，ToM，p.562）
心理状态归因理论（mental state attribution theory，p.562）
自视现象（autoscopic phenomenon，AP，p.558）
自我参照效应（self-reference effect，p.550）

思考题

1. 为什么我们的大脑中有专门加工自我信息的区域?为什么区分自我很重要?
2. 人类天生就有心理推测,还是随着时间的推移而发展出了心理推测?
3. 镜像神经元的概念可以解释什么样的社会和情感行为?如果没有某种类似镜子的神经网络,这些行为可能发生吗?
4. 共情和心理推测发展的进化优势是什么?

推荐阅读

Adolphs, R.(2003). Cognitive neuroscience of human social behaviour. *Nature Reviews Neuroscience, 3*, 165–178.

Ananthaswamy, A.(2015). *The man who wasn't there: Investigations into the strange new science of the self.* New York: Penguin.

Baron-Cohen, S., & Belmonte, M. K.(2005). Autism: A window onto the development of the social and the analytic brain. *Annual Review of Neuroscience, 2*, 109–126.

Gazzaniga, M. S.(2005). *The ethical brain.* New York: Dana.

Gazzaniga, M. S.(2008). *Human: The science behind what makes us unique.* New York: Ecco.

Hutsler, J. J. & Avino, T.(2015). The relevance of subplate modifications to connectivity in the cerebral cortex of individuals with autism spectrum disorders. In M. F. Casanova & I. Opris(Eds.), *Recent advances on the modular organization of the cortex*(pp.201–224). Dordrecht, Netherlands: Springer.

Hutsler, J. J. & Casanova, M. F.(2016). Cortical construction in autism spectrum disorder: Columns, connectivity and the subplate. *Neuropathology and Applied Neurobiology, 42*(2), 115–134.

Lieberman, M. D.(2007). Social cognitive neuroscience: A review of core processes. *Annual Review of Psychology, 58*, 259–289.

Macmillan, M.(2002). *An odd kind of fame: Stories of Phineas Gage*(reprint ed.). Cambridge, MA: MIT Press.

Schurz, M., Radua, J., Aichhorn, M., Richlan, F., & Perner, J. (2014). Fractionating theory of mind: A meta-analysis of functional brain imaging studies. *Neuroscience & Biobehavioral Reviews, 42*, 9–34.

如果事物进化的过程是连续而流畅的,那么其源头必定是某种形式的意识。

——威廉·詹姆斯(William James)

第 14 章
意识问题

1987年5月24日上午，K. P. 显得非常困惑不安，他双手鲜血淋漓，跌跌撞撞地从车里出来，走进加拿大某个警察局。"我刚刚亲手……杀了人。"他对警察说。据 K. P. 回忆，凌晨一点半左右，他正在一边看《周六夜现场》（Saturday Night Live）节目，一边忧虑着明天怎么向自己的岳父岳母和祖母坦白自己欠了赌债，在不知不觉中，他睡着了。之后他所能回忆起的第一件事就是低头看到岳母惊慌、恐惧、求饶的面孔（实际上，K. P. 与岳母的关系很好，胜似亲生）。他还记得一些记忆片段，比如他在车里意识到自己的手上有一把刀，以及他向警察报告震惊内容的场景。直到在警察局里做笔录时，他才开始意识到自己的手非常痛——他的屈肌肌腱已有多处断裂。

后来，警察告知了 K. P. 整个事情的经过。他从沙发上起身，穿上鞋和夹克，没锁门就离开了家（这很反常），开了23公里的车到达岳父岳母家，进门，把他的岳父掐至失去意识，又用刀多次刺击岳母致她死亡，最后自己开车到了警察局。

医学和心理学评估表明，K. P. 近期并没有吸食毒品，未患癫痫，没有器质性脑损伤，也没有其他健康问题。4位精神病学专家评估了他的精神状态，没有发现抑郁、焦虑、解离症状、思维障碍、妄想、幻觉、偏执及其他精神病迹象。此外，警察没有发现他存在任何合理的动机与个人所得。K. P. 否认自己有任何杀人意图或计划，而且据目击他前来自首的警察所言，他看上去非常恐惧和悔恨。唯一可能的关联就是他近期由于焦虑导致的失眠，以及小时候在一家睡眠障碍诊所确诊的梦游史。

鉴于 K. P. 案的情况——当事人没有明确的动机，没有藏匿尸体或凶器的企图，没有关于事件的记忆，与受害者有良好的日常关系并表达出明显的悲痛之情，没有其他健康问题，有梦游家族史（见 **图 14.1**）以及睡眠实验室出示的梦游症证据——陪审团认为，本案的袭击和谋杀发生在梦游期间（Broughton et al., 1994）。

在此案与其他相似的案件中，暴力事件发生在梦游状态下。这涉及一个问题：当事人在那时的意识状态是什么样的？或许 K. P. 可以意识到自己在经历整个事件，但是这种状态与清醒时的自我体验完全不同。这种现象能否帮

> **大问题**
>
> - 神经元的放电活动能够解释人们的主观体验吗？
> - 复杂系统是如何组织的？
> - 如果某两个物体由相同的化学物质构成，而其中一个有生命，另一个没有，那么二者的本质区别是什么？
> - 有什么证据表明大脑中存在意识环路？

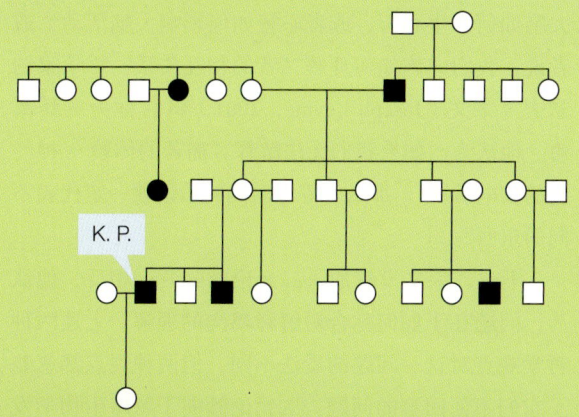

图 14.1 K. P. 的家庭遗传系谱图
方形代表男性，圆形代表女性。黑色代表有梦游史的个体。

助我们理解大脑是如何产生意识体验的？

什么是意识？什么样的神经加工过程产生了意识？这些过程在大脑的何处发生？这些问题的答案仍然成谜。本章的写作基于"意识环路本身并不存在"的观点——如果大脑中真的有特定的意识环路脑区负责加工和产生意识，那么它应该早就被发现了。我们将开始一次寻找意识问题答案的冒险之旅。在旅途中，我们将了解大脑的组织架构，观察多个临床病例，了解是什么改变了20世纪初期的物理学家看待世界的观点（这是很多生物学课程都会忽视的部分）。我们的旅途可能会得出一些令人惊讶的结论。

14.1 心智—大脑问题

意识问题，又被称为心智—大脑问题，最初是哲学家探讨的领域。其基本问题是：一个纯粹的物理系统（身体和大脑）是如何构造出意识层面的智慧（思想）的？循着当时的思想潮流，哲学家们提出了两个对立的观点：二元论和唯物论。**二元论**由著名哲学家勒内·笛卡尔（René Descartes）提出，该观点认为，心智和大脑是两个不同的、独立的现象，意识的主观体验是非物质性的，它超出了物理科学的范畴。**唯物论**则认为，心智和身体都以物质为媒介，只要我们充分理解了身体和大脑的物理运作方式，我们就能理解心智。

上述争议的根本问题在于：主观的心智与客观的大脑运作之间是否存在不可逾越的鸿沟？如果有鸿沟，大脑如何产生心智，或者心智如何影响大脑活动？或者说，我们应该如何理解二者的相互关系？哲学家约瑟夫·莱文（Joseph Levine, 2001）将它称为解释鸿沟。他认为，如果我们无法解释"痛苦的体验＝神经元的放电活动"，那么"等号两侧的术语就一定代表不同的东西"。

不过，莱文没有加入二元论的阵营；相反，他认为，问题在于如何弥合对解释鸿沟的理解。上述两种哲学观点对这一问题的看法不同，但两种观点都忽略了它们不便回答的问题：二元论倾向于忽略生物学发现，而唯物论倾向于忽略主观体验的真实存在。关键在于，只要忽略了解释鸿沟的任意一侧，就会错过两者之间的重要联系，而这个联系正是问题的症结。在本章中，我们将借助系统工程和物理学，试图从一个全新的视角解决上述问题。

值得注意的是，我们对意识一词的使用过于随意，甚至没有定义什么是意识。这一常见问题在以往的文献中造成了许多混淆。哈佛大学的心理学家史蒂文·平克对这个词的不同用法感到非常沮丧——有些研究者认为，意识是在镜子中认出自己的能力；有些人认为，只有人类有意识；有些人则认为，意识是人类进化的近期才出现的产物，是从文化中习得的——因此，他评论道：

一些关于意识的话题会使人们相信不可能的事情——就像《爱丽丝镜中奇遇记》(*Through the Looking Glass*)中的白王后在早餐前相信六件不可能的事情那样。大多数动物真的处于无意识状态吗？就像梦游者、僵尸、仿生机器人或打瞌睡的人那样？狗没有感觉、情绪和激情吗？如果你刺它们，它们不会感到疼痛吗？摩西（传说中的先知）真的不用吃饭、不会生气、无法享受性爱吗？小孩的意识是像学戴棒球帽那样学会的吗？使用"意识"一词的学者并不是疯子，所以当他们使用"意识"这个词的时候，他们的头脑中一定对"意识"有不同的看法。（Pinker, 1997, p.133）

在1986年和1995年两个版本的《国际心理学词典》(*International Dictionary of Psychology*)里，心理学家斯图尔特·萨瑟兰（Stuart Sutherland）尝试对意识的定义做出全面阐述。

意识：具备感知、思维与主观感受的状态；是一种觉知状态。在我们没有理解究竟什么是意识的情况下，这个术语不可能被准确地定义。许多人陷入了将"意识"等同于"自我意识"的误区——实际上，要有"意识"，只需要对外部世界有所觉知。意识是一种迷人但难以捉摸的现象：很难具体说明它是什么、能做什么以及为什么产生。目前关于意识的文章都不值一读。（Sutherland, 1995）

最后这句话简直太精彩了！这为我们节省了很多时间！

萨瑟兰认为，意识状态可能包含很多内容。它可以包括感知——听觉、视觉、味觉、触觉和嗅觉。它可以是对微分方程产生的复杂想法，也可以是对是否忘记关烤箱而产生的担忧。这些想法伴随着感觉。萨瑟兰还希望我们明确一个事实，即处于意识状态只需要我们能够觉知到上述内容，并不需要觉知到"我们觉知了这些内容"，即不必产生元觉知（meta-awareness）。

而自我意识，指的是对自己的认知，它只是大脑皮质中存储的一种数据，与大脑中存储的其他数据一样（比如关于你的兄弟姐妹、父母、朋友以及你家的狗的数据）。自我意识并不比感知或记忆神秘。正如我们在第13章中学过的，我们有各种与自我相关的信息，且这些信息是由不同的模块单独加工的。因此，我们将会在本章的后面讨论更有趣的问题——既然这些加工自我相关信息的模块是分离的，那么我们为什么会感到"自我"是统一的呢？

我们也有所谓"获取觉知"的能力，即主观报告心理体验的能力，但我们无法知晓这些心理体验在神经系统中如何通过神经元或神经递质构建而成。神经系统有两种信息加工模式：有意识加工和无意识加工［我们将在本章使用"无意识（unconscious）"这一术语来指代某种唤醒状态］。有意识加工是可获取的，可经由口头报告、理性思考和有意决策来获取，它包括视觉加工的产物和短时记忆的内容。而无意识的加工是不可获取的，包括自动化（本能）反应；视觉、语言和运动控制的内部加工过程；被压抑的欲望或记忆（如果有）。

萨瑟兰把"意识"描述为一种"如果想给它下定义，就得先去体验它"的东西，这也是他对意识的"心智—大脑问题"做出的评论。主观感受、现象觉知、原始感觉、对某个经历的第一人称看法以及做某事时的感受等，都在莱文的"解释鸿沟"方程的左侧。主观体验和客观体验的区别就像"我感到恶心难受"和"一个学生得了胃病"之间的区别。你可以尝试向从未感受过恶心难受的人解释什么是恶心难受（解释过程将十分困难）。

这种"我能感受到某种事物"的主观感受被哲学家称为**感受性**。例如，哲学家常常思考，如果另一个人与自己看到同样的颜色、同样的落日或是其他任何同样的事物，这个人的主观感受会是什么样的呢？在一篇讨论感受性的论文中，哲学家托马斯·内格尔（Thomas Nagel，1974）提出了一个著名的问题，"成为一只蝙蝠是怎样一种体验？"——这个问题不是在问"就像成为一只小鸟那样吗？"，而是在问"对于我而言，成为一只蝙蝠会有什么感受？"。实际上，你永不可能知道这个问题的答案，这与萨瑟兰的观点类似。

神经元的放电活动（莱文"解释鸿沟"方程的右侧）是如何产生主观感受的？这在意识的研究领域里是一大难题。有观点认为这个问题永远无法解决，而另一些哲学家解决这个问题的方法是否认问题的存在。丹尼尔·丹尼特（Daniel Dennett，1991）认为，意识是一种幻觉，一种几近完美的幻觉，我们总是会陷入其中，就像一些视觉幻觉一样。欧文·弗拉纳根（Owen Flanagan，1991）认为，有意识的心理状态在现象层面一点也不神秘，它只是大脑编码的一部分。萨瑟兰最后打趣，即使人们在过去的2500年里针对心智—大脑问题产生了诸多空谈，且至今无人能够真正地解答它，但仍旧有许多人在继续尝试。

例如，弗朗西斯·克里克与计算神经病学家克里斯托弗·科吉（Cristof Koch）合作，探究意识的神经相关物。他们强调，任何主观状态的变化都与神经状态的变化相关。科吉（Koch，2004）强调，"反过来不一定成立；因为大脑的两种不同的神经元状态在心智层面可能是无法区分的。"克里克希望通过揭示神经相关物来促进意识领域的研究，就像当年发现DNA对遗传学的助力那样。克里克和科吉则致力于探究视觉系统中产生某个特定意识感受的最小神经事件和机制。他们都明白，这样的努力并不能解开意识的奥秘，但或许可以为将来的模型提供框架。

也有研究者认为，存在产生意识的神经环路。杰勒德·埃德尔曼（Gerard Edelman）和朱利奥·托诺尼（Giulio Tononi）提出，大脑交互式的、自我增殖式的反馈模式产生了意识，特别是在丘脑皮质系统中（2000）。至于对意识的获取，伯纳德·巴尔斯（Bernard Baars，1988，1997，2002）提出了全局工作空间理论。该理论认为，意识过程允许多种神经网络相互协作、竞争，以解决当前的任务，例如，从瞬时记忆中提取特定的项目。巴尔斯认为，这种有针对性的检索有点像工作记忆，但更短暂。

斯坦尼斯拉斯·德阿纳详细阐述了这个理论。他认为，如果表征某个信息的神经集群是自上而下注意的焦点，该信息就会到达意识层面。我们的大脑中分布着无数连贯、活跃的神经元，注意可以增强某部分神经元的放电活动。德阿纳（Dehaene，2014）认为，这种通过"全局工作空间"得到的信息的全局可得性就是我们主观体验到的意识状态。

与此同时，迈克尔·格拉齐亚诺（Michael Graziano）及其同事提出了意识的注意图式理论。该理论认为，大脑就像一个信息加工机器，这个机器建立了很多内部模型，人类的认知过程在一定程度上使用了这些模型。其中一个模型就是关于注意的模型（Webb & Graziano，2015）。他们提出，我们能意识到的就是这个模型的内容，这些内容使我们的大脑得出了主观体验存在的结论。

虽然上述理论拥有一些共同特征，但没有一个理论能够解释意识的全部。

认知神经科学可以从三方面讨论意识问题：意识体验的内容、如何获取这些内容（信息）以及原始感觉（主观体验）。虽然认知神经科学针对意识体验的内容（例如，自我认知、记忆和感知觉等）以及如何获取这些信息进行了很多讨论，但是我们发现，神经元放电与现象觉知之间的联系仍然模糊不清。不过，在我们探究意识的不同方面之前，我们需要先区分"清醒"和"意识"，并引入关于大脑的一个重要方面——大脑的组织架构，神经病学家还没有充分考虑到这一方面。这个思路将对我们的探索之旅颇有助益。

关键信息

- 意识是具备感知、思维与主观感受的状态；它是一种觉知状态。
- 自我认知是构成我们的意识体验内容的信息类型之一。
- 我们只能报告自己的主观体验（获取觉知到的内容），无法报告产生这些体验的加工过程。
- 认知神经科学面临的一个难题是：我们身体里的生物化学交互过程是如何产生主观意识体验的？

14.2 意识的解剖

请看与意识相关的解剖区域（见本章的"**解剖定位**"专栏），这有助于我们区分深度无意识状态（例如，睡眠）和完全清醒状态（包括简单的觉知状态和更复杂的意识状态）。

神经病学家安东尼奥·达马西奥将意识分为两类：核心意识和扩展意识（A. R. Damasio，1998）。核心意识（core consciousness）[也被称为觉知]是当意识"开关"被"打开"时所产生的结果：生物体是活跃的、清醒的和警觉的，并且对"此时""此地"均有觉知。这与未来或过去无关。核心意识是建立扩展意识（extended consciousness）的基础，扩展意识是更加复杂的意识体验内容，主要由大脑皮质的输入提供。

与打开意识开关和调节清醒状态相关的大脑区域位于大脑进化中最古老的部分，即脑干。正如我们所知，脑干的主要工作是身体和大脑的稳态调节，主要由延髓细胞核团和脑桥细胞核团的一些输入完成。切断脑干的这一部分，个体就会死亡（大脑和意识也随之消亡）。所有哺乳动物都是如此。

在延髓上方是脑桥和中脑细胞核团。脑桥内部是网状结构，这是一组不均匀的细胞集群，其中一些组成了网状激活系统的神经环路，涉及唤醒、对睡眠—觉醒周期的调节和注意的调控。根据位置的不同，脑桥损伤可能导致闭锁综合征、无反应性清醒综合征、昏迷或死亡。网状激活系统通过两个通路与大脑皮质产生广泛的连接。一是背侧通路，它穿过丘脑板内核到达大脑皮质。丘脑受损的人通常是清醒的，但没有反应。二是腹侧通路，它穿过下丘脑和基底前脑，到达大脑皮质。腹侧通路受损的人很难保持清醒，而且往往比平时睡得更多。

脑干通过脊髓接收来自传入神经元的信息，涉及疼痛、内部感觉、躯体感觉、本体感觉、以及前庭信息。它还接收来自丘脑、下丘脑、杏仁核、扣带回、岛叶和前额叶皮质的传入信号。因此，脑干可以调节机体在当前环境中的状态信息，以及生物体与外界环境交互时的动态变化。大脑皮质与脑干和丘脑协调合作，使机体保持清醒并具有选择性注意。

大脑皮质提供的信息扩展了机体意识的内容，但实际上，大脑皮质并非意识体验的必需品。这部分由大脑皮质提供的意识体验内容取决于物种与其大脑皮质能够提供的信息。对人类而言，一些储存在大脑皮质中的信息为我们提供了一种精密的自我感。它把自我放在个人的历史时间里，依据过去体验的记忆和对未来体验的预期逐渐建立一种自传体自我。

解剖定位

意识的解剖

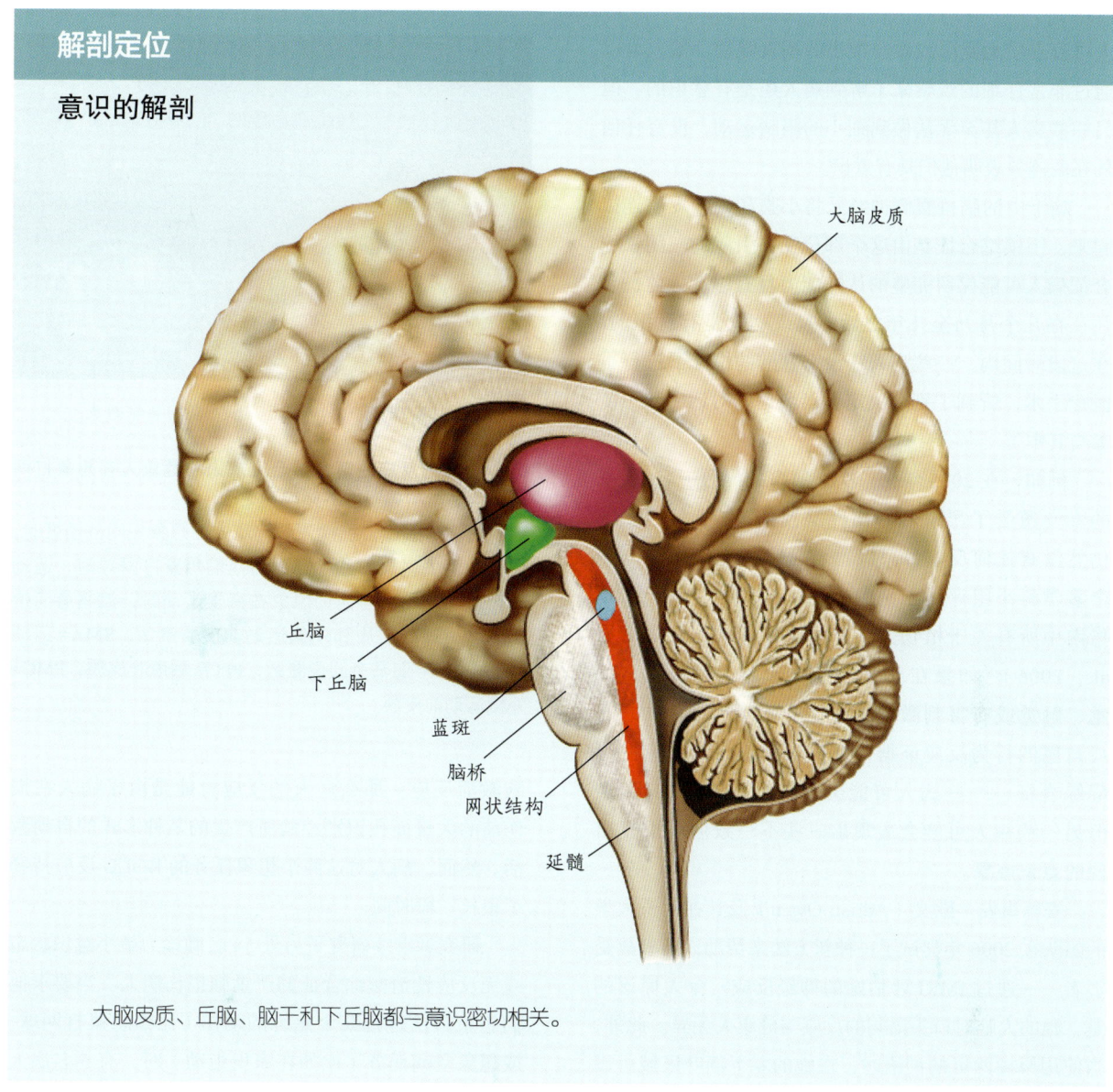

大脑皮质、丘脑、脑干和下丘脑都与意识密切相关。

关键信息

- 脑干和丘脑的加工过程足以使有机体保持存活、清醒、警觉并意识到"此时此地"。
- 网状激活系统与唤醒、对睡眠—觉醒周期的调节和注意的调控有关。
- 大脑皮质的加工过程扩展了我们的意识体验。

14.3 唤醒水平和意识

虽然产生意识需要一定程度的清醒,但清醒不等于有意识。例如,无反应性清醒综合征(unresponsive wakefulness syndrome,UWS),即植物人状态(Laureys et al., 2010),是指病人从昏迷中"醒来"(睁开眼睛),却只表现出反射运动,没有意识。而最小意识状态(minimally conscious state,MCS)病人表现出对疼痛的定位与非反射运动。例如,他们可以注视或是追踪某个视觉刺激,或遵循"握紧我的手"之类的简单命令(Bruno et al., 2011;Giacino et al., 2002)。

闭锁综合征(locked-in syndrome,LIS)加大了诊断的难度,这是一种无法移动任何肌肉但完全清醒并有正常的睡眠—觉醒周期的疾病。一些闭锁综合征病人可以自主地眨眼或做非常小的垂直眼动。他人可以通过非常仔细的观察来了解到病人还是有意识的。但另一些病人甚至无法做到细小的眼睛运动，没有任何外在的迹象表明他们具有意识。

脑干中的脑桥腹侧神经元将小脑和大脑皮质连接起来，闭锁综合征是由这个部位受损引起的。闭锁综合征病人可能保留完整的认知能力且有感觉，监护者往往在几个月乃至几年之后才发现病人是有意识的。在这段时间内，一些病人在没有麻醉的情况下进行了医疗手术，听到了别人决定自己命运的对话（却不能参与其中）。

例如，在 2005 年，一次交通事故导致一名 23 岁的女性遭受了严重的外伤性脑损伤，5 个月后，她仍然没有任何反应，只保留着睡眠—觉醒周期。一个多学科小组评估了她的病情，认为她"符合国际指南中所有关于植物人状态的诊断标准"（Owen et al., 2006）。如果在反复检查中未发现对视觉、听觉、触觉或有害刺激持续的、可重复的、有目的的或自愿的行为反应证据，则可以确诊为无反应性清醒综合征。一些病人可能会永久保持这样的状态，但另一些病人可能会表现出一些不一致但可重复出现的意识迹象。

安德里安·欧文（Adrian Owen）及其在剑桥大学的团队在 2006 年尝试了一种新方法来帮助诊断事故受害者——通过 fMRI 评估她的神经反应。令人惊讶的是，她的大脑对口头语句的反应与健康人无异。此外，当使用模棱两可的词语时，在她的左下额叶区域可以看到与健康人类似的大脑活动。这能否作为病人有意识的证据？还是说，这种大脑活动是在无意识的情况下发生的？

第二个 fMRI 研究通过主动想象任务来探究上述问题。该病人被要求在扫描过程中想象自己在某个地方打网球。在此期间，她大脑的运动辅区表现出了明显的活动。病人还被要求想象自己从前门开始参观她家的所有房间，这项任务伴随着海马旁回、后顶叶皮质和外侧运动前皮质的显著活动。这些大脑激活都与做相同任务的健康控制组一致（Owen et al., 2006；见图 14.2）。

这项实验最引人注目的地方是，病人似乎以一种凭借意志的方式做出了反应。如果研究人员仅仅呈现了病人的面部照片，并观察到她在梭状回面孔区的大

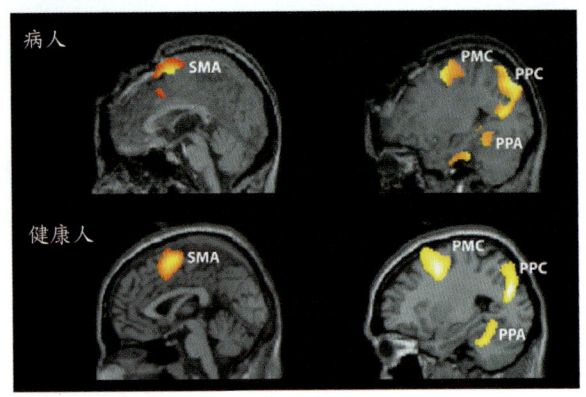

a　想象打网球　　b　空间导航想象

图 14.2　无反应性清醒综合征病人和健康人在想象打网球或在家里走动时的大脑激活

无反应性清醒综合征病人和健康人在想象相同的情景时，大脑激活的区域一致。（a）当他们想象打网球时，运动辅区激活。（b）当他们想象在家里走动时，海马旁回位置区、后顶叶皮质和外侧运动前皮质激活。SMA= 运动辅区，PPA= 海马旁回位置区，PPC= 后顶叶皮质，PMC= 外侧运动前皮质。

脑激活反应，那么病人的反应可能是由于病人在损伤前的大量面孔识别经验所产生的某种形式的自动激活。然而，病人对这两个想象任务的 BOLD 反应持续了很长一段时间。

研究者继续研究了另外 54 名确诊为最小意识状态或无反应性清醒综合征的严重脑损伤病人。当要求他们想象自己进行某个熟练的动作（比如想象打网球）或想象空间任务（比如在家里走动）时，有 5 名病人能够像健康人一样调节他们的大脑活动。其中 1 名病人被诊断为无反应性清醒综合征已经 5 年了，他接受了额外的测试（言语交流任务）。研究者会向他提出一系列问题，并告诉他如果答案是肯定的，就想象自己进行某个熟练的动作；如果答案是否定的，就想象进行空间任务（见图 14.3）。

尽管病人无法对这些问题做出任何明显的行为反应，但其神经活动与没有脑损伤的健康人控制组相似，这表明病人是有意识的，并能够通过调节其大脑活动来进行沟通交流（Mono et al., 2010）。从伦理上看，区分无反应性清醒综合征、最小意识状态和闭锁综合征是非常必要的，但这可能很困难（见专栏 14.1）。

"你父亲的名字是亚历山大吗？" 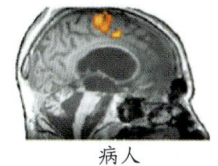 "你有兄弟吗？" "你父亲的名字是托马斯吗？" 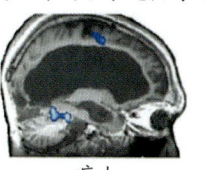 "你有姐妹吗？"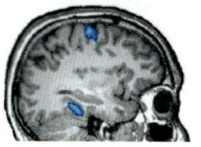

病人　　　　　　　健康人　　　　　　　　　　　　　病人　　　　　　　健康人

a　如果想回答"是"，则进行动作想象　　　　　　　b　如果想回答"否"，则进行空间想象

图 14.3　被诊断为无反应性清醒综合征的病人和健康人的言语交流任务 fMRI 扫描结果
要求一名被诊断为无反应性清醒综合征的病人：（a）如果想回答"是"，则进行动作想象；（b）如果想回答"否"，则进行空间想象。将病人的扫描结果与执行相同任务的无脑损伤健康人的扫描结果进行比较。病人正确回答了六个问题中的五个，且第六个问题并没有答错，只是没有反应。当他通过动作想象回答"是"时，他大脑的运动辅区激活；当他通过空间想象回答"否"时，他大脑的外侧运动前皮质、海马旁回位置区和后顶叶皮质激活。

专栏 14.1　来自临床的启示
值此一生

我们可以想象，罹患闭锁综合征甚至比死亡还糟糕，但那些遭遇这种命运的人似乎有不同的意见。他们在心理健康、个体和总体健康以及身体疼痛的自我评价上接近健康控制组（Lute et al., 2009）。通过一位法国时尚杂志主编让 – 多米尼克·博比（Jean-Dominique Bauby，他在 43 岁罹患卒中），我们才得以管窥闭锁综合征病人的世界。卒中后几周，他从昏迷中醒来。尽管他完全清醒，没有丧失认知功能，但他只能动自己的左眼睑。

当人们发现博比有意识后，就安排了一位秘书与他一起工作。每天在秘书到来之前，他都会在头脑中构建并记忆句子。秘书坐在他的床边，重复背诵一个按使用频率排列的法语字母表，以使他眨眼选择正确的字母。博比用 20 万次眨眼写下了《潜水钟与蝴蝶》（*Le scaphandre et le papillon*），这本书描述了他瘫痪时的意识体验（见**图 14.4**）。他描述了身体感到僵硬和疼痛，也描述了无法与孩子们嬉戏互动的遗憾，但他还说道：

"我的思维像蝴蝶一样飞翔，可以做很多事情。可以太空漫步，可以时间漫游。可以去火地岛，也可以去弥达斯王的宫殿。可以去看望我爱的女人，飘到她身边，抚摸她熟睡的面庞。可以在西班牙建造城堡，去偷金羊毛，去探索亚特兰蒂斯，可以去实现童年的梦想和成年的雄心壮志。"（Bauby, 1997, p. 5）

 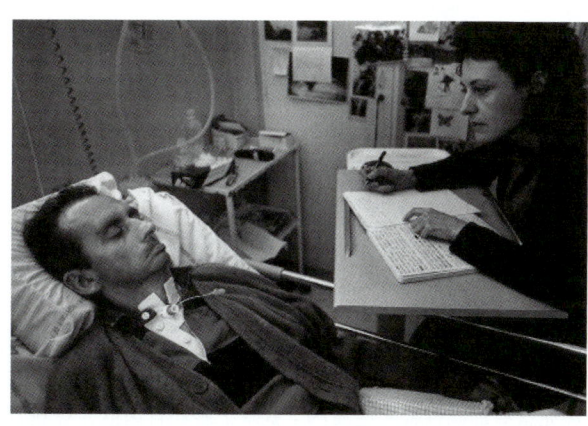

图 14.4　让 – 多米尼克·博比
（a）卒中前的博比。
（b）罹患闭锁综合征后，他在向秘书描述他的体验。

a　　　　　　　b

唤醒度调节

睡眠和清醒由神经递质、神经肽和激素的复杂相互作用调节，这些物质由基底前脑、下丘脑和脑干的相关结构释放。最重要的控制器是我们的生物钟，它是一个巨大的昼夜节律起搏器，位于下丘脑的**视交叉上核**（suprachiasmatic nucleus，SCN）。视交叉上核直接从视网膜接收光输入，使其神经元与昼夜循环同步。因此，通过不同的神经化学和激素通路，视交叉上核能使整个大脑和身体的细胞同步。

如**图 14.5**所示，唤醒度受不同神经化学系统释放的神经递质的调节，包括去甲肾上腺素（norepinephrine，NE）、乙酰胆碱、血清素（5-羟色胺）、多巴胺或组胺，这些神经递质能够激活并提高大脑皮质、基底前脑和外侧下丘脑等多个脑区的唤醒水平。例如，被光线激活的视交叉上核刺激蓝斑（locus coeruleus，LC）的神经元释放大量去甲肾上腺素，去甲肾上腺素扩散到整个大脑以提高人的清醒程度。蓝斑的活动在压力情景下或者与奖赏或威胁相关的新异刺激下增高，使人难以入睡。

这种情景在生活中很常见。如果第二天要赶早班飞机，谁能轻易入睡？有多少孩子在平安夜辗转反侧？如果听到房子里有奇怪的声音，要多久才能入睡？来自双侧被盖核的乙酰胆碱、来自网状激活系统中缝核的血清素和来自导水管周围灰质的多巴胺也有助于唤醒。在外侧下丘脑产生的神经肽——食欲肽 A 和食欲肽 B 对于调节清醒，特别是长时间的清醒（例如考试前通宵），和抑制快速眼动睡眠，也是必不可少的。产生食欲肽的神经元缺失会导致睡眠障碍性嗜睡症，其特征是过度嗜睡。

在长时间的清醒之后，稳态机制开始起作用，主要由睡眠产生的物质——"睡眠素"进行调节。其中一种睡眠素是腺苷，它通过腺嘌呤核苷酸的分解在细胞内或细胞外形成。腺苷随着清醒时间的延长而增加，在睡眠中减少。咖啡是一种腺苷受体拮抗剂，能使人

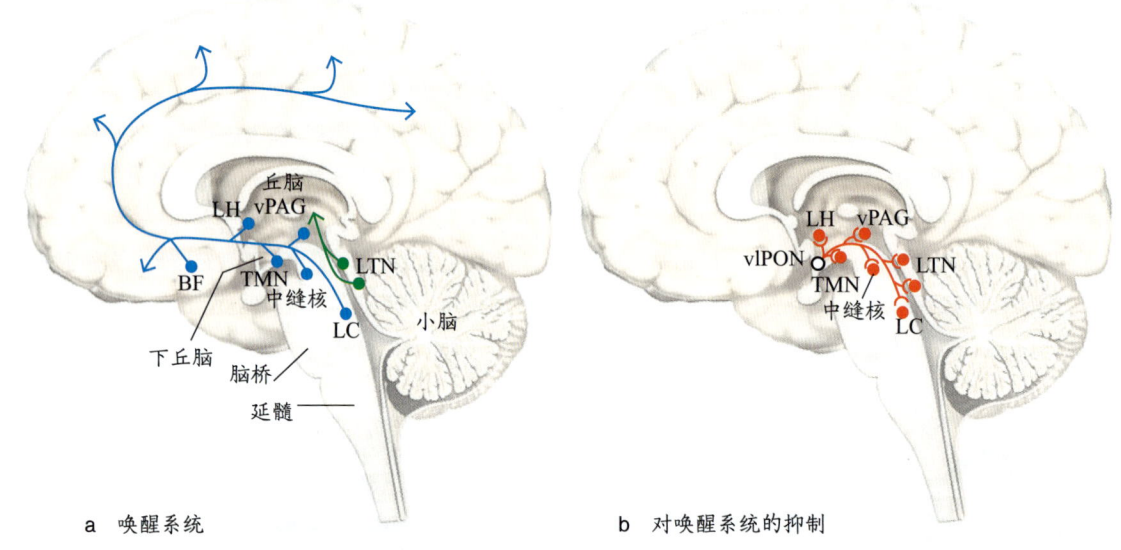

a 唤醒系统 　　　　　　　　b 对唤醒系统的抑制

图 14.5 唤醒和睡眠的神经解剖与神经递质

（a）唤醒系统有两个产生皮质唤醒的通路。背侧通路（绿色）穿过丘脑，具有后背侧被盖核中的胆碱能神经元。腹侧通路（蓝色）穿过下丘脑和基底前脑，具有蓝斑（另一个网状激活系统核团）中的去甲肾上腺素能神经元、背侧中缝核的 5-羟色胺能神经元、腹侧导水管周围灰质中的多巴胺能神经元以及下丘脑的结节乳头核的组胺能神经元。抗组胺药物会抑制组胺能神经元，引起嗜睡症状。外侧下丘脑具有在清醒时分泌食欲肽的神经元，以及在快速眼动睡眠时激活的黑色素浓缩激素神经元（对唤醒系统有抑制作用）。研究表明，服用褪黑素可以促进入睡并延长睡眠持续时间。（b）腹外侧视前核（以开环表示）投射出的神经元含有抑制性神经递质 γ-氨基丁酸和甘丙肽，在睡眠时激活，抑制唤醒环路。BF= 基底前脑（basal forebrain），LC= 蓝斑（locus coeruleus），LTN= 后背侧被盖核（laterodorsal tegmental nuclei），vPAG= 腹侧导水管周围灰质（ventral periaqueductal gray），TMN= 结节乳头核（tuberomammillary nucleus），LH= 外侧下丘脑（lateral hypothalamus），vlPON= 腹外侧视前核（ventrolateral preoptic nucleus）。

清醒（所以考试时大家都爱喝咖啡）。睡眠诱导系统主要由下丘脑视前区和相邻基底前脑的神经元组成。这些神经元投射到能促进清醒的脑干与下丘脑分泌神经递质 γ–氨基丁酸和甘丙肽，以抑制这些脑区的唤醒水平。

当我们睡着时，大脑会表现出一些典型的脑电活动模式。在到达深度睡眠之前，我们会经历三个睡眠程度越来越深的阶段。深度睡眠阶段（第 4 阶段）是**非快速眼动睡眠**。这时，我们的脑电波频率较低，振幅较高（**表 14.1**）。而在**快速眼动睡眠**阶段，脑电波频率较高，振幅较低。整个晚上，我们都在快速眼动睡眠和非快速眼动睡眠（**图 14.6**）之间循环。随着睡眠时间的延长，非快速眼动睡眠逐渐变浅。在正常情况下，当睡眠从非快速眼动睡眠转换到快速眼动睡眠时，我们的肌肉张力会下降，以抑制快速眼动睡眠期间的身体活动。

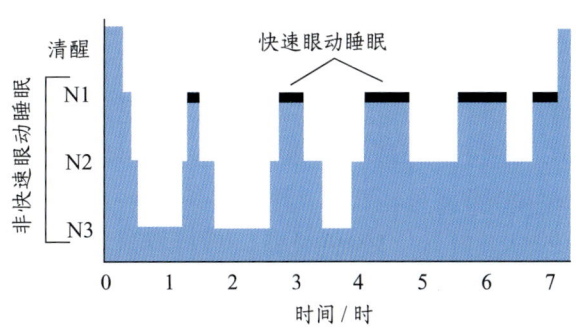

图 14.6　睡眠阶段
这是在一个晚上的睡眠过程中观察到的循环睡眠模式。请注意，在睡眠的早期，非快速眼动睡眠会更深、更持久。

表 14.1　睡眠阶段的特征

睡眠阶段	心理状态	脑电模式
清醒	唤醒时的各种状态	
非快速眼动睡眠（深度睡眠）	无意识思维	
快速眼动睡眠	生动的梦境	

我们现在可以回过头来探讨本章开头的 K. P. 的案例。梦游，也称为梦游症，是一种睡眠障碍，它可能涉及异常的运动、行为、情绪、感知和梦境。尽管高达 17% 的儿童可能会梦游，但只有 2%～4% 的成人仍保留此种睡眠障碍（Mahowald & Schenck, 2005）。梦游可由焦虑、情绪困扰、疲劳、发烧或药物（包括酒精）引起，通常发生在非快速眼动睡眠的一次突然、自发和不完全的唤醒之后，一般位于夜间睡眠的前 1/3 阶段（**图 14.7**）。

梦游者表现出了自动化行为，缺乏对事件的意识或记忆。他们的行为往往是相对无害的，例如移动物件或在房间里走动，但梦游者也可能进行非常复杂的行为，例如烹饪或修理东西，甚至会有更危险的行为，例如骑自行车或开车。这些行为让人很难相信梦游者没有意识到自己在做什么，但是他们在清醒后确实无法回忆自己的所作所为。梦游者不能被唤醒，而且尝试唤醒他们可能很危险——梦游者可能会受到身体接触的威胁，进而触发战斗或逃跑反应，即自动化暴力行为。梦游暴力包括袭击、强奸和谋杀。

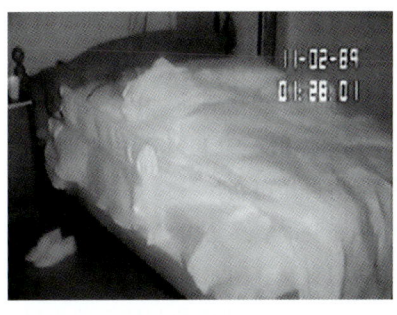 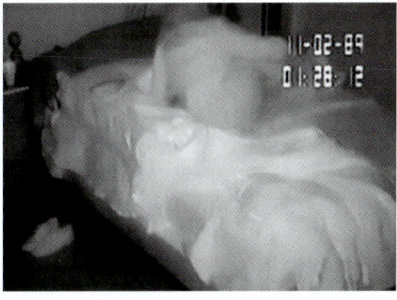 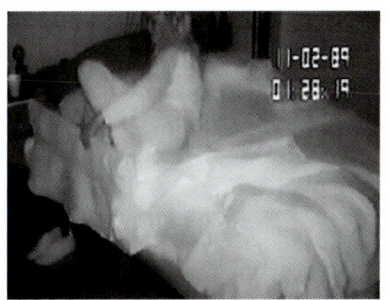

图 14.7　一个梦游的病例
一个有梦游病史的病人躺在床上，从深度睡眠（慢波非快速眼动睡眠）突然变换到自发唤醒，紧接着站立、梦游，整个变化过程非常迅速（18 秒）。

虽然人们普遍认为睡眠只发生在整个机体的水平上，但新的证据表明，睡眠可能局部发生在神经环路的一小部分之中，只有在需要进行特定的加工过程时，这些神经环路才会被唤醒（Ray & Reddy, 2016; Vyazovskiy et al., 2011）。神经影像（Bassetti et al., 2000）和脑电（Terzaghi et al., 2009）使研究人员能够了解梦游发作期间的大脑中发生了什么（图 14.8）。图中的脑似乎有一半处于睡眠状态，包括皮质、前扣带皮质（负责认知控制和情绪调节）和大脑；一半处于清醒状态，包括小脑、后扣带皮质（负责监控功能）和脑干。

游过程中意识到了什么（使得他能够驾驶汽车并确定方向），都不是由大脑皮质的加工过程负责和调节的。

关键信息

- 兴奋性和抑制性神经递质、神经肽以及基底前脑、下丘脑和脑干释放的激素之间复杂的相互作用能够调节睡眠和唤醒。
- 下丘脑视交叉上核是人体的昼夜节律"起搏器"。
- 夜晚，睡眠周期在快速眼动睡眠（脑波振幅较小、频率较高）与非快速眼动睡眠（脑波振幅较大、频率较低）之间循环。最深度的睡眠发生在整个睡眠周期的早期。
- 梦游时，负责认知控制和情绪调节的大脑区域处于休眠状态。

14.4 复杂系统的组织架构

我们已经从本书中了解到，绝大多数心理过程发生在意识之外。认知科学的大量研究明确表明，我们只能意识到自己心理活动产生的内容，而意识不到是什么产生了这些内容。例如，你能意识到这一页书上的文字并理解它们的含义，却意识不到产生这些感知和理解的加工过程。因此，在关注意识的加工过程时，也有必要考虑无意识和有意识的加工过程是如何相互作用的。

在过去的 50 年里，认知神经科学家一直在研究大脑的解剖结构及其功能。**复杂系统**是拥有大量相互连接和相互作用的组件的系统。人脑拥有 890 亿个神经元，是一个复杂系统。虽然一个复杂系统的某些表现可能是可预测的，但更多的是不可预测的。到目前为止，任何一个复杂系统的工程师都会告诉我们，认知神经科学家探究大脑的方法存在缺陷——如果只对特定组件进行研究，我们对大脑的认识就无法更进一步。

为了将系统的结构与其功能联系起来，探究不同组件之间的组织也是必要的。系统的组织，也称为**架构**，会影响组件之间的交互。例如，一辆哈雷摩托车有座位、车轮、挡风玻璃、发动机和存储箱等组件。火车也有这些组件，但火车不是哈雷摩托车。它们可能有相同的组件，却有不同的架构与功能。此外，孤

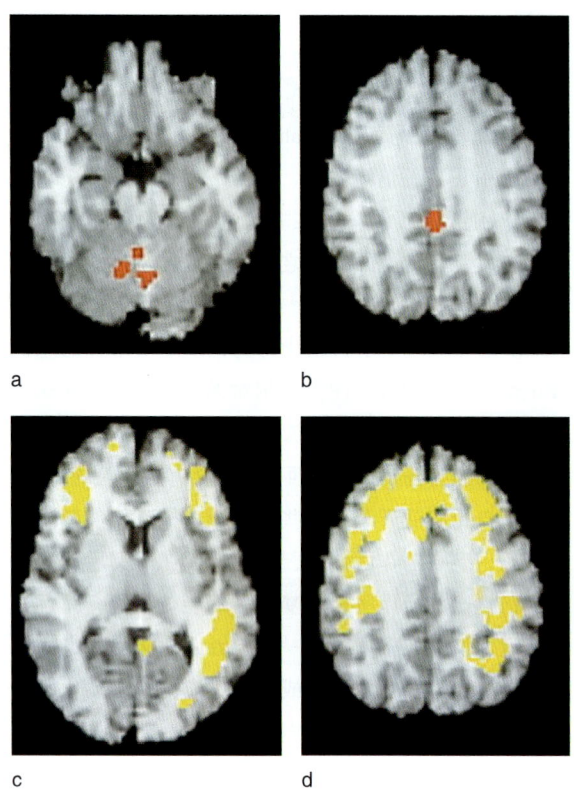

图 14.8 梦游期间的神经影像

红色区域表示，在梦游发作期间，小脑（a）和后扣带皮质（b）的血流量比正常的第 3—4 期非快速眼动睡眠阶段多 25%。（c、d）与清醒的健康人相比，梦游时黄色区域被抑制。在梦游过程中，大面积的额叶和顶叶联合皮质处于抑制状态。

因此，虽然与复杂运动行为控制和情绪产生相关的脑区是活跃的，但是与计划、注意、判断、自动反应抑制、情绪表达识别和情绪调节相关的额叶区域，以及顶叶联合皮质，都处于休眠状态。无论 K. P. 在梦

立地关注特定组件并不能使我们理解它的功能；类似的，只关注功能也不能让我们理解与之相关的组件。因此，我们接下来还有很多的"故事"要说。

分层架构

"架构"是在一定限制内进行的设计。例如，桥梁的设计必须要考虑其周围地质和地理条件；要考虑其承载对象（仅限行人还是机动车也可通过）及其数量与通过频率；还要考虑材料和成本等。对于脑的架构来说，类似的限制因素包括能量消耗、脑与颅骨的大小以及信息加工速度。无论是生物系统（如脑）还是工艺系统（如巨型喷气式飞机），一个复杂系统的组件都要以一种特定的方式进行组织，以实现其功能性和稳健性（robustness），即需要具有高度组织化的架构。

加州理工学院控制与动力系统、电气工程与生物工程教授约翰·多伊尔（John Doyle）指出，在高度组织化的系统中，复杂性不是偶然产生的。它源于追求工作的高效性、精准性与可靠性的设计策略。这种策略在生物系统进化的过程中不断发展，并在技术系统中产生了稳健性（达尔文称之为"适应性"）。多伊尔提出，"如果一个（系统）的（属性）在面临（一系列干扰）时保持（不变），则它就是稳健的"（Alderson & Doyle, 2010），括号所示的是我们需要指定其中的内容。多伊尔用衣服作为例子来解释复杂系统（Doyle & Csete, 2011）。

假设你要去露营，那里晚上温度很低，白天很暖和。在这个情景中，我们关注的"复杂系统"是你的露营服装。它是一个分层系统，包括贴身衣物层、舒适衣物层和保暖衣物层。每层都有特定的功能。而每件衣服本身又由具有分层架构的材料制成：纤维层、纺成线或纱线层、织成布层。这些材料在微观层面上具有影响其编织、弹性、耐水性、透气性、紫外线防护性乃至防虫性的物理和化学性质。当你搭配自己的分层服装时，会考虑上述性质。

对于保暖衣物层来说，什么样的选择才是稳健的呢？羽绒服怎么样？羽绒（属性）衣服（系统）是一个稳健的选择，因为当温度较低（干扰）时，它能够保暖（不变）。然而，如果下雨（一个预料之外的干扰），羽绒服就失去了保暖作用。虽然羽绒服在御寒方面很稳健，但在防水方面不够稳健（较为脆弱）。为了使露营服装系统对雨水有足够的抵抗力，你可以增加一层尼龙雨衣。

当我们为系统添加某个特性来抵御某个特定的干扰时，我们就为这个系统增加了稳健性，但同时也增加了复杂性，并引入了新的脆弱性。例如，一件雨衣可以让你在雨中保持干燥（外部湿度干扰），但在挡雨的同时，它无法使汗液蒸发（内部湿度干扰）。雨衣对雨水稳健，却对出汗较为脆弱。因此，没有十全十美，任何特性都有其稳健和脆弱之处。系统可以通过增加分层来抵御脆弱性。旧分层的失败是新分层出现的条件。高度进化的复杂系统同时具备稳健性和脆弱性。

生物系统在进化过程中提高适应性的基本设计策略是构建模块化的、分层的架构，这种架构在技术系统中也有很多应用，因为它能同时保证稳健性和功能性。了解人脑如何进行分层组织有助于我们理解意识模块化、分层的架构可以使多种加工过程同时进行，即"并行加工"。例如，嗅觉系统独立于运动系统：你不必站着不动就能闻到烘焙面包的味道。当单一的系统故障时，其他系统仍然稳健，比如你可能失去了嗅觉系统，但你的运动和视觉系统仍然能正常工作，就像你可能失去柔软的舒适衣物层，但你的贴身衣物层仍能起作用。它们是独立、并行的。

人脑是一个由很多系统组成的复杂系统。嗅觉、视觉和运动系统都是分层的。一层可以是单个模块，也可以是一组模块。在分层架构中，每层都独立工作，因为它有自己的特定**协议**，即在层内和层与层之间如何加工和交互的规则。在一个"堆栈式"的分层系统中，每层的输入为其上一层的输出，该层根据自己的特定协议加工上层输出的信息（该协议可能与其上层类似，也可能完全不同），并将加工后的输出传递给分层系统的下一层。每一层都不"知道"上一层的输入是什么，或者进行了什么加工，也不知道下一层的输出是什么。在这样的分层系统中，每一层的协议只"知道"如何加工来自相邻层输入的信息，因此，整个加工过程不能跳过任何一层。

每一层的加工对下一层而言都是"隐藏"的，这种现象被称为抽象化。每层都是在一个简单的"需要知道"的基础上工作的，都只需要知道它自己的特定协议。以制作番茄酱为例，食谱就是其中的协议，它告诉我们如何用橄榄油、洋葱、大蒜和西红柿做酱汁，但是食谱不会告诉我们如何种植蔬果，如何采摘、包装、运输或在商店贩卖商品，也没有关于制作橄榄油的内容。做番茄酱并不需要知道这些。

现在，我们或许能体会到复杂系统的设计之美了。复杂系统的用户只需要与顶层交互。顶层在技术系统中被称为应用层。当你使用智能手机时，你完全不需要知道手机里的各加工层是如何工作的，甚至不需要知道手机里存在加工层，就像你可以在不知道如何种植蔬果的情况下制作番茄酱一样。如果我们把身体看作应用层，可以确定的是，你可以在不知道消化系统是如何运作的情况下吃番茄酱。

同样，你也不需要知道脑如何运作，就能够使用脑的应用层。事实上，几千年来，人类一直在不知道自己有脑的情况下使用脑的应用层！现在，我们已经知道，复杂生物系统具有分层架构（Boucher & Jenna, 2013；图14.9），包括成分层、交互层和控制层。但到目前为止，神经科学只能解释它们的部分功能和动态变化。

当我们试图理解脑的分层架构时，最困难的任务就是找出层与层之间交互的协议。协议是限制每层加工过程的主要因素，但它也具有灵活性。我们可以把这种架构层次的灵活性比作一个双头漏斗，协议是中间的漏斗颈。信息从漏斗的一端输入，经过特定协议的加工之后，从另一端输出（Friedlander et al., 2015；图14.10）。

以露营服装这一复杂系统的保暖衣物层为例，它的协议是"必须保住身体的热量"。输入信息量很大——包括衣柜里的所有东西。针对所有这些输入，或许有多种输出能满足协议的限制：羊皮外套、羊毛裤子、羊驼毛斗篷、羽绒服、纤维滑雪服、跳伞工作服、兔毛夹克与豹皮裤，甚至是潜水服。

协议可以更具体一点，比如添加"实用"或"时尚"作为限制，这样就可以排除一些选项。然而，需要注意的是，虽然这样的协议限制了结果的数量，但它不会限定唯一的结果；仍然有许多可能的结果。多伊尔称协议为"解除限制的限制"（Doyle & Csete, 2011）。协议的重要之处在于它始终允许从多种可能的结果中进行选择。这种协议的灵活性使该层演化并发展出针对干扰的稳健性，因此，它可能是分层架构最为重要的特性。

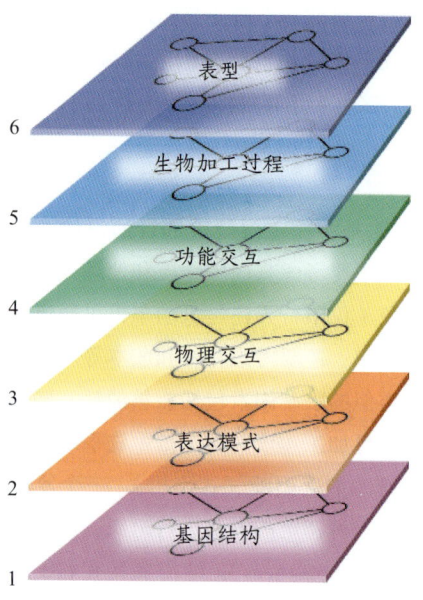

图14.9　生物系统中DNA复制的六个抽象层次

基因依次遍历所有抽象层次，最终形成表型。第一层，即这个体系的最底层（实际上，还有多个更低的层次，向下可一直延伸到亚原子结构，此处不予考虑），包括染色体中的基因（编码序列）及其组织。第二层包括基因表达形成的RNA和蛋白质这两种物理成分。第三层包括蛋白质之间的相互作用以及蛋白质与DNA之间的相互作用。第四层负责处理第三层物理元素之间的功能相互作用——例如胃肠道网络或信号以及代谢通路。第五层负责与特定生物加工过程有关的网络。第六层为最高层，负责表型以及表型之间的关系。每层的协议都是独一无二的，它规定了该层与其相邻层的关系。

图14.10　多层次网络中的双头漏斗

某一层对输入信息的加工取决于这一层特定的协议。加工的结果即是这一层的输出。

多重可实现性

需要再次强调，协议并不能决定唯一的结果。在学界还不知道大脑是一个包含很多协议的分层系统之前，神经科学家假设可以通过观察行为表现预测神经元的放电模式（什么样的脑状态产生了这样的行为）。但神经病学家伊芙·马德（Eve Marder）和她的同事认为，事实并非如此（Prim et al.，2004）。

多刺龙虾的神经系统很简单。马德一直在探究龙虾肠道蠕动模式的神经基础（**图 14.11**）。她分离出了龙虾的整个神经网络，绘制出每一个神经元和突触，并根据突触的动态变化模拟出神经递质的效应水平。如果从神经还原论（它忽略了分层系统协议"解除限制的限制"的特性）的观点出发，依据马德的研究成果，我们应该可以准确地描绘龙虾肠道功能的突触输出模式与神经递质输出模式。

马德等人针对这个相对简单的肠道神经系统，通过调节突触强度和神经元特性，模拟了超过 2000 万种神经环路组合。在对所有这些组合进行建模后，马德发现，其中 1%～2% 的组合可能引起在自然界中能够观察到的运动模式。然而，即使是这一小部分也有 10 万～20 万种不同的神经环路组合，它们在任何给定的时刻都能产生完全相同的肠道行为。也就是说，即使神经元与突触的特性差异很大，也可能产生相同的龙虾幽门节律。

一个系统可以通过多种方式产生相同的行为，这被称为**多重可实现性**。在一个非常复杂的系统中（比如人脑），某个特定的行为可能有多少种实现方式？只使用单细胞记录和分子层面的方法真的能揭示人类行为是如何发生的吗？这对支持神经还原论的科学家来说是一个深刻的问题。马德的研究已经表明，虽然通过分析神经环路可以解释大脑是如何工作的，但只有这样的分析还远远不够。神经科学家必须弄清楚如何以及从什么层面入手，以获知理解神经系统的方法。

关键信息

- 大脑是一个具有分层架构的复杂系统。
- 分层系统最重要的特点在于每一层的协议都具有灵活性与适应性。多重可实现性的现象表明：在复杂系统中，即使已经完全弄清了某个组织水平的工作模式，却仍旧不能据此预测另一个水平的功能。

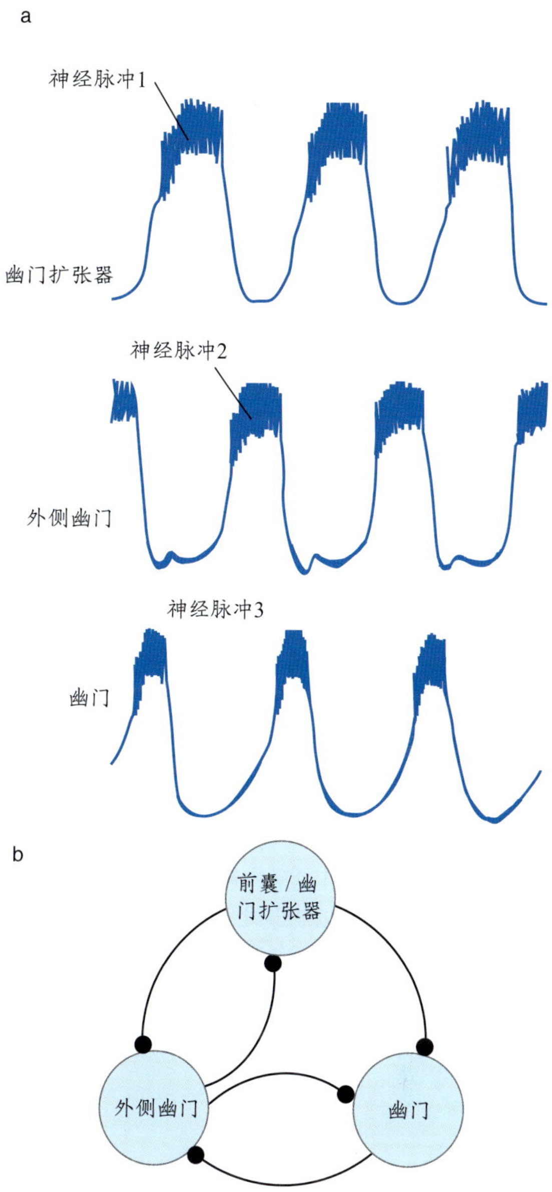

图 14.11 多刺龙虾的幽门节律和幽门神经环路架构

（a）在多刺龙虾中，胃腹神经节（这里的神经元数量较少，只能进行一个固定的运动模式）产生幽门节律。幽门节律具有三相运动模式。首先，与两个幽门扩张器神经元耦合的前囊神经元激活放电。接下来是外侧幽门神经元激活。之后是幽门神经元激活。这些神经元放电记录是在胃腹神经节的神经元内进行的。（b）该图是这个神经环路的简化版。环路中的所有突触都是抑制性的。为了产生 2000 万个模拟环路，7 个突触的强度是不同的，且环路中需使用 5～6 个不同类型的神经元。

14.5 信息获取

哲学家内德·布洛克（Ned Block）是第一个区分

"主观感受"和"信息获取"的人。当时,他认为,"盲视"现象就是一个典型的例子。盲视病人完成了"信息获取"(已经获取了视觉信息),却没有"主观感受"(病人报告:"我什么都看不到")。**盲视**是牛津大学的拉里·魏斯克兰茨(Larry Weiskrantz,1974,1986)提出的术语,指的是某些患有视皮质损伤的病人可以对出现在他们视野盲区的视觉刺激做出反应的现象(图14.12)。

最有趣的是,这些反应发生在意识之外。病人会否认他们可以完成视觉任务,但他们的任务表现明显高于随机回答的水平。这类病人可以获取信息,但无法体验信息。不过,部分病人表示,他们有一种指引自己做出选择的"感觉",这种感觉越强烈,他们的猜测就越准确。

魏斯克兰茨认为,皮质下通路可以支持一些视觉加工过程。已经有大量的灵长类动物研究对此问题进行了讨论。枕叶区域受损的猴子不仅可以在空间中定位物体,还可以进行颜色、亮度、方向与模式识别。这样看来,人类可以在没有意识到的情况下获取视觉信息,也并不使人意外。连接两个大脑半球的皮质下神经网络在解剖上为上述结论提供了比较合理的解释。

盲视揭示了发生在意识之外的视力。盲视现象常用来支持以下观点:知觉可以在没有感觉的情况下发生(感觉是我们受到刺激时产生的体验)。由于初级视皮质仅负责加工感官的输入,次级视觉通路观点的支持者用它否定盲视现象中初级视觉通路的作用。当然,如果只是想用盲视现象证明知觉(或其他认知活动)会受到意识之外的加工过程的影响,这很容易;但要想用它说明这样的加工过程不涉及初级感觉系统,就很困难了。

现在还不能断定盲视现象只反映了皮质下通路的加工过程。视觉信息可能通过膝状体或其他皮质下结构投射到纹外视觉区。研究者利用PET证明:即使同侧纹状皮质被完全破坏,动态刺激也能激活纹外区域,如人类的MT区(Barbur et al.,1993)。另一种可能性是,初级视皮质并没有完全损坏,尚且完好的部分组织仍残余部分功能以产生盲视。即使病人无法意识到,这些受损脑区的表征可能已经足以引导眼动。

达特茅斯学院的马克·韦辛格(Mark Wessinger)和罗伯特·芬德里希(Robert Fendrich)证明了受损的初级通路在盲视现象中有所作用(Fendrich et al.,1992)。他们使用双普肯耶成像眼动追踪仪(Dual-Purkinje-Image Eyetracker)来研究这一现象,该追踪仪有一个图像稳定器,能在不同的视野区域持续呈现视觉信息(图14.13)。C. L. T.是一位强壮的55岁户外运动者,在6年前罹患右侧枕叶卒中。研究者使用眼动追踪仪,在C. L. T.的配合下,开始梳理各种关于盲视的解释。

标准视野测量(视野检查)显示,C. L. T.有左侧同向性偏盲(左下象限黄斑区域视力有所保留)(图

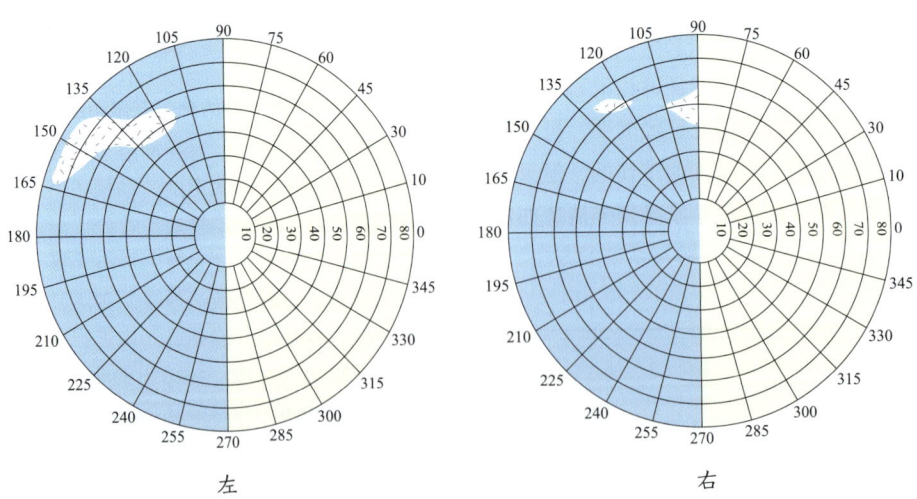

图14.12 盲视
魏斯克兰茨及其同事报告了第一例盲视病例,该病人的视皮质受损。阴影线区域表示病人的左眼和右眼还保有视力的区域。

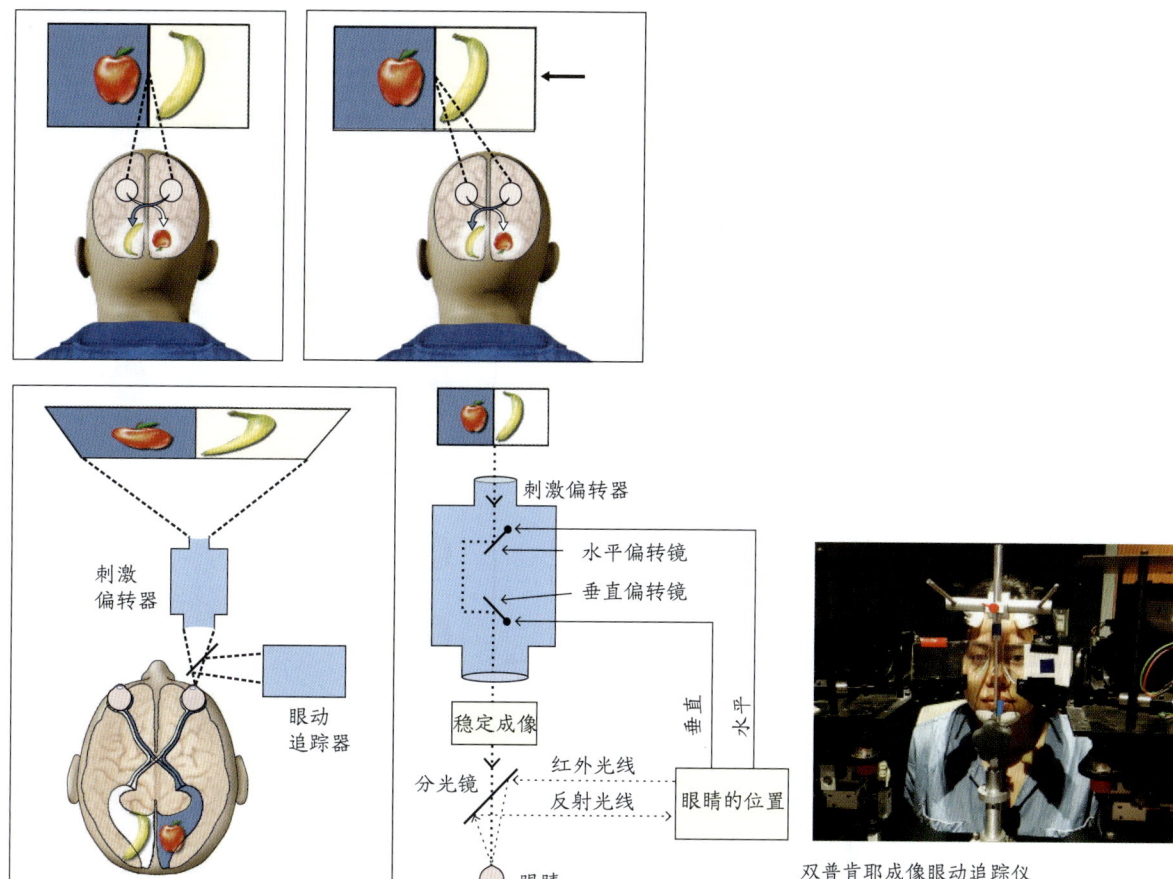

图 14.13 双普肯耶成像眼动追踪仪

眼动追踪仪通过使视野中的图像与眼睛的移动方向一致来补偿被试的眼动,使视网膜上的图像稳定。

14.14a)。研究者利用眼动追踪仪详细探查了病人的左侧视野盲区。该追踪仪能够在视网膜上呈现高对比度且稳定的刺激与一个二项迫选程序。每一轮,该程序会在特定的视野范围内呈现一个视觉刺激,被试需要对该刺激做出反应(即使被试觉得自己什么都没看到,也需要做出反应)。这样的实验设计能测量出视觉刺激对被试反应的细微影响。在每一轮,C. L. T. 都需要评价对自己表现的自信程度。研究者发现,当刺激出现在 C. L. T. 视野盲区的某些区域时,他的表现高于随机水平(**图 14.14b**)。简单来说,研究人员发现了盲视区。

MRI 结果表明,C. L. T. 大脑的距状皮质受损,这与他的临床失明症状一致。但成像结果也表明,距状裂区域还有少量残余组织。若这些组织与 C. L. T. 中枢视觉的觉知能力有关,那么这类残留组织确实有可能是引起 C. L. T. 盲视的原因。更重要的是,PET 和 fMRI 都表明,这些区域仍保有代谢活动,即仍能加工信息!因此,对 C. L. T. 的盲视症状最简洁的解释是:它是由初级视觉通路的残余组织(尽管功能严重紊乱)而非一般性次级视觉系统造成的。

只有完全排除了纹状皮质仍保有活性组织的可能性,我们才能推断盲视是由皮质下或纹外结构引起的。通过仔细的视野成像分析,或许可以发现盲区内仍保有的视觉区域,这是常规视野检查无法发现的。到目前为止,尽管在许多其他病人中也发现了盲视现象,但对这种现象的解释仍然存在争议。

不过,我们要探讨的是"在无主观体验的情况下获取信息",而盲视现象并不是它唯一的证据。最常见的实验设计是让有神经功能缺陷的病人和没有神经功能缺陷的健康人完成一项难度较大的知觉任务,在这类任务中,被试主观报告的自己视觉觉知的信心较差,但实际的任务表现高于随机水平。这些被试的情况就

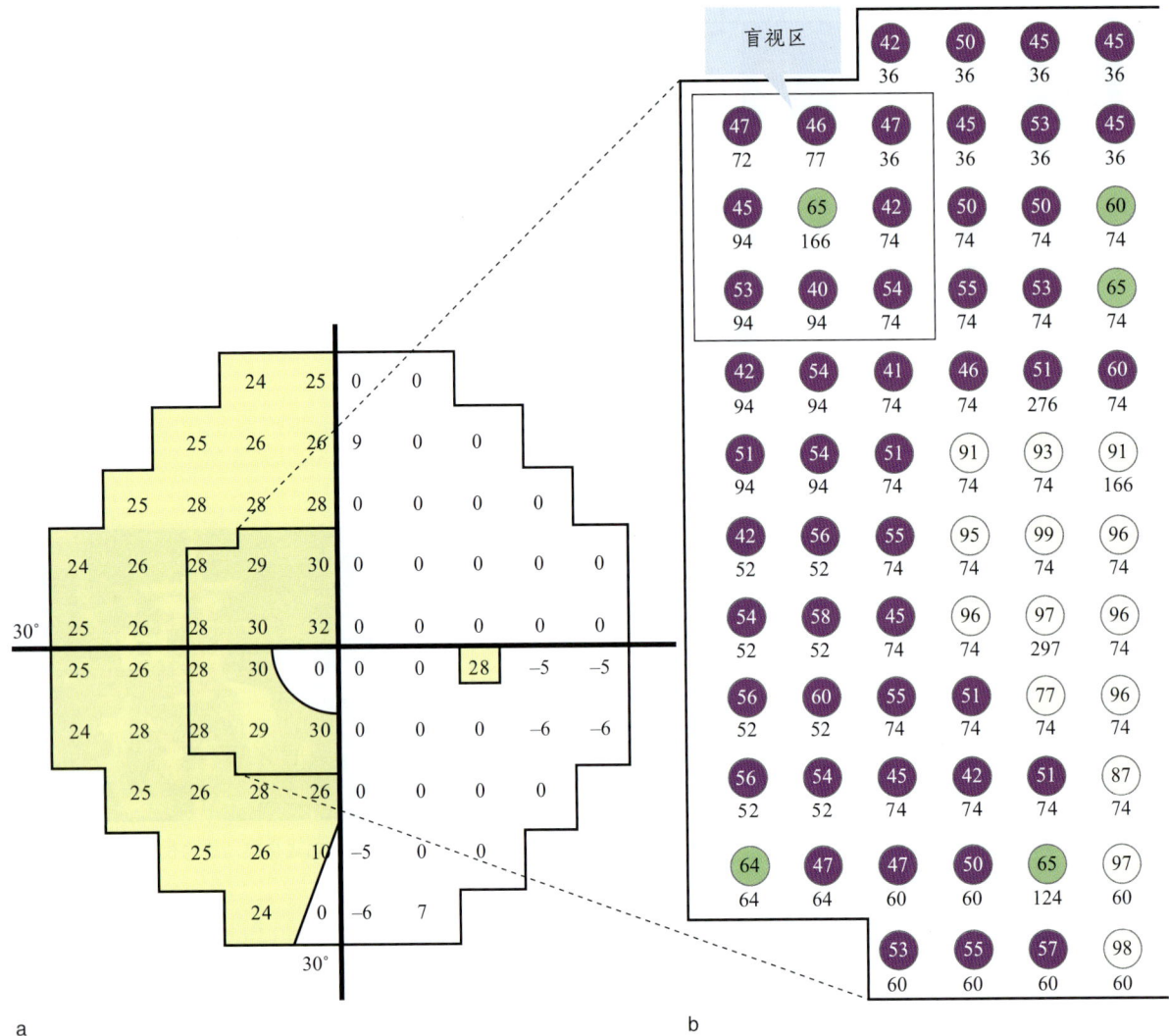

图 14.14 左侧视野的标准与稳定视野检查结果

(a) C. L. T.右眼标准视野检查结果。黄色阴影表示被诊断为临床盲区的区域。病人在左下象限黄斑区的视力有所保留。(b) 对 a 图中盲区进行稳定视野测试的结果。每个测试位置用一个圆表示。圆形中的数字表示病人正确反应的百分比。圆形下面的数字表示该位置的试次数。白色圆形代表任务表现良好的位置,约等于未受损伤的状态。绿色圆形代表任务表现优于随机水平的位置,紫色圆形代表任务表现不优于随机水平的位置。

没有必要用次级视觉系统来解释了,因为他们的初级视觉系统是完好无损的。

例如,由于大脑右半球损伤而导致单侧视觉忽略的病人无法报告出现在左侧视野的刺激(见第 7 章)。在意识层面,大脑无法获取这些信息。但是这些病人可以判断两个视觉刺激(左右视野各一个)是否相同(图 14.15;Volpe et al., 1979)。而且在回答每个试次后关于刺激性质的问题时,这些病人能够轻松地报告右侧视野的刺激,但否认在左侧视野中看到过刺激。

简而言之,大脑顶叶受损但视皮质完好的病人可以在无意识的情况下做出知觉判断。他们不能有意识地获取比较刺激异同的信息,这应该不是次级视觉系统加工的结果,因为他们的膝状体—纹状体通路(初级视觉系统)仍然是完整的。我们可以推测,病人失去了一大部分顶叶皮质的功能,致使他们失去了一大部分构成意识体验的内容。

回想一下,我们知道空间忽略病人依据记忆描述米兰广场时同样存在空间忽略现象(见图 7.7),这说明空间忽略也能影响想象和记忆过程。在回忆广场景

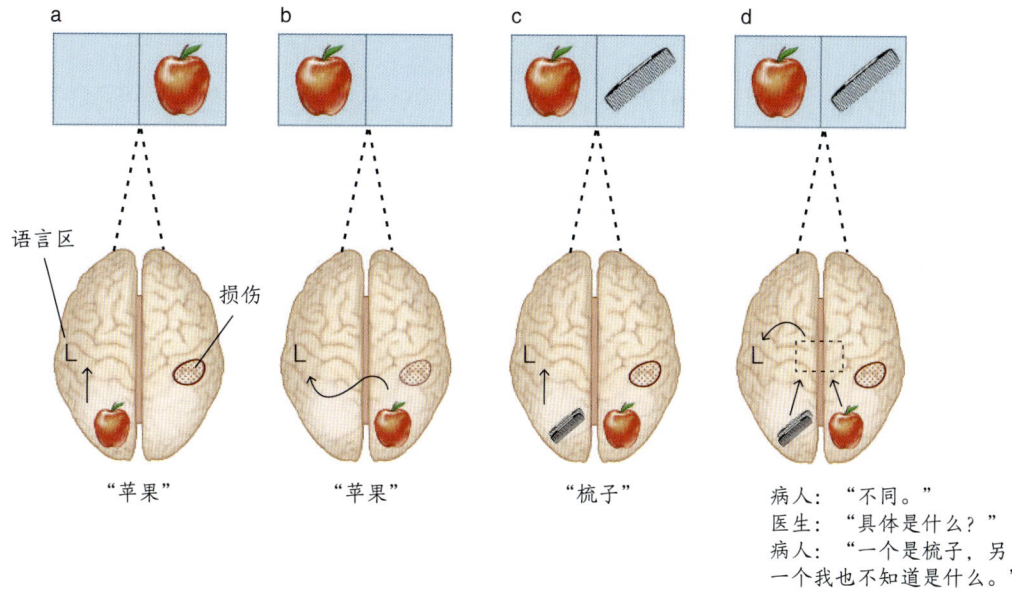

图 14.15 向视觉忽略病人呈现的判断异同的任务范式

（a、b）向单侧视觉忽略病人呈现一个视觉刺激，先呈现在一侧视野，然后呈现在另一侧视野。之后要求被试判断两次呈现的刺激是否相同，病人能够完成这项任务。（c、d）当视觉刺激同时呈现在双侧视野时，病人能够判断刺激相同与否，却无法说出视觉忽略那一侧的刺激。

象时，病人会忽略损伤脑区对侧的景象（就像他们实际站在那里看一样）。但如果让他们想象站在对面看广场时，他们又能够把那些先前忽略的东西描述出来。上述这些神奇的研究结果都可以通过分层架构的角度来解释，我们接下来将着重探讨。

空间忽略的结果模式表明，一定存在两个不同的分层。一层负责生成心理图像，这层仍然完好，因为我们知道所有信息均被呈现。而这个加工栈的最后一层负责将信息输出到控制层（控制层决定报告哪一侧的信息）。这一层出了故障，因为它只允许右侧空间的信息进入意识。

密歇根大学的理查德·尼斯贝尔特（Richard Nisbelt）和李·罗斯（Lee Ross）明确提出：为了阐明有意识和无意识的加工层在大脑皮质内的相互作用，需要在完整、健康的大脑中对它们进行研究（1980）。在一个巧妙的词语配对学习实验中，研究者首先向被试呈现"大海—月亮"这样的词对，随后要求被试随意想一个词与"洗衣粉"组成词对，而被试很可能会说"汰渍（Tide）①"。但研究者不知道被试为什么会想到这个词。

当具体询问被试原因时，他们可能会说，"哦，我妈妈总是用汰渍牌的洗衣粉来洗衣服。"正如我们从第4章学到的，他们的左脑解释系统仅会使用已有的信息进行解释，这个信息就是"洗衣粉"以及与之关联的那个词——"汰渍"。

当一个学生解决了一个问题时，她通常会毫不犹豫地表示自己能完全意识到这个问题是如何解决的（即使她实际并没有意识到）。学生常常需要解决著名的河内塔问题（图 14.16）。他们能清晰地说出自己要做什么以及为什么要这么做，这甚至可以用来写一个解决河内塔问题的计算机程序。学生从短时记忆和长时记忆中提取信息。这些事件可以到达意识层面，个体就能以此来为他们的行为建立一个理论。然而，没有人能意识到这些事件是如何在短时记忆或长时记忆中形成的。由此可见，问题解决发生在至少两个不同的分层中：一个（或多个）无意识层以及我们能意识到的应用层。

---

① tide 一词是潮汐、潮流之意，同时也是美国宝洁公司旗下知名洗衣粉品牌"汰渍"的名称。——译者注

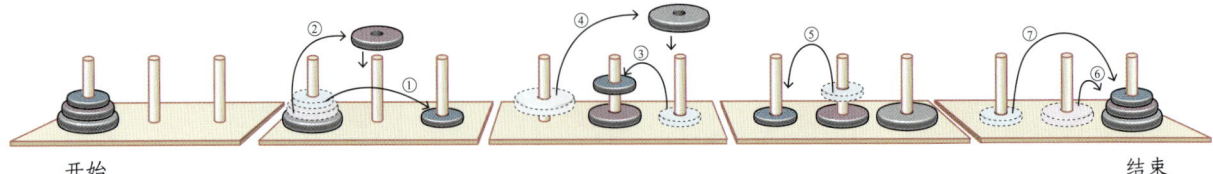

图 14.16 河内塔问题

河内塔问题的任务是以尽可能少的步骤在另一座塔基上重建圆盘塔,且较大的圆盘不能放置在较小的圆盘之上。这可以分七个步骤完成,经过大量的练习,学生可以学到如何完成这个任务。然而,在他们解决了这个问题之后,他们对自己如何解决这个问题的解释可能会很奇怪。

无意识加工的程度

认知心理学家探讨了哪些信息可以在无意识的状态下进行加工,以及这种无意识加工可以达到什么程度。经典的研究方法是使用**阈下知觉**技术,即刺激呈现在感觉或意识阈限之下。在一个实验中,快速呈现一张"小女孩向某人扔蛋糕"或"小女孩友好地展示蛋糕"的图片。图片呈现时间非常短暂,被试会报告什么都没看到。随后呈现一张小女孩的中性图片,要求被试对小女孩的个性进行判断。结果发现,被试的判断会受到先前在阈下呈现的图片的影响(**图 14.17**)。尽管这类实验结果不容易重复,但也有数百项研究报告了这种现象。许多心理学家认为,阈下呈现图片的元素被个体无意识地捕捉到了,而这足以使个体的判断产生偏差。

认知心理学家试图通过各种实验范式验证无意识加工的作用。剑桥大学的托尼·马赛尔(Tony Marcel,1983a,1983b)曾是这项工作的领导者之一。马赛尔使用了一种掩蔽范式,在这种范式中,先快速呈现一个空白屏幕或一个单词(阈下呈现),随后呈现一个掩蔽刺激(杂乱的无意义字母串)。之后被试需要完成一个检测任务或语义决策任务。在检测任务中,被试只需判断是否出现了一个单词。而被试在这项任务上的反应符合随机水平,也就是说,他们无法分辨是否有单词出现。

然而,在语义决策任务中,阈下呈现的刺激就产生了效应。在该任务中,在掩蔽刺激呈现之后会接着呈现一串字母,被试需要判断这些字母能否组成一个有意义的单词。马赛尔巧妙地操纵了先前在阈下呈现的单词——某些单词与之后呈现的字母串有关,另一些则无关。如果大脑至少对阈下呈现的单词进行了词汇加工,那么当随后呈现的字符串与该单词有关时,

a

b

图 14.17 阈下知觉测试

(a)向被试快速呈现一张小女孩的照片(如图所示),图片的呈现非常短暂,被试无法意识到图片的内容。然后,向被试呈现一张中性的照片,(b)并要求被试描述小女孩的个性。被试对小女孩个性的判断会受到先前阈下呈现图片的影响。

被试的反应时将更短。马赛尔的实验结果也支持了这一假设。

从那时起，研究者结合对图片与词汇的有意识和无意识加工过程的研究成果，发明了一种交叉启动范式。这个范式既呈现图片，也呈现词汇（图 14.18），研究者通过操纵刺激呈现的时间长短，揭示了这种图片—词汇启动效应在有意识与无意识的情况下均会发生。除了将刺激的呈现时间调整至阈下，研究者还在刺激短暂呈现之后增加了一个掩蔽刺激来阻断有意识的加工过程。显然，这种操纵虽然阻断了有意识的加工过程，但并不能阻断所有加工过程，因为在有意识和无意识条件下都能发生启动效应。

鉴于被试否认看过短时呈现的图片刺激，那么让他们完成词干补全任务的就是无意识加工过程（启动）。换句话说，即使没有意识到图片的存在，被试仍能从图片中提取概念信息。在一个分层系统中，要实现这种分离的加工过程并非难事。我们可以认为，无意识加工层的输出就是应用层的输入。

这种情况在日常生活中发生的频率有多高？考虑到视觉世界的复杂性以及眼睛环顾四周的惊人速度（从一个物体转移到另一物体的时间是 100～200 毫秒），这种情况很可能经常发生！以上数据进一步强调——在提出与意识相关的理论时，除了考虑分层架构框架，还需要考虑有意识和无意识的加工过程。

意识层到无意识层的加工转换过程

意识有一个经常被忽略的能力：从有意识的、受控制的加工转换到无意识的、自动化的加工的能力。在学习复杂的运动任务（如骑自行车或开车）以及复杂的认知任务（如动词生成或阅读）的过程中，这种从有意识到无意识的"转换"是非常重要的。

在华盛顿大学圣路易斯分校，两位脑成像领域的先驱——马库斯·赖希勒和史蒂夫·彼得森——提出了"从脚手架到存储"的框架来解释这一转换过程（Petersen et al., 1998）。根据这一框架，在我们学习复杂技能（或形成记忆）的初期，有意识的加工过程必须参与其中，可以将它比作"搭建脚手架"的过程。在这段时间里，我们不断巩固记忆，磨炼技能。一旦习得了这项任务，大脑的活动和参与状况就会发生变化。这一变化可以被比作"拆除脚手架"的过程，或者说是撤去支撑性结构并留下永久性结构的过程。在这一过程中，任务被"存储"起来，以便取用。

彼得森和赖希勒使用 PET 技术探究了大脑中"从脚手架到存储"的转换过程。被试需要进行一项动词生成任务（与简单地读出动词相对应），或是进行一项复杂迷宫追踪任务（与追踪正方形迷宫相对应）。该

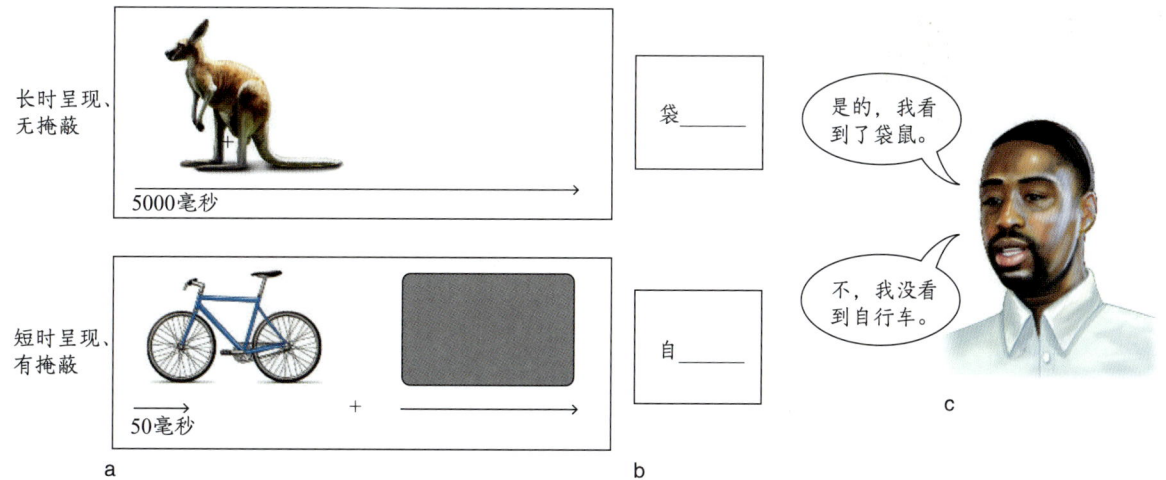

图 14.18　图片—词汇启动范式
（a）在实验中，研究者使用了长时呈现、无掩蔽（上图）和短时呈现、有掩蔽（下图）的图片刺激。（b）在测试过程中，被试被要求补全词干（例如，"袋 ___"和"自 ___"）。被试的任务表现在两种实验条件下是一致的。（c）之后，问被试是否看到过与这些词语对应的图片。在这个任务中，不同条件下的表现不同：被试通常能记得看到过长时呈现的图片刺激，但往往否认看到过短时呈现的图片刺激。

研究表明，早期的、未习得的、有意识的加工过程使用的脑区网络与晚期的、习得的、无意识的加工过程使用的脑区网络有很大区别（图 14.19）。研究者假设，在学习过程中，与"搭建脚手架"相关的大脑网络被激活，以应对全新的任务要求。在习得之后，不同的大脑区域开始参与进来，这些脑区可能是与存储或表征特定记忆和技能相关的脑区。从分层架构的角度看，此时的加工过程已经转移到较低层次，且已被抽象化。

动态网络分析已经表明，在学习一项运动任务并将它转化到自动化状态的过程中，大脑各区域之间的功能连接会发生变化（见第 3.7 节）。此外，一旦这种从有意识到无意识的转换完成，就很难重新启动有意识的加工过程。在学开车时学习使用离合器就是一个典型的例子。你必须在不让汽车熄火的情况下踩住离合器，同时放开油门踏板，换挡，然后在再次踩油门的同时缓慢松开离合器，这在学车早期需要有意识地进行练习。经过几次尝试之后，这些步骤变得自动化，你就不再需要仔细考虑它们了。这是因为，这个过程已经被作为一个整体存储起来了，很难再重新区分其中的分步步骤。

在学习其他复杂的技能时，也会出现类似的过程。哈佛大学的认知心理学家克里斯·查布里斯（Chris Chabris）研究了棋手从初学者蜕变为大师的过程（Chabris & Hamilton, 1992）。大师可以同时应对多个快棋棋局，并且反应迅速。他们一个接一个地移动棋子，似乎在凭直觉对弈。在本质上，他们使用的是一种"习得的直觉"。他们就是知道下一步棋如何走才最好，尽管他们也说不清自己为什么知道。

而新手是不可能下快棋的。他们必须仔细地逐一考虑每个棋子的走法（"嗯，如果我把我的骑士移到那边去，她会吃了我的主教；不，那不管用。让我看看，如果我把战车移走，那么她会移动她的主教，然后我可以吃了她的骑士……等一下，那样我就被将军了……嗯……"），但是经过不断练习和刻苦钻研，新手逐渐变为大师，他们看待棋局的方式就会变得不同。他们不再孤立地看待单个棋子，开始有大局观，可以把一组棋子看作一个整体进行移动。查布里斯的研究表明，在学习的早期阶段，基于语言的左脑在有意识地控制着下棋过程。然而，随着经验的积累以及习得不同的移动策略和分组策略，基于感知与特征的右脑在下棋过程中占据主导地位。

例如，查布里斯让国际象棋大师帕特里克·沃尔夫［Patrick Wolff，两届美国国际象棋冠军，他在 20 岁时以 25 步击败了国际象棋世界冠军加里·卡斯帕罗夫（Garry Kasparov）］在 5 秒内观看一张棋局的图片（所

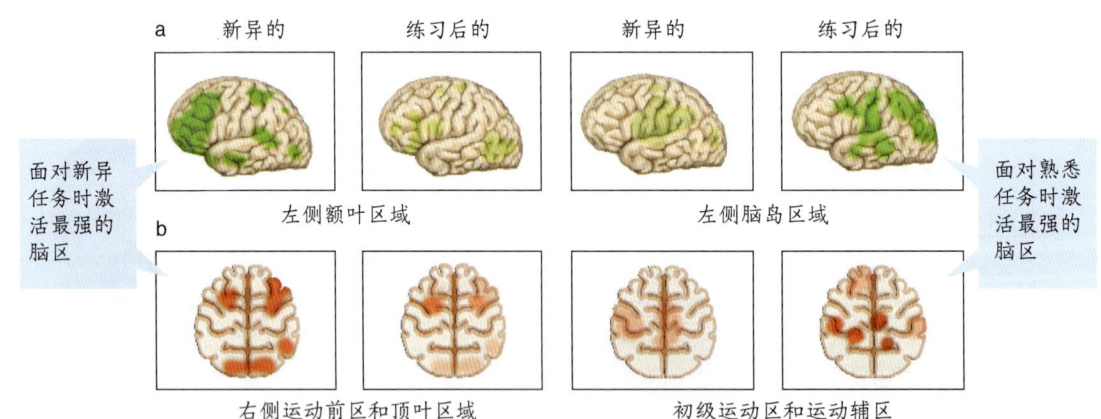

图 14.19 随着任务熟悉度的升高，大脑的激活区域发生改变
根据这 8 张 PET 成像结果可知，练习某项任务会导致大脑激活区域发生变化。(a) 当面对新异的动词生成任务时，左侧额叶区域（如前额叶皮质）激活（第一幅图中的绿色所示）。随着对任务的练习，流向这些区域的血流减少（第二幅图中的浅绿色所示）。与之相对，面对新异的动词生成任务时，脑岛区域的激活程度较弱。然而，随着练习的增多，脑岛的激活程度增强，这表明练习会增加脑岛的活动，以取代先前在额叶区域的活动。(b) 在运动学习相关的迷宫追踪任务中，也在大脑的其他区域观察到了类似的激活变化。在迷宫任务的早期，运动前区和顶叶区域（第一幅图中的红色所示）激活。随着练习的增加，这些区域的激活减弱（第二幅图中的浅红色所示），而初级运动区和运动辅区的血流量增加。

有棋子都按照符合国际象棋规则的模式放置），然后要求他在一个新棋盘上复制这个棋局。沃尔夫迅速而准确地复制了出来（一共 27 个棋子，复制正确 25 个）。而一个国际象棋的熟手在这个任务中也只能正确复制 5 个棋子的位置（Chabris，1999）。

然而，在另一个条件下——相同的棋盘、相同的棋子数量，但是棋子的位置不符合国际象棋规则的要求。即使是帕特里克·沃尔夫这样的大师，也只能复制其中几个棋子，与从不下棋的人表现得一样。沃尔夫在之前的条件下能精确复制棋盘与他多年的下棋经验有关，他的右脑会自动匹配在各种棋局中习得的模式。

虽然神经科学家知道沃尔夫的这种能力与右脑模式感知机制有关，但沃尔夫本人并不知情。当他被问到为什么有这种能力时，他的左脑会艰难地尝试寻找一个解释，"你会努力试着去理解……快速理解正在发生的事情，当然你会把事情分块看待，对吧？……我的意思是，很明显，这些棋子只是，呃，但是，我的意思是，你以一种正常的方式把事物分块看待，我的意思是，别人可能会觉得这是一种结构，但实际上我认为不止如此，所有棋子都是这样的"（Gazzaniga, 2011）。当被问到为什么时，这位国际象棋大师的左脑通过不断组织语言向我们解释这些过程是如何进行的，但很不幸，他失败了。这种情况经常发生，例如，当你试图向一个不开车的人解释如何使用离合器时，组织语言也会十分困难。

从受控制的、有意识的加工转换到自动化的、无意识的加工，需要许多大脑加工过程之间的多重交互，在神经环路编码、测试、重编码和重测试等过程中，意识会参与其中。最终，随着认知控制区域的离场，无意识加工开始接管。我们可以将此理解为此时的加工过程已经转移到较低的无意识层面了。

这个理论似乎意味着，一旦有意识的加工成功地使我们能够将任务转移到较低的层次（无意识领域），我们就不再需要有意识的加工了。这种转变将使我们能够无意识地执行这项任务，并将有限的有意识加工过程转向另一项任务。我们可以无意识地骑自行车，同时有意识地思考量子力学。意识可能是为了提高无意识加工的效率而进化出来的。这种将已经习得的任务和记忆转到无意识加工的能力，使我们能够将有限的意识资源用于识别和适应环境中的变化与新情况，从而提高我们的生存概率。

关键信息

- 大脑中大部分的加工过程都是无意识的。
- 我们只能意识到少部分在大脑中加工的信息。
- 阈下加工是指在意识阈限之下的刺激引起的大脑活动。如果加工过程是阈下的，我们就无法意识到这其中的信息。
- 早期的、未习得的、有意识的加工过程与晚期的、习得的、无意识的加工过程涉及的脑区网络截然不同。
- 将已经习得的任务和记忆转到无意识加工的能力，使我们能够将有限的意识资源用于识别和适应环境中的变化与新情况，从而提高我们的生存概率。

14.6 意识体验的内容

要想区分"意识体验的内容"和"主观体验"，一个有效的办法是研究那些由于大脑受损而缺乏某些意识体验内容、却仍有主观体验的病人的大脑。意识体验的内容是由知觉、思维、记忆和感觉组成的。实际上，我们周围就有这样的人——他们失去了某些知觉，比如失去视觉、听觉或嗅觉。在本书中，我们也已经了解到了许多失去某些思维内容的病人，例如，H. M.（见第 9 章）不能获取自己的某些长时记忆，因此这些记忆不再是他意识体验内容的一部分，但他仍然有主观体验。

相比之下，阿尔茨海默病的主要早期症状是短时记忆内容的丢失，这是内嗅皮质和海马的神经元损伤造成的。随后，神经元的损伤会发展到其他区域，变得广泛，导致大脑的缓慢损伤。阿尔茨海默病病人的意识体验随着皮质功能的丧失而改变，这种改变的进程取决于神经环路是否仍能正常工作。病人的意识体验内容会变得有限，与患病前有很大的不同。最终，病人的性格可能发生较大转变，并伴有古怪的行为。但即使发生了广泛的神经退行性病变，病人仍保有意识体验和主观体验。尽管他们可能会对自己身处何处感到困惑，但他们在迷路时仍会感到恐惧，在回忆起自己最喜欢的长时记忆时也会感到快乐。

我们已经了解，威尔尼克区受损的病人不再能理解语言，且不能再说出有意义的语言。他们失去了语言这一交流手段，但他们仍然能理解微笑、理解他人的意图。我们还知道，额叶受损的病人也许不能再制订计划，或者性格发生了明显改变；基底神经节受损的病人运动受限；脑桥受损的病人会瘫痪，不能进行有效的交流。毫无疑问，即使大脑的某些区域有严重损伤，这些病人都还保有意识体验和主观体验。真正发生改变的是他们意识体验的内容，这些内容已经变得非常有限。

大脑的解释器和自我统一感

我们已经知道，大脑是完善的模块化组织系统，其中的功能模块具有相应的物理实体，主要在意识范围之外运作，提供特定信息。同时，我们还知道，我们的许多认知能力表现为特定模块中的自动化执行过程。即便如此，我们仍然觉得自己是一个能够掌控自己思维与身体的统一整体。纵使这些功能模块系统完全超出了我们的控制范围，能够自主产生行为、情绪变化和认知活动，我们仍具有这样的意识体验：我是一个统一的意识主体，一个拥有过去、现在和未来的"我"。大脑的这些功能模块似乎均在独立地并行运作，究竟是什么让我们拥有意识统一的感觉呢？

我们的内心总是会有一个声音，它努力将成千上万个特定系统（这些系统在漫长的进化过程中形成，以应对环境和社会中的挑战）的各种活动联系起来，形成一个连贯的整体。多年的研究已经证实，人类大脑中有一个特定的加工过程来进行这种解释性合成，正如我们在第 4 章中所讨论的那样，它位于大脑的左半球。这个系统被称为解释器，它很可能以大脑皮质为基础，且主要在意识之外运作。

解释器为所有冲击大脑的内外部信息赋予意义。当人们需要理解一件事与另一件事如何联系，想寻找其中的因果关系时，它就会提出假设，从混乱的信息中整理出头绪。解释器就像黏合剂，它将成千上万的来自大脑皮质的信息黏合在一起，形成因果关系，使我们内心的叙述声——我们的个人故事——"言之有理"，这种个人故事成了我们记忆内容的一部分。它解释了我们为什么做我们所做、感我们所感。我们的性格、情感反应和过去习得的行为都是解释器的素材。如果一些动作、想法、情感与故事的其他部分不符，解释器会对它进行合理化（"我是一个又酷又有男子气概、文身、骑哈雷摩托的人。我养了一只贵宾犬，因为……啊，嗯……我的曾祖母是法国人"）。

回顾过去几十年的裂脑研究，我们发现了一个不争的事实：如果两个大脑半球的连接断开，那么虽然大脑皮质的一半不能与另一半直接交互，但这通常不会破坏病人的认知和语言能力。病人的意识体验仍然由大脑左半球主导，而且这种主导过程是持续性的，它不会出现在整个大脑皮质，而是出现在左半球的特定神经环路中。简而言之，人类大脑通过增加特定的神经环路来增加大脑的独特贡献，而不是简单地让大脑的体积变得更大。

解释器是人类大脑最重要的系统之一。对内外部事件的因果关系予以解释有助于形成信念。一种心理状态，或者说一种信念，真的能让我们摆脱日常生物本能的"刺激—反应"模式吗？当一个刺激（如烤猪肉）放在你的狗面前时，它会毫不犹豫地吃掉它。而当你面对烤猪肉这样的刺激时，你可能会去吃它，也可能不会。比如，若你拥有"不应该吃动物制品"的信念，或你的宗教信仰有相关禁忌，那么你即使很饿也不会吃烤猪肉。你的行为似乎取决于某个信念。然而，奇怪的是，大多数神经科学家都否认心理状态会影响大脑的物理加工过程。

关键信息

- 大脑皮质可以承受巨大的损伤，但即使如此，意识依然存在。
- 我们的意识体验内容似乎是功能模块局部加工的结果。
- 人类的解释系统位于大脑左半球，很有可能以大脑皮质为基础，并在意识之外运作。它将所有冲击大脑的内外部信息提炼成一个连贯的叙事，这会成为我们的个人故事。
- 解释器寻找内外部事件的因果关系以形成信念，使我们能够进行目标导向的行为，并摆脱反射性的、刺激驱动的行为。

14.7 心理状态会影响大脑加工过程吗?

任何关于意识的理论都必须考虑一个问题:意识层面的想法是否能够影响大脑?(有意思的是,想法本身就是由大脑加工而成的。)大脑是一个由经验主导的决策装置,它能实时收集和计算各种信息来完成决策。如果大脑是靠收集信息来进行决策的,那么一种心理状态,比如信念(经历或社会交互的产物),是否会影响或约束大脑,从而影响未来的心理状态和行为?想法或信念是整个大脑加工过程的最终产物,它能反过来影响产生它的大脑吗?即一个整体是否会约束它自身的组成部分?

这个经典的问题通常是这样表述的:在时间点1有一个物理状态(物理状态1),它产生了一个心理状态(心理状态1)(图14.20)。过了一段时间,到了时间点2,与之对应的是另一种物理状态(物理状态2),它产生了另一种心理状态(心理状态2)。我们的心理状态是如何从心理状态1变为心理状态2的?这是一个难题。我们已经知道,心理状态是由大脑中的加工过程产生的。因此,如果大脑不参与其中,心理状态1是不会直接产生心理状态2的。如果我们的心理状态变为心理状态2只是由于大脑的物理状态由物理状态1变成了物理状态2,那么我们的心理活动在其中就没有起到任何作用,我们只是让大脑顺其自然而已。有人不喜欢这个观点,但这是大多数唯物主义者的信念。问题的棘手之处在于:心理状态1能否在一些下行制约的加工过程中引导物理状态2,从而对心理状态2产生影响?

威斯康星大学的理论生物学家戴维·克拉考尔(David Krakauer)指出,当我们在一台计算机上进行编程时,

我们与一个执行计算工作的复杂物理系统连接。我们不在微观的电子水平(微观层次B)上编程,而是在一个更有效的理论水平(宏观层次A)上编程(例如 Lisp 编程①),然后在不丢失信息的情况下将之编译成微观物理状态。因此,A 导致 B。当然,A 在物理上是由 B 构成的,编译的所有步骤都只是基于 B

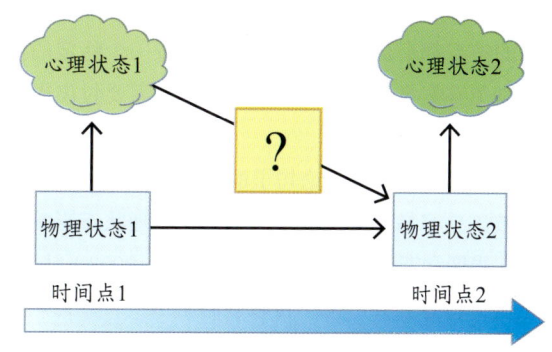

图 14.20　对因果关系的反思

任何对大脑中因果关系的解释都必须将心理状态1和心理状态2与它相应的物理状态的变化(物理状态1和物理状态2)联系起来。

的物理状态。但是从我们的角度来看,我们可以看到一些基于 A 过程的 B 的整体行为……更深入的一点是,大脑中如果没有这些更高的层次,人类就没有交流的可能性,因为如果没有心理编译器来完成工作,我们就不得不说清楚话语中每一个粒子的移动方式。(Gazzaniga, 2011)

明尼苏达州卡尔森管理学院的心理学教授凯瑟琳·福斯(Kathleen Vohs)和加州大学圣巴巴拉分校的心理学教授乔纳森·斯库勒(Jonathan Schooler)用一项巧妙的实验表明,当人们相信自己有自由意志时,其行为会更道德。此前对36个国家的一项调查报告称,超过70%的人认为他们的生活掌握在自己的手中。还有研究表明,唤起个人责任感能够改变个体的行为(Harmon-Jones & Mills, 1999; C. M. Mueller & Dweek, 1998)。

福斯和斯库勒利用实证研究来探讨人们的行为是否受到"相信自己能自由地控制自己"这一信念的影响。在他们的研究中,大学生被试被分为两组。在正式测试之前,一组被试先被要求阅读具有决定论偏向的句子,比如,"在本质上,我们是由进化过程设计出来的生物计算机,由遗传学构建而成,由环境来编程"。另一组被试则先阅读关于自由意志的句子,比如,"我能克服那些可能会影响我行为的遗传和环境因素"。在思考过这些句子之后,被试需要进行正式的计

---

① 一种使用得十分广泛的人工智能语言,适用于符号处理、自动推理、硬件描述和超大规模集成电路设计等。——译者注

算机测试。研究者会告诉他们，由于软件故障，每个问题的答案都会自动弹出。他们需要按一个特定的按键以避免答案自动弹出；因此，不作弊需要付出更多的努力。

结果发现，读决定论句子的被试比读自由意志句子的被试更容易作弊。从本质上说，心理状态影响了行为。福斯和斯库勒（Vohs & Schooler，2008）认为，不相信自由意志会产生一种微妙的暗示——努力是徒劳的，因此给了自己顺其自然的借口。人们不愿劳心劳力，因为这是一种自我控制的形式，需要付出努力并消耗能量（Gailliot，2007）。

佛罗里达州立大学的社会心理学家罗伊·鲍迈斯特（Roy Baumeister）及其同事（2009）发现，阅读决定论的文章会让我们产生更多的攻击行为和更少的帮助行为。他们认为，对自由意志的信念可能对人们控制自己自私的自动化冲动行为至关重要，我们需要付出大量的自我控制和心理能量来克服自私的冲动并抑制攻击性冲动。支持"自主行为"这一观点的心理状态会对随后的行为决策产生影响。我们似乎倾向于相信我们能控制自己的行为，而且如果每个人都相信这一点，对整个人类社会也颇有裨益。

鲍迈斯特及其同事还发现，与不信自由意志的人相比，相信自由意志的人有更强的自我效能感和更少的无助感（Baumeister & Brewer，2012），更具自主性和主动性（Alquist et al.，2013），在学业上表现得更好（Feldman et al.，2016），在工作中也表现得更好（Stillman et al.，2010），心态更积极，且认为自己的决策能力更强（Feldman et al.，2014）。

尽管对于普通人来说，信念影响行为的情况似乎随处可见，但大多数神经科学家都坚决否认这一点。为什么？因为这一观点暗示了一种自上而下的因果关系，而在神经还原论的观点里，心理状态不能影响物理的神经元。我们将在第14.9节继续讨论决定论这个棘手的哲学问题。

神经元、神经元集群以及意识的内容

神经科学家在分析神经元如何引起知觉活动方面有很多创新性方法。在视觉系统中进行单个神经元记录，追踪视觉信息在神经元中如何流动，以及这些信息是如何被编码和解码的（见第5章）。例如，斯坦福大学的威廉·纽瑟姆研究了猴子大脑皮质的MT区（参与运动探测过程）的神经元事件与实际的知觉事件之间的关系（Newsome et al.，1989）。其中一个惊人的发现是：单个神经元的反应模式可以预测动物辨别运动的心理物理能力（图14.21）。也就是说，MT区的单个神经元对视觉刺激变化的敏感性与整个大脑对它的敏感性并无差别。

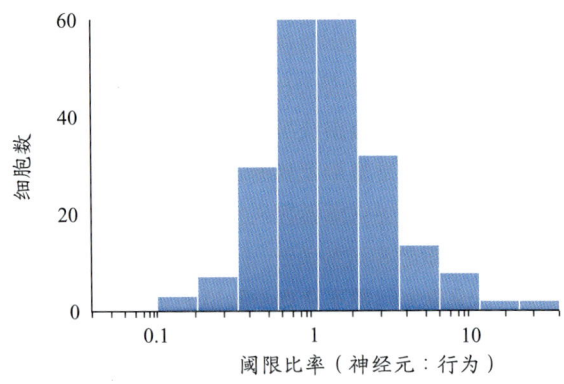

图 14.21 运动辨别可以通过单个神经元的反应模式来预测

研究者向已在特定任务中训练出辨别刺激运动方向能力的恒河猴呈现一系列运动刺激（运动方向有所不同）。记录并比较猴子在每个试次对视觉刺激的运动方向的判断以及60个颞中回视觉区（MT区）细胞的反应（这些细胞对运动方向有选择性）。在比较猴子的行为表现与神经元表现的条形图中，小于1的值代表神经元的阈限低于猴子行为表现的阈限（神经元的表现优于猴子的行为表现），大于1的值代表猴子的行为表现优于神经元的表现。在大多数情况下，神经元阈限与行为阈限相似（值接近1）。平均而言，MT区的单个细胞和猴子的行为表现对运动辨别的敏感性相似。在随后的研究中发现，每个试次中单细胞的放电率可以预测该试次中猴子的行为表现（尽管效应较弱）。

这一发现激起了学界的兴趣，因为它提出了一个关于大脑如何工作的基本问题。纽瑟姆的研究结果挑战了一个被普遍承认的观点，即神经系统中多个神经元的平均信号可以消除单个神经元信号的噪声，神经元集群的决策能力应该优于单个神经元。不过，纽瑟姆并不支持"行为与神经元是一一对应的"这一观点。众所周知，损毁单个神经元（甚至数百个神经元）并不会损害动物执行任务的能力，因此单个神经元的放电行为一定是冗余的。

作为对大脑的决定论观点的补充，纽瑟姆还发现，研究者可以直接操纵视觉信息并影响动物的决策过程——通过精密的微刺激改变相同神经元的反应率，可以使动物在知觉任务中做出较为正确的决策。当动物在思考这个任务的时候进行上述实验操纵，效应最大。实际上，这等同于纽瑟姆及其同事（Celebrini & Newsome, 1995; Salzman et al., 1990）在猴子的神经系统中插入了一个人工信号，影响了动物的思维方式。

这一发现是否意味着我们可以认为"对神经元施加微刺激的位置"就是做出决策的地方？研究者并不这么认为。相反，他们认为"对神经元施加微刺激的位置"是一整个神经环路的一部分，这个神经环路与特定的知觉辨别有关。研究者认为，在神经环路不同的位置施加的刺激会产生不同的知觉主观体验。例如，假设一个弹跳的球是在向上运动，而你的神经环路反应在微刺激下使你产生"它在向下运动"的反应。如果刺激发生在相关神经环路靠前的位置，你可能会认为你确实看到了向下的运动。然而，如果刺激发生在神经环路靠后的位置（实际上你已经看到了"向上运动"），它仅会让你做出"向下运动"而非"向上运动"的选择，这时，你的感受就会大不一样。你可能会问自己，为什么我要这么选（我明明看到了"向上"，为什么我会选"向下"）？

这进一步提出了一个问题：我们何时能意识到自己的想法、意图和行为。我们能否有意识地选择一个行为，然后有意识地开始实施它？或者说，一个行为会不会是在无意识的情况下就开始了，然后我们才有意识地认为是自己实施了它？

本杰明·利贝（Benjamin Libet, 1996）是一位著名的神经科学家和哲学家，他花费了近35年来研究这个问题。在一系列富有开创性与争议性的实验中，他探讨了有意识和无意识加工过程中的神经时间因素。这些实验是他提出的"反向追溯假设"的基础。利贝及其同事（Libet et al., 1979）得出的结论是：在刺激事件发生后，对神经事件的有意识觉知会延迟约500毫秒，更重要的是，这种有意识的觉知能够在时间上追溯刺激事件发生的时刻。

换言之，你会觉得你从刺激一开始出现就意识到了刺激，但实际上你并没有意识到这其中存在时间间隔。令人惊讶的是，根据被试的报告，与动作相关的大脑活动在被试自己意识到自己有动作意图之前

350毫秒就开始增强了（图14.22）。约翰-迪伦·海恩斯（John-Dylan Haynes; Soon et al., 2008）使用更复杂的fMRI技术，揭示了做出决策前10秒的大脑活动可以预测最终的决策结果。

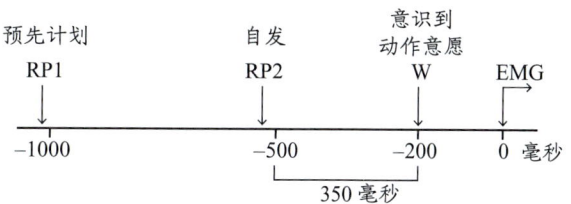

图14.22 利贝的研究中在完全自主行为之前的事件序列
时间0是肌电图检测到肌肉运动的时间点。当自主行为是完全自发的（即没有预先计划何时采取行动），那么动作准备电位（readiness potential, RP）会在肌肉激活之前平均550毫秒、在被试意识到动作意愿（wish, W）之前平均350毫秒出现（RP2）。无论行为是否有预先计划，被试意识到动作意愿的时间都在实施动作前200毫秒。

从分层架构的角度解释令人困惑的实验结果

如果我们把大脑看作一个分层系统（见Doyle & Csete, 2011），就会发现，在思考利贝的实验结果（与身体动作相关联的神经事件发生在个体意识到自己想要执行动作之前）时，我们很容易陷入推理陷阱。我们混淆了两个组织层次：微观层次和宏观层次。我们将宏观层次的组织原则强行应用于微观层次的神经元相互作用，这就像试图把牛顿定律强行应用到量子世界。

在意识到某件事之前，相关的大脑神经活动就已经开始了，这可能意味着什么？不同于神经事件的层次，意识是另一种组织层次，有自己的时间尺度（这两个层次不能放在同一时间尺度上进行比较）。意识的时间尺度取决于伴随意识过程的电流活动。毫无疑问，我们人类的心理状态是由潜在的神经元和细胞之间的相互作用引起的。没有这些相互作用，心理状态是不存在的。但是，正如前文所述，这种复杂的过程不能仅仅由细胞的相互作用来定义或解释。这些由我们的神经活动产生的心理状态（如信念、思维和欲望），反过来又会影响产生它们的大脑活动。心理状态确实会以某种方式影响我们的行为决策。

物理学家其实早已开始处理这个问题，并发出了警告。麦吉尔大学的物理学家马里奥·邦奇（Mario Bunge）提醒我们采取一种更全面的方法，"（我们）应该为每一个自下而上的分析补充自上而下的分析，因为整体会限制部分——想想某个金属结构的一个组成部分可能产生的盈利，或者人类社会系统中某个成员承受的压力，它们都会受到同一系统中其他组成部分相互作用的影响"（M. Bunge, 2010, p. 74）。从这个角度看，要想控制这个充满无数组成部分的无意识系统，就必须有一个控制层。这里的总体观点是：存在一个层次结构（从粒子物理学到原子物理学，到化学，到生物化学，到细胞生物学，再到生理学）形成了无意识和有意识的心理过程。科学的深层次挑战就是理解不同层次的协议以及这些层次之间如何通过协议交互。

纽约州立大学宾汉姆顿分校的名誉教授、物理学家及理论生物学家霍华德·帕蒂（Howard Pattee）从基因复制的基因型—表型图谱中发现了一个很好的生物学例子，可以用来说明向上和向下的因果关系。在基因型—表型图谱中，基因符号能够描述酶的形成序列，而酶又会反过来读取这些描述。"在最简单的逻辑形式中，由基因符号（密码子）表达出来的部分在某种程度上控制着整体（酶）的结构，但整体又在某种程度上控制着部分的识别（基因翻译）和结构本身（蛋白质合成）"（Pattee, 2001）。

社会层次

将心智—大脑系统视为分层系统，可以使我们开始理解这个系统是如何工作的，同时也开始理解信念和心理状态如何作为决策系统的一部分来发挥作用。从这样的理解出发，我们可以产生这样一种认识：在心智—大脑系统的诸多层次之下以及之上还存在许多层次。事实上，也存在一个社会（层；在与这一层次互动的背景下，我们能够开始理解诸如"个人责任"和"自由"等概念。邦奇告诉我们，"我们必须把感兴趣的事物放在与之相关的情景中进行探讨，而不是把它当作一个孤立的个体"（M. Bunge, 2010, pp. 73-74）。

神经科学和心理学界已经慢慢开始意识到，不能只探讨单个大脑的行为。普林斯顿大学研究猕猴和人类发声的阿西夫·加赞法（Asif Ghazanfar）指出，动物在发声过程中，其大脑的不同区域会发生动态交互，而对于另一个听声音的动物而言，其大脑的不同区域也会发生另一种动态交互。一只猴子的发声可以调节另一只猴子的大脑加工过程（Ghazanfar et al., 2008）。

对人类而言也是如此。普林斯顿大学的尤里·哈森（Uri Hasson）及其同事（Stephens et al., 2010）使用 fMRI 技术测量了一对正在交谈中的被试的大脑活动。他们发现，听话者的大脑活动可以反映说话者的大脑活动（**图 14.23**），且大脑的某些区域有时甚至会表现出预期反应。当这样的预期反应发生时，对言语的理解更好；也就是说，一个人的行为会影响另一个人的行为。哈森和加赞法指出，我们必须看到整个图景，而不仅仅是一个孤立的大脑（Hasson et al., 2012）。

当涉及多个大脑之间的相互作用时，大脑符合决定论这一观点存在争议。在基于社会层面的分析中，我们不止有大脑基本功能的组织层次，还具有社会层，这种社会层涉及诸如"遵守规则"和"个人责任"等概念。个人责任是一个社会概念，而不是一种大脑机制，它存在于不同人的大脑之间以及人与人之间的互动之中。在只有一个大脑的世界里，责任没有意义。当一个以上大脑发生交互时，新的协议就开始发挥作用，比如个人责任。

正如心理状态可以影响产生它本身的大脑一样，一个社会团体也可以影响组成它本身的个体。例如，杰茜卡·弗拉克（Jessica Flack）发现，在猪尾猕猴中，一些强壮的个体负责管理群体成员的活动，就像警察一样（Flack et al., 2005）。这些个体的存在可以防止冲突的发生，即使冲突还是发生了，这些个体也可以降低冲突的强度或终止冲突，防止冲突蔓延。当"警察"猕猴暂时离开时，冲突会加剧。

"警察"猕猴的存在也促进了群体成员之间的积极社会互动。一群猕猴可能成为一个和谐的、有生产力的社会，也可能成为一个分裂的、不安全的团体，这主要取决于该群体中个体的组织方式。"警察"的存在"影响了大规模的社会组织，增强了原本难以实现的社会凝聚力和一体化"。弗拉克总结道："这意味着，权力结构通过有效的冲突管理影响了社会网络结构，进而反馈到个体层面，约束个体行为"（Flack et al., 2005）。类似的情况也发生在开车时，当你在后视镜里看到一辆公路巡逻车从入口匝道下来，你会查看你的速度表，然后减速。个体行为不仅仅是一个孤立的、

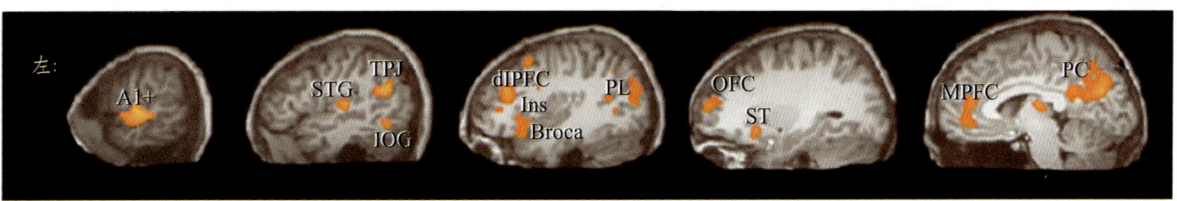

a 说话者—听话者神经耦合

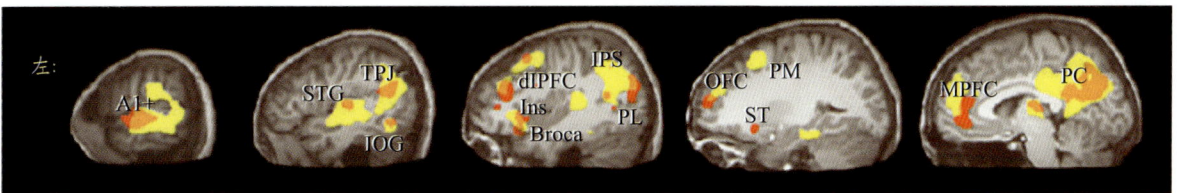

b 说话者—听话者与听话者—听话者神经耦合的重叠

图 14.23 说话者和听话者之间的神经耦合远远超出了初级听觉区域
（a）左半球矢状面显示，在初级听皮质、语言区以及语言区之外的大脑区域，言语产生期间的大脑活动与语言理解期间的大脑活动耦合。（b）听话者—听话者的耦合脑区为黄色，说话者—听话者的耦合脑区为红色。橙色表示所有听话者大脑激活区域的重叠。在相同的时间尺度上，听话者加工输入语言信息的大脑区域（言语理解活动）与说话者激活的大脑区域有很大的重叠（言语产生—理解耦合）。A1+= 初级听皮质（early auditory cortices），Broca= 布洛卡区，dIPFC= 背外侧前额叶皮质，Ins= 脑岛，IOG = 枕下回，IPS = 顶内沟，MPFC= 内侧前额叶皮质（medial prefrontal cortex），OFC= 眶额皮质，PC= 楔前叶，PL= 顶叶，PM= 运动前皮质，ST= 纹状体，STG= 颞上回，TPJ= 颞顶联合区。

决定论的大脑的产物，它还会受到社会群体的影响。

关键信息

- 多项研究表明，相信自由意志的个体的行为与不相信自由意志的个体相比有所不同，这表明心理状态会影响行为。
- 与动作相关的大脑活动可能在个体意识到自己的行动意图之前的 350 毫秒就开始增强了。
- 心智—大脑系统是分层的，每一层都在它自身的时间框架内运作。
- 在交流情景中，听话者的大脑活动可以反映说话者的大脑活动。一个人的行为会影响另一个人的大脑行为。
- 个体行为会受到社会群体的影响。

14.8 动物意识的内容

多项采用不同研究方法的研究均表明，在多个物种［包括昆虫（Carruthers, 2006）、线虫（Sporns & Betzel, 2016）和节肢动物（Sztarlcer & Tomsic, 2011）等］的大脑网络中均存在结构模块和功能模块，它们具有许多共同的特性。如果我们与其他物种拥有相似的模块化大脑，我们是否有与它们相似的认知和意识呢？笛卡尔否认动物是有意识的，而达尔文则没那么武断。达尔文（Darwin, 1871, p.105）写道："人与其他高等动物之间的心智差异固然是巨大的，但这应该是一种程度上的差异，而非类型上的差异。"为了收集动物具有早期意识状态的证据，相关研究主要集中在探讨鸟类和哺乳动物的行为上，这或许能反映动物意识体验（而非主观体验）的内容。

"工具的使用"是研究者公认的与复杂认知过程相关的行为。很多动物都会使用工具，包括一些鸟类，特别是鸦科（渡鸦、乌鸦、喜鹊、松鸦、星鸦和秃鼻乌鸦等）。例如，新喀里多尼亚乌鸦会制造两种工具，分别用于不同的工作，它们随身携带这些工具以寻找食物。研究人员观察到它们会使用一种工具来获取第二种工具，进而用这第二种工具来获取食物——这就是所谓的"元工具问题"（A. H. Taylor et al., 2010）。

来自法属新喀里多尼亚的朗特尔岛不同地区的乌鸦设计的工具有所不同（**图 14.24**），这是文化变异和传播的证据（Holzhaider et al., 2010b），尽管人工饲养的乌鸦在没有社会学习的情况下也能制造基本的棍子工具（Hunt et al., 2007）。这些行为表明，乌鸦是活着的、清醒的，并且正在体验当下。从这个意义上说，乌鸦是有意识的。这些意识体验似乎可以通过特定的模块增强，为乌鸦提供其他鸟类没有的内容。

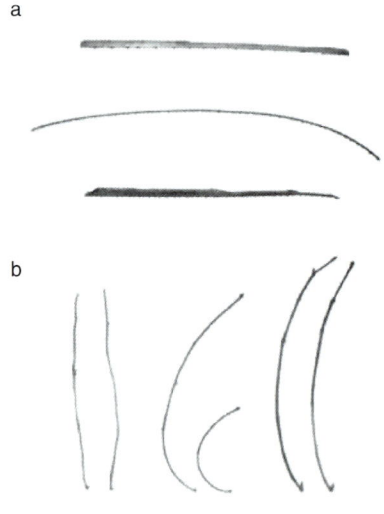

图 14.24　新喀里多尼亚乌鸦为获取食物而制造的带刺工具和钩棒工具

（a）从上到下：粗的带刺工具、细的带刺工具、一头粗一头细的带刺工具，用露兜棕榈树制成。（b）从左到右分别是用蕨类匍匐茎、多刺藤蔓和分叉小枝制成的一对钩形工具。最左边的蕨类匍匐茎的长度为 13.9 厘米。（c）露兜棕榈树带刺的叶子。

还有其他研究者关注动物是否存在自我意识，但这个问题很难通过设计实验来回答。不过，仍有研究者试图从两个角度挑战这一问题：一是测试动物能否认出镜子中的自己，二是关注动物的模仿。在**镜中自我识别**（mirror self-recognition，MSR）测试里，研究者先将动物麻醉，然后在它身上的某个位置贴上贴纸或刷上油漆（这个位置是动物在一般情况下看不见的）。等动物醒来之后，把它带到有镜子的地方。设计镜中自我识别测试的戈登·盖洛普（Gordon Gallup, 1970）提出，如果动物在镜子中看到贴纸或油漆之后，开始在自己身上找贴纸或油漆（自我探索行为），就意味着它能从镜子中认出自己，存在自我概念和自我意识（Gallup, 1982）。

只有少数几个物种的少数个体能通过这项测试。一些青春期的黑猩猩能表现出镜中自我识别，但这在较年长的黑猩猩中出现得反而较少（Povinelli et al., 1993；图 14.25）。红毛猩猩也可能表现出镜中自我识别，但只有很少一部分大猩猩拥有镜中自我识别（Suarez & Gallup, 1981；Swartz, 1997）。尽管有研究报告称海豚、一头亚洲象、喜鹊和鸽子也能通过测试，但这些结果尚未得到重复。而人类儿童在 2 岁时就已经发展出了镜中自我识别能力（Amsterdam, 1972）。

并不是所有研究者都认同盖洛普的观点（镜中自我识别意味着自我概念和自我意识的存在）。例如，美国东肯塔基大学的心理学家罗伯特·米切尔（Robert Mitchell, 1997）针对镜中自我识别所能反映的自我意识程度提出了质疑。他指出，镜中自我识别只需要对身体的觉知能力就能完成，而不需要具备"自我"这一抽象概念；完成镜中自我识别只需要将视知觉与感觉相匹配，而不需要其他更多的东西。即使是人类也不需要具备态度、价值观、意图、情感和情景记忆等，就能从镜中认出自己的身体。

镜中自我识别测试存在的另一个问题是，一些面孔失认症病人具有自我意识，但他们无法从镜中认出自己。他们觉得自己在镜子中看到的是其他人。因此，虽然镜中自我识别测试可以测出一定程度的自我觉知，但它在评估动物如何自我觉知这一问题上的价值有限。它无法回答的问题是：动物究竟是只能觉知到那个"能看到的自己"，还是也能觉知到那些"看不到的自我的相关特征"。

"模仿"提供了另一种探究动物自我意识的途径。它的基本假设是：如果我们能够模仿他人的行为，就能够区分自己的行为和他人的行为。模仿能力在儿童发展研究中被当作自我识别的证据。尽管研究者对模仿能力进行了广泛探究，但很少有证据表明其他动物

马塞洛于2008年回顾了过去30年的研究，并总结道：

几个不同的实验范式得出了确凿的证据，这些证据表明，黑猩猩能够理解他人的目标和意图，以及他人的感知和知识。然而，尽管有一些看似有效的实验尝试，但目前没有确凿的证据表明黑猩猩能理解"错误信念"。因此，我们目前的结论是，黑猩猩从"感知—目标"心理学的角度来理解他人，而不是从完全成熟的、像人类那样的"信念—欲望"心理学的角度加以理解。

这一情况在2016年发生了变化。来自托马塞洛实验室（Tomasello's lab）的克里斯托弗·克鲁佩耶（Christopher Krupenye）及其同事修改了原本用于2岁儿童的莎莉—安妮错误信念任务（见图13.12；Krupenye et al., 2016），探究当类人猿预期他人的动作时，眼睛会看向哪里（使用眼动追踪技术）。研究者对黑猩猩、倭黑猩猩和红毛猩猩进行了测试，结果发现，类人猿确实能够准确地预测持有错误信念的个体的目标导向性行为。当一个演员回来寻找某个在他离开时已被移走的物体时（演员对物体的位置有一个错误信念），类人猿会提前预期并注视演员最后一次看到这个物体的地方（即使类人猿知道该物体已经不在那里了）。这一结果表明，类人猿或许可以理解其他动物的行为是由信念指导的（即使这些信念是错误的）。

如果你看过牧羊犬实验，你一定会惊叹于狗使用人类交流线索的能力。研究者也注意到了这一点，早期的研究表明，狗具备某些方面的心理推测。这毫不奇怪，因为人类和狗一起进化，狗在与人类的社交互动中表现出色。例如，它们可以通过社会线索（如指示）找到隐藏的物体或食物，并且将之取回来给主人（在这类实验中，食物是无香味的）。

在执行上述任务的过程中，狗需要先推断出"主人希望它去查找所指示的目标"，然后还需要推断出为什么它需要这样做：主人想要我为她取回这个目标？还是她只是要告诉我目标的位置？托马塞洛认为，这种能力包括理解"要做什么"和"为什么要做"这两个水平的意图（Kirchhofer et al., 2012；Tomasello, 2008）。黑猩猩似乎无法做到这一点。它们可以按照指令行事，但它们不知道为什么要这么做。

然而，当涉及非社会领域时，狗就不够灵活了。

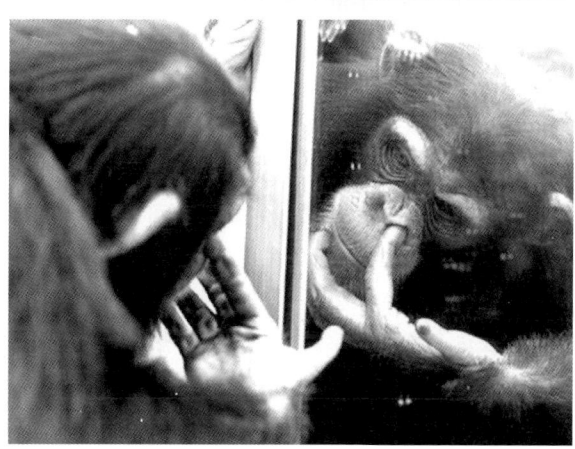

图14.25　黑猩猩具有自我意识的证据

当黑猩猩刚看到镜子中的自己时，它们的反应就像面对另一只动物一样。然而，在5～30分钟后，黑猩猩会开始自我探索行为，这表明它们知道它们看到的就是自己。

会模仿。基于灵长类动物的大多数研究都只能说明灵长类动物具有复制某行为结果的能力，而不是模仿行为本身（Tennie et al., 2006, 2010）。

还有另一条探索意识体验内容的途径。1978年，戴维·普雷马克和盖伊·伍德拉夫提出了一个问题：黑猩猩有心理推测吗？来自马克斯·普朗克进化人类学研究所的何塞普·考尔（Josep Call）和迈克尔·托

例如，呈现两条绳子，一条系在食物上，另一条没有系在食物上，狗就不知道应该抓住哪条才能获得食物了。但黑猩猩可以。事实上，狗根本不明白什么是绳子，它们不知道如何解开缠在树上拴着自己的绳子。狗、黑猩猩、乌鸦以及人类的不同认知能力（有些是共通的，有些是不同的）表明：不同物种拥有特定的、各不相同的模块，这些模块在不同的环境压力下进化而来，并对我们的意识体验内容有着不同的贡献。

关键信息

- 研究人员通过研究动物行为（例如，使用工具）和实施镜中自我识别测试来寻找动物是否具有意识的证据。
- 最近有证据表明，黑猩猩能够理解他人的行为是由信念指导的。
- 不同物种的动物有不同的意识体验内容，这取决于它们所具备的神经加工过程，而这些神经加工过程是进化的产物。

14.9 主观感受

我们之前已经提到，**主观感受**包括主观感受性、现象觉知、原始感觉、对某个经历的第一人称看法，即"成为某物"或"去做某事"是什么感觉。构成神经元的客观物质与构成岩石、碳、氧、钙等的客观物质相同，那么这些物质是如何产生主观体验的呢？这是意识领域的难题。无论意识产生的机制是大脑局部模块还是中枢大脑环路，我们都需要解释客观物质与主观体验之间的鸿沟究竟是什么。要做到这一点，我们需要看一看 20 世纪早期的物理学家发现了什么。这些发现最终促成了伟大的物理学家尼尔斯·玻尔（Niels Bohr）提出互补原理（principle of complementarity）——这使得物理学家与决定论的世界观渐行渐远。

难以捉摸、不可预知的量子世界

你在学校上的物理课可能并没有把你带进一场存在主义危机，但在 17 世纪的英国，这场危机确实发生了。当时，艾萨克·牛顿（Isaac Newton）把伽利略运动定律用代数方程表达出来，发现了伽利略没有发现的要点：这些方程还能反映约翰内斯·开普勒（Johannes Kepler）所描述的行星运动。由此，牛顿推测，宇宙中所有的物理物质（从椅子到月亮）都是按照一套固定的、已知的规律运作的。

如果宇宙及宇宙中的一切事物都遵循一套确定的规律，我们就能得出推论：一切都是确定的，包括人的行为（事实上，这就包括了个体的所有人生历程，甚至是人类整体的命运）。**决定论**是一种哲学信仰，它认为，所有当前和未来的事件和动作（包括人类的认知、决策和行为）都是由发生在那之前的事件结合自然规律决定的。由此得出的推论是：如果所有参数均已知，原则上，每个事件和动作都可以提前预测。此外，牛顿定律也可以反过来使用（这意味着时间是没有方向的）——某个事物过去的一切都可以通过观察该事物的当前状态而获知。

决定论者相信宇宙及宇宙中的一切事物都完全受因果律的支配，是可预测的。你无法控制自己的行为，所有的一切都在"宇宙大爆炸"时就注定了。在大约 200 年的时间里，科学家们普遍接受这种观点。然而，在 1698 年，随着第一台实用蒸汽机的发明，质疑的声音开始出现。蒸汽机的效率实在太低了，很多损失的能量都不知所踪。而这在牛顿的决定论世界里是很不合理的。因为在这个世界里，能量不可能凭空消失。这就是当时的物理学家所面临的棘手问题。

这个问题直接创造了一个新的物理学领域——热力学（涉及热、能和功）。到了 1850 年，热力学的前两个基本定律已经阐明。第一定律，也称为能量守恒定律（这会让牛顿满意）：某个独立系统所具有的能量是常数。第二定律（这正是牛顿定律的问题所在）：当一个热物体和一个冷物体接触时，热量会从热物体（使之变冷）流向冷物体（使之变热），直到达到平衡（图 14.26a）。如果二者分离，它们也不会回到原来的温度。这个过程是不可逆的（已经融化的冰块不会再自动结冰）。

另一个问题是，"热量"不会从冷的物体流向热的物体（使冷的物体更冷，热的物体更热），即使这是符合能量守恒定律的（图 14.26b）。热力学第二定律提出了一个新变量，熵（系统的无序状态），以此来解释这些现象。第二定律认为，热量不会自动从冷的物体流向热的物体，在独立的系统中，熵会随着时间的推移而增加。

a b

图 14.26　热力学第二定律

（a）一杯热咖啡会使一堆冰块融化，直到二者达到热力学平衡。（b）"热量"永远不会从冰块流向热的杯子。独立系统的熵总是在增加。

为了解释热力学定律，物理学家必须借鉴一些化学家的知识：原子理论——物质是由被称为原子的微小粒子组成的。物理学家路德维希·玻尔兹曼（Ludwig Boltzmann）进一步认识到，气体中的粒子（可能是原子或分子）不断地移动、碰撞、反弹，其结果就是随机混沌运动。

玻尔兹曼的伟大见解为：熵（一个系统的无序性）是所有分子运动的总体结果。他意识到热力学第二定律只在统计意义上有效，而在可预测的决定论意义上无效。例如，无论多小的冰块融化而成的水，都是由数百万个粒子彼此自由运动组成的。对于融化的水而言，在没有其他能量（例如，冰箱）添加到这个系统中的情况下，组成水的粒子在自由随机运动的过程中重新返回到之前是冰块时的结构（重新结冰）的可能性极其微小。事实上，这种情况从未发生过，它只是在统计学意义上可能发生而已。

玻尔兹曼的理论动摇了决定论的基础，但有不少物理学家多年来致力于推翻这个理论。马克斯·普朗克（Max Planck）就是其中之一。他试图预测一个不透明的、不反射的物体的热电磁辐射，这就是"黑体辐射"问题，这个问题已经困扰了物理学家很多年。在多次尝试运用牛顿定律进行预测而失败之后，普朗克转而采用能量的统计概念以及"能量以离散的包裹形式存在"的观点。通过调整方程式，他就能够准确地预测黑体辐射。普朗克当时没有意识到，他抽出了决定论世界的最后一块基石。他无意中跌入了量子世界，在那里，微观物体的行为与宏观物体不同，它们不遵守牛顿定律。

量子理论的发展不仅解释了黑体辐射，还解释了金属表面的电子对光的反应（一种称为光电效应的现象），以及为什么当电子失去能量时会停留在轨道上而不会撞到原子核。这些观测结果都不能用牛顿定律或詹姆斯·克拉克·麦克斯韦（James Clerk Maxwell）的经典电磁学来解释。

当物理学家认识到原子并不遵循牛顿所谓的普遍运动定律时，他们阵脚大乱。如果原子这一构成物体的基本单位都不遵循物体本身所遵循的牛顿定律，那么牛顿定律怎么可能成为基本的宇宙定律呢？正如加州理工学院的物理学家理查德·费曼（Richard Feynman, 1998）曾经指出的那样，这些例外证明了这一定律是……错误的。牛顿定律一定不是万能的。物理学家最初的梦想——只需要一个单一的理论就可以解释宇宙中的万事万物——被撕得粉碎。物理学家发现，自己已经从我们所生存的宏观层（物理世界的应用层，在这一层中，协议是牛顿定律）中跳脱出来，进入了隐藏在视野之外的微观层——非直觉的、统计性的、不确定的量子世界，在这一层有着不同的协议。

另一位不愿意抛弃决定论世界观的物理学家阿尔伯特·爱因斯坦（Albert Einstein）即将揭开量子世界的诸多奥秘。光的"波粒二象性"就是他的发现之一。在1905年解释光电效应时，爱因斯坦把光描述成一个粒子，我们现在称之为光子。同年，爱因斯坦在写狭义相对论时，把光当作连续性的波。光具有双重性质，爱因斯坦会依据他所研究的问题调用其中一个性质。问题是，无论是经典的"粒子"概念还是"波"的概念，都不能完全描述物体在量子尺度下任何时间点的行为。

另一个试图维护因果关系决定论世界观的物理学家是埃尔温·薛定谔（Erwin Schrödinger）。他著名的薛定谔方程在数学上描述了量子力学波如何随时间变化。这个方程是可逆的、确定的。但它忽略了电子的粒子性质，并且不能在给定的时刻确定电子的确切位置。即使是最佳估测也只是一种可能性而已。

为了知晓特定时刻电子的确切位置，必须进行测量，由此衍生出了所谓"测量问题"。首先，测量是主观的，而不是客观的。何时、何地、测量何物，都是由测量人员决定的。而且测量是不可逆的：一旦测量成功，系统的量子态就会坍缩，即系统所有的可能状态都会坍缩到一个状态，所有其他可能的状态都会消失。也就是说，测量行为本身影响了系统的状态。此外，电子的配对性质（动量和位置）不可能同时知晓——测量其中一个就会影响另一个的值。

互补原理

尼尔斯·玻尔在思考电子和光子的行为后意识到，所有的量子系统都具有双重性质：波属性和粒子属性——都是它固有的基本性质。也就是说，所有的物质都会同时以两种不同的状态存在。只有某个时刻的"测量"会迫使系统显示其中一个状态。玻尔的这些思考促使他提出了互补原理。该原理认为，在一个同时具有两种描述模式的互补系统中，其中一种描述模式不能简化为另一种。该系统的两种模式同时运行，不可或缺。

玻尔认为，无论我们将光作为粒子还是波，它都不是光的固有性质，这取决于我们如何测量和观察它；实际上，光和测量仪器是整个系统的一部分。理论生物学家罗伯特·罗森（Robert Rosen，1996）写到，玻尔改变了"客观性"这一概念本身——从"物质系统的固有属性"，到"一对系统—观察者的固有属性"。我们可以考虑这样一个问题：一棵森林里的树倒了，如果周围没有人，树倒了是否有声音？无论周围是否有人，树倒了都会产生声波，而鼓膜是记录声波的"测量装置"；声波和鼓膜是一对"系统—观察者"。

爱因斯坦非常不喜欢双重描述和预测的理论，就像他不喜欢概率一样。但玻尔能用量子理论来反驳爱因斯坦的所有反对意见（图 14.27）。要想完全解释一个系统，就必须接受双重描述——这拓宽了物理学的边界和物理学家的想象力。费曼（Feynman，1998）开玩笑说："我想我可以肯定地说，没有人理解量子力学。"

在构思互补原理时，玻尔接受了"主观测量和客观因果律都是解释现象的基础"这一观点。不过，他强调系统本身是统一的，而不是二元的。这是同一个硬币的两面。玻尔在第一次提出这些观点时做了一个比喻——量子世界中"主体"和"客体"的区别类似于"主观心智"和"客观大脑"的区别。

由于心智和大脑之间的联系仍然是一个无法可解的谜，我们现在只能尝试进行一些猜测。在本书里，我们将提出一种新的观点。这种观点在生物符号学（研究生物系统中符号和代码的产生与解释）领域之外并不为人知。该观点建立在霍华德·帕蒂的工作基础

图 14.27 爱因斯坦与玻尔

此照片拍摄于 1930 年比利时布鲁塞尔的索尔维会议。3 年前也是在这里，爱因斯坦第一次听到玻尔提出的互补原理。

上。帕蒂认为，玻尔对主观心智和客观大脑的论述不仅仅是一个比喻，他认为互补（两种描述模式）是认知的必然和生命的先决条件。

帕蒂（Pattee，1972）认为，如果构成生物体和非生物体的化学物质完全相同，那么二者之间的区别在于——生物体可以随着时间的推移而复制和进化。帕蒂在约翰·冯·诺依曼（John von Neumann）的工作基础上继续探索。在发现 DNA 之前，普林斯顿伟大的数学天才约翰·冯·诺依曼就做出了如下描述：一个能自我复制并进化的系统需要具备两个条件——以符号形式（信息）来读取和写入遗传记录，以一个独立的加工过程来构建这些信息所指定的内容（von Neumann & Burks，1966）。此外，要进行自我复制，就必须指定"自我"的边界。因此，要想产生另一个"自我"，就需要对负责描述、翻译和构造"自我"的部分进行描述、翻译和构造。例如，DNA 有遗传信息，这些信息用一组符号编码来制造蛋白质；而蛋白质又可以分裂 DNA 分子，进而开始复制过程。

这个自我参照循环就是帕蒂所说的符号闭环

（semiotic closure），符号闭环必须存在于所有能够自我复制的细胞中。帕蒂指出，记录——无论是遗传的还是其他类型的——都是不可逆的测量，而且从本质上讲，这些记录都是主观的。而构建过程则不是这样。"无论是在经典物理中还是量子物理中，物理学家一致认为，测量和观察都需要明确区分'客观事件'和'事件的主观记录'"（Pattee & Raczaszek-Leonardi，2012，p.vii）。

任何生物体都有一个互补的系统，它同时具有两种描述模式：主观信息（基因型，以 DNA 的形式存在）和依据信息构建的客观结构（表型），其中一种描述模式不能简化为另一种。由于这一过程涉及自我参照循环，"用符号编码记录的主观信息"与"客观物理结构"之间的鸿沟得以弥合。

帕蒂并不认为在这样的系统里有什么幽灵存在的必要。"记录"和"构建者"都是由物理结构组成的。多年以前，当冯·诺依曼意识到自我复制需要什么时，他写到，他并没有回答"最有趣的、最激动人心的、最重要的问题，即为什么自然界中的分子或聚合体会形成各式各样的形态？为什么它们在某些情况下形成大分子，但在另一些情况下形成大聚合体？"（von Neumann & Burks，1966，p. 77）。

帕蒂猜测，正是由于分子的大小，才弥合了量子世界和经典世界的鸿沟："酶足够小，所以它可以利用量子相干性（同步在一起的亚原子粒子）获取生命必需的强大催化能力；同时，酶也足够大，所以它可以具备高度的特异性和灵活性，以产生有效的去相干物质（不具有量子性质的粒子），这些物质可作为经典结构发挥作用"（Pattee & Raczaszek-Leopardi，2012，p.13）。

帕蒂提出了一个比较难以理解的观点：非物质的心智与物质的大脑、主观与客观以及测量者与被测量者之间的鸿沟，早在大脑出现之前就已经存在了。在生命起源之初，与自我复制同时开始的，还有一个类似于量子测量的过程（为了创造遗传记录），这个过程导致了上述鸿沟的产生。主体与客体之间的鸿沟在第一个活细胞诞生时就已经存在：两种互补的描述模式是生命本身所固有的，并在进化的过程中得以保存。这两种互补的描述模式在漫长的生命进程中一直是区分"主观体验"与"事件本身"的必要条件。

这是一种普遍的、不可简化的互补性。任何一种描述模式都不能推导出或简化为另一种。根据同样的逻辑，测量装置的详尽客观模型无法推导出主体的测量结果，因此，物质大脑的详尽客观模型无法推导出主体的想法。（Pattee & Raczaszek Leopardi，2012，p. 18）

这意味着，主观意识体验与我们的物理大脑的客观神经元放电之间的鸿沟或许可以通过一组相似的过程来弥合——这些过程可能发生在细胞内部。虽然鲜为人知，但这确实是一个令人兴奋的观点。

动物的主观感受

与帕蒂一样，亚克·潘克塞普（在第 10 章中，我们已经看到了他对动物情绪的研究）也认为，我们在过高的进化树层次上探讨神经系统产生主观情感体验的方式。潘克塞普同意史蒂文·平克的观点——我们不可能否认动物有主观体验。他把这个古怪想法由来的责任推到了笛卡尔身上，他认为，当笛卡尔问"'我'所了解的'我'是什么？"时，如果他只是回答"我感觉，所以我存在"（而非"我思故我在"），将认知从主观体验的方程式中剔除，我们可能就不会被他的假设所干扰（或吸引）（Panksepp & Biven，2012）。

潘克塞普认为，当进化上古老的情绪系统与"身体地图"联系起来时，就产生了主观体验（这只需要将机体内外的感觉粘连到大脑中相关的神经元上）。这种有关主体状态的信息以及基于神经元放电而构建的空间中主体的神经模拟结构，都是主观体验所必需的。再一次，这里涉及"信息"和"结构"——二者具有互补性，就像帕蒂所认为的 DNA 和生命本身的复制所必需的互补性一样。

澳大利亚麦考瑞大学的生物学家安德鲁·巴伦（Andrew Barron）和神经科学哲学家科林·克莱因（Colin Klein）在对昆虫的研究中指出，现象学意义上的觉知有着漫长的进化史。从蜜蜂和蟋蟀到蝴蝶和果蝇，巴伦和克莱因在昆虫的大脑中发现了一种结构。当昆虫在环境中移动时，这种结构会产生一种与昆虫当前的状态和位置有关的统一的空间模型，其作用就像脊椎动物的中脑一样。研究者认为，动物在表征外部世界时以自我为中心，且能够觉知自己身体在空间中的位置（使它们能够避开你用苍蝇拍进行的攻击）。这些都足以证明主观体验的存在。在 5.5 亿年前，这种主观体验可能就已经以某种形式出现在脊椎动物和无脊椎动物的共同祖先身上了（见**专栏 14.2**）。

专栏 14.2　科学热点
虫子的大脑

遗传学家和进化生物学家特奥多修斯·杜布赞斯基（Theodosius Dobzhansky）曾评论说："生物学中没有任何东西是有意义的，除非从进化的角度看。"亚利桑那大学研究节肢动物的神经生物学家尼古拉斯·施特劳斯费尔德（Nicholas Strausfeld）对此深以为然："世界各地脑实验室的研究者都应该对这句话有所共鸣，可惜事实并非如此。"

目前的研究表明，节肢动物（昆虫是其中的一个分支）的大脑比我们原先想象的复杂得多。施特劳斯费尔德与伦敦国王学院的神经生物学家弗兰克·伊尔特（Frank Hirth）综述了节肢动物中央复合体（在动作选择和多关节运动控制中起关键作用的区域）的解剖、发育、行为和遗传特征，并将它与脊椎动物的基底神经节进行比较（Strausfeld & Hirth，2013；图 14.28）。两位研究者发现，节肢动物的中央复合体与脊椎动物的基底神经节环路（负责动作选择和维持）有许多相似之处——二者是高度同源的。

例如，昆虫中央复合体的发育错误可导致类似帕金森病的缺陷，如运动失调、易绊倒和踌躇。在中央复合体和基底神经节中，抑制性（γ-氨基丁酸能）和调节性（多巴胺能）环路都有助于调节适应性行为。事实上，研究者发现，这些环路并不像多数人之前所想的那样是趋同进化的，相反，这些环路有共同的祖先，并且是从进化保守的遗传程序中衍生出来的。也就是说，脊椎动物与节肢动物共同的祖先很早就能四处游荡，加工与自身位置和感觉有关的信息，以指导行动。将进化的时间框架推至更早，研究者认为，我们与节肢动物共同的祖先已经具备足以产生现象体验的大脑装置了。

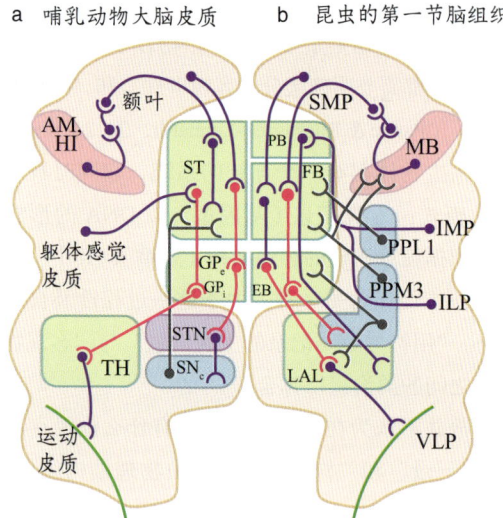

图 14.28　哺乳动物基底神经节与昆虫中央复合体神经组织的对应关系

哺乳动物纹状体（ST）对应昆虫的扇形体（fan-shaped body，FB）以及前脑桥（protocerebral bridge，PB）；同样，哺乳动物的苍白球内段（GP_i）和苍白球外段（GP_e）对应昆虫的椭圆体（ellipsoid body，EB）。（a）在哺乳动物中，纹状体的输入来源于感觉皮质和联合皮质（图中用米黄色表示）、海马（HI）和杏仁核（AM）；还来源于与额叶皮质连接的边缘系统（图中未显示）。（b）在昆虫的大脑中，扇形体和前脑桥的输入来源于感觉中侧第一节脑组织（intermediate protocerebra，IMP）和下外侧第一节脑组织（inferolateral protocerebra，ILP）以及联合上内侧原小脑（superior medial protocerebrum，SMP），它们接收来自蘑菇体（mushroom bodies，MB）的习得性视觉信号和输出，对应于哺乳动物的海马。侧副叶（lateral accessory lobes，LAL）相当于脊椎动物与苍白球连接的丘脑（TH）。丘脑和侧副叶为运动中枢供应信息［哺乳动物的运动中枢是运动皮质，昆虫的运动中枢则是下外侧第一节脑组织和腹外侧第一节脑组织（ventrolateral protocerebra，VLP）］。抑制路径在图中用红色表示，多巴胺路径用灰色表示，兴奋或调节路径用蓝色表示，下行运动路径用绿色表示。PPL1 和 PPM3 是含多巴胺的神经元。SN_c＝黑质致密部，STN＝丘脑下核。

没有大脑皮质的主观感受

或许最严重的意识体验受限病症是无脑畸形——这类儿童在出生时就没有大脑皮质。这种病症可能源于遗传或发育障碍,也可能源于产前血管性、毒性或感染性创伤。一种相关的病症是脑发育不全性脑积水,患病儿童的大脑皮质非常少(图14.29),这通常源于胎儿时期的创伤或疾病。

医学和其他科学界忽略了对这类儿童主观体验的研究,因为人们一般都认为,大脑皮质对于主观体验而言是必不可少的。许多患病儿童被诊断为持续性无反应性清醒综合征——没有任何意识,没有任何情绪或痛觉。然而,令医护人员感到震惊的是,有些儿童的父母会要求给孩子服用止痛药,因为孩子在侵入式手术中会大哭。神经病学家比约恩·默克(Björn Merker)花费了大量精力探究皮质下结构,对皮质下加工过程有所了解。他不相信当前学界对这类儿童的无反应性清醒综合征诊断,并且对当前基于"患病儿童没有意识"的假设而进行的医学治疗感到不满。

在当前的科学文献中,对脑发育不全性脑积水儿童行为的研究十分有限,默克的研究起到了很好的补充作用。默克在迪士尼乐园约见了五个家庭,他们的孩子(10个月—5岁)患有脑发育不全性脑积水。默克花了1周时间随访观察这些孩子。他发现:

> (这些孩子)不仅清醒,而且常常处于警觉状态,他们会对外界刺激产生情绪或定向反应……他们通过大笑来表达快乐,通过"大惊小怪"、拱起背部哭泣来表达厌恶。他们的面部活动非常丰富,以此来表达情绪状态。熟悉孩子的成年人(例如,家人)可以通过孩子的"笑"反应来预测孩子的状态,从咯咯笑、大笑到极度兴奋,这些都体现了孩子当前的不同体验。他们对熟悉的声音和提议有不同的反应,表现出对某些情景和刺激的偏好(比如一个特定的熟悉的玩具、音调或视频节目),甚至能对日常生活中反复出现的习惯性活动产生预期。(Merker,2007,p.79)

通过观察这些孩子并与他们互动,默克得出结论:即使没有大脑皮质(或大脑皮质相关的认知过程),他们也能感觉到情绪,拥有主观体验,是有意识的(图14.30)。即使主观体验的内容受到了严重限制,他们仍然具有原始的情绪感受和对环境的感知,这使他们能够对外界刺激产生相应的情绪反应。

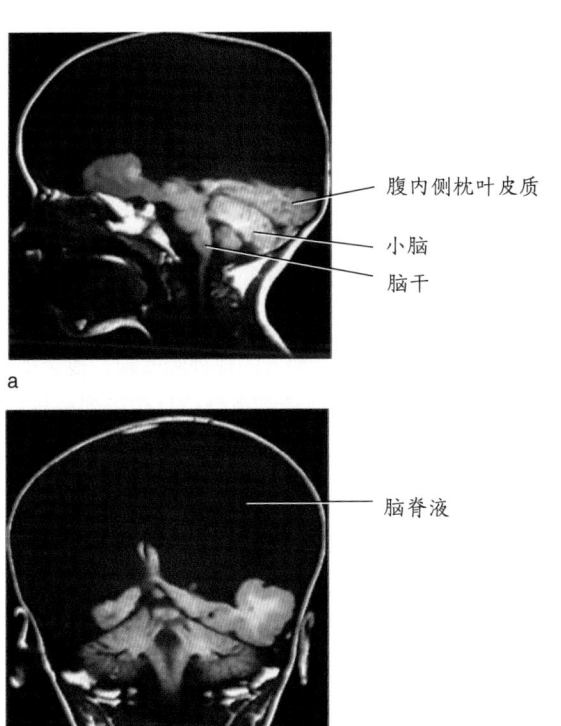

图 14.29 脑发育不全性脑积水儿童的磁共振成像扫描
正如矢状面(a)和正面(b)视图所示,患病儿童只残留了一些腹内侧枕叶和中线皮质物质。小脑和脑干完好。颅腔其余部分充满脑脊液。

图 14.30 一个脑发育不全性脑积水儿童对社会情境的反应
这个3岁的小女孩患有脑发育不全性脑积水,她的父母聚精会神地面对着她并把她的弟弟放到她怀里,让她在拍照的时候帮忙扶着弟弟。

许多人认为,这些孩子并不是通过皮质下结构来感知世界的,而是通过残留的大脑皮质来感知世界的。不过,这一观点受到了驳斥——不同的脑发育不全性脑积水儿童所残留的大脑皮质结构有很大的差异,但他们的行为相当一致。此外，他们的行为与他们所保有的皮质组织并不匹配。例如，即使儿童没有听皮质，他们大都仍然保有听力（正如我们在第 5 章所学）；而某些儿童即使保有正常的视皮质，他们的视力仍然是受损的。

对脑发育不全性脑积水儿童的研究表明，只需皮质下结构就足以将原始神经输入转化为某种类似于核心情感的体验。默克最终得出与潘克塞普一致的结论：意识不需要大脑皮质加工过程。毫无疑问，大脑皮质的加工过程细化并增强了主观体验的内容，但如果仅仅需要具备主观体验，大脑皮质环路就并不是必需的。

神经科学家安东尼奥·达马西奥最初也认为，大脑皮质加工是产生情感体验的必要条件。但多年之后，他的观点发生了改变。现在，他和神经解剖学家汉娜·达马西奥（Hanna Damasio）总结道："就我们所知，没有任何证据支持'人类情感体验的产生只局限于大脑皮质'这一观点。相反，解剖学和生理学的证据表明，皮质下结构，甚至外周神经系统和肠道神经系统，似乎都对感觉体验的产生做出了重要贡献"（A. R. Damasio & Damasio, 2016, p.3）。了解了皮质下加工对意识的贡献，就更容易理解我们在生活中的情绪体验为什么会如此持久且难以摆脱了。

我们在第 10 章中提到，皮质下大脑区域在进化的过程中出现得很早，并且在所有已知的哺乳动物中，该区域在解剖学、神经化学和功能上都是同源的（Panksepp, 2005）。如果我们把大脑看作一个分层系统，更原始的意识形式可能就是由原始的情感体验和这些情感体验所产生的动机组成的，它们不受大脑皮质加工的约束。随着大脑在进化的过程中变得更加复杂，才增加了其他控制的内容和层次。分层大脑符合这种描述。这一观点提示我们，尽管各个物种意识体验的内容不尽相同，但所有动物都具有主观感受。

关键信息

- 在我们所生存的宏观世界中，物质以一套固定的、可知的规律运行。而在微观世界中，微观物体的行为与宏观物体不同，它们遵循量子力学定律，而不是牛顿经典力学定律。
- 爱因斯坦认为，电子和光子既是波，又是粒子。玻尔提出互补原理，认为量子物体具有两种互补的性质，二者不能同时测量和获知。一个单一的系统有两种描述模式，一种模式不能简化为另一种。
- 当我们从互补性的角度看待心智—大脑问题时，会发现如果我们只研究神经元的放电活动，就无法理解它与现象体验之间的鸿沟。
- 霍德华·帕蒂认为，互补性及其两种描述模式是所有可复制和进化的物体的先决条件；也就是说，理解互补性是我们理解生命的必要条件。
- 一些研究证据表明，尽管大脑皮质提供了意识体验的内容，它却不是主观感受的必要条件。

14.10 从裂脑研究窥探意识体验的奥秘

令人惊讶的是，裂脑病人本人对自己的"特殊状态"毫无觉察。尽管他们已经失去了在大脑半球之间传递信息的能力，但这种损失对他们的整体心理状态并没有影响。作为读者的你可能仍然不觉得这有多奇怪，那么请想象一下，如果你从手术中醒来，只能看到右半侧的空间，护士在问你感觉如何，但你只能看到护士的右半张脸。以上这些是"语言脑"——左半球——的体验，但病人对此并没有任何怨言。这是为什么呢？

以视觉为例，如果某人的视神经受损，他会抱怨自己的视力下降。视神经将视野信息传送到视皮质。如果一根视神经受损，那么受损的那部分神经就不能将信息传送到视皮质。视皮质的每一部分都对应着视觉世界的一个特定部分（见第 5 章）。如果视皮质的某个部分没有接收到输入，就会发送一个报告问题的信号，个体会有意识地体验到这个问题信号，抱怨视野中的盲点。

相反，如果某人的视皮质受损，结果就大不相同了。病人的视野中仍然会有一个盲点，但病人并没有怨言。这是为什么呢？这是因为，当视皮质本身受损时，它就会停止运作。它不会发出一个"未获取信息"的信号；事实上，它根本不会发出任何信号。由于受损部分的视皮质只负责表征空间中某一特定部分的视觉信息，视皮质的任何其他部分都不会发出信息缺失的信号。受损视皮质对应的部分空间不再是病人意识体验的一部分。在这种情况下，病人不会抱怨他们视野中的盲点，因为他们不知道自己有视野盲点——没有神经细胞发出这样的信号。

同样地，在经历胼胝体切开术之后，虽然病人失去了描述左侧视野的能力，但他们不会为此感到困扰。这并不是因为医生在手术前曾经警告过他们会发生这样的情况——他们甚至对此情况的发生没有任何评论。由于左右半球的联系被切断，右半球视皮质的信息无法到达负责言语交流的左半球。如果左半球没有任何与左视野相关的信息，那么左视野在左半球就不再存在。左半球不仅错过了右半球的所有信息，左半球也表现得就好像右半球从未存在过一样。同时，整个左视野的意识体验只能被无法进行交流的右半球感知到。

这些发现表明，失去很大一部分的大脑皮质并不会扰乱意识，这对于理解大脑在意识体验中的作用具有重要意义。这些证据反驳了"存在一个单一的意识环路"的观点；相反，这些证据表明：在皮质下加工过程的支持下，大脑皮质的任何部分都能产生意识。而且，正如默克、潘克塞普和达马西奥所提示的那样，仅仅是皮质下加工就足以产生意识体验（尽管这种意识体验的内容十分有限）。

一个假设：许多泡泡，而非一个网络

这里提出的观点是，意识可能是成百上千个专门系统（模块）的产物（Gazzaniga，2011，2018）。其中，每个专门的神经环路都能加工和表征特定的意识体验。例如，背部瘙痒感、对周五晚上约会的记忆或下午的计划等，这些意识体验都对应特定的神经环路，这些神经环路都在为进入你的意识层面而"斗争"。从某个时刻到另一个时刻，不同的模块赢得竞争，而这个模块加工的意识体验就会进入你的意识，就像从水底冒到水面的泡泡似的。

这种动态的、可能时刻浮现的系统构成了你的意识。不过，何时浮现什么意识体验并不是完全混乱的。控制层通过增强某些信号、抑制其他信号的方式管理大量彼此独立的刺激及其相关行为结果。你最终会获得一种统一的体验，在这种体验中，你的意识从一个想法平滑地流向下一个想法，这些想法通过时间连接在一起，形成一个单一的、统一的叙事，就像一部电影的每一帧平滑地结合在一起，讲述一个完整的故事一样。解释器就是在精心讲述这个叙事。这种专门的神经系统能够不断地解释并合理化你的行为、情绪和思维。

值得注意的是，这种意识的观点完全依赖这种特异化模块的存在。如果某个特定模块受损或失去输入，它就会警告整个系统某个地方出了问题。在这种情况下，当视神经被切断，病人应该能立即注意到自己失明了。但是，如果模块本身被移除（比如上文提到的皮质失明），警告信号就不会被发送，之前由该系统加工的特定信息也无法被获取（可以这么说——眼不见，心不烦）。

概　　要

物理大脑如何产生主观意识体验仍然是一个大谜团。在本章中，我们探讨了意识的几个方面。我们了解到，意识需要一定程度的清醒状态，但处于清醒状态并不一定就有意识。睡眠和清醒的调节是由几种神经递质、神经肽和激素（由皮质下结构所释放）之间的复杂相互作用完成的。我们将"获取信息的能力"与"信息的内容"区分开。我们可以失去大脑中的所有功能（这导致我们失去"某种意识体验的内容"或失去"获取某种意识体验内容的能力"）但仍保有意识，因为我们仍然具备主观体验。我们甚至可以将大脑一分为二，创造出两个拥有不同意识体验的意识实体。

随着对神经加工过程越发了解，我们逐渐明白，我们的一切所思所为都是细胞和物质相互作用的结果，而它们均为物理规律及其相互作用的主体。这使得许多人支持决定论的观点，即我们只是在"顺应潮流"，并不能有意识地控制自己的行为。不过，"特定行为是由特定神经环路产生的"这一观点受到了挑战，因为伊芙·马德发现，许多不同的神经调节方式会产生相同的行为表现——这种现象被称为多重可实现性。

我们应当把大脑视为一个复杂系统，它是有多个层次的组织，从神经元到心理状态，再到大脑与其他大脑之间的相互作用。决定论者经常混淆这些组织的层次——认为支配神经元行为（较低层次）的规律与支配更高层次的规律相同。同时，量子世界中诞生了尼尔斯·玻尔的互补原理，即一个系统可能同时有两种描述模式，其中一种模式不能还原或简化为另一种模式。

我们详细介绍了霍华德·帕蒂的推测，即主观体验和大脑物理机制之间的鸿沟是生命本身所固有的。他认为，在生物学的起源上，第一个具有生命的物质是一个具有两种描述模式的系统，这两种模式分别是遗传记录（基因型）和这些记录所描述的客观物理结构（表型），这两种描述模式互不可简化。帕蒂认为，这种生命早期的鸿沟在进化过程中一直存在，并且同样存在于主观心智和物理大脑之间的鸿沟中。无论帕蒂的观点是否正确，未来的神经科学家都将面临严峻挑战，即填补这一鸿沟所涉及的物理机制。如果我们不尝试理解大脑组织的不同层次以及它们之间的相互作用，我们就可能永远无法理解意识。

关键术语

闭锁综合征（locked-in syndrome，LIS，p.599）
多重可实现性（multiple realizability，p.607）
二元论（dualism，p.596）
非快速眼动睡眠［non-rapid eye movement（NREM）sleep，p. 603］
复杂系统（complex system，p.604）
感受性（qualia，p.597）
架构（architecture，p.604）
镜中自我识别（mirror self-recognition，MSR，p.622）
决定论（determinism，p.624）

快速眼动睡眠［rapid eye movement（REM）sleep，p. 603］
量子理论（quantum theory，p.625）
盲视（blindsight，p.608）
视交叉上核（suprachiasmatic nucleus，SCN，p.602）
唯物论（materialism，p.596）
协议（protocol，p.605）
意识（consciousness，p.596）
阈下知觉（subliminal perception，p.612）
主观感受（sentience，p.624）

思考题

1. 心理状态会影响神经状态这一发现有什么意义？
2. 如何在以下这些伟大的哲学辩论中应用互补原理：随机与可预测、体验与观察、个体与群体、教养与天性、心智与大脑？
3. 理解大脑的结构能告诉我们大脑是如何运作的吗？请进行解释。
4. 患有盲视的个体有视觉意识缺陷，他们常常被作为探究意识的典型案例。这种方法有什么问题？基于受损大脑的无意识加工过程研究真的能告诉我们健康大脑的意识过程吗？请解释你的答案。

推荐阅读

Churchland, P. (1988). *Matter and consciousness*. Cambridge, MA: MIT Press.

Damasio, A. R. (2010). *Self comes to mind: Constructing the conscious brain*. New York: Pantheon.

Dennett, D. C. (1991). *Consciousness explained*. Boston: Little, Brown.

Feynman, R. (1964, November 18). *Probability and uncertainty: The quantum mechanical view of nature* [The character of physical law, No. 6]. Lecture, Cornell University, Ithaca, NY.

Gazzaniga, M. S. (2018). *The consciousness instinct: Unraveling the mystery of how the brain. Makes the mind*. New York: Farrar, Straus and Giroux.

Koch, C. (2004). *The quest for consciousness: A neurobiological approach*. Englewood, CO: Roberts.

Koch, C. (2012). *Consciousness: Confessions of a romantic reductionist*. Cambridge, MA: MIT Press.

Makari, G. (2015) *Soul machine: The invention of the modern mind*. New York: Norton.

Pattee, H. H., & Raczaszek-Leonardi, J. (2012). *Laws, language and life*. Dordrecht, Netherlands: Springer.

Premack, D., and Woodruff, G. (1978). Does the chimpanzee have a theory of mind? *Behavioral and Brain Sciences, 1*, 515–526.

参 考 文 献

ABOITIZ F., SCHEIBEL, A. B., FISHER, R. S., & ZAIDEL, E. (1992). Fiber composition of the human corpus callosum. *Brain Research*, *598*, 143–153.

ACKERMANN, H., & RIECKER, A. (2010). Cerebral control of motor aspects of speech production: Neurophysiological and functional imaging data. In B. Maassen & P. H. H. M. van Lieshout (Eds.), *Speech motor control: New developments in basic and applied research* (pp. 117–134). Oxford: Oxford University Press.

ADACHI, I., CHOU, D., & HAMPTON, R. (2009). Thatcher effect in monkeys demonstrates conservation of face perception across primates. *Current Biology*, *19*, 1270–1273.

ADDANTE, R. J., WATROUS, A. J., YONELINAS, A. P., EKSTROM, A. D., & RANGANATH, C. (2011). Prestimulus theta activity predicts correct source memory retrieval. *Proceedings of the National Academy of Sciences, USA*, *108*, 10702–10707.

ADOLPHS, R., GOSSELIN, F., BUCHANAN, T. W., TRANEL, D., SCHYNS, P., & DAMASIO, A. R. (2005). A mechanism for impaired fear recognition after amygdala damage. *Nature*, *433*, 68–72.

ADOLPHS, R., TRANEL, D., & DAMASIO, A. R. (1998). The human amygdala in social judgment. *Nature*, *393*, 470–474.

ADOLPHS, R. A., TRANEL, D., DAMASIO, H., & DAMASIO, A. R. (1994). Impaired recognition of emotion in facial expressions following bilateral amygdala damage to the human amygdala. *Nature*, *372*, 669–672.

ADOLPHS, R., TRANEL, D., DAMASIO, H., & DAMASIO, A. R. (1995). Fear and the human amygdala. *Journal of Neuroscience*, *75*, 5879–5891.

ADOLPHS, R., TRANEL, D., & DENBURG, N. (2000). Impaired emotional declarative memory following unilateral amygdala damage. *Learning & Memory*, *7*, 180–186.

ADOLPHS, R., TRANEL, D., HAMANN, S., YOUNG, A. W., CALDER, A. J., PHELPS, E. A., ET AL. (1999). Recognition of facial emotion in nine individuals with bilateral amygdala damage. *Neuropsychologia*, *37*, 1111–1117.

AFRAZ, S., KIANI, R., & ESTEKY, H. (2006). Microstimulation of inferotemporal cortex influences face categorization. *Nature*, *442*, 692–695.

AGGLETON, J. P., & BROWN, M. W. (1999). Episodic memory amnesia and the hippocampal-anterior thalamic axis. *Behavioral and Brain Sciences*, *22*, 425–444.

AGLIOTI, S. M., CESARI, P., ROMANI, M., & URGESI, C. (2008). Action anticipation and motor resonance in elite basketball players. *Nature Neuroscience*, *11*, 1109–1116.

AGUIRRE, G. K., & D'ESPOSITO, M. E. (1999). Topographical disorientation: A synthesis and taxonomy. *Brain*, *122*, 1613–1628.

AHN, Y. Y., JEONG, H., & KIM, B. J. (2006). Wiring cost in the organization of a biological neuronal network. *Physica A: Statistical Mechanics and Its Applications*, *367*, 531–537.

AIRAN, R. D., THOMPSON, K. R., FENNO, L. E., BERNSTEIN, H., & DEISSEROTH, K. (2009). Temporally precise *in vivo* control of intracellular signaling. *Nature*, *458*, 1025–1029.

AJIBOYE, A. B., WILLETT, F. R., YOUNG, D. R., MEMBERG, W. D., MURPHY, B. A., MILLER, J. P., ET AL. (2017). Restoration of reaching and grasping movements through brain-controlled muscle stimulation in a person with tetraplegia: A proof-of-concept demonstration. *Lancet*, *389*(10081), 1821–1830.

AKELAITIS, A. J. (1941). Studies on the corpus callosum: Higher visual functions in each homonymous visual field following complete section of corpus callosum. *Archives of Neurology and Psychiatry*, *45*, 788.

AKELAITIS, A. J. (1943). Studies on the corpus callosum. *Journal of Neuropathology & Experimental Neurology*, *2*(3), 226–262.

ALDERSON, D. L., & DOYLE, J. C. (2010). Contrasting views of complexity and their implications for network-centric infrastructures. *IEEE Transactions on Systems, Man, and Cybernetics. Part A: Systems and Humans*, *40*(4), 839–852.

ALLEN, G., BUXTON, R. B., WONG, E. C., & COURCHESNE, E. (1997). Attentional activation of the cerebellum independent of motor involvement. *Science*, *275*, 1940–1943.

ALLEN, M. (1983). Models of hemisphere specialization. *Psychological Bulletin*, *93*, 73–104.

ALQUIST, J. L., AINSWORTH, S. E., & BAUMEISTER, R. F. (2013). Determined to conform: Disbelief in free will increases conformity. *Journal of Experimental Social Psychology*, *49*(1), 80–86.

AMARAL, D. G. (2002). The primate amygdala and the neurobiology of social behavior: Implications for understanding social anxiety. *Biological Psychiatry*, *51*, 11–17.

AMEDI, A., FLOEL, A., KNECHT, S., ZOHARY, E., & COHEN, L. G. (2004). Transcranial magnetic stimulation of the occipital pole interferes with verbal processing in blind subjects. *Nature Neuroscience*, *7*, 1266–1270.

AMERICAN COLLEGE HEALTH ASSOCIATION. (2013). *American college health association—National college health assessment II survey: Undergraduate reference group executive summary spring 2013*. Hanover, MD: American College Health Association.

AMERICAN COLLEGE HEALTH ASSOCIATION. (2017). *American college health association—National college health assessment II survey: Undergraduate reference group executive summary fall 2016*. Hanover, MD: American College Health Association.

AMINOFF, E. M., FREEMAN, S., CLEWETT, D., TIPPER, C., FRITHSEN, A., JOHNSON, A., ET AL. (2015). Maintaining a cautious state of mind during a recognition test: A large-scale fMRI study. *Neuropsychologia*, *67*, 132–147.

AMSTERDAM, B. K. (1972). Mirror self-image reactions before age two. *Developmental Psychobiology, 5*, 297–305.

AMUNTS, K., LENZEN, M., FRIEDERICI, A.D., SCHLEICHER, A., MOROSAN, P., PALOMERO-GALLAGHER, N., ET AL. (2010). Broca's region: Novel organizational principles and multiple receptor mapping. *PLoS Biology, 8*, e1000489.

ANANTHASWAMY, A. (2015). *The man who wasn't there: Investigations into the strange new science of the self.* New York: Penguin.

ANDERSEN, R. A., & BUNEO, C. A. (2002). Intentional maps in posterior parietal cortex. *Annual Review of Neuroscience, 25*, 189–220. [Epub, March 27]

ANDERSON, A. K. (2005). Affective influences on the attentional dynamics supporting awareness. *Journal of Experimental Psychology. General, 134*(2), 258–281.

ANDERSON, A. K., CHRISTOFF, K., PANITZ, D., DE ROSA, E., & GABRIELI, J. D. (2003). Neural correlates of the automatic processing of threat facial signals. *Journal of Neuroscience, 23*(13), 5627–5633.

ANDERSON, A. K., & PHELPS, E. A. (1998). Intact recognition of vocal expressions of fear following bilateral lesions of the human amygdala. *Neuroreport, 9*, 3607–3613.

ANDERSON, A. K., & PHELPS, E. A. (2000). Expression without recognition: Contributions of the human amygdala to emotional communication. *Psychological Science, 11*, 106–111.

ANDERSON, A. K., & PHELPS, E. A. (2001). Lesions of the human amygdala impair enhanced perception of emotionally salient events. *Nature, 411*, 305–309.

ANDERSON, D. J., & ADOLPHS, R. (2014). A framework for studying emotions across species. *Cell, 157*(1), 187–200.

ANDERSON, S. W., BECHARA, A., DAMASIO, H., TRANEL, D., & DAMASIO, A. R. (1999). Impairment of social and moral behavior related to early damage in human prefrontal cortex. *Nature Neuroscience, 2*, 1032–1037.

ANDINO, S. L. G., & MENENDEZ, R. G. DE P. (2012). Coding of saliency by ensemble bursting in the amygdala of primates. *Frontiers in Behavioral Neuroscience, 6*(38), 1–16.

ANGRILLI, A., MARUI, A., PALOMBA, D., FLOR, H., BIRBAUMER, N., SARTORI, G., ET AL. (1996). Startle reflex and emotion modulation impairment after a right amygdala lesion. *Brain, 119*, 1991–2000.

ANGUERA, J. A., BOCCANFUSO, J., RINTOUL, J. L., AL-HASHIMI, O., FARAJI, F., JANOWICH, J., ET AL. (2013). Video game training enhances cognitive control in older adults. *Nature, 501*(7465), 97–101.

ANNETT, M. (2002). *Handedness and brain asymmetry: The right shift theory.* Hove, England: Psychology Press.

ARAVANIS, A. M., WANG, L. P., ZHANG, F., MELTZER, L. A., MOGRI, Z. M., SCHNEIDER, M. B., ET AL. (2007). An optical neural interface: In vivo control of rodent motor cortex with integrated fiberoptic and optogenetic technology. *Journal of Neural Engineering, 4*(3), S143–S156.

ARDEKANI, B. A., FIGARSKY, K., & SIDTIS, J. J. (2013). Sexual dimorphism in the human corpus callosum: An MRI study using the OASIS brain database. *Cerebral Cortex, 23*(10), 2514–2520.

AREVALO, M. A., AZCOITIA, I., & GARCIA-SEGURA, L. M. (2015). The neuroprotective actions of oestradiol and oestrogen receptors. *Nature Reviews Neuroscience, 16*(1), 17–29.

ARMSTRONG, K. M., SCHAFER, R. J., CHANG, M. H., & MOORE, T. (2012). Attention and action in the frontal eye field. In R. Mangun (Ed.), *The neuroscience of attention* (pp. 151–166). Oxford: Oxford University Press.

ARNSTEN, A. F. (2009). Stress signalling pathways that impair prefrontal cortex structure and function. *Nature Reviews Neuroscience, 10*(6), 410–422.

ARON, A., FISHER, H., MASHEK, D., STRONG, G., LI, H., & BROWN, L. L. (2005). Reward, motivation and emotion systems associated with early-stage intense romantic love. *Journal of Neurophysiology, 94*, 327–337.

ARON, A. R., BEHRENS, T. E., SMITH, S., FRANK, M. J., & POLDRACK, R. A. (2007). Triangulating a cognitive control network using diffusion-weighted magnetic resonance imaging (MRI) and functional MRI. *Journal of Neuroscience, 27*, 3743–3752.

ARON, A. R., & POLDRACK, R. A. (2006). Cortical and subcortical contributions to Stop signal response inhibition: Role of the subthalamic nucleus. *Journal of Neuroscience, 26*, 2424–2433.

ASTAFIEV, S. V., STANLEY, C. M., SHULMAN, G. L., & CORBETTA, M. (2004). Extrastriate body area in human occipital cortex responds to the performance of motor actions. *Nature Neuroscience, 7*(5), 542–548.

ATKINSON, R. C., & SHIFFRIN, R. M. (1968). Human memory: A proposed system and its control processes. In K. W. Spence & J. T. Spence (Eds.), *The psychology of learning and motivation* (Vol. 2, pp. 89–195). New York: Academic Press.

ATKINSON, R. C., & SHIFFRIN, R. M. (1971). The control of short-term memory. *Scientific American, 225*(2), 82–90.

ATLAS, L. Y., DOLL, B. B., LI, J., DAW, N. D., & PHELPS, E. A. (2016). Instructed knowledge shapes feedback-driven aversive learning in striatum and orbitofrontal cortex, but not the amygdala. *eLife, 5*, e15192.

AUGUSTINE, J. R. (1996). Circuitry and functional aspects of the insular lobe in primates including humans. *Brain Research Reviews, 22*, 229–244.

AVIDAN, G., TANZER, M., HADJ-BOUZIANE, F., LIU, N., UNGERLEIDER, L.G., & BEHRMANN, M. (2014). Selective dissociation between core and extended regions of the face processing network in congenital prosopagnosia. *Cerebral Cortex, 24*(6), 1565–1578.

AZEVEDO, F. A., CARVALHO, L. R., GRINBERG, L. T., FARFEL, J. M., FERRETTI, R. E., LEITE, R. E., ET AL. (2009). Equal numbers of neuronal and nonneuronal cells make the human brain an isometrically scaled-up primate brain. *Journal of Comparative Neurology, 513*(5), 532–541.

BAARENDSE, P. J., COUNOTTE, D. S., O'DONNELL, P., & VANDERSCHUREN, L. J. (2013). Early social experience is critical for the development of cognitive control and dopamine modulation of prefrontal cortex function. *Neuropsychopharmacology, 38*(8), 1485.

BAARS, B. J. (1988). *A cognitive theory of consciousness.* Cambridge: Cambridge University Press.

BAARS, B. J. (1997). *In the theater of consciousness.* New York: Oxford University Press.

BAARS, B. J. (2002). The conscious access hypothesis: Origins and recent evidence. *Trends in Cognitive Sciences*, *6*(1), 47–52.

BADDELEY, A., & HITCH, G. (1974). Working memory. In G. H. Bower (Ed.), *The psychology of learning and motivation* (Vol. 8, pp. 47–89). New York: Academic Press.

BADRE, D., & D'ESPOSITO, M. (2007). Functional magnetic resonance imaging evidence for a hierarchical organization of the prefrontal cortex. *Journal of Cognitive Neuroscience*, *19*(12), 2082–2099.

BADRE, D., HOFFMAN, J., COONEY, J. W., & D'ESPOSITO, M. (2009). Hierarchical cognitive control deficits following damage to the human frontal lobe. *Nature Neuroscience*, *12*(4), 515–522.

BAIRD, A. A., COLVIN, M. K., VANHORN, J. D., INATI, S., & GAZZANIGA, M.S. (2005). Functional connectivity: Integrating behavioral, diffusion tensor imaging, and functional magnetic resonance imaging data sets. *Journal of Cognitive Neuroscience*, *17*, 687–693.

BAKER, S. N., ZAAIMI, B., FISHER, K. M., EDGLEY, S. A., & SOTEROPOULOS, D. S. (2015). Pathways mediating functional recovery. *Progress in Brain Research*, *218*, 389–412.

BAKIN, J. S., SOUTH, D. A., & WEINBERGER, N. M. (1996). Induction of receptive field plasticity in the auditory cortex of the guinea pig during instrumental avoidance conditioning. *Behavioral Neuroscience*, *110*, 905–913.

BALDAUF, D., & DESIMONE, R. (2014). Neural mechanisms of objectbased attention. *Science*, *344*(6182), 424–427.

BALLEINE, B. W., & O'DOHERTY, J. P. (2010). Human and rodent homologies in action control: Corticostriatal determinants of goal-directed and habitual action. *Neuropsychopharmacology*, *35*(1), 48–69.

BANDYOPADHYAY, S., SHAMMA, S. A., & KANOLD, P. O. (2010). Dichotomy of functional organization in the mouse auditory cortex. *Nature Neuroscience*, *13*, 361–368.

BANISSY, M. J., WALSH, V., & WARD, J. (2009). Enhanced sensory perception in synaesthesia. *Experimental Brain Research*, *196*(4), 565–571.

BANNERMAN, D. M., BUS, T., TAYLOR, A., SANDERSON, D. J., SCHWARZ, I., JENSEN, V., ET AL. (2012). Dissecting spatial knowledge from spatial choice by hippocampal NMDA receptor deletion. *Nature Neuroscience*, *15*, 1153–1159.

BANNERMAN, D. M., GOOD, M. A., BUTCHER, S. P., RAMSAY, M., & MORRIS, R. G. M. (1995). Distinct components of spatial learning revealed by prior training and NMDA receptor blockade. *Nature*, *378*, 182–186.

BARBUR, J. L., WATSON, J. D. G., FRACKOWIAK, R. S. J., & ZEKI, S. (1993). Conscious visual perception without V1. *Brain*, *116*, 1293–1302.

BARCELÓ, F., SUWAZONO, S., & KNIGHT, R. T. (2000). Prefrontal modulation of visual processing in humans. *Nature Neuroscience*, *3*(4), 399–403.

BARCLAY, P. (2006). Reputational benefits for altruistic behavior. *Evolution and Human Behavior*, *27*, 325–344.

BARKER, J. E., SEMENOV, A. D., MICHAELSON, L., PROVAN, L. S., SNYDER, H. R., & MUNAKATA, Y. (2014). Less-structured time in children's daily lives predicts self-directed executive functioning. *Frontiers in Psychology*, *5*, 593.

BARNES, T. D., KUBOTA, Y., HU, D., JIN, D. Z., & GRAYBIEL, A. M. (2005). Activity of striatal neurons reflects dynamic encoding and recoding of procedural memories. *Nature*, *437*(7062), 1158–1161.

BARON-COHEN, S. (1995). *Mindblindness: An essay on autism and theory of mind*. Cambridge, MA: MIT Press.

BARON-COHEN, S., BURT, L., SMITH-LAITTAN, F., HARRISON, J., & BOLTON, P. (1996). Synaesthesia: Prevalence and familiality. *Perception*, *25*, 1073–1079.

BARON-COHEN, S., LESLIE, A. M., & FRITH, U. (1985). Does the autistic child have a "theory of mind"? *Cognition*, *21*, 37–46.

BARRASH, J., TRANEL, D., & ANDERSON, S. W. (2000). Acquired personality disturbances associated with bilateral damage to the ventromedial prefrontal region. *Developmental Neuropsychology*, *18*, 355–381.

BARRETT, A. M., CRUCIAN, G. P., RAYMER, A. M., & HEILMAN, K. M.(1999). Spared comprehension of emotional prosody in a patient with global aphasia. *Neuropsychiatry, Neuropsychology, and Behavioral Neurology*, *12*, 117–120.

BARRETT, L. F., QUIGLEY, K. S., BLISS-MOREAU, E., & ARONSON, K. R.(2004). Interoceptive sensitivity and self-reports of emotional experience. *Journal of Personality and Social Psychology*, *87*, 684–697.

BARRON, A. B., & KLEIN, C. (2016). What insects can tell us about the origins of consciousness. *Proceedings of the National Academy of Sciences, USA*, *113*(18), 4900–4908.

BARTHOLOMEUS, B. (1974). Effects of task requirements on ear superiority for sung speech. *Cortex*, *10*, 215–223.

BARTOSHUK, L. M., DUFFY, V. B., & MILLER, I. J. (1994). PTC/PROP tasting: Anatomy, psychophysics and sex effects. *Physiology and Behavior*, *56*, 1165–1171.

BARTSCH, T., & DEUSCHL, G. (2010). Transient global amnesia: Functional anatomy and clinical implications. *Lancet Neurology*, *9*, 205–214.

BAŞAR, E., BAŞAR-EROGLU, C., KARAKAŞ, S., & SCHÜRMANN, M.(2001). Gamma, alpha, delta, and theta oscillations govern cognitive processes. *International Journal of Psychophysiology*, *39*, 241–248.

BASSETT, D. S., BULLMORE, E., MEYER-LINDENBERG, A., WEINBERGER, D. R., & COPPOLA, R. (2009). Cognitive fitness of cost efficient brain functional networks. *Proceedings of the National Academy of Sciences, USA*, *106*, 11747–11752.

BASSETT, D. S., & GAZZANIGA, M. S. (2011). Understanding complexity in the human brain. *Trends in Cognitive Sciences*, *15*(5), 200–209.

BASSETT, D. S., GREENFIELD, D. L., MEYER-LINDENBERG, A., WEINBERGER, D. R., MOORE, S.W., & BULLMORE, E. T. (2010).Efficient physical embedding of topologically complex information processing networks in brains and computer circuits. *PLoS Computational Biology*, *6(4)*, e1000748.

BASSETT, D. S., YANG, M., WYMBS, N. F., & GRAFTON, S. T. (2015).Learning-induced autonomy of sensorimotor systems. *Nature Neuroscience*, *18*(5), 744–751.

BASSETTI, C., VELLA, S., DONATI, F., WIELEPP, P., & WEDER, B. (2000).SPECT during sleepwalking. *Lancet*, *356*(9228), 484–485.

BASTIAANSEN, J. A., THIOUX, M., & KEYSERS, C. (2009). Evidence for mirror systems in emotions. *Philosophical Transactions of the Royal Society of London. Series B, Biological Sciences, 364*(1528), 2391–2404.

BATISTA, A. P., BUNEO, C. A., SNYDER, L. H., & ANDERSON, R. A. (1999). Reach plans in eyecentered coordinates. *Science, 285*, 257–260.

BAUBY, J. D. (1997). *The diving bell and the butterfly.* New York: Knopf. BAUER, P. J., & WEWERKA, S. S. (1995). One- to two-year-olds' recall of events: The more expressed, the more impressed. *Journal of Experimental Child Psychology, 59*, 475–496.

BAUMANN, M. A., FLUET, M. C., & SCHERBERGER, H. (2009).Context-specific grasp movement representation in the macaque anterior intraparietal area. *Journal of Neuroscience, 29*(20), 6436–6448.

BAUMEISTER, R. F., & BREWER, L. E. (2012). Believing versus disbelieving in free will: Correlates and consequences. *Social and Personality Psychology Compass, 6*(10), 736–745.

BAUMEISTER, R. F., MASICAMPO, E. J., & DEWALL, C. N. (2009).Prosocial benefits of feeling free: Disbelief in free will increases aggression and reduces helpfulness. *Personality and Social Psychology Bulletin, 35*(2), 260–268.

BAUMGART, F., GASCHLER-MARKEFSKI, B., WOLDORFF, M. G., HEINZE,H. J., & SCHEICH, H. (1999). A movement-sensitive area in auditory cortex. *Nature, 400,* 724–726.

BAYLIS, G. C., ROLLS, E. T., & LEONARD, C. M. (1985). Selectivity between faces in the responses of a population of neurons in the cortex in the superior temporal sulcus of the monkey. *Brain Research, 342*, 91–102.

BEAR, M. F., CONNORS, B. W., & PARADISO, M. A. (1996). *Neuroscience: Exploring the brain.* Baltimore: Williams & Wilkins.

BECHARA, A., DAMASIO, A. R., DAMASIO, H., & ANDERSON, S. W.(1994). Insensitivity to future consequences following damage to human prefrontal cortex. *Cognition, 50*, 7–12.

BECHARA, A., TRANEL, D., DAMASIO, H., ADOLPHS, R., ROCKLAND, C., & DAMASIO, A. R. (1995). Double dissociation of conditioning and declarative knowledge relative to the amygdala and hippocampus in human. *Science, 269*, 1115–1118.

BECHARA, A., TRANEL, D., DAMASIO, H., & DAMASIO, A. R. (1996).Failure to respond autonomically to anticipated future outcomes following damage to prefrontal cortex. *Cerebral Cortex, 6*, 215–225.

BECKMANN, M., JOHANSEN-BERG, H., & RUSHWORTH, M. F. S. (2009).Connectivity-based parcellation of human cingulate cortex and its relation to functional specialization. *Journal of Neuroscience, 29*(4), 1175–1190.

BEDFORD, R., ELSABBAGH, M., GLIGA, T., PICKLES, A., SENJU, A.,CHARMAN, T., ET AL. (2012). Precursors to social and communication difficulties in infants at-risk for autism: Gaze following and attentional engagement. *Journal of Autism and Developmental Disorders, 42*(10), 2208–2218.

BEDNY, M. (2017). Evidence from blindness for a cognitively pluripotent cortex. *Trends in Cognitive Sciences, 21*(9), 637–648.

BEDNY, M., KONKLE, T., PELPHREY, K., SAXE, R., & PASCUAL-LEONE,A.(2010). Sensitive period for a multimodal response in human visual motion area MT / MST. *Current Biology, 20*(21), 1900–1906.

BEDNY, M., PASCUAL-LEONE, A., DODELL-FEDER, D., FEDORENKO, E.,& SAXE, R. (2011). Language processing in the occipital cortex of congenitally blind adults. *Proceedings of the National Academy of Sciences, USA, 108*(11), 4429–4434.

BEDNY, M., RICHARDSON, H., & SAXE, R. (2015). "Visual" cortex responds to spoken language in blind children. *Journal of Neuroscience, 35*(33), 11674–11681.

BEER, J. S., HEEREY, E. H., KELTNER, D., SCABINI, D., & KNIGHT, R. T. (2003). The regulatory function of self-conscious emotion: Insights from patients with orbitofrontal damage. *Journal of Personality and Social Psychology, 85*, 594–604.

BEER, J. S., JOHN, O. P., SCABINI, D., & KNIGHT, R. T. (2006). Orbitofrontal cortex and social behavior: Integrating self-monitoring and emotion-cognition interactions. *Journal of Cognitive Neuroscience, 18*, 871–880.

BEHRENS, T. E., WOOLRICH, M. W., JENKINSON, M., JOHANSEN-BERQ,H., NUNES, R. G., CLARE, S., ET AL. (2003). Characterization and propagation of uncertainty in diffusion-weighted MR imaging.*Magnetic Resonance in Medicine, 50*, 1077–1088.

BEHRMANN, M., MOSCOVITCH, M., & WINOCUR, G. (1994). Intact visual imagery and impaired visual perception in a patient with visual agnosia. *Journal of Experimental Psychology. Human Perception and Performance, 20*, 1068–1087.

BELL, H. C., PELLIS, S. M., & KOLB, B. (2010). Juvenile peer play experience and the development of the orbitofrontal and medial prefrontal cortices. *Behavioural Brain Research, 207*(1), 7–13.

BELLIVEAU, J. W., ROSEN, B. R., KANTOR, H. L., RZEDZIAN, R. R., KENNEDY, D. N., MCKINSTRY, R. C., ET AL. (1990). Functional cerebral imaging by susceptibility-contrast NMR. *Magnetic Resonance in Medicine, 14*, 538–546.

BELMONTE, M. K., ALLEN, G., BECKEL-MITCHENER, A., BOULANGER, L. M., CARPER, R. A., & WEBB, S. J. (2004). Autism and abnormal development of brain connectivity. *Journal of Neuroscience, 24*(42), 9228–9231.

BENDESKY, A., TSUNOZAKI, M., ROCKMAN, M. V., KRUGLYAK, L., & BARGMANN, C. I. (2011). Catecholamine receptor polymorphisms affect decision making in *C. elegans. Nature, 472*, 313–318.

BERGER, H. (1929). Über das Elektrenkephalogramm des Menschen. *European Archives of Psychiatry and Clinical Neuroscience, 87*(1), 527–570.

BERNARD, C. (1957.) *An introduction to the study of experimental medicine* (Dover ed.). (H. C. Greene, Trans.). New York: Dover. (Original work published 1865)

BERNS, G. S., & SEJNOWSKI, T. (1996). How the basal ganglia makes decisions. In A. Damasio, H. Damasio, & Y. Christen (Eds.), *The neurobiology of decision making* (pp. 101–113). Cambridge, MA: MIT Press.

BERNSTEIN, D., & LOFTUS, E. F. (2009). How to tell if a particular memory is true or false. *Perspectives on Psychological Science, 4*, 370–374.

BERNTSON, G. G., BECHARA, A., DAMASIO, H., TRANEL, D., & CACIOPPO, J. T. (2007). Amygdala contribution to selective dimensions of emotion. *Social Cognitive Affective Neuroscience, 2*(2), 123–129.

BERNTSON, G. G., NORMAN, G. J., BECHARA, A., BRUSS, J., TRANEL, D., & CACIOPPO, J. T. (2011). The insula and evaluative processes. *Psychological Science, 22*, 80–86.

BERRIDGE, K. C. (2007). The debate over dopamine's role in reward: The case for incentive salience. *Psychopharmacology, 191*, 391–431.

BERTOLINO, A., CAFORIO, G., BLASI, G., DE CANDIA, M., LATORRE, V., PETRUZZELLA, V., ET AL. (2004). Interaction of COMT (Val(108 / 158)Met) genotype and olanzapine treatment on prefrontal cortical function in patients with schizophrenia. *American Journal of Psychiatry, 161*, 1798–1805.

BIANCHI, L. (1922). *The mechanism of the brain*. (J. H. MacDonald, Trans.). Edinburgh, Scotland: E. & S. Livingstone.

BIANCHI-DEMICHELI, F., GRAFTON, S. T., & ORTIGUE, S. (2006). The power of love on the human brain. *Social Neuroscience, 1*(2), 90–103.

BINDER, J., & PRICE, C. J. (2001). Functional neuroimaging of language. In R. Cabeza & A. Kingstone (Eds.), *Handbook of functional neuroimaging of cognition* (pp. 187–251). Cambridge, MA: MIT Press.

BINDER, J. R., FROST, J. A., HAMMEKE, T. A., BELLGOWAN, P. S. F., RAO, S. M., & COX, J. A. (1999). Conceptual processing during the conscious resting state: A functional MRI study. *Journal of Cognitive Neuroscience, 11*, 80–93.

BINDER, J. R., FROST, J. A., HAMMEKE, T. A., BELLGOWAN, P. S. F., SPRINGER, J. A., KAUFMAN, J. N., ET AL. (2000). Human temporal lobe activation by speech and non-speech sounds. *Cerebral Cortex, 10*, 512–528.

BINKOFSKI, F., & BUXBAUM, L. J. (2013). Two action systems in the human brain. *Brain and Language, 127*(2), 222–229.

BISIACH, E., & LUZZATTI, C. (1978). Unilateral neglect of representational space. *Cortex, 14*, 129–133.

BISLEY, J. W., & GOLDBERG, M. E. (2006). Neural correlates of attention and distractibility in the lateral intraparietal area. *Journal of Neurophysiology, 95*, 1696–1717.

BITTERMAN, Y., MUKAMEL, R., MALACH, T., FRIED, I., & NELKEN, I. (2008). Ultra-fine frequency tuning revealed in single neurons of human auditory cortex. *Nature, 451*(7175), 197–201.

BIZLEY, J. K., & COHEN, Y. E. (2013). The what, where and how of auditory-object perception. *Nature Reviews Neuroscience, 14*(10), 693–707.

BIZZI, E., ACCORNERO, N., CHAPPLE, W., & HOGAN, N. (1984). Posture control and trajectory formation during arm movement. *Journal of Neuroscience, 4*, 2738–2744.

BLAKE, R. (1993). Cats perceive biological motion. *Psychological Science, 4*, 54–57.

BLAKEMORE, S. J. (2008). The social brain in adolescence. *Nature Reviews Neuroscience, 9*, 267–277.

BLAKEMORE, S. J., FRITH, C. D., & WOLPERT, D. M. (1999). Spatiotemporal prediction modulates the perception of self-produced stimuli. *Journal of Cognitive Neuroscience, 11*(5), 551–559.

BLANKE, O., LANDIS, T., SPINELLI, L., & SEECK, M. (2004). Out-of-body experience and autoscopy of neurological origin. *Brain, 127*(2), 243–258.

BLANKE, O., & METZINGER, T. (2009). Full-body illusions and minimal phenomenal selfhood. *Trends in Cognitive Sciences, 13*(1), 7–13.

BLANKE, O., MOHR, C., MICHEL, C. M., PASCUAL-LEONE, A., BRUGGER, P., SEECK, M., ET AL. (2005). Linking out-of-body experience and self processing to mental own-body imagery at the temporoparietal junction. *Journal of Neuroscience, 25*(3), 550–557.

BLANKE, O., MORGENTHALER, F. D., BRUGGER, P., & OVERNEY, L. S. (2009). Preliminary evidence for a fronto-parietal dysfunction in able-bodied participants with a desire for limb amputation. *Journal of Neuropsychology, 3*(2), 181–200.

BLANKE O., ORTIGUE, S., LANDIS, T., & SEECK, M. (2002). Neuropsychology: Stimulating illusory own-body perceptions. *Nature, 419*, 269–270.

BLEULER, E. (1911). *Dementia praecox: Oder die Gruppe der Schizophrenien* (Handbuch der Psychiatrie. Spezieller Teil, Abt. 4, Hälfte 1). Leipzig, Germany: Deuticke.

BLISS, T. V. P., & LØMO, T. (1973). Long-lasting potentiation of synaptic transmission in the dentate area of the anaesthetized rabbit following stimulation of the perforant pathway. *Journal of Physiology, 232*, 331–356.

BLOCK, J. R., & YUKER, H. E. (1992). *Can you believe your eyes? Over 250 illusions and other visual oddities*. Mattituck, NY: Amereon.

BOCK, A. S., BINDA, P., BENSON, N. C., BRIDGE, H., WATKINS, K. E., & FINE, I. (2015). Resting-state retinotopic organization in the absence of retinal input and visual experience. *Journal of Neuroscience, 35*(36), 12366–12382.

BOGGIO, P. S., NUNES, A., RIGONATTI, S. P., NITSCHE, M. A., PASCUALLEONE, A., & FREGNI, F. (2007). Repeated sessions of noninvasive brain DC stimulation is associated with motor function improvement in stroke patients. *Restorative Neurology and Neuroscience, 25*(2), 123–129.

BOLGER, D. J., PERFETTI, C. A., & SCHNEIDER, W. (2005). Cross-cultural effect on the brain revisited: Universal structures plus writing system variation. *Human Brain Mapping, 25*, 92–104.

BOLLIMUNTA, A., MO, J., SCHROEDER, C. E., & DING, M. (2011). Neuronal mechanisms and attentional modulation of corticothalamic alpha oscillations. *Journal of Neuroscience, 31*(13), 4935–4943.

BONDA, E., PETRIDES, M., OSTRY, D., & EVANS, A. (1996). Specific involvement of human parietal systems and the amygdala in the perception of biological motion. *Journal of Neuroscience, 16*, 3737–3744.

BONILHA, L., HILLIS, A. E., HICKOK, G., DEN OUDEN, D. B., RORDEN, C., & FRIDRIKSSON, J. (2017). Temporal lobe networks supporting the comprehension of spoken words. *Brain, 140*(9), 2370–2380.

BONINI, L. (2017). The extended mirror neuron network: Anatomy, origin, and functions. *Neuroscientist, 23*(1), 56–67.

BONINI, L., MARANESI, M., LIVI, A., FOGASSI, L., &

RIZZOLATTI, G(2014). Space-dependent representation of objects and other's action in monkey ventral premotor grasping neurons. *Journal of Neuroscience, 34*(11), 4108–4119.

BORIA, S., FABBRI-DESTRO, M., CATTANEO, L., SPARACI, L., SINIGAGLIA, C., SANTELLI, E., ET AL. (2009). Intention understanding in autism. *PLoS One, 4*(5), e5596.

BOSMAN, C. A., SCHOFFELEN, J. M., BRUNET, N., OOSTENVELD, R., BASTOS, A. M., WOMELSDORF, T., ET AL. (2012). Attentional stimulus selection through selective synchronization between monkey visual areas. *Neuron, 75*(5), 875–888.

BOTVINICK, M., NYSTROM, L. E., FISSELL, K., CARTER, C. S., & COHEN, J. D. (1999). Conflict monitoring versus selection-for-action in anterior cingulate cortex. *Nature, 402*, 179–181.

BOUCHER, B., & JENNA, S. (2013). Genetic interaction networks: Better understand to better predict. *Frontiers in Genetics, 4*, art. 290.

BOUHALI, F., THIEBAUT DE SCHOTTEN, M., PINEL, P., POUPON, C., MANGIN, J. F., DEHAENE, S., ET AL. (2014). Anatomical connections of the visual word form area. *Journal of Neuroscience, 34*(46), 15402–15414.

BOYD, L. A., HAYWARD, K. S., WARD, N. S., STINEAR, C. M., ROSSO, C., FISHER, R. J., ET AL. (2017). Biomarkers of stroke recovery: Consensus-based core recommendations from the Stroke Recovery and Rehabilitation Roundtable. *International Journal of Stroke, 12*(5), 480–493.

BOYD, R., GINTIS, H., BOWLES, S., & RICHERSON, P. J. (2003). The evolution of altruistic punishment. *Proceedings of the National Academy of Sciences, USA, 100*, 3531–3535.

BOYDEN, E. S., ZHANG, F., BAMBERG, E., NAGEL, G., & DEISSEROTH, K. (2005). Millisecond-timescale, genetically targeted optical control of neural activity. *Nature Neuroscience, 8*, 1263–1268.

BRADSHAW, J. L., & NETTLETON, N. C. (1981). The nature of hemispheric specialization in man. *Behavioral and Brain Sciences, 4*, 51–91.

BRADSHAW, J. L., & ROGERS, L. J. (1993). *The evolution of lateral asymmetries, language, tool use, and intellect.* San Diego, CA: Academic Press.

BRAITENBERG, V. (1984). *Vehicles: Experiments in synthetic psychology.* Cambridge, MA: MIT Press.

BRANG, D., MCGEOCH, P. D., & RAMACHANDRAN, V. S. (2008). Apotemnophilia: A neurological disorder. *Neuroreport, 19*, 1305–1306.

BRAVER, T. (2012). The variable nature of cognitive control: A dual mechanisms framework. *Trends in Cognitive Science, 16*(2), 106–113.

BREITER, H. C., ETCOFF, H. L., WHALAN, P. J., KENNEDY, W. A., RAUCH, S. L., BUCKNER, R. L., ET AL. (1996). Response and habituation of the human amygdala during visual processing of facial expression. *Neuron, 17*, 875–887.

BREMNER, J. D., RANDALL, P., VERMETTEN, E., STAIB, L., BRONEN, R. A., MAZURE, C., ET AL. (1997). Magnetic resonance imagingbased measurement of hippocampal volume in posttraumatic stress disorder to childhood physical and sexual abuse: A preliminary report. *Biological Psychiatry, 41*, 23–32.

BREWER, J. B., ZHAO, Z., DESMOND, J. E., GLOVER, G. H., & GABRIELI, J. D. (1998). Making memories: Brain activity that predicts how well visual experience will be remembered. *Science, 281*(5380), 1185–1187.

BRIDGE, H., THOMAS, O. M., MININI, L., CAVINA-PRATESI, C., MILNER, A. D., & PARKER, A. J. (2013). Structural and functional changes across the visual cortex of a patient with visual form agnosia. *Journal of Neuroscience, 33*(31), 12779–12791.

BROADBENT, D. A. (1958). *Perception and communication.* New York: Pergamon.

BROCA, P. (1861). Remarks on the seat of the faculty of articulated language, following an observation of aphemia (loss of speech). *Bulletin de la Société Anatomique, 6*, 330–357.

BRODAL, A. (1982). *Neurological anatomy.* New York: Oxford University Press.

BRODMANN, K. (1909). *Vergleichende Lokalisationslehre der Grosshirnrinde in ihren Prinzipien dargestellt auf Grund des Zellenbaues.* Leipzig, Germany: J. A. Barth.

BROMBERG-MARTIN, E. S., MATSUMOTO, M., & HIKOSAKA, O. (2010). Dopamine in motivational control: Rewarding, aversive, and alerting. *Neuron, 68*, 815–834.

BROTCHIE, P., IANSEK, R., & HORNE, M. K. (1991). Motor function of the monkey globus pallidus. *Brain, 114*, 1685–1702.

BROUGHTON, R., BILLINGS, R., CARTWRIGHT, R., DOUCETTE, D., EDMEADS, J., EDWARDH, M., ET AL. (1994). Homicidal somnambulism: A case report. *Sleep, 17*(3), 253–264.

BROWN, J. W., & BRAVER, T. S. (2005). Learned predictions of error likelihood in the anterior cingulate cortex. *Science, 307*, 1118–1121.

BROWN, R., & KULIK, J. (1977). Flashbulb memories. *Cognition, 5*(1), 73–99.

BROWN, T. (1911). The intrinsic factors in the act of progression in the mammal. *Proceedings of the Royal Society of London, Series B, 84*, 308–319.

BRUNO, M. A., VANHAUDENHUYSE, A., THIBAUT, A., MOONEN, G., & LAUREYS, S. (2011). From unresponsive wakefulness to minimally conscious PLUS and functional locked-in syndromes: Recent advances in our understanding of disorders of consciousness. *Journal of Neurology, 258*(7), 1373–1384.

BRYDEN, M. P. (1982). *Laterality: Functional asymmetry in the intact human brain.* New York: Academic Press.

BUCHANAN, T. W., TRANEL, D., & ADOLPHS, R. (2006). Memories for emotional autobiographical events following unilateral damage to medial temporal lobe. *Brain, 129*, 115–127.

BUCKNER, R. L., & CARROLL, D. C. (2007). Self-projection and the brain. *Trends in Cognitive Science, 11*, 49–57.

BUDGE, J. (1862). *Lehrbuch der speciellen Physiologie des Menschen.* Leipzig, Germany: Voigt & Günther.

BUHLE, J. T., SILVERS, J. A., WAGER, T. D., LOPEZ, R., ONYEMEKWU, C., KOBER, H., ET AL. (2014). Cognitive reappraisal of emotion: A meta-analysis of human neuroimaging studies. *Cerebral Cortex, 24*(11), 2981–2990.

BULLMORE, E. T., & BASSETT, D. S. (2011). Brain graphs: Graphical models of the human brain connectome. *Annual Review of Clinical Psychology, 7*, 113–140.

BUNGE, M. (2010). *Matter and mind*. Berlin: Springer.
BUNGE, S. A. (2004). How we use rules to select actions: A review of evidence from cognitive neuroscience. *Cognitive, Affective & Behavioral Neuroscience, 4*, 564–579.
BURKE, A. R., MCCORMICK, C. M., PELLIS, S. M., & LUKKES, J. L.(2017). Impact of adolescent social experiences on behavior and neural circuits implicated in mental illnesses. *Neuroscience and Biobehavioral Reviews, 76*, 280–300.
BURKE, J. F., LONG, N. M., ZAGHLOUL, K. A., SHARAN, A. D.,SPERLING, M. R., & KAHANA, M. J. (2014). Human intracranial high-frequency activity maps episodic memory formation in space and time. *NeuroImage, 85*, 834–843.
BUSH, G. (2010). Attention-deficit / hyperactivity disorder and attention networks. *Neuropsychopharmacology, 35*(1), 278–300.
BUSH, G., LUU, P., & POSNER, M. I. (2000). Cognitive and emotional influences in anterior cingulate cortex. *Trends in Cognitive Sciences, 4*, 215–222.
BUTLER, A. J., & JAMES, K. H. (2013). Active learning of novel sound-producing objects: Motor reactivation and enhancement of visuo-motor connectivity. *Journal of Cognitive Neuroscience, 25*(2), 203–218.
BUXBAUM, L. J., VERAMONTIL, T., & SCHWARTZ, M. F. (2000). Function and manipulation tool knowledge in apraxia: Knowing "what for" but not "how." *Neurocase, 6*(2), 83–97.
CABEZA, R., CIARAMELLI, E., OLSON, I. R., & MOSCOVITCH, M. (2008). The parietal cortex and episodic memory: An attentional account. *Nature Reviews Neuroscience, 9*(8), 613–625.
CACIOPPO, J. T., BERNTSON, G. G., LARSEN, J. T., POEHLMANN, K. M.,& ITO, T. A. (2000). The psychophysiology of emotion. In R. J. Lewis & J. M. Haviland-Jones (Eds.), *The handbook of emotions* (2nd ed., pp. 173–191). New York: Guilford.
CACIOPPO, J. T., & CACIOPPO, S. (2014). Social relationships and health: The toxic effects of perceived social isolation. *Social and Personality Psychology Compass, 8*(2), 58–72.
CACIOPPO, J. T., HAWKLEY, L. C., NORMAN, G. J., & BERNTSON,G. G. (2011). Social isolation. *Annals of the New York Academy of Sciences, 1231*, 17–22.
CACIOPPO, S., BIANCHI-DEMICHELI, F., FRUM, C., PFAUS, J. G., &LEWIS, J. W. (2012). The common neural bases between sexual desire and love: A multilevel kernel density fMRI analysis. *Journal of Sexual Medicine, 9*(4), 1048–1054.
CAHILL, L., BABINSKY, R., MARKOWITSCH, H. J., & MCGAUGH,J. L. (1995). The amygdala and emotional memory. *Science, 377*, 295–296.
CAHILL, L., HAIER, R. J., FALLON, J., ALKIRE, M. T., TANG, C.,KEATOR, D., ET AL. (1996). Amygdala activity at encoding correlated with long-term, free recall of emotional information. *Proceedings of the National Academy of Sciences, USA, 93*, 8016–8021.
CAIN, M. S., & MITROFF, S. R. (2011). Distractor filtering in media multitaskers. *Perception, 40*(10), 1183–1192.
CALDER, A. J., KEANE, J., MANES, F., ANTOUN, N., & YOUNG, A. W.(2000). Impaired recognition and experience of disgust following brain injury. *Nature Neuroscience, 3*, 1077–1078.

CALL, J., & TOMASELLO, M. (2008). Does the chimpanzee have a theory of mind? 30 years later. *Trends in Cognitive Science, 12*, 187–192.
CALTON, J. L., DICKINSON, A. R., & SNYDER, L. H. (2002). Nonspatial, motor-specific activation in posterior parietal cortex.*Nature Neuroscience, 5*, 580–588.
CALVERT, G. A., BULLMORE, E. T., BRAMMER, M. J., CAMPBELL, R., WILLIAMS, S. C., MCGUIRE, P. K., ET AL. (1997). Activation of auditory cortex during silent lipreading. *Science, 276*, 593–596.
CAMERON, I. G., COE, B., WATANABE, M., STROMAN, P. W., & MUNOZ,D. P. (2009). Role of the basal ganglia in switching a planned response. *European Journal of Neuroscience, 29*(12), 2413–2425.
CANNON, C. M., & BSEIKRI, M. R. (2004). Is dopamine required for natural reward? *Physiology and Behavior, 81*, 741–748.
CANNON, C. M., & PALMITER, R. D. (2003). Reward without dopamine. *Journal of Neuroscience, 23*, 10827–10831.
CANOLTY, R. T., SOLTANI, M., DALAL, S. S., EDWARDS, E., DRONKERS,M. F., NAGARAJAN, S. S., ET AL. (2007). Spatiotemporal dynamics of word processing in the human brain. *Frontiers in Neuroscience, 1*(1), 185–196.
CAPITANI, E., LAIACONA, M., MAHON, B., & CARAMAZZA, A. (2003).What are the facts of semantic category-specific deficits? A critical review of the clinical evidence. *Cognitive Neuropsychology, 20*(3–6), 213–261.
CAPLAN, D., ALPERT, N., WATERS, G., & OLIVIERI, A. (2000). Activation of Broca's area by syntactic processing under conditions of concurrent articulation. *Human Brain Mapping, 9*, 65–71.
CARAMAZZA, A., & SHELTON, J. (1998). Domain-specific knowledge systems in the brain: The animate-inanimate distinction. *Journal of Cognitive Neuroscience, 10*, 1–34.
CARDINALE, R., SHIH, P., FISHMAN, I., FORD, L., & MULLER, R.-A.(2013). Pervasive rightward asymmetry shifts of functional networks in autism spectrum disorder. *JAMA Psychiatry, 70*(9), 975–982.
CARMEL, D., & BENTIN, S. (2002). Domain specificity versus expertise: Factors influencing distinct processing of faces. *Cognition, 83*, 1–29.
CARMENA, J. M., LEBEDEV, M. A., CRIST, R. E., O'DOHERTY, J. E., SANTUCCI, D. M., DIMITROV, D. F., ET AL. (2003). Learning to control a brain–machine interface for reaching and grasping by primates. *PLoS Biology, 1*(2), E42. [Epub, October 13]
CARMICHAEL, S. T. (2006). Cellular and molecular mechanisms of neural repair after stroke: Making waves. *Annals of Neurology, 59*(5), 735–742.
CARPENTER, M. (1976). *Human neuroanatomy* (7th ed.). Baltimore: Williams & Wilkins.
CARPER, R. A., TREIBER, J. M., YANDALL DEJESUS, S., & MULLER, R.-A. (2016). Reduced hemispheric asymmetry of white matter microstructure in autism spectrum disorder. *Journal of the American Academy of Child and Adolescent Psychiatry, 55*(12), 1073–1080.
CARRUTHERS, P. (2006). *The architecture of the mind: Massive modularity and the flexibility of thought*. Oxford: Oxford University Press.
CASANOVA, M. F. (2007). The neuropathology of autism. *Brain*

Pathology, 17, 422–433.

CASANOVA, M. F. (2014). Autism as a sequence: From heterochronic germinal cell divisions to abnormalities of cell migration and cortical dysplasias. *Medical Hypotheses, 83*, 32–38.

CASANOVA, M. F., BUXHOEVEDEN, D., SWITALA, A., & ROY, E. (2002). Minicolumnar pathology in autism. *Neurology, 58*, 428–432.

CASANOVA, M. F., & TILLQUIST, C. R. (2008). Encephalization, emergent properties, and psychiatry: A minicolumnar perspective. *Neuroscientist, 14*, 101–118.

CASANOVA, M. F., VAN KOOTEN, I. A. J., SWITALA, A. E., VAN ENGELAND, H., HEINSEN, H., STEINBUSCH, H. W. M., ET AL.(2006). Minicolumnar abnormalities in autism. *Acta Neuropoathologica, 112*(3), 287–303.

CASPERS, S., ZILLES, K., LAIRD, A. R., & EICKHOFF, S. B. (2010). ALE meta-analysis of action observation and imitation in the human brain. *NeuroImage, 50*(3), 1148–1167.

CATANI, M., DELL'ACQUA, F., BUDISAVLJEVIC, S., HOWELLS, H., THIEBAUT DE SCHOTTEN, M., FROUDIST-WALSH, S., ET AL. (2016).Frontal networks in adults with autism spectrum disorder. *Brain, 139*(2), 616–630.

CATTANEO, L., FABBRI-DESTRO, M., BORIA, S., PIERACCINI, C., MONTI,A., COSSU, G., ET AL. (2007). Impairment of actions chains in autism and its possible role in intention understanding. *Proceedings of the National Academy of Sciences, USA, 104*, 17825–17830.

CAVE, C. B. (1997). Very long-lasting priming in picture naming. *Psychological Science, 8*, 322–325.

CAVE, C. B., & SQUIRE, L. R. (1992). Intact and long-lasting repetition priming in amnesia. *Journal of Experimental Psychology. Learning, Memory, and Cognition, 18*(3), 509–520.

CELEBRINI, S., & NEWSOME, W. T. (1995). Microstimulation of extrastriate area MST influences performance on a direction discrimination task. *Journal of Neurophysiology, 73*, 437–448.

CENTERS FOR DISEASE CONTROL AND PREVENTION. (2014). *Report to Congress on traumatic brain injury in the United States: Epidemiology and rehabilitation.* National Center for Injury Prevention and Control.

CERF, M., THIRUVENGADAM, M., MORMANN, F., KRASKOV, A.,QUIROGA, R. Q., KOCH, C., ET AL. (2010). On-line, voluntary control of human temporal lobe neurons. *Nature, 467*, 1104–1110.

CHABRIS, C. F. (1999). *Cognitive and neuropsychological mechanisms of expertise: Studies with chess masters.* Unpublished doctoral dissertation, Harvard University, Cambridge, MA.

CHABRIS, C. F., & HAMILTON, S. E. (1992). Hemispheric specialization for skilled perceptual organization by chess masters. *Neuropsychologia, 30*, 4–57.

CHAKRAVARTHY, V. S., JOSEPH, D., & BAPI, R. S. (2009). What do the basal ganglia do? A modeling perspective. *Biological Cybernetics, 103*, 237–253.

CHANG, L., & TSAO, D. Y. (2017). The code for facial identity in the primate brain. *Cell, 169*(6), 1013–1028.

CHANG, L. J., GIANAROS, P. J., MANUCK, S. B., KRISHNAN, A., & WAGER, T. D. (2015). A sensitive and specific neural signature for picture-induced negative affect. *PLoS Biology, 13*(6), e1002180.

CHAO, L. L., & MARTIN, A. (2000). Representation of manipulable man-made objects in the dorsal stream. *NeuroImage, 12*, 478–484.

CHAPIN, J. K., MOXON, K. A., MARKOWITZ, R. S., & NICOLELIS,M. A. (1999). Real-time control of a robot arm using simultaneously recorded neurons in the motor cortex. *Nature Neuroscience, 2*, 664–670.

CHAPPELL, M. H., ULUG, A. M., ZHANG, L., HEITGER, M. H., JORDAN, B. D., ZIMMERMAN, R. D., ET AL. (2006). Distribution of microstructural damage in the brains of professional boxers: A diffusion MRI study. *Journal of Magnetic Resonance Imaging, 24*, 537–542.

CHARNOV, E. (1974). Optimal foraging: The marginal value theorem. *Theoretical Population Biology, 9*(2), 129–136.

CHAWARSKA, K., MACARI, S., & SHIC, F. (2012). Context modulates attention to social scenes in toddlers with autism. *Journal of Child Psychology and Psychiatry, 53*(8), 903–913.

CHAWLA, D., LUMER, E. D., & FRISTON, K. J. (1999). The relationship between synchronization among neuronal populations and their mean activity levels. *Neural Computation, 11*, 1389–1411.

CHEEVER, N. A., ROSEN, L. D., CARRIER, L. M., & CHAVEZ, A. (2014).Out of sight is not out of mind: The impact of restricting wireless mobile device use on anxiety levels among low, moderate and high users. *Computers in Human Behavior, 37*, 290–297.

CHEN, B. L., HALL, D. H., & CHKLOVSKII, D. B. (2006). Wiring optimization can relate neuronal structure and function. *Proceedings of the National Academy of Sciences, USA, 103*(12), 4723–4728.

CHEN, X., GABITTO, M., PENG, Y., RYBA, N. J., & ZUKER, C. S. (2011).A gustotopic map of taste qualities in the mammalian brain.*Science, 333*(6047), 1262–1266.

CHENG, Y., LIN, C. P., LIU, H. L., HSU, Y. Y., LIM, K. E., HUNG, D.,ET AL. (2007). Expertise modulates the perception of pain in others. *Current Biology, 17*, 1708–1713.

CHERNIAK, C., MOKHTARZADA, Z., RODRIGUEZ-ESTEBAN, R., &CHANGIZI, K. (2004). Global optimization of cerebral cortex layout. *Proceedings of the National Academy of Sciences, USA, 101*(4), 1081–1086.

CHERRY, E. C. (1953). Some experiments on the recognition of speech, with one and two ears. *Journal of the Acoustical Society of America, 25*, 975–979.

CHOMSKY, N. (1956). Three models for the description of language.*IEEE Transactions on Information Theory, 2*(3), 113–124.

CHOMSKY, N. (1975). *Reflections on language.* New York: Pantheon. CHOMSKY, N. (2006). *Language and mind* (3rd ed.). Cambridge: Cambridge University Press.

CHRISTIANSON, S. A. (1992). *The handbook of emotion and memory: Research and theory.* Hillsdale, NJ: Erlbaum.

CHURA, L. R., LOMBARDO, M. V., ASHWIN, E., AUYEUNG, B., CHAKRABARTI, B., BULLMORE, E. T., ET AL. (2010). Organizational effects of fetal testosterone on human corpus callosum size and asymmetry. *Psychoneuroendocrinology, 35*, 122–132.

CHURCHLAND, M. M., CUNNINGHAM, J. P., KAUFMAN, M.

T., FOSTER, J. D., NUYUJUKIAN, P., RYI, S. I., ET AL. (2012). Neural population dynamics during reaching. *Nature, 487*, 51–56.

CHURCHLAND, M. M., CUNNINGHAM, J. P., KAUFMAN, M. T., RYU, S. I., & SHENOY, K. V. (2010). Cortical preparatory activity: Representation of movement or first cog in a dynamical machine? *Neuron, 68*, 387–400.

CIKARA, M., BOTVINICK, M. M., & FISKE, S. T. (2011). Us versus them: Social identity shapes neural responses to intergroup competition and harm. *Psychological Science, 22*(3), 306–313.

CISEK, P. (2007). Cortical mechanisms of action selection: The affordance competition hypothesis. *Philosophical Transactions of the Royal Society of London. Series B, Biological Sciences, 362*(1485), 1585–1599.

CISEK, P., & KALASKA, J. F. (2005). Neural correlates of reaching decisions in dorsal premotor cortex: Specification of multiple direction choices and final selection of action. *Neuron, 45*(5), 801–814.

CLARK, D. D., & SOKOLOFF, L. (1999). Circulation and energy metabolism of the brain. In G. J. Siegel, B. W. Agranoff, R. W. Albers, S. K. Fisher, & M. D. Uhler (Eds.), *Basic neurochemistry: Molecular, cellular and medical aspects* (6th ed., pp. 637–670). Philadelphia: Lippincott-Raven.

CLARK, R. E., & SQUIRE, L. R. (1998). Classical conditioning and brain systems: The role of awareness. *Science, 280*, 77–81.

CLARKSON, A. N., HUANG, B. S., MACISAAC, S., MODY, I., & CARMICHAEL, S. T. (2010). Reducing excessive GABA-mediated tonic inhibition promotes functional recovery after stroke. *Nature, 468*(7321), 305–309.

CLUNE, J., MOURET, J.-B., & LIPSON, H. (2013, March). The evolutionary origins of modularity. *Proceedings of the Royal Society of London, Series B, 280*(1755), 20122863.

COHEN, J. D., BOTVINICK, M., & CARTER, C. S. (2000). Anterior cingulate and prefrontal cortex: Who's in control? *Nature Neuroscience, 3*, 421–423.

COHEN, J. R., & D'ESPOSITO, M. (2016). The segregation and integration of distinct brain networks and their relationship to cognition. *Journal of Neuroscience, 36*(48), 12083–12094.

COHEN, J. Y., HAESLER, S., VONG, L., LOWELL, B. B., & UCHIDA, N. (2012). Neuron-type specific signals for reward and punishment in the ventral tegmental area. *Nature, 482*(7383), 85.

COHEN, L., DEHAENE, S., NACCACHE, L., LEHÉRICY, S., DEHAENE-LAMBERTZ, G., HÉNAFF, M. A., ET AL. (2000). The visual word form area: Spatial and temporal characterization of an initial stage of reading in normal subjects and posterior split-brain patients. *Brain, 123*, 291–307.

COHEN, L., LEHÉRICY, S., CHOCHON, F., LEMER, C., RIVAUD, S., & DEHAENE, S. (2002). Language-specific tuning of visual cortex? Functional properties of the visual word form area. *Brain, 125*(Pt. 5), 1054–1069.

COLLINS, A. M., & LOFTUS, E. F. (1975). A spreading-activation theory of semantic processing. *Psychological Review, 82*, 407–428.

COLLINS, K. L., GUTERSTAM, A., CRONIN, J., OLSON, J. D., EHRSSON, H. H., & OJEMANN, J. G. (2017). Ownership of an artificial limb induced by electrical brain stimulation. *Proceedings of the National Academy of Sciences, USA, 114*(1), 166–171.

CONTI, E., CALDERONI, S., GAGLIANESE, A., PANNEK, K., MAZZOTTI, S., ROSE, S., ET AL. (2016). Lateralization of brain networks and clinical severity in toddlers with autism spectrum disorder: A HARDI diffusion MRI study. *Autism Research, 9*(3), 382–392.

COOLS, R. (2006). Dopaminergic modulation of cognitive function: Implications for L-DOPA treatment in Parkinson's disease. *Neuroscience and Biobehavioral Reviews, 30*(1), 1–23.

COOP, G., WEN, X., OBER, C., PRITCHARD, J. K., & PRZEWORSKI, M. (2008). High-resolution mapping of crossovers reveals extensive variation in fine-scale recombination patterns among humans. *Science, 319*(5868), 1395–1398.

CORBALLIS, M. C. (1991). *The lopsided ape: Evolution of the generative mind.* New York: Oxford University Press.

CORBALLIS, M. C. (2009). The evolution of language. *Annals of the New York Academy of Sciences, 1156*(1), 19–43.

CORBALLIS, P. M., FENDRICH, R., SHAPLEY, R. M., & GAZZANIGA, M. S. (1999). Illusory contour perception and amodal boundary completion: Evidence of a dissociation following callosotomy. *Journal of Cognitive Neuroscience, 11*, 459–466.

CORBETT, B. A., CARMEAN, V., RAVIZZA, S., WENDELKEN, G., HENRY, M. L., CARTER, C., ET AL. (2009). A functional and structural study of emotion and face processing in children with autism. *Psychiatry Research: Neuroimaging, 173*, 196–205.

CORBETTA, M., KINCADE, J. M., LEWIS, C., SNYDER, A. Z., & SAPIR, A. (2005). Neural basis and recovery of spatial attention deficits in spatial neglect. *Nature Neuroscience, 8*, 1603–1610.

CORBETTA, M., KINCADE, J. M., OLLINGER, J. M., MCAVOY, M. P., & SHULMAN, G. L. (2000). Voluntary orienting is dissociated from target detection in human posterior parietal cortex. *Nature Neuroscience, 3*, 292–297.

CORBETTA, M., MIEZIN, F. M., DOBMEYER, S., SHULMAN, G. L., & PETERSEN, S. E. (1991). Selective and divided attention during visual discriminations of shape, color and speed: Functional anatomy by positron emission tomography. *Journal of Neuroscience, 11*, 2383–2402.

CORBETTA, M., & SHULMAN, G. (2002). Control of goal-directed and stimulus-driven attention in the brain. *Nature Reviews Neuroscience, 3*, 201–215.

CORBETTA, M., & SHULMAN, G. (2011). Spatial neglect and attention networks. *Annual Review of Neuroscience, 34*, 569–599.

COREN, S., WARD, L. M., & ENNS, J. T. (1994). *Sensation and perception* (4th ed.). Ft. Worth, TX: Harcourt Brace.

CORKIN, S., AMARAL, D., GONZALEZ, R., JOHNSON, K., & HYMAN, B. T. (1997). H.M.'s medial temporal lobe lesion: Findings from magnetic resonance imaging. *Journal of Neuroscience, 17*, 3964–3979.

CORRADI-DELL'ACQUA, C., TUSCHE, A., VUILLEUMIER, P., & SINGER, T. (2016). Cross-modal representations of first-hand and vicarious pain, disgust and fairness in insular and cingulate cortex. *Nature Communications, 7*, 10904.

CORTHOUT, E., UTTL, B., ZIEMANN, U., COWEY, A., & HALLETT, M.(1999). Two periods of processing in the (circum)striate visual cortex as revealed by transcranial magnetic stimulation. *Neuropsychologia*, *37*, 137–145.

COSMAN, J. D., ATREYA, P. V., & WOODMAN, G. F. (2015). Transient reduction of visual distraction following electrical stimulation of the prefrontal cortex. *Cognition*, *145*, 73–76.

COSMIDES, L., BARRETT, H. C., & TOOBY, J. (2010). Adaptive specializations, social exchange, and the evolution of human intelligence. *Proceedings of the National Academy of Sciences, USA*, *107*(Suppl. 2), 9007–9014.

COSMIDES, L., & TOOBY, J. (2000). Evolutionary psychology and the emotions. In M. Lewis & J. M. Haviland-Jones (Eds.), *Handbook of emotions* (2nd ed., pp. 91–115). New York: Guilford.

COSMIDES, L., & TOOBY, J. (2004). Social exchange: The evolutionary design of a neurocognitive system. In M. S. Gazzaniga (Ed.), *Cognitive neurosciences* (3rd ed., pp. 1295–1308). Cambridge, MA: MIT Press.

COSTAFREDA, S. G., BRAMMER, M. J., DAVID, A. S., & FU, C. H.(2008). Predictors of amygdala activation during the processing of emotional stimuli: A meta-analysis of 385 PET and fMRI studies. *Brain Research Reviews*, *58*(1), 57–70.

COUDÉ, G., FERRARI, P. F., RODÀ, F., MARANESI, M., BORELLI, E.,VERONI, B., ET AL. (2011). Neurons controlling voluntary vocalization in the macaque ventral premotor cortex. *PLoS One*, *6*(11), e26822.

COURCHESNE, E., & PIERCE, K. (2005). Why the frontal cortex in autism might be talking only to itself: Local over-connectivity but long-distance disconnection. *Current Opinions in Neurobiology*, *15*(2), 225–230.

COURCHESNE, E., REDCAY, E., & KENNEDY, D. P. (2004). The autistic brain: Birth through adulthood. *Current Opinion in Neurology*, *17*(4), 489–496.

CRAIG, A. D. (2009). How do you feel—now? The anterior insula and human awareness. *Nature Reviews Neuroscience*, *10*, 59–70.

CRAIK, F. I. M., & LOCKHART, R. S. (1972). Levels of processing: A framework for memory research. *Journal of Verbal Learning and Verbal Behavior*, *11*, 671–684.

CRICK, F. (1992). Function of the thalamic reticular complex: The searchlight hypothesis. In S. M. Kosslyn & R. A. Andersen (Eds.), *Frontiers in cognitive neuroscience* (pp. 366–372). Cambridge, MA: MIT Press.

CRICK, F. (1999). The impact of molecular biology on neuroscience. *Philosophical Transactions of the Royal Society of London. Series B, Biological Sciences*, *354*(1392), 2021–2025.

CRITCHLEY, H. D. (2009). Psychophysiology of neural, cognitive and affective integration: fMRI and autonomic indicants. *International Journal of Psychophysiology*, *73*, 88–94.

CRITCHLEY, H. D., MATHIAS, C. J., JOSEPHS, O., O'DOHERTY, J.,ZANINI, S., DEWAR, B. K., ET AL. (2003). Human cingulate cortex and autonomic control: Converging neuroimaging and clinical evidence. *Brain*, *126*, 2139–2152.

CRITCHLEY, H. D., WIENS, S., ROTHSTEIN, P., ÖHMAN, A., & DOLAN,R. J. (2004). Neural systems supporting interoceptive awareness.*Nature Neuroscience*, *7*, 189–195.

CRONE, E. A., & DAHL, R. E. (2012). Understanding adolescence as a period of social-affective engagement and goal flexibility. *Nature Reviews Neuroscience*, *13*(9), 636.

CROXSON, P. L., WALTON, M. E., O'REILLY, J. X., BEHRENS, T. E. J., & RUSHWORTH, M. F. S. (2009). Effort based cost-benefit valuation and the human brain. *Journal of Neuroscience*, *29*, 4531–4541.

CSIKSZENTMIHALYI, M. (1990). *Flow: The psychology of optimal experience*. New York: Harper & Row.

CSIKSZENTMIHALYI, M., & LEFEVRE, J. (1989). Optimal experience in work and leisure. *Journal of Personality and Social Psychology*, *56*, 815–822.

CUI, H., & ANDERSEN, R. A. (2007). Posterior parietal cortex encodes autonomously selected motor plans. *Neuron*, *56*, 552–559.

CULHAM, J. C., DANCKERT, S. L., DESOUZA, J. F., GATI, J. S., MENON,R. S., & GOODALE, M. A. (2003). Visually guided grasping produces fMRI activation in dorsal but not ventral stream brain areas. *Experimental Brain Research*, *153*, 180–189.

CUNNINGHAM, W. A., JOHNSON, M. K., RAYE, C. L., GATENBY, J. C.,GORE, J. C., & BANAJI, M. R. (2004). Separable neural components in the processing of black and white faces. *Psychological Science*, *15*, 806–813.

CUNNINGHAM, W. A., RAYE, C. L., & JOHNSON, M. K. (2005). Neural correlates of evaluation associated with promotion and prevention regulatory focus. *Cognitive, Affective & Behavioral Neuroscience*, *5*(2), 202–211.

CUNNINGHAM, W. A., VAN BAVEL, J. J., & JOHNSEN, I. R. (2008).Affective flexibility: Evaluative processing goals shape amygdala activity. *Psychological Science*, *19*(2), 152–160.

DAMASIO, A. R. (1990). Category-related recognition defects as a clue to the neural substrates of knowledge. *Trends in Neurosciences*, *13*, 95–98.

DAMASIO, A. R. (1998). Investigating the biology of consciousness. *Philosophical Transactions of the Royal Society of London. Series B, Biological Sciences*, *353*, 1879–1882.

DAMASIO, A. [R.], & DAMASIO, H. (2016). Pain and other feelings in humans and animals. *Animal Sentience*, *1*(3), 33.

DAMASIO, A. [R.], DAMASIO, H., & TRANEL, D. (2012). Persistence of feelings and sentience after bilateral damage of the insula. *Cerebral Cortex*, *23*(4), 833–846.

DAMASIO, A. R., TRANEL, D., & DAMASIO, H. (1990). Individuals with sociopathic behavior caused by frontal damage fail to respond autonomically to social stimuli. *Behavioral Brain Research*, *41*, 81–94.

DAMASIO, H., GRABOWSKI, T., FRANK, R., GALABURDA, A. M., & DAMASIO, A. R. (1994). The return of Phineas Gage: Clues about the brain from the skull of a famous patient. *Science*, *264*, 1102–1105.

DAMASIO, H., TRANEL, D., GRABOWSKI, T., ADOLPHS, R., & DAMASIO, A. (2004). Neural systems behind word and concept retrieval. *Cognition*, *92*, 179–229.

DARWIN, C. (1871). *The descent of man and selection in relation to sex*. London: Murray.

DARWIN, C. (1873). *The expression of the emotions in man and animals*.Oxford: Oxford University Press.

DARWIN, C., EKMAN, P., & PRODGER, P. (1998). *The

expression of the emotions in man and animals (3rd ed.). Oxford: Oxford University Press.

DASELAAR, S. M., PRINCE, S. E., DENNIS, N. A., HAYES, S. M., KIM,H., & CABEZA R. (2009). Posterior midline and ventral parietal activity is associated with retrieval success and encoding failure. *Frontiers in Human Neuroscience, 3*, 13.

DASILVA, A. F., TUCH, D. S., WIEGELL, M. R., & HADJIKHANI, N.(2003). A primer on diffusion tensor imaging of anatomical substructures. *Neurosurgical Focus, 15*, E4.

DAVACHI, L., MITCHELL, J. P., & WAGNER, A. D. (2003). Multiple routes to memory: Distinct medial temporal lobe processes build item and source memories. *Proceedings of the National Academy of Sciences, USA, 100*, 2157–2162.

DAVACHI, L., & WAGNER, A. D. (2002). Hippocampal contributions to episodic encoding: Insights from relational and item-based learning. *Journal of Neurophysiology, 88*, 982–990.

DAVIDSON, R. J., EKMAN, P., SARON, C., SENULIS, J., & FRIESEN, W. V.(1990). Approach-withdrawal and cerebral asymmetry: Emotional expression and brain physiology. *Journal of Personality and Social Psychology, 58*, 330–341.

DAVIES, R. R., GRAHAM, K. S., XUEREB, J. H., WILLIAMS, G. B., & HODGES, J. R. (2004). The human perirhinal cortex and semantic memory. *European Journal of Neuroscience, 20*, 2441–2446.

DAVIS, M. (1992). The role of the amygdala in conditioned fear. In J. P. Aggleton (Ed.), *The amygdala: Neurobiological aspects of emotion, memory and mental dysfunction* (pp. 255–306). New York: Wiley-Liss.

DAW, N. D., O'DOHERTY, J. P., DAYAN, P., SEYMOUR, B., & DOLAN, R. J. (2006). Cortical substrates for exploratory decisions in humans. *Nature, 441*, 876–879.

DAYAN, P., & NIV, Y. (2008). Reinforcement learning: The good, the bad and the ugly. *Current Opinion in Neurobiology, 18*, 185–196.

DEARMOND, S., FUSCO, M., & DEWEY, M. (1976). *A photographic atlas: Structure of the human brain* (2nd ed.). New York: Oxford University Press.

DE BIE, R. M., DE HAAN, R. J., SCHUURMAN, P. R., ESSELINK, R. A., BOSCH, D. A., & SPEELMAN, J. D. (2002). Morbidity and mortality following pallidotomy in Parkinson's disease: A systematic review. *Neurology, 58*, 1008–1012.

DEBIEC, J., LEDOUX, J. E., & NADER, K. (2002). Cellular and systems reconsolidation in the hippocampus. *Neuron, 36*, 527–538.

DECETY, J. (2011). The neuroevolution of empathy. *Annals of the New York Academy of Sciences, 1231*, 35–45.

DECETY, J., & GREZES, J. (1999). Neural mechanisms subserving the perception of human actions. *Trends in Cognitive Sciences, 3*, 172–178.

DECETY, J., & JACKSON, P. L. (2004). The functional architecture of human empathy. *Behavioral and Cognitive Neuroscience Reviews, 3*, 71–100.

DECETY, J., YANG, C.-Y., & CHENG, Y. (2010). Physicians down-regulate their pain empathy response: An event–related brain potential study. *NeuroImage, 50*, 1676–1682.

DEEN, B., RICHARDSON, H., DILKS, D. D., TAKAHASHI, A., KEIL, B.,WALD, L. L., ET AL. (2017). Organization of high-level visual cortex in human infants. *Nature Communications, 8*, 13995.

DE FOCKERT, J. W., REES, G., FRITH, C. D., & LAVIE, N. (2001). The role of working memory in visual selective attention. *Science, 291*, 1803–1806.

DEHAENE, S. (2014). *Consciousness and the brain: Deciphering how the brain codes our thoughts.* New York: Penguin.

DEHAENE, S., & COHEN, L. (2011). The unique role of the visual word form area in reading. *Trends in Cognitive Sciences, 15*(6), 254–261.

DEHAENE, S., LE CLEC'H, G., POLINE, J.-B., LE BIHAN, D., & COHEN,L. (2002). The visual word form area: A prelexical representation of visual words in the fusiform gyrus. *Neuroreport, 13*, 321–325.

DEHAENE, S., POSNER, M. I., & TUCKER, D. M. (1994). Localization of a neural system for error detection and compensation. *Psychological Science, 5*, 303–305.

DEIBERT, E., KRAUT, M., KREMEN, S., & HART, J., JR. (1999). Neural pathways in tactile object recognition. *Neurology, 52*, 1413–1417.

DELIS, D., ROBERTSON, L., & EFRON, R. (1986). Hemispheric specialization of memory for visual hierarchical stimuli. *Neuropsychologia, 24*, 205–214.

DELL, G. S. (1986). A spreading activation theory of retrieval in sentence production. *Psychological Review, 93*, 283–321.

DELONG, M. R. (1990). Primate models of movement disorders of basal ganglia origin. *Trends in Neurosciences, 13*, 281–285.

DE MARTINO, B., CAMERER, C. F., & ADOLPHS, R. (2010). Amygdala damage eliminates monetary loss aversion. *Proceedings of the National Academy of Sciences, USA, 107*(8), 3788–3792.

DENNETT, D. (1991). *Consciousness explained.* Boston: Little, Brown.

DENNIS, N. A., BOWMAN, C. R., & VANDEKAR, S. N. (2012). True and phantom recollection: An fMRI investigation of similar and distinct neural correlates and connectivity. *NeuroImage, 59*(3), 2982–2993.

DENNY, B. T., SILVERS, J. A., & OCHSNER, K. N. (2009). How we heal what we don't want to feel: The functional neural architecture of emotion regulation. In A. M. Kring & D. M. Sloan (Eds.), *Emotion regulation and psychopathology: A transdiagnostic approach to etiology and treatment* (pp. 59–87). New York: Guilford.

DESIMONE, R. (1991). Face-selective cells in the temporal cortex of monkeys. *Journal of Cognitive Neuroscience, 3*, 1–8.

DESIMONE, R., ALBRIGHT, T. D., GROSS, C. G., & BRUCE, C. (1984).Stimulus-selective properties of inferior temporal neurons in the macaque. *Journal of Neuroscience, 4*, 2051–2062.

DESIMONE, R., & DUNCAN, J. (1995). Neural mechanisms of selective visual attention. *Annual Review of Neuroscience, 18*(1), 193–222.

DESIMONE, R., WESSINGER, M., THOMAS, L., & SCHNEIDER, W.(1990). Attentional control of visual perception: Cortical and subcortical mechanisms. *Cold Spring Harbor Symposia on Quantitative Biology, 55*, 963–971.

DESMURGET, M., EPSTEIN, C. M., TURNER, R. S., PRABLANC, C.,ALEXANDER, G. E., & GRAFTON, S. T. (1999). Role of the posterior parietal cortex in updating reaching movements to a visual target. *Nature Neuroscience, 2*, 563–567.

DESMURGET, M., REILLY, K. T., RICHARD, N., SZATHMARI, A.,MOTTOLESE, C., & SIRIGU, A. (2009). Movement intention after parietal cortex stimulation in humans. *Science, 324*, 811–813.

DESTENO, D., LI, Y., DICKENS, L., & LERNER, J. S. (2014). Gratitude:A tool for reducing economic impatience. *Psychological Science, 25*(6), 1262–1267.

DETTMAN, S. J., DOWELL, R. C., CHOO, D., ARNOTT, W., ABRAHAMS,Y., DAVIS, A., ET AL. (2016). Long-term communication outcomes for children receiving cochlear implants younger than 12 months: A multicenter study. *Otology & Neurotology, 37*(2), e82–e95.

DEWITT, I., & RAUSCHECKER, J. P. (2012). Phoneme and word recognition in the auditory ventral stream. *Proceedings of the National Academy of Sciences, USA, 109*(8), E505–E514.

DE ZEEUW, P., & DURSTON, S. (2017). Cognitive control in attention deficit hyperactivity disorder. In T. Egner (Ed.), *Wiley handbook of cognitive control* (pp. 602–618). Chichester, England: Wiley.

DIAMOND, A. (1990). The development and neural bases of memory functions as indexed by the A(not)B and delayed response tasks in human infants and infant monkeys. In A. Diamond (Ed.),*The development and neural bases of higher cognitive functions* (pp. 267–317). New York: New York Academy of Sciences.

DIAMOND, A., & LING, D. S. (2016). Conclusions about interventions, programs, and approaches for improving executive functions that appear justified and those that, despite much hype, do not. *Developmental Cognitive Neuroscience, 18*, 34–48.

DIANA, R. A., YONELINAS, A. P., & RANGANATH, C. (2007). Imaging recollection and familiarity in the medial temporal lobe: A threecomponent model. *Trends in Cognitive Sciences, 11*, 379–386.

DIAS-FERREIRA, E., SOUSA, J. C., MELO, I., MORGADO, P., MESQUITA,A. R., CERQUEIRA, J. J., ET AL. (2009). Chronic stress causes frontostriatal reorganization and affects decision-making. *Science, 325*(5940), 621–625.

DICKERSON, S. S., & KEMENY, M. E. (2004). Acute stressors and corti- sol responses: A theoretical integration and synthesis of laboratory research. *Psychological Bulletin, 130*(3), 355.

DITTERICH, J., MAZUREK, M. E., & SHADLEN, M. N. (2003). Microstimulation of visual cortex affects the speed of perceptual decisions. *Nature Neuroscience, 6*(8), 891–898.

DOLAN, R. J. (2002). Emotion, cognition, and behavior. *Science, 298*(5596), 1191–1194.

DOLCOS, F., LABAR, K. S., & CABEZA, R. (2004). Interaction between the amygdala and the medial temporal lobe memory system predicts better memory for emotional events. *Neuron, 42*, 855–863.

DONDERS, F. C. (1969). On the speed of mental processes. *Acta Psychologica, 30*, 412–431. (Translation of *Die Schnelligkeit psychischer Processe,* originally published 1868)

DO REGO, J. L., SEONG, J. Y., BUREL, D., LEPRINCE, J., LUU-THE, V.,TSUTSUI, K., ET AL. (2009). Neurosteroid biosynthesis: Enzymatic pathways and neuroendocrine regulation by neurotransmitters and neuropeptides. *Frontiers in Neuroendocrinology, 30*(3), 259–301.

DOWNAR, J., CRAWLEY, A. P., MIKULIS, D. J., & DAVIS, K. D. (2000).A multimodal cortical network for the detection of changes in the sensory environment. *Nature Neuroscience, 3*(3), 277–283.

DOWNING, P., JIANG, Y., SHUMAN, M., & KANWISHER, N. (2001). A cortical area selective for visual processing of the human body. *Science, 293*, 2470–2473.

DOYLE, J., & CSETE, M. (2011). Architecture, constraints, and behavior. *Proceedings of the National Academy of Sciences, USA, 108*(Suppl. 3), 15624–15630.

DRACHMAN, D. A. (2014). The amyloid hypothesis, time to move on: Amyloid is the downstream result, not cause, of Alzheimer's disease. *Alzheimer's & Dementia, 10*(3), 372–380.

DRAGANSKI, B., GASER, C., BUSCH, V., SCHUIERER, G., BOGDAHN,U., & MAY, A. (2004). Neuroplasticity: Changes in grey matter induced by training. *Nature, 427*(6972), 311–312.

DRIVER, J., & NOESSELT, T. (2007). Multisensory interplay reveals crossmodal influences on "sensory-specific" brain regions, neural responses, and judgments. *Neuron, 57*, 11–23.

DRONKERS, N. F. (1996). A new brain region for coordinating speech articulation. *Nature, 384*, 159–161.

DRONKERS, N. F., PLAISANT, O., IBA-ZIZEN, M. T., & CABANIS, E. A.(2007). Paul Broca's historic cases: High-resolution MR imaging of the brains of Leborgne and Lelong. *Brain, 130*(5), 1432–1441.

DRONKERS, N. F., WILKINS, D. P., VAN VALIN, R. D., REDFERN, B. B.,& JAEGER, J. J. (1994). A reconsideration of the brain areas involved in the disruption of morphosyntactic comprehension. *Brain and Language, 47*, 461–462.

DRUZGAL, T. J., & D'ESPOSITO, M. (2003). Dissecting contributions of prefrontal cortex and fusiform face area to face working memory. *Journal of Cognitive Neuroscience, 15*, 771–784.

DUCHENNE DE BOLOGNE, G. B. (1862). *The mechanism of human facial expression.* (R. A. Cuthbertson, Trans.). Paris: Jules Renard.

DUM, R. P., & STRICK, P. L. (2002). Motor areas in the frontal lobe of the primate. *Physiology & Behavior, 77*, 677–682.

DUNCAN, J. (1984). Selective attention and the organization of visual information. *Journal of Experimental Psychology. General, 113*, 501–517.

DUNCAN, J. (1995). Attention, intelligence, and the frontal lobes. In M. S. Gazzaniga (Ed.), *The cognitive neurosciences* (pp. 721–733). Cambridge, MA: MIT Press.

DUNCAN, J., & HUMPHREYS, G. W. (1989). Visual search and stimulus similarity. *Psychological Review, 96*(3), 433.

DUNSMOOR, J. E., KRAGEL, P. A., MARTIN, A., & LABAR, K. S. (2014).Aversive learning modulates cortical representations of object categories. *Cerebral Cortex, 24*(11), 2859–2872.

DUNSMOOR, J. E., MURTY, V. P., DAVACHI, L., & PHELPS, E. A. (2015).Emotional learning selectively and retroactively strengthens memories for related events. *Nature, 520*(7547), 345–348.

DUNSMOOR, J. E., NIV, Y., DAW, N., & PHELPS, E. A. (2015). Rethinking extinction. *Neuron, 88*(1), 47–63.

DUONG, T. Q., KIM, D. S., UGURBIL, K., & KIM, S. G. (2000). Spatiotemporal dynamics of the BOLD fMRI signals: Toward mapping submillimeter cortical columns using the early negative response. *Magnetic Resonance in Medicine, 44*, 231–242.

DUX, P. E., TOMBU, M. N., HARRISON, S., ROGERS, B. P., TONG, F., & MAROIS, R. (2009). Training improves multitasking performance by increasing the speed of information processing in human prefrontal cortex. *Neuron, 63*, 127–138.

DYE, M. W., GREEN, C. S., & BAVELIER, D. (2009). Increasing speed of processing with action video games. *Current Directions in Psychological Science, 18*(6), 321–326.

DYE, M. W., HAUSER, P. C., & BAVELIER, D. (2009). Is visual selective attention in deaf individuals enhanced or deficient? The case of the useful field of view. *PLoS One, 4*(5), e5640.

EDELMAN, G., & TONONI, G. (2000). *A universe of consciousness: How matter becomes imagination.* New York: Basic Books.

EFRON, R. (1990). *The decline and fall of hemispheric specialization.* Hillsdale, NJ: Erlbaum.

EGLY, R., DRIVER, J., & RAFAL, R. D. (1994). Shifting visual attention between objects and locations—Evidence from normal and parietal lesion subjects. *Journal of Experimental Psychology. General, 123*, 161–177.

EICHELE, T., DEBENER, S., CALHOUN, V. D., SPECHT, K., ENGEL, A. K., HUGDAH, K., ET AL. (2008). Prediction of human errors by maladaptive changes in event-related brain networks. *Proceedings of the National Academy of Sciences, USA, 105*, 6173–6178.

EICHENBAUM, H. (2000). A cortical-hippocampal system for declarative memory. *Nature Reviews Neuroscience, 1*, 41–50.

EICHENBAUM, H., DUDCHENKO, P., WOOD, E., SHAPIRO, M., & TANILA, H. (1999). The hippocampus, memory, and place cells: Is it spatial memory or a memory space? *Neuron, 23*, 209–226.

EICHENBAUM, H., STEWART, C., & MORRIS, R. G. M. (1990). Hippocampal representation in spatial learning. *Journal of Neuroscience, 10*, 331–339.

EICHENBAUM, H., YONELINAS, A. P., & RANGANATH, C. (2007). The medial temporal lobe and recognition memory. *Annual Review of Neuroscience, 30*, 123–152.

EISENBERG, J. F. (1981). *The mammalian radiations: An analysis of trends in evolution, adaptation and behavior.* Chicago: University of Chicago Press.

EJAZ, N., HAMADA, M., & DIEDRICHSEN, J. (2015). Hand use predicts the structure of representations in sensorimotor cortex. *Nature Neuroscience, 18*(7), 1034–1040.

EKMAN, P. (1973). Cross-cultural studies in facial expression. In P. Ekman (Ed.), *Darwin and facial expression: A century of research in review.* New York: Academic Press.

EKMAN, P. (1992). An argument for basic emotions. *Cognition & Emotion, 6*, 169–200.

EKMAN, P. (1994). All emotions are basic. In P. Ekman and R. J. Davidson (Eds.), *The nature of emotion: Fundamental questions* (pp. 15–19). New York: Oxford Univeristy Press.

EKMAN, P. (1999). Basic emotions. In T. Dalgleish & M. Power (Eds.), *Handbook of cognition and emotion* (pp. 45–66). New York: Wiley.

EKMAN, P. (2003). Darwin, deception and facial expressions. *Annals of the New York Academy of Sciences, 1000*, 205–221.

EKMAN, P., & FRIESEN, W. V. (1971). Constants across cultures in the face and emotion. *Journal of Personality and Social Psychology, 17*, 124–129.

ELBERT, T., PANTEV, C., WIENBRUCH, C., ROCKSTROH, B., & TAUB, E. (1995). Increased cortical representation of the fingers of the left hand in string players. *Science, 270*, 305–307.

ELDRIDGE, L. L., KNOWLTON, B. J., FURMANSKI, C. S., BOOKHEIMER, S. Y., & ENGEL, S. A. (2000). Remembering episodes: A selective role for the hippocampus during retrieval. *Nature Neuroscience, 3*, 1149–1152.

EMBERSON, L. L., CROSSWHITE, S. L., RICHARDS, J. E., & ASLIN, R. N.(2017). The lateral occipital cortex is selective for object shape, not texture / color, at six months. *Journal of Neuroscience, 37*(13), 3698–3703.

EMLER, N. (1994). Gossip, reputation and adaptation. In R. F. Goodman & A. Ben-Ze'ev (Eds.), *Good gossip* (pp. 117–138). Lawrence: University of Kansas Press.

ENARD, W. (2011). FOXP2 and the role of cortico-basal ganglia circuits in speech and language evolution. *Current Opinion in Neurobiology, 21*(3), 415–424.

ENARD, W., PRZEWORSKI, M., FISHER, S. E., LAI, C. S., WIEBE, V., KITANO, T., ET AL. (2002). Molecular evolution of FOXP2, a gene involved in speech and language. *Nature, 418*, 869–872.

ENGEL, A. K., FRIES, P., & SINGER, W. (2001). Dynamic predictions: Oscillations and synchrony in top-down processing. *Nature Reviews Neuroscience, 2*, 704–716.

ENGEL, A. K., KREITER, A. K., KONIG, P., & SINGER, W. (1991). Synchronization of oscillatory neuronal responses between striate and extrastriate visual cortical areas of the cat. *Proceedings of the National Academy of Sciences, USA, 88*, 6048–6052.

EPSTEIN, D. (2013). *The sports gene: Inside the science of extraordinary athletic performance.* New York: Penguin.

EPSTEIN, R., & KANWISHER, N. (1998). A cortical representation of the local visual environment. *Nature, 392*, 598–601.

ERICSSON, K. A., KRAMPE, R. T., & TESCH-ROMER, C. (1993). The role of deliberate practice in the acquisition of expert performance. *Psychology Review, 100*, 363–406.

ERIKSEN, C. W., & ERIKSEN, B. (1971). Visual perceptual processing rates and backward and forward masking. *Journal of Experimental Psychology, 89*, 306–313.

ERIKSSON, P. S., PERFILIEVA, E., BJÖRK-ERIKSSON, T., ALBORN, A., NORDBORG, C., PETERSON, D., ET AL. (1998). Neurogenesis in the adult human hippocampus. *Nature Medicine, 4*, 1313–1317.

ESHEL, N., BUKWICH, M., RAO, V., HEMMELDER, V., TIAN, J., & UCHIDA, N. (2015). Arithmetic and local circuitry underlying dopamine prediction errors. *Nature, 525*(7568), 243.

ETCOFF, N. L., EKMAN, P., MAGEE, J. J., & FRANK, M. G.

(2000). Lie detection and language comprehension. *Nature, 405*, 139.

ETKIN, A., BÜCHEL, C., & GROSS, J. J. (2015). The neural bases of emotion regulation. *Nature Reviews Neuroscience, 16*(11), 693–700.

EYLER, L. T., PIERCE, K., & COURCHESNE, E. (2012). A failure of left temporal cortex to specialize for language is an early emerging and fundamental property of autism. *Brain, 135*(3), 949–960.

FALCK-YTTER, T., & VON HOFSTEN, C. (2011). How special is social looking in ASD: A review. *Progress in Brain Research, 189*, 209–222.

FARADAY, M. (1933). *Faraday's diary. Being the various philosophical notes of experiment investigation during the years 1820–1862*.London: Bell.

FARAH, M. J. (2004). *Visual agnosia* (2nd ed.). Cambridge, MA: MIT Press.

FEINSTEIN, J. S., ADOLPHS, R., DAMASIO, A., & TRANEL, D. (2011). The human amygdala and the induction and experience of fear. *Current Biology, 21*, 34–38.

FELDMAN, G., BAUMEISTER, R. F., & WONG, K. F. E. (2014). Free will is about choosing: The link between choice and the belief in free will. *Journal of Experimental Social Psychology, 55*, 239–245.

FELDMAN, G., CHANDRASHEKAR, S. P., & WONG, K. F. E. (2016).The freedom to excel: Belief in free will predicts better academic performance. *Personality and Individual Differences, 90*, 377–383.

FELLOWS, L. K., & FARAH, M. J. (2005). Is anterior cingulate cortex necessary for cognitive control? *Brain, 128*, 788–796.

FELLOWS, L. K., & FARAH, M. J. (2007). The role of ventromedial prefrontal cortex in decision making: Judgment under uncertainty or judgment per se? *Cerebral Cortex, 17*, 2669–2674.

FENDRICH, R., WESSINGER, C. M., & GAZZANIGA, M. S. (1992). Residual vision in a scotoma: Implications for blindsight. *Science, 258*, 1489–1491.

FERDINAND, N. K., MECKLINGER, A., KRAY, J., & GEHRING, W. J.(2012). The processing of unexpected positive response outcomes in the mediofrontal cortex. *Journal of Neuroscience, 32*(35), 12087–12092.

FEREDOES, E., HEINEN, K., WEISKOPF, N., RUFF, C., & DRIVER, J.(2011). Causal evidence for frontal involvement in memory target maintenance by posterior brain areas during distracter interference of visual working memory. *Proceedings of the National Academy of Sciences, USA, 108*, 17510–17515.

FERRY, B., & MCGAUGH, J. L. (2000). Role of amygdala norepinephrine in mediating stress hormone regulation of memory storage. *Acta Pharmacologica Sinica, 21*, 481–493.

FERSTL, E. C., GUTHKE, T., & VON CRAMON, D. Y. (2002). Text comprehension after brain injury: Left prefrontal lesions affect inference processes. *Neuropsychology, 16*(3), 292–308.

FEYNMAN, R. P. (1998). *The meaning of it all*. New York: Perseus. FINGER, S. (1994). *Origins of neuroscience*. New York: Oxford University Press.

FINN, E. S., SHEN, X., SCHEINOST, D., ROSENBERG, M. D., HUANG, J.,CHUN, M. M., ET AL. (2015). Functional connectome fingerprinting: Identifying individuals using patterns of brain connectivity. *Nature Neuroscience, 18*(11), 1664–1671.

FIRST, M. B. (2005). Desire for amputation of a limb: Paraphilia, psychosis, or a new type of identity disorder. *Psychological Medicine, 35*, 919–928.

FISHER, S. E. (2017). Evolution of language: Lessons from the genome.*Psychonomic Bulletin & Review, 24*(1), 34–40.

FLACK, J. C., KRAKAUER, D. C., & DE WAAL, F. B. M. (2005). Robustness mechanisms in primate societies: A perturbation study. *Proceedings of the Royal Society of London, Series B, 272*(1568), 1091–1099.

FLANAGAN, O. J. (1991). *The science of the mind*. Cambridge, MA: MIT Press.

FLEISCHMAN, D. A., & GABRIELI, J. D. (1998). Repetition priming in normal aging and Alzheimer's disease: A review of findings and theories. *Psychology and Aging, 13*(1), 88.

FLORENCE, S. L., & KAAS, J. H. (1995). Large-scale reorganization at multiple levels of the somatosensory pathway follows therapeutic amputation of the hand in monkeys. *Journal of Neuroscience, 15*, 8083–8095.

FLOURENS, M.-J.-P. (1824). *Recherches expérimentales sur les proprieties et les functiones du systeme nerveux dans le animaux vertébrés*. Paris: Ballière.

FONE, K. C., & PORKESS, M. V. (2008). Behavioural and neurochemical effects of post-weaning social isolation in rodents—Relevance to developmental neuropsychiatric disorders. *Neuroscience and Biobehavioral Reviews, 32*(6), 1087–1102.

FORNITO, A., & BULLMORE, E. T. (2010). What can spontaneous fluctuations of the blood oxygenation-level-dependent signal tell us about psychiatric disorders? *Current Opinion in Psychiatry, 23*(3), 239–249.

FOSTER, D., & WILSON, M. (2006). Reverse replay of behavioral sequences in hippocampal place cells during the awake state. *Nature, 440*, 680–683.

FOX, P. T., MIEZIN, F. M., ALLMAN, J. M., VAN ESSEN, D. C., & RAICHLE, M. E. (1987). Retinotopic organization of human visual cortex mapped with positron-emission tomography. *Journal of Neuroscience, 7*, 913–922.

FOX, P. T., MINTUN, M. A., REIMAN, E. M., & RAICHLE, M. E. (1988).Enhanced detection of focal brain responses using intersubject average and change-distribution subtracted PET images. *Journal of Cerebral Blood Flow and Metabolism, 8*, 642–653.

FOX, P. T., & RAICHLE, M. E. (1986). Focal physiological uncoupling of cerebral blood flow and oxidative metabolism during somatosensory stimulation in human subjects. *Proceedings of the National Academy of Sciences, USA, 83*, 1140–1144.

FOX, P. T., RAICHLE, M. E., MINTUN, M. A., & DENCE, C. (1988).Nonoxidative glucose consumption during focal physiologic neural activity. *Science, 241*, 462–464.

FRANCO, M. I., TURIN, L., MERSHIN, A., & SKOULAKIS, E. M. C.(2011). Molecular vibration-sensing component in *Drosophila melanogaster* olfaction. *Proceedings of the National Academy of Sciences, USA, 108*(9), 3797–3802.

FRANK, M. J., & FOSSELLA, J. A. (2011). Neurogenetics and pharmacology of learning, motivation and cognition. *Neuropsychopharmacology, 36*, 133–152.

FRANK, M. J., SAMANTA, J., MOUSTAFA, A. A., & SHERMAN, S. J.(2007). Hold your horses: Impulsivity, deep brain stimulation, and medication in parkinsonism. *Science, 318*, 1309–1312.

FRANKFORT, H., FRANKFORT, H. A., WILSON, J. A., & JACOBSEN, T. (1977). *The intellectual adventure of ancient man: An essay of speculative thought in the ancient Near East* (first Phoenix ed.). Chicago: University of Chicago Press.

FRANZ, E., ELIASSEN, J., IVRY, R., & GAZZANIGA, M. (1996). Dissociation of spatial and temporal coupling in the bimanual movements of callosotomy patients. *Psychological Science, 7*, 306–310.

FRASNELLI, E., VALLORTIGARA, G., & ROGERS, L. J. (2012). Left–right asymmetries of behaviour and nervous system in invertebrates.*Neuroscience and Biobehavioral Reviews, 36*(4), 1273–1291.

FRAZIER, L. (1987). Structure in auditory word recognition. *Cognition, 25*, 157–187.

FRAZIER, T. W., KESHAVAN, M. S., MINSHEW, N. J., & HARDAN, A. Y. (2012). A two-year longitudinal MRI study of the corpus callosum in autism. *Journal of Autism and Developmental Disorders, 42*(11), 2312–2322.

FREEDMAN, D. J., RIESENHUBER, M., POGGIO, T., & MILLER, E. K. (2001). Categorical representations of visual stimuli in the primate prefrontal cortex. *Science, 291*, 312–316.

FREGNI, F., BOGGIO, P., MANSUR, C., WAGNER, T., FERREIRA, M.,LIMA, M. C., ET AL. (2005). Transcranial direct current stimulation of the unaffected hemisphere in stroke patients. *Neuroreport, 16*(14), 1551–1555.

FREIHERR, J., HALLSCHMID, M., FREY, W. H., III, BRÜNNER, Y. F., CHAPMAN, C. D., HÖLSCHER, C., ET AL. (2013). Intranasal insulin as a treatment for Alzheimer's disease: A review of basic research and clinical evidence. *CNS Drugs, 27*(7), 505–514.

FREUD, S. (1882) Über den Bau der Nervenfasern und Nervenzellen beim Flusskrebs (Sitzungsberichte der Kaiserliche Akademie der Wissenschaften, Mathematisch-Naturwissenschaftliche Classe, Vol. 85). [Vienna: K. K. Hof- und Staatsdruckerei].

FREY, U., & MORRIS, R. G. (1997). Synaptic tagging and long-term potentiation. *Nature, 385*, 533–536.

FRICKER-GATES, R. A., SHIN, J. J., TAI, C. C., CATAPANO, L. A., & MACKLIS, J. D. (2002). Late-stage immature neocortical neurons reconstruct interhemispheric connections and form synaptic contacts with increased efficiency in adult mouse cortex undergoing targeted neurodegeneration. *Journal of Neuroscience, 22*, 4045–4056.

FRIDRIKSSON, J., DEN OUDEN, D. B., HILLIS, A. E., HICKOK, G., RORDEN, C., BASILAKOS, A., ET AL. (2018). Anatomy of aphasia revisited. *Brain, 141*(3), 848–862.

FRIEDERICI, A. D. (2012). The cortical language circuit: From auditory perception to sentence comprehension. *Trends in Cognitive Science, 16*(5), 262–268.

FRIEDERICI, A. D., PFEIFER, E., & HAHNE, A. (1993). Event-related brain potentials during natural speech processing: Effects of semantic, morphological and syntactic violations. *Cognitive Brain Research, 1*, 183–192.

FRIEDLANDER, T., MAYO, A. E., TLUSTY, T., & ALON, U. (2015). Evolution of bow-tie architectures in biology. *PLoS Computational Biology, 11*(3), e1004055.

FRIEDRICH, F. J., EGLY, R., RAFAL, R. D., & BECK, D. (1998). Spatial attention deficits in humans: A comparison of superior parietal and temporal-parietal junction lesions. *Neuropsychology, 12*, 193–207.

FRIJDA, N. H. (1986). *The emotions: Studies in emotion and social interaction.* Cambridge: Cambridge University Press.

FRITH, C. D. (2000). The role of the dorsolateral prefrontal cortex in the selection of action as revealed by functional imaging. In S. Monsell & J. Driver (Eds.), *Attention and performance: Vol. 18. Control of cognitive processes* (pp. 549–565). Cambridge, MA: MIT Press.

FRITH, C. D. (2003). What do imaging studies tell us about the neural basis of autism? *Novartis Foundation Symposium, 251*, 149–166.

FRITH, C. [D.] (2004). Is autism a disconnection disorder? *Lancet Neurology, 3*, 577.

FRITSCH, G., & HITZIG, E. (1870). Ueber die elektrische Erregbarkeit des Grosshirns (On the electrical excitability of the cerebrum). *Archiv für Anatomie, Physiologie und wissenschaftliche Medizin, 37*, 300–332.

FRUHMANN, B. M., JOHANNSEN, L., & KARNATH, H. O. (2008). Time course of eye and head deviation in spatial neglect. *Neuropsychology, 22*, 697–702.

FUENTEMILLA, L., MIRÓ, J., RIPOLLÉS, P., VILÀ-BALLÓ, A., JUNCADELLA, M., CASTAÑER, S., ET AL. (2013). Hippocampus-dependent strengthening of targeted memories via reactivation during sleep in humans. *Current Biology, 23*(18), 1769–1775.

FUKUDA, K., AWH, E., & VOGEL, E. K. (2010). Discrete capacity limits in visual working memory. *Current Opinions in Neurobiology, 20*(2), 177–182.

FULTON, J. F. (1928). Observations upon the vascularity of the human occipital lobe during visual activity. *Brain, 51*, 310–320.

FUNAYAMA, E. S., GRILLON, C. G., DAVIS, M., & PHELPS, E. A. (2001).A double dissociation in the affective modulation of startle in humans: Effects of unilateral temporal lobectomy. *Journal of Cognitive Neuroscience, 13*, 721–729.

FUNNELL, M., METCALFE, J., & TSAPKINI, K. (1996) In the mind but not on the tongue: Feeling of knowing in an anomic patient. In Lynne M. Reder (Ed.), *Implicit memory and metacognition* (pp. 171–194). Mahwah, NJ: Erlbaum.

FUSTER, J. M. (1989). *The prefrontal cortex: Anatomy, physiology, and neuropsychology of the frontal lobe* (2nd ed.). New York: Raven.

FUSTER, J. M., & ALEXANDER, G. E. (1971). Neuron activity related to short-term memory. *Science, 173*(3997), 652–654.

GABRIELI, J. D. E., FLEISCHMAN, D. A., KEANE, M. M., REMINGER,S. L., & MORRELL, F. (1995). Double dissociation between memory systems underlying explicit and implicit memory in the human brain. *Psychological Science, 6*, 76–82.

GAFFAN, D., & HARRISON, S. (1987). Amygdalectomy and disconnection in visual learning for auditory secondary reinforcement by monkeys. *Journal of Neuroscience, 7*, 2285–2292.

GAFFAN, D., & HORNAK , J. (1997). Visual neglect in the monkey.Representation and disconnection. *Brain, 120*(Pt. 9),

1647–1657.

GAGNON, S. A., & WAGNER, A. D. (2016). Acute stress and episodic memory retrieval: Neurobiological mechanisms and behavioral consequences. *Annals of the New York Academy of Sciences, 1369*, 55–75.

GAILLIOT, M. T., BAUMEISTER, R. F., DEWALL, C. N., MANER, J. K., PLANT, E. A., TICE, D. M., ET AL. (2007). Self-control relies on glucose as a limited energy source: Willpower is more than a metaphor. *Journal of Personality and Social Psychology, 92*, 325–336.

GALEA, J. M., ALBERT, N. B., DITYE, T., & MIALL, R. C. (2010). Disruption of the dorsolateral prefrontal cortex facilitates the consolidation of procedural skills. *Journal of Cognitive Neuroscience, 22*(6), 1158–1164.

GALEA, J. M., VAZQUEZ, A., PASRICHA, N., DE XIVRY, J. J. O., & CELNIK, P. (2011). Dissociating the roles of the cerebellum and motor cortex during adaptive learning: The motor cortex retains what the cerebellum learns. *Cerebral Cortex, 21*(8), 1761–1770.

GALL, F. J., & SPURZHEIM, J. (1810–1819). *Anatomie et physiologie du système nerveux en général, et du cerveau en particulier*. Paris: Schoell.

GALLAGHER, M., & HOLLAND, P. C. (1992). Understanding the function of the central nucleus: Is simple conditioning enough? In J. P. Aggleton (Ed.), *The amygdala: Neurobiological aspects of emotion, memory, and mental dysfunction* (pp. 307–321). New York: Wiley-Liss.

GALLANT, J. L., SHOUP, R. E., & MAZER, J. A. (2000). A human extrastriate area functionally homologous to macaque V4. *Neuron, 27*, 227–235.

GALLESE, V., FADIGA, L., FOGASSI, L., & RIZZOLATTI, G. (1996). Action recognition in the premotor cortex. *Brain, 119*(2), 593–609.

GALLESE, V., KEYSERS, C., & RIZZOLATTI, G. (2004). A unifying view of the basis of social cognition. *Trends in Cognitive Sciences, 8*, 396–403.

GALLUP, G. G., JR. (1970). Chimpanzees: Self-recognition. *Science, 2*, 86–87.

GALLUP, G. G., JR. (1982). Self-awareness and the emergence of mind in primates. *American Journal of Primatology, 2*, 237–248.

GALUSKE, R. A., SCHLOTE, W., BRATZKE, H., & SINGER, W. (2000). Interhemispheric asymmetries of the modular structure in human temporal cortex. *Science, 289*, 1946–1949.

GAMER, M., & BUCHEL, C. (2009). Amygdala activation predicts gaze toward fearful eyes. *Journal of Neuroscience, 29*, 9123–9126.

GANGULY, K., & CARMENA, J. M. (2009). Emergence of a stable cortical map for neuroprosthetic control. *PLoS Biology, 7*(7), e1000153.

GARDNER, R. A., & GARDNER, B. T. (1969). Teaching sign language to a chimpanzee. *Science, 165*, 664–672.

GATTASS, R., & DESIMONE, R. (2014). Effect of microstimulation of the superior colliculus on visual space attention. *Journal of Cognitive Neuroscience, 26*(6), 1208–1219.

GAUB, B. M., BERRY, M. H., HOLT, A. E., ISACOFF, E. Y., & FLANNERY, J. G. (2015). Optogenetic vision restoration using rhodopsin for enhanced sensitivity. *Molecular Therapy, 23*(10), 1562–1571.

GAUTHIER, I., SKUDLARSKI, P., GORE, J. C., & ANDERSON, A. W. (2000). Expertise for cars and birds recruits brain areas involved in face recognition. *Nature Neuroscience, 3*, 191–197.

GAUTHIER, I., TARR, M. J., ANDERSON, A. W., SKUDLARSKI, P., & GORE, J. C. (1999). Activation of the middle fusiform "face area" increases with expertise in recognizing novel objects. *Nature Neuroscience, 2*, 568–573.

GAZZALEY, A., COONEY, J. W., MCEVOY, K., KNIGHT, R. T., & D'ESPOSITO, M. (2005). Top-down enhancement and suppression of the magnitude and speed of neural activity. *Journal of Cognitive Neuroscience, 17*, 507–517.

GAZZALEY, A., COONEY, J. W., RISSMAN, J., & D'ESPOSITO, M. (2005). Top-down suppression deficit underlies working memory impairment in normal aging. *Nature Neuroscience, 8*, 1298–1300.

GAZZALEY, A., & ROSEN, L. D. (2016). *The distracted mind: Ancient brains in a high-tech world*. Cambridge: MIT Press.

GAZZANIGA, M. S. (1985). *The social brain*. New York: Basic Books. GAZZANIGA, M. S. (2000). Cerebral specialization and inter-hemispheric communication: Does the corpus callosum enable the human condition? *Brain, 123*, 1293–1326.

GAZZANIGA, M. S. (2011). *Who's in charge?* New York: Harper Collins. GAZZANIGA, M. S. (2015). *Tales from both sides of the brain*. New York: Harper Collins.

GAZZANIGA, M. S. (2018). *The consciousness instinct: Unraveling the mystery of how the brain makes the mind*. New York: Farrar, Straus and Giroux.

GAZZANIGA, M. S., BOGEN, J. E., & SPERRY, R. (1962). Some functional effects of sectioning the cerebral commissures in man. *Proceedings of the National Academy of Sciences, USA, 48*, 1756–1769.

GAZZANIGA, M. S., & LEDOUX, J. E. (1978). *The integrated mind*. New York: Plenum.

GAZZANIGA, M. S., & SMYLIE, C. S. (1983). Facial recognition and brain asymmetries: Clues to underlying mechanisms. *Annals of Neurology, 13*, 536–540.

GAZZANIGA, M. S., & SMYLIE, C. S. (1984). Dissociation of language and cognition: A psychological profile of two disconnected right hemispheres. *Brain, 107*, 145–153.

GAZZANIGA, M. S., & SMYLIE, C. S. (1990). Hemispheric mechanisms controlling voluntary and spontaneous facial expressions. *Journal of Cognitive Neuroscience, 2*, 239–245.

GAZZOLA, V., & KEYSERS, C. (2009). The observation and execution of actions share motor and somatosensory voxels in all tested subjects: Single-subject analyses of unsmoothed fMRI data. *Cerebral Cortex, 19*, 1239–1255.

GEHRING, W. J., GOSS, B., COLES, M. G. H., MEYER, D. E., & DONCHIN, E. (1993). A neural system for error detection and compensation. *Psychological Science, 4*, 385–390.

GELSTEIN, S., YESHURUN, Y., ROZENKRANTZ, L., SHUSHAN, S., FRUMIN, I., ROTH, Y., ET AL. (2011). Human tears contain a chemosignal. *Science, 331*(6014), 226–230.

GEORGOPOULOS, A. P. (1990). Neurophysiology of reaching. In M. Jeannerod (Ed.), *Attention and performance XIII: Motor representation and control* (pp. 227–263). Hillsdale, NJ: Erlbaum.

GEORGOPOULOS, A. P. (1995). Motor cortex and cognitive processing. In M. S. Gazzaniga (Ed.), *The cognitive neurosciences* (pp. 507–517). Cambridge, MA: MIT Press.

GERHART, J., & KIRSCHNER, M. (2007). The theory of facilitated variation. *Proceedings of the National Academy of Sciences, USA, 104*(Suppl. 1), 8582–8589.

GERLACH, C., LAW, I., & PAULSON, O. B. (2002). When action turns into words. Activation of motor-based knowledge during categorization of manipulable objects. *Journal of Cognitive Neuroscience, 14*, 1230–1239.

GESCHWIND, N. (1970). The organization of language and the brain. *Science, 170*, 940–944.

GESCHWIND, N., & LEVITSKY, W. (1968). Human brain: Left-right asymmetries in temporal speech region. *Science, 161*, 186–187.

GHAZANFAR, A. A., CHANDRASEKARAN, C., & LOGOTHETIS, N. K. (2008). Interactions between the superior temporal sulcus and auditory cortex mediate dynamic face / voice integration in rhesus monkeys. *Journal of Neuroscience, 28*, 4457–4469.

GIACINO, J. T., ASHWAL, S., CHILDS, N., CRANFORD, R., JENNETT, B., KATZ, D. I., ET AL. (2002). The minimally conscious state definition and diagnostic criteria. *Neurology, 58*(3), 349–353.

GIARD, M.-H., FORT, A., MOUCHETANT-ROSTAING, Y., & PERNIER, J. (2000). Neurophysiological mechanisms of auditory selective attention in humans. *Frontiers in Bioscience, 5*, D84–D94.

GIBSON, J. J. (1979). *The ecological approach to visual perception.* Boston: Houghton Mifflin. GIBSON, J. R., BEIERLEIN, M., & CONNORS, B. W. (1999). Two networks of electrically coupled inhibitory neurons in neocortex. *Nature, 402*, 75–79.

GIEDD, J. N., BLUMENTHAL, J., JEFFRIES, N. O., CASTELLANOS, F. X., LIU, H., ZIJDENBOS, A., ET AL. (1999). Brain development during childhood and adolescence: A longitudinal MRI study. *Nature Neuroscience, 2*, 861–863.

GILBERT, D. (2006). *Stumbling on happiness.* New York: Random House. GILBERTSON, M. W., SHENTON, M. E., CISZEWSKI, A., KASAI, K., LASKO, N. B., ORR, S. P., ET AL. (2002). Smaller hippocampal volume predicts pathologic vulnerability to psychological trauma. *Nature Neuroscience, 5*, 1242–1247.

GILBOA, A., RAMIREZ, J., KÖHLER, S., WESTMACOTT, R., BLACK, S. E., & MOSCOVITCH, M. (2005). Retrieval of autobiographical memory in Alzheimer's disease: Relation to volumes of medial temporal lobe and other structures. *Hippocampus, 15*, 535–550.

GILOVICH, T. (1991). *How we know what isn't so.* New York: Macmillan.

GLEICHGERRCHT, E., FRIDRIKSSON, J., RORDEN, C., & BONILHA, L. (2017). Connectome-based lesion-symptom mapping (CLSM): A novel approach to map neurological function? *NeuroImage. Clinical, 16*, 461–467.

GLISKY, E. L., POLSTER, M. R., & ROUTHUIEAUX, B. C. (1995). Double dissociation between item and source memory. *Neuropsychology, 9*, 229–235.

GOEL, V., GRAFMAN, J., TAJIK, J., GANA, S., & DANTO, D. (1997). A study of the performance of patients with frontal lobe lesions in a financial planning task. *Brain, 120*, 1805–1822.

GOEL, V., TIERNEY, M., SHEESLEY, L., BARTOLO, A., VARTANIAN, O., & GRAFMAN, J. (2007). Hemispheric specialization in human prefrontal cortex for resolving certain and uncertain inferences. *Cerebral Cortex, 17*, 2245–2250.

GOLDIN, P. R., MCRAE, K., RAMEL, W., & GROSS, J. J. (2008). The neural bases of emotion regulation: Reappraisal and suppression of negative emotion. *Biological Psychiatry, 63*, 577–586.

GOLDMAN-RAKIC, P. S. (1987). Circuitry of primate prefrontal cortex and regulation of behavior by representational memory. In *Handbook of physiology: Vol. 5. The nervous system* (pp. 373–417). Bethesda, MD: American Physiological Society.

GOLDMAN-RAKIC, P. S. (1992). Working memory and the mind. *Scientific American, 267*(3), 111–117.

GOLDMAN-RAKIC, P. S. (1995). Architecture of the prefrontal cortex and the central executive. In J. Grafman, K. J. Holyoak, & F. Boller (Eds.), *Structure and functions of the human prefrontal cortex* (pp. 71–83). New York: New York Academy of Sciences.

GOLDMAN-RAKIC, P. S. (1996). Regional and cellular fractionation of working memory. *Proceedings of the National Academy of Sciences, USA, 93*(24), 13473–13480.

GOLDSBY, R. A. (1976). *Basic biology.* New York: Harper and Row.

GOLDSTEIN, R. Z., & VOLKOW, N. D. (2011). Dysfunction of the prefrontal cortex in addiction: Neuroimaging findings and clinical implications. *Nature Reviews Neuroscience, 12*(11), 652–669.

GOLGI, C. (1894). *Untersuchungen über den feineren Bau des centralen und peripherischen Nervensystems.* Jena, Germany: Fischer.

GOODALE, M. A., & MILNER, A. D. (1992). Separate visual pathways for perception and action. *Trends in Neurosciences, 15*, 22–25.

GOODALE, M. A., & MILNER, A. D. (2004). *Sight unseen: An exploration of conscious and unconscious vision.* Oxford: Oxford University Press.

GOPNIK, A., & WELLMAN, H. (1992). Why the child's theory of mind really is a theory. *Mind and Language, 7*(1–2), 145–171.

GORGOLEWSKI, K. J., VAROQUAUX, G., RIVERA, G., SCHWARZ, Y., GHOSH, S. S., MAUMET, C., ET AL. (2015). NeuroVault.org: A web-based repository for collecting and sharing unthresholded statisti- cal maps of the human brain. *Frontiers in Neuroinformatics, 9*(8).

GOTTS, S. J., JO, H. J., WALLACE, G. L., SAAD, Z. S., COX, R. W., & MARTIN, A. (2013). Two distinct forms of functional lateralization in the human brain. *Proceedings of the National Academy of Sciences, USA, 110*(36), E3435–E3444.

GOZZI, M., NIELSON, D. M., LENROOT, R. K., OSTUNI, J. L., LUCKENBAUGH, D. A., THURM, A. E., ET AL. (2012). A magnetization transfer imaging study of corpus callosum myelination in young children with autism. *Biological Psychiatry, 72*(3), 215–220.

GRABOWECKY, M., ROBERTSON, L. C., & TREISMAN, A. (1993). Pre-attentive processes guide visual search. *Journal of Cognitive Neuroscience, 5*, 288–302.

GRADINARU, V., MOGRI, M., THOMPSON, K. R., HENDERSON, J. M., & DEISSEROTH, K. (2009). Optical deconstruction of parkinsonian neural circuitry. *Science, 324*, 354–359.

GRAEF, S., BIELE, G., KRUGEL, L. K., MARZINZIK, F., WAHL, M.,WOTKA, J., ET AL. (2010). Differential influence of levodopa on reward-base learning in Parkinson's disease. *Frontiers in Human Neuroscience, 4*, 169.

GRAF, P., SQUIRE, L. R., & MANDLER, G. (1984). The information that amnesic patients do not forget. *Journal of Experimental Psychology. Learning, Memory, and Cognition, 10*(1), 164.

GRAFTON, S. T., FADIGA, L., ARBIB, M. A., & RIZZOLATTI, G. (1997).Premotor cortex activation during observation and naming of familiar tools. *NeuroImage, 6*, 231–236.

GRAHAM, J., CARLSON, G. R., & GERARD, R. W. (1942). Membrane and injury potentials of single muscle fibers. *Federation Proceedings, 1*, 31.

GRATTON, C., LEE, T. G., NOMURA, E. M., & D'ESPOSITO, M. (2013). The effect of theta-burst TMS on cognitive control networks measured with resting state fMRI. *Frontiers in Systems Neuroscience, 7*, 124.

GRATTON, G., & FABIANI, M. (1998). Dynamic brain imaging:Event-related optical signal (EROS) measures of the time course and localization of cognitive-related activity. *Psychonomic Bulletin & Review, 5*, 535–563.

GRAY, C. M., KONIG, P., ENGEL, A. K., & SINGER, W. (1989). Oscillatory responses in cat visual cortex exhibit intercolumnar synchronization which reflects global stimulus properties. *Nature, 338*, 334–337.

GREENBERG, J. O. (1995). *Neuroimaging: A companion to Adams and Victor's Principles of neurology*. New York: McGraw-Hill.

GREENE, J. D., NYSTROM, L. E., ENGELL, A. D., DARLEY, J. M., & COHEN, J. D. (2004). The neural bases of cognitive conflict and control in moral judgment. *Neuron, 44*, 389–400.

GREENE, J. D., SOMMERVILLE, R. B., NYSTROM, L. E., DARLEY, J. M., & COHEN, J. D. (2001). An fMRI investigation of emotional engagement in moral judgment. *Science, 293*, 2105–2108.

GREENFIELD, P. M. (1991). Language, tools and brain: The ontogeny and phylogeny of hierarchically organized sequential behavior. *Behavioral and Brain Sciences, 14*(4), 531–551.

GREENWALD, A. G., MCGHEE, J. L., & SCHWARTZ, J. L. (1998).Measuring individual differences in social cognition: The Implicit Association Test. *Journal of Personality and Social Psychology, 74*, 1474–1480.

GREFKES, C., & FINK, G. R. (2005). The functional organization of the intraparietal sulcus in humans and monkeys. *Journal of Anatomy, 207*, 3–17.

GREGORIOU, G. G., GOTTS, S. J., ZHOU, H., & DESIMONE, R. (2009). High-frequency, long-range coupling between prefrontal and visual cortex during attention. *Science, 324*(5931), 1207–1210.

GRICE, H. P. (1957). Meaning. *Philosophical Review, 66*, 377–388.

GRILL-SPECTOR, K., KNOUF, N., & KANWISHER, N. (2004). The fusiform face area subserves face perception, not generic withincategory identification. *Nature Neuroscience, 7*, 555–562.

GRILL-SPECTOR, K., KOURTZI, Z., & KANWISHER, N. (2001). The lateral occipital complex and its role in object recognition. *Vision Research, 41*, 1409–1422.

GRINBAND, J., SAVITSKAYA, J., WAGER, T. D., TEICHERT, T., FERRERA, V. P., & HIRSCH, J. (2011a). Conflict, error likelihood, and RT: Response to Brown & Yeung et al. *NeuroImage, 57*, 320–322.

GRINBAND, J., SAVITSKAYA, J., WAGER, T. D., TEICHERT, T., FERRERA,V. P., & HIRSCH, J. (2011b). The dorsal medial frontal cortex is sensitive to time on task, not response conflict or error likelihood. *NeuroImage, 57*, 303–311.

GRINBAND, J., WAGER, T. D., LINDQUIST, M., FERRERA, V. P., & HIRSCH, J. (2008). Detection of time-varying signals in event- related fMRI designs. *NeuroImage, 43*, 509–520.

GROSS, J. (1998a). Antecedent- and response-focused emotion regulation: Divergent consequences for experience, expression, and physiology. *Journal of Personality and Social Psychology, 74*, 224–237.

GROSS, J. (1998b). The emerging field of emotion regulation: An integrative review. *Review of General Psychology, 2*(3), 271–299.

GROSSENBACHER, P. G., & LOVELACE, C. T. (2001). Mechanisms of synesthesia: Cognitive and physiological constraints. *Trends in Cognitive Sciences, 5*, 36–41.

GROSSMAN, M., ESLINGER, P. J., TROIANI, V., ANDERSON, C., AVANTS, B., GEE, J. C., ET AL. (2010). The role of ventral medial prefrontal cortex in social decisions: Converging evidence from fMRI and frontotemporal lobar degeneration. *Neuropsychologia, 48*, 3505–3512.

GROSSMANN, T., JOHNSON, M. H., FARRONI, T., & CSIBRA, G. (2007).Social perception in the infant brain: Gamma oscillatory activity in response to eye gaze. *Social, Cognitive, and Affective Neuroscience, 2*, 284–291.

GROSZER, M., KEAYS, D. A., DEACON, R. M., DE BONO, J. P., PRASAD-MULCARE, S., GAUB, S., ET AL. (2008). Impaired synaptic plasticity and motor learning in mice with a point mutation implicated in human speech deficits. *Current Biology, 18*(5), 354–362.

GRZIMEK'S ENCYCLOPEDIA OF MAMMALS, VOL. 3. (1990). New York:McGraw-Hill.

GU, X., HOF, P. R., FRISTON, K. J., & FAN, J. (2013). Anterior insular cortex and emotional awareness. *Journal of Comparative Neurology, 521*(15), 3371–3388.

GUILLIN, O., ABI-DARGHAM, A., & LARUELLE, M. (2007). Neurobiology of dopamine in schizophrenia. *International Review Neurobiology, 78*, 1–39.

GUILLON, Q., HADJIKHANI, N., BADUEL, S., & ROGÉ, B. (2014). Visual social attention in autism spectrum disorder: Insights from eye tracking studies. *Neuroscience and Biobehavioral Reviews, 42*, 279–297.

GUSNARD, D. A., AKBUDAK, R., SHULMAN, G. L., & RAICHLE, M. E.(2001). Medial prefrontal cortex and self-referential mental activity: Relation to a default mode of brain function. *Proceedings of the National Academy of Sciences, USA, 98*(7), 4259–4264.

GUSNARD, D. A., & RAICHLE, M. E. (2001). Searching for a baseline: Functional imaging and the resting human brain.

Nature Reviews Neuroscience, 2, 685–694.

GUSTAFSSON, B., & WIGSTRÖM, H. (1988). Physiological mechanisms underlying long-term potentiation. *Trends in Neurosciences, 11*(4), 156–162.

HAAR, S., DONCHIN, O., & DINSTEIN, I. (2015). Dissociating visual and motor directional selectivity using visuomotor adaptation. *Journal of Neuroscience, 35*(17), 6813–6821.

HABEL, U., KLEIN, M., KELLERMANN, T., SHAH, N. J., & SCHNEIDER, F. (2005). Same or different? Neural correlates of happy and sad mood in healthy males. *NeuroImage, 26*, 206–214.

HABIB, M., & SIRIGU, A. (1987). Pure topographical disorientation: A definition and anatomical basis. *Cortex, 23*, 73–85.

HADAMARD, J. (1945). *An essay on the psychology of invention in the mathematical field*. Princeton, NJ: Princeton University Press.

HADJIKHANI, N., CHABRIS, C. F., JOSEPH, R. M., CLARK, J., MCGRATH, L., AHARON, I., ET AL. (2004). Early visual cortex organization in autism: An fMRI study. *Neuroreport, 15*(2), 267–270.

HAERER, A. F. (1992). *DeJong's the neurologic examination* (5th ed.). Philadelphia: Lippincott.

HAGOORT, P. (2005). On Broca, brain, and binding: A new framework. *Trends in Cognitive Neurosciences, 9*, 416–423.

HAGOORT, P. (2013). MUC (Memory, Unification, Control) and beyond. *Frontiers in Psychology, 4*, 416.

HAGOORT, P., BROWN, C., & GROOTHUSEN, J. (1993). The syntactic positive shift (SPS) as an ERP measure of syntactic processing. *Language and Cognitive Processes, 8*, 439–483.

HALLIGAN, P. W., & MARSHALL, J. C. (1998). Neglect of awareness. *Conscious Cognition, 7*, 356–380.

HAMANI, C., NEIMAT, J., & LOZANO, A. M. (2006). Deep brain stimulation for the treatment of Parkinson's disease. *Journal of Neural Transmission, 70*(Suppl.), 393–399.

HAMANN, S. B., ELY, T. D., GRAFTON, S. T., & KILTS, C. D. (1999). Amygdala activity related to enhanced memory for pleasant and aversive stimuli. *Nature Neuroscience, 2*, 289–293.

HAMILTON, A. F. DE C., & GRAFTON, S. T. (2007). Action outcomes are represented in human inferior frontoparietal cortex. *Cerebral Cortex, 18*, 1160–1168.

HAMLIN, J. K., MAHAJAN, N., LIBERMAN, Z., & WYNN, K. (2013). Not like me = bad: Infants prefer those who harm dissimilar others. *Psychological Science, 24*(4), 589–594.

HAPPÉ, F. (1999). Cognitive deficit or cognitive style? *Trends in Cognitive Sciences, 3*(6), 216–222.

HARDAN, A. Y., MINSHEW, N. J., & KESHAVAN, M. S. (2000). Corpus callosum size in autism. *Neurology, 55*(7), 1033–1036.

HARE, T. A., CAMERER, C. F., & RANGER, A. (2009). Self-control in decision making involves modulation of the vmPFC valuation system. *Science, 324*, 646–648.

HAREL, N. Y., & STRITTMATTER, S. M. (2006). Can regenerating axons recapitulate developmental guidance during recovery from spinal cord injury? *Nature Reviews Neuroscience, 7*, 603–616.

HARKNESS, R. D., & MAROUDAS, N. G. (1985). Central place foraging by an ant (*Cataglyphis bicolor* Fab.): A model of searching. *Animal Behaviour, 33*, 916–928.

HARMON-JONES, E., & MILLS, J. (1999). *Cognitive dissonance: Progress on a pivotal theory in social psychology*. Washington, DC: American Psychological Association.

HARRIS, L. J. (1989). Footedness in parrots: Three centuries of research, theory, and mere surmise. *Canadian Journal of Psychology, 43*, 369–396.

HARRIS, P. L. (1992). From simulation to folk psychology: The case for development. *Mind and Language, 7*, 120–144.

HART, J., BERNDT, R. S., & CARAMAZZA, A. (1985). Category-specific naming deficit following cerebral infarction. *Nature, 316*, 439–440.

HASSON, U., GHAZANFAR, A. A., GALANTUCCI, B., GARROD, S., & KEYSERS, C. (2012). Brain-to-brain coupling: A mechanism for creating and sharing a social world. *Trends in Cognitive Sciences, 16*(2), 114–121.

HATFIELD, E., & RAPSON, R. L. (1987). Passionate love / sexual desire: Can the same paradigm explain both? *Archives of Sexual Behavior, 16*(3), 259–278.

HATSOPOULOS, N. G., & SUMINSKI, A. J. (2011). Sensing with the motor cortex. *Neuron, 72*, 477–487.

HAYDEN, B., PEARSON, J. M., & PLATT, M. L. (2011). Neuronal basis of sequential foraging decision in a patchy environment. *Nature Neuroscience, 14*(7), 933–939.

HAYNES, J.-D., & REES, G. (2005). Predicting the orientation of invisible stimuli from activity in human primary visual cortex. *Nature Neuroscience, 8*(5), 686–691.

HAZELTINE, E., TEAGUE, D., & IVRY, R. B. (2002). Simultaneous dual-task performance reveals parallel response selection after practice. *Journal of Experimental Psychology. Human Perception and Performance, 28*(3), 527–545.

HEBB, D. (1949). *The organization of behavior: A neuropsychological theory*. New York: Wiley.

HEBERLEIN, A. S., & ADOLPHS, R. (2004). Impaired spontaneous anthropomorphizing despite intact perception and social knowledge. *Proceedings of the National Academy of Sciences, USA, 101*, 7487–7491.

HEIDER, F., & SIMMEL, M. (1944). An experimental study of apparent behavior. *American Journal of Psychology, 57*, 243–259.

HEILMAN, K. M., SCHOLES, R., & WATSON, R. T. (1975). Auditory affective agnosia: Disturbed comprehension of affective speech. *Journal of Neurology, Neurosurgery, and Psychiatry, 38*, 69–72.

HEINZE, H. J., MANGUN, G. R., BURCHERT, W., HINRICHS, H., SCHOLZ, M., MÜNTE, T. F., ET AL. (1994). Combined spatial and temporal imaging of brain activity during visual selective attention in humans. *Nature, 372*, 543–546.

HELENIUS, P., SALMELIN, R., SERVICE, E., & CONNOLLY, J. F. (1998). Distinct time courses of word and context comprehension in the left temporal cortex. *Brain, 121*, 1133–1142.

HELMHOLTZ, H. VON. (1968). Treatise on physiological optics. In R. M. Warren and R. P. Warren (Trans.), *Helmholtz on perception, its physiology and development*. New York: Wiley, 1968. (Original work published 1909–1911)

HENKE, K. (2010). A model for memory systems based on processing modes rather than consciousness. *Nature Reviews Neuroscience, 11*, 523–532.

HENKE, K., MONDADORI, C. R. A., TREYER, V., M.,

NITSCH, R. M.,BUCK, A., & HOCK, C. (2003). Nonconscious formation and reactivation of semantic associations by way of the medial temporal lobe. *Neuropsychologia, 41*, 863–876.

HENKE, K., TREYER, V., NAGY, E. T., KNEIFEL, S., DÜSTELER, M.,NITSCH, R.M., ET AL. (2003). Active hippocampus during nonconscious memories. *Consciousness and Cognition, 12*, 31–48.

HERCULANO-HOUZEL, S. (2009). The human brain in numbers: A linearly scaled-up primate brain. *Frontiers in Human Neuroscience, 3*, 31.

HERRMANN, C. S., RACH, S., NEULING, T., & STRÜBER, D. (2013).Transcranial alternating current stimulation: A review of the underlying mechanisms and modulation of cognitive processes. *Frontiers in Human Neuroscience, 7*, 279.

HERRMANN, E., CALL, J., HERNÀNDEZ-LLOREDA, M. V., HARE, B., & TOMASELLO, M. (2007). Humans have evolved specialized skills of social cognition: The cultural intelligence hypothesis. *Science, 317*, 1360–1366.

HICKOK, G. (2009). Eight problems for the mirror neuron theory of action understanding in monkeys and humans. *Journal of Cognitive Neuroscience, 21*(7), 1229–1243.

HICKOK, G. (2012). Computational neuroanatomy of speech production. *Nature Reviews Neuroscience, 13*(2), 135.

HIGO, T., MARS, R. B., BOORMAN, E. D., BUCH, E. R., & RUSHWORTH,M. F. (2011). Distributed and causal influence of frontal operculum in task control. *Proceedings of the National Academy of Sciences, USA, 108*, 4230–4235.

HIKOSAKA, K., IWAI, E., SAITO, H., & TANAKA, K. (1988). Polysensory properties of neurons in the anterior bank of the caudal superior temporal sulcus of the macaque monkey. *Journal of Neurophysiology, 60*, 1615–1637.

HIKOSAKA, O., BROMBERG-MARTIN, E., HONG, S., & MATSUMOTO, M.(2008). New insights on the subcortical representation of reward. *Current Opinions in Neurobiology, 18*, 203–208.

HILLIS, A. E., WORK, M., BARKER, P. B., JACOBS, M. A., BREESE, E. L.,& MAURER, K. (2004). Re-examining the brain regions crucial for orchestrating speech articulation. *Brain, 127*, 1461–1462.

HILLYARD, S. A., & ANLLO-VENTO, L. (1998). Event-related brain potentials in the study of visual selective attention. *Proceedings of the National Academy of Sciences, USA, 95*, 781–787.

HILLYARD, S. A., HINK, R. F., SCHWENT, V. L., & PICTON, T. W.(1973). Electrical signs of selective attention in the human brain. *Science, 182*, 177–180.

HILLYARD, S. A., & MÜNTE, T. F. (1984). Selective attention to color and location: An analysis with event-related brain potentials. *Perception & Psychophysics, 36*(2), 185–198.

HILTI, L. M., HÄNGGI, J., VITACCO, D. A., KRAEMER, B., PALLA, A., LUECHINGER, R., ET AL. (2013). The desire for healthy limb amputation: Structural brain correlates and clinical features of xenomelia. *Brain, 136*(1), 318–329.

HILTS, P. J. (1995). *Memory's ghost: The strange tale of Mr. M. and the nature of memory.* New York: Simon & Schuster.

HIMMLER, B. T., PELLIS, S. M., & KOLB, B. (2013). Juvenile play experience primes neurons in the medial prefrontal cortex to be more responsive to later experiences. *Neuroscience Letters, 556*, 42–45.

HIRSH, R. (1974). The hippocampus and contextual retrieval of information from memory: A theory. *Behavioral Biology, 12*, 421–444.

HIRST, W., & PHELPS, E. A. (2016). Flashbulb memories. *Current Directions in Psychological Science, 25*(1), 36–41.

HIRST, W., PHELPS, E. A., MEKSIN, R., VAIDYA, C. J., JOHNSON, M. K.,MITCHELL, K. J., ET AL. (2015). A ten-year follow-up of a study of memory for the attack of September 11, 2001: Flashbulb memories and memories for flashbulb events. *Journal of Experimental Psychology. General, 144*(3), 604.

HOCHBERG, L. R., BACHER, D., JAROSIEWICZ, B., MASSE, N. Y., SIMERAL, J. D., VOGEL, J., ET AL. (2012). Reach and grasp by people with tetraplegia using a neurally controlled robotic arm. *Nature, 485*(7398), 372.

HOCHBERG, L. R., SERRUYA, M. D., FRIEHS, G. M., MUKAND, J. A.,SALEH, M., CAPLAN, A. H., ET AL. (2006). Neuronal ensemble control of prosthetic devices by a human with tetraplegia. *Nature, 442*, 164–171.

HODGES, J. R., PATTERSON, K., OXBURY, S., & FUNNELL, E. (1992).Semantic dementia. Progressive fluent aphasia with temporal lobe atrophy. *Brain, 115*, 1783–1806.

HODGKIN, A. L., & HUXLEY, A. F. (1939). Action potentials recorded from inside a nerve fibre. *Nature, 144*, 710–711.

HOFER, H., & FRAHM, J. (2006). Topography of the human corpus callosum revisited—Comprehensive fiber tractography using diffusion tensor magnetic resonance imaging. *NeuroImage, 32*, 989–994.

HOLBOURN, A. H. S. (1943). Mechanics of head injury. *Lancet, 2*, 438–441.

HOLMES, G. (1919). Disturbances of visual orientation. *British Journal of Ophthalmology, 2*, 449–468.

HOLMES, N. P., & SPENCE, C. (2005). Multisensory integration: Space, time and superadditivity. *Current Biology, 15*, R762–R764.

HOLTZMAN, J. D. (1984). Interactions between cortical and subcortical visual areas: Evidence from human commissurotomy patients.*Vision Research, 24*, 801–813.

HOLTZMAN, J. D., & GAZZANIGA, M. S. (1982). Dual task interactions due exclusively to limits in processing resources. *Science, 218*, 1325–1327.

HOLTZMAN, J. D., SIDTIS, J. J., VOLPE, B. T., WILSON, D. H., & GAZZANIGA, M. S. (1981). Dissociation of spatial information for stimulus localization and the control of attention. *Brain, 104*, 861–872.

HOLZHAIDER, J. C., HUNT, G. R., & GRAY, R. D. (2010). Social learning in New Caledonian crows. *Learning & Behavior, 38*(3), 206–219.

HOMAE, F., WATANABE, H., NAKANO, T., ASAKAWA, K., & TAGA, G.(2006). The right hemisphere of sleeping infant perceives sentential prosody. *Neuroscience Research, 54*, 276–280.

HOPF, J. M., BOEHLER, C. N., LUCK, S. J., TSOTSOS, J. K., HEINZE,H. J., & SCHOENFELD, M. A. (2006). Direct neurophysiological evidence for spatial suppression surrounding the focus of attention in vision. *Proceedings of the National Academy of Sciences, USA, 103*(4), 1053–1058.

HOPF, J. M., LUCK, S. J., BOELMANS, K., SCHOENFELD, M. A., BOEHLER, C. N., RIEGER, J., ET AL. (2006). The neural site of attention matches the spatial scale of perception. *Journal of Neuroscience, 26,* 3532–3540.

HOPFINGER, J. B., BUONOCORE, M. H., & MANGUN, G. R. (2000). The neural mechanisms of top-down attentional control. *Nature Neuroscience, 3,* 284–291.

HOPFINGER, J. B., & MANGUN, G. R. (1998). Reflexive attention mod- ulates visual processing in human extrastriate cortex. *Psychological Science, 9,* 441–447.

HOPFINGER, J. B., & MANGUN, G. R. (2001). Tracking the influence of reflexive attention on sensory and cognitive processing. *Cognitive, Affective & Behavioral Neuroscience, 1,* 56–65.

HOPKINS, W. D. (2006). Comparative and familial analysis of handedness in great apes. *Psychological Bulletin, 132,* 538–559.

HOPKINS, W. D., CANTALUPO, C., & TAGLIALATELA, J. (2007).Handedness is associated with asymmetries in gyrification of the cerebral cortex of chimpanzees. *Cerebral Cortex, 17*(8), 1750–1756.

HOPKINS, W. D., TAGLIALATELA, J. P., & LEAVENS, D. A. (2007).Chimpanzees differentially produce novel vocalizations to capture the attention of a human. *Animal Behaviour, 73*(2), 281–286.

HORIKAWA, T., TAMAKI, M., MIYAWAKI, Y., & KAMITANI, Y. (2013). Neural decoding of visual imagery during sleep. *Science, 340*(6132), 639–642.

HOUDE, J. F., & JORDAN, M. I. (1998). Sensorimotor adaptation in speech production. *Science, 279*(5354), 1213–1216.

HUANG, V. S., HAITH, A., MAZZONI, P., & KRAKAUER, J. W. (2011).Rethinking motor learning and savings in adaptation paradigms: Model-free memory for successful actions combines with internal models. *Neuron, 70,* 787–801.

HUBEL, D. H., & WIESEL, T. N. (1968). Receptive fields and functional architecture of monkey striate cortex. *Journal of Physiology, 195,* 215–243.

HUBEL, D. H., & WIESEL, T. N. (1970). The period of susceptibility to the physiological effects of unilateral eye closure in kittens. *Journal of Physiology, 206*(2), 419–436.

HUBEL, D. H., & WIESEL, T. N. (1977). Ferrier lecture. Functional architecture of macaque monkey visual cortex. *Proceedings of the Royal Society of London, Series B, 198,* 1–59.

HUMPHREYS, G. W., & RIDDOCH, M. J. (1987). The fractionation of visual agnosia. In G. W. Humphreys & M. J. Riddoch (Eds.), *Visual object processing: A cognitive neuropsychological approach.* Hove, England: Erlbaum.

HUMPHREYS, G. W., RIDDOCH, M. J., DONNELLY, N., FREEMAN, T.,BOUCART, M., & MULLER, H. M. (1994). Intermediate visual processing and visual agnosia. In M. J. Farah & G. Ratcliff (Eds.), *The neuropsychology of high-level vision: Collected tutorial essays* (pp. 63–102). Hillsdale, NJ: Erlbaum.

HUMPHREYS, K., HASSAN, U., AVIDAN, G., MINSHEW, N., & BEHRMANN, M. (2008). Cortical patterns of category-selective activation for faces, places, and objects in adults with autism. *Autism Research, 1,* 52–83.

HUNG, C. C., YEN, C. C., CIUCHTA, J. L., PAPOTI, D., BOCK, N. A.,LEOPOLD, D. A., ET AL. (2015). Functional mapping of faceselective regions in the extrastriate visual cortex of the marmoset. *Journal of Neuroscience, 35*(3), 1160–1172.

HUNG, J., DRIVER, J., & WALSH, V. (2005). Visual selection and posterior parietal cortex: Effects of repetitive transcranial magnetic stimulation on partial report analyzed by Bundesen's theory of visual attention. *Journal of Neuroscience, 25,* 9602–9612.

HUNT, G. R., LAMBERT, C., & GRAY, R. D. (2007). Cognitive requirements for tool use by New Caledonian crows (*Corvus moneduloides*). *New Zealand Journal of Zoology, 34*(1), 1–7.

HUPÉ, J.-M., BORDIER, C., & DOJAT, M. (2011). The neural bases of grapheme–color synesthesia are not localized in real color-sensitive areas. *Cerebral Cortex, 22*(7), 1622–1633.

HURLBURT, R. T., HAPPE, F., & FRITH, U. (1994). Sampling the form of inner experience in three adults with Asperger syndrome.*Psychological Medicine, 24,* 385–395.

HURST, J., BARAITSER, M., AUGER, E., GRAHAM, F., & NORELL, S. (1990).An extended family with a dominantly inherited speech disorder.*Developmental Medicine and Child Neurology, 32,* 347–355.

HUTH, A. G., DE HEER, W. A., GRIFFITHS, T. L., THEUNISSEN, F. E., & GALLANT, J. L. (2016). Natural speech reveals the semantic maps that tile human cerebral cortex. *Nature, 532*(7600), 453–458.

HUTSLER, J. J., & AVINO, T. (2015). The relevance of subplate modifications to connectivity in the cerebral cortex of individuals with autism spectrum disorders. In M. F. Casanova & I. Opris (Eds.), *Recent advances on the modular organization of the cortex* (pp. 201–224). Dordrecht, Netherlands: Springer.

HUTSLER, J. J., & CASANOVA, M. F. (2016). Cortical construction in autism spectrum disorder: Columns, connectivity and the subplate. *Neuropathology and Applied Neurobiology, 42*(2), 115–134.

HUTSLER, J., & GALUSKE, R. A. (2003). Hemispheric asymmetries in cerebral cortical networks. *Trends in Neuroscience, 26,* 429–435.

HYDE, I. H. (1921). A micro-electrode and unicellular stimulation. *Biological Bulletin, 40,* 130–133.

IDO, T., WAN, C. N., CASELLA, B., FOWLER, J. S., WOLF, A. P.,REIVICH, M., ET AL. (1978). Labeled 2-deoxy-2-fluoro-D-glucose analogs. 18F-labeled 2-deoxy-2-fluoro-D-glucose, 2-deoxy-2-fluoro- D-mannose and C-14-2-deoxy-2-fluoro-D-glucose. *Journal of Labelled Compounds and Radiopharmaceuticals, 14,* 175–183.

IGAZ, L. M., BEKINSCHTEIN, P., VIANNA, M. M., IZQUIERDO, I., & MEDINA, J. H. (2004). Gene expression during memory formation. *Neurotoxicity Research, 6,* 189–204.

ILLES, J., & RACINE, E. (2005). Imaging or imagining? A neuroethics challenge informed by genetics. *American Journal of Bioethics, 5,* 1–14.

INNOCENTI, G. M., AGGOUN-ZOUAOUI, D., & LEHMANN, P. (1995). Cellular aspects of callosal connections and their development. *Neuropsychologia, 33,* 961–987.

IRWIN, W., DAVIDSON, R. J., LOWE, M. J., MOCK, B. J., SORENSON, J. A., & TURSKI, P. A. (1996). Human amygdala activation detected with echo-planar functional magnetic resonance imaging. *Neuroreport, 7,* 1765–1769.

ITO, M., TAMURA, H., FUJITA, I., & TANAKA, K. (1995). Size and position invariance of neuronal responses in monkey inferotemporal cortex. *Journal of Neurophysiology, 73,*

218–226.

IVRY, R. B., & HAZELTINE, E. (1999). Subcortical locus of temporal coupling in the bimanual movements of a callosotomy patient. *Human Movement Science, 18*, 345–375.

IZARD, C. E. (2010). The many meanings / aspects of emotion: Definitions, functions, activation, and regulation. *Emotion Review, 2*(4), 363–370.

JABBI, M., SWART, M., & KEYSERS, C. (2007). Empathy for positive and negative emotions in the gustatory cortex. *NeuroImage, 34*, 1744–1753.

JACK, C. R., JR., DICKSON, D. W., PARISI, J. E., XU, Y. C., CHA, R. H., O'BRIEN, P. C., ET AL. (2002). Antemortem MRI findings correlate with hippocampal neuropathology in typical aging and dementia. *Neurology, 58*, 750–757.

JACKSON, J. H. (1867, December 21). Remarks on the disorderly movements of chorea and convulsion, and on localisation. *Medical Times and Gazette, 2*, 669–670.

JACKSON, J. H. (1868). Notes on the physiology and pathology of the nervous system. *Medical Times and Gazette, 2*, 177–179.

JACKSON, J. H. (1876). Case of large cerebral tumour without optic neuritis and with left hemiplegia and imperceptions. *Royal Ophthalmological Hospital Reports, 8*, 434–444.

JACKSON, R. L., HOFFMAN, P., POBRIC, G., & LAMBON RALPH, M. A.(2015). The nature and neural correlates of semantic association versus conceptual similarity. *Cerebral Cortex, 25*(11), 4319–4333.

JAEGER, A., KONKEL, A., & DOBBINS, I. G. (2013). Unexpected novelty and familiarity orienting responses in lateral parietal cortex during recognition judgment. *Neuropsychologia, 51*(6), 1061–1076.

JAMES, T. W., CULHAM, J., HUMPHREY, G. K., MILNER, A. D., & GOODALE, M. A. (2003). Ventral occipital lesions impair object recognition but not object-directed grasping: An fMRI study. *Brain, 126*(Pt. 11), 2463–2475.

JAMES, W. (1884). What is an emotion? *Mind, 9*(34), 188–205.

JAMES, W. (1890). *Principles of psychology.* New York: Holt.

JASPER, H., & PENFIELD, W. (1954). *Epilepsy and the functional anatomy of the human brain* (2nd ed.). New York: Little, Brown.

JEANNEROD, M., & JACOB, P. (2005). Visual cognition: A new look at the two-visual systems model. *Neuropsychologia, 43*(2), 301–312.

JENSEN, J., WILLEIT, M., ZIPURSKY, R. B., SAVINA, I., SMITH, A. J.,MENON, M., ET AL. (2008). The formation of abnormal associations in schizophrenia: Neural and behavioral evidence. *Neuropsychopharmacology, 33*(3), 473–479.

JIANG, Y., & HE, S. (2006). Cortical responses to invisible faces: Dissociating subsystems for facial-information processing. *Current Biology, 16*, 2023–2029.

JIANG, Y., ZHOU, K., & HE, S. (2007). Human visual cortex responds to invisible chromatic flicker. *Nature Neuroscience, 10*(5), 657–662.

JOBST, K. A., SMITH, A. D., SZATMARI, M., ESIRI, M. M., JASKOWSKI, A., HINDLEY, N., ET AL. (1994). Rapidly progressing atrophy of medial temporal lobe in Alzheimer's disease. *Lancet, 343*, 829–830.

JOËLS, M., PU, Z., WIEGERT, O., OITZL, M. S., & KRUGERS, H. J.(2006). Learning under stress: How does it work? *Trends in Cognitive Sciences, 10*(4), 152–158.

JOHANSEN, J. P., WOLFF, S. B. E., LÜTHI, A., & LEDOUX, J. E. (2012).Controlling the elements: An optogenetic approach to understanding the neural circuits of fear. *Biological Psychiatry, 71*, 1053–1060.

JOHANSEN-BERG, H., DELLA-MAGGIORE, V., BEHRENS, T. E., SMITH, S. M., & PAUS, T. (2007). Integrity of white matter in the corpus callosum correlates with bimanual coordination skills. *NeuroImage, 36*(Suppl. 2), T16–T21.

JOHNSON, C., & WILBRECHT, L. (2011). Juvenile mice show greater flexibility in multiple choice reversal learning than adults. *Developmental Cognitive Neuroscience, 1*(4), 540–551.

JOHNSON, M. K., KIM, J. K., & RISSE, G. (1985). Do alcoholic Korsakoff's syndrome patients acquire affective reactions? *Journal of Experimental Psychology. Learning, Memory, and Cognition, 11*, 22–36.

JOHNSON, M. K., & SHERMAN, S. (1990). Constructing and reconstructing the past and the future in the present. In T. E. Higgins & R. M. Sorrentino (Eds.), *Handbook of motivation and cognition: Foundations of social behavior* (Vol. 2, pp. 482–526). New York: Guilford.

JOHNSON, V. E., STEWART, W., WEBER, M. T., CULLEN, D. K., SIMAN, R., & SMITH, D. H. (2016). SNTF immunostaining reveals previously undetected axonal pathology in traumatic brain injury. *Acta Neuropathologica, 131*(1), 115–135.

JOHNSON-FREY, S. H., NEWMAN-NORLUND, R., & GRAFTON, S. T.(2004). A distributed left hemisphere network active during planning of everyday tool use skills. *Cerebral Cortex, 15*, 681–695.

JOHNSRUDE, I. S., OWEN, A. M., WHITE, N. M., ZHAO, W. V., & BOH-BOT, V. (2000). Impaired preference conditioning after anterior temporal lobe resection in humans. *Journal of Neuroscience, 20*, 2649–2656.

JOLLY, A. (1966). Lemur social behaviour and primate intelligence.*Science, 153*, 501–506.

JONIDES, J. (1981). Voluntary versus automatic control over the mind's eye. In J. Long & A. Baddeley (Eds.), *Attention and performance IX* (pp. 187–203). Hillsdale, NJ: Erlbaum.

JUDD, T. (2014). Making sense of multitasking: The role of Facebook.*Computers & Education, 70*, 194–202.

JUNG, C. E., STROTHER, L., FEIL-SEIFER, D. J., & HUTSLER, J. J. (2016).Atypical asymmetry for processing human and robot faces in autism revealed by fNIRS. *PLoS One, 11*(7), e0158804.

JUST, M., CARPENTER, P., KELLER, T., EDDY, W., & THULBORN, K.(1996). Brain activation modulated by sentence comprehension.*Science, 274*, 114–116.

KAAS, J. H. (1995). The reorganization of sensory and motor maps in adult mammals. In M. S. Gazzaniga (Ed.), *The cognitive neurosciences* (pp. 51–71). Cambridge, MA: MIT Press.

KAAS, J. H., NELSON, R. J., SUR, M., DYKES, R. W., & MERZENICH, M. M. (1984). The somatotopic organization of the ventroposterior thalamus of the squirrel monkey, Saimiri sciureus. *Journal of Comparative Neurology, 226*, 111–140.

KAHN, A. E., MATTAR, M. G., VETTEL, J. M., WYMBS, N.

F., GRAFTON, S. T., & BASSETT, D. S. (2017). Structural pathways supporting swift acquisition of new visuomotor skills. *Cerebral Cortex*, *27*(1), 173–184.

KAHN, I., PASCUAL-LEONE, A., THEORET, H., FREGNI, F., CLARK, D., & WAGNER, A. D. (2005). Transient disruption of ventrolateral prefrontal cortex during verbal encoding affects subsequent memory performance. *Journal of Neurophysiology*, *94*(1), 688–698.

KAKEI, S., HOFFMAN, D. S., & STRICK, P. L. (1999). Muscle and movement representations in the primary motor cortex. *Science*, *285*, 2136–2139.

KAKEI, S., HOFFMAN, D. S., & STRICK P. L. (2001). Direction of action is represented in the ventral premotor cortex. *Nature Neuroscience*, *4*, 1020–1025.

KALI, S., & DAYAN, P. (2004). Off-line replay maintains declarative memories in a model of hippocampal–neocortical interactions. *Nature Neuroscience*, *7*, 286–294.

KANA, R. K., WADSWORTH, H. M., & TRAVERS, B. G. (2011). A systems level analysis of the mirror neuron hypothesis and imitation impairments in autism spectrum disorders. *Neuroscience and Biobehavioral Reviews*, *53*, 894–902.

KANDEL, E. R., SCHWARTZ, J. H., & JESSELL, T. M. (Eds.). (1991).*Principles of neural science* (3rd ed.). New York: Elsevier.

KANJLIA, S., LANE, C., FEIGENSON, L., & BEDNY, M. (2016). Absence of visual experience modifies the neural basis of numerical thinking. *Proceedings of the National Academy of Sciences, USA*, *113*(40), 11172–11177.

KANWISHER, N., WOODS, R., IACOBONI, M., & MAZZIOTTA, J. C.(1997). A locus in human extrastriate cortex for visual shape analysis. *Journal of Cognitive Neuroscience*, *9*, 133–142.

KAO, J. C., NUYUJUKIAN, P., RYU, S. I., CHURCHLAND, M. M.,CUNNINGHAM, J. P., & SHENOY, K. V. (2015). Single-trial dynamics of motor cortex and their applications to brain-machine interfaces. *Nature Communications*, *6*, art. 7759.

KAPP, B. S., PASCOE, J. P., & BIXLER, M. A. (1984). The amygdala: A neuroanatomical systems approach to its contributions to aversive conditioning. In N. Butters & L. R. Squire (Eds.), *Neuropsychology of memory* (pp. 473–488). New York: Guilford.

KARNATH, H.-O., FRUHMANN BERGER, M., KÜKER, W., & RORDEN, C.(2004). The anatomy of spatial neglect based on voxelwise statistical analysis: A study of 140 patients. *Cerebral Cortex*, *14*, 1165–1172.

KARNATH, H.-O., HIMMELBACH, M., & RORDEN, C. (2002). The subcortical anatomy of human spatial neglect: Putamen, caudate nucleus and pulvinar. *Brain*, *125*, 350–360.

KARNATH, H.-O., RENNIG, J., JOHANNSEN, L., & RORDEN, C. (2011).The anatomy underlying acute versus chronic spatial neglect. *Brain*, *134*(Pt. 3), 903–912.

KARNATH, H.-O., RÜTER, J., MANDLER, A., & HIMMELBACH, M.(2009). The anatomy of object recognition—Visual form agnosia caused by medial occipitotemporal stroke. *Journal of Neuroscience*, *29*(18), 5854–5862.

KARNS, C. M., DOW, M. W., & NEVILLE, H. J. (2012). Altered cross-modal processing in the primary auditory cortex of congenitally deaf adults: A visual-somatosensory fMRI study with a doubleflash illusion. *Journal of Neuroscience*, *32*(28), 9626–9638.

KASHTAN, N., & ALON, U. (2005). Spontaneous evolution of modularity and network motifs. *Proceedings of the National Academy of Sciences, USA*, *102*(39), 13773–13778.

KASHTAN, N., NOOR, E., & ALON, U. (2007). Varying environments can speed up evolution. *Proceedings of the National Academy of Sciences, USA*, *104*(34), 13711–13716.

KASTNER, S., DEWEERD, P., DESIMONE, R., & UNGERLEIDER, L. C.(1998). Mechanisms of directed attention in the human extrastriate cortex as revealed by functional MRI. *Science*, *282*, 108–111.

KASTNER, S., SCHNEIDER, K., & WUNDERLICH, K. (2006). Beyond a relay nucleus: Neuroimaging views on the human LGN. *Progress in Brain Research*, *155*, 125–143.

KAUFMAN, J. N., ROSS, T. J., STEIN, E. A., & GARAVAN, H. (2003).Cingulate hypoactivity in cocaine users during a GO-NOGO task as revealed by event-related functional magnetic resonance imaging. *Journal of Neuroscience*, *23*, 7839–7843.

KAWAI, R., MARKMAN, T., PODDAR, R., KO, R., FANTANA, A. L.,DHAWALE, A. K., ET AL. (2015). Motor cortex is required for learning but not for executing a motor skill. *Neuron*, *86*(3), 800–812.

KAY, K. N., NASELARIS, T., PRENGER, R. J., & GALLANT, J. L. (2008).Identifying natural images from human brain activity. *Nature*, *452*, 352–356.

KEELE, S. W. (1986). Motor control. In K. R. Boff, L. Kaufman, & J. P. Thomas (Eds.), *Handbook of perception and human performance* (Vol. 2, pp. 1–60). New York: Wiley.

KEELE, S. W., IVRY, R., MAYR, U., HAZELTINE, E., & HEUER, H.(2003). The cognitive and neural architecture of sequence representation. *Psychological Review*, *110*, 316–339.

KELLENBACH, M. L., BRETT, M., & PATTERSON, K. (2003). Actions speak louder than functions: The importance of manipulability and action in tool representation. *Journal of Cognitive Neuroscience*, *15*, 30–46.

KELLEY, W. M., MACRAE, C. N., WYLAND, C. L., CAGLAR, S., INATI, S., & HEATHERTON, T. F. (2002). Finding the self? An event-related fMRI study. *Journal of Cognitive Neuroscience*, *14*, 785–794.

KELLEY, W. M., MIEZIN, F. M., MCDERMOTT, K. B., BUCKNER, R. L.,RAICHLE, M. E., COHEN, N. J., ET AL. (1998). Hemispheric specialization in human dorsal frontal cortex and medial temporal lobe for verbal and nonverbal memory encoding. *Neuron*, *20*(5), 927–936.

KEMPPAINEN, S., JOLKKONEN, E., & PITKÄNEN, A. (2002). Projections from the posterior cortical nucleus of the amygdala to the hippocampal formation and parahippocampal region in rat. *Hippocampus*, *12*(6), 735–755.

KENDON A. (2017). Reflections on the "gesture-first" hypothesis of language origins. *Psychonomic Bulletin & Review*, *24*(1), 163–170.

KENNEDY, D. P., & ADOLPHS, R. (2010). Impaired fixation to eyes following amygdala damage arises from abnormal bottom-up attention. *Neuropsychologia*, *48*(12), 3392–3398.

KENNEDY, D. P., & COURCHESNE, E. (2008a). Functional abnormalities of the default network during self- and other-reflection in autism. *Social Cognitive and Affective Neuroscience*, *3*, 177–190.

KENNEDY, D. P., & COURCHESNE, E. (2008b). The intrinsic functional organization of the brain is altered in autism. *NeuroImage, 39*(4), 1877–1885.

KENNEDY, D. P., REDCAY, E., & COURCHESNE, E. (2006). Failing to deactivate: Resting functional abnormalities in autism. *Proceedings of the National Academy of Sciences, USA, 103*, 8275–8280.

KENNERKNECHT, I., GRUETER, T., WELLING, B., WENTZEK, S., HORST, J., EDWARDS, S., ET AL. (2006). First report of prevalence of non-syndromic hereditary prosopagnosia (HPA). *American Journal of Medical Genetics. Part A, 140*(15), 1617–1622.

KENNERLEY, S. W., DAHMUBED, A. F., LARA, A. H., & WALLIS, J. D.(2009). Neurons in the frontal lobe encode the value of multiple decision variables. *Journal of Cognitive Neuroscience, 21*(6), 1162–1178.

KENNETT, S., EIMER, M., SPENCE, C., & DRIVER, J. (2001). Tactilevisual links in exogenous spatial attention under different postures: Convergent evidence from psychophysics and ERPs. *Journal of Cognitive Neuroscience, 13*, 462–478.

KERNS, J. G., COHEN, J. D., MACDONALD, A. W., CHO, R. Y.,STENGER, V. A., & CARTER, C. S. (2004). Anterior cingulate conflict monitoring and adjustments in control. *Science, 303*, 1023–1026.

KESSLER, R. C., BERGLUND, P., DEMLER, O., JIN, R., MERIKANGAS, K. R., & WALTERS, E. E. (2005). Lifetime prevalence and age-of-onset distributions of DSM-IV disorders in the National Comorbidity Survey Replication. *Archives of General Psychiatry, 62*(6), 593–602.

KHANNA, P., SWANN, N., DE HEMPTINNE, C., MIOCINOVIC, S.,MILLER, A., STARR, P. A., ET AL. (2016). Neurofeedback control in parkinsonian patients using electrocorticography signals accessed wirelessly with a chronic, fully implanted device. *IEEE Transactions on Neural Systems and Rehabilitation Engineering, 25*(10), 1715– 1724.

KIHLSTROM, J. (1995). Memory and consciousness: An appreciation of Claparède and recognition et moiïtè. *Consciousness and Cognition, 4*(4), 379–386.

KILLGORE, W. D. S., & YURGELUN-TODD, D. A. (2004). Activation of the amygdala and anterior cingulate during nonconscious processing of sad versus happy faces. *NeuroImage, 21*, 1215–1223.

KIM, H. (2011). Neural activity that predicts subsequent memory and forgetting: A meta-analysis of 74 fMRI studies. *NeuroImage, 54*(3), 2446–2461.

KIM, S.-G., UGURBIL, K., & STRICK, P. L. (1994). Activation of a cerebellar output nucleus during cognitive processing. *Science, 265*, 949–951.

KIMBURG, D. Y., & FARAH, M. (1993). A unified account of cognitive impairments following frontal lobe damage: The role of working memory in complex, organized behavior. *Journal of Experimental Psychology, 122*(4), 411–428.

KIMURA, D. (1973). The asymmetry of the human brain. *Scientific American, 228*(3), 70–78.

KINGSTONE, A., ENNS, J., MANGUN, G. R., & GAZZANIGA, M. S.(1995). Guided visual search is a left hemisphere process in split-brain patients. *Psychological Science, 6*, 118–121.

KINGSTONE, A., FRIESEN, C. K., & GAZZANIGA, M. S. (2000). Reflexive joint attention depends on lateralized cortical connections.*Psychological Science, 11*, 159–166.

KINGSTONE, A., & GAZZANIGA, M. S. (1995). Subcortical transfer of higher order information: More illusory than real? *Neuropsychology, 9*, 321–328.

KINSBOURNE, M. (1982). Hemispheric specialization and the growth of human understanding. *American Psychologist, 37*, 411–420.

KIRCHER, T. T., SENIOR, C., PHILLIPS, M. L., RABE-HESKETH, S., BENSON, P. J., BULLMORE, E. T., ET AL. (2001). Recognizing one's own face. *Cognition, 78*, B1–B15.

KIRCHHOFER, K. C., ZIMMERMANN, F., KAMINSKI, J., & TOMASELLO, M. (2012). Dogs (*Canis familiaris*), but not chimpanzees (*Pan troglodytes*), understand imperative pointing. *PLoS One, 7*(2), e30913.

KIRSCHBAUM, C., WOLF, O. T., MAY, M., WIPPICH, W., & HELLHAMMER, D. H. (1996). Stress- and treatment-induced elevations of cortisol levels associated with impaired declarative memory in healthy adults. *Life Sciences, 58*, 1475–1483.

KIRSCHNER, M., & GERHART, J. (1998). Evolvability. *Proceedings of the National Academy of Sciences, USA, 95*, 8420–8427.

KISHIDA, K. T., SAEZ, I., LOHRENZ, T., WITCHER, M. R., LAXTON, A. W., TATTER, S. B., ET AL. (2016). Subsecond dopamine fluctuations in human striatum encode superposed error signals about actual and counterfactual reward. *Proceedings of the National Academy of Sciences, USA, 113*(1), 200–205.

KITTERLE, F., CHRISTMAN, S., & HELLIGE, J. (1990). Hemispheric differences are found in identification, but not detection of low versus high spatial frequencies. *Perception & Psychophysics, 48*, 297–306.

KLATT, D. H. (1989). Review of selected models of speech perception. In W. Marslen-Wilson (Ed.), *Lexical representation and process* (pp. 169–226). Cambridge, MA: MIT Press.

KLEIM, J. A., CHAN, S., PRINGLE, E., SCHALLERT, K., PROCACCIO, V.,JIMENEZ, R., ET AL. (2006). BDNF val66met polymorphism is associated with modified experience-dependent plasticity in human motor cortex. *Nature Neuroscience, 9*, 735–737.

KLEIN, S. B., & KIHLSTROM, J. F. (1986). Elaboration, organization, and the self-reference effect in memory. *Journal of Experimental Psychology. General, 115*, 26–38.

KLEIN, S. B., & LAX, M. L. (2010). The unanticipated resilience of trait self-knowledge in the face of neural damage. *Memory, 18*, 918–948.

KLEIN, S. B., LOFTUS, J., & KIHLSTROM, J. F. (2002). Memory and temporal experience: The effects of episodic memory loss on an amnesic patient's ability to remember the past and imagine the future. *Social Cognition, 20*, 353–379.

KLEIN, S. B., LOFTUS, J., & PLOG, A. E. (1992). Trait judgments about the self: Evidence from the encoding specificity paradigm. *Personality and Social Psychology Bulletin, 18*, 730–735.

KLEINSMITH, L. J., & KAPLAN, S. (1963). Paired-associate learning as a function of arousal and interpolated interval. *Journal of Experimental Psychology, 65*, 190–193.

KLIN, A., JONES, W., SCHULTZ, R., VOLKMAR, F., &

COHEN, D. (2002).Visual fixation patterns during viewing of naturalistic social situations as predictors of social competence in individuals with autism. *Archives of General Psychiatry*, *59*, 809–816.

KLIN, A., SPARROW, S. S., DE BILDT, A., CICCHETTI, D. V., COHEN, D. J., & VOLKMAR F. R. (1999). A normed study of face recognition in autism and related disorders. *Journal of Autism and Developmental Disorders*, *29*, 499–508.

KLINGBERG, T., HEDEHUS, M., TEMPLE, E., SALZ, T., GABRIELI, J. D.,MOSELEY, M. E., ET AL. (2000). Microstructure of temporoparietal white matter as a basis for reading ability: Evidence from diffusion tensor magnetic resonance imaging. *Neuron*, *25*, 493–500.

KLUNK, W. E., ENGLER, H., NORDBERG, A., WANG, Y., BLOMQVIST, G.,HOLT, D. P., ET AL. (2004). Imaging brain amyloid in Alzheimer's disease with Pittsburgh Compound-B. *Annals of Neurology*, *55*(3), 306–319.

KLÜVER, H., & BUCY, P. C. (1939). Preliminary analysis of functions of the temporal lobes in monkeys. *Archives of Neurology*, *42*, 979–1000.

KNIGHT, D. C., NGUYEN, H. T., & BANDETTINI, P. A. (2005). The role of the human amygdala in the production of conditioned fear responses. *NeuroImage, 26*(4), 1193–1200.

KNIGHT, R. T., & GRABOWECKY, M. (1995). Escape from linear time: Prefrontal cortex and conscious experience. In M. S. Gazzaniga (Ed.), *The cognitive neurosciences* (pp. 1357–1371). Cambridge, MA: MIT Press.

KNOWLTON, B. J., SQUIRE, L. R., PAULSEN, J. S., SWERDLOW, N. R., & SWENSON, M. (1996). Dissociations within nondeclarative memory in Huntington's disease. *Neuropsychology*, *10*(4), 538–548.

KOBAYASHI, H., & KOHSHIMA, S. (2001). Unique morphology of the human eye and its adaptive meaning: Comparative studies on external morphology of the primate eye. *Journal of Human Evolution*, *40*, 419–435.

KOCH, C. (2004). *The quest for consciousness: A neurobiological approach.* Englewood, CO: Roberts.

KOCH, C., & ULLMAN, S. (1985). Shifts in selective visual attention: Towards the underlying neural circuitry. *Human Neurobiology*, *4*, 219–227.

KOECHLIN, E., ODY, C., & KONNEIHER, F. (2003). The architecture of cognitive control in the human prefrontal cortex. *Science*, *302*, 1181–1185.

KOHLER, E., KEYSERS, C., UMILTA, A., FOGASSI, L., GALLESE, V., & RIZOLATT, G. (2002). Hearing sounds, understanding actions: Action representation in mirror neurons. *Science*, *297*, 846–848.

KOLASINSKI, J., MAKIN, T. R., LOGAN, J. P., JBABDI, S., CLARE, S.,STAGG, C. J., ET AL. (2016). Perceptually relevant remapping of human somatotopy in 24 hours. *eLife*, 5.

KOLB, B., & WHISHAW, I. Q. (1996). *Fundamentals of human neuropsychology* (4th ed.). New York: Freeman.

KOLLING, N., BEHRENS, T., MARS, R., & RUSHWORTH, M. (2012).Neural mechanisms of foraging. *Science*, *336*(6077), 95–98.

KÖLMEL, H. W. (1985). Complex visual hallucinations in the hemianopic field. *Journal of Neurology, Neurosurgery, and Psychiatry*, *48*(1), 29–38.

KONISHI, M. (1993). Listening with two ears. *Scientific American, 268*(4), 66–73.

KONISHI, S., NAKAJIMA, K., UCHIDA, I., KAMEYAMA, M., NAKAHARA, K., SEKIHARA, K., ET AL. (1998). Transient activation of inferior prefrontal cortex during cognitive set shifting. *Nature Neuroscience*, *1*, 80–84.

KONKEL, A., & COHEN, N. J. (2009). Relational memory and the hippocampus: Representations and methods. *Frontiers in Neuroscience*, *3*(2), 166.

KONKEL, A., WARREN, D. E., DUFF, M. C., TRANEL, D. N., & COHEN, N. J. (2008). Hippocampal amnesia impairs all manner of relational memory. *Frontiers of Human Neuroscience*, *2*, 15.

KOSSLYN, S. M., SHIN, L. M., THOMPSON, W. L., MCNALLY, R. J., RAUCH, S. L., PITMAN, R. K., ET AL. (1996). Neural effects of visualizing and perceiving aversive stimuli: A PET investigation.*Neuroreport*, *7*, 1569–1576.

KOTTER, R., & MEYER, N. (1992). The limbic system: A review of its empirical foundation. *Behavioural Brain Research*, *52*, 105–127.

KOTZ, S. M., & SCHWARTZE, M. (2010). Cortical speech processing unplugged: A timely subcortico-cortical framework. *Trends in Cognitive Sciences*, *14*, 392–399.

KOUNEIHER, F., CHARRON, S., & KOECHLIN, E. (2008). Motivation and cognitive control in the human prefrontal cortex. *Nature Neuroscience*, *12*(7), 939–947.

KOVACS, A., TEGLAS, E., & ENDRESS, A. (2010). The social sense: Susceptibility to others' beliefs in human infants and adults. *Science*, *330*, 1830–1834.

KRACK, P., POLLAK, P., LIMOUSIN, P., HOFFMANN, D., XIE, J., BENAZZOUZ, A., ET AL. (1998). Subthalamic nucleus or internal pallidal stimulation in young onset Parkinson's disease. *Brain*, *121*, 451–457.

KRAGEL, P. A., & LABAR, K. S. (2016). Decoding the nature of emotion in the brain. *Trends in Cognitive Sciences*, *20*(6), 444–455.

KRASNOW, M. M., DELTON, A. W., COSMIDES, L., & TOOBY, J. (2016).Looking under the hood of third-party punishment reveals design for personal benefit. *Psychological Science*, *27*(3), 405–418.

KRAUSE, J., LALUEZA-FOX, C., ORLANDO, L., ENARD, W., GREEN, R. E., BURBANO, H. A., ET AL. (2007). The derived FOXP2 variant of modern humans was shared with Neandertals. *Current Biology*, *17*, 1908–1912.

KRAVITZ, A. V., FREEZE, B. S., PARKER, P. R., KAY, K., THWIN, M. T., DEISSEROTH, K., ET AL. (2010). Regulation of parkinsonian motor behaviours by optogenetic control of basal ganglia circuitry. *Nature*, *466*(7306), 622–626.

KREIBIG, S. D. (2010). Autonomic nervous system activity in emotion: A review. *Biological Psychology*, *84*(3), 394–421.

KROLAK-SALMON, P., HÉNAFF, M. A., ISNARD, J., TALLON-BAUDRY, C., GUÉNOT, M., VIGHETTO, A., ET AL. (2003). An attention modulated response to disgust in human ventral anterior insula. *Annals of Neurology*, *53*, 446–453.

KRUPENYE, C., KANO, F., HIRATA, S., CALL, J., & TOMASELLO, M.(2016). Great apes anticipate that other individuals will act according to false beliefs. *Science*, *354*(6308), 110–114.

KUFFLER, S., & NICHOLLS, J. (1976). *From neuron to brain.*

Sunderland, MA: Sinauer.
KUHL, P. K., WILLIAMS, K. A., LACERDA, F., STEVENS, K. N., & LINDBLOM, B. (1992). Linguistic experience alters phonetic perception in infants by 6 months of age. *Science, 255*(5044), 606–608.
KÜHN, A. A., KEMPF, F., BRÜCKE, C., DOYLE, L. G., MARTINEZ-TORRES, I., POGOSYAN, A., ET AL. (2008). High-frequency stimulation of the subthalamic nucleus suppresses oscillatory b activity in patients with Parkinson's disease in parallel with improvement in motor performance. *Journal of Neuroscience, 28*(24), 6165–6173.
KUPERBERG, G. R. (2007). Neural mechanisms of language comprehension: Challenges to syntax. *Brain Research, 1146*, 23–49.
KUPERBERG, G. R., HOLCOMB, P. J., SITNIKOVA, T., & GREVE, D.(2003). Distinct patterns of neural modulation during the processing of conceptual and syntactic anomalies. *Journal of Cognitive Neuroscience, 15*, 272–293.
KUPERBERG, G. R., SITNIKOVA, T., CAPLAN, D., & HOLCOMB, P. (2003). Electrophysiological distinctions in processing conceptual relationships within simple sentences. *Cognitive Brain Research, 17*, 117–129.
KURKELA, K. A., & DENNIS, N. A. (2016). Event-related fMRI studies of false memory: An Activation Likelihood Estimation metaanalysis. *Neuropsychologia, 81*, 149–167.
KURZBAN, R., TOOBY, J., & COSMIDES, L. (2001). Can race be erased? Coalitional computation and social categorization. *Proceedings of the National Academy of Sciences, USA, 98*, 15387–15392.
KUTAS, M., & FEDERMEIER, K. D. (2000). Electrophysiology reveals semantic memory use in language comprehension. *Trends in Cognitive Sciences, 4*, 463–470.
KUTAS, M., & HILLYARD, S. A. (1980). Reading senseless sentences: Brain potentials reflect semantic incongruity. *Science, 207*, 203–205.
KWONG, K. K., BELLIVEAU, J. W., CHESLER, D. A., GOLDBERG, I. E., WEISSKOFF, R. M., PONCELET, B. P., ET AL. (1992). Dynamic magnetic resonance imaging of human brain activity during primary sensory stimulation. *Proceedings of the National Academy of Sciences, USA, 89*(12), 5675–5679.
LABAR, K. S., LEDOUX, J. E., SPENCER, D. D., & PHELPS, E. A. (1995).Impaired fear conditioning following unilateral temporal lobectomy in humans. *Journal of Neuroscience, 15*, 6846–6855.
LABAR, K. S., & PHELPS, E. A. (1998). Role of the human amygdala in arousal mediated memory consolidation. *Psychological Science, 9*, 490–493.
LADAVAS, E., PALADINI, R., & CUBELLI, R. (1993). Implicit associative priming in a patient with left visual neglect. *Neuropsychologia, 31*, 1307–1320.
LAI, C. S., FISHER, S. E., HURST, J. A., VARGHA-KHADERM, F., & MONACO, A. P. (2001). A novel forkhead-domain gene is mutated in a severe speech and language disorder. *Nature, 413*, 519–523.
LAMANTIA, A. S., & RAKIC, P. (1990). Cytological and quantitative characteristics of four cerebral commissures in the rhesus monkey. *Journal of Comparative Neurology, 291*, 520–537.
LAMM, C., & MAJDANDŽIĆ, J. (2015). The role of shared neural activations, mirror neurons, and morality in empathy– A critical comment. *Neuroscience Research, 90*, 15–24.
LAMME, V. (2003). Why visual attention and awareness are different.*Trends in Cognitive Sciences, 17*, 12–18.
LANDAU, W. M., FREYGANG, W. H., ROLAND, L. P., SOKOLOFF, L., & DETY, S. S. (1955). The local circulation of the living brain: Values in the unanesthetized and anesthetized cat. *Transactions of the American Neurological Association, 80*, 125–129.
LANE, R. D., REIMAN, E. M., AHERN, G. L., SCHWARTZ, G. E., & DAVIDSON, R. J. (1997). Neuroanatomical correlates of happiness, sadness, and disgust. *American Journal of Psychiatry, 154*, 926–933.
LANG, C. E., STRUBE, M. J., BLAND, M. D., WADDELL, K. J.,CHERRY-ALLEN, K. M., NUDO, R. J., ET AL. (2016). Dose response of task-specific upper limb training in people at least 6 months poststroke: A phase II, single-blind, randomized, controlled trial.*Annals of Neurology, 80*(3), 342–354.
LANGER, N., HÄNGGI, J., MÜLLER, N. A., SIMMEN, H. P., & JÄNCKE, L.(2012). Effects of limb immobilization on brain plasticity. *Neurology, 78*(3), 182–188.
LANGSTON, W. J. (1984). I. MPTP neurotoxicity: An overview and characterization of phases of toxicity. *Life Sciences, 36*, 201–206.
LARSEN, J. T., & MCGRAW, A. P. (2014). The case for mixed emotions.*Social and Personality Psychology Compass, 8*(6), 263–274.
LARSEN, J. T., MCGRAW, A. P., & CACIOPPO, J. T. (2001). Can people feel happy and sad at the same time? *Journal of Personality and Social Psychology, 81*(4), 684.
LARSSON, J., & HEEGER, D. J. (2006). Two retinotopic visual areas in human lateral occipital cortex. *Journal of Neuroscience, 26*(51), 13128–13142.
LARUELLE, M. (1998). Imaging dopamine transmission in schizophrenia. A review and meta-analysis. *Quarterly Journal of Nuclear Medicine, 42*, 211–221.
LASHLEY, K. S. (1929). *Brain mechanisms and intelligence: A quantitative study of injuries to the brain*. Chicago: University of Chicago Press.
LASSEN, N. A., INGVAR, D. H., & SKINHØJ, E. (1978). Brain function and blood flow. *Scientific American, 239*, 62–71.
LAU, Y., HINKLEY, L., BUKSHPUN, P., STROMINGER, Z., WAKAHIRO, M., BARON-COHEN, S., ET AL. (2013). Autism traits in individuals with agenesis of the corpus callosum. *Journal of Autism and Developmental Disorders, 43*(5), 1106–1118.
LAUREYS, S., CELESIA, G. G., COHADON, F., LAVRIJSEN, J., LEÓN-CARRIÓN, J., SANNITA, W. G., ET AL. (2010). Unresponsive wakefulness syndrome: A new name for the vegetative state or apallic syndrome. *BMC Medicine, 8*(1), 68.
LAUTERBUR, P. (1973). Image formation by induced local interactions: Examples employing nuclear magnetic resonance. *Nature, 242*, 190–191.
LEBEDEV, M. A., & NICOLELIS, M. A. (2006). Brain-machine interfaces: Past, present and future. *Trends in Neurosciences, 29*, 536–546.
LEBER, A. B. (2010). Neural predictors of within-subject fluctuations in attentional control. *Journal of Neuroscience*,

30, 11458–11465.
LEDOUX, J. E. (1991). Emotion and the limbic system concept. *Concepts in Neuroscience*, *2*, 169–199.
LEDOUX, J. E. (1994). Emotion, memory and the brain. *Scientific American*, *270*(6), 50–57.
LEDOUX, J. E. (1996). *The emotional brain: The mysterious underpinnings of emotional life*. New York: Simon & Schuster.
LEDOUX, J. E. (2007). The amygdala. *Current Biology*, *17*(20), R868–R874.
LEDOUX, J. E. (2012). Rethinking the emotional brain. *Neuron*, *73*(4), 653–676.
LEDOUX, J. E. (2014). Coming to terms with fear. *Proceedings of the National Academy of Sciences, USA*, *111*(8), 2871–2878.
LEDOUX, J. E., & GORMAN, J. (2001). A call to action: Overcoming anxiety through active coping. *American Journal of Psychiatry*, *158*(12), 1953–1955.
LEHMANN, H., LACANILAO, S., & SUTHERLAND, R. J. (2007). Complete or partial hippocampal damage produces equivalent retrograde amnesia for remote contextual fear memories. *European Journal of Neuroscience*, *25*, 1278–1286.
LEMON, R. N., & GRIFFITHS, J. (2005). Comparing the function of the corticospinal system in different species: Organizational differences for motor specialization? *Muscle & Nerve*, *32*(3), 261–279.
LEMOYNE, T., & BUCHANAN, T. (2011). Does "hovering" matter? Helicopter parenting and its effect on well-being. *Sociological Spectrum*, *31*(4), 399–418.
LEMPERT, K. M. & PHELPS, E. A. (2016). Affect in economic decision making. In L. F. Barrett, M. Lewis, & J. M. Haviland-Jones (Eds.), *Handbook of emotions* (4th ed., pp. 98–112). New York: Guilford.
LEOTTI, L. A., & DELGADO, M. R. (2011). The inherent reward of choice. *Psychological Science*, *22*(10), 1310–1318.
LERNER, J. S., & KELTNER, D. (2000). Beyond valence: Toward a model of emotion-specific influences on judgement and choice. *Cognition & Emotion*, *14*(4), 473–493.
LERNER, J. S., LI, Y., VALDESOLO, P., & KASSAM, K. S. (2015). Emotion and decision making. *Annual Review of Psychology*, *66*, 799–823.
LERNER, J. S., SMALL, D. A., & LOEWENSTEIN, G. (2004). Heart strings and purse strings: Carryover effects of emotions on economic decisions. *Psychological Science*, *15*(5), 337–341.
LESHIKAR, E. D., & DUARTE, A. (2012). Medial prefrontal cortex supports source memory accuracy for self-referenced items. *Social Neuroscience*, *7*(2), 126–145.
LEVELT, W. J. M. (1989). *Speaking: From intention to articulation*. Cambridge, MA: MIT Press.
LEVINE, J. (2001). *Purple haze: The puzzle of consciousness*. Oxford: Oxford University Press.
LEYTON, M., CASEY, K. F., DELANEY, J. S., KOLIVAKIS, T., & BENKELFAT, C. (2005). Cocaine craving, euphoria, and self-administration: A preliminary study of the effect of catecholamine precursor depletion. *Behavioral Neuroscience*, *119*, 1619–1627.
LHERMITTE, F. (1983). "Utilization behaviour" and its relation to lesions of the frontal lobes. *Brain*, *106*, 237–255.

LHERMITTE, F., PILLON, B., & SERDARU, M. (1986). Human autonomy and the frontal lobes. Part I: Imitation and utilization behavior: A neuropsychological study of 75 patients. *Annals of Neurology*, *19*, 326–334.
LI, Q., KE, Y., CHAN, D. C., QIAN, Z. M., YUNG, K. K., KO, H., ET AL. (2012). Therapeutic deep brain stimulation in parkinsonian rats directly influences motor cortex. *Neuron*, *76*(5), 1030–1041.
LI, W., HOWARD, J. D., PARRISH, T. B., & GOTTFRIED, J. A. (2008). Aversive learning enhances perceptual and cortical discrimination of indiscriminable odor cues. *Science*, *319*(5871), 1842–1845.
LI, Y., LIU, Y., LI, J., QIN, W., LI, K., YU, C., ET AL. (2009). Brain anatomical networks and intelligence. *PLoS Computational Biology*, *5*(5), e1000395.
LIBET, B. (1996). Neuronal processes in the production of conscious experience. In M. Velmans (Ed.), *The science of consciousness* (pp. 96–117). London: Routledge.
LIBET, B., GLEASON, C. A., WRIGHT, E. W., & PEARL, D. K. (1983). Time of conscious intention to act in relation to onset of cerebral activity (readiness potential): The unconscious initiation of a freely voluntary act. *Brain*, *106*(3), 623–642.
LIBET, B., WRIGHT, E. W., FEINSTEIN, B., & PEARL, D. K. (1979). Subjective referral of the timing for a conscious sensory experience: A functional role for the somatosensory specific projection system in man. *Brain*, *102*(1), 193–224.
LIEBAL, K., CALL, J., & TOMASELLO, M. (2004). Use of gesture sequences in chimpanzees. *American Journal of Primatology*, *64*, 377–396.
LIN, D., BOYLE, M. P., DOLLAR, P., LEE, H., LEIN, E. S., PERONA, P., ET AL. (2011). Functional identification of an aggression locus in the mouse hypothalamus. *Nature*, *470*(7333), 221–226.
LINDQUIST, K. A., WAGER, T. D., KOBER, H., BLISS-MOREAU, E., & BARRETT, L. F. (2012). The brain basis of emotion: A meta-analytic review. *Behavioral and Brain Sciences*, *35*, 121–143.
LIPSON, H., POLLACK, J. B., & SUH, N. P. (2002). On the origin of modular variation. *Evolution*, *56*(8), 1549–1556.
LISSAUER, H. (1890). Ein Fall von Seelenblindheit nebst einem Beitrage zur Theorie derselben. *Archiv für Psychiatrie*, *21*, 222–270.
LISZKOWSKI, U., CARPENTER, M., & TOMASELLO, M. (2008). Twelve-month-olds communicate helpfully and appropriately for knowledgeable and ignorant partners. *Cognition*, *108*, 732–739.
LIU, T., STEVENS, S. T., & CARRASCO, M. (2007). Comparing the time course and efficacy of spatial and feature-based attention. *Vision Research*, *47*, 108–113.
LLORENS, F., SCHMITZ, M., FERRER, I., & ZERR, I. (2016). CSF biomarkers in neurodegenerative and vascular dementias. *Progress in Neurobiology*, *138*, 36–53.
LLOYD-PIERCE, N. (1997, February 23). How we met Joe Simpson and Simon Yates. *Independent*.
LO, Y. C., SOONG, W. T., GAU, S. S. F., WU, Y. Y., LAI, M. C., YEH, F. C., ET AL. (2011). The loss of asymmetry and reduced interhemispheric connectivity in adolescents with autism: A study using diffusion spectrum imaging tractography. *Psychiatry Research. Neuroimaging*, *192*(1), 60–66.

LOCKHART, D. J., & BARLOW, C. (2001). Expressing what's on your mind: DNA arrays and the brain. *Nature Reviews Neuroscience, 2*, 63–68.

LOFTUS, W. C., TRAMO, M. J., THOMAS, C. E., GREEN, R. L.,NORDGREN, R. A., & GAZZANIGA, M. S. (1993). Three-dimensional quantitative analysis of hemispheric asymmetry in the human superior temporal region. *Cerebral Cortex, 3*, 348–355.

LOGOTHETIS, M. K., PAULS, J., AUGATH, M., TRINATH, T., & OELTERMANN, A. (2001). Neurophysiological investigation of the basis of the fMRI signal. *Nature, 412*, 150–157.

LOMBARDO, M. V., CHAKRABARTI, B., BULLMORE, E. T., & BARON-COHEN, S. (2011). Specialization of right temporo-parietal junction for mentalizing and its association with social impairments in autism. *NeuroImage, 56*, 1832–1838.

LOMBER, S. G., & MALHOTRA, S. (2008). Double dissociation of "what" and "where" processing in auditory cortex. *Nature Neuroscience, 11*(5), 609–616.

LOSIN, E. A., RUSSELL, J. L., FREEMAN, H., MEGUERDITCHIAN, A., & HOPKINS, W. D. (2008). Left hemisphere specialization for orofacial movements of learned vocal signals by captive chimpanzees. *PLoS One, 3*(6), e2529.

LUCAS, M. (2000). Semantic priming without association: A meta-analytic review. *Psychonomic Bulletin & Review, 7*(4), 618–630.

LUCIANI, L. (1901–1911). *Fisiologia del Homo*. Firenze, Italy: Le Monnier.

LUCK, S. J., CHELAZZI, L., HILLYARD, S. A., & DESIMONE, R. (1997).Mechanisms of spatial selective attention in areas V1, V2, and V4 of macaque visual cortex. *Journal of Neurophysiology, 77*, 24–42.

LUCK, S. J., FAN, S., & HILLYARD, S. A. (1993). Attention-related modulation of sensory-evoked brain activity in a visual search task. *Journal of Cognitive Neuroscience, 5*, 188–195.

LUCK, S. J., HILLYARD, S. A., MANGUN, G. R., & GAZZANIGA, M. S.(1989). Independent hemispheric attentional systems mediate visual search in split-brain patients. *Nature, 342*, 543–545.

LUDERS, E., NARR, K. L., ZAIDEL, E., THOMPSON, P. M., JANCKE, L., & TOGA, A. W. (2006). Parasagittal asymmetries of the corpus callosum. *Cerebral Cortex, 16*, 346–354.

LUDERS, E., TOGA, A. W., & THOMPSON, P. M. (2014). Why size matters: Differences in brain volume account for apparent sex differences in callosal anatomy. The sexual dimorphism of the corpus callosum. *NeuroImage, 84*, 820–824.

LUI, P., PADOW, V. A., FRANCO, D., HALL, B. S., PARK, B., KLEIN, Z. A., ET AL. (2012). Divergent stress-induced neuroendocrine and behavioral responses prior to puberty. *Physiology & Behavior, 107*(1), 104–111.

LUKKES, J. L., MOKIN, M. V., SCHOLL, J. L., & FORSTER, G. L. (2009).Adult rats exposed to early-life social isolation exhibit increased anxiety and conditioned fear behavior, and altered hormonal stress responses. *Hormones and Behavior, 55*(1), 248–256.

LULÉ, D., ZICKLER, C., HÄCKER, S., BRUNO, M. A., DEMERTZI, A.,PELLAS, F., ET AL. (2009). Life can be worth living in locked-in syndrome. *Progress in Brain Research, 177*, 339–351.

LUO, Y. H. L., & DA CRUZ, L. (2016). The Argus(®) II retinal prosthesis system. *Progress in Retinal and Eye Research, 50*, 89–107.

LUPIEN, S. J., FIOCCO, A., WAN, N., MAHEU, F., LORD, C., SCHRAMEK, T., ET AL. (2005). Stress hormones and human memory function across the life span. *Psychoneuroendocrinology, 30*, 225–242.

LYNN, A. C., PADMANABHAN, A., SIMMONDS, D., FORAN, W.,HALLQUIST, M. N., LUNA, B., ET AL. (2018). Functional connectivity differences in autism during face and car recognition: Underconnectivity and atypical age-related changes. *Developmental Science, 21*(1).

LYONS, M. K. (2011). Deep brain stimulation: Current and future clinical applications. *Mayo Clinic Proceedings, 86*(7), 662–672.

MACDONALD, A. W., COHEN, J. D., STENGER, V. A., & CARTER, C. S.(2000). Dissociating the role of the dorsolateral prefrontal and ante- rior cingulate cortex in cognitive control. *Science, 288*, 1835–1838.

MACGREGOR, L. J., PULVERMULLER, F., VAN CASTEREN, M., & SHTYROV, Y. (2012). Ultra-rapid access to words in the brain.*Nature Communications, 3*(711).

MACKAY, D. G. (1987). *The organization of perception and action: A theory for language and other cognitive skills*. New York: Springer.

MACLEAN, P. D. (1949). Psychosomatic disease and the "visceral brain": Recent developments bearing on the Papez theory of emotion. *Psychosomatic Medicine, 11*, 338–353.

MACLEAN, P. D. (1952). Some psychiatric implications of physiological studies on frontotemporal portion of limbic system (visceral brain). *Electroencephalography and Clinical Neurophysiology, 4*, 407–418.

MACLEOD, C. (1991). Half a century of research on the Stroop effect: An integrative review. *Psychological Bulletin, 109*, 163–203.

MACMILLAN, M. B. (1986). A wonderful journey through skull and brains: The travels of Mr. Gage's tamping iron. *Brain and Cognition, 5*, 67–107.

MACMILLAN, M. (2000). *An odd kind of fame: Stories of Phineas Gage*.Cambridge, MA: MIT Press.

MACRAE, C. N., MORAN, J. M., HEATHERTON, T. F., BANFIELD, J. F., & KELLEY, W. M. (2004). Medial prefrontal activity predicts memory for self. *Cerebral Cortex, 14*, 647–654.

MAGNO, E., & ALLAN, K. (2007). Self-reference during explicit memory retrieval: An event-related potential analysis. *Psychological Science, 18*, 672–677.

MAHAJAN, N., & WYNN, K. (2012). Origins of "us" versus "them": Prelinguistic infants prefer similar others. *Cognition, 124*(2), 227–233.

MAHON, B., ANZELLOTTI, S., SCHWARZBACH, J., ZAMPINI, M., & CARAMAZZA, A. (2009). Category-specific organization in the human brain does not require visual experience. *Neuron, 63*, 397–405.

MAHON, B. Z., & CARAMAZZA, A. (2009). Concepts and categories: A cognitive neuropsychological perspective.

Annual Review of Psychology, 60, 27–51.
MAHOWALD, M. W., & SCHENCK, C. H. (2005). Insights from studying human sleep disorders. *Nature, 437*(7063), 1279.
MAIA, T. V., & MCCLELLAND, J. L. (2004). A reexamination of the evidence for the somatic marker hypothesis: What participants really know in the Iowa gambling task. *Proceedings of the National Academy of Sciences, USA, 101*(45), 16075–16080.
MAINLAND, J., & SOBEL, N. (2006). The sniff is part of the olfactory percept. *Chemical Senses, 31,* 181–196. [Epub, December 8, 2005]
MALHOTRA, P., COULTHARD, E. J., & HUSAIN, M. (2009). Role of right posterior parietal cortex in maintaining attention to spatial locations over time. *Brain, 132,* 645–660.
MALMO, R. (1942). Interference factors in delayed response in monkeys after removal of frontal lobes. *Journal of Neurophysiology, 5,* 295–308.
MAMPE, B., FRIEDERICI, A. D., CHRISTOPHE, A., & WERMKE, K.(2009). Newborns' cry melody is shaped by their native language.*Current Biology, 19,* 1994–1997.
MANGUN, G. R., & HILLYARD, S. A. (1991). Modulations of sensory-evoked brain potentials indicate changes in perceptual processing during visual-spatial priming. *Journal of Experimental Psychology. Human Perception and Performance, 17,* 1057–1074.
MANGUN, G. R., HOPFINGER, J., KUSSMAUL, C., FLETCHER, E., & HEINZE, H. J. (1997). Covariations in PET and ERP measures of spatial selective attention in human extrastriate visual cortex. *Human Brain Mapping, 5,* 273–279.
MANSER, M. B., BELL, M. B., & FLETCHER, L. B. (2001). The information that receivers extract form alarm calls in suricates. *Proceedings of the Royal Society of London, Series B, 268,* 2485–2491.
MARCEL, A. (1983a). Conscious and unconscious perception: Experiments on visual masking and word recognition. *Cognitive Psychology, 15,* 197–237.
MARCEL, A. (1983b). Conscious and unconscious perception: An approach to the relations between phenomenal experience and perceptual process. *Cognitive Psychology, 15,* 238–300.
MARICIC, T., GÜNTHER, V., GEORGIEV, O., GEHRE, S., ĆURLIN, M.,SCHREIWEIS, C., ET AL. (2012). A recent evolutionary change affects a regulatory element in the human FOXP2 gene. *Molecular Biology and Evolution, 30*(4), 844–852.
MARKOWITSCH, H. J., KALBE, E., KESSLER, J., VON STOCKHAUSEN, H. M., GHAEMI, M., & HEISS, W. D. (1999). Short-term memory deficit after focal parietal damage. *Journal of Clinical and Experimental Neuropsychology, 21,* 784–797.
MARKUS, H. (1977). Self-schemata processing information about the self. *Journal of Personality and Social Research, 35,* 63–78.
MAROIS, R., YI, D. J., & CHUN, M. M. (2004). The neural fate of consciously perceived and missed events in the attentional blink. *Neuron, 41,* 465–472.
MARSHALL, A. J., WRANGHAM, R. W., & ARCADI, A. C. (1991). Does learning affect the structure of vocalizations in chimpanzees?*Animal Behaviour, 58*(4), 825–830.
MARSLEN-WILSON, W., & TYLER, L. K. (1980). The temporal structure of spoken language understanding. *Cognition, 8,* 1–71.
MARTIN, A. (2007). The representation of object concepts in the brain. *Annual Review of Psychology, 58,* 25–45.
MARTIN, A., WIGGS, C. L., UNGERLEIDER, L. G., & HAXBY, J. V.(1996). Neural correlates of category specific behavior. *Nature, 379,* 649–652.
MARTIN, S. J., DE HOZ, L., & MORRIS, R. G. (2005). Retrograde amnesia: Neither partial nor complete hippocampal lesions in rats result in preferential sparing of remote spatial memory, even after reminding. *Neuropsychologia, 43,* 609–624.
MARTIN, T. A., KEATING, J. G., GOODKIN, H. P., BASTIAN, A. J., & THACH, W. T. (1996). Throwing while looking through prisms.I Focal olivocerebellar lesions impair adaptation. *Brain, 119,* 1183–1198.
MARTIN, V. C., SCHACTER, D. L., CORBALLIS, M. C., & ADDIS, D. R.(2011). A role for the hippocampus in encoding simulations of future events. *Proceedings of the National Academy of Sciences, USA, 108,* 13858–13863.
MARTINEZ, A., ANLLO-VENTO, L., SERENO, M. I., FRANK, L. R., BUXTON, R. B., DUBOWITZ, D. J., ET AL. (1999). Involvement of striate and extrastriate visual cortical areas in spatial attention.*Nature Neuroscience, 2,* 364–369.
MATHER, M., HENKEL, L. A., & JOHNSON, M. K. (1997). Evaluating characteristics of false memories: Remember / know judgments and memory characteristics questionnaire compared. *Memory and Cognition, 25,* 826–837.
MATSUMOTO, M., & HIKOSAKA, O. (2007). Lateral habenula as a source of negative reward signals in dopamine neurons. *Nature, 447,* 1111–1117.
MATSUMOTO, M., & HIKOSAKA, O. (2009). Two types of dopamine neuron distinctly convey positive and negative motivational signals. *Nature, 459,* 837–841.
MATTAR, M., WYMBS, N. F., BOCK, A. S., AGUIRRE, G. K., GRAFTON, A.T., & BASSETT, D. S. (2018). Predicting future learning from baseline network architecture. *NeuroImage, 172,* 107–117.
MATTINGLEY, J. B., RICH, A. N., YELLAND, G., & BRADSHAW, J. L.(2001). Unconscious priming eliminates automatic binding of colour and alphanumeric form in synaesthesia. *Nature, 410,* 580–582.
MATYAS, F., SREENIVASAN, V., MARBACH, F., WACONGNE, C., BARSY, B., MATEO, C., ET AL. (2010). Motor control by sensory cortex.*Science, 330,* 1240–1243.
MAUNSELL, J. H. R., & VAN ESSEN, D. C. (1983). Functional properties of neurons in middle temporal visual area of the macaque monkey.I. Selectivity for stimulus direction, speed, and orientation. *Journal of Neurophysiology, 49,* 1127–1147.
MAYFORD, M. (2012). Navigating uncertain waters. *Nature Neuroscience, 15,* 1056–1057.
MAZOYER, B., TZOURIO, N., FRAK, V., SYROTA, A., MURAYAMA, N.,LEVIER, O., ET AL. (1993). The cortical representation of speech.*Journal of Cognitive Neuroscience, 5,* 467–479.
MCADAMS, C. J., & REID, R. C. (2005). Attention modulates the responses of simple cells in monkey primary visual cortex. *Journal of Neuroscience, 25,* 11023–11033.
MCALONAN, K., CAVANAUGH, J., & WURTZ, R. H. (2008). Guarding the gateway to cortex with attention in visual

thalamus. *Nature, 456*, 391–394.
MCANDREWS, M. P., GLISKY, E. L., & SCHACTER, D. L. (1987). When priming persists: Long-lasting implicit memory for a single episode in amnesic patients. *Neuropsychologia, 25*(3), 497–506.
MCCARTHY, R., & WARRINGTON, E. K. (1986). Visual associative agnosia: A clinico-anatomical study of a single case. *Journal of Neurology, Neurosurgery, and Psychiatry, 49*, 1233–1240.
MCCLELLAND, J. L., & RUMELHART, D. E. (1981). An interactive activation model of context effects in letter perception: Part 1. An account of the basic findings. *Psychological Review, 88*, 375–407.
MCCLELLAND, J. L., ST. JOHN, M., & TARABAN, R. (1989). Sentence comprehension: A parallel distributed processing approach.*Language and Cognitive Processes, 4*, 287–335.
MCEWEN, B. S. (1998). Stress, adaptation, and disease: Allostasis and allostatic load. *Annals of the New York Academy of Sciences, 840*(1), 33–44.
MCEWEN, B. S. (2003). Mood disorders and allostatic load. *Biological Psychiatry, 54*(3), 200–207.
MCGAUGH, J. L., CAHILL, L., & ROOZENDAAL, B. (1996). Involvement of the amygdala in memory storage: Interaction with other brain systems. *Proceedings of the National Academy of Sciences, USA, 93*, 13508–13514.
MCGAUGH, J. L., INTROINI-COLLISION, I. B., CAHILL, L., MUNSOO, K., & LIANG, K. C. (1992). Involvement of the amygdala in neuromodulatory influences on memory storage. In J. P. Aggleton (Ed.), *The amygdala: Neurobiological aspects of emotion, memory, and mental dysfunction* (pp. 431–451). New York: Wiley-Liss.
MCGEOCH, P. D., BRANG, D., SONG, T., LEE, R. R., HUANG, M., & RAMACHANDRAN, V. S. (2011). Xenomelia: A new right parietal lobe syndrome. *Journal of Neurology, Neurosurgery, and Psychiatry, 82*(12), 1314–1319.
MCHENRY, L. C., JR. (1969). *Garrison's history of neurology*. Springfield, IL: Thomas.
MCINTOSH, D. N., REICHMANN-DECKER, A., WINKIELMAN, P., & WILBARGER, J. (2006). When the social mirror breaks: Deficits in automatic, but not voluntary, mimicry of emotional facial expressions in autism. *Developmental Science, 9*(3), 295–302.
MCMANUS, C. (1999). Handedness, cerebral lateralization, and the evolution of handedness. In M. C. Corballis & S. E. G. Lea (Eds.), *The descent of mind* (pp. 194–217). Oxford: Oxford University Press.
MEADOWS, J. C. (1974). Disturbed perception of colours associated with localized cerebral lesions. *Brain, 97*, 615–632.
MEGUERDITCHIAN, A., MOLESTI, S., & VAUCLAIR, J. (2011).Right-handedness predominance in 162 baboons for gestural communication: Consistency across time and groups. *Behavioral Neuroscience, 125*(4), 653–660.
MEGUERDITCHIAN, A., & VAUCLAIR, J. (2006). Baboons communicate with their right hand. *Behavioural Brain Research, 171*, 170–174.
MEGUERDITCHIAN, A., VAUCLAIR, J., & HOPKINS, W. D. (2010).Captive chimpanzees use their right hand to communicate with each other: Implications for the origin of the cerebral substrate for language. *Cortex, 46*(1), 40–48.

MEINTZSCHEL, F., & ZIEMANN, U. (2005). Modification of practice-dependent plasticity in human motor cortex by neuromodulators. *Cerebral Cortex, 16*(8), 1106–1115.
MELTZOFF, A. N. (2002). Imitation as a mechanism of social cognition: Origins of empathy, theory of mind, and the representation of action. In U. Goswami (Ed.), *Blackwell handbook of childhood cognitive development* (pp. 6–25). Malden, MA: Blackwell.
MELTZOFF, A. N., & MOORE, M. K. (1983). Newborn infants imitate adult facial gestures. *Child Development, 54*, 702–709.
MENG, J., ZHANG, S., BEKYO, A., OLSOE, J., BAXTER, B., & HE, B.(2016). Noninvasive electroencephalogram based control of a robotic arm for reach and grasp tasks. *Scientific Reports, 6*, 38565.
MERABET, L. B., HAMILTON, R., SCHLAUG, G., SWISHER, J. D., KIRIAKOPOULOS, E. T., PITSKEL, N. B., ET AL. (2008). Rapid and reversible recruitment of early visual cortex for touch. *PLoS One, 3*(8), e3046.
MERKER, B. (2007). Consciousness without a cerebral cortex. *Behavioural and Brain Sciences, 30*(1), 63–134.
MERZENICH, M. M., & JENKINS, W. M. (1995). Cortical plasticity, learning and learning dysfunction. In B. Julesz & I. Kovacs (Eds.), *Maturational windows and adult cortical plasticity* (pp. 1–24).Reading, MA: Addison-Wesley.
MERZENICH, M. M., KAAS, J. H., SUR, M., & LIN, C. S. (1978). Double representation of the body surface within cytoarchitectonic areas 3b and 1 in "SI" in the owl monkey (*Aotus trivirgatus*). *Journal of Comparative Neurology, 181*, 41–73.
MERZENICH, M. M., RECANZONE, G., JENKINS, W. M., ALLARD, B.T., & NUDO, R. J. (1988). Cortical representational plasticity.In P. Rakic & W. Singer (Eds.), *Neurobiology of neocortex* (pp. 41–67). New York: Wiley.
MESULAM, M.-M. (1981). A cortical network for directed attention and unilateral neglect. *Annals of Neurology, 10*, 309–325.
MESULAM, M.-M. (1998). From sensation to cognition. *Brain, 121*, 1013–1052.
MESULAM, M.-M. (2000). *Principles of behavioral and cognitive neurology*. New York: Oxford University Press.
METCALFE, J., FUNNELL, M., & GAZZANIGA, M. S. (1995). Right hemisphere superiority: Studies of a split-brain patient. *Psychological Science, 6*, 157–164.
MEUNIER, D., LAMBIOTTE, R., & BULLMORE, E. T. (2010). Modular and hierarchically modular organization of brain networks. *Frontiers in Neuroscience, 4*, 200.
MEYER-LINDENBERG, A., BUCKHOLTZ, J. W., KOLACHANA, B. R., HARIRI, A., PEZAWAS, L., BLASI, G., ET AL. (2006). Neural mechanisms of genetic risk for impulsivity and violence in humans. *Proceedings of the National Academy of Sciences, USA, 103*, 6269–6274.
MICHAEL, J., SANDBERG, K., SKEWES, J., WOLF, T., BLICHER, J.,OVERGAARD, M., ET AL. (2014). Continuous theta-burst stimulation demonstrates a causal role of premotor homunculus in action understanding. *Psychological Science, 25*(4), 963–972.
MIGAUD, M., CHARLESWORTH, P., DEMPSTER, M., WEBSTER, L. C., WATABE, A. M., MAKHINSON, M., ET AL. (1998). Enhanced long-term potentiation and impaired

learning in mice with mutant post-synaptic density-95 protein. *Nature, 396,* 433–439.

MILLER, G. (1951). *Language and communication.* New York: McGraw-Hill.

MILLER, G. (1956). The magical number seven, plus-or-minus two: Some limits on our capacity for processing information. *Psychological Review, 101,* 343–352.

MILLER, G. (1962). *Psychology, the science of mental life.* New York: Harper & Row.

MILLER, M. B., & DOBBINS, I. G. (2014). Memory as decision making. In M. S. Gazzaniga & G. R. Mangun (Eds.), *The cognitive neurosciences* (5th ed., pp. 577–590). Cambridge, MA: MIT Press.

MILLER, M. B., KINGSTONE, A., & GAZZANIGA, M. S. (1997). HERA and the split-brain. *Society of Neuroscience Abstract, 23,* 1579.

MILLER, M. B., SINNOTT-ARMSTRONG, W., YOUNG, L., KING, D.,PAGGI, A., FABRI, M., ET AL. (2010). Abnormal moral reasoning in complete and partial callosotomy patients. *Neuropsychologia, 48*(7), 2215–2220.

MILLER, M. B., VAN HORN, J. D., WOLFORD, G. L., HANDY, T. C., VALSANGKAR-SMYTH, M., INATI, S., ET AL. (2002). Extensive individual differences in brain activations associated with episodic retrieval are reliable over time. *Journal of Cognitive Neuroscience, 14*(8), 1200–1214.

MILNER, B., CORKIN, S., & TEUBER, H. (1968). Further analysis of the hippocampal amnesic syndrome: 14-year follow-up study of HM. *Neuropsychologia, 6,* 215–234.

MILNER, B., CORSI, P., & LEONARD, G. (1991). Frontal-lobe contributions to recency judgements. *Neuropsychologia, 29,* 601–618.

MINEKA, S., RAFAELI, E., & YOVEL, I. (2003). Cognitive biases in emotional disorders: Information processing and social-cognitive perspectives. In R. J. Davidson, K. R. Scherer, & H. H. Goldsmith (Eds.), *Handbook of affective science* (pp. 976–1009). Oxford: Oxford University Press.

MISHKIN, M. (1978). Memory in monkeys severely impaired by combined but not by separate removal of amygdala and hippocampus. *Nature, 273,* 297–298.

MITCHELL, J. P. (2008). Activity in right temporo-parietal junction is not selective for theory-of-mind. *Cerebral Cortex, 18,* 262–271.

MITCHELL, J. P. (2009). Inferences about mental states. *Philosophical Transactions of the Royal Society of London. Series B, Biological Sciences, 364*(1521), 1309–1316.

MITCHELL, J. P., BANAJI, M. R., & MACRAE, C. N. (2005). General and specific contributions of the medial prefrontal cortex to knowledge about mental states. *NeuroImage, 28,* 757–762.

MITCHELL, J. P., MACRAE, C. N., & BANAJI, M.R. (2004). Encoding-specific effects of social cognition on the neural correlates of subsequent memory. *Journal of Neuroscience, 24,* 4912–4917.

MITCHELL, J. P., MACRAE, C. N., & BANAJI, M. R. (2006). Dissociable medial prefrontal contributions to judgments of similar and dissimilar others. *Neuron, 50,* 655–663.

MITCHELL, J. P., SCHIRMER, J., AMES, D. L., & GILBERT, D. T. (2011). Medial prefrontal cortex predicts intertemporal choice. *Journal of Cognitive Neuroscience, 23*(4), 1–10.

MITCHELL, R. W. (1994). Multiplicities of self. In S. T. Parker, R. W. Mitchell, & M. L. Boccia (Eds.), *Self-awareness in animals and humans.* Cambridge: Cambridge University Press.

MITCHELL, R. W. (1997). Kinesthetic-visual matching and the self-concept as explanations of mirror-self-recognition. *Journal for the Theory of Social Behavior, 27,* 101–123.

MOELLER, S., CRAPSE, T., CHANG, L., & TSAO, D. Y. (2017). The effect of face patch microstimulation on perception of faces and objects.*Nature Neuroscience, 20*(5), 743.

MOEREL, M., DE MARTINO, F., SANTORO, R., UGURBIL, K., GOEBEL, R., YACOUB, E., ET AL. (2013). Processing of natural sounds: Characterization of multipeak spectral tuning in human auditory cortex. *Journal of Neuroscience, 33*(29), 11888–11898.

MOISALA, M., SALMELA, V., HIETAJÄRVI, L., SALO, E., CARLSON, S.,SALONEN, O., ET AL. (2016). Media multitasking is associated with distractibility and increased prefrontal activity in adolescents and young adults. *NeuroImage, 134,* 113–121.

MOLENBERGHS, P., CUNNINGTON, R., & MATTINGLEY, J. B. (2012).Brain regions with mirror properties: A meta-analysis of 125 human fMRI studies. *Neuroscience and Biobehavioral Reviews, 36*(1), 341–349.

MOLL, H., & TOMASELLO, M. (2007). Cooperation and human cognition: The Vygotskian intelligence hypothesis. *Philosophical Transactions of the Royal Society of London. Series B, Biological Sciences, 362*(1480), 639–648.

MOLNAR, Z. (2004). Thomas Willis (1621–1645), the founder of clinical neuroscience. *Nature Reviews Neuroscience, 5,* 329–335.

MONCADA, D., & VIOLA, H. (2007). Induction of long-term memory by exposure to novelty requires protein synthesis: Evidence for a behavioral tagging. *Journal of Neuroscience, 27*(28), 7476–7481.

MONCHI, O., PETRIDES, M., PETRE, V., WORSLEY, K., & DAGHER, A.(2001). Wisconsin card sorting revisited: Distinct neural circuits participating in different stages of the task identified by event-related functional magnetic resonance imaging. *Journal of Neuroscience, 21,* 7733–7741.

MONTALDI, D., SPENCER, T. J., ROBERTS, N., & MAYES, A. R. (2006).The neural system that mediates familiarity memory. *Hippocampus, 16,* 504–520.

MONTI, M. M., VANHAUDENHUYSE, A., COLEMAN, M. R., BOLY, M., PICKARD, J. D., TSHIBANDA, L., ET AL. (2010). Willful modulation of brain activity in disorders of consciousness. *New England Journal of Medicine, 362,* 579–589.

MOORE, T., & ARMSTRONG, K. M. (2003). Selective gating of visual signals by microstimulation of frontal cortex. *Nature, 421,* 370–373.

MOORE, T., & FALLAH, M. (2001). Control of eye movements and spatial attention. *Proceedings of the National Academy of Sciences, USA, 98,* 1273–1276.

MORAN, J., & DESIMONE, R. (1985). Selective attention gates visual processing in extrastriate cortex. *Science, 229,* 782–784.

MORAN, J. M., MACRAE, C. N., HEATHERTON, T. F., WYLAND, C. L.,& KELLEY, W. M. (2006). Neuroanatomical evidence for distinct cognitive and affective components of self. *Journal of Cognitive Neuroscience, 18,*

1586–1594.
MORAY, N. (1959). Attention in dichotic listening: Effective cues and the influence of instructions. *Quarterly Journal of Experimental Psychology, 9*, 56–60.
MORGAN, M. A., & LEDOUX, J. E. (1999). Contribution of ventrolateral prefrontal cortex to the acquisition and extinction of conditioned fear in rats. *Neurobiology of Learning and Memory, 72*, 244–251.
MORISHIMA, Y., AKAISHI, R., YAMADA, Y., OKUDA, J., TOMA, K., & SAKAI, K. (2009). Task-specific signal transmission from prefrontal cortex in visual selective attention. *Nature Neuroscience, 12*, 85–91.
MORMANN, F., DUBOIS, J., KORNBLITH, S., MILOSAVLJEVIC, M., CERF, M., ISON, M., ET AL. (2011). A category-specific response to animals in the right human amygdala. *Nature Neuroscience, 14*, 1247–1249.
MORRIS, J. S., BUCHEL, C., & DOLAN, R. J. (2001). Parallel neural responses in amygdala subregions and sensory cortex during implicit fear conditioning. *NeuroImage, 13*, 1044–1052.
MORRIS, J. S., FRISTON, K. J., BÜCHEL, C., FRITH, C. D., YOUNG, A. W., CALDER, A. J., ET AL. (1998). A neuromodulatory role for the human amygdala in processing emotional facial expressions. *Brain, 121*, 47–57.
MORRIS, R. G. (1981). Spatial localization does not require the presence of local cues. *Learning and Motivation, 12*, 239–260.
MORUZZI, G., & MAGOUN, H. W. (1949). Brainstem reticular formation and activation of the EEG. *Electroencephalography and Clinical Neurophysiology, 1*, 455–473.
MOSCOVITCH, M., WINOCUR, G., & BEHRMANN, M. (1997). What is special about face recognition? Nineteen experiments on a person with visual object agnosia and dyslexia but normal face recognition. *Journal of Cognitive Neuroscience, 9*, 555–604.
MOTTRON, L., & BELLEVILE, S. (1993). A study of perceptual analysis in a high-level autistic subject with exceptional graphic abilities. *Brain and Cognition, 23*(2), 279–309.
MOUNTCASTLE, V. B. (1976). The world around us: Neural command functions for selective attention. *Neurosciences Research Program Bulletin, 14*(Suppl.), 1–47.
MUELLER, C. M., & DWEEK, C. S. (1998). Intelligence praise can undermine motivation and performance. *Journal of Personality and Social Psychology, 75*, 33–52.
MUELLER, N. G., & KLEINSCHMIDT, A. (2003). Dynamic interaction of object- and space-based attention in retinotopic visual areas. *Journal of Neuroscience, 23*, 9812–9816.
MÜLLER, J. R., PHILIASTIDES, M. G., & NEWSOME, W. T. (2005). Microstimulation of the superior colliculus focuses attention without moving the eyes. *Proceedings of the National Academy of Sciences, USA, 102*(3), 524–529.
MÜNTE, T. F., HEINZE, H.-J., & MANGUN, G. R. (1993). Dissociation of brain activity related to semantic and syntactic aspects of language. *Journal of Cognitive Neuroscience, 5*, 335–344.
MÜNTE, T. F., SCHILZ, K., & KUTAS, M. (1998). When temporal terms belie conceptual order. *Nature, 395*, 71–73.
MURPHEY, D. K., YOSHOR, D., & BEAUCHAMP, M. S. (2008). Perception matches selectivity in the human anterior color center. *Current Biology, 18*, 216–220.
MURRAY, R. J., SCHAER, M., & DEBBANE, M. (2012). Degrees of separation: A quantitative neuroimaging meta-analysis investigating self-specificity and shared neural activation between self- and other-reflection. *Neuroscience and Biobehavioral Reviews, 36*, 1043–1059.
NADEL, L., & HARDT, O. (2011). Update on memory systems and processes. *Neuropsychopharmacology, 36*, 251–273.
NADEL, L., & MOSCOVITCH, M. (1997). Memory consolidation, retrograde amnesia and the hippocampal complex. *Current Opinion in Neurobiology, 7*(2), 217–227.
NAESER, M. A., PALUMBO, C. L., HELM-ESTABROOKS, N., STIASSNY-EDER, D., & ALBERT, M. L. (1989). Severe non-fluency in aphasia: Role of the medial subcallosal fasciculus plus other white matter pathways in recovery of spontaneous speech. *Brain, 112*, 1–38.
NAGEL, G., OLLIG, D., FUHRMANN, M., KATERIYA, S., MUSTI, A. M., BAMBAER, E., ET AL. (2002). Channelrhodopsin-1: A light-gated proton channel in green algae. *Science, 296*(5577), 2395–2398.
NAGEL, T. (1974). What is it like to be a bat? *Philosophical Review, 83*(4), 435–450.
NARAIN, C., SCOTT, S. K., WISE, R. J., ROSEN, S., LEFF, A., IVERSEN, S. D., ET AL. (2003). Defining a left-lateralized response specific to intelligible speech using fMRI. *Cerebral Cortex, 13*, 1362–1368.
NASELARIS, T., OLMAN, C. A., STANSBURY, D. E., UGURBIL, K., & GALLANT, J. L. (2015). A voxel-wise encoding model for early visual areas decodes mental images of remembered scenes. *NeuroImage, 105*, 215–228.
NAVON, D. (1977). Forest before trees: The precedence of global features in visual perception. *Cognitive Psychology, 9*, 353–383.
NETTER, F. H. (1983). *The CIBA collection of medical illustrations: Vol.1. Nervous system, Part 1: Anatomy and physiology.* Summit, NJ: CIBA Pharmaceutical.
NEWSOME, W. T., BRITTEN, K. H., & MOVSHON, J. A. (1989). Neuronal correlates of a perceptual decision. *Nature, 341*, 52–54.
NEWSOME, W. T., & PARE, E. B. (1988). A selective impairment of motion perception following lesions of the middle temporal visual area (MT). *Journal of Neuroscience, 8*, 2201–2211.
NIEUWLAND, M., & VAN BERKUM, J. (2005). Testing the limits of the semantic illusion phenomenon: ERPs reveal temporary semantic change deafness in discourse comprehension. *Cognitive Brain Research, 24*, 691–701.
NISBETT, R., & ROSS, L. L. (1980). *Human inference: Strategies and shortcomings of social judgment.* Englewood Cliffs, NJ: Prentice-Hall.
NISHIMOTO, S., VU, A. T., NASELARIS, T., BENJAMINI, Y., YU, B., & GALLANT, J. L. (2011). Reconstructing visual experiences from brain activity evoked by natural movies. *Current Biology, 21*, 1–6.
NISSEN, M. J., KNOPMAN, D. S., & SCHACTER, D. L. (1987). Neurochemical dissociation of memory systems. *Neurology, 37*, 789–794.
NIV, Y. (2007). Cost, benefit, tonic, phasic: What do response rates tell us about dopamine and motivation? *Annals of the New York Academy of Sciences, 1104*, 357–376.

NOBRE, A. C. (2001). The attentive homunculus: Now you see it, now you don't. *Neuroscience and Biobehavioral Reviews, 25*, 477–496.

NOBRE, A. C., ALLISON, T., & MCCARTHY, G. (1994). Word recognition in the human inferior temporal lobe. *Nature, 372*, 260–263.

NORMAN, K. A., & SCHACTER, D. L. (1997). False recognition in younger and older adults: Exploring the characteristics of illusory memories. *Memory and Cognition, 25*, 838–848.

NOTTEBOHM, F. (1980). Brain pathways for vocal learning in birds: A review of the first 10 years. *Progress in Psychobiology and Physiological Psychology, 9*, 85–124.

NUNN, J. A., GREGORY, L. J., BRAMMER, M., WILLIAMS, S. C., PARSLOW, D. M., MORGAN, M. J., ET AL. (2002). Functional magnetic resonance imaging of synesthesia: Activation of V4 / V8 by spoken words. Nature Neuroscience, 5, 371–375.

NYBERG, L., CABEZA, R., & TULVING, E. (1996). PET studies of encoding and retrieval: The HERA model. *Psychonomic Bulletin & Review, 3*, 134–147.

OBERAUER, K. (2002). Access to information in working memory: Exploring the focus of attention. *Journal of Experimental Psychology. Learning, Memory, and Cognition, 28*, 411–421.

OBERMAN, L. M., RAMACHANDRAN, V. S., & PINEDA, J. A. (2008).Modulation of mu suppression in children with autism spectrum disorders in response to familiar or unfamiliar stimuli: The mirror neuron hypothesis. *Neuropsychologia, 46*(5), 1558–1565.

O'BRIEN, J. T., & THOMAS, A. (2015). Vascular dementia. *Lancet, 386*(10004), 1698–1706.

OCHSNER, K. N. (2007a). How thinking controls feeling: A social cognitive neuroscience approach. In E. Harmon-Jones & P. Winkielman (Eds.), *Social neuroscience: Integrating biological and psychological explanations of social behavior* (pp. 106–133). New York: Guilford.

OCHSNER, K. N. (2007b). Social cognitive neuroscience: Historical development, core principles, and future promise. In A. Kruglanski & E. Higgins (Eds.), *Social psychology: A handbook of basic principles*. New York: Guilford.

OCHSNER, K. N., BEER, J. S., ROBERTSON, E. A., COOPER, J., GABRIELI, J. D. E., KIHLSTROM, J. F., ET AL. (2005). The neural correlates of direct and reflected self-knowledge. *NeuroImage, 28*, 797–814.

OCHSNER, K. N., BUNGE, S. A., GROSS, J. J., & GABRIELI, J. D. (2002).Rethinking feelings: An FMRI study of the cognitive regulation of emotion. *Journal of Cognitive Neuroscience, 14*(8), 1215–1229.

OCHSNER, K., & GROSS, J. (2005). The cognitive control of emotion. *Trends in Cognitive Sciences, 9*(5), 242–249.

OCHSNER, K. N., RAY, R. D., COOPER, J. C., ROBERTSON, E. R., CHOPRA, S., GABRIELI, J. D. E., ET AL. (2004). For better or for worse: Neural systems supporting the cognitive down- and up- regulation of negative emotion. *NeuroImage, 23*, 483–499.

OCHSNER, K. N., SILVERS, J. A., & BUHLE, J. T. (2012). Functional imaging studies of emotion regulation: A synthetic review and evolving model of the cognitive control of emotion. *Annals of the New York Academy of Sciences, 1251*, E1–E24.

O'CONNOR, A. R., HAN, S., & DOBBINS, I. G. (2010). The inferior parietal lobule and recognition memory: Expectancy violation or successful retrieval? *Journal of Neuroscience, 30*(8), 2924–2934.

O'CONNOR, D. H., FUKUI, M. M., PINSK, M. A., & KASTNER, S. (2002). Attention modulates responses in the human lateral geniculate nucleus. *Nature Neuroscience, 5*, 1203–1209.

O'CRAVEN, K. M., DOWNING, P. E., & KANWISHER, N. (1999). fMRI evidence for objects as the units of attentional selection. *Nature, 401*, 584–587.

O'DOHERTY, J., DAYAN, P., SCHULTZ, J., DEICHMANN, R.,FRISTON, K., & DOLAN, R. J. (2004). Dissociable roles of ventral and dorsal striatum in instrumental conditioning. *Science, 304*, 452–454.

OERTEL-KNÖCHEL, V., & LINDEN, D. E. J. (2011). Cerebral asymmetry in schizophrenia. *Neuroscientist, 17*(5), 456–467.

OESTERHELT, D., & STOECKENIUS, W. (1971). Rhodopsin-like protein from the purple membrane of *Halobacterium halobium*. *Nature New Biology, 233*, 149–152.

OGAWA, S., LEE, T. M., KAY, A. R., & TANK, D. W. (1990). Brain magnetic resonance imaging with contrast dependent on blood oxygenation. *Proceedings of the National Academy of Sciences, USA, 87*, 9868–9872.

OJEMANN, G., OJEMANN, J., LETTICH, E., & BERGER, M. (1989).Cortical language localization in left, dominant hemisphere.*Journal of Neurosurgery, 71*, 316–326.

O'KEEFE, J., & DOSTROVSKY, J. (1971). The hippocampus as a spatial map. Preliminary evidence from unit activity in the freely-moving rat. *Brain Research, 1*, 171–175.

O'KEEFE, J., & NADEL, L. (1978). *The hippocampus as a cognitive map*.Oxford: Oxford University Press.

OLDENDORF, W. H. (1961). Isolated flying spot detection of radiodensity discontinuities—displaying the internal structural pattern of a complex object. *IRE Transactions on Bio-medical Electronics, 8*, 68–72.

OLDS, J. (1958). Self-stimulation of the brain: Its use to study local effects of hunger, sex, and drugs. *Science, 127*(3294), 315–324.

OLDS, J., & MILNER, P. M. (1954). Positive reinforcement produced by electrical stimulation of septal area and other regions of rat brain. *Journal of Comparative Physiology and Psychology, 47*, 419–427.

OLIVEIRA, F. T., DIEDRICHSEN, J., VERSTYNEN, T., DUQUE, J., & IVRY, R. B. (2010). Transcranial magnetic stimulation of posterior parietal cortex affects decisions of hand choice. *Proceedings of the National Academy of Sciences, USA, 107*, 17751–17756.

ONISHI, K. H., & BAILLARGEON, R. (2005). Do 15-month-old infants understand false beliefs? *Science, 308*(5719), 255–258.

OPHIR, E., NASS, C., & WAGNER, A. D. (2009). Cognitive control in media multitaskers. *Proceedings of the National Academy of Sciences, USA, 106*(37), 15583–15587.

O'REILLY, R. (2010). The what and how of prefrontal cortical organization. *Trends in Neurosciences, 33*, 355–361.

ORTIGUE, S., & BIANCHI-DEMICHELI, F. (2008). The chronoarchitecture of human sexual desire: A high-density electrical mapping study. *NeuroImage, 43*(2), 337–345.

ORTIGUE, S., & BIANCHI-DEMICHELI, F. (2011). Intention, false beliefs, and delusional jealousy: Insights into the right hemisphere from neurological patients and neuroimaging studies. *Medical Science Monitor*, *17*, RA1–RA11.

ORTIGUE, S., BIANCHI-DEMICHELI, F., PATEL, N., FRUM, C., & LEWIS, J. (2010). Neuroimaging of love: fMRI meta-analysis evidence toward new perspectives in sexual medicine. *Journal of Sexual Medicine*, *7*(11), 3541–3552.

ORTIGUE, S., PATEL, N., BIANCHI-DEMICHELI, F., & GRAFTON, S.T.(2010). Implicit priming of embodied cognition on human motor intention understanding in dyads in love. *Journal of Social and Personal Relationships*, *27*(7), 1001–1015.

OSBORN, A. G., BLASER, S., & SALZMAN, K. L. (2004). *Diagnostic imaging. Brain*. Salt Lake City, UT: Amirsys.

OSGOOD, C. E., SUCI, G. J., & TANNENGAUM, P. H. (1957). *The measurement of meaning*. Urbana: University of Illinois Press.

OSTERHOUT, L., & HOLCOMB, P. J. (1992). Event-related brain potentials elicited by syntactic anomaly. *Journal of Memory and Language*, *31*, 785–806.

OUATTARA, K., LEMASSON, A., & ZUBERBÜHLER, K. (2009).Campbell's monkeys concatenate vocalizations into context-specific call sequences. *Proceedings of the National Academy of Sciences, USA*, *106*(51), 22026–22031.

OUDIETTE, D., DEALBERTO, M. J., UGUCCIONI, G., GOLMARD, J. L., MERINO-ANDREU, M., TAFTI, M., ET AL. (2012). Dreaming with-out REM sleep. *Consciousness and Cognition*, *21*(3), 1129–1140.

OWEN, A. M., COLEMAN, M. R., BOLY, M., DAVIS, M. H., LAUREYS, S.,& PICKARD, J. (2006). Detecting awareness in the vegetative state. *Science*, *313*, 1402.

PACKARD, M. G., & GOODMAN, J. (2012). Emotional arousal and multiple memory systems in the mammalian brain. *Frontiers in Behavioral Neuroscience*, *6*, 14.

PACKARD, M. G., & KNOWLTON, B. J. (2002). Learning and memory functions of the basal ganglia. *Annual Review of Neuroscience*, *25*(1), 563–593.

PACKER, A. (2016). Neocortical neurogenesis and the etiology of autism spectrum disorder. *Neuroscience and Biobehavioral Reviews*, *64*, 185–195.

PADOA-SCHIOPPA, C. (2011). Neurobiology of economic choice: A good-based model. *Annual Review of Neuroscience*, *34*, 333–359.

PALLIS, C. A. (1955). Impaired identification of faces and places with agnosia for colors. *Journal of Neurology, Neurosurgery, and Psychiatry*, *18*, 218–224.

PANKSEPP, J. (1998). *Affective neuroscience: The foundations of human and animal emotions*. New York: Oxford University Press.

PANKSEPP, J. (2002). Foreword: The MacLean legacy and some modern trends in emotion research. In G. Cory & R. Gardner (Eds.), *The evolutionary neuroethology of Paul MacLean: Convergences and frontiers* (pp. ix–xxvii). Westport, CT: Greenwood / Praeger.

PANKSEPP, J. (2005). Affective consciousness: Core emotional feelings in animals and humans. *Consciousness and Cognition*, *14*, 30–80.

PANKSEPP, J., & BIVEN, L. (2012). *The archaeology of mind: Neuroevolutionary origins of human emotions*. New York: Norton.

PANKSEPP, J., NORMANSELL, L., COX, J. F., & SIVIY, S. M. (1994).Effects of neonatal decortication on the social play of juvenile rats.*Physiology & Behavior*, *56*(3), 429–443.

PANKSEPP, J., & WATT, D. (2011). What is basic about basic emotions? Lasting lessons from affective neuroscience. *Emotion Review*, *3*(4), 387–396.

PAPADOURAKIS, V., & RAOS, V. (2013). Cue-dependent actionobservation elicited responses in the ventral premotor cortex (area F5) of the macaque monkey. *Society for Neuroscience Abstracts*, program no. 263.08, p. 2.

PAPEZ, J. W. (1937). A proposed mechanism of emotion. *Archives of Neurology and Psychiatry*, *79*, 217–224.

PARVIZI, J., JACQUES, C., FOSTER, B. L., WITHOFT, N., RANGARAJAN, V., WEINER, K. S., ET AL. (2012). Electrical stimulation of human fusiform face-selective regions distorts face perception. *Journal of Neuroscience*, *32*(43), 14915–14920.

PASCUAL-LEONE, A., BARTRES-FAZ, D., & KEENAN, J. P. (1999).Transcranial magnetic stimulation: Studying the brain-behaviour relationship by induction of "virtual lesions." *Philosophical Trans- actions of the Royal Society of London. Series B, Biological Sciences*, *354*, 1229–1238.

PASSINGHAM, R. E. (1993). *The frontal lobes and voluntary action*. New York: Oxford University Press.

PATIL, A., MURTY, V. P., DUNSMOOR, J. E., PHELPS, E. A., & DAVACHI, L.(2017). Reward retroactively enhances memory consolidation for related items. *Learning & Memory*, *24*(1), 65–69.

PATTEE, H. H. (1972). Physical problems of decision-making constraints. *International Journal of Neuroscience*, *3*(3), 99–105.

PATTEE, H. H. (2001). Causation, control, and the evolution of complexity. In P. B. Andersen, P. V. Christiansen, C. Emmeche, & M.O. Finnermann (Eds.), *Downward causation: Minds, bodies and matter* (pp. 63–77). Copenhagen: Aarhus University Press.

PATTEE, H. H., & RĄCZASZEK-LEONARDI, J. (2012). *Laws, language and life*. Dordrecht, Netherlands: Springer.

PAUL, L. K., CORSELLO, C., KENNDY, D. P., & ADOLPHS, R. (2014).Agenesis of the corpus callosum and autism: A comprehensive comparison. *Brain*, *137*, 1813–1829.

PAULING, L., & CORYELL, C. D. (1936). The magnetic properties and structure of hemoglobin, oxyhemoglobin and carbonmonoxy-hemoglobin. *Proceedings of the National Academy of Sciences, USA*, *22*, 210–216.

PAULSEN, J. S., BUTTERS, N., SALMON, D. P., HEINDEL, W. C., & SWENSON, M. R. (1993). Prism adaptation in Alzheimer's and Huntington's disease. *Neuropsychology*, *7*(1), 73–81.

PAYNE, J., & NADEL, L. (2004). Sleep, dreams, and memory consolidation: The role of the stress hormone cortisol. *Learning and Memory*, *11*, 671–678.

PEELLE, J. E., JOHNSRUDE, I., & DAVIS, M. H. (2010). Hierarchical processing for speech in human auditory cortex and beyond. *Frontiers in Human Neuroscience*, *4*, 51.

PELLEGRINO, G. D., FADIGA, L., FOGASSI, L., GALLESE, V., & RIZZOLATTI, G. (1992). Understanding motor events: A neurophysiological study. *Experimental Brain Research*, *91*(1), 176–180.

PELPHREY, K. A., SINGERMAN, J. D., ALLISON, T., & MCCARTHY, G.(2003). Brain activation evoked by perception of gaze shifts: The influence of context. *Neuropsychologia, 41*, 156–170.

PELPHREY, K. A., VIOLA, R. J., & MCCARTHY, G. (2004). When strangers pass: Processing of mutual and averted social gaze in the superior temporal sulcus. *Psychological Science, 15*, 598–603.

PENFIELD, W., & FAULK, M. E., JR. (1955). The insula; further observations on its function. *Brain, 78*, 445–470.

PENFIELD, W., & JASPER, H. (1954). *Epilepsy and the functional anatomy of the human brain*. Boston: Little, Brown.

PENG, Y., GILLIS-SMITH, S., JIN, H., TRÄNKNER, D., RYBA, N. J., & ZUKER, C. S. (2015). Sweet and bitter taste in the brain of awake behaving animals. *Nature, 527*(7579), 512–515.

PENGAS, G., HODGES, J. R., WATSON, P., & NESTOR, P. J. (2010).Focal posterior cingulate atrophy in incipient Alzheimer's disease.*Neurobiology of Aging, 31*(1), 25–33.

PENNARTZ, C. M. A., LEE, E., VERHEUL, J., LIPA, P., BARNES, C. A.,& MCNAUGHTON, B. L. (2004). The ventral striatum in off-line processing: Ensemble reactivation during sleep and modulation by hippocampal ripples. *Journal of Neuroscience, 24*(29), 6446–6456.

PERAMUNAGE, D., BLUMSTEIN, S. E., MYERS, E. B., GOLDRICK, M., & BAESE-BERK, M. (2011). Phonological neighborhood effects in spoken word production: An fMRI study. *Journal of Cognitive Neuroscience, 23*(3), 593–603.

PERANI, D., DEHAENE, S., GRASS, F., COHEN, L., CAPP, S. F., DUPOUX, E., ET AL. (1996). Brain processes of native and foreign languages.*Neuroreport, 7*, 2439–2444.

PERETZ, I., KOLINSKY, R., TRAMO, M., LABRECQUE, R., HUBLET, C.,DEMEURISSE, G., ET AL. (1994). Functional dissociations following bilateral lesions of auditory cortex. *Brain, 117*, 1283–1301.

PERLMUTTER, J. S., & MINK, J. W. (2006). Deep brain stimulation.*Annual Review of Neuroscience, 29*, 229–257.

PERNER, J., & RUFFMAN, T. (1995). Episodic memory and autonoetic consciousness: Developmental evidence and a theory of childhood amnesia. *Journal of Experimental Child Psychology, 59*, 516–548.

PERRETT, D. I., SMITH, P. A. J., POTTER, D. D., MISTLIN, A. J., HEAD, A. S., MILNER, A. D., ET AL. (1985). Visual cells in the temporal cortex sensitive to face view and gaze direction. *Proceedings of the Royal Society of London, Series B, 223*(1232), 293–317.

PESSIGLIONE, M., SEYMOUR, B., FLANDIN, G., DOLAN, R. J., & FRITH, C. D. (2006). Dopamine-dependent prediction errors underpin reward-seeking behaviour in humans. *Nature, 442*(31), 1042–1045.

PESSOA, L. (2011). Emotion and cognition and the amygdala: From "What is it?" to "What's to be done?" *Neuropsychologia, 49*(4), 3416–3429.

PETERS, B. L., & STRINGHAM, E. (2006). No booze? You may lose: Why drinkers earn more money than nondrinkers. *Journal of Labor Research, 27*, 411–422.

PETERS, E., VÄSTFJÄLL, D., GÄRLING, T., & SLOVIC, P. (2006). Affect and decision making: A "hot" topic. *Journal of Behavioral and Decision Making, 19*, 79–85.

PETERS, J., & BUCHEL, C. (2009). Overlapping and distinct neural systems code for subjective value during intertemporal and risky decision making. *Journal of Neuroscience, 29*, 15727–15734.

PETERSEN, S. E., FIEZ, J. A., & CORBETTA, M. (1992). Neuroimaging.*Current Opinion in Neurobiology, 2*, 217–222.

PETERSEN, S. E., FOX, P. T., SNYDER, A. Z., & RAICHLE, M. E. (1990).Activation of extrastriate and frontal cortical areas by visual words and word-like stimuli. *Science, 249*(4972), 1041–1044.

PETERSEN, S. E., ROBINSON, D. L., & KEYS, W. (1985). Pulvinar nuclei of the behaving rhesus monkey: Visual responses and their modulation. *Journal of Neurophysiology, 54*(4), 867–886.

PETERSEN, S. E., ROBINSON, D. L., & MORRIS, J. D. (1987). Contributions of the pulvinar to visual spatial attention. *Neuropsychologia, 25*, 97–105.

PETERSEN, S. E., VAN MIER, H., FIEZ, J. A., & RAICHLE, M. E. (1998).The effects of practice on the functional anatomy of task performance. *Proceedings of the National Academy of Sciences USA, 95*, 853–860.

PETRIDES, M., CADORET, G., & MACKEY, S. (2005). Orofacial somatomotor responses in the macaque monkey homologue of Broca's area. *Nature, 435*(7046): 1235–1238.

PEYRACHE, A., KHAMASSI, M., BENCHENANE, K., WIENER, S. I., & BATTAGLIA, F. P. (2009). Replay of rule-learning related neural patterns in the prefrontal cortex during sleep. *Nature Neuroscience, 12*(7), 919–926.

PHELPS, E. A. (2006). Emotion and cognition: Insights from studies of the human amygdala. *Annual Review of Psychology, 57*, 27–53.

PHELPS, E. A., CANNISTRACI, C. J., & CUNNINGHAM, W. A. (2003). Intact performance on an indirect measure of race bias following amygdala damage. *Neuropsychologia, 41*, 203–208.

PHELPS, E. A., & GAZZANIGA, M. S. (1992). Hemispheric differences in mnemonic processing: The effects of left hemisphere interpretation. *Neuropsychologia, 30*, 293–297.

PHELPS, E. A., LABAR, D. S., ANDERSON, A. K., O'CONNOR, K. J.,FULBRIGHT, R. K., & SPENCER, D. S. (1998). Specifying the contributions of the human amygdala to emotional memory: A case study. *Neurocase, 4*, 527–540.

PHELPS, E. A., LEMPERT, K. M., & SOKOL-HESSNER, P. (2014).Emotion and decision making: Multiple modulatory neural circuits. *Annual Review of Neuroscience, 37*, 263–287.

PHELPS, E. A., LING, S., & CARRASCO, M. (2006). Emotion facilitates perception and potentiates the perceptual benefit of attention. *Psychological Science, 17*, 292–299.

PHELPS, E. A., O'CONNOR, K. J., CUNNINGHAM, W. A., FUNAYMA, E. S., GATENBY, J. C., GORE, J. C., ET AL. (2000). Performance on indirect measures of race evaluation predicts amygdala activity. *Journal of Cognitive Neuroscience, 12*, 729–738.

PHELPS, E. A., O'CONNOR, K. J., GATENBY, J. C., GRILLON, C.,GORE, J. C., & DAVIS, M. (2001). Activation of the human amygdala to a cognitive representation of fear. *Nature Neuroscience, 4*, 437–441.

PHILLIPS, M. L., YOUNG, A. W., SCOTT, S. K., CALDER, A. J.,ANDREW, C., GIAMPIETRO, V., ET AL. (1998). Neural responses to facial and vocal expressions of fear and disgust. *Proceedings of the Royal Society of London, Series B, 265*, 1809–1817.

PHILLIPS, M. L., YOUNG, A. W., SENIOR, C., BRAMMER, M., ANDREW, C., CALDER, A. J., ET AL. (1997). A specific neural substrate for perceiving facial expressions of disgust. *Nature, 389*, 495–498.

PIKA, S., LIEBAL, K., & TOMASELLO, M. (2003). Gestural communication in young gorillas (*Gorilla gorilla*): Gestural repertoire, and use. *American Journal of Primatology, 60*, 95–111.

PIKA, S., LIEBAL, K., & TOMASELLO, M. (2005). Gestural communication in subadult bonobos (*Pan paniscus*): Repertoire and use. *American Journal of Primatology, 65*, 39–61.

PINKER, S. (1997). *How the mind works*. New York: Norton.
PINKER, S., & BLOOM, P. (1990). Natural language and natural selection. *Behavioral and Brain Sciences, 13*, 707–726.

PITCHER, D., CHARLES, L., DEVLIN, J. T., WALSH, V., & DUCHAINE, B.(2009). Triple dissociation of faces, bodies, and objects in extrastriate cortex. *Current Biology, 19*, 1–6.

PITCHER, D., DILKS, D. D., SAXE, R. R., TRIANTAFYLLOU, C., & KANWISHER, N. (2011). Differential selectivity for dynamic versus static information in face-selective cortical regions. *NeuroImage, 56*(4), 2356–2363.

PLANT, G. T., LAXER, K. D., BARBARO, N. M., SCHIFFMAN, J. S., & NAKAYAMA, K. (1993). Impaired visual motion perception in the contralateral hemifield following unilateral posterior cerebral lesions in humans. *Brain, 116*, 1303–1335.

PLOMIN, R., CORLEY, R., DEFRIES, J. C., & FULKER, D. W. (1990).Individual differences in television viewing in early childhood: Nature as well as nurture. *Psychological Science, 1*, 371–377.

PLOOG, D. (2002). Is the neural basis of vocalisation different in nonhuman primates and *Homo sapiens*? In T. J. Crow (Ed.), *The speciation of modern* Homo sapiens (pp. 121–135). Oxford: Oxford University Press.

POEPPEL, D., EMMOREY, K., HICKOK, G., & PYLKKÄNEN, L. (2012).Towards new neurobiology of language. *Journal of Neuroscience, 32*(41), 14125–14131.

POHL, W. (1973). Dissociation of spatial discrimination deficits following frontal and parietal lesions in monkeys. *Journal of Comparative and Physiological Psychology, 82*, 227–239.

POLANÍA, R., NITSCHE, M. A., KORMAN, C., BATSIKADZE, G., & PAULUS, W. (2012). The importance of timing in segregated theta phase-coupling for cognitive performance. *Current Biology, 22*, 1314–1318.

POLLATOS, O., GRAMANN, K., & SCHANDRY, R. (2007). Neural systems connecting interoceptive awareness and feelings. *Human Brain Mapping, 28*, 9–18.

POSNER, M. I. (1986). *Chronometric explorations of mind*. New York: Oxford University Press.

POSNER, M. I., & RAICHLE, M. E. (1994). *Images of mind*. New York: Freeman.

POSNER, M. I., SNYDER, C. R. R., & DAVIDSON, J. (1980). Attention and the detection of signals. *Journal of Experimental Psychology. General, 109*, 160–174.

POSNER, M. I., WALKER, J. A., FRIEDRICH, F. J., & RAFAL, B. D. (1984).Effects of parietal injury on covert orienting of attention. *Journal of Neuroscience, 4*, 1863–1874.

POVINELLI, D. J., RULF, A. R., LANDAU, K., & BIERSCHWALE, D. T.(1993). Self-recognition in chimpanzees (*Pan troglodytes*): Distribution, ontogeny, and patterns of emergence. *Journal of Comparative Psychology, 107*, 347–372.

PRABHAKARAN, V., NARAYANAN, K., ZHAO, Z., & GABRIELI, J. D.(2000). Integration of diverse information in working memory within the frontal lobe. *Nature Neuroscience, 3*, 85–90.

PREMACK, D. (1972). Concordant preferences as a precondition for affective but not for symbolic communication (or how to do experimental anthropology). *Cognition, 1*, 251–264.

PREMACK, D., & WOODRUFF, G. (1978). Does the chimpanzee have a theory of mind? *Behavioral and Brain Sciences, 1*, 515–526.

PREUSS, T. M., & COLEMAN, G. Q. (2002). Human-specific organization of primary visual cortex: Alternating compartments of dense Cat-301 and calbindin immunoreactivity in layer 4A. *Cerebral Cortex, 12*, 671–691.

PRICE, C. J. (2012). A review and synthesis of the first 20 years of PET and fMRI studies of heard speech, spoken language and reading. *NeuroImage, 62*, 816–847.

PRIGGE, M. B., LANGE, N., BIGLER, E. D., MERKLEY, T. L., NEELEY, E. S., ABILDSKOV, T. J., ET AL. (2013). Corpus callosum area in children and adults with autism. *Research in Autism Spectrum Disorders, 7*(2), 221–234.

PRINZ, A. A., BUCHER, D., & MARDER, E. (2004). Similar network activity from disparate circuit parameters. *Nature Reviews Neuroscience, 7*(12), 1345–1352.

PRUSZYNSKI, J. A., KURTZER, I., NASHED, J. Y., OMRANI, M., BROUWER, B., & SCOTT, S. H. (2011). Primary motor cortex underlies multi-joint integration for fast feedback control. *Nature, 478*, 387–391.

PRUSZYNSKI, J. A., KURTZER, I., & SCOTT, S. H. (2011). The longlatency reflex is composed of at least two functionally independent processes. *Journal of Neurophysiology, 106*, 449–459.

PUCE, A., ALLISON, T., ASGARI, M., GORE, J. C., & MCCARTHY, G.(1996). Differential sensitivity of human visual cortex to faces, letterstrings, and textures: A functional magnetic resonance imaging study. *Journal of Neuroscience, 16*, 5205–5215.

PURCELL, B. A., & KIANI, R. (2016). Neural mechanisms of post-error adjustments of decision policy in parietal cortex. *Neuron, 89*(3), 658–671.

PURVES, D., AUGUSTINE, G., & FITZPATRICK, D. (2001). *Neuroscience* (2nd ed.). Sunderland, MA: Sinauer.

PUTMAN, M. C., STEVEN, M. S., DORON, C., RIGGALL, A. C., & GAZZANIGA, M. S. (2010). Cortical projection topography of the human splenium: Hemispheric asymmetry and individual difference. *Journal of Cognitive Neuroscience, 22*(8), 1662–1669.

QUALLO, M. M., KRASKOV, A., & LEMON, R. N. (2012). The activity of primary motor cortex corticospinal neurons during tool use by macaque monkeys. *Journal of Neuroscience, 32*(48), 17351–17364.

QUARANTA, A., SINISCALCHI, M., FRATE, A., & VALLORTIGARA, G.(2004). Paw preference in dogs:

Relations between lateralised behaviour and immunity. *Behavioural Brain Research, 153*(2), 521–525.

QUEENAN, B. N., RYAN, T. J., GAZZANIGA, M. S., & GALLISTEL, C. R.(2017). On the research of time past: The hunt for the substrate of memory. *Annals of the New York Academy of Sciences, 1396*(1), 108–125.

QUIROGA, R. Q., REDDY, L., KERIMAN, G., KOCH, C., & FRIED, I. (2005). Invariant visual representation by single neurons in the human brain. *Nature, 435*, 1102–1107.

RAFAL, R. D., & POSNER, M. I. (1987). Deficits in human visual spatial attention following thalamic lesions. *Proceedings of the National Academy of Sciences, USA, 84*, 7349–7353.

RAFAL, R. D., POSNER, M. I., FRIEDMAN, J. H., INHOFF, A. W., & BERNSTEIN, E. (1988). Orienting of visual attention in progressive supranuclear palsy. *Brain, 111*(Pt. 2), 267–280.

RAHIMI, J., & KOVACS, G. G. (2014). Prevalence of mixed pathologies in the aging brain. *Alzheimers Research Therapy, 6*, 82.

RAICHLE, M. E. (1994). Visualizing the mind. *Scientific American, 270*(4), 58–64.

RAICHLE, M. E. (2008). A brief history of human brain mapping. *Trends in Neuroscience, 32*, 118–126.

RAICHLE, M. E., FIEZ, J. A., VIDEEN, T. O., MACLEOD, A. K., PARDO, J. V., FOX, P. T., ET AL. (1994). Practice-related changes in human brain functional anatomy during nonmotor learning. *Cerebral Cortex, 4*, 8–26.

RAICHLE, M. E., MACLEOD, A. M., SNYDER, A. Z., POWERS, W. J., GUSNARD, D. A., & SHULMAN, G. L. (2001). A default mode of brain function. *Proceedings of the National Academy of Sciences, USA, 98*, 676–682.

RALPH, B. C., THOMSON, D. R., CHEYNE, J. A., & SMILEK, D. (2014).Media multitasking and failures of attention in everyday life. *Psychological Research, 78*(5), 661–669.

RAMACHANDRAN, V. S., STEWART, M., & ROGERS-RAMACHANDRAN, D. C. (1992). Perceptual correlates of massive cortical reorganization. *Neuroreport, 3*(7), 583–586.

RAMIREZ, F., MOSCARELLO, J. M., LEDOUX, J. E., & SEARS, R. M.(2015). Active avoidance requires a serial basal amygdala to nucleus accumbens shell circuit. *Journal of Neuroscience, 35*(8), 3470–3477.

RAMIREZ-AMAYA, V., MARRONE, D. F., GAGE, F. H., WORLEY, P. F., & BARNES, C. A. (2006). Integration of new neurons into functional neural networks. *Journal of Neuroscience, 26*, 12237–12241.

RAMÓN Y CAJAL, S. (1909–1911). *Histologie du système nerveaux de l'homme et de vertébrés*. Paris: Maloine.

RAMPON, C., TANG, Y. P., GOODHOUSE, J., SHIMIZU, E., KYIN, M., & TSIEN, J. Z. (2000). Enrichment induces structural changes and recovery from nonspatial memory deficits in CA1 NMDAR1- knockout mice. *Nature Neuroscience, 3*, 238–244.

RANGANATH, C. (2010). Binding items and contexts: The cognitive neuroscience of episodic memory. *Current Directions in Psychological Science, 19*(3), 131–137.

RANGANATH, C., & RITCHEY, M. (2012). Two cortical systems for memory guided behaviour. *Nature Reviews Neuroscience, 13*, 713–726.

RANGANATH, C., YONELINAS, A. P., COHEN, M. X., DY, C. J., TOM, S.M., & D'ESPOSITO, M. (2004). Dissociable correlates of recollection and familiarity within the medial temporal lobes. *Neuropsychologia, 42*, 2–13.

RAO, S. C., RAINER, G., & MILLER, E. K. (1997). Integration of what and where in the primate prefrontal cortex. *Science, 276*, 821–824.

RATHELOT, J.-A., & STRICK, P. L. (2009). Subdivisions of primary motor cortex based on cortico-motoneuronal cells. *Proceedings of the National Academy of Sciences, USA, 106*(3), 918–923.

RAY, S., & REDDY, A. B. (2016). Cross-talk between circadian clocks, sleep-wake cycles, and metabolic networks: Dispelling the darkness. *BioEssays, 38*(4), 394–405.

REDCAY, E., & COURCHESNE, E. (2005). When is the brain enlarged in autism? A meta-analysis of all brain size reports. *Biological Psychiatry, 58*(1), 1–9.

REDDY, L., TSUCHIYA, N., & SERRE, T. (2010). Reading the mind's eye: Decoding category information during mental imagery. *NeuroImage, 50*(2), 818–825.

REICH, D., GREEN, R. E., KIRCHER, M., KRAUSE, J., PATTERSON, N.,DURAND, E. Y., ET AL. (2010). Genetic history of an archaic hominin group from Denisova Cave in Siberia. *Nature, 468*(7327), 1053.

REICHER, G. M. (1969). Perceptual recognition as a function of meaningfulness of stimulus material. *Journal of Experimental Psychology, 81*, 275–280.

REICHERT, H., & BOYAN, G. (1997). Building a brain: Developmental insights in insects. *Trends in Neuroscience, 20*, 258–264.

REINHOLZ, J., & POLLMANN, S. (2005). Differential activation of object-selective visual areas by passive viewing of pictures and words. *Brain Research. Cognitive Brain Research, 24*, 702–714.

REUTER-LORENZ, P. A., & FENDRICH, R. (1990). Orienting attention across the vertical meridian: Evidence from callosotomy patients. *Journal of Cognitive Neuroscience, 2*, 232–238.

REVERBERI, C., TORALDO, A., D'AGOSTINI, S., & SKRAP, M. (2005). Better without (lateral) frontal cortex? Insight problems solved by frontal patients. *Brain, 128*, 2882–2890.

REYNOLDS, J. N. J., & WICKENS, J. R. (2000). Substantia nigra dopamine regulates synaptic plasticity and membrane potential fluctuations in the rat neostriatum, in vivo. *Neuroscience, 99*, 199–203.

RHODES, G., BYATT, G., MICHIE, P. T., & PUCE, A. (2004). Is the fusiform face area specialized for faces, individuation, or expert individuation? *Journal of Cognitive Neuroscience, 16*, 189–203.

RIDDOCH, M. J., HUMPHREYS, G. W., GANNON, T., BOTT, W., & JONES, V. (1999). Memories are made of this: The effects of time on stored visual knowledge in a case of visual agnosia. *Brain, 122*(Pt. 3), 537–559.

RILLING, J. K. (2014). Comparative primate neurobiology and the evolution of brain language systems. *Current Opinion in Neurobiology, 28*, 10–14.

RILLING, J. K., GLASSER, M. F., PREUSS, T. M., MA, X., ZHAO, T., HU, X., ET AL. (2008). The evolution of the arcuate fasciculus revealed with comparative DTI. *Nature Neuroscience, 11*(4), 426–428.

RIMLAND, B., & FEIN, D. (1988). Special talents of autistic

savants. In L. K. Obler & D. Fein (Eds.), *The exceptional brain: Neuropsychology of talent and special abilities* (pp. 474–492). New York: Guilford.

RINGO, J. L., DOTY, R. W., DEMETER, S., & SIMARD, P. Y. (1994). Time is of the essence: A conjecture that hemispheric specialization arises from interhemispheric conduction delays. *Cerebral Cortex, 4*, 331–343.

RISSE, G. L., GATES, J. R., & FANGMAN, M. C. (1997). A reconsideration of bilateral language representation based on the intracarotid amobarbital procedure. *Brain and Cognition, 33*, 118–132.

RITCHEY, M., DOLCOS, F., EDDINGTON, K. M., STRAUMAN, T. J., & CABEZA, R. (2011). Neural correlates of emotional processing in depression: Changes with cognitive behavioral therapy and predictors of treatment response. *Journal of Psychiatric Research, 45*(5), 577–587.

RITCHEY, M., LABAR, K. S., & CABEZA, R. (2011). Level of processing modulates the neural correlates of emotional memory formation. *Journal of Cognitive Neuroscience, 23*, 757–771.

RIVOLTA, D., CASTELLANOS, N. P., STAWOWSKY, C., HELBLING, S.,WIBRAL, M., GRÜTZNER, C., ET AL. (2014). Source-reconstruction of event-related fields reveals hyperfunction and hypofunction of cortical circuits in antipsychotic-naive, first-episode schizophrenia patients during Mooney face processing. *Journal of Neuroscience, 34*(17), 5909–5917.

RIZZOLATTI, G., & ARBIB, M. A. (1998). Language within our grasp. *Trends in Neurosciences, 21*, 188–194.

RIZZOLATTI, G., FOGASSI, L., & GALLESE, V. (2000). Cortical mechanisms subserving object grasping and action recognition: A new view on the cortical motor functions. In M. S. Gazzaniga (Ed.), *The cognitive neurosciences* (2nd ed., pp. 539–552). Cambridge, MA: MIT Press.

RIZZOLATTI, G., GENTILUCCI, M., FOGASSI, L., LUPPINO, G., MATELLI, M., & CAMARDA, R. (1988). Functional organization of inferior area 6 in the macaque monkey. *Experimental Brain Research, 71*, 465–490.

RO, T., FARNÈ, A., & CHANG, E. (2003). Inhibition of return and the human frontal eye fields. *Experimental Brain Research, 150*, 290–296.

ROBERTS, D. C., LOH, E. A., & VICKERS, G. (1989). Self-administration of cocaine on a progressive ratio schedule in rats: Dose-response relationship and effect of haloperidol pretreatment. *Psychopharmacology, 97*, 535–538.

ROBERTS, T. P. L., POEPPEL, D., & ROWLEY, H. A. (1998). Magneto-encephalography and magnetic source imaging. *Neuropsychiatry, Neuropsychology, and Behavioral Neurology, 11*, 49–64.

ROBERTSON, C. E., RATAI, E. M., & KANWISHER, N. (2016). Reduced GABAergic action in the autistic brain. *Current Biology, 26*(1), 80–85.

ROBERTSON, I. H., MANLY, T., BESCHIN, N., DAINI, R., HAESKE-DEWICK, H., HÖMBERG, V., ET AL. (1997). Auditory sustained attention is a marker of unilateral spatial neglect. *Neuropsychologia, 35*, 1527–1532.

ROBERTSON, L. C., LAMB, M. R., & KNIGHT, R. T. (1988). Effects of lesions of temporal–parietal junction on perceptual and attentional processing in humans. *Journal of Neuroscience, 8*, 3757–3769.

ROBERTSON, L. C., LAMB, M. R., & ZAIDEL, E. (1993). Interhemispheric relations in processing hierarchical patterns: Evidence from normal and commissurotomized subjects. *Neuropsychology, 7*, 325–342.

ROBINSON, D. L., GOLDBERG, M. E., & STANTON, G. B. (1978). Parietal association cortex in the primate: Sensory mechanisms and behavioral modulation. *Journal of Neurophysiology, 41*, 910–932.

ROBINSON, D. L., & PETERSEN, S. (1992). The pulvinar and visual salience. *Trends in Neurosciences, 15*, 127–132.

ROCA, M., PARR, A., THOMPSON, R., WOOLGAR, A., TORRALVA, T.,ANTOUN, N., ET AL. (2010). Executive function and fluid intelligence after frontal lobe lesions. *Brain, 133*(1), 234–247.

ROCA, M., TORRALVA, T., GLEICHGERRCHT, E., WOOLGAR, A., THOMPSON, R., DUNCAN, J., ET AL. (2011). The role of Area 10 (BA10) in human multitasking and in social cognition: A lesion study. *Neuropsychologia, 49*(13), 3525–3531.

RODRIGUES, S. M., LE DOUX, J. E., & SAPOLSKY, R. M. (2009). The influence of stress hormones on fear circuitry. *Annual Review of Neuroscience, 32*, 289–313.

ROEDIGER, H. L., & MCDERMOTT, K. B. (1995). Creating false memories: Remembering words not presented in lists. *Journal of Experimental Psychology. Learning, Memory, and Cognition, 21*, 803–814.

ROGERS, L. J., & WORKMAN, L. (1993). Footedness in birds. *Animal Behaviour, 45*, 409–411.

ROGERS, R. D., SAHAKIAN, R. A., HODGES, J. R., POLKEY, C. E.,KENNARD, C., & ROBBINS, T. W. (1998). Dissociating executive mechanisms of task control following frontal lobe damage and Parkinson's disease. *Brain, 121*, 815–842.

ROGERS, T. B., KUIPER, N. A., & KIRKER, W. S. (1977). Self-reference and the encoding of personal information. *Journal of Personality and Social Psychology, 35*, 677–688.

ROISER, J. P., STEPHAN, K. E., DEN OUDEN, H. E. M., BARNES, T. R. E., FRISTON, K. J., & JOYCE, E. M. (2009). Do patients with schizophrenia exhibit aberrant salience? *Psychological Medicine, 39*(2), 199–209.

ROLHEISER, T., STAMATAKIS, E. A., & TYLER, L. K. (2011). Dynamic processing in the human language system: Synergy between the arcuate fascicle and extreme capsule. *Journal of Neuroscience, 31*(47), 16949–16957.

ROMEI, V., MURRAY, M., MERABET, L. B., & THUT, G. (2007). Occipital transcranial magnetic stimulation has opposing effects on visual and auditory stimulus detection: Implications for multisensory interactions. *Journal of Neuroscience, 27*(43), 11465–11472.

ROMEO, R. D., KARATSOREOS, I. N., JASNOW, A. M., & MCEWEN, B. S.(2007). Age- and stress-induced changes in corticotropin-releasing hormone mRNA expression in the paraventricular nucleus of the hypothalamus. *Neuroendocrinology, 85*(4), 199–206.

RONEMUS, M., IOSSIFOV, I., LEVY, D., & WIGLER, M. (2014). The role of de novo mutations in the genetics of autism spectrum disorders. *Nature Reviews Genetics, 15*(2), 133–141.

ROSE, J. E., HIND, J. E., ANDERSON, D. J., & BRUGGE, J. F. (1971). Some effects of stimulus intensity on response of auditory nerve fibers in the squirrel monkey. *Journal of Neurophysiology, 24,* 685–699.

ROSEN, L. D., WHALING, K., RAB, S., CARRIER, L. M., & CHEEVER, N. A. (2013). Is Facebook creating "iDisorders"? The link between clinical symptoms of psychiatric disorders and technology use, attitudes and anxiety. *Computers in Human Behavior, 29*(3), 1243–1254.

ROSEN, R. (1996). On the limitations of scientific knowledge. In J. L. Casti & A. Karlqvist (Eds.), *Boundaries and barriers: On the limits to scientific knowledge* (pp. 199–214). Reading, MA: Perseus.

ROSENBAUM, R. S., KOHLER, S., SCHACTER, D. L., MOSCOVITCH, M., WESTMACOTT, R., BLACK, S. E., ET AL. (2005). The case of K.C.:Contributions of a memory-impaired person to memory theory.*Neuropsychologia, 43,* 989–1021.

ROSER, M. E., FUGELSANG, J. A., DUNBAR, K. N., CORBALLIS, P. M., & GAZZANIGA, M. S. (2005). Dissociating processes supporting causal perception and causal inference in the brain. *Neuropsychology, 19,* 591–602.

ROSSI, S., HALLETT, M., ROSSINI, P. M., PASCUAL-LEONE, A., & SAFETY OF TMS CONSENSUS GROUP. (2009). Safety, ethical considerations, and application guidelines for the use of transcranial magnetic stimulation in clinical practice and research. *Clinical Neurophysiology, 120*(12), 2008–2039.

ROSSIT, S., HARVEY, M., BUTLER, S. H., SZYMANEK, L., MORAND, S., MONACO, S., ET AL. (2018). Impaired peripheral reaching and on-line corrections in patient DF: Optic ataxia with visual form agnosia. *Cortex, 98,* 84–101.

ROTHSCHILD, G., NELKEN, I., & MIZRAHI, A. (2010). Functional organization and population dynamics in the mouse primary auditory cortex. *Nature Neuroscience, 13,* 353–360.

ROUW, R., & SCHOLTE, H. S. (2007). Increased structural connectivity in grapheme-color synesthesia. *Nature Neuroscience, 10*(6), 792–797.

ROWLAND, L. P. (Ed.). (1989). *Merritt's textbook of neurology* (8th ed.). Philadelphia: Lea & Febiger.

RUDOY, J. D., VOSS, J. L., WESTERBERG, C. E., & PALLER, K. A. (2009).Strengthening individual memories by reactivating them during sleep. *Science, 326*(5956), 1079.

RUSHWORTH, M. F. S., KOLLING, N., SALLET, J., & MARS, R. B. (2012).Valuation and decision-making in frontal cortex: One or many serial or parallel systems? *Current Opinion in Neurobiology, 22,* 1–10.

RUSHWORTH, M. F. S., WALTON, M. E., KENNERLEY, S. W., & BANNERMAN, D. M. (2004). Action sets and decisions in the medial frontal cortex. *Trends in Cognitive Sciences, 8*(9), 410–417.

RUSSELL, J. A. (1979). Affective space is bipolar. *Journal of Personality and Social Psychology, 37,* 345–356.

RUSSELL, J. A. (2003). Core affect and the psychological construction of emotion. *Psychological Review, 110,* 145–172.

RYAN, J. D., ALTHOFF, R. R., WHITLOW, S., & COHEN, N. J. (2000).Amnesia is a deficit in relational memory. *Psychological Science, 11,* 454–461.

RYAN, T. J., ROY, D. S., PIGNATELLI, M., ARONS, A., & TONEGAWA, S.(2015). Engram cells retain memory under retrograde amnesia. *Science, 348*(6238), 1007–1013.

SAALMANN, Y. B., PINSK, M. A., WANG, L., LI, X., & KASTNER, S.(2012). The pulvinar regulates information transmission between cortical areas based on attention demands. *Science, 337*(6095), 753–756.

SABBAH, N., AUTHIÉ, C. N., SANDA, N., MOHAND-SAÏD, S., SAHEL, J. A., SAFRAN, A. B., ET AL. (2016). Increased functional connectivity between language and visually deprived areas in late and partial blindness. *NeuroImage, 136,* 162–173.

SABINI, J., & SILVER, M. (2005). Ekman's basic emotions: Why not love and jealousy? *Cognition & Emotion, 19*(5), 693–712.

SACCO, R., GABRIELE, S., & PERSICO, A. M. (2015). Head circumference and brain size in autism spectrum disorder: A systematic review and meta-analysis. *Psychiatry Research. Neuroimaging, 234*(2), 239–251.

SADATO, N., PASCUAL-LEONE, A., GRAFMAN, J., DEIBER, M. P.,IBANEZ, V., & HALLETT, M. (1998). Neural networks for Braille reading by the blind. *Brain, 121*(7), 1213–1229.

SADATO, N., PASCUAL-LEONE, A., GRAFMAN, J., IBANEZ, V., DEIBER, M.-P., DOLD, G., ET AL. (1996). Activation of the primary visual cortex by Braille reading in blind subjects. *Nature, 380,* 526–528.

SAGIV, N., & BENTIN, S. (2001). Structural encoding of human and schematic faces: Holistic and part-based processes. *Journal of Cognitive Neuroscience, 13,* 937–951.

SAHIN, N. T., PINKER, S., CASH, S. S., SCHOMER, D., & HALGREN, E. (2009). Sequential processing of lexical, grammatical, and phonological information within Broca's area. *Science, 326,* 445–449.

SAID, C. P., DOTSCH, R., & TODOROV, A. (2010). The amygdala and FFA track both social and non-social face dimensions. *Neuropsychologia, 48,* 3596–3605.

SAKAI, K., & PASSINGHAM, R. E. (2003). Prefrontal interactions reflect future task operations. *Nature Neuroscience, 6,* 75–81.

SAKURAI, Y. (1996). Hippocampal and neocortical cell assemblies encode processes for different types of stimuli in the rat. *Journal of Neuroscience, 16*(8), 2809–2819.

SALZMAN, C. D., BRITTEN, K. H., & NEWSOME, W. T. (1990). Cortical microstimulation influences perceptual judgments of motion direction. *Nature, 346,* 174–177.

SAMS, M., HARI, R., RIF, J., & KNUUTILA, J. (1993). The human auditory sensory memory trace persists about 10 sec: Neuromagnetic evidence. *Journal of Cognitive Neuroscience, 5,* 363–370.

SANBONMATSU, D. M., STRAYER, D. L., MEDEIROS-WARD, N., & WATSON, J. M. (2013). Who multi-tasks and why? Multi-tasking ability, perceived multi-tasking ability, impulsivity, and sensation seeking. *PLoS One, 8*(1), e54402.

SANFEY, A. G., RILLING, J. K., ARONSON, J. A., NYSTROM, L. E., & COHEN, J. D. (2003). The neural basis of economic decision-making in the ultimatum game. *Science, 300,* 1755–1758.

SAPER, C. B. (2002). The central autonomic nervous system: Conscious visceral perception and autonomic pattern generation. *Annual Review of Neuroscience, 25,* 433–469.

SAPIR, A., SOROKER, N., BERGER, A., & HENIK, A. (1999).

Inhibition of return in spatial attention: Direct evidence for collicular generation. *Nature Neuroscience, 2,* 1053–1054.

SAPOLSKY, R. M. (1992). *Stress, the aging brain, and the mechanisms of neuron death.* Cambridge, MA: MIT Press.

SAPOLSKY, R. M., UNO, H., REBERT, C. S., & FINCH, C. E. (1990).Hippocampal damage associated with prolonged glucocorticoid exposure in primates. *Journal of Neuroscience, 10,* 2897–2902.

SATPUTE, A. B., WAGER, T. D., COHEN-ADAD, J., BIANCIARDI, M.,CHOI, J. K., BUHLE, J. T., ET AL. (2013). Identification of discrete functional subregions of the human periaqueductal gray. *Proceedings of the National Academy of Sciences, USA, 110*(42), 17101–17106.

SAUCIER, D., & CAIN, D. P. (1995). Spatial learning without NMDA receptor-dependent long-term potentiation. *Nature, 378,* 186–189.

SAVAGE-RUMBAUGH, S., & LEWIN, R. (1994). *Kanzi: The ape at the brink of the human mind.* New York: Wiley.

SAVER, J. L., & DAMASIO, A. R. (1991). Preserved access and processing of social knowledge in a patient with acquired sociopathy due to ventromedial frontal damage. *Neuropsychologia, 29,* 1241–1249.

SAVLA, G. N., VELLA, L., ARMSTRONG, C. C., PENN, D. L., & TWAMLEY, E. W. (2012). Deficits in domains of social cognition in schizophrenia: A meta-analysis of the empirical evidence. *Schizophrenia Bulletin, 39*(5), 979–992.

SAXE, R., & POWELL, L. J. (2006). It's the thought that counts: Specific brain regions for one component of theory of mind. *Psychological Science, 17,* 692–699.

SAXE, R., & WEXLER, A. (2005). Making sense of another mind: The role of the right temporo-parietal junction. *Neuropsychologia, 43,* 1391–1399.

SAXE, R. R., WHITFIELD-GABRIELI, S., SCHOLZ, J., & PELPHREY, K. A.(2009). Brain regions for perceiving and reasoning about other people in school-aged children. *Child Development, 80,* 1197–1209.

SCHACTER, D. L. (1990). Perceptual representation systems and implicit memory: Toward a resolution of the multiple memory systems debate. *Annals of the New York Academy of Sciences, 608,* 543–571.

SCHACTER, D. L., CHAMBERLAIN, J., GAESSER, B., & GERLACH, K. D.(2012). Neuroimaging of true, false, and imaginary memories: Findings and implications. In L. Nadel & W. Sinnott-Armstrong (Eds.), *Memory and law: Perspectives from cognitive neuroscience.* New York: Oxford University Press.

SCHACTER, D. L., GILBERT, D. T., & WEGNER, D. M. (2007). *Psychology.* New York: Worth.

SCHACHTER, S., & SINGER, J. (1962). Cognitive, social and physiological determinants of emotional state. *Psychological Review, 69,* 379–399.

SCHALK, G., KAPELLER, C., GUGER, C., OGAWA, H., HIROSHIMA, S.,LAFER-SOUSA, R., ET AL. (2017). Facephenes and rainbows: Causal evidence for functional and anatomical specificity of face and color processing in the human brain. *Proceedings of the National Academy of Sciences, USA, 114*(46), 201713447.

SCHARFF, C., & PETRI, J. (2011). Evo-devo, deep homology and FoxP2: Implications for the evolution of speech and language. *Philosophical Transactions of the Royal Society of London. Series B, Biological Sciences, 366*(1574), 2124–2140.

SCHEIBEL, A. B., PAUL, L. A., FRIED, I., FORSYTHE, A. B., TOMIYASU, U., WECHSLER, A., ET AL. (1985). Dendritic organization of the anterior speech area. *Experimental Neurology, 87*(1), 109–117.

SCHENK, F., & MORRIS, R. G. M. (1985). Dissociation between components of a spatial memory in rats after recovery from the effects of retrohippocampal lesion. *Experimental Brain Research, 58,* 11–28.

SCHENKER, N. M., BUXHOEVEDEN, D. P., BLACKMON, W. L., AMUNTS, K., ZILLES, K., & SEMENDEFERI, K. (2008). A comparative quantitative analysis of cytoarchitecture and minicolumnar organization in Broca's area in humans and great apes. *Journal of Comparative Neurology, 510,* 117–128.

SCHERER, K. R. (2005). What are emotions? And how can they be measured? *Social Science Information, 44*(4), 695–729.

SCHERF, S. K., BEHRMANN, M., MINSHEW, N., & LUNA, B. (2008).Atypical development of face and greeble recognition in autism. *Journal of Child Psychology and Psychiatry, 49*(8), 838–847.

SCHINDLER, I., RICE, N. J., MCINTOSH, R. D., ROSSETTI, Y.,VIGHETTO, A., & MILNER, A. D. (2004). Automatic avoidance of obstacles is a dorsal stream function: Evidence from optic ataxia. *Nature Neuroscience, 7,* 779–784.

SCHIRBER, M. (2005, February 18). Monkey's brain runs robotic arm. *LiveScience.*

SCHMIDT, R. A. (1987). The acquisition of skill: Some modifications to the perception–action relationship through practice. In H. Heuer & A. F. Sanders (Eds.), *Perspectives on perception and action* (pp. 77–103). Hillsdale, NJ: Erlbaum.

SCHMITZ, W., & JOHNSON, S. C. (2007). Relevance to self: A brief review and framework of neural systems underlying appraisal. *Neuroscience and Biobehavioral Reviews, 31*(4), 585–596.

SCHNEIDER, P., BINDILA, L., SCHMAHL, C., BOHUS, M., MEYER-LINDENBERG, A., LUTZ, B., ET AL. (2016). Adverse social experiences in adolescent rats result in enduring effects on social competence, pain sensitivity and endocannabinoid signaling. *Frontiers in Behavioral Neuroscience, 10,* 203.

SCHOENBAUM, G., SADDORIS, M. P., & STALNAKER, T. A. (2007).Reconciling the roles of orbitofrontal cortex in reversal learning and the encoding of outcome expectancies. *Annals of the New York Academy of Sciences, 1121,* 320–335.

SCHOENEMANN, P. T., SHEEHAN, M. J., & GLOTZER, L. D. (2005). Prefrontal white matter volume is disproportionately larger in humans than in other primates. *Nature Neuroscience, 8,* 242–252.

SCHOENFELD, M., HOPF, J. M., MARTINEZ, A., MAI, H., SATTLER, C., GASDE, A., ET AL. (2007). Spatio-temporal analysis of feature-based attention. *Cerebral Cortex, 17*(10), 2468–2477.

SCHOLZ, J., TRIANTAFYLLOU, C., WHITFIELD-GABRIELI, S., BROWN, E. N.,& SAXE, R. (2009). Distinct regions of right temporo-parietal junction are selective for theory of mind and exogenous attention. *PLoS One, 4*(3), e4869.

SCHREINER, T., & RASCH, B. (2014). Boosting vocabulary learning by verbal cueing during sleep. *Cerebral Cortex,*

25(11), 4169–4179.
SCHREINER, T., & RASCH, B. (2017). The beneficial role of memory reactivation for language learning during sleep: A review. *Brain and Language, 167*, 94–105.
SCHULTZ, W. (1998). Predictive reward signal of dopamine neurons. *Journal of Neurophysiology, 80*(1), 1–27.
SCHULTZ, W., DAYAN, P., & MONTAGUE, P. R. (1997). A neural substrate of prediction and reward. *Science, 275*, 1593–1599.
SCHUMACHER, E. H., SEYMOUR, T. L., GLASS, J. M., FENCSIK, D. E., LAUBER, E. J., KIERAS, D. E., ET AL. (2001). Virtually perfect time sharing in dual-task performance: Uncorking the central cognitive bottleneck. *Psychological Science, 12*(2), 101–108.
SCHUMMERS, J., YU, H., & SUR, M. (2008). Tuned responses of astrocytes and their influence on hemodynamic signals in the visual cortex. *Science, 320*, 1638–1643.
SCHWABE, L., & WOLF, O. T. (2009). Stress prompts habit behavior in humans. *Journal of Neuroscience, 29*(22), 7191–7198.
SCHWABE, L., & WOLF, O. T. (2014). Timing matters: Temporal dynamics of stress effects on memory retrieval. *Cognitive, Affective & Behavioral Neuroscience, 14*(3), 1041–1048.
SCHWARZKOPF, D. S., SONG, C., & REES, G. (2011). The surface area of human V1 predicts the subjective experience of object size. *Nature Neuroscience, 14*(1), 28–30.
SCHWARZLOSE, R., BAKER, C., & KANWISHER, N. (2005). Separate face and body selectivity on the fusiform gyrus. *Journal of Neuroscience, 25*(47), 11055–11059.
SCHWEIMER, J., & HAUBER, W. (2006). Dopamine D1 receptors in the anterior cingulate cortex regulate effort-based decision making. *Learning and Memory, 13*, 777–782.
SCHWEIMER, J., SAFT, S., & HAUBER, W. (2005). Involvement of catecholamine neurotransmission in the rat anterior cingulate in effort-related decision making. *Behavioral Neuroscience, 119*, 1687–1692.
SCOTT, S. H. (2004). Optimal feedback control and the neural basis of volitional motor control. *Nature Reviews Neuroscience, 5*, 534–546.
SCOTT, S. K., YOUNG, A. W., CALDER, A. J., HELLAWELL, D. J., AGGLETON, J. P., & JOHNSON, M. (1997). Impaired auditory recognition of fear and anger following bilateral amygdala lesions. *Nature, 385*, 254–257.
SCOVILLE, W. B. (1954). The limbic lobe in man. *Journal of Neurosurgery, 11*, 64–66.
SCOVILLE, W. B., & MILNER, B. (1957). Loss of recent memory after bilateral hippocampal lesions. *Journal of Neurology, Neurosurgery, and Psychiatry, 20*, 11–21.
SEIDLER, R. D., NOLL, D. C., & CHINTALAPATI, P. (2006). Bilateral basal ganglia activation associated with sensorimotor adaptation. *Experimental Brain Research, 175*, 544–555.
SEKULER, R., & BLAKE, R. (1990). *Perception* (2nd ed.). New York: McGraw-Hill.
SELFRIDGE, O. G. (1959). Pandemonium: A paradigm for learning. In *Proceedings of a symposium on the mechanisation of thought processes* (pp. 511–526). London: H.M. Stationary Office.
SELLITTO, M., CIARAMELLI, E., & DI PELLEGRINO, G. (2010). Myopic discounting of future rewards after medial orbitofrontal damage in humans. *Journal of Neuroscience, 30*(49), 16429–16436.
SENJU, A., MAEDA, M., KIKUCHI, Y., HASEGAWA, T., TOJO, Y., & OSANAI, H. (2007). Absence of contagious yawning in children with autism spectrum disorder. *Biology Letters, 3*(6), 706–708.
SEYFARTH, R. M., & CHENEY, D. L. (1986.) Vocal development in vervet monkeys. *Animal Behaviour, 34*, 1640–1658.
SEYFARTH, R. M., & CHENEY, D. L. (2003a). Meaning and emotion in animal vocalizations. *Annals of the New York Academy of Sciences, 1000*, 32–55.
SEYFARTH, R. M., & CHENEY, D. L. (2003b). Signalers and receivers in animal communication. *Annual Review of Psychology, 54*, 145–173.
SEYFARTH, R. M., CHENEY, D. L., & MARLER, P. (1980). Vervet monkey alarm calls: Semantic communication in a free-ranging primate. *Animal Behaviour, 28*, 1070–1094.
SEYMOUR, B., DAW, N., DAYAN, P., SINGER, T., & DOLAN, R. (2007). Differential encoding of losses and gains in the human striatum. *Journal of Neuroscience, 27*, 4826–4831.
SEYMOUR, S. E., REUTER-LORENZ, P. A., & GAZZANIGA, M. S. (1994). The disconnection syndrome. *Brain, 117*(1), 105–115.
SHACKLETON, E. H. (2004). *South: The Endurance expedition*. New York: Penguin. (Original work published 1919)
SHAH, N., & NAKAMURA, Y. (2010). Case report: Schizophrenia discovered during the patient interview in a man with shoulder pain referred for physical therapy. *Physiotherapy Canada, 62*(4), 308–315.
SHALLICE, T., & BURGESS, P. W. (1991). Deficits in strategy application following frontal lobe damage in man. *Brain, 114*, 727–741.
SHALLICE, T., BURGESS, P. W., SCHON, F., & BAXTER, D. M. (1989). The origins of utilization behaviour. *Brain, 112*, 1587–1598.
SHALLICE, T., & WARRINGTON, E. (1970). Independent functioning of verbal memory stores: A neuropsychological study. *Quarterly Journal of Experimental Psychology, 22*, 261–273.
SHAMS, L., KAMITANI, Y., & SHIMOJO, S. (2000). Illusions. What you see is what you hear. *Nature, 408*, 788.
SHAROT, T., RICCARDI, A. M., RAIO, C. M., & PHELPS, E. A. (2007). Neural mechanisms mediating optimism bias. *Nature, 450*, 102–105.
SHAW, P., GREENSTEIN, D., LERCH, J., CLASEN, L., LENROOT, R., GOGTAY, N., ET AL. (2006). Intellectual ability and cortical development in children and adolescents. *Nature, 440*, 676–679.
SHEINBERG, D. L., & LOGOTHETIS, N. K. (1997). The role of temporal cortical areas in perceptual organization. *Proceedings of the National Academy of Sciences, USA, 94*, 3408–3413.
SHENHAV, A., & BUCKNER, R. L. (2014). Neural correlates of dueling affective reactions to win–win choices. *Proceedings of the National Academy of Sciences, USA, 111*(30), 10978–10983.
SHENHAV, A., COHEN, J. D., & BOTVINICK, M. M. (2016). Dorsal anterior cingulate cortex and the value of control.

Nature Neuroscience, 19(10), 1286–1291.
SHEPHERD, G. M. (1991). *Foundations of the neuron doctrine.* New York: Oxford University Press.
SHERRINGTON, C. S. (1947). *The integrative action of the nervous system* (2nd ed.). New Haven, CT: Yale University Press.
SHERWOOD, C. C., WAHL, E., ERWIN, J. M., HOF, P. R., & HOPKINS, W. D. (2007). Histological asymmetries of primary motor cortex predict handedness in chimpanzees (*Pan troglodytes*). *Journal of Comparative Neurology, 503*(4), 525–537.
SHI, R., WERKER, J. F., & MORGAN, J. L. (1999). Newborn infants'sensitivity to perceptual cues to lexical and grammatical words. *Cognition, 72*(2), B11–21.
SHIELL, M. M., CHAMPOUX, F., & ZATORRE, R. J. (2014). Enhancement of visual motion detection thresholds in early deaf people. *PLoS One, 9*(2), e90498.
SHIELL, M. M., CHAMPOUX, F., & ZATORRE, R. J. (2016). The right hemisphere planum temporale supports enhanced visual motion detection ability in deaf people: Evidence from cortical thickness. *Neural Plasticity*, art. 7217630.
SHIMAMURA, A. P. (2000). The role of the prefrontal cortex in dynamic filtering. *Psychobiology, 28*, 207–218.
SHIMAMURA, A. P. (2011). Episodic retrieval and the cortical binding of relational activity. *Cognitive Affective Behavioral Neuroscience, 11*, 277–291.
SHMUELOP, L., & ZOHARY, E. (2006). Dissociation between ventral and dorsal fMRI activation during object and action recognition. *Neuron, 47*, 457–470.
SHORS, T. J. (2004). Memory traces of trace memories: Neurogenesis, synaptogenesis and awareness. *Trends in Neurosciences, 27*, 250–256.
SIDTIS, J. J., VOLPE, B. T., HOLTZMAN, J. D., WILSON, D. H., & GAZZANIGA, M. S. (1981). Cognitive interaction after staged callosal section: Evidence for transfer of semantic activation. *Science, 212*, 344–346.
SIEGEL, J. S., RAMSEY, L. E., SNYDER, A. Z., METCALF, N. V., CHACKO, R. V., WEINBERGER, K., ET AL. (2016). Disruptions of network connectivity predict impairment in multiple behavioral domains after stroke. *Proceedings of the National Academy of Sciences, USA, 113*(30), E4367–E4376.
SIMION, F., REGOLIN, L., & BULF, H. (2008). A predisposition for biological motion in the newborn baby. *Proceedings of the National Academy of Sciences, USA, 105*, 809–813.
SIMONS, D. J., BOOT, W. R., CHARNESS, N., GATHERCOLE, S. E., CHABRIS, C. F., HAMBRICK, D. Z., ET AL. (2016). Do "brain-training" programs work? *Psychological Science in the Public Interest, 17*(3), 103–186.
SIMOS, P. G., BASILE, L. F., & PAPANICOLAOU, A. C. (1997). Source localization of the N400 response in a sentence-reading paradigm using evoked magnetic fields and magnetic resonance imaging. *Brain Research, 762*, 29–39.
SIMPSON, J. (1988). *Touching the void.* New York: HarperCollins.
SINGER, T., & LAMM, C. (2009). The social neuroscience of empathy. *Annals of the New York Academy of Sciences, 1156*(1), 81–96.
SINGER, T., SEYMOUR, B., O'DOHERTY, J., KAUBE, H., DOLAN, R. J., & FRITH, C. D. (2004). Empathy for pain involves the affective but not sensory components of pain. *Science, 303*, 1157–1162.
SINGER, T., SEYMOUR, B., O'DOHERTY, J., STEFAN, K. E., DOLAN, R. J., & FRITH, C. D. (2006). Empathic neural responses are modulated by the perceived fairness of others. *Nature, 439*(7075), 466–469.
SLOTNICK, S. D., & SCHACTER, D. L. (2004). A sensory signature that distinguishes true from false memories. *Nature Neuroscience, 7*(6), 664.
SMILEK, D., DIXON, M. J., & MERIKLE, P. M. (2005). Synaesthesia:Discordant male monozygotic twins. *Neurocase, 11*, 363–370.
SMITH, A. P. R., STEPHAN, K. E., RUGG, M. D., & DOLAN, R. J. (2006).Task and content modulate amygdala–hippocampal connectivity in emotional retrieval. *Neuron, 49*, 631–638.
SMITH, E. E., JONIDES, J., & KOEPPE, R. A. (1996). Dissociating verbal and spatial working memory using PET. *Cerebral Cortex, 6*, 11–20.
SNIJDERS, T. M., VOSSE, T., KEMPEN, G., VAN BERKUM, J. J., PETERSSON, K. M., & HAGOORT, P. (2008). Retrieval and unification of syntactic structure in sentence comprehension: An fMRI study using word-category ambiguity. *Cerebral Cortex, 19*(7), 1493–1503.
SNODGRASS, J. G., & VANDERWART, M. (1980). A standardized set of 260 pictures: Norms for name agreement, image agreement,familiarity, and visual complexity. *Journal of Experimental Psychology. Human Learning and Memory, 6*, 174–215.
SOBEL, N., PRABHAKARAN, V., DESMOND, J. E., GLOVER, G. H., GOODE, R. L., SULLIVAN, E. V., ET AL. (1998). Sniffing and smelling: Separate subsystems in the human olfactory cortex. *Nature, 392*, 282–286.
SOKOL-HESSNER, P., CAMERER, C. F., & PHELPS, E. A. (2012). Emotion regulation reduces loss aversion and decreases amygdala responses to losses. *Social Cognitive and Affective Neuroscience, 8*(e), 341–350.
SOKOL-HESSNER, P., HARTLEY, C. A., HAMILTON, J. R., & PHELPS, E. A. (2015). Interoceptive ability predicts aversion to losses. *Cognition & Emotion, 29*(4), 695–701.
SOKOL-HESSNER, P., HSU, M., CURLEY, N. G., DELGADO, M. R.,CAMERER, C. F., & PHELPS, E. A. (2009). Thinking like a trader selectively reduces individuals'loss aversion. *Proceedings of the National Academy of Sciences, USA, 106*(13), 5035–5040.
SOKOL-HESSNER, P., LACKOVIC, S. F., TOBE, R. H., CAMERER, C. F.,LEVENTHAL, B. L., & PHELPS, E. A. (2015). Determinants of propranolol's selective effect on loss aversion. *Psychological Science, 26*(7), 1123–1130.
SOLOMON, R. C. (2008). The philosophy of emotions. In M. Lewis,J. M. Haviland-Jones, & L. F. Barrett (Eds.), *The handbook of emotions* (3rd ed., pp. 1–16). New York: Guilford.
SOON, C. S., BRASS, M., HEINZE, H.-J., & HAYNES, J.-D. (2008).Unconscious determinants of free decision in the human brain.*Nature Neuroscience, 11*(5), 543–545.
SPEAR, L. P. (2000). The adolescent brain and age-related behavioral manifestations. *Neuroscience and Biobehavioral Reviews, 24*(4), 417–463.
SPERRY, R. W. (1984). Consciousness, personal identity and the divided brain. *Neuropsychologia, 22*(6), 661–673.
SPERRY, R. W., GAZZANIGA, M. S., & BOGEN, J. E. (1969).

Interhemispheric relationships: The neocortical commissures; syndromes of hemisphere disconnection. In P. J. Vinken & G. W. Bruyn (Eds.), *Handbook of clinical neurology* (Vol. 4, pp. 273–290). Amsterdam: North-Holland.

SPINOZZI, G., CASTORINA, M. G., & TRUPPA, V. (1998). Hand preferences in unimanual and coordinated-bimanual tasks by tufted capuchin monkeys (*Cebus apella*). *Journal of Comparative Psychology*, *112*(2), 183.

SPORNS, O., & BETZEL, R. F. (2016). Modular brain networks. *Annual Review of Psychology*, *67*, 613–640.

SPUNT, R. P., MEYER, M. L., & LIEBERMAN, M. D. (2015). The default mode of human brain function primes the intentional stance. *Journal of Cognitive Neuroscience*, *27*(6), 1116–1124.

SQUIRE, L. R. (1992). Memory and the hippocampus: A synthesis from findings with rats, monkeys, and humans. *Psychological Review*, *99*, 195–231.

SQUIRE, L. R., BLOOM, F. E., MCCONNELL, S. K., ROBERTS, J. L., SPITZER, N. C., & ZIGMOND, M. J. (EDS.). (2003). *Fundamental neuroscience* (2nd ed.). Amsterdam: Academic Press.

SQUIRE, L. R., SHIMAMURA, A. P., & GRAFT, P. (1987). Strength and duration of priming effects in normal subjects and amnesic patients. *Neuropsychologia*, *25*(1), 195–210.

SQUIRE, L. R., & SLATER, P. (1983). Electroconvulsive therapy and complaints of memory dysfunction: A prospective three-year follow-up study. *British Journal of Psychiatry*, *142*, 1–8.

STAGG, C. J., & NITSCHE, M. A. (2011). Physiological basis of transcranial direct current stimulation. *Neuroscientist*, *17*(1), 37–53.

STEIN, B. E., & MEREDITH, M. A. (1993). *The merging of the senses*. Cambridge, MA: MIT Press.

STEIN, B. E., STANFORD, T. R., WALLACE, M. T., VAUGHAN, J. W., & JIANG, W. (2004). Crossmodal spatial interactions in subcortical and cortical circuits. In C. Spence & J. Driver (Eds.), *Crossmodal space and crossmodal attention* (pp. 25–50). Oxford: Oxford University Press.

STEIN, M. B., KOVEROLA, C., HANNA, C., TORCHIA, M. G., & MCCLARTY, B. (1997). Hippocampal volume in woman victimized by childhood sexual abuse. *Psychological Medicine*, *27*, 951–959.

STEPHENS, G. J., SILBERT, L. J., & HASSON, U. (2010). Speaker-listener neural coupling underlies successful communication. *Proceedings of the National Academy of Sciences, USA*, *107*(32), 14425–14430.

STERELNY, K. (2012). Language, gesture, skill: The co-evolutionary foundations of language. *Philosophical Transactions of the Royal Society of London. Series B, Biological Sciences*, *367*(1599), 2141–2151.

STERNBERG, S. (1966). High speed scanning in human memory. *Science*, *153*, 652–654.

STERNBERG, S. (1975). Memory scanning: New findings and current controversies. *Quarterly Journal of Experimental Psychology*, *27*, 1–32.

STEVEN, M. S., & PASCUAL-LEONE, A. (2006). Transcranial magnetic stimulation and the human brain: An ethical evaluation. In J. Illes (Ed.), *Neuroethics: Defining the issues in theory, practice, and policy* (pp. 201–212). Oxford: Oxford University Press.

STEVENS, L. K., MCGRAW, P. V., LEDGEWY, T., & SCHLUPPECK, D. (2009). Temporal characteristics of global motion processing revealed by transcranial magnetic stimulation. *European Journal of Neuroscience*, *30*, 2415–2426.

STILLMAN, T. F., BAUMEISTER, R. F., VOHS, K. D., LAMBERT, N. M., FINCHAM, F. D., & BREWER, L. E. (2010). Personal philosophy and personnel achievement: Belief in free will predicts better job performance. *Social Psychological and Personality Science*, *1*(1), 43–50.

STONE, V. E., BARON-COHEN, S., & KNIGHT, R. T. (1998). Frontal lobe contributions to theory of mind. *Journal of Cognitive Neuroscience*, *10*, 640–656.

STONE, V. E., COSMIDES, L., TOOBY, J., KROLL, N., & KNIGHT, R. T. (2002). Selective impairment of reasoning about social exchange in a patient with bilateral limbic system damage. *Proceedings of the National Academy of Sciences, USA*, *99*(17), 11531–11536.

STRATTON, G. M. (1896). Some preliminary experiments on vision without inversion of the retinal image. *Psychological Review*, *3*(6), 611–617.

STRAUSFELD, N. J., & HIRTH, F. (2013). Deep homology of arthropod central complex and vertebrate basal ganglia. *Science*, *340*(6129), 157–161.

STRIEDTER, G. F. (2005). *Principles of brain evolution*. Sunderland, MA: Sinauer.

STRNAD, L., PEELEN, M. V., BEDNY, M., & CARAMAZZA, A. (2013). Multivoxel pattern analysis reveals auditory motion information in MT1 of both congenitally blind and sighted individuals. *PLoS One*, *8*(4), e63198.

STROBACH, T., FRENSCH, P. A., & SCHUBERT, T. (2012). Video game practice optimizes executive control skills in dual-task and task switching situations. *Acta Psychologica*, *140*(1), 13–24.

STROMSWOLD, K., CAPLAN, D., ALPERT, N., & RAUCH S. (1996). Localization of syntactic comprehension by positron emission tomography. *Brain and Language*, *52*, 452–473.

STROOP, J. (1935). Studies of interference in serial verbal reaction. *Journal of Experimental Psychology*, *18*, 643–662.

SUAREZ, S. D., & GALLUP, G. G., JR. (1981). Self-recognition in chimpanzees and orangutans, but not gorillas. *Journal of Human Evolution*, *10*, 175–188.

SUTHERLAND, S. (1995). Consciousness. In *The international dictionary of psychology* (2nd ed.). London: Macmillan.

SUZUKI, W. A., & AMARAL, D. G. (1994). Perirhinal and parahippocampal cortices of the macaque monkey: Cortical afferents. *Journal of Comparative Neurology*, *350*, 497–533.

SWAAB, T. Y., BROWN, C. M., & HAGOORT, P. (1997). Spoken sentence comprehension in aphasia: Event-related potential evidence for a lexical integration deficit. *Journal of Cognitive Neuroscience*, *9*, 39–66.

SWANSON, L. W. (1983). The hippocampus and the concept of the limbic system. In W. Seifert (Ed.), *Neurobiology of the hippocampus* (pp. 3–19). London: Academic Press.

SWANSON, L. W., & PETROVICH, G. D. (1998). What is the amygdala? *Trends in Neurosciences*, *21*, 323–331.

SWARTZ, K. B. (1997). What is mirror self-recognition in nonhuman primates, and what is it not? *Annals of the New York Academy of Sciences*, *818*, 64–71.

SWEET, W. H., & BROWNELL, G. L. (1953). Localization of brain tumors with positron emitters. *Nucleonics*, *11*, 40–45.

SZTARKER, J., & TOMSIC, D. (2011). Brain modularity in arthropods: Individual neurons that support "what" but not "where" memories. *Journal of Neuroscience*, *31*(22), 8175–8180.

TABBERT, K., STARK, R., KIRSCH, P., & VAITL, D. (2006). Dissociation of neural responses and skin conductance reactions during fear conditioning with and without awareness of stimulus contingencies. *NeuroImage*, *32*(2), 761–770.

TABOT, G. A., DAMMANN, J. F., BERG, J. A., TENORE, F. V., BOBACK, J. L., VOGELSTEIN, R. J., ET AL. (2013). Restoring the sense of touch with a prosthetic hand through a brain interface. *Proceedings of the National Academy of Sciences, USA*, *110*(45), 18279–18284.

TAGLIALATELA, J. P., RUSSELL, J. L., SCHAEFFER, J. A., & HOPKINS, W. D. (2008). Communicative signaling activates "Broca's" homolog in chimpanzees. *Current Biology*, *18*(5), 343–348.

TALAIRACH, J., & TOURNOUX, P. (1988). *Co-planar stereotaxic atlas of the human brain: 3-dimensional proportional system—an approach to cerebral imaging*. New York: Thieme.

TALBOT, K., WANG, H. Y., KAZI, H., HAN, L. Y., BAKSHI, K. P., STUCKY, A., ET AL. (2012). Demonstrated brain insulin resistance in Alzheimer's disease patients is associated with IGF-1 resistance, IRS-1 dysregulation, and cognitive decline. *Journal of Clinical Investigation*, *122*(4), 1316.

TALEB, N. (2014). *Antifragile*. New York: Random House.

TAMBINI, A., & DAVACHI, L. (2013). Persistence of hippocampal multivoxel patterns into postencoding rest is related to memory. *Proceedings of the National Academy of Sciences, USA*, *110*(48), 19591–19596.

TANAKA, J. W., & FARAH, M. J. (1993). Parts and wholes in face recognition. *Quarterly Journal of Experimental Psychology. A, Human Experimental Psychology*, *46*, 225–245.

TANAKA, S. C., SCHWEIGHOFER, N., ASAHI, S., SHISHIDA, K., OKAMOTO, Y., YAMAWAKI, S., ET AL. (2007). Serotonin differentially regulates short- and long-term prediction of rewards in the ventral and dorsal striatum. *PLoS One*, *2*, e1333.

TAUB, E., & BERMAN, A. J. (1968). Movement and learning in the absence of sensory feedback. In S. J. Freedman (Ed.), *The neuropsychology of spatially oriented behavior* (pp. 173–191). Homewood, IL: Dorsey.

TAYLOR, A. H., ELLIFFE, D., HUNT, G. R., & GRAY, R. D. (2010). Complex cognition and behavioural innovation in New Caledonian crows. *Proceedings of the Royal Society of London, Series B*, *277*(1694), 2637–2643.

TAYLOR, C. T., WIGGETT, A. J., & DOWNING, P. E. (2007). Functional MRI analysis of body and body part representations in the extrastriate and fusiform body areas. *Journal of Neurophysiology*, *98*, 1626–1633.

TAYLOR, D. M., TILLERY, S. I., & SCHWARTZ, A. B. (2002). Direct cortical control of 3D neuroprosthetic devices. *Science*, *296*, 1829–1832.

TAYLOR, S. E., & BROWN, J. D. (1988). Illusion and well-being: A social psychological perspective on mental health. *Psychological Bulletin*, *103*, 193–210.

TEATHER, L. A., PACKARD, M. G., & BAZAN, N. G. (1998). Effects of posttraining intrahippocampal injections of platelet-activating factor and PAF antagonists on memory. *Neurobiology of Learning and Memory*, *70*, 349–363.

TEMPLETON, C. N., GREENE, E., & DAVIS, K. (2005). Allometry of alarm calls: Black-capped chickadees encode information about predator size. *Science*, *308*, 1934–1937.

TENNIE, C., CALL, J., & TOMASELLO, M. (2006). Push or pull: Imitation versus emulation in human children and great apes. *Ethology*, *112*, 1159–1169.

TENNIE, C., CALL, J., & TOMASELLO, M. (2010). Evidence for emulation in chimpanzees in social settings using the floating peanut task. *PLoS One*, *5*(5), e10544.

TER-POGOSSIAN, M. M., PHELPS, M. E., & HOFFMAN, E. J. (1975). A positron emission transaxial tomograph for nuclear medicine imaging (PETT). *Radiology*, *114*, 89–98.

TER-POGOSSIAN, M. M., & POWERS, W. E. (1958). The use of radio-active oxygen-15 in the determination of oxygen content in malignant neoplasms. In *Radioisotopes in scientific research: Vol. 3. Proceedings of the 1st UNESCO International Conference, Paris*. New York: Pergamon.

TERZAGHI, M., SARTORI, I., TASSI, L., DIDATO, G., RUSTIONI, V., LORUSSO, G., ET AL. (2009). Evidence of dissociated arousal states during NREM parasomnia from an intracerebral neurophysiological study. *Sleep*, *32*(3), 409–412.

THIBAULT, C., LAI, C., WILKE, N., DUONG, B., OLIVE, M. F., RAHMAN, S., ET AL. (2000). Expression profiling of neural cells reveals specific patterns of ethanol-responsive gene expression. *Molecular Pharmacology*, *58*, 1593–1600.

THIEBAUT DE SCHOTTEN, M., DELL'ACQUA, F., FORKEL, S. J., SIMMONS, A., VERGANI, F., MURPHY, D. G. M., ET AL. (2011). A lateralized brain network for visuospatial attention. *Nature Neuroscience*, *14*(10), 1245–1247.

THIEBAUT DE SCHOTTEN, M., DELL'ACQUA, F., VALABREGUE, R., & CATANI, M. (2012). Monkey to human comparative anatomy of the frontal lobe association tracts. *Cortex*, *48*(1), 8212.

THOMASON, M. E., DASSANAYAKE, M. T., SHEN, S., KATKURI, Y., ALEXIS, M., ANDERSON, A. L., ET AL. (2013). Cross-hemispheric functional connectivity in the human fetal brain. *Science Translational Medicine*, *5*(173), 173ra24.

THOMPSON, P. (1980). Margaret Thatcher: A new illusion. *Perception*, *9*, 483–484.

THOMPSON, R. F. (2000). *The brain: A neuroscience primer* (3rd ed.). New York: Freeman.

THOMPSON-SCHILL, S. L., D'ESPOSITO, M., AGUIRRE, G. K., & FARAH, M. J. (1997). Role of left inferior prefrontal cortex in retrieval of semantic knowledge: A reevaluation. *Proceedings of the National Academy of Sciences, USA*, *94*, 14792–14797.

THOMPSON-SCHILL, S. L., D'ESPOSITO, M., & KAN, I. P. (1999). Effects of repetition and competition on activity in left prefrontal cortex during word generation. *Neuron*, *23*, 513–522.

THOMPSON-SCHILL, S. L., SWICK, D., FARAH, M. J., D'ESPOSITO, M., KAN, I. P., & KNIGHT, R. T. (1998). Verb generation in patients with focal frontal lesions: A neuropsychological test of neuroimaging findings.

Proceedings of the National Academy of Sciences, USA, 95, 15855–15860.

THORNDIKE, E. (1911). *Animal intelligence: An experimental study of the associative processes in animals.* New York: Macmillan.

THULBORN, K. R., WATERTON, J. C., MATTHEWS, P. M., & RADDA, G. K.(1982). Oxygenation dependence of the transverse relaxation time of water protons in whole blood at high field. *Biochimica et Biophysica Acta, 714,* 265–270.

THUT, G., NIETZEL, A., & PASCUAL-LEONE, A. (2005). Dorsal posterior parietal rTMS affects voluntary orienting of visual-spatial attention. *Cerebral Cortex, 15*(5), 628–638.

TIAN, J., HUANG, R., COHEN, J. Y., OSAKADA, F., KOBAK, D.,MACHENS, C. K., ET AL. (2016). Distributed and mixed information in monosynaptic inputs to dopamine neurons. *Neuron, 91*(6), 1374–1389.

TIAN, J., & UCHIDA, N. (2015). Habenula lesions reveal that multiple mechanisms underlie dopamine prediction errors. *Neuron, 87*(6), 1304–1316.

TIFFIN, P. A., PEARCE, M. S., & PARKER, L. (2005). Social mobility over the lifecourse and self reported mental health at age 50: Prospective cohort study. *Journal of Epidemiology and Community Health, 59*(10), 870–872.

TIGNOR, R. L. (2008). *Worlds together, worlds apart: A history of the world from the beginnings of humankind to the present* (2nd ed.). New York: Norton.

TOMASELLO, M. (2007). If they are so good at grammar, then why don't they talk? Hints from apes and humans' use of gestures. *Language Learning and Development, 3,* 1–24.

TOMASELLO, M. (2008). *Origins of human communication.* Cambridge, MA: MIT Press.

TOMASELLO, M., & CALL, J. (2018). Thirty years of great ape gestures. *Animal Cognition.*

TOMASELLO, M., HARE, B., LEHMANN, H., & CALL, J. (2007). Reliance on head versus eyes in the gaze following of great apes and human infants: The cooperative eye hypothesis. *Journal of Human Evolution, 52,* 314–320.

TOOTELL, R. B., HADJIKHANI, N., HALL, E. K., MARRETT, S., VANDUFFEL, W., VAUGHAN, J. T., ET AL. (1998). The retinotopy of visual spatial attention. *Neuron, 21,* 1409–1422.

TOSONI, A., GALATI, G., ROMANI, G. L., & CORBETTA, M. (2008).Sensory-motor mechanisms in human parietal cortex underlie arbitrary visual decisions. *Nature Neuroscience, 11,* 1446–1453.

TOURVILLE, J. A., REILLY, K. J., & GUENTHER, F. H. (2008). Neural mechanisms underlying auditory feedback control of speech. *NeuroImage, 39*(3), 1429–1443.

TRACY, J., & MATSUMOTO, D. (2008). The spontaneous expression of pride and shame: Evidence for biologically innate nonverbal displays. *Proceedings of the National Academy of Sciences, USA, 105,* 11655–11660.

TRANEL, D., & HYMAN, B. T. (1990). Neuropsychological correlates of bilateral amygdala damage. *Archives of Neurology, 47,* 349–355.

TREISMAN, A. M. (1969). Strategies and models of selective attention.*Psychological Review, 76,* 282–299.

TREISMAN, A. M., & GELADE, G. (1980). A feature-integration theory of attention. *Cognitive Psychology, 12,* 97–136.

TRITSCH, N. X., GRANGER, A. J., & SABATINI, B. L. (2016). Mechanisms and functions of GABA co-release. *Nature Reviews Neuroscience, 17*(3), 139.

TSAO, D. Y., FREIWALD, W. A., TOOTELL, R. B., & LIVINGSTONE, M. S.(2006). A cortical region consisting entirely of face-selective cells. *Science, 311,* 670–674.

TULVING, E. (1993). Self-knowledge of an amnesiac individual is represented abstractly. In T. K. Srull & R. S. Wyer (Eds.), *The mental representation of trait and autobiographical knowledge about the self* (pp. 147–156). Hillsdale, NJ: Erlbaum.

TULVING, E., KAPUR, S., CRAIK, F. I. M., MOSCOVITCH, M., & HOULE, S. (1994). Hemispheric encoding / retrieval asymmetry in episodic memory: Positron emission tomography findings. *Proceedings of the National Academy of Sciences, USA, 91,* 2016–2020.

TURIN, L. (1996). A spectroscopic mechanism for primary olfactory reception. *Chemical Senses, 21,* 773–791.

TURK, D. J., HEATHERTON, T. F., KELLEY, W. M., FUNNELL, M. G., GAZZANIGA, M. S., & MACRAE, C. N. (2002). Mike or me?Self-recognition in a split-brain patient. *Nature Neuroscience, 5*(9), 841–842.

TYE, K. M., PRAKASH, R., KIM, S.-Y., FENNO, L. E., GROSENICK, L., ZARABI, H., ET AL. (2011). Amygdala circuitry mediating reversible and bidirectional control of anxiety. *Nature, 471*(7338), 358–362.

TYLER, L. K., MARSLEN-WILSON, W. D., RANDALL, B., WRIGHT, P.,DEVEREUX, B. J., ZHUANG, J., ET AL. (2011). Left inferior frontal cortex and syntax: Function, structure and behaviour in patients with left hemisphere damage. *Brain, 134,* 415–431.

TYLER, M. D., & CUTLER, A. (2009). Cross-language differences in cue use for speech segmentation. *Journal of the Acoustical Society of America, 126*(1), 367–376.

ULRICH-LAI, Y. M., & HERMAN, J. P. (2009). Neural regulation of endocrine and autonomic stress responses. *Nature Reviews Neuroscience, 10*(6), 397–409.

UMILTA, M. A., KOHLER, E., GALLESE, V., FOGASSI, L., FADIGA, L.,KEYSERS, C., ET AL. (2001). I know what you are doing: A neurophysiological study. *Neuron, 31,* 155–165.

UNCAPHER, M. R., THIEU, M. K., & WAGNER, A. D. (2016). Media multitasking and memory: Differences in working memory and long-term memory. *Psychonomic Bulletin & Review, 23*(2), 483–490.

UNGERLEIDER, L. G., & MISHKIN, M. (1982). Two cortical visual systems. In D. J. Engle, M. A. Goodale, & R. J. Mansfield (Eds.), *Analysis of visual behavior* (pp. 549–586). Cambridge, MA: MIT Press.

VALLORTIGARA, G., CHIANDETTI, C., & SOVRANO, V. A. (2011). Brain asymmetry (animal). *Wiley Interdisciplinary Reviews: Cognitive Science, 2*(2), 146–157.

VAN BERKUM, J. J., HAGOORT, P., & BROWN, C. M. (1999). Semantic integration in sentences and discourse: Evidence from the N400. *Journal of Cognitive Neuroscience, 11*(6), 657–671.

VAN DEN HEUVEL, M. P., STAM, C. J., KAHN, R. S., & HULSHOFF POL, H. E. (2009). Efficiency of functional brain networks and intellectual performance. *Journal of Neuroscience, 29,* 7619–7624.

VANDER, A., SHERMAN, J., & LUCIANO, D. (2001). *Human*

physiology:The mechanisms of body function (8th ed.). Boston: McGraw-Hill.

VANDERAUWERA, J., ALTARELLI, I., VANDERMOSTEN, M., DE VOS, A., WOUTERS, J., & GHESQUIÈRE, P. (2016). Atypical structural asymmetry of the planum temporale in relation is related to family history of dyslexia. *Cerebral Cortex*, 28(1), 1–10.

VANDUFFEL, W., TOOTELL, R. B. H., & ORBAN, G. G. (2000). Attention-dependent suppression of metabolic activity in the early stages of the macaque visual system. *Cerebral Cortex*, 10(2), 109–126.

VAN KOOTEN, I. A., PALMEN, S. J., VON CAPPELN, P., STEINBUSCH, H. W., KORR, H., HEINSEN, H., ET AL. (2008). Neurons in the fusiform gyrus are fewer and smaller in autism. *Brain*, 131, 987–999.

VAN LIER, J., REVLIN, R., & DE NEYS, W. (2013). Detecting cheaters without thinking: Testing the automaticity of the cheater detection module. *PLoS One*, 8(1), e53827.

VAN VOORHIS, S., & HILLYARD, S. A. (1977). Visual evoked potentials and selective attention to points in space. *Perception & Psychophysics*, 22(1), 54–62.

VAN WAGENEN, W. P., & HERREN, R. Y. (1940). Surgical division of commissural pathways in the corpus callosum: Relation to spread of an epileptic seizure. *Archives of Neurology and Psychiatry*, 44, 740–759.

VARGHA-KHADEM, F., GADIAN, D. G., COPP, A., & MISHKIN, M.(2005). FOXP2 and the neuroanatomy of speech and language.*Nature Reviews Neuroscience*, 6, 131–138.

VELLISTE, M., PEREL, S., SPALDING, M. C., WHITFORD, A. S., & SCHWARTZ, A. B. (2008). Cortical control of a prosthetic arm for self-feeding. *Nature*, 453, 1098–1101.

VERDON, V., SCHWARTZ, S., LOVBLAD, K. O., HAUERT, C. A., & VUILLEUMIER, P. (2010). Neuroanatomy of hemispatial neglect and its functional components: A study using voxel-based lesion-symptom mapping. *Brain*, 133, 880–894.

VIDAL, C. N., NICOLSON, R., DEVITO, T. J., HAYASHI, K. M., GEAGA, J. A., DROST, D. J., ET AL. (2006). Mapping corpus callosum deficits in autism: An index of aberrant cortical connectivity. *Biological Psychiatry*, 60(3), 218–225.

VIGNEAU, M., BEAUCOUSIN, V., HERVÉ, P. Y., JOBARD, G., PETIT, L.,CRIVELLO, F., ET AL. (2011). What is right-hemisphere contribution to phonological, lexico-semantic, and sentence processing? Insights from a meta-analysis. *NeuroImage*, 54(1), 577–593.

VILBERG, K. L., & RUGG, M. D. (2008). Memory retrieval and the parietal cortex: A review of evidence from a dual-process perspective. *Neuropsychologia*, 46, 1787–1799.

VITALI, P., MIGLIACCIO, R., AGOSTA, F., ROSEN, H. J., & GESCHWIND, M. D. (2008). Neuroimaging in dementia. *Seminars in Neurology*, 28(4), 467–483.

VOHS, K. D., & SCHOOLER, J. W. (2008). The value in believing in free will: Encouraging a belief in determinism increases cheating. *Psychological Science*, 19(1), 49–54.

VOLFOVSKY, N., PARNAS, H., SEGAL, M., & KORKOTIAN, E. (1999).Geometry of dendritic spines affects calcium dynamics in hippocampal neurons: Theory and experiments. *Journal of Neurophysiology*, 82, 450–462.

VOLPE, B. T., LEDOUX, J. E., & GAZZANIGA, M. S. (1979). Information processing of visual field stimuli in an "extinguished" field. *Nature*, 282, 722–724.

VOLPE, B. T., SIDTIS, J. J., HOLTZMAN, J. D., WILSON, D. H., & GAZZANIGA, M. S. (1982). Cortical mechanisms involved in praxis: Observations following partial and complete section of the corpus callosum in man. *Neurology*, 32(6), 645–650.

VON NEUMANN, J., & BURKS, A. W. (1966). Theory of self-reproducing automata. *IEEE Transactions on Neural Networks*, 5(1), 3–14.

VON NEUMANN, J., & BURKS, A. W. (1996). *Theory of self-reproducing automata.* Urbana: University of Illinois Press.

VUILLEUMIER, P., ARMONY, J. L., DRIVER, J., & DOLAN, R. J. (2001).Effects of attention and emotion on face processing in the human brain: An event-related fMRI study. *Neuron*, 30, 829–841.

VUILLEUMIER, P., RICHARDSON, M. P., ARMONY, J. L., DRIVER, J., & DOLAN, R. J. (2004). Distant influences of the amygdala lesion on visual cortical activation during emotional face processing. *Nature Neuroscience*, 7, 1271–1278.

VYAZOVSKIY, V. V., OLCESE, U., HANLON, E. C., NIR, Y., CIRELLI, C., & TONONI, G. (2011). Local sleep in awake rats. *Nature*, 472(7344), 443–447.

VYTAL, K., & HAMANN, S. (2010). Neuroimaging support for discrete neural correlates of basic emotions: A voxel-based meta-analysis. *Journal of Cognitive Neuroscience*, 22(12), 2864–2885.

WADA, J., & RASMUSSEN, T. (1960). Intracarotid injection of sodium amytal for the lateralization of cerebral speech dominance: Experimental and clinical observations. *Journal of Neurosurgery*, 17(2), 266–282.

WADE, K. A., GARRY, M., READ, J. D., & LINDSAY, D. S. (2002). A picture is worth a thousand lies: Using false photographs to create false childhood memories. *Psychonomic Bulletin & Review*, 9(3), 597–603.

WADE, N. (2003, October 7). American and Briton win Nobel for using chemists' test for M.R.I.'s. *New York Times*.

WAGER, T. D., & SMITH, E. E. (2003). Neuroimaging studies of working memory: A meta-analysis. *Cognitive, Affective & Behavioral Neuroscience*, 3, 255–274.

WAGNER, A. D., KOUTSTAAL, W., MARIL, A., SCHACTER, D. L., & BUCKNER, R. L. (2000). Task-specific repetition priming in left inferior prefrontal cortex. *Cerebral Cortex*, 10(12), 1176–1184.

WAGNER, A. D., SCHACTER, D. L., ROTTE, M., KOUTSTAAL, W., MARIL, A., DALE, A. M., ET AL. (1998). Building memories: Remembering and forgetting of verbal experiences as predicted by brain activity. *Science*, 281, 1188–1191.

WAGNER, A. D., SHANNON, B. J., KAHN, I., & BUCKNER, R. L. (2005).Parietal lobe contributions to episodic memory retrieval. *Trends in Cognitive Sciences*, 9(9), 445–453.

WAGNER, G. P., PAVLICEV, M., & CHEVERUD, J. M. (2007). The road to modularity. *Nature Reviews Genetics*, 8, 921–931.

WAGNER, M. J., KIM, T. H., SAVALL, J., SCHNITZER, M. J., & LUO, L.(2017). Cerebellar granule cells encode the expectation of reward. *Nature*, 544, 96.

WALKER, M. P. (2009). The role of slow wave sleep in memory

processing. *Journal of Clinical Sleep Medicine, 5*(2 Suppl.), S20.

WALLEZ, C., & VAUCLAIR, J. (2011). Right hemisphere dominance for emotion processing in baboons. *Brain and Cognition, 75*(2), 164–169.

WALLRABENSTEIN, I., GERBER, J., RASCHE, S., CROY, I., KURTENBACH, S., HUMMEL, T., ET AL. (2015). The smelling of Hedione results in sex-differentiated human brain activity. *NeuroImage, 113*, 365–373.

WANG, A. T., LEE, S. S., SIGMAN, M., & DAPRETTO, M. (2007). Reading affect in the face and voice: Neural correlates of interpreting communicative intent in children and adolescents with autism spectrum disorders. *Archives of General Psychiatry, 64*, 698–708.

WAPNER, W., JUDD, T., & GARDNER, H. (1978). Visual agnosia in an artist. *Cortex, 14*, 343–364.

WARRINGTON, E. K. (1982). Neuropsychological studies of object recognition. *Philosophical Transactions of the Royal Society of London. Series B, Biological Sciences, 298*, 13–33.

WARRINGTON, E. K., & SHALLICE, T. (1969). The selective impairment of auditory verbal short-term memory. *Brain, 92*(4), 885–896.

WARRINGTON, E. K., & SHALLICE, T. (1984). Category specific semantic impairments. *Brain, 107*, 829–854.

WATSON, D., WIESE, D., VAIDYA, J., & TELLEGEN, A. (1999). The two general activation systems of affect: Structural findings, evolutionary considerations, and psychobiological evidence. *Journal of Personality and Social Psychology, 76*(5), 820.

WATTS, D. J., & STROGATZ, S. H. (1998). Collective dynamics of "small-world" networks. *Nature, 393*, 440–442.

WEBB, T. W., & GRAZIANO, M. S. A. (2015, April 23). The attention schema theory: A mechanistic account of subjective awareness. *Frontiers in Psychology, 6*.

WEEKS, S. J., & HOBSON., R. P. (1987). The salience of facial expression for autistic children. *Journal of Child Psychology and Psychiatry, 28*(1), 137–152.

WEICKERT, T. W., GOLDBERG, T. E., MISHARA, A., APUD, J. A., KOLACHANA, B. S., EGAN, M. F., ET AL. (2004). Catechol-O-methyltransferase val108 / 158met genotype predicts working memory response to antipsychotic medications. *Biological Psychiatry, 56*, 677–682.

WEIERICH, M. R., WRIGHT, C. I., NEGREIRA, A., DICKERSON, B. C., & BARRETT, L. F. (2010). Novelty as a dimension in the affective brain. *NeuroImage, 49*, 2871–2878.

WEIGELT, S., KOLDEWYN, K., & KANWISHER, N. (2012). Face identity recognition in autism spectrum disorders: A review of behavioral studies. *Neuroscience and Biobehavioral Reviews, 36*(3), 1060–1084.

WEIGELT, S., KOLDEWYN, K., & KANWISHER, N. (2013). Face recognition deficits in autism spectrum disorders are both domain specific and process specific. *PLoS One, 8*(9), e74541.

WEINBERGER, N. M. (1995). Retuning the brain by fear conditioning. In M. S. Gazzaniga (Ed.), *The cognitive neurosciences* (pp. 1071–1089). Cambridge, MA: MIT Press.

WEINBERGER, N. M. (2004). Specific long-term memory traces in primary auditory cortex. *Nature Reviews Neuroscience, 5*(4), 279–290.

WEINBERGER, N. M. (2007). Associative representational plasticity in the auditory cortex: A synthesis of two disciplines. *Learning & Memory, 14*(1–2), 1–16.

WEINER, K. S., & GRILL-SPECTOR, K. (2015). The evolution of face processing networks. *Trends in Cognitive Sciences, 19*(5), 240–241.

WEISKRANTZ, L. (1956). Behavioral changes associated with ablation of the amygdaloid complex in monkeys. *Journal of Comparative and Physiological Psychology, 49*, 381–391.

WEISKRANTZ, L. (1974). Visual capacity in the hemianopic field following a restricted occipital ablation. *Brain, 97*, 709–728.

WEISKRANTZ, L. (1986). *Blindsight: A case study and implications*. Oxford: Oxford University Press.

WELLS, D. L., & MILLSOPP, S. (2009). Lateralized behaviour in the domestic cat, *Felis silvestris catus. Animal Behaviour, 78*(2), 537–541.

WERKER, J. F., & HENSCH, T. K. (2015). Critical period in speech production: New directions. *Annual Review of Psychology, 66*, 173–196.

WERNICKE, C. (1876). Das Urwindungssystem des menschlichen Gehirns. *Archiv für Psychiatrie und Nervenkrankheiten, 6*, 298–326.

WESSINGER, C. M., BUONOCORE, M. H., KUSSMAUL, C. L., & MANGUN, G. R. (1997). Tonotopy in human auditory cortex examined with functional magnetic resonance imaging. *Human Brain Mapping, 5*, 18–25.

WHALEN, P. J. (1998). Fear, vigilance, and ambiguity: Initial neuroimaging studies of the human amygdala. *Current Directions in Psychological Science, 7*(6), 177–188.

WHALEN, P. J. (2007). The uncertainty of it all. *Trends in Cognitive Sciences, 11*, 499–500.

WHALEN, P. J., KAGAN, J., COOK, R. G., DAVIS, F. C., KIM, H., POLIS, S., ET AL. (2004). Human amygdala responsivity to masked fearful eye whites. *Science, 306*, 2061.

WHALEN, P. J., RAUCH, S. L., ETCOFF, N. L., MCINERNEY, S. C., LEE, M. B., & JENIKE, M. A. (1998). Masked presentations of emotional facial expressions modulate amygdala activity without explicit knowledge. *Journal of Neuroscience, 18*, 411–418.

WHEELER, E. Z., & FELLOWS, L. K. (2008). The human ventromedial frontal lobe is critical for learning from negative feedback. *Brain, 131*(5), 1323–1331.

WHEELER, M. A., STUSSL, D. T., & TULVING, E. (1997). Toward a theory of episodic memory: The frontal lobes and autonoetic consciousness. *Psychological Bulletin, 121*(3), 331–354.

WHEELER, M. E., & BUCKNER, R. L. (2004). Functional-anatomic correlates of remembering and knowing. *NeuroImage, 21*(4), 1337–1349.

WHEELER, M. E., PETERSEN, S. E., & BUCKNER, R. L. (2000). Memory's echo: Vivid remembering reactivates sensory-specific cortex. *Proceedings of the National Academy of Sciences, USA, 97*, 11125–11129.

WHEELER, M. E., SHULMAN, G. L., BUCKNER, R. L., MIEZIN, F. M., VELANOVA, K., & PETERSEN, S. E. (2006). Evidence for separate perceptual reactivation and search processes during remembering. *Cerebral Cortex, 16*, 949–959.

WHYTE, E. M., BEHRMANN, M., MINSHEW, N. J., GARCIA,

N. V., & SCHERF, K. S. (2016). Animal, but not human, faces engage the distributed face network in adolescents with autism. *Developmental Science, 19*(2), 306–317.

WICHMANN, T., & DELONG, M. R. (1996). Functional and pathophysiological models of the basal ganglia. *Current Opinion in Neurobiology, 6*, 751–758.

WICKELGREN, W. A. (1974). *How to solve problems*. San Francisco: Freeman.

WICKER, B., KEYSERS, C., PLAILLY, J., ROYET, J.-P., GALLESE, V., & RIZZOLATTI, G. (2003). Both of us disgusted in my insula: The common neural basis of seeing and feeling disgust. *Neuron, 40*, 655–664.

WIESENDANGER, M., ROUILLER, E. M., KAZENNIKOV, O., & PERRIG, S. (1996). Is the supplementary motor area a bilaterally organized system? *Advances in Neurology, 70*, 85–93.

WILLIAMS, J. H., WHITEN, A., & SINGH, T. (2004). A systematic review of action imitation in autistic spectrum disorder. *Journal of Autism and Developmental Disorders, 34*, 285–299.

WILLIAMS, L. M., DAS, P., LIDDELL, B. J., KEMP, A. H., RENNIE, C. J.,& GORDON, E. (2006). Mode of functional connectivity in amygdala pathways dissociates level of awareness for signals of fear. *Journal of Neuroscience, 26*(36), 9264–9271.

WILLIS, J., & TODOROV, A. (2006). First impressions: Making up your mind after a 100-ms exposure to a face. *Psychological Science, 17*, 592–598.

WILLS, T. J., CACUCCI, F., BURGESS, N., & O'KEEFE, J. (2010). Development of the hippocampal cognitive map in preweanling rats. *Science, 328*(5985), 1573–1576.

WILSON, F. A., SCALAIDHE, S. P., & GOLDMAN-RAKIC, P. S. (1993).Dissociation of object and spatial processing domains in primate prefrontal cortex. *Science, 260*, 1955–1958.

WILSON, M. A., & MCNAUGHTON, B. L. (1994). Reactivation of hippocampal ensemble memories during sleep. *Science, 265*, 676–679.

WILSON, M. A., & TONEGAWA, S. (1997). Synaptic plasticity, place cells, and spatial memory: Study with second generation knockouts. *Trends in Neurosciences, 20*, 102–106.

WILTGEN, B. J., & SILVA, A. J. (2007). Memory for context becomes less specific with time. *Learning and Memory, 14*, 313–317.

WISE, R. J. (2003). Language systems in normal and aphasic human subjects: Functional imaging studies and inferences from animal studies. *British Medical Bulletin, 65*, 95–119.

WITHERS, G. S., GEORGE, J. M., BANKER, G. A., & CLAYTON, D. F. (1997). Delayed localization of synelfin (synuclein, NACP) to presynaptic terminals in cultured rat hippocampal neurons. *Brain Research. Developmental Brain Research, 99*, 87–94.

WOLDORFF, M. G., HAZLETT, C. J., FICHTENHOLTZ, H. M., WEISSMAN, D. H., DALE, A. M., & SONG, A. W. (2004). Functional parcellation of attentional control regions of the brain. *Journal of Cognitive Neuroscience, 16*(1), 149–165.

WOLF, O. T. (2017). Stress and memory retrieval: Mechanisms and consequences. *Current Opinion in Behavioral Sciences, 14*, 40–46.

WOLF, S. L., WINSTEIN, C. J., MILLER, J. M., THOMPSON, P. A., TAUB, E., USWATTE, G., ET AL. (2008). Retention of upper limb function in stroke survivors who have received constraint-induced movement therapy: The EXCITE randomised trial. *Lancet Neurology, 7*, 33–40.

WOLFE, J. M., CAVE, K. R., & FRANZEL, S. L. (1989). Guided search:An alternative to the feature integration model for visual search. *Journal of Experimental Psychology. Human Perception and Performance, 15*(3), 419.

WOLFF, J. J., GU, H., GERIG, G., ELISON, J. T., STYNER, M.,GOUTTARD, S., ET AL. (2012). Differences in white matter fiber tract development present from 6 to 24 months in infants with autism. *American Journal of Psychiatry, 169*(6), 589–600.

WOLFORD, G., MILLER, M. B., & GAZZANIGA, M. (2000). The left hemisphere's role in hypothesis formation. *Journal of Neuroscience, 20*(6), RC64.

WOLPERT, D. M., GOODBODY, S. J., & HUSAIN, M. (1998). Maintaining internal representations: The role of the human superior parietal lobe. *Nature Neuroscience, 1*(6), 529–533.

WOLPERT, D. M., MIALL, R. C., & KAWATO, M. (1998). Internal models in the cerebellum. *Trends in Cognitive Science, 2*, 338–347.

WOOD, E. R., DUDCHENKO, P. A., & EICHENBAUM, H. (1999). The global record of memory in hippocampal neuronal activity. *Nature, 397*, 613–616.

WOODARD, J. S. (1973). *Histologic neuropathology: A color slide set*. Orange: California Medical Publications.

WORLD HEALTH ORGANIZATION. (2015, March). Dementia [Fact sheet no. 362].

WURTZ, R. H., GOLDBERG, M. E., & ROBINSON, D. L. (1982). Brain mechanisms of visual attention. *Scientific American, 246*(6), 124–135.

XUAN, B., MACKIE, M. A., SPAGNA, A., WU, T., TIAN, Y., HOF, P. R.,ET AL. (2016). The activation of interactive attentional networks. *NeuroImage, 129*, 308–319.

XUE, G., LU, Z., LEVIN, I. P., & BECHARA, A. (2010). The impact of prior risk experiences on subsequent risky decision-making: The role of the insula. *NeuroImage, 50*, 709–716.

YACOUB, E., HAREL, N., & UǦURBIL, K. (2008). High-field fMRI unveils orientation columns in humans. *Proceedings of the National Academy of Sciences, USA, 105*(30), 10607–10612.

YAMINS, D. L., HONG, H., CADIEU, C. F., SOLOMON, E. A., SEIBERT, D., & DICARLO, J. J. (2014). Performance-optimized hierarchical models predict neural responses in higher visual cortex. *Proceedings of the National Academy of Sciences, USA, 111*(23), 8619–8624.

YEO, B. T., KRIENEN, F. M., SEPULCRE, J., SABUNCU, M. R., LASHKARI, D., HOLLINSHEAD, M., ET AL. (2011). The organization of the human cerebral cortex estimated by intrinsic functional connectivity. *Journal of Neurophysiology, 106*(3), 1125–1165.

YIN, H. H., & KNOWLTON, B. J. (2006). The role of the basal ganglia in habit formation. *Nature, 7*, 464–476.

YINGLING, C. D., & SKINNER, J. E. (1976). Selective regulation of thalamic sensory relay nuclei by nucleus reticularis thalami. *Electroencephalography and Clinical Neurophysiology, 41*, 476–482.

YORK, G. K., & STEINBERG, D. A. (2006). *An introduction

to the life and work of John Hughlings Jackson with a catalogue raisonné of his writings. London: Wellcome Trust Centre for the History of Medicine at UCL.

ZACKS, J., RYPMA, B., GABRIELI, J. D. E., TVERSKY, B., & GLOVER, G. H. (1999). Imagined transformations of bodies: An fMRI investigation. *Neuropsychologia, 37*(9), 1029–1040.

ZAJONC, R. B. (1984). On the primacy of affect. *American Psychologist, 39*, 117–123.

ZAKI, J., & OCHSNER, K. (2011). Reintegrating the study of accuracy into social cognition research. *Psychological Inquiry, 22*, 159–182.

ZAMANILLO, D., SPRENGEL, R., HVALBY, O., JENSEN, V., BURNASHEV, N., ROZOV, A., ET AL. (1999). Importance of AMPA receptors for hippocampal synaptic plasticity but not for spatial learning. *Science, 284*, 1805–1811.

ZANGALADZE, A., EPSTEIN, C. M., GRAFTON, S. T., & SATHIAN, K. (1999). Involvement of visual cortex in tactile discrimination of orientation. *Nature, 401*, 587–590.

ZANTO, T. P., RUBENS, M. T., THANGAVEL, A., & GAZZALEY, A. (2011). Causal role of the prefrontal cortex in top-down modulation of visual processing and working memory. *Nature Neuroscience, 14*(5), 656–663.

ZAREI, M., JOHANSEN-BERG, H., SMITH, S., CICCARELLI, O., THOMPSON, A. J., & MATTHEWS, P. M. (2006). Functional anatomy of interhemispheric cortical connections in the human brain. *Journal of Anatomy, 209*(3), 311–320.

ZARKOS, J. (2004). Raising the bar: A man, the "Flop" and an Olympic gold medal. *Sun Valley Guide.*

ZEIER, J. D., BASKIN-SOMMERS, A. R., HIATT RACER, K. D., & NEWMAN, J. P. (2012). Cognitive control deficits associated with antisocial personality disorder and psychopathy. *Personality Disorders, 3*(3), 283.

ZEKI, S. (1993a). The mystery of Louis Verrey. *Gesnerus, 50*, 96–112.

ZEKI, S. (1993b). *A vision of the brain.* Oxford, England: Blackwell.

ZEMELMAN, B. V., LEE, G. A., NG, M., & MIESENBÖCK, G. (2002).Selective photostimulation of genetically chARGed neurons.*Neuron, 33*(1), 15–22.

ZHANG, J., WEBB, D. M., & PODLAHA, O. (2002). Accelerated protein evolution and origins of human-specific features: Foxp2 as an example. *Genetics, 162*, 1825–1835.

ZHAO, J., THIEBAUT DE SCHOTTEN, M., ALTARELLI, I., DUBOIS, J., & RAMUS, F. (2016). Altered hemispheric lateralization of white matter pathways in developmental dyslexia: Evidence from spherical deconvolution tractography. *Cortex, 76*, 51–62.

ZHOU, H., SCHAFER, R. J., & DESIMONE, R. (2016). Pulvinar-cortex interactions in vision and attention. *Neuron, 89*(1), 209–220.

ZHU, Q., SONG, Y., HU, S., LI, X., TIAN, M., ZHEN, Z., ET AL. (2010). Heritability of the specific cognitive ability of face perception. *Current Biology, 20*(2), 137–142.

ZHUANG, J., RANDALL, B., STAMATAKIS, E. A., MARSLEN-WILSON, W. D., & TYLER, L. K. (2011). The interaction of lexical semantics and cohort competition in spoken word recognition: An fMRI study. *Journal of Cognitive Neuroscience, 23*(12), 3778–3790.

ZIEMANN, U., MUELLBACHER, W., HALLETT, M., & COHEN, L. G.(2001). Full text modulation of practice-dependent plasticity in human motor cortex. *Brain, 124*, 1171–1181.

ZIHL, J., VON CRAMON, D., & MAI, N. (1983). Selective disturbance of movement vision after bilateral brain damage. *Brain, 106*, 313–340.

ZIMMER, C. (2004). *Soul made flesh: The discovery of the brain—and how it changed the world.* New York: Free Press.

ZOLA-MORGAN, S., SQUIRE, L. R., & AMARAL, D. G. (1986). Human amnesia and the medial temporal region: Enduring memory impairment following a bilateral lesion limited to field CA1 of the hippocampus. *Journal of Neuroscience, 6*(10), 2950–2967.

ZOLA-MORGAN, S., SQUIRE, L. R., CLOWER, R. P., & REMPEL, N. L.(1993). Damage to the perirhinal cortex exacerbates memory impairment following lesions to the hippocampal formation.*Journal of Neuroscience, 13*, 251–265.

ZORAWSKI, M., BLANDING, N. Q., KUHN, C. M., & LABAR, K. S.(2006). Effects of sex and stress on acquisition and consolidation of human fear conditioning. *Learning & Memory, 13*, 441–450.

ZUBERBÜHLER, K. (2001). A syntactic rule in forest monkey communication. *Animal Behaviour, 63*(2), 293–299.

ZWITSERLOOD, P. (1989). The locus of the effects of sentential-semantic context in spoken-word processing. Cognition, 32, 25–64.

术 语 表

A

A1：参见初级听皮质（primary auditory cortex）。（第 5 章）

ACC：参见前扣带皮质（anterior cingulate cortex）。（第 12 章）

achromatopsia / 全色盲：由中枢神经系统（通常为视皮质的腹侧通路）损伤引起的一种选择性色觉障碍。在全色盲中，颜色知觉障碍比形状知觉障碍更严重。全色盲病人几乎没有颜色知觉。（第 5 章）

acquired alexia / 获得性失读症：参见失读症（alexia）。（第 6 章、第 11 章）

acquisition / 获取：记忆编码的第一步，其中感觉刺激进入短时记忆。（第 9 章）

action–outcome decision / 行动—结果决策：涉及对所预期结果的某种评估（不一定有意识）的决策。比较刺激—反应决策（stimulus-response decision）。（第 12 章）

action potential / 动作电位：突触传导所需要的激活或再生电信号。动作电位沿轴突传导，引起神经递质释放。（第 2 章）

acuity / 敏度：准确辨别细微差异的能力。（第 5 章）

adaptation / 适应：在知觉中，指感觉系统对当前环境和环境中重要变化的敏感性进行调整；在生理学中，指感觉系统对持续刺激的放电率降低。（第 5 章）

affect / 情感：一种持续时间相对较短的具体情绪，或一种更为分散、持续时间较长的状态，如压力或心境。（第 10 章）

affective flexibility / 情感灵活性：个体根据当前的目标和动机来处理各种情绪刺激意义的能力。（第 10 章）

aggregate field theory / 聚集场理论：个体的所有心理功能都是由大脑作为一个整体而不是由分散的部分来完成的。（第 1 章）

agnosia / 失认症：知觉识别障碍不能归因于基本感觉过程损伤的一种神经系统综合征。失认症可以局限于单一通道，如视觉或听觉。（第 6 章）

agrammatic aphasia / 语法缺失性失语症：难以产生和/或理解句子结构的一种障碍，常见于脑损伤病人。病人说话时可能只使用实词而不使用虚词（如 the 和 a）。（第 11 章）

akinesia / 失动症：主动性运动缺失的一种障碍。比较运动迟缓（bradykinesia）、运动亢进（hyperkinesia）和运动功能减退（hypokinesia）。（第 8 章）

akinetopsia / 运动盲：因中枢神经系统损伤而导致的一种选择性运动知觉障碍。运动盲病人无法以平滑的方式知觉一个物体或自身的运动。严重时，病人只能靠物体在环境中相对位置的变化来推测运动，好像是通过一系列连续的静态快照来建构动态过程。（第 5 章）

alexia / 失读症：阅读能力损伤的一种神经系统综合征。失读症一般指获得性失读症（acquired alexia），表明它由诸如卒中等神经障碍引起，常见于左半球枕顶叶病变或损伤。另一方面，发展性失读症［developmental alexia（dyslexia）］指儿童发育时期逐渐出现的阅读困难。获得性失读症和发展性失读症一般指因神经性损伤或发育问题而引起的阅读障碍。（第 6 章、第 11 章）

alpha motor neurons / α 运动神经元：起始于脊髓，通过脊髓腹根传出，终止于肌肉纤维并通过牵引（收缩）引发运动的神经元。（第 8 章）

amnesia / 遗忘症：脑损伤或脑疾病后引起的学习和记忆能力缺陷。（第 9 章）

amygdala（复数：amygdala）/ 杏仁核：内侧颞叶中的一组神经元，位于海马前方。参与情绪加工。（第 2 章、第 10 章）

anomia / 忘名症：一种失语症，病人很难用词语来命名人或物。（第 11 章）

anterior aphasia / 前部失语症：参见布洛卡失语症（Broca's aphasia）。（第 11 章）

anterior cingulate cortex（ACC）/ 前扣带皮质：扣带皮质前端部分，位于额叶内侧，是典型的原始细胞架构（三层皮质），为额叶和边缘系统接口的一部分。参与各种认知控制，如反应监控、错误检测以及注意。（第 12 章）

anterior commissure / 前连合：胼胝体前部连接左右大脑半球的神经束。比较后连合（posterior commissure）。（第 4 章）

anterograde amnesia / 顺行性遗忘症：丧失形成新记忆的能力。比较逆行性遗忘症（retrograde amnesia）。

（第 9 章）

AP：参见自视现象（autoscopic phenomenon）。（第 13 章）

aphasia / 失语症：脑损伤或脑疾病导致的语言功能缺陷。（第 11 章）

apperceptive visual agnosia / 统觉性视觉失认症：涉及高水平知觉分析障碍的一种失认症。病人能从某一常用角度识别物体，但如果视角不常见或者物体被遮挡，对物体的识别能力就会下降。比较联合性视觉失认症（associative visual agnosia）和整合性视觉失认症（integrative visual agnosia）。（第 6 章）

apraxia / 失用症：（1）丧失熟练或主动运动能力，且不是由支配运动肌肉功能减弱或丧失而引起的一种神经系统综合征。一般由大脑（多见于左半球）损伤导致。（第 8 章）
（2）读音困难。（第 11 章）

architecture / 架构：一个系统的组织体系。（第 14 章）

arcuate fasciculus / 弓状束：连接颞叶后部和额叶的白质束，被认为在大脑后部和前部之间传递与语言相关的信息。（第 11 章）

area MT / MT 区：也称 V5 区（area V5），位于视皮质，具有对运动高度敏感的细胞。这一区域属于视觉加工背侧通路的一部分，被认为参与运动知觉和表征空间信息。（第 5 章）

area V4 / V4 区：视皮质的一个区域，具有加工颜色信息的细胞。（第 5 章）

area V5：参见 MT 区（area MT）。（第 5 章）

arousal / 唤醒：对机体的整体生理和心理状态的描述，其范围从深度睡眠到高度警觉。比较选择性注意（selective attention）。（第 7 章）

ASD：参见孤独症谱系障碍（autism spectrum disorder）。（第 13 章）

association cortex / 联合皮质：新皮质的一部分，严格来说不属于感觉或运动皮质，但接收多个感觉运动通道的信号输入。（第 2 章）

associationism / 联想主义：主张个体的全部经验决定了心理发展过程的理论流派。（第 1 章）

associative visual agnosia / 联合性视觉失认症：失认症的一种，病人缺乏把知觉表征和长时记忆中对知觉的知识关联起来的能力。例如，病人可以识别两张图片是同一个物体，但不能说明这个物体的功能或者在哪里可能找到这个物体。比较统觉性视觉失认症（apperceptive visual agnosia）和整合性视觉失认症（integrative visual agnosia）。（第 6 章）

ataxia / 共济失调：因小脑损伤或萎缩所引起的运动障碍。虽然肌肉力量正常，但病人动作仍然笨拙，也无确定的运动路线。（第 8 章）

attentional blink / 注意瞬脱：在视觉刺激快速序列呈现过程中，当第二个突显目标在第一个目标出现后的 150～450 毫秒呈现时，第二个目标难以被探测到的现象。（第 10 章）

auditory nerve / 听神经：参见耳蜗神经（cochlear nerve）。（第 5 章）

autism spectrum disorder（ASD）/ 孤独症谱系障碍：一组神经发育障碍，包括孤独症、阿斯伯格综合征、儿童崩解症和未分类广泛性发育障碍。这些障碍均表现为社会认知和社会沟通缺陷，常伴有重复行为或强迫性兴趣。（第 13 章）

autonomic motor system / 自主运动系统：参见自主神经系统（autonomic nervous system）。（第 2 章）

autonomic nervous system / 自主神经系统：也称自主运动系统（autonomic motor system）或内脏运动系统（viceral motor system）。它调节心率、呼吸和腺体分泌，同时，在情绪唤醒状态下可能被激活而产生针对某一刺激的"战斗或逃跑"行为反应，包括交感系统和副交感系统。（第 2 章）

autoscopic phenomenon（AP）/ 自视现象：一种影响全身的视觉性身体错觉。出体经验、自检幻觉和离体自窥症是自视现象的三种类型。（第 13 章）

axon / 轴突：从神经元胞体出发传递动作电位的通路。轴突末端（神经末梢）与其他神经元形成突触而相连接。（第 2 章）

axon collaterals / 轴突侧支：轴突的分支，可以向多个细胞传递信号。（第 2 章）

axon hillock / 轴丘：神经元胞体的一部分，在膜电位沿轴突传递之前，膜电位在此累积以产生动作电位。（第 2 章）

B

basal ganglia / 基底神经节：5 个皮质下核团的统称：尾状核、壳核、苍白球、丘脑下核和黑质。基底神经节参与运动控制和学习。这个神经环路从皮质出发到基底神经节，再返回皮质。两种主要的基底神经节障碍是帕金森病和亨廷顿病。（第 2 章、第 8 章）

basic emotion / 基本情绪：源自进化需要的具有独特性的情绪，并通过面部表情反映出来。比较复杂情绪（complex emotion）。（第 10 章）

BBB：参见血—脑屏障（blood–brain barrier）。（第 2 章）

behaviorism / 行为主义：主张环境和学习是心智发展的首要因素，提倡对人类行为进行外部观察的理论流派。（第 1 章）

BIID：参见他人肢体综合征（xenomelia）。（第 13 章）

binocular rivalry / 双眼竞争：当两只眼睛同时看到不同图像时发生的竞争现象。感知一幅图像几秒后，切换到另一幅图像。每只眼睛的神经输入似乎都在争夺主导地位，从而可能导致视皮质中的兴奋过程和抑制过程相互竞争。（第 3 章）

blindsight / 盲视：在视觉意识缺失的条件下，病人仍然残留部分视觉能力的现象。盲视常可通过间接测量（例如，即使病人报告未看见任何物体，他们仍然会朝向物体或指向某个位置）在初级视皮质损伤的病人身上观察到。（第 14 章）

block design / 区组设计：一种常用于 PET 而较少用于 fMRI 研究的实验设计。一个区块由相同类型的多次试验组成。跨区块的活动是平均的，可以与另一个不同类型试验的区组中的活动进行比较。比较事件相关设计（event-related design）。（第 3 章）

blood–brain barrier（BBB）/ 血—脑屏障：脑内血管和脑内组织之间由星形胶质细胞脚端组成的一个物理屏障，限制血液中能够进出神经元的物质。（第 2 章）

blood oxygen level–dependent（BOLD）/ 血氧水平依赖：大脑中氢离子浓度的磁共振信号强度的变化。这是由局部组织氧合状态的变化引起的。神经活动加强导致进入局部毛细血管的含氧血液量增加，从而改变含氧与去氧血红蛋白的比例。由于脱氧血红蛋白是顺磁性的，因此破坏了组织的局部磁性，从而磁共振信号强度下降。相反，当含氧血流对局部神经元活动的响应增加时，磁共振信号强度增加，这被称为 BOLD 响应。BOLD 信号是对神经元活动的一种间接测量。相对于引起 BOLD 信号的神经元活动，BOLD 信号会有延迟，其开始时间为神经元活动开始后 2—3 秒，在 5—6 秒达到峰值。（第 3 章）

BMI：参见脑机接口（brain–machine interface）。（第 8 章）

body integrity identity disorder（BIID）/ 身体完整性认同障碍：参见他人肢体综合征（xenomelia）。（第 13 章）

BOLD：参见血氧水平依赖（blood oxygen level–dependent）。（第 3 章）

bottleneck / 瓶颈：不是所有信息均可通过或进入的信息加工阶段。（第 7 章）

bradykinesia / 运动迟缓：启动和执行动作迟缓，是帕金森病的主要症状。比较失动症（akinesia）、运动亢进（hyperkinesia）和运动功能减退（hypokinesia）。（第 8 章）

brain–machine interface（BMI）/ 脑机接口：通过解读神经信号来对体外装置进行操控的技术。例如，运用从神经元记录到的信号或脑电波来移动假肢。（第 8 章）

brainstem / 脑干：神经系统的组成部分，由运动和感觉核团、广泛的调节性神经递质系统的核团以及连接上行感觉信息和下行运动信息的白质束组成。（第 2 章）

Broca's aphasia / 布洛卡失语症：也称前部失语症（anterior aphasia）、表达性失语症（expressive aphasia）和非流畅性失语症（nonfluent aphasia）。最早发现的，也可能是研究得最多的失语症。病人在没有严重理解障碍的情况下出现口语表达困难。但是，布洛卡失语症者也可能在理解语法复杂的句子时出现困难。比较威尔尼克失语症（Wernicke's aphasia）。（第 11 章）

Broca's area / 布洛卡区：位于左侧额叶皮质的一个区域，由保罗·布洛卡在 19 世纪发现，对语言表达很重要。比较威尔尼克区（Wernicke's area）。（第 11 章）

C

CAT：参见计算机断层扫描（computerized tomography）。（第 3 章）

cellular architecture / 细胞架构：参见细胞架构学（cytoarchitectonics）。（第 1 章、第 2 章）

central nervous system（CNS）/ 中枢神经系统：大脑和脊髓。比较外周神经系统（peripheral nervous system）。（第 2 章）

central pattern generator / 中枢模式产生器：一种局限于脊髓的神经网络，不需要从大脑皮质或感觉反馈发出下行指令，而自己产生有模式的运动输出。（第 8 章）

central sulcus / 中央沟：额叶和顶叶之间的深褶皱或裂缝，将初级运动皮质与初级躯体感觉皮质分开。（第 2 章）

cerebellum / 小脑：字面意思是"较小的大脑"。位于脑桥水平的脑干背侧一个大而高度复杂（内折）的结构。小脑广泛地与大脑皮质、皮质下、脑干和脊髓保持（直接或间接的）联系，从简单的位置移动到熟练和意志性运动的各方面协调，小脑都在发挥作用。（第 2 章、第 8 章）

cerebral cortex / 大脑皮质：覆盖在前脑上的层状神经元。大脑皮质由神经分区（区域）组成，连接其他皮质区域、皮质下结构、小脑和脊髓。（第 2 章）

cerebral specialization / 大脑特异化：特定脑区适应于特定的认知或行为活动。（第 4 章）

cerebral vascular accident / 脑血管意外：卒中，指由动脉阻塞或破裂引起的突发性大脑供血缺失，会导致细胞死亡和脑功能损坏。（第 3 章）

chemical senses / 化学感觉：两种由环境分子激活的感觉，即味觉和嗅觉。（第 5 章）

classical conditioning / 经典条件反射：也称巴甫洛夫条件作用（Pavlovian conditioning）。条件刺激（一个针对某一机体的中性刺激）与无条件刺激（针对某一机体产生既定反应的刺激）配对并与之关联的一种联想性学习。在条件刺激与无条件刺激配对后，条件刺激会引发条件反应，类似于无条件刺激引起的无条件反应。比较非联想学习（nonassociative learning）。（第 9 章）

CM neurons / CM 神经元：参见皮质运动神经元（corticomotoneurons）。（第 8 章）

CNS：参见中枢神经系统（central nervous system）。（第 2 章）

cochlear nerve / 耳蜗神经：也称听神经（auditory nerve）。耳蜗前庭神经（第八对脑神经）的一个分支，将听觉信息从与耳蜗毛细胞的突触传递到脑干的耳蜗核。（第 5 章）

cochlear nuclei / 耳蜗核：耳蜗神经突触的髓质核。（第 5 章）

cognitive control / 认知控制：也称执行功能（executive function），指促进信息加工的过程，被认为有助于协调各神经区域之间的活动。例如，前额叶皮质中对当前目标的表征可以帮助控制长时记忆中的信息提取。（第 12 章）

cognitive neuroscience / 认知神经科学：研究大脑如何产生心智活动的学科。（第 1 章）

cognitive psychology / 认知心理学：心理学的分支，研究内在心理活动如何表征外在世界以及完成思维活动各个方面所需的心理计算。认知心理学研究涉及知觉、注意、记忆、语言和问题解决等很多有关心理操作的问题。（第 3 章）

commissures / 连合：中枢神经系统中连接左右半球的白质纤维束。胼胝体是大脑中最大的连合纤维。也可参见前连合（anterior commissure）与后连合（posterior commissure）。（第 2 章、第 4 章）

complex emotion / 复杂情绪：由几种基本情绪复合而成的情绪体验，可以确定为一种具有进化意义且持久的感觉。一些复杂情绪可以通过社会或文化习得。比较基本情绪（basic emotion）。（第 10 章）

complex system / 复杂系统：任何一个具有大量相互连接和相互作用的组件的系统。（第 14 章）

computerized tomography（CT 或 CAT）/ 计算机断层扫描：一种非侵入式神经成像技术，可以提供大脑内部结构图像。CT 是常规 X 射线扫描的改进。常规 X 射线扫描可把三维物体压缩成二维的，CT 则可以通过计算机成像技术把压缩成二维的图像还原成三维图像。（第 3 章）

conduction aphasia / 传导性失语症：表现为传导障碍综合征的一类失语症。当弓状束（从威尔尼克区到布洛卡区的通路）受到损伤从而分离了前后语言区时，病人可能出现传导性失语症。（第 11 章）

cones / 视锥细胞：感光细胞，主要集中于视网膜中央凹，能够提供比视杆细胞更高的清晰度，但也需要更强的光照激活。视锥细胞能比视杆细胞更快地补充色素，从而提供更好的日视觉。视锥细胞有三种类型，每一种对特定波长的光更敏感，从而调节颜色视觉。（第 5 章）

connectivity map / 连通图谱：也称连接组（connectome），指脑内结构或功能连接的可视化图谱。（第 3 章）

connectome / 连接组：参见连通图谱（connectivity map）。（第 3 章）

consciousness / 意识：能觉知心理活动的某些或全部内容的能力。（第 14 章）

consolidation / 巩固：记忆表征随时间的推移而增强的过程，被认为涉及参与信息存储的大脑系统的改变。（第 9 章）

core emotional system / 核心情绪系统：也称首要过程（primary process），指由亚克·潘克塞普提出的七种环路中的任何一种，常见于高等动物，它能产生情绪性行为和支持这些行为的特定自主性变化。（第 10 章）

corpus callosum / 胼胝体：由连接两个大脑半球皮质的轴突组成的纤维束，是大脑中最大的白质结构。（第 2 章、第 4 章）

cortical plasticity / 皮质可塑性：大脑在解剖结构和功能上自我重组的能力。（第 5 章）

cortical visual areas / 皮质视觉区：根据明确的视网膜皮质映射图而确定的视皮质区，专门表征特定种类的刺激信息，并且通过整合过程为基于视觉的行动提供神经基础。参见纹外视觉区（extrastriate visual area）。（第 5 章）

corticomotoneurons（CM neurons）/ 皮质运动神经元：特异化的皮质脊髓神经元，其轴突直接终止于脊髓运动神经元，大多数位于初级运动皮质。（第 8 章）

corticospinal tract（CST）/ 皮质脊髓束：也称锥体束（pyramidal tract），是一束从大脑皮质到达 α 运动神经元和脊髓的中间神经元的轴突束。这些纤维中有许多起源于初级运动皮质，但也有一些来自次级运动区。皮质脊髓束对自主运动的控制十分重要。（第 8 章）

covert attention / 内隐注意：指在外部感受器没有变化的情况下产生的注意。例如，不动眼睛和头

部而把注意转向说话者。比较外显注意（overt attention）。（第 7 章）

CST：参见皮质脊髓束（corticospinal tract）。（第 8 章）

CT：参见计算机断层扫描（computerized tomography）。（第 3 章）

cytoarchitectonics / 细胞架构学：也称细胞架构（cellular architecture），指研究体内各个结构的细胞构成的学科。（第 1 章、第 2 章）

D

DA：参见多巴胺（dopamine）。（第 12 章）

DBS：参见深部脑刺激（deep brain stimulation）。（第 3 章、第 8 章）

declarative memory / 陈述性记忆：也称外显记忆（explicit memory），指我们能够有意识地提取的有关个人和世界的知识（事件和事实）。陈述这个词表明我们可以表述这种知识，并且在大多数情况下能够意识到我们拥有这种知识。比较非陈述记忆（nondeclarative memory）。（第 9 章）

decremental conduction / 递减传导：参见电紧张性传导（electrotonic conduction）。（第 2 章）

deep brain stimulation（DBS）/ 深部脑刺激：指通过植入电极对脑结构进行电刺激的一种技术。例如，刺激丘脑下核（基底神经节的一个核团）可治疗帕金森病。（第 3 章、第 8 章）

default network / 默认网络：当一个人处于清醒的休息状态且不与外界接触时，大脑中活跃区域所组成的网络。（第 13 章）

degenerative disorder / 退行性疾病：一种受影响的组织的功能或结构会随着时间的推移而继续恶化的疾病。其病因可以是遗传的，也可以是环境引起的。（第 3 章）

delayed-response task / 延迟反应任务：在数秒延迟之后必须做出正确反应的一种任务。由于动物或人必须在延迟期保持刺激信息，因此这种任务需要工作记忆的参与。（第 12 章）

dementia / 神经认知障碍：超出正常老化预期的认知功能（包括记忆）丧失。（第 9 章）

dendrites / 树突：神经元上的大的树状结构，通过突触接收其他神经元的信息。（第 2 章）

dependent variable / 因变量：在一项实验中，研究者评估的变量。比较自变量（independent variable）。（第 3 章）

depolarization / 去极化：膜电位的一种变化过程，其中细胞膜内电流负性变小。相对于静息电位，去极化的膜电位更接近于细胞兴奋阈限。比较超极化（hyperpolarization）。（第 2 章）

descriptive decision theory / 描述性决策理论：试图描述人们实际在做什么而不是他们应该做什么的理论。比较规范性决策理论（normative decision theory）。（第 12 章）

determinism / 决定论：一种哲学信仰，认为当前和未来的所有事件和行为，包括人类的认知、决定和行为，都是由之前的事件结合自然法则引起的。（第 14 章）

developmental alexia / 发展性失读症：参见失读症（alexia）。（第 6 章、第 11 章）

dichotic listening task / 双耳分听任务：一种听觉任务。在该任务中，实验者分别向两耳呈现两种相互竞争的信息，并要求被试报告一种或两种信息。一只耳朵的同侧投射会被来自另一只耳朵的对侧投射抑制。（第 4 章）

diffusion tensor imaging（DTI）/ 扩散张量成像：一种使用磁共振扫描仪对大脑中白质通路进行成像的神经成像技术。（第 3 章）

dimensional theories of emotion / 情绪的维度理论：对情绪的基本描述相同，但在一个或多个维度上有差异的情绪理论，如效价（愉快到不愉快，积极到消极）和唤醒度（非常强烈到非常温和）就是两个维度。（第 10 章）

dopamine（DA）/ 多巴胺：一种胺类有机化学物质，在大脑中起神经递质作用，由左旋多巴去除一个羧基而形成。（第 12 章）

dorsal attention network / 背侧注意网络：研究者提出的一种注意控制网络，包括背侧额叶和顶叶皮质，调节有意注意。比较腹侧注意网络（ventral attention network）。（第 7 章）

dorsal stream / 背侧通路：也称枕顶通路（occipitoparietal stream）。一条加工视觉刺激的神经通路，主要负责空间感知（用于确定对象的位置）和分析场景中不同对象之间的空间配置。比较腹侧通路（ventral stream）。（第 6 章）

double dissociation / 双分离：一种用来发展心理性功能模型和/或神经性功能模型的方法。证明双分离至少需要两个样组和两个任务。在神经心理学研究中，当一组被试在其中一个任务上的表现变差，而另一组被试在另一任务上的表现变差时，我们就说出现了双分离。在神经成像研究中，当某一实验操纵使得一个神经区域的激活发生变化，且另一个不同操纵又使得另一个不同的神经区域激活发生变化时，我们也说出现了双分离。双分离为观察到的差异反映了不同组的功能性差异，而不是两个组对两个任务具有不同敏感度这一结论提供了强有力的论据。比较单分离（single dissociation）。（第 3 章）

DTI：参见扩散张量成像（diffusion tensor imaging）。（第3章）

dualism / 二元论：用来描述意识的一种主要哲学理论，认为心理和大脑是两种不同的现象。（第14章）

dynamic filtering / 动态过滤：工作记忆的一个关键组成部分是选择与当前任务需求最相关信息的理论假设。这种选择被认为是通过过滤或排除潜在干扰和无关信息来实现的。（第12章）

dysarthria / 构音障碍：说话困难。（第11章）

dyslexia / 阅读障碍：参见失读症（alexia）。（第6章、第11章）

E

early selection / 早选择：在完成知觉分析和信息编码之前，注意在早期阶段就可以衰减或过滤感觉输入的注意模型。比较晚选择（late selection）。（第7章）

EBA：参见纹外躯体区（extrastriate body area）。（第6章）

echoic memory / 声象记忆：参见感觉记忆（sensory memory）。（第9章）

ECoG：参见脑皮质电图（electrocorticography）。（第3章）

EEG：参见脑电图（electroencephalography）。（第3章）

effector / 效应器：身体任何可以运动的部位，如手臂、手指或腿。（第8章）

electrical gradient / 电梯度：当整个神经细胞膜上的电荷分布呈现为内部电荷比外部电荷更正或更负时而产生的力。它是由整个细胞膜上离子分布不对称造成的。（第2章）

electrocorticography（ECoG）/ 脑皮质电图：一种测量大脑皮质电活动的技术。在ECoG中，电极直接放置于硬脑膜外或硬脑膜下的大脑皮质表面。比较脑电图（electroencephalography）。（第3章）

electroencephalography（EEG）/ 脑电图：一种用来测量脑电活动的技术。在脑电图中，电极紧贴头皮来获得大脑活动信号。脑电图信号包括电活动的内源性变化（如唤醒水平引起的变化），也包括由特定事件（如刺激或运动）引发的变化。比较脑皮质电图（electrocorticography）。（第3章）

electrotonic conduction / 电紧张性传导：也称递减传导（decremental conduction），指通过细胞质被动传导的逐渐衰减的离子流。（第2章）

embodiment / 具身化："自我"与身体空间统一的感觉。（第13章）

emotion / 情绪：对刺激的情感性（积极或消极）心理反应，由生理反应（心率变化）、行为反应（如跳回）和感受（如害怕）组成。（第10章）

emotion generation / 情绪产生：一组未达成一致的情绪过程。它们可以（也可以不）将一个自动化的自下而上的反应与一个自上而下的反应结合起来，其中涉及记忆和/或语言表征参与。（第10章）

emotion regulation / 情绪调节：用于管理和应对情绪的主动和非主动过程。（第10章）

empathic accuracy / 共情准确性：准确推断他人的想法、感受和/或情绪状态的能力。（第13章）

empathy / 共情：在已知自己和他人之间的区别时，能够体会并理解到别人感受的一种能力。共情通常被描述为"设身处地"的能力。（第13章）

empiricism / 经验主义：主张所有的知识都来自感觉经验的理论流派。比较理性主义（rationalism）。（第1章）

encoding / 编码：将输入信息进行存储的过程。编码由两个阶段组成：获取和巩固。比较提取（retrieval）。（第9章）

endogenous attention / 内源性注意：参见有意注意（voluntary attention）。（第7章）

endogenous cuing / 内源性线索：根据任务要求，使用符号提示（如箭头）诱导或指示被试自发地进行注意。比较反射性线索（reflexive cuing）。（第7章）

endpoint control / 终点控制：一种根据预期的终点位置来设计运动计划的理论假设。终点控制模型强调，运动表征以结束姿势为基础。（第8章）

episodic memory / 情景记忆：一种陈述性记忆，存储有关个人生活事件的自传体信息。比较语义记忆（semantic memory）。（第9章）

equilibrium potential / 平衡电位：某一离子（如K^+）在细胞膜内外没有净通量的膜电位。也就是说，从细胞膜进出的离子一样多。（第2章）

ERN：参见错误相关负波（error-related negativity）。（第12章）

ERP：参见事件相关电位（event-related potential）。（第3章）

error-related negativity（ERN）/ 错误相关负波：一种与错误的发生相关的电生理信号（通过EEG记录），表现为ERP出现一个明显的对反应具有时间锁定作用的负偏转；被认为起源于前扣带皮质。比较反馈相关负波（feedback-related negativity）。（第12章）

event-related design / 事件相关设计：主要用于功能磁共振研究的一种实验设计，其中不同类型的试次可随机出现。针对特定刺激或反应的BOLD反应可以从信号数据中提取。比较区组设计（block design）。（第3章）

event-related potential（ERP）/ 事件相关电位：对特定事件（如刺激呈现或启动反应）具有锁时性的一种电活动变化。当某一事件重复出现多次，平均EEG信号可以揭示由这些事件所引起的相对较小的神经活动变化。由此，EEG信号的背景波动就被剔除，表明事件相关信号具有高时间分辨率。（第3章）

executive functions / 执行功能：参见认知控制（cognitive control）。（第12章）

exogenous attention / 外源性注意：参见反射性注意（reflexive attention）。（第7章）

exogenous cuing / 外源性线索：参见反射性线索（reflexive cuing）。（第7章）

experience sharing theory / 经验分享理论：最初称为模拟理论（simulation theory）。这一理论认为，我们不需要对他人的思想有一个详尽的理论就能推断他人的思想或预测行为。我们只是观察别人的行为，模仿它，然后用我们自己的心理状态来预测他人的心理状态。比较心理状态归因理论（mental state attribution theory）。（第13章）

explicit memory：参见陈述性记忆（declarative memory）。（第9章）

expressive aphasia / 表达性失语症：参见布洛卡失语症（Broca's aphasia）。（第11章）

extinction：（1）对消：在忽视病人中，当向脑损伤同侧和对侧分别呈现一个刺激时，病人不能对脑损伤对侧刺激进行知觉或反应的现象。（第7章）（2）消退：当不再予以奖励时，条件反应逐渐消失的现象。（第10章）

extrapyramidal tracts / 锥体外束：起始于各种皮质下结构包括前庭核、红核的运动神经束。这些神经束对保持姿势和平衡至关重要。比较皮质脊髓束（corticospinal tract）或锥体束（pyramidal tract）。（第8章）

extrastriate body area（EBA）/ 纹外躯体区：颞枕外侧皮质的一个功能区域。相对于其他有生命和无生命刺激，该区域对包含躯体部位的图像表现出更强激活。比较梭状回躯体区（fusiform body area）。（第6章）

extrastriate visual areas / 纹外视觉区：位于纹状皮质（BA17区，即初级视皮质）以外的视觉区。由于直接或间接接收来自初级视皮质的输入，因此也被认为是次级视觉区。（第5章）

F

facial expression / 面部表情：通过控制特定的面部肌肉群进行的非言语情绪交流。研究结果提示，有6种不同面部表情来表示人类基本情绪，即愤怒、恐惧、厌恶、高兴、悲伤和惊讶。（第10章）

false-belief task / 错误信念任务：一种测量把错误信念归因到他人的能力的任务。（第13章）

FBA：参见梭状回躯体区（fusiform body area）。（第6章）

fear conditioning / 恐惧条件反射：中性刺激借助与厌恶性事件配对从而获得对它令人害怕特性的过程。（第10章）

feature integration theory of attention / 注意的特征整合理论：指视觉系统可以并行加工基本特征（如颜色、形状和运动），但需要空间注意来绑定所定义物体的各种特征的视知觉理论。（第7章）

feedback-related negativity（FRN）/ 反馈相关负波：一种与错误的发生相关的电生理信号（通过EEG记录），表现为ERP出现一个明显的对反馈具有时间锁定作用的负偏转。据推测，它可能源于前扣带皮质。比较错误相关负波（error-related negativity）。（第12章）

feeling / 感受：触摸的感觉或某种情绪的意识性体验。（第10章）

FFA：参见梭状回面孔区（fusiform face area）。（第6章）

fissure：参见沟（sulcus）。（第2章）

flow / 心流：由心理学家米哈伊·契克森米哈伊提出的一个概念，指"沉浸在某一过程之中"的一种愉悦状态。他认为，当人们完全沉浸在一项与自己能力匹配的挑战性任务中时，他们会感受到真正的快乐。（第10章）

fMRI：参见功能磁共振成像（functional magnetic resonance imaging）。（第3章）

fNIRS：参见功能性近红外光谱成像（functional near-infrared spectroscopy）。（第6章）

forward model / 正演模型：指大脑能预期事件做出预测的观点。在运动控制中，人脑可对一个动作的感觉后果做出预测。（第8章）

fovea / 中央凹：视网膜的中心区域，其中密集的视锥细胞提供高分辨率的视觉信息。（第5章）

FP：参见额极（frontal pole）。（第12章）

free nerve endings / 自由神经末梢：参见疼痛感受器（nociceptors）。（第5章）

FRN：参见反馈相关负波（feedback-related negativity）。（第12章）

frontal lobe / 额叶：位于中央沟前方、外侧裂背侧的大脑皮质。额叶包括两个基本区域：运动皮质和前额叶皮质。这两个区域都可以根据结构和功能进一步划分为多个特异性区域。（第2章）

frontal pole（FP）/ 额极：前额叶最前端的部分，包括

BA10 区和 BA9 区的一部分，被认为对行动目标的层次性表征起关键作用。（第 12 章）

functional asymmetries / 功能不对称性：指大脑两半球之间存在功能差异。（第 4 章）

functional magnetic resonance imaging（fMRI）/ 功能磁共振成像：一种使用 MRI 追踪大脑中血流变化的神经成像方法，而局部血流变化被认为与神经活动的局部变化相关联。（第 3 章）

functional near-infrared spectroscopy（fNIRS）/ 功能性近红外光谱成像：一种非侵入式神经成像技术，测量含氧和去氧血红蛋白的近红外光吸收率，可提供类似于功能磁共振成像的及时大脑活动信息。（第 6 章）

fusiform body area（FBA）/ 梭状回躯体区：位于颞枕联合皮质外侧，紧靠梭状回面孔区且与其部分重叠的一个功能区。相对于其他有生命和无生命刺激，该区域可对包含身体部位的图像做出更强的反应。比较纹外躯体区（extrastriate body area）。（第 6 章）

fusiform face area（FFA）/ 梭状回面孔区：位于颞叶腹侧表面梭状回上的一个功能区，对特定刺激（如面孔）做出反应。比较海马旁回位置区（parahippocampal place area）。（第 6 章）

G

ganglion cell / 神经节细胞：视网膜上的一种神经元，接收来自视网膜感光细胞（视杆细胞和视锥细胞）和中间细胞的输入，并将轴突发送到丘脑和其他皮质下结构。（第 5 章）

glial cell / 胶质细胞：神经系统中除了神经元以外的另一种细胞，比神经元数量多（大约是神经元数量的 10 倍），占据大脑容量的一半以上。它们自身不传递信号，但是没有它们，神经元的功能性将会严重降低。由胶质细胞组成的组织称作神经胶质。（第 2 章）

glomeruli（单数：glomerulus）/ 嗅小体：嗅球的神经元。（第 5 章）

gnostic unit / 认识单元：一个或一组加工特定物体知觉（如苹果）的神经元。认识单元的概念以知觉的层次模型为基础，认为在神经系统的更高层次水平，神经元在对什么做出反应上变得更具选择性。（第 6 章）

goal-oriented action / 目标导向性行动：为达到某一特定结果而计划和实施的行动，与习惯性行为或刺激驱动行为形成鲜明的对比，并受到强化的强烈控制。比较习惯（habit）。（第 12 章）

goal-oriented behavior / 目标导向性行为：允许我们有目的地与外界互动的行为。目标反映的是与当前环境相适应的，我们的内部期望和驱力的合力点。（第 12 章）

gray matter / 灰质：神经系统中主要包含神经元胞体的区域。灰质包括大脑皮质、基底神经节和丘脑核。之所以称为灰质，是因为与有髓鞘包裹轴突的白质（看起来更白）相比，这些结构在保存液中看起来是灰色的。（第 2 章）

gyrus（复数：gyri）/ 回：大脑皮质突出的球形表面，可以从一个完整大脑的解剖结构上观察到。比较沟（sulcus）。（第 2 章）

H

habit / 习惯：在刺激控制条件下的一种反应。习惯被正式定义为独立于强化而发生的行为。例如，如果不再针对一个刺激给予奖励，机体仍然持续反应，则被称为习惯。比较目标导向性行动（goal-oriented action）。（第 12 章）

handedness / 利手：用左手或右手完成大部分手部动作的倾向。（第 4 章）

Hebbian learning / 赫布学习：唐纳德·赫布提出的学习机制理论，指当一个强输入和一个弱输入同时作用于一个细胞时，这个细胞的弱突触连接会增强。（第 9 章）

hemiplegia / 偏瘫：一种丧失半侧身体主动运动能力的神经疾病，一般由皮质脊髓束损伤导致，但也可能是运动皮质或白质损伤破坏了下行神经束所致。（第 8 章）

hemodynamic response / 血液动力学反应：神经组织中血流发生变化的现象。运用 PET 和 fMRI 可检测血流动力学反应。（第 3 章）

heterotopic areas / 异位区域：大脑中非对应的但又彼此连接的区域。例如，左半球 M1 区与右半球 V2 区之间的连接组成异位区域。比较等位区域（homotopic areas）。（第 4 章）

heterotopic connections / 异位连接：一侧大脑区域经胼胝体与另一侧不同区域之间的连接。比较等位连接（homotopic connections）。（第 4 章）

hierarchical structure / 层级结构：从整体特征到局部特征能被描述成多个水平的结构，其中更精细成分包含在更高水平的成分之中。（第 4 章）

hippocampus（复数：hippocampi）/ 海马：位于内侧颞叶的一个分层结构，通过周围颞叶皮质接收许多大脑皮质的信息输入，并把信息传递到皮质下的目标区域，负责记忆和学习功能，尤其是哺乳动物的空间位置记忆和人类的情景记忆。（第 2 章、第 9 章）

holistic processing / 整体加工：强调对一个物体整体形状加工的知觉分析方式。面孔知觉被认为是整体

加工的最佳例子。面孔识别反映的是对面孔各特征组合的识别，而不是对单个特征的识别。（第6章）

homotopic areas / 等位区域：大脑左右两个半球中相对应的区域。例如，右半球 M1 区与左半球 M1 区连接将会组成等位区域。比较异位区域（heterotopic area）。（第4章）

homotopic connections / 等位连接：一侧大脑皮质的某一区域经胼胝体与另一侧大脑半球相对应区域之间的连接。比较异位连接（heterotopic connections）。（第4章）

homunculus / 侏儒：参见初级躯体感觉皮质（primary somatosensory cortex）。（第5章）

Huntington's disease / 亨廷顿病：一种遗传性退行性障碍，主要因（至少在发病初期）基底神经节的纹状体（尾状核和壳核）出现病变引起，主要症状包括头部和躯体运动笨拙和非自主运动。随着病情发展还会引发认知功能障碍。比较帕金森病（Parkinson's disease）。（第8章）

hyperdirect pathway / 超直接通路：从运动皮质绕过纹状体直接与丘脑下核连接的通路，将兴奋性输入直接传递到丘脑下核和苍白球。（第8章）

hyperkinesia / 运动亢进：一种以过度运动为特征的运动障碍。运动亢进是亨廷顿病的突出症状。比较运动功能减退（hypokinesia）、失动症（akinesia）和运动迟缓（bradykinesia）。（第8章）

hyperpolarization / 超极化：指细胞内电流负性增大时引发细胞膜电位变化。与静息电位相比，超极化与兴奋阈限差距更大。比较去极化（depolarization）。（第2章）

hypokinesia / 运动功能减退：一种主要表现为运动丧失或减少的运动障碍。运动功能减退是帕金森病的突出症状之一。比较运动亢进（hyperkinesia）、失动症（akinesia）和运动迟缓（bradykinesia）。（第8章）

hypothalamus / 下丘脑：一个小核团群，组成了第三脑室的底部，对自主神经系统和内分泌系统有重要作用，并且控制维持内稳态功能。（第2章）

I

iconic memory / 映像记忆：参见感觉记忆（sensory memory）。（第9章）

imitative behavior / 模仿行为：自发且不自主模仿他人的行为，可见于额叶损伤的病人。（第13章）

implicit memory / 内隐记忆：参见非陈述性记忆（nondeclarative memory）。（第9章）

independent variable / 自变量：在一个实验中由研究者操纵的变量。比较因变量（dependent variable）。（第3章）

inferior colliculus / 下丘：中脑的一部分，参与听觉信息加工。比较上丘（superior colliculus）。（第5章）

inhibition of return (IOR) / 返回抑制：也称抑制性后效（inhibitory aftereffect），指在外源线索空间注意任务中观察到的一种现象。当注意被一个外源线索反射性地吸引到一个位置时，针对该线索出现 300 毫秒后所呈现刺激的反应会变慢。这就是返回抑制。（第7章）

inhibitory aftereffect / 抑制性后效：参见返回抑制（inhibition of return）。（第7章）

inhibitory control / 抑制性控制：指认知控制的特征之一就是通过主动控制以调节习惯性反应或环境引发行动的理论。前额叶损伤的病人因抑制性控制丧失而做出不恰当的社会行为。（第12章）

insula / 脑岛：也称岛叶（insular cortex），位于外侧裂下的一个皮质结构，与情绪加工区域（如杏仁核、内侧前额叶和前扣带回）以及与额叶、顶叶和颞叶皮质中的注意、记忆和认知加工区有广泛的双向神经连接。（第2章、第10章）

integrative visual agnosia / 整合性视觉失认症：失认症的一种，病人无法将物体的各个部分组合成一个整体而导致物体识别失败。例如，病人可以临摹一幅图画，但他们的知觉是松散凌乱的。比较统觉性视觉失认症（apperceptive visual agnosia）和联合性视觉失认症（associative visual agnosia）。（第6章）

interaural time / 双耳时间差：指一个声音抵达双耳的时间差。这种信息在听觉通道的多个水平上得到加工，提供了对声源定位的重要线索。（第5章）

interoception / 内感：源自身体内部（如疼痛、温度、饥饿等）的生理感觉。（第10章）

interpreter / 解释器：大脑左半球中通过对内部和外部事件做出解释来产生合适反应行为的神经系统。（第4章）

ion channel / 离子通道：由膜蛋白质形成的小孔，特定大小和/或电荷的离子可以透过小孔进出细胞的细胞膜通道。（第2章）

ion pump / 离子泵：神经元细胞膜上的一种蛋白质，能对抗离子的浓度梯度输送离子。钠/钾泵将 Na^+ 运出神经元（膜外），将 K^+ 运入神经元（膜内）。（第2章）

IOR：参见返回抑制（inhibition of return）。（第7章）

J

joint attention / 联合注意：通过观察一个人的眼睛注视方向或行动并对自己的注意做相似的引导来监控他人注意的能力。（第13章）

L

late selection / 晚选择：注意晚期模型认为，所有信息在知觉阶段都得到同等加工，而在晚期加工阶段注意对输入信息进行过滤。比较早选择（early selection）。（第 7 章）

lateral fissure：参见脑侧裂（Sylvian fissure）。（第 2 章、第 4 章、第 11 章）

lateral geniculate nucleus（LGN）/ 外侧膝状体：丘脑核团之一，视神经束的主要中转站。经外侧膝状体的神经信号主要传入初级视皮质（BA17区）。比较内侧膝状体。（第 5 章）

lateral occipital cortex（LOC）/ 外侧枕叶皮质：纹状体外皮质的一个区域，为腹侧通路的一部分。外侧枕叶对形状知觉和识别至关重要。（第 6 章）

lateral prefrontal cortex（LPFC）/ 外侧前额叶皮质：位于 BA6 区前方的外侧额叶，参与如工作记忆和反应选择等各种执行功能。（第 12 章）

layer / 层：中枢神经系统中常见的神经元簇。（第 2 章）

learning / 学习：获得新信息的过程。（第 9 章）

lexical access / 词汇提取：知觉输入激活心理词典中词信息（包括语义和句法信息）的过程。（第 11 章）

lexical integration / 词汇整合：将单词整合成一个完整句子、篇章或文本来分辨信息的功能。（第 11 章）

lexical selection / 词汇选择：从已激活的单词表征集合中选择最匹配输入刺激的过程。（第 11 章）

LGN：参见外侧膝状体（lateral geniculate nucleus）。（第 5 章）

limbic system / 边缘系统：沿脑干边缘由几个结构形成的一个大脑系统。保罗·布洛卡称之为边缘叶，包括杏仁核、眶额皮质和部分基底神经节。（第 2 章）

LIS：参见闭锁综合征（locked-in syndrome）。（第 14 章）

LOC：参见外侧枕叶皮质（lateral occipital cortex）。（第 6 章）

locked-in syndrome（LIS）/ 闭锁综合征：一种不能产生任何肌肉运动（有时眼部肌肉可以运动），但保持完全清醒且睡眠—觉醒周期正常的状态。（第 14 章）

long-term memory / 长时记忆：从几小时到几天或几年的长时间保持信息的记忆。比较感觉记忆（sensory memory）和短时记忆（short-term memory）。（第 9 章）

long-term potentiation（LTP）/ 长时程增强：当某些类型的突触刺激（如长时间的高频输入）导致突触传递强度长期增加时，突触连接得到增强的过程。（第 9 章）

LPFC：参见外侧前额叶皮质（lateral prefrontal cortex）。（第 12 章）

LTP：参见长时程增强（long-term potentiation）。（第 9 章）

M

M1：参见初级运动皮质（primary motor cortex）。（第 8 章）

magnetic resonance imaging（MRI）/ 磁共振成像：一种利用机体组织磁场特性的神经成像技术。机体中某些原子由于包含特定数量的质子和中子，因此对磁力特别敏感。这些原子的朝向可以因一个外加强磁场而改变。通过一个射频信号来撞击这些在磁场中排列的原子，使这些原子在磁场中重新排列，并且释放一个可通过探测器测量的射频信号。结构磁共振成像研究经常测量所扫描组织中氢离子密度的变化，功能磁共振成像则测量靶原子的信号强度随时间而产生的变化。（第 3 章）

magnetic resonance spectroscopy（MRS）/ 磁共振波谱：一种分析 MRI 数据的技术，利用大脑局部区域氢质子产生的信号来确定不同生化物质的相对浓度。（第 3 章）

magnetoencephalography（MEG）/ 脑磁图：一种测量大脑磁信号的技术。神经元的电活动会产生微小的磁场，而这些磁场可以通过放置于头皮上的磁检测器测量。这类似于脑电技术对皮质表面电活动的测量。MEG 适用于事件相关研究，类似于事件相关电位研究，也具有与事件相关电位技术相似的时间分辨率。从理论上说，因为磁信号受大脑或颅骨这类机体组织扭曲的程度小，所以 MEG 的空间分辨率可以很高。（第 3 章）

materialism / 唯物论：关于意识的主要哲学范式，认为心理和大脑都是物质的。（第 14 章）

medial frontal cortex（MFC）/ 内侧额叶皮质：额叶的内侧区域，包括 BA24 区和 BA32 区的一部分以及 BA6 区和 BA8 区下部；与认知控制有关，特别是参与对检测错误和解决冲突的监控。（第 12 章）

medulla / 延髓：脑干最尾侧的部分，是脊髓的延伸，包括位于背侧的薄束核和楔束核（负责把躯体感觉信息从脊髓传递到大脑），以及腹侧锥体束（包含从大脑向脊髓下行投射的轴突）。该区域包含各种感觉和运动核团。（第 2 章）

MEG：参见脑磁图（magnetoencephalography）。（第 3 章）

memory / 记忆：将学习内容保持在一种以后可以提取的状态。（第 9 章）

mental lexicon / 心理词典：关于单词信息的心理存储，包括语义信息（词义）、句法信息（用词规则）和

词形细节（拼写和发音模式）。（第 11 章）

mental state attribution theory / 心理状态归因理论：最初称为理论的理论（theory theory）。该理论提出我们会学习一种常识性的与科学理论有类似之处的"大众心理学"，并用之推测他人的思想（读心）。比较经验分享理论（experience sharing theory）。（第 13 章）

mentalizing / 心智化：参见心理推测（theory of mind）。（第 13 章）

MFC：参见内侧额叶皮质（medial frontal cortex）。（第 12 章）

microcircuit / 微环路：一个由局部互相连接的神经元组成的小网络，共同加工特定种类的信息，并参与感觉、行动和思维等信息加工。比较神经网络（neural network）。（第 2 章）

midbrain / 中脑：大脑的一部分，包括顶盖（代表中脑背侧区）、被盖（中脑的主要部分）和包括从前脑到脊椎（皮质脊髓束）、小脑以及脑干（皮质延髓束）的大纤维束组成的腹侧区。中脑含有参与视觉运动功能（如上丘、视运动神经核和滑车神经核）、视觉反射（如顶盖前区）、听觉中转（下丘）的神经元和参与运动协调的中脑被盖核（红核）。它的前端与间脑相连，尾部与脑桥相连。（第 2 章）

mirror neuron（MN）/ 镜像神经元：当一个动物在完成某一行为或观察另一有机体产生该行为时，表现出类似反应的一种神经元。例如，当你拿起一支铅笔，以及看到别人拿起一支铅笔时，镜像神经元就会做出反应。镜像神经元被认为为知觉和行动之间提供了强有力的联系，即可能对掌握概念性知识提供了重要的基础。（第 8 章）

mirror neuron network / 镜像神经元网络：一种分布式神经元网络，它不仅对个体自身的行动做出反应，也对知觉到的行为做出反应。（第 8 章）

mirror self-recognition（MSR）/ 镜像自我识别：识别在镜子中看到的图像就是自己的能力。戈登·盖洛普提出，能够在镜子中认出自己意味着一个人有了自我意识。（第 14 章）

MN：参见镜像神经元（mirror neuron）。（第 8 章）

module / 模块：那些特异化的、独立的而且通常是局部地参与某种功能的神经元网络。（第 4 章）

monitoring / 监控：评价当前表征和/或动作是否有助于实现当前目标的认知控制过程。监控系统可以避免或修正错误。监控被认为是注意系统的功能之一。（第 12 章）

Montreal procedure / 蒙特利尔程序：一种治疗癫痫的外科手术，最初由怀尔德·彭菲尔德和赫伯特·贾斯伯发明，通过手术破坏产生癫痫的神经元而达到治疗目的。（第 1 章）

mood / 心境：一种持久的弥散性情感状态，主要表现为具有持久且无明确目标或诱发物的主观感受。（第 10 章）

morpheme / 词素：语言中最小的语义单位。词素可以是、也可以不是一个完整的词；例如，"dog""spit""un-"和"ly"都是词素。比较音素（phoneme）。（第 11 章）

MRI：参见磁共振成像（magnetic resonance imaging）。（第 3 章）

MRS：参见磁共振波谱（magnetic resonance spectroscopy）。（第 3 章）

MSR：参见镜像自我识别（mirror self-recognition）。（第 14 章）

multiple realizability / 多重可实现性：可用多种方法使一个系统产生某种行为的观点。（第 14 章）

multisensory integration / 多感觉整合：对来自多个感觉通道的信息予以整合。例如，看某人说话需要把听觉和视觉信息整合起来。（第 5 章）

multiunit recording / 多细胞记录：一种神经生理记录方法。研究者在大脑皮质中插入一组电极，以便同时记录多个细胞的活动。比较单细胞记录（single-cell recording）。（第 3 章）

multivoxel pattern analysis（MVPA）/ 多体素模式分析：一种模式分类算法。研究者鉴定针对特定事件、任务、刺激等的神经活动的分布模式。这些激活模式不仅可以提供脑区的功能信息，还可以提供这些脑区内外神经网络的功能信息。（第 3 章）

MVPA：参见多体素模式分析（multivoxel pattern analysis）。（第 3 章）

myelin / 髓鞘：包裹多个神经元轴突的脂类物质，能增加有效膜电阻，提高动作电位传导速度。（第 2 章）

N

N400 response / N400 反应：简称"N400"，一种负向事件相关电位。由词引发，与语境不符合的词所引发的波幅更大。比较 P600 反应（P600 response）。（第 11 章）

neglect / 忽视：参见单侧空间忽视（unilateral spatial neglect）。（第 7 章）

neocortex / 新皮质：皮质的一部分，通常包括 6 个主要皮质（包含亚层），而且神经细胞的组织高度特异化。新皮质包括初级感觉皮质、初级运动皮质和联合皮质。正如其名字所提示的，它是最新进化的皮质。（第 2 章）

neural network / 神经网络：由大脑各区域之间的长距离神经连接构成的复杂网络。神经网络是由多个嵌入式的微通路组成的宏通路，整合来自多个微

通路的信息，以支持更复杂的分析。（第 2 章、第 3 章）

neuron / 神经元：神经系统的两种细胞类型之一（另一种是胶质细胞）。神经元负责处理感觉、运动、认知和情感信息。（第 2 章）

neuron doctrine / 神经元学说：由圣地亚哥·拉蒙－卡哈尔在 19 世纪提出的概念，认为神经元是神经系统的基本单位，神经系统由数十亿连接起来进行信息加工的单元（神经元）组成。（第 1 章）

neurotransmitter / 神经递质：通过化学突触在神经元间传递信号的化学物质。（第 2 章）

nociceptors / 疼痛感受器：也称游离神经末梢（free nerve endings）。传递痛觉信息的躯体感受器。（第 5 章）

node of Ranvier / 郎飞氏节：轴突上髓鞘每隔一段距离出现的间断区域，动作电位产生于郎飞氏节。（第 2 章）

nonassociative learning / 非联想学习：一种不涉及两种刺激之间的联系以引起行为变化的学习。它包括习惯化和敏感化等简单的学习形式。比较经典条件作用（classical conditioning）。（第 9 章）

nondeclarative memory / 非陈述性记忆：也称内隐记忆（implicit memory），指人们通常无法有意识地提取的知识，如运动和认知技巧（程序性知识）。例如，骑自行车就是非陈述形式的记忆。虽然我们可以描述动作本身，但骑自行车实际所需的知识并不容易被描述出来。比较陈述性记忆（declarative memory）。（第 9 章）

nonfluent aphasia / 非流畅性失语症：参见布洛卡失语症（Broca's aphasia）。（第 11 章）

non–rapid eye movement（NREM）sleep / 非快速眼动睡眠：以高波幅脑电波为特征的睡眠，其频率低于快速眼动睡眠。（第 14 章）

normative decision theory / 规范性决策理论：一个关于人们应该如何产生最佳选择的决策理论。比较描述性决策理论（descriptive decision theory）。（第 12 章）

NREM sleep：参见非快速眼动睡眠（non–rapid eye movement sleep）。（第 14 章）

nucleus（复数：nuclei）/ 核：（1）在神经解剖学中，指中枢神经系统中胞体的一个集合，如外侧膝状体。
（2）在生物学中，指贮存 DNA 的细胞器。（第 2 章）

O

object constancy / 物体恒常性：在各种观察位置、光照和背景条件中认识到一个物体不变性的能力。例如，虽然从一辆汽车在远处到车过来时在视网膜上的成像大小变化很大，但是我们还是把汽车知觉为大小不变的物体。类似地，当我们从不同的角度看一个物体时，我们能认识到它是同一物体。（第 6 章）

occipital lobe / 枕叶：位于大脑后部，主要包含参与视觉信息加工的神经元。（第 2 章）

occipitoparietal stream / 枕顶通路：参见背侧通路（dorsal stream）。（第 6 章）

occipitotemporal stream / 枕颞通路：参见腹侧通路（ventral stream）。（第 6 章）

odorant / 着嗅剂：通过空气传播导致嗅觉感受器激活的分子。当它被嗅觉系统加工时，它可能会被知觉为有某种气味。比较着味剂（tastant）。（第 5 章）

OFC：参见眶额皮质（orbitofrontal cortex）。（第 12 章、第 13 章）

olivary nucleus / 橄榄核：位于延髓和脑桥的一组核团，是左右耳听觉信息汇聚的第一个部位。（第 5 章）

optic ataxia / 视觉性共济失调：一种神经系统综合征，表现为病人识别物体的能力虽然并未损伤，但在运用视觉信息指导动作时存在障碍。视觉性共济失调与顶叶损伤有关。（第 6 章、第 8 章）

optogenetics / 光控基因技术：对基因进行操作，使它们表达一种光敏蛋白的过程。这种蛋白在光照下会激活神经元。通过不同的基因操作，可以使蛋白质的表达被限制在特定的神经区域。（第 3 章）

orbitofrontal cortex（OFC）/ 眶额皮质：也称腹内侧区（ventromedial zone），额叶中位于眼眶上方的一个区域。它与一系列功能有关，包括与嗅觉和味觉有关的知觉加工以及监控一个人的行为是否恰当。（第 12 章、第 13 章）

orthographic form / 词形：书面语中一个单词基于视觉的形态。比较音形（phonological form）。（第 11 章）

overt attention / 外显注意：将头部转向视觉、听觉、嗅觉或其他感官刺激。比较内隐注意（covert attention）。（第 7 章）

P

P600 response / P600 反应：也称句法正漂移（syntactic positive shift）。当词语在句子中违反句法规则时，就会产生与事件相关的正电位。在某些句法正确但有语义违反的情况下也会出现这种情况。比较 N400 反应（N400 response）。（第 11 章）

parahippocampal place area（PPA）/ 海马旁回位置区：位于颞叶海马旁区的大脑功能区，对描述场景或地点的刺激做出优先反应。比较梭状回面孔区（fusiform face area）。（第 6 章）

parietal lobe / 顶叶：位于中央沟后、枕叶前以及颞叶后部皮质上方的脑区。这个脑区包含各种神经元，包括躯体感觉皮质、味皮质和参与视觉运动定向注意和空间表征的顶叶联合皮质。（第2章）

Parkinson's disease / 帕金森病：基底神经节病变引起的退行性障碍。它的病理性原因是由黑质中多巴胺细胞损失引起的。基本症状包括启动动作困难、动作缓慢和口语发音不清，在一些个案中还可能出现静止性震颤。比较亨廷顿症（Huntington's disease）。（第8章）

Pavlovian conditioning / 巴甫洛夫条件反射：参见经典条件反射（classical conditioning）。（第9章）

perceptual representation system（PRS）/ 知觉表征系统：非陈述性记忆的一种形式。在知觉系统中运行，关于物体和单词的结构和形状能够被先前经验启动并在之后的内隐测验中被提取出来。（第9章）

peripheral nervous system（PNS）/ 外周神经系统：负责传递感觉信息至中枢神经系统并把中枢神经系统的运动指令发送到控制身体肌肉组织的神经网络，是除了脑和脊髓之外的神经系统。比较中枢神经系统（central nervous system）。（第2章）

permeability / 通透性：离子能够穿过神经细胞膜的程度。（第2章）

perseveration / 持续症：在连续性试次中产生特定反应的倾向。被试表现为即使环境发生变化导致原有反应不再合适，却仍然以先前的方式反应。持续症被认为是抑制性控制能力丧失，常见于前额叶损伤的病人。（第12章）

PET：参见正电子发射断层扫描（positron emission tomography）。（第3章）

PFC：参见前额叶皮质（prefrontal cortex）。（第2章、第12章、第13章）

pharmacological study / 药理学研究：一种实验方法，其中自变量是某种化学试剂或药物的使用。例如，研究者对被试使用多巴胺激动剂类药物，然后观察他们完成决策任务时的表现。（第3章）

phoneme / 音素：一门语言中最小的可感知声音单位。英语有40个音素。比较词素（morpheme）。（第11章）

phonological form / 音形：口语中一个单词基于声音的形式。比较词形（orthographic form）。（第11章）

photoreceptors / 感光细胞：视网膜上的特异化细胞，将光能转化为膜电位。感光细胞是视觉系统与外部世界和神经系统之间的接口。人眼有两种感光细胞：视杆细胞和视锥细胞。（第5章）

phrenology / 颅相学：研究头颅外形的学问，认为头形可以反映某些智力和人格特质。颅相学已被证实缺乏效度。（第1章）

pituitary gland / 垂体：一种内分泌腺体，合成和分泌可以调节多种过程以维持身体正常状态（稳态）的激素，受下丘脑控制。（第2章）

planum temporale / 颞平面：颞叶的表面，包括威尔尼克区。学术界长期认为由于语言功能偏侧化，因此左半球颞平面大于右半球颞平面，但这一理论目前尚存争论。（第4章）

PNS：参见外周神经系统（peripheral nervous system）。（第2章）

pons / 脑桥：位于第四脑室底部（脑桥被盖区）以及脑桥本身的大脑区域。脑桥有大量纤维束与脑桥核相连。这些神经纤维是大脑皮质与脊髓、脑干和小脑区域之间的延续部分。脑桥也包括听觉和前庭输入、躯体感觉输入、运动核投射以及面部、嘴部的基本感觉核群。在脑桥前部区域还包括网状结构神经元。（第2章）

population vector / 场向量：一个神经元群内部代表该群活动的各个神经元首选活动方向的总和。场向量反映细胞间的活动总和，从而与分析单个神经元活动相比，能更好地反映神经元活动与行为之间的相关性。例如，从运动皮质神经元计算出的场向量能够预测一个肢体的运动方向。（第8章）

positron emission tomography（PET）/ 正电子发射断层扫描：一种通过监测放射性示踪剂的分布来测量大脑代谢活动或血流变化的神经成像方法。PET测量示踪剂衰减期间放射出的光子数。在认知神经科学研究中，因为^{15}O的衰减时间很短并且氧分子向神经区域扩散的分布非常活跃，所以它是一种常用的示踪剂。（第3章）

posterior aphasia / 后部失语症：参见威尔尼克失语症（Wernicke's aphasia）。（第11章）

posterior commissure / 后连合：位于胼胝体后部的连接左右大脑半球的神经束，包含有促进瞳孔光反射的纤维束。比较前连合（anterior commissure）。（第4章）

postsynaptic / 突触后：指根据信息流向的位于突触后的神经元。比较突触前（presynaptic）。（第2章）

PPA：参见海马旁回位置区（parahippocampal place area）。（第6章）

preferred direction / 优势方向：运动神经通路中的细胞的一种特性，指偏好导致神经元最高放电率的运动方向。在功能磁共振成像研究中，体素也显示出了方向偏好，表明这种偏好可以在细胞群水平上进行测量分析。（第8章）

prefrontal cortex（PFC）/ 前额叶皮质：大脑皮质的一个区域，负责高级运动控制、计划和行为执行，特别是那些随时间而需要信息整合及工作记忆参

与的任务。其解剖结构包括以下几个主要部分：背外侧前额叶、前扣带皮质、内侧额叶和眶额皮质。（第2章、第12章、第13章）

premotor cortex / 运动前皮质：运动辅区，恰好位于初级运动区前侧，包括BA6区外侧。虽然运动前区的一部分神经元投射到皮质脊髓束，但大量神经元终止于初级运动区，协助形成接下来的运动。（第8章）

presynaptic / 突触前：位于信息流向上突触前面的神经元。比较突触后（postsynaptic）。（第2章）

primary auditory cortex（A1）/ 初级听皮质（A1区）：负责初始听觉信息加工的脑区。（第5章）

primary gustatory cortex / 初级味皮质：负责初始味觉加工的脑区，位于脑岛和岛盖。（第5章）

primary motor cortex（M1）/ 初级运动皮质（M1区）：沿着中央沟和中央前回前沿的大脑皮质，即BA4区。其中一些轴突组成了皮质脊髓束，一些映射到负责运动控制的大脑皮质和皮质下区域。初级运动皮质具有与躯体运动相对应的神经元。（第8章）

primary olfactory cortex / 初级嗅皮质：也称梨状皮质（pyriform cortex），负责初始嗅觉加工的皮质，位于额叶和颞叶的腹侧联合部，靠近边缘皮质。（第5章）

primary process / 首要过程：参见核心情绪系统（core emotional system）。（第10章）

primary reinforcer / 初级强化物：对生存有直接益处的奖励或结果。其经典实例是食物、水和性爱，因为如果没有了这些东西，个体或物种将无法生存。比较次要强化物（secondary reinforcer）。（第12章）

primary somatosensory cortex（S1）/ 初级躯体感觉皮质（S1区）：负责初始躯体感觉加工的皮质，包括BA1区、BA2区和BA3区。这个区域具有与躯体相对应的"躯体感觉侏儒"。比较次级躯体感觉皮质（secondary somatosensory cortex）。（第5章）

primary visual cortex（V1）/ 初级视皮质（V1区）：负责初始视觉加工的脑区，位于枕叶最后端，即BA17区。（第5章）

priming / 启动：由之前出现的刺激或状态引发行为改变或生理反应的一种学习形式。启动通常指在短时间内发生的变化。例如，听到"河"这个词会启动"水"这个词。（第9章）

procedural memory / 程序性记忆：非陈述性记忆的一种形式，包括学习各种运动技能（如怎样骑自行车）和认知技能（如怎样阅读）。（第9章）

proprioception / 本体感觉：对身体某部分（如四肢）位置的察觉，由连接肌肉和肌腱的特异性神经细胞提供信息。（第5章）

prosopagnosia / 面孔失认症：一种神经系统综合征，表现为面孔识别能力缺陷。有些病人会表现出一种类别特异性缺陷，即选择性面孔知觉缺陷。在另一些病人中，面孔失认症只是更一般性失认症的一部分。面孔失认症通常与双侧腹侧通路病变有关，但也可源于右半球的单侧病变。（第6章）

prosthetic device / 假肢设备：也称假体（prosthesis；希腊语，意为"添加、应用、附着"）。一种人造装置，可以代替人体缺失的部分。（第8章）

protocol / 协议：在分层架构中，规定层内或层之间接口或交互的一组规则或规范。（第14章）

PRS：参见知觉表征系统（perceptual representation system）。（第9章）

pruning / 修剪：参见突触修剪（synapse elimination）。（第2章）

pulvinar / 枕核：丘脑后部的一大片区域，由许多与皮质特定区域有双向连接的核团组成。（第7章）

pyramidal tract / 锥体束：参见皮质脊髓束（corticospinal tract）。（第8章）

pyriform cortex / 梨状皮质：参见初级嗅皮质（primary olfactory cortex）。（第5章）

Q

qualia（单数：quale）/ 感受性：在哲学中，一个人对某一事物的个人知觉或经验。（第14章）

quantum theory / 量子理论：描述原子和亚原子的粒子性质和行为的基本物理学理论。（第14章）

R

rapid eye movement（REM）sleep / 快速眼动睡眠：一种以低波幅脑电波为特征的睡眠模式，其脑电波频率高于非快速眼动睡眠。（第14章）

rationalism / 理性主义：主张通过确立正确的思维和拒绝站不住脚的、迷信的观念来确定真信念的理论流派。比较经验主义（empiricism）。（第1章）

rCBF：参见局部脑血流量（regional cerebral blood flow）。（第3章）

reappraisal / 重评：一种重新评估情绪的认知策略。（第10章）

receptive aphasia / 接收性失语症：参见威尔尼克失语症（Wernicke's aphasia）。（第11章）

receptive field / 感受野：如在某一外部空间区域中呈现的某个刺激可以激活某个细胞，则这个区域被称为该细胞的感受野。例如，视皮质细胞会对出现在某一限定空间区域的刺激做出反应。除了空间位置，细胞也可选择性地对其他特征（如颜色和形状）做出反应。听皮质细胞也具有感受野。在感受野内有声音刺激出现时，对应细胞的放电率

会增加。（第 3 章、第 5 章）

reflexive attention / 反射性注意：也称外源性注意（exogenous attention）。由自下而上或数据驱动刺激引发的注意自动定向。例如，外周视野的一个闪光就会捕获你的注意。比较有意注意（voluntary attention）。（第 7 章）

reflexive cuing / 反射性线索：也称外源性线索（exogenous cuing）。一种在没有自主控制的情况下，使用外部感官刺激（如闪光）来自动吸引注意力的实验方法。比较内源性线索（endogenous cuing）。（第 7 章）

refractory period / 不应期：指在动作电位之后，神经元无法产生动作电位，或只有在比正常去极化电流更大的情况下才能产生动作电位的一段时间。（第 2 章）

regional cerebral blood flow（rCBF）/ 局部脑血流量：大脑血流供应的分布量，可以通过多种成像技术测量。在 PET 中，局部脑血流量可用于测量大脑某个区域内神经活动增强后的新陈代谢变化情况。（第 3 章）

relational memory / 关系记忆：把个别信息与特定记忆相关联并支持情节记忆的记忆。（第 9 章）

REM sleep：参见快速眼动睡眠（rapid eye movement sleep）。（第 14 章）

repetition suppression（RS）effect / 重复抑制效应：在 fMRI 中，BOLD 对重复出现刺激的反应会降低的现象。（第 6 章）

response conflict / 反应冲突：一般由刺激信息的不确定性而引起一个以上反应被激活的情况。研究者认为，前扣带皮质负责监控反应冲突的水平，并且在冲突水平高时调节所激活系统的信息加工。（第 12 章）

resting membrane potential / 静息膜电位：神经细胞在静息状态下细胞膜内外的电位差。（第 2 章）

retina / 视网膜：眼球后部表面的神经元层，包括光感受体（对光做出反应的细胞）和视神经节细胞（其轴突组成视神经）。（第 5 章）

retinotopic map / 视网膜皮质映射图：大脑中一种空间关系的表征。在一个视网膜皮质映射图中，通过维持着某种有序的空间关系，从而能够在以眼睛为基础的参考系中反映环境的空间特性。例如，相对于注视中心，初级视皮质包含一个对侧空间的视网膜皮质映射图。研究者在大脑皮质和皮质下区域还确定了多重视网膜皮质映射图。（第 3 章、第 5 章）

retrieval / 提取：使用存储信息产生一个意识表征，或执行一个习得行为（如动作）。比较编码（encoding）。（第 9 章）

retrograde amnesia / 逆行性遗忘症：对过去发生事情的记忆丧失。比较顺行性遗忘症（anterograde amnesia）。（第 9 章）

reversal learning / 反向学习：使用与之前所学相反的方式做出反应。（第 13 章）

reward prediction error（RPE）/ 奖赏预测误差：强化学习理论中的一种理论构念，指预期结果或奖励与实际结果或奖励之间的差异。高于预期的奖励会产生一个积极的预期，因而可能会导致行为发生的可能性增加。低于预期的奖励会产生一个消极的预期，因而可能导致行为发生的可能性降低。（第 12 章）

Ribot's law / 里博定律：参见时间梯度（temporal gradient）。（第 9 章）

rods / 视杆细胞：一种感光细胞，对光刺激的阈限比视锥细胞低，因此能在弱光条件下下产生视觉。视杆细胞位于视网膜外周，而不是中央凹。许多视杆细胞连接一个神经节细胞。（第 5 章）

RPE：参见奖赏预测误差（reward prediction error）。（第 12 章）

RS effect：参见重复抑制效应（repetition suppression effect）。（第 6 章）

S

S1：参见初级躯体感觉皮质（primary somatosensory cortex）。（第 5 章）

S2：参见次级躯体感觉皮质（secondary somatosensory cortex）。（第 5 章）

saccades / 眼跳：使注视点从一点移动到另一点的眼球快速运动。一个眼跳会持续 20 ~ 100 毫秒。（第 5 章）

saltatory conduction / 跳跃式传导：髓鞘型神经元的动作电位传导方式。动作电位只在郎飞氏节的轴突处产生，看起来是在结与结之间跳跃传导。saltatory 一词源于拉丁语，表示跳跃。（第 2 章）

SCN：参见视交叉上核（suprachiasmatic nucleus）。（第 14 章）

secondary reinforcer / 次级强化物：没有内在或直接价值的奖励，但作为社会和文化规范的一部分使得人们也对它产生渴望。金钱和社会地位是重要的次级强化物。比较初级强化物（primary reinforcer）。（第 12 章）

secondary somatosensory cortex（S2）/ 次级躯体感觉区（S2 区）：大脑接收初级躯体感觉区的输入并进行更高水平躯体感觉信息加工的区域。（第 5 章）

selective attention / 选择性注意：将注意力集中在某一感觉输入、思维或行为上，同时忽略其他因素的能力。应区分选择性注意与非选择性注意，后者包括简单的行为唤醒（选择性注意通常需要更多注意力）。比较唤醒（arousal）。（第7章）

self-reference effect / 自我参照效应：基于回忆受到初始信息加工深度影响理论的一种效应。具体来说，该效应指当信息的编码过程与自我高度相关时，记忆效果更好。（第13章）

semantic memory / 语义记忆：陈述性记忆的一种形式，存储与个人所学习事实相关的知识，而不是存储和学习时的背景相关的知识。比较情景记忆（episodic memory）。（第9章）

semantic paraphasia / 语义错乱：表达出一个与所要表达的意思相关的词，但不是所要表达的词本身（如想的是马而说出来的是牛）。威尔尼克失语症病人经常出现语义错乱。（第11章）

sensorimotor adaptation / 感觉运动适应：一种运动学习的形式，指学习到的技能因环境等因素的改变而改变。例如，一个足球运动员会调整射门来弥补强烈的侧风带来的影响，这就表现出了运动适应。（第8章）

sensorimotor learning / 感觉运动学习：通过练习使得感觉能够更好地引导行动。（第8章）

sensory memory / 感觉记忆：感觉信息的短暂保持，时间在几毫秒到几秒之间。例如，当我们并未特别刻意去听某个人讲话时，我们仍然可以记起这个人刚刚所说的话。听觉的感觉记忆叫作声像记忆（echoic memory），视觉的感觉记忆叫作图像记忆（iconic memory）。比较短时记忆（short-term memory）和长时记忆（long-term memory）。（第9章）

sensory prediction error / 感觉预测误差：运动系统对某一特定运动的预测与实际的感觉反馈之间的差异。（第8章）

sentience / 主观感受：拥有意识并可以进行主观体验的能力。（第14章）

short-term memory / 短时记忆：在几秒至几分钟之内保持信息的记忆。参见工作记忆（working memory）。比较感觉记忆（sensory memory）和长时记忆（long-term memory）。（第9章）

simulation / 模拟：计算机建模中用来模仿特定行为或过程的方法。模拟需要开发出明确指定信息表征和处理方式的程序。通过检测输出结果与要模拟的行为或加工过程的匹配程度，可以测试模拟的效果。（第3章）

simulation theory / 模拟理论：参见经验分享理论（experience sharing theory）。（第13章）

single-cell recording / 单细胞记录：用于监控单个神经元活动的神经生理学方法。这种方法需将一个微电极置于细胞内或细胞膜附近，以测量细胞膜电位的变化，用于确定能够激发细胞反应的条件。比较多细胞记录（multiunit recording）。（第3章）

single dissociation / 单分离：用于建立心理或神经过程的功能模型的方法。要证明单分离需要至少两个组和两种任务。当两组的成绩在一种任务上出现差异但在另一种任务上没有差异时，就出现了单分离现象。因为当两种任务在检测群体差异的敏感性不同时也会发生单分离，因此单分离为功能特异化提供的是一种弱证据。比较双分离（double dissociation）。（第3章）

SMA：参见运动辅区（supplementary motor area）。（第8章）

social cognitive neuroscience / 社会认知神经科学：一个新兴的脑科学领域，将人格与社会心理学和认知神经科学相结合，以了解人类社会互动涉及的神经机制。（第13章）

soma（复数：somata）/ 胞体：神经元的细胞体。（第2章）

somatic marker / 躯体标记：一种生理–情绪机制，能帮助人们整理可能的选择并做出决定。躯体标记是一种常用的测量标准，用于根据潜在收益而评估选项。（第10章）

somatotopy / 体感皮质定位：指身体表面部位在神经系统中的点对点表征。邻近的躯体区域（如食指和中指）在躯体感觉区的表征神经元也是彼此邻近的。体表距离较远部位（如鼻子和拇指）在躯体感觉区的表征神经元也相距较远。（第2章）

spike-triggering zone / 峰电位启动区：指神经元的胞体与轴突之间相连接的部位。来自胞体和树突上的突触输入电流不断累加，由于带电的钠离子通道也在这一区域，所以该区域可以产生动作电位并沿轴突传导。（第2章）

spinal interneurons / 脊髓中间神经元：在脊髓中发现的一种神经元。许多来自锥体束和锥体外束的下行神经元先在联络神经元处形成突触，然后在其他联络神经元或α运动神经元处也形成突触。（第8章）

spine / 棘：树突表面的小突起，突触位于棘上。（第2章）

splenium（复数：splenia）/ 压部：胼胝体后部，连接左右侧枕叶。（第4章）

SPS：参见P600反应（P600 response）。（第11章）

stimulus–response decision / 刺激—反应决策：通过重复行动而形成习惯的一种行动—结果决策。（第12章）

storage / 存储：获得（创造）和巩固（保持）信息而产生的长时信息记录。（第 9 章）

stress / 压力：当我们遇到以某种方式威胁我们（或预期到将威胁我们）的刺激、事件或想法时，一种固定的生理和神经激素变化模式。（第 10 章）

stroke / 脑卒中：参见脑血管意外（cerebral vascular accident）。（第 3 章）

subliminal perception / 阈下知觉：一个刺激未被个体有意识地感知但又影响其意识状态的现象。（第 14 章）

substantia nigra / 黑质：位于基底神经节的一个核团，包括两部分：黑质轴突，即致密部（pars compacta），是神经递质多巴胺的主要合成部位，末端与纹状体（尾状核和壳核）相连；黑质网状部是基底神经节的输出核团之一。（第 8 章）

sulcus（复数：sulci）/ 沟：也称裂（fissure），即大脑皮质表面的下陷区域或褶皱。比较回（gyrus）。（第 2 章）

superior colliculus / 上丘：位于中脑的皮质下视觉结构，接收视网膜系统的信息输入，与皮质下和皮质系统存在双向神经连接，在视觉运动加工中具有重要作用，也可能涉及反射性注意定向的抑制过程。比较下丘（inferior colliculus）。（第 5 章、第 7 章）

supplementary motor area（SMA）/ 运动辅区：次级运动区，包括 BA6 区内侧部分，紧邻初级运动皮质前部；在产生系列运动特别是熟练动作时，具有重要作用。（第 8 章）

suppression / 压抑：从意识经验中有意识地排除一种思想或感受，是在情绪唤醒状态下抑制情绪表达的一种策略。（第 10 章）

suprachiasmatic nucleus（SCN）/ 视交叉上核：位于视交叉上方下丘脑的一对核团，参与调节昼夜节律。（第 14 章）

Sylvian fissure / 脑侧裂：也称外侧裂（lateral fissure），是大脑半球外侧的一个大裂（沟）。外侧裂将额叶与下方的颞叶分隔开来。（第 2 章、第 4 章、第 11 章）

synapse / 突触：神经细胞膜上的特异化部位。一个神经细胞通过突触向另一个神经细胞传递信息。突触包括突触前部（含有携带神经递质的突触小泡）和突触后部（含有受体），二者都是神经细胞中的特异化结构，用于参与化学传递过程。电突触包括一个特殊结构，即缝隙连接，使得神经细胞之间具有直接的细胞质连接。（第 2 章）

synapse elimination / 突触消除：也称突触修剪（synaptic pruning），指连接神经元之间的一些突触随着发育（包括出生后的发育）而被删除的现象。（第 2 章）

synaptic cleft / 突触间隙：突触处神经元间的空隙。（第 2 章）

synaptogenesis / 突触生成：在神经系统发育过程中，神经元之间形成突触连接的过程。（第 2 章）

syncytium（复数：syncytia）/ 合胞体：享有共同细胞质的一些连续组织。（第 1 章）

synesthesia / 联觉：一种混合的感觉体验。一种感官（如触觉）刺激会自动在同一种或另一种感官（如视觉）中产生错觉。（第 5 章）

syntactic parsing / 句法分析：对一个句子中某个词的句法结构进行分析（例如，这个词是一个句子的宾语，而这个词是谓语）。（第 11 章）

syntactic positive shift（SPS）/ 句法正漂移：参见 P600 反应（p600 response）。（第 11 章）

syntax / 句法：约束一个句子中单词组合和排列方式的规则。（第 11 章）

T

tACS：参见经颅交流电刺激（transcranial alternating current stimulation）。（第 3 章）

tastant / 着味剂：能够刺激味觉细胞中的受体以产生味觉的食物分子，比较着嗅剂（odorant）。（第 5 章）

TBI：参见外伤性脑损伤（traumatic brain injury）。（第 3 章）

tDCS：参见经颅直流电刺激（transcranial direct current stimulation）。（第 3 章）

temporal discounting / 时间折扣：指人们倾向于更重视即时的结果而不是延迟结果，且一个奖励的主观价值会随着收到奖励时间的增加而降低的现象。（第 12 章）

temporal gradient / 时间梯度：也称里博定律（Ribot's law），指某些逆行性遗忘症病人对最近发生事件的遗忘最严重的现象。（第 9 章）

temporal lobe / 颞叶：大脑皮质的外侧腹侧部分，上方是外侧裂，后方是枕叶前沿和顶叶腹侧部分。腹内侧颞叶包含海马联合体和杏仁核。外侧颞叶参与高级视觉加工（物体分析）、关于视觉的概念信息表征和语言表征。深入外侧裂的上端部分包含听皮质。（第 2 章）

temporally limited amnesia / 短暂性遗忘症：一种因脑损伤导致的逆行性遗忘症，以大脑损伤为起点，对之前的信息发生遗忘。但这种遗忘不是影响整个生命阶段，而是影响一部分时间。（第 9 章）

tFUS：参见经颅聚焦超声（transcranial focused ultrasound）。（第 3 章）

TGA：参见短暂性全面遗忘症（transient global

amnesia)。(第9章)

thalamic reticular nucleus(TRN)/ 丘脑网状核：围绕丘脑核团周围的一层薄薄的神经元，接收来自皮质和皮质下结构的输入，并向丘脑中转核团发送信号。(第7章)

thalamus / 丘脑：丘脑属于间脑，是一个皮质下结构，位于前脑核团的中央。左右半球各有一个丘脑，由位于中线上的丘脑间连合相连，主要是躯体感觉、味觉、听觉、视觉和前庭输入至大脑皮质的中转站(一组核团)，也包括一些参与基底神经节—皮质环路以及一些其他功能的核团。(第2章)

theory of mind(ToM)/ 心理推测：或译为心理理论，也称心智化(mentalizing)，指将诸如信念、欲望、思想和意图等精神状态归因于他人并理解他人可能与自己不同的能力。(第13章)

theory theory：参见心理状态归因理论(mental state attribution theory)。(第13章)

threshold / 阈限：膜电位发生去极化以诱发一个动作电位所必须达到的值。(第2章)

TMS：参见经颅磁刺激(transcranial magnetic stimulation)。(第3章)

ToM：参见心理推测(theory of mind)。(第13章)

tonotopic map / 频率拓扑图：将不同声音频率映射到沿耳蜗管分布的毛细胞上，也映射到听皮质上，相邻的频率表示在相邻的空间位置上。(第5章)

tract / 神经束：中枢神经系统中的轴突束。(第2章)

transcranial alternating current stimulation(tACS)/ 经颅交流电刺激：一种通过放置在头皮上的电极将振荡的低压电流传到大脑的非侵入式方法。通过诱导特定频率的振荡，实验者可以将特定频率范围的脑振荡与特定的认知过程联系起来。比较经颅直流电刺激(transcranial direct current stimulation)。(第3章)

transcranial direct current stimulation(tDCS)/ 经颅直流电刺激：一种通过放置在头皮上的电极将恒定的低压电流传送到大脑的非侵入式方法。该方法被认为是在阳极附近增强神经元活动，在阴极附近使神经元过度极化。比较经颅交流电刺激(transcranial alternating current stimulation)。(第3章)

transcranial focused ultrasound(tFUS)/ 经颅聚焦超声：一种可以在颅外聚焦低强度、低频超声波的非侵入式刺激大脑的方法，可以在5毫米范围内产生聚焦效果。(第3章)

transcranial magnetic stimulation(TMS)/ 经颅磁刺激：用于刺激完整人类大脑神经元的非侵入式方法。一个置于目标位置的线圈可以迅速产生一个强电流，而这个电流所产生的磁场会导致其下区域的神经元放电。在临床上，我们可通过TMS直接刺激运动皮质来评估运动功能，而在实验研究中，它可被用于暂时干扰神经加工过程而造成一个短暂的可恢复的损伤。(第3章)

transcranial static magnetic stimulation(tSMS)/ 经颅静磁刺激：一种使用强磁体产生磁场，干扰电活动，暂时改变皮质功能的非侵入式方法。(第3章)

transient global amnesia(TGA)/ 短暂性全面遗忘症：一种突发的、戏剧性的且短暂的(仅持续数小时)顺行性和逆行性遗忘(第9章)

traumatic brain injury(TBI)/ 外伤性脑损伤：由意外事故(如潜水事故、枪伤或爆炸伤)导致的一种脑损伤。因外伤性脑损伤通常是弥漫性的，损伤时的加速力对脑灰质和白质纤维束均有影响。(第3章)

TRN：参见丘脑网状核(thalamic reticular nucleus)。(第7章)

tSMS：参见经颅静磁刺激(transcranial static magnetic stimulation)。(第3章)

U

unilateral spatial neglect / 单侧空间忽视：也称忽视(neglect)，指前脑损伤的病人对呈现于损伤半球对侧的物体或事件无法检测或检测迟缓的行为模式，通常与右侧顶叶损伤有关。(第7章)

utilization behavior / 使用性行为：对一个物体的原有用途极端依赖而不考虑它在特定环境下的其他用途。(第12章)

V

V1：参见初级视皮质(primary visual cortex)。(第5章)

value / 价值：对一个刺激或行为总体偏好的抽象值。该值被认为反映了许多不同属性的组合，如将获得多少奖励，获得该奖励的概率以及实现该奖励所需的努力和成本等。(第12章)

ventral attention network / 腹侧注意网络：一种注意控制网络，涉及右腹侧额叶和颞顶联合区，基于刺激的新异性和突出性来调节反射性注意。比较背侧注意网络(dorsal attention network)。(第7章)

ventral stream / 腹侧通路：也称枕颞通路(occipitotemporal stream)，一条跨越枕叶和颞叶的视觉通路，与物体识别和视觉记忆有关。比较背侧通路(dorsal stream)。(第6章)

ventricle / 脑室：大脑中四个连通的大腔室。(第2章)

ventromedial zone / 腹内侧区：参见眶额皮质(orbitofrontal cortex)。(第12章、第13章)

vesicle / 小泡：位于突触前端的一种形态偏小的且内含神经递质的细胞器。(第2章)

visceral motor system / 内脏运动系统：参见自主神经系统（autonomic nervous system）。（第 2 章）

visual agnosia / 视觉失认症：一种视知觉障碍，病人识别颜色、形状或运动属性的能力尚好，但无法识别整个物体或判定物体的用途。（第 6 章）

visual search / 视觉搜索：在多种刺激的画面或场景中寻找特定刺激的视觉任务。（第 7 章）

voltage-gated ion channel / 电压门控离子通道：当膜电位变化时，跨膜离子通道会改变膜电导，从而改变对 Na^+、K^+ 和 Cl^- 等特定离子的通过性。（第 2 章）

voluntary attention / 有意注意：也称内源性注意（endogenous attention），主动或有意将注意集中在某个输入源、想法或动作上。比较反射性注意（reflexive attention）。（第 7 章）

voxel / 体素：在磁共振成像中能够表征图像的最小三维数据单位。（第 3 章）

W

Wada test / 瓦达试验：通过注射异戊巴比妥来暂时干扰一侧大脑半球功能的临床技术。该测试可用于确定癫痫的发作源，为发现大脑半球功能偏侧化提供了重要启示。（第 4 章）

Wernicke's aphasia / 威尔尼克失语症：又称后部失语症（posterior aphasia）或接收性失语症（receptive aphasia），一种语言障碍，一般由左半球后部损伤引起。病人无法将单词与它所代表的对象或概念联系起来，表现为语言理解困难。比较布洛卡失语症（Broca's aphasia）。（第 11 章）

Wernicke's area / 威尔尼克区：由卡尔·威尔尼克（1874）发现，位于人类左半球颞上回后部，对语言理解很重要。比较布洛卡区（Broca's area）。（第 11 章）

white matter / 白质：神经系统中由数百万或更多单个轴突（每个轴突被髓鞘包裹）组成的区域，髓鞘使纤维外表呈白色，故名白质。比较灰质（gray matter）。（第 2 章）

working memory / 工作记忆：一种容量有限的存储系统，用于在短期内保存（保持）信息和对存储内容进行心理操作。参见短时记忆（short-term memory）。（第 9 章）

X

xenomelia / 他人肢体综合征：也称身体完整性认同障碍（body integrity identity disorder）。一种罕见的心理疾病，一些身体健全的病人报告，因为他们觉得某一个或某一些肢体不属于自己的身体，所以他们一生都有截除这个或这些肢体的愿望。（第 13 章）

版 权 信 息

文前
照片：迈克尔·S. 加扎尼加：Office of Public Affairs and Communications/UCSB；理查德·B. 伊夫里：Kelly Davidson Studio/eLife；乔治·R. 曼根：Tamara Swaab

第 1 章
照片：第 2 页 Alfred Pasieka/Science Photo Library/Getty Images
图 1.1 Reproduced with the permission of the Bodleian Library, University of Oxford
图 1.2 Reproduced with the permission of the Bodleian Library, University of Oxford
图 1.3 The Print Collector/Alamy
图 1.4 Erich Lessing/Art Resource, NY
图 1.5 US National Library of Medicine
图 1.6a General Research Division, New York Public Library, Astor, Lenox and Tilden Foundations
图 1.6b General Research Division, New York Public Library, Astor, Lenox and Tilden Foundations
图 1.6c General Research Division, New York Public Library, Astor, Lenox and Tilden Foundations
图 1.7a Mary Evans Picture Library
图 1.7b From Luciani, Luigi. Fisologia del Homo. Le Monnier, Firenze, 1901–1911
图 1.8 Mary Evans Picture Library/Sigmund Freud Copyrights
图 1.9a New York Academy of Medicine
图 1.10 akg-images/Interfoto
图 1.11 From Golgi, Camillo, Untersuchungenber den Flineren des Centralen und Peripherischen Nerven Systems. Fisher, Jena, 1894
图 1.12b Bibliothéque Nationale de France
图 1.12a Everett Collection Historical/Alamy
图 1.14a Science Source 11 left Everett Collection Historical/Alamy
图 1.15b From Budge, Julius, Lehrbuch der Speciallen Physiologie des Menschen, vol. 8 (1862)
图 1.16 Courtesy of the National Library of Medicine
图 1.17a George Rinhart/Getty Images
图 1.17b Benjamin Harris/University of New Hampshire
图 1.18 Hipix/Alamy
图 1.19 McGill University Archives, R050904
图 1.20 Photo by Owen Egan, Courtesy of The Montreal Neurological Institute, McGill University
图 1.21 Courtesy of the late George A. Miller
图 1.22 Bettmann/Getty Images
图 1.23 Robert A. Lisak
图 1.24 From La Fatica, by Angelo Mosso (1891)
图 1.25 Fulton, J.F. Observations upon the vascularity of the human occipital lobe during visual activity. *Brain* (1928) 51 (3): 310–320. © Oxford University Press.
图 1.26 Sokoloff (2000) Seymour S. Kety, M.D. Journal of Cerebral Blood Flow & Metabolism. © 2000, Rights Managed by Nature Publishing Group.
图 1.27 DIZ Muenchen GmbH, Sueddeutsche Zeitung Photo/Alamy
图 1.28 Becker Medical Library, Washington University School of Medicine
图 1.29 AP Photo
图 1.30 Courtesy UCLA Health Sciences Media Relations
图 1.31 Seiji Ogawa, et al., (1990), Oxygenation-sensitive contrast in magnetic resonance image of rodent brain at high magnetic fields, Magn. Reson. Med., Vol. 14, Issue 1, 68, 78 ©Wiley-Liss, Inc.
图 1.32a Kwong et al. © (1992) Dynamic magnetic resonance imaging of human brain activity during primary sensory stimulation. PNAS. Courtesy of K.K. Kwong.

绘画：图 1.32b：Reprinted from *Brain Mapping: The Systems*, Marcus E. Raichle, "Chapter 2: A Brief History of Functional Brain Mapping," pp. 33–75, Copyright © Academic Press (2000), with permission from Elsevier.

第 2 章
照片：第 22 页 Dr. Thomas Deerinck/Visuals Unlimited, Inc.
图 2.1 Manuscripts and Archives, Yale University
图 2.2a C.J. Guerin, Ph.D. MRC Toxicology Unit/Science Source
图 2.2b Robert S. McNeil/Baylor College of Medicine/Science Source
图 2.2c Science Source/Getty Images
图 2.2d Rick Stahl/Nikon Small World
图 2.2e Deco Images II/Alamy
图 2.2f CNRI/Getty Images
图 2.5b Thomas Deerinck/Visuals Unlimited
图 2.6b doc-stock/Visuals Unlimited
图 2.7 Courtesy Dr. S. Halpain, University of California San Diego
图 2.8 CNRI/Science Source/Science Source
图 2.26b Courtesy of Allen Song, Duke University
图 2.33 Courtesy of Allen Song, Duke University
图 2.35 Courtesy of Allen Song, Duke University
图 2.37 The Brain: A Neuroscience Primer by Richard F. Thompson. © 1985, 1993, 2000 by Worth Publishers. Used with permission
图 2.38c The Brain: A Neuroscience Primer by Richard F. Thompson. © 1985, 1993, 2000 by Worth Publishers. Used with permission.
图 2.46b Joo Lee /Getty Images
图 2.46c Carolina Biological/Medical Images/DIOMEDIA
图 2.48 Erikson et al., Neurogenesis in the adult hippocampus, Nature Medicine 4 (1998): 1312–1317. © Nature Publishing

Group.
图 2.49 Erikson et al., Neurogenesis in the adult hippocampus, Nature Medicine 4 (1998): 1312–1317. © Nature Publishing Group.

第 3 章

照片：第 70 页 Anthony Rakusen/Getty Images
图 3.5 Woodward, J.S., Histologic Neuropathology: A Color Slide Set. Orange, CA: California Medical Publications, 1973
图 3.6 de Leeuw et al. Progression of cerebral white matter lesions in Alzheimers disease: a new window for therapy? Journal of Neurology, Neurosurgery and Psychiatry. Sep 1, 2005;76:1286–1288. ©2005 BMJ Publishing Group
图 3.7 Woodward, J.S., Histologic Neuropathology: A Color Slide Set. Orange, CA: California Medical Publications, 1973
图 3.8 Holbourn, A.H.S., Mechanics of head injury, The Lancet 2: 177, 180. Copyright © 1943 Elsevier.
图 3.12a、b Rampon et al. (2000). Enrichment induces structural changes and recovery from nonspatial memory deficits in CA1 NMDAR1-knockout mice, Nature Neuroscience 3: 238–244. Copyright © 2000, Rights Managed by Nature Publishing Group.
图 3.14a Synthetic Neurobiology Group, MIT
图 3.15a From chapter, Transcranial magnetic stimulation & the human brain, by Megan Steven & Alvaro Pascual-Leone. Neuroethics: Defining the Issues in Theory, Practice & Policy, edited by Illes, Judith, (2005). By permission of Oxford University Press
图 3.17 Greenberg, J.O., and Adams, R.D. (Eds.), Neuroimaging: A Companion to Adams and Victor, Principles of Neurology. New York: McGraw-Hill, Inc., 1995. Reprinted by permission of McGraw-Hill, Inc.
图 3.18 Images courtesy of Dr. Megan S. Steven, Karl Doron, and Adam Riggall. Darmouth Brain Imaging Center at Darmouth College
图 3.21 Quiroga et al. 2005. Invariant visual representation by single neurons in the human brain, Nature 435:23 1102–1107. © 2005 Nature Publishing Group.
图 3.22a From Brain Electricity and the Mind, Jon Lieff, M.D. 2012
图 3.22b Canolty et al. 2007. Frontiers in Neuroscience 1:1 185–196. Image courtesy of the authors.
图 3.22c Canolty et al., 2007
图 3.23 Ramare/AgeFotostock
图 3.27e Rivolta, D., Castellanos, N. P., Stawowsky, C., Helbling, S., Wibral, M., Grützner, C., & Singer, W. (2014). Source-reconstruction of event-related fields reveals hyperfunction and hypofunction of cortical circuits in antipsychotic-naive, first-episode schizophrenia patients during Mooney face processing. Journal of Neuroscience, 34(17), 5909–5917.
图 3.27f James King-Holmes/Science Source
图 3.28 Courtesy of Marcus Raichle, M.D./Becker Medical Library, Washington University
图 3.29 Vital et al. (2008). Neuroimaging in dementia. 2008. Seminars in Neurology 28(4): 467, 483. Images courtesy Gil Rabinovici, UC San Francisco and William Jagust, UC Berkeley.
图 3.33a、b Wagner et al. (1998). Building memories: Remembering and forgetting of verbal experiences as predicted by brain activity, Science 281 (1998): 1188–1191. Copyright © 1998, AAAS.
图 3.34a Robertson, C. E., Ratai, E. M., & Kanwisher, N. (2016). Reduced GABAergic action in the autistic brain. Current Biology, 26(1), 80–85
图 3.35 Bullmore, E. T., & Bassett, D. S. (2011). Brain graphs: graphical models of the human brain connectome. *Annual review of clinical psychology*, 7, 113–140
图 3.36 Yeo, B. T., Krienen, F. M., Sepulcre, J., Sabuncu, M. R., Lashkari, D., Hollinshead, M., & Fischl, B. (2011). The organization of the human cerebral cortex estimated by intrinsic functional connectivity. Journal of neurophysiology, 106(3), 1125–1165.
图 3.37 Finn, E. S., Shen, X., Scheinost, D., Rosenberg, M. D., Huang, J., Chun, M. M., Papademetris, X., & Constable, R. T. (2015). Functional connectome fingerprinting: identifying individuals using patterns of brain connectivity. *Nature neuroscience*, 18(11), 1664–1671.
图 3.41a Deibert et al. (1999). Neural pathways in tactile object recognition. Neurology 52 (9): 1413–1417. Lippincott Williams & Wilkins, Inc. Journals.
图 3.42b Frank et al. (2011). Neurogenetics and Pharmacology of Learning, Motivation, and Cognition. Neuropsychopharmacology 6, 133–152. Copyright © 2010, Rights Managed by Nature Publishing
图 3.44 Gratton, C., Lee, T. G., Nomura, E. M., & D'Esposito, M. (2013). The effect of theta-burst TMS on cognitive control networks measured with resting state fMRI. *Frontiers in systems neuroscience*, 7, 124.

绘画：图 3.10a、b：Pessiglione et al., Figure 1 from "Dopamine-dependent prediction errors underpin reward-seeking behavior in humans." *Nature, 442*(31), 1042–1045. Copyright © 2006 Nature Publishing Group. Reprinted with permission.
图 3.34b：Reprinted from *Current Biology*, 26(1), Robertson, C.E., Ratai, E., Kanwisher, N., "Reduced GABAergic action in the autistic brain," 80–85, Copyright © Elsevier Inc. (2016), with permission from Elsevier.
图 3.38：Kahn, A.E., et al., "Structural pathways supporting swift acquisition of new visuomotor skills," *Cerebral Cortex*, 26(1), 173–184, by permission of Oxford University Press.
图 3.43：Siegel, J. S., Ramsey, L. E., Snyder, A. Z., Metcalf, N. V., Chacko, R. V., Weinberger, K., Baldassarre, A., Hacker, C. D., Shulman, G. L., & Corbetta, M. (2016). Disruptions of network connectivity predict impairment in multiple behavioral domains after stroke. *Proceedings of the National Academy of Sciences of the United States of America*, 113(30), E4367–E4376. Copyright © 2016 National Academy of Sciences.
图 3.44b：Gratton C, Lee TG, Nomura EM and D'Esposito M (2013). Modified from Figure 4 from The effect of theta-burst TMS on cognitive control networks measured with resting state fMRI. Front. Syst. Neurosci. 7(124). Copyright © 2013 Gratton, Lee, Nomura and D'Esposito. Distributed under the terms of the Creative Commons Attribution License (CC BY). https://creativecommons.org/licenses/by/3.0/.

第 4 章

照片：第 122 页 Roger Harris/Science Photo Library/Getty Images
图 4.1 左 From Brain Games® Puzzles, by Publications International, Ltd., 2016
图 4.1 中 From Drawing on the Right Side of the Brain, 4 edition,

Betty Edwards TarcherPerigee, 2012
图 4.1 右 The Photo Works/Alamy Stock Photo
图 4.3 Arthur Toga and Paul M. Thompson (2003). Mapping Brain Asymmetry, Nature Reviews Neuroscience 4, 37–48. © 2003 Rights managed by Nature Publishing Group. Photo Courtesy Dr. Arthur W. Toga and Dr. Paul M. Thompson, Laboratory of Neuro Imaging at UCLA
图 4.4 Hutsler (2003). The specialized structure of human language cortex. Brain and Language. August 2003. Copyright © Elsevier.
图 4.6 Sabine Hofer & Jens Frahm. (September 2006). Topography of the human corpus callosum revisited-Comprehensive fiber tractography using diffusion tensor magnetic resonance imaging. NeuroImage, 32, 989–994. 2006 Elsevier
图 4.8 Courtesy of Pietro Gobbi and Daniele Di Motta, Atlas of Anatomy Central Nervous System
图 4.12 Michael Gazzaniga
图 4.13 Michael Gazzaniga
图 4.18a David J. Turk, Todd F. Heatherton, William M. Kelley, Margaret G. Funnell, Michael S. Gazzaniga, and C. Neil Macreae, Mike or me? Self-recognition in a split-brain patient. Sept. 2002. Nature Neuroscience, vol. 5, no. 9, pp. 841–2. ©2002 Nature Publishing Group.
图 4.20 DeJong, The Neurologic Examination, 5th edition. Philadelphia, Pennsylvania: J.B. Lippincott Company; 1992
图 4.30 Phelps, E. A., and Gazzaniga, M. S. (1992). Hemispheric differences in mnemonic processing: The effects of left hemisphere interpretation. Neuropsychologia, 30, 293, 297. © 2012 Elsevier Ltd. All rights reserved.
图 4.32 Gazzaniga, M.S. 2000. Cerebral specialization and interhemispheric communication. Does the corpus callosum enable the human condition? Brain 123: 1293,1326. © 2000 Oxford University Press.

绘画：图 4.24：Republished with permission of SAGE Publications, Inc. Journals, from "Guided visual search is a left-hemisphere process in split-brain patients," Kingstone, et al., *Psychological Science*, 6(2), 1995; permission conveyed through Copyright Clearance Center, Inc.
图 4.27：Reprinted from *Neuropsychologia*, 24(2), Efron, Robertson, & Delis, "Hemispheric specialization of memory for visual hierarchical stimuli," 205–214, Copyright © Elsevier Ltd. (1985), with permission from Elsevier.

第 5 章

照片：第 164 页 Nick Norman/Getty Images
图 5.1a Seymour/Photo Researchers/Science Source
图 5.1b Science Photo Library/Science Source
图 5.3 Sobel et al. (1998) Sniffing and smelling: separate subsystems in the human olfactory cortex. Nature 92: 282–286. © (1998) Rights Managed by Nature Publishing Group
图 5.4 Gelstein, S., et al. (2011) Human tears contain a chemosignal. Science, 331(6014), 226–230
图 5.6 Chen, X., et al. (2011) A gusto-topic map of taste qualities in the mammalian brain. *Science*, 333(6047), 1262–1266
图 5.7 Peng, Y., et al. (2015) Sweet and bitt er taste in the brain of awake behaving animals. *Nature*, 527(7579), 512–515
图 5.11 左 BrazilPhotos.com/Alamy
图 5.11 右 Paul Chmielowiec/Getty Images
图 5.16b Moerel, M., et al. (2013) Processing of natural sounds: characterization of multi-peak spectral tuning in human auditory cortex. *Journal of Neuroscience*, 33(29), 11888–11898
图 5.18a Roy Lawe/Alamy
图 5.19b All Canada Photos/Alamy Stock Photo
图 5.27 © David Somers
图 5.28 Yacoub et al. July 29, (2008) PNAS, vol. 105, no. 30, pp. 10607–10612. © 2008 National Academy of Sciences of the USA
图 5.35 © manu/Fotolia.com
图 5.36a Gallant et al. (2000). A human extra-striate area functionally homologous to macaque V4, *Neuron* 27 2000: 227–235. © (2000) Elsevier
图 5.37 Gallant et al. (2000). A human extra-striate area functionally homologous to macaque V4, *Neuron* 27 2000: 227–235. © (2000) Elsevier
图 5.38a Musée d'Orsay, Paris. Photo: Giraudon/Art Resource
图 5.38b © 2018 Estate of Pablo Picasso/Artists Rights Society (ARS), New York, NY. Photo: TPX/age fotostock. All rights reserved
图 5.39 Jon Driver and Toemme Noesselt, (January 10, 2008). Multisensory interplay reveals cross-modal influences on sensory-specific brain regions, neural responses, and judgments. *Neuron*, Vol. 57, Issue 1 11–23. doi.1016/j.neuron.2007.12.013. © 2008 Elsevier Inc.
图 5.42 Romke Rouw and H. Steven Scholte, University of Amsterdam. Increased structural connectivity in grapheme-color synesthesia. *Nature Neuroscience* 10, 792–797 (2007); Published online: 21 May 2007 doi:10.1038/nn1906. © (2007) Rights Managed by Nature Publishing Group
图 5.43 Bedny, M., et al. (2015) Visual cortex responds to spoken language in blind children. *Journal of Neuroscience*, 35(33), 11674–11681
图 5.44a Merabet, L.B., et al. (2008) Rapid and Reversible Recruitment of Early Visual Cortex for Touch. PLoS ONE 3(8): e3046.
图 5.45a Kolasinski, J., Makin, T. R., Logan, J. P., Jbabdi, S., Clare, S., Stagg, C. J., & Johansen-Berg, H. (2016). Perceptually relevant remapping of human somatotopy in 24 hours. eLife
图 5.45c Kolasinski, J., et al. (2016). Perceptually relevant remapping of human somatotopy in 24 hours eLife
图 5.47b、c Falabella, P., et al. (2017). Argus II Retinal Prosthesis System In Artificial Vision (pp. 49–63). Springer International Publishing.

绘画：图 5.5a、b: Chandrashekar, J., et al. Figure 1a from "The receptors and cells for mammalian cells, buds and papillae," *Nature*, 444(7117), 288. Reprinted by permission from Macmillan Publishers Ltd., Copyright © 2006, Nature Publishing Group.
图 5.7b、c: Peng, Y., Gillis-Smith, S., Jin, H., Tränkner, D., Ryba, N. J., & Zuker, C. S. Figure 1 from "Sweet and bitt er taste in the brain of awake behaving animals," *Nature*, 527(7579), 512–515. Reprinted by permission from Macmillan Publishers Ltd., Copyright © 2015, Nature Publishing Group.
图 5.40：Republished with permission of Society for Neuroscience, from "Occipital transcranial magnetic stimulation has opposing effects on visual and auditory stimulus detection: implications for multisensory interactions," Romei, V., Murray, M. M., Merabet, L. B. & Thut, G., *Journal of Neuroscience*, 27(43), 2007; permission conveyed through Copyright Clearance Center, Inc.

图 5.45b：Kolasinski, J., Makin, T. R., Logan, J. P., Jbabdi, S., Clare, S., Stagg, C. J., & Johansen-Berg, H. Adapted from Figure 1B from "Perceptually relevant remapping of human somatotopy in 24 hours," eLife, 5(17280). Copyright © 2016 Kolasinski et al. Distributed under the terms of the Creative Commons Attribution License (CC BY). https://creativecommons.org/licenses/by/4.0/.

图 5.46：Reprinted with permission from Cochlear Americas.

图 5.47a：Zrenner et al., Figure 2a-c from "Subretinal electronic chips allow blind patients to read letters and combine them to words." *Proceedings of the Royal Society B*, 278, 1489–1497. Copyright © The Royal Society. Distributed under the terms of the Creative Commons Attribution License (CC BY 4.0). https://creativecommons.org/licenses/by/4.0/.

第 6 章

照片：第 216 页 Stephanie Keith/Getty Images

图 6.1a Adelrepeng/Dreamstime.com

图 6.1b Carl & Ann Purcell/Getty Images

图 6.3a Michael Doolittle/Alamy Stock Photo

图 6.4a Courtesy of the Laboratory of Neuro Imaging at UCLA and Martinos Center for Biomedical Imaging at MGH, Consortium of the Human Connectome Project

图 6.8 Culham et al. Ventral occipital lesions impair object guarantors brain. Brain, 2003, 126, 2463–2475, by permission of Oxford University Press

图 6.9a Denys Kuvaiev/Alamy Stock Photo

图 6.9b Konstantin Labunskiy/Alamy Stock Photo

图 6.9c Adam Eastland Art + Architecture/Alamy Stock Photo

图 6.11 Kanwisher et al. A locus in human extrastriate cortex for visual shape analysis, Journal of Cognitive Neuroscience 9 (1997): 133–142. Copyright © 1997, Massachusetts Institute of Technology

图 6.13a Emberson, L. L., Crosswhite, S. L., Richards, J. E., & Aslin, R. N. (2017). The lateral occipital cortex is selective for object shape, not texture/color, at six months. Journal of Neuroscience, 37(13), 3698–3703.

图 6.15 Kyodo/AP

图 6.17 Cohen et al. The visual word form area Spatial and temporal characterization of an initial stage of reading in normal subjects and posterior split-brain patients. 2000, Brain, Vol. 123, Issue 2, pp. 291–307. © 2000 Oxford University Press.

图 6.19 Kriegeskorte, N. (2015). Deep neural networks: a new framework for modeling biological vision and brain information processing. Annual review of vision science, 1, 417–446.

图 6.20a、b Yamins, D. L., et al. (2014). Performance-optimized hierarchical models predict neural responses in higher visual cortex. Proceedings of the National Academy of Sciences, 111(23), 8619–8624.

图 6.22a Bar, M., Kassam, K. S., Ghuman, A. S., Boshyan, J., Schmid, A. M., Dale, A. M. & Halgren, E. (2006). Top-down facilitation of visual recognition. PNAS, 103(2), 449–454.

图 6.23 Wikimedia Commons

图 6.24 Kay et al. (2008). Identifying natural images from human brain activity. Nature 452, 352–355. © Nature Publishing Group

图 6.25 Kay et al. (2008). Identifying natural images from human brain activity. Nature 452, 352–355. © Nature Publishing Group

图 6.26 Courtesy Jack Gallant

图 6.27 Naselaris et al. (2009). Bayesian Reconstruction of natural Images from Human brain Activity. Neuron 63(6), 902–915, September 24, 2009 © 2009 Elsevier.

图 6.28a Horikawa, T., Tamaki, M., Miyawaki, Y., & Kamitani, Y. (2013). Neural decoding of visual imagery during sleep. Science, 340(6132), 639–642.

图 6.29a Baylis et al. (1985) Selectivity between faces in the responses of a population of neurons in the cortex in the superior temporal sulcus of the monkey, Brain Research pp. 91–102. Copyright © 1985, Elsevier.

图 6.30 Tsao, et al, A Cortical Region Consisting Entirely of Face-Selective Cells, Science 311: 670–674 (2006). Reprinted with permission from AAAS.

图 6.31 McCarthy et al. (1997) Face-specific processing in the human fusiform gyrus, Journal of Cognitive Neuroscience p. 605, 610. Copyright © 1997 Massachusetts Institute of Technology.

图 6.32 Weiner, K. S., & Grill-Spector, K. (2015). The evolution of face processing networks. Trends in cognitive sciences, 19(5), 240–241.

图 6.34 Chang, L., & Tsao, D. Y. (2017). The code for facial identity in the primate brain. Cell, 169(6), 1013–1028.

图 6.35a Chang, L., & Tsao, D. Y. (2017). The code for facial identity in the primate brain. Cell, 169(6), 1013–1028.

图 6.36 Taylor et al. (2007) Functional MRI Analysis of Body and Body part Representations in the Extrasite and Fusiform Body Areas. J. Neurophysiol. Sept. 2007 98 no. 3:1626–1633. © 2007 American Physiological Society

图 6.37 Moeller, S., Crapse, T., Chang, L., & Tsao, D. Y. (2017). The effect of face patch microstimulation on perception of faces and objects. Nature neuroscience, 20(5), 743.

图 6.38 Schalk, G., et al. (2017). Facephenes and rainbows: Causal evidence for functional and anatomical specificity of face and color processing in the human brain. PNAS, 201713447.

图 6.39a Pitcher et al. (2009) Triple Dissociation of Faces, Bodies, and Objects in Extrastriate Cortex. Current Biology, Feb.24, 2009, 19(4) pp. 319, 324. © 2009 Elsevier

图 6.42 McCarthy, G., and Warrington, E.K., Visual associative agnosia: A Clinico-anatomical study of a single case, Journal of Neurology, Neurosurgery and Psychiatry 49 (1986): 1233, 1240. Copyright © 1986, British Medical Journal Publishing Group.

图 6.46 Martin, A. (2007). The representation of object concepts in the brain. Annu. Rev. Psychol., 58, 25–45.

图 6.50 van Kooten et al. (2008). Neurons in the fusiform gyrus are fewer and smaller in autism. Brain Copyright © 2008, Oxford University Press.

图 6.51 Scala/Art Resource, NY

图 6.52 Cohen et al. The visual word form area Spatial and temporal characterization of an initial stage of reading in normal subjects and posterior split-brain patients. 2000, Brain, Vol. 123, Issue 2, pp. 291–307. © 2000 Oxford University Press.

图 6.54 Thompson, P. (1980) Margaret Thatcher: A new illusion. Perception 9 (4) 483–484. Copyright © Pion Ltd, London. www.envplan.com.

绘画：图 6.18 a、b：Kriegeskorte, N., Figures 1B and 1C from "Deep neural networks: a new framework for modelling biological vision and brain information processing," *Annual Review of Vision Science*, 1(1), 417–446. Reprinted with permission.

图 6.21：Bar, M., Kassam, K. S., Ghuman, A. S., Boshyan, J., Schmid, A. M., Dale, A. M., et al, Figure 1 from "Top-down facilitation of visual recognition," *PNAS* 2006, 103(2), 449–454. Copyright © 2006 National Academy of Sciences.

图 6.22a、b：Bar, M., Kassam, K. S., Ghuman, A. S., Boshyan, J., Schmid, A. M., Dale, A. M., et al, Figure 1 from "Top-down facilitation of visual recognition," *PNAS* 2006, *103*(2), 449–454. Copyright © 2006 National Academy of Sciences.

图 6.28a、b：From Horikawa, T., Tamaki, M., Miyawaki, Y., & Kamitani, Y., Figures 1A and 3E from "Neural decoding of visual imagery during sleep," *Science*, *340*(6132), 639–642. Reprinted with permission from AAAS.

图 6.33：Reprinted from *Cognition*, *83*(1), Bentin & Carmel, "Domain specificity versus expertise: Factors influencing distinct processing of faces", 1–29, Copyright © Elsevier B.V. (2002), with permission from Elsevier.

图 6.34d 和 图 6.35 b：Reprinted from *Cell*, *169*(6), Chang, L. & Tsao, D. Y., "The code for facial identity in the primate brain," 1013–1028, Copyright © Elsevier Inc. (2017), with permission from Elsevier.

图 6.37b：Moeller, S., Crapse, T., Chang, L., & Tsao, D. Y., Figure 2A from "The effect of face patch microstimulation on perception of faces and objects," *Nature Neuroscience*, *20*(5), 743–752. Reprinted by permission from Macmillan Publishers Ltd., Copyright © 2017, Nature Publishing Group.

图 6.41a、b：Behrmann, M., et al., Figure from "Intact visual imagery and impaired visual perception in a patient with visual agnosia," *Journal of Experimental Psychology: Human Perception and Performance*, 20. Copyright © 1994 by the American Psychological Association. Reprinted by permission.

图 6.44：Mahon, B. Z., & Caramazza, A., Figure 2 from "Concepts and categories: A cognitive neuropsychological perspective," *Annual Review of Psychology*, *60*, 27–51. Reprinted with permission.

第 7 章

照片：第 264 页 Alan Poulson Photography/Shutterstock

图 7.2 Courtesy National Library of Medicine, Bethesda, Maryland

图 7.3 © 2018 Artists Rights Society (ARS), New York/VG Bild-Kunst, Bonn

图 7.6 Institute of Neurology and Institute of Cognitive Neuroscience, University College London, London, UK

图 7.12 Ronald C. James

图 7.19 McAdams et al. (2005) Attention Modulates the Responses of Simple Cells in Monkey Primary Visual Cortex, Journal of Neuroscience, Vol. 25, No. 47, pp. 11023–33. Copyright © 2005 by the Society for Neuroscience.

图 7.20 Tootell et al., 1998, Neuron

图 7.22 Kastner, S., et al. (1998). Mechanisms of directed attention in the human extrastriate cortex as revealed by functional MRI. Science, 282(5386), 108–111.

图 7.23 Hopf et al. (2006). The neural site of attention matches the spatial scale of perception. Journal of Neuroscience, 26, 3532–3540. © Society for Neuroscience.

图 7.26b O'Connor et al. (2002) Attention modulates responses in the human lateral geniculate nucleus. Nature Neuroscience, Nov 5 (11): 1203–9. Copyright © 2002, Rights Managed by Nature Publishing Group.

图 7.31 Davor Lovincic/iStockphoto

图 7.35 Schoenfeld et al. (2007). Spatio-temporal Analysis of Feature-Based Attention, Cerebral Cortex, 17:10. Copyright 2007 by Oxford University Press.

图 7.41 Hopfinger et al. (2000) The neural mechanism of top-down attentional control, Nature Neuroscience 3 (2000): 284–291. Copyright © 2000, Rights Managed by Nature Publishing Group.

图 7.44 Cosman, J. D., et al. (2015). Transient reduction of visual distraction following electrical stimulation of the prefrontal cortex. Cognition, 145, 73–76.

绘画：图 7.4：Fruhmann, B.M., Johannsen, L. & Karnath, H.O., Figure 1 from "Time course of eye and head deviation in spatial neglect," *Neuropsychology* 22(6), 697–702. Copyright © 2008 by the American Psychological Association. Reprinted by permission.

图 7.19：Republished with permission of Society for Neuroscience, from "Attention Modulates the Responses of Simple Cells in Monkey Primary Visual Cortex," McAdams & Reid, *Journal of Neuroscience*, 25(47), 2005; permission conveyed through Copyright Clearance Center, Inc.

图 7.22d、e：From Kastner, S., De Weerd, P., Desimone, R., & Ungerleider, L. G. (1998), "Mechanisms of directed attention in the human extrastriate cortex as revealed by functional MRI," *Science*, *282*(5386), 108–111. Reprinted with permission from AAAS.

图 7.24a—d：Republished with permission of Society for Neuroscience, from "The neural site of attention matches the spatial scale of perception," Hopf, J.M., Luck, S.J., Boelmans, K., Schoenfeld, M.A., Boehler, C.N., Rieger, J., & Heinz, H. J., *Journal of Neuroscience*, 26, 2009; permission conveyed through Copyright Clearance Center, Inc.

图 7.27a、b：McAlonan, K., Cavanaugh, J., & Wurtz, R.H., Adapted from figure 1b,c of "Guarding the gateway to cortex with attention in visual thalamus." Nature, 456, 391–394. Copyright © 2008 Nature Publishing Group. Reprinted with permission.

图 7.30a、b：Republished with permission of MIT Press, from "Attention-related modulation of sensory-evoked brain activity in a visual search task," Luck, S.J., Fan, S. & Hillyard, S. A., *Journal of Cognitive Neuroscience*, 5(2), 188–195, 1993; permission conveyed through Copyright Clearance Center, Inc.

图 7.32a、b：Reprinted from *Vision Research*, 47(1), Liu, et al., "Comparing the time course and efficacy of spatial and feature-based attention," 108–113, Copyright © Elsevier Ltd. (2007), with permission from Elsevier.

图 7.35：M. Schoenfeld, JM Hopf, A. Martinez, H. Mai, C. Sattler, A. Gasde, HJ Heinze, S. Hillyard, "Spatio-temporal analysis of feature-based attention," *Cerebral Cortex*, 2007, *17*(10), 2468–2477, by permission of Oxford University Press.

图 7.36a—d：Republished with permission of Society for Neuroscience, from "Dynamic Interaction of Object- and Space-Based Attention in Retinotopic Visual Areas," Mueller & Kleinschmidt, *Journal of Neuroscience*, 23(30), 2003; permission conveyed through Copyright Clearance Center, Inc.

图 7.42a、b：Armstrong, K. M., Schafer, R. J., Chang, M. H. & Moore, T., Figure 7.3 from "Attention and action in the frontal eye field." In R. Mangun (Ed.), *The Neuroscience of Attention* (pp. 151–166). Oxford, England: Oxford University Press. Reprinted with permission.

图 7.43a、b：Morishima, Y., Akaishi, R., Yamada, Y., Okuda, J., Toma, K., & Sakai, K. Figure 4 a & b from "Task-specific signal transmission from prefrontal cortex in visual selective attention." *Nature Neuroscience, 12*, 85–91. Reprinted by permission from Macmillan Publishers Ltd, Copyright © 2009, Nature Publishing

Group.

图 7.44c：Reprinted from *Cognition*, 145, Cosman, J. D., Atreya, P. V., & Woodman, G. F., "Transient reduction of visual distraction following electrical stimulation of the prefrontal cortex," pp. 73–76, Copyright © Elsevier Ltd. (2015), with permission from Elsevier.

图 7.47a、b：From Bisley & Goldberg (2003), "Neuronal activity in the lateral intraparietal area and spatial attention," *Science*, *299*(5603), 81–86. Reprinted with permission from AAAS.

图 7.53a—c：From Saalmann, Y. B., Pinsk, M. A., Wang, L., Li, X., & Kastner, S. (2012), "The pulvinar regulates information transmission between cortical areas based on attention demands," *Science*, 337(6095), pp. 753–756. Reprinted with permission from AAAS.

第 8 章

照片：第 314 页 Damon Winter/The New York Times/Redux

图 8.1 Lewis P. Rowland (Ed.), Merritt , *Textbook of Neurology, 8th edition*. Philadelphia: Lea & Febiger, 1989, p. 661. Copyright © 1989 by Lea & Febiger

图 8.9 Ejaz, N., Hamada, M., & Diedrichsen, J. (2015). Hand use predicts the structure of representations in sensorimotor cortex. *Nature neuroscience*, 18(7), 1034–1040.

图 8.18 Kao, J. C., et al. (2015). Single-trial dynamics of motor cortex and their applications to brain-machine interfaces. *Nature Communications*, 6.

图 8.22 Hamilton, A. F. & Graft on, S.T. 2007. Action outcomes are represented in human inferior frontoparietal cortex. Cerebral Cortex, 18, 1160–1168

图 8.25 Calvo-Merino et al. (2005) *Cerebral Cortex*, Vol. 15 Action Observation and Acquired Motor Skills: an fMRI Study with Expert Dancers, 1243, 1249. Copyright Elsevier 2005.

图 8.26 Agliot, et al. 2008. Action anticipation and motor resonance in elite basketball players. Copyright © 2006, Nature Neuroscience, vol. 11, 1109–1116

图 8.30 Hochberg et al. (2006) Neuronal ensemble control of prosthetic devices by a human with tetraplegia. *Nature* July 13; 442:164,171. Copyright © 2006, Rights Managed by Nature Publishing Group.

图 8.35 Greenberg, J.O., and Adams, R.D. (Eds.), *Neuroimaging: A Companion to Adams and Victor, Principles of Neurology*. New York: MacGraw-Hill, Inc., 1995. Reprinted by permission of McGraw-Hill, Inc.

图 8.36 Redgrave, P., et al. (2010). Goal-directed and habitual control in the basal ganglia: implications for Parkinson, disease. *Nature Reviews Neuroscience*, 11(11), 760.

图 8.44 左上 Scott Markewitz/Getty Images

图 8.44 右上 ZUMA Press, Inc./Alamy Stock Photo

图 8.44 左下 triloks/Getty Images

图 8.44 右下 Lebrecht Music and Arts Photo Library/Alamy Stock

图 8.45a Kawai, R., et al. (2015). Motor cortex is required for learning but not for executing a motor skill. Neuron, 86(3), 800–812.

图 8.47 Michael Stee le/Getty Images.

绘画：图 8.8a、b：Reprinted from *Progress in brain research*, 218, Baker, S. N., Zaaimi, B., Fisher, K. M., Edgley, S. A., & Soteropoulos, D. S., "Pathways mediating functional recovery," 389–412. Copyright © Elsevier B. V. (2015), with permission from Elsevier.

图 8.10：Reprinted from *Brain and language*, 127(2), Binkofski, F., & Buxbaum, L. J., "Two action systems in the human brain," 222–229, Copyright © Elsevier Inc. (2013), with permission from Elsevier.

图 8.17a—c：Churchland, M. M., Cunningham, J. P., Kaufman, M.T. Ryu, S.I. & Shenoy, K.V., Figure 2 from "Cortical preparatory activity representation of movement or first cog in a dynamical machine?" *Neuron, 68*, 387–400. Copyright © 2010 by Elsevier Science & Technology Journals. Reproduced with permission of Elsevier Science & Technology Journals.

图 8.18a、b：Kao, J. C., Nuyujukian, P., Ryu, S. I., Churchland, M. M., Cunningham, J. P., & Shenoy, K. V. Figures 4 and 6 from "Single-trial dynamics of motor cortex and their applications to brain-machine interfaces," *Nature Communications*, 6 (2015). Reprinted by permission from Macmillan Publishers Ltd, Copyright © 2015, Nature Publishing Group.

图 8.19：Cisek, P. & Kalasca, J. F., Figure 1 from "Neural mechanisms for interacting with a world full of action choices." *Annual Review of Neuroscience, 33*, 269–298. Reprinted with permission.

图 8.20：Cisek, P. & Kalasca, J. F., Figure 2 from "Neural mechanisms for interacting with a world full of action choices." *Annual Review of Neuroscience, 33*, 269–298. Reprinted with permission.

图 8.23：Hamilton & Graft on, "Action outcomes are represented in human inferior frontoparietal cortex," *Cerebral Cortex,* 2007, *18*(5)*,* 1160–1168, by permission of Oxford University Press.

图 8.29a—d：Ganguly, K. & Carmena, J. M., (2009) Figure 2 and 3 from "Emergence of a stable cortical map for neuroprosthetic control." *PLoS Biology 7*(7): e1000153. Copyright © 2009 Ganguly, Carmena. Distributed under the terms of the Creative Commons Attribution License (CC BY 4.0).

图 8.31a：Reprinted from *The Lancet*, 389(10081), Ajiboye, A. B., Willett, F. R., Young, D. R., Memberg, W. D., Murphy, B. A., Miller, J. P., "Restoration of reaching and grasping movements through brain controlled muscle stimulation in a person with tetraplegia: a proof-of-concept demonstration," 1821–1830, Copyright © Elsevier Ltd. (2017), with permission from Elsevier.

图 8.37a：Republished with permission of Society for Neuroscience, from "High-frequency stimulation of the subthalamic nucleus suppresses oscillatory ß activity in patients with Parkinson's disease in parallel with improvement in motor performance," Kühn, A. A., Kempf, F., Brücke, C., Doyle, L. G., Martinez-Torres, I., Pogosyan, A., *Journal of Neuroscience*, *28*(24), 2008; permission conveyed through Copyright Clearance Center, Inc.

图 8.37b：Reprinted from *Neuron*, 76(5), Li, Q., Ke, Y., Chan, D. C., Qian, Z. M., Yung, K. K., Ko, H., & Yung, W. H., "Therapeutic deep brain stimulation in Parkinsonian rats directly influences motor cortex," 1030–1041, Copyright © Elsevier Inc. (2012), with permission from Elsevier.

图 8.39：Martin et al., "Throwing while looking through prisms. I. Focal olivocerebellar lesions impair adaptation." *Brain*, 1996, *119*, 1183–1198, by permission of Oxford University Press.

图 8.40：Republished with permission of Society for Neuroscience, from "Dissociating visual and motor directional selectivity using visuomotor adaptation," Haar, S., Donchin, O.,

& Dinstein, I., *Journal of Neuroscience*, 35(17), 2015; permission conveyed through Copyright Clearance Center, Inc.

图 8.41a、b：Martin et al., "Throwing while looking through prisms. I. Focal olivocerebellar lesions impair adaptation." *Brain*, 1996, *119*, 1183–1198, by permission of Oxford University Press.

图 8.42：Galea, J. M., Vazquez, A., Pasricha, N., Dexivry J. J. O. & Celnik, P., "Dissociating the roles of the cerebellum and motor cortex during adaptive learning: The motor cortex retains what the cerebellum learns.
Cerebral Cortex, 2010, *21*(8), 1761–1770, by permission of Oxford University Press.

图 8.43：Republished with permission of MIT Press, from "Spatiotemporal prediction modulates the perception of self-produced stimuli," Blakemore, S. J., Frith, C. D., & Wolpert, D. M., *Journal of Cognitive Neuroscience*, 11(5), 551–559, 1999; permission conveyed through Copyright Clearance Center, Inc.

图 8.45b—d：Reprinted from *Neuron*, 2015, 86(3), Kawai, R., Markman, T., Poddar, R., Ko, R., Fantana, A.L., Dhawale, A.K., Kampff, A.R. and Ölveczky, "Motor cortex is required for learning but not for executing a motor skill, 800–812. Copyright © Elsevier Inc. (2015), with permission from Elsevier.

图 8.46：Reprinted from *Neuroimage*, 36 (Suppl. 2), Johansen-Berg, H., Della-Maggiore, V., Behrens, T. E., Smith, S. M. & Paus, T., "Integrity of white matt er in the corpus callosum correlates with bimanual co-ordination skills," T16–T21, Copyright © Elsevier Inc. (2007), with permission from Elsevier.

第 9 章

照片：第 364 页 Blend Images/Alamy

图 9.1 H. Urbach (ed.), MRI in Epilepsy, Medical Radiology. Diagnostic Imaging, Springer-Verlag Berlin Heidelberg 2013

图 9.5 Markowitsch et al. (1999) Short-term memory deficit after focal parietal damage, Journal of Clinical & Experimental Neuropsychology 21 (1999): 784–797. Copyright © 1999 Routledge.

图 9.8 Jonides et al. (1998) Inhibition in verbal working memory revealed by brain activation. PNAS. Vol. 95 no. 14. Copyright © 1998, The National Academy of Science.

图 9.9 Drawing © Ruth Tulving, Courtesy the artist.

图 9.11a Gabrieli, J.D.E., Fleischman, D. A., Keane, M. M., Reminger, S.L., & Morrell, F. (1995). Double dissociation between memory systems underlying explicit and implicit memory in the human brain. Psychological Science, 6, 76,82

图 9.14 Corkin et al., H.M.'s medial temporal lobe lesion: Findings from magnetic resonance imaging, The Journal of Neuroscience 17: 3964–3979, Copyright © 1997 Society of Neuroscience.

图 9.16 Courtesy of Professor David Amaral

图 9.22 Paller, K. A., & Wagner, A. D. (2002) Observing the transformation of experience into memory. Trends in cognitive sciences, 6(2), 93–102.

图 9.23 Eldridge et al. (2000) Remembering episode: a selective role for the hippocampus during retrieval. Nature Neuro science, (3) 11:1149–52. Copyright © 2000, Rights Managed by Nature Publishing Group.

图 9.25 Ranganath et al. (2004) Dissociable correlates of recollection and familiarity within the medial temporal lobes Neuropsychologia, Vol. 42, 2,13. Copyright © 2004, Elsevier 2004.

图 9.28 Eichenbaum et al. (2007) The Medial Temporal Lobe and Recognition Memory. Vol. 30 Co Annual Review of Neuroscience, Volume 30 © 2007 by Annual Reviews.

图 9.29a、b Hannula et al. Worth a glance: using eye movements to investigate the cognitive neuroscience of memory. Frontiers in Human Neuroscience. 4: 1–16. © 2010 Hannula, Althoff, Warren, Riggs, Cohen and Ryan.

图 9.30 Wheeler et al. Memory's echo: Vivid remembering reactivates sensory-specific cortex, Proceedings of the National Academy of Sciences, © September 26, © (2000) vol. 97, no. 20, 11125–11129

图 9.31 Wade, K. A., Garry, M., Read, J. D., & Lindsay, D. S. (2002). A picture is worth a thousand lies: Using false photographs to create false childhood memories. Psychonomic Bulletin & Review, 9(3), 597–603.

图 9.33 Kelley, W. M., Miezin, F. M., McDermott, K. B., Buckner, R. L., Raichle, M. E., Cohen, N. J., & Petersen, S. E. (1998). Hemispheric specialization in human dorsal frontal cortex and medial temporal lobe for verbal and nonverbal memory encoding. Neuron, 20(5), 927–936.

绘画：图9.11b、c：Gabrieli, J. D. E., et al., Figure 2 from "Double dissociation between memory systems underlying explicit and implicit memory in the human brain," *Psychological Science*, 6, 76–82. Copyright 1995 Sage Publications. Reprinted by permission of Association for Psychological Science.

图 9.22：Reprinted from *Trends in Cognitive Sciences*, 6(2), Paller, K. A., & Wagner, A. D., "Observing the transformation of experience into memory," 93–102, Copyright © Elsevier Ltd. (2018), with permission from Elsevier.

图 9.24a、b：Reprinted from *Neuropsychologia*, 42(1), Ranganath, et al., "Dissociable correlates of recollection and familiarity within the medial temporal lobes," 2–13. Copyright © Elsevier Ltd. (2003), with permission from Elsevier.

图 9.32a：Reprinted from *Neuroimage*, 59(3), Dennis, N. A., Bowman, C. R., & Vandekar, S. N., "True and phantom recollection: an fMRI investigation of similar and distinct neural correlates and connectivity," 2982–2993, Copyright © Elsevier Inc. (2012), with permission from Elsevier.

图 9.32b：Reprinted from *Neuropsychologia*, 81, Kurkela, K. A., & Dennis, N. A., "Event-related fMRI studies of false memory: An Activation Likelihood Estimation meta-analysis," 149–167, Copyright © Elsevier Ltd. (2015), with permission from Elsevier.

图 9.36a—d：Reprinted from *Neuropsychologia*, 51(6), Jaeger, A., Konkel, A., & Dobbins, I. G., "Unexpected novelty and familiarity orienting responses in lateral parietal cortex during recognition judgment," 1061–1076, Copyright © Elsevier Ltd. (2013), with permission from Elsevier.

第 10 章

照片：第 410 页 Tim Shaff er/Reuters

图 10.1 Adolphs et al. (1995) Fear and the Human Amygdala. The Journal of Neuroscience, 15 (9):5878–5891. Copyright © Society for Neuroscience

图 10.3 Adolphs et al. (1995) Fear and the Human Amygdala. The Journal of Neuroscience, 15 (9):5878–5891. Copyright © Society for Neuroscience

图 10.4 Satpute, A. B., et al. (2013). Identification of discrete functional subregions of the human periaqueductal gray. PNAS,

图 10.5 Anderson, D. J., & Adolphs, R. (2014). A Framework for Studying Emotions across Species. Cell, 157, 187–200.
图 10.6 Wikimedia Commons
图 10.7 Copyright 2017 Paul Ekman Group LLC. All rights reserved.
图 10.8 Photos reproduced with permission © 2004, Bob Willingham. Tracy JL and Matsumoto D. 2008. The spontaneous expression of pride and shame: Evidence for biologically innate nonverbal displays. PNAS 105:11655–1660.
图 10.13 Anderson et al. (2001) Lesions of the human amygdala impair enhanced perception of emotionally salient events. Nature; May 17; 41:305–309; Copyright © 2001, Rights Managed by Nature Publishing Group.
图 10.15b Phelps et al. (2001). Activation of the left amygdala to a cognitive representation of fear. Nature Neuroscience, 4, 437–41. © 2001 Rights Managed by Nature Publishing Group.
图 10.20 Adolphs et al. (2005). A mechanism for impaired fear recognition after amygdala damage. Nature; January 6; 433:68–72; Copyright © 2005, Rights Managed by Nature Publishing Group.
图 10.21a Whalen, et al. 2004 Human Amygdala Responsivity to Masked Fearful Eye Whites. Science Vol. 306, p. 2061. Copyright © 2004, AAAS.
图 10.22 Cunningham et al., (2004). Separable neural components in the processing of Black and White Faces. Psychological Science, 15, 806–813. Copyright © 2004, Association for Psychological Science
图 10.23 Said et al. (2010). The amygdala and FFA track both social and non-social face dimensions. Neuropsychologia, 48, 3596–3605. © 2010 Elsevier.
图 10.25 Habel et al. May 2005. Same or different? Neural correlates of happy and sad mood in healthy males. NeuroImage 26(1):206–214. © 2005 Elsevier.
图 10.26 Ortigue et al. (2010a). Neuroimaging of Love: fMRI Meta-analysis Evidence toward New Perspectives in Sexual Medicine. Journal of Sexual Medicine, 7 (11), 3541–3552. © 2010 International Society for Sexual Medicine
图 10.27 Ortigue et al. (2010a). Neuroimaging of Love: fMRI Meta-analysis Evidence toward New Perspectives in Sexual Medicine. Journal of Sexual Medicine, 7 (11), 3541–3552. © 2010 International Society for Sexual Medicine
图 10.30 Ochsner et al. (2004). For better or for worse: Neural systems supporting the cognitive down- and up-regulation of negative emotion. NeuroImage, 23, 483–499. © 2004 Elsevier, Inc. All rights reserved.

绘 画：图 10.8：Tracy, J. & Matsumoto, D. (2008), Figures 1 and 2 from "The spontaneous expression of pride and shame: Evidence for biologically innate nonverbal displays." *Proceedings of the National Academy of Science USA*, 105, 11655–11660. Reprinted with permission.
图 10.16a—c：Dunsmoor, J. E., Kragel, P. A., Martin, A., & LaBar, K. S., "Aversive learning modulates cortical representations of object categories," *Cerebral Cortex*, 2013, *24*(11), 2859–2872, by permission of Oxford University Press.
图 10.17a：Schwabe, L., & Wolf, O. T., Figure 1 from "Timing matters: temporal dynamics of stress effects on memory retrieval." *Cognitive, Affective, & Behavioral Neuroscience*, 2014, *14*(3), 1041–1048. Reprinted by permission of Springer Science + Business Media.
图 10.19：Lerner, J. S., Small, D. A., & Loewenstein, G., Figure 2 from "Heart strings and purse strings carryover effects of emotions on economic decision," *Psychological Science*, 15(5), 337–341. Copyright 2004 Sage Publications. Reprinted by permission of Association for Psychological Science.
图 10.28：Ochsner, K., Silvers, J., & Buhle, J. T. (2012). Figure 2a from "Functional imaging studies of emotion regulation: a synthetic review and evolving model of the cognitive control of emotion." *Annals of the New York Academy of Sciences, 1251*(1), E1–E24, March. Copyright © 2012 The New York Academy of Sciences. Reprinted with permission of The New York Academy of Sciences.
图 10.29：Gross, J., Figure 1 from "Antecedent- and response-focused emotion regulation: Divergent consequences for experience, expression, and physiology." *Journal of Personality and Social Psychology, 74*, 224–237. Reprinted by permission of the American Psychological Association.

第 11 章

照片：第 458 页 Colin Hawkins/cultura/Corbis
图 11.2a Courtesy Musée Depuytren, Paris
图 11.7 Huth, A. G., de Heer, W. A., Griffiths, T. L., Theunissen, F. E., & Gallant, J. L. (2016). Natural speech reveals the semantic maps that tile human cerebral cortex. Nature, 532(7600), 453–458.
图 11.14 Bonilha, L., Hillis, A. E., Hickok, G., den Ouden, D. B., Rorden, C., & Fridriksson, J. (2017). Temporal lobe networks supporting the comprehension of spoken words. Brain, 140(9), 2370–2380.
图 11.17a Puce et al. Differential sensitivity of human visual cortex to faces, letter strings, and textures: A functional magnetic resonance imaging study, Journal of Neuroscience 16 (1996) Copyright © 2013 by the Society for Neuroscience
图 11.17c Caplan et al, 2000. Activation of Broca's area by syntactic processing under conditions of concurrent articulation, Human Brain Mapping. Copyright © 2000 Wiley-Liss, Inc.
图 11.18 Bouhali, F., de Schott en, M. T., Pinel, P., Poupon, C., Mangin, J. F., Dehaene, S., & Cohen, L. (2014). Anatomical connections of the visual word form area. Journal of Neuroscience, 34(46), 15402–15414.
图 11.24 Courtesy of Nina Dronkers
图 11.28 左 Great Ape Trust of Iowa
图 11.28 右 Great Ape Trust of Iowa

绘画：图 11.8a、b："Conceptual structure: Towards an integrated neurocognitive account," Kirsten I. Taylor, Barry J. Devereux & Lorraine K. Tyler, *Language and Cognitive Processes,* 26 July 2011, *26*(9), 1368–1401, reprinted by permission of the publisher.
图 11.9：Taylor, K. I., Moss, H. E. & Tyler, L. K. (2007). Figure from "The conceptual structure account: A cognitive model of semantic memory and its neural instantiation." J. Hart & M. Kraut (eds.), *The Neural Bas is of Semantic Memory.* Cambridge: Cambridge University Press. pp. 265–301. Reprinted with permission.
图 11.16：McClelland, James L., David E. Rumelhart, and PDP Research Group, *Parallel Dis tributed Processing, Volume 2: Explorations in the Microstructure of Cognition: Psychological and Biological Models*, figure: "Fragment of a Connectionist

Network for Letter Recognition," © 1986 Massachusetts Institute of Technology, by permission of The MIT Press.

图 11.22a、b：Republished with permission of MIT Press, from "Dissociation of Brain Activity Related to Syntactic and Semantic Aspects of Language," Munte, Heinze and Mangun, *Journal of Cognitive Neuroscience*, 5(3), 1993; permission conveyed through Copyright Clearance Center, Inc.

图 11.26：Reprinted from *Trends in Cognitive Science*, 16(5), Robert C. Berwick, Angela D. Friederici, Noam Chomsky, Johan J. Bolhuis, "Evolution, brain, and the nature of language," 262–268. Copyright © Elsevier Ltd. (2012), with permission from Elsevier.

第 12 章

照片：第 496 页 Randy Faris/Getty Images

图 12.6 Druzgal et al. (2003) Dissecting Contributions of Prefrontal Cortex and Fusiform Face, Journal of Cognitive Neuroscience, Vol. 15, No. 6. Copyright © 2003, Massachusetts Institute of Technology.

图 12.8 Koechlin et al. (2003) The Architecture of Cognitive Control in the Human Prefrontal Cortex, Science, Vol. 302. no. 5648, pp. 1181–1185. Copyright © 2003 AAAS.

图 12.9a Cohen, J. R., & D'Esposito, M. (2016). The segregation and integration of distinct brain networks and their relationship to cognition. Journal of Neuroscience, 36(48), 12083–12094.

图 12.11a Kennerley et al. (2009). Neurons in the frontal lobe encode the value of multiple decision variables. Journal of Cognitive Neuroscience, 21(6): 1162–1178. © 2009, Massachusetts Institute of Technology 530 Sellitto, M., Ciaramelli, E., & di Pellegrino, G. (2010). Myopic discounting of future rewards after medial orbitofrontal damage in humans. Journal of Neuroscience, 30(49), 16429–16436.

图 12.13 Hare et al. (2009) Self-control in decision-making involves modulation of the vmPFC valuation system. Science, 324, 646–648. © 2009, American Association for the Advancement of Science

图 12.15 Shenhav, A., & Buckner, R. L. (2014). Neural correlates of dueling affective reactions to win-win choices. PNAS, 111(30), 10978–10983.

图 12.17b Seymour et al. (2007). Differential encoding of losses and gains in the human striatum. Journal of Neuroscience 27(18) 4826–4831. © Society for Neuroscience.

图 12.22 Thompson-Schill et al., (1997) Role of left interior prefrontal cortex in retrieval of semantic knowledge: A reevaluation, PNAS. 94: 14792–14797.

图 12.26a Adam Gazzaley, et al. Age related top-down suppression deficit in the early stages of cortical visual memory processing. PNAS September 2, 2008. 105 (35) 13122–13126

图 12.27 Courtesy David Flitney, Oxford University

图 12.30 Anguera, J. A., Boccanfuso, J., Rintoul, J. L., Al-Hashimi, O., Faraji, F., Janowich, J., & Gazzaley, A. (2013). Video game training enhances cognitive control in older adults. Nature, 501(7465), 97–101.

绘画：图 12.6b、c：Republished with permission of MIT Press, from "Dissecting contributions of prefrontal cortex and fusiform face area to face working memory," Druzgal, T. J., & D'Esposito, M., *Journal of Cognitive Neuroscience*, 15(6), 2003; permission conveyed through Copyright Clearance Center, Inc.

图 12.15a、b：Shenhav, A., & Buckner, R. L., Figures 1 and 2 from "Neural correlates of dueling affective reactions to win-win choices," *Proceedings of the National Academy of Sciences*, 111(30), 10978–10983. Reprinted with permission.

图 12.16a—c：From Schultz, W.; Dayan, P.; Read Montague, P. (2003), "A Neural Substrate of Prediction and Reward," *Science*, 275(5306), 1593–1599. Reprinted with permission from AAAS.

图 12.23a—c：Reprinted from *Neuron*, 63, Dux, P.E., Tombu, M.N., Harrison, S., Rogers, B.P., Tong, F., & Marois, R., "Training improves multitasking performance by increasing the speed of information processing in human prefrontal cortex," 127–138, Copyright © Elsevier Inc. (2009), with permission from Elsevier.

图 12.28a、b：From Frank, M. J., Samanta, J., Moustafa, A. A., & Sherman, S. J. (2007). "Hold your horses: Impulsivity, deep brain stimulation, and medication in parkinsonism," *Science*, 318, 1309–1312. Reprinted with permission from AAAS.

图 12.29：Dye, M. W., Green, C. S., & Bavelier, D., Figure 1 from "Increasing speed of processing with action video games," *Current Directions in Psychological Science*, 18(6), 321–326. Copyright 2009 Sage Publications. Reprinted by permission of Association for Psychological Science.

图 12.31a、b：Reprinted from *Acta psychologica*, 140(1), Strobach, T., Frensch, P. A., & Schubert, T., "Video game practice optimizes executive control skills in dual-task and task switching situations," 13–24, Copyright © Elsevier B. V. (2012), with permission from Elsevier.

图 12.36a、b：Republished with permission of Society for Neuroscience, from "The processing of unexpected positive response outcomes in the mediofrontal cortex," Ferdinand, N. K., Mecklinger, A., Kray, J., & Gehring, W. J., *Journal of Neuroscience*, 32(35), 2012; permission conveyed through Copyright Clearance Center, Inc.

图 12.38a：Reprinted from *Neuron*, 89(3), Purcell, B. A., & Kiani, R., "Neural mechanisms of post-error adjustments of decision policy in parietal cortex," 658–671, Copyright © Elsevier Inc. (2016), with permission from Elsevier.

第 13 章

照片：第 544 页 Caiaimage/Paul Bradbury/Getty Images

图 13.1 Damasio et al. (1994). The Return of Phineas Gage: Clues about the brain from the skull of a famous patient. Science Vol. 264. No. 5162, pp. 1102–1105. Copyright © 1994, AAAS.

图 13.3 Kelley et al. (2002). Finding the self? An event-related fMRI study. Journal of Cognitive Neuroscience, 14, 785, 794. Copyright © 2002, Massachusetts Institute of Technology.

图 13.5 Debra A. Gusnard, and Marcus E. Raichle, (2001). Searching for a baseline: functional imaging and the resting human brain. National Reviews Neuroscience. 2(10):685, 694. © 2001 Rights Managed by Nature Publishing Group.

图 13.8 Blanke O., et al. (2002) Neuropsychology: Stimulating illusory own-body perceptions. Nature, 419, 269–270.

图 13.9 Blanke, O., & Metzinger, T. (2009). Full-body illusions and minimal phenomenal selfhood. Trends in cognitive sciences, 13(1), 7–13.

图 13.10 McGeoch, P. D., et al. (2011). Xenomelia: a new right parietal lobe syndrome. Journal of Neurology, Neurosurgery & Psychiatry.

图 13.11 Hilti, L. M., et al. (2013). The desire for healthy limb amputation: structural brain correlates and clinical features of xenomelia. Brain, 136(1), 318–329.

图 13.15a Michael, J., et al. (2014). Continuous theta-burst stimulation demonstrates a causal role of premotor homunculus in action understanding. Psychological Science, 25(4), 963–972

图 13.16 Phillips et al. (1997) A specific neural substrate for perceiving facial expressions of disgust. Nature; October 2; 389:495, 498. Copyright © 1997, Rights Managed by Nature Publishing Group.

图 13.22b Mitchell et al. (2004) Encoding-Specific Effects of Social Cognition on the Neural Correlates of Subsequent Memory. The Journal of Neuroscience, 24(21): 4912, 4917. Copyright © 2004, Society for Neuroscience

图 13.23 Saxe et al. (2006). It's the Thought That Counts: Specific Brain Regions for One Component of Theory of Mind, Psychological Science 17 (8), 692, 699. Copyright © 2006, Association for Psychological Science

图 13.24 Pelphrey et al. (2006). Brain Mechanisms for interpreting the actions of others from Biological-Motion Cues. Current Directions in Psychological Science. June vol. 15 no. 3 136–140. Copyright © 2006, APS.

图 13.25 Catani, M., et al. (2016). Frontal networks in adults with autism spectrum disorder. Brain, 139(2), 616 630.

图 13.26 Kennedy, D. P., et al. (2006). Failing to deactivate: Resting functional abnormalities in autism. Proceedings of the National Academy of Sciences, 103, 8275–8280. Fig 1

图 13.27 Kennedy, D. P., & Courchesne, E. (2008). Functional abnormalities of the default network during self-and other-reflection in autism. Social Cognitive and Affective Neuroscience, 3, 177–190.

图 13.31a Jennifer S. Bee r (2007). The default self: fee ling good or being right? Trends in Cognitive Sciences, Volume 11, Issue 5, Pages 187–189. Copyright © 2007, Elsevier 2007.

图 13.31b Beer et al., (2003) The Regulatory Function of Self-Conscious Emotion: Insights from Patients with Orbitofrontal Damage. Journal of Personality and Social Psychology, 85, (4) 594–604. Copyright © 2003 by the APA.

图 13.32 Grossman et al. (2010). The role of ventral medial prefrontal cortex in social decisions: Converging evidence from fMRI and frontotemporal lobar degeneration. Neuropsychologia, 48, 3505–3512. Copyright © 2010, Elsevier.

绘画：图 13.15b：Michael, J., Sandberg, K., Skewes, J., Wolf, T., Blicher, J., Overgaard, M., & Frith, C. D., (2014). Figure 3 from "Continuous theta-burst stimulation demonstrates a causal role of premotor homunculus in action understanding," *Psychological Science*, 25(4), 963–972. Copyright © 2014 Sage Publications. Distributed under the terms of the Creative Commons Attribution License (CC BY 3.0). https://creativecommons.org/licenses/by/3.0/.

图 13.19：Cikara, M., Botvinick, M.M., & Fiske, S.T. (2011). Figure 2 from "Us Versus Them: Social Identity Shapes Neural Responses to Intergroup Competition and Harm." *Psychological Science*, 22 (3), 306–313. Copyright © 2011 by Association for Psychological Science. Reprinted with permission.

图 13.21a、b：Cikara, M., Botvinick, M. M., & Fiske, S.T. (2011). Figure 4 from "Us Versus Them: Social Identity Shapes Neural Responses to Intergroup Competition and Harm." *Psychological Science*, 22 (3), 306–313. Copyright © 2011 by Association for Psychological Science. Reprinted with permission.

图 13.28：Cattaneo, et al., Figure 1 from "Impairment of actions chains in autism and its possible role in intention understanding." *Proceedings of the National Academy of Science USA.*, 104, 17825–17830. Reprinted with permission.

第 14 章

照片：第 594 页 Eric Tam/Getty Images

图 14.2 Owen, A. M., et al. (2006). Detecting awareness in the vegetative state. Science, 313, 1402.

图 14.3 Monti, M. M., et al. (2010). Willful modulation of brain activity in disorders of consciousness. New England Journal of Medicine, 362, 579–589

图 14.4a Paul Cooper/REX/Shutterstock

图 14.4b © Estate Jeanloup Sieff

表 14.1 T. E., Arrigoni, E., & Lipton, J. O. (2017). Neural circuitry of wakefulness and sleep. Neuron, 93(4), 747–765.

图 14.7 Mahowald, M. W., & Schenck, C. H. (2005). Insights from studying human sleep disorders. Nature, 437(7063), 1279.

图 14.8 Bassett i, C., Vella, S., Donati, F., Wielepp, P., & Weder, B. (2000). SPECT during sleepwalking. The Lancet, 356(9228), 484–485.

图 14.13 Michele Rucci/Active Perception Lab

图 14.23 Stephens, G. J., Silbert, L. J., & Hasson, U. (2010). Speaker-listener neural coupling underlies successful communication. Proceedings of the National Academy of Sciences, 107(32), 14425–14430.

图 14.24a、b Hunt, G. R., Lambert, C., & Gray, R. D. (2007). Cognitive requirements for tool use by New Caledonian crows (Corvus moneduloides). New Zealand Journal of Zoology, 34(1), 1–7.

图 14.24c Fahroni/Getty Images

图 14.25 Povinelli, D.J., et al. (1993) Self-recognition ion chimpanzees (Pan troglodytes): Distribution, ontogeny, and patterns of emergence. Journal of Comparative Psychology. 107:347–372. Photo © Daniel Povinelli

图 14.27 Paul Ehrenfest/Wikimedia Commons

图 14.29 Strausfeld, N. J., & Hirth, F. (2013). Deep homology of arthropod central complex and vertebrate basal ganglia. Science, 340(6129), 157–161.

图 14.30 Merker, B. (2007). Consciousness without a cerebral cortex. Behavioural and brain sciences, (30)1, 63–134.

绘画：图 14.6：Reprinted from *Frontiers in Genetics, 93*(4), Scammell, T. E., Arrigoni, E., & Lipton, J. O., "Neural circuitry of wakefulness and sleep," 747–765, Copyright © Elsevier Ltd. (2017), reprinted with permission from Elsevier.

图 14.9：Boucher, B. & Jenna, S. (2013). Figure 2 from "Genetic interaction networks: better understand to better predict," *Frontiers in genetics*, 17 December 2013. Copyright © 2013 Boucher and Jenna. Distributed under the terms of the Creative Commons Attribution License (CC BY 3.0). https://creativecommons.org/licenses/by/3.0/.

图 14.14a：From Fendrich, R., Wessinger, C. M., & Gazzaniga, M.S. (1992). "Residual vision in a scotoma: implications for blindsight," *Science*, 258(5087), 1489–91. Reprinted with permission from AAAS.

图 14.22：Libet, B. (1999). Figure 1.3 from "Do we have free will?" *Journal of Consciousness Studies*, 6(8–9), 47–57. Copyright © 1999 Imprint Academic. Reprinted with permission.

图 14.28：From Strausfeld, N. J., & Hirth, F. (2013). Figure 2 from "Deep homology of arthropod central complex and vertebrate basal ganglia," *Science, 340*(6129), 157–161. Reprinted with permission from AAAS.

缩写词表

2-D：two-dimensional（二维）
2FDG：2-fluorodeoxy-D-glucose（2–氟脱氧葡萄糖）
3-D：three-dimensional（三维）
A1：primary auditory cortex（初级听皮质）
A2：secondary auditory cortex（次级听皮质）
ACC：anterior cingulate cortex（前扣带皮质）；agenesis of the corpus callosum（胼胝体发育不全）
ACG：anterior cingulate gyrus（前扣带回）
Ach：acetylcholine（乙酰胆碱）
AChE：acetylcholinesterase（乙酰胆碱酯酶）
ACTH：adrenocorticotropic hormone（促肾上腺皮质激素）
AD：Alzheimer's disease（阿尔茨海默病）
ADHD：attention deficit hyperactivity disorder（注意缺陷/多动障碍）
ADP：adenosine diphosphate（二磷酸腺苷）
AEP：auditory evoked potential（听觉诱发电位）
AI：anterior insula（前脑岛）；artificial intelligence（人工智能）
AIDS：acquired immunodeficiency syndrome（获得性免疫缺陷综合征）
AMPA：a-amino-3-hydroxyl-5-methyl-4-isoxazole propionate（α–氨基–3–羟基–5–甲基–4–异噁唑丙酸）
ANS：autonomic nervous system（自主神经系统）
ANT：anterior（前部）
AP：autoscopic phenomenon（自视现象）
AP5：2-amino-5-phosphonopentanoate（2–氨基–5–膦酰戊酸）
APD：antisocial personality disorder（反社会型人格障碍）
ASD：autism spectrum disorder（孤独症谱系障碍）
AT：anterior temporal（前颞叶）
ATF：appraisal tendency framework（评价倾向框架）
ATP：adenosine triphosphate（三磷酸腺苷）
BA：Brodmann's area（布罗德曼分区）
BBB：blood–brain barrier（血—脑屏障）
BIC：binding-of-items-and-contexts（项目–场景联结模型）
BIID：body integrity identity disorder（身体完整性认同障碍）
BMI：brain–machine interface（脑机接口）
BOLD：blood oxygen level–dependent（血氧水平依赖）
BrdU：bromodeoxyuridine（溴脱氧尿苷）
cAMP：cyclic adenosine monophosphate（环磷酸腺苷）
CAPS：Clinician-Administered PTSD Scale（临床用DSM-PTSD诊断量表）
CAT：见CT。
CC：corpus callosum（胼胝体）
cGMP：cyclic guanosine monophosphate（环磷酸鸟苷）
ChR-2：channelrhodopsin-2（光敏感通道–2）
CI：cochlear implant（人工耳蜗）
CIMT：constraint-induced movement therapy（约束诱导运动疗法）
CLSM：connectome-based lesion-symptom mapping（基于连接组的损伤症状映射技术）
CM neuron：corticomotoneuron（皮质运动神经元）
CNS：central nervous system（中枢神经系统）
CP：congenital prosopagnosia（先天性面孔失认症）
CR：conditioned response（条件反应）
CRF：corticotropin-releasing factor（促肾上腺皮质激素释放因子）
CS：conditioned stimulus（条件刺激）
CSF：cerebrospinal fluid（脑脊液）
CST：corticospinal tract（皮质脊髓束）
CT / CAT：computerized tomography（计算机断层扫描）；computerized axial tomography（计算机轴向断层扫描）
cTBS：continuous theta burst stimulation（连续θ脉冲刺激）
DA：dopamine（多巴胺）；dopaminergic（多巴胺能）
dACC：dorsal anterior cingulate cortex（背侧前扣带皮质）
DAI：diffuse axonal injury（扩散性轴索损伤）
DBS：deep brain stimulation；

deep brain stimulator（深部脑刺激）

DC：direct current（直流电）

dlFC：dorsolateral frontal cortex（背外侧额叶皮质）

dlPFC：dorsolateral prefrontal cortex（背外侧前额叶皮质）

dmPFC：dorsomedial prefrontal cortex（背内侧前额叶皮质）

DNA：deoxyribonucleic acid（脱氧核糖核酸）

dPMC：dorsal premotor cortex（背侧运动前皮质）

DTI：diffusion tensor imaging（扩散张量成像）

EBA：extrastriate body area（纹外躯体区）

ECoG：electrocorticography（脑皮质电图）；electrocorticogram（脑皮质电图）

ECT：electroconvulsive therapy（电休克治疗）

EEG：electroencephalography（脑电图）；electroencephalogram（脑电图）

EMG：electromyography（肌电描记法）；electromyogram（肌电图）

EPSP：excitatory postsynaptic potential（兴奋性突触后电位）

ERF：event-related field（事件相关磁场）

ERN：error-related negativity（错误相关负波）

ERP：event-related potential（事件相关电位）

FA：fractional anisotropy（各向异性分数）

FBA：fusiform body area（梭状回躯体区）

FDA：Food and Drug Administration（美国食品和药物管理局）

FEF：frontal eye field（额叶眼区）

FES：functional electrical stimulator（功能性电刺激器）

FFA：fusiform face area（梭状回面孔区）

fMRI：functional magnetic resonance imaging（功能磁共振成像）

FP：frontal pole（额极）

FPN：frontoparietal network（额顶叶网络）

FRN：feed back-related negativity（反馈相关负波）

FTLD：frontotemporal lobar degeneration（额颞叶变性）

GABA：gamma-aminobutyric acid（γ-氨基丁酸）

GDP：guanosine diphosphate（鸟嘌呤二磷酸）

GFAP：glial fibrillary acidic protein（胶质纤维酸性蛋白）

GFP：green fluorescent protein（绿色荧光蛋白）

GI：gastrointestinal（胃肠的）

GPCR：G protein–coupled receptor（G蛋白偶联受体）

GP_e：external segment of the globus pallidus（苍白球外段）

GP_i：internal segment of the globus pallidus（苍白球内段）

GTP：guanosine triphosphate（鸟嘌呤三磷酸）

HERA：hemispheric encoding / retrieval asymmetry（半球编码/提取不对称模型）

HIV：human immunodeficiency virus（人类免疫缺陷病毒）

HPA：hypothalamic-pituitary-adrenal（下丘脑—垂体—肾上腺）

HSFC：hierarchical state feed back control（分层状态反馈控制）

IAT：Implicit Association Test（内隐联想测验）

IFC：inferior frontal cortex（下额叶皮质）

IFG：inferior frontal gyrus（额下回）

IFJ：inferior frontal junction（下额叶联合区）

ILN：intralaminar nuclei（板内核）

INUMAC：Imaging of Neuro Disease Using High Field MR and Contrastophores（采用高场磁共振与对照孔技术的神经疾病成像）

IOR：inhibition of return（返回抑制）

IPL：inferior parietal lobule（顶下小叶）

IPS：intraparietal sulcus（顶内沟）

IPSP：inhibitory postsynaptic potential（抑制性突触后电位）

IQ：intelligence quotient（智力商数）

ISI：interstimulus interval（刺激间隔）

IT：inferior temporal（颞下）

LAN：left anterior negativity（左前负波）

LAT：lateral（外侧）

LC：locus coeruleus（蓝斑）

LFP：local field potential（局部场电位）

LGN：lateral geniculate nucleus of the thalamus（外侧膝状体）

LIFG：left inferior frontal gyrus（左侧额下回）

LIP：lateral intraparietal area（外侧顶内区）

LIS：locked-in syndrome（闭锁综合征）

LO1, LO2：lateral occipital visual area 1, 2（外侧枕叶1区、外侧枕叶2区）

LOC：lateral occipital cortex（外侧枕叶皮质）

LPFC：lateral prefrontal cortex（外侧前额叶皮质）

LTD：long-term depression（长时程抑制）
LTP：long-term potentiation（长时程增强）
LVF：left visual field（左视野）
M1：primary motor cortex（初级运动皮质）
mACC：mid–anterior cingulate cortex（前扣带皮质中部）
MAOA：monoamine oxidase A（单胺氧化酶 A）
MCS：minimally conscious state（最小意识状态）
MEG：magnetoencephalography（脑磁图）；magnetoencephalogram（脑磁图）
MEP：motor evoked potential（运动诱发电位）
MFC：medial frontal cortex（内侧额叶皮质）
MFG：middle frontal gyrus（额中回）
MGN：medial geniculate nucleus of the thalamus（内侧膝状体）
MH：mylohyoid（下颌舌骨肌）
MIP：medial intraparietal area（内侧顶内区）
MIT：Massachusetts Institute of Technology（美国麻省理工学院）
MMF：mismatch field（失匹配场）
MMN：mismatch negativit（失匹配负波）
MN：mirror neuron（镜像神经元）
MOG：middle occipital gyrus（中央枕回）
MPFC：medial prefrontal cortex（内侧前额叶皮质）
MPTP：1-methyl-4-phenyl-1,2,3,6-tetrahydropyridine（1–甲基–4–苯基–1，2，3，6–四氢吡啶）
MRI：magnetic resonance imaging（磁共振成像）
MRS：magnetic resonance spectroscopy（磁共振波谱）
MS：multiple sclerosis（多发性硬化）
MSR：mirror self-recognition（镜中自我识别）
MT / MST：medial temporal area sensitive to visual motion（对视觉运动敏感的内侧颞叶区域，MT 区）
mTBI：mild traumatic brain injury（轻度外伤性脑损伤）
MTG：medial temporal gyrus（颞中回）
MTL：medial temporal lobe（内侧颞叶）
MVPA：multivoxel pattern analysis（多体素模式分析）
NE：norepinephrine；noradrenaline（去甲肾上腺素）
NIMH：National Institute of M9ental Health（美国国立精神健康研究所）
NMDA：N-methyl-D-aspartate（N–甲基$_D$–天冬氨酸）
NREM：non–rapid eye movement（非快速眼动）
NVGP：non–video game player（非视频游戏玩家）
OBE：out-of-body experience（出体经验）
OCD：obsessive-compulsive disorder（强迫症）
OFA：occipital face area（枕叶面孔区）
OFC：orbitofrontal cortex（眶额皮质）
OTC：occipitotemporal cortex（枕颞皮质）
PAG：periaqueductal gray（中脑导水管周围灰质）
PC：precuneus（楔前叶）
PCC：posterior cingulate cortex（后扣带皮质）
PES：post-error slowing（错误后放缓现象）
PET：positron emission tomography（正电子发射断层扫描）
PFC：prefrontal cortex（前额叶皮质）
PHC：parahippocampal cortex（海马旁皮质）
PiB：Pittsburgh Compound B（匹兹堡化合物 B）
PM：posterior medial（后内侧）
PMC：premotor cortex（运动前皮质）
PNS：peripheral nervous system（外周神经系统）
PPA：parahippocampal place area（海马旁回位置区）
PPC：posterior parietal cortex（后顶叶皮质）
preSMA：presupplementary motor area（前运动辅区）
PRS：perceptual representation system（知觉表征系统）
PSP：progressive supranuclear palsy（进行性核上性麻痹）
PTSD：postt raumatic stress disorder（创伤后应激障碍）
PVN：paraventricular nucleus（室旁核）
RAS：reticular activating system（网状激活系统）
rCBF：regional cerebral blood flow（局部脑血流量）
REM：rapid eye movement（快速眼动）
RF：receptive field（感受野）
rIPL：rostral inferior parietal lobule（顶下小叶喙侧）
ROI：region of interest（感兴趣区域）
RPE：reward prediction error（奖赏预测误差）
RS：repetition suppression（重复

抑制）

RSC：retrosplenial cortex（压后皮质）

rs–fMRI：resting-state functional magnetic resonance imaging（静息态功能磁共振成像）

RT：response time（反应时）；reaction time（反应时）

rTMS：repetitive transcranial magnetic stimulation（重复性经颅磁刺激）

rTPJ：right-hemisphere temporo-parietal junction（右侧颞顶联合区）

RVF：right visual field（右视野）

S1：primary somatosensory cortex（初级躯体感觉皮质）

S2：secondary somatosensory cortex（次级躯体感觉皮质）

SAS：supervisory attentional system（监督性注意系统）

SCN：suprachiasmatic nucleus（视交叉上核）

SD：standard deviation（标准差）

SEF：supplementary eye field（附属视区）

SEM：standard error of the mean（平均数标准误）

SF：subsequent forgetting（相继遗忘）

SM：subsequent memory（相继记忆）

SMA：supplementary motor area（运动辅区）

SNc：pars compacta of the substantia nigra（黑质致密部）

SNr：pars reticularis of the substantia nigra（黑质网状部）

SOA：stimulus onset asynchrony（刺激呈现的间隔）

SPL：superior parietal lobule（顶上小叶）

SPS：syntactic positive shift（句法正漂移）

spTMS：single-pulse transcranial magnetic stimulation（单脉冲经颅磁刺激）

SQUID：superconducting quantum interference device（超导量子干涉器）

SRE：successful retrieval effect（成功提取效应）

SSRI：selective serotonin reuptake inhibitor（选择性5-羟色胺受体抑制剂）

STG：superior temporal gyrus（颞上回）

STN：subthalamic nucleus（丘脑下核）

STS：superior temporal sulcus（颞上沟）

T：tesla［特斯拉（特）］

tACS：transcranial alternating current stimulation（经颅交流电刺激）

TBI：traumatic brain injury（外伤性脑损伤）

tDCS：transcranial direct current stimulation（经颅直流电刺激）

TEO：temporo-occipital area（颞枕区）

tFUS：transcranial focused ultrasound（经颅聚焦超声）

TGA：transient global amnesia（短暂性全面遗忘症）

TMS：transcranial magnetic stimulation（经颅磁刺激）

ToM：theory of mind（心理推测/心理理论）

TPJ：temporoparietal junction（颞顶联合区）

TRN：thalamic reticular nucleus（丘脑网状核）

tSMS：transcranial static magnetic stimulation（经颅静磁刺激）

UR：unconditioned response（无条件反应）

US：unconditioned stimulus（无条件刺激）

UWS：unresponsive wakefulness syndrome（无反应性清醒综合征）

V1, V2, V4, V5, V8：visual areas 1, 2, 4, 5, and 8 (also "VO") of the visual cortex［视皮质的视觉区域1、视觉区域2、视觉区域4、视觉区域5、视觉区域8（也称腹侧枕叶皮质）］

vACC：ventral anterior cingulate cortex（腹侧前扣带皮质）

VFC：ventral frontal cortex（腹侧额叶皮质）

VGP：video game player（视频游戏玩家）

VLP：ventrolateral pulvinar（腹外侧枕核）

vlPFC：ventrolateral prefrontal cortex（腹外侧前额叶皮质）

vmFL：ventromedial frontal lobe（腹内侧额叶）

vmPFC：ventromedial prefrontal cortex（腹内侧前额叶皮质）

VO：见V1, V2, V4, V5, V8

VOR：vestibulo-ocular reflex（前庭眼球反射）

VPM：ventral posterior medial nucleus（腹后内侧核）

vPMC：ventral premotor cortex（腹侧运动前皮质）

VTA：ventral tegmental area（腹侧被盖区）

vTPC：ventral temporopolar cortex（腹侧颞极皮质）

VWFA：visual word form area（视觉词形区）